LEHRBUCH DER ZOOLOGIE

BEGRÜNDET VON
C. CLAUS

NEUBEARBEITET VON

Dr. KARL GROBBEN und Dr. ALFRED KÜHN
EM. O. PROFESSOR DER ZOOLOGIE   O. PROFESSOR DER ZOOLOGIE
AN DER UNIVERSITÄT WIEN   AN DER UNIVERSITÄT GÖTTINGEN

ZEHNTE NEUBEARBEITETE AUFLAGE
DES LEHRBUCHES VON C. CLAUS

MIT 1164 ABBILDUNGEN

BERLIN und WIEN
VERLAG VON JULIUS SPRINGER
1932

ISBN 978-3-642-89239-4   ISBN 978-3-642-91095-1 (eBook)
DOI 10.1007/978-3-642-91095-1

ALLE RECHTE,
INSBESONDERE DAS DER ÜBERSETZUNG
IN FREMDE SPRACHEN, VORBEHALTEN.

COPYRIGHT 1932 BY JULIUS SPRINGER
IN BERLIN.
Softcover reprint of the hardcover 10th edition 1932

Vorwort zur ersten Auflage
der Neubearbeitung von Karl Grobben.

Wenige Tage nach dem Ableben von Carl Claus ist die Verlagsbuchhandlung wegen Neuausgabe des von Claus begründeten Lehrbuches der Zoologie an mich herangetreten.

Ungeachtet der Bedenken, daß das treffliche Buch einerseits eine gründliche, dem neuesten Stande der Wissenschaft entsprechende Neubearbeitung erfahren müsse, andrerseits die Arbeit einer noch so tiefgreifenden Neubearbeitung unterschätzt werde, habe ich mich zu dieser Aufgabe entschlossen, bestimmt durch den Umstand, daß ich mit dem Buche durch meine ganze Studien- und Lehrzeit verbunden war und mich bereits an der Herstellung der ersten illustrierten Ausgabe beteiligte.

Mit dem Drucke des Buches wurde im Januar 1902 begonnen. Derselbe schritt langsam vor, da nicht bloß eine mächtig angewachsene Literatur zu berücksichtigen war, sondern auch die neuere Systematik und die durch die Nomenklaturbestimmungen hervorgerufenen Änderungen in der Bezeichnung der Tierformen tunlichst Berücksichtigung finden sollten. Um den Übergang zu der in den letzten Dezennien vielfach in Gebrauch gewesenen, nun aufgelassenen Namensbezeichnung zu erleichtern, wurden teilweise die aufgelassenen Namen in Klammern beigefügt.

Bei der Durcharbeitung des Speziellen Teiles hat sich gegenüber der allgemeinen Übersicht die Notwendigkeit einiger Änderungen im System ergeben. Auch konnten einige Arbeiten, welche während des Druckes erschienen sind, nicht mehr berücksichtigt werden. Der Umfang des Textes dürfte jenem der vorhergehenden Ausgabe ziemlich gleichkommen.

Die Zahl der Abbildungen erscheint vermehrt, einige veraltete Figuren sind durch neue, zum Teil Originale, ersetzt, die durch den Zusatz (Original) bezeichnet sind. Die von der früheren Auflage übernommenen Originale wurden zum Unterschiede ohne Bezeichnung gelassen, während bei den übrigen Figuren die Quelle angegeben ist.

Die neuen Abbildungen sind bis auf einige neue Holzschnitte, die gleich den früheren in der artistischen Anstalt R. v. Waldheim — Jos. Eberle & Co. in Wien ausgeführt wurden, in der photo-chemigraphischen Hof-Kunstanstalt C. Angerer & Göschl, Wien, in Zink hergestellt worden. Die Zeichnungen wurden von dem Lehrer für naturwissenschaftliches Zeichnen an der Universität in Wien Herrn Adolf Kasper ausgeführt. Den Druck des Buches besorgte die Wiener Druckerei Gottlieb Gistel & Cie.

Bei meiner Arbeit habe ich insbesondere mit Literatur auf dem Gebiete der Systematik vielfach Unterstützung erfahren. In erster Linie gedenke ich in Dankbarkeit der k. u. k. Familienfideikommiß-Bibliothek in Wien, aus der mir behufs Herstellung einer neuen Zeichnung von Didunculus das in derselben befindliche wertvolle Werk Gould's, The Birds of Australia, zu benützen gestattet war. Mein bester Dank sei ferner den Herren des k. k. zoologischen Hofmuseums sowie den Herren meines Instituts Prof. Th. Pintner und Dr. F. WERNER für ihre Unterstützung in gleicher Richtung hier zum Ausdrucke gebracht. Zu besonderem Danke bin ich meinem Assistenten Herrn Dr. MARIO STENTA verpflichtet, der mir die Korrektur besorgen half und sich dieser Arbeit mit großer Umsicht und Sorgfalt unterzog.

Schließlich soll anerkennend hervorgehoben werden, daß die Verlagsbuchhandlung N. G. ELWERT in Marburg in Hessen allen erforderlichen Herstellungen, dem Buche eine würdige Ausstattung zu geben, bereitwillig zustimmte.

Dem Buche in seiner neuen Ausgabe kann ich nur den Wunsch mit auf den Weg geben, daß es in jeder Hinsicht die Folge des alten bilde.

Wien, 8. Mai 1905.

K. GROBBEN.

Vorwort zur Neubearbeitung
von K. GROBBEN und A. KÜHN.

Das vorliegende Buch bildet die 4. Auflage von CLAUS-GROBBEN, Lehrbuch der Zoologie.

Die Ausgabe der 3. Auflage im Jahre 1917 fiel in die Zeit des Weltkrieges. Eine Neubearbeitung des Buches in den Jahren der Nachkriegszeit hatte mit Schwierigkeiten zu kämpfen, vor allem durch die Unterbrechung des internationalen wissenschaftlichen Verkehrs. So hat die N. G. ELWERT'sche Verlagsbuchhandlung, da die Auflage ausverkauft war, im Jahre 1921 und dann nochmals 1923 die 3. Auflage in anastatischem Druckverfahren ausgegeben.

Im Jahre 1925 ist das Buch von der N. G. ELWERT'schen Verlagsbuchhandlung Marburg in Hessen) an die Verlagsbuchhandlung JULIUS SPRINGER (Berlin) übergegangen.

Seit der Zeit der ersten Ausgabe der 3. Auflage sind nunmehr 15 Jahre verstrichen. Eine Neubearbeitung, die den weiteren Fortschritten der zoologischen Forschung Rechnung trägt, ist notwendig geworden.

Zu dieser Neubearbeitung haben sich die beiden Unterzeichneten vereint und sich in die Arbeit in der Weise geteilt, daß den Allgemeinen Teil der Zweitunterzeichnete ALFRED KÜHN (Göttingen) übernahm, der Spezielle Teil (und im wesentlichen die Kapitel des Allgemeinen Teiles „Spezielle Grundformen der Tiere", „Metamerie und Cyclomerie" und „System. Geschichtlicher Überblick" in den Händen des Erstunterzeichneten KARL GROBBEN (Wien) verblieben.

Durch die größere Ausführung der physiologischen Kapitel im Allgemeinen Teile, die Erweiterung des Speziellen systematischen Teiles und durch die Vermehrung der Abbildungen hat das Buch an Umfang zugenommen. Die neuen Zeichnungen des Speziellen Teiles rühren auch diesmal von der bewährten Hand des Lehrers für naturwissenschaftliches Zeichnen an der Universität in Wien Herrn ADOLF KASPER her. Die Herstellung der Abbildungen in Zink erfolgte bei der Firma GUSTAV DREHER, Württembergische graphische Kunstanstalt G. m. b. H., in Stuttgart und bei der Firma MEISENBACH, RIFFARTH & CO., A. G., in Berlin-Schöneberg. Den Druck besorgte die bekannte Leipziger Firma BREITKOPF & HÄRTEL.

Bei den Abbildungen ist die Quelle angegeben, die Originalabbildungen von GROBBEN sind durch den Zusatz „(Original G.)", jene von KÜHN durch den Zusatz „(Original K.)" bezeichnet. Die Figuren ohne Angabe einer Quelle sind von CLAUS übernommene Originalabbildungen.

Bei Bearbeitung der Speziellen Systematik hat der Erstunterzeichnete vielfach Unterstützung erfahren bei seinen Wiener Universitätskollegen Herrn Prof. TH. PINTNER und Prof. FR. WERNER, durch Herrn Prof. L. K. BÖHM der Tierärztlichen Hochschule (Wien), ferner die Herren des Naturhistorischen Museums in Wien und Herrn Prof. G. GRIMPE (Leipzig). Allen diesen Herren sei an dieser Stelle der beste Dank zum Ausdruck gebracht. Schließlich sagt der Erstunterzeichnete dem Assistenten am I. Zoologischen Institut der Universität Wien Herrn Dr. HANS STROUHAL herzlichen Dank für die Mithilfe bei der Korrektur des Speziellen Teiles, welcher Arbeit er sich mit großer Sorgfalt und Umsicht unterzog. Für Hilfe bei Korrektur des Allgemeinen Teils und bei der Herstellung des Sachregisters schuldet der Zweitunterzeichnete Fräulein M. von ENGELHARDT vielen Dank.

Die Unterzeichneten möchten endlich nicht versäumen, aufrichtig anzuerkennen, daß der Verlag JULIUS SPRINGER in Berlin allen erforderlichen Neuherstellungen bereitwillig zugestimmt hat.

Dem vorliegenden Buche in seiner Neuauflage geben die Unterzeichneten den Wunsch auf den Weg, daß es die gleiche zustimmende Aufnahme wie die früheren Auflagen finden möge.

Wien und Göttingen, August 1932.

K. GROBBEN. A. KÜHN.

Inhaltsverzeichnis.

Allgemeiner Teil.

Seite

Einleitung 1
I. Grundbedingungen des tierischen Lebens 6
   A. Chemische und physikalische Eigenschaften der Organismen 6
   B. Die Zelle 9
      a) Das Cytoplasma 11
      b) Der Zellkern 13
      c) Das Cytocentrum 15
      d) Die Mitochondrien 15
      e) Der Golgi-Apparat 16
      f) Die Zellteilung 16
      g) Die Chromosomen als Individuen 23
      h) Funktionelle Beziehungen zwischen Kern und Cytoplasma in der ruhenden Zelle 28
   C. Der Stoff- und Energiewechsel 29
   D. Der Lebensablauf 37
   E. Die allgemeinen Lebensbedingungen 42
   F. Die Reizbarkeit 44
   G. Die Modifikabilität 49
   H. Befruchtung, Chromosomenreduktion und Geschlechtlichkeit 53
      a) Gametenbildung und Verlauf der Befruchtung 54
      b) Verlauf der Chromosomenreduktion 60
      c) Die Parthenogenese 65
      d) Die Geschlechtlichkeit 67
      e) Geschlechtschromosomen 69
   J. Die Vererbung 71
      a) Die MENDELsche Vererbung oder Kernvererbung 72
         α) Die MENDELschen Gesetze 72
            1. Das Uniformitätsgesetz 72
            2. Das Spaltungsgesetz 72
            3. Das Gesetz der freien Kombination der Gene (Unabhängigkeitsgesetz) 75
         β) Die Chromosomentheorie der MENDELschen Vererbung 77
            1. Beweise für die Lokalisation von Erbfaktoren im Kern 79
            2. Beweis für die qualitative Verschiedenheit der Chromosomen . . 80
            3. Erklärung der MENDELschen Gesetze durch die Chromosomenverteilung bei der Keimzellenreifung 82
            4. Genkoppelung und Chromosomengarnituren 82
            5. Genaustausch und Anordnung der Gene im Chromosom . . . 85
      b) Bedeutung des Cytoplasmas für die Vererbung 88
      c) Die Vererbung des Geschlechts 90

II. Grundformen des tierischen Körpers 92
   A. Allgemeine Grundformen (Architektonik) 92
      Metamerie und Cyclomerie 95
   B. Spezielle Grundformen der Tiere und Entwicklung der Organisation im Tierreich 95

III. Die Gewebe 101
   A. Deck- und Drüsengewebe 102
   B. Stützgewebe (Bindegewebe) 106
   C. Muskelgewebe 113
   D. Nervengewebe 116

IV. Die Organe und ihre Leistungen 120
A. Das Integument 121
B. Organe der Nahrungsaufnahme und Verdauung 124
    a) Einrichtungen zur Nahrungsaufnahme 125
    b) Verdauungseinrichtungen 129
C. Atmungsorgane 136
D. Die Organe des Kreislaufs und die Körperflüssigkeiten 143
    a) Typen der Blutgefäßsysteme 144
    b) Die Körperflüssigkeiten 149
E. Ausscheidungsorgane 153
F. Innere Skelete 159
G. Bewegungsorgane 164
    a) Die Flimmerorgane 164
    b) Muskelbewegungsapparate 167
H. Elektrische Organe 174
J. Wärmeerzeugung und Wärmeregulation 176
K. Leuchtorgane 179
L. Sinnesorgane 181
    a) Mechanische Sinnesorgane 183
        1. Tastorgane 183
        2. Seitenliniensystem und Bogengänge 186
        3. Schweresinnesorgane 187
        4. Gehörorgane 190
    b) Chemische Sinnesorgane 194
        1. Geruchsinnesorgane 195
        2. Geschmacksorgane 197
    c) Lichtsinnesorgane 198
M. Das Nervensystem 217
N. Die Correlation der Organfunktionen 237
    a) Nervöse Correlationen 237
    b) Chemische Correlationen 239
        1. Die Konstanterhaltung des inneren Mediums 239
        2. Hormonale Correlationen 240

V. Das Verhalten der Tiere 246

VI. Fortpflanzung 260
A. Erscheinungsformen der Fortpflanzung 260
B. Der Bau der Geschlechtsorgane 265
C. Ausbildung der Geschlechtszellen 267
    a) Die Eibildung 267
    b) Die Spermienbildung 272

VII. Entwicklung 273
A. Die Embryonalentwicklung 275
    a) Der Verlauf der Furchung 276
    b) Die Keimblätterbildung 280
        1. Die Gastrulation 280
        2. Mesodermbildung 283
        3. Entwicklungsweisen mit enger Verbindung von Entoderm- und Mesodermbildung 286
    c) Frühe Sonderung von Anlagezellen 291
    d) Die weiteren Entwicklungserscheinungen 293
    e) Determination der embryonalen Entwicklungsvorgänge 294
B. Metamorphose 301
C. Regeneration 303
D. Entwicklungsvorgänge bei der vegetativen Vermehrung 305
    a) Teilung 306
    b) Knospung 307
E. Vielzellige Dauerzustände 308
F. Stockbildung 309
G. Generationswechsel 312
    a) Generationswechsel bei Protozoen 313
    b) Metagenese 314
    c) Heterogonie 316

Inhaltsverzeichnis.

Seite

VIII. Die Beziehungen der Tiere zu ihrer Umwelt 318
    A. Die Biosphäre 318
    B. Die ökologischen Bezirke der Erde 321
        a) Lebensbedingungen und Besiedelung 321
        b) Das Leben im Wasser 324
            1. Die Lebensgebiete des Meeres 326
            2. Die Lebensbezirke des Süßwassers 329
        c) Das Leben in der Luft 332
    C. Beziehungen der Glieder einer Biocönose zu einander 337

IX. Die geographische Verbreitung der Tiere auf Grund historischer Faktoren 346
    A. Verbreitungsfaktoren und Verbreitungsweisen 346
    B. Faunengebiete 350
        a) Faunengebiete des Festlandes 350
        b) Regionen des Meeres 352
        c) Die Verbreitung der Süßwassertiere 354

X. Deszendenztheorie 355
    Übersicht über die Geschichte der Deszendenztheorie 355
    A. Die Bedeutung des natürlichen Systems 357
    B. Urkunden der Artumwandlung 359
        a) Paläontologische Urkunden 359
        b) Morphologische Urkunden 368
        c) Tiergeographische Urkunden 370
    C. Faktoren der Artumwandlung 373
        a) Genotypische Unterschiede zwischen Arten und geographischen Rassen 373
        b) Veränderungen des Genotypus 373
            1. Die Mutationen 374
            2. Dauermodifikationen 376
        c) Das Problem der Artumwandlung in der Natur 378
            1. Das Problem der Artentrennung 379
            2. Das Problem der harmonischen Artveränderung 380

XI. Das System. Geschichtlicher Überblick 383

Spezieller Teil.

Protozoa, Urtiere 391
    Cytomorpha 392
        Flagellata (Mastigophora). Geißelträger 392
            Protomastigina S. 394. Polymastigina S. 395. Hypermastigina S. 396.
            Euglenoidina S. 396. Chromomonadina S. 396. Phytomonadina S. 397.
            Dinoflagellata S. 397. Cystoflagellata S. 398.
        Rhizopoda. Wurzelfüßer 398
            Amoebozoa S. 399. Heliozoa, Sonnentierchen S. 404. Radiolaria, Radiolarien S. 406.
        Sporozoa 409
            Telosporidia 413
                Coccidiomorpha S. 413. Gregarinida S. 414.
            Neosporidia (Amoebosporidia) 414
                Cnidosporidia S. 414. Acnidosporidia S. 415.
    Cytoidea 415
        Ciliata (Infusoria), Wimperinfusorien 415
            Euciliata 421
                Holotricha S. 421. Heterotricha S. 422. Oligotricha S. 422. Hypotricha S. 422. Peritricha S. 423.
            Suctoria 423

Metazoa 424
    Coelenterata 424
        Planuloidea 425
            Planuladae 425
                Orthonectida S. 425. Rhombozoa (Dicyemida) S. 426.

Inhaltsverzeichnis. IX
Seite
Spongiaria (Porifera), Schwammtiere 427
   Spongiae 432
      Calcispongiae, Kalkschwämme S. 432. Triaxonia (Hexactinellida), Glas-
      schwämme S. 433. Tetraxonia (Tetractinellida) S. 433. Cornacuspongiae
      S. 433. Dendroceratida S. 434.
Cnidaria, Nesseltiere 435
   Hydrozoa 437
      Hydroidea. Hydroiden S.437. Siphonophora, Schwimmpolypen, Röhren-
      quallen S. 445.
   Scyphozoa (Scyphomedusae, Acalephae) 451
      Stauromedusae (Calycozoa), Becherquallen S. 457. Lobomedusae, Lappen-
      quallen S. 458.
   Anthozoa 459
      Rugosa (Tetracorallia) S. 467. Octactiniaria S. 467. Ceriantipatharia
      S. 468. Zoanthactiniaria S. 468.
Ctenophora, Rippenquallen 471
   Ctenophorae 475

Coelomata (Bilateria) 476
   Protostomia (Zygoneura) 476
     Scolecida, Niedere Würmer 477
       Platyhelminthes, Plattwürmer 477
         Turbellaria, Strudelwürmer S. 478. Trematodes, Saugwürmer S. 484.
         Cestodes, Bandwürmer S. 494.
       Aschelminthes 504
         Rotatoria, Rädertiere S. 504. Gastrotricha S. 509. Kinorhyncha
         S. 510. Nematodes, Fadenwürmer S. 512. Nematomorpha S. 524.
         Acanthocephali, Kratzer S. 525.
       Entoprocta 528
       Nemertini, Schnurwürmer 529
     Annelida, Gliederwürmer 534
       Chaetopoda, Borstenwürmer 537
         Archiannelida S. 538. Polychaeta S. 540. Oligochaeta S. 552.
         Hirudinea, Egel S. 556. Echiuroidea (Gephyrea chaetifera) S. 562.
       Sipunculoidea (Gephyrea achaeta) 565
     Arthropoda, Gliederfüßer 568
       Malacopoda 571
         Onychophora (Protracheata) 572
         Tardigrada, Bärtierchen 574
       Euarthropoda 575
         Crustacea, Krebse 576
           Trilobita S. 580. Phyllopoda, Blattfüßer S. 581. Ostracoda,
           Muschelkrebse S. 587. Branchiura, Kiemenschwänze S. 591.
           Copepoda, Ruderfüßer S. 593. Cirripedia, Rankenfüßer S. 601.
           Malacostraca S. 607. (Leptostraca S. 608. Stomatopoda, Maul-
           füßer S. 610. Thoracostraca [Podophthalmata], Schalenkrebse
           S. 613. Anomostraca S. 630. Arthrostraca]Edriophthalmata],
           Ringelkrebse S. 631.)
         Arachnomorpha (Chelicerata) 642
           Merostomata (Palaeostraca) 642
              Gigantostraca S. 643. Xiphosura (Poecilopoda), Schwert-
              schwänze S. 644.
           Arachnoidea 645
           Scorpionidea, Skorpione S. 647. Pedipalpi, Skorpionspinnen.
           Geißelskorpione S. 650. Araneida, Spinnen S. 651. Solifugae,
           Walzenspinnen S. 658. Pseudoscorpionidea (Chelonethi), After-
           skorpione S. 659. Opilionidea, Afterspinnen S. 660. Ricinulei
           (Podogona) S. 662. Acarina, Milben S. 663.
         Linguatulida (Pentastomida), Zungenwürmer 668
         Pantopoda. Asselspinnen 670
       Eutracheata 673
         Myriapoda, Tausendfüßer 673
           Symphyla S. 673. Pauropoda S. 674. Diplopoda S. 675.

Inhaltsverzeichnis.

Chilopoda 678
Apterygogenea 680
    Entognatha S. 682. Ectognatha (Thysanura) S. 683.
Insecta (Pterygogenea, Hexapoda), Insekten 684
    Orthoptera, Geradflügler S. 706. Corrodentia S. 710. Thysanoptera (Physapoda), Blasenfüßer S. 713. Embidaria S. 713. Plecoptera S. 714. Odonata, Wasserjungfern S. 715. Ephemeroidea S. 716. Neuroptera, Netzflügler S. 717. Panorpatae (Mecoptera) S. 718. Trichoptera S. 719. Lepidoptera, Schmetterlinge S. 720. Diptera, Zweiflügler S. 725. Siphonaptera (Aphaniptera), Flöhe S. 730. Coleoptera, Käfer S. 731. Strepsiptera, Fächerflügler S. 737. Hymenoptera, Hautflügler S. 738. Rhynchota, Schnabelkerfe S. 746.
Mollusca, Weichtiere 751
  Amphineura 754
    Placophora, Käferschnecken S. 755. Solenogastres (Aplacophora) S. 757.
  Conchifera 759
    Gastropoda, Schnecken S. 760. (Streptoneura [Prosobranchia] S. 770. Euthyneura S. 776.) Solenoconchae (Scaphopoda) S. 782. Lamellibranchiata (Pelecypoda), Muscheltiere S. 783. Cephalopoda, Kopffüßer S. 795.
Tentaculata (Molluscoidea) Kranzfühler 807
  Phoronidea 807
  Bryozoa (Ectoprocta, Polyzoa), Moostierchen 809
  Brachiopoda, Armfüßer 814
    Ecardines S. 817. Testicardines S. 818.

Deuterostomia 818
Coelomopora 818
  Enteropneusta, Schlundatmer 819
    Helminthomorpha, Eichelwürmer 819
    Pterobranchia 822
  Echinoderma, Stachelhäuter 824
  Pelmatozoa 843
    Cystoidea, Beutelstrahler S. 844. Blastoidea, Knospenstrahler S. 844. Crinoidea, Haarsterne, Seelilien S. 844. Edrioasteroidea S. 846.
  Eleutherozoa (Echinozoa) 846
    Asteroidea, Seesterne S. 846. Ophiuroidea, Schlangensterne S. 849. Echinoidea, Seeigel S. 850. Holothurioidea, Seewalzen S. 853.
Homalopterygia 855
  Chaetognatha, Borstenkiefer 856
    Sagittoidea, Pfeilwürmer 857
Chordonia 858
  Tunicata, Manteltiere 858
    Copelata (Appendiculariae) 860
    Tethyodea (Ascidiacea), Seescheiden 861
      Aplousobranchiata (Krikobranchia) S. 867. Phlebobranchiata (Diktyobranchia) S. 867. Stolidobranchiata (Ptychobranchia) S. 868. Ascidiae salpaeformes (luciae) S. 868.
    Thaliacea, Salpen 869
      Cyclomyaria S. 874. Desmomyaria S. 874.
  Acrania, Schädellose 874
    Leptocardia, Röhrenherzen 879
  Vertebrata (Craniota), Wirbeltiere 880
    Cyclostomata (Marsipobranchi), Rundmäuler 902
      Hyperoartia S. 906. Hyperotreta S. 906.
    Pisces, Fische 906
      Elasmobranchii (Plagiostomata) 922
        Selachii S. 926. Holocephali S. 927.
      Teleostomi 927
        Dipnoi, Lurchfische S. 927. Brachioganoidea (Crossopterygii), Quastenflosser S. 930. Chondroganoidea (Chondrostei), Störe S. 931. Rhomboganoidea S. 932. Cycloganoidea S. 932. Teleostei, Knochenfische S. 933.

Inhaltsverzeichnis.

Seite

Amphibia (Batrachia), Lurche 941
    Stegocephali, Panzerlurche S. 951. Gymnophiona (Apoda), Blindwühler, Schleichenlurche S. 951. Urodela (Caudata), Schwanzlurche S. 952. Anura (Ecaudata), Frösche, schwanzlose Lurche 954

Reptilia, Kriechtiere 957
    Rhynchocephalia S. 967. Testudinata (Chelonia), Schildkröten S. 968. Emydosauria (Crocodilia) S. 972. Squamata (Plagiotremata) S. 974.

Aves, Vögel 982
    Saururae 1005
    Ornithurae 1005
        Struthiones, echte Strauße S. 1005. Rheae S. 1005. Casuarii S. 1006. Dinornithes, Moas S. 1006. Aepyornithes S. 1006. Apteryges, Kiwis S. 1006. Tinamiformes S. 1007. Gallinacei (Rasores), Hühnervögel, Scharrvögel S. 1007. Columbae, Tauben S. 1009. Grallae, Sumpfvögel S. 1010. Lamellirostres, Siebschnäbler S. 1011. Ciconiae (Herodiones), Watvögel S. 1012. Steganopodes, Ruderfüßer S. 1013. Lari (Gaviae) S. 1013. Tubinares, Sturmvögel S. 1014. Impennes (Sphenisciformes) S. 1014. Pygopodes, Steißfüßer S. 1015. Accipitres, Tagraubvögel S. 1015. Striges, Nachtraubvögel, Eulen S. 1016. Psittaci, Papageien S. 1017. Coccygomorphae S. 1017. Pici, Spechte S. 1018. Cypselomorphae S. 1019. Passeres S. 1019.

Mammalia, Säugetiere 1023
    Monotremata (Ornithodelphia, Prototheria), Cloakentiere 1047
    Marsupialia (Didelphia), Beuteltiere 1048
        Polyprotodontia S. 1050. Caenolestoidea S. 1052. Diprotodontia S. 1052.
    Monodelphia (Placentalia) 1053
        Insectivora, Insektenfresser S. 1054. Dermoptera, Pelzflatterer S. 1055. Chiroptera, Handflügler, Fledermäuse S. 1056. Rodentia (Glires), Nagetiere S. 1058. Pholidota S. 1061. Edentata Xenarthra S. 1062. Tubulidentata S. 1064. Carnivora (Ferae), Raubtiere S. 1065. Cetacea, Wale S. 1069. Ungulata, Huftiere S. 1072. Sirenia (Seekühe) S. 1082. Primates S. 1083.

Literaturhinweise 1090
Verzeichnis der zoologischen Namen 1092
Sachverzeichnis 1119

ALLGEMEINER TEIL.

Einleitung.

Gegenstand der Biologie sind die körperlichen Lebenserscheinungen. Diese spielen sich ab an den Lebewesen oder *Organismen, Individuen*, die eine eigentümliche *Gestalt* und eigentümliches *Geschehen* aus inneren Ursachen gesetzmäßig hervorbringen und erhalten. In dieser Hinsicht sind sie *autonom*.

Die Organismen sind hochzusammengesetzte Systeme, deren Teile Einzelleistungen ausüben, die zu einer Gesamtleistung zusammengeschlossen sind.

Das *Material*, aus dem die Organismen aufgebaut sind, umfaßt als besonders kennzeichnende Bestandteile immer *hochzusammengesetzte Kohlenstoffverbindungen*, die in der Natur nur in Organismen entstehen. Die lebenden Systeme verharren nie in Ruhe, sondern durchlaufen stets Veränderungen. Die lebende Substanz der Organismen, das *Protoplasma*, macht einen dauernden *Stoff- und Energiewechsel* durch. Dieser ist gewisse Zeiträume hindurch ein *stationärer Prozeß*, d. h. Struktur, Stoffbestand und Energiegehalt bleiben gleich bei ständiger Stoff- und Energieaufnahme und -abgabe.

Jeder Organismus ist in bestimmter Weise *strukturiert*. Man kann drei Arten der *Struktur* an den Organismen unterscheiden: Materialstrukturen, biologische (organismische) Grundstrukturen und Organstrukturen. Die *Materialstrukturen* beruhen auf der physikalisch-chemischen Natur der im Organismus vorhandenen Stoffe. *Biologische Grundstrukturen* des Protoplasmas sind bei allen Tieren und Pflanzen *Cytoplasma* und *Kern*. Die Organismen bestehen entweder aus einem einheitlichen Cytoplasmakörper mit einem oder mehreren Kernen (einzellige Organismen); oder ihr Körper ist in zahlreiche kernhaltige Cytoplasmabezirke, *Zellen*, abgeteilt. Die *Organstrukturen* sind Erzeugnisse der Grundstrukturen. Sie sind abgegrenzte Teile (*Organe*) der Organismen, die einen besonderen Bau haben und eine besondere, in gewissem Betrage selbständige Leistung ausüben. Sie können Teile einer Zelle (Zellorgane oder *Organellen*) oder einzelne für eine bestimmte Leistung differenzierte Zellen sein oder sich aus einer oder mehreren Gruppen gleichartig differenzierter Zellen (*Geweben*) zusammensetzen.

Jedes lebende Individuum durchläuft außer dem stationären Prozeß des Stoff- und Energiewechsels auch *fortschreitende Veränderungen* seines Stoffbestandes und seiner Struktur. Die Organismen sind völlig historisch bedingt: sie werden von anderen Individuen *erzeugt*, durchlaufen eine *Individualentwicklung* und finden ihr natürliches Entwicklungsende, indem sie in Nachkommen aufgehen oder nach vollzogener *Fortpflanzung* dem *Tode* verfallen. Die Individualentwicklung umfaßt stets *Wachstum* und *Strukturbildung*. Wie der Stoff- und Energiewechsel ist der *Formwechsel* für den Organismus kennzeichnend.

Die biologischen Grundstrukturen Cytoplasma und Kern sind durch ihre ununterbrochene *Kontinuität* durch alle Formwechselvorgänge hindurch ausgezeichnet. In ihnen werden bei der Fortpflanzung die Grundbedingungen des Lebens überhaupt und der Besonderheiten des Lebens in den durch Zeugungszusammenhang verbundenen Generationen übertragen. Sie vermehren sich durch *Teilung*. An den biologischen Grundstrukturen spielt sich der stationäre Lebensvorgang und der fortschreitende Lebensablauf ab. Sie machen dabei Veränderungen durch, die in gewissem Sinn einen zyklischen Charakter haben. Sie verändern dabei mit wechselnden physikalisch-chemischen Zuständen vielfach ihre Materialstruktur. Im Kern sind Teilstrukturen, die *Chromosomen*, enthalten, für die ebenfalls Kontinuität höchst wahrscheinlich ist.

An allen Organismen spielen sich *Bewegungen* ab, deren Verlaufsart durch innere Ursachen bestimmt wird. Sie verlaufen teils im Inneren der Zellen an den lebenden Grundstrukturen, teils werden sie von Organen ausgeführt; teils gehören sie dem inneren Getriebe des Organismus an, teils wirken sie nach außen; vielfach sind Entwicklungsvorgänge mit Bewegungen von Organismenteilen verknüpft.

Die Organismen sind „*offene Systeme*"; das Geschehen an ihnen setzt bestimmte Wirkungen der Umwelt voraus, zunächst stets die allgemeinen Lebensbedingungen, die den Stoff- und Energiewechsel ermöglichen. Im einzelnen aber hängt der Lebensablauf jedes Einzelorganismus von besonderen Bedingungen ab, denen sein Bau- und Funktionsplan entspricht.

Jeder Organismus und jeder lebendige Teil eines Organismus (Zelle, Gewebe, Organ) hat eine bestimmte *Reaktionsfähigkeit* auf äußere Einwirkungen (Reize), die von der Umgebung des Organismus oder von einem anderen Teil des Organismus ausgehen können. Die Natur der Reaktionen wird durch die inneren Systembedingungen des Organismus bestimmt. Die Reaktionen können *Entwicklungsvorgänge* sein, die der Gestalt des Organismus ein dauerndes Gepräge geben, ihn *modifizieren*; oder sie können vorübergehende Vorgänge sein, die als „Kreisprozesse" zu dem Ausgangszustand zurückführen. Solche *Reizreaktionen* in engerem Sinne spielen sich meist an bestimmten, der Reizaufnahme und Durchführung der Reaktionen dienenden Strukturen ab, die durch die Reaktionen nicht dauernd verändert werden. Allerdings können gewisse Reizwirkungen (*mnemische Reizwirkungen*) die Reaktionsweise des reagierenden Systems mehr oder weniger dauernd verändern und damit eine „historische Reaktionsbasis" (DRIESCH) des Organismus schaffen.

Ein Organismus ist, wenigstens in normalen Fällen, eine Einheit; die Selbständigkeit der Teile bei der Entwicklung und Wirksamkeit der Organe ist nur relativ. Alle Teile sind zusammengeordnet zu einem Ganzen, das ein gewisses *Einheitsgepräge* besitzt. Eine Änderung an einem Teil des Körpers führt vielfach zu Änderungen an anderen Teilen, die oft deutlichen *Regulationscharakter* haben, d. h. Störungen des normalen Ablaufs auf ein Minimum herabsetzen.

In Anbetracht seines Beharrens in dynamischem Gleichgewicht und seines autonomen Ablaufs kann man den Organismus als *Raum-Zeit-Gestalt* kennzeichnen.

Jede lebende Gestalt ist in unzähligen Exemplaren ausgeprägt, die wir zu einer *Art* oder *Species* zusammenfassen. Die Gleichartigkeit beruht auf dem Zeugungszusammenhang. In diesem werden durch den Vorgang der *Vererbung* von erzeugenden Individuen auf die Erzeugten Bedingungen (Erbanlagen, *Erbfaktoren*) übertragen, welche bewirken, daß die Nachkommen sich wie die Vorfahren verhalten, dieselbe *Reaktionsnorm* besitzen, also unter denselben Außenbedingungen sich gleich wie die Vorfahren entwickeln. Die Erscheinungsform, der *Phänotypus*, eines Organismus wird also durch die Gesamtheit der Erbfaktoren, die seinen *Genotypus* ausmachen, und durch Außenbedingungen bestimmt.

Je nach der Seite, von der die Organismen betrachtet werden, ergeben sich verschiedene *Forschungsrichtungen der Biologie*.

Die Grundlage aller biologischen Arbeit ist die Lehre von der *Gestalt* der Organismen, die *Morphologie*, da alle Lebensvorgänge sich an bestimmten Gestalten abspielen. Die *Anatomie* zergliedert die fertig entwickelten Organismen und beschreibt ihre Organe und die sie zusammensetzenden Gewebe (*Histologie*). Die *vergleichende Anatomie* vergleicht die Teile der verschiedenen Organismen. Sie führt zur Aufstellung von *Homologien* der Organe verschiedener Organismen. Als homologe Organe oder *morphologisch gleichwertige* Organe bezeichnet man solche, die in den Organismen sich in Lage, Aufbau und Entstehungsweise „entsprechen", d. h. Organe, die sich von einem gemeinsamen morphologischen Grundplan ableiten lassen.

Die Entwicklung der Organismen ist der Gegenstand der *Entwicklungsgeschichte*. Sie verfolgt den Formwechsel der Organismen in ihrem Lebensablauf, bei den Vielzelligen darunter als Hauptvorgang der Entwicklung die Ausbildung des Organismus aus dem Ei (*Embryologie*). Die *vergleichende Entwicklungsgeschichte* ermittelt homologe Stadien, d. h. einander entsprechende Stufen der Formbildung, die sich in der Embryonalentwicklung gleichartig herausbilden, gleichartig gebaut sind und weiterhin gleichartige Organbildungen liefern. Die vergleichende Morphologie (Anatomie und Entwicklungsgeschichte) führt zu einer Ordnung der Organismen in einem *System* der Arten nach der Homologie ihrer Organe und Entwicklungsstadien. Sie behandelt die Arten als Abwandlungen bestimmter *Baupläne*.

Der Morphologie steht die *Physiologie* gegenüber, die Lehre von den regelmäßigen Veränderungen, die sich an den Organismen abspielen.

Die *Funktionsphysiologie* behandelt die Leistungen der Organe, ihre Zusammenfassung zu der einheitlichen Leistung des Gesamtorganismus in dessen Erhaltung und Fortpflanzung. Die *vergleichende Physiologie* geht der Frage nach, wie einander entsprechende Leistungen in den verschieden gestalteten Organismen ausgeübt werden. Sie ermittelt *analoge* oder *funktionell gleichwertige* Organe und führt zur Einsicht in die *allgemeinen Grundfunktionen* der Organismen (allgemeine Physiologie) und zeigt die *verschiedenen Konstruktionen und Verfahren* auf, durch welche Leistungen gleicher Bedeutung innerhalb verschiedener Baupläne erzielt werden. Sie sucht also bestimmte *Funktionspläne* auf.

Gegenstand der *Entwicklungsphysiologie* (Entwicklungsmechanik) sind die Vorgänge, die zur Ausbildung eines Organismus führen, in ihrer Abhängigkeit von inneren und äußeren Faktoren. Die Gesetzmäßigkeiten der Übertragung der Erbfaktoren sucht die *Vererbungsforschung* oder *Genetik*.

Jeder Organismus steht in einer besonderen Umwelt, der er angepaßt sein muß, um sich in ihr zu erhalten. In jedem Lebensraum leben zahlreiche verschiedene Arten, die seine Lebensbedingungen ausnützen. Ihre Organisation steht zu den Lebensbedingungen in enger Beziehung. Ihre Verbreitung wird durch die Lebensbedingungen, denen sie gerade angepaßt sind, beschränkt; und innerhalb gewisser Grenzen wirken die Lebensbedingungen modifizierend auf die Organismen ein. Die Untersuchung der Beziehungen der Tiere zu ihrer Umwelt bildet den Gegenstand der *Ökologie*. Sie hat zunächst zu untersuchen, welche Bedingungen für das Vorkommen der Lebewesen maßgebend sind, und was die besondere Organisation unter diesen Bedingungen leistet. Die Ökologie schreitet also, ausgehend von dem Vorkommen bestimmter Arten in einer gegebenen Umwelt, zu physiologischen Fragen vor. Sie untersucht die Einheit, welche ein bestimmter Funktionsplan mit einer bestimmten Umwelt bildet.

Die Verteilung der Organismen über die Kontinente und die Meere ist der Gegenstand der *Biogeographie*. Sie ist zu einem Teil *ökologisch*, insofern die Lebens- und Ausbreitungsbedingungen der Arten nach Klimazonen, Höhenlage, Untergrund usw. auf der Erde wechseln. Zum anderen Teil ist die Biogeographie *historisch*; denn die heutige Tierverbreitung ist durch die frühere Gestaltung der

Erdoberfläche und durch die Entfaltung der systematischen Gruppen in bestimmten geographisch begrenzten Räumen bedingt. Sie steht daher in engem Zusammenhang mit der Geologie.

Die Möglichkeit einer systematischen Ordnung der Organismen, ihre Aufeinanderfolge in der geologischen Zeit und ihre räumliche Verteilung und Anpassung an bestimmte Bedingungen, die in einem bestimmten geologischen Zeitabschnitt eingetreten sind, führen zu der Frage der Artenabstammung, dem *Deszendenzproblem*. Dieses hat eine historische und eine entwicklungsphysiologische Seite; es umfaßt die Frage nach dem Ablauf der Artenentwicklung, der *Stammesgeschichte* (*Phylogenese*) und nach den *Ursachen der Veränderungen der Erbfaktoren*, die der Artumwandlung zugrunde liegen.

Durch diese Gliederung nach verschiedenen Blickrichtungen fällt die Biologie aber nicht in selbständige Teilwissenschaften auseinander. Wenn auch weitgehend reine Morphologie betrieben werden kann, so bleibt sie doch in sich unvollständig und fordert die Physiologie. Da Gestalt und Leistung eng verbunden sind, muß auch die Systematik in ihren Grundbegriff einen physiologischen Zug aufnehmen und die *Art definieren* als den Inbegriff derjenigen Individuen, die in entsprechenden Entwicklungsstadien unter gleichen äußeren Bedingungen sich in Bau und Leistungen gleichen, also gleich reagieren (*Isoreagenten* RAUNKIAER 1918).

Die Körperteile, welche die vergleichende Anatomie vergleicht, die Organe, sind Stücke des Organismus, die einer bestimmten Funktion dienen. Ihre Ausgestaltung im einzelnen erhält diese Leistung. Jedes morphologische System oder Teilsystem stellt uns morphologische und physiologische Probleme. In Wissenschaftszweigen, die bestimmte Gruppen biologischer Objekte wie die Zellen (*Cytologie*), die Organe (*Organologie*) oder bestimmte Organismengruppen umfassen (Botanik, Zoologie, Protozoologie usw.) sind daher Morphologie und Physiologie eng verknüpft.

Die alte Hauptgliederung der Biologie in *Zoologie* und *Botanik* gründet sich auf verschiedene Eigenschaften der beiden Hauptäste des Organismenreiches. Diese stimmen jedoch in den biologischen Grundvorgängen überein und sind in den einfachsten Formenkreisen nur künstlich zu trennen. Man hat daher versucht, diese Formenkreise als „Protisten" zusammenzufassen, tauscht dabei aber nur zwei statt einer unscharfen Grenze ein. Als allgemeine Unterschiede zwischen *Pflanzen* und *Tieren* können wir aufführen: Die Pflanzen können ihren Stoffbedarf aus anorganischen Stoffen decken, während die Tiere hochzusammengesetzte organische Stoffe brauchen. Im Zusammenhang mit diesem Unterschied in der Ernährungsweise findet bei den Pflanzen der Stoffaustausch mit der Umgebung an der Oberfläche, bei den Tieren vornehmlich in inneren Hohlräumen statt. Die Pflanzen sind daher reicher äußerlich, die Tiere mehr innerlich gegliedert. Die Cytoplasmakörper der Pflanzen sind von festen Cellulosewänden umhüllt, die den tierischen Zellen fehlen. Eigenbewegung und Reizreaktionen und die diesen Leistungen dienenden Organe sind bei den Tieren viel mannigfaltiger und leistungsfähiger entwickelt, was auch wieder mit den Erfordernissen ihrer Nahrungsbeschaffung zusammenhängt.

Ziel der Biologie ist Erkenntnis des naturgesetzlichen Ablaufs des Lebensgeschehens. Eine allgemeine biologische Theorie müßte die Gesetze umfassen, nach denen sich Stoffwechsel und Formwechsel der lebenden Gestalten vollziehen, allgemeingültige Gesetze, deren Spezialfälle die Lebensabläufe der historisch bedingten Arten und Individuen sind. Eine solche *theoretische Biologie*, welche die Gesamtheit der Lebenserscheinungen in ein einheitliches Begriffssystem einordnet, besitzen wir noch nicht. Versuche hierzu haben entweder so allgemeine Vorstellungen verwendet, daß sie für eine Ableitung der Einzelerscheinungen zu inhaltsleer sind[1], oder sie überschreiten die naturwissenschaftliche Begriffsbildung[2].

Es ist erkenntnistheoretisch klar, daß die gesamte Wirklichkeit des Lebens sich nicht in die Begriffe der Physik und Chemie auflösen läßt. Diese stehen den *Bewußtseinserscheinungen* völlig fremd gegenüber. Zu diesem Teil der Lebenswirklichkeit, dem Gegenstand der *Psychologie*, wird die Biologie aber immer wieder als einem Grenzproblem hingeführt, dessen Dasein sie nicht vergessen darf, wenn seine eigentliche Behandlung auch außerhalb ihres Bereichs liegt. Aber auch wenn sich die Biologie auf die körperlichen Lebenserscheinungen beschränkt und die psychischen Erscheinungen beiseite läßt, die einem Teil der Körpervorgänge zugeordnet sind, gehen die Grundeigentümlichkeiten der Organismen als Raum-Zeit-Gestalten über das physikalisch-chemische Begriffssystem hinaus: Die Entwicklung jedes Individuums von einem bestimmten Anfangszustand aus bringt einen *historischen Zug* in die Betrachtung der biologischen Einzelgegenstände, den sie mit *Astronomie* und *Geologie* teilt. Aber die Kontinuität der biologischen Grundstrukturen, die Begrenzung des individuellen Daseins aus inneren Gründen und die Individuenvermehrung als notwendige Folge des Lebensvorgangs geben den Organismen eine einzigartige Besonderheit unter den körperlichen Dingen. Hinzu kommen die Mannigfaltigkeit der Baupläne und Funktionspläne und ihre Wandlung in der geologischen Zeit, die der Biologie ein über das Individuum hinausgehendes historisches Moment erteilt. Eine Analyse der Lebenserscheinungen wird daher zu Gesetzmäßigkeiten führen, die in der besonderen Natur der biologischen Systeme begründet sind. Das Teilgeschehen vollzieht sich überall im Organismus mit Mechanismen, die physikalisch-chemisch erfaßbar sind; aber das Gesamtgeschehen mit seiner Ordnung, Herstellung und Erhaltung der Teilgeschehnisse und seinen Voraussetzungen für eine Beseelung erschöpft sich nicht in einem Mechanismus. Es lassen sich zahlreiche, manchmal allerdings nur recht äußerliche Analogien zwischen wesentlichen Lebenserscheinungen und anorganischen Vorgängen aufzeigen[3]; aber die Grenzen zwischen Organismen und unorganisierten Naturkörpern werden hierdurch doch keineswegs verwischt.

Um die Eigenart des Organismus als harmonisches Ganzes zu erfassen, hat der *Vitalismus* versucht, zielstrebig wirkende Naturkräfte einzuführen („*Entelechien*", DRIESCH, „*aktive Pläne*", VON UEXKÜLL), welche die Erbauung und Erhaltung des Körpers lenken. Diese vitalistischen Begriffe sind entweder unserem eigenen Seelenleben direkt entnommen oder im Anschluß an dieses gebildet. Kausales Denken können sie nicht befriedigen. Sie ordnen die Lebensvorgänge nicht in besser erkannte Zusammenhänge ein, erklären daher nicht, sondern setzen hinter die zu erklärenden Erscheinungen etwas für die Naturwissenschaft grundsätzlich Unerforschliches. Die Frage nach der Wirkungsart von Entelechie auf physikalisches Geschehen und umgekehrt läßt sich auf naturwissenschaftlichem Boden nicht einmal stellen. In seinem Widerstand gegen eine dogmatisch mechanistische Auffassung der Lebenswirklichkeit ist der Vitalismus durchaus im Recht. Seine Kritik hat sehr oft noch nicht gesehene oder durch verfrühte mechanistische Theorienbildung verdunkelte Probleme ans Licht gerückt. Aber neue Tatsachen-

---

[1] EHRENBERG, R.: Theoretische Biologie vom Standpunkt der Irreversibilität des elementaren Lebensvorganges. Berlin 1930.

[2] DRIESCH, H.: Philosophie des Organischen. 2. Aufl. 1921. — VON UEXKÜLL, J.: Theoretische Biologie. 2. Aufl. Berlin 1928.

[3] RHUMBLER, L.: Aus dem Lückengebiet zwischen organismischer und anorganischer Materie. Erg. Anat. Entwicklungsg. 15 (1906). — PRZIBRAM, H.: Die anorganischen Grenzgebiete der Biologie. Berlin 1926. — RINNE, F.: Grenzfragen des Lebens, eine Umschau im Zwischengebiet der biologischen und anorganischen Naturwissenschaft. Leipzig 1931.

gebiete hat er nicht erschlossen, besondere Lebenserscheinungen lassen sich nicht aus ihm ableiten. Die Biologie kann als Naturwissenschaft nur kausalanalytisch die einzelnen Teilvorgänge des Lebensgeschehens herauslösen, nach Möglichkeit physikalisch-chemisch erklären und die Beziehungen der Teilvorgänge im Ganzen beschreiben. Wie weit diese Forschungsmittel uns führen werden, können wir nicht wissen.

Eine Anzahl von *Teiltheorien*, die weite Erscheinungsgebiete der Biologie für *Tier- und Pflanzenwelt* erfassen, hat sich in den letzten drei Menschenaltern herausgebildet. Die älteste und in ihrer Geltung vielseitigste, die *Zellentheorie*, besagt, daß die Lebenserscheinungen der Tiere und Pflanzen an das Zusammenwirken der biologischen Grundstrukturen Kern und Cytoplasma gebunden sind, daß abgegrenzte kernhaltige Plasmabezirke, Zellen, als *Elementarorganismen* die Ausgangspunkte der Entwicklung und die elementaren Bausteine der vielzelligen Tiere und Pflanzen darstellen; daß Cytoplasma und Kern nie neu gebildet werden, sondern kontinuierlich bei der Fortpflanzung durch die Generationen laufen. An diese *Kontinuitätstheorie* hat die moderne *Vererbungstheorie* Anschluß gefunden, da es gelungen ist, die Verteilung der aus Vererbungsexperimenten erschlossenen Erbfaktoren durch die Verteilung kontinuierlicher Zellstrukturen zu erklären. Die *Deszendenztheorie* hat der vergleichenden Morphologie und Systematik einen historischen Sinn gegeben.

I. Grundbedingungen des tierischen Lebens.

A. Chemische und physikalische Eigenschaften der Organismen[1].

An dem Aufbau der lebenden Substanz beteiligen sich vor allem die *Elemente*: $C, O, H, N, S, P, Fe, Na, K, Mg, Ca, Cl$. Diese 12 Elemente erscheinen nach ihrer allgemeinen Verbreitung in den verschiedensten Organismen und ihrer Unentbehrlichkeit in der Nahrung als *lebenswichtig* für die meisten Organismen. In vielen Organismengruppen kommen noch weitere Elemente in erheblichen oder nur in geringen Mengen regelmäßig vor. Entweder sind sie in unbelebten Hartteilen als Skeletsubstanzen eingelagert (Si, bei bestimmten Formen Sr), oder sie bilden Bestandteile spezieller funktionell wichtiger Körperstoffe (Cu, Mn, V, J), oder ihre Bedeutung ist unbekannt (z. B. Zn, Br, As, Al, Fl). Die mittlere Elementarzusammensetzung der lebenden Substanz in rohem Überschlag ist in Tabelle 1a für die Gesamtheit der Organismen nach Gewichtsprozenten, in Tabelle 2 für die wasserfreie lebende Substanz nach der prozentischen Häufigkeit der einzelnen Molekülarten wiedergegeben. Tabelle 3 gibt als Beispiel die mittlere Zusammensetzung von Säugetieren.

In der *Trockensubstanz des Protoplasmas* stehen ihrer Menge nach H, C, O, N allen anderen weit voran. Ihnen folgen mit einigen Zehntel- bis Hundertstelprozenten S, Na, Mg, K, Ca, Cl und P. Einige Hundertstel- bis Tausendstelprozente machen Fe und die mindestens bei sehr vielen Organismen unentbehrlichen Elemente Mn, Cu, J aus. Gegenüber jenen „stoffbildenden" Elementen werden sie als „akzessorische" Elemente bezeichnet. Für einige von ihnen ist bekannt, daß sie als Katalysatoren chemischer Reaktionen im Körper dienen; man hat sie daher auch „katalytische" Elemente genannt.

---

[1] Literatur am Schluß des Buches: VI; ferner: KIESEL, A.: Chemie des Protoplasmas. Berlin 1930. — HEILBRUNN, L. V.: The colloid chemistry of protoplasm. Berlin 1928.

Chemische und physikalische Eigenschaften der Organismen.

Der Vergleich von Tabelle 1 a mit b und c zeigt, daß eine Anzahl von Elementen in den Organismen gegenüber ihrer unbelebten Umgebung hochgradig, zum Teil um mehrere Zehnerpotenzen, *angereichert* sind. Zu diesen *„biophilen Elementen"* gehören vor allem die lebenswichtigen C, N, S und P.

Tabelle 1. Mittlere Zusammensetzung (in Gewichtsprozenten):

	a) der Organismen	b) der Hydrosphäre	c) der Atmosphäre
I.	10^1 $\;O, H$	O, H	N, O
II.	10^0 $\;C, N$	Cl, Na	—
III.	10^{-1} $\;S, P, K, Na$	Mg	—
IV.	10^{-2} $\;Mg, Ca, Cl, Fe$	S, K, Ca	—
V.	10^{-3} $\;Si, Cu$	Br, C	C
VI.	10^{-4} $\;Br$	$Fe?$	—
VII.	10^{-5} $\;Mn, F, As$	P	—
VIII.		J	—

Tabelle 2. Mittlere Häufigkeit der allgemein „lebenswichtigen" Atomarten in der Trockensubstanz des Protoplasmas (in Prozenten):

I.	$5 \cdot 10^1$	H
II.	$1 \cdot 10^1$	C
III.	$5 \cdot 10^0$	O
IV.	$1 \cdot 10^0$	N
V.	$5 \cdot 10^{-1}$	—
VI.	$1 \cdot 10^{-1}$	S
VII.	$5 \cdot 10^{-2}$	Na, K
VIII.	$1 \cdot 10^{-2}$	Mg, Cl, P, Ca
IX.		Fe

Tabelle 3. Mittlere Zusammensetzung von Säugetieren (Schaf, Schwein, Rind, Mensch) (in Gewichtsprozenten):

I.	$5 \cdot 10^1$	O
II.	$1 \cdot 10^1$	C
III.	$5 \cdot 10^0$	H
IV.	$1 \cdot 10^0$	N, Ca^1
V.	$5 \cdot 10^{-1}$	P
VI.	$1 \cdot 10^{-1}$	S, K, Na
VII.	$5 \cdot 10^{-2}$	Cl, Mg, Ca^2
VIII.		Fe
IX.	$1 \cdot 10^{-3}$	Si, Cu, Zn, Al
X.	$1 \cdot 10^{-4}$	Fl
XI [3].		Mn

In ihren *chemischen Verbindungen* spielen als Bildner der *organischen Verbindungen* des Protoplasmas C und die anderen „organogenen" Elemente O, H und N die Hauptrolle. Die Bedeutung des Kohlenstoffs[4] hängt mit dem bevorzugten Platz zusammen, den er im periodischen System der Elemente einnimmt; in der Mitte seiner Reihe stehend, hat er gleiche Affinitäten zu den negativen Elementen, wie O und den positiven Elementen, wie H. Daraus entspringt die Beständigkeit zahlreicher Zwischenstufen zwischen seinem höchsten Oxydationsprodukt (CO_2) und seinem höchsten Reduktionsprodukt (CH_4). Die Anzahl der in der Natur vorkommenden und künstlich herstellbaren C-Verbindungen übertrifft weit diejenige der bekannten Verbindungen sämtlicher übrigen Elemente zusammen. Bei keinem anderen Element verwandelt sich die Mehrzahl der Verbindungen so leicht und so mannigfaltig in andere. Die chemischen Fähigkeiten des Stickstoffs ähneln in vieler Hinsicht denen des ihm im System der Elemente benachbarten Kohlenstoffs, so im Auftreten von Verbindungen, die H und O nebeneinander enthalten, in der Fähigkeit, mit der sich O-Verbindungen über Zwischenstufen in H-Verbindungen verwandeln.

Das lebende Protoplasma enthält eine Reihe hochzusammengesetzter organischer Verbindungen, die in der Natur nur in Organismen gebildet werden. Wahrscheinlich sind manche unter ihnen so labil, daß sie schon zerfallen, wenn man ein Lebewesen tötet, um es chemisch zu untersuchen. Bekannt sind *Eiweißkörper*, *Kohlehydrate*, *Fette* und die nach gewissen gemeinsamen Merkmalen als *Lipoide* zusammengefaßten Körper: *Sterine* (bei den Tieren vor allem *Cholesterin*, bei

---

[1] Ca mit Knochen.   [2] ohne Knochen.   [3] $10^{-6} - 10^{-7}\,J$.
[4] STOCK, A.: Der Triumph des Kohlenstoffs. Naturwiss. **13** (1925).

Pflanzen *Phytosterine*) und *Phosphatide* (*Lecithine*). Hauptbestandteile des lebenden Protoplasmas sind vor allem Eiweißkörper, die stets H, C, O, N und S, zum Teil auch P enthalten; unter ihnen sind stets hochkomplizierte *phosphorsäurehaltige* Eiweißverbindungen, die *Nucleoproteide*, vorhanden.

Analysen des Protoplasmas von Schleimpilzen (REINKE u. RODENWALDT) ergaben in der Trockensubstanz (abgesehen von Calciumcarbonat) rund in Prozenten:

Eiweißkörper { P-haltige (Phosphorproteide und Nucleoproteide). 40
{ P-freie 15
Kohlehydrate 12
Fette 12
Cholesterin 2
Lecithin 0,3
Salze 7
Rest (unbestimmt u. a.) 11

Wasser macht stets über 70% des lebenden Protoplasmas aus. Unter den nie fehlenden *Salzen* herrschen Chloride und Phosphate vor, in denen als Kationen Na, K, Ca und Mg auftreten. Diese Elektrolyte sind von wesentlicher Bedeutung für die physikalischen Zustände der kolloidalen organischen Protoplasmabestandteile, für Quellung und Entquellung, Diffusion und Osmose, Adsorptionserscheinungen und Entstehung elektrischer Potentialdifferenzen innerhalb der Zellen und an äußeren Grenzflächen.

Eiweißkörper, Lipoide, Wasser und Salze sind nie fehlende, integrierende Bestandteile des Protoplasmas; Kohlehydrate und Fette sind mehr ein Reservematerial, das gelegentlich fehlen kann. Die Gesamtmenge der organischen Bestandteile bestimmt den *Energiegehalt* des Körpers. Er läßt sich unmittelbar feststellen durch Verbrennung der Körpersubstanz in einer calorimetrischen Bombe, angenähert berechnen aus dem Eiweißgehalt (durchschnittliche Verbrennungswärme 5,8 Cal.) und Fettgehalt (durchschnittliche Verbrennungswärme 9,4 Cal.) des Körpers. Der Gesamtenergiegehalt des Tierkörpers schwankt um 2 Cal. pro 1 g Körpersubstanz (für Insecten und Wirbeltiere verschiedener Größe und Entwicklungsstadien).

Der *physikalische Zustand* des Protoplasmas ist in erster Linie durch den hohen *Wassergehalt* und den Gehalt an *Kolloiden*, besonders Eiweißkörpern, bestimmt.

Die *Dichte* lebender Zellen (Protozoen) liegt wenig über 1 (1,02—1,09).

Schon H. v. MOHL hat das Protoplasma als eine „zähe Flüssigkeit" bezeichnet, und besonders RHUMBLER[1] hat den Beweis geführt, daß lebendes Protoplasma sich in flüssigem Aggregatzustand befinden kann. Der Grad seiner Viscosität ist sehr verschieden. Die Protoplasmakonsistenz kann alle möglichen Stufen zwischen dünnflüssig und steifgallertig annehmen. Durch reversible Entmischungsvorgänge können sich zwei oder mehr Phasen vorübergehend voneinander trennen. Weder unmittelbare Beobachtungen noch theoretische Erwägungen zwingen zu der Annahme, daß es irgendeine allgemeine Struktur des Protoplasmas geben müsse[2]. Die uns bekannten physikalischen Eigenschaften sind schon aus der Kolloidnatur des Protoplasmas erklärbar. Den seit BÜTSCHLI oft beobachteten „Wabenstrukturen" liegt in den meisten Fällen eine Emulsion zugrunde, deren Tröpfchen in BROWNscher Molekularbewegung durcheinander wirbeln oder sich gegeneinander abplatten können. In der *Zelle* sind immer Strukturteile verschiedener Konsistenz vereinigt.

---

[1] RHUMBLER, L.: Das Protoplasma als physikalisches System. Erg. Physiol. 14 (1914).
[2] GIERSBERG, H.: Untersuchungen zum Plasmabau der Amöben, im Hinblick auf die Wabentheorie. Arch. Entw.mechan. 51 (1922). — SPEK, J.: Neue Beiträge zum Problem der Plasmastrukturen. Z. Zellenlehre 1 (1924).

Sehr häufig entstehen im Protoplasma reversibel oder irreversibel fadenförmige *Strukturen* (Fasern verschiedener Art, Fibrillen). Sie besitzen alle das gleiche optische Verhalten: sie sind positiv einachsig doppeltbrechend mit Richtung der optischen Achse in der Faserachse. Die Anisotropie dieser Fasern beruht offenbar auf einer gesetzmäßigen Zusammenordnung kleinster Kolloidteilchen (Submikronen[1]). Es ist wahrscheinlich, daß in vielen Fällen die im flüssigen Protoplasma enthaltenen Submikronen (Micellen) selbst anisotrop sind, wie dies schon früh von dem Botaniker NÄGELI (1858) vertreten wurde. Der Feinbau solcher anisotropen Micellen kann parakrystallin (Parallelstellung der Moleküle mit einer bevorzugten Achse, so in flüssigen Krystallen, doppeltbrechenden Flüssigkeiten) oder raumgitterkrystallin sein. Die Ordnung der Micellen bei Strukturbildungen im lebenden Protoplasma kann eine der Krystallisation entsprechende Selbstordnung (Micellarkrystallisation) sein, die durch Entquellung gefördert wird. Sie kann auch durch äußere Kräfte (Dehnung oder Pressung eines Gels, Fließen eines Sols) beeinflußt werden. Das optische Verhalten lebender Teile kann durch die Feinbaueigenschaften eines Bestandteils bestimmt werden; jedoch ist ein Vergleich ganzer organisierter Einheiten mit flüssigen Krystallen nicht berechtigt. Die Organismen sind stets heterogene Systeme.

Die *Lebenserscheinungen* sind sicher nicht auf die chemische Natur eines bestimmten einzelnen Stoffes („lebendes Eiweiß") zurückzuführen. Früher wurde oft eine Zusammensetzung des Protoplasmas aus kleinsten „elementaren Lebenseinheiten" (Pangene von DE VRIES, Biophoren WEISMANNS, Protomeren HEIDENHAINS u. a.) angenommen, „Molekülverbänden", die noch die Lebenseigenschaften besitzen sollten. Doch wird diese Hypothese durch keinerlei Erfahrungen gestützt. Soweit wir die Lebenserscheinungen bisher überhaupt zu analysieren vermögen, sehen wir sie auf dem Zusammenwirken verschiedener Strukturen, Stoffe und physikalischer Zustände beruhen. Allerdings wissen wir, daß es innerhalb der Zelle *Teilkörper* gibt, die wachsen und sich durch Teilung vermehren, in diesem Sinne also Individuen sind. Ob sie an sich noch als lebend zu bezeichnen sind, ist aber fraglich, da sie nur in dem ganzen lebenden System der Zelle das wichtigste Kennzeichen des Lebens, Erhaltungsfähigkeit, besitzen.

B. Die Zelle.

Der einfachste Organismus, den wir kennen, ist die Zelle[2]. Wir unterscheiden an ihr als ständige Differenzierungen des lebenden Protoplasmas den Zelleib oder das *Cytoplasma* und den *Zellkern*. Der Körper der Tiere besteht entweder aus einer Zelle oder baut sich aus vielen Zellen auf. Zellen entstehen nur aus Zellen, Kerne nur aus Kernen durch Teilung oder Verschmelzung.

Ob es *kernlose Organismen* gibt (*Moneren* HAECKEL) ist zweifelhaft. Bei Bakterien, Cyanophyceen und Spirochäten konnten allerdings bis jetzt keine sicher kernartigen Gebilde nachgewiesen werden[3].

Die *Geschichte der Zellenlehre* beginnt mit Gelegenheitsbeobachtungen des englischen Physikers ROBERT HOOKE (1635—1673), der mit einem von ihm konstruierten Mikroskop in Korkplättchen unzählige kleine, allseitig geschlossene Hohlräume fand und sie „Zellen" nannte (Micrographie 1667). Wissenschaftlich begründet wurde die zellige Zusammen-

---

[1] SCHMIDT, J. W.: Der submikroskopische Bau der tierischen Gewebe erschlossen aus der Polarisationsoptik. Arch. exper. Zellforschg 6 (1928).

[2] HEIDENHAIN, M.: Plasma und Zelle I, II, Jena 1907, 1911. — BUCHNER, P.: Praktikum der Zellenlehre, Berlin 1915. — WILSON, E. B.: The cell in development and heredity. 3. Ed. New York. 1925. — HÖBER, R.: Physikalische Chemie der Zelle und der Gewebe, 6. Aufl., Leipzig 1926. — BĚLAŘ, K.: Die cytologischen Grundlagen der Vererbung. Handbuch der Vererbungswissenschaft 1, Berlin. 1928. — GURWITSCH, A.: Morphologie und Biologie der Zelle, Jena 1904.

[3] PIETSCHMANN, K.: Die Zellkernfrage bei den Bakterien. Arch. Mikrobiol. 2 (1931).

setzung des Pflanzenkörpers durch MARCELLO MALPIGHI (1628—1694, Anatome plantarum 1675, 1679) und NEHEMIA GREW (1641—1712, Anatomy of plants 1682). 1831 entdeckte ROBERT BROWN (1773—1858) den pflanzlichen Zellkern. Schon 1837 wurden die Zellen von FRANZ FERD. JUL. MEYER (Neues System der Pflanzenphysiologie) als die „wesentlichen Elementarorgane" bezeichnet. 1838 wurde von J. M. SCHLEIDEN der Gedanke einer grundsätzlichen Identität aller morphologisch und physiologisch noch so verschiedenen Zellen des Pflanzenkörpers auf Grund einer — im einzelnen allerdings ganz falsch aufgefaßten — Identität ihrer Entstehung entwickelt. Daß ebenso wie dem Bau der Pflanzen auch dem der mannigfaltigen tierischen Gewebe dasselbe Elementarorgan, die Zelle, zugrunde liegen müsse, wurde wohl vereinzelt, so von DUTROCHET (Recherches sur la structure intime des animaux et des végétaux 1829) und von OKEN (Allgemeine Naturgeschichte, IV, Bd. 1833) behauptet, aber erst von TH. SCHWANN, der auch den Kern tierischer Zellen entdeckte, eingehend begründet (Mikroskopische Untersuchungen über die Übereinstimmung in der Struktur und dem Wachstum der Tiere und Pflanzen 1839). HUGO V. MOHL wies auf den lebenden Inhalt der Pflanzenzelle hin und nannte ihn Protoplasma (1846). KÖLLIKER leitete als erster alle Zellen der tierischen Gewebe von der Eizelle ab (Entwicklungsgeschichte der Cephalopoden 1844). REMAK behauptete allgemein die Entstehung sämtlicher Zellen durch Teilung nach vorausgegangener Teilung der Kerne (1852). MAX SCHULTZE übertrug den Protoplasmabegriff auf Grund seiner Studien an Rhizopoden (Über Muskelkörperchen und das, was man eine Zelle zu nennen habe) auf die tierische Zelle (1861) und definierte diese als „ein Klümpchen Protoplasma, in dem ein Kern liegt". BRÜCKE sprach die Zellen in ganz reifer moderner Weise als „*Elementarorganismen*", die Träger der Lebenserscheinungen, an (1861).

Ob es außer Cytoplasma und Kern noch andere in *allen* Zellen vorhandene Differenzierungen des Protoplasmas gibt, die das Vermögen der Selbstteilung besitzen, ist fraglich. Großen Organismengruppen sind solche Teilkörper, *Dauerorganellen* der Zellen, die wir als *Plasten* (BĚLAŘ) zusammenfassen, eigen.

Bei tierischen Zellen und vielen Protisten sind höchstwahrscheinlich die *Cytocentren* solche Dauerstrukturen, die vor allem bei der Zellteilung in Funktion treten.

Die *Trophoplasten* (Chloro- und Leucoplasten) der autotrophen Protisten und der Pflanzenzellen werden fast allgemein als Dauerorganellen angesprochen, die nur aus ihresgleichen durch Teilung entstehen können.

Die *Mitochondrien* und der sogenannte GOLGI-*Apparat* sind weit verbreitet und scheinen sich durch viele Zellgenerationen hindurch zu erhalten. Schließlich können sie aber doch aus dem Cytoplasma neu gebildet werden. Bei vielen Flagellaten vermehren sich die *Basalkörner* der Geißeln, bei einer Gruppe die *Blepharoplasten* (Abb. 239; S. 261) durch Teilung.

Außer den — mindestens generationenlang — dauernd vorhandenen Differenzierungen enthält das Cytoplasma fast stets verschiedenartige Gebilde, die aus Cytoplasma entstehen. Soweit wir ihnen eine bestimmte Funktion im Zelleben zuschreiben können, bezeichnen wir sie als *ergastische Differenzierungen*.

Die Feststellungen über den Bau der Zelle gründen sich nur zu kleinem Teil auf Beobachtungen an lebenden Zellen, zu viel größerem auf die Untersuchung fixierter und gefärbter Präparate. Die *Fixierung* beruht auf der Fällung der Protoplasmabestandteile durch Reagentien (wie Alkohol, Schwermetallsalze, Formalin), die Färbung darauf, daß die gefällten Protoplasmateile verschiedene Farbstoffe in verschiedenem Maße aufnehmen und festhalten. Bei der Fällung des Protoplasmas werden manche seiner geformten Bestandteile, vor allem die relativ festgallertigen, in naturähnlicher Form erhalten und können durch die Färbung deutlicher sichtbar gemacht werden. Vielfach werden aber die geformten Strukturen stark entstellt; und vor allem aus verhältnismäßig dünnflüssigen kolloidalen Lösungen können Gerinnungsstrukturen neu entstehen, die geformte Zellbestandteile vortäuschen können, welche im Leben nicht vorhanden sind. Die überwiegende Mehrzahl der in fixierten Zellen regelmäßig aufgefundenen Strukturen ist jedoch durch Beobachtungen an lebenden Zellen gesichert. Ein neuer Abschnitt der Erforschung des Baues und der Leistungen der Zellen wurde durch die Züchtung von Zellen aus vielzelligen Tieren in Nährlösungen (*Gewebekultur*) eingeleitet, die von HARRISON (1905) erfunden und besonders von CARREL ausgebaut wurde.

a) Das Cytoplasma.

Das undifferenzierte Cytoplasma kann optisch homogen sein. Eine allgemeine, d. h. immer vorhandene Struktur können wir ihm nicht zuschreiben. Feinkörnige, wabige oder faserige Strukturen treten häufig als reversible Gelegenheitsstrukturen auf oder bilden Übergänge zu bleibenden, von dem undifferenzierten Cytoplasma gesonderten Bildungen, Granulen, Vakuolen, Fibrillen.

Das undifferenzierte Cytoplasma ist der Mutterboden der *ergastischen Differenzierungen* des Zelleibes. Unter ihnen werden unterschieden 1. Plasmadifferenzierungen oder *euplasmatische Differenzierungen* und 2. Plasmaprodukte oder *alloplasmatische Differenzierungen*. Die ersten werden als Zustände des lebenden Cytoplasmas angesehen, die sich unter Umständen wieder in undifferenziertes Cytoplasma zurückverwandeln können. Zu ihnen rechnet man vor allem die Flimmern (Geißeln, Wimpern), die Myo-, Neuro- und Stützfibrillen. Die Plasmaprodukte sind unbelebte Einschlüsse oder äußere Auflagerungen des Cytoplasmas, Abscheidungen aus dem lebenden Cytoplasma oder tote Umwandlungsprodukte eines Cytoplasmateiles. Solche Plasmaprodukte sind von der verschiedensten chemischen Natur und Bedeutung im Zelleben. Zu ihnen gehören Sekrete aller Art, Enzyme, Schleim und Ausscheidungsstoffe, Fetttröpfchen, Glykogen, Eiweißschollen, Pigmentkörner, Gasbläschen, ferner im Cytoplasma gebildete Skeletkörper (von Thecamöben wie *Euglypha* [Abb. 343], Radiolarien [Abb. 350 bis 352], Schwämmen [Abb. 384], Anthozoen [Abb. 422], Echinodermen [Abb. 164 und schließlich die komplizierten Nesselkapseln der Cnidarien [S. 436]).

Nach außen und gegen die im Innern etwa vorhandenen Vacuolen wird das undifferenzierte Cytoplasma durch eine dünne, im allgemeinen semipermeable, optisch oft nicht wahrnehmbare Hautschicht (*Plasmamembran*) begrenzt. An der Zelloberfläche kann auch eine dickere und steifer gallertige euplasmastische Schicht, *Pellicula* (bei manchen Flagellaten, den Ciliaten) oder eine abgeschiedene *Zellmembran* vorhanden sein.

Vom Gesichtspunkt der Gestaltung aus können wir unterscheiden 1. spezifisch gestaltete oder *morphotische Differenzierungen* und 2. *amorphe Differenzierungen* der Zellen. Diese Trennung deckt sich nicht mit der oben gegebenen; denn auch in unbelebten Absonderungen, wie Skeletkörpern, Nesselkapseln können die spezifischen gestaltbildenden Fähigkeiten (morphogenetischen Potenzen) des Cytoplasmas ihren Ausdruck finden.

Die *Gestalt des Zelleibes* ist sehr verschieden. Die einfachste Form ist die Kugelgestalt. Eine Abweichung von ihr wird entweder durch Bewegungen des Cytoplasmas oder durch die Zusammenlagerung von Zellen im Gewebeverband oder durch feste Strukturen im Innern oder an der Oberfläche der Zellen (Zellskelete) bedingt.

Eine wichtige Lebenserscheinung des Cytoplasmas ist *geordnete Bewegung*. Sie spielt sich nicht nur an besonderen *Organstrukturen* (Flimmern, S. 103, 164ff., Muskelfibrillen, S. 168), sondern auch an undifferenziertem Cytoplasma in jeder lebenden Zelle ab. Die Bewegung undifferenzierten Cytoplasmas, *Plasmabewegung*, äußert sich in Gestaltveränderungen und in gerichtetem Strömen des Zellinnern. Auf Plasmabewegung beruht die Ortsveränderung und die Nahrungsaufnahme der Rhizopoden und der Wanderzellen im vielzelligen Organismus. Intracelluläre Plasmaströmungen spielen bei vielen Leistungen von Protozoen und Gewebezellen, sowie bei Entwicklungsvorgängen (Zellteilung, Stoffverteilung bei der Embryonalentwicklung u. a.) eine Rolle. Plasmabewegungen sind immer an den flüssigen Zustand des Protoplasmas gebunden, sie sind aber sehr oft mit reversibeln Zustandsänderungen (Gelbildung, Entquellung, Quellung) verknüpft.

Die einfachste Form der Fortbewegung von *Rhizopoden* und *Wanderzellen* ist die *amöboide Bewegung*. Hierbei fließt der ganze Körper in einer Richtung mit einem einzigen oder wenigen lappigen oder fingerförmigen Fortsätzen, *Pseudopodien*, fort, oder der Körper streckt abwechselnd nach verschiedenen Seiten fingerförmige Pseudopodien aus. Stets strömt bei der amöboiden Bewegung das Cytoplasma im Innern nach der Kuppe des vortretenden Pseudopodiums oder dem vorderen Pol des vorwärts fließenden Tieres. Dieser *Axialstrom* biegt bei manchen Amöben an der Spitze um und wendet sich als sogenannter oberflächlicher Ausbreitungsstrom springbrunnenartig nach hinten (Abb. 1 a, b). Solche amöboide Bewegungen lassen sich mit leblosen Flüssigkeiten bzw. Flüssigkeitsgemengen nachahmen. Man darf bei derartigen Nachahmungen oder *Modellversuchen*[1] nie vergessen, daß ähnliche mechanische Ergebnisse nicht aus gleichermaßen ähnlichen mechanischen Systembedingungen hervorgegangen sein müssen. Aber außerordentlich viele Versuche sprechen doch dafür, daß das als flüssig erwiesene Protoplasma die ihm als Flüssigkeit von vornherein physikalisch zu Gebote stehenden Bedingungen, Grenzschichtspannungen, Oberflächenspannungen, wirklich zu mechanischen Leistungen benützt. Tropfen einfacher Flüssigkeiten (von Ölen, Quecksilber u. a.) oder von Schaumgemischen (Ölseifenschäumen) führen amöboide Bewegungen aus, wenn an ihnen örtliche *Verschiedenheiten der Oberflächenspannung* herrschen. An der Stelle, wo die Oberflächenspannung herabgesetzt wird, treten *Ausbreitungsströme* auf (Abb. 2), welche

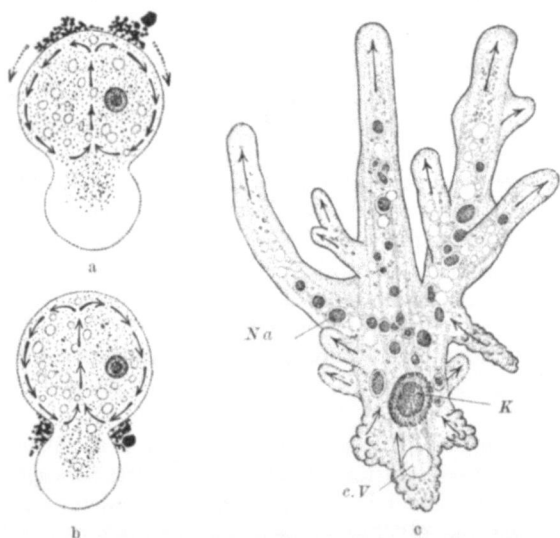

Abb. 1. Zwei Formen der amöboiden Bewegung. a, b *Amoeba blattae* in fließender Vorwärtsbewegung; Ausbreitungsströme verschieben die oberflächlich anhaftenden Teilchen (nach RHUMBLER). c *Amoeba proteus* mit fingerförmigen Schlauchpseudopodien (nach LEIDY 1879 aus KÜHN 1926). *c.V* kontraktile Vakuole, *K* Kern, *Na* Nahrungsvakuole.

von Axialströmen gespeist werden. Hierbei können die ganzen Tropfen in der Richtung des Axialstromes fortwandern (Abb. 2 a), oder es werden mannigfach gestaltete amöboide Fortsätze mit längeren Axialströmen und kürzeren, an der Oberfläche endenden Rückströmen gebildet (Abb. 2 b).

In den meisten Fällen entspricht die Plasmabewegung der Rhizopoden aber nicht einfach dem Verhalten einer Flüssigkeit, sondern an gewissen Teilen des Cytoplasmas geht eine reversible Zustandsänderung vor sich, die für die Gestalt der Pseudopodien wesentlich ist.

Viele Amöben, besonders solche mit fingerförmigen (lobosen, Abb. 1 c) oder fadenförmigen (filosen) Pseudopodien, besitzen auf ihrer Oberfläche eine nicht mehr leicht flüssige, sondern eine offenbar unter dem Einfluß der Berührung mit dem Wasser reversibel *gelatinierte Oberflächenschicht*, die sich manchmal geradezu

---

[1] RHUMBLER, L.: Methodik der Nachahmung von Lebensvorgängen durch physikalsche Konstellationen. Handbuch der biologischen Arbeitsmethoden, Abt. V, 3, 1923.

als eine Hautschicht (*Ectoplasmahaut*) von dem leicht flüssigen Innenplasma (*Endoplasma*) absetzen kann. Bei solchen Rhizopoden wird die Oberflächenspannung mit der Gelatinierung außer Kraft gesetzt. Aber die gelatinierte Oberflächenschicht wirkt mechanisch ähnlich wie die Oberflächenspannung einer flüssigen Oberfläche, nämlich wie eine elastisch gespannte Haut. Diese elastische Hautspannung ist da am geringsten, wo ein Pseudopodium vorwächst. Hier wird das Cytoplasma in begrenzter Ausdehnung ganz flüssig. Die zur Kuppe eines Pseudopodiums gerichteten *Axialströme* fließen in diesen Fällen (bei den sogenannten *Schlauchpseudopodien*) in einem festen Schlauch. Sie führen nicht zu rückfließenden Ausbreitungsströmen, sondern zu einer Vergrößerung der gelatinierten Oberfläche. An Stellen, von denen das flüssige Entoplasma wegströmt, zieht sich das Ectoplasma zusammen, und seine unteren Schichten werden wieder in Entoplasma aufgelöst.

Bei den dünnen, fadenförmigen Pseudopodien, den *Axopodien* (*Stereopodien*), der *Heliozoen*, *Radiolarien* und *Foraminiferen* befindet sich nur die äußere Rindenschicht in leicht flüssigem Zustande (*Rheoplasma*), während die Achsenteile unter reversibler Gelatinierung in gallertig festen Zustand (*Stereoplasma*) übergehen, wenn das Pseudopodium sich ausstreckt, und wieder verflüssigt werden, wenn das Pseudopodium wieder eingezogen wird. Die *Stereoplasmaachse* ist *doppeltbrechend*, das Rheoplasma einfachbrechend.

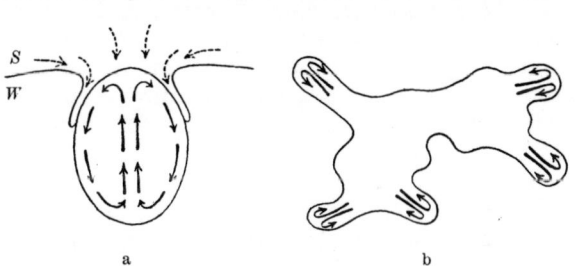

Abb. 2. Modellversuche zur amöboiden Bewegung. a Öltropfen an der Grenze zwischen Seifenlösung (*S*) und Wasser (*W*). b Ölschaumseifentropfen in amöboider Bewegung. Die Pfeile zeigen die Strömungsrichtungen an. (Nach STEMPELL u. KOCH.)

Das Stereoplasma geht aus dem Rheoplasma hervor durch Ordnung submikroskopischer Rheoplasmateilchen. Es ist sehr wahrscheinlich, daß das flüssige Cytoplasma schon stäbchenförmige Micellen enthält (vgl. S. 9), die bei der Bildung des Achsenfadens sich untereinander und der Pseudopodienachse parallel zusammenlegen; damit gewinnt das Stereoplasma seine charakteristischen mechanischen und optischen Eigenschaften. Durch Aufhebung der Ordnung der Micellen wird der Achsenfaden wieder aufgelöst, in Rheoplasma zurückverwandelt[1].

b) Der Zellkern.

Der Zellkern (*Nucleus*, *Caryon*) ist ein gegen das Cytoplasma scharf abgegrenzter Protoplasmabereich. Die Gestalt des Kernes ist meist kugelig oder ellipsoid, kann indessen auch stabartig gestreckt, hufeisenförmig, ringförmig, perlschnurförmig oder verzweigt sein. Der Kern ist meistens und ursprünglich wohl überall in Einzahl in der Zelle vorhanden. Vielkernige Zellkörper können entweder durch Kernteilung ohne Teilung des Zelleibes entstehen (*Plasmodien*); oder es können mehrere ursprünglich getrennte Zellen verschmelzen und so ihre Kerne in einen einheitlichen Zelleib gelangen (*Syncytien*).

In physikalischer und chemischer Hinsicht unterscheiden sich die Kerne in einer Reihe von Merkmalen vom Cytoplasma. Oft hebt sich der Kern im Leben durch sein Lichtbrechungsvermögen vom Cytoplasma ab. Meist scheint seine Konsistenz steifer gallertig als die des Cytoplasmas zu sein. Manchmal kann er

---

[1] SCHMIDT, W. J.: Rheoplasma und Stereoplasma, Protoplasma **7** (1929).

aber auch als Flüssigkeitstropfen erscheinen. Chemisch sind die meisten Kerne durch den Gehalt an *Nucleoproteiden* gekennzeichnet. In gewissen Kernen konnten diese kompliziert aufgebauten phosphorsäurehaltigen Eiweißverbindungen allerdings nicht nachgewiesen werden; aber höchstwahrscheinlich sind sie in bestimmten Entwicklungsstadien in allen Kernen enthalten. Ferner scheinen allgemein die im Cytoplasma stets nachweisbaren K·-, Cl'-, Phosphat- und Carbonationen im Kern völlig zu fehlen. Dieser Umstand und die Tatsache, daß Vitalfarbstoffe nicht in den Kern eindringen, lassen auf eine besondere, von der des Cytoplasmas verschiedene Permeabilität der Grenzschicht Kern-Cytoplasma schließen. In manchen Fällen ist eine deutlich differenzierte *Kernmembran* vorhanden, besonders bei den sogenannten Bläschenkernen mit verhältnismäßig dünnflüssigem Kerninhalt. Hier kann die Membran bei Flüssigkeitsaustritt sich fälteln, bei Platzen des Kernes als zusammenschrumpfender Sack sich entleeren.

Im lebenden Kern sind fast immer, in Einzahl oder Mehrzahl, *Nucleolen* (Kernkörperchen) enthalten. Sie sind meist kugelige, manchmal auch anders gestaltete Körperchen von verschiedener Größe (Abb. 3, 5, 6 a, 10 i, k). Sie besitzen ein verhältnismäßig hohes Lichtbrechungsvermögen, meist zähflüssige oder steif gallertige Konsistenz und in der Regel starke Affinität zu sauren Anilinfarbstoffen. Höchstwahrscheinlich gehören die Nucleolen nicht zum lebenden Protoplasma, sondern sind Stoffwechselprodukte des Kerns, ob Abbaustoffe oder Reservestoffe ist ungewiß.

Der übrige Kerninhalt, das Kernplasma oder *Caryoplasma*, erscheint in vielen Fällen im Leben auch mit dem Ultramikroskop optisch homogen. Häufig enthält er in BROWNscher Molekularbewegung befindliche Submikronen. Polarisationsmikroskopische Untersuchungen lassen auf die Anwesenheit negativ einachsig doppeltbrechender Micellen in lebenden Kernen schließen[1]. In fixierten und gefärbten Kernen werden fast immer körnige, netzartige oder wabige Strukturen sichtbar (Abb. 3 b, 4 b, 15 g). Vielfach hängt es ganz von dem Fixierungsmittel ab, ob das Caryoplasma in der einen oder in der andern Form, dichter oder lockerer strukturiert erscheint. Es ist daher kein Zweifel, daß die meisten dieser Strukturen der Präparate nur Fällungsstrukturen des kolloidalen Caryoplasmas sind, zumal da es sich vielfach um Strukturen handelt, die auch aus nicht organismischen, völlig homogenen Kolloiden als Koagulationsstrukturen durch verschiedene Mittel erhalten werden können.

In vielen Fällen kann man jedoch schon in durchfallendem Licht feine Körnchen, Fäden, verästelte Stränge oder andersartige Gebilde im lebenden Caryoplasma erkennen; und bei der Fixierung stellen sich die schon im Leben sichtbaren Gebilde als gröbere Balken oder Knotenpunkte eines Niederschlagsgerüstes dar. Dieses *Kerngerüst* der Präparate, oder wenigstens seine dichteren Teile, pflegen eine starke Affinität zu basischen Anilinfarbstoffen und anderen sogenannten „Kernfarbstoffen" (Carmin, Hämateinlacke[2]) zu haben. Man hat die stark färbbare Substanz als *chromatische Substanz* (*Chromatin*) bezeichnet. Die Grundmasse, die sich innerhalb des Kernraumes zwischen den Nucleolen und den Teilen des Kerngerüstes findet, wird vielfach Kernsaft (*Caryolymphe*) genannt, wobei offen bleibt, ob diese Trennung immer dem lebenden Zustand des Kerns entspricht. Daß das Caryoplasma niemals ein wirklich durch und durch gleichförmiges Gemenge

---

[1] SCHMIDT, J. W.: Der submikroskopische Bau des Chromatins, I, Zool. Jahrb., Abt. allg. Zool. 45 (1928). — Die Ergebnisse der NAEGELIschen Micellarlehre bei der Erforschung des Organismus, Naturwiss. 16 (1928).

[2] BECHER, S.: Untersuchung über Echtfärbung der Zellkerne mit künstlichen Beizenfarbstoffen und die Theorie des histologischen Färbeprozesses, Berlin 1921.

verschiedener Substanzen ist, sondern eine *vitale innere Architektur* besitzt, zeigen unmittelbar die Kernteilungserscheinungen und muß aus den Vererbungserscheinungen geschlossen werden.

c) Das Cytocentrum.

Die Cytocentren spielen bei der Kernteilung ihre Hauptrolle. Sie wurden etwa gleichzeitig von E. VAN BENEDEN und TH. BOVERI 1876 in *Ascaris*-Furchungszellen entdeckt. Ihre allgemeine Verbreitung auch während der Zellruhe ist für alle Metazoenzellen und für viele Protisten sehr wahrscheinlich.

In den meisten Fällen ist der dauernde Bestandteil des Cytocentrums ein scharf abgegrenztes sehr kleines Korn, das *Centriol* oder *Centralkörperchen*. Dies liegt in der Zeit zwischen zwei Kernteilungen im Cytoplasma, manchmal vom Kern entfernt (Abb. 3), häufiger in dessen Nähe, zuweilen in einer Bucht des Kernes eingesenkt. Bei einigen Protozoen liegt es im Kern. Sehr häufig ist das Centriol schon in der ruhenden Zelle geteilt (als sogenanntes *Diplosom*) zu finden. Um das Centriol ist bisweilen auch in ruhenden Zellen eine homogene oder alveoläre cytoplasmatische Differenzierung, das *Centrosom* (*Centroplasmakugel*, *Archoplasma*) entwickelt (Abb. 4 b). Von dessen Oberfläche kann eine radiäre Strahlung feiner cytoplasmatischer Fäden, die *Astrosphäre*, ausgehen (Abb. 3 b). Bei einigen Protozoen ist das Cytocentrum eine unscharf begrenzte Protoplasmaverdichtung, in der ein Centriol bisher nicht nachgewiesen werden konnte.

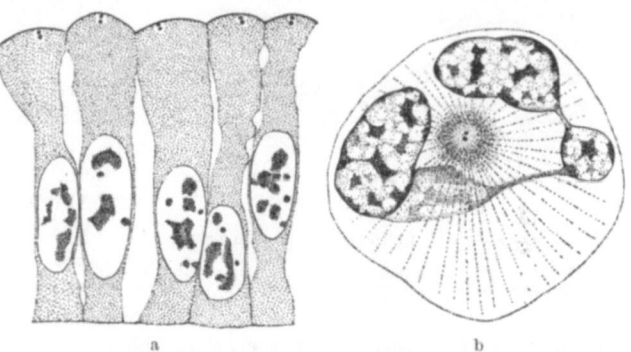

Abb. 3. Cytocentren in ruhenden Zellen. a Epithelzellen aus dem Vorderdarm eines Entenembryos; Diplosom nahe der Zelloberfläche (nach HEIDENHAIN 1907). b Leucocyt vom Salamander; Diplosom in Archoplasma mit Sphäre (nach BĚLAŘ aus HARTMANN 1927).

Die Cytocentren nehmen an der Bildung ergastischer Differenzierungen teil bei der Erzeugung von Teilungsstrukturen (S. 18 ff.); ferner geht die Bildung der Achsenfäden in den Schwanzfäden der Spermien (S. 59), von Geißeln und Axopodien einiger Protozoen von ihnen aus.

Über die stoffliche Beschaffenheit der Centriolen wissen wir nichts. Sie sind jedenfalls verhältnismäßig sehr dichte Körperchen. Die Centrosomen erscheinen nach Versuchen an lebenden Zellen, in denen sie häufig zu sehen sind, als ein dem umgebenden Cytoplasma gegenüber konzentrierteres Gel.

d) Die Mitochondrien.

Die Mitochondrien (BENDA, 1898; *Chondriosomen*, *Plastosomen*, Abb. 4) sind kugel-, stäbchen- oder fadenförmige Strukturen von zähflüssiger Konsistenz. Durch ihr etwas stärkeres Lichtbrechungsvermögen lassen sie sich in vielen Zellen schon im Leben im undifferenzierten Plasma erkennen. Sie sind in Alkohol und Chloroform löslich. Affinität zu bestimmten Farbstoffen ist für sie charakteristisch (Vitalfärbung mit Janusgrün B, nach Fixierung Färbung mit Säurefuchsin u. a.). Sie scheinen fast in allen Zellarten des Tier- und Pflanzenreiches vorzukommen.

Vielleicht sind die Mitochondrien an der Bildung ergastischer Differenzierungen in der Weise beteiligt, daß Enzyme, Pigmente u. a. Stoffwechselprodukte in ihnen oder in ihrer unmittelbaren Nähe entstehen (S. 106). Daß aus ihnen unmittelbar fibrilläre Strukturen (Muskelfibrillen usw.) entstehen, ist wiederholt behauptet worden, aber sehr unsicher.

e) Der Golgi-Apparat.

Der GOLGI-Apparat (Apparato reticolare interno, Binnengerüst) besteht in seiner typischen Ausbildung (bei Wirbeltieren) aus einem Netzwerk (Abb. 5), in anderen Fällen aus unzusammenhängenden Fäden oder Körnern (Abb. 13d). Diese Bildungen, die durch ihr Verhalten gegen bestimmte Reagentien ausgezeichnet sind (Schwärzung mit Osmiumtetroxyd, Imprägnierbarkeit mit Silbersalzen) sind vielfach in der Umgebung des Cytocentrums der ruhenden Zelle gelagert. Selten ist es gelungen, den GOLGI-Apparat in der lebenden Zelle zu sehen. Er scheint aus einer ver-

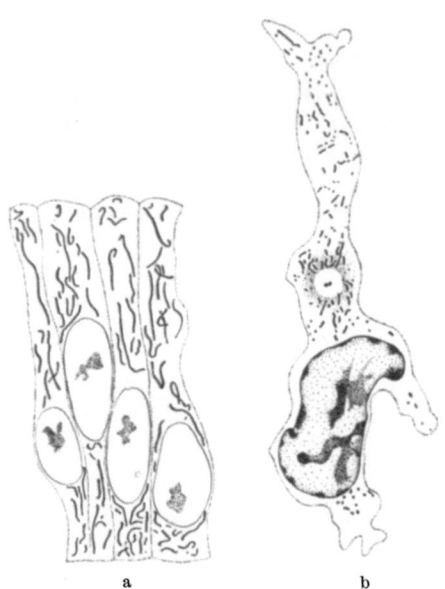

Abb. 4. Mitochondrien. a Epithelzellen aus dem Darm eines Hühnerembryos. b Kriechender Leucocyt von der Salamanderlarve; Mitochondrien um das Cytocentrum angehäuft. (Nach MEVES 1908 und 1910.)

hältnismäßig dünnflüssigen Masse zu bestehen. Vielleicht steht diese Differenzierung zu Sekretbildung und Stoffspeicherung in funktioneller Beziehung (S. 106).

f) Die Zellteilung.

Die Vermehrung der Zelle erfolgt durch Zellteilung. Diese ist meist eine Teilung in zwei gleiche Stücke. In gewissen Fällen entstehen zwei ungleich große Teilstücke (Zellknospung). Die wesentlichen Vorgänge sind in beiden Fällen gleich.

Die typische Vermehrungsweise des *Kerns* ist die *Mitose* (*Caryokinese, indirekte Kernteilung*; entdeckt von A. SCHNEIDER 1873). Sie ist durch das Auftreten und die Teilung von *Chromosomen* und die Bildung einer *Spindel* gekennzeichnet. Bei der *direkten Kernteilung* oder *Amitose* werden keine Chromosomen und keine Spindel ausgebildet; häufig erfährt dabei der Kern überhaupt keine Strukturveränderung, sondern wird einfach hantelförmig durchgeschnürt. Als normale Teilungsweise ist Amitose nur bei Kernen festgestellt, die eine *beschränkte Lebensdauer* haben, bei dem Macronucleus der Ciliaten (S. 418) und bei Kernen von Geweben, die bald ihre Aufgabe erfüllt haben und dann zugrunde gehen.

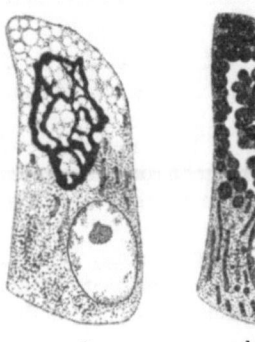

Abb. 5. GOLGI-Apparat in Pankreaszellen des Meerschweinchens. a Nach Imprägnierung mit Osmiumtetroxyd, die den GOLGI-Apparat schwärzt. b Dieselbe Zelle nach Bleichung und Färbung mit Eisenhämatoxylin; der GOLGI-Apparat erscheint als Lakunensystem („intracelluläres Kanälchensystem" HOLMGRENS). (Nach COWDRY 1924.)

Der *Ablauf der Mitose* (Abb. 6—10) stimmt in den Hauptzügen bei Protisten,

Metazoen- und Metaphytenkernen überein[1]. Er wird in vier Phasen abgeteilt. In der *Prophase* bilden sich aus dem Caryoplasma Fäden, die Chromosomen, heraus. Man bezeichnet jetzt allgemein diejenige Kernsubstanz, welche in die Chromosomen eingeht, als Chromatin (ohne Rücksicht auf ihr Färbungsverhalten im Ruhekern). Zwischen den Chromosomen bleibt eine strukturlose, verhältnismäßig dünnflüssige Kerngrundsubstanz zurück. Die Chromosomen sind in der

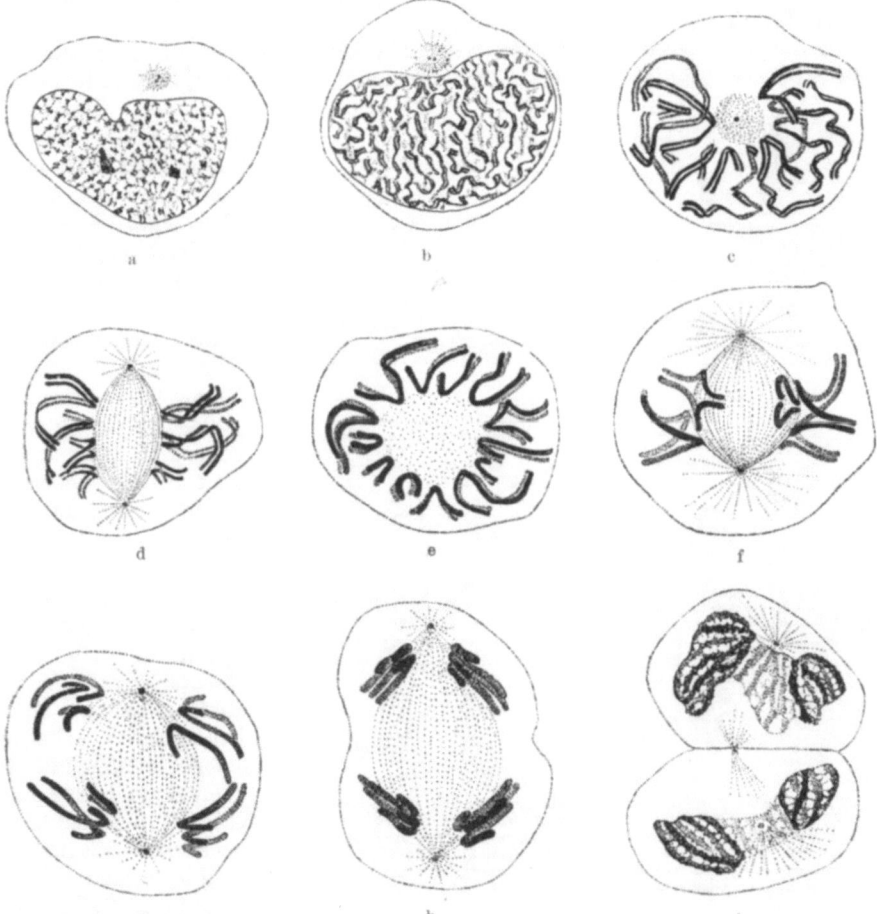

Abb. 6. Kern- und Cytoplasmateilung von Leucocyten von *Salamandra maculosa* (nach Schnittpräparaten; es sind nicht alle Chromosomen eingezeichnet). a Frühe Prophase. b Spätere Prophase, Herausbildung längsgespaltener Chromosomen. c Chromosomen fertig ausgebildet, Übergang zur Metaphase; Polansicht. d, e Metaphase. e Polansicht der Äquatorialplatte. f, g Anaphase. h, i Telophase. (Nach Bĕlař 1926.)

Regel zuerst sehr lang und vielfach durch den Kernraum gewunden. Dieser Kernzustand in der Prophase wird auch als Knäuel oder *Spirem* bezeichnet. Die Chromosomen verkürzen sich allmählich und werden dabei dicker und weniger gewunden. Sie werden schließlich zu schleifenförmigen oder winkelig abgeknickten Fäden, geraden Stäben oder auch eiförmigen oder kugeligen Gebilden. Meist tritt an ihnen schon in der Prophase ein *Längsspalt* auf, der jedes Chromosom in zwei Längshälften, die *Tochterchromosomen* teilt. Während dieser Vorgänge im Kern

---

[1] Bĕlař, K.: Der Formwechsel der Protistenkerne, Erg. Zool. **6** (1926).

teilt sich das *Cytocentrum*, und die Tochtercytocentren rücken auseinander. Dabei bildet sich in vielen Fällen zwischen den beiden auseinanderweichenden Cytocentren ein spindelförmiger Körper, die *Centralspindel*, aus (Abb. 7). Sie wird der Länge nach von feinen Fasern, den Verbindungs- oder *Stemmfasern* durchzogen. Von den Cytocentren gehen Strahlungen (*Astrosphären, Polstrahlungen*) in das Cytoplasma aus. Am Ende der Prophase verschwindet die Kernmembran. Die Nucleolen lösen sich auf oder sie werden ins Cytoplasma ausgestoßen, wo sie später verschwinden.

In der *Metaphase* (*Metakinese*) treten die Chromosomen, die jetzt die Konsistenz eines relativ festen, zähen Geles haben, mit der Centralspindel in Beziehung. Von den Cytocentren ausgehende Strahlen scheinen als „*Zugfasern*", vielleicht den Axsopodien eines Rhizopoden vergleichbar, die Chromosomen zu erfassen und an die Centralspindel heranzuziehen (Abb. 7). Dabei setzen sich die Zugfasern von einem Pol jeweils an der einen, die Zugfasern des andern Pols an der anderen der Spalthälften jedes Chromosoms an. Die Chromosomen werden um den Äquator der Centralspindel zu der *Äquatorialplatte* oder dem *Äquatorialring* (Mutterstern) geordnet. Schleifenförmige Chromosomen werden mit dem Winkel nach der Spindel zu, mit den Schenkeln nach außen gelagert. Die Umbiegungsstellen werden durch die Zugfasern

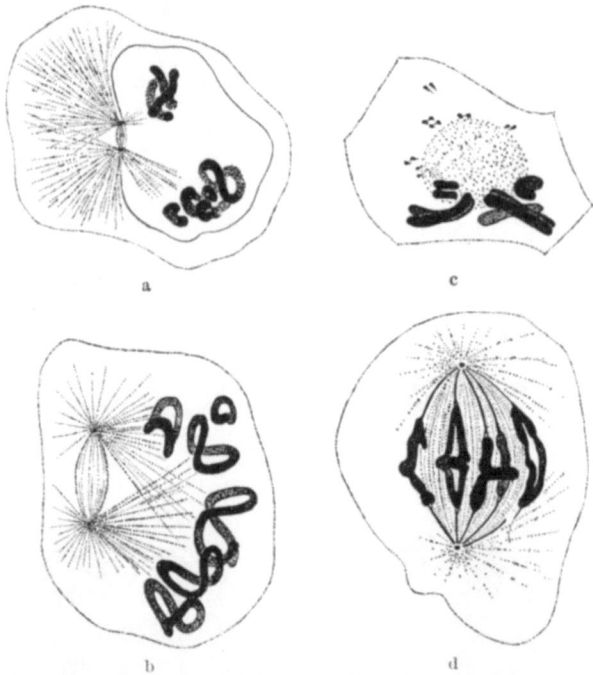

Abb. 7. Entfaltung des achromatischen Apparats bei der I. Spermatocytenteilung von Amphibien. a—c *Salamandra*, d *Batrachoseps*. a, b Bildung der Centralspindel (Stemmkörper) und Einstrahlen der Zugfasern in den Kernbezirk. c Metaphase in etwas schrägem Querschnitt; im Innern die Centralspindel, außen Chromosomen und quergeschnittene Zugfasern. d Frühe Anaphase, Zugfasern. (a—c nach DRÜNER 1895, d nach EISEN 1901.)

mit den Cytocentren verbunden. Diese sind nunmehr die *Pole* der Kernteilungsfigur (Teilungspole).

In der *Anaphase* rücken die beiden Hälften jedes Chromosoms auseinander und bewegen sich auf die Teilungspole zu. Wahrscheinlich werden sie durch die sich verkürzenden Zugfasern auseinander gezogen. Gleichzeitig verlängert sich die Zentralspindel durch Streckung der Stemmfasern und schiebt die Cytocentren und die an ihnen befestigten Tochterchromosomen auseinander. Wenn die Tochterchromosomengruppen (*Tochterplatten*, Tochtersterne) ihre Polwanderung beendet haben, setzt in der *Telophase* der Übergang der Chromosomen in einen Ruhekern ein. Die Chromosomen werden länger und stärker gewunden, ihre Oberfläche wird rauh und sie verästeln sich netzförmig. Eine Kernmembran tritt auf. Die Telophase stellt eine Umkehrung der Prophaseveränderung dar. Spindelfasern und Strahlung verschwinden.

Bei vielen Metazoen und Protisten spielen sich während der Mitose *cyclische Strukturveränderungen an den Cytocentren* ab, die Schlüsse auf die Bedeutung der *Centriolen als Erreger der Teilungsstrukturen* zulassen [1]. In allen Fällen, in denen sich im Cytocentrum ein Centriol nachweisen läßt, bleibt dieses stets von derselben Größenordnung und vermehrt sich durch Zweiteilung. Diese erfolgt häufig schon während der Metaphase oder Anaphase (Abb. 8), so daß am Ende der Teilung schon wieder ein Diplosom vorhanden ist. Das Centriol liegt häufig zuerst nackt

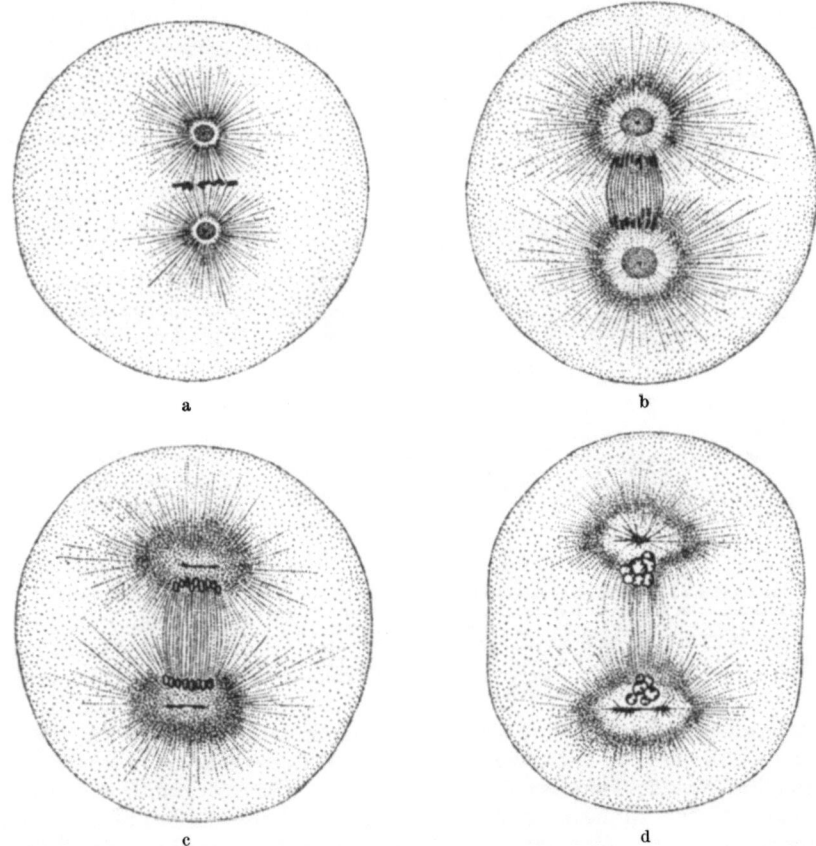

Abb. 8. Erste Teilung des Eies von *Echinus microtuberculatus*. a Metaphase. b Anaphase. c, d Telophase. In a und b Anwachsen des Centrosoms und der Sphäre; in c Centriolenteilung, Auflösung des Centrosoms; in d Bildung neuer Centrosomen und neuer Strahlungen um die Tochtercentriolen im Innern der alten Centrosomensubstanz. (Nach BOVERI.)

im Cytoplasma, dann gehen Strahlen von ihm aus, und um das Centriol bildet sich als kugelige Cytoplasmaanhäufung das Centrosom (Centroplasma) aus, das außen von der strahlig gebauten Sphärensubstanz umgeben ist (Abb. 8 a). Das Centrosom wächst bis zu einem bestimmten Stadium heran, auf dem auch die Polstrahlung ihren Höhepunkt erreicht (Abb. 8 b, 10 d). Dann löst sich das Centrosoma auf und die Astrosphäre geht zurück. Wenn die Zellteilungen rasch aufeinander folgen, wie in den frühen Teilungen von Embryonen (Abb. 8, 9) oder in gewissen Entwick-

---

[1] BOVERI, TH.: Über die Natur der Centrosomen (Zellenstudien 4), Jena 1901. — VEJDOVSKY u. MRAZEK: Umbildung des Cytoplasma während der Befruchtung und Zellteilung. Arch. mikrosk. Anat. **62** (1903).

lungsstadien von Protisten (Abb. 10), können sich innerhalb des Centroplasmas sofort um die Tochtercentriolen neue Strahlungen bilden, die allmählich das alte Centrosoma strahlig umformen, während die alte Astrosphäre sich spurlos mit dem umgebenden Cytoplasma vermengt und um die Tochtercentriolen neue Centrosomen entstehen (Abb. 9, 10 h—k).

Die Periode zwischen zwei Teilungen wird als *Interphase* (Interkinese) oder als Ruhezeit des Kerns und der Zelle bezeichnet. Der „Ruhekern" ist es allerdings gerade, der im Zellgeschehen (Stoffwechsel und Formbildung) Arbeit leistet.

Die *Varianten des Kernteilungsvorganges*, die bei Tieren, Pflanzen und Protisten vorkommen, sind untergeordneter Natur und betreffen vor allem den *achromatischen Apparat* (die achromatische Figur), d. h. die Ausbildung der Cytocentren, Strahlungen und Spindel. Die Tochtercytocentren können ohne Centralspindel auseinanderweichen, an entgegengesetzte Kernpole rücken und dann quer durch den Kernraum, vor oder nach Auflösung der Kernmembran, wahrscheinlich aus Caryolymphe, Verbindungsfasern bilden (Abbild 10a—d). Die Zugfasern können, anstatt als „Mantelfasern" die Spindel zu umhüllen, zwischen den Stemmfasern verlaufen, so daß die Chromosomen keinen Ring, sondern eine geschlossene Platte bilden. Bei vielen Pflanzen (Cormophyten), zahlreichen Protisten und bei den Reifungsteilungen vieler tierischen Eier (Abb. 50) fehlen Centriolen, und die Spindelfasern verlaufen ungefähr parallel.

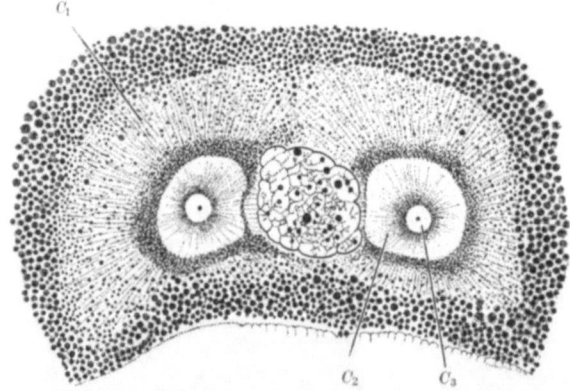

Abb. 9. Prophase der 2. Furchungsteilung von *Rhynchelmis limosella*. C_1 Gebiet des Centrosoms aus der 1. Teilung; das Centroplasma ist strahlig umgeformt um die Centrosomen C_2, die am Ende der 1. Teilung neu entstanden sind und sich nach der Centriolenteilung mitgeteilt haben. C_3 Centrosomen, die in der Prophase um die Tochtercentriolen neu entstehen und heranwachsen; C_2 wird strahlig umgebildet. (Nach Vejdovsky u. Mrazek 1903.)

Der ganze Verlauf der Mitose ließ sich bei zahlreichen Zellen *im Leben* verfolgen, so daß über die Lebenswirklichkeit der Chromosomen, Centrosomen, Polstrahlen und Spindel kein Zweifel bestehen kann. Die Polstrahlen scheinen Straßen eines Substanzzuflusses zu den Centrosomen zu bezeichnen; doch liegt ihnen wahrscheinlich auch eine faserige Differenzierung zugrunde. Die Natur der Spindelfasern (Stemmfasern und Zugfasern) ist noch strittig. Die Spindel als Ganzes ist sicher ein verhältnismäßig steifes Gel, das auch im Leben eine Feinstruktur in der Längsrichtung besitzt (positive Doppelbrechung in Bezug auf die Längsachse, Reihenordnung von Cytoplasmakörnchen innerhalb mancher Spindeln). Ansäuerung bringt eine faserige Struktur (vital reversibel) zum Vorschein. Der Entquellung durch wasserentziehende Mittel setzt die Spindel einen stärkeren Widerstand entgegen als das undifferenzierte Cytoplasma (Abb. 11 a—d). Die aktive Längsstreckung der Spindel als Stemmkörper in der Richtung der Fasern ist bei Protozoen und Metazoenzellen experimentell belegt (Abb. 11 e, f).

Bei der Mitose ist eine Anzahl verhältnismäßig *selbständiger Einzelvorgänge* zu einer einheitlichen Wirkung verkoppelt. Die Herausbildung der *Chromosomen*, ihre Längsteilung und ihre Rückkehr zur Ruhekernstruktur sind insofern autonome Vorgänge, als sie auch ablaufen können, wenn die Ausbildung des achromatischen Apparates unterbleibt. Die Anordnung der Chromosomen zu einer

Platte und die geregelte Verteilung der Tochterchromosomen auf zwei Tochterplatten ist jedoch von der Ausbildung einer Spindel abhängig. Wird die Entfal-

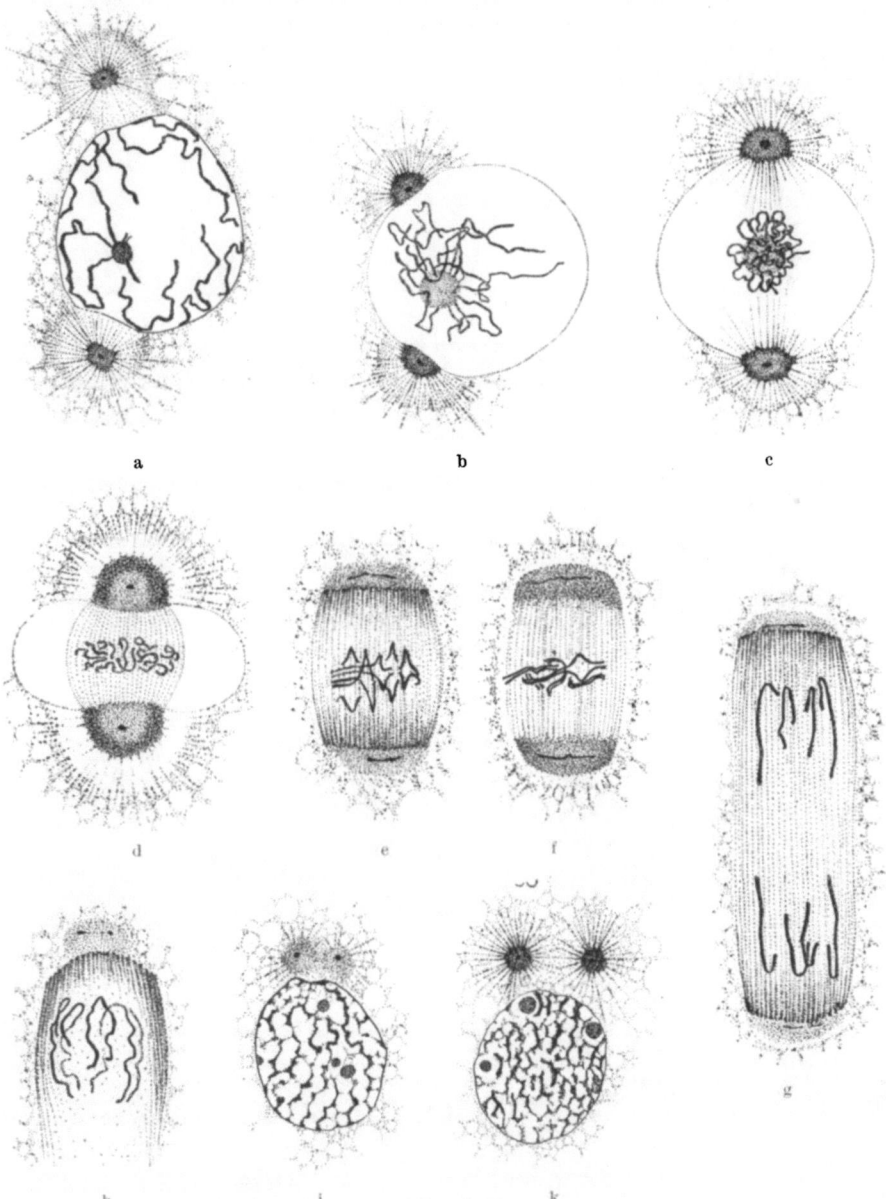

Abb. 10. Kernteilung von *Monocystis rostrata* (Gregarine, progame Teilungen, vgl. Abb. 295c). a, b Prophase. c Übergang zur Metaphase; Ausbildung einer Spindel im Kerninnern von den Centrosomen aus. d Metaphase. e, f, g Anaphase. Centriolenteilung, Zurückbildung des Centrosoms. h—k Telophase. In i, k Bildung neuer Centrosomen um die Tochtercentriolen. (Nach BĚLAŘ 1926.)

tung des achromatischen Apparates durch Kälte, O_2-Entzug u. a. gehemmt, so gehen nach Ablauf des Chromosomencyclus die Tochterchromosomen alle in einen einzigen Kern von doppelter Größe ein. Autonom ist auch der *Cyclus des Cyto-*

22 Grundbedingungen des tierischen Lebens.

centrums: Gelangt durch eine zufällige Störung oder einen experimentellen Eingriff ein Cytocentrum ohne Kern in eine Plasmaportion, so kann das Cytocentrum sich noch wiederholt in regelmäßigem Rhythmus weiterteilen; und auch eine Plasmateilung kann eintreten. Offenbar schafft eine Wirkung, die von den Cytocentren ausgeht, den Apparat, der die normale Verteilung der Tochterchromosomen und die normale Durchteilung des Cytoplasmas bewirkt. Die inneren Faktoren, welche

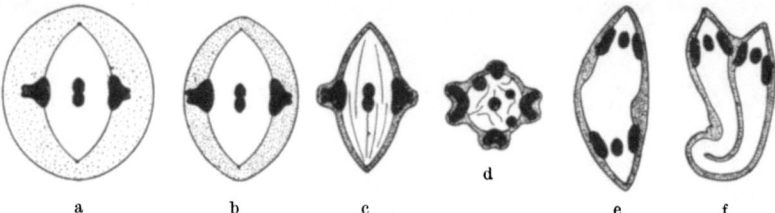

Abb. 11. Schema der Wirkung der Entquellung durch Einbringen lebender Spermatocyten von *Stenobothrus lineatus* (Heuschrecke) in eine hypertonische Flüssigkeit. Cytoplasma punktiert, Chromosomen schwarz. a—d Metaphasestadien, a Zelle in isotonischer Flüssigkeit, b leicht entquollen, c stark entquollene Zellen, d Polansicht von c. e, f Verlauf der Anaphasebewegung bei starker Entquellung der Zelle (im Leben verfolgt); der Stemmkörper verlängert sich und wird durch das entquollene Cytoplasma, das als elastische Haut die Spindel umgibt, an seiner Geradestreckung verhindert. (Nach BĚLAŘ 1927.)

die rhythmischen Wandlungen des Kernes und des Cytocentrums zu dem geregelten Ablauf der Zellteilung verknüpfen, sind noch unbekannt.

Meist schließt sich an die Kernteilung unmittelbar die *Teilung des Zelleibes* (*Plasmotomie*) an. Das *Cytoplasma* schnürt sich zwischen den Tochterkernen durch (Cytoplasmateilung durch Einschnürung), oder eine Trennungsschicht bildet sich zwischen den beiden Tochterzellen aus (Cytoplasmateilung durch Scheidewandbildung). Während des Ablaufs der Mitose finden stets *Cytoplasmaströmungen*

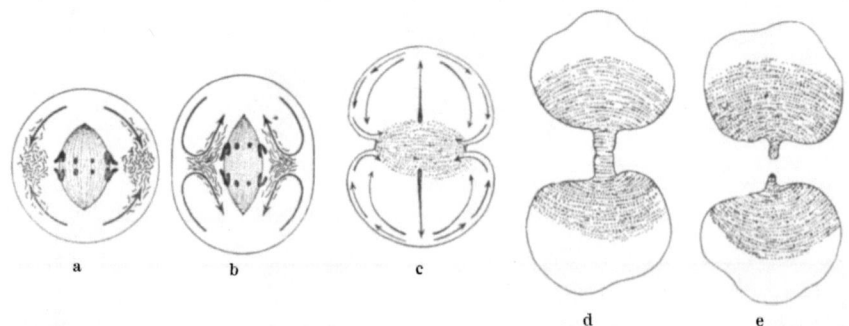

Abb. 12. Cytoplasmaströmungen während der Mitose. a, b Schema der Verlagerung der Mitochondrien infolge der Cytoplasmaströmung während der Anaphase (nach BĚLAŘ). c—e Modellversuche: Ein- und Durchschnürung eines Öltropfens (Tropfen von Nachtlicheröl + Olivenöl + Chloroform, schwebend bzw. rollend in einer Salzlösung) mit zwei Ausbreitungszentren infolge der Herabsetzung der Oberflächenspannung durch Annäherung von Sodakristallen an die Pole. Mit den Ausbreitungsströmen wird das an den Polen gebildete feste Ölseifenhäutchen gegen den Äquator fortgeschoben und bildet in d und e den zapfenartigen Auswuchs der „Tochtertropfen" (nach SPEK 1918).

statt. Sie lassen sich dadurch erkennen, daß sie Plasmaeinschlüsse mitführen. Diese werden zuerst in den Äquator der Zelle zusammengetrieben und dann der Spindeloberfläche entlang polwärts verschoben (Abb. 12 a, b). Diese „Fontänenströmungen" beruhen (nach BÜTSCHLI, SPEK u. a.) auf einer *Erniedrigung der Oberflächenspannung an den beiden den Cytocentren benachbarten Polen der Zelle.* Diese Vorstellung gründet sich auf *Modellversuche*, in denen ein Flüssigkeitstropfen zur Teilung veranlaßt wurde durch Herabsetzung der Oberflächenspannung an zwei entgegengesetzten Polen (SPEK). Jeder Pol wölbt sich vor (vgl. Modelle für die amöboide Bewegung, S. 13) und wird zum Zentrum eines gegen den Äquator gerichteten Ausbreitungsstromes (Abb. 12 c—e). Treffen die von den beiden Polen kommenden Ausbreitungsströme in der Mitte des kugeligen Tropfens zusammen, so biegen sie nach dem Innern des Tropfens um und gehen in die axialen polwärts gerichteten Ströme über. So entsteht eine Einsaugungsfurche um den Äquator, die bis zu einer vollständigen Durchschnürung des Tropfens führen kann.

Bei in Teilung begriffenen Zellen entspringen die Unterschiede der Oberflächenspannung offenbar dem Zellinnern; und zwar geht die relative Erniedrigung der Oberflächenspannung höchstwahrscheinlich von den *Cytocentren* und den um sie entstandenen Sphären aus. Die Centralspindel schiebt die Cytocentren auseinander und bringt damit die Orte, von denen die Erniedrigung der Oberflächenspannung ausgeht, an entgegengesetzte Pole der Cytoplasmakugel. Die *achromatische Figur* erscheint damit nicht nur als Verteilungsapparat für die Tochterchromosomen, sondern für die gewöhnliche Zellteilung auch als *Apparat für die Cytoplasmateilung*.

Die Cytoplasmateilung kann allerdings auch von der Kernteilung weitgehend unabhängig sein. Sie kann (besonders bei Protisten) lange nach einer einfachen oder wiederholten Kernteilung erfolgen (multiple Plasmotomie) oder in einzelnen Fällen auch schon vor der Kernteilung angebahnt werden (Plasmaknospen bei Thecamöben, in die dann ein Tochterkern einrückt).

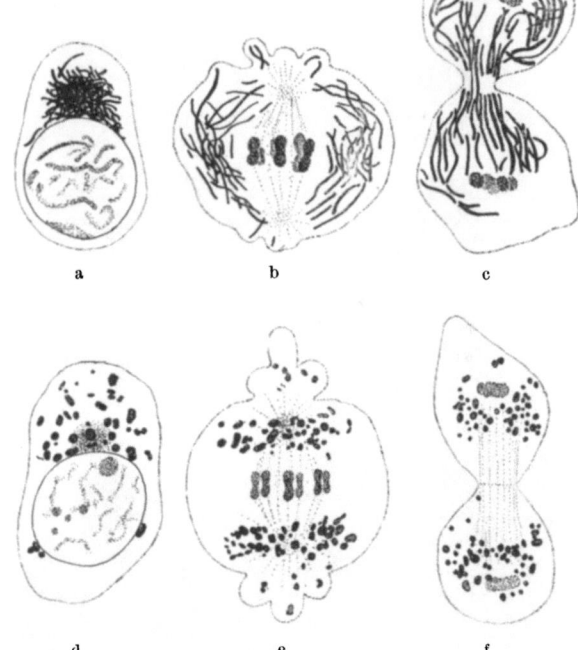

Abb. 13. Verhalten der Mitochondrien (a—c) und des GOLGI-Apparates (d—f) bei der 1. Spermatocytenteilung von Wanzen (a—c *Euchistus euschistoides*, d—f *Brachynema quadripustulata*) jeweils mit spezifischen Färbungen dargestellt. (Nach BOWEN 1927.)

Die *Mitochondrien* und die Körper des GOLGI-*Apparats* werden meist auf die Tochterzellen verteilt. Vielfach sammeln sie sich vorher im Äquator an (Abb. 12 a, b, 13 b) und werden dann beim Einschneiden der Plasmafurche in zwei Gruppen auseinandergedrängt (Abb. 13 c). Eine Vermehrung der einzelnen Körperchen durch Teilung, wie sie für die pflanzlichen Trophoplasten bewiesen ist, ist für die Mitochondrien wohl öfters beschrieben, aber nicht sichergestellt.

g) Die Chromosomen als Individuen.

Bei jeder Tierart wird eine ganz bestimmte Anzahl von Chromosomen ausgebildet, die als *Normalzahl* bezeichnet wird ($=N$). Bei Organismen mit einem Geschlechtsakt wird sie in einer besonderen *Reduktionsteilung* (S. 54, 60) auf die Hälfte herabgesetzt (reduziert); bei der Befruchtung wird sie wieder hergestellt. Die stets in den Geschlechtszellen vorhandene *reduzierte Zahl* nennt man *haploid* ($=n$), die doppelt so große *Normalzahl diploid* ($N = 2n$).

Die Normalzahl schwankt bei den Metazoen zwischen 2 (bei *Ascaris megalocephala univalens*) und 100—200 (z. B. 168 bei einer Rasse von *Artemia salina*); doch sind Anzahlen unter 10 und über 50 recht selten [1].

Gehen in einen Kern infolge zufälliger Störung des Zellteilungsablaufs oder gewisser experimenteller Veranstaltungen mehr oder weniger Chromosomen ein als der Norm entspricht, so zeigen alle Abkömmlinge dieses Kerns in ihren Teilungen eine gleichermaßen erhöhte oder verminderte Chromosomenanzahl (Abb. 14). Auf diese Erfahrungen gründet sich das *Grundgesetz der Zahlenkonstanz der Chromosomen* (BOVERI 1888), welches besagt, ,,daß die Anzahl der aus einem ruhenden

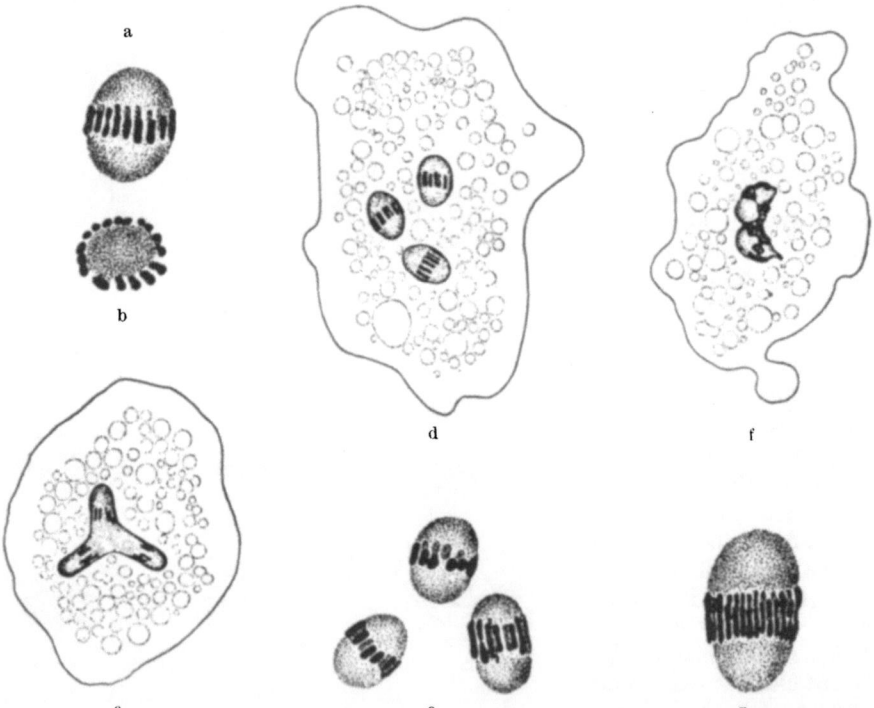

Abb. 14. Kernteilungen von Amöben (*Vahlkampfia bistadialis*) mit normaler und abgeänderter Chromosomenanzahl. a, b Gewöhnliche Kernteilung; a Seiten-, b Polansicht (vgl. Abb. 18a). ($N = 16—18$.) c Dreipolige Teilung, die statt 2 abnormerweise 3 Tochterkerne liefert, auf welche die beiden Sätze von Tochterchromosomen ($= 2 N$) verteilt werden. d, e Erneute Teilung dreier so gleichzeitig entstandener Kerne; die Anzahl der Chromosomen ist nicht in jedem Kern auf die Normalzahl hinaufreguliert, sondern in allen Kernen zusammen gleich der Anzahl der vorher verteilten Tochterchromosomen (32—36). f Verschmelzung zweier Tochterkerne im Telophasestadium, g Teilung eines Kerns, der durch Verschmelzung der Tochterkerne nach einer gewöhnlichen Teilung entstanden und daher 2 N-Chromosomen aufgenommen hat, die sich nun wieder herausbilden; keine Herabregulierung auf die Normalzahl. (Nach KÜHN 1921.)

Kern hervorgehenden chromatischen Elemente direkt und ausschließlich davon abhängt, aus wie vielen Elementen sich dieser Kern aufgebaut hat"[2].

Diese Zahlenkonstanz wird erklärt durch die *Theorie der Chromosomenindividualität* oder *Kontinuitätstheorie*. Ihr zufolge sind die Chromosomen Teilstrukturen der lebenden Zelle, die sich auch im Ruhekern erhalten. Jedes Chromosom entsteht nur aus seinesgleichen durch Teilung. Der Übergang der Chromosomen

---

[1] BRESSLAU-HARNISCH: Zahl der Chromosomen bei den Tieren. Tabulae Biol. 4 (1927).
[2] BOVERI, TH.: Ergebnisse über die Konstitution der chromatischen Substanz des Zellkerns, Jena 1904. — Die Blastomerenkerne von *Ascaris megalocephala* und die Theorie der Chromosomenindividualität, Arch. Zellforschg. 3 (1909).

in das „Kerngerüst" und die Herausbildung aus dem Gerüst ist nur eine Formwandlung der einzelnen Chromosomenindividuen.

Für die Kontinuitätstheorie sind zahlreiche *Beweise* zu erbringen. In vielen Fällen bildet sich in der Telophase jedes Chromosom für sich in ein Ruhekernbläschen (*Caryomer*) um (Abb. 15). Diese Bläschen können dann verschmelzen oder auch während der Interphase deutlich getrennt bleiben. In der nächsten Prophase entsteht aus jedem Caryomer wieder ein Chromosom. Auch wenn von vornherein einheitliche Kerne gebildet werden, kann in einzelnen Fällen nachgewiesen werden, daß die Chromosomen sich in *derselben Lagerung* aus dem Ruhekern herausbilden, in der sie in der Telophase in ihn eingetreten sind (BOVERI 1909).

Bei *Ascaris megalocephala univalens* können während der Furchungsteilungen der Eier durch die Wirkung der Zugfasern verschiedene Anordnungen der zwei Chromosomen in der Metaphase hergestellt werden. Die Häufigkeit des Vorkommens der einzelnen Anordnungen (Abb. 16 a, e) in der Äquatorialplatte der ersten Teilung ist verschieden. Die jeweilige Chromosomenlagerung der Äquatorialplatte wird durch die Anaphase in die Telophase

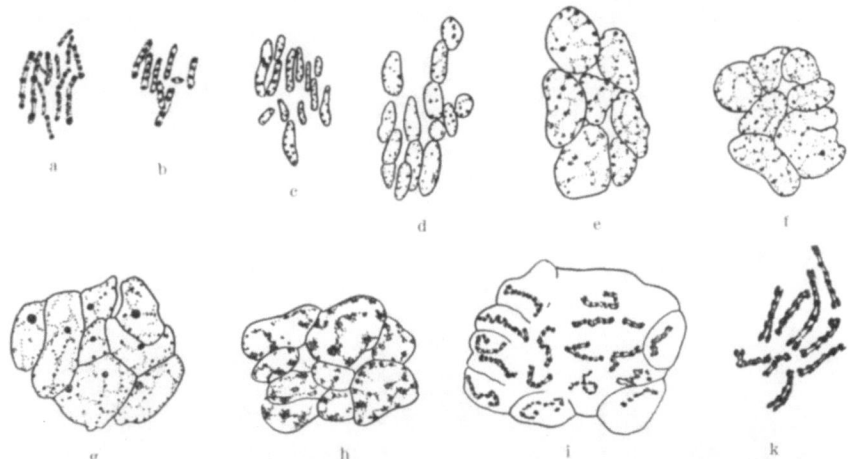

Abb. 15. Chromosomen und Caryomeren in der Furchung des Eies von *Fundulus*. a—d Umformung der Anaphasechromosomen in Caryomeren. e, f Ende der Telophase. g Ruhekern. h Frühe, i späte Prophase; die neuen Chromosomen bilden sich innerhalb der Caryomeren. k Metaphasechromosomen. (Nach RICHARDS 1917.)

hinein erhalten (Abb. 16 b, f). Beim Übergang zum Ruhekern bilden die Enden der langen Chromosomen Kernfortsätze (Abb. 16 c, g). Nahe beieinandergelegene Chromosomenenden werden in einen gemeinsamen Kernfortsatz eingeschlossen. Da die Chromosomenenden nicht vollkommen in ein Gerüst aufgelockert werden, läßt sich an den Tochterkernen noch erkennen, aus welcher Chromosomenlagerung sie hervorgegangen sind. Die Chromosomen treten nun bei der Prophase zur nächsten Teilung in derselben Lagerung wieder hervor. Das wird bewiesen dadurch, daß in der zweiten Teilung die *Prophasengruppierung der Chromosomen der Schwesterkerne* stets die *gleiche* ist, gleichgültig, ob es sich um eine häufige oder um eine seltene Anordnung handelt (Abb. 16 d, h). Die Chromosomenanordnung verändert sich erst unter dem Einfluß der Zugfasern beim Übergang zur Metaphase. Die neue nun zufällig angenommene Lagerung bleibt dann wieder bis zur nächsten Prophase gleich.

Die Individualität der Chromosomen spricht sich auch darin aus, daß bestimmte *Verschiedenheiten der Gestalt und Größe der Chromosomen* in den Zellgenerationen einer Art immer wiederkehren. Die diploide Chromosomenausstattung ($N = 2n$) umfaßt immer zwei *Chromosomengarnituren* (HEIDER), d. h. die verschiedenen Größen und Gestalten sind (mit Ausnahme der Geschlechtschromosomen, S. 69) je zweimal vorhanden (Abb. 17, 44 a, 53 d, 68). Die einander jeweils entsprechenden Chromosomen heißen *homologe Chromosomen*. Die haploide Chro-

mosomenausstattung der reifen Geschlechtszelle stellt eine einfache Garnitur
($= n$) dar (Abb. 45 k).

Die *Größenordnung der Chromosomen* ist sehr verschieden. Das Volumen der
kleinsten Chromosomen (manche Flagellaten und Rhizopoden) liegt kaum über

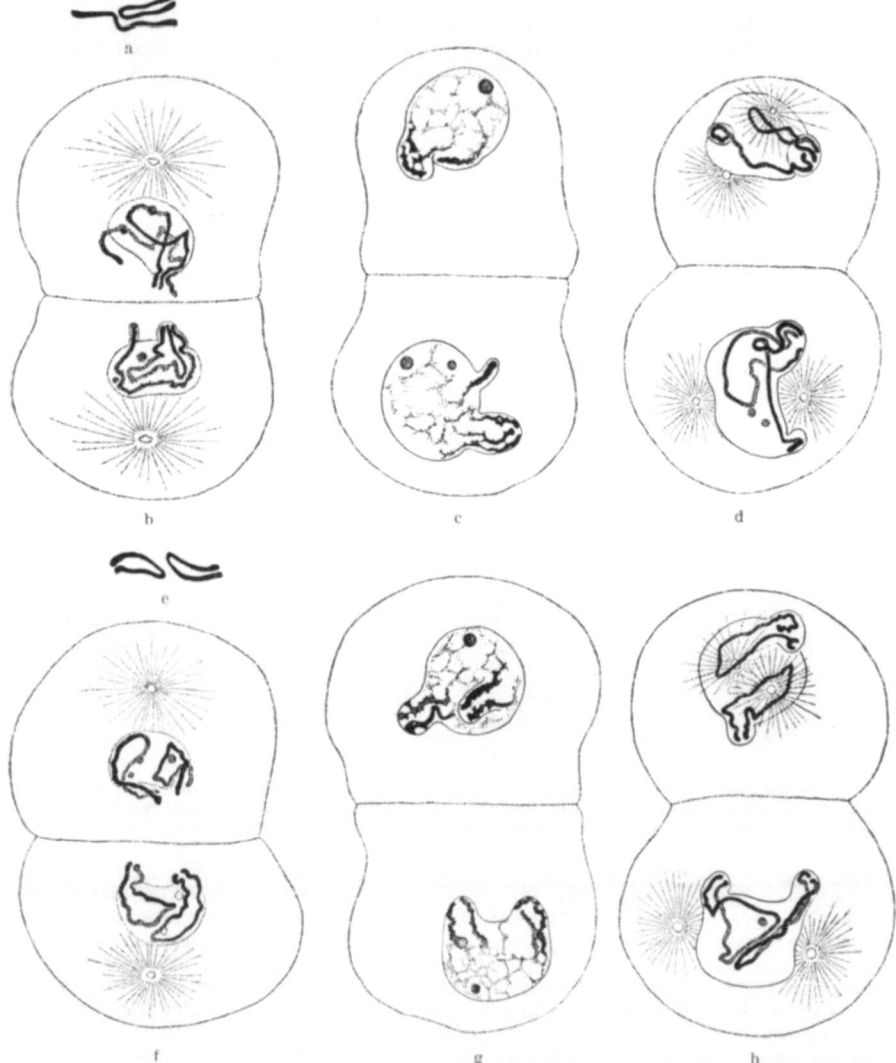

Abb. 16. Erhaltung der Chromosomenlagerung bei *Ascaris megalocephala univalens* während der Furchung.
a und e zwei Typen der Chromosomenlagerung in der Äquatorialplatte: a Eine Schleife gestreckt, die andere
U-förmig zusammengebogen, das eine Ende der gestreckten Schleife den beiden Enden der U-förmigen benachbart. e Beide Schleifen U-förmig gebogen, die Enden der einen Schleife von denen der andern weit entfernt.
b—d Erhaltenbleiben von a, f—h desgleichen von e durch den Ruhekern hindurch. b, f frühe Telophase. c, g
Ruhekerne des Zweizellenstadiums, die jeweils benachbarten Schleifenenden werden von einem gemeinsamen
Kernfortsatz eingeschlossen und bleiben darin sichtbar. d, h Prophase der 2. Teilung; die Chromosomengruppierung in den Schwesterkernen ist dieselbe. (Nach BOVERI 1909.)

$0{,}001\ \mu^3$, das der größten (manche Dipteren) erreicht $100\ \mu^3$, so daß sich die Volumina der Chromosomen verschiedener Arten annähernd wie 1 : 100000 verhalten
können. Auch innerhalb einer Garnitur können die Größenunterschiede sehr beträchtlich sein (Abb. 17, 53).

Außer durch ihre Größe und gewisse Gestaltseigentümlichkeiten werden die Chromosomensorten vielfach auch durch ihre *Teilungsweise* gekennzeichnet; so sind die Anheftungsstelle der Zugfasern am Ende oder an einem Punkt der Längsseite des Chromosoms und die frühere oder spätere Trennung der Spalthälften oft charakteristisch. In vielen Fällen zeigen die Chromosomen in bestimmten Stadien eine regelmäßige *Feinstruktur*, knotige Verdickungen (*Chromomeren*), die den

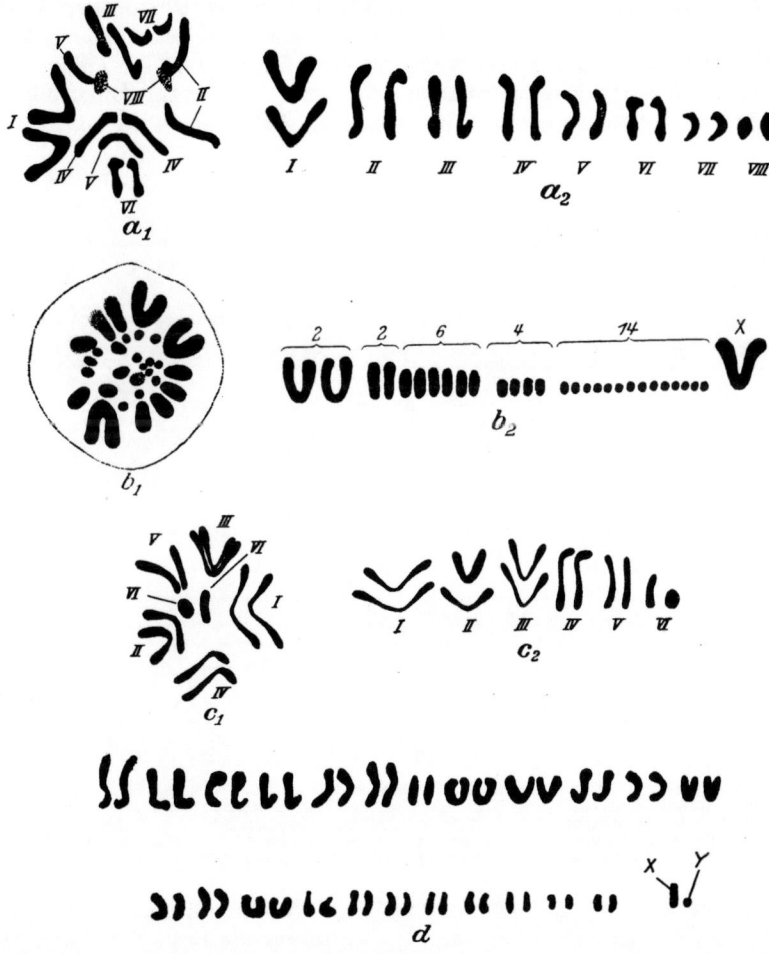

Abb. 17. Chromosomengarnituren aus Spermatogonienteilungen. a von *Glossosiphonia heteroclita*; a_1 Lage in der Äquatorialplatte, a_2 paarweise herausgezeichnet (nach WENDROWSKY). b von *Locusta viridissima* (nach MOHR). b_1 und b_2 wie a_1 und a_2. c von der Schmeißfliege *Calliphora erythrocephala*; c_1 und c_2 wie a_1 und a_2 (nach KEUNEKE). d vom Menschen, die Chromosomen einzeln herausgezeichnet, die homologen jeweils nebeneinander, X, Y Geschlechtschromosomen (nach PAINTER).

Fäden das Aussehen einer Perlenkette geben. An einzelnen Objekten sind die Chromomeren schon in der lebenden Zelle zu sehen und kehren bei einer bestimmten Chromosomensorte immer in derselben Anzahl und Größenverteilung am Chromosom wieder (Abb. 46), so daß sie kein Erzeugnis der Fällung sein können.

In vielen Fällen fügen sich während bestimmter Stadien mehrere Chromosomenindividuen zu *Sammelchromosomen* aneinander. In anderen Stadien werden diese wieder zerlegt (S. 292). Die Anzahl der Zerlegungsstücke und der Ort der Zerlegungsspalte ist für jede Chromosomensorte charakteristisch.

h) Funktionelle Beziehungen zwischen Kern und Cytoplasma in der ruhenden Zelle.

Eine Reihe von Lebensvorgängen können auch noch an kernlosen Zellstücken eine Zeitlang ablaufen, zumal wenn sie an besondere euplasmatische Strukturen geknüpft sind. Die roten Blutkörperchen der Säuger üben ihre auf kurze Zeit zugeschnittene Funktion in kernlosem Zustand aus. Amöboide Bewegung und das Spiel der kontraktilen Vacuole können an entkernten Rhizopoden, Flimmerbewegung und Reizbarkeit an entkernten Ciliaten noch stundenlang erhalten sein. Dagegen verlieren die Protozoen mit dem Kernverlust die Fähigkeit, aufgenommene Nahrungskörper normal zu verdauen, Schleim zur Anheftung an die Unterlage und Schalensubstanzen zu erzeugen. Jede Zelle wird *mit dem Kern-*

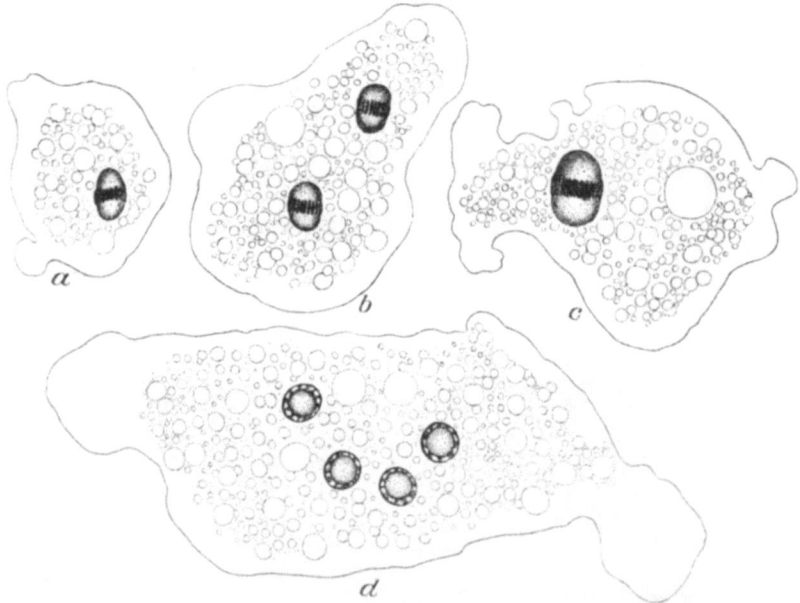

Abb. 18. Abhängigkeit der Plasmagröße von der Chromosomenanzahl bei *Vahlkampfia bistadialis*. a—c Kerne in Metaphase. a Gewöhnliches einkerniges Tier. b Zweikerniges Tier, entstanden durch Unterdrückung der Cytoplasmateilung nach der Kernteilung. c Tier mit einem Riesenkern mit doppelter Chromosomenanzahl, entstanden durch Verschmelzung der Tochterkerne nach der Kernteilung (vgl. Abb. 14f). d Vierkerniges Tier, entstanden durch erneute Kernteilung aus einem zweikernigen. (Orig. nach Präparaten aus Versuchen von KÜHN.)

verlust zu Wachstum und Formbildung unfähig. Von zerstückelten Ciliaten regenerieren nur die kernhaltigen Stücke. Die bestimmende Rolle des Kerns bei der Differenzierung der Einzelzellen in der Embryonalentwicklung der Vielzelligen ist aus vielen Experimenten zu erschließen (S. 79ff.).

Im mikroskopischen Bild der Zellen drücken sich diese *Beziehungen des Kerns zu Differenzierungsleistungen* des Cytoplasmas häufig darin aus, daß der Kern in der Zelle besonders nahe an die Stelle rückt, an der ergastische Differenzierungen gebildet werden. Bei manchen Eiern, die einen Nahrungszufluß von einer Seite, vom Darm aus oder von Nährzellen her erhalten, rückt der Kern an die Stelle des Nährstoffeintritts. Häufig sendet der Kern in dieser Richtung pseudopodienartige Fortsätze aus. Auch in der Struktur der Kerne kann sich die Inanspruchnahme der Kerne bei Leistungen des Cytoplasmas sehr deutlich ausdrücken: In sezernierenden Drüsenzellen wird die Kernoberfläche oft durch Pseudopodien oder Verästelung vergrößert. In Eizellen, die große Dottermassen bilden, wird der Kern zu einem riesigen Bläschen (Keimbläschen, Abb. 47) und enthält fast immer besonders große, zahlreiche oder traubig verzweigte Nucleolen.

In vielen Fällen besteht ein bestimmtes Verhältnis zwischen *Kern- und Cytoplasmavolumen*. Große Zellen enthalten meist große Kerne, kleine Zellen kleine Kerne. Im einzelnen hat das arithmetische Verhältnis zwischen Kernvolumen und Cytoplasmavolumen $\frac{K}{P}$, die *Kernplasmarelation* (R. Hertwig) je nach Art und histologischer Zellsorte einen verschiedenen Wert. Gewöhnlich haben embryonale, rasch wachsende und sich differenzierende Zellen einen relativ großen Kern, alte und besonders stark differenzierte Zellen einen im Vergleich zum Plasmavolumen kleinen Kern. Innerhalb derselben Zellsorte hängt die Kerngröße ab von der Anzahl der Chromosomen, die in den Kern eingegangen sind. Wird in eine Zelle ein Kern mit gegenüber der Norm erhöhter Chromosomenanzahl eingelagert, oder unterbleibt nach einer Kernteilung die Cytoplasmateilung, so wächst das Cytoplasma zu einer beträchtlicheren Größe heran (Abb. 18). Tritt ein Ei (parthenogenetisch, S. 38, 60) mit haploider anstatt diploider Chromosomenanzahl in Furchung ein, so wird das Plasma bis zu kleineren Zellkörpern aufgeteilt, als wenn diploide Kerne vorhanden sind. Wird hingegen das Plasmavolumen, z. B. durch Abschneiden, verändert, so zieht das keine entsprechende Veränderung des Kernvolumens nach sich. Also ist das *Cytoplasmavolumen von dem Chromatinquantum abhängig*.

Im einzelnen Falle scheint bei einer Veränderung des Chromatinquantums $\frac{K}{P}$ innerhalb bestimmter Grenzen konstant zu bleiben, z. B. einer Verdoppelung der Chromosomenanzahl eine Verdoppelung des Cytoplasmas zu entsprechen. In den meisten Fällen herrschen aber keine so einfachen Verhältnisse. Untersuchungen an polyploiden Formen (von Moosen), d. h. solchen, die entweder 1 Chromosomengarnitur (haploid $= n$), 2 (diploid $= 2n$), 3 (triploid $= 3n$) oder mehr Chromosomengarnituren enthalten, zeigten (Fr. v. Wettstein), daß die Cytoplasmavolumina V mit ansteigender Anzahl der Chromosomengarnituren nicht in arithmetischer Progression, im Verhältnis $V_n : V_{2n} : V_{3n} = 1 : 2 : 3$, sondern geometrisch mit den Potenzen eines bestimmten Vergrößerungsindex ($\varkappa$) ansteigen. V_{2n} (= Cytoplasmavolumen bei $2n$) $= V_n \cdot \varkappa$; $V_{3n} = V_{2n} \cdot \varkappa$ oder $V_{3n} = V_n \varkappa^2$ und $V_{mn} = V_n \varkappa^{m-1}$. $\varkappa$ ist durch den Genotypus der betreffenden Art oder Rasse bestimmt und liegt oft um 2, kann aber auch stark davon abweichen. In den Fällen, in denen der $\varkappa$-Wert 2 beträgt, liegt das Volumenverhältnis $V_n : V_{2n}$ bei $1 : 2$, wie öfters beobachtet wurde.

C. Der Stoff- und Energiewechsel.

Die wichtigste Eigenart der chemischen Vorgänge, die an jedem Organismus ablaufen, ist, daß durch sie stetig mehr *hochzusammengesetzte Verbindungen von hoher potentieller Energie* gebildet werden. In den Stoffwechsel treten ein: Material für den Aufbau der Körperstoffe und Betriebsenergie für die endothermen chemischen Aufbauvorgänge und die Arbeitsleistungen des Körpers. Wir unterscheiden in dem ganzen Stoffwechselgetriebe zwei Hauptgruppen von Vorgängen als *Baustoffwechsel* (auch *Assimilation* genannt), in dem aus Nahrungsstoffen Körperstoffe aufgebaut werden, und *Betriebsstoffwechsel* (auch als *Dissimilation* bezeichnet), in dem aus Nahrungsstoffen oder Körperstoffen durch exotherme Vorgänge Energie frei gemacht wird.

Nach der Energiequelle und der Natur der Nahrungsstoffe stehen sich *zwei Hauptstoffwechseltypen* gegenüber: *Autotrophe* und *heterotrophe* Organismen.

Die *Autotrophen* bauen ihre Körperstoffe vollkommen aus *anorganischem* Material auf. Ihre Nahrungsstoffe sind Luftgase, Wasser und Mineralstoffe. Für die grünen Pflanzen, die Chromatophoren besitzenden Protisten (einen Teil der Flagellaten) und eine Reihe von Bakterien dient als *Kohlenstoffquelle* die *Kohlensäure* der Luft, aus der sie *Kohlehydrate* aufbauen. Die *Energie* hierfür liefert den Chlorophyll oder einen ähnlichen assimilatorischen Farbstoff besitzenden Pflanzen und Protisten das *Sonnenlicht* (*Photosynthese* der Kohlehydrate), den autotrophen Bakterien die Oxydation anorganischer Stoffe (*Chemosynthese* der Kohlehydrate durch Wasserstoff-, Schwefel-, Nitrifikations-, Eisenbakterien u. a.). Aus den Kohlehydraten, anorganischen Stickstoffverbindungen und wenigen anderen Mineralien werden von den Autotrophen Eiweißkörper, Fette, Lipoide und andere organische Verbindungen aufgebaut. Die Betriebsenergie für diese Synthesen wird aus der Verbrennungswärme der aufgebauten Kohlehydrate bestritten.

Für die *heterotrophen* Organismen ist die Energiequelle ausschließlich die *Verbrennungswärme der Nahrungsstoffe*, die stets komplizierte *organische* Stoffe, in erster Linie Eiweißkörper bzw. ihre Bausteine, die Aminosäuren, Kohlehydrate und Fette sind. Heterotroph sind außer vielen Bakterien die farblosen Protozoen und alle vielzelligen Tiere. Für sie gilt, daß ihr Baumaterial schon einmal durch den Assimilationsprozeß hindurchgegangen sein muß. Die Betriebsstoffe sind auf einen kleinen Kreis von Kohlenstoffverbindungen beschränkt. Aus ihnen wird die Energie hauptsächlich durch *Verbrennung* frei gemacht. O_2 ist daher für die allermeisten Tiere ein unentbehrlicher Betriebsstoff, der im Vorgang der *äußeren Atmung* in den Körper aufgenommen wird. Manche Tiere sind jedoch, wie viele Bakterien, zu einem Leben ohne Sauerstoff, *Anoxybiose* (Anaerobiose), befähigt. Diese ist entweder fakultativ (manche Erd- und Schlammbewohner, z. B. Lumbriciden) oder obligatorisch, so daß O_2 als Gift wirkt (Eingeweidewürmer, z. B. *Ascaris*). Die Anoxybionten decken ihren Energiebedarf durch *Spaltungen* (intramolekulare Oxydationen) von Kohlehydraten. Da bei solchen „*tierischen Gärungen*" die Endprodukte zum Teil noch verhältnismäßig hohe Verbrennungswärme haben (z. B. Valeriansäure bei *Ascaris*), ist der Energiegewinn verglichen mit dem beim Leben mit Sauerstoff, der *Oxybiose* (Aerobiose) gering; die Anoxybionten müssen daher sehr große Materialmengen umsetzen (so enthält *Ascaris* bis zu $1/3$ seiner Trockensubstanz Glykogen).

Außer den organischen Nahrungsstoffen brauchen alle Tiere noch eine Reihe von Elementen, die in Form von *Salzen*, vor allem Chloriden, Sulfaten und Phosphaten aufgenommen werden. Die Ansammlung fast aller Elemente durch die Tiere geschieht über den Umweg der Pflanzennahrung (S. 319ff.).

Im einzelnen ist der Anspruch an die besondere Natur der organischen Nahrungsstoffe sehr verschieden. *Eiweiß oder Aminosäuren* brauchen alle Tiere, um in ihrem Baustoffwechsel Protoplasmaeiweiß herzustellen. Manche reinen Fleisch-, Horn- oder Haarfresser bestreiten mit Eiweißkörpern auch ihren ganzen Energiebedarf. Bei der Mehrzahl der Tiere müssen neben Eiweißkörpern auch *Kohlehydrate* und *Fette* aufgenommen werden. Für den Betriebsstoffwechsel können sich die organischen Nahrungsstoffe entsprechend ihrem nutzbaren Energiegehalt gegenseitig vertreten (physiologischer Nutzwert ungefähr: 2,3 g Eiweiß = 1 g Fett = 2,3 g Kohlehydrat). Doch gilt das nur innerhalb bestimmter Grenzen; im allgemeinen sind die Tiere auf eine bestimmte *normale Kombination von Nahrungsstoffen* eingestellt. Diese bietet ihnen ihre *natürliche Nahrung*, die oft (besonders bei Parasiten, aber auch bei manchen Pflanzenfressern, z. B. Schmetterlingsraupen, bei Pelzmotten u. a.) sehr eng spezialisiert ist.

Lipoide stehen zwar in der natürlichen Nahrung stets zur Verfügung, können aber auch von Tieren selbst aufgebaut werden, wobei der P des Lecithins anorganischen Phosphaten entnommen werden kann.

Außer den eigentlichen Nahrungsstoffen, die das Material für Körperstoffe und Betriebsenergie liefern, brauchen höhere Tiere (mindestens Säugetiere und Vögel), wahrscheinlich aber auch niedere Tiere noch gewisse „accessorische Nährstoffe", Gedeihstoffe oder *Vitamine*. Mangel an ihnen äußert sich in besonderen, für die einzelnen Vitamine charakteristischen Störungen des Stoffwechsels und der Formbildung (*Avitaminosen*) und in allgemeiner Wachstumshemmung und verminderter Widerstandsfähigkeit. Erst ein Vitamin ist bisher chemisch genauer bekannt, das Vitamin „D", dessen Fehlen bei Säugern und Vögeln Rhachitis zur Folge hat. Es ist ein Polymeres oder Isomeres des Pflanzensterins Ergosterin, aus dem es unter der Einwirkung ultravioletter Strahlen entsteht. Allgemein genügen für den normalen Stoffwechsel außerordentlich geringe Mengen der Vitamine. Eine Tagesdosis von 0,001 mg des antirhachitischen Vitamins genügt, um bei Ratten der Störung zu begegnen.

Nur manche Parasiten erhalten die Nahrung vom Wirtsorganismus schon als fertige Nährlösung geliefert. Alle anderen Tiere müssen die Nahrung zunächst aufschließen; dies wird geleistet durch die *Verdauung*. In ihr werden die aufgenommenen Eiweißstoffe, Kohlehydrate und Fette hydrolytisch in lösliche Produkte gespalten und das artfremde Material in einfache Bausteine abgebaut, aus denen der Organismus körpereigene Stoffe herstellen kann. Die Hydrolyse der Eiweißkörper führt über Polypeptide zu Aminosäuren, die Hydrolyse der Fette zu Fettsäuren und Glycerin, die der Kohlehydrate von Polysachariden zu Monosachariden. Diese verhältnismäßig einfachen Stoffe werden aus den Verdauungshöhlen (Vacuolen oder Darmhöhlen) ins Cytoplasma aufgenommen, *resorbiert*, und dienen als Baustoffe und Energiequellen der Zellen.

Die *Endprodukte des Stoffwechsels* sind einerseits *Körperstoffe*, die dem Bestand einverleibt werden (lebendes Protoplasma und Cytoplasmaprodukte, z. B. Speicherstoffe, Skeletsubstanzen), andererseits *abgegebene Stoffe*, und zwar Nutzstoffe (*Sekrete*, z. B. Enzyme, Schleim) und Abfallstoffe, Stoffwechselschlacken (*Exkrete*).

Über den *inneren Stoffumsatz*, besonders über die Vorgänge des Baustoffwechsels, die zu Protoplasma und Cytoplasmaprodukten führen, wissen wir noch sehr wenig. Kohlehydrate und Fette werden ausgiebig als Cytoplasmaeinlagerungen *gespeichert* (*Reservestoffe*), Kohlehydrat in der charakteristischen Form der „tierischen Stärke", des *Glykogens*. Fettspeicherung ist allgemein verbreitet. Sie kann besonders bei Säugetieren außerordentlich hohe Beträge erreichen (bei Mastschweinen bis über 50% des Trockengewichts, etwa das Fünffache des Eiweißbestandes des Körpers). Eiweiß wird bei höheren Tieren nicht in fester Form gespeichert, wohl aber bei niederen Tieren und allgemein in Eizellen. Doch finden sich immer gelöste Eiweißkörper als Gewebenahrung in der Körperflüssigkeit (Blut, Lymphe).

Die Vorgänge des *Betriebsstoffwechsels* finden in den einzelnen Zellen statt. Die Energieproduktion ist also im Organismus nicht, wie etwa in einer Dampfmaschine, zentralisiert. Als unmittelbares Material für energieliefernde Zellprozesse stehen die Hexosen, vor allem der *Traubenzucker* an erster Stelle. Er wird aus der Nahrung oder durch Hydrolyse aus der Glykogenreserve bezogen. Der erste allgemein in den Zellen verbreitete energieliefernde Prozeß verläuft sauerstofflos; es ist der Abbau der Hexosen unter Bildung von Milchsäure. Die Energielieferung dieser *Glykolyse* ($C_6H_{12}O_6 \rightarrow 2\,C_3H_6O_3$) beträgt 133 cal pro g Traubenzucker. Die *Oxydation* der Milchsäure ($C_3H_6O_3 + 3\,O_2 = 3\,CO_2 + 3\,H_2O$) liefert 3601 cal pro g Milchsäure. In allen tierischen Zellen sind die Glykolyse und die Oxydation der Milchsäure, die *Zellatmung*, eng mit einem synthetischen Prozeß, dem Wiederaufbau von Kohlehydrat verknüpft. Ein erheblicher Teil der bei der Oxydation frei werdenden Energie wird in dieser *Resynthese* gebunden (MEYERHOF, WARBURG). Solange der Betriebsstoffwechsel lediglich auf Kosten der Verbrennung von Kohlehydraten stattfindet, wird ein gleiches Volumen CO_2 von den

Zellen abgegeben und in der äußeren Atmung *ausgeatmet*, wie O_2 verbraucht; der „*respiratorische Quotient*" $(RQ)\ \dfrac{CO_2}{O_2} = 1$. Denn zur vollständigen Verbrennung wird auf jedes C-Atom im Kohlehydrat ein O_2-Molekül verbraucht. Für das bei der Verbrennung entstehende H_2O sind die H- und O-Atome im Kohlehydratmolekül vorhanden. *Fettsäuren* und *Aminosäuren* enthalten H-Atome, die mit Hilfe von aufgenommenem Sauerstoff verbrannt werden müssen. Infolgedessen wird mehr O_2 verbraucht, als CO_2 ausgeatmet wird; der $RQ < 1$ (bei reiner Fettverbrennung 0,7, bei Eiweißverbrennung 0,8). Wenn gärungsartige CO_2 erzeugende Spaltungen einen Anteil an der Energiegewinnung haben, wird der $RQ > 1$.

Vielfach findet im Körper ein *Umbau* der Nahrungs- und Speicherstoffe statt. Fett kann im Organismus aus Kohlehydraten oder Eiweiß (Fettansatz bei Kohlehydrat- oder Fleischnahrung), Kohlehydrate können aus Fett oder aus Eiweiß hergestellt werden. Diese Umsetzungen machen sich auch im RQ geltend, da die Kohlehydratsynthese stets Sauerstoff festlegt. So läßt das Verhältnis von CO_2-Ausscheidung zu O_2-Verbrauch Schlüsse auf den inneren Umsatz zu.

Das am weitesten abgebaute N-haltige *Endprodukt des Eiweißumsatzes* ist bei den Tieren, wie auch bei den Pflanzen, das *Ammoniak*, im Gegensatz zu C nicht das höchste Oxydations-, sondern das höchste Reduktionsprodukt des N. Verbrennung des NH_3 zu Salpetersäure ist eine ausschließliche Besonderheit der Nitrifikationsbakterien. Das gebildete NH_3 wird von den Tieren selten gasförmig ausgeschieden; fast immer bildet sich in der CO_2-reichen Umgebung Ammoniumcarbonat. Dieses wird bei den höheren Formen fast stets vor der Ausfuhr durch eine Synthese zu specifischen Ausscheidungsstoffen unschädlich gemacht. Die haushälterische Einrichtung höherer Pflanzen, daß der Ammoniakstickstoff zum Wiederaufbau von Eiweißkörpern in Form von Amiden zurückgehalten wird, kommt bei Tieren nicht vor. Der *Schwefel* des Eiweißmoleküls erscheint in den Ausscheidungen in oxydierter Form als freie und Ätherschwefelsäure oder als Thiosulfat.

Im Stoffwechsel verlaufen zahlreiche Umsetzungen sehr rasch ab, die wir im Laboratorium nur mit starken, im lebenden Körper nicht anwendbaren Mitteln (z. B. hohen Konzentrationen von Säuren oder Laugen, hohen Temperaturen) in kurzer Zeit erzielen können. Im Organismus vollziehen sie sich unter dem Einfluß katalytisch wirkender Stoffe, der *Fermente* oder *Enzyme*. Wie Katalysatoren aus der anorganischen Welt beschleunigen sie Reaktionen, ohne selbst in die Endprodukte der Reaktionen einzugehen. Sie erscheinen am Ende der Reaktion in derselben Menge wie am Anfang.

Alle Enzyme sind Erzeugnisse lebender Zellen. Im Organismus sind die Enzyme stets an Eiweißkomplexe adsorbiert. Es ist noch in keinem Falle gelungen, die chemisch wirkende aktive Gruppe, die man als das eigentliche Enzymmolekül ansehen könnte, unter Erhaltung der Wirksamkeit von adsorbierenden Kolloiden vollkommen zu trennen.

Jedes Enzym bewirkt nur ganz bestimmte Reaktionen. Es ist auf einzelne Stoffe oder einen ganz kleinen Kreis von Stoffen eingestellt, in denen es bestimmte Atomgruppierungen angreift. Die *Spezifität der Enzyme* ist so groß, daß nicht nur größere Strukturunterschiede für die Angreifbarkeit durch ein Enzym entscheidend sind; sondern auch die sterische Anordnung gewisser Atomgruppen im Molekül kann einen Unterschied mit sich bringen, indem die eine optische Modifikation viel langsamer als die andere umgesetzt oder überhaupt nicht angegriffen wird.

Wie bei nicht fermentativen chemischen Reaktionen wird auch bei den fermentativen Prozessen die Geschwindigkeit, mit der die Gleichgewichtslage der Reaktion erreicht wird, durch Erhöhung der Temperatur gesteigert. Der *Temperaturkoeffizient*, der angibt, auf welches Vielfache sich die Reaktionsgeschwindigkeit bei einer Temperaturerhöhung um 10^0 erhöht, bewegt sich für mittlere Temperaturen zwischen 2 und 3. Die Enzyme werden aber mit zunehmender Temperatur gehemmt und schließlich zerstört (*Thermolabilität*). Jede Enzymreaktion hat ein *Temperaturoptimum*, einen Temperaturbereich, in dem sie am raschesten verläuft.

Maßgebend für die Wirkung eines Enzyms ist auch die Reaktion der Lösung, in der das Ferment tätig ist. Innerhalb eines bestimmten Bereichs der *H-Ionenkonzentration* entfaltet das Enzym seine stärkste Wirkung.

Neben den H-Ionen spielen andere Stoffe für bestimmte Enzyme eine ihre Wirkung mitbedingende Rolle. Bestimmte Hilfsstoffe, welche die Wirkung des Enzyms erst ermöglichen, werden als Aktivatoren bezeichnet. Große Spezifität zeigen die einzelnen Enzyme auch gegenüber bestimmten Hemmungsstoffen. Auf solcher spezifischen „Fermentgiftigkeit" beruht die Wirkung vieler „Zellgifte".

Wenn wir auch bis jetzt fast ausschließlich enzymatische Abbauvorgänge genauer kennen, so spielen *Enzymsynthesen* im Stoffwechsel sicher keine geringere Rolle. Bei gewissen Enzymreaktionen ist, wie bei anorganischen Katalysen, beobachtet, daß die katalysierten Reaktionen nach beiden Richtungen auf die Gleichgewichtslage zu beschleunigt werden können, daß also z. B. ein Enzym, je nach der Substratzusammensetzung, hydrolysierende oder synthetische Wirkung haben kann. Auch wenn das Gleichgewicht sehr zugunsten der Hydrolyse liegt, kann die geringe Menge des synthetischen Produkts physiologisch von großer Bedeutung sein, wenn dieses durch Schwerlöslichkeit oder Wegdialysieren aus dem Reaktionsraum entfernt wird und es zur Herstellung des Gleichgewichts stets von neuem gebildet werden muß.

Nach der Einwirkung auf das Substrat kann man zwei *große Gruppen von Enzymen* unterscheiden (OPPENHEIMER): 1. *Hydrolasen*, die nur hydrolytische Spaltungen vermitteln, die ohne erheblichen Gewinn an freier Energie verlaufen, und 2. *Desmolasen*, welche Prozesse katalysieren, in denen Bindungen zwischen Kohlenstoffatomen gelöst werden. Zu der ersten Gruppe gehören alle Verdauungsenzyme und viele Enzyme des intermediären Stoffwechsels; sie umfaßt die eiweißspaltenden Enzyme (*Proteasen*), die kohlehydratspaltenden Enzyme (*Carbohydrasen*) und die fettspaltenden Enzyme (*Lipasen*). Zu der Gruppe der Desmolasen gehören die wichtigen Stoffwechselenzyme, welche die Vorgänge katalysieren, durch die aus zugeführten Nahrungsstoffen oder aus eigener Leibessubstanz Energie frei gemacht wird, vor allem das glykolytische Enzym, das den Abbau der Hexosen durch Überführung in Milchsäure einleitet, und die oxydierenden Enzyme.

Nach dem natürlichen Ort ihrer Wirkung kann man *Exo-* und *Endoenzyme* unterscheiden. Jene werden aus den Zellen ausgeschieden und wirken in Körperhöhlen, wie die Verdauungsenzyme. Die zweiten bewirken Umsetzungen in den Zellen selbst. Vielfach kann man Endoenzyme von den Zellen trennen und in Preßsäften wirken lassen (z. B. das Enzym der Valeriansäuregärung von *Ascaris*).

In bestimmten Fällen ist die Enzymwirkung aber auch von Zellstrukturen abhängig (*Strukturkatalyse*). So sind zwar *Glykolyse* und *Oxydation* nicht an die Unversehrtheit der Zellen geknüpft; aber in Preßsäften läuft nur noch ein ganz geringer Betrag dieser Vorgänge ab (WARBURG). Die Zellatmung ist an *Granula des Protoplasmas* gebunden: Zerstört man rote Blutkörperchen oder Seeigeleier durch wiederholtes Gefrieren und Auftauen, so zeigt die so gewonnene Suspension für einige Stunden normale Atmung. Zentrifugiert man, so ist die gesamte Atmung auf den Niederschlag beschränkt; die obere klare, von den festen Zellbestandteilen freie Schicht atmet nicht mehr. Hiermit steht im Einklang, daß der Atmungsanstieg, der bei dem Einsetzen der Entwicklung (nach Befruchtung oder experimenteller Entwicklungsanregung, künstlicher Parthenogenese) einsetzt, von Veränderungen der Kolloidstruktur des Cytoplasmas begleitet ist (Erhöhung der Dispersität, Veränderung des Dunkelfeldbildes und der Viscosität), die zu einer Vergrößerung der inneren Oberflächen führen müssen (RUNNSTRÖM). Außerdem kann die Beschaffenheit der Oberfläche der Kolloidteilchen verändert werden, so daß die Adsorptionsverhältnisse verbessert werden. Hierfür spricht, daß die Granula des befruchteten oder zur Parthenogenese angeregten Eies im Verhältnis zu dem unbefruchteten Vitalfarbstoffe stärker festhalten. Der Gebundenheit der Zellatmungskatalyse an Strukturen entspricht die hemmende Wirkung oberflächenaktiver Körper wie der Narkotica. Je größer ihre Adsorbierbarkeit, desto kleiner ist ihre schon wirksame Konzentration. Die Narkotica hemmen die Zelloxydationen reversibel, indem sie an den Verbrennungsorten, Strukturteilen der Zellen, adsorbiert werden und die Zellbrennstoffe von dort verdrängen. Die Vorgänge ließen sich quantitativ im *Modellversuch* veranschaulichen: Oxalsäure oder Aminosäuren werden an Blutkohle als Katalysator adsorbiert und entsprechend ihrer adsorbierten Menge bei 38^0 mit Luftsauerstoff verbrannt. Narkotica hemmen diese „Veratmung" im „Kohlemodell" in dem Maße, in dem sie die Oxalsäure oder die Aminosäure adsorptiv verdrängen. Nach WARBURG ist *Eisen* der O_2 übertragende Teil des oxydierenden Enzyms. Eisen kommt in allen Zellen vor. Eisenzusatz zu Zellen oder Kohlemodellen beschleunigt die Oxydation; und solche Kohle-Eisenmodelle werden in charakteristischer Weise durch Blausäure und andere Stoffe, welche auch die Atmung der Zellen hemmen, „vergiftet". Es scheint nach dem Absorptionsspektrum, daß das *Atmungsenzym* der Zellen eine *Häminverbindung*, also einen dem roten Blutfarbstoff nah verwandten Körper darstellt (WARBURG).

Ausgewachsene Organismen von längerer Lebensdauer befinden sich bei gleichbleibenden Außenbedingungen während bestimmter Zeitabschnitte in einem *stationären Zustand*. Sie stehen in einem *Stoffwechselgleichgewicht*; in den Ausgaben des Stoffwechsels sind dieselben Elemente in demselben Mengenverhältnis vorhanden wie in den Einnahmen. Doch ist die Verbindung der Elemente in den Ausscheidungsstoffen viel einfacher, und ihre Verbrennungswärme ist geringer als die der Nahrungsstoffe, oder bei vollständiger Ausnützung im Betriebsstoffwechsel = 0. Der Energiewechsel geht im stationären Zustand mit konstanter Geschwindigkeit vor sich. Mit jeder *Arbeitsleistung* steigt der Stoffumsatz. Energie wird vor allem in Bewegungen und chemischer Aufbauarbeit (Wachstum, Strukturbildung) verbraucht. Aber auch der Stoffaustausch der Zelle mit ihrer Umgebung beruht nur zu kleinem Teil auf dem einfachen Ausgleich von Konzentrationsdifferenzen der gelösten Stoffe, die im Protoplasma und in dem umgebenden Medium enthalten sind; in der Hauptsache ist er ein komplizierter Akt, der unabhängig von einem Konzentrationsgefälle oder gegen ein solches stattfindet. Resorption und Absonderung sind daher mit einem Energieverbrauch verbunden, der meist durch Oxydationen bestritten wird.

Im *Hungerzustand*, d. h. wenn dem Organismus keine Nahrungsstoffe zur Verfügung stehen, wird der Betriebsstoffwechsel von Körperstoffen bestritten. Zunächst werden im *Hungerstoffwechsel* die N-freien Reservestoffe verbraucht. Die N-Ausscheidung ist dabei längere Zeit gleichbleibend niedrig. Dann werden Gewebe angegriffen; und der Einschmelzung von Protoplasma entspricht ein steigender Eiweißumsatz, der sich in einer Erhöhung der N-Ausscheidung zu erkennen gibt. Die verschiedenen Organe beteiligen sich in sehr ungleichem Maß an dem Substanzverlust. In natürlichen Hungerperioden gewisser Tiere findet ein reger Baustoffwechsel statt; z. B. bei Insekten mit vollkommener Verwandlung, bei Fischen, die zur Laichzeit weite Wanderungen ohne Nahrungsaufnahme ausführen, werden auf Kosten eines Teils der Organe andere, vor allem die Geschlechtsorgane, ausgebaut. Allgemein wird in Hungerperioden das Nervensystem am wenigsten angegriffen. Das Maß von Substanzverlust, das ertragen werden kann, bevor der *Hungertod* eintritt, ist sehr verschieden. Bei Säugetieren erfolgt der Tod, wenn der Stoffbestand auf 40—50% des Anfangswerts vermindert ist. Fische vertragen Reduktion bis auf $1/4$. Planarien leben noch bis zu $1/300$ (Abb. 19), Hydren bis zu $1/200$ ihres Anfangsvolumens. Dieser Unterschied zwischen den Wirbeltieren und den niederen Wirbellosen liegt zweifellos in der verschiedenen Organisationshöhe. Bei den Wirbeltieren kann keine ausgiebigere Einschmelzung von Körperteilen stattfinden, ohne daß die komplizierten Beziehungen zwischen den Organfunktionen gestört werden. Bei den ausgiebig regenerationsfähigen Hydren und Planarien sind die einzelnen Körperteile viel selbständiger. Es ist ungewiß, ob im einzelnen Falle der Hungertod eintritt durch Erschöpfung bestimmter lebensnotwendiger Stoffe oder durch eine Vergiftung, bewirkt durch qualitative Veränderungen des Stoffwechsels, oder durch begrenzte Möglichkeit der Gewebeeinschmelzung ohne Schädigung des Gesamtsystems.

Bei manchen Tieren kommen *Ruheperioden* mit außerordentlich herabgesetztem Stoffwechsel vor. Bei *Insektenpuppen* mit „latenter Entwicklung" (Überwintern, Liegen über mehrere Jahre) wird die Entwicklung an einer bestimmten Stelle unterbrochen. Der Umsatz sinkt auf einen sehr niedrigen Wert, auf dem er während vieler Monate konstant bleibt (Abb. 20 b). Erst kurz vor dem Schlüpfen steigt er im Zusammenhang mit den nun einsetzenden Um- und Neubildungen an. Der Verbrauch der Reservestoffe wird während der Latenzperiode so verlangsamt, daß z. B. Puppen in 300 Tagen etwa gleich viel an Gewicht verlieren, wie Puppen derselben Art, die sich ohne Ruheperiode entwickeln (Subitanentwicklung), in 21 Tagen (Abbild. 21). Der *Stoffumsatz für eine bestimmte Folge morphogenetischer Prozesse* ist also immer gleich, kann sich aber über verschieden lange Zeiträume erstrecken.

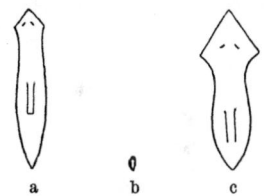

Abb. 19. Größenabnahme von *Planaria gonocephala* im Hunger. a Größe am Anfang, b am Ende des Versuchs, c Gestalt des Individuums am Ende des Versuchs (= b vergrößert). (Nach STOPPENBRINCK.)

Verschiedene Grade des *Winter-, Sommer-, Trocken-* oder *Hungerschlaf-* oder *-Starrezustandes* (bei Säugern, Reptilien, Amphibien, Fischen, Schnecken und anderen wirbellosen Tieren) führen bis zu Dauerzuständen, in denen die Tiere viele Jahre ausgetrocknet verharren können (Rotatorien, Tardigraden, Sporen, encystierte Protozoen und Metazoen, z. B. Nematoden). Es ist unsicher, ob in diesen Fällen von *latentem Leben* nur lebensfähige Struktur ohne Lebensfunktionen weiterbesteht („*potentielles* Leben") oder ob ganz geringe Stoffwechselveränderungen sehr langsam doch weiter laufen („*minimales* Leben"). Gegen die erste Möglichkeit wird angeführt, daß alle diese Starrezustände *zeitlich begrenzt* erscheinen, wenn sie auch viele Jahre lang dauern können; für sie spricht, daß so niedere Temperaturen (weit unter 0°) ertragen werden, daß die Stoffwechselvorgänge wohl sicher still stehen müssen.

Die Grundbedingungen für den fortwährenden Strom von Stoff und Energie, der den Organismus durchzieht, haben ihren Ursprung in dem lebenden System selbst; sie sind uns unbekannt. Trotzdem sind wir überzeugt, daß die physikalisch-chemischen Gesetze für die Vorgänge des Stoff- und Energiewechsels uneingeschränkt gelten.

Das Postulat, daß in all diesen Umsetzungen der *1. Hauptsatz der Thermodynamik*, das Prinzip der Erhaltung der Energie gewahrt wird, wurde in Experimenten, die auf seine Prüfung gerichtet waren, stets bestätigt. Für die allgemeine

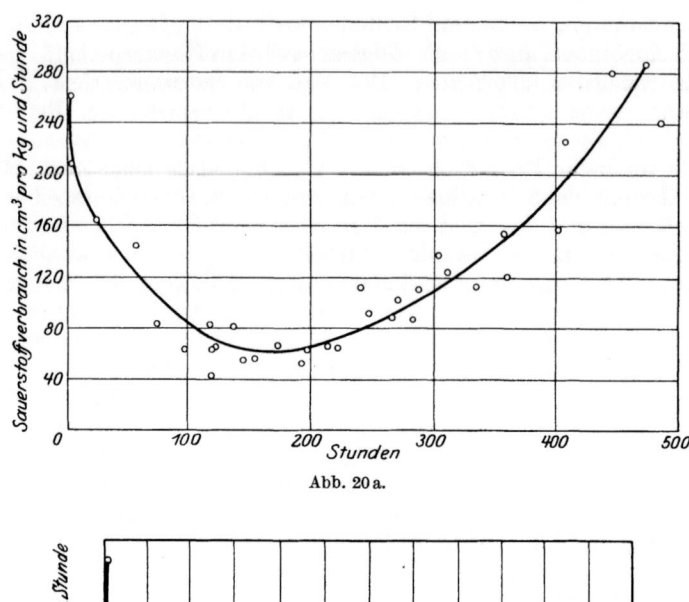

Abb. 20a.

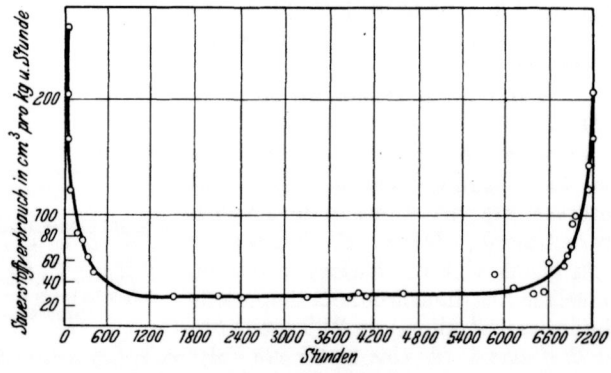

Abb. 20b.

Abb. 20. Sauerstoffverbrauch während der Puppenruhe von *Deilephila euphorbiae*. a Subitanentwicklung, b Latenzentwicklung. Abscissen: Stunden nach der Verpuppung. Ordinaten: cm³ O₂ pro Stunde und 1 kg Anfangsgewicht der Puppen. (Nach HELLER 1927.)

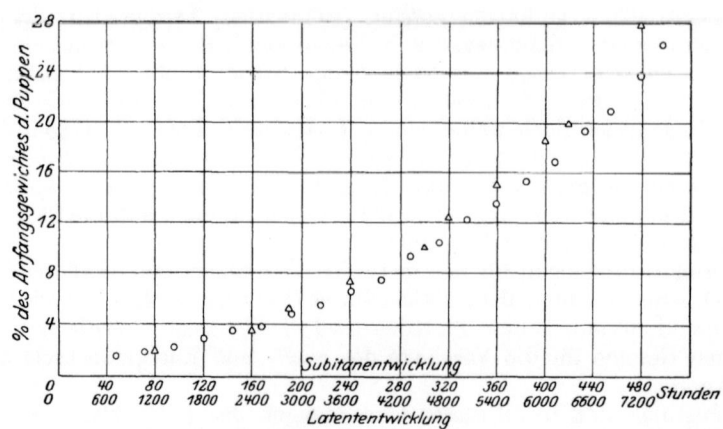

Abb. 21. Gewichtsverluste während der Puppenentwicklung von *Deilephila euphorbiae*. Dreiecke = Subitanentwicklung, Kreise = Latenzentwicklung. Abscissen: Stunden nach der Verpuppung. (Nach HELLER 1927.)

Gültigkeit des *2. Hauptsatzes* von der notwendigen Zunahme der *Entropie* haben wir keine zwingenden Beweise, aber sie ist sehr wahrscheinlich. Alle physikalisch-chemisch erfaßbaren Einzelvorgänge und der Energieumsatz des Gesamtorganismus in seinem einsinnigen, stets mit Wärmeabgabe verbundenem Verlauf entsprechen ihm. Wir haben keinerlei Anlaß zu der Annahme, daß das Protoplasma die Wärmebewegung der Moleküle zu ordnen und so Arbeit zu leisten vermöchte. Jeder Teil des Energiegehalts eines Organismus, der schon die Form von Wärmeenergie angenommen hat, ist daher in keine andere Energieform mehr transformierbar. Der lebende Organismus ist ein *isothermisches System*, innerhalb dessen irgendwelche Temperaturintervalle keine Rolle spielen. Der einzige Nutzen, den das System von der erzeugten Wärme hat, ist, daß die Temperatur, bei welcher die Reaktionen verlaufen, hochgehalten und damit der Reaktionsablauf beschleunigt wird. Hiervon machen aber im ganzen Organismenreich nur die *Homoiothermen* (Gleichwarmen, Warmblüter), *Vögel* und *Säugetiere*, systematisch Gebrauch.

D. Der Lebensablauf.

Innerhalb des Stoffwechsels kommen *reversible* chemische Teilvorgänge vor. Viele biologische Abläufe sind *Kreisprozesse*, wie z. B. die Nervenerregung, die Muskelkontraktion, die Perioden einer Drüsenzelle und viele periodische Automatismen (Spiel der contractilen Vacuolen, Herzbewegung). In ihnen ändert sich der stationäre Zustand des Stoff- und Energiestroms, der sich durch den ruhenden Körper bewegt, nur vorübergehend. Aber das Leben einer *morphologischen Einheit* kann als stationär nur für kurze Zeitabschnitte angesehen werden. Das ganze lebende System bleibt nicht gleich in Stoffbestand, Energiegehalt und Struktur; es läuft an ihm eine bestimmte *einsinnige Entwicklung* ab.

Alle lebenden Einheiten vermehren die Menge der lebenden Substanz; *Wachstum* ist „neben dem Lebendigsein die zweitwichtigste Funktion" (RUBNER). Im einfachsten Fall (Bakterien, Amöben, undifferenzierte Zellen im vielzelligen Organismus) kann sich der Entwicklungsvorgang am Individuum auf Wachstum beschränken. Zu allermeist ist aber mit der Entwicklung Neubildung von Strukturen, *Formbildung* oder *Differenzierung* verbunden. Bei den Einzelligen werden Cytoplasmadifferenzierungen neugebildet (Abb. 22). Bei den Vielzelligen umfaßt die Differenzierung die Anordnung der Zellen und die besondere Ausgestaltung jeder Einzelzelle.

Alle lebenden Individuen haben eine *begrenzte Entwicklung*. Der Entwicklungsanfang ist die *Erzeugung* durch artgleiche Organismen. Das *Entwicklungsende* besteht entweder im vollkommenen Aufgehen in Nachkommen oder im natürlichen Tode nach Abgabe von Fortpflanzungskörpern. Durch die *Fortpflanzung* wird das Leben als unendlicher Prozeß ohne Begrenzung durch innere Ursachen durch die Individuengenerationen fortgesetzt. Dadurch, daß sich in jeder Generation Wachstum, Differenzierung und Fortpflanzung wiederholen, erhalten die Lebensvorgänge einen *rhythmischen Charakter*, den schon JOH. MÜLLER betont hat.

Der *Grundvorgang der Fortpflanzung* ist die *Zellteilung*. Bei vielen Einzelligen ist sie der einzige Fortpflanzungsvorgang. Alle *Vielzelligen* durchlaufen ein *einzelliges Stadium*; sie geben *Fortpflanzungszellen* oder *Keimzellen* ab. Bei den meisten Organismen kommt als weiterer Grundvorgang der Entwicklung ein *Geschlechtsvorgang*, die *Befruchtung* vor; das ist die Verschmelzung zweier Zellen, in seltenen Fällen nur zweier Kerne. Die verschmelzenden Zellen werden allgemein *Gameten*, die aus ihrer Verschmelzung hervorgehende Zelle wird *Zygote* genannt. Die Individuenvermehrung durch Fortpflanzung und die Befruchtung sind zwei ihrem Wesen nach vollkommen verschiedene Vorgänge und verlaufen bei vielen Protisten vollkommen voneinander unabhängig. Bei den vielzelligen Pflanzen und Tieren vollziehen die Befruchtung abgesonderte einzellige Stadien, Keimzellen. Außer diesen *geschlechtlichen Keimzellen* oder *Geschlechtszellen* gibt es bei den *Pflanzen* auch noch ungeschlechtliche Keimzellen (*Sporen*), die vielfach von einer anderen Individuengeneration hervorgebracht werden. Bei den *Metazoen* gibt es nur geschlechtliche Keimzellen. Bei ihnen ist also die Fortpflanzung durch Keimzellen mit der Befruchtung eng verknüpft; für sie ist die *geschlechtliche Fortpflanzung* typisch. Ihr gegenüber ist die *vegetative Fortpflanzung* vielzelliger Tiere durch *Teilung* oder Abschnürung von Zellkomplexen (*Knospung*) eine sekundäre

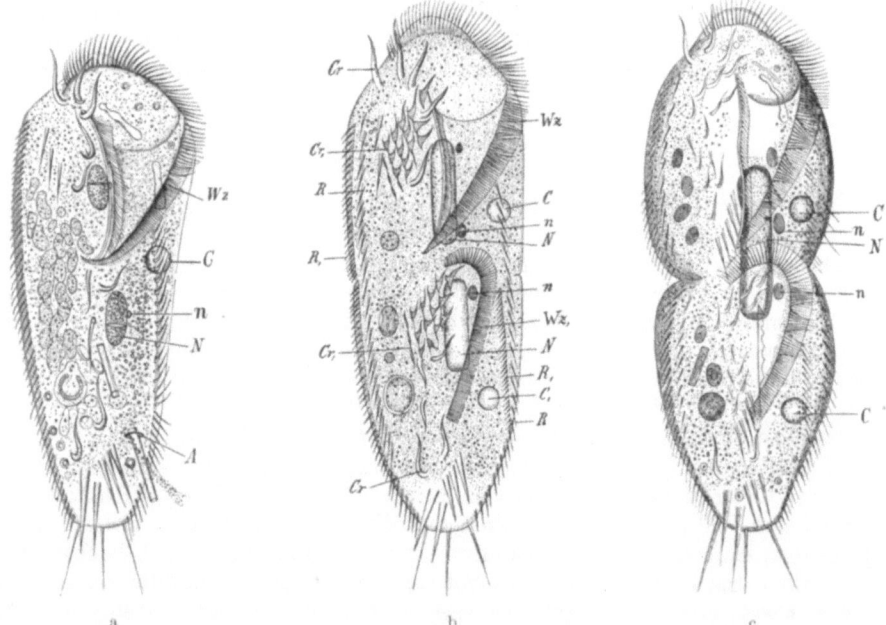

Abb. 22. Teilungsvorgang vom *Stylonychia mytilus*. (Nach STEIN.) a ein Tier von der Bauchfläche gesehen. *A* Cytopyge, *C* contractile Vacuole, *N* Macronucleus, *n* Micronucleus, *Wz* adorale Wimperzone. b Ein Tier in Teilung. C_I die neugebildete contractile Vacuole des hinteren Teilsprößlings, *Cr* Bauchcirren, Cr_I die Anlagen der neuen Bauchcirren der Teilsprößlinge, *R* Randwimpern, R_I die neu gebildeten Randwimpern, Wz_I die neugebildete adorale Wimperzone. c Späteres Teilungsstadium mit starker Einschnürung zwischen den Teilsprößlingen. Die neugebildeten Wimpern und Bauchcirren beginnen in ihre endgültige Stellung zu rücken.

Einrichtung, ebenso auch die *Parthenogenesis*, die Entwicklung einer Eizelle ohne Befruchtung (eingeschlechtliche Fortpflanzung S. 65).

In jedem Falle beruht die Verknüpfung der Individuengenerationen auf der *Kontinuität der Zellfolgen*, in die sich an bestimmten Stellen eine Zellverschmelzung (Befruchtung) einschieben kann.

Die *Befruchtung ist aber keine allgemeine biologische Notwendigkeit* für den dauernden Ablauf der Generationenfolge, wenn sie auch bei vielen Organismen durch besondere Einrichtungen zu einem unbedingt notwendigen Durchgangsstadium geworden ist. Bei manchen Organismen wurde nie ein Befruchtungsvorgang gefunden (Bakterien, manche Flagellaten). Pflanzliche *Flagellaten* (KLEBS, HARTMANN) und *Protozoen*, bei denen Befruchtung vorkommt, können unter bestimmten Bedingungen viele Generationen hindurch, wahrscheinlich beliebig lang, *ohne Befruchtung* (*agam*) gehalten werden. $2^{1}/_{2}$ Jahre lang andauernde agame Züchtung durch 1244 Teilungsschritte hatte bei *Actinophrys sol* keinerlei Schädigung der Versuchstiere zur Folge (BĚLAŘ[1]). Die Tiere unterschieden sich in keiner Weise von Tieren eines Parallelstammes, in dessen Teilungsfolgen während derselben Zeit 43 Befruchtungsakte eingeschaltet waren. Befruchtung kann aber bei *Actinophrys* jederzeit durch Hunger ausgelöst werden, und zwar auch bei Tieren, die eben aus einer Zygote gekommen sind. *Paramaecium*-Arten wurden über 20 Jahre lang durch mehr als zwölftausend Teilungsschritte ohne Befruchtung gezüchtet (WOODRUFF) (Abb. 23). Bei Metazoen (*Daphniden, Ostracoden, Rotatorien*) können außerordentlich viele, wahrscheinlich unbegrenzt viele Generationen von Weibchen mit *rein parthenogenetischer Fortpflanzung* aufeinanderfolgen.

Die Körpersubstanz Einzelliger kann bei der Teilung vollkommen in den Nachkommen aufgehen. Einzellige können also *potentiell unsterblich* sein (WEISMANN), insofern, als ein natürlicher Tod unter Bildung einer Leiche nicht auftritt[2]. Aber auch bei Protozoen können bei der Fortpflanzung Teile des Körpers als *Teilleichen* zugrunde gehen. Es gibt alle Übergänge von der Einschmelzung einzelner Zelldifferenzierungen über die Abstoßung von größeren Cytoplasmastücken bis zu Leichen, die den Formwert von Zellen haben. Bei *Radiolarien* z. B. stirbt der größte Teil des Cytoplasmas mit mannigfachen Differenzierungen, während die Kerne, die durch wiederholte Teilung des ursprünglichen einen Kernes entstanden sind, sich mit kleinen Plasmaleibern umgeben und so Fortpflanzungszellen bilden.

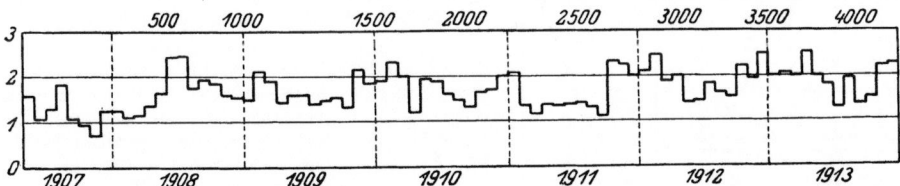

Abb. 23. Teilungsfrequenz von *Paramaecium aurelia* vom 1. V. 1907 bis 1. I. 1914 (vom Beginn der Kultur bis zur 4167. Generation). Oben die Anzahl der Generationen; unten die Jahreszahlen. Ordinaten: durchschnittliche Anzahl der Teilungen im Tag auf je 1 Monat bezogen. (Nach WOODRUFF.)

Auch sonst bleiben bei Vielteilungen von Protozoen oft Restkörper als Leichen zurück, und diese können auch Kerne enthalten. Gewisse Differenzierungen halten sich zwar über mehrere Zellgenerationen, gehen aber nach einer gewissen Zeit ihres Bestehens doch zugrunde, müssen also im Laufe der Zellgenerationen periodisch neu gebildet werden. Bei den *zweikernigen Ciliaten*, z. B. *Paramaecium*, wird jeweils beim Geschlechtsakt der *Macronucleus*, der mit den Stoffwechselvorgängen des Körpers als „Funktionskern" offenbar in engem Zusammenhang steht, aufgelöst und nach der Befruchtung aus einem Abkömmling des Micronucleus neu differenziert. Wenn die Geschlechtsvorgänge durch Einzelkultur ausgeschlossen werden, so tritt auch ohne sie eine Reorganisation des Kernapparats, Zerfall des Macronucleus und Neubildung von einem Abkömmling des Micronucleus, in der Zelle von Zeit zu Zeit ein (WOODRUFF und ERDMANN). Der Zeitpunkt der Kernreorganisation macht sich jeweils in einem Absinken der Teilungsfrequenz in den Individuenfolgen bemerkbar. Ein *Partialtod*, ein Absterben bestimmter Zellstrukturen (Cytoplasmastrukturen oder spezialisierter Kerne), kann also in die Generationenfolge von Protozoen eingeschaltet sein.

Die *Begrenzung des individuellen Lebens* ist aber ein allgemeineres *Zellgeschehen*: Jede Zelle erreicht einen bestimmten Zustand, in dem sie ein geschlossenes

---

[1] BĚLAŘ, K.: Unters. an *Actinophrys sol*, I, II. Arch. Protistenk. **46, 48** (1923, 1924).
[2] WEISMANN, A.: Über die Dauer des Lebens. Jena 1882. — DOFLEIN, F.: Das Problem des Todes und der Unsterblichkeit bei den Tieren und Pflanzen. Jena 1919. — KORSCHELT, E.: Lebensdauer, Altern und Tod, 3. Aufl. Jena 1924.

System ist, d. h. nicht mehr weiterwachsen kann, sondern sich teilen oder sterben muß. Ihre endgültigen Ausmaße (bei bestimmten Außenbedingungen) sind festgelegt, wahrscheinlich durch ein bestimmtes Verhältnis zwischen Oberfläche und Volumen des Zelleibs und des Kerns und eine bestimmte Kernplasmarelation. Die *Kernplasmarelation* (vgl. S. 29) zeigt während des Wachstums charakteristische Schwankungen (Abb. 24): Der Zelleib einer eben aus der Teilung hervorgegangenen Zelle wächst unter konstanten Außenbedingungen ziemlich gleichmäßig bis zur nächsten Teilung, während das Kernvolumen zunächst langsam zunimmt (funktionelles Kernwachstum) und erst kurz vor der nächsten Teilung plötzlich rasch ansteigt (Teilungswachstum). Durch Außeneinwirkungen kann man in bestimmten Fällen im Experiment die Teilung unterdrücken; die Individuen (Hefe, RUBNER; grüne Flagellaten, HARTMANN; *Paramaecium*, JOLLOS) zeigen dann Riesenwuchs und gehen nach einiger Zeit zugrunde, wenn sie nicht nach Übertragung in andere Bedingungen die Teilungen nachholen können.

Nach der Teilung steht die Zelle wieder am Anfang der Entwicklung, sie ist *verjüngt*. Im Verlauf des Wachstums *altert* sie. Die Lebenshemmung beruht offenbar auf der Anhäufung von Stoffwechselprodukten in dem System, das sich nicht mehr weiter vergrößern kann. Hiermit steht im Einklang, daß man die normale Zellteilung durch *künstliche Verkleinerung des Zelleibs* ersetzen kann (HARTMANN[1]).

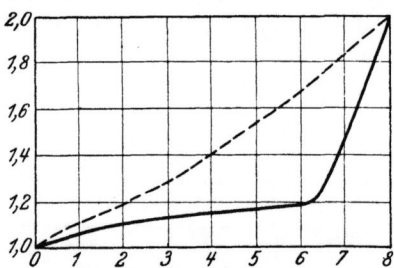

Abb. 24. Wachstumskurve des Cytoplasmas (———) und des Kerns (Macronucleus) (-----) von *Paramaecium caudatum* zwischen zwei aufeinander folgenden Teilungen. Abscisse: Stunden, Ordinaten: relative Wachstumsgrößen. Während der ersten 6 Stunden langsames „funktionelles" Kernwachstum, dann rasches Teilungswachstum. (Nach POPOFF.)

Bei *Stentor coeruleus* konnten Individuen durch regelmäßig wiederholte Amputation und anschließende Regeneration 52 Tage lang in dauerndem Wachstum erhalten werden. In derselben Zeit durchliefen die Kontrollzuchten 35 Zellgenerationen. *Amoeba polypodia* ließ sich durch 130 Amputationen 130 Tage lang am Leben erhalten, während in der gleichen Zeit die Amöben, von denen die Versuchstiere abgezweigt waren, 65 Teilungen vollführten.

Ob hierdurch allerdings das Wachstum ohne Kernteilung beliebig verlängert, also das *Zellindividuum potentiell unsterblich* gemacht werden kann, erscheint noch problematisch: das Cytoplasma erfährt wohl eine Verminderung, die neue Cytoplasmabildung zuläßt. Wenn aber am *Kern* jede der normalen Teilung entsprechende Regulation ausbleibt, so ist zu erwarten, daß sein funktionelles Wachstum (vgl. Abb. 24) allmählich doch den weiteren normalen Ablauf stört.

Bei den *Metazoen* sondert sich das gesamte Zellenmaterial in die *Körperzellen* (*somatischen Zellen*, in ihrer Gesamtheit *Soma*) und die *Keimzellen*. In der Entwicklung des Individuums, der *Ontogenese*, sondern sich die Zellfolgen, die von der Ausgangskeimzelle bis zu den neuen Keimzellen führen, die *Keimbahnzellen*, oft sehr früh von allen Zellfolgen ab, die die somatischen Zellen liefern. Die Somazellen verfallen dem Tode; die Keimbahnzellen sind potentiell unsterblich, wie Einzellige.

Der *physiologische Tod* des Somas verläuft bei vielen Tieren katastrophal in einem bestimmten Stadium des Lebens (*Subitantod*), meist im Anschluß an die Fortpflanzung (Fortpflanzungstod), bei Männchen unmittelbar nach der Begattung, bei Weibchen sofort nach der Eiablage oder der Geburt der Jungen, die sich in ihrem Innern entwickelt haben (vgl. S. 264). In manchen Fällen erscheint das erwachsene Tier nur als Mittel zur Fortpflanzung und zur Verbreitung für die

---

[1] HARTMANN, M.: Über experimentelle Unsterblichkeit von Protozoenindividuen. Naturwiss. **14** (1926).

Keimzellen, ist aber gar nicht darauf eingerichtet noch Nahrung aufzunehmen (z. B. S. 318, Abb. 298 i, k).

Bei den meisten Tieren ist die Fortpflanzung aber kein einmaliger Vorgang, und dem physiologischen Tod geht ein mehr oder weniger langes *Altern* des Somas voraus. Die *Alterserscheinungen* sind mannigfaltiger Art. In den Organen erhöht sich mit dem Altern die relative Menge der Trockensubstanz. In den Stützgeweben nimmt die Einlagerung fester Strukturen zu. In den Zellen verändert sich die Struktur des Cytoplasmas; körnige Ablagerungen, vielfach Pigmente (*Alterspigment*) häufen sich an. Besonders stark tritt dies bei Zellen ein, die sich frühzeitig hoch differenzieren und aufhören, sich zu teilen (Nervenzellen, Muskelzellen). Schließlich gehen viele Zellen zugrunde. Vor allem im Nervensystem ist bei Wirbeltieren und auch bei Wirbellosen (Insekten, Krebsen, Würmern) Zelldegeneration als Alterserscheinung beobachtet worden.

Die Somazellen sind keineswegs alle von vornherein in ihrer Lebensdauer begrenzt. Die von HARRISON begründete und von CARREL und anderen weiter ausgebaute Methode der *Gewebezüchtung* oder *Explantation*[1] hat gezeigt, daß auch viele Gewebezellen potentiell unsterblich, d. h. unbegrenzt wachstums- und teilungsfähig sind. Je undifferenzierter eine Zellart ist, desto besser läßt sie sich züchten. In dem Kulturmedium (Blutflüssigkeit und Extrakte aus Embryonen oder bestimmten Organen) zeigen vielfach Zellen ein ungehemmtes Teilungsvermögen, die sich innerhalb des Körpers nicht oder nur sehr selten teilen. In gewissem Betrage können in der Gewebekultur auch Differenzierungen rückgängig gemacht und Zellen, die im Körper nie in Teilung getroffen werden, wieder teilungsfähig werden. Hochdifferenzierte Zellen, wie Nervenzellen der Wirbeltiere, haben sich in keinem Falle fortzüchten lassen. Sie können ihre Dffierenzierungen nicht zurückbilden, sich nicht mehr teilen und sterben nach kürzerer oder längerer Zeit stets ab. Während Protozoen alternde Strukturteile (z. B. den Macronucleus) aus dem Zellbetrieb entfernen können, geht hier die ganze Zelle mit ihren Differenzierungen zugrunde.

Bei niederen vielzelligen Tieren kann Teilung oder experimentelle Zerstückelung mit nachfolgender *Regeneration* das ganze System „verjüngen". In diesem Falle werden, zum Teil von undifferenzierten Reservezellen (sogenannte *Neoblasten*), zum Teil auch von Gewebezellen, die ihre Differenzierungen aufgeben und wieder teilungsfähig werden, jugendliche Körperteile gebildet. Bei höheren Tieren ist die Differenzierung vieler lebenswichtiger Zellen endgültig; und das Altern dieser Zellen zieht den Tod des ganzen Somas nach sich. In vielen Fällen werden auch gebildete Strukturen abgenützt und bedingen Funktionsausfälle, wenn sie nicht ersetzt werden können. Viele Zellen, die sich im Explantat aus jungen Tieren teilungsfähig zeigen, werden durch Beziehungen zwischen den Organen im Körper gehemmt, und es wird ihnen dadurch ein Altern aufgezwungen, das ihnen an sich nach ihrem Differenzierungsgrad nicht zukäme. Durch Verbesserung des inneren Milieus (Zuführung von Substanzen, die gewisse Organe nur noch unvollkommen bilden u. a.) lassen sich Altersveränderungen verlangsamen.

Im ganzen ist aber eine bestimmte *Lebensdauer* für jede Art charakteristisch. Welche Faktoren sie im einzelnen bedingen, wissen wir nicht. Vielfach bestehen zwischen nahe verwandten, sehr ähnlich organisierten Formen große Unterschiede. Exakte Beobachtungen über das höchste mögliche Lebensalter der Tiere sind sehr spärlich.

Einige beobachtete Maximalalterszahlen seien (nach KORSCHELT) aufgeführt: Seerosen über 50, Blutegel 20, Flußperlmuschel 80—100, Teichmuschel 20—30, Ameisen ♀ 12—15, Schollen 60—70, Riesenschildkröten über 300, Vögel (Falken, Enten, Raben, Papageien) 60—100 und mehr, Gänse 20—30, Ratten 3, Kaninchen 5—7, Hunde, Ziegen 12—15, Rinder 20—25, Pferde 40, Elefanten 150—200 Jahre.

---

[1] HARRISON, H. R.: Status and significance of tissue cultures. Arch. Zellforschg. 6 (1928).

E. Die allgemeinen Lebensbedingungen.

Damit das Leben normal ablaufen kann, müssen gewisse Voraussetzungen in der Umwelt gegeben sein. Unter ihnen sind das Vorhandensein von Nahrungsstoffen (S. 30, 319) und Wasser, für die Wassertiere ein bestimmter Salzgehalt des Mediums, ferner ein bestimmter Temperaturbereich am wichtigsten.

Für viele Umweltfaktoren lassen sich *Kardinalpunkte* feststellen: die *Lebensgrenzen* (*Minimum* und *Maximum*), und das *Optimum*, d. h. der für eine Lebenstätigkeit günstigste Quantitätsbereich. Die Lage der Kardinalpunkte ist verschieden, je nach der Lebensfunktion, die man betrachtet, und nach dem Maß der Leistung, das man zugrunde legt. Wenn man z. B. die Zeiten gleichen Geschehens feststellt, d. h. untersucht, wie lange der Organismus bei verschiedenen Graden eines Umweltfaktors für dieselbe Leistung braucht, so kann man sehr verschiedene Werte für den Energieumsatz, für den Baustoffwechsel (Wachstum) oder für die Vollendung eines bestimmten Abschnitts des Entwicklungsganges erhalten. Das Optimum einer Lebensbedingung läßt sich außer nach dem „Rekordprinzip" (maximale Leistung bei minimalem Zeitaufwand) auch nach dem „Sparsamkeitsprinzip" definieren, d. h. als der Bereich, in dem dieselbe Leistung mit dem geringsten Energieaufwand vollzogen wird (PÜTTER). Aber auch in diesem Falle finden wir keinen allgemein ausgezeichneten Punkt, an dem die Optima für alle Einzelvorgänge des Lebensgeschehens liegen. Als optimal für eine Organismenart können nur solche Bedingungskombinationen gelten, unter denen die Art sich dauernd, generationenlang mit der höchsten Vermehrungsrate entwickeln kann (S. 322).

Wasser und *Salze* sind nicht nur als Mittel des Baustoffwechsels von Bedeutung, sondern sie üben auch noch andere Wirkungen aus, die für den Ablauf des Lebens wichtig sind. Manche Lufttiere können nur bei großem *Feuchtigkeitsgehalt der Luft* leben, während andere an sehr trockene Luft gebunden sind. Solche Tierarten mit engem Spielraum für das Schwanken der Luftfeuchtigkeit (*stenohygre*) sind z. B. die luftlebenden Würmer, die Amphibien und die meisten Schnecken. Ihnen stehen andere Tiere gegenüber (*euryhygre*), die große Schwankungen der Luftfeuchtigkeit ertragen (z. B. viele Insekten, Vögel und Säuger).

Die Abhängigkeit der Organismen vom *Salzgehalt* des Mediums zeigt sich vielfach in der natürlichen Verbreitung. Es ist sehr wahrscheinlich, daß das Meer die Urheimat des Lebens ist, und die Vorfahren aller im Süßwasser und am Land lebenden Organismen sich in der Erdgeschichte aus Meeresorganismen entwickelt haben. Dafür spricht vor allem die Tatsache, daß im Meer Vertreter aller großen Tierstämme vorkommen, während im Süßwasser und in der Luft große Tiergruppen völlig fehlen und es keinen Tierkreis gibt, der nur in diesen Lebensbezirken lebt. Vielfach kommen im Meer ursprünglichere, im Süßwasser oder auf dem Lande abgeleitetere Typen einer Tiergruppe vor. Die Wassertiere sind meist nicht auf eine ganz bestimmte Salzkonzentration des Wassers angewiesen. Als *stenohalin* bezeichnet man Formen, bei denen der Spielraum der ertragbaren Schwankungen des Salzgehalts nur eng ist (z. B. Riffkorallen); die Formen, welche in sehr erheblich verschiedenen Salzkonzentrationen gedeihen können, heißen *euryhalin*. Als *Halophile* bezeichnet man Formen, die zwar auch im Süßwasser vorkommen, aber bei ziemlich hohen Salzkonzentrationen sich besser entwickeln und fortpflanzen können. Die typischen Salztiere (*Halobien*) kommen in Menge nur im Salzwasser vor. Bis zu nahe 30% Salzgehalt können noch Tiere gedeihen (in Salzseen beobachtet: *Artemia salina* bei 23%, *Canthocamptus*, Rädertiere, Mückenlarven bei 28,5% Salzgehalt).

Außer dem *osmotischen Druck* des Mediums, welcher von der Anzahl der Moleküle oder Ionen in der Raumeinheit abhängt, ist auch die *chemische Natur* der gelösten Stoffe von Bedeutung. Zwischen den Gehalten an verschiedenen Ionen von Salzen muß ein bestimmtes Verhältnis bestehen. Die Konzentration einer bestimmten Ionenart darf nur dann sinken oder steigen, wenn gleichzeitig die Menge anderer Ionen, die zu jener antagonistisch wirken, ab- oder zunimmt. So besteht ein Antagonismus zwischen Na$^{\cdot}$- und K$^{\cdot}$-Ionen und zwischen Ca$^{\cdot\cdot}$- und Mg$^{\cdot\cdot}$-Ionen, aber auch zwischen Na$^{\cdot}$- einerseits und Mg$^{\cdot\cdot}$- und Ca$^{\cdot\cdot}$-Ionen andererseits. So kann der Meeresfisch *Fundulus heteroclitus* zwar in reinem Wasser und in Seewasser leben, nicht aber in einer Salzlösung, die eines der Seesalze in der Konzentration enthält wie das Meerwasser (J. LOEB). Ein Gemisch von drei Salzen (NaCl, KCl und CaCl$_2$) steht in seiner Wirkung für die Erhaltung des Lebens dem Meerwasser schon nahe. Dabei muß das Mengenverhältnis der Ionen zueinander etwa so sein, wie es im Meerwasser und im Blut der Wirbeltiere (S. 150) vorhanden ist (ungefähr auf 1000 Atome Na 20—40 Atome K und ebensoviele Atome Ca).

Eine sehr wichtige Lebensbedingung für die Wassertiere ist die aktuelle *Reaktion des Wassers*, d. h. die OH$^-$- und H$^+$-Ionenkonzentration, die in der üblichen Weise ausgedrückt werden durch den negativen Logarithmus der Konzentration h der H-Ionen, den Wasserstoffexponent = p$_H$ (bei neutraler Reaktion $h = 10^{-7}$, p$_H$ = 7). Nach der Fähigkeit bei wechselnder H-Ionenkonzentration zu leben, kann man unter den Wassertieren solche mit breitem Spielraum als *euryione* und solche mit engem als *stenoione* unterscheiden[1]. Zu den ersten gehört z. B. *Colpidium campylum*, das zwischen p$_H$ = 4,5 und p$_H$ = 9 gedeiht, und *Brachionus urceolaris* mit den Grenzen des p$_H$ = 4,5 und 11. Stenoion ist *Spirostomum ambiguum*, das nur zwischen p$_H$ = 7,4—7,6

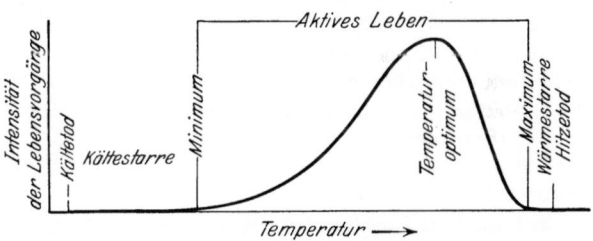

Abb. 25. Abhängigkeit der Lebenserscheinungen von der Temperatur, Schema.

gut fortkommt und bei p$_H$ < 6 und > 7,6 bis 7,8 abstirbt. Die stenoionen Formen können *acidophil* (säureliebend) oder *alkaliphil* (laugenliebend) sein, d. h. nur bei einem p$_H$ < 7 oder > 7 leben. Ausgesprochen alkaliphil ist z. B. *Acanthocystis aculeata*, die bei p$_H$ = 8,1 am besten gedeiht und bei p$_H$ < 7,4 zugrunde geht.

Die *Temperaturgrenzen*, innerhalb deren aktives Leben möglich ist, liegen infolge der physikalisch-chemischen Natur des Protoplasmas nicht sehr weit auseinander. Die *obere Grenze* läßt sich durch Beobachtung des Lebens in heißen Quellen bestimmen. Sie liegt für Tiere etwas über 50^0 (einzelne Ciliaten, das Rhizopod *Pelomyxa*, die Schnecke *Bithynia thermalis*). Thermophile Bakterien können noch bei 75^0 wachsen. Bei den meisten Tieren rufen schon Temperaturen zwischen 40 und 45^0 tiefgreifende irreversible Veränderungen hervor, die tödlich sind. Unterhalb der Temperatur, bei der der Hitzetod erfolgt (Abb. 25), liegt bei vielen Tieren ein Temperaturbereich, in dem ein Starrezustand (Wärmestarre) eintritt, aus dem bei kurzer Dauer der Temperatureinwirkung der Organismus wieder zu aktivem Leben zurückkehren kann. Bedingt wird die obere Temperaturgrenze im äußersten Falle durch die Hitzekoagulation der Eiweißkörper des Protoplasmas. In vielen Fällen sterben die Organismen aber schon bei Temperaturen, die weit unterhalb der Koagulationstemperatur irgendeines Eiweißkörpers liegen. Die *untere Temperaturgrenze* für aktuelles Leben fällt mit dem Gefrierpunkt des

---

[1] BRESSLAU, E.: Die Bedeutung der Wasserstoffionenkonzentration für die Hydrobiologie. Verh. der Internat. Verein. f. theor. und angew. Limnologie **3** (1926).

Mediums zusammen (für Meerwasser —2,5°). Bei 0° herrscht im Meerwasser noch reges Leben. Doch für die meisten Tiere liegt die Temperatur viel höher, bei der sie in Kältestarre verfallen. Im allgemeinen liegt die untere Grenze für Wachstum und Entwicklung höher als die für aktuelles Leben ohne Vermehrungsvorgänge irgendwelcher Art. Bei einem Sinken der Temperatur unter 0° tritt häufig eine Unterkühlung der Körperflüssigkeit in den Gewebslücken und in den Zellen bis weit unter den Gefrierpunkt der salzhaltigen Lösung ein. So können manche Insekten bis auf ungefähr —13° abgekühlt werden, bevor im Inneren des Körpers Eisbildung eintritt, die sich durch eine Temperaturerhöhung bemerkbar macht (BACHMETJEW). Die Eisbildung kann durch Wasserentziehung aus den noch nicht gefrorenen Teilen schädigen; und grobe Eiskristalle können das Gefüge des Organismus zerreißen. Aber nicht jede Eisbildung vernichtet das Leben. Besonders wenn die Abkühlung langsam erfolgt, können auch höhere Tiere (Insecten, Fische) bei —8 bis —15° vollständig durchfrieren und nach dem Auftauen wieder aufleben. Tiere der Moosfauna (Rotatorien, Tardigraden, Nematoden) können Temperaturen unter —100° ertragen. Einen völligen Gleichgewichtszustand stellt aber das Durchgefrorensein für viele Organismen offenbar noch nicht dar, da sie bei weiterer Temperaturerniedrigung oder langem Verweilen in sehr tiefen Temperaturen absterben (so erholen sich Fische nach Abkühlung auf —20° nicht mehr).

Für die meisten Arten liegen zwischen den beiden Grenzwerten für das aktive Leben, meist dem oberen Grenzwert genähert, *Temperaturoptima*. Für die Entwicklungsgeschwindigkeit von Froscheiern liegt es bei 22° (Minimum nahe 0°, Maximum 30°), für die von *Limnaea stagnalis* bei 25° (Minimum 12—14°, Maximum 30—32°), für die Embryonalentwicklung der Mehlmotte *Ephestia kühniella* bei 30° (Minimum 13—15°, Maximum 31—32°). Dabei können Temperaturen, die bei kurzer Dauer eine maximale Steigerung einer Leistung ergeben, bei längerer Dauer schädigen.

In dem Bereich zwischen Minimum und Optimum *steigt die Geschwindigkeit, mit der die Lebensvorgänge ablaufen, mit der Temperatur* an. In vielen Fällen hängt die Geschwindigkeit, mit der eine Lebensleistung verläuft, in einem großen Abschnitt dieses Bereichs quantitativ in gleicher Weise von der Temperatur ab, wie eine chemische Reaktion, d. h. es gilt die VAN'T HOFFsche Regel (RGT-Regel), nach der die *Reaktionsgeschwindigkeit* bei einer Temperaturzunahme um 10° auf das Zwei- bis Dreifache steigt.

So ist für den O_2-Verbrauch eines Frosches (wenn Bewegungen durch Urethan oder Curare ausgeschaltet sind) zwischen 1° und 29° der Temperaturkoeffizient $Q_{10} = 2,3$ bis 2,5. Für die Entwicklung des Seeigeleies ist zwischen 2,5 und 25° $Q_{10} =$ ung. 2,5.

Wenn die Temperaturgrenzwerte für eine Tierart weit auseinanderliegen nennt man die Art *eurytherm*, wenn sie nah beieinander liegen *stenotherm*. Stenotherme Tiere können wärmeliebend (*thermophil*) sein (z. B. Riffkorallen, die nur bei Temperaturen über 20° gedeihen, die meisten Reptilien) oder kälteliebend (*psychrophil*, z. B. die Schnecke *Bythinella dunkeri*: Minimum 2—3°, Optimum ungefähr 20°, Maximum unter 35°, *Planaria alpina* mit einem Spielraum von nur 10°). Die Beschränkung des normalen Lebensablaufs auf einen engen Temperaturbereich beruht offenbar darauf, daß bei einer Änderung der Temperatur sich das Verhältnis verschiebt, indem sich die einzelnen Prozesse am Lebensvorgang beteiligen und dadurch eine Störung (Selbstvergiftung) herbeigeführt wird.

F. Die Reizbarkeit.

Unter *Reizbarkeit* oder *Erregbarkeit* (*Irritabilität*) versteht man die Eigenschaft der Organismen, auf bestimmte Einwirkungen, Reize, mit bestimmten Lebensäußerungen zu antworten. Kennzeichnend für die Wirkungen der Reize ist, daß sie ihr besonderes Gepräge durch die Einrichtung des gereizten lebenden Systems nicht durch die Natur des Reizes erhalten.

Reize sind Vorgänge, die dem reizbaren Gebilde Energien zuführen oder entziehen. Es besteht aber keine einfache und direkte energetische Beziehung zwischen dem Reiz und dem *Reizerfolg*. Der Reiz liefert nicht die Energie für das Geschehen, er löst vielmehr ein System von Energien aus, das in dem reizbaren Organismus bereitliegt. Die Reizwirkungen sind „*Auslösungserscheinungen*".

Reize sind immer *Veränderungen* der Umgebung des reizbaren Gebildes. Die Reize sind *äußere*, die den Organismus aus der Umwelt treffen, und *innere*, die auf einen Teil eines Organismus von einem anderen ausgeübt werden.

Diejenigen Reizerfolge, die man als *Reizerscheinungen im engeren Sinne* bezeichnet (S. 2), sind *Kreisprozesse*, die nach dem Aufhören des Reizes und dem Ablauf der Reaktion wieder zum ursprünglichen Zustand der Reizbarkeit zurückführen. Ihnen stehen die Reizerfolge gegenüber, welche *Entwicklungsvorgänge* sind, die dem gereizten Organismus eine neue Struktur geben (morphogenetische Reizwirkungen, Modifikationen S. 2, 49). Unvollständige Kreisprozesse sind diejenigen Reizerscheinungen, bei welchen die Reaktionsbereitschaft des Organismus dadurch verändert wird, daß *Spuren* irgendwelcher Art für längere oder kürzere Zeit in dem reizbaren Gebilde zurückbleiben (*mnemische Erscheinungen*).

Nach der Art der physikalischen oder chemischen Veränderungen, die als Reize wirken, unterscheidet man folgende *Gruppen von Reizen*:

1. *mechanische Reize*, worunter alle mechanischen Einwirkungen (Stoß, Druck, Zug) verstanden werden;

2. *chemische Reize*, Änderungen in der chemischen Zusammensetzung der Umgebung des reizbaren Gebildes, soweit sie von der Natur bestimmter Stoffe abhängen;

3. *osmotische Reize*, Änderungen des osmotischen Drucks des umgebenden Mediums;

4. *Wärmereize* (*thermische* Reize), Temperaturänderungen;

5. *elektrische Reize*, welche alle möglichen Arten elektrischer Einwirkung umfassen;

6. *Lichtreize*, hervorgerufen durch strahlende Energie eines Bereichs von ungefähr 200—800 m μ Wellenlänge.

Einwirkungen aus der 1.—5. Gruppe können unter bestimmten Bedingungen an jedem beliebigen lebenden Gebilde als Reize wirken (Protoplasmareize). Bestimmte mechanische, chemische, osmotische und Wärmebedingungen setzen die Lebensbedingungen aller Organismen zusammen, und ihre Veränderungen bilden die natürlichen Reize in ihrem Lebenslauf. Elektrische Einwirkungen kommen als natürliche Reize kaum in Frage, bilden aber infolge ihrer bequemen Anwendbarkeit und feinen Abstufbarkeit seit DU BOIS-REYMOND (1848) ein wichtiges Reizmittel des Experiments. Lichtstrahlen wirken nicht auf alle Lebewesen als Reize. Zwar sind auch manche undifferenzierte Zellen (einige Amöben) durch Licht reizbar; in den meisten Fällen dienen aber besondere Einrichtungen (Transformatoren) dazu, einen Organismus reizbar für Licht zu machen.

Die *inneren Reize* sind mechanischer oder chemischer Natur; sie bedingen das harmonische Zusammenarbeiten der Organe.

Die *Reizerfolge* lassen sich in drei Stufen gliedern: 1. Die *Reception* des Reizes oder Auslösung einer *Erregung* in einem lebenden Gebilde durch eine physikalische oder chemische Einwirkung (*primärer Reizerfolg*); 2. die *Erregungsleitung* (*sekundärer Reizerfolg*); 3. die *Reizbeantwortung* oder *Reaktion* (*tertiärer Reizerfolg*).

Über die physikalisch-chemische Natur des *Erregungsvorganges*, der bei der Reception oder Reizaufnahme in einem reizbaren Gebilde auftritt, wissen wir kaum mehr, als daß er an eine Erhöhung des Stoffumsatzes gebunden ist, die sich in Wärmeerzeugung, O_2-Verbrauch und CO_2-Produktion kundgibt, und daß er von elektrischen Erscheinungen begleitet ist; und zwar gilt allgemein, daß jede erregte Stelle sich gegenüber einer unerregten negativ verhält. Auf dieser Potentialdifferenz beruhen die *Aktionsströme*, die im Experiment vielfach als objektiver Maßstab für die Intensität und den zeitlichen Verlauf der Erregung dienen. Man bezeichnet die Substanz, an die man sich die Erregungsauslösung gebunden denkt, als *receptive Substanz*. Es ist möglich, daß in einer Zelle mehrere receptive Substanzen enthalten sind, die auf verschiedene Reize ansprechen, so daß dieselbe Zelle durch verschiedene Reize in verschiedene Erregungen versetzt wird.

Im einfachsten Falle, bei *Amöben* ist jedes Stück des Cytoplasmas gleich reizbar und reaktionsfähig. Die Reaktionen bestehen im Ausstrecken oder im Ein-

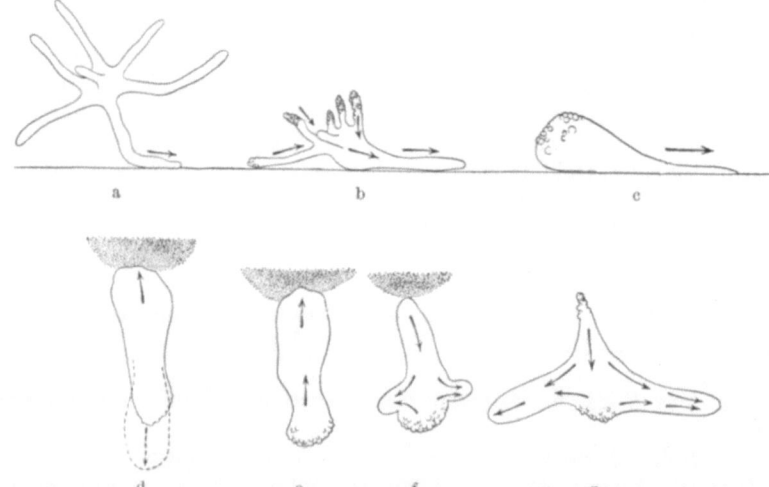

Abb. 26. Reizreaktionen von *Amoeben*. a—c positive Reaktion auf einen mechanischen Reiz; die frei schwebende Amoebe geht auf einen festen Körper über. d—g negative Reaktion auf einen chemischen Reiz; die punktierte Gegend bezeichnet eine diffundierende Substanz. d eine Lösung von NaCl diffundiert gegen das physiologische Vorderende der Amöbe; ein breites Pseudopodium (gestrichelt) bricht aus dem hinteren Teil über dem Ende hervor, die Bewegungsrichtung kehrt sich um. e—f eine Lösung von Methylenblau diffundiert gegen das Vorderende einer Amöbe (e); daraufhin wird auf jeder Seite des Hinterendes im rechten Winkel zur ursprünglichen Fortbewegungsrichtung ein Pseudopodium vorgesandt (f) und in diese zieht sich die ganze Masse des Tieres hinein (g). ⟶ Strömungsrichtung des Cytoplasmas. (Nach JENNINGS 1910.)

ziehen von Pseudopodien, im Hinströmen des Cytoplasmas nach der gereizten Stelle (positive Reaktion, Abb. 26 a—c) oder im Wegströmen von dort (negative Reaktion, Abb. 26 d—g).

An die Reception schließt sich fast immer eine räumliche Ausbreitung der Erregung oder *Erregungsleitung* an. Dabei muß der fortgeleitete Erregungsvorgang durchaus nicht derselbe sein wie der in der receptiven Substanz entstandene; aber jener ist durch diesen bedingt.

Schon bei *Amöben* kann auch eine, von der Cytoplasmaströmung selbst unabhängige, Erregungsausbreitung im Cytoplasma stattfinden. Es können Pseudopodien an Stellen vorgeschickt werden, die von der gereizten Stelle entfernt sind. Auch Reize, die ein Einziehen der Pseudopodien zur Folge haben, wirken nicht nur auf das Pseudopodium, das sie unmittelbar treffen; und in diesem Falle können Erregungsausbreitung und Cytoplasmaströmung entgegengesetzt verlaufen (Abb. 27).

Charakteristisch für diese *cytoplasmatische Erregungsleitung* ist, daß die Stärke des Erfolgs, die von der Erregung durchlaufene Strecke und die Fortpflanzungsgeschwindigkeit der Erregung von der Intensität des Reizes abhängt. Die Erregung klingt bei ihrer Ausbreitung ab; die Leitung erfolgt mit *Dekrement*.

Unter den *Metazoen* ist nur bei den *Schwämmen* Reizaufnahme und Erregungsleitung auf gewöhnliche Gewebezellen beschränkt; bei allen anderen Metazoen sind für Reception und Erregungsleitung besondere Zellen differenziert, *Sinneszellen* und *Ganglienzellen*, welche das *Nervengewebe* bilden. Die Receptionsorte (*Sinnesorgane*) sind mit besonders empfindlichen und spezialisierten receptiven Substanzen und mannigfachen Hilfseinrichtungen ausgestattet; und für die Erregungsleitung im *Nervensystem* sind Strukturen eingerichtet, die eine sehr erhöhte Leitungsgeschwindigkeit, in ihrer höchsten Ausprägung eine Leitung über weite Strecken *ohne Dekrement* erlauben.

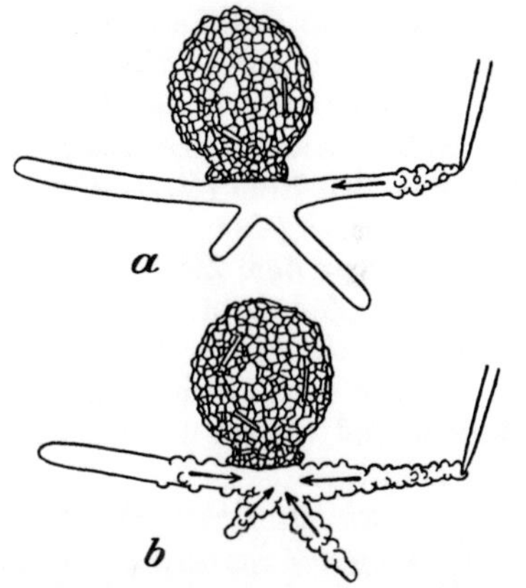

Die schließliche *Reizbeantwortung* oder *Reaktion* kann eine Bewegung oder ein Stoffwechselvorgang (z. B. eine Absonderung) sein. Bei den Metazoen sind besonders die *Bewegungsreaktionen* außerordentlich mannigfaltig ausgebildet. Hierin liegt ein *Hauptunterschied zwischen tierischer und pflanzlicher Organisation*.

Abb. 27. Reizreaktionen einer *Difflugia* (Thecamöbe) auf Berührung mit einer Nadel. a Schwache Reizung; Wegströmen des Cytoplasmas aus dem gereizten Pseudopodium. b Starke Reizung, alle Pseudopodien werden eingezogen; die Ektoplasmahaut wird dabei runzelig. ⟶ Strömungsrichtung des Cytoplasmas. (Im Anschluß an VERWORN.)

Zwischen den Intensitäten der Reize und der Erregungen bestehen bestimmte quantitative Beziehungen, die von der Erregbarkeit der reizbaren Gebilde abhängen. Damit ein sichtbarer Reizerfolg überhaupt ausgelöst wird, muß die Einwirkung eine bestimmte Größe, den *Schwellenwert* (*Reizschwelle*) erreichen, sei es, daß „unterschwellige" Reize überhaupt keine Erregung auslösen oder daß die ihnen entsprechenden schwachen Erregungen nicht bis zu uns bemerkbaren Reaktionen führen. In vielen Fällen steigt der Erfolg der Reize nach Überschreiten der Reizschwelle zunächst mit der Reizstärke an (Abb. 28 *II*). Von einer gewissen Reizstärke an bleibt der Reizerfolg unabhängig von der Reizstärke konstant (*III*). Den schwächsten Reiz, der eben den maximalen Reizerfolg auslöst, nennt man *Maximalreiz*. Steigt die Reizstärke weiter an, so wird häufig der

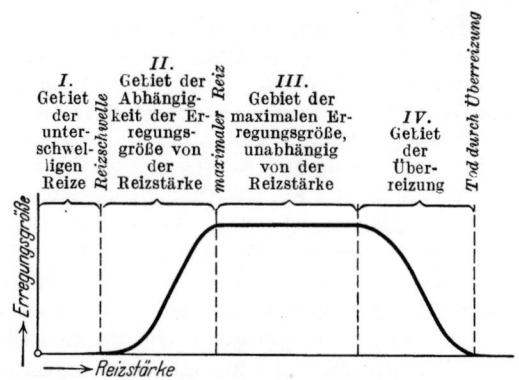

Abb. 28. Schema der Abhängigkeit der Erregungsgröße von der Reizgröße. (Nach BROEMSER 1927.)

Reizerfolg wieder kleiner (*IV*). In diesem als *Überreizung* bezeichneten Falle bewirkt der zu starke Reiz meist vorübergehende oder dauernde Schädigungen, unter Umständen den Tod des gereizten Gebildes. Es erscheint verständlich, daß die eine Erregung darstellenden Vorgänge nur eine bestimmte Maximalgröße erreichen können, da die gereizten Zellen in ihrem Stoff- und Energiegehalt begrenzte Systeme sind. Je nach den besonderen Eigenschaften des reizbaren Gebildes können die verschiedenen Abschnitte der Kurve, welche die Abhängigkeit der

Erregungsgröße von der Reizstärke darstellt (Abb. 28), verschieden lang sein. So kann vor allem das Gebiet (*II*), innerhalb dessen die Erregungsgröße mit der Reizstärke gleichsinnig wächst, sehr klein sein oder ganz verschwinden, d. h. der Reizerfolg kann sofort maximal sein, sobald die Reizintensität die Reizschwelle erreicht. In solchen Fällen erzielt ein Reiz „*alles oder nichts*".

Innerhalb des Bereichs (*II*), in dem mit der Reizstärke der Reizerfolg ansteigt, gilt für viele und sehr verschiedenartige reizbare Gebilde (Protisten, Pflanzen, Sinnesorgane höherer Tiere) das sogenannte WEBER*sche Gesetz*: Die Intensität einer Einwirkung, wie stark sie auch sei, muß sich um einen bestimmten konstanten Bruchteil (*Unterschiedsschwelle*) verändern, um eine Änderung des Reizerfolges zu ergeben.

Zwischen dem Zeitpunkt des Reizes und dem merkbaren Beginn der Erregung liegt ein Zeitabstand, die *Latenzzeit*, die je nach der Natur des reizbaren Gebildes sehr verschieden lang sein kann. Sie ist von der Temperatur abhängig, und zwar wird sie innerhalb bestimmter Grenzen mit steigender Temperatur kürzer und nimmt zwischen Reizschwelle und Maximalreiz mit steigender Reizintensität ab.

Der *zeitliche Ablauf der Reizeinwirkung* ist von wesentlicher Bedeutung für die Auslösung der Erregung. Wenn sich der Übergang von einer Intensität zu einer anderen um einen an sich hinreichenden Betrag nicht mit einer bestimmten Geschwindigkeit vollzieht, wird die Reizschwelle nicht überschritten („Einschleichen" eines Reizes).

Der Zeitfaktor spielt noch eine weitere Rolle in den Beziehungen zwischen Reizintensität und Reaktion: Zur Auslösung einer Erregung muß der Reiz eine bestimmte Zeitlang einwirken; und vielfach gilt, z. B. für die Lichtreizbarkeit von Protisten, Pflanzen und Lichtsinnesorganen höherer Tiere, daß (innerhalb eines bestimmten Intensitätsbereichs) für den Schwellenwert das *Produkt aus Reizintensität und Einwirkungszeit* (Präsentationszeit) konstant ist. Dieses *Produktgesetz* besagt, daß zur Überschreitung der Reizschwelle eine bestimmte *Energiemenge* nötig ist.

Eine allgemein, auch bei Einzelligen, zu beobachtende Erscheinung ist die sogenannte *Summation der Reize*: bei mehrfacher Wiederholung in bestimmten, nicht zu großen Zeitabständen können als Einzeleinwirkungen unterschwellige Reize eine Wirkung und untermaximale Reize maximale Erfolge erzielen.

Eine allgemeine Erscheinung an reizbaren Gebilden ist die *Ermüdung*. Diese äußert sich darin, daß bei dauernder oder in kurzen Abständen häufig wiederholter Reizung die Erregbarkeit (gemessen an der Reizschwelle und der Wirkung gleicher Reizstärken) sinkt. Bei Reaktionssystemen, die dem „*Alles-oder-Nichts-Gesetz*" entsprechen, tritt nach jeder Tätigkeit ein Zustand, das *Refraktärstadium* ein, in dem das System eine bestimmte Zeitlang auch gegenüber stärksten Reizen unerregbar ist. Ermüdung und Refraktärstadium beruhen offenbar einerseits darauf, daß im Erregungsvorgang Stoffe verbraucht werden, die für seinen Ablauf notwendig sind und nur mit einer begrenzten Geschwindigkeit ersetzt werden können, andererseits auf einer Anhäufung von hemmenden („lähmenden") Stoffwechselprodukten, die erst allmählich beseitigt werden. Bei einer Funktionsweise nach dem „Alles-oder-Nichts-Gesetz", die bei den meisten hochdifferenzierten reizbaren Gebilden vorzuliegen scheint, findet bei jeder Tätigkeit eine vollkommene „Entladung" des verfügbaren Energievorrats statt und das System muß erst wieder vollkommen „aufgeladen" werden. Bei anderen erregbaren Gebilden ist der Grad des Umsatzes der „Erregungsstoffe" von Reizstärke und Reizdauer abhängig. Die Wiederherstellung des erregbaren Zustandes ist ein besonderer Fall der „Selbststeuerung" des Stoffwechsels, der allgemein jeder Zelle eigen ist.

Viele Organismen zeigen dauernd eine kontinuierliche oder rhythmische *spontane* Tätigkeit (dauerndes Kriechen von Amöben, Schwimmbewegungen von Ciliaten und niederen Metazoen, Herztätigkeit). Diese kann, wie bei der Flimmertätigkeit, auf dem Ablauf der Stoffwechselvorgänge innerhalb der tätigen Zellen beruhen oder durch irgendwelche innere oder äußere Reize bedingt werden, die dem reagierenden System Erregungen zuführen, die von ihm mit einem bestimmten Rhythmus beantwortet werden.

Auf einen bestimmten Reiz antwortet ein Organismus nicht immer mit derselben Reaktion. Diese wird auch durch seinen augenblicklichen *physiologischen Zustand* (seine ,,*Stimmung*'') mitbestimmt. Dieser kann sich mit Stoffwechselvorgängen und Entwicklungsstadien ändern. Er ist von gleichzeitigen und unmittelbar vorausgegangenen Reizen oder Tätigkeiten abhängig. Bei höheren Formen wird der physiologische Zustand durch bestimmte Erlebnisse (*Erfahrungen*) für die Dauer geändert. In ihrem Verhalten nehmen *erlernte Reaktionen* (*mnemische Erscheinungen*) einen breiten Raum ein. Sie beruhen auf Nachwirkungen früherer Erregungen. Die nach diesen im Organismus zurückbleibenden Spuren oder *Engramme* sind wohl immer an bestimmte Teile des Nervensystems gebunden.

G. Die Modifikabilität.

Die Umweltbedingungen bilden nicht nur in bestimmten Kombinationen notwendige Voraussetzungen für den normalen Lebensablauf überhaupt, beeinflussen nicht nur die Geschwindigkeit von Lebensvorgängen oder lösen bestimmte Kreisprozesse an reizbaren Strukturen aus, die dabei nicht dauernd verändert werden (Reizerscheinungen im engeren Sinne); sondern gewisse äußere Bedingungen können auch als Reaktionen des Organismus bestimmte *Entwicklungsvorgänge* (*morphogenetische Reizwirkungen*) zur Folge haben, welche den Stoffbestand und die Struktur des reizbaren Systems dauernd verändern.

Die arteigentümlichen *Entwicklungsmöglichkeiten* werden durch *innere Faktoren* (*Erbfaktoren*, *Erbanlagen*) bestimmt, die dem Organismus bei seiner Erzeugung mitgegeben werden. Sie machen in ihrer Gesamtheit den *Genotypus* des Organismus aus. Der Genotypus bestimmt die *Reaktionsnorm*, d. h. wie der Organismus auf die Außenbedingungen mit der Ausbildung bestimmter Merkmale reagiert. Die Gesamtheit der in jedem Entwicklungsstadium ausgebildeten Merkmale bezeichnet man als *Phänotypus*. Die verschiedenen Phänotypen, die genotypisch gleiche Organismen unter verschiedenen Außenbedingungen ausbilden können, nennen wir *Modifikationen*. Die Eigentümlichkeit der Organismen und ihrer Teile, auf Außeneinwirkungen mit bestimmten Entwicklungsvorgängen zu reagieren, heißt *Modifikabilität*. Häufig haben die Modifikationen einen *Anpassungscharakter*, d. h. die Merkmalsausprägungen unter den jeweiligen Lebensbedingungen sind gerade für diese Lebensbedingungen zweckmäßig.

In seltenen Fällen sind die morphogenetischen Reizwirkungen *Kreisprozesse*, d. h. die Änderungen der Organisation können von demselben Individuum wieder vollständig rückgängig gemacht werden. So werden gewisse Amöben (Gattung *Vahlkampfia*) zu Geißelbildung veranlaßt, wenn sie aus einem bakterienreichen Nährmedium in reines Wasser gebracht werden. Sie schwimmen als Flagellaten eine Zeitlang umher; dann werden die Geißeln und ihre Basalkörner wieder vollkommen eingeschmolzen, die gestreckte Körperform verschwindet, und es werden wieder Pseudopodien gebildet. In der Regel stellen die einmal vollzogenen Modifikationen einen *dauernden Organisationszustand* des Individuums dar.

Der *Umfang*, in dem die Organisation modifikabel ist, kann sehr groß sein. So ist die starke Verschiedenheit im Körperbau und allen Verrichtungen zwischen

Königin und Arbeiterinnen der Bienen und Ameisen lediglich durch verschiedene Ernährung bedingt. Veranlaßt man, daß im Stock Larven während ihrer Entwicklung teilweise mit Arbeiterinnen-, teilweise mit Königinnenfutter ernährt werden, so kann man alle Übergänge zwischen den beiden Individuensorten erhalten. Viele Standortsmodifikationen sind so verschieden, daß man sie für verschiedene Arten oder Rassen halten könnte. Bei manchen einzelligen und vielzelligen Tieren wird

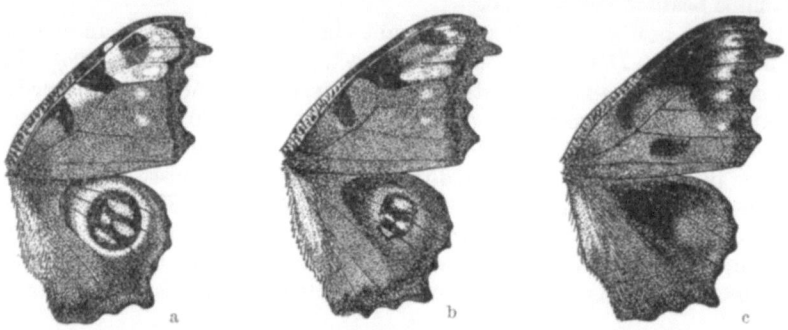

Abb. 29. Modifikationen von *Vanessa io*. a normaler Falter (ganze Entwicklung in Zimmertemperatur). b schwach, c stark abgeänderter Falter (nach 2 Tage langer Abkühlung der Puppen auf —5° bis —10°). (Original K.)

auch das *Geschlecht* rein phänotypisch durch Außenbedingungen bestimmt (S. 68). Dabei können die Geschlechtsunterschiede außerordentlich groß sein. So entstehen bei *Bonellia* aus indifferenten Larven, wenn sie sich am Rüssel eines Weibchens festheften können, winzig kleine darmlose Männchen; bleiben die Larven allein, so werden sie zu den viel größeren Weibchen. Unterbricht man die Anheftung am Rüssel des Weibchens zu einer bestimmten Zeit, so biegt die weitere

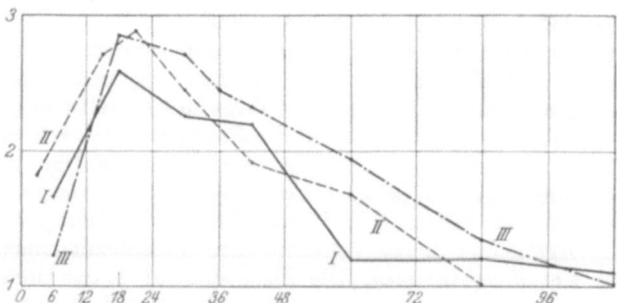

Abb. 30. Modifikabilität der Falter von *Vanessa io* (*I*), *Vanessa urticae* (*II*) und *Vanessa antiopa* (*III*) durch Abkühlung (—5° bis —10°, 2 Tage lang) in verschiedenen Altersstadien der Puppen. Ordinaten: Mittelwert der in einem bestimmten Alter abgekühlten Falter in Klassenwerten (1 = normal, 2 = schwach, 3 = stark abgeändert). Abszisse: Puppenalter in Stunden von der Verpuppung ab. Das Maximum der sensiblen Periode liegt zwischen 18 und 24 Stunden. (Nach KÜHN 1927.)

Entwicklung in weibliche Richtung um, und es entstehen Zwischenstufen zwischen männlicher und weiblicher Ausbildung (Intersexe).

Viele Merkmale können während eines großen Lebensabschnittes modifiziert werden. Für andere besteht innerhalb der Entwicklung des Individuums eine bestimmte kurz dauernde *kritische* oder *sensible Periode*, in welcher die Ausprägung des Merkmals durch die gerade während dieser Zeit herrschenden Bedingungen festgelegt wird. So kann die stark durch Temperaturreize modifikable Flügelzeichnung vieler Schmetterlinge (Abb. 29) nur während der ersten Tage der Puppenruhe abgewandelt werden. Die Beeinflußbarkeit erreicht während weniger Stunden einen Höhepunkt (Abb. 30).

Die Modifikabilität. 51

Die Modifikationen eines Merkmals können stetige Übergänge zwischen zwei Extremen sein; dann spricht man von *kontinuierlicher* oder *fluktuierender Modi-*

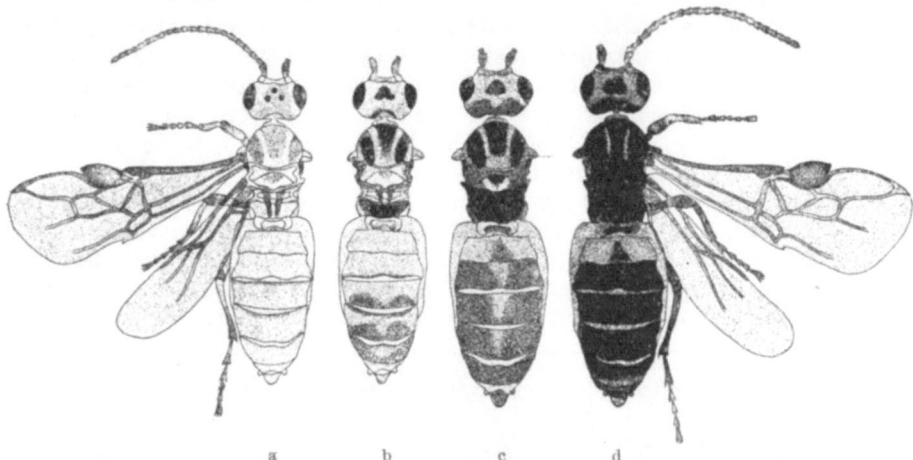

Abb. 31. Modifikationen der Pigmentierung und der Größe der Schlupfwespe *Habrobracon juglandis* durch die Temperatur. a Tier aus einer Zucht bei 35°, b aus einer 30°-Zucht, c aus einer 20°-Zucht, d aus einer 16°-Zucht. (Nach SCHLOTTKE.)

fikabilität. So können sich z. B. die Körpergröße oder der Grad der Bildung von Pigment je nach den Außenbedingungen innerhalb eines bestimmten Spielraums, der *Modifikationsbreite*, kontinuierlich verschieben (Abb. 31). Einem bestimmten Grad einer Außenbedingung, z. B. der Temperatur, entspricht ein bestimmter Modifikationsgrad (Abbild. 32).

Die meisten fluktuierend modifikabeln Merkmale werden von einer großen Anzahl von ganz verschiedenen Außenfaktoren beeinflußt. Darauf beruht die charakteristische *Verteilung der Modifikationen über die Modifikationsbreite* bei einer Anzahl Individuen gleicher Reaktionsnorm, die im *gleichen Lebensraum* leben, d. h. dem gleichen zufälligen Wechsel von Bedingungen ausgesetzt sind; z. B. Nachkommen eines *Paramaecium*-Individuums, die alle in derselben Kultur leben (Abb. 33). Die einzelnen Modifikationsgrade sind

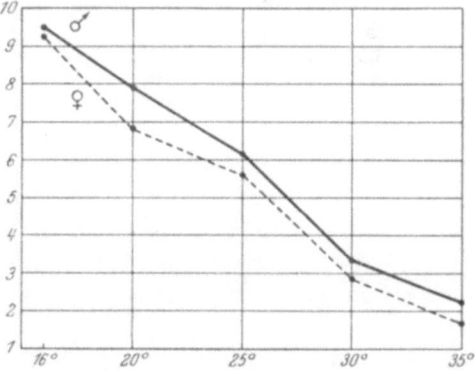

Abb. 32. Abhängigkeit der Pigmentierung von *Habrobracon juglandis* von der Temperatur. ----- ♀, ——— ♂. Abszisse: Zuchttemperaturen. Ordinaten: Mittelwerte der Zuchten in Pigmentierungsklassenwerten (1 = hellste Klasse).

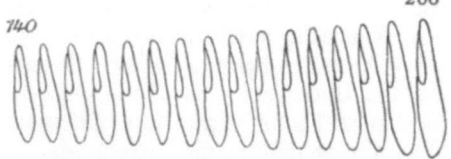

Abb. 33. Modifikationsreihe von *Paramaecium caudatum* aus einer Kultur, deren Individuen alle von einem einzelnen Individuum abstammen. (Nach JENNINGS).

nicht gleich häufig, sondern sie verteilen sich regelmäßig um einen *Mittelwert*, so daß die Individuen, die von diesem nach der einen Seite der Skala (*Plusabweicher*) und die, welche von ihm nach der anderen Seite abweichen (*Minusabweicher*), um so seltener werden, je mehr sie sich vom Mittelwert entfernen. Teilt man die

4*

ganze Modifikationsbreite in Klassen ab, die jeweils zwischen zwei bestimmten Modifikationsgraden liegen, so entspricht die Verteilung der Individuen auf die einzelnen Klassen in sehr vielen Fällen einer *Binomialkoeffizientenreihe* oder *Binomialkurve* (GAUSSschen Wahrscheinlichkeits- oder Zufallskurve, Abb. 34). Diese Verteilungsregel wird nach dem belgischen Statistiker QUETELET (1796—1874), der die Variabilität des Menschen zuerst mit mathematischen Hilfsmitteln untersuchte, QUETELET*sches Gesetz* genannt. Die Erscheinung beruht darauf, daß die einzelnen, das betreffende Merkmal teils fördernden, teils hemmenden Außenfaktoren sich rein zufällig kombinieren.

Die *Reaktionsnorm* drückt sich in diesem Falle darin aus, daß für genotypisch gleiche Individuen unter bestimmten Außenbedingungen für jedes einzelne Merkmal *Mittelwert und Verlauf der Modifikationskurve* bestimmt sind. Die Ausbildung eines (morphologischen oder physiologischen) Merkmals in einer Individuengruppe ist daher durch eine Reihe variationsstatistischer Angaben zu

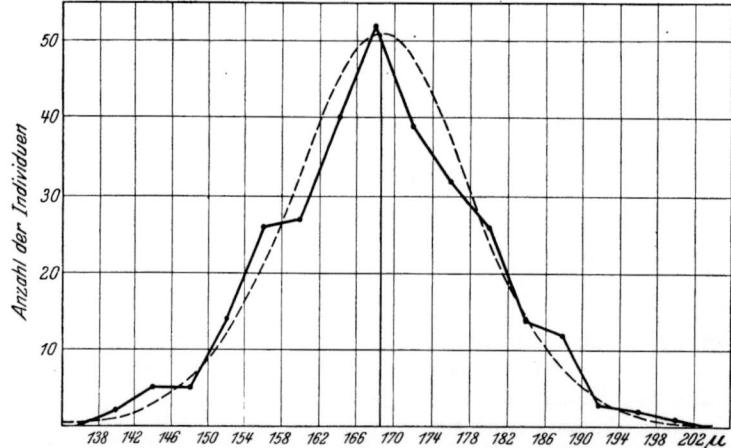

Abb. 34. Modifikationskurve der Länge von *Paramaecium caudatum* aus einer Kultur, deren Individuen alle von einem einzelnen Individuum abstammen (Zahlen nach JENNINGS 1908, verglichen mit einer Binomialkurve). Abszisse: Grenzwerte der Größenklassen in μ. Ordinaten: Anzahl der Individuen (Gesamtanzahl der Individuen = 300, Längenmittelwert = 168,5 μ).

kennzeichnen: den Mittelwert (M), die Streuung (Standardabweichung oder mittleren Fehler, σ) und den mittleren Fehler des Mittelwertes (m)[1].

Manche Merkmale werden nicht kontinuierlich modifiziert, sondern innerhalb der kontinuierlichen Skala einer Außenbedingung liegt für die Phänotypenbildung ein *Umschlagspunkt*. Auf der einen Seite von ihm reagiert der Organismus mit einem, auf der anderen Seite mit einem *qualitativ* anderen Merkmal; oder bei diesem Umschlagspunkt findet ein *quantitativer Sprung* in der Merkmalsausbildung statt. Diese Erscheinung heißt *diskontinuierliche* oder *alternative Modifikabilität*. Liegt der Umschlagspunkt für ein alternativ modifikables Merkmal innerhalb des Zufallsbereichs der allgemeinen Lebenslage, so wird er von einem Teil der Individuen überschritten, und man findet zwei Modifikationen nebeneinander. Man bezeichnet Rassen mit solchen Merkmalen als *umschlagende Rassen*. Ein Beispiel bietet eine Rasse von *Drosophila melanogaster*, bei der in derselben Zucht nebeneinander Individuen von gewöhnlicher Größe und solche von Riesenwuchs vorkommen (Abb. 35), die nicht durch Zwischenstufen verbunden sind. Bei gleich-

---

[1] CHARLIER, C. V. L.: Vorlesungen über die Grundzüge der mathematischen Statistik, 2. Aufl., Lund 1920. — JOHANNSEN, W.: Elemente der exakten Erblichkeitslehre mit Grundzügen der biologischen Variationsstatistik, 3. Aufl., Jena 1926.

bleibenden Zuchtbedingungen tritt in den aufeinanderfolgenden Generationen immer ein etwa gleichbleibender Prozentsatz von Riesen auf, gleichgültig, ob man Riesen oder Individuen von gewöhnlicher Größe zur Nachzucht verwendet (Tab. 4).

Nicht nur von Außenreizen werden morphogenetische Wirkungen ausgelöst. Wie *innere Reize* die Arbeit der einzelnen fertigen Organe mitbedingen, so lösen Wirkungen, die von einem Teil des Organismus ausgehen, auch morphogenetische Reizwirkungen an anderen Teilen aus. In der Ontogenese beruht die *abhängige Differenzierung* (S. 275) auf solchen inneren Reizwirkungen. Soweit wir wissen, sind diese Reize meist chemischer Natur. Sie können in verschiedenen Entwicklungsstadien wirksam werden. Ein Beispiel ist die Ausbildung *sekundärer Geschlechtscharaktere* unter der Wirkung von Stoffen, die von den Geschlechtsdrüsen in die Blutbahn abgegeben werden (bei Vögeln und Säugern). Die Formbildungsvorgänge an anderen Organen, z. B. im Integument (Ausbildung der Federn von männlichem oder von weiblichem Typus u. a.), werden durch jenen chemischen Reizstoff modifiziert.

Tabelle 4.

$\overbrace{\text{Norm.}}$

$\overbrace{\text{Norm. Riesen}}$
806   805 = 50,5 %

$\overbrace{\text{Norm. Riesen}}$
1331   1403 = 51,3 %

$\overbrace{\text{Norm. Riesen}}$
547   980 = 64,1 %

Zuchten der umschlagenden Riesenrasse (giant race) von *Drosophila melanogaster* in drei aufeinanderfolgenden Generationen, wobei das erstemal beide Eltern der normal großen, die folgenden Male der riesenwüchsigen Modifikation angehörten. (Nach BRIDGES u. GABRITSCHEVSKY 1928.)

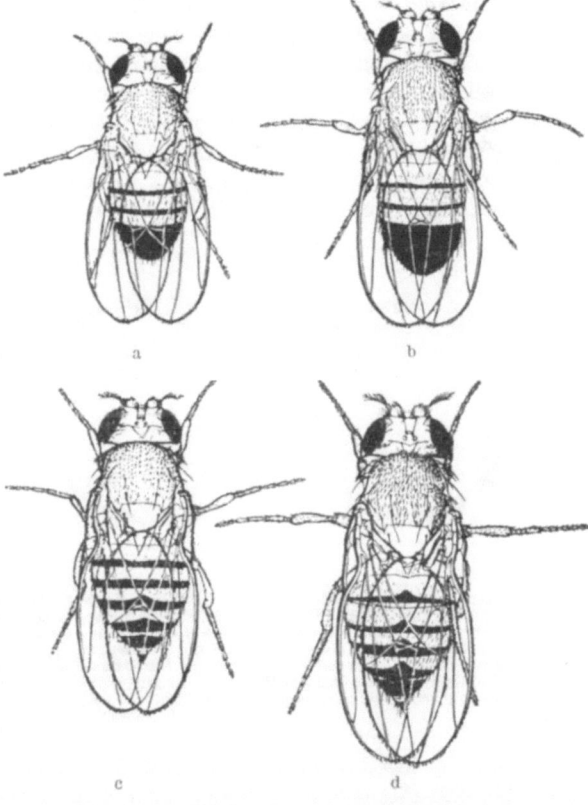

Abb. 35. Umschlagende Riesenrasse von *Drosophila melanogaster*. a, b ♂ ♂, c, d ♀ ♀; a, c normal große, b, d riesenwüchsige Individuen. (Nach BRIDGES u. GABRITSCHEVSKY 1928.)

Schließlich übt auch die *Funktion* eines Organs einen modifizierenden Einfluß auf dieses selbst aus, wie dies z. B. in der Kräftigung viel gebrauchter, in der Verkümmerung nicht gebrauchter Muskeln zum Ausdruck kommt.

H. Befruchtung, Chromosomenreduktion und Geschlechtlichkeit.

Bei allen Organismen, bei denen eine Befruchtung vorkommt, wechseln im Laufe der Zellgenerationen *zwei Kernzustände* ab: eine *diploide Phase* (Diplophase, vgl. S. 23) und eine *haploide Phase* (Haplophase). Die beiden Phasen werden voneinander geschieden durch die *Befruchtung*, in der zwei Chromosomengarnituren vereinigt werden, und durch die *Chromosomenreduktion*, die wieder einen Kern mit einer einzigen Chromosomengarnitur herstellt. Der Reduktionsvorgang verläuft bei allen Organismen als *Reduktionsteilung*. Bei diesem Kernteilungsvorgang findet im Gegensatz zu allen anderen Kernteilungen keine Längsspaltung der Chromosomen und Trennung von Tochterchromosomen statt, sondern die ganzen homologen Chromosomen werden, nachdem sie sich paarweise zusammengelegt haben, voneinander getrennt und auf zwei Kerne verteilt.

Der Umfang, den die diploide und die haploide Phase im Entwicklungsgang einnehmen, ist bei den Organismen sehr verschieden. Bei dem einen Extrem ist *nur die Zygote diploid*; ihre erste Teilung ist eine Reduktionsteilung (Abb. 36 c, 38). Dieser Fall ist unter den Tieren bisher nur bei *Sporozoen* bekannt. Das andere Extrem stellen alle übrigen *Tiere* dar: Alle Zellgenerationen des vielzelligen Organismus und die vegetativen Individuengenerationen der meisten Protozoen sind diploid, nur die Gameten selbst und meist ihre Mutterzellen sind haploid (Abb. 36a, 39). Im ersten Falle findet die Reduktion unmittelbar nach (*zygotische*

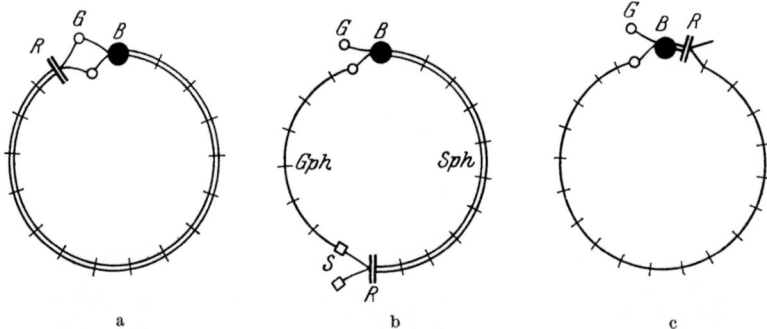

Abb. 36. Schema des Wechsels zwischen Diploidie und Haploidie in den Entwicklungskreisen. a Reduktionsteilung unmittelbar vor der Befruchtung bei der Gametenbildung (*Metazoen, Actinophrydien, Ciliaten*). b Zwischen Befruchtung und Reduktion die Zellfolgen des Sporophyten (*Sph*), zwischen Reduktion und Befruchtung die Zellfolgen des Gametophyten (*Gph*) (Pflanzen mit antithetischem Generationswechsel, z. B. *Moose*). c Reduktionsteilung unmittelbar nach der Befruchtung bei der ersten Teilung der Zygote (*Phytomonadinen, Sporozoen*). Doppelte Kreislinie diploide, einfache Kreislinie haploide Abschnitte des Entwicklungskreises, einfache Querstriche = gewöhnliche Teilungen, doppelter Querstrich = Reduktionsteilung (*R*), *B* Befruchtung, *G* Gameten, *S* Sporen.

Reduktion), im zweiten unmittelbar vor der Befruchtung (*gametische Reduktion*) statt. Bei den Pflanzen gibt es auch noch Zwischenstufen zwischen jenen bei den Tieren verwirklichten Extremen. Bei den *Pflanzen* mit *antithetischem Generationswechsel* (z. B. den Moosen, Abb. 36 b) liegen zwischen Befruchtung und Reduktion die Zellfolgen des diploiden Sporophyten, zwischen der bei der Sporenbildung erfolgenden Reduktion und der Befruchtung die Zellfolgen des haploiden Gametophyten, der die Gameten liefert.

a) Gametenbildung und Verlauf der Befruchtung.

Bei der Befruchtung verschmelzen stets zwei haploide Kerne zu einem diploiden Kern (*Syncaryon, Zygotenkern*), meist vereinigen sich zwei ganze Zellen, die *Gameten*, zur *Zygote* (*Copulation*). Nur in einem einzigen Falle, bei der *Conjugation* der *Ciliaten* (S. 419), verbinden sich zwei Zellindividuen nur vorübergehend, tauschen Kerne aus, und in jedem Individuum verschmilzt ein der Zelle zugehöriger Kern mit einem von der anderen Zelle eingetretenen Kern.

Im einfachsten Falle bei Einzelligen führen Individuen die Befruchtung aus, die sich von gewöhnlichen vegetativen Individuen, wie sie sich durch Teilung fortpflanzen, nicht wesentlich unterscheiden (*Hologamie*). Meistens vollziehen sich aber die Befruchtungsvorgänge an kleineren Gameten, die aus wiederholten Zweiteilungen oder Vielteilungen aus einer großen Zelle (dem *Gamonten*) hervorgegangen sind (*Merogamie*). Nur in diesem Falle kann man bei Einzelligen auch von einer *geschlechtlichen Fortpflanzung* sprechen, da mit den Befruchtungserscheinungen Vermehrungsvorgänge verknüpft sind; während die Individuenanzahl bei hologamer Copulation von zwei auf eins herabgesetzt wird, bei der Conjugation gleich bleibt. Meist werden die sich vereinigenden Gameten von verschiedenen

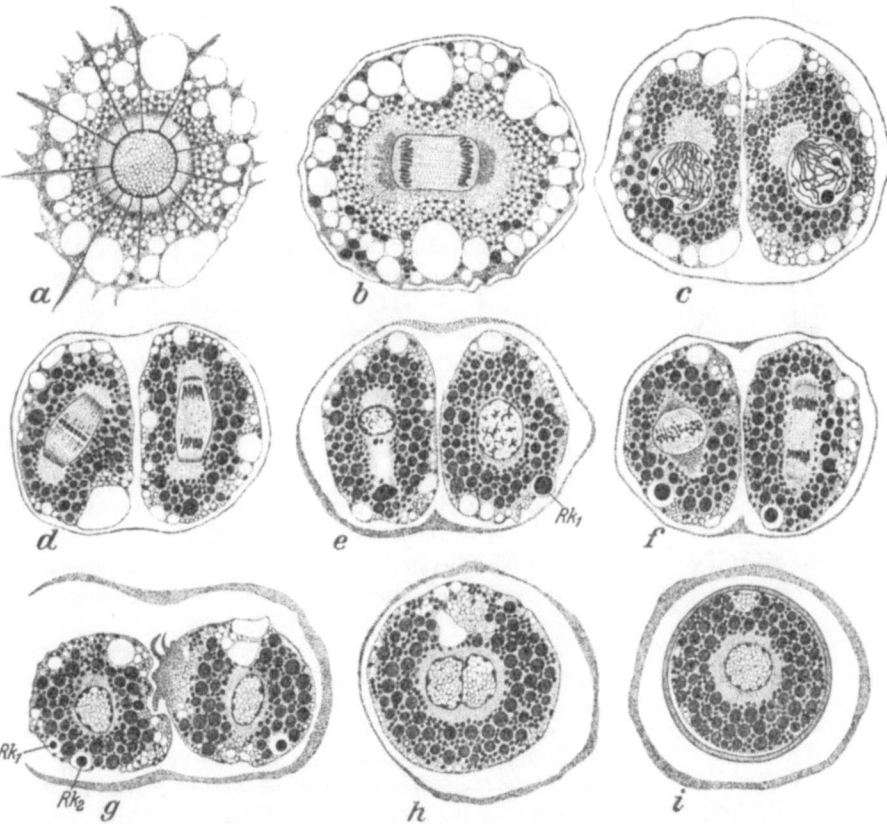

Abb. 37. *Actinophrys sol.* Pädogame Befruchtung. a Umwandlung des vegetativen Individuums in den Gamonten. b Telophase der Zellteilung, die das Gametenpaar liefert. c Kerne der Gameten im Bukettstadium. d I. Reifungsteilung (Reduktion). e Telophase der I. Reifungsteilung (links) und Interkinese (rechts). f II. Reifungsteilung. g Der ♂ Gamet (rechts) streckt Pseudopodien nach dem ♀. h Junge Zygote vor der Kernverschmelzung. i Fertige Zygote, die eine feste Cystenhülle abgeschieden hat. Von d—f eilt der ♂ Gamet (rechts) etwas in der Entwicklung voraus. Die dunkeln Einschlüsse im Cytoplasma sind Reservestoffe. Rk_1, Rk_2 1. und 2. Richtungskern. (Nach BĚLAŘ 1922.)

Individuen geliefert (*Fremdbefruchtung*). Doch können in gewissen Fällen auch vom selben Individuum gebildete Gameten, unter Umständen Tochterzellen einer Mutterzelle (*Pädogamie*), verschmelzen.

Die Gameten können gleichgestaltet (*Isogameten*) oder verschieden gestaltet (*Anisogameten*) sein. In dem zweiten Falle, der morphologischen Geschlechtsdifferenzierung oder dem *Gametendimorphismus*, unterscheidet man weibliche (♀) Gameten, die meist unbeweglich und größer sind, *Macrogameten* (Gynogameten), und bewegliche kleinere männliche (♂) oder *Microgameten* (Androgameten), welche die Macrogameten aufsuchen.

Isogamie findet sich bei einigen Protozoen und niederen Pflanzen. Vielfach (wahrscheinlich immer) zeigen die Isogameten, obwohl sie morphologisch nicht unterscheidbar sind, doch physiologisch geschlechtliche Unterschiede, und nur hierauf beruht die Fähigkeit, sich zu vereinigen (M. HARTMANN). *Anisogamie* kommt in allen Übergängen von sehr geringem Gametendimorphismus bis zu sehr hochgradigem bei Protozoen vor. Der extreme Fall, in dem eine sehr große ♀ Zelle von winzigen ♂ Zellen befruchtet wird, heißt *Oogamie*. Eine solche ist allen Metazoen eigen.

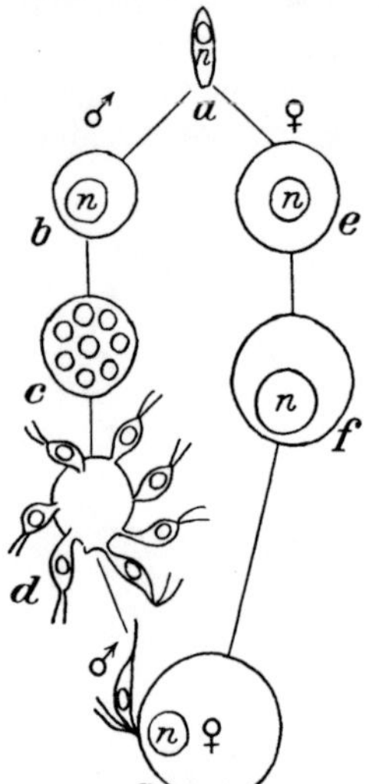

Ein Beispiel für *morphologische Isogamie* bietet *Actinophrys sol* (Abb. 37). Als Einleitung zu einem Geschlechtsvorgang zieht ein Individuum seine Pseudopodien ein und umgibt sich mit einer Gallerthülle. Dann erfolgt eine Teilung, so daß zwei Zellen in einer Hülle liegen. Diese Teilung liefert zwei Gameten, die somit Tochterzellen einer Mutterzelle sind (*Pädogamie*). In jeder Zelle durchläuft der Kern eine Teilung (I. Reifungsteilung), bei der die Chromosomenreduktion stattfindet. Der eine Tochterkern geht zugrunde (1. Richtungskern); der andere teilt sich noch einmal (II. Reifungsteilung); der eine Tochterkern geht wieder zugrunde (2. Richtungskern); der übrigbleibende Kern ist der befruchtungsreife Gametenkern. Bei der nun folgenden Verschmelzung der Gameten bildet der eine Gamet (♂), der auch schon vorher bei den Kernteilungen etwas vorausgeeilt ist, Pseudopodien aus und fließt in den andern hinüber (♀) (physiologische Anisogamie). Die Gametenkerne legen sich aneinander und verschmelzen. Die Zygote scheidet eine feste Hülle aus.

Die morphologische *Anisogamie* bildet sich unter den *Protozoen* in mehreren Reihen stufenweise aus. Unter den *Sporozoen* ist bei manchen *Gregarinen* noch kein Unterschied zwischen den Gameten bemerkbar, während bei anderen die Größenunterschiede zwar gering sind, aber die ♂ Gameten einen Bewegungsapparat besitzen, der den ♀ fehlt (Abb. 357); und bei wieder anderen sind die Macrogameten auch beträchtlich größer als die Microgameten. Sehr ausgesprochene Anisogamie herrscht unter den *Coccidien*, wofür *Aggregata eberthi* als Beispiel diene (Abb. 38). Aus dem Sprößling (*Merozoit*) einer vegetativen Vermehrung (*Schizogonie*) wächst entweder ein großer *Macrogamet* heran oder eine Zelle (*Microgametocyte*), die zahlreiche *Microgameten* liefert. Ihr Kern teilt sich wiederholt. Die Kerne rücken an die Cytoplasmaoberfläche; um sie grenzen sich Cytoplasmaknospen ab. Aus dem Cytocentrum der letzten Kernteilung sprossen neben jedem Kern zwei Geißeln hervor. Die Knospen werden zu sehr langgestreckten Zellen mit einem sehr dichten fadenförmigen Kern. Je ein Microgamet verschmilzt mit einem Macrogameten. In der Zygote setzen gleich Kernteilungen ein, welche die Kerne der *Sporen* liefern. Die erste Teilung des Zygotenkerns ist die Reduktionsteilung.

Abb. 38. Stück aus dem Entwicklungskreis von *Aggregata eberthi*. Schema. a Merozoit. b Mikrogametocyte. c Kernvermehrung. d Ablösung der Mikrogameten. e, f Heranwachsen des Makrogameten. g Vereinigung eines Mikrogameten mit einem Makrogameten. h Zygote mit diploidem Kern. i Ende der 1. Teilung des Zygotenkerns (= Reduktionsteilung). i—l Sporenbildung. Der diploide Kern ist schwarz gezeichnet, die haploiden hell. (Orig. K.)

Bei den *Metazoen* sind die Gameten oder *Geschlechtszellen* (S. 38) immer sehr verschieden: *Eier* und *Samenzellen (Spermien)*. Die Samenzellen enthalten sehr wenig oder überhaupt kein undifferenziertes Cytoplasma, während die Eier immer

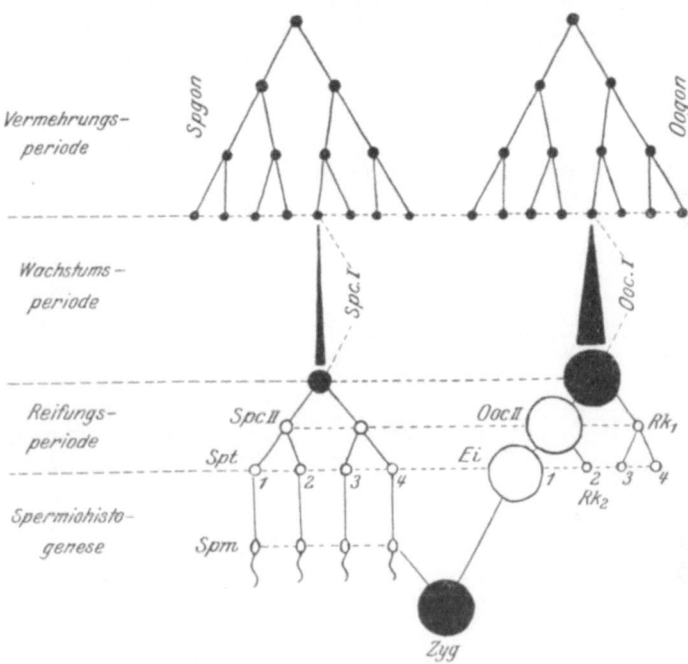

Abb. 39. Schema der Geschlechtszellenbildung bei den Metazoen. Die diploiden Stadien sind schwarz, die haploiden hell gezeichnet. (Orig. K.) *Ei* reife Eizelle, *Ooc I, Ooc II* Oocyten I. u. II. Ordnung, *Oogon* Oogonien, Rk_1, Rk_2 1. u. 2. Richtungskörper, *Spc I, Spc II* Spermatocyte I. u. II. Ordnung, *Spgon* Spermatogonien *Spm* Spermien, *Spt* Spermatiden.

sehr große Cytoplasmakörper besitzen. Die Ausbildung der Eier (Oogenese) und der Spermien (Spermatogenese) stimmt bei allen Tierstämmen überein: Riesen-

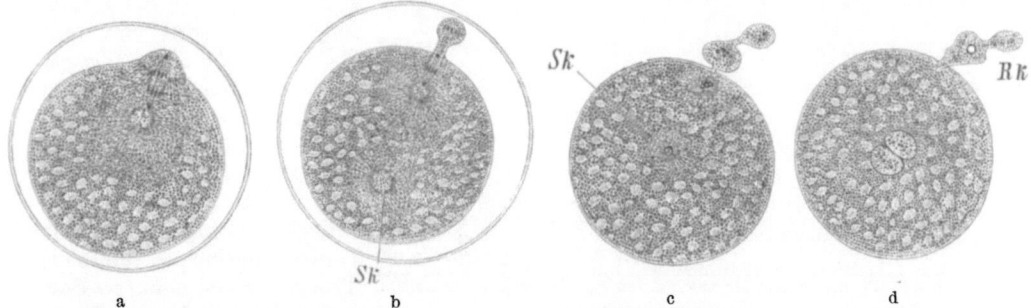

Abb. 40. Ei von *Herpobdella (Nephelis)* im Leben. (Nach O. HERTWIG.) a Das Ei eine halbe Stunde nach der Ablage. 1. Richtungsspindel. Das Protoplasma wölbt sich hügelförmig vor zur Bildung des ersten Richtungskörpers. b Dasselbe eine Stunde später mit sich abschnürendem 1. Richtungskörper und Strahlung des eingetretenen Spermiums *Sk*. c Dasselbe (ohne Eihülle) abermals eine Stunde später mit abgeschnürtem zweiten Richtungskörper und mit Spermakern *Sk*. d Dasselbe wieder um eine Stunde später mit zusammengetretenem Eikern und Spermakern. *Rk* Richtungskörper.

wuchs und Reservestoffspeicherung kennzeichnet allgemein die Eier, Ausbildung eines Bewegungsapparats die Spermien. In der *Spermatogenese* folgen vier, in der *Oogenese* drei Hauptabschnitte aufeinander (Abb. 39). Der erste ist die *Vermehrungsperiode*, in der kleine Zellen, die häufig in beiden Geschlechtern ganz gleich aussehen, sich lebhaft teilen; die männlichen Keimzellen der Vermehrungsperiode werden als *Spermatogonien*, die weiblichen als *Oogonien* bezeichnet. Dann folgt die *Wachstumsperiode*, in der die letzte Generation der Spermatogonien und Oogonien die Vermehrungsteilungen einstellt, und die Zellen als *Spermatocyten* bzw. *Oocyten I. Ordnung* zu wachsen beginnen. Das Wachstum der Spermatocyten ist verhältnismäßig gering, während die Oocyten in dieser Periode eine große Cytoplasmazunahme und mehr oder weniger mächtige Dottereinlagerung erfahren. Nach Abschluß des Wachstums folgt die *Reifungsperiode*, in der sowohl die Spermatocyten wie die Oocyten zwei Teilungen (*Reifungsteilungen*) durchmachen, in deren Verlauf die Chromosomenreduktion stattfindet. Die Spermatocyten I. Ordnung teilen sich in zwei gleichgroße Zellen, die *Spermatocyten II. Ordnung*; diese teilen sich wiederum in zwei gleiche Zellen, die *Spermatiden (Präspermien)*. Jede Spermatocyte I. Ordnung liefert also vier Spermatiden (Abb. 44, 45, 49). Aus der Oocyte I. Ordnung gehen nicht vier gleichwertige Zellen hervor. In der I. Reifungsteilung wird von dem Hauptteil der Zelle (*Oocyte II. Ordnung*) eine sehr kleine Knospe, der *1. Richtungskörper* abgeschnürt (Abb. 40, 50). Die II. Reifungsteilung liefert das reife Ei und einen *2. Richtungskörper*. Der 1. Richtungskörper teilt sich häufig noch einmal, so daß auch hier wie in der Spermatogenese *vier Zellen mit haploiden Kernen* entstehen, von denen aber drei zugrunde gehen. In der männlichen Reihe schließt sich an die Reifungsperiode noch die Ausbildung der Spermien zu hochdifferenzierten Bewegungszellen an (*Spermiohistogenese*, Abb. 41). Der Kern der Spermatide wird stark verdichtet. Er wird zu dem meist ziemlich starren, stark lichtbrechenden, anisotropen Kopf des Spermiums. Das *Cytocentrum* der Spermatide teilt sich meist in zwei Teile, von denen einer nahe beim Kern liegen bleibt und in das Mittelstück des

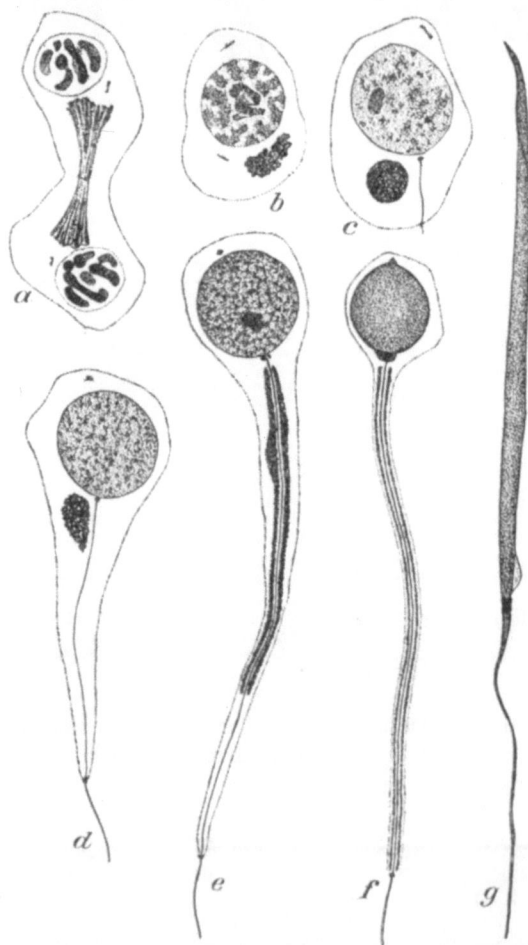

Abb. 41. Spermiohistogenese von *Stenobothrus lineatus* (Heuschrecke). a Telophase der II. Reifungsteilung. b—f Auswachsen des Achsenfadens des Schwanzstücks, Verklumpung der Mitochondrien zum sogenannten Nebenkern. f—g Ausbildung der Mitochondrienhülle um den Achsenfaden des Schwanzstücks. h Streckung des Kerns zum Kopfstück (es ist nur der vordere Teil des Spermiums dargestellt). (Nach BĚLAŘ.)

Befruchtung, Chromosomenreduktion und Geschlechtlichkeit. 59

Spermiums eingelagert wird, während das andere Teilstück des Cytocentrums nach dem Hinterende des sich in die Länge streckenden Zellkörpers wandert und bei den typischen mit einem Schwanzfaden versehenen Spermien (Geißelspermien) den Achsenfaden des Schwanzes bildet. Der GOLGI-*Apparat* wird in vielen Fällen zu einem Spitzenstück (Perforatorium). Die *Mitochondrien* häufen sich manch-

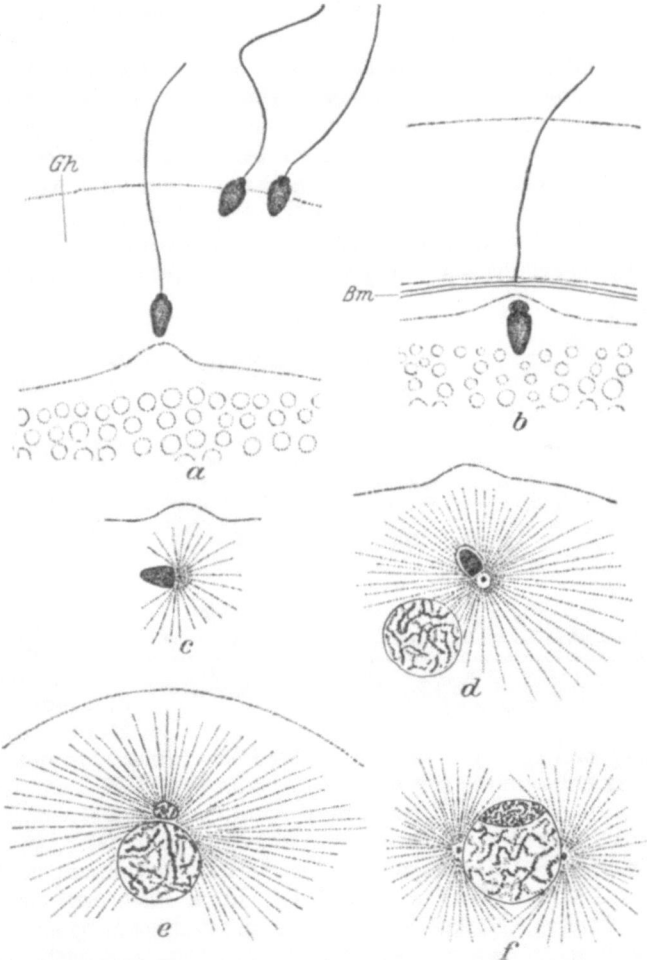

Abb. 42. Besamung und Befruchtung des Echinodermeneis. a, b Asteridenei. c—f Seeigelei (*Toxopneustes*). a Vordringen der Spermien in der Gallerthülle, Empfängnishügel. b Aufnahme des Kopfes und des Mittelstücks in das Eiplasma, Abwerfen des Schwanzes, Bildung der Dottermembran. c Auftreten der Strahlung um das Cytocentrum des Spermiums. d, e Annäherung des Spermienkerns, ♂ Vorkerns an den Eikern, wobei jener sich auflockert. f Verschmelzung des ♂ und des ♀ Vorkerns, das Cytocentrum hat sich geteilt und zwei Strahlungen an entgegengesetzten Polen des Syncaryons gebildet. (Nach E. B. WILSON u. MATHEWS.)

mal im Mittelstück an und pflegen eine Hülle um einen Teil des Achsenfadens des Schwanzes zu bilden. Das undifferenzierte Cytoplasma bildet einen sehr dünnen Überzug über das fertige Spermium. Manchmal wird ein beträchtlicher Teil des Cytoplasmas unverwendet abgestoßen. Im einzelnen kann der Bau der Spermien außerordentlich verschieden sein.

Der *Verlauf der Besamung* (Abb. 42, 43) ist bei den meisten Metazoen gleichartig. Die Spermien suchen mit Hilfe ihrer aktiven Beweglichkeit die Eier auf, wobei Abscheidungen der Eier als Reizmittel für die Spermien wirken. Weiche Eihüllen werden von den Spermien durchbohrt (Abb. 42); wenn festere Hüllen vorhanden sind, finden sich in ihnen eine oder mehrere Einlaßöffnungen (*Micropylen*) für die Spermien. Bei der Vereinigung einer Samenzelle mit dem Ei nimmt auch das Eiplasma durch eine Veränderung seiner Oberfläche aktiv teil: Meist bildet sich eine kegelförmige Erhebung (*Empfängnishügel*), die ein Spermium oder nur dessen Kopf und Zwischenstück in das Cytoplasma hineinzieht (Abb. 42). Ausgehend von dem Empfängnishügel, der zuerst ein Spermium erfaßt hat, bildet sich dann eine Membran (*Befruchtungsmembran*) aus, die das Eindringen weiterer Spermien verhindert. Oft werden die Reifungsteilungen des Eikerns erst nach dem Eindringen des Spermiums durchgeführt; es wird also eine Oocyte (I. oder II. Ordnung) besamt (Abb. 50). Der *reife Eikern* (♀ *Vorkern*) und der *Spermienkern* (♂ *Vorkern*) nähern sich einander, wohl passiv, durch Plasmaströmungen mitgeführt (Abb. 43). Der Samenkern lockert sich auf, wächst aber oft nicht zur vollen Größe des Eikerns heran. Die Gametenkerne können völlig verschmelzen (Abb. 42) oder sie gehen nebeneinander in die Prophase der ersten Teilung ein (Abb. 50f—i). Damit ist die Befruchtung abgeschlossen.

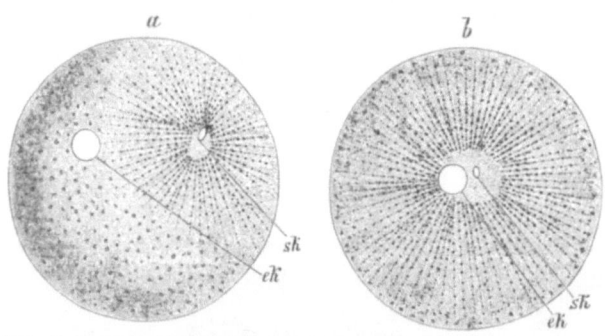

Abb. 43. Besamtes Ei eines Seeigels im Leben. (Nach O. HERTWIG.) a Der Kopf des eingedrungenen Spermiums hat sich in den in eine Plasmastrahlung eingeschlossenen Spermienkern (*sk*) umgewandelt und dem Eikern (*ek*) entgegenbewegt. b Spermienkern (*sk*) und Eikern (*ek*) nahe zusammengerückt und von Plasmastrahlung umgeben.

Die *Cytocentren* der auf die Befruchtung folgenden Teilungen der Embryonalentwicklung stammen von dem Spermium. Das Spermiencytocentrum bildet, während die Vorkerne aufeinander zu wandern, meist eine mächtige Strahlung aus (Abb. 43). Das Eicytocentrum bleibt untätig und geht vor oder nach der Befruchtung zugrunde. Bei Eientwicklung ohne Befruchtung (*Parthenogenese*) tritt es in Tätigkeit. Bei der natürlichen Parthenogenese (S. 65ff.) wird es von vornherein aufgespart, bei der künstlichen Parthenogenese, die durch verschiedene chemische Mittel (hyper- und hypotonische Lösungen, Substanzen, welche die Oberflächenspannung des Cytoplasmas gegen das umgebende Medium verändern), durch Anstechen des Eies, durch Temperaturerhöhung während der Eireifung und anderes ausgelöst werden kann, wird das sonst zugrunde gehende Cytocentrum wieder aktiviert.

b) Verlauf der Chromosomenreduktion.

Trotz der ungeheuren Verschiedenartigkeit der Entwicklungsvorgänge der einzelligen Organismen, der vielzelligen Pflanzen und Tiere verlaufen die Reduktionserscheinungen so vollkommen gleichförmig, daß wir sie als allgemeine Grunderscheinungen des Zellenlebens, wie die Zellteilungsvorgänge, ansprechen müssen.

In der Keimzellenentwicklung der *Metazoen* beginnen die Vorgänge an den Chromosomen, die in der Reduktionsteilung ihren Abschluß finden, nach dem Ende der letzten Spermato- bzw. Oogonienteilung (Abb. 44). Anstatt, wie nach einer gewöhnlichen Vermehrungsteilung, aus der Telophase in eine typische Interphase einzutreten, bildet jeder Tochterkern sehr bald wieder Chromosomen aus und leitet damit die *Conjugationsphase* ein. Manchmal bilden sich die Chromosomen der Telophase unter starkem Längenwachstum unmittelbar in die Chromosomen der Conjugationsphase um; in anderen Fällen ist eine kurze Interphase eingeschaltet (Abb. 44 e, f). Zu Beginn der Conjugationsphase (*Leptotänstadium*) sind die in diploider Anzahl vorhandenen Chromosomen sehr lang, dünn und stark gewunden (Abb. 44 g). Die dünnen Fäden zeigen im Kern eine *polare Orientierung*. Die Chromosomen sind mit je einem Ende (oder beiden Enden) der Stelle der Kernoberfläche angenähert, die dem Cytocentrum benachbart ist. Während dieses *Bukettstadiums* suchen die homologen Chromosomen, die durchaus nicht immer von vornherein nebeneinander liegen, einander mit ihren Enden auf und legen sich der Länge nach aneinander. Diese *Chromosomenpaarung* (*Synapsis, Syndese, Längsconjugation*) beginnt an den polar orientierten Enden und schreitet von da in der Längsrichtung der Fäden fort (Abb. 44h); hierbei verkürzen und verdicken sich die Chromosomen. Ist die Paarung vollzogen, so liegen die beiden *Conjugationspartner* (*Paarlinge*) oft so dicht beisammen, daß das von ihnen gebildete *Doppelchromosom* (*Geminus*) einheitlich erscheint. Das Stadium dieser dicken Fäden von haploider (pseudoreduzierter) Anzahl nennt man *Pachytänstadium* (Abb. 44i). Auf diesem Höhepunkt der Chromosomenconjugation zeigt sich bei allen Objekten, bei denen eine deutliche Chromomerenstruktur auftritt (vgl. S. 27), daß die einzelnen Chromomeren, die vielfach konstante Größenunterschiede aufweisen, einander paarweise gegenüberliegen (Abb. 46). Nach einer gewissen Zeit lockert sich die innige Vereinigung der Conjugationspartner wieder, und die einzelnen Gemini erscheinen deutlich als Doppelchromosomen (*Diplotänstadium*, Abb. 44 k, l). Häufig winden sich die auseinanderweichenden Paarlinge umeinander (*Strepsitänstadium*, Abb. 47a, b, f—h). Oft geht das Auseinanderweichen so weit, daß die Partner nur an einzelnen Stellen miteinander in Berührung bleiben. Häufig tritt in dieser Zeit an jedem Chromosom ein *Längsspalt* (*Äquationsspalt*) auf, so daß nun jeder Geminus aus vier Fäden besteht (Abb. 44 k, l). Nun verkürzen sich die Chromosomen zur I. Reifungsteilung.

In allen wesentlichen Punkten verläuft der Formwechsel der Chromosomen in *beiden Geschlechtern* völlig gleich. Anfangs- und Endzustände der Chromosomen stimmen vollkommen überein (Abb. 47a, f und e, k). Allein in den Oocyten vollzieht sich dazwischen in Beziehung zu dem gewaltigen Wachstum des Cytoplasmas und der Dotterbildung ein starkes Kernwachstum. Die Oocytenkerne im *Keimbläschenstadium* sind die größten Zellkerne die es gibt. Sie enthalten stets große oder zahlreiche Nucleolen (Zeichen eines starken Stoffumsatzes); die Chromosomen (im Diplotänstadium) sind sehr lang und stark aufgelockert. Häufig zeigen sie im fixierten Zustand zackige oder ausgefranste Oberfläche (Lampenbürstenchromosomen).

Die *Verkürzung der Chromosomen* in der *Prophase der I. Reifungsteilung* kann so weit gehen, daß jedes Chromosom kugelförmig erscheint. Dabei kann der Längsspalt in jedem Einzelchromosom wieder verschwinden. Die Conjugationspartner können so eng aneinanderrücken, daß sie wie eine Einheit erscheinen. Andererseits kann außer dem Spalt zwischen den Paarlingen (Paarungsspalt, Reduktionsspalt) auch der Längsspalt (Äquationsspalt) in jedem Paarling so deutlich bleiben, daß jeder Geminus als Gruppe von vier Einzelelementen (*Vierergruppe, Tetrade*) in die Äquatorialplatte der I. Reifungsteilung eintritt (Abb. 49, 50).

Die Spindeln der *Reifungsteilungen* in der Oogenese können Centriolen und Sphären an den Polen haben (Abb. 40) oder auch der Polstrukturen ganz entbehren. Die Spindelfasern sind dann nicht auf einen Punkt orientiert, sondern mehr oder weniger parallel (tonnenförmige Spindel, Abb. 50).

Im typischen Fall ist die *I. Reifungsteilung die Reduktionsteilung (Präreduktion)*. Die Paarlinge eines jeden Chromosomenpaares, also ganze homologe Chromosomen, trennen sich in der Anaphase voneinander (Abb. 45b, c, 48). Der Längsspalt in jedem Einzelchromosom wird, wenn er vorher nicht zu sehen war, während der Ana- oder Telophase der I. Reifungsteilung meist deutlich sichtbar (Abb. 45c, 48g). Am Ende der I. Reifungsteilung gehen die Tochterkerne (der nunmehrigen

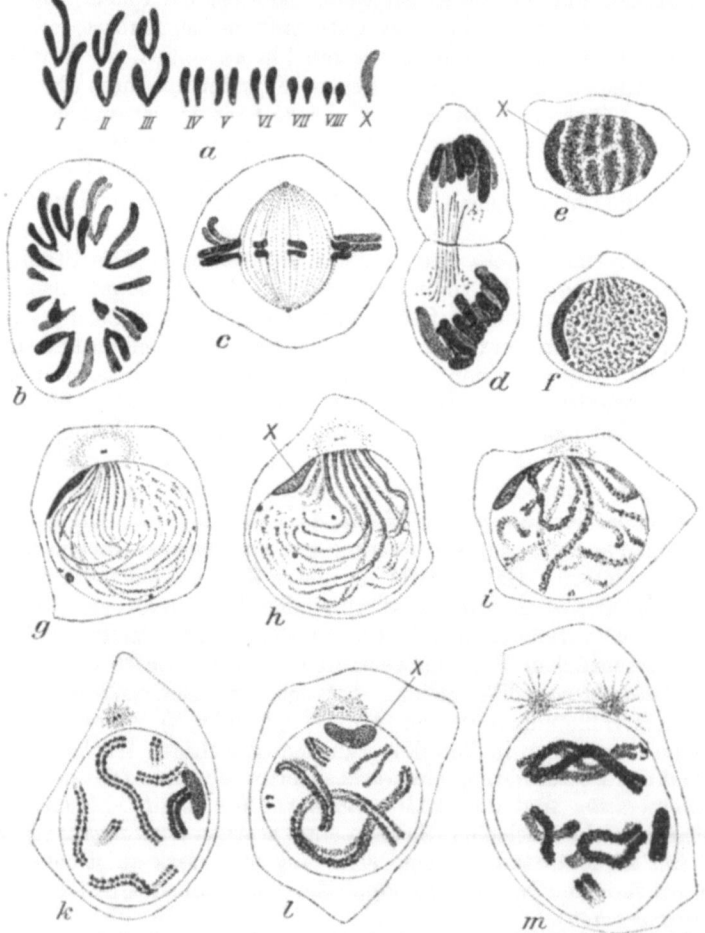

Abb. 44. Spermatogonienteilung, Wachstumsphase und Prophase der I. Reifungsteilung der Spermatocyten von *Stenobothrus lineatus* (Heuschrecke). a Diploide Chromosomenausstattung der Spermatogonien (aus einer Äquatorialplatte, die homologen Chromosomen paarweise angeordnet). b, c Metaphasen von Spermatogonienteilungen, b in Polansicht. d Frühe Telophase einer Spermatogonienteilung. e Frühe, f spätere präsynaptische Interphase. g, h Leptotän-Bukett; Beginn der Chromosomenkonjugation. i Pachytän-Bukett. k Spätes Pachytän; die Gemini haben die polare Orientierung aufgegeben; Auftreten des Äquationsspaltes. l Diplotänstadium. m Prophase zur I. Reifungsteilung (Diakinese). X = Geschlechtschromosom. (Nach BĚLAŘ 1928.)

Spermato- oder Oocyte II. Ordnung) in ein kurzes Interphasestadium über (Abb. 45e) oder die Chromosomen treten sofort in die *II. Reifungsteilung* ein (Abb. 49d, 50). Im typischen Fall ist diese eine *Äquationsteilung*; jedes Einzelchromosom wird (entsprechend dem Längsspalt) in zwei Tochterhälften geteilt, wie bei einer gewöhnlichen Kernteilung.

Wenn der Äquationsspalt schon sehr früh in der Chromosomenentwicklung vollkommen durchgeführt wird und man in der Metaphase der I. Reifungsteilung

Befruchtung, Chromosomenreduktion und Geschlechtlichkeit. 63

den Conjugationsspalt vom Äquationsspalt einer Tetrade nicht mehr unterscheiden kann (Abb. 49, 50), ist nicht zu entscheiden, ob die I. oder II. Teilung die Reduktion durchführt. Es ist wahrscheinlich, daß in manchen Fällen dies in

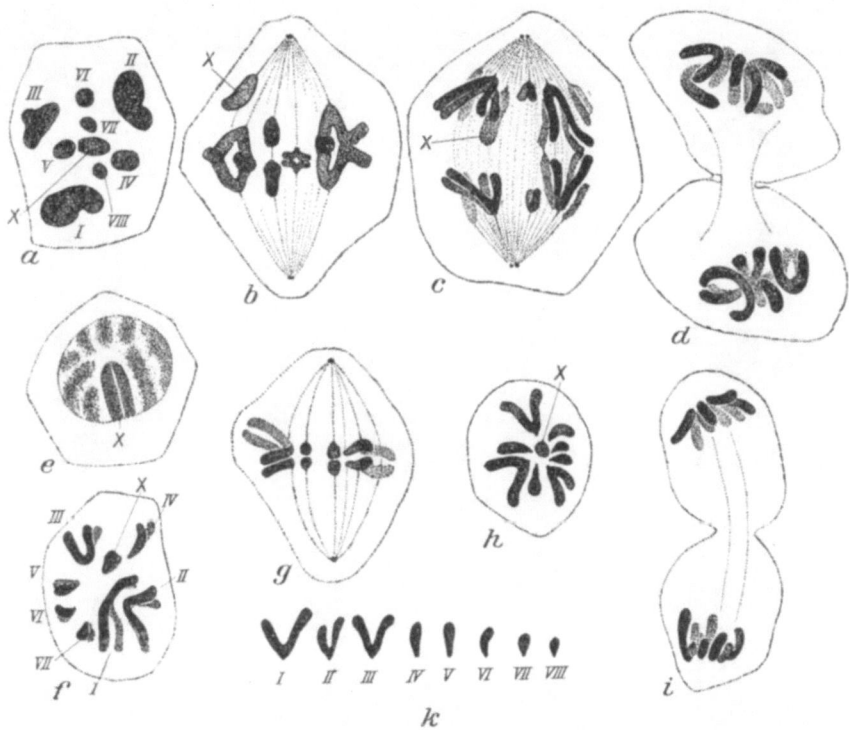

Abb. 45. Reifungsteilungen der Spermatocyten von *Stenobothrus lineatus*. a—d I. Reifungsteilung. a, b Metaphase, a Äquatorialplatte in Polansicht. c Anaphase. d Telophase. e Interphase. f—k II. Reifungsteilung. f, g Metaphase, f Äquatorialplatte in Polansicht. h Tochterplatte in Polansicht. i Telophase. k haploide Chromosomenausstattung der Spermatiden (aus einer Tochterplatte der II. Reifungsteilung, vgl. Abb. 44a). X = Geschlechtschromosom. (Nach BĚLAŘ 1928.)

jeder Tetrade, je nach ihrer zufälligen Einstellung in die Spindel im ersten oder im zweiten Teilungsschritt gleich oft geschehen kann. In gewissen Fällen, in denen die Conjugationspartner zu unterscheiden sind (Abb. 51), erweist es sich als eine Eigentümlichkeit jeder einzelnen Chromosomensorte, daß sie entweder häufiger in der I. Teilung oder in der II. Teilung reduziert wird; es ist also eine gewisse Einstellung in die Spindel bevorzugt oder die Bindung zwischen den Conjugationspartnern oder zwischen den Spalthälften lockerer. Die Teilungsweise braucht also nicht bei allen Paaren einer Äquatorialplatte gleich zu sein. Soweit wir wissen, ist aber Reduktion in der II. Reifungsteilung (*Postreduktion*) viel seltener als Präreduktion.

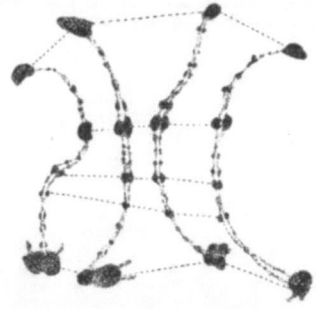

Abb. 46. Das gleiche Chromosomenpaar in Pachytänstadium aus 4 Spermatocytenkernen von *Phrynotettix magnus*. Die 5 größten Chromomeren sind durch gebrochene Linien verbunden. (Nach WENRICH 1916.)

Die durch die Reduktionsteilung gelieferten haploiden Garnituren können väterliche und mütterliche Chromosomen in rein *zufälliger Kombination* erhalten. Das konnte bei Tieren nachgewiesen werden (Miss CAROTHERS), bei denen die homologen, sich paarenden Chromosomen zu unterscheiden sind (heteromorphe Gemini). Die Unterschiede der homologen Partner beruhen hauptsächlich auf

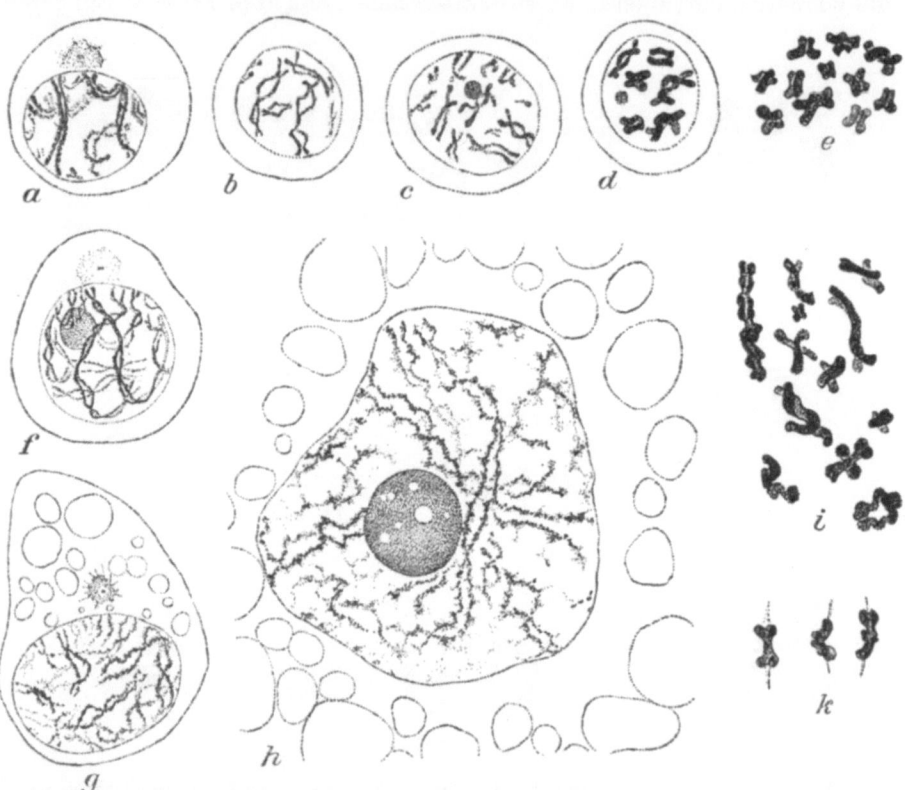

Abb. 47. Formwechsel der Chromosomen in den Spermatocyten I. Ordnung und den Oocyten I. Ordnung bei *Enteroxenos östergreni*. a—e Spermatocyten, f—k Oocyten. a, f Lösung der Konjugation (Diplotän). b, c, g, h Doppelchromosomen im Strepsitänstadium. g Beginn des starken Oocytenwachstums und der Dotterbildung. h Keimbläschen am Ende der Wachstumsperiode. d, i Prophase zur I. Reifeteilung. e, k Metaphase der I. Reifungsteilung. e, i, k nur Chromosomen herausgezeichnet. Alle Bilder gleich stark vergrößert. (Nach A. und K. E. SCHREINER 1907.)

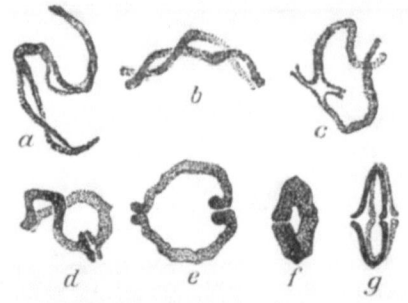

Abb. 48. Formwechsel eines Chromosomenpaares vom Diplotänstadium bis zur beginnenden Anaphase der I. Reifungsteilung der Spermatocyten von *Nemastoma lugubre* (Opilionide). In a und c ist der Äquationsspalt zu sehen. (Nach SOKOLOW 1929.)

der verschiedenen Lage der Insertionsstellen der Zugfasern der Spindel und bedingen damit eine verschiedene Gestalt in der Anaphase. Bei bestimmten Rassen ist eine bestimmte Zugfaserinsertion ganz konstant; Bastarde mit verschiedenen homologen Chromosomen zeigen, daß jedes Chromosomenpaar, unabhängig von jedem anderen Paar, sich mit dem väterlichen oder mit dem mütterlichen Chromosom nach dem einen oder nach dem anderen Pol der Spindel einstellen kann (Abbild. 52).

In allen wesentlichen Punkten gleich verlaufen auch die Vorgänge der *Chromosomenreduktion bei den Protisten*. Bei der *gametischen Reduktion* von *Actinophrys*

(S. 56) tritt nach der Teilung des Gamonten jeder Tochterkern in ein Bukettstadium ein (Abb. 37c), in dem die Chromosomen sich längs paaren, worauf sie ein typisches Pachytän- und Strepsitänstadium durchlaufen und als kurze Doppelstäbchen von haploider Anzahl in die Äquatorialplatte der I. Reifungsteilung eintreten (Abb. 37d), die als Reduktionsteilung verläuft. In der Anaphase wird der Äquationsspalt sichtbar. Während der Interphase trennen sich die Spalthälften der Chromosomen weiter voneinander (Abb. 37e); und in der II. Reifungsteilung werden sie auf die Tochterkerne verteilt.

Bei den *Coccidien* wird die *zygotische Reduktion* (vgl. Abb. 38) durch ein Bukettstadium im Zygotenkern eingeleitet (Abb. 53c). In ihm werden die paarweise gleichen Chromosomen der diploiden Garnitur (Abb. 53d) mit einem Ende an dem Kernpol zusammengefaßt, an dem das Cytocentrum liegt und parallel geordnet. Dann verkürzen sich die Chromosomen und treten als Doppelchromosomen in Haploidzahl in die Reduktionsteilung ein (Abb. 53e—g). Nach dieser ersten Teilung der Zygote hat jeder Kern wieder die einfache Garnitur (Abb. 53h), die weiterhin durch alle Vermehrungsteilungen des Zeugungskreises bis zu den ♀ Gameten (Abb. 53a) und den ♂ Zellen (Abb. 53b) erhalten bleibt.

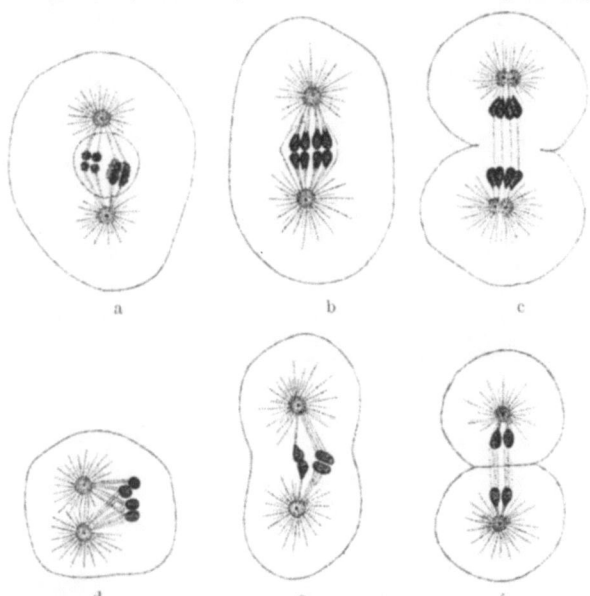

Abb. 49. Spermatogenese von *Ascaris megalocephala* (*bivalens*). a—c I. Reifungsteilung. a Prophase, 2 Tetraden, die aus je 2 gepaarten längsgespaltenen Chromosomen bestehen. b Metaphase. c Anaphase. d—f II. Reifungsteilung. d Prophase, die sich ohne Interphase unmittelbar an die Anaphase der I. Reifungsteilung anschließt. e Metaphase. f Anaphase. (Nach BRAUER.)

c) Die Parthenogenese.

Die Parthenogenese (eingeschlechtliche Zeugung) ist eine Abwandlung der geschlechtlichen Fortpflanzung. Die Eier mancher Tiere entwickeln sich in der freien Natur ohne Befruchtung. Viele Eier lassen sich durch künstliche Mittel zur Parthenogenese veranlassen (vgl. S. 60).

Die Parthenogenese spielt sich entweder an Eiern ab, die diploide Chromosomenzahl enthalten (*diploide Parthenogenese*) oder an Eiern, welche eine Chromosomenreduktion erfahren haben (*haploide Parthenogenese*). Bei den Metazoen ist diploide Parthenogenese viel häufiger. Sie findet sich bei Trematoden, Nematoden, Rotatorien, Cladoceren, Ostracoden, Aphiden, Schmetterlingen, während haploide Parthenogenese nur bei Hymenopteren (♂♂ der Bienen, Wespen, Ameisen) und in vereinzelten anderen Fällen vorkommt (z. B. ♂♂ von Rotatorien, S. 317).

Die Reduktion der Chromosomen wird bei der diploiden Parthenogenese dadurch verhindert, daß die Paarung der Chromosomen ausfällt oder wieder rückgängig gemacht wird. Die Chromosomen treten völlig getrennt in die Spindel der Reifungsteilung ein, in der sich die Äquationsteilung abspielt. Allermeist findet nur eine Reifungsteilung statt. Daraus, daß bei derselben Art befruchtungsbedürftige Eier zwei, parthenogenetische einen Richtungskörper bilden, hatte WEISMANN (1887) zuerst die Bedeutung der einen Reifungsteilung als

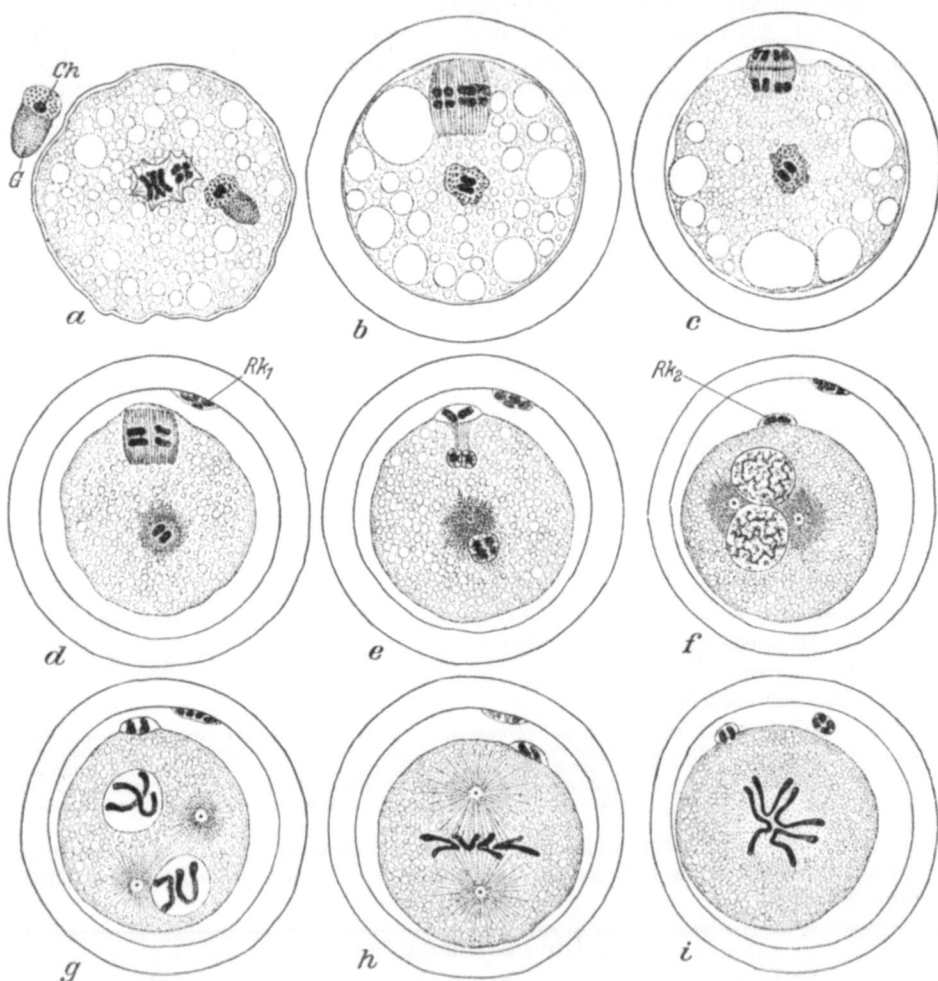

Abb. 50. Besamung, Reifungsteilungen und Prophase der I. Furchungsteilung der Eier von *Ascaris megalocephala* (*bivalens*). a Spermium (*G* sogenannter Glanzkörper, *Ch* Chromosomen des Spermiums in einer Plasmaportion mit Mitochondrien eingeschlossen) und Ei, in das ein Spermium eingedrungen ist, dessen Glanzkörper sich aufzulösen beginnt. Eikern in Prophase, 2 Tetraden, die aus je 2 gepaarten längsgespaltenen Chromosomen bestehen. An der Eioberfläche ist eine dünne Hülle abgeschieden. b, c I. Reifungsteilung; b Metaphase; es ist eine dicke Eischale ausgebildet; das Eiplasma ist stark vakuolisiert; im Spermium treten 2 Chromosomen hervor. c Anaphase; die großen Vakuolen verschwinden, ihr Inhalt wird (mindestens zum Teil) in den Raum zwischen der Eischale und den Eikörper entleert, der sich stark zusammenzieht. d, e II. Reifungsteilung, das Cytoplasma und die Mitochondrien des Spermiums haben sich allmählich mit dem Eiplasma vermischt. d Metaphase. e Telophase; die 2 Chromosomen des reifen Eis und die beiden des Spermiums lockern sich auf; neben dem Spermiumkern bildet sich (um das Spermiumcytocentrum) eine Sphäre aus. f Befruchtung; die beiden Vorkerne liegen nebeneinander; 2 Cytocentren mit 2 Sphären. g In jedem Vorkern haben sich die beiden Chromosomen herausgebildet. h, i Metaphase der ersten Furchungsteilung. Rk_1, Rk_2 1. und 2. Richtungskörper. (Original nach Präparaten von KÜHN.)

Reduktionsmechanismus erschlossen. In einzelnen Fällen wird dann noch eine zweite Äquationsteilung vollzogen (*Rhodites rosae*).

Bei der haploiden Parthenogenese der *Hymenopteren* werden in allen Eiern beide Reifungsteilungen mit Reduktion und Äquation durchgeführt. Alle Eier sind befruchtungsfähig; die befruchteten werden zu Weibchen, die unbefruchteten zu Männchen. In den Eiern dieser haploiden Individuen oder *Haplonten* unterbleiben in der Spermatogenese Chromosomenpaarung sowie Reduktionsteilung, wie das ja bei der Anwesenheit nur einer Chromosomengarnitur zu erwarten ist, und es wird nur eine Äquationsteilung ausgeführt.

d) Die Geschlechtlichkeit[1].

Voraussetzung der Befruchtung ist in allen Fällen der Anisogamie der geschlechtliche Gegensatz zwischen den Gameten. Auch bei morphologischer Isogamie ist wahrscheinlich physiologisch immer ein solcher Gegensatz vorhanden. Das zeigt sich entweder in einem verschiedenen Verhalten zweier Gametensorten beim Befruchtungsakt (S. 56) oder darin, daß auch bei gleichem Verhalten nicht jeder Gamet mit jedem anderen verschmelzen kann (+ - und − -Gameten bei Algen und Pilzen). Der Geschlechtsunterschied kann sich außer auf die Gameten auf die Zellen oder Zellfolgen erstrecken, aus welchen die Gameten entspringen. Bei den *Protozoen* können die Gamonten (S. 55) oder lange, durch Teilung auseinander hervorgehende Individuenfolgen

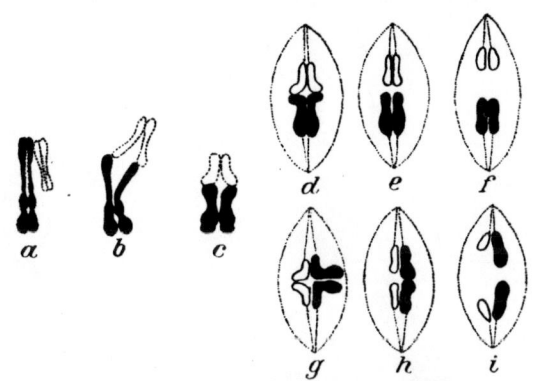

Abb. 51. Prä- und Postreduktion eines Geminus, in dem die Partner verschieden sind (heteromorpher Geminus) bei *Phrynotettix magnus*, schematisch. a—c Auseinanderweichen der gepaarten Chromosomen, deren einem die beiden großen Endchromomeren fehlen. c Tetrade bei Beginn der I. Reifungsteilung; die Partner hängen nur noch mit den Enden zusammen, bzw. bilden durch Auseinanderweichen der Spalthälften an den Berührungsenden der Partner ein Kreuz (vgl. Abb. 48 b). d, g Metaphase. e, f, h, i Anaphase der I. Reifungsteilung. d—f Reduktionelle Einstellung und Reduktion in der I. Reifungsteilung (Präreduktion). g—i Äquationelle Einstellung und Äquation (Trennung der Spalthälften der beiden Partner) in der I. Reifungsteilung (also Postreduktion). (Nach WENRICH 1916 schematisiert.)

(*Klone*) geschlechtlich differenziert, d. h. zur Hervorbringung nur einer Sorte von Gameten befähigt sein. Bei *Metazoen* sind meist verschiedene Geschlechtsorgane für die Erzeugung und Ausleitung der ♀ und ♂ Geschlechtszellen vorhanden; in vielen Fällen sind die ganzen Individuen entweder Männchen oder Weibchen. Wenn die beiden Gameten von demselben vielzelligen Individuum, Gamonten oder Klon geliefert werden, liegt

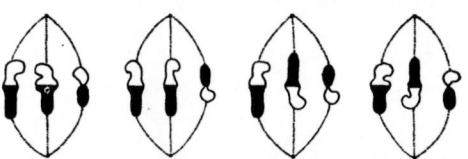

Abb. 52. Chromosomenpaare mit ungleichen Partnern (heteromorphe Gemini) in der Spindel der Reduktionsteilung der Spermatocyten bei *Trimerotropis suffusa* (Heuschrecke). Die 4 möglichen und mit gleicher Häufigkeit beobachteten Einstellungen. (Schematisch nach CAROTHERS.)

Gemischtgeschlechtlichkeit (*Synöcie*, Hermaphroditismus, Zwittrigkeit) vor, wenn sie dagegen von verschiedenen vielzelligen Individuen, Gamonten oder Klonen gebildet werden, *Getrenntgeschlechtlichkeit* (*Heteröcie*, Gonocharismus).

Ob ein Individuum weibliche oder männliche Differenzierung erfährt, kann entweder durch Zuteilung bestimmter Erbfaktoren (*genotypische Geschlechtsbe-*

---

[1] MEISENHEIMER, I.: Geschlecht und Geschlechter im Tierreiche. 2 Bde., 1921, 1930. — HARTMANN, M.: Verteilung, Bestimmung und Vererbung des Geschlechts bei den Protisten und Thallophyten. Handbuch der Vererbungswissenschaft 2 (1929).

68 Grundbedingungen des tierischen Lebens.

stimmung, S. 90) oder durch modifizierende Entwicklungsfaktoren (*phänotypische Geschlechtsbestimmung*) bedingt sein. Phänotypische Geschlechtsbestimmung kann sich bei Protozoen in der Diplophase oder in der Haplophase vollziehen. Das erste ist der Fall bei *Actinophrys*, wo die erste, der Reduktionsteilung

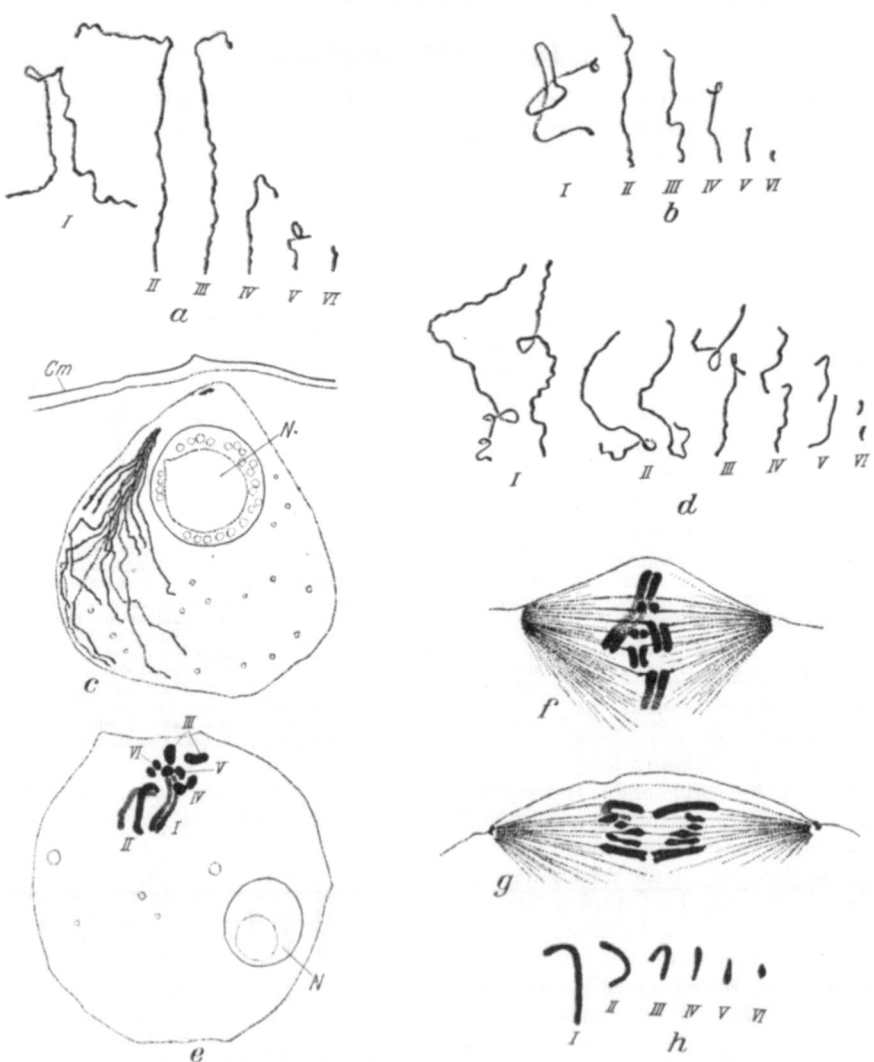

Abb. 53. *Aggregata eberthi* (Coccidie) (vgl. Abb. 38). a Haploide Chromosomenausstattung eines Macrogameten (Abb. 38 e). b desgleichen bei der 1. Teilung der Microgametocyte (Abb. 38b). c Bukettstadium des Zygotenkerns; das Chromosomenbündel zieht sich (gebogen, daher im Präparat außerhalb des Schnittes) bis zum oberen, zugespitzten Kernpol, an dem das Cytocentrum liegt. d Diploide Chromosomenausstattung der Zygote; die Chromosomen aus einem Kern im Stadium der Auflösung des Buketts (frühe Prophase zur 1. Teilung) herausgezeichnet. e Späte Prophase der 1. Teilung. f, g 1. Kernteilung = Reduktionsteilung. f Metaphase. g Anaphase. h Haploide Chromosomengarnitur nach der Reduktionsteilung. (Nach DOBELL 1925 und BĚLAŘ 1926.)

vorausgehende Teilung (S. 56, Abb. 37b) eine ♀ und eine ♂ Zelle scheidet; das zweite geschieht bei der Conjugation der *Ciliaten* (S. 419f.), wo nach der Reduktionsteilung durch eine letzte Teilung aus einem haploiden Kern ein ♀ in der Zelle verbleibender Kern (stationärer Kern) und ein ♂ in die andere Zelle übertretender Kern (Wanderkern) entsteht. Bei gemischtgeschlechtlichen Metazoenindividuen (Zwittern) können aus demselben Urkeimzellenlager sowohl Oocyten wie Spermatocyten hervorwachsen (manche Nematoden, Schnecken). Dabei können Außenbedingungen die Entwicklung der einen oder anderen Sorte von Geschlechtszellen in der Zwitterdrüse und der Hilfsorgane für das eine oder das andere Geschlecht beeinflussen.

Bei der Nacktschnecke, *Agriolimax laevis*, z. B. begünstigt Feuchtigkeit ♀, Trockenheit ♂ Entwicklung, so daß die Tiere in Jugendstadien getrenntgeschlechtlich werden können und erst später durch Ausbildung des gegensätzlichen Geschlechts zwittrig (⚥) werden.

Bei manchen Formen wird in frühen Entwicklungsstadien die phänotypische Trennung in zwei sich bisweilen stark in ihrer ganzen Organisation unterscheidende Geschlechter durch Außenfaktoren endgültig festgelegt (so bei *Bonellia*, S. 50), ferner bei der parasitischen Copepodengruppe der *Monstrilliden*, wo alle Larven zu ♂♂ werden, wenn mehrere in einem Wirt vorkommen, während sie ♂ oder ♀ werden, wenn sie allein sind). Wenn einem Individuum durch Zuteilung von Erbfaktoren (Geschlechtsrealisatoren) oder durch Außenbedingungen eine bestimmte *geschlechtliche Tendenz* aufgeprägt ist, so kann es trotzdem die *Potenz* bewahren, auch Merkmale des gegensätzlichen Geschlechts zu entfalten (S. 91).

e) Geschlechtschromosomen.

Bei vielen Organismen aus dem Tier- und Pflanzenreich sind die Chromosomenausstattungen der beiden Geschlechter nicht gleich, sondern unterscheiden sich in einem Chromosomenpaar[1]. In vielen Fällen fehlt in einem Geschlecht einem Chromosom ein Partner. Dieses *unpaare Chromosom* (entdeckt von HENKING 1891) wurde als *X-Chromosom* oder als *Heterochromosom* bezeichnet. Es unterscheidet sich häufig von den übrigen Chromosomen der Garnitur auch deutlich durch seine Größe oder Form (Abb. 17b); vielfach zeigt es auch in den Interphasen ein besonderes Verhalten, indem es dicht bleibt und sich nicht wie die anderen Chromosomen in ein Kerngerüst auflockert (Abb. 44e—m, Abb. 45e). Im anderen Geschlecht sind jeweils 2 X-Chromosomen vorhanden (Abb. 54a, b). In anderen Fällen ist im einen Geschlecht nicht ein isoliertes X-Chromosom vorhanden, sondern es bilden zwei ungleiche Elemente ein Paar, ein X-Chromosom von der Art, wie im anderen Geschlecht zwei vorhanden sind, und ein davon in Größe und Form verschiedenes Y-Chromosom (Abb. 17c *VI*, 17d, 68). Die gewöhnlichen Chromosomen, von denen in der diploiden Zelle jeweils zwei homologe (fast immer gleichgestaltete) vorkommen, werden *Autosomen* genannt.

Die Bedeutung der Heterochromosomen als *Geschlechtschromosomen* wurde besonders von E. B. WILSON aufgeklärt. Bei der *Reduktionsteilung* (die vom X-Chromosom in der I. oder in der II. Reifungsteilung durchgemacht werden kann) müssen sich die beiden Geschlechter verschieden verhalten (Abb. 54). In dem Geschlecht mit 2 X erhält jede Geschlechtszelle ein X mit; in dem Geschlecht mit 1 X-Chromosom allein (*XO-Typus*) oder mit einem X- und einem Y-Chromosom (*XY-Typus*) erhält nur die Hälfte der Keimzellen ein X, die andere Hälfte bekommt ein Y oder gar kein Geschlechtschromosom (X-Gameten und Y- bzw. O-Gameten). Man bezeichnet das Geschlecht, das lauter gleiche (X-Gameten) erzeugt, als *homogametisches Geschlecht*, das andere als *heterogametisches*. In den meisten Tiergruppen sind die *Männchen heterogametisch*. Sie erzeugen zwei Spermiensorten, 50% mit X und 50% ohne X. Die reifen Eier enthalten alle ein X-Chromosom. Wird ein Ei durch ein X-Spermium befruchtet, so kommt wieder die weibliche Chromosomenausstattung zustande (2 X). Vereinigt sich

---

[1] SCHRADER, F.: Die Geschlechtschromosomen, Berlin 1926.

aber mit einem Ei ein Spermium ohne X-Chromosom, so kommt die Chromosomenausstattung eines Männchens zustande. Das Geschlecht wird durch die Verteilung der Geschlechtschromosomen bestimmt. Die Spermien mit X sind also *weibchenbestimmend* (Gynospermien), die Spermien ohne X sind *männchenbestimmend* (Androspermien).

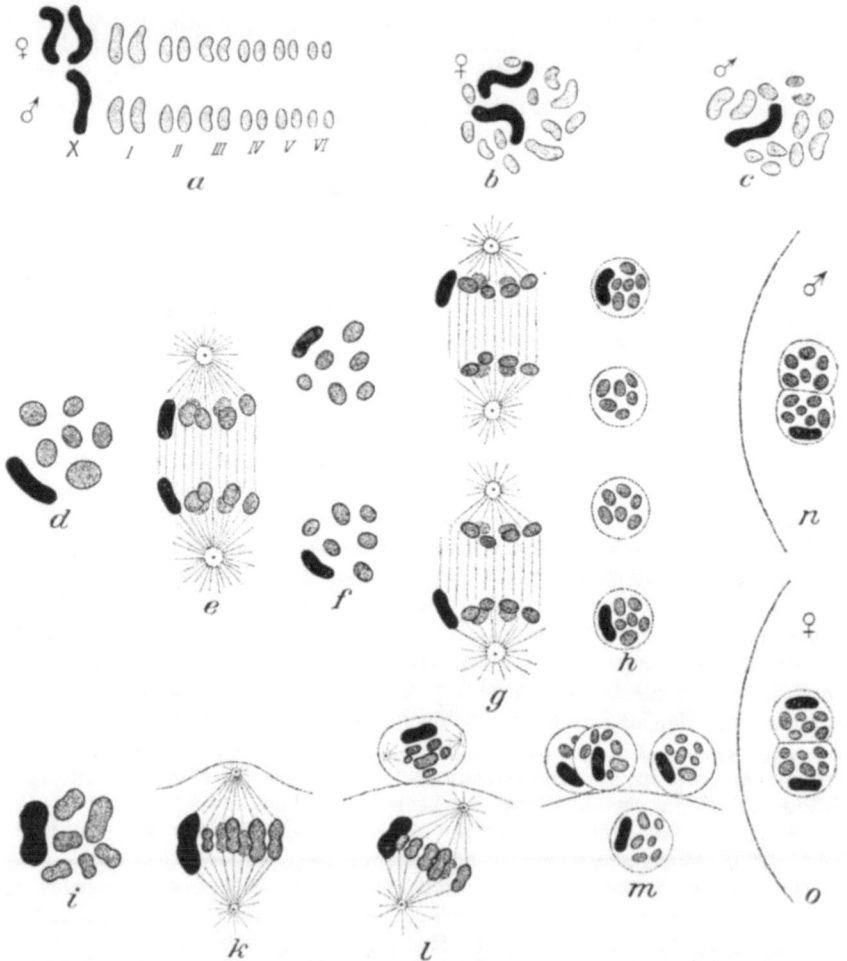

Abb. 54. *Protenor belfragei* (Hemipter). Chromosomengarnituren und Schema der Keimzellenreifung und Befruchtung, XO-Typus. a—c ♀ und ♂ diploide Chromosomenausstattung, a die homologen Paare herausgezeichnet, b, c, Äquatorialplatten von Oo- und Spermatogonienteilungen. d, e Spermatocyte I. Ordnung. I. Reifungsteilung (für x Äquation), d Äquatorialplatte, e Anaphase. f Die Äquatorialplatten der aus e entstandenen Spermatocyten II. Ordnung. g die Anaphasen der II. Reifungsteilung (für X Reduktion). h die 4 aus einer Spermatocyte I. Ordnung entstandenen Spermatiden: 2 mit X, 2 ohne X. i, k Oocyte I. Ordnung, Metaphase der I. Reifungsteilung, i Äquatorialplatte in Polansicht. l II. Reifungsteilung der Oocyte II. Ordnung und Teilung des I. Richtungskörpers. m Reifer Eikern und 3 Richtungskörper. n, o die 2 Befruchtungsmöglichkeiten.
(Nach WILSON u. MORGAN.)

Nur in wenigen Tiergruppen (bei den *Schmetterlingen* und bei den *Vögeln*) ist das Männchen homogametisch und das *Weibchen heterogametisch*; es entstehen also zwei Eisorten (männchenbestimmende mit X und weibchenbestimmende ohne X), während alle Spermien ein X führen.

In diesen Fällen ist eine genotypische Geschlechtertrennung deutlich mit dem Reduktionsvorgang verknüpft.

J. Die Vererbung[1].

Das Gepräge eines Organismus (sein Phänotypus) in irgendeinem Entwicklungsstadium wird bedingt durch seine Reaktionsnorm und die äußeren Bedingungen, unter denen er sich entwickelt hat. Die Reaktionsnorm wird bestimmt durch innere Bedingungen, welche das Individuum bei seiner Erzeugung erhält. *Vererbung* ist die Übertragung dieser inneren Bedingungen, der *Erbfaktoren* oder *Erbanlagen* von den Vorfahren auf die Nachkommen.

Die *Erbfaktoren* sind Stoffe oder Strukturen, die *kontinuierlich* durch die Zell- und Individuengenerationen weitergehen, nicht in aufeinanderfolgenden Generationen neu gebildet werden. Von ihrer Beschaffenheit hängt die spezifische Merkmalsausbildung in jeder Generation ab. Die Gesamtheit der Erbfaktoren, der *Genotypus*, liegt in der *Konstitution der Keimzellen*, welche die Ausgangspunkte der Individuen bilden.

Bei der geschlechtlichen Fortpflanzung werden von den Gameten in der Zygote die Erbfaktoren von beiden Eltern zum Genotypus des neuen Individuums vereinigt. Enthalten die beiden verschmelzenden Gameten dieselben Erbfaktoren, so nennt man das aus der Zygote hervorgehende Individuum *homozygot* (gleichgepaart); enthalten die beiden Gameten verschiedene Erbfaktoren, so heißt das erzeugte Individuum *heterozygot* (ungleichgepaart) oder ein *Bastard* (Mischling).

Der Genotypus umfaßt Erbfaktoren verschiedener Natur, die sich experimentell voneinander sondern lassen. Ihre Übertragungsweise ist verschieden, da sie an verschiedene Zellstrukturen gebunden sind. Die *Experimente* der Vererbungsforschung beruhen in erster Linie auf der *Kreuzung genotypisch verschiedener Individuen*, sodann auf der *Abänderung der Strukturen der Keimzellen*.

Bei den *Kreuzungsexperimenten* werden Individuen mit verschiedenen erblichen Merkmalen zur Fortpflanzung gebracht; und durch die Aufzucht der Nachkommen der Bastarde wird der Erbgang der einzelnen Erbfaktoren festgestellt. Zur übersichtlichen Darstellung der Kreuzungsergebnisse wurden allgemeine *Bezeichnungen* eingeführt: Man nennt die zur Kreuzung verwendeten elterlichen Formen Parentalgeneration (P). Als Zeichen der Kreuzung wird zwischen die Elternformen ein × gesetzt. Dabei wird die als Mutter verwendete Form zuerst genannt (z. B. Esel × Pferd = Esel durch Pferd befruchtet). Die Bastarde der 1. Generation heißen 1. Filialgeneration (F_1). Die Nachkommen von F_1-Individuen, die unter sich gekreuzt wurden, bilden die 2. Filialgeneration (F_2), deren Nachkommen die F_3-Generation usw. Die Kreuzung von F_1-Individuen mit der einen oder der anderen Elternform (P) nennt man Rückkreuzung, die aus ihr entstandene Individuengeneration R.

In einer natürlichen Bevölkerung (*Population*) sind die Individuen einer Art (*Species*) nie genotypisch identisch; die Durchmischung ihrer Erbfaktoren ergibt Individuen, die in vielen Beziehungen Bastarde sind. Absolut gleich veranlagte, *isogene* Individuen lassen sich nur durch vegetative Vermehrung (Teilung, Knospung) erhalten. Die Gesamtheit der Individuen, die so von einem einzigen Individuum abstammt, heißt ein *Klon*. Wenigstens hochgradig genotypisch übereinstimmende Individuen werden durch über viele Generationen fortgesetzte *Inzucht* (Bruder × Schwester-Paarung) gewonnen.

---

[1] CORRENS, C.: Die neuen Vererbungsgesetze, 2. Aufl. Manualdruck 1926. — BAUR, E.: Einführung in die Vererbungslehre, 7.—11. Aufl. Berlin 1930. — GOLDSCHMIDT, R.: Einführung in die Vererbungswissenschaft, 5. Aufl. Berlin 1928. — MORGAN, TH. H.: The Theory of the Gene. New Haven 1928.

a) Die MENDELsche Vererbung oder Kernvererbung.

Sehr viele Merkmale der Organismen werden durch von einander trennbare, insofern selbständige Erbfaktoren bestimmt, die wir MENDELsche Faktoren oder *Gene* nennen. Bei der geschlechtlichen Zeugung erhält das erzeugte Individuum für jedes Merkmal zwei Gene, eines vom Vater und eines von der Mutter. Die beiden elterlichen *Gengarnituren* verschmelzen nicht zu einer Einheit. Bei der Keimzellenbildung gibt der Organismus *jeder Keimzelle eine einfache Gengarnitur* mit, für jedes Merkmal entweder das Gen, das er vom Vater oder das Gen, das er von der Mutter erhalten hat. In der einfachen Garnitur der Keimzelle können väterliche und mütterliche Gene *neu kombiniert* sein.

Dieses *allgemeingültige Grundgesetz der Erbfaktorenübertragung* ergab sich aus Kreuzungsexperimenten, die zuerst der Augustinermönch GREGOR MENDEL (1822 bis 1884) folgerichtig angestellt und voll ausgewertet hat (1866). Die *Chromosomentheorie* der Vererbung erklärt die Verteilung der Gene im Erbgang durch ihre Lokalisation in den Chromosomen der *Zellkerne*.

α) Die MENDELschen Gesetze.

Die Verteilung der Gene wurde erschlossen aus dem gesetzmäßigen Auftreten bestimmter Phänotypen in bestimmten Zahlenverhältnissen in F_1 und F_2; dieses wird in den sogenannten drei MENDELschen *Gesetzen* ausgedrückt.

1. Das Uniformitätsgesetz.

Kreuzt man zwei verschiedene reine Rassen miteinander, so sind die F_1-Individuen unter sich alle gleich (*uniform*), selbstverständlich im Rahmen der Modifikabilität (S. 49ff.). Sie können dabei in der Ausbildung (Realisation) eines Merkmals entweder eine Mittelstellung zwischen den Eltern einnehmen: *intermediäre Bastarde* (intermediäre Merkmalsrealisation); oder von den gegensätzlichen Merkmalen wird mehr oder weniger vollkommen das Merkmal des einen Elters verwirklicht (Abb. 55). In diesem Falle nennt man das verwirklichte Merkmal *dominant*, das ausgebliebene *recessiv* (Dominanzrealisation).

Reziproke Bastarde sind gleich: d. h. F_1 fällt gleich aus, wenn von den P-Rassen das eine Mal die eine, das andere Mal die andere Mutter bzw. Vater war. Es ist also gleichgültig, ob die Erbfaktoren vom Vater oder von der Mutter in die Zygote eingeführt werden. Die männlichen und die weiblichen Gameten sind bei der MENDELschen Vererbung gleichwertig.

In der Uniformität findet somit die Tatsache Ausdruck, daß (in Bezug auf die untersuchten Merkmale) *isogene* Individuen gleiche Reaktionsnorm haben. Trifft die Uniformität nicht zu, so wirken Faktoren mit, welche die MENDELsche Vererbung in ihrem Wesen oder nur in ihrer Erscheinung einschränken. Entweder sind die Bastarde trotz Reinheit der Rasse nicht isogen (S. 84), oder andere als MENDELsche Erbfaktoren sind im Spiele (S. 89), oder die Ausbildung des Individuums wird schon durch Entwicklungsvorgänge vor der Befruchtung beeinflußt (S. 89).

2. Das Spaltungsgesetz.

Die F_2-*Generation* ist nicht gleichförmig, sondern spaltet sich in verschiedene Formen auf. Stets treten die gegensätzlichen Merkmale der Großeltern (P) wieder hervor, und zwar in bestimmten Zahlenverhältnissen. Diese sind verschieden, je nachdem, ob die Merkmalsausbildung in den Bastarden intermediär ist oder ein Merkmal dominiert.

Bei *intermediärer* Merkmalsausbildung gleichen in Bezug auf ein Merkmalspaar $1/4$ der F_2-Individuen dem einen Großelter, $1/4$ dem anderen Großelter, und $2/4$ sind intermediär wie die Eltern F_1. Züchtet man diese drei Gruppen getrennt weiter, so erweisen sich die beiden den Großeltern gleichenden Viertel als reinrassig in Bezug auf das betreffende Merkmalspaar; sie bringen nur ihnen gleiche Individuen in den folgenden Generationen hervor. Die intermediären F_2-Individuen spalten bei Weiterzucht unter sich in F_3 wieder auf wie die F_1-Bastarde.

Bei *Dominanz* eines Merkmals zeigen die Individuen in F_2 zu $3/4$ das dominante Merkmal, zu $1/4$ das recessive (Abb. 55). Bei getrennter Weiterzucht liefern die

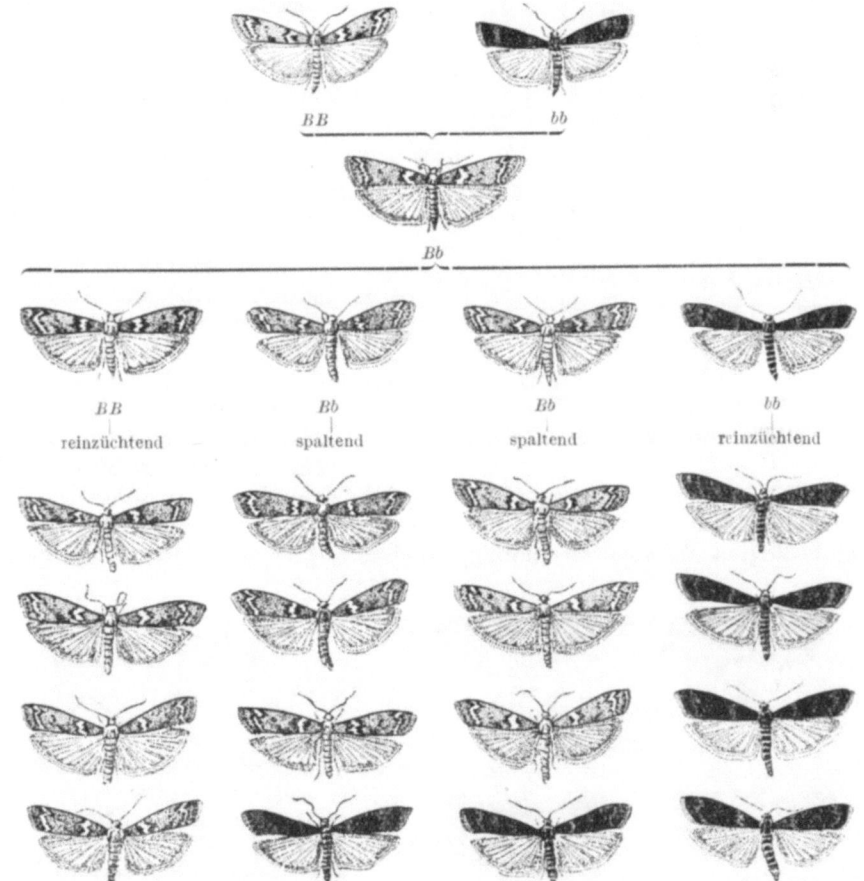

Abb. 55. Monohybride Kreuzung zweier Rassen der *Mehlmotte Ephestia kühniella*, einer wildfarbigen und einer schwarzen Rasse; Dominanz von Wildfarbe über Schwarz. Gen für wildfarbig = B, Gen für schwarz = b. (Original K. nach Zuchten von KÜHN u. HENKE.)

Individuen mit dem recessiven Merkmal nur ihresgleichen, sind also reinrassig. Die $3/4$ Individuen mit dem dominanten Merkmal verhalten sich verschieden: $1/4$ züchtet rein weiter, die übrigen $2/4$ spalten in F_3 wieder auf, sie sind also Bastarde wie F_1.

Es werden also stets in F_2 erzeugt: $1/4$ Reinrassige wie die eine P-Rasse, $2/4$ Bastarde und $1/4$ Reinrassige wie die andere P-Rasse.

Die *Rückkreuzung* eines F_1-Bastards mit einer P-Rasse ergibt zu $1/2$ reinrassige Individuen, zu $1/2$ wieder Bastarde (Abb. 57). Dominiert im Bastard ein Merkmal, so liefert Rückkreuzung mit der dominanten Rasse natürlich lauter Individuen mit dem dominanten Merkmal, Rückkreuzung mit der recessiven Rasse $^1/_2$ dominante Bastarde und $^1/_2$ recessive Reinrassige.

Aus diesen Kreuzungsergebnissen ist zu schließen, daß die *Gameten* nie Bastardcharakter haben (*Gesetz der Reinheit der Gameten*), daß vielmehr jeder Bastard zweierlei Gameten in gleicher Anzahl bildet, 50% mit dem Erbfaktor für das eine und 50% mit dem Erbfaktor für das gegensätzlich elterliche Merkmal, und daß die gebildeten Gameten sich rein zufällig kombinieren, d. h. die gleiche Wahrscheinlichkeit besteht, daß ein Gamet mit einem Erbfaktor sich mit einem Gameten mit demselben oder mit dem entgegengesetzten Erbfaktor verbindet.

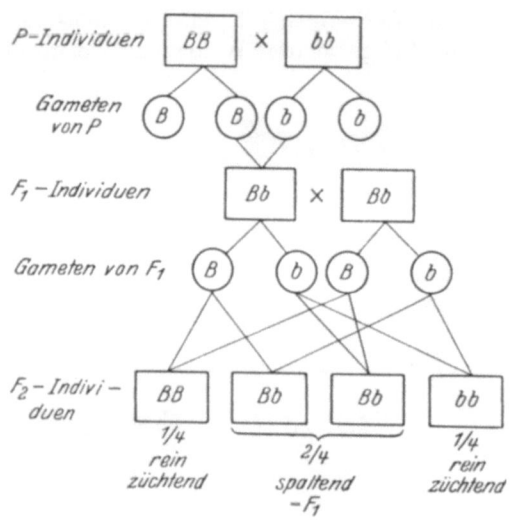

Abb. 56. Schema der monohybriden Kreuzung.

Man nennt die einander entsprechenden, die Ausbildung eines bestimmten Merkmals bedingenden *Erbfaktoren* (*Gene*), die bei der Befruchtung vereinigt und bei der Keimzellenbildung wieder getrennt werden, ein *Genpaar*, *Allelogene* oder *Allele* (Allelomorphe, Gegengene) und bezeichnet sie in *Genotypenformeln* (Erbformeln) mit lateinischen Buchstaben. Wenn ein Gen in seiner Wirkung (der von ihm bedingten Merkmalsausbildung) dominiert, gibt man diesem den großen

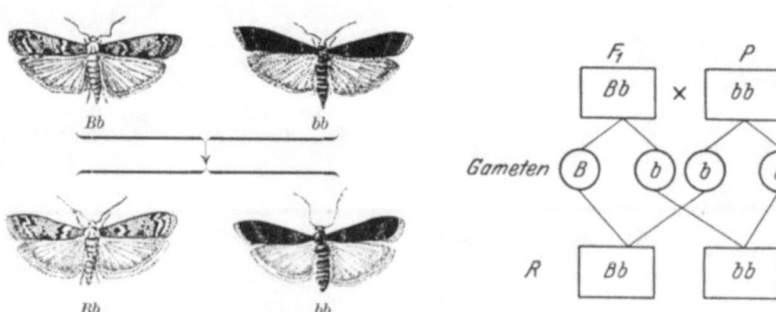

Abb. 57. *Ephestia kühniella*. Rückkreuzung eines F_1-Bastards aus der Kreuzung der Abb. 55 mit der recessiven P-Rasse. (Original K.)

Abb. 58. Schema der Rückkreuzung eines Heterozygoten mit der recessiven P-Rasse.

Buchstaben. In Abb. 56 und 58 sind die vorher angeführten Kreuzungsfälle in Genotypenformeln wiedergegeben.

In einer Zygote und den aus ihr hervorgehenden Körperzellen ist ein Gen jeweils nur mit einem ihm entsprechenden Gen (homozygot AA oder aa; heterozygot Aa) vereinigt.

Dabei kann es aber zu einem bestimmten Gen verschiedene mögliche Allele geben. So gibt es z. B. bei den Meerschweinchen neben den intensiv ausgefärbten roten Tieren (CC) und den Albinos (cc) auch verdünnt ausgefärbte verschiedener Grade. Jede dieser Rassen unterscheidet sich von jeder der anderen durch einen Unterschied in demselben Genpaar. Kreuzt man eine bestimmte hellgelbe Rasse ($C_d C_d$) mit roten, so erhält man

Bastarde (CC_d), in denen Rot dominiert. Kreuzt man $C_d C_d \times cc$, so sind die Bastarde $C_d c$ intermediär (heller gelb als $C_d C_d$). Jeder dieser Faktoren kann mit jedem der anderen ein Paar bilden, aber in einer Zygote nur jeweils mit einem einzigen anderen. Solche Faktoren, die in verschiedenen Rassen einander entsprechen, nennt man *multiple Allele* oder *Pluriallele*.

Die Spaltung der Genpaare bei der Keimzellenbildung ist die *Grunderscheinung der* MENDEL*schen Vererbung*.

3. Das Gesetz der freien Kombination der Gene (Unabhängigkeitsgesetz).

Wenn die Eltern eines Bastards sich nur in einem Genpaar unterscheiden, ist der Bastard einfach-heterozygot; er wird auch als *monohybrid* bezeichnet. Bei Unterschieden in zwei Genpaaren spricht man von *Dihybriden*, und entsprechend von *Tri-* und *Polyhybriden*, je nach der Anzahl der Genpaare, in denen der Bastard heterozygot ist.

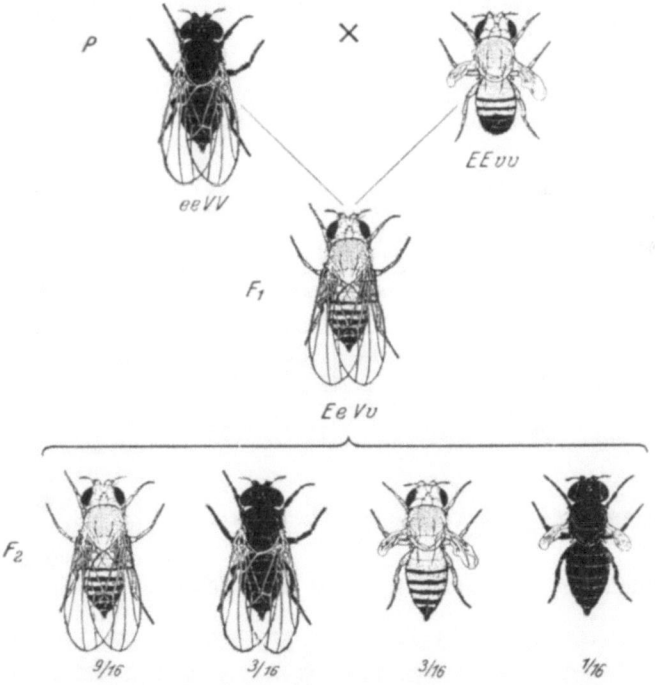

Abb. 59. Dihybride Kreuzung zweier Rassen von *Drosophila melanogaster*, einer wildfarbigen-stummelflügeligen und einer ebenholzfarbigen-normalflügeligen. E = Gen für wildfarbig, e für ebenholzfarbig, V für normalflügelig, v für stummelflügelig. (Nach MORGAN abgeändert.)

In F_2 aus mehrfach heterozygoten Bastarden treten im *klassischen Falle* die Merkmale der verschiedenen Merkmalspaare in jeder möglichen Kombination auf. Und zwar zeigen die Zahlenverhältnisse der einzelnen Kombinationen, daß die Gene verschiedener Paare unabhängig voneinander auf die einfachen Gengarnituren der Keimzellen verteilt wurden und jede mögliche Genkombination bei der Keimzellenbildung und bei der Befruchtung gleich wahrscheinlich ist.

Abb. 59 gibt einen Fall mit Dominanz in beiden Merkmalspaaren von der Taufliege *Drosophila melanogaster* wieder. Die eine P-Rasse ist grau von Körperfarbe und stummelflügelig, die andere ist dunkel („ebenholzfarbig") und normalflügelig. Die F_1-Individuen sind grau und normalflügelig. F_2 setzt sich aus grauen-normalflügeligen, dunkeln-normalflügeligen, grauen-stummelflügeligen und dunkeln-stummelflügeligen Individuen zusammen, und zwar im Zahlenverhältnis 9 : 3 : 3 : 1.

Abb. 60 zeigt allgemein die Genverteilung bei Dihybridie in Genotypenformeln, F_2 in einem sogenannten PUNETTschen Kombinationsquadrat angeordnet. Bei *Dihybridie* entstehen vier *Gametensorten* und $4^2 = 16$ gleich häufige *zygotische Kombinationen* ($= F_2$-Genotypen). Davon sind vier homozygot (Nr. 1, 6, 11, 16 des Kombinationsquadrats), von den übrigen 12 Kombinationen sind acht in einer Beziehung heterozygot (vier in Bezug auf *Aa*: Nr. 3, 8, 9, 14, vier in Bezug auf *Bb*: Nr. 2, 5, 12, 15); und vier Kombinationen sind zweifach-heterozygot, wie F_1 (Nr. 4, 7, 10, 13). Bei Dominanz in beiden Merkmalspaaren entstehen in F_2 vier *Phänotypen*, die mit deutschen Buchstaben (Fraktur) wiedergegeben werden: 𝔄𝔅 (Genotypen, die beide dominante Gene mindestens einmal enthalten: Nr. 1, 2, 3, 4, 5, 7, 9, 10, 13), 𝔄b (mit nur einem der dominanten Gene: Nr. 6, 8, 14), a𝔅 (mit nur dem anderen dominanten Gen: Nr. 11, 12, 15) und ab (mit beiden recessiven Genen homozygot: Nr.16). Die Anzahlen dieser vier Phänotypen verhalten sich wie 9 : 3 : 3 : 1.

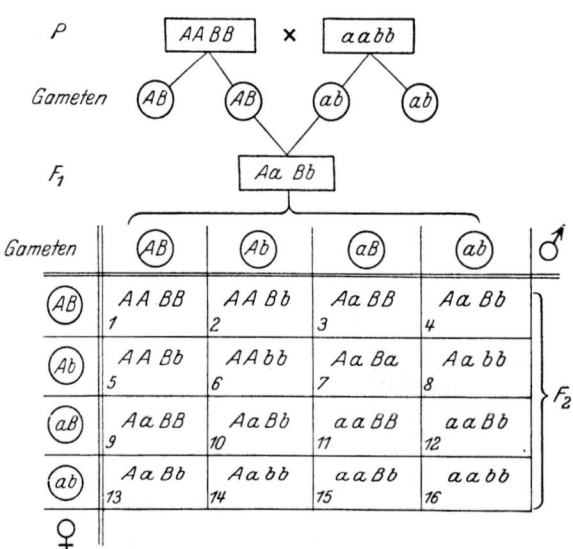

Abb. 60. Schema der Genverteilung bei dihybrider Kreuzung. Zwei Genpaare A/a und B/b.

Entsprechend lassen sich auch die Ergebnisse vorausberechnen, wenn die Heterozygoten des einen Paares oder beider Paare intermediär sind, sowie wenn Unterschiede in mehr als zwei Merkmalspaaren vorliegen.

Viele Versuche an zahlreichen Pflanzen und Tieren haben diese Berechnungen bestätigt.

Abweichungen von den „klassischen" MENDELschen Zahlenverhältnissen der Phänotypen werden nicht selten dadurch hervorgerufen, daß die in gleicher Anzahl gebildeten Kombinationen nicht *biologisch gleichwertig* sind, indem nicht alle Keimzellen gleich befruchtungsfähig oder nicht alle Zygoten gleich entwicklungs- und erhaltungsfähig sind.

Ein Beispiel hierfür bilden die Kreuzungen wildfarbiger und schwarzer Mehlmotten (Abb. 55): Hier ist in F_2 das Verhältnis dominant wildfarbiger : recessiv schwarzen bei günstigen Lebensbedingungen (Einzelzuchten in frischem Futter) = 288 : 80 = (auf die Summe 4 berechnet) 3,06 : 0,94, bei ungünstigeren Bedingungen (Massenzuchten) = 172 : 37 = 3,26 : 0,71. Die Abweichung von dem Zahlenverhältnis 3 : 1 beruht auf der größeren Sterblichkeit der *bb*-Individuen, die durch ungünstige Lebensverhältnisse gesteigert wird.

Die biologische Ungleichwertigkeit der zygotischen Kombinationen kann so weit gehen, daß gewisse Kombinationen überhaupt nicht lebensfähig sind, sondern in einem bestimmten Entwicklungsstadium absterben. Gene, die ihren Träger, wenn sie homozygot auftreten, lebensunfähig machen, heißen letale Gene oder *Letalfaktoren*. Sie sind nur in Heterozygoten möglich.

So sind z. B. die Kanarienvögel mit Scheitelhaube alle heterozygot für den Haubenfaktor (H), der dominant über glattköpfig (h) eine bestimmte Anordnung der Federfollikel auf dem Scheitel und eine gewisse Schwächlichkeit der Vögel bedingt. Kreuzungen von Haubenvögeln untereinander ergeben immer $^2/_3$ Haubenvögel und $^1/_3$ Glattköpfe (z. B. 170 Haubenvögel : 77 Glattköpfen, auf 3 berechnet = 2,06 : 0,94) entsprechend der Formel: $Hh \times Hh = [^1/_4\,HH\,\dagger\,] + {}^2/_4\,Hh + {}^1/_4\,hh$. Der Ausfall des Viertels von HH-Vögeln macht sich in dem Absterben von ungefähr $^1/_4$ von Jungvögeln in den ersten Lebenstagen geltend (H. DUNCKER).

Abhängigkeit eines Merkmals von mehreren Genpaaren.

Die Ausbildung jedes Merkmals eines Organismus ist von einem Zusammenspiel vieler Erbfaktoren abhängig, die gleichzeitig oder nacheinander wirken müssen, damit eine bestimmte Endreaktion ablaufen kann. Wenn wir ein Gen, das ein notwendiges Glied in der ganzen Reaktionskette bildet, für ein bestimmtes Merkmal verantwortlich machen, ist das natürlich eine Abstraktion; ebenso, wie wenn wir einem Gen nur ein Hauptmerkmal zuordnen, während die meisten Gene noch verschiedene andere Wirkungen haben. In vielen Fällen werden wir aber durch Kreuzungsexperimente unmittelbar darauf geführt, daß ein Merkmal von mehreren bestimmten Genen abhängt. Ein solches Merkmal nennt man ein *polygenes Merkmal*; die Bestimmung einer Merkmalsausbildung durch mehrere Gene nennen wir *Polygenie*. Wir unterscheiden *komplementäre* und *homomere Polygenie*.

Bei *komplementärer Polygenie* ergänzen sich Gene von verschiedenartiger Wirkung zu einer bestimmten Merkmalsausbildung.

Als Beispiel kann die Färbung und Zeichnung des Säugerhaares dienen. Das „wildfarbige" Haar oder Agutihaar vieler Säugetiere, z. B. der Meerschweinchen, zeigt eine bestimmte Musterung, einen Wechsel von schwarzen und roten Abschnitten. Dieses Muster ist unter anderem bedingt von einem Faktor für die Ausbildung von schwarzem Pigment überhaupt (E) und einem Faktor für die bindenförmige Verteilung des schwarzen Pigments (Agutifaktor) A. ee-Tiere sind (mit oder ohne A) einfarbig rot; aa-Tiere sind mit E einfarbig schwarz; Agutitiere müssen die Faktoren A und E enthalten. Hieraus ergibt sich das Auftreten von „Neukonstruktionen" in F_1 bei Kreuzungen (z. B. $AAee$ rot $\times$ $aaEE$ schwarz = $AaEe$ wildfarbig). Die Phänotypenzahlen in F_2 zeigen dann, daß dem scheinbar einfachen Gegensatz der Merkmale (schwarz-rot) ein Unterschied in zwei (in anderen Fällen mehr) Genpaaren zugrunde lag.

Bei *homomerer Polygenie* (*Homomerie*) wird ein Merkmal von mehreren *gleichsinnig wirksamen* Genen bedingt, die sich im einfachsten Fall in ihrer Wirkung *addieren*.

Geltungsgrenze des 3. MENDELschen Gesetzes.

Alle genannten Fälle stehen mit den MENDELschen Gesetzen für die Genverteilung in vollem Einklang. Das dritte MENDELsche Gesetz findet aber eine *Geltungsgrenze*, wenn die möglichen *gametischen Genkombinationen nicht gleich häufig* sind, also die Gene verschiedener Paare nicht vollkommen frei kombinierbar sind. Wir kennen heute sehr viele Fälle, in denen die Gene verschiedener Paare in die Keimzellen eines Bastards häufiger in derselben Kombination wieder eintreten, in der sie von einem Elter übernommen wurden, als in Neukombinationen; ja diese können vollkommen fehlen. Diese die MENDELschen Gesetze überschreitende Erscheinung der *Koppelung* von Genen (BATESON) führte zu einer wesentlichen Vertiefung der Vererbungstheorie (S. 82ff.).

β) Die Chromosomentheorie der MENDELschen Vererbung[1].

Die Beobachtungen über die Zellvorgänge bei der mitotischen Kernteilung und der Befruchtung hatten E. STRASBURGER, O. HERTWIG und A. WEISMANN

---

[1] HEIDER, K.: Vererbung und Chromosomen. Jena 1906. — MORGAN, TH. H.: Die stofflichen Grundlagen der Vererbung, Berlin 1921. — STERN, C.: Fortschritte der Chromosomentheorie der Vererbung, Ergebnisse der Biologie 4 (1928).

etwa gleichzeitig (1883/84) zu der Auffassung geführt, daß die Zellkerne und insbesondere die Chromosomen die *Vererbungssubstanz*, das *Keimplasma (Idioplasma* Nägelis) darstellen. Hierfür sprach vor allem die Tatsache, daß bei der Befruchtung Ei und Samenzelle die gleiche Anzahl von Chromosomen mitbringen, während das Cytoplasma fast ausschließlich vom Ei, das Cytocentrum vom Spermium

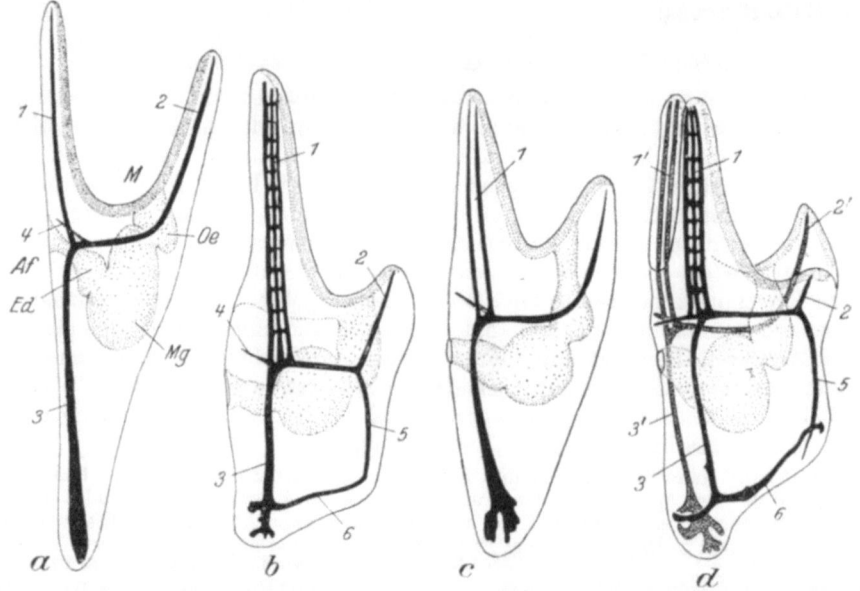

Abb. 61. Larven von Seeigelarten und ihren Bastarden in Seitenansicht. a *Paracentrotus lividus*. b *Sphaerechinus granularis*. c Bastardlarve *Paracentrotus* × *Sphaerechinus*. d Larve nach „Halbbefruchtung" von *Sphaerechinus* × *Paracentrotus*. (Nach Herbst.) *Af* After, *Ed* Enddarm, *M* Mund, *Mg* Magen, *Oe* Oesophagus, *1—4* Skeletstäbe der linken, *1'—4'* Skeletstäbe der rechten Seite. *1, 1'* Analarmstütze, *2, 2'* Oralarmstütze, *3, 3'* analer Scheitelstab, *4* analer Querstab. *5, 6* orale Scheitelstäbe.

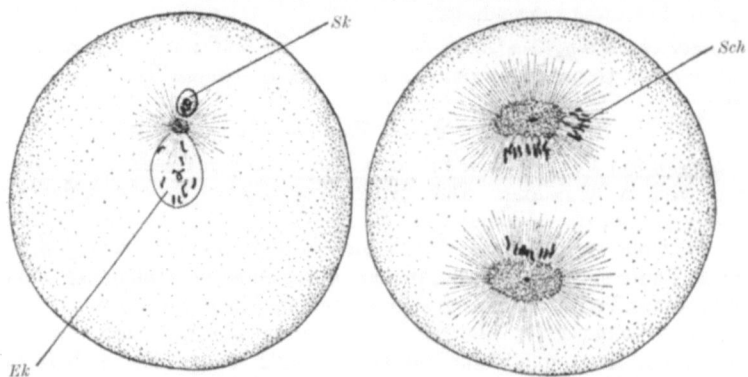

Abb. 62. Spätbefruchtung („Halbbefruchtung") eines Eies von *Sphaerechinus* mit Samen von *Paracentrotus* (Nach Herbst.) *Ek* Eikern, *Sch* Spermiumchromosomen, *Sk* Spermiumkern.

geliefert wird. Besonders Weismann hat die Hypothese vom „Vererbungsmonopol" des Kerns spekulativ ausgebaut. Er hat als erster behauptet (1887), daß durch die Reduktionsteilung der Keimzellen die Halbierung der Keimplasmamasse herbeigeführt und damit die Summierung der Vererbungssubstanzen durch die Befruchtung ausgeglichen würde. Seit 1900 hat sich die durch viele Beweise gesicherte Theorie entwickelt, daß die Chromosomen die Träger der Mendelschen Erbfaktoren sind (*Genlokalisationstheorie*).

1. Beweise für die Lokalisation von Erbfaktoren im Kern.

Die ersten *Experimentalbeweise* dafür, daß Erbfaktoren im Eikern und im Spermiumkern liegen, haben HERBST und BOVERI erbracht und zwar durch verschieden angeordnete Bastardierungsversuche mit Seeigelarten.

Befruchtet man Eier von *Sphaerechinus granularis* mit Spermien von *Paracentrotus lividus*, so erhält man intermediäre Bastardlarven (Abb. 61, 63a—c).

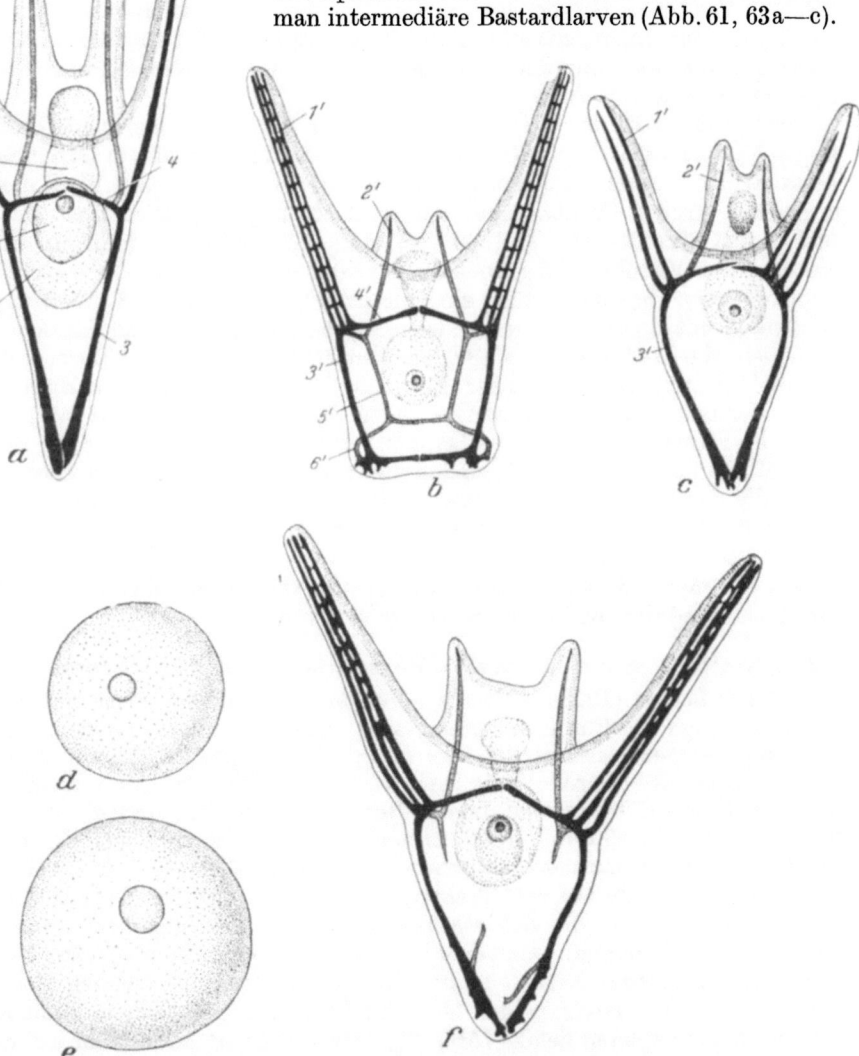

Abb. 63. Larvencharaktere von Seeigeln bei Bastardierung. a—c Larven von Seeigelarten und ihren Bastarden in Ansicht von der Analseite. a *Paracentrotus lividus*. b *Sphaerechinus granularis*. c Bastardlarve *Paracentrotus* × *Sphaerechinus*. d, e Eier von *Sphaerechinus*, d von normaler Größe, e Riesenei. f Bastardlarve aus einem Riesenei von *Sphaerechinus* befruchtet mit Samen von *Paracentrotus*. Bezeichnungen wie in Abb. 61. (Nach HERBST.)

Werden nun die Eier durch chemische Mittel zur Parthenogenese angeregt und dann mit Spermien der anderen Art besamt (Spätbefruchtung, Kombination von Parthenogenese und Bastardierung, HERBST 1907), so liefert das Spermiumcytocentrum den Teilungsapparat für die Teilung des Eikerns (Abb. 62). Der Spermiumkern bildet verspätet seine Chromosomen aus; und diese vereinigen sich nur mit dem einen Tochterkern (*Halbbefruchtung*, Abb. 62b). Von den beiden ersten Furchungszellen erhält somit die eine einen haploiden rein mütterlichen, die andere einen diploiden Bastardkern. Larven, die aus solchen Eiern hervorgehen, besitzen auf der einen Seite ein rein mütterliches, auf der anderen Seite ein Bastardskelet (Abb. 61d). Die rein mütterliche Larvenhälfte ist kleinkernig, die Bastardhälfte großkernig. Daraus geht hervor, daß letztere aus der Zelle des Zweizellenstadiums hervorgegangen ist, die den Kopulationskern erhielt, die andere aus derjenigen, die nur mütterliches Kernmaterial erhalten hatte. Der Versuch zeigt, daß nur der *Spermiumkern*, nicht das Cytocentrum väterliche Larvenmerkmale zur Entfaltung bringt.

Daß auch im Ei der *Eikern* die Ausbildung der Larvenmerkmale bestimmt, zeigen Versuche mit Bastardbefruchtung von Eiern mit erhöhtem Chromosomenbestand. Bei Seeigeln kommen gelegentlich *Rieseneier* vor (Abb. 63e), die einen doppelt so großen Plasmakörper und auch doppelt so großen Kern mit zweimal so viel Chromosomen (2n statt n) wie gewöhnliche Eier besitzen. Sie entstehen durch Verschmelzung zweier reifer oder unreifer Eier oder dadurch, daß bei der letzten Oogonienteilung die Zellteilung unterdrückt wird. Werden solche Rieseneier mit Spermien einer anderen Art befruchtet (BOVERI, HERBST 1914), so ähneln die Bastarde (Abb. 63f) der Mutterart viel mehr als Larven, die aus der Befruchtung normal großer Eier mit dem gleichen Samen hervorgehen. Diese Verschiebung zur Mutterähnlichkeit kann nicht auf einer Wirkung des ebenfalls vermehrten Eiplasmas beruhen; denn schneidet man vor der Befruchtung Stücke des Eiplasmas ab, so daß dieses viel kleiner ist als ein normales Ei, so ist die daraus entstehende Larve zwar entsprechend kleiner als eine normale, aber nicht vaterähnlicher als diese. Für die Ausbildung der Larvenmerkmale liegen also *Erbfaktoren im Eikern*, und diese *wirken quantitativ*, d. h. wenn die Menge der mütterlichen Kernsubstanz die der väterlichen übertrifft, überwiegt die Ausbildung der Merkmale im väterlichen Sinne.

2. Beweis für die qualitative Verschiedenheit der Chromosomen.

BOVERI bewies (1902), daß zur normalen Entwicklung nicht nur eine bestimmte Menge von Chromosomensubstanz, sondern auch eine bestimmte *Kombination von Chromosomenindividuen* nötig ist. Seeigeleier, die abnormerweise von zwei Spermien (*disperm*) befruchtet werden, erhalten drei Chromosomengarnituren und zwei Cytocentren. In der Regel entstehen aus diesen zugleich vier Teilungspole, die sich durch Spindeln verbinden. In rein zufälliger Kombination werden die 3n- Chromosomen zwischen den Teilungspolen angeordnet und die 6n-Tochterchromosomen auf vier Tochterkerne verteilt. Die Eizelle teilt sich dann in vier Tochterzellen, die sich regelmäßig durch Zweiteilung weiter vermehren und eine Blastula bilden. Dann entwickeln sich die Keime in der großen Mehrzahl krankhaft. Und zwar zeigen sich die einzelnen Bezirke, die aus den vier ersten Furchungszellen hervorgegangen sind, häufig in sehr ungleichem Grad und in verschiedenen Organen defekt (Abb. 64). Diese Störung kann nicht auf der Eiplasmabeschaffenheit beruhen; denn die vier Zellen, die durch simultane Vierteilung aus dem Ei hervorgehen, erhalten dieselben Eiplasmabezirke wie die vier Zellen, die bei normaler Furchung durch zwei Teilungsschritte entstehen. Die Störung der Entwicklung kann auch nicht auf einer anormalen *Chromatinmenge* in den Zellen beruhen; denn die Eier können sich haploid (künstliche Parthenogenese oder Besamung eines eikernlosen Eibruchstückes, S. 88), diploid oder triploid (Rieseneier mit 3n, 2n vom Ei, n von der Samenzelle) normal entwickeln. Im Dispermieversuch erhält aber bei einigermaßen gleichmäßiger Chromosomenverteilung jeder der vier Kerne von den 6n- Tochterchromosomen mehr als n Chromosomen. Bei sehr ungleicher Chromosomenverteilung können aber

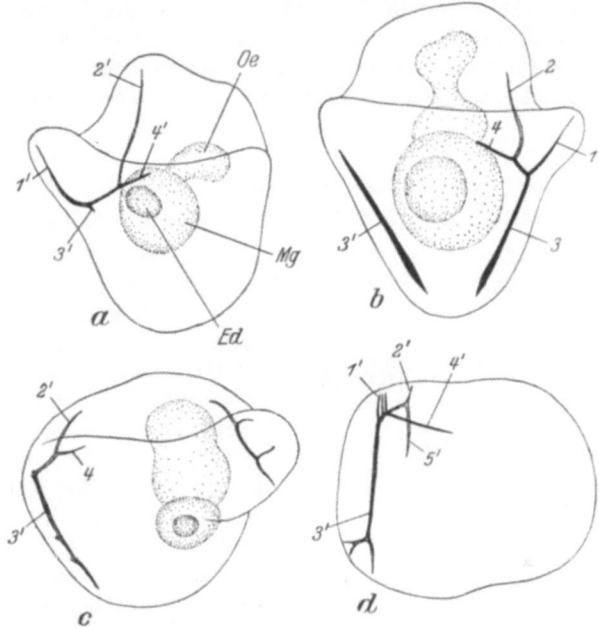

Abb. 64. Abnorm entwickelte Seeigellarven aus disperm befruchteten Eiern. a—c von *Paracentrotus* (vgl. Abb. 63a). d von *Sphaerechinus* (vgl. Abb. 63b). Bezeichnungen wie in Abb. 61. (Nach BOVERI.)

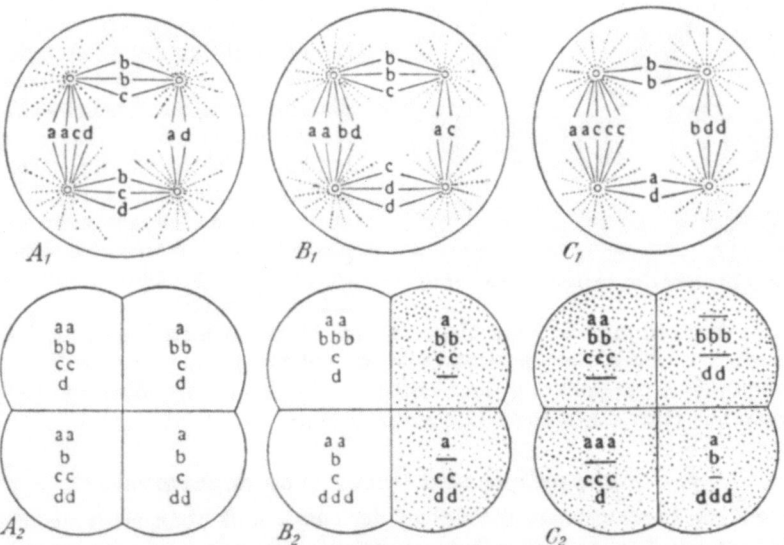

Abb. 65. Schema einiger der möglichen Verteilungsweisen der Chromosomen in disperm befruchteten Seeigeleiern. Die Chromosomensorten der 3 Garnituren sind jeweils mit a, b, c, d bezeichnet. A_1, B_1, C_1 Verteilung auf die 4 Spindeln. A_2, B_2, C_2 entsprechende Verteilung auf die 4 gleichzeitig entstehenden Furchungszellen. In A erhält jede Zelle Chromosomen jeder Sorte, in B fehlt 2 Zellen je eine Chromosomensorte, in C fehlen 3 Zellen je eine, der 4. Zelle 2 Chromosomensorten. (Nach BOVERI.)

auf höchstens zwei Kerne weniger als n Chromosomen entfallen; die anderen erhalten dann um so mehr ($> n$ und $< 3n$) Chromosomen. Trotzdem sind in der

Mehrzahl der Fälle alle vier Viertel der Keime abnorm. Es kann also die Störung der Entwicklung nur auf der unnormalen Chromosomenkombination beruhen. Bei rein zufälliger Verteilung der Chromosomen zwischen den vier Teilungspolen sind ja zahlreiche Kombinationen zu erwarten, die nicht alle Chromosomensorten der einfachen Garnitur enthalten (Abb. 65). Die einzelnen Chromosomen einer Garnitur enthalten also verschiedene für die Organdifferenzierung nötige Faktoren.

3. Erklärung der MENDELschen Gesetze durch die Chromosomenverteilung bei der Keimzellenreifung.

Die Genverteilung nach den MENDELschen Gesetzen findet ihre vollkommene Parallele in den Chromosomenvorgängen bei der Keimzellenreifung und Befruchtung (*1. Parallelitätsbeweis der Lokalisationstheorie*): Auch die Chromosomen sind in der Zygote und in den diploiden Kernen des Körpers in zwei Garnituren vorhanden, von denen die eine vom Vater, die andere von der Mutter stammt. Bei der Keimzellenreifung paaren sich homologe Chromosomen, und in der Reduktionsteilung wird je ein väterliches von dem entsprechenden mütterlichen getrennt, so daß jede Keimzelle eine einfache Chromosomengarnitur erhält. Wenn Allelogene jeweils in homologen Chromosomen liegen, erklärt die Chromosomenreduktion das *Spaltungsgesetz*.

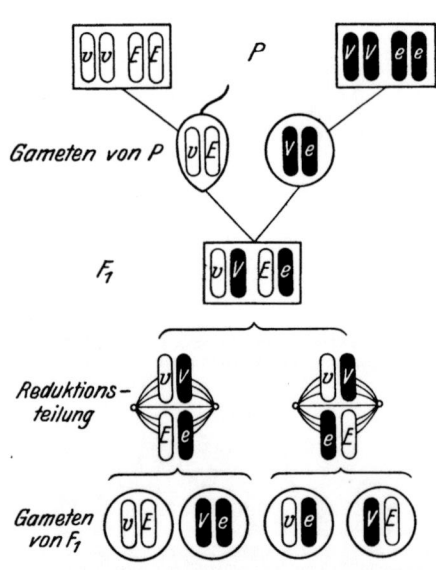

Abb. 66. Schema der Erklärung der freien Kombination der Gene durch die freie Kombination der elterlichen Chromosomen. In dem einen Chromosomenpaar ist das Genpaar V/v, in dem anderen Chromosomenpaar das Genpaar E/e lokalisiert gedacht (vgl. Abb. 59).

Wenn bei der Reduktionsteilung die Verteilung der elterlichen Chromosomen verschiedener Paare auf die haploiden Tochterkerne in rein zufälliger Kombination erfolgt (S. 63f.), erklärt diese Chromosomenverteilung die *freie Kombination von Genen*, die in verschiedenen Chromosomenpaaren liegen (Abb. 66).

Diese Vorstellung, daß die Gene in den Chromosomen liegen und auf die verschiedenen Chromosomen einer Garnitur verteilt sind, und daß die Chromosomenreduktion die Spaltung der Genpaare bewirkt, ist die *allgemeine Genlokalisationstheorie* (BOVERI-SUTONsche Theorie, 1904).

4. Genkoppelung und Chromosomengarnituren.

Wenn die Chromosomen die Träger der Gene, und wenn sie kontinuierliche Individuen sind (S. 24f.), können nicht mehr Gene unabhängig voneinander verteilt werden, als Chromosomenpaare vorhanden sind. So war nach der allgemeinen Lokalisationstheorie eine *Gültigkeitsgrenze des 3. MENDELschen Gesetzes* zu erwarten. Die vielfach in den Kreuzungsversuchen gefundenen *Koppelungen von Genen* (S. 77) entsprechen dieser Erwartung.

Werden z. B. ♂♂ von *Drosophila melanogaster*, die schwarz (*b*) und stummelflügelig (*v*) sind, gekreuzt mit ♀♀, die wildfarbig (*B*) und normalflügelig (*V*) sind

($bbvv \times BBVV$, Abb. 67), so erhalten wir eine wildfarbige-normalflügelige F_1 ($BbVv$). F_1-♂♂ werden nun mit ($bbvv$)-♀♀ zurückgekreuzt. Bei freier Kombination wären zu erwarten die ♂ Gameten: BV, Bv, bV, bv und die F_2: $BbVv + Bbvv + bbVv + bbvv$. Es erscheinen aber nur schwarze-stummelflügelige ($bbvv$) und wildfarbige normale ($BbVv$) F_2-Individuen. Die Neukombination der Merkmale in F_2 bleibt aus; also sind die Gameten Bv und bV nicht gebildet worden; (bv) und (BV) sind gekoppelt.

In mehreren besonders gut analysierten Fällen aus dem Tier- und Pflanzenreich zeigte sich, daß die sehr zahlreichen untersuchten Gene gruppenweise gekoppelt sind, und daß die *Anzahl der Koppelungsgruppen der Haploidzahl der Chromosomen gleich ist*. Bei Drosophila melanogaster sind durch MORGAN und seine Schule Rassenunterschiede in mehr als 400 Genpaaren untersucht worden. Sie gehören vier Koppelungsgruppen an, die ungefähr folgende Genanzahlen umfassen: Gruppe I 150 Gene, II 120, III 130, IV 3 Gene. *Drosophila melanogaster* besitzt vier Chromosomenpaare (Abb. 68a, b). Ferner sind festgestellt bei *Drosophila virilis* n = 6 (Abb. 68d) und sechs Koppelungsgruppen (41 Gene), bei *Drosophila obscura* (Abb. 68g, h) n = 5 und fünf Koppelungsgruppen (40 Gene) und bei *Drosophila willistoni* (Abb. 68f) n = 3 und drei Koppelungsgruppen (39 Gene). Der Schluß ist daher berechtigt, daß die *gekoppelten Gene im gleichen Chromosom liegen* (2. *Parallelitätsbeweis der Genlokalisationstheorie*).

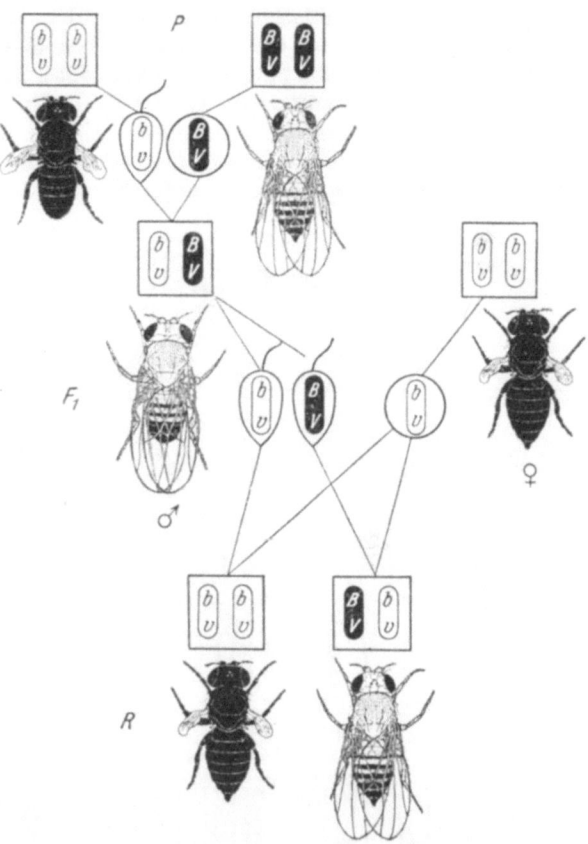

Abb. 67. Genkoppelung bei *Drosophila melanogaster*. Kreuzung: schwarz-stummelflügelig ($bbvv$) × grau-normalflügelig ($BBVV$) und Rückkreuzung eines F_1-Männchens ($BbVb$) mit einem schwarzen-stummelflügeligen Weibchen und Schema der Lokalisation von B/b und V/v in einem Chromosom. Die Chromosomen der einen P-Rasse sind weiß, die der anderen schwarz gezeichnet. (Nach MORGAN abgeändert.)

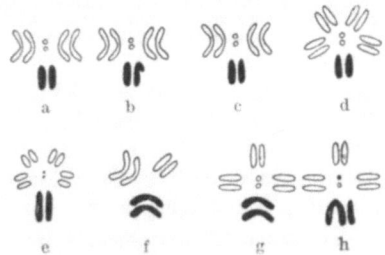

Abb. 68. Diploide Chromosomengarnituren einiger Drosophila-Arten. a, b *D. melanogaster*. a = ♀, b = ♂. c *D. simulans*. d *D. virilis*. e *D. funebris*. f *D. willistoni*. g, h *D. obscura*, g = ♀, h = ♂.

In besonderer Weise muß natürlich der Erbgang der Gene verlaufen, die im X-Chromosom (S. 69) lokalisiert sind, der *geschlechtsgekoppelten Gene*. Beim

XO-Typus oder wenn das Y-Chromosom (fast oder ganz) „leer" ist in Bezug auf Gene, wie das vielfach der Fall zu sein scheint, gehen geschlechtsgekoppelte Gene mit dem X-Chromosom von dem heterogametischen Geschlecht nur auf die Nachkommen des homogametischen Geschlechts über, also bei männlicher Heterogametie vom Vater nur auf die Töchter („Übers-Kreuz-Vererbung"). Wird vom Vater ein dominantes Gen eingeführt (Abb. 69a), so spaltet schon F_1 auf, im Widerspruch zum 1. MENDELschen Gesetz, weil die Männchen immer ein im X-Chromosom lokalisiertes Gen nur einmal enthalten, also in bezug auf solche Gene immer heterozygot sind und zwei Gametensorten erzeugen. In F_2 tritt jenes Gen bei der Hälfte der ♀ und ♂ auf. Männliche Heterogametie läßt sich also

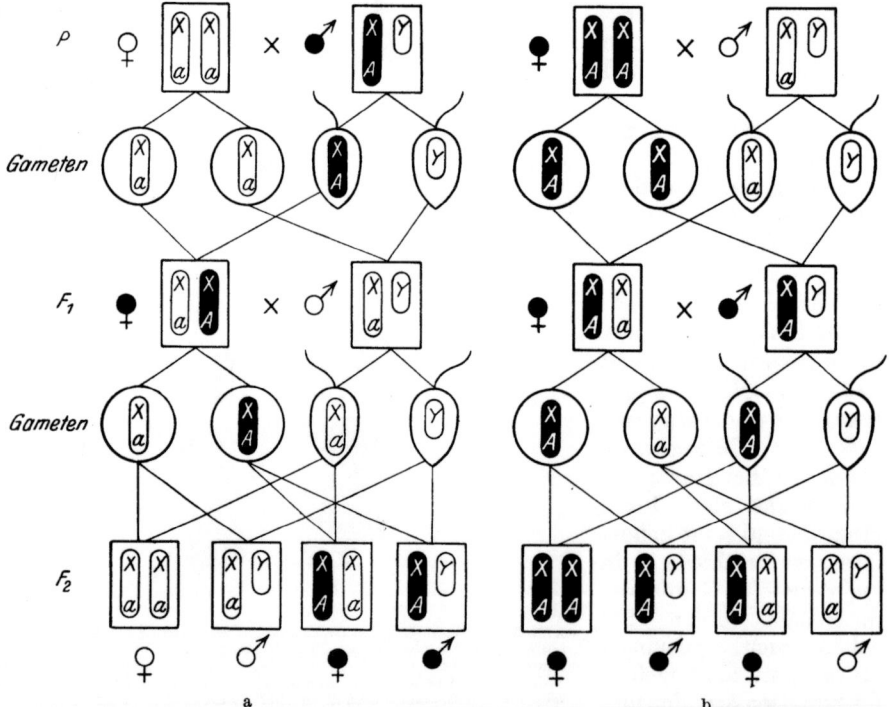

Abb. 69. Schema der geschlechtsgekoppelten Vererbung; XY-Typus der Geschlechtschromosomen. a Einführung eines dominanten im X-Chromosom gelegenen Gens A durch das ♂ in P. b Einführung eines recessiven im X-Chromosom gelegenen Gens a durch das ♂ in P. Schwarz sind jeweils die Chromosomen mit dem dominanten Gen A gezeichnet; ♀, ♂ Individuen, in denen das A entsprechende Merkmal realisiert ist.

auch aus dem Erbgang solcher geschlechtsgekoppelten Merkmale erschließen. Ein recessiv geschlechtsgekoppeltes Gen (Abb. 69b), das von einem ♂ eingeführt wird, tritt nur bei der Hälfte der ♂ Enkel wieder in Erscheinung. Das Zusammentreffen von Geschlechtschromosomenbefund und Erbgang einer bestimmten Koppelgruppe ist ein 3. *Parallelitätsbeweis* der Lokalisationstheorie.

Ein *unmittelbarer Beweis für die Lokalisation einer bestimmten Koppelungsgruppe* in einem bestimmten Chromosom ließ sich durch die Auswertung von zufälligen oder experimentell (durch Röntgenstrahlen) hervorgerufenen abnormen Chromosomenverteilungen erbringen. Bei einer Reduktionsteilung kann abnormerweise die Trennung der Chromosomen eines Paares unterbleiben, und beide Paarlinge rücken an denselben Spindelpol. Infolgedessen erhält eine reife Eizelle entweder zwei Chromosomen oder gar kein Chromosom dieser Sorte. Kommt ein solches Ei zur Befruchtung, so enthält die Zygote die betreffende Chromosomensorte dreimal oder nur einmal (vom Vater). Diese abnorme Chromosomenausstattung muß sich im Erbgang bemerkbar machen, wenn dem Fehlen eines Chromosoms das Fehlen einer bestimmten Koppelungsgruppe, der Überzahl eines Chromosoms die Hinzufügung einer bestimmten Koppelungsgruppe entspricht. In der Tat stimmten in sehr vielen untersuchten Fällen Vererbungsbefund und Zellbefund vollkommen überein (BRIDGES); und so ist es gelungen, die vier Koppelungsgruppen von *Drosophila melanogaster* auf die vier Chromosomen der haploiden Garnitur eindeutig zu beziehen.

5. Genaustausch und Anordnung der Gene im Chromosom.

Die Regel, daß die freie Kombination der Gene durch Koppelung auf die haploide Chromosomenzahl beschränkt ist, gilt nicht unbedingt.

Aus heterozygoten *Männchen* von *Drosophila* kommen die Gene einer Koppelungsgruppe immer in derselben Zusammenstellung heraus, in der sie in die Kreuzung eingeführt wurden; hier ist die Koppelung absolut, und der ganze Gehalt einer Koppelungsgruppe läßt sich eindeutig bestimmen. Führt man aber dieselbe Kreuzung (wie auf S. 83, Abb. 67) mit F_1-*Weibchen* aus, also: $BbVv$ ♀ × $bbvv$-♂ (Abb. 70), so erhält man alle vier bei freier Kombination zu erwartenden F_2-Phänotypen. Also sind auch alle vier gametischen Genkombinationen gebildet worden; zwischen den Koppelungsgruppen hat in bestimmten Fällen ein *Genaustausch* (*Crossing-over*) stattgefunden. Die Anzahl der vier F_2-Phänotypen ist aber sehr ungleich: Die Koppelungstiere ($BbVv$ und $bbvv$) betragen 83%, die Austauschtiere ($Bbvv$ und $bbVv$) 17%.

Dieses Zahlenverhältnis tritt immer wieder auf, sooft wir die Kreuzung unter gleichen Außenbedingungen ausführen. Dabei ist es gleichgültig, in welcher Zusammenstellung die Gene in die Kreuzung eingeführt werden. Kreuzen wir z. B. nun grau-stummelflügelige Tiere, eine Neukombination aus der obigen Kreuzung, mit schwarz-normalflügeligen ($BBvv \times bbVV$), so erhalten wir bei Rückkreuzung mit schwarz-stummelflügeligen ♂♂ in F_2 wieder 83% Koppelungs- oder Nichtaustauschtiere (diesmal = $Bbvv$ und $bbVv$) und 17% Austauschtiere (diesmal $BbVv$ und $bbvv$). Koppelung und Austausch sind also Erscheinungen der *Genverteilung* und nicht etwa der Natur der Gene. Zwischen je zwei untersuchten Genen einer Koppelungsgruppe besteht eine *konstante Austauschhäufigkeit* (*Austauschwert p* = aus den R-Individuen erschlossene Prozentzahl der Austauschgameten in der Gesamtgametenanzahl).

Warum bei *Drosophila* der Austauschvorgang nur im ♀ stattfindet, wissen wir nicht; bei anderen Arten kommt er in beiden Geschlechtern vor.

Werden nicht nur zwei, sondern zahlreiche Gene einer Koppelungsgruppe in einer Kreuzung berücksichtigt, so zeigt sich, daß nicht einzelne Gene regellos durcheinander ausgetauscht werden, sondern daß ganze Gengruppen gegeneinander vertauscht werden.

Die Austauschwerte verschiedener Gene einer Koppelungsgruppe zeigen bestimmte mathematische Beziehungen: Wenn wir drei beliebige Gene A, B, C nehmen, so ist der Austauschwert von A und C ($p_{A/C}$) gleich der Summe oder der Differenz der Austauschwerte von A/B und B/C ($p_{A/C} = p_{A/B} \pm p_{B/C}$).

Auf diesen Tatsachen beruht die *Theorie der linearen Anordnung* der Gene im Chromosom (MORGANsche *Genlokalisationstheorie*), die von TH. H. MORGAN und seinen Mitarbeitern, besonders STURTEVANT, BRIDGES, MULLER, ausgebaut wurde.

Wenn die Koppelung von Genen auf der Lokalisation im selben Chromosom beruht, läßt sich der Austausch von Gengruppen zwischen zwei einander entsprechenden Koppelungsgruppen durch einen Austausch von Chromosomenstücken zwischen homologen Chromosomen erklären. Die beobachteten Beziehungen zwischen den Austauschwerten verschiedener Genpaare werden nun verständlich, wenn die Gene im Chromosom linear in konstanter Reihenfolge angeordnet sind und jeweils in den beiden Chromosomen eines Paares an der gleichen Stelle ein Bruch und zwischen den homologen Chromosomen ein Austausch der einander entsprechenden Stücke stattfindet. Wenn nun die Lage der Bruchstellen

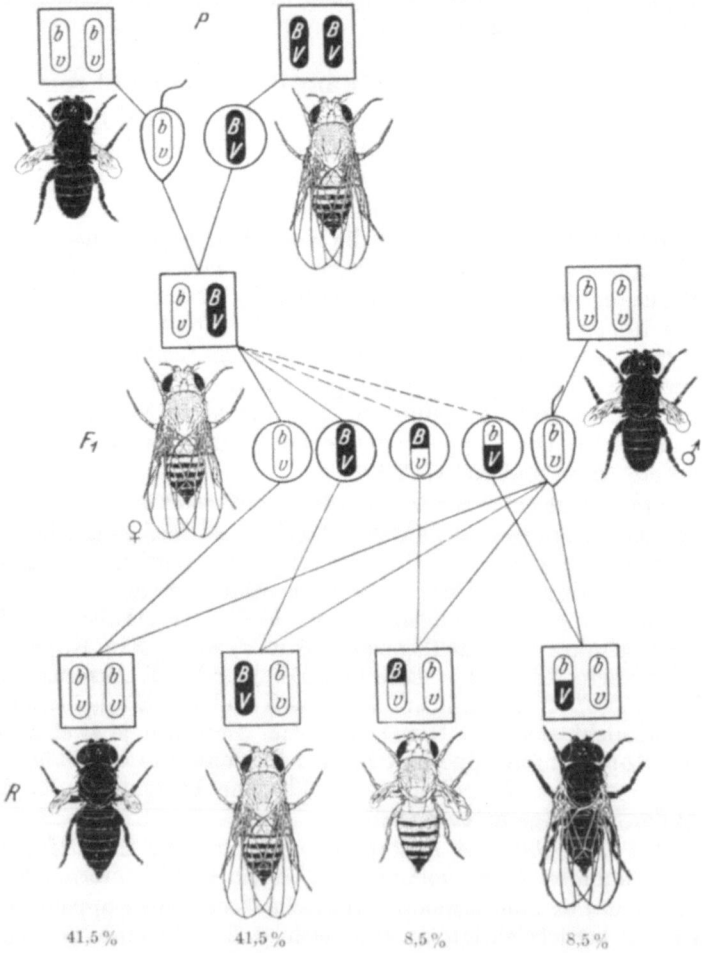

Abb. 70. Genaustausch zwischen zwei einander entsprechenden Koppelungsgruppen. Kreuzung $bbvv \times BBVV$ (wie in Abb. 67) und Rückkreuzung eines F_1-Weibchens (anstatt ♂ wie in Abb. 67) mit $bbvv$. Die Chromosomen bzw. Chromosomenstücke der einen P-Rasse sind weiß, die der anderen schwarz gezeichnet.

in den Chromosomen mehr oder minder durch den Zufall bestimmt wird, so wird die Wahrscheinlichkeit, daß zwischen zwei Genen ein Bruch stattfindet, um so größer sein, je weiter sie im Chromosom voneinander entfernt sind, und es muß die oben genannte additive Beziehung zwischen den Austauschwerten der Gene einer Koppelungsgruppe herrschen. Sie müssen sich alle in einer und nur einer Reihe so anordnen lassen, daß jeweils der Austauschwert zweier Glieder gleich ist der Summe der einzelnen Austauschwerte zwischen den aufeinanderfolgenden Gliedern von dem einen bis zu dem anderen der gewählten Glieder der Reihe

(Abb. 71). Auf diese Weise wurden topographische Chromosomenkarten konstruiert (Abb. 72), wobei als Einheit des „Abstands" zweier Gene voneinander der Austauschwert 1% definiert wurde (STURTEVANT).

Der im Kreuzungsversuch unmittelbar gefundene Austauschwert zwischen zwei Genen stimmt mit dem nach der Summenformel ermittelten nur dann überein, wenn in dem Gebiet zwischen den beiden Genen nur ein einziger Bruch stattfindet. In der Tat findet aber bei der Bildung eines bestimmten Teiles der Gameten

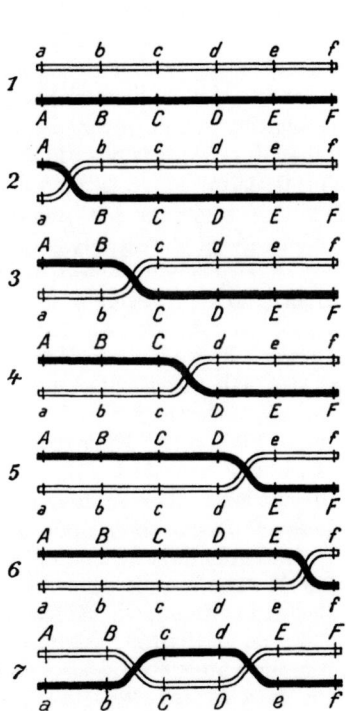

Abb. 71. Schema der Erklärung der Austauschhäufigkeiten durch lineare Anordnung der Gene in den Chromosomen. 2 homologe Chromosomen, das eine weiß, das andere schwarz gezeichnet. 1—6 die Möglichkeiten eines Austausches durch einfache Überkreuzung in einer Genreihe von 6 Paaren. Die Gene A und F (bzw. a und f) werden bei allen Überkreuzungen getrennt; der Austauschwert A/F ist also in der Gesamtheit der gebildeten Keimzellen des Bastards gleich der Summe der Austauschwerte von $A/B + B/C + C/D + D/E + E/F$. Der Austauschwert $B/E = p_{BC} + p_{CD} + p_{DE}$ usw. 7 ein Fall von doppeltem Austausch durch zweimalige Überkreuzung.

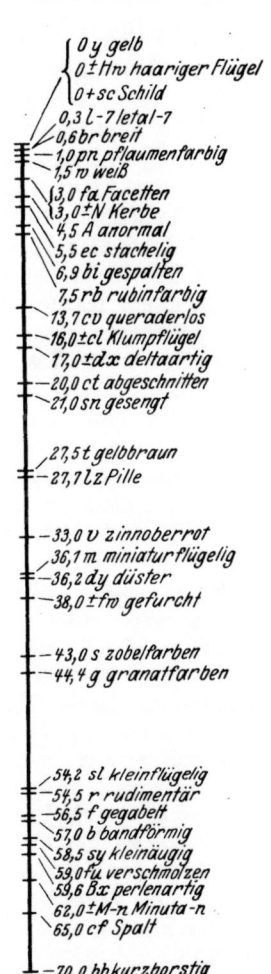

Abb. 72. Karte des X-Chromosoms von Drosophila melanogaster. (Nach MORGAN.)

ein doppelter Austausch statt (Abb. 71, 7), und die unmittelbar gefundenen Austauschprozente zwischen zwei Genen (A und F) sind um die Anzahl der doppelten Austausche kleiner als die nach der Summenformel berechneten „wirklichen" Abstände der betreffenden Gene.

Der Wert der Theorie der linearen Anordnung der Gene bewährt sich vor allem darin, daß die Austauschwerte bei neuen Rassen auftretender Gene mit allen anderen schon bekannten Genen vorhergesagt werden können, wenn nur die Austauschwerte mit zwei beliebigen Genpaaren bekannt sind.

In welchem Stadium der Keimzellenbildung und durch welchen Mechanismus der Genaustausch zwischen homologen Chromosomen stattfindet, ist noch nicht sicher. Temperatureinflüsse können die Austauschwerte verändern, und zwar bei Eiern von *Drosophila* offenbar in frühen Wachstumsstadien der Oocyten. Nach den Chromosomenbildern hat man vermutet, daß während der Stadien der Paarung und des Wiederauseinanderweichens der Chromosomen vor der I. Reifungsteilung (Abb. 44, 46, 48) ein Austausch von Chromosomenstücken stattfindet (Chiasmatypiehypothese von JANNSSENS). Doch liegen streng beweisende Befunde hierfür noch nicht vor.

b) Bedeutung des Cytoplasmas für die Vererbung.

Daß die Übertragung der MENDELschen Erbfaktoren durch die Chromosomen geschieht, ist experimentell erwiesen. Es ist jedoch unberechtigt, die Vererbungssubstanz überhaupt mit den Chromosomen gleichzusetzen. Alle Differenzierungen werden vom Cytoplasma ausgeführt. Die Strukturbildungen sind Reaktionen des Cytoplasmas auf Wirkungen, die vom Kern (oder von der Außenwelt) ausgehen. Die Eigentümlichkeiten des Cytoplasmas, die kontinuierlich durch die Generationen laufen und als innere Reaktionsbedingungen des Cytoplasmas die Besonderheiten der Entwicklung von Arten und Rassen mitbestimmen, müssen wir ebenso wie die Gene der Kerne als Erbfaktoren (nicht MENDELscher Art) ansprechen.

Daß das *Eicytoplasma verschiedener Arten* nicht gleichwertig ist, zeigen Versuche, bei denen *kernlose Eibruchstücke* mit Spermien anderer Arten befruchtet wurden (Merogonieversuche BOVERIS). Mit Spermien der gleichen Art (homosperm) befruchtete kernlose Eistücke von Seeigelarten entwickeln sich zu normal proportionierten, nur entsprechend kleineren Larven. Spermien von *Paracentrotus lividus* können auch mit kernlosem Eiplasma des nah verwandten (zur selben Familie der Echinidae gehörenden) *Psammechinus microtuberculatus* normale Larven erzeugen. Sie sind allerdings kürzer und plumper als die aus Eifragmenten der gleichen Art erhaltenen. Ein störender Einfluß der zwischen Spermiumkern und Eiplasma bestehenden Fremdartigkeit macht sich aber in hohem Grade bemerkbar, wenn man entkerntes *Sphaerechinus*-Eiplasma mit Spermien von *Psammechinus* oder *Paracentrotus* befruchtet. In diesem Falle sterben die Keime im Beginn der Gastrulation ab. Bei gewöhnlicher Bastardierung zwischen diesen Arten entstehen in der Regel intermediäre Bastarde. Wenn die Eibruchstücke einen Teil des durch Schütteln zerteilten Eikerns enthalten, kann die Entwicklung weitergehen bis zu Larven, die vollkommen väterliches Aussehen haben können. Der Spermiumkern kann also zwar die Entwicklung der seiner Art entsprechenden Merkmale in dem fremden Eiplasma bewirken, aber nur wenn zugleich auch der zu dem Cytoplasma gehörige Kern ganz oder teilweise vorhanden ist; sonst kann der Keim über ein bestimmtes Entwicklungsstadium nicht hinwegkommen. Auch Versuche an Pflanzen (Moosen) zeigen, daß auf die Wirkungen eines Kerns nur ein zu ihm passendes Cytoplasma normal reagieren kann (F. V. WETTSTEIN).

Auch in der Entwicklung von ungestört sich ausbildenden Bastarden kann sich ein Einfluß des Eiplasmas zeigen. Da das Cytoplasma bei der Oogamie ganz (oder ganz überwiegend) von der Mutter stammt, werden *reziproke Bastarde* (entgegen dem 1. MENDELschen Gesetz) verschieden sein, wenn die Eltern sich in der Reaktionsfähigkeit ihres Cytoplasmas unterscheiden. Die Nachkommen werden dann in bestimmten Merkmalen der jeweiligen Mutter ähnlicher (*matroklin*) sein. In den meisten gelingenden Kreuzungen treten Cytoplasmaunterschiede nicht hervor, da meist Rassen einer Art gekreuzt werden, die wohl in ihrem Genbestand, nicht aber in ihrem Cytoplasma wesentlich verschieden sind. Wir kennen aber heute doch schon zahlreiche Fälle, in denen reziproke Kreuzungen nicht gleich sind. Manchmal gleichen *frühe Entwicklungsstadien* (z. B. Seeigel bis zur fertigen Gastrula, bei manchen Schmetterlingskreuzungen die jungen Raupen) mehr der Mutter. Aber auch in Merkmalen, die sich *spät in der Entwicklung* entfalten, können die Bastarde matroklin sein; und zwar gilt dies für Art- wie für manche Rassenbastarde.

Die Verschiedenheiten der Cytoplasmen können verschiedene Ursachen haben. Zweifellos sind gewisse allgemeine Formverhältnisse des entstehenden Individuums in der *Anordnung des Eiplasmas* vorgezeichnet (vgl. S. 275, 294f., 300). Die Differenzierungen des Eiplasmas bestimmen oft schon vor der Befruchtung die Achsen des Embryos, den Ort der Entodermbildung und das Auftreten anderer Organanlagen. Wir bezeichnen diese Vorausbestimmung als *Prädetermination*. Es ist nun sehr wohl möglich, ja nach den Erfahrungen an anderen Cytoplasmadifferenzierungen wahrscheinlich, daß diese Differenzierungen des Eiplasmas nicht nur von der Natur des Cytoplasmas abhängen, sondern unter der Wirkung des *Oocyten-*

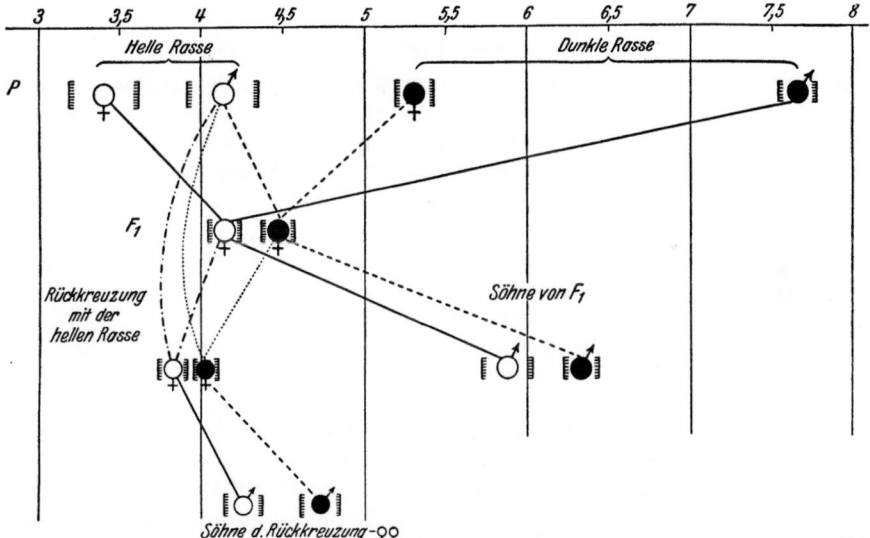

Abb. 73. Einfluß des Cytoplasmas auf die Vererbungsrichtung bei *Habrobracon juglandis*. Mittelwerte der Zuchten der aufeinanderfolgenden Kreuzungsgenerationen (schraffiert jeweils die Spielräume des dreifachen mittleren Fehlers). 3—8 Pigmentierungsklassenwerte. ♀, ♂ helle Rasse und Kreuzungen, in denen das Eiplasma von der hellen Rasse stammt, ♀, ♂ dunkle Rasse und Kreuzungen, in denen das Eiplasma von der dunkeln Rasse stammt; Mittelpunkt des Kreises = Lage des Mittelwertes in der Klassenskala. (Nach KÜHN 1927[1].)

kerns in der Wachstums- und Reifungsphase entstehen. So können auch durch den Eikern dem Cytoplasma Eigentümlichkeiten aufgeprägt werden, die es später verhindern, noch mit einem Kern fremder Art zu arbeiten, oder lange im voraus bedingen, daß die Ausbildung bestimmter Merkmale im mütterlichen Sinne ausfällt. Eine solche *Matroklinie durch Prädetermination* muß aber auf das Individuum beschränkt bleiben, das aus einer Oocyte mit den prädeterminierenden mütterlichen Genen hervorgegangen ist. Nun gibt es aber Fälle (bei Pflanzen und Tieren), in denen in *mehreren aufeinanderfolgenden Generationen* Merkmale wieder auftreten, die der Natur des weitergegebenen Cytoplasmas entsprechen. Abb. 73 zeigt die Ergebnisse von Kreuzungen einer bestimmten dunkeln und einer hellen Rasse der Schlupfwespe *Habrobracon juglandis* (vgl. Abb. 31). In jeder der beiden Rassen sind die Männchen dunkler als die Weibchen. Die F_1 ♀♀ sind intermediär; aber die reziproken Bastarde sind nicht gleich, sondern in bestimmtem Grade matroklin.

---

[1] KÜHN, A.: Die Pigmentierung von *Habrobracon juglandis* ASH., ihre Prädetermination und Vererbung durch Gene und Plasmon, Nachr. Ges. Wiss. Göttingen (1927).

Die parthenogenetischen Söhne der reziproken F_1 ♀♀ (die ♂ sind haploid, wie bei anderen Hymenopteren S. 65), sind im selben Sinne wie ihre Mütter verschieden, ebenso die Töchter, die aus Rückkreuzung der reziproken F_1 ♀♀ mit der hellen Rasse erhalten werden. In diesen Fällen kann der Unterschied im Sinne der F_1 ♀♀ und Großmutterrassen nicht auf Prädetermination beruhen; denn die Entwicklung aller Oocyten hat unter dem Einfluß desselben *Bastardkerns* stattgefunden; eine etwaige prädeterminierende Wirkung von seiner Seite müßte den Unterschied, der zwischen den reziproken F_1 ♀♀ bestand, gerade verwischt haben. Auch die Söhne der Rückkreuzungsweibchen zeigen denselben Unterschied wieder. Drei Generationen hindurch ist also der Pigmentierungsgrad nach der Seite derjenigen Rasse hin verschoben, deren Cytoplasma durch die Generationenfolge mitgeführt wird. Die Ausbildung einer bestimmten Pigmentmenge hängt also offenbar außer von Kerngenen auch von der *Beschaffenheit des Cytoplasmas* ab.

c) Die Vererbung des Geschlechts[1].

Bei den Tieren scheint eine rein *phänotypische Geschlechtsbestimmung*, bei der genotypisch gleiche Individuen durch Außenbedingungen zu männlicher oder weiblicher Differenzierung modifiziert werden, selten zu sein (vgl. S. 68). Zu allermeist wird die Geschlechtertrennung durch die Zuteilung geschlechtsbestimmender Erbfaktoren bedingt. Bei dieser *genotypischen Geschlechtsbestimmung* bewirkt vielfach in sichtbarer Weise der bekannte Verteilungsmechanismus der *Geschlechtschromosomen* (S. 69f., Abb. 54), daß das eine Geschlecht zwei Gametensorten, ♂-bestimmende und ♀-bestimmende, in gleicher Anzahl erzeugt. Dieses Verhalten entspricht dem Vererbungsmechanismus einer MENDELschen *Rückkreuzung* (S. 73f., Abb. 58), in der ein Heterozygot Aa mit einem Homozygoten aa gekreuzt wird, wodurch in der nächsten Generation wieder 50% Heterozygoten und 50% Homozygoten entstehen.

Durch diesen *Heterogametiemechanismus* wird erklärt, warum in den meisten Fällen das Zahlenverhältnis zwischen den Geschlechtern angenähert = 1 : 1 ist, wenn in dem X-Chromosom ein geschlechtsbestimmender Faktor liegt, der homozygot, in doppelter Quantität, die Ausbildung der Merkmale des einen Geschlechts, heterozygot, in einfacher Quantität, die des anderen Geschlechts bedingt. Meist ist das heterogametische Geschlecht das ♂ (Ausnahmen, bewiesen durch X-Chromosomenbefund und Übertragung geschlechtsgekoppelter Gene, S. 83f., sind die Schmetterlinge und Vögel).

Starke Abweichungen von dem *mechanischen Geschlechtsverhältnis* ♀♀ : ♂♂ = 1 : 1 beruhen teils auf einer ungleichen Sterblichkeit der beiden Geschlechter auf irgendeinem Entwicklungsstadium, teils darauf, daß die beiden Gametensorten des heterogametischen Geschlechts verschiedene Aussichten haben, zur Befruchtung zu gelangen, z. B. weil die eine Spermiensorte sich rascher fortbewegt als die andere, teils auch darauf, daß bei der Verteilung der Geschlechtschromosomen die Zuteilung der Geschlechtschromosomen nicht rein zufällig (mechanisch) erfolgt. Bei gewissen Schmetterlingen z. B. wird die Häufigkeit mit der das X-Chromosom (♀ Heterogametie!) bei der Reduktionsteilung in den Richtungskörper gelangt oder im Ei verbleibt durch die Temperatur beeinflußt; und auf diese Weise läßt sich das Geschlechtsverhältnis experimentell verschieben (SEILER).

Die Unterschiede zwischen den Geschlechtern beziehen sich nicht nur auf die erzeugten Geschlechtszellen und Geschlechtsdrüsen (*primäre Geschlechtsmerkmale*),

---

[1] CORRENS, C. und GOLDSCHMIDT, R.: Die Vererbung und Bestimmung des Geschlechts, zwei Vorträge. Berlin 1913. — GOLDSCHMIDT, R.: Mechanismus und Physiologie der Geschlechtsbestimmung. Berlin 1920.

sondern sie äußern sich bei vielen Tieren in den meisten, bei manchen in allen Körperorganen (*sekundäre Geschlechtsmerkmale*). Durch den Heterogametiemechanismus werden nun nicht etwa gegensätzliche Anlagen verteilt, welche die besondere Natur der primären und der sekundären Geschlechtsmerkmale der Weibchen und der Männchen bestimmen. Deren art- oder rassenmäßige Ausprägung wird vielmehr durch eine Reihe von Erbfaktoren bestimmt, die in beiden Geschlechtern vorhanden sind. Durch den Heterogametiemechanismus werden *Geschlechtsrealisatoren (Geschlechtsdifferentiatoren)* verteilt, die entscheiden, ob die Entwicklung in der weiblichen oder in der männlichen Richtung stattfindet, die *beide* auf Grund des übrigen Genotypus der *Potenz* nach möglich sind.

Anstatt des Heterogametiemechanismus kann die Alternative zwischen Parthenogenese und Befruchtung (Hymenopteren, S. 65) den Unterschied zwischen ♂ (haploid) und ♀ (diploid) auslösen.

In der *Wirkung des Geschlechtsdifferentiators* sind zwei Fälle zu unterscheiden. Im ersten, dem vor allem die *Insecten* folgen, sind mit der Befruchtung alle Geschlechtsmerkmale festgelegt. Jede Zelle, die sich von der Zygote ableitet, ist endgültig geschlechtlich bestimmt; irgendeine Beeinflussung eines Teils durch einen anderen ist ausgeschlossen. Werden Raupen durch Herausnahme der Geschlechtsdrüsenanlage kastriert, so entwickeln sich gleichwohl die sekundären Geschlechtsorgane. Pflanzt man kastrierten Raupen die Geschlechtsdrüsen des anderen Geschlechts ein, so entwickeln sich diese normal weiter und liefern reife Eier und Samenzellen. Die sekundären Geschlechtsmerkmale bleiben aber ganz unbeeinflußt (MEISENHEIMER). Im Gegensatz hierzu werden bei den *Wirbeltieren* die sekundären Geschlechtsmerkmale durch *innere Sekrete* (Hormone) bedingt, die von den Geschlechtsdrüsen in die Blutbahn abgesondert werden. Kastration läßt also, wenn sie früh erfolgt, die sekundären Geschlechtsunterschiede ausbleiben, wenn sie spät erfolgt, mindestens zum Teil wieder verschwinden. Der Organismus ohne Geschlechtsdrüsen zeigt eine indifferente Ausbildung seiner Organe, die entweder dem einen der normalen Geschlechter ähnlich oder von beiden voll differenzierten Geschlechtern verschieden ist. Austausch (Transplantation) der Geschlechtsdrüsen ruft Merkmale des anderen Geschlechts hervor. In diesem Falle werden genotypisch nur die primären Unterschiede in den Geschlechtsdrüsen bestimmt. Durch von diesen ausgehende chemische Wirkungen werden die übrigen Körperteile sekundär in männlicher oder weiblicher Richtung modifiziert. Zwischenstufen zwischen der rein weiblichen und rein männlichen Ausbildung (*Intersexe*) können dadurch zustande kommen, daß der sich entwickelnde Organismus unter dem Einfluß von beiderlei Geschlechtshormonen steht, z. B. wenn zwischen verschiedengeschlechtlichen Zwillingen sich eine Blutgefäßverbindung herstellt („Zwicke" bei Rindern).

Bei der genotypischen Geschlechtsbestimmung ist nicht das absolute Quantum einer Geschlechtsrealisatorsubstanz entscheidend, sondern das *Mengenverhältnis* der in den X-Chromosomen vorhandenen Anlagestoffe zu anderen Zellbestandteilen. Bei den Bienen hängt (diploid-haploid) anscheinend die Geschlechtsdifferenzierung von dem Verhältnis von Chromosomensubstanz zu gewissen Cytoplasmastoffen ab. Bei Formen mit XO- oder XY-Mechanismus hängt die Realisierung einer bestimmten geschlechtlichen Differenzierung von dem Mengenverhältnis von *X-Chromosomen- zu Autosomensubstanzen* (wahrscheinlich gewisser Gene in den X-Chromosomen zu gewissen Genen in bestimmten Autosomen) ab.

Bezeichnen wir die Haploidzahl der Autosomen mit A, so ist das normale Verhältnis der Anzahl der X-Chromosomen zu der Anzahl der Autosomensätze, der *Geschlechtsindex I*, für ♀ (2X : 2A) = 1, für ♂ (1X : 2A) = 0,5. Bei *Drosophila melanogaster* traten ausnahmsweise *triploide* Individuen (3X + 3A) auf; sie waren vergrößerte, aber durchaus normale ♂, entsprechend ihrem Geschlechtsindex = 1. Individuen mit der Zwischenkombination 2X + 3A sind im Einklang mit ihrem zwischen ♀ und ♂ Wert gelegenen $I = 0{,}67$ *Intersexe*. Tiere mit 3X + 2 A sind ♀ mit abnormen Ovarien („Überweibchen"), solche mit 1X + 3A abnorme ♂ („Übermännchen", BRIDGES).

Die Geschlechtsrealisatoren bewirken also Differenzierungen, indem sie zwischen bedingten Entwicklungsmöglichkeiten entscheiden, die von dem übrigen Gesamtgenotypus bedingt sind. Sie wirken, entsprechend wie modifizierende Außenfaktoren bei der phänotypischen Geschlechtsbestimmung, als *Modifikatoren*; nur greifen sie nicht von außen an, sondern wirken in den Zellen selbst.

II. Grundformen des tierischen Körpers[1].

A. Allgemeine Grundformen (Architektonik).

Nach der Anordnung der den Körper aufbauenden Teile läßt sich unter den ungeheuer zahlreichen tierischen Gestalten eine kleine Anzahl von allgemeinen Grundformen (Promorphen) aufstellen. Sie stehen zu ganz allgemeinen Zügen der Lebensführung der Tiere in Beziehung. Die Lehre von diesen Grundformen wird als *Promorphologie* bezeichnet.

Es lassen sich folgende allgemeine Grundformen unterscheiden:

1. Die *homaxone* Grundform. Sie ist die einfachste Grundform, bei welcher die Körpermasse in Gestalt einer Kugel angeordnet ist; sie findet sich unter den Rhizopoden bei einigen *Heliozoen* (Abb. 347) und *Radiolarien* (Abb. 351). Durch den Mittelpunkt dieser Grundform läßt sich eine beliebige Zahl von Achsen legen, welche gleichwertig und gleichpolig (homopol) sind. Jede durch den Mittelpunkt gehende Ebene teilt einen homaxonen Körper in zwei kongruente Teile. Die homaxon gebauten Tiere sind schwebende Körper, die nach allen Seiten ganz gleich reaktionsfähig sind.

2. Die *monaxone* Grundform. An einem kugeligen oder in einer Achse gestreckten Körper ist zunächst eine durch seine Mitte laufende Hauptachse zu unterscheiden, die heteropol ist, d. h. ungleichwertige Pole (Apikalpol und Antapikalpol) besitzt. Senkrecht zu dieser *Hauptachse*

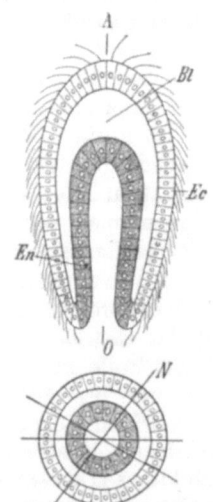

Abb. 74. Gastrula, monaxon (schematisch). a im Längsschnitt, b im Querschnitt. (Original G.) *AO* Hauptachse, *O* Oral-, *A* Apikalpol, *N* Nebenachsen, *En* Entoderm, *Ec* Ectoderm, *Bl* Blastocöl.

lassen sich beliebig viele untereinander gleichwertige und homopole Nebenachsen ziehen. Alle Ebenen, welche in der Richtung der Hauptachse durch diese hindurchgehen, teilen den Körper in kongruente Hälften. Monaxone Organismen bewegen sich in der Richtung der Hauptachse fortschreitend (gerade oder spiralig) oder sie sind mit dem einen Pol der Hauptachse festgewachsen. Beispiele für diese Grundform sind mit einem Stiel festsitzende Rhizopoden (Abb. 348) und unter den Metazoen das *Gastrulastadium* (Abb. 74)

---

[1] Vgl. LEUCKART, R.: Über die Morphologie und die Verwandtschaftsverhältnisse der wirbellosen Tiere. Braunschweig 1848. — HAECKEL, E.: Generelle Morphologie der Organismen, 2 Bände. Berlin 1866. — Die Gasträatheorie, Eur.. Z. 1874. — HATSCHEK, B.: Lehrbuch der Zoologie, 1. Lfg., Jena 1888. — Das neue zoologische System. Leipzig 1911. — GROBBEN, K.: Die systematische Einteilung des Tierreichs, Verh. zool. bot. Ges. Wien (1908). — SPENGEL, J. W.: Betrachtungen über die Architektonik der Tiere. Zool. Jb. Supl. 8, 1905. — HEIDER, K.: Phylogenie der Wirbellosen, Kultur der Gegenwart III, IV, 4. 1914. — Entwicklungsgeschichte und Morphologie der Wirbellosen, Leipzig 1928.

Allgemeine Grundformen (Architektonik).

vieler Arten, ferner einzelne einfache Schwämme (Asconen, Abb. 83) und vereinfachte Cnidarier (*Protohydra*).

3. Die *radiäre* Grundform. Ein radiärer Körper (Abb. 75) hat eine heteropole Hauptachse. Senkrecht auf diese lassen sich nur wenige gleichwertige Nebenachsen in regelmäßiger Anordnung legen. Sie sind dadurch bestimmt, daß gewisse Organe des Körpers sich in mehrfacher Anzahl und regelmäßiger Anordnung im

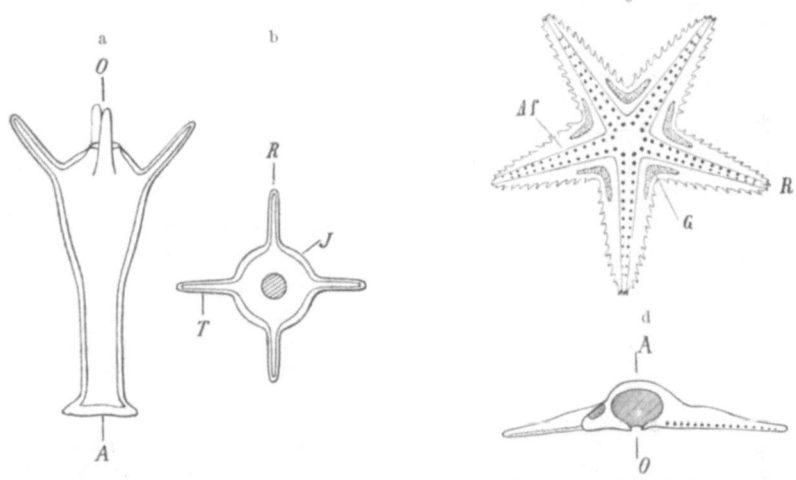

Abb. 75. Radiärsymmetrische Organismen (schematisch). a, b Hydroidpolyp, vierstrahlig radiär. a von der Seite, b vom Oralpol gesehen. *AO* Hauptachse, *A* Apical-, *O* Oralpol, *T* Tentakel in den Radien (*R*), *J* Interradien. c, d Seestern, fünfstrahlig radiär. c vom Oralpol gesehen, d im Längsschnitt. *AO* Hauptachse, *A* Apical-, *O* Oralpol, *Af* Lage der Ambulacalfüßchenreihen in den Radien (*R*), *G* Genitalorgane in den Interradien. (Original G.)

Umkreise der Hauptachse wiederholen (so bei *Polypen, Quallen, Echinodermen*). Durch bestimmte Organbildungen ausgezeichnete Nebenachsen werden als *Hauptstrahlen* oder *Radien* bezeichnet, die in der Mitte zwischen zwei Radien gezogenen Linien nennt man *Zwischenstrahlen* oder *Interradien*. Durch die Interradien gelegte Ebenen teilen einen radiären Körper in ebensoviele kongruente Teilstücke oder *Antimeren*, als die Anzahl der Radien beträgt. Die Anzahl der Radien ist entweder eine gerade (4, 6, 8 bei Polypen und Quallen) oder eine ungerade (5 bei Echinodermen). Im ersten Falle wird das Tier als geradstrahlig, im zweiten als ungeradstrahlig bezeichnet. Die radiäre Grundform erscheint architektonisch als Fortbildung der monaxonen. Radiäre Organismen finden wir vor allem unter den festsitzenden, bei denen eine gleichmäßige Verteilung der Körpermasse vom Befestigungspunkte aus stattfindet. Die Quallen steigen in der Richtung der Hauptachse auf und ab; sie befinden sich dabei für die Nahrungserwerbung unter entsprechenden Bedingungen, wie festsitzende Formen, die den Planktonregen erwarten. Der radiäre Bau der freibeweglichen Echinodermen erklärt sich wahrscheinlich aus ihrer Abstammung von festsitzenden Formen.

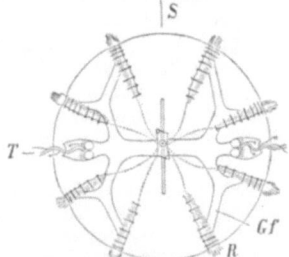

Abb. 76. Rippenqualle, disymmetrisch, vom Apicalpole gesehen. *T* Transversalebene, *S* Sagittalebene, *R* Rippen, *Gf* Gastrovascularsystem.

4. Die *disymmetrische* Grundform. Außer der heteropolen Hauptachse sind zwei aufeinander senkrecht stehende gleichpolige, aber verschieden entwickelte, ungleichwertige Nebenachsen zu unterscheiden (Abb. 76). Diese Grundform findet sich bei den freischwimmenden *Ctenophoren* und den festsitzenden *Hexactiniarien*.

5. Die *bilateralsymmetrische* Grundform. Den bilateralsymmetrischen Körper (Abb. 77) kennzeichnen eine durch seine Mitte verlaufende heteropole Hauptachse und zwei senkrecht zu dieser und senkrecht aufeinanderstehende Nebenachsen, welche ungleichwertig sind und von denen eine homopol, die andere heteropol ist. Die Ebene, welche durch die Hauptachse und heteropole Nebenachse hindurchgeht, wird als *Sagittal*ebene bezeichnet; sie teilt den Körper in zwei (eine rechte und linke) spiegelbildlich gleiche Hälften (Antimeren). Die senkrecht darauf durch die homopole Achse verlaufende Ebene heißt *Frontal*ebene und teilt den Körper in zwei ungleiche Teile, welche als Bauch und Rücken unterschieden werden. Die bilateralsymmetrische Grundform ist formal aus der zweistrahligen durch ungleichpolige Entwicklung einer Nebenachse ableitbar. Bilateralsymmetrischen Bau zeigen die *Würmer, Arthropoden, Tentakulaten, Mollusken, Enteropneusten, Chaetognathen, Chordonier*. Die Bilateralsymmetrie ist für die geradlinig fortschreitende Bewegung durch die Herausbildung eines *Kopfendes* und die gleichmäßige Verteilung der Körpermasse nach rechts und links von Bedeutung.

Die reine Ausprägung dieser architektonischen Grundformen wird durch zahlreiche Unregelmäßigkeiten, *Asymmetrien* durchbrochen. Sie ist auch keineswegs starr mit dem Bauplan einer Tiergruppe verknüpft. Die ursprüngliche allgemeine Grundform eines Organismus kann in verschieden tiefgreifender Weise durch eine andere verdrängt werden.

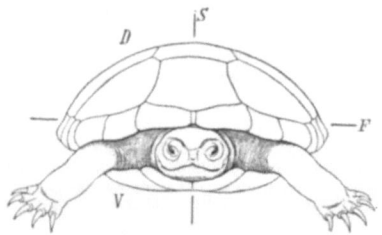

Abb. 77. Schildkröte, bilateralsymmetrisch, in der Richtung der Hauptachse von vorn gesehen. (Original G.) *S* Sagittalebene, *F* Frontalebene, *D* Dorsalseite, *V* Ventralseite.

Zahlreiche Fälle der Entwicklung von *Asymmetrien* bei bilateralsymmetrischen Tieren betreffen nur den inneren Bau, die Lagerung einzelner Organe und beruhen auf bestimmten funktionellen Beziehungen der Organe. Eine der häufigsten inneren Asymmetrien hängt damit zusammen, daß das Darmrohr länger als die Körperlängsachse wird. Aber auch die äußere Gestalt des Körpers betreffende Asymmetrie kommt vielfach vor. Für die Molluskenklasse der *Gastropoden* ist die Asymmetrie charakteristisch, die im Anschluß an die spirale Aufrollung und Drehung des Eingeweidesacks sämtliche Organsysteme in Mitleidenschaft zieht. Unter den Protozoen sind viele *Ciliaten* stark asymmetrisch ausgebildet (Abb. 367, 373). Oft stehen die Asymmetrien mit dem Übergang zu einer Lebensweise in Beziehung, die den Angehörigen einer Gruppe ursprünglich fremd war (wie bei den im Sande lebenden *Pleuronectiden*; bei gewissen Muscheln, so *Ostrea, Pecten*).

Teilweise Verdrängung der ursprünglichen radiären Grundform durch eine bilateralsymmetrische (*sekundäre Bilateralsymmetrie*) findet sich vielfach bei stockbildenden Formen, so bei den *Anthozoen*-Polypen, deren Körpergestalt radiär, deren innere Architektonik dagegen bilateralsymmetrisch ist, ferner bei manchen Hydroidpolypen und bei den Schwimmglocken der Siphonophoren. Die disymmetrische Grundform der *Hexactiniaria* ist wahrscheinlich *tertiär* aus der sekundärbilateralen hervorgegangen.

Der umgekehrte Fall, die Verdrängung der in der Larve erhaltenen Bilaterie durch eine radiäre Grundform, findet sich bei den *Echinodermen*, wahrscheinlich als Folge des Übergangs bilateralsymmetrischer Stammformen zu festsitzender Lebensweise (*sekundär radiärer Bau*). Aus letzterem kann sich neuerdings eine *tertiäre* Bilaterie hervorbilden (irreguläre Seeigel, wie *Spatangus, Clypeaster*, einige Holothurien).

Auch die *homaxone* Grundform bei *Heliozoen* und *Radiolarien* ist als *sekundär* aus einer monaxonen hervorgegangen anzusehen. Es beweist dies der *monaxone Flagellatenzustand* dieser Tiere, welcher einem älteren phylogenetischen Formzustand entsprechen dürfte.

Aus mechanisch wirksamen Momenten sind in gleicher Weise die Symmetrieverhältnisse einzelner Teile des Körpers (z. B. der Tentakel, Stacheln, Schuppen, der Arme eines Seesternes) zu erklären.

Metamerie und Cyclomerie.

Vervielfältigung gleichartiger Teile ist eine vielfach auftretende Erscheinung im Tierreiche, die mit der Vergrößerung des Körpers einhergeht. In das Gebiet dieser Erscheinung gehören auch die *Metamerie* und *Cyclomerie* der Metazoen.

Unter *Metamerie (Segmentierung)* versteht man die innere und zumeist auch äußere Gliederung des Körpers in längs der Hauptachse aufeinanderfolgende Stücke. Sie beruht auf der Wiederholung gleichartiger Körperabschnitte, die in der Reihenfolge von vorn nach hinten entwickelt werden. Die aufeinanderfolgenden Körperabschnitte werden *Metameren* oder *Segmente* genannt. Als Folge der Metamerie ergibt sich ein großer Reichtum an Organen. An einem metamerischen Körper unterscheidet man einen ersten Abschnitt als Kopfmetamer (Acron), einen letzten als Endmetamer; die dazwischenliegenden Metameren werden als Rumpfmetameren bezeichnet. Metamerische Tiere sind die Gliederwürmer (*Annelida*), die Gliederfüßer (*Arthropoda*), die *Acrania* und die Wirbeltiere (*Vertebrata*).

Sind die Rumpfmetameren untereinander gleich oder nahezu gleich, so nennt man die Metamerie eine *homonome* (*Annelida*, Abb. 78); sind dagegen die Rumpfmetameren ungleich ausgebildet, so wird die Metamerie als *heteronom* bezeichnet. Bei heteronomer Metamerie kommt es zur *Regionen*bildung, indem sich gleichartig ausgebildete Metameren als besondere Komplexe (so Kopf-, Brust-, Hinterleibsregion) hervorheben, auch miteinander verschmelzen können. Heteronom metamerisch sind die *Arthropoda*, *Acrania* und *Vertebrata*. Die Metamerie der *Arthropoden* ist auf die der *Anneliden* zurückzuführen, wogegen jene der *Acranier* und *Vertebraten* sich selbständig entwickelt hat.

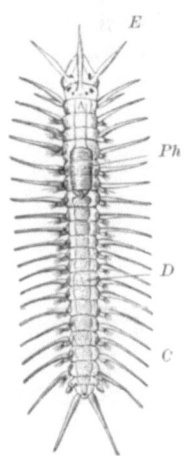

Abb. 78.
Homonommetamerischer Gliederwurm (Polychät). *Ph* Pharynx *D* Darmkanal, *C* Cirren, *F* Fühler.

Unter *Cyclomerie* versteht man die Vervielfältigung von Organen im Zusammenhange mit entsprechenden Körperstücken (Antimeren) im Umkreise der Hauptachse im Rahmen eines radiären Baues (so bei *Cnidarien*, *Crinoideen*).

Es ist eine *primäre Cyclomerie*, wie bei den primär radiären *Cnidarien* zu unterscheiden, in welchem Falle entsprechend dem Radiärtypus neue Körperstücke (Radien) zwischen den älteren sich einschalten, von einer *sekundären Cyclomerie*, die als Folge eines sekundär radiären Baues auftritt und in einer dem radiären Bautypus entsprechenden Vervielfältigung eines ursprünglich nur in Einzahl vorhandenen Organs besteht (Steinkanäle der *Cirnoideen*).

B. Spezielle Grundformen der Tiere und Entwicklung der Organisation im Tierreich.

Den *Protozoa*, deren Leib aus einer einzigen Zelle besteht, stehen die *Metazoa* gegenüber, deren Körper sich aus einer sehr großen Zahl von Zellen aufbaut, die sich zu Geweben verbinden.

In der Reihe der Protozoa erscheinen als Formen mit einfachstem Bauplan gewisse *Rhizopoden*, bei welchen alle Teile des Zelleibes eine gleichartige Ausbildung zeigen (Abb. 79). Jeder Teil des Körpers besitzt hier in gleichem Maße die Fähigkeit der Nahrungsaufnahme, der Verdauung, Excretion, Bewegung (Strömung, Bildung von Scheinfüßchen oder Pseudopodien) und Reizbarkeit. Die häufig auftretende Differenzierung des Leibes in eine äußere zähere *Ectoplasma*schicht und eine innere flüssigere *Entoplasma*masse bedeutet nur eine reversible Zustandsänderung des Cytoplasmas (S. 11 ff.).

Eine zweite Organisationsstufe innerhalb der Protozoen stellen die *Flagellaten* dar, bei denen dauernde Bewegungsorganellen (Geißeln, Flagellen) vorhanden sind und vielfach durch eine Verfestigung der Ectoplasmaoberfläche eine dauernde Eigenform gewährleistet wird. Die Flagellatenstadien von Rhizopoden und die Verbindung der tierischen mit den pflanzlichen Flagellaten beweisen, daß *die Flagellaten stammesgeschichtlich ursprünglicher sind als die Rhizopoden*, und daß die größere Einfachheit der Rhizopoden sekundär erworben ist (vgl. S. 399).

Den höchsten Organisationsgrad unter den Protozoen erreichen die *Ciliaten* (Abb. 80). Hier sind Ecto- und Entoplasma schärfer gesondert. Das Ectoplasma ist mannigfaltiger differenziert, Wimpern (Cilien) sind als kräftige und vielfältige Bewegungsorganellen entwickelt; zur Nahrungsaufnahme ist eine einzige Stelle des Körpers befähigt und als Mundöffnung (Zellmund, *Cytostom*) besonders differenziert, von welcher aus das Ectoplasma ein Einfuhrrohr in das Innere bildet. Ebenso ist meist ein After (Zellafter, *Cytopyge*) vorgebildet. Allen anderen Protozoen gegenüber zeigen die Ciliaten auch im Besitze von zweierlei, physiologisch verschiedenwertigen Kernen, dem vegetativen Kern (*Macronucleus*) und dem Geschlechtskern (*Micronucleus*) eine höhere Differenzierung. Sie werden deshalb als *Cytoidea* den übrigen Protozoen gegenübergestellt, die als *Cytomorpha* zusammengefaßt werden.

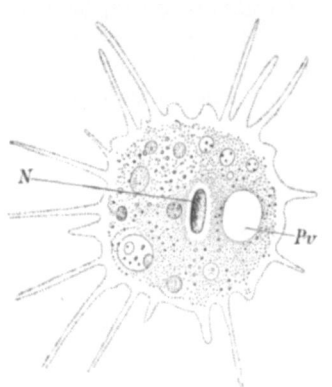

Abb. 79.
Amoeba (Dactylosphaera) polypodia.
N Nucleus *Pv* pulsierende Vacuole.
(Nach Fr. E. Schulze.)

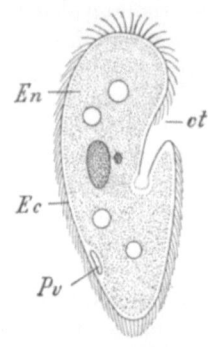

Abb. 80. Schema eines *Ciliaten*.
Ec Ectoplasma, *En* Endoplasma, *ct* Mund, *Pv* pulsierende Vacuole. Das ovale Gebilde in der Mitte ist der vegetative Kern (Macronucleus), ihm anliegend der kleine Geschlechtskern (Micronucleus). (Original G.)

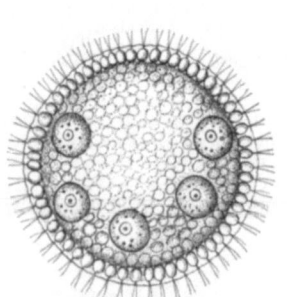

Abb. 81.
Junger *Volvox aureus (minor),* dessen somatische Zellen noch unmittelbar aneinanderstoßen, mit fünf Fortpflanzungszellen. (Nach Stein.)

Die *Metazoen* lassen sich theoretisch ableiten von Protozoenkolonien. Wir können keine bestimmten Formen als Stammformen der Metazoen namhaft machen. Aber unter den pflanzlichen Flagellaten finden sich Artenreihen, die den Übergang von einem Flagellatenstock zu einem vielzelligen Organismus stufenweise veranschaulichen (*Pandorina, Eudorina, Volvox*). Bei *Pandorina* und *Eudorina* verhalten sich alle Individuen der Kolonie gleich, indem alle zur Ernährung, Bewegung gleichartig beitragen und durchweg befähigt sind, eine neue Kolonie für sich allein durch Teilung zu erzeugen oder Gameten zu liefern. Bei *Volvox* (Abb. 81) ist die Organisation weiter vorgeschritten: Die hohlkugelförmige Kolonie besteht aus sehr zahlreichen Zellindividuen, welche untereinander durch Protoplasmafäden in Verbindung stehen und in eine gallertartige Hülle gemeinsam eingeschlossen sind. Der Körper ist monaxon; die Zellen der Apikalhälfte, die in der Bewegung vorausgeht, besitzen längere Geißeln und größere Augenflecke. Nicht alle Zellindividuen sind imstande, eine neue Kolonie durch Teilung zu erzeugen; vielmehr kommt diese Fähigkeit nur wenigen Zellindividuen zu, welche sich als *ungeschlechtliche Fortpflanzungszellen* oder als *Geschlechtszellen* durch ihre besondere Ausbildung von den übrigen Zellen, den *Körperzellen* (*somatischen* Zellen) unterscheiden. Durch die organische Verbindung seiner Zellen zu einer biologischen Einheit und die Scheidung *seiner Zellen in Körperzellen und Fortpflanzungszellen erweist sich Volvox einer Flagellatenkolonie gegenüber als vielzelliger Organismus.*

Die Vorstellung, in einem blasenförmigen vielzelligen Organismus, von ähnlichem Bau wie *Volvox*, die Ausgangsform für die Entwicklung der Metazoen zu erblicken (CLAUS, HAECKEL), wird durch die Tatsache gestützt, daß alle Metazoen in der Ontogenie einen blasenartigen Zustand, den Keimblasenzustand (*Blastula*stadium) durchlaufen. Der Körper dieses Stadiums (Abb. 82) wird von einer Zellschicht, dem *Blastoderm*, gebildet. Seine Zellen sind zu einem *Gewebe* vereinigt, das in dieser Ausbildung als *Epithel* bezeichnet wird. Das Epithel ist durch die Nebeneinanderordnung der Zellen und durch seine Funktion als Decke gekennzeichnet. Der von dem Epithel umschlossene Innenraum der Blastula ist das *Blastocöl* oder die *primäre Leibeshöhle*.

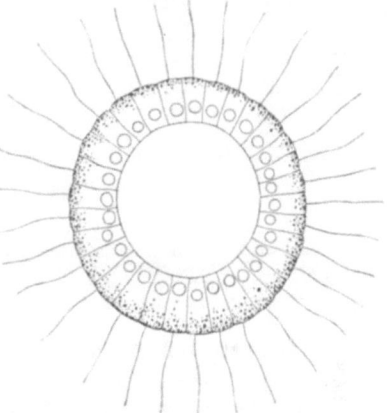

Abb. 82. Blastula eines Seeigels (*Paracentrotus* [*Strongylocentrotus*] *lividus*). (Nach SELENKA.)

Aus der Blastula geht ein weiteres, allen Metazoen gemeinsames Entwicklungsstadium hervor, die *Gastrula* (Abb. 74). Diese bildet einen wesentlichen Schritt zur Weiterentwicklung tierischer Organisation in der Metazoenreihe durch die *Ausbildung einer inneren verdauenden Oberfläche.*

Die Gastrula hat im ursprünglichsten Fall ovoide Gestalt. An ihrem einen Ende findet sich eine Öffnung, der *Urmund* (*Prostoma*). Durch den Körper läßt sich eine Hauptachse legen, welche heteropol ist, indem sie einen Apikal- und Prostomapol unterscheiden läßt. Die Gastrula baut sich aus zwei Zellschichten (Epithelien) auf. Das äußere Epithel, welches die Haut bildet, wird als *Ectoderm* (äußeres Blatt) bezeichnet; das innere, das *Entoderm* (inneres Blatt), ist der *Urdarm*. Entoderm und Ectoderm gehen am Urmundrande ineinander über. Der Hohlraum, welcher vom inneren Blatte umschlossen wird und durch den Urmund nach außen mündet, ist die Urdarmhöhle (*Gastrocöl*). Als zweiter Hohlraum findet sich zwischen Ectoderm und Entoderm das Blastocöl.

Von den Metazoen stimmen die *Cölenteraten* und unter diesen am weitestgehenden die *Hydrozoen* (Abb. 83b) im Bau und in den Achsenverhältnissen mit der Gastrula überein. Die beiden Körperepithelien liegen dicht aufeinander, nur durch eine von ihnen ausgeschiedene *Stützlamelle* voneinander getrennt, oder die primäre Leibeshöhle wird mit einer Gallerte erfüllt. Diese bildet eine Stützsubstanz des Körpers.

Bei allen *Cölenteraten* bleibt die Primärachse der Gastrula die Hauptachse und die Darmhöhle das einzige Hohlraumsystem des Körpers. Das Prostoma wird bei den *Hydrozoen* (Abb. 83b) und *Scyphozoen* zur definitiven Mundöffnung, während das apikale Körperende der Polypenform zur Befestigung dient, bei der Medusenform in der Bewegung vorangeht. Bei den an dem Apikalpol festsitzenden *Anthozoen* und den freischwimmenden *Ctenophoren* (Abb. 83c) bleibt das Prostoma gleichfalls erhalten, gelangt jedoch durch die Ausbildung eines ectodermalen Schlundrohres (*Stomodaeums*) in die Tiefe und wird zur sogenannten

Schlundpforte (Stomodaeumpforte). Bei den mit dem Prostomapol festsitzenden *Spongiarien* (Abb. 83a) schließt sich das Prostoma und wird durch zahlreiche sekundäre Mundöffnungen (die Poren) ersetzt; dazu kommt die Ausbildung einer Auswurfsöffnung (Osculum, After) am apikalen Körperende.

Bei den *Spongiarien, Scyphozoen, Anthozoen* und *Ctenophoren* tritt eine *neue zellige Körperschicht*, ein *Mesoderm*, hinzu, indem die bei den *Hydrozoen* noch

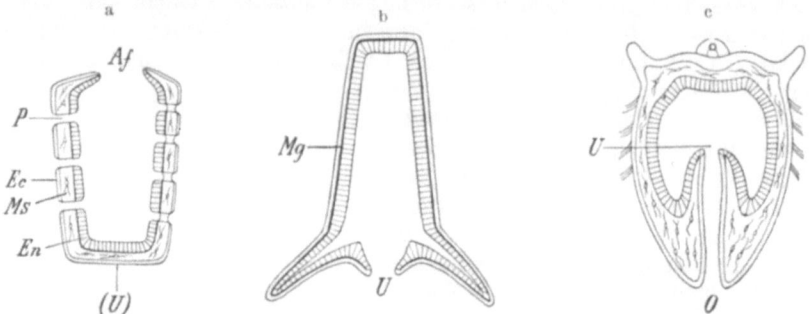

Abb. 83. Schematische Durchschnittsbilder durch Cölenteraten. a *Spongiarier*. *Af* Osculum, *Ec* Ectoderm, *En* Entoderm, *Mg* Mesodermgallerte (Stützlamelle) zwischen Ecto- und Entoderm, *Ms* mesenchymatisches Mesoderm, *O* Mund, der in ein ectodermales Schlundrohr führt *P* Poren, *U* Urmund. (*U*) Lage des geschlossenen Urmundes, mit dem sich das Tier festsetzt. b *Hydropolyp*. c *Ctenophore*. (Original G.)

zellfreie Gallerte Zellen enthält, welche vom Ectoderm oder Entoderm eingewandert sind. Es entwickelt sich auf diese Weise ein *mesenchymatisches Mesoderm* oder *Mesenchym*, das bei den *Spongiarien* zeitlebens mit dem Ectoderm enge Beziehungen zeigt.

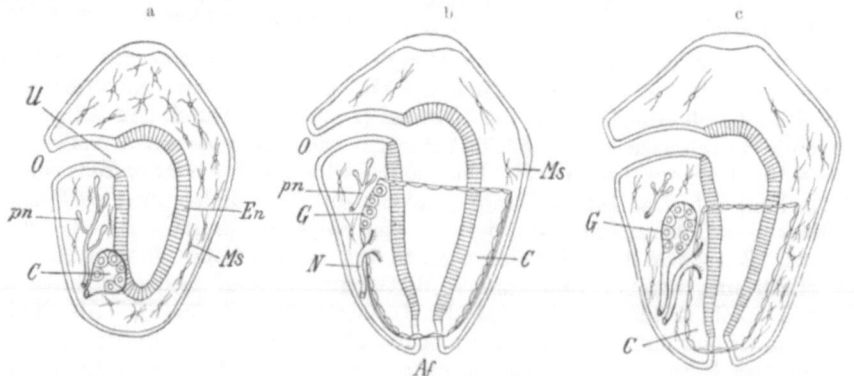

Abb. 84. Schematische Durchschnittsbilder von *Protostomiern*. a *platyhelminther Scolecide*. *O* definitiver Mund, *U* Urmund (Schlundpforte), *En* Entoderm, *C* Cölomsäckchen (Genitaldrüse), *pn* Pronephridium *Ms* mesenchymatisches Mesoderm. b *Protostomier* mit großem Cölomsack (*C*) und wenig Mesenchym (*Ms*), sowie mit After (*Af*). An einer Wandstelle des Cölomsackes die Genitalzellen (*G*), andere Wandteile haben Muskelfasern gebildet. *N* die mit einem Wimpertrichter im Cölom beginnende Niere (Metanephridium), das Pronephridium reduziert. c *Protostomier*, bei welchem sich von dem Cölomsack eine besondere Genitaldrüse (*G*) mit besonderem Ausführungsgang abgetrennt hat. Dient zugleich als Beispiel eines Protostomiers mit reduziertem Cölomsack und sekundär reich entwickeltem Mesenchym. (Originale G.)

Bei den *Cölomaten (Bilaterien)* unter den Metazoen treten nach dem Gastrulastadium bedeutendere Fortbildungen und Umgestaltungen ein, und zwar 1. Verlagerung und Veränderung des Prostoma, 2. weitere Komplizierung der Körperschichten durch Entwicklung von Cölomsäcken.

Bezüglich der Achsenverhältnisse und des Prostoma lassen sich innerhalb der *Coelomata* zwei verschiedene Fälle unterscheiden (GROBBEN): Im ersten Falle, bei den *Protostomia* (Abb. 84), *entspricht das Vorderende des Tieres dem Apikalpole der*

Gastrula, nicht aber das Hinterende dem Urmundpol. Der Urmund wird bei der Entwicklung nach der Bauchseite verschoben und schließt sich hier von hinten nach vorn bis auf einen kleinen *vorderen* Rest. Dieser Rest wird im Zusammenhange mit der Ausbildung eines ectodermalen Schlundrohres (Stomodaeums) als *Schlundpforte* (Stomodaeumpforte) in die Tiefe verlagert. Eine neue (nur den *Platyhelminthes* fehlende) zweite Darmöffnung, der *After*, bildet sich am Hinterende und zugleich ein ectodermaler Hinterdarm (*Proctodaeum*).

Im zweiten Falle, bei den *Deuterostomia*, bleibt die *Primärachse als Hauptachse des Tieres erhalten*. Das definitive Vorderende entspricht dem Apikalpole der Gastrula. Der am *Hinterende des Körpers verbleibende Gastrulamund wird zum After*, während die *Mundöffnung* an der späteren Ventralseite nahe dem Vorderende *neu* entsteht;

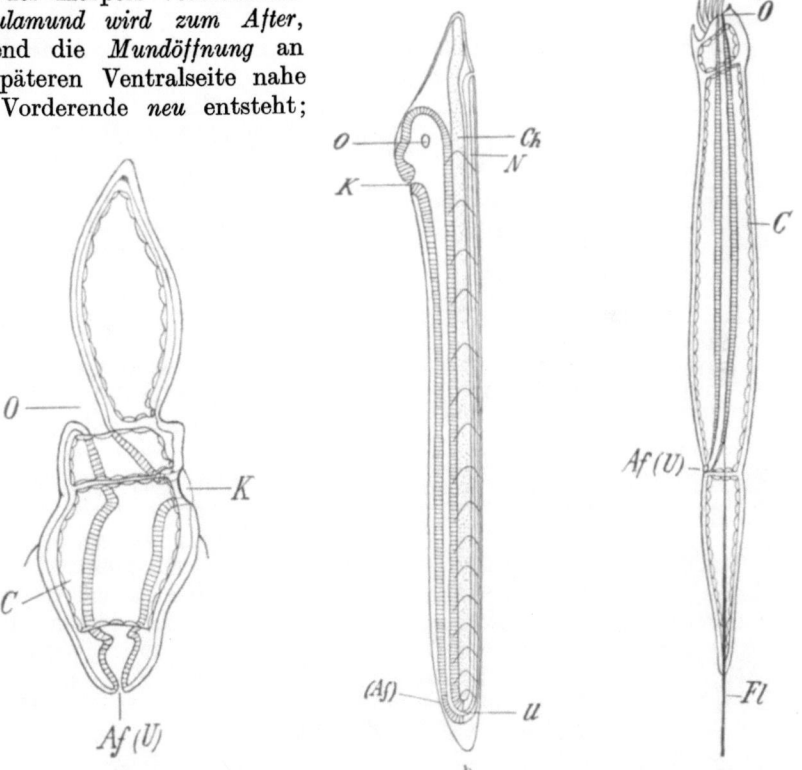

Abb. 85. Deuterostomier (schematisch). a Larve von *Balanoglossus* (mit Benutzung einer Abbildung von METSCHNIKOFF). b Larve von *Branchiostoma (Amphioxus)* (Chordonier) (nach HATSCHEK). c *Sagitta* (Homalopterygier) (Original G.). *Af* After, auf den Urmund (*U*) zurückzuführen, (*Af*) die Stelle, wo der After später durchbricht, *C* Cölom, *Ch* Chorda, *Fl* Flossensaum, *G* Fanghaken, *K* Kiemenspalte, *N* Neuralrohr, *O* definitiver Mund.

Schlundrohr und Enddarm gehen aus dem Entoderm hervor. Diese Verhältnisse sind unter den *Cölomoporen* bei *Balanoglossus* und den jungen *Larven* der *Echinodermen* (Abb. 85a) deutlich; bei den ausgebildeten Echinodermen werden sie durch die späteren Organverschiebungen verwischt. Bei den *Chordoniern* schließt sich der Urmund bis auf einen kleinen *hinteren* Rest, der sekundär an die Ventralseite verschoben zum After wird; oder der Urmund schließt sich vollkommen, und an seiner Stelle bricht der After neu durch (Abb. 85b). Dies ist auch bei den *Homalopterygiern (Chätognathen)* der Fall (Abb. 85c).

Die ungeheuer reiche Mannigfaltigkeit der Baupläne der Bilaterien läßt sich nach allgemeinen Gesichtspunkten nur ganz roh und schematisierend gliedern.

Was die Körperschichten betrifft, so unterscheidet man bei den *Cölomaten* im Bereich des *Mesoderms* ein *epitheliches Mesoderm* oder *Mesepithel* und ein *Mesenchym*. Das erste besteht aus paarigen Epithelsäcken, den *Cölomsäcken*. Das Mesenchym entwickelt sich vom Blastoderm, Ectoderm, Entoderm oder Mesepithel aus durch Auswanderung von Zellen. Die Höhle, welche die von einem Epithel gebildeten Cölomsäcke umschließen, ist das *Cölom* oder die *sekundäre Leibeshöhle*.

Die Cölomsäcke münden nach außen. Ihre Öffnung ist wohl ursprünglich eine *Urogenitalöffnung*. Denn es ist nach dem Verhalten des Cölomepithels bei den meisten Cölomaten wahrscheinlich, daß das Cölomsäckchen ursprünglich excretorische Funktion besaß und in einem Teile die Genitalzellen enthielt, somit als *Urogenitalsäckchen* diente.

Bei den *Scoleciden* sind die Cölomsäcke klein und werden durch die Genitaldrüsen (Gonaden) repräsentiert (HATSCHEK, C. RABL), während das die primäre Leibeshöhle erfüllende Mesenchym mehr oder weniger reich entwickelt ist. Die Ausmündungsgänge der Cölomsäcke erscheinen hier als *Genitalgänge* (Abb. 84a). Vielleicht ist auch die Scolecidenniere, das Protonephridium, dem Cölom zuzurechnen.

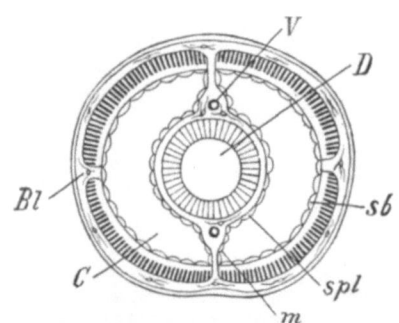

Abb. 86. Schematischer Querschnitt durch einen *Anneliden*. *D* Darm, *Bl* Blastocöl mit Mesenchymzellen, *C* Cölom, *sb* somatisches Blatt, *spl* splanchnisches Blatt, *m* Mesenterium, *V* Blutgefäß. (Original G.)

Bei den übrigen Cölomaten sind die Cölomsäcke groß (Abb. 86); ihre äußere Wand legt sich an das Ectoderm und wird als *somatisches* Blatt bezeichnet, die innere, an das Entoderm sich anlegende Wand als *splanchnisches* Blatt unterschieden. Dorsal und ventral gehen jederseits beide Blätter in der Mittellinie ineinander über und bilden hier die *Mesenterien*. Nur ein kleiner Teil der Cölomwand enthält die Genitalprodukte, der größere Teil bildet die Grundlage weiterer Differenzierungen und Organbildungen und ist zum Teil auch excretorisch. Die Ausführungsgänge der Cölomsäcke dienen als Niere und zugleich zur Ausleitung der Genitalprodukte, sind somit *Urogenitalgänge* (Abb. 84b). In der primären Leibeshöhle findet sich noch Mesenchym, welches jedoch im Zusammenhange mit der reicheren Differenzierung der Cölomsäcke in der Regel zurücktritt, auch vollständig fehlen kann (*Chaetognatha*). Bei Reduktion der Cölomsäcke kann wieder reiche Entwicklung des Mesenchyms eintreten (*Mollusca*, Abb. 84c).

Bei metamerischen Formen (*Anneliden*, *Acranier*, *Vertebraten*) folgen die Cölomsäcke in vielen Paaren, den Metameren entsprechend hintereinander. Die einander zugekehrten Wände der aufeinanderfolgenden Cölomsäcke bilden die *Dissepimente*.

Die Cölomsäcke der Cölomaten (mit Ausnahme der Scoleciden) erfahren noch weitere Fortbildungen. Sehr allgemein ist die Abgliederung des die Genitalprodukte enthaltenden Cölomabschnittes als gesonderte *Genitaldrüse* (Abb. 84c) verbreitet. Hiermit steht eine Trennung des Urogenitalganges in einen Genitalgang und Nierenkanal im Zusammenhang. Weitere Differenzierungen im Mesenchym sind bei den Cölomaten Hohlraumsysteme: die *Lymphräume*, und (mit Ausnahme der meisten Scoleciden) das *Blutgefäßsystem* (Abb. 86).

Cölom, primäre Leibeshöhle und Gefäßsystem können sich sekundär miteinander vereinigen (*Arthropoda*).

Ectoderm und Entoderm erscheinen bei allen Metazoen als homologe Bildungen, wie dies am eingehendsten von E. HAECKEL in der *Gastraeatheorie* erörtert wurde. Nach dieser Theorie stammen alle Metazoen von einer der Gastrula entsprechenden Stammform (*Gastraea* HAECKEL) ab. Für das Mesoderm ist die Homologie innerhalb der Cölomaten hypothetisch; Mesenchymbildung dürfte bei Cölenteraten und Cölomaten mehrfach selbständig entstanden sein.

III. Die Gewebe.

Die Zellen sind sowohl bei einzelligen als vielzelligen Tieren in verschiedener Weise und in verschiedenem Grade im Zusammenhange mit besonderen Leistungen differenziert. Diese Differenzierungen vollziehen sich sämtlich im Cytoplasma unter *bestimmender* Mitwirkung des Kerns (S. 28, 68ff.), der in den verschieden differenzierten Zellen ein mehr gleichartiges Aussehen bewahrt.

Bei den Einzelligen (*Protozoen*) sind verschiedenartige Differenzierungen als Ausdruck einer weitgehenden Arbeitsteilung innerhalb *einer Zelle* vorhanden. Bei den Vielzelligen (*Metazoen*) sind die verschiedenen Arbeiten auf einzelne Zellgruppen verteilt und diese je nach der besonderen Funktion in einer bestimmten Richtung differenziert. Mit der Beschränkung auf eine Hauptleistung ergibt sich eine größere Vollkommenheit in der betreffenden Leistung und Differenzierung der Zellen. Die Verbände gleichdifferenzierter Zellen werden als *Gewebe* bezeichnet. Die besondere Disziplin, welche sich mit dem Studium der Zelldifferenzierungen und der Gewebe beschäftigt, heißt *Gewebelehre* oder *Histologie*[1].

Die Zellen eines Gewebes stoßen entweder mit ihren Cytoplasmakörpern unmittelbar aneinander, nur durch dünne euplasmatische Grenzlamellen voneinander geschieden, oder sie sind durch eine mehr oder weniger mächtige alloplasmatische Zwischensubstanz oder *Intercellularsubstanz* voneinander getrennt. Häufig sind sie untereinander durch Protoplasmafortsätze verbunden.

Vielfach ist die histologische Differenzierung einer Zelle *endgültig*. In gewissen Fällen zeigen aber differenzierte Zellen die Fähigkeit, ihre Differenzierungen aufzugeben und den Charakter nicht differenzierter Zellen anzunehmen. Solche *Entdifferenzierungen* sind bei Protozoen und bei Metazoen, besonders bei Regenerationserscheinungen, verbreitet.

Nach der *Art der Zellenlagerung* können wir unterscheiden: 1. *epitheliale* Gewebe, 2. *epitheloide* Gewebe, 3. *mesenchymatische* Gewebe.

Als *epitheliale* Gewebe, Epithelien, werden in der Fläche angeordnete Zellverbände bezeichnet, welche die äußeren und inneren Flächen des Körpers bekleiden. Das Epithel ist die ursprünglichste Gewebsform und bereits im Blastulastadium als *Blastoderm* und im Gastrulastadium als *Ectoderm* und *Entoderm* zu finden. An jeder Epithelzelle ist eine freie und eine basale Fläche zu unterscheiden. Als Ausdruck dieser *Polarität* der Epithelzellen (HATSCHEK) erscheint z. B. das Auftreten von Wimpern und Stäbchen an der freien Fläche, jenes von Muskel- und Nervenfibrillen an der Basalseite.

Epitheloide Gewebe nennt man solche, welche von einem Epithel durch Ablösung oder Abspaltung hervorgegangen sind, den epithelialen Ursprung und die Polarität ihrer Zellen jedoch, mehr oder minder verwischt, noch zeigen.

---

[1] GURWITSCH: Vorlesungen über allgemeine Histologie. Jena 1913. — PETERSEN, H.: Histologie und mikroskopische Anatomie, 1.—5. Abschnitt. München 1924—1931. — SCHAFFER: Vorlesungen über Histologie und Histogenese. Leipzig 1920. — SCHMIDT, W. J.: Die Bausteine des Tierkörpers in polarisiertem Lichte. Bonn 1924. — SCHNEIDER, K. C.: Lehrbuch der vergleichenden Histologie der Tiere. Jena 1902. — Histologisches Praktikum der Tiere. Jena 1908

Als *mesenchymatische* Gewebe (O. und R. Hertwig) oder *Tiefengewebe* werden jene Gewebe bezeichnet, bei denen die Zellen vor ihrer Differenzierung amöboiden Charakter aufweisen und ihre äußere Polarität verlieren. Sie entstehen durch Auswandern einzelner Zellen aus einem Epithel. Mesenchymzellen können sich wieder sekundär zu einem Epithel anordnen.

Bei der *Einteilung der Gewebeformen* gehen wir vom physiologischen Gesichtspunkte aus, da durch die besondere Art der Leistung die eigentümliche strukturelle Ausbildung der Zellen bedingt ist. In zweiter Linie werden die verschiedenen Formen der Zellagerung berücksichtigt. Danach sind folgende Gewebe zu unterscheiden: 1. Deck- und Drüsengewebe; 2. Stützgewebe (Bindegewebe); 3. Muskelgewebe; 4. Nervengewebe. Von dem Bindegewebe leiten sich die *freien Zellen* ab, die in Körperflüssigkeiten schwimmen. Eine gesonderte Stellung nehmen die *Geschlechtszellen* (Genitalzellen) ein, da sie im Körper selbst direkt keine Funktion verrichten, sondern abgestoßen werden, um als Ausgangspunkte zur Entwicklung eines neuen Individuums zu dienen (S. 267 ff.).

A. Deck- und Drüsengewebe.

Die Gewebe, welche die Bedeckung der äußeren und inneren Flächen des Körpers bilden, werden als Deckgewebe bezeichnet. Die Zellagerung ist stets

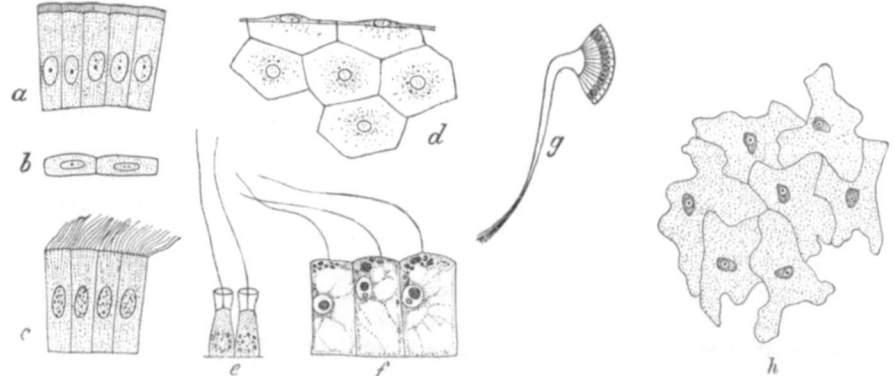

Abb. 87. Verschiedene Formen von Epithelien. a Cylindrisches Stäbchenepithel (aus dem Dünndarm). b Pflasterepithel. c Cylindrisches Wimperepithel. d Plattenepithel, auch von der Fläche gesehen (a, b, c, d Originale G.). e Kragenzellen einer Spongie (*Sycandra*). f Geißelepithelzellen des Entoderms eines Hydroiden (*Cordylophora*) (e und f nach Fr. E. Schulze). g Flimmerplatte einer Rippenqualle im Schnitt (nach Chun). h Epithel des Mantels von *Cuspidaria*, einer Muschel, Flächenansicht (nach Grobben).

epithelial. Aus den Beziehungen der Deckgewebe zur Außenwelt leiten sich die Abscheidungen ab, so daß das Drüsengewebe im engsten Anschlusse hierherzustellen ist.

Man unterscheidet zunächst *einschichtiges* und mehrschichtiges (*geschichtetes*) Epithel. Bei ersterem setzt sich das Epithel aus einer einfachen Zellage zusammen; im Querschnitt erscheinen die Zellen infolge ihrer Nebeneinanderlagerung polygonal, selten sind sie verzahnt (Abb. 87). Höhe und Breite der Zellen wechseln, und man unterscheidet a: *Plattenepithelien*, bei denen die Zellen plattenförmig abgeflacht sind und nur die Stelle mit dem Kern als Erhöhung vortritt (Abb. 87d); b: *Pflasterepithelien*, bei denen die Zellen etwas höher sind, doch noch die Breite überwiegt (Abb. 87b), c: *kubische Epithelien*, bei welchen im Schnitt Höhe und Breite der Zellen gleich sind (Abb. 89), und d: *Cylinderepithelien*, in denen die Zellhöhe die Breite übertrifft (Abb. 87a). Das geschichtete Epithel, das ausschließlich bei *Wirbeltieren* vorkommt, baut sich aus mehreren, zuweilen sehr zahlreichen Zellagen auf (Abb. 90b). Dabei bestehen in der Regel die tieferen Lagen aus höheren Zellen, während gegen die Oberfläche eine Abflachung und Verbreiterung der Zellen eintritt. Auch erscheinen die oberen Zellagen häufig in chemischer Beziehung verändert (verhornt); die oberen Schichten werden abgestoßen und durch die nachrückenden unteren ersetzt. Mächtige geschichtete Lagen von verhornten und fest miteinander vereinigten Plattenzellen führen zu der Entstehung von Hartgebilden (Krallen, Nägel, Hufe, Schuppen, Federn, Haare), welche als äußeres Schutzskelet oder als Wärmeschutz dienen. Doch gibt es auch geschichtetes Epithel, bei welchem die oberste Lage aus bewimperten Cylinderzellen besteht, während unterhalb niederere Zellformen folgen (sogenanntes *geschichtetes Flimmerepithel*).

Viele Epithelzellen besitzen an ihrer freien Fläche besondere *Cytoplasmadifferenzierungen*, so Flimmern, Stäbchen, Härchen. Danach wird ein Epithel als *Flimmer-, Stäbchenepithel* usw. bezeichnet (Abb. 87 a, c). Härchen- und stäbchenartige Aufsätze treten an *Sinnesepithelien* auf. Als Stäbchenschicht wird jene Differenzierung an der freien Seite von Epithelien bezeichnet, bei welcher das oberflächliche Cytoplasma eine parallele, senkrecht zur Oberfläche gerichtete Anordnung zu Stäbchen aufweist (z. B. Zellen des Dünndarms, Abb. 87a).

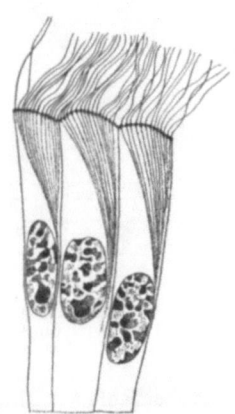

Abb. 88. Drei Flimmerzellen aus den Lebergängen von *Helix hortensis*. Basalkörner in der Grenzschicht der Zellen und Fibrillenkegel. (Nach HEIDENHAIN 1899.)

Die *Flimmerepithelien* tragen Bewegungsorganellen, Geißeln oder Wimpern. Die *Geißeln* (*Flagellen*) sind lange peitschenartige, bewegliche Anhänge, die meist in der Einzahl, selten in Mehrzahl an einer Zelle auftreten. Die *Wimpern* (*Cilien*) sind kürzere Anhänge, die in großer Anzahl an einer Zelle auftreten. Flagellen und Cilien bestehen wohl stets aus einem starren elastischen, doppeltbrechenden *Achsenfaden* und einer Cytoplasmahülle (*Kinoplasma* MERTON), welche die Bewegungen der Flimmern bedingt. Stets sind die Flimmern durch *Basalkörper* in der oberflächlichen Cytoplasmaschicht eingepflanzt (Abb. 88). Die Basalkörper sind kugelig, stab- oder hantelförmig, manchmal in ein oberes und unteres Korn verdoppelt. Meist ziehen von den Basalkörpern fädige Fortsätze (*Wimperwurzeln*) tief in die Zelle hinein und legen sich oft zu einem Fibrillenkegel zusammen. Geißelzellen bekleiden die Oberflächen mancher Blastula- und Gastrulastadien (Abb. 82), vieler Larven in großer Ausdehnung oder in einzelnen Streifen (Flimmerschnüre der Echinodermenlarven, Abb. 923ff.). Geißeln stehen auch auf den Entodermzellen vieler Cnidarier (Abb. 87 f). Eine besondere Form von Geißelepithel findet sich bei den Spongien (*Kragenzellenepithel*); um die Basis der Geißel ist hier (wie bei den Choanoflagellaten) ein Plasmakragen entwickelt (Abb. 87e). Wimpern bedecken die ganze Körperoberfläche vieler niederer Würmer (*Turbellarien, Nemertinen*), die Kriechsohlen vieler Wasserschnecken und Teile der Körperoberfläche sehr vieler Wassertiere. Wimperzellen bilden die charakteristischen Bewegungsorgane vieler Larven (von *Anneliden, Mollusken, Bryozoen*). Bei den meisten Tiergruppen sind viele innere Organe mit Wimperepithel ausgekleidet (Teile des Darms, der Exkretionskanäle, Geschlechtsgänge). Nur bei den Nemathelminthen und den Arthropoden fehlen Flimmerzellen vollkommen.

Bei den *Rippenquallen* beteiligen sich zahlreiche Zellen an der Herstellung einer *Wimperplatte* (Abb. 87g).

An der freien Fläche der Epithelzellen kann als Abscheidung oder Umbildung des Cytoplasmas eine *Cuticula* auftreten. Diese ist entweder zart und homogen oder dick und geschichtet (Abb. 89). Dadurch, daß alle Zellen eines Epithels diese Cuticula bilden, entstehen zusammenhängende cuticulare Membranen. An diesen kommt zuweilen ihre Entstehung aus einzelnen Zellen in einer polygonalen Felderung zum Ausdruck (z. B. bei *Daphnien*). Manchmal erhebt sich die Cuticula entsprechend den Fortsätzen bestimmter Zellen in Form von Haaren und Borsten. Das Epithel wird im Falle der Bildung einer Cuticula auch als *Hypodermis* bezeichnet. Die Cuticula bildet bei einer Reihe von Formen ein *Außenskelet* (Panzer, Schale). Seine Grundmasse bilden immer organische Substanzen; besonders charakteristisch für die *Arthropoden* und einige andere Tiergruppen (*Anneliden* [Borsten], *Bryozoen*) ist das *Chitin*, ein stickstoffhaltiges Kohlehydrat (Aminopolysaccharid). Größte Festigkeit erhalten Cuticularskelete durch Einlagerung von kohlensaurem Kalk (Calcit, seltener Aragonit; besonders *Anthozoen*, *Bryozoen*, *Brachiopoden*, *Crustaceen*, *Mollusken*). Cuticularmembranen können sich auch ins Innere von Epithelzellen hineinziehen (z. B. cuticulare Röhrchen einzelliger Drüsen bei Insekten).

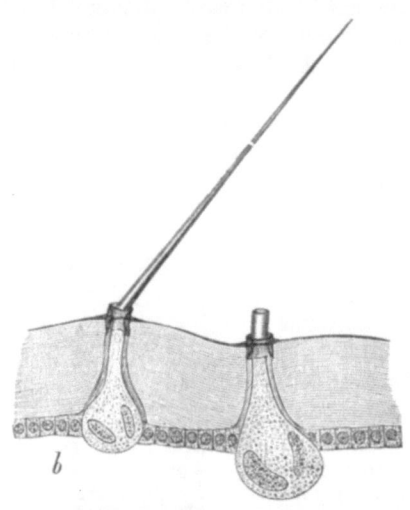

Abb. 89. Cuticula und Hypodermis einer *Gastropacha*-Raupe mit zwei Giftdrüsen unterhalb zweier Haarborsten.

An der Basis können die Epithelien *Basallamellen* ausscheiden. Zu ihnen gehören die Stützlamellen zwischen den Epithelblättern der *Hydromedusen*. Auch die Gallerte des Medusenschirmes ist eine Abscheidung der nach innen gerichteten Epithelflächen. Eine feste Ausscheidung einer Epithelbasis ist der *Schmelz* der Hautzähne der *Selachier* und der Mundzähne aller *Wirbeltiere*. Die Schmelzschicht besteht aus senkrecht zur Oberfläche des Zahnes aufgesetzten Prismen, von denen jedes dem Produkt einer Zelle des sogenannten Schmelzorganes (Schmelzepithels) entspricht (Abb. 96).

Drüsengewebe.

Die *Drüsenzellen* scheiden specifische Stoffe ab (*Secrete*; als *Excrete* werden die Absonderungsprodukte der Ausscheidungsorgane unterschieden); diese sind flüssig, bisweilen fest, selten gasförmig (Gasdrüsen in der Luftkammer der *Siphonophoren* und der Schwimmblase der Fische). Es können bloß einzelne Zellen drüsig differenziert sein (*einzellige* Drüsen) oder es baut sich eine Drüse aus vielen Zellen auf (*vielzellige* Drüsen).

Die *einzellige* Drüse liegt im einfachen Falle zwischen den gewöhnlichen Zellen eines Deckepithels. Es kann aber die Drüsenzelle mit der Hauptmasse ihres Körpers aus der Reihe der übrigen Epithelzellen in die Tiefe rücken und nur mit einem dünnen Fortsatz, der sich dann gewöhnlich als Ausführungsgang besonders differenziert, an die Oberfläche reichen (besonders bei Plathelminthen).

Die *vielzellige* Drüse (Abb. 90) entsteht durch drüsige Differenzierung zahlreicher nebeneinanderstehender Epithelzellen. Dann tritt in der Regel eine Einstülpung dieser Epithelstelle und zugleich die Ausbildung eines ausführenden Abschnittes ein. Je nachdem die Einstülpung schlauchförmig oder am Ende kugelig aufgetrieben ist, werden die Drüsen als *tubulöse* und *acinöse* unterschieden. Die größeren und komplizierteren Drüsen bilden sich durch fortgesetzte Einstülpung.

Bei vielzelligen Drüsen sammelt sich das Drüsensecret im Hohlraum der Drüse und wird gewöhnlich durch einen Ausführungsgang ausgeleitet. Nur einzelnen

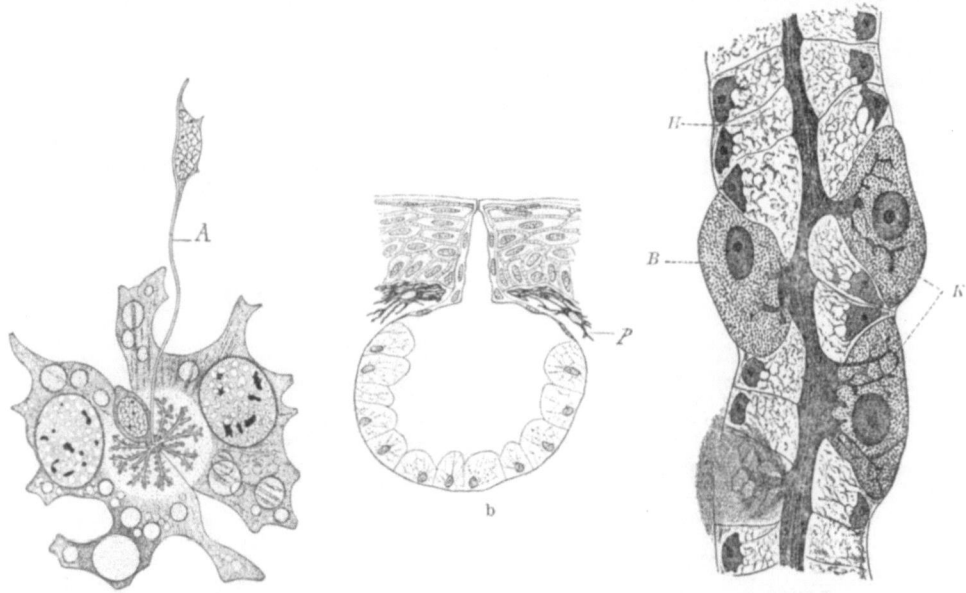

Abb. 90. Verschiedene Formen vielzelliger Drüsen. a Dreizellige Drüse von *Phronima* (nach ZIMMERMANN). *A* Ausführungsgang. b Hautdrüse (acinös) vom Frosch, mit einem Stück des geschichteten Hautepithels. *P* Pigmentzellen der Unterhaut (Original G). c Stück einer Fundusdrüse von der Katze (vgl. Abb. 125). *B* Belegzelle, *H* Hauptzelle, *K* Secretausfuhrkanälchen. (Nach ZIMMERMANN aus K. C. SCHNEIDER.)

Drüsen fehlt der Ausführungsgang, sie geben ihre Sekrete (*Increte*) an das sie durchströmende Blut oder die allgemeine Leibeshöhlenflüssigkeit ab (*Drüsen mit innerer Secretion*, S. 240ff.).

Während bei den meisten differenzierten Zellen die Erzeugung bestimmter Strukturen der Funktion vorausgeht, besteht die *Tätigkeit der Drüsenzellen* in einer dauernden Bildungsarbeit. Nach den Strukturveränderungen der Drüsenzellen können wir drei *Hauptphasen der Secretionstätigkeit* unterscheiden: 1. Die Aufnahme von Rohstoffen in das Cytoplasma, 2. die Bildung von Secretmasse, die als Vorstoffe oder ausfuhrfertig, meist in Form von Secretgranula, gespeichert wird, 3. die Abscheidung des Secrets, intracelluläre oder extracelluläre Lösung der Granula. Diese Phasen bilden zusammen eine *Tätigkeitsperiode* (G. Ch. HIRSCH). Die Secretgranula

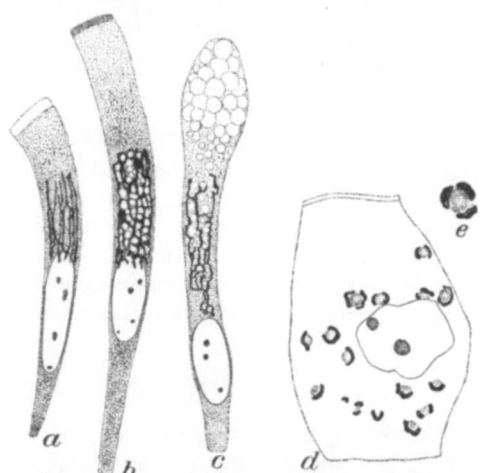

Abb. 91. a—c Becherzellen des Darmes von *Triton taeniatus*. a noch nicht secernierende Zelle. b erstes Auftreten der Schleimtropfen im Bereich des GOLGI-Apparates. c Zellen mit maximaler Schleimspeicherung. (Nach NASSONOV 1923.) d, e Drüsenzelle aus der Mitteldarmdrüse von *Astacus leptodactylus* mit GOLGI-Apparatelementen und Secretgranula. e ein Secretgranulum mit drei GOLGI-Apparatelementen. (Nach JACOBS 1928.)

treten in der Regel zuerst näher der Zellbasis auf, manchmal an Mitochondrien, und rücken dann nach dem freien Zellende vor. Offenbar spielt in bestimmten Stadien der Secretbereitung der GOLGI-*Apparat* (vgl. S. 16) eine Rolle. In vielen Fällen nimmt vor und während der Ausbildung der Secretgranula dessen Masse beträchtlich zu, und die Granula wachsen in dem von ihm eingenommenen Bereich heran (Abb. 91a—c). In anderen Fällen liegen die Secretgranula in der Höhlung napfförmiger GOLGI-Körner (Abb. 91d, e).

Nach der Abscheidungsweise kann man unterscheiden a) *apokrine* Drüsenzellen, bei den das Secret die intakte Zelle verläßt, b) *merokrine* Drüsenzellen,

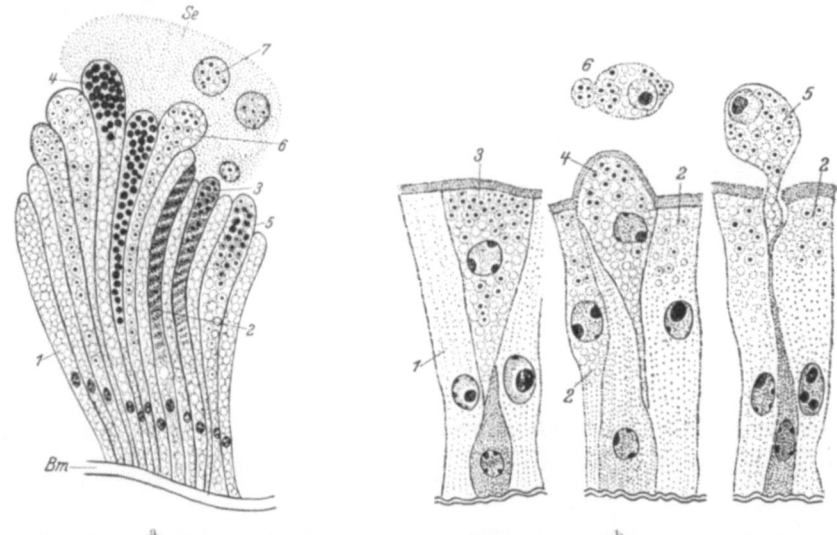

Abb. 92. Drüsenzellen. a Merokrine Drüsenzellen aus einem Darmblindschlauch von *Aphrodite aculeata*. 1 ruhend resorbierende Zelle, 2, 3 Cytoplasma stark gefärbt, Auftreten der ersten Secretgranula. 4 Ansammlung von Secretgranula. 5 die Granula lösen sich auf; an ihrer Stelle erscheinen Vacuolen, 6, 7 der Kopf der Zelle schnürt sich ab. *Bm* Basalmembran. (Nach JORDAN 1904.) b Holokrine Drüsenzellen aus dem Darm von *Julus fallax*. 1 junge (resorbierende) Zelle, 2 Beginn der Secretbildung, 3 Ablösung der secretbildenden Zelle von der Basalmembran (*Bm*), 4, 5 Auswanderung der Secretzelle, 6 in Auflösung begriffene Zelle im Darmlumen. (Nach RANDOW 1924.)

von denen sich ein keulenförmiges, secrethaltiges Cytoplasmaende abschnürt, (Abb. 92a), c) *holokrine* Drüsenzellen, die mit einer einzigen Tätigkeitsperiode zugrunde gehen (Abb. 92b). Bei apokrinen Drüsenzellen kann entweder die ganze Zelle sich jeweils nur in einer einzigen der hintereinander herlaufenden Phasen befinden, so daß die Funktion ausgesprochen rhythmisch ist; oder die Zelle kann dauernd an der Basis Rohstoffe aufnehmen, im Innern Sekret bilden und am freien Ende kontinuierlich abscheiden.

B. Stützgewebe (Bindegewebe).

Das Stützgewebe oder Bindegewebe wird von Zellkomplexen gebildet, welche zur Verbindung und Stütze der übrigen Gewebe dienen. Die Arten des Bindegewebes sind sehr mannigfaltig, sowohl nach ihrem Aufbau, als auch nach ihren chemischen und physikalischen Eigenschaften. Histologisch sind die Bindegewebsformen dadurch charakterisiert, daß die Zellen entweder in ihrem *Inneren* eingelagerte Stützfasern besitzen (Neuroglia, reticuläres Bindegewebe), oder aber an ihrer *Oberfläche* durch Umwandlung des Plasmas oder Abscheidung Substanzen erzeugen, die entweder Zellmembranen sind oder zwischen den Zellen als *Intercellularsubstanz* oder *Grundsubstanz* des Stützgewebes liegen. Auch in der Grundsubstanz können sich Fasern (Fibrillen) differenzieren. Die Zellagerung ist fast immer mesenchymatisch, nur in einem Falle epithelial (Ependymzellen der Neuroglia).

Man kann drei Hauptgruppen von Stützgewebsformen unterscheiden: a) *Stützgewebe mit reichlich ausgebildeter Grundsubstanz*, b) solche, in denen die *Zellen dicht aneinanderstoßen*, ohne oder mit einer geringen Menge von Intercellularsubstanz, c) das Neurogliagewebe, dessen Zellen mit einem anderen Gewebe (Nervengewebe) durchmischt liegen.

Zu der ersten Gruppe gehören: gallertiges, fibrilläres und reticuläres Bindegewebe, Knorpel- und Knochengewebe.

1. Das *gallertige Bindegewebe* (Gallertgewebe, Schleimgewebe) besitzt (Abb. 93a) eine sehr reichliche und wasserreiche, infolge davon weiche, manchmal zerfließende, schleim- (Mucin) und eiweißartige Substanzen enthaltende Zwischensubstanz, in welche die Bildungszellen eingelagert sind. Diese sind rundlich oder in Fortsätze ausgezogen, durch die sie mit benachbarten Zellen zusammenhängen können. Häufig sind sie amöboid beweglich. In der Zwischensubstanz kommen zuweilen Fäserchen (Fibrillen) vor, die auch zu Netzen miteinander vereinigt sein können. Beim Auftreten solcher Fasern und Fasernetze gewinnt das Gallertgewebe eine festere Beschaffenheit. Aus Gallertgewebe besteht z. B. die Stützsubstanz der Spongien und Rippenquallen, die Scheibenmasse der Scyphomedusen. Auch der Mantel der Tunicaten hat den Charakter eines gallertigen Bindegewebes, welches durch Auswandern von Mesenchymzellen in eine steifgallertige Cuticula entsteht. Bei den Wirbeltieren ist Gallertgewebe in der Embryonalentwicklung der Vorläufer anderer Bindegewebsformen. Es bildet ein weiches und in seinem Wasserreichtum sparsames Füllgewebe zwischen den epithelialen Keimblättern, das deren formbestimmendem Wachstum leicht nachfolgt.

2. *Fibrilläres Bindegewebe* ist durch das Vorhandensein zahlreicher feiner Fibrillen in der homogenen Grundsubstanz ausgezeichnet. Der Verlauf dieser Fibrillen ist entweder parallel oder in verschiedenen Richtungen gekreuzt. Die in der Grundsubstanz eingelagerten Bildungszellen sind spindelförmig oder verästelt. Im allgemeinen findet sich gekreuzter Fibrillenverlauf bei lockerem (Abb. 93b), paralleler bei strafferem (Abb. 93c) Bindegewebe (Sehnengewebe). Fibrilläres Bindegewebe tritt bei Anthozoen, bei Arthropoden, sehr verbreitet bei Wirbeltieren auf. Bei letzteren (Abb. 93b, c) sind die Fibrillen meist in Bündel vereint, quellen bei Behandlung mit Säuren und Alkalien auf und geben beim Kochen Leim (Glutin). Diese leimgebenden oder *kollagenen* Fibrillen sind positiv einachsig doppelt brechend, außerordentlich zugfest und wenig dehnbar, selbst bei hoher Beanspruchung. Daneben tritt eine zweite Art von Fasern auf, die beim Kochen nicht Leim geben und bei obiger Behandlung nicht aufquellen, höheres Lichtbrechungsvermögen und gelbliche Farbe besitzen. Sie treten einzeln oder aber zu Netzen vereinigt auf. Sie werden als *elastische Fasern* bezeichnet, da sie durch Zug leicht gedehnt werden, die Formveränderung vollkommen wieder ausgleichen und sich beim Zerreißen schraubenartig einrollen (Abb. 93b). Sie bestehen aus Elastin, einem Gerüsteiweiß von sehr hohem C- und niederem S-Gehalt. Sie zeigen nur schwache, in Bezug auf die Faserlänge positive Doppelbrechung, die durch Dehnung verstärkt wird.

3. Das *reticuläre Bindegewebe* stellt ein Netzwerk verästelter anastomosierender Zellen dar, in deren äußerer Plasmaschicht äußerst feine, sich überkreuzende Bindegewebsfibrillen verlaufen (Abb. 93d). Es findet sich in den Lymphdrüsen der Wirbeltiere.

108 Die Gewebe.

Knorpel- und Knochengewebe sind durch eine größere Festigkeit ihrer Grundsubstanz ausgezeichnet und stellen ausgesprochene Skeletgewebe dar.

4. *Knorpelgewebe* kommt bei *Wirbeltieren*, außerdem vereinzelt bei Wirbellosen (*Mollusken, Sabelliden*) vor. Seine steifgallertige, elastische Grundsubstanz

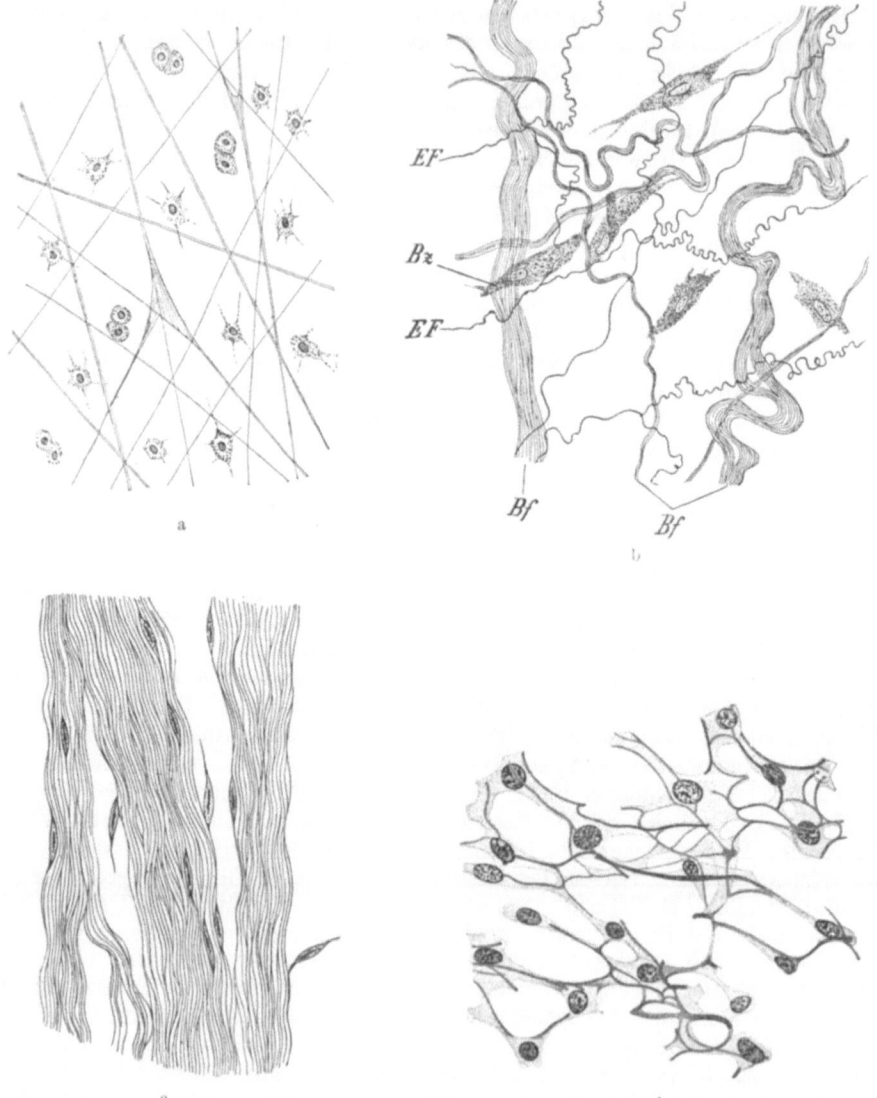

Abb. 93. Bindegewebsformen. a Gallertgewebe des Schirmes von *Rhizostoma* (*Pilema*) (Scyphomeduse) mit Zellen und Fasern (Original G). b. Lockeres fibrilläres Bindegewebe (intermuskuläres Bindegewebe vom Kalb). In der homogenen Grundsubstanz Bindegewebsfibrillenbündel (*Bf*), *EF* elastische Fasern, *Bz* Bindegewebszellen (nach SCHIEFFERDECKER und KOSSEL, etwas verändert). c Sehnengewebe vom Menschen (nach ROLLETT). d. Reticuläres Bindegewebe aus einer Lymphdrüse der Katze (nach M. HEIDENHAIN).

enthält verschiedene Eiweißverbindungen (Glykoproteide, Chondromucin), Chondroitinschwefelsäure und eingelagerte kollagene Fibrillen. Die in der Grundsubstanz liegenden Knorpelzellen sind meist rundlich (Abb. 94a) und völlig voneinander getrennt; ihr Stoffaustausch erfolgt durch Diffusion durch die

Grundsubstanz. Seltener sind sie verästelt und hängen miteinander zusammen (*Cephalopoden* und manche *Selachier*.) Der *Hyalinknorpel* ist durch reichliche hyaline Grundsubstanz ausgezeichnet. Im *elastischen Knorpel* sind elastische Fasern oder gar elastische Fasernetze in der Grundsubstanz ausgebildet (z. B. Knorpel der Ohrmuschel, Abb. 94 b). Als *Parenchymknorpel* wird Knorpel mit nur geringer Menge von Intercellularsubstanz unterschieden; er findet sich bei *Cyclostomen*,

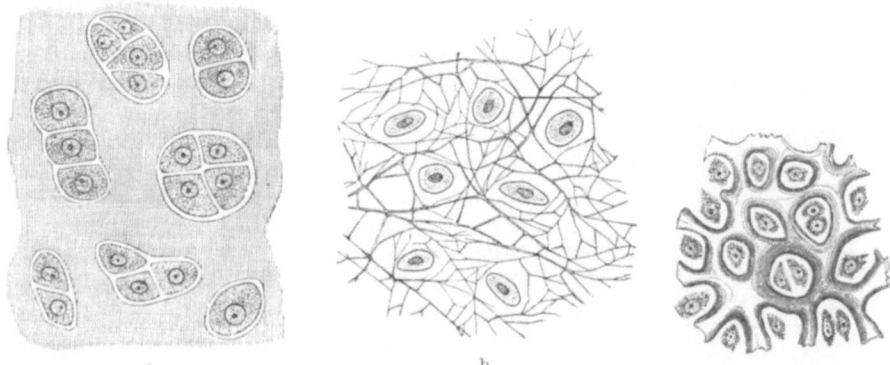

Abb. 94. Knorpelformen. a Hyalinknorpel. b Netzknorpel vom Ohr des Kalbes. (Original G.) c Knorpelknochen von einem Selachier.

Gastropoden, in den Tentakeln der *Sabelliden*. Es gibt endlich Knorpel, in dessen Grundsubstanz Kalkkrümel oder Netze von Kalksubstanz abgelagert werden. Solcher *Knorpelknochen* findet sich im Skelet der *Selachier* (Abb. 94 c).

Peripherisch geht der Knorpel in eine bindegewebige Haut, das *Perichondrium*, über; von diesem aus wird appositionell neue Knorpelmasse zugebildet.

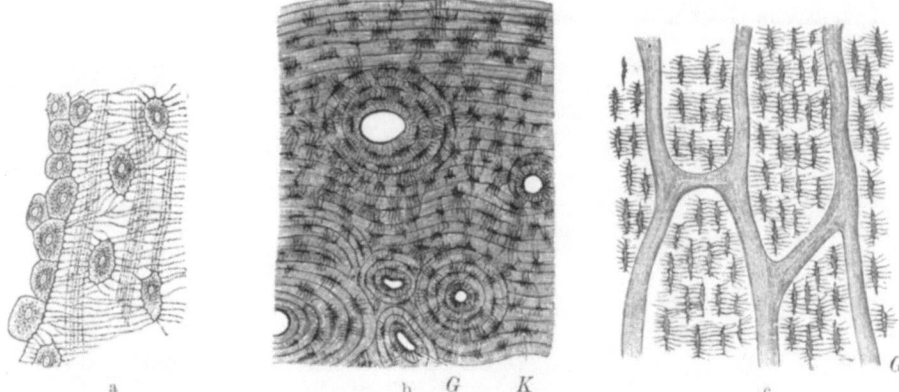

Abb. 95. Knochengewebe. a Osteoblasten als epithelartiger Zellbelag. Knochenzellen in der lamellösen Grundsubstanz (nach GEGENBAUR). b Querschliff, c Längsschliff durch einen Röhrenknochen. *K* Knochenzellen, *G* Gefäßkanälchen (HAVERSsche Kanäle) (b und c nach KÖLLIKER).

Das (intussusceptionelle) Wachstum durch Zubildung neuer Knorpelmasse durch die eingeschlossenen Knorpelzellen ist gering.

5. Das *Knochengewebe* (Abb. 95) ist die festeste Form des Stützgewebes, aus dem sich das Skelet der meisten Wirbeltiere aufbaut. Die Grundsubstanz besteht aus leimgebenden, unverkalkten, äußerst feinen Fibrillen, die durch eine kalkhaltige Interfibrillarmasse zusammengehalten werden. Die anorganischen Bestandteile (Knochenerde) stellen ein Gemenge hauptsächlich aus phosphorsaurem

Kalk, phosphorsaurer Magnesia, Fluorcalcium dar. Die Erdsalze sind nicht molekular ungeordnet, sondern in submicroscopisch-krystalliner Form (negativ einachsig doppeltbrechend mit optischer Achse parallel der Längsrichtung der Fibrillen) in den interfibrillären Lücken. Die bei der Entwicklung des Knochens früher auftretenden kollagenen Fibrillen üben auf die ausfallenden Erdsalze einen richtenden Einfluß aus. Die Bildungszellen (Knochenzellen) sind in der Regel in die Grundsubstanz eingelagert und besitzen allseitig zahlreiche, sich verästelnde Ausläufer, durch die sie untereinander in Verbindung stehen.

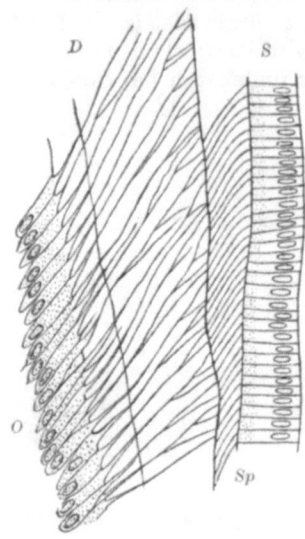

Abb. 96. Schnitt durch einen Teil der Anlage eines Milchzahns eines menschlichen Embryos. *D* Dentin, *O* Odontoblasten, *S* Schmelzepithel, *Sp* Schmelzprismen (schematisch eingetragen). (Original G.)

Die Knochengrundsubstanz ist meist deutlich aus *Lamellen* aufgebaut (Abb. 95a, b), die parallel zur inneren und äußeren Oberfläche des Knochens angeordnet sind. Die äußere Oberfläche des Knochens wird von der *Beinhaut (Periost)* umhüllt, die Innenräume sind die sogenannten Markräume. Die kompakte Substanz des Knochens wird von einem System schmaler anastomosierender Kanälchen (HAVERSsche Kanäle [Abb. 82b, c]) durchsetzt, welche die Blutgefäße sowie Nerven führen und einerseits in die Marksäume, andererseits an der Oberfläche der Knochen münden; die HAVERSschen Kanäle verlaufen in den langen oder Röhrenknochen zur Längsachse des Knochens parallel. Um sie sind die Knochenlamellen konzentrisch angeordnet; diese Lamellen werden als HAVERSsche Lamellen unterschieden gegenüber den sogenannten Grundla-

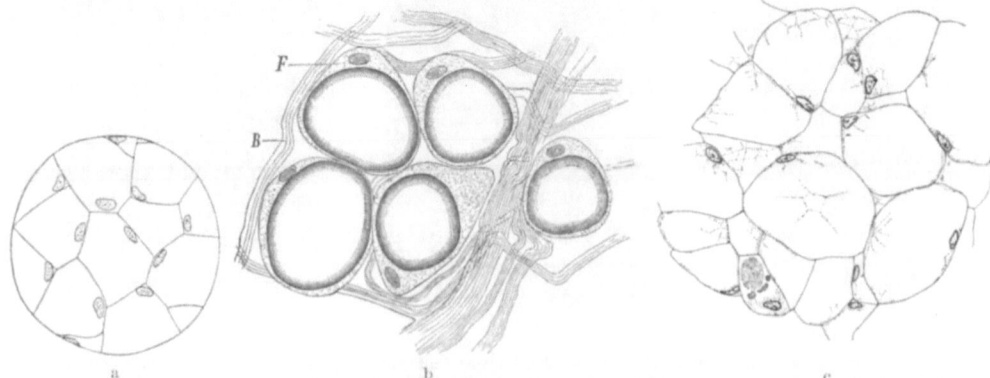

Abb. 97. Zellige Bindegewebsformen. a Chordagewebe. Schnitt durch die Chorda dorsalis einer *Salamander* larve (Original G.). b Fettgewebe vom Hund (nach RANVIER). *F* Fettzellen *B* Bindegewebsfibrillenbündel. c Vesiculöses (chondroides) Bindegewebe vom Flußkrebs (Original G.).

mellen oder umfassenden Lamellen, die parallel zur äußeren Oberfläche und Markhöhle verlaufen.

Die Schichtung des Knochengewebes erklärt sich aus der Entwicklung und ist die Folge einer schichtenweisen Ablagerung der Knochensubstanz. Die Bildungszellen (*Osteoblasten*) finden sich an der ganzen Außenfläche des Knochens, desgleichen in den Markräumen und HAVERSschen Kanälen als epithelartiger Zellbelag (Abb. 95a). Mit der Bildung der Zwischensubstanz gelangen einzelne Osteoblasten in diese hinein und werden zu den sogenannten Knochenkörperchen, die somit nichts anderes als in die Grundsubstanz eingeschlossene Osteoblasten sind.

Die knöchernen Teile des Wirbeltierkörpers sind in der *Embryonalentwicklung* entweder durch embryonales Bindegewebe oder Knorpelgewebe präformiert. Erst später tritt Knochengewebe an ihre Stelle (Verknöcherung, Ossifikation). Während Bindegewebe direkt verknöchern kann, wird bei dem Ersatz von Knorpel durch Knochen das Knorpelgewebe vollkommen zerstört und an seiner Stelle aus besonderen embryonalen Bindegewebszellen (Osteoblasten) Knochensubstanz aufgebaut.

Es gibt auch Knochen, bei denen die Zellen nur epithelartig außen der Grundsubstanz anlagern und bloß mit ihren langen Fortsätzen in diese hineinragen. Letztere Form des Knochengewebes findet sich im Skelet mancher Fische und bildet die Hauptmasse des Wirbeltierzahnes (Abb. 962, 1109, 1110), das *Zahnbein (Dentin)*. Das Dentin (Abb. 96) wird von mächtigen, im allgemeinen senkrecht zur Oberfläche des Zahnes verlaufenden, sich auch verästelnden Ausläufern der Bildungszellen (*Odontoblasten*) durchsetzt, welche dem Dentin gegen die Zahnhöhle zu in epithelartiger Anordnung ansitzen.

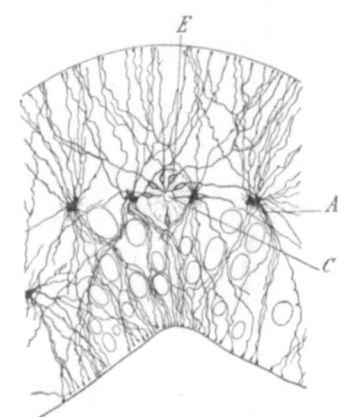

Abb. 98. Mittelteil eines Rückenmarkquerschnittes von *Petromyzon*. C Centralkanal des Rückenmarkes, E Ependymzellen, A Astrocyten der Neuroglia. (Nach LENHOSSÉK.)

Grundsubstanzfrei oder sehr arm an einer solchen ist das *zellige (chordoide, parenchymatöse) Bindegewebe*. Es besteht aus gewöhnlich stark vacuolisierten, turgescenten Zellen (druckelastischen Blasen), bei denen die Stützsubstanz von der Zellmembran gebildet wird. Solches Bindegewebe findet sich bei Plathelminthen und Mollusken, ferner in der Chorda dorsalis der Vertebraten (Abb. 97a). Auch die entodermalen Achsenzellen der soliden Tentakel bei Hydroiden zeigen diesen Charakter. Hier reiht sich das *Fettgewebe* (Abb. 97b) der Vertebraten an; die Stelle der Vacuolen wird im Fettgewebe von einer oder mehreren Fettkugeln eingenommen. Auch das *vesiculöse* (chondroide) Bindegewebe, das bei Crustaceen verbreitet ist, schließt sich hier an (Abb. 97c). Nimmt die Menge der Intercellularsubstanz zu, so entstehen Übergänge zum Parenchymknorpel (S. 109).

Die *Neuroglia* (Abb. 98), das eigenartige Stützgewebe des Nervensystems, geht aus dem ectodermalen Epithel hervor. Sie besteht aus Zellen, die, ähnlich wie die des reticulären Bindegewebes, in der äußeren Schicht ihres Protoplasmas Stützfasern (Gliafasern) produzieren. Die Neuroglia tritt einmal in Form von Stützepithelien (wie die Ependymzellen) auf, welche entweder das ganze Nervensystem durchsetzen oder mit ihrer Basis sich frei innerhalb des Nervensystems in Fasern führende Fortsätze verästeln. Im anderen Falle rücken die Zellen vollständig in das Nervensystem hinein und sind dann sternförmig (Astrocyten) mit dem Charakter von Mesenchymzellen. Bei den Astrocyten gehen im ganzen Umkreise der Zelle gleichmäßig dicke, gestreckt verlaufende Fortsätze mit Stützfasern aus, welche sich mit jenen benachbarter Zellen zu einem Filzwerk verflechten.

Besonders differenzierte Bindegewebszellen sind die *Scleroblasten*, welche bei *Spongien*, *Cnidarien* und *Echinodermen* in gallertigem oder fibrillärem Bindegewebe Skeletkörper erzeugen, ferner die mesenchymatischen verzweigten *Pigmentzellen* (Chromatophoren) (Abb. 114). Bei vielen Tieren (*Cephalopoden*, *Crustaceen*, *Insecten*, *Fischen*, *Amphibien*, *Reptilien*) ermöglichen dem Bindegewebe zugehörige Pigmentzellen durch intracelluläre Körnchenwanderung und dadurch bewirkte verschiedene Pigmentverteilung einen Farbenwechsel.

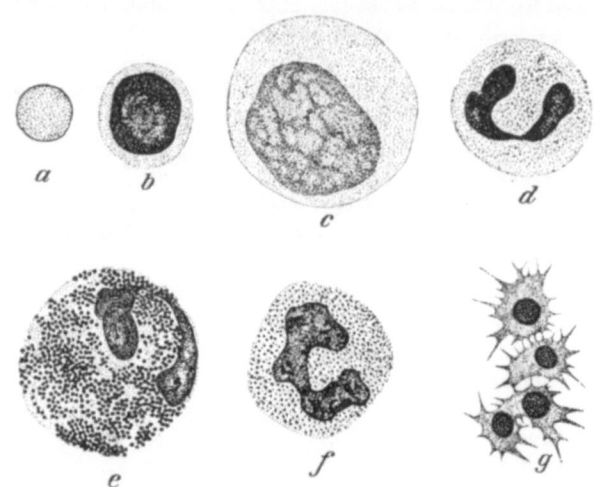

Abb. 99. Formelemente des menschlichen Blutes etwa 1100× vergrößert (nach SOBOTTA). a Rotes Blutkörperchen. b—f Weiße Blutkörperchen. b, c Rundkernige Leucocyten (Lymphocyten). d—f Verzweigtkernige und mehrkernige (polynucleäre) Leucocyten. e Eosinophiler Leucocyt. f Neutrophiler Leucocyt. g Thrombocyten.

Freie Zellen.

Die ursprüngliche Form der freien Zellen ist die formveränderliche (amöboide) Mesenchymzelle (Wanderzelle), wie sie im gallertigen Mesenchym der Schwämme und in den Körperflüssigkeiten Blut, Lymphe, Cölomflüssigkeit) der Wirbellosen und Wirbeltiere vorkommen. Besonders bei den letzteren sind mannigfache Formen als *weiße Blutkörperchen* (*Leucocyten*) ausgebildet (Abb. 99). Ihnen schließen sich als besondere Art von Formbestandteilen die *Thrombocyten* (Blutplättchen) an. Es sind amöboide, feinkörnige, farblose Zellen mit ovalem Kern. Beim Verlassen der Blutbahn bewirken sie zerfallend die Blutgerinnung (S. 152). Ähnliche Zellen scheinen auch bei Mollusken und Arthropoden verbreitet zu sein.

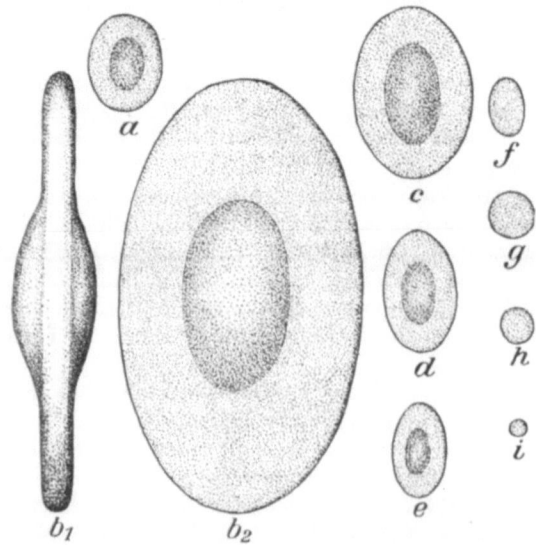

Abb. 100. Rote Blutkörperchen etwa 1000× vergr. (Original K.) a Schleie. b *Proteus* (b_1 von der Kante gesehen)- c Frosch. d Eidechse. e Buchfink. f Lama. g Mensch. h Siebenschläfer. i Moschustier.

Eine besonders differenzierte Form der freien Zellen sind die gefärbten Zellen (*Chromocyten*), die respiratorische Blutstoffe enthalten (Abb. 100). Zu ihnen gehören vor allem die roten Blutkörperchen (*Erythrocyten*) der Wirbeltiere, die Hämoglobin enthalten, das ihr Cytoplasma in kleinen Vacuolen durchsetzt.

Sie sind sehr elastische ovale oder kreisrunde Scheiben. Ihre Gestalt wird durch ein Zellskelet aus Stützfibrillen bedingt, die reifenförmig im Rande der Scheibe verlaufen. Oval sind unter den Vertebraten die Blutkörper der Fische (die Cyclostomen besitzen kreisrunde Blutkörper), Amphibien, Reptilien, Vögel; in diesen Fällen ist auch ein Kern vorhanden, der eine kugelförmige Hervorragung in der Mitte der Scheibe verursacht. Bei den Säugetieren sind die roten Blutkörper kreisrund (nur bei Tylopoden oval), in allen Fällen kernlos und im Zusammenhange damit in der Mitte eingedellt.

Die kernlosen roten Blutkörperchen der Säugetiere haben nur kurze Lebensdauer (wohl wenige Wochen). Die ihrer Funktion nicht mehr gewachsenen Erythrocyten werden vor allem in der Milz, den Blutlymphdrüsen und dem Knochenmark aus dem Kreislauf herausgezogen und von Leucocyten abgebaut. Neue Erythrocyten werden im Knochenmark, bei niederen Vertebraten auch in der Milz gebildet und dauernd ins Blut abgegeben, im Bedarfsfall (nach Blutverlust, bei erhöhtem O_2-Bedarf der Gewebe) in gesteigertem Maß.

Bei Wirbellosen sind gefärbte Zellen in Körperflüssigkeiten sehr selten; wir kennen sie z. B. im Blut einiger Lamellibranchier (*Arca, Solen*), wo sie auch Hämoglobin enthalten, ferner in der Cölomflüssigkeit einiger Anneliden (*Capitella, Glycera, Sipunculiden*), wo der Farbstoff ein anderer ist.

C. Muskelgewebe.

Die Elemente des Muskelgewebes sind langgestreckte Zellen oder Syncytien, die sich auf Nervenerregung hin zusammenziehen. Diese *Contractilität* beruht auf der Ausbildung besonderer gallertig fester *Fibrillen* (Muskelfibrillen, *Myofibrillen*) im Cytoplasma (Sarcoplasma), die sich bei der Contraction verkürzen und verdicken. Die Muskelfibrillen sind entweder homogen (glatt) oder quergestreift. In den glatten Fibrillen ist die contractile Substanz gleichmäßig entwickelt; sie sind der ganzen Länge nach gleichmäßig positiv einachsig, doppeltbrechend in Bezug auf die Faserlänge als optische Achse. Die quergestreiften Fibrillen (Abb. 101) sind in eine sehr große Anzahl hintereinander gelegener, unter sich gleich gebauter Abteilungen (*Myocommata*) gegliedert. Jede von diesen besteht aus einer mittleren anisotropen Schicht, die beiderseits von isotropen Schichten begrenzt ist. Die Myocommata sind durch Quermembranen (Zwischenscheiben) voneinander getrennt. Zwischen den Fibrillen liegen im Sarcoplasma Körner, die zum Teil Glykogen, zum Teil Lipoide enthalten. Die anisotrope Schicht ist stärker lichtbrechend und stärker färbbar als die isotrope, was auf die größere Dichte der ersten hinweist. Die Abmessungen veranschaulichen die folgenden Mittelwerte von Arthropodenmuskeln (*Hydrophilus*): Dicke der Fibrille 0,9 μ, Länge eines anisotropen Abschnitts 5,3 μ, eines isotropen mit der Zwischenscheibe 3,5 μ, Abstand zwischen den Fibrillen 0,5 μ (HÜRTHLE). Die Längsspaltbarkeit der

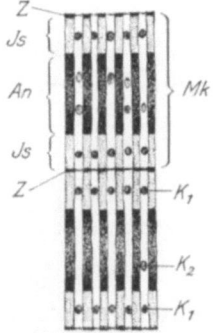

Abb. 101. Schema der quergestreiften Myofibrillen. *An* anisotrope Schicht, *Is* isotrope Schicht, K_1, K_2 Körner (Sarcosomen) verschiedener Natur, die im Sarcoplasma zwischen den Myofibrillen, und zwar neben den isotropen (K_1 = *I*-Körner) und neben den anisotropen Schichten (K_2 = *Q*-Körner) liegen. Die ersten sind regelmäßiger vorhanden als die zweiten. *Mk* Myocomma, *Z* Zwischenscheibe.

Fibrillen, die so weit geht, wie die optischen Mittel reichen, die in Bezug auf die Faserachse positive Doppelbrechung und röntgenographische Ergebnisse lassen den Schluß zu, daß die anisotrope Substanz der Myofibrillen sich aus krystallinen stäbchen- oder faserförmigen parallel gelagerten Ultramikronen einer Eiweißsubstanz (Myosinmicellen) zusammensetzt. Die anisotropen Schichten sind allein contractil.

Glatte und quergestreifte Fibrillen unterscheiden sich in physiologischer Hinsicht: Erstere kontrahieren sich langsam, während letztere sich rascher zusammenzuziehen vermögen und rasch in den Ausdehnungszustand zurückkehren. Wir sehen daher als Regel in lebhaft sich kontrahierenden Muskeln quergestreifte, in langsam sich zusammenziehenden glatte Fibrillen. So sind die Skeletmuskeln der

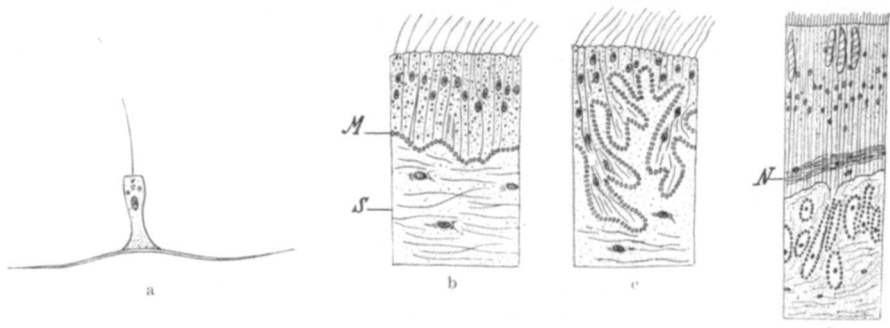

Abb. 102. Epithelmuskeln von Actinien. a Epithelmuskelzelle. b, c Muskelepithel vom Entoderm von *Sagartia*, a mit schwacher, b mit starker Faltung. d Ectodermepithel vom Tentakel von *Tealia* mit von demselben abgelösten Muskelsträngen. *M* Die quergeschnittenen Muskelfasern. *S* Bindegewebe, *N* Nervenfaserschicht. (Nach O. u. R. HERTWIG.)

Vertebraten quergestreift, die Muskeln der Eingeweide glatt mit Ausnahme jener des sich lebhaft kontrahierenden Herzens, in dem quergestreifte Muskeln sich finden. Bei den Arthropoden sind sämtliche Muskeln quergestreift, bei anderen Gruppen sind nur einzelne Muskeln quergestreift, so Glockenmuskeln von Medusen, Schlundkopfmuskeln von Anneliden, Herzmuskeln von Mollusken, bei rasch beweglichen Cephalopoden auch Körpermuskeln.

Das Muskelgewebe tritt auf 1. als epithelialer Muskel (Muskelepithel), 2. als epitheloider, 3. als mesenchymatischer Muskel.

Abb. 103. Querschnitt durch die epitheloide Rumpfmuskulatur von *Sagitta*. *E* Coelomepithel. *Mb* Von letzterem entstandene Muskelblätter. (Nach O. HERTWIG.)

Bei *epithelialen Muskeln* (Abb. 102 a, b) steht der Zellkörper in einem ectodermalen, entodermalen oder mesodermalen Epithel und bildet an der Basis in einem oder mehreren langgestreckten Ausläufern glatte oder quergestreifte Muskelfibrillen aus. Solche Muskelzellen sind für die *Cnidarier* charakteristisch. Unter dem Epithel liegen gewöhnlich alle Muskelfortsätze parallel dicht nebeneinander und bilden so eine *Muskellamelle*. Eine Vermehrung der contractilen Fibrillen in dieser Lamelle kann dadurch erreicht werden, daß die Muskellamelle sich faltet und das Epithel in Leisten in die Tiefe dringt (Abb. 102 c). Dabei können die die contractilen Fibrillen erzeugenden Zellen den epithelialen Verband verlieren; so entstehen *epitheloide Muskeln*. Die Einfaltungen können sehr regelmäßig und tief sein und führen dann zu sogenannten *Muskelblättern* (bei manchen Medusen, *Sagitta*, Abb. 103); durch vollkommene Abschnürung solcher Muskelblätter vom Epithel bilden sich gesonderte *Muskelstränge* (so bei Actinien, Abb. 102 d, *Lumbricus*). Auch die somatischen Muskeln der Vertebraten sind auf eine epitheloide Muskellamelle (Mesepithel der Ursegmente) zurückzuführen.

Die *Mesenchymmuskeln* sind aus mesenchymatischen Zellen hervorgegangen. Die einzelnen Muskelzellen sind spindelförmig, manchmal verästelt (Abb. 104).

Die glatten oder quergestreiften Myofibrillen sind in der Regel oberflächlich im ganzen Umkreis der Zelle, seltener einseitig ausgebildet. Der Kern liegt im un-

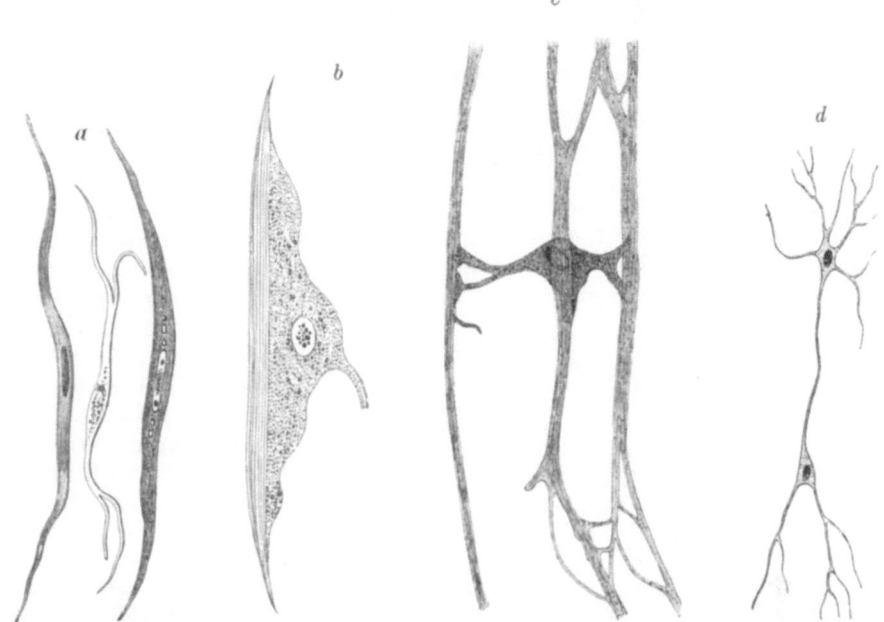

Abb. 104. Glatte Muskelzellen. a Von Wirbeltieren (zum Teil nach ARNOLD). b Muskelzelle eines *Nematoden*. c Muskelfasern mit gemeinsamem Zellkörper (Myoblast) eines *Cercariaeum* (nach BETTENDORF). d Junge, zweikernige, verästelte Muskelfaser einer Rippenqualle (*Eucharis*) (nach R. HERTWIG).

differenzierten Sarcoplasma, im ersteren Falle im Zentrum der Muskelzelle, im letzteren Falle einseitig der contractilen Substanz angelagert, wie bei *Nematoden*, deren mesenchymatische Leibesmuskulatur dadurch sowie durch die Art der Anordnung den Anschein von Epithelmuskulatur gewinnt (sekundär epithelialer Muskel, Abb. 104b). Aus in der Regel glatten Mesenchymmuskeln besteht sowohl die Eingeweide- als Leibesmuskulatur bei den Scoleciden und Mollusken, sowie die Muskulatur der Eingeweide und Blutgefäße der Wirbeltiere.

Bei den *Wirbeltieren* und den *Arthropoden* bestehen die meisten Körpermuskeln aus sehr großen syncytialen Gebilden, die man als *Muskelfasern* bezeichnet (Abbild. 105). Diese sind cylindrische

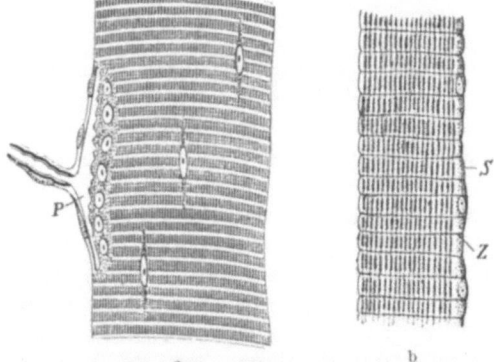

Abb. 105. Quergestreifte Muskelfasern (Muskelprimitivbündel). a Von *Lacerta* mit Nervenendigung (nach KÜHNE). b Von *Argulus* (Original G.). P Nervenendplatte. S Sarcolemma Z Zwischenscheiben.

Schläuche, die von einer homogenen, durchsichtigen Membran, dem *Sarcolemm*, umhüllt sind. Im Sarcoplasma liegen sehr zahlreiche quergestreifte Fibrillen, deren Durchmesser 0,2—3,0 μ beträgt. Die Zwischenscheiben der Myocommata aller Fibrillen sind durch die ganze Muskelfaser zu quer verlaufenden Membranen verbunden. Die zahlreichen Kerne liegen entweder oberflächlich (Wirbeltiere) oder in der Achse der Muskelfaser (meist bei den Arthropoden) in Sarcoplasmaanhäufungen eingebettet. Die Muskelfasern können bei 0,01—0,02 mm Dicke mehrere Zentimeter (über 10 cm) Länge erreichen.

D. Nervengewebe[1].

In den Zellen des Nervensystems ist die allen Zellen zukommende Irritabilität, die Fähigkeit in Erregung zu geraten und Erregungen auf andere Zellen zu übertragen, besonders gesteigert ausgebildet. Auf der Tätigkeit des Nervengewebes beruhen die höchsten tierischen Leistungen; mit ihnen sind die seelischen Erscheinungen verbunden. Der Aufgabe, zahlreiche zum Teil benachbarte, zum Teil weit voneinander entfernt liegende Zellen miteinander zu verknüpfen, entspricht eine sehr komplizierte Gestalt und weite räumliche Ausdehnung vieler Elemente des Nervengewebes und eine schwer übersehbare Verbindung der Elemente untereinander. So ist erst spät die Zusammensetzung der nervösen Einrichtungen der Tiere aus entwicklungsgeschichtlich selbständigen Einheiten von Zellenwert erkannt worden (BIDDER und KUPFER 1857, HIS 1868, KÖLLIKER 1879, FOREL 1887, S. RAMON Y CAJAL 1890); diese Einheiten wurden als *Neuronen* (WALDEYER 1891) bezeichnet. Jedes Neuron besteht aus einem Zellkörper mit einem Kern und setzt sich in einen oder mehrere Ausläufer, *Nervenfasern*, fort. Diese können bei großen Wirbel-

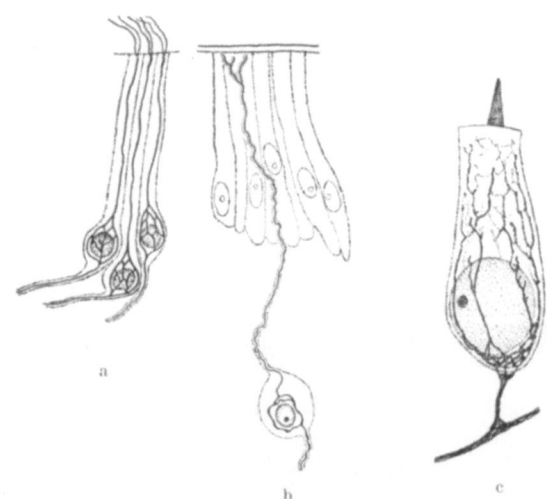

Abb. 106. Sinneszellen. a Drei primäre Sinneszellen aus dem Infundibularorgan von *Branchiostoma* (nach BOEKE). b Sinnesnervenzelle von *Hirudo* (nach APÁTHY). c Sekundäre Sinneszelle aus dem CORTIschen Organ der Maus (nach HELD).

tieren über 1 m lang sein. Im Cytoplasma (*Neuroplasma*) sind feine Fibrillen (*Neurofibrillen*) eingelagert (Abb. 106, 107). Diese bilden meist im Zellkörper Netze um den Kern und durchlaufen die Nervenfasern einzeln oder in Bündeln parallel ohne zu anastomosieren. An den Neurofibrillen spielt sich höchstwahrscheinlich der Vorgang der *Erregungsleitung* ab. An den Stellen, wo die Ausläufer eines Neurons mit einem andern in Verbindung treten, können die Fibrillen kontinuierlich von einem Neuron in das andere hinüberlaufen (Neuronenverbindung durch *Continuität*); in anderen Fällen enden sie an diesen Übergangszonen (*Transfertzonen, Synapsen*), und die Neuronen stehen nicht in kontinuierlichem Zusammenhang (Verbindung durch *Contiguität*).

Für die Aufgaben der Reizaufnahme und der Erregungsverteilung sind zwei

---

[1] BETHE, A.: Allgemeine Anatomie und Physiologie des Nervensystems. Leipzig 1903. — BIELSCHOWSKY, M.: Morphologie der Ganglienzelle usw., Handbuch der mikroskopischen Anatomie IV, 1. Berlin 1928. — HELD, M.: Die Entwicklung des Nervengewebes bei den Wirbeltieren. Leipzig 1904. — HEIDENHAIN, M.: Plasma und Zelle II. Die kontraktile Substanz, die nervöse Substanz usw. Jena 1911.

Hauptformen des Nervengewebes differenziert: *Sinneszellen* und *Nervenzellen* oder *Ganglienzellen*.

Die *Sinneszellen* (Abb. 106) stehen mit der Körperoberfläche oder auch mit inneren Organen in Verbindung, von denen sie Reize erhalten. Nach ihrem Bau kann man drei *Formen der Sinneszellen* unterscheiden: a) *primäre* Sinneszellen, deren Körper in einem Epithel liegt, an der Oberfläche häufig Stiftchen oder Härchen trägt und sich in eine ableitende Nervenfaser fortsetzt (Abb. 106 a, Abb. 108 b); sie stellen sicher den ursprünglichsten Typus dar; b) *sekundäre* Sinneszellen (nur bei *Wirbeltieren*), die ebenfalls im Epithel liegen, aber nur der Reizaufnahme dienen; die Erregung wird von ihnen durch den an sie herantretenden Fortsatz eines anderen Neurons abgeleitet (Abb. 106 c, Abb. 108 c); c) *Sinnesnervenzellen* (*Sinnesganglienzellen*, Abb. 106 c); bei ihnen liegt der Zellkörper mehr

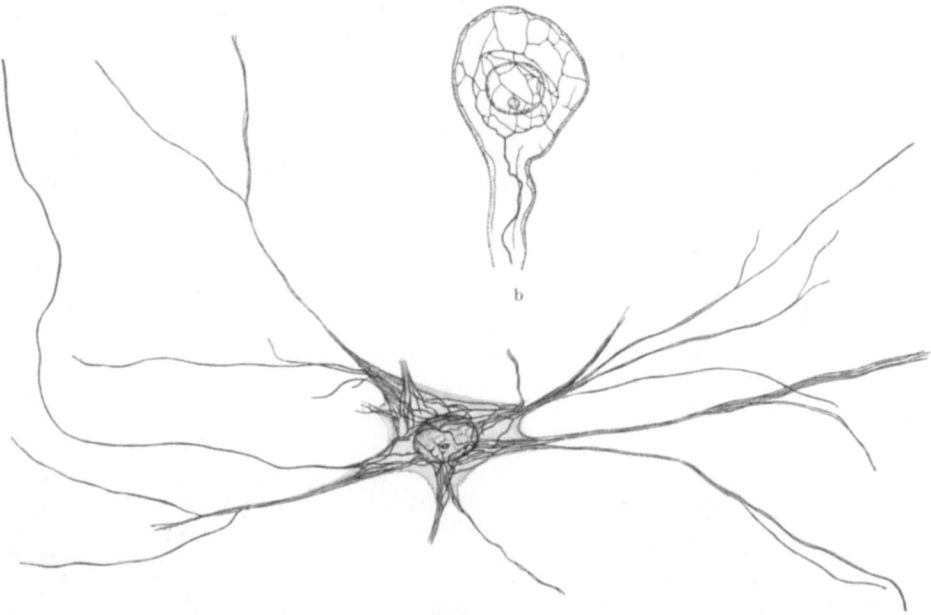

Abb. 107. Neurofibrillen in Nervenzellen. a Ganglienzelle aus dem Rückenmark eines Hundes (nach TIEGS aus PETERFI). b Ganglienzelle von *Hirudo* mit einem äußeren und einem inneren Neurofibrillengitter, Stammfortsatz, mit oberflächlich verlaufenden, dünnen, receptorischen Fibrillen und einer dicken axial verlaufenden effektorischen Fibrille (nach APÁTHY).

oder weniger weit von der Oberfläche entfernt und ist mit ihr durch einen langen zuleitenden Fortsatz, eine receptorische Nervenfaser verbunden. Zwischen primären Sinneszellen und Sinnesganglienzellen finden sich bei Wirbellosen alle Übergänge. Bei den Wirbeltieren liegen die Körper der Sinnesganglienzellen in den Spinalganglien bzw. Gehirnganglien.

Die *Ganglienzellen* (Abb. 107, 108) besitzen immer leitende Fortsätze. In den höher entwickelten Nervensystemen findet man stets Zellen, deren Fortsätze physiologisch ungleichwertig und meist auch verschieden ausgebildet sind: zuleitende Fortsätze (*Recipienten*) und ableitende Fortsätze (*Emittenten*). Die Recipienten verästeln sich häufig schon nahe am Zellkörper reich und werden dann als *Dendriten* bezeichnet. Meist ist nur *ein* Emittent vorhanden (auch als *Neurit*, *Achsenfortsatz*, *Axon* bezeichnet), der lang ist und auf weite Strecken unverzweigt verläuft oder nur nahe dem Zellkörper zarte Ästchen (*Collateralen*) abgibt.

Je nachdem ob von der Ganglienzelle ein, zwei oder mehrere Fortsätze entspringen, wird sie als *unipolar* (Abb. 107 b), *bipolar, multipolar* (Abb. 107 a) bezeichnet. Der eine Ausläufer (Stammfortsatz) unipolarer Zellen teilt sich in einiger Entfernung von dem Zellkörper in Recipienten und Emittenten. Die Fibrillen verlaufen in dem Stammfortsatz getrennt in den Zellkörper hinein und wieder heraus (Abbild. 110). Bisweilen unterscheiden sich die Fibrillen in Recipienten und Emittenten durch Dicke und Anzahl (Abb. 107 b, 110). Im Zellkörper der Nervenzellen liegen außer GOLGI-Körper und Mitochondrien zwischen den Fibrillen vorzugsweise mit basischen Farbstoffen färbbare Körper, die als *Tigroidkörper* oder NISSL-*Schollen* bezeichnet werden.

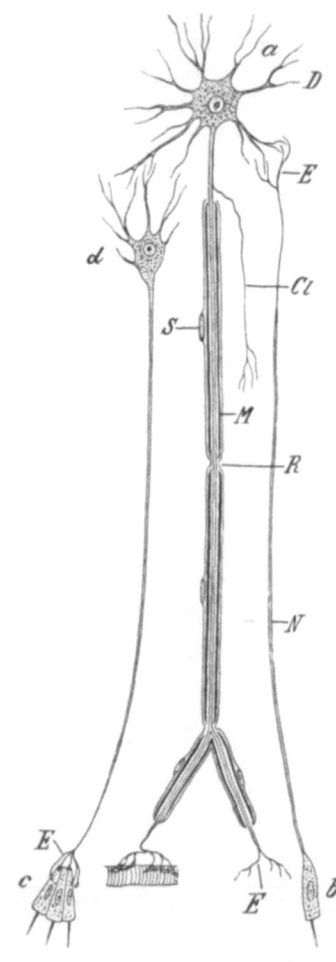

Abb. 108. Verschiedene Typen von Neuronen, schematisch. a Motorisches Neuron, mit von Myelinscheide (*M*) und SCHWANNscher Scheide (*S*) umhülltem Axon. *R* RANVIERscher Schnürring. *Cl* Collaterale. *D* Dendriten. *E* Endbäumchen (Endnetz). b primäre Sinneszelle (mit basalem Axon *N*). c Drei sekundäre Sinneszellen ohne Axone, vom Endbäumchen eines zentralen sensiblen Neurons (*d*) umsponnen. (Original G.)

Eine Anhäufung von Ganglienzellen wird ein *Ganglion*, ein Bündel von Nervenfortsätzen ein *Nerv* genannt. Bei den *Wirbeltieren* umhüllen sich in einiger Entfernung von der Ganglienzelle die Neuriten (ausgenommen jene der Cyclostomen und der sympathischen Nerven) mit einer Markscheide (Abb. 108). Sie ist eine Abscheidung der Nervenfasern und wird von einer halbflüssigen Lipoidmasse gebildet, dem *Myelin* (einem Gemenge von Cholesterin und Glycerophosphatiden), das in ein schwammiges Gerüst einer hornartigen Masse (*Neurokeratin*) eingelagert ist. Die Markscheide ist doppeltbrechend, und zwar negativ in Bezug auf die Faserlängsrichtung. Diese Doppelbrechung beruht darauf, daß die Glycerophosphatide den Charakter von krystallinischen Flüssigkeiten besitzen, deren doppeltbrechenden Moleküle unter dem Einfluß der Druckkräfte, die auf dem Inhalt der Markscheide ruhen und der allgemein molekularen Richtkräfte eine orientierte Stellung einnehmen. Solche *markhaltige Nervenfasern* (weiße Nervenfasern) finden sich bisweilen auch bei *Anneliden* und *Arthropoden*. Den Endverästelungen fehlt die Markscheide. Außerhalb des Zentralnervensystems ist die markhaltige Faser noch von einer bindegewebigen Scheide (SCHWANNschen Scheide, *Neurilemm*) umgeben. Die Markscheide zeigt in bestimmten Abständen Unterbrechungen (RANVIERsche Schnürringe). Jede Strecke zwischen zwei Schnürringen entspricht in der Regel einer umhüllenden Bindegewebszelle (Neurogliazelle), die rund um den Nervenfortsatz rohrartig auswächst. Die Nervenfasern der Cyclostomen, der Acranier und der weitaus meisten Wirbellosen, ferner die sympathischen Nervenfasern der Wirbeltiere lassen keine Markscheide erkennen und werden als *marklose* (graue) Fasern bezeichnet. Die ihnen in ihrem

Verlauf aufliegenden Kerne gehören der SCHWANNschen Scheide an. Polarisationsmikroskopische und chemische Untersuchungen zeigten, daß bei vielen

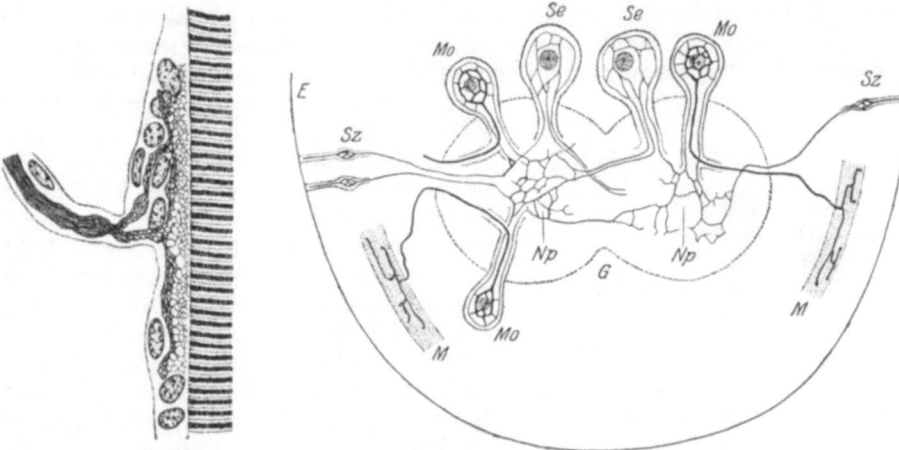

Abb. 109. Endigung einer motorischen Nervenfaser in einer Muskelfaser. (Nach BOEKE.)

Abb. 110. Schema des Fibrillenverlaufs im Nervensystem der Würmer (*Hirudo*). (Nach BETHE.) *E* Epidermis. *G* Ganglion. *M* Muskel. *Mo* Motorische Ganglienzellen. *Np* Neuropil. *Se* Sensorische Ganglienzellen. *Sz* Sinneszellen.

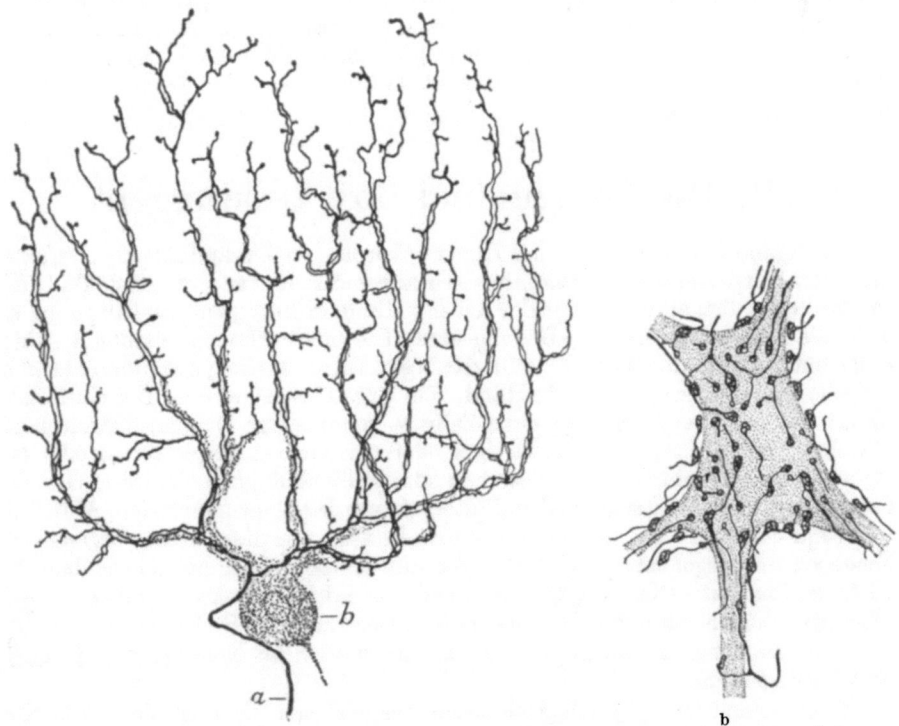

Abb. 111. Effektorische Endigungen an Ganglienzellen. a Ganglienzelle (*b*) aus dem Kleinhirn (sogenannte PURKINJEsche Zelle) des Menschen mit einer zutretenden Nervenfaser (Kletterfaser *a*), deren Endäste sich den Dendriten der Zelle eng anlegen. b Ganglienzelle aus dem Rückenmark des Hundes mit „Endfüßchen" zutretender Nervenfasern. (Nach RAMON Y CAJAL.)

marklos erscheinenden Nerven doch eine chemisch der Markscheide entsprechende Substanz die Oberfläche der Fasern, wenn auch in sehr dünner Schicht bedeckt.

Die peripheren *Endigungen der Nervenfasern* sind meist Endbäumchen, an deren äußersten Ästchen die Neurofibrillen *Endnetze* bilden, welche die mannigfachste Gestalt und Größe zeigen können. Freie *receptorische (sensorische)* und *effektorische* Nervenendigungen (*motorische* in Muskeln und *secretorische* in Drüsen) sind im Grunde gleich gebaut. Kleine Schlingen, Ösen oder kompliziertere Netze sind dem Zellkörper anderer Zellen (sekundärer Sinneszellen, Abb. 106, Muskelzellen, Abb. 109, Drüsenzellen) an- oder in ihn hineingelagert. In den Verbindungsgebieten *zwischen Neuronen* bilden die Endverästelungen von Effektoren mit den Zweigchen der Receptoren anderer Zellen oft ein verwickeltes Flechtwerk (*Neuropil*, Nervenfilz), in dem ein Fibrillenübergang stattfinden kann (Abb. 110). Manchmal legen sich die Endzweige der Emittenten mit kleinen Neurofibrillenendnetzen (Endfüßchen) der Oberfläche von Ganglienzellen oder ihren Dendriten an (Abb. 111).

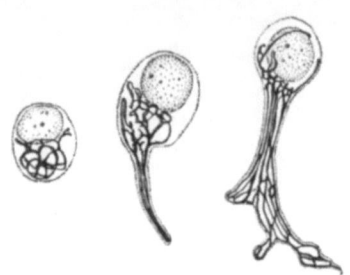

Abb. 112. Neuroblasten mit auswachsenden Fortsätzen. (Nach HELD.)

In der *Embryonalentwicklung* entstehen die Nervenfortsätze durch Auswachsen von ectodermalen Zellen (*Neuroblasten*). Der wachsende Nervenfortsatz zeigt an seinem Ende eine Verdickung (Wachstumskeule), deren Cytoplasma amöboid beweglich ist. Die Neurofibrillen werden schon sehr früh in den Neuroblasten sichtbar und dringen bis in die Endkeulen vor, wo sie kleine Endnetze bilden (Abb. 112). Auch im Explantat können von isolierten Neuroblasten lange Nervenfasern auswachsen (HARRISON).

IV. Die Organe und ihre Leistungen[1].

Die Organe sind nach Form und Lage im Bauplan des Gesamtkörpers charakterisierbare Körperteile von bestimmter Struktur und Funktion. Die Ausbildung der Organe ergibt sich als eine Folge der Arbeitsteilung in Bezug auf das Körperganze, d. h. als Steigerung oder Ausbildung einer besonderen Lebensleistung an einer bestimmten Stelle des Körpers. Mit der besonderen Leistung geht eine morphologische Differenzierung Hand in Hand. Ein Organ kann aus dem Teil einer Zelle (*Organellen* der Protozoen), aus einer Zelle (z. B. einzellige Drüsen, Nesselzellen), aus einer geringen Anzahl gleichartiger oder verschiedenartiger Zellen oder aus einem oder mehreren Geweben bestehen oder schließlich ein zellenfreies Gewebederivat sein (Schalen der Mollusken, Filtergehäuse der Appendicularien, Abb. 119).

Wenn ein Organ aus mehreren Geweben besteht, wie dies bei den Organen der Metazoen die Regel ist, bestimmt meist ein Gewebe als *Hauptgewebe* den spezifischen Charakter des Organs, während die noch hinzukommen Gewebe (*Nebengewebe*) als bloße Hilfen erscheinen. Der Darm z. B. baut sich aus dem Verdauungsepithel als Hauptgewebe auf, dazu treten als Nebengewebe Muskeln und Bindegewebe.

Eine Vielheit von physiologisch zusammengehörigen Organen desselben Körpers bezeichnet man als *Organsystem* oder *Organapparat*. Bei den *Protozoen* werden

---

[1] Vgl. Literatur am Schluß des Buches V u. VI.

vielfach Organstrukturen nach Bedarf und in der Funktion selbst ausgebildet (Nahrungsvacuolen, Pseudopodien) und vergehen mit der Funktion. Bei den Metazoen werden die zum Zusammenwirken geeigneten Organe in der Ontogenese hergestellt, vielfach fertig ausgebildet, bevor sie eine Funktion ausüben. Ihr dauerndes *harmonisches Zusammenarbeiten* zur zweckmäßigen einheitlichen Gesamtleistung des Organismus beruht auf Wechselbeziehungen (*Korrelationen*) zwischen den Organen. Diese werden teils auf chemischem Wege, teils durch das Nervensystem hergestellt, das nicht nur ein Mittel der Verknüpfung des Organismus mit der Außenwelt, sondern auch der Vereinheitlichung (*Integration*) der Leistung der Körperteile darstellt.

A. Das Integument.

Die funktionelle Bedeutung der Körperdecke oder des Integuments[1] ist durch seine verschiedenartige Beziehung zur Außenwelt sehr mannigfaltig; seine Hauptfunktion ist, das Körperinnere zu schützen. Doch beteiligt sich das Integument auch am Stoffwechsel durch Lieferung von Secreten und Excreten, sowie durch Wasser- und Gaswechsel an der Körperoberfläche. Vielfach liefert das Integument auch Bewegungseinrichtungen.

Unter den *Protozoen* entwickelt sich bei den differenzierteren Formen eine äußere Plasmaschicht (Abb. 79, 80), die sich als Integument verhält und von der auch Hüllbildungen ausgehen können.

Bei den *Metazoen* tritt zuerst in der Gastrula (Abb. 74) eine Trennung in die Körperdecke und den Darm ein. Der wesentliche Teil der Körperdecke ist das *ectodermale Epithel*, die *Epidermis*, die entweder einschichtig oder (bei den *Vertebraten*) mehrschichtig ist.

Die Bedeutung der Epidermis als Schutzorgan tritt in der Bildung von Differenzierungen oder Abscheidungen hervor. Bei den *Wirbeltieren* gehen aus *Verhornungen der oberen Epithellagen* Schutzgebilde verschiedener Art, Schuppen, Federn, Haare, Stacheln, Nägel, Hörner hervor.

Die *Abscheidungen* sind entweder feste *cuticulare Bildungen*, welche ein *Schutzskelet* liefern, so die Gehäuse der *Hydroiden* (Abb. 293), der Chitinpanzer der *Arthropoden* (Abb. 89), die Schale der *Mollusken* (Abb. 850) und *Brachiopoden*, der Mantel der *Tunicaten*, oder Drüsenabscheidungen flüssiger Natur. Dickere Cuticulen sind meist mehr oder weniger deutlich geschichtet und bestehen gewöhnlich aus verschieden strukturierten Lagen, deren feinerer Bau sehr verwickelt sein kann. Anhangsbildungen, die sich über die Oberfläche der Cuticula erheben, Borsten, Haare, Schuppen, sind besonders bei den Arthropoden verbreitet. Sie entstehen dadurch, daß einzelne Epidermiszellen oder Zellgruppen über die Epitheloberfläche vorwachsen und einen eigenen Cuticulaüberzug ausscheiden (Abb. 89).

Die *flüssigen Abscheidungen* haben sehr verschiedenartige Funktion: Ein Schleimüberzug kann gleitende Bewegung erleichtern oder Anheftung ermöglichen, bei Landleben einen Schutz gegen Verdunstung bilden. Andererseits kann eine flüssige Abscheidung (Schweiß) die Verdunstung fördern. Giftige oder widrig schmeckende oder riechende Secrete können Feinde abwehren, Düfte können im Geschlechtsleben anlockend wirken. Hautsecrete können als Hüllen für die Eier oder als Nahrung für die Jungen (Milch der *Mammalia*) dienen. Erstarrende Secrete werden vielfach von Haft- oder Spinndrüsen geliefert. Für die Erzeugung

---

[1] BIEDERMANN, W.: 1928, Vergleichende Physiologie des Integuments der Wirbeltiere. Erg. Biol. **1, 3, 4** (1926).

solcher Hautsecrete werden in den verschiedensten Tiergruppen einzellige oder vielzellige Drüsen differenziert.

In einigen Fällen dienen *geformte Secrete* (Morphite), die in einzelnen Epidermiszellen erzeugt werden, als Waffen (Nesselkapseln der Cnidarier, Abb. 392, Rhabditen der Platyhelminthen, S. 478).

Bei den Cölomaten tritt im allgemeinen eine *Mesodermschicht* als sogenannte *Unterhaut (Cutis, Corium)* zum Hautepithel in innigere Beziehung. Dadurch erhält das Integument größere Dicke und Festigkeit. Die Unterhaut kann selbst wieder Ausgangspunkt für harte Schutz- und Stützgebilde werden. Zu diesen *Skeletbildungen* gehören die Kalkplatten und Stacheln der Echinodermen (S. 159), die knöchernen Hautplatten und Schuppen der Fische, Krokodile, Schildkröten, Gürteltiere, wobei sich auch das Epithel durch Entwicklung besonderer Hartteile zuweilen beteiligt (Placoidschuppen der Selachier, Abb. 962).

Das Integument ist als Körperdecke auch der Träger der *Färbung und Zeichnung der Tiere*[1]. Diese kommt entweder dadurch zustande, daß gelöste oder körnige Farbstoffe (*Pigmente*) in Zellen eingelagert oder in die Cuticula ausgeschieden werden, oder es werden Färbungen durch bestimmte Strukturen bedingt (*Strukturfarben*): Farben trüber Medien (Blau der Vogelfedern) oder Interferenzfarben (Gitterfarben und Farben dünner Blättchen, z. B. Schillerfarben der Käfer

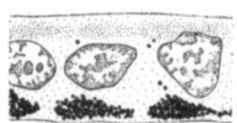 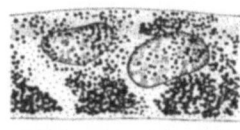 

a   b   c

Abb. 113. *Dixippus morosus*, Schnitte durch die Epidermis eines braunen Tieres. a Tagstellung des Pigments. b Schnitt durch eine dunklere Hautstelle. c Nachtstellung des Pigments. Die Schicht, in der die immer in gleicher Höhe verbleibenden grünen oder farblosen trüben Körnchen liegen, ist dicht punktiert angegeben. (Nach SCHLEIP 1910.)

und Schmetterlingsschuppen[2]). Häufig wirken Pigmente und Strukturen für den Farbeindruck zusammen.

Bei vielen Tieren (besonders *Cephalopoden, Krebsen, Insekten, Fischen, Amphibien, Reptilien*) kommt ein *Farbenwechsel* durch Veränderung der Lage der Pigmentkörner im Integument zustande. Nur selten (*Orthopteren*) vollzieht sich ein rascher Farbenwechsel dadurch, daß innerhalb gewöhnlicher *Epithelzellen* der Epidermis das Pigment wandert. Bei *Dixipus morosus* (Abb. 113[3]) liegt oberflächlich in den Epidermiszellen eine Schicht grüner oder grauer und gelbroter Körnchen, welche die Lichtstrahlen zu großem Teil reflektieren. Bei den dunkleren Varietäten ist auch noch braunes Pigment vorhanden. Dieses ist bei hellem Licht unter den Kernen geballt (Tagstellung, Abb. 113 a) und schimmert nur wenig durch. Bei Dunkelheit rücken die braunen Pigmentkörner (wahrscheinlich durch Plasmaströmung) an den Kernen vorbei bis unmittelbar an die Cuticula, zwischen oder sogar über die grauen Körner vor (Nachtstellung des Pigments, Abb. 113 c). Auf diese Weise wechselt die Farbe der Tiere zwischen hell und dunkel, zwischen grünlich und braun. Meist sind Träger des Farbenwechsels besondere *Pigmentzellen (Chromatophoren)*, die in der Unterhaut liegen. Gewöhnlich sind die Chromatophoren mit Ausläufern versehen (Abb. 114). Bei den meisten

---

[1] PROCHNOW, O.: Die Färbung der Insekten. Hand. d. Entom. **2** (1927).
[2] SÜFFERT, Morphologie und Optik der Schmetterlingsschuppen usw. Z. Morph. u. Ökol. Tiere **1** (1924).
[3] SCHLEIP, W.: Der Farbenwechsel von *Dixipus morosus* (Phasmidae). Zool. Jb., Abt. Physiol. **30** (1910).

Das Integument. 123

Tieren sind im einen Grenzfall des Farbenwechsels die Pigmentkörner auf einen engen Raum zusammengeballt, im anderen Grenzfall über zahlreiche feine Ver-

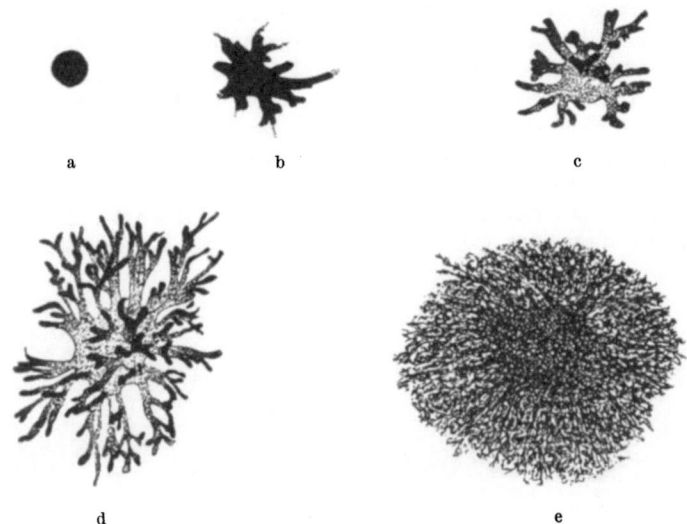

Abb. 114. Schwarze Chromatophoren aus der Rückenhaut von *Uroplatus*. a Pigmentkörnchen völlig geballt. b—d Fortschreitende Ausbreitungsstadien. e Größte Ausbreitung des Pigments. (Nach W. J. SCHMIDT.)

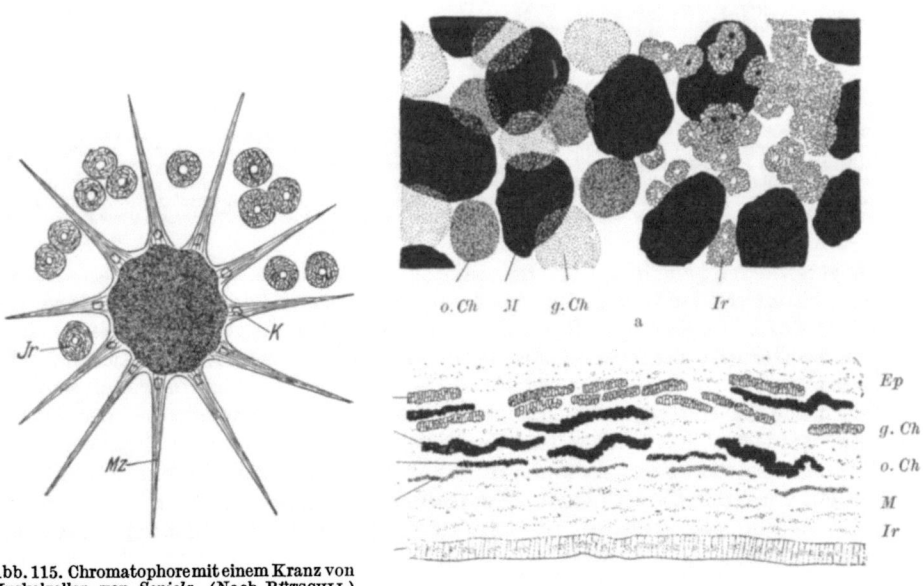

Abb. 115. Chromatophore mit einem Kranz von Muskelzellen von *Sepiola*. (Nach BÜTSCHLI.) *Ir* Iridocyten. *K* Kerne der Muskelzellen *Mz*.

Abb. 116. Rückenhaut von *Sepia officinalis*. a Aufsicht. b Schnitt. *Ep* Epidermis. *g. Ch* Gelbe Chromatophoren. *o. Ch.* Orangefarbige Chromatophoren. *M* Schwarze Chromatophoren. *Ir* Iridocyten. (Nach KÜHN u. HEBERDEY 1929.)

ästelungen der Zelle verteilt (Abb. 114). Pigmentausbreitung und Ballung beruht nicht darauf, daß die Zelle Fortsätze ausstreckt und einzieht, sondern auf Pigmentwanderung durch Cytoplasmaströmung innerhalb eines formbeständigen Plasmakörpers. Bei den *Cephalopoden* sind die Chromatophoren zusammengesetzte Gebilde, die aus einer zentralen rundlichen Pigmentzelle und einem Kranz von ihr ausstrahlender glatter Muskelzellen bestehen (Abb. 115). Deren Contraction bewirkt eine Ausbreitung der Pigmentzelle unter gleichzeitiger Abplattung. Am häufigsten sind schwarze Chromatophoren (*Melanophoren*) und gelbe bis rote Chromatophoren (*Xanthophoren, Lipophoren*), deren Farbstoff (Lipochrom) den pflanzlichen Carotinen nahe verwandt ist. Oft wird der Farbeindruck wesentlich mitbestimmt durch eine Reflexions- und Interferenzwirkung, die von Zellen ausgeht, die nicht Pigmente enthalten, sondern von kleinen irisierenden Körperchen (häufig Guanin) erfüllt sind (*Iridocyten, Guanophoren*, Abb. 115—117). Ihre Interferenzfarbe ist meist blau oder grün. Beim Farbenwechsel breitet sich das Pigment

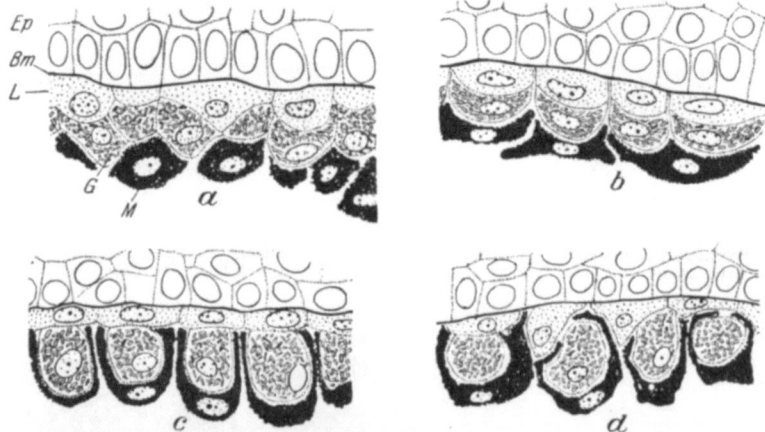

Abb. 117. Querschnitte durch Rückenhautstücke des Laubfroschs (*Hyla arborea*) mit verschiedenen Pigmentstellungen. (Vergr. 500/1.) *Bm* Basalmembran. *Ep* Epidermis. *G* Guanophoren. *L* Lipophoren. *M* Melanophoren. a Zitronengelbe Haut; *M* stark geballt, *L* unregelmäßig zwischen die *G* eingekeilt. b Hellgrüne Haut; *L* linsenförmig, unter ihnen die *G* becherförmig angeschmiegt, *M* mäßig ausgebreitet. c Dunkelgrüne Haut; *M* mit blattartigen Fortsätzen zwischen die *G* eindringend, welche kubisch geworden sind. d Grau(-grüne) Haut; Fortsätze der *M* die *G* mehr oder weniger vollständig umhüllend und zwischen die in die Tiefe vorgekeilten *L* eindringend.
(Nach W. J. SCHMIDT 1920.)

der verschieden gefärbten Chromatophoren in verschiedenem Betrage aus, kommt dadurch mehr oder weniger zur Wirkung, wirkt zusammen mit den Interferenzfarben der Iridocyten oder deckt diese ab (Abb. 116, 117). Auf diese Weise können manche Tiere (besonders einige Fische, am vollkommensten Pleuronectiden, gewisse Cephalopoden, so *Sepia*) sich der Helligkeit und der Färbung, bisweilen auch der Zeichnung des Untergrundes, die sie mit den Augen wahrnehmen, in weitem Umfange anpassen. Bei Fischen und Cephalopoden treten Nervenendigungen an die Chromatophoren heran. In anderen Fällen wird auf Lichtreize hin, die das Auge treffen, unter der Einwirkung des Zentralnervensystems von einer Incretdrüse ein Stoff ins Blut abgeschieden, der unmittelbar Ballung oder Ausbreitung der Pigmente bewirkt.

B. Organe der Nahrungsaufnahme und Verdauung.

Unter den *Protozoen* werden bei den *Rhizopoden* (Abb. 79) und vielen Flagellaten die Nahrungskörper an jeder Stelle des Körpers in das Cytoplasma aufgenommen und in Nahrungsvacuolen eingeschlossen verdaut; die unverdaulichen Reste werden an beliebiger Stelle des Körpers ausgestoßen. Die *Ciliaten* (Abb. 22, 80) besitzen in ihrer differenzierten Ectoplasmaschicht eine Mundöffnung (*Cytostom*), durch welche die Nahrungskörper in das Entoplasma gelangen. Hier werden sie, in Nahrungsvacuolen eingeschlossen, in langsamer Rotation (*Cyclose*) umherbewegt. Die unverdaulichen Reste werden meist durch eine besondere Afteröffnung (*Cytopyge*) ausgestoßen. Einzelne Ciliaten (*Coelosoma marina*) besitzen einen dauernden großen zentralen Hohlraum (*Cytenteron*), in den die Nahrung unmittelbar durch das Cytostom hineingelangt. In ihn sondert das wandständige Cytoplasma die Verdauungssäfte ab. Bei den *Metazoen* ist stets ein *Darmkanal* vorhanden (mit Ausnahme weniger sekundär abgeänderter Formen; *Acoela* unter den Turbellarien, Entoparasiten, ganz kurzlebige Formen). Die erste Anlage des Darms entsteht bei der Sonderung der Keimblätter in der *Gastrula* als *Entoderm*. Die von diesem eingeschlossene Höhle ist der Urdarm. Sein Eingang, der Urmund (Blastoporus), entspricht vielfach nicht dem definitiven Mund. Eine Afteröffnung ist bei einfachen Tiertypen (Cnidariern und Plathelminthen) noch nicht vorhanden. Hier dient der Mund auch als Auswurfsöffnung für unverdauliche Nahrungsreste. Stets dienen dem Entoderm angehörende Zellen der Verdauung und Resorption der Nahrungsstoffe. Doch treten bei den meisten Formen noch vom Ectoderm gelieferte zuführende und abführende Abschnitte zum Darmkanal hinzu. Der Nahrungsaufnahme und Beförderung im Körper dienen Bewegungsorgane; und in den Dienst der Nahrungsbeschaffung wird ein großer Teil des ganzen Verhaltens der Tiere gestellt. So steht die besondere Ausprägung des Bau- und Funktionsplans der Tiere stets mit der Art der Nahrung im engsten Zusammenhang.

a) Einrichtungen zur Nahrungsaufnahme.

Man kann eine Reihe von *funktionellen Typen* der Tiere nach ihrer *Nahrungsaufnahme* unterscheiden, die natürlich nicht immer scharf voneinander zu trennen sind:

1. *Partikelfresser*, die kleine Teilchen in großer Menge, meist wahllos aufnehmen. Zu ihnen gehören vor allem die *Strudler*; diese bewegen durch Flimmern (Schwämme, manche sedentäre Würmer, Bryozoen, Brachiopoden, Rotatorien, Muscheln, Crinoiden, Ascidien, Acranier), Gliedmaßen (niedere Krebse) oder andere Körperanhänge (Appendicularien mit dem Schwanz) Wasser mit darin enthaltenen Kleintieren, Algen, Bakterien und Detritusstoffen zu sich heran, filtrieren diese Körperchen ab und schlucken den Filterrückstand ein. Strudler haben sich in allen Tierstämmen bei Protozoen (viele Flagellaten und Ciliaten) und Metazoen bei verschiedenstem allgemeinen Bauplan herausgebildet. Sie kommen als festsitzende (benthonische) Tiere und als freischwimmende (pelagische Formen) vor. Die *Filtervorrichtungen* sind sehr verschiedener Art, Kiemenlamellen (Muscheln), die durchbrochenen Wände eines Kiemenkorbes (Ascidien, *Branchiostoma*), Borstenkämme (Krebse) oder Cuticularreusen (Appendicularien).

Als Beispiele für die Strudel- und Filtervorrichtungen mögen Spongien, Daphnien und Appendicularien dienen. Der Körper der *Spongien* stellt einen einzigen Filtermechanismus dar. Der vom Entoderm gebildete Darmkanal ist ein einfacher (Abb. 83) oder meist vielfach in Geißelkammern ausgebuchteter Schlauch (Abb. 381 ff.). Die Einfuhr der Nahrung erfolgt durch die zahlreichen Porenkanäle der Leibeswand, die Ausfuhr der Reste durch das apikale, am freien Ende gelegene, als After fungierende Osculum. Die Geißeln der Entodermzellen bewirken einen gleichmäßigen Strom, wobei Cytoplasmakragen um die Geißeln (Abb. 380) klebrige Fangflächen bilden. Eine 25 mm hohe *Leucandra aspera* filtriert ungefähr 22 l Seewasser im Tag.

Bei den *Daphnien* wirken die fünf Thorakalbeinpaare (Abb. 577 und 579) zusammen mit dem Rumpf und einem Teil der Schale als Ansaug- und Filterapparat. Auf der Ventralseite (Abb. 118) befindet sich zwischen den Schalenklappen der

126 Die Organe und ihre Leistungen.

Einströmungsspalt. Durch ihn wird Wasser in den Filterraum unter der Bauchseite des Tieres eingesaugt, wenn die Beine vom Rumpf abgespreizt werden (Abduction, Saugphase, Abb. 118 b, c). Werden die Beine an den Rumpf heran und damit zugleich medianwärts geführt (Adduction), so wird der Filterraum ventral verschlossen (Abb. 118d) und von ventral nach dorsal eingeengt (Abb. 118 e, f); dabei wird das Wasser durch Borstenkämme durchfiltert, die von dem Innenrande des 3. und 4. Beinpaares nach der Bauchseite des Tieres emporragen (Abb. 118 b—f). Die Schwebepartikelchen werden dabei in dem Filterraum in eine Rinne (Bauchrinne) emporbefördert, die den Filterraum dorsal begrenzt.

Hier werden die Filterrückstände von einem besenförmigen Anhang (Maxillarfortsatz) des 2. Beinpaares erfaßt und zu den Mandibeln vorgebracht. Diese enden mit Flächen, die kurze Härchen tragen und wie Mühlsteine gegeneinander wirken. Nach

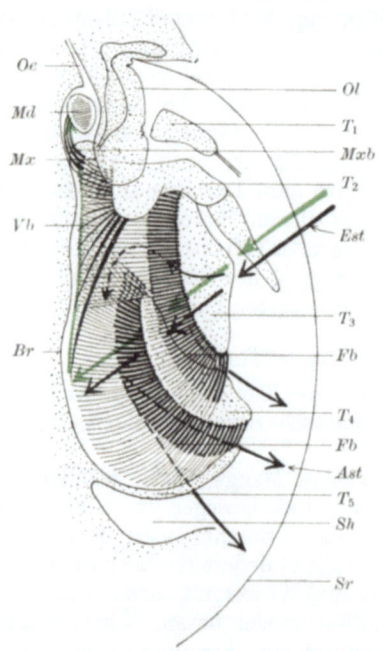
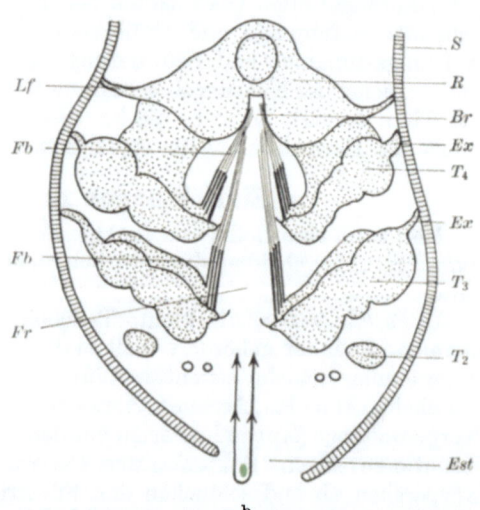

Abb. 118. Strudel- und Filterapparat von *Daphnia*. a Schematischer Medianschnitt durch *D. magna*, Wasserstrom mit schwarzen, Nahrungsstrom mit grünen Pfeilen bezeichnet. b Schematischer Querschnitt durch *D. magna* auf der Höhe des 3. und 4. Thoracalbeines. c—f Schema der Saug- und Filterbewegung nach Querschnitten; c Spreizen der Thoracalbeine (Abduktion, wie b) und damit Ansaugen des Wassers, d—f Annäherung der Thoracalbeine aneinander, ventrales Schließen des Filterraumes, Verengerung des Filterraumes und dadurch Auspressen des Wassers durch die seitlichen Filterborsten, Abfiltrieren der Nahrung und Hochbringen derselben zur Bauchrinne. (Nach STORCH 1926, a, b aus JORDAN u. HIRSCH 1927.) *Ast* Ausstrom, *Br* Bauchrinne, *Est* Einstrom, *Ex* Exopodit, *Fb* Filterborsten, *Fr* Filterraum, *Lf* Längsfalte, *Md* Mandibel, *Mx* Maxille, *Mxb* Maxillarborsten, *Oe* Oesophagus, *Ol* Oberlippe, *R* Rumpf, *S* Schale, *Sh* Schalenhohlraum, *Sr* Schalenrand, T_1—T_5 1.—5. Thoracalbein, *Vb* Vorbringborsten.

Durchlaufen der Mandibelmühle gelangen die Partikelchen durch einen Schluckakt in den Darm. Auf diese Weise werden große Nahrungsmengen dem Darm zugeführt, den sie sehr rasch durchlaufen; in 15—60 Min. kann der ganze Darminhalt erneuert werden.

Die *Appendicularien* fangen allerkleinste Planktonlebewesen mit einem gallertigen Cuticulargehäuse ein, das bei vielen Arten um ein Vielfaches größer ist als der Körper des Tieres. Bei *Oikopleura* wird durch Schlagen des Schwanzes durch zwei dorsale feinmaschige Gitterfenster Wasser in das Gehäuse hineingetrieben; es fließt an den Seiten des Tieres vorbei zu einem Filterapparat, der vor dem Munde des Tieres durch ein Querseptum an der Gehäusewand aufgehängt ist (Abb. 119). Der Filterapparat hat einen rechten und einen linken Flügel. Jeder

Flügel ist durch das Querseptum in eine untere und eine obere Kammer geschieden (Abb. 119 c), die nur in dem mittleren, beide Flügel verbindenden Teil (Mittelgang) des Filterapparats zusammenhängen. In die untere Kammer tritt unterhalb des Querseptums (Abb. 119 c) das Wasser frei in den Mittelgang ein. In diesem werden die Partikelchen festgehalten; denn die obere Kammer des Fangapparats, durch die das Wasser abströmt, ist durch zahlreiche feine Gitterstäbe als äußerst engmaschige Reuse ausgebildet. Aus dem Mittelgang schlürft das Tier die gefangenen Massen von Zeit zu Zeit durch das Mundrohr in die Kiemenhöhle ein. Das aus dem Filterapparat abströmende Wasser verläßt das Gehäuse durch eine Öffnung, die dem Vorderende des Tieres gegenüber liegt. Dadurch wird das Gehäuse (mit dem Hinterende des Tieres voraus) durchs Wasser getrieben. Dieses verwickelt konstruierte Gehäuse, die komplizierteste Cuticularbildung, die wir kennen, wird nur wenige Stunden benutzt; dann ist das feine Filter verstopft. Das Tier löst sich von dem Filterapparat ab, führt starke Schwanzschläge aus und verläßt durch eine an einer verdünnten Wandstelle aufreißende Fluchtpforte (Abb. 119a) das Gehäuse; in wenigen Stunden wird ein neues ausgeschieden.

Unter den *Säugern* sind die *Bartenwale* den Filtratoren zuzurechnen. Sie nehmen Wasser mit Planktontieren (vor allem Pteropoden) in ihre fast die Hälfte der Körperlänge einnehmende Mundhöhle auf, pressen das Wasser durch die Barten und halten die Nahrung so zurück.

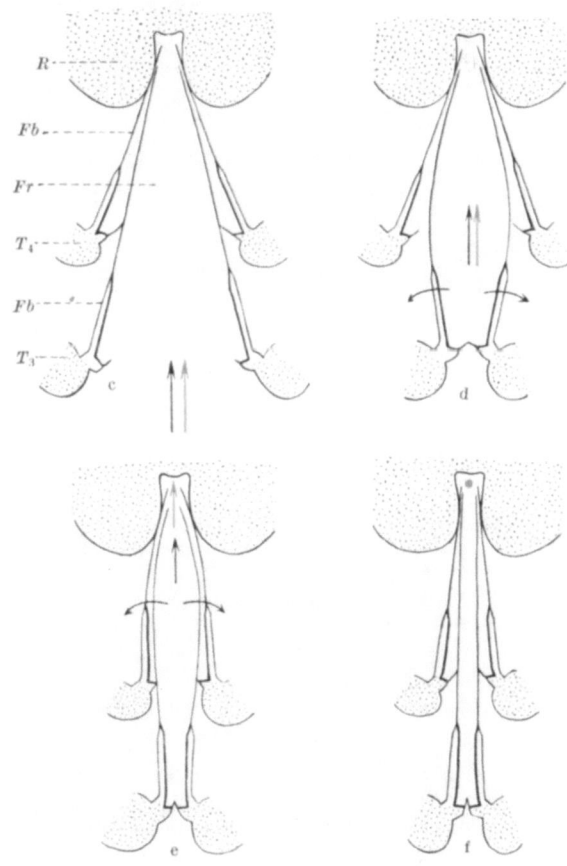

Abb. 118 c—f.

Den Partikelfressern schließen sich die *Schlamm- und Sandfresser* an (Regenwürmer, Holothurien).

2. Die *Schlinger* nehmen ebenfalls unvorbereitete Nahrung auf; sie umgreifen sie mit dem Mund und würgen sie durch peristaltische Bewegungen in den Darm. Bewehrung mit Kiefern, Zähnen usw. dient nur zum Festhalten, nicht zum Zerkleinern der Beutestücke. Schlinger sind in allen Tiergruppen häufig (Polypen, Medusen, Raubanneliden, Raubschnecken, Amphibien, Reptilien, viele Raubvögel, unter den Säugern besonders die Wassersäuger, Robben, Delphine).

3. Die *Sauger* nehmen hochwertige, von anderen Organismen vorbereitete Nahrung auf, Darminhalt (parasitische Nematoden), Körpersäfte von Tieren

(Hirudineen, stechende Dipteren, Acarinen u. a.) oder Pflanzensäfte (Schmetterlinge, Blattläuse u. a.). Werden zur Saftentnahme andere Organismen angestochen, so werden aus morphologisch sehr verschiedenen Teilen stets Apparate von ähnlichem Funktionsplan aufgebaut. Sie umfassen immer Stechborsten mit einem Führungsrohr, einen Speichelkanal und einen Saugkanal. Das Speichelsecret hindert die Gerinnung der aufgesaugten Säfte. Die Sauger können sehr große Nahrungsmengen aufnehmen, oft ein Vielfaches ihres Körpergewichts im Hungerzustand (*Hirudo* die siebenfache, *Argas* die fünffache Menge).

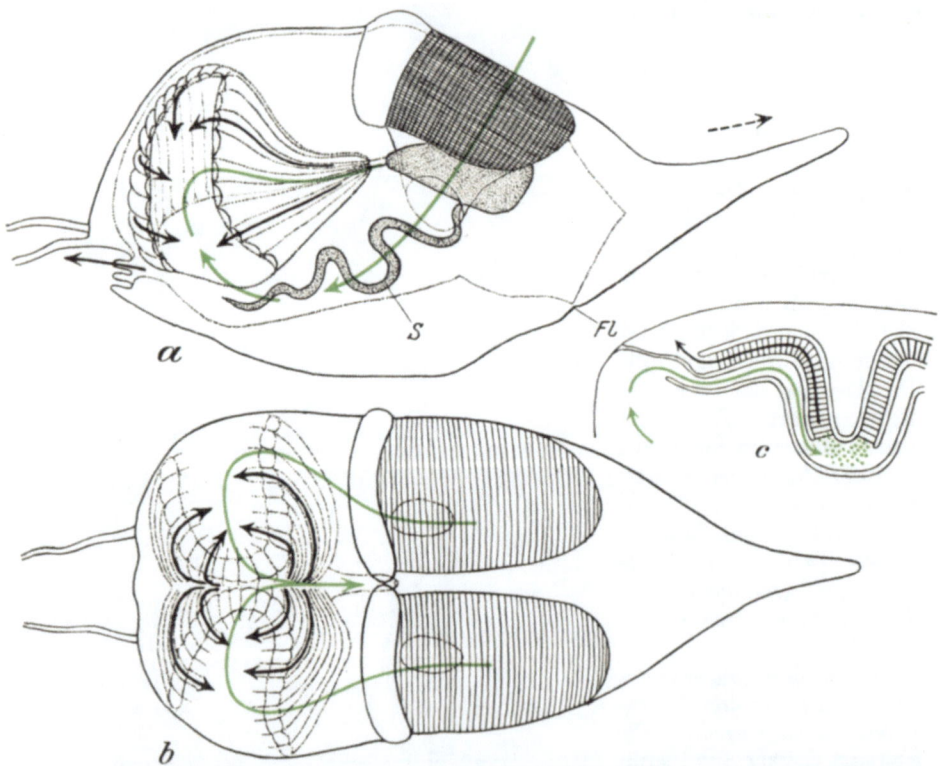

Abb. 119. Gehäuse von *Oikopleura albicans*. a Seitenansicht; das Tier punktiert gezeichnet. b Dorsalansicht. c Schematischer Querschnitt durch den Filterapparat, Nahrungsstrom grün, Wasserstrom aus dem Filterapparat heraus mit schwarzen ausgezogenen Pfeilen, Fortbewegungsrichtung des Gehäuses im Wasser mit unterbrochenem Pfeil bezeichnet. *Fl* Fluchtpforte. *S* Schwanz des Tieres. (Nach LOHMANN 1909, etwas schematisiert.)

4. Bei den *Zerkleinerern* wird die Nahrung vor der Aufnahme in den Darm mechanisch bearbeitet. Durch Reibplatten (Radula der Mollusken) oder Zähne (Echiniden) werden Stücke von der Nahrung heruntergeraspelt (*Kratzer*) oder durch Saugnäpfe, Zangen, Zähne oder Hornkiefer wird die Nahrung in Stücke zerrissen oder zerschnitten (viele Arthropoden, Cephalopoden, Raubvögel u. a.). Ein Zermahlen der Nahrung, ein echtes *Kauen* findet bei vielen *Wirbellosen innerhalb des Darmkanals*, nur sehr selten am Mundeingang statt. *Mundkauer* sind fast nur die *Säugetiere*. Ihre Backenzähne (Molaren), die ursprünglich mehrspitzige Fang- und Schneidezähne sind, bilden in verschiedenen Gruppen breite Mahlflächen mit Höckern und Leisten aus (Abb. 1110).

5. Die *Zersetzer* greifen die Nahrung außerhalb ihres Körpers chemisch durch Säfte an, die aus Speicheldrüsen oder aus dem Darm stammen. Turbellarien,

Octopoden, Spinnen, manche Käfer entleeren *eiweißverdauende Enzyme* auf die Nahrungskörper und verflüssigen die Gewebe mehr oder weniger vollständig. Manche Insekten *injizieren* den Beutetieren proteolytische Enzyme (*Notonecta*, *Dytiscus*-Larve, *Myrmeleo*-Larve). Einige Schnecken scheiden in ihrem Speichel freie *Säuren* aus (*Dolium* freie Schwefelsäure, *Tritonium* Asparaginsäure), mit deren Hilfe sie die Kalkskelete von Mollusken und Echinodermen angreifen.

6. Einzelne *parasitische* Formen haben den Darm verloren und sind zum Aufsaugen gelöster Nahrungsstoffe durch die Körperoberfläche übergegangen (*parenterale Ernährung*: Cestoden, Acanthocephalen, Rhizocephalen).

b) Verdauungseinrichtungen.

Im Verdauungsvorgang werden die hochzusammengesetzten organischen Nahrungsstoffe abgebaut (vgl. S. 31). Das artfremde Material wird in einfache Bausteine zerlegt, aus denen der Organismus körpereigene Stoffe aufbauen kann. Unlösliche oder schwer diffundierende Körper werden in lösliche Stoffe zerlegt, die in die lebenden Zellen eintreten können. Niemals fehlt die Fähigkeit, Eiweißkörper zu verdauen. Zu allermeist werden auch Polysaccharide und Fette abgebaut. Die enge Spezifität der Enzyme bringt es mit sich, daß bei der Verdauung der Eiweißkörper und der Polysaccharide bis zu den resorbierbaren Endprodukten zahlreiche Enzyme wirken müssen.

Unter den *Eiweißfermenten* unterscheidet man die *Proteasen im engeren Sinne*, die genuine Eiweißkörper angreifen und sie in Polypeptide, Tri- und Dipeptide spalten, und *Peptidasen*, welche Peptide bis zu den Aminosäuren abbauen. Unter den ersteren werden *peptische* und *tryptische Enzyme* getrennt. Sie greifen das Eiweißmolekül in verschiedener Weise an und werden durch die verschiedene Lage ihres p_H-Optimums gekennzeichnet. Die peptischen Enzyme wirken bei saurer Reaktion ($p_H = 2-5$), die tryptischen bei alkalischer ($p_H = 8-9$). Bei den Wirbeltieren und wahrscheinlich auch bei vielen Wirbellosen wirken die beiden Proteasenkategorien im Verdauungsvorgang zusammen, um das Material für den Endabbau durch Peptidasen vorzubereiten. Bei den Wirbeltieren sind die verschiedenen Enzyme zu einer *Enzymkette* hintereinandergeschaltet, deren einzelne Glieder an verschiedenen Stellen des Darmrohres lokalisiert sind. Die Wirbellosen arbeiten dagegen in ihren einfacher gebauten Verdauungshöhlen meist mit *Enzymgemischen*. Die Wirksamkeit der einzelnen Komponenten wird wahrscheinlich durch einen zeitlichen Wechsel des p_H während des Verdauungsvorganges ermöglicht. Vielfach herrscht erst saure, später alkalische Reaktion.

Die *Carbohydrasen* zerlegen Poly- und Disaccharide. Unter ihnen werden *Polyasen*, die Polysaccharide angreifen, und *Hexosidasen*, welche Disaccharide zerlegen, unterschieden. Von den Polyasen ist *Amylase*, die Stärke und Glykogen abbaut, bei den Tieren weit verbreitet. Sie fehlen nur bei rein carnivoren Formen, wie manchen Protozoen (Amöben, *Actinosphaerium*), *Hydra*, gewissen fleischfressenden Insekten (*Carabus*, *Dytiscus*, *Calliphora*-Larve). Die Bildung eines Cellulose angreifenden Enzyms (*Cellulase*) ist bei Metazoen nur selten nachgewiesen worden (Schnecken, gewisse Muscheln, *Potamobius*, *Forficula*). Unter den Protozoen verdauen gewisse Amöben (*Pelomyxa*), die pflanzlichen Detritus fressen, Cellulose, ebenso eine Reihe von Flagellaten, die im Darm von Termiten von Holzteilchen leben. Vielen Pflanzenfressern sind nur die Inhalte von Pflanzenzellen zugänglich, deren Wände mechanisch zerstört sind; bei anderen dringen Proteasen und Amylasen durch die Cellulosehäute und können so den Inhalt auflösen; eine weitgehende Aufschließung der Cellulose wird vielen Pflanzenfressern durch Symbionten ermöglicht (S. 343).

Lipasen sind im Tierreich fast allgemein verbreitet. Nur selten scheinen sie zu fehlen (Amöben).

Die Verdauung vollzieht sich im ursprünglichsten Falle auch bei den Metazoen *intracellulär* nach Aufnahme der Nahrungsteilchen in die Entodermzellen. Bei den kleinste Partikelchen anstrudelnden *Spongien* ist diese *intracelluläre, intraplasmatische* oder *phagocytäre Verdauung* die einzige Form der Nahrungsverarbeitung (vgl. S. 125). Bei den übrigen Metazoen werden meist größere Nahrungskörper in die *Darmhöhle* aufgenommen. Damit wird eine *extracelluläre* oder *secretive Verdauung* Voraussetzung für jede weitere Verarbeitung der Nahrung. Die hinreichend zerkleinerten Nahrungsstücke können dann nach einer extracellulären Vorverdauung phagocytiert und einer *intracellulären Endverdauung* unterworfen werden (*Cnidarier*, Abb. 120, viele *Plathelminthen*, ein Teil der *Mollusken* und *Echinodermen*), oder die Verdauung wird *völlig extracellulär* zu Ende geführt (*Anneliden, Arthropoden, Cephalopoden, Chordaten*). Eine Ausnahmestellung nehmen die eine Darmhöhle entbehrenden acölen Turbellarien ein; sie verdauen auch große Beutestücke intraplasmatisch in ihrem Parenchymsyncytium und durch amöboide Wanderzellen.

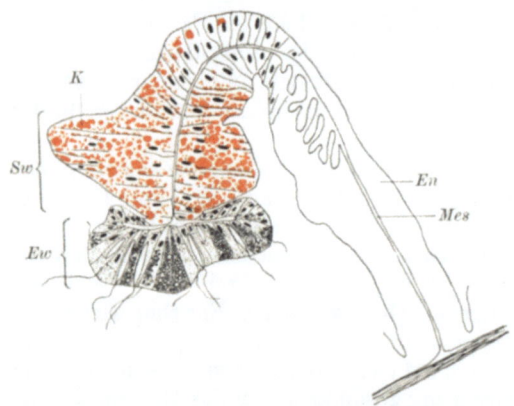

Abb. 120. Ein Septum von *Sagartia troglodytes*, 6 Stunden nach Fütterung mit einem Gemisch von Fischmuskeln und zerriebenem Karmin. *En* Entoderm, *K* Karmin, *Mes* Mesenchym, *Ew* Endwulst mit Drüsenzellen und Nesselzellen, *Sw* Seitenwulst mit phagocytierten Zellen. (Nach HIRSCH 1925.)

Die *Verdauungssecrete* für die extracelluläre Verdauung werden ins Lumen des Darmrohres von Darmepithelzellen oder von Zellen besonderer Drüsen abgesondert. In der Regel wird in den Pausen zwischen Nahrungsaufnahmen nur in geringem Grade Secret in die Darmhöhle abgegeben (*Hungersecretion*). Bei Nahrungsaufnahme wird die Secretabsonderung gesteigert dadurch, daß die große Mehrzahl der Zellen gleichzeitig in die Phase der Secretausfuhr eintritt (S. 105 f.). Der *Nahrungsreiz* wirkt auf die Drüsenzellen entweder direkt (Cnidarier) oder durch das Nervensystem oder durch chemische Stoffe auf dem Blutwege (S. 241).

Die molekular oder kolloidal gelösten Endprodukte der Verdauung werden bei intracellulärer Verdauung durch die Vacuolenwand, bei extracellulärer durch das Darmepithel *resorbiert*. Die resorbierenden Zellen besitzen häufig an ihrem freien Ende einen Stäbchensaum. Wenn im selben Darmabschnitt Secretion und Nahrungsaufnahme (Phagocytose oder Resorption) stattfinden, sind meist zweierlei Zellen vorhanden, aufnehmende Zellen und Drüsenzellen (oft von mehrerlei Art). Manchmal finden wir nur einerlei Zellen (Nematoden, Tracheaten); dann laufen Secretion und Resorption nacheinander an derselben Zelle ab. Bei Tracheaten (Chilognathen, Insekten) beginnt jede Zelle ihre Tätigkeit mit Resorption; dabei besitzt sie einen wohlausgebildeten Stäbchensaum. Dann wird sie zur Drüsenzelle, wobei sie sich verbraucht. Hiermit steht eine ausgiebige Epithelerneuerung im Zusammenhang (Abb. 92 b).

Die *Ausgestaltung des Darmsystems innerhalb der Tierstämme* ist sehr mannigfaltig. Die einfachste verdauende Höhle besitzen unter den Cnidariern die *Hydroidpolypen* (Abb. 83 b). Ihr Darm ist ein einfacher, blindgeschlossener Sack, der durch

Organe der Nahrungsaufnahme und Verdauung.

die am freien Körperende gelegene Mundöffnung (Urmund) die Nahrung erhält und die Reste ausstößt. Bei den *Anthozoenpolypen* und den *Ctenophoren* (Abb. 83c) tritt ein ectodermales Schlundrohr (*Stomodaeum*) hinzu, außerdem wird bei ersteren der Darmraum durch vorspringende Scheidewände untergeteilt. Der Darm aller Cölenteraten verbreitet sich im ganzen Körper. Hohle Ausstülpungen von ihm oder solide Entodermsäulen durchziehen bei den Cnidarien auch die Tentakel; bei den Quallen ist der Darm in der ganzen Scheibe verästelt, und die Darmäste sind dem radiären Bau des Tieres entsprechend radiär angeordnet (Abb. 385f., 401). Durch die allseitige Verbreitung des Darmes wird die Nahrung den einzelnen Teilen des Körpers zugeführt, und Verdauung und Resorption können in jedem Darmteile stattfinden. Der gefäßartig verästelte Darm ersetzt funktionell ein Gefäßsystem; er wird daher auch als *Gastrovascularsystem* bezeichnet.

Unter den *Cölomaten* findet sich in analoger Ausbildung wie bei Cölenteraten ein vielfach verästelter afterloser Darm bei den dendrocölen Tricladiden und Polycladiden unter den Turbellarien (Abb. 445, 450), sowie einigen Trematoden (Abb. 122), bei denen die primäre Leibeshöhle auf enge Lücken im Parenchym beschränkt ist. Der Darm mündet durch ein Schlundrohr (*Stomodaeum*) nach außen, welches auch die Nahrungsreste ausstößt. Eine weitere Stufe des Darmes zeigen die mit einer geräumigeren primären Leibeshöhle ausgestatteten *Nematoden* (Abb. 122). Hier tritt ein neuer, durch ectodermale Einsenkung am hinteren Körperende entstandener Darmabschnitt (*Proctodaeum*) mit dem After hinzu. Der entodermale Anteil des Darmes (*Archenteron*) wird jetzt als *Mesenteron* bezeichnet. Das ectodermale Stomodaeum und Proctodaeum, sowie das entodermale Mesenteron beteiligen sich weiterhin bei den Cölomaten in verschiedenem Umfange an dem Aufbau des Darmes. Dabei stimmt die funktionelle Gliederung in *Vorderdarm*, *Mitteldarm* und *Enddarm* mit den entwicklungsgeschichtlichen nicht immer überein. So wird z. B. bei Arthropoden ein sehr großer Teil des Darmes vom Procto- und Stomodaeum geliefert, während bei Vertebraten fast alle Abschnitte des Darmes dem Mesenteron angehören und die Beteiligung der ectodermalen Darmteile sehr beschränkt ist.

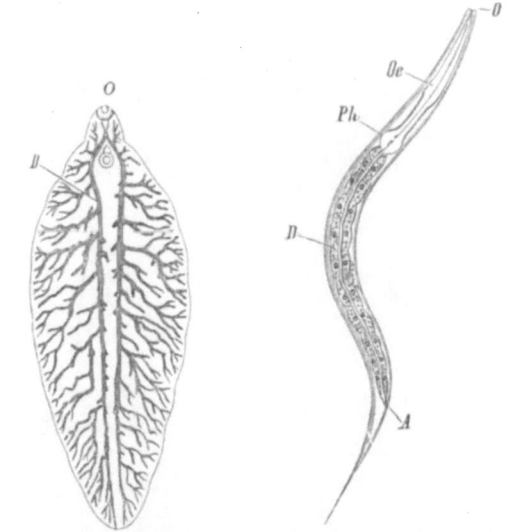

Abb. 121. Darmkanal (*D*) von *Fasciola* (*Distomum*) *hepatica*. (Nach R. LEUCKART.) *O* Mundöffnung.

Abb. 122. Junger *Nematode*. *O* Mund. *Oe* Stomodaeum (Oesophagus mit Pharyngealanschwellung *Ph*). *D* Mitteldarm. *A* After.

Der Darmkanal der höheren Cölomaten zeigt, möge er größtenteils ectodermalen oder archenterischen Ursprungs sein, mannigfache Stufen von Differenzierungen, durch besondere Ausbildung *verschieden funktionierender Darmabschnitte*, *Vergrößerung der secernierenden und resorbierenden oder phagocytierenden Oberflächen* und die Entwicklung von *Anhangsdrüsen*. Zur Fortbewegung des Darminhaltes dienen Wimpern oder die Contractionen einer Darmmuskulatur (*peristaltische Bewegung*). Meist wird der Darm länger als der Körper und daher in Windungen gelegt. Sehr häufig wird seine Innenfläche gefaltet oder in Zotten vorgetrieben. Besonders ist dies im *Mitteldarm* der Fall, der immer der Hauptort der Verdauung und Resorption oder Phagocytose ist. Bei den *Crustaceen, Arachnoiden* und *Mollusken* wird vom Mesenteron aus eine mächtige, in zahlreiche Blindschläuche sich verästelnde Ausstülpung gebildet, die *Mitteldarmdrüse* („Leber" [Abb. 577, 612]). In sie kann fast das ganze entodermale Epithel eingehen. Stets (mit Ausnahme der Cephalopoden) gelangt die Nahrung durch Flimmerung oder Muskelbewegungen in die Mitteldarmdrüse hinein. Sie ist immer der Hauptort der Verdauung, bei den Muscheln und Schnecken die Stelle ausgiebiger Phagocytose, bei Krebsen und Arachnoiden die hauptsächlichste, bei einigen Formen (*Potamobius*) die einzige Stelle der Resorption. Sonst kommen secernierende Ausstülpungen am Mitteldarm bei Wirbellosen da und dort vor (z. B. bei *Aphrodite*, manchen Insekten [Abb. 123]). Für die *Wirbeltiere* sind zwei Anhangsdrüsen, *Leber* und *Pancreas* (*Bauchspeicheldrüse*), charakteristisch. *Speicheldrüsen* am vordersten Darmabschnitt (*Mundspeicheldrüsen*) finden sich im allgemeinen erst bei höheren Tieren (Arthropoden, Mollusken, Wirbeltieren), und zwar besonders bei Landtieren. Die Aufgabe des Speichels ist in erster Linie mechanisch (Gleitspeichel, Klebspeichel); soweit ein Enzymspeichel vorhanden ist, enthält er fast nur Carbohydrasen (pflanzenfressende Schnecken und Insekten, Wirbeltiere). Am *Vorderdarm* können (stomodäale oder mesenterale) Auftreibungen, Kröpfe oder Mägen entwickelt sein. In ihnen findet oft eine mechanische Zerkleinerung (*Muskelmägen, Kaumägen*, z. B.

Abb. 123. Darmkanäle von Insekten (aus BÜTSCHLI). a *Blatta orientalis* (nach DUFOUR), b Schema des Termitendarms (nach HOLMGREN).

Potamobius [Abb. 613], manche Insekten, Gastropoden, Vögel), stets eine Vorverdauung statt. Diese wird von dem verschluckten Speichel oder aus dem Mitteldarm vorbeförderten Enzymen bewirkt. Der *Enddarm* leitet manchmal nur die Kotmassen aus, wobei sie eingedickt werden. Öfters findet in ihm auch noch Resorption statt. Bisweilen ist er eine wichtige Stätte der Verdauungssymbiose (S. 343).

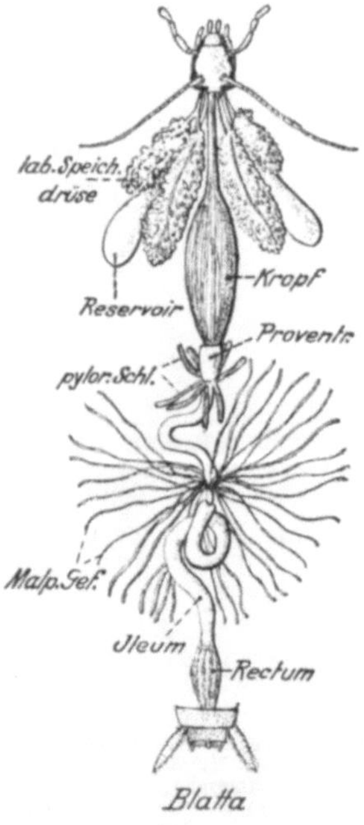

Allgemein zeigt die *Länge des Darmes* eine Abhängigkeit von der *Aufschließbarkeit* der Nahrung und ihrem Gehalt an Nährstoffen. Innerhalb desselben Verwandtschaftskreises sind die Därme von Fleischfressern im allgemeinen kürzer als die von Pflanzenfressern:

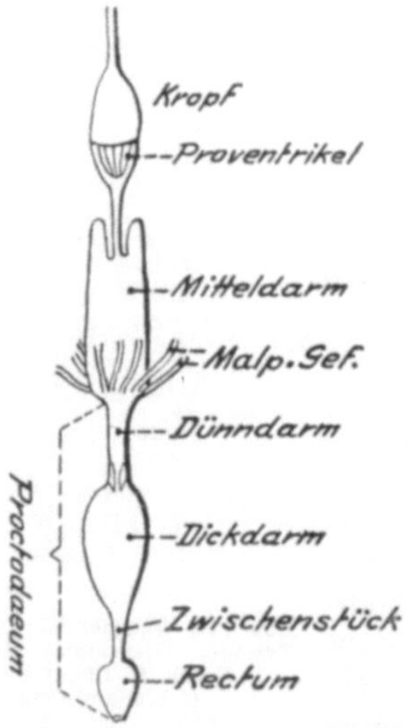

Käfer:		Verhältnis: Darmlänge : Körperlänge
Fleischfresser:	*Dytiscus*	1 : 1
Pflanzenfresser:	*Melolontha*	7 : 1
Kotfresser:	*Scarabaeus*	13,3 : 1

Organe der Nahrungsaufnahme und Verdauung. 133

	Säuger:	Verhältnis: Darmlänge : Körperlänge
Fleischfresser:	Rhinopoma (insektenfressende Fledermaus)	2 : 1
	Felis catus	4,5 : 1
Pflanzenfresser:	Equus	12 : 1
	Bos	21 : 1

Die Darmlänge kann auch während der Entwicklung durch die Art der Nahrung *modifiziert* werden: Füttert man Anurenlarven ausschließlich mit Pflanzenstoffen, so bilden sie bis zur Metamorphose einen sehr langen, vielmals spiralig aufgewundenen Darm aus, während er bei den mit Fleisch ernährten nur wenige Spiralumgänge macht. Im ersten Fall ist der Darm 8,6mal, im zweiten nur 6mal so lang wie der Körper (BABÁK).

Als Beispiel eines reichdifferenzierten Darmes, an welchem das ectodermale Stomodaeum und Proctodaeum mit Ausnahme des verdauenden Mitteldarmes alle übrigen Darmteile liefern, diene der Insektendarm (Abbild. 123, 720). Der Eingangsabschnitt wird als Mundhöhle bezeichnet, in welche die Speicheldrüsen einmünden. Dann folgt ein rohrförmiger enger Abschnitt, die Speiseröhre (*Oesophagus*). An ihr befindet sich häufig eine Erweiterung zur Aufspeicherung der Nahrung, der *Kropf*, hinter dem eine kugelige Auftreibung mit Chitinborsten und -Zähnen im Inneren und kräftiger Muskulatur, der Kau- oder Vormagen (*Proventriculus*), folgen kann. An dem sich anschließenden *Mitteldarm* (*Chylusdarm*),

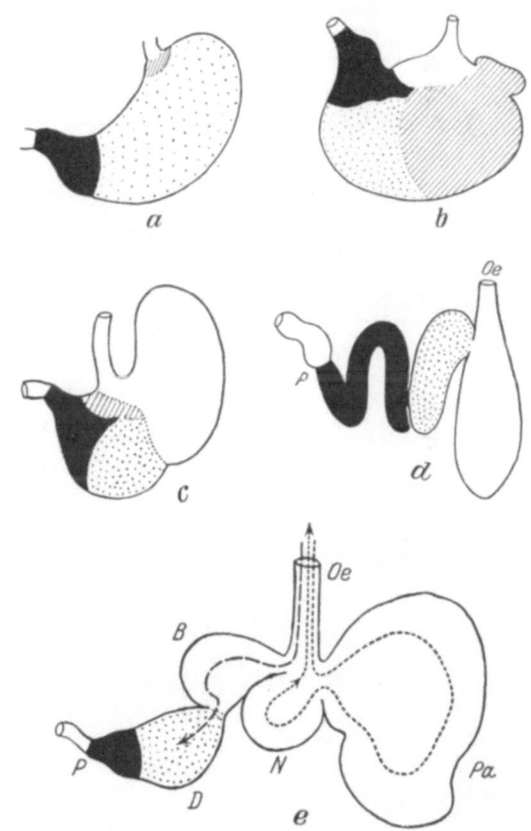

Abb. 124. Magentypen von Säugern. a Mensch. b Schwein. c Maus. d Delphin (*Phocaena*). e Wiederkäuermagen, Schema (······> Weg der Nahrung vor, ---> Weg der Nahrung nach dem Wiederkäuen). *B* Blättermagen, *D* Drüsenmagen, *N* Netzmagen, *Oe* Oesophagus, *P* Pylorus, *Pa* Pansen, *weiß* Oesophagus und ösophagealer Teil des Magens, *schwarz* Pylorusteil, *punktiert* Fundusteil, *schraffiert* Cardiateil des Magens.

dem hauptsächlich verdauenden und resorbierenden Abschnitt, stehen bisweilen im Anfangsabschnitt kleinere oder größere Drüsenschläuche (pylorische Schläuche), manchmal weite Säcke (Pyloruscoeca), die nicht nur secernieren, sondern auch resorbieren. Der Enddarm ist häufig in mehrere Unterabteilungen gegliedert, meist den resorbierenden Dünndarm (*Ileum*) und den Mastdarm (*Rectum*), in denen sich die Nahrungsreste (*Faeces*) ansammeln und durch die kräftige Muskulatur des letzten Abschnittes ausgestoßen werden. Zwischen Ileum und Rectum kann sich noch ein Dickdarm einschieben. Excretorische Anhänge am Anfang des Enddarmes sind die MALPIGHIschen Gefäße.

134 Die Organe und ihre Leistungen.

Etwas genauer seien noch der *Darmkanal der Wirbeltiere* und die in ihm ablaufenden Vorgänge betrachtet. Der Wirbeltierdarm geht bis auf die vom Ectoderm aus entstandene Mundhöhle und den letzten Abschnitt vor dem After aus dem Mesenteron hervor. Seine Abschnitte sind zunächst der *Kopfdarm*, bestehend aus Mundhöhle und Rachen (Pharynx, Kiemendarm), und der *Rumpfdarm*. Dieser umfaßt den *Vorderdarm* mit Oesophagus und Magen, den *Mitteldarm* und den *Enddarm* (Abb. 1006, 1041, 1084). Die in die Mundhöhle sich ergießenden Speichel-

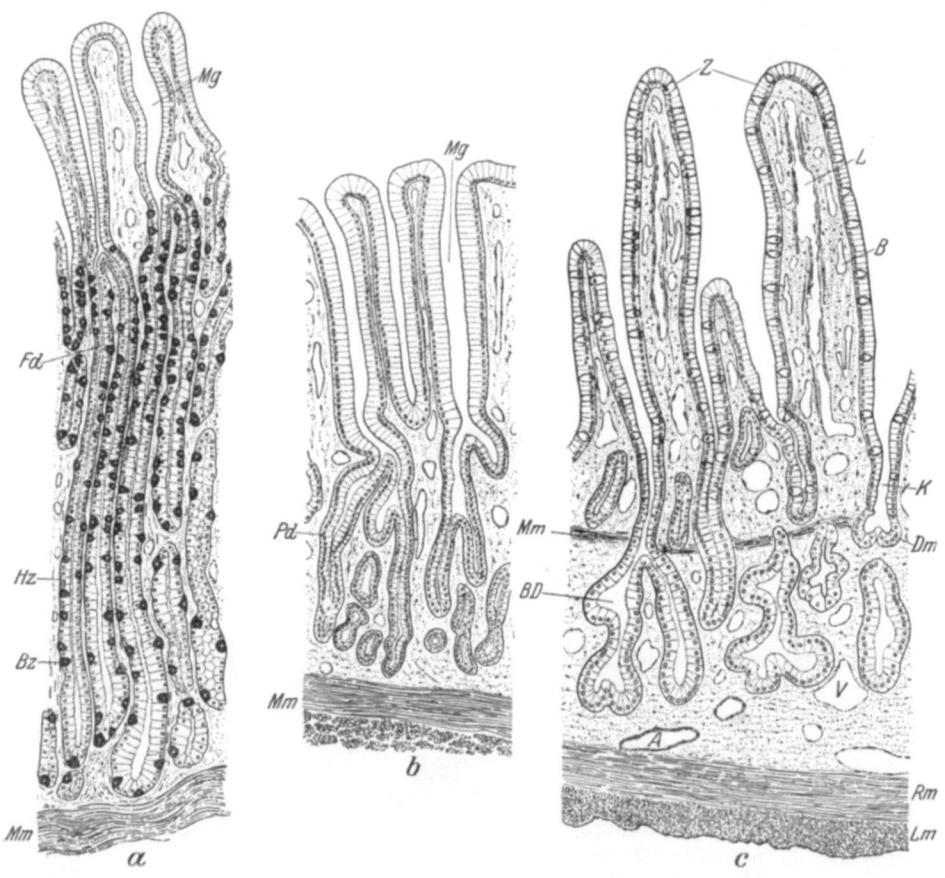

Abb. 125. Histologischer Bau der Magen- und Duodenumwand der Säuger. a, b Mensch. c Kaninchen, Stücke aus Querschnitten. a Fundusregion des Magens. b Pylorusregion des Magens. c Duodenum. *B* Blutgefäße, *BD* BRUNNERsche Drüsen, *Bz* Belegzellen, *Dm* Drüsenmündung, *Fd* Fundusdrüsen, *Hz* Hauptzellen, *K* Darmkrypte, *L* Lymphgefäße, *Lm* Längsmuskulatur, *Mg* Magengrübchen, *Mm* Muscularis mucosae (Schleimhautmuskulatur), *Rm* Ringmuskulatur, *Z* Dünndarmzotten. (Original K.)

drüsen liefern Schleim und bei einem Teil der Wirbeltiere eine Amylase. Vom Pharynxteil des Wirbeltierdarmes bilden sich respiratorische Organe aus, die Kiemen bei den im Wasser lebenden, die Lungen bei den am Lande lebenden Formen. Der je nach der Halslänge verschieden lange Oesophagus trägt bei manchen Vögeln einen Kropf. Der bei den niederen Wirbeltieren meist einfache *Magen* ist bei den Vögeln und Säugern oft hochspezialisiert. Bei körnerfressenden Vögeln (Abb. 1084) ist er in zwei Abschnitte, einen *Drüsenmagen* und einen hinteren, durch kräftige Muskulatur und harte Innenbekleidung ausgezeichneten *Muskelmagen* geteilt. Bei den *Säugern* lassen sich bei dem gewöhnlichen einhöhligen Magen

(Abb. 124a), wie auch bei den Amphibien und Reptilien, zwei in ihrer histologischen Beschaffenheit verschiedene Abschnitte unterscheiden: die *Fundusregion*, in deren schlauchförmigen Drüsen (Abb. 90c, 125a) Pepsin (in den Hauptzellen) und Salzsäure (in den Belegzellen) gebildet werden, und die *Pylorusregion*, die ebenfalls schlauchförmige Drüsen, aber mit nur einerlei Zellen (pepsinbildenden) besitzt (Abb. 125b). Die Pepsinzellen scheiden das Enzym in einer noch nicht wirksamen Form, als *Propepsin* (Pepsinogen) aus. Durch die Salzsäure wird dieses aktiviert, und die Eiweißverdauung setzt ein. Die Verdauung durch Pepsin bei saurer Reaktion ($p_H = 1{,}4-1{,}8$) zerlegt Eiweißkörper in Peptide; Aminosäuren werden nicht abgespalten. Im Magen liegt die aufgenommene Nahrung in einer bestimmten Schichtung, die früher aufgenommenen Mengen an der Oberfläche, die später eingetretenen im Innern (Abb. 126d); erst im Pylorusabschnitt findet eine Durchmischung statt. Infolge dieser Schichtung beginnt an der Magenwand die Eiweißverdauung, verflüssigte Stoffe werden oberflächlich abtransportiert, während im Mageninneren noch die Speichelamylase bei alkalischer Reaktion wirken kann.

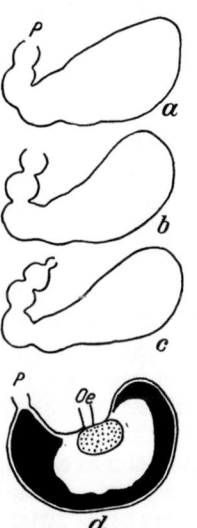

Die Förderung des Mageninhaltes wird vor allem von dem (rechts gelegenen) Pylorusteil besorgt. Dieser macht starke peristaltische Bewegungen, während der ausgeweitete (linke) Fundusteil als Nahrungsspeicher dient und nur geringe Contractionen macht (Abb. 126).

Bei manchen Säugern reicht das vielschichtige, verhornte Plattenepithel des Oesophagus mehr oder weniger weit in den Magen hinein (*oesophageale Schleimhautzone*). Ferner kann vor der Region der Fundusdrüsen noch eine *Cardiadrüsenregion* liegen (Abb. 124), deren Drüsenschläuche weder Pepsin noch Salzsäure erzeugen. Oesophageale und Cardiazone können sich als *Vormagen* von dem Rest des Magens absetzen (Abb. 124c, d). Bei schlingenden Wassersäugern (Delphinen) ist der oesophageale Teil zu einem mächtigen Sack ausgeweitet, in dem eine Vorverdauung mit aus dem Magen stammenden Verdauungssäften erfolgt (Abb. 124d). Am höchsten ist die Gliederung des Magens bei den *Wiederkäuern* entfaltet (Abb. 124e,

Abb. 126. Säugermagen. a—c Bewegungen des Pylorusabschnittes des Magens der Katze nach Röntgenbildern (nach CANNON). d Magen einer Ratte gefroren und längs durchschnitten; Anordnung dreier nacheinander gegebener Futtermassen (1. schwarz, 2. weiß, 3. punktiert). *Oe* Oesophagus, *P* Pylorus (nach GRÜTZNER).

1154). Hier ist der Magen vierteilig. Er besteht aus drei nacheinander geordneten Säcken, den drei Vormägen (*Pansen*, *Netzmagen* oder *Haube* und *Blättermagen* oder *Psalter*) und dem Hauptmagen (*Drüsenmagen* oder *Labmagen*).

Die Vormägen sind mit oesophagealer Schleimhaut ausgekleidet, die an verschiedenen Stellen verschieden geformte Zotten, Warzen, Leisten oder Falten trägt. Unter ihnen ist der *Pansen* weitaus am größten (er hat bei großen Rindern bis zu 200 l Fassungsvermögen). Pansen und Netzmagen sind *Gärmägen*; sie enthalten eine reiche und aus bestimmten Arten zusammengesetzte Bakterien- und Protozoenbewohnerschaft, welche den sehr flüssigkeitsreichen Nahrungsbrei (80—90% H_2O) durchsetzt. Die von den Bakterien bewirkte Zersetzung der Cellulose zerstört die pflanzlichen Zellwände und macht so den Inhalt zugänglich und liefert neben Gasen auch resorbierbare Produkte. Hierdurch können über 90% des Energiegehalts der Cellulose ausgenützt werden. Die *Verdauungssymbiose* (S. 343) mit Microorganismen ermöglicht es, daß die Cellulose für Wiederkäuer fast denselben Nährwert wie Stärke hat.

Der Mitteldarm der Wirbeltiere ist der (mit Ausnahme eines Teils der Fische, [Abb. 1006]) lange, gewundene *Dünndarm*, dessen Innenfläche sehr häufig durch

Zottenbildung vergrößert ist. In den ersten Teil des Dünndarmes, den Zwölffingerdarm (*Duodenum*), münden zwei mächtige Anhangsdrüsen ein, die wichtigste Verdauungsdrüse, die *Bauchspeicheldrüse* (*Pancreas*), und die *Leber*; am Ausführungsgang der letzteren findet sich meist eine blasenartige Erweiterung, die *Gallenblase*. Das *Pancreas* liefert Enzyme für die drei Hauptgruppen der organischen Nahrungsstoffe: eine *Amylase*, die wie die Speichelamylase Stärke zu Maltose abbaut, eine *Lipase* und eine Protease, das *Trypsin*. Dieses wird von der Drüse als Proenzym abgeschieden und kann hochmolekulare Eiweißkörper erst angreifen, wenn es durch einen von der Darmwand gelieferten Stoff, die *Enterokinase*, aktiviert ist. Dann baut das Trypsin Eiweißkörper wesentlich weiter ab, als das Pepsin, wobei auch einzelne Aminosäuren abgespalten werden. Di- und Tripeptidbindungen bleiben aber noch ungelöst. Das Produkt der Wirbeltierleber, die *Galle*, übt eine emulgierende Wirkung auf die Fette aus und bringt die durch die Lipaseverdauung gebildeten Fettsäuren bzw. ihre Seifen in wasserlösliche, leicht diffusible Form; sie befördert dadurch die Fettresorption. Außerdem liegt die Bedeutung der Leber in erster Linie auf der Veränderung des durch sie hindurchfließenden Blutes, der Bildung und Speicherung von Glykogen, der Bildung von Harnstoff und Harnsäure aus den stickstoffhaltigen Endprodukten des Stoffwechsels und der Entgiftung giftiger resorbierter Verdauungsprodukte.

Der *Dünndarm* ist sehr reich an Drüsen. Er enthält die im Anfangsteil des Duodenums gelegenen BRUNNERschen Drüsen und die den ganzen Dünndarm von Anfang bis zu Ende besetzenden LIEBERKÜHNschen Drüsen (Abb. 124c). Diese Darmdrüsen liefern Natriumcarbonat, das die für die Trypsinwirkung (Optimum $p_H = 8-9$) nötige alkalische Reaktion des Darmsaftes herstellt, Fette emulgiert und die Fettsäuren verseift, ferner eine *Maltase*, die Maltose in Traubenzucker spaltet, und eine *Peptidase*, das *Erepsin*, welches die Peptide zu Ende in Aminosäuren zerlegt (p_H-Optimum = 7,8). Da der Dünndarm der Hauptort der Resorption ist, wird seine Oberfläche stets durch Falten und Zotten sehr vergrößert (Abb. 125c). Diese sind reich mit Blutcapillaren versorgt und von Lymphräumen durchzogen, die in die *Chylusgefäße* übergehen (Abb. 142).

Der *Enddarm*, welcher erst bei den Säugern erhebliche Länge und Differenzierung gewinnt, trägt an seinem Anfang meist einen *Blindsack* (*Coecum*, bei den Vögeln auch zwei). Er ist bei den Säugern oft in *Dickdarm* (*Colon*) und *Rectum* gegliedert. Die Dickdarmdrüsen sondern nur noch Schleim ab. In seinem Anfangsteil gehen Verdauung durch die Dünndarmsäfte und Resorption weiter; dann folgt hauptsächlich noch Eindickung des Kotes durch Wasserresorption. Bei den pflanzenfressenden Säugern mit einhöhligem Magen sind Coecum und Colon die Hauptorte der *Cellulosevergärung* durch Microorganismen und vielfach sehr ausgedehnt und kompliziert gebaut (Abb. 1113).

C. Atmungsorgane.

In allen Gewebeteilen des oxybiontischen Organismus finden Oxydationen statt (S. 31), die O_2 verbrauchen und CO_2 frei machen. Die Zuführung von O_2 bis zu den Stellen seiner Verwertung und die Abfuhr des CO_2 von den Stellen seiner Entstehung bis zur Entfernung aus dem Gesamtorganismus nennen wir *Atmung*. Als *äußere Atmung* bezeichnet man den Gasaustausch zwischen äußerem Medium (Wasser oder Luft) und Körperflüssigkeit, als *innere Atmung* den Gaswechsel zwischen Körperflüssigkeit und Gewebe. Für die Oxydationsvorgänge in den Zellen selbst wird vielfach der Ausdruck „Zellatmung" (chemische Atmung) gebraucht. Eine „einseitige Atmung" liegt da vor, wo kein O_2 eingeführt, wohl aber CO_2 ausgeführt wird, wie dies bei anoxydativen Spaltungsvorgängen (Gärungen, S. 30) der Fall ist.

Der Gaswechsel an den Grenzflächen ist im wesentlichen rein physikalischer Natur, ein einfacher *Diffusionsvorgang*. Da unter normalen Außenbedingungen der Sauerstoffdruck im äußeren Medium größer ist als im inneren und es sich beim Kohlensäuredruck umgekehrt verhält, so tritt O_2 ein, CO_2 aus. Auf dem Wege des O_2- und CO_2-Transports zwischen äußerer und innerer Atemstelle sind häufig chemische Vorgänge eingeschaltet, die aber nicht vitaler Natur sind: Bindung von O_2 an besondere *Transportstoffe* (meist Blutfarbstoffe, S. 150) und von CO_2 an Alkalien und Eiweißkörper. Diese Vorgänge verbessern die Transportökonomie, spielen aber für den Gaseintritt und -austritt als solchen keine Rolle. Eine echte *Gasresorption und -secretion* findet jedoch bei einzelnen besonderen Atmungseinrichtungen (geschlossenen Tracheensystemen mancher im Wasser lebender Insektenlarven) und bei einigen Gasbehältnissen von hydrostatischer Bedeutung (Schwimmblasen der Siphonophoren und Fische) statt. Hier erfolgt eine Abscheidung von O_2, CO_2 und N in gasförmigem Zustand aus wässeriger Lösung durch besondere Zelltätigkeit.

Wenn die Oberfläche eines Organismus groß ist im Verhältnis zu seiner Masse (bei Protozoen und kleinen, wenig massigen Metazoen, Spongien, Cnidarien), genügen *Diffusionsvorgänge* an der Körperoberfläche und im Körperinnern für den gesamten Gaswechsel. Überschreitet die Masse eines Tieres eine bestimmte Größe, dann wird die Oberfläche im Verhältnis zur Masse zu gering, und der Weg von der Oberfläche zu den im Innern liegenden Teilen wird zu weit, um nur durch Diffusion eine hinreichende, gleichmäßige O_2-Versorgung und CO_2-Abfuhr zu ermöglichen. Diese wird geleistet durch *Vergrößerung der äußeren Diffusionsoberfläche*, durch Wechsel des äußeren Mediums (Atembewegungen: *Ventilation*) und Durchmischung der inneren, die Gewebe umspülenden Flüssigkeit. Die Atembewegungen besorgen vielfach (Flimmerbewegung, Gliedmaßenbewegung) zugleich die Herbeischaffung der Nahrung (Strudler) oder die Ortsbewegung; oder sie dienen eigens der Ventilation. Der Transport der Atemgase im Körper ist eine Hauptaufgabe der *Circulation der Körpersäfte*. Bei nicht sehr massereichen Tieren mit feuchter Körperoberfläche und verhältnismäßig trägem Stoffwechsel reicht *Hautatmung* im Verein mit der Circulation aus (viele Würmer, Echinodermen, manche niedere Krebse, Amphibien, denen die Lungen fortgenommen werden können oder fehlen, wie bei *Spelerpes*). Bei allen größeren Tieren mit höherer Differenzierung der Körperschichten, weiterer Arbeitsteilung der Gewebe und lebhaftem Stoffwechsel sind besondere *Atmungsorgane* ausgebildet, die dem äußeren Gaswechsel dienen. Solche sind entweder Oberflächenvergrößerungen (in der Regel der Haut) nach außen, *Kiemen* bei Wassertieren, oder Oberflächenvergrößerungen nach innen, wie *Lungen* und *Tracheen*, welche bei Landtieren auftreten. Die Entwicklung der Atmungsorgane nach innen im letzteren Falle ergibt sich aus der Notwendigkeit, die Atmungsorgane vor zu großer Verdunstung zu schützen. Bei Wassertieren, die bei zeitweiligem Aufenthalte am Lande luftatmend werden und dennoch durch Kiemen atmen (Landkrabben, Labyrinthfische), finden sich stets Vorrichtungen, welche die Kiemen durch Benetzung feucht erhalten (Landkrabben), oder accessorische Atmungsorgane (Labyrinthfische).

Die *Kiemen* als Oberflächenvergrößerungen nach außen ragen in das Atemmedium, das Wasser, hinein. Selten liegen sie ganz frei, wie die kammförmig oder dendritisch verästelten Anhänge an den Stummelfüßen der Anneliden (Abb. 127) und die äußeren Kiemenbüschel von Amphibienlarven (Abb. 285b) und die sekundären Kiemen mancher Mollusken. Meist sind die leicht verletzlichen Kiemen durch irgendeine Bedeckung geschützt, wie die blattförmigen, schlauchförmigen oder komplizierter gefalteten Organe an den Gliedmaßen der Crustaceen (Abb. 577, 611), die fiederigen oder blattförmigen Gebilde in der Mantelhöhle der Mollusken (Abb. 800, 802, 866) und die typischen Kiemen der im Wasser lebenden Wirbeltiere.

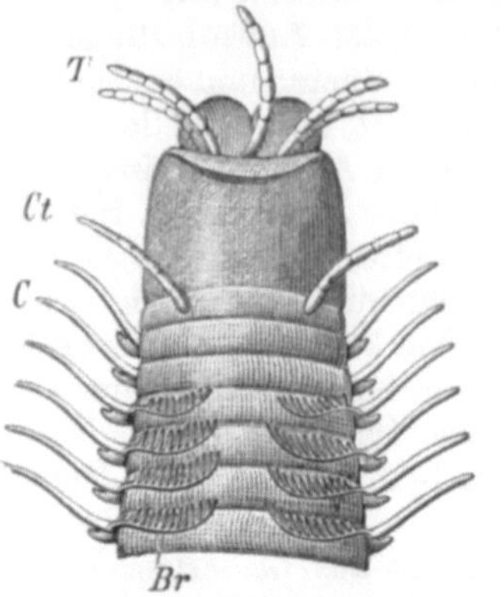

Die Kiemen sind außerordentlich mannigfaltige *analoge* Bildungen, die oft innerhalb derselben Tiergruppe *inhomolog*, an verschiedenen Körperstellen und mit verschiedenem Bau auftreten (z. B. primäre und sekundäre Kiemen der Mollusken). In einzelnen Tierstämmen ist allerdings eine bestimmte Kiemenausbildung ein wesentlicher Bestandteil des ganzen Bauplans, so bei den *Chordaten*. Hier ist bei den Fischen, Amphibienlarven und perennibranchiaten Amphibien die respiratorische Schleimhaut an den zwischen Haut und Darm (Pharynx) auftretenden *Kiemenspalten* in Gestalt von parallel verlaufenden Falten, als lanzettförmige Blättchen (Abb. 128) oder baumförmig verzweigte Gebilde entwickelt. Der *Atemstrom* geht in der Richtung von der Mundöffnung nach den Kiemenöffnungen. Er wird erzeugt durch Bewegungen der Wände der Mundhöhle. Dabei wechseln zwei Phasen, Einsaugphase (*Inspiration*) und Auspreßphase (*Exspiration*) ab (Abb. 129). Stets wird das Wasser eingesaugt durch den Mund (bei Elasmobranchiern auch durch das Spritzloch); dabei werden die Kiemenöffnungen verschlossen. Dann schließt sich der Mund und das Wasser wird durch die Kiemenspalten hinausgepreßt.

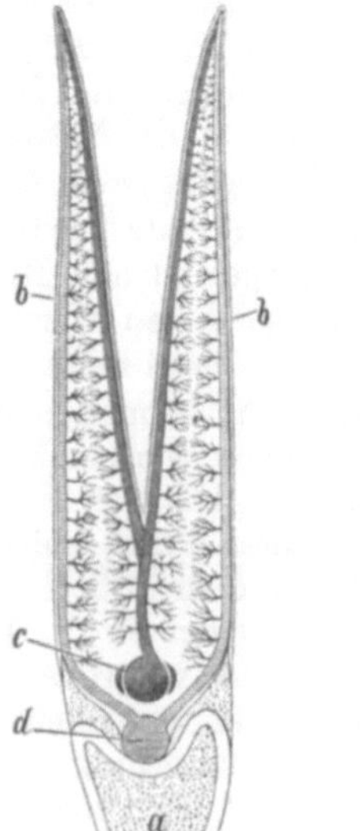

Dieses Prinzip, das Atemmedium auf verschiedenen

Abb. 127. Kopf und vordere Leibessegmente eines Anneliden (*Eunice*), Rückenansicht. $5/1$. *T* Tentakeln oder Fühler des Stirnlappens, *Ct* Fühlercirren, *C* Cirri an den Parapodien, *Br* Kiemenanhänge der Stummelfüße (Parapodien).

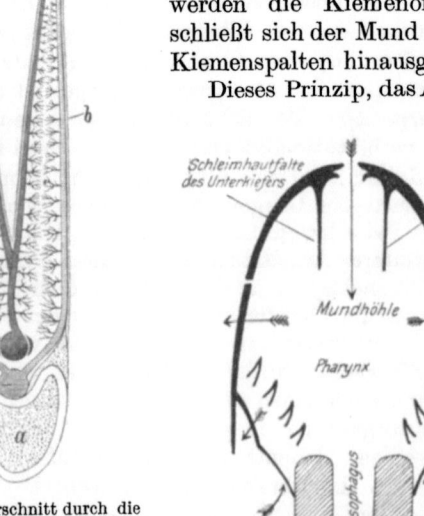

Abb. 128. Querschnitt durch die Kieme eines Knochenfisches. (Nach CUVIER.) *b* Kiemenblättchen mit den Capillaren. *c* zuführendes Gefäß mit venösem, *d* abführendes Gefäß mit arteriellem Blute. *a* knöcherner Kiemenbogen.

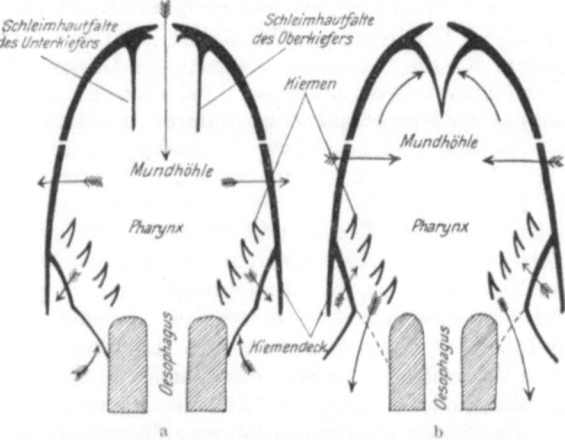

Abb. 129. Schema des Atemmechanismus der Knochenfische. a Inspiration. b Exspiration. (Nach BAGLIONI aus IHLE, VAN KAMPEN, NIERSTRASZ, VERSLUYS 1927.)

Wegen ein- und austreten zu lassen und es so nur in einer Richtung an der Atemoberfläche vorbeizuführen, ist bei Kiemenatmern häufig; so bewegen unter den

Krebsen die Decapoden durch Extremitätenanhänge einen Wasserstrom von hinten nach vorn durch die Kiemenhöhlen. Bei *Lungen* und *Tracheen* wird das Atemmedium, wie bei einer Kolbenspritze, in einen blind geschlossenen Hohlraum hinein- und wieder herausbewegt.

Die *Lungen* sind Einstülpungen der Körperoberfläche oder eines Stückes des Darmkanals nach dem Körperinnern zu. Sie sind Schläuche oder Säcke, die zur Vergrößerung der Oberfläche meist verästelt oder gekammert sind. Sie kommen fast ausschließlich bei Landtieren vor.

Die *Wasserlungen* der *Holothurien* (Abb. 916) sind verästelte Schläuche, die in den Enddarm münden und mit Wasser gefüllt werden. Ihnen lassen sich jene Fälle bei Lungenschnecken wie *Limnaea* an die Seite stellen, bei denen im jugendlichen Zustande oder unter besonderen Lebensbedingungen, wie Aufenthalt in der Tiefe des Wassers, dauernd die sonst der Luftatmung dienende Atemhöhle mit Wasser gefüllt wird.

Bei den *luftatmenden Wirbeltieren* sind die *Lungen* ventrale Anhänge des Darmes (des hintersten Abschnittes des Pharynx) und haben die Gestalt von paarigen Säcken, deren Wand sich mit der Höhe der Organisationsstufe durch fortgesetzte

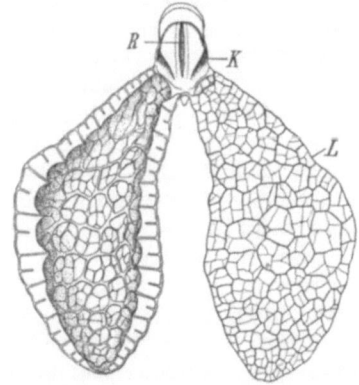

Abb. 130. Atmungsorgan vom Wasserfrosch (*Rana esculenta*), Ventralansicht. (Original G.) Rechte Lunge von innen gesehen. *L* Lunge, *K* Kehlkopf, *R* Stimmritze.

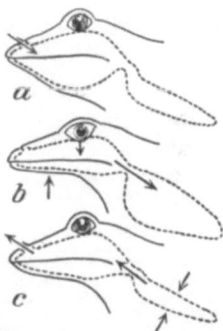

Abb. 131. Schema des Atemmechanismus des Frosches. a, b Inspiration. c Exspiration. (Nach HERTER.)

Faltenbildung (Amphibien, Abb. 130) oder Auswachsen sich verästelnder Schläuche (*Bronchien*) (Amnioten, Abb. 132) kompliziert.

Die *Ventilation* geschieht bei den Landwirbeltieren auf verschiedene Weise. Bei den *Amphibien* wird zunächst durch rhythmische Schwingungen des Mundhöhlenbodens die Luft in der Mundhöhle gewechselt; und durch die von reichen Capillaren durchzogene Schleimhaut der Mund- und Rachenhöhle findet auch ein Gaswechsel statt (*Mundhöhlenatmung*). Bei der *Lungenatmung* erfolgt die Inspiration durch eine Art Schluckakt (Abb. 131). Zuerst wird der Kehlboden gesenkt und dadurch Luft in die Mundhöhle eingesaugt. Dann werden Klappen an den Nasenlöchern verschlossen, der Kehlkopfeingang (Atemritze) geöffnet und die Mundhöhle durch Hebung ihres Bodens und Herabdrücken der Augen verengert; hierdurch wird Luft in die Lungen gepreßt. Bei der Exspiration wird Luft durch die Contraction der Bauchmuskeln und die Elastizität der Lungenwände ausgepreßt. Bei den *Amnioten* wird bei der Inspiration Luft durch Nasenhöhle, Pharynx und Luftröhre in die Lungen eingesaugt durch eine *Erweiterung des Thoraxraumes*. Diese geschieht immer (mit Ausnahme der Schildkröten) durch Hebung der Rippen, bei den *Säugern* (Abb. 132) außerdem durch Senkung des Zwerchfells (Diaphragmas). Die Exspiration beruht auf einer Verengerung des

Thorax infolge der Erschlaffung der Rippenmuskeln und der Elastizität der Lungenwände. Bei angestrengter Exspiration wirken auch die Bauchmuskeln mit. Bei den *Reptilien* ist in der Lungenwand auch reichlich glatte Muskulatur vorhanden, welche das Lungenvolumen aktiv verkleinern kann. Der *Luftwechsel* in den Lungen der Reptilien und der Säuger ist immer *unvollständig*, da die Lunge bei der Exspiration nie völlig entleert wird. Es bleibt auch bei stärkster Ausatmung eine gewisse Menge verbrauchter Restluft (Residualluft, beim Menschen etwa 1000 ccm) zurück, die sich mit der neu eingeatmeten Luft mischt. Auf der letzten Strecke beschränkt sich also der Gasaustausch auf Diffusion. Der Grad der Lufterneuerung ist je nach der Stärke der Atembewegungen sehr verschieden. Beim Menschen werden bei gewöhnlicher Atmung nur etwa 500 ccm Luft gewechselt (normale Atemluft), und es bleiben dauernd über 3000 ccm Luft in der Lunge zurück (Abb. 133). Bei vertiefter Atmung können noch 1600 bis 2000 ccm mehr aufgenommen (Ergänzungs- oder Komplementärluft), nach ruhiger Ausatmung können noch 1600 bis 2500 ccm durch größtmögliche Ausatmung entleert werden (Vorratsluft, Reserveluft). Der höchste Betrag der überhaupt wechselbaren Luft ist also ungefähr 5000 ccm (Vitalkapazität).

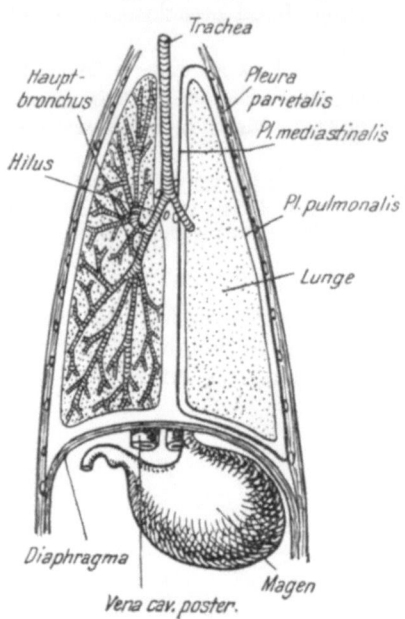

Abb. 132. Lage der Lungen in der Brusthöhle bei den Säugern. (Nach WIEDERSHEIM aus IHLE, VAN KAMPEN, NIERSTRASZ und VERSLUYS.) Die Lungen sind in der Brusthöhle aufgehängt am Hauptbronchus und den Arteriae und Venae pulmonales, die am Hilus zusammen in die Lunge eintreten. Die Lungen sind von dem visceralen Blatt des die Brusthöhle auskleidenden Mesoderms, der *Pleura*, überzogen, das beim Hilus in das Blatt umschlägt, das die Innenwand der Brusthöhle auskleidet (*Pl. mediastinalis* und *parietalis*).

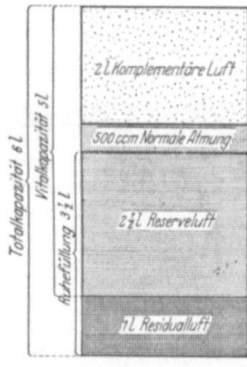

Abb. 133. Schema der Luftmengen in der menschlichen Lunge. Die einzelnen Mengen sind so gezeichnet, als ob sie aufeinander liegen blieben, ohne sich zu mischen. (Nach JORDAN.)

Von der eingeatmeten Luftmenge erfüllen etwa 140 ccm nur die Mundhöhle, die Luftröhre und die Bronchien. Die Luftmenge in diesem ,,schädlichen Raum" bleibt von den allein dem Gasaustausch dienenden Endverästelungen der Lungenkanäle (Lungenbläschen, Alveolen) zu weit entfernt, um mit dem Gas dieser Bläschen sich durch Diffusion zu mischen, so daß also nur etwa 360 ccm Frischluft bei gewöhnlicher Atmung zu der Ruhefüllung von etwa 3500 ccm Luft zugemischt werden. Das Durchlüftungsverhältnis (der Ventilationsquotient) zwischen der im Ruhezustand eingeatmeten Luftmenge, die sich wirklich mit der Alveolenluft mischt, und dem ganzen Luftgehalt der Lunge nach normaler Einatmung ist also für den Menschen ungefähr $= 1/9$ bis $1/10$.

Die *Vögel* weichen in Bau- und Ventilationsweise der Lunge von allen anderen Wirbeltieren ab. Die sehr kleinen und massigen Lungen (Abb. 1086) sind nur geringer Volumänderungen fähig. Die ungeheuer reichen Verästelungen der Luftröhrchen (Bronchien) endigen nicht blind, wie bei den Säugern, sondern bilden ein zusammenhängendes System von *Luftcapillaren*, die innig mit den Blutcapillaren verflochten sind (Abb. 1087). Durch dieses Röhrensystem wird die Luft hindurchgesogen oder hindurchgeblasen auf dem Hinweg zu (Inspiration) oder auf dem Rückwege von (Exspiration) dünnwandigen *Luftsäcken*, die den Lungen ansitzen (Abb. 1086) und mit bestimmten Abschnitten der Bronchien in Verbindung stehen.

Als *Fächerlungen* werden die eigentümlichen Atmungsorgane der *Arachnoiden* bezeichnet (Abb. 134), welche in ein bis vier Paaren segmental am Abdomen auftreten. Sie sind durch Einstülpung von der Haut aus entstandene Säcke, die sich durch Atemlöcher (*Stigmen*) nach außen öffnen und in deren Innenraum zahlreiche, wie die Blätter eines Buches nebeneinander gelagerte Lamellen hineinragen. Die Fächerlungen werden (aus dem Vergleich mit *Limulus*) ihrer Entstehung nach als in die Tiefe versenkte Kiemen aufgefaßt. Der Gasaustausch findet bei kleinen Formen durch reine Diffusion, bei größeren durch Atembewegungen (aktive Exspiration durch Auspressen des Atemraums durch besondere Atemmuskeln) statt.

Die *Tracheen*, die ein Kennzeichen des Bauplanes der *Tracheaten* bilden, aber auch bei einem Teil der Arachnoiden vorkommen, sind im Körper verzweigte

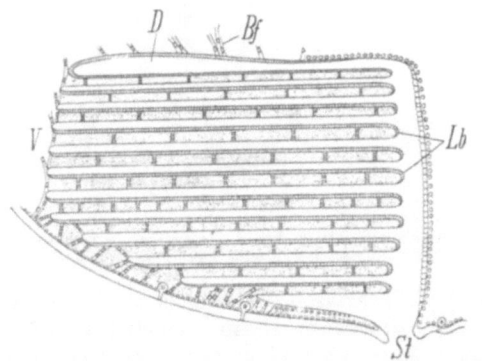
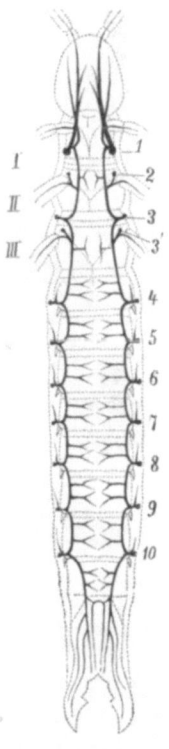

Abb. 134. Schematischer Längsschnitt durch die Fächerlunge einer Spinne. (Nach MAC LEOD.) *Lb* Lungenblätter, von Blut durchströmt. *D* dorsale Luftkammer, *St* Stigmenspalte, *Bf* Bindegewebsfasern, *V* Vorderseite.

Abb. 135. Tracheensystem von *Japyx*. (Nach GRASSI.) *I, II, III* die Thoracalsegmente, 1—10 die Stigmen.

Röhren, die aus der Haut durch Einstülpung hervorgegangen sind und mittels der Einstülpungsöffnungen (*Stigmen*) nach außen münden (Abb. 135). Bei *Peripatus* und den *Myriapoden* führen die Stigmen je durch einen kurzen Stamm in ein getrenntes Büschel feiner Tracheenästchen (*Büscheltracheen*). Am Tracheensystem der *Insekten* lassen sich in der Regel zwei längsverlaufende Hauptstämme unterscheiden, die durch Querstämme miteinander in Verbindung stehen können. Von den Hauptstämmen gehen Büschel von Tracheen an die Haut und die Eingeweide ab. Die Tracheen bauen sich (Abb. 136a) wie die Körperhaut aus einem Epithel und einer Cuticula auf, welche, durch eine spirale Verdickung (*Spiralfaden*) versteift, das Tracheenlumen offen hält. Die Enden der mit Spiralfaden versehenen Tracheenäste gehen in feine *Tracheencapillaren* (ohne Spiralfaden) über (Abb. 136b), welche sich als intracelluläre Kanäle innerhalb von *Tracheen-*

endzellen entwickeln und zu einem feinen *Tracheenendnetz* verbinden. Die Luftcapillaren und das Endnetz verteilen sich in allen Geweben und sind der eigentliche *respiratorische Teil* des Tracheensystems, während zum mindesten die größeren Spiraltracheen bloß als *Leitungswege* der Luft dienen. Am Tracheensystem können, besonders bei guten Fliegern, auch blasenförmige Erweiterungen (*Tracheenblasen*) vorkommen. Das Tracheensystem nimmt den übrigen Atmungsorganen gegenüber darin eine Sonderstellung ein, daß es nicht lokalisiert bleibt, sondern sich im ganzen Körper verästelt. Die Gewebe der durch Tracheen atmenden Tiere entnehmen (wie die der Spongien und Cnidarier) den Sauerstoff sämtlich direkt dem umgebenden Medium, die Circulation dient daher bei ihnen ausnahmsweise nicht dem Transport von O_2 und CO_2. Bei größeren Insekten werden aktive *Atembewegungen* ausgeführt: Durch Volumveränderungen der Körpersegmente (fast ausschließlich des Abdomens) werden bestimmte weite Abschnitte des Tracheensystems mit elliptischem Querschnitt, vor allem die Längsstämme und ihre Erweiterungen (*Ventilationstracheen*), zusammengepreßt

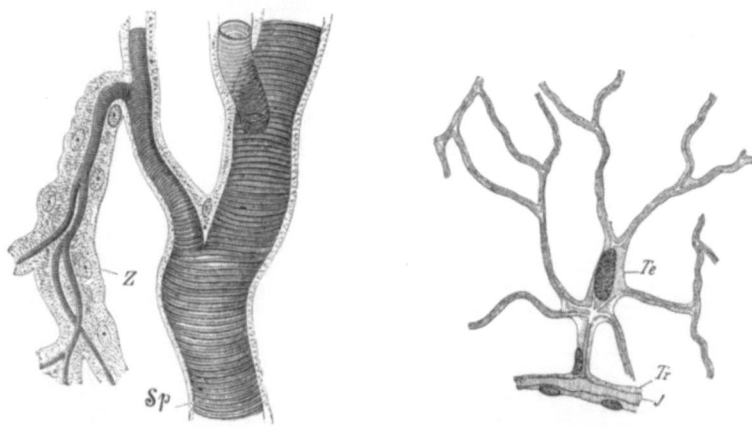

Abb. 136. a Tracheenästchen (nach LEYDIG). *Sp* Cuticula mit Spiralfaden, *Z* das Epithel. b Tracheenendzelle (*Te*) (nach HOLMGREN, verändert). *Tr* feines Tracheenästchen, *J* innere Cuticularauskleidung.

(*aktive Exspiration*) und dehnen sich bei Nachlassen des Drucks durch die Elastizität ihrer Wand wieder aus. Diese Ventilationstracheen können bis zu $^2/_3$ der Kapazität des Gesamttracheensystems umfassen und erneuern bei gewöhnlicher Atmung etwa $^2/_3$ ihrer Luft. In den feineren, steifen Seitenzweigen (den *Diffusionstracheen*) wird die Luft nur durch Diffusion gewechselt (A. KROGH). Bei Formen, die keine Atembewegungen ausführen (Myriopoden, kleine Insekten, die meisten Insektenlarven, Puppen) muß Diffusion dem Luftwechsel allein genügen. Daß es große Tracheenatmer nicht gibt und auch in der Erdgeschichte nie gegeben hat, mag zum Teil darin begründet sein, daß dieses Atemprinzip, bei dem Gasdiffusion in engen Röhren eine so große Rolle spielt, der Volumzunahme eine enge Grenze setzt.

Viele *sekundäre Wassertiere*, *Wasserinsekten* und *Wasserspinnen*, nehmen einen Luftvorrat mit in die Tiefe, der meist an fettigen, behaarten Stellen der Körperoberfläche adhäriert und die Stigmen bedeckt. Aus diesem Luftvorrat werden die Tracheen gespeist. Wenn das Tier auftaucht, wird der Luftvorrat erneuert. Unter Wasser kann das Insekt seinem Gasvorrat dem umgebenden Wasser O_2 entziehen: O_2 aus dem Vorrat wird verbraucht, so daß die O_2-Spannung in ihm niedriger ist als im umgebenden Wasser; die Folge davon ist, daß dauernd O_2 aus dem Wasser in die Gasmasse diffundiert, so daß diese als „*physikalische Kieme*" dient (A. KROGH). Die Dauer des Aufenthalts unter Wasser wird dadurch beschränkt, daß der Stickstoffvorrat wegdiffundiert.

Bei manchen *im Wasser lebenden Insektenlarven* ist eine eigentümliche Kombination von Tracheen und Kiemen ausgebildet, sogenannte *Tracheenkiemen*. Diese sind dünnwandige Ausstülpungen, in welche außerordentlich reich verzweigte Tracheenäste eintreten. Schlauch- oder blattförmige Tracheenkiemen kommen am Hinterleibsende von *Agrion-* und *Dipteren*-Larven, am ganzen Abdomen von *Phryganiden*-Larven sowie als schwingende Blättchen zu Seiten des Abdomens bei *Ephemeriden*-Larven (Abb. 137) vor. Sie können auch in dem geräumigen Mastdarm auftreten (Libellenlarven). In diesem Fall muß das völlig geschlossene Tracheensystem durch Gasresorption bzw. Sekretion gefüllt werden.

Bei sehr vielen höheren Tieren findet eine *Regulierung der Atmung* je nach dem wechselnden Gasgehalt des Atemmediums oder O_2-Verbrauch durch Arbeitsleistungen statt. Reguliert wird entweder die Gasdiffusion zu den Atemstellen (z. B. durch wechselnde Weite der Atemöffnungen bei Insekten und Lungenschnecken) oder die Frequenz und Amplitude der Atembewegungen. Eine Steigerung der Atemtätigkeit kann ausgelöst werden durch die Einwirkung wechselnden O_2- bzw. CO_2-Gehalts des Außenmediums oder durch eine Herabsetzung des O_2- oder Steigerung des CO_2-Gehalts der Körpersäfte. Bei den Säugetieren wird vor allem durch den CO_2-Gehalt (p_H) des Blutes die Tätigkeit eines Atemzentrums im Myelencephalon bestimmt, von dem aus die Atembewegungen in Gang gesetzt werden. Eine Erhöhung des CO_2-Drucks des Blutes um 0,2% gegenüber der Norm hat bereits eine Verdoppelung der ein- und ausgeatmeten Luftmenge zur Folge. Der Wechsel von Inspiration und Exspiration kann auch durch periphere Reize ausgelöst werden, die durch die Atembewegungen selbst gesetzt werden. So ruft bei Landwirbeltieren Aufblasen der Lungen Exspiration, Aussaugen der Lungenluft Inspiration hervor (Selbststeuerung der Atmung).

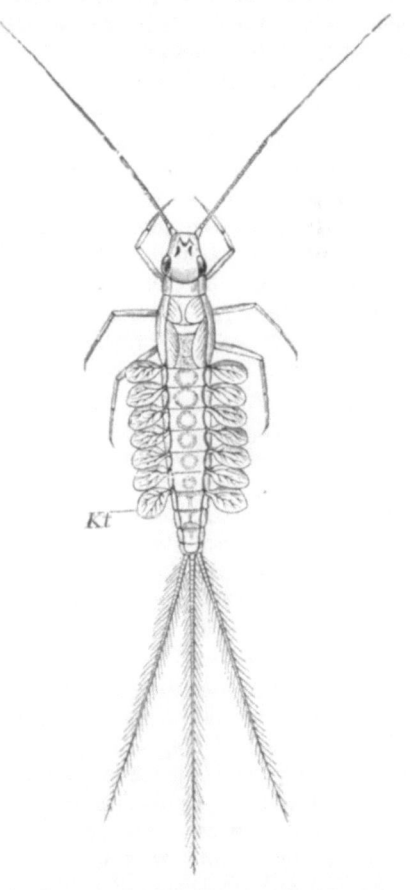

Abb. 137. Larve einer Eintagsfliege (*Cloëon dipterum*) mit Tracheenkiemen (*Kt*). $^7/_1$

D. Die Organe des Kreislaufs und die Körperflüssigkeiten.

Bei den *Cölenteraten* und den *Plathelminthen* findet eine Verteilung der aufgenommenen Nahrung im Körper durch gefäßartige Verzweigungen des Darmes statt (*Gastrovascularsystem*). Von den Entodermzellen bis zu den Gewebezellen, welche die Nahrungsstoffe verbrauchen, gelangen diese durch *Diffusion von Zelle zu Zelle* oder durch *Intercellularlücken*. Vielfach wirken bei der Nahrungsverteilung auch *Wanderzellen* mit, die sich am Darmepithel mit Nahrungsstoffen beladen und diese an anderen Stellen abgeben. Bei den über den Plathelminthen stehenden *Cölomaten* wird die Abgabe resorbierter Nahrungsstoffe an die Körpergewebe durch die *Leibeshöhle* und auf einer weiteren Stufe durch ein besonderes *Blutgefäßsystem* vermittelt. Die Höhlungen des Körpers der Cölomaten, die primäre Leibeshöhle, das Cölom und das Blutgefäßsystem, sind von Flüssigkeiten erfüllt, welche stets Eiweißstoffe und Salze gelöst enthalten, und in denen mit wenigen Ausnahmen (Nematoden, Copepoden) Zellen schwimmen (Cölomzellen oder *Cölomocyten*; Blutzellen oder *Hämocyten*).

Wenn ein Blutgefäßsystem fehlt, gelangen die vom Darm resorbierten Nahrungsstoffe in die primäre Leibeshöhle (*Nematoden*) oder in das Cölom (*Chaetognathen*). Herumbewegt wird die Leibeshöhlenflüssigkeit meist bloß durch die Contractionen der Haut- oder auch der Darmmuskulatur, selten auch durch Flimmerung. Bei den Cölomaten mit geräumiger Cölomhöhle, sowie bei den *Nemertinen* unter den Scoleciden, bildet sich innerhalb der primären Leibeshöhle ein besonderes System von Bahnen mit streckenweise contractilen Wandungen, das Blutgefäßsystem, als Organsystem des Kreislaufes aus. Es besorgt einen bestimmt *geordneten Transport* der Atemgase (S. 150), der Nahrungsstoffe vom Resorptionsort zu Verbrauchsorten oder zu oder von Speicherorten, ferner von Produkten des Stoffwechsels zu Ausscheidungsorten oder Stellen, wo sie wieder in den Gewebestoffwechsel eintreten oder als Reizstoffe wirken.

Die ursprünglichste Form der *Blutmotorik* ist die peristaltische Bewegung aller Gefäße oder jedenfalls sehr großer Gefäßabschnitte, wobei meistens die Contractionswellen in einer bestimmten Richtung über die Gefäße hinlaufen. Bei allen höher differenzierten Formen, bei denen weite Strecken und große Widerstände in ausgebreiteten Bezirken von reich verästelten sehr engen Gefäßen (*Capillaren*) oder von engen Spalträumen (*Lakunen*) zu überwinden sind, ist ein einheitlicher Motor von großer Kapazität, ein *Herz*, eingerichtet, der sich in allen Teilen gleichzeitig zusammenzieht, oder mehrere solche Motoren, die in enger Koordination miteinander arbeiten. Das Herz wirkt als *Saug- und Druckpumpe*. *Klappenapparate* am Ein- und Ausgang gewährleisten eine bestimmte Strömungsrichtung. Das Blut fließt in den meisten Fällen nicht nur stoßweise mit jedem Herzschlag vorwärts; in den Schlagpausen wird es durch den *Druck elastischer Gefäßwände* oder umgebender Körperteile vorwärts gepreßt. Bei höheren Gefäßsystemen besitzen auch die nicht pulsierenden Gefäße eine Wandmuskulatur, die ihre Weite und damit den *Blutdruck* reguliert.

Infolge der engen Beziehung des Kreislaufapparates zu den Atmungsorganen (S. 137) hat sich im Anschluß an die geschichtliche Entwicklung der Kenntnis der Blutverteilung bei den Säugern und beim Menschen eine nicht sehr zweckmäßige, aber allgemein gebräuchliche Bezeichnungsweise herausgebildet: Das Blut, das in den Atmungsorganen O_2 aufgenommen hat, wird *arterielles Blut*, das von den O_2 verbrauchenden Organen zurückkehrende CO_2-reiche Blut wird venöses Blut genannt. Entsprechend werden auch *Kreislaufbahnen* als arterielle und venöse unterschieden. Man nennt ein Herz, welches arterielles Blut führt, ein arterielles Herz (*Mollusken, Crustaceen*), ein Herz, das venöses Blut führt, ein venöses (*Fische*). Andererseits werden von den Gefäßen diejenigen, welche das Blut vom Herzen weg führen, *Arterien*, die das Blut zum Herzen führenden *Venen* genannt. Infolge der von Tiergruppe zu Tiergruppe wechselnden Einschiebung der Atmungsorgane vor oder hinter dem Herzen, bzw. in einer Nebenbahn, wird es daher Arterien geben, die venöses Blut führen (Lungenarterien, Kiemenarterien), andererseits Venen mit arteriellem Blut (Kiemenvenen, Lungenvenen).

a) Typen der Blutgefäßsysteme.

Die ursprünglichste Form des Blutgefäßsystems zeigen die *Anneliden* (Abb. 138). Es wird von einem *vollständig geschlossenen System* von Bahnen gebildet, an dem ein Rückengefäß und ein Bauchgefäß unterschieden werden, welche durch paarige (im Rumpfe metamer angeordnete) an der Körperwand verlaufende Gefäßschlingen sowie durch ein den Mitteldarm umspinnendes Gefäßnetz verbunden sind. Meist ist das Rückengefäß in ganzer Ausdehnung contractil; es können indessen auch Querschlingen zu herzartigen Abschnitten ausgebildet sein. Das Blut strömt im Rückengefäß von hinten nach vorn, im Bauchgefäß in umgekehrter Richtung.

Ein zweiter Typus des Gefäßsystems ist für die *Arthropoden* charakteristisch. Es ist nicht geschlossen, sondern steht in *offener Verbindung mit der Leibeshöhle*, welche aus der vereinigten primären und sekundären Leibeshöhle hervorgegangen und mit dem Blutgefäßsystem zu einem einheitlichen blutführenden Körperraum vereinigt ist. Im ursprünglichen Falle besteht das Gefäßsystem dieser Tiere aus einem an der Dorsalseite gelegenen, durch alle Rumpfsegmente verlaufenden *gekammerten Rückengefäß* (Herz, Abb. 139), welches der Körpersegmentierung entsprechend gegliedert ist und paarige seitliche, mit Klappen versehene Spaltöffnungen (*Ostien*) besitzt (Abb. 575, 606, 703, 722). Seine rhythmischen Contractionen (Pulsationen) sind peristaltisch, von hinten nach vorn verlaufend. Das sackförmige Herz mancher Arthropoden (vieler Krebse, Abb. 577. 580, 590, *Calaniden, Milben,* 672) ist sekundär vereinfacht. Das Herz der Arthropoden liegt in einem besonderen dorsalen Teil der Leibeshöhle, dem *Pericardialsinus* (einem Blutsinus) (Abb. 140), dessen ventrale Begrenzung durch eine Quermembran (Pericardialseptum) gebildet wird. Das Blut ergießt sich bei der Contraction (*Systole*) des Herzens aus dem Vorder- und vielfach auch aus dem Hinterende des Herzens in die geräumige Leibeshöhle. In einem ventralen Hauptstrom, der Nebenströme bei den Crustaceen in die Extremitäten und zu den Atmungsorganen entsendet, gelangt das Blut durch Öffnungen des Pericardialseptums in den Pericardialsinus und wird aus letzterem vom Herzen durch dessen Ostien aufgenommen. Bei den Insecten sind vielfach in den Extremitäten besondere Blutbahnen für den Eintritt und Austritt des Blutes ausgebildet und an der Basis der Beine, Antennen und Flügel *auxiliäre Herzen* angebracht, die sich

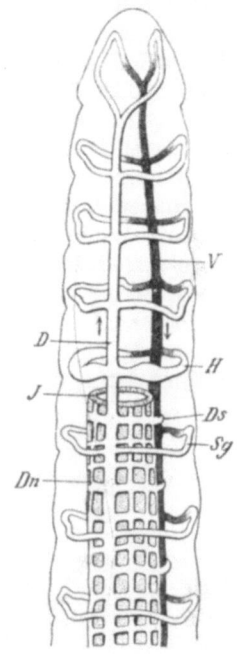

Abb. 138. Vorderer Abschnitt des Blutgefäßsystems eines *Anneliden*, schematisch. (Original G.) *D* Rückengefäß, *V* Bauchgefäß, *Sg* an der Rumpfwand verlaufende Gefäßschlingen, *H* herzartig erweiterte Querschlinge, *Dn* Darmgefäßnetz, *Ds* seine Verbindungen mit dem Bauchgefäß, *J* Darm.

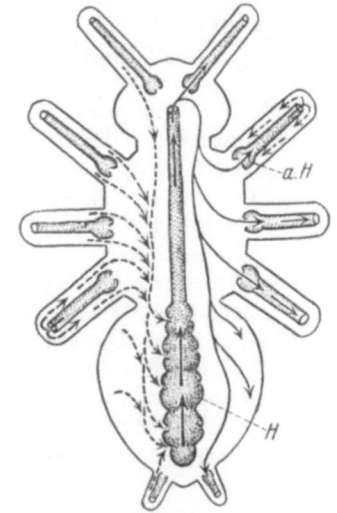

Abb. 139. Schema des Blutkreislaufs bei Insecten. (Nach BERLESE.) *H* Herz, *a.H* auxiliäre Herzen; Strömungsrichtungen des Blutes: ⟶ im Herzen und zur Peripherie, ⤏ zurück zum Herzen.

146 Die Organe und ihre Leistungen.

rhythmisch unabhängig vom Rückengefäß contrahieren und das Blut in die Körperanhänge hineinpumpen. Bei höherer Differenzierung des Gefäßsystems der Arthropoden bei großen Formen schließt sich an das zuweilen verkürzte Herz ein System von Gefäßen (Arterien) an (Decapoden, Arachnoiden, Abb. 643, 658). Erst aus den feinen Endzweigen ergießt sich das Blut in die Leibeshöhle. Bei den Decapoden (Abb. 140) sammelt sich das Blut sodann in venösen Bahnen, die zu den Atmungsorganen gehen (sogenannten Kiemenarterien). Das aus den Atmungsorganen zurückkehrende, arteriell gewordene Blut gelangt durch rückführende Bahnen (sogenannte Kiemenvenen) in den Pericardialsinus und von hier zum Herzen zurück.

In anderer Weise ist das gleichfalls offene Gefäßsystem der *Mollusken* entwickelt, welches einen dritten Typus von Kreislaufsorganen darstellt. Das Herz der Mollusken (Abb. 802, 813. 821, 868) setzt sich aus einer Kammer (*Ventriculus*) und im typischen Fall zwei Vorkammern (Vorhöfen, *Atrien*) zusammen. Letztere sind dünnwandig und führen das Blut in die Kammer ein; diese besitzt eine sehr kräftige Muskulatur, da sie das Blut in die Gefäße des Körpers einzutreiben hat.

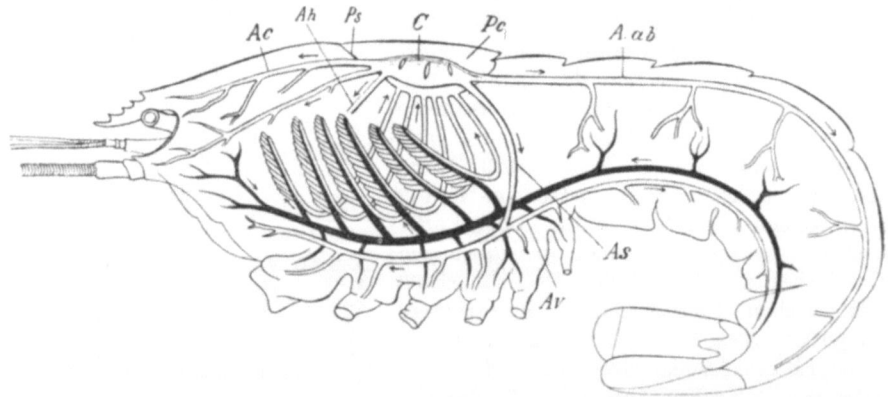

Abb. 140. Kreislaufapparat und Kiemen vom *Hummer*. (Nach GEGENBAUR, verändert.) *C* Herz mit drei Ostienpaaren, *Pc* Pericardialsinus, *Ps* Pericardialseptum, *Ac* Augenarterie, *Ah* Leberarterie, *A ab* dorsale Abdominalarterie, *As* Arteria sternalis, *Av* Baucharterie, oberhalb dieser der ventrale Venensinus (schwarz).

Ein Paar Taschenklappen an der Vorhof-Kammeröffnung (Atrioventricularklappen) verhindern den Rückfluß des Blutes aus der Kammer in die Vorkammer. Von der Herzkammer gehen Gefäße aus, die sich bis in dünne Äste verzweigen. Diese öffnen sich in die *primäre* Leibeshöhle, aus der durch rückführende Gefäße (Venen) das Blut mit dem Umwege durch die Kiemen in die Vorkammer zurückgelangt. Die sekundäre Leibeshöhle, die hier einen von Cölomflüssigkeit erfüllten Herzbeutel (Pericard) darstellt, ist nicht in den Kreislaufapparat einbezogen.

Das geschlossene Gefäßsystem der *Wirbeltiere* umfaßt zwei Systeme von Bahnen, das *Blut*- und das *Lymphgefäßsystem*. Das *Herz* besteht im einfachsten Falle (z. B. Knochenfische, Abb. 141) aus einer Kammer und einer Vorkammer, welche Klappen aufweisen. Von der Herzkammer entspringt ein an seiner Wurzel aufgetriebener *Arterienstamm* (*Truncus arteriosus, Aorta ascendens*), der sich in seitliche Gefäßbogen (*Arterienbogen*) teilt, welche die Darmwand umgreifen und nach Auflösung in einem Capillarsystem der Kiemen (Abb. 128) ihre Fortsetzung in rückführenden Gefäßen finden, die dorsal jederseits in eine *Aortenwurzel* (Radix, Aortae) einmünden. Weiter hinten über dem Darm vereinigen sich die Aortenwurzeln zu der den ganzen Körper durchziehenden *Aorta descendens*. Die im Körper sich verästelnden Arterien lösen sich an ihren Enden in Capillargefäße auf, welche direkt in die Anfänge der Venen übergehen. Diese führen das Blut zum Herzen zurück. Paarige Venenstämme (*Venae cardinales anteriores* und *posteriores*) münden jederseits durch einen gemeinsamen Stamm (*Ductus Cuvieri*) in einen vor dem Vorhofe gelegenen *Sinus venosus*. Eine große Vene (*Pfortader*) führt das vom Darmkanal zurückkehrende Blut in die Leber und löst sich hier abermals zu einem capillaren Gefäßnetz auf, aus dem eine oder mehrere Lebervenen das Blut gleichfalls in den Sinus venosus hineinführen. Die capillare Aufsplitterung innerhalb des Venensystems in der Leber wird als *Leberpfortadersystem* bezeichnet. Bei den niederen Wirbeltieren tritt noch ein *Nierenpfortadersystem* hinzu, indem die vom hinteren Rumpfteil und Schwanz stammende Caudalvene sich innerhalb der Niere wieder in feine Gefäße auflöst, bevor das Blut den hinteren Cardinalvenen zufließt (Fische, Abb. 141; Amphibien).

Das einfache, aus einer Kammer und einem Vorhof bestehende Herz, wie es bei den Fischen vorhanden ist und in der Embryonalentwicklung stets angelegt wird, erfährt bei den *höheren Vertebraten* eine Teilung durch Ausbildung einer Scheidewand. Die Teilung ist entweder unvollkommen und betrifft zunächst ausschließlich den Vorhof (*Amphibien*) oder auch teilweise die Kammer (die meisten *Reptilien*); oder sie ist vollkommen (*Krokodile, Vögel, Säugetiere*), so daß nunmehr das Herz aus zwei Kammern und zwei Vorhöfen besteht (Abb. 142). Mit der Teilung des Herzens tritt auch eine vollkommene oder unvollkommene Teilung des von der Herzkammer entspringenden großen Gefäßstammes ein (vgl. Abb. 979).

Die Teilung des Herzens erfolgt im Zusammenhang mit dem Auftreten der Lunge als Atmungsorgan an Stelle der Kiemen und der Ausbildung eines besonderen *Lungenkreislaufs* (kleiner Kreislauf) neben dem *Körperkreislauf* (großer Kreislauf). Das Herz der Fische ist venös, da die Kiemen nach dem Herzen in den großen Kreislauf eingeschaltet sind. Bei den Landwirbeltieren kehrt das Blut aus der Lunge zum linken Vorhof zurück. Beim Auftreten des Lungenkreislaufs mischt sich zunächst bei *Amphibien* und den meisten *Reptilien* in der einfachen oder unvollkommen geteilten Herzkammer das aus dem rechten Vorhof einfließende venöse und das aus dem linken Vorhof kommende arterielle Blut mehr oder weniger vollkommen, so daß alle

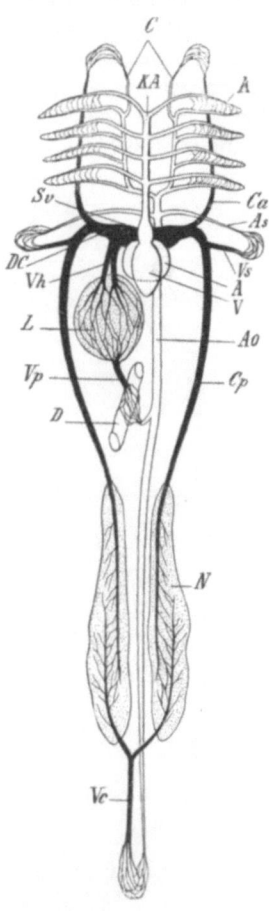

Abb. 141. Kreislauforgane eines Knochenfisches, schematisch. (Original G.) Die Venen sind schwarz, die Arterien einfach conturiert dargestellt. *V* Ventrikel, *A* Atrium des Herzens, *KA* Kiemenarterie, *C* Carotis, *Ao* Aorta descendens, *As* Arteria subclavia für die vordere Extremität, *Vc* Vena caudalis, *Ca* vordere, *Cp* hintere Cardinalvene, *Vp* Vena portae (Pfortader), *Vh* Lebervenen (V. hepaticae), *Vs* Vena subclavia, *DC* Ductus Cuvieri, *Sv* Sinus venosus (Venensinus), *D* Darm, *L* Leber mit dem Pfortaderkreislauf, *N* Niere mit Pfortaderkreislauf, *K* Kiemen, Arterien und Venen an ihrem Übergange durch Capillarsysteme verbunden.

von der Kammer entspringenden Gefäße gemischtes Blut führen. Erst mit der vollkommenen Teilung der Herzkammer (*Vögel, Säuger*) tritt die Scheidung des Herzens in eine rechte venöse und linke arterielle Hälfte und damit die vollkommene Ausbildung des doppelten Kreislaufs ein. Die linke Kammer entsendet nunmehr das aus dem linken Vorhof aufgenommene arterielle Blut in

10*

148   Die Organe und ihre Leistungen.

den Körper, während das vom Körper zurückströmende venöse Blut in den rechten Vorhof gelangt (großer Kreislauf). Das aus dem rechten Vorhof in die rechte Kammer einströmende Blut geht aus dieser in die Lunge und kehrt von hier, arteriell geworden, in den linken Vorhof zurück (kleiner Kreislauf, Abb. 142).

Das *Lymphgefäßsystem* vervollständigt die Durchspülung des Körpers und hat Anteil an der *Blutbildung*. Das Lympghefäßsystem (Abb. 142) wurzelt in den Spalträumen zwischen den Gewebezellen und öffnet sich in das Venensystem. In die Gewebslücken gelangt die Flüssigkeit (Gewebslymphe) aus den Capillaren (Capillartranssudat); sie nimmt aus den Geweben Erzeugnisse ihres Stoffwechsels auf. Früher glaubte man, daß die Enden der feinsten Lymphgefäße (Lymphcapillaren) offen in den Gewebslücken beginnen; sie scheinen aber vollkommen geschlossen zu sein, so daß die in den Lymphgefäßen abströmende Lymphe durch die Wand hindurch eintreten muß. Die Förderung der Lymphe erfolgt hauptsächlich durch den Druck umgebender Organe und wird durch Klappen unterstützt. Zuweilen bekommt die Lymphe einen besonderen Antrieb durch Lymphherzen. In die Lymphbahnen sind (vor allem bei den Säugern) zahlreiche *Lymphdrüsen* eingeschaltet. Bei den Wirbeltieren tritt auch das *Cölom* (Brust-, Bauchhöhle) durch die Ausbildung von Kommunikationen (Stomata) sekundär mit dem Lymphgefäßsystem und dadurch mit dem ganzen Kreislaufapparat in Verbindung.

Die *Richtung des Blutkreislaufs* ist bei fast allen Tieren mit ausgebildetem Gefäßsystem dauernd gleich. Sie wird durch die Antriebsrichtung der contractilen Gefäßabschnitte und durch Ventile (Klappen) bestimmt.

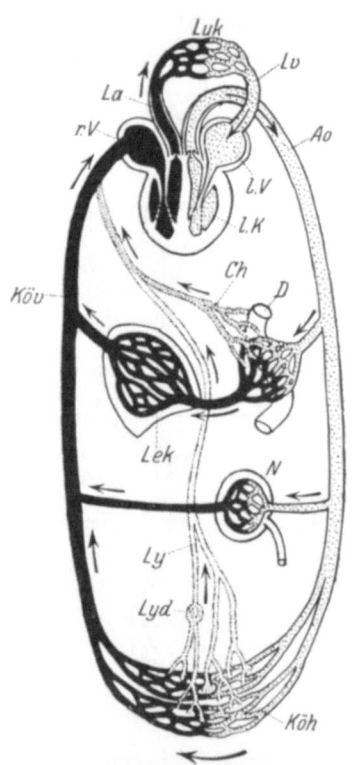

Abb. 142. Schema des Blutkreislaufs der Säugetiere. Venöses Blut schwarz. *Ao* Aorta, *Ch* Chylusgefäße, *D* Darm, *Köh* Körpercapillaren, *Köv* Körpervene, *La* Lungenarterie, *Lek* Leberkapillaren, *Luk* Lungenkapillaren, *Lv* Lungenvene, *Ly* Lymphgefäße, *Lyd* Lymphdrüse, *l. K.* linke Herzkammer, *l. V.* linke Vorkammer, *N* Niere *r. V.* rechte Vorkammer. (Original K.)

Nur bei wenigen Tieren wechselt die Richtung des Blutstromes, so in dem geschlossenen Gefäßsystem der *Tunicaten*. Über das schlauchförmige Herz laufen peristaltische Contractionen hin, die in periodischem Wechsel entweder vom hinteren oder vom vorderen Ende beginnen. Dadurch wird das Blut bald kiemenwärts, bald eingeweidewärts gepreßt, und jeweils aus der entgegengesetzten Richtung angesogen. Das Herz ist daher in der einen Periode venös, in der andern arteriell.

Wenn ausgedehnte peristaltisch pulsierende Strecken in einem Gefäßsystem vorhanden sind, oder die Herzapparate aus mehreren hintereinander geschalteten Abteilungen bestehen, muß zur Aufrechterhaltung eines normalen Blutumlaufs die *Contraction* jeweils von einer bestimmten Stelle ausgehen und in einer kontinuierlichen oder mehrfach abgesetzten Welle in bestimmter Richtung fortlaufen. Stets besitzen alle Teile des Blutgefäßsystems, die sich an der Blutbewegung aktiv beteiligen, mehr oder weniger die Fähigkeit zu *automatischen Bewegungen*. Die normale *Contractionswelle* geht von der Stelle aus, die den höchsten Grad von

Automatie besitzt und ihren schnellsten Rhythmus auf die anderen Teile überträgt.

So pulsieren bei Anneliden und Insecten nach Querdurchschneidung die Stücke des Rückengefäßes weiter, wobei das jeweilig hintere Ende des Stückes Ausgangspunkt der Bewegung ist. Beim isolierten Wirbeltierherzen hat der Sinus venosus die Führung; nach Zerstückelung können die Abschnitte autonom schlagen. Das isolierte Tunicatenherz schlägt mit wechselnder Richtung weiter; nach Querdurchtrennung contrahieren sich beide Hälften jeweils nur von den Enden zur Mitte hin.

Der Rhythmus des Herzschlages kann in besonderen Nervenelementen (*neurogen*) erzeugt werden oder auch muskulären Ursprungs (*myogen*) sein. Vielfach liegen Ganglienzellen dem Herzmuskel auf oder sind ihm eingelagert (Crustaceen, Arachnoiden, Insecten(?), Wirbeltiere), und in manchen Fällen, in denen sich das außen aufliegende Herznervensystem ausschalten läßt (*Limulus*), ist nachgewiesen, daß Ursprung und Fortlaufen der Contraction neurogen bedingt sind. Daß sich aber auch eine rhythmische Tätigkeit ohne nervöse Einflüsse ausbilden kann, zeigen vor allem Explantationsversuche: In Gewebekulturen pulsieren Stücke von Wirbeltierherzgewebe, in dem sich die Myofibrillen erst in der Kultur entwickeln; und explantierte Herzgewebestücke beginnen synchron zu schlagen, wenn sie miteinander verwachsen. Bei allen höheren Tieren (höheren Krebsen, Mollusken, Wirbeltieren) können die automatischen Bewegungen der pulsierenden Abschnitte des Gefäßsystems durch Einwirkungen des *Zentralnervensystems* gefördert oder gehemmt und damit wechselnden Bedürfnissen angepaßt werden.

b) Die Körperflüssigkeiten.

Cölomflüssigkeit, *Lymphe* und *Blut* stellen das innere Medium des Metazoenkörpers dar, von dem die Gewebezellen umspült sind. Mit diesem inneren Medium stehen die Zellen, die von im wesentlichen semipermeabler Membran umgeben sind, im *osmotischen Gleichgewicht*. Das Zellinnere und die Körperflüssigkeit besitzen den gleichen osmotischen Druck und enthalten im allgemeinen auch gleiche Salze in gleicher Konzentration. Die *Blutsalze* sind besonders NaCl, KCl, $MgCl_2$, $CaCl_2$, wobei NaCl weitaus die Hauptmenge ausmacht. Das Mengenverhältnis der Salze zueinander ähnelt sehr dem im Meerwasser, dem ursprünglichen äußeren Medium der Tiere (Tabelle 5). Bei den *wirbellosen Meerestieren* und den *Haien* ist der osmotische Druck des Körperinnern im allgemeinen ungefähr gleich dem des umgebenden Wassers und ändert sich mit diesem. Die meisten dieser *poikilotonischen* (oder *poikilosmotischen*) Tiere gleichen ihren Blutsalzgehalt dem des umgebenden Mediums an, enthalten also in Meerwasser in ihrem Blut 3—4% Salze. Nur die *Selachier* stellen die Isotonie auf anderem Wege her; ihr Blut enthält nur etwa $1/2$ des Salzgehaltes des Meerwassers; ein Teil des inneren osmotischen Drucks wird durch Harnstoff (2,5%) im Blut erzeugt. Bei *wirbellosen Süßwasser- und Landtieren*, sowie bei *Knochenfischen* und den *übrigen Wirbeltieren* ist die Blutsalzkonzentration viel geringer. Bei Wirbeltieren beträgt sie im allgemeinen 0,6—0,9%. Bei Säugern liegt die Blutsalzkonzentration um 0,9%; die entsprechende Gefrierpunktserniedrigung ($\varDelta$) ist —0,54 bis —0,62°. Bei Wirbellosen finden sich recht verschiedene Werte, doch liegt die Blutsalzkonzentration von Süßwassertieren stets bedeutend über der des umgebenden Wassers. Beim Flußkrebs ist das Blut isotonisch mit 1,2%iger NaCl-Lösung ($\varDelta = 0{,}7°$), bei *Anodonta* mit 0,15%iger NaCl-Lösung ($\varDelta = 0{,}091°$). Der osmotische Druck wird bei diesen *homoiotonischen* (*homoiosmotischen*) *Tieren* gegenüber einem Außenmedium von niedererem oder höherem osmotischen Druck durch besondere *osmoregulatorische Einrichtungen* dauernd festgehalten. Ausgleichserscheinungen an der Körperoberfläche werden vor allem durch die Ausscheidungsorgane kompensiert. Der normale Harn des Flußkrebses z. B. ist immer hypotonisch ($\varDelta$ = 0,16⁰ bis 0,27⁰) gegenüber dem Blut. Verschließt man die Antennendrüse, so daß kein Harn nach außen abgegeben werden kann, so nimmt das Gewicht des Tieres durch Wasseraufnahme zu.

Tabelle 5. **Mittlere Mengenverhältnisse der Elemente in den Salzen des Seewassers und der Blutflüssigkeit der Säuger (Gewichtsprozente):**

	Seewasser	Blutserum
Na	30,59	39,0
Mg	3,79	0,4
Ca	1,20	1,0
K	1,11	2,7
Cl	55,27	45,0

Der Gegensatz zwischen homoiotonischen und poikilotonischen Tieren ist nicht völlig scharf: manche marine Wirbellose z. B. *Carcinides maenas*, vermögen in verdünntem Seewasser ihren Innendruck in gewissem Umfang festzuhalten. Daß dabei eine gegen den Wasserstrom von außen gerichtete osmotische Arbeit geleistet wird, gibt sich auch darin zu erkennen, daß der O_2-Verbrauch nach Überführung in hypotonisches Seewasser steigt.

Lymphe und Blut stellen die *Nährlösung* dar, aus der die Gewebezellen Eiweißkörper (Aminosäuren), Kohlehydrate, Fette und die anderen Bedarfsstoffe (S. 30) entnehmen. Der Eiweißgehalt schwankt sehr stark je nach der Tierart (z. B. bei *Aplysia* 0,01%, *Helix* 3%, Cephalopoden 9,8%, bei Wirbeltieren 6 bis 8%). Die Bluteiweißkörper entsprechen nicht dem Nahrungseiweiß, sondern sind im Körper nach Resorption der Aminosäuren in arteigener Form aufgebaut. Der Gehalt an Zucker und Fett (in Form kleinster Tröpfchen) wechselt bei den meisten Tieren sehr mit dem Ernährungszustand. Bei den Säugern ist der Zuckergehalt des Blutes sehr konstant (1,0—0,1%).

Eine Hauptaufgabe des Blutes, der *Sauerstofftransport*, wird bei sehr vielen Tieren durch besondere *respiratorische Blutstoffe*, meist *Blutfarbstoffe*, gesteigert. Sie sind stets metallhaltige Eiweißkörper oder Eiweißverbindungen. Sie sind entweder in Blutzellen (*Chromocyten*, S. 112f., Abb. 99, 100) eingeschlossen oder in der Blutflüssigkeit (dem *Blutplasma*) gelöst. Sie nehmen an den äußeren Atemstellen O_2 in lockerer chemischer Bindung auf und geben ihn an den Stellen der inneren Atmung an die O_2 verbrauchenden Gewebe ab. Meist ist der Wechsel ihrer O_2-Ladung mit einem Farbenwechsel verbunden.

Der verbreitetste respiratorische Farbstoff ist das *Hämoglobin* (bei allen *Wirbeltieren*, ferner bei einem Teil der Nemertinen und der Anneliden, bei *Phoronis*, einigen Crustaceen, einzelnen Insekten, Amphineuren und Muscheln, der Schnecke *Planorbis*). Das Hämoglobin (abgekürzt *Hb*) ist eine hochzusammengesetzte Eiweißverbindung, die aus einem Eiweißkörper, dem *Globin* (etwa 96%), und einem eisenhaltigen Farbstoff, dem *Hämatin* (etwa 4%), besteht. Ein Molekül Hämoglobin enthält mindestens 1 Atom *Fe*; es kann ebensoviele Moleküle Sauerstoff locker binden als es Eisenatome enthält. Das sauerstoffhaltige *Oxyhämoglobin* ist hellrot, *reduziertes Hämoglobin* ist dunkelblaurot. Die O_2-Bindung ist eine reversible Reaktion ($Hb + O_2 \leftrightarrows HbO_2$), deren *Gleichgewichtslage von der O_2-Spannung abhängig* ist (Abb. 143). Bei dem in den Lungenalveolen herrschenden O_2-Partiardruck von ungefähr 100 mm Hg sättigt sich das Hb der Landwirbeltiere fast vollkommen mit O_2; in den Geweben, in denen der O_2-Druck 27—40 mm beträgt, gibt es über 50% seines Sauerstoffgehaltes ab. Wird durch Arbeitsleistungen mehr O_2 in den Geweben verbraucht, so wird weiterer O_2 frei.

Die Form der O_2-Sättigungskurve (Dissoziationskurve) ist sehr von der gleichzeitigen CO_2-*Spannung* (p_H) abhängig, und zwar verflacht steigende CO_2-Spannung die Kurve, besonders in ihren mittleren Teilen (Abb. 143 b). Hierdurch wird in den Alveolen, wo niedere CO_2-Spannung herrscht, die O_2-Aufnahme, in den Geweben mit ihrer hohen CO_2-Spannung das Freiwerden von Sauerstoff auch schon bei höheren O_2-Spannungen begünstigt. Steigende *Temperatur* wirkt ähnlich wie CO_2-Spannung. Bei *Kaltblütern* und vor allem bei Tieren, die in O_2-*armer Umgebung* leben, hat das Hämoglobin eine wesentlich andere Sättigungskurve als bei den Säugetieren; ,,Ladungsspannung" (= Sauerstoffspannung, bei der 95% HbO_2 entstehen) und ,,Entladungsspannung" (= O_2-Spannung, der 50% HbO_2 entsprechen) liegen bei gleichen Temperaturen viel niedriger. So liegt die Entladungsspannung bei 15° C für Fischblut bei 10—18 mm (während sie bei Menschenblut bei 15° 0,7 mm beträgt, also in den Geweben bei dieser Temperatur kaum O_2 abgegeben werden könnte).

Durch den Gehalt an Hämoglobin wird die Fähigkeit des Blutes, O_2 aufzunehmen, bei den Wirbeltieren außerordentlich gesteigert. Durch reine *Absorption* können 100 ccm Säuger-*Blutflüssigkeit* bei 40° und 760 mm Hg etwa 2,3 ccm O_2, bei dem O_2-Partiardruck in den Lungenalveolen von ungefähr 100 mm Hg nur ungefähr 0,3 ccm aufnehmen. Das Blut des Menschen enthält etwa 14% Hämoglobin; 1 g von diesem bindet bei vollkommener Sättigung 1,34 ccm O_2; in

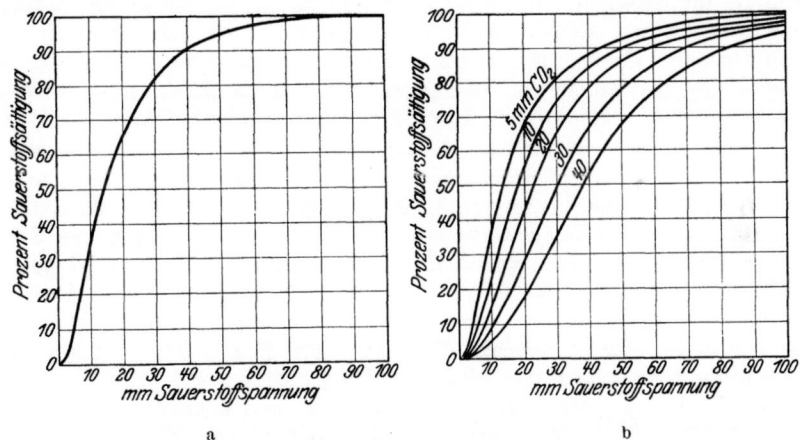

Abb. 143. O_2-Sättigungskurven des Pferdebluts bei 38°. a Ohne CO_2 (nach KROGH). b Bei verschiedenen CO_2-Spannungen (nach BOHN).

100 ccm Blut können also ungefähr 18 ccm O_2 durch Hb chemisch gebunden werden, d. i. etwa das 60fache der absorbierten Menge. Bei den Wirbellosen, die Hb besitzen, ist seine Konzentration im Blut stets viel niederer als bei den Wirbeltieren, gleichgültig, ob es gelöst oder in roten Blutzellen vorkommt (*Planorbis* ungefähr 1,5%, *Arenicola* 3,25%, *Lumbricus* 3,77%).

Ebenfalls *Fe*-haltig, aber ihrer chemischen Natur nach unzureichend bekannt sind das *Hämerythrin* (bei *Phascolosoma* in scheibenförmigen Cölomzellen, oxydiert tiefrot, reduziert hellrosa bis farblos) und das *Chlorocruorin* (bei *Sabella* und *Spirographis* gelöst, grün ohne starke Veränderung der Farbe, aber mit wechselndem Absorptionsspectrum).

Bei vielen Wirbellosen (zahlreichen Lamellibranchiaten, Gastropoden, Cephalopoden, Crustaceen) kommt das *kupferhaltige Hämocyanin*, stets gelöst in der Blutflüssigkeit, vor. *Oxyhämocyanin (HcyO)* ist blau, *reduziertes Hcy* ist farblos. Bei voller Sättigung kommt auf je 1 Atom Cu 1 Atom Sauerstoff. 1 g Hämocyanin bindet nur etwa 0,5 ccm O_2. Sein Prozentgehalt im Blute ist meist ziemlich gering (*Helix* 2—3%, *Octopus* 9%); so beträgt das Bindungsvermögen des hämocyaninhaltigen Blutes meist weniger als 5%; immerhin wird dadurch die doppelte bis 7fache Menge des absorbierten O_2 erreicht. Ob das bei Ascidien in Blutkörperchen vorkommende *Vanadium* eine Beziehung zum O_2-Transport hat, ist nicht sichergestellt.

Bei vielen Tieren tritt nach dem Austritt des Blutes aus der Blutbahn eine Zustandsänderung eines Bluteiweißkörpers ein, die das Blut in eine gallertige Masse verwandelt. Diese *Blutgerinnung* ermöglicht eine automatische, vorläufige Reparatur der Kreislaufbahn bei Verletzungen. Am besten ist der Gerinnungsvorgang bei den *Wirbeltieren* aufgeklärt. Im strömenden Blut befindet sich ein Eiweißkörper, das *Fibrinogen* (bei Säugern etwa 10% des Bluteiweißes) kolloidal gelöst, der bei der Gerinnung als *Fibrin* (Faserstoff) ausgefällt wird in Form von mit einander verfilzten Fasern. Dieses Faserwerk schließt den Rest des Blutes, die Blutkörperchen und die von Fibrin befreite Blutflüssigkeit (das *Blutserum*), ein. Nach einiger Zeit zieht sich das Fibringerüst zusammen und preßt Serum aus. Die Fibrinausfällung ist wahrscheinlich ein enzymatischer Vorgang. Sie vollzieht sich unter der Wirkung eines Stoffes, des *Thrombins*, der nach dem Austritt des Blutes aus den Gefäßen unter Beteiligung der *Thrombocyten* (S. 112, Abb. 99) gebildet wird. Die Trombocyten verkleben untereinander und mit den Wundrändern; sie können so einen ersten mechanischen Wundverschluß bilden. Dann zerfallen sie und machen dabei eine Vorstufe des Thrombins (*Prothrombin*) frei oder sie liefern einen Aktivator (*Thrombokinase*), der eine im Blut schon vorhandene Vorstufe (*Thrombogen*) in das wirksame Fibrinenzym verwandelt. Wenn der Zerfall der Thrombocyten verhindert wird (durch Kälte, besondere Oberflächen, im Blut die Gefäßwand, durch spezifisch wirkende Stoffe wie Hirudin, Speichel blutsaugender Insekten, Schlangengift), bleibt die Gerinnung aus. Zu ihrem Eintritt ist auch die Anwesenheit von Kalksalzen nötig. Das geronnene Blut wirkt nicht nur als Wundverschluß, sondern es bildet auch die Grundlage der Wundheilung, da Bindegewebszellen in den Blutpfropf einwuchern können. Unter den *Wirbellosen* haben vor allem die *Arthropoden* gerinnungsfähiges Blut. Beim Flußkrebs wird die Blutgerinnung auch durch den Zerfall besonderer Blutzellen eingeleitet, durch einen thrombinartigen Stoff ausgelöst und durch Ca-Ausfällung verhindert. Bei Würmern, Mollusken und Echinodermen kommt keine Blutgerinnung vor; doch findet allgemein bei Eröffnung von Cölom- oder Bluträumen ein Verkleben (*Agglutination*) und vielfach eine Verschmelzung von Blutzellen statt, und die so entstehenden Zellpfröpfe können Wunden verstopfen.

Außer dem Stofftransport übt das Blut wichtige *Schutzfunktionen* aus. Die natürliche Widerstandskraft des tierischen Organismus gegen das Eindringen von Microorganismen (*natürliche Immunität*) beruht zu einem großen Teil auf der phagocytären Tätigkeit der *amöboiden Blutzellen* (S. 112). Spritzt man Bakterien oder aufgeschwemmte Partikelchen in die Blutbahn oder die Leibeshöhle ein, so werden sie meist zum größten Teil von Phagocyten aufgenommen; die gefressenen Bakterien werden in der Regel allmählich aufgelöst. Bei den Säugetieren betätigen sich vor allem die neutrophilen polymorphkernigen Leucocyten (Abb. 99, S. 112) als Freßzellen. An dieser Phagocytosetätigkeit hat auch die *Blutflüssigkeit* (bei Wirbellosen und Wirbeltieren) einen wesentlichen Anteil: Stoffe, die sich dauernd in ihr befinden (die ihrer chemischen Natur nach unbekannten, thermolabilen *Opsonine*) bereiten die Bakterien für die Phagocyten vor. Durch vorausgegangene Einverleibung von bestimmten Bakterien kann der Opsoningehalt des Blutes erhöht (Bildung von *Immunopsoninen*) und dadurch die Abwehrtätigkeit der Phagocyten gesteigert werden. Die Blutflüssigkeit ist aber auch Träger von unmittelbaren Schutzstoffen, die als *Antikörper* bezeichnet werden. Sie werden als *specifische Reaktionen des Organismus auf bestimmte Fremdstoffe* (*Antigene*) gebildet, wahrscheinlich von Zellen des Lymphsystems (in der Milz, in Lymphdrüsen). Als Antigene, welche die specifische Blutveränderung hervorrufen, können Stoffwechselprodukte von Parasiten, aber auch alle möglichen Stoffe pflanzlicher oder tierischer Herkunft, vor allem Eiweißkörper wirken. Die bislang nicht chemisch, sondern nur nach ihrer Wirkung charakterisierbaren Antikörper können als *Agglutinine* Bakterien oder sonstige suspendierte Teilchen zusammenballen, als *Präcipitine* kolloidal gelöste Antigene niederschlagen oder als *Lysine* Zellen töten und auflösen oder als *Antitoxine* Giftstoffe binden und unwirksam machen. Auf Fähigkeit zur Bildung von specifischen Antikörpern als Reaktion auf die Einwirkung bestimmter Krankheitserreger beruht die mehr oder weniger lange, nach einer überstandenen Infektion andauernde *erworbene Immunität*. Die *Specifität der Antikörper* gegen ein bestimmtes Antigen kann als Reagens auf chemische Ähnlichkeiten oder Verschiedenheiten zwischen Organismen dienen. So ist mit Hilfe der Bildung von *Präcipitinen* für Bluteiweißstoffe eine Unterscheidung des Blutes verschiedener Species möglich. Spritzt man einem Tier Blutserum einer andern Tierart oder einen Pflanzenextrakt ein, so bildet das behandelte Tier Präcipitine für das Eiweiß der zur Behandlung verwendeten Art. Fügt man Serum dieser Art im Reagensglas zum Blutserum des behandelten Tieres, so tritt ein Niederschlag auf. Die Präcipitine reagieren in der Regel in geringerem Grade auch mit dem Blutserum oder Extrakt anderer Arten, und zwar meist nur solcher, die der zur Präcipitinbildung verwandten Art im zoologischen oder botanischen System nahestehen. So reagiert Antiserum gegen Menschenblut auch mit dem Serum von Affen, besonders Anthropoiden, kaum mit Halbaffenserum. Ebenso zeigen sich Bluteiweißähnlichkeiten zwischen Hund, Fuchs, Wolf, Schakal, zwischen Pferd, Esel und Tapir, ja auch zwischen *Limulus* und Spinnen. Wenn auch die Immunitätsreaktionen wichtige chemische Übereinstimmungen und Unterschiede zwischen den Arten bekunden und in vielen Fällen Hinweise oder Bestätigungen für systematische und phylogenetische Beziehungen zwischen Arten geben können, ist doch der Versuch, auf Grund dieser „serodiagnostischen Verwandtschaftsreaktion" einen allgemein gültigen Stammbaum aufzustellen, unbegründet, da Eiweißähnlichkeiten und Stammverwandtschaft sich nicht zu decken brauchen.

Auch im unvorbehandelten Blut des Menschen und vieler Tiere finden sich *Agglutinine* vor. So tritt eine Zusammenballung roter Blutkörperchen (*Hämagglutination*) ein, wenn diese mit einem bestimmten Blutserum zusammengebracht werden. Diese Reaktion kann auch bei der Mischung von Blut zweier Individuen derselben Art eintreten (*Isoagglutination*, im Gegensatz zur *Heteroagglutination*, die zwischen Blutkörperchen und Serum verschiedener Tierarten erfolgt). Sie setzt in den roten Blutkörperchen das Vorhandensein einer bestimmten Substanz (*Agglutinogen*) und im Serum die Anwesenheit eines auf dieses Agglutinogen spezifisch eingestellten Agglutinins voraus. Beim Menschen sind vier erblich bestimmte *Blutgruppen* bekannt, d. h. vier bei verschiedenen Menschengruppen vorkommende Blutsorten, die durch ihre Blutkörperchen- und Serumeigenschaften gekennzeichnet sind. Es gibt zwei Agglutinogene A und B, die getrennt (Blutgruppen A und B) oder zusammen (Blutgruppe AB) vorkommen oder beide fehlen können (Blutgruppe O). Dementsprechend wurde ein auf A wirkendes Agglutinin α und ein auf B wirkendes Agglutinin β gefunden, die immer und nur dann vorhanden sind, wenn das entsprechende Agglutinogen fehlt (also Blutgruppen $A\beta$, $B\alpha$, ABo, $O\alpha\beta$).

E. Ausscheidungsorgane.

Die Ausscheidungs- oder *Excretionsorgane* entfernen in erster Linie Wasser und die im Körper entstandenen stickstoffhaltigen Endprodukte des Stoffwechsels aus dem Körper. Alle niederen Tiere, die im Süßwasser leben, nehmen dauernd osmotisch durch die Haut und mit der Nahrung Wasser auf. Das Verhältnis zwischen Wasser, Salzen und Kolloiden im Körper und damit der osmotische Druck der Gewebe wird durch die Excretionsorgane reguliert. Diese führen dauernd aufgenommenes und im Körper (vor allem durch Oxydationen) entstandenes Wasser aus. N-haltige Abfallstoffe entstammen teils der Nahrung, teils den verbrauchten Gewebesubstanzen. Nur ausnahmsweise bilden N-freie Stoffwechselendprodukte ein wesentliches Excretionsmaterial (Gärungsprodukte von Anoxybionten, wie Valeriansäure und andere Fettsäuren bei Ascariden und Leberegeln).

Bei den *Protozoen* ist die pulsierende Vacuole (Abb. 79, 373) das Excretionsorganell, eine bestimmte, sich in Intervallen kontrahierende Stelle des Plasmaleibes, an der sich Flüssigkeit ansammelt, die dann durch einen Porus entleert wird. Sie fehlt den meisten endoparasitischen und marinen Formen. Gewisse Süßwasseramöben lassen sich an Salzwasser gewöhnen; dabei hört das Spiel der contractilen Vacuole vollkommen auf, setzt aber nach Zurückbringen in Süßwasser wieder ein. Hiernach ist sehr wahrscheinlich, daß die contractilen Vacuolen der Regulierung des osmotischen Drucks der Zelle dienen, nicht aber der Ausfuhr von besonderen Excretionsstoffen, die wohl unmittelbar nach außen abgegeben werden.

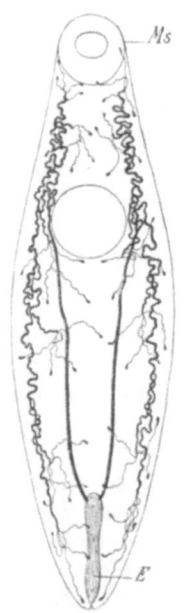

Abb. 144. Excretionsapparat von *Allocreadium* (*Distomum*) *isoporum*. (Nach LO ss.) *Ms* Mundsaugnapf, *E* Endblase des Excretionsapparates.

Bei den *Cölenteraten* fehlen besondere Excretionsorgane. Hier werden im allgemeinen die N-haltigen Endprodukte durch alle Zellen direkt ausgestoßen, besonders wo, wie bei vielen *Cnidarien*, sich alle Zellen im Kontakt mit dem umgebenden Medium befinden. Zuweilen treten besondere mit Konkrementen beladene Zellen im Entoderm oder Ectoderm auf, die als exkretorische Zellen angesprochen werden.

Besondere Exkretionsorgane (*Nierenorgane, Emunktorien*) finden sich erst bei den *Cölomaten*. Jede Zelle gibt hier die N-haltigen Endprodukte ihres Stoffwechsels an die Leibeshöhlenflüssigkeit, die Gewebslymphe oder das Blut ab. Bei den höheren Tieren werden aus diesen primären Produkten des Gewebestoffwechsels die eigentlichen *Excretstoffe* (*Harnprodukte*) in besonderen Organen (bei den Wirbeltieren in der Leber, bei Krebsen und Mollusken in der Mitteldarmdrüse) gebildet und wieder an das Blut abgegeben; nur sehr selten werden die endgültigen Excretstoffe in den Excretionsorganen selbst hergestellt. Die Tätigkeit der Nieren ist die *Ausfuhr* (*Absonderung*) *der Harnbestandteile aus dem Blut*. Diese erfolgt in vielen Nierenorganen zunächst durch eine *anelektive Filtration*, wobei, entsprechend dem Innendruck, Wasser und gelöste Stoffe (nicht Kolloide) in die Harnflüssigkeit übertreten. Die Excretstoffe werden dann, meist in anderen Abschnitten der Niere, *konzentriert durch Rückresorption* von Wasser und anderen Stoffen, die nicht der Ausfuhr anheimfallen sollen (z. B. Zucker). Ferner kann an bestimmten Stellen eine selektive *Secretion* stattfinden, d. h. die Excretstoffe werden von bestimmten Zellen aus dem Blut herausgenommen (resorbiert), durch die Zelle hindurchbewegt und am freien Ende abgegeben; diese Zellen arbeiten also wie *Drüsenzellen*, abgesehen davon, daß sie meist die Excretstoffe fertig übernehmen. Bei den einzelnen Tiergruppen sind die Excretionsorgane sehr verschieden eingerichtet. Meist bestehen sie in ihrem Hauptteil aus Kanälchen

(*Nieren-* oder *Nephridialkanälchen*) mit specifischen, im einzelnen verschieden gebauten Anfangsapparaten. Der Anfangsapparat erzeugt in der Regel einen Wasserstrom, der durch den Kanal abfließt, wobei er durch die Tätigkeit der Kanalwandzellen an Excretprodukten angereichert wird.

Als der Grundtypus der Cölomatennieren erscheint das *Protonephridialsystem* (oder Wassergefäßsystem) der *Scoleciden* (Abb. 144). Es besteht aus paarigen, einfachen oder verzweigten, an der Innenwand mit einzelnen Geißeln ausgestatteten Kanälen, die entweder getrennt oder mittels gemeinsamer contractiler Endblase nach außen münden. Den Anfangsapparat der Kanäle bilden keulenförmige Zellen (*Terminalzellen, Wimperkölbchen, Solenocyten*, Abb. 145), die einen intracellularen Kanal besitzen, in den eine Geißel oder ein Büschel von Geißeln (Wimperflamme) hineinragt. Der geißeltragende Endteil der Solenocyte steht durch ein capillares Röhrchen (Halsmembran) mit dem Kanal in Verbindung. Die Solenocytengeißeln erzeugen einen lebhaften Wasserstrom in den Kanal, dessen Wandzellen die Excretstoffe liefern.

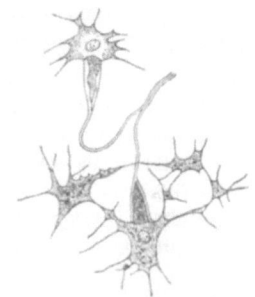

Abb. 145. Wimperkölbchen der Niere eines Bandwurmes (*Phyllobothrium*) stark vergrößert. (Nach PINTNER.)

Die Terminalzellen beziehen bei den *Plathelminthen* die Ausfuhrstoffe aus dem Parenchym. Die hier sehr reiche Verästelung des Protonephridialsystems entspricht dem Fehlen eines Blutgefäßsystems und größerer Leibeshöhlenräume, wodurch eine lebhafte Circulation der Säfte verhindert ist. Die Niere holt hier mit ihren zahlreichen Ästen die Excretionsprodukte aus den einzelnen Gewebsteilen heraus. Bei den Rotatorien ragen die Solenocyten in die weite primäre Leibeshöhle hinein, bei den Nemertinen legen sie sich eng an Blutgefäße an.

Die Durchspülung des Körpers durch Protonephridien kann sehr ausgiebig sein. Bei *Asplanchna* entleert die Blase alle 15 Sek. eine Flüssigkeitsmenge, die ungefähr $1/_{25}$ des Körpervolumens ausmacht, so daß in weniger als 3 Stunden das ganze Körpervolum durch den Excretionsapparat fließt.

Die Nierenorgane der *Nematoden* stellen einen besonderen, nicht den Nephridien homologen Typus unter den Scoleciden dar. Ihr Excretionsorgan ist eine Hautdrüse; sie besteht aus zwei in den Seitenlinien des Körpers verlaufenden Kanälen, die sich in der vorderen Körpergegend zu einem ventral ausmündenden

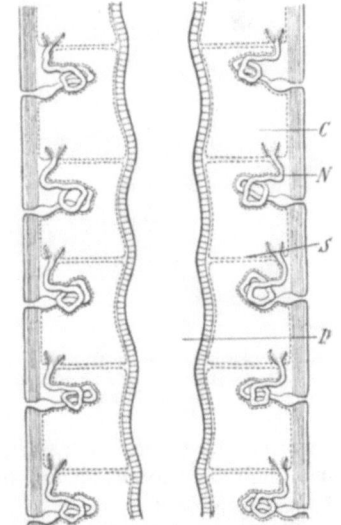

Abb. 146. Schematischer Längsschnitt eines *Anneliden* zur Darstellung der Nephridien (Segmentalorgane). (Original G.) *C* Cölom, *D* Darm, *N* Nephridien, *S* Dissepimente.

Endgang vereinigen. Diese Gänge gehören meist einer einzigen großen Zelle an.

Bei den übrigen *Protostomia* tritt das Scolecidennephridium als embryonale Niere (*Pronephridium*) auf und wird beim ausgewachsenen Tiere durch ein anderes Nephridium (*Metanephridium*) ersetzt, welches mittels eines Wimpertrichters (*Nephrostom*) in Verbindung mit dem Cölom steht, allerdings zuweilen sekundär gegen dieses abgeschlossen sein kann. Häufig stehen auch an den Metanephridialkanälchen Solenocyten. Auch diese Nephridien (Abb. 146) treten paarig auf und haben die Gestalt schleifenförmig gewundener Kanäle, deren drüsiges Epithel bewimpert ist. Die Ausmündung erfolgt am Körper lateral, zuweilen unter Vermittlung einer Blase. Die Filtration aus dem Blut geschieht hier durch die Cölomwand; die Nierenkanälchen selbst stehen in keiner engen Verbindung mit Blutgefäßen. Der Wimpertrichter erzeugt einen Strom aus dem Cölom in den Nierenkanal, der durch Rückresorption und Secretion den ausfuhrfertigen Harn herstellt.

Die Metanephridien treten bei den *Anneliden* (Abb. 146) der Segmentierung des Körpers entsprechend in vielfacher Zahl auf. Der Trichter des Nephridiums ragt immer in die Cölomhöhle des vorhergehenden Segmentes. Bei den *Mollusken* sind die Nephridien bloß in einem Paare vorhanden und nehmen die Form umfangreicher, infolge vorspringender Falten schwammiger Säcke an. Im Kreise der *Arthropoden* finden sich Nephridien bei *Peripatus* noch in fast allen Rumpfsegmenten, bei den *Crustaceen* als *Antennendrüse* und *Maxillar-* oder *Schalendrüse* nur im Segment der 2. Antenne und 2. Maxille, bei *Xiphosuren* und *Arachnoideen* als *Coxaldrüse* im Thorax. Mit dem Mangel jeglicher Bewimperung bei Arthropoden fehlen auch diesen Kanälen die Wimpern. Ferner erscheint als Charakter der *Arthropodennephridien*, daß sie *gegen die Leibeshöhle geschlossen* sind und an Stelle des Wimpertrichters ein drüsiges Säckchen (*Endsäckchen*) besitzen, welches als Cölomrest aufgefaßt wird (Abb. 147). Diese Eigentümlichkeit steht offenbar damit im Zusammenhang, daß die sekundäre Leibeshöhle bei Arthropoden mit der primären Leibeshöhle und dem Blutgefäßsystem zu einem einheitlichen blutführenden Körperraum vereinigt ist.

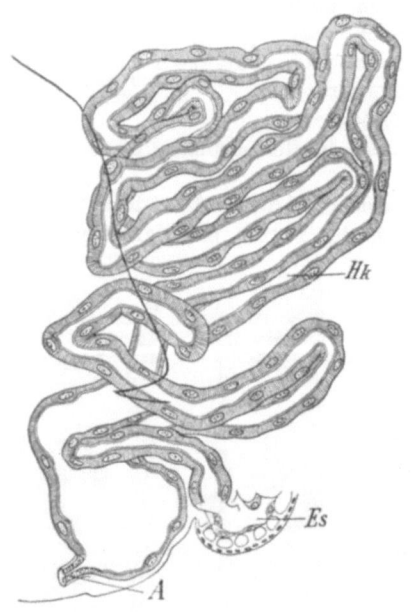

Abb. 147. Antennendrüse von *Mysis*. (Nach GROBBEN.)
Es Endsäckchen, *Hk* Harnkanälchen,
A Ausführungsgang.

Bei den Eutracheaten (*Myriapoden, Chilopoden, Insekten*) sind an Stelle der Nephridien die exkretorischen Anhangsdrüsen des Enddarmes von Schlauchform (*Malpighische Gefäße*, Abb. 123) vorhanden. Analoge Organe finden sich auch bei Arachnoideen und einzelnen Crustaceen, gehören aber hier dem Mitteldarme an.

Den Typus von segmentalen Nephridien zeigen auch die Nieren bei *Branchiostoma* und bei den *Vertebraten*. Bei *Branchiostoma* führen segmentale, von Solenocyten besetzte Kanälchen aus dem Cölom in den Peribranchialraum. In der Reihe der Vertebraten läßt die paarige Niere drei Systeme von Kanälchen (Harnkanälchen) unterscheiden: die *Vorniere* (*Pronephros*), die *Urniere* (*Mesonephros*) und die *Nachniere* (*Metanephros*). Die embryonal zuerst entstehende, auf wenige Segmente beschränkte Vorniere besteht aus durch Wimpertrichter mit dem Cölom zusammenhängenden Kanälchen, die durch einen gemeinsamen längsverlaufenden Ausführungsgang (*Vornierengang*) in die Cloake münden. Den Wimpertrichtern gegenüber liegt als Organ der Leibeshöhle ein Wundernetz (*Glomus*), aus dessen Capillarschlingen die Flüssigkeit abfiltriert wird, welche die Leibeshöhle durchsetzt und in die Vornierenkanälchen aufgenommen wird. Die hinter der verschwindenden Vorniere entstehende *Urniere* (WOLFFscher *Körper*) besteht auch ursprünglich aus segmental angeordneten, sekundär aber oft vermehrten Harnkanälchen, welche in den Vornierengang münden, der dadurch zum *Urnierengang* wird. Auch die Urnierenkanälchen stehen ursprünglich mittels Nephrostomen mit dem Cölom in Verbindung. Seitlich trägt jedes Urnierenkanälchen (Abb. 148) einen Anhang (*Nierenkörperchen*, MALPIGHIsches *Körperchen*); er besteht aus einer bläschenförmigen Erweiterung, die zu einer doppelwandigen Kapsel eingestülpt ist (BOWMANsche *Kapsel*), und ein Wundernetz (*Glomerulus*) umschließt (Abb. 148).

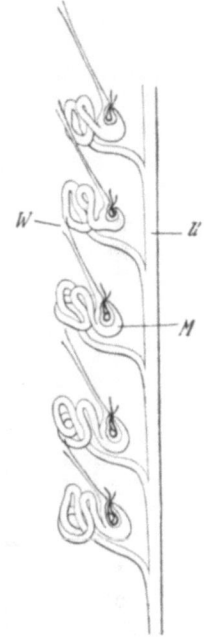

Abb. 148. Stück der rechten Urniere eines Embryos von einem Hai (*Pristiurus*). (Nach C. RABL, etwas verändert.) *W* Trichter, *M* MALPIGHIsches Körperchen der Urnierenkanälchen, *U* Urnierengang.

Den *Fischen* und *Amphibien* dient die Urniere zeitlebens. Die Wimpertrichter der Harnkanälchen erhalten sich bei *Selachiern* und *Amphibien*; in den übrigen Fällen fehlt der Trichter beim ausgebildeten Tier, und das Nierenkörperchen nimmt das innere Ende des Harnkanälchens ein. Bei *Reptilien*, *Vögeln* und *Säugetieren* ist die Niere des ausgewachsenen Tieres (*Nachniere*) eine Neubildung, die sich im Anschluß an den hinteren Teil der Urniere entwickelt und einen aus einer Ausstülpung des Urnierenganges entstehenden eigenen Ausführungsweg, den *Ureter* (*Harnleiter*) erhält. Die Nachniere entbehrt stets der Nephrostomen. Sie baut sich aus einer großen Zahl zusammengedrängter Harnkanälchen (Abb. 150) auf, die jeweils mit einem Nierenkörperchen (Abb. 149) beginnen. Aus den engen Capillaren des Glomerulus wird in den engen Innenraum zwischen den beiden Wänden der BOWMANschen Kapsel Flüssigkeit durchfiltriert; in den von einem dichten Capillarnetz umsponnenen Harnkanälchen (Tubuli contorti) wird die Harnzusammensetzung durch Rückresorption, vielleicht auch durch Secretion reguliert.

Als *Harnblasen* dienen bei den Fischen Erweiterungen im Verlaufe des Urnierenganges, bei den Amphibien, Reptilien und Säugern eine Ausstülpung der ventralen Cloakenwand.

Die *Natur der Excretstoffe* der Tiere ist sehr verschieden. Bei niederen Tieren werden in erheblichem Umfang *Ammoniaksalze* ausgeschieden. Eine große Rolle spielen *Purinkörper*. Bei niederen und höheren Tieren hat die weiteste Verbreitung die *Harnsäure* (2, 6, 8-Trioxypurin) bzw. ihre Salze (Natrium-, Ammonium-, Kalium-, Calciumurat). Sie kommt schon bei Protozoen und Cölenteraten vor, sehr reichlich erscheint sie in den Nephridien von *Anneliden* und *Mollusken*. Sie macht den Hauptinhalt der MALPIGHIschen Gefäße der *Insekten* aus und bildet über 90% der gesamten Excretmasse der *Sauropsiden*. In gewissem Betrage kommt sie auch bei Säugern vor. *Guanin* (2-Amino-6-Oxypurin) tritt bei *Anneliden, Krebsen, Spinnen* neben oder an Stelle der Harnsäure auf. Eine geringere Rolle spielen Xanthin, Hypoxanthin, Adenin und andere Purinkörper. Der *Harnstoff* [$CO(NH_2)_2$] ist vor allem für die *Wirbeltiere* (mit Ausnahme der Sauropsiden) charakteristisch, fehlt jedoch auch unter den Wirbellosen (Mollusken u. a.?) nicht völlig. Ein eigen-

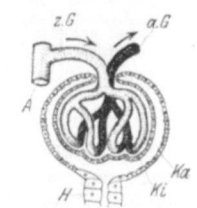

Abb. 149. Schema eines Nierenkörperchens der Nachniere. *A* Arterie, *z.G*, *a.G.* zu dem Glomerus hinführendes und von ihm abführendes Gefäß, *H* Halsstück des Nierenkanälchens, *Ka*, *Ki* äußere und innere Wand der BOWMANschen Kapsel. (Original K.)

158 Die Organe und ihre Leistungen.

tümliches Excret pflanzenfressender Säugetiere ist die Hippursäure (Benzoylaminoessigsäure). Ein gänzlich abweichendes Produkt liefern viele Krebse (Carcinursäure, den Pyridincarbonsäuren verwandt).

Von den *secernierenden Zellen* der Nierenkanälchen werden die Excretstoffe aus der Lymphe oder dem Blut in flüssiger Form, manchmal auch als feste Körnchen (durch eine Art Phagocytose) aufgenommen. Die Entleerung unlöslicher Excrete (Harnsäure, Urate) geschieht durch Aufplatzen einer Excretvacuole nach außen (apokrin, vgl. S. 106), oder durch Abschnürung des excrethaltigen Zellendes (merokrin). Vielfach beladen sich auch besondere Zellen (*Excretophoren*) fern von den Nieren mit Excreten (z. B. Chloragogenzellen der *Anneliden*). Die Excrete werden dann an die Cölomflüssigkeit oder das Blut abgegeben; oft wandern die Excretophoren auch als *Excretwanderzellen* aus, verlassen den Körper durch den Darm oder die Haut oder zerfallen an den Nierenkanälchen.

Als *Speichernieren* werden geschlossene Säckchen oder Zellgruppen oder auch iso-

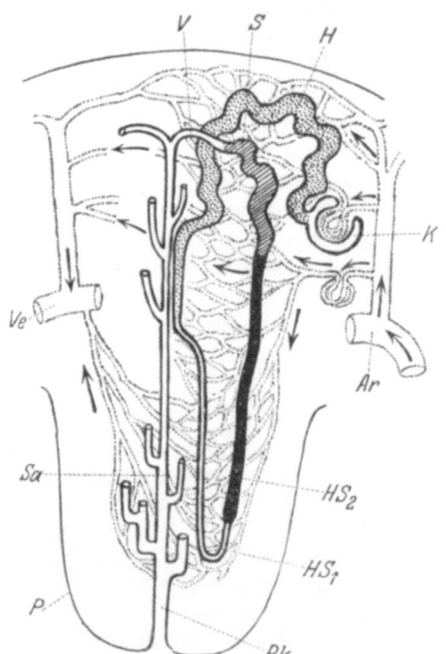
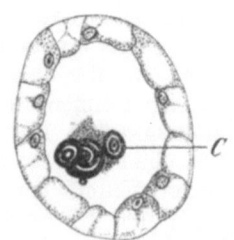

Abb. 150. Schema eines Nierenkanälchens der Säugerniere. *Ar* Arterie, *H* Hauptstück (gewundener Teil des Kanals), *HS₁* dünner Ast, *HS₂* dicker Ast der HENLEschen Schleife, *K* BOWMANsche Kapsel, *P* Nierenpapille, *Pk* Papillenkanal, *S* Schaltstück, *Sa* Sammelkanal, *V* Verbindungsstück, *Ve* Vene. (Original K.)

Abb. 151. Nierenbläschen (Speicherniere) von *Ascidia mentula*. (Nach DAHLGRÜN.) *C* Harnconcrement.

lierte Zellen bezeichnet, die im Innern des Körpers gelegen sind, eines Ausführungsganges entbehren und die Harnprodukte dauernd in sich aufspeichern. Derartige Speichernieren finden sich bei *Tunicaten* (Abb. 151), *Arthropoden* (im Fettkörper) und *Mollusken*.

Sehr häufig werden *Excrete im Integument* niedergeschlagen und tragen zu der *Färbung* der Tiere bei; dadurch können sie eine ökologische Bedeutung gewinnen. So beruht der Silberglanz vieler Fische auf Guaninablagerung in den Schuppen, die weiße bis gelbe Färbung der Pieriden auf Harnsäureablagerung in den Schuppen. Auch die schwarzen Pigmente (Melanine), die bei Insekten und Wirbeltieren vorkommen, leiten sich von Eiweißabbauprodukten ab und können mit einer Beseitigung von Stoffwechselschlacken in Beziehung stehen.

F. Innere Skelete.

Die inneren Skelete (*Endoskelete*) sind Hartgebilde, die im Körperinnern liegen und als formgebende Stütze, als Schutz innerer Teile und vielfach auch in Verbindung mit Muskeln der Bewegung dienen.

Innere Skelete kommen unter den *Protozoen* bei den *Radiolarien* (Abb. 350—352) schon in ungeheurer Formenmannigfaltigkeit vor. Sie dienen dem Cytoplasma als Stütze und erlauben dadurch dem Zellkörper Größen zu erreichen, die bei nackten Protozoen selten sind, und bestimmte dauernde Formen anzunehmen, die besonders an das freie Schweben, Auf- und Absteigen mannigfach angepaßt sind (Abplattung, Stabform, Schwebefortsätze). Als Skeletmaterial dient *Kieselsäure*, bei den *Acantharien* (Abb. 350) ein krystallinisches Material, anscheinend *Strontiumsulfat*.

Bei den *Metazoen* werden innere Skelete durch *Mesodermzellen* (Mesenchymzellen) hergestellt. Sie sind in den Tierstämmen weit weniger verbreitet als die Außenskelete (S. 121); sie kommen als allgemein verbreitete Organisationsmerkmale bei den *Spongien, Anthozoen, Echinodermen* und *Chordaten* vor. Unter den *Mollusken* erhärtet bei einigen Schnecken (Radulastütze) und bei den Cephalopoden ein Teil des Bindegewebes zu inneren Skeletstücken von knorpeliger Beschaffenheit (Kopfknorpel, Abb. 200, Armknorpel, Rückenflossenknorpel). Diese verleihen dem großen Körper erhöhte Festigkeit, dienen als Schutz für wichtige Organe und immer als Ansatzstellen für Muskeln. Bei den *Spongien* liegen ursprünglich einzelne Skeletstücke (Stabnadeln, Spicula) von mannigfaltiger Form aus Kalk (Abb. 380, 383) oder Kieselsäure (Abb. 384) unverbunden im Mesenchym. Sekundär können zusammenhängende Gerüste aus solchen Einzelstücken zusammengesetzt werden, oder es kann ein Faserwerk aus organischer Substanz (Hornschwämme, Abb. 385) auftreten. Bei den *Anthozoen* sind die typischen Skeletelemente ebenfalls Spicula (Scleriten, Abb. 422), die nur selten (Stockachse von *Corallium*) zu massigen Skeleten zusammengefügt werden.

Die kalkigen Skeletbildungen der *Echinodermen* dienen in den Larven nur der Stütze der Larvengestalt. Bei den erwachsenen Formen sind fast immer Stütz-, Schutz- und Bewegungsleistung verbunden. Hier ist das Skelet an die Cutis gebunden, wo es entweder nur in Gestalt kleiner locker liegender Skeletkörper vorkommt (Holothurien, Abb. 154), oder eine zusammenhängende *Kapsel* für die Körperorgane oder (in den Armen der Crinoiden, Asteroiden und Ophiuroiden) ein System *gelenkig verbundener Körperwandstützen* bildet. Über die Oberfläche der Körperkapsel erheben sich meist bewegliche Fortsätze (*Stacheln*, Zangen). Die *Kieferapparate* der Echiniden sind ebenfalls mesenchymale Kalkskeletstücke. Sämtliche größeren Skeletstücke der Echinodermen sind nicht kompakt, sondern stellen ein maschiges Gerüstwerk feiner Balken dar. Die Zwischenräume sind von Mesenchym erfüllt.

Bei den *Chordaten* liegt das typische Skelet im Körperinnern von Weichteilen umgeben und bildet die Achse des Körpers und seiner Anhangsorgane. Stütz- und Bewegungsfunktion treten in den Vordergrund. Doch werden auch schützende Kapseln (Schädel, Hautknochenpanzer der Schildkröten) ausgebildet. Bei den Appendicularien, Acraniern und Cyclostomen ist die elastische (aus turgescenten Zellen und einer elastischen Hülle bestehende) *Chorda dorsalis* (Abb. 955ff.) das Achsenskelet. Bei allen echten Wirbeltieren setzen Skeletstücke aus *Knorpel-* (Abb. 94) oder *Knochen* (Abb. 95) das *Achsenskelet* (Wirbelsäule und Schädel) und die *Gliedmaßenskelete* zusammen.

Die starre Beschaffenheit der Skelete, die sie in hohem Grade zu Stütz- und Schutzorganen geeignet macht, bringt besondere Bedingungen für das *Wachs-*

tum mit sich. Selten nur, wie bei den Knorpelskeletstücken der Cephalopoden und niederer Wirbeltiere ist Wachstum auch durch Zwischenlagerung (Intussuszeption) neuer Substanz möglich. Gleichmäßiges Wachstum nach allen Seiten wird erreicht durch Zerlegung des starren Skelets in einzelne Stücke, die miteinander durch nicht starre Gewebe verbunden sind. An den Rändern der Skeletstücke (Skeletplatten des Seeigelpanzers, Knochenplatten des Wirbeltierschädels, des Schildkrötenpanzers) kann durch Anfügung neuer Substanz (Apposition) ein allseitiges Wachstum stattfinden.

Die *Ausgestaltung des einzelnen Skeletstückes* wird durch drei Momente bestimmt: 1. Artbesonderheiten, 2. funktionelle Bedingungen und 3. Materialeigentümlichkeiten. Das erste Moment ist den beiden anderen gegenüber „zufällig" (wie die Formensprache eines Baustils); dieselbe Leistung kann durch ganz verschiedene Konstruktionen erfüllt werden. Auch die Auswahl des Materials ist arteigentümlich und in diesem Sinne zufällig. Sie hat für die Erfüllung der funktionellen Bedingungen jedoch bestimmte Folgen.

Überall, wo größere Skeletstücke als Teile eines Stütz- und Schutzgewölbes oder als Träger für die Körperlast oder als Teile eines Bewegungsapparats auftreten, sind Druck und mit Druck kombinierter Zug ihre Hauptbeanspruchungsweisen. Diese *funktionellen Bedingungen*, denen die Skeletstrukturen genügen müssen, prägen sich besonders deutlich und übereinstimmend in *funktionellen Strukturen* des Baues der Knochen der Wirbeltiere und der Skeletstücke der Echinodermen aus.

Die meisten *Knochen* bestehen aus einer äußeren kompakten Schicht und einer aus Knochenblättchen oder bälkchen zusammengesetzten, schwammigen, inneren Schicht, der *Spongiosa*. Dieser Bau erlaubt es, Materialersparnis und möglichste Leichtigkeit mit Festigkeit zu verbinden. Da Zug- und Druckkräfte, die auf einen starren Körper wirken, Spannungen und Pressungen nur längs bestimmter Kurvensysteme (Zug- und Drucklinien, Trajektorien) erzeugen, ist an den Stellen, wo nur ganz unmerkliche Spannungen und Pressungen zustande kommen, die Anwesenheit von starrer Masse überflüssig. Die als Strebepfeiler wirkenden langen Röhrenknochen besitzen im Innern einen Hohlraum, der von Knochenmark, bei den Vögeln vielfach mit Luft erfüllt ist, und gleichen darin den Hohlpfeilern der Technik. In hervorragender Weise tritt die *funktionelle Struktur in der Spongiosa* zutage[1]. Man kann (mit ROUX) verschiedene funktionelle Haupttypen der Spongiosa unterscheiden: 1. Die Röhrenspongiosa besteht aus sich innig berührenden, gleichgerichteten Knochenröhrchen und leistet Widerstand gegen Beanspruchung in der Achse der Röhrchen. 2. Die Maschenspongiosa ist entweder rundmaschig (Kugelschalenspongiosa), für starken Wechsel der Beanspruchungsrichtungen, z. B. im Kopf der Kugelgelenke dicht unter der Oberfläche; oder sie ist rechteckigmaschig und weist gerade Bälkchenzüge auf für annähernd parallel gerichtete Zug- und Druckbeanspruchung; oder die rechtwinkligen Maschen können von Bälkchenzügen gebildet werden, die in einem oder beiden Systemen gekrümmt sind, für Sammlung der Beanspruchung von einem größeren auf einen kleineren Raum oder umgekehrt (z. B. im Oberschenkelhals, Abb. 152b, im Calcaneus, Abb. 152c, der Säuger). Gerade der letzte Bautypus zeigt auffällige Übereinstimmungen in der Anordnung der Knochenbälkchen mit Trajektorien biegungsfester Krahnkonstruktionen (Abb. 152a).

Der Beweis dafür, daß *entwicklungsphysiologisch* die statische Funktion die Struktur der Knochen wesentlich prägen kann, ist durch die Folgen abnormer Knochenheilungen erbracht worden (J. WOLFF): In Fällen schiefer Zusammen-

---

[1] v. MEYER, H.: Die Architektur der Spongiosa. Reicherts Arch. 1867.

heilung gebrochener Knochenabschnitte bildet sich allmählich eine neue Struktur aus, die den neuen Verhältnissen ebenso fein angepaßt ist, wie die frühere Struktur es für die frühere Beanspruchung war. Die Spongiosaarchitektur entwickelt sich jedoch in der normalen Entwicklung nicht erst unter dem Einfluß des Gebrauchs, sondern wird embryonal schon vor der Inanspruchnahme in ihren Grundzügen angelegt.

Während bei den Wirbeltieren das auf dem Skelet lastende Körpergewicht das wesentlichste, mechanisch beanspruchende Moment darstellt, wird bei den unter Wasser lebenden *Echinodermen* das Gewicht der an sich verhältnismäßig

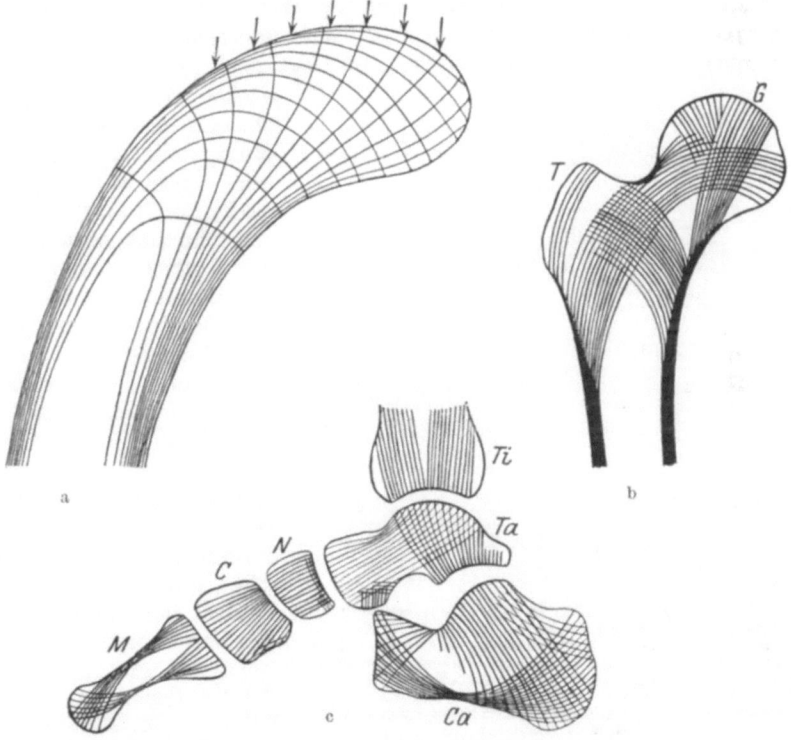

Abb. 152. Funktionelle Strukturen des Knochens. a Trajektorienkonstruktion in einem kranförmig gebogenen Trajektbalken (nach CULMANN). b, c Züge der Spongiosabälkchen in Schnitten durch Knochen des Menschen: b im oberen Ende des Oberschenkelknochens, c in den Fußknochen (nach H. MEYER). *C* Carpale, *Ca* Calcaneus, *G* Gelenkkopf, *M* Metatarsale, *N* Naviculare, *T* Trochanter major (Muskelansatzhügel), *Ta* Talus, *Ti* Tibia.

kleinen Tiere durch den Auftrieb so weit herabgesetzt, daß die Trageleistung gegen die durch Muskelwirkungen bedingten Zug- und Druckwirkungen zurücktritt. Dazu kommen noch vielfach Drucke, die (wie im Schädel der Wirbeltiere) an den Nahtverbindungen von Skeletplatten, besonders auch beim Wachstum eines Skeletgebäudes, wie der Seeigelkapsel, entstehen. So finden sich in dem spongiösen Balkenwerk der Echinodermenskeletstücke *statische Strukturen*[1], die denen der Knochenspongiosa entsprechen (S. u. E. BECHER). In den Gelenkhöckern der Seeigelstacheln (Abb. 153) ist die Hauptrichtung der Balken radiär, wie dies der Richtung des Gelenkdruckes entspricht. Im Gelenkhöcker und im Stachel ent-

---

[1] BECHER, E.: Über den feineren Bau der Skeletsubstanz bei Echinoideen, insbesondere über statische Strukturen derselben. Zool. Jb. **41** (1924).

sprechen im Gebiet des Muskelansatzes die Balken der Zugrichtung der Muskelfasern. An den Nähten, wo das Flächenwachstum der Platten stattfindet, stellen sich die Balken in der Zug- und Druckrichtung parallel zur Oberfläche ein. In den Stücken des Echinidenkauapparats, der mechanisch besonders stark beansprucht wird, verlaufen die Balkenzüge in gekrümmten, sich überschneidenden Trajektorienzügen.

Die *Materialstruktur* der Skelete ist besonders in den Fällen bedeutsam, in denen die vom Cytoplasma ausgeschiedenen Skeletkörper den Charakter von *Biokrystallen* haben, d. h. Gebilde sind, deren krystalline Substanz, meist Calcit (mit geringen Beimengungen anderer Art, z. B. organischer Substanz), sich wie *ein Krystallindividuum* verhält. Der Skeletkörper ist zwar nie von Krystallflächen begrenzt; seine Form ist von dem Bildungsplasma geprägt. Aber es besteht stets eine ganz bestimmte Beziehung zwischen der Lage der krystallographischen (optischen) Achsen und der morphologischen Gestalt. Solche Biokrystalle aus Calcit[1] sind, wie polarisationsmicroskopisch, durch Ätz- und Spaltversuche nachgewiesen wurde, die *Kalkschwammnadeln*, die Scleriten einiger *Anthozoen* und die *Echinodermenskelete*, wo auch die größten, schwammig aufgebauten Skeletstücke mit dem ausgesprochenen Trajektorienverlauf ihrer Balken aus einem Stück Doppelspat herausgeschnitten erscheinen. Die Beziehungen zwischen den optischen und morphologischen Achsen der Skeletkörper ergeben sich aus der Bildung der Skeletkörper. Diese geht meistens von Gitterplatten aus, in denen im typischen Falle die Gitterstäbe Winkel von 120° miteinander bilden

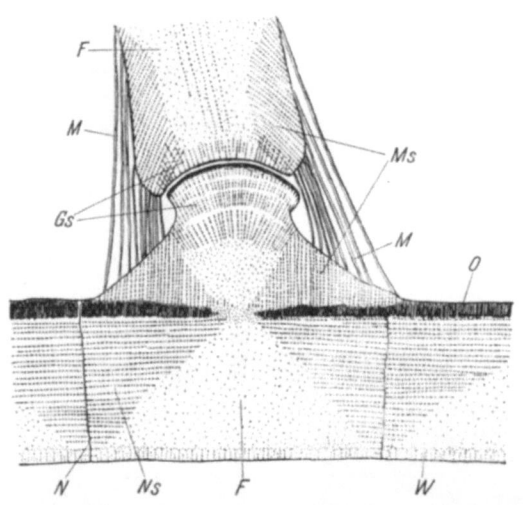

Abb. 153. Verlauf der Balkenzüge in dem Kalkgerüstwerk in einer Platte und dem darauf sitzenden Stachel eines Seeigels (*Echinus esculentus*). *F* indifferente Füllmasse, *Gs* Gelenkstruktur (senkrecht auf der Gelenkfläche verlaufende Balken), *M* Muskelmanschette, *Ms* Muskelzugstruktur in Gelenkhöcker und Stachel, *N* Naht zwischen zwei Platten, *Ns* Nahtstruktur, *O* dichte, glasige Oberflächenschicht, *W* wabenförmig strukturierte Innenschicht. (Nach S. u. E. BECHER.)

und so ein hexagonales Netz (Abb. 154k) darstellen. Die erste Anlage dieser Gitterplatten ist ein primärer Dreistrahler oder ein Stab (Abb. 154a), der sich an den Enden dichotom unter 120° gabelt. Die Gabelenden wachsen um einen bestimmten Betrag und gabeln sich wieder (Abb. 154b—d), im typischen Falle unter 120°. Die einander begegnenden Gabeläste verschmelzen (Abb. 154d, e). Von jedem so entstehenden vorspringenden Knotenpunkt kann das hexagonale Netz weiter wachsen. Bei der Bildung dicker, spongiöser Skeletstücke können von den Knotenpunkten sich vielfach rechtwinklig Balken erheben, an deren freien Enden Äste in Ebenen parallel zu der ursprünglichen Gitterebene vorsprossen (Abb. 155l). In vielen Fällen kommen gekrümmte Formen durch Unterdrückung bestimmter Gabelungen und Auswahl bestimmter Astfolgen zustande (Abb. 154f—h). Die Ebene des hexagonalen Netzes liegt stets senkrecht zur optischen Achse, und die

---

[1] SCHMIDT, W. J.: Die Skeletstücke der Stachelhäuter als Biokrystalle. Zool. Jb. **47** (1930).

Innere Skelete. 163

Vergabelungsrichtungen der Balken unter 120⁰ fallen in die krystallographischen Zwischenachsen. Bei manchen Holothurien (Abb. 154i, k) zeigen die Hauptgitterplättchen diese krystallographischen Beziehungen besonders deutlich dadurch, daß sie dreikantige kurze Stacheln tragen, die Polecken von Calcit-*Spaltrhomboëdern* über den Knoten des hexagonalen Netzes entsprechen (Abb. 154k), wobei die Balkenrichtungen den Polkanten der Rhomboëderstacheln entsprechen. Das Bildungssyncytium (Abb. 154g) formt die Skeletkörper ausgehend von einem ersten winzigen, im Cytoplasma ausgeschiedenen Krystallkeim und bedient sich

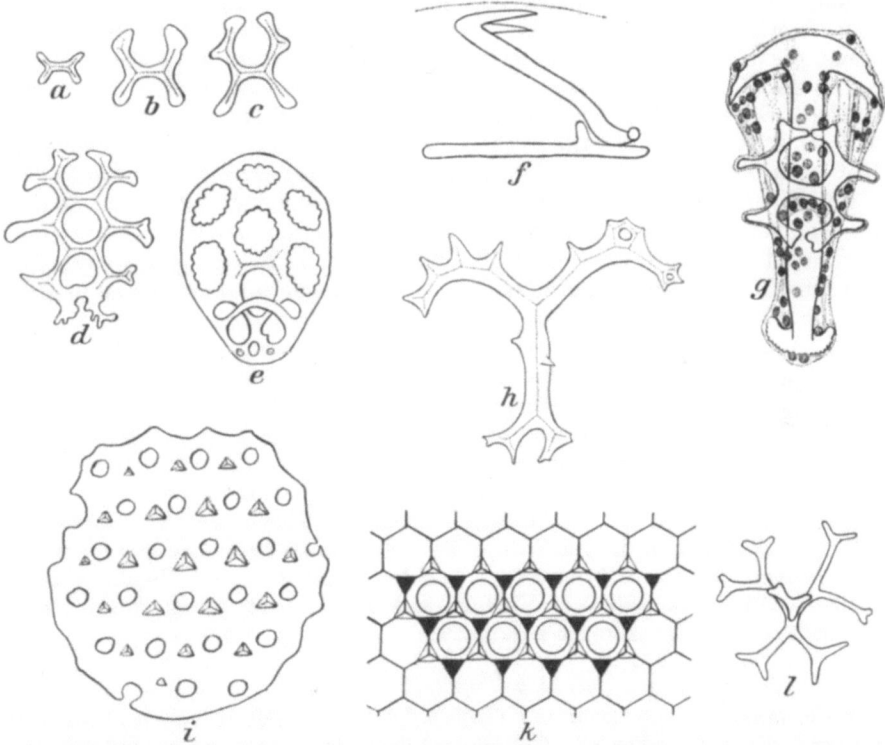

Abb. 154. Skeletstücke von Echinodermen. a—d Entwicklungsstadien von Platten von *Leptosynapta*. e Fertige Synaptiden-Ankerplatte. f Schema der Eingelenkung des Ankers in dieser Platte. g Entwicklungsstadien von Anker und Platte von *Leptosynapta* im Bildungssyncytium. h Kalkkörper von *Holothuria tremula*, mit gekrümmten Armen (ankerförmig). i Gitterplatte von *Pseudocucumis africana*. k Schema zu i: Stellung der Löcher und Stacheln (Rhomboederpolecken) in das hexagonale Vergabelungsnetz der Kalkbalken eingetragen (Stacheln der Unterseite schwarz angegeben). l Anlage einer Interambulacralplatte von *Echinus miliaris*; von der Mitte des ursprünglichen Dreistrahlers erhebt sich ein senkrechter Balken, an dessen Ende eine Gabelung in einer zur ursprünglichen parallelen Ebene erfolgt. (a—f nach S. BECHER, g nach WOODLAND, h—k nach W. J. SCHMIDT, l nach G. P. BIDDER.)

dabei besonderer bevorzugter Wachstumsrichtungen des krystallinischen Materials in der Basalebene (Zwischenachsen, manchmal auch Nebenachsen) und in der Hauptachse. Es kann sich aber jederzeit darüber hinwegsetzen, indem es das Wachstum in bestimmten Richtungen beschränkt oder auch Balken außerhalb des hexagonalen Netzes und der Richtung der Hauptachse ausscheidet. Die Moleküle lagern sich aber auch in diesem Falle (wie bei der Ausfüllung der Skeletzwischenräume bei der Fossilisation) in gleicher krystallographischer Orientierung ab. Im Körperganzen sind mit den morphologischen auch die optischen Achsen der einzelnen Skeletstücke bestimmt orientiert.

Im *Knochen* wechselt die Anordnung der submicroskopisch krystallinen Teil-

11*

chen der Erdsalze mit der Richtung der kollagenen Fibrillen (S. 110), die in der Entwicklung die ausfallenden Erdsalze richten. Da die Fibrillen den Beanspruchungsrichtungen folgen, wird hier die krystallinische Molekularordnung in die funktionelle Struktur einbezogen.

G. Bewegungsorgane.

Die Bewegungen der Tiere werden vermittelt durch die Tätigkeitsweise der einzelnen Bewegungsorgane, durch deren Anordnung im Körper, vielfach in Verbindung mit Stützorganen (Skeleten), die damit auch zu Teilen des Bewegungsapparats werden, und durch die Verteilung der Impulse auf die Bewegungsorgane, die bei den Metazoen meist (mit Ausnahme eines Teils der Flimmerorgane) durch das Nervensystem erfolgt. Nur bei den *Rhizopoden* werden vergängliche Bewegungsorgane, *Pseudopodien* (s. 12), stets neu gebildet. Ihre Tätigkeitszustände und ihre räumlichen Anordnungen wechseln mit der Bewegung. Wenn auch die Pseudopodienbildung sich aus allgemeinen Plasmazustandsänderungen (Strömung, Gel- und Solbildung, S. 12f) zusammensetzt, so ist sie doch eine typische Organbildung, in der die Teilvorgänge harmonisch zur Erreichung einer bestimmten Leistung verknüpft sind. *Dauernde Bewegungsorgane* sind im Tierreich die *Flimmern* und die *Muskeln*. Die Bewegungsorgane dienen in erster Linie der aktiven *Ortsveränderung* (*locomotorische Bewegungsorgane*), die bei den Tieren, im Gegensatz zu den Pflanzen, mindestens in bestimmten Entwicklungsstadien eine große Rolle spielt. Sie vermitteln aber auch (als *transvektorische Bewegungsorgane*) eine Verlagerung verschiebbarer Medien außerhalb oder innerhalb des Tierkörpers und dienen damit dem Heranbringen von Nahrung oder Atemwasser und der Förderung von Darminhalt, Blut, Excreten, Geschlechtsprodukten und anderem. Der *Flimmermechanismus* ist der typische Fortbewegungsapparat von Tieren sehr kleiner Dimension. Fast alle Formen von über 2—3 mm Körperlänge, die im Wasser frei schwimmen (mit Ausnahme der sehr wasserreichen und deshalb specifisch leichten Ctenophoren), bedienen sich zur Fortbewegung der *Muskulatur*. Vielfach wirken Flimmerung und Muskulatur in der Fortbewegung koordiniert zusammen.

a) Die Flimmerorgane.

Als Flimmerorgane[1] fassen wir *Geißeln* (*Flagellen*) und *Wimpern* (*Cilien*) zusammen. Sie sind über die Cytoplasmaoberfläche vorragende, fadenförmige Plasmadifferenzierungen (vgl. S. 103), die rhythmische Bewegungen ausführen.

Die äußere *Mechanik der Flimmerbewegung*, d. h. die Weise, wie durch die Bewegung der Flimmern eine Verschiebung zwischen beflimmertem Körper und umgebendem Medium erzeugt wird, ist durch Dunkelfeldbeobachtungen, Modellversuche und hydrodynamische Berechnungen einigermaßen aufgeklärt. Die innere Mechanik der Zellvorgänge, durch welche die Bewegungen der Flimmer selbst zustande kommt, ist noch ganz unbekannt.

Die *Geißeln* sind verhältnismäßig lang und meist in Einzahl oder geringer Anzahl an einer Zelle vorhanden (Flagellaten, Kragengeißelzellen der Schwämme, Entodermzellen von Cölenteraten, Solenocyten). Meist sind die Geißeln freischwimmender Zellen nach vorwärts gerichtet und ziehen den Körper nach; selten ragen sie nach rückwärts (Spermien, „Schleppgeißel" mancher Flagellaten, z. B. Bodoniden, Längsgeißel der Dinoflagellaten). Die Geißeln führen *Ruder-*

---

[1] GRAY, I.: Ciliary movement. Cambridge 1928. — METZNER, P.: Zur Mechanik der Geißelbewegung, Biol. Zbl. 40 (1920). — LUDWIG, W.: Zur Theorie der Flimmerbewegung. Z. vergl. Physiol. 13 (1931).

oder *Schlängelbewegungen* aus; oder sie *rotieren* um einen (verschieden gestalteten) engwinkligen Raum (*Schwingungsraum*) und saugen dadurch das Wasser auf das Tier zu und an ihm vorbei (Abb. 155). Unter den Rotationsbewegungen scheinen einfache Kegelschwingungen wie auch Schwingungen schraubenförmiger Geißeln vorzukommen. Die *Wimpern* führen stets Ruderbewegungen in einer Ebene aus. Bei dem Vorschlag, der *wirksamen Phase* des Schlages, wird die Wimper mit großer Geschwindigkeit um einen basalen Drehpunkt geschwungen, wobei sie selbst starr bleibt. Beim Rückschlag, der *unwirksamen Phase*, die langsamer verläuft (etwa $2/3$—$5/6$ des Gesamtschlages), biegt sie sich so, daß ein möglichst geringer Widerstand geleistet wird (*angeschmiegter Rückschlag*, Abb. 156). Die Amplitude der Wimperschwingung kann bis 180^0 betragen (Abbild. 156 b, c); meist liegt sie zwischen 60^0 und 120^0. Die Ruhelage der Wimper, in der sie bei Schlagpausen oder bei Schädigungen der Zelle zur Ruhe kommt, ist entweder die Endstellung der wirksamen oder der unwirksamen Phase.

Die einzelnen Flimmern haben ungefähr 0,05—0,5 μ Durchmesser; sie sind (soweit untersucht) positiv einachsig doppeltbrechend in Bezug auf ihre Längs-

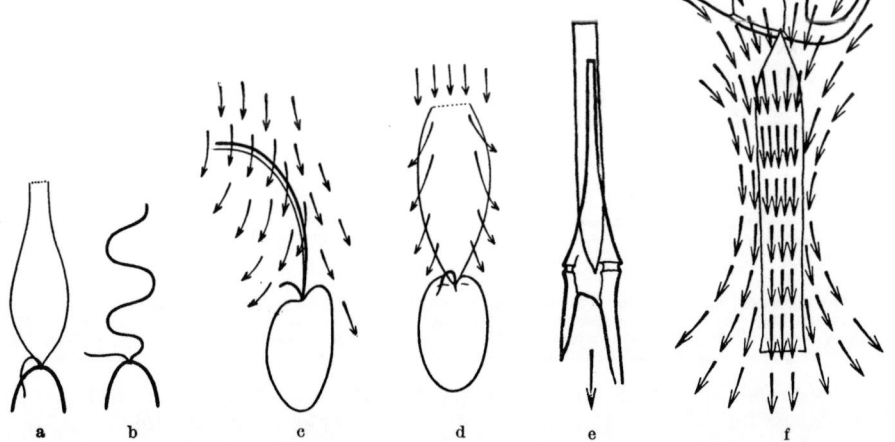

Abb. 155. Geißelbewegungen von Flagellaten. a, b *Uroglena volvox*, a Schwingungsraum der Hauptgeißel bei schnellem Schlagen, b spiralige Bewegung der Hauptgeißel bei langsamem Rotieren (passive Spirale infolge des Wasserwiderstandes). c, d *Monas vulgaris* mit abgeflachtem, gekrümmtem Schwingungsraum, c von der Seite, d von der Fläche. e, f Schlagraum der Längsgeißel bei Ceratien. e *Ceratium tripos*, f *Ceratium furca*, e bei der Vorwärts-, f bei der Rückwärtsbewegung, Längsgeißel nach vorwärts gerichtet. Die Pfeile veranschaulichen die Richtung der Wasserbewegung (nach der Bewegung suspendierter Teilchen). (a—d nach METZNER 1923; e, f nach PETERS 1929.)

achse. Wahrscheinlich besitzt jede Flimmer einen elastischen (steifgallertigen) Achsenfaden und eine plasmatische Hülle geringerer Viscosität. Dieses Hüllplasma (Kinoplasma) ist der Träger der aktiven Bewegung. Häufig ist es bei Geißeln einseitig oder in Gestalt eines spiralig verlaufenden Saumes verdickt. Bisweilen sind zahlreiche Flimmern zu *Wimperplatten* (Membranellen) verschmolzen (manche Ciliaten, Ctenophoren). Meist zeichnet sich eine Zone nahe der Ansatzstelle durch besondere Biegsamkeit und Energieentwicklung aus. Die Bewegungen gehen stets von der Basis aus, sei es, daß nach apicalwärts einseitige oder spirale Contractionswellen über die Flimmer hinlaufen; oder daß überhaupt nur die Basis aktive Schwingungen ausführt und die Flimmer, wie eine Gerte, geschwungen wird und ihre Formveränderungen dem Wasserwiderstand verdankt. Die Cilien erscheinen während des Vorschlages steif und während des Rückschlages schlaff. Das beruht vielleicht auf rhythmischer Quellung und Entquellung (LUDWIG).

Die *Schlaggeschwindigkeit* wechselt bei den Geißeln und Wimpern zwischen einigen Sekunden (manche Flagellaten) und einigen Hundertstel Sekunden. Die Frage der *Energieumwandlung* ist bei der Flimmerbewegung noch ganz ungeklärt. Da die Flimmerzellen (bei Actinien) besonders glykogenreich sind, kann man vermuten, daß dieses Kohlehydrat die Energiequelle des Flimmerschlages sei. Die Bedingungen für eine rhythmische Schlagtätigkeit liegen jedenfalls in dem Flimmerorganell selbst. Mit ihrem Basalkörper von der Zelle abgetrennte Flimmern schlagen noch eine Zeitlang weiter. In größeren Verbänden (Wimperkleid der Ciliaten, Flimmerepithelien) schlagen die Flimmern stets *metachron*, d. h. in einer gesetzmäßigen Aufeinanderfolge. Es verläuft durch das ganze Flimmerfeld

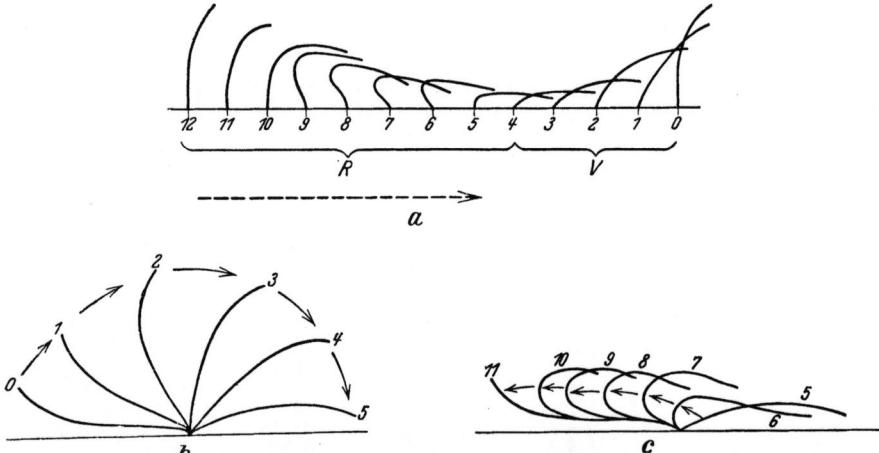

Abb. 156. Ruderschlag der Cilien. a Schema der metachronen Schlagfolge der Cilien einer Reihe. Amplitude des Schlags ung. 90; 0 = 12 Ruhelage (= Anfangslage des Vorschlags); 0—4 Vorschlag V, 4—12 Rückschlag R. ---> Richtung des Fortlaufens der Metachronie (und des aktiven Schlages). b, c Amplitude 180°; 0 = Ruhelage; —> Richtung der Geißelschwingung, b Vorschlag (0—5), c Rückschlag (5—11). (Original K.)

in bestimmter Richtung eine Erregung, die sich von Flimmer zu Flimmer im Cytoplasma fortpflanzt. In den meisten Wimperfeldern verläuft die Gesamtwelle in der gleichen Richtung wie die wirksame Phase des Einzelschlages (Abb. 156a).

Der Nutzeffekt der Wimperbewegung (= Verhältnis der Nutzleistung zum Gesamtaufwand) ist sehr klein, bei bewegten Flimmerorganismen (Ciliaten) höchstens 1%, bei Flimmerepithelien 2% (LUDWIG). Im einzelnen sind die den Nutzeffekt herabdrückenden Faktoren: 1. daß der Rückschlag einen wesentlichen Teil des durch den Vorschlag bewirkten Vortriebes aufhebt, 2. daß auch auf den Rückschlag Energie verwendet werden muß, 3. daß zwischen zwei Vorschläge eingeschaltete (hier durch den Rückschlag ausgefüllte) Pausen, die zur Erzeugung eines bestimmten Vortriebes nötige Leistung um so mehr erhöhen, je größer die Pausen sind.

In vielen Fällen ist der metachrone Flimmerschlag eines Flimmerepithels (z. B. Epidermis der kriechenden Planarien) vollkommen *autonom* und *irregulatorisch*. Die Schlagrichtung ist durch die Entwicklung unveränderlich festgelegt. Die Schlaggeschwindigkeit wird nur durch Temperatur und chemische Einwirkungen beeinflußt; vom Nervensystem ist sie ganz unabhängig. Bei den *Protozoen* ist die Tätigkeit der Geißeln und Wimpern mannigfacher *regulatorischer Veränderungen* unter dem Einfluß der Gesamtzelle fähig. Richtung, Amplitude und Geschwindigkeit des Schlages kann wechseln; die Wimpern können auch ganz stillgestellt werden. Geißeln können in verschiedene Richtungen zur Längsachse des Körpers gestellt werden (Abb. 155e, f). Auch viele *Metazoen*, vor allem kleine und nieder organisierte Formen, sind *Cilioregulatoren* (ALVERDES, MERTON). Bei ihnen können die Cilien intermittierend schlagen; und zwar übt das *Nervensystem* meist einen *hemmenden Einfluß* aus (nach Durchschneidung oder Lähmung der Nerven durch Narkotica schlagen die Flimmerzellen dauernd: *Ctenophoren*, frei schwimmende *Turbellarien, Polychäten-* und *Molluskenlarven*). In manchen Fällen (einzelne Flimmerbezirke bei Mollusken) stehen die Wimpern für gewöhnlich still und treten auf Nervenimpulse hin in Tätigkeit. Selten kommt bei Metazoen ein Wechsel in der Richtung des Flimmerschlages vor (bei *Actinien* im Zusammenhang mit Nahrungsaufnahme, bei *Stenostomum, Seeigellarven*).

b) Muskelbewegungsapparate.

Die Muskeldifferenzierungen verkürzen sich und leisten damit Arbeit. Schon bei vielen *Protozoen* kommen als Organellen contractile Fibrillen vor, die den Myofibrillen des Muskelgewebes der Metazoen gleichen; sie werden als *Myoide* oder *Myoneme* bezeichnet. Vielfach ist an ihnen Doppelbrechung festgestellt; manchmal sind sie quergestreift. Unter den *Rhizopoden* besitzen nur die *Acantharien* Myoide. Sie ziehen von der Oberfläche des kugelförmigen Cytoplasmakörpers an den Skeletstacheln empor. Bei ihrer Contraction (auf etwa $1/5$ ihrer Ruhelänge) wird der extrakapsuläre Weichkörper nach außen gedehnt. Bei manchen *Sporozoen* (z. B. Gregarinen) sind unter der Körperoberfläche dicht nebeneinander verlaufende Ringmyoneme vorhanden, deren Contractionen peristaltische Bewegungen des Zellkörpers vermitteln. Am mannigfaltigsten sind die Myoide bei den *Ciliaten* ausgebildet, wo oft mehrere Fibrillensysteme unter der Pellicula verlaufen. Freischwimmenden Formen erlauben die Myoidsysteme ausgiebige Verkürzungen, Verlängerungen und Biegungen des Körpers. Am stärksten sind die Myoide im Stielmuskel der *Peritrichen* entwickelt, in den die Längsmyoide des Köpfchens zusammenlaufen. Der Stielmuskel verläuft in dem von Flüssigkeit erfüllten Hohlraum einer elastischen Cuticularröhre, die bei der Contraction des Muskelfadens in Spiralwindungen gelegt wird.

Im Körper der Metazoen treten die Muskelelemente (S. 113ff.) nur auf Nervenimpulse hin in Tätigkeit.

Eine nicht minder wichtige Leistung der Muskulatur als die *Bewegung* des Gesamtkörpers und seiner Teile ist die Erhaltung eines bestimmten *Standes*, bei der Arbeit im physikalischen Sinne nicht geleistet wird. Körperhaltung und Bewegung sind bei sehr vielen Tieren die Aufgabe derselben Elemente; die Bewegung ist eine Änderung derjenigen Muskelzustände, die den Stand bedingen. Die *Bewegungen* werden vermittelt durch einen, meist rhythmischen, Wechsel von Verkürzung (Contraction) und Wiederdehnung unter Erschlaffung (Dilatation, Expansion) von Muskeln; die durch Muskeln erzeugte Körperhaltung wird bedingt durch eine Dauerverkürzung, den *Tonus*, von Muskelelementen.

Die Umwandlung chemischer Energie in kinetische Energie durch die Muskelmaschine bei der Contraction ist der großartigste mechanische *Auslösungsvorgang* in der Organismenwelt.

Die Gesamtenergie für einen einzelnen maximalen Erregungsvorgang im Nerven beträgt, berechnet nach der mit der Nervenleitung verbundenen Wärmebildung $9 \cdot 10^{-7}$ cal. pro Gramm Nerv (vom Frosch) bei 15^0, während die dadurch ausgelöste Muskelzuckung eine Energieproduktion von $7 \cdot 10^{-3}$ cal. pro Gramm besitzt. Da ungefähr 25 mg periphere Nerven 4 g Muskeln innervieren, so löst der im Nerv sich abspielende energetische Vorgang im Muskel etwa den 10^6 fachen Energiebetrag aus (GERAND und MEYERHOF[1]).

---

[1] MEYERHOF: Die Energieumwandlungen im Muskel. Naturwiss. 12 (1924).

Der *Arbeitsmechanismus*, welcher dem Wechsel von Verkürzung und Erschlaffung zugrunde liegt, ist erst sehr unvollkommen aufgeklärt. Die *chemischen Vorgänge* und Energieumsetzungen scheinen bei der glatten und der quergestreiften Muskulatur wesentlich verschieden zu sein. Nur über die letztere haben wir einige Kenntnisse (EMBDEN, HILL, MEYERHOF u. a.)[1]. Die Umsetzung der chemischen Spannkraft in kinetische Energie geht sicher nicht nach Art einer Wärmekraftmaschine vor sich. Der Muskel ist eine „chemodynamische" Maschine. Für gewöhnlich hat zwar die Muskelarbeit erhöhten O_2-Verbrauch zur Folge. Doch vermag der Muskel auch in reiner Stickstoffatmosphäre zu arbeiten; nur ermüdet er dann rascher als bei O_2-Zufuhr. Die Muskeltätigkeit erfolgt unter anoxybiontischem, gärungsartigem Zerfall von Glykogen, wobei Milchsäure auftritt. Sie ist bei lebhafter Muskelarbeit auch im Blut nachzuweisen. Gleichzeitig findet eine Spaltung von Kreatinphosphorsäure (Phosphagen) unter Auftreten freier Phosphorsäure statt, die jedenfalls für den normalen Tätigkeitsvorgang des Muskels auch von großer Bedeutung ist. Bei Wirbellosen tritt an ihrer Stelle Argininphosphorsäure auf. Andere phosphorsäurehaltige Verbindungen spielen ebenfalls eine Rolle. Nach Ablauf der Contractionsphase tritt die Erschlaffung und die Wiederherstellung der Contractionsfähigkeit ein. Während der Erholungsphase verschwindet die Milchsäure unter O_2-Aufnahme; und zwar wird nur $1/6$—$1/4$ der entstandenen Milchsäure vollständig verbrannt, und auf Kosten der hierbei frei werdenden Energie werden die übrigen $5/6$—$3/4$ der Milchsäure wieder zu Glykogen aufgebaut; ebenso wird die Kreatinphosphorsäure wieder hergestellt. Die Wärmebildung in der oxydativen Erholungsphase (Erschlaffungswärme) hat etwa denselben Betrag wie die Wärmebildung bei den anfänglichen Spaltungsvorgängen (Initialwärme). In Stickstoffatmosphäre bleibt der Erholungsvorgang aus; der Muskel arbeitet unter Glykogenschwund und Milchsäureanhäufung mit zunehmender „Ermüdung". Die Rücksynthese des Glykogens bedeutet für den Organismus eine bedeutende Ersparnis. Sehr gesteigert wird die Arbeitsfähigkeit des Muskels dadurch, daß er den Sauerstoff nicht zur kinetischen Arbeit selbst braucht; denn der Organismus kann die O_2-Zufuhr innerhalb einer bestimmten Zeit nicht über ein bestimmtes Maß hinaus steigern. Die Einrichtung der Muskelmaschine erlaubt es aber, in einer kurzen Zeit eine sehr große Arbeit zu leisten und dann während einer längeren Erholungsphase die Arbeitsfähigkeit wieder herzustellen.

Die physikalisch-chemischen Vorgänge, die der *Verkürzung* des Muskels zugrunde liegen, sind unbekannt. Die *Verkürzungsorte* sind die anisotropen Abschnitte der Myofibrillen (S. 113), und beim Verkürzungsvorgang müssen sich Veränderungen im anisotropen Feinbau abspielen.

Die Verkürzung ist von einer Abnahme der Doppelbrechung begleitet. Es läßt sich aber nicht entscheiden, ob diese Erscheinung auf einer Störung der Parallelität stäbchenförmiger Micelle (S. 113f.), auf Veränderung ihrer Gestalt oder des Brechungsindex der Micelle oder des intermicellaren Mediums oder anderen physikalischen Vorgängen beruht. Von den als Versuche zur Erklärung der Contraction aufgestellten Hypothesen rechnen die *Quellungs-* und die *Oberflächenspannungshypothese* mit einer Formveränderung submikroskopischer Formelemente, welche die in der Längsrichtung der Fibrille geordneten, längsgestreckten Teilchen der Kugelform nähert, sei es durch anisodiametrische Quellung (in Querrichtung) oder durch Erhöhung der Oberflächenspannung. Meist wird dabei eine unmittelbare Wirkung der bei der Muskeltätigkeit gebildeten Säure auf den Quellungszustand der Micelle oder die Grenzflächenspannung angenommen. Möglich erscheint aber auch, daß bei Erhaltung der Form der Micellen selbst in das Micellengefüge bei einer Quellung anisodiametrisch Wasser eingelagert wird und dadurch die Abstände der Micelle voneinander verändert werden.

Der *Wirkungsgrad* der Muskelmaschine liegt für die Bewegungsleistung des

---

[1] MEYERHOF: Die chemischen Vorgänge im Muskel. Berlin 1930.

Körpers nach außen in der Größenordnung des von Dieselmotoren erreichten, wird aber unmittelbar am Verkürzungsort 36% noch erheblich überschreiten.

Die einfachste Tätigkeitsform eines Muskels ist die *Zuckung*, eine *Einzelcontraction*, die von einem einzelnen nervösen Impuls ausgelöst wird (im Versuch einem Einzelreiz, z. B. Induktionsschlag, der den Muskel direkt oder seinen Nerven trifft). Die Zuckung umfaßt drei *Phasen* (Abb. 157a): 1. die *Latenzzeit*, welche verstreicht von dem Eintreffen des Impulses im Muskel bis zum Beginn der mechanischen Veränderung, 2. die *Contractionsphase*, 3. die *Expansionsphase*. Die *Verlaufszeit* einer Zuckung (Tabelle 5, I) ist verschieden je nach Tierart und Muskelsorte und ist abhängig von der Temperatur. Sie ist bei quergestreiften Muskeln kürzer als bei glatten. Sie schwankt zwischen einigen Tausendstel Sekunden (Flugmuskeln von Insekten) und mehr als 1 Minute (glatte Darmmuskulatur von Wirbeltieren). Die Dauer der Energieentfaltung, die *Contractionsphase*, wechselt zwischen Extremen, die sich wie 1 : 10000 verhalten (Tabelle 5, III). Bei den raschesten Muskeln ist sie explosionsartig kurz. Die Expansion dauert bei den raschesten Muskeln etwa ebensolang, bei langsam arbeitenden bis fünfmal so lang wie die Contraction.

Tabelle 4. Zeitliche Verhältnisse der Muskelzuckung.

I. Zuckungsdauer in Sekunden.

Glatte Muskeln:

Frosch-Magen	10^2
Katze-Blase	$5 \cdot 10^1$
Schnecken-Fußmuskeln {Agrio limax, Pleurobranchaea, Limax}	10^1
Kaninchen-Iris	

Quergestreifte Muskeln:

Schildkröten-Muskeln	10^0
Insekten-Beinmuskeln {Melolontha, Hydrophilus, Dytiscus}	$5 \cdot 10^{-1}$
Frosch-Muskeln, Säuger-Muskeln	10^{-1}
Insekten-Flügelmuskeln {Libelle, Biene, Musca}	10^{-2}, $5 \cdot 10^{-3}$, 10^{-3}

II. Maximalanzahl der Zuckungen in der Sekunde.

Quergestreifte Muskeln:

Insekten-Flugmuskeln (*Musca*-Biene)	$5 \cdot 10^2$
Vögel	10^2
Frosch, Säuger	$5 \cdot 10^1$
Schildkröten	10^1

Glatte Muskeln:

Kaninchen-Iris	10^0
Katze-Blase	10^{-1}
	10^{-2}

III. Dauer der Contractionsphase.

Musca-Flügelmuskel	0,0015 Sek.
Frosch-Skeletmuskel	0,049 „
„ glatte Magenmuskeln	15,0 „

Wenn man den Muskel mit Einzelreizen von zunehmender Stärke (Induktionsschlägen) reizt, so nimmt bis zu einer bestimmten Reizintensität (dem „maximalen Reiz") die Höhe der Contraction bei der Zuckung zu, eine weitere Steigerung der Reizintensität erhöht die Verkürzung nicht mehr. Läßt man mehrere maximale Reize so nacheinander einwirken, daß jeder folgende Reiz den Muskel trifft, bevor er wieder völlig erschlafft ist, so wird bei dieser „*Summation*" der Reize (S. 48) das Maximum der Contraction, das einem einzelnen maximalen Reiz entspricht, überschritten und der Muskel erreicht stufenweise ein zweites Maximum (Abb. 157b—d). Werden die Abstände zwischen den Einzelreizen so klein, daß diese jeweils dem Beginn der Erschlaffung zuvorkommen, so entsteht eine vollkommene *Dauercontraction*, ein glatter *Tetanus* (Abb. 157e). Die Frequenz der Einzelreize, die für die Erzeugung eines solchen Tetanus nötig ist, wechselt mit Muskelart und Temperatur. Je langsamer die Einzelzuckung verläuft, desto niederer liegt die Tetanisierungsfrequenz.

Dem äußerlich konstanten Verkürzungszustand des tetanisierten Muskels entspricht innerlich eine rhythmische Tätigkeit. Bis zu einer bestimmten Frequenz der Impulse erfolgt auf jeden Impuls eine Erregung des Muskels (Verstärkung

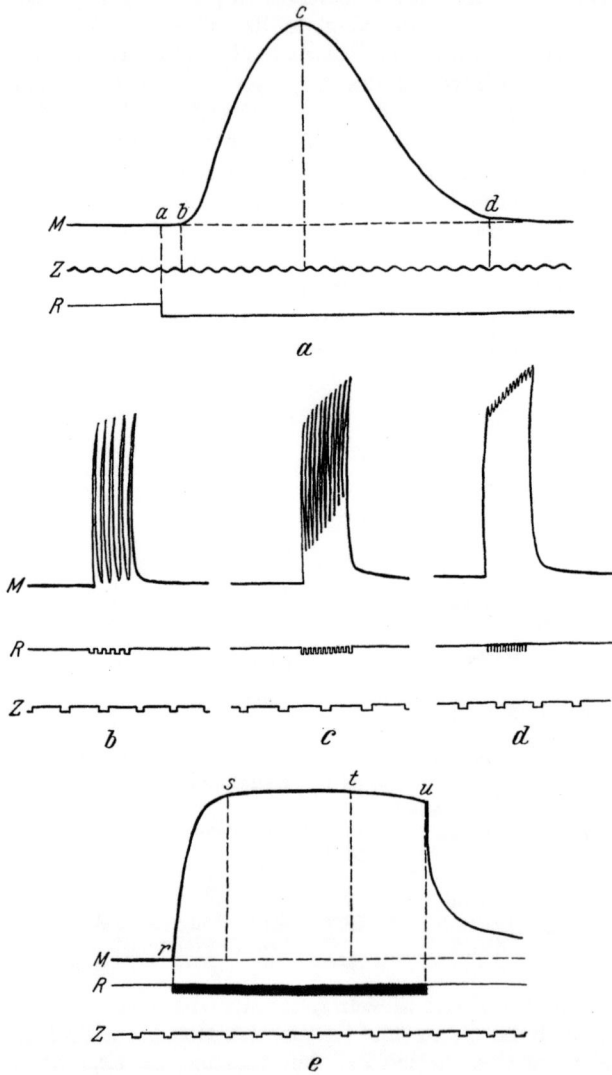

Abb. 157. Muskelcontractionskurven, von einem an einem Schreibhebel angehängten isolierten Muskel (Froschmuskel) auf eine vorbeibewegte Fläche (rotierende Trommel) geschrieben. a Zuckung. b—d Reizsummation, b der Zeitabstand der Einzelreize ist so groß, daß der Muskel gerade eben nicht mehr vollkommen erschlafft. c, d Grade des unvollkommenen Tetanus. e Vollkommener Tetanus. M Muskelkurve, Z Zeit (in a Stimmgabelschwingung, 1 Schwingung = $1/_{100}$ Sek.; in b—e Sekundenmarken), R Reiz (in a Abfall = 1 Induktionsschlag, in b—e frequente Induktionsschläge). ab Latenzzeit, bc Contractionsphase, cd Dilationsphase, rs ansteigende Contraction des tetanisierten Muskels, st Höhe der Contraction, tu Absinken infolge beginnender Ermüdung. (Original K.)

der Fibrillencontraction, Spannungserhöhung). Ein bestimmter *Eigenrhythmus des Muskels* (bei Wirbeltieren 50—100 Erregungen pro Sekunde) wird aber auch bei höherer Impulsfrequenz nicht überschritten. Die Erregungsfrequenz im Muskel läßt sich durch die Höhe des Muskeltones, exakter durch den Rhythmus der vom Muskel ableitbaren Aktionsströme (s. S. 46) feststellen.

Die meisten Bewegungen des Tierkörpers werden durch längere oder kürzere Tetani erzeugt. Selbst ganz rasche ruckartige Gliederbewegungen von Wirbeltieren sind noch Tetani von einigen Erregungen. Nur wenige Muskelapparate, wie die Herzmuskeln der Wirbeltiere, arbeiten nur mit Einzelzuckungen und sind nicht tetanisierbar, da sie Reize nicht summieren.

Im Experiment können wir den Muskel nur in maximaler Contraction tetanisieren. Im Körper kann der Muskel in verschiedener Länge in *tonischer Dauerverkürzung* scheinbar spannungslos gehalten werden. Dieses Verhalten wird bedingt durch den *Tetanus einzelner Fasern des Gesamtmuskels*, deren Spannung nicht genügt, die Summe der Widerstände unter Verkürzung zu überwinden. Ein solcher minimaler Tetanus von Skeletmuskeln, vor allem der gegen die Schwerkraft wirkenden Muskeln, wie der Streckmuskeln der Extremitäten, erhält z. B. die Lage des stehenden Säugetierkörpers. Entsprechend der geringen Anzahl der tätigen Fasern sind Stoffverbrauch und Aktionsströme dieser tonisch verkürzten Muskeln gering; dieser *Tetanotonus* ermüdet nicht oder sehr langsam, vermutlich, weil die Erregung immer wechselnd von Faser zu Faser überspringt.

Die langsamen Bewegungen glatter Muskulatur sind für die tonische Festhaltung von tetanischen Contractionen rationeller als die raschen der quergestreiften. Infolge des langsamen Anstiegs und Abfalls der Contraction sind sie mit einer sehr niederen Impulsfrequenz tetanisierbar (Tabelle 5, II). Jeder Einzelerregung entspricht ein bestimmter Stoffverbrauch. Je geringer die Anzahl der Einzelerregungen ist, desto geringer ist der Stoffumsatz. Die quergestreifte Muskulatur ist aber für rasche Tonusveränderungen und plötzlichen Übergang in Bewegung geeigneter.

Im Gegensatz zur tetanischen Dauerverkürzung kommt bei glatten Muskeln auch ein *tonischer Verkürzungszustand ohne jeden Energieverbrauch* vor (BETHE, PARNAS, JORDAN). Dieser *Sperrtonus* ist eine Gleichgewichts- oder Ruhelage des Muskels. In ihm wird eine Länge, die der Muskel irgendwie (durch aktive oder passive Verkürzung, Zusammenschiebung oder Dehnung) erreicht hat, ohne jede Arbeitsleistung und damit verbundenen Stoffumsatz und daher ohne Ermüdung festgehalten, *gesperrt*; und einem bestimmten Zug kann dauernd Widerstand geleistet werden, ohne daß Dehnung auftritt. So vermögen die glatten Muskeln der Blutgefäße dauernd ohne Ermüdung dem Blutdruck die Wage zu halten. Eine Actinie erzeugt im dauernd kontrahierten Zustand nicht mehr CO_2 als im ausgestreckten; während des Kontrahierens wird jedoch erheblich mehr Stoff umgesetzt als in jenen beiden Ruhezuständen.

Vielfach sind in einem Bewegungsapparat Arbeits- und Tonusmuskeln miteinander verbunden. So besteht der *Schließmuskel der Muscheln* aus einer sich rasch kontrahierenden und dann erschlaffenden Portion, die das Zuklappen der Schale bewirkt, und einer Tonusportion, die zusammengeschoben und dann gesperrt wird und die Schalen gegen den Zug des Schloßbandes geschlossen hält. Ihre Fasern liefern in diesem Verkürzungszustand keine Aktionsströme, während man von den Arbeitsmuskeln während des Schlusses der Schalen Aktionsströme ableiten kann. Dem entspricht auch der Stoffumsatz.

Im Ruhezustand der *Sperrung* ist der Tonusmuskel entweder knorpelartig hart (maximaler Tonus, v. UEXKÜLL) oder plastisch (viscöser Tonus, JORDAN) oder mehr oder weniger elastisch. Durch Nerveneinfluß kann die Sperrung aufgehoben oder der Viscositätsgrad geändert werden. Besonders bei den Hohlorganen und den hohlorganartigen Tieren (Polypen, Holothurien, Mollusken, Ascidien) spielt der plastische Tonus des glatte Muskeln enthaltenden Hautmuskelschlauches eine große Rolle.

Auch *quergestreifte Muskeln* können die Eigenschaft von Tonusmuskeln annehmen und ohne Energieverbrauch gesperrt werden, besonders bei *Insecten* (kataleptische Starrezustände von Stabheuschrecken, Haltungen von Raupen), vielleicht auch bei Wirbeltieren.

Es ist anzunehmen, daß die Contraction (Tetanus) und der *Sperrtonus als statische Zustandsänderung* des Muskels an verschiedene Mechanismen geknüpft sind, die nebeneinander in denjenigen Muskeln vorhanden sind, die zu beiden Erscheinungen fähig sind. Eine solche *dualistische Hypothese der Muskelleistung* schreibt die eine Funktion den Fibrillen, die andere dem Sarcoplasmaschlauch zu (BOTAZZI), eine andere nimmt zwei Arten von contractilen Fibrillen an (BOZLER). Im Ascidienherzen kommen neben quergestreiften auch glatte Plasmafibrillen vor. Jene verkürzen sich bei der Einzelcontraction und beim Tetanus, bei der tonischen Verkürzung werden sie gestaucht. Die glatten Fibrillen scheinen sich umgekehrt zu verhalten.

Bei der *Bewegung von Körperteilen gegeneinander* muß zu jeder Muskelbewegung eine *antagonistische Kraft* vorhanden sein, welche die Ausgangsstellung wieder herstellt. Diese antagonistische Kraft ist häufig eine *elastische Struktur*; so z. B. wirkt der Subumbrellamuskulatur der Medusen die Schirmgallerte, den Schließmuskeln der Muscheln das elastische Schloßband, den Atemmuskeln der Insecten die Elastizität des Chitinpanzers und der Tracheen entgegen. In den meisten Fällen sind *antagonistische Muskeln* vorhanden. Diese können an verschiedenen Seiten eines Widerlagers (Flüssigkeitssäule einer Leibeshöhle, Skelet) angreifen, oder in dem gleichen Feld in entgegengesetzten Richtungen verlaufen (z. B. die Längs- und Ringmuskeln von Hydroidpolypen). Die antagonistischen Muskeln können in dem Verhältnis obligatorischer Antagonisten so stehen, daß die Contraction des einen Muskels notwendigerweise die Erschlaffung des anderen voraussetzt (Beuger und Strecker der Extremitäten von Gliedertieren und Wirbeltieren, Ring- und Längsmuskulatur). Oder der Antagonismus ist wechselbar; eine Muskelgruppe wirkt bald mit der einen, bald mit einer anderen zusammen (so stehen beim Blutegel während des spannerartigen Kriechens die Längsmuskeln in Antagonismus zu den Ringmuskeln, beim Schwimmen die ventralen Längsmuskeln zu den dorsalen). Das Zusammenwirken antagonistischer Muskeln wird durch bestimmte Reflexapparate besorgt. Die meisten Bewegungen verlaufen in einem bestimmten Rhythmus, der durch das Nervensystem ausgelöst und reguliert wird.

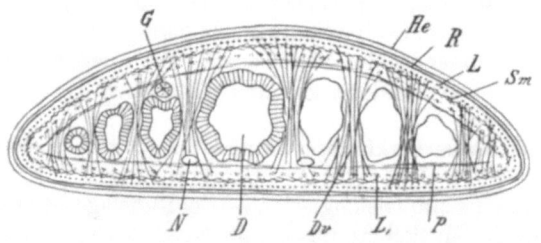

Abb. 158. Schematischer Querschnitt durch einen Plathelminthen, um die Anordnung der Muskulatur zu zeigen (rechts sind die eingelagerten Organe weggelassen). *D* Darm, *G* Geschlechtsdrüse, *He* Hautepithel, *N* Nervensystem. *R* Ring-, *L* Längs-, *Sm* Schrägmuskeln des Hautmuskelschlauches, L_l längs, *P* quer, *Dv* dorsoventral verlaufende Muskeln des Körperparenchyms. (Original G.)

Die *Konstruktionen der Bewegungsapparate* von Organen und ganzen Tieren lassen sich mit wenigen Ausnahmen in wenige *Typen* einreihen.

Das *Muskelparenchym* stellt eine aus verflochtenen Fasern bestehende Muskelmasse dar (Körper der Plathelminthen [Abb. 158] und Hirudineen, Muskelfuß, Wirbeltierzunge), die zu den verschiedensten Formveränderungen (Krümmung, Verkürzung, Verlängerung, Abplattung, Wellenbewegungen) fähig ist.

Sehr mannigfaltig wird der Typus des *Hohlmuskels* ausgenützt. Hohlmuskeln sind die Körper der Polypen, einseitig offene Röhren mit zwei senkrecht zueinander verlaufenden Muskelschichten in der Wand. Sackförmige Hohlmuskeln können durch rasche Contractionen Pumpwirkungen ausüben, die durch Rückstoß eine Ortsbewegung vermitteln (Medusen, Cephalopoden) oder Inhaltsmassen fördern (Herzen). Schlauchmuskeln, wie der Darm oder contractile Gefäßabschnitte, schieben ihren Inhalt durch Contractionswellen (Peristaltik) vorwärts. Bei Tieren mit einem Hautmuskelschlauch, der eine primäre (Nematoden) oder eine sekundäre Leibeshöhle (Anneliden, Holothurien) einschließt, wirken die Muskeln gegen die Flüssigkeitssäule in der Leibeshöhle als Gegenkraft. Sind nur Längsmuskeln vorhanden (Nemathelminthen), so schlängeln sich die Tiere durch abwechselnde Contraction der Muskeln gegenüberliegender Seiten. Meist liegen aber Ring- und Längsmuskeln im Hautmuskelschlauch, und es können außer den Biegungen bei der Ortsbewegung symmetrische Contractionswellen über den Körper weglaufen. Bei den Regenwürmern z. B. beginnt die Vorwärtsbewegung vorn mit einer Ringmuskelcontraction, die wellenförmig nach hinten weiter läuft. In jedem Abschnitt folgt auf die Ringmuskelcontraction eine Längsmuskelcontraction, so daß die einzelnen Abschnitte sich rhythmisch verlängern unter Verdünnung und verkürzen unter Verdickung. Dadurch wird der Körper nach vorn geschoben, da nach hinten gerichtete Borsten jeden Abschnitt am Boden verankern. Infolge der Kammerung des Cölomsystems wird die Ringmuskelwirkung auf die Segmente beschränkt, in denen sie stattfindet, da die Leibeshöhlenflüssigkeit nicht in andere Teile des Körpers ausweichen kann.

Sehr häufig wirkt die Muskulatur mit einem *Skelet* (S. 159ff.) zusammen. Bei den *Arthropoden* setzen sich die Muskeln von innen an ein *Außenskelet* an (Abb. 159 c, d). Zwischen den einzelnen Abschnitten der steifen Chitincuticula sind dünnere Gelenkhäute eingeschoben. In ihnen können die einzelnen Hautskeletstücke durch Muskeln, die von einem Körperabschnitt zu einem anderen ziehen, gegeneinander abgebogen werden. Bei den *Echinodermen* und *Chordaten* wirken Muskeln gegen *innere Skeletstücke*. Im mechanisch

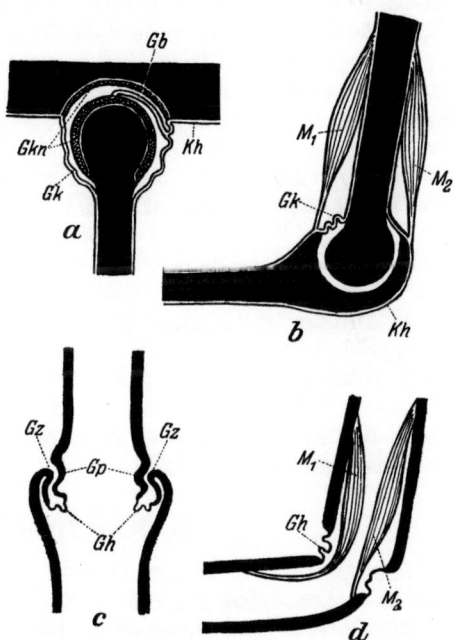

Abb. 159. Gelenkeinrichtungen, schematisch. a, b Wirbeltiere, a allgemeines Schema, b Ellenbogengelenk. c, d Arthropoden. *Gb* Gelenkband, *Gh* Gelenkhaut, *Gk* Gelenkkapsel, *Gkn* Gelenkknorpel, *Gp* Gelenkzapfenpfanne, *Gz* Gelenkzapfen, *Kh* Knochenhaut, M_1, M_2 antogonistische Muskeln. (Im Anschluß an V. GRABER.)

einfachsten Falle dient das Skelet nur einem langgestreckten Körperstamm als Stütze (Acranier, Schlangen) und wirkt mit der Längsmuskulatur bei Schlängelbewegungen zusammen. Bei Arthropoden und Wirbeltieren sind mit Hilfe des Skelets *Gliedmaßen* konstruiert, die als mehr oder weniger komplizierte Hebelmechanismen wirken. Mit ihrer Entfaltung wird der Körperstamm mehr und mehr der Beteiligung an der Locomotionsleistung entzogen. Die Extremitäten werden gelenkig vom Körperstamm abgesetzt und erhalten gelenkige Quergliederungen.

Die Konstruktion der *Gelenkverbindungen* ist, bei vielfach gleicher Wirkung, sehr verschieden beim Außenskelet der Arthropoden und den inneren Skeleten der Echinodermen und Wirbeltiere. Die Skeletstücke der *Wirbeltiere* (Abb.159a, b), der Arme der Seesterne, der Stacheln und Stachelknöpfe der Seeigel (Abb. 153) berühren sich mit ihren Endflächen, die einander mehr oder weniger genau angepaßt sind. Dem vorspringenden Ende des einen Stückes (*Gelenkkopf*) entspricht eine Aushöhlung am anderen (*Gelenkpfanne*). Die Gelenkflächen werden durch bindegewebige Häute (Gelenkkapsel), Bänder und Muskeln zusammengehalten. Zwischen den Gelenkflächen vermindert Flüssigkeit (Gelenkschmiere) die Reibung. Die zur Gelenkung kommenden Skeletstücke der *Arthropoden* (Abb. 159c, d) sind offene Röhren, Ringe oder Halbringe; sie berühren sich daher nur an ihren Rändern in einzelnen Punkten oder Linien. Der Betrag der *Bewegungsfreiheit* (Freiheitsgrad) eines Gelenks findet seinen Ausdruck in der Anzahl der Achsen, um die eine Drehung möglich ist. Die Haupttypen der Gelenke sind einachsige *Scharnier-* oder *Winkelgelenke*, zweiachsige *Sattelgelenke* und *Kugelgelenke*, in denen sich das eine Skeletstück in jeder Ebene bewegen kann, die durch die Achse des anderen Skeletstückes gelegt werden kann. Bei den *Wirbeltieren* sind Scharniergelenke mit cylindrischen Gelenkflächen z. B. das Ellenbogengelenk (Abb. 159b), Kugelgelenke das Oberarm- und das Oberschenkelgelenk (Abb. 159a). Die Gelenke der *Arthropodenextremitäten* sind ausschließlich Scharniergelenke (Abb. 159c, d). Dadurch, daß in die Arthropodengliedmaßen mehrere Gelenke eingeschaltet sind, deren Drehachsen verschieden liegen, kann aber eine sehr große Mannigfaltigkeit der Bewegungen erzielt werden. Im einfachsten Fall ist in den Scharniergelenken der Arthropoden an zwei einander gegenüberliegenden Punkten die Gelenkhaut straffer angezogen, während sie im übrigen locker ist; um jene Punkte erfolgt die Drehung. Meist liefern mehr oder weniger komplizierte Falten und Auswüchse an den Drehpunkten Scharniere (Abb. 159c), welche die Festigkeit des Gelenks erhöhen.

Im Aufbau der Gesamtextremitäten tritt je nach der Verwendungsweise als Ruder, Schreitbein oder Flügel eine ungeheure Mannigfaltigkeit der Konstruktionen zutage; andererseits findet sich bei gleicher Verwendung der Gliedmaßen auch augenfällige Konvergenz bei nicht eng miteinander verwandten Gruppen (Beine der höheren Krebse, Arachnoiden, Tracheaten, Flugeinrichtungen der Flugechsen und Fledermäuse).

H. Elektrische Organe[1].

Eine Anzahl von Fischen besitzt unter der Herrschaft des Centralnervensystems stehende Organe, mittels deren sie elektrische Schläge auszuteilen vermögen. Die erzeugten elektrischen Spannungen können mehrere hundert Volt betragen. Die wichtigsten elektrischen Fische (sogenannte Zitterfische) sind: der Zitteraal, *Gymnotus electricus*, aus dem Flußgebiete des Orinoco, ihm an elektrischer Kraft nachstehend die Zitterrochen aus der Gattung *Torpedo* (Abb. 160) und der afrikanische Zitterwels *Malopterurus electricus* mit noch geringerer Elektrizitätsentwicklung und andere Gattungen: *Mormyrus*, *Gymnarchus* und *Raja*. Kleine elektrische Organe finden sich bei *Astroscopus*, einem im Sande lebenden Knochenfisch der nordamerikanischen atlantischen Küste. Die *elektrischen Organe* sind auf *umgewandelte quergestreifte Muskulatur* zurückzuführen, mit Ausnahme von *Malapterurus*, wo sie umgewandelte Hautdrüsen sind.

Die Lage der elektrischen Organe ist sehr verschieden. Bei den meisten Zitterrochen liegen sie rechts und links zwischen Kiemen und Vorderteil der Brustflosse (Abb. 160); beim Zitteraal erstrecken sie sich in einem oberen und unteren Paar der Länge nach an den Seiten des mächtigen Schwanzes (Abb. 161). Am Schwanz

---

[1] BIEDERMANN, W.: Elektrische Fische. Erg. Physiol. 2 (1903). — DAHLGREN, U. and C. F. SILVESTER: The Electric Organ of the Stargazer, *Astroscopus*. Anat. Anz. 29 (1906). — BERNSTEIN, I. u. A. TSCHERMAK. Die Natur der Kette des elektrischen Organs vom *Torpedo*. Pflügers Arch. (1906).

liegen sie auch bei *Mormyrus*, *Gymnarchus* und *Raja*; beim Zitterwels umhüllen sie zwischen Muskeln und Haut mantelartig die Seiten des Körpers; bei *Astroscopus* sind sie am Kopfe dicht hinter dem Auge zwischen Körper und Mundhaut eingelagert.

Im feineren Bau stimmen die elektrischen Organe wesentlich überein. Sie setzen sich aus „Kästchen" zusammen, die reihenweise zu prismatischen *Säulen* geschichtet sind oder auch abwechselnd neben- und hintereinander liegen (*Malopterurus*). Im ersten Fall er-

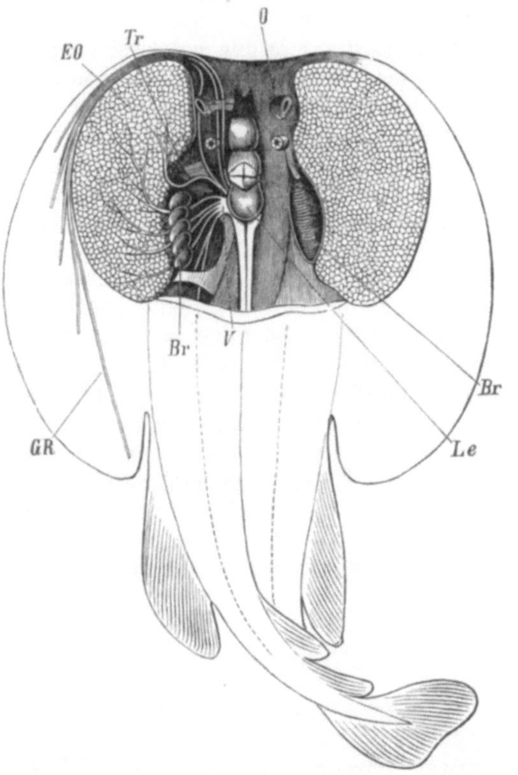

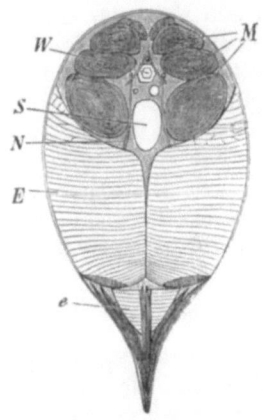

Abb. 160. Zitterrochen (*Torpedo*) vom Rücken mit präpariertem elektrischem Organ; rechts ist nur die dorsale Fläche des Organs, links sind die zutretenden Nervenstämme freigelegt. (Nach GEGENBAUR.) *Br* Kiemen (links die einzelnen Kiemensäcke, rechts diese von einer gemeinsamen Muskelschicht bedeckt), *EO* elektrisches Organ, *GR* Gallertröhrchen der Haut, *LO* Lobus electricus des Gehirns, *Tr* Nervus trigeminus, *V* Nervus vagus.

Abb. 161. Querschnitt durch den Schwanz von *Gymnotus electricus*. (Nach SACHS.) *E* oberes, *e* unteres elektrisches Organ, *M* Rumpfmuskeln, *N* elektrischer Nerv, *S* Schwimmblase, *W* Wirbel.

strecken sich die Säulen entweder längs der Körperachse (*Gymnotus*) und haben somit eine horizontale Lage, im anderen sind sie in dorsoventraler Richtung senkrecht gestellt (*Torpedo*); bei *Astroscopus* besteht jedes elektrische Organ aus einer dorsoventralen Säule von horizontal gelagerten elektrischen Platten.

Jede einzelne Platte (Abb. 162) hat eine Bindegewebshülle, in der Blutgefäße und Nerven verlaufen. Die elektrische

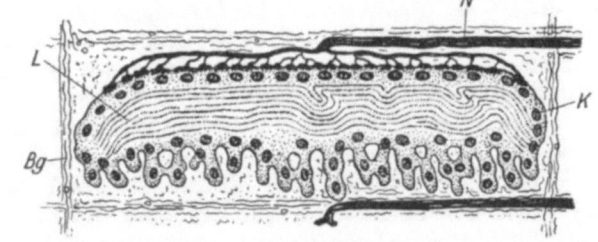

Abb. 162. Schnitt durch eine elektrische Platte von *Raja*, schematisch. (Original K.) *Bg* Bindegewebshülle, *K* Kerne, *L* Lamellen, *N* zutretender Nerv.

Platte stellt im frischen Zustande eine glasige Scheibe, in der Regel mit oberflächlichen papillösen Erhebungen dar, sie besitzt meist einen fein lamellösen Bau. Bei *Mormyrus oxyrhynchus* ist in der elektrischen Platte noch eine Mittelschicht von quergestreiften Fibrillenbündeln enthalten. An die eine Seite der Platte tritt der Nerv heran, der sich reich verästelt und, in ähnlicher Weise wie in den motorischen Endplatten am quergestreiften Muskel, sich innig mit der Platte verbindet.

In der Ruhe ist kaum eine elektrische Spannung in den elektrischen Organen vorhanden. Im Augenblick des Eintritts der Nervenerregung entwickelt sie sich in der Weise, daß die Seite der Platte, an welcher die Endausbreitung des Nerven stattfindet, elektronegativ, die entgegengesetzte freie elektropositiv wird. Dementsprechend erscheint bei *Torpedo* die dorsale, bei *Gymnotus* die vordere Seite des elektrischen Organs elektropositiv. Die Platten sind kleine elektrische Einheiten. In ihnen ist die Entstehung elektrischer Spannung, wie sie allgemein mit der Tätigkeit lebender Gewebe verknüpft ist (Aktionsströme, S. 46), zur Hauptleistung geworden. Die Gesamtspannung hängt von der Leistung der Einzelplatte und der Anzahl der Platten ab, die in einer Säule sämtlich gleichgerichtet liegen. Dem entspricht, daß die elektrische Spannung am höchsten ist beim Zitteraal (über 800 Volt), bei dem eine Säule etwa 6000 Platten enthält, geringer beim Zitterwels (ungefähr 50 Volt bei ungefähr 500 Platten) und bei *Torpedo* (ungefähr 30 Volt bei ungefähr 400 Platten). Die hieraus für eine *Einzelplatte* sich ergebende Spannung zeigt eine erhebliche Steigerung der Leistung beim Zitteraal (0,14 Volt) gegenüber den übrigen Zitterfischen (0,1 und 0,06 Volt) und genüber der Aktionsnegativität des quergestreiften Muskels, die 0,08 Volt nicht übersteigt. Die Entladung erfolgt außerordentlich schnell (in einigen Tausendstel Sekunden). Die elektrischen Schläge dienen den elektrischen Fischen zur Betäubung ihrer Beute und zu ihrem eigenen Schutz.

J. Wärmeerzeugung und Wärmeregulation.

Bei den im Organismus ablaufenden Abbauvorgängen, insbesondere bei den Oxydationen, wird Wärme frei. Mechanische Energie, die nicht nach außen frei, sondern im Körper aufgebraucht wird (wie jene der Arbeit des Herzens und anderer Eingeweide), wird schließlich in Wärme verwandelt.

Die meisten Tiere besitzen trotz dauernder Wärmeerzeugung in Ruhe etwa dieselbe Temperatur wie ihre Umgebung (Übertemperaturen von einigen Zehntel Graden), da der Wärmeaustausch mit der Umgebung sich rasch vollzieht. Nur während starker Bewegungen treten Übertemperaturen auf, die besonders bei fliegenden Insekten sehr erheblich (10—20°) sein können. Die Tiere, bei denen die Körpertemperatur mit der Umgebungstemperatur und mit den Arbeitsleistungen wechselt, nennen wir *Wechselwarme* oder *Poikilotherme*. Ihnen stehen die *Vögel* und *Säuger* als *Gleichwarme* oder *Homoiotherme* (Warmblüter) gegenüber. Bei ihnen wird eine innerhalb bestimmter Grenzen konstante Eigentemperatur, trotz Wechsels der Umgebungstemperatur und trotz der mit verschiedener Arbeitsleistung wechselnden Wärmeerzeugung im Körper, durch regulatorische Vorgänge festgehalten. Der Unterschied zwischen Poikilothermie und Homoiothermie ist jedoch nicht absolut scharf.

Da die Geschwindigkeit der Stoffwechsel- und Erregungsvorgänge von der Temperatur abhängig ist, hat eine Erhöhung der Körpertemperatur bei Poikilothermen eine größere Lebhaftigkeit der Tiere zur Folge. In einzelnen Fällen findet bei Wirbellosen eine *regulatorische Selbstheizung* statt, durch welche eine bestimmte Leistung ermöglicht wird. Das ist der Fall bei dem *Schwirren der Schmetterlinge*[1] vor dem Abflug. Hierdurch wird eine bestimmte „Abflugstemperatur"

---

[1] DOTTERWEICH. H.: Beiträge zur Nervenphysiologie der Insecten. Zool. Jahrb. Abt. Allg. Zool. u. Physiol., **44** (1928).

im Körper erzeugt, die bei Schwärmern zwischen 32 und 36° liegt (Abb. 163 a). Die Dauer des Schwirrens ist direkt abhängig von der Außentemperatur (= Eigentemperatur vor dem Schwirren, Abb. 163 b).

Bei einigen anderen Insekten findet sich eine *begrenzte Wärmeregulation*, die einem Sinken der Eigentemperatur unter eine untere Grenze und dem Steigen über eine obere Grenze einen gewissen Widerstand entgegensetzt: Bei *Periplaneta orientalis* geht die Körpertemperatur zwischen 13 und 23° mit der Lufttemperatur; bei unter 13° fallender Außentemperatur sinkt die Körpertemperatur langsamer; bei einem Anstieg über 23° steigt sie langsamer als die der umgebenden

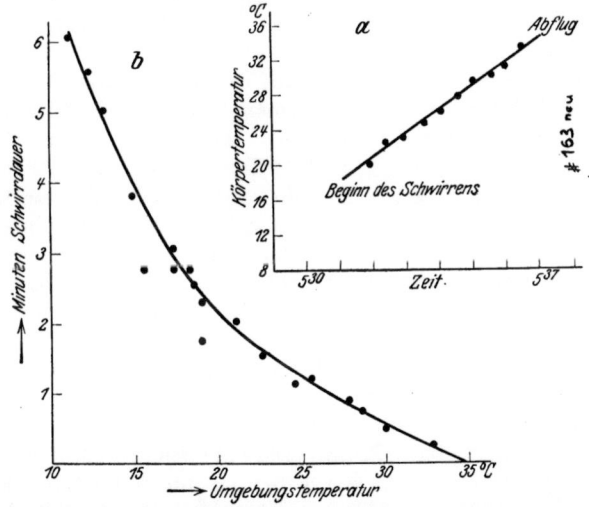

Abb. 163. Schwirren bei Schwärmern. a Zunahme der Körpertemperatur (gemessen mit Thermoelement im Thorax) mit der Dauer des Schwirrens (Abscisse) bei Wolfsmilchschwärmer. (Nach DOTTERWEICH 1928.) b Abhängigkeit der Schwirrdauer (Ordinaten) von der Temperatur.

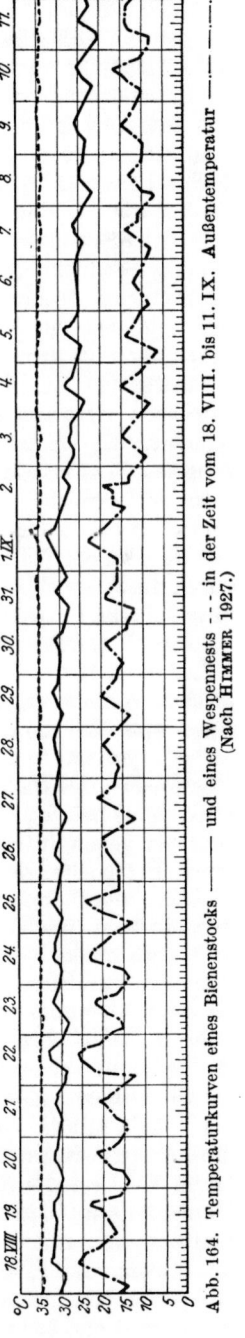

Abb. 164. Temperaturkurven eines Bienenstocks ——— und eines Wespennests - - - in der Zeit vom 18. VIII. bis 11. IX. Außentemperatur ——·— (Nach HIMMER 1927.)

Luft. Diese Regulation wird durch Veränderung des Stoffverbrauchs und der Wasserverdunstung erzielt. Bei staatenbildenden Insekten hat sich eine *soziale Wärmeregulation* herausgebildet, die in ihrer höchsten Form bei den Bienen zu einer hochgradigen Temperaturkonstanz im Stockinnern führt[1]. Innerhalb des die Brut bergenden Teiles des Stockes herrschen im *Sommer* 35—36° (Abb. 164). Bei ausgiebigen Schwankungen der Luftwärme verändert sich die Temperatur im Brutnest um nicht mehr als 0,2—0,4°. Bei Senkung der Außentemperatur wird durch erhöhte Muskeltätigkeit mehr Wärme erzeugt; bei Steigen der Umgebungstemperatur wird durch Fächeln mit den Flügeln ein Luftzug erzeugt und eingetragenes Wasser im Stock zur Verdunstung gebracht. Im brutlosen, *winterruhenden*

---

[1] HESS, W. R.: Die Temperaturregulierung im Bienenvolk. Z. vergl. Physiol. 4 (1926). — HIMMER, A.: Ein Beitrag zur Kenntnis des Wärmehaushalts im Nestbau sozialer Hautflügler. Ebenda 5 (1927).

Bienenvolk sind die Temperaturschwankungen zwar stärker; aber durch Muskelbewegungen wird so weit geheizt, daß die äußerste Schicht der Bienentraube dauernd über der Erstarrungstemperatur (etwa $+10^0$) gehalten wird. Im Wärmemittelpunkt schwankt dabei die Temperatur, je nach dem mit der Außentemperatur wechselnden Temperaturgefälle, von etwa 20 bis etwas über 30^0. Die Arbeitsleistung wird aus den Wintervorräten des Stockes bestritten.

In dem primitiveren Staat von *Vespa vulgaris* wird während der Brutperiode mit entsprechenden Mitteln wie bei den Bienen eine um 4^0 niedrigere Durchschnittstemperatur mit einer etwas größeren mittleren Tagesschwankung (um $2,5^0$) erhalten (Abb. 164). Den Winter überdauern nur befruchtete Weibchen in Kältestarre. In den Nestern der *Ameisen* spielt physiologische Wärmeerzeugung eine untergeordnete Rolle. Die Ameisen gewinnen eine erhöhte Nesttemperatur, die eine beschleunigte Brutentwicklung ermöglicht, durch geschickte Ausnutzung der Sonnenbestrahlung, die sich in der Anlage der Bauten, in wechselndem Öffnen und Schließen der Nestzugänge und Transport der Brut ausspricht. Im Winter ruhen auch die großen Waldameisenstaaten unbeweglich in Kältestarre.

Unter den *Reptilien* findet sich eine primitive Wärmeregulation: Bei Wüsteneidechsen (*Uromastix acanthinurus, Varanus arenarius*) tritt eine starke Beschleunigung der Atmung (bis zu 360 Atemzüge in der Minute) und damit Steigerung der Wasserverdunstung von den Atemflächen ein, wenn die Körpertemperatur 39^0 erreicht. Infolgedessen steigt weiterhin die Körpertemperatur langsamer als die Außentemperatur an. Bei *Uromastix* nimmt auch der Farbwechsel der Haut an der Wärmeregulation teil: in der Sonne färbt sich das Tier dunkel, wodurch die Wärmeabsorption sehr gesteigert wird. Sobald seine Körpertemperatur über 41^0 steigt, wird die Haut ganz hell.

Die *Homoiothermie der Vögel und Säuger* beruht zunächst auf einem im Verhältnis zu anderen Organismen sehr regen Stoffwechsel, der ihnen ermöglicht, viel größere Wärmemengen zu bilden als die Poikilothermen und dadurch eine *Übertemperatur* über die Umgebung zu erzeugen. Hiermit sind ein erhöhter Nahrungsbedarf, gesteigerte Ausnutzung der Nahrung, Vergrößerung der resorbierenden Oberflächen des Darmes, der Lungen und der Nieren, Vervollkommnung des Gefäßsystems bei Vögeln und Säugern (S. 147) verbunden. Ferner sind die Homoiothermen gegen *Wärmeverlust* durch besondere Körperbedeckung (Haar-, Federkleid, Fettpolster der Haut) geschützt. Die *Regulationsmechanismen zur Gleicherhaltung* der Körpertemperatur sind wechselnde *Wärmeerzeugung*, besonders in den Muskeln (wechselnde Bewegungsintensität, Kältezittern) und in der Leber, und wechselnde *Wärmeabgabe*, welche besonders von der Wasserverdunstung in Schweißabsonderung und Atmung, Durchblutung der Haut und Körperhaltung abhängt, aber auch von der Dichte und Farbe der Behaarung, die häufig mit den Jahreszeiten wechselt. An Meerschweinchen wurde festgestellt, daß unter gleichen Bedingungen schwarze Tiere um 24% mehr Wärme abgeben als weiße.

Die *mittleren Körpertemperaturen* der Homoiothermen sind verschieden hoch, bei Vögeln mit $41-42^0$ im Allgemeinen höher als bei Säugern. Bei diesen liegen die meisten zwischen 38 und $39,5^0$, die des Menschen mit 37^0 ist verhältnismäßig tief. Unter 36^0 liegt die Körpertemperatur beim Igel ($34,8-35,5^0$) und bei manchen Marsupialiern (*Didelphys* $34,6^0$). Bei Insektivoren und Nagern können die Körpertemperaturen mit länger einwirkenden Außentemperaturen nicht unerheblich schwanken. Bei *Echidna* ist das Regulationsvermögen recht unvollkommen, die Körpertemperatur verändert sich um ungefähr 10^0, wenn die Lufttemperatur zwischen 5 und 35^0 wechselt.

Die Körpertemperatur der Homoiothermen zeigt *Tagesschwankungen*, die den Aktivitäts- und Ruheperioden entsprechen. Während der Tageszeit, in der das

Tier sich umherbewegt und frißt, erzeugt es mehr Wärme als wenn es ruht. Dieser Unterschied in der Wärmeproduktion wird nicht völlig ausreguliert. Dementsprechend haben Tagtiere ihr Temperaturmaximum in der Mittagszeit, Nachttiere um Mitternacht. Die Differenz zwischen Maximum und Minimum kann bis zu 3^0 betragen.

Der Zeitpunkt, zu dem das Vermögen der Temperaturregulierung in der *Ontogenese* der Vögel und Säugetiere hervortritt, ist sehr verschieden und hängt im Allgemeinen von den Lebensbedingungen der Jungen, besonders von der Art der Brutpflege durch die Eltern ab. Bei den nestflüchtenden Hühnerküken ist sie am Tage des Schlüpfens so weit wie bei den nesthockenden Taubenjungen am 15. Tage. Junge Zaunkönige ändern bis zum 5. Tage ihre Körpertemperatur mit der der Umgebung; erst am 15. Tage hat die Abkühlung wie bei den Erwachsenen gar keine Wirkung mehr.

Eine Reihe von Säugetieren (Murmeltier, Siebenschläfer, Igel, Fledermäuse u. a.) werden als *Winterschläfer* zeitweise poikilotherm. Im Herbst, je nach den herrschenden Temperaturen, beginnt die Eigenwärme dieser Tiere, die sich meist in geschützte Schlupfwinkel zurückgezogen haben, zu sinken, bis sie der Außentemperatur ungefähr gleich wird. Sie verharren im Winterschlaf je nach Art und Außentemperatur mehrere Wochen bis über 6 Monate. Bisweilen werden sie für kurze Zeit mehr oder weniger wach, um Harn oder Kot abzugeben, manchmal um Nahrung aufzunehmen, oder weil Temperaturen unter 0^0 als Weckreiz wirken. Beim Erwachen steigt in wenigen Minuten die Körpertemperatur zur normalen Höhe an. Hierbei tritt zuerst ein Temperaturanstieg in der Leber ein, worauf die Muskeln die Hauptarbeit der Erwärmung übernehmen (Zittern).

Durch die Homoiothermie, die Übertemperaturen bis zu 80^0 über die Umgebung erlaubt (Polarvögel $+40^0$ bei Außentemperaturen von -40^0), werden Vögel und Säuger weitgehend vom Klima unabhängig und befähigt, die Erdoberfläche bis in Eisregionen zu besiedeln.

K. Leuchtorgane.

Zahlreiche Tiere aus verschiedenen Tierkreisen vermögen Licht auszustrahlen. Diese Erscheinung der *Biolumineszenz* beschränkt sich *am Lande* auf einige *Arthropoden*, vor allem die *Leuchtkäfer*; *im Meer* kommen leuchtende Formen in allen Tierstämmen vor, im Süßwasser fehlen sie. Unter den *Protozoen* wird besonders *Noctiluca miliaris* durch ihr massenhaftes Vorkommen häufig zur Ursache des Meerleuchtens. Unter den Metazoen kommen besonders bei *Anneliden*, *Crustaceen*, *Cephalopoden* und *Fischen* leuchtende Formen vor.

Das Leuchten vieler niederer Tiere scheint eine Begleiterscheinung zufälliger Natur ohne ökologische Bedeutung zu sein. Bei zahlreichen höheren Formen, bei denen bestimmte Leuchtorgane eingerichtet sind, dient das Licht wohl der Anlockung von Beutetieren, als Schutzmittel (z. B. statt Tinte bei gewissen Tiefseecephalopoden), als Signal für Artgenossen und das andere Geschlecht oder der Erhellung des eigenen Gesichtsfeldes.

Das von Organismen erzeugte Licht umfaßt nicht immer dieselben *Wellenlängen* (z. B. bei *Chaetopterus* 550—450 $\mu\mu$, *Cypridina* 610—415 $\mu\mu$, *Photinus* 670—510 $\mu\mu$). Das Helligkeitsmaximum liegt meist im grünen oder im blaugrünen Bereich, und dadurch wird seine Farbe für unser Auge bestimmt. Rote Lichter können durch vorgelagerte Filter zustande kommen.

Der Leuchtvorgang ist eine *Chemolumineszenz*, die an die Anwesenheit von O_2 gebunden ist. Doch ist bei dem oxydativen Vorgang keine CO_2-Produktion und höchst unbedeutende oder keine Wärmebildung nachzuweisen. Der Wirkungsgrad der tierischen Lichtproduktion ist demnach annähernd 100%, während er bei künstlichen Lichtquellen nur wenige Prozent beträgt. In einigen Fällen ist nachgewiesen, daß das Leuchten an zwei vom Cytoplasma erzeugte, von ihm isolierbare Stoffe (*Photogene*) gebunden ist, das *Luciferin* und die *Luciferase*, ein oxydierendes Enzym (DUBOIS, HARVEY). Der chemische Vorgang bei der Leuchtreaktion scheint in diesem Falle gewisse Ähnlichkeit mit der reversiblen O_2-Bindung durch das Hämoglobin zu haben. Ob die chemische Natur aller Bioluminescenzvorgänge einheitlich ist, ist fraglich. Bei den Metazoen geht die Lichterscheinung entweder von zerstreuten Drüsenzellen der Haut oder von komplizierter gebauten drüsigen, mit Nerven verbundenen Organen, *Leuchtorganen* (*Leuchtdrüsen*), aus. Diese können außer der Lichtquelle äußerst komplizierte Hilfsapparate nach Art technischer Scheinwerfer, Reflectoren, Sammel- oder Zerstreuungslinsen und Abblendevorrichtungen besitzen. Die Lichtquelle weist bei den Tieren zwei merkwürdig verschiedene Typen auf: Bei dem *primären Leuchten* erzeugt das Tier den Leuchtstoff selbst, bei dem *sekundären* oder *symbiotischen Leuchten* (BUCHNER, PIERANTONI[1]) ist die Bioluminescenz an Bakterien oder andere Mikroorganismen gebunden, denen die „Leuchtdrüsen" des Tieres (Pseudodrüsen) Aufenthalt gewähren.

Manchmal wird die Dauerinfektion dadurch gewährleistet, daß die Leuchtsymbionten vom Muttertier dem Ei oder dem Keim überliefert werden.

Einige Beispiele mögen die mannigfaltige Konstruktion und Höhe der Differenzierung zeigen.

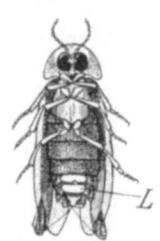

Abb. 165. Männchen von *Phausis splendidula*. Ventralansicht (etwa $3/1$). *L* Leuchtorgane. (Original G.)

Bei den *Pyrosomen* bestehen die *symbiotischen Leuchtorgane* aus linsenförmigen Gruppen von Zellen, die über der Mitte der Flimmerbogen am Eingang des Kiemendarmes liegen. Aus den Leuchtzellen werden die Symbionten ins Blut entleert und im Ovarium von den Eifollikelzellen aufgenommen. Infizierte Follikelzellen (ungefähr 400) wandern während der Eifurchung zwischen die Embryonalzellen hinein, werden während der Embryonalentwicklung weiter geführt und schließlich auf die Leuchtorgane des neuen Individuums verteilt, das also gar nicht aus Zellmaterial aufgebaut wird, das sich vom Ei herleitet. Bei leuchtenden *Salpen* werden die Furchungszellen selbst infiziert.

Die Leuchtorgane einiger nächtlicher *Käfer* (*Lampyris, Phausis, Luciola, Pyrophorus*) scheinen mit dem Fettkörper gleichen Ursprungs zu sein. Stets liegen plattenförmige Leuchtorgane an den Ventralschienen bestimmter Abdominalsegmente (Abb. 165); bei den Weibchen sind überdies noch weitere kleine knollenförmige Leuchtorgane am Abdomen vorhanden. Bei *Pyrophorus* liegen auch Leuchtorgane rechts und links im Prothorax. An jedem Leuchtorgan der Käfer unterscheidet man zwei Schichten, eine unmittelbar unter der hier durchsichtigen Haut gelegene, wachsartig durchscheinende Schicht, welche leuchtet, und eine tiefer gelegene nichtleuchtende weiße Lage, die Krystalle von harnsauren Salzen enthält und als Reflector wirkt. Das ganze Organ ist reich von Tracheen durchsetzt und mit Nerven versehen. Ob auch hier eine Leuchtsymbiose vorliegt, ist ungewiß, aber wahrscheinlich, da schon die Eier der Leuchtkäfer im Ovarium leuchten.

Bei einigen ostindischen *Fischen* (*Anomalops, Photoblepharon*) liegt jederseits unter dem Auge ein großes Leuchtorgan, das so hell ist, das es von den Fischern als Köder verwendet wird. Die Lichtquelle ist eine Leuchtbakterien enthaltende, aus zahlreichen senkrecht zur Hautoberfläche angeordneten Schläuchen bestehende „Pseudodrüse". Die Wirksamkeit des Lichts wird durch eine schalenförmige Reflektorschicht erhöht, die hinten von einer Pigmentschicht bedeckt ist. Das Licht ist abblendbar dadurch, daß das Leuchtorgan auf einem Stiel steht und nach ihnen abgedreht werden kann.

Bei einigen *Cephalopoden* (*Loligo, Sepia, Sepiola*) sind die accessorischen Nidamentaldrüsen Pseudodrüsen, aus denen leuchtende Bakterien reingezüchtet werden konnten. Diese sind spezifisch, kommen an der Oberfläche der Tiere und im Wasser nicht vor. Mit dem Secret der Pseudodrüsen wird die Eioberfläche bei der Eiablage beschmiert und dadurch die Infektion gesichert. Zu dem Reflector gesellt sich bei *Sepiola* noch eine Linse (Abb. 166).

---

[1] BUCHNER, P.: Tierisches Leuchten und Symbiose. Berlin 1926.

Ungeheuer mannigfaltig in Ausgestaltung und Verteilung am Körper sind die Leuchtorgane bei *Tiefseecephalopoden* und *Tiefseefischen*[1]. Bei ihnen werden die Hilfseinrichtungen gewaltig gesteigert, der Charakter der offenen Drüse wird aufgegeben, und der Leuchtstoff liegt intracellulär. Ob er Symbionten seine Entstehung verdankt, ist ungewiß. Kompliziert gebaute, zuweilen durch besondere Muskeln bewegliche, mit Linsen, Reflectoren und Pigmenthülle ausgestattete Leuchtorgane finden sich unter den Schizopoden, besonders bei *Euphausiiden* (Abb. 167) neben den Stielaugen, am Thorax oder Abdomen.

Bei den allermeisten Tieren wird in den Leuchtorganen nicht kontinuierlich Licht erzeugt, sondern spontan *intermittierend* oder nur *auf Reize* hin, die den Leuchtvorgang reflectorisch auslösen. Die effectorischen Nerven treten entweder an die Leuchtdrüse selbst heran und bewirken Stoffwechselvorgänge oder Entleerung der Leuchtmasse nach außen, wo sie mit Sauerstoff in Berührung kommt.

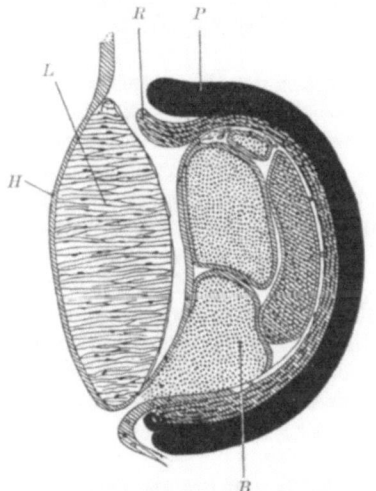
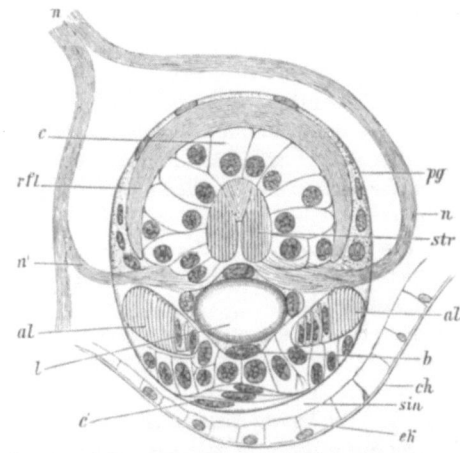

Abb. 166. Leuchtorgan von *Sepiola intermedia*. *B* Bakterien, *H* äußere Haut, *L* Linse, *P* Pigmentmantel, *R* Reflector. (Nach PIERANTONI, aus BUCHNER 1926.)

Abb. 167. Leuchtorgan von *Nematoscelis mantis*, im Längsschnitt. (Nach CHUN, Deutung etwas verändert.) *n, n'* Leuchtnerven, *pg* Pigmentschicht, *rfl* Reflector, *c* Leuchtzellen, *str* leuchtendes Stäbchenbündel, *l* Linse, *al* reflektierende Lamellen in ihrem Umkreis, *b* Bildungszellen der Linse, *c'* vor der Linse gelegener Zellkörper, *sin* Blutsinus, *ek* Hypodermis, *ch* Cuticula.

Oder sie innervieren Muskeln, deren Tätigkeit die Blutzufuhr zum Leuchtorgan reguliert. Durch wechselnde O_2-Zufuhr wird wahrscheinlich die intermittierende Tätigkeit der Bakterienorgane bedingt.

L. Sinnesorgane[2].

Der Sinnesapparat umfaßt Organe, welche *äußere* oder *innere*, aus Zustandsänderungen im Organismus entstehende, Reize aufnehmen und auf diese mit Erregungen reagieren, die auf das Nervensystem übertragen werden. Wir unterscheiden somit exogene und endogene Sinneserregungen. Auch exogene Reize können von Teilen des eigenen Körpers ausgehen (z. B. bei Berührungen zwischen Körperteilen). Man faßt die Reception sämtlicher Reize, die vom eigenen Körper gesetzt werden, als *Proprioception* zusammen. Diese dient in erster Linie der

---

[1] BRAUER, A.: Die Tiefseefische. Wiss. Ergebn. Deutsche Tiefsee-Exp. 15 (1906—1908). — CHUN, C.: Die Cephalopoden. Ebenda (1910).
[2] v. KRIES, I.: Allgemeine Sinnesphysiologie. Leipzig 1923. — DEMOLL, R.: Sinnesorgane der Arthropoden. Braunschweig 1917. — PLATE, L.: Allg. Zool. u. Abst. II. Die Sinnesorgane der Tiere, Jena 1924.

Kontrolle der Organfunktionen. Die *Exteroception* dient den Beziehungen zur Außenwelt. Mittelbar kann diesen auch die Proprioception dienstbar gemacht werden.

Die Sinnesorgane oder Receptionsorgane bestehen aus *Sinneszellen* (S. 117) und vielfach aus *Hilfsstrukturen*, welche bestimmte Reize den Sinneszellen zuleiten, andere abhalten.

Für den Menschen können wir die Leistungen eines Sinnesorgans durch die erlebten *Empfindungen* kennzeichnen. Hierauf beruht die alte Unterscheidung der fünf Sinne Gesicht, Gehör, Geruch, Geschmack und „Gefühl". Der Gefühlssinn löste sich in Tast-, Temperatur- und Schmerzsinn auf. Durch unsere Sinnesempfindungen erhalten wir aber über die Tätigkeit der eigenen Sinnesorgane nur unvollkommenen Aufschluß, da es Sinnesorgane gibt, deren Erregungen keine deutlichen Empfindungen entsprechen (z. B. statische Sinnesapparate des Ohrlabyrinths).

Für die Erforschung der Leistungen der Sinnesorgane der *Tiere* stehen uns nur zwei Wege zur Verfügung: zunächst kann der *Bau* eines Sinnesorgans eine bestimmte Funktion wahrscheinlich machen, besonders wenn der Bau des Apparats dem eines menschlichen Sinnesorgans entspricht. Einen sicheren Aufschluß kann uns aber auch dann nur die Beobachtung der *Reaktionen* eines Tieres nach *experimenteller Reizung* eines Sinnesorgans geben. Sie lehrt uns, auf welche Reize ein Sinnesorgan überhaupt anspricht und welche Reize unterschieden werden.

Alle Sinnesorgane, die wir kennen, sind für bestimmte Reizformen, ihre *adäquaten Reize* (J. MÜLLER 1826), spezialisiert. Für sie ist die Erregbarkeit ihrer Sinneszellen besonders gesteigert (*spezifische Disposition*, NAGEL). Auf andere Reize sprechen sie entweder gar nicht an, oder sie geraten in dieselbe Form der Erregung, wie bei Einwirkung des adäquaten Reizes. Die einzelne Sinneszelle ist also nur zu einer Reaktionsweise befähigt, die lediglich der Intensität nach abgestuft ist (*spezifische Sinnesenergie*, J. MÜLLER).

Die Sinnesorgane werden nach den *Reizformen* (S. 45), auf die sie abgestimmt sind, *eingeteilt* in *mechanische, chemische, Temperatur- und Lichtsinnesorgane.*

Die Spezialisierung der Sinnesorgane geht über die Trennung der vier genannten Reizgebiete hinaus. Innerhalb einer Energieform können verschiedene Einwirkungsweisen (*Reizmodalitäten*) durch verschiedene Sinnesorgane besonders recipiert werden. So fällt bei vielen Tieren der allgemeine *chemische Sinn* in die *Teilsinne Geruchsinn* und *Geschmacksinn* auseinander, und der allgemeine *mechanische Sinn* zergliedert sich nach verschiedenen Reizmodalitäten in *Tastsinn, Strömungsinn, Schweresinn* und *Gehörsinn*. Innerhalb einer Reizmodalität können wieder verschiedene *Reizqualitäten* (z. B. Wellenlängen der strahlenden Energie, Schallschwingungen) unterschieden werden, die wir als verschiedene Empfindungsqualitäten (z. B. Farbenempfindungen, Tonhöhen) einer Empfindungsmodalität (Licht, Schall) erleben. Das Unterscheidungsvermögen verschiedener Reizqualitäten innerhalb eines Sinnesgebiets kann entweder auf einer *Spezialisierung der spezifischen Disposition* beruhen, also darauf, daß in einem Sinnesapparat die einzelnen Sinneszellen nur auf bestimmte Reize innerhalb desselben Reizgebietes eingestellt sind (z. B. beim chemischen Sinn auf verschiedene Stoffgruppen, beim Lichtsinn auf verschiedene Wellenlängen); oder das Unterscheidungsvermögen wird durch eine *spezielle Transformation durch Hilfsapparate* erzielt, indem verschiedene Wirkungsweisen einer Energieform nur bestimmten Sinneszellen zugeführt werden (Spezialisierungen der mechanischen Sinne).

Für innere Reize sind uns nur Drucksinnesorgane bekannt. Doch gibt es höchstwahrscheinlich auch innere chemische Sinne, deren Receptoren in der Darmwand liegen.

a) Mechanische Sinnesorgane.

Die Differenzierung der mechanischen Sinnesorgane[1] im Dienste der Exteroception und Proprioception ist mannigfaltiger und die Bedeutung der Erregungen mechanischer Sinne ist vielseitiger als die jedes anderen Sinnes.

Ein äußerer *Tastsinn* wird durch Berührung mit festen Körpern erregt. Die Reize sind Drucke, die Vorragungen der Haut (Tasthaare) oder die Hautoberfläche selbst deformieren. Solche Reize können den Tieren schlechthin Widerstände anzeigen oder Eindrücke über Gestalt und Beschaffenheit von Gegenständen vermitteln. Die Tastorgane können bei weichhäutigen Tieren tief in der deformierbaren Haut liegen. Durch Berührung mit Teilen des eigenen Körpers kann dieser äußere Tastsinn schon der Proprioception dienen (z. B. „Stellungshaare" kontrollieren bei Arthropoden die Stellung der Glieder). Dieser Aufgabe sind dann weiterhin Sinnesapparate gewidmet, die nur durch *Veränderungen des Körpers bei Eigenbewegungen* Drucke erfahren. Sie liegen vornehmlich in Sehnen, Gelenkhäuten (bei den Arthropoden damit in der Haut, S. 185), in den Muskeln. Diese Sinnesorgane dienen der Kontrolle der Bewegungen. Auch in *Drüsen und anderen inneren Organen* findet man Drucksinnesorgane. Manche im Wasser lebenden Tiere haben besondere Sinnesorgane, um kontinuierliche *Strömungen* des Mediums relativ zum Körper oder Stromstöße zu recipieren. Solche Strömungssinnesorgane werden (im Ohrlabyrinth der Wirbeltiere) auch benutzt, um unter Ausnutzung der Massenträgheit das Strömen einer Flüssigkeit im eigenen Körper bei Drehbewegungen des Körpers zu recipieren. Die *Erdschwere* wird zu einem Sinnesreiz gemacht dadurch, daß ein Körper, der spezifisch schwerer ist als seine Umgebung, auf Sinneszellen aufgelagert wird und je nach der Lage des Körpers bestimmte Sinneszellen mechanisch reizt. Durch ganz eigenartige Transformationen werden *Schallschwingungen* über Deformationen bestimmter Körperteile zu inneren Tastreizen gemacht, die ein Teil des Körpers auf einen anderen ausübt. Infolge der ungeheuren Mannigfaltigkeit der Ausnutzung mechanischer Energien als Sinnesreize und des vielfachen Funktionswechsels der mechanischen Sinnesorgane in der Stammesgeschichte ist die Einteilung der mechanischen Sinne sehr schwer und nur mit Willkür möglich. Nicht einmal äußere und innere mechanische Sinne lassen sich scharf abgrenzen, da vielfach genau dieselben Organe als Tastorgane in der Haut und in inneren Organen vorkommen, und da Sinneszellen, die unmittelbar die Berührung eines Teils des Körpers selbst recipieren, mittelbar der Exteroception dienen (Gehörsinn). So ist die Abteilung der mechanischen Sinne ganz roh.

1. Tastorgane.

Als Tastorgane oder *Tangoreceptoren* bezeichnen wir Sinneseinrichtungen, die durch nicht weiter spezialisierte Berührungen der Körperteile mit anderen Körpern oder unter sich in Erregung geraten. Bei den Wirbellosen und *Branchiostoma* stehen in der Epidermis vielfach *primäre Sinneszellen*, welche höchstwahrscheinlich dem Tastsinn dienen (Abb. 106a). Sie ragen entweder mit Aufnahmefortsätzen (Sinneshärchen, Sinnesstiftchen) über die Oberfläche der Epidermis vor oder sie enden unter einer Cuticula. Solche Zellen liegen entweder einzeln zwischen den gewöhnlichen Epithelzellen oder in Gruppen, zuweilen in eigentümlicher Anordnung als sogenannte Sinnesknospen gehäuft. Ferner sind *freie Nervenendigungen* (S. 120), die Berührungsreize aufnehmen, bei Wirbellosen und Wirbeltieren vielfach in der Epidermis zu finden (Abb. 168). Hilfsapparate des Tastsinnes sind

---

[1] HERTER, K.: Mechanische Sinnesorgane und Gehör. Leipzig 1922. — Tastsinn, Strömungssinn und Temperatursinn und die diesen Sinnen zugeordneten Reaktionen. Berlin 1927.

bei *Arthropoden* über die Chitincuticula vorragende Tastborsten oder *Tasthaare* (Abb. 169), kürzere oder längere Chitinröhren. Die Endigungen der Sinneszellen sind meist an der Basis des in einer dünneren Chitinstelle gelenkig eingehefteten Haares so befestigt, daß sie durch eine Verbiegung des Haares nach jeder oder einer bestimmten Richtung einen Zug oder Druck erleiden. Die *Haare der Säuger* treten dadurch in den Dienst des Tastsinnes, daß ihre Bälge von freien Nervenendigungen umsponnen sind. Besonders spezialisierte Tasthaare sind von einer Blutlakune umgeben, die ihre Beweglichkeit erhöht (Sinushaare). Durch ihr weites Abstehen vom Körper ermöglichen die Tasthaare ein Ferntasten. Seine Bedeutung ist besonders bei fliegenden Nachttieren deutlich. Eine geblendete Fledermaus kann fliegend Hindernisse vermeiden; wenn man aber die Tasthaare der Flügel (durch Aufbringen von Blattgold) außer Funktion setzt, stößt sie an.

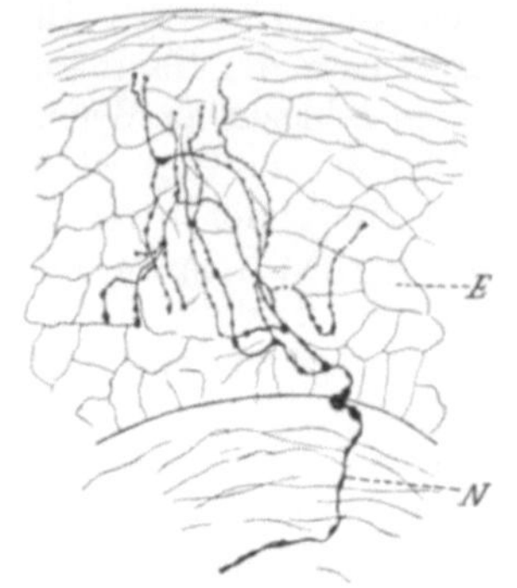

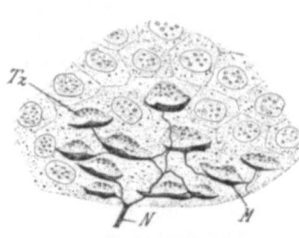

Abb. 168. Freie Nervenendigung (*N*) im Epithel (*E*) des Oesophagus der Katze. (Nach G. RETZIUS.)

Abb. 170. Stück Epidermis vom Schweinsrüssel mit Tastzellen (*Tz*). *M* Tastmeniscus, *N* Nervenfaser. (Nach RANVIER.)

Bei den *Wirbeltieren* werden freie Nervenendigungen mit epidermoidalen und mesenchymalen Hilfsvorrichtungen zu komplizierten Sinnesorganen, sogenannten *Tastkörpern*, zusammengesetzt. Im einfachsten Falle wird eine als Druckpolster dienende Epidermiszelle (MECKELsche Tastzelle) auf das schalenförmig ausgebreitete Fibrillenendnetz (Tastmeniscus) eines Nerven aufgelagert (Abb. 170). In der Cutis werden in mannigfacher Form in den Wirbeltierklassen mehrere (zwei bis viele) aus der Epidermis in die Tiefe gewanderte Tastzellen von einer Bindegewebshülle umgeben (kapsuläre Tastkörperchen). Zwischen den Tastzellen breiten sich Tastmenisken aus

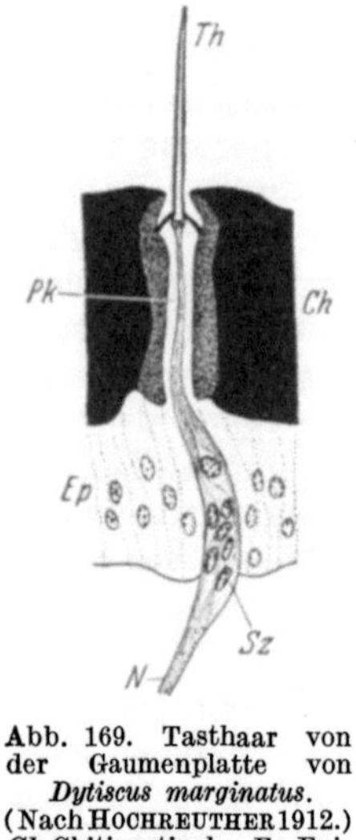

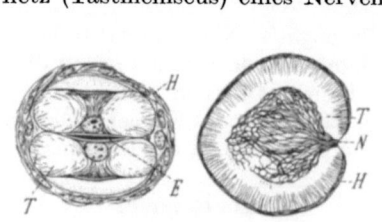

Abb. 169. Tasthaar von der Gaumenplatte von *Dytiscus marginatus*. (Nach HOCHREUTHER 1912.) *Ch* Chitincuticula, *Ep* Epidermis, *N* Sinnesnerv. *Pk* Porenkanal, *Sz* Sinneszellengruppe, *Th* Tasthaar.

Abb. 171. GRANDRYsches Tastkörperchen. a Längsschnitt durch ein zweizelliges Körperchen aus dem Schnabel der Ente (nach SCHAFFER), b Querschnitt durch sein Nervenendnetz (nach DOGIEL). *E* Nervenendigung, *H* Bindegewebshülle, *N* Neurit der zutretenden Nervenfaser, *T* Tastzellen.

(z. B. GRANDRYsche Tastkörperchen der Vögel, Abb. 171, MEISSNERsche Tastkörperchen der Säuger, Abb. 172). Eine dicke, geschichtete Bindegewebshülle zeichnet die *Lamellenkörperchen* der Vögel und Säuger aus. Am kompliziertesten sind die HERBSTschen Körperchen gebaut (Abb. 173 a), die in der Haut, vor allem in der Umgebung der Tastfedern, in Schnabelspitze, Zunge, Gaumen der Vögel vorkommen. Bei ihnen sind in einer dicken, geschichteten Bindegewebshülle zwei Säulen von Tastzellen an der Außenwand eines Innenkolbens angeordnet. In diesem verläuft in einer homogenen Grundmasse eine Nervenfaser bis zur Spitze, wo sie ein Endgeflecht bildet, nachdem sie vorher Fibrillenäste zwischen die Tastzellen abgegeben hat. Diese werden außerdem von den Endigungen einer zweiten das Organ versorgenden Nervenfaser umsponnen. Die VATER-PACINIschen Körperchen der Säuger (Abb. 176 b), die sich außer in der Haut weit verbreitet in inneren Organen (in Bändern, Sehnenscheiden, im Mesenterium, in dem Pankreas) finden, sind die weitaus größten Tastkörperchen (sie erreichen bis zu 3 mm Länge und 2 mm Dicke). Sie enthalten keine Tastzellen; ein Innenkolben wird von einer Nervenfaser mit Endgeflecht durchzogen und von einer zweiten (vom Sympathicus stammenden?) Nervenfaser umsponnen. Eine Bindegewebshülle aus vielen regelmäßigen konzentrischen Lamellen (bis zu 60), die durch Flüssigkeitsräume voneinander getrennt sind, macht die Hauptmasse des Organs aus.

Als *proprioceptive Sinnesorgane* finden sich bei den Wirbeltieren freie Nervenendigungen mit verschiedenartiger Endigungsdifferenzierung (Aufknäuelung usw.) und Hüllbildungen, die zu den VATER-PACINIschen Körperchen hinführen, allenthalben in den Muskeln, Sehnen und Sehnenscheiden. Durch sie wird reflectorisch

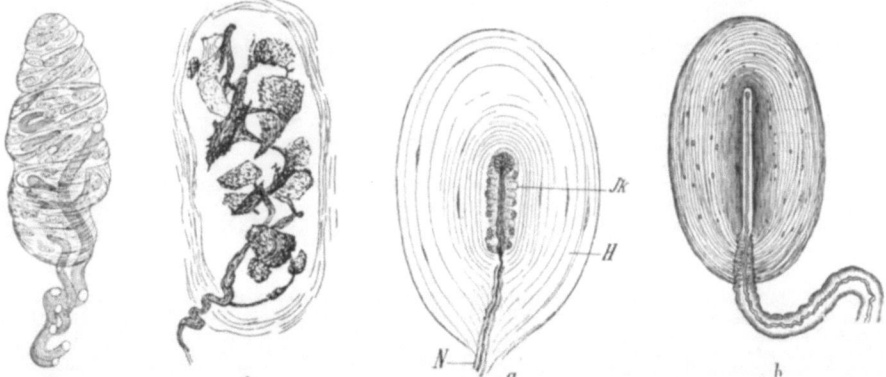

Abb. 172. MEISSNERsches Tastkörperchen. a In einem gewöhnlichen Hautschnitt (nach KÖLLIKER), b nach Neurofibrillenfärbung (nach DOGIEL).

Abb. 173. Lamellenkörperchen. a HERBSTsches Körperchen von einem Vogel. *N* Nerv, *Jk* zelliger Innenkolben, *H* Hülle (nach DOGIEL). b VATER-PACINIsches Körperchen aus dem Mesenterium der Katze (nach ECKER).

das Zusammenspiel der Muskeln bei Stand und Bewegung reguliert (S. 171, 220, 230; Abb. 224); sie können uns Empfindungen des *„Muskelsinnes"* oder *„Kraftsinnes"* liefern.

Bei den *Arthropoden* kennen wir proprioceptive Organe vielfach. Bei den *Insekten* liegen an weichen Gelenkhäuten (Abb. 174 a) freie Nervenendigungen (Abb. 174 b). Vor allem aber dienen der Reception von *Verbiegungen des Chitins* offenbar die eigentümlichen *Chordotonalorgane* (Saitenorgane). Sie sind jeweils zwischen zwei Punkten der Chitincuticula ausgespannt (Abb. 174 c, d). Sie bestehen aus einzelnen, funktionelle Einheiten darstellenden Zellgruppen (*Chordotonalelementen, Scolopophoren*), deren jede eine Sinneszelle mit ihren unmittelbaren Hilfszellen umfaßt (Abb. 174 d). Die Sinneszelle geht in einen schmalen Hals über, der den von einer Hüllzelle umgebenen Endteil der Sinneszelle, den verdickten, spitz auslaufenden sogenannten *Stiftkörper*, trägt. In dessen Basalteil liegen zwei oder mehrere Vacuolen. Der vor diesen Vacuolen liegende Teil ist bis zur Spitze durch Chitinleisten versteift. Den Hals und den Stiftkörper durchzieht eine dünne Nervenfibrille, die sich um den Kern der Sinneszelle aufgittert. Die Spitze des Stiftkörpers ragt in eine weitere Hilfszelle, die Kappenzelle hinein.

Meist kommen zu dieser Zellgruppe noch basale und distale Aufhängezellen hinzu. Bisweilen sitzt die Kappenzelle unmittelbar am Chitin an oder die basale Anheftung fehlt. Der Reiz wird offenbar durch einen Druck auf den Stiftkörper ausgeführt.

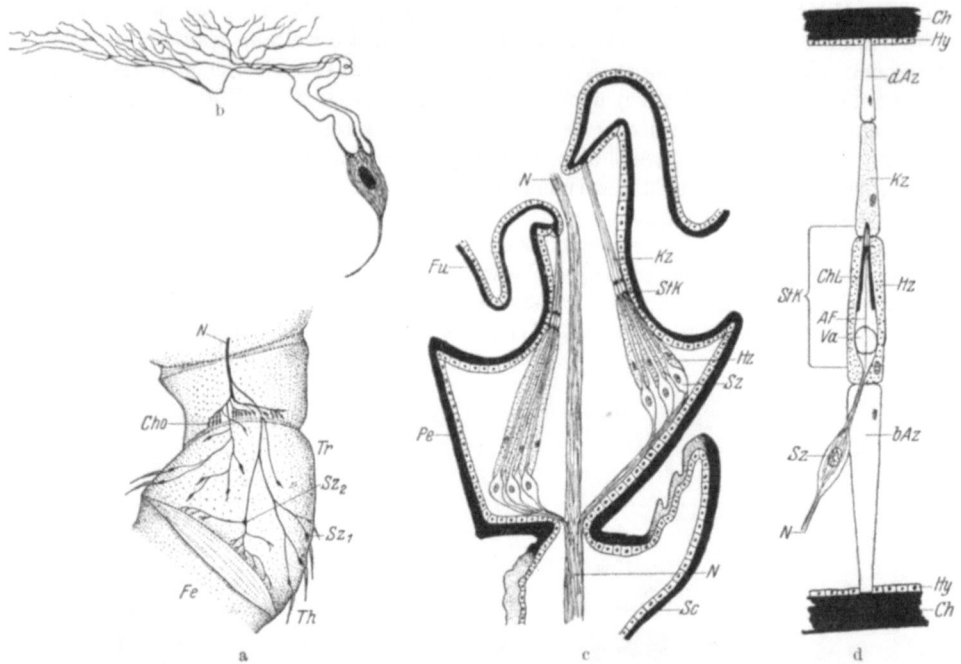

Abb. 174. Mechanische Hautsinnesorgane von Insekten. a, b Von einer Libellenlarve (nach ZAWARZIN 1912). a Trochantergelenk des 3. Beines, b Sinneszelle mit freien Nervenendigungen in der Epidermis, c Schnitt durch das 2. Fühlerglied der Fliege *Calliphora*. d Schema eines Scolopophors. *AF* Achsenfaden (Neurofibrille), *d.Az*, *b.Az* distale und basale Anheftungszelle, *Ch* Chitincuticula, *ChL* Chitinlamelle, *Cho* Chordotonalorgane, *Fe* Femur, *Fu* Funiculus (3. Fühlerglied), *Hy* Hypodermis, *Hz* Hüllzelle, *Kz* Kappenzelle, *N* Nerv, *Pe* Pedicellus (2. Fühlerglied), *Sc* Scapus (1. Fühlerglied), *Stk* Stiftkörper, *Sz* Sinneszelle, *Sz₁* Sinneszelle mit Sinneshaar, *Sz₂* Sinneszelle mit freien Nervenendigungen, *Th* Tasthaare, *Tr* Trochanter, *Va* Vacuole. (Nach EGGERS aus KRÖNING 1930.)

2. Seitenliniensystem und Bogengänge.

Mechanisch reizbare *sekundäre Sinneszellen* finden sich nur in einem Sinnesapparat der *Wirbeltiere*, der in mannigfaltigster Weise in der Stammesgeschichte aus- und umgestaltet wurde, im *Seitenliniensystem* der Wasserwirbeltiere, von dem sich offenbar das Ohrlabyrinth mit seinen mannigfachen Receptionsapparaten als ein spezialisierter Teil ableitet. Die Endorgane des Seitenliniensystems sind Gruppen mit Stiftchen versehener sekundärer Sinneszellen, die zwischen Stützzellen eingebettet sind. Die Sinneszellengruppen stehen am Kopf und Rumpf längs bestimmter Linien (Abb. 1001). Die Sinneszellen werden stets von bestimmten Gehirnnerven, am Kopf vom VII., IX. und X., am Rumpf von einem Ast des X. Gehirnnerven innerviert. Die Endorgane liegen entweder frei in der Haut, in kleinen Gruben oder in einer seichten Hautrinne (Cyclostomen, Abb. 175 a, manche Selachier und Teleostier, Amphibienlarven, Abb. 175 b) oder (bei den meisten Fischen) in Kanälen, welche die Schuppen überlagern oder durchsetzen und sich in Abständen durch Seitenkanäle nach außen öffnen. Zum Seitenliniensystem gehören auch die LORENZINIschen Ampullen, flaschenförmige, gallerthaltige Röhren, die in großer Anzahl am Kopf von Selachiern stehen. Durch das Seitenliniensystem werden offenbar Wasserströmungen relativ zum Körper und wahrscheinlich Druckwellen niederer Frequenz recipiert. Mit Hilfe dieser Sinnesorgane stellen sich Fische in bestimmter Weise zur Strömungsrichtung ein.

Proprioceptive Strömungssinnesorgane sind die *Bogengänge des Ohrlabyrinths* der Wirbeltiere (Abb. 177). Das häutige Labyrinth schnürt sich in der Embryonalentwicklung vom Ectoderm ab und gliedert sich in zwei Säckchen, *Sacculus* und *Utriculus*, die durch einen Verbindungskanal im Zusammenhang bleiben. Sie sind erfüllt von einer Flüssigkeit (Endolymphe). Bei den Selachiern mündet das Labyrinth durch einen Kanal (Ductus endolymphaticus) nach außen; bei den übrigen Wirbeltieren endet dieser Gang blind in eine sackförmige Erweiterung (Saccus endolymphaticus). Das häutige Labyrinth wird in die Ohrkapsel des Schädels eingeschlossen und von dem mehr oder weniger seiner Form folgenden harten (knorpeligen oder knöchernen) Labyrinth umgeben. Der Raum zwischen häutigem und hartem Labyrinth wird von der sogenannten Perilymphe erfüllt.

Am Utriculus entstehen die drei Bogengänge, welche an ihrem einen Ende jeweils eine Erweiterung (Ampulle) besitzen. In

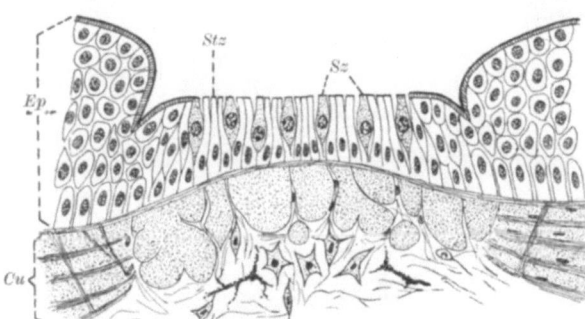
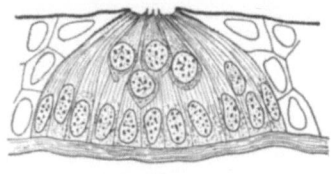

Abb. 175. Seitenlinienorgane. a von *Petromyzon planeri* (nach MAURER aus BÜTSCHLI). b von *Salamandra*, Larve. (Original G.) *Cu* Cutis, *Ep* Epidermis, *Stz* Stützzellen, *Sz* Sinneszellen.

jeder dieser Ampullen stehen in einer leistenförmigen Erhebung (Crista statica) sekundäre Sinneszellen mit sehr langen Sinneshaaren, die durch Gallerte zu einer Endkuppel (Cupula terminalis) zusammengefaßt sind. Die Bogengänge sind in drei zueinander senkrechten Ebenen im Schädel so angeordnet, daß der horizontale Bogengang (Canalis horizontalis) der rechten und linken Seite und jeweils der vordere vertikale (Canalis anterior) der einen Seite und der hintere vertikale (Canalis posterior) der anderen Seite in parallelen Ebenen liegen. Wenn eine Kopfdrehung in der Ebene eines Bogengangs einsetzt, bleibt die Endolymphe gegen die Wand zurück und verschiebt dadurch die Cupula. Jeder Kopfdrehung entspricht so eine Flüssigkeitsverschiebung von bestimmter Richtung und Stärke in den verschiedenen Paaren von Bogengängen und damit ein bestimmter Reizort und eine bestimmte Reizintensität.

3. Schweresinnesorgane.

Die Schweresinnesorgane oder *statischen Organe* sind fast immer nach demselben Prinzip gebaut; ein Schwerestein (*Statolith*) ist verbunden mit Sinneszellen, an deren Sinnesfortsätzen er zieht oder auf die er drückt, wenn er jeweils dem Zug der Erdschwere folgt. Nur in einem Fall (bei der Wasserwanze *Nepa*) ist der Auftrieb einer Luftblase, die an Sinneshaaren hängt, an Stelle eines Körpers verwendet, der spezifisch schwerer ist als seine Umgebung. Im einzelnen sind die Schweresinnesapparate sehr verschieden konstruiert.

Meist sind Sinneszellen und Statolith in eine vom Ectoderm eingestülpte Höhle (*Statocyste*) eingeschlossen, die häufig mit der Außenwelt in Verbindung bleibt.

188 Die Organe und ihre Leistungen.

Die Statolithen sind meist von den Tieren selbst *ausgeschiedene Kalkkörper* (Abb. 176d). Bei den *Decapoden* jedoch sind es Fremdkörper, die nach jeder Häutung, die auch die Auskleidung der Statocyste mitnimmt, von neuem in diese hineingesteckt werden. Auf diese Tatsache gründete sich der erste strenge Beweis

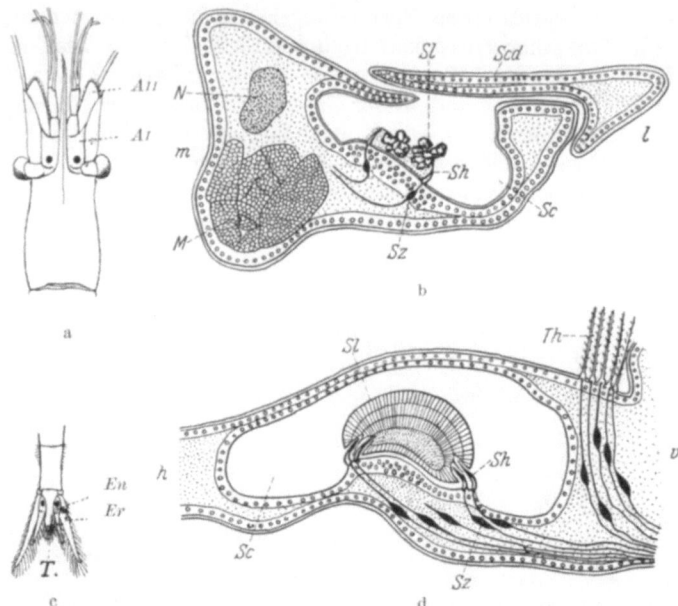

Abb. 176. Schweresinnesorgane von Krebsen. a, c Lage der Statocysten (nach HESSE), a, b Decapoden, c, d Schizopoden. a Cephalothorax von *Palaemon*. b Querschnitt durch die I. Antenne von *Palaemonetes* (nach PRENTISS). c Hinterleibsende von *Leptomysis*. d Längsschnitt durch den Endopoditen des Schwanzfächers (nach BETHE). A_I, A_{II} I. und II. Antenne, *En* Endopodit, *Ex* Exopodit, *h* hinten, *l* lateral, *m* medial, *M* Muskel, *N* Nerv, *Sc* Statocyste, *Scd* ihr Dach, *Sh* Sinneshaare, *Sl* Statolithen, *Sz* Sinneszellen, *Th* Tasthaare, *v* vorn.

(KREIDL), daß die betreffenden Organe die Erdschwere recipieren (nicht Gehörorgane sind, wie man früher glaubte) und die Orientierung der Tiere im Raum vermitteln: Wenn man den Krebsen (*Garneelen*) unmöglich macht, nach der Häutung Fremdkörper in ihre Statocysten zu stecken, ist im Dunkeln ihre normale

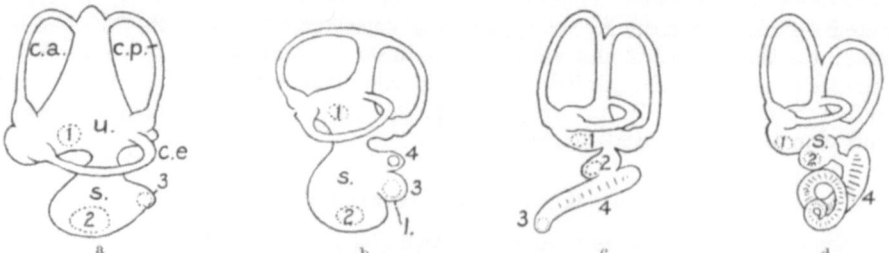

Abb. 177. Seitliche Ansichten der linken Labyrinthe von a einem Teleostier, b einem Anur, c einem Vogel, d einem Säuger. (Schematisch nach HESSE.) *ca* Canalis anterior, *ce* C. externus (= horizontalis). *cp* C. posterior, *l* Lagena, *s* Sacculus, *u* Utriculus, *1* Macula utriculi, *2* M. sacculi, *3* M. lagenae, *4* Papilla basilaris.

Haltung im Raum gestört. Gibt man ihnen nun Eisen- oder Nickelpulver, so verwenden sie dieses als Statolithen und reagieren nun auf einen starken Magneten, wie sonst auf die Schwerkraft.

Bei den *Wirbeltieren* sind im Utriculus und im Sacculus Statolithenapparate vorhanden (Abb. 177), und zwar stets auf zwei Sinneshügeln (Macula utriculi und

Macula sacculi); hierzu kommt bei den meisten Wirbeltieren im Sacculus noch eine weitere (Macula lagenae). Bei den Knochenfischen sind die Statolithen auf den drei Maculae große, konzentrisch (in Jahresringen) geschichtete Kalkplatten. Bei den übrigen bestehen sie aus Kalkkörnern (Aragonit), die lose verbacken oder durch Gallertmasse verbunden sind (Abb. 178).

Eigentümliche statische Organe, die vom Bauplan der übrigen stark abweichen, besitzen die *Medusen*. Bei den *Trachymedusen* stehen am Schirmrande Kölbchen, die in ihrem Bau Tentakeln entsprechen (tentaculäre Schweresinnesorgane, Steinkölbchen, Lithostyle). In den äußersten entodermalen Achsenzellen sind Kalkabscheidungen eingeschlossen. Die Kölbchen können frei vorragen (Abb. 179a) oder in Gruben (Abb. 179b) oder völlig geschlossene Blasen (Abb. 397) eingeschlossen sein. Die Sinneszellen mit langen Sinneshärchen stehen neben den

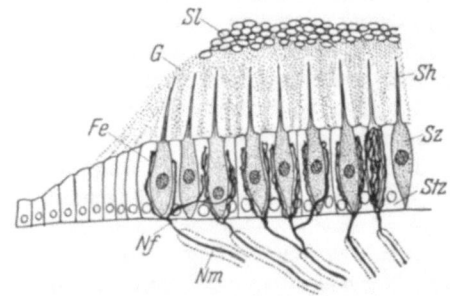

Abb. 178. Schema eines Sinneshügels (Macula) im Ohrlabyrinth eines Säugers. (Im Anschluß an KOLMER.) *Fe* Fibrillenendigungen, *G* Deckgallerte, *Nf* Nervenfaser, *Nm* Nervenmarkscheide, *Sh* Sinneshaare, *Sl* Statolithen, *Stz* Stützzellen, *Sz* sekundäre Sinneszellen.

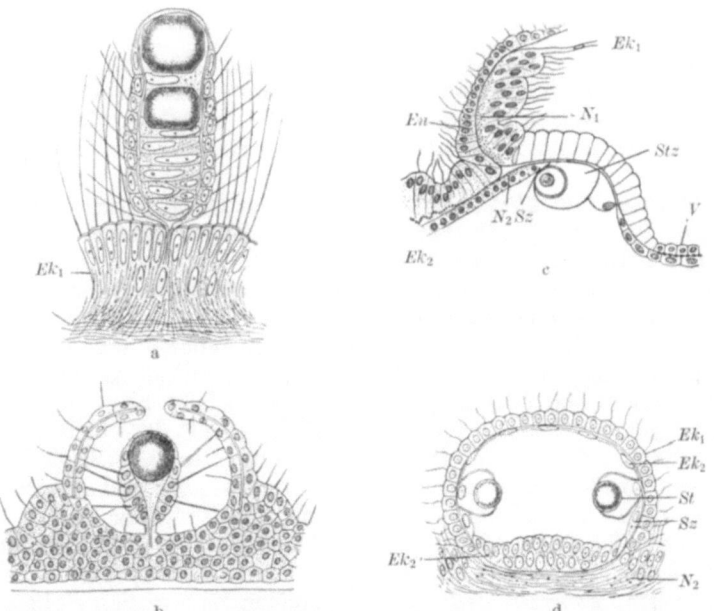

Abb. 179. Schweresinnesorgane von Hydromedusen. a, b Randkölbchen von Trachymedusen, a *Cunina lativentris*, b *Rhopalonema velatum*. c, d statische Sinnesorgane vom Schirmrand von Leptomedusen. c Schnitt durch den Ansatzrand des Velums von *Mitrocoma* mit statischer Grube, d optischer Schnitt durch das statische Bläschen von *Eucheilota*. (Nach HERTWIG.) Ek_1 Exumbrellares, Ek_2 subumbrellares Ectoderm, *En* Entoderm, N_1 exumbrellarer, N_2 subumbrellarer Nervenring, *St* Statolith, *Stz* Statolithenzelle, *Sz* Sinneszellen, *V* Velum.

Kölbchen oder in deren Ectoderm selbst. Ähnlich wirkende, wenn auch im Einzelnen anders gebaute Randkolben besitzen auch die *Scyphomedusen* (Abb. 413). Bei den *Leptomedusen* liegen an der Unterseite des Velums, in Gruben (Abb. 179c) oder Bläschen (Abb. 179 d) große blasenförmige Epithelzellen, die in einer Vacuole einen Statolithen enthalten. Sinneszellen stehen neben den Statolithenzellen und legen je einen Sinnesfortsatz an diese an. Die Reizung erfolgt hier nur durch die Bewegungen des Steines in der Vacuole.

Die Lage der Schweresinnesorgane im Körper ist sehr verschieden. Bei bilateralsymmetrischen Tieren sind sie paarig vorhanden. Häufig liegen sie im Kopf, bisweilen bei Krebsen am hinteren Körperende (Abb. 176c), bei Mollusken im Fuß. Bei den radiärsymmetrischen Medusen sind sie am Rande in größerer Anzahl regelmäßig verteilt. Bei den Ctenophoren nimmt eine einzige Statocyste das eine Ende der Körperhauptachse ein (Abb. 439).

Die von den Statocysten ausgehenden Erregungen regulieren im allgemeinen die Erhaltung der normalen Körperlage im Raum (physiologische Gleichgewichtslage). Außer als *Gleichgewichtsorgane* dienen sie vielfach auch als *Tonusorgane*: Dauernd, in welcher Lage sich auch das Tier befindet, fließt Erregung von ihnen zum Nervensystem und von diesem zur Muskulatur und erteilt dieser einen bestimmten Grad von Spannung, der nach Entfernung der Schweresinnesorgane verschwindet. Bei den Medusen werden die Steinkölbchen durch die Wasserbewegungen und die rhythmischen Contractionen des Schirmes in pendelnder Bewegung erhalten und reizen hierbei die Sinneshaare. Diese Reize bedingen die rhythmischen Contractionen. Durch Entfernung oder Festlegen der Kölbchen kann man die Contractionen zum Stillstand bringen. Hier wirken die Kölbchen also (außer als Gleichgewichtsorgane) auch als Selbstreizungs- oder *Stimulationsorgane*.

4. Gehörorgane.

Auf mechanische Schwingungen aus dem Frequenzbereich, den unser Ohr uns als Schall übermittelt, mögen mechanische Sinnesorgane verschiedener Tiere unter geeigneten Bedingungen ansprechen. Von *Hören* sprechen wir aber nur dann, wenn für Schwingungen dieser Art spezialisierte Sinnesorgane (Phonoreceptoren) ausgebildet sind. Solche kennen wir nur bei den Wirbeltieren und bei einigen Insecten. Bei den *Wirbeltieren* hat sich ein Teil des Ohrlabyrinths als Gehörorgan spezialisiert. Schon bei den Fischen[1] ist ein Hörvermögen vorhanden, erstaunlicherweise, da im Wasser Schall kaum eine Rolle spielt. Wir dürfen uns vorstellen, daß der Vorläufer des eigentlichen Gehörsinnes ein mechanischer Sinn für Erschütterungen des Wassers war, der allmählich befähigt wurde, Stöße rascherer Aufeinanderfolge zu recipieren und zu unterscheiden und damit auch auf größere Entfernung drohende Gefahren oder Beutetiere zu signalisieren. Als „seismische" Sinnesorgane sind Statolithenorgane durch die Art ihrer Konstruktion geeignet. Das Gehörorgan entwickelt sich in der Wirbeltierreihe in der unmittelbaren Nachbarschaft der *Papilla lagenae*. Hier bildet sich die Papilla basilaris (Abb. 177 b) aus, die von den Reptilien an sich in die Länge streckt und zum sogenannten Cortischen Organ entwickelt. Sie gelangt zusammen mit der Papilla lagenae in einen Schlauch, die *Cochlea* (häutige Schnecke, Abb. 177 c, d), die bei den Säugern spiralig aufgewunden wird (Abb. 177c). Das Cortische Organ ist ein Längswulst von Stützzellen, zwischen denen in Längsreihen Sinneszellen stehen. Es wird überdeckt von einer Cuticularplatte (Deckmembran), die von einem seitlich am Sinneswulst entlang laufenden Epithelwall getragen wird und die Sinnesstiftchen der Sinneszellen berührt. Seine höchste Differenzierung erfährt das Cortische Organ bei den *Säugern* (Abb. 180—182). Hier liegt inmitten der Sinneszellen ein Bogen, der aus zwei gegeneinander gelehnten Pfeilern (eigentümlichen Stützzellen) besteht und einen Kanal (Cortischen Tunnel) überdacht. Die Sinneszellen und die Stützzellen sind oberflächlich in einen netzförmigen Rahmen

---

[1] Stetter, H.: Untersuchungen über den Gehörsinn der Fische. Z. vergl. Physiol. 9 (1929).

(Membrana reticularis) eingelassen. Für die Funktion des leistungsfähigen Gehörorgans der Sauropsiden und Säuger ist die Einfügung der häutigen Schnecke im

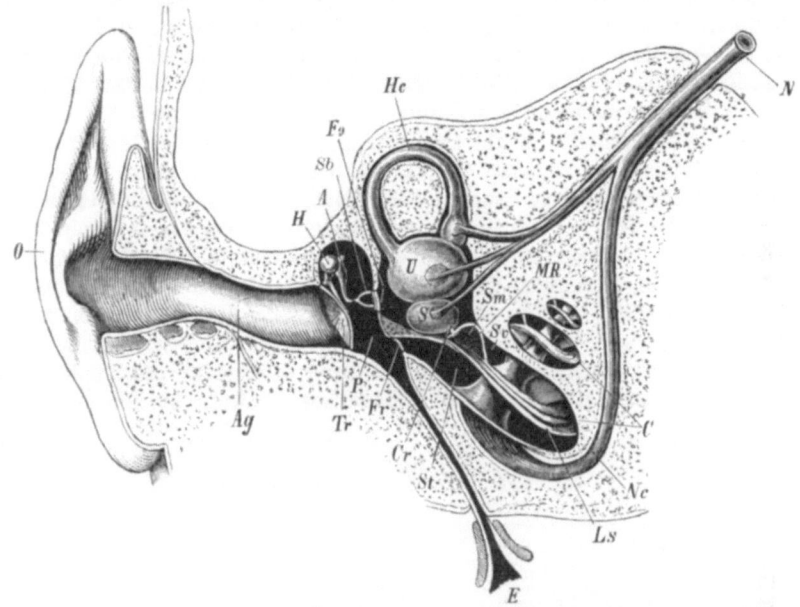

Abb. 180. Gehörorgan des Menschen. (Schematisch nach CZERMAK, etwas verändert.) *A* Amboß, *Ag* äußerer Gehörgang, *C* Cochlea, *Cr* Canalis reuniens (Verbindungsgang zwischen Sacculus und Cochlea), *E* Tuba Eustachii, *Fo* Fenestra ovalis, *Fr* Fenestra rotunda, *H* Hammer, *Hc* Bogengang, *Ls* Lamina spiralis, *MR* REISSNERsche Membran, *N* Nervus statoacusticus, *Nc* Nervus cochlearis, *O* Ohrmuschel, *P* Paukenhöhle, *S* Sacculus, *Sb* Steigbügel, *Sm* Scala media (Innenraum der Lagena), *St* Scala Tympani, *Sv* Scala vestibuli, *Tr* Trommelfell, *U* Utriculus.

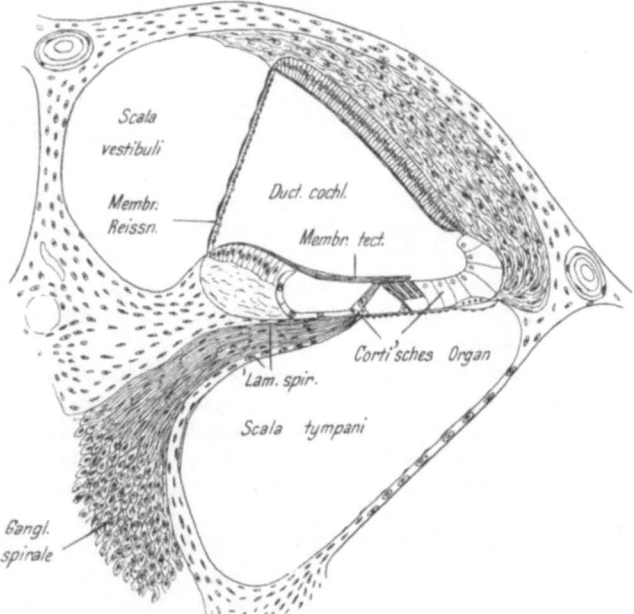

Abb. 181. Schematischer Querschnitt durch die Schnecke eines Säugers. (Nach HESSE.) *Bm* Basalmembran, *CP* Pfeilerzellen, *Dc* Ductus cochlearis, *G* Ganglion (spirale) des N. cochlearis, *Nf* dessen Nervenfasern, *Hz* Sinneszellen, *Mt* Membrana tectoria, *Sct* Scala tympani, *Scv* Scala vestibuli.

knöchernen Labyrinth wesentlich (Abb. 180, 181). Der häutige Kanal ist quer durch die knöcherne Schnecke gespannt. Auf der Seite der Achse der Schneckenwindungen ist er an einer Knochenleiste (Lamina spiralis ossea), an der Außenseite an einem breiten bindegewebigen Längsband (Ligamentum spirale) angeheftet. Durch die Art ihrer Anheftung scheidet die Cochlea (= Scala media) die perilymphatische Höhle in zwei Längskanäle. Der obere (Scala vestibuli) mündet in den als Vestibulum bezeichneten Raum des knöchernen Labyrinths, der Sacculus und Utriculus einschließt; der untere Kanal (Scala tympani) endet blind an einem durch eine elastische Membran verschlossenen Fenster (Fenestra rotunda) des knöchernen Labyrinths. An der Spitze der Cochlea gehen die beiden Skalen ineinander über. Der Teil der häutigen Cochlea, der das CORTIsche Organ trägt, die *Basilarmembran*, ist längs der Scala tympani ausgespannt. Unter dem CORTIschen Organ liegt in der Basilarmembran eine Schicht von elastischen Bindegewebsfasern. Diese verlaufen senkrecht zur Längsrichtung der Cochlea von der Innenwand zur Außenwand des knöchernen Kanals. Nach der HELMHOLTZschen Hörtheorie sind diese Fasern der Basilarmembran auf bestimmte Tonhöhen abgestimmte *Resonatoren*, die durch ihr Mitschwingen jeweils die Sinneszellen eines

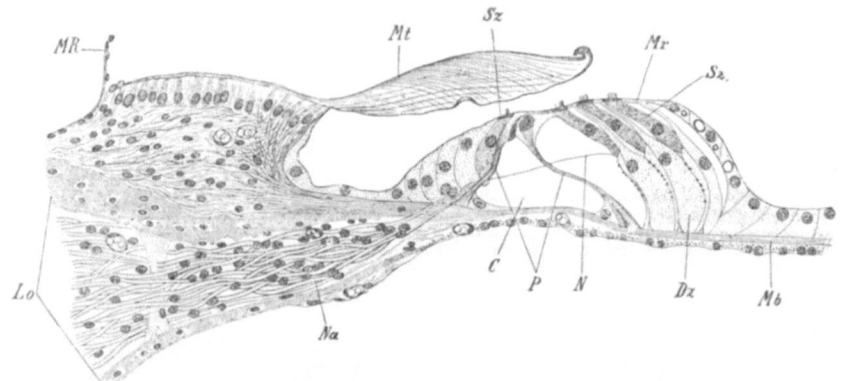

Abb. 182. Schnitt durch das CORTIsche Organ des Meerschweinchens. (Nach K. C. SCHNEIDER.) *C* CORTIscher Tunnel, *Dz* Stützzellen, *Lo* Lamina spiralis ossea, *Mb* Basilarmembran, *Mr* Membrana reticularis, *MR* REISSNERsche Membran (Trennungswand des Ductus cochlearis von der Scala vestibuli), *Mt* Membrana tectoria, *N*, *Na* Fasern des Nervus acusticus, *P* Pfeilerzellen, *Sz* innere, Sz_1 äußere Sinneszellen.

Schneckenquerschnitts an der Deckmembran reiben. Die Anzahl der Fasern beträgt ungefähr 20000; die Länge der Fasern, die von der Basis nach der Spitze der Schnecke zunimmt, steigt von 0,04—0,495 mm an. Für die HELMHOLTZsche Theorie spricht, daß experimentell gesetzte Beschädigungen eines schmalen Bereiches der Basilarmembran eng begrenzte „Tonlücken" bedingen, die der Lage der Verletzung entsprechen.

Bei den Landwirbeltieren gesellen sich dem Labyrinth (inneren Ohr) schallzuleitende Hilfsapparate zu, welche das *Mittelohr* ausmachen. Dieses umfaßt die außen vom Trommelfell verschlossene, durch die Tuba auditiva (Eustachii) in den Schlund mündende Paukenhöhle und die Gehörknöchelchen. Diese ziehen vom Trommelfell zu einem membranösen Fenster des Vestibulums (Fenestra ovalis). Bei den Amphibien, Reptilien und Vögeln ist ein in mehrere Abschnitte gegliedertes Gehörknöchelchen (die Columella auris, Abb. 925) vorhanden, bei den Säugetieren sind es drei (Abb. 180), Hammer (Malleus), Amboß (Incus) und Steigbügel (Stapes). Die Schallwellen treffen auf das Trommelfell auf, das in Mitschwingung gerät und die Schwingungen durch die Gehörknöchelchen auf die Verschlußmembran des ovalen Fensters und dadurch auf die Perilymphe überträgt. Stöße, die auf die Flüssigkeit auftreffen, breiten sich darin durch die Scala vestibuli, das Schneckenloch und Scala tympani zum runden Fenster aus, das allein den Druckschwankungen ausweichen kann. Dabei werden die rhythmischen Druckschwankungen auf die häutige Schnecke, die als Scheidewand auf dem Wege vom ovalen zum runden Fenster liegt, übertragen und können auf bestimmte Frequenzen abgestimmte Resonatoren zur Mitschwingung bringen.

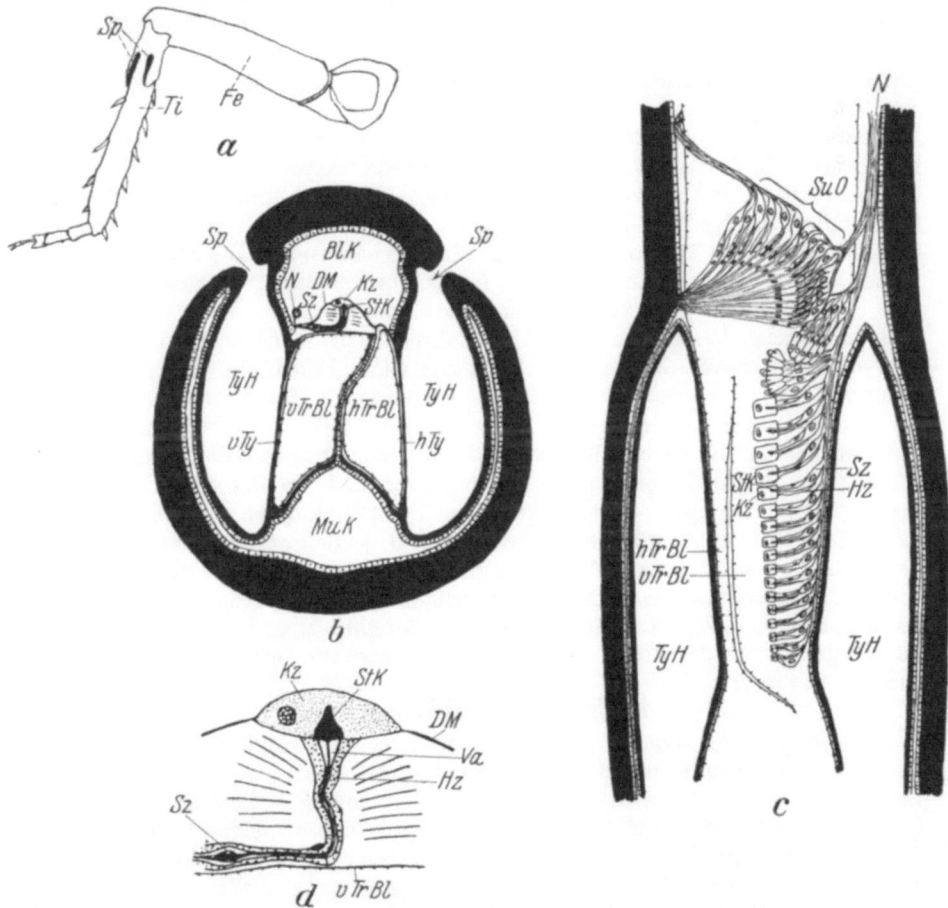

Abb. 183. Tibiales Tympanalorgan von *Decticus verrucivorus*. a Vorderbein. b Querschnitt durch das Vorderbein in der Höhe des Tympanalorgans. c Aufsicht auf das Tympanalorgan nach Wegnahme der äußeren Beinwand. d Ein Einzelscolopophor. (Nach SCHWABE u. BÜTSCHLI aus KRÖNING 1930.) *BlK* Blutkanal, *DM* Deckmembran, *Fe* Femur, *Hz* Hüllzellen, *Kz* Kappenzelle, *MK* Muskelkanal, *N* Nerv, *Sp* Spalt, *Stk* Stiftkörper, *SuO* Subgenualorgan (ein Chordotonalorgan, ohne unmittelbare Beziehung zum Gehörorgan), *Sz* Sinneszellen, *h TrBl*, *v TrBl* hintere und vordere Tracheenblase, *TyH* Tympanalhöhlen, *hTy*, *vTy* hinteres und vorderes Trommelfell, *Va* Vacuole.

Unter den *Wirbellosen* ist echter Gehörsinn bei einer Reihe von meist tonerzeugenden Insekten nachgewiesen worden, die auch Gehörorgane besitzen, die in ihrem Bau, so verschieden sie im einzelnen sind, analoge Konstruktionen aufweisen[1]. Die Sinnesendigungen dieser *Tympanalorgane* haben immer den Typus

---

[1] EGGERS, FR.: Die stiftführenden Sinnesorgane; Morphologie und Physiologie der chordotonalen und der tympanalen Sinnesorgane der Insecten. Berlin 1928. — KRÖNING, FR.: Hörorgane und Gehörsinn bei den Insecten. Naturwiss. 18 (1930).

der Chordotonalorgane; die Gehörorgane sind hier offenbar aus Organen hervorgegangen, die Deformationen des Chitins recipierten. Die Tympanalorgane besitzen alle eine schwingungsfähige Membran (Trommelfell) zur Aufnahme der Schallwellen. Das Trommelfell ist stets von einer Tracheenblase unterlagert, so daß es gegen Luft schwingt. Die Scolopophoren (S. 185) sind unmittelbar am Trommelfell oder in seiner Umgebung so angebracht, daß die Schwingungen des Trommelfells auf sie übertragen werden können. Diese offenbar konvergent immer wieder entstandenen Organe liegen an sehr verschiedenen Körperstellen, bei Schmetterlingen im Basalteil der Vorderflügel, im Thorax oder im Abdomen, bei Cicaden und Acridiern im Abdomen (Abb. 455), bei Grylliden und Locustiden in den Tibien der Beine.

Als Beispiel mögen die tibialen Tympanalorgane von *Decticus* dienen (Abb.183). Sie liegen im 1. Beinpaar. Zwei Trommelfelle liegen an der vorderen und hinteren Seite des Unterschenkels (Abb. 183, 730) und sind durch deckelartige Chitinfalten in Tympanalhöhlen versenkt. Ein feiner Spalt gestattet der Luft den Zutritt. Jedem Trommelfell liegt eine Tracheenblase an. Die beiden Tracheenblasen stoßen in der Mitte des Beines unmittelbar zusammen. Eine lange Reihe von Scolopophoren liegt auf der vorderen Tracheenblase. Die Stiftkörper mit den sie umgebenden Hüllzellen ziehen senkrecht zur Tracheenwand durch einen von einer gelatinösen Masse erfüllten Raum (Abb. 183d), der durch eine Deckmembran von dem Blutraum des Beines getrennt ist. Die Kappenzellen sind in die Deckmembran eingelassen. Es leuchtet ein, daß die Stiftkörper gegen die Kappenzellen gestaucht werden, wenn die Trommelfelle und die Tracheenwände schwingen. Proximal von diesem Apparat liegt noch ein einfaches Chordotonalorgan (Subgenualorgan). Die Wirkung der Tympanalorgane als Gehörorgane ist experimentell besonders bei Heuschrecken und Grillen geprüft (REGEN): Weibchen von *Liogryllus campestris* suchen zirpende Männchen nicht mehr auf, wenn die Tympanalorgane zerstört sind. Unverletzte Weibchen reagieren auf telephonisch übertragene Zirplaute der Männchen. Bei einseitiger Entfernung des Tympanalorgans wirkt das Zirpen noch anlockend, aber die Orientierung zum Männchen ist erschwert.

b) Chemische Sinnesorgane.

Chemische Reize werden von allen Tieren recipiert, und die Reaktionen auf sie spielen bei Einzelligen und Vielzelligen eine große Rolle. Bei sehr vielen Tieren können wir, mehr oder weniger deutlich, eine Trennung in zwei chemische Sinne feststellen, *Geruchsinn* und *Geschmacksinn*. Diese unterscheiden sich durch ihre Bedeutung für die Lebensführung der Tiere. Sie sind an verschiedene Organe geknüpft, die meist nicht auf dieselben Stoffe ansprechen. Wenn in Ausnahmefällen ein Stoff aber doch Riech- und Schmeckstoff ist, liegt die Reizschwelle für den Geruchsinn stets um einige Zehnerpotenzen der Konzentration des Reizmittels tiefer. Meist sind den Erregungen der beiden Sinne ganz verschiedene Reaktionen zugeordnet.

Früher hat man, vom Menschen und den Landwirbeltieren ausgehend, Geruchsinn als Reception gasförmiger Stoffe definiert. Aber diese Abgrenzung ist nicht durchgreifend: Bei den Fischen werden auch der Nasenschleimhaut die Reizstoffe im Wasser zugeführt; und bei manchen Amphibien (Molchen) kann das Geruchsorgan ebensowohl unter Wasser wie in der Luft funktionieren[1].

Der Geruchsinn ist ein Fernsinn. Die meisten Tiere werden durch ihn zur Nahrung und zum anderen Geschlecht geführt, viele vor Gefahren gewarnt. Im Leben

---

[1] MATTHES, E.: Das Geruchsvermögen von *Triton* beim Aufenthalt unter Wasser. Z. vergl. Physiol. **1** (1924). — Das Geruchsvermögen von *Triton* beim Aufenthalt an Land. Ebenda **1** (1924).

sozialer Tiere spielt der Geruchsinn eine große Rolle. Der Geruchsinn spricht auf unvorstellbar geringe Substanzmengen an, wie besonders die über Kilometer sich erstreckende anlockende Wirkung von Duftstoffen beweist, die (von uns nicht bemerkt) die Weibchen von Insecten aussenden.

Die Mindestmenge eines Stoffes, die durch den Geruchsinn vom Menschen noch wahrgenommen werden kann (Minimum perceptibile) liegt für manche Stoffe um 2—3 Zehnerpotenzen unter den spektroskopisch nachweisbaren Mengen; sie beträgt z. B. für Naphthalin ung. 4.10^{-6} mg pro 1 ccm Luft.

Der Geschmackssinn dient nur der Prüfung der Nahrung. Bei vielen Tieren ist jedenfalls auch noch ein innerer chemischer Sinn im Darm vorhanden, durch den die Tätigkeit des Darmrohres und seiner Anhangsdrüsen reguliert wird.

Bei vielen niederen Tieren, bei denen scharf umschriebene chemische Sinnesorgane nicht vorhanden sind, wissen wir über die Differenzierungen innerhalb des chemischen Sinnes noch so wenig, daß wir nur allgemein von *Chemoreception* sprechen können.

Chemisch reizbare Sinneszellen sind bei niederen Wassertieren wohl meist über den Körper diffus verbreitet. Manchmal kann man bewimperte Sinnesgruben oder Sinnesknospen mit Wahrscheinlichkeit als Chemoreceptionsorgane ansprechen, so beim Regenwurm (Abb. 184), wo die Dichte bestimmter Sinnesknospen und chemische Empfindlichkeit parallel gehen. Bei Seesternen sind besonders die „Tastfüßchen" an den Armspitzen Träger eines chemischen Sinnes. Bei Gastropoden werden die Osphradien, bei den Cephalopoden die „Riechgrübchen" als chemische Sinnesorgane angesprochen. Bei Krebsen sind die Tarsen der Beine oder die 1. Antenne oder beide chemisch reizbar.

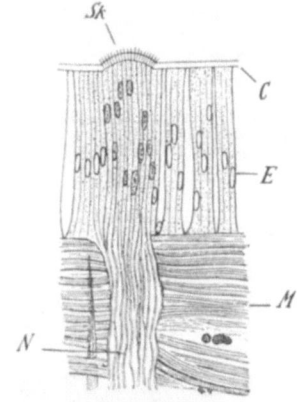

Abb. 184. Hautsinnesknospe von *Lumbricus terrestris* im Querschnitt der Körperwand. (Nach HESSE.) *C* Cuticula, *E* Epidermis, *M* Ringmuskulatur, *N* Nervenfortsätze der Sinneszellen, *Sk* Sinnesknospe.

Bei den meisten Tieren findet eine chemische Prüfung der Nahrung in der Mundhöhle statt, jedoch nicht immer; bei Zecken ist das Auffinden der Nahrung von chemischen Sinnesorganen abhängig, die an den Tarsen des 1. Beinpaares sitzen. Nach Entfernung dieser Organe lassen die sonst so wählerischen Tiere sich schon allein durch die Feuchtigkeit und Wärme veranlassen, physiologische Kochsalzlösung oder flüssige Gelatine aufzusaugen.

1. Geruchsinnesorgane.

Die *Insecten* besitzen einen sehr ausgebildeten Geruchsinn, dessen Organe vorwiegend, wenn nicht ausschließlich, auf den Antennen sitzen. Auf Bienen, die sich mit Futter auf Gerüche dressieren lassen (v. FRISCH)[1], wirkt nach Abschneiden der Antennen der Dressurduft nicht mehr. Als *Geruchsorgane* werden mit gutem Grund dünnwandige Kegel, die über die Chitinoberfläche vorragen (Abb. 185a) oder in Gruben eingesenkt sind (Abb. 185c) und sogenannte „Porenplatten" (Abb. 185b) angesprochen. In allen diesen Organen tritt das Ende des aufnehmenden Fortsatzes der Sinneszellen an eine außerordentlich verdünnte Stelle der Cuticula heran, wodurch den Riechstoffen Zutritt gewährt wird.

---

[1] v. FRISCH, K.: Über den Geruchsinn der Bienen und seine blütenbiologische Bedeutung. Zool. Jb. (Physiol. Abt.) **37** (1919). — Über den Sitz des Geruchsinnes bei Insecten. Ebenda **38** (1921).

196   Die Organe und ihre Leistungen.

Die Bienen unterscheiden oder verwechseln vielfach dieselben Riechstoffe wie der Mensch. So scheinen die Grundvorgänge in den Sinneszellen mehr Gemeinsames zu haben, als man bei derartig verschiedenen Sinnesorganen erwarten sollte. Immerhin finden sich auch Unterschiede; und für viele biologisch wichtige Stoffe muß mindestens die Reizschwelle bei den Insecten anders liegen als beim Menschen.

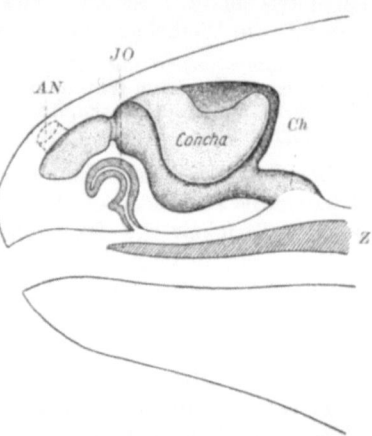

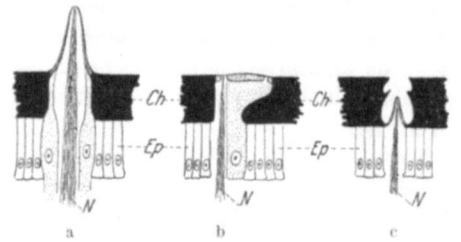

Abb. 185. Schnitte durch Geruchsorgane auf den Antennen von Insecten (schematisch, nach v. FRISCH). a Riechkegel, b Porenplatte, c Grubenkegel. E Epidermis, Ch Chitin, N Nerv.

Abb. 186. Längsschnitt durch den Vorderkopf einer Eidechse etwas rechts von der Mittelebene. AN äußere Nasenöffnung, Ch Choane, JO JACOBSONsches Organ, Z Zunge. (Nach BÜTSCHLI aus v. FRISCH 1926.)

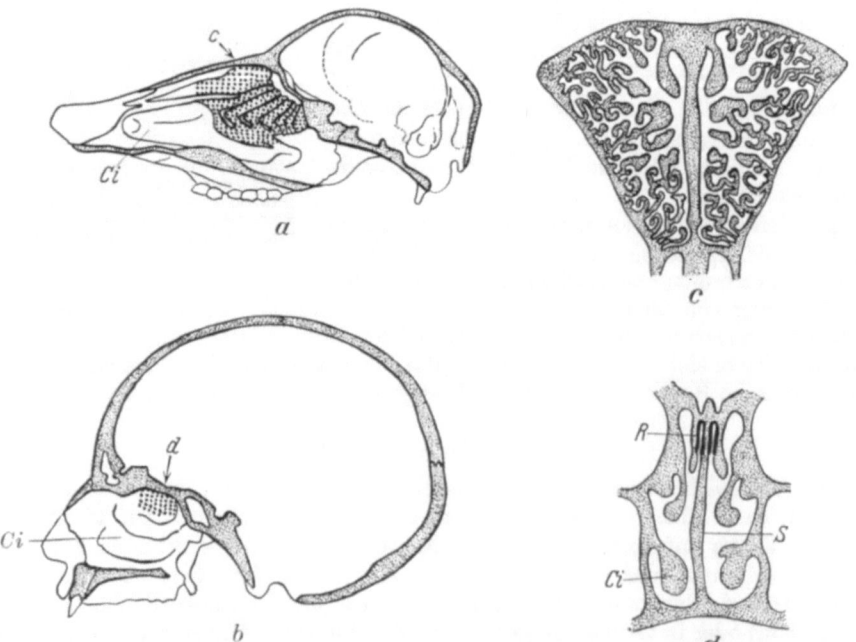

Abb. 187. Geruchsorgane bei Säugetieren. a Längsschnitt durch den Kopf eines Rehs, b eines Menschen; Nasenscheidewand entfernt, Aufsicht auf die Außenwand der Nasenhöhle; Ausbreitung des Riechepithels punktiert. c Querschnitt durch die Nasenhöhle eines Rehs, d eines Menschen (entsprechend den Pfeilen in a und b); in c gibt die stärkere Kontur (bei R) die Ausdehnung des Riechepithels an, in d sind alle Falten von Riechepithel überzogen. Ci Concha inferior, S Nasenscheidewand. (Nach v. FRISCH.)

Bei den *Wirbeltieren* dient dem Geruchsinn ein Epithel primärer Sinneszellen, die sich bei Fischen und Amphibien zu Gruppen (Riechknospen) zusammenlagern können. Das *Riechepithel* liegt in paarigen, oberhalb des Mundes gelegenen Gruben oder Höhlen, den *Nasenhöhlen*. Diese stehen bei den durch die Lungen atmenden Vertebraten durch hintere Öffnungen (Choanen) mit der Mundhöhle in Verbindung und dienen als Atemwege. Zwischen den mit Sinneshärchen ausgestatteten Sinneszellen stehen bewimperte oder wimperlose Stützzellen. Bei den Landwirbeltieren erhalten vielzellige Drüsen die Oberfläche der Riechschleimhaut feucht. Von den Reptilien an wird die Nasenhöhle durch eine von der Außenwand vorspringende Falte, die *untere Nasenmuschel* (Concha inferior, Maxilloturbinale), in den ventralen Nasenraum (Pars respiratoria) und den dorsalen Riechraum (Pars olfactoria) geteilt (Abb. 186), auf welchen das Riechepithel beschränkt wird. Die untere Muschel wird von einer Knochenlamelle (Maxilloturbinale) gestützt. Im Riechraum wölben sich bei den Vögeln und Säugern *obere Muscheln* vor (gestützt durch das Nasoturbinale und Ethmoturbinalia). Sie sind sehr zahlreich, verzweigt und am Rande aufgerollt bei den Säugern mit sehr gutem Geruchsinn (*Macrosmaten:* die meisten Säuger, besonders Huftiere, Abb. 187 a, c, Raubtiere, Nager, Känguruh), gering an Zahl und Oberflächenentwicklung bei den Formen mit gering entwickeltem Geruchsinn (*Microsmaten:* Affen, Mensch, Abb. 187 b, d). Bei den Walen sind die oberen Muscheln und das Riechepithel verkümmert, im Einklang damit, daß die Luft für sie nur noch Atemmedium ist.

Eine Abgliederung von der Nasenhöhle ist das JACOBSON*sche Organ*, das auch mit Riechepithel (primäre Sinneszellen, die ihre Ausläufer zum ersten Gehirnnerven entsenden) ausgestattet ist. Es mündet in die Nasenhöhle, oder durch den Gaumen in die Mundhöhle (meiste Reptilien, Abb. 186, und Säuger). Beim Menschen ist es verkümmert. Der Hohlraum des Organs ist stets von einer Flüssigkeit (Drüsensecret) erfüllt; ein muskulöser Pumpmechanismus erlaubt, durch den Ausmündungskanal mehr Flüssigkeit einzusaugen und wieder auszupressen, also eine flüssige „Riechprobe", meist aus der Mundhöhle, zu entnehmen.

2. Geschmacksorgane.

Bei Wirbellosen können Geschmacksorgane, die wir meist nicht als solche sicher abgrenzen können, außer in der Mundhöhle, an Mundgliedmaßen, auch an vom Mund entfernten Körperstellen sitzen, z. B. an den Tarsen der Beine bei Schmetterlingen und Fliegen (MINNICH).

Bei den *Wirbeltieren* dienen dem Geschmacksinn stets bestimmte Endorgane, *Geschmacksknospen* mit *sekundären* Sinneszellen (Abb. 188 b). Sie sind bei luftatmenden Formen auf die Mundhöhle beschränkt, wo sie auf der Zunge, am Gaumen, im Pharynx stehen können. Bei den Säugetieren sind sie in größerer Anzahl an bestimmten Papillen der Zunge (Papillae fungiformes, Papillae circumvallatae, Papillae foliatae, Abb. 188, 975) angesammelt.

Gegenüber der Fülle von Geruchsempfindungen, deren einheitliche Ordnung große Schwierigkeiten bereitet, sind den Schmeckstoffen in unserem Empfinden vier Grundqualitäten: sauer, süß, salzig und bitter zugeordnet. Dressurversuche an Fischen und an Wasserkäfern zeigten, daß auch von diesen Tieren dieselben Geschmacksqualitäten unterschieden werden. Bei Bienen, bei denen Dressurversuche auf Geschmack nicht möglich sind, ließ sich nur prüfen, welche Substanzen allein in Lösungen bestimmter Konzentration wie Zuckerwasser angenommen werden, welche nicht, und welche als Zusatz zu Zuckerwasser dieses den Bienen vergällen. Dabei zeigte sich, daß von den Bienen nur Trauben-, Frucht-, Rohr- und Malzzucker als Süßstoffe angenommen werden, während andere Stoffe, die uns süß schmecken (Galactose, Arabinose, Mannit, Sorbit, Saccharin u. a.), für die Bienen geschmacklos sind oder vergällend wirken, ebenso wie Säuren,

Kochsalz, Chinin. Für den Salzgeschmack sind die Bienen angenähert so empfindlich wie der Mensch; für bittere Stoffe sind die Bienen viel weniger empfindlich (v. FRISCH).

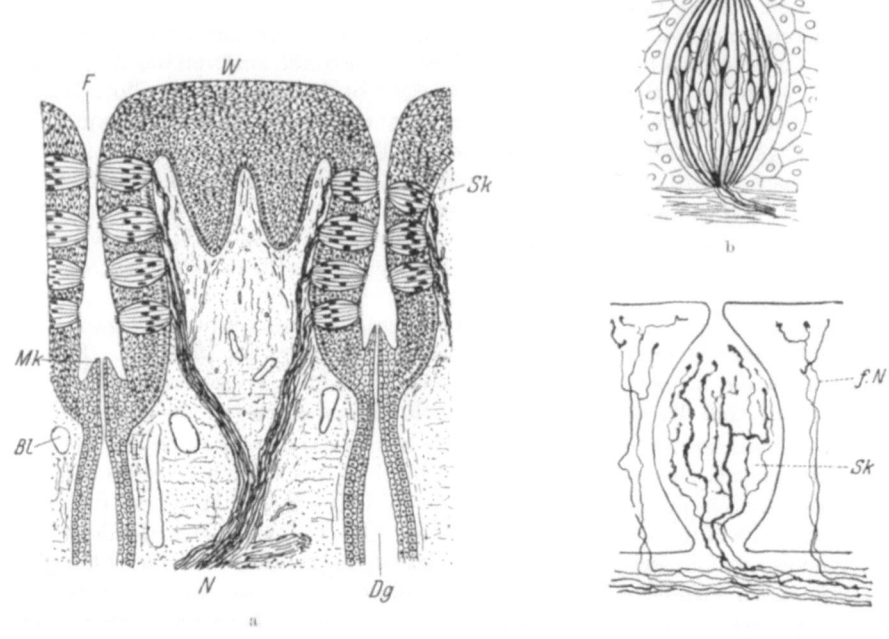

Abb. 188. Geschmacksorgane der Säugetiere. a Querschnitt durch die Papilla foliata des Kaninchens. (Original K.) b Sinnesknospe, schematisch, schwarz die Sinneszellen, hell die Stützzellen in der Knospe. (Nach HESSE.) c Nervenendigungen in der Sinnesknospe (Sk) und freie Nervenendigungen im Epithel (f. N) nach Silberimprägnation nach GOLGI, (Original K.) Bl Blutgefäße, Dg Drüsenausführungsausgang, F Furchen zwischen den Wällen, W der Papille, Mk Mündungskegel (HESSEsches Ventil) des Drüsenausführungsgangs, Sk Sinnesknospen.) (Original K.)

c) Lichtsinnesorgane.

Eine Erregbarkeit durch Licht kann auch ohne bestimmte Sinnesorgane vorkommen. Manche Amöben und Ciliaten werden durch Änderungen der Lichtintensität gereizt; viele Hydroidpolypen nehmen bei ihrem Wachstum bestimmte Stellungen ihrer Körperteile zur Lichtrichtung ein. Manche Tiere reagieren nach Blendung auf Belichtung ihrer Haut (Hautlichtsinn, dermatoptischer Sinn). Bei den allermeisten Tieren ist die Lichtreizbarkeit jedoch an bestimmte Lichtsinnesorgane, *Photoreceptoren* (Sehorgane, Augen) gebunden[1].

Bei gefärbten *Flagellaten* finden sich häufig Augenflecke, die der Lichtreception dienen (Abb. 323).

Bei den *Metazoen* sind die *Lichtsinneszellen* oder *Sehzellen* stets *primäre* Sinneszellen. An ihrer Oberfläche finden sich bei Wirbellosen sehr häufig *Stiftchensäume* oder *Stiftchenpinsel* (Abb. 189a, b). Ihre Anordnung in den Sehorganen läßt darauf schließen, daß in diesen Oberflächenstrukturen die *Transformation* der Lichtenergie in einen physiologischen Vorgang stattfindet. In vielen Fällen ist nachgewiesen, daß sich die Stiftchen in *Neurofibrillen* fortsetzen, die unmittelbar oder nach Aufsplitterung in einem Fibrillengitter um den Sehzellenkern sich in die effectorische Faser fortsetzen. Oft fehlen an den Sehzellen Oberflächen-

---

[1] HESSE, R.: Das Sehen der niederen Tiere. Jena 1908. — PÜTTER, A.: Organologie des Auges. Handbuch der gesamten Augenheilkunde 3. Aufl., 1. Teil 1912.

strukturen; die Zellkörper erheben sich jedoch zu zapfen- oder stäbchenförmigen Fortsätzen, die von Fibrillen durchzogen werden (Abb. 189c). Manchmal liegen im Sehzellencytoplasma Vacuolen (*Phaosome*), die wahrscheinlich eine durch Licht zersetzliche Substanz (Transformatorsubstanz) enthalten (Abb. 190, 194). Die Phaosome erscheinen bisweilen von Neurofibrillen umsponnen, meist von einer radiären Streifung umgeben, die vielleicht einem Stiftchensaum entspricht. Die physikalisch-chemischen Vorgänge, die der Transformation zugrunde liegen, kennen wir noch nicht. Bei den Wirbeltieren spielt im Sehprozeß eine gefärbte *Sensibilisatorsubstanz*, der *Sehpurpur*, eine Rolle, die nach Maßgabe ihrer Lichtabsorption zersetzt (ausgebleicht) wird.

Die einzelnen Sehzellen eines Tieres werden entweder alle durch dieselben Wellenlängenbereiche in gleicher Weise erregt; oder verschiedene Sehzellen eines Sehapparates sind auf verschiedene Wellenlängenbereiche abgestimmt, durch die sie allein oder vorzugsweise erregt werden; dann ist eine Unterscheidung verschiedener Wellenlängen möglich (*Farbensinn*). Der Gesamtbereich, innerhalb dessen die Lichtwellen auf Sehorgane von Tieren als Reize wirken, liegt nach unseren heutigen Kenntnissen im allgemeinen ungefähr zwischen 800 $\mu\mu$ und 300 $\mu\mu$. Das sichtbare Strahlungsgebiet liegt immer zu beiden Seiten des Intensitätsmaximums der Sonnenstrahlung auf der Erde. Die Augen sind damit für die bestmögliche Ausnützung der fast allein in Betracht kommenden natürlichen Lichtquelle eingerichtet. Im einzelnen liegen Sichtbarkeitsgrenzen und das Maximum der Wirkung für die einzelnen Tiere recht verschieden. Im allgemeinen liegt der Sichtbarkeitsbereich für die Wirbeltiere bei längeren Wellen (Mensch ungefähr 800—400 $\mu\mu$) als für die Wirbellosen (Bienen ungefähr 650 bis 300 $\mu\mu$; Daphnien von ungefähr 600—200 $\mu\mu$). Von manchen Wirbellosen kann ultraviolettes Licht noch bis zu Wellenlängen recipiert werden, die praktisch keine Bedeutung haben, da sie die Atmosphäre nicht durchdringen.

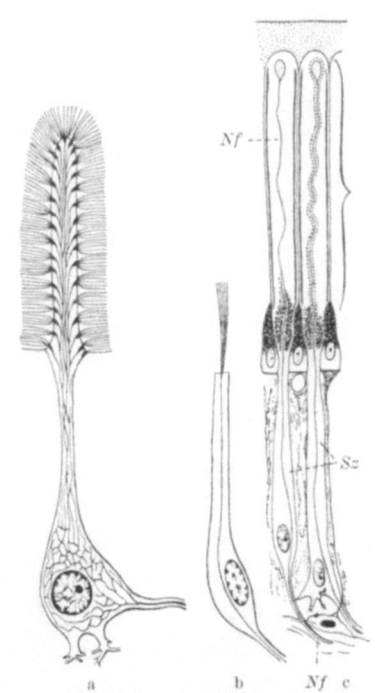

Abb. 189. Sehzellen von Mollusken. a *Limax*, mit einem Saum von Stiftchenpinseln. (Nach G. SMITH.) b *Patella*, mit einem Stiftchenpinsel. c Tintenfisch mit einer Neurofibrille (*Nf*) in dem stäbchenförmigen Fortsatz jeder Sinneszelle (*Sz*). (Nach HESSE.)

Daß das Empfindlichkeitsmaximum der Wassertiere bei verhältnismäßig kurzen Wellen liegt, mag mit der blaugrünen Farbe zusammenhängen, die das Wasser in dickeren Schichten zeigt.

Die zur Reizung von Sehorganen erforderliche Lichtmenge, die *Energieschwelle*, kann sehr niedrig sein[1]. Für den Menschen ist sie unter günstigsten Bedingungen zu ungefähr 10^{-10}—10^{-11} Erg ermittelt. Das Auge übertrifft, da es schon auf ungefähr 10—100 Lichtquanten anspricht, die empfindlichsten physikalischen (photoelektrischen) Meßapparate.

---

[1] v. KRIES, J.: Über die zur Erregung des Sehorgans erforderlichen Energiemengen. Z. Sinnesphysiol. **41** (1907). — WEISS, C. u. E. LAQUEUR: Festschrift für HERMANN. Königsberg 1908.

200   Die Organe und ihre Leistungen.

Die Verschiedenheit der Leistung der außerordentlich mannigfaltig gebauten Sehorgane beruht weniger auf der verschiedenen Leistungsfähigkeit der einzelnen Sehzellen als auf ihrer Zusammenordnung mit Hilfseinrichtungen für die *Lichtsonderung*, Pigment und lichtbrechenden Körpern. Einfache pigmentlose Sehzellen (Abb. 190) ermöglichen nur die Reception von Helligkeit, zunehmender oder abnehmender Lichtintensität (*Helligkeitssehen*).

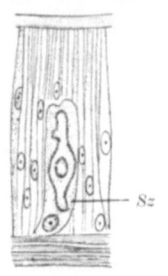

Abb. 190. Sehzelle (*Sz*) in der Epidermis von *Lumbricus rubellus*. (Nach HESSE.)

Das *Pigment* schirmt die Sehzelle teilweise ab und spezialisiert sie dadurch für bestimmte Lichtrichtungen. *Lichtbrechende* Einrichtungen sammeln Strahlen, die aus einer bestimmten Richtung kommen, verstärken und isolieren dadurch den Lichtreiz und können im günstigsten Fall Bilder der Punkte entwerfen, von denen die Lichtstrahlen ausgehen. Die physikalischen Einrichtungen, welche der Lichtsammlung und Bilderzeugung dienen, nennt man den *dioptrischen Apparat*. Eine Lichtsonderung wird in verschiedenen Graden der Vollkommenheit in fast allen Tierstämmen immer wieder mit den verschiedensten optischen Konstruktionen erreicht. Die Hauptstufen der Leistung der lichtsondernden Sehorgane sind das *Richtungssehen* und das *Bildsehen*.

Unter den *Formtypen* der Augen der Wirbellosen lassen sich nach ihrer Entwicklung zwei Hauptgruppen unterscheiden: *epidermale* und *subepidermale* Augen. Bei der ersten Gruppe bleibt das Auge dauernd ein Teil der Epidermis oder leitet sich durch Einsenkung oder Faltung eines geschlossenen Epithelteils von der Epidermis ab. Zur Bildung subepidermaler Augen wandern einzelne Zellen aus der Epidermis aus; sie können sich im Bindegewebe sekundär mit ihresgleichen und mit mesenchymalen Hilfsstrukturen, vor

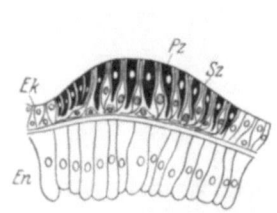 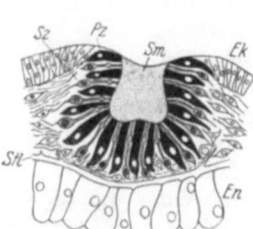 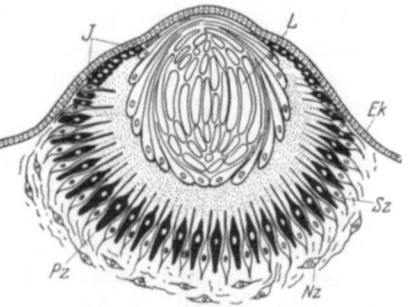

Abb. 191. Augen von Medusen. a, b Anthomedusen. a Flacher, wenig emporgewölbter Ocellus von *Catablema eurystoma*, b Pigmentbecherocellus von *Sarsia mirabilis*. (Nach LINKO.) c Linsenauge von einem Randkörper der Scyphomeduse *Charybdaea marsupialis*. (Nach SCHEWIAKOFF.)

allem Pigmentzellen, zusammenschließen. Nach der Stellung der Sehzellen unterscheidet man *everse* (oder *konverse*, zugewandte) und *inverse* (abgewandte) Augen. Bei den ersten richten die Sehzellen ihre recipierenden Enden dem Licht entgegen, bei den anderen vom Licht weg. Im letzten Falle tritt das Licht durch den Zellkörper der Sinneszellen hindurch, bevor es die reizaufnehmende Substanz erreicht. Diese allein muß durch Pigment abgeschirmt sein.

Ein einfaches *Richtungssehen* wird schon dadurch erreicht, daß in der Epidermis zwischen Sehzellen Pigmentzellen stehen, und daß das Epithel zu einem Hügel vorgewölbt (Abb. 191a) oder zu einer Grube eingewölbt (Abb. 191b) wird. Ein vollkommeneres Richtungssehen wird durch *Pigmentbecher* erzielt, die nur eine verhältnismäßig enge Öffnung haben und in ihrem Innern die recipierenden

Strukturen einschließen. Der *Funktionstypus* des Pigmentbecherocellus kann entweder epithelial oder subepithelial erzielt werden. Ein *subepithelialer Pigmentbecherocellus* kann aus einer einzigen invertierten Sehzelle und einer Pigment-

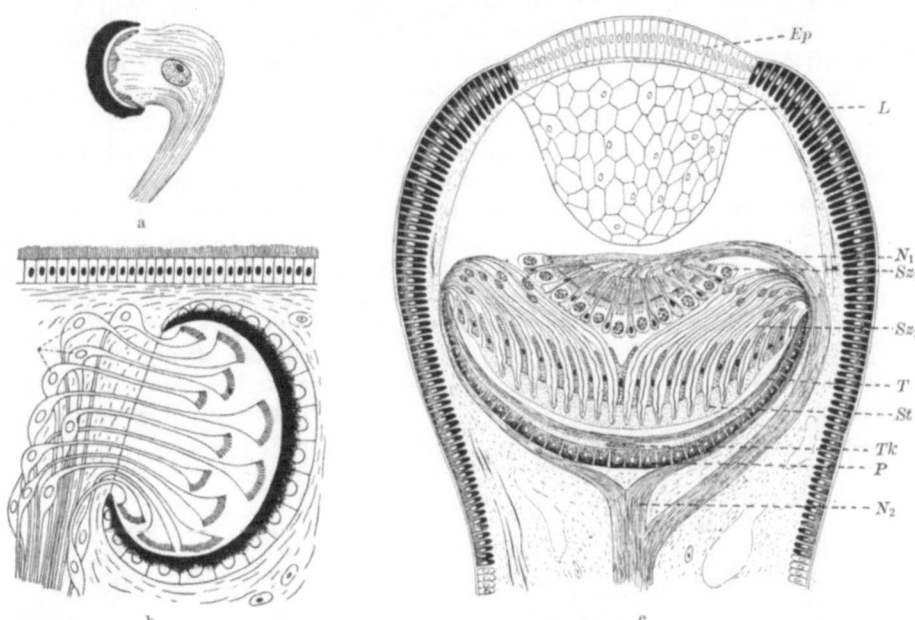

Abb. 192. Subepidermale Augen. a, b Pigmentbecherocellen von Planarien, a von *Tristomum molae*. b von *Planaria gonocephala*, Pigmentbecher aus zahlreichen Zellen, nur die recipierenden Enden der Sehzellen im Pigmentbecher geborgen (nach HESSE), c Mantelauge von *Pecten* (nach KÜPFER). *Ep* Epidermis (Cornea), *L* mesenchymale Linse, N_1, N_2 distaler und proximaler Sehnervenast, *P* Pigmentbecher, Sz_1, Sz_2 distale und proximale Sehzellenschicht, *St* Stäbchen der proximalen Sehzellenschicht, von einer Neurofibrille durchzogen, *T* Tapetum, *Tk* Kern einer Tapetumzelle.

zelle bestehen. Das ist der Fall bei manchen Planarien (Abb. 192a), ferner bei *Branchiostoma*, wo sehr viele dieser einfachsten Augen in segmentalen Gruppen im Neuralrohr liegen (Abb. 193). Meist enthält jedoch ein subepithelialer Pigmentbecher zahlreiche Sehzellen. Diese können entweder ungeordnet angehäuft sein; dann erhöht ihre größere Anzahl nur den Gesamteffekt der Reizung (Abb. 194); oder ihre reizbaren Enden liegen annähernd in einer Schicht am Bechergrunde (Abbild. 192b); dann ist schon eine Reception verschiedener Lichtrichtungen im selben Sehorgan möglich. Die höchste Stufe der Differenzierung erreichen die subepidermalen Augen in den Mantelrandaugen von Muscheln (*Cardium, Spondylus*), vor allem *Pecten*[1] (Abb. 192c).

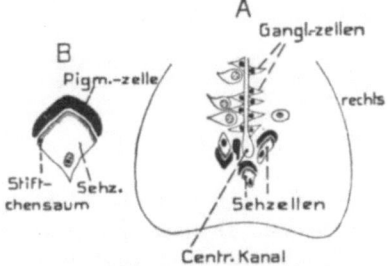

Abb. 193. Sehorgane von *Branchiostoma lanceolatum*. A Querschnitt des Neuralrohres. B Ein Pigmentbecherocellus. (Nach HESSE aus BÜTSCHLI.)

Hier wird zwischen die aus der Epidermis ausgewanderten, nach dem Pigmentbecher zugekehrten Sehzellen und die durchsichtige Epidermis eine aus Mesenchymzellen zusammengefügte

---

[1] KÜPFER, M.: Entwicklungsgeschichtliche und neuro-histologische Beiträge zur Kenntnis der Sehorgane am Mantelrande der *Pecten*-Arten. Jena 1915.

Linse gelagert. Der Pigmentbecher ist mit einer flachen Zellschicht ausgekleidet, die stark lichtreflektierende Einschlüsse enthält (*Tapetum*). Zwischen den Sehzellen liegen Zwischenzellen (wahrscheinlich mesenchymalen Ursprungs).

Die Ausbildung der meisten leistungsfähigeren Augentypen geht von den *epithelialen Grubenaugen* (*Napfaugen*, Abb. 191 b, 197 a) aus. In ihnen liegen die Sehzellen in einer Schicht nebeneinander, die als *Netzhaut* oder *Retina* bezeichnet wird. Pigment liegt in den Sehzellen selbst und schirmt die recipierenden Enden, die nach dem Grubeninnern zu gewendet sind, ab, oder in ebenfalls der Epidermis angehörenden Zwischenzellen (Pigmentzellen). Die weitere Entwicklung geht nun zwei Wege. Bei vielen Tieren werden die Lichtsonderung und die Reizintensität dadurch gesteigert, daß in die Grube auf die Retina an Stelle eines nur schützenden Secrets ein meist linsenförmiger Körper aus einem durchsichtigen, stark lichtbrechenden Stoff aufgelagert wird. Meist sondert sich der das Auge liefernde Epidermisteil solcher *Linsenocellen* in eine tiefere Sinneszellenschicht,

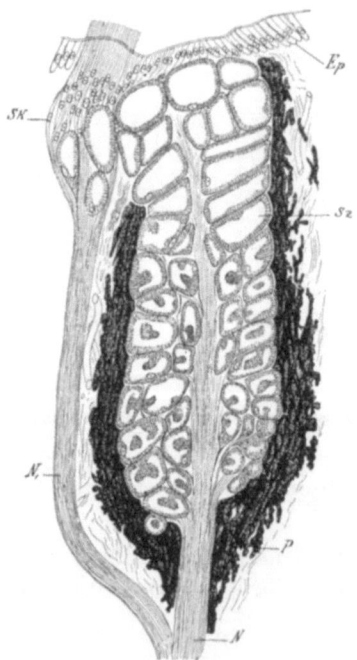

Abb. 194. Subepithelialer Pigmentbecherocellus mit zahlreichen je ein Phaosom enthaltenden Sehzellen von *Hirudo medicinalis*. (Nach HESSE.) *Ep* Epidermis, *N* Sehnerv, N_1 Nerv zu einer Sinnesknospe (*SK*), in der einige pigmentlose Sehzellen eingelagert sind, *P* Pigmentbecher, *Sz* Sehzellen.

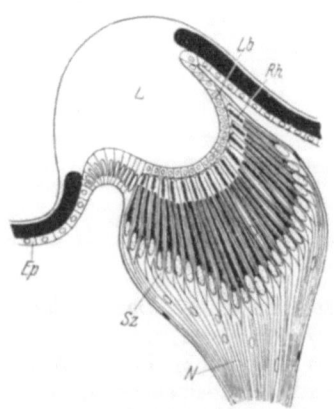

Abb. 195. Mittleres Stirnauge von *Camponotus ligniperdus* im sagittalen Längsschnitt. (Nach CAESAR.) *Ep* Epidermis, *L* Cuticularlinse, *Lb* Linsenbildungszellen, *N* Sehnerv, *Rh* Rhabdom, *Sz* Sehzellen (pigmentiert).

die Retina, und eine oberflächliche Schicht von Epithelzellen, welche die Linse ausscheiden. Diese ist eine *Cuticularbildung*. Da die äußere Begrenzung des Auges als *Cornea* (Hornhaut) bezeichnet wird, nennt man eine solche Linse auch *Cornealinse*, die sie ausscheidenden Zellen *Corneagenzellen*. Nach diesem Typus sind die *Stirnaugen* (Ocellen) der meisten *Insecten* (Abb. 195) und die Augen vieler *Arachnoiden* (Abb. 196a) gebaut. Ganz selten wird die Cornealinse durch eine linsenförmige Anhäufung von Epidermiszellen ersetzt (*Cloëon*). Bei den Insectenocellen[1] liegen die recipierenden Sinneszellenenden meist sehr nahe an der Linse, deren Brennweite gewöhnlich größer als dieser Abstand ist. Es können also keine

---

[1] HOMANN, H.: Zum Problem der Ocellenfunktion bei den Insecten. Z. vergl. Physiol. **1** (1924).

Sinnesorgane. 203

scharfen Bilder auf der Netzhaut entworfen werden. Die Corneagenzellen können jedoch auch sehr hoch werden und zwischen der Hinterfläche der Linse und der Retina eine durchsichtige Schicht von niederem Brechungsexponenten, einen *Glaskörper,* bilden, der die Retina von der Linse abrückt und die Bildentstehung in der Fläche der lichtrecipierenden Strukturen begünstigt. Solche höher entwickelten Linsenocellen mit Glaskörper von meist röhrenförmiger, teleskopartiger Gestalt kommen besonders bei *Arachnoiden,* manchmal bei Insectenlarven (Abbild.197 b), selten als Stirnaugen von Insectenimagines vor. Die Sehzellen der Ocellen der Arachnoiden, Myriopoden und Insecten tragen entweder an ihren Enden Stäbchen oder seitlich an ihren langgestreckten Enden Stiftchensäume. Vielfach verschmelzen die Stiftchensäume von Sehzellengruppen zu einer einheitlichen recipierenden Struktur, die als Sehstab oder *Rhabdom* bezeichnet wird (Abb. 195, 196a). Bei den Arachnoiden und Pantopoden sind vielfach sekundär inverse Augen entstanden, in denen die Stäbchen der Sehzellen dem Augenhintergrund zugewandt sind. Pigment liegt entweder in den Sehzellen selbst (Abb. 195)

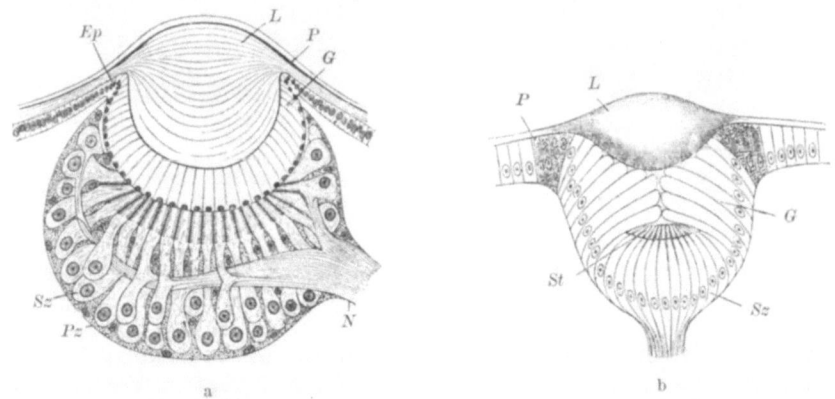

Abb. 196. Linsenocellen in Längsschnitten. a Vorderes Mittelauge von *Tegenaria domestica* (nach WIDMANN kombiniert). b Punktauge einer Käferlarve (nach GRENACHER). *Ep* Epidermis, *G* Glaskörper, *L* Cuticularlinse, *N* Sehnerv, *P* Grenze der pigmentierten Chitincuticula, *Pi* pigmentierte Zone der Epidermis am Rande der Linse (Iris), *Pz* Pigmentzellen in der Retina, *St* Stäbchen, *Sz* Sehzellen.

oder in besonderen Zellen. Diese können zwischen den Sehzellen liegen oder hinter ihnen eine postretinale Schicht bilden (Abb. 196a), wodurch das Auge dreischichtig wird. Die postretinalen Zellen können anstatt lichtabsorbierenden Pigments stark reflektierende körnige oder krystallinische Einschlüsse enthalten und so ein *Tapetum* bilden (häufig in den Augen von Spinnen und in Stirnaugen von Insecten).

Von epithelialen Grubenaugen (Abb. 191 b, 197 a) leiten sich auch die *Blasenaugen* ab, welche in den Linsencameraaugen ihre höchste Stufe erreichen. Seine Herausbildung läßt sich bei *Medusen* (Abb. 191), *Anneliden* (Abb. 198) und *Mollusken* (Abb. 197, 200) in parallelen Reihen verfolgen. Die Epitheleinsenkung vertieft sich, weitet sich am Grunde aus und schließt sich an der Oberfläche. Hierbei wird zunächst die Lichtsonderung ausgenützt, die durch eine Lochcamera zustande kommt. Der altertümliche tetrabranchiate Cephalopode *Nautilus* (Abb. 199) bedient sich nur dieser Einrichtung, welche auf der Netzhaut Bilder, wenn auch nur sehr lichtschwache und wohl auch wenig scharfe, entwerfen kann. Ferner kann eine Lichtsammlung durch die in der Augenblase vorhandene Secretmasse bewirkt werden. Meist trennt sich die eingestülpte Blase vollständig von der Epidermis ab (Abb.191c, 197 b, c). Die Epidermis ist über dem Auge pigmentfrei und durchsichtig (*Pellucida externa*). Mit ihr zusammen bildet die äußere Wand der Augenblase (*Pellucida interna*) die vordere Augenwand (*Cornea*). In

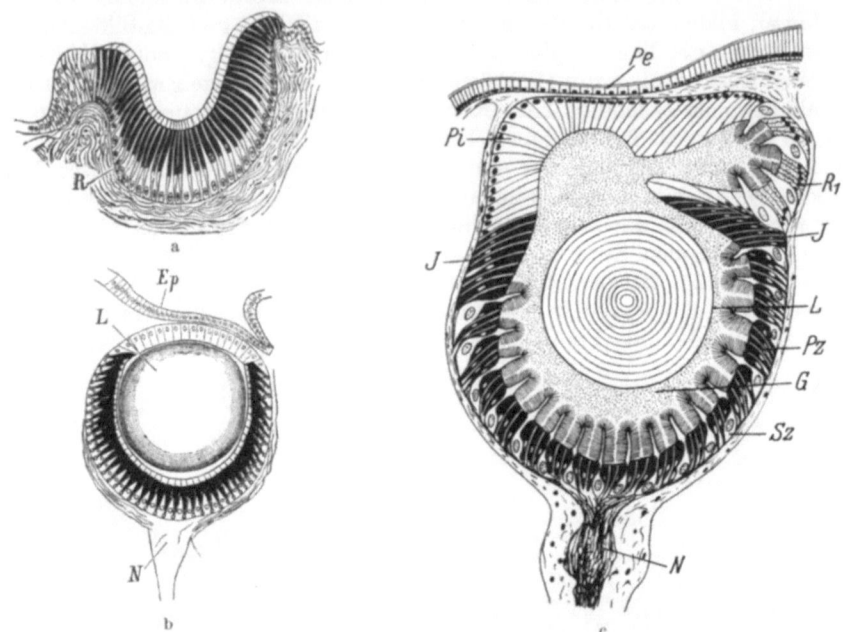

Abb. 197. Augen von Mollusken. a Pigmentbecherocellus von *Patella*. b, c Linsenaugen, b von *Helix*, c von *Limax maximus*. (a, b nach CARRIÈRE, c nach HESSE.) *Ep* Epidermis, *G* Glaskörper, *L* Linse, *N* Sehnerv, *P* Pigmentzellen, *Pe* Pellucida externa, *Pi* Pellucida interna, *R* Retina, *R₁* Nebenretina, *S* Sinneszellen.

den meisten Blasenaugen wird eine *Linse* gebildet, und so entsteht das *Linsencameraauge*. Die Linse ist in den meisten Fällen eine kugelige Verdichtung der Füllmasse (Abb. 197 b, c). Bisweilen liegt in der Augenblasenwand eine besondere Drüsenzelle, welche den lichtbrechenden Körper abscheidet (Abb. 198). Bei den *Scyphomedusen* wird eine *zellige Linse* durch Wucherung der vorderen Augenblasenwand erzeugt. Blasenaugen eines ganz ähnlichen Typus sind die unpaaren *Scheitelaugen* (*Parietalaugen*), welche bei *Sphenodon* und den meisten *Lacertiliern* als Ausstülpung des Zwischenhirns ausgebildet sind (Abb. 923, 924).

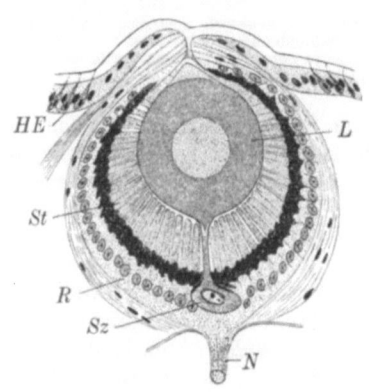

Abb. 198. Blasenauge von *Pyllodoce laminosa* im Medianschnitt. (Nach HESSE.) *HE* Hautepithel mit Cuticula, *N* Sehnerv, *R* Retina, *St* Sehstäbchen der Retina, *L* lichtbrechender Körper, *Sz* die ihn ausscheidende Secretzelle.

Meist wird die rings an die Pellucida interna (bzw. die ihre Stelle einnehmende Linse) anstoßende Zone der Blasenwand nur von Pigmentzellen gebildet, und so entsteht ein mehr oder weniger breiter Pigmentsaum, eine *Iris* (Abb. 191 c, 197 c), welche die Eintrittsöffnung der Lichtstrahlen (Sehloch, *Pupille*) begrenzt.

Am höchsten ist unter den Wirbellosen das Linsencameraauge bei den dibranchiaten *Cephalopoden* entwickelt (Abb. 200). Die Linse setzt sich hier aus zwei Teilen zusammen, die jeweils etwa in Form einer Halbkugel von der Pellucida interna und externa abgeschieden werden. Die Linsenhälften bestehen aus Cuticularfasern, die in konzentrischen Lamellen geschichtet sind. Die Augenblase wird von einer mesenchymalen Hülle umschlossen, die sich als äußerst dünne Schicht auch mitten durch die Linse (als Linsenseptum) hindurchzieht. Im Umkreis der Linse verdicken sich Pellucida externa und interna zu einem Epithelwulst, dem *Ciliarkörper*, an dem die Linse aufgehängt ist. Am Außenrand des Ciliarkörpers erhebt sich die Körperhaut zu einer pigmentierten ringförmigen Falte (Iris), welche die Pupille einschließt. Dann wird das Auge nochmals von einer ringförmigen Hautfalte überwachsen, deren vor der Pupille gelegener Abschnitt die durchsichtige Cornea bildet. Diese Falte schließt sich in vielen Fällen nicht vollständig, so daß eine ziemlich weite Öffnung nach außen übrig bleibt (bei den Oegopsidae). Bei den Myopsiden und Octopoden dagegen wird die Öffnung sehr eng oder vollkommen geschlossen. Durch diese neue Faltenbildung entsteht vor

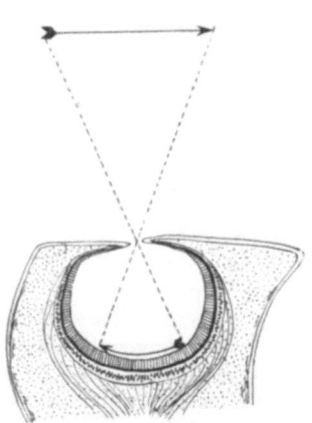

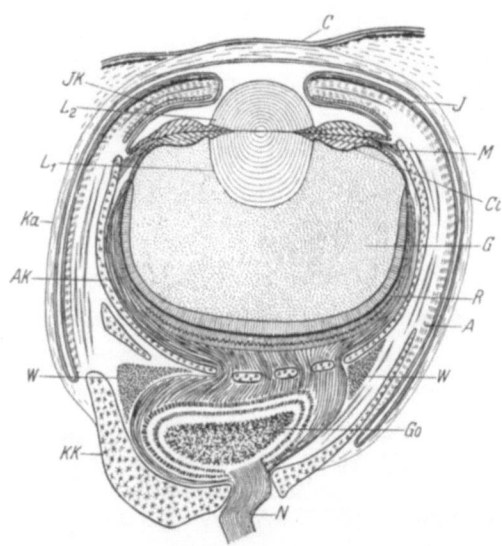

Abb. 199. Auge von *Nautilus* mit Schema des Strahlenganges. (Nach HESSE.)

Abb. 200. Schnitt durch das Auge eines Cephalopoden (*Sepia*), schematisch. (Nach HENSEN, verändert.) *A* Argentea, *Ak* Äquatorialknorpel des Auges, *C* Cornea, *G* Glaskörper, *Go* Ganglion opticum, *I* Iris, *Ik* Irisknorpel, *Ka* äußere Augenkapsel, *Kk* Kopfknorpel, L_1, L_2 innerer und äußerer Teil der Linse, *M* Muskelring, *N* Sehnerv, *R* Retina (vgl. Abb. 189c), *W* weißer Körper (Bedeutung unsicher).

der Linse ein weit um die Augenblase herumreichender Raum (*vordere Augenkammer*). Die Einfaltung der Haut zwischen Iris und Cornea stülpt sich rings um das Auge sehr tief hinein, so daß ein freier Augapfel (*Bulbus*) zustande kommt. In der bindegewebigen Hülle wird die Augenblase von einer Knorpellamelle (Äquatorialknorpel) und Muskeln umgeben. Die Iris enthält ebenfalls eine Knorpellage. Sie kann durch ringförmig verlaufende Muskelfasern (Spincter) verengert werden. Außer Pigment enthält sie eine äußere und innere Lage von Reflectorzellen (Argentea externa und interna), die sich auch an der Außenseite des Bulbus entlang ziehen. Vom äußeren Rand des Äquatorialknorpels ziehen in einem *Muskelring* (LANGERscher Muskel) radiäre Muskelfasern zum Ciliarkörper. Vor der Cornea können sich noch weitere Hautfalten zu *Augenlidern* erheben.

Die paarigen Augen der *Wirbeltiere* (Abb. 201) sind hochdifferenzierte Linsencameraaugen, die in ihrer Konstruktion sehr weitgehend mit den Augen der dibranchiaten Celaphopoden übereinstimmen. Sie nehmen aber den Augen aller Wirbellosen gegenüber eine Sonderstellung ein dadurch, daß die Augenblase entwicklungsgeschichtlich ein Teil des Gehirns ist (wie alle Sehorgane der Chordaten dem Neuralrohr angehören, S. 866, 889f.). Die erste Anlage des Auges in der Embryonalentwicklung ist eine paarige Ausstülpung des Hirnabschnitts, der später zum Zwischenhirn wird (Abb. 973). Die Ausstülpung, die *primäre Augenblase*

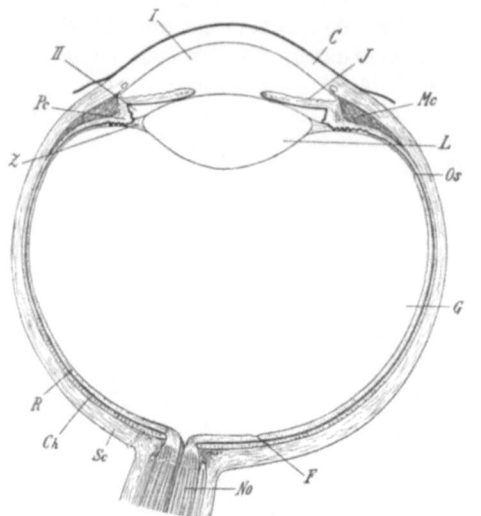

Abb. 201. Schematischer Längsschnitt durch das menschliche Auge. (Nach TOLDT.) *C* Cornea, *Ch* Chorioidea, *F* Fovea centralis, *G* Glaskörper, *L* Linse, *Mc* Ciliarmuskel, *I* Iris, *No* Sehnerv, *Os* Ora serrata, *Pc* Ciliarkörper, *R* Retina, *Sc* Sclera, *Z* Zonula ciliaris, *I* vordere, *II* hintere Augenkammer.

(Abb. 202a), wächst gegen die Epidermis vor und schnürt sich vom Gehirn so ab, daß sie nur ventral durch einen Stiel damit in Zusammenhang bleibt. Dann stülpt sich die äußere, der Epidermis anliegende Wand der primären Augenblase ein und legt sich der inneren Wand der ursprünglichen Blase dicht an. So entsteht der doppelwandige (sekundäre) *Augenbecher*, der aus einer verdickten Innenlage, der künftigen *Retina*, und einer sehr stark abgeflachten Außenlage, aus der das *Pigmentepithel* wird, besteht. Der Augenbecher ist zunächst schöpflöffelförmig und hat ventral eine Spalte, welche auf die Ventralseite des Augenstieles führt (Abb. 203). Durch diesen Spalt treten Blutgefäße in die Becherhöhle ein. Später verwachsen die Ränder der Spalte um die Blutgefäße herum miteinander und vervollständigen so die ventrale Augenbecherwand. Der Augenstiel rückt dadurch nach der Mitte des Bechers hin, und die ihn begleitenden Blutgefäße durchbrechen die Netzhaut. Die *Linse* bildet sich als Einstülpung oder Ein-

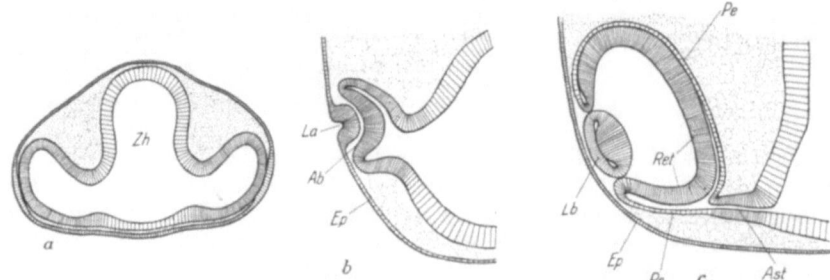

Abb. 202. Entwicklung des Auges des Hühnchens, schematisch. Querschnitte durch den Kopf des Embryos. *Ab* Augenbecher, *Ast* Augenstiel, *Ep* Epidermis, *La* Linsenanlage, *Lb* Linsenbläschen, *Pe* Pigmentepithel, *Ret* Retina, *Zh* Zwischenhirn.

wucherung der Epidermis, schnürt sich als hohles Bläschen ab und lagert sich in die Öffnung des Augenbechers. Die der Epidermis zugekehrte Wand des Linsenbläschens bleibt dünn (Linsenepithel). Die Zellen der Innenwand füllen den Hohlraum des Bläschens aus (Abb. 202c) und werden faserförmig (Linsenfasern). In dem Raum zwischen Linse und Netzhaut entwickelt sich der gallertige *Glaskörper*. Der Umschlagsrand des Augenbechers wächst von der Linse nach der Augenachse hin zu einer ringförmigen, zweischichtigen Lamelle, der *Iris*, aus. Die ectodermalen Teile des Auges werden von mesodermalen bindegewebigen Hüllen umgeben, wodurch ein abgeschlossener Bulbus gebildet wird (Abb. 201). Eine äußere Schicht der Bindegewebshülle umgibt als geschlossene Haut den ganzen Augapfel. Außen bildet sie mit der Epidermis die durchsichtige *Cornea*, im übrigen Umfang die fibrillärbindegewebige *Sclera*, in der häufig eine verstärkende Knorpelschicht oder Knochenplatten (bei Fischen, stegocephalen Amphibien, Reptilien, Vögeln) eingelagert sind. Die innere bindgewebige Hülle, die *Chorioidea* (Aderhaut), ist stets blutgefäßreich und dunkel pigmentiert; sie setzt sich auf die Iris fort. Die Chorioidea bildet mit ihrer innersten Lage bisweilen ein *Tapetum*, in dessen Zellen reflektierende Plättchen oder Kryställchen eingelagert sind. Im Umfang des Linsenäquators bilden die Schichten des Augenbechers und die Chorioidea faltenförmige, radiär gerichtete Fortsätze (Ciliarfortsätze), deren gesamte ringförmige Zone als *Ciliarkörper* bezeichnet wird. Von ihm ziehen Aufhängefasern an den Linsenäquator (*Zonula ciliaris*). Den Außenrand des Ciliarkörpers umzieht zwischen Chorioidea und Sclera ein Muskel (*Ciliarmuskel*). Zwischen Hornhaut und

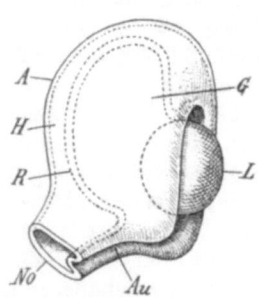

Abb. 203. Linker Augenbecher eines Wirbeltierembryos, schematisch. (Nach O. Hertwig.) *A* äußere Wand des Augenbechers (Pigmentepithel), *Au* Augenspalt, *G* Glaskörper, *H* Hohlraum der primären Augenblase, *L* Linse, *No* Augenstiel (Sehnerv), *R* innere Wand des Augenbechers (Retina).

Linsenvorderfläche befindet sich ein von einer wässerigen Flüssigkeit erfüllter Raum, der durch die Iris in die vordere und hintere Augenkammer abgeteilt ist.

Im *Aufbau der Retina* des Wirbeltierauges (Abb. 204) gibt sich ihre Natur als Gehirnteil zu erkennen. Sie enthält außer den Sinneszellen noch zwei Schichten von Ganglienzellen. Die Sinneszellen sind *invers*, nach dem Pigmentepithel zu gerichtet. Ihre recipierenden Enden sind entweder schlank und dünn oder plump und zugespitzt und werden danach als *Stäbchen* oder *Zapfen* bezeichnet. Die Nervenfortsätze der Sehzellen sind kurz; sie schließen sich an *bipolare Ganglienzellen* an. Deren effectorische Endigungen treten in ein Flechtwerk von Recipienten der 2. Ganglienzellenschicht (*Sehnervenzellen*) ein, deren Zellen als Emittenten die Fasern des Sehnerven entsenden. Die Sehnervenfasern

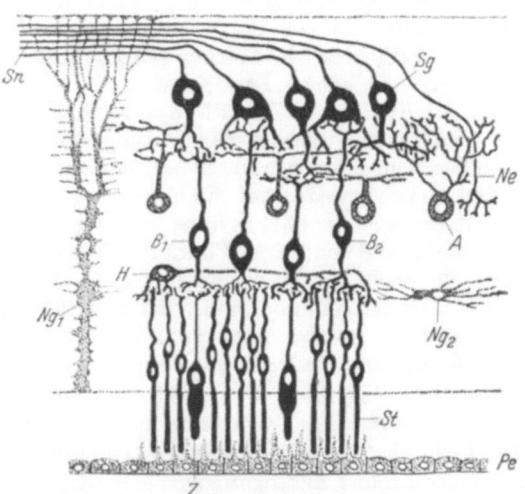

Abb. 204. Aufbau der Netzhaut der Säuger, schematisch (im Anschluß an Holmgreen). *A* Amakrine, B_1 Zapfenbipolare, B_2 Stäbchenbipolare, *H* Horizontalzellen, *Ne* centrifugale Nervenendigung in der Netzhaut, Ng_1, Ng_2: Neurogliazellen (Stützfaser und flächig ausgebreitete Stützzelle), *Sg* Sehnervenzelle, *Sn* Sehnervenfasern, *St* Stäbchen, *Z* Zapfen.

laufen an der Innenfläche der Retina von allen Seiten zu der Ansatzstelle des Augenstiels, durch den sie ins Gehirn gelangen (Abb. 201). Der Austritt des Sehnerven durchbricht die äußeren Schichten der Retina; und dadurch entsteht eine Lücke in der Sinnesfläche (blinder Fleck). Diese dreigliedrigen Neuronenbahnen leiten als *Projektionsbahnen* die Erregungen zum Gehirn. Dabei nimmt im allgemeinen die Anzahl der Zellen von Schicht zu Schicht ab, so daß jede Bipolare die Erregung aus mehreren Sinneszellen und jede Sehnervenganglienzelle die Erregung aus mehreren Bipolaren bezieht. Außer diesen Zellen breiten sich auch Ganglienzellen horizontal (*Horizontalzellen* in dem Neuropil zwischen den Sehzellen und Bipolaren, *Amacrinen* im Neuropil zwischen Bipolaren und Sehnervenzellen) aus und verbinden Zellen derselben Schicht. Diese Netzhautstruktur hört in einiger Entfernung vom Ciliarkörper auf. Von dieser Stelle (Ora serrata, Abb. 201) an ist die Innenwand des Augenbechers wie das Pigmentepithel ausgebildet. Etwa in der Retinamitte sind meist in einem kleinen runden oder streifenförmigen Feld die Sehzellen besonders dicht gestellt (*Area centralis*); sie bilden hier eine Stelle des deutlichsten Sehens. Bei den Primaten ist sie durch eine Grube (*Fovea centralis*) gekennzeichnet, in der die Sehnervenfasern und Sehnervenzellen zur Seite verlagert sind. Bei manchen Vögeln und Säugern sind zwei solche Stellen (für das Sehen mit einem und mit beiden Augen) vorhanden. Die Zellen des *Pigmentepithels* besitzen Fortsätze, welche sich mehr oder weniger weit zwischen die Stäbchen und Zapfen einschieben können. Der *dioptrische Apparat* des Wirbeltierauges setzt sich aus Cornea, Flüssigkeit der vorderen Augenkammer, Linse und Glaskörper zusammen. Der Weg der Lichtstrahlen wird durch die Krümmungsradien der brechenden Flächen (Hornhautvorderfläche, Linsenflächen), die Brechungsindices der Medien und die Lage der brechenden Medien zueinander bestimmt. Bei den Landwirbeltieren kommt der Vorderfläche der Hornhaut bei weitem die größte Bedeutung zu. Durch sie wird mehr als $2/3$ der gesamten Brechkraft des Auges ausgeübt. Bei Wassertieren tritt ihre Bedeutung zurück, da die Brechungsindices von Wasser und Hornhaut wenig verschieden sind. Daher ist bei Wassertieren die Hornhaut vielfach flach, die Linse, die hier die Hauptrolle als brechendes System spielt, aber viel stärker gewölbt und mit einem viel höheren Brechungsindex versehen, als bei Landtieren.

In den Augen der Wirbeltiere und in hoch leistungsfähigen Linsencameraaugen von Wirbellosen bestehen Einrichtungen zur *Accommodation* oder Anpassung an das Sehen verschieden weit entfernter Gegenstände. In der Accommodationsruhe ist das Auge entweder auf die Ferne (emmetrope Augen) oder auf die Nähe eingestellt (myope Augen), d. h. es vereinigt entweder parallel einfallende Strahlen oder solche, die von einem Punkt in endlicher Entfernung kommen, auf der Netzhaut. Je nach der Ruheeinstellung ist die aktive Accommodation eine Nah- oder ein Fernaccommodation. Bei den *Wirbeltieren* kommen vier verschiedene *Accommodationsmechanismen* vor. Die Augen der Fische sind in Ruhe auf die Nähe eingestellt; die Ferneinstellung erfolgt durch Heranziehen der Linse an die Netzhaut (S. 915, Abb. 1004). Bei den Amphibien, deren Augen in Ruhe auf die Ferne eingestellt sind, wird eine aktive Naheinstellung durch Vergrößerung des Linsen-Netzhautabstandes erreicht. Die Linse wird durch einen oder zwei Muskeln an die Hornhaut herangezogen. Bei den Sauropsiden und Säugern wird eine Nahaccommodation durch Gestaltveränderung der Linse vollzogen, die wesentlich weicher ist als die der Fische und Amphibien. Bei den Reptilien und Vögeln wird die Linsenvorderfläche stärker gewölbt durch Druck, den die Ciliar- und Irismuskeln auf die Linse ausüben. Bei den Säugern bewirkt die Contraction des Ciliarmuskels eine Entspannung der Aufhängefasern der Linse, und diese geht in ihre elastische Ruhelage mit größerer Wölbung über. Unter den Wirbellosen vollziehen die *Cephalopoden* eine aktive Naheinstellung durch Contraction des Muskelringes am Grunde des Ciliarkörpers. Hierdurch wird der Druck im Glaskörper gesteigert und die Linse nach vorn gedrängt, also der Linsen-Netzhautabstand vergrößert. Bei *kleinen Linsenaugen* (Linsenocellen und Linsencameraaugen) wirbelloser Tiere fehlen Accommodationseinrichtungen; sie sind auch gar nicht zu erwarten. Bei der geringen Brennweite ihrer dioptrischen Apparate (ungefähr 0,1—0,5 mm) beginnt „unendlich" schon wenige Millimeter bis 1 cm vor dem Auge, d. h. alle Gegenstände, die sich weiter entfernt befinden, werden gleich scharf abgebildet. In geringeren Gegenstandsweiten spielt der Wechsel der Bildweiten um 0,001—0,01 mm bei der gewöhnlichen Tiefe der Sehstäbe (von einigen Hundertstelmillimetern) keine wesentliche Rolle. Bei der *Lochcamera* ist die Schärfe des Bildes vom Abstand des Gegenstandes unabhängig.

Von einfachen Richtungsaugen führt noch ein ganz anderer Weg zur Ausbildung bilderzeugender Augen: Durch die Zusammenordnung zahlreicher für eine Richtung spezialisierter Einzelaugen werden zusammengesetzte Augen oder *Komplexaugen* (Facettenaugen) erzeugt[1]. Diese sind in der Tierreihe wiederholt aus verschiedenen Einzelelementen (*Ommen*) aufgebaut worden (bei sedentären Anneliden, einzelnen Muscheln, Crustaceen, *Limulus*, Myriapoden und Insecten). Wenn die Lichtsonderung jedes Teilauges so streng ist, daß zu den recipierenden Enden seiner Sehzellen nur die ganz oder nahezu parallel der Achse des Einzelauges einfallenden Strahlen gelangen, und die Sehfelder der Einzelaugen sich dicht zusammenschließen, so wird das Gesamtsehfeld des Auges in Einzelfelder zerlegt, von denen jedes einem Einzelauge zugeordnet ist. Dadurch kommt ein Mosaik von Einzelerregungen zustande, deren jede in einem besonderen Sehorgan entsteht (*musivisches Sehen*, JOH. MÜLLER). Die höchste Entwicklung erfahren die Komplexaugen bei den *Krebsen* (Abb. 205,

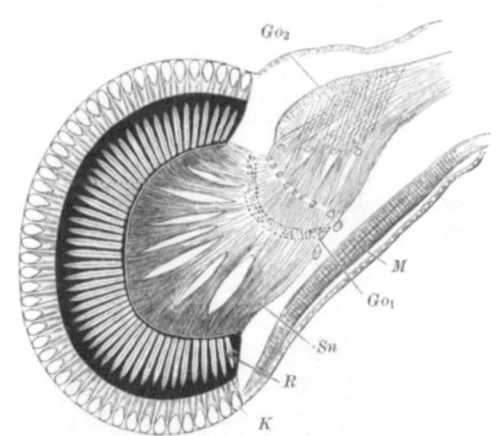

Abb. 205. Komplexauge von *Branchipus* im Längsschnitt (Nach CLAUS.) Go_1, Go_2 Teile des Ganglion opticum, K Krystallkegel, M Muskel des Augenstiels, R Retinulae, Sn Sehnerv.

207) und *Insecten* (Abb. 206), wo ihre zahlreichen, nach außen divergierenden Ommen aus analogen Stücken zusammengesetzt sind. Das einzelne Omma ist schlank kegel- oder pyramidenförmig (Abb. 206, 207); sein äußerer Abschluß wird von einer cuticularen *Cornealinse* gebildet; an ihrer Ausscheidung beteiligen sich meist zwei Corneagenzellen. Hierauf folgen fast immer vier *Krystallzellen* (*Kegelzellen*) und dann meist acht *Sehzellen* (nicht selten sind eine oder zwei reduziert, sehr selten ist die Zahl auf zehn erhöht). Die Sehzellen oder *Retinulazellen* bilden zusammen die *Retinula*. Sie stehen im Kreis um die Achse angeordnet und tragen an ihrer axialen Kante je einen durch Verschmelzung der Stiftchen und Cuticularisierung mehr oder weniger umgewandelten Stiftchensaum, das *Rhabdomer*. Die Rhabdomere können voneinander getrennt sein. Der Hohlraum zwischen ihnen kann dadurch ausgefüllt werden, daß eine oder mehrere Retinulazellen in den Kreis der übrigen hereinrücken (Abb. 206b). Vielfach verschmelzen die Rhabdomeren ganz oder teilweise miteinander zu einem einheitlichen röhren- oder stäbchenförmigen *Rhabdom*. Der

---

[1] EXNER, S.: Die Physiologie der facettierten Augen von Krebsen und Insecten. Leipzig und Wien 1891. — DEMOLL, R.: Die Physiologie des Facettenauges. Erg. Zool. **2** (1910).

210　Die Organe und ihre Leistungen.

dioptrische Apparat besteht aus der Cornea und meist einem dahinter von den Krystallzellen gebildeten *Krystallkegel*. Die optische Isolierung der Ommen geschieht in der Höhe des dioptrischen Apparats durch Pigmentzellen. Bei den Insecten unterscheidet man zwei Hauptpigmentzellen, die durch Herabwachsen der Corneagenzellen an den Krystallzellen entstehen, und Nebenpigmentzellen, die sich in wechselnder Anzahl zwischen die Ommen einschieben (Abb. 206). Das Rhabdom wird durch Pigment eingehüllt, das in den Sehzellen selbst liegt. Die größte Mannigfaltigkeit zeigt der *dioptrische Apparat*. Die Außenfläche der Cornealinse kann flach oder sehr stark gewölbt sein und dann bei Lufttieren eine erhebliche brechende Wirkung ausüben. Ihre Innenfläche kann konkav, flach, konvex oder sogar kegelförmig ausgezogen sein. Die vier

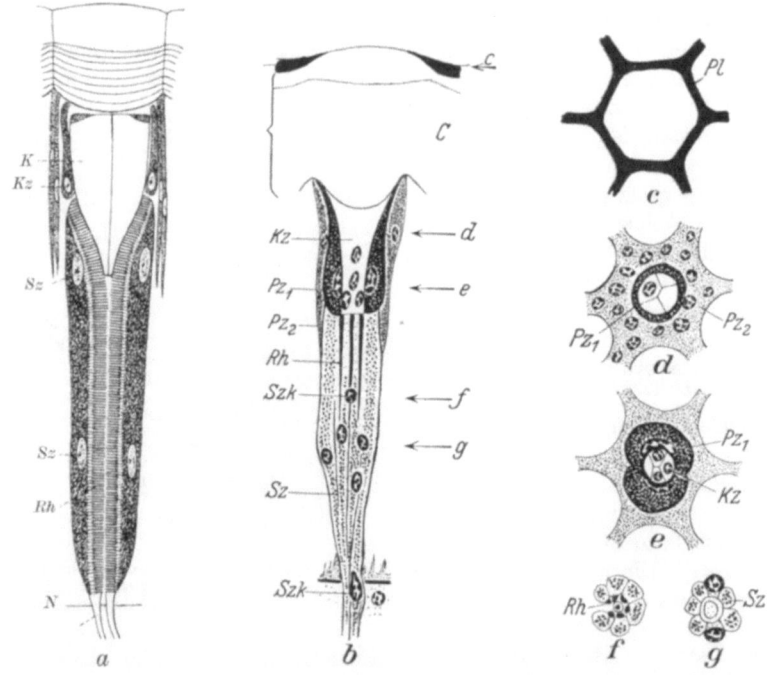

Abb. 206. Ommen von Komplexaugen (Appositionsaugen) von Insecten. a Eucones Auge von *Periplaneta* (nach HESSE). b—g Acones Auge von *Calocoris sexguttatus* (nach KUHN). a Längsschnitt; die Pfeile in b geben die Richtung der Querschnitte c—g an. *C* Cornealinse, *K* Krystallkegel, *Kz* Krystallzellen, *N* Nervenfaser, *Pl* Pigmentleisten, *Pz₁* Hauptpigmentzellen, *Pz₂* Nebenpigmentzellen, *Rh* Rhabdomer, *Sz* Sehzellen, *Szk* Sehzellenkerne.

Krystallzellen bilden in den *euconen* Augen einen steifen, stark lichtbrechenden *Krystallkegel* aus (Abb. 206a). Dieser setzt sich aus vier gleichen Teilen zusammen, die um die Achse des Ommas liegen. Jeder dieser Teile wird im Innern einer Krystallzelle ausgeschieden, dann wird das Cytoplasma dieser Zellen stark zurückgebildet und die Kerne werden sehr flach. Bei den *aconen* Augen bleiben die Krystallzellen als kegel- oder flaschenförmige Zellgruppe mit weichem, durchsichtigem Cytoplasma erhalten (Abb. 206b). In den *pseudoconen* Augen scheiden die vier Krystallzellen eine gallertige oder flüssige Masse nach der Cornealinse zu aus.

Bei dem Cuticularkegel und den Krystallkegeln der euconen Augen nimmt der Brechungsindex ihrer Substanz von der Achse nach außen zu fortschreitend ab. Infolgedessen wirken sie dioptrisch als *Linsencylinder* (S. EXNER). Da das Licht in dem stärker brechenden Medium der Achse sich langsamer fortpflanzt als in den schwächer brechenden der äußeren Cylinderschichten, werden auf einen Querschnitt des Cylinders auftreffende Lichtwellen im Linsencylinder deformiert. Treffen parallele Strahlen in der Richtung der Cylinderachse auf (Abb. 208, R_1, R_2), so geht der ebene Wellenzug in eine konkave Form über und zieht sich auf einen *Brennpunkt* zusammen, dann wechselt die Krümmung ihr Vorzeichen, und je nach der Länge des Linsencylinders treten die Strahlen divergierend, parallel oder konvergierend aus. Parallele Strahlenbündel, die unter einem kleinen Winkel mit der Achse des Cylinders eintreten (Abb. 208, S_1, S_2), werden in der

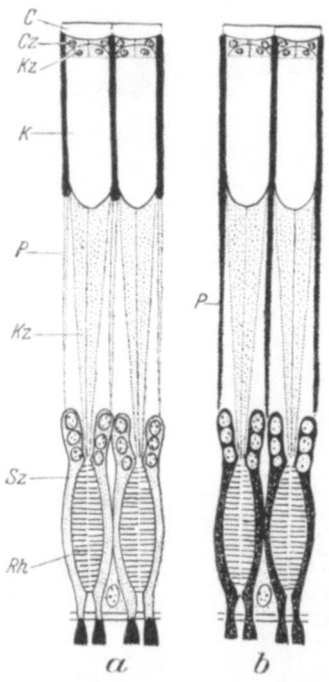

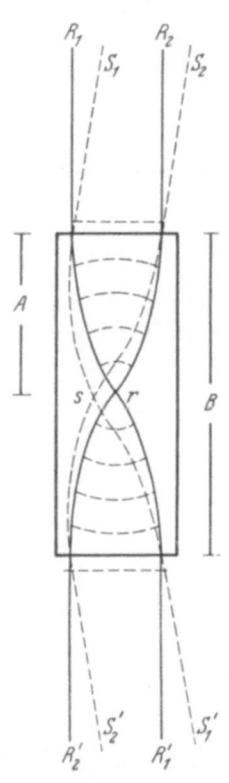

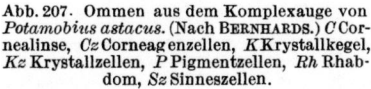

Abb. 207. Ommen aus dem Komplexauge von *Potamobius astacus*. (Nach BERNHARDS.) *C* Cornealinse, *Cz* Corneagenzellen, *K* Krystallkegel, *Kz* Krystallzellen, *P* Pigmentzellen, *Rh* Rhabdom, *Sz* Sinneszellen.

Abb. 208. Schema des Strahlenganges in einem Linsencylinder. (Nach S. EXNER.) *A* einfache Brennweite (Länge des Linsencylinders im Appositionsauge), *B* doppelte Brennweite (Länge des Linsencylinders im Superpositionsauge), R_1, R_2 parallele Strahlen, die in der Richtung der Achse des Linsencylinders einfallen, R_1', R_2' dieselben Strahlen nach Austritt aus dem Linsencylinder von der Länge *B*, *r* Brennpunkt (= Bildpunkt des unendlich fernen Punktes, von dem R_1 und R_2 kommen), S_1, S_2 parallele Strahlen, die unter einem kleinen Winkel zur Cylinderachse einfallen, in *s* vereinigt werden und unter demselben Winkel auf derselben Seite als S_1' und S_2' austreten. Im Cylinder ist die Deformation der Kugelwelle angegeben, deren Front durch R_1 und R_2 begrenzt wird.

Brennebene ebenfalls in Punkten vereinigt, und so können umgekehrte *Bilder* von fernen Gegenständen in der Brennebene entworfen werden (*rs*).

Nach der Wirkung des dioptrischen Apparats lassen sich *zwei Typen* von Facettenaugen unterscheiden: Bei den *Appositionsaugen* (Abb. 206, 209) sind die einzelnen Ommen voneinander vollständig optisch isoliert. Strahlen, die aus einem Nachbarsehfeld kommen, gelangen nicht bis zum Rhabdom, sondern werden seitab ins Pigment gebrochen oder wieder herausreflektiert von Hauptpigmentzellen, die reflektierende Einschlüsse besitzen. In eucones Augen können die Krystallkegel kleine umgekehrte Bildchen der Teilgesichtsfelder entwerfen, da sie vielfach Linsencylinder mit einer Länge von der einfachen Brennweite dar-

212 Die Organe und ihre Leistungen.

stellen (Abb. 208A, 209). In der Tat kann man solche Bildchen an abgekappten Vorderabschnitten von Appositionsaugen unter dem Mikroskop feststellen. Diese Bildchen werden aber nicht als solche ausgenützt; jedes fällt auf ein Rhabdom und wirkt in der Retinula als ein einziger Reiz auf sämtliche Rhabdomeren. Jedem *Einzelsehfeld* entspricht also in dem Erregungsbild nur ein *Bildpunkt*. Die Erregungsintensität entspricht der mittleren Helligkeit des Einzelsehfeldes. Einzelheiten der Feldzeichnung gehen verloren. Ausgenützt wird nur die Strahlensammlung. In den stets euconen *Superpositionsaugen* (Abb. 207, 210) hat der Krystallkegel etwa die Wirkung eines Linsencylinders mit doppelter Brennweite (Abb. 208 B; hierzu tragen allerdings auch die Cornealinse und die Ausgestaltung

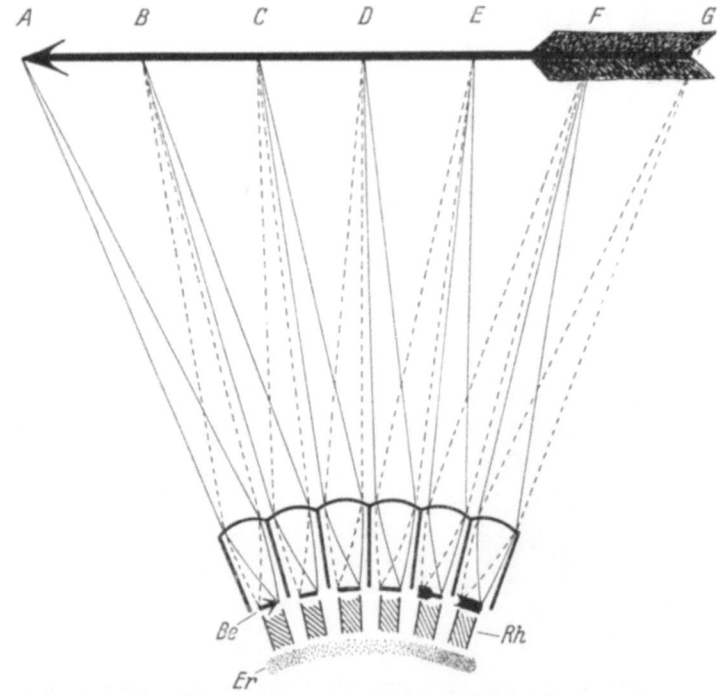

Abb. 209. Schema des Strahlenganges im Appositionsauge. (Nach HOMANN.) *A* bis *G* Objektpunkte. Die Objektabschnitte *AB*, *BC* usw. werden als Bildchen in der Bildebene (*Be*) hinter den diesen Gesichtsfeldern zugeordneten Krystallkegeln abgebildet. Jedes Bildchen wirkt auf das Rhabdom, auf das es fällt, nur mit seiner Gesamthelligkeit. Unter dem Rhabdomen (*Rh*) ist schematisch die Verteilung der Erregungsintensitäten in einem Erregungsmosaik (*Er*) durch verschieden dichte Punktierung angedeutet.

der hinteren Begrenzungsfläche des Krystallkegels bei). Ein von einem Bildpunkt kommendes Strahlenbündel tritt auf derselben Seite von der Achse aus, auf der es eingetreten ist, und der Austrittswinkel ist dem Eintrittswinkel proportional (Abb. 208 B, 210). Die Rhabdome stehen in den Superpositionsaugen weit von den Krystallkegeln ab. Der Zwischenraum ist von einer durchsichtigen Masse ausgefüllt (Abb. 207), die entweder von den Krystallzellen oder von den vorderen rhabdomenfreien Teilen der Retinulazellen geliefert wird. Auf der Schicht der Rhabdome entsteht durch die aus den Krystallkegeln austretenden Strahlenbündel ein Bild, dessen Bildpunkte jeweils durch die Querschnitte der Strahlenbündel gegeben sind (strenge Bild*punkte* entstehen natürlich nur in der Brennebene innerhalb der Krystallkegel). Da die Strahlenbündel sehr dünn sind, ist das Bild, das im gekappten Auge microskopisch beobachtet und photographiert werden kann, recht scharf. Die von den benachbarten dioptrischen Apparaten entworfenen Bildchen lagern sich aufeinander und fügen sich zusammen (Abb. 210), so daß ein aufrechtes Gesamtbild auf der Rhabdomenschicht zustande kommt. Da zahlreiche von verschiedenen Krystallkegeln entworfene Bilder eines Objektpunktes aufeinander fallen, wird die Lichtstärke solcher Superpositionsbilder auf ein Vielfaches derjenigen der Appositionsbilder erhöht. Superpositionsaugen kommen bei höheren Krebsen und vielen in der Dämmerung fliegenden Insecten vor. Bei starker Belichtung wird das Superpositionsauge in ein Appositionsauge umgewandelt: durch Pigmentverschiebung nach hinten in den Pigmentzellen,

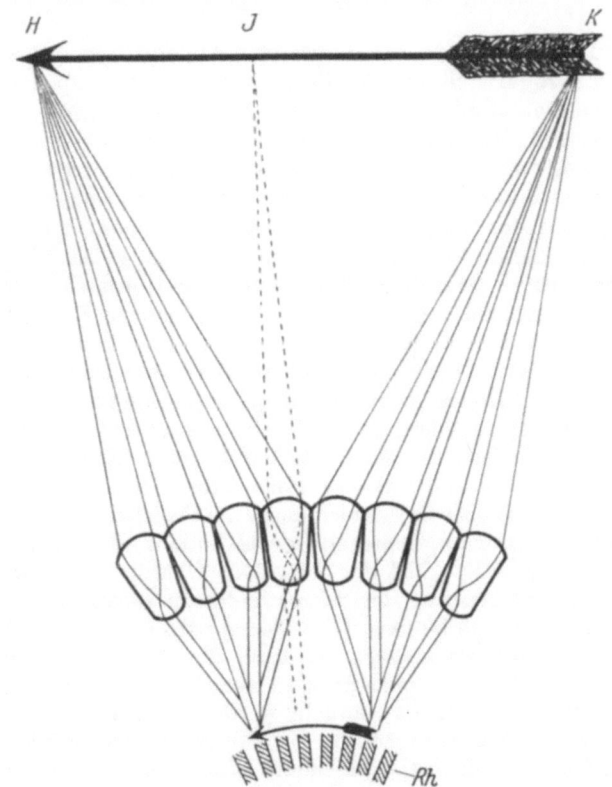

Abb. 210. Schema des Strahlenganges im Superpositionsauge. (Nach HOMANN.) H, J, K Objektpunkte, welche durch Sammlung der von ihnen ausgehenden Strahlenbündel auf dem Mosaik der Rhabdoma (Rh) abgebildet werden.

welche die Krystallkegel umhüllen, und Pigmentverschiebung nach vorn in den Retinulazellen werden die einzelnen Ommen optisch isoliert (Abb. 207 B).

Das *Auflösungsvermögen* eines Auges, d. h. der Grad bis zu dem Punkte oder Linien unterschieden werden können, hängt nicht nur von der Leistung des dioptrischen Apparates ab, sondern auch von dem *Mosaik der Receptionselemente*. In einem *Linsenauge* können höchstens Punkte getrennt zur Reception kommen, die auf der Netzhaut auf zwei verschiedenen Sinneszellen abgebildet werden. Über die Sehschärfe entscheidet also in zweiter Linie das Netzhautmosaik. Beim Menschen ist in der Mitte der Fovea ein Bezirk von 150—200 μ Durchmesser durch besonders lange und dichtstehende Zapfen ausgezeichnet; die zentralsten haben an der Basis eine Dicke von 2 μ, die allmählich nach dem Rand der Fovea bis zu 5—6 μ anwächst, welche Größe auch in der übrigen Netzhaut erhalten bleibt. Damit Lichtreize weiterhin getrennt wirken, müssen die Erregungen auch durch getrennte Bahnen dem Nervensystem zugeleitet werden. Das ist für die Erregungen der Zapfen in der Netzhautmitte im allgemeinen der Fall (Abb. 204). Bei den *Komplexaugen* hängt die Sehschärfe von der Anzahl der Ommen ab, über deren Sehfeldern sich ein Objekt erstreckt. So entspricht im allgemeinen die Anzahl der Ommen, die auf einen bestimmten Sehwinkel des Gesamtauges entfällt, der Beanspruchung der Augen in der Lebensführung der Arten. Bei vielen Insecten wird innerhalb des Facettenauges eine Stelle deutlichsten Sehens ausgebildet, in der die Ommen viel weniger divergieren als in den übrigen Bereichen des Auges.

Für viele Tiere, bei denen der dioptrische Apparat und das Sehzellenmosaik eine mehr oder weniger vollkommene Bildreception erlaubt, spielen gleichwohl die Formen der Gegenstände keine wesentliche Rolle. Ihre Augen ermöglichen aber ein für sie wichtiges *Bewegungssehen*. Das Wandern der Bilder über die Netzhaut zeigt die Richtung an, in der sich ein Gegenstand vorbeibewegt. Die zunehmende Ausbreitung eines Bildes kündigt das Herannahen eines Gegenstandes an.

Eine Steigerung des Richtungssehens, des Bewegungssehens und des Formensehens wird durch die Zusammenordnung mehrerer Augen im *Sehapparat* erreicht. Primitive pigmentlose Sehzellen (Regenwurm) und primitive Richtungsaugen sind oft in großer Anzahl vorhanden (Planarien, manche Polychäten und Hirudineen, *Branchiostoma*, Abb. 93). Die Sehorgane der Medusen stehen ringsum am Schirmrand, meist in bestimmten Radien. Bei den meisten höher entwickelten Bilateralien sind die *Augen paarig* am Kopf angeordnet, entweder als Ocellengruppen (manche Myriopoden) oder als ein rechtes und linkes Auge. Hinzu können noch unpaare Augen, meist am Scheitel, treten (Krebse, Insecten, niedere Wirbeltiere). Bei hochdifferenzierten bildentwerfenden Augen (Linsencameraaugen, Komplexaugen) überdecken sich meist die Gesichtsfelder der beiden Augen zum Teil, und die *binocular* gesehenen Gegenstände werden an einer Stelle deutlichsten Sehens abgebildet. Mit der teilweisen Überdeckung der Gesichtsfelder hängt eine partielle Kreuzung der Sehnervenfasern zusammen. Bei Tieren mit beweglichen Augen (einige Krebse, Wirbeltiere) wird das Gesichtsfeld zum Blickfeld erweitert; durch *Augenbewegungen* kann die Convergenz der Augenachsen verändert, und es können Gegenstände in verschiedenen Entfernungen auf die Stellen des deutlichsten Sehens gebracht werden. Das binoculare Sehen ist bei Cameraaugen und Facettenaugen für die *Tiefenlokalisation* (räumliches Sehen) von großer Bedeutung. Einseitig geblendete Libellenlarven z. B. schleudern ihren Fangapparat aus, wenn die gesehenen Tiere noch außer Reichweite sind und werden durch die scheinbare Größe verschieden weit entfernter Objekte getäuscht, während normale Tiere nur nach kleinen Gegenständen in geeigneter Entfernung (etwa 1 cm) schnappen[1].

Bei *Wassertieren* und *Dämmerungstieren* unter den Landtieren sind häufig Einrichtungen vorhanden, die das Auge für *niedere Lichtintensitäten* geeignet machen. Vielfach finden sich Vergrößerung des Auges und Steigerung der Corneaund Linsenkrümmung. Bei Cephalopoden kann das Gewicht der beiden Augen bis zu $1/4$ des Körpergewichts betragen; die Augen riesiger Tiefseecephalopoden können 40 cm Durchmesser erreichen. Bei den Eulen sind die Augen gegenüber den anderen Vögeln außerordentlich vergrößert (beim Waldkauz ist das Augengewicht $1/32$ des Körpergewichts bei gleichgroßen Tagvögeln etwa $1/90$). Der Erhöhung der Reizung der Sehzellen dient das *Tapetum*, das unter den Arthro-

---

[1] BALDUS, K.: Experimentelle Untersuchungen über die Entfernungslokalisation der Libellen. Z. vergl. Physiol. **3** (1926).

poden und Wirbeltieren vor allem bei Dämmerungstieren vorkommt. Es reflektiert das Licht nach Durchgang durch die recipierenden Elemente und führt es ihnen dadurch nochmals zu. Ferner ist bei Dämmerungstieren die Empfindlichkeit der recipierenden Elemente gegenüber den Helltieren gesteigert. Hiermit sind Einrichtungen zum Schutz gegen Überreizung verbunden, vor allem Abblendvorrichtungen, wie Pigmentwanderung in Sehzellen oder Pigmentzellen (Abb. 207, 211), außerordentliche Beweglichkeit der Iris, welche die Pupille bei Dämmerungssäugern auf einen ganz engen Schlitz oder eine punktförmige Öffnung zusammenziehen kann.

Zahlreiche Tiere aus verschiedenen Tierstämmen (Wirbeltieren, Arthropoden, Mollusken) besitzen einen *Farbensinn*, d. h. sie vermögen Wellenlängen qualitativ, nicht nur nach ihrer Helligkeitswirkung, zu unterscheiden. Dies wird dadurch bewiesen, daß bestimmte Reaktionen (rein reflectorische oder erlernte) an bestimmte Wellenlängen geknüpft sind, und durch keine Intensität des unzerlegten weißen Lichts oder beliebiger anderer Wellenlängen ausgelöst werden können. Manche Tiere (Krebse, Cephalopoden, Fische) passen sich an die Färbung ihrer Umgebung an (S. 124). Viele Tiere lassen sich auf bestimmte Farben dressieren (Schreckdressuren oder Futterdressuren). Die *Bienen* z. B. unterscheiden innerhalb des Bereichs von ungefähr 650—300 $\mu\mu$ vier Hauptreizqualitäten (I 650—500, II 500—480, III 480—400, IV 400—300 $\mu\mu$), und innerhalb dieser noch eine Reihe von feineren Abstufungen[1]. *Fische* sind auf 20 Abstufungen zwischen ungefähr 700 und 370 $\mu\mu$ dressierbar[2]. Wie für den Menschen besteht für die Fische ein geschlossener Farbenkreis, d. h. die kürzesten gesehenen Wellen (violett—ultraviolett) ähneln den längsten gesehenen Wellen (rot). Gewisse Farbenpaare (Komplementärfarben) ergänzen sich zu einem Mischeindruck, der von Fischen angenommen wird, die auf Weiß dressiert sind.

Bei den Wirbeltieren ist der Farbensinn an die *Zapfen* der Netzhaut gebunden; diese vermitteln ein farbentüchtiges Sehen bei hoher Lichtintensität (*Tagessehen*). Die *Stäbchen* tragenden Sinneszellen sind total *farbenblind*; sie vermögen sich aber niederen Lichtintensitäten anzupassen (*Dunkeladaptation im Dämmerungssehen*).

Diese Theorie eines *Doppelapparates in der Wirbeltiernetzhaut* (*Duplizitätstheorie*, M. SCHULZE 1866, PARINAUD 1888, VON KRIES 1894) beruht auf einer Reihe verschiedenartiger Tatsachen: In der Area centralis stehen bei Tagestieren nur oder fast nur Zapfen; und die Fovea des Menschen ist nicht adaptationsfähig. Nach dem Netzhautrande zu nehmen die Zapfen gegenüber den Stäbchen an Zahl ab; und das Farbenunterscheidungsvermögen sinkt bis zu totaler Farbenblindheit in der Netzhautperipherie. Dämmerungstiere (Fledermäuse, Igel, Maulwurf, Maus, Lemuren, Dämmerungsvögel, Gecko, Tiefenfische) besitzen in der Netzhaut ganz überwiegend oder ausschließlich Stäbchen; bei Tagestieren sind Zapfen stets reichlich vorhanden; sie können die Stäbchen an Zahl übertreffen, ja bei manchen Tieren, deren Sehen auf helles Tageslicht beschränkt ist, können ausschließlich Zapfen vorhanden sein (manche Eidechsen). Dressurversuche mit Mäusen und Lemuren zeigten, daß diese Dämmerungstiere sehr farbenschwach oder total farbenblind sind[3]. Beim Dämmerungssehen geht beim Menschen und ebenso bei Fischen das Farbenunterscheidungsvermögen verloren: Auf farbige Futternäpfchen dressierte Fische, die ihre Dressurfarbe in hellem Licht sicher aus Graustufen herausfinden, verwechseln jene bei einem bestimmten Dämmerungsgrad mit grau. Bei den Fischen geht gleichzeitig mit dem Übergang vom farbentüchtigen Tagessehen zum farbenblinden Dämmerungssehen in der Netzhaut ein Platzwechsel der Zapfen und Stäbchen einher[4] (Abb. 211): Im Hellauge sitzen die Zapfen in der Bildebene, die Stäbchen aber sind tief zwischen den Fortsätzen des Pigmentepithels

---

[1] KÜHN, A.: Über den Farbensinn der Bienen. Z. vergl. Physiol. **5** (1927).
[2] WOLFF, H.: Das Farbenunterscheidungsvermögen der Ellritze. Ebenda **3** (1926).
[3] BIERENS DE HAAN, J. A., u. M. J. FRIMA: Versuche über den Farbensinn der Lemuren. Z. vergl. Physiol. **12** (1930).
[4] FRISCH, K. VON: Farbensinn der Fische und Duplizitätstheorie. Z. vergl. Physiol. **2** (1925).

vergraben. Bei Dämmerung strecken sich die Innenabschnitte der Zapfen und schieben die receptorischen Enden gegen das Pigmentepithel vor. Die Innenglieder der Stäbchen jedoch verkürzen sich und ziehen diese in die Bildebene hinein.

Die Apparate des Tagessehens und des Dämmerungssehens unterscheiden sich auch durch die Empfindlichkeitsverteilung für die Wellenlängen im Spectrum. Das helladaptierte Auge hat im Spectrum sein Empfindlichkeitsmaximum im Gelb, das dunkeladaptierte, farbenblinde im Gelb-Grün. Dieses sogenannte PURKINJEsche Phänomen kommt an den Augen von Tieren auch in der Stärke der Aktionsströme zum Ausdruck, die sich von der Netzhaut bei Lichteinfall ins Auge ableiten lassen. Das Auge total farbenblinder Menschen sieht auch im Hellen die Spektralfarben mit den Helligkeitswerten des Dunkeladaptierten. Dem entspricht, daß die Aktionsströme in den Augen der Dämmerungsvögel ihr Maximum bei etwa 535 $\mu\mu$, in den Augen der Tagvögel bei ungefähr 600 $\mu\mu$ erreichen. Der *Sehpurpur* (S. 199) ist der Sensibilisator des Stäbchensehens. Er umgibt besonders die Stäbchenaußenglieder, fehlt in der Fovea fast ganz, und seine Absorptions- und Bleichungswerte im Spectrum stimmen mit den Helligkeitswerten der Wellenlängen im Dämmerungssehen überein.

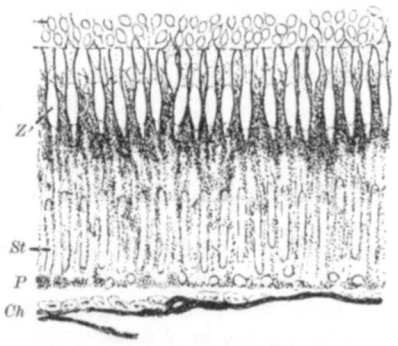 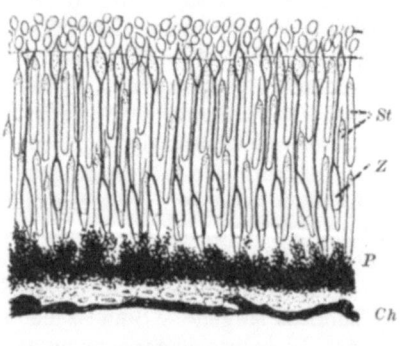

Abb. 211. Schnitte durch die Netzhäute von Ellritzen, Schicht der Stäbchen und Zapfen (vgl. Abb. 104). a in helladaptiertem, farbentüchtigem Zustand, b in dunkeladaptiertem, farbenblindem Zustand. (Nach VON FRISCH 1925.) *Ch* Chorioidea, *P* Pigmentepithel (in a ist das Pigment in die Ausläufer zwischen die Sinneszellenenden vorgewandert, in b zurückgezogen), *St* Stäbchen, *Z* Zapfen.

Über die Vorgänge in der Netzhaut, die der Farbenunterscheidung zugrunde liegen, bestehen verschiedene Hypothesen. Die YOUNG-HELMHOLTZsche *Dreikomponentenlehre* nimmt an, daß in der Retina drei verschieden reizbare Komponenten (Sinneszellensorten, Sehsubstanzen) vorhanden sind, von denen die erste ihr Erregbarkeitsmaximum im Rot, die zweite im Grün, die dritte im Blau hat. Die Eindrücke der dazwischenliegenden Farben werden durch verschieden starkes Ansprechen der drei Komponenten bedingt. Eine farblose Empfindung (weiß) wird ausgelöst durch gleichzeitige gleichstarke Erregung aller Komponenten. Diese Anschauung stützt sich in erster Linie auf die Tatsache, daß durch Mischung aus den drei Grundfarben sich alle übrigen Farben erzeugen lassen. Die HERINGsche Gegenfarbenhypothese (Vierfarbentheorie) nimmt für die Empfindungspaare rot-grün, gelb-blau und weiß-schwarz drei Sehsubstanzen an, die von dem einfallenden Licht entweder zersetzt (durch rotes, gelbes, weißes Licht) oder zum Aufbau veranlaßt werden. Den entgegengesetzten Vorgängen sollen dann qualitativ verschiedene Erregungen entsprechen, die dem Nervensystem zugesandt werden. Die Übergangsfarben werden auf Veränderung zweier Sehsubstanzen zurückgeführt.

M. Das Nervensystem[1].

Durch das Nervensystem werden die Tiere instand gesetzt, auf örtlich einwirkende Reize nicht nur örtlich, sondern als einheitliches Ganzes zu reagieren.

Ob bei *Einzelligen* Organellen vorkommen, welche der Erregungsleitung dienen, ist ungewiß. Bei *Ciliaten* sind wiederholt fibrilläre Strukturen als *nervöse Organellen* angesprochen worden, welche die koordinierte Bewegung der Cilien vermitteln sollen. Sogar ein *motorisches Centrum* wurde beschrieben, von dem Fibrillen zu den Cilien oder Cirren (bei *Hypotrichen*) laufen. Zerschneidungsversuche konnten aber noch nicht beweisen, daß die Erregungsleitung nur oder wenigstens ganz bevorzugt durch diese Fibrillen erfolgt. Unter den *Metazoen* fehlt ein Nervensystem nur den Schwämmen.

Durch das Nervensystem werden *Erregungen* oder *Impulse* von Receptoren auf Erfolgsorgane übertragen. Die erste Leistung des Nervensystems ist eine räumlich geordnete Verteilung der einströmenden Erregungen. Die Erregungsabläufe haben anscheinend immer einen *oscillatorischen Charakter*. Der Rhythmus der einzelnen Impulsfolgen ist nicht nur von dem Erregungszufluß vom Sinnesorgan abhängig, sondern wird auch durch die Tätigkeitsweise der nervösen Strukturen bestimmt. Auch Einzelreize können eine rhythmische Tätigkeit nervöser Teile auslösen. So wird auch eine zeitliche Verteilung der Erregungen durch das Nervensystem bewirkt. Das Nervensystem faßt durch bestimmte *Impulsschaltung* Erfolgsorgane zu einheitlichen Leistungen zusammen. Reaktionen, die nur auf dem angeborenen Schaltwerk des Nervensystems beruhen, heißen *unbedingte* oder *reine Reflexe*. Bei allen höheren Organismen wird mehr oder weniger die Tätigkeitsweise von Teilen des Nervensystems durch die Nachwirkungen (*Engramme*) früher abgelaufener Erregungen mitbedingt. So kommen durch *Erfahrungen bedingte Reflexe* zustande. Mit der Tätigkeit bestimmter Teile des Nervensystems sind psychische Erscheinungen verknüpft. Die Verwertung der von der Umwelt zufließenden Reize durch das Nervensystem bestimmt das Verhalten der Tiere, in dem sich die verschiedene Leistungshöhe der Tiere ausspricht. Sie gipfelt in den einsichtigen Handlungen.

Die einfachste Ausbildung des Nervensystems ist das *Nervennetz* (*Plexus*), in dem die Nervenzellen zerstreut liegen, nach verschiedenen Richtungen Fortsätze aussenden und durch diese wie ein weitmaschiges Netzwerk zusammenhängen. Dabei gehen die Neurofibrillen entweder unmittelbar von einer Zelle in die andere über, oder die Ausläufer einer Zelle legen sich an die einer anderen äußerlich an. Einige Ausläufer stehen mit Sinneszellen, andere mit Muskelzellen in Verbindung. Im einfachsten Falle kann hier ein Reflex durch eine einzige Nervenzelle vermittelt werden, die mit freien Nervenendigungen recipiert und andere Ausläufer an Epithelmuskelzellen entstendet.

Bei den meisten Tieren finden sich neben Nervennetzen, die immer in gewissen Körperteilen (besonders im Hautmuskelschlauch, in Eingeweiden) noch vorhanden sind, *Centralteile*. Diese sind im einfachsten Fall Verdichtungen des Nervennetzes, in denen die Nervenzellen gehäuft sind und von denen aus bestimmte, gegen andere abgegrenzte Netzteile beherrscht werden. Solche Anhäufungen von Nervenzellen bezeichnet man als *Ganglien*. In den am höchsten

---

[1] BETHE, A.: Allgemeine Anatomie und Physiologie des Nervensystems. Leipzig 1903. — BIELSCHOWSKY, M.: Allgemeine Histologie und Histopathologie des Nervensystems. Hanbduch der Neurologie **1** (1910). — EDINGER, L.: Vorlesungen über den Bau der nervösen Zentralorgane des Menschen und der Tiere **2**, 7, 8. Aufl. Leipzig 1911. — SHERRINGTON, C. S.: The integrative action of the nervous system. London 1911. — HANSTRÖM, B.: Vergleichende Anatomie des Nervensystems der Wirbellosen. Berlin 1928. — KAPPERS, A. C. U.: Die vergleichende Anatomie des Nervensystems der Wirbeltiere und des Menschen. Haarlem 1920.

centralisierten Nervensystem liegen die Nervenzellen in einem einheitlichen *Centralnervensystem* zusammen; von diesem ziehen die zuführenden und abführenden Ausläufer der Nervenzellen in Bündeln, den *Nerven*, nach den Sinnes- und Erfolgsorganen oder zu einem peripheren Plexus. Im Nervennetz breitet sich eine Erregung stets durch die benachbarten Zellen aus, welche die Maschen des Netzes bilden. In den centralisierten Nervensystemen bestehen zellenfreie Fernleitungsbahnen, welche weit auseinanderliegende Teile miteinander verknüpfen. Diese Fernleitungsbahnen sind die nach außen ziehenden, *peripheren Nerven* und im Innern des Centralnervensystems über weite Strecken hin verlaufende Nervenfasern, *intrazentrale Bahnen*.

Die höchste Differenzierung als Leitungsbahnen haben die *markhaltigen Nervenfasern* (S. 118) der *Wirbeltiere* erfahren. In ihnen erreicht die Erregungsleitung die größte *Geschwindigkeit* (Tab. 8). Diese wurde zuerst durch HELMHOLTZ gemessen (1850). Er stellte an Nerv-Muskelpräparaten vom *Frosch* die Differenz zwischen den Zeiten fest, die bis zur Muskelkontraktion verlaufen, wenn man einmal an einer weiter und einmal an einer weniger weit vom Muskel entfernten Stelle den Nerven elektrisch reizt. Er fand eine Leitungsgeschwindigkeit von 26 m/sec. Bei *Säugern* und beim Menschen beträgt sie 60—100 m/sec. Die marklosen Fasern der Wirbeltiere leiten viel langsamer. Bei den Wirbellosen werden höchstens einige m/sec. zurückgelegt. Selbst die schnellste Nervenleitung erreicht also nicht die Hälfte der Schallgeschwindigkeit.

Tabelle 5. Mittlere Geschwindigkeit der Erregungsleitung in m/sec für:

	10^{-2}
Muscheln: Schließmuskelnerv, Commissurnerv	10^{-1}
Medusennervennetz	
Hecht: Riechnerv (marklos)	
Säuger: Milznerv (marklos)	
Murmeltier im Winterschlaf: motorischer Nerv	10^{0}
Anneliden: Bauchmark	
Cephalopoden: Armnerv, Mantelnerv	
Limulus: Scherenschließmuskelnerv	10^{1}
Hummer: Scherenschließmuskelnerv	
Torpedo: elektrischer Nerv	
Frosch: motorischer Nerv	
Schlangen: motorischer Nerv	$5 \cdot 10^{1}$
Säuger: motorische und sensible Nerven	
	10^{2}

Eine in Erregung befindliche Nervenstelle verhält sich negativ gegenüber allen ruhenden (S. 46). Beim Ablaufen einer Erregung durch einen Nerven erhält man daher einen *Aktionsstrom*, wenn man zwei Stellen des Nerven mit einem empfindlichen Galvanometer verbindet. Der Aktionsstrom ist zweiphasig, da zuerst die eine Stelle, dann die andere negativ wird. Die Negativitätswelle, die mit der Erregung den Nerven durchläuft, gibt über den Verlauf der Erregung weitergehende Auskunft als die Tätigkeit des Erfolgsorgans, mit dem der Nerv verbunden ist.

Im markhaltigen Nerven der Wirbeltiere verläuft die Erregung ohne Abschwächung, *Dekrement*, d. h. die Stärke des Reizerfolges ist unabhängig von der Länge des Weges, den die Erregung im Nerven zurückgelegt hat. Die Erregung wird also von einem Querschnitt des Nerven zum andern mit derselben Intensität übertragen. Die Negativitätswelle zeigt am unversehrten markhaltigen Nerven keine Abnahme ihrer Höhe. *Marklose* Nerven der Wirbeltiere und viele Nerven Wirbelloser leiten mit deutlichem Dekrement. Die einzelne dekrementlos leitende Nervenfaser reagiert nach dem *Alles- oder Nichts-Gesetz* (S. 48); sie wird entweder gar nicht oder maximal erregt. Hierin verhält sich der Nerv wie eine abbrennende Zündschnur.

Nach jeder Einzelerregung folgt eine sehr kurze (wenige σ [1 σ = 0,001 sec] oder Bruchteile von 1 σ betragende) *refractäre Periode* (S. 48). Ihre Länge ist von der Art und Stärke des Reizes unabhängig. Die Nervenfaser ist nur zu einer *einzigen Entladungsweise* befähigt; wahrscheinlich ist die Natur der geleiteten Impulse auch in allen Nervenfasern, mindestens bei den motorischen und sensibeln markhaltigen Nerven der Wirbeltiere, dieselbe. Durch verschiedene *Anzahl* und *Frequenz* der rhythmischen Entladungen kann jedoch eine Mannigfaltigkeit der Wirkungen erzeugt werden. Die Wirkung kann mit der Reizintensität steigen, indem die Frequenz der an sich maximalen Einzelerregungen in der Zeiteinheit erhöht wird, bis sie in einer durch die Refractärperiode bedingten Maximalfrequenz ihre Grenze findet. Die Impulsfrequenzen können sehr hoch sein. Durch die eine Nervenfaser, welche das elektrische Organ des Zitterwelses (S. 175) innerviert, können bis zu 1000 Erregungswellen in der Sekunde nach der Peripherie laufen (GARTEN).

Die Leitungsgeschwindigkeit ist von der *Temperatur* abhängig. Bei mittleren Temperaturen (15—30⁰) steigt (beim Froschnerven) die Geschwindigkeit mit einer Temperaturerhöhung um 10⁰ etwa auf das Zweifache.

Das Wesen des geleiteten Erregungsvorgangs ist noch unbekannt. Bei der Nerventätigkeit wird O_2 verbraucht und es werden CO_2 und Wärme gebildet. Besonders zur Restitution des tätigkeitsfähigen Zustandes ist O_2 nötig. Der O_2-Bedarf der Nervenfaser ist jedoch viel geringer als der des Muskels und der Nervenzellen, und die Restitution erfolgt in normaler Umgebung so schnell, daß der Nerv im Körper *praktisch nicht ermüdbar* ist.

Es ist sehr wahrscheinlich, daß die Erregungsleitung an die *Neurofibrillen* gebunden ist[1].

Ein Wahrscheinlichkeitsbeweis hierfür ist an den langen Bahnen des Bauchmarks (Abb. 217) des Blutegels erbracht worden (BETHE): Wenn der Wurm sich verkürzt oder verlängert, wird das Bauchmark kurz und dick oder lang und dünn. Die langen, dicken Dorsalnervenfasern (S. 224f.) werden dabei gestaucht oder gedehnt. Die Fibrillen legen sich in ihnen bei der Verkürzung in Windungen. Die Zeit, welche die Erregung von einer Stelle des Bauchmarks zur anderen braucht, bleibt dabei immer dieselbe. Erfolgte die Leitung in der perifibrillären Flüssigkeit, so wäre zu erwarten, daß die Übertragungszeit der jeweiligen Länge der Flüssigkeitssäule entspräche.

Die Ausbreitung des Aktionsstroms zeigt, daß der Erregungsvorgang sich vom Reizort in der Faser nach beiden Seiten ausbreitet. In den meisten Nervensystemen wird jedoch durch die Endapparate und die Nervenzellen die Erregung nur in einem Sinne durch die Nervenfaser geschickt.

In den einfachen *Nervennetzen* breitet sich die Erregung *allseitig* aus, kann also die Nervenzellen und ihre Fortsätze in beliebiger Richtung durchlaufen. Die Nervenzellen sind nicht polarisiert. Die Intensität der Erregung, die von einem gereizten Punkt ausgeht, nimmt mit zunehmender Entfernung vom Reizort ab; die Leitung erfolgt im Plexus also mit *Dekrement*. Hieraus folgt, daß die Erregung um so mehr um sich greift, je stärker sie ist, und daß von allen Impulsen, die von einem gereizten Punkt zu beliebigen anderen hinlaufen, diejenigen die größte Wirkung entfalten, welche den kürzesten Weg zurückzulegen haben. Die Auslösung von Bewegungsreaktionen erfolgt immer zuerst auf der kürzesten Strecke. Bei höherer Ausbildung können die Maschen eines Nervennetzes in bestimmten Richtungen gestreckt werden, und dadurch kann eine bevorzugte Leitungsrichtung zustandekommen. Mehrere Nervennetze können sich überlagern und voneinander mehr oder weniger unabhängig mit besonderen Sinnes- und Erfolgs-

---

[1] BETHE, A.: Die Beweise für die leitende Funktion der Neurofibrillen. Anat. Anz. **37** (1910).

organen verbunden sein. Nervennetze können auch einseitig leiten, polarisiert sein, wie der Nervenplexus des Wirbeltierdarmes, der die peristaltischen Bewegungen vermittelt. Bei hochentwickelten Nervennetztieren (großen Medusen und Anthazoen) können auch schon gewisse lange Bahnen eingerichtet werden, die unter Umgehung der näheren Netzteile entfernte Muskeln rasch und ohne meßbares Dekrement erreichen.

Die *zunehmende Centralisierung* des Nervensystems macht sich darin geltend, daß die *Fernleitungsbahnen* immer mehr ausgebildet werden und innerhalb der Centralteile die Zellen nicht mehr allseitig miteinander in Verbindung bleiben, sondern bestimmte Zellverknüpfungen als besondere *Reflexapparate* ausgebildet werden. Ein einfacher Reflexapparat oder *Reflexbogen* umfaßt mindestens eine Sinnesendigung, eine zum Centralnervensystem leitende *centripetale (receptorische, sensorische) Nervenfaser*, eine oder mehrere Ganglienzellen und eine *centrifugale (effectorische,* entweder *motorische* oder *secretorische) Faser*. Die centripetalen Fasern können Emittenten von primären Sinneszellen (S. 117) sein oder Recipienten von Sinnesganglienzellen (S. 117), deren Körper im Centralnervensystem liegen, oder von Ganglienzellen, welche Erregungen von sekundären Sinneszellen (S. 117) abholen. Im einfachsten Fall kann ein Reflexbogen aus zwei Neuronen bestehen, einer Sinneszelle oder Sinnesganglienzelle und einer effectorischen (motorischen oder secretorischen) Zelle (Abb. 217). Meist schieben sich jedoch zwischen die den Reiz aufnehmenden Zellen und die mit dem Erfolgsorgan verbundenen effectorischen Zellen *Schaltzellen (Verbindungszellen)* ein (Abb. 218, 224f.). Die Reflexbögen sind niemals völlig isoliert, stets gibt es für die eintretende Erregung außer dem kürzesten Reflexbogen auch noch andere Ausbreitungswege; und die effectorische Zelle kann von zahlreichen Stellen aus in Tätigkeit gesetzt werden. In den meisten Reflexbögen gibt es eine *letzte gemeinsame Strecke* oder *Endstrecke* (SHERRINGTON), die vielen möglichen Reflexen angehört.

In den centralen Teilen tritt die Erregung durch die Zellkörper (meist mit *intracellulären Fibrillengittern*) und geht von einem Neuron zum andern über (in der Zone der *Transferts* oder der *Synapse*, S. 116). Auf diesem Wege findet, wie in den Nervennetzen, eine *Verzögerung* der Leitung und eine Intensitätsverminderung, ein *Dekrement*, statt. Die zentralen Teile *ermüden* durch ihre Tätigkeit. Ihr O_2-*Bedarf* ist viel höher als der der peripheren Nerven. Dem entspricht die reiche Blutversorgung der Centralnervensysteme. Bei einigen Würmern enthalten die Ganglienzellen Hämoglobin oder einen ähnlichen O_2-übertragenden Farbstoff. Durch die centralen Teile eines Reflexbogens geht die Erregung nur *einsinnig*. Wahrscheinlich liegt diese Polarisation in der Transferzone. Die centralen Teile sind in hohem Maße zur *Summation* (S. 48) schwacher, einzeln keinen sichtbaren Reizerfolg erzielender Erregungen befähigt. Enge Beziehung zur Summation hat die *Bahnung*, d. h. Erleichterung eines Reflexes durch eine kurz vorausgehende, an sich unwirksame Erregung, die von einer andern als der unmittelbar den Reflex auslösenden Stelle her dem Reflexapparat zufließt. Eine wichtige Leistung des Nervensystems ist die *Hemmung*, die Erscheinung, daß eine Reaktion, die durch einen Reiz ausgelöst würde, durch eine andere Erregung unterdrückt wird, die gleichzeitig den Reflexapparat trifft. Bei der *Ortsbewegung*, z. B. die überall in einer abwechselnden Kontraktion und Erschlaffung bestimmter Muskeln besteht (S. 172), spielt die *antagonistische Hemmung* eine große Rolle, die das rechtzeitige Erschlaffen eines Muskels bewirkt, wenn sein Antagonist sich zu kontrahieren beginnt. Bei den Wirbeltieren und wahrscheinlich auch vielen Wirbellosen werden diese Hemmungen als *proprioceptive Reflexe* ausgelöst. Bei Anspannung der Beuger eines Extremitätenteils z. B. werden Sinnesendigungen gereizt, die in den Muskeln, Sehnen und Gelenken liegen. Ihre Erregung bewirkt, wahrscheinlich über bestimmte Schaltneuronen, eine Erschlaffung der Strecker (Abb. 224).

Gruppen von Ganglienzellen, die in engerem funktionellen Zusammenhang stehen, nennen wir ein *Centrum*. Centren können zunächst bestimmten peripheren Apparaten zugeordnet sein. *Sensible Centren* sind Endstationen für Erregungen, die aus bestimmten Sinnesorganen eintreffen. *Motorische Centren* innervieren bestimmte Muskeln. *Coordinationscentren* fassen die Tätigkeit verschiedener Muskelgruppen unter sensibler Kontrolle zusammen. *Associationscentren* nehmen Erregungen aus verschiedenen Sinnesgebieten auf, verknüpfen sie in mannigfacher Weise und senden Impulse zu Coordinationscentren. Gewisse Associationscentren enthalten die ihrem Wesen nach uns unbekannten nervösen Einrichtungen, auf

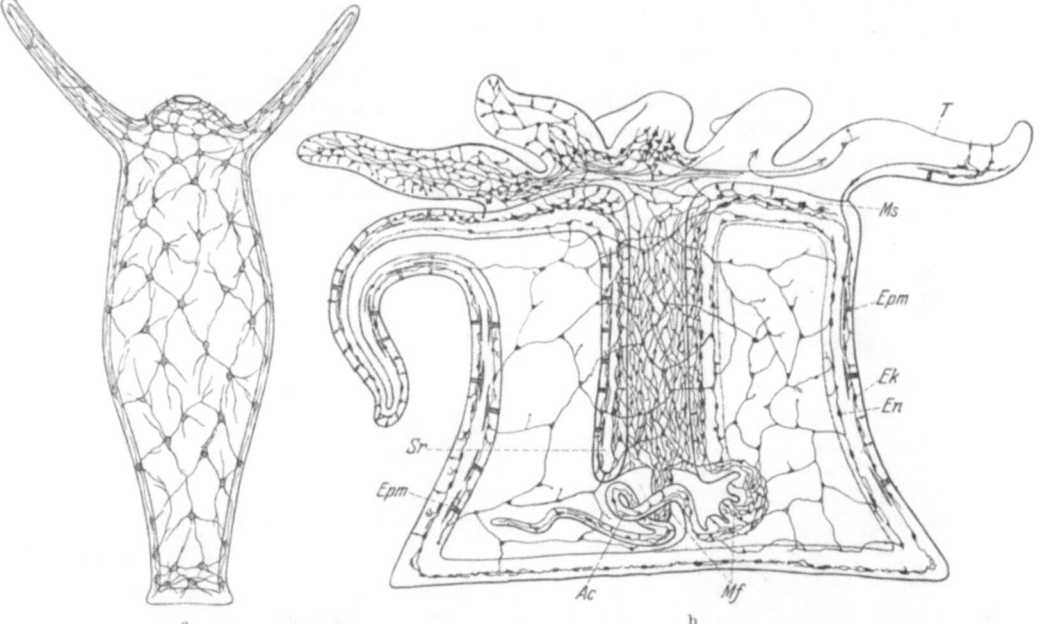

Abb. 212. Nervensysteme von Cnidarien, schematisch. a Ectodermales Nervennetz von *Hydra*. (Original G.) b Ectodermales und entodermales Nervensystem einer Actinie. (Nach WOLFF, abgeändert.) *Ac* Acontium, *Ek* ectodermaler, *En* entodermaler Nervenplexus der Körperwand, *Epm* Epithelmuskelzellen, *Mf* Mesenterialfilamente, *Ms* Mundscheibe, *Sr* Schlundrohr, *T* Tentakel.

denen die *Engrammbildung* (*Gedächtnis*) und die Engrammverknüpfung beruht, die sich in ihrer höchsten Stufe als *Intelligenz* auswirkt.

Die *Entfaltung des Nervensystems in der Tierreihe* führt in mehreren Reihen zu hochdifferenzierten Centralnervensystemen. Dabei treten gleichartige Strukturprinzipien mit gleichartiger Funktion wiederholt auf. Sie sind offenbar vielfach convergent erworben werden. Bei den *Cölenteraten* bilden *Nervennetze* das gesamte Nervensystem. Im Körper der *Polypen* liegt an der Basis des Ectoderms ein dichteres, im Entoderm ein spärlicheres Nervennetz (Abb. 212). Primäre Sinneszellen und freie Endigungen von Sinnesganglienzellen nehmen die Reize auf. Besonders dicht ist der Nervenplexus an der Mundscheibe, den Tentakeln und bei frei beweglichen Formen an der Fußscheibe. Bei den *Medusen* ist das Nervennetz in Verbindung mit der Anordnung von Sinnesorganen am Schirmrand verdichtet (Abb. 213). Bei den Hydromedusen wird dieser von zwei unter sich verknüpften Nervenringen umzogen, die an der Außen- und Innenseite der Glocke an der Basis des Randsaumes (Velums) verlaufen. In diesen Nervenringen sind die Maschen des Nervennetzes in die Länge gezogen, und es herrschen bipolare Ganglienzellen vor (*Stranggewebe*). Der äußere Nervenring steht hauptsächlich mit Randsinnesorganen, der innere mit der Muskulatur der Glockenunterseite in Verbindung. Bei den Scyphomedusen liegen Netzverdichtungen an den nach Ort und Anzahl wechselnden Sinneskolben an den Einschnitten der Randlappen. Diese Stellen können durch einen subumbrellaren Nervenring verbunden sein. Da das Nervennetz sich über alle reaktionsfähigen Teile hinzieht, enthalten alle Teile ihre eigenen Reflexeinrichtungen und behalten isoliert ihre charakteristischen Reaktionen bei; sie sind weitgehend autonom. Z. B. legen sich abgeschnittene Tentakel um Beutestücke herum, verkürzen sich und biegen sich nach der Seite, die im Körperverband dem Munde zugekehrt war. Jeder Körperteil führt auf Erregungszufluß aus einem anderen Teil des Nervennetzes hin dieselben Reak-

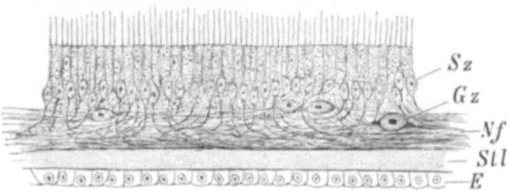

Abb. 213. Längsschnitt durch den subumbrellaren Nervenring einer Scyphomeduse (*Charybdea*). (Nach CLAUS.) *E* Entoderm, *Gz* Ganglienzellen, *Nf* Ausbreitung der Ganglienzellenfortsätze, *Stl* Stützlamelle, *Sz* Sinneszellen des Ectoderms.

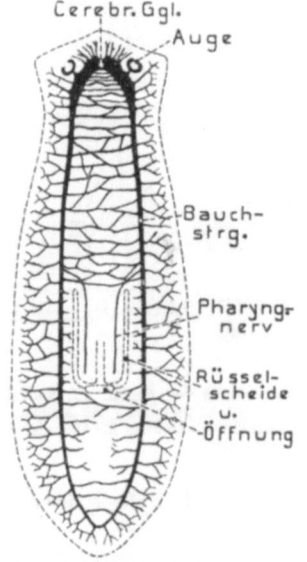

Abb. 214. Nervensystem von *Planaria gonocephala*, schematisch. (Nach BÜTSCHLI).

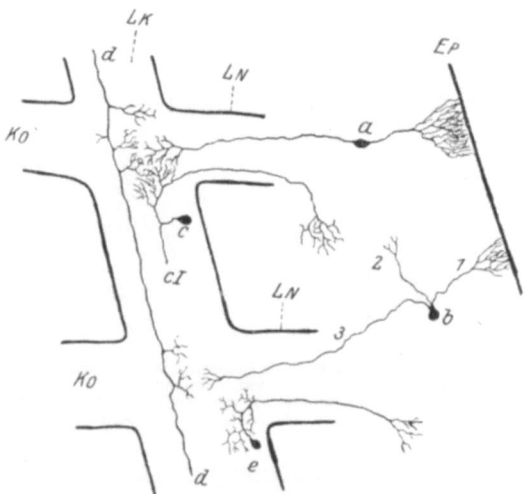

Abb. 215. Neuronen in der rechten Hälfte des Nervensystems einer Triclade (*Bdelloura candida*) nach GOLGI-Präparaten. (Nach HANSTRÖM.) *Ep* Epidermis, *Lk* Längsstrang, *Ln* laterale Quernerven, *Ko* Querstränge, *a, b* Sinnesganglienzellen (*1, 2* Dendriten, *3* Neurit), *c, e* motorische Zellen (*cI* langer Dendrit), *d* Ausläufer einer Verbindungszelle.

tionen aus, die auch unmittelbar durch Außenreize an ihm ausgelöst werden können. Daß neben dem allgemeinen Netz bei den Cnidarien aber auch schon lange Bahnen entwickelt sein können, zeigt z. B. die schnelle Contraction einer Aktinie bei Berührung einer Tentakelspitze. Offenbar strahlen auch nicht überall alle Erregungen in ein einziges Netz ein, in dem sie sich, qualitativ gleich, nur nach ihrer Intensität auswirken. So kann man z. B. bei Medusen, je nach Art der Reize, eine gewöhnliche motorische Reaktion (Abwehr-, Fluchtreaktion) von einer futternehmenden, besonders in der Contractionsweise der Tentakel und des Magenstiels, unterscheiden.

Bei den *Bilateralien* wurde der bei der Bewegung vorausgehende Kopfabschnitt zum Träger mannigfacher Sinnesorgane und damit auch der ersten Zentralteile, der *Hirn-* oder *Cerebralganglien*. Bei den *Plathelminthen* ist meist noch ein oberflächlicher Hautnervenplexus vorhanden. Von diesem hat sich ein tieferes, in das Parenchym eingelagertes Nervennetz abgesondert, das als Verdichtungen paarige *Cerebralganglien* und *Längsnervenstämme* bildet (Abb. 214). Diese sind durch zahlreiche anastomosierende Querstränge unter sich und mit dem Hautnervenplexus verbunden. Im allgemeinen herrschen noch multipolare oder bipolare Zellen vor, an denen Recipienten und Emittenten nicht zu unterscheiden sind. Im Gehirn und in den Längsstämmen treten aber schon unipolare Zellen auf, wie sie für die Centralnervensysteme der höheren Wirbellosen allgemein charakteristisch sind (Abb. 215). Ihre Zellkörper liegen an der Oberfläche, ihre Ausläufer im Innern der Zentralteile und bilden dort ein Neuropil (S. 120). Es lassen sich Sinnesganglienzellen unterscheiden, die von der Peripherie zu einem Ganglion oder Längsstrang leiten, und motorische Zellen, deren Recipienten sich im Neuropil verästeln, während ihre Emittenten zu Muskelzellen ziehen, ferner Verbindungszellen, deren Ausläufer ganz innerhalb des Nervensystems verlaufen (Abb. 215). An die Plathelminthen schließt sich das Nervensystem der ursprünglichen *Mollusken* an. Es besteht bei den Amphineuren (Abb. 800) aus einem über dem Schlund gelegenen Cerebralstrang und zwei Paar Längssträngen, die durch ziemlich unregelmäßige

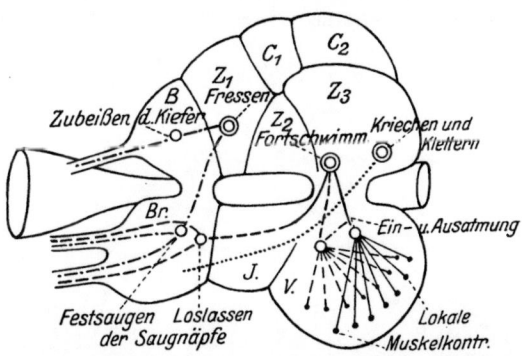

Abb. 216. Zentralnervensystem eines dibranchiaten Cephalopoden (*Octopus*) mit einigen wichtigen Centren. (Nach VON UEXKÜLL aus VON BUDDENBROCK.) B Buccalganglion, Br Brachialganglion, C_1, C_2, Z_1, Z_2, Z_3 Teile des Cerebralganglions, I Infundibularganglion, V Visceralganglion.

Querverbindungen plexusartig verbunden sind. Die Hauptstränge besitzen eine Rinde von Ganglienzellen, die ein inneres Neuropil umschließt. Bei den höheren Molluskengruppen bilden sich paarige Ganglien aus (Abb. 801), die schließlich die Hauptmasse der Zentralteile des Nervensystems aufnehmen. Periphere Nervennetze spielen aber stets noch eine große Rolle. Die zur Peripherie ziehenden Nerven scheinen vielfach nur sehr lang ausgezogene Netzteile zu sein, in denen sich Ketten von Nervenzellen hintereinander reihen. Dem entspricht ihre sehr langsame Leitung (Tabelle 5). Bei den am höchsten entwickelten Mollusken, den *Cephalopoden*, werden alle Hauptganglien mit dem Cerebralganglion zu einer Kopfganglienmasse zusammengezogen (Abb. 867). In ihr sind für eine Anzahl von Tätigkeiten Centren durch Ausschaltungs- und Reizversuche nachgewiesen (Abb. 216) (VON UEXKÜLL[1]).

Das Brachialganglion enthält das motorische Centrum der Arme, das Infundibularganglion das des Trichters; das Visceralganglion innerviert den Mantel mit der Atem- und Schwimmuskulatur und die Eingeweide. Dem Oberschlundganglion, das mit jenen ventralen Ganglien durch ein vorderes und hinteres Connectivpaar verbunden ist, ist vorn das Buccalganglion angefügt, welches unter anderem das Zubeißen der Kiefer bewirkt. Das

---

[1] VON UEXKÜLL: Zur Analyse des Centralnervensystems (Eledone moschata). Z. Biol. **31** (1895).

eigentliche Gehirn ist in mehrere Abschnitte gegliedert, in denen zunächst Coordinationszentren liegen. So verknüpft die Tätigkeit einer Stelle (Abb. 216 Z^1) das Festhaften der Saugnäpfe und das Zubeißen der Kiefer zu einer Freßreaktion. Die beiden hinteren Centralganglien fassen die verschiedenen locomotorischen Bewegungen beim Schwimmen, Kriechen und Klettern zusammen. Außerdem sind Centren für die Entleerung des Tintenbeutels, die Bewegungen der Augenmuskeln, die Expansion der Chromatophoren und anderes bekannt. Die Erregungen von Augen und Statocysten enden in Sinneszentren. In bestimmten Teilen des Cerebralganglions (Lobus verticalis und Lobus superior, Abb. 216 C^1, C^1) sind wohl übergeordnete Associationsapparate vorhanden.

Bei den *Anneliden* gehen von dem paarigen Cerebralganglion (Oberschlundganglion) zwei Nervenstränge aus, welche um den Schlund herum zur Bauchseite ziehen, wo sie, meist dicht nebeneinander, als *Bauchmark* verlaufen (Abb. 526a). Die Ganglienzellen sind im Zusammenhang mit der ausgeprägten Metamerie in der Regel in jedem Segment an jedem der beiden Bauchstränge zu einem *Bauchganglion* konzentriert. Die die aufeinanderfolgenden Ganglienpaare verbindenden Längsstränge werden als *Connective* bezeichnet; das vorderste, welches die ersten Bauch-

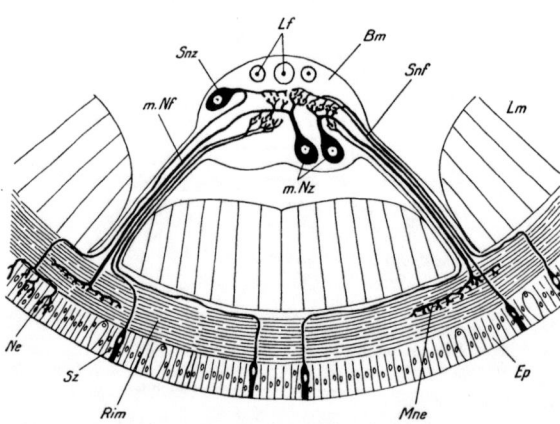
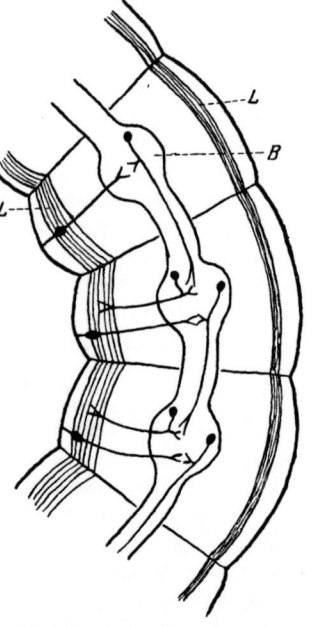

Abb. 217. Schematischer Querschnitt durch Bauchmark und Hautmuskelschlauch des Regenwurms. (Original K.) *Ep* Epidermis, *Lf* lange Längsfasern, *Lm* Längsmuskulatur, *Mne* motorische Nervenendigungen, *m.Nf* motorische Nervenfaser, *m.Nz* motorische Nervenzelle, *Ne* freie Nervenendigung, *Rim* Ringmuskulatur, *Snf* sensorische Nervenfaser, *Snz* Sinnesnervenzelle, *Sz* primäre Sinneszelle.

Abb. 218. Schema eines bisegmentalen Bewegungsreflexes beim Regenwurm. (Nach VON BUDDENBROCK aus HANSTRÖM.) *B* Bauchmark, *L* Längsmuskulatur.

ganglien mit den Gehirnganglien verbindet, heißt *Schlundconnectiv*. Die Querverbindungen zwischen den Ganglien eines Paares heißen *Commissuren*. Dieser Bauplan wird als *Strickleiternervensystem* bezeichnet. Vielfach rücken die Bauchganglien eines Paares dicht zusammen und verschmelzen (Abb. 217, 526b). Die innere Differenzierung des Zentralnervensystems der Anneliden ist schon sehr hoch. Im Bauchmark (Abb. 217, 218) kommen zu den sensiblen und motorischen Zellen, die kürzeste Reflexe innerhalb eines Segments vermitteln können, Verbindungszellen, die sich in einem Segment, von einem Segment in das Nachbarsegment oder auch über mehrere Segmente ausbreiten. Auf ihre Tätigkeit läßt sich zurückführen, daß bei der Kriechbewegung in jedem Segment derselbe Vorgang abläuft, der in dem vorangehenden Segment eben abgelaufen ist (Abb. 118). Verkürzen sich die Längsmuskeln einer Seite, so können hierdurch sensible Endigungen erregt werden, die reflectorisch die Verkürzung der gleichen Muskeln im folgenden Segment bewirken. Dorsal ziehen im Bauchmark der Anneliden meist längsverlaufende Riesenfasern (*Neurochorde*) entlang, die sich über viele Segmente erstrecken können und intracentrale Fernleitungen darstellen. Das *Gehirn* der höher entwickelten Anneliden (*Polychäten*) besitzt entsprechend dem Reichtum an Kopfanhängen und Sinnesorganen einen komplizierten Bau (Abb.219). Es nimmt die Nerven aus den Antennen, Palpen und Augen auf. Eine besondere paarige Ganglienzellengruppe ist mit ihren Ausläufern an Fasern aus verschiedenen Sinnesorganen, vor allem den Palpen, und aus dem Bauchmark angeschlossen. Diese Zellen- und Fasermasse bildet die *Corpora pedunculata* (gestielte Körper, pilzförmige Körper, Abb. 219, 220), welche den ersten *Assoziationsapparat* der gegliederten Tiere darstellen.

Das Nervensystem der *Arthropoden* hat den Charakter des Strickleiternervensystems von den Anneliden übernommen. Das Bauchmark wird häufig

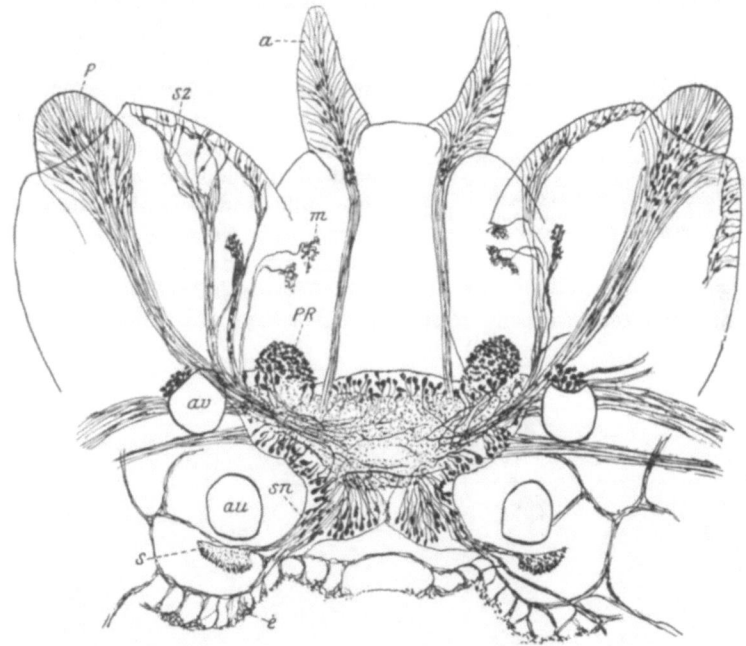

Abb. 219. Gehirn und Sinneszellen im Kopfabschnitt von *Nereis diversicolor*. (Nach RETZIUS aus HANSTRÖM.) *a* Antennen mit primären Sinneszellen, *av, au* vorderes und hinteres Augenpaar, *e, s* freie Nervenendigungen von Sinnesnervenzellen, *sn*, die im Gehirn liegen, *m* motorische Nervenendigungen, *p* Palpus, *PR* Corpora pedunculata, *sz* Sinneszellen.

stark konzentriert (S. 695). Stets beginnt es mit einem *Unterschlundganglion* (*Subösophagealganglion*), das aus mehreren Ganglienpaaren verschmolzen ist, welche die Mundextremitäten versorgen. Das *Gehirn* der Arthropoden erhebt sich in seiner höchsten Ausprägung weit über das der Anneliden, von dem es sich im Grundplan ableiten läßt. Das dem Oberschlundganglion der Anneliden entsprechende *Urhirn* (HANSTRÖM, *Archicerebrum*, HOLMGREN) gliedert sich bei den Crustaceen und Tracheaten in zwei Abschnitte, das *Protocerebrum* und das *Deutocerebrum*. Das erste trägt jederseits einen mächtigen seitlichen Auswuchs, das *Ganglion opticum*, das Sehcentrum der Facettenaugen. Ferner gehören dem Protocerebrum stets die *Corpora pedunculata* und zwei als *Centralkörper* und *Protocerebralbrücke* bezeichnete Assoziationsapparate an. Das *Deutocerebrum* ist den Antennen der Tracheaten, den 1. Antennen der Crustaceen zugeordnet, welche als Homologa der Palpen der Anneliden angesehen werden können. Bei den

Arachnoiden fehlt mit den Antennen dieser Hirnteil. Als weiterer Hirnabschnitt gesellt sich dem Urhirn das *Tritocerebrum* zu, ursprünglich ein Ganglion der Bauchkette, das bei den Crustaceen die 2. Antenne, bei den Arachnoiden die Cheliceren innerviert.

Gegenüber den Anneliden sind die Schaltzellensysteme stark ausgebaut (Abb. 221). Protocerebralbrücke und Centralkörper sind sehr dichte Neuropilbezirke, in welche zahlreiche Dendriten und Neuriten eintreten (Transfertgebiete). Die gestielten Körper tragen an der Oberfläche, wie bei den Anneliden (Abb. 220), eine meist etwa halbkugelige Ganglienzellenschicht (den Globulus) aus besonderen Assoziationszellen, den *Globulizellen*. Diese besitzen einen kleinen Zellkörper; ihr Ausläufer trägt Dendritenästchen und läuft in einen kurzen Neuriten mit Endverästelungen aus. Dendriten und Neuriten der Globulizellen bilden mit den zutretenden Nerven-

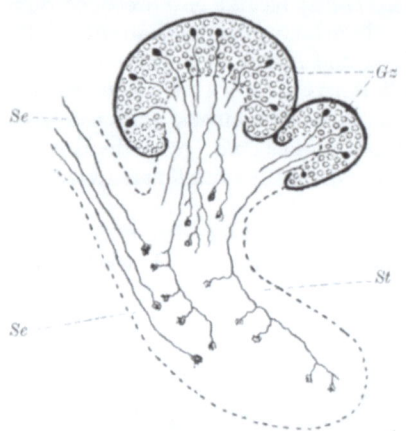

Abb. 220. Corpora pedunculata von *Nereis virens* nach GOLGI-Präparat. (Nach HANSTRÖM.) *Gz* Ganglienzellen (Globulizellen), *Se* Endigungen der primären Sinneszellen der Palpen, die sich mit den Dendriten der Ganglienzellen der Corp.ped. verbinden, *St* Stiele.

endigungen das Neuropilem der *Stiele der Corpora pedunculata*. Diese biegen bei den Insecten rechtwinklig nach der Mittelebene des Gehirns um (Balken),

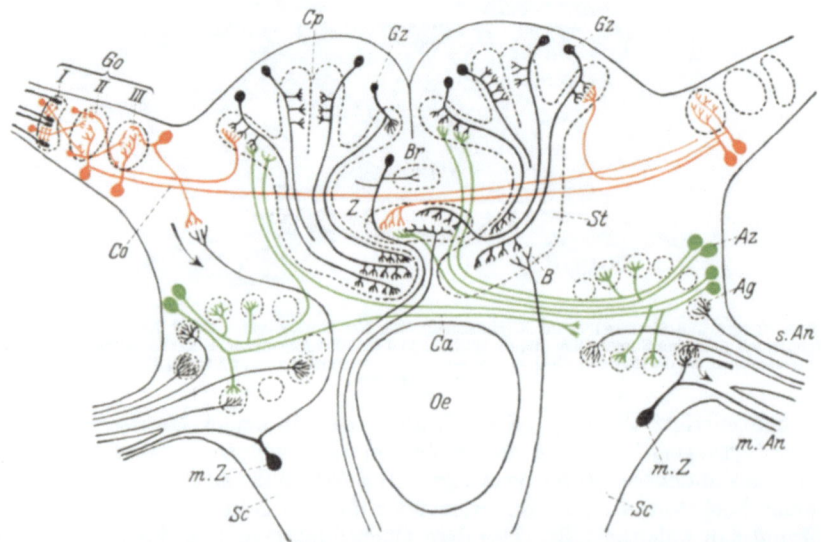

Abb. 221. Hauptbahnen im Proto- und Deutocerebrum des Insectengehirns (*Periplaneta*). (Original K. im Anschluß an BRETSCHNEIDER, HANSTRÖM.) Secundäre Antennenbahnen (Riechbahnen) *grün*, secundäre Sehbahnen *rot*; abgegrenzte Neuropilbezirke (Schaltgebiete) sind mit gestrichelten Linien eingefaßt. *Ag* Antennenglomeruli, *m.An*, *s.An* motorischer und sensibler Antennennerv, *Az* sensibles Antennenzentrum (Riechcentrum), *B* Balken, *Br* Protocerebralbrücke, *Ca* Antennalcommissur (Riechcommissur), *Co* optische (Seh-)Commissur, *Cp* Corpora pedunculata, *Go* Ganglion opticum (*I—III* seine drei Neuropilmassen), *Gz* Globulizellen, *m.Z* motorische Zelle, *Oe* Durchtrittsloch des Oesophagus, *Sc* Schlundconnective, *St* Stiel, *Z* Centralkörper. → Bahnen kurzer Antennenbewegungsreflexe.

ohne sich aber von beiden Seiten zu vereinigen. Aus dem sehr kompliziert gebauten *Sehcentrum* oder *Ganglion opticum* (mit mehreren Schichten von Schaltzellen und zweimaliger Nervenüberkreuzung) entspringen Commissurfasern, welche zur andern Seite laufen, und Bahnen zu den Stielkörpern und zum Centralkörper.

In das *Deutocerebrum* treten die Nervenfasern der primären Sinneszellen der Antennen ein und enden jeweils in rundlichen Verdichtungen (Glomerulen) des Neuropils, in welchen sie sich mit den Recipienten anderer Neuronen verbinden. Diese sind teils motorische Zellen (*motorisches Antennencentrum*), teils Schaltzellen, die ein *sensibles Antennencentrum* bilden, das bei den Insecten teils ein *Riechcentrum* (olfactorisches Centrum), teils ein Tastcentrum darstellt. Die Schaltneuronen des sensiblen Antennencentrums senden Ausläufer zu den Stielkörpern derselben und der anderen Seite und zum Centralkörper. Die mediane Region des Protocerebrums (Pars intercerebralis), Stielkörper und Centralkörper sind durch Emittenten und Recipienten mit den Schlundkonnectiven verbunden. Die Protocerebralbrücke und auch der Centralkörper treten mit der höheren Ausbildung der *Corpora pedunculata* mehr zurück.

Mannigfaltigkeit und Komplikation der *Reflexe* wächst bei den Arthropoden mit der reicheren Ausbildung der Sinnesorgane und der heteronomen Körpergliederung, besonders der mannigfaltigen Bewegungsfähigkeit durch gegliederte Extremitäten weit über das von den Anneliden Geleistete hinaus. Intrasegmentale und bisegmentale Reflexe treten zurück. Meist erstrecken sich die Reflexe über mehrere, oft über weit auseinanderliegende Segmente. Das Bauchmark enthält bei Krebsen, Arachnoiden und Insecten die Koordinationsmechanismen für zahlreiche, auch sehr komplizierte Reflextätigkeiten, wie Abwehrreaktionen, Umdrehreflexe, Fressen, Gangbewegungen, Schwimmbewegungen und Begattung. Sie können vielfach auch nach Ausschaltung des Oberschlundganglions ausgeführt werden. Gleichwohl ist immer ein Einfluß des Gehirns vorhanden. Abgesehen von der Vermittlung derjenigen Reflexe, die den Kopfsinnesorganen zugeordnet sind, regulieren die Gehirnganglien den Ablauf sämtlicher Bauchmarkreflexe, und zwar hemmend und erregend. Der Fortfall einer Hemmung zeigt sich darin, daß gehirnlose Individuen erhöhte Reflexerregbarkeit besitzen und daß die verschiedensten Reflexe, wie Gang-, Putz-, Freßbewegungen, wirr durcheinander und unausgesetzt ausgeführt werden. So frißt ein enthirnter *Carcinus* bis zum Platzen des Magens. Das Gehirn schaltet oder verstärkt durch seine Impulse die Reflexe, welche der Gesamtlage entsprechen und hemmt alle andern Bewegungen. Meist sind die Bewegungen nach Enthirnung kraftloser und langsamer. Das Gehirn beeinflußt auch den Tonus der Rumpf- und Extremitätenmuskulatur. Die höheren instinktiven Leistungen und die Engrammbildung sind wohl sicher an das Gehirn gebunden.

Bei den Insecten zeigt die Entwicklung der Sinnes- und Assoziationscentren im Gehirn enge Beziehungen zur Lebensweise. Mit der Steigerung der *Instinkt- und Lernleistungen* unter den Hymenopteren geht eine zunehmende Vergrößerung der *Corpora pedunculata* einher. Bei den Individuenformen der staatenbildenden Hymenopteren (Bienen, Ameisen) sind die Unterschiede zwischen Männchen, Königin und Arbeiterin sehr stark ausgeprägt (Abb. 222).

Das Centralnervensystem der *Chordaten* zeigt bei ganz anderem Bauplan und anderer Entwicklung auf seiner untersten Stufe, bei den *Acraniern* (*Branchiostoma*), einen dem Annelidennervensystem ähnlichen Funktionsplan. Der segmentale Körperbau spiegelt sich in dem Neuralrohr oder Rückenmark (S. 889 ff.) wieder. Kurze Reflexe, die sich über wenige Segmente erstrecken, herrschen vor. Die einzelnen Segmente sind in gleicher Weise zu den schlängelnden Bewegungen befähigt, in denen die Längsmuskeln der beiden Seiten als Antagonisten wirken. Der Vorderkörper ist erregbarer als der Hinterkörper, da er mehr Sinnesendigun-

228   Die Organe und ihre Leistungen.

gen besitzt. Ein Gehirn mit übergeordneter Funktion ist nicht vorhanden, und dadurch steht das Centralnervensystem der Acranier noch unter dem der Anne-

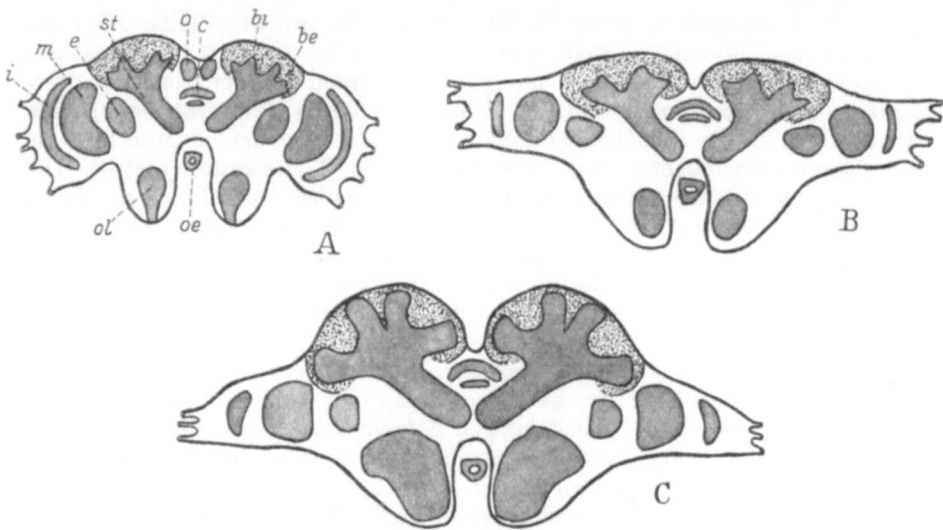

Abb. 222. Schematische Schnitte durch die Gehirne des Männchens (A), Weibchens (B) und der Arbeiterin (C) von *Camponotus ligniperdus*. (Nach PIETSCHKER aus HANSTRÖM.) *bi, be* Innerer und äußerer Becher der Corpora pedunculata, *c* Zentralkörper, *i, m, e* Neuropilemmassen des Ganglion opticum, *o* Protocerebralbrücke, *oe* Oesophagus, *ol* Riechcentrum, *st* Stiel.

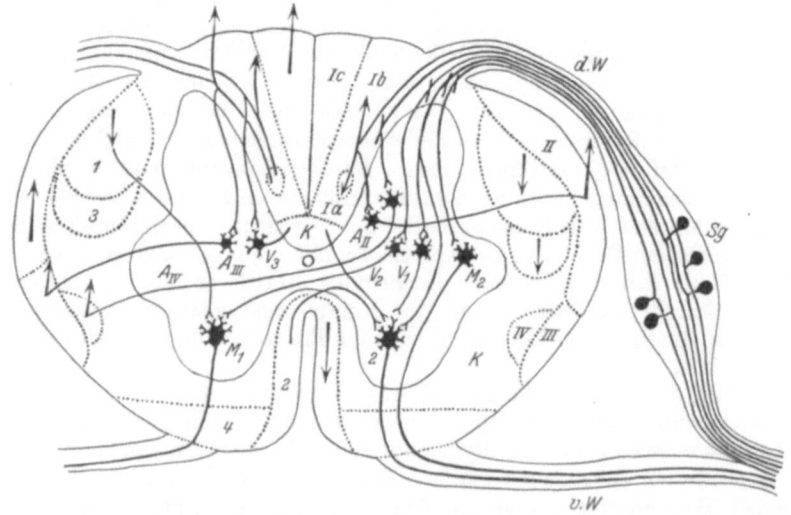

Abb. 223. Schematischer Querschnitt durch das Rückenmark eines Säugers. (Original K.) *I—IV* aufsteigende Bahnen, *I* Hinterstrangbahnen = Fasern der Spinalganglienzellen, *Ia* absteigende, *Ib* aufsteigende Äste, *Ic* in tieferen Rückenmarksabschnitten eingetretene Fasern, *II* hintere Kleinhirnseitenstrangbahn, *III* vordere Kleinhirnseitenstrangbahn, *IV* zum Thalamus ziehende Bahn, *1—4* absteigende Bahnen, *1, 2* von der Großhirnrinde, *1* Pyramidenseitenstrangbahn, *2* Pyramidenvorderstrangbahn, *3* aus dem roten Kern des Mesencephalons, *4* aus dem DEITERSschen Kern des Myelencephalons, in den Bahnen aus dem Kleinhirn einmünden. A_I—A_{IV} Verbindungszellen zu den aufsteigenden Bahnen *II—IV*. *K* Gebiete kurzer Bahnen, *M* motorische Zellen, M_1 somatisch-motorische, M_2 visceral-motorische Zelle, *Sg* Spinalganglion, V_1—V_3 Verbindungszellen (Schaltzellen) des Eigenapparates, V_1 gleichseitige, V_2 gekreuzte Verbindungszelle in der grauen Substanz, V_3 Verbindungszelle, die eine kurze Bahn in das ventrale Hinterstrangfeld entsendet.

liden. Bei allen *Wirbeltieren* endet das Neuralrohr in einem *Gehirn*, das in der Embryonalentwicklung in drei primären Hirnblasen angelegt wird (S. 889, Abb. 972).

Aus diesen differenzieren sich *fünf Hirnabschnitte* (*Telencephalon, Diencephalon, Mesencephalon, Metencephalon* und *Myelencephalon*, Abb. 226a), die bei den Wirbeltierklassen wechselnde Ausbildung erreichen (Abb. 226 b—g). Im *Rückenmark* (Abb. 223 bis 225, 230) ist der segmentale Grundplan noch in dem Ursprung der Nerven erhalten. Jedem Segment entspricht ein Paar dorsaler sensibler und ein Paar ventraler motorischer Wurzeln. Die Körper der sensiblen Zellen liegen in den *Spinalganglien*. Im Innern des Rückenmarkes bilden die Ganglienzellen und ihr Neuropil um den Centralkanal die *graue Substanz*. Diese ist in zwei dorsalen und zwei ventralen Längsleisten (Säulen, Columna dorsalis und ventralis) verdickt. Der Querschnitt zeigt die graue Substanz in einer Schmetterlingsfigur, in der die Querschnitte der Säulen die Flügel bilden (als Vorderhörner und Hinterhörner bezeichnet). Die markhaltigen Nervenfasern lagern sich außen als weiße Substanz, die durch die Säulen jederseits der Mittelebene unvollständig geteilt wird, in einen Dorsal-, Seiten- und Ventralstrang. So werden Ganglienzellen und Neuropil von einer mächtigen Rinde von Leitungsbahnen umgeben, im Gegensatz zum Centralnervensystem der Wirbellosen, wo die Ganglienzellen oberflächlich liegen (Abb. 217). Die Ganglienzellen im Rückenmark sind *motorische Zellen* und *Schaltzellen*. Die motorischen Zellen liegen in das ganze Rückenmark durchziehenden Säulen (Kernen) in den Vorderhörnern, und zwar nehmen den ventralen Teil die somatisch-motorischen Zellen ein, welche die Rumpf- und Gliedmaßenmuskulatur versorgen, während seitlich die visceral-motorischen Zellen liegen (Abb. 223, 227), die ein besonderes Seitenhorn bilden können. Die Körper der Schaltzellen sind

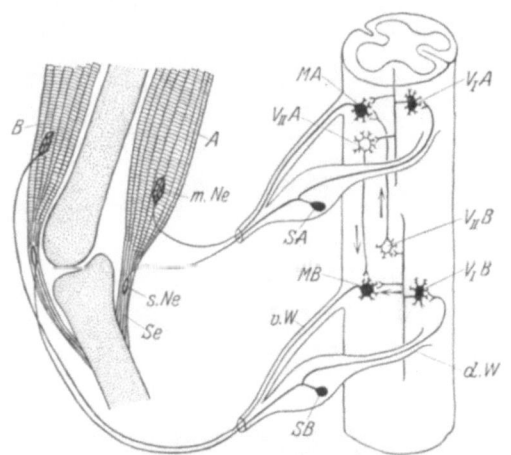

Abb. 224. Schema der antagonistischen Innervation, durch den Eigenapparat des Rückenmarks. (Original K.) *A, B* Antagonistische Muskeln, *MA, MB* die diesen Muskeln zugeordneten motorischen Zellen, *m.Ne* motorische Nervenendigung, *s.Ne* sensible Nervenendigung in der Sehne (*Se*), *SA, SB* Spinalganglienzellen, die proprioceptive Erregungen von den Muskeln *A* und *B* erhalten, V_IA, V_IB Verbindungszellen 1. Ordnung, die *MA* und *MB* innervieren, $V_{II}A, V_{II}B$ Verbindungszellen 2. Ordnung, durch welche Erregungen von V_IA auf *MB* und von V_IB auf *MA* übertragen werden können. $SA \rightarrow V_IA \rightarrow MA$ = Eigenreflex, der die Spannung des Muskels *A* erhöht, von dem die proprioceptive Erregung durch Spannung seiner Sehne ausgeht; $SA \rightarrow V_IA \rightarrow V_{II}A \rightarrow B$ antagonistische Hemmung von *B*.

mehr dorsal in der Umgebung des Centralkanals und in den Hinterhörnern angeordnet. Die durch die hinteren Wurzeln eintretenden sensiblen Fasern gabeln sich T-förmig in einen langen zum Gehirn aufsteigenden und einen kurzen absteigenden Ast und senden Seitenzweige in die graue Substanz, wo sie an Schaltzellen, zum Teil wohl auch unmittelbar an motorische Zellen herantreten (Abb. 223). Die Schaltzellen liefern zum Teil Ausläufer, die im Rückenmark selbst bleiben und dessen *Eigenapparat* (*Binnensysteme*) bilden, zum Teil entsenden sie zu verschiedenen Teilen des Gehirns aufsteigende *sekundäre sensible Bahnen* (Abb. 223, 225). Ein Teil der Schaltzellen des Eigenapparats breitet seine Fortsätze nur innerhalb der grauen Substanz aus und verknüpft unmittelbar benachbarte Neuronen. Andere Schaltzellen bilden kurze Bahnen, die Erregungen in der rechten und linken Hälfte desselben Segments oder in gleichseitigen oder gekreuzten Hälften unter sich näher oder weiter voneinander entfernter Segmente verteilen. Diese Binnensystemleitungsbahnen verlaufen vorzugsweise central in der weißen Substanz,

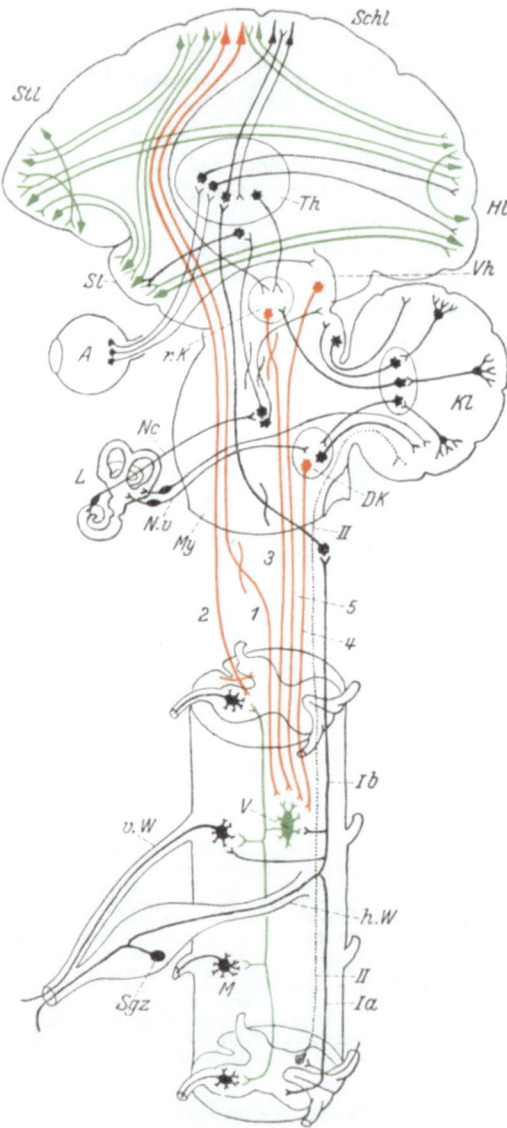

Abb. 225. Schema der motorischen Innervationswege im Rückenmark (vgl. Abb. 223) und einiger wichtiger Gehirnbahnen. *Grün*: im Rückenmark Schaltzelle des Eigenapparates, im Großhirn Verbindungsbahnen (Assoziationsbahnen) zwischen Rindengebieten; *rot*: aus dem Gehirn zum Eigenapparat (der übergeordneten Schaltzelle) oder den motorischen Zellen (?) ziehende Bahnen. Kreuzungen sind mit × angegeben. *1* Pyramidenseitenstrangbahn, *2* Pyramidenvorderstrangbahn, *3* Bahn vom roten Kern des Mittelhirns (Tractus rubro-spinalis), *4* Bahn vom DEITERSschen Kern im Myelencephalon an der Basis des Kleinhirns (Tractus vestibulo- oder deiterospinalis), *5* Bahn vom Mittelhirndach, in welches optische, akustische und vom Kleinhirn kommende (statische) Erregungen einstrahlen (Tractus tecto-spinalis). *Ia* Absteigende, *Ib* aufsteigende Fasern der Spinalganglienzellen aus der hinteren Wurzel, *II* aufsteigende Kleinhirnseitenstrangbahn. *A* Auge, *DK* DEITERScher Kern, *Hl* Hinterhauptslappen, *h.W* hintere Wurzel, *Kl* Kleinhirn, *L* Ohrlabyrinth, *M* motorische Zelle, *My* Myelencephalon, *Nc* Nervus cochlearis, *Nv* Nervus vestibularis, *r.K* roter Kern (Nucleus ruber) des Mittelhirns, *Schl* Scheitellappen, *Sl* Schläfenlappen, *Stl* Stirnlappen, *Th* Thalamus opticus, *V* Verbindungszelle, *Vh* Vierhügel des Mittelhirns, *v.W* vordere Wurzel.

also in Berührung mit der grauen Substanz, während die langen Bahnen mehr peripher entlang ziehen (Abb. 223). Der Eigenapparat des Rückenmarks bildet eine Anzahl von *Reflexapparaten*, die vor allem Ortsbewegungen und Abwehrreaktionen in selbständiger Koordination unter sensibler Kontrolle leisten (Abb. 224). Dies gilt für das Schwimmen der Fische, das Laufen und Fliegen der Vögel. Manchmal ist eine bestimmte Tätigkeit durch ein eng begrenztes Reflexcentrum gesichert; so bleibt der Begattungsumklammerungsreflex bei Froschmännchen bestehen, wenn man das Rückenmark oberhalb und unterhalb des Austritts der Nerven für die vordere Extremität durchschneidet. Gleichwohl stehen die Koordinationscentren des Rückenmarks in enger *Verbindung mit dem Gehirn*, das die Bewegungen nach Bedarf in Gang setzt, hemmt, beschleunigt oder modifiziert. Mit dem Aufstieg in der Wirbeltierreihe wird der Einfluß des Gehirns immer größer. Die sensiblen Bahnen aus dem Rückenmark ins Gehirn werden immer reicher. Sinneserregungen, die aus den Kopfsinnesorganen ins Gehirn eintreten, werden den Bewegungscentren des Rückenmarks zugeleitet (Abb. 225). Die Erhaltung der Körperlage in Ruhe und Bewegung ist zum Teil an Erregungen gebunden, die aus den Ohrlabyrinthen (S. 187, 190) stammen. Viele Bewegungen werden von den Augen kontrolliert. Schließlich werden die Handlungen der Säugetiere immer mehr durch die Koordinations- und Assoziationsapparate des Gehirns beherrscht.

Das Nervensystem. 231

Von den fünf *Hirnabschnitten* ist in der ganzen Wirbeltierreihe das *Myelencephalon* (verlängertes Mark oder Nachhirn) am gleichförmigsten ausgebildet. Es ist die End- und Ursprungsstelle der meisten *Gehirnnerven* (Abb. 226a) und enthält

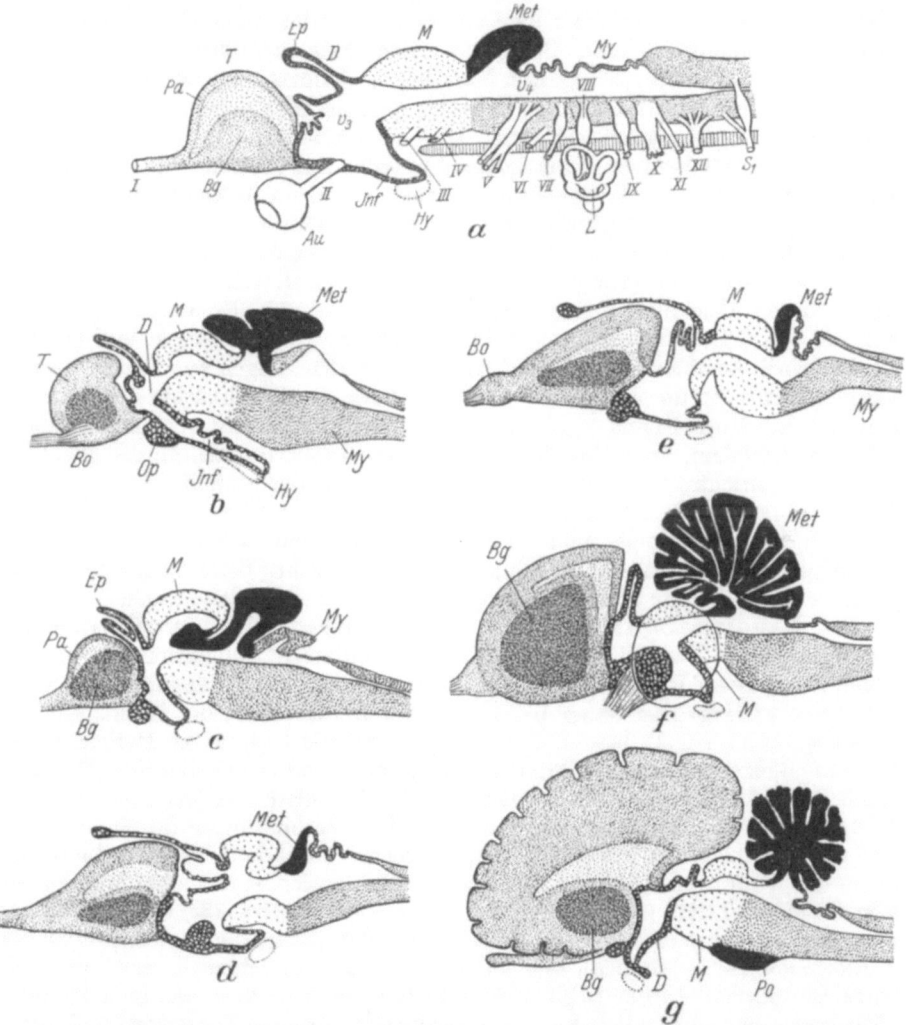

Abb. 226. Gehirntypen von Wirbeltieren in schematischen Längsschnitten; die Schnitte gehen zwischen den Vorderhirnhemisphären durch und zeigen in Aufsicht die rechte Hemisphäre; diese ist durchscheinend gedacht und zeigt das Basalganglion, den 2. Ventrikel und das Pallium. a Allgemeines Schema (Original K.), b Hai, c Knochenfisch, d Amphibium (Frosch), e Reptil, f Vogel, g Säuger (b—g im Anschluß an EDINGER). *Bg* Basalganglion, *B. o* Bulbus olfactorius, *Ch* Chorda, *D* Diencephalon, *Ep* Epiphyse, *Hy* Hypophyse, *Inf* Infundibulum, *L* Ohrlabyrinth, *M* Mesencephalon (in f ist seine seitliche Ausdehnung angegeben), *Met* Metencephalon mit dünnem Dach, das als Rautengrube eingesenkt ist, *My* Myelencephalon, *Op* Eintritt des Nervus opticus, *Pa* Pallium, *Po* Pons (Brücke = Verbindungsfasern der Kleinhirnhälften), S_1 1. Spinalnerv, *T* Telencephalon, v_3 Zwischenhirnventrikel, v_4 Nachhirnventrikel. *I—XII* Gehirnnerven. *I* Olfactorius, *II* Opticus, *III* Oculomotorius, *IV* Trochlearis, *V* Trigeminus, *VI* Abducens, *VII* Facialis, *VIII* Acusticus, *IX* Glossopharyngeus, *X* Vagus, *XI* Accessorius, *XII* Hypoglossus.

daher eine Reihe primärer Sinnescentren und motorischer Centren. Es nimmt die vom Labyrinthorgan (Abb. 180) kommenden Nerven (VIII. Gehirnnerv) auf und innerviert bei Fischen und im Wasser lebenden Amphibien die Seitenlinienorgane (VII., IX., X. Gehirnnerv, S. 186). Sensibel und motorisch wird von hier aus die Region des Visceralskelets versorgt (Region der Kiefer, des Zungenbeinbogens, der

Kiemenbögen und ihre Abkömmlinge, Pharynx, Kehlkopf und Gesicht, V., VII., IX., X. Gehirnnerv). Der Glossopharyngeus (IX.) ist der Hauptgeschmacksnerv. Neben ihm können der Facialis und Trigeminus Geschmacksfasern führen. Zum Gebiet des Nachhirns gehören ursprünglich auch alle Augenbewegungsnerven (III., IV., VI.), von denen die beiden vorderen sekundär in den Bereich des Mittelhirns einbezogen erscheinen. Der Vagus sendet Äste zu zahlreichen Eingeweiden (S. 238, Abb. 231). Im verlängerten Mark liegen Reflexcentren für die Tätigkeiten des Saugens, Kauens, Schluckens, Hustens, Nießens, Erbrechens, die unabhängig von höheren Gehirnteilen arbeiten. Hier liegen ferner automatische Centren verschiedener vegetativer Funktionen (Centrum der Atmung, der Gefäßinnervation, für Stoffwechseltätigkeiten). Ferner liegen im Myelencephalon Schaltstationen, in denen Erregungen, die aus dem Rückenmark kommen, auf neue Bahnen zu weiter vorn liegenden Gehirnteilen übergehen.

Das *Metencephalon* (Hinterhirn, *Kleinhirn*, Cerebellum) geht aus dem Dach des vorderen Abschnitts des verlängerten Marks hervor. Es nimmt Erregungen auf, die von den Sinnesendigungen in Muskeln, Sehnen, Gelenken und aus dem Ohrlabyrinth kommen, ferner gelangen optische Erregungen aus weiter vorn gelegenen Hirnteilen dorthin. Das Kleinhirn ist ein die Koordination der Bewegungen und den Muskeltonus regulierender Apparat. Es ist sehr verschieden ausgebildet, je nachdem, ob in einer Tiergruppe hohe Anforderungen an die Erhaltung des Gleichgewichts, an rasche und exakte Bewegungen gestellt werden (Fische, Vögel, Säuger, Abb. 226 b, c, f, g) oder nicht (Amphibien, meist Reptilien, Abb. 226d, e). Reizungs- und Ausschaltungsversuche zeigen, daß bestimmte Muskelgruppen in bestimmten Teilen des Kleinhirns ihre Vertretung finden, doch wirkt es auf diese nur über die Bewegungscentren des Rückenmarks.

Das *Mesencephalon* (Mittelhirn) ist in der ganzen Wirbeltierreihe durchweg gut entwickelt. Das Mittelhirndach ist eine primäre Endstation des Opticus (Abb. 225). Diese Region (Tectum opticum, *Zweihügel*, bei Säugetieren die vorderen der *Vierhügel*) ist daher bei Tieren, deren Hauptsinn der Gesichtssinn ist (Knochenfische, Vögel), besonders mächtig ausgebildet. Es ist ein Reflexcentrum für die Blickbewegungen, Pupillenverengerung und Accomodation (S. 208). Auch Erregungen vom Ohrlabyrinth gelangen ins Mittelhirndach; und mit dem Kleinhirn und dem Rückenmark bestehen reiche Verbindungen durch zuleitende und ableitende Fasern. Bei den niederen Wirbeltieren ist das Mittelhirn die Hauptstelle der Verknüpfung verschiedenartiger Sinneserregungen; stets werden von seinen tieferen Teilen (dem roten Kern, Nucleus ruber, Abb. 225) der Muskeltonus und die Körperstellreflexe beeinflußt. Bei den Säugetieren übernimmt das *Diencephalon* (Zwischenhirn), das bei den anderen Gruppen zurücktritt, die Rolle einer Hauptschaltstation (Abb. 225), die besonders in dem paarigen Sehhügel (*Thalamus opticus*) lokalisiert ist. Sie vermittelt zwischen Vorderhirn und weiter hinten gelegenen Hirnteilen. Hier enden bei den Säugern auch die meisten Sehnervenfasern, und hier entspringt eine sekundäre Sehbahn, die in die Großhirnrinde zieht. Außerdem enthält das Zwischenhirn (im Hypothalamus) wichtige Centren vegetativer Funktionen (für Wärmeregulation, Haushalt des Wassers, der Salze und Stoffumsetzungen).

Das *Telencephalon* (Vorderhin, Prosencephalon, Großhirn) besteht stets aus zwei blasenförmigen Vorstülpungen am Vorderende des Zwischenhirns, den paarigen Hemisphären (Abb. 226, 974, 975). Der Boden jeder Hemisphäre ist verdickt zu einem *Basalganglion* (*Corpus striatum*, Abb. 226, 227). Die übrige Hemisphärenwand stellt den Hirnmantel, *Pallium*, dar. Am Vorderende treten die *Riechnervenfasern* in einen kolbenförmigen Fortsatz der Hemisphärenbasis (Bulbus olfactorius) ein und werden dort auf weitere Ganglienzellen umgeschaltet.

Diese sekundären Riechbahnen enden in den oberflächlichen Teilen der Hirnbasis (Lobi olfactorii) und strahlen bei den Fischen auch in den Hirnmantel ein; das Vorderhirn ist also in erster Linie *Riechhirn*. Von den Amphibien an entwickelt sich in steigender Ausbildung ein Teil des Mantels, der keine sekundären Riechbahnen mehr aufnimmt, das *Neopallium*, im Gegensatz zur Riechrinde, dem *Archipallium* (Abb. 227). Das Neopallium wird insbesondere bei den Säugern zu einem mächtigen übergeordneten Assoziationsapparat, in den Bahnen aus allen Sinnesnervenendstellen einstrahlen (Abb. 225). Eine ungeheure Menge von intracentralen Bahnen verbindet die einzelnen Rindenteile miteinander. Der Einfluß, den das Vorderhirn unmittelbar auf die tieferen Teile des Nervensystems ausüben kann, steigt in der Wirbeltierreihe. Bei den Amphibien ist das Vorderhirn nur mit dem Zwischenhirn unmittelbar verbunden, bei den Sauropsiden gehen effectorische Fasern von dem Großhirn bis ins Mittelhirn, bei den Säugern zu allen Hirnteilen und ins Rückenmark (Abb. 225). Bei den Vögeln ist das Basalganglion besonders mächtig entwickelt (Abb. 226f, 227b). Bei den Säugern nimmt das Neopallium durch Vergrößerung der Hemisphären und Furchenbildung immer mehr an Flächenausdehnung zu und wird schließlich der weitaus mächtigste Hirnteil (Abb. 226g, 227c). Während bei Fischen und Amphibien das Verhalten durch Wegnahme des Großhirns kaum verändert wird (abgesehen von dem Ausfall der Geruchserregungen), bedeutet sein Verlust bei Vögeln und Säugern eine große Einbuße. Am genauesten wissen wir über die *Leistungen des Großhirns* bei *Säugern* aus Ausschaltungs- und Reizversuchen, sowie aus klinischen Erfahrungen am Menschen Bescheid.

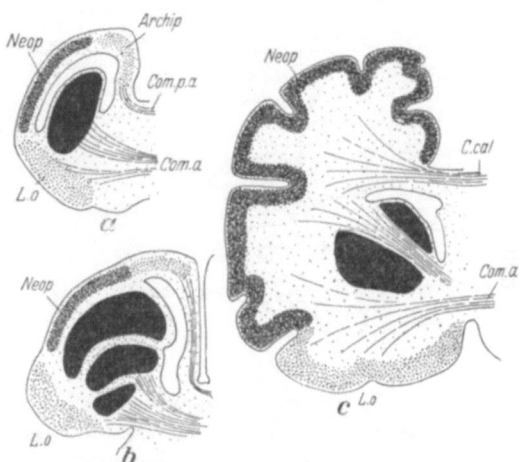

Abb. 227. Schematische Querschnitte durch Vorderhirne. (Im Anschluß an EDINGER.) Basalganglion (Corpus striatum schwarz), a Reptil, b Vogel, c höheres Säugetier (Hund). *Archip* Archipallium, Riechrinde (hellpunktiert), *C. cal* Corpus callosum = Commissurfasern zwischen dem Neopallium der beiden Hemisphären, *Com.a* Commissura anterior = Commissurfasern zwischen den Basalganglien und Riechlappen der beiden Seiten, *Com.p.a* Commissura pallii anterior, Verbindungsfasern des Archipalliums, *L.o.* Lobus olfactorius, *Neop* Neopallium.

Durch Großhirnfortnahme wird das Verhalten automatisch, Erlerntes ist verloren, die Lernfähigkeit erloschen. In verschiedenen Teilen des Großhirns sind, wie zuerst Experimente von FRITSCH und HITZIG (1870) erschlossen haben, gewisse Teilleistungen lokalisiert. Von bestimmten *motorischen Centren* oder *Rindenfeldern* können durch elektrische Reizungen Bewegungen bestimmter Muskelgruppen ausgelöst werden (Abb. 228). Bei den höheren Wirbeltieren bilden die motorischen Centren im wesentlichen einen zusammenhängenden sattelförmigen Bezirk auf der Mitte der Gehirnoberfläche (motorische oder psychomotorische Zone). Die Anordnung der Felder ist dabei bestimmt geregelt. Der ganze Körper ist in der natürlichen Aufeinanderfolge seiner Teile gewissermaßen auf die Hirnwand projiziert. Die durch künstliche Reizung der Hirnrinde ausgelösten Bewegungen sind nicht Zuckungen einzelner Muskeln, sondern koordinierte Bewegungen von Muskelkombinationen, welche den natürlichen willkürlichen Bewegungen entsprechen, z. B. rhythmische Kaubewegungen auf Einzelreize, Beugung und Streckung unter antagonistischer Innervation. Offenbar werden von der Rinde aus untergeordnete Koordinationscentren in Gang gesetzt. Mit der psychomotorischen Zone fällt die psychosensorische Zone oder *Körperfühlsphäre* (MUNK) zusammen, welche die Projektion der receptorischen Nervenendigungen der Haut, der Muskeln, der Sehnen, Gelenke der den Muskelgruppen entsprechenden Körperteile darstellt. Während nach Wegnahme der motorischen Zone die gröberen Bewegungskombinationen wohl erhalten sind, erweisen sich die feineren Einzelbewegungen, besonders die erlernten, als sehr gestört. Auch andere Sinnesgebiete als Tastsinn und Tiefensensibilität sind in der Hirnrinde durch Sinnescentren vertreten. Die Funktion des Sehens ist an den Hinterhauptslappen des Großhirns gebunden. Beiderseitige Zerstörung dieser *Sehsphäre* führt bei Säuger und Mensch zur *Rindenblindheit*, bei der Blinzeln und Pupillenreflexe erhalten sind, aber nicht gesehen wird (subjektive Blindheit beim Menschen; von

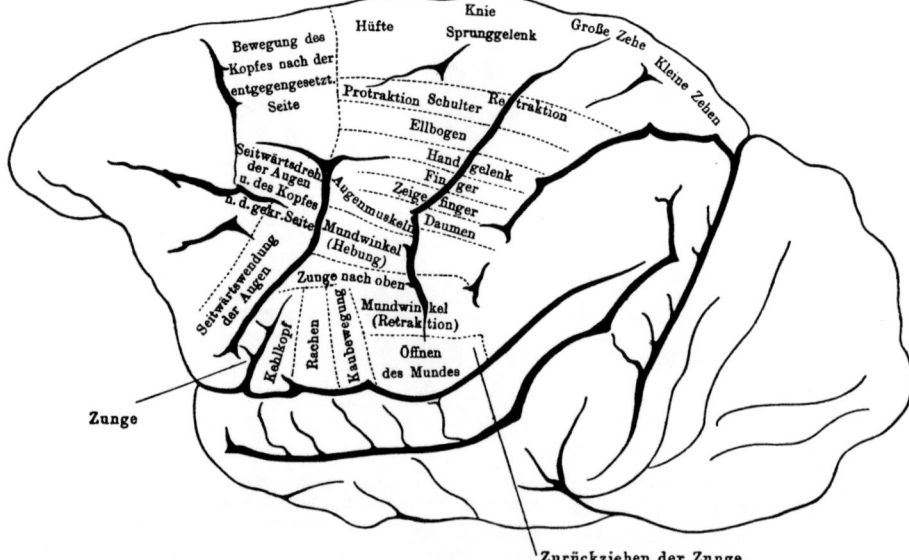

Abb. 228. Motorische Rindenfelder auf der linken Großhirnhemisphäre von *Macacus*. (Nach HORSLEY u. BEEVOR aus MONAKOW.)

operierten Tieren werden Hindernisse nicht vermieden). Der Occipitallappen ist auch die Abgangsstelle für die cerebralen Impulse für die Augenbewegungen. Die *Hörsphäre* liegt im Schläfenlappen. Neben diesen *Primärcentren der Hirnrinde*, die unmittelbar mit bestimmten tieferen Sinnescentren und Koordinationscentren verbunden sind, gibt es *Sekundärcentren*, die eng mit *mnemischen Vorgängen* zusammenhängen. Wird ein bestimmter Bezirk in der Nähe des Sehcentrums zerstört, so tritt sogenannte *Seelenblindheit* ein, bei der wohl gesehen wird, aber Gegenstände nicht mehr erkannt werden. Ein Hund mit einem solchen Defekt weicht Hindernissen wohl aus, erkennt aber seinen Herrn oder Futter nur noch mit anderen Sinnen. Entsprechend wird „Seelentaubheit" durch Zerstörungen an bestimmten Stellen des Schläfenlappens bedingt. Die Leistung dieser sensorischen Sekundärcentren wird als *Gnosis* (der Ausfall infolge ihrer Zerstörung als Agnosie) bezeichnet. In den von primären motorischen und sensorischen Centren nicht besetzten Rindenteilen finden sich auch motorische Sekundärcentren, in welchen durch Erfahrung und Übung besondere nervöse Schaltungen ausgebildet werden können, welche ein bestimmtes Handeln (*Praxis*) ermöglichen (ihre Störungen heißen Apraxien). Der *Stirnlappen* des Großhirns scheint besonders mit den *höchsten psychischen Leistungen*, dem intelligenten Handeln, verknüpft zu sein. Sein Umfang nimmt in der Säugerreihe mit der Leistungshöhe zu, besonders beim Menschen auch gegenüber den anthropoiden Affen. Die Verknüpfung dieses Hirnteils mit allen sensorischen und motorischen Centren ist besonders reich. Bei Tieren wird mit seiner Ausschaltung die Dressurfähigkeit gestört, und die Tiere werden hemmungslos. Beim Menschen sind von Geburt an bestehende Verkümmerungen des Stirnlappens stets mit Idiotie verbunden. Die mimischen Ausdrucksbewegungen, Beherrschung von Sprache und Schrift, Funktionen des specifisch menschlichen Verhaltens, stehen zum Stirnlappen in enger Verbindung.

Als verhältnismäßig selbständiger Teil des Nervensystems ist bei höheren Tieren (Anneliden, Arthropoden, Wirbeltieren) ein *Eingeweidenervensystem* (Visceralnervensystem) ausgebildet (Abb. 928 *g'*), Bei den *Wirbeltieren* besteht sein Hauptteil (Abb. 229—231) aus einer Reihe von *segmentalen Ganglien*, deren Zellen sich von der Anlage der Spinalganglien oder unmittelbar vom Medullarrohr herleiten. Sie ziehen im allgemeinen der ganzen Wirbelsäule entlang. Diese *sympathischen Ganglien* sind jederseits durch Zwischenstränge zu einem Längsnervenstrang (dem sympathischen Grenzstrang) verbunden und jeweils durch einen Verbindungsast an den Spinalnerven desselben Segments angeschlossen (Abb. 229, 230). Das viscerale Nervensystem reguliert die Tätigkeit der Eingeweide (S. 237). In diesen treten die effektorischen visceralen Nerven vielfach an ein Nervennetz (S. 220) heran (Abb. 230).

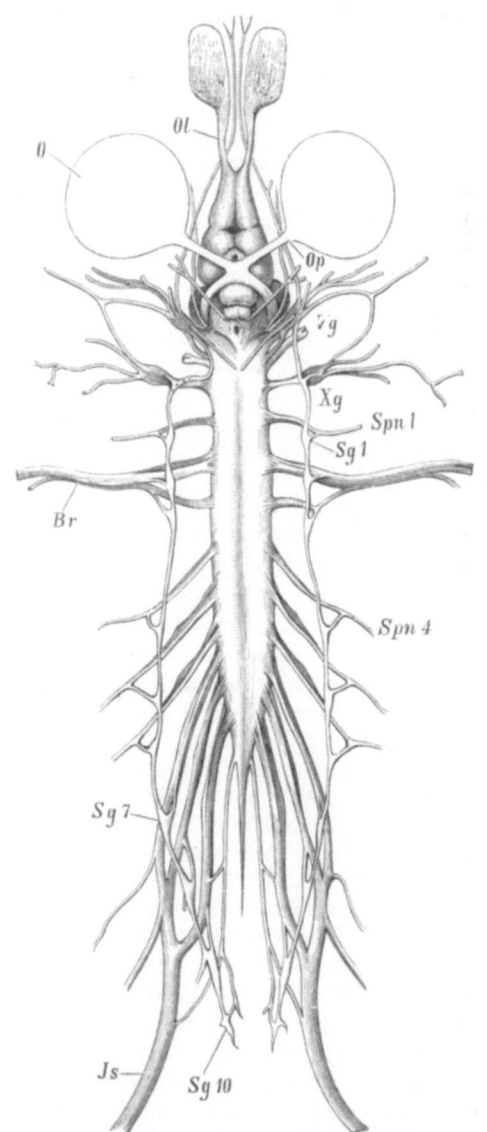

Abb. 229. Centrales Nervensystem des Frosches. (Nach ECKER.) *Br* Nervus brachialis, *Js* N. ischiadicus, *O* Auge, *Ol*, N. olfactorius, *Op* N. opticus, *Sg 1—Sg 10* Ganglien des Grenzstrangs des Sympathicus, *Spn 1* erster Spinalnerv, *Vg* Ganglion des N. trigeminus, *Xg* Ganglion des N. vagus.

Wenn auch die histologische Struktur des Nervensystems natürlich die Voraussetzung für seine Leistungen ist und einzelne Funktionen an bestimmte Teile geknüpft sind, so ist die *Tätigkeit des Nervensystems als Ganzes* doch keineswegs einfach als Summe der Tätigkeiten der einzelnen Strukturteile aufzufassen. Für die Erklärung der einfachsten rein reflektorischen Leistungen können die Vorstellungen genügen, daß jedes Neuron einer einzigen, nach Frequenz und Rhythmus abstufbaren Erregung (spezifischen Energie) fähig ist, welche es leitet und auf andere Neurone nach Maßgabe ihrer Erregbarkeit überträgt, und daß die Erregbarkeit eines Neurons durch nervöse Impulse, Hormonwirkungen und Stoffwechseleinflüsse verändert werden kann. Der Zustand des Nervensystems wäre hiernach in jedem Augenblick ein bestimmtes *Erregungsmosaik*, und eine bestimmte Reaktion beruhte auf der Erregung bestimmter Nervenzellen (Leitungs- und Lokalisationsprinzip). Die Ausbildung *neuer Reaktionen*, wie sie der Einübung einer neuen, durch Übung erzielten Bewegungskombination oder der Verknüpfung von Engrammen von Sinneseindrücken untereinander und von solchen mit bestimmten Reaktionen entspricht, hat man zunächst durch Erweiterung des Leitungsprinzips darauf zurückzuführen versucht, daß zwischen bestimmten einzelnen vorhandenen Strukturen (Nervenzellen, Fibrillennetzen) gewisse Verbindungen leichter gangbar oder daß neue Verbindungswege ausgebildet werden (Prinzip der Leitung geringsten Widerstandes). Aber auf diese Weise könnte, abgesehen von der unendlichen Anzahl nötiger Verbindungen, nie erklärt werden, wie eine bestimmte optische Erregung mit einer bestimmten akustischen verknüpft wird. Daß die *centralen Leistungen, welche den psychischen Erscheinungen entsprechen*[1], nicht auf der Tätigkeit bestimmter einzelner Bahnen und Zellen, sondern auf *Gesamtzuständen* gewisser Gehirnfelder beruhen, beweisen schon die Tatsachen der einfachen *Wahrnehmung*. *Räumliche Gestalten (Reizgestalten)* werden als gleich oder ähnlich erkannt trotz großer Unterschiede der Größe und Lage und des eigentlichen Empfindungsmaterials (z. B. gleichseitiges Dreieck in verschiedener Lage, Größe, Farbe: Transponierbarkeit der Gestalten, VON EHRENFELS). Ein genaues geometrisches Entsprechen der retinalen und der Hirntopographie ist bei Tieren, welche Gestalten unterscheiden, nach dem Faserverlauf nicht anzunehmen. Aber selbst, wenn eine solche geometrische Projektion stattfände, könnte das Wiedererkennen einer Gestalt als *Erregungskonfiguration* nicht durch die Tätigkeit immer derselben Sinnes- und Nervenzellen bedingt werden.

Die *Erinnerungsbilder von Gegenständen* können anatomisch in keiner Weise als etwas Einheitliches und Umschriebenes aufgefaßt werden. Kaum eines wird nur auf ein Rindenfeld beschränkt sein, da es kaum je nur Elemente eines Sinnesgebietes umfaßt. Aber auch das, was dem Sinnesgebiet nach als einheitliches an einem Gegenstand herausgelöst werden kann, z. B. das Optische, wird nie auf der Tätigkeit einer einzelnen Zelle oder eines einzigen Fasernetzes beruhen, sondern von dem Zusammenwirken zahlreicher ähnlicher Gebilde getragen werden. Dem entspricht, daß teilweise Zerstörungen eines Rindenfeldes niemals etwa die Erinnerungsbilder einzelner Gegenstände auslöschen, sondern eine allgemeine Funktionsminderung mit sich bringen.

Gesamtzustände ausgedehnter Gebiete des Nervensystems bestimmen offenbar die Erregungsverteilung. Bei der Engrammverknüpfung muß die Koexistenz mehrerer solcher Gesamtzustände einen Zusammenhang zwischen ihnen und ihren Nachwirkungen herstellen, der seiner Natur nach uns unbekannt, aber jedenfalls nicht die Herstellung einer Leitungsbahn ist, sondern eine andersartige Änderung der Leistung oder Leistungsbereitschaft bestimmter Nervenzellengruppen. Man kann annehmen, daß in gewissen Assoziationszellengruppen (S. 221), die von mehreren verschiedenen Seiten her beeinflußt werden, irgendeine Verbindung verschiedener Zustände stattfindet derart, daß künftig der eine den anderen hervorruft.

---

[1] KRIES, J. VON: Über die materiellen Grundlagen der Bewußtseinserscheinungen. Tübingen 1901.

Besonders deutlich tritt die Unabhängigkeit der Engrammbildung von der Tätigkeit bestimmter Projektionsbahnen und von einem bestimmten Empfindungsmaterial da hervor, wo bestimmte *Zeitgestalten* (z. B. Melodien) eingeprägt werden.

Das reine Leitungs- und Lokalisationsprinzip erklärt auch nicht, wie dieselben Muskelgruppen in wechselnden Kombinationen in verschiedenen Reflexen auftreten (z. B. Schwimmen, Springen, Schreiten, Wischen) und wie im Rahmen eines allgemeinen Mechanismus koordinierter Bewegungen (z. B. der Putzbewegungen, Kletterbewegungen, der Schreibbewegungen oder Sprechbewegungen des Menschen) von Fall zu Fall individuell geprägte Einzelbewegungen mit harmonisch wechselnden Innervationsverstärkungen zustande kommen (Plastizität der Reflexkoordinationen). Der räumlichen und zeitlichen Reizgestalt entspricht auch eine bestimmt *gestaltete motorische Impulsverteilung*. Komplizierte angeborene *Impulsmelodien* (von UEXKÜLL) können in den räumlich und zeitlich gestalteten Bewegungsfolgen zum Ausdruck kommen, welche wir als Instinkthandlungen (S. 255) bezeichnen.

Darauf, daß der Gestaltcharakter psychischer Erlebnisse und physiologischer Vorgänge nicht ohne Analogie im Anorganischen ist, hat besonders W. KÖHLER[1] hingewiesen.

Das Wesen der „Beziehung zwischen Physischem und Psychischem" ist kein biologisches, sondern ein erkenntnistheoretisches Problem. Unmittelbar gegeben ist uns die Einheit unseres psychophysischen Subjekts. Die Vorstellung unseres Körpers als materielles System, an dem sich ein physiologischer Gesamtablauf ohne seelische Aktualität vollzieht, sowie die Behandlung von Bewußtseinsinhalten ohne den Körper eines psychophysischen Subjekts sind notwendige methodologische Abstraktionen, die aber nicht als wissenschaftliche Hypothesen über wirkliches Geschehen aufgefaßt werden dürfen. Die Zuordnung bestimmter psychischer Erscheinungen zu bestimmten physiologischen Vorgängen ist eine Aufgabe empirischer Forschung. Auf einem Verkennen dieses Tatbestandes beruhen viele Streitigkeiten, besonders auf dem Gebiet der Tierpsychologie.

N. Die Correlation der Organfunktionen.

Die Organe des Körpers stehen durch das Nervensystem und die zirkulierenden Körperflüssigkeiten in Verbindung. Durch diese beiden Mittel werden die Organfunktionen dauernd reguliert und nach wechselnden äußeren und inneren Bedingungen angetrieben oder gehemmt oder umgestellt.

a) Nervöse Correlationen.

An die verschiedensten Eingeweide treten Nerven heran, die man in ihrer Gesamtheit als *vegetatives* oder *autonomes System* bezeichnet. Es ist nur bei den *Wirbeltieren* morphologisch und physiologisch genauer bekannt. Sein Wirkungsbereich umfaßt die gesamte glatte Muskulatur, quergestreifte Muskulatur vegetativer Organe (Herz), bei niederen Wirbeltieren die Pigmentzellen der Haut und die Stoffwechselvorgänge.

Die Zellen der *effektorischen Endfasern* des vegetativen Nervensystems liegen niemals im Centralnervensystem selbst, sondern in Ganglien, die entweder dem Grenzstrang des sympathischen Nervensystems (S. 235) angehören oder weiter peripheriewärts liegen (Abb. 230, 231). Doch treten aus dem Centralnervensystem Fasern an die Ganglien heran und führen ihnen Impulse des Centralnervensystems zu. Die von den Eingeweiden kommenden *sensiblen Fasern* sind anscheinend stets

---

[1] KÖHLER, W.: Die physischen Gestalten in Ruhe und im stationären Zustand. Erlangen 1924.

238 Die Organe und ihre Leistungen.

Ausläufer von Spinal- oder Gehirnganglienzellen. Der sympathische Reflexbogen scheint daher stets über das Centralorgan zu verlaufen. Die vom Gehirn oder Rückenmark zu einem Ganglion verlaufenden und dort endenden effektorischen Fasern (*präganglionären Fasern*) gehen teils durch die ventrale; teils durch die dorsale Wurzel (Abb. 230). Im Rückenmark liegen die *visceral-effektorischen Zellen* in Seitenteilen der Vorderhörner, die als Seitenhörner vorspringen können (Abb. 223). Die präganglionären Fasern lassen sich ihrem Ursprung nach in drei

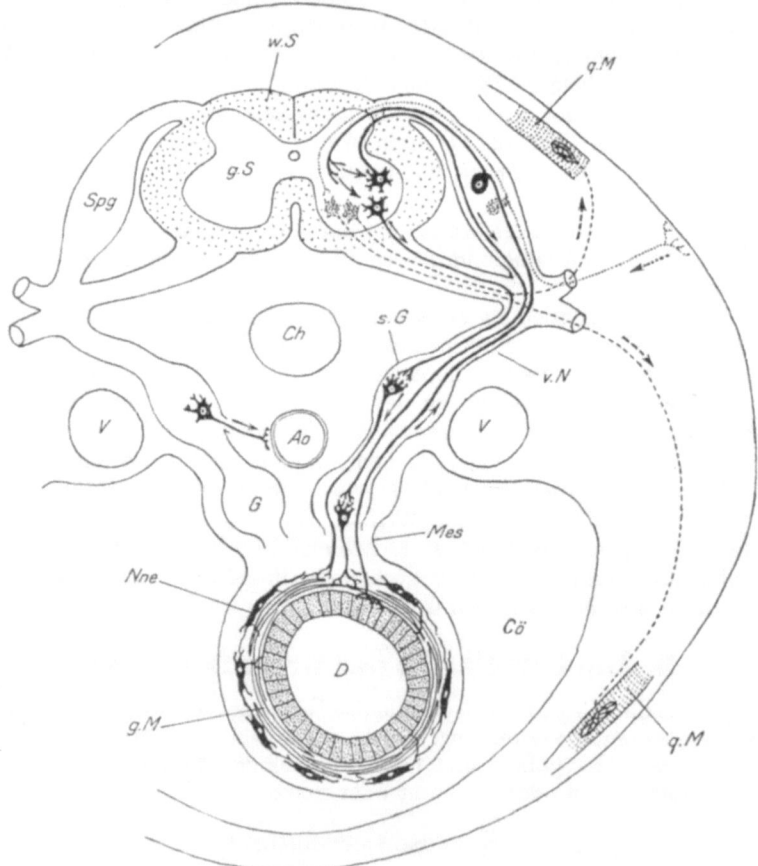

Abb. 230. Schema des parietalen und des sympathischen Reflexbogens. (Original K.) Visceral-sensible, visceralmotorische, sympathische und Plexuszellen schwarz ausgezeichnet, hautsensible Zelle punktiert, motorische Bahnen zur quergestreiften Muskulatur gestrichelt. *Ao* Aorta, *Ch* Chorda, *Cö* Cölom, *D* Darm, *G* peripheres Ganglion, *g.M* glatte viscerale Muskulatur, *g.S* graue Substanz, *Mes* Mesenterium, *Nne* Nervennetz, *q.M* quergestreifte Muskulatur, *s.G* Ganglion des sympathischen Grenzstranges, *Spg* Spinalganglion, *V* Venen, *v.N* Verbindungsnerv, *w.S* weiße Substanz.

Gruppen teilen (Abb. 231): Aus dem *Mesencephalon* und *Myelencephalon* entspringen von vegetativen Centren des Gehirns (S. 232) kommende Fasern des Kopfteils des visceralen Systems mit dem III., VII., IX. und X. Gehirnnerven (vgl. Abb. 226a, Abb. 231). Aus den Brust- und oberen Lendensegmenten des *Rückenmarkes* entspringen die Fasern, die zum Grenzstrang des Sympathicus ziehen (*Brustteil* des visceralen Systems), in ihm enden oder ihn durchlaufen und in vorgelagerte Ganglien einmünden; aus einem Teil der *Sacralsegmente* treten die Fasern des sacralen Anteils des visceralen Systems aus. Kopf- und Sacralteil des visceralen Systems werden als *parasympathisches System* dem *sympathischen System* (Brustteil) gegenübergestellt. Die meisten Organe werden von Fasern beider Systeme innerviert, die antagonistisch wirken. Eine Übersicht über die viscerale Innervation gibt Abb. 231.

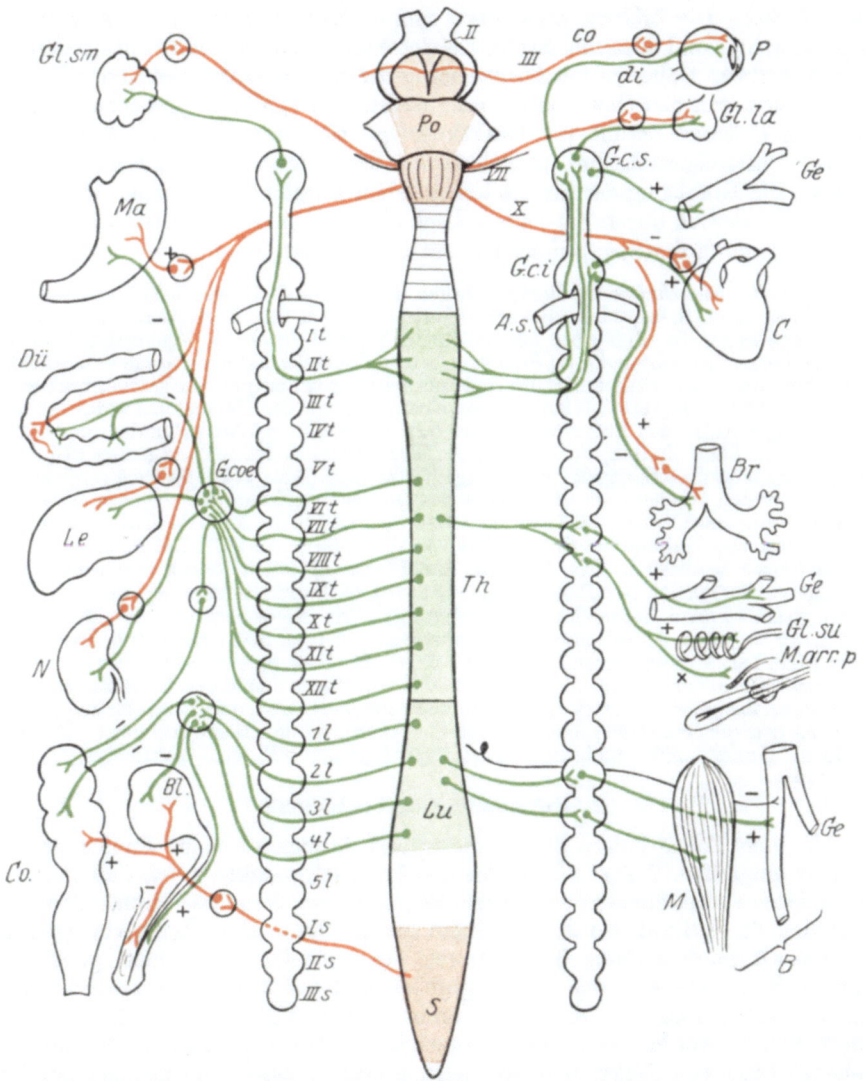

Abb. 231. Schema der visceralen Innervation (sympathisch grün, parasympathisch rot). (Nach MEIER-GOTTLIEB und BETHE.) *II, III, VII, X* Gehirnnerven (vgl. Abb. 226). *I t—XII t* Thorakalganglien, *1 l* bis *5 l* Lumbalganglien, *I s—III s* Sacralganglien des Grenzstranges, *A.s.* Arteria subclavia, *B* Bein, *Bl* Blase, *Br* Bronchien, *C* Herz, *co* constrictorisch, *Co.d* Colon, *di* dilatatorisch, *Dü* Dünndarm, *G.ci* Ganglion cervicale infer., *G.coe* Gangl. coeliac . *G.c.s.* Gangl. cervic. super., *Ge* Gefäße, *Gl.la* Tränendrüse, *Gl.sm* Speicheldrüse, *Gl.su* Schweißdrüsen, *Le* Leben, *Lu* Lumbalmark, *M* Muskel, *M.arr.p.* Musc. arrect. pilor., *Ma* Magen, *N* Niere. *P* Pupille, *Po* Pons, *S* Sacralmark, *Th* Thoracalmark.

b) Chemische Correlationen.

1. Die Konstanterhaltung des inneren Mediums.

Die normale Funktion der Organe setzt eine relative Konstanz des gemeinsamen Mediums der Körperzellen voraus. Sie erstreckt sich auf die Qualität und die Konzentration der Leibeshöhlen- und Blutflüssigkeit.

Anstiege des *Salz-* oder *Wassergehaltes* werden in erster Linie durch die Tätigkeit der Excretionsorgane ausgeglichen.

Besonders empfindlich sind alle Körperzellen gegen Änderungen der *H-Ionenkonzentration*. Die Bildung vorwiegend saurer Stoffwechselprodukte und die Resorption saurer und basischer Stoffe aus der Nahrung droht die Reaktion dauernd zu verschieben. Daher ist die Ausgleichung der p_H-Schwankungen in den Körperflüssigkeiten und den Geweben ein sehr wichtiges Regulationsgeschehen. In den einzelnen *Geweben* beruht die Reaktionsregulation zum Teil auf den gewebseigenen Puffereigenschaften, zum Teil auf der Wirkung des durchströmenden Blutes. Die Erhaltung der für die biologischen Vorgänge optimalen *Blutreaktion* wird gewährleistet durch die physikalisch-chemischen Eigenschaften des Blutes selbst und durch die Regulationstätigkeit bestimmter Organe.

Die *Puffereigenschaften des Blutes* beruhen zum Teil auf seinem Gehalt an schwachen Säuren und deren Salzen (Bikarbonate, Phosphate). Bei den Wirbeltieren wird die Reaktionsregulierung im Blut aber hauptsächlich bewirkt durch die Eigentümlichkeit des Hämoglobins, mit wechselnder O_2-Sättigung seinen Säurecharakter zu verändern, von einer schwachen, fast undissoziierten Säure (reduziertes Hämoglobin) in eine starke, hochgradig dissoziierte Säure (Oxyhämoglobin) überzugehen. Je mehr das Hämoglobin reduziert wird, desto weniger Alkali des Blutes wird daher durch das Hämoglobin gebunden, desto mehr steht also zur Säurebindung zur Verfügung. Hinzu kommt, daß mit steigender CO_2-Spannung die Sauerstoffsättigungskurve herabgedrückt wird (Abb. 143). So wird erreicht, daß trotz des großen Wechsels im CO_2-Gehalt das p_H des arteriellen und venösen Blutes nur höchstens um einige Tausendstel zwischen 7,30 und 7,40 (beim Menschen) schwankt.

Die *reaktionsregulierenden Organe* sind vor allem die Nieren, die Leber, die Atmungsorgane (durch wechselnde CO_2-Abgabe), das Blutgefäßsystem (durch wechselnde Strömungsgeschwindigkeit), der Darm (durch Säure- und Basenabsonderung) und die Hautdrüsen (verschiedene Schweißzusammensetzung). Die Niere reguliert das Säurebasengleichgewicht durch Ausscheidung reaktionsstörender basischer oder saurer Stoffe. Die Leber wirkt reaktionsregulierend teils durch oxydative Beseitigung organischer Säuren, die im Organismus anderwärts gebildet werden oder vom Darm aus in den Kreislauf gelangen; ferner ist sie imstande, im Pfortaderblut ihr zuströmende Säuren und Basen bis zu gewissem Grade zu neutralisieren und einen Überschuß von Säuren und Basen mit der Galle auszuscheiden. Ferner besitzt auch die Harnstoffsynthese aus NH_3 eine reaktionsregulierende Bedeutung.

2. Hormonale Correlationen[1].

Sehr viele Zellen liefern Stoffe, die irgendwie regelnd in die Funktionen des Körpers eingreifen. Selbst allgemeine Stoffwechselprodukte werden nicht immer wirkungslos ausgeschieden; so übt das CO_2 auf dem Wege des Kreislaufes einen regelnden Einfluß auf das Atemcentrum aus (S. 232). Eine Reihe von Organen bereiten als Sonderleistung *innere Secrete* oder *Increte*, Stoffe einer spezifischen Konstitution, welche an das Blut abgegeben und durch dieses verbreitet werden und in bestimmten auf sie abgestimmte Zellen Wirkungen auslösen. Solche „Botenstoffe" werden als *Hormone* bezeichnet. Die Hormonbildung kann eine Nebenleistung von Zellen sein, die noch andere Leistungen ausüben, oder die Hauptleistung besonderer Organe. Diese werden als Drüsen mit innerer Secretion, *Incretdrüsen, endokrine Drüsen*, bezeichnet.

Die Hormone sind stets in *sehr geringen Mengen* wirksam und gleichen darin den von außen aufgenommenen Vitaminen (S. 31), welche ebenfalls als Antriebsstoffe für bestimmte Stoffwechsel- und Entwicklungsvorgänge wirken.

Der *Ablauf der Hormonwirkungen* kann verschieden sein. Im einfachsten Fall können Hormonbildung und -ableitung von einer Incretdrüse autonom besorgt

---

[1] WEIL, A.: Die innere Sekretion. Einführung für Studierende usw. 3. Aufl. 1923. — RAAB, W.: Hormone und Stoffwechsel. Preising-München 1926. — BAUER, H.: Innere Secretion. Berlin 1927. — TRENDELENBURG, P.: Die Hormone, ihre Physiologie und Pharmakologie 1. Berlin 1924.

werden, indem von einem bestimmten Entwicklungsstadium der Drüse ab die Secretion (nach vorübergehender Speicherung oder kontinuierlich) stattfindet. Meist, wenn nicht immer, ist jedoch die Hormonproduktion und -ableitung von hormonalen oder nervösen Antrieben abhängig. Meist untersteht eine Incretdrüse sowohl mehrfachen hormonalen als auch nervösen Einflüssen. Die Hormone wirken auf periphere Erfolgsorgane unmittelbar oder mittelbar unter Zwischenschaltung eines Teiles des Nervensystems ein, welches unmittelbar auf das Hormon anspricht und daraufhin einem Organ nervöse Impulse zuführt. Die Hormonwirkungen können die Entwicklung eines Organs beeinflussen (*morphogenetische Hormonwirkungen*) oder die Leistungen eines Organs quantitativ oder qualitativ verändern (*funktionelle Hormonwirkungen*). Dasselbe Hormon kann an einer Stelle morphogenetische, an anderer Stelle funktionelle Wirkungen entfalten, ein Organ hemmend, ein anderes fördernd beeinflussen. Gewisse endokrine Drüsen wirken durch ihre Hormone gleichsinnig (synergistisch) oder gegensinnig (antagonistisch). Für die harmonische Leistung des Gesamtorganismus ist ein bestimmtes *hormomonales Gleichgewicht* notwendig. Nach Entfernung oder Funktionsminderung einer Drüse gewinnen ihre Antagonisten ein Übergewicht. Jedoch kommen nicht stets dadurch bleibende Störungen zustande. Die übrigen Organe können ein neues Gleichgewicht durch Funktionssteigerung oder Senkung einstellen.

Hormone können außer durch unmittelbare Produktionsanregung oder Hemmung einer Incretdrüse dadurch sich gegenseitig hemmen oder fördern, daß sie die Bedingungen für ihre Wirksamkeit in den Erfolgsorganen einander nehmen oder beeinträchtigen oder günstiger gestalten. Denn jedes Hormon verändert das Wirkungsmilieu der anderen im Körper.

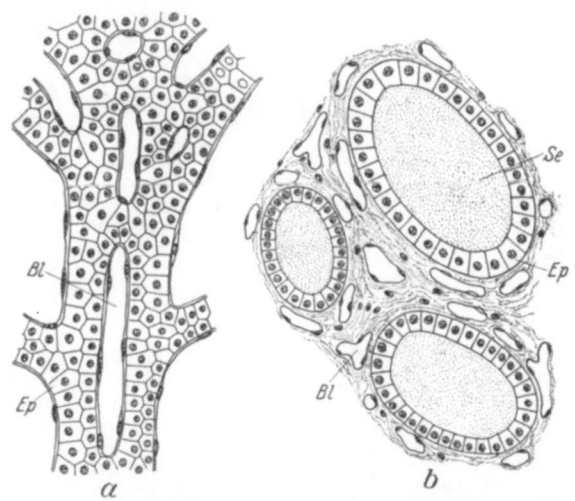

Abb. 232. Schema des Baues inkretorischer Drüsen. (Nach KOHN.) a Epithelbalkentypus (Epithelkörperchen, Hypophysenvorderlappen, Nebenniere und anderes). b Bläschentypus (Schilddrüse). *Bl* Blutgefäße, *Ep* Drüsenepithel, *Se* Sekret.

Nur bei den *Wirbeltieren* sind die Incretdrüsen und die Wirkungen ihrer Hormone genauer bekannt. Die Hormone sind hier *nicht artspezifisch*; dasselbe Hormon ist in der ganzen Wirbeltierreihe wirksam.

Ein Beispiel für *Hormonbildung als Nebenleistung* bilden die Epithelzellen des Duodenums. Bei Eintritt des sauren Speisebreies in diesen Darmabschnitt wird von den in erster Linie resorbierenden Zellen ein Stoff, das *Secretin*, gebildet und an die Blutgefäße des Darmes abgegeben. Gelangt dieser Stoff zum Pancreas, zur Leber und zu den Darmdrüsen, so wirkt er als specifisches Reizmittel auf die Secretion dieser Drüsen.

Die *Incretdrüsen* sind meist epitheliale Organe, die entweder aus einem verzweigten, von Blutgefäßen umsponnenen *Zellbalkengerüst* (Abb. 232a) oder aus geschlossenen *Bläschen* (Abb. 232b) bestehen. Da die Wirkungen der Incretdrüsen vielfach ineinandergreifen, wird ihre Gesamtheit bei einem Organismus als *endo-*

krines System bezeichnet. Bei den *Wirbeltieren* kann man mehrere Gruppen von endokrinen Organen unterscheiden.

Als *branchiogene Organe* werden mehrere Incretdrüsen zusammengefaßt, die von der entodermalen Epithelauskleidung des embryonalen Kiemendarmes abgeschnürt werden (Abb. 233):

1. Die *Schilddrüse* oder *Thyreoidea* (Glandula thyreoidea) entsteht als ventrale Abfaltung des Kiemendarmes. Sie enthält zahlreiche Epithelbläschen (Abb. 232b), die von einem „Kolloid" erfüllt sind. Dieses wird von dem Drüsenepithel abgesondert, vermutlich zum Teil wieder rückresorbiert und rückläufig an den Säftestrom (Lymphe oder Blut) abgegeben. Das Hormon der Schilddrüse (oder ein ihm nahes Spaltungsprodukt) ist das J-haltige *Thyroxin* ($C_{15}H_{11}O_4NS_4$, ein Tetrajodderivat des p-Hydroxyphenyläthers des Tyrosins). Es bewirkt eine *Erhöhung des Stoffumsatzes*, besonders der Oxydationen, die mit Kohlehydratverbrauch einhergehen, aber auch der Fettverbrennung und des Eiweißabbaues. Ferner beeinflußt die Schilddrüse auch den H_2O- und den Mineralstoffwechsel.

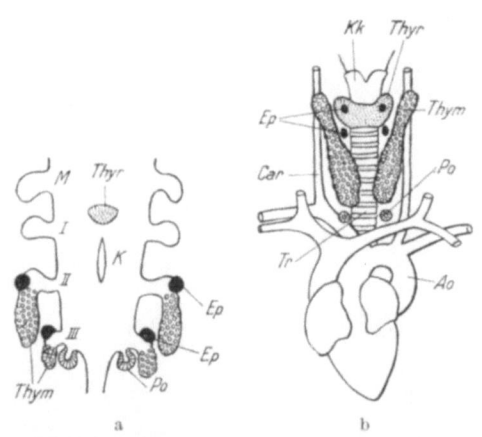

Abb. 233. Incretdrüsen im Gebiet des Kiemendarmes der Säugetiere. a Schema der Entwicklung. b Lage bei einem jungen Tier (Kalb). *Ao* Aorta, *Car* Carotis, *Ep* Epithelkörperchen, *K* Kehlschlitz, *Kk* Kehlkopf, *M* Mittelohrtasche, *Po* postbranchiale Körperchen (Suprapericardialkörperchen unbekannter Bedeutung), *Thym* Thymus, *Thyr* Thyreoidea, *Tr* Trachea, *I, II, III* 1.—3. Kiementasche. (Original K.)

2. Die *Epithelkörperchen* (Glandulae parathyreoideae). Sie entstehen als paarige Epithelverdickungen an der Dorsalwand der 2. und 3. Kiementasche und werden bald als solide Epithelhäufchen abgetrennt und später als Körperchen von typischem Balkengerüstbau meist in der Nähe der Schilddrüse oder in ihr Gewebe gelagert. Die Epithelkörperchen sind Hauptregulatoren des Ca-Stoffwechsels; sie stehen zu der Verkalkung der Knochen und Zähne und dem Ca-Ionengehalt des Blutes in enger Beziehung.

3. Der *Thymus* (Briesel, Glandula thymica). Er geht aus dem Entoderm (zum Teil auch Ectoderm) der 2. und meist auch der 3. Kiemenspalte hervor. Zwischen den auseinanderweichenden Epithelzellen treten später zahlreiche Lymphocyten auf, so daß der epitheliale Charakter des Organs verwischt werden kann. Der Thymus entfaltet seine Tätigkeit vor allem während der Wachstumszeit im Jugendalter. Beim Menschen erreicht er den Höhepunkt seiner Entwicklung zwischen 6 und 10 Jahren, dann wird er rasch zurückgebildet, wenn er wahrscheinlich auch noch im späteren Alter bis zu gewissem Grade funktionsfähig bleibt. Das Skelet thymusloser Tiere bleibt gegenüber normalen im Längenwachstum zurück und neigt zu mangelhafter Verknöcherung und anderen rhachitisartigen Störungen. Durch Thymusimplantation kann das Knochenwachstum gefördert werden.

Eine weitere Gruppe von Incretdrüsen steht mit Teilen des Nervensystems in einem eigentümlichen Zusammenhang, man hat sie daher als *neurotrope Incretdrüsen* zusammengefaßt (A. KOHN):

1. Die *Hypophyse* (Abb. 234). Sie besteht aus zwei Teilen ganz verschiedener Herkunft, die man als *Orohypophyse* (*Vorderlappen*, Prähypophyse, Glandula pituitaria) und *Neurohypophyse* (*Hinterlappen*, Hirnteil) bezeichnet. Die Orohypo-

physe entsteht als dorsalwärts gerichtete schlauchförmige Ausstülpung der ectodermalen Epithelauskleidung der embryonalen Mundbucht. Nach ihrer Ablösung vom Mundhöhlendach wird die Anlage zu einem Bläschen, das sich dem Infundibulum des Diencephalons anlegt (Abb. 226). Aus der vorderen und unteren Wand des Bläschens bildet sich ein gefäßreiches Netzwerk von Zellsträngen, während die Rückwand (*Zwischenlappen*) ein mehrschichtiges Epithel bleibt, das um den Hirnteil des Organs herumwächst. Die vom Boden des Zwischenhirns vorwachsende Neurohypophyse (das Trichter- oder Infundibularorgan) enthält eine schlauchförmige Fortsetzung des 3. Ventrikels. Sein Ende ist keulenförmig angeschwollen und besteht aus einer vielschichtigen Masse großer, spindelförmiger und verzweigter Zellen, welche, besonders bei älteren Tieren, vielfach dunkelbraune Pigmentkörner enthalten. Sie sind für stoffliche Leistungen differenzierte Zellen des Neuralrohres, zwischen die reichlich Blutgefäße einwachsen.

Das Incret des *Hypophysenvorderlappens*, das mehrere Hormone umfaßt, senkt den Grundumsatz, ist also in dieser Hinsicht antagonistisch zur Thyreoidea. Ferner wirkt es wachstumsfördernd. Bei jungen Tieren bewirkt Hypophysenectomie Verzwergung, übermäßige Zufuhr von Hypophysenextrakten Riesenwuchs und eine verfrühte Entwicklung der männlichen und weiblichen Geschlechtsorgane und ihrer Funktionen. Bei erwachsenen Tieren tritt nach Hypophysenverlust Gewichts- und Temperaturabfall und Degeneration des Genitalsystems ein. Die Störungen können durch Hypophysenimplantation oder Verfütterung oder Injektion von Extrakten behoben werden. Ferner liefert der Hypophysenvorderlappen ein übergeordnetes Hormon der weiblichen Sexualfunktionen; es löst im Ovarium Follikelwachstum aus. *Hinterlappenextrakte*, die wohl ebenfalls mehrere Hormone enthalten, haben charakteristische Wirkungen auf den

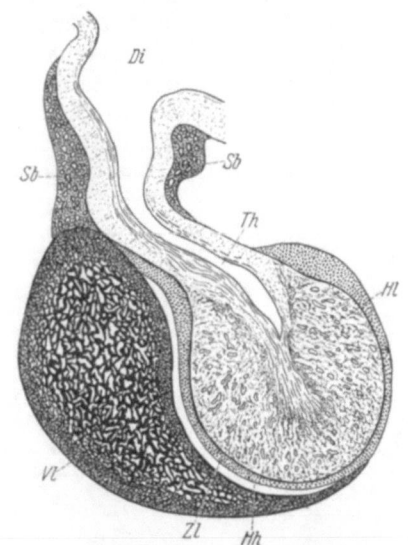

Abb. 234. Hypophyse eines Säugers (Katze), etwas schematisch. (Original K.) *Di* Diencephalon, *Hh* Hypophysenhöhle, *Hl* Hinterlappen, *Sb* Stielbelag, *Th* Trichterhöhle, *Vl* Vorderlappen, *Zl* Zwischenlappen.

Kreislauf, die Atmung, die glatte Muskulatur und den Stoffwechsel. Das *Incret des Zwischenlappens* gelangt wahrscheinlich mindestens zum Teil durch Spalträume der Neurohypophyse in die Flüssigkeit, welche die Hirnhöhlen erfüllt (den Liquor cerebrospinalis). Es übt auf die Tätigkeit vegetativer Organe, den Tonus der Kapillaren und auf die Regulierung der Körpertemperatur Einfluß aus, entweder direkt oder unter Vermittlung im Zwischenhirn gelegener vegetativer Centren (S. 232). Bei Amphibien verändert ein „Melanophorenhormon" des Mittellappens die Hautfarbe.

2. Das *Nebennierensystem* (Abb. 235) umfaßt bei den niederen Wirbeltieren zwei räumlich völlig getrennte Systeme, das *Interrenalsystem* und das *Adrenalsystem*. Bei den Amnioten sind die Hauptteile beider Systeme zu einer einzigen paarigen Drüse (Nebenniere, Glandula suprarenalis) zusammengezogen. Die Anlage des Interrenalsystems bildet bei allen Wirbeltieren Wucherungen des Cölomepithels, die sich zu einem verzweigten, reich vascularisierten Balkengerüst ausbilden. Die Zellen des Adrenalsystems leiten sich von Zellen der Sympathicus-

anlage (S. 235) ab und sind ursprünglich, wie diese, segmental angeordnet (Abb. 235a). Sie werden nach ihrer gelben bis braunen Färbung mit Chromsäure und Chromatlösungen als *chromaffine Zellen* bezeichnet. Chromaffine von Medullarzellen stammende Zellen werden im ganzen Verbreitungsgebiet des Sympathicus gefunden. Sie können in sympathischen oder peripheren Ganglien und längs sympathischer Nerven, besonders im Verlauf der die großen Blutgefäße begleitenden Geflechte, mehr oder weniger ausgedehnte Ansammlungen bilden. Die Hauptmasse des chromaffinen Gewebes wird jedoch bei den Amnioten ins Innere des Interrenalgewebes, der *Nebennierenrinde*, als *Nebennierenmark* eingelagert (Abb. 235b). Das Incret der chromaffinen Zellen ist das *Adrenalin* ($C_9H_{13}NO_3$; 3,4-Dioxyphenyl-methylaminoäthanol). Es ist ein Reizmittel für den Sympathicus und wirkt durch dessen Erregung teils hemmend, teils fördernd auf die verschiedensten Organe ein (z. B. Erhöhung des Blutdruckes durch Steigerung der Stärke und Frequenz des Herzschlags und Steigerung des Tonus der Gefäßmuskeln, Pigmentballung der Chromatophoren der Fische). Auf den Stoffwechsel wirkt das Adrenalin umsatzsteigernd ein. Es veranlaßt Überführung des Leberglykogens in Zucker und dessen Ausschüttung ins Blut. Die Wirkungsweise des Interrenalsystems ist noch nicht geklärt.

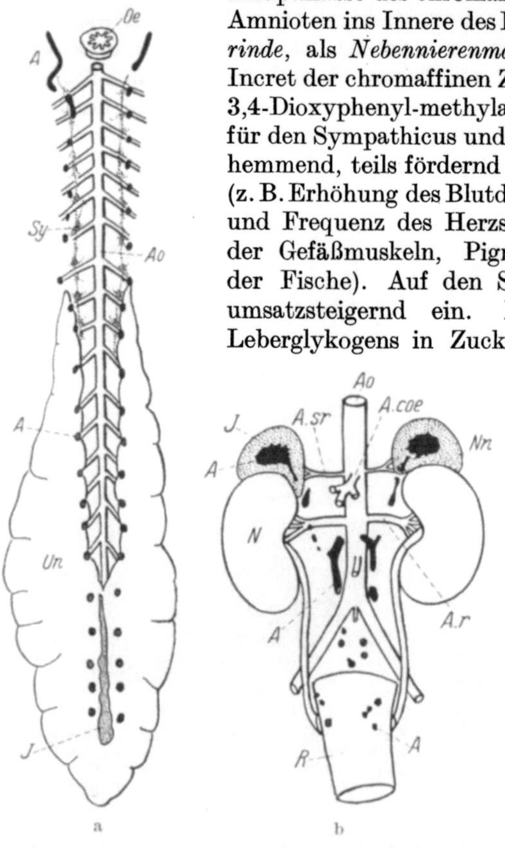

Außer als selbständige Organe kommen Incretdrüsen als *Teilorgane* größerer, einer anderen Funktion dienenden Hauptorgane vor. Hierhin gehört das *Inselorgan des Pancreas*, welches eine Vielheit incretorischer Teilorgane, die LANGERHANSschen Inseln darstellt. Diese Inseln bestehen aus einem von Blutgefäßen durchsetzten Balkenwerk von Zellen, die sich aus derselben Anlage ableiten wie die enzymerzeugenden, mit Ausführungsgängen verbundenen Pancreaszellen.

Abb. 235. Nebennierensysteme. a Von einem Selachier (*Scyllium*), b von einem Säuger (Mensch, Neugeborener), schematisch; in b ist die Nebenniere durchschnitten gedacht. (Original K.) *A* Adrenalorgane, *A.coe* Arteria coeliaca, *Ao* Aorta, *A.r* Arteria renalis, *A.sr* Arteria suprarenalis, *I* Interrenalorgan (Nebennierenrinde), *N* Nachniere, *Nn* Nebenniere, *Oe* Oesophagus, *R* Rektum, *Sy* sympathisches Ganglion, *Un* Urniere.

Das Hormon des Inselorgans, das *Insulin*, wirkt auf den Zuckerstoffwechsel ein. Es senkt den Blutzuckerspiegel, begünstigt die Ablagerung des Glykogens in der Leber und die Zuckerverbrennung im Organismus.

Die *Keimdrüsen* liefern neben der Erzeugung von Keimzellen Hormone, von denen die normale Entwicklung, das Wachstum und die Funktion der Geschlechtsorgane und die Ausbildung der sekundären Geschlechtsmerkmale abhängt[1].

Nach Verlust der *Ovarien* werden die inneren Genitalorgane, bei *Säugetieren* insbesondere Uterus, Vagina, und die Brustdrüsen zurückgebildet; vor allem hören

---

[1] BUTENANDT, A.: Untersuchungen über das weibliche Sexualhormon (Follikel- oder Brunsthormon). Abh. Ges. Wiss., Math.-physik. Kl. III. F., 2. H. (1931). — Über die chemische Untersuchung der Sexualhormone. Z. f. ang. Chem. 44 (1931).

alle cyclischen Vorgänge an den Geschlechtsorganen (Brunst- und Menstruationserscheinungen) auf. An jugendlichen Tieren fördert Implantation reifer Ovarien das Wachstum der Geschlechtsorgane und ruft frühzeitige Brunst hervor. Im Ovarium werden mehrere Hormone gebildet.

Ein in den GRAFFschen Follikeln erzeugtes *Follikelhormon* (Progynon, BUTENANDT: $C_{18}H_{22}O_2$) bewirkt normale Ausbildung und normales Wachstum der Genitalorgane und beeinflußt die sekundären Geschlechtsmerkmale, einschließlich vieler psychischer Erscheinungen. Behandlung junger männlicher Tiere mit Follikelhormon unterdrückt die Ausbildung ihrer Genitalorgane; große Hormongaben können erwachsene Männchen steril machen und gleichzeitig ihre Zitzen zum Wachstum bringen. Das Follikelhormon leitet die cyclischen Veränderungen der Uterusschleimhaut ein (S. 264). In der Trächtigkeitszeit, während der keine neuen Follikel gebildet werden, wird dasselbe Hormon von der Placenta gebildet und bewirkt ein gesteigertes Wachstum der Genitalorgane. Nach der Entleerung des Eies (Follikelsprung) bildet sich aus dem Follikelrest das *Corpus luteum*, welches nunmehr als vorübergehendes Teilorgan des Ovariums zur Bildungsstätte eines zweiten weiblichen Sexualhormons wird. Die vielschichtige Zellmasse wird vascularisiert und kann bedeutende Größe annehmen (mehrere Zentimeter im Durchmesser). Unter der Wirkung des *Corpus-luteum-Hormons* findet ein Umbau der Uterusschleimhaut als Vorbereitung der Aufnahme eines Eies statt. Wird ein Embryo gebildet, bleibt es voll entfaltet bestehen. Erfolgt keine Befruchtung, so stirbt das Ei ab, das Corpus-luteum-Gewebe zerfällt, und die aufgebaute Uterusschleimhaut wird abgestoßen (Menstruation). Mit der Ausbildung neuer Follikel wiederholt sich der Cyclus. Follikelwachstum, Ausbildung und Rückbildung des Corpus luteum sind ihrerseits durch hormonale Reize bedingt, die von der Hypophyse (vielleicht auch vom Ei selbst) ausgehen.

Ein in den *Hoden* gebildetes männliches Sexualhormon (*Testikelhormon*, wahrscheinlich $C_{16}H_{26}O_2$) wirkt außer auf die sekundären Geschlechtsmerkmale auch auf den Stoffumsatz, der nach Kastration erheblich (bis etwa 20%) herabgesetzt ist (Fettansatz). Ob die Hoden in Zellen des Zwischengewebes incretorische Teilorgane enthalten („interstitielle Drüse"), oder ob die Samenkanälchen, vielleicht sogar bestimmte Stadien der Keimzellen selbst, die Hormone liefern, ist noch nicht zu entscheiden.

Bei *Wirbellosen* sind nur in ganz wenigen Fällen incretorische Vorgänge sicher nachgewiesen[1]. Bei einigen Formen, vor allem Krebsen, ist die Ausbildung der sekundären Sexualcharaktere von der Anwesenheit der Geschlechtsdrüsen abhängig, was auf Sexualhormone schließen läßt. Bei *Physcosoma* liegen an den paarigen Nephridialschläuchen Zellgruppen (Internephridialorgane, HARMS), welche Secretgranula in die Blutflüssigkeit entleeren. Beiderseitige Entfernung der Organe zieht den Tod der Tiere nach sich. Einpflanzung eines Stückchens Internephridialgewebe erhält die operierten Tiere am Leben. Nach dem histologischen Bilde werden die Branchialdrüsen und die Pericardialdrüse der Cephalopoden und bestimmte Zellen in der Leibeshöhle der Insecten (Önocyten) als incretorisch angesprochen. In die Farbenwechselreaktionen sind bei Wirbellosen öfters Hormone eingeschaltet. So werden bei Garneelen die in den Augen entstandenen Erregungen auf ein „Weißorgan" übertragen, dessen ins Blut entlassener Secretstoff eine Melaninballung bewirkt, oder auf ein „Schwarzorgan", dessen Incret Melaninausbreitung zur Folge hat.

---

[1] KOLLER, G.: Die innere Secretion bei wirbellosen Tieren. Biol. Rev. Cambridge philos. Soc. 4 (1929).

V. Das Verhalten der Tiere[1].

Als *Verhalten* fassen wir (im Anschluß an einen amerikanischen Wortgebrauch: *behavior*) alle Bewegungsreaktionen zusammen, durch welche der Organismus sich mit seiner Umwelt in Beziehung setzt.

Das Verhalten eines Organismus in einem Zeitpunkt wird bestimmt durch gerade einwirkende Reize, durch seine ererbte Organisation, durch in seinem individuellen Leben erworbene andauernde Reaktionsdispositionen und wechselnde physiologische Zustände (Stimmungen), die auf Nachwirkungen vorangegangener Reize, Hormonwirkungen oder Stoffwechselvorgängen beruhen.

Durch die Organisation wird zunächst bestimmt, welche Einwirkungen der Außenwelt überhaupt auf ein Tier als Reize wirken können; die Einrichtungen seiner Sinnesorgane bilden sein *Receptionssystem*. Die Organisation umfaßt ferner eine begrenzte Reihe von *Bewegungsmöglichkeiten*, die in ihrer Gesamtheit das *Aktionssystem* (JENNINGS) des Organismus bilden. Durch Erregungsübertragung wird bestimmten Reizen die Tätigkeit bestimmter Teile des Aktionssystems zugeordnet. Die ungeheure Mannigfaltigkeit der Verhaltungsweisen wird vor allem durch die Ausgestaltung dieser Erregungsübertragung bestimmt. Nur solche Reize und Reizkombinationen, die in den Tieren getrennte Einzelerregungen oder Erregungskonfigurationen hervorrufen, werden für die Tiere *Merkmale* der Umwelt. So werden aus der gleichen Umwelt für die einzelnen Tierarten durch ihre Organisation verschiedene *relative Umwelten* geschaffen. Das hat besonders VON UEXKÜLL nachdrücklich betont. Löst ein physiologischer Zustand ohne Einwirkung eines äußeren Reizes Bewegungen aus, so erscheinen diese als *spontane Tätigkeit*.

Wie in der Entwicklung der Tiere, so kommen auch in ihrem Verhalten einerseits Abläufe vor, die, durch den auslösenden Reiz und die Organisation eindeutig bestimmt, maschinenmäßig einsetzen und zu Ende laufen, und andererseits Vorgänge regulatorischen Charakters, in denen ein neues, je nach der Gesamtlage von Fall zu Fall besonders gestaltetes Verhalten im Sinne der Bewältigung einer bestimmten Anforderung auftritt. Wie in der Entwicklung sind jene beiden extremen Geschehensweisen Grenzfälle, zwischen denen die mannigfaltigsten Übergänge herrschen; in Entwicklung wie Verhalten sind die Extreme in voller Reinheit selten, und Einzelvorgänge, die sich dem einen der beiden Grenztypen nähern, sind in mannigfaltiger Weise verflochten.

Der Grad, in dem ein Teil des Verhaltens *mechanisiert* ist, ist je nach den Tierarten und nach den einzelnen Verhaltensgebieten sehr verschieden. Die einfachsten mechanischen Steuerungen finden wir vielfach als Teilfunktionen in der Abstimmung der Funktionen der Körperorgane aufeinander (Integration, S. 121, 237 ff.); das ist begreiflich, da eine Reihe von Faktoren das Geschehen innerhalb des Körpers weitgehend konstant erhält und die integrierenden Reflexe einer verhältnismäßig geringen Mannigfaltigkeit von Varianten begegnen müssen. So treffen wir auch in der Beziehung von Tieren zu ihrer Umwelt weitgehende Mechani-

---

[1] MORGAN, C. LL.: Instinkt und Gewohnheit. Leipzig 1909. — JENNINGS, H. S.: Das Verhalten der niederen Organismen. Leipzig 1910. — VON UEXKÜLL, J.: Umwelt und Innenwelt der Tiere. 2. Aufl. Berlin 1921. — KAFKA, G.: Tierpsychologie. Handbuch der vergleichenden Psychologie 1, Abt. 1. München 1923. — ALVERDES, FR.: Tiersoziologie. Leipzig 1925. — PAWLOW: Die höchste Nerventätigkeit (das Verhalten) von Tieren. München 1926. — DEXLER, H.: Die prinzipielle Frage der Tierpsychologie. Psychol. Forschg 7 (1926). — HEMPELMANN, FR.: Tierpsychologie vom Standpunkte des Biologen. Leipzig 1926. — BIERENS DE HAAN, J. A.: Animal Psychology for Biologists. London 1929. — KOEHLER, O.: Untersuchungsmethoden der allgemeinen Reizphysiologie und der Verhaltensforschung an Tieren. Method. wiss. Biol. 2. Herausg. von PETERFI. Berlin 1928.

sierung bei Tieren an, die einer verhältnismäßig invariablen Umwelt gegenüberstehen (z. B. festsitzende Tiere, wie Polypen, Bryozoen, Ascidien, oder freischwebende Tiere, wie Medusen) oder bei Leistungen, die auf verhältnismäßig invariable Umweltglieder zugeschnitten sind.

Bei weitgehender Mechanisierung der Leistung beruht die Herstellung zweckmäßiger Reaktionsgestaltung ganz überwiegend auf den Vorgängen der Ontogenese, durch die sich die spezifische Organisation ausbildet, und auf der Phylogenese, welche die *Einpassung* des Organismus, die ökologische Einheit zwischen Organisation der Art und der bestimmten Umwelt hergestellt hat.

Ansteigende Organisationshöhe drückt sich aus in der immer reicheren Ausgestaltung der mechanisierten Reaktionen, sowie der Fähigkeit, im Individualleben neue Reaktionen zu erwerben.

Die Befähigung zu einer bestimmten Verhaltensweise ist ein Teil der *Reaktionsnorm* des Organismus und wie die Möglichkeiten seiner morphologischen Ausgestaltung durch den *Genotypus* bedingt (S. 71). Wenn wir auch für die besonderen Verhaltensweisen noch weniger als für Baumerkmale die erblichen Bedingungen und die entwicklungsphysiologische Realisationsweise im einzelnen kennen, so gibt es doch schon eine Reihe von Beispielen, die eine Vererbung von einzelnen Bestandteilen des Verhaltens (bestimmter Instinkte, Begabungen) als bedingt durch Gene erweisen.

In unserem eigenen Verhalten sind wir selbstbewußte Subjekte, die ihre psychophysische Einheit unmittelbar erleben. Unsere subjektiven Erlebnisse, Wahrnehmungen, Vorstellungen, Gefühle und Willensakte sind Gegenstände der *Psychologie als Wissenschaft von den Bewußtseinsinhalten*.

Es ist kein Zweifel, daß wir bei der Berührung mit vielen Tieren zum Glauben an psychophysische Subjekte gedrängt werden, die wir logisch in grundsätzlich nicht anderer Weise anerkennen als die Mitmenschen. So ist die logische Berechtigung einer *Tierpsychologie*, die nach den Erlebnissen der Tiere fragt, ohne weiteres gegeben. Da die fremden Bewußtseinsinhalte aber nur für das fremde Subjekt gegeben und uns nie unmittelbar erfahrbar sind, bleiben wir immer darauf angewiesen, das physische Geschehen, das wir an den Tieren allein objektiv wahrnehmen, nach Analogie mit unserem eigenen Erleben zu deuten. Daß das wirkliche Verstehen eines fremden Psychischen schwierig ist, wird uns schon im täglichen Umgang mit dem Nebenmenschen bewußt. Die Schwierigkeit wird größer, wenn wir etwa primitive Menschenrassen beurteilen wollen. Die Wahrscheinlichkeit, das psychische Geschehen beim Säugling zu ermitteln, ist schon recht gering. Allen Tieren gegenüber fehlt die Möglichkeit eines sprachlichen Gedankenaustausches. Immerhin bleiben noch andere Ausdrucksmittel, in denen sich psychische Aktualität kundgeben kann. Bei höheren Wirbeltieren kann die Übereinstimmung mit bestimmten Handlungen des Menschen so eindeutig sein, und es bestehen so viele Ähnlichkeiten im Bau der Sinnesorgane und des Nervensystems, besonders des Gehirns, daß der Analogieschluß viel Berechtigung hat, daß entsprechenden Reaktionen auch ähnliche psychische Erscheinungen zugeordnet sind. Die Wahrscheinlichkeit des Analogieschlusses sinkt aber immer mehr, je weniger menschenähnlich der Bau und das Verhalten der Tiere wird. Und auch falls Tieren einer wesentlich anderen Organisation ein Subjektcharakter in Wirklichkeit zukommt, so haben wir keinerlei Gewähr dafür, daß ihre Bewußtseinsinhalte mit den unseren irgendwie vergleichbar sind, ob die notwendigerweise anthropozentrische psychologische Interpretation des tierischen Verhaltens noch irgendeinen Sinn hat.

Wir sind in keiner Weise in der Lage, ein *Kriterium* anzugeben, woraus das Vorhandensein psychischer Erscheinungen überhaupt mit voller, jeden Zweifel ausschließender Sicherheit erschlossen werden könnte. *Engrammbildungen*, die mit dem bei uns selbst von dem Gedächtnis Geleisteten in Parallele gesetzt werden können, werden vielfach als Bewußtseinskriterium angesehen. Aber wir können nicht beweisen, daß die Bildung solcher Erregungsspuren und deren regulatorische Einwirkung auf das Verhalten nur auf psychophysischer Grundlage vorkommen kann. Auch umgekehrt ist nicht notwendig überall das Vorhandensein psychischer Erscheinungen ausgeschlossen, wo ein Gedächtnis nicht nachzuweisen ist. Ob als psychisches Korrelat einer Handlung ein *Willensakt* besteht oder nicht, läßt sich weder aus dem Fehlen einer maschinenmäßigen Zwangsläufigkeit des Verhaltens, noch aus der dringenden Intensität, mit der ein Tier eine Handlung durchführt, erschließen. Auch die regulatorische Anpassung an wechselnde Bedingungen bietet keinen Maßstab. Eine Fülle von Anpassungsvorgängen wird von zentralen, sympathischen, endokrinen und anderen Systemen geleistet, ohne daß sich für uns psychische Erlebnisse damit verbinden. Komplizierte Reflexe und ihre Regulationen und erworbene Bewegungsautomatismen spielen sich an unserem Körper ohne Bewußtseinsanteilnahme, Willen, sachgemäße Einsicht und Zielvorstellung ab und können sich einer absichtlichen Beeinflussung in weitem Umfange entziehen.

Wie in der Entwicklung jedes höheren Individuums muß in der Stammesgeschichte psychisches Erleben ein erstes Mal auf irgendeiner Organisationsstufe aufgetreten sein, und seine Mannigfaltigkeit wird allmählich zugenommen haben. Eine Vorstellung von einem primitiven Bewußtsein niederer Tiere können wir uns nicht bilden, ebensowenig wie von unseren eigenen ersten Seelenregungen. So bleibt die Reichweite einer einigermaßen strengen vergleichenden Psychologie gering.

Gegenstand der biologischen Erforschung des tierischen Verhaltens ist die Ordnung der objektiv wahrnehmbaren physiologischen Vorgänge. Vielfach wird auch, nicht glücklicherweise, die Beschreibung der objektiven Verhaltungsweisen und ihrer Bedeutung in der Lebensführung der Tiere, manchmal auch nur die Darstellung der höheren Verhaltensweisen als ,,Tierpsychologie" bezeichnet.

Wie Organe in der Gesamtorganisation heben sich im Verhalten bestimmt gestaltete Bewegungsverbände von sinnvoller Beziehung zu der Lebenserhaltung des Tieres heraus. Solche *Teilverhaltensweisen* oder *Aktionen*, die mit sehr verschiedenen reiz- und bewegungsphysiologischen Mitteln bewerkstelligt werden können, sind z. B. die allgemeine Ortsbewegung, das Fliehen, Suchen, die Orientierung im Raum, das Paarungsverhalten, Angriff, Abwehr.

Die Reaktionen der Tiere bilden mit bestimmten Gliedern ihrer Umwelt *Beziehungskreise* (*Funktionskreise*, v. UEXKÜLL), unter denen die hauptsächlichsten und immer wiederkehrenden die des *Mediums*, der *Nahrung*, der *Feinde* und der *Fortpflanzung* sind. Hierzu können bei höheren Tieren die der *Wohnstätte*, bei sozialen der *Verbandsgenossen* und anderes treten. Diese allgemeinen Kreise haben je nach der einzelnen Tierart ihre öcologischen und physiologischen Besonderheiten.

Bei jeder einzelnen Tätigkeit des Tieres, die zur Umwelt in bestimmter Beziehung steht, führt ein bestimmter Sinn, während andere mehr oder weniger mitbeteiligt sind (*Rangordnung der Sinne*). Z. B. spielt beim Nahrungserwerb der Libellenlarve der Lichtsinn die erste, der Erschütterungssinn die zweite Rolle; der chemische Sinn führt überhaupt nicht zur Nahrung, sondern prüft sie nur nachträglich, nachdem sie bereits erworben ist. Beim Wassermolch leitet ebenfalls zuvörderst der Lichtsinn zur Nahrung, nach dessen Ausschaltung vermag das ebensogut der Erschütterungssinn, und nach Ausschluß auch der Erschütterungsreize kann der chemische Sinn jene beiden Sinne fast völlig ersetzen.

Das Verhalten der Tiere.

Der physiologische Charakter der Reaktionen ist sehr verschieden bei den Protozoen und den Metazoen. Bei den *Protozoen* spielen sich Reizaufnahme und Reizerfolge an dem einheitlichen Cytoplasmakörper ab. Bei den *Rhizopoden* ist das Aktionssystem in der Hauptsache auf Ausstrecken und Einziehen der Pseudopodien, Hinströmen des Cytoplasmas nach einer gereizten Stelle oder Wegströmen von ihr beschränkt (S. 46). Bei den *Flagellaten* und *Ciliaten* erlauben besondere Erfolgsorganellen, die Geißeln und Wimpern, bei manchen auch Myoneme, reichere Mannigfaltigkeit von Reaktionen.

Das Aktionssystem eines Ciliaten wird vor allem durch die dauernde Körpergestalt und die Schlagweise der Cilien bestimmt. Die freischwimmenden Ciliaten, z. B. *Paramaecium*, bewegen sich in Spiralbahnen vorwärts. Je nach dem relativen Stärkegrade des Schlages der Wimpern des Mundfeldes und der Körperwimpern ist die Spirale verschieden eng gewunden und bildet einen wechselnden Winkel mit der Achse der Spirale. Der Schlag der Mundfeldwimpern strudelt einen ständigen Wasserstrom zum Cytostom und an ihm vorbei. Durch die Schlundcilien wird eine gewisse Nahrungsauswahl bewirkt; sie fangen Körperchen bestimmter Größe und Oberflächenbeschaffenheit aus dem Nahrungsstrom heraus und

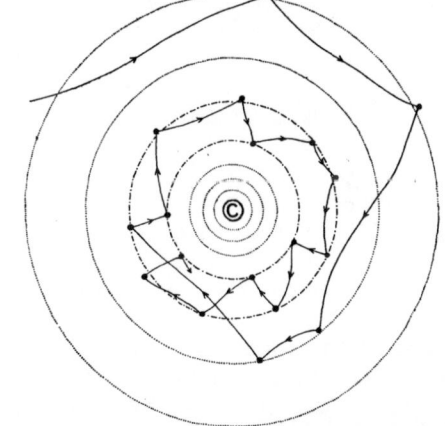

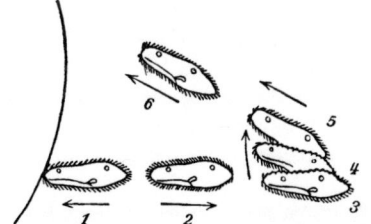

Abb. 236. Schreckreaktion von *Paramaecium*. 1 Ein Reiz trifft das vorwärts schwimmende Tier, 2 Rückwärtsschwimmen, 3—5 Wendung, 6 erneutes Vorwärtsschwimmen. (Nach JENNINGS.)

Abb. 237. Schema der Bahn eines Paramaeciums in einem Diffusionsgefälle. Die Kreise verbinden Punkte gleicher Konzentration. *C* Diffusionszentrum, ‑‑‑‑‑‑ obere und untere Grenze des Optimums, . Schreckreaktion. (Nach KÜHN.)

stoßen sie in die Tiefe. Die Cilien können alle, oder nur zum Teil, stillgestellt werden. So können die Körperwimpern ruhen, während ein *Paramaecium* mit einem Bacterienhaufen oder einem anderen Gegenstand in Berührung ist; und nur die Mundfeldwimpern strudeln Nahrung heran. Durch Umkehrung des Cilienschlages kann ein Rückwärtsschwimmen erzielt werden. Wendungen werden dadurch ausgeführt, daß die Cilien einer Seite stärker oder allein schlagen.

Von besonderer Bedeutung für die Lebensführung der freischwimmenden Ciliaten sind die *Ortsbewegungsreaktionen* oder *Taxien*. Nach den auslösenden Reizen werden *Chemotaxis, Thermotaxis, Phototaxis, Geotaxis* unterschieden. Nach ihrem Verlauf lassen sich zwei Typen von Taxien unterscheiden, die man als *phobische* (*Phobotaxis*) und *topische* Reaktionen (*Topotaxis*) bezeichnet.

Eine *phobische Reaktion* (*Flucht-*, *Schreck-* oder *Unterschiedsreaktion*) wird ausgelöst durch Wechsel der Reizintensität in der Zeit und besteht in einer Änderung der Bewegungsrichtung, die zur Reizrichtung keine bestimmte Beziehung hat. Bei *Paramaecium* besteht die Fluchtreaktion (Abb. 236), die durch mechanische, chemische oder thermische Reize ausgelöst werden kann, in einem ruckweisen Rückwärtsschwimmen, Anhalten und Ausführen einer Wendung, bei der das Hinterende feststeht und der Körper in einem Kegelmantel herumschwingt, mit der Mundseite zur Kegelachse gewandt; dann schwimmt das Tier in einer neuen Richtung wieder vorwärts. Trifft es dabei wieder auf den die Reaktion auslösenden Reiz, so wiederholt sich die Reaktion. Das Tier *probiert* also solange neue Richtungen aus, bis durch das Reaktionsprinzip von *Versuch und Irrtum* (JENNINGS) eine Richtung gefunden ist, in der das Tier reizlos vorwärts schwimmen kann.

In einem *Reizgefälle*, z. B. einem Konzentrationsgefälle oder einem Temperaturgefälle, kann, je nach der Reizintensität, beim Übergang zu höherer oder niederer Intensität eine Schreckreaktion auftreten. Gewöhnlich liegt innerhalb der ganzen Reizabstufung ein gewisser Intensitätsbezirk, der keine Reaktion auslöst, die *Indifferenzzone* oder das *Optimum* des Reizes. In dem Reizgefälle schwimmt das Tier reaktionslos in der Richtung zum Optimum (in indifferenter Richtung), schreckt aber bei der Entfernung von ihm zurück (Abb. 237). Die Tiere müssen sich somit bei der Bewegung in einem Reizgefälle dem indifferenten Bezirk immer mehr nähern und in ihm ansammeln.

Bei den *topischen Reaktionen* dreht sich der Organismus in einem Reizfeld in eine bestimmte Richtung zu dem einwirkenden Reiz und bleibt in dieser Orientierungsrichtung dauernd durch die räumliche Verteilung der Reize eingestellt. Nach der Stellung zur Reizrichtung wird positive, negative oder transversale Topotaxis unterschieden. Hier wirkt der Reiz nicht nur einfach richtungsändernd, sondern steuernd. Manche Ciliaten, z. B. *Paramaecium*, stellen sich unter bestimmten Bedingungen zur Erdschwere negativ ein (negative Geotaxis); sie schwimmen im Schwerefeld vertikal gerichtet aufwärts, in einer Zentrifuge zur Achse. Die Schwere wird hier zu einem Reiz gemacht durch Einschlußkörperchen in Vacuolen (Statolithenkörperchen). Die Tiere stellen sich so ein, daß die Bewegungsrichtung entgegengesetzt ist zu der Richtung, in der die Einschlußkörper auf das Cytoplasma drücken. Tiere, die mit Eisenteilchen gefüttert wurden, bewegen sich im Felde eines Elektromagneten von diesem weg.

Die Reaktionen werden sehr oft durch *Begleitreize* mitbestimmt. So wird die topische Geotaxis von *Paramaecium* und anderen durch einen bestimmten CO_2-Gehalt des Wassers bedingt. In reinem Wasser reagiert das Tier phobisch auf die Erdschwere: beim Abwärtsschwimmen erfolgen häufigere Schreckreaktionen. Intensives Licht kehrt diese Reaktion um, so daß die Tiere sich in der Tiefe ansammeln. Auch wechselnde physiologische Zustände können an dem Zustandekommen einer Reaktion mitbeteiligt sein, wie Zustände der Füllung mit Nahrung (Sättigung) oder Freisein von Nahrungskörpern (Hungerzustand), oder die Nachwirkung unmittelbar vorangegangener Reize (Ermüdung, Erregbarkeitssteigerung). Eine längere Nachwirkung von früheren Reizen (Engrammbildung) ist bei Protozoen nie mit Sicherheit nachgewiesen worden.

Über die Reizaufnahme und Erfolg verknüpfende Erregungsübertragung wissen wir bei den Protozoen nichts. Bei den *Metazoen* geschieht sie (mit Ausnahme der reaktionsarmen Spongien) durch das Nervensystem. Damit gründen sich die Hauptzüge des Verhaltens auf die Struktur und Tätigkeitsweise der Nervensysteme. Man kann bei den Metazoen *drei Haupttypen der Verhaltensweisen* unterscheiden: *unbedingte Reflexe, bedingte Reflexe* und *situationsgemäße Neugestaltung* des Verhaltens.

Die *unbedingten Reflexe* sind Reaktionen, die bei *allen Individuen der Art* stets gleichförmig eintreten, wenn die *gleichen Reize* einwirken und die Individuen sich in *demselben physiologischen Zustand* (Geschlecht, Alter, Stoffwechselzustand) befinden. Die unbedingten Reflexe sind an die Ausbildung bestimmter Reflexapparate (Reflexbögen, Centren) gebunden und sind mit einem bestimmten Entwicklungsstadium als weitgehend maschinelle Bestandteile des Aktionssystems bereitgestellt.

Bei Tieren mit Nervennetzen oder sehr einfachen Centralnervensystemen kann sich das Verhalten fast ganz oder vollkommen aus unbedingten Reflexen zusammensetzen. Die harmonischen Gesamthandlungen des Tieres beruhen auf der Zusammenordnung der Reflexbögen in seinem Bauplan. Beispiele hierfür bieten die radiärsymmetrischen *Cnidarien*. Bei Polypen und Medusen führen bei vielen Gesamthandlungen die mit selbständigen Reflexbögen ausgestatteten Körperteile (S. 221 f.) Bewegungen aus, die in bestimmter Weise zur Hauptachse des Körpers orientiert sind. Beim Zusammenziehen und Entfalten eines Polypen, beim Schwimmen einer Meduse treten alle Sectoren des Körpers in eine gleiche, zur Hauptachse konzentrische Tätigkeit. Bei lokalisierten Tätigkeiten wirkt die Eigenart der Leitung im Nervennetz (S. 219) mit dem radiären Bau zusammen. Bei der Freßreaktion der Medusen z. B. spielt sich die Reaktion bevorzugt in der Ebene eines Radius ab: Hat ein Randtentakel ein Beutetier gefangen, so kontrahiert er sich und zieht dadurch die Beute in die Höhe; zugleich biegt sich der Randteil, an dem der Tentakel sitzt, möglichst weit nach dem Glockeninnern zu; der Magenstiel krümmt sich nach der Stelle des tätigen Tentakels hin und erfaßt die Beute mit den Mundrändern. Der Magenstiel trifft die Randstelle, die gereizt wird, mit Sicherheit, solange die kürzeste radiäre Verbindung zwischen dem Schirmrand und dem Manubrium erhalten ist; durchschneidet man sie, so fällt die strenge Lokalisation weg; der Magenstiel krümmt sich in anderen Radien, in denen nun, auf einem Umwege, die Erregung durch das Netz ankommt, er erreicht daher den Schirmrand an einer anderen als der gereizten Stelle.

Bei allen Tieren, auch bei den am höchsten differenzierten, sind unbedingte Reflexe wichtige Bestandteile des Verhaltens (Abwehrbewegungen, Ortsbewegungen, viele Orientierungsbewegungen und andere). Sie sind aber stets im Gesamtverhalten mit anderen Verhaltensweisen verknüpft.

Die *bedingten Reflexe* sind erworbene, im Leben des Individuums *erlernte* Reaktionen; sie werden außer durch einen gegenwärtigen Reiz durch die Nachwirkung von Reizen mitbedingt, die früher eingewirkt haben (*mnemische Reaktionen*).

Unter den bedingten Reflexen kann man zwischen *eingefahrenen Reflexen* und *Engrammreflexen* unterscheiden.

Bei der Bildung eines *eingefahrenen Reflexes* wird die Wirksamkeit eines Reizes und die Bereitschaft zu einer bestimmten Reaktion durch *Wiederholung* gesteigert, so daß eine bestimmte Reaktion kräftiger oder langdauernder wird oder ausgedehntere Teile des Körpers ergreift oder schon auf einen schwächeren Grad des Reizes hin oder auch auf andere Reize hin erfolgt. Ferner kann bei dem Einfahren eines Reflexes eine Spezialisierung der Reaktion, ein Einspielen einer bestimmten Bewegungskombination eintreten (motorisches Lernen). Bei längerer Unterbrechung geht die Wirkung der Wiederholung wieder verloren.

Bei den *Engrammreflexen* bilden *Engramme, das sind Residuen bestimmter Sinneserregungen im Nervensystem*, wesentliche Bedingungen für das Eintreten einer bestimmten Reaktion. Meist ist diese Reaktion dadurch mit bestimmten Sinneseindrücken verknüpft worden, daß sie mit ihnen ein Glied eines einheitlichen Erregungsablaufes gebildet hat. Bei der Neubildung eines Engrammreflexes kann die Ausbildung des sensorischen Teiles, die sensorische Reaktionsdifferenzierung, oder die des motorischen Teiles, die motorische Reaktionsdifferenzierung, in der Gesamthandlung überwiegen. Durch sensorische Differenzierung wird zu einer gegebenen Reaktion ein Reiz zugeordnet, der von vornherein zu dieser Reaktion keine Beziehung hatte (Reizauswahl). Bei der motorischen Differenzierung wird von zahlreichen möglichen Reaktionen eine bestimmte an einen gegebenen Reiz geknüpft (Reaktionsauswahl).

Durch sensorische Differenzierung werden *Assoziationsreflexe* (Assoziationshandlungen) gebildet. Sie sind Reaktionen, die auf einen bestimmten Reiz hin nur dann eintreten, wenn dieser Reiz früher schon eingewirkt hat in einer *Reizkombination*, in der ein Reiz (primärer Reiz) diese Reaktion als *unbedingten Reflex* hervorrief.

Die Bildung eines Assoziationsreflexes in einfachster Form zeigt ein am Hunde ausgeführter klassischer Versuch (PAWLOWS *bedingter Speichelreflex*): auf chemische Reizung der Mundschleimhaut (Geschmacksreiz) erfolgt als unbedingter Reflex Speichelabsonderung. Läßt man nun gleichzeitig oder in kurzem Zeitintervall mit dem Geschmacksreiz einen zweiten Reiz (sekundären Reiz) einwirken (z. B. einen Gesichts-, Gehör-, Tastreiz), der an sich allein unwirksam ist, so genügt nach mehrmaliger Wiederholung dieser Reizkombination der zweite Reiz allein, um Speichelsecretion auszulösen. Der sekundäre Reiz wirkt nun als *repräsentativer Reiz* oder *Ankündigungsreiz* für die ganze Reizkombination. Die verschiedensten sekundären Reize können mit einem primären Reiz und der diesem zugeordneten Reaktion verknüpft, *assoziiert* werden. Bedingung für die Assoziationsbildung ist lediglich *zeitliche Nähe*.

Viele Reize, mit denen für den Organismus schädliche Wirkungen verknüpft sind, rufen primär unbedingt reflectorisch *negative Reaktionen* (Abwehrbewegungen, Fluchtbewegungen) hervor; Reize, die mit fördernden Wirkungen verbunden sind, wie sie von geeigneten Aufenthaltsorten, Nahrung, Geschlechtspartnern ausgehen, können primär *positive Reaktionen* (Hinwenden, Annäherung, Ergreifen und anderes) auslösen. Durch Assoziation mit diesen primär wirksamen Reizen werden gleichzeitig einwirkende, an sich gleichgültige Reize sekundär zu Kennzeichen oder *Bedeutungszeichen* hemmender oder fördernder Umweltbedingungen. Mit den Engrammen dieser Reize wird irgendein positivierender oder negativierender physiologischer Zustand (Stimmung) verknüpft. Dadurch werden bestimmte Reize oder Reizkombinationen der Umwelt zu dauernder Bedeutung ausgewählt.

Bei niederen Tieren ist im allgemeinen, bei höheren Tieren bei bestimmten Reaktionen die Auslösung an einfache primäre und sekundäre Reize gebunden, die als Signale sich aus der relativen Umwelt herausheben. Nach ihrer Qualität können diese Reize mehr oder weniger spezialisiert sein. Für höhere Tiere wird die Umwelt vielfach in dinghafte Komplexe gegliedert (S. 236). Natürlich werden sehr oft die Komplexe und die Einzelmerkmale, nach denen sich Tiere richten, ganz andere sein als unsere Wahrnehmungsinhalte, weil ihre relativen Umwelten infolge der verschiedenen Receptions- und Erregungsverteilungssysteme ganz andere sind als die unseren. Experimentelle Prüfung kann zeigen, welche Merkmale eines Gegenstandes wir zusammenstellen müssen, um das Tier so handeln zu lassen, als ob der die Handlung auslösende Gegenstand ihm wirklich gegenüberstände.

Bei der *motorischen Reaktionsdifferenzierung* findet eine Auswahl unter verschiedenen Bewegungsmöglichkeiten statt. In einer bestimmten Reizlage werden zunächst verschiedene Reaktionen *probiert* (z. B. Versuche eines eingesperrten Tieres, ins Freie zu kommen, Versuche ins Helle, ins Dunkle, zu einer bestimmten Reizquelle, Futter und anderem zu kommen); wenn (nach dem Prinzip von Versuch und Irrtum) eine der Reaktionen zum Erfolg geführt hat, dann wird, wenn dieselbe Reizlage wieder eintritt, nach wiederholtem Probieren und schließlich gleich die *erfolgreiche Reaktion* angewandt. Mit dem Engramm einer bestimmten Reizlage als Aufgabe ist nun eine bestimmte Reaktion als Lösung verknüpft. Die zuerst durch Probieren gefundene Reaktion kann eine von vielen fertigen Reaktionen des Reaktionssystems oder eine neue Bewegungskombination sein, die durch motorisches Lernen eingefahren wird.

Die Bildung bedingter Reflexe läßt sich bis hinab zu den *Anneliden* und *Echinodermen* verfolgen, vielleicht findet sie auch schon bei *Cölenteraten* statt. Bei den niederen Tieren läßt sich aus den vorliegenden Untersuchungen nicht mit voller Sicherheit entnehmen, ob nur eingefahrene Reflexe oder Engrammhandlungen vorliegen.

Werden *Seesterne* wiederholt in gleicher Weise gefesselt, so verkürzt sich die Zeit, die sie zur Befreiung brauchen, mit fortschreitender Übung von 40 auf 2 Minuten. Zuerst probieren sie verschiedene Reaktionsweisen ihres Aktionssystems durch, allmählich bildet sich eine bestimmte, sich stets wiederholende Bewegungskombination aus. Legt man einen Seestern auf den Rücken und verhindert alle Arme bis auf zwei an der Mitarbeit bei der Wendereaktion, so verwendet er eine Zeitlang auch bei freiem Umdrehen diese Arme. Nach täglich zehn Dressurversuchen während 14 Tagen wirkte diese Gewohnheit eine Woche lang nach.

Die Ausbildung von Assoziationsreflexen ist mit Sicherheit bis zu den *Mollusken (Cephalopoden)* und den *höheren Krebsen (Decapoden)* hinab nachgewiesen.

Octopus lernt mit einem bestimmten bunten Licht einen Schlag verbinden, der ihn in die Flucht treibt. Nach wiederholter Belichtung mit Schlag reagiert er schon auf die Belichtung allein. *Eupagurus longicarpus* lernt es, seine Nahrung unter einem beschattenden Schirm zu suchen, der für ihn an sich indifferent ist oder des Schattens wegen gemieden wird. Am 1. Versuchstage kamen die Krebse nur zufällig und aus nächster Nähe, durch die diffundierenden Duftstoffe angelockt, zu dem Fleisch, das unter den Schirm gelegt worden war; nach 30 Minuten hatten erst drei Krebse das Futter gefunden. Am 3. Versuchstage waren nach 15 Minuten 20 von den 30 Krebsen, am 8. Tage nach 5 Minuten 28 von 29 Tieren unter dem Schirm bei dem Futter. Von nun an wurde nur noch der Schirm ohne Futter geboten; trotzdem versammelten sich z. B. am 13. Tage in 5 Minuten nach dem Einsetzen des Schirmes 25 von 27 Krebsen unter ihm. Der Schirm war zum Signal für das Futter geworden und die neue Reaktion ausgebildet, unter den Schirm zu gehen (sensorische und motorische Reaktionsdifferenzierung).

In dem Verhalten aller höheren Tiere sind unbedingt und bedingt reflectorische Bestandteile in mannigfaltiger Weise verbunden. In den einzelnen Aktionen überwiegt bald die eine, bald die andere Reaktionsweise.

Beispiele einer Mannigfaltigkeit von unbedingt und bedingt reflectorischen Aktionen und ihrer Einschaltung in verschiedene Beziehungskreise bietet die *Orientierung im Raum*[1]. Sie kann zunächst nach verschiedenen, unbedingt reflectorischen Typen verlaufen. Auch bei Vielzelligen kommt *Phobotaxis* gegenüber verschiedenen Reizarten vor. Besonders in einem Duftgefälle verlaufen die Kriechbahnen vieler Landwirbeltiere ähnlich wie die Schwimmbahnen von Paramäcien. Bei Entfernung von dem Duftzentrum (z. B. einem Nahrungskörper) finden Unterschiedsreaktionen statt, die das Tier wieder im Duftgefälle aufwärts und schließlich zu dem duftenden Körper führen. Auch Ansammlung von Tieren in einer optimalen Zone, z. B. in einer bestimmten Duftstoffkonzentration oder bei einem bestimmten Temperaturgrad, kommt vor. Unter den *topischen Reaktionen*, in denen sich der Organismus *zu einer Reizrichtung bestimmt orientiert*, kann man bei den Metazoen drei Haupttypen unterscheiden. Bei allen wird durch das Receptionssystem eine Unterscheidung der Reizverteilung (Reizrichtungen) in einem Reizfeld ermöglicht, und bestimmte Komponenten des Aktionssystems, Dreh-*Wendereaktionen*, führen das Tier aus einer unorientierten in die orientierte Lage über. Wenn passive Verschiebungen, Unregelmäßigkeiten der Fortbewegung oder

---

[1] KÜHN, A.: Die Orientierung der Tiere im Raum. Jena 1919. — FRAENKEL, G.: Die Mechanik der Orientierung der Tiere im Raum. Biol. Rev. Cambridge philos. Soc. **6** (1931). — KOEHLER, O.: Die Orientierung von Pflanze und Tier im Raum. II. Zool. T. Biol. Zbl. **51** (1931).

pendelnde Suchbewegungen die Orientierung stören, führen *Kompensationsdrehungen* wieder zu ihr zurück. Topische Orientierung erfolgt am häufigsten nach der Erdschwere (Geotaxis) und nach dem Licht (Phototaxis), vielfach auch nach chemischen Reizen (Chemotaxis) oder Tastreizen (Berührung: Thigmotaxis, Strömung: Rheotaxis), selten nach Schallreizen (Phonotaxis).

Bei dem einfachsten und für verschiedene Sinnesgebiete verbreitetsten topischen Orientierungstypus, der *Tropotaxis* oder *Symmetrieeinstellung* stellt sich ein bilateralsymmetrisches Tier symmetrisch in einem Reizfeld so ein, daß ein *Erregungsgleichgewicht* zwischen den symmetrischen Sinnesorganen der beiden Körperseiten besteht. Eine Drehreaktion wird ausgelöst, wenn die Sinnesorgane der beiden Körperseiten ungleich stark gereizt werden. Die entsprechenden Sinnesstellen der beiden Seiten sind mit antagonistischen Wendegetrieben verbunden. Die Längsrichtung des Körpers kann in der orientierten Lage zu einer Reizquelle hin (positiv), von ihr weg (negativ) oder senkrecht zur Reizrichtung (transversal) stehen. Transversale Geotropotaxis vermittelt die Normallage vieler Tiere, transversale Phototaxis (Lichtrückeneinstellung) kann sie unterstützen oder ersetzen.

Da die Sinnesorgane der beiden Seiten antagonistische Wendereaktionen vermitteln, kann ein tropotaktisch reagierendes Tier nach Ausschaltung der Sinnesorgane der einen Seite sich nicht mehr normal einstellen. Von den vorhandenen Sinnesorganen der einen Seite werden unter der Einwirkung des betreffenden Reizes dauernd Drehungen ausgelöst (Manegebewegungen).

Bei dem 2. topischen Orientierungstypus, der *Telotaxis* oder *Zieleinstellung*, wird die orientierte Lage durch eine bestimmte Reizverteilung in dem einzelnen Sinnesorgan bestimmt. Bei der Phototelotaxis wird ein Feld, das sich optisch von der Umgebung abhebt, *fixiert*. Wenn der Lichtreiz auf eine periphere Stelle der Netzhaut fällt, werden die Augen, der Kopf oder der ganze Körper so gedreht, daß der Reiz auf eine bestimmte Stelle der Netzhaut, die *Fixierstelle* des Auges (meist eine Stelle deutlichsten Sehens) fällt, und damit der reflexauslösende Gegenstand in die Fixierlinie gebracht wird. Normalerweise wird *binocular* fixiert (S. 214). Aber die telotaktische Orientierung ist auch mit einem Auge allein möglich.

Bei einer 3. Form der topischen Orientierung, der *Menotaxis*, wird eine Reizverteilung auf der Gesamtsinnesfläche, die an sich beliebig sein kann, durch Kompensationsbewegungen festgehalten. So erhalten Tiere bei aktiven oder passiven Körperbewegungen durch Augen- oder Kopfbewegungen ihr *Gesichtsfeld konstant*. Menotaktische Kompensationsbewegungen tragen (mit den Reizwirkungen anderer Sinnesorgane) dazu bei, Fische im strömenden Wasser an derselben Stelle zu halten. Viele Tiere halten einen konstanten Winkel zu den Strahlen der Sonne ein und bewegen sich so *geradlinig* vorwärts (Lichtkompaßbewegung). Passiv herausgedreht, drehen sie sich wieder in dieselbe Winkelstellung zurück.

Wenn diese Orientierungsaktionen auch alle unbedingte Reflexe sind, bestimmen sie doch nicht ein maschinenmäßiges Gesamtverhalten. Sie werden, wie andere Aktionen, durch bestimmte, gleichzeitig einwirkende Reize oder physiologische Zustände ein- oder ausgeschaltet und gewinnen verschiedene Bedeutung in verschiedenen Beziehungskreisen.

Die Larven mancher bodenbewohnender Meerestiere sind erst positiv phototaktisch und gelangen dadurch in die oberen Wasserschichten, deren Strömungen sie ausbreiten (Phototaxis als *Schwärmbewegung*); später verlieren sie ihre Phototaxis oder werden sie negativ und dadurch auf den Meeresgrund geführt. Vielfach werden positive oder negative Phototaxis durch irgendwelche schädlichen Reize ausgelöst und entfernen die Tiere aus der Gegend dieses Reizes (Phototaxis als *Fluchtbewegung*). So werden manche Krebse durch Säuren, besonders CO_2, positiv gemacht und damit durch Lichtwärtsschwimmen oberen Wasserschichten zugeführt. Viele Tiere sind im Hungerzustand positiv phototaktisch. Oft dient die Lichtorientierung nach einem der drei topischen Typen dazu, einem *Suchgang* geradlinigen Verlauf zu geben, der das sicherste Mittel ist, aus einer ungünstigen Umgebung heraus in neue und damit günstigere Bedingungen zu kommen. Die menotaktische Einstellung ist auch dadurch bedeutsam, daß sie durch Gleicherhaltung des allgemeinen *Gesichtsfeldes* besondere Reaktionen auf einzelne *Gesichtsfeldteile* ermöglicht. Der telotaktische Einstellungsmechanismus wird von den höheren Tieren am mannigfaltigsten verwandt. Die *Einstellungsziele* können optische Felder verschiedenster Art und Bedeutung, Gegenstände bestimmter Größe, Farbe, Form oder Bewegungsweise sein. Ihr *Reizwert als Ziele* kann *angeboren* sein, wie z. B. der bestimmter bunter Felder für Schmetterlinge, oder *assoziativ erworben*, wie z. B. die Farbe oder Form bestimmter Futterstellen bei Bienen (S. 257).

Die *Rückorientierung* nach bestimmten Stellen im Raum erfolgt assoziativ. So orientieren sich Bienen und Ameisen[1] bei der Heimkehr und Rückkehr zu einer Futterquelle, indem sie bei Wiederholung desselben Weges sich in eine schon einmal angenommene relative Lage bzw. eine Folge solcher Lagen zu bestimmten Reizquellen bringen (*mnemotaktische Orientierung*). Bei den Bienen spielt dabei die Verwertung optischer Orientierungsmarken die Hauptrolle, wenn auch noch ein anderer, an die Fühler gebundener, noch nicht näher bekannter Sinn eine Rolle spielt. Bei den Ameisen kommen Tastsinnes-, chemische Sinnesreize und proprioceptorische Erregungen hinzu, die Körperdrehungen und Körperstellungen in bestimmten Abschnitten der Bahn entsprechen.

Komplizierte Verhaltensweisen mit *unbedingt reflectorischer Grundlage* nennt man *Instinkte*. Sie werden, als unbedingte Reflexe, nicht erlernt, sondern in vollem Umfange angeboren. Der Eintritt einer Instinkthandlung setzt vielfach einen bestimmten *physiologischen Zustand* voraus und ist sehr oft zunächst von einem äußeren Reiz völlig unabhängig. Die Instinkthandlungen lassen sich von einfachen unbedingten Reflexen auf äußere Reize und einfachen Spontanbewegungen (S. 246) nicht scharf als geschlossene Verhaltensgruppen abgrenzen. Zwischen dem Zuschnappen auf einen bestimmten, von einem Beuteobjekt ausgehenden Reiz hin und komplizierten Fanghandlungen gibt es alle Übergänge. Als eine einfache Instinktreaktion auf den Hungerzustand kann man schon den Suchgang vieler Tiere bezeichnen. In diesem Falle werden durch einen bestimmten Zustand der Ernährungsorgane einfache und in der Lebensführung gewöhnliche Aktionen eingeschaltet: Vorwärtsbewegen, bestimmte Orientierungsmechanismen, unter Umständen spontane Richtungsänderungen (Suchbewegungen).

Für alle komplizierteren Instinkte ist die Ordnung der Einzelaktionen in einer besonderen *Zeitgestalt* charakteristisch. Man kann die Instinktreaktionen als *Reflexverkettungen* bezeichnen. Dabei sind die Glieder der Gesamtaktion aber meist nicht einfache Einzelreflexe, sondern plastische Reflexkoordinationen (S. 237). Entweder wird im Nervensystem eine bestimmte Folge von Impulsen (Impulsmelodie, von Uexküll) erzeugt, welche die Teilaktionen des Instinkts nacheinander auftreten läßt; dabei findet, wie bei allen Reflexkoordinationen, eine sensible Kontrolle der Einzeltätigkeiten statt; diese tritt aber für die Verkettung der Glieder im Gesamtablauf gegenüber der endogenen Impulsmelodie verhältnismäßig zurück. Oder jedes Glied der Gesamthandlung setzt eine bestimmte äußere Reizlage voraus, die durch den Ablauf des vorhergehenden Gliedes erzielt worden ist. In vielen Fällen wirkt eine bestimmte Reizlage aber nur dann auslösend für eine

---

[1] Brun, R.: Die Raumorientierung der Ameisen und das Orientierungsproblem im allgemeinen. Jena 1914.

Gliedaktion, wenn das vorhergehende Glied wirklich ausgeführt und dadurch im Nervensystem eine neue Reaktionsbereitschaft hergestellt wurde. Wird der Gesamtablauf gestört, so ist in vielen Fällen die Kette völlig starr und reißt ab; in anderen kann sie an einer früheren Stelle wieder einsetzen und, wenn die Störung überwunden wird, zu Ende laufen; manchmal besitzt auch der Gesamtablauf eine erhebliche Plastizität. Sehr oft sind bei höherer Organisation *assoziative Teilreaktionen* in die Ketten der Instinkthandlungen einbezogen.

Die Instinkte dienen den verschiedensten Beziehungskreisen, der Vorsorge für eigene spätere Entwicklungszustände, dem Sichverbergen, dem Beutefang, der Erwerbung des Geschlechtspartners; besonders der Fürsorge für die Brut sind viele besonders mannigfaltige und komplizierte Instinkte schon bei manchen recht einfach organisierten Tieren gewidmet.

Ob ein Tier bei der Ausführung mehr oder weniger zusammengesetzter Instinkthandlungen psychische Erscheinungen, Lust- oder Unlustgefühle, Triebe, Willensakte erlebt, können wir nicht wissen, wenn uns auch für manche Instinkthandlungen, wenigstens bei höheren Tieren, insbesondere Vögeln und Säugetieren, seelische Korrelate der Aktionen wahrscheinlich vorkommen.

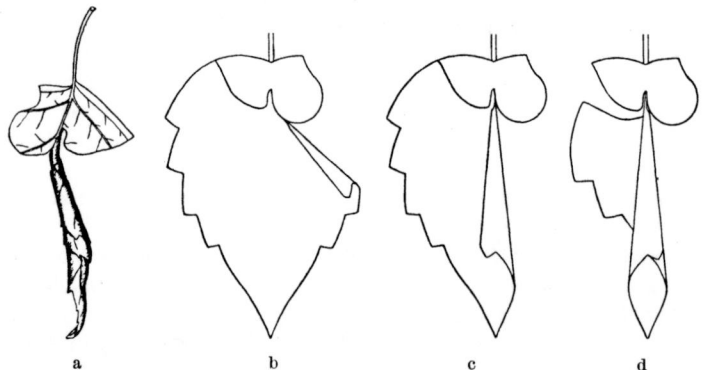

Abb. 238. Trichter des Birkenblattrollers (*Deporaus betulae*). a fertiger Trichter, b—d Schema der Trichterrollung. (Nach PRELL.)

Am höchsten und vielseitigsten sind die Instinkte bei den *Insecten* entwickelt Nur einige Beispiele:

Viele Insecten stellen im Verlauf ihrer Entwicklung *Gehäuse* her, die den Larven selbst oder dem Puppenstadium als schützender Aufenthaltsort dienen. Bei manchen *Schmetterlingen* (z. B. *Saturnia pavonia*) bringen die *Raupen* an ihren Gespinsten eine mit einer Reuse versehene Öffnung an, die ihnen das Ausschlüpfen ermöglicht, Feinde aber am Eindringen hindert.

Der *Birkenblattroller* (*Deporaus betulae*)[1] rollt aus einem Birkenblatt einen Trichter zusammen, in den er seine Eier ablegt und der den Larven Schutz und Nahrung bietet. Für die Aufrollung wird das Blatt in einer besonderen Weise eingeschnitten. Zwei Schnittlinien werden vom Rande bis zur Mittelrippe durchgenagt (Abb. 238). Ihre Krümmung ist genau bestimmt und bildet die geometrische Voraussetzung für die Aufrollung. Nach dem Durchschneiden der Blattnerven schlägt sich das Blatt von selbst nach hinten um und läßt sich ohne elastischen Widerstand einrollen. Hierbei faßt der Käfer den Rand mit den Beinen der einen Seite und zieht sich mit denen der anderen weiter. Die zuerst geschnittene Blatthälfte bildet den Innentrichter (Abb. 238b, c), um welche dann die nachher durchgeschnittene Blatthälfte als Außentrichter herumgeschlagen wird (Abb. 238a, d). Meist wird schließlich noch die Blattspitze als Verschlußklappe nach oben umgeschlagen.

Die *Grabwespen* (Gattung *Ammophila* u. a.) bauen als Bruthöhlen einige zentimeterlange, in den Boden hinabführende Röhren. Als Futter für die Larven werden Insecten

---

[1] PRELL, H.: Der Trichterwickel des Birkenblattrollers. Naturwiss. 13 (1925).

oder Spinnen eingelegt, die von der Wespe durch Stiche gelähmt sind. So oft das Weibchen, um neue Beute herbeizuholen, die Wohnröhre verläßt, wird diese mit Erde verschlossen. Kehrt die Wespe mit einer gelähmten Raupe zurück, so öffnet sie die Höhle und besichtigt ihr Inneres. Als ein Beobachter (FABRE) unterdessen die Beute ein Stück vom Nesteingang weglegte, zog die Wespe sie wieder zum Nest, um sich wieder erst allein hineinzubegeben. Bei Wiederholung des Versuches wurden diese beiden Kettenglieder sehr oft in gleicher Weise wiederholt.

Auf instinktiver Grundlage beruht das bei *Termiten* und *Hymenopteren* reich entwickelte *soziale Leben*[1].

Im normalen *Bienenstaat* wird die *Arbeitsteilung*[2] dadurch bewirkt, daß jede Haupttätigkeit von einer bestimmten Altersgruppe von Arbeiterinnen ausgeführt wird (Beobachtung mit Farbflecken markierter Bienen in einem verglasten Versuchsstock). Die frisch ausgeschlüpfte Arbeiterin übernimmt zuerst das Reinigen der Wabenzellen, ehe die Königin sie mit einem Ei belegt. Etwa 3 Tage alt geht sie zur Larvenfütterung über. Und zwar füttert sie zuerst alte Larven, die nur noch Honig und Pollen erhalten, den die fütternden Bienen aus den Vorratszellen holen. Erst mit 6 Tagen kann sie auch junge Larven füttern, die einen eiweißreichen Futtersaft bekommen, den die fütternden Arbeiterinnen in besonderen Kopfspeicheldrüsen erzeugen. Diese werden erst allmählich ausgebildet. Zwischen dem 12. und 18. Tage leistet die Biene Bauarbeit. Das als Baumaterial dienende Wachs wird von den Arbeitsbienen in Wachsdrüsen an der Bauchseite des Abdomens erzeugt. Von dort wird es mit den Beinen zwischen die Mandibeln gebracht, geknetet und an Stellen des neu zu errichtenden oder zu reparierenden Wabenwerks angefügt. Auf dieser Altersstufe werden noch andere Arbeiten ausgeführt: von Sammelbienen wird Nektar übernommen und in Vorratszellen entleert; der von den Pollensammlerinnen in die Zellen abgelegte Blütenstaub wird mit dem Kopf festgestampft. Gelegentlich werden Orientierungsausflüge unternommen, und zwischen dem 18. und 20. Tage wird Wächterdienst am Stockeingang versehen. Dann wird die Biene für den Rest ihres im Sommer etwa 35 Tage währenden Lebens Sammlerin und trägt, je nach den Bedürfnissen des Stockes und dem draußen vorhandenen, Nektar oder Pollen ein. Diese Arbeitsfolge hängt nicht nur einfach von dem Lebensalter der Bienen ab, sondern setzt das stufenweise Ableisten der Aktionen voraus: werden frisch geschlüpfte Bienen herausgefangen und isoliert mehrere Tage lang gut gefüttert, so beginnen sie doch von vorn mit der ersten Arbeit. Aber die Arbeitsfolge erweist sich doch als plastisch, wenn es sich darum handelt, abnorme Bedürfnisse des Stockganzen zu befriedigen; werden Teile von Stöcken abgetrennt, die nur junge Stockbienen oder nur alte Sammelbienen enthalten, so gehen jene zum Teil rascher zum Ausfliegen und Sammeln über, und die zweite Gruppe übernimmt wieder Innenarbeit, vermag wieder Brut zu pflegen und wieder zu bauen, obwohl sie über das Baualter hinaus war. Als Reaktion auf die Umstellung und als Voraussetzung für die Wiederausübung dieser Tätigkeiten werden Futtersaft- und Wachsdrüsen wieder neu in Tätigkeit gesetzt.

Für die Bienen auf Suchausflügen ist der Blütenduft zunächst ein Lockmittel, das die Bienen zu bestimmten Futterquellen unbedingt reflectorisch lenkt, dann werden Düfte, Farben und Formen assoziativ wirksame Kennzeichen für gerade Nektar oder Pollen spendende Blütensorten und für bestimmte Futterorte.

---

[1] ESCHERICH, K.: Die Termiten oder weißen Ameisen. Leipzig 1909. — Termitenleben auf Ceylon. Jena 1911. — Die Ameise, Schilderung ihrer Lebensweise. 2. Aufl. Braunschweig 1917. — BRUN, R.: Psychologische Forschungen an Ameisen. Handbuch biol. Arbeitsmeth. Liefg 70. 1922. — v. FRISCH, K.: Aus dem Leben der Bienen. Berlin 1927.
[2] RÖSCH, G. A.: Untersuchungen über die Arbeitsteilung im Bienenstaat. I. II. Z. vergl. Physiol. 2 (1925); 12 (1930).

Das soziale Leben setzt ein *Mitteilungsvermögen*[1] voraus, das bei den Bienen sehr leistungsfähig ist. Eine Reihe von Instinktaktionen, die von erfolgreichen Sammlern ausgeübt werden, dienen dazu, im Stock verweilende Sammelbienen zu alarmieren und zu der von jenen gefundenen Futterquelle zu lenken. Bienen, die von einer reichen Trachtquelle heimgekommen sind, führen auf den Waben bestimmte Bewegungen auf, eine Art Rundtanz nach Nektarfund, oder einen davon in der Bewegungsart verschiedenen, mit schwänzelnden Bewegungen versehenen Tanz, wenn sie mit Pollen heimkehren. Diese Tänze erregen die mit den Tanzenden in Berührung kommenden Bienen und veranlassen sie zum Ausfliegen nach allen Richtungen. Mit dieser unbedingt reflectorisch ausgeführten und ebenso auf die anderen Bienen wirkenden Mitteilung ist eine assoziativ wirkende Mitteilung verknüpft: der Geruch der Blütenblätter, von denen sie kommen, oder des Pollens haftet an den Tanzenden und wird von den sie Berührenden mit den Antennen (S. 195 f.) recipiert. Das Engramm dieses Duftes bestimmt das Ziel des Suchausflugs: wenn auf die umhersuchenden Bienen dieser Duft einwirkt, fliegen sie die duftende Stelle an. Eine reichliche Trachtstelle wird außerdem noch von den dort saugenden Bienen durch einen eigenen Duft gekennzeichnet, den sie selbst in einem ausstülpbaren Duftorgan am Hinterleib erzeugen, und der für die Bienen ungeheuer intensiv und auf weite Entfernungen wirksam ist.

Viele Instinkthandlungen sind mit der Betätigung sehr spezialisierter körperlicher Differenzierungen verknüpft. In manchen Fällen kann auch instinktiv die Benutzung körperlich vom Organismus getrennter *Werkzeuge* stattfinden[2]. So verwenden die Arbeiterinnen mehrerer auf Bäumen lebender *Weberameisenarten* (z. B. *Oecophylla smaragdina*) ihre mit stark entwickelten Spinndrüsen versehenen Larven, um mit ihnen Blätter für ihre Wohnbauten zusammenzuweben; sie halten die Larven mit den Mandibeln fest und drücken ihre Vorderenden abwechselnd gegen die beiden zu verbindenden Blätter, während andere Arbeiterinnen die Blätter aneinanderziehen.

Auch bei den *Wirbeltieren* kommen Instinkte verschiedener Art vor, wenn auch die reichere Ausgestaltung des Verhaltens bei ihnen überwiegend auf der Bildung bedingter Reflexe beruht. Bei den *Fischen* entspricht der relativen Einfachheit der Umgebung auch ein verhältnismäßig einfaches Verhalten. Hochentwickelte Instinkthandlungen finden sich bei ihnen fast nur im Zusammenhang mit der Fortpflanzung: z. B. bei manchen Arten Laichwanderungen, Nestbauten (S. 937, Abb. 1031), Brutpflege[3]. Unter den Landwirbeltieren sind die Instinkthandlungen bei den *Vögeln* am mannigfaltigsten entwickelt. Die oft sehr kunstvollen *Nestbauten* werden auch von künstlich erbrüteten Vögeln in der für die Art typischen Weise instinktiv ausgeführt. Durch Übung wird der Nestbau aber vervollkommnet; und wechselndem Material gegenüber zeigt der Bauinstinkt erhebliche Plastizität. Der *Vogelgesang*[4] zeigt besonders deutlich, wie eine in ihrer Bedeutung und ihrem Ablauf ganz entsprechende Aktion bei verschiedenen Arten entweder rein reflectorisch als angeborene Impulsmelodie oder aber auf Grund der Reproduction einer überraschend sicher und langdauernd eingeprägten, zeitlich geordneten Engrammkombination auftreten kann, nach welcher die komplizierten Bewegungsfolgen der Lautbildung reguliert werden.

Als vererbte Impulsfolge tritt der Gesang der Vögel z. B. bei Kuckuck, Ortolan, Zilpzalp, Uferschwalbe, Singdrossel, Amsel und Rotkehlchen mehr oder weniger vollkommen

---

[1] v. FRISCH, K.: Sinnesphysiologie und Sprache der Bienen. Berlin 1924.
[2] BIERENS DE HAAN, J. A.: Werkzeuge und Werkzeuggebrauch bei den Tieren. Naturwiss. 15 (1927).
[3] WUNDER, W.: Brutpflege und Nestbau bei Fischen. Erg. Biol. 7 (1931).
[4] HEINROTH, O. u. M.: Die Vögel Mitteleuropas. 3 Bde. Berlin-Lichterfelde 1924—1928.

auch bei isolierter Aufzucht ein. Ererbtes mischt sich mit Erworbenem bei den zum „Spotten" begabten Arten, z. B. Blaukehlchen, Steinschmätzer, Gartenrotschwanz, Gelbspötter, Gimpel, Pirol und Star. Bei vielen Vögeln, z. B. Nachtigall, Rauchschwalbe, Mönchs- und Dorngrasmücke, Stieglitz, Goldammer und Buchfink muß der Artgesang erlernt werden. Isoliert aufgezogen lassen sie nichts charakteristisch Eigenes vernehmen, sie ahmen aber den Gesang anderer Vögel nach; für die Annahme des Artgesanges ist ihnen eine gesteigerte Bereitschaft angeboren. Doch vielfach behalten sie auch fremde Laute bei, wenn sie diese vor den arteigenen angenommen haben. Das Erlernen des Gesanges braucht keineswegs mit einem dauernden Anhören verbunden zu sein: eine junge Nachtigall reproduzierte, als sie im Januar mit zusammenhängendem Gesang begann, täuschend ähnlich den Gesang einer Mönchsgrasmücke, die sie nur 10 Tage lang im Juni gehört hatte, als sie selbst im Jugendkleide noch gar nicht sang.

Rätselhaft in ihrem kalendermäßigen Auftreten und in ihrer Orientierung sind noch die instinktiven *Wanderungen der Zugvögel* (S. 334f.).

Bei den *Säugern* werden die *Engrammreaktionen* immer mehr gesteigert. Durch Versuch und Irrtum werden zahlreiche sensorische und motorische Differenzierungen gebildet. Bei höheren, besonders lernfähigen Formen dient die *Jugendzeit* mit ihrem ausgesprochenen „*Spieltrieb*" außer der Entwicklung motorischer Gewandheit und der Einübung bestimmter instinktiver Leistungen (Jagdspiele, Kampfspiele) der Bildung von Engrammen im Nervensystem, der Knüpfung nützlicher Assoziationen und Ausbildung besonderer erlernter Bewegungsreaktionen für häufig wiederkehrende Situationen.

Die Engramme wirken in den meisten Fällen nur dann reaktionsauslösend, wenn ein Teil der früheren Reizlage (repräsentativer Reiz) wiederkehrt (*gebundene Engrammreproduction*). Es liegt kein Grund vor, hierbei als psychische Korrelate Vorstellungen von Früherem anzunehmen, nachdem man auf psychologischer Seite für erwiesen hält, daß auch beim Menschen ein Vergleichen und Wiedererkennen nicht an das Auftreten von Vorstellungen gebunden ist. Der „Vergleichspartner" der gegenwärtigen Wahrnehmung ist nicht das Erinnerungsbild einer früheren, sondern ein im allgemeinen nicht ins Bewußtsein tretendes physiologisches Residuum.

Bei einer Reihe von höheren Tieren können *frei reproduzierte Engramme* aber auch *Handlungsziele* bestimmen ohne unmittelbare Einwirkung eines repräsentativen Reizes. Dies ist der Fall, wenn ein Tier nach etwas Bestimmtem sucht, das sich keinem seiner Sinne darbietet[1]. Überdeckt man vor den Augen einer Krähe oder eines Eichelhähers Futter mit einem Topf, so wird er mit dem Schnabel abgehoben. Hühner versagen in derselben Lage; sie zeigen sich unmittelbar an die von dem Futter ausgehenden Sinnesreize gebunden. Eine Rabenkrähe holte Nüsse, die sie selbst versteckt hatte, am folgenden Tag hervor und brachte sie der Versuchsleiterin, die ihr Nüsse aufzuknacken pflegte. Schimpansen suchen nach längerer Zeit nach versteckten Bananen. Daß den frei reproduzierten Engrammen psychisch Vorstellungen entsprechen, wie solche bei uns Handlungsmotive bilden, ist recht wahrscheinlich.

Nur bei *Affen*[2] und anscheinend in einfachster Form bei einzelnen *Vögeln* ist die höchste Art des Verhaltens nachgewiesen, bei der einer *neuen Situation gegenüber eine neue zweckmäßige Reaktion* unmittelbar gefunden wird. Wir bezeichnen dieses Verhalten als *einsichtig* (*Intelligenzhandlung*) und zweifeln nicht daran, daß

---

[1] HERTZ, MATHILDE: Wahrnehmungsphysiologische Untersuchungen am Eichelhäher. I. Z. vergl. Physiol. **7** (1928). — FISCHEL, W.: Über die Bedeutung der Erinnerung für die Ziele der tierischen Handlung. Ebenda **9** (1929).

[2] KÖHLER, W.: Intelligenzprüfungen an Menschenaffen. 2. Aufl. Berlin 1921. — DRESCHER, K. u. TRENDELENBURG, W.: Weiterer Beitrag zur Intelligenzprüfung an Affen. Z. vergl. Physiol. **5** (1927). — BIERENS DE HAAN, J. A.: Werkzeuggebrauch und Werkzeugherstellung bei einem niederen Affen (*Cebus hypoleucus*). Z. vergl. Physiol. **13** (1931).

wir hierbei analoge psychische Erscheinungen bei Tieren annehmen dürfen, wie beim Menschen.

Solche situationsgemäße Neureaktionen gegenüber einer übersehbaren Aufgabe werden entweder als *primär einsichtige Lösungen* sofort gefunden oder treten als *sekundär einsichtige Lösungen* nach einem Probieren als sicheres Festhalten einer einmaligen Zufallslösung auf. Im letzten Fall berühren sie sich mit der „Selbstdressur" bei der motorischen Differenzierung der Engrammreflexe. Doch unterscheidet sich die sekundär einsichtige Lösung vom Engrammreflex oft dadurch, daß bei einer Wiederholung der Reizlage mit leichten Veränderungen, die einsichtige Handlung nun gleich der veränderten Reizlage gemäß, die bedingt reflectorische aber stereotyp wie das vorige Mal auftritt.

In dem Übersehen einer Situation erheben sich die *Affen* weit über Huftiere und Raubtiere: wird vor dem Käfig außerhalb der Reichweite der Arme eine Frucht niedergelegt, von der eine Schnur bis zum Käfig zieht, so ergreift ein Schimpanse sofort die Schnur und zieht die Frucht heran. Pferd und Hund sind primär nie dazu imstande, sondern erst, wenn sie darauf dressiert sind.

Anthropoide und auch einzelne niedere Affen (*Cebus*-Arten) kommen primär einsichtig zum *Werkzeuggebrauch*. Sie benutzen Stöcke und andere Gegenstände zum Heranholen von Früchten, die außerhalb ihres Käfigs liegen. Dabei ist die Annahme eines Gegenstandes als Werkzeug zunächst davon abhängig, daß der Gegenstand und das Ziel gleichzeitig gesehen werden. Später wird der Gegenstand herbeigeholt (Vorstellung des Mittels zur Erreichung des Ziels). Wenn keine geeigneten Gegenstände bereit liegen, werden Äste abgebrochen. Um aufgehängte Früchte zu erreichen, schleppen die Schimpansen und Kapuzineraffen Kisten herbei und türmen sie aufeinander, dabei lernen sie aber die Stabilität der Kistenanordnung nie beurteilen. Ein Schimpanse kam darauf, ein schwächeres Rohr in ein stärkeres zu stecken und so den Stock zu verlängern.

Obwohl die einzelnen Schimpansen einsichtiges Verhalten zeigen, spielt in der *Organisation des sozialen Verbandes*, in dem diese Affen ihr natürliches Leben führen, diese Fähigkeit eine sehr geringe Rolle. Die Ausdrucksmittel der Schimpansen, Laute, Mienenspiel und Gesten von großer Mannigfaltigkeit, sind, wie bei allen anderen Tieren, ohne jede Ausnahme Affektäußerungen, die *subjektive Zustände* ausdrücken, und streben niemals eine Bezeichnung von Gegenständlichem an. Viele der Ausdrucksbewegungen sind dem Menschen unmittelbar verständlich, andere nach längerer Vertrautheit mit den Tieren, wieder andere bleiben unklar. Im Gegensatz zu der augenblicklichen und sicheren Wirkung der Ausdrucksbewegungen auf das Fühlen der Artgenossen ist dem gegenseitigen Verstehen der Schimpansen eine überraschend enge Grenze gesetzt, wo ein Tier das andere sinnvolle, aber ungewöhnliche Neuleistungen (auf Grund von Dressur oder Einsicht) vollziehen sieht. Hierauf bezieht sich die Verständigung nie; und daher ist auch die primitivste Kultur selbst bei den allen anderen Tieren überlegenen Anthropoiden unmöglich.

VI. Fortpflanzung.

A. Erscheinungsformen der Fortpflanzung.

Die Fortpflanzung ist ein Grundvorgang des Lebensablaufs eines jeden Organismus (S. 37). Durch die Individuenvermehrung wird stetig neue organische Substanz erzeugt. Die Synthese der organischen Verbindungen kann sich dabei mit einer Geschwindigkeit vollziehen, die für die Zeitmaße unserer Laboratoriumsarbeit und Technik ganz ungeheuer ist. Der gewaltigen Tendenz zur Massenvermehrung (dem „Vermehrungsdruck") wirken nur Umweltbedingungen (S. 322) entgegen.

Ein *Paramaecium*-Individuum könnte seiner Vermehrungsrate in Zuchten nach (Abb. 23) innerhalb von 5 Jahren eine Protoplasmamenge liefern, deren Volumen 10000 mal so groß wäre wie die Erde. Ein ♀ der Wollmotte *Tineola biselliella* kann in einem Jahr mit 3 Generationen von Nachkommen 235000 Schmetterlinge liefern (1 ♀ liefert ungefähr 100 Raupen, davon wachsen ungefähr 50 zu Schmetterlingen heran, davon sind ungefähr 17 ♀♀). Von einem *Feldmaus*paar (*Arvicola arvalis*) wurden in einem Zwingerversuch innerhalb von 322 Tagen 2557 Nachkommen (Kinder, Enkel, Urenkel) erzielt. Innerhalb eines Jahres kann die Nachkommenzahl theoretisch 7000 übersteigen (Tragezeit 20 Tage, worauf sofort wieder Deckung möglich; Wurfzahl 5—10 Junge, im Mittel 7, davon im Mittel 3 ♀♀; Entwicklungsdauer bis zur Fortpflanzungsfähigkeit 90 Tage; Lebensdauer ungefähr 2 Jahre). Ein *Huhn* kann bei einer Legeleistung von 300 Eiern im Jahr sein eigenes Gewicht 10—15 mal in Form von Eisubstanz erzeugen. Die *Bienenkönigin* ist imstande in den Sommermonaten etwa 100000 Eier zu legen und damit während einer 5 jährigen Lebenszeit etwa das 200 fache ihres Körpergewichts zu produzieren. *Taenia solium* erzeugt im Jahre ungefähr 42000000, *Ascaris* sogar 64000000 Eier (nach LEUCKART).

Bei den *Protozoen* steht die ganze Zelle im Dienst der Fortpflanzung, wenn sie sich in vegetative Tochterindividuen oder im Gameten teilt (S. 37, 55f). Im typi-

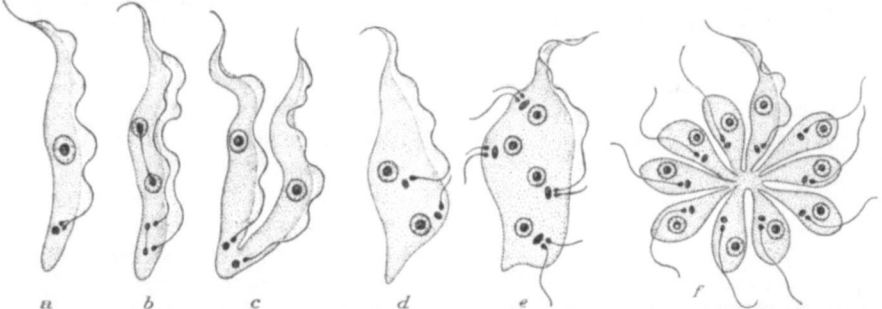

Abb. 239. Fortpflanzung von Trypanosomen. (Nach KÜHN und v. SCHUCKMANN, etwas schematisiert.) a—c Zweiteilung von *Trypanosoma brucei*; a Teilung des Basalkorns der Geißel, b Teilung des Blepharoplasten, Auswachsen der zweiten Geißel, c Längsteilung des Cytoplasmakörpers. d—f Vielteilung von *Trypanosoma lewisi*; d Ausbildung einer neuen Geißel nach Teilung des Kerns, Basalkorns und Blepharoplasten, e Stadium nach einer wiederholten Verdoppelung des Kerns und der Organellen und Beginn der dritten Geißelverdoppelung, f Durchschnürung des Cytoplasmas nach wiederholter Kernteilung und entsprechender Vermehrung der Geißelapparate; einem der Sprößlinge wird die Geißel und undulierende Membran des Muttertieres zugeteilt, die anderen Teilstücke bilden die undulierenden Membranen erst nach dem Freiwerden aus.

schen Fall ist die Teilung eine *Zweiteilung*. Sehr häufig erscheint sie aber dadurch als *Vielteilung*, daß die Kernteilung, manchmal auch die Verdoppelung der Bewegungsorganellen sich mehrmals wiederholt, bevor der Cytoplasmakörper in zahlreiche Sprößlinge zugleich zerfällt (Abb. 38, 239, 254, 256, 260, 295).

Häufig werden vor der Teilung von den Mutterzellen für den Schutz der Sprößlinge Cysten hergestellt; und manchmal werden an diesen besondere Vorrichtungen für das Freiwerden der Nachkommen angebracht. Am kompliziertesten sind die Entleerungsvorrichtungen für die Sporen bei manchen *Gregarinen*. Die Mutterzellen der Gameten bilden von verdünnten Stellen der Cystenwand nach innen ins Cytoplasma hinein Röhren (*Sporoducte*). Nach der Gametenbildung und Copulation quillt ein von den Gametenmutterzellen zurückbleibender Restkörper auf, stülpt die Sporoducte nach außen und preßt durch sie die aus den Zygoten entstandenen Sporen (S. 412) hinaus. Bei den *Myxosporiden* ist die *Spore* ein *mehrzelliges Gebilde*, dessen einzelne Zellen verschieden differenziert sind (Abb. 240, 358). In der zur Sporenbildung schreitenden Zelle (Propagationszelle, Abb. 240a—d) teilt sich der Kern wiederholt, später trennen sich um bestimmte Kerne Cytoplasmabezirke ab, und auf jede Spore kommen vier Kerne bzw. Zellen: zwei Schalenzellen, welche die beiden Schalenklappen bilden, zwei Polkapselzellen, von welchen jede eine mit einem ausstülpbaren Faden versehene Kapsel erzeugt (eine Vorrichtung zum Festheften der Sporen im Darm eines neuen Wirtes), zwei Gameten, die zu einem zunächst zweikernigen Amöboidkeim verschmelzen, und meist noch eine Hüllzelle (Sporocystenzelle).

Für die *Metazoen* ist die geschlechtliche Fortpflanzung[1] durch *Geschlechtszellen* (S. 38) charakteristisch. Die ungeschlechtliche Fortpflanzung durch Teilung oder Knospung stellt eine sekundäre Ausgestaltung des Entwicklungsganges dar (S. 305 f.).

Die Geschlechtszellen der Metazoen, *Samenzellen* und *Eizellen*, entstehen in der Regel in verschiedenen Individuen (*Getrenntgeschlechtlichkeit*, S. 87). Für einige Tiergruppen ist *Zwittrigkeit* charakteristisch, so daß getrenntgeschlechtliche Arten Ausnahmen sind. Dies ist der Fall bei den meisten Spongiarien, Ctenophoren, Plathyhelminthen, Entoprocta, Oligochäten und Hirudineen, unter den Mollusken bei den Opisthobranchiern und Pulmonaten, unter den Krebsen bei den Cirripedien und Cymothoiden, bei den Chätognaten und Tunicaten. In vielen Gruppen, die sonst durch Getrenntgeschlechtlichkeit gekennzeichnet sind, kommen einzelne zwittrige Gattungen oder Arten vor (z. B. *Hydra*, einige Hydroidmedusen, *Cerianthus*, *Chrysaora* unter den Cnidarien; *Angiostomum* unter den Nematoden; *Ostrea*, *Pecten*, *Sphaerium* und andere unter den Lamellibranchiern, *Synapta*, *Amphiura squamata* unter den Echinodermen; *Serranus*, *Chrysophrys* und andere Knochenfische). Bisweilen kommen neben den Zwittern bei derselben Art auch rein männliche Tiere (sogenannte Ergänzungsmännchen) vor (z. B. bei Cirripedien).

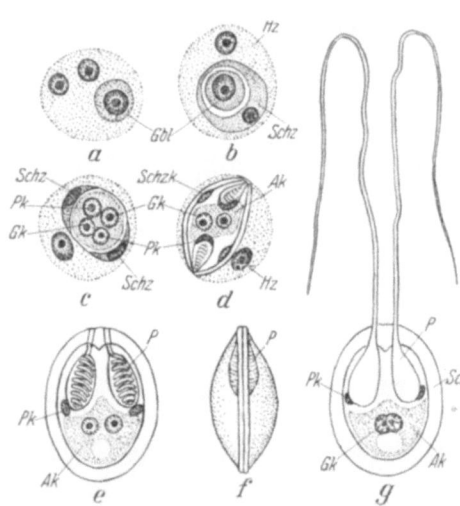

Abb. 240. Sporenbildung bei Myxosporidien. (Nach SCHRÖDER und AWERINZEFF, etwas schematisiert.) a—d Ausbildung der Spore bei *Myxidium*. a Propagationszelle mit drei Kernen; um den einen (Gametoblastkern) hat sich ein Cytoplasmabereich abgegrenzt. b Sonderung des Cytoplasmas in eine äußere Hüllzelle, eine Schalenbildungszelle (*Schz*) und eine Gametoblastzelle (*Gbl*). c Die Schalenbildungszelle hat sich in 2 Zellen geteilt im Innern hat sich der Kern der Gametoblastzelle zweimal geteilt in zwei Gametenkerne (*Gk*) und zwei Kerne für die Polkapselzellen (*Pk*). d Fertige Spore, alle Kerne zurückgebildet (*Schzk* Rest der Schalenbildungszellkerne) bis auf die Gametenkerne. e—h Spore von *Myxobolus*. e von der Fläche, f von der Kante, Spore mit ausgeschnellten Polfäden, *p* Polkapsel, *Ak* Amöboidkeim mit den zwei in Verschmelzung begriffenen Gametenkernen, *Sch* Schale.

Bei den *Spongiarien* liegen die Genitalzellen einzeln verstreut im Mesenchym des Körpers und gelangen zwischen den Entodermzellen hindurch nach außen. Bei allen anderen Metazoen sind die Geschlechtszellen an bestimmten Stellen des Körpers angesammelt, die als *Keimlager* oder *Gonaden* bezeichnet werden. Die männliche Gonade heißt *Hoden* (*Spermarium*, *Testis*), die weibliche *Eierstock* (*Ovarium*).

Bei den *Cnidarien* sind die Gonaden bestimmte, radiär angeordnete Stellen des Ectoderm- oder Entodermepithels, an denen die Genitalzellen subepithelial liegen, im Ectoderm bei den Hydrozoen, im Entoderm bei den Scyphozoen und Anthozoen. Bei den *Ctenophoren* liegen die Keimlager den Rippengefäßen an; ihr

---

[1] MEISENHEIMER, J.: Geschlecht und Geschlechter im Tierreiche. I. Die natürlichen Beziehungen. Jena 1921.

Ursprung (entodermal oder mesodermal) ist nicht sichergestellt. In allen diesen Fällen werden die Genitalproducte durch Zerreißen des Epithels frei und gelangen unmittelbar oder durch die Gastralhöhle nach außen.

Auf diesen einfachen Organisationsstufen ist das Geschlecht der Keimzellenlager für den übrigen Bau des Organismus gleichgültig; männliche und weibliche Tiere unterscheiden sich in ihren somatischen Teilen nicht. Auf einer höheren Ausbildungsstufe werden besondere *Hilfsorgane der Geschlechtstätigkeit* ausgebildet, die der Entleerung und Vereinigung der Gameten dienen, zunächst *Leitungskanäle*, die von dem in der Tiefe des Körpers liegenden Keimzellenlager zur Körperoberfläche führen, ferner häufig Organe, die der Umhüllung der Eier und der Ernährung der Brut dienen. Bei Getrenntgeschlechtlichkeit dehnt sich der Gegensatz zwischen den Geschlechtern auf den Körperbau und die Leistung der Individuen aus. Der *Geschlechtsdimorphismus* der Keimzellenträger kann mehr oder weniger groß sein. In ihrer Leistung können die beiden Geschlechter zunächst noch völlig unabhängig voneinander sein. Samen und Eier werden einfach in das umgebende Wasser entleert; dort mischen sich beide und die Befruchtung tritt ein. Häufig sammeln sich die Geschlechtstiere während der Abgabe der Geschlechtsproducte (z. B. frei schwärmende Ringelwürmer, Knochenfische, wie die Heringsscharen) an einer Stelle an. Bei den meisten höheren Tieren machen die Aktionen, die im Dienst der Vereinigung der Geschlechter und der Versorgung der Brut stehen, einen sehr großen Teil des gesamten Verhaltens aus. Bei zahlreichen Formen aus verschiedenen Tiergruppen (z. B. Seesternen, Knochenfischen, Fröschen) treten Männchen und Weibchen zu einem *Paarungsakt* zusammen, durch den die Vereinigung der noch nach außen abgegebenen Geschlechtszellen gewährleistet wird. Bei vielen Wassertieren und bei allen Landtieren werden in einem *Begattungsakt* die Spermien in einer von den männlichen Geschlechtsorganen ausgeschiedenen Flüssigkeit (Spermaflüssigkeit) in den weiblichen Körper eingeführt. Dadurch wird nun eine *innere Besamung* der Eier ermöglicht, die in all den Fällen nötig ist, in denen die Eier sich im Inneren der Mutter zu entwickeln beginnen oder dort nach der Befruchtung von einer Schutzschale umhüllt werden. Bei Zwittern findet meist eine Wechselbegattung statt. Die Begattungspartner können mehr oder weniger lang miteinander vereinigt bleiben. Bei *Diplozoon paradoxum* heften sich zwei noch nicht geschlechtsreife Tiere zunächst mit den Saugnäpfen aneinander und verwachsen dann zu einem förmlichen Doppeltier (Abb. 461, 463), wobei der ♂ Ausführungsgang des einen jeweils mit dem ♀ Geschlechtsapparat des andern Tieres sich vereinigt.

Bei getrenntgeschlechtlichen Tieren fällt fast immer den Männchen die Rolle des Aufsuchens der Geschlechtsgenossen zu. Sie sind daher oft mit leistungsfähigeren Bewegungsorganen ausgestattet; bei manchen Formen sitzen die Weibchen völlig am Ort fest. Besitz höher entwickelter Sinnesorgane, mit denen die Weibchen fernerhin gespürt oder gesehen werden können, sind eine hervorstechende Eigentümlichkeit des männlichen Geschlechtes bei Gliedertieren, insbesondere Krebsen und Insecten. Vielfach sind geschlechtliche Lock- und Erkennungsmittel ausgebildet, die auf Geruchsinn (Duftorgane), Gehörsinn (schallerzeugende Organe), Gesichtssinn (Schaumerkmale, Schmuckfarben) oder Tastsinn wirken. Oft besitzen die Männchen Haftorgane zum Festhalten der Weibchen. Bei vielen Arten sind die Männchen mit stärkeren oder besonderen Waffen ausgerüstet.

Über den Akt der Begattung hinaus wirkt das *Bedürfnis des sich entwickelnden Eies* auf den Körper des Erzeugers, und zwar fast ausschließlich der Mutter zurück. Vielen Eiern werden Schutzhüllen mitgegeben, die von Teilen des weiblichen Genitalapparates, zuweilen auch von Drüsen der Körperoberfläche geliefert werden. Für die Eiablage sind mannigfaltige Legeorgane eingerichtet, die manchmal (wie bei den Schlupfwespen und Holzwespen) komplizierte Bohrapparate darstellen. Bei der Brutpflege werden besondere Gelegenheiten für die räumliche Unterbringung der Eier geschaffen; und diese Aufgaben können auf den Körper der Geschlechtstiere umgestaltend einwirken. Vielfach wird Nestmaterial von Drüsen des Körpers geliefert (Spinnmaterial, Klebstoff, Wachs). Oft wird der Elternkörper selbst Träger der Brut, und zwar außer den Weibchen seltener auch die Männchen (manche Insecten, Fische, Frösche, Kröten). Brutsäcke, in welche die befruchteten Eier hineingefüllt werden, bilden sich an verschiedenen Stellen der Körperoberfläche aus oder werden in den Körper des Elterntieres hineingesenkt. Die vollkommensten Brutorgane werden von Teilen des weiblichen Genitalsystems geliefert. Hier unterbleibt die Eiablage; die jungen Keime verlassen den mütterlichen Körper erst, wenn ihre Embryonalentwicklung mehr oder weniger vollständig abgeschlossen ist. Die Embryonen erhalten im Mutterkörper vielfach nicht nur Aufenthalt, sondern auch Nahrung. Durch die Embryonalernährung kann der mütterliche Organismus mehr oder weniger stark in Mitleidenschaft gezogen und die Art der Embryonalentwicklung weitgehend abgeändert werden (z. B. bei Salpen, S. 872, Säugetieren, S. 1043ff.). Bei manchen Formen wird der Körper der Mutter ganz von den Jungen ausgefressen und geht nach ihrem Freiwerden zugrunde (Abb. 241).

Bei sehr vielen Tieren findet im geschlechtsreifen Zustand die Fortpflanzung *periodisch* statt. Bei den *Säugern* haben die *Brunstperioden* besondere Bedeutung, die meist jährlich einmal (monoöstrische Arten, z. B. Fuchs, Hirsch, Antilopen), bei manchen Arten mehrmals im Jahre (polyöstrische, z. B. Mäuse, Ratten, Affen) oder bei einzelnen nach mehrjährigen Intervallen auftreten. Bei den ♂ Tieren kann eine Veränderung der Größe, Tätigkeit und Lage der Hoden mit der Fortpflanzungsperiode verbunden sein. Bei den ♀ Säugetieren betreffen die *cyklisch verlaufenden Veränderungen* (die *Oestrusperioden*) nicht nur die Ovarien (Eiwachstum, Ovulation), sondern auch die Schleimhaut des Uterus (und vielfach auch der Vagina). Die Uterusschleimhaut macht (unter der Wirkung der ♀ Sexualhormone, S. 245) zunächst (im Prooestrum) Vorbereitungen für die Aufnahme befruchteter Eier durch (erhöhte Durchblutung, Abstoßung von Drüsensecreten und Schleimhautstücken). Tritt keine Eieinpflanzung und Entwicklung von Embryonen auf der Höhe der Uterusentfaltung (Oestrus) ein, so erfolgt die Rückbildung der Schleimhaut zum Ruhezustand (Metoestrum).

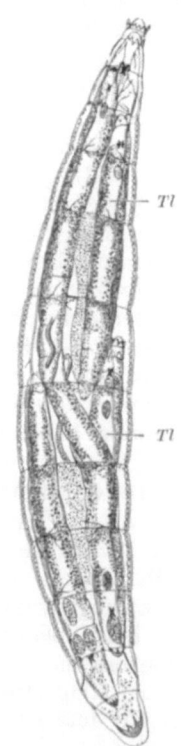

Abb. 241. Parthenogenesierende *Heteropeza*-(*Miastor*-)Larve, erfüllt von der Brut, den Tochterlarven (*Tl*), welche den Mutterkörper ausfressen. (Nach PAGENSTECHER.) 90/1.

Die Versorgung der abgelegten Eier und der sich entwickelnden Brut erfährt ihre großartigste Ausbildung bei den *staatenbildenden Insecten*, wo *geschlechtslose Individuen*, die Arbeiter, als Ernährungsmodifikationen (S. 50) auftreten. Diese sind bei den *Hymenopteren* Weibchen, bei den Termiten Männchen und Weibchen, deren Geschlechtsorgane verkümmert, deren Körper und Instinkte in besonderer Weise differenziert sind (S. 257).

Parthenogenetische Fortpflanzung (S. 65ff.) findet sich in sehr verschiedenen Tiergruppen, bei einzelnen *Plathelminthen* und *Nematoden*, häufig bei *Rotatorien* und bei *Arthropoden* (*Apus, Artemia,* Sommereier der *Cladoceren,* bei *Cypris,* bei einigen Milben [*Amblyomma agamum, Cheyletus*], bei *Machilis, Hymenopteren, Phasmatiden,* den Pflanzenläusen, bei *Psychiden* und *Solenobia* unter den Schmetterlingen). Bei den in Staaten lebenden Hymenopteren entstehen aus den parthenogenetisch sich entwickelnden Eiern nur Männchen (sog. *Arrenotokie*). Ab und zu kommt Parthenogenese im Larvenzustande vor (*Pädogenese,* z. B. bei *Heteropeza* [*Miastor*], Abb. 241). Auch die parthenogenesierenden, vereinfachten Zwischengenerationen der Trematoden sind hierher zu rechnen.

B. Der Bau der Geschlechtsorgane.

Bei den *Cölomaten* liegen die *Keimlager* immer im Mesoderm, und zwar in der Epithelauskleidung von Säcken, die als Cölomsäcke angesprochen werden (S. 100).

Bei den *Scoleciden* (Abb. 84a) dienen die kleinen Cölomsäcke in toto als Genitaldrüsen. Bei den übrigen Cölomaten enthält ein Teil der Wand des allgemeinen Cöloms das Keimlager (Abb. 84b); häufig trennt sich der das Keimlager tragende Teil der Cölomwand als besondere *Genitaldrüse* mit eigenen Ausführungsgängen von dem übrigen Cölom ab (Abb. 84c); ersteres findet sich bei Anneliden, einigen Mollusken, Bryozoen, Brachiopoden, bei Vertebraten im weiblichen Geschlecht; letzteres sonst bei den Cölomaten. Zur Ausfuhr der Genitalproducte dienen die Ausführungsgänge der Cölomsäcke, welche bei den Scoleciden ausschließlich als Genitalgänge, bei allen

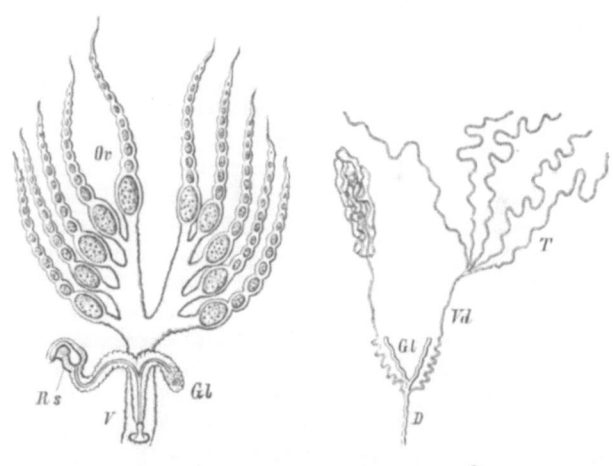

Abb. 242. Geschlechtsorgane von Insecten. a Die weiblichen Geschlechtsorgane von *Pulex* (nach STEIN). *Gl* Anhangsdrüse, *Ov* Eiröhren, *Rs* Receptaculum seminis, *V* Vagina. b Die männlichen Geschlechtsorgane einer Wasserwanze (*Nepa*) (nach STEIN). *D* Ductus ejaculatorius, *Gl* Anhangsdrüsen, *T* Hoden, *Vd* Ductus deferens.

übrigen Cölomaten als Nephridien entwickelt sind, deren Wimpertrichter die losgelösten Geschlechtsproducte aufnehmen. Bei teilweiser oder vollkommener Abtrennung der Keimlager als besondere Keimdrüsen ist der gesonderte Ausführungsgang meist auf ein Nephridium zurückzuführen. Selten findet sich als abgeleiteter Zustand ein bloßer Porus (Salmoniden, manche Anneliden) zur Ausfuhr der Genitalzellen.

Die *Ausführungsgänge* der Genitaldrüsen zeigen in der Regel eine Reihe von Differenzierungen. Der Ausführungsgang der *männlichen* Keimdrüse (Abb. 242 b), der Samenleiter (*Ductus deferens*), bildet häufig eine Auftreibung oder einen Anhang zur Aufsammlung des Spermas, die Samenblase (*Vesicula seminalis*), und trägt besondere Drüsen (*Prostatadrüsen*), deren Secret sich der die Samenzellen enthaltenden Flüssigkeit, dem *Sperma,* beimischt. Der Endabschnitt des Ausführungsganges besitzt zur Ausstoßung (Ejaculation) des Spermas eine kräftige Muskulatur und wird als Ausspritzungskanal (*Ductus ejaculatorius*) unterschieden. Ihm schließen sich in der Regel Copulationsorgane zur Übertragung des Samens in die weiblichen Geschlechtsorgane an. Das Begattungsorgan (*Penis, Cirrus*) ist entweder einstülpbar oder ein äußerer, im Anschluß an die Genitalöffnung entwickelter Anhang (äußeres Genitale).

Als *Hilfsorgane* der Begattung können besonders umgestaltete Gliedmaßen dienen, so bei Krebsen, Spinnen. Bei den Cephalopoden ist ein Kopfarm eigentümlich umgewandelt; er trennt sich bei einigen Formen (*Tremoctopus, Argonauta*) als selbständig bewegungsfähiger Begattungsapparat (sog. Hectocotylus) ab und überträgt den Samen in den weiblichen Körper.

Der Ausführungsgang der *weiblichen* Genitaldrüse (Abb. 242a), der Eileiter (*Oviduct*), besitzt oft einen besonderen Anhang (Samentasche oder *Receptaculum seminis*), der die Spermien nach der Begattung aufnimmt, und dient häufig in einem weiteren Abschnitt als Fruchtbehälter (*Uterus*), in welchem sich die Embryonen entwickeln. Der Endteil des Ausführungsapparates, der zur Aufnahme des männlichen Begattungsorgans dient, wird als Scheide (*Vagina*) unterschieden. Dazu können Drüsen kommen, welche Hüllen zum Schutze der Eier, manchmal auch Nahrungsmittel für die Embryonen liefern. Auch im weiblichen Geschlecht schließen sich an die Genitalöffnung oft Bildungen der Haut an, die meist eine Beziehung zur Ablage der Eier haben.

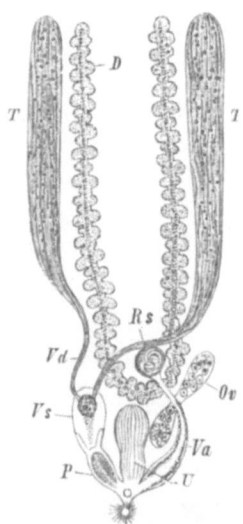

Abb. 243. Geschlechtsapparat von *Dalyellia* (*Vortex*) *viridis*. (Nach M. SCHULTZE.) *D* Dotterstöcke, *Ov* Ovarium (Keimstock), *P* Penis, *Rs* Receptaculum seminis, *T* Hoden, *U* Uterus, *Va* Vagina, *Vd* Ductus deferens, *Vs* Samenblase.

In manchen Fällen (z. B. bei Oligochäten, bei einigen Krebsen, so Branchiuren, Stomatopoden, Penaeiden, bei Milben) ist die Tasche zur Aufnahme des Samens kein Anhangsorgan des Oviducts, sondern eine gesondert von der Haut aus entwickelte Bildung. Sie wird in diesem Falle als *Spermatotheca* bezeichnet.

Im Genitalapparat *hermaphroditischer Formen* sind entweder männlicher und weiblicher Teil getrennt oder beide zu einem einheitlichen Zwitterapparat vereinigt. Ersteres findet sich z. B. bei Plathyhelminthen, Hirudineen, Oligochäten, Cirripedien, Tunicaten, letzteres bei Gastropoden, Synaptiden.

Der zwitterige Genitalapparat eines *rhabdocölen Turbellars* (Abb. 243) diene als Beispiel für den ersten Fall. Die männlichen Genitalorgane bestehen aus paarigen Hoden, deren Ductus deferentes sich in einer Vesicula seminalis vereinigen und in einen Penis münden. Der weibliche Teil beginnt mit paarigen Ovarien, die in einen als Vagina fungierenden Gang sich öffnen. An diesem münden noch ein Receptaculum seminis sowie zwei sogenannte Dotterstöcke. Diese liefern reservestoffhaltige Zellen (Dotterzellen), die dem Ei bei der Ablage beigegeben werden und dem sich entwickelnden Embryo als Nahrung dienen, außerdem Material für die Eischalen liefern. Die Dotterstöcke sind als differenzierte Teile des Ovariums, die Dotterzellen als umgewandelte Eizellen (Abortiveier) anzusehen. Weiblicher und männlicher Genitalapparat münden durch einen gemeinsamen Vorhof (Atrium) nach außen; in diesen öffnet sich gesondert noch ein Sack (Uterus) zur Aufnahme der Eier vor der Ablage. Bei den hermaphroditischen Genitalapparaten von Hirudineen (547), Oligochäten (539 f.), den meisten Polycladen (450), Cirripedien (598), besitzen der weibliche und männliche Teil gesonderte Ausmündungen.

Einen *einheitlichen Zwitterapparat* besitzen die *Gastropoden*, bei denen in einer Zwitterdrüse Eier und Spermien nebeneinander entstehen, und ein Zwittergang zur Ausleitung beider Geschlechtszellen dient. Receptaculum seminis und Uterus können am Endabschnitt dieses einheitlichen Ganges ansitzen. Eine teilweise Trennung des Ausführungsganges tritt bei *Pulmonaten* ein. Bei *Helix* z. B. (Abb. 244) ist die breite Fortsetzung des Zwitterganges durch Ausbildung einer vorspringenden Falte unvollkommen in zwei Halbkanäle getrennt, von denen der breitere, mit wulstförmigen Erweiterungen versehene als Eiergang, der schmälere drüsige als Samengang dient. An der Grenze zwischen Zwittergang und dem geteilten Gange liegt die Einmündung der Eiweißdrüse. Gegen die Genitalöffnung zu sind beide Gänge vollkommen getrennt. Am Eiergang münden ein langgestieltes Receptaculum seminis, fingerförmige Anhangsdrüsen, sowie ein muskulöser Sack (Pfeilsack), in dessen Innerem eine geformte Kalkabscheidung (Liebespfeil) gebildet wird, die als Reizorgan bei der Begattung ausgestoßen wird. Der erweiterte Endteil des Oviducts dient als Vagina. Der längere und dünnere Samengang geht in einen durch einen Retractormuskel einstülpbaren Penis über, an dessen Innenende ein langer fadenförmiger Drüsenanhang (Flagellum) sitzt, der die Hülle zur Bildung der Samenpakete (Spermatophoren) liefert. Beide Ausführungsgänge münden durch eine gemeinsame Öffnung aus.

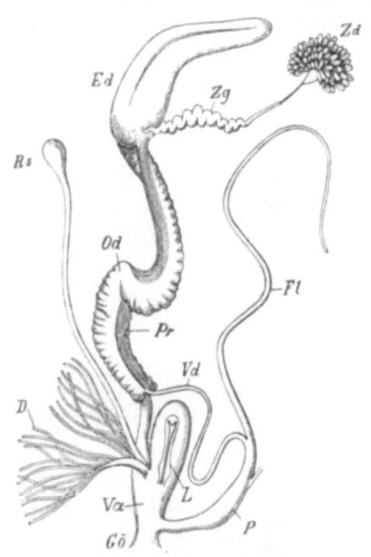

Abb. 244. Geschlechtsapparat der Weinbergschnecke (*Helix pomatia*). (Nach PAASCH, verändert.) *D* Fingerförmige Drüsen, *Ed* Eiweißdrüse, *Fl* Flagellum, *Gö* gemeinsame Genitalöffnung, *L* Pfeilsack mit Liebespfeil, *Od* Eiergang, *P* vorstülpbarer Penis, *Pr* Samenrinne, *Rs* Receptaculum seminis, *Va* Vagina, *Vd* Samenleiter, *Zd* Zwitterdrüse, *Zg* Zwittergang.

Der Bau der Geschlechtsorgane *parthenogenesierender* (*agamer*) *Weibchen* ist mit einigen Ausnahmen der gleiche wie bei gewöhnlichen Weibchen. Eine solche Ausnahme bildet der Genitalapparat der parthenogenesierenden Aphiden, an dem das Receptaculum seminis im Zusammenhang mit dem Ausfall der Begattung fehlt. Bei *Parthenogenese im Larvenzustande* hat der Genitalapparat einen entsprechend einfacheren Bau und besteht bloß aus dem Ovarium, aus dem die Eier einfach in die Leibeshöhle gelangen, wo die Embryonalentwicklung durchlaufen wird (Zwischengenerationen der Trematoden, *Heteropeza* [*Miastor*], Abb. 241).

C. Ausbildung der Geschlechtszellen[1].

Im Rahmen der grundsätzlichen Übereinstimmung der Ei- und Spermienbildung (S. 57 ff.) wechselt bei den Eiern vor allem der Verlauf der Wachstumsperiode und bei den Spermien die besondere Ausgestaltung in der Periode der Spermiohistogenese. Ferner zeichnen sich viele Eier durch die Bildung verschiedenartiger Eihüllen aus; und bei vielen Arten werden die Spermien in besonderer Weise verpackt, bevor sie in den weiblichen Körper eingeführt werden.

a) Die Eibildung.

Bei den *Spongiarien* und vielen *Hydroiden* differenzieren sich die Eier nicht aus einem einheitlichen Keimlager, sondern im Körper verstreut (*diffuse Keimzellen-*

---

[1] KORSCHELT, E. u. K. HEIDER: Lehrbuch der vergleichenden Entwicklungsgeschichte der wirbellosen Tiere. Allgem. Teil. I. Jena 1902.

differenzierung) und können als Oocyten im Beginn der Wachstumsperiode aktiv amöboid wandern. Bei den Hydroiden treten sie dabei nicht selten aus dem einen in das andere Keimblatt über; schließlich sammeln sie sich in der Gonade an (Abb. 245), aus der sie durch Zerreißen des Epithels frei werden. Bei den allermeisten Metazoen machen in einem geschlossenen *Keimlager* die Oogonien ihre Vermehrungsperiode durch, und die wachsenden oder reifenden Oocyten gelangen in das Cölom oder die Höhle einer Geschlechtsdrüse. Die *Größe* der Eizellen wechselt mit dem Gehalt an Reservestoffen von einigen hundertstel bis einigen Zenti-

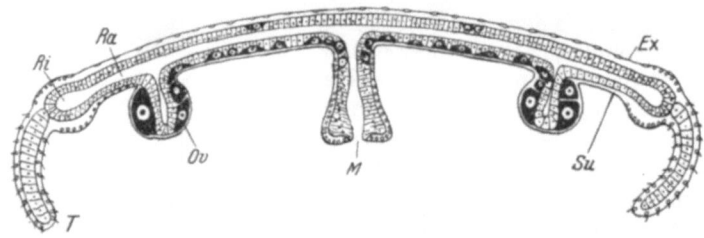

Abb. 245. Schematischer Radialschnitt durch die Leptomeduse *Obelia helgolandica*. Differenzierung der Oocyten im Entoderm des Manubriums und der Radiärkanäle, Wanderung bis zur Gonade, wo sie ins Ectoderm übertreten. *Ex* Exumbrella, *M* Mund, *Ov* Ovarium, *Ra* Radiärkanal, *Ri* Ringkanal, *Su* Subumbrella, *T* Tentakel. (Original K.)

metern Durchmesser. Meist sind die Eizellen kugelig oder ellipsoid, selten langgestreckt. Vereinzelt kommen bei derselben Tierart Eier von verschiedener Form und Größe vor. Das ist z. B. der Fall bei den Cladoceren, wo die parthenogenetisch sich entwickelnden sogenannten Sommer- oder *Subitaneier* kleiner, dotterärmer und dünnschaliger sind als die befruchtungsbedürftigen Winter- oder *Dauereier*. Bei einzelnen Formen (*Dinophilus, Phylloxera*, Abb. 298), sind die Eier, aus denen Männchen schlüpfen, kleiner als die Weibchen ergebenden Eier.

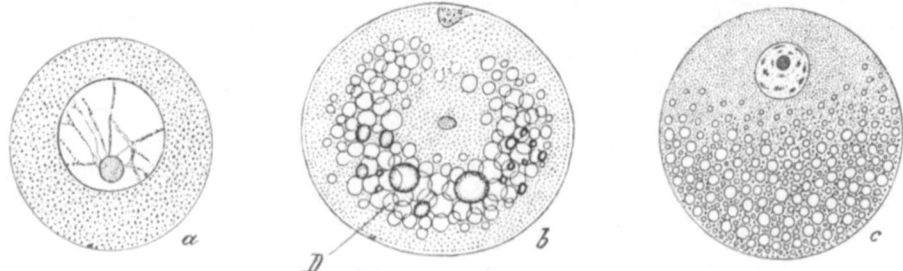

Abb. 246. a Dotterarmes Ei eines Seeigels (*Toxopneustes*) (nach O. HERTWIG). b Ei von *Moina rectirostris* (nach GROBBEN), perilecithaler Typus, *D* Dotter. c Ei einer Schnecke, telolecithaler Typus (nach KORSCHELT u. HEIDER).

Die *Reservestoffe* der Eier (*Dotter*, Deutoplasma) sind in erster Linie Eiweißsubstanzen und Fette (Öle). Außer Reservestoffen werden vielfach noch alloplasmatische oder euplasmatische Differenzierungen im Körper der Eizelle gebildet, die für gewisse Entwicklungsvorgänge des Keimes bestimmend sind (*determinierende Stoffe*).

Nach der *Verteilung des Dotters* im Eicytoplasma (Ooplasma) lassen sich verschiedene *Typen der Eier* unterscheiden: bei den *alecithalen* Eiern ist nur wenig gleichmäßig im Eiplasma verteiltes Deutoplasma vorhanden (Abb. 246a). Bei den *perilecithalen* Eiern ist mehr Dotter ziemlich gleichmäßig um den Eikern herum angehäuft (Abb. 246b). Die Anordnung des Dotters ist häufig polar, derart, daß an dem einen, dem *vegetativen Eipol* eine größere Dottermenge angehäuft liegt. Bei den *telolecithalen* Eiern ist diese polare Ansammlung des Dotters stark ausgeprägt (Abb. 246c). Der Eikern ist aus der Eimitte in die dotterarme oder dotterfreie animale Eihälfte gerückt. Die Dotteranhäufung ist bei manchen Formen so mächtig, daß sich das dotterfreie Cytoplasma, das den Eikern enthält, auf einen sehr kleinen Bezirk (Keimscheibenblastem) um den dem vegetativen Pol gegenüberliegenden *animalen Pol* des Eies beschränkt (Abb. 252). Als *centrolecithal* bezeichnet man Eier, bei denen sehr viel Dotter im Inneren des Eies angesammelt ist und nur eine cytoplasmatische Rindenschicht (Keimhautblastem) freiläßt. Der Kern des Eies kann in dieser Rindenschicht oder von einer Cytoplasmainsel umgeben in der Tiefe des Dotters liegen.

Die Nahrungsstoffe zum Aufbau der Reservestoffe bezieht das wachsende Ei entweder ohne besondere Teilnahme anderer Zellen (*solitäre Eibildung* [Abb. 247]) aus einer es umspülenden Flüssigkeit (Cölomflüssigkeit, Blut, Gonadenflüssigkeit) oder von besonders der Ausbildung des Eies dienenden Zellen, welche an das Ei

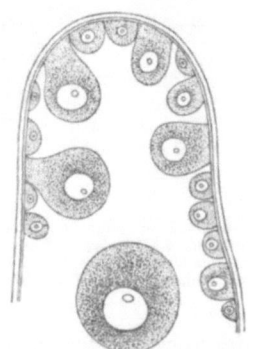

Abb. 247. Blindes Ende eines Ovarialschlauches von *Astropecten aurantiacus*. (Nach H. LUDWIG.)

von ihnen vorbereitete Nährstoffe abliefern (*alimentäre Eibildung*). Solche Zellen sind: 1. *Follikelzellen*, welche das Ei ringsum epithelartig einschließen, und so ein Säckchen (*Follikel*) um das Ei bilden (*follikuläre Eibildung*), und 2. *Nährzellen*, welche dem Ei anliegen und während seines Wachstums unter Stoffabgabe an die Eizelle hinschwinden und vielfach in das Ei selbst aufgenommen und aufgelöst werden (*nutrimentäre Eibildung*). Die Follikelzellen

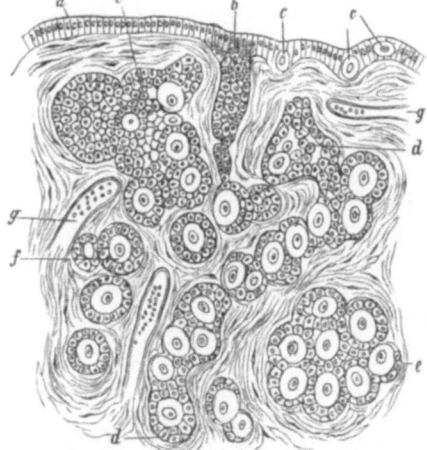
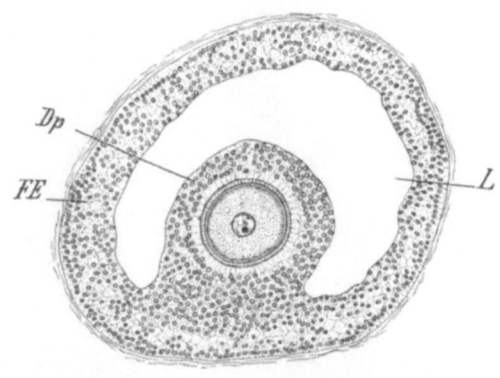

Abb. 248. Eibildung bei Wirbeltieren. a Schnitt durch den Eierstock eines neugeborenen Kindes (nach WALDEYER). b GRAAFscher Follikel der Katze (Original G.). *a* Keimepithel, *b* Anlage eines Ovarialschlauches (PFLÜGERschen Schlauches), *c* Eier im Epithel, *d* langer, in Follikelbildung begriffener Ovarialschlauch, *Dp* Discus proligerus, die Eizelle enthaltend, die von der Zona pellucida umgeben ist, *e* Eiballen in Zerlegung zu Follikeln begriffen, *FE* Follikelepithel, *f* isolierte junge Follikel, *g* Gefäße, *L* Liquor folliculi.

können aus demselben Material wie die Keimzellen hervorgehen oder von somatischen Zellen geliefert werden; die Nährzellen sind wohl stets abortive Eizellen.

Beispiele einer hochentwickelten *Follikelbildung* liefern die *Wirbeltiere*. In ihren Ovarien liegen die Oocyten zunächst oberflächlich im Keimepithel (Abb. 248a). Die heranwachsenden Oocyten werden dann von kleinen Epithelzellen umgeben in die Tiefe geschoben. Hierbei können zunächst epitheliale Zellstränge im Bindegewebe entstehen, die dann in einzelne Follikel zerlegt werden. Während bei den anderen Wirbeltieren die Follikel einschichtige Epithelbläschen bleiben, vermehren sich bei den Säugetieren die Follikelzellen stark und umgeben das Ei in mehrschichtiger Lage. Dann tritt in der Masse der Follikelzellen ein Spaltraum auf, der sich beträchtlich vergrößert. So entsteht ein Bläschen (GRAAFscher *Follikel*, Abb. 248 b) mit weiter, von Flüssigkeit (Liquor folliculi) erfüllter Höhle, in dessen einseitig verdickter Wand (Eihügel) die [Oocyte liegt. Wenn das Ei in die Reifungsperiode eingetreten ist, platzt der Follikel und mit seinem flüssigen Inhalt wird das Ei in die Leibeshöhle entleert (*Ovulation*). Durch Wucherung des zurückbleibenden Follikelepithels entsteht das *Corpus luteum*, das bei Eintritt der Trächtigkeit eine bedeutende Ausbildung als vorübergehende Hormondrüse (S. 245) erfährt.

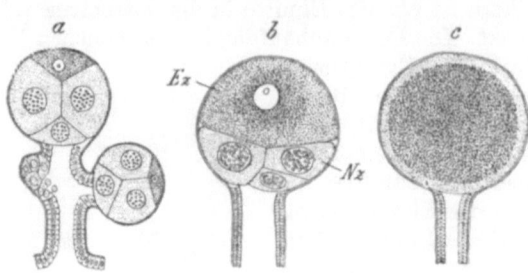

Abb. 249. Eibildung von *Apus cancriformis*. (Nach H. LUDWIG.) a Die jüngsten Stadien der Eigruppenbildung, die in kleinen Aussackungen des Ovariums vor sich geht. b Späteres Stadium. c Reifes Ei im Follikel, die drei Nährzellen sind geschwunden. *Ez* Eizelle, *Nz* Nährzellen.

Beispiele für die sehr häufige *nutrimentäre Eibildung* bieten die *Phyllopoden*. Bei der Ausbildung der Eier von *Apus* und der Subitaneier der *Cladoceren* werden für jede Eizelle drei Nährzellen verbraucht

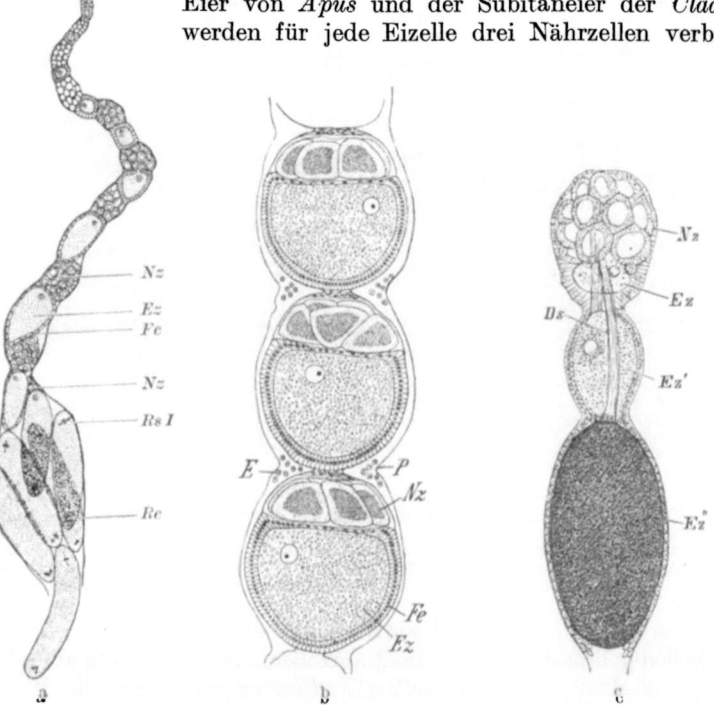

Abb. 250. a Eischlauch eines *Hymenopters* (*Habrobracon juglandis*) (nach HENSCHEN). b Stück einer Eiröhre eines Schmetterlings (*Stilpnotia salicis*) (Original G.). c Eiröhre von *Drepanosiphum* (*Aphis*) *platanoides* mit drei Eifächern (*Ez—Ez''*) und terminaler Nährkammer (nach CLAUS). *Ds* Dotterstränge, *Ez* Eizelle, *Fe* Follikelepithel, *Nz* Nährzellen, *P* Bindegewebshülle, *Re* reifende Eier, *Rs I*. Richtungsspindel.

(Abb. 249). Auf die Bildung eines Dauereies werden bei den Cladoceren zahlreiche solche Eigruppen (bis zu zwölf) verwendet, deren Masse der heranwachsenden Oocyte in gelöstem Zustand allmählich zugeführt wird.

Bei den *Insecten* sind meist Nährzellenverbrauch und Follikelbildung verbunden. Die Oocyten differenzieren sich in Keimlagern an den Enden einzelner Eiröhren (Abb. 250a). Um sie bildet sich eine einschichtige Lage von Follikelzellen aus, und in aufeinanderfolgenden Follikeln oder *Eifächern* wachsen die Oocyten heran. Mit wenigen Ausnahmen (die meisten *Apterogenea, Orthopteren, Aphanipteren,* Abb. 242a) bildet sich ein Teil der Oocyten zu *Nährzellen* um. Bei den meisten Insecten (z. B. *Neuropteren, Dipteren, Hymenopteren,* Abb. 250a, *Lepidopteren,* Abb. 250b) wird jeder Eizelle eine Gruppe von Nährzellen beigegeben, die hinter jedem Eifach ein mehr oder weniger abgesetztes *Nährfach* bilden, das allmählich aufgebraucht wird. Bei einigen Insecten (einem Teil der *Rhynchoten* und *Coleopteren*) werden zahlreiche, stark heranwachsende Nährzellen in jeder Eiröhre zu einem einzigen *endständigen Nährfach* angehäuft, aus dem den Eiern Nährstoffe in flüssiger Form zugeführt werden. Häufig bleiben die im Eischlauch abrückenden Eier mit dem Nährfach durch Plasmastränge (Dotterstränge) verbunden (Abb. 250c).

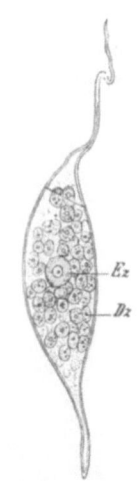

Abb. 251. Eikapsel mit Deckel von *Axine belones*. (Nach L. LORENZ.) *Dz* Dotterzellen, *Ez* Eizelle.

Den Einährzellen des Ovariums sind die bei *Platyhelminthen* vorkommenden Dotterzellen anzuschließen, die im Dotterstock (Abb. 243) gebildet werden. Sie finden als dem Ei bei der Ablage beigegebene Zellen (Abb. 251) während der Embryonalentwicklung Verwendung.

In den allermeisten Fällen ist das Ei von einer schützenden *Hülle* umgeben. Als *primäre* Eihüllen bezeichnet man vom Ei selbst gebildete Membranen, als *sekundäre* Eihüllen solche, die von Zellen des Ovariums (Follikelzellen) stammen, als *tertiäre* solche, die außerhalb des Ovariums, im Eileiter oder von Anhangsdrüsen gebildet werden. Alle drei Arten von Hüllen können am selben Ei vorhanden sein (z. B. bei den *Insecten*). Werden feste Eihüllen vor der Besamung des Eies gebildet, so werden in ihnen Spermieneintrittsöffnungen (*Mikropylen*) angelegt. Beispiele für primäre Eihüllen bilden die Gallerthüllen und Befruchtungsmembranen (Dottermembranen) vieler Eier (Abb. 40, 42, 50); eine sekundäre Eihülle ist das Chorion der Insecteneier; zu den tertiären Eihüllen gehören die Gallerthüllen der Amphibieneier sowie die Eiweißhülle, membranöse Schalenhaut und Kalkschale der *Vogeleier* (Abb. 252).

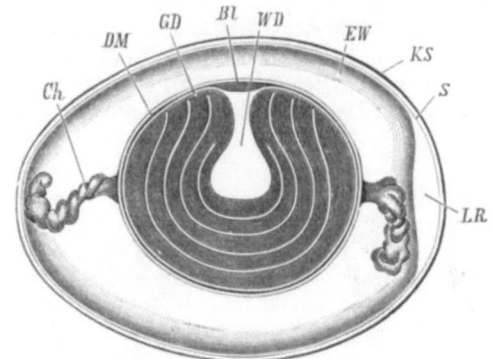

Abb. 252. Schematischer Längsschnitt durch ein unbebrütetes Hühnerei. (Nach ALLEN THOMSON-BALFOUR.) *Bl* Keimscheibenblastem mit dem Kern (Keimbläschen), *Ch* Chalazen oder Hagelschnüre, aus sehr dichtem, zusammengedrehtem Eiweiß bestehende Stränge, die von der innersten dichten Eiweißschicht ausgehen, *DM* Dottermembran, *EW* Eiweiß, *GD* gelber Dotter, *LR* Luftkammer, *KS* Kalkschale, *S* Schalenhaut, *WD* weißer Dotter, der eine zentrale kolbenartige Anschwellung (sog. Latebra) und konzentrische Schichten im gelben Dotter bildet.

Bei der Ablage können mehrere Eier in eine gemeinsame feste gallertige oder

272   Fortpflanzung.

aus Fäden gewebte Kapsel eingeschlossen werden, die als *Eikokon* bezeichnet wird (so bei vielen Oligochäten, Hirudineen, Spinnen, Orthopteren, Schnecken).

b) Die Spermienbildung.

Bei den *Spongiarien* gehen die Spermatocyten aus wiederholter Teilung großer im Mesenchym verstreuter Zellen hervor. Bei den *Hydroiden* können solche große männliche *Urkeimzellen* wandern und nachher in den Gonaden in die Vermehrungsperiode eintreten. Bei den übrigen Metazoen ist in gleicher Weise wie im Ovarium im Hoden ein *Keimlager von Spermatogonien* vorhanden, von denen die Spermatocyten abstammen, welche nach einem mehr oder weniger geringen Wachstum in die Reifungsphase eintreten und hierauf ihre histologische Differenzierung durchmachen (Abb. 39, 41, 44, 45, 49).

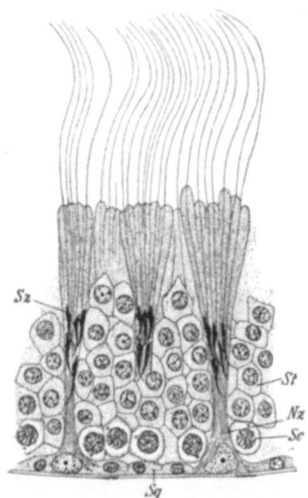

Abb. 253. Schnitt durch die Wand des Hodens der Ratte. (Nach LENHOSSÉK.) *Sg* Spermatogonien, *Sc* Spermatocyten, *St* Spermatiden, *Sz* Spermien, in Verbindung mit den Nährzellen (Fußzellen) *Nz*.

Im Hoden sehr vieler Tiere (*Anneliden, Insecten, Mollusken, Wirbeltiere*) treten besondere *Samennährzellen* auf (*alimentäre Spermienbildung*). Häufig sind Spermatogonien aber Spermatocyten, deren Ausbildung im Cölom oder in einer Keimdrüsenhöhle erfolgt, an einem *Cytophor* angeheftet, das aus einer Zelle oder einem aus mehreren Zellen verschmolzenen Plasmakörper besteht. In anderen Fällen treten die Spermatocyten oder Spermatiden zu einer *im Epithelverband* verbleibenden Zelle (*Fußzelle, Basalzelle*) in einem früheren oder späteren Stadium ihrer Entwicklung in Verbindung (*Gastropoden, Wirbeltiere*, Abb. 253). Manchmal (z. B. bei Insecten, Fischen, Amphibien) umfassen die Nährzellen follikelartig Spermienbündel, die durch Teilung aus einer Spermatogonie hervorgegangen sind.

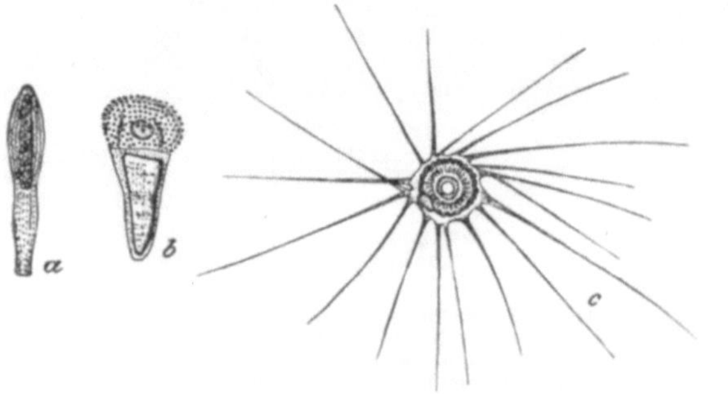

Die typische *Gestalt* der fertigen Samenzelle ist die des *Geißelspermiums* (S. 58f., Abb. 41, 42). Die Form des Kopfes kann recht verschieden sein, kurz und eiförmig, kegelförmig zugespitzt, hakenförmig oder spiralig gedreht. Ab und zu weicht die Spermiengestalt sehr stark von der gewöhnlichen ab. In manchen Fällen fehlt der Schwanz (*Nematoden*,

Abb. 254. Spermien von atypischer Gestalt. a von *Gamasus crassipes* (nach WINKLER); b von *Ascaris megalocephala* (nach ED. V. BENEDEN); c vom Flußkrebs (nach GROBBEN).

viele *Arthropoden*); die Zelle kann dann plasmareich und manchmal amöboid beweglich (manche *Cladoceren*), fadenförmig (z. B. *Ostracoden, Myriopoden*) oder durch fibrilläre Zellskelete sehr kompliziert gestaltet sein (z. B. *Decapoden*, Abbild. 254c). Bei *Ascariden* sind die Spermien kegelförmig (Abb. 50a, 254b). Sie bestehen aus einem, den Kern, das Cytocentrum und Mitochondrien enthaltenden rundlichen, formveränderlichen Cytoplasmakörper, der voran in das Ei eindringt, und einem kegelförmigen Abschnitt (sog. Glanzkörper), der nach der Besamung im Eicytoplasma aufgelöst wird.

Häufig werden in besonderen Abschnitten der Ausführungsgänge Spermienpakete durch Hüllen zusammengepackt. Diese Hüllen können als feste Kapseln (*Spermatophoren*) mit Austreibungsapparaten ausgebildet sein (z. B. Arachnoiden, Insecten, Cephalopoden) und sehr komplizierten Bau erlangen.

VII. Entwicklung[1].

Bei den *Protozoen* spielen sich alle Entwicklungsvorgänge an einem einheitlichen Zellkörper ab. Sie sind Zellteilungs-, Befruchtungs- und Reifungsvorgänge, sowie die Ausbildung von Cytoplasmadifferenzierungen, die sich an den aus der Teilung hervorgegangenen Tochterzellen (vgl. S. 22) oder an der Zygote abspielen. Bei den *Metazoen* umfaßt die Entwicklung außer jenen Grundvorgängen an den Einzelzellen die Herstellung der vielzelligen Organisation und den Lebensablauf des gesamten „Zellenstaates".

In der Entwicklung (*Ontogenese*) der Metazoen bis zum fertigen, fortpflanzungsreifen Zustand des Individuums kann man zwei Hauptperioden unterscheiden:

1. Periode der *Embryonalentwicklung*. Sie reicht von der Befruchtung der Eizelle oder dem Einsetzen der Teilung einer parthenogenetischen Eizelle bis zum Beginn eines freien, selbständigen Lebens mit eigener Bewegung und Ernährung. Der Embryonalentwicklung während der Perioden des Eiwachstums und der Reifung geht ein Abschnitt der Eientwicklung voraus, den man als *Vorentwicklung* bezeichnet. In ihm wird die besondere Struktur des Eiplasmas hergestellt (Dotterbildung und Bildung anderer Cytoplasmadifferenzierungen), die für die Entwicklungsvorgänge von wesentlicher Bedeutung ist.

2. Die Periode der *Jugendentwicklung*. Die Jugendformen besitzen zur Zeit, wenn sie die Eihüllen verlassen, entweder im wesentlichen die Organisationsverhältnisse des Geschlechtstieres, oder sie weichen in Organisation und Körperform von der ausgebildeten Form ab und schlüpfen frühzeitig und auf einer niederen Organisationsstufe aus, sie durchlaufen postembryonal eine Reihe von Veränderungen bis zur Erreichung der Geschlechtsform. Im ersteren Falle nennen wir die Entwicklung eine *direkte*, im letzteren eine *indirekte* Entwicklung, Verwandlung oder *Metamorphose* und bezeichnen den von der Geschlechtsform abweichenden Entwicklungszustand als *Larve*. Die Larve wächst oft unter anderen Lebensbedingungen an einem ganz anderen Aufenthaltsort heran, als er der erwachsenen Form zukommt. Die Larve besitzt vielfach besondere *Larvenorgane*, die später zurückgebildet werden.

Mit dem fortpflanzungsfähigen Zustand hört bei den meisten Metazoen die Entwicklung des Individuums nicht auf. Bei manchen Arten (z. B. Mollusken, Fischen) findet sehr lange, vielleicht dauernd *Wachstum* statt, dessen Geschwindigkeit sich jedoch immer mehr verringert. Wenn nicht ein Subitantod den Organismus vernichtet (vgl. S. 40), so läuft die Entwicklung in die *Altersverände-*

---

[1] KORSCHELT, E. und HEIDER, K.: Lehrbuch der vergleichenden Entwicklungsgeschichte der wirbellosen Tiere. 4 Bände. Jena 1893—1910. — HERTWIG, O.: Lehrbuch der Entwicklungsgeschichte des Menschen und der Wirbeltiere. 10. Aufl. Jena 1915. — Die Elemente der Entwicklungslehre des Menschen und der Wirbeltiere. 6. Aufl. Jena 1920. — MEISENHEIMER, J.: Entwicklungsgeschichte der Tiere. 2 Bde. 2. Aufl. Leipzig 1917. — CORNING, H K.: Lehrbuch der Entwicklungsgeschichte des Menschen. 2. Aufl. München 1925. — WEISSENBERG, R.: Grundzüge der Entwicklungsgeschichte des Menschen in vergleichender Darstellung. Leipzig 1931.

rungen aus, die zum Tode führen. Während der Ontogenese und im fertigen Zustand werden vielfach kontinuierlich oder periodisch bestimmte Teile erneuert; Verwundungen verheilen, und in verschiedenem Umfang können durch Verletzungen verloren gegangene Körperteile neugebildet werden (*Regenerationsvorgänge*).

Bei vielen Arten in verschiedenen Tiergruppen liefert ein Ei nicht nur ein Individuum, sondern die Ontogenese spaltet sich gleichsam in mehrere Äste dadurch, daß in irgendeinem Stadium auf vegetativem Wege durch Teilung oder Knospung aus einem Individuum mehrere werden (*vegetative oder ungeschlechtliche Fortpflanzung*). Die durch vegetative Fortpflanzung neu entstandenen Individuen können mit ihren Erzeugern in einem Verbande einen *Tierstock* (*Cormus*) bilden.

In manchen Fällen wechseln in der Folge der Generationen einer Art Individuen, die sich durch ihren Bau oder durch ihre Fortpflanzungsweise oder durch diese beiden Kennzeichen unterscheiden (*Generationswechsel*).

Durch Embryonalentwicklung, vegetative Fortpflanzung und Regeneration wird jeweils ein organisches Ganzes, ein *harmonisch organisiertes Individuum* hergestellt, dessen Organisation *arttypisch* ist. In den Tierstöcken kann das Ganze eine Individualität höherer Ordnung sein, in der die Einzelindividuen unselbständige Teile sind. In manchen Fällen von Generationswechsel stellt erst die Aufeinanderfolge verschiedener Organisationstypen in der Zeit das Ganze dar.

Die deskriptive Entwicklungsgeschichte beschreibt den Entwicklungsablauf; die *Entwicklungsphysiologie* oder *Entwicklungsmechanik* (als experimenteller Forschungszweig begründet von W. Roux und H. Driesch) sucht die Ursachen (Faktoren) aufzuweisen, welche die Entwicklungsvorgänge bestimmen. In der älteren Biologie standen sich zwei Anschauungen schroff gegenüber: Nach der *Evolutions-* oder *Präformationslehre* sollte die Entwicklung lediglich Wachstum und Umbildung einer Mannigfaltigkeit sein, die schon am Entwicklungsanfang vorhanden, aber nicht oder nicht vollständig wahrnehmbar sein sollte. Nach der *Epigenesislehre* (begründet durch Casp. Friedr. Wolff 1759) wird ausgehend von einem einfachen Zustand wirklich neue Mannigfaltigkeit hervorgebracht. Der Kampf zwischen diesen beiden Anschauungen ist heute erledigt, aber nicht im Sinne des einen dieser Gegensätze entschieden. Wir wissen, daß durch Erbfaktoren, die bei der Fortpflanzung übertragen werden, bestimmte Entwicklungsmöglichkeiten gegeben und einzelne Entwicklungsvorgänge vorausbestimmt werden. Welche der Entwicklungsmöglichkeiten eintreten, wird aber vielfach durch Außenbedingungen entschieden; und das Ergebnis bestimmter Entwicklungsvorgänge bildet die Voraussetzung neuer Entwicklungsabläufe. So wird zwar die Entwicklung eines Organismus einerseits bedingt durch eine bestimmte *Ausgangskonstellation* (präformistisch) andererseits entstehen aber auch (epigenetisch) neue Mannigfaltigkeiten. Die Gesamtheit der Entwicklungsmöglichkeiten eines Entwicklungsstadiums oder Keimesteils wird (nach Driesch) als seine *prospective Potenz* (sein mögliches Schicksal), sein wirkliches Schicksal im normalen Entwicklungsablauf wird als seine *prospective Bedeutung* bezeichnet. In den Fällen, in denen die Ausgestaltung des Individuums weitgehend modificabel ist (S. 49ff.), läßt sich eine einsinnige prospective Bedeutung der Keimesteile nicht angeben.

Unter *Determination* versteht man die Bestimmung des Ablaufs eines besonderen Entwicklungsvorganges, der im Rahmen der prospectiven Potenz möglich ist. Die Determination ist eine qualitative, örtliche und zeitliche; denn es wird im Ablauf der Entwicklung entschieden, welche der verschiedenen *Entwicklungsmöglichkeiten* (*Potenzen*) überhaupt verwirklicht (*realisiert*) werden, welche in jedem einzelnen Teil des sich entwickelnden Individuums eintreten, und die Entscheidung erfolgt zu einer bestimmten Zeit. Die Determination *aktiviert* Potenzen.

Sie schafft die Entwicklungsbedingungen, die zur Verwirklichung von Entwicklungsmöglichkeiten nötig sind, und erteilt damit einem Stadium oder Teil eine bestimmte prospective Bedeutung. Sie kann dabei die Gesamtheit der Entwicklungsmöglichkeiten unverändert lassen, so daß eine Zelle des Keimes noch dasselbe leisten kann wie die Eizelle (Ganzbildung nach Isolierung) oder jede beliebige andere Zelle des Keimes (ortsgemäße Entwicklung nach Verlagerung im selben Keim oder Verpflanzung in einen anderen Keim, Transplantation); die Zelle ist also noch „*totipotent*" bzw. „*omnipotent*". Oder aber die Determination bestimmt nicht nur die prospective Bedeutung, sondern *beschränkt* auch die prospective Potenz: Eine Zelle, ein Keimesteil oder Entwicklungsstadium ist nur noch zu bestimmten Entwicklungsvorgängen befähigt (herkunftsgemäße Entwicklung nach Isolierung oder Verpflanzung). Dabei kann die prospective Potenz immerhin noch größer sein als die prospective Bedeutung; oder sie kann so eingeengt sein, daß beide zusammenfallen. Die Determination eines Entwicklungsvorganges kann sehr früh (schon in der Vorentwicklung) oder sehr spät im Lebensablauf erfolgen.

Die *Entwicklungsbedingungen* (*Entwicklungsfaktoren*) lassen sich (im Anschluß an KLEBS 1912) in drei Gruppen einteilen: 1. Genotypus, 2. nicht genotypische innere Entwicklungsbedingungen, 3. äußere Entwicklungsbedingungen.

Der Genotypus ist die Summe aller Erbfaktoren (siehe S. 2, 71). Innere Entwicklungsbedingungen, die nicht zu den Erbfaktoren gehören, sind z. B. die Dottersubstanzen, eine in einem bestimmten Stadium eintretende Schichtung von Cytoplasmabestandteilen in der Eizelle, die Zuteilung bestimmter Cytoplasmastoffe an bestimmte Embryonalzellen. Die äußeren Entwicklungsbedingungen umfassen alles, was von außen auf das Ei, einen Keim oder Teil einwirkt; für einen Keimesteil sind sie also auch Wirkungen anderer Keimesteile innerhalb des Organismus. Die Beschränkung der prospectiven Potenz von Embryonalzellen beruht in vielen Fällen auf inneren Bedingungen, d. h. auf der Herstellung einer *cytoplasmatischen Konstellation*. Ob der Bestand an Erbfaktoren (Genotypus) hierbei vermindert oder verändert oder lediglich ihre Aktivierungsmöglichkeit eingeschränkt wird, läßt sich zu allermeist nicht entscheiden. Es ist daher angebracht, die Ausdrücke Genotypus und prospective Potenz grundsätzlich auseinanderzuhalten.

Von *unabhängiger Differenzierung* (*Selbstdifferenzierung*) eines Teils spricht man, wenn er die für die typische Entwicklung nötigen Faktoren (Determinationsfaktoren) in sich selbst trägt, von *abhängiger Differenzierung*, wenn seine Entwicklung von außerhalb liegenden Faktoren in typischer Weise bestimmt wird. Die determinierenden Außenfaktoren können der Außenwelt des Organismus oder einem anderen Körperteil entstammen.

A. Die Embryonalentwicklung.

Die Embryonalentwicklung kann man im allgemeinen in vier *Hauptabschnitte* teilen: 1. Die *Furchung*; in ihr wird das Ei durch eine Folge von Zellteilungen in eine Anzahl von Zellen, die Furchungszellen (*Blastomeren*) zerlegt. 2. Die *Keimblätterbildung*, in welcher der Schichtenbau des Körpers hergestellt wird. 3. Die Sonderung der *Organanlagen*, in der sich aus dem Material der Keimblätter die einzelnen Organanlagen herausbilden. 4. Die *histologische Differenzierung*, welche die gewebliche Struktur der Organe herstellt. Diese Abschnitte lassen sich vielfach nicht scharf gegeneinander abgrenzen, da sich einzelne Organe eines Keimes verschieden verhalten können. Die Sonderung der Zellen für bestimmte Organanlagen kann in frühe Furchungsstadien vorgeschoben sein. Manchmal werden, besonders bei

276 Entwicklung.

indirekter Entwicklung, bestimmte Zellgruppen schon in frühen Stadien funktionell beansprucht und erfahren daher vor den anderen Zellen eine histologische Differenzierung.

a) Der Verlauf der Furchung.

Nach Vereinigung von Ei- und Spermakern, beim parthenogenetisch sich entwickelnden Ei nach der Richtungskörperbildung, tritt die erste Furchungsteilung ein (Abb. 50 h, i). Die Furchungsteilungen vollziehen sich in gesetzmäßiger Folge, und zwar wechseln im allgemeinen Meridionalfurchen (vom animalen zum vegetativen Pole) mit senkrecht auf erstere verlaufenden äquatorialen bzw. latitudinalen Furchen ab. Im einfachsten und typischen Fall ordnen sich die Furchungs-

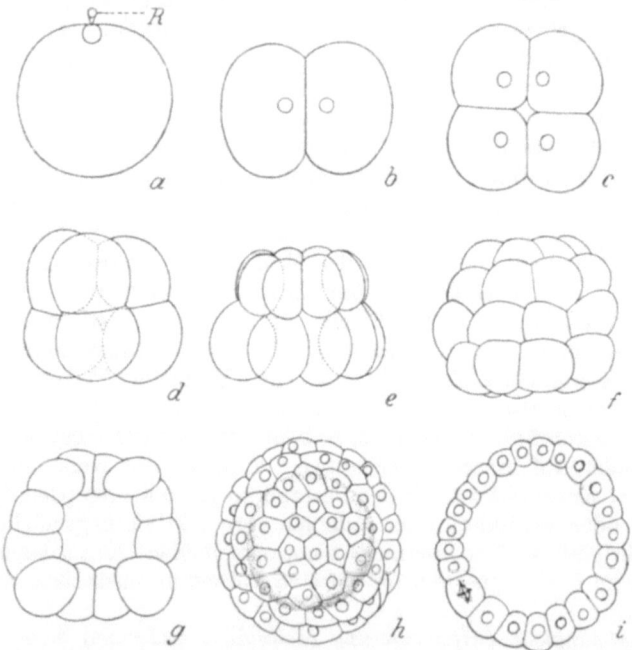

Abb. 255. Totale adäquale Furchung von *Aequorea foskalea*. (Nach CLAUS, e etwas abgeändert.) a Ei nach Abschnürung des zweiten Richtungskörpers (*R*), b 2-Zellenstadium, c 4-Zellenstadium vom animalen Pol, d 8-Zellen-, e 16-Zellen-, f, g frühes, h, i späteres Blastulastadium, g, i Schnitte durch die Hauptachse.

zellen als epitheliale Zellschicht, *Blastoderm*, zu einer Hohlkugel, der *Keimblase* oder *Blastula*, um einen Hohlraum, die Furchungshöhle (*Blastocöl* oder *primäre Leibeshöhle*) an. Die Furchungshöhle ist mit Flüssigkeit oder gallertigem Secret erfüllt. Bei Vorhandensein reichlichen Dotters ist dieses Keimesstadium oft stark verändert. Da sich jedoch die *typische Hohlblastula in allen Metazoenstämmen* bei dotterarmen Formen findet, ist sie als ein *homologes Entwicklungsstadium aller Metazoen* aufzufassen. Manche schwärmen bereits in diesem Stadium umher; sie ist der Ausgangszustand für die Bildung der *Keimblätter*, der Anlagen der primitiven Körperschichten.

Man kann (mit HAECKEL) vier *Haupttypen der Furchung* unterscheiden, die mit der *Menge und Anordnung des im Ei enthaltenen Nahrungsdotters* im Zusammenhang stehen.

1. *Äquale Furchung* (adäquale HATSCHEK). Sie (Abb. 255) findet sich bei Eiern, die wenig gleichmäßig verteilten Nahrungsdotter enthalten (alecithalen und centro-

lecithalen Eiern, Abb. 246a, b), und ist dadurch charakterisiert, daß die Furchungszellen an Größe keine oder nur geringe Unterschiede zeigen. Es entstehen zuerst zwei Meridionalfurchen, welche aufeinander senkrecht stehen. Darauf folgt eine äquatoriale Furche. In der Mitte zwischen den Furchungszellen erscheint eine geräumige Furchungshöhle. Im weiteren Verlaufe der Furchung folgen im einfachsten Fall (Radiärtypus der Furchung) regelmäßig abwechselnd Meridionalfurchen und Latitudinalfurchen. Den Schluß der Furchung bildet eine *blasenförmige Blastula*, bestehend aus einer großen Zahl von Furchungszellen, die in Form eines einschichtigen Epithels um die meist geräumige Furchungshöhle angeordnet sind. Häufig sind die Zellen der vegetativen Seite etwas größer als die der animalen. Äquale Furchung besitzen die Eier vieler *Spongiarien*, *Cnidarien*, *Echinodermen*, *Scoleciden*, einiger *Crustaceen*, unter den Chordaten die mancher *Tunicaten*, die von *Branchiostoma* und *Säugetieren*.

2. *Inäquale Furchung*. Sie findet sich bei Eiern mit reichlicherem Nahrungsdotter, der vornehmlich in der vegetativen Hälfte des Eies angehäuft ist (telolecithalen Eiern, Abb. 246c). Auch hier (Abb. 256) werden zuerst zwei Meridionalfurchen gebildet, denen eine latitudinale folgt. Diese trennt verschieden große Zellen voneinander: die der animalen Seite sind klein und dotterarm, jene

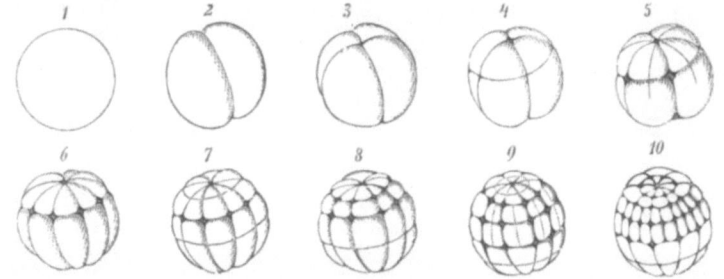

Abb. 256. Inäquale Furchung des Eies vom Frosch, *Rana temporaria* (nach ECKER), in zehn aufeinanderfolgenden Stadien.

der vegetativen Seite erheblich größer, da in ihnen die Hauptmenge des Dotters bleibt. Beim Auftreten der weiteren meridionalen und latitudinalen Furchen bleiben die Zellen der vegetativen Keimhälfte in der Teilung zurück. Die Blastula weist infolgedessen an der vegetativen Seite viel größere Zellen auf, und die Furchungshöhle liegt exzentrisch, gegen den animalen Pol zu verdrängt, oder sie kann bei ansehnlicher Größe der vegetativen Furchungszellen auch vollständig fehlen (*Sterroblastula*). Inäqual furchen sich die Eier der *Ctenophoren*, einiger *Anneliden*, *Mollusken*, unter den Vertebraten jene der *Amphibien*, *Ganoiden*, *Dipnoer*, von *Petromyzon*. Bei Wirbeltieren ist das Epithel im Blastulastadium mehrschichtig (Abb. 269a).

3. *Discoidale Furchung*. Sie (Abb. 257) findet sich bei Eiern, welche einen sehr reichlichen Nahrungsdotter besitzen, der an der vegetativen Eiseite gehäuft ist (hochgradig telolecithalen Eiern, Abb. 252). Die den Kern umgebende, relativ geringe Menge von Protoplasma ist nicht imstande, die ganze Eikugel zu teilen. Der Kern mit dem umgebenden Plasma teilt sich daher allein; der übrige, den Dotter enthaltende Teil des Eies bleibt von der Furchung zunächst unberührt. Auch hier können meridionale und latitudinale Furchen regelmäßig abwechseln, die mit Rücksicht auf die scheibenförmige Keimanlage auch als radiäre und circuläre bezeichnet werden. Während der Furchung gelangen einzelne Zellen in den Dotter (sog. Dotterzellen). Zum Schlusse der Furchung findet sich eine scheibenförmige, bei Wirbeltieren mehrschichtige Zellmasse (*Keimscheibe*), welche der großen Dotter-

kugel aufliegt (Abb. 273). Dieses Stadium *entspricht der Blastula*. Die Furchungshöhle ist in diesem Falle eine schmale Spalte zwischen Keimscheibe und Nahrungsdotter oder fehlt.

Außer bei Wirbeltieren (*Myxinoiden, Elasmobranchiern, Teleosteern, Gymnophionen, Reptilien, Vögeln, Monotremen*) findet sich die discoidale Furchung auch bei *Cephalopoden*, beim *Skorpion* und bei *Pyrosoma*. Sie hat sich aus der inäqualen Furchung infolge massenhafter Anhäufung von Nahrungsdotter entwickelt, nur beim Skorpion ist sie aus der superficialen Furchung hervorgegangen.

4. *Superficiale Furchung.* Auch diese Art der Furchung, die bei *Arthropoden* vorkommt, ist durch eine sehr große Menge von Nahrungsdotter bedingt, der jedoch nicht einseitig an der vegetativen Seite des Eies angehäuft ist, sondern ziemlich gleichmäßig im Inneren des Eies liegt (centrolecithale Eier). Die ersten Teilungen des Eikernes erfolgen meist in der Tiefe des Dotters. Jeder Kern

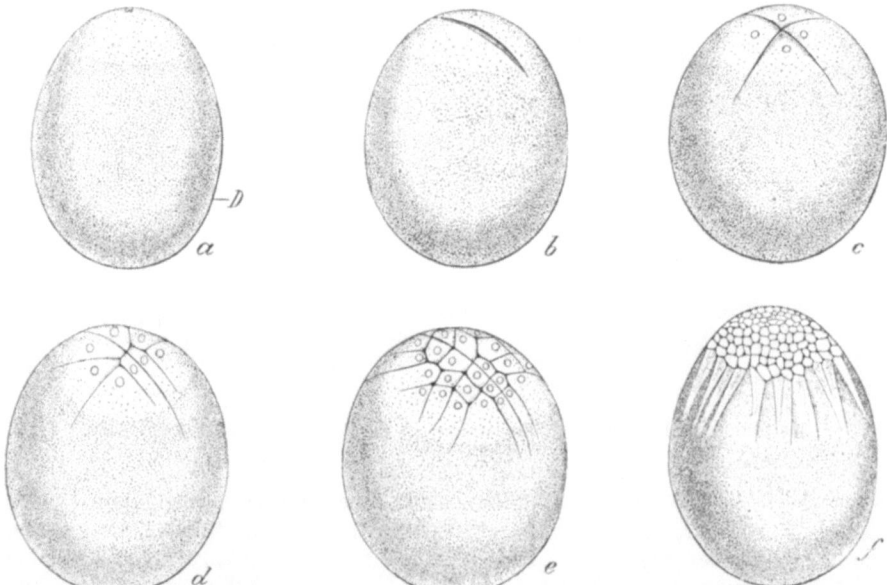

Abb. 257. Discoidale Furchung des Eies von *Loligo pealei* (nach WATASE). a Ungefurchtes Ei, *D* Dotter, von dem sich das hellere Keimscheibenblastem abhebt. b Erstes, c zweites Furchungsstadium. d, e Spätere Furchungsstadien mit auffälliger Symmetrie der Furchungszellen, f vorgeschrittenes Furchungsstadium.

wird mit einer Cytoplasmaansammlung umgeben (Abb. 258). Nach zahlreichen Kernteilungen wandern die Kerne an die Eioberfläche und treten in das Keimhautblastem ein. Einzelne Dotterkerne bleiben in vielen Fällen im Inneren zurück. Um jeden Kern wird nun an der Oberfläche ein Zellbezirk abgegrenzt. So kommt ein einschichtiges Blastoderm zustande, das den centralen Dotter umschließt; dieser nimmt die Stelle der Furchungshöhle ein.

Die äquale und inäquale Furchung werden auch als *totale (holoblastische)* Furchung unterschieden, gegenüber der discoidalen und superficialen, welche als *partielle (meroblastische)* zusammengefaßt werden. Im ersten Falle findet bei der Furchung eine vollständige, im zweiten bloß eine teilweise Durchteilung des Eies statt.

Nicht selten weichen bei totaler Furchung die Furchungsrichtungen der Blastomeren von der einfachen Regel des Wechsels zwischen meridionalen und latitudinalen Teilungsebenen (*Radiärtypus*) mehr oder weniger stark ab. Regelmäßige Unterschiede zwischen den Blastomeren treten, auch unabhängig von der Dotterverteilung, vielfach in der Einstellung der Spindeln und damit in den Teilungsrichtungen, im Teilungstempo und in der Größe der Zellen auf (z. B. die radiäre,

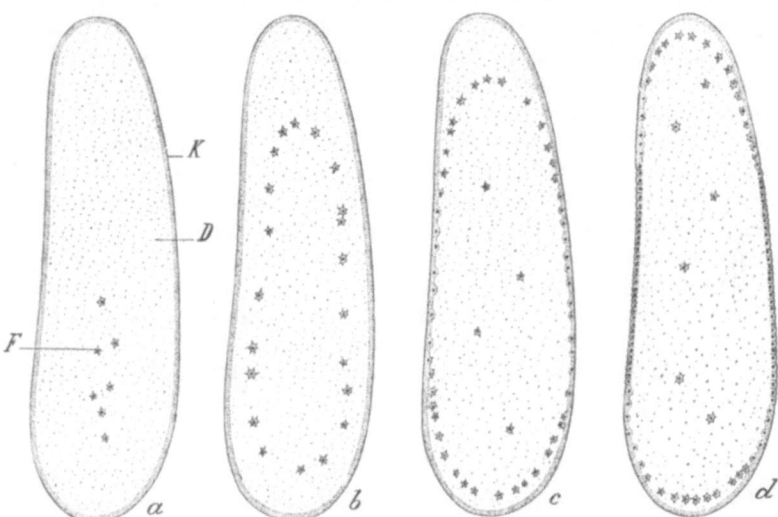

Abb. 258. Blastodermbildung des superficial sich furchenden Eies von *Hydrous* (*Hydrophilus*) *piceus* (nach K. HEIDER). *F* Furchungskerne von sternförmigen Plasmapartien umgeben, *K* Keimhautblastem (oberflächliche Plasmaschicht), *D* Dotter. In c die Furchungskerne in dem mittleren Gürtel des Eies in das Keimhautblastem eingerückt, einige Zellen sind im Dotter verblieben (sog. Dotterzellen), in d das Blastoderm im Gürtel des Eies ausgebildet.

aber in gewissen Stadien stark inäquale Furchung der *Seeigel*). In solchen Unterschieden drückt sich früh die verschiedene prospective Bedeutung der

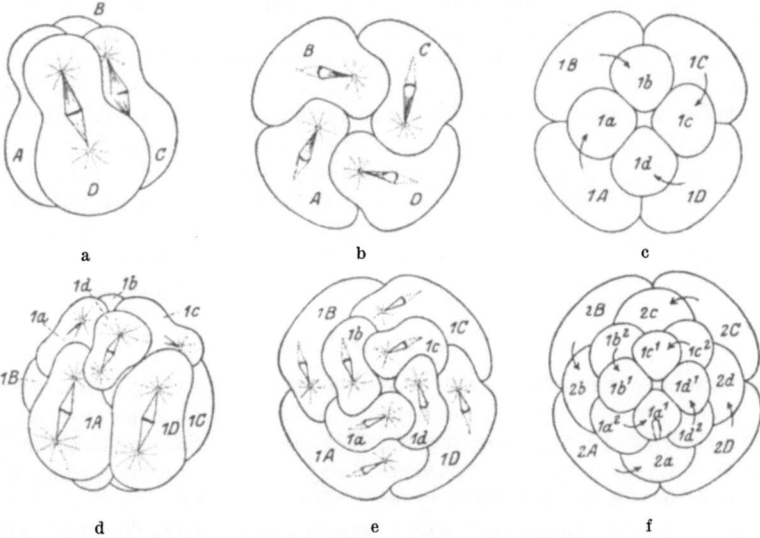

Abb. 259. Schema der Spiralfurchung (nach KORSCHELT u. HEIDER aus SCHLEIP). a, b Übergang vom 4- zum 8-Zellenstadium, c 8-Zellenstadium, d, e Übergang vom 8- zum 16-Zellenstadium, f 16-Zellenstadium. a, d Seitenansichten, die übrigen vom animalen Pol gesehen.

Keimesteile aus. In extremen Fällen werden während der Furchung schon Anlagezellen (Urzellen) für bestimmte Keimblätter oder Organe abgesondert (determinative Furchung, S. 291). Manchmal werden die *Symmetrieverhältnisse der späteren Organisation* schon in der Lagerung der Blastomeren angelegt (*disymmetrischer* Typus der *Ctenophoren, Bilateraltypus* bei *Ascidien* und anderen). Beim *Spiraltypus* der Furchung, der vor allem für *Anneliden* und *Mollusken*, ferner auch für *Polycladen* und *Nemertinen* charakteristisch ist, stehen die Spindeln nicht in meridionalen oder äquatorialen Ebenen, sondern bilden jeweils mit der Hauptachse einen bestimmten Winkel (Abb. 259). Infolgedessen liegen im Achtzellenstadium die vier Zellen am animalen Pol gegen die vier am vegetativen Pol schräg verschoben, so daß die beiden Zellkränze miteinander alternieren (Abb. 259c). Man bezeichnet diese schrägen Teilungen als *dexiotrop* (rechtswendig, uhrmäßig), wenn die obere (dem animalen Pol nähere) der beiden Tochterzellen im Sinne des Uhrzeigers verschoben erscheint (Gegensatz: *läotrop*, linkswendig). In der Regel wechseln dexiotrope und läotrope Teilungen bis zum Blastulastadium miteinander ab. Die Furchung kann dabei adäqual oder häufiger recht stark inäqual sein. Dann sind im Vierzellenstadium die vegetativen Zellen sehr groß (*Macromeren*); sie schnüren dann in den folgenden Teilungen jeweils vier kleine Zellen nach dem animalen Pol zu ab (*Micromerenquartette*).

b) Die Keimblätterbildung.

In dem auf die Furchung folgenden Entwicklungsabschnitt werden die primären Körperschichten, die Keimblätter *Ectoderm, Entoderm* und *Mesoderm* (vgl. S. 97f.) herausgebildet. Während bei der Furchung nur eine Aufteilung des Eikörpers stattfand, treten nun ausgiebige *Zellverlagerungen* ein, Faltungen eines epithelialen Blastoderms oder solide Wucherungen von Zellmassen oder Wanderungen einzelner Zellen. Richtung und Ausmaß dieser Zellbewegungen ist für die späteren Entwicklungsvorgänge von entscheidender Bedeutung. Ihre genaue Feststellung ist oft sehr schwierig. Manchmal wird sie nur durch Verfolgung bestimmter *Marken* ermöglicht. Diese können in der natürlichen Struktur oder Pigmentierung einzelner Keimesbezirke gegeben sein, oder der Untersucher kann Marken anbringen, am einwandfreiesten durch lokalisierte Vitalfärbung (GOODALE, VOGT).

In den einfachsten Fällen vollzieht sich zuerst die Sonderung des Entoderms vom Ectoderm; dieser Vorgang wird als *Gastrulation* bezeichnet. Hierauf folgt die Bildung der mittleren Keimesschicht, des *Mesoderms* (siehe S. 98). Diese ist kein einheitlicher Akt; die *Mesenchymbildung* geschieht immer zeitlich und oft räumlich von der Bildung des *Mesepithels* getrennt. Häufig ist die Mesodermbildung eng mit der Gastrulation verknüpft. Bisweilen geht eine Mesenchymbildung sogar der Entodermbildung voraus. So lassen sich die einzelnen Bildungsvorgänge nur in einzelnen Fällen schematisch getrennt behandeln.

1. Die Gastrulation.

Aus dem Blastulastadium geht bei sämtlichen Metazoen die *Gastrula* hervor. Diese besteht aus zwei Keimblättern (Epithelschichten), dem äußeren Keimblatt, *Ectoderm* (Ectoblast), und dem inneren Keimblatt, *Entoderm* (Entoblast). Das Ectoderm bildet die primäre Körperbedeckung, das Entoderm den primären Darm (Urdarm, *Archenteron*). Die Öffnung des Urdarmes, welche von dem Umschlagsrande des Ectoderms in das Entoderm begrenzt wird, heißt Urmund (*Prostoma, Blastoporus*). Zahlreiche Metazoen verlassen auf diesem Stadium die Eihüllen; bei manchen vollzieht sich die Gastrulation an einer schon frei schwimmenden Blastula. Die Gastrula bildet sich aus der Blastula auf verschiedene Weise:

1. Der am meisten verbreitete Modus ist die *Entodermbildung durch Einstülpung* oder die *Invagination* (*Embolie*); sie findet sich bei nach verschiedenen Weisen sich

Die Embryonalentwicklung. 281

furchenden Eiern innerhalb der verschiedensten Tierstämme und ist (mit HAECKEL) als der *ursprüngliche Gastrulationsmodus* anzusehen. Im einfachsten Fall eines adäqual sich furchenden Eies (Abb. 260) buchtet sich die meist aus etwas größeren

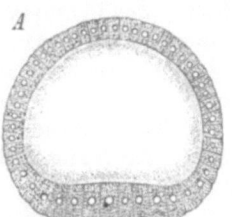 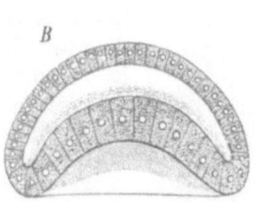 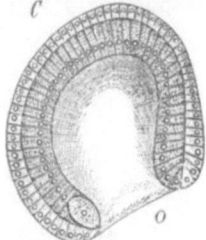

Abb. 260. A Blastula von *Branchiostoma (Amphioxus) lanceolatum*. B Dieselbe im Stadium der Einstülpung. C Durch Invagination entstandene Gastrula, *O* Urmund. (Nach HATSCHEK).

Zellen bestehende vegetative Seite der Blastula ein. Diese Einbuchtung geht zuweilen so weit, daß die eingestülpte Schicht, das Entoderm, sich an die äußere, das Ectoderm, anlegt und das Blastocöl vollständig verdrängt. Die Einstülpung erfolgt ursprünglich am vegetativen Pol (Abb. 260, 265a). Vielfach wird sie jedoch im Zusammenhang mit den späteren Symmetrieverhältnissen des Körpers in der Medianlinie verschoben.

2. Gastrulation durch *Umwachsung* oder *Epibolie* findet sich bei manchen Wirbellosen (*Ctenophoren*, *Anneliden*) vor, deren Eier sich inäqual furchen und mit sehr reichlichem Nahrungsdotter ausgestattet sind. Die Zellen des animalen Poles sind in diesem Falle sehr klein im Vergleich zu den großen dotterreichen Zellen der vegetativen Keimhälfte. Die Furchungshöhle ist entweder sehr eng oder fehlt (Abb. 261). Eine Invagination des Entoderms erscheint aus mechanischen Gründen unmöglich, und es findet eine Überwachsung der großen Entodermzellen

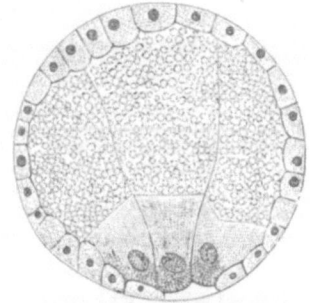

Abb. 261. Epibolische Gastrula von *Bonellia*. (Nach SPENGEL).

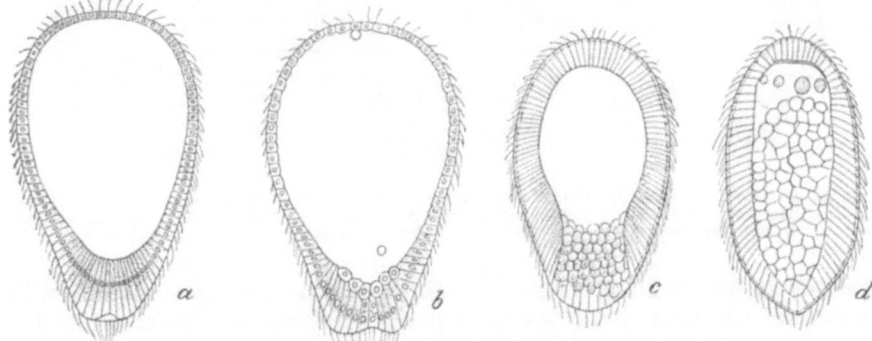

Abb. 262. Gastrulation durch polare Einwucherung von *Aequorea forskalea*. (Nach CLAUS, verändert.) a Blastula, b—d drei Stadien der fortschreitenden Einwucherung.

durch die kleinen, sich vermehrenden Ectodermzellen statt. Die Urdarmhöhle fehlt oder ist sehr eng.

3. Anlage des Entoderms durch *polare Einwucherung* (Abb. 262) besteht darin, daß *Blastodermzellen des vegetativen Poles* in die Furchungshöhle einwandern, die

sie schließlich ganz erfüllen. Ein solcher Entwicklungszustand mit zwei Keimblättern ohne Urdarmhöhle wird als *Planula* bezeichnet. In der soliden Entodermzellmasse entsteht später die Urdarmhöhle in Form eines spaltförmigen, sich allmählich vergrößernden Raumes, um den sich die Entodermzellen epithelartig anordnen. Die Mundöffnung (das Prostoma) bricht sekundär am vegetativen Pole, von dem aus die Einwucherung stattgefunden hat, durch. Die polare Einwucherung des Entoderms läßt sich unschwer auf die Invagination zurückführen. Sie findet sich vor allem bei *Hydrozoen*.

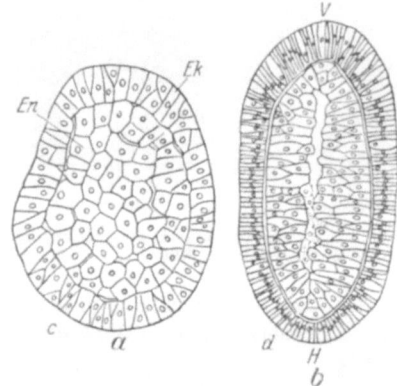

Abb. 263. Moruladelamination von *Clava squamata* (nach KÜHN). a die oberflächliche Zellschicht beginnt sich als Ectoderm (*Ek*), von den inneren Zellen als Entoderm (*En*) abzusetzen, b Übergang zur Planulalarve, Beginn der Bildung eines Gastralraumes durch Auseinanderweichen und Auflösung von im Innern gelegenen Zellen. *V* Vorderende, *H* Hinterende der Planula.

4. Die Gastrulation durch *multipolare Einwanderung* kommt bei einigen Hydrozoen (*Hydra, Aeginopsis, Aegineta*) vor. Dabei entsteht das Entoderm in der Weise, daß von verschiedenen Stellen des Blastoderms aus einzelne Zellen nach innen gelangen und sich zu einer soliden Entodermmasse vereinigen. Die geräumige oder von vornherein kleine Furchungshöhle wird frühzeitig durch die eingewanderten Entodermzellen verdrängt; die solide Entodermmasse höhlt sich später zur Bildung der Urdarmhöhle aus und der Urmund bricht sekundär nach außen durch. Die Polarität ist in der Bildung des Entoderms verloren gegangen; eine solche tritt erst bei der Ausbildung der Larve zutage.

5. Bei der *Moruladelamination* (viele *Hydroiden, Siphonophoren, Octactiniaria*) gelangen schon während der Furchung durch zur Oberfläche parallele Teilungen der Furchungszellen einzelne Furchungszellen in die Tiefe, so daß überhaupt *kein*

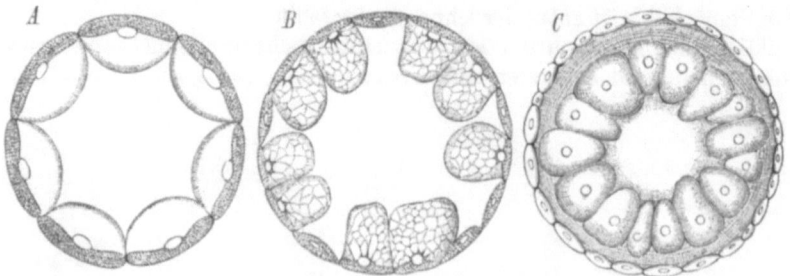

Abb. 264. Durchschnitte durch Entwicklungsstadien von *Geryonia* (nach FOL). A Frühe, B späte Blastula; an den Furchungszellen hebt sich ein äußeres feinkörniges Ectoplasma und ein inneres helles Endoplasma ab, C Gastrula, durch radiale Sonderung der Entoderm- von den Ectodermzellen entstanden.

Blastocöl zur Entwicklung kommt. Der Keim stellt demzufolge einen soliden Zellhaufen vor (*Morula*). An diesem erfolgt die Sonderung der Keimblätter durch Absonderung (Abblätterung, Abb. 263) der äußersten Zellschicht als Ectoderm. Die Moruladelamination leitet sich von der multipolaren Einwanderung dadurch ab, daß die Verlagerung von Zellen ins Keimesinnere in immer frühere Stadien verschoben wird.

6. Die Gastrulation durch *Blastuladelamination*, welche ebenfalls von der multipolaren Einwanderung ableitbar ist, findet sich bei *Geryoniden* unter den Hydrozoen (Abb. 264). Das Entoderm wird hier derart angelegt, daß die Blasto-

dermzellen sich parallel zur Oberfläche teilen. Es entsteht auf diese Weise eine innere Zellmasse, das Entoderm, welches sich zu einer Epithelblase umgestaltet, die sich an einer Seite an das Ectoderm anlegt und sekundär im Munde nach außen durchbricht.

Am *Schluß der Gastrulation* verengert sich der Gastrulamund der Invaginationsgastrula und verändert vielfach seine Lage. Selten (*Spongiaria*) erfolgt sein dauernder Verschluß; meist hat er eine Beziehung zum definitiven Mund oder After. Unter den Cölenteraten nimmt er meist dauernd den einen Körperpol ein; er wird entweder direkt zum definitiven Mund (*Hydrozoa, Scyphozoa*) oder durch die Ausbildung eines ectodermalen Schlundes (Stomodaeums) zur Schlundpforte (*Anthozoa, Ctenophora*). Bei den *Protostomia* wird der Gastrulamund durch stärkeres Wachstum des Rückens nach der Ventralseite verschoben und wird mit der Ausbildung des Stomodaeums zur Schlundpforte. Bei den *Chordonia* wird der Rest des Gastrulamundes, wenn er sich nicht vollkommen schließt, zum After (desgleichen bei den *Coelomopora* und wahrscheinlich auch bei den *Chaetognatha*, somit bei allen *Deuterostomia*). Sehr häufig schließt sich der Gastrulamund vollständig, und sekundär bricht an gleicher Stelle wieder eine Öffnung durch, ein Verhalten, das als abgeleitet anzusehen ist.

Der *Ort der Entodermbildung* liegt ursprünglich am vegetativen Pol, und zwar dem animalen Pol, aus dem das Vorderende des Tieres hervorgeht, direkt gegenüber. In zahlreichen Fällen sind jedoch die Lagebeziehungen zwischen Anlage des Vorderendes des Tieres und Ort der Gastrulaeinstülpung sehr abgeändert.

Hoher Dottergehalt übt stets einen starken Einfluß auf den Verlauf der Gastrulation aus. Bei inäqualer Furchung belastet er die Entodermzellen. Bei Eiern mit partieller Furchung gelangt der Dotter in der Regel schließlich in den Darm; nur selten bleibt er bis zur Resorption in der primären Leibeshöhle (z. B. Daphniden). Häufig findet bei Vorhandensein reichlichen Dotters eine Scheidung des Entoderms in einen *plastischen* und *abortiven* Anteil statt; aus ersterem geht das definitive Mesenteronepithel hervor, die Zellen des abortiven Anteiles (*Vitellophagen*) besorgen die Resorption des Nahrungsdotters und gehen danach zugrunde.

Bei *discoidal sich furchenden Eiern* ist die Gastrulation auf eine kleine Stelle beschränkt. Zuerst wird kein geschlossener Urdarm, sondern nur ein flaches Entodermblatt hergestellt, das bei den Selachiern und Sauropsiden als *Urdarmdach* (vgl. S. 288 f.), bei den Skorpionen als *Urdarmboden* dem Dotter aufliegt. Auch bei der Entwicklung der Eier mit *superficieller Furchung* bildet meist ein Teil des Blastoderms eine Keimscheibe (vgl. S. 290), an der sich die Gastrulation durch Einstülpung, durch Wucherung oder Abblätterung eines Entodermblattes vollzieht. Die große Dottermasse wird in allen diesen Fällen durch einen besonderen *Umwachsungsprozeß* erst später in den Darm des Embryos aufgenommen.

2. Mesodermbildung.

Mit Ausnahme der *Hydrozoen* läßt sich am Körper aller Metazoen zwischen Ectoderm und Entoderm eine dritte primitive Körperschicht unterscheiden, das *mittlere Keimblatt* oder *Mesoderm*. Es ist bei den *Cölenteraten* als mesenchymatische Zwischenschicht ausgebildet und besteht bei den *Cölomaten* aus paarigen *Mesepithelsäcken* nebst *Mesenchym* (vgl. S. 100).

Das Mesoderm ist keine genetisch einheitliche Bildung. Man kann nach dem Bildungsort ein dem Ectoderm entstammendes *Ectomesoderm*, ein vom Entoderm ableitbares *Entomesoderm* und ein am Urmundrand, an der Grenze zwischen Ectoderm und Entoderm sich bildendes *peristomales Mesoderm* unterscheiden.

Das *mesenchymatische Mesoderm* der *Cölenteraten* ist fast stets ectodermalen Ursprungs und entsteht auf die Weise, daß einzelne Zellen des Ectoderms in die zwischen Ectoderm und Entoderm abgeschiedene gallertige Zwischensubstanz *einwandern*. Das *Mesepithel* (die *Cölomsäcke*) der *Cölomaten* leitet sich vom Entoderm oder vom Urmundrand ab und wird meist als ursprüngliches *Entomesoderm* be-

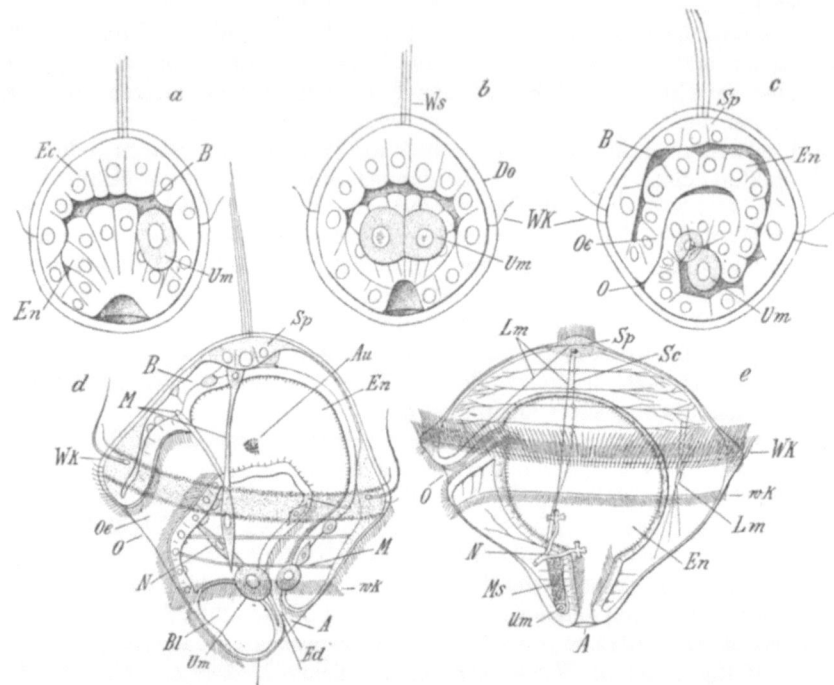

Abb. 265. Entwicklungsstadien von Anneliden, a—d *Hydroides* (*Eupomatus*) *uncinata*, e *Polygordius* (nach HATSCHEK). a Gastrula im Medianschnitt, b dieselbe im Frontalschnitt, c späterer Entwicklungszustand, d, e Trochophorastadium. *A* After, *Au* Auge, *B* Blastocöl, *Bl* Blase, wahrscheinlich drüsiger Natur, *Do* Dottermembran, *Ec* Ectoderm, *Ed* Enddarm, *En* Entoderm (Mitteldarm), *Lm* Längsmuskeln, *Ms* Mesodermstreifen, *M* Muskeln, *N* Nierenorgan (Pronephridium), *O* Mund, *Oe* Oesophagus, *Sc* Schlundcommissur, *Sp* Scheitelplatte, *Um* Urmesodermzellen, *Wk* präoraler, *wk* postoraler Wimperkranz, *Ws* apicaler Wimperschopf.

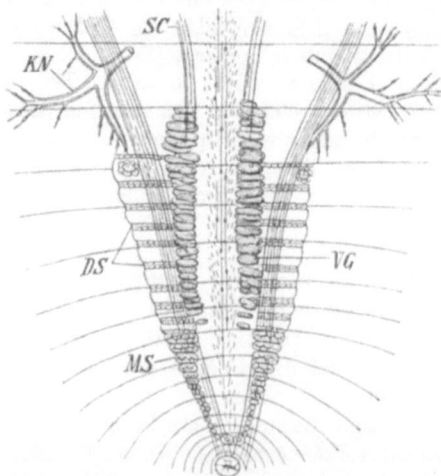

Abb. 266. Bauchregion der *Echiurus*-Larve mit segmentiertem Mesodermstreifen (*MS*), der mit einer Urzelle jederseits vor dem After endet. *DS* Dissepimente der vorderen Rumpfsegmente, *KN* Kopfniere (Pronephridium), *SC* Schlundcommissur, *VG* ventraler Ganglienstrang.

trachtet. Das *Mesenchym* geht bei den Cölomaten meist aus dem *Mesepithel* hervor; doch liefert bei den *Protostomiern* auch ein Ectomesoderm, das aus dem Ectoderm (meist in der Umgebung des Stomodaeums) einwandert, eine geringe Menge primären Mesenchyms (*larvales Ectomesenchym*).

Das Hauptmesoderm der Cölomaten, welches das *Mesepithel* liefert, entsteht auf zweifache Weise: entweder 1. von einzelnen *Urmesodermzellen* aus, oder 2. durch *Faltung*, die auch durch solide Einwucherung vertreten sein kann.

1. Bei der *Bildung des Mesoderms von Urmesodermzellen* aus rücken vom hinteren Rande des Urmundes zwei symmetrisch gelegene Zellen in

das Blastocöl hinein (Abb. 265). Diese Art der Mesodermanlage findet sich bei *Anneliden, Mollusken,* einigen *Scoleciden* und *Crustaceen*. Aus jeder Urmesodermzelle entstehen durch fortgesetzte Teilung zwei anfänglich solide, streifenförmige Zellmassen (sog. *Mesodermstreifen*) (Abb. 265 e). Diese werden zu den *Cölomsäcken,* indem sich in ihnen eine Höhle (*Cölomhöhle*) bildet. Bei den *Anneliden* entstehen den Metameren entsprechend, von vorn nach hinten fortschreitend, zahlreiche

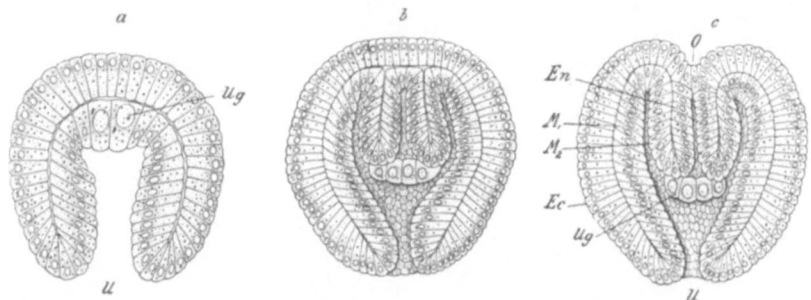

Abb. 267. Keimblätterbildung von *Sagitta* (nach O. Hertwig). a Gastrula, Urgeschlechtszellen (*Ug*) im Entoderm. b Bildung des Mesoderms, die vermehrten Urgeschlechtszellen sind aus dem Entoderm in das Gastrocöl gerückt, später gelangen sie ins Cölom. c Späteres Stadium, bei dem der bleibende Mund (*O*) in Bildung begriffen ist. *En* Entoderm, *Ec* Ectoderm, M_1 somatisches, M_2 splanchnisches Blatt des Mesoderms, *U* Urmund.

hintereinander folgende Cölomsäcke aus dem sich verlängernden und gliedernden Mesodermstreifen (Abb. 266, 553a). An Stelle einer einzelnen Urmesodermzelle jederseits kann eine größere Zahl von Urzellen in der Umgebung des Urmundes die Mesodermanlage bilden (manche *Arthropoda*).

2. Bei der *Mesodermbildung durch Faltung* oder *Einwucherung* entstehen vom Entoderm oder vom Urmundrand aus durch Epithelfaltung oder solide, sich später aushöhlende Wucherungen paarige Cölomsäcke, die sich sodann abtrennen. Bei der Mesodermbildung durch Faltung hängt die Cölomhöhle ursprünglich mit der Urdarmhöhle zusammen. Diese Art der Mesodermentwicklung findet sich bei *Brachiopoden, Chätognathen* (Abb. 267), *Cölomoporen* und *Chordoniern* (Abb. 268, 269). Bei den *Vertebraten,* bei denen gleichwie bei den Anneliden eine den Metameren entsprechende Zahl von Cölomsäcken sich anlegt, entwickeln sie sich in der Reihenfolge von vorn nach hinten durch Abgliederung von einer ungegliederten Anlage (vgl. S. 879, Abb. 960).

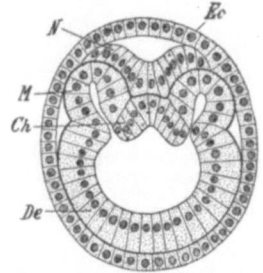

Abb. 268. Querschnitt durch einen Embryo von *Branchiostoma* (*Amphioxus*) *lanceolatum* (nach Hatschek). *Ch* Chordaanlage, *De* Darmentoderm, *Ec* Ectoderm, *M* Mesoderm, *N* Neuralplatte.

Beide Arten der Mesodermentwicklung sowohl durch Urzellen als durch Abfaltung führen zu gleichartigen Organanlagen. Ob sie aber phylogenetisch aufeinander beziehbar sind, ist fraglich. Wenn dies der Fall ist, dürfte wahrscheinlich die Mesodermbildung durch Abfaltung die ursprünglichere sein, von der aus jene durch Urmesodermzellen als ein Spezialfall der Entwicklungsweise abzuleiten ist, bei der frühzeitig einzelne Zellen für bestimmte Embryonalanlagen abgesondert werden (vgl. S. 291). Indessen ist auch die Ansicht vertreten worden, daß die beiden Arten der Mesodermanlage ganz verschiedenen Ursprung besitzen (Hatschek, K. C. Schneider) und hiernach zwei gesonderte große Stammgruppen an Stelle der Cölomaten oder Bilaterien zu treten hätten.

3. Entwicklungsweisen mit enger Verbindung von Entoderm- und Mesodermbildung.

Von dem Grundtypus der Keimblätterbildung entfernen sich viele Formen, besonders solche mit dotterreichen Eiern sehr stark, besonders die *Wirbeltiere* und die *Insecten*.

Die Keimblätterbildung der Wirbeltiere läßt sich auf den Typus zurückführen, der sich bei den Amphibien (und ganz ähnlich bei Cyclostomen und Dipnoern) findet[1]. Die Blastula der *Amphibien* (Abb. 269a) hat ein dünneres Dach aus zwei bis drei Lagen von Zellen (das *animale Feld*) und einen dicken Boden aus großen, vielfach übereinander geschichteten Zellen (das *vegetative Feld*). Boden und Dach gehen in der *Randzone* ineinander über, deren obere Grenze ungefähr dem Äquator

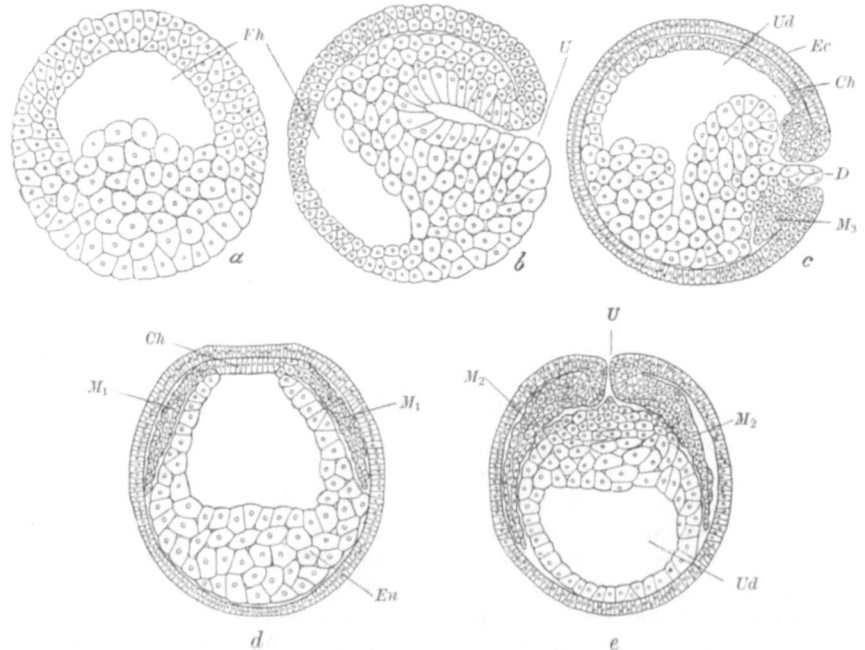

Abb. 269. Entwicklungsstadien von *Molge* (*Triton*). (Nach O. HERTWIG, abgeändert.) a Blastula, b beginnende Gastrulaeinstülpung, c—e Gastrula, a—c sagittale Längsschnitte, d Querschnitt, e Frontalschnitt. *Ch* Chordaanlage, *D* Dotterpfropf (aus dem Urmund herausragender Rest der großen vegetativen Zellen), *Ec* Ectoderm, *En* Entoderm, *Fh* Furchungshöhle, M_1 parachordales Mesoderm, M_2, M_3 peristomales Mesoderm, *U* Urmund, *Ud* Urdarmhöhle.

der Blastula entlang läuft. Bei Beginn der Gastrulation erscheint an dem künftigen Hinterende des Keimes an der vegetativen Grenze der Randzone eine Einsenkung (Abb. 271), die unter fortwährender Vertiefung erst Sichel-, dann Hufeisenform annimmt (Abb. 270a) und schließlich den vegetativen Boden in einer Ringfurche umfaßt. An diesem *Urmundring* wird der zuerst auftretende Abschnitt als *obere Urmundlippe*, der zuletzt auftretende als *untere Urmundlippe*, die beiden sie verbindenden Bezirke als *seitliche Urmundlippen* bezeichnet. Die Ränder des Ringes wachsen immer weiter über das vegetative Feld hinweg, bis sie in einem schmalen, längs gestellten Schlitz zusammentreffen. Während dieses *konzentrischen Urmundverschlusses* (Abb. 270a) werden die Teile des Blastoderms ins

---

[1] VOGT, W.: Gestaltungsanalyse am Amphibienkeim mit örtlicher Vitalfärbung, I., II. Arch. Entwicklungsmech. 106 (1925), 120 (1929).

innere verlagert, welche die prospective Bedeutung des Entoderms, der Chorda und des Mesoderms haben (Abb. 269, 270b, c, 271). Das vegetative Feld wird ins Innere geschoben, wobei sich die Randzone dem ganzen Urmundrand entlang einfaltet, und zwar unter starker Streckung. Diese ist am stärksten an der Dorsalseite,

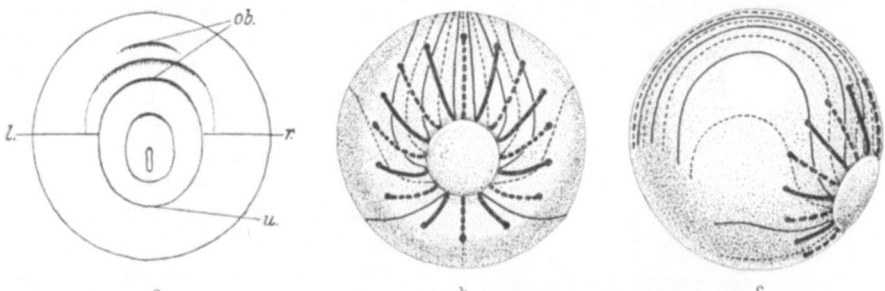

Abb. 270. Keimblätterbildung von *Molge* (*Triton*). a Vegetative Seite eines Keims während der Gastrulation, Ausbildung und konzentrisches Vorrücken des Urmundrandes (Schema, nach MANGOLD), *l* linke, *ob* obere, *r* rechte, *u* untere Urmundlippe, b, c Richtungsschema der Bewegungen des Materials der Blastulawand nach der Verschiebung von Farbmarken (nach VOGT). In jedem Sektor ist Richtung und Ausmaß der Bewegungen angegeben. Vorausgegangene und nachfolgende Materialbewegungen sind bezogen auf ein mittleres Gastrulationsstadium. Die dünnen Richtungslinien liegen innen, die dicken außen.

wo durch Einrollung über die dorsale Urmundlippe das *Urdarmdach* gebildet wird. An ihm stellt ein Streifen einschichtigen Epithels die *Chordaanlage* dar. Rechts und links geht diese in das *Mesoderm* (*parachordales Mesoderm*) über (Abb. 269d).

Dieses umzieht auch seitlich (Abb. 269e) und unten (Abb. 269c) den Urmundrand (*peristomales Mesoderm*). Das Mesoderm scheint bei den Amphibien nie in Form von hohlen Taschen (wie früher besonders O. HERTWIG annahm), sondern stets als solide Wucherung zu entstehen. Das *Entoderm*, bestehend aus Boden und Seitenwänden des Urdarms, die aus den großen Zellen des vegetativen Feldes gebildet werden, stößt nirgends unmittelbar an den Urmund an. Dessen Lippen schlagen sich also vom Ectoderm dorsal in Chordaanlage, seitlich und ventral in Mesoderm um (Abb. 269). Mit der Einrollung der Randzone (Abb. 270) und dem Verschluß des Urmundes geht eine starke Oberflächenvergrößerung des animalen Feldes

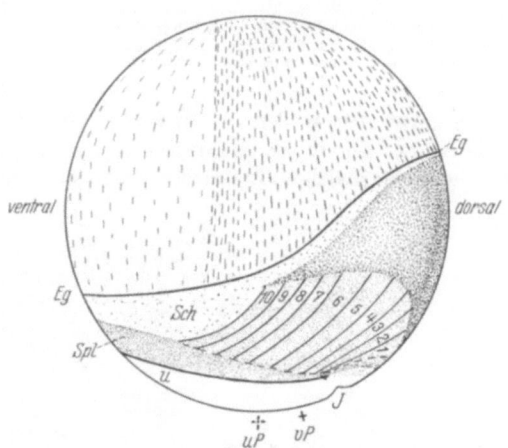

Abb. 271. Schema der prospektiven Bedeutung der Blastulawand des Urodelenkeims, Ansicht von der linken Seite zu Beginn der Gastrulation (nach VOGT 1926). Medullaranlage dicht gestrichelt, Hautectoderm weit gestrichelt, Chorda dicht punktiert, Entoderm weiß, 1—10 Ursegmente. *Eg* Einstülpungsgrenze, *I* Invaginationsgrube, *Sch* Hauptmasse des Schwanzknospenmaterials, *Spl* Seitenplatten, *U* spätere Urmundrinne, *uP* unterer Pol des Keims in diesem Stadium, *vP* vegetativer Pol.

einher, das am Ende der Gastrulation als *Ectoderm* den ganzen Keim überzieht. Durch Farbmarkierung ist es gelungen (VOGT), die prospective Bedeutung der einzelnen Bezirke der Blastula (*präsumptive Keimblätterbezirke* und *präsumptive Organanlagen*) genau zu ermitteln (Abb. 271). Kurze Zeit nach dem Schluß des Urmundes bildet sich an der Dorsalseite des Keimes die Anlage des Centralnervensystems, die *Medullarplatte* (*Neuralplatte*, Abb. 272), deren Vorderende ungefähr in der Gegend des animalen Poles liegt. Unter ihr bildet sich die *Chorda* aus, indem sich

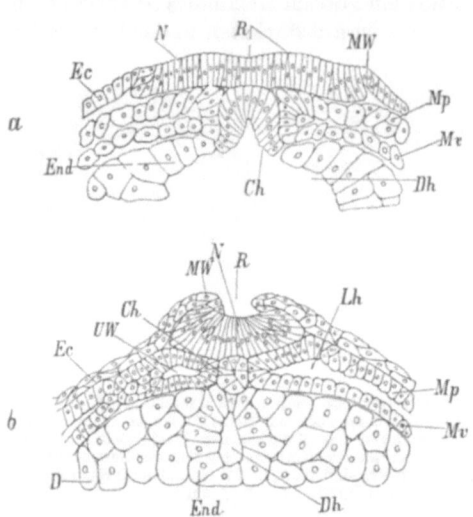

Abb. 272. Querschnitte durch Embryonen von *Molge* (*Triton*) *vulgaris* im Neurulastadium. (Nach O. HERTWIG.) a Erstes Auftreten der Medullarwülste am Rande der Medullarplatte. b Die Medullarrinne dem Verschluß nahe; im Mesoderm beginnt sich (linkerseits) das Ursegment von den Seitenplatten zu trennen. *Ch* Chorda, *D* Dotterentoderm, *Dh* Darmhöhle, *Ec* Ectoderm, *End* entodermales Darmepithel, *Lh* Leibeshöhle (Cölom), *Mp* parietales Blatt, *Mv* viscerales Blatt des Mesoderms, *MW* Medullarwülste, *N* Neuralanlage, *R* Neuralrinne, *UW* Urwirbel (Ursegment).

die Chordaanlage nach dorsalwärts zur Rinne einsenkt und dann als solider Strang aus dem Urdarmdach ausscheidet. Das Mesoderm trennt sich vom Entoderm, das sich dorsal zum Urdarmrohr schließt. Das parachordale Mesoderm höhlt sich aus und sondert sich in die paarig hintereinander gelegenen *Ursegmente* (*Urwirbel*, *Muskelsegmente*, *Myotome*) und die ventralen ungegliederten, das einheitliche Cölom (*Splanchnocöl*) umschließenden *Seitenplatten* (mit einem äußeren *somatischen*, und einem inneren *visceralen Blatt*). Medullarplatte, Chorda und Ursegmente werden als *Achsenorgane* zusammengefaßt.

Von diesen Verhältnissen lassen sich jene der Vertebrateneier mit discoidaler Furchung ableiten.

Einen Typus repräsentieren die meisten *Fische*. Ihr Blastulastadium (Abb. 273a) zeigt eine kleine mehrschichtige *Keimscheibe*, welche am Rande in den großen, in diesem Teile kernhaltigen Dotter übergeht, der auch den Boden des kleinen Blastocöls bildet. Die in der Nähe der Keimscheibe kernführende Dotterkugel ist der großen dotterhaltigen Zellmasse am vegetativen Pol der Amphibienblastula zu ver-

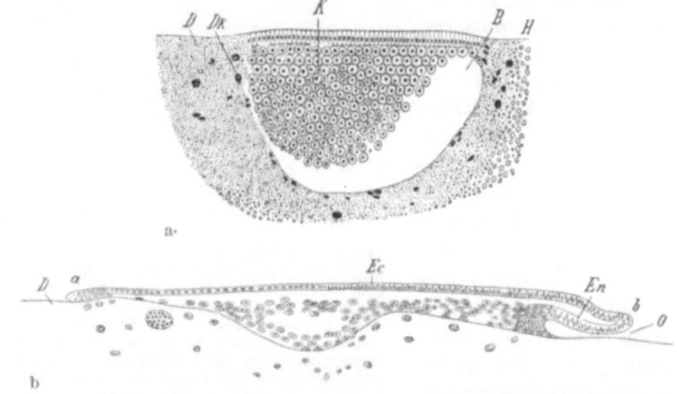

Abb. 273. Medianschnitte durch Embryonen von *Pristiurus*. a Keimscheibe (*K*) von *Pristiurus* im Blastulastadium (nach RÜCKERT). b Gastrulationsstadium (nach C. RABL); *a* vorderer, *b* hinterer Rand desselben. *B* Blastocöl, *D* Dotter, *Dk* Dotterkerne, *Ec* Ectoderm, *En* Entoderm, *H* Hinterende des Embryos, *O* Gastrulamund.

gleichen, zeigt jedoch letzterer gegenüber keine Durchfurchung. Die Gastrulaeinstülpung beginnt am Rande der Keimscheibe, an einer dem späteren Hinterende des Embryos entsprechenden Stelle (Abb. 273b). Von hier setzt sie sich seitlich im ganzen Umkreis der Keimscheibe, an Tiefe jedoch immer abnehmend, bis nach vorn fort. Somit entspricht bei den *Fischen* der *ganze Rand der Keimscheibe dem Urmund* (C. RABL, HATSCHEK); er bildet ringsum peristomales Mesoderm (Abb. 274). Der eigentliche Körper des Embryos bildet sich nun am Hinterrand der Keimscheibe aus, wo sich die Medullarwülste erheben (Abb. 275a). Der vordere und seitliche, *außerembryonale Teil der Keimscheibe* umwächst allmählich

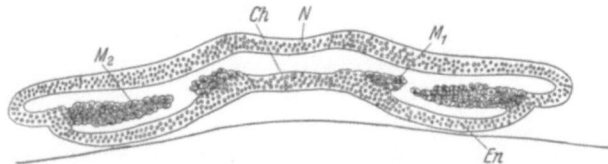

Abb. 274. Querschnitt durch eine Keimscheibe von *Torpedo* nahe dem Hinterende. (Nach ZIEGLER.) *Ch* Chordaanlage, *En* Entoderm, M_1 parachordales Mesoderm, M_2 peristomales Mesoderm, *N* Medullarplatte.

den Dotter, indem sich der Rand der Keimscheibe (Urmundrand) über die Dotteroberfläche wegschiebt bis zum Urmundverschluß (Abb. 275b, c).

Bei den gleichfalls discoidal sich furchenden Eiern der *Reptilien* und *Vögel* liegt die Einstülpungs- bzw. Einwucherungsstelle, die dem Urmund entspricht, nicht am Rande, sondern *innerhalb* der Keimscheibe, in einiger Entfernung vor

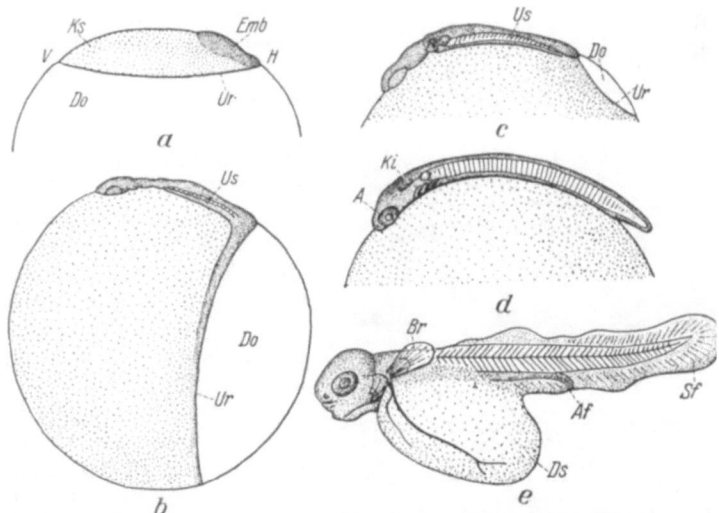

Abb. 275. Entwicklung eines Teleosteers. (Nach O. HERTWIG.) a—c Umwachsung des Dotters durch die Keimscheibe. d Abhebung des Embryonalkörpers vom Dottersack. e der Dottersack bildet nur noch einen ventralen Anhang des Embryos. *A* Auge, *Af* After, *Br* Brustflosse, *Do* Dotter, *Ds* Dottersack, *Emb* Anlage des Embryonalkörpers, *H* Hinterende, *Ki* Kiemenspalten, *Ks* außerembryonaler Teil der Keimscheibe, *Sf* Schwanzflosse, *Ur* Umwachsungsrand (Urmundrand), *Us* Ursegmente, *V* Vorderende der Keimscheibe.

dem Hinterrande. Die Keimblätterbildung entfernt sich weiter von dem Grundtypus als bei den Fischen. Das *Entoderm* wird durch eine Art *Delamination* gebildet: Von der vielschichtigen Keimscheibe lösen sich Zellen los, die sich später zu einer zusammenhängenden Platte vereinigen, die sich auf den Dotter ausbreitet. Ganz unabhängig von dieser Entodermanlage erfolgt die Ausbildung der *Chorda-Mesodermanlagen*. Bei den *Reptilien* wird ein Chorda-Mesodermsäckchen eingestülpt, dessen Boden dann nach dem Dotter zu durchbricht. Bei den *Vögeln* erfolgt eine Einwucherung von einem streifenförmigen Bezirk, dem *Primitivstreifen*, aus (Abb. 276), der in seiner Mitte eine Furche (die *Primitivrinne*) trägt. Von dieser aus wächst nach unten und nach vorn (als Kopffortsatz des Primitivstreifens) eine Zellmasse, die in der Medianlinie des Keimes Chordaanlage und seitlich parachordales Mesoderm liefert, nachdem sie sich vom Ectoderm getrennt hat (Abb. 277). Der vordere Rand der Primitivrinne ist der oberen Urmundlippe der Amphibien gleichwertig, während der hintere Rand der unteren Urmundlippe

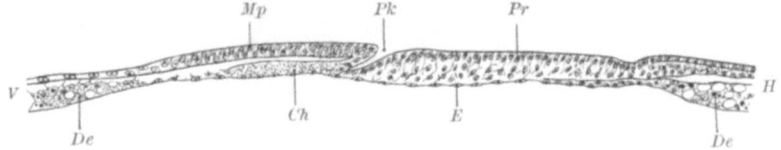

Abb. 276. Schematischer Medianschnitt durch eine Vogelkeimscheibe. (Nach CORNING.) *Ch* Chordamesodermfortsatz (Kopffortsatz), *De* Dotterentoderm, *E* Entoderm, *H* hinten, *Mp* Medullarplatte, *Pk* Primitivknoten (HENSENscher Knoten = vorderer Rand der Primitivrinne, homolog der oberen Urmundlippe der Amphibien), *Pr* Primitivrinne, *V* vorn.

der Amphibien entspricht. Die Einstülpung bzw. Einwucherung, deren Ort ohne Zweifel dem Urmund der Amphibien homolog ist, liefert also nur noch Chorda- und Mesodermmaterial, während die Bildung des Entoderms sich auf andere Weise vorher vollzieht. Jedenfalls liegt hier eine sekundäre Trennung von Entwicklungsvorgängen vor, die ursprünglich eng verknüpft waren. Der Rand der Keimscheibe bei Reptilien und Vögeln, der als *Umwachsungsrand* (O. HERTWIG) die große Dotterkugel allmählich einschließt, besitzt im Gegensatz zu den Fischen keinerlei Homologie mit dem Gastrulamundrande.

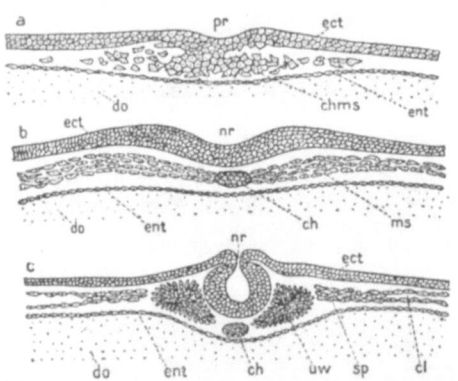

Abb. 277. Querschnitte durch die Keimscheibe des Hühnchens. Differenzierung der Chordamesodermanlage. a Querschnitt durch die Primitivrinne, b, c vor der Primitivrinne, b früheres, c späteres Stadium. (Nach MEISENHEIMER.) *ch* Chorda, *chms* Chordamesodermanlage, *cl* Cölom, *do* Dotter, *ect* Ectoderm, *ent* Entoderm, *ms* Mesoderm, *nr* Anlage des Nervensystems (in b Neuralplatte, in c sich schließendes Neuralrohr), *sp* Seitenplatten, *uw* Ursegmente.

Die Keimblätterbildung der dotterarmen Eier der *Säugetiere* schließt sich an die Vorgänge bei Vögeln und Reptilien an und bestätigt die Ansicht, daß die kleinen Eier der Säugetiere aus großen dotterreichen Eiern durch Verlust des Nahrungsdotters hervorgegangen sind.

Bei den *Insecten* geht die Bildung des *Mesoderms* stets von einem längs der Ventralseite des Embryos verlaufenden *Keimstreifen* aus, in dessen Mitte eine Furche oder Rinne (*Primitivrinne*) entlang läuft. Sie stellt ein *Homologon des Urmundes* dar. Die Rinne schnürt sich entweder als Rohr ab (Abb. 278a) oder sie ist die Ausgangslinie starker Zellwucherungen, die das sogenannte *untere Blatt* bilden. Dieses enthält bei manchen Formen auch Entoderm. Nach der Trennung vom Ectoderm weicht die *Mesodermanlage* in zwei zu beiden Seiten der Medianlinie gelegene Längsstreifen (Mesodermstreifen) auseinander (Abb. 278c). Diese gliedern sich in segmentale Abschnitte (*Ursegmente*), die vorübergehend Cölomhöhlen einschließen können. Das *Entoderm* entsteht meist als eine zweifache Anlage, als Einwucherungen am Vorderende und am Hinterende des Keimstreifs (Abb. 278d). Die eingewucherten Zellgruppen, der *vordere* und der *hintere Ento-*

dermkeim werden von den Einstülpungen des Stomodaeums und des Proctodaeums in die Tiefe geschoben (Abb. 278d). Sie nehmen hufeisenförmige Gestalt an und umwachsen allmählich den Dotter. Dieser kann unter der Wirkung der in ihm bei der Blastodermbildung zurückgebliebenen Kerne (Abb. 278c, d) allmählich

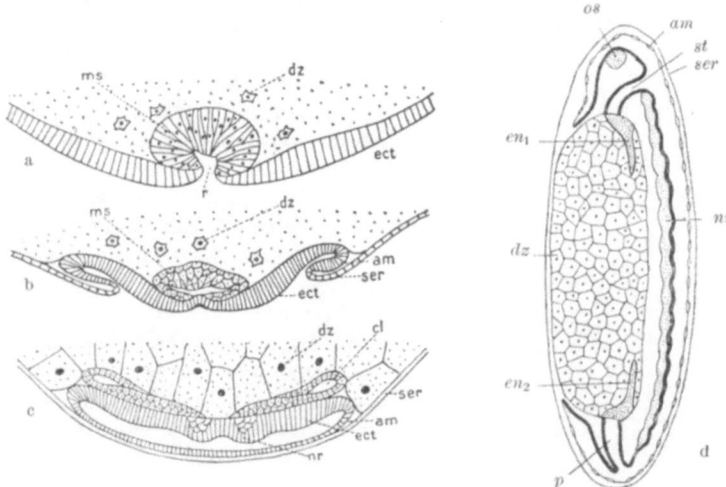

Abb. 278. Keimblätterbildung der Insecten, schematisch. a—c Querschnitte durch den Keimstreifen von *Hydrophilus* (nach HEIDER). d Schematischer Längsschnitt durch einen Insectenembryo (Orig. G.). *am* Amnion, *cl* Cölom, *dz* Dotterzelle, *ect* Ectoderm, *en₁* vordere, *en₂* hintere Entodermanlage, *ms* Mesoderm, *nr* Anlage der Bauchganglienkette, *os* Oberschlundganglion, *p* Proctodaeum, *r* Primitivrinne, *ser* Serosa, *st* Stomodaeum.

in Zellen abgeteilt werden (*Dotterfurchung*). Diese Dotterzellen können in größerem oder kleinerem Umfang an der Mitteldarmbildung teilnehmen, oder sie werden später im Darminneren aufgelöst. Es ist wohl anzunehmen, daß ursprünglich die Bildung des Entoderms einheitlich war (sich von vorn bis hinten in der Medianlinie des Keimstreifs abspielte?) und erst sekundär auf die Enden des Keimstreifs beschränkt wurde.

c) Frühe Sonderung von Anlagezellen.

Fast innerhalb jedes Tierstammes finden sich Formen, bei denen die Sonderung der Zellen, welche Ectoderm, Entoderm, Mesoderm und oft auch noch speziellere Organanlagen liefern, nicht erst an einem gleichförmigen Blastoderm, sondern schon während früherer Furchungsstadien sichtbar wird. Man hat diese frühe Aussonderung von Zellen einer bestimmten prospectiven Bedeutung — zunächst rein descriptiv — als *determinative Entwicklung* bezeichnet.

Die einzelnen Zellen können durch Größe, Teilungstempo, Teilungsrichtung oder Inhaltsbestandteile verschiedener Art sich auszeichnen.

Im *Ascidien*ei ordnen sich während der Reifung, Befruchtung und ersten Teilung 6 durch ihre Färbung unterscheidbare *Cytoplasmasorten* in bestimmter Weise, polar geschichtet und bilateral verteilt, an (Abb. 279). Während der Furchung werden diese Plasmasorten bestimmten Keimesbezirken zugeteilt. Diese bilden im 64-Zellstadium 6 symmetrisch angeordnete Felder, deren Zellen sich infolge ihrer Färbung im Leben bis in die Organe der Larve verfolgen lassen. Die Felder enthalten 10 Entodermzellen, 4 Chordazellen, 10 Neuralplattenzellen, 10 Mesenchymzellen, 4 Muskelzellen und 26 Ectodermzellen.

Bei einigen *Cladoceren* (*Moina*, *Polyphemus*) und *Copepoden* lassen sich die Keimesbezirke, die später das plasmatische Material für die Zellen der Keimblätter liefern, ebenfalls bis in die erste Furchungsteilung zurückverfolgen. Bei *Polyphemus* enthält das 118-Zellenstadium 106 Ectodermzellen, 4 Entodermzellen, die etwas größer als die Ectodermzellen sind, 6 Mesodermzellen und 2 Urgeschlechtszellen. Diese zeichnen sich, ebenso wie bei *Moina*, durch Einschlüsse aus, die von Nährzellen stammen. In diesen Fällen läßt sich eine *Keimbahn*, eine bestimmte Generationenfolge von Zellen vom Ei bis zu den Geschlechtszellen des neuen Individuums verfolgen. Mit dem vierten Teilungsschritt (Übergang vom 8- zum 16-Zellenstadium) sondert sich die Urgeschlechtszelle von der Urentodermzelle (Abb. 280). Im 2-, 4- und 8-Zellenstadium ist jeweils eine Zelle die Keimbahnzelle, die neben Material für die Urgeschlechtszelle noch Material für somatische Zellen enthält.

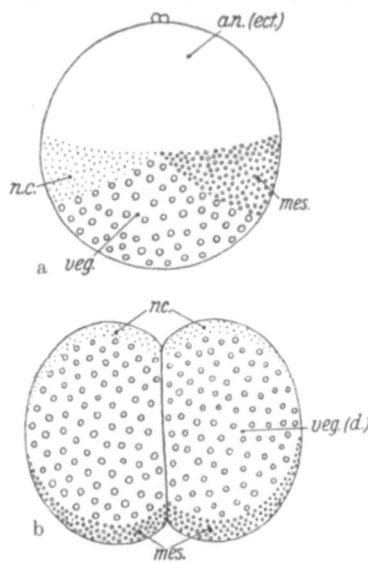

Abb. 279. Zweizellenstadium von *Cynthia partita*. a von der Seite, b vom vegetativen Pol. (Schematisch nach CONKLIN aus MANGOLD.) *an (ect)* animale Region, später Ectoderm, *mes* Mesodermbezirk, *nc* Bezirk der Neural- und Chordaanlage, *veg (d)* vegetativer Bezirk, später Darm.

Bei *Ascaris megalocephala* spricht sich der Unterschied zwischen Keimbahn- und Somazellen auch in einer sehr eigentümlichen *Differenzierung der Kerne* aus. In den 4 Somazellen, die sich in der ersten bis dritten Furchungsteilung von der Keimbahnzelle, und in der vierten Teilung von der Urkeimzelle sondern, stoßen jeweils bei der nächsten Teilung die Chromosomen ihre Enden ab und zerfallen in eine Anzahl kleinerer Stücke. Dieser Vorgang wird als *Chromatindiminution* (BOVERI) bezeichnet. Die Chromosomenenden werden im Cytoplasma aufgelöst. So führen das Ei, die Keimbahnzellen, die Urgeschlechtszellen und die aus ihnen entstehenden Oogonien oder Spermatogonien lange Chromosomen (generative oder Urchromosomen, Sammelchromosomen bei der Rasse *univalens* 2, bei *bivalens* 4), während alle Abkömmlinge der Somazellen eine große Anzahl sehr kleiner Elemente (somatische oder diminuierte Chromosomen) besitzen.

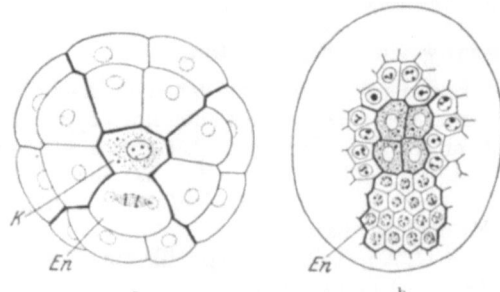

Abb. 280. Entwicklungsstadien von *Moina rectirostris*. (Nach GROBBEN 1879.) Die stärker ausgezogenen Linien geben den Verlauf der ersten und zweiten Furche an. a 30-Zellstadium; während die übrigen Zellen den fünften Teilungsschritt zurückgelegt haben, sind die Urkeimzelle (*K*) und die Urentodermzelle (*En*) um einen Teilungsschritt zurück; die letztere holt ihn gerade nach. b späteres Stadium (244 Zellen), in dem sich die Entodermzellen auf 16, die Urkeimzellen auf 4 vermehrt haben; um diese ein Bogen von 12 Mesodermzellen.

Eine so auffallend determinative Entwicklung findet sich besonders häufig bei Formen, deren Entwicklung zunächst zu einer kleinen, wenigzelligen Larve führt, oder auch bei Tieren, die dauernd aus einer verhältnismäßig kleinen und für einzelne Organe ganz genau bestimmten Anzahl von Zellen bestehen. Solche *zellkonstante Tiere*, bei denen im fertigen Zustand keinerlei Teilungen mehr in somatischen Zellen stattfinden, sind die *Nematoden, Rotatorien* und *Appendicularien*. Z. B. enthält der Körper von *Hydatina senta* stets 959 Zellen.

Sehr viel häufiger als die frühe Sonderung von Urzellen für somatische Organanlagen ist die Absonderung der *Urgeschlechtszellen* in frühen Entwicklungsstadien. Sie kommt auch bei superficieller Furchung vor. So rücken bei vielen *Insecten* einzelne von den ersten Furchungskernen an einem Eipol an die Oberfläche und und schnüren sich mit kleinen Plasmaknospen ab. Diese Urgeschlechtszellen können sich außerhalb des Keimes vermehren und treten erst nach Ausbildung des Blastoderms wieder ins Innere ein.

d) Die weiteren Entwicklungserscheinungen.

Zu den Prozessen, die bei der Bildung der Keimblätter und ersten Organanlagen vor allem stattfinden, wie Aufteilung des Materials und Zellverschiebungen, kommen während der weiteren Entwicklung Wachstumsvorgänge und fortschreitende histologische Differenzierungen.

Die *Wachstumsvorgänge* beruhen auf dem Wachstum der Zellen sowie der Zunahme der Zellen an Zahl durch Teilung. Das Wachstum ist nicht in allen Teilen des Körpers gleichmäßig, sondern einzelne Teile weisen regeres Wachstum auf. Als Folge davon erscheint bei Epithelien die Bildung von Faltungen, entweder nach innen durch Einstülpung oder nach außen durch Ausstülpung; auf dem ersten Wege entstehen mannigfache Drüsenbildungen, Sinnesorgane und Teile des Nervensystems, durch Ausstülpung die verschiedenartigen Anhänge des Körpers, wie Tentakel, Kiemen und anderes. Die durch Einstülpung entstandenen grubenförmigen Einsenkungen können sich als Säckchen oder Röhren vollständig abschnüren (Entwicklung des Zentralnervensystems der Wirbeltiere und von Sinnesorganen). Statt der Einstülpung kann Überschiebung einer Epithelstrecke durch die benachbarten Epithelteile stattfinden. An Stelle der Faltenbildung kann solide Wucherung des Epithels treten, die erst sekundär eine Aushöhlung erfährt. Eine als Verdickung des Epithels entstandene Organanlage kann sich durch Abspaltung parallel zur Fläche des Epithels (Delamination) absondern.

Den soliden Wucherungen des Epithels ist die Bildung von Mesenchym anzureihen, bei welcher die Zellen sich aber auflockern und den Charakter amöboider Zellen gewinnen. Umgekehrt können Mesenchymzellen sich sekundär wieder zu einem Epithel zusammenschließen.

Endlich sei der Verwachsung von Organen sowie der Bildung sekundärer Öffnungen gedacht. Als sekundärer Durchbruch des Darmes entstehen die Poren und das Osculum der *Spongien*, der After der *Protostomia* sowie der Mund der *Deuterostomia* (*Chordonia*, *Coelomopora* und *Chaetognatha*, Abb. 267).

Durch die *histologische Differenzierung* werden die verschiedenen Gewebeformen hergestellt.

Was die Entwicklung der einzelnen *Organe aus den Keimblättern* anlangt, so entstehen aus dem Ectoderm die Epidermis mit ihren Drüsen und Anhängen, das Stomodaeum und Proctodaeum, die Sinnesorgane und das Centralnervensystem; aus dem Entoderm der Mitteldarm und dessen Anhangsorgane; aus dem Mesoderm bei *Cölomaten* die Muskulatur, die Bindesubstanzen, das Gefäßsystem, die Excretionsorgane. Bei *Cölenteraten* sind Muskulatur und Stützgewebe meist Differenzierungen von Ecto- und Entoderm. Wenn die Genitalzellen sich nicht schon vor oder während der Keimblätterbildung absondern, scheinen sie einem bestimmten Keimblatt anzugehören; in vielen Fällen dürfte aber doch eine *Keimbahn*, die nur bestimmte Zellinien umfaßt, bestehen, wenn sie auch noch nicht unterscheidbar ist. Bei *Cölenteraten* liegen die Genitalzellen schließlich stets im Mesenchym, Ectoderm oder Entoderm, bei *Cölomaten* meist im Mesoderm. Bei den *Wirbeltieren* liegen sie zuerst im Entoderm und wandern dann ins Mesoderm.

Bei reichlichem Nahrungsdotter kommt es zuweilen zur Entstehung eines *Dottersackes* (*Cephalopoden, Haie, Reptilien, Vögel*), aus welchem die Dotterreste allmählich in den Körper des Embryos überführt werden, und der mit dem Verbrauch des Dotters schwindet. Bei den dotterarmen Säugetieren erscheint der Dottersack als Rudiment. In einigen Tiergruppen (*Skorpionen, Insecten*, Abb. 278 b, c) und höheren Wirbeltieren (*Amnioten*, das sind Reptilien, Vögel, Säugetiere, s. S. 902, 1043 ff., Abb. 987, 988, 1117) bilden sich bei dotterreichen Eiern während der Entwicklung des Embryos *Embryonalhüllen* (*Amnion, Serosa*) aus, welche vom Ectoderm aus ihre Entwicklung nehmen, den in den Dotter einsinkenden Embryo umgeben, schließlich rückgebildet oder abgestoßen werden.

e) Determination der embryonalen Entwicklungsvorgänge[1].

In der Determination des embryonalen Geschehens kann entweder der präformistische oder der epigenetische Charakter überwiegen. Je nach der Tierart können die Keimesteile sich mehr unabhängig oder mehr abhängig entwickeln. Im selben Keim können sich die einzelnen Abschnitte verschieden verhalten; und der Charakter der Entwicklung ändert sich mit dem Entwicklungsablauf. Im Cytoplasma der furchungsbereiten Eizelle kann die prospective Potenz der einzelnen Keimesteile, welche die einzelnen Cytoplasmateile mitbekommen, mehr oder weniger weitgehend durch Ausstattung mit determinierenden Substanzen vorgezeichnet sein.

Um den Determinationszustand eines Keimesteiles festzustellen, wendet man vor allem *zwei Methoden* an: Abtrennung und Verlagerung von Keimesteilen. Bei der ersten kann man dem Keimesganzen ein mehr oder weniger großes Stück entnehmen und prüfen, was der Rest zu leisten vermag (Defektsetzung), oder man kann einen kleinen Keimesteil für sich in einem geeigneten Medium isolieren (Explantation). Bei der Verlagerung werden entweder die Bestandteile eines Keimes im großen umgeordnet (z. B. Blastomerenverlagerungen) oder kleine Stücke des Keimesganzen an einen anderen Ort verpflanzt (Transplantation). Die Verpflanzung von Keimesstückchen kann erfolgen an eine andere Stelle desselben Keimes (homoplastische Transplantation) oder eines anderen Keimes derselben Art (heteroplastische Transplantation) oder eines Keimes einer anderen Art (xenoplastische Transplantation).

In der Embryonalentwicklung verlaufen mehrere Gruppen von Vorgängen neben- und nacheinander, die als mehr oder weniger voneinander unabhängige *Teilprozesse* zu verschiedenen Zeiten und auf verschiedene Weise determiniert werden können:

1. Die Aufteilung der Eizelle und der Blastomeren durch eine bestimmte Folge von Zellteilungen.

2. Die innere Gliederung des Keimes, der Übergang eines ursprünglich einheitlichen, aus gleichartigen Bezirken bestehenden Keimes oder Keimesteils in ein Mosaik von verschiedenen verhältnismäßig selbständigen Teilgebieten.

3. Taktische Verschiebungen (kinematische Vorgänge), Gestaltungsbewegungen, Massenverschiebungen von Keimesteilen gegeneinander, die zu einer bestimmten Verteilung des Keimesmaterials führen.

4. Wachstum, Zellvergrößerung und Zellvermehrung unter Stoffverbrauch, der von Dottermaterial, Nährzellen oder Nahrungszufuhr von außen gedeckt wird.

---

[1] DE BEER, G. R.: An Introduction to experimental embryology, 1926. — DÜRKEN, B.: Lehrb. d. Experimentalzoologie, 2. Aufl. 1928. — Grundriß der Entwicklungsmechanik, 1929. — SCHLEIP, W.: Die Determination der Primitiventwicklung, 1929. — WEISS, P.: Entwicklungsphysiologie der Tiere, 1930.

5. Histologische Differenzierung, die aus einem ursprünglich gleichförmigen Zustand der Embryonalzellen bestimmte Gewebezellen herstellt.

Die Entwicklungsmöglichkeiten eines Keimesteils können für die Vorgänge dieser Erscheinungsgruppen durchaus verschieden sein. Es sind daher verschiedene *Potenzen* zu unterscheiden.

Ein Keimesteil kann für sich allein zu keinerlei Gliederung, Formbildung oder histologischer Differenzierung fähig sein, unter dem Einfluß anderer Teile jedoch noch die Fähigkeit zu vielen Entwicklungsvorgängen zeigen. Die Einwirkung, durch die ein Keimesteil einen anderen zu einem Entwicklungsvorgang veranlaßt, heißt *Induktion*. *Differenzierungsomnipotent* ist ein Keimesmaterial, das noch sämtliche im Rahmen der Reaktionsnorm der Art liegende gewebliche Differenzierungen durchmachen kann; differenzierungspluripotent ist ein Material, das mehrerer, differenzierungsunipotent eines, das nur einer einzigen Differenzierung fähig ist. *Organisationstotipotent* ist ein Keimesteil, der selbständig ein Keimesganzes organisieren kann. Dabei ist zu unterscheiden eine Gliederungstotipotenz, die einen Keimesteil befähigt, sein eigenes Material in die Anlagen eines neuen Ganzen zu gliedern, von einer Induktionstotipotenz, der Fähigkeit eines Keimesteils, ein Material, auf das er wirken kann, zu einem Ganzen zu bestimmen, von dem der induzierende Keimesteil nur einen bestimmten Teil ausmacht. Induktionsunipotent ist ein Keimesstück, das nur eine einzige Induktionswirkung ausüben kann.

Als zwei Extreme hat man einen *Regulationstypus* und einen *Mosaiktypus* der Entwicklung unterschieden (HEIDER). Im einen Extrem findet die endgültige Determination (Potenzbeschränkung) der Keimesteile schrittweise, langsam und spät statt, im anderen rasch und früh, weitgehend schon im Ei. Zwischen beiden Extremen gibt es alle Übergänge.

Den höchsten Grad des Regulationsvermögens, den wir kennen, zeigen die Eier mancher *Hydroiden*. Bei *Clytia* z. B. kann aus einer isolierten Blastomere des 8-, ja sogar des 16-Zellstadiums ein ganzer, normal gebauter, wenn auch natürlich sehr kleiner Polyp hervorgehen. Hiermit steht im Einklang, daß das ganze Eiplasma gleichförmig erscheint oder nur eine konzentrische Dotterschichtung aufweist. Verlagerung der im Cytoplasma enthaltenen Einschlüsse in Schichten nach ihrer Schwere durch Zentrifugieren verhindert die Ausbildung einer normalen, wenn auch ungleichseitig mit Dotter erfüllten Planula nicht.

Beim *Mosaiktypus* entwickeln sich isolierte oder im Keim verlagerte Blastomeren zu Körperteilen entsprechend ihrer prospectiven Bedeutung. Ein Beispiel für diese Entwicklungsweise bilden die *Tunicaten*. Wenn einzelne Blastomeren oder Blastomerengruppen eines Ascidienkeimes isoliert werden, liefern sie lediglich die Körperteile, Zellarten und Organe der Larve, die sie auch im Verbande des ganzen Keimes bilden. Eine Blastomere des Zweizellenstadiums wird zu einer rechten oder linken Halbgastrula (Abb. 281b). Trennt man im 4-Zellstadium die zwei vorderen von den beiden hinteren Blastomeren, so erhält man aus jenen einen Vorderteil, aus diesen einen Hinterteil der Larve. Wenn man ungefurchte Eier einer Ascidie zentrifugiert, so können die verschiedenen im normalen Ei in bestimmter Weise bilateralsymmetrisch angeordneten Plasmastoffe (S. 291, Abb. 279) abnorm verteilt werden. Trotzdem furchen sich die Eier. Aus den Blastomeren gehen Ectoderm-, Entoderm-, Chorda-, Neuralrohr- und Mesodermzellen hervor, die sich, wie in einem normalen Keim, an ihrer Gestalt, Größe, Färbung und histologischen Beschaffenheit erkennen lassen; aber sie sind ganz abnorm gelagert (Abb. 281c). Die normale Anordnung und Differenzierung der Organe in der Organisation der Larve ist also durch die normale Anordnung organdeterminierender Stoffe im Eicytoplasma vorgebildet; bei Störung dieser Anordnung bedingen

296   Entwicklung.

diese Stoffe die bestimmten Organanlagen ungefähr wie normal, aber diese bilden zusammen einen unorganisierten Komplex.

Der Unterschied zwischen Regulationsentwicklung und Mosaikentwicklung ist nur quantitativ. Vollständig regulationsunfähig ist wohl kein Organismus. Sehr gering ist offenbar die Regulationsfähigkeit der zellkonstanten Formen (vgl. S. 292).

Bei den meisten Formen greifen die Präformation (Prädetermination) bestimmter Entwicklungsvorgänge durch die stoffliche Differenzierung der Eizelle und epigenetische Vorgänge, die durch die wechselnden Bedingungen im Verlauf der Entwicklung ausgelöst werden, innig ineinander. Ein Keimesteil befindet sich in jedem Entwicklungszustand in einem bestimmten Determinationszustand, der sich mit dem Fortschreiten der Entwicklung dauernd ändert, bis er schließlich endgültig festgelegt ist. Bei manchen, höchstwahrscheinlich bei vielen Formen treten im Lauf der Entwicklung bestimmte Keimesbezirke auf, welche als *Organisatoren* (SPEMANN 1918) die Entwicklung ihrer Umgebung determinieren. Ein *Organisationscentrum (primärer Organisator)* kann schon im Eicytoplasma prädeterminiert sein. Gewisse durch Induktion von dem Organisationscentrum aus

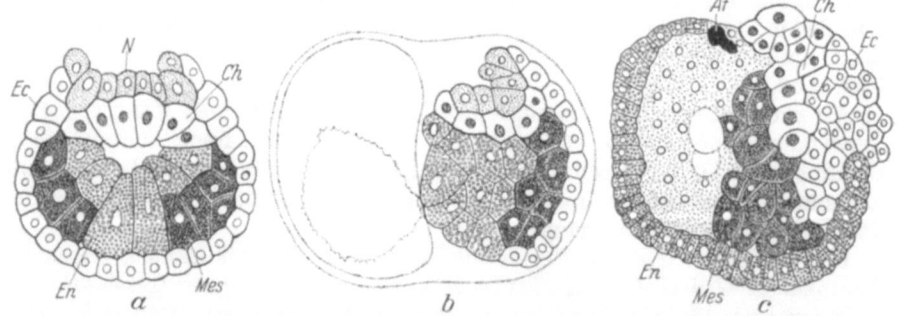

Abb. 281. Embryonen der Ascidie *Styela*. (Nach CONKLIN.) a Querschnitt durch einen normalen Embryo nach der Gastrulation. b Querschnitt durch einen Halbembryo aus einer Blastomere des 2-Zellenstadiums im gleichen Stadium wie a. c Abnormer Embryo aus einem zentrifugierten Ei. *Ch* Chorda, *Ec* Ectoderm, *En* Entoderm, *Mes* Mesoderm, *N* Neuralplatte, *Af* Augenfleck mit Pigmentzellen.

determinierte Organanlagen können dann als *sekundäre Organisatoren* nun ihrerseits weitere Organanlagen bestimmen.

Am besten ist bisher der Ablauf der Determination bei den *Amphibien* bekannt. Die Potenzen der Zellen der *Blastula* und späterer Embryonalstadien sind durch Transplantation und Isolierung geprüft worden (SPEMANN und seine Schule seit 1901, O. MANGOLD u. a.). Es ergab sich, daß in dem Material der Blastula, das seiner prospektiven Bedeutung nach die Keimblätter repräsentiert (Abb. 271), die einzelnen Bezirke zunächst zu einem Verhalten determiniert sind, das den *Gastrulationsvorgang sichert*: Das Material der Randzone (S. 286) zeigt auch am neuen Ort die Tendenz, sich stark zu strecken und einzustülpen; das Material des animalen Feldes vergrößert seine Oberfläche unter teilweiser Streckung, besitzt jedoch keine Einstülpungstendenz; das Material des vegetativen Feldes verhält sich nahezu passiv. In Bezug auf die *Organbildung* sind die meisten Teile der Blastula und der frühen Gastrula noch nicht fest determiniert: Verpflanzte Stücke verhalten sich ortsgemäß (Abb. 282a, b, e—g). Ein Stückchen von der Dorsalseite, das später Medullarplatte geworden wäre (präsumptive Medullarplatte), wird in den Bereich der späteren Epidermis (z. B. Bauchhaut) verpflanzt zu Epidermis; und umgekehrt wird präsumptive Epidermis im Bereich der präsumptiven Medullarplatte zu Medullarplatte. Präsumptives Mesoderm aus dem ventralen Bezirk der Randzone kann, in präsumptive Epidermis verpflanzt, Epidermis liefern. Präsumptives Ectoderm bildet im Innern des Keimes, infolge seiner Tendenz zur Oberflächenvergrößerung, einen Materialüberschuß, wird jedoch ortsgemäß zu

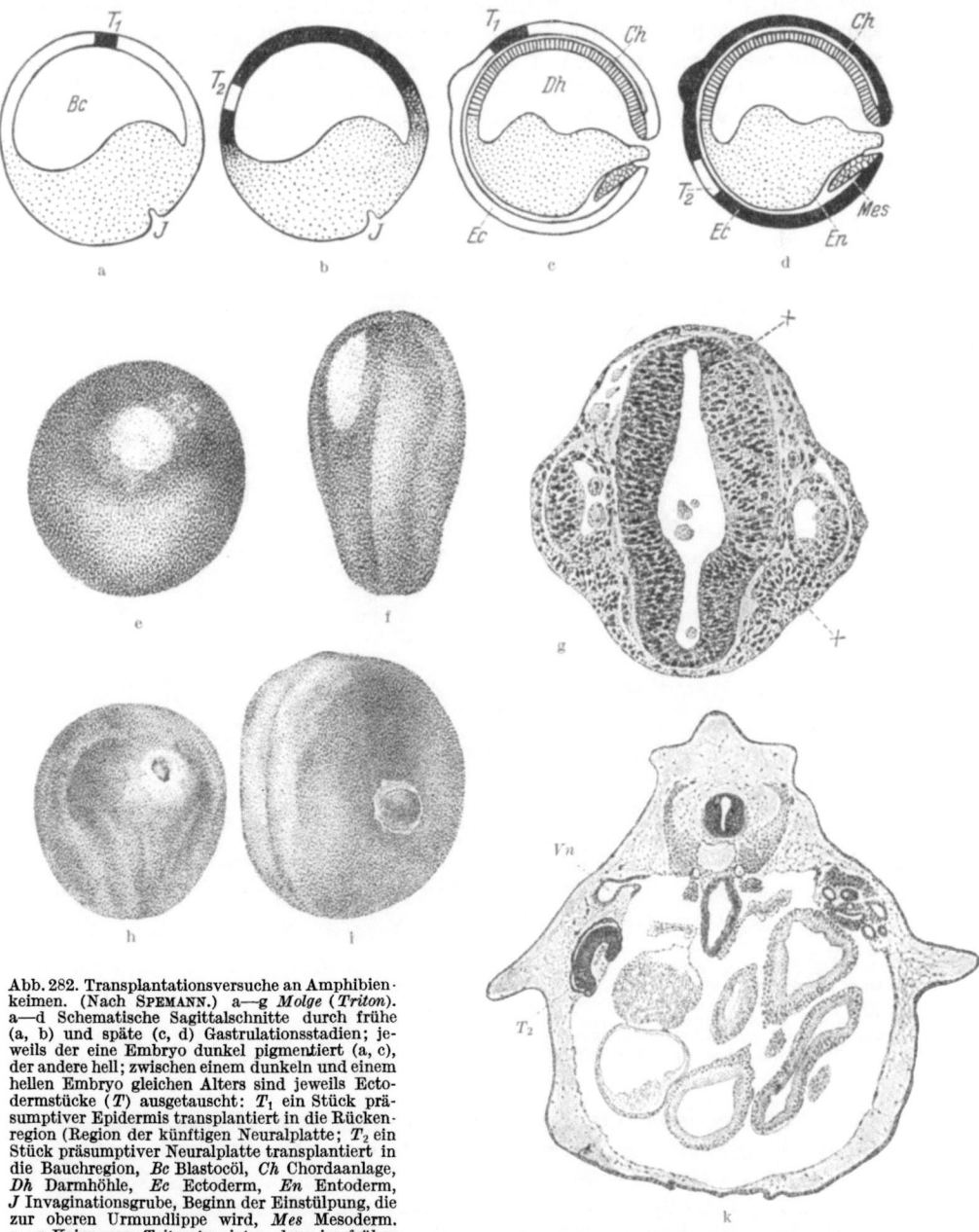

Abb. 282. Transplantationsversuche an Amphibienkeimen. (Nach SPEMANN.) a—g *Molge (Triton)*. a—d Schematische Sagittalschnitte durch frühe (a, b) und späte (c, d) Gastrulationsstadien; jeweils der eine Embryo dunkel pigmentiert (a, c), der andere hell; zwischen einem dunkeln und einem hellen Embryo gleichen Alters sind jeweils Ectodermstücke (T) ausgetauscht: T_1 ein Stück präsumptiver Epidermis transplantiert in die Rückenregion (Region der künftigen Neuralplatte; T_2 ein Stück präsumptiver Neuralplatte transplantiert in die Bauchregion, *Bc* Blastocöl, *Ch* Chordaanlage, *Dh* Darmhöhle, *Ec* Ectoderm, *En* Entoderm, *J* Invaginationsgrube, Beginn der Einstülpung, die zur oberen Urmundlippe wird, *Mes* Mesoderm. e—g Keim von *Triton taeniatus*, dem im frühen Gastrulastadium ein Stück präsumptiver Bauchepidermis in die Rückenregion implantiert wurde (wie in a); e, f Rückenansichten, e kurz nach der Operation, f im Neurulastadium; g Querschnitt durch einen Embryo mit primären Augenblasen; ein Stück der Gehirnwand (×—×) vom Implantat gebildet. h—k Transplantation eines Stücks Neuralplatte in die präsumptive Epidermis der Körperseite im frühen Neurulastadium (wie c) von *Bombinator*. h Spenderkeim, i Wirtskeim, beide kurz nach der Operation. k Querschnitt durch den Wirtskeim im Larvenstadium im Bereich der Vorniere (*Vn*); das Implantat (T_2) hat sich eingesenkt und im Mesoderm zu einem Augenbecher entwickelt.

298   Entwicklung.

Urdarmepithel, Muskelsegment oder Vornierenkanälchen. Eine Sonderstellung nimmt jedoch das Material der *dorsalen Randzone* ein, das in der Folge um die obere Urmundlippe herum ins Innere eingestülpt und dort zu Chorda und Mesoderm wird. Dieses Material (präsumptive Chorda und Mesoderm) liefert stets herkunftgemäß Chorda und Mesoderm, ist also schon endgültig determiniert, und es wirkt als *Organisationscentrum* (SPEMANN 1918). Wird ein Stückchen der *oberen Urmundlippe* in die präsumptive Bauchhaut einer frühen Gastrula verpflanzt, so entsteht ein neues, überzähliges Achsensystem, bestehend aus Medullarplatte,

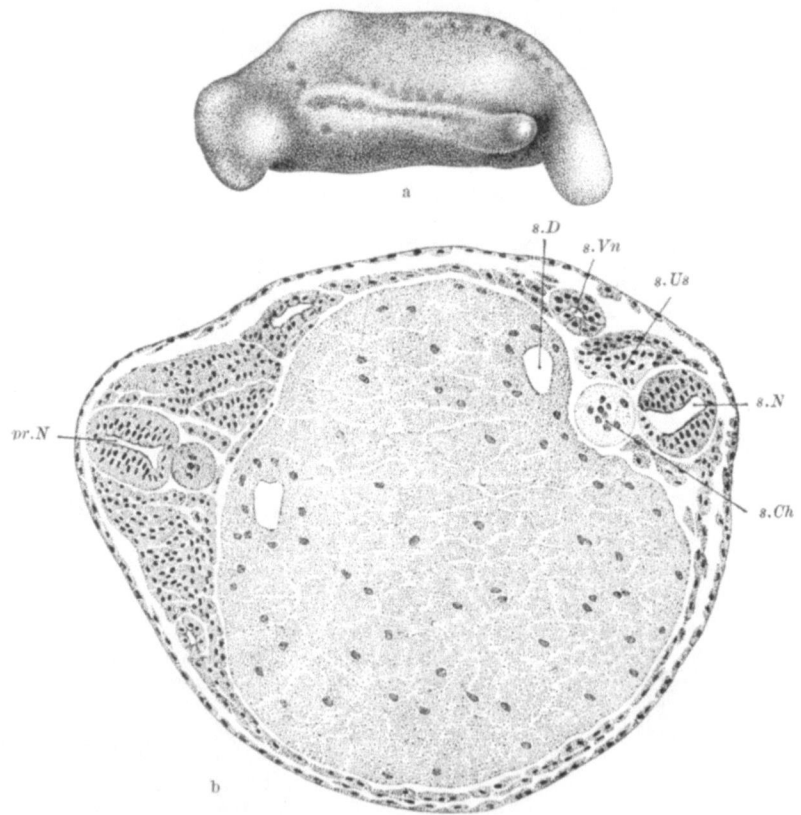

Abb. 283. Keim von *Triton taeniatus*, dem in mittlerem Gastrulationszustand ein Stück oberer Urmundlippe einer Gastrula von *Triton cristatus* in die linke Seite implantiert wurde. a Ansicht des Keims von links, Aufsicht auf die von dem implantierten Organisator induzierte sekundäre Embryonalanlage. b Querschnitt durch die Mitte des Keims, links im Schnitt die primären, rechts die sekundären Achsenorgane. Implantatgewebe hell, Chorda und ein Stück rechtes Ursegment bildend. *pr.N* primäres Neuralrohr, *s.Ch* sekundäre Chorda, *s.D* sekundäre Darmhöhle, *s.N* sekundäres Neuralrohr, *s.Us* sekundäres Ursegment, *s.Vn* sekundäres Vornierenkanälchen. (Nach SPEMANN.)

Chorda, Ursegmenten (Abb. 283). Dieses wird nur zum kleinsten Teil von dem Implantat, zum größten Teil vom Wirt aufgebaut. Das Stück oberer Urmundlippe veranlaßt also als *Organisator* Material einer ganz anderen prospectiven Bedeutung zur Einstülpung und zur Ausbildung von Achsenorganen.

Die Organisatoreigenschaften sind schon früh in dem *Eicytoplasma* lokalisiert, das später in die dorsale Urmundlippe gelangt. Wird der Keim von *Triton* im Entwicklungsabschnitt vom 2-Zellenstadium bis zur Blastula median durchschnürt, so entstehen zwei ganze, normal proportionierte Keime. Nach Durchschnürung in einer Ebene, die präsumptive dorsale und ventrale Keimeshälfte voneinander trennt, entwickelt sich die dorsale Hälfte zu einem vollkommenen Embryo; die andere bildet ein Bauchstück ohne Achsenorgane. Bei gewissen Amphibien sind am lebenden Ei drei Regionen durch Plasmaeinlagerungen zu unterscheiden (Abb. 284): ein dunkel pigmentiertes animales Feld, ein weißes vegetatives Feld und eine graue Zone, die an der künftigen Dorsalseite am breitesten ist (der sogenannte graue Halbmond). Zerstört man den grauen Halbmond durch Anstich mit einer heißen Nadel (MOSZKOWSKI 1902), so entwickelt sich das Ei eine Zeitlang, gastruliert auch, bildet aber keine Achsenorgane. Im *grauen Feld* ist *im Eiplasma das Organisationscentrum vorgebildet*. Während der Gastrulation schreitet vom Organisationscentrum aus die Determination der Achsenorgane nach vorn vor. Und zwar determiniert das sich vorschiebende *Urdarmdach* das darüber liegende Ectoderm zu Medullarplatte. Mit dem Sichtbarwerden der *Medullarplatte* ist die *Determination vollzogen*. Transplantate entwickeln sich nun stets herkunftgemäß durch *Selbstdifferenzierung*. Wird z. B. aus dem vorderen seitlichen Bezirk der Medullarplatte ein Stückchen entnommen und einem anderen gleichaltrigen Embryo in die Seitenhaut eingepflanzt (Abb. 282 h, i), so senkt es sich im Laufe der Weiterentwicklung in die Tiefe und bildet ohne Verbindung mit dem Nervensystem den Gehirnteil, der am alten Ort aus ihm entstanden wäre, so einen typischen Augenbecher (Abb. 282 k).

Die Fähigkeit zur Selbstdifferenzierung nach vollzogener Determination kann bis in die Periode der histologischen Ausgestaltung hineinreichen. Am schlagendsten wird das im Explantat gezeigt: In kleinen Stückchen aus dem Medullarrohr von Amphibien differenzieren sich in der Gewebekultur die prospectiven Nervenzellen (Neuroblasten), und es wachsen Nervenfasern von ihnen aus (HARRISON).

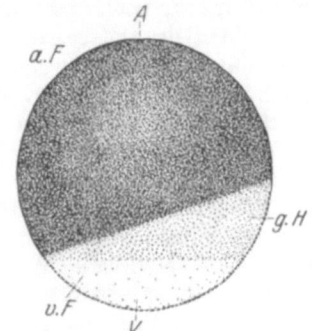

Abb. 284. Befruchtetes Ei von *Rana fusca*, schematisch. (Nach SCHLEIP.) *A* animaler Pol, *a.F* animales Feld, *g.H* grauer Halbmond, (dorsal) *V* vegetativer Pol, *v.F* vegetatives Feld.

An die Determination und Anlegung der ersten Organanlagen schließt sich die Bildung weiterer Organe an; und auch hierbei verlaufen Vorgänge der Selbstdifferenzierung und der abhängigen Differenzierung. Ein Beispiel eines *sekundären Organisators* bildet der *Augenbecher* (Abb. 202), der in der von ihm berührten Epidermis die Bildung einer Linse induziert. Bei manchen Arten kommt dieser Fähigkeit des Augenbechers, in der Epidermis (auch in ortsfremder nach Transplantation) eine Linse zu erzeugen, eine Selbstdifferenzierungsfähigkeit der Epidermis entgegen, indem die präsumptiven Linsenbildungszellen auch ohne Berührung mit dem Augenbecher eine Linse bilden („doppelte Sicherung" BRAUS).

Zu den Wirkungen von Zelle auf Zelle, Gewebe auf Gewebe und Organ auf Organ treten mit der Ausbildung des *Blutgefäßsystems* und des *Nervensystems* neue Möglichkeiten zur Verknüpfung voneinander entfernter Körperteile auf. Schon während der Embryonalentwicklung beginnt auch in bestimmten Organsystemen die *Funktion* als formbildender Faktor zu wirken.

Wieweit in der Entwicklung die Prädetermination der Keimesbezirke durch das Eicytoplasma reicht, ist bei den Arten sehr verschieden und kann im selben Verwandtschaftskreis bei großer Ähnlichkeit des äußerlichen Entwicklungsablaufs wechseln. Jedenfalls stellt das Ei mit weitgehendem Regulationscharakter phylogenetisch den ursprünglichen, das *Mosaikei einen abgeleiteten Zustand* dar. Dieser ermöglicht eine sehr rasche Herausbildung der funktionell verschieden beanspruchten Keimesteile unter möglichster Materialersparnis; dafür ist diese Entwicklungsweise aber verhältnismäßig starr und Störungen gegenüber unanpassungsfähig. Ganz gleichförmig (isotrop O. HERTWIG, PFLÜGER) scheint das Eiplasma nie zu sein. Mindestens besitzt die Eizelle *Polarität* durch Ausbildung quantitativer Plasmaverschiedenheiten in der Richtung der Hauptachse vom animalen zum vegetativen Pol. Die Richtung der Polaritätsachse scheint vielfach durch Einflüsse bestimmt zu werden, die von außen auf die wachsende Oocyte erster Ordnung einwirken (Stellung im Ovarialepithel, Richtung des Nahrungszustroms). Die Polarität ist häufig, aber durchaus nicht immer in einer sichtbaren Schichtung von Stoffen senkrecht zur Hauptachse ausgedrückt. Bei vielen Keimen ist auch von vornherein eine *Bilateralität* vorgebildet, die schon im Verlauf der Furchung ihren Ausdruck finden kann. Bei manchen Eiern (Abb. 279, 284) prägt auch sie sich schon in einer Substanzverteilung im Eiplasma aus. Auch typische Asymmetrien, die schon in frühesten Embryonalstadien festgelegt sind, müssen im Eiplasma begründet sein. Über die *Natur der determinierenden Cytoplasmastoffe* wissen wir nichts. Der Ablauf der Furchung wird vielfach unmittelbar durch die Menge des Dotters beeinflußt. Aber hierdurch ist über die weiteren Entwicklungsvorgänge noch nichts ausgemacht. Durch Zentrifugieren läßt sich (z. B. bei Amphibien) der Dotter ganz einseitig im Ei verlagern. Die Furchung verläuft dann discoidal, also sehr atypisch; trotzdem kann aus dem Zellmaterial ein normal proportionierter Embryo hervorgehen, der nur mit einem mächtigen ventralen Dotterklumpen ausgestattet ist. Vielfach läßt sich aber auch die Natur der Furchung nicht auf eine sichtbare Substanzverteilung zurückführen, und man sieht sich, ebenso wie für die Determination der Polarität, Bilateralität, Asymmetrie usw., auf die Annahme unsichtbarer qualitativer oder quantitativer Cytoplasmaverschiedenheiten oder einer nicht bestimmt vorstellbaren „*Intimstruktur*" des Eiplasmas verwiesen. Welcher Art die vom *Organisator* ausgehende Wirkung ist, ist noch unbekannt; jedenfalls ist sie nicht artgebunden, sondern sie kann sich in verschiedenen Arten, ja Gattungen (xenoplastische Transplantation) äußern. Sogar ein aus einem Anuren- in einen Urodelenkeim übertragenes Stück des Organisationscentrums löst in dem fremden Keimmaterial die Bildung von Achsenorganen aus. Sekundäre Organisatoren bewirken auch in artfremden Keimen weitere Organbildungen. Dabei entspricht die Art, in der die induzierten Organe ausgestaltet werden, stets der Artzugehörigkeit des Gewebes, das die Differenzierung ausführt (MANGOLD, SPEMANN).

Die *Abhängigkeit der embryonalen Differenzierungsvorgänge vom Kern* ist durch Vererbungsexperimente sichergestellt (S. 77 ff.). Schon der normale Verlauf der Gastrulation setzt eine bestimmte Kernkonstitution voraus (S. 88). Die erste Aufteilung des Eimaterials bis zur Blastula kann jedoch auch mit einem artfremden oder abnorm zusammengesetzten, nur teilungsfähigen Kern ablaufen. Zeitmaß der Teilungen, Anordnung der Spindeln und damit Verteilung der Tochterkerne und Sonderungsrichtung der Furchungszellen werden durch die Eiplasmastruktur bestimmt. Erst mit dem Beginn bestimmter Formbildungsvorgänge wird eine Wechselwirkung zwischen Kern und Cytoplasma notwendig. *Örtliche Plasmabeschaffenheiten*, die entweder vom Eiplasma übernommen oder durch bestimmte Konstellationen im Verlauf der Entwicklung entstanden sind, *aktivieren bestimmte Gene*; diese bestimmen den Ablauf von Vorgängen im Cytoplasma. Im Einzelnen läßt sich über die entwicklungsphysiologischen Wirkungen der Gene erst ein hypothetisches Bild entwerfen[1]. Die Annahme, daß bei den Kernteilungen in der Embryonalentwicklung eine gesetzmäßige Aufteilung des Bestandes an bestimmenden Kernfaktoren stattfinde (erbungleiche Teilung, ROUX, WEISMANN) und dadurch das verschiedene Verhalten der Keimesteile bestimmt werde, ist durch

---

[1] GOLDSCHMIDT, R.: Physiologische Theorie der Vererbung, Berlin 1927.

zahlreiche Experimente widerlegt worden (Verlagerungsexperimente), die eine Gleichwertigkeit der Furchungskerne beweisen. Auch in den Fällen, in denen sich die Kerne bestimmter Teilungsgenerationen im Laufe der Furchung strukturell verändern (Diminution, vgl. S. 292), werden die Kerne durch die Beschaffenheit des Cytoplasmas, in das sie gelangen, zu dieser Veränderung veranlaßt. Ob die typische Differenzierung des Eiplasmas in der Oocyte (Intimstruktur, Schichtung usw.) eine selbständige Leistung des Cytoplasmas ist oder unter der Wirkung des Oocytenkerns auf das specifische Plasma gebildet wird, ist nicht entschieden; doch erscheint die Mitwirkung des Kerns, wie bei allen Differenzierungen, wahrscheinlich.

B. Metamorphose.

Ob eine Tierform eine *direkte Entwicklung* oder eine *Metamorphose* durchläuft, zeigt in erster Linie einen Zusammenhang mit der Menge des dem Embryo zu Gebote stehenden Bildungs- und Nahrungsmateriales im Verhältnis zur Größe des ausgebildeten Tierleibes (R. LEUCKART). Die Tiere mit *direkter Entwicklung* bedürfen, und zwar im allgemeinen ansteigend mit der Höhe ihrer Organisationsstufe und Körpergröße, einer reicheren Ausstattung des Eies mit Dotter oder besonderer accessorischer Ernährungsquellen für den sich entwickelnden Embryo; sie entstehen daher entweder aus relativ sehr großen Eiern (*Flußkrebs, Cephalopoden, Elasmobranchier, Reptilien, Vögel*), oder wenn aus kleinen Eiern, unter fortwährender Zufuhr von Nahrungsstoffen (so bei *Hirudineen*, vielen *Oligochaeten* von Eiweiß aus den Kokons), zuweilen in inniger Verbindung mit dem mütterlichen Körper (*Salpen, Säugetiere*). Die Tiere dagegen, welche sich mittels *Metamorphose* entwickeln, entstehen durchweg aus relativ kleinen Eiern und erwerben früh selbständig das für ihre weitere Entwicklung notwendige Nährmaterial. Die Muttertiere jener ersten bringen unter Aufwendung einer im Verhältnis zum Körpergewicht gleichen Menge von Bildungsmaterial eine nur verhältnismäßig geringe, die Muttertiere der zweiten eine verhältnismäßig große Anzahl von Nachkommen hervor; die Metamorphose erscheint daher als eine Entwicklungsform, welche die *Größe der Fruchtbarkeit*, d. i. die Anzahl der aus einer gegebenen Bildungsmasse erzeugten Nachkommen erhöht. Vielfach leben Larven und fertige Tiere derselben Art unter ganz verschiedenen Lebensbedingungen; und die Art nützt dadurch mehrere Lebensräume zur Verbreitung und Nahrungserwerbung aus.

Metamorphose ist unter den Metazoen sehr verbreitet; sie findet sich bei *Spongiarien, Cnidarien, Scoleciden, Anneliden, Crustaceen, Milben, Insecten, Bryozoen, Brachiopoden, Mollusken, Enteropneusten, Echinodermen, Tunicaten* und *Amphibien*.

Vielfach ist innerhalb einer Tiergruppe die Metamorphose offenbar eine ursprüngliche Entwicklungsform (*primäre* Metamorphose), und die direkte Entwicklung ist aus jener hervorgegangen (z. B. *Anneliden, Mollusken*). In anderen Fällen ist umgekehrt aus der direkten Entwicklung eine Metamorphose geworden (*sekundäre* Metamorphose, z. B. *Insecten*). Eine sekundäre Metamorphose kann innerhalb einer Tiergruppe zur Ausbildung kommen dadurch, daß das fertige Stadium neue Merkmale ausbildet, die dann auf indirektem Wege hergestellt werden (z. B. geflügelte Insecten mit Hemimetabolie; Parasiten mit rückschreitender oder regressiver Metamorphose), oder dadurch, daß ein an besondere Bedingungen angepaßtes Larvenstadium in den Entwicklungsgang neu eingeschaltet wird (z. B. Finnenstadium der Bandwürmer).

Als *phyletische Larvenformen* bezeichnen wir solche, die auf Stammformen oder auf Entwicklungszustände von solchen beziehbar sind, als *caenogenetische Larvenformen* solche, bei denen dies nicht der Fall ist, sie sind Erwerbungen innerhalb der betreffenden Tiergruppe. Zuweilen können als Anpassungen an besondere

Lebensverhältnisse palingenetische Larven auch caenogenetische Charaktere aufweisen. Die Larve der Anneliden (Trochophoralarve, Abb. 265 d, e) ist eine phyletische Larvenform. Unter den geflügelten Insecten sind die campodeiden Larven palingenetische, die Raupen der Schmetterlinge caenogenetische Larven, wenn auch ihre Wurmähnlichkeit sekundär einen niederen Organisationszug darstellt.

Bei der Metamorphose werden häufig Teile des Larvenkörpers abgeworfen oder resorbiert und durch Neubildungen ersetzt. Die Resorptionsvorgänge (*Histolyse*) vollziehen sich meist unter Mitwirkung von Phagocyten (S. 152), welche die außer Funktion tretenden Teile aufnehmen und verdauen. Die Rück- und Neubildungserscheinungen betreffen entweder einzelne Anhänge des Körpers (Tentakel von *Phoronis*, Extremitäten bei *Crustaceen*) oder aber sehr große Teile der äußeren und inneren Organisation (wie in der Entwicklung der *Nemertinen*, *Echinodermen*, *Ascidien*).

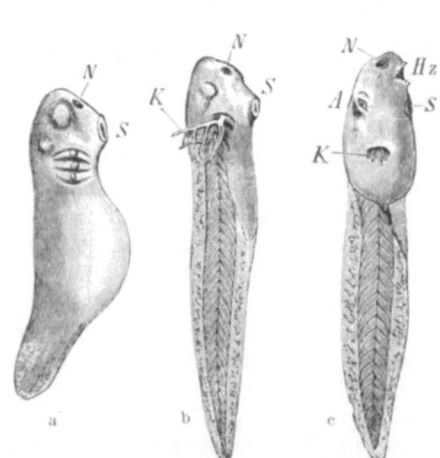

Die Metamorphose der *Insecten* mit vollkommener Verwandlung (*Holometabolie*, S. 702ff.), *Wassermilben* und *Cirripedien* ist durch ein auf das Larvenstadium folgendes sogenanntes *Puppenstadium* ausgezeichnet, in welchem keine Nahrungsaufnahme erfolgt, während weitgehende histolytische Prozesse und Neubildungsvorgänge stattfinden.

Unter den *Wirbeltieren* machen die *Amphibien* eine Metamorphose durch. Aus ihren Eiern schlüpfen geschwänzte, extremitätenlose Larven aus. Sie erinnern durch den seitlich abgeplatteten Ruderschwanz und die Kiemenatmung, das einfache Herz sowie das Verhalten der von diesem ausgehenden Gefäßbogen an die Fische.

Abb. 285. Larvenzustände eines Frosches. (Nach ECKER.) a Embryo vor dem Ausschlüpfen aus der Eihülle mit warzenförmigen Kiemenanlagen an den Visceralbögen, b Larve nach dem Ausschlüpfen, mit Kiemenbäumchen, c ältere Larve mit Hornschnabel und häutigem Kiemendeckel, mit inneren Kiemen. *A* Auge, *Hz* Hornzähne, *K* Kiemen, *N* Nasengrube, *S* Sauggrube.

Die Larven der Frösche, die sogenannten Kaulquappen, besitzen in zwei kleinen kehlständigen Sauggruben, die als Haftorgane zur Befestigung an Pflanzen dienen, sowie in einer die Mundöffnung bekleidenden Hornschneide provisorische Einrichtungen (Abb. 285). Die bedeutende Länge des spiralig aufgerollten Darmkanals ist der pflanzlichen Larvenkost angepaßt. Die äußeren Kiemenbäumchen, die zuerst auf den Kiemenbögen vorsprossen, bilden sich später zurück und werden durch neue, von einer Hautduplikatur überwachsene Kiemenblättchen ersetzt. Beim Übergang zur fertigen Organisation wachsen bei den Fröschen zunächst die hinteren Gliedmaßen hervor, während die vorderen, wenngleich nicht später angelegt, noch längere Zeit unter dem Kiemendeckel versteckt bleiben und erst später nach außen durchbrechen. Zugleich entwickeln sich auch die Lungen als Anhänge des Vorderdarmes und ersetzen als Atmungsorgane die Kiemen. Die Teilung des Herzvorhofes und Kreislaufes bildet sich aus; und der Hornschnabel wird abgeworfen. Schließlich erfolgt die allmähliche Rückbildung des Schwanzes bei dem Übergange der im Wasser befindlichen Larve zu dem am Lande lebenden ausgebildeten Zustand. Die morphologischen und physiologischen Veränderungen, die sich während dieser Metamorphose abspielen, sind von der *inneren Secretion der Thyreoidea* wesentlich abhängig. Verfüttert man an Kaulquappen Schilddrüse oder implantiert ihnen zusätzliches Schilddrüsengewebe, so wird die Metamorphose beschleunigt; nimmt man ihnen die Schilddrüse heraus, so bleibt die Metamorphose aus. In beiden Fällen wird die normale Organisation gestört, da durch das Schilddrüsenhormon nur die Entwicklung bestimmter Organsysteme entscheidend beeinflußt wird. Bei den thyreoideafreien Tieren, die zu Riesenlarven heranwachsen, behalten Darmepithel, innere Kiemen, Lungen, Pancreas, Gehirn, Rückenmark, Cornea, Sinnesepithel, Epidermis, Hautdrüsen, larvaler Freßapparat und Schwanz ihre Larvencharaktere, während die übrigen Organe etwa den Zustand zeigen wie bei den unbeeinflußten Kontrolltieren. Nach Schilddrüsenimplantation gehen die Versuchstiere viel früher ans Land als die normalen Vergleichstiere. Darmepithel, Thyreoidea, Thymus, Hypophyse, innere Kiemen, Lunge, Leber, Pancreas, Vorniere, Urniere, Gehirn, Rückenmark, Cornea, Sinnesepithel, Epidermis, Hautdrüsen, Freßapparat eilen in der Entwicklung voraus, während die übrigen Organe zurückbleiben. Im wesentlichen werden diejenigen Organe, die bei Athyreoidose gehemmt werden, bei Hyperthyreoidose gefördert. Vor allem ectodermale und entodermale Organe sprechen auf das Hormon der Thyreoidea an, und zwar erst, wenn sie ein bestimmtes Stadium erreicht haben: Setzt man Eier, Blastulen, Gastrulen, Neurulen oder ältere Entwicklungsstadien auf einige Stunden Lösungen des Thyreoideahormons aus, so macht sich eine Wirkung frühestens bei dem Vorsprossen der Hinterextremitäten geltend.

C. Regeneration[1].

Unter Regeneration versteht man die Neubildung von Teilen, die in der Embryonalentwicklung schon einmal gebildet waren, nach ihrem Verlust oder ihrer Beschädigung. In kleinerem oder größerem Umfang findet ein Ersatz von Teilen im normalen Lebensablauf stets statt. Diese *physiologische Regeneration* verläuft entweder *kontinuierlich*, wie der Ersatz der verhornten Epidermiszellen der Säuger durch aus der Tiefe der Epidermis nachrückende Zellen; oder sie erfolgt *periodisch*, wie die Erneuerung abgegrenzter morphologischer Bildungen z. B. der Haare, Federn, Geweihe, Zähne. Diesen Vorgängen steht die reparative oder *akzidentelle Regeneration (Reparation)* gegenüber, welche sich an eine *Verwundung* anschließt. Bei *Einzelligen* sind die physiologischen und reparativen Erneuerungen Leistungen des Cytoplasmas unter Beteiligung des Kerns (S. 28). Bei den *Metazoen* gehen Regenerationen immer von mehr oder weniger umfangreichen Zellkomplexen aus. Stets spielt dabei eine Vermehrung des Zellmaterials durch *Zellteilung* eine große Rolle. Bei zellkonstanten Formen (gewissen Rotatorien), deren Zellen die Teilungsfähigkeit verloren haben, können Verluste von Körperteilen nur ausgeglichen werden, wenn sie lediglich Zellteile betreffen.

Der *Umfang der Reparation* kann sehr verschieden sein. Vom einfachen Wundverschluß bis zur Ergänzung des ganzen Körpers aus kleinen Stücken liegen alle Übergänge. Im allgemeinen nimmt die Regenerationsfähigkeit in der *Tierreihe* mit ansteigender Organisationshöhe, bei den Individuen mit zunehmendem Alter ab. Bei *Hydra* können $1/200$, bei Planarien $1/100$ des ursprünglichen Körpervolumens das ganze Tier regenerieren. Bei manchen Anneliden können wenige Segmente, bei einigen (*Ctenodrilus*) ein einziges Segment den ganzen Wurm wieder herstellen. Unter den Echinodermen werden von Crinoiden, Ophiuroiden und Asteroiden Arme und Teile der Körperscheibe neu gebildet. Bei gewissen Seesternen regeneriert ein einzelner Arm das ganze Tier. Die Ascidien haben ein sehr hohes Regenerationsvermögen. Mollusken vermögen Teile des Mantels, der Schale, des Fußes und Tentakel zu regenerieren. Arthropoden, Fische und Amphibien ersetzen ganze Extremitäten, Eidechsen den Schwanz. Oft verhalten

---

[1] KORSCHELT, E.: Regeneration und Transplantation, Berlin 1927.

nah verwandte Formen sich verschieden; während erwachsene Molche ganze Beine, ja auch den mit herausgenommenen Schulter- und Beckengürtel neu bilden, regenerieren die jenen gegenüber differenzierteren Anuren nur in Jugendstadien. Bei Vögeln und Säugern beschränkt sich die Regeneration auf Wundheilung und verhältnismäßig geringfügige Reparationen an inneren Organen. Der Grad der Regenerationsfähigkeit hängt nicht nur vom *Alter* des Tieres ab, sondern auch vom Alter des betreffenden Körperteils und von seiner Stellung im Körperganzen. Bei vielen Formen besteht ein bestimmtes *Differenzierungsgefälle* (v. UBISCH). So nimmt beim Regenwurm die Regenerationsfähigkeit von vorn nach hinten zu. Das normale Wachstum des Wurmes geht so vor sich, daß nahe am Hinterende neue Segmente eingeschoben werden. Bei *Ctenodrilus* ist die Regenerationsfähigkeit in der Mitte am größten; hier liegen Zonen des natürlichen Zuwachses und der Neubildung bei Querteilung.

Bei der Regeneration eines Gewebes oder Organs kann durch *Wucherung vorhandener Gewebe* der Verlust ausgeglichen und *Gleiches aus Gleichem* gebildet werden; Darmepithel bildet Darmepithel, Muskulatur bildet Muskulatur, Knorpel bildet Knorpel usw. Sehr häufig werden aber Organe von einem Körperstück aus neugebildet, das nicht alle Gewebearten enthält. Die Regeneration geht dann häufig von undifferenzierten oder wenig differenzierten Zellen (*Neoblasten*) aus, die nach der Wundfläche wandern. Oft können aber auch differenzierte Gewebezellen sich entdifferenzieren und umdifferenzieren. Diese Erscheinung heißt *Metaplasie*. Die metaplastischen Potenzen verschiedener Gewebearten sind sehr verschieden.

Die Bildung eines Organs bei der Regeneration ist oft vollkommen von der Embryonalentwicklung verschieden; die Keimblattzugehörigkeit wird oft keineswegs gewahrt. Die herausgenommene Augenlinse der Amphibien wird vom Irisrand aus neugebildet. Vorder- und Enddarm, in der Embryonalentwicklung ectodermal, entstehen aus dem Mitteldarm, wenn vorderes und hinteres Körperende von einem Anneliden neu gebildet werden. Bei der Regeneration von Krebsextremitäten kann die quergestreifte Muskulatur aus der Epidermis gebildet werden. Schneidet man von einem 23—30 cm langen Individuum der Nemertine *Lineus lacteus* ein etwa 1 mm langes Stückchen des Vorderendes ab, das keinen Darm enthält, so bildet es sich zu einem winzigen Würmchen um, wobei der Darm aus Mesenchymzellen aufgebaut wird. Diese liefern auch die Geschlechtsorgane. Der äußere Wundverschluß wird in den meisten Fällen durch Überwachsung mit Epidermis vollzogen; doch können auch Bildungszellen aus dem Mesenchym zwischen die Ectodermzellen einwandern.

Wenn bei Verlust eines Körperteils nicht einfach Gleiches aus Gleichem nachwächst, wird zunächst ein *Regenerationsblastem*, eine indifferente Zellmasse, gebildet. Aus ihr wächst die Regenerationsknospe vor. Diese ist oft zunächst noch nicht fest zu einer bestimmten Organbildung determiniert. Schneidet man z. B. einem jungen Molch die Schwanzspitze ab und verpflanzt die dort entstehende Regenerationsknospe auf einen Beinstumpf oder neben ein Vorderbein, so entwickelt sich das Regenerat ortsgemäß, wobei in ganz verschiedener Weise über das Material verfügt wird. Die Regeneration geschieht unter dem Einfluß der vorhandenen Organisation, und zwar eines bestimmten Wirkungs- oder *Organisationsfeldes*, dessen Wirkung an die der Organisatoren in der Embryonalentwicklung erinnert, aber im einzelnen noch unbekannt ist. Festgelegt wird zunächst die *Polarität* der Neubildung (Richtung vorn-hinten, proximal-distal und Querschnittspolarität: dorsal-ventral, rechts-links). Die Richtung des Regenerats ist von der *Richtung der Wundfläche* und von den *Achsenverhältnissen des Körpers* abhängig. Die Bedeutung der Richtung der Wundfläche bringt es mit sich, daß an komplizierten Wundflächen Mehrfachbildungen entstehen können (Superregeneration), da auf jeder Teilfläche der Wunde sich ein selbständiger Regenerationskegel anlegen kann. Mehrfache Bildung eines Organs kann auch dadurch zustande kommen, daß nicht ein Organ entfernt wurde, sondern nur eine Verletzung eintrat, von der aus Regeneration erfolgte, so daß die Mehrfachbildung aus dem ursprünglich in der Embryonalentwicklung gebildeten Teil und den Regeneraten besteht. Auf Grund der Polarität des Gesamtkörpers und der Richtung von Wundflächen können auch Körperteile an Stellen auftreten, wo sie normalerweise nicht stehen (*Heteromorphosen*). So bilden sich nach seitlichem Einschneiden des Körpers bei Planarien an den nach hinten gerichteten Schnittflächen Schwanzknospen, an den nach vorn gerichteten Kopfanlagen. Eine eigentümliche Polaritätsumkehr zeigen in bestimmten Fällen Regenerate, die von Körperenden aus gebildet werden: Die äußersten Kopfpartien von Hydren, Planarien, Anneliden erzeugen abgeschnitten an der Schnittfläche wieder Köpfe; Fußenden von Hydren, Hinterenden von Planarien liefern aborale Enden. Hieraus hat man auf eine „*Schichtungspolarität*" in der Hauptachse geschlossen, die an den Enden nur die Bedingungen für die Bildung der Endorgane enthält. Die Einschränkung der Bildungsbedingungen braucht aber nicht absolut zu sein; so können an den doppelköpfigen Planarien in der Mitte oder seitlich nachträglich Hinterenden auftreten.

Wenn von kleinen Körperstückchen aus das Ganze wieder hergestellt wird, kann kein einfaches Auswachsen von den Wundflächen stattfinden. Es findet vielmehr eine weitgehende *Umordnung* des vorhandenen Materials statt, die zunächst ein kleines Ganzes schafft (*Morphallaxis*). Teilstücke von *Hydra* z. B. verlagern Tentakel und bilden sie so um, daß ihr Zellmaterial in den Körperbereich einbezogen wird. Später wachsen dann neue kleinere Tentakel aus. Bei Planarien werden in ganz überraschender Weise aus verschiedenen Körperregionen stammende Stücke zu kleinen Individuen von normalen Körperproportionen umgeformt. Hierbei müssen natürlich sämtliche vorhandene Organstücke ab- oder umgebaut werden. Bei manchen Formen (Hydroiden, Ascidien) kann der Regeneration von Teilstücken eine vollkommene *Reduktion* aller Differenzierungen vorangehen; und die Neubildung geht von einem indifferenten Zellkomplex aus.

D. Entwicklungsvorgänge bei der vegetativen Vermehrung.

Bei der vegetativen Vermehrung (ungeschlechtlichen Fortpflanzung) der Metazoen bilden *vielzellige Körperteile*, die sich von einem ausgebildeten Individuum (Muttertier) sondern oder in welche ein Individuum zerfällt, die Grundlage eines neuen Tieres. Vegetative Vermehrung ist natürlich nur da möglich, wo undifferenzierte oder umdifferenzierungsfähige Zellen vorhanden sind und eine endgültig determinierte Keimbahn (S. 292) fehlt. So kommt sie vor allem bei einfach gebauten und wenig hochdifferenzierten Tierformen und bei jugendlichen Stadien und Embryonen vor. Sie zeigt eine enge Beziehung zum Vorkommen des Regenerationsvermögens. Man kann zwei Hauptarten der vegetativen Fortpflanzung unterscheiden: die *Teilung*, bei der die Individualität des Mutterindividuums aufgehoben wird, indem durch gleichmäßige Massenverteilung und gleichmäßiges Wachstum zwei oder mehr ungefähr gleichwertige Teilstücke gebildet werden, und die *Knospung*, bei der aus einem eng begrenzten Teil des in seiner Individualität erhaltenen Muttertieres ein Sprößling hervorwächst. Doch gibt es nicht wenige Übergangsfälle, z. B. solche, in denen sich kleine Stücke des Mutterkörpers abschnüren und zu Tochterindividuen auswachsen oder bestimmte der vegetativen Vermehrung dienende Ausläufer (Stolonen) sich in hintereinander liegende Individuenanlagen abteilen (Salpenstolo). Manchmal (z. B. bei Hydromedusen und

306 Entwicklung.

Hexacorallien) kann der Anteil des Körpers, welcher den Tochterstücken überliefert wird, so stark wechseln, daß Knospung und Teilung fließend ineinander übergehen. Bei einzelnen Tierformen (*Spongiarien, Bryozoen*) werden *vielzellige Teilstücke im Körperinnern* abgesondert, die nach dem Zerfall des Mutterorganismus als *Dauerzustände* der vegetativen Vermehrung und Verbreitung dienen; sie werden auch als innere Knospen bezeichnet.

a) Teilung.

Die typische Teilung verläuft entweder in der Richtung der Hauptachse des Körpers (*Längsteilung*) oder senkrecht zu jener (*Querteilung*). Sehr selten zerfällt der Mutterkörper zuerst in Teilstücke, und die fehlenden Organe der Teilstücke werden nachher regeneriert (*Architomie*), z. B. bei *Ctenodrilus monostylus* und bei einigen Seesternen, die ihre regenerationsfähigen Arme abschnüren (*Linckia multifloris* u. a.). Meist werden schon vor der Teilung mehr oder weniger weitgehend Organe für die Teilstücke angelegt. Das ist der Fall bei der *Längsteilung* mancher *Spongien, Hydromedusen, Actinien* und der *Querteilung* von *Scyphozoen*, gewissen *Turbellarien* (Microstomiden), einigen *Anneliden* (Syllideen, *Nais, Chaetogaster*) sowie *Ascidien* (*Amaroucium proliferum*). So schnürt sich bei *Gonactinia* (Abb. 286) der Polyp

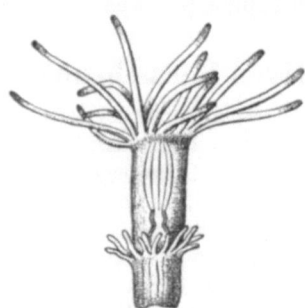
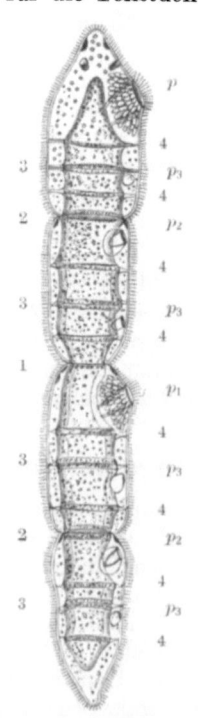
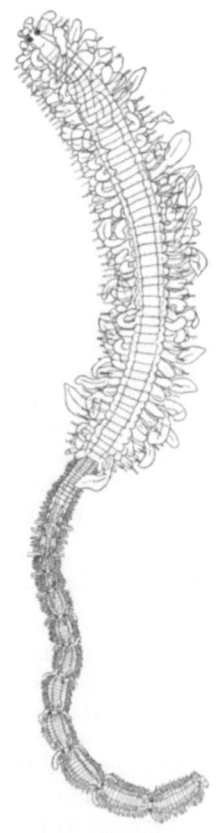

Abb. 286. *Gonactinia prolifera* in Querteilung (Nach M. SARS.) 7/1.

Abb. 287. Eine durch Teilung entstandene Kette von *Microstomum lineare*. (Nach v. GRAFF.) Etwa 12/1. 1, 2, 3, 4 die nacheinander aufgetretenen Teilungsgrenzen, p, p_1, p_2, p_3 Pharynxanlagen.

Abb. 288. *Myrianida fasciata* mit durch seriale Teilung entstandenen Jungen. (Original G.) 10/1.

durch eine ringförmige Furche ein; und schon vor Ablösung des oberen Teiles, der den Tentakelkranz und das Magenrohr des ungeteilten Individuums übernimmt, bildet sich am unteren Teilstück mit der Fußscheibe der Tentakelkranz und das Magenrohr neu, während am oberen Teile die Fußscheibe neu entsteht. Am Körper der angeführten Würmer erscheinen an den späteren Teilungsstellen Neubildungszonen, aus denen je ein Hinterabschnitt der vorderen Teilhälfte und ein Vorderabschnitt der hinteren Teilhälfte entsteht (Abb. 287). Bei Anneliden werden an den Teilungszonen neue Segmentreihen eingeschoben, die jeweils ein Vorder- und ein Hinterende bilden (Abb. 288).

Die Querteilungen können sehr rasch aufeinanderfolgen; und bevor die Durchschnürung und die damit verbundenen Neubildungen vollzogen sind, können weitere Teilungszonen angelegt werden. Auf diese Weise entstehen *Ketten* von Individuen (Zoiden). Der Ort des Auftretens der neuen Teilungszonen ist gesetzmäßig, bei den einzelnen Formen jedoch verschieden. Die Teilzonen wiederholen sich entweder regelmäßig an jedem Teilstück (Abb. 287) oder bloß am ersten Individuum, welchem dann eine abgestufte Reihe jugendlicher Individuen anhängt (*seriale* Teilung, Abb. 288).

Bei einigen Arten teilen sich regelmäßig frühe *Embryonalstadien*. So entstehen aus einem Ei von *Lumbricus trapezoides* stets zwei Embryonen, die sich beide weiter entwickeln (regelmäßige Zwillingsbildung). Eine regelmäßige Viellingsbildung (*Polyembryonie*) findet sich bei einigen Bryozoen (*Crisia, Tubulipora*). Ferner kommt sie vor bei manchen Gürteltieren (z. B. *Tatus hybridus*) durch Teilung der Keimanlage nach Bildung der Keimblätter; dabei entstehen bis zu zwölf Embryonen. Bei einigen parasitischen Hymenopteren (*Ageniapsis* [*Encyrtus*] *fuscicollis, Platygaster minutula* [*Polygnotus minutus*]) ordnen sich im Innern einer vom Keim gebildeten Embryonalhülle (Amnion) die Zellen zu morulaartigen Haufen an, die sich durch Teilung stark vermehren und sehr zahlreiche Embryonen liefern.

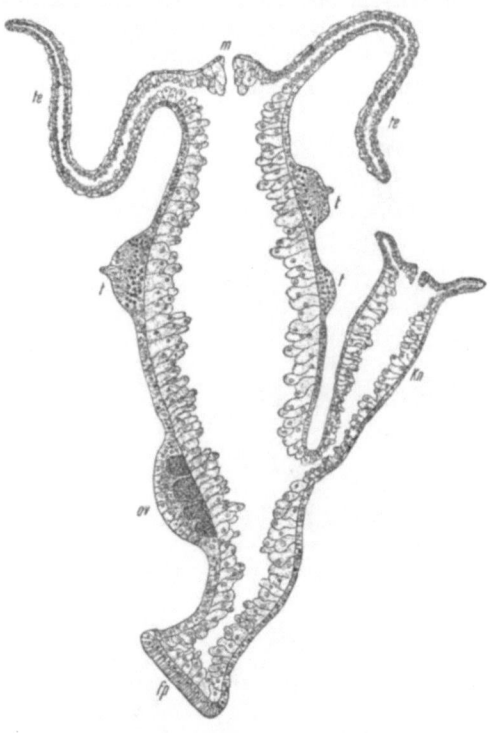

Abb. 289. Längsschnitt von *Hydra* in Knospung. (Nach ADERS.) *Kn* Knospe, *m* Mund, *Ov* Ovarium, *t* Hoden, *te* Tentakel, *fp* Fußscheibe.

b) Knospung.

Knospung ist bei *Spongiarien, Cnidarien* (Abb. 289, 293, 294, 296), *Entoprocten* (Abb. 290), *Bryozoen* (Abb. 882, 888), *Pterobranchiern* (Abb. 902) und *Tunicaten* (Abb. 291) verbreitet. In der Entwicklung der Knospe können die Körperschichten von den gleichartigen Keimblättern des Muttertieres ausgebildet werden (*typische Knospenentwicklung*); in vielen Fällen wird aber bei der Knospung die Keimblattzugehörigkeit ebensowenig gewahrt wie bei vielen Regenerationsvorgängen (*atypische Knospenentwicklung*).

Bei den Spongiarien und Cnidarien (Polypen und Medusen) entsteht die Knospe meist als Ausbuchtung der ganzen Körperwand, des Ectoderms und des Entoderms an einer mehr oder weniger festgelegten Stelle des Körpers. Manchmal liefern besondere indifferente Zellen (interstitielle Zellen des Ectoderms bei *Hydra*) überwiegend oder allein die Gewebe der Knospe. In einigen Fällen entsteht bei Polypen und Medusenknospen atypisch auch das Entoderm der Knospe aus dem Ectoderm des Mutterindividuums und tritt erst nachträglich mit dessen Entoderm und Gastralraum in Verbindung (Medusenknospung an den Polypen von *Cladonema*, Knospung an Margelidenmedusen).

Bei *Pedicellina* (Abb. 290) und den *Bryozoen* beteiligen sich an der Bildung einer Knospe nur das Ectoderm und das Mesoderm (Mesenchymzellen). Der Darm wird für jede Knospe durch eine neue Einstülpung vom Ectoderm aus angelegt.

Unter den *Ascidien* entsteht bei einigen (*Botryllidae, Styelidae*) das Innenblatt der Knospe, aus dem auch der Darm hervorgeht, vom Ectoderm (Peribranchial-

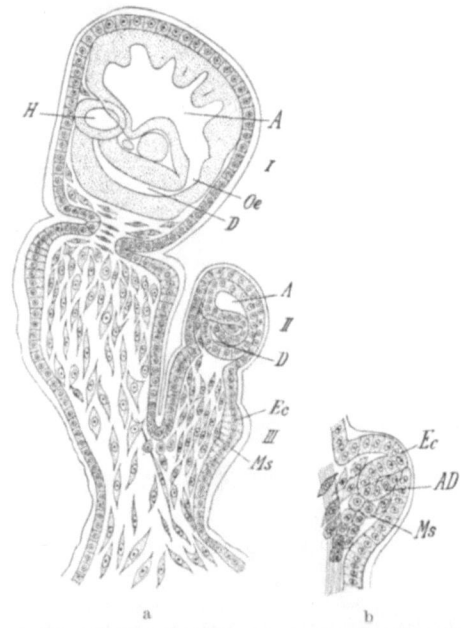
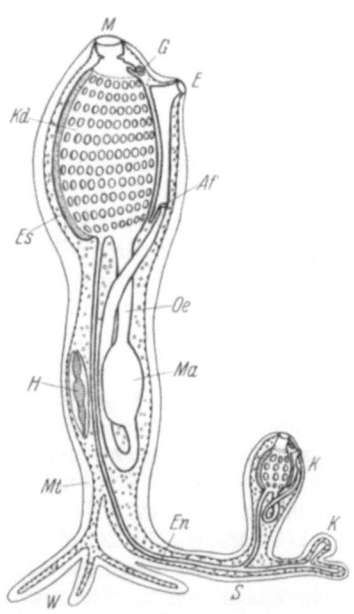

Abb. 290. a Das knospende Ende eines Stockes von *Pedicellina*. (Nach SEELIGER kombiniert.) *III* erste Knospenanlage; *II* ältere Knospenanlage, bei welcher Atrium (*A*) und Darm (*D*) sich sondern; *I* weiter vorgeschrittenes Stadium. — b Junge Knospe mit Darm-Atriumanlage (*AD*), zwischen *III* und *II* stehend. *Ec* Ectoderm, *Ms* Mesoderm, *A* Atrium, *D* Mitteldarm, *Oe* Oesophagus, *H* Enddarm.

Abb. 291. *Clavellina*, aus der Larve hervorgegangenes Tier mit Stolo und Knospen. (Schema im Anschluß an SEELIGER.) *Af* After, *E* Egestionsöffnung, *En* Entoderm, *Es* Endostyl, *G* Gehirn, *H* Herz, *K* Knospen, *Kd* Kiemendarm, *M* Mund, *Ma* Magen, *Mt* Mantel, *Oe* Oesophagus, *S* Stolo, *W* Wurzelausläufer.

epithel) aus, während bei anderen Tunicaten die Keimblätter der Knospe sich in typischer Weise von denen der Mutter ableiten.

Häufig werden die Knospen nicht am eigentlichen Körper des Muttertieres, sondern an besonderen Ausläufern (*Stolonen*) gebildet. Diese enthalten meist alle Keimblätter, so bei den Ascidien (Abb. 291) und den Salpen, wo sich der *Stolo prolifer* aus einer Ausstülpung des Ectoderms, einer Ausbuchtung des Kiemendarms (Entoderm) und aus Mesenchym zwischen beiden aufbaut. Ob weitere Organanlagen, die zwischen dem Ectoderm und Entoderm des Stolos liegen (Neuralrohr, Peribranchialstränge) typische oder atypische Abkunft haben (Nervensystemanlage aus dem Mesenchym?) ist noch unsicher.

E. Vielzellige Dauerzustände.

Sehr eigenartige Fortpflanzungskörper stellen die *Gemmulae* vor, die bei Süßwasserschwämmen (*Spongillidae*) und auch bei einigen marinen Schwämmen (*Suberites* u. a.) vorkommen. Die Gemmulae (Abb. 292) entstehen gegen den

Herbst zu im Mesenchym des Spongienkörpers als kugelige Anhäufungen von Mesenchymzellen, deren äußerste Lage sich zu einem Epithel anordnet. Dieses liefert die feste Hülle der Gemmula. Der Inhalt der fertigen Gemmula ist ein Haufen undifferenzierter, mit Speicherstoffen erfüllter Zellen. Die Hülle setzt sich aus einer inneren Cuticula, einer mittleren lockeren, lufthaltigen Abscheidung mit eingelagerten Kieselnadeln und einer äußeren Cuticula zusammen. Die Bildungszellen der Kieselnadeln wandern mit diesen in die sich entwickelnde Hülle ein. An einer Stelle wird die Hülle durch einen Porus unterbrochen, der von einer Membran verschlossen ist. Im Frühjahr schlüpft die innere Zellmasse durch den Porus aus und differenziert sich in kurzer Zeit zu einem kleinen Schwamm.

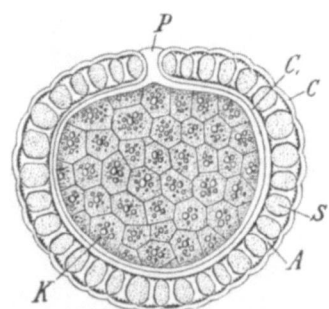

Abb. 292. Schnitt durch die Gemmula von *Ephydatia fluviatilis*. (Nach VEJDOVSKÝ.) *C* äußere, *C₁* innere cuticulare Schicht, *K* Keimkörper, *P* Porus, *S* Schicht mit Kieselnadeln (Amphidisken *A*).

Die als *Statoblasten* bezeichneten *inneren Dauerknospen* der *Bryozoen* bestehen aus einem ectodermalen Anteil, der von der Epidermis einwandert, und einer sehr reservestoffreichen mesodermalen Zellmasse. Die ectodermalen Zellen bilden eine Schutzhülle und das Ectoderm des Gebildes. Die Mesodermzellen, die von dem Ectoderm umwachsen werden, liefern in einer oberflächlichen Schicht das Mesoderm der Knospe; in deren Innerm bilden sie eine Dottermasse, in der die Zellgrenzen verloren gehen. Bei der Keimung der Statoblasten entsteht der Darm aus dem Ectoderm, wie bei der Knospung (S. 308).

F. Stockbildung.

Die durch ungeschlechtliche Fortpflanzung von einem Individuum erzeugten Nachkommen bleiben sehr häufig miteinander in Verbindung. Einen solchen organischen Verband von Individuen bezeichnen wir als *Tierstock* (*Cormus*). Cormenbildung findet sich bei Protozoen (*Radiolarien, Flagellaten, Vorticelliden*) sowie unter den Metazoen bei *Spongiarien, Cnidarien* (Abb. 293, 294), *Entoprocten, Bryozoen* (*Ectoprocten*), *Tunicaten* (Abb. 291). Die Cormen sitzen in der Regel fest, seltener schwimmen sie frei (*Radiolarien*, einige *Flagellaten, Siphonophoren, Pyrosomen*).

Der Aufbau der Stöcke ist sehr verschieden. Die Verbindung der Individuen kann verhältnismäßig lose sein; oder die Verknüpfung der Stockindividuen (*Personen*) ist so eng und regelmäßig, daß der ganze Stock eine *Individualität höherer Ordnung* mit festem Gesamtbauplan bildet. Sehr verschieden ist schon der Gewebezusammenhang zwischen den Stockpersonen. Bei *Cnidarien* ist stets eine Verbindung der Gastralräume der Kolonieindividuen durch Entodermkanäle vorhanden. Bei Bryozoen kann das Cölom gemeinsam sein. Bei Ascidien können die Individuen durch ernährende Kanäle (Mantelgefäße) verbunden sein. Vielfach besitzen die Individuen der Kolonie ein *gemeinsames Stützskelet* (Cuticularhüllen der Hydroidpolypen, Bryozoen, Tunicaten, Kalksockelskelete der Madreporaria, kalkige oder hornige Innenskelete der Octocorallia). In den primitivsten Kolonien sind die Individuen durch röhrenförmige am Boden hinziehende Ausläufer (*Stolonen*) verbunden. Die Knospen entstehen an diesen Ausläufern und bilden zusammen rasen- oder krustenartige Individuenansammlungen, die sich mit Hilfe eines Stützskelets auch zu aufrechten verzweigten Stämmen erheben können. Eine straffere Zusammenfassung der Personen und höhere Architektur

310 Entwicklung.

des Stockes wird meist dadurch erzielt, daß die Knospen nicht an Stolonen, sondern nach artlich festgelegten Knospengesetzen an bestimmten Stellen, meist *Stielabschnitten der Einzelindividuen*, gebildet werden. Die *Hydroidenstöcke* geben ein gutes Beispiel ansteigender Organisationshöhe der Stöcke.

Bei den *Athecaten* (Abb. 293a, 294) nimmt der zuerst entstandene Polyp stets die Spitze des ganzen Stockes ein. Dicht unterhalb seines Köpfchens liegt am

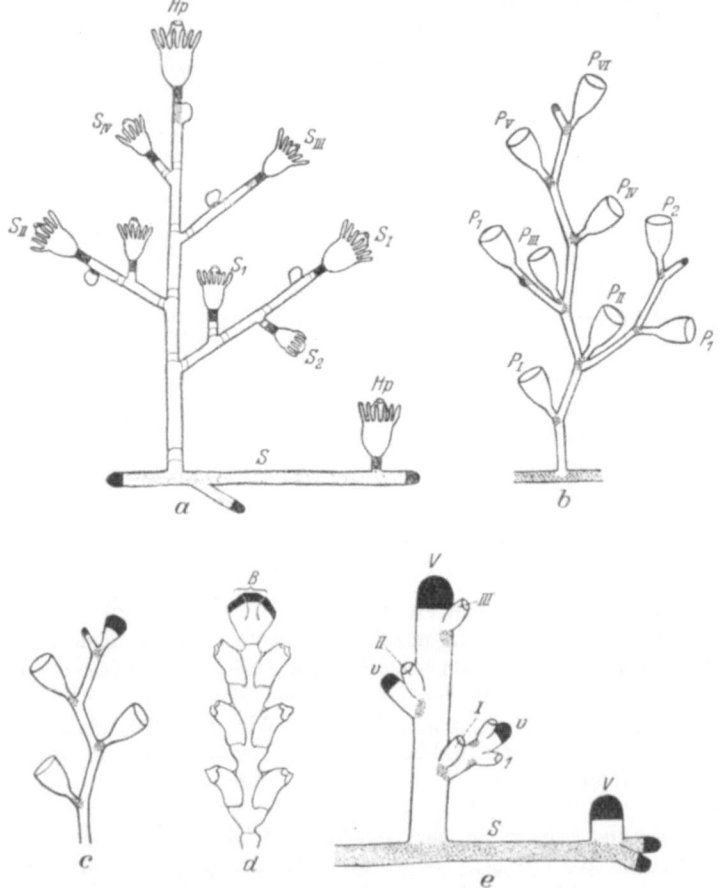

Abb. 293. Stockbildungstypen bei Hydroiden, schematisch. (Nach KÜHN.) a Monopodium mit Endpolyp bei Athecaten (*Eudendrium*). Hp Hauptpolyp des aufrechten Stocks, S Stolo, S_I, S_{II}, S_{III}, S_{IV} Seitenpolypen am Hauptpolypen, S_1, S_2 Seitenpolypen an Seitenpolypen. b, c Sympodien bei Campanulariiden (*Laomedea*), P_I, P_{II}, ... aufeinanderfolgende Polypen des Sympodiums, P_1, P_2 Polypen eines Nebensympodiums (Seitenzweigs), d gleichzeitige Herausbildung von Polypen und Sproßfortsetzung bei einer Sertulariide (*Dynamena*), B Bildungszone. e Monopodium mit terminalem Vegetationspunkt (*Hydrallmania*), I, II, ... Polypenköpfchen am Hauptstamm, 1, 2 Polypenköpfchen an Seitenästen, V Hauptstammvegetationspunkt, v Seitenastvegetationspunkt. Schwarz: wachsende Teile, punktiert: knospungsfähige Teile.

oberen Ende seines Stieles die Wachstumszone (intercalare Streckung). Nachdem der Stiel jeweils um ein bestimmtes Stück gewachsen ist, wird unmittelbar unterhalb der Streckungszone die Knospe eines Seitenpolypen erster Ordnung abgegeben, der seinerseits wieder wie der Hauptpolyp wächst und Knospen bildet. Die Stockachse dieser sogenannten *Monopodien mit Endpolypen* wird also dauernd von dem Stiel des ältesten Polypen gebildet. Im Gegensatz hierzu sind die Stöcke der *Thecaphoren* im einfachsten Falle *Sympodien* (Abb. 293b), d. h. die Stockachse wird aus Stücken aufeinanderfolgender Polypen gebildet. Jeder Einzelpolyp hat nur ein beschränktes Wachstum, und die Fortsetzung der Stockachse wird jeweils durch eine Knospe (*Achsenknospe*) gebildet. Aus dieser sympodialen Wuchsform leitet sich der höchste Entwicklungstypus der Hydroidenstöcke dadurch ab, daß die Bildung der *Achsenknospe immer mehr verfrüht* wird; zunächst wird die Achsenknospe schon angelegt, wenn der Polyp, dessen Tochter sie eigentlich ist, noch nicht fertig ausgebildet ist (Abb. 293c); dann entsteht am Ende des Sprosses eine Bildungszone, aus der sich *gleichzeitig* ein Polyp oder auch jederseits ein Polyp und die Sproßfortsetzung herausbilden (Abb. 293d); und schließlich entwickelt sich am Sproßende ein kontinuierlich fortwachsender *Vegetationspunkt* (Abb. 293e), unterhalb dessen die Polypenknospen erst vortreten. So ist sekundär ein *Mono-*

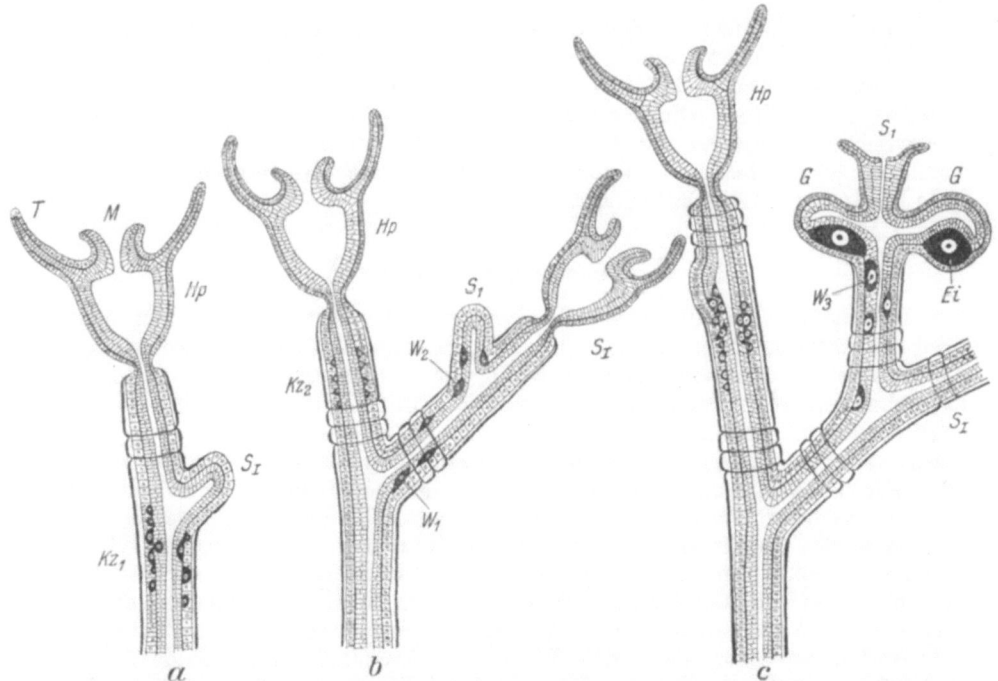

Abb. 294. Keimzellenbildung und Keimzellenwanderung bei *Eudendrium racemosum* schematisch. (Original K.) a Beginn der Knospung eines Seitenpolypen (S_I) an einem Hauptpolypen (Hp). b Beginn der Knospung eines weiteren Polypen (S_1) an dem Seitenpolypen S_I. c Knospung von Geschlechtsindividuen (Gonophoren) an S_1 (= Blastostyl), am Hauptpolypen Beginn der Knospung eines neuen Seitenpolypen. *Ei* Eizellen im Gonophor, *G* Gonophor, Kz_1, Kz_2 erste, zweite Keimzone, *M* Mund, *T* Tentakel, W_1—W_3 Wanderungsstadien der Eizellen.

podium mit terminalem Vegetationspunkt, eine durchaus pflanzenartige Wuchsform, entstanden. Dieser Vegetationspunkt ist ein *Stockorgan*, das keiner einzelnen Person mehr zugehört; es entwickelt sich unmittelbar aus der Larve, bildet die Stockachse selbständig, und alle Polypen entstehen an dieser Achse. Während die Monopodien mit Endpolypen und die Sympodien in der Dicke der Achsenteile auf die Ausmaße der den Stock zusammensetzenden Einzelpolypen beschränkt sind, werden mit Hilfe des terminalen Vegetationspunkts vielfach sehr dicke Achsen gebildet; und die Polypen werden an diesen in verschiedener Weise zu paariger oder wirteliger Stellung zusammengeschoben.

Die in einem Stock vereinigten Individuen sind entweder gleichartig (*homomorph*) ausgebildet oder haben sich im Zusammenhang mit Arbeitsteilung verschiedengestaltig entwickelt (*polymorpher* Tierstock). Polymorphismus der Individuen findet sich bei Cormen von *Bryozoen*, von *Hydrozoen* und von *Doliolum*. Sehr häufig ist die Erzeugung von Geschlechtszellen auf bestimmte *Geschlechtspersonen* beschränkt. Unter den Hydrozoen ist der Polymorphismus bei den *Siphonophoren* besonders hoch entwickelt. Hier sind Nährindividuen, Wehrindividuen, Bewegungsindividuen und besonders Geschlechtsindividuen derart spezialisiert, daß sie sich physiologisch wie Organe eines Individuums verhalten (Abb. 402 ff.).

Manchmal kommen männliche und weibliche Geschlechtsindividuen auf demselben Stocke vor (*monöcische Stöcke*). In vielen Fällen bringt aber bei stockbildenden Metazoen ein Stock ausschließlich männliche, der andere bloß weibliche Geschlechtsindividuen hervor. Solche *diöcische Stöcke* sind z. B. *Podocoryne, Clava, Apolemia uvaria, Diphyes acuminata* unter den Hydrozoen, die *Pennatuliden* unter den Anthozoen.

Bei den Hydroiden werden die Geschlechtszellen vielfach nicht erst in den Geschlechtsindividuen gebildet, sondern in weit zurückliegenden Stockteilen, lange bevor die Geschlechtsindividuen entstanden sind (*Zurückverlegung der Keimstätte im Stock*, Abb. 294). Die *Geschlechtszellen wandern* dann (die ♀ als wachsende Oocyten erster Ordnung, die ♂ als Spermatogonien) oft durch die Stielabschnitte mehrerer Stockpersonen, also durch mehrere *Individuengenerationen* hindurch in die Knospen der Geschlechtsindividuen ein.

G. Generationswechsel.

In einigen Fällen wird der ganze Lebenscyclus der Art erst in zwei oder mehreren mit einander abwechselnden Generationen abgeschlossen, die verschieden organisiert sind, unter verschiedenen Bedingungen leben und sich in der Regel in verschiedener Weise fortpflanzen. Eine solche Entwicklungsform wird als *Generationswechsel* bezeichnet. Vom Dichter CHAMISSO an den Salpen entdeckt, jedoch länger als zwei Dezennien nicht weiter beachtet, wurde der Generationswechsel von J. STEENSTRUP wieder entdeckt und an der Fortpflanzung einer Reihe von Tieren (*Medusen, Trematoden*) als eine verbreitete Entwicklungsweise erörtert.

Unter den Begriff des Generationswechsels fallen ganz verschiedene Erscheinungen. Zunächst sind zwei Arten von Generationswechsel weit voneinander getrennt: der *primäre Generationswechsel*, bei dem in der Generationenfolge eine geschlechtliche Vereinigung von *Gameten* und eine Fortpflanzung durch *Einzelzellen, die nicht Gameten sind*, stattfindet. Ein solcher Generationswechsel findet sich bei zahlreichen *Protozoen*. Bei der Mehrzahl der *Pflanzen* wechselt eine Generation, die Gameten erzeugt, der *Gametophyt*, mit einer anderen ab, die Sporen (*Gonosporen*) erzeugt, dem *Sporophyten*. Dieser sogenannte *antithetische Generationswechsel* ist mit einem *Kernphasenwechsel* verbunden: Der aus der Zygote entstehende Sporophyt ist diploid (*Diplophase*). Bei der Gonosporenbildung erfolgt die Reduktionsteilung; und der aus der Gonospore hervorgehende Gametophyt ist haploid (*Haplophase*). Ein solcher mit einem Kernphasenwechsel verbundener Generationswechsel kommt bei Tieren nie vor. Der primäre Generationswechsel der *Protozoen* drückt sich vor allem darin aus, daß in den Ablauf der durch vegetative Zellteilungen sich vermehrenden Zellgenerationen irgendwo ein Befruchtungsakt eingeschoben ist. Mit ihm ist die Reduktionsteilung eng verknüpft; sie geht ihm entweder unmittelbar voraus oder folgt ihm unmittelbar nach (S. 54ff.). Die ganze Folge der vegetativen Teilungen gehört im ersten Fall der Diplophase, im zweiten Fall der Haplophase an.

Im Gegensatz zu diesen Formen des primären Generationswechsels haben zahlreiche Tiere neben ihrer typischen zweigeschlechtlichen Fortpflanzung sekundär noch eine andere Fortpflanzungsweise erworben. Dieser *sekundäre Genera-*

tionswechsel umfaßt wiederum zwei ganz verschiedene Fälle, die als *Metagenesis* und als *Heterogonie* unterschieden werden. *Metagenesis* ist der gesetzmäßige Wechsel einer durch Geschlechtszellen sich fortpflanzenden Generation mit einer oder mehreren Generationen, die sich *vegetativ* (durch Teilung oder Knospung) vermehren. Bei der *Heterogonie* pflanzen sich alle Generationen durch Geschlechtszellen fort, aber es wechseln entweder *Zwitter* mit *getrenntgeschlechtlichen* Generationen oder *zweigeschlechtliche (amphimiktische)* Generationen mit *parthenogenetisch* sich fortpflanzenden (eingeschlechtlichen, *amiktischen*) Generationen.

a) Generationswechsel bei Protozoen.

Der Wechsel von Geschlechtsvorgängen und vegetativen Teilungen kann in den Protozoengenerationen fakultativ sein. Bei manchen Formen läßt sich die Bildung der Geschlechtsgeneration jederzeit durch besondere äußere Bedingungen auslösen oder völlig ausschalten (z. B. *Actinophrys*, S. 38f., 55f., 68). Bei anderen Formen können aber bestimmte Individuen einer Generationenfolge sich nur vegetativ teilen (*Agamonten*), während andere nur Gameten liefern können (*Gamonten*). Streng obligatorisch ist z. B. unter den Sporozoen der Generationswechsel der *Gregarinen* (Abb. 295).

Hier legen sich zwei erwachsene Individuen (*Gamonten*) zusammen

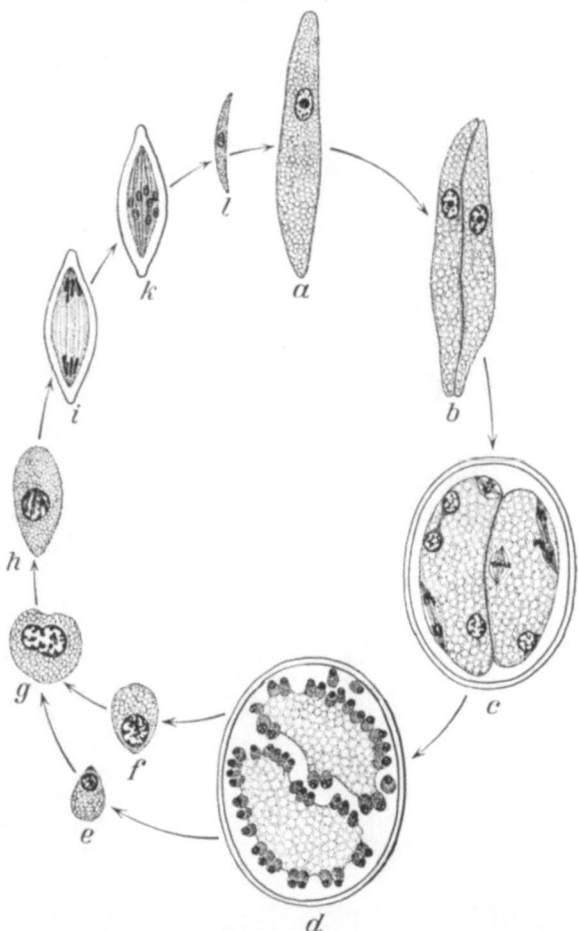

Abb. 295. Entwicklungskreis einer *Monocystis*-Art. (Nach CUÉNOT und BRASIL und HARTMANN.) a Ausgewachsener Gregarine (Gamont), b zwei Gamonten (♂ und ♀ differenziert) zu einem Syzygium zusammengelegt, c Syzygium von einer Cystenhülle umgeben, progame Teilungen der Kerne der Gamonten, d Abschnürung der Gameten von den Restkörpern der Gamonten, e Microgamet, f Macrogamet, g Verschmelzung der Gametenkerne, h Zygote, i erste Teilung des Zygotenkerns (Reduktionsteilung) in der Cystozygote, k acht Sporozoiten in der Spore, l ein Sporozoit nach Ausschlüpfen aus der Spore im neuen Wirt.

und bilden gemeinsam eine kugelige Cyste (*Syzygium*); jeder Gamont erzeugt nun zahlreiche Gameten. Die Gamontenkerne teilen sich wiederholt (*progame Teilungen*, Abb. 10); schließlich rücken die Kerne an die Plasmaoberfläche, umgeben sich mit einem Plasmamantel, und die *Gameten* schnüren sich ab (Abb. 295c, d). Dieser Vermehrungsvorgang des Gamonten, der die Gameten liefert, heißt *Gametogonie*. Ein großer Teil des Gamontencytoplasmas (Restkörper) geht zugrunde. Je ein Gamet, der von dem einen Gamonten stammt, verschmilzt mit einem von dem anderen Gamonten herstammenden Gameten. Zwischen den Gameten der beiden Gamonten kann eine größere oder geringere morphologische Verschiedenheit herrschen (morphologische Anisogamie, S. 56). Die Zygote umgibt sich mit einer festen Hülle, wird dadurch zur Cystozygote oder Spore und macht nun eine Vermehrung (*Sporogonie*) durch, die durch drei Teilungsschritte acht sichelförmige Zellen, die *Sporozoiten*, liefert. Diese wachsen in einem neuen Wirt wieder zum Gamonten heran.

b) Metagenese.

Bei vielen vegetativ sich vermehrenden Formen können dieselben Individuen, die sich teilen oder Knospen hervorbringen, gleichzeitig oder nachher sich auch geschlechtlich fortpflanzen (z. B. *Hydra*, manche Anneliden). Häufig verteilen sich aber die vegetative und die geschlechtliche Fortpflanzung auf verschiedene Individuengenerationen.

Abb. 296. Zweig eines Stöckchens von *Bougainvillia ramosa*. (Nach ALLMAN.) *P* Polyp, *M* Meduse vor dem Freiwerden, *K* Medusenknospe. $8/1$.

Metagenese findet sich bei *Hydrozoen, Scyphomedusen, Salpen,* bei manchen Anneliden sowie einigen Bandwürmern (*Taenia coenurus, T. echinococcus*). Die Entwicklung der zwei, drei oder zahlreichen Generationen kann direkt sein oder durch Metamorphose erfolgen. Ungeschlechtliche und Geschlechtsgeneration können morphologisch dieselbe Organisationsstufe darstellen. In diesen Fällen ist im Anschluß an die vegetative Vermehrung in einer oder mehreren der ursprünglich gleichwertigen Generationen die *Ausbildung von Geschlechtsorganen unterdrückt (Salpen, Anneliden)*. In anderen Fällen stehen die miteinander abwechselnden Generationen morphologisch im Verhältnis von Larve und Geschlechtstier; durch vegetative Vermehrung im Larvenzustand wurden *die ursprünglichen Larven als selbständige Generation eingeschaltet (Hydrozoen, Scyphomedusen, Taenien).* Die verschiedenen Fälle von Metagenese sind in den einzelnen Tiergruppen phylogenetisch in ganz verschiedener Weise entstanden.

Bei den *Anneliden* ist der Wechsel zwischen Teilung und Produktion von Geschlechtszellen vielfach *fakultativ*; Außenbedingungen entscheiden, ob ein Individuum in die eine oder die andere Fortpflanzungsweise eintritt (*Ctenodrilus, Nais*). Bei gewissen Polychaeten (Syllideen, z. B. *Autolytus, Myrianida*, Abb. 288) entstehen durch Teilung eines (meist dauernd ungeschlechtlichen) Stammtieres wesentlich anders gestaltete Geschlechtstiere, welche sich so stark von dem Stammtier unterscheiden können, daß sie früher als besondere Arten beschrieben und zu anderen Gattungen gestellt wurden.

Bei den *Salpen* werden von der ungeschlechtlichen Form (Amme) (Abb. 951 bis 954) am Stolo prolifer durch einen zwischen Knospung und Teilung stehenden

Vorgang Ketten von Individuen gebildet, welche Geschlechtsorgane besitzen Aus deren Eiern geht wieder die Ammengeneration hervor.

Bei den Bandwurmarten *Taenia coenurus* und *Taenia echinococcus* haben die parasitisch lebenden Larvenstadien die Fähigkeit ungeschlechtlicher Vermehrung erlangt. Die befruchteten Eier der im Darme von Hunden lebenden *Taenia coenurus* gelangen nach außen auf Pflanzen und von diesen mit der Nahrung in Schafe, in deren Gehirn sie sich zum *Coenurus cerebralis* (Drehwurm) entwickeln. Dieser blasenförmige Larvenzustand liefert nicht ein einfaches Geschlechtstier, sondern durch ungeschlechtliche Vermehrung zahlreiche Geschlechtstiere in der Form von sogenannten Scoleces, die sich erst im Darme des Hundes zus vollen Geschlechts-

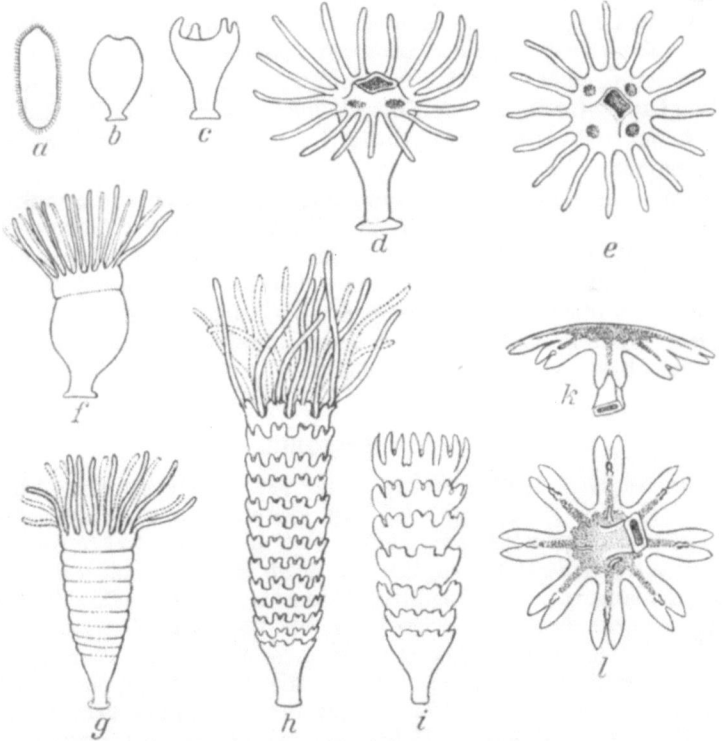

Abb. 297. Entwicklung von *Aurelia aurita* (nach mehreren Autoren kombiniert). a Planulalarve, b festgeheftete Larve, c junger Polyp (Scyphostoma) mit vier Tentakelknospen, d, e ausgebildetes Scyphostoma mit 16 Tentakeln, d Seitenansicht, e Aufsicht auf die Mundscheibe. f—i Strobilation, k, l Ephyra, k von der Seite, l von unten.

form entwickeln. Eine noch viel reichere Vermehrung findet sich bei *Taenia echinococcus*, deren zu großen Blasen heranwachsende Larve nach innen und nach außen Tochter- und Enkelblasen erzeugen kann, an denen die Scoleces in sehr großer Zahl in besonderen kleinen Brutkapseln entstehen.

Bei den *Hydroiden* bildet sich aus dem befruchteten Ei eine bewimperte Larve (Planula), welche sich festsetzt und zu einem Polypen entwickelt. Der Polyp erzeugt auf dem Wege der *Knospung* weitere Polypen (S. 310f.); außerdem werden von ihm selbst oder meist erst von bestimmten seiner Polypennachkommen durch Knospung Geschlechtstiere, Medusen, hervorgebracht (Abb. 296), welche die Fähigkeit der ungeschlechtlichen Fortpflanzung in der Regel nicht besitzen. Während die Polypen, in Stöcken vereinigt, festsitzen, schwimmen die Medusen frei. Bei vielen Hydroiden sind die Medusen zu am Stock verbleibenden Geschlechtsindividuen (sessilen Gonophoren) zurückgebildet (Abb. 294c).

Bei den *Scyphomedusen* geht aus dem Ei eine bewimperte Planula (Abb. 297a) hervor. Diese setzt sich nach einer Schwärmzeit mit dem bei der Bewegung nach vorn gerichteten Pole fest, an dem freien Pole bricht die Mundöffnung durch; in deren Umgebung werden mit dem fortschreitenden Wachstum 4, 8, schließlich 16 Fangarme gebildet, während sich das breite Mundfeld als Mundkegel erhebt. Nachdem der als *Scyphostoma* bezeichnete Polyp (Abb. 297d, e) eine gewisse Größe erreicht hat, pflanzt er sich als Amme ungeschlechtlich durch *Querteilung* (*Strobilation*) fort. Zunächst bildet sich unter dem vordersten, den Tentakelkranz umfassenden Körperteil eine ringförmige Einschnürung aus (Abb. 297f); und ihr folgen meist weitere Einschnürungen in serialer Anordnung vom oralen zum aboralen Ende des Polypen, an welchen das Endstück des Polypenleibes ungeteilt übrig bleibt. Während sich die Fangarme des Polypen zurückbilden, gestalten sich die aufeinanderfolgenden, durch Einschnürungen abgesetzten Abschnitte unter Bildung von Lappenfortsätzen und Sinneskolben zu kleinen, flachen Scheiben um, die sich loslösen und als *Ephyren* (Abb. 297k, l) die Larven der Geschlechtstiere, der Scheibenquallen, vorstellen.

Höchstwahrscheinlich verkörpern unter den Hydrozoen und Scyphomedusen die Formen, die nur Medusen (mit direkter Entwicklung oder Metamorphose) besitzen, den ursprünglichen Zustand. Der Generationswechsel wurde dadurch eingeleitet, daß Larven (polypoide Larven mancher Trachymedusen) sich vegetativ vermehrten und schließlich (meist unter Stockbildung) zu einer Zwischengeneration wurden. Diese ermöglicht es den Arten, zwei verschiedene Lebensbezirke (Hochsee und Litoral, S. 326ff.) auszunützen.

c) Heterogonie.

In dem zuerst (1865, 1866 durch LEUCKART, METSCHNIKOFF, SCHNEIDER) nachgewiesenen Fall von Heterogonie bei der *Nematoden*-Art *Angiostomum nigrovenosum* alterniert regelmäßig eine kleine, 1—2 mm lange, frei in feuchter Erde lebende, *getrennt geschlechtliche* sogenannte Rhabditisgeneration mit einer größeren, bis 13 mm langen, in der Lunge von Fröschen parasitierenden Zwischengeneration, die *hermaphroditisch* ist. Erstere hat wie die Nematodengattung *Rhabditis* im weiblichen Geschlecht ein zugespitztes hinteres Körperende sowie eine doppelte Anschwellung des Oesophagus, deren hintere mit einem Zahnapparat ausgestattet ist. Das Weibchen dieser Generation erzeugt nur 2—4 Embryonen, die sich innerhalb des mütterlichen Körpers entwickeln, in die Leibeshöhle dringen und sich hier von den zerfallenden Organen des Muttertieres ernähren. Schließlich gelangen die Jungen ins Freie und wandern durch die Haut und die Blutbahn in die Lunge der Batrachier ein. Dort entwickeln sie sich zur parasitischen Form, deren Eier in die Lunge und von hier durch den Darm des Wirtes mit dem Kote in feuchte Erde gelangen, in der die ausschlüpfenden Jungen binnen kurzer Zeit geschlechtsreif werden.

In den meisten Fällen der Heterogonie pflanzt sich die *Zwischengeneration parthenogenetisch* fort.

Im einfachsten Fall bestehen zwischen den Weibchen, die befruchtungsbedürftige Eier hervorbringen (*amphimiktischen*) und den parthenogenesierenden (*amiktischen*) Weibchen keine wesentlichen morphologischen Unterschiede (*Rotatorien, Cladoceren*), abgesehen von kleinen Abänderungen des Geschlechtsapparats, die mit der verschiedenen Ausgestaltung der befruchtungsbedürftigen und der parthenogenetischen Eier und dem Fortfall der Begattung zusammenhängen. Bei anderen Arten sind entweder parthenogenesierende oder Geschlechtsgeneration mehr oder weniger abgeändert (*Gallwespen, Pflanzenläuse, Trematoden*).

Bei vielen *Rotatorien* werden die befruchteten Eier zu Dauereiern, die von einer festen Schale umgeben sind. Aus ihnen gehen stets Weibchen hervor; diese erzeu-

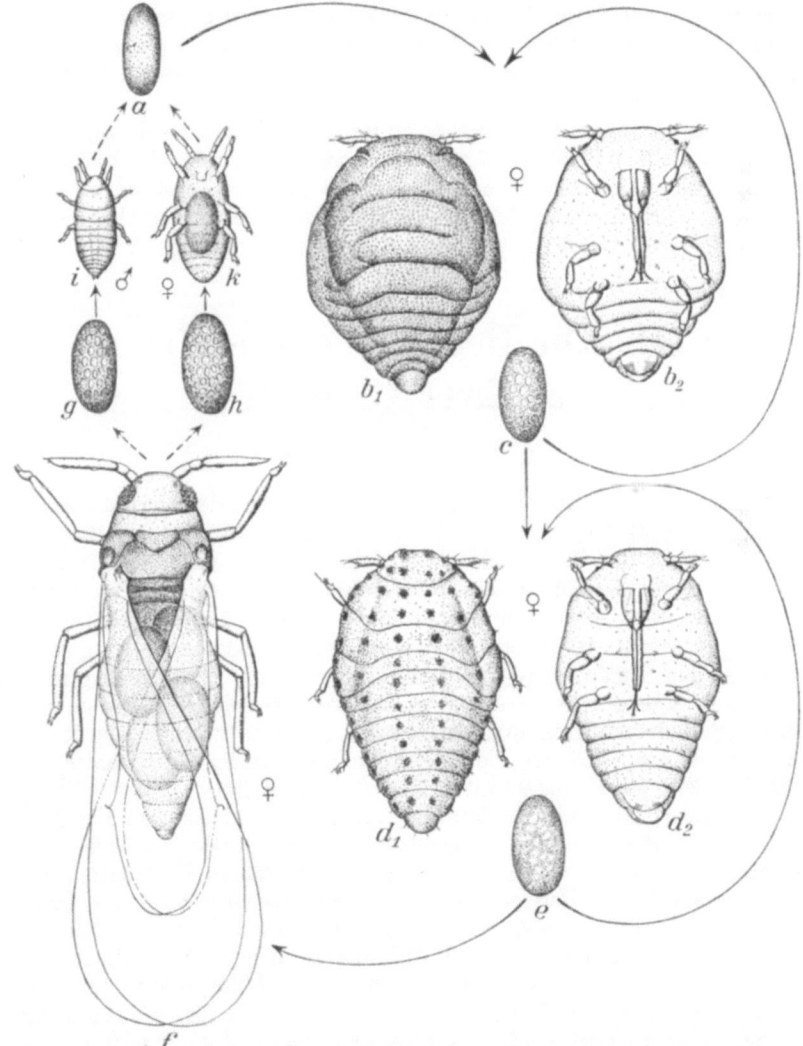

Abb. 298. Entwicklungskreis der Reblaus *Phylloxera vastatrix*. Alle Stadien in gleicher Vergrößerung ($^{40}/_1$). (Nach GRASSI u. FOA.) a Winterei, b Gallenlaus, b_1 von der Rücken-, b_2 von der Bauchseite, c Ei der Gallenlaus, d_1 d_2 Wurzellaus, e Ei der Wurzellaus, f geflügelte Form (Alata = Sexupara), g männliches Ei der geflügelten Form, h weibliches Ei der geflügelten Form, i Männchen, k Weibchen der zweigeschlechtlichen Form.

gen parthenogenetisch ausschließlich Weibchen. Unter gleichbleibenden Bedingungen können nun unbegrenzte Generationen amiktischer Weibchen (sogenannte „Weibchenweibchen") folgen, deren Eier *obligat parthenogenetisch* sind. Bei Änderungen der Lebensbedingungen erzeugen die Weibchen eine andere Eisorte, die *fakultativ parthenogenetisch* ist. Aus diesen Eiern gehen, wenn sie unbefruchtet bleiben, gleich *Männchen* hervor (daher heißen die diese Eier erzeugenden Weibchen auch „Männchenweibchen"); wenn die Eier befruchtet werden, bilden sie sich zu *Dauereiern* aus. Die obligat parthenogenetischen Eier der amiktischen Weibchen machen keine Reduktionsteilung durch (S. 65), während die fakultativ parthenogenetischen Eier alle reduziert werden; daher sind die *Männchen Haplonten*. Ein bestimmter Wechsel von Außenbedingungen (Wechsel der Nahrung, der Konzentration des Mediums innerhalb eines bestimmten p_H-Bereichs) wirkt also auf die Eientwicklung ein, und zwar so, daß die Eier der unmittelbar von der Änderung betroffenen Generation zu miktischen Weibchen (sogenannten Männchenweibchen) werden.

Ein Beispiel für starke Organisationsunterschiede der Generationen bieten die *Pflanzenläuse*. Bei der Reblaus *Phylloxera* (*Xerampelus*) zeigt den ursprünglichen Bau des geflügelten Insects nur noch eine der drei parthenogenetischen Weibchenformen, die im Generationscyclus aufeinanderfolgen; die beiden Geschlechter der zweigeschlechtlichen Generation sind am stärksten zurückgebildet (Abb. 298).

VIII. Die Beziehungen der Tiere zu ihrer Umwelt.

A. Die Biosphäre.

Die weiteste Einheit der *Öcologie* ist die Gesamtheit der Organismen in ihrer Beziehung zu den Bedingungen in dem Lebensraum auf unserem Planeten[1].

Die Gesamtheit der Organismen bildet auf der Erde eine dünne Schicht, die *Biosphäre*, in einem Gebiet, in dem die Gashülle (die Atmosphäre), die Wasserdecke (Hydrosphäre: Meere, Binnengewässer) und die äußere Schale des festen Erdkörpers (Lithosphäre) zusammentreffen und miteinander reagieren. Das Leben ist an den Stoffbestand und Stoffwechsel dieser Hauptreaktionszone der Erde in ihrem heutigen Zustand gebunden. Alle drei Geosphären sind für die Erfüllung der Lebensbedingungen notwendig. Ebenso wichtig wie das irdische Material ist für die Lebewelt die kosmische Energie der *Sonnenstrahlung*. Die Stellung der Erde im Planetensystem und die Natur ihrer Atmosphäre gewährt der im Verhältnis zum Erddurchmesser verschwindend dünnen Biosphäre den für die Lebensvorgänge nötigen *Temperaturbereich* (ungefähr 0° und 50°) zwischen den hohen Temperaturen im Erdinneren und der Kälte im Weltraum. Die *Lichtstrahlung* (innerhalb des Bereiches von $\lambda = 300—800\ \mu\mu$) ist für den Chemismus der heutigen Lebewelt Voraussetzung. Ein Teil der solaren Strahlungsenergie (etwa $1/10\,000$ der gesamten, auf den Rand unserer Atmosphäre fallenden Sonnenenergie) wird für die *Photosynthese* der Pflanzen (S. 30) ausgenützt und so in Form von chemischer Energie gespeichert. Alle Energie, die den Organismen zufließt, stammt so in letzter Linie von der Sonne. Durch diese Energiespeicherung, den einzigen tellurischen Vorgang dieser Art, und durch die in ihnen stattfindenden und durch sie bewirkten Stoffumsetzungen nehmen die Organismen, trotz ihrer im Verhältnis zum Erdkörper in jedem einzelnen Zeitpunkt verschwindend geringen Masse, an dem Stoffwechsel ihres Wohnortes sehr erheblichen Anteil. Sie sind in *cyclische Vorgänge* eingeschaltet, die zu geschlossenen Kreisläufen des

---

[1] GOLDSCHMIDT, V. M.: Der Stoffwechsel der Erde, Z. Elektrochem., 1922. — LUNDEGÅRDH, H.: Der Kreislauf der Kohlensäure in der Natur. Jena 1924. — SCHROEDER, H.: Die Stellung der Pflanzen im irdischen Kosmos, Berlin 1920. — LOTKA, A. J.: Elements of Physical Biology, Baltimore 1925. — VERNADSKY, W. J.: Geochemie in ausgewählten Kapiteln. Leipzig 1930.

Materials auf der Erde führen, und nehmen an den *einsinnigen Abläufen* starken Anteil, in denen die Stoffzusammensetzung und Materialverteilung auf der Erdoberfläche sich fortschreitend ändert.

Die weitaus überwiegende Substanzmenge (S. 7, Tabelle 1—3) bezieht die Biosphäre, abgesehen von H und O des Wassers, aus der Atmosphäre: C und N für den Aufbau der organischen Substanzen, O für die Oxydationen. Die übrigen für die Organismen nötigen Stoffe (S. 6ff., 30) werden der Hydrosphäre und der Lithosphäre als ursprüngliche Bestandteile des Ozeans oder als gelöste Gesteinsbestandteile entnommen und dabei zum Teil sehr hoch angereichert. S (aus Sulfaten) und P (aus Phosphaten) treten in hochzusammengesetzte organische Verbindungen des Protoplasmas ein (S. 7f.). Da die Phosphorsäure in der Natur (für die Hydrosphäre vgl. Tab. 1, S. 7) sehr spärlich vorhanden ist, setzt ihr Mangel an vielen Stellen der Entwicklung des Lebewesens eine Grenze. Der Stoffwechsel der Organismen und die bacterielle Zersetzung der Pflanzen- und Tierleichen führen schließlich wieder zu einfachen Endprodukten, O_2, H_2O, CO_2, NH_3, Nitrat, SH_2 und Sulfat, also zu einer Mineralisierung der Bestandteile der Organismen. In dieser Form werden sie zum großen Teil wieder Ausgangsmaterial für den Stoffwechsel der Biosphäre, der nur zum kleinsten Teil von unerschöpflichen Reserven der anorganischen Natur zehrt. Der seit Millionen von Jahren während Bestand der Biosphäre beweist, daß die beiden gegenläufigen Prozesse des Verbrauches und der Wiederbildung der von den Lebewesen benötigten Nahrung sich ungefähr aufwiegen.

Zwischen dem *tierischen Stoffwechsel* und der anorganischen Natur spielen *grüne Pflanzen* und *Bacterien* die entscheidende Vermittlerrolle. Sie binden C und N aus der Luft, und sie reichern die Nährstoffe aus der großen Verdünnung in Atmosphäre und Hydrosphäre an.

Von größtem Umfang und der vielseitigsten Bedeutung für die Biosphäre sind die *Kreisläufe des Kohlenstoffs, Sauerstoffs und Stickstoffs*.

Die alleinige ursprüngliche *Kohlenstoffquelle* aller Organismen ist das CO_2, das in der Atmosphäre enthalten und im Wasser gelöst ist (in den unteren Luftschichten ungefähr 0,03%, Gesamtmenge ungefähr $2,1 \cdot 10^{12}$ Tonnen, im Meerwasser wahrscheinlich ungefähr $5 \cdot 10^{13}$ Tonnen, teils frei gelöst, teils gebunden in Bicarbonaten). Das Meerwasser ist ein gewaltiger Regulator des CO_2-Gehaltes der Luft. Es entläßt CO_2 in die Luft, wenn der CO_2-Druck in ihr abnimmt, und absorbiert CO_2 von neuem, wenn ihr Partiardruck steigt. Dem Ozean gegenüber tritt die gleichsinnige Rolle des Süßwassers (wenig über 10^{-2} Gewichtsprozente des Weltmeeres) zurück. Die von den autotrophen Pflanzen und Bacterien im Meer und auf dem Festland *jährlich verarbeitete CO_2-Menge* dürfte von derselben Größenordnung wie die in der Atmosphäre vorhandene, vielleicht ein Vielfaches davon sein (die Schätzungen gehen sehr weit auseinander). Ein Teil des aufgenommenen C wird in den organischen Verbindungen der Biosphäre gebunden, deren Substanzmenge während langer Perioden der Erdgeschichte etwa konstant bleiben dürfte (in der Gesamtheit der Biosphäre ungefähr 10^{11}—10^{13} t). Die lebende Substanz steht mit der Atmosphäre in einem *CO_2-Kreisprozeß* (Tab. 6, S. 320): Auf oxybiontischem und anoxybiontischem Wege wird im Lebensprozeß CO_2 erzeugt und ausgeatmet. Kohlenstoffhaltige Ausscheidungen (Harnprodukte) werden durch bacterielle Gärungen zu CO_2 aufgearbeitet. Bei der Verwesung der Pflanzen- und Tierleichen wird der C ganz überwiegend in CO_2 der Atmosphäre wieder zugeführt. Dieser C-Kreislauf ist aber nicht vollkommen: ein Teil des CO_2 wird durch die Organismen in *biogenen Mineralien* festgelegt. Unter bestimmten Bedingungen entstehen aus organischen Bestandteilen von Organismen Erdöle, Bitumina und Kohlenlager; hierbei wird reduzierter Kohlenstoff minerali-

Tabelle 6. Kreisläufe des C und O durch die Biosphäre.

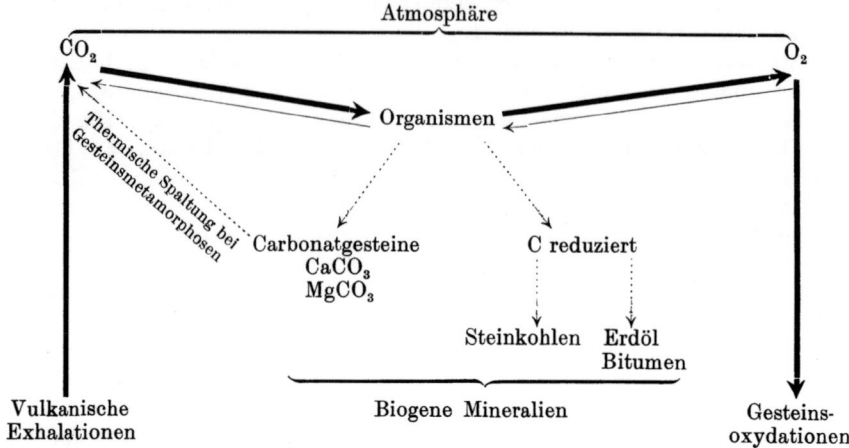

siert. Noch auf andere Weise wird von der Biosphäre der Atmosphäre CO_2 entzogen: sehr vielfach werden durch die Organismen Carbonate gebildet ($CaCO_3$ und $MgCO_3$); teils werden sie in äußeren und inneren Skeleten abgelagert, teils auch in der Umgebung der Organismen durch deren Stoffwechsel zur Abscheidung gebracht. Fast alle Carbonate der Kalk- und Dolomitgebirge scheinen Organismen ihre Entstehung zu verdanken. Die heutige marine Produktion von $CaCO_3$ wird auf jährlich $1,4 \cdot 10^9$ t veranschlagt, in denen $6 \cdot 10^8$ t CO_2 gebunden werden. In den Kohlenlagern und Kalkgesteinen der Erde liegt eine über 100000mal so große Menge CO_2 begraben, wie heute in Luft und Ozean vorhanden ist. Ersatz für die dem Kreislauf entzogenen CO_2-Mengen wird vor allem durch die vulkanischen Exhalationen geleistet.

Bei der Photosynthese der Kohlehydrate tritt freier *Sauerstoff* aus; und da der assimilatorische Gaswechsel der grünen Pflanzen den O_2-Verbrauch bei der Atmung der Pflanzen und Tiere um ein Vielfaches übersteigt, wird dauernd O_2 an die Atmosphäre abgegeben. Wir kennen keinen anderen Prozeß, welcher im heutigen Zustand der Erde der Atmosphäre in nennenswertem Betrag O_2 zuführt. Der O_2-Verbrauch durch anorganische Oxydationen wird jedenfalls seit Millionen von Jahren durch die CO_2 assimilierenden Organismen bestritten, und damit sind die chemischen Veränderungen der Lithosphäre in entscheidendem Maße von der Biosphäre abhängig.

Höchstwahrscheinlich entstammt die Gesamtmenge des gebundenen *Stickstoffs*, die zur Zeit auf der Erde vorhanden ist, der Bindung gasförmigen Stickstoffs. Aus der Atmosphäre werden in (nicht genauer bekanntem Betrage) salpetrige und Salpetersäure (entstanden durch Oxydation des atmosphärischen N unter dem Einfluß elektrischer Entladungen) und NH_3 niedergeschlagen. Durch teils frei, teils in Symbiose mit höheren Pflanzen lebende *stickstoffbindende Bacterien* wird Luftstickstoff der Biosphäre zugeführt. Nitrate und Ammoniumsalze dienen allen anderen autotrophen Pflanzen als Stickstoffquelle. NH_3 ist das Mineralisationsprodukt aller tierischen und pflanzlichen N-haltigen Stoffwechselausscheidungen, sowie der Tier- und Pflanzenleichen. Nitrifizierende Bacterien oxydieren im Boden und Wasser Ammoniumsalze zu Nitriten und Nitraten, die wieder als Pflanzennährstoffe dienen. Denitrifizierende Bacterien geben in der Nitratgärung freien N wieder in die Atmosphäre zurück.

In dem Kreislauf der Stoffe durch die Biosphäre hindurch sind die autotrophen

Pflanzen die *Produzenten* organischer Nahrungsstoffe, die Tiere die *Konsumenten*, welche als Heterotrophe alle organischen Nahrungsstoffe (und auch die meisten Salze) direkt oder indirekt von den Pflanzen beziehen. Die Bacterien sind die *Reduzenten*, welche die Mineralisierung der Abscheidungen und Leichenstoffe durchführen.

B. Die öcologischen Bezirke der Erde.
a) Lebensbedingungen und Besiedelung.

Die Biosphäre ist nicht einförmig zusammengesetzt. Der Lebensraum zerfällt in physiographisch verschiedene Gebiete, in denen mit den verschiedenen Lebensbedingungen die Bewohner wechseln[1]. Die großen Hauptgebiete sind das *Wasser* und das *feste Land*. Während das Wasser bis zu den größten Meerestiefen (ungefähr 10 km) besiedelt ist, dringen die Organismen (mit Ausnahme bestimmter Bacterien) in den Boden nur wenige Meter tief ein. Die Atmosphäre ist kein selbständiges Lebensgebiet. Auch Vögel und Insecten, die sich vornehmlich in der Luft aufhalten, sind für Ernährung und Fortpflanzung auf die feste Erde angewiesen. Die *Hydrosphäre* umfaßt die Lebensgebiete des *Meeres* und der *Binnengewässer*. Die großen Lebensgebiete gliedern sich in kleinere Lebensbezirke, die durch ihre physiographische Natur und Bewohnerschaft gekennzeichnet sind. Als eine *Lebensstätte* oder *Biotop (Standort)* bezeichnet man einen größeren oder kleineren, abgegrenzten, in seinen Bedingungen einheitlichen Bereich, der die öcologische Grundlage für die Besiedelung mit einer bestimmten Gruppe von Organismen, eine *Lebensgemeinschaft* oder *Biocönose*, bildet. Die Biocönosen sind mehr oder weniger geschlossen und selbständig, je nachdem, ob ihr Lebensraum scharf von Nachbarbiotopen abgeschlossen ist oder mit solchen in offener Verbindung steht, ob in einem Biotop ein geschlossener Stoffkreislauf besteht (*autarktische* Biocönosen, z. B. große abflußlose Seen, Oasen in der Wüste) oder die Erhaltung der Lebensgemeinschaft auf Nahrungszufluß von außen angewiesen ist (*abhängige* Biocönosen, z. B. die Bewohnerschaft der lichtlosen Wassertiefen). Manche Tiere (*heterocöne* Tiere) wechseln im Laufe ihres Lebens den Lebensort und gehen in eine andere, für die meisten Tiere mehr oder weniger streng abgesonderte Biocönose über (z. B. Insecten, deren Larven im Wasser leben).

Die Organismen einer Biocönose stellen eine Auswahl bestimmter Arten dar. Jede von diesen ist durch eine bestimmte Anzahl von Individuen (*Population*) vertreten. Artenauswahl und Individuenanzahl ist bedingt durch die (physiographischen und biologischen) Lebensbedingungen innerhalb des Biotops. Die Anzahl der Arten an einer Lebensstätte nennt man die *Artendichte*; die Menge der in einem Lebensraum überhaupt vorhandenen Organismen heißt die *Wohndichte* des Biotops (Individuenanzahl auf die Raum- oder Bodeneinheit). Als *Produktion* einer Lebensstätte wird das Gewicht der gesamten lebenden Substanz (oder bestimmter Arten) auf die Raum- oder Bodeneinheit bezeichnet. Zahlreiche Organismen einer Biocönose stehen untereinander in bestimmten Beziehungen; sie bedingen sich gegenseitig. Die Biocönose eines Gebiets erhält sich, solange die äußeren Bedingungen keine Veränderungen erfahren, durch Selbstregulierung in einem *biocönotischen Gleichgewicht*. Die bestandregulierenden Faktoren ge-

---

[1] SEMPER, K.: Die natürlichen Existenzbedingungen der Tiere. Leipzig 1880. — HESSE, R.: Die ökologischen Grundlagen der Tierverbreitung. Geogr. Z. 19 (1913). — DOFLEIN, F.: Das Tier als Glied des Naturganzen. Leipzig 1914. — HESSE, R.: Tiergeographie auf ökologischer Grundlage. Jena 1924. — FRIEDERICHS, K.: Die Grundfragen und Gesetzmäßigkeiten der land- und forstwirtschaftlichen Zoologie. Berlin 1930. — LENZ, FR.: Lebensraum und Lebensgemeinschaft. Berlin 1931.

hören zum Teil der unbelebten Umwelt an, zum Teil liegen sie in den Beziehungen der Artgenossen und der Individuen verschiedener Arten zueinander (Konkurrenz um Nahrung und Fortpflanzungsgelegenheit, Verzehrung).

Die Entfaltungsmöglichkeit einer Art in einem Biotop wird durch ihre Einstellung zu den in ihm herrschenden Lebensbedingungen bestimmt. Die Quantität eines Umweltfaktors kann sich von einem *Minimum*, unterhalb dessen der betreffende Organismus nicht leben kann, über ein *Optimum* (S. 42) bis zu einem *Maximum* steigern, jenseits dessen der Organismus wieder keine Lebensmöglichkeit hat. Abweichung einer Lebensbedingung vom Optimum sowohl nach dem Minimum wie nach dem Maximum zu bedeutet für den Organismus eine Verschlechterung seiner Lebenslage, ein *Pejus* bis zum Grenzwert des *Pessimum* (= Minimum wie auch Maximum). Der Spielraum der Lebensbedingungen, innerhalb dessen eine Art lebensfähig ist, heißt die *öcologische Valenz* der Art (HESSE).

Eurök (*eurytop*) ist eine Art, wenn bei ihr für viele Einzelfaktoren die beiden Grenzwerte weit auseinander liegen, *stenök* (*stenotop*), wenn sie für viele Einzelfaktoren nahe beieinander liegen.

Jede Abweichung vom Optimum bedingt, vor allem während der empfindlichsten Entwicklungsstadien, eine Vitalitätsverminderung, deren Ausmaß von der Entfernung vom Optimum abhängt. Unter der Gesamtheit der notwendigen Umweltfaktoren bestimmt derjenige die Bevölkerungsdichte einer Art (von 0 bis zur Maximalentfaltung) in erster Linie, der am meisten vom Optimum abweicht — eine Gesetzmäßigkeit, die J. v. LIEBIG zuerst für die Abhängigkeit des Pflanzenwachstums von den Nährstoffen formulierte („*Gesetz vom Minimum*"). Die einzelnen Faktoren wirken jedoch nicht isoliert. Vielfach ist eine bestimmte *Kombination von Faktoren* für das Gedeihen einer Art maßgebend. So ist für Lufttiere vor allem das *Klima* von Bedeutung. Im Experiment läßt sich von dessen Faktoren am klarsten die Kombination von Temperatur und Luftfeuchtigkeit erfassen (Abb. 299): Um eine optimale Kombination der geringsten Sterblichkeit ordnen sich die Linien gleicher Sterblichkeit in angenäherter Ellipsenform.

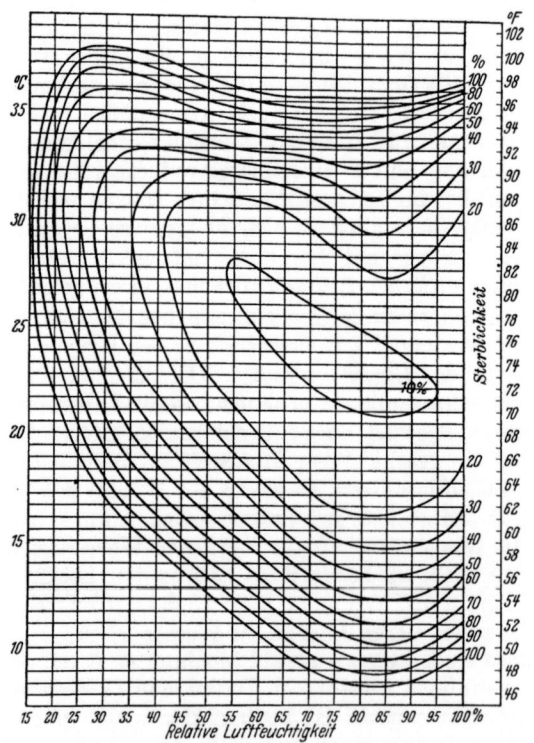

Abb. 299. Sterblichkeit der Puppen des Apfelwicklers (*Carpocapsa pomonella*) bei verschiedenen Kombinationen von Temperatur und Luftfeuchtigkeit. Ordinaten Temperatur; Skala links in Celsius-, rechts in Fahrenheit-Graden. (Nach SHELFORD aus FRIEDERICHS.)

Die Nachkommenanzahl jeder Art innerhalb einer Biocönose wird normalerweise durch den dem „Vermehrungsdruck" (S. 261) entgegengesetzten „Widerstand der Umwelt" so weit herabgesetzt, daß durchschnittlich die nächste Generation wieder die Individuenanzahl der vorhergehenden hat. Das bedeutet bei einem Geschlechtsverhältnis 1:1 das Zugrundegehen aller Nachkommen jeden Paares bis auf zwei (Überproduktion von Keimen und Vernichtung der allermeisten im „Kampf ums Dasein"). Die *Konstanz der Zusammensetzung* gilt für keine Biocönose absolut und dauernd. An den meisten Orten erfährt die Biocönose *cyclische Veränderungen* mit dem Wechsel der Jahreszeiten. Sie sprechen sich aus in einer wechselnden Aktivität des Lebens vieler Arten (Ruheperioden) und in Ortsveränderungen gewisser Arten (Tierwanderungen). Vielfach bewirken zufällige Ereignisse, die von außen den Lebensraum betreffen (vor allem klimatische Ereignisse oder Einwirkungen des Menschen) oder innerhalb der Biocönose auftreten, Störungen des biocönotischen Gleichgewichts. Sie können sich in dem *Massenauftreten gewisser Tierarten* (Gradation) äußern, für deren Vermehrung der Umweltwiderstand irgendwie herabgesetzt wurde. Hierdurch kann eine sehr rasche Veränderung des Lebensraumes (z. B. Kahlfressen eines Waldbestandes durch bestimmte Raupen) und damit der Grundlage der ganzen Biocönose erfolgen. Unter natürlichen Bedingungen stellt sich das Gleichgewicht meist rasch wieder her, da die überwuchernde Art ihre eigenen Lebensbedingungen so einschneidend verändert, daß sie ihr eigenes Fortkommen unmöglich macht. Ihre Massenvermehrung erschöpft die Nahrung der Art und gibt ihren Feinden Gelegenheit zur Massenvermehrung. Doch kann auch der ganze Bestand einer Biocönose dauernd verändert werden durch Beseitigung oder Verminderung bestimmter Glieder der Lebensgemeinschaft oder durch Vermehrung um neue Arten. Beispiele hierfür bieten besonders Veränderungen von Biocönosen, die durch den *Eingriff des Menschen* bewirkt wurden.

Durch *Überfischung* von Austernbänken wurde deren ganze Besiedelung verändert; denn infolge der Entfernung großer Mengen von Austern standen den schwärmenden Larven anderer Muscheln (Herzmuscheln, Miesmuscheln) mehr Wohnplätze und mehr Nahrung zur Verfügung als vorher, und so nahmen sie einen viel größeren Raum ein als früher. Von folgenschweren *Neueinführungen von Tierarten* seien nur zwei genannt: Im 16. Jahrhundert wurden auf der damals dicht bewaldeten Insel St. Helena Ziegen ausgesetzt, die sich bald ungeheuer vermehrten und nach 75 Jahren bereits nach Tausenden zählten. Durch sie wurden die jungen Baumschößlinge, Sträucher und Kräuter abgefressen. Infolge dieser Abweidung wurde die Humusschicht durch die starken Regenfälle abgespült; und am Anfang des 19. Jahrhunderts war der Waldbestand mit seiner Biocönose vernichtet. Allmählich bildete sich eine ganz neue, vor allem aus vom Menschen eingeführten Pflanzen- und Tierarten bestehende aus, die sich dann allmählich in einen Gleichgewichtszustand einstellte. — In Jamaika führte man, um die Vermehrung der eingeschleppten Ratten einzudämmen, Mungos ein. Nachdem diese rasch sich vermehrenden Tiere die Anzahl der Ratten beträchtlich herabgemindert hatten, erweiterten sie den Kreis ihrer Beutetiere immer mehr und zehrten kleine Haustiere, Hühner, Enten, Gänse, ferner zahlreiche Arten wildlebender Vögel, und weiter auch Eidechsen, Frösche, Kröten. Mit der Vernichtung dieser natürlichen Vertilger von Insecten vermehrten sich Käfer, Fliegen und anderes ungeheuer und richteten in den Anpflanzungen Verheerungen an.

Die *angewandte Zoologie* (*wirtschaftliche Zoologie:* wasserwirtschaftliche [Abwasser- und Fischereizoologie], land- und forstwissenschaftliche Zoologie), die auf Nutzung oder Bekämpfung bestimmter Tierarten abzielt, beruht auf der Kenntnis der Lebensweise ihrer Objekte in Abhängigkeit von der Umwelt, ist daher angewandte Öcologie.

Je mehr sich die Lebensbedingungen eines Biotops von dem für die meisten Organismen eines großen Lebensbereiches Optimalen entfernen, um so artenärmer und gleichförmiger wird die Biocönose, und ihre Bewohner zeigen eine starke charakteristische Ausprägung, da meist nur Arten mit besonderen Anpassungen unter bestimmten extremen Verhältnissen zu leben vermögen. Die Individuenanzahl der einzelnen Arten kann dabei um so größer sein. Arten, die regelmäßig in einem bestimmten Biotop vorkommen und zahlenmäßig vorherrschen, werden als Charakterformen oder *Leitformen* bezeichnet. Ihnen schließen sich als *accessorische Arten* solche an, die (bei hinreichender Größe des untersuchten Areals) ebenfalls regelmäßig, wenn auch in geringerer Individuenanzahl, auftreten. Diesen konstanten Bewohnern des Biotops gesellen sich in wechselndem Bestand *zufällige Arten* zu.

Die günstigsten Lebensbedingungen für die mannigfaltigsten Formen bietet das Meer (S. 42), in höchster Steigerung an flachen Küsten äquatorialer Meere mit ihrer Wassertemperatur zwischen 25° und 35°, starker Belichtung und der dauernden Gleichmäßigkeit der Bedingungen. Demgegenüber nimmt die Mannigfaltigkeit des Tierlebens nach den Polen und nach der Tiefe zu ab. Sehr stark ist die Verarmung der Tierwelt des Süßwassers dem Meere gegenüber (S. 42). Viele Bewohner des Süßwassers sind sekundäre Wassertiere, die vom Luftleben wieder zum Leben im Wasser übergegangen sind (Insecten, Lungenschnecken). Verarmt ist in der Mannigfaltigkeit der Organisationspläne und der Entwicklungsabläufe der des Meeres gegenüber auch die Tierwelt des festen Landes, wo die besonderen Bedingungen des Lebens in der Luft bestimmte Anpassungen verlangen, die mit den meisten Bauplänen unvereinbar sind. Nur die Arthropoden und die Wirbeltiere haben ihre größte Mannigfaltigkeit und ihre höchsten Ausbildungsstufen auf dem Lande erfahren.

b) Das Leben im Wasser[1].

Die grünen Pflanzen sind auf die erleuchtete obere Wasserschicht beschränkt (je nach der Durchsichtigkeit des Wassers 30—200 m Tiefe). Tiere und Bacterien bewohnen alle Wassertiefen. Die Oberflächenschicht, in der die grünen Pflanzen organische Stoffe aufbauen, liefert als *trophogene Schicht* die Nahrung für sämtliche Wassertiere. Absterbende und abgestorbene Pflanzenorganismen sinken in das Tiefenwasser, die *aphotische, tropholytische Schicht*, als Nahrungsregen hinab. Die Wasserorganismen sind entweder an den Untergrund gebunden (*benthonische Organismen, Benthos*) oder sie sind dauernd vom Boden unabhängig (*pelagische Organismen*). Die benthonischen Tiere sind entweder festsitzend (*sessil*) oder laufend, kriechend oder vorübergehend schwimmend (*vagil*). Die pelagischen Tiere schwimmen entweder aktiv (*Necton*) oder sie treiben passiv (*Plancton*).

Gemeinsam für alle pelagischen Tiere ist ihre Unabhängigkeit vom Untergrund. Diese besteht entweder dauernd (*holopelagische* Tiere) oder nur für bestimmte Stadien (*mero-* oder *hemipelagische* Tiere). Zu der zweiten Gruppe gehören benthonische Formen mit der Ausbreitung dienenden pelagischen Larven (Schwämme, viele Hydroiden, Anthozoen, zahlreiche Würmer, Echinodermen, Krebse, Mollusken, Ascidien) oder metagenetische Arten mit pelagischen Generationen (viele Hydroiden, S. 315, und Scyphozoen, S. 316).

Zum *Necton* gehören nur größere Tiere. Völlige Unabhängigkeit von Wellen und Strömung erlangen nur manche Cephalopoden, Fische, Reptilien und Wassersäuger. Die weitaus überwiegende Bewohnerschaft des freien Wassers gehört zum *Plancton*. Alle pelagischen Tiere besitzen besondere *Anpassungen, die das Absinken verhindern*. Ein großer Teil der Planctonten hat annähernd gleiches specifisches Gewicht wie das umgebende Wasser. Mittel zur Herabsetzung des Übergewichtes der lebenden Substanz sind reichlicher Wassergehalt (daher die glashelle, gallertige Beschaffenheit vieler Planctonten), Speicherung specifisch leichter Stoffe (Fette, Gase). Hiervon machen auch die meisten Nectonten Gebrauch (Fettspeicherung in der Leber [Lebertran], Unterhautfettschicht bei

---

[1] STEUER, A.: Planktonkunde. Leipzig 1910. — THIENEMANN, A.: Der Nahrungskreislauf im Wasser. Verh. D. Zool. Ges. 31. Vers. 1926.

Fischen und Meeressäugern, Schwimmblase der Fische; Gaskammern der Cephalopodenschalen). Verlangsamung des Sinkens wird vielfach durch Formwiderstände (Abplattung, Schwebefortsätze) und sehr oft durch aktive Bewegungen erzielt (Flimmerbewegungen bei Protozoen und Larven von Metazoen, Ctenophoren, kleinen Würmern; Schlängelbewegungen, Pumpbewegungen oder Ruderbewegungen vor allem der Planctonkrebse). Bei vielen Planctonten wechseln Perioden des Absinkens und des aktiven Aufsteigens ab. Die Reizreaktionen der meisten Planctonten sind an ein Wechseln der Schwebetiefe je nach den Bedingungen angepaßt (Absinken von Radiolarien, Medusen u. a. bei starkem Wellenschlag; Absinken und Aufsteigen mit dem Tag-Nacht-Wechsel; Einstellung in eine bestimmte Tiefe je nach Lichtintensität, Temperatur und Gasspannung). Nach der Größe der Planctonten unterscheidet man *Macroplancton*, das die größeren Organismen umfaßt, *Meso-* und *Microplancton* („Netzplancton"), das vom Planctonnetz zurückgehalten wird und *Nannoplancton* (Zwergplancton), das durch die feinsten Netze hindurchgeht und nur durch Centrifugieren gewonnen wird (Centrifugenplancton). Es wurde zuerst in den Fangapparaten der Appendicularien (Abb. 119) entdeckt (LOHMANN).

Während im Benthos alle möglichen Formen der Nahrungserwerbung vorkommen, sind die Planctonten an die besondere Natur der Nahrung im freien Wasser angepaßt. Die pflanzliche Urnahrung der Tiere besteht hier lediglich aus einzelligen Algen des Nanno- und Microplanctons. Diese winzigen Nahrungsteilchen werden im Meer und im Süßwasser vor allem durch kleine Strudler (S. 125 ff.) aus den verschiedensten Tiergruppen aufgenommen. Unter ihnen spielen die Crustaceen (vor allem Copepoden, im Süßwasser auch Cladoceren) die Hauptrolle. Diese kleinen Nanno- und Microplanctonfresser bilden die Ausgangsnahrung für die größeren Partikelfresser, Angler (z. B. Medusen, Ctenophoren) und Räuber, welche ihrer Beute nachjagen.

Das *Meer* ist ein zusammenhängender Lebenskreis von ungeheurem Alter; seine Einzelteile gehen und gingen stets allmählich ineinander über. Im Meer tritt die Besiedelung des Bodens zurück, da die Uferentwicklung gegenüber der Fläche und dem Volumen des freien Wassers gering ist. Die *Binnengewässer* sind geologisch kurzlebige Gebilde. Unsere Seen sind alle jünger als die Eiszeit; Seen, die ins Tertiär oder noch weiter zurückreichen (Baikal, Tanganyika), sind seltene Ausnahmen. Alle Seen, die nicht eine ungewöhnliche Größe besitzen, machen geologisch rasch verlaufende, fortschreitende Veränderungen durch, an denen ihre Biocönose aktiv und passiv stark beteiligt ist (Erhöhung des Seebodens durch Sedimentierung, Vordringen der Verlandungszone). Die Binnengewässer stellen räumlich mehr oder weniger scharf voneinander getrennte Einzelbiotope mit überaus verschiedenen Lebensbedingungen dar. Besiedelung des Bodens und des freien Wassers spielen gleichermaßen eine große Rolle, ja es kann die Bodenbesiedelung weit überwiegen (in fließenden Gewässern). Bei der sehr geringen Ausdehnung aphotischer Bezirke ist die Lebensdichte innerhalb der Binnengewässer relativ sehr groß.

Die *Temperaturbedingungen* sind im Meer viel gleichmäßiger als im Süßwasser, das von den auf dem festen Lande herrschenden Temperaturunterschieden und Temperaturschwankungen abhängig ist. Immerhin herrschen auch im Meer Unterschiede, welche die Zusammensetzung der Biocönose und die Ausbildung der einzelnen Arten stark beeinflussen. So zeigt die Körpergröße der Meerestiere vielfach eine deutliche Beziehung zur Temperatur: Kaltwasserformen der polaren Meere und der Tiefsee erreichen häufig in verschiedenen Tierklassen Riesenmaße gegenüber den Artgenossen oder verwandten Arten in warmem Wasser. Unter den *Nahrungsstoffen* bilden im Meerwasser und wohl auch in vielen Binnenwässern die Phosphate und Nitrate *Minimumfaktoren* für das erste Glied im Stoffverbrauch, die *grünen Pflanzen*. An vielen Stellen kann das Eisenminimum ausschlaggebend sein. Für gewisse Formen ist die Kieselsäure ein begrenzender Faktor.

Zwischen Meer und Süßwasser schiebt sich das *Brackwassergebiet* der Flußmündungen ein.

Manche *heterocönen Fische* wechseln zwischen den Lebenskreisen des Süßwassers und des Meeres. Die geschlechtsreifen Aale (*Anguilla vulgaris*) wandern aus den Flüssen und Seen des westlichen Europa ins Meer, pflanzen sich in der Tiefe des westlichen Atlantischen Ozeans fort und gehen hierauf zugrunde. Die pelagischen Larven (Leptocephalen) wandern in den oberflächlichen Schichten des Ozeans von ihrer Geburtsstätte (Abb. 300) aus nach N und O, machen eine Metamorphose (zum Glasaal) durch und dringen in die Flüsse ein, in denen sie aufwärts wandern und zum Bodenfisch heranwachsen. — Eine entgegengesetzte Laichwanderung führen die *Lachse* (*Salmo salar*) aus. Die fortpflanzungsreifen Tiere wandern in den Flüssen aufwärts in quellnahe Bezirke, laichen in Bächen und Rinnsalen und kehren dann wieder ins Meer zurück. Die 1—2jährigen Junglachse wandern flußabwärts ins Meer, wo sie meist mehrere Jahre lang heranwachsen, bevor sie ihre erste Laichwanderung in die Flüsse antreten.

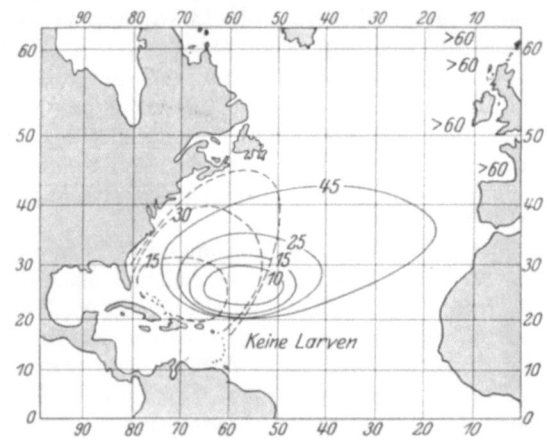

Abb. 300. Die Verbreitung der Aallarven im Atlantik. (Nach J. SCHMIDT.) Linien gleicher Minimallänge der Aallarven: —— *Anguilla vulgaris* (europäischer Aal), - - - *Anguilla rostrata* (nordamerikanischer Aal).

1. Die Lebensgebiete des Meeres.

Der Lebenskreis des Meeres gliedert sich zunächst in den Meeresboden, das *Benthal*, und das freie Meer, das *Pelagial* (Abb. 301). Beide zerfallen in zwei Tiefenstufen, eine durchleuchtete und eine lichtlose. Das *durchleuchtete Benthal*, das *Litoral*, folgt den Festländern und umgibt die Inseln. Es fällt vielerorts ungefähr zusammen mit der *Kontinentalstufe* (dem *Schelf*, ungefähr $26 \cdot 10^6$ qkm, $1/_{13}$ der gesamten Meeresfläche). Das lichtlose, *abyssale Benthal* dehnt sich unterhalb einer Tiefe von 200—400 m aus.

Im Litoral werden nach der Steilheit des Abfalls und nach der Bodenbeschaffenheit zwei Lebensbezirke unterschieden: *Flachstrand*, meist mit mehr oder weniger *lockerem Untergrund*, und *Steilufer*, mit *felsigem Untergrund*. Jeder der beiden Bezirke weist eine Reihe von Biotopen mit besonderer Beschaffenheit des Untergrundes und des Bewuchses auf, z. B. Kiesstrand, Sandstrand, Schlammstrand, Korallenufer. Durch das Ausmaß der Wasserbewegung wird das *Litoral* in drei Tiefenstufen gegliedert: die *Gezeitenstufe* (nach oben durch die Flutlinie, nach unten durch die Ebbelinie begrenzt), die *Flachwasserstufe*, in der die Wellenbewegungen noch deutlich wahrnehmbar sind, und die *Stillwasserstufe* ohne stärkere Bewegung. Die Litoralfauna ist nach Arten wie nach Stückzahl der weitaus reichste Teil des Meeres. Das Leben in der Stillwasserstufe des Litorals erfordert die wenigsten Anpassungen an besondere physiographische Bedingungen. Hier sind daher alle Gruppen der Meerestiere vertreten. Besonders Inselgebiete mit ihrer ausgedehnten Küstenentwicklung erlauben die reichste Ausbildung der Litoralfauna. Die Auswahl der Arten in den Biotopen wird vor allem durch den Untergrund und die Wasserbewegung bestimmt.

Die Tiere der *Brandungszone* sind dem Anprall der Wogen und dem Trockenliegen zur Ebbezeit ausgesetzt. Beiden Gefahren begegnen starke, häufig verschließbare Gehäuse (Schnecken, Muscheln, Röhrenwürmer, Cirripedien, thecate Hydroiden). Ein anderes Schutzmittel der Brandungstiere, mit dem vorigen meist verbunden, ist starke Befestigung am Untergrund, Anwachsen oder Anheften mit Klebstoffen (Byssusfäden der Miesmuschel) oder Haftapparate (muskulöse Sohlen von Chitonen, *Patella, Haliotis*). Andere schützen sich durch Eingraben (dünnschalige Muscheln, Würmer, Krabben), Verkriechen in Felsspalten; oder sie finden Schutz in selbstgebohrten Höhlen (Bohrmuscheln, *Pholas, Lithodomus*; manche Seeigel wie *Arbacia pustulosa*).

Unterhalb der Ebbelinie bieten auf *lockerem Untergrund* in vor zu starkem Wellenschlag geschütztem Wasser die „Seegraswiesen" (Potamogetonaceen) mit reichlichem Algenbewuchs (bis 10—40 m Tiefe) Tieren verschiedenster Art Nahrung und Unterschlupf (unter anderen zahlreiche Gehäuse- und Nacktschnecken, Amphipoden, Isopoden, Garnelen, Syngnathiden und Hippocampiden als vagile, Hydroiden, Scyphostomen, Ascidien als sessile Formen). In kahlem, lockerem Untergrund, *Sandgrund*, finden sich zahlreiche in den Sand mehr oder weniger tief sich eingrabende Formen aus den verschiedensten Gruppen. Die Mehrzahl von ihnen nährt sich von zerfallenden organischen Massen, viele sind Sandfresser (z. B. *Arenicola, Balanoglossus, Echinocardium, Synapta*), andere Filtratoren, die kleine schwebende Teilchen anstrudeln (*Branchiostoma*,

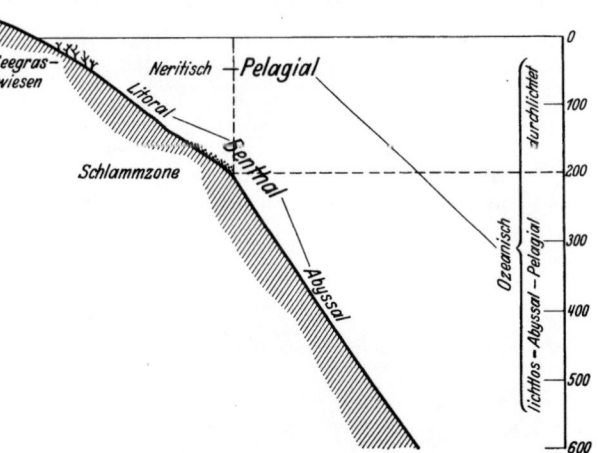

Abb. 301. Schema der Einteilung des Lebenskreises des Meeres.

viele Muscheln, *Lingula*). Auch viele Räuber des Sandgrundes sind oberflächlich eingegrabene oder dem Boden flach aufliegende Bodenlaurer. Vielfach können sie sich durch Wechsel ihrer Färbung und Zeichnung der Umgebung anpassen (Pleuronectiden, Sepien). Manche Fleischfresser graben im Sand ihrer Beute nach (Polychäten, *Astropecten, Natica*, die 2—5 cm unter der Sandoberfläche kriecht und Muscheln anbohrt und mit ihrem Rüssel aussaugt). Nur wenige Formen wandern auf der Sandoberfläche umher, wie einige fleischfressende Schnecken (*Buccinum, Nassa*), zahlreiche Krabben (*Portunus, Hyas, Inachus*), Einsiedlerkrebse und viele Ophiuroiden und Asterioiden. Am äußeren Rand des Litorals, nahe dem Abfall des Festlandsockels, liegt meist eine *Schlammzone*, in der die von den Flüssen ins Meer getragenen und die aus den oberen Litoralstufen abgespülten feineren Detritusteilchen sich absetzen. Beimischung des nährstoffreichen Schlammes zum Sand erhöht dessen Nährwert für die Sandfresser und schafft so Weidegründe, zu denen Dorsch, Hering, Makrele und Tunfisch hinabsteigen.

Auf *felsigem Untergrund* sind unterhalb der Ebbelinie dichte *Algenbestände* (bis ungefähr 10 m *Fucusstufe*, ungefähr 10—40 m *Laminarienstufe*) Schauplätze eines reichen Tierlebens. Der Fels selbst ist die Unterlage der meisten festsitzenden Tiere (Hydroiden, Octocorallen, Actinien, Röhrenwürmer, Bryozoen, Ascidien). Die Felsküste ist der bevorzugte Wohnplatz der Seeigel, Schnecken und Octopoden. Die Laminarienstufe ist der normale Wohnplatz der Auster, die mit einer Schale auf der Unterlage festgewachsen ist.

Einen besonderen Biotop der Felsküste bilden die *Korallenriffe* der Tropenmeere, anderen Aufbau auch Bryozoen und Kalkalgen beteiligt sind. Sie bieten die Unterlage für eine ungeheuer reiche Biocönose; es gibt kaum eine benthonische Tiergruppe, die in ihr nicht vertreten wäre.

Im *Abyssalbenthal* ist der Boden fast überall von Sinkstoffen bedeckt (Tiefseeschlamm), der zum größten Teil aus abgelagerten Skeletresten pelagischer Tiere besteht. Kalkablagerungen (besonders Schalen von Foraminiferen, zumeist Globigerinen) kommen vor allem in tropischen und subtropischen Gebieten vor, wo die Temperatur die Kalkausscheidung fördert, kieselige besonders in polaren Gebieten und da, wo eine Beimischung von tonigen Bestandteilen im Oberflächenwasser die Bildung von Kieselskeleten begünstigt (z. B. in den hinterindischen Meeresabschnitten mit dem reichlichen Zustrom von Flußwasser). Der Globigerinenschlamm bedeckt ungefähr 29% des gesamten Meeresbodens ($105 \cdot 10^6$ qkm). Die Tierwelt der Tiefsee setzt sich nur aus Detritusfressern und Räubern zusammen.

Unter den niederen Tieren sind besonders Foraminiferen auf dem Tiefseeboden sehr zahlreich. Die häufigsten Tiefseemetazoen sind Holothurien. Schwämme, Muscheln, Röhrenwürmer, Cirripedien und Ascidien kommen als Strudler vor. Von Crustaceen sind fast alle Ordnungen vertreten. Sehr groß ist der Reichtum an Anthozoen. Die Tiere, die auf dem Schlamm leben, müssen Einrichtungen haben, die ein Einsinken verhindern (Vergrößerung der Tragfläche, bei Tieren mit Gliedmaßen Verteilung der Last auf möglichst weit voneinander entfernte Stützpunkte, bei festsitzenden Wurzelausläufer). Eine Reihe von Eigentümlichkeiten der höheren Tiefseetiere hängt mit der Lichtlosigkeit zusammen (S. 329).

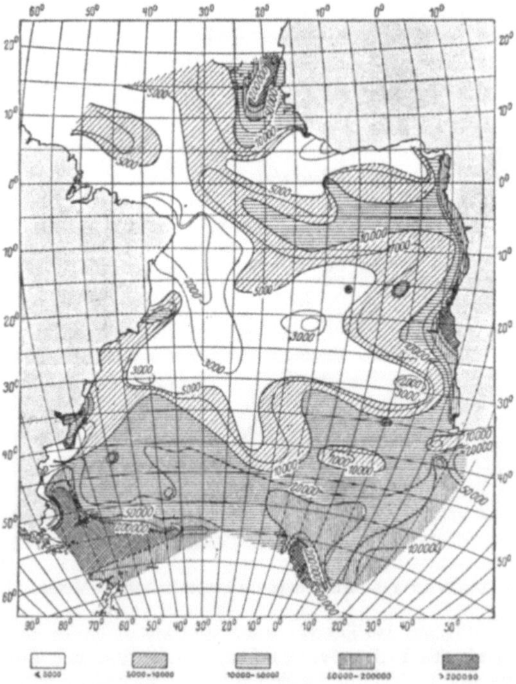

Im *Pelagial* (Abb. 301) ist zu unterscheiden zwischen der *Hochsee*, die sich über der Tiefsee ausbreitet, dem *ozeanischen* Pelagial, und dem *Küstenpelagial* oder *neritischen* Pelagial über der Litoralzone. Das ozeanische Pelagial umfaßt das durchlichtete (*euphotische*) und das lichtlose oder *aphotische* (*abyssale*) Pelagial (*Bathypelagial*). Die Grenze zwischen beiden ist nicht scharf und wechselt mit Breitengrad und Jahreszeit; sie wird zwischen 200 und 400 m angesetzt.

Abb. 302. Verteilung des Gesamtplanctons an der Meeresoberfläche; Zellenanzahl auf 1000 ccm. (Nach HENTSCHEL.)

Die Lebensgemeinschaft des Pelagial setzt sich aus Tieren aller Klassen zusammen. Die *Radiolarien* gehören fast ganz allein ihm an. Von den *Foraminiferen* sind die *Globigerinen* als Planctonten spezialisiert. Von den Cölenteraten sind die *Medusen*, *Siphonophoren* und *Ctenophoren* pelagisch. Die Chätopoden stellen einzelne charakteristische pelagische Formen (z. B. *Alciopa*, *Tomopteris*). Den Hauptteil des Mesoplanctons liefern die Crustaceen, besonders die *Copepoden*. Von den Amphipoden sind die *Hyperiiden*, von den Schizopoden die *Mysideen* und die *Euphausiiden*, von den Decapoden die *Sergestiden* und andere Planctonten. Unter den Mollusken sind vor allem die massenhaft auftretenden *Heteropoden* (Hauptnahrung mancher Wale) und einige Opistobranchierfamilien (*Limaciniden*, *Cymbuliiden*, *Cavoliniiden* und andere) pelagisch, ferner zahlreiche Cephalopoden. Unter den Tunicaten sind die *Copelaten* und *Salpen*, unter den Wirbeltieren viele *Fische*, ferner die *Wale* holopelagisch. Die meroplanctonischen Formen der verschiedenen Klassen gehören dem neritischen Bezirk an, auf den ihre benthonischen Stadien angewiesen sind (S. 324).

Das *Bathypelagial* der Tiefsee wird von zahlreichen spezialisierten Formen aus Gruppen gebildet, die auch im durchlichteten Pelagial vorkommen. Unter ihnen zeigen vor allem die räuberischen Crustaceen, Cephalopoden und Fische besonders, in vielem übereinstimmende Anpassungen. Die Augen sind zurückgebildet oder außerordentlich vergrößert. Sehr häufig sind Leuchtorgane vorhanden (bei ungefähr 44% der Tiefseefische, 80% der bekannten Tiefseecephalopoden). Häufig sind die Tastorgane (Fühler) sehr stark entwickelt.

Außer dem Licht ist die *Temperatur* ein Hauptfaktor, der die Verteilung der pelagischen Tiere bestimmt.

Die *Oberflächentemperatur* (zwischen den Mitteln ungefähr 27^0 in den Tropen und -1^0 bis -2^0 in den polaren Gewässern) macht Tagesschwankungen und Jahresschwankungen durch (in den Tropen höchstens $2-3^0$, in höheren Breiten $5-8^0$, in Küstennähe und Nebenmeeren häufig mehr, z. B. Ostsee $18-19^0$). In den wärmeren Meeren nimmt die Temperatur bis zu einer Tiefe von ungefähr 1000 m rasch ab. Dieser Abfall ist an vielen Stellen in einer schmalen Tiefenzone (zwischen 50 und 200 m) besonders steil (*Thermokline, Sprungschicht*). In Tiefen unter 1500 m herrscht eine gleichmäßig tiefe Temperatur ($-0,3^0$ bis $-1,3^0$ C. Stenotherme Planctonten (Kalt- oder Warmwasserformen) werden durch die Temperaturverteilung auf bestimmte Breiten- oder Tiefenzonen beschränkt. Dabei sind die einzelnen Planctonten von der absoluten Höhe der Temperatur, mehr noch von den an einer bestimmten Stelle herrschenden Temperaturschwankungen abhängig. Die Sprungschicht bildet oft eine Grenze zwischen verschiedenen Planctonbevölkerungen.

Für die Wohndichte des Gesamtplanctons ist die Menge der *Urnahrungsstoffe* in den Oberflächenschichten des Meerwassers entscheidend. Phosphate, Nitrite, Nitrate und NH_3 werden mit dem Flußwasser (die N-Verbindungen auch aus der Atmosphäre, S. 320) dem Meer zugeführt. Sie werden aber dauernd der trophogenen Schicht dadurch entzogen, daß die Leichen der Organismen in aphotische Schichten absinken und ihre Endzersetzung erst in der Tiefe erfahren. Die größte Produktion erfolgt daher in Gebieten, wo die durchleuchtete Meeresoberfläche eine ,,Düngung" durch Zufluß von Süßwasser, gründliche Durchmischung des Meerwassers (im Flachwasser) und Aufstieg von Bodenwasser (Auftriebwasser durch örtliche oder ausgedehnte Horizontalströmungen kalten Tiefenwassers) erfährt (vgl. Abb. 302 mit einer Karte der Meeresströmungen).

2. Die Lebensbezirke des Süßwassers[1].

Gegenüber dem Meere weisen die Binnengewässer (die *limnischen* Lebensstätten) außerordentliche Mannigfaltigkeit auf. Am typischsten und am reichsten gegliedert ist der Biotop des *Sees*, der im kleinen die Lebensstätten des Meeres wiederholt. Wir können unterscheiden (Abb. 303) im *Benthal* (Seeboden) einen Ufer- oder *Litoral-(Vadal-)Bezirk* (norddeutsche Seen bis ungefähr 7 m, Alpenseen bis 30 m Tiefe) und einen Tiefen- oder *Profundalbezirk*. Der Litoralbezirk reicht nach unten bis zum Aufhören des Pflanzenwuchses. Im Litoralbezirk herrscht starke Wasserbewegung, daher ist das Uferwasser O_2-reich. Die jahreszeitlichen Schwankungen der Temperatur und Vegetation sind stark. Vom Lande her werden anorganische und organische Stoffe zugeführt. Zwei Hauptbiotope lassen sich nach der Wasserbewegung unterscheiden: *Brandungsgebiet (lotisches* Gebiet: Brandungssteine, Sandufer) und *Stillwassergebiet (lenitisches* Gebiet), das von einer mehr oder weniger reichen Vegetation, meist in konzentrischen Gürteln besetzt ist (Abb. 303). Besonders in dem Bereich der unterseeischen Wiesen herrscht ein an Arten und Individuen überaus reiches Tierleben (Crustaceen, Wassermilben, Muscheln, Schnecken, Chironomidenlarven, im Plöner See etwa 8000 Tiere im Gewicht von 300 g auf 1 qm). Die *Profundalregion* gliedert sich

---

[1] LENZ, FR.: Einführung in die Biologie der Süßwasserseen. Berlin 1928. — BREHM, V.: Einführung in die Limnologie. Berlin 1930.

meist in eine obere Stufe, das *Eprofundal* (*Sublitoral*), in dem vor allem leere Molluskenschalen in den Seeboden eingeschlämmt und ihm aufgelagert sind, und das *Euprofundal*, die von vegetationslosen Schlammablagerungen bedeckte Seetiefe, dessen Besiedelung mit zunehmender Tiefe immer artenärmer wird. Die euprofundalen Schlammablagerungen werden fast ausschließlich bewohnt von Larven von *Chironomiden* (*Chironomus, Ceratopogon, Tanytarsus*), *Pisidium*, *Tubifex, Nematoden* und zahlreichen *Amöbinen*. Die einzelnen Arten sind Leitformen für verschiedene Seentypen.

Die Artenzahl der Bewohner des *Pelagials* ist viel geringer als die des Litorals, und wenige Arten herrschen so vor, daß sie das Gepräge des Planctons bestimmen. Sie gehören den *Cladoceren, Copepoden, Rotatorien* an. Von den Insecten ist nur eine Form echt pelagisch, *Corethra*. Das *Necton*, der Fischbestand, spielt im Pelagial unserer Seen nur in einzelnen Gegenden eine größere Rolle (Coregonen, Seesaibling, Seeforelle). Für das Leben im Seenpelagial sind die *Temperaturverhältnisse* des freien Wassers von großer Bedeutung.

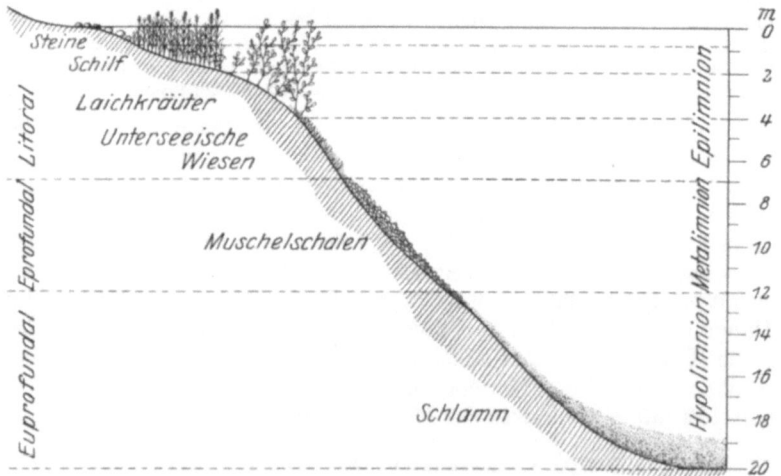

Abb. 303. Schema der Einteilung des Benthals (links) und des Pelagials in Sommerschichtung (rechts) in einem eutrophen See. (Nach LENZ.) Skala rechts Tiefe in Metern.

In der Seetiefe unter 80—100 m ist die Temperatur dauernd gleich um $+4^0$. In den oberen Wasserschichten der *warmen* (tropischen und subtropischen) Seen herrscht das ganze Jahr hindurch *direkte Wärmeschichtung*, d. h. es liegen jeweils wärmere Schichten über kälteren. *Polare* und *Hochgebirgsseen*, in denen die höchste Wassertemperatur nie über 4^0 steigt, sind *umgekehrt* (*indirekt*) *geschichtet*; kälteres Wasser liegt über wärmerem. In den *temperierten Seen* (Seen vom gemäßigten Typus) liegt im Sommer wärmeres Wasser über kälterem, im Winter kälteres Wasser über wärmerem. Der *Schichtungswechsel* ist mit Wasserbewegungen verknüpft.

Der Temperaturabfall von der Oberfläche zum Grund erfolgt mit einer *Sprungschicht* (Abb. 304). Man bezeichnet die Wasserschicht über der Sprungschicht als *Epilimnion*, die unter ihr liegende Wassermasse als *Hypolimnion*, die Sprungschicht selbst als *Metalimnion*. Für manche Arten, die im Winter gleichmäßig durch den See verteilt sind, bildet im Sommer die Sprungschicht die untere oder die obere Verbreitungsgrenze oder mindestens eine Stauungszone (Abb. 304). Der *Jahreswechsel* der Temperatur macht sich sehr in der Zusammensetzung des Planctons geltend. Manche seiner Glieder zeigen nicht nur quantitativ Jahresschwankungen, sondern verschwinden zeitweise ganz aus dem Plancton und machen derweilen Latenzstadien durch. Das Winterplancton ist nicht etwa nur ein verarmtes Sommerplancton, sondern es enthält vielfach andere Arten, die gerade während der kalten Jahreszeit ihre Hauptentwicklungszeit haben.

Viele Planctonten (besonders Ceratien, Rotatorien, Cladoceren) durchlaufen in den während eines Jahres aufeinanderfolgenden Generationen eine jahreszeitliche Gestaltsveränderung (*Temporalvariation, Cyclomorphose*), die als *Modifikationserscheinung* unmittelbar und mittelbar (durch Wechsel der Nahrung) von dem Temperaturwechsel ausgelöst wird.

Es lassen sich mehrere *Typen von Seen* unterscheiden, deren Eigenart vor allem von der Menge der Pflanzennährstoffe und dem Verhältnis zwischen trophogener und tropholytischer Schicht abhängt. Zwei Extreme sind die *eutrophen* und die *oligotrophen* Seen; sie sind durch Übergangstypen verbunden und lassen sich in Untertypen gliedern.

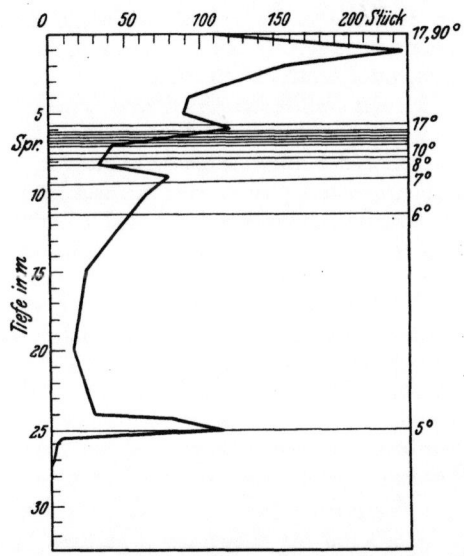

Abb. 304. Temperaturabnahme (rechte Skala je 1⁰ C) mit der Tiefe (linke Skala) im Sakrower See bei Potsdam (eutropher See) und quantitative Verteilung des Crustaceenplanctons in verschiedenen Tiefen (obere Skala: Anzahl der Individuen in 1000 ccm Wasser). (Nach BEHRENS aus HESSE.) Stauung oberhalb und unterhalb der Sprungschicht (*Spr*) und über der O₂-armen Schicht über dem Bodenschlamm.

Die *eutrophen Seen* (z. B. Seen der norddeutschen Tiefebene) haben meist geringe Tiefe, breiten Ufergürtel mit einer reichen, viel Detritus liefernden Litoralflora. Sie sind planctonreich; ihr Tiefenschlamm ist ein von Planctontenleichen und Kot der Planctontiere stammender Faulschlamm. Die bacterielle Zersetzung der im Verhältnis zu einer wenig mächtigen tropholytischen Schicht großen Menge von absinkenden organischen Resten verbraucht viel O_2. Der O_2-Gehalt des Wassers sinkt infolgedessen unterhalb der Sprungschicht nach der Tiefe zu stark ab, kann in und unmittelbar über dem Schlamm sogar $= 0$ sein. Die O_2-Armut gestattet nur wenigen, spezialisierten Formen das Leben in der Tiefe (im Tiefenpelagial *Corethra*-Larven; im Schlamm eine Biocönose, deren Leitformen *Chironomus*-Larven sind, daher auch „*Chironomusseen*"). Die meist tieferen *oligotrophen Seen* besitzen einen schmalen Ufergürtel und sind planctonärmer (klare Seen z. B. der Voralpen). Die in eine verhältnismäßig mächtige tropholytische Schicht absinkenden Planctonreste lagern sich als ein schon weitgehend ausgefaulter Schlamm ab. Der kaum durch Fäulnisvorgänge beeinträchtigte O_2-Gehalt der Tiefe erlaubt eine artenreichere Tiefenfauna (Leitformen: Larven der *Tanytarsus*-Gruppe, daher „*Tanytarsusseen*"). Über dem Schlamm kann in solchen Seen im Baltikum *Mysis relicta* in Massen vorhanden sein.

Unter den mannigfaltigen *chemischen Verschiedenheiten* der stehenden Gewässer bedingen vor allem der *Kalkgehalt*, der Gehalt an *Humusstoffen* (Braunwasserseen, Moorgewässer), der *Salzgehalt* und der Gehalt an *organischen* Stoffen (Faulgewässer) verschiedene Biocönosen.

In den *Salzwässern* des Binnenlandes zeigt weder Pflanzen- noch Tierwelt marines Gepräge; sie enthalten eine von Süßwassertieren sich ableitende Fauna. In den Salzteichen marinen Ursprungs dagegen stammt ein großer Teil der Bewohnerschaft aus dem Meer; aber zu diesen gesellt sich eine Anzahl ursprünglicher Süßwasserbewohner, wie Planarien und vor allem Insecten.

Mit der Salzwasserfauna zeigen die Bewohner von *Thermalgewässern* vielfach überraschende Ähnlichkeit. Unter den Wasserinsecten stellen gewisse Käfer und Dipterenfamilien zu beiden die Hauptvertreter. Diese extremen Biotope werden eben von allgemein euryöken Formen besiedelt.

Eigentümliche Biotope bilden die O_2-armen, an *organischen Stoffen* und ihren Zersetzungsprodukten (CO_2, CH_4, H_2S) reichen Gewässer (stark fauliges Hypolimnion und Profundal eutropher Seen, Wasser von Tümpeln mit dichtem Pflanzenüberzug, Abwässer). Ihre Biocönose (*Saprobios, Sapropel*) ist besonders durch ungeheuer reiche Entwicklung eigentümlicher *Ciliaten* und *Gastrotrichen* gekennzeichnet. *Tubifex* und *Chironomus*-Larven können Massenentwicklung erfahren.

Die *kleineren stehenden Gewässer* (Weiher, Tümpel, Lachen) sind durch den starken Wechsel der Bedingungen mannigfaltig und oft mit sehr spezialisiert zusammengesetzten Biocönosen belebte Biotope. Ihr rasches Entstehen und Vergehen erfordert Formen mit *Dauerstadien* und dadurch ermöglichter leichter Verschleppbarkeit. Diese können Dauereier (Rotatorien, Phyllopoden, Copepoden) oder vielzellige innere Knospen (Bryozoen, Spongilliden, S. 308f.) oder bestimmte Embryonalstadien (von einer Cuticularhülle [Embryothek] umgebene zweischichtige Keime von *Hydra*) sein; oder ganze Tiere können von einer Secrethülle umgeben ausdauern (z. B. Nematoden, Aeolosoma, Copepoden, *Protopterus, Lepidosiren*) oder eintrocknen (S. 35).

In den *fließenden Gewässern* bestimmt in erster Linie die mechanische Wirkung der Strömung die Biocönosen. Eigenes Plancton fehlt. Die Tiere können sich entweder durch Eigenbewegungen gegen die Strömung halten (schwimmend oder kriechend positiv rheotaktisch) oder sie sind bodensässig. Typisch für die *frei schwimmenden* Fische ist die hydrodynamisch bedingte Tropfenform (stumpfes Vorderende, spitz ausgezogenes hinteres Körperende). Unter den *Bodenformen* rasch strömender Gewässer sind die an Steinen lebenden abgeflacht, vielfach mit Randkontakteinrichtungen gegen Unterspülung versehen, mit Haftorganen ausgestattet. Nahrung bieten vor allem die Algenüberzüge der Steine, für größere Tiere die kleineren. Die von der Steinfauna sehr verschiedenen, zwischen Pflanzen lebenden Tiere sind mit Sperr- oder Haftapparaten ausgestattet. In den *Temperaturbedingungen* stehen sich vor allem der dauernd kalte Bergbach mit stenothermen Bewohnern und die langsamer fließenden größeren Gewässer gegenüber. In der Fauna der fließenden Gewässer spielen die *Fische* eine Hauptrolle und liefern die Leitformen.

Man kann für Mitteleuropa gliedern in: 1. *Bergbach, Forellenregion (Trutta fario, Phoxinus laevis, Nemachilus barbatula, Cottus gobio)*. 2. *Äschenregion*, Übergangsregion vom Bach zum Fluß (Leitform: *Thymallus vulgaris*, dann *Squalius cephalus*, im Donaugebiet *Salmo hucho*; Flußperlmuschel *Margaritana margaritifera*). 3. Der Fluß und Strom fischereibiologisch untergeteilt in *Barbenregion* (Leitform *Barbus fluviatilis*), Blei- oder *Abramidenregion* (mit *Abramis brama*, Zander, Hecht, Barsch, Schleie und vielen anderen Fischen) und *Mündungsgebiet* (Übergang zur Brackwasserregion; in den meist süßen Teilen Kaulbarsch, Aal, Stint, Stichling als Charakterfische, im brackigen Wasser Flundern).

c) Das Leben in der Luft.

Der Wohnraum der Lufttiere ist in seiner Gesamtheit weit kleiner als der des Wassers, da nur ungefähr $3/8$ der Erdoberfläche Festland ist und die Organismen darauf in einer dünnen Schicht zusammengedrängt sind. Trotz der dem Meer gegenüber viel geringeren Anzahl der großen Tierstämme, die das feste Land besiedelt haben, sind $4/5$ aller bekannten *Tierarten* Luftbewohner.

Als Hauptvorteil gewährt das Leben in der Luft den Landtieren unbegrenzte O_2-Zufuhr und eine ungeheure Fülle pflanzlicher Nahrung. Ferner setzt die Luft der Ortsbewegung viel geringeren Widerstand entgegen als das Wasser. Die erste Anforderung, welche das Luftleben an die Organisation stellt, ist der *Schutz gegen Verdunstung* der Körperflüssigkeit und Eintrocknung der Oberhaut. Ihr kommen die Hauptgruppen der Landtiere, die *Arthropoden* und die *Wirbeltiere*, durch Verfestigung ihrer Oberfläche, die ersten durch den Chitinpanzer, die zweiten durch die Verhornung der obersten Epidermisschichten, entgegen. Eine dritte Gruppe, die erfolgreich zum Landleben übergegangen ist, die Lungenschnecken, schützen sich durch einen zähen Schleim, viele sind noch durch ein Gehäuse geschützt, das zur Zeit intensiver Trockenheit zugedeckelt werden kann. Alle anderen Tiere, die zum Leben in der Luft übergegangen sind (Landplanarien, Regenwürmer, Landblutegel), besitzen nur unvollkommenen Verdunstungsschutz. Sie sind daher, wie die Landisopoden, Protracheaten und Amphibien, *Feuchtlufttiere* (hygrophile stenohygre Tiere, S. 42). *Trockenlufttiere* finden sich nur einerseits unter den *Arachnoiden* und *Eutracheaten*, andererseits den *Reptilien*, *Vögeln* und *Säugern*. Aber auch in diesen Gruppen verhalten sich nicht alle Formen der Luftfeuchtigkeit gegenüber gleich. *Hygrophil* sind manche Chilopoden (z. B. *Lithobius*) und viele weichhäutige Insecten. Dagegen sind die meisten Insecten *euryhygre* (S. 42) oder *xerophile stenohygre* Tiere, die überhaupt nur in trockener Luft gedeihen. Bei vielen ist das Wasserbedürfnis so gering, daß sie, ohne zu trinken, sich von fast ganz trockener Kost ernähren können (z. B. Holzkäfer, Pelzmotten). Die Reptilien sind im allgemeinen xerophil. Unter den Säugern können die Büffel (*Buffelus*) und das Nilpferd (*Hippopotamus*) nur geringe Herabsetzung der Luftfeuchtigkeit ertragen; umgekehrt kränkelt das Kamel bei einem Dunstdruck von mehr als 11—12 mm und geht rasch zugrunde. Die meisten Schnecken sind hygrophil; die reichste Entfaltung erreichen sie daher in feuchten Küstenwäldern und auf tropischen Inseln. Einige Schnecken (z. B. *Bulimus detritus, Xerophila*) können aber nur in Trockengegenden leben.

Sehr sinnfällig ist auf dem Lande auch die Abhängigkeit des Tierlebens von der *Temperatur* (S. 43). Zwischen Tieren desselben Bauplanes können die größten Verschiedenheiten herrschen, ohne daß wir angeben können, welche Züge der Organisation Eurythermie ermöglichen oder zur Stenothermie zwingen, ein Tier thermophil oder psychrophil machen. Stenotherme Wärmetiere kommen unter allen Gruppen der Lufttiere vor, besonders häufig sind sie unter den Insecten (Termiten, Orthopteren, viele Käfer- und Schmetterlingsgruppen). Die Reptilien sind fast alle stenotherm wärmeliebend. Stenotherm kälteliebend sind nur wenige Lufttiere (so von den Lungenschnecken die *Vitrina*-Arten). Die Zahl der eurythermen Tiere ist auf dem Lande viel größer als im Wasser, entsprechend dem Umfang der Temperaturschwankungen der Luft. Bei allen *Poikilothermen* hört jedoch unter einer bestimmten Temperatur das aktive Leben auf. Aber auch die *Homoiothermen* (S. 178) sind von der Temperatur ihres Lebensraumes nicht ganz unabhängig. Da bei einem kleinen Tier die Körperoberfläche größer im Verhältnis zur Körpermasse ist als bei einem ähnlich gebauten größeren, gibt ein kleines Tier verhältnismäßig mehr Wärme ab als ein großes. So stellt der Aufenthalt in niederer Temperatur an die Wärmeproduktion durch den Stoffwechsel bei kleinen Tieren größere Ansprüche als bei großen. So erklärt es sich, daß in Polargegenden und Hochgebirgen die Säuger und Vögel nicht unter eine bestimmte Größe herabgehen. Es ist eine allgemeine Regel, daß bei homoiothermen Tieren dieselbe Art in kälteren Gegenden eine bedeutendere Körpergröße erreicht als in wärmeren, oder daß von nahe verwandten Arten die größeren unter dem kälteren Klima wohnen (BERGMANNsche Regel). Höhere Temperaturen als die Eigentemperatur werden von Homoiothermen vertragen, wenn eine Wärmeregulierung durch Wasserverdunstung möglich ist; feuchte Luft von 40° ist daher für sie unbewohnbar. Aber auch innerhalb der allgemein erträglichen Grenzen gibt es bei den Vögeln und Säugern neben vielen Eurythermen auch stenotherme Formen (psychrophil ist z. B. der Steinbock, thermophil sind die Anthropomorphen).

Der *Wechsel der klimatischen Bedingungen* spielt auf dem Lande eine viel größere Rolle als im Wasser. Der Wechsel von *Tag und Nacht* bedeutet für die meisten Tiere einen Wechsel zwischen Ruhe und Aktivität, wobei die Zeit der

Tageshelle und Wärme oder die Zeit der Dunkelheit (bzw. Dämmerung), Kühle und höheren Luftfeuchtigkeit die des aktiveren Lebens sein kann. Auf dem größeren Teil der Erdoberfläche beeinflußt ein mehr oder weniger ausgesprochener *Jahreswechsel* (in den Tropen und Subtropen als Wechsel zwischen Regenzeit und Trockenzeit, in den gemäßigten und polaren Zonen als Wechsel zwischen Sommer und Winter) das Tierleben stark. Nur selten fehlt ein solcher Wechsel ganz, und das Pflanzen- und Tierleben geht gleichmäßig ohne größere Unterbrechungen fort (vor allem an manchen Stellen in den Tropen). Da mit dem Fehlen der Periodizität der Jahreszeiten noch viele andere günstige Bedingungen (Wärme, Lichtfülle, Nahrungsangebot, Luftfeuchtigkeit) verbunden sind, herrscht in den *Tropenwäldern* die größte Arten- und Gesamtwohndichte, die auf dem Lande überhaupt erreicht wird. Auch in den echten *Wüsten* tritt kaum ein Wechsel ein und das ganze Jahr hindurch bleibt das Leben der kümmerlichen Trockenfauna gleich.

Die meisten Luftbewohner, vor allem die *Poikilothermen*, aber auch manche Homoiotherme, verbringen das Extrem der ungünstigen Jahreszeit in einem Ruhe- oder *Starrezustand* (Winter- oder Sommerschlaf, S. 35). Nur bei den Vögeln kommt kein einziger Winterschläfer vor. In nördlich gemäßigten und kalten Zonen wird das Winterleben ausschließlich von Vögeln und Säugern bestritten. So wechselt die Zusammensetzung der Biocönosen auf dem Lande häufig sehr stark mit der Jahreszeit.

Für viele Homoiotherme gibt der Wechsel der Jahreszeiten Anlaß zu mehr oder weniger ausgedehnten *Wanderungen*. Am großartigsten sind diese bei *Vögeln*, wo sie fast von Pol zu Pol reichen können und mit ungeheuren Flugleistungen verbunden sind[1].

Die amerikanische Polarseeschwalbe (*Sterna paradisaèa*) brütet zur Zeit der Mitternachtssonne in der Arktis bis über $82°$ n. Br. hinaus. Sind die Jungen erwachsen, so wird der Weg zur Antarktis in ungefähr 20 Wochen zurückgelegt, wo der Vogel wieder die Mitternachtssonne genießt. Die Flugstrecke von etwa 33000 km wird anscheinend mit Tagesleistungen von etwa 225 km zurückgelegt, was auch etwa der Leistung europäischer Vögel beim Herbstzug entspricht.

In Mitteleuropa gehören zu den *Zugvögeln* alle, die sich von fliegenden Insecten nähren (Schwalben, Segler, Fliegenschnäpper), manche andere Insectenfresser (Kuckuck, Wiedehopf u. a.), aber auch manche Körner- und Grasfresser, die meisten Vögel, die ihre Nahrung in stehenden Binnengewässern finden, und viele Raubvögel. In der Polarzone ziehen alle Vögel außer dem Schneehuhn. Gegen die mittleren Breiten nimmt die Anzahl der Standvögel zu. Vögel, die in einem Gebiet Standvögel sind, können in anderen Gegenden ziehen (das Rebhuhn *Perdix perdix*, bei uns ein Standvogel, zieht im östlichen Rußland südwärts zum Wolgadelta). *Zugweise* und *Zugweg* sind bei den einzelnen Arten, je nach der Lebensweise, sehr verschieden. Sogar die artgleichen Bewohner verschiedener Gegenden verhalten sich nicht gleich.

Als Beispiel diene der weiße Storch (*Ciconia ciconia*) (Abb. 305). Die Störche wandern aus Deutschland im Herbst zu ihren Winterquartieren im südlichen Afrika auf zwei Wegen. Die Störche aus Süddeutschland ziehen über Südfrankreich, Spanien nach Afrika; die Störche aus dem östlichen und mittleren Europa wandern über Kleinasien und Palästina nach Südafrika. Die Grenze der beiden Brutgebiete bildet ungefähr die Weser. Der Rückzug der Störche im Frühjahr erfolgt auf dem gleichen Wege. Im Herbst und Frühjahr finden in Ungarn Ansammlungen von mehreren Tausenden statt. In der Regel kehren die Störche aus dem Wintergebiet wieder in ihre engere Heimat zurück. Beide Zugstraßen sind ausgesprochene Landwege und umgehen die Alpen, die östliche folgt nahrungsreichen

---

[1] LUCANUS, FR. VON: Die Rätsel des Vogelzugs. 2. Aufl. Langensalza 1923. — WACHS, HORST: Die Wanderungen der Vögel. Erg. d. Biol. 1, 1926. — HARNISCH, E.: Der Vogelzug im Lichte der modernen Forschung. Leipzig 1929.

Sammel- und Zwischenstationen. In Südafrika findet der Storch die günstigen Verhältnisse eines regenreichen Südsommers mit großem Lurchreichtum und massenhaft auftretenden Wanderheuschrecken.

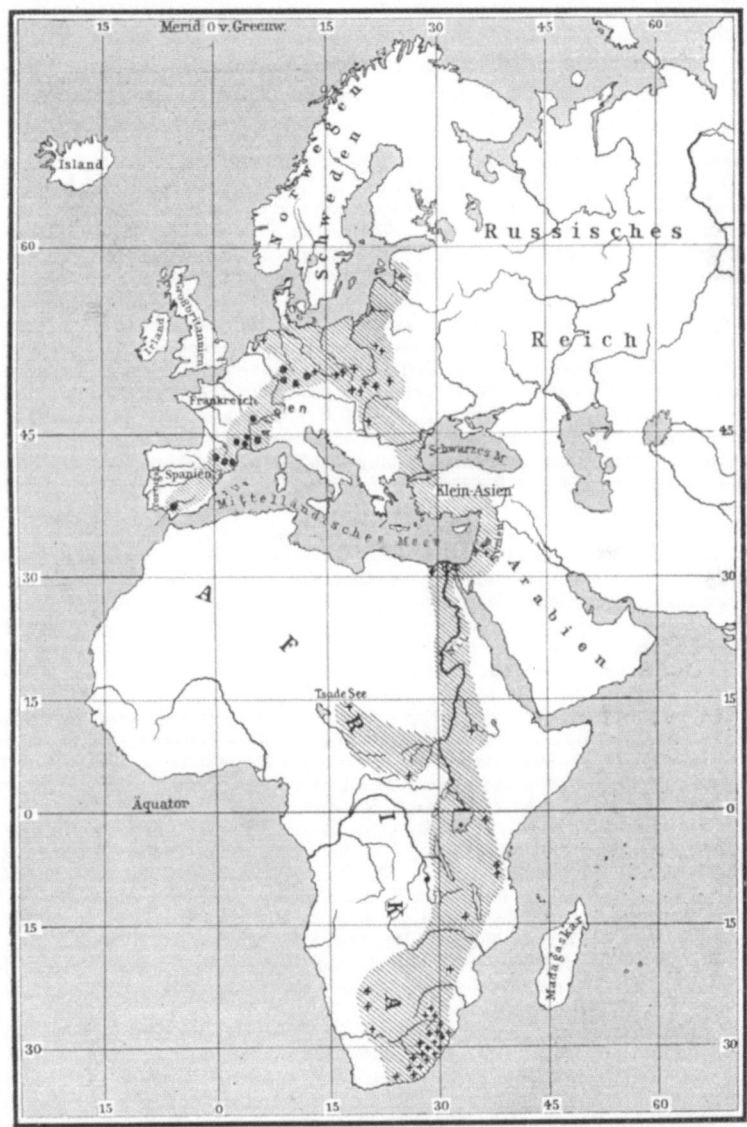

Abb. 305. Zugbild des weißen Storches (*Ciconia ciconia*) auf Grund der Wiederfunde beringter Tiere. Die west- und süddeutschen Tiere (Fundorte Punkte) wandern über Spanien und Zentralafrika, die norddeutschen Störche (Fundort Kreuze) über Ungarn, Kleinasien, Palästina, Ägypten und nilaufwärts bis Südafrika. (Nach THIENEMANN.)

Auch bei *Säugetieren* kommen jahreszeitliche Wanderungen vor[1], wenn sie auch nicht die Ausdehnung des Vogelzuges erreichen.

Manche nordische Fledermäuse ziehen nach wärmeren Winterherbergen (*Vesperugo* zieht aus dem nördlichen Rußland bis nach Mittel- und Süddeutschland). Viele Wieder-

---

[1] HILZHEIMER, M.: Die Wanderungen der Säugetiere. Erg. d. Biol. 5, 1929.

käuer zahlreicher Arten wandern zu Tausenden über weite Strecken, besonders in Steppengebieten (so in Südafrika mit Beginn der Regenzeit in die Steppen, zur Dürrezeit in die Gesteinsfelder und Uferwälder) und ihnen folgen die verschiedenen Raubtiere, so daß eine ganze Biocönose in flutender Bewegung ist.

Für den Charakter der Biotope des Festlandes ist vor allem die *Pflanzenbesiedelung* ausschlaggebend, die in erster Linie von der Feuchtigkeit des Bodens abhängt. In der ungeheuren Fülle terrestrischer Biotope lassen sich einige *Haupttypen* unterscheiden:

Im *Wald* erhebt sich die Biosphäre in den Tropen am höchsten über den Boden und erreicht die höchste Produktion. Infolge der in ihm herrschenden gleichmäßigen Temperatur und hohen Luftfeuchtigkeit ist der Wald der Ort stenothermer und stenohygrer Tiere (Schnecken, Asseln, Myriopoden, Chilopoden, Amphibien, in den Tropen Landplanarien und Landblutegel). Da die Luftbewegungen gering sind, können schlechtfliegende Insecten in ihm fortkommen. Anpassungen an das Baumleben herrschen bei Wirbellosen und Wirbeltieren vor. Viele Insecten sind auf die Bäume als Nahrungsquelle für die Larven angewiesen (Rüssel- und Borkenkäfer, manche Schmetterlinge, Holzwespen u. a.). Klettervorrichtungen sind in vielfacher Konvergenz bei verschiedenen Tiergruppen ausgebildet (z. B. lange Krallen; Gegenüberstellung von einer oder zwei Zehen bei vielen baumbewohnenden Wirbeltieren, z. B. bei einem Baumfrosch *Chiromantis*, den Chamäleonten, manchen Beutlern, Halbaffen und Affen; Greifschwanz bei Chamäleonten, einigen insectenfressenden Beutlern Australiens und südamerikanischen Säugern aus verschiedenen Gruppen). Eine Bewegungsart, die nur Baumtieren zukommt, ist der Schwebeflug zur Verlängerung der Sprünge (Flughäute bei Wirbeltieren aus verschiedenen Ordnungen). Für Bewegung am Boden ist der Wald ein Hindernis; im dichten Urwald kommen nur starke Brecher (wie Elefant, Flußpferd, Büffel) oder niedriggestellte Schlüpfer wie die Schweine vor. Unter den Vögeln sind die Spechte außerhalb des Waldes selten. Bei uns ist das Eichhörnchen (*Sciurus vulgaris*) das Charaktertier des Waldes.

Viel reicher als das dichte Waldinnere sind an höherem Tierleben der *Waldrand*, die *Lichtung* und Übergangsgebiete, welche die Vorteile des *offenen Geländes* mit denen des Waldes vereinigen.

Im *offenen Gelände* führen alle Übergänge von der Parklandschaft, der üppigen Grasflur über die Steppen bis zur Wüste. Eine durchgehende Eigentümlichkeit bilden die starken täglichen und meist auch jahreszeitlichen Schwankungen der Temperatur und mindestens zeitweise starke Trockenheit, so daß eurytherme Trockenlufttiere für das offene Gelände charakteristisch sind. Es ist die bevorzugte Heimat einer Menge von Insecten, vor allem hemimetaboler (wie Termiten, Orthopteren, besonders Heuschrecken, vor allem Acridier), ferner Ameisen, sehr vieler Reptilien und Vögel. Unter den Säugern herrschen rasch laufende Huftiere, Rentiere, Antilopen, Pferde, Kamele, hüpfende Formen (Känguruh, hüpfende Nager) und Grabtiere (viele Nagetiere, Gürteltiere, Erdferkel, Steppenschuppentier) und große Raubtiere vor. Die Nager übertreffen alle anderen Säuger an Artenzahl weitaus. Sie bilden den Grundstock für die Ernährung vieler Raubvögel und Carnivoren. Sehr häufig schließen sich im offenen Gelände die Tiere zu Gesellschaften zusammen (Huftiere, wühlende Nager). Huftierherden umfassen oft verschiedene Arten; auch Strauße können sich ihnen anschließen. Selbst die sonst einzellebenden Raubtiere können Rudel bilden. In der Trockenzeit strömen zu Wasserstellen Vögel und Säuger oft in ungeheuren Scharen zusammen.

Sumpf- und *Ufergelände* sind die Heimat aller Formen, die ihre Eier ins Wasser absetzen, also heterök auch dem Lebensbezirk des Wassers angehören (Amphibien, viele Insecten mit wasserlebenden Larven). Ferner kommen in allen Klassen der Wirbeltiere Arten vor, die sekundär sich dem Wasser als Nahrungsquelle und Aufenthaltsort angepaßt haben. Besonders zahlreiche Vögel zeigen als Wat- und Schwimmvögel verschiedene Grade der Anpassung an den Nahrungserwerb im Wasser. Einzelne Wirbellose und Fische sind zu einem zeitweiligen Leben in der Uferregion übergegangen.

Biotope mit extremen Bedingungen und verarmter Tierwelt sind die *Tundren*, die *alpine Stufe* der Gebirge, die *polaren* Gebiete und unterirdischen *Höhlen*.

Die Höhlen bilden der Tiefsee in manchen Bedingungen (nahezu gleichmäßige Temperatur von 8,7—10° C jahrüber, Lichtmangel) vergleichbare, isolierte Biotope in der Land- und Süßwasserfauna. Die Höhlentiere besitzen eine Reihe gemeinsamer Eigentümlichkeiten, wie geringe Größe und Schlankheit des Körpers, Pigmentlosigkeit, häufiges Fehlen der Sehorgane und Vergrößerung der Tast- und Riechorgane, Verlängerung der Extremitäten, bei Insecten Flügellosigkeit; zuweilen keine Periodizität der Fortpflanzung. Als Beispiele von charakteristischen Höhlentieren seien genannt: unter den zahlreichen Käfern *Trechus* (*Anophtalmus*) und *Leptoderus hohenwarti*, der Myriopode *Brachydesmus subterraneus*, von Arachnoiden *Stalita taenaria, Obisium spelaeum*, von Krebsen *Troglocaris schmidti, Niphargus (Gammarus) puteanus, Asellus cavaticus*, die Schnecken *Patula hauffeni* und *Zospeum spelaeum*, schließlich der Grottenolm (*Proteus anguineus*).

C. Beziehungen der Glieder einer Biocönose zu einander.

Die Glieder einer Biocönose stehen in mannigfaltigen Beziehungen zueinander. Die *Tiere derselben Art* stehen in *Fortpflanzungsbeziehungen* lockerer oder engerer Art (S. 263f.). Ferner können sie *Vergesellschaftungen* verschiedener Bedeutung und auf verschiedener physiologischer Grundlage bilden. Solche Tierverbände können in der Biocönose als Einheiten von verschiedenem Geschlossenheitsgrad auftreten. Auch verschiedene Arten können ähnliche Vergesellschaftungen wie Artgenossen bilden (z. B. Mischherden, S. 363). Andererseits herrscht zwischen den Artgenossen (bzw. Vergesellschaftungen von solchen) und auch zwischen art-

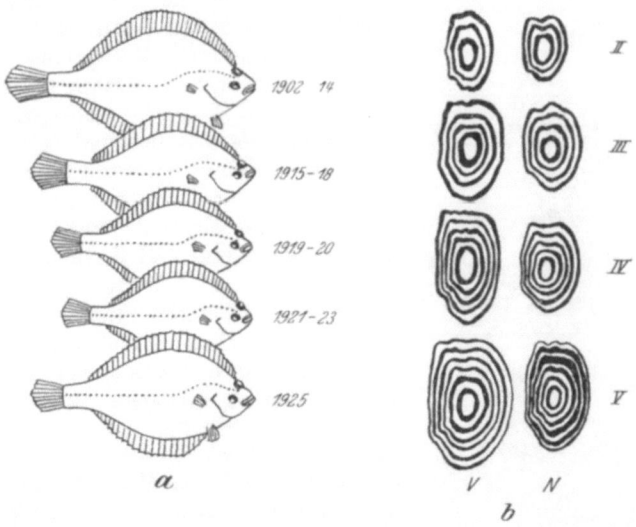

Abb 306. Verschiedene Wachstumsgeschwindigkeit der Scholle (*Pleuronectes platessa*) am selben Ort in verschiedenen Fangperioden. a Mittlere Größe der weiblichen Schollen der Altersgruppe IV (im 5. Lebensjahr) in den fünf Fangperioden: 1902—1914, 1915—1918, 1919—1920, 1921—1923, 1925 ($^1/_8$ der nat. Gr.). b Otolithen von weiblichen Schollen der mittleren Länge der einzelnen Jahrgänge II (im 3. Lebensjahr) bis V (im 6. Lebensjahr) *V* vor (1905/06), *N* nach dem Krieg (1922). Der Kern und der 1. dunkle Ring werden im 1. Lebensjahr gebildet. Im Frühjahr wird jeweils ein weißer, im Herbst ein dunkler Ring zugebildet.
(Nach HEINCKE u. BÜCKMANN, 1926.)

verschiedenen Tieren gleicher Lebensführung eine *Konkurrenz um Nahrung und Fortpflanzungsgelegenheit*. Der *Einfluß der Wohndichte* auf die Entwicklungsmöglichkeiten der einzelnen Glieder der Biocönose äußert sich z. B. in der Wachstumsgeschwindigkeit der Fische eines Bestandes, und zwar nicht nur in Teichen, sondern auch in Biotopen des Litorals des offenen Meeres. Ein Beispiel bietet der Einfluß der Schonzeit während des Krieges auf den Schollenbestand der Nordsee. Mit der Zunahme der Besetzung der Schollengründe erreichten die Schollen bei gleichem Alter eine geringere mittlere Länge (Abb. 306a). Die Wachstumsgeschwindigkeit und das Alter lassen sich (nach den Jahreszuwachsringen) an den Otolithen ablesen, deren Größe der Körpergröße proportional ist (Abb. 306b). Die Zunahme der Besetzung der Schollengründe drückt sich in den Fangzahlen an derselben Stelle in derselben Zeit aus (z. B. 1905 : 1921 : 1923 = 163 : 720 : 712; 1903/11 [Mittel]: 1920 : 1925 = 629 : 1117 : 889 [Wirkung der neuen Ausfischung]).

Bei manchen Arten findet bei Nahrungs- und Raumknappheit ein ausgesprochener Kampf statt, in dem sich der Stärkere gegen den Schwächeren durchsetzt.

Außerordentlich mannigfaltig sind die Beziehungen, die zwischen *Organismen verschiedener Art und Lebensweise* herrschen und in bestimmter Form einzelne Arten miteinander innerhalb einer größeren Lebensgemeinschaft verknüpfen. Vielfach sind auf diese Verknüpfung wesentliche Züge des Baues und der Leistung der beteiligten Arten zugeschnitten.

Die verbreitetsten Beziehungen sind die der *Nahrung* und des *Aufenthaltes*, die viele *Tiere an bestimmte Pflanzen* binden. Besonders unter den Insecten gibt es eine Fülle von Beispielen der Nahrungs- und Aufenthaltsspezialisten. Innerhalb der Tierwelt ist das *Räuber-Beuteverhältnis* das verbreitetste und tritt in den allerverschiedensten Formen auf. Auch hier wird die Zehrung durch Spezialisierung des Nahrungsbedarfes und der Jagdweisen der Räuber und die Lebensführung der Beutetiere innerhalb der Biocönose verteilt. Bestimmte Eigenschaften des Körperbaues, besonders der Receptions- und Aktionssysteme, befähigen die Räuber zur Erlangung der zu ihrem Unterhalt nötigen Beutestücke und ermöglichen es den verfolgten Tieren, den Kreis ihrer Feinde einzuschränken und in vielen Einzelfällen der Verfolgung zu entgehen. Im ganzen ist das Ergebnis von Nachkommenproduktion einerseits und Ausmerzung, in der die Zehrung nur ein Faktor ist, das ökologische Gleichgewicht innerhalb der Biocönose (S. 321). In jenem Wechselverhältnis spielen *Schutzanpassungen* der verschiedensten Art eine große Rolle. Schalen, Gehäuse, Stacheln, chemische Schutzmittel (Stoffe, die bestimmten Tieren „widrig" schmecken, Gifte), schützende Ähnlichkeit (*Schutztracht*) der Form, Färbung und Zeichnung mit der nichttierischen Umgebung (Verbergetrachten, Abb. 307) und mit durch andere stärkere Schutzmittel geschützten Arten (Mimikry, Abb. 308) gewähren natürlich stets nur einen relativen Schutz. Jede Schutzwehr wird durch irgendeinen spezialisierten Ausnutzer durchbrochen. Viele Einrichtungen (Waffen, Gifte, Gespinnste) werden sowohl zum Angriff wie zur Verteidigung benützt.

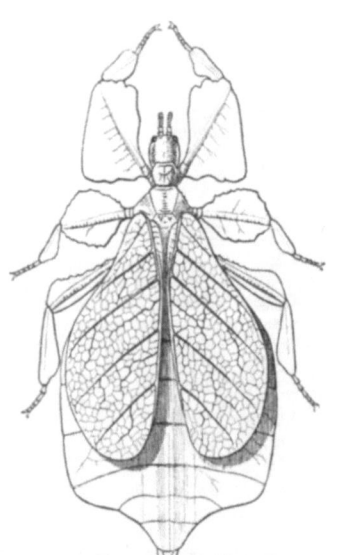

Abb. 307. *Phyllum pulchrifolium*.
(Original G.) (²/₃ d. nat. Gr.)

Besonders eigenartig sind die *Schutztrachten*[1], die in großer Mannigfaltigkeit von einem allgemeinen Lokalkolorit (Bodenfarbe, Laubgrünfarbe, Sandfarbe bei Wüstentieren, weiß bei Polar- und Hochgebirgstieren) bis zu täuschender Ähnlichkeit mit unbelebten oder belebten Gegenständen vorkommen. Solche Ähnlichkeiten der Färbung und Zeichnung können entweder dem Schutz verfolgter Arten, oder dem Verbergen lauernder oder anschleichender Räuber dienen und werden dementsprechend im Verhalten ausgenützt (Anpassung von Bodencephalopoden

---

[1] JAKOBI, A.: Mimikry und verwandte Erscheinungen. Braunschweig 1913. — STUDY, E.: Die Mimikry als Prüfstein phylogenetischer Theorien. Naturwiss. **7** (1919). — WASMANN, E.: Die Ameisenmimikry. Naturwiss. **13** (1925). — PROCHNOW, O.: Die Färbung der Insecten. Handb. d. Entomol. II. 1927. — BRÜEL, R.: Über Begriff und Erklärung der Mimikry. Biol. Zentralbl. **52** (1932).

und Bodenfischen an die Färbung des Untergrundes, S. 124). Für die Deutung einer Eigenschaft eines Tieres als Schutzanpassung ist natürlich immer zu prüfen, wie die Eigenschaft des Organismus auf diejenigen Tiere wirkt, für deren relative Umwelt sie Bedeutung hat, und man muß sich vor Vermenschlichung hüten. In welchem Umfang und welchen Tieren gegenüber widriger Geschmack, Giftigkeit, Verberge- oder Warntracht die Zehrung einer Art einschränkt, ist meist noch nicht genauer bekannt. Daß durch auffallende Färbungen und Zeichnungen ausgezeichnete Insecten von Vögeln und Säugern vielfach nicht gefressen (gemieden und, wenn geprüft, als offenbar widrig schmeckend zurückgewiesen) werden, daß also die *Warnfarbe* wirksam sein kann, ist in einer Reihe von Fällen festgestellt. In manchen Fällen ist auch nachgewiesen, daß widrig schmeckenden oder wehrhaften Insecten ähnlich sehende (mimetische) Insecten nach vorhergehender Erfahrung mit jenen „Vorbildern" gemieden werden.

Abb. 308. a *Trochilium apiforme.* b *Vespa crabro.* c *Dismorphia (Leptalis) leuconoë* (Pieride). d *Ithomia ilerdina* (die nachgeahmte Heliconide). (Nach BATES.) (Nat. Gr.)

Die Beziehung des Raubtieres zur Beute geht ohne feste Grenze in das des *Parasiten zum Wirt* über. Als *Parasiten (Schmarotzer)*[1] bezeichnet man einen Organismus im allgemeinen dann, wenn er seine Nahrung einem anderen entnimmt, auf oder in dessen Körper er sich aufhält. Im Gegensatz zur räuberischen Lebensweise, die den Tod des Opfers zur unmittelbaren Folge hat, ist die Schädigung des Wirtes durch den Parasiten verhältnismäßig gering oder zieht sich über einen längeren Zeitraum hin, bevor sie den Wirt völlig vernichtet. Je nachdem, ob sie Pflanzen oder Tiere heimsuchen, unterscheidet man *Phyto-* und *Zooparasiten*. *Fakultative* Parasiten (Gelegenheitsparasiten) sind Formen, die für gewöhnlich in verwesenden organischen Körpern leben, aber auch im Darminhalt vorkommen oder von Wunden aus ins lebende Gewebe eindringen können (manche Fliegen-

---

[1] CAULLERY, M.: Le parasitisme et la symbiose. Paris 1922. — FIEBIGER, J.: Die tierischen Parasiten der Haus- u. Nutztiere. Leipzig 1923. — BRAUN, M. u. O. SEIFFERT: Die tierischen Parasiten des Menschen. I. 6. A., II. 3. A. Leipzig 1925, 1926.

maden). *Obligate* Parasiten sind für ihre Lebenserhaltung auf bestimmte andere Tiere angewiesen. Der Parasit kann dem Wirt lediglich einen Teil seiner Nahrung entziehen (*Commensalismus*), z. B. Bewohner des Darminhaltes; diese können jedoch den Wirt durch giftig wirkende Stoffe, die sie ausscheiden, schädigen. Die echten Parasiten entnehmen ihre Nahrung dem Körperbestand des Wirtes. Sie werden, je nachdem, ob sie auf der Oberfläche oder im Inneren des Wirtes leben, als *Ectoparasiten* (z. B. Läuse) oder *Entoparasiten*, z. B. Trypanosomen, *Trichinella*) bezeichnet. *Temporäre* Parasiten sind nur vorübergehend an ihren Wirt gebunden. Bei ihnen ist die Trennung von Raubtieren nur unscharf und ziemlich willkürlich nach dem Größenverhältnis des Wirtes zum Ausnutzer zu ziehen (z. B. ein Blutegel an einem Frosch erscheint als Parasit, an einer Kaulquappe, die er durch sein Aussaugen tötet, als Raubtier). *Stationäre* Parasiten halten sich während längerer Lebensabschnitte in bzw. auf ihrem Wirt auf. Dabei können sie *permanent* (lebenslänglich) schmarotzen oder *periodisch*, in bestimmten Entwicklungsstadien oder Generationen dagegen frei sein.

Oft sind die geschlechtsreifen Tiere frei und die Larven leben parasitisch (Schlupfwespen, Gallwespen, parasitische Fliegen, z. B. Dasselfliege). Manchmal wird nur ein Geschlecht völlig frei, so bei den Strepsipteren, wo die Weibchen madenförmig bleiben und sich nur zum Teil aus dem Wirtskörper herausschieben, während die Männchen kurze Zeit freifliegen und die Weibchen aufsuchen (Abb. 782). Bei sehr vielen Parasiten sind die Jugendstadien frei bewegliche Larven (z. B. Trematoden, Abb. 457a, d, Copepoden, Abb. 593f., Cirripedien).

Viele Parasiten wechseln während ihres Lebens den Ort am oder im Körper ihres Wirtes und können dabei vom Ecto- zum Entoparasitismus übergehen. Diese Wanderungen der Parasiten hängen mit ihrer Fortpflanzungs- und Übertragungsweise zusammen.

Beispiele bilden *Polystomum integerrimum*, das zuerst an den Kiemen der Kaulquappen angeheftet ist und schließlich in der Harnblase der Frösche lebt; S. 490, die *Dasselfliegen*, deren Eier an den Pelz der Wirtstiere gelegt und aufgeleckt werden und in den Magen gelangen, von wo aus die Larven auf komplizierten Wegen bis zur Haut wandern; *Ankylostomum*, deren Larven durch die Haut einwandern und schließlich im Darm zur geschlechtsreifen Form auswachsen (S. 729).

Die Übertragung der Parasiten oder ihrer Nachkommenschaft auf neue Wirte geschieht häufig nicht unmittelbar von Wirt zu Wirt oder durch Vermittlung eines freilebenden Stadiums, sondern durch Vermittlung einer anderen Tierform. Diese kann entweder nur als mechanischer Überträger wirken oder selbst als *Zwischenwirt* durch bestimmte Stadien des Parasiten ausgenützt werden (z. B. blutsaugende Dipteren als Zwischenwirte von Malariaparasiten, S. 413f.). Manchmal kann der Entwicklungsgang eines Parasiten sich auf diese Weise durch zwei Biocönosen erstrecken (z. B. Distomeen in Wasserschnecken und in Wiederkäuern).

Fast in allen Tiergruppen sind Parasiten vorhanden (nur bei Echinodermen und Tunicaten sind keine bekannt). Unter den Wirbeltieren ist *Myxine* der einzige echte Parasit. In einigen Tiergruppen sind sämtliche Angehörige Parasiten (*Sporozoen, Trematoden, Cestoden, Acanthocephalen*).

In vielen Gruppen finden sich verschiedene Ausbildungsgrade des Parasitismus nebeneinander. So ist unter den durchweg parasitischen Flöhen der Menschenfloh *Pulex irritans* ein temporärer Parasit. Schon die Flöhe der Fledermäuse (Ischnopsylliden) sind viel mehr an ihren Wirt gebunden. Völlig stationäre Parasiten sind die festsitzenden Flöhe der Huftiere (Vermipsylliden) und der Sandfloh des Menschen (*Sarcopsylla*), der sogar von der Haut umwachsen wird.

Der *Körperbau der Parasiten* zeigt vielfach gegenüber den freilebenden systematischen Verwandten Rückbildungen verschiedener Organe und besondere Anpassungen an die parasitische Lebensweise. Oft gehen die Veränderungen der Organisation so weit, daß nur gewisse frühe Entwicklungsstadien noch die systematische Zugehörigkeit des Schmarotzers erkennen lassen (z. B. bei der in *Synapta* schmarotzenden Schnecke *Entoconcha mirabilis*, Abb. 834, bei *Sacculina carcini*, Abb. 605). Die Rückbildungen betreffen in erster Linie Bewegungs- und Sinnesorgane, in vielen Fällen auch die Einrichtungen für die Nahrungsaufnahme, die bei verschiedenen extrem angepaßten Parasiten durch Resorption durch die ganze Körperoberfläche (manche parasitische Protozoen, z. B. *Opalina*, Sporozoen; Cestoden, Acanthocephalen) oder durch Saugfortsätze (Rhizocephalen) erfolgt. Spezifische Fortbildungen des Körperbaues der Parasiten sind vielfach die Umbildung der Mundwerkzeuge zu Saugorganen (Saugnäpfen, z. B. Abb. 451, 464d, Sägekiefer der Blutegel, Abb. 544, Stechrüssel), die Ausbildung von Haftwerkzeugen bei Ectoparasiten (z. B. Abb. 585) und Darmparasiten (z. B. Abb. 451, 467).

Der *Stoffwechsel der Parasiten* muß dem Wohnort angepaßt sein. Im Darm und in stark O_2-zehrenden Geweben leben die Parasiten *anoxybiontisch* (S. 30). Die Parasiten verfügen über bestimmte Schutzstoffe gegen chemische Einwirkungen des Wirtes. Die Darmparasiten enthalten oder sezernieren Stoffe, welche die Verdauungssäfte ihrer Wirte unwirksam machen. Gegen die specifischen Schutzstoffe, welche in Geweben und im Blut (S. 152) befallener Tiere gebildet werden, stehen die Parasiten, die an eine Wirtsform angepaßt sind, Abwehrmittel zur Verfügung. Im einzelnen sind uns diese Stoffwechselleistungen, die es bestimmten Parasiten ermöglichen, sich in bestimmten Wirten zu behaupten, noch unbekannt.

Viele Besonderheiten sind in der *Fortpflanzung der Parasiten* ausgebildet. Viele stationäre Parasiten aus sonst getrenntgeschlechtlichen Gruppen sind Zwitter (z. B. *Angiostomum*, eine Reihe parasitischer Isopoden); dadurch wird Wechselbegattung ermöglicht, sobald zwei Parasiten zusammentreffen. Vielfach ist auch Selbstbegattung möglich. Wenn die erwachsenen Stadien frei leben, bringen meist die begatteten Weibchen die Eier an den Larvenwirt heran oder senken sie mit besonderen Legebohrern in ihn ein (z. B. Schlupfwespen). Sitzen die geschlechtsreifen Stadien am oder im Wirt fest, so werden vielfach die Eier nach außen entleert, und die Verbreitung dem Zufall überlassen. Entweder müssen die Eier gelegentlich in einen neuen Wirt hineingelangen (z. B. *Ascaris*) oder die Larven schwärmen umher und suchen aktiv einen neuen Wirt auf (z. B. marine parasitische Crustaceen). Die Vernichtungsziffer ist bei solcher Zufallsverstreuung der Brut natürlich sehr hoch, und dem entsprechen die hohen Vermehrungsziffern (S. 261), welche die der nicht parasitischen systematischen Verwandten weit übertreffen. In den Entwicklungsgang von Parasiten sind häufig *Vermehrungsvorgänge in frühen Stadien* eingeschoben (z. B. *Polyembryonie* bei den Schlupfwespengattungen *Encyrtus* und *Polygnotus*, deren Embryonalzellenmaterial sich in sehr zahlreiche, oft über 200, Zellgruppen zerteilt, aus deren jeder ein Embryo hervorgeht). Die vegetative Larvenvermehrung kann in *Metagenese* übergehen (*Taenia echinococcus*, Abb. 473). Vielfach werden *parthenogenetische Zwischengenerationen* ausgebildet, die eine rasche Individuenvermehrung sichern, oft verschiedene Wirte oder verschiedene Orte desselben Wirtes ausnützen und sich durch verschiedene Ausgestaltung der Generationen in die reine Individuenvermehrung im oder auf dem Wirt (multiplicative Vermehrung) und die Ausbreitung auf neue Wirte (propagative Vermehrung) teilen können (z. B. Trematoden, S. 488ff.; Phytophthires, Abb. 298; S. 749f.).

Im Gegensatz zum Parasitismus sind bei der *Symbiose* zwei Organismenarten verschiedener Lebensweise zu einem Verband vereinigt, in dem die Lebenstätigkeiten der beiden Partner sich in gewissem Betrage ergänzen, so daß die Vereinigung (das *Consortium*) *für beide* innerhalb der Gesamtbiocönose eine *Förderung* bedeutet. Im äußersten Fall kann ein Partner der Symbiose morphologisch und physiologisch so stark auf die Lebensgemeinschaft zugeschnitten sein, daß er allein in freier Natur nicht dauernd erhaltungsfähig ist. Von den Fällen ausgesprochener Symbiose führen alle Übergänge zum Commensalismus von Organismen in einem Wirt einerseits und zur Ausbeutung von Organismen durch einen Organismenhalter (Pflanzen- oder Tierhalter) andererseits.

Bei enger Symbiose leben die Partner in unmittelbarer räumlicher Verbindung. In vielen Fällen sind die Symbionten in die Zellen eines Symbiontenträgers eingelagert[1].

Physiologisch am durchsichtigsten sind die Verbindungen von *Tieren mit autotrophen Pflanzen*[2]. Diese sind stets *Algen*, die je nach der Färbung ihrer Chromatophoren als *Zoochlorellen* (grüne Protococcaceen bzw. Chlamydomonaden in Süßwassertieren) oder *Zooxanthellen* (gelbbraune Cryptomonadinen in den meisten algenführenden Meerestieren) bezeichnet werden. Symbiontische Algen kommen bei verschiedenen Arten von Protozoen (Rhizopoden z. B. *Amoeba viridis*, *Diflugia*-Arten, viele Foraminiferen und Radiolarien, Ciliaten), Spongien, Hydrozoen (im Süßwasser *Chlorohydra viridissima*, manche marine Hydroiden), Scyphozoen, vielen Anthozoen und Turbellarien vor.

In der Verbindung von Tier und Alge kann das Tier den bei der CO_2-Assimilation der Pflanze entstehenden O_2 für seine Atmung verwenden, während das von ihm erzeugte CO_2 der Alge als Assimilationsmaterial dient. Ferner können N-haltige Abbauprodukte der Tiere (NH_3) als N-Quelle der autotrophen Symbionten dienen. So kann eine solche Teilbiocönose weitgehend autarktisch sein und im kleinen ein Abbild der großen Wechselbeziehungen zwischen Autotrophen und Heterotrophen in der Biosphäre darstellen.

Das Consortium von *Paramaecium bursaria* mit einer Alge kann im Licht in einer Algennährlösung (mit Nitrat- oder Ammonstickstoff und Ca) völlig autotroph leben und sich vermehren. Den Paramäcien fließen also C- und N-haltige Nahrungsstoffe von den Symbionten zu. Umgekehrt erhalten die Algen von den Paramäcien Nahrung, wenn man im Dunkeln diese füttert; denn die Algen bleiben lange am Leben, vermehren sich auch, wenn auch langsamer als im Licht. Bei gemischter Ernährung, wie sie in der Natur die Regel ist, wird die jeweilige Richtung des Stoffaustausches von der relativen Ergiebigkeit der beiden Nahrungsquellen, d. h. von Helligkeit der Beleuchtung und der CO_2-Menge einerseits und der eingestrudelten und verarbeiteten Nahrungsmenge andererseits abhängen. Die Paramäcienalgen konnten bisher außerhalb des Tieres nicht weitergezüchtet werden. Die Paramäcien können (durch Dauerdunkel, hohe Temperatur, Salzmangel und gute Fütterung) algenfrei gemacht und gehalten werden.

Chlorohydra hält Hunger mit Algen viel länger aus, als wenn sie vorher algenfrei gemacht wurde. Bei der Zooxanthellen enthaltenden *Aiptasia diaphana* deckt im Sonnenlicht die O_2-Produktion der Algen nicht nur den gesamten Atmungsbedarf des Tieres, sondern liefert noch einen erheblichen Überschuß. Die von der Actinie erzeugte CO_2 wird von der Alge restlos verbraucht; ja bei voller Assimilation wird dem Wasser noch CO_2 entzogen. Während algenlose Actinien ständig NH_3 in das umgebende Wasser abscheiden, geschieht dies bei den algenhaltigen nicht. Diese nehmen sogar bei künstlich vermehrtem Gehalt an NH_3 solches auf; offenbar wird er für die Eiweißsynthese der Algen verbraucht. Für die stets symbiontische Algen führenden *Steinkorallenpolypen* kann der Stoffwechsel der Algen noch dadurch von Bedeutung sein, daß er ein starkes CO_2-Gefälle nach dem Inneren der

---

[1] BUCHNER, P.: Tier und Pflanze in intrazellulärer Symbiose. Berlin 1921. — Studien an intracellulären Symbionten. V. Die symbiontischen Einrichtungen der Zikaden. Z. Morph. u. Ökol. 4 (1925).

[2] KEEBLE, F.: Plant-animals. A study in Symbiosis. Cambridge 1910. — VON HAFFNER, KONST.: Untersuchungen über die Symbiose von *Dalyellia viridis Chlorohydra viridissima* mit Chlorellen. Z. wiss. Zool. 126 (1925). — GOETSCH, W. u. SCHEURING, L.: Parasitismus und Symbiose der Algengattung *Chlorella*. Z. Morph. u. Ökol. 7 (1926). — PRINGSHEIM, E. G.: Physiologische Untersuchungen an *Paramaecium bursaria*. Arch. Protistenk. 64 (1928).

Tiere zu herstellt und so durch den CO_2-Entzug aus den im Meerwasser gelösten Bikarbonaten die Ausscheidung des $CaCO_3$ für die mächtigen Sockelskelete erleichtert.

Das acöle Turbellar *Convoluta roscoffensis* ist *ohne Algen nicht lebensfähig*, während ihre Algen (eine *Carteria*-Art) auch im Freien vorkommen. *Convoluta* frißt nur bis zur Geschlechtsreife selbst, dann lebt sie von den Assimilaten der Algen, die den ganzen Excretstickstoff des Trägers verbrauchen, der gar keine Excretionsorgane zu besitzen scheint. Im Alter beginnt dann *Convoluta* die Symbionten zu verdauen, nach deren Aufzehrung sie zugrunde geht.

Bei den *Cölenteraten* liegen die Algen in Entodermzellen (selten auch im Ectoderm), bei den *Turbellarien* in Mesenchymzellen unter der Epidermis oder in Gewebslücken. Bei den *Anthozoen* sind besondere Längsstreifen im Mittelwulst der Mesenterialfilamente als Zooxanthellenregion ausgebildet (Abbild. 309).

Die Sicherstellung der Algensymbiose für jede *neue Generation* geschieht auf verschiedene Weise. Bei Protozoen werden bei der Teilung Symbionten übertragen, allgemein im Wasser, verbreitete Algen werden zunächst wie Nahrung gefressen und daraufhin im Körper eingemietet. Bei manchen Metazoen werden sie *den Eiern einverleibt* und so direkt übertragen.

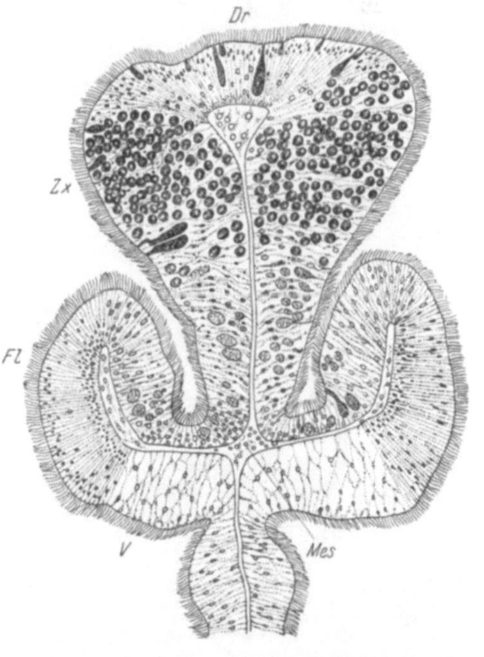

Bei dem Süßwasserrhabdocöl, *Dalyellia viridis*, sind die jungen Tiere farblos (Abb. 310a). Dann werden Chlorellen durch den Mund aufgenommen, von Entodermzellen phagocytiert und von diesen an mesenchymale Wanderzellen abgegeben (Abb. 310b). Diese bringen die Algen an die Körperoberfläche unter die oberfläche Längs- und Quermuskelschicht (Abb. 310c). Dort vermehren sich die Algen zunächst stark in den Zellen. Dann zerfallen diese und die Algen gelangen in die Gewebslücken, wo sie sich weiter vermehren.

Abb. 309. Schnitt durch ein Mesenterialfilament von *Anemonia sulcata*. (Nach K. C. SCHNEIDER.) *Dr* Drüsenstreifen, *Fl* Flimmerstreifen, *Mes* Mesenchym, *V* Streifen stark vakuolarisierter Zellen, *Zx* Zooxanthellenstreifen.

Bei *Chlorhydra* werden die Symbionten an der Stelle, wo das heranwachsende Ei im Ectoderm liegt, nach örtlicher Auflösung der Stützlamelle von den Entodermzellen ins Ectoderm oder unmittelbar an das Eicytoplasma abgegeben (Abbild. 311). Bei *Aglaophenia* nehmen die jungen Oocyten auf der Wanderung von der Keimstätte zur Reifungsstätte die Algen auf.

Eine andere wichtige Ernährungssymbiose ist die *Verdauungssymbiose*, in der zur *Celluloseverdauung* selbst nicht befähigte *Pflanzenfresser mit Bakterien, Flagellaten oder Ciliaten* leben. Bei körnerfressenden Vögeln und pflanzenfressenden Säugern spielt die bakterielle Cellulosegärung im Darm für die Ausnützung des Futters eine große Rolle, da sie die Inhalte der Pflanzenzellen zugänglich macht, und da auch ein großer Teil der Spaltungsprodukte des Celluloseabbaus den Wirten zugute kommt. Meist sind besondere Abschnitte des Darmes als *Gärkammern* eingerichtet (Dickdarm, Blinddärme bei Vögeln und Säugern, Vormägen der Wiederkäuer). Im Pansen der *Wiederkäuer* ist neben Bakterien eine artenreiche Fauna nur hier vorkommender Ciliaten (S. 135) vorhanden, die Cellulosenahrung aufnehmen und verdauen. Im Pansen des Schafs kommen auf 1 cm³ etwa 1000000 Mikroorganismen. Diese gelangen zum größten Teil mit der Nah-

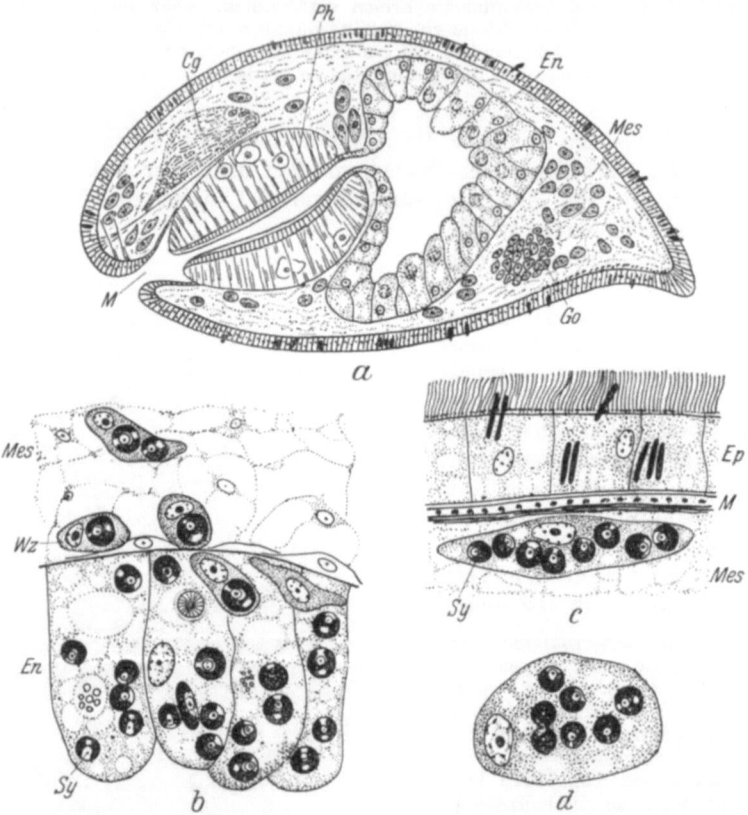

Abb. 310. *Dalyellia viridis*. a Sagittalschnitt durch ein eben aus der Eihülle ausgeschlüpftes Tier. b Schnitt durch das Darmepithel und angrenzendes Mesenchym. c Schnitt durch die Epidermis und umgrenzendes Mesenchym. (Nach V. HAFFNER.) d Mesenchymzelle mit Symbionten. *Cg* Cerebralganglion, *En* Entoderm, *Go* Gonadenanlage, *M* Mund, *Mes* Mesenchym, *Ph* Pharynx, *Sy* Symbionten, *Wz* Wanderzellen.

rung in die folgenden Darmabschnitte und werden dort verdaut. Auf diese Weise erhalten die Wiederkäuer beträchtliche Mengen tierischer Eiweißstoffe. Unter den *Termiten* gibt es ausschließlich von Holz sich ernährende Arten, in deren Därmen (Abb. 123b) bestimmte hochdifferenzierte Flagellaten (Polymastiginen und Hypermastiginen) leben, deren Leib mit gefressenen Holzstückchen vollgestopft ist, die sie verdauen. Nach Entfernung der Flagellaten aus dem Darm (Abtötung durch hohe Temperaturen, welche den Termiten noch nicht schaden) verhungern die Termiten trotz Aufnahme von Holznahrung, wenn ihnen nicht rechtzeitig wieder Flagellaten (mit Kot anderer Termiten) zugeführt werden.

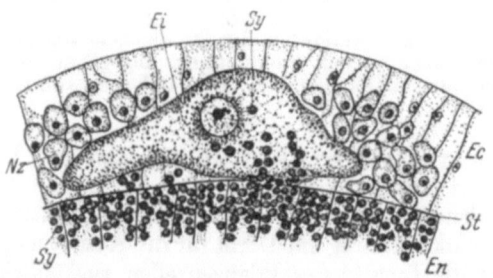

Abb. 311. Schnitt durch die Körperwand von *Chlorohydra viridissima*. (Nach V. HAFFNER.) *Ec* Ectoderm, *Ei* Eizelle, *En* Entoderm, *Nz* Nährzellen, *St* Stützlamelle, *Sy* Symbionten.

Bei sehr zahlreichen Tieren, vor allem Insecten (Orthopteren, Hemipteren, Käfern, Formiciden, Wachs- und Kleidermotten u. a.) sind *Bacterien* oder *Pilze* als regelmäßige Einschlüsse bestimmter Gewebe gefunden worden. Bei geringer Ausbildung dieser *Pilzsymbiosen* liegen die Symbionten in verschiedenen Gewebezellen verstreut oder (bei Blattiden) in besonderen Zellen, *Mycetocyten* des Fettkörpers. Vielfach sind aber besondere *Pilzorgane* (*Mycetome*) vorhanden, die reichlich mit Tracheen versorgt werden. Bei den Cicaden erreichen sie den kompliziertesten Bau. Meist werden die Eier unmittelbar mit den Symbionten infiziert, und die Anlagezellen des Mycetoms werden in frühen Embryonalstadien abgesondert. Was für eine Rolle die Vergesellschaftung mit den symbiontischen Pilzen im Stoffwechsel der pilztragenden Insecten spielt, ist unbekannt.

Eine besondere Form der Symbiose zwischen Tieren und Bacterien sind die *Leuchtsymbiosen* (S. 180).

In einer Reihe von Fällen besteht ein Symbioseverhältnis zwischen Organismen, die sich nicht durchwuchern, wie in den vorigen Fällen, sondern körperlich selbständig bleiben[1]. Hierhin gehört die seit alter Zeit als Musterbeispiele von Symbiose angeführten Verbindungen zwischen *Einsiedlerkrebsen*, Schnecken und anderen Meerestieren *mit Cnidarien*. Bestimmte Arten von *Eupagurus* siedeln regelmäßig auf ihren Schneckenhäusern Actinien an, die sie beim Umzug in ein größeres Schneckenhaus mit den Scheren ablösen und auf das neue Haus umsetzen.

Wie mit Einzelindividuen, so können auch mit den *sozialen Verbänden* als solchen Parasiten und Symbionten verknüpft sein. Die Staaten der Ameisen und Termiten beherbergen zahlreiche „Gäste" (*Symphilen*), die manchmal harmlose Einmieter, die sich von Abfällen der Ameisen ernähren, vielfach aber gefährliche Feinde der Wirtskolonie sind, da sie Eier und Larven der Ameisen fressen. Manche Symphilen aus verschiedenen Gruppen ähneln in Körpergestalt und Benehmen Ameisen; und man nimmt an, daß es hierauf zum Teil beruht, daß sie von den Ameisen nicht angegriffen, sondern geduldet, ja sogar gefüttert werden. In den meisten Fällen scheiden die Symphilen aus besonderen *Exsudatdrüsen* Stoffe aus, welche die Ameisen gierig auflecken. Gleichwohl sind sie nicht als Symbionten zu bewerten, da die Exsudate keine notwendigen Nahrungsstoffe der Ameisen darstellen, welche das Opfer an Brut ausglichen. Ein *wechselseitiges Nutzverhältnis* besteht zwischen *Ameisen und Pflanzenläusen*, deren zuckerhaltigen Kot die Ameisen auflecken. Sie veranlassen sie durch Antennenberührungen zur Abgabe eines Kottropfens. Die Ameisen wehren zahlreiche Feinde von den Pflanzenläusen ab, schleppen ihre Zuckerlieferanten in Sicherheit, manche Arten (*Lasius, Myrmica*, in vollendetster Ausführung *Crematogaster lineolata*) umbauen sie mit Schutzwällen, sorgen für ihre Eier, indem sie die Latenzeier der Läuse gegen Ende der warmen Jahreszeit in ihr Nest tragen und die im Frühjahr erscheinenden jungen Läuse wieder auf die Nährpflanzen schleppen. Die Symbiose ist sehr eng und dauernd, wenn die Ameisen mit Wurzelläusen vergesellschaftet sind, die beständig im Ameisenbau bleiben und ihren Wirten die Hauptnahrung liefern. In demselben Verhältnis wie diese Nahrungsspender (*Trophobionten*) zu den Ameisen stehen manche Pflanzenläuse zu den *Termiten*. Eine eigenartige Beziehung zu Individuen anderer Ameisenarten herrscht in den *Raubstaaten* oder *Sklavenstaaten*. Diese Mischkolonien aus verschiedenen Arten kommen meist dadurch zustande, daß die Arbeiterinnen eines Staates (z. B. von *Formica sanguinea*) Puppen aus einem anderen z. B. von *Formica fusca* oder *F. pratensis*) rauben. Die aus den Puppen schlüpfenden artfremden Arbeiterinnen arbeiten dann in dem Staat, in den sie einverleibt sind, wie in dem der eigenen Art, sie bauen,

---

[1] DEEGENER, P.: Die Formen der Vergesellschaftung im Tierreiche. Leipzig 1918.

pflegen die Brut usw. Bei den *Amazonenameisen* (*Polyergus*) dienen die Sklaven nicht nur zur Verstärkung der Arbeiterschaft, sondern die raubende Art ist auf das Zusammenleben mit den Sklaven vollkommen angewiesen: die *Polyergus*-Arbeiterinnen haben lange säbelförmige Kiefer, die als Waffen und Klammern zum Schleppen der Puppen sehr geeignet, aber für die Arbeiten im Stock (Nestbau, Brutpflege) nicht zu gebrauchen sind. Die Amazonen sind nicht einmal fähig, allein Nahrung aufzunehmen und würden ohne die Sklaven verhungern.

Eine Reihe von tropischen Ameisen (*Blattschneiderameisen*) und die *Termiten* betreiben *Pilzzucht*. In bestimmten Kammern wird auf mit Kot gedüngten zerkauten Pflanzenteilen ein bestimmter Pilz gezüchtet und durch besondere Behandlung verhindert, Fruchtkörper zu bilden, aber veranlaßt, kolbenförmige, eiweiß- und kohlehydratreiche Verdickungen zu treiben, welche von den Pilzzüchtern verzehrt und als Larvenfutter verwendet werden. Die Tier- und Pflanzenzucht der sozialen Insecten beruht (im Gegensatz zu der Züchtertätigkeit des Menschen) nicht auf Tradition, sondern auf rein instinktiver Grundlage (S. 257 ff.).

IX. Die geographische Verbreitung der Tiere auf Grund historischer Faktoren[1].

A. Verbreitungsfaktoren und Verbreitungsweisen.

Die Ursachen für die geographische Verbreitung der Organismen sind 1. *öcologische*: sie beruhen auf der Vermehrung der Organismen und dem daraus sich ergebenden Bestreben, ein immer größeres Gebiet einzunehmen, sowie auf den jeder einzelnen Organismenform zukommenden Ausbreitungsmöglichkeiten (aktive Ausbreitungsfähigkeit oder Vagilität und passiver Verschleppbarkeit) und dem Grade ihrer Anpassungsfähigkeit an verschiedene Lebensbedingungen (der öcologischen Valenz, S. 322; der in Anpassungen sich aussprechenden Modifikabilität, S. 49); 2. *geographisch-historische*: Veränderungen der Grenzen der Festländer und Meere, der Bodengestaltung und der klimatischen Verhältnisse im Laufe der geologischen Epochen.

Die gegenwärtige Verteilung von Tieren und Pflanzen ist das Ergebnis der einstmaligen Verbreitung ihrer Vorfahren und der seitdem eingetretenen geologischen Umgestaltungen der Erdoberfläche. Demnach ist die *Tier- und Pflanzengeographie mit der Geologie und Paläontologie innig verkettet.*

Auf dem Boden der Abstammungslehre stehend nehmen wir an, daß das Verbreitungsgebiet eines Verwandtschaftskreises *in der Zeit zusammenhängend* ist. Denn die Formen gemeinsamer Abstammung nehmen ihren Ausgang von *Entstehungsgebieten* (*Entwicklungscentren*), wo ihre gemeinsamen Vorfahren gelebt haben.

Das *geologische Alter* einer Verwandtschaftsgruppe (Art oder höheren systematischen Kategorie) ist wesentlich für die Größe ihres Wohnbereiches. Ältere Formen konnten Ausbreitungsbrücken benutzen, die jüngeren nicht mehr zu Gebote standen. Deshalb ist für die Gattungen und höheren systematischen Katego-

---

[1] SCLATER, P. L.: Über den gegenwärtigen Stand unserer Kenntnis der geographischen Zoologie. Erlangen 1876. — WALLACE, A. R.: Die geographische Verbreitung der Tiere. Übers. von A. B. MEYER, 2 Bde. Dresden 1876. — ORTMANN, E.: Grundzüge der marinen Tiergeographie. Jena 1896. — LYDEKKER, R.: Die geographische Verbreitung und geologische Entwicklung der Säugetiere. Übers. von SIEBERT. Jena 1901. — ARLDT, TH.: Die Entwicklung der Kontinente und ihrer Lebewelt. Leipzig 1907. — ZSCHOKKE, F.: Die Beziehungen der mitteleuropäischen Tierwelt zur Eiszeit. Verh. dtsch. zool. Ges. 1908.

rien der *wirbellosen Tiere* das Areal im allgemeinen größer als für die Wirbeltiere. Der weite Bereich so vieler Gattungen bei Skorpionen, Pedipalpen und Myriopoden hängt sicher mit dem hohen Alter dieser Gruppen zusammen. Bei den Süßwassermollusken sind die geologisch ältesten Gattungen zugleich auch am weitesten verbreitet, so *Planorbis, Physa, Limnaea, Ancylus, Unio* und *Pisidium*, die alle schon im Jura, zum Teil sogar schon im Paläozoikum nachgewiesen sind.

Gebiete der Erde, die durch Verbreitungsschranken für bestimmte Tiergruppen (für Meerestiere Festland, für Landtiere Meere, Klimaschranken, hohe Bodenerhebungen, Wüsten) getrennt sind, werden im allgemeinen um so verschiedenere Faunen besitzen, je länger sie getrennt sind. Bezirke, die erst seit geologisch kurzer Zeit isoliert sind, werden sich unter Umständen durch am Ort entstandene, *endemische* oder *autochthone Arten* unterscheiden, während in lang voneinander getrennten Gebieten eine Entwicklung verschiedener *Gattungen, Familien* oder *Ordnungen* stattgefunden hat. Endemische Formengruppen, die in verschiedenen geographischen Bezirken einander entsprechen, d. h. als systematisch verwandt auf dieselbe Stammgruppe zurückzuführen sind, heißen *vikariierende* oder *Repräsentativformen* (BUFFON).

Man kann verschiedene *Typen der Tierverbreitung* unterscheiden, die sich aus dem Zusammenwirken der ökologischen und historischen Faktoren ergeben: in *kosmopolitischer* Verbreitung kommen Tiergruppen (z. B. die Vespertilioniden) oder einzelne Arten (z. B. die Wanderratte) auf der ganzen Erde vor. Ihnen stehen besonders günstige Verbreitungsmittel oder sehr lange Verbreitungszeiten zur Verfügung. Bei der *zonaren* Verbreitung in bestimmten Klimazonen (z. B. die nördliche gemäßigte Zone: Talpiden, Castoriden, Arvicoliden, Salamandriden, Salmoniden, Acipenseriden, Esociden, Carabus; Tropengürtel: Krokodile, Cöcilien und viele Insectenfamilien), ebenso wie der *vertikalen* Verbreitung in bestimmter Höhenlage sprechen Bindungen an bestimmte ökologische Bedingungen wesentlich mit. Bei *kontinuierlicher* Verbreitung ist eine Tiergruppe ohne Unterbrechung über ein mehr oder weniger großes Gebiet verbreitet. Wenn das Gebiet sehr klein ist, kann die *beschränkte* Verbreitung entweder darauf beruhen, daß eine Art oder größere Gruppe sich in ihrem heutigen Verbreitungsareal als *Lokalform* entwickelt hat und nicht weiter ausbreiten konnte (einzelne Arten von Paradiesvögeln sind auf einen Berg beschränkt); oder das heutige Areal kann der Restbezirk sein, auf den die ehemals weiter verbreitete Gruppe als *Relict* beschränkt wurde (so lebt die Schließmundschnecke *Laminifera* heute nur noch auf einem Berg der Westpyrenäen, während sie im Tertiär über ganz Mitteleuropa verbreitet war). Bei der *diskontinuierlichen* Verbreitung scheiden große Zwischenräume artgleiche oder nahe verwandte Formen. Diese können zwei oder mehr weit auseinanderliegende große Verbreitungsgebiete besitzen (*unterbrochene* Verbreitung: z. B. Tapire in Südamerika und im indomalaiischen Gebiet; Peripatiden in Südamerika, Südafrika und Australien). In *abgesonderter Lage* befindet sich ein kleiner Teil der Tierformen, die von der Hauptmasse des Verwandtschaftskreises abgesprengt leben (z. B. eine einzige Art der in Süd- und Südostasien in mehreren Arten weit verbreiteten Traguliden kommt in Afrika vor). Bei der *zerstreuten Lage* ist die Verbreitung auf zahlreiche voneinander entfernte, kleine Bezirke beschränkt (häufig bei Gebirgsformen, z. B. Steinböcke [Untergattung *Aegoceras* der Gattung *Capra*] nur auf hohen Gebirgshöhen von Sibirien, Himalaja, Vorderasien, Nordafrika und Europa; Apollofalter [*Parnassius*] auf weit voneinander getrennten Erhebungen der eurasiatischen Hochgebirgsketten).

Die *diskontinuierliche* Verbreitung wird in Fällen, in denen es sich nicht um Formen handelt, die sich leicht über weite Zwischenräume ausbreiten und so viele ihnen ökologisch zusagende Örtlichkeiten erreichen können, auf früherer

Kontinuität beruhen, die durch historische Ereignisse unterbrochen wurde. Diese können geologischer, aber auch biologischer Natur sein.

In vielen Fällen läßt sich aus der heutigen Tierverbreitung mit mehr oder weniger großer Wahrscheinlichkeit *auf frühere Gestaltung der Erdoberfläche schließen*. Die gemeinsamen Bewohner des Nordens Europas, Asiens und Nordamerikas (Eisfuchs, Vielfraß, Bär, Wolf, Luchs, Murmeltier, Schneehase, Rentier, Hirsch, Bison und für ältere Perioden Pferd, Mammut und Moschusochse) weisen auf eine frühere *circumpolare Landverbindung des Nordens* hin (grönländische und Beringsstraßenbrücke). Die Meere zu beiden Seiten von Mittelamerika enthalten zahlreiche identische oder nahverwandte Litoraltiere (z. B. Actinien, Seeigel); das spricht für eine offene *Meeresverbindung zwischen dem Stillen Ozean und dem Karaibischen Meer*. Hiermit steht im Einklang, daß Nord- und Südamerika eine sehr verschiedene alttertiäre Säugerbevölkerung hatten. Im späteren Tertiär fand dann ein reger Austausch zwischen dem Nord- und Südkontinent statt; man nimmt daher eine Herstellung der Verbindung im oberen Eocän an. Auch einige andere Landverbindungen zwischen heute getrennten Kontinenten sind sehr wahrscheinlich, so die von Nordafrika mit Südeuropa und von Asien mit Australien. Sehr viel fraglicher sind die unmittelbaren Verbindungen zwischen den Südkontinenten (durch eine antarktische Landmasse, durch wechselnde ausgedehnte Landbrücken oder durch eine frühere unmittelbare Vereinigung nach WEGENERS Hypothese der Kontinentalverschiebung).

In hohem Maße ist die Tierverbreitung durch *Klimaänderungen in jüngerer geologischer Zeit* beeinflußt worden. Da während der *Tertiärzeit*, in welcher die heute lebenden Säugetiergruppen sich entfalteten, das Klima weit wärmer als gegenwärtig war (in der Miocänzeit herrschte auf Grönland und Spitzbergen, die damals noch zusammenhingen, ein Klima wie etwa zur Zeit in Norditalien), so war es möglich, daß damals subarktische und nördlich gemäßigte Formen viel höher nach Norden reichten und in dem zusammenhängenden Lande unter dem Polarkreise sich ausbreiteten. Mit dem Sinken der Temperatur wanderten sie allmählich in der Alten und Neuen Welt südwärts.

Manche Gattungen von ganz altweltlichem Gepräge sind dann über den Isthmus von Panama, selbst weit hinab nach Südamerika vorgedrungen und dort z. T. erst kurz vor dem Auftreten des Menschen erloschen, wie die Mastodon-Arten der Kordilleren und die südamerikanischen Pferde und Tapire, zwei Arten von Schweinen und eine Anzahl von Hirschen nebst den Lamas, einem in Amerika entstandenen späten Sprößling der eocänen Stammformen. Auch die Raubtiere, welche im Diluvium von Südamerika altweltliche Stammverwandtschaft bewahren, gelangten auf demselben Wege dahin.

Das Vorkommen identischer Tier- und Pflanzenarten auf hohen Bergen, welche durch weite Tiefländer gesondert sind, die Übereinstimmung der Bewohner des hohen Nordens mit jenen der Schneeregionen der Alpen und Pyrenäen, die Ähnlichkeit bzw. Gleichheit von Pflanzenarten in Labrador und auf den weißen Bergen in den Vereinigten Staaten einerseits und den höchsten Bergen Europas andererseits findet seine Erklärung aus den *klimatischen Zuständen des Diluviums*, in welchem über Nordamerika und Zentraleuropa ein arktisches Klima herrschte (*Eiszeit*), und Gletscher von gewaltiger Ausdehnung die Täler der Hochgebirge erfüllten. In dieser Periode bedeckte eine arktische Flora und Fauna Mitteleuropa bis in den Süden der Alpen und Pyrenäen, die, weil von der gleichen Polarbevölkerung aus eingewandert, in Nordamerika und Europa-Asien im wesentlichen dieselbe war (Rentier, Eisfuchs, Vielfraß, Schneehase usw.). Nachdem die Eiszeit ihren Höhepunkt überschritten hatte, zogen sich mit Zunahme der mittleren Temperatur die arktischen Bewohner einerseits nach dem Norden, andererseits auf die Gebirge, allmählich immer höher bis auf deren Spitzen zurück, während in die tieferliegenden Regionen eine aus dem Süden kommende Bevölkerung nachrückte. Durch die seither bestehende Isolation erklären sich die Abänderungen, welche die alpinen Bewohner der einzelnen getrennten Gebirgsketten untereinander und von den arktischen Formen aufweisen (verschiedene Unterarten oder ähnliche vikariierende Arten).

Die Verbreitung zahlreicher Tierformen in der Jetztzeit und in früheren Erdperioden machen es wahrscheinlich, daß wiederholt *in der nördlichen Kontinentalmasse Entwicklungscentren* für neue Tiergruppen aufgetreten sind, und mehrmals aufeinanderfolgend Wellen von neuen Tierformen sich südwärts ausbreiteten und die ursprünglichen Bevölkerungen verdrängten. Hiermit steht im Einklang, daß in größeren *abgetrennten Gebieten* (Madagaskar, Neuseeland, Australien) und in den *Südspitzen der Südkontinente* sich ursprüngliche Formengruppen der verschiedensten Tierklassen finden. Auf einem solchen Relictencharakter von Formen, die früher eine weitere Verbreitung auch im Norden hatten, können manche Übereinstimmungen beruhen, die man vielfach durch unmittelbare Verbindungen der Südkontinente zu erklären suchte.

Eigentümliche Verhältnisse bieten die *Inselbevölkerungen*. Ihrer Entstehung nach sind die Inseln entweder die aus dem Meere allmählich oder plötzlich emporgetretenen Gipfel unterseeischer Erderhebungen, an deren Auftauchen vulkanische Vorgänge oder die Tätigkeit kalkabsondernder Pflanzen und Tiere wesentlich beteiligt waren, oder sie sind Bruchstücke von Kontinenten, welche durch das überflutende Meer getrennt wurden. Für die ersteren, die *ozeanischen Inseln*, welche, gewöhnlich in Gruppen zusammengedrängt, von Kontinenten meist weit entfernt und durch tiefes Meer von ihnen getrennt liegen, ist der Mangel der Landsäugetiere (ausgenommen Fledermäuse) und das Fehlen der Amphibien, echter Süßwasserfische und Süßwassermuscheln ein durchgreifendes Kennzeichen, während Vögel, einzelne Reptilien, Insecten und Mollusken zu den nächstgelegenen Kontinenten eine nachweisbare Beziehung bieten, also offenbar von jenen aus durch normale oder auch außergewöhnliche Transportmittel bevölkert wurden.

Die Bevölkerung der *kontinentalen Inseln* leitet sich dagegen von ihrer früheren Verbindung mit dem Festland her, dessen Fauna und Flora sich bruchstückweise erhalten, aber auch je nach dem Alter der Trennung mehr oder minder tiefgreifende Abänderungen erfahren hat. Solche Inseln besitzen in der Regel im Gegensatz zu den ozeanischen eine größere oder geringere Anzahl kontinentaler Säugetiere, während sie mit den ozeanischen Inseln die verhältnismäßig nur geringe Artenzahl der Bewohner gemeinsam haben, unter denen sich stets einzelne, zuweilen zahlreiche *endemische Formen* finden, die in dem isolierten Gebiet aus eingewanderten oder zurückgebliebenen Arten entstanden sind. Die Eigenart der Bewohner ist um so größer, je älter eine Insel ist, bzw. je weiter die Nachbarschaft mit einem Festlande zurückliegt.

Unter den *ozeanischen* Inseln zeigen z. B. die *Azoren*, welche ungefähr 900 englische Meilen von Portugal entfernt liegen und vulkanischen Ursprungs sind, in ihrer Vogel-, Insecten- und Landschneckenfauna einen durchaus europäischen Charakter. Mit Ausnahme der Landschnecken und Käfer besitzen sie nur ganz vereinzelte endemische Arten, obwohl Klima und Lebensverhältnisse von den kontinentalen bedeutend abweichen. Von Säugetieren finden sich nur eine europäische Fledermaus, das Kaninchen, Wiesel, Ratten und Mäuse, sämtlich importierte Arten. Ähnlich verhalten sich die von Korallen aufgebauten, östlich von Nordkarolina gelegenen *Bermudainseln* hinsichtlich der Verwandtschaft ihrer Bewohner mit dem benachbarten Kontinente. Ihre Vogelfauna ist wesentlich eine nordamerikanische und hat nicht eine einzige eigentümliche Art aufzuweisen. Die westlich von Südamerika gelegenen *Galapagosinseln*, welche wie die Azoren vulkanischen Ursprungs, aber viel älter sind und ein weit größeres Areal besitzen, sind durch eine, zwar im ganzen südamerikanische, aber doch sehr eigentümliche Fauna nicht nur der Landschnecken und Insecten, sondern auch der Vögel ausgezeichnet. Noch größere Besonderheit ihrer Bewohner zeigen die im Centrum des nördlichen Pacifiks völlig isoliert gelegenen *Sandwichinseln*, ein Beweis des bedeutenden Alters dieser Inselgruppe. Von Landvögeln sind sämtliche Passeres durch endemische Arten vertreten, ebenso die Drepanididae, welche eine diesen Inseln eigentümliche Familie bilden. Die zahlreichen Landschnecken sind lediglich in eigentümlichen Arten vorhanden; eine Anzahl Gattungen derselben gehören der auf die Sandwichinseln beschränkten Familie der Helicteriden (Achatinelliden) an. Der Gesamtcharakter der Fauna weist im wesentlichen auf australische und polynesische Typen, indessen auch auf amerikanische Verwandtschaft hin.

Großbritannien bietet ein charakteristisches Beispiel einer neuen, von dem Festland erst in jüngster Zeit (Diluvium) getrennten *Kontinentalinsel*. Wahrscheinlich hat noch nach Ablauf der jüngsten Eiszeit die letzte Verbindung des Inselgebietes mit dem Kontinente, wenn auch nur von kurzer Dauer, bestanden. Mittels derselben erklärt sich infolge direkten Überwanderns die große Übereinstimmung seiner Bewohner mit denen des Kontinents, aber auch die Armut an eigentümlichen Arten. Viel bedeutender unterscheiden sich die Inseln *Borneo*, *Java*, *Sumatra*, *Celebes* und die *Philippinen*, dann *Japan* und *Formosa* in ihrer Fauna untereinander und von dem asiatischen Festland, mit dem sie wahrscheinlich bis zur Miocänzeit im Zusammenhang standen, woraus sich der asiatische Typus ihrer Fauna erklärt. Dagegen ist die Bevölkerung der benachbarten, östlich von Celebes gelegenen Inselgebiete ihrem Ursprung nach auf Australien zurückzuführen. Als losgelöste, vielfach zerrissene Endteile zweier einander naher Kontinente bergen die Inseln des Malaiischen Archipels völlig verschiedene Faunen, deren erste Abgrenzung mit der Trennung der beiden ehemaligen Festländer zusammenfallen muß.

Unter den alten kontinentalen Inseln haben *Madagaskar* und *Neuseeland* von dem Festland höchst abweichende, sehr eigentümliche Bevölkerungen.

B. Faunengebiete.

Als Faunengebiete oder tiergeographische *Regionen* bezeichnet man Teile der Erdoberfläche oder des Meeres, in denen die Tierwelt ein einheitliches Gepräge trägt, sich aber von benachbarten Gebieten unterscheidet. Die Unterschiede beruhen darauf, daß infolge längerer oder kürzerer Isolierung die Umbildung der Tierformen in den einzelnen Gebieten eigene Wege ging oder in einem Gebiet sich alte, sonst ausgestorbene Typen erhalten haben.

a) Faunengebiete des Festlandes.

Nach dem allgemeinen Gepräge ihrer Landbewohner kann man die Erdoberfläche in sechs bis acht Regionen einteilen. Diese sind nur ein relativer Ausdruck für natürliche große Verbreitungsbezirke, da sich die Tiergruppen verschieden verhalten. Die Verschiedenheiten beruhen in erster Linie auf der ungleichen Wanderungs- und Verschleppungsfähigkeit der Tierformen und auf ihrem verschiedenen Alter. Die Schranken der heute unterscheidbaren Regionen stellen ausgedehnte Meere, hohe Gebirgsketten oder Sandwüsten von großer Ausdehnung dar und sind selbstverständlich keineswegs für alle Tiere absolute Grenzen, sondern gestatten für diese oder jene Gruppen Übergänge aus dem einen Gebiet in das andere. Die Hindernisse der Aus- und Einwanderung sind zwar hie und da für die Jetztzeit unübersteiglich, waren aber gewiß in der Vorzeit unter anderen Verhältnissen der Verteilung von Wasser und Land von der Gegenwart verschieden und für manche Arten leichter zu überschreiten. Ja, viele der Schranken haben sicher in früheren Zeitperioden nicht bestanden. Zur Zeit der Ausbreitung einer Tiergruppe kann ein Gebiet mit einem anderen Festland in Verbindung gestanden haben als in der Ausbreitungszeit einer anderen Gruppe. So stimmt z. B. Neuguinea in den Verwandtschaftsbeziehungen seiner Regenwürmer mit Hinterindien überein, während es sich sonst deutlich an das nördliche Australien anschließt. So fällt die Begrenzung der Regionen verschieden aus, je nach der Tiergruppe, von der man ausgeht.

Für die Ausbreitung der landbewohnenden *Säugetiere* findet man im allgemeinen, daß die für bestimmte Gebiete charakteristischen Artengruppen den Abstufungen der örtlichen Trennung entsprechend verschieden sind.

Als Beispiel diene der Gegensatz zwischen den *Affen* der Alten und Neuen Welt, welcher den systematischen als Section bewerteten Gruppen der Schmalnasen (Katarrhinen) und plattnasigen Affen (Plathyrinen) parallel geht. Unter den ersteren stehen sich wiederum die afrikanischen Stummelaffen (*Colobus*) und die südasiatischen Schlankaffen (*Semnopithecus* [*Pygothrix*]) sehr nahe, und die einen sind gewissermaßen die Repräsentativformen der anderen. Aber auch die einzelnen *Semnopithecus*-Arten sind über lokal getrennte Wohnplätze verbreitet, welche einander viel näher liegen und durch geringere Schranken getrennt sind, indem z. B. die eine Art (Budeng, *S. maurus*) auf Sumatra und Java, die andere, *S. entellus*, auf dem ostindischen Festland, *S. nemaeus*, der Kleideraffe, in Cochinchina verbreitet ist. Von den *Anthropomorphen* gehören die dolichocephalen Formen mit 13 Rippenpaaren, der Gorilla und der Schimpanse, Afrika an, während die brachycephalen, durch den Besitz von nur 12 oder 11 Rippenpaaren ausgezeichneten Orangs Asiaten sind und wiederum nach ihrem Aufenthalt auf Sumatra und Borneo in Varietäten oder Arten unterschieden werden.

Das Verdienst, eine natürliche Aufstellung der großen *Verbreitungsgebiete mit engeren Abteilungen begründet* zu haben, gebührt SCLATER (1858), welcher, auf die Verbreitung der Vögel gestützt, 6 *Regionen* unterschied: 1. Die *paläarktische* Region: Europa, das gemäßigte Asien und Nordafrika bis zum Atlas. 2. Die *nearktische* Region: Grönland und Nordamerika bis Nordmexiko. 3. Die *äthiopische* Region: Afrika südlich vom Atlas, Madagaskar und die Maskarenen, ferner Südarabien. 4. Die *indische* Region: Indien südlich vom Himalaja bis Südchina, Borneo, Java und Celebes. 5. Die *australische* Region: Australien, Neuseeland und die Südseeinseln sowie die Molukken. 6. Die *neotropische* Region: Südamerika, die Antillen und Südmexiko. HUXLEY hat später (1868, 1874) darauf hingewiesen, daß die vier ersten Regionen miteinander eine weit größere Ähnlichkeit haben als irgendeine derselben mit der von Australien oder Südamerika, daß ferner Neuseeland durch die Eigentümlichkeiten seiner Fauna berechtigt sei, als selbständige Region neben den beiden letzteren unterschieden zu werden, und daß endlich eine Circumpolarprovinz von gleichem Rang wie die paläarktische und nearktische anerkannt zu werden verdiene. WALLACE (1876) sprach sich gegen die Aufstellung einer neuseeländischen und einer circumpolaren Region aus und nahm die sechs SCLATERschen Regionen mit dem Zugeständnis an, daß sie nicht von gleichem Range sind, indem die südamerikanische und die australische viel isolierter stehen. In neuerer Zeit gelangte die verschiedene Wertigkeit der tiergeographischen Regionen in der von HUXLEY vorgezeichneten Richtung immer mehr zum Ausdruck. HEILPRIN schlug sechs Reiche mit drei Übergangsregionen vor: 1. Holarktisches Reich. 2. Neotropisches Reich. 3. Äthiopisches Reich. 4. Orientalisches Reich. 5. Australisches Reich. 6. Polynesisches Reich. Ferner a) eine Tyrrhenische oder mediterrane Übergangsregion, b) eine sonorische oder amerikanische Übergangsregion und c) eine Papuanische oder austromalaiische Übergangsregion. BLANFORD (1890) unterschied drei große Regionen: 1. australische Region, 2. südamerikanische Region, 3. arktogäische Region (mit einer Anzahl von Subregionen), für welche auch die (von HUXLEY und SCLATER herrührenden) Bezeichnungen *Notogaea*, *Neogaea* und *Arctogaea* aufgenommen wurden.

Auf Grund der Verbreitung der Säugetiere lassen sich heute folgende drei den *großen Entwicklungscentren der Säugetiere* entsprechende *Reiche*, die jeweils mehrere *Regionen* mit *Unterregionen* (Subregionen) umfassen, unterscheiden (Abb. 312) I. *Notogäisches Reich* (*australische Region* mit den Unterregionen: Australisches Festland, Neuseeland, Polynesien, Hawaiinseln). II. *Neogäisches Reich* (*neotropische Region* mit der chilenischen, brasilischen, mexikanischen und westindischen Unterregion). III. *Arktogäisches Reich* (*madagassische*, *äthiopische*, *orientalische* und *holarktische Region* [mit der paläarktischen und nearktischen Subregion]).

Die Grenzen zwischen den Regionen und den Reichen sind nicht scharf. Zwischen der nearktischen Subregion und Neogäa liegt das *sonorische Übergangsgebiet*, zwischen der paläarktischen Subregion und der äthiopischen Region das *mediterrane Übergangsgebiet*, zwischen der orientalischen Region und Notogäa das *indo-australische Übergangsgebiet*.

Arktogaea bildet das große Entwicklungscentrum der höheren Säuger, die von hier aus nach allen Richtungen ausstrahlen. Von der holarktischen und orientalischen Region aus drangen im Pliocän über Syrien, Arabien alle heute für Afrika charakteristischen höheren Säuger (Affen, Antilopen, Giraffen, Flußpferde, Nashörner, Elefanten) in die äthiopische Region ein, deren alte Fauna sich in dem (etwa im Miocän) abgetrennten Madagaskar erhalten und fortentwickelt hat. Notogaea ist durch den ausschließlichen Besitz von Monotremen ausgezeichnet und enthält das Entwicklungsgebiet der Marsupialier, die, in den Nordkontinenten verdrängt wurden, aber in Australien isoliert eine große Formenmannigfaltigkeit erreichten. Neogaea stellt das Entwicklungscentrum der Edentata Xenarthra (Gürteltiere, Ameisenfresser, Faultiere, auch der fossilen Glyptodonten und Megalotherien) dar.

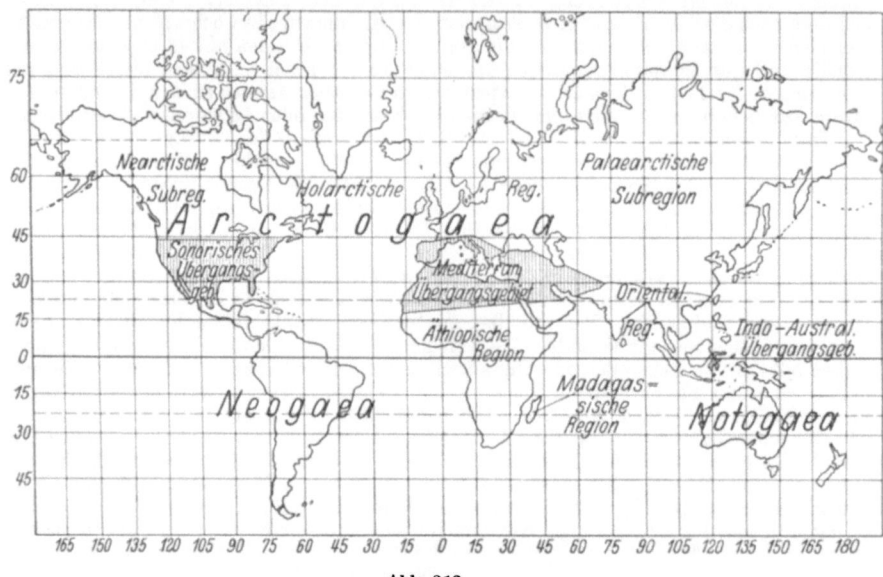

Abb. 312.

b) Regionen des Meeres.

Die Wassermasse des Meeres bildet ein einheitliches zusammenhängendes Lebensgebiet. Das Weltmeer zerfällt zwar in zwei Hauptabschnitte, einerseits den *Atlantik zusammen mit dem Nordpolarmeer*, anderseits den *Pacifischen und Indischen Ozean*. Aber auch diese Hauptabschnitte sind nur unvollkommen getrennt; sie hängen im Süden durch weite Verbindungen, im Norden durch das Beringsmeer zusammen. Eine Anzahl kleiner Nebenmeere (Mittelmeer, Rotes Meer, Ostsee) sind zwar im wesentlichen selbständig, aber doch durch Meerengen mit den Hauptmeeren verbunden. Völlig abgetrennte Meerwasserbecken (Kaspi-, Aralsee) sind verschwindend klein dem Weltmeer gegenüber. Eine Trennung in größere, völlig gesonderte Abschnitte, wie beim Land, ist also beim Meer nicht vorhanden. Die Begrenzung der Verbreitung der Meerestiere beruht daher vor allem auf den örtlichen Verschiedenheiten der Lebensbedingungen, erst in zweiter Linie auf der Isolierung von Faunengebieten durch Festlandschranken. Die *wichtigsten Verbreitungsgrenzen* im Pelagial und Litoral werden durch die *Wassertemperatur* gesetzt. Einem warmen circumtropischen Gürtel stehen die beiden kalten polaren Gürtel des Meeres gegenüber. Die Warmwassergebiete des Atlantik einerseits und des Indo-Pacifik anderseits werden durch die Kontinente relativ isoliert.

Die *Verbreitung der Litoraltiere* zeigt am meisten regionale Gliederung, da die Küstenbezirke durch die Klimazonen, Festland und offene See bzw. Tiefsee begrenzt werden. Die Regionen, die hier vorläufig unterschieden werden können, sind (nach ORTMANN mit einer Abänderung) folgende: 1. *arktische* Region, 2. *indo-pacifische* Region, 3. *westamerikanische* Region, 4. *atlantische* Region, 5. *antarktische* Region.

Als Beispiele seien die *Cnidarien* angeführt: gibt es auch keine Ordnung, die auf eines der Reiche beschränkt wäre, so gilt dies doch für viele Familien, Gattungen und Arten. Besonders die *Octocorallen* gehören ganz überwiegend dem Litoral des indo-australischen Meeresgebiets an, das als ihr Entwicklungscentrum angesprochen wird. Von den neun Familien der *Alcyonarien* kommen alle im indo-pacifischen Ozean vor, drei sind ausschließlich, von den anderen sind die meisten Gattungen auf dieses Gebiet beschränkt. Einige haben auch im atlantischen Ozean Vertreter, dem nur vier Gattungen mit insgesamt fünf Arten allein angehören. Bei den *Steinkorallen* und den *Actinien* ist der faunistische Gegensatz zwischen dem atlantischen und dem indo-pacifischen Reich immerhin in der Verteilung der Gattungen deutlich ausgeprägt. Westindien gehört jedoch zum indo-pacifischen Reich. Die Besiedelung des Mittelmeeres ist vom Atlantik aus erfolgt. Die Actinien des Roten Meeres entstammen dem Indischen Ozean.

Eine Anzahl von Litoraltieren (so einige Gephyreen, Polychäten, Cumaceen, Schizopoden, Mollusken) finden sich in den beiden polaren Faunen, während sie in den warmen Zwischenzonen fehlen (*Bipolarität*).

Die *pelagische Tierwelt* zeigt infolge der ziemlich gleichartigen Bedingungen und des vielfachen Zusammenhanges der ausgedehnten Meeresgebiete (in früheren Erdperioden während der Trennung von Nord- und Südamerika auch unmittelbar zwischen Atlantischem und Stillem Ozean und während des Bestandes eines großen Mittelmeeres [Tethys] zwischen Atlantischem und Indischem Ozean) in allen Meeren einen mehr gleichartigen Charakter.

Die Regionen, die sich in der Verteilung der *pelagischen Tierwelt* unterscheiden lassen, entsprechen in erster Linie den klimatischen Verhältnissen (vor allem der Temperatur des Meerwassers) und in zweiter Linie den Trennungen durch die Kontinente. Sie sind folgende (MEISENHEIMER, STEUER): 1. Die *circumpolare arktische* Region, 2. *nördliche Übergangsgebiete*, 3. die *circumäquatoriale* Warmwasserregion mit der *indo-pacifischen* und der *atlantischen* Subregion, 4. das *südliche Übergangsgebiet*, 5. die *circumpolare antarktische* Region. In den verschiedenen Tiergruppen überwiegt bald mehr die klimatische, bald mehr die Sonderung durch Festlandgrenzen für die Ausbildung besonderer Arten.

Für die überwiegend neritischen *Discomedusenfamilien* z. B., die eine sehr weite Verbreitung haben, drücken sich, soweit Verschiedenheiten nach Temperaturgürteln und Ozeanen vorhanden sind, im allgemeinen die Unterschiede der Breitengrade mehr in Unterarten, seltener in Arten aus, während die Unterschiede in den Ozeanen Art- oder Gattungsunterschiede treffen. Das spricht dafür, daß die Besiedelung von Gebieten verschiedener Temperatur, Meerestiefe und Küstengestaltung durch die Arten dieser Familien im Bereich eines Ozeans jüngeren geologischen Datums ist als die Trennung der Ozeane durch nordsüdlich verlaufende Kontinente. Bei den ozeanischen *Trachylinen* und *Siphonophoren* bilden die Arten, die nur in einem Ozean vorkommen, große Ausnahmen. Die meisten Arten zeigen in den breiten tropisch-subtropischen Meeresgebieten eine völlig circumterrestrische Verbreitung.

Das Vorkommen rein circumtropischer Arten läßt sich zum Teil wohl so erklären, daß in einem wärmeren Klima (Tertiärzeit) kosmopolitische Formen mit der Ausbildung unserer heutigen Klimazonen in die Äquatorialregion zurückgedrängt wurden.

In noch höherem Maße als bei Litoraltieren ist bei der pelagischen Meeresfauna Bipolarität vorhanden. Bipolare pelagische Formen sind: *Limacina helicina, Clione limacina, Calanus finmarchicus, Fritillaria borealis*, einige Medusengattungen.

Sehr gleichartig ist die *Tiefseefauna*, entsprechend den gleichmäßigen, überall in der Tiefe herrschenden Lebensbedingungen sowohl im arktischen Meere als im Atlantischen und Indo-Pacifischen Ozean. Es ist daher unmöglich, in der Tiefsee geographische Regionen zu unterscheiden. Allerdings können auch dort Formen in engen Verbreitungsbezirken vorkommen, zumal wenn unterseeische Erhebungen gewisse Meeresteile für bestimmte Formen isolieren.

Die *bipolare Verbreitung* mancher pelagischer und auch einiger litoraler Tiere dürfte auf verschiedenen Ursachen beruhen. Zum Teil leben die Formen, die in der Arktis und Antarktis nahe an der Oberfläche gefunden wurden, in dem dazwischen liegenden Gebiet stenotherm in der kalten Tiefsee (manche Foraminiferen und Radiolarien, *Diphyes arctica*). Manche Formen, die im hohen Norden oder Süden entstanden sind, können sich mit kalten Meeresströmungen und durch die Tiefsee zu dem Kaltwassergebiet am entgegengesetzten Pol ausgebreitet haben. In einigen Fällen haben sich von Arten, die auch im Warmwasser der Zwischengebiete leben, im N und S konvergente Kaltwasserformen (Modifikationen oder Rassen?) herausgebildet (z. B. *Globigerina pachyderma* in Arktis und Antarktis, die mit der *G. dutertrei* des Zwischengebietes durch Übergänge verbunden ist; *Fritillaria borealis*, die in den polaren Meeren durch die Varietät *typica* vertreten ist). Manchmal mögen die polaren Formen durch Aussterben der Stammform im Zwischengebiet isoliert sein. Möglicherweise handelt es sich bei einigen Arten um Relicte aus einer Zeit, in welcher der Temperaturunterschied der Meere geringer und die Fauna einheitlicher war. Mit der Ausbildung stärkerer Temperaturgegensätze können in Polnähe eurytherme oder stenotherme kälteliebende Formen zurückgeblieben sein.

c) Die Verbreitung der Süßwassertiere.

Mit Rücksicht auf die Schranken des trockenen Landes könnte man erwarten, daß die einzelnen Landseen und Stromgebiete eine besondere und eigentümliche Bevölkerung besäßen. Wir finden aber im Gegenteil eine außerordentlich weite Verbreitung zahlreicher Süßwasserarten. Verwandte Formen herrschen in den Gewässern der gesamten Erdoberfläche vor. Die Phyllopodengattungen *Estheria, Limnadia, Apus* und *Branchipus* sind in allen Weltteilen vertreten, und gleiches gilt von zahlreichen Protozoen, Rädertieren und Süßwassermollusken. Sogar gleiche Arten können auf weit voneinander entfernten Erdteilen vorkommen. In vielen Fällen beruht die weite Verbreitung auf der leichten passiven Transportierbarkeit von Süßwasserorganismen in Dauerstadien. Von Einfluß waren ferner geologische Veränderungen, Verschiebungen der Wasserscheiden, die Wirkung weiter Überschwemmungen und Fluten, welche Wassertiere und deren Keime von einem Flußgebiet in das andere übertragen konnten. Hiermit steht die Tatsache im Einklang, daß auf entgegengesetzten Seiten von Gebirgsketten, welche schon seit früher Zeit die Wasserscheide gebildet haben, verschiedene Fische angetroffen werden.

Für die *Ableitung zahlreicher Süßwasserbewohner von Meerestieren*, welche zuerst zum Leben im Brackwasser und dann im Süßwasser übergingen und später teilweise oder vollständig vom Meere getrennt wurden, gibt es zahlreiche Belege. So existiert kaum eine Gruppe von Fischen und zehnfüßigen Krebsen, welche vollkommen auf das Leben in Flüssen und Landseen beschränkt wäre; in vielen Fällen treten sogar die nächsten Verwandten im Meere und im süßen Wasser auf; in anderen Fällen leben dieselben Fische sowohl im Meere als in Flüssen (Pleuronectiden, Salmoniden, Störe u. a.). Manchmal zeigt das diskontinuierliche Vorkommen mancher Gruppen ausgesprochenen *Relictencharakter*. Von den drei übrig gebliebenen Gattungen der in Trias, Jura und Kreide weitverbreiteten *Dipnoer* lebt *Protopterus* in Afrika, *Lepidosiren* in Südamerika, *Neoceratodus* in Australien. Vielfach sind offenbar an mehreren Stellen dieselben Formen selbständig ins Süßwasser eingewandert und dann vielfach im Meer ausgestorben. Ein Beispiel hierfür bietet *Galaxias attenuatus*, der an den Südspitzen von Neuseeland, Südamerika, Afrika, Australien und in den Falklandsinseln vorkommt.

X. Deszendenztheorie[1].

Die Erscheinung, daß sich die Organismen nach ihrer Ähnlichkeit und Verschiedenheit (Formverwandtschaft) in Gruppen und Untergruppen als abgestufte Mannigfaltigkeit in ein *natürliches System* ordnen lassen, führt zwingend auf das Problem der Entstehung der heute lebenden Arten (*Evolutionsproblem*). Zur Lösung dieses Problems sind folgende *Erfahrungstatsachen* gegeben: 1. daß alle uns bekannten Organismen durch Elternzeugung entstehen; 2. daß die höchsten Grade der Ähnlichkeit auf Zeugungszusammenhang (genealogischer Verwandtschaft) beruhen, durch Übertragung von Erbfaktoren bedingt werden; 3. daß in den Generationenfolgen neue erbliche Merkmale auftreten können, daß also die Erbfaktoren nicht unveränderlich sind; 4. daß die Organismenarten, die heute auf der Erde leben, in früheren Erdperioden nicht vorkamen; daß vielmehr früher andere Arten vorhanden waren, und daß diese in der geologischen Zeit den heute lebenden Arten stufenweise ähnlicher wurden. Die Möglichkeit des natürlichen Systems in Verbindung mit diesen vier Erfahrungstatsachen erweist die *Abstammungslehre* (*Deszendenz-* oder *Evolutionstheorie*) als eine wohlberechtigte Theorie. Sie besagt, daß die Ähnlichkeit formverwandter Arten darauf beruht, daß sie von gleichen *Urformen* abstammen und daß die Mannigfaltigkeit der Arten in der Erdgeschichte dadurch entstanden ist, daß immer wieder aus einer Stammart mehrere neue Arten hervorgegangen sind. In der Stammesgeschichte oder *Phylogenese* reihen sich jeweils zahlreiche Arten hintereinander, von denen sich jede aus einer früher vorhandenen entwickelt hat. Diese Artenreihen spalten sich auf und laufen auseinander in der geologischen Zeit.

Die *historische Tatsache* der Umwandlung der Arten in der Zeit führt zu dem kausalen Problem der *Faktoren, welche die Artumbildung bewirken*. Es umfaßt zwei Hauptfragen: 1. auf welchen Ursachen beruht die *Veränderung der Genotypen* der Arten? 2. wodurch werden *neue Anpassungen* erzielt, d. h. wie kommt es, daß der Genotypus sich jeweils so ändert, daß die neuen, durch ihn bestimmten Merkmale wieder eine harmonische, angepaßte Organisation bilden?

Übersicht über die Geschichte der Deszendenztheorie.

Die systematische Ordnung (Taxonomie) der Organismen war die erste Voraussetzung für die Stellung des Deszendenzproblems. CARL VON LINNÉ (1707—1778) versuchte zum erstenmal die Pflanzen- und Tierwelt in genau geregelter Weise zu beschreiben und zu benennen. Er suchte im Anschluß an JOHN RAY (1628—1705) den *Begriff der Art* (*Species*) streng zu fassen. RAY und LINNÉ gründeten die Species auf die weitestgehende Übereinstimmung der Individuen, jedoch mit Rücksicht auf die verschiedene Erscheinungsform der beiden Geschlechter einer Species auch auf die Abstammung von gleichen Eltern. CUVIER fügte als weiteres wichtiges Kennzeichen die vollkommen fruchtbare Kreuzung der Individuen innerhalb der Species hinzu. Auf LINNÉ geht die strenge Formulierung der *Konstanz der Arten* zurück. Eine Wandelbarkeit ließ er nur innerhalb der Art bei Varietäten zu. LINNÉ führte zuerst eine *systematische (taxonomische) Stufenfolge*, zunächst mit den Gliedern *Art, Gattung, Ordnung* und *Klasse* durch. Die vergleichend-anatomische Untersuchungs- und Gedankenarbeit am Ausgang des 18. und Anfang des 19. Jahrhunderts, die vor allem durch VICQ D'AZYR, GEOFFROY ST. HILAIRE, GOETHE und CUVIER gekennzeichnet ist, führte zur Aufstellung der Homologien zwischen den Organen verschiedener Organismen und der morphologischen Typen, bestimmter Baupläne, welche die Organisation großer Gruppen des Tierreiches beherrschen. Das bleibende Ergebnis dieser *idealistischen Morphologie* ist die *Ableitbarkeit* der besonderen Ausprägungen der einzelnen Formen

---

[1] PLATE, L.: Selectionsprinzip und Probleme der Artbildung, s. A. Leipzig 1913. — TSCHULOK, S.: Descendenzlehre (Entwicklungslehre). Ein Lehrbuch auf historisch-kritischer Grundlage. Jena 1922. — DÜRKEN, B.: Allgemeine Abstammungslehre. Berlin 1923. — HERTWIG, R.: Abstammungslehre und neuere Biologie. Jena 1927.

einer Gruppe von einem Grundplan (Urbild). GEORGES CUVIER (1769—1832), der großartigste Vertreter dieser Forschungsperiode, der auch das damals bekannte fossile Tiermaterial beherrschte, stand auf dem Standpunkt der Unveränderlichkeit der Arten und der Getrenntheit der großen Typen. Die Tierbevölkerungen der früheren Erdperioden sollten durch große Naturkatastrophen ihr Ende gefunden haben (Kataklysmentheorie). Über die Neubevölkerung der Erde spricht er sich nicht bestimmt aus (Neuschöpfung oder Übrigbleiben von Resten des ursprünglichen Schöpfungsbestandes?).

Die Möglichkeit eines nicht nur ideellen, bauplanmäßigen, sondern auch *reellen, durch Abstammung bedingten Zusammenhanges* der Formen wurde vielfach gelegentlich erwogen und behauptet, so von GEOFFROY ST. HILAIRE, der mit wenig Glück gegen CUVIER (Akademiestreit von 1830) die Einheit des Bauplanes des gesamten Tierreiches vertrat. Aber als erster hat JEAN DE MONET CHEVALIER DE LAMARCK (1744—1829) 1802 und eingehender 1809 in seiner „Philosophie zoologique" umfassend und folgerichtig die Entwicklung des Tierreiches durch Umwandlung der Arten ausgesprochen. Er geht davon aus, daß zwischen Varietäten und Arten kein grundsätzlicher Unterschied sei und nimmt an, daß aus Varietäten allmählich Arten entstehen könnten. Aus der systematischen Ordnung der Organismen in Varietäten, Arten, Gattungen, Ordnungen und Klassen schließt er auf einen stammbaumartigen Entwicklungsvorgang in der Pflanzen- und Tierwelt. Als Ursache für die Umbildungen der Organismen sieht er den Wechsel der Lebensbedingungen an, denen die Individuen sich anpassen. Vor allem sollte vorzugsweiser Gebrauch oder Nichtgebrauch eines Organs im Laufe der Zeit eine zweckentsprechende Veränderung im Bau verursachen. Die so erworbenen Eigentümlichkeiten werden nach LAMARCKS Ansicht auf die Nachkommen vererbt. So stellt sich LAMARCK vor, daß die Schwimmhaut an den Zehen der Schwimmvögel und Frösche durch die wiederholten Anstrengungen dieser Tiere entstanden sei, sich an der Oberfläche des Wassers schwimmend zu bewegen, wodurch die Haut an der Basis der Zehen sich allmählich ausdehnte. Die Verkümmerung des Auges beim Maulwurf, der Verlust der Extremitäten bei Schlangen, der Zähne in den Kiefern der Wale und vieler Edentaten werden als Folge des Nichtgebrauches abgeleitet. Diesen Teil der LAMARCKschen Lehre kann man als *Hypothese der direkten Anpassung durch Vererbung funktioneller Veränderungen* bezeichnen. Durch neue Lebensbedingungen werden aber auch Bedürfnisse hervorgerufen, die zu ihrer Befriedigung völlig neue Organe verlangen. Auch solche bedürfnisgemäß zu erzeugen soll der Organismus nach LAMARCK fähig sein. LAMARCK hielt auch dieses Prinzip noch nicht für ausreichend, um den gesamten Entwicklungsprozeß und die natürliche Ordnung der Stufenreihe der Organismen zu erklären. Vielmehr nahm er noch innere, in den Organismen wirkende Ursachen an, denen zufolge die Organismen mit Notwendigkeit einer wachsenden Ausbildung der Organisation entgegenstreben, welche darauf ausgeht, eine regelmäßige Stufenfolge herzustellen. LAMARCKS Lehre hat auf die Zeitgenossen keinen nachhaltigen Eindruck gemacht; vor allem wohl deshalb, weil seine ideenreichen Schriften kaum Beweismaterial brachten und viele Gedankengänge strenger gerichtete Naturforscher als allzu phantastisch abschreckten.

Wenn auch immer wieder gelegentlich der Abstammungsgedanke vertreten wurde, so hat doch erst CHARLES DARWIN (1809—1882) unter Verwertung eines ungeheuren Tatsachenmaterials aus der Anatomie, Embryologie, Tiergeographie und Geologie die Gültigkeit der Deszendenztheorie endgültig bewiesen und zu einer Grundtheorie der Biologie gemacht[1]. Für die rasche Wirkung seiner Lehre war es von großer Bedeutung, daß er auch ein einleuchtendes Erklärungsprinzip für die Artumwandlung bot, seine Hypothese der Prägung der Artmerkmale durch *natürliche Zuchtwahl im Kampf ums Dasein* (*Selectionshypothese*). Sie ist in ihrem Grundgedanken eine Anwendung der Populationslehre von MALTHUS auf das Tier- und Pflanzenreich; sie wurde gleichzeitig mit DARWIN auch von ALFRED RUSSEL WALLACE (1823—1913) entwickelt[2], aber nicht in derselben umfassenden Weise wie von DARWIN durchgeführt. DARWIN geht aus von der Variabilität der Organismen. Er unterscheidet drei Arten von Variationen: 1. „definite variations", die direkt durch Außenfaktoren bedingt werden und deren Erblichkeit er ungewiß läßt (was wir heute als Modifikationen bezeichnen), 2. „individual variations", kleine häufige Variationen, die sicher erblich seien, und 3. „single variations", seltenere, große erbliche Abänderungen. DARWIN stützt sich vor allem auf die Rassenbildung der *gezähmten* (*domestizierten*) *Tiere*, im besonderen der Haustaube, welche nachweislich von einer einzigen wilden Art abstammt. Diese Rassen entstehen unter der Hand des Züchters durch Auswahl. Unter

---

[1] DARWIN, CH.: On the origin of species by means of natural selection. London 1859; übers. von V. CARUS. 7. Aufl. Stuttgart 1884. — Das Variieren der Tiere und Pflanzen im Zustande der Domestikation, übers. von V. CARUS. 2 Bde. 1873. — Die Abstammung des Menschen und die geschlechtliche Zuchtwahl, übers. von V. CARUS. 2 Bde. 1875.

[2] WALLACE, A. R.: Beiträge zur Theorie der natürlichen Zuchtwahl, deutsche Ausgabe von A. B. MEYER. Erlangen 1870.

den sich bietenden erblichen Abweichungen wählt der Züchter jene Individuen zur Nachzucht aus, die ihm genehme Merkmale aufweisen. Durch fortgesetzte planmäßige Zuchtwahl können diese Eigentümlichkeiten bis zur Entstehung von Varietäten gesteigert werden, welche in ihren Merkmalen so weit voneinander abstehen können wie Arten in der Natur. In der freien Natur wirken nach DARWIN entsprechende Vorgänge, um Varietäten und neue Arten ins Leben zu rufen. Auch hier zeigen die Individuen einer Art Verschiedenheiten, und eine natürliche Zuchtwahl, hervorgerufen durch den Kampf der Organismen ums Dasein, veranlaßt eine Auswahl und erhält nur die für die jeweiligen Verhältnisse passendsten Varietäten. Die artumbildende Wirksamkeit dieses *Überlebens des Passendsten* wird daraus erschlossen, daß viel mehr Individuen erzeugt werden, als sich zu erhalten vermögen, so daß diejenigen Individuen, welche einen auch nur geringen Vorteil vor den anderen voraus haben, die größte Wahrscheinlichkeit besitzen, sich zu erhalten und Nachkommen zu produzieren, jene aber, welche eine geringe nachteilige Abänderung zeigen, der Zerstörung anheimfallen.

Sexuelle Zuchtwahl nannte DARWIN den Kampf der Individuen des einen Geschlechtes, zumeist der Männchen um die Weibchen, somit einen besonderen Fall der natürlichen Zuchtwahl. Männchen, welche in diesem Kampfe am besten bestehen, werden die meiste Nachkommenschaft hinterlassen. Den Gesang, die Pracht des männlichen Gefieders bei Vögeln, die mannigfaltigen Waffen bei den Männchen von Säugetieren, Insecten usw. führte er auf die Wirkung der sexuellen Zuchtwahl zurück.

Da der Kampf ums Dasein zwischen Organismen, welche dieselben Bedingungen für ihre Existenz erfordern, am schärfsten sein wird, vermutet DARWIN, daß voneinander in Bau und Lebensweise stärker verschiedene Varietäten die größte Aussicht haben werden, sich zu erhalten. Natürliche Zuchtwahl begünstigt somit nach DARWIN divergierende Formen und wirkt auf das Aussterben von Mittelformen hin. Die durch natürliche Zuchtwahl begünstigte *Divergenz der Charaktere* wird somit als Ursache davon angesehen, daß die Arten ziemlich scharf begrenzt erscheinen; fortgesetzte Divergenz der Charaktere soll zu den großen Unterschieden führen, welche den höheren Kategorien des Systems, wie Gattung, Ordnung, Klasse entsprechen.

Die größte Verbreitung in Deutschland verdankt die Abstammungslehre ERNST HAECKEL, der sie in großzügiger und mächtig anregender Weise für eine phylogenetische Behandlung der vergleichenden Anatomie und Entwicklungsgeschichte auswertete[1] und ohne strenge theoretische Fortbildung den DARWINschen Grundgedanken popularisierte.

Während DARWIN selbst eine Vererbung erworbener Anpassungen nicht in Abrede stellte, wenn er ihr auch keine große Bedeutung zusprach, hat AUGUST WEISMANN (1834 bis 1914) die Annahme einer Vererbung erworbener Eigenschaften scharfer Kritik unterzogen und ist zu ihrer vollkommenen Ablehnung gekommen. Er hat den *Selectionismus* am folgerichtigsten ausgebaut[1]. Demgegenüber haben besonders R. SEMON und OSKAR HERTWIG den *Lamarckismus* zu erneuern und fortzubilden versucht[2]. Gegenüber der spekulativen Behandlung der Fragen nach den Entwicklungsfaktoren, nach der Reichweite der natürlichen Auslese und nach der Vererbung erworbener Anpassungen macht sich seit dem Jahre 1900 immer stärkere Zurückhaltung geltend. Der naturwissenschaftlichen Haltung unserer Zeit entspricht das Bestreben, den Problemen der Entwicklungsfaktoren die Form experimentell angreifbarer Fragestellungen zu geben oder sie als zur Zeit unlösbar stehen zu lassen.

A. Die Bedeutung des natürlichen Systems.

Die *Art* (*Species*, S. 2, 4) ist eine natürliche genetische Einheit. Manchmal können wohl auch Individuen verschiedener Arten miteinander Nachkommen erzeugen. Solche Artbastarde sind aber meist steril; nur in seltenen Ausnahmefällen sind sie unbegrenzt fruchtbar. Alle Arten (Großarten) des Systems, die seit LINNÉ mit zwei Bezeichnungen (Gattungsnamen und Artnamen der binären Nomenklatur) benannt werden, umfassen mehrere kleinere, mehr oder weniger scharf umschriebene, *genotypisch verschiedene Individuengruppen* (*Rassen*), die als *Varietäten, Unterarten,* Sippen u. a. bezeichnet werden. Deren Individuen gleichen sich

---

[1] HAECKEL, E.: Generelle Morphologie der Organismen. Berlin 1866 (im Auszug neu 1906).
[2] WEISMANN, A.: Vorträge über Deszendenztheorie. 3. Aufl. Jena 1913.
[3] SEMON, R.: Die Mneme als erhaltendes Prinzip im Wechsel des organischen Geschehens. Leipzig 1904. — HERTWIG, O.: Das Werden der Organismen. 3. Aufl. Jena 1922.

in einer Reihe erblicher Merkmale, durch die sie sich gemeinsam von den Angehörigen anderer Untergruppen der Art unterscheiden. Unter den Teilgruppen einer Art werden zu einer *Unterart (Subspecies)* die Individuen zusammengefaßt, die in einem geschlossenen Verbreitungsgebiet die Art repräsentieren. Die Subspecies wird durch Hinzufügung eines dritten Namens gekennzeichnet (trinäre Nomenklatur). Der Grad der Aufspaltung einer Art und das Ausmaß der Verschiedenheit der Untergruppen untereinander ist bei den einzelnen Arten verschieden. Nicht selten ist es fraglich, ob eine Gruppe als Untergruppe einer Art oder als selbständige Art gerechnet werden soll. Die Grenzen zwischen Rassen und Arten können sich kontinuierlich verwischen. Das ist besonders bei Formenkreisen nicht selten, die über ein weites Gebiet mit vielen öcologisch oder topographisch verhältnismäßig abgegrenzten Teilgebieten verbreitet sind. In diesen Fällen kann bei Kreuzung weit voneinander getrennter Rassen oftmals unfruchtbare oder in ihrer Fruchtbarkeit herabgesetzte Nachkommenschaft auftreten, oder es kann überhaupt die Kreuzung zwischen den Geschlechtern der beiden Rassen unmöglich sein. Solche Formen verhalten sich also zueinander wie getrennte Arten, obwohl sie durch eine ununterbrochene Kette miteinander fortpflanzungsfähiger Zwischenformen verbunden sind. Wären die verbindenden Zwischenglieder extremer Rassen nicht bekannt, würden diese unbedenklich als „gute Arten" angesprochen werden. Gleichwohl besteht für jeden in sich kontinuierlichen *Rassenkreis* (= Großart) eine äußere Grenze, die nicht mehr kontinuierlich nach anderen Rassenkreisen hin überschritten wird. Viele *Gattungen* enthalten zahlreiche Arten, die deutlich voneinander getrennt sind. Im ganzen überwiegen aber die Gattungen mit wenigen oder nur einer Art über die Gattungen, die sehr viele Arten umspannen.

Den *höheren systematischen Kategorien* von der Gattung an entspricht kein reales Objekt. Der Inhalt dieser Gruppenbegriffe wird nur durch Merkmale gebildet, die den Individuen von Arten zukommen, die wir nach ihrer Formverwandtschaft zu einer Gruppe zusammenfassen. Die Gruppenbegriffe werden um so inhaltsärmer, je weiter die systematische Kategorie wird.

Während *künstliche Systeme* (in der Absicht, Bestimmungsschlüssel zu liefern) nur jeweils einzelne, leicht feststellbare Merkmale der einzuteilenden Organismen berücksichtigen, soll das *natürliche System* die Lebewesen möglichst nach der Gesamtheit der morphologischen und physiologischen Merkmale ordnen, die während ihres ganzen Lebensablaufes erscheinen. Es ist auf die vergleichende Morphologie gegründet. Auch das natürliche System hat selbstverständlich keinen absoluten Charakter; auch in ihm spricht sich immer das Verhältnis unserer Auffassung und des Standes der wissenschaftlichen Erkenntnis zum Naturleben aus. Daß aber dem natürlichen System eine *Ordnung in der Natur selbst* entspricht, wird durch die zahlreichen *Voraussagen* erwiesen, die sich aus der vergleichend-morphologischen Ordnung der Organismen ergeben und vielfach Bestätigung gefunden haben. Wenn ein Organismus sich durch eine Reihe von Merkmalen als zu einer bestimmten systematischen Gruppe gehörig erwiesen hat, so läßt sich voraussagen, daß er auch eine Reihe anderer, noch nicht bekannter Merkmale in seinem Körperbau oder in seiner Entwicklung aufweisen wird. Häufig sind fossile Formen mit Merkmalen aufgefunden worden, die man auf Grund des vergleichend-morphologisch gewonnenen Systems für Stammformen heute lebender Tiergruppen voraussagen konnte.

Das natürliche System soll die stammesgeschichtlichen Zusammenhänge zum Ausdruck bringen. Und doch bereitet die Aufnahme fossiler Formen, die diesen Zusammenhang bekunden, der Durchführung des Systems oft Schwierigkeiten: Die systematischen Kategorien sind aufgebaut auf die lebenden Formen und damit auf einen Zeitquerschnitt durch die Stammreihen. Die vertikale Entwicklung der Stammreihen verwischt die heutigen Kategorien des Systems, wenn zwei oder mehr Gruppen in einer gemeinsamen Wurzel zusammenlaufen. Wenn die fein abgestuften Artenketten, welche die Deszendenztheorie erwarten läßt, uns erhalten wären, würde natürlich jede scharfe Gruppenabgrenzung hinfällig.

B. Urkunden der Artumwandlung.

Verschiedene Urkunden geben Aufschluß über den *Verlauf der Artumwandlung*. Sie liefern Beweise für die Gültigkeit der Deszendenztheorie und zeigen Besonderheiten der Artumwandlungsvorgänge auf, die bestimmte Fragen für den Problemkreis der Evolutionsfaktoren mit sich bringen, und sie dienen dem Ziel, die reale Geschichte der Organismen zu rekonstruieren. Die einzigen direkten Beweise für eine bestimmte Phylogenese liefert die *Paläontologie*. Wären alle Tierformen der früheren Erdperioden in kenntlichen Resten erhalten, so würden sie die Stammbäume aller Tierarten darstellen. Naturgemäß sind aber die paläontologischen Urkunden sehr lückenhaft. Auch *vergleichende Anatomie* und *Entwicklungsgeschichte* erlauben Schlüsse auf Stammverwandtschaft von Formen und Geschichte ihrer Organisation. Die *Tiergeographie* läßt aus dem Nebeneinander stammverwandter Formen im Raum Schlüsse auf die Umwandlung des Artbildes, die Aufspaltung von Arten und die Entfaltung höherer systematischer Kategorien zu.

Leider wird die *Phylogenese* des Organismenreiches stets Stückwerk bleiben. Nur in wenigen Tierstämmen und innerhalb verhältnismäßig enger systematischer Kategorien lassen sich Stammbäume einigermaßen bestimmt und streng belegen. Über das phylogenetische Verhältnis der Klassen sind meist nur unbestimmte hypothetische Angaben zu machen, da die klassenverbindenden *Artenreihen* fehlen; und nur solche können reale Glieder eines Stammes sein. Die Versuche stammesgeschichtlicher Verknüpfung der großen Tierstämme (Phylen) und Kreise (Kladen) sind meist schon reine Spekulationen, die wissenschaftlich nur heuristische Bedeutung haben können.

a) Paläontologische Urkunden.

Die besondere Bedeutung der paläontologischen Urkunden liegt in ihrer zeitlichen Ordnung. Die zeitliche Aufeinanderfolge (das relative Alter) der Fossilien führenden Schichten ergibt die Möglichkeit der Verknüpfung bestimmter Formen als Stammform und abgeleitete Form. Das Alter der Schichten, welche die Organismenreste enthalten, gibt einen Maßstab, mit welcher Geschwindigkeit die Umwandlung der Arten erfolgt ist.

Durch die radioaktiven Substanzen ist ein Weg zur *Altersbestimmung der Erde* und ihrer einzelnen Entwicklungsabschnitte gegeben, dessen Sicherheit und Genauigkeit über die früher versuchten Schätzungen (aus der Salzzufuhr der Flüsse zu den Ozeanen und aus der ozeanischen Sedimentation) weit hinausgeht. Da der Zerfall von Uran und Thorium in Helium und Blei mit bekannter Geschwindigkeit vor sich geht, kann aus dem Verhältnis der Menge des Bleis zu der Menge der radioaktiven Muttersubstanzen in einem bestimmten Mineral auf das absolute Alter der geologischen Formation geschlossen werden, die das Mineral enthält. In Tabelle 7 sind die so gewonnenen Altersangaben für die geologischen Formationen eingetragen[1].

Schon in den ältesten Schichten des *Cambriums*, die wohlerhaltene Versteinerungen und Abdrücke enthalten, finden sich hochdifferenzierte Vertreter sämt-

---

[1] HAHN: Altersbestimmung der Erde. Naturwiss. 18 (1930).

licher Phylen (mit Ausnahme der Ctenophoren) und der meisten Kreise (Tabelle 7). Das Fehlen der Chordonier in dem ältesten Zeitabschnitt, von dessen Tierwelt wir Kenntnis haben, beruht höchstwahrscheinlich auf der geringen Erhaltungsfähigkeit ihrer Reste. Aus der Organisationshöhe der Tierstämme ist zu vermuten, daß der Entwicklungsweg von den ersten nach hinreichender Ab-

Tabelle 7. **Übersicht der geologischen Formationen, ihres ungefähren Alters nach dem Bleiverhältnis und der wichtigsten Ereignisse aus der Geschichte der Tierwelt.**

Ära	Formationen (Perioden)		Alter in Millionen Jahren	Tierwelt
Känozoicum	Quartär	Alluvium		Heutige Fauna.
		Diluvium (Pleistocän)		Ausbildung der großen Laufvögel in Australien, Neuseeland, Madagaskar. Entfaltung der diprotodonten Beuteltiere in Australien, der Boviden in der Arctogäa. Auftreten des Menschen.
	Tertiär	Jungtertiär (Neogen) Pliocän Miocän	37	Fortschreitende Modernisierung der Säugetierfaunen. Zahlreiche, sehr große Säugerformen, die mit dem Ende des Tertiärs oder im Diluvium erlöschen. Erstes Auftreten von Anthropomorphen im Miocän.
		Alttertiär (Paläogen) Oligocän Eocän Paläocän	59	Aufblühen der Säugetiere, deren wichtigste Ordnungen in den Eozänfaunen Europas und Nordamerikas erscheinen (Monotremen, Beuteltiere, Insectenfresser, Fledermäuse, Nager, Huftiere, Halbaffen, Raubtiere, Wale). Zunehmende Modernisierung der Molluskenfauna. Erlöschen der Belemniten. Rückgang der Brachiopoden. Überwiegen der Irregularia unter den Seeigeln. Blütezeit der Nummuliten.
Mesozoicum	Kreide		73,5	Oberkreide: Überwiegen der Teleosteer unter den Fischen. Auftreten der Eidechsen und Schlangen. In der obersten Kreide Erlöschen zahlreicher Reptilienordnungen (Ichthyosauria, Sauropterygia, Dinosauria, Pterosauria), ferner der Ammonoideen. Niedergang der Belemnoideen. Bezahnte Vögel. Säugetiere nur vertreten durch kleine Formen, die Beuteltieren und Monotremen ähneln. Unterkreide: Die ersten Urodelen. Umprägung der Ammonoideenfauna. An der Grenze der Unter- und Oberkreide Umprägung der Fischfauna.
	Jura		146	Oberer Jura: Erstes Auftreten der Brachyuren, Hymenopteren, Schmetterlinge, Anuren und Vögel (*Archaeopteryx*). Entfaltung der Dinosaurier. Auftreten der Krokodile. Lias: Blütezeit der Lepidosteiden. Erstes Auftreten von irregulären Seeigeln und Dipteren. Umprägung der triadischen Ammonoideen und Belemnoideen. Erlöschen der Nautiloidea mit gestreckter Schale. Die ältesten Pterosauria. Aussterben der Theromorphen.
	Trias		218	Die ältesten Hexacorallen. Aufblühen der Lepidosteidei, der Belemnoideen. Reiche Entwicklung der Reptilien (Anomodontier, Ichthyosaurier, Sauropterygier, Dinosaurier, Schildkröten). Blüte der Labyrinthodonten. In der Obertrias die ersten Decapoden-Krebse, Käfer, Knochenfische und Säugetiere; Aussterben der Stegocephalen.

Tabelle 14 (Fortsetzung).

Ära	Formationen (Perioden)	Alter in Millionen Jahren	Tierwelt
Paläozoicum	Perm	289	Reiche Entwicklung der Ammonoideen und Ganoiden. Aussterben der Trilobiten, Cystoideen und Blastoideen. Blüte der Stegocephalen und Cotylosauria. Auftreten der Rhychocephalen.
	Carbon	360	Obercarbon: Reiche Entfaltung der Insecten (Palaeodictyoptera) und Arachnoiden, Aussterben der Gigantostraken. Die ersten Landwirbeltiere (vielleicht schon Oberdevon?): Stegocephalen und (im obersten Carbon) Reptilien (Anomodontien: Cotylosauria und Pelycosauria). Untercarbon: Aussterben der Panzerfische. Rückgang der Triboliten. Reiche Entwicklung der Crinoideen und Blastoideen und der Elasmobranchier.
	Devon	430	Oberdevon: Blütezeit der Placodermen. Unter den Ammonoideen reiche Entfaltung der Goniatiten und Clymenien. Rückgang der Nautiloideen. Unterdevon: Die ersten Ganoidfische (Crossopterygier) und Dipnoer.
	Silur	498	Obersilur: Blütezeit der Nautiloideen, Ostracoden und Gigantostraken. Erstes Auftreten der Blastoideen, Ammonoideen (Goniatiten) und Fische (Placodermen und Elasmobranchier). Die ältesten landbewohnenden Gliedertiere (Skorpione). Untersilur: Blütezeit der Graptolithen, Cystoideen und Trilobiten. Entfaltung der Crinoideen und alten Korallen (Tetracorallen und Tabulaten). Die ersten Seeigel, schloßtragenden Brachiopoden (Testicardines) und Bryozoen.
	Cambrium	567	Älteste, reiche Meeresfauna: Spongien, Medusen, Korallen, Pelmatozoen (Cystoideen und Crinoideen), Seesterne, Gliederwürmer, Brachiopoden (überwiegend hornschalige Ecardines), Gastropoden (Prosobranchier), Muscheln, Cephalopoden (Nautiloideen) mit gestreckter Schale, Phyllopoden, Trilobiten, Ostracoden, Gigantostraken. Im Obercambrium die ersten Schnecken und Nautiloideen mit eingerollter Schale, Graptolithen.
Archaicum	Präcambrium	635—1525	In dem letzten Abschnitt älteste kenntliche Organismenreste.

kühlung auf der Erde aufgetretenen einfachen Lebewesen bis zu den Anneliden, Crustaceen und Mollusken des Cambriums länger, wahrscheinlich viel länger gewesen ist, als der Weg, der seitdem zurückgelegt wurde und vor allem die Entfaltung der Wirbeltiere enthält. Die bisherige Entwicklungsgeschichte des Lebens war also zum großen Teil in der Zeit schon vorüber, von der wir die älteste Kunde erhalten. Dieser biologischen Schätzung entsprechen die Zahlen der Altersbestimmung aus den radioaktiven Erscheinungen durchaus (Tabelle 7).

Die fossilen Organismen werden um so verschiedener von den jetzt lebenden, je weiter wir zu den ältesten Schichten der Erdrinde fortschreiten. Im Diluvium (Eiszeit) kommen zum Teil noch dieselben *Wirbeltier*-Arten vor wie heute. Im

Pliocän fehlen alle heutigen Arten, aber die damals lebenden können noch vielfach in dieselben Gattungen wie heutige Arten eingereiht werden. Für die Formen der weiter zurückliegenden Tertiärschichten müssen auch völlig neue Gattungen aufgestellt werden.

Im allgemeinen läßt sich in der geologischen Zeit innerhalb der einzelnen Kreise, Klassen und Ordnungen ein *Ansteigen der Organisationshöhe*, eine mannigfaltigere Umbildung des Grundtypus und eine weitergehende Aufspaltung der systematischen Kategorien verfolgen. So beginnen die Cephalopoden im Untercambrium mit Arten, welche eine gestreckte Schale besitzen, im Silur folgen Nautiloideen und Goniatiten mit eingerollter Schale, welche in der Permzeit ihre höchste Ausbildung mit komplizierten Lobenlinien erreichen. Die Entfaltung der Klassen und Ordnungen der erdgeschichtlich jungen Insecten und Wirbeltiere läßt sich vom Paläozoicum ab durch die Formationen verfolgen (Tabelle 7).

In den älteren Schichten trifft man häufig Formen mit *ursprünglichen (primitiven) Merkmalen*. Welche Merkmale ,,ursprünglich" sind, läßt sich oft schon aus der vergleichend-morphologisch-systematischen Betrachtung ableiten. Solche ursprüngliche Merkmale sind z. B. unter den *Säugetieren* geringe Körpergröße, Extremitäten mit 5 getrennten Zehen, Sohlengang, vollständiges Gebiß (typisch: 44 Zähne, 3 Schneidezähne, 1 Eckzahn, 7 Backenzähne in jeder Kieferhälfte). Diese Merkmale finden sich unter den ältesten Säugetieren bei Angehörigen verschiedener Ordnungen (Insectivoren, Raubtieren, Huftieren), während bei den späteren Vertretern derselben Ordnungen dann die einzelnen primitiven Merkmale nach verschiedenen Seiten abgewandelt werden.

Vielfach treten von einer Klasse oder Ordnung zuerst *Kollektivtypen (Mischtypen)* auf, Formen, die eine Vereinigung von Merkmalen aufweisen, die mehreren, später voneinander getrennten Gruppen gemeinsam sind, so daß die Vorläufer jener Gruppen in jenen gleichsam zu einer systematischen Einheit verschmelzen. Solche Kollektivtypen sind z. B. die carbonischen Urinsecten, die *Palaeodictyoptera* (mit den primitiven Merkmalen: allmähliche Verwandlung, gleichartige Segmentausbildung, kauende Mundgliedmaßen und gleicher Bau beider Flügelpaare). Unter den Wirbeltieren sind die *Stegocephalen* eine Gruppe von Kollektivtypen, die zwar zu den Amphibien gerechnet werden, aber auch Skeletmerkmale besitzen, die sie mit alten Reptilien verknüpfen. Unter den Säugetieren sind die Urraubtiere, die alttertiären *Creodontia*, aus denen die Fissipedia, Pinnipedia und die Cetaceen entsprungen sind, sehr wenig spezialisiert und von den primitiven Insectivoren, Primaten und Huftieren wenig verschieden. Die *Protungulaten (Condylarthra)* sind eine Stammgruppe der gesamten Huftiere und Sirenia.

Echte *Zwischenformen* zwischen größeren systematischen Gruppen sind sehr selten. Der sehr ursprüngliche Vogel *Archaeopteryx lithographica* (Jura) vereinigt mit einem Federkleid noch viele reptilienähnliche Merkmale (Abb. 313). Die Kiefer sind bezahnt, die drei Finger der Hand sind lang, frei und mit Krallen versehen, der Schwanz besteht aus zahlreichen (über 20) gestreckten Schwanzwirbeln; er ist zweizeilig mit großen Federn besetzt. Vögel der Kreideformation besitzen zwar auch noch Zähne, aber der Schwanz ist schon verkürzt wie bei den heute lebenden Vögeln, und die vordere Extremität ist als Flügel voll entwickelt (oder bei Wasservögeln zurückgebildet).

In vielen Fällen sehen wir in einer Gruppe eine *stufenweise Steigerung* der Ausbildung bestimmter Merkmale in einer bestimmten Richtung in der Zeit, wenn auch ein Beweis der unmittelbaren genealogischen Zusammengehörigkeit der die Merkmale tragenden Arten vielfach nicht zu erbringen ist. Beispiele hierfür bieten die Umbildungen der unpaaren Flossen (Rücken-, Schwanz- und Afterflosse) der *Dipnoer* von dem haiähnlichen Zustand des unterdevonischen *Dipterus valencien-*

nesi bis zum *Neoceratodus forsteri* der Gegenwart, die schrittweise Verkümmerung des Beckens bei den *Sirenien* von *Eotherium* des Mitteleocäns bis zum heutigen

Abb. 313. *Archaeopteryx lithographica* (Exemplar des Berliner Museums, nach DAMES).

Dugong, die Entwicklung der Extremitäten (Abb. 314) und der Bezahnung in mehreren Entwicklungsreihen der Huftiere.

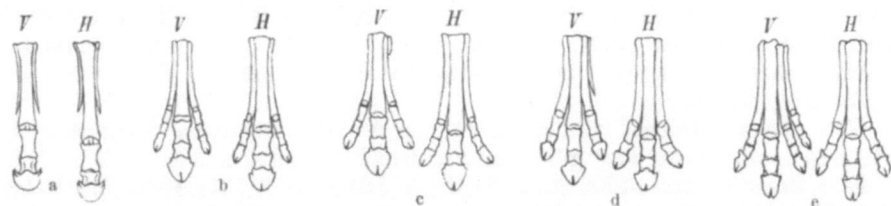

Abb. 314. Hand (*V*) und Fuß (*H*) von Formen aus der Stammesgeschichte der Pferde. a *Equus* (europäisch), b—e Stufen der amerikanischen Stammesreihe, b *Protohippus*, c *Miohippus*, d *Mesohippus*, e *Orohippus*. (Nach MARSH.)

Manchmal liegen in diesen Entwicklungsreihen mit großer Wahrscheinlichkeit echte *Stammreihen* (*Ahnenreihen*) vor. So lassen sich große Abschnitte der Stammesgeschichte der *Equiden* in Europa und Nordamerika recht gut durch die Tertiärzeit verfolgen. Aber auch hier belegt das vorhandene Fossilienmaterial nicht einen kontinuierlichen Übergang in einem engsten Formenkreis von Art zu Art durch Varietäten, sondern nur die Verknüpfung von weiter voneinander abstehenden Typen, denen im allgemeinen Gattungsunterschiede beigemessen werden.

Eine Feststellbarkeit *genealogischer Formenreihen*, deren Glieder zeitlich eng miteinander verknüpft sind, wird man nur da erwarten können, wo ein sehr zahlreiches Fossilmaterial in mehreren, in ungestörter Folge abgelagerten Schichten eingeschlossen ist. Einige Fälle dieser Art sind bekannt und zeigen einen *kontinuierlichen Merkmalswechsel* in den Formenreihen.

Ein Beispiel bieten die *Paludinen* (Abb. 315), die in einem pliocänen Süßwassersee in Slawonien abgelagert wurden. In jeder Schicht herrscht eine Hauptform vor, neben der Abweichungen vorkommen, die sich an die Hauptformen des nächst tieferen und höheren Niveaus eng anschließen. So gehen die glatten Formen

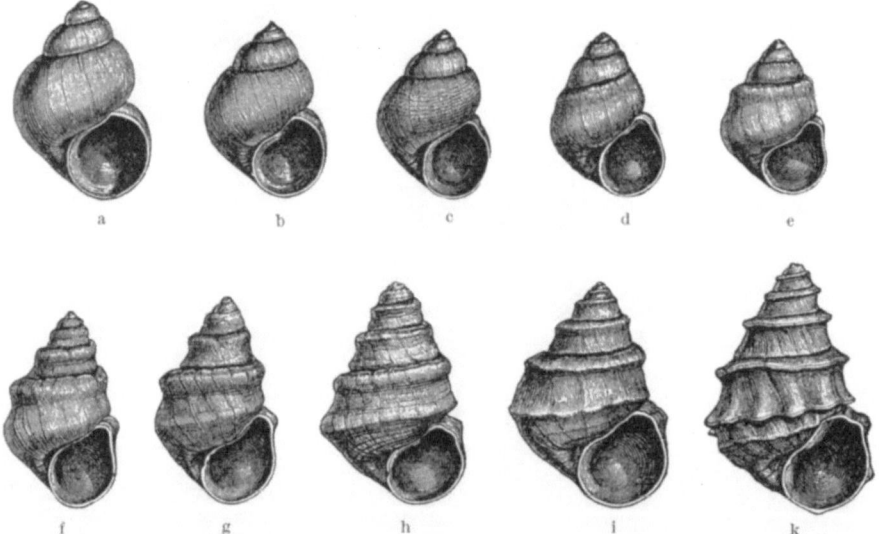

Abb. 315. Formenreihe von *Paludina* aus dem Pliocän Slawoniens. (Nach NEUMAYR.) a *Paludina neumayri* aus den tiefsten Schichten. k *Paludina hoernesi* aus den höchsten Schichten. b—i Zwischenformen aus dazwischenliegenden Schichten.

der tiefsten Schichten allmählich in die gekielten und geknoteten Formen der oberen Horizonte über. Die Steigerung der Oberflächenskulptur ist so erheblich, daß das Endglied der ganzen Reihe von der glatten Stammform viel weiter sich entfernt als die um die jeweilige Hauptform sich gruppierenden Varianten in den Zwischenschichten.

Das reichste Material kennen wir von der Ammonitengattung *Kosmoceras* des mittleren Jura, die an einer günstigen Fundstelle in England mehr als 3000 Stück lieferte, deren relatives Alter genau festlag[1]. Die gesamte Zeitdauer, über welche sich dieses Material erstreckt, läßt sich nur roh auf 10^5—10^6 Jahre schätzen. Eine Reihe von Merkmalen zeigt eine kontinuierliche Verschiebung in der Zeit, ohne große Sprünge zwischen älteren und jüngeren Arten (Abb. 316—318). Die Verteilung der Varianten um einen Mittelwert in jedem „Zeitabschnitt" (= abgelagerte

---

[1] BRINKMANN, R.: Statistisch-biostratigraphische Untersuchungen an mitteljurassischen Ammoniten über Artbegriff und Stammesentwicklung. Abh. Ges. Wiss. Göttingen. Berlin 1929.

Urkunden der Artumwandlung. 365

Schicht einer bestimmten Dicke) zeigt diese Verschiebung in der Folge der Populationen am selben Lebensort. Die Variationskurven eines Merkmals in den verschiedenen Zeitabschnitten (Abb. 318b) überschneiden sich teilweise und rücken allmählich in einer bestimmten Richtung vor, wobei wiederholt Haltepunkte und auch Rückschritte vorkommen können. Die statistische Behandlung zeigt, daß über weite Zeiträume hin die Spielräume der dreifachen mittleren Fehler der Mittelwerte sich übergreifen (Abb. 318a). Überall da, wo ein erheblicher Sprung die Maße der Mittelwerte benachbarter Schichten voneinander trennt, ist eine Störung der Sedimentation nachweisbar. Die Streuung der Variationskurven wechselt in der Zeit; und zwar werden vielfach die Variationskurven verschiedener Merkmale einer Stammlinie zu gleicher Zeit breiter und flacher oder schmäler und steiler. Neben dem Absterben mancher Stammlinien ließ sich die Abspaltung neuer Entwicklungszweige beobachten (Abb. 316d). Dabei fiel die Aufspaltung jeweils in die Zeit großer Variationsbreite aller

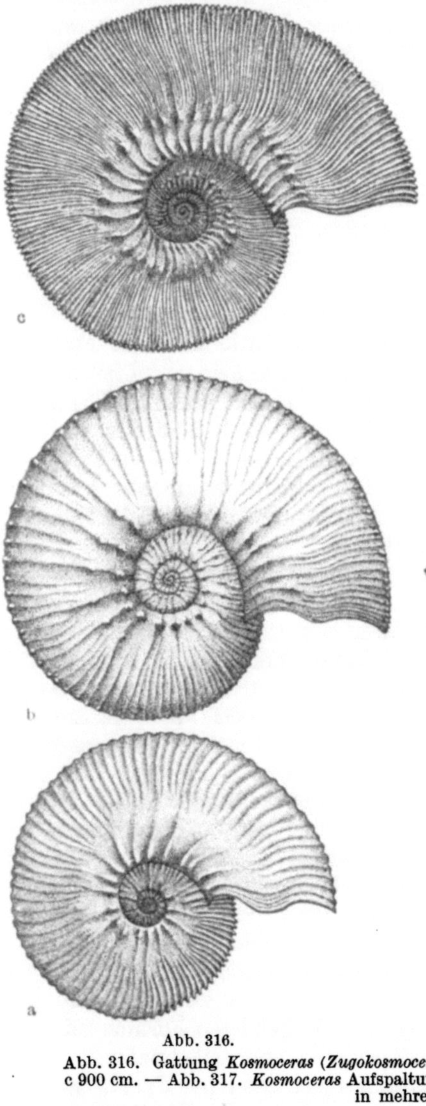

Abb. 316. 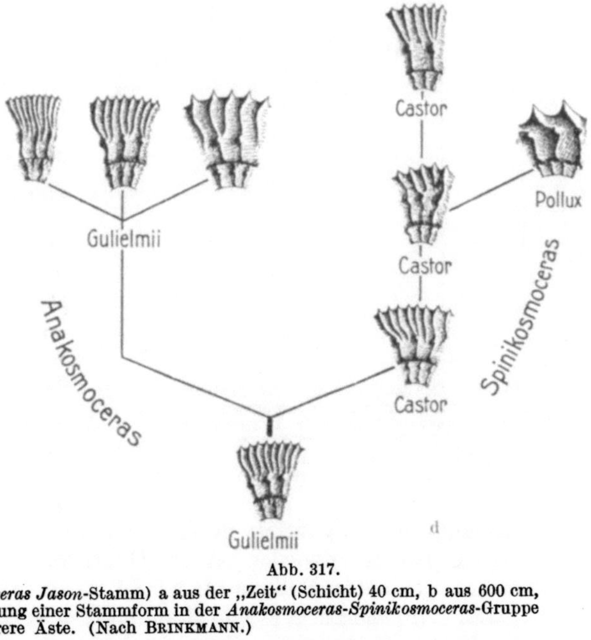 Abb. 317.
Abb. 316. Gattung *Kosmoceras* (*Zugokosmoceras Jason*-Stamm) a aus der „Zeit" (Schicht) 40 cm, b aus 600 cm, c 900 cm. — Abb. 317. *Kosmoceras* Aufspaltung einer Stammform in der *Anakosmoceras-Spinikosmoceras*-Gruppe in mehrere Äste. (Nach BRINKMANN.)

Eigenschaften, und der neue Zweig wächst ganz allmählich aus der erweiterten Variationskurve heraus.

Selbst in solchen für die Untersuchung sehr günstigen Fällen ist die Anzahl der statistisch zu bearbeitenden Individuen im Verhältnis zu dem Zeitraum, über den sich die Artumwandlung erstreckt, verschwindend klein. So ist zu erwarten, daß auch bei einer kontinuierlichen oder fein abgestuften Verschiebung der Merkmale die Fundstücke aus verschiedenen Schichten bei einigermaßen rasch (d. h.

in Tausenden von Jahren merklich) sich entwickelnden Arten eine Diskontinuität zeigen werden. Die Annahme mancher Paläontologen, daß die Artumwandlung in der geologischen Zeit allgemein *sprunghaft*, d. h. unter plötzlicher erheblicher Änderung der Artcharaktere erfolgt sei (in großen Stufen von *Saltomutationen*), ist unbewiesen.

Die *Lebensdauer* von Arten, Gattungen, Familien und Ordnungen in der Erdgeschichte ist sehr verschieden. Manche *persistente* oder *Dauertypen* gehen unverändert oder wenig abgewandelt durch viele Formationen. Die heute lebende *Lingula anatina* gleicht durchaus der *Lingula lewisii* aus dem Silur. Formen aus der präcambrischen und cambrischen *Radiolarien*- und *Foraminiferenfauna* lassen sich in heutige Gattungen einreihen. Unter den regulären Seeigeln reicht die Gattung *Cidaris* vom Perm bis in die Gegenwart. *Pentacrinus* reicht mindestens bis in den unteren Jura zurück. Die Schalen der heutigen Arten der Muschelgattungen *Nucula* und *Leda* lassen sich von altpaläozoischen Formen schwer unterscheiden. *Limulus* läßt sich mit Sicherheit bis in die Trias zurückverfolgen. Das Skelet des triadischen *Ceratodus* weicht von dem des heutigen *Neoceratodus* kaum ab. *Hatteria* hat in Trias und Jura ihre nächsten Verwandten.

Im Gegensatz hierzu sind manche Arten und Gattungen sehr *kurzlebig*. Sie entfalten sich rasch und verschwinden nach kurzer Zeit wieder. Die *Geschwindigkeit der Abänderung* ist in manchen Gruppen sehr klein, in anderen groß. Bei den meisten Stämmen steht die Geschwindigkeit ihrer Entwicklung in umgekehrtem Verhältnis zu ihrer geologischen Lebensdauer. Zuweilen sterben abgeleitete Formen aus, während ihre mehr ursprünglich gebliebenen Verwandten ausdauern. Von Dauertypen können sich wiederholt Seitenzweige abspalten. Die Entwicklung eines Merkmals verläuft im allgemeinen nicht in der einmal durchlaufenen Richtung wieder zurück (DOLLOsche Regel), z. B. gelangen Formen mit einem abgeleiteten Fußbau nie wieder zu einer ursprünglicheren Gliedmaße.

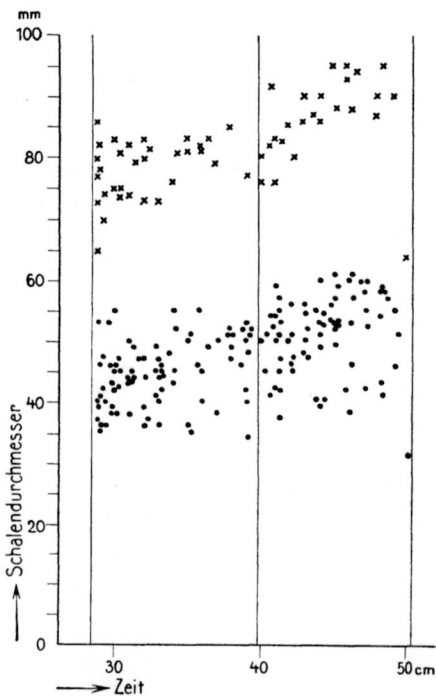

Abb. 318. Das langsame und kontinuierliche phylogenetische Wachstum des Enddurchmessers (Kreuze) und des Durchmessers, bei dem die Außenknoten der Schale verschwinden (Punkte) von *Zugocosmoceras* in den Schichten von 10 cm Mächtigkeit (= Zeitstufen) in Einzelwerten von Individuen. (Nach BRINKMANN.)

Die Evolutionsstufen von Stammreihen verlaufen meist mit einer *Spezialisation*, immer stärkerer einseitiger Ausbildung bestimmter Merkmale. Die Spezialisation kann sich auf einzelne Organe oder gleichzeitig auf mehrere Organgruppen erstrecken. Die Spezialisation kann in verschiedenen Gruppen desselben größeren Verwandtschaftskreises in verschiedenen Richtungen verlaufen (*Divergenz*). Sie kann auch bei Mitgliedern getrennter Stämme in ähnlicher Weise auftreten (*Konvergenz*). Vielfach schreitet die Spezialisation in demselben Sinne stetig fort. Eine solche *gerichtete* (*orthogenetische*) *Entwicklung* kann einen Anpassungscharakter zeigen (*funktionelle Spezialisation*), wie die Ausbildung spezialisierter Lauf-

Urkunden der Artumwandlung.

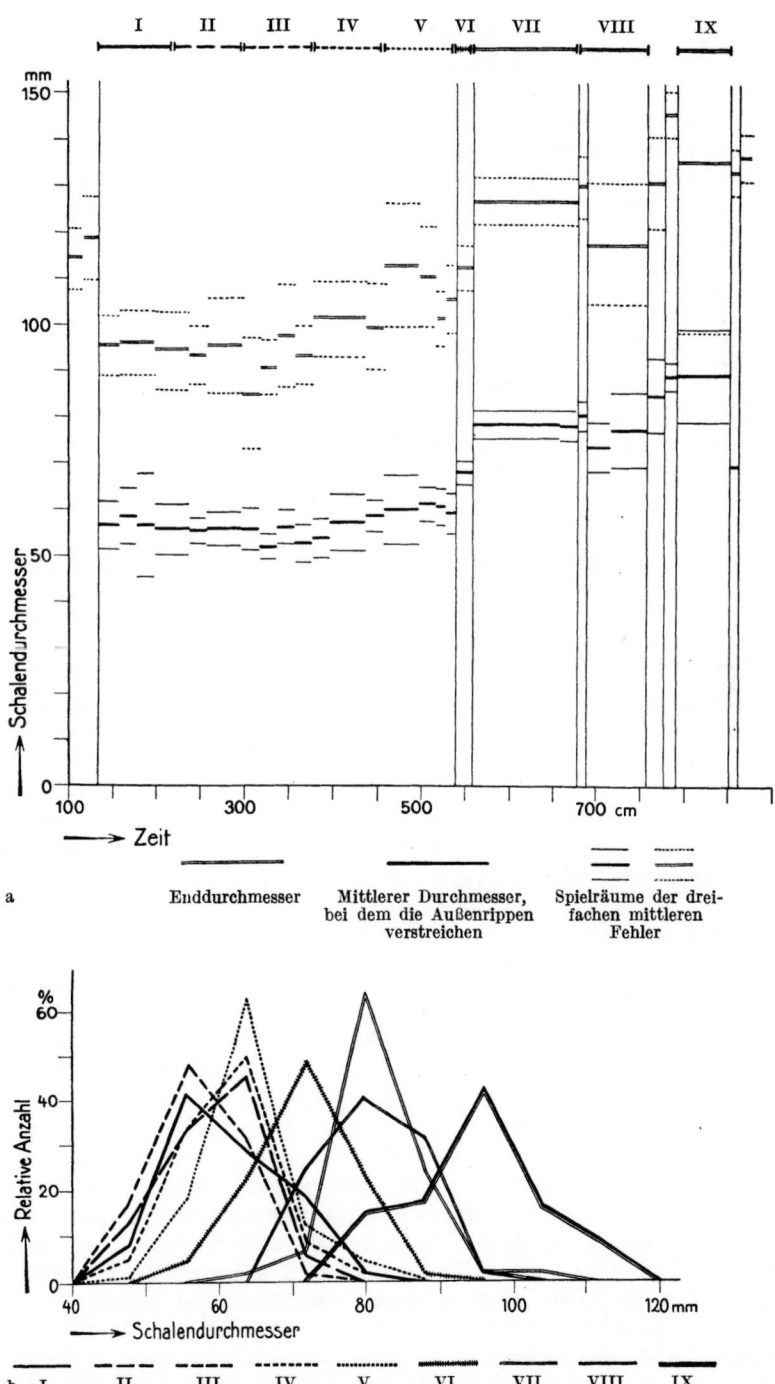

Abb. 319. Phylogenetische Entwicklung des Enddurchmessers und des Durchmessers, bei dem die Außenrippen verstreichen, bei *Cosmoceras (Zugocosmoceras) Jason*-Stamm: a in Schichtgruppenmittelwerten. Die Senkrechten geben Stellen der Sedimentationsstörung an. b in Variationskurven für die in a oben angegebenen Zeitabschnitte *I—IX*. (Nach BRINKMANN.)

extremitäten in den Reihen der Artiodactylen und Perissodactylen oder die Herausbildung wirksamer Mahlzähne in Pflanzenfressergruppen und der Raubtiergebisse. Nicht selten macht sich aber auch eine Orthogenesis in *öcologisch indifferenter Richtung* geltend. In manchen Fällen wird eine Evolutionsrichtung festgehalten, wenn sie bereits zu einer Anhäufung von Eigenschaften geführt hat, die für den Träger eher schädlich als nützlich zu sein scheint. Sehr oft erlischt eine Gruppe mit den am höchsten specialisierten, von der Stammform am weitesten abweichenden Typen, während Formengruppen, in denen eine Specialisierung sich nur in geringem Maße und langsam vollzieht, langlebig sind.

b) Morphologische Urkunden.

Die vergleichende Morphologie liefert nicht wie die Paläontologie unmittelbare Beweise für die reale Artumwandlung. Aber ihre Ergebnisse sind mit den grundsätzlichen Erfahrungstatsachen der tierischen Entwicklung (S. 355) nur in eine sinnvolle Verbindung zu bringen, wenn man die Artumwandlung annimmt. Unter dieser Voraussetzung gibt aber die vergleichende Morphologie mehr Aufschlüsse als die Paläontologie über die Umwandlung der Gesamtorganisation der Tiere. Denn nur von lebenden Tieren kennen wir die Gesamtheit der Organe, ihre morphologischen und physiologischen Beziehungen und den ganzen Ablauf der Ontogenese.

Schon die Überzeugung der idealistischen Morphologie, daß die verschiedene Ausgestaltung der homologen Organe sich *von einem typischen Zustand ableiten* läßt, führt zu bestimmten Erwartungen und Voraussagungen, die sich durch Erfahrung bestätigen lassen (z. B. Forderung GOETHES, daß auch beim Menschen ein Intermaxillare vorkommen müsse, da es zum Bauplan des Wirbeltierschädels gehöre). Die Untersuchung des Baues und der Entwicklung der Organe zeigt in den verschiedensten Tiergruppen, daß die Mannigfaltigkeit der Ausprägung der Organe durch eine *schrittweise Umänderung eines typischen Zustandes* erfolgt, den in vielen Fällen die Paläontologie als den zeitlichen Ausgangszustand erweist.

Wenn bestimmte Teile des typischen Zustandes, z. B. der fünffingerigen Extremität der Wirbeltiere *fehlen*, wie die 1., 2. und 5. Zehe bei den Kamelen unter den Artiodactylen oder die 1., 2., 4. und 5. Zehe beim Pferd unter den Perissodactylen, so zeigen andere Arten derselben Verwandtschaftsgruppen eine geringere Ausprägung jenes extremen Merkmals; die bei den extrem abgewandelten Arten fehlenden Zehen sind noch vorhanden, aber schwächer ausgebildet als in der typischen Extremität. Es läßt sich eine *Artenreihe* zusammenstellen, welche eine allmähliche *Verkümmerung* der Seitenzehen veranschaulicht (Abb. 319). Beim Pferd sind die Phalangenreihen aller Zehen außer der 3. völlig verschwunden. Von den Metacarpalia und Metatarsalia II und IV sind jedoch *Reste* (*Rudimente*) in den Griffelbeinen erhalten (Abb. 1105). Mit der Verkümmerung der Seitenzehen geht eine stärkere Ausbildung der Hauptzehen einher. Der lange starke Röhrenknochen (Canon), welcher bei den hochspecialisierten Artiodactylen die beiden Zehen trägt, ist nach der vergleichend-morphologischen Artenreihe ein Verschmelzungsprodukt aus den Metacarpalien (Metatarsalien) III und IV. Immer wird der abgewandelte Zustand durch Umbildung der Einzelteile des typischen Zustandes erreicht.

Als *rudimentäre Organe* bezeichnen wir allgemein Teile, die nach ihrem Formzustand im Vergleich mit der typischen Ausbildung dieses Teiles bei der Gruppe weitgehend zurückgebildet erscheinen. Besonders ein Wechsel der Lebensweise ist häufig mit Rudimentation bestimmter Teile verknüpft. Diese kann nicht nur Teile eines Organapparates betreffen, wie bei der Ausbildung der specialisierten Laufbeine oder der Flügel der Vögel, sondern auch ganze Organapparate. Die

Formzustände der Extremitäten der schlangenähnlichen Eidechsen (Abb. 319) und der Seesäuger bilden Beispiele von Rückbildungsreihen.

In den vergleichend-morphologischen Formwandlungsreihen treten oft entsprechende *orthogenetische Entwicklungslinien* zutage, wie sie chronologische Folgen fossiler Arten zeigen.

Sehr häufig wird *in der Ontogenese ein abgewandelter Formzustand aus einem dem typischen ähnlicheren hergestellt.* Der Canonknochen, der morphologisch einer Vereinigung des 3. und 4. Metacarpale (Metatarsale) entspricht, verwächst in der Embryonalentwicklung aus zwei getrennten Stücken. Bei den Embryonen von Vögeln treten vier getrennte Mittelfußknochenanlagen auf, die zu dem Laufknochen vereinigt werden. Das Handskelet der Vögel ähnelt in der embryonalen Anlage noch dem primitiven Zustand des *Archaeopteryx.*

Solche *Umwege der Embryonalentwicklung über Organisationsmerkmale primitiverer Formen* sind außerordentlich häufig und können mit weitgehenden Um- und Rückbildungen von angelegten Teilen verbunden sein. Besonders auffallend ist die Umgestaltung des Atmungs- und Kreislaufsystems bei den Wirbeltieren. Bei den Amphibien ist mit der Metamorphose (S. 302) eine Umbildung des Gefäßsystems verbunden, die dem Übergang vom Wasserleben mit Kiemenatmung zum Luftleben mit Lungenatmung entspricht. Aber auch bei den Reptilien, Vögeln und Säugern werden noch Kiemenspalten angelegt und die Anlage des Blutgefäßsystems ist dem der Fische sehr ähnlich (Abb. 1119). Das Herz besteht nur aus einer Vorkammer und Kammer; aus dieser tritt ein einheitlicher Aortenstamm heraus. Dieser gibt

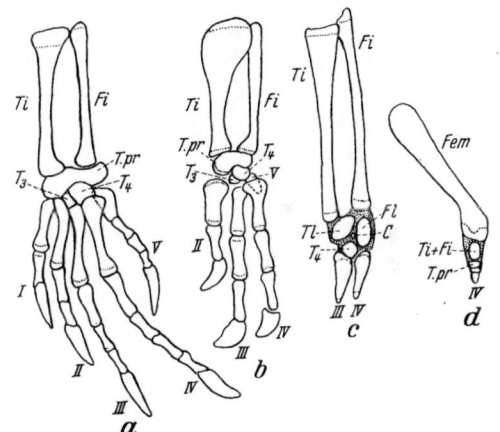

Abb. 320. Rückbildung der hinteren Extremität bei schlangenähnlichen Sauriern (aus verschiedenen Familien). (Nach SEWERTZOFF 1931.) a *Eumeces schneideri,* b *Seps tridactylus,* c *Ophiodes striatus,* d *Ophiosaurus apus.* I—V Metatarsalia und Phalangen der 5 Zehen, *C* Centrale, *Fem* Femur, *Fi* Fibula, *Fl* Fibulare, T_3, T_4 3. u. 4. Tarsale, *Ti* Tibia, *Tl* Tibiale, *T.pr* Tarsale proximale.

Arterienbögen ab, die an den Kiemenspalten vorbei zu Aortenwurzeln ziehen. Diese Anlagen werden später tiefgreifend umgebaut (Abb. 979).

Bei manchen Formen ist die ganze *fertig entwickelte Organisation atypisch* abgewandelt, während vollkommen *typische Entwicklungsstadien* durchlaufen werden. Die Ausbildung der Keimblätter und des Neuralrohres stimmt bei den Ascidien und Branchiostoma so vollkommen überein (Abb. 268, 269, 272, 949, 960), daß hieraus die Zugehörigkeit der in der fertigen Organisation völlig abweichenden Tunicaten zu den Chordaten erkannt werden konnte. Besonders bei Parasiten können in vielen Tierstämmen die Merkmale ihrer systematischen Zugehörigkeit ganz verloren gehen. Bei manchen parasitischen Copepoden sind die geschlechtsreifen Weibchen hochgradig abgeändert und manchmal nicht mehr als Arthropoden erkennbar. Sie durchlaufen aber typische Larvenstadien (Nauplius- und Copepoditstadium, Abb. 593, 594). Die Zugehörigkeit der in Echinodermen schmarotzenden Entoconchiden (Abb. 834) zu den Schnecken wird nur noch durch die Veligerlarven erwiesen, die vorübergehend eine Anlage eines spiraligen Mantelsackes und einer von diesem ausgeschiedenen Schale besitzen.

In den meisten Fällen sind die Entwicklungsstadien von Organen, wenn sie auch umwegig verlaufen, Durchgangsstadien zu der bleibenden Ausbildung der betreffenden Organe des fertigen Tieres oder embryonal oder larval funktionierender Organe. In einigen Fällen werden aber in der Entwicklung *vorübergehend rudimentäre Organe* angelegt, die ohne jede Funktion wieder verschwinden, z. B. Zähne in den Kiefern der Embryonen von Bartenwalen.

Sehr oft *gleichen die Embryonal- und Jugendstadien systematisch verwandter Tiere einander um so mehr, je jünger sie sind* (wie K. E. VON BAER 1828 formulierte); dies ist aber keineswegs eine allgemein gültige Regel. Die Entwicklung kann in den verschiedensten Abschnitten stark abgewandelt sein und an verschiedenen Stellen des Gesamtablaufes wieder ins Typische einbiegen. Durchaus inhomologe Stadien können zu homologen führen. Gerade die frühesten Embryonalstadien, Furchung und Keimblätterbildung, können innerhalb enger Verwandtschaftsgruppen, vor allem im Zusammenhang mit verschiedenem Dotterreichtum der Eier, aber auch mit anderen Entwicklungsbedingungen der Keime hochgradig verschieden sein. Innerhalb des einen Generationswechsel umfassenden Entwicklungskreises der Hydroiden kann jedes einzelne Stadium (Furchung, Entodermbildung, Larve, Polypenbau, Stockaufbau, Ausbildung der Geschlechtsindividuen als Medusen oder stark reduzierte Medusoide) sehr weitgehend unabhängig von den anderen abgewandelt werden.

FR. MECKEL (1821) hat zuerst auf eine „*Gleichung zwischen der Entwicklung des Embryo und der Tierreihe*", eine Parallele zwischen Embryonalzuständen der höheren Tiere und dem permanenten niederer Tiere hingewiesen. K. E. VON BAER (1828) betonte demgegenüber, daß der Embryo keinerlei bleibende Formen durchlaufe; aber aus dem Allgemeinen des Typus bilde sich das Speziale heraus, indem sich das einer größeren Tiergruppe Gemeinsame im Embryo früher bilde als das Besondere. FR. MÜLLER sprach nach Annahme der Deszendenztheorie (1864) die Überzeugung aus, daß in der Entwicklungsgeschichte des Individuums die geschichtliche Entwicklung der Art sich mehr oder minder vollständig abspiegle. Er stellt sich vor, daß neue Arten dadurch entstehen, daß in ontogenetischer Umbildung begriffene Formen ihre Entwicklung über das bisherige Ende hinaus fortsetzen, also die Reihe ihrer Stadien vermehren. Bei den durch Stadienvermehrung entstandenen neuen Formen wird die Entwicklung der Vorfahren von den Nachkommen durchlaufen. Was ehemals phylogenetisch aneinandergereiht wurde, wird jetzt ontogenetisch entwickelt. E. HAECKEL formulierte dann (1866) als „*biogenetisches Grundgesetz*", die Ontogenese sei eine abgekürzte Rekapitulation der Phylogenese, und die Phylogenese sei die Ursache der Ontogenese. Diejenigen Stadien, die auf Stammformen zu beziehen sind, nennt HAECKEL *palingenetisch*, die, in denen die Stammesgeschichte durch besondere Anpassungen abgeändert ist, *cänogenetisch*.

Daß vielfach während der Entwicklung vorübergehende Bildungen (Umwegbildungen, embryonale Rudimente) Spuren ehemaliger Endzustände sind, ist gewiß. Hierin liegen wichtige stammesgeschichtliche Dokumente. Wieweit aber frühe Entwicklungsstadien als phylogenetische Endstadien ausdeutbar sind (wie die Gastrula als Ausdruck eines phylogenetischen Gastraeastadiums, HAECKEL), läßt sich nicht beurteilen. Über die *Ursachen* des Ablaufes der Ontogenese und ihrer Abwandlung in der Phylogenese kann die vergleichend-morphologische Betrachtung nichts aussagen.

c) Tiergeographische Urkunden.

Die Verbreitung der Tiere auf der Erde zeigt eine verschiedene Mannigfaltigkeit der weiteren und engeren Formenkreise je nach der Trennung der Verbreitungsgebiete. Die Verbreitungsweisen werden verständlich durch die Annahme, daß ursprünglich einheitliche Verbreitungsareale durch Verbreitungsschranken zerteilt wurden, und daß in den gesonderten Gebieten die Arten eine verschiedene Entwicklung durchgemacht haben (S. 346ff.). Vielfach wird diese Annahme durch Geologie und Paläontologie bestätigt.

Wie unter den paläontologischen Urkunden geben auch unter den geographischen über den Verlauf der Artumwandlung diejenigen Formenabwandlungen den meisten Aufschluß, die sich innerhalb der engen systematischen Kategorien abspielen. So ist die *geographische Variabilität* von größter Bedeutung, die sich in der örtlichen Verteilung der Arten einer Gattung und von Rassen einer Art (geographischer Rassen) ausdrückt[1].

Die einheimischen Sonderformen eines bestimmten Gebietes, die *Endemismen*, kann man (mit WOLTERECK) in drei, nicht scharf voneinander zu scheidende Kategorien einteilen: öcologische, regionale und schizotypische.

Die *öcologischen* Sonderformen innerhalb einer Art (*öcologischen Rassen, Öcotypen*) treten mehrfach an getrennten Orten auf, wo in einem Biotop die gleichen Bedingungen wiederkehren (etwa bei Wassermollusken: Formen des stehenden und fließenden Wassers). Vielfach entsprechen die Öcotypen in vielen Merkmalen (Größe, Körperformen, Färbung, Entwicklungstempo) als Anpassungsformen der Eigenart des Biotops, den sie bewohnen.

Die *regionalen Rassen (Regiotypen)* sind auf ein bestimmtes geographisches Gebiet beschränkt. Die einzelnen Rassen eines Rassenkreises (S. 358) vertreten einander in dem von der Art bewohnten Gesamtgebiet gegenseitig. Diese *Vicarianten* sind im Gegensatz zu den Öcotopen jeweils in ihrer besonderen Rassenausprägung einmalig. Wenn mehrere vicariierende Rassen eine convergente Entwicklung einiger Merkmale zeigen, so sind stets noch andere Merkmale vorhanden, welche nicht gemeinsam sind.

Zwischen diesen beiden Kategorien ist jedoch keine scharfe Grenze zu ziehen: Die öcotypischen Gebirgsformen einer Art z. B. zeigen in voneinander isolierten Gebirgen vielfach auch regionale Rassenunterschiede. Getrennte geographische Rassen können in verschiedene Öcotypen zerfallen; und die analogen Öcotypen verschiedener Regionen stimmen dann nicht überein.

Die regionalen Rassen einer Art schließen sich zu *Rassenketten* (F. u. P. SARASIN) oder *Rassenkreisen* (RENSCH) zusammen. Innerhalb dieser Rassenkreise sind jeweils die benachbarten miteinander unbegrenzt fruchtbar, während die extrem beheimateten Rassen sich oft überhaupt nicht mehr paaren können. Die extremen Glieder eines Rassenkreises können morphologisch stärker voneinander verschieden sein als Arten, die nebeneinander im selben Verbreitungsgebiet leben.

Je weiter die Erforschung der einzelnen Arten an großem Individuenmaterial aus weiten Verbreitungsgebieten unter Zuziehung des Züchtungsversuches fortschreitet, desto mehr lassen sich früher als getrennte aber nahverwandte Arten angesprochene Formen in Rassenkreise (Großarten) vereinigen. Es scheint, daß z. B. unter den Vögeln mindestens $^3/_4$ aller beschriebenen Formen sich als geographische Rassen erweisen. Die Ausdehnung der Rassenkreise entspricht in vielen Fällen, besonders bei Säugern und Vögeln, den tiergeographischen Regionen. Die Areale der einzelnen Rassen sind sehr verschieden groß, je nach der Ausdehnung geographisch und klimatisch einheitlicher Gebiete und der Vagilität der einzelnen Formen.

Die *Natur der vicariierenden Merkmale* ist sehr mannigfaltig. Sie kann die verschiedensten Organsysteme betreffen. Bei Vögeln z. B. sind Körpergröße, Färbung und Zeichnung, relative Länge von Flügeln, Schwanz und Krallen, relative Federlänge und Federform, Anzahl der Federn in einem Bezirk (z. B. der Schwanzfedern), Eigröße, Eifarbe, Eieranzahl und Instinkte Unterscheidungsmerkmale

---

[1] JORDAN, K.: Der Gegensatz zwischen geographischer und nichtgeographischer Variation. Z. Zool. 83 (1905). — KAMMERER, P.: Der Artenwandel auf Inseln. Leipzig 1926. — RENSCH, B.: Das Prinzip geographischer Rassenkreise und das Problem der Artbildung. Berlin 1929.

geographischer Rassen. Die sexuelle Isolierung extremer Formen kann auf der Verschiedenheit der Copulationsapparate beruhen (z. B. in einem Rassenkreis innerhalb der Gattung *Carabus*, bei vielen Schmetterlingen).

In sehr vielen Fällen ist der *Unterschiedsgrad* zwischen benachbarten Rassen eines Rassenkreises in Bezug auf jedes Einzelmerkmal klein, so daß die Variationsbreiten (Modificationsbreiten des jeweiligen Rassengenotypus oder einer Summe untergeordneter Genotypen innerhalb jeder Regionalrasse) sich übergreifen. Innerhalb einer Rassenkette verschieben sich die Mittelwerte für die Ausprägung der Einzelmerkmale vielfach ganz allmählich. Bei weiter auseinanderliegenden Rassen können die Variationsbreiten in vielen Merkmalen völlig auseinanderliegen. Bei manchen Merkmalen qualitativer wie quantitativer Art (in Färbung, Zeichnung, Federanzahl in einem Bezirk u. a.) kann die Trennung benachbarter Rassen auch discontinuierlich sein.

Häufig zeigen ganz verschiedene Arten *parallele (öcologische und geographische) Abwandlungen* in ihren Rassenkreisen. So zeigen viele Merkmale eine regelmäßige Abhängigkeit vom Klima: Bei Rassen von Warmblüter-Rassenkreisen nimmt die Körpergröße und die relative Länge hervortretender Körperteile (Schwanz, Ohren, Extremitäten) von den wärmeren nach den kälteren Gebieten hin zu. Die Melaninausbildung der Warmblüter (vielleicht auch wirbelloser Tiergruppen) erfährt im allgemeinen eine Steigerung mit Zunahme der Temperatur und Luftfeuchtigkeit.

Den Öcotopen und regionalen Vicarianten steht eine dritte Form des Endemismus gegenüber: die *schizotypische Aufsplitterung* einer Gattung oder Art in viele zusammenwohnende Arten oder Rassen (denen gegenüber von derselben Tiergruppe an anderen Orten nur eine kleine Anzahl von Formen vorkommt). Sie findet sich in verhältnismäßig kleinen, scharf abgegrenzten Biotopen, wie in isolierten Seen oder auf landfernen Inseln oder in einzelnen Gebirgsstöcken.

In der öcologisch sehr gleichförmigen Tiefenregion des Baikalsees leben ungefähr 300, im Caspisee gegen 100 Gammariden (gegenüber nur ungefähr 12 in allen Seetiefen Europas). Im Victoriasee kommen 62 endemische Arten der Fischgattung *Haplochromis* vor. Auf den Sandwichinseln kommen rund 300 Achatinelliden vor.

Die schizotypische Variabilität ist oft von der regionalen nicht scharf zu trennen, da die einzelnen Splitterrassen relativ isoliert leben können.

In vielen Fällen läßt die geographische Verbreitung im Verein mit geologischen Tatsachen einen Schluß auf die *Geschwindigkeit der Rassen- und Artbildung* zu. Wenn z. B. Gebiete, die in der Eiszeit vergletschert waren, heute von nur hier vorkommenden geographischen Rassen bewohnt werden, so läßt sich daraus die Rassenentwicklung innerhalb der seitdem verstrichenen Zeit (ungefähr 10000 bis 25000 Jahre) erschließen. So können die in Skandinavien und Ostpreußen lebende Sumpfmeisenrasse *Parus palustris* ebenso wie fast alle skandinavischen Insectenrassen erst nach der Eiszeit entstanden sein. Dasselbe gilt für viele Cladoceren- und Copepodenrassen, die in den postglacial besiedelten Seen des nördlichen Amerika und Eurasien leben.

Die vom Menschen in geschichtlicher Zeit willkürlich oder zufällig verschleppten Arten haben in der freien Natur bisher im allgemeinen noch nicht die Charaktere neuer Arten oder geographischer Rassen angenommen. Die erheblichen Veränderungen des chinesischen Ringfasans, der 1513 in St. Helena eingeführt wurde, des auf Bermuda in unbekannter Zeit eingeführten Stieglitz, einer in der zweiten Hälfte des 19. Jahrhunderts auf den Hawaii-Inseln heimisch gewordenen kalifornischen Hänflingsart und einige andere in der Literatur angegebene Veränderungen eingeführter Tiere sind auf ihre Erblichkeit und ihr Verhalten in anderen Klimabedingungen nicht geprüft.

C. Faktoren der Artumwandlung.

Die Veränderung einer Art zeigt sich in der Veränderung ihrer *Reaktionsnorm*; diese beruht auf Veränderung ihres *Genotypus*. Dieser umfaßt die Gesamtheit der *Erbfaktoren*, der Stoffe und Strukturen, die *continuierlich* durch die Individuengenerationen weiterlaufen und von deren Eigenschaften die Realisation der Merkmale des Individuums (des Phänotypus) in jeder Generation abhängt.

a) Genotypische Unterschiede zwischen Arten und geographischen Rassen.

Die Unterschiede zwischen Arten und Rassen können nach unseren heutigen Erfahrungen auf Verschiedenheiten im *Genbestand* und auf *cytoplasmatischen Verschiedenheiten* (S. 71 ff., 88 ff.) beruhen.

Kreuzungen zwischen verschiedenen *Arten* führen, wenn sie überhaupt gelingen, meist zu Entwicklungsstörungen oder Sterilitätserscheinungen. In vielen Fällen beruhen diese auf Störungen des Chromosomen-Verteilungsmechanismus, besonders wenn die Chromosomenanzahlen der Arten verschieden sind. Wenn dies nicht der Fall ist, können in den F_2- und weiteren Generationen Spaltungen eintreten, die zeigen, daß bestimmte Artmerkmale auf Unterschieden in *mendelnden Erbfaktoren* beruhen. In manchen Fällen ist durch Kreuzungsexperiment und Merogonieversuch die Verschiedenheit der Cytoplasmakonstitution (des *Plasmons*) festgestellt worden. Sie kann so groß sein, daß die Fremdheit zwischen Cytoplasma und Kernfaktoren die Entwicklung stört; oder die Cytoplasmaverschiedenheit bewirkt, daß die Merkmalsausbildung bei gleicher Genkombination je nach dem damit verbundenen Plasmon verschieden ausfällt.

Die *genotypischen Unterschiede geographischer Rassen* sind am eingehendsten an den japanischen Formen von *Lymantria dispar* untersucht (R. GOLDSCHMIDT[1]). Sie sind teils durch *Gene* bestimmt (Wirkungsgrad der Geschlechtsdifferenziatoren, Zeichnungstypen der Raupen, Anzahl der Häutungen, Entwicklungsgeschwindigkeit, Körpergröße, Flügelfarbe und Zeichnung der Falter, Afterwolle der Weibchen), teils hängen sie auch von *Cytoplasmaverschiedenheiten* ab. Die genischen Unterschiede stellen für mehrere Merkmale Systeme multipler Allele mit sehr vielen Einzelgliedern dar. Diese sind über die geographischen Areale bestimmt verteilt. Dabei läuft die geographische Verbreitung der einzelnen Glieder verschiedener Allelenserien entweder parallel oder weicht davon mehr oder weniger ab. Die Plasmonunterschiede zwischen den Rassen sind im allgemeinen um so größer, je verschiedener die Rassen auch sonst sind.

b) Veränderungen des Genotypus[2].

Die Neubildung einer Rasse oder einer Art kann somit auf Veränderungen des Genbestandes oder Plasmonveränderungen beruhen. Wir bezeichnen als *Mu-*

---

[1] GOLDSCHMIDT, R.: Untersuchungen zur Genetik der geographischen Variation. I. II. Arch. Entw.mechan. **101** (1927), **116** (1929).

[2] GOLDSCHMIDT, R.: Das Mutationsproblem. Z. Abstammgslehre **30** (1923). — MULLER, H. I.: The Problem of Genetic Modification. Verh. d. 5. internat. Kongr. f. Vererbungsforschg, Berlin 1927. 1 (1928). — HÄMMERLING, I.: Dauermodifikationen. Handbuch der Vererbungswiss. 1 (1929). — GOLDSCHMIDT, R.: Experimentelle Mutation und das Problem der sogenannten Parallelinduction. Biol. Zbl. **49** (1929). — JOLLOS, V.: Studien zum Evolutionsproblem. I. Biol. Zbl. **50** (1930). — Genetik und Evolutionsproblem. Verh. dtsch. zool. Ges. 34. Jahresvers. 1931. — WOLTERECK, R.: Beobachtungen und Versuche zum Fragenkomplex der Artbildung. I. Wie entsteht eine endemische Rasse oder Art. Biol. Zbl. **51** (1931).

tationen solche Erbfaktorenänderungen, bei denen der Genotypus in einen neuen Zustand übergeht, der nunmehr *dieselbe Stabilität wie der vorige* besitzt. Mit ihnen ist also eine *dauernde Änderung der Reaktions*norm verbunden. Den Mutationen stehen die *Dauermodificationen* als durch Außenfaktoren ausgelöste (*induzierte*) *vorübergehende Veränderungen der Reaktionsnorm in einer Individuenfolge* gegenüber, *Umstimmungen des Genotypus, die wieder zum Ausgangszustand zurückkehren*, wenn die induzierenden Wirkungen wegfallen.

1. Die Mutationen.

Veränderungen des Genbestandes können durch Veränderung des Chromosomenbestandes erfolgen (*Chromosomenmutationen*). Ganze Chromosomensätze können vermehrt werden (*Polyploidie*) oder einzelne Chromosomen können mehrfach in der Garnitur auftreten oder ausfallen (*Heteroploidiemutationen*). Chromosomenstücke können verdoppelt werden oder verloren gehen. Ob solche bei Zuchtrassen beobachtete Erscheinungen bei der Rassen- und Artbildung in der Natur eine Rolle spielen, ist unsicher, wenn es auch in manchen Fällen, wo nahverwandte Arten sich in ihren Chromosomenanzahlen unterscheiden, möglich erscheint.

Fast alle Rassen einer Art, die wir in den Kreuzungsexperimenten untersuchen und als Nutzrassen verwenden, sind durch Abänderung einzelner Gene entstanden. Solche *Genmutationen* führen zu Unterschieden in einem Genpaar (zu neuen Allelen). Die Erscheinung der *multiplen Allele* (S. 74 f.) zeigt, daß *ein Gen mehrfacher Änderungen fähig* ist. Die Genmutationen können in einer quantitativen oder qualitativen Veränderung oder im völligen Verlust eines bei der Ausgangsform vorhandenen Gens bestehen. Ob der eine oder der andere dieser Vorgänge bei der Mutation eingetreten ist, läßt sich nur mit mehr oder weniger großer Wahrscheinlichkeit aus der Merkmalsausbildung bei bestimmter Genkombination erschließen. Sehr oft durchläuft mit einer Serie alleler Gene das durch dieses Gen bestimmte Merkmal eine Serie quantitativer Abstufungen[1]. In diesen Fällen kann man vermuten, daß die jeweilige Genänderung einem *Quantitätsunterschied* (verschiedener Menge derselben Gensubstanz, R. GOLDSCHMIDT) entspricht. In anderen Fällen ist mit bestimmten Mutationen eine qualitative Merkmalsänderung verknüpft, die aus einer quantitativen Reihe herausfällt. In diesen Fällen ist eine Veränderung der *qualitativen Natur des Genes* (Strukturveränderung? Chemische Veränderung?) wahrscheinlich.

Bei einer Art pflegen gleiche Mutationen wiederholt aufzutreten (*iterative Mutation*). Offenbar liegen in der Natur jedes Gens bestimmte, der Anzahl nach begrenzte Mutationsmöglichkeiten, die durch Anstöße verschiedener Art ausgelöst werden können. Vielfach erscheinen entsprechende Serien von Mutationen (*parallele Mutationen*) bei verschiedenen Arten eines Verwandtschaftskreises (z. B. entsprechende Abänderungen der Wildfarbe bei verschiedenen Arten von Nagetieren: Albinismus, Gelbfärbung, Schwarzfärbung, Scheckung usw. bei Kaninchen, Meerschweinchen, Ratten, Mäusen und gewisse Mutationen auch außerhalb der Nagetiere z. B. bei Katzen, Huftieren). Die Genotypen verwandter Arten (z. B. der Nagetiere und weiter der Säugetiere) enthalten offenbar (neben verschiedenen Genen) eine Reihe gleicher Gene, und mit ihnen gleichartige Abänderungsmöglichkeiten.

Der Mutationsvorgang ist *nicht irreversibel*. In manchen, wenn auch nicht häufigen Fällen, mutiert ein Gen zur Ausgangsform zurück. Manche Mutationen neigen zur *Rückmutation* mehr als andere. Bisher ist kein Fall bekannt, wo aus

---

[1] STERN, C.: Über die additive Wirkung multipler Allele. Biol. Zbl. **49** (1929). — Multiple Allelie. Handbuch der Vererbungswiss. **1** (1930).

einer Mutation auf das Neuauftreten eines Genes in einem Chromosom, also die Neueinfügung eines Genes in die bekannte Genkette (S. 85ff.), geschlossen werden könnte.

Die *Mutationsmerkmale* können recessiv oder dominant gegenüber den Ausgangsmerkmalen sein oder sich intermediär ausbilden, wenn das Ausgangsgen und das mutierte Gen in einem Bastard vorhanden sind. Die Mutationen können von so großem Betrage sein, daß jedes Individuum der mutierten Form, der *Mutante* sich von jedem Individuum der Ausgangsform unterscheidet; oder sie können sehr klein sein, so daß die Modifikationsbreiten (S. 51) der Ausgangsform und der Mutante sich überschneiden und nur die Mittelwerte der Modifikantenreihen (Modifikationskurven) zahlreicher Individuen der beiden Formen verschieden sind.

Die Mutationen können sich auf die verschiedensten Merkmale der Form, Größe, Zeichnung, Färbung, Struktur oder des Stoffwechsels der Organe beziehen. Bestimmte Mutationen erhöhen oder vermindern die Entwicklungsgeschwindigkeit. Verschiedenes Verhalten in Instinkten und geistigen Begabungen kann durch Genunterschiede bedingt werden.

Sehr viele Mutationen haben eine Störung der harmonischen Ausbildung der Organisation zur Folge. Die Störungen der Entwicklungsvorgänge infolge einer Genveränderung können alle Abstufungen zwischen leichter Verminderung der Lebenszähigkeit gegenüber bestimmten schädigenden Einflüssen und völliger Lebensunfähigkeit der Träger dieser Faktoren in homozygotem Zustand (*Letalfaktoren*, S. 76) betragen. In manchen Fällen ist die Natur der Störung (Ausfall eines bestimmten Entwicklungsvorganges oder Ablenkung in eine abnorme Richtung) bekannt. Hieraus ergibt sich, daß nicht nur untergeordnete Merkmale, sondern auch grundlegende Vorgänge der Organanlegung und geweblichen Ausbildung durch Gene bestimmt werden und durch Genmutationen verändert werden können.

Die *Häufigkeit*, mit der die einzelnen Gene mutieren, ist verschieden. Es können relativ stabile und labile Gene unterschieden werden. Bei den am meisten hierauf geprüften Arten unter den Pflanzen (*Antirrhinum majus*, BAUR) und Tieren (*Drosophila melanogaster*, MORGAN-Schule) sind Mutationen, die *spontan*,

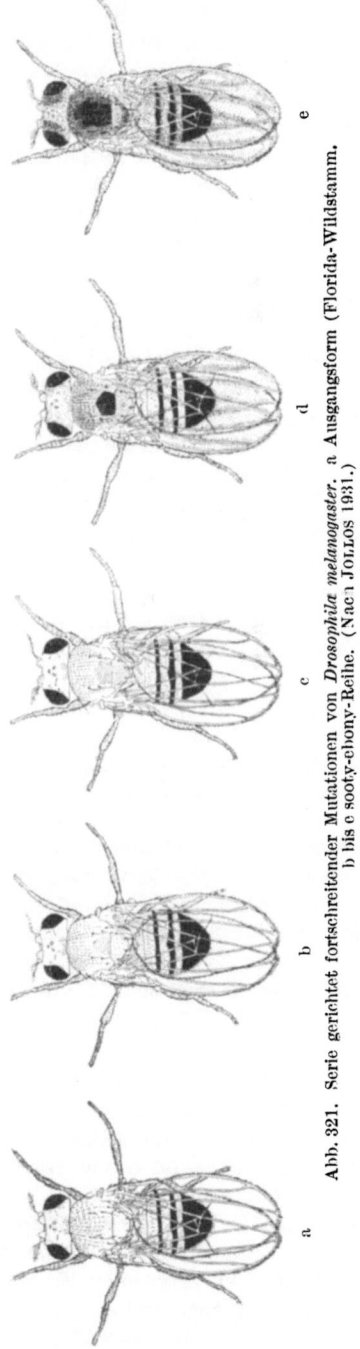

Abb. 321. Serie gerichtet fortschreitender Mutationen von *Drosophila melanogaster*. a Ausgangsform (Florida-Wildstamm). b bis e sooty-ebony-Reihe. (Nach JOLLOS 1931.)

d. h. ohne erkennbare äußere Ursachen auftreten, im ganzen ziemlich häufig. Zwischen 0,1% und 10% aller Nachkommen eines Individuums sind wenigstens in einem Gen mutiert. Sicher bestehen erhebliche Unterschiede zwischen mehr labilen und mehr stabilen Arten.

In den letzten Jahren ist es gelungen, in weitem Umfang *Mutationen experimentell zu erzeugen*. Besonders durch *Röntgen-* und *Radiumbestrahlung* können bei *Drosophila* (H. S. MULLER) und *Habrobracon* (WHITING) neben groben Chromosomenveränderungen sehr viele Genmutationen ausgelöst werden. Über 50% aller Keimzellen der behandelten Tiere konnten in günstigen Fällen in irgendeiner Richtung mutiert sein. Nicht nur so heftige Einwirkungen wie jene Bestrahlungen, sondern auch „*klimatische*" *Einflüsse* können Mutationen erzeugen. Bei *Drosophila* wird mit höherer Zuchttemperatur die Häufigkeit der Mutationen größer (MULLER). Durch Einwirkung extremer (den Lebensgrenzen naher) hoher Temperaturen (10—12 Stunden langer Aufenthalt in 37^0 am Ende der Larvenzeit) wurden Massenmutationen bei *Drosophila* erzeugt (R. GOLDSCHMIDT, JOLLOS). Diese *induzierten Genmutationen* sind von gleichem Charakter wie Spontanmutationen, vielfach sind sie genau dieselben, die auch schon spontan aufgetreten sind. Auch Rückmutationen wurden schon in einzelnen Fällen induziert.

Im allgemeinen verläuft auch das induzierte Mutieren richtungslos, d. h. einer bestimmten Einwirkung ist nicht eine bestimmte Mutation eines bestimmten Gens zugeordnet. Davon gibt es aber bedeutungsvolle Ausnahmen: Wurden aufeinanderfolgende Generationen mutierter Tiere immer wieder derselben Einwirkung (Hitze) ausgesetzt, so trat in verschiedenen Stämmen von *Drosophila* bei mehreren Genen ein *Weitermutieren durch eine Serie multipler Allele* (Abb. 320) ein (JOLLOS). Die ohne Hitzebehandlung weitergeführten Zuchten behielten die jeweils erreichte Ausgangsstufe viele Generationen hindurch bei. Durch gewisse mutationsauslösende Außeneinflüsse kann also der *Genotypus in einer bestimmten Mutationsrichtung fortschreitend abgeändert* werden, wodurch stufenweise eine erbliche Steigerung eines Merkmals erzielt werden kann.

Die Entstehung einer dauernden *Plasmonverschiedenheit* (Plasmonmutation) ist bisher nicht beobachtet worden. Es ist daher noch unbekannt, wie die Plasmonverschiedenheiten zustande gekommen sind, die in Rassen-, Art- und Gattungskreuzungen zum Teil durch zahlreiche Generationen festgestellt wurden (S. 90). Manche Forscher sind aus grundsätzlichen Erwägungen geneigt, diese Verschiedenheiten der Cytoplasmaeigenschaften auf die Einwirkung der verschieden konstituierten Kerne zurückzuführen, die generationenlang nachwirken könnte.

2. Dauermodifikationen.

Bei einer gewöhnlichen Modifikation wird ein Merkmal als Reaktion auf einen bestimmten Außenfaktor ausgebildet. Bei einer Dauermodifikation erscheint eine in einer Generation ausgelöste Reaktion in weiteren, aufeinanderfolgenden Individuengenerationen wieder, auch wenn der zugeordnete (induzierende) Außenfaktor nicht mehr einwirkt. Die Individuen zeigen also unter denselben Bedingungen wie vor der induzierenden Einwirkung als deren *Nachwirkung* eine andere *(induzierte) Reaktionsnorm*. Diese ist jedoch *nicht stabil*, sondern sie kehrt nach einer kürzeren oder längeren Reihe von Generationen wieder zur ursprünglichen Reaktionsnorm zurück.

Die ersten und ausgedehntesten Erfahrungen über Dauermodifikationen liegen von *Protozoen* vor (JOLLOS[1]). Durch verschiedene Einwirkungen lassen sich bei *Paramaecium* verschiedene Merkmale (Resistenz gegenüber bestimmten Ein-

---

[1] JOLLOS, V.: Experimentelle Protistenstudien. Jena 1921.

flüssen, Körpergröße und Teilungsgeschwindigkeit) mit Nachwirkung auf zahlreiche Individuengenerationen verändern.

Durch Haltung in steigenden Konzentrationen in einer As_2O_3-Lösung ließ sich die ertragbare Konzentration bis auf das fünffache steigern. Diese *Arsenfestigkeit* blieb bis zu 5 Monaten erhalten, auch nachdem die Kulturen für längere Zeit, während der zahlreiche Teilungen stattfanden, wieder in arsenfreies Medium zurückversetzt waren.

Calciumionen vermindern die Teilungsgeschwindigkeit. Nach langandauernder Einwirkung (bis zu fast 11 Monaten) blieb die Teilungsrate auch nach Versetzung in Ca-freies Medium herabgesetzt.

Wurden Paramäcienkulturen nach Gewöhnung an *extreme Temperaturen* lange (bis zu $2^1/_2$ Jahren) in Temperaturen von 30—31⁰ oder 8—10⁰ gehalten, so blieben bei Zucht in Zimmertemperatur gewisse Veränderungen (Heraufsetzung der Teilungsrate, Herabsetzung der Arsenfestigkeit, Herauf- und Herabsetzung der Wärmeresistenz, Veränderung der mittleren Länge) bis zu $1/_2$ Jahr erhalten.

Alle Induktionswirkungen klangen nach kürzerem oder längerem Verweilen der Zuchten in den Ausgangsbedingungen ab; die Paramäcien kehrten wieder zur Ausgangsreaktionsnorm zurück. Doch verhielten sich die einzelnen induzierten Merkmale in Bezug auf Dauerhaftigkeit und Auslöschungsbedingungen nicht gleich. Die Arsendauermodifikationen vermindern sich stufenweise in den Generationenfolgen und verschwinden regelmäßig vollkommen bei einer Conjugation. Ihr Abklingen wird bei schroffem Wechsel von Außenbedingungen (Temperatur, Medium, Ernährung) beschleunigt. Die Calciumdauermodifikationen können Conjugationen überdauern; aber schroffer Wechsel der Lebensbedingungen und auch Reorganisationen des Macronucleus ohne Conjugation (S. 39) begünstigen ihr Verlöschen. Die Temperaturdauermodifikationen werden niemals bei rein vegetativer Vermehrung ausgelöscht; und auch zwei Conjugationen können überdauert werden.

Die *Dauer der Nachwirkung ist von der Dauer der modifizierenden Einwirkung abhängig*. Je mehr Generationen dem induzierenden Faktor ausgesetzt waren, desto länger erhielt sich die Arsendauermodifikation bei vegetativer Fortpflanzung.

Die hartnäckigste bekannte Dauermodifikation bestand in einer Steigerung der Hitzeresistenz und gleichzeitigen Steigerung der Durchschnittsgröße bei *Actinophrys sol* durch Einwirkung einer Temperatur von 35⁰ während der Befruchtungs- und Encystierungsperiode. Sie erhielt sich unter normalen Zuchtbedingungen über 4 Jahre und überdauerte hierbei acht Befruchtungsfolgen. Schließlich klang sie wieder restlos ab (JOLLOS).

Die Dauermodifikationen der Protozoen und ihr Abklingen können nicht etwa darauf zurückgeführt werden, daß unter der Wirkung des induzierenden Faktors ein Stoff gebildet wird, der das induzierte Merkmal (z. B. Arsenfestigkeit, verminderte Teilungsgeschwindigkeit) bedingt und, einmal gebildet, auf die Nachkommen verteilt und damit immer mehr verdünnt würde, bis er schließlich ganz aufgebraucht wäre. In den monatelange Nachwirkungen zeigenden Paramäcienstämmen sind vor Erlöschen der Dauermodifikationen so viele Teilungen (vgl. Abb. 23 auf S. 39) erfolgt, daß in kürzester Zeit eine unendliche Verdünnung eingetreten sein müßte. Daraus folgt, daß die abgeänderte Struktur nicht etwa nur einmal erzeugt ist, sondern in der abgeänderten Form vermehrt wird, daß also eine *vorübergehende Veränderung des kontinuierlich durch die Generationen laufenden lebenden Systems* erfolgt ist. Es ist sehr wahrscheinlich, daß die Veränderung das *Cytoplasma* betrifft.

Auch bei *Metazoen* können Dauermodifikationen sich über mehrere Generationen erstrecken.

Extreme *Temperaturreize* erzeugen bei *Habrobracon juglandis* eine dunkle

Pigmentierung, die unter gewöhnlichen Bedingungen bis in die zweite Nachkommengeneration wieder auftritt. Bei Drosophila melanogaster wurden durch Hitzeeinwirkungen (24 Stunden 36°) Dauermodifikationen (abgeänderte Flügelausbildung, Verkrüppelung der Flügel, Zwergwuchs u. a.) erzeugt.

In den kreuzungsanalytisch geprüften Fällen werden die *Dauermodifikationen rein mütterlich vererbt*.

Bei einer bestimmten abnormen Flügelausbildung waren die 1. und 2. Nachkommengeneration von abnormen Weibchen zu 100% abnorm, gleichgültig, ob die Mütter mit entsprechend veränderten oder mit normalen unbehandelten Männchen gepaart wurden. In der 3. Generation traten neben einer Anzahl abnormer auch schon zahlreiche normale Individuen auf; in der 4. Generation erschien die Abänderung nur noch bei einigen wenigen Fliegen, und auch bei diesen nur noch in abgeschwächter Form. Alle weiteren Generationen waren wieder ganz normal. Kreuzung abnormer Männchen mit normalen unbehandelten Weibchen ergab schon in der ersten wie in allen folgenden Generationen ausschließlich normale Nachkommen.

Hieraus ist zu schließen, daß primär *das Cytoplasma verändert* ist und daß dessen veränderte Reaktionsfähigkeit die Wiederkehr des abgeänderten Entwicklungsvorganges in der Merkmalsausbildung bedingt. Die Cytoplasmaveränderung klingt im Lauf der Generationen ab. Ob die *Rückkehr zum Ausgangszustand* auf einer Tendenz des Cytoplasmas selbst beruht oder durch eine Einwirkung des Kernes oder eine Gegeninduktion der wiederhergestellten ursprünglichen Bedingungen bewirkt wird, ist unbekannt.

Bei dem zeitlich bisher am längsten ausgedehnten Versuch wurde 1913 eine dänische Rasse der südlich der Alpen nicht vorkommenden Daphnia cucullata in Italien in natürlichen Seen und künstlichen Teichen angesiedelt (Woltereck[1]). Eine im Nemi-See eingebürgerte, nach Millionen zählende Kolonie nahm dort eine Form an, die in ihrem Charakter anderen (öcotypischen oder regiotypischen) *Lokalrassen* entspricht. 1927/28 wurde die Nemi-Form durch Gegeninduktion geprüft. Sie hielt ihre Merkmale durch etwa 40 parthenogenetische Generationen fest; dann ging sie zur Ausgangsrasse zurück. Ob sich die induzierte Formänderung auch durch eine Befruchtung erhält und wie sie bei Kreuzung mit der Ausgangsrasse sich verhält, konnte noch nicht geprüft werden.

Zwischen dem Abklingen aller bisher bekannten Dauermodifikationen und dem Rückmutieren mutierter Gene besteht ein grundsätzlicher Unterschied: Die *Dauermodifikationen* haben stets eine einzige und eindeutige Änderungsrichtung, die Rückkehr zur Reaktionsnorm des Ausgangsstammes, früher oder später nach dem Wegfall des induzierenden Faktors; die *Rückmutation* ist nur eine (und keineswegs die wahrscheinlichste) von vielen möglichen weiteren Umwandlungsrichtungen eines mutierten Genes, und das Aufhören der Wirkung, durch welche die Mutation ausgelöst wurde, hat keinen Erfolg.

c) Das Problem der Artumwandlung in der Natur.

Die Urkunden der Artumwandlung beweisen, daß in der Erdgeschichte von einfacheren Lebensformen ausgehend in vielfältig sich aufteilenden Stammlinien allmählich die heute lebenden Formen entstanden sind. Wenn wir auch an der unteren Grenze des Cambriums (S. 359 ff.) schon alle Tierstämme vorfinden, berechtigen doch die vergleichende Anatomie und Entwicklungsgeschichte zu der Überzeugung, daß die Stämme der Cölenteraten und der Bilaterien aus einfacheren Metazoen, in letzter Linie aus Stöcken Einzelliger hervorgegangen sind (S. 96 f.).

---

[1] Woltereck, R.: Über die Population Frederiksborger Schloß-See von *Daphnia cucullata* und einige daraus neuentstandene Erbrassen, besonders diejenige des Nemi-Sees. Internat. Rev. d. Hydrobiol. **19** (1928).

Die Stammesgeschichte im ganzen war mit einer ständigen Zunahme der Mannigfaltigkeit der Lebewesen verknüpft, einer Aufspaltung der Gruppen in immer verschiedenartigere Typen und eine Zunahme der Komplikation des Baues der Einzelwesen. Die Zerteilung eines großen Typus in Untertypen geht vielfach mit der Schaffung bestimmter, unter sich verschieden eingestellter *öcologischer Typen* einher, die in einem bestimmten Lebensraum eine bestimmte Lebensweise führen. Diese prägt manchen großen systematischen Gruppen ihre Eigentümlichkeiten auf. So erfolgt z. B. innerhalb der Cnidarien einerseits eine Steigerung der pelagischen Medusenorganisation (Scyphozoen) und andererseits der benthonischen Polypenorganisation (Anthozoen); unter den Chordaten sind die Tunicaten als Strudler ausgebildet und zwar einerseits benthonisch (Ascidien), andererseits pelagisch und zwar nach zwei unabhängig voneinander entstandenen Richtungen (Salpen und Appendicularien) spezialisiert. In vielen Fällen erscheint die Aufteilung der Typen uns aber nur als *Vermannigfaltigung schlechthin*, z. B. in der ungeheuren Mannigfaltigkeit der Radiolarien und Foraminiferen, die keinerlei öcologische Sonderung erkennen läßt. Wohl entspricht jede der verschieden konstruierten Innenskelet- und Schalentypen, manchmal sogar in ganz überraschend sinnvoller Weise, bestimmten Anforderungen der Festigkeit, des Schwebens usw.; aber sehr viele Konstruktionstypen leisten dasselbe und kommen nebeneinander in demselben, seit langen geologischen Zeitabschnitten gleichförmigen Lebensraum (dem ozeanischen Pelagial, der Tiefsee) vor und führen dieselbe Lebensweise.

Über die Herausbildung der großen Tierkreisunterschiede haben wir keine historischen Urkunden (S. 359ff.). Wenn auch vielfach Ordnungen oder Familien durch Kollektivtypen verknüpft werden (S. 362), so veranschaulichen uns doch nirgends die Paläontologie und die vergleichende Morphologie Übergänge zwischen den Bauplänen größerer systematischer Kategorien durch kontinuierliche Formenreihen so, daß wir auch nur vermutungsweise erörtern könnten, ob die großen Typenänderungen in der Phylogenese durch die uns heute bekannten Faktoren der Genotypenänderungen zu erklären sind oder nicht. Nur für kleinere Verwandtschaftskreise läßt sich diese Frage heute schon sinnvoll stellen.

1. Das Problem der Artentrennung.

Eine Artentrennung, eine Herausbildung einer neuen Art aus einer vorher vorhandenen durch die uns heute bekannten Faktoren der Genotypusveränderung erscheint durchaus möglich. Eine Artentrennung findet auch in unserer geologischen Zeit noch statt, wenn man die *geographische Variabilität* als beginnende Artentrennung ansieht; die Berechtigung hierzu gibt das Verhalten extremer Glieder der Rassenkreise (S. 358). In genau untersuchten Fällen (S. 373) unterscheiden sich die Glieder eines Rassenkreises durch *Genunterschiede*, wie sie durch die uns bekannten *Mutationserscheinungen* entstehen können.

Verbreitungsschranken, die eine Teilpopulation isolieren, werden die Ausbildung von Sonderformen begünstigen. Eine physiologische Isolierung kann durch Mutationen erfolgen, welche die besondere Ausbildung der Geschlechtsorgane oder sexuelle Reaktionen betreffen, oder durch ein Mutieren der Geschlechtsrealisatoren. Kreuzungen zwischen gewissen geographischen Rassen von *Lymantria dispar* führen zu abnormer Ausbildung der Sexualmerkmale (sexuellen Zwischenstufen, Intersexen), da die Wirkungsgrade der Männlichkeit und Weiblichkeit bestimmenden Faktoren (in den Heterochromosomen) verschieden sind. Eine Serie quantitativ abgestufter multipler Allele führt von passender Abstimmung bis zu weitgehender Unverträglichkeit. Vereinzelt in einer Population auftretende Mutationen (*singuläre Mutationen*) können nur dann eine Bedeutung gewinnen, wenn sie ausgesprochen durch die Lebensbedingungen begünstigt werden. Da aber Mutationen durch Außeneinflüsse induziert werden können, ist es möglich, daß durch klimatische und andere örtliche Einwirkungen (Nahrung) gleiche Mutationen hervorgerufen werden (*kollektive Mutationen*). Wenn auch die meisten uns bisher bekannten mutationsauslösenden Faktoren nicht specifisch auf eine besondere Mutation hinwirken, sondern nur allgemein die Mutationshäufigkeit erhöhen, so gibt es doch Wirkungen, die bestimmte Mutationen begünstigen. Die nachgewiesene gerichtete, *fortschreitende Änderung eines Gens* unter der wiederholten oder langdauernden Einwirkung abgeänderter Umweltbedingungen kann vielleicht bestimmte orthogenetische Erscheinungen und Parallelitäten in der Merkmalsausbildung in Rassenkreisen und Artenreihen (S. 371 f.) erklären.

Wie die anscheinend weitverbreiteten *cytoplasmatischen Unterschiede* entstanden sind, können wir heute noch nicht sagen. Der Gedanke, daß sie durch Außeneinwirkungen induziert sein könnten, liegt nach den Erfahrungen mit Dauermodifikationen nahe; aber es ist vorerst nur eine hypothetische Möglichkeit, daß eine sehr viel größere Einwirkungsdauer oder uns noch unbekannte wirksamere Faktoren stabilere Plasmonveränderungen hervorbringen können als die uns bekannten labilen, mit der Tendenz zum Zurückgehen zur Ausgangsnorm behafteten.

Wir dürfen nicht verkennen, daß vielleicht schon innerhalb einer Gattung, wahrscheinlich noch mehr von Gattung zu Gattung, sicher von einer höheren systematischen Kategorie zur anderen die Arten sich nicht nur durch den Besitz verschiedener Allele desselben Gensatzes, sondern höchstwahrscheinlich auch durch Gene unterscheiden, denen jeweils bei der anderen Art überhaupt kein Allel entspricht. Von dem Vorgang der Neueinführung eines Gens in einen Genbestand können wir uns aber noch keinerlei Vorstellung machen. Die großen Verschiedenheiten der Chromosomensätze lassen erhebliche Verschiedenheiten im Geninhalt vermuten, wenn sie sie auch natürlich nicht beweisen.

2. Das Problem der harmonischen Artveränderung.

Damit eine erhaltungsfähige neue Organismenform entsteht, muß die Genotypusänderung zwei Anforderungen genügen: Die neuen, durch den veränderten Genotypus bestimmten Entwicklungsvorgänge müssen eine in sich harmonische (*enharmonische*) Organisation herstellen, und die neuen Merkmale müssen der Umwelt angepaßt (*epharmonisch*) sein. Eine scharfe Trennung zwischen diesen beiden Bedingungen läßt sich nicht ziehen.

Jedes Einzelmerkmal ist von zahlreichen Genen abhängig (S. 77). Die Veränderung eines einzigen Gens kann zahlreiche Reaktionsketten im Entwicklungsablauf in veränderte Bahnen lenken, die häufig, wenn nicht gar in den meisten Fällen, zu einer Störung des fein abgestimmten Gleichgewichts der Entwicklungsvorgänge und Organfunktionen führen (S. 375). Die Störungen des funktionellen Gleichgewichts machen sich häufiger noch als durch sinnfällige Verkrüppelungen durch eine allgemein verminderte Vitalität (erhöhte Sterblichkeit) der Mutanten gegenüber der Ausgangsrasse in gleicher Lebenslage, also eine geringere Angepaßtheit an irgendwelche im einzelnen nicht aufzeigbaren Außenbedingungen geltend.

Indessen muß nicht jede Mutation die Erhaltungsfähigkeit herabsetzen. Unter den zahlreichen, in Zuchten von *Ephestia kühniella* aufgetretenen Mutationen zeigen mehrere gegenüber den Ausgangsrassen homozygot oder auch heterozygot in verschiedenem Grade erhöhte Sterblichkeit, z. B. schwarzschuppige Tiere gegenüber wildfarbigen, rotäugige gegenüber den schwarzäugigen. In der doppelt heterozygoten Kombination schwarzschuppig-rotäugig ist die Herabsetzung der Widerstandsfähigkeit summiert. In einer Zucht rotäugiger Tiere trat nun noch eine Mutation in einem anderen Genpaar auf, welche die Augen transparent macht;

die Kombination dieses Faktors mit dem für Rotäugigkeit gleicht die Beeinträchtigung der Lebenszähigkeit wieder aus, so daß die rotäugig-transparenten Tiere hinter der Ausgangsrasse unter denselben Zuchtbedingungen nicht mehr zurückstehen. In diesem Fall verbessert eine bestimmte Mutation, die vom Genotypus der Wildform weiter wegführt, ihren Trägern die Lebensaussichten. Das sichtbare Kennzeichen dieser Mutationen, die Augenfarbe, hat als solche mit der Veränderung der Widerstandsfähigkeit gar nichts zu tun. Die verschiedenen Pigmentbildungen im Auge sind verknüpft mit anderen Prozessen, welche irgendwie die Gesamtkonstitution des Tieres verschlechtern oder verbessern. Es ist wahrscheinlich, daß viele sichtbare Merkmale der Organismen in derselben Weise nur Indikatoren lebenerhaltender oder lebenfördernder Teilprozesse des entharmonischen Getriebes des Organismus sind.

Bei der innigen Verknüpfung der verschiedensten Reaktionsabläufe wird nur selten eine erhebliche, unter Umständen in einer bestimmten Richtung orthogenetisch fortschreitende Veränderung eines Organs oder Organsystems auf dem Mutieren eines einzigen Genpaares beruhen können. Die Herstellung eines Organapparates wie der Wirbeltierextremitäten, der Insectenflügel, der Lichtsinnesorgane, wird jeweils durch das Zusammenwirken zahlreicher Gene erreicht, die jedenfalls in der Gesamtentwicklung auch noch andere Wirkungen entfalten. Am ehesten läßt sich noch die orthogenetische Rückbildung (Rudimentation) durch das fortschreitende Mutieren eines Gens erklären. Der entharmonische Ablauf der jeweiligen neuen Entwicklungsvorgänge, die mit der progressiven Ausbildung eines Organs verbunden sind, setzt aber wohl immer eine Zusammenstimmung mehrerer sich ändernder Erbfaktoren voraus. Diese Verhältnisse werden wir jedoch erst richtig beurteilen können, wenn wir über die entwicklungsphysiologische Wirkung der Gene mehr wissen als heute.

Die Ausbildung eines jeden Organismus entspricht dem Leben in einer bestimmten *Umwelt*. Die Leistungen vieler Organe sind auf bestimmte Beziehungen zu bestimmten Teilen dieser Umwelt zugeschnitten. Die neuen Merkmale eines Organismus müssen zu der Umwelt passen. Wenn eine Art im selben Biotop sich ändert (z. B. schizotypische Rassen- und Artbildung, S. 372), müssen ihre neuen Eigenschaften so beschaffen sein, daß sie die Erhaltung ihrer Träger in dem biocönotischen Gleichgewicht erlauben. Vielfach ist, wie Geologie und Tiergeographie zeigen, die Ausbildung neuer Rassen und Arten mit der Anpassung an neue Bedingungen verbunden, sei es, daß Klimaänderungen neue Bedingungen schaffen oder eine Tierform in einen Biotop neu einwandert. Ein Beispiel für die Umprägung eines Typus im Gefolge paläoklimatischer Veränderungen gibt die Artenkette der Equiden (S. 363, Abb. 314): Mit dem Ersatz der Waldungen durch Steppengebiete wurden aus den kleinen Waldtieren mit fünfzehigen Extremitäten große, schnellfüßige Spitzengänger mit einer einzigen Zehe. Seit der Eiszeit haben sich viele Arten in geographisch gesonderte Öcotypen mit besonderen Anpassungen gespalten.

In manchen Fällen wissen wir, daß *öcotypische Unterschiede auf Genunterschieden* beruhen, also mutativen Ursprungs sind (S. 373). Die Unterschiede der geographischen Rassen von *Lymantria dispar* sind mindestens zum Teil der Ausdruck wichtiger *Anpassungscharaktere*, wenn auch manche der auffälligsten äußerlichen Manifestationen der Gene nicht selbst Anpassungsmerkmale sind. Umweltgemäß sind vor allem die Erbfaktoren, welche die Geschwindigkeit der Entwicklungsvorgänge bestimmen (relativ schnelle Entwicklung im kühlen, kurzsommerigen, relativ langsame im warmen, langsommerigen Klima, Anzahl der Raupenstadien, Überwinterungsdauer).

Die Frage, wie die *Zusammenstimmungen der Genotypusabänderungen mit der*

Umwelt zustande gekommen sind, können wir nur mit hypothetischen Möglichkeiten beantworten. Die beiden klassischen Hypothesen des *Darwinismus (Selectionshypothese*, S. 356 f.) und des *Lamarckismus (Hypothese der Vererbung funktioneller Anpassungen)* kennzeichnen auch heute noch die Erklärungsversuche, wenn auch in einer den genetischen Kenntnissen der Zeit gemäß veränderten Form.

An der *Wirkung der Selection* in der Konkurrenz der im Überschuß erzeugten Individuen einer Population läßt sich nicht zweifeln. Die verschiedene Sterblichkeit verschiedener Genkombinationen in der gleichen Lebenslage vermehrt oder vermindert die Fortpflanzungsaussichten bestimmter Genträger. Unter verschiedenen Lebensbedingungen können verschiedene Genkombinationen ausgewählt werden. Im Vorteil werden entharmonisch und epharmonisch günstige Kombinationen sein. Mutationen der verschiedensten Art und Wirkungsgröße sind bei einigen daraufhin untersuchten Arten häufig und können durch Außenwirkungen induziert werden. Zunächst geringfügige Merkmalsänderungen können durch fortschreitende Mutation unter der Wirkung bestimmter Außeneinflüsse bis zu einem positiven oder negativen Selectionswert gesteigert werden. So erscheint es möglich, daß Material für Selectionswirkungen auch in der Natur immer gegeben ist.

Problematisch ist aber der *Wirkungsgrad der Selection*, Geschwindigkeit und Ausmaß, in dem eine Artveränderung durch Selection von Mutationen und Mutationskombination zustande kommt. Für die Rassenkreise einer Art und auch für einander nahestehende Arten einer Gattung erscheint es durchaus möglich, daß natürliche Zuchtwahl in Verbindung mit räumlicher Isolierung die heute lebenden Typen herausgearbeitet hat.

Die einzelnen Mutationen und Mutationskombinationen sind in ihrer Entstehung den auslesenden Lebensbedingungen gegenüber *zufällig*. Auch die induzierten und gerichtet fortlaufenden Mutationen bringen in keinem bisher beobachteten Fall eine unmittelbare Anpassung an die Umwelteinwirkungen, die sie hervorgerufen haben. Ob auf diese Weise auch eine allmähliche Trennung höherer systematischer Kategorien und die Herausbildung komplizierter, feinangepaßter Strukturen (wie der Sinnesorgane, Bewegungswerkzeuge, Fangapparate) zustande kommen kann, bleibt fraglich.

Ob überhaupt und inwieweit ein *lamarckistisches Prinzip*, das direkte Anpassungen bewirkt, in der Stammesgeschichte eine Rolle spielt, ist ebenfalls eine offene Frage. Unter den bekannten Vorgängen kommen hierfür nur die *Dauermodifikationen* in Betracht. Aber selbst, wenn die Möglichkeit zugegeben wird, daß ein viele Generationen lang einwirkender Umweltfaktor eine bleibende Umprägung der Reaktionsnorm ergeben könnte, erscheinen die bekannten Dauermodifikationen gar nicht in ihrer Gesamtheit als Anpassungen. Nur vereinzelte Einwirkungen bei Protisten erzielen eine erhöhte Resistenz gegen diese Einwirkungen (Giftfestigkeit, Temperaturresistenz); die allermeisten induzierten Veränderungen der Reaktionen des lebenden Systems bringen diesem keinen ersichtlichen Vorteil gegenüber der induzierenden Einwirkung. Bei den Metazoen ist bisher noch nie eine funktionelle Anpassung als Dauermodifikation gefunden worden.

Daß das *lamarckistische Prinzip* jedenfalls *nicht als allgemeingültiger oder auch nur hauptsächlichster Faktor* der Artumwandlung in Frage kommen kann, hat WEISMANN schon endgültig dargelegt: Sehr viele stammesgeschichtliche Merkmalsausbildungen sind von vornherein überhaupt nicht lamarckistisch zu deuten. Strukturen, die erst im völlig fertig gebildeten Zustand funktionieren (geformte Ausscheidungen, wie die Nesselkapseln der Cnidarien, viele Chitinstrukturen von Arthropoden, die cuticularen Fangapparate der Appendicularien, S. 126f., Abb. 119;

Schaumerkmale, S. 338f.) können im Individualleben nur abgenutzt, nicht aber durch Gebrauch vervollkommnet werden. Die ganze Ausbildung der Arbeiter der sozialen Insecten (Termiten, Ameisen, Bienen), mit ihren mannigfaltigen hochspezialisierten von Art zu Art wechselnden Anpassungen in Körperbau und Instinkten kann von vornherein nicht durch Vererbung im Individualleben erworbener Änderungen der Reaktionsweise erklärt werden, da die Arbeiter sich nicht fortpflanzen.

Ein weiteres Eindringen in das Gebiet der Evolutionsfaktoren dürfen wir von einer Verknüpfung genetischer, entwicklungsphysiologischer, öcologisch-physiologischer und tiergeographisch-systematischer Arbeitsrichtungen erhoffen. Vollständig wird sich das Evolutionsgeschehen, das auch die Entfaltung des Geistes umfaßt, überhaupt nicht auf ein biologisches Problem zurückführen lassen.

XI. Das System. Geschichtlicher Überblick.

Die mannigfaltigen, in gemeinsamen und speziellen Eigentümlichkeiten sich kundgebenden Abstufungen, in denen uns die tierische Organisation entgegentritt, weisen auf eine nähere oder entferntere Verwandtschaft der tierischen Lebensformen hin. Diese Verwandtschaftsverhältnisse der Tiere finden ihren Ausdruck im System, welches auf die verschieden weitgehende bauliche Übereinstimmung der Tiere basiert ist. Während früher das System als bloße Abstraktion des menschlichen Geistes erschien und der Ausdruck Verwandtschaft nur in übertragenem Sinne angewendet wurde, versteht man gegenwärtig unter dieser Bezeichnung die Blutsverwandtschaft im Sinne gemeinsamer Abstammung.

Die verschiedenen Grade der Verwandtschaft werden durch die Stufen (*Kategorien*) des Systems ausgedrückt. Die wichtigsten Kategorien sind: Reich, Stamm (Phylum), Kreis (Cladus), Klasse, Ordnung, Familie, Gattung und Art. Daneben ergibt sich jedoch häufig die Notwendigkeit, Zwischenstufen als Unterreich, Divisio, Subphylum, Unterklasse, Legio, Unterordnung, Sectio, Tribus, Unterfamilie, Untergattung aufzustellen.

Die Art (*Species*) ist der engste Formenkreis, in welchem die Übereinstimmung der Individuen die weitestgehende ist. Von diesen Kreise ausgehend bauen sich durch Zusammenfassung die höheren Kategorien des Systems auf.

Bei der großen Zahl tierischer Lebensformen war es im Beginne der wissenschaftlichen Betrachtung zunächst geboten, dieselben voneinander zu unterscheiden und zu benennen. Es lag in der Natur der Sache, daß man zuerst auf die nächsten und am meisten auffälligen Eigenschaften aufmerksam wurde. So war frühzeitig das vielen Tieren Gemeinsame in Körperform, Bewegungs- und Lebensweise zu Abstraktionen und Aufstellung allgemeiner Gruppen verwendet und diese hatten schon mit der Entwicklung der Sprache bestimmte Bezeichnungen (Wurm, Fisch, Vogel usw.) erhalten. Von solchen im Leben des Volkes wurzelnden Anfängen entwickelte sich die Wissenschaft unter fortschreitender Zunahme der Erfahrungen zu genauerer Unterscheidung einer immer größeren Zahl von Abstufungen der Ähnlichkeit und Verwandtschaft.

Der Beginn einer selbständigen und wissenschaftlichen Betrachtung reicht weit in das Altertum zurück, doch kann erst ARISTOTELES (im 4. Jahrh. v. Chr.), welcher die Erfahrungen seiner Vorgänger mit eigenen ausgedehnten Beobachtungen in philosophischem Geiste wissenschaftlich verarbeitete, als der Begründer der zoologischen Wissenschaft gelten. Die wichtigsten seiner zoologischen Schriften handeln von der „*Zeugung der Tiere*", von den „*Teilen der Tiere*" und von der „*Geschichte der Tiere*". Die Unterscheidung in *Bluttiere* (ἔναιμα) und

Blutlose (ἄναιμα), welche er jedoch nicht als streng systematische Begriffe gebrauchte, stellte dem Inhalte nach die zwei großen Abteilungen der *Wirbeltiere* und *Wirbellosen* gegenüber, wie auch bereits der Besitz einer knöchernen oder grätigen Wirbelsäule als Charakter der Bluttiere hervorgehoben wurde. Die neun Tiergruppen des ARISTOTELES sind folgende:

Bluttiere.
1. *Lebendig gebärende Vierfüßer* (ζωοτοκοῦντα ἐν αὑτοῖς),
2. *Vögel* (ὄρνιθες),
3. *Eierlegende Vierfüßer* (τετράποδα ἢ ἄποδα ᾠοτοκοῦντα),
4. *Waltiere,*
5. *Fische* (ἰχθύες),

Blutlose.
6. *Weichtiere* (μαλάκια: Cephalopoden),
7. *Weichschaltiere* (μαλακόστρακα: höhere Kruster),
8. *Kerftiere* (ἔντομα: Insecten, Arachniden, Myriapoden, Würmer),
9. *Schaltiere* (ὀστρακόδερμα: Echinen, Schnecken und Muscheltiere, Ascidien).

Endlich reihte ARISTOTELES der letzten Gruppe einige eigentümliche Gattungen (die Holothurien, Seesterne, Akalephen und Schwämme) an, über deren Einreihung er sich mit Rücksicht auf die zweifelhafte Stellung dieser Formen zwischen Tieren und Pflanzen nicht aussprach. Es sind die Formen, die später WOTTON als *Zoophyta* zusammenfaßte.

Nach ARISTOTELES hat das Altertum nur einen namhaften zoologischen Schriftsteller in PLINIUS dem Älteren aufzuweisen, welcher bekanntlich bei dem großen Ausbruch des Vesuv (79) als Flottenkapitän seinen Tod fand. Die Naturgeschichte von PLINIUS behandelt die gesamte Natur von den Gestirnen an bis zu den Tieren, Pflanzen und Mineralen, ist aber lediglich eine aus vorhandenen Quellen zusammengetragene und keineswegs durchaus zuverlässige Kompilation.

Ohne ein eigenes System aufzustellen, unterschied er die Tiere nach dem Aufenthalte in *Landtiere* (Terrestria), *Wassertiere* (Aquatilia) und *Flugtiere* (Volatilia), eine Einteilung, die bis auf GESNER die herrschende blieb.

Mit dem Verfalle der Wissenschaft geriet in der Folgezeit auch die Naturgeschichte in Vergessenheit. Aber in den Mauern christlicher Klöster fanden die Schriften des ARISTOTELES und PLINIUS ein Asyl, welches die im Heidentum begründeten Keime der Wissenschaft vor dem Untergange schützte.

Aus der Zeit des Mittelalters ragt der spanische Bischof ISIDOR VON SEVILLA (im 7. Jahrh.) hervor, welcher eine Bearbeitung der Tiergeschichte (nach dem Vorbilde von PLINIUS) lieferte. Eine für das Mittelalter charakteristische Erscheinung ist der „*Physiologus*", ein Werk eines unbekannten Verfassers, welches in verschiedenen Sprachen und Umarbeitungen erschien und erst mit dem 14. Jahrh. verschwindet. In diesem Buche werden Züge aus der Lebensgeschichte einer Anzahl von Tieren gegeben, deren Auswahl der Bibel folgt, und diesen Darstellungen religiös-allegorische Betrachtungen beigesetzt. Im 13. Jahrh. gelangten durch Vermittlung der Araber wieder die Schriften von ARISTOTELES in den Vordergrund und unter Benutzung derselben gaben zusammenfassende Darstellungen des gesamten zoologischen Wissens der damaligen Zeit drei Dominikaner, darunter der bedeutendste: ALBERTUS MAGNUS. Aber erst im 16. Jahrh. regte sich das Streben nach selbständiger Beobachtung und Forschung. Werke, wie vor allem die „Geschichte der Tiere" von KONRAD GESNER, ferner jene von WOTTON, ALDROVANDI und JONSTONUS zeugten von dem neu erwachenden Leben unserer Wissenschaft. Dann im nachfolgenden Jahrh., in welchem HARVEY den Kreislauf des Blutes, KEPLER den Umlauf der Planeten entdeckte und NEWTONS Gravitationsgesetz die Physik in eine neue Bahn brachte, durch VESAL auf dem Gebiete der menschlichen Anatomie eine reformatorische Bewegung hervorgerufen wurde, trat auch die Zoologie in eine fruchtbare Epoche ein. M. Aurelio Severino schrieb seine Zootomia democritaea (1645) und gab in derselben von verschiedenen Tieren anatomische Darstellungen. Swammerdam in Leiden zergliederte den Leib der Insekten und Weichtiere und beschrieb die Metamorphose der Frösche. Malpighi in Bologna und Leeuwenhoek in Delft benutzten die Erfindung des Mikroskops zur Untersuchung der Gewebe und der kleinsten Organismen (Infusionstierchen). Der Italiener Redi bekämpfte die elternlose Entstehung von Tieren aus faulenden Stoffen, wies die Enstehung von Maden aus Fliegeneiern nach und schloß sich dem berühmten Ausspruch Harveys: „Omne vivum ex ovo" an. Im 18. Jahrh. lehrten Forscher wie Réné Réaumur, der bedeutendste Entomologe seiner Zeit, Rösel v. Rosenhof, de Geer, Bonnet, Pallas, J. Ch. Schaeffer, Fabricius, Ledermüller u. a. die Lebensgeschichte der Insekten und einheimischen Wassertiere kennen, während zu derselben Zeit durch Expeditionen in fremde Länder außereuropäische Tierformen in reicher Fülle bekannt wurden. So war das zoologische Material in so bedeutendem Maße angewachsen, daß bei dem Mangel einer präzisen Unterscheidung, Benennung und Anordnung der Überblick fast unmöglich wurde.

Unter solchen Verhältnissen mußte das Auftreten eines Systematikers wie Karl Linné (1707—1778) für die fernere Entwicklung der Zoologie von großer Bedeutung werden. Zwar hatten schon vorher die systematischen Bestrebungen in Ray, der mit Recht als Vorgänger Linnés an erster Stelle genannt wird, eine gewisse Grundlage, indessen keine durchgreifende methodische Gestaltung gewonnen. John Ray führte zuerst den naturhistorischen Begriff der Art ein und berücksichtigte anatomische Charaktere als Grundlage der Klassifikation.

Linné wurde durch die scharfe Sichtung und strenge Gliederung des Vorhandenen, durch die Einführung einer neuen Methode sicherer Unterscheidung, Benennung und Anordnung für die Entwicklung der Wissenschaft von großer Bedeutung. Indem er für die Gruppen verschiedenen Umfanges in den Begriffen der Art, Gattung, Ordnung, Klasse eine Reihe von Kategorien aufstellte, gewann er die Mittel, um ein System von präziser Gliederung zu schaffen. Anderseits führte er eine wissenschaftliche binäre Nomenklatur ein; jedes Tier erhielt zwei aus der lateinischen Sprache entlehnte Namen, den voranzustellenden Gattungsnamen und den Speziesnamen, welche die Zugehörigkeit der fraglichen Form zu den zwei untersten Kategorien des Systems (Gattung und Art) bezeichnen. In dieser Weise ordnete Linné nicht nur das Bekannte, sondern schuf zur übersichtlichen Orientierung ein systematisches Fachwerk, in welches sich spätere Entdeckungen leicht an sicherem Orte eintragen ließen.

Das Hauptwerk Linnés: „*Systema naturae*", welches in dreizehn Auflagen mannigfache Veränderungen erfuhr, umfaßt das Mineral-, Pflanzen- und Tierreich[1] und ist seiner Behandlung nach am besten einem ausführlichen Kataloge zu vergleichen, in welchem der Inhalt der Natur unter Angabe der bemerkenswertesten Kennzeichen in bestimmter Ordnung einregistriert wurde. Jede Tier- und Pflanzenart erhielt nach ihren Eigenschaften einen bestimmten Platz und wurde in dem Fache der Gattung mit dem Speziesnamen eingetragen. Auf den Namen folgt die in kurzer lateinischer Diagnose ausgedrückte Legitimation, dieser schlossen sich die Synonyma der Autoren und Angaben über Lebensweise, Aufenthaltsort, Vaterland und besondere Kennzeichen an.

Wie Linné auf dem Gebiete der Botanik das künstliche, auf die Merkmale

---

[1] C. von Linné: Systema naturae. Regnum animale. Editio decima 1758. Neu herausgegeben Leipzig 1894.

der Blüten begründete Pflanzensystem schuf, so war auch seine Klassifikation der Tiere eine künstliche, weil sie vereinzelte Merkmale des inneren und äußeren Baues als Charaktere verwertete. LINNÉ brachte die bereits von RAY begründeten Verbesserungen der Aristotelischen Einteilung zur Durchführung, indem er nach der Bildung des Herzens, der Beschaffenheit des Blutes, nach der Art der Fortpflanzung und Respiration folgende sechs Tierklassen aufstellte:

1. *Säugetiere, Mammalia.* Mit rotem warmen Blute, mit einem aus zwei Vorkammern und zwei Herzkammern zusammengesetzten Herzen, lebendig gebärend. Als Ordnungen wurden unterschieden: *Primates, Bruta, Ferae, Glires, Pecora, Belluae, Cete.*
2. *Vögel, Aves.* Mit rotem warmen Blute, mit einem aus zwei Vorkammern und zwei Herzkammern zusammengesetzten Herzen, eierlegend. *Accipitres, Picae, Anseres, Grallae, Gallinae, Passeres.*
3. *Amphibien, Amphibia.* Mit rotem kalten Blute, mit einem aus einfacher Vor- und Herzkammer gebildeten Herzen, durch Lungen atmend. *Reptilia, Serpentes.*
4. *Fische, Pisces.* Mit rotem kalten Blute, mit einem aus einfacher Vor- und Herzkammer gebildeten Herzen, durch Kiemen atmend. *Apodes, Jugulares, Thoracici, Abdominales, Branchiostegi, Chondropterygii.*
5. *Insekten, Insecta.* Mit weißem Blute und einfachem Herzen, mit gegliederten Fühlern. *Coleoptera, Hemiptera, Lepidoptera, Neuroptera, Hymenoptera, Diptera, Aptera.*
6. *Würmer, Vermes.* Mit weißem Blute und einfachem Herzen, mit ungegliederten Fühlfäden. *Mollusca, Intestina, Testacea, Lithophyta, Zoophyta* (später von GMELIN noch eine Ordnung *Infusoria* in der von ihm bearbeiteten 13. Auflage des Systema naturae unterschieden).

Während die Nachfolger LINNÉS die trockene und einseitig zoographische Behandlung weiter ausbildeten, erkannten einzelne hervorragende Forscher die Mängel des LINNÉschen Systems und suchten dasselbe zu verbessern und umzugestalten. BUFFON, ein Feind der Klassifikationen, glaubte in dem Systeme überhaupt einen dem Geiste auferlegten Zwang zu erkennen, und deutete auf einen einheitlichen, stufenweise abändernden Plan im Tierreich hin. Von großer Bedeutung waren die von LAMARCK vorgeschlagenen, der „natürlichen Stufenordnung" entsprechenden Änderungen des Systems, indem dieselben die LINNÉsche Klasse der Würmer in eine Reihe von Klassen auflösten und diese nebst der Klasse der Insekten als *Wirbellose* den vier ersten Klassen oder *Wirbeltieren* gegenüberstellten. Schon im Jahre 1794 unterschied LAMARCK neben den *Wirbeltierklassen* die fünf Klassen der *Mollusken, Insekten, Würmer, Echinodermen* und *Polypen*, die er jedoch später vermehrte, bis er schließlich dem Inhalt der *Wirbellosen* in den zehn Klassen der *Mollusken, Cirripedien, Anneliden, Crustaceen, Arachniden, Insekten, Würmer, Radiaten* (an Stelle der Echinodermen mit Einschluß der Weichstrahltiere oder Akalephen) *Polypen* und *Infusorien* seine Anordnung gab. Somit war in bedeutungsvoller Weise dem Systeme vorgearbeitet, mit welchem CUVIER hervortrat, einem Systeme, welches durch Verschmelzung der zoologischen und anatomischen Charaktere den Anforderungen eines natürlichen Systems näher kam.

GEORG CUVIER, geboren zu Mömpelgard 1769 und erzogen auf der Karls-Akademie zu Stuttgart, später Professor der vergleichenden Anatomie am Pflanzengarten zu Paris (gest. 1832), veröffentlichte seine umfassenden Forschungen in zahlreichen Werken, insbesondere in den *„Leçons d'anatomie comparée"* (1805).

Erst 1812 stellte er in seiner berühmt gewordenen Abhandlung[1] über die Einteilung der Tiere nach ihrer Organisation eine neue, wesentlich veränderte Klassifikation auf. CUVIER betrachtete nicht die anatomischen Tatsachen an sich als Endzweck der Untersuchungen, sondern stellte vergleichende Betrachtungen

---

[1] G. CUVIER: Sur un nouveau rapprochement à établir entre les classes qui composent le règne animal. Ann. du Musée d'hist. nat. XIX, 1812.

an, die ihn zur Aufstellung allgemeiner Sätze führten. Indem er die Eigentümlichkeiten in den Einrichtungen der Organe auf das Leben und die Einheit des Organismus bezog, erkannte er die gegenseitige Abhängigkeit der einzelnen Organe und ihrer Besonderheiten und entwickelte in richtiger Würdigung der schon von ARISTOTELES erörterten „Korrelation" der Teile sein Prinzip der notwendigen Existenzbedingungen, ohne welche das Tier nicht leben kann (*principe des conditions d'existence ou causes finales*). „Der Organismus bildet ein einiges und geschlossenes Ganze, in welchem einzelne Teile nicht abändern können, ohne an allen übrigen Teilen Änderungen erscheinen zu lassen." Indem er aber die Organisation der zahlreichen verschiedenen Tiere verglich, fand er, daß die bedeutungsvollen Organe die konstanteren sind, die weniger wichtigen in ihrer Form und Ausbildung am meisten abändern, auch nicht überall auftreten. So wurde er zu dem für die Systematik verwerteten Satze von der Unterordnung der Merkmale (*principe de la subordination des caractères*) geleitet. Vornehmlich unter Berücksichtigung der Verschiedenheiten des Nervensystems und der nicht überall übereinstimmenden gegenseitigen Lagerung der wichtigeren Organsysteme gelangte CUVIER zu der Überzeugung, daß es im Tierreich vier Hauptzweige (*Embranchements*) gebe, gewissermaßen „allgemeine Baupläne, nach denen die zugehörigen Tiere modelliert zu sein scheinen."

Indessen schon LAMARCK hatte ausgesprochen, daß seine zehn Klassen der Wirbellosen nach Charakteren der Organisation und Lagenbeziehung der Organe in mehrere den Vertebraten gleichwertige Reihen zu ordnen seien, so daß es im Grunde nur einer entsprechenden Gruppierung, Namenveränderung und Umordnung jener Klassen bedurfte, um diese allgemeineren Abteilungen zu finden und CUVIERS vier Kreise (*Embranchements* CUVIER, *Typen* BLAINVILLE) der *Vertebrata* oder Wirbeltiere, *Mollusca* oder Weichtiere, *Articulata* oder Gliedertiere und *Radiata* oder Strahltiere zu erhalten. Man ersieht diese Beziehung aus nachfolgender Zusammenstellung:

I. Vertebraten.	*II. Artikulaten.*	*III. Mollusken.*	*IV. Radiaten.*
1. Säugetiere,	5. Insekten,	9. Cirripedien,	11. { Akalephen, Echinodermen,
2. Vögel,	6. Arachnoideen,	10. { die Mollusken-Ordnungen LAMARCKS als Klassen.	
3. Reptilien,	7. Crustaceen,		12. Vermes (intestinales),
4. Fische.	8. Anneliden.		13. Polypen,
			14. Infusorien.

Den Anschauungen CUVIERS, der wie keiner seiner Zeitgenossen insbesondere das anatomische Detail beherrschte, standen jedoch die Lehren bedeutender Männer (der sog. naturphilosophischen Schule) gegenüber. In Frankreich vor allem vertrat ETIENNE GEOFFROY ST. HILAIRE[1] die bereits von BUFFON ausgesprochene Idee vom Urplane des tierischen Baues, nach welcher eine ununterbrochene, durch kontinuierliche Übergänge vermittelte Stufenfolge der Tiere existieren sollte. Überzeugt, daß die Natur stets mit denselben Materialien arbeite, stellte er die Theorie der Analogien (*théorie des analogues*) auf, nach welcher dieselben Teile, wenn auch nach Form und nach dem Grade ihrer Ausbildung verschieden, bei allen Tieren vorhanden seien, und glaubte weiter in seiner Theorie der Verbindungen (*principe des connexions*) ausführen zu können, daß die gleichen Teile auch überall in gleicher gegenseitiger Lage auftreten. Als dritten Hauptsatz verwertete er das Prinzip vom Gleichgewichte der Organe (*principe du balancement des organes*), indem jede Vergrößerung

---

[1] ETIENNE GEOFFROY ST. HILAIRE: Sur le principe de l'unité de composition organique. Paris 1828.

des einen Organs mit einer Verminderung eines anderen verbunden sein sollte. Dieser Grundsatz führte in der Tat zu einer fruchtbaren Betrachtungsweise und zur wissenschaftlichen Begründung der Teratologie. Die Verallgemeinerungen waren jedoch übereilt, indem sie über die Wirbeltiere hinaus nicht mit den Tatsachen stimmten und beispielsweise zu der Ansicht, die Insekten seien auf den Rücken gekehrte Wirbeltiere, und zu anderen gewagten Auffassungen führen mußten. In Deutschland sprachen sich GOETHE und die Naturphilosophen OKEN und SCHELLING für die Einheit der tierischen Organisation aus, ohne freilich den tatsächlichen Verhältnissen in umfassender Weise Rechnung zu tragen.

Schließlich ging aus diesem Kampfe, der in Frankreich mit Heftigkeit geführt worden war, die Auffassung CUVIERS siegreich hervor und die Prinzipien seines Systems fanden um so ungeteilteren Beifall, als denselben die von C. E. v. BAER unterschiedenen Organisationstypen und Hauptformen der Entwicklung entsprachen. Indessen wurden durch die späteren Forschungen mancherlei Mängel und Irrtümer in CUVIERS Einteilung aufgedeckt und im einzelnen vieles verändert, allein die Aufstellung von Tierkreisen als höchsten Gruppen des Systems erwies sich durch die Resultate der sich weiter ausbildenden Wissenschaft als richtig.

Zunächst waren es in der folgenden Zeit die großen Fortschritte der vergleichenden Anatomie durch Forscher wie J. F. MECKEL, R. OWEN, JOHANNES MÜLLER, RATHKE, HUXLEY, GEGENBAUR und der zu einer umfassenden Wissenschaft sich entwickelnden Histologie (MAX SCHULTZE, KÖLLIKER), welche die Verbesserung und Umgestaltung der CUVIERschen Klassifikation zur Folge hatten.

Die wesentlichsten Veränderungen des CUVIERschen Systems beziehen sich auf die Vermehrung der Typenzahl. C. TH. v. SIEBOLD war es, welcher den Tierkreis der *Radiaten* in drei Kreise *Protozoa*, *Zoophyta* und *Vermes* schied und mit letzterem die Anneliden vereinigte, während er an Stelle der Articulata CUVIERS mit den in diesem Kreise verbleibenden Klassen der Crustaceen, Spinnen und Insekten (nebst Myriapoden) den Namen *Arthropoda* einführte. Bald darauf trennte R. LEUCKART die *Zoophyta* SIEBOLDS in die zwei Kreise der *Echinodermata* und *Coelenterata* und stellte die *Protozoa* in schärferem Gegensatze den übrigen Kreisen gegenüber.

Weiter hat es sich in späterer Zeit ergeben, daß eine Anzahl von Tiergruppen, die bisher dem Molluskenkreise eingeordnet waren, in diesem keine naturgemäße Stellung besitzen. Es sind das die zweischaligen *Brachiopoden*, die *Bryozoen* und die *Tunicaten*, von denen die beiden ersten zu dem Kreise der *Molluscoidea* (MILNE EDWARDS) vereinigt, die *Tunicata* aber als selbständiger Kreis den Vertebraten angeschlossen wurden.

Dadurch ist die Zahl der Tierkreise auf neun gestiegen, wie sie auch von C. CLAUS unterschieden wurden, und zwar:

1. *Protozoa*.
2. *Coelenterata* (Unterkreise: *Spongiaria*, *Cnidaria*, *Ctenophorae*).
3. *Echinodermata*.
4. *Vermes*.
5. *Arthropoda*.
6. *Mollusca*.
7. *Molluscoidea* (*Bryozoa*, *Brachiopoda*).
8. *Tunicata*.
9. *Vertebrata*.

Die CUVIERsche Auffassung hat jedoch seither darin eine wesentliche Modification erfahren, daß die Vorstellung von der absoluten Selbständigkeit eines jeden Tierkreises aufgegeben wurde. Es übte die durch DARWIN (1859) neu gestützte Deszendenztheorie einen tiefgreifenden Einfluß auf die Systematik insofern aus, als die Typen nunmehr gleich den übrigen Stufen des Systems nur als die höchsten Kategorien betrachtet wurden, welche die weitesten Verwandtschaftsgrade der Tiere zum Ausdruck bringen (GEGENBAUR). Wesentlich gefördert wurde diese Auffassung durch die entwicklungsgeschichtlichen Untersuchungen, unter denen jene ALEX. KOWALEVSKIS sowie die theoretischen Erörterungen von ERNST HAECKEL von hervorragender Bedeutung erscheinen.

In Beziehung auf die Einteilung des Tierreiches hat zuerst HAECKEL die Einzelligen (*Protozoa*) allen Vielzelligen, welche er als *Metazoa* bezeichnete, gegenübergestellt. Durch RAY LANKESTER wurde die Unterteilung der Metazoa in *Coelenterata* und *Coelomata* vorgenommen. Später wurden von HAECKEL die Tunicata und Vertebrata als *Chordonia*, von METSCHNIKOFF Echinoderma und Enteropneusta als *Ambulacraria* vereinigt, eine Bezeichnung, die in Hinblick auf neuere Auffassungen aufzulassen sein wird; die Gruppe soll *Coelomopora*[1] benannt werden. Sodann wurde von HATSCHEK durch die Zusammenfassung der ungegliederten Würmer (*Scolecides*), der wiederhergestellten Articulata CUVIERS, ferner der Mollusca und Tentaculata (Molluscoidea) in einem großen Typus der *Zygoneura* den näheren verwandtschaftlichen Beziehungen der in dieser Gruppe vereinigten Formen Ausdruck gegeben. Innerhalb der Protozoa sind mit HATSCHEK die Ciliata als *Cytoidea* von allen übrigen Einzelligen, die als *Cytomorpha* vereinigt werden, schärfer zu sondern.

Es wird jedoch für die Chaetognatha mit Rücksicht auf ihre zahlreichen Eigentümlichkeiten ein besonderes Subphylum zu bilden sein, das als *Homalopterygia* (GROBBEN) bezeichnet werden soll.

Coelomopora, Homalopterygia und Chordonia zeigen einige gemeinsame Charaktere (Zurückführung des Afters auf den Gastrulamund, sekundäre Mundöffnung), die sie von den Zygoneura unterscheiden. Um diesen großen Gegensatz im System zum Ausdruck zu bringen, werden die genannten drei Gruppen als *Deuterostomia* (GROBBEN) zusammengefaßt, denen die Zygoneura als *Protostomia* (GROBBEN) (Mund auf den Gastrulamund zurückführbar) gegenüberstehen.

Die Unterscheidung von zwei Stämmen der Coelomata oder Bilateria wird von einer Anzahl von Forschern vertreten; so von GOETTE, dessen beide Gruppen *Bilateralia hypogastrica* und *Bilateralia pleurogastrica* den Protostomia und Deuterostomia entsprechen, ferner von HATSCHEK, der die Coelomata in zwei Hauptstämme *Ecterocoelia* und *Enterocoelia* auflöste, endlich von K. C. SCHNEIDER, welcher innerhalb der gesamten Metazoa zwei Stämme (*Pleromata* und *Coelenteria*) unterschied, in denen die Coelomata als *Plerocoelia* und *Enterocoelia* aufgeteilt erscheinen.

Die bemerkenswerten Vorgänge in der Entwicklung der *Spongiaria* haben mehrfach zu der Ansicht geführt, daß bei den *Spongiaria* eine Inversion der Keimblätter stattfindet, und die *Spongiaria* somit in einem Gegensatze zu allen übrigen Metazoa stehen. Dazu kommt noch der Besitz von Kragengeißelzellen als Auskleidung des Gastralraumes, der an eine gesonderte Ableitung der *Spongiaria* von Choanoflagellaten denken läßt. SOLLAS hat dementsprechend die *Spongiaria* als *Parazoa* den übrigen Metazoen gegenübergestellt, die BÜTSCHLI und KÜKENTHAL als *Eumetazoa* bezeichneten.

Da die Frage des Vergleiches der Keimblätter der *Spongiaria* mit denen der übrigen Metazoa noch unentschieden ist, die Umkehr der Keimblätter bei den *Spongiaria* auch die Möglichkeit eines caenogenetischen Vorganges nicht ausschließt, sind hier die *Spongiaria* bei den übrigen Metazoa belassen.

Das System des *Tierreiches* gestaltet sich sonach folgendermaßen:

---

[1] Dieser Name wurde von K. HEIDER gebildet.

Das System. Geschichtlicher Überblick.

Unterreich (Subregnum)	Divisio	Stamm (Phylum)	Subphylum	Kreis (Kladus)	Unterkreis (Subkladus)	Klasse
Protozoa	a) Cytomorpha					Flagellata
						Rhizopoda
						Sporozoa
						Ciliata
Metazoa	b) Cytoidea	I. Planuloidea				Planuladae
	a) Coelenterata	II. Spongiaria (Schwammtiere)				Spongiae
		III. Cnidaria (Nesseltiere)				Hydrozoa
						Scyphozoa
						Anthozoa
		IV. Ctenophora (Rippenquallen)				Ctenophorae
	b) Coelomata (Bilateria)	V. Protostomia (Zygoneura)		1. Scolecida (nied. Würmer)		Platyhelminthes
						Aschelminthes
						Entoprocta
						Nemertini
				2. Annelida (Gliederwürmer)		Chaetopoda
						Sipunculoidea
				3. Arthropoda (Gliederfüßer)	Malacopoda	Onychophora
						Tardigrada
					Euarthropoda	Crustacea
						Arachnomorpha
						Linguatulida
						Pantopoda
						Eutracheata
				4. Mollusca (Weichtiere)		Amphineura
						Conchifera
				5. Tentaculata (Molluscoidea, Kranzfühler)		Phoronidea
						Bryozoa (Ectoprocta)
						Brachiopoda
		VI. Deuterostomia	I. Coelomopora	6. Enteropneusta (Schlundatmer)		Helminthomorpha
						Pterobranchia
				7. Echinoderma (Stachelhäuter)		Pelmatozoa
						Eleutherozoa
			II. Homalopterygia	8. Chaetognatha (Borstenkiefer)		Sagittoidea
			III. Chordonia	9. Tunicata (Manteltiere)		Copelata
						Tethyodea
						Thaliacea
				10. Acrania (Schädellose)		Leptocardia
				11. Vertebrata (Wirbeltiere)		Cyclostomata
						Pisces
						Amphibia
						Reptilia
						Aves
						Mammalia

SPEZIELLER TEIL.

1. Subregnum.
PROTOZOA, URTIERE[1].

Einzellige Tiere von geringer Größe, mit mehr oder minder komplizierten Differenzierungen innerhalb des Protoplasmaleibes und ungeschlechtlicher Fortpflanzung. Copulationsvorgänge weit verbreitet.

Morphologisch stehen die Protozoen auf der Stufe der Zelle. Als Leibessubstrat treffen wir überall das Cytoplasma, das eine außerordentlich reiche Differenzierung aufweisen und eine Anzahl den Organen der Vielzelligen analoger Zellorgane (*Organellen, Organula*) zur Ausbildung bringen kann. Im einfachsten Falle verhalten sich alle Teile des Zelleibes gleichartig; sonst ist eine äußere, als *Ectoplasma* bezeichnete Schicht von dem inneren *Entoplasma* zu unterscheiden. Der Kern ist in einfacher oder mehrfacher Zahl vorhanden; er ist entweder bläschenförmig und enthält gewöhnlich einen centralen kugeligen sogenannten Binnenkörper (Caryosom), oder es sind im Kern die Kernsubstanzen gleichmäßig verteilt (massige Kerne). Für die Gruppe der *Ciliata* ist das Vorkommen von zwei physiologisch ungleichwertigen Kernen, eines vegetativen (somatischen) Kernes und eines Geschlechtskernes, eigentümlich. Doch kommt es auch bei manchen anderen Protozoen auf einer bestimmten Stufe des Lebenscyclus zu einer Scheidung des Kernes in einen Geschlechtskern und einen vegetativen Kern.

Die Bewegung erfolgt entweder durch Pseudopodien, welche an beliebiger Stelle des Körpers ausgestreckt werden (*Rhizopoda*), oder durch an bestimmten Stellen des Körpers ausgebildete Geißeln oder undulierende Membranen (*Flagellata*) oder durch Wimpern und Wimperplättchen (Membranellen, *Ciliata*). Alle genannten Bewegungsorgane sind Differenzierungen des Ectoplasmas. Wimpern und Geißeln erscheinen zugleich als Sitz erhöhter Irritabilität und fungieren als Sinnesorgane; bei einigen *Ciliaten* kommen besondere Sinnesborsten sowie als statische Organe gedeutete Concrementvacuolen vor, bei einigen *Flagellaten* als lichtempfindliche Organe aufgefaßte Pigmentflecke (Stigmen). Den *Sporozoa* fehlen besondere Locomotionsorgane. Die Formveränderung des Körpers bei Vor-

---

[1] EHRENBERG, CH. G.: Die Infusionstierchen als vollkommene Organismen. Leipzig 1838. — CLAPARÈDE, E. u. J. LACHMANN: Études sur les Infusoires et les Rhizopodes. 2 vols. Génève 1858—1861. — BÜTSCHLI, O.: Protozoa. BRONNS Klassen und Ordnungen des Tierreichs, 3 Bde. 1880—1889. — BLOCHMANN, F.: Die mikroskopische Tierwelt des Süßwassers. I. Protozoa, 2. Aufl. Hamburg 1895. — BRAUN, M.: Die tierischen Parasiten des Menschen, 6. Aufl. Leipzig 1925. — DOFLEIN, F.: Lehrbuch der Protozoenkunde, 5. Aufl., herausgeg. von E. REICHENOW. Jena 1927—1929. — v. PROWAZEK, S. u. W. NÖLLER: Handbuch der pathogenen Protozoen. Leipzig 1911—1925. — HARTMANN, M.: Das System der Protozoen. Arch. Protistenkde 10 (1907). — POCHE, F.: Das System der Protozoen. Ebenda 30 (1913). — HARTMANN, M. u. C. SCHILLING: Die pathogenen Protozoen und die durch sie verursachten Krankheiten. Berlin 1917. — NÖLLER, W.: Die wichtigsten parasitischen Protozoen des Menschen und der Tiere, 1. Teil. Berlin 1922. — KÜHN, A.: Morphologie der Tiere in Bildern. 1. Flagellaten. Berlin 1921. 2. Rhizopoden. 1926. — Ferner HERTWIG, R., SWARCZEWSKY u. a.

handensein einer festeren Körperhülle (Pellicula) erfolgt durch Muskelfibrillen (Myoneme), so bei *Ciliaten* und *Sporozoen*.

Häufig finden sich Skeletbildungen in Form von Gehäusen oder inneren Hartteilen vor.

Die Nahrungsaufnahme geschieht vielfach durch Umfließen der Nahrungskörper mittels der Pseudopodien. In anderen Fällen ist eine besondere Mundöffnung (Zellmund, *Cytostom*) und ein vom Ectoplasma gebildeter Zellschlund (*Cytopharynx*) vorhanden, welcher zum Entoplasma führt, in dem die Verdauung stattfindet (Abb. 80). Die Nahrungskörper werden in Flüssigkeitsansammlungen (Nahrungsvacuolen) verdaut, die unverdaulichen Reste entweder an beliebiger Stelle oder durch einen besonderen Zellafter (*Cytopyge*) ausgestoßen. Die durchwegs parasitischen *Sporozoa* nehmen flüssige Nahrung endosmotisch durch die ganze Körperoberfläche auf.

Häufig tritt ein besonderes Excretionsorgan, die *pulsierende Vacuole*, auf; sie fehlt den meisten endoparasitischen und marinen Formen. Sie erscheint als an besonders differenzierter Stelle auftretende Flüssigkeitsansammlung, die in Intervallen durch Contraction des sie umschließenden Cytoplasmas ausgestoßen wird.

Die Protozoen vermehren sich auf ungeschlechtlichem Wege durch Teilung, Knospung oder durch multiple oder Zerfallsteilung. Die ungeschlechtliche Fortpflanzung kann entweder in vollständig differenziertem oder im entdifferenzierten Zustand stattfinden. Im letzteren Falle schwinden die Differenzierungen und das Tier besitzt die Form der ruhenden Zelle. Entdifferenzierung erfolgt manchmal zur Zeit der *Encystierung*, bei welcher das entdifferenzierte Protozoon eine Hülle (Cyste) zur Abscheidung bringt. Encystierung wird durch äußere, aber auch innere Faktoren verursacht. Sie ist für die Erhaltung der Einzelligen im Falle der Verdunstung des Wassers, in dem sie leben, von großer Bedeutung. Eingeschlossen in der Cyste können solche Tiere eine lange Trockenzeit überdauern.

Copulationsvorgänge sind weit verbreitet und bestehen in der Verschmelzung der Cytoplasmen und Kerne von zwei geschlechtlich verschieden veranlagten Individuen. Die Vereinigung der Individuen ist entweder eine dauernde (*Copulation*) oder nur eine vorübergehende (*Conjugation*). *Autogamie* (*Pädogamie*) kommt bei *Heliozoen* und *Neosporidien* (*Amöbosporidien*) vor. Generationswechsel findet sich bei *Flagellaten*, *Amöbozoen*, *Radiolarien* und *Sporozoen*. Als *Plasmogamie* wird die Verschmelzung von zwei oder mehreren Individuen bezeichnet, bei der aber eine Kerncopulation unterbleibt.

Die Protozoen sind Bewohner des Wassers oder feuchter Erde, viele leben parasitisch.

Sie werden folgenderweise eingeteilt: 1. *Cytomorpha* (Klassen: *Flagellata, Rhizopoda, Sporozoa*), 2. *Cytoidea* (Klasse: *Ciliata*).

I. Divisio.

Cytomorpha.

Protozoen mit einem oder mehreren gleichwertigen, vorübergehend auch mit physiologisch ungleichwertigen Kernen.

I. Klasse. Flagellata (Mastigophora). Geißelträger[1].

Protozoen von meist gestreckter Körperform mit einer oder mehr Geißeln, mit contractilen Vacuolen, in der Regel mit einfachem Nucleus.

---

[1] Außer EHRENBERG, CIENKOWSKI, GRASSI, LAUTERBORN, LAVERAN et MESNIL, PASCHER, KEYSSELITZ, KOFOID, PRATJE u. a. vgl.: STEIN, FR.: Organismus der Infusions-

Die Klasse der *Flagellaten* umfaßt eine große Zahl von Organismen, welche nur in dem Besitz von Geißeln ein gemeinsames Merkmal aufweisen. In der Ernährung verhalten sich viele wie Tiere, andere wie Pflanzen, eine Anzahl teils tierisch, teils pflanzlich, manche saprophytisch oder parasitisch. Mit Rücksicht darauf, daß die Flagellaten zu Pflanzen und zu Tieren Beziehungen aufweisen und flagellatenähnliche Entwicklungszustände bei allen übrigen Cytomorphen beobachtet sind, ist die Ansicht begründet, daß die Flagellaten den *ursprünglichsten Cytomorphentypus* repräsentieren. Als Organismengruppe vielfacher Beziehungen erweist sich die Flagellatengruppe auch dadurch, daß sich als Analogon des Weges von den Einzelligen zu den Vielzelligen von kolonienbildenden Formen, wie den *Volvocinen*, die einfachste Metazoenform, die Blastula, ableiten läßt.

Der meist gestreckte monaxone oder bilateralsymmetrische, oft auch asymmetrische Körper (Abb. 323) zeigt selten eine deutliche Scheidung von Ecto- und Entoplasma und ist häufig von einer Pellicula oder einem Gehäuse eingeschlossen. Er trägt an seinem Vorderende eine oder zwei Geißeln; seltener ist eine größere Anzahl von Geißeln (*Polymastigina, Hypermastigina*) vorhanden, die in der Längsrichtung des Tieres nach vorn oder auch nach hinten (Schleppgeißel) gerichtet sind. Zuweilen ist in Verbindung mit einer Geißel eine zarte Cytoplasmalamelle, eine sogenannte undulierende Membran, ausgebildet. Bei den *Choanoflagellaten* wird die Basis der Geißel von einem trichterförmigen Cytoplasmasaum umgeben. Die *Dinoflagellaten* sind dadurch charakterisiert, daß eine Geißel nach hinten gerichtet ist, während eine zweite horizontal in einer ringförmigen Körperfurche

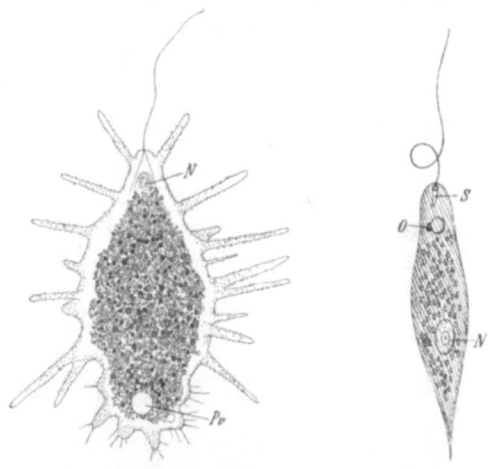

Abb. 322.   Abb. 323.

Abb. 322. *Mastigamoeba aspera.* (Nach FR. E. SCHULZE.) $^{210}/_1$
Pv pulsierende Vacuole, N Kern.

Abb. 323. *Euglena viridis.* (Nach STEIN.) S Geißelgrube, N Kern, O Stigma.

schwingt. Durch einen gallertigen Körper zeichnen sich die *Cystoflagellaten* aus.

Den Anschluß an die Rhizopoden zeigen Formen wie *Mastigamoeba*, welche außer der Geißel Pseudopodien bildet (Abb. 322).

Die Nahrungsaufnahme erfolgt im letztgenannten Falle durch die Pseudopodien an beliebiger Stelle des Körpers; bei den übrigen Flagellaten ist dieselbe

---

tiere, III. 1878—1883. — BÜTSCHLI, O.: Beiträge zur Kenntnis der Flagellaten. Z. Zool. **30** (1878). — KENT, S.: A Manual of the Infusoria. 2 vols. London 1880—1882. — DANILEWSKY, B.: Parasitologie comparée du sang. Charkow 1889. — KLEBS, G.: Flagellatenstudien. Z. Zool. **55** (1893). — ISHIKAWA, C.: Noctiluca miliaris usw. J. Coll. Sci. imp. Univ. Japan **6** (1894). — SENN, G.: Flagellata. In: ENGLER u. PRANTL: Die natürlichen Pflanzenfamilien. 1900. — DOFLEIN, F.: Studien zur Naturgeschichte der Protozoen. IV. Zool. Jb. **14** (1900). — LOHMANN, H.: Die Coccolithophoridae, eine Monographie usw. Arch. Protistenkde **1** (1902). — SCHAUDINN, F.: Generations- und Wirtswechsel bei *Trypanosoma* und *Spirochaete*. Arb. ksl. Gesdhtamt **20** (1904). — PROWAZEK, S.: Studien über Säugetiertrypanosomen. Ebenda **22** (1905). — GOLDSCHMIDT, R.: Lebensgeschichte der Mastigamöben *Mastigella* usw. Arch. Protistenkde, Suppl. **1** (1907). — JANICKI, C.: Untersuchungen an parasitischen Flagellaten. Z. Zool. **95** (1910); **112** (1915). — BĚLAŘ, K.: Protozoenstudien. I—III. Arch. Protistenkde **36** (1915/16); **43** (1921).

auf eine bestimmte Stelle an der Geißelbasis beschränkt und geschieht durch einen amöboiden Fortsatz (Abb. 332) oder mittels Cytostoma und Cytopharynx.

Contractile Vacuolen sind, ausgenommen endoparasitische und marine Formen, allgemein verbreitet und treten meist in einfacher oder zweifacher, seltener mehrfacher Zahl auf. Bei sehr zahlreichen Flagellaten (mit pflanzlichem Stoffwechsel) finden sich im Cytoplasma grün bis rot gefärbte Körper, die *Chromatophoren*, eingelagert. Der Kern ist meist in einfacher Zahl vorhanden.

Manche Flagellaten besitzen in der Nähe des Vorderendes einen roten Körper, der als Augenfleck (*Stigma*) bezeichnet und als lichtempfindliches Organ aufgefaßt wird (Abb. 323).

Die Flagellaten pflanzen sich fast durchwegs durch Längsteilung (Abb. 239), zuweilen im encystierten Zustande, fort. Copulationsvorgänge sind vielfach festgestellt; die copulierenden Individuen sind entweder gleichartig entwickelt, sogenannte Isogameten, oder (als Microgameten und Macrogameten) verschieden differenziert, sogenannte Anisogameten. Durch den Wechsel von vegetativ sich vermehrenden Generationen mit Copulationszuständen nach Gametenbildung ergibt sich manchmal ein Generationswechsel. Es kommt zuweilen zu Koloniebildung, indem die durch Teilung hervorgegangenen Individuen in charakteristischer Gruppierung vereinigt bleiben.

1. Ordnung. **Protomastigina.**

Meist kleine Flagellaten mit einer oder zwei in der Längsrichtung des Körpers schwingenden Geißeln, mit tierischer Ernährung, saprophytisch oder parasitisch.

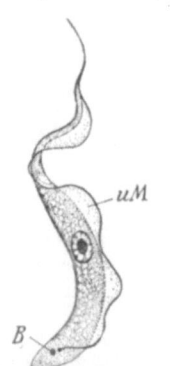

Abb. 324. *Trypanosoma brucei.* (Nach KÜHN.) 2400/1 *B* Blepharoplast, *uM* undulierende Membran.

Fam. *Rhizomastigidae.* Nahrungsaufnahme mittels Pseudopodien, welche an der ganzen Körperoberfläche gebildet werden. Mit einer Geißel. *Mastigamoeba aspera* F. E. SCH. Im Süßwasser (Abb. 322). Vielleicht findet hier die in systematischer Hinsicht verschieden beurteilte *Multicilia* CIENK. ihren Platz. Mit zahlreichen über den Körper verteilten Geißeln. Nahrungsaufnahme durch Pseudopodien. Marin und Süßwasser.

Fam. *Cercomonadidae.* Mit lang ausgezogenem Hinterende, mit einer Geißel. *Cercomonas hominis* DAVAINE. Parasit im Darmkanal des Menschen. *C. crassicauda* DUJ., in fauligem Wasser.

Fam. *Trypanosomatidae (Herpetomonadidae).* Der längliche, häufig spiralig gedrehte Körper mit einer Geißel am Vorderende und häufig mit längsverlaufender undulierender Membran. Dem Basalkorn der Geißel liegt ein kugeliges oder wurstförmiges, mit Kernfarbstoffen sich färbendes Körperchen, der sogenannte Blepharoplast, an. Meist Blutparasiten (im Blutplasma). *Herpetomonas muscae domesticae* BRNT. Im Darme der Stubenfliege. Europa, Nordamerika. *Trypanosoma rotatorium* MAYER (*sanguinis* GRUBY), im Blute der Frösche. Die Infektion erfolgt im Kaulquappenstadium durch einen Egel (*Hemiclepsis marginata*). *T. lewisi* KENT, im Blute der Ratten (Abb. 239 d—f), übertragen durch eine blutsaugende Rattenlaus (*Haematopinus spinulosus*), oder Flöhe, in deren Magen bestimmte Entwicklungsvorgänge (früher glaubte man die Ausbildung und Copulation der Micro- und Macrogameten) erfolgen. Nach Teilungen an oder in den Darmzellen gelangen die Trypanosomen durch die Darmwand in die Leibeshöhle und vermutlich von hier in den Pharynx, aus dem sie beim nächsten Saugakte in das Blut der Ratte überführt werden. *T. gambiense* DUTTON, im Blute des Menschen. Ursache der Schlafkrankheit. Überträger sind eine Tsetsefliege (*Glossina palpalis*), wahrscheinlich auch andere Stechfliegen und Mücken. Trop. Afrika. *T. brucei* PLIMM. et BRADF., im Blute der Wiederkäuer und Einhufer. Ursache der Nagana oder Tsetsekrankheit. Überträger sind verschiedene Tsetsefliegen (*Glossina morsitans* u. a. Art.). Trop. Afrika (Abb. 239 a—c, 324). *Leishmania infantum* NICOLLE, intracellulärer Parasit in Milz, Leber, Knochenmark beim Menschen und Hund. Erreger der Splenomegalie bei Kindern. Mittelmeergebiet. *L. donovani* LAV. et MESN. Ursache der Kala-Azarkrankheit. Tropen und Subtropen der alten Welt. *Cryptobia (Trypanophis) grobbeni* POCHE, in Siphonophoren. Mittelmeer. *Trypanoplasma borreli* LAV. et MESN. Im Blutplasma verschiedener Süßwasserfische.

Überträger ist ein Fischegel (*Piscicola geometra*). Hier schließt sich vielleicht an *Prowazekella lacertae* GRASSI. In der Kloake von *Lacerta*-Arten.

Fam. *Choanoflagellata*. Mit nur einer Geißel und Protoplasmakragen um die Geißelbasis. *Codonosiga botrytis* EHRBG. Koloniebildend (Abb. 325). *Salpingoeca convallaria* F. ST. Einzeln lebend, mit Gehäuse. Im Süßwasser. Europa. Nordamerika.

2. Ordnung. Polymastigina.

Flagellaten mit mehreren, meist vier Geißeln in einer Gruppe. Vielfach in der Nähe der Geißelinsertion und des Kerns ein massiger Körper, der Parabasalapparat. Ernährung tierisch, saprophytisch oder parasitisch.

Fam. *Tetramitidae*. Mit einem Kern und einer Geißelgruppe, eine Geißel kann durch eine undulierende Membran vertreten sein. *Tetramitus rostratus* PERTY. In faulendem Wasser. *Costia necatrix* HENNEG. Mit tiefer Grube, in der vier Geißeln entspringen. An der Haut verschiedener Süßwasserfische. Europa. *Trichomonas vaginalis* DONNÉ. Mit drei Geißeln und undulierender Membran. Parasit im katarrhalischen Schleim der Vagina des Menschen. *Tr. intestinalis* LEUCK. Im Dünndarm des Menschen. *Tr. batrachorum* PERTY. In der Cloake von Fröschen (Abb. 326).

Fam. *Distomatidae*. Mit zwei Kernen und zwei Gruppen von je vier Geißeln. *Octomitus intestinalis* DUJ. Mit sechs vorderen Geißeln und zwei Schleppgeißeln. Im Darm von Amphibien und Fischen. *Giardia* (*Lamblia*) *intestinalis* LAMBL (*Megastoma entericum* GRASSI). Mit Sauggrube. Im Dünndarm des Menschen und von Säugetieren. Weit verbreitet (Abb. 327).

Fam. *Calonymphidae*. Mit zahlreichen Kernen und Geißelgruppen von je vier Geißeln. *Calonympha grassii* A. FOÀ. Im Enddarm von *Calotermes grassii*. Chile (Abb. 329).

Vielleicht lassen sich hier nach KOFOID und DODDS die früher zu den Ciliaten gestellten *Opalinidae*[1] anreihen. Körper an der ganzen Oberfläche gleichmäßig bewimpert, bei

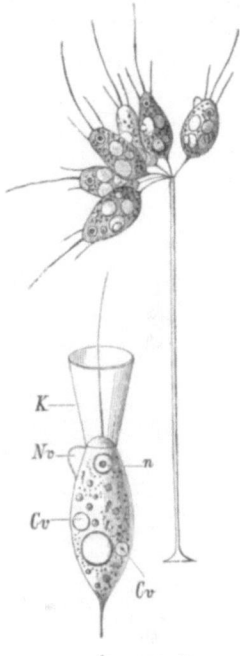

Abb. 325. *Codonosiga botrytis*. (Nach BÜTSCHLI.) a Kolonie. b ein Individuum. 1300/1 *K* Kragen, *n* Nucleus, *Cv* contractile Vacuolen, *Nv* Nahrung aufnehmendes Pseudopodium.

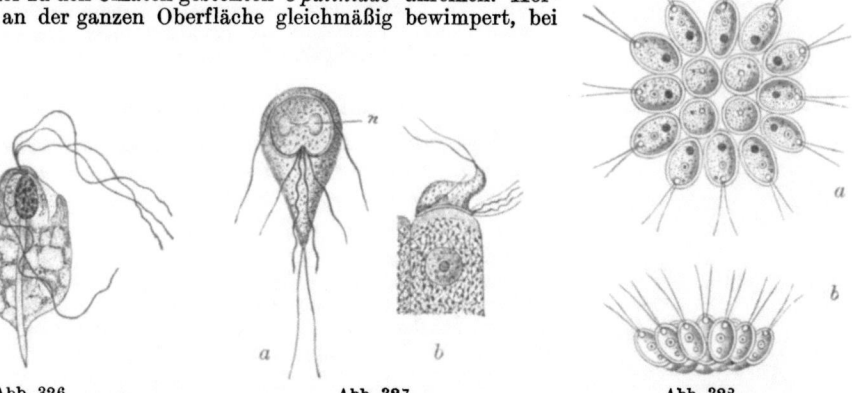

Abb. 326.   Abb. 327.   Abb. 328.

Abb. 326. *Trichomonas batrachorum*. (Nach DOBELL.) In der Mitte des Körpers der Achsenstab (Axostyl). 1200/1

Abb. 327. a *Giardia* (*Lamblia*) *intestinalis* von der Ventralseite gesehen, *n* Kern. 1200/1 — b einer Epithelzelle des Darmes ansitzend, Lateralansicht. (Nach GRASSI und SCHEWIAKOFF.) 720/1

Abb. 328. *Gonium pectorale*. (Nach STEIN.) a Kolonie von oben. b von der Seite gesehen. Etwa 180/1

---

[1] NERESHEIMER, E.: Die Fortpflanzung der Opalinen. Arch. Protistenkde, Suppl. **1** (1907). — METCALF, M.: *Opalina*. Ebenda **13** (1909). — SCHUSTER, F.: Entwicklung der Opalinen (tschech.) Prag 1912. — KOFOID, CH. u. M. DODDS: Relationships of the *Opalininae*. Anat. Rec. **41** (1928).

manchen Arten am Hinterende unbewimpert, ohne Mund und After. Entoparasiten. *Opalina ranarum* PURK. et VAL. (Abb. 330). Mit zahlreichen Kernen, ohne pulsierende Vacuole. Im Enddarm der Frösche und Kröten.

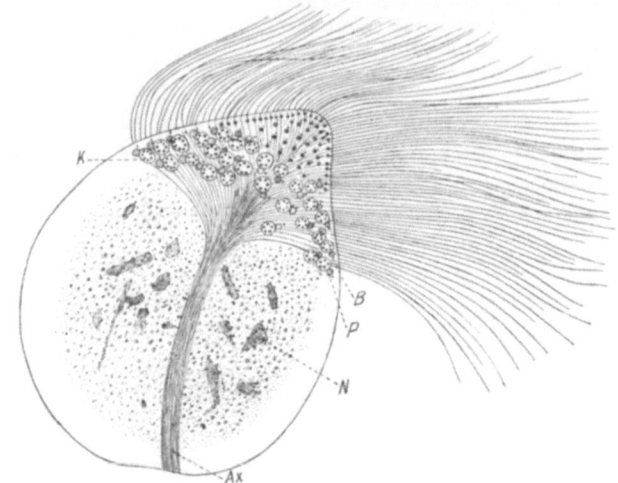

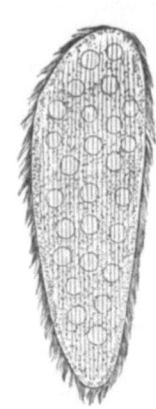

Abb. 329. *Calonympha grassii*. (Nach JANICKI u. KÜHN.) 1000/1. *Ax* Achsenbündel, *B* Basalkörper, *K* Kerne, *N* Nahrungskörper, *P* Parabasalkörper. Am Scheitel mehrere Kränze sog. Akaryomastigonten (Organellengruppen ohne Kern).

Abb. 330. *Opalina ranarum*. (Nach W. ENGELMANN.) 70/1

3. Ordnung. Hypermastigina.

Flagellaten mit sehr zahlreichen Geißeln und nur einem Kern. Meist mit kompliziertem Parabasalapparat. Sind Darmkommensalen oder Symbionten.

Fam. Trichonymphidae. Mit den Charakteren der Ordnung. *Lophomonas blattarum* F. ST. Mit vorderem Geißelschopf. Kommensal im Enddarm der Küchenschabe. Europa (Abb. 331.) *Trichonympha agilis* LEIDY. Mit zahlreichen an Längsrippen angeordneten langen Geißeln des Vorderkörpers. Symbiont im Enddarm von *Leucotermes flavipes* und *L. lucifugus*. Nordamerika, Italien.

4. Ordnung. Euglenoidina.

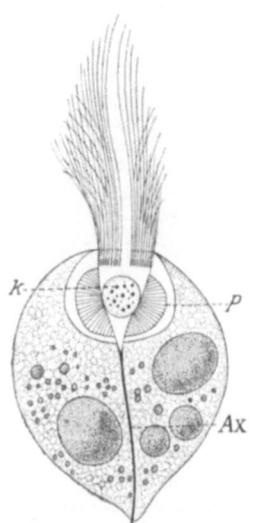

Meist größere Flagellaten mit starker, oft gestreifter Pellicula. Eine bis zwei Geißeln entspringen am Vorderende in einer grubenförmigen Vertiefung. In der Regel mit pflanzlicher Ernährung.

Fam. Euglenidae. Mit grünen Chromatophoren und Stigma. *Euglena viridis* EHRBG. (Abb. 323). *Phacus longicaudus* EHRBG. *Peranema trichophorum* EHRBG. Geißel steif, wird nur an der Spitze geschwungen. Im Süßwasser. Hier schließt sich die saprophytische *Astasia* DUJ. an.

5. Ordnung. Chromomonadina.

Abb. 331. *Lophomonas blattarum*. (Nach JANICKI.) Etwa 2400/1. *Ax* Achsenstab, *K* Kern, *P* Parabasalapparat.

Flagellaten mit zarter Pellicula, mit einer oder zwei Geißeln am Vorderende. Meist mit gelben bis braunen Chromatophoren. Meist mit pflanzlicher Ernährung.

Fam. Chrysomonadidae. *Dinobryon sertularia* EHRBG. Mit längerer Hauptgeißel und kurzer Nebengeißel. Freischwimmende, buschförmige Kolonien Gehäuse tragender Formen. Im Süßwasser. *Heterochromulina* (*Oicomonas*) *termo* EHRBG. Ohne Chromatophoren, mit tierischer Ernährung. In Sumpfwasser (Abb. 332).

Fam. *Coccolithophoridae*. Mit Schalen aus scheibenförmigen Kalkplättchen, sogenannten Coccolithen. Sind planktonische Meeresbewohner. *Pontosphaera huxleyi* LOHM. *Coccolithophora leptopora* MURR. et BLACKM. Atlantischer Ozean. Mittelmeer.

Fam. *Silicoflagellidae*. Mit einer Geißel und zahlreichen Chromatophoren. Mit Gehäuse aus hohlen Kieselstäben. *Dictyocha navicula* EHRBG. Nordsee, Mittelmeer.

Fam. *Cryptomonadidae*. Mit Mundfurche, in der zwei ungleich lange Geißeln entspringen. *Chrysidella* PASCHER. In unbeweglichem Zustande entozoisch als Zooxanthellen in Foraminiferen, Radiolarien, Actinien. *Cryptomonas ovata* EHRBG. Im Süßwasser. Hier reiht sich an *Chilomonas paramaecium* EHRBG. Saprophyt, mit langem Schlund. In Sumpfwasser.

6. Ordnung. Phytomonadina.

Flagellaten mit meist zwei gleichen Geißeln, mit zum Teil vom Plasmakörper abstehender Hülle. Meist mit einem lebhaft grünen Chromatophor. Ernährung pflanzlich.

Abb. 332. *Heterochromulina* (*Oicomonas*) *termo*. (Nach BÜTSCHLI.) 700/1 *n* Nucleus, *Cv* contraktile Vacuole, *Nv* Nahrung aufnehmender amöboider Fortsatz mit Nahrungsvacuole.

Fam. *Chlamydomonadidae*. Nicht koloniebildende Formen. *Carteria* DIES. Mit vier Geißeln. Im geißellosen Zustande als Zoochlorellen symbiotisch in *Convoluta roscoffensis*. *Chlamydomonas pulvisculus* EHRBG. Mit zwei Geißeln. Bewirkt oft Grünfärbung des Wassers in Pfützen. *Haematococcus pluvialis* A. BRN. Ursache der Rotfärbung von Tümpeln, auch des Schnees.

Fam. *Volvocidae*. Kolonien durch gemeinsame Hülle vereinigter Individuen. *Gonium pectorale* EHRBG. Kolonie tafelförmig (Abb. 328). *Pandorina morum* EHRBG. *Eudorina elegans* EHRBG. Kolonie kugelförmig. *Volvox* EHRBG. Große, hohle, kugelige Kolonien, aus sehr zahlreichen Individuen bestehend, die durch Plasmafäden miteinander verbunden und in eine gallertige Hülle eingeschlossen sind. Nur bestimmte Zellindividuen dienen der Fortpflanzung. *V. globator* EHRBG. *V. aureus* EHRBG. (*minor* F. ST.) (Abb. 81). Alle im Süßwasser.

7. Ordnung. Dinoflagellata.

Flagellaten mit zwei nebeneinander entspringenden Geißeln, von denen die eine nach hinten gerichtet (Schleppgeißel), die andere horizontal schwingt. Geißeln meist in Geißelfurchen gelegen. In der Regel mit pflanzlicher Ernährung.

Die Dinoflagellaten erweisen sich durch den Besitz eines den meisten Formen zukommenden Cellulosepanzers sowie durch den Besitz von Chromatophoren als pflanzliche Organismen. Wenige nehmen auch feste Nahrung auf. Manche marine Arten besitzen Leuchtvermögen.

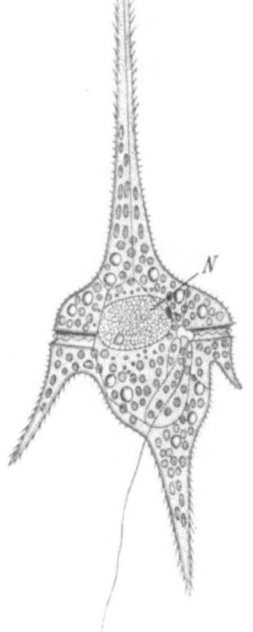

Abb. 334. *Ceratium hirundinella*. (Nach LAUTERBORN.) *N* Nucleus. 370/1

Fam. *Gymnodiniidae*. Körper nackt oder mit dünner Cellulosemembran. *Gymnodinium fuscum* EHRBG. Ohne Membran. Süßwasser. *G. pulvisculus* G. POUCH. Mittels Pseudopodien befestigt. Ectoparasitisch an Salpen und anderen pelagischen Tieren. Hier läßt sich *Haplozoon* DOGIEL anreihen. Endoparasitisch im Darm sedentärer Polychäten mit einem Stilett und Pseudopodien befestigt. Erzeugt durch seriale Teilung zahlreiche Individuen, die mit dem Befestigungsindividuum eine Zeit verbunden bleiben. Murmanküste, Norwegen. *Erythropsis agilis* R. HERTW. Mit großem Stigma und langem Tentakel. Sorrent, Croisic. *Polykrikos*

Abb. 333. *Glenodinium cinctum*. (Nach BÜTSCHLI.) *g* Längsfurchengeißel, *fg* Querfurchengeißel, *N* Nucleus, *Oe* Stigma, *chr* Chromatophoren. 600/1

schwartzi Bütsch. Durch unvollkommene Querteilung koloniale Form mit mehrfach wiederholten Furchen und Geißeln. Mit Nesselkapseln. Atlantischer Ozean, Mittelmeer. *Glenodinium cinctum* Ehrbg. (Abb. 333). Mit glatter Hülle. Im Süßwasser. Hier schließt sich an *Pyrocystis* Murr. Marin.

Fam. *Peridiniidae*. Mit aus Platten zusammengesetztem Panzer. *Peridinium divergens* Ehrbg. Marin. *Ceratium hirundinella* Müll. Mit hornförmigen Fortsätzen. Im Süßwasser (Abb. 334). *C. tripos* Müll. Marin.

8. Ordnung. Cystoflagellata.

Marine Flagellaten von gallertigem, mit einer Membran umschlossenem Körper, mit einer oder zwei Geißeln. Mit tierischer Ernährung.

Von den in diese Ordnung gestellten Formen schließt sich *Noctiluca* an die Dinoflagellaten an.

Noctiluca miliaris Surir. (Abb. 335) besitzt einen pfirsichförmigen, bis 1 mm großen Leib, welcher einen quergestreiften Tentakel (sogenannte Bandgeißel) trägt. An seiner Basis findet sich eine rinnenförmige Einbuchtung mit der spaltförmigen Mundöffnung, nebst zahnartigem Vorsprung und zarter Geißel. Unter der Mundeinsenkung liegt eine den Kern umschließende, reichlichere Protoplasmamasse, von welcher gegen die Peripherie Protoplasmastränge zwischen einer

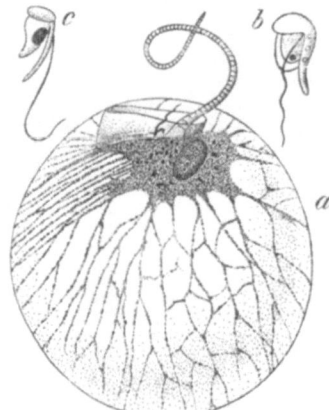
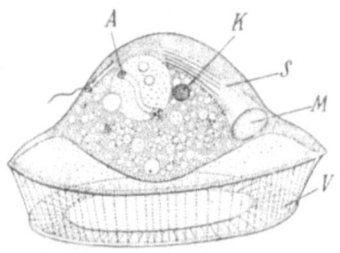

Abb. 335. *Noctiluca miliaris.* a Vollausgebildetes Tier. b, c Schwärmer. (Aus Doflein.)

Abb. 336. *Craspedotella pileolus.* (Nach Kofoid und Kühn.) Etwa 150/1. *A* Afteröffnung, *K* Kern, *M* Mundöffnung, *S* Schlund, *V* Velum.

gallertigen Zwischensubstanz bis zur Körpermembran (Pellicula) verlaufen und dort netzartig verbunden sind. Ein verdickter, in einem Meridian verlaufender Teil der Pellicula bildet das sogenannte Staborgan. Als Nahrung werden tierische und pflanzliche Organismen, oft von bedeutender Größe (kleine Crustaceen) aufgenommen. Die Fortpflanzung erfolgt durch Längsteilung. Eine zweite Vermehrungsart geschieht in entdifferenziertem Zustande durch Knospung dinoflagellatenähnlicher Schwärmer (Abb. 335 b, c), die vielleicht die Gameten sind. Die Noctiluken verdanken ihren Namen dem Leuchtvermögen. Sie erscheinen zuweilen an der Oberfläche des Meeres in ungeheurer Menge, so daß die Meeresoberfläche auf weite Strecken hin des Nachts die prachtvolle Erscheinung des Meeresleuchtens bietet. Weit verbreitet.

Leptodiscus medusoides R. Hertw. Der uhrglasförmige Körper bewegt sich wie eine Qualle schwimmend. 1—1,5 mm im Durchmesser. Mittelmeer. *Craspedotella pileolus* Kofoid. Von Gestalt einer Hydroidmeduse. Pazifischer Ozean (Abb. 336).

II. Klasse. Rhizopoda. Wurzelfüßer.

Ein- oder mehrkernige Protozoen, die sich mittels Pseudopodien bewegen und die Nahrung aufnehmen, häufig mit Gehäuse oder einem Skeletgerüst.

Der Cytoplasmakörper dieser Tiere (Abb. 337) ist entweder gleichartig oder läßt eine peripherische zähere und hellere Ectoplasmaschicht von einem zentralen körnigen Entoplasma unterscheiden. Die Bewegung und Nahrungsaufnahme erfolgt mittels vorstreckbarer und einziehbarer Fortsätze, der Pseudopodien oder Scheinfüßchen, die bei leicht flüssiger Beschaffenheit des Plasmas

lappig (Lobopodien) sind, wogegen spitze Pseudopodien (Filopodien) auf ein
zäheres Cytoplasma schließen lassen. Es gibt ferner fadenförmige Pseudopodien,
welche die Neigung zur Netzbildung zeigen (reticulose Pseudopodien); bei diesen
besteht ein festerer Achsenteil und eine flüssigere Rinde, in der Körnchenströmung
zu beobachten ist (Axopodien, *Foraminiferen, Heliozoen, Radiolarien*) (Abb. 338).

Eine pulsierende Vacuole kommt den Süßwasserformen zu. Hervorzuheben
ist das zeitweilige Auftreten von Gasvacuolen (so bei *Amoeba, Arcella*), welche
diesen Tieren als Schwimmblasen dienen.

In der Jugend sind alle Rhizopoden einkernig, später entwickelt sich oft
Vielkernigkeit.

Skeletbildungen treten vielfach in Form eines Gehäuses auf, zu welchem noch
ein aus Strontiumsulfat oder Kieselsubstanz gebildetes Skeletgerüst hinzutreten
kann (*Radiolaria*).

Die Vermehrung erfolgt
durch Teilung oder Knospung

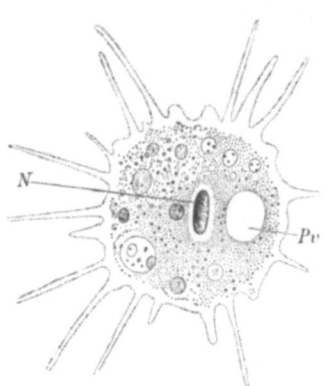
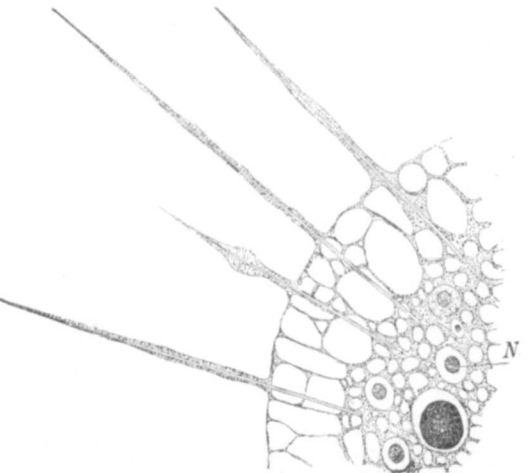

Abb. 337. *Amoeba (Dactylosphaera) polypodia*. (Nach F. E. Schulze.) N Nucleus, Pv pulsierende Vacuole. $420/1$

Abb. 338. Optischer Durchschnitt durch ein Stück von *Actinosphaerium eichhorni*. (Nach Hertwig u. Lesser.) N Nuclei im Entoplasma, Ectoplasma großblasig. In der Mitte der Pseudopodien (Axopodien) der Achsenfaden.

oder Zerfallsteilung im vollständig differenzierten oder auch im entdifferenzierten Zustand. Die Teilsprößlinge erlangen häufig die Form von Geißelschwärmern, sind dann länglich gestreckt und am Vorderende mit einer oder zwei Geißeln
ausgestattet. Die Geißelschwärmer treten im Entwicklungskreise aller Rhizopoden unter bestimmten Bedingungen auf und weisen auf nahe Verwandtschaft
mit den Flagellaten hin. Copulation erfolgt sowohl im Zustande der Schwärmer
als auch der amöboiden Zustände. Bei manchen Formen ergibt sich aus dem
Wechsel von Vermehrungszuständen mit und ohne vorhergehende Copulation
ein Generationswechsel, bei dem beiderlei Generationen verschieden gestaltet
sein können.

1. Ordnung. **Amoebozoa**[1].

*Nackte oder beschalte monaxone Rhizopoden, die sich entweder durch Hinfließen
ihres Cytoplasmaleibes oder durch Pseudopodien bewegen, mit oder ohne pulsierende
Vacuole.*

---

[1] Außer d'Orbigny, Ehrenberg, Dujardin, Williamson, Greeff, Carter, Hertwig
u. Lesser, Bütschli, Schewiakoff, Goette, vgl. Max Schultze: Über den Organismus der Polythalamien. Leipzig 1854. — Carpenter: Introduction to the Study of
the Foraminifera. London 1862. — Reuss: Entwurf einer systematischen Zusammen-

Das Cytoplasma, aus dem sich der Körper dieser Tiere aufbaut, läßt entweder ein zäheres homogenes Ectoplasma von einem flüssigeren, körnchenreicheren Entoplasma unterscheiden, oder es ist keine solche Sonderung nachweisbar. Die Bewegung erfolgt bei manchen Formen auf die Weise, daß ihr

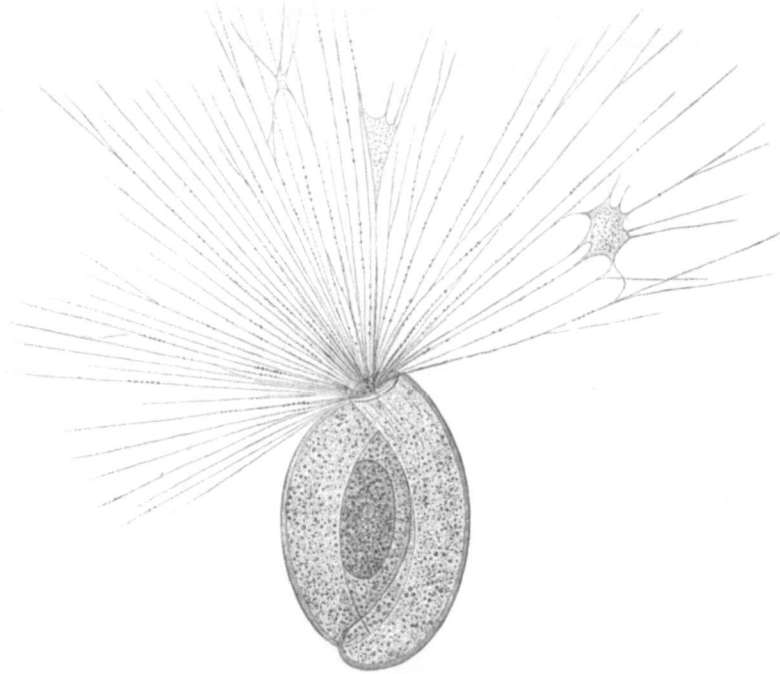

Abb. 339. *Miliolide* (*Miliola tenera* M. SCHULTZE) mit Pseudopodiennetzen. (Nach M. SCHULTZE.) $^{72}/_1$

stellung der Foraminiferen. Wien 1861. — SCHULZE, FR. E.: Rhizopodenstudien. Arch. mikrosk. Anat. **1874—1877**. — ARCHER, W.: Résumé of recent contributions to our knowledge of „Freshwater Rhizopoda". Quart. J. microsc. Sci. **1877**. — LEIDY, J.: Freshwater Rhizopods of North-America. Rep. Geolog. Survey **12**. Washington 1879. — GRUBER, A.: Studien über Amöben. Z. Zool. **41** (1884). — BRADY, H.: Report on the Foraminifera. Challenger Report. Zoology **9** (1884). — NEUMAYR, M.: Die natürlichen Verwandtschaftsverhältnisse der schalentragenden Foraminiferen. Sitzgsber. Akad. Wiss. Wien, Math.-naturwiss. Kl. **1887**. — SCHEWIAKOFF, W.: Über die karyokinetische Kernteilung der *Euglypha alveolata*. Morph. Jb. **13** (1888). — LISTER, J.: Contributions to the life-history of the Foraminifera. Philosoph. Trans. roy. Soc. London **1895**. — SCHAUDINN, FR.: Über den Dimorphismus der Foraminiferen. Sitzgsber. Ges. naturforsch. Freunde Berl. **1895**. — Untersuchungen über den Generationswechsel von *Trichosphaerium sieboldi* SCHN. Abh. preuß. Akad. Wiss., Physik. math. Kl. Berlin 1899. — SCHARDINGER, FR.: Entwicklungskreis einer *Amoeba lobosa* (*Gymnamoeba*): *Amoeba Gruberi*. Sitzgsber. Akad. Wiss. Wien, Math.-naturwiss. Kl. **1899**. — HERTWIG, R.: Über Encystierung und Kernvermehrung bei *Arcella vulgaris*. Festschr. für KUPFFER. Jena 1899. — CHAPMAN, F.: The Foraminifera. London 1902. — CASH, J. a. J. HOPKINSON: The British Freshwater Rhizopoda and Heliozoa. Rhizopoda, 2 vols. London 1905, 1910. — SCHULZE, F. E.: Die Xenophyophoren, eine besondere Gruppe der Rhizopoden. Wiss. Erg. dtsch. Tiefsee-Exp. **11** (1905). — WINTER, F. W.: Zur Kenntnis der Thalamophoren. Arch. Protistenkde **10** (1907). — DOFLEIN, F.: Studien zur Naturgeschichte der Protozoen. Ebenda, Suppl. **1** (1907). — Zell- und Protoplasmastudien. II. Zool. Jb. **39** (1916). — SWARCZEWSKY, B.: Über die Fortpflanzungserscheinungen bei *Arcella vulgaris* EHRBG. Arch. Protistenkde **12** (1908). — RHUMBLER, L.: Die Foraminiferen (Thalomophoren) der Plankton-Expedition usw., 2 Teile. Erg. Plankt.-Exp. 1911/1913. — SCHEPOTIEFF, A.: Untersuchungen über niedere Organismen. Zool. Jb. **32** (1911). — JANICKI, C.: Paramöbenstudien. Z. Zool. **103** (1912). — CUSHMAN, J. A.: Foraminifera, their classification and economic use. Sharon 1927.

ganzer Körper hinfließt; in allen übrigen Fällen werden Pseudopodien entweder allseitig oder von einer beschränkten Stelle entsendet. Bei festsitzenden und schwebenden Formen dienen die Pseudopodien bloß der Nahrungsaufnahme. Die Pseudopodien sind häufig fingerförmig, lappig und unverästelt, seltener spitz und verästelt, in vielen Fällen feinfädig und mit ihren Verästelungen zu einem Netzwerk anastomosierend (Abb. 339). Pulsierende Vakuolen finden sich nur bei den Süßwasserformen. Der Kern ist in einfacher oder in größerer Zahl vorhanden. Im Cytoplasma wurde bei *Arcella, Euglypha, Difflugia, Polystomella* u. a. ein sogenanntes Chromidialnetz beobachtet, eine mantelförmig um den Kern gelagerte oder netzartig das Cytoplasma durchsetzende, mit manchen Farbstoffen wie Kernsubstanz sich färbende Masse, die aber nicht vom Kern abzuleiten ist.

Viele Amoebozoen sind nackt, die größere Zahl ist mit einer Schale versehen. Die Schale ist gewöhnlich monaxon, sie ist entweder einkammerig (monothalam) oder aus vielen, nach bestimmten Gesetzen aneinandergereihten Kammern zusammengesetzt (polythalam), deren Räume durch feinere Gänge oder größere Öffnungen der Scheidewände untereinander kommunizieren. Die Schale besitzt entweder nur eine größere Öffnung, durch welche die Pseudopodien hervortreten, während die übrigen Wandteile undurchbohrt (imperforat) sind, oder es sind außer der Hauptöffnung noch zahlreiche Poren vorhanden (perforat). Die Schalensubstanz besteht aus einer chitinösen organischen Substanz, welche verkalkt sein kann oder auch Sandteilchen aufnimmt (sandschalige Formen). Seltener ist die Schale kieselig. Kalkschalen kommen nur Meeresformen zu; die imperforaten Kalkschalen besitzen in der Regel porzellanartiges Aussehen, während die perforaten gewöhnlich glasartig durchsichtig sind. Bei vielen perforaten Formen ist der ursprünglichen Kalkschale eine kalkige sekundäre Schalenmasse aufgelagert, die von einem besonderen (extrathalamen) Kanalsystem durchzogen wird (*Rotalia, Polystomella, Nummulites*) (Abb. 340). Bei zahlreichen polythalamen Formen ist Dimorphismus der Schale beobachtet (Abb. 341).

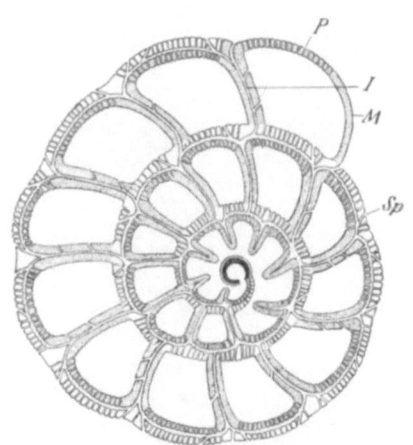

Abb. 340. Schematischer Schnitt durch die Schale von *Rotalia beccarii*. (Nach KÜHN.) $^{68}/_1$. Schale mit extrathalamem Kanalsystem. Anfangskammer schwarz, sekundäre Schale weiß. *M* Mündungswand, *P* Poren der primären, *Sp* der sekundären Schale. *I* Interseptallücken des extrathalamen Kanalsystems.

Die Fortpflanzung erfolgt durch Teilung, Knospung oder Zerfallsteilung. Bei den Gehäuse tragenden Formen des Süßwassers tritt (bei *Euglypha* nach vorausgegangener Neubildung der Schalenplättchen im Innern des Tieres) ein Teil des Cytoplasmas aus der Schale hervor und bildet sodann eine Schale, ehe es sich vom Muttertier trennt. Bei manchen marinen Formen (*Ammodiscus, Peneroplis* u. a.) findet frühzeitige Ausbildung der Schale schon vor Austritt der Jungen aus der mütterlichen Schale statt. Im anderen Falle (*Calcituba, Arcella* u. a.) treten die Teilsprößlinge als nackte amöbenartige Formen aus, um erst dann die Schale zu bilden. Auch das Auftreten von mit einer oder zwei Geißeln ausgestatteten Schwärmsprößlingen wurde beobachtet. Bei Foraminiferen findet sich ein mit Dimorphismus verbundener Generationswechsel, in welchem eine microsphärische Generation (mit kleiner Anfangskammer) mit einer macrosphärischen Generation (mit großer Anfangskammer) alterniert (Abb. 341).

Erstere geht aus einer Zygote hervor und produziert in der Regel kleine amöbenartige Junge, letztere entsteht aus einem amöbenförmigen Sprößling und erzeugt meist Geißelschwärmer, die copulieren (Abb. 341). Ein solcher Generationswechsel verbunden mit Dimorphismus wurde auch bei *Trichosphaerium* u. a. beobachtet. Encystierung kommt bei Süßwasserformen verbreitet vor; mit ihr ist zuweilen ein Vermehrungsprozeß verbunden.

Die Amöbozoen leben im Wasser oder in feuchter Erde, wenige parasitisch. Trotz der geringen Größe beanspruchen die Schalen der marinen, als *Foraminiferen* bezeichneten Formen eine nicht geringe Bedeutung, indem sie einesteils im Meeressande in ungeheurer Menge angehäuft liegen, anderenteils als Fossilien namentlich in der Kreide und in Tertiärbildungen gefunden werden und ein wesentliches Material zu dem Aufbau der Gesteine geliefert haben. Die auffallendsten, durch ihre bedeutende Größe hervorragenden Formen sind die *Nummuliten* in der mächtigen Formation des sogenannten Nummulitenkalkes.

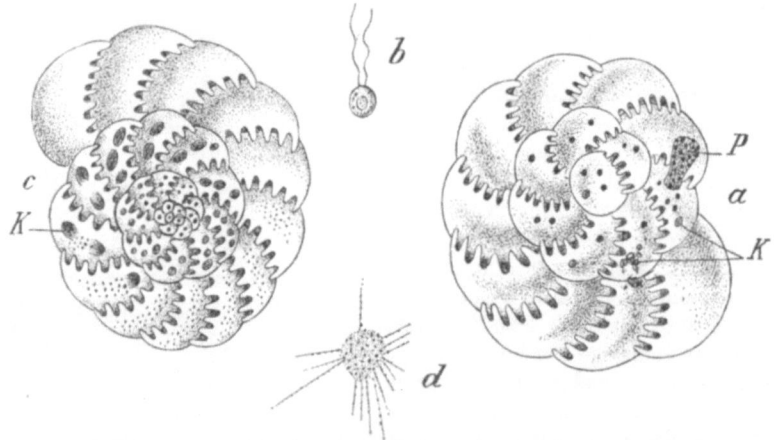

Abb. 341. Generationswechsel von *Polystomella crispa*. (Nach Figuren von SCHAUDINN aus LANGS Lehrbuch.) a Macrosphärisches Individuum, b Schwärmer aus demselben, c aus dem Schwärmer hervorgegangenes microsphärisches Individuum, d amöbenartiger Sprößling des letzteren. *P* Prinzipalkern, *K* kleine Kerne.

Ein Grobkalk des Pariser Beckens, welcher als vortrefflicher Baustein benutzt wird, enthält die *Triloculina trigonula* (Miliolitenkalk). Foraminiferen finden sich schon im Cambrium.

Die meisten Amöbozoen bewegen sich kriechend auf dem Grunde oder an Pflanzen. Indessen werden Globigerinen und Orbulinen auch planktonisch angetroffen, deren Schalen nach dem Absterben der Tiere sich in sehr bedeutenden Tiefen am Meeresboden stellenweise aufhäufen (sogenannter Globigerinenschlamm) und zu fortdauernden Ablagerungen führen.

1. Unterordnung. *Amoebea*. Amöbozoen ohne Schale oder beschalt. Pseudopodien lappig oder spitz. *Vahlkampfia bistadialis* PUSCHK. Im Süßwasser (Abb. 14 u. 18). *Amoeba proteus* PALL. (Abb. 1 c). In fauligem Süßwasser. *A. verrucosa* EHRBG., in feuchter Erde, *A.* (*Hyalodiscus*) *limax* DUJ., *A.* (*Dactylosphaera*) *polypodia* PALL. (Abb. 337). Süßwasser. *Entamoeba coli* LOESCH, kommensalisch im Dickdarm des Menschen. Weit verbreitet. *E. dysenteriae* COUNCILMAN et LAFLEUR (*tetragena* VIERECK, *histolytica* SCHAUD.), parasitisch im Dickdarm des Menschen. Ursache der Amöbenenteritis. In den Tropen und Subtropen weit verbreitet. *Pelomyxa palustris* GRFF., im Schlamme von Süßwässern. *Arcella vulgaris* EHRBG. Mit bräunlicher, hexagonal skulpturierter, flacher Schale (Abb. 342). *Difflugia oblonga* EHRBG., mit birnförmiger sandiger Schale (Abb. 344). *Centropyxis aculeata* EHRBG. Alle im Süßwasser. *Chlamydophrys enchelys* EHRBG. In den Faeces verschiedener Tiere

und des Menschen. *Euglypha alveolata* Duj., *E. globosa* Cart. Schale aus Kieselplättchen aufgebaut (Abb. 343). *Microgromia socialis* Arch. Mit chitinöser Schale; meist zu Kolonien vereinigt. Alle im Süßwasser. Hier läßt sich anschließen: *Trichosphaerium sieboldi* Schn. Mit von radiär stehenden Stäbchen besetzter gallertiger Hülle. Mittelmeer, Nordsee.

2. Unterordnung. *Foraminifera*. Fast durchweg beschalte Amöbozoen. Pseudopodien (Axopodien) fadenförmig, zur Netzbildung neigend.

1. Sektion. *Reticulosa nuda*. Ohne Schale. Vielleicht Entwicklungszustände beschalter Formen. *Protogenes porrectus* M. Schultze. Adria. *Rhizoplasma kaiseri* Verworen. Rotes Meer.

2. Sektion. *Astrorhizidea*. Monothalame Foraminiferen mit regellos verzweigtem, aus Sand

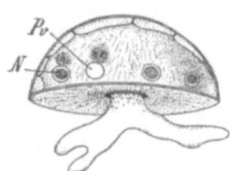
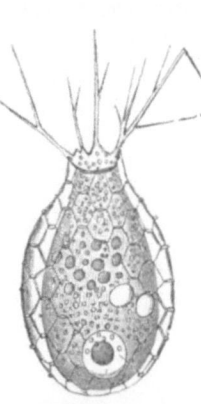

Abb. 342. *Arcella vulgaris*. (Nach Bütschli.) Etwa $^{250}/_1$. *N* Kern, *Pv* pulsierende Vacuole.

Abb. 343. *Euglypha globosa*. (Nach Hertwig u. Lesser.) $^{650}/_1$

Abb. 344. *Difflugia oblonga*. (Aus Carus.) Etwa $^{350}/_1$. *p* Pseudopodien, *n* Nucleus.

und Schlamm bestehendem offenem Gehäuse oder mit sternförmiger Kammer. Sind die ursprünglichsten beschalten Formen. *Placopsilina vesicularis* H. Brady, festgewachsen; *Rhabdammina abyssorum* Sars (Abb. 345 a), über alle Meere verbreitet. *Astrorhiza limicola* Sandahl. *Haliphysema tumanowiczi* Bwbk. Gehäuse keulenförmig, festgewachsen, großenteils aus Spongiennadeln bestehend. Nordatlant. Ozean.

Hier schließen sich vielleicht die der Tiefsee angehörigen *Xenophyophora* F. E. Sch. an. Es sind bis 7 cm große, scheibenförmige, klumpige, baumartig verzweigte oder fächerförmige Körper, die aus netzartig verbundenen oder dendritisch verzweigten Röhren ge-

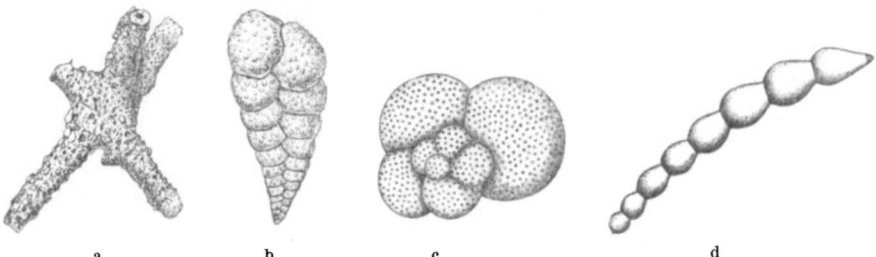

a b c d

Abb. 345. a *Rhabdammina abyssorum*. $^6/_1$, b *Textularia agglutinans*. $^{16}/_1$, c *Globigerina bulloides*. $^{36}/_1$, d *Nodosaria soluta*. $^6/_1$. (Nach Brady.)

bildet werden, zwischen denen sich ein Gerüst durch Kittmasse verbundener Fremdkörper findet. Die feineren Röhren sind von einem vielkernigen Plasma erfüllt.

3. Sektion. *Gromidea*. Gehäuse napfförmig und monothalam, imperforat, chitinös oder sandig. *Saccammina sphaerica* Sars. Schale sandig. Atlant. und Stiller Ozean. *Gromia oviformis* Duj. Schale chitinös. Mittelmeer.

4. Sektion. *Textularidea*. Schale aus zwei- oder mehrzeilig angeordneter Reihe von Kammern bestehend. Sandig oder kalkig, meist perforat. *Textularia agglutinans* Orb. (Abb. 345 b). Weit verbreitet. *Pavonina flabelliformis* Orb. Indischer Ozean.

5. Sektion. *Cornuspiridea*. Schale gewunden, selten einkammerig, meist vielkammerig; sandig oder kalkig porzellanartig, meist imperforat (Abb. 339). *Ammodiscus incertus* Orb. Schale einkammerig, sandig. Über alle Meere verbreitet. *Cornuspira foliacea* Phil. Schale monothalam, kalkig, imperforat. Weit verbreitet. *Spirillina vivipara* Ehrbg. Monothalam, perforat. *Spiroloculina* (*Miliola*) *planulata* Lm. *Triloculina trigonula* Lm. Weit verbreitet. Beide vielkammerig. *Peneroplis planatus* F. M. Vielkammerig. *Calcituba polymorpha* Ro-

BOZ, mit röhriger gekammerter Schale, festsitzend. Adria. *Orbitolites complanata* LM. Vielkammerig, mit Ausnahme der innersten alle Kammern kreisförmig geschlossen und durch Radialsepten untergeteilt. Weit verbreitet.

6. Sektion. *Nodosaria-Rotaliidea*. Mit einreihig gekammerter, gestreckter oder gewundener Schale. Sandig oder kalkig hyalin, meist perforat. *Nodosaria soluta* REUSS. Schale gestreckt (Abb. 345d). *Lagena marginata* WALKER u. BOYS. Hier trennen sich die neuen Kammern als selbständige monothalame Schalen ab. *Haplophragmium agglutinans* ORB. Schale sandig, gewunden. *Discorbina globularis* ORB. Schale kalkig (Abb. 346). *Globigerina bulloides* ORB. Pelagische Form. Schale mit kugelig aufgetriebenen Kammern, gewöhnlich mit Schwebestacheln besetzt, die leicht abfallen. Porenkanäle weit (Abb. 345c). *Orbulina* ORB. Die kugelige Endkammer umschließt die ältere Kammerreihe. *Rotalia beccarii* L.

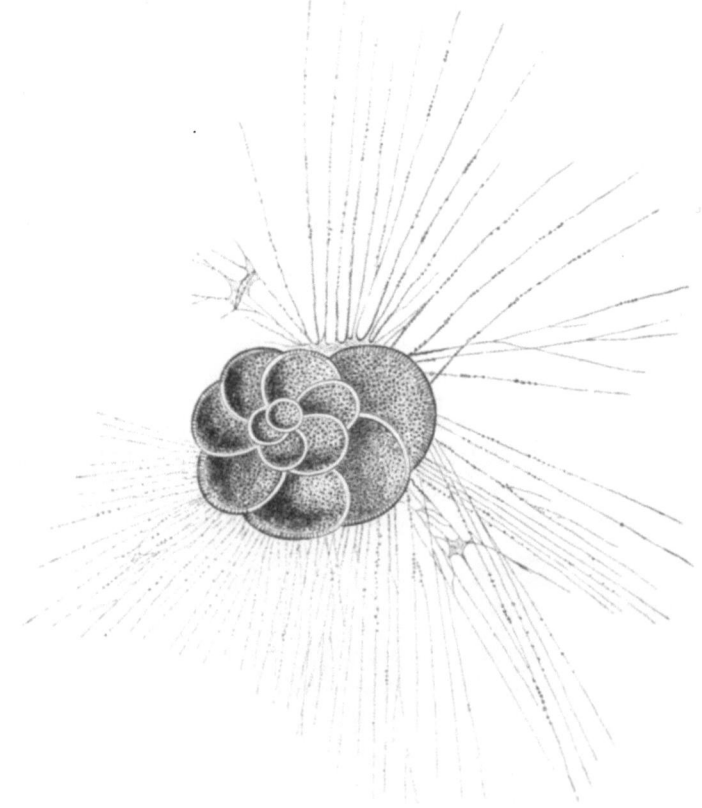

Abb. 346. *Discorbina* (*Rotalia veneta* M. SCHULTZE, nach M. SCHULTZE). 72/1

Mit sekundärer Schalensubstanz und extrathalamem Kanalsystem (Abb. 340). *Polytrema miniaceum* L. Festgewachsen, baumförmig. *Polystomella strigilata* F. M. *Nummulites cumingi* CRPT. Bei beiden die Schale symmetrisch spiral gewunden, mit sekundärer Schalensubstanz und hochentwickeltem extrathalamen Kanalsystem. Alle marin.

2. Ordnung. Heliozoa[1], Sonnentierchen.

Kugelige, vorwiegend schwebende Rhizopoden meist des süßen Wassers, meist mit pulsierender Vacuole, mit feinen, radiär ausstrahlenden Pseudopodien (Axopodien), einem oder mehreren Kernen, zuweilen mit radiärem Kieselskelet.

---

[1] CIENKOWSKY, L.: Über *Clathrulina*. Arch. mikrosk. Anat. **3** (1867). — GREEFF, R.: Über Radiolarien und radiolarienartige Rhizopoden des süßen Wassers. Ebenda **5** (1869);

Der meist in Ento- und Ectoplasma geschiedene vacuolisierte Plasmaleib entsendet nach allen Richtungen zähe strahlenförmige Pseudopodien (Abb. 347). Sie werden durch einen Achsenfaden gestützt (Axopodien) (Abb. 338) und sind mehr oder minder starr, nicht zu Netzbildungen befähigt; bei manchen Formen entspringen die Achsenfäden von einem Centralkorn. Der Körper ist entweder nackt oder von einer gallertigen Hülle umgeben. In anderen Fällen findet sich ein Skelet, das aus Kieselnadeln (*Acanthocystis*) oder einem gegitterten Gehäuse (*Clathrulina*) (Abb. 348) besteht und den Skeletbildungen der Radiolarien ähnelt, so daß man die Heliozoen als *Süßwasserradiolarien* bezeichnet hat; indessen fehlt die für die Radiolarien eigentümliche Centralkapsel. Kerne finden sich in ein-

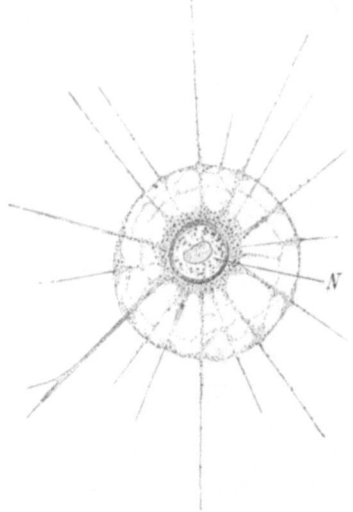
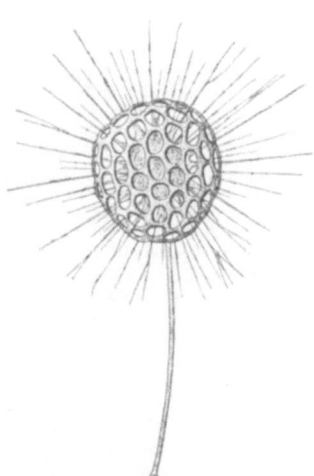

Abb. 347. Junges, noch einkerniges *Actinosphaerium eichhorni*. (Nach FR. E. SCHULZE.) $300/_1$. *N* Nucleus.

Abb. 348. *Clathrulina elegans*. (Nach GREEFF.) $175/_1$

facher oder mehrfacher Zahl im Entoplasma (Abb. 338). Pulsierende Vacuolen sind meist vorhanden.

Die Fortpflanzung erfolgt durch Teilung, zuweilen nach vorausgegangener Cystenbildung (*Actinosphaerium*) oder durch Knospung. Auch Vermehrung durch Geißeln tragende Schwärmer wurde nachgewiesen. Autogamie (Pädogamie) ist bei *Actinosphaerium* und *Actinophrys* (vgl. S. 56, Abb. 37) beobachtet. Nicht selten verschmelzen mehrere Individuen zu Kolonien.

Am besten lassen sich die Heliozoa in zwei Gruppen einteilen, die wahrscheinlich nicht monophyletischen Ursprungs sind (A. KÜHN).

1. Tribus. *Actinophrydia*. Achsenfäden der Axopodien im Plasma frei endigend oder auf dem Kern aufgesetzt. *Actinophrys sol* EHRBG. Mit nur einem Kern. Im Süßwasser und Meere. *Actinosphaerium eichhorni* EHRBG. Mit zahlreichen Kernen. Im Süßwasser. Weit verbreitet. *Clathrulina elegans* CIENK. Mit gegitterter gestielter Schale. Im Süßwasser.

---

11 (1875). — HERTWIG, R. u. LESSER: Über Rhizopoden und denselben nahestehende Organismen. Ebenda, Suppl. 10 (1874). — BRAUER, A.: Über die Encystierung von *Actinosphaerium Eichhorni* EHRBG. Z. Zool. 58 (1894). — SCHAUDINN, FR.: Heliozoa. Das Tierreich. Probeliefg 1896. — HERTWIG, R.: Über Kernteilung, Richtungskörperbildung und Befruchtung von *Actinosphaerium Eichhorni*. Abh. Akad. Münch. 1898. — BĚLAŘ, K.: Untersuchungen an *Actinophrys sol*. I, II. Arch. Protistenkde 46 (1922); 48 (1924). — Ferner ARCHER, FR. E. SCHULZE, STERN u. a.

Weit verbreitet (Abb. 348). *Camptonema nutans* SCHAUD. Mit zahlreichen Kernen, auf denen die Achsenfäden der Pseudopodien mit kappenförmigen Verbreiterungen aufsitzen. Puddefjord bei Bergen. Hier schließt sich vielleicht an *Sticholonche zanclea* R. HERTW. Mit membranartiger Umhüllung und Bündeln von divergierenden Stacheln. Mittelmeer.

2. Tribus. *Centrohelidia.* Achsenfäden der Axopodien von einem Centralkorn entspringend. *Dimorpha nutans* GRBR. Mit zwei Geißeln außer den Pseudopodien. Im Süßwasser. *Actinolophus pedunculatus* F. E. SCH. Gestielt, mit Gallerthülle. Marin. *Sphaerastrum fockei* GRFF. Mit dicker Gallerthülle. Oft Kolonien bildend. Im Süßwasser. *Acanthocystis turfacea* CART. Mit Kieselnadeln. Im Süßwasser. Europa, Nordamerika. *Raphidiophrys elegans* HERTW. LESSER. Mit Kieselnadeln. Kolonienbildend. Im Süßwasser. Weit verbreitet.

3. Ordnung. Radiolaria[1], Radiolarien.

Marine schwebende Rhizopoden in der Regel mit Centralkapsel und mit Strontiumsulfat- oder Kieselskelet, ohne pulsierende Vacuole.

Abb. 349. *Thalassophysa* (*Thalassicolla*) *pelagica* mit Zentralkapsel und Binnenblase (Kern), mit zahlreichen Vacuolen im extrakapsulären Cytoplasma. (Nach HAECKEL.) $20/1$

Der kugelige oder monaxon gestaltete Körper weist in der Regel eine häutige, von Poren durchsetzte Kapsel (*Centralkapsel*) auf, die den zentralen Teil des

---

[1] MÜLLER, JOH.: Über die Thalassicollen, Polycystinen und Acanthometren. Abh. preuß. Akad. Wiss., Physik.-math. Kl. Berlin 1858. — HAECKEL, E.: Die Radiolarien. Berlin 1862. — BÜTSCHLI, O.: Beitrag zur Kenntnis der Radiolarienskelete, insbesondere der Cyrtida. Z. Zool. **36** (1881). — HERTWIG, R.: Zur Histologie der Radiolarien. Leipzig 1876. — Der Organismus der Radiolarien. Jena 1879. — BRANDT, K.: Die koloniebildenden Radiolarien des Golfes von Neapel. Fauna u. Flora Golf Neapel **1885**. — HAECKEL, E.: Report on the Radiolaria collected by H. M. S. Challenger. London 1887. — BORGERT, A.: Untersuchungen über die Fortpflanzung der tripyleen Radiolarien. Zool. Jb. **14** (1900). — II. Teil Arch. Protistenkde **14** (1909). — Die tripyleen Radiolarien der Planktonexpedition. Erg. Plankton-Exped. **3** (1905—1913). — BRANDT, K.: Beiträge zur Kenntnis der Colliden. Arch. Protistenkde **1** (1902). — POPOFSKY, A.: Die *Acantharia* der Plankton-Expedition, 2 Teile. 1904, 1906. — HAECKER, V.: Tiefsee-Radiolarien. Wiss. Erg. dtsch. Tiefsee-Exped. **14** (1908). — HUTH, W.: Zur Entwicklungsgeschichte der Thalassicollen. Arch. Protistenkde **30** (1913). — SCHEWIAKOFF, W.: *Acantharia*. Fauna u. Flora Golf Neapel **37** (1926). — Ferner DREYER, KARAWAIEW, IMMERMANN, W. J. SCHMIDT u. a.

Cytoplasmas (*intrakapsuläre Sarcode*) mit Bläschen und Körnchen, ferner Fetttropfen und Ölkugeln, Eiweißkörper, seltener Krystalle, sowie einen großen Kern (Binnenblase) oder zahlreiche kleine Kerne umschließt (Abb. 349). Extrakapsulär findet sich ein Gallertmantel (*Calymma*), von der extrakapsulären Sarcode durchzogen, die an der Oberfläche nach allen Seiten in fadenförmige, von Achsenfäden gestützte Pseudopodien ausstrahlt; zuweilen trifft man Vacuolen (sogenannte Alveolen) in den extrakapsulären Protoplasmanetzen sowie gewöhnlich zahlreiche gelbe Zellen (symbiotisch lebende *Zooxanthellen*), manchmal auch Pigmenthaufen. Bei den *Acanthometriden* kann der Gallertmantel mittels feiner, rasch contractiler Fäden (Myoneme) im Umkreis der Stacheln ausgespannt werden (Abb. 350).

Die extrakapsuläre Sarcode steht durch Öffnungen der Centralkapselwand mit der intrakapsulären Sarcode in Verbindung. Die Wand der Centralkapsel ist entweder von sehr zahlreichen und feinen Poren im ganzen Umkreis durchsetzt (*Peripylaria*), oder es sind die Poren auf ein begrenztes Feld beschränkt (*Monopylaria*), oder endlich es bestehen in der Centralkapselwand nur wenige (meist drei) größere Öffnungen (*Tripylaria*). Bei den *Acantharia* ist die Centralkapsel eine dünnwandige Hülle ohne präformierte Öffnungen oder sie fehlt. Pulsierende Vacuolen fehlen.

Manche Radiolarien (*Sphaerozoen*, die Qualster) sind kolonienbildend. Bei ihnen liegen zahlreiche, durch Teilung sich vermehrende Centralkapseln in einer gemeinsamen Gallerte und sind durch die extrakapsuläre Sarcode untereinander verbunden.

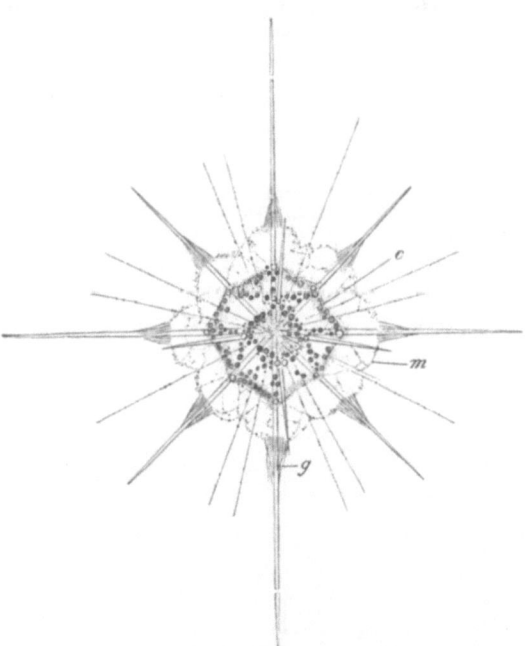

Abb. 350. *Acanthometron pellucidum*. (Nach R. HERTWIG.) 180/1. *c* Zentralkapsel, *m* extrakapsulärer Weichkörper, *g* kontraktile Fäden (sogenannte Gallertcilien).

Nur wenige Radiolarien bleiben ohne feste Einlagerungen, in der Regel enthält der Weichkörper ein aus soliden oder hohlen, mit Gallerte erfüllten Kieselnadeln oder aus Nadeln meist von Strontiumsulfat (*Acantharia*) aufgebautes Skelet, das entweder ganz außerhalb der Centralkapsel liegt oder in ihr Inneres hineinragt (Abb. 350). Im einfachsten Falle besteht das Skelet aus kleinen vereinzelten, einfachen oder gezackten Kieselnadeln, die um die Peripherie des Körpers ein feines Schwammwerk zusammensetzen; auf einer weiteren Stufe tritt eine Gitterschale mit radiären Kieselstacheln auf, die in gesetzmäßiger Zahl und Anordnung nach der Peripherie ausstrahlen (Abb. 351); zu diesen kann sich ein peripherisches Netzwerk hinzugesellen oder es können mehrere konzentrische Gitterkugeln vorhanden sein; in anderen Fällen finden sich monaxone einfache oder zusammengesetzte Gitternetze und durchbrochene Gehäuse von äußerst mannigfacher Gestalt (von Helmen, Vogelbauern usw.), auf deren Peripherie sich Spitzen erheben können (Abb. 352).

Die Fortpflanzung erfolgt durch Teilung im vegetativen Zustande, gewöhnlich jedoch durch Zerfallsteilung unter Hinterlassung eines Restkörpers, bei der aus dem Inhalt der Centralkapsel mit Geißeln ausgestattete Schwärmsprößlinge hervorgehen, welche durch Platzen der Centralkapsel frei werden. Die Schwärmer enthalten je ein sogenanntes Krystalloid im Innern und werden Isosporen oder Krystallschwärmer genannt. Außerdem wurden Microsporen und Macrosporen beobachtet, die wahrscheinlich eine Copulation eingehen. Aller Wahrscheinlichkeit nach besteht auch ein Generationswechsel zwischen durch Teilung oder Isosporen sich vermehrenden und Micro- und Macrosporen produzierenden Generationen. Bemerkenswert ist die Beobachtung eines besonderen Geschlechtskernes und eines Dauerkernes bei *Oroscena* (HAECKER).

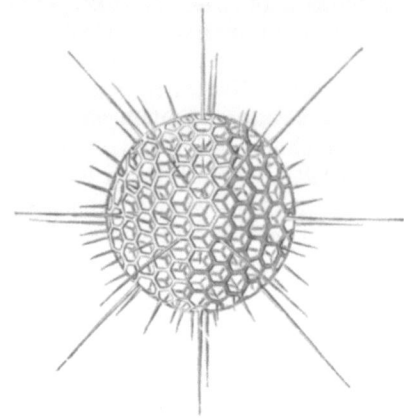

Abb. 351. Skelet von *Heliosphaera echinoides*. (Nach HAECKEL.) 260/1

Die Radiolarien sind Meeresbewohner und flottieren nahe der Oberfläche, vermögen aber auch in tiefere Schichten zu sinken, wie denn manche Formen (*Tripylaria*) in den größten Meerestiefen gefunden werden. Nur *Podactinelius* ist festsitzend.

Auch fossile Radiolarienreste sind in großer Zahl bekannt geworden, z. B. aus dem Kreidemergel und Polierschiefer von einzelnen Küstenpunkten des Mittelmeeres (Caltanissetta in Sizilien, Zante und Aegina in Griechenland), besonders aus Gesteinen von Barbados und den Nikobaren. Ebenso haben sich Ablagerungen aus sehr bedeutenden Meerestiefen reich an Radiolarienskeleten erwiesen (Radiolarienschlamm).

1. Unterordnung. *Acantharia*. Membran der Centralkapsel meist sehr zart und ohne präformierte Öffnungen oder fehlend. Skelet in der Regel aus 20 radialen Stacheln von Strontiumsulfat, die im Centrum des Körpers zusammenstoßen. *Acanthochiasma rubescens* KROHN. Ohne Centralkapsel. Atlant. Ozean, Mittelmeer. *Acanthometron pellucidum* J. MÜLL. (Ab-

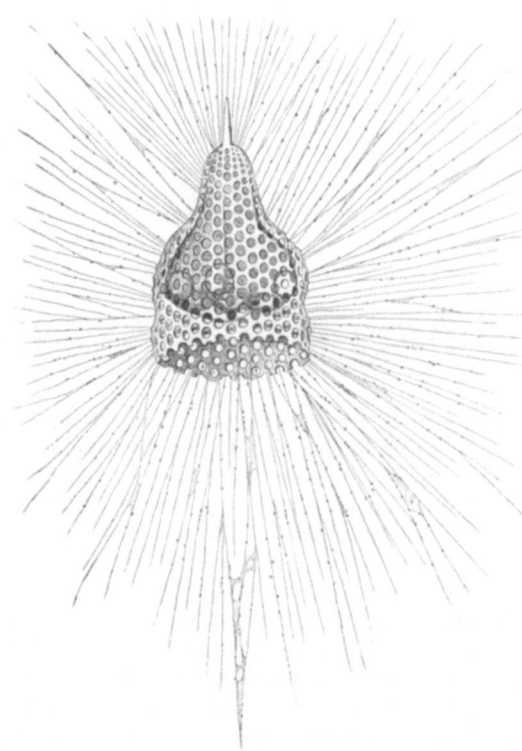

Abb. 352. *Theopilium* (*Eucyrtidium*) *cranoides*. (Nach HAECKEL.) 240/1

bild. 350). *Amphilonche elongata* J. MÜLL. *Dorataspis* (*Phractaspis*) *prototypus* H. Mit Gitterschale. *Diploconus fasces* H. Alle Kosmopolitisch. *Actinelius primordialis* H. Mit sehr zahlreichen Stacheln. Pazif. Ozean. *Podactinelius sessilis* OL. SCHR. Mittels Stieles festsitzend. Mit sehr zahlreichen Stacheln. Südpolarmeer.

2. Unterordnung. *Peripylaria* (*Spumellaria*). Membran der Centralkapsel allseitig von zahlreichen feinen Poren durchsetzt. Skelet fehlt oder besteht aus soliden Kieselnadeln oder wird durch Gitterkugeln oder ein spongiöses Netzwerk mit Stacheln gebildet. *Thalassophysa* (*Thalassicolla*) *pelagica* H. (Abb. 349), *Thalassicolla nucleata* HUXL. Beide ohne Skelet. Mittelmeer. *Oroscena* H. Tiefsee. Weit verbreitet. *Collozoum inerme* J. MÜLL. Koloniebildend, ohne Skelet. *Sphaerozoum punctatum* HUXL. Koloniebildend, Individuen mit Skelet aus losen Nadeln. *Collosphaera huxleyi* J. MÜLL. Koloniebildend, Individuen mit Gitterschale. *Heliosphaera actinota* H. Atlant. Ozean, Mittelmeer. *H. echinoides* H. Mittelmeer. Mit einer Gitterschale (Abb. 351). *Hexacontium* (*Actinomma*) *asteracanthion* H. Mit drei konzentrischen Gitterschalen. *Stylodictya arachnia* J. MÜLL. Skelet scheibenförmig. Kosmopolitisch.

3. Unterordnung. *Monopylaria* (*Nassellaria*). Centralkapsel monaxon, nur mit einem Porenfeld. Skelete meist helmförmige und käfigähnliche Gittergehäuse. *Theopilium* (*Eucyrtidium*) *cranoides* H. Mittelmeer (Abb. 352). *Lithocircus annularis* J. MÜLL. Skelet ein einfacher Kieselring. Kosmopolit. *Cystidium princeps* H. Skeletlos. Ind. Ozean.

4. Unterordnung. *Tripylaria* (*Phaeodaria*). Centralkapsel mit doppelter Membran, mit einer von Pigment (Phaeodium) umlagerten Hauptöffnung und meist zwei kleineren Nebenöffnungen. Skelet aus hohlen Kieselnadeln gebildet. *Aulacantha scolymantha* H. *Aulosphaera trigonopa* H. *Coelodendrum ramosissimum* H. Kosmopolit. *Challengeria naresi* MURR. Mit ovoider Schale. Kosmopolit. Tiefsee.

3. Klasse. Sporozoa[1].

Parasitische Protozoen, die flüssige Nahrung osmotisch aufnehmen und in deren Lebenscyclus eine Vermehrung durch meist mit fester Hülle umgebene Sprößlinge, sogenannte Sporen, auftritt.

Die als *Telosporidia* zusammengefaßten Sporozoen sind im erwachsenen Zustand (*Coccidiomorpha*) ruhende kugelige bis sphäroidische (*Coccidia*) oder amöboide

---

[1] Außer N. LIEBERKÜHN vgl. SCHNEIDER, AIMÉ: Contributions à l'histoire des Grégarines des invertebrés de Paris et de Roscoff. Archives de Zool. 4 (1875). — BALBIANI, G.: Leçons sur les sporozoaires. Paris 1884. — SCHEWIAKOFF, W.: Über die Ursache der fortschreitenden Bewegung der Gregarinen. Z. Zool. 58 (1894). — THÉLOHAN, P.: Recherches sur les Myxosporidies. Bull. Sci. France et Belg. 26 (1895). — v. WASIELEWSKI: Sporozoenkunde. Jena 1896. — LABBÉ, A.: Recherches zoologiques, cytologiques et biologiques sur les Coccidies. Archives de Zool. 1896. — Sporozoa. In: Tierreich, Liefg 5 (1899). — DOFLEIN, F.: Studien zur Naturgeschichte der Protozoen. III. Über Myxosporidien. Zool. Jb. 11 (1898). — SIEDLECKI, M.: Über die geschlechtliche Vermehrung der *Monocystis ascidiae*. Bull. Akad. Wiss. Krakau 1899. — SCHAUDINN, FR.: Untersuchungen über den Generationswechsel bei Coccidien. Zool. Jb. 13 (1900). — GRASSI, B.: Studi di uno zoologo sulla malaria. R. Accad. Lincei. Roma 1900. (Deutsche Ausgabe 1901.) — CUÉNOT, L.: Recherches sur l'évolution et la conjugaison des Grégarines. Archives de Biol. 17 (1901). — LÉGER, L.: La reproduction sexuée chez les *Stylorhynchus*. Arch. Protistenkde 3 (1904). — CAULLERY, M. et F. MESNIL: Recherches sur les Haplosporidies. Archives de Zool. 1905. — Recherches sur les Actinomyxidies. Arch. Protistenkde 6 (1905). — KEYSSELITZ, G.: Die Entwicklung von *Myxobolus pfeifferi* TH. Ebenda 11 (1908). — LÉGER L. et DUBOSQ, O.: Études sur la sexualité chez les Grégarines. Ebenda. 17 (1909). — HESSE, E.: Contribution à l'étude des Monocystidées des Oligochètes. Archives de Zool. 1909. — MERCIER, L.: Contribution à l'étude de la sexualité chez les Myxosporidies et chez les Microsporidies. Mém. Acad. Brüssel 1909. — AUERBACH, M.: Die Cnidosporidien. Leipzig 1910. — Studien über die Myxosporidien der norwegischen Seefische und ihre Verbreitung. Zool. Jb. 34 (1912). — SWARCZEWSKI, B.: Über den Lebenscyclus einiger Haplosporidien. Arch. Protistenkde 33 (1914). — GRANATA, L.: Ricerche sul ciclo evolutivo di *Haplosporidium limnodrili*. Ebenda 35 (1915). — ALEXEIEFF, A.: Recherches sur les Sarcosporidies. Archives de Zool. 1913. — KUDO, R.: Studies on *Myxosporidia*. A Synopsis of Genera and Species. Illinois biol. Monogr. 5 (1919). — SCHUURMANS STEKHOVEN, J. H.: Myxosporidienstudien. Arch. Protistenkde 41 (1920). — DEBAISIEUX, P.: Études sur les Microsporidies. La Cellule 30 (1919—1920). — NAVILLE, A.: Les Sporozoaires. Mém. Soc. de Phys. et d'hist. nat. Genf 41 (1931). — Ferner DANILEWSKY, KLOSS, EIMER, WOLTERS, SCHUBERG, PFEIFFER, LAVERAN, PROWAZEK, MOROFF, SCHRÖDER, BÜTSCHLI, BERLIN, STEMPELL u. a.

410 Protozoa, Urtiere.

(*Haemosporidia*) Protozoen, die intracellulare Schmarotzer sind. Das Cytoplasma zeigt keine Differenzierung in Ecto- und Entoplasma und enthält einen einfachen Kern (Abb. 354). Die in dieselbe Gruppe gehörigen *Gregarinida* dagegen haben einen wurmförmig gestreckten Körper, an dem sich Ecto- und Entoplasma unterscheiden lassen (Abb. 353); der Körper der höher entwickelten Formen (Abb. 355a) zeigt drei Teile: 1. den vergänglichen Epimerit, der, mit Borsten und Haken ausgestattet, zur Befestigung dient; 2. einen kurzen Protomerit; 3. den zu hinterst gelegenen Deutomerit mit dem stets einfachen Kern. Protomerit und Deutomerit sind durch eine ectoplasmatische Scheidewand getrennt. Nach außen ist der Körper der *Gregarinen* von einer Cuticula bekleidet, unter der eine subcuticulare Gallertschicht liegt. Nach innen folgt das Ectoplasma, das gegen das Entoplasma zu ringförmig verlaufende Muskelfibrillen (Myoneme) ausbildet, welche die Contractionen des Körpers bewirken. Die Locomotion der *Gregarinen* beschränkt sich auf ein langsames Fortgleiten; es wird verursacht durch die Abscheidung gallertiger Fäden nach hinten, wodurch das Tier langsam vorwärtsgeschoben wird. Das Entoplasma ist trübkörnelig und enthält Körner von Paraglykogen eingelagert. Die junge *Gregarine* ist häufig zunächst Zellparasit, tritt jedoch mit ihrer Größenzunahme aus der Zelle heraus. Formen mit Epimerit bleiben durch diesen an den Zellen befestigt, lösen sich aber schließlich ganz ab. Oft sind die *Gregarinen* in zwei- oder mehrfacher Zahl, zuweilen zu langen Ketten aneinandergeheftet.

Abb. 353. *Gonospora terebellae.* (Nach AIMÉ SCHNEIDER.) Etwa $^{550}/_1$

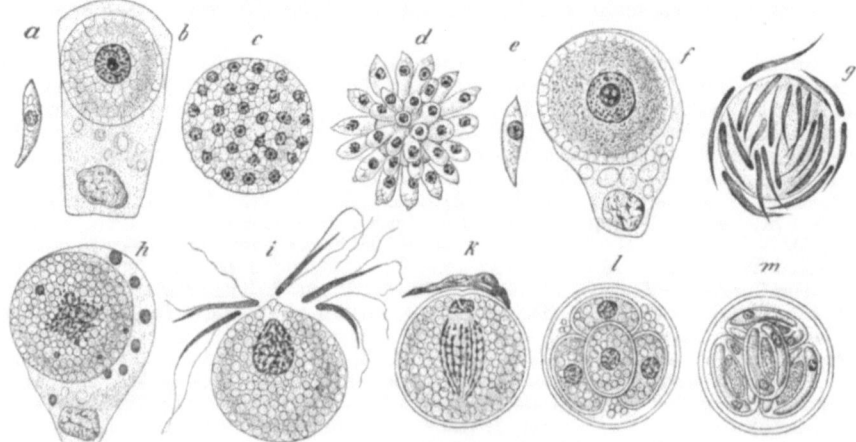

Abb. 354. Zeugungskreis von *Eimeria (Coccidium) schubergi.* (Nach SCHAUDINN.) Etwa $^{720}/_1$. a Sporozoit; b herangewachsenes Coccidium (Schizont) in einer Darmepithelzelle; c letzteres mit durch Teilung vermehrten Kernen; d in Bildung der Merozoiten begriffen; e Merozoit; f Mikrogametocyte in einer Epithelzelle eingeschlossen; g dieselbe in Bildung der Microgameten begriffen; h Macrogamet innerhalb einer Epithelzelle, im Zustande der Ausstoßung von Kernsubstanz (Reifungsprozeß); i Befruchtungsprozeß; k copulierte Coccidie (Oocyste, Sporont) mit Hülle; l dieselbe in vier Sporen zerfallen; m in jeder Spore sind zwei sichelförmige Keime (Sporozoiten) gebildet.

Eine zweite Gruppe von Sporozoen, die *Neosporidia (Amoebosporidia)* sind im ausgebildeten Zustande vielkernig und bewegen sich entweder amöboid oder sind unbeweglich.

Alle Sporozoen nehmen osmotisch flüssige Nahrung auf; contractile Vacuolen fehlen.

Die Fortpflanzung erfolgt durch Teilung oder durch häufig das Bild einer Knospung gewährende Zerfallsteilung. Copulation wurde vielfach beobachtet. Überall findet die Entwicklung sogenannter Sporen statt, und zwar entweder am Ende (*Telosporidia*) oder auch fortlaufend während der ganzen Vegetationsperiode (*Neosporidia*). Bei allen *Telosporidien* findet ein Generationswechsel statt, indem der geschlechtlichen Fortpfanzung (Gamogonie) der Gamonten eine vegetative Zerfallsteilung (Sporogonie) folgt. Bei den *Coccidiomorphen* und *Schizogregarinaria* besteht ein doppelter Generationswechsel, da die erwachsenen Formen (als Agamonten) sich auch durch Zerfallsteilung (Schizogonie) vermehren können.

Der Entwicklungscyclus von *Eimeria* (*Coccidium*) *schubergi* (Abb. 354) aus dem Darm von *Lithobius forficatus* verläuft folgenderweise: Das kugelige, in einer Darmepithelzelle parasitierende *Coccidium* produziert durch *Schizogonie* sichelförmige Keime (*Merozoiten*), wobei ein Teil des Cytoplasmas als sogenannter Restkörper zurückbleibt. Diese Keime entwickeln sich zu einer gleichartigen Generation, die zu weiterer Selbstinfektion des Wirtstieres führt. Nach mehreren schizogenen Generationen werden die Merozoiten als Gamonten zum Teil zu *Macrogameten*, die Reservestoffe in sich aufspeichern, oder zu *Microgametocyten*, die durch Teilung, mit Hinterlassung eines Restkörpers, zahlreiche mit zwei Geißeln versehene, sehr bewegliche *Microgameten* liefern, welche (wie beim Befruchtungsprozeß der Metazoen) mit einem Macrogameten, der einen Empfängnishügel bildet, copulieren. Die Zygote (*Oocyste* oder *Sporont*) scheidet nun eine feste Hülle ab und erzeugt durch *Sporogonie* vier mit einer Schale umhüllte Sporen, jede Spore sodann durch Teilung zwei sichelförmige Keime (*Sporozoiten*), wobei wieder ein Restkörper zurückbleibt.

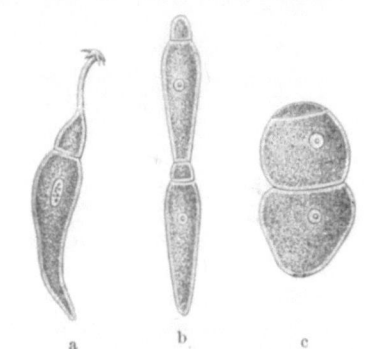

Abb. 355. a *Hoplorhynchus oligacanthus*. $^{68}/_1$. b *Gregarina* (*Clepsidrina*) *polymorpha*. Zwei Individuen in Syzygie. c Dieselben kontrahiert auf dem Wege der Encystierung. (Nach STEIN.)

Die Sporogonie dient der Übertragung des Parasiten, da die Sporen auf irgend eine Weise nach außen gelangen. In anderen Wirtstieren kriechen die Sporozoiten aus der Hülle aus, bohren sich in die Darmzellen ein und stellen wieder die schizogone Generation vor.

Unter den *Gregarinen* (s. S. 313, Abb. 295) besteht ein einfacher Generationswechsel bei den *Eugregarinaria*, da hier keine schizogene Generation auftritt. Die Fortpflanzung wird durch die Vereinigung (Syzygie) von zwei geschlechtlich verschieden veranlagten, in manchen Fällen schon cytologisch unterscheidbaren Individuen eingeleitet. Es tritt sodann Encystierung der Syzygie ein. In beiden in der Syzygie vereinigten Individuen schnüren sich sodann nach lebhafter Vermehrung der Teilungskerne durch folgende Zerfallsteilung an der Oberfläche unter Hinterlassung eines großen Restkörpers kleine Zellen ab. Nun copulieren je zwei solche, meist sich gleichende Zellen (Isogameten) miteinander und es ist wahrscheinlich, daß die copulierenden Zellen von je einem der gemeinsam encystierten Individuen herrühren. Dies wird durch Beobachtungen an Formen mit Anisogamie bekräftigt. Bei *Stylorhynchus* z. B. werden von dem einen der beiden in einer Cyste vereinigten Individuen unbewegliche kugelige (weibliche) Gameten, von dem anderen aber gestreckte bewegliche, mit einer Geißel versehene (männliche) Gameten produziert, die dann copulieren (Abb. 356). Jede copulierte Zelle wandelt sich durch die Ausbildung einer Hülle zu einer Spore (hier auch

Pseudonavicelle genannt) um (Abb. 357) und erzeugt unter Hinterlassung eines sogenannten Restkörpers meist acht sichelförmige Keime (Sporozoiten). Die Entleerung der Cyste erfolgt nach Sprengung derselben oder durch besonders vorgebildete Röhren, sogenannte Sporoducte. Die Sporen dienen der Übertragung in ein anderes Wirtstier.

Für die *Neosporidia*, die vielkernig sind, ist eigentümlich, daß die Sporenbildung meist bei gleichzeitigem Weiterwachsen des Körpers fortlaufend bis zum

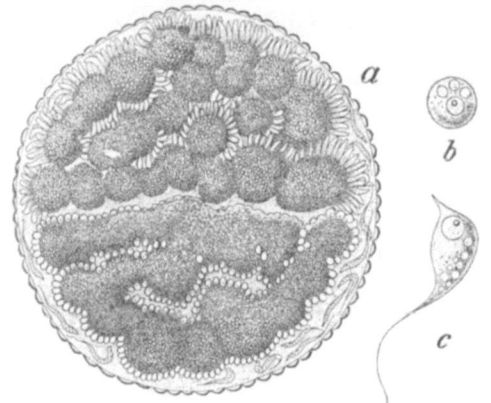
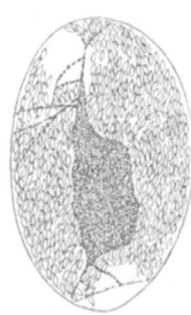

Abb. 356. a Cyste von *Stylorhynchus oblongatus*, das obere Individuum in Bildung männlicher, das untere in Bildung weiblicher Gameten begriffen, einige männliche Gameten bereits frei, $145/1$; b weiblicher, c männlicher Gamet, etwa $1200/1$. (Nach LÉGER.)

Abb. 357. Große Cyste einer Regenwurm-*Monocystis* mit reifen Sporen, in der Mitte ein Restkörper. (Nach BÜTSCHLI.)

schließlichen vollständigen Zerfall in Sporen stattfindet. Auch bilden sich in ihrem Körper zuerst abgegrenzte Plasmapartien, sogenannte Pansporoblasten aus,

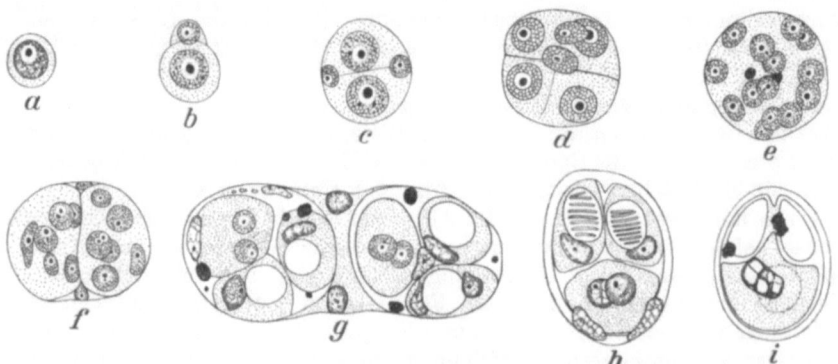

Abb. 358. Sporenbildung von *Myxobolus pfeifferi*. a Propagationszelle, b in Zweiteilung, c—e die weiteren Teilungsstadien, f der Pansporoblast mit den zwei Sporenanlagen, g Ausbildung der Sporen, h Spore mit unverschmolzenen Gametenkernen des Keimlings, i fertige Spore. Die Gametenkerne zum Synkaryon verschmolzen. (Nach KEYSSELITZ.)

welche die Sporen liefern. Jede Spore liefert nur *einen amöboiden* Keimling. Bei den meisten *Neosporidia* kommt Autogamie bei der Sporenbildung vor. Der Amöboidkeim ist die Zygote.

Bei *Myxobolus pfeifferi* (Abb. 358) entwickeln sich bei der Sporenbildung endogen im Körper Propagationszellen, aus denen die Sporen hervorgehen. Diese Zellen teilen sich zunächst in eine größere und eine kleinere Zelle; letztere liefert die Hülle für die Teilungsprodukte der größeren Zelle. So entstehen die Pansporoblasten. Die 12 Teilungsstücke der größeren Zelle werden auf zwei Gruppen verteilt. Aus jeder Gruppe geht eine Spore hervor. Zwei Zellen liefern dabei die beiden Schalenklappen, zwei die Polkapseln, zwei durch Kopulation die Zygote, den Keimling, dessen Kerne meist erst nach Entleerung der Spore ins Wasser zum Synkaryon verschmelzen. Die übrigen Kerne werden rückgebildet (s. auch S. 261 u. Abb. 240.)

Nach Schaudinn wird die Klasse der Sporozoen in zwei Unterklassen (*Telosporidia* und *Neosporidia*) eingeteilt, von Hartmann jedoch wahrscheinlich zutreffender die Auflösung der Gruppe in zwei entsprechende Klassen (*Sporozoa* und *Amoebosporidia* [= *Neosporidia*]) vorgenommen, die ihrer Abstammung nach verschiedenen Ursprungs sind.

1. Unterklasse. TELOSPORIDIA.

Einkernige Sporozoen, bei welchen die Sporenbildung am Schluß der vegetativen Periode eintritt.

1. Ordnung. Coccidiomorpha.

Intracellulär parasitierende Telosporidien, von rundlicher oder amöboider Gestalt.

1. Unterordnung. *Coccidia*. Sporozoiten in Sporenhülle. Die Oocyste (Sporont) unbeweglich. *Eimeria (Coccidium) schubergi* Schaud. Im Darm von *Lithobius forficatus* (Abb. 354). *E. stiedae* Lindem. (*Coccidium oviforme* und *perforans* Leuck.) Häufiger Parasit in Darm und Leber des Kaninchens. Auch beim Menschen gefunden; ferner bei Rindern (hier Ursache der sog. roten Ruhr), bei Pferd, Ziege, Schwein (Abb. 359). *E. avium* Silvestr. u. Rivolta, im Darm des Hausgeflügels. *Aggregata eberthi* Labbé. Wirtswechselnd im Darm von *Portunus* und *Sepia officinalis*. *Adelea ovata* Aim. Schn. Im Darm von *Lithobius forficatus*. *Klossia helicina* Aim. Schn. In der Niere von Helixarten. Hier schließen sich an *Haemogregarina stepanowi* Danilewsky. In dem Blute (den Blutkörperchen) der Sumpfschildkröte. Geschlechtliche Entwicklung in dem Egel *Placobdella catenigera*. *Lankesterella ranarum* Lank. Im Blute von *Rana esculenta*. *Haemoproteus danilewskyi* Grassi et Feletti. Im Blute von Vögeln. Übertragung durch *Culex*.

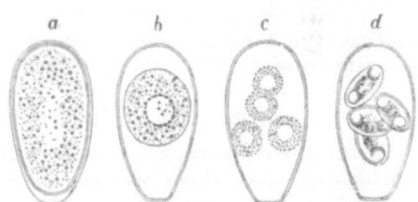

Abb. 359. *Eimeria stiedae* aus der Leber des Kaninchens. (Nach R. Leuckart.) a, b befruchtete Oocysten, c, d Zustände der Sporenbildung. Etwa $580/1$.

2. Unterordnung. *Haemosporidia*. Während ihrer vegetativen Periode Parasiten in den roten Blutkörperchen von Wirbeltieren. Sporozoiten nicht in Sporenhüllen. Oocyste (Sporont) beweglich. Generationswechsel mit Wirtswechsel verbunden. *Proteosoma praecox* Grassi et Feletti. Im Blut von Vögeln. Übertragung durch *Culex*-Arten. *Laverania malariae* Grassi et Feletti. Ursache der gefährlichsten Malariaformen (Perniciosa, Quotidiana, Tropica). *Plasmodium vivax* Grassi et Feletti. Ursache des Tertianafiebers. *Pl. malariae* Laveran (Abb. 360). Ursache der Quartana. Erreger der verschiedenen Formen

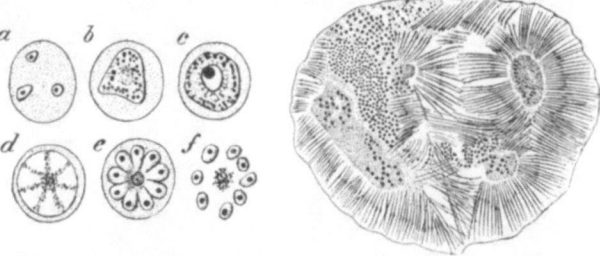

Abb. 360. a—f *Plasmodium malariae*. (a—e nach Labbé, f aus Labbé nach Golgi.) a Frisch infiziertes Blutkörperchen; b, c Blutkörperchen mit herangewachsenem Plasmodium, in welchem Pigment abgelagert ist; d, e die Plasmodien in Bildung der Keime begriffen; f freie Keime nach Zerfall des roten Blutkörperchens, um den Restkörper gelagert; g Oocyste mit reifen Sporozoiten von *Laverania malariae* (nach Grassi), die Sporozoiten um die Restkörper angeordnet.

von Malaria des Menschen, in dessen Blut sich die schizogonen Generationen finden. Nach einer Reihe solcher kommen Geschlechtsindividuen (Gametocyten) zur Ausbildung, deren weitere Entwicklung erst im Darm von *Anopheles* erfolgt. Die Übertragung erfolgt durch eine Culicide (*Anopheles*), in deren Darmhöhle von Malariakranken aufgenommene Gametocyten zu Macrogameten werden oder fadenförmige Microgameten liefern, die hier die Copulation vollziehen. Die copulierte Gamete wird nicht gleich zur ruhenden Oocyste, sondern wird spindelförmig und bleibt beweglich (sogenanntes Ookinet), durchwandert das Darmepithel und gelangt in die Submucosa. Hier bilden sich aus der stark wachsenden Oocyste zahlreiche Sporoblasten, die, ohne eine Sporenhülle zu bilden, sich in zahlreiche, langsichelförmige Sporozoiten teilen. Die Sporozoiten werden in die Leibeshöhle der Mücke entleert und sammeln sich, wohl infolge chemotaktischer Anziehung, aus dem Blut in den Speicheldrüsen. Aus diesen gelangen sie mit dem Stich der Mücke wieder in das Blut des Menschen. Hier schließt sich an *Babesia bigemina* SMITH et KILBORNE. Im Rinde. Ursache des Texasfiebers. Übertragung durch Rinderzecken (*Margaropus*).

2. Ordnung. Gregarinida.

Telosporidien von mehr minder wurmförmiger Gestalt, im erwachsenen Zustand extracellulare Parasiten des Darmes oder Cöloms wirbelloser Tiere.

1. Unterordnung. *Eugregarinaria.* Schizogonie fehlt. 1. Sektion. *Monocystidea.* Ohne Epimerit. *Monocystis agilis* F. ST. *M. ventrosa* BERLIN. Beide in den Samensäcken verschiedener Lumbriciden. *Gonospora terebellae* KÖLL. In *Terebella, Audouinia* (Abb. 353). 2. Sektion. *Polycystidea.* Mit Epimerit. Körper häufig in Protomerit und Deutomerit geteilt. *Gregarina* (*Clepsidrina*) *blattarum* SIEB. Häufig im Darm der Küchenschabe. *Gr. polymorpha* HAMM. Im Darm der Larve des Mehlkäfers (Abb. 355 b). *Hoplorhynchus* (*Stylorhynchus*) *oligacanthus* SIEB. Im Darm der Larve von *Calopteryx* (Abb. 355 a). *Stylorhynchus longicollis* F. ST. Im Darm von *Blaps*.

2. Unterordnung. *Schizogregarinaria.* Mit Schizogonie. *Ophryocystis mesnili* LÉGER. Im Darm von *Tenebrio molitor. Porospora gigantea* E. BENED. 1 cm und mehr lang. Schizogonie im Darm des Hummers, Sporogonie in der Miesmuschel.

2. Unterklasse. NEOSPORIDIA (AMOEBOSPORIDIA).

Vielkernige Sporozoen, welche meist während der ganzen vegetativen Periode sporulieren. Jede Spore mit nur einem amöboiden Keimling.

1. Ordnung. Cnidosporidia.

Amöboid bewegliche oder in Cysten eingeschlossene Neosporidien, deren Sporen in zweifacher oder mehrfacher, seltener ein-

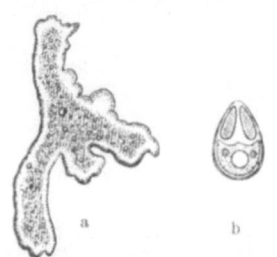

Abb. 361. a *Myxidium lieberkühni.* (Nach BÜTSCHLI.) $^{60}/_1$. b Spore von *Myxobolus* (Original G.); oben die zwei Polkapseln, im unteren Teile der Amoeboidkeim (die Zygote mit noch unverschmolzenen Gametenkernen).

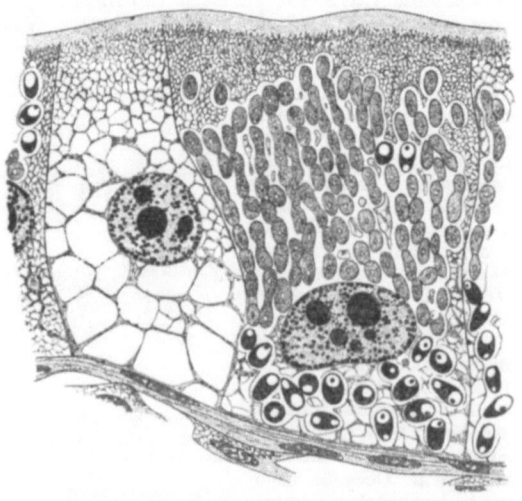

Abb. 362. *Nosema bombycis*, Teilungsstadien und Sporen in Epithelzellen des Darmes von *Arctia caja*. (Nach STEMPELL.) Etwa $^{1100}/_1$

facher Zahl in Pansporoblasten entstehen und mit Polkapseln (Nesselkapseln) oder einem in einer Vacuole aufgerollten Polfaden versehen sind.

1. Unterordnung. *Myxosporidia.* Im Pansporoblasten entstehen meist zwei Sporen mit 2—4 Polkapseln. Spore mit zwei Schalenklappen (Abb. 240f.). *Myxobolus pfeifferi* Thélohan. Ursache der Barbenseuche. *M. cyprini* Doflein et Hofer, in der Niere des Karpfen. Kommt auch bei der sogenannten Pockenkrankheit der Karpfen vor. *Myxosoma dujardini* Thélohan, an den Kiemen von Cyprinoiden. *Myxidium lieberkühni* Bütsch. In der Harnblase des Hechtes (Abb. 361 a). *Sphaeromyxa sabrazesi* Laveran u. Mesnil. In der Gallenblase des Seepferdchens.

2. Unterordnung. *Actinomyxidia.* Sporen dreistrahlig, mit drei Polkapseln am Vorderende. Sind Parasiten in Oligochäten. *Triactinomyxon ignotum* Stolc, in *Tubifex*. *Sphaeractinomyxon stolci* Caull. et Mesn. In marinen Oligochäten.

3. Unterordnung. *Microsporidia.* Im Pansporoblasten entstehen eine oder vier oder mehr birnförmige oder ovoide Sporen mit einem Polfaden, der in einer Vacuole aufgerollt ist. Sind Zellparasiten. *Glugea anomala* Monz. In Süßwasserstichlingen. *Nosema bombycis* Naegeli (Abb. 362). In allen Organen der Seidenraupe. Ursache der Pébrine (Seidenraupenkrankheit); infolge derselben sterben die Raupen vor oder in der Verpuppung. *N. apis* Zander. Ursache der Ruhr der Bienen. *Thelohania corethrae* Schuberg et Rodriguez. In der Leibeshöhle der Larve von Chaoborus crystallinus (Corethra plumicornis).

2. Ordnung. Acnidosporidia.

Nackte oder in Cysten eingeschlossene schlauchförmige Neosporidien mit zahlreichen Sporen in einem Pansporoblasten, ohne Polkapseln.

1. Unterordnung. *Haplosporidia.* Intra- oder interzelluläre oder in Körperhöhlen schmarotzende Acnidosporidia, die vielfach mit Microsporidien übereinstimmen. Spore meist mit Deckel. *Haplosporidium heterocirri* Caull. et Mesn. Im Darmepithel eines Polychäten (*Heterocirrus viridis*). *H. chitonis* Lankester. In Chitonarten.

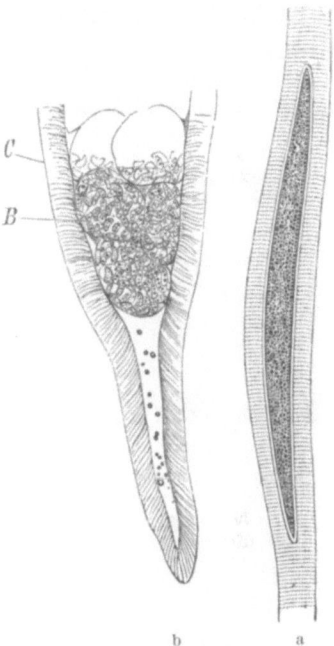

Abb. 363. *Sarcocystis*-Schläuche aus dem Fleische des Schweines. a Ein Schlauch im Inneren einer Muskelfaser. — b Das Hinterende desselben, stark vergrößert. C Cystenmembran (vom Wirtstier gebildet), B Sporenballen.

2. Unterordnung. *Sarcosporidia.* Spindelförmige, in Cysten eingeschlossene, Schläuche bildende Acnidosporidia (Miescherische Schläuche) (Abb. 363). Sporen sichelförmig. *Sarcocystis miescheriana* Kühn. In den Muskeln des Schweines. *S. tenella* Raill. Im Schaf. *S. lindemanni* Rivolta. In Haustieren, selten beim Menschen.

2. Divisio.

Cytoidea.

Protozoen mit zweierlei, physiologisch verschiedenwertigen Kernen.

Klasse Ciliata (Infusoria), Wimperinfusorien[1].

Hochdifferenzierte Protozoen mit Cilienbekleidung, meist mit Mund und After, mit Macronucleus (vegetativer Kern) und Micronucleus (Geschlechtskern).

---

[1] Stein, Fr.: Die Infusionstiere auf ihre Entwicklungsgeschichte untersucht. Leipzig 1854. — Der Organismus der Infusionstiere. I. u. II. Leipzig 1859 u. 1867. — Balbiani, G.: Recherches sur les phénomènes sexuels des Infusoires. J. de Phys. 4 (1861). — Bütschli, O.: Studien über die ersten Entwicklungsvorgänge der Eizelle, die Zellteilung und die Conjugation der Infusorien. Frankfurt 1876. — Gruber, A.: Der Conjugationsprozeß bei *Paramaecium*. Ber. naturforsch. Ges. Freiburg 1886. — Maupas, E.: Contributions à l'étude

Die Ciliaten wurden gegen Ende des 17. Jahrhunderts von A. v. LEEUWENHOEK entdeckt. Der Name Infusionstierchen kam erst im Laufe des 18. Jahrhunderts durch LEDERMÜLLER und WRISBERG in Gebrauch, ursprünglich zur Bezeichnung aller kleinen, nur mit Hilfe des Mikroskops erkennbaren Tierchen, die in Aufgüssen (Infusionen) auftreten.

Der Körper der Ciliaten ist meist asymmetrisch, die Körperform eine bestimmte. Als bewegliche Anhänge fungieren entweder zarte Wimpern (*Cilien*), welche in Reihen angeordnet die Oberfläche bedecken, oder stärkere griffel- und hakenförmige, zum Kriechen und Anklammern dienende *Cirren*, ferner zumeist

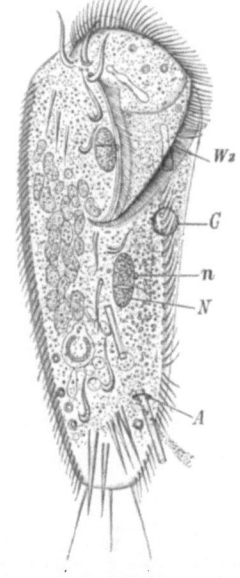

Abb. 364. *Stylonychia mytilus* (nach STEIN) von der Bauchfläche gesehen. $250/_1$. *Wz* Adorale Wimperzone, *C* contractile Vacuole, *N* Macronucleus, *n* Micronucleus, *A* Cytopyge.

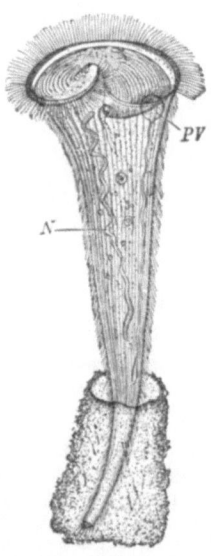

Abb. 365. *Stentor roeseli*. (Nach STEIN.) $70/_1$. *PV* Pulsierende Vacuole, *N* Macronucleus.

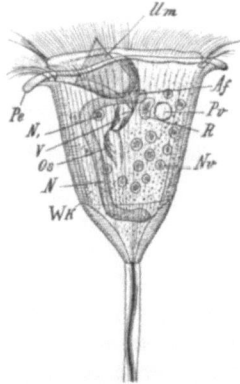

Abb. 366. *Vorticella nebulifera* mit dem oberen Teil des Stieles. (Nach BÜTSCHLI.) $300/_1$. *V* Vestibulum, *Um* undulierende Membran, *Os* Schlund, *Pv* contractile Vacuole, *R* ihr Reservoir, *Af* Afterstelle im Vestibulum, *N* Macronucleus, *N'* Micronucleus, *Nv* Nahrungsvacuolen, *WK* die Linie, an der sich der hintere Wimperkranz bildet. Die von dem Stielmuskel kommenden Myoneme verlaufen bis gegen den Peristomrand (*Pe*).

dreieckige Wimperplättchen (*Membranellen*) (Abb. 364). Letztere setzen vornehmlich die zum Munde führende *adorale Wimperzone* zusammen, welche beim Schwimmen eine Strudelung erregt und die Nahrung zur Mundöffnung hinleitet. Endlich kommen im Schlunde auch *undulierende Membranen* vor. Von unbeweg-

---

morphologique et anatomique des infusoires ciliés. Archives de Zool. **1883**. — Recherches expérimentales sur la multiplication des infusoires ciliés. Ebenda **1888**. — Le rajeunissement karyogamique chez les ciliés. Ebenda **1889**. — HERTWIG, R.: Über die Conjugation der Infusorien. Abh. Akad. Münch. **1889**. — SCHEWIAKOFF, W.: Beiträge zur Kenntnis der holotrichen Ciliaten. Bibliotheca zoologica H. 5, **1889**. — PLATE, L. H.: Protozoenstudien. Zool. Jb. **3** (1888). — PROWAZEK, ST.: Protozoenstudien. Arb. zool. Inst. Wien **11** (1899). — WALLENGREN, H.: Zur Kenntnis des Neubildungs- und Resorptionsprozesses bei der Teilung der hypotrichen Infusorien. Zool. Jb. **15** (1901). — PRANDTL, H.: Die Konjugation von *Didinium nasutum*. Arch. Protistenkde **7** (1906). — POPOFF, M.: Die Gametenbildung und die Konjugation von *Carchesium polypinum*. Z. Zool. **89** (1908). — CÉPÈDE, C.: Recherches sur les Infusoires astomes. Archives de Zool. **1910**. — COLLIN, B.: Étude monographique sur les Acinétiens. Ebenda **1911/1912**. — DOGIEL, V.: Die Geschlechtsprozesse bei Infusorien (speziell bei den Ophryoscoleciden). Arch. Protistenkde **50** (1925). — Ferner vgl. KENT, WRZÉSNIOWSKI, EBERLEIN, SCHUBERG, ENRIQUES, JOSEPH, SCHRÖDER, SAND, MAIER, ENTZ, WOODRUFF, BR. KLEIN, v. GELEI u. a.

lichen Anhängen sind die meist sehr feinen *Tastborsten* zu erwähnen (*Stentor Hypotricha*).

Die Bewimperung des Körpers ist im einfachsten Falle eine gleichmäßige und allgemeine, ohne daß eine adorale Wimperzone entwickelt ist (*Holotricha*) (Abb. 373), oder es tritt bei allgemeiner Bewimperung bereits eine besondere adorale Wimperzone auf (*Heterotricha*) (Abb. 365). Die *Oligotricha* sind durch die bedeutende Reduktion der allgemeinen Bewimperung ausgezeichnet (Abb. 376). Bei den *Hypotricha* ist die Bewimperung auf die Bauchseite beschränkt und in bestimmt gruppierte Cilien und Cirren differenziert (Abb. 364). Der Körper der meist festsitzenden *Peritricha* entbehrt außer der adoralen Wimperzone, welche am Rande einer deckelartig erhobenen, einstülpbaren Scheibe (*Peristomscheibe*) liegt, in der Regel der Bewimperung (Abb. 366); nur bei freischwimmenden Formen sowie bei den festsitzenden zur Zeit ihres Umherschwärmens ist ein die hintere Körperregion umziehender Wimperkranz vorhanden.

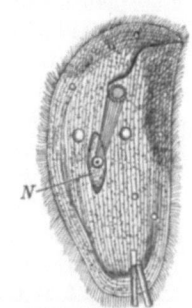

Abb. 367. *Chilodon cucullulus* (nach STEIN) mit fischreusenähnlichem Cytopharynx. $^{190}/_1$. *N* Macronucleus mit dem Micronucleus. Aus der Cytopyge treten Nahrungsreste aus.

Vollständig wimperlos im ausgebildeten Zustand und nur in der Jugend bewimpert sind die *Suctoria*, bei denen als eigentümliche Anhänge Röhrchen und Tentakel auftreten, mittels deren sie fremde Organismen (meist Ciliaten) festhalten und aussaugen (Abb. 369).

Mit Ausnahme der *Suctoria* und einiger mundloser entoparasitischer Formen, die endosmotisch durch die ganze Körperbedeckung Nahrung aufnehmen, erfolgt die Nahrungsaufnahme durch eine Mundöffnung (*Cytostom*), welche am vorderen Ende oder an der Ventralseite des Körpers gelegen ist und in der Regel im Grunde einer muldenförmigen Einsenkung, des *Peristoms*, liegt. Eine zweite Öffnung, die während des Austrittes der Nahrungsreste an einer bestimmten Körperstelle als Schlitz erkennbar wird, fungiert als After (*Cytopyge*) (Abb. 367).

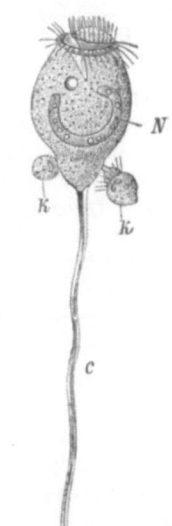

Das Körperplasma zerfällt bei den meisten *Ciliaten* in ein zähflüssiges Ectoplasma und ein flüssigeres Entoplasma, in das von der Mundöffnung aus häufig eine zarte, seltener durch feste Stäbchen (*Chilodon, Nassula*) gestützte Speiseröhre (*Cytopharynx*) hineinragt (Abb. 367). Durch sie gelangen die Nahrungsstoffe, in Speiseballen zusammengedrängt und in Nahrungsvacuolen eingeschlossen, in das Entoplasma, um unter dem Einfluß der Contractilität des Leibes in langsamen Rotationen (sogenannte *Cyclose*) umherbewegt, verdaut und endlich in ihren festen unbrauchbaren Überresten durch die Afteröffnung ausgeworfen zu werden.

Das zähflüssigere Ectoplasma repräsentiert vorzugsweise die bewegende und empfindende Substanz des Leibes, in der auch contractile Fibrillen (*Myoneme*) auftreten (Abb. 366).

Abb. 368. *Vorticella microstoma* (nach STEIN) im Zustande der Copulation. $^{200}/_1$. *K* die angehefteten Microgameten, *N* Macronucleus, *c* Stiel.

Das Ectoplasma bildet in vielen Fällen ein zartes Häutchen (sogenannte *Pellicula*) aus, das zuweilen große Festigkeit erlangt. Je nach der Festigkeit dieser Pellicula unterscheidet man metabolische, formbeständige und gepanzerte Formen (*Coleps, Ophryoscolecidae*). Einige festsitzende Ciliaten (*Stentor, Cothurnia*) sondern ein Gehäuse ab, in das sich die Tiere zurückziehen können.

Zuweilen (*Bursaria, Paramaecium*) ist das Ectoplasma der Sitz kleiner stäbchenförmiger Körper, der *Trichocysten*, die bei Reizung zu einem Faden ausschnellen und vielleicht als Schutzwaffen dienen (Abb. 373); selten (*Epistylis umbellaria*) finden sich echte Nesselkapseln. Als eine weitere Differenzierung des Ectoplasmas erweisen sich die *contractilen Vacuolen*, welche in einfacher oder mehrfacher Zahl an ganz bestimmten Stellen des Körpers auftreten. Häufig stehen die pulsierenden Vacuolen mit einer oder mehreren gefäßartigen Lacunen in Verbindung, welche während der Contraction der Vacuolen anschwellen (Abb. 373). Die contractilen Vacuolen münden durch eine feine Öffnung an der Oberfläche aus und sind Excretionsorgane.

Eine im Vorderkörper mancher Ciliaten (*Bütschlia, Paraisotricha*) sich findende, Concremente enthaltende Vacuole mit cuticularer Kappe scheint nach Dogiel ein statisches Sinnesorgan zu sein.

Die Ciliaten besitzen zweierlei physiologisch verschiedenwertige Kerne, den *Macronucleus* (vegetativen oder somatischen Kern) und den *Micronucleus* oder Geschlechtskern, der in seltenen Fällen (*Ichthyophthirius*) nur zur Zeit der Conjugation in Erscheinung tritt.

Macronucleus und Micronucleus liegen im Entoplasma des Ciliatenleibes, werden aber durch ectoplasmatische Strukturen in ihrer Lage befestigt. Der erstere ist ein in einfacher oder mehrfacher Zahl auftretender Körper von bestimmter Form und Lage, bald rund oder oval, langgestreckt, hufeisenförmig oder bandförmig ausgezogen und in eine Reihe von Abschnitten eingeschnürt. Der sogenannte Micronucleus oder Geschlechtskern wechselt ebenfalls nach Form, Lage und Zahl bei den einzelnen Arten mannigfach. Stets ist er viel kleiner als der Macronucleus und stark lichtbrechend, in der Regel diesem dicht angelagert oder in eine Cavität desselben eingesenkt.

Die Fortpflanzung der *Ciliaten* erfolgt durch *Teilung* oder *Knospung*. Die Teilung ist stets Querteilung; die Teilungsebene liegt quer, schräg oder scheinbar parallel (*Vorticelliden*) zur Längsachse des Tieres. Bleiben die neu erzeugten Formen untereinander und mit dem Muttertiere in Verbindung, so entstehen Kolonien (festsitzende *Peritricha*). Auch können durch rasch aufeinander folgende seriale Teilung vorübergehend Ketten von Individuen entstehen (*Anoplophrya* [Abb. 374]). Die Teilung vollzieht sich unter ganz bestimmten Veränderungen und Neubildungen (Abb. 22). Die alte Mundöffnung mit Wimperzone verbleibt dem einen Teilstück, während in dem anderen ein neuer Mund gebildet wird. Bei den hypotrichen Ciliaten wird das ganze Wimperkleid beider Teilsprößlinge, die Pellicula und meist auch teilweise das Peristom des mütterlichen Tieres erneuert, während die alten Organe resorbiert werden, so daß eine weitgehende Renovation stattfindet. Überall teilt sich zuerst der Micronucleus, später der Macronucleus unter Streckung und biskuitförmiger Einschnürung (amitotisch).

Oft erfolgt die Teilung im Zustand der Encystierung (*Colpoda, Ichthyophthirius*), welche auch sonst bei Verdunstung des umgebenden Wassers, bzw. bei Nahrungsmangel eintritt. Das Tier contrahiert seinen Körper zu einer kugeligen Masse und scheidet eine helle erhärtende Cyste aus, in welcher es geschützt auch außerhalb des Wassers überdauert. Im Wasser zerfällt dann der Inhalt in manchen Fällen in eine Anzahl von Teilstücken, die beim Platzen der Cyste ins Freie gelangen und zu ebensoviel Sprößlingen werden.

Die *Knospung* ist ein besonders an festsitzenden Ciliaten, vor allem den *Suctoria* zu beobachtender Vorgang der Fortpflanzung. Bei *Ephelota* werden gleichzeitig zahlreiche Knospen gebildet, die sich als Schwärmsprößlinge ablösen (Abb. 369 b).

Allgemein verbreitet sind Conjugationsvorgänge, mit denen Veränderungen des Macro- und Micronucleus verbunden sind, die früher zu der irrtümlichen Deutung beider Gebilde als Ovarium und Hoden Veranlassung gaben. Es sind zwei Formen von Vereinigung zu sondern, von denen man die eine, welche auf vollständiger Fusion zweier Individuen beruht, als *Copulation*, die zweite, bei der sich die Individuen nur vorübergehend vereinigen, als *Conjugation* bezeichnet. Die erstere wird vornehmlich bei Peritrichen beobachtet, findet sich jedoch neben

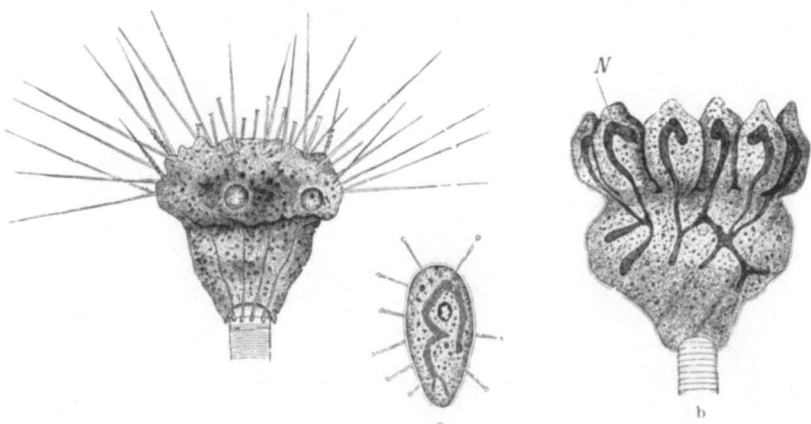

Abb. 369. *Ephelota (Podophrya) gemmipara.* (Nach R. Hertwig.) 150/1. a Mit ausgestreckten Saugröhrchen und Fangfäden, mit zwei contractilen Vacuolen. — b Dieselbe mit reifen Knospen, in welche Fortsätze des verästelten Macronucleus *N* eintreten. — c Abgelöster Schwärmer.

der Conjugation auch bei Hypotrichen (*Stylonychia*); sie ist bei den *Ciliaten* sekundär aus der Conjugation hervorgegangen. Die Conjugation erfolgt in verschiedener Weise und führt zu einer mehr oder minder vollständigen Verschmelzung. Die *Paramaecien, Stentoren* legen bei der Conjugation ihre Bauchflächen aneinander, andere Infusorien mit flachem Körper, wie die *Oxytrichinen, Chilodonten* gehen eine laterale Conjugation ein (Abb. 370), während *Enchelys, Halteria, Coleps* an ihrem vorderen Körperende, also terminal, zusammentreten. Die Copulation bei den *Vorticellinen* erfolgt lateral zwischen ungleich großen Individuen, von denen die kleineren (Microgameten) durch rasch aufeinander folgende Teilungen hervorgehen (Abb. 368). Übrigens gehen auch bei anderen Infusorien vielfach der Conjugationsperiode lebhafte Teilungen voraus, die zu einer Verkleinerung der Individuen führen.

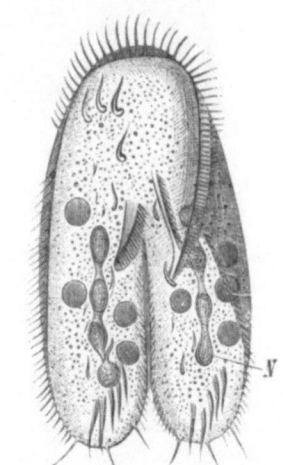

Abb. 370. *Stylonychia mytilus* in Conjugation. (Nach Balbiani.)

Bei *Paramaecium* verlaufen die Vorgänge während der Conjugation nach R. Hertwig in folgender Weise: Bei Tieren, die zur Conjugation schreiten, sind die Micronuclei von auffallender Größe. Zwei Individuen legen sich zunächst an ihrem vorderen Ende, dann mit der ganzen Ventralseite aneinander (Abb. 371 a). Nahe den zugewendeten Mundöffnungen entsteht später nach Rückbildung dieser eine Verwachsungsbrücke. Die spindelförmig gewordenen Micronuclei erfahren nun eine zweimalige Teilung (Abb. 371 b), während der Macronucleus in Fortsätze auswächst und später in Stücke zerfällt. Von den vier Teilkernen des Micronucleus gehen drei zugrunde, der vierte in Spindelform (sog. Hauptspindel) stellt sich senkrecht zur Körperoberfläche und teilt sich in zwei Kerne, einen mehr oberflächlich und einen tiefer gelegenen Kern (Abb. 371 c). Der erstere wandert (daher Wanderkern) durch die Querbrücke zu dem tiefer gelegenen stationären Kern des zweiten in der Conjugation befindlichen Tieres, dessen Wanderkern ebenfalls durch die Querbrücke zu dem stationären Kern des anderen Individuums gelangt. Nun verschmelzen die ausgetauschten Wanderkerne mit den zurückgebliebenen stationären Kernen zu je einem Syncaryon. Darauf trennen sich die conjugierten Tiere und regenerieren ihr Cytostom. Nach eingetretener

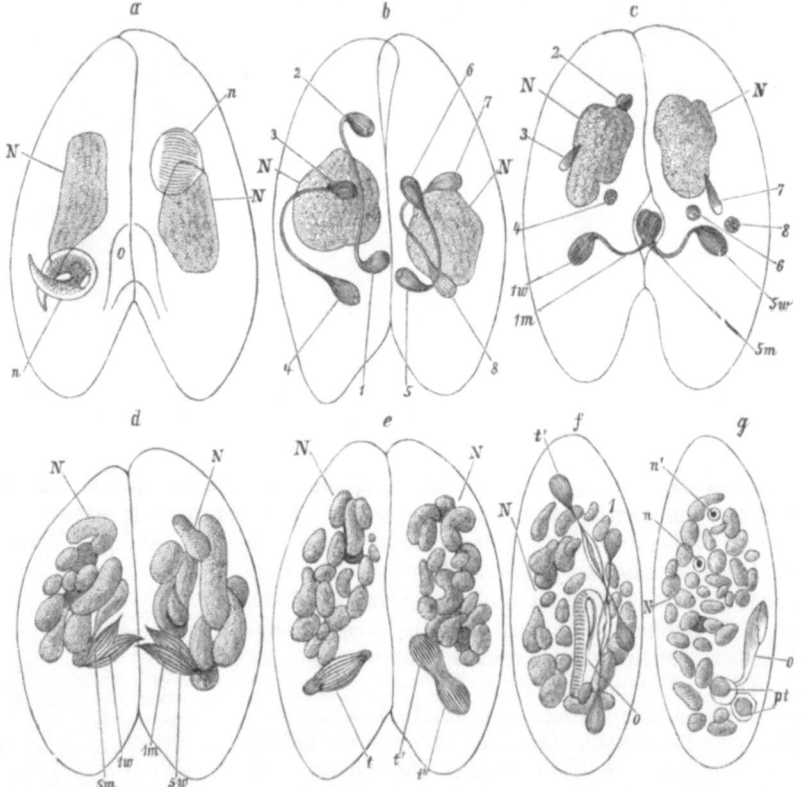

Abb. 371. Conjugation von *Paramaecium*. (Nach R. HERTWIG.) *N* Macronucleus, *n* Micronucleus, *o* Mund. — Die Abbildungen a, b, c beziehen sich auf *P. caudatum*. Abb. a. Der Micronucleus zur Kernspindel umgebildet, links Sichel- rechts Spindelstadium. Abb. b. Zweite Teilung des spindelförmigen Micronucleus in die Hauptspindel (1 und 5) und die Nebenspindeln (2, 3, 4, 6, 7 und 8). Abb. c. Letztere in Rückbildung; die Hauptspindeln teilen sich in den spindelförmigen Wanderkern (1m, 5m) und in den stationären Kern (1w, 5w). — Die Abb. d, e, f, g beziehen sich auf *P. aurelia*, das zwei Micronuclei besitzt. Abb. d. Austausch der Wanderkerne, die mit dem einen Teile noch in ihrem Muttertiere haften, mit dem anderen Teile mit dem stationären Kern des anderen Tieres zu verschmelzen beginnen (1w, 5m — 1m, 5w). Der Macronucleus zerfällt in Stücke. Abb. e. Die aus der conjugierten Kernspindel (Syncaryon) sich bildenden Teilspindeln (t' und t''), linksseitig (t) noch nicht geteilt. Abb. f, g. Die conjugierten Individuen nach der Trennung. Die Teilspindeln teilen sich in die Anlagen der neuen Micronuclei (n, n') und des Macronucleus (pt). Der alte Macronucleus (N) ist in Stücke zerfallen.

Spindelbildung teilt sich das Syncaryon und liefert aus seinen Teilstücken den neuen Macronucleus und den neuen Micronucleus. Die Teilstücke des alten Macronucleus verfallen der Rückbildung. Bei *Stylonychia* tritt eine gleiche Neubildung des Wimperkleides ein wie bei der Teilung. Nach DOGIEL durchbricht bei *Ophryoscoleciden* der Wanderkern die Körperwand und wandert (doch wohl in einem Plasmabelag eingeschlossen) durch den Schlund des anderen Conjuganten in dessen Körperplasma ein. Die Conjugationsvorgänge der Infusorien bieten eine Parallele zu den Befruchtungsvorgängen bei Metazoen; die drei zugrunde gehenden

Kerne sind den Richtungskörpern, der bewegliche Wanderkern dem Spermakern, der stationäre Kern dem Eikern zu vergleichen.

Die inneren Vorgänge bei der Copulation der *Peritrichen* verlaufen in gleicher Weise wie bei der Conjugation, mit dem Unterschied, daß das Paar der die Copulation eingehenden Kernteile des kleinen Conjuganten zugrunde geht. Es entsteht somit nur ein Syncaryon für die miteinander dauernd verschmelzenden Individuen.

Auf die Conjugation und deren Aufhebung folgt eine Periode fortgesetzter Teilungen. Nach bestimmter Zeit besteht wieder Neigung zur Conjugation. Wenn eine solche verhindert wird, tritt periodisch eine Erneuerung des Kernapparates, ähnlich wie bei der Conjugation ein (sog. Parthenogenesis der Infusorien) (vgl. S. 39).

Die Lebensweise der Ciliaten, welche sowohl im süßen Wasser wie im Meere verbreitet sind, ist überaus mannigfaltig. Die meisten ernähren sich selbständig, indem sie kleinere und größere Nahrungskörper, selbst Rotiferen, aufnehmen. Einige, wie *Trachelius, Amphileptus*, wählen sich festsitzende Ciliaten zur Beute und würgen dieselben bis zur Ursprungsstelle des Stieles ins Innere ein. Andere (wie *Balantidium, Ophryoscolex, Anoplophrya*) sind Schmarotzer oder Symbionten im Darm von Vertebraten und Anneliden. Die *Sphaerophryen* (Abb. 372) parasitieren in anderen Ciliaten (*Paramaecium, Stylonychia*) und wurden früher (STEIN) für Embryonen der Stylonychien gehalten.

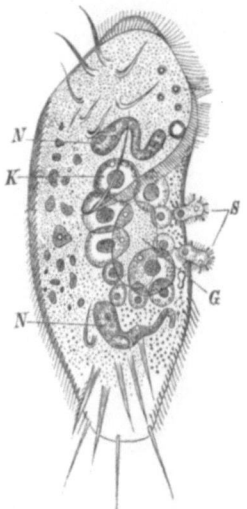

Abb. 372. *Stylonychia mytilus* mit durch die Öffnung *G* ausschwärmenden *Sphaerophryen* (*S*). *K* Unentwickelte Keime der letzteren, *N* Macronucleus der *Stylonychia*. (Nach STEIN.)

1. Unterklasse. EUCILIATA.

Ciliaten mit Wimperbekleidung und mit Mund.

1. Ordnung. Holotricha.

Wimpern kurz und gleichmäßig in Längsreihen über den ganzen Körper verbreitet, zuweilen nur in Kränzen angeordnet oder vornehmlich auf die Bauchseite beschränkt. Häufig in der Umgebung des Mundes längere Wimpern, aber keine adorale Wimperzone.

Fam. Enchelydidae. Körper meist länglich, Mund terminal. Nahrung wird durch Einziehen aufgenommen. *Enchelys farcimen* EHRBG. *Ichthyophthirius multifiliis* FOUQU. Parasit in der Haut von Süßwasserfischen. *Prorodon teres* EHRBG. *Coelosoma marina* ANIGSTEIN, Triest. Mit bewimpertem Schlund, der in einen einzigen großen Hohlraum (Vacuole) führt. *Coleps hirtus* MÜLL. Tönnchenförmig, mit Panzer. *Didinium nasutum* MÜLL. Hier schließt sich an *Bütschlia* SCHUBERG. Im Rumen der Wiederkäuer.

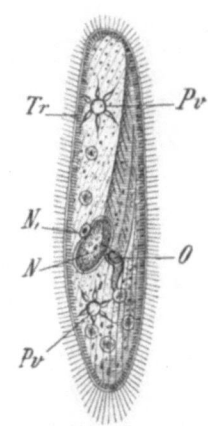

Abb. 373. *Paramaecium caudatum*, Ventralansicht. (Nach SCHEWIAKOFF.) $^{230}/_1$. *O* Cytostom, *Pv* pulsierende Vacuolen, *N* Macronucleus, *N'* Micronucleus, *Tr* Trichocysten.

Fam. Tracheliidae. Körper metabolisch, meist in einen vorderen halsartigen Fortsatz verlängert. Mund ein langer ventraler Spalt oder kurz spaltenartig. *Trachelius ovum* EHRBG., mit seitlichem Haftnapf. *Amphileptus claparedei* F. ST., *Dileptus anser* MÜLL.

Fam. Chlamydodontidae. Körper oval bis nierenförmig. Mund ziemlich weit hinter dem Vorderende. *Nassula elegans* EHRBG., *Chilodon cucullulus* MÜLL. (Abb. 367); *Chlamydodon* EHRBG., marin.

Fam. *Paramaeciidae.* Körper nicht sehr langgestreckt; Mund ventral, an demselben oder im Schlund 1—2 undulierende Membranen. Bewimperung dicht. *Paramaecium caudatum* EHRBG. (Abb. 373), *P. aurelia* MÜLL., *P. bursaria* EHRBG., Pantoffeltierchen. *Glaucoma scintillans* EHRBG., *Colpoda cucullus* MÜLL. *Paraisotricha* FIORENTINI. Im Blinddarm des Pferdes.

Fam. *Anoplophryidae.* Ohne Mundöffnung, mit zahlreichen pulsierenden Vacuolen. *Anoplophrya nodulata* MÜLL. (*prolifera* KENT). Im Darm von Anneliden. Mit serialer Teilung (Abb. 374).

2. Ordnung. Heterotricha.

Körper gleichmäßig mit feinen Wimpern bekleidet, die in Längsreihen angeordnet sind. Mit linksgewundener adoraler Wimperzone.

Fam. *Bursariidae.* Körper formbeständig, meist stark abgeplattet. Peristom ein dreieckiges ausgehöhltes oder eingesenktes Feld. *Bursaria truncatella* MÜLL. Gestalt beutelförmig; mit mächtigem Peristom. *Balantidium coli* MALMST. Parasit im Colon des Schweines, selten des Menschen (Abb. 375).

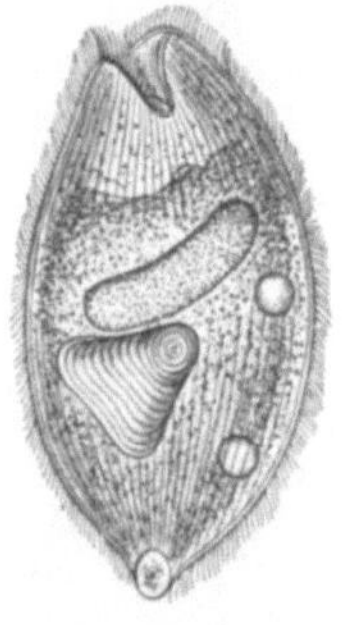

Fam. *Stentoridae.* Festsitzend oder freischwimmend, Körper trichterförmig, vorn stark verbreitert. *Stentor polymorphus* EHRBG., *St. roeseli* EHRBG. (Abb. 365), Trompetentierchen. Verwandt ist *Spirostomum ambiguum* EHRBG., von langgestreckter wurmförmiger Gestalt. Peristom rinnenförmig. Im Süßwasser.

3. Ordnung. Oligotricha.

Körper unbewimpert oder nur mit Reihen oder Gruppen von Wimpern besetzt. Mit linksgewundener, fast kreisförmiger adoraler Wimperzone um das am Vorderende des Körpers gelegene Peristomfeld.

Fam. *Halteriidae.* Körper kugelig bis kegelförmig, Peristomfeld unbewimpert und vorgewölbt. *Halteria grandinella* MÜLL. Mit langen steifen Borsten am Rumpfe. Hier schließt sich die marine gehäusetragende Gattung *Tintinnus* SCHRANK an.

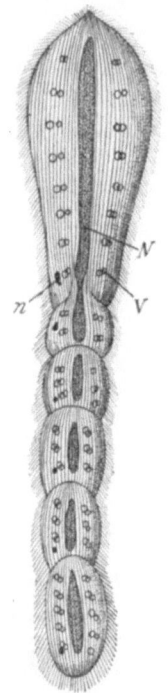

Abb. 374. *Anoplophrya nodulata* (*Monodontophrya prolifera* (in serialer Teilung.) (Nach SCHUSTER.) Etwa 260/1. *N* Macronucleus, *n* Micronucleus, *V* pulsierende Vacuolen.

Abb. 375. *Balantidium coli* mit zwei pulsierenden Vacuolen. (Nach STEIN.) 340/1. Unterhalb des Macronucleus ein gefressenes Stärkekorn. Ein Kotballen tritt am Hinterende aus der Cytopyge aus.

Fam. *Ophryoscolecidae.* Körper starr, mit dicker Pellicula, häufig am Hinterende mit stachelartigen Fortsätzen. *Ophryoscolex purkinjei* F. ST. (Abb. 376). Mit querem Membranellenbogen in der Körpermitte. *Entodinium caudatum* F. ST. Ohne queren Membranellenbogen. Im Pansen der Wiederkäuer. *Cycloposthium bipalmatum* FIORENTINI. Im Blinddarm des Pferdes. *Troglodytella gorillae* E. REICHENOW. Im Dickdarm des Gorilla.

4. Ordnung. Hypotricha.

Körper dorsoventral abgeflacht. Die konvexe Rückenfläche nackt oder mit feinen Tastborsten besetzt. Wimpern auf die Bauchseite beschränkt, meist als Griffel und Borsten ausgebildet und in Gruppen angeordnet. Mit linksgewundener adoraler Wimperzone. Mund auf der Bauchseite.

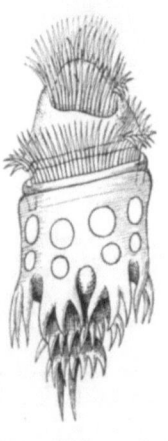

Abb. 376. *Ophryoscolex purkinjei.* (Nach BÜTSCHLI.) 250/1

Fam. *Oxytrichidae.* Körper gepanzert oder nur formbeständig, meist langgestreckt. Bauchfläche mit Cirren und jederseits mit einer Reihe von Randwimpern. *Urostyla grandis* EHRBG., *Oxytricha fallax* F. ST. *Stylonychia mytilus* MÜLL. Formbeständig. Mit acht Stirn-, fünf Bauch- und fünf Aftercirren (Abb. 364).

Fam. *Aspidiscidae*. Körper formbeständig, schildförmig, mit weit nach hinten reichendem adoralen Wimperbogen, mit sieben griffelförmigen Stirn- und meist fünf Afterwimpern. *Aspidisca lynceus* EHRBG., Süßwasser. *A. lyncaster* MÜLL. (Abb. 377), Ostsee. Verwandt: *Euplotes charon* EHRBG.

5. Ordnung. Peritricha.

Der drehrunde oder glockenförmige Körper in der Regel unbewimpert, selten ist ein hinterer Wimperkranz vorhanden. Adorale Wimperzone rechtsgewunden. Meist festsitzend.

Fam. *Spirochonidae*. Der Körper birnförmig, mittels eines saugnapfähnlichen Organes festsitzend. Peristomrand zu einem ansehnlichen Trichter entwickelt, an seiner Innenseite eine Zone feiner Wimpern. *Spirochona gemmipara* F. ST. Auf den Kiemenblättern des Flohkrebses (*Gammarus pulex*).

Fam. *Vorticellidae*, Glockentierchen. Körper glockenförmig, meist mittels Stieles festsitzend; häufig koloniebildend. *Trichodina pediculus* EHRBG. Körper kurz zylindrisch, mit hinterem Wimperkranz. Die Basalfläche zu einem saugnapfähnlichen Haftapparat umgebildet. Parasit auf dem Süßwasserpolypen (*Hydra*), auf der Haut von Fischen, in der Harnblase der Wassersalamander. *Vorticella nebulifera* EHRBG. (Abb. 366), *V. microstoma* EHRBG. (Abb. 368). Beide solitär, von einem Muskel durchzogenem Stiel festsitzend. *Carchesium polypinum* L. (Abb. 378). Verzweigte Kolonien bildend. Jedes Individuum mit gesondertem Stielmuskel. *Zoothamnium arbuscula* EHRBG. Koloniebildend, der Stielmuskel durchsetzt kontinuierlich den ganzen Stock. *Epistylis plicatilis* EHRBG. Kolonien bildend. Stiel ohne Muskel. *E. umbellaria* L. Adorale Wimperzone in mehreren Windungen. Im Leib Nesselkapseln. Süßwasser. *Ophrydium versatile* MÜLL. Kugelige gallertige Kolonien bildend. *Cothurnia crystallina* EHRBG. Mit chitinigem Gehäuse.

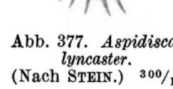

Abb. 377. *Aspidisca lyncaster*. (Nach STEIN.) $^{300}/_1$

2. Unterklasse. SUCTORIA.

Ciliaten mit unbewimpertem (nur in der Jugend bewimpertem) Körper, ohne Mund, mit tentakelartigen Fortsätzen und Saugröhrchen zum Ergreifen und Aussaugen der Nahrung.

Fam. *Acinetidae*. Körper kugelig bis kegelförmig, selten frei, meist mittels Stieles festsitzend. *Sphaerophrya pusilla* CLAP. et LACHM. Ungestielt, sphäroidisch gestaltet. Freilebend und parasitisch in Ciliaten (Abb. 372). *Podophrya fixa* MÜLL. Kurzgestielt; allseitig mit geknöpften Tentakeln. *Ephelota gemmipara* R. HERTW. Marin (Abbild. 369). *Tokophrya quadripartita* CLAP. et LACHM. Körper mit vier knopfartigen, je ein Tentakelbüschel tragenden Fortsätzen. Gestielt. *Metacineta mystacina* EHRBG. Mit Gehäuse und gestielt. *Acineta tuberosa* EHRBG. Mit Gehäuse und dünnem Stiel. Nordsee.

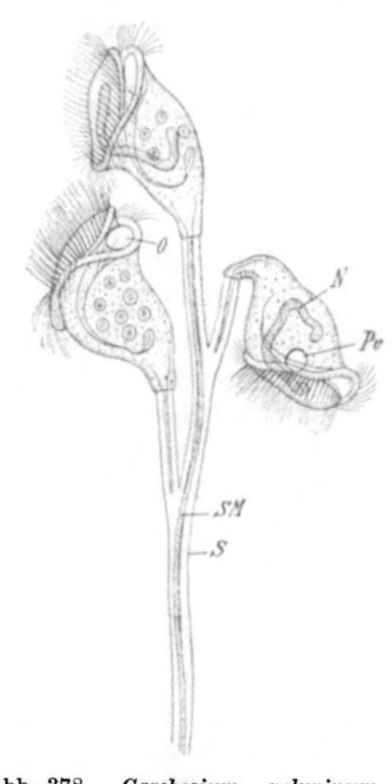

Fam. *Dendrocometidae*. Körper halbkugelig, mittels chitiniger Platte festsitzend, in 3—5 gabelig geteilte Arme ausgezogen, welche meist 3 kurze Tentakel tragen. *Dendrocometes paradoxus* F. ST. Auf den Kiemenblättern von *Gammarus pulex*.

Abb. 378. *Carchesium polypinum*, Kolonie von drei Individuen. (Nach STEIN.) $^{330}/_1$. *O* Mund, *N* Macronucleus, *Pv* pulsierende Vacuole, *S* Stiel, *SM* Stielmuskel.

Fam. *Dendrosomatidae*. Ungestielt. Tentakel zahlreich, in Büscheln angeordnet. *Dendrosoma radians* EHRBG. Vielfach verzweigt, ähnlich einem Hydroidstöckchen gestaltet. *Trichophrya epistylidis* CLAP. et LACHM. Körper breit, lappig. Süßwasser.

2. Subregnum.
METAZOA.

Vielzellige Tiere, deren Zellen zu Geweben vereinigt sind (daher Gewebetiere). Ihr Körper läßt sich auf die Grundform der Gastrula zurückführen und baut sich im einfachsten Falle aus zwei Epithelschichten (Ectoderm und Entoderm) auf. Doch treten meist weitere Komplikationen und Umgestaltungen durch das Auftreten einer dritten Gewebsschicht (Mesoderm) sowie durch Veränderungen, betreffend die Primärachse und den Urmund, auf. Die geschlechtliche Fortpflanzung beruht auf der Abstoßung von Keimzellen, die copulieren.

1. Divisio.
Coelenterata.

Festsitzende oder freischwimmende Metazoen, bei welchen die Primärachse der Gastrula unverändert bleibt. Der Körper aus zwei Epithelschichten (Ectoderm und Entoderm) aufgebaut, zu denen eine vom Ectoderm oder Entoderm abstammende mesenchymatische Mittelschicht meist hinzutritt. Die Darmhöhle bildet das einzige Hohlraumsystem des Körpers.

Bei allen Cölenteraten bleibt die Primärachse der Gastrula als Hauptachse des Körpers unverändert, doch treten innerhalb der Gruppe Veränderungen betreffend den Urmund ein.

Es lassen sich unter den Cölenteraten vier Typen unterscheiden, gemäß denen die Abteilung in vier Stämme zerfällt: 1. *Planuloidea*, 2. *Spongiaria*, 3. *Cnidaria*, 4. *Ctenophora*.

Die *Spongiarien* (Abb. 83a) sind mit dem Prostomapol festsitzende schlauchartige Formen; ihr Urmund hat sich geschlossen und wird durch zahlreiche sekundäre Mundöffnungen, die Poren, ersetzt. Außerdem ist am apicalen Pol des Körpers eine Auswurfsöffnung (Osculum, After) vorhanden.

Als Grundform der *Cnidarien* (Abb. 83b) erscheint der Polyp. Der Polyp hat schlauchförmige Gestalt und sitzt gleichfalls fest, doch erfolgt die Festheftung mit dem apicalen Pol. Der Urmund wird zum bleibenden Mund; er ist bei manchen Cnidarien (Anthozoen) durch die Ausbildung eines ectodermalen Schlundrohres in die Tiefe versenkt und zur Schlundpforte geworden. Ein Kranz von Tentakeln im Umkreis des Mundes ist für die Polypenform eigentümlich. Im Kreise der Cnidarien tritt noch die freischwimmende Meduse auf.

Die *Ctenophoren* (Abb. 83c) sind freischwimmende Cölenteraten von ovoider Körpergestalt, welche sich mittels Wimperplatten bewegen. Der Urmund ist auch bei ihnen erhalten und durch die Ausbildung eines Schlundrohres als Schlundpforte in die Tiefe gerückt.

Die *Planuloideen* sind infolge von entoparasitischer Lebensweise mund- und darmlos gewordene bewimperte Cölenteraten von planulaähnlicher Gestalt.

Der Körper der Cölenteraten baut sich aus zwei Epithelschichten (Ectoderm und Entoderm) auf, die sich sehr mannigfaltig differenzieren. Vom Ecto- und Entoderm geht auch die Bildung der bei Spongiarien, Scyphozoen, Anthozoen und Ctenophoren auftretenden mesenchymatischen Mittelschicht aus.

Für die Cölenteraten ist die allseitige Ausbreitung des entodermalen Darmkanals (Urdarmes) charakteristisch, dessen häufig gefäßartige periphere Abschnitte zugleich die Verteilung der Nahrung im Körper, ähnlich dem Gefäßsystem der höheren Tiere, besorgen. Aus diesem physiologischen Gesichtspunkt wird auch das Darmsystem der Cölenteraten zutreffend als Gastrovascularsystem (LEUCKART) bezeichnet. Die Höhle des Darmsystems ist das einzige Hohlraumsystem des Körpers.

Bei der niederen Lebensstufe der Cölenteraten und der relativ wenig hohen Differenzierung ihrer Gewebe sehen wir neben der geschlechtlichen Fortpflanzung die ungeschlechtliche Vermehrung durch Teilung und Knospung sehr verbreitet. Die Embryonalentwicklung beruht in der Regel auf Metamorphose.

1. Phylum.
Planuloidea.

Mund- und darmlose, entoparasitische planulaähnliche Cölenteraten von geringer Größe, mit entodermalen Keimzellen.

Die *Orthonectiden* und *Dicyemiden*, welche in dieser Gruppe zusammengefaßt erscheinen, wurden von ED. VAN BENEDEN, dem JULIN folgt, in eine zwischen Protozoen und Metazoen eingefügte Gruppe zweiblätteriger Organismen, der *Mesozoa*, gestellt, während LEUCKART und CLAUS sie von in der Entwicklung gehemmten, geschlechtsreif gewordenen Trematodenlarven ableiten. LANG ordnet sie zuerst als besondere Cölenteratengruppe *Gastraeadae* ein. Es dürfte sich um infolge von Entoparasitismus mund- und darmlos gewordene Cölenteraten handeln, die vom Planulazustand ableitbar sind. Die ovoide Grundform des bewimperten Körpers sowie der Aufbau sprechen für diese Annahme. Die Ernährung erfolgt endosmotisch.

Klasse Planuladae.
1. Ordnung. Orthonectida[1].

Planuloideen von ovoider Körpergestalt, mit größtenteils bewimpertem Ectoderm, zuweilen einer Mittellage von fibrillärem Gewebe oder Muskelfasern und einer zentralen Masse entodermaler Geschlechtszellen.

Der ovoide Körper der *Orthonectiden* (Abb. 379 a, b) besteht aus einer äußeren Lage großer Zellen, die in Ringen angeordnet sind und meist Wimpern tragen. Darunter folgt zuweilen im Vorderkörper fibrilläres Gewebe, beim Männchen von *Rhopalura ophiocomae* eine Schicht längsverlaufender Muskelfasern, zu innerst eine zentrale Zellenmasse, die Fortpflanzungszellen. Es besteht meist Trennung der Geschlechter, seltener Hermaphroditismus. Die Männchen sind kleiner und schlanker als die Weibchen und besitzen im Inneren ein ovales Säckchen mit Spermatozoen.

Im Entwicklungscyclus (Heterogonie) der Orthonectiden kann man zwei Generationen unterscheiden, eine aus Männchen und Weibchen bestehende oder hermaphroditische, freilebende, bewimperte Geschlechtsgeneration und eine sich durch unbefruchtete Keimzellen (agametisch) fortpflanzende parasitäre Generation. Letztere geht aus den befruchteten Eiern der Geschlechtsgeneration hervor und dringt in einen Wirt ein; hier wachsen diese Individuen zu sogenannten Plasmodiumschläuchen aus, in denen wieder die Geschlechtstiere, sei es in getrennten Individuen oder in demselben Individuum, entstehen.

Die Orthonectiden leben parasitisch in der Leibeshöhle oder den Genitaldrüsen von Ophiuren, Anneliden, Nemertinen und Turbellarien.

---

[1] GIARD, A.: Les Orthonectida. J. Anat. et Physiol. 15 (1879). — METSCHNIKOFF, E.: Untersuchungen über Orthonectiden. Z. Zool. 35 (1881). — JULIN, CH.: Contribution à l'histoire des Mésozoaires etc. Archives de Biol. 3 (1882). — CAULLERY, M. et F. MESNIL: Recherches sur les Orthonectides. Archives Anat. microsc. Paris 4 (1901). — CAULLERY, M. et A. LAVALLÉE: Fécondation et développement de l'œuf des Orthonectides. Archives de Zool. 1908. — Recherches sur le cycle évolutif des Orthonectides. Bull. Sci. France et Belg. 46 (1912).

Fam. *Rhopaluridae. Rhopalura ophiocomae* GIARD (*giardi* METSCHN.), aus *Amphiura squamata* (Abb. 379 a, b). *R. intoshi* METSCHN. aus *Lineus lacteus. Stoecharthrum giardi* CAULL. et MESN. aus *Scoloplos mülleri* (Annelide), hermaphroditisch.

2. Ordnung. Rhombozoa (Dicyemida)[1].

Planuloideen, deren agametische Weibchen von langgestrecktem Körper sind und meist ein bewimpertes Ectoderm sowie eine axiale Entodermzelle aufweisen, in der die Fortpflanzungszellen liegen. Männchen kreiselförmig. Geschlechtsweibchen reduziert, spindelig.

Der wurmförmig gestreckte Körper der weiblichen agametischen (parthenogenetischen) *Dicyemiden* (Abb. 379 c) besteht aus einer äußeren flimmernden

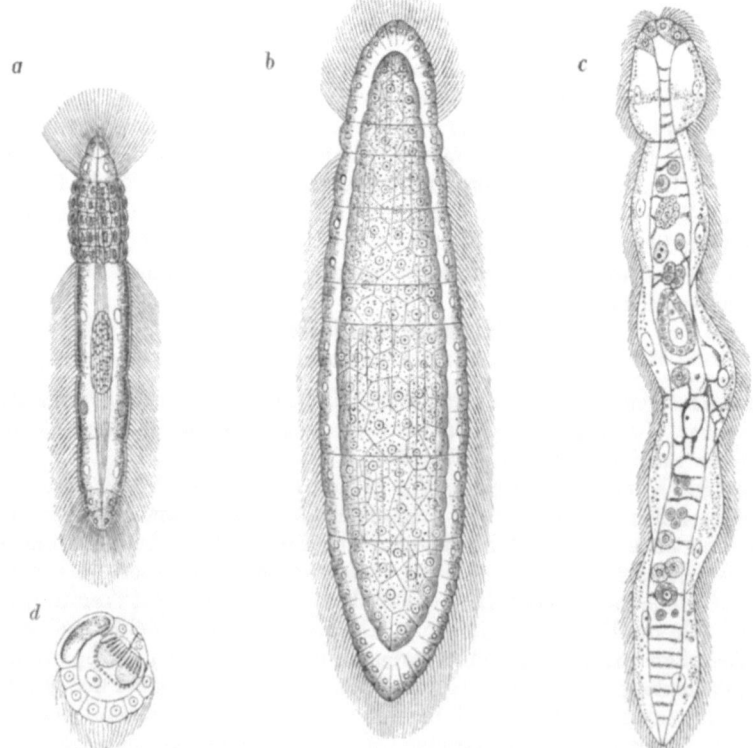

Abb. 379. *Rhopalura ophiocomae.* a Männchen $^{510}/_1$, b Weibchen. $^{358}/_1$ (nach JULIN); c *Dicyema macrocephalum*, junges Weibchen $^{400}/_1$; d Männchen von *Dicyemennea eledones* (*Dicyemella wageneri*) $^{440}/_1$ (nach ED. VAN BENEDEN).

Zellenschicht, die eine große axiale Zelle einschließt. Die vorderen Ectodermzellen bilden eine Kopfkappe. In der axialen Zelle liegen die Fortpflanzungszellen und die sich entwickelnden Embryonen. Die Weibchen (Geschlechtsweibchen),

---

[1] Außer KROHN, KÖLLIKER vgl. v. BENEDEN, ED.: Recherches sur les Dicyémides. Bull. Acad. Belg. **1876**. — Contribution à l'histoire des Dicyémides. Archives de Biol. **3** (1882). — WHITMAN, C. O.: A Contribution to the Embryology, Lifehistory and Classification of the Dicyemids. Mitt. zool. Stat. Neapel **4** (1883). — KEPPEN, N. A.: Beobachtungen über Vermehrung der Dicyemiden (russisch). Odessa 1892. — WHEELER, W. M.: The Lifehistory of *Dicyema*. Zool. Anz. **22** (1899). — HARTMANN, M.: Untersuchungen über den Generationswechsel der Dicyemiden. Mém. Acad. roy. Belg. **1906**.

welche der Befruchtung bedürftige Eier produzieren, sind klein und verharren im Morulazustand; sie verbleiben dauernd in der Axialzelle des Elterntieres und zerfallen bis auf ihre Axialzelle zu Eizellen. Die Männchen (Abb. 379 d) sind bilateralsymmetrisch, von kurzer kreiselförmiger Gestalt; von ihren ectodermalen Zellen sind die hinteren bewimpert; unter den vorderen wimperlosen enthalten zwei einen stark lichtbrechenden Körper, vier bilden eine Art Deckel über der inneren Zellgruppe. Letztere besteht aus zwei größeren Zellen, welche eine Schale zusammensetzen und die Fortpflanzungszellen umschließen.

Nach WHEELERS und HARTMANNS Beobachtungen gestaltet sich der Entwicklungscyclus (Heterogonie) der *Dicyemiden* folgendermaßen: In jungen Tintenfischen finden sich nur junge agametische Individuen, aus deren Keimzellen wieder agametische Generationen hervorgehen. Erst bei älteren Wirtstieren treten in den agametischen Weibchen, die dann zugleich eine gedrungene Gestalt annehmen, die Geschlechtstiere auf. Die Männchen sollen in der Regel aus Eiern der Geschlechtsweibchen hervorgehen, die (in erster Zeit durch von anderen Tintenfischen eingewanderte Männchen) befruchtet worden sind, entstehen aber auch ausnahmsweise aus der Befruchtung nicht bedürftigen Keimzellen (Agameten) agametischer Weibchen. Aus der letzten Generation befruchteter Eier der Geschlechtsweibchen gehen schließlich wieder agametische Weibchen hervor, durch die wahrscheinlich die Neuinfektion erfolgt.

Alle *Dicyemiden* sind Parasiten in der Niere von Cephalopoden, in der die Weibchen angeheftet leben, während die Männchen frei im Nierenlumen schwimmend angetroffen werden.

Fam. *Dicyemidae.* Im erwachsenen Zustande bewimpert, mit Kopfkappe. *Dicyema typus* E. BENED. in *Polypus* (*Octopus*) *vulgaris*. *D. macrocephalum* E. BENED. in *Sepiola rondeleti* (Abb. 379 c). *D. moschatum* WHITM. in *Eledone moschata*. *D. truncatum* WHITM. in *Sepia officinalis*. *Dicyemennea gracile* WGENR. in *Sepia officinalis*. *D. eledones* WGENR. (*Dicyemella wageneri* E. BENED.) aus *Eledone moschata*.

Fam. *Heterocyemidae.* Im erwachsenen Zustande unbewimpert, ohne Kopfkappe. *Microcyema vespa* E. BENED. im *Sepia officinalis*. *Conocyema polymorphum* E. BENED. in *Octopus vulgaris*.

Es mögen an dieser Stelle zwei Organismen anhangsweise angeführt werden, deren systematische Einordnung mangels Kenntnis ihrer geschlechtlichen Fortpflanzung und Entwicklung unsicher ist. Es sind dies *Trichoplax adhaerens* F. E. SCH. und *Treptoplax reptans* MONTIC[1]. Ersterer stammt aus der Bucht von Triest, letzterer aus jener von Neapel. Der Körper besitzt die Gestalt einer rundlichen Platte. Die Bewegung ist eine gleitende, dabei treten amöbenartige Formveränderungen auf. Der Körper baut sich aus einer äußeren epithelialen Zellage sowie einem mesenchymatischen Innengewebe auf. Erstere wird an der beim Kriechen gegen die Unterlage gekehrten Seite von hohen Geißelzellen, an der nach oben gewendeten Fläche von flachen Zellen gebildet, welche bei *Trichoplax* mit geißelartigen Wimpern besetzt, bei *Treptoplax* unbewimpert sind. Es wurde Vermehrung durch Teilung beobachtet. Über geschlechtliche Fortpflanzung und Entwicklung ist nichts bekannt.

2. Phylum.
Spongiaria (Porifera)[2], Schwammtiere.

Mit dem Urmundpol festsitzende Cölenteraten, entweder solitär, von meist monaxonem, sackförmigem Körper, oder massige oder baumförmige Stöcke bildend. Zahl-

---

[1] SCHULZE, F. E.: Über *Trichoplax adhaerens*. Abh. preuß. Akad. Wiss., Physik.-math. Kl. Berlin 1891. — MONTICELLI, F. S.: Adelotacta zoologica. Mitt. zool. Stat. Neapel **12** (1896).

[2] Außer G. D. NARDO, GRANT vgl. BOWERBANK, S. J.: On the Anatomy and Physiology of the Spongiadae. Philosophic. Trans. roy. Soc. Lond. 1858, 1862. — LIEBERKÜHN, N.: Zur Anatomie der Spongien. Müllers Arch. 1857—1867. — SCHMIDT, O.: Die Spongien des adriatischen Meeres. Leipzig 1862, nebst Suppl. — HAECKEL, E.: Die Kalkschwämme, 2 Bde. Berlin 1872. — SCHULZE, FR. E.: Untersuchungen über den Bau und die Entwicklung

reiche Poren der Leibeswand dienen zur Einfuhr der Nahrung, am Apicalpol eine
Auswurföffnung (Osculum). Eine vom Ectoderm gebildete Mesenchymschicht ist der
Sitz von Skeletbildungen und der Genitalprodukte. Die Gastralschicht aus Kragen-
geißelzellen bestehend.

Die einfachste Schwammform ist die monaxone *Ascon*-Form (*Olynthus*-Form).
Der Körper (Abb. 83 a) ist ein dünnwandiger Sack, welcher an dem oberen, der
Festheftungsstelle gegenüberliegenden Pol eine weite Öffnung, die Auswurfsöffnung (Osculum, After) besitzt. Zahlreiche feine Poren führen durch kurze
Kanälchen in die Darmhöhle und fun-
gieren als Mundöffnungen. Die Wand
des Spongienkörpers baut sich aus drei
Schichten (Abb. 380) auf: einem äußeren
ectodermalen Plattenepithel, einer mesenchymatischen Mittelschicht, die vom
Ectoderm aus gebildet wird und ihre enge
genetische Beziehung zum Ectodermepithel zeitlebens zeigt, indem eine schärfere
Abgrenzung zwischen Ectoderm und Mesenchym fehlt (daher beide auch als
Dermalschicht zusammengefaßt werden),
und aus dem das Darmlumen auskleidenden Entoderm (Gastralschicht), dessen hohe Zellen (Kragengeißelzellen)
durch den Besitz eines protoplasmati-
schen Kragens im Umkreis der Geißel
ausgezeichnet sind. Die Mittelschicht
des Spongienkörpers wird von einem
gallertigen Bindegewebe gebildet. Sie ist
Sitz der Skeletbildungen und Genitalprodukte.

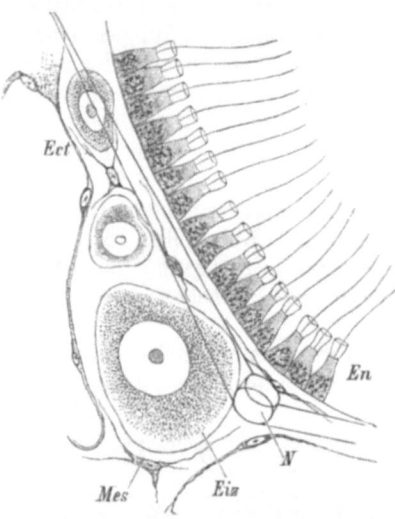

Abb. 380. Schnitt durch einen Kalkschwamm (*Sycon raphanus*). (Nach F. E. SCHULZE.) *Ect* Ectoderm, *En* Entoderm einer Radialtube, *Mes* Mesenchymschicht, *N* Kalknadel in derselben, *Eiz* Eizelle.

Von der *Ascon*-Form, nach der nur die *Asconen* unter den Kalkschwämmen
gebaut sind, leitet sich die kompliziertere *Sycon*-, *Sylleibiden*- und *Leucon*-Form ab.
Bei der Syconform (Abb. 381) ist die Körperwand in zahlreiche radiär gestellte
Röhren (Radialtuben) ausgezogen, zwischen denen Einströmungskanäle sich
finden. Es ist dabei in der Gastralschicht eine Differenzierung eingetreten, indem
das Kragenzellenepithel sich nur in den Radialtuben findet, die Auskleidung des

der Spongien. Z. Zool. **1875—1881**. — Report on the Hexactinellidae. Challenger Rep. **21**
(1887). — POLÉJAEFF, N.: Report on the Calcarea. Ebenda 8 (1883). — SOLLAS, J. W.:
Tetractinellida. Ebenda **25** (1887). — RIDLEY a. DENDY: Monaxonida. Ebenda **20** (1887).
— v. LENDENFELD, R.: A Monograph of the Horny Sponges. Roy. Soc. London 1889. —
Die Clavulina der Adria. Nova Acta **69** (1896). — Tetraxonia. Das Tierreich **19** (1903). —
VOSMAER, G. C. J.: Porifera. BRONNS Klassen u. Ordnungen des Tierreichs 1887. —HEIDER,
C.: Zur Metamorphose der *Oscarella lobularis*. Arb. zool. Inst. Wien **6** (1885). — GOETTE,
A.: Untersuchungen zur Entwicklungsgeschichte von *Spongilla fluviatilis*. Hamburg u.
Leipzig 1886. — DELAGE, Y.: Embryogénie des Éponges. Archives de Zool., sér. 2, **10** (1892).
— MAAS, O.: Die Embryonalentwicklung und Metamorphose der Cornacuspongien. Zool.
Jb. **7** (1894).f — IJIMA, I.: Studies on the Hexactinellida. J. Coll. Sci. Tokyo **15** (1901). —
EVANS, R.: A description of *Ephydatia blembingia*, with an account of the Formation and
Structure of the Gemmula. Quart. J. microsc. Sci. **44** (1901). — DENDY, A. a. R. W. H.
Row: The Classification and Phylogeny of the Calcareous Sponges. Proc. Zool. Soc. Lond.
1913. — MÜLLER, K.: Gemmula-Studien und allgemein-biologische Untersuchungen an
Ficulina ficus. Wiss. Meeresunters. Kiel 1914. — HENTSCHEL, E.: Die Spikulationsmerk-
male der monaxonen Kieselschwämme. Mitt. Naturh. Mus. Hamburg **31** (1914).
Vgl. ferner die Arbeiten von ZITTEL, BARROIS, MARSHALL, NÖLDEKE, METSCHNIKOFF,
TOPSENT, WIERZEJSKI, MINCHIN, JAFFÉ, PRELL, OKADA u. a.

zentralen Oscularraumes dagegen von einem Plattenepithel gebildet wird. Da die Radialtuben Faltungen der Körperwand sind, finden sich die Poren in ihrem ganzen Umkreis. Nach diesem Typus sind nur gewisse Kalkschwämme, die *Syconen*, gebaut. Die Sylleibidenform (Abb. 383) ist durch Faltung der Syconwand ableitbar, indem an die Radialtuben erinnernde Geißelkammern durch abführende divertikelartige Nebenräume des Oscularraumes in diesen münden. Einen solcherweise gebauten Gastralraum weisen die *Sylleibiden* unter den Kalkschwämmen auf; auch der Bau der *Triaxonier* schließt sich hier an. Alle übrigen Spongien zeigen im Bau den Leucontypus (Abb. 382). Der Gastralraum ist in diesem Falle zu kugeligen Geißelkammern ausgebuchtet. Von ihnen

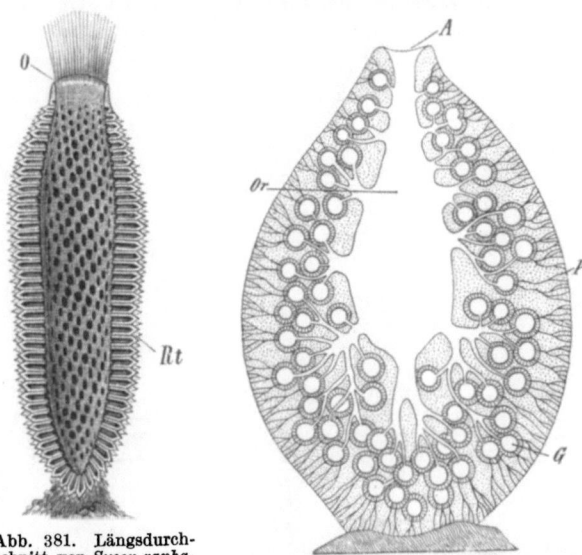

Abb. 381. Längsdurchschnitt von *Sycon raphaus*. $^2/_1$. *O* Osculum mit Nadelkragen, *Rt* die Radialtuben, welche sich in den centralen Oscularraum öffnen.

Abb. 382. Schematische Darstellung des Darmsystems eines Kalkschwammes vom *Leucon*typus. (Nach HAECKEL.) *P* Einströmungsporen, *G* Geißelkammern, *Or* Oscularraum, *A* Osculum (Auswurfsöffnung).

führen Kanäle in den zentralen Oscularraum, während andererseits zahlreiche Porenkanäle von der Oberfläche in die Geißelkammern führen. Das Kragenzellenepithel ist auf die Geißelkammern beschränkt. Durch weitere Faltungen der Reihe der Geißelkammern und durch Ausbildung größerer, unter der Körperoberfläche gelegener Räume (Subdermalräume) kompliziert sich bei vielen Schwämmen der Bau der Körperwand.

Die harten Skeletteile, die nur bei wenigen Schwämmen (*Halisarca, Oscarella, Chondrosia*) vermißt werden, sind entweder Nadeln oder Spicula (Kalknadeln, Kieselnadeln) oder Sponginfasern (sogenannte Hornskelete). Die Kalkskelete (Abb. 386 c) bestehen aus einstrahligen oder drei- und vierstrahligen Kalknadeln, die, wie auch die Kieselnadeln, im Inneren von Zellen ihre Entstehung nehmen. Eine viel größere Formenmannigfaltigkeit zeigen

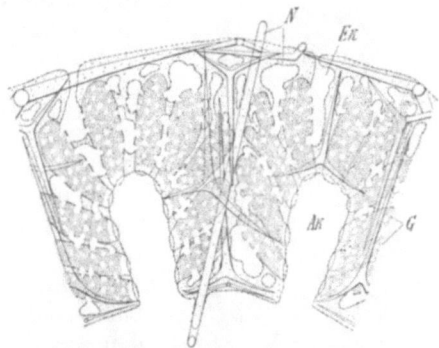

Abb. 383. Schnitt durch die Körperwand von *Vosmaeropsis* (*Leucilla*) *connexiva*. (Nach POLÉJAEFF.) *G* Geißelkammern, *Ek* einführendes Kanalsystem, *Ak* in den Oscularraum ausführender Kanal, *N* Nadeln.

die Kieselkörper (Abb. 384); sie treten in Form von Nadeln, Walzen, Ankern, Kreuzen, Kugeln auf und weisen im Inneren einen Achsenfaden aus organischer Substanz auf. Die großen Nadeln werden als Megasklere, die kleinen als Microsklere unterschieden. Es lassen sich unter den Kieselnadeln zwei gesonderte Typen, der triaxone und tetraxone Typus, unterscheiden, von dem sich die monaxonen Nadeln ableiten. Die Kieselnadeln können durch Kieselsubstanz oder Sponginsubstanz miteinander zu einem festeren Gerüst verbunden sein. Die Sponginfasern (Abb. 385) (Hornfasern) bilden Netze von sehr verschiedener Dicke und bestehen aus einer organischen Abscheidung (Spongin), welche von

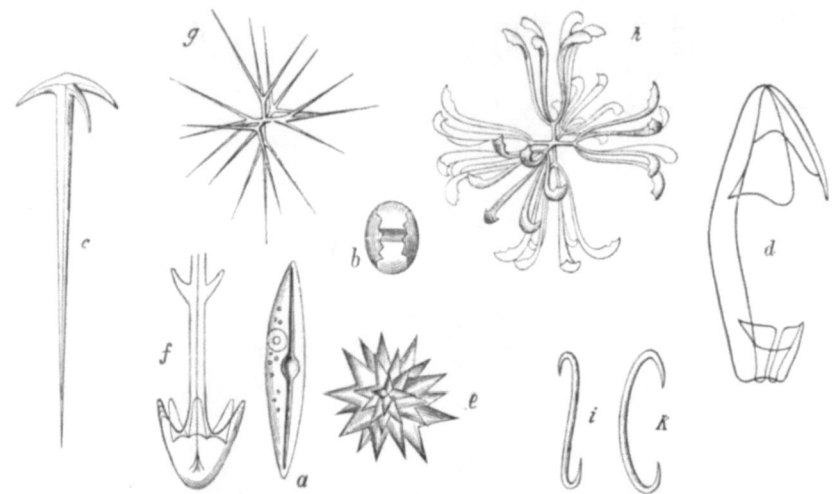

Abb. 384. Kieselnadeln. a Kieselnadel, b Amphidiscus einer *Spongilla* innerhalb der Bildungszelle (nach LIEBERKÜHN); c Anker (Triaen) von *Geodia mülleri*, d Chele (Anisochele) von *Mycale* (*Esperia*), Seitenansicht (nach HENTSCHEL), e Aster (Euaster) von *Chondrilla* (nach O. SCHMIDT); f Ankerknopf von *Euplectella aspergillum*, g Oxyhexaster, h Floricom derselben (nach F. E. SCHULZE); i, k Kieselhaken (Sigma) von *Mycale* (*Esperia*) *contarenii* (nach O. SCHMIDT).

epithelartig aneinander gereihten Mesenchymzellen (Spongoblasten) geliefert wird. Bisweilen sind in die axiale weiche Marksubstanz der Sponginfasern Fremdkörper aufgenommen.

Im Mesenchym mancher Spongien (*Chondrosia*) finden sich Fibrillen; auch sind in der Umgebung der Öffnungen spindelförmige contractile Faserzellen nachgewiesen, durch die ein Verschluß der Öffnungen bewirkt werden kann. Dagegen sind Nerven- und Sinneszellen nicht mit Sicherheit bekannt.

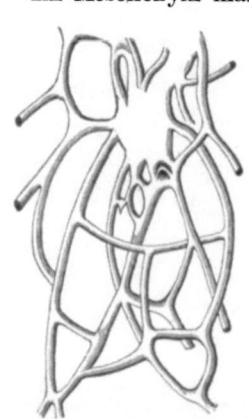

Abb. 385. Stück eines Sponginfasernetzes von *Euspongia officinalis*. (Nach O. SCHMIDT.)

Die Fortpflanzung der Spongien ist sowohl eine geschlechtliche als eine ungeschlechtliche. Erstere ist allgemein verbreitet. Die Geschlechtsprodukte, Ei und Samenzelle, gehören der mesenchymatischen Mittelschicht an und finden sich entweder in demselben Individuum oder auf verschiedene Individuen verteilt. Nur wenige Spongien bleiben solitär. Die meisten bilden auf dem Wege der Knospung und unvollkommenen Teilung Stöcke von baumförmiger oder mehr massiger Gestalt. Die Zahl der in einem Stock enthaltenen Individuen ist aus der Anzahl der Oscula allerdings meist nur annähernd zu bestimmen, da nicht alle Individuen Oscula bilden. Seltener lösen sich die jungen Knospen ab und wachsen zu gesonderten Individuen heran (*Lophocalyx*, *Donatia*). Einen eigenartigen Keimkörper stellen die im Mesenchym des Schwammkörpers sich entwickelnden *Gemmulae* vor. Die Gemmulae der Süßwasserschwämme (*Spongilliden*) erscheinen im Herbst als gelb gefärbte Kugeln;

sie bestehen aus Gruppen embryonaler, dotterreicher Mesenchymzellen, die von einer festen Hülle umschlossen sind (vgl. S. 308 und Abb. 292). Nach Ablauf der kalten Jahreszeit kriecht der bereits ziemlich weit differenzierte Schwammkörper durch den Porus der Schale aus, umfließt letztere und bildet sich in kurzer Zeit zu einem kleinen Schwamm aus. Solche Fortpflanzungskörper kommen auch einigen marinen Spongien (*Suberites*, *Ficulina* und anderen) zu; Gebilde gleicher Art dürften die bei einer Anzahl von *Hexactinelliden* beschriebenen *Sorite* sein.

Die Eier durchlaufen die ersten Stadien der Embryonalentwicklung im Mesenchym des mütterlichen Körpers. Erst die mit Geißeln versehenen Larven werden in das Kanalsystem ausgestoßen und schwärmen von hier aus. Die Furchung ist äqual oder inäqual. Aus ihr geht ein Blastulastadium hervor,

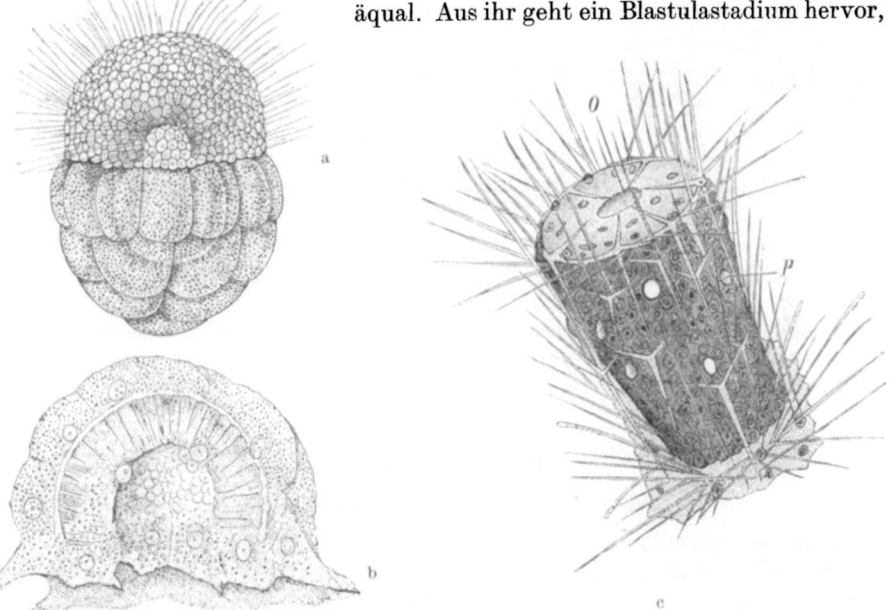

Abb. 386. Entwicklung von *Sycon* (*Sycandra*) *raphanus*. (Nach Fr. E. Schulze.) a Freischwimmende Blastula (Amphiblastula), b eben festgesetzte Larve, c junger Sycon nach Bildung der Poren (*P*) und des Osculums (*O*) im Asconstadium (sogenannter Olynthus).

das bei *Oscarella* ein geräumiges Blastocöl besitzt; bei der Blastula von *Sycon* (Abb. 386 a) hingegen ist letzteres klein; auch fällt hier die eine Hälfte der Larve mit ihren großen körnigen Zellen gegenüber der aus langgestreckten Geißelzellen bestehenden Hälfte auf (sogenannte Amphiblastula). Nun erfolgt bei der Festsetzung der Larve eine Invagination, im letzteren Falle der Geißelzellen. Die Festheftung geschieht mit der Einstülpungsstelle (Urmund) (Abb. 386 b), die sich später vollständig schließt, während in der Seitenwand des sich streckenden Körpers die Poren und am apicalen Pol das Osculum gebildet werden. Die mesenchymatische Mittelschicht entsteht frühzeitig vom Ectoderm aus.

Die ausschwärmende Larve (sogenannte Parenchymula) der *Cornacuspongien* zeigt das Blastocöl mit einem Gewebe erfüllt, welches dem Mesenchym ähnlich ist, auch bereits Skeletnadeln aufweisen kann und an dem beim Schwimmen hinteren Pol der Larve in eine Epithelstelle von histologisch gleicher Beschaffenheit übergeht (Abb. 387), während im übrigen die Oberfläche der Larve von einem Geißelepithel bekleidet wird. Nach Festsetzung der Larve mit dem bei der Bewegung vorderen Körperpol erfolgt eine Umkehrung der Schichten, indem die innere Zellmasse mit der hinteren Epithelstelle zur Dermalschicht, das Geißelepithel zur Auskleidung des Gastralraumes wird. Die innere Zellmasse samt der hinteren Epithelstelle entspricht somit den großen körnigen Zellen der Syconlarve.

Endlich gibt es Parenchymulalarven, deren ganze Oberfläche von einem Geißelepithel gebildet wird (*Spongilla*, Hornschwämme).

Abb. 387. Längsschnitt durch die freischwimmende Parenchymula von *Myxilla rosacea*. (Nach MAAS.)

Unter allen Metazoen stehen die Spongien auf der niedrigsten Lebensstufe. Dies zeigt sich auch in dem Mangel von Muskeln (von den contractilen Faserzellen abgesehen) und Nerven. Es fehlen daher auch ausgiebigere Bewegungen des Körpers; nur geringe Gestaltveränderungen, wie auch das Schließen und Öffnen von Osculum und Poren finden statt, welche durch die Irritabilität der Zellen ausgelöst werden. Die Nahrungsaufnahme erfolgt durch die Geißeleinrichtungen des Darmes, die einen durch die Poren eintretenden Wasserstrom erregen, mit dem kleine Nahrungskörper eingeführt werden.

Mit Ausnahme der Spongillen gehören die Schwämme dem Meere an, wo sie in weiter Verbreitung angetroffen werden. *Cliona* (*Vioa*) bohrt sich in die Unterlage ein. Die meisten Spongien leben in geringen Tiefen, in sehr bedeutenden Tiefen die Hexactinelliden. Fossil finden sich bloß Kiesel- und Kalkschwämme, erstere schon vom Cambrium an, in größter Menge in Trias, Jura und Kreide.

Klasse **Spongiae.**

1. Ordnung. **Calcispongiae, Kalkschwämme.**

Spongien, deren Skelet aus Kalknadeln besteht.

Die Kalkschwämme sind meist farblos, selten rötlich gefärbt, solitär oder stockbildend. Ihr Skelet besteht entweder ausschließlich aus einstrahligen, dreistrahligen oder vierstrahligen Kalknadeln oder tritt in verschiedenen Kombinationen derselben auf.

Abb. 388. *Ascyssa acufera.* (Nach E. HAECKEL.) $^4/_1$

Fam. *Asconidae.* Gastralraum einfach sackförmig. Mesenchym zart. *Leucosolenia* (*Ascetta*) *primordialis* H. Weit verbreitet. *L. botryoides* ELL. SOL. Atlant. Ozean. *Ascyssa acufera* H. (Abb. 388). Stockbildend. Spitzbergen.

Fam. *Syconidae.* Gastralraum mit radial gestellten, fingerhutförmigen Ausstülpungen (Radialtuben). *Sycon* (*Sycandra*) *raphanus* O. SCHM. (Abbild. 381), *Grantia* (*Ute*) *capillosa* O. SCHM. Mittelmeer.

Fam. *Sylleibidae.* Mit fingerhutförmigen, an Radialtuben erinnernden Geißelkammern, die in gefalteter Schicht angeordnet sind und mit dem Oscularraum durch ausführende Gänge in Verbindung stehen (Abb. 383). *Vosmaeropsis* (*Leucilla*) *connexiva* POLÉJ. *Leucilla uter* POLÉJ. Philippinen.

Fam. *Leuconidae.* Kalkschwämme mit dicker Wandung. Gastralraum mit kugeligen Geißelkammern, von und zu denen verzweigte Kanäle führen (Abb. 382). *Leucandra aspera* O. SCHM., Mittelmeer.

2. Ordnung. Triaxonia (Hexactinellida), Glasschwämme.

Becher- oder röhrenförmige Spongien mit großen, sackförmigen Geißelkammern und dünner Mittelschicht. Skelet aus triaxonen (dreiachsigen) Kieselnadeln bestehend.

1. Unterordnung. *Lyssacina.* Hexactinelliden mit isoliert bleibenden oder teilweise unregelmäßig durch Kieselsubstanz verbundenen Kieselnadeln. Häufig ein Wurzelschopf vorhanden.

Fam. *Euplectellidae.* Körper röhrenförmig, mit terminaler Siebplatte. An der Basis ein Schopf von Kieselhaaren zur Befestigung. *Euplectella aspergillum* Ow., Venuskorb, Philippinen. Im Innern des Schwammes leben häufig zwei Krebse: *Aega spongiphila* und ein kleiner Palämon. Verwandt: *Lophocalyx (Polylophus) philippinensis* Gray. Bildet sich loslösende Knospen. Philippinen.

Fam. *Hyalonematidae.* Körper gedrungen, am unteren Pole mit langem, aus spiralig fest zusammengedrehten Kieselnadeln bestehendem Wurzelschopf. *Hyalonema sieboldi* Gray. Japan.

2. Unterordnung. *Dictyonina.* Hexactinelliden, deren sechsstrahlige Hauptnadeln durch Kieselsubstanz zu einem zusammenhängenden Gitterwerk verbunden sind. Wurzelschopf fehlt.

Fam. *Farreidae.* Der röhrenförmige Körper baumförmig verästelt. *Farrea occa* Bwbk. Japan.

Fam. *Dactylocalycidae (Maeandrospongiae).* Körper ein System anastomosierender Röhren bildend. *Dactylocalyx pumiceus* Stutchb. Barbados.

3. Ordnung. Tetraxonia (Tetractinellida).

Häufig lebhaft gefärbte, meist massige Spongien mit kompliziertem Kanalsystem, kleinen runden Geißelkammern und hoch entwickelter Mittelschicht. Skelet aus tetraxonen (vierachsigen) Kieselnadeln gebildet, fehlt selten. Häufig eine härtere Rindenschicht vorhanden (Rindenschwämme).

Fam. *Oscarellidae.* Weiche krustenförmige Schwämme ohne Skelet. *Oscarella lobularis* O. Schm. Nordatlant. Ozean, Mittelmeer.

Fam. *Plakinidae.* Meist krustenförmige Schwämme. Skelet aus kurzen Ankernadeln (Triaenen) bestehend. *Plakina monolopha* F. E. Sch. Mittelmeer.

Fam. *Stellettidae.* Meist massige Schwämme. Skelet stets ohne Kieselkugeln (Sterraster), mit langen radial angeordneten Ankernadeln (Triaenen) (Abb. 384 c). *Stelletta grubei* O. Schm. Nordatlant. Ozean, Mittelmeer. *Ancorina cerebrum* O. Schm. Mittelmeer. *Thenea muricata* Bwbk. Nordatlant. Ozean, Mittelmeer.

Fam. *Geodiidae.* Meist massige Schwämme. Mit zahlreichen Kieselkugeln (Sterrastern) in der harten Rinde. *Geodia mülleri* Flem. (*gigas* O. Schm.). Kosmopolit.

Hier schließen sich die *Lithistidae*, Steinschwämme, an, deren festes Skelet aus durch Zygose miteinander verflochtenen Nadeln besteht. Großenteils fossil. *Coscinospongia* (*Corallistes*) *typus* O. Schm. Atlant. Ozean.

Fam. *Donatiidae.* Körper kugelig, mit dicker Rinde, an der Oberfläche mit kugelförmigen Hervorragungen. Die Megasklere sind monactin. *Donatia (Tethya) lyncurium* L. Bildet abfallende Knospen. Mittelmeer, Atlant. u. Ind. Ozean.

Fam. *Chondrosiidae*, Lederschwämme. Körper lappig, von kautschukartiger Konsistenz, mit faseriger Rinde. *Chondrosia reniformis* Nardo. Ohne Kieselnadeln. Mittelmeer. *Chondrilla* O. Schm. Mit Kieselzackenkugeln (Euaster) (Abb. 384 e) in der Rinde.

Fam. *Suberitidae.* Schwämme von massiger Form ohne deutliche Rinde, mit einseitig geknöpften monactinen Megaskleren (Tylostylen), die in der Regel zu netzartigen Zügen angeordnet sind. *Suberites domuncula* Olivi. Mittelmeer. Hier schließen sich an *Ficulina ficus* L. Nordsee; ferner *Poterion neptuni* Schl., Neptunsbecher. Bis $1^{1}/_{2}$ m hoher becherförmiger gestielter Schwamm. Pazif. Ozean. *Cliona* Grant (*Vioa* Nardo), Bohrschwamm. Bohrt in Kalksteinen, Molluskenschalen, Korallen.

4. Ordnung. Cornacuspongiae.

Spongien von mannigfaltiger Gestalt, mit kompliziertem Kanalsystem und meist großen Subdermalräumen. Skelet aus monaxonen Kieselnadeln gebildet, die durch Sponginsubstanz verbunden sein können, oder nur aus Sponginfasern bestehend.

Fam. *Mycalidae.* Meist ästige Schwämme. Skelet mit meist monactinen Megaskleren. Unter den Mikroskleren stets Chelae (Anisochelae) (Abb. 384 d). *Mycale (Esperia) contarenii* G. Marts. Mittelmeer.

Fam. *Myxillidae*. Ästige oder massige Schwämme, Spongin oft stark entwickelt. Megasklere meist monactin. Stets doppelhakenförmige Mikrosklere (Chelae) vorhanden. *Myxilla rosacea* LIEBK. (*fasciculata* O. SCHM.). Mittelmeer. Hier schließen sich an *Clathria coralloides* O. SCHM. Mittelmeer. *Desmacidon* BWBK.

Fam. *Raspailiidae*. Meist baumförmige Schwämme. Die Nadeln des axialen Skeletes durch ein Sponginnetzwerk verbunden, nach außen Nadelbündel garbenförmig gegen die Oberfläche ausstrahlend. Von Microskleren kommen Chelae oder Sigmen (s-förmige Nadeln) vor. *Raspailia viminalis* O. Schn. Mittelmeer.

Fam. *Axinellidae*. Aufrecht wachsende Schwämme mit sponginreichem Skelet. Megasklere meist monactin. Die Microsklere sind Sigmen, nie Chelae. *Axinella polypoides* O. SCHM. (Abb. 389), Mittelmeer. Hier schließen sich an *Reniera cratera* O. SCHM., *R. semitubulosa* O. SCHM. Skelet sponginarm. Mittelmeer.

Fam. *Spongillidae*. Verästelte oder massige Süßwasserschwämme. Megasklere diactin. Fortpflanzung auch durch sogenannte Gemmulae (Abb. 292). *Spongilla lacustris* L., *Ephydatia fluviatilis* L. Kosmopoliten.

Fam. *Halichondriidae*. Meist zarte Schwämme, deren Skeletnadeln in netzförmigen Zügen angeordnet sind oder wirr durcheinander liegen. Mikrosklere fehlen. Spongin spärlich oder fehlend. *Halichondria panicea* JOHNST. Atlant. Ozean.

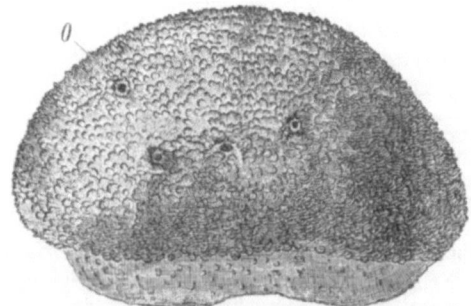

Abb. 389. *Axinella polypoides*. Oscula sternförmig angeordnet. (Nach O. SCHMIDT.) $^2/_3$

Abb. 390. *Euspongia officinalis* mit einer Anzahl Oscula (*O*). (Nach FR. E. SCHULZE.) $^1/_1$

Fam. *Spongeliidae*. Mit netzförmigem Sponginskelet, das Sand eingelagert enthält. Selten Spicula. *Spongelia elegans* NARDO. *Sp. pallescens* O. SCHM. Adria. Hier schließt sich an *Hircinia variabilis* O. SCHM., ausgezeichnet durch den Besitz an den Enden geknöpfter sogenannter Filamente. Adria.

Fam. *Euspongiidae*. Mit elastischem, gleichmäßig starkem Spongingerüst, dessen Fasern einen nur dünnen Achsenstrang (Mark) enthalten. Spicula fehlen. *Euspongia officinalis* L. Badeschwamm (Abb. 390), östliches Mittelmeer und Ostküste der Adria. Unter seinen Varietäten ist die *var. mollissima*, der sogenannte feine Levantinerschwamm, die am meisten geschätzte. *E. zimocca* O. SCHM. Zimokkaschwamm. Skelet härter. *Hippospongia equina* O. SCHM. Pferdeschwamm, mit reich entwickeltem Kanalsystem, auch als Badeschwamm benutzt. Mittelmeer. *Cacospongia cavernosa* O. SCHM. Adria.

Fam. *Aplysinidae*. Sponginskelet locker. Sponginfasern mit reichlicher Achsensubstanz. Spicula fehlen. *Aplysina aërophoba* NARDO, Mittelmeer.

5. Ordnung. Dendroceratida.

Spongien von Kuchen- oder Baumform. Geißelkammern sackförmig. Meist mit baumförmig verzweigtem Sponginskelet, zuweilen mit nadelähnlichen Sponginstücken (sogenannten Sponginspicula).

Fam. *Darwinellidae.* Skelet baumförmig, zuweilen Sponginspicula. *Darwinella aurea* Fr. Müll. *Aplysilla sulfurea* F. E. Sch. Atlant. Ozean, Mittelmeer.

Fam. *Halisarcidae,* Gallertschwämme. Weiche fleischige Spongien ohne Skelet. *Halisarca dujardini* Johnst. Mittelmeer, Ost- und Nordsee.

3. Phylum.
Cnidaria, Nesseltiere.

Mit dem Apicalpol festsitzende oder freischwebende, radiär gebaute Cölenteraten mit persistierendem Urmund; mit hochdifferenziertem Ecto- und Entoderm, welche Sitz der Nesselkapseln sowie der Genitalprodukte sind, zuweilen mit vom Ectoderm oder Entoderm aus gebildeter Mesenchymschicht.

Als morphologische Grundform der Cnidarien kann der Polyp angesehen werden (Abb. 391 a). Er ist charakterisiert durch einen schlauchförmigen Körper, welcher am aboralen Pol befestigt ist und am entgegengesetzten Pol die auf den Urmund zurückzuführende Mundöffnung trägt; letztere findet sich in der Mitte einer scheibenförmigen Verbreiterung des Körpers (Mundscheibe), die von einem Tentakelkranz umgeben wird. Sein Bau ist vier- oder sechsstrahlig. Der Körper besteht aus zwei Epithelschichten, Ectoderm und Entoderm, zwischen welchen noch eine verschieden hoch differenzierte Mittelschicht gelegen ist.

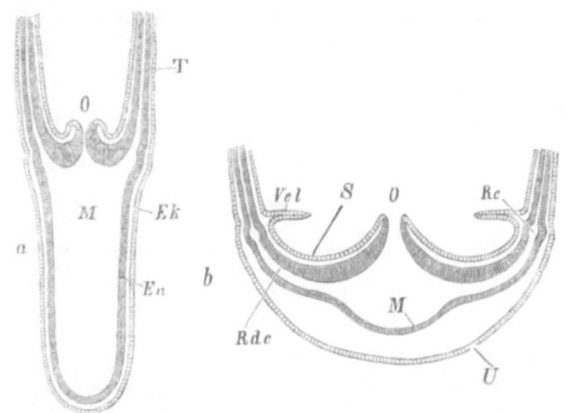

Abb. 391. Schematische Längsschnitte durch den Hydroidpolypen und die Hydroidmeduse. a Hydroidpolyp, *O* Mund, *T* Tentakel, *M* Magenraum, *Ek* Ectoderm, *En* Entoderm; b Hydroidmeduse im Durchschnitt zweier Radiärkanäle (*Rdc*), *Rc* Ringkanal, *O* Mund, *M* Magenraum, *Vel* Velum, *S* Subumbrella, *U* Umbrella (Exumbrella).

In der Gruppe der Cnidarien lassen sich drei Polypenformen unterscheiden: erstens der *Hydroidpolyp,* bei welchem die Stelle des Urmundes die definitive Mundöffnung bildet und der Darm ein einfacher Sack bleibt; zweitens der *Scyphopolyp,* bei dem gleichfalls der Urmund zur definitiven Mundöffnung wird, der Darm aber vier Gastralwülste (Taeniolen) aufweist, die einen von der Mundscheibe aus entstandenen ectodermalen Muskelstrang enthalten; ihnen gegenüber ist der *Anthozoenpolyp* dadurch charakterisiert, daß der Urmund zufolge Ausbildung eines ectodermalen Schlundrohres als Schlundpforte in die Tiefe verlegt und der periphere Teil des Darmes durch vorspringende Längsfalten (Scheidewände) mit entodermaler Muskulatur in eine Anzahl Taschen untergeteilt erscheint. Nach diesen drei Polypentypen werden unter den Cnidarien die drei Klassen der *Hydrozoa, Scyphozoa* und *Anthozoa* unterschieden.

Von dem festsitzenden Polypen läßt sich in den Grundzügen der Organisation die in der Cnidariengruppe auftretende freischwimmende Meduse (Qualle) ableiten (Abb. 391 b). Am glockenförmigen Körper der Qualle unterscheidet man eine Exumbrella, welche dem Körper des Polypen entspricht, und eine Subumbrella, die auf die vergrößerte und vertiefte Mundscheibe des Polypen zurückzuführen ist und in der Mitte den Mundkegel trägt. An der Grenze von Ex- und Subumbrella, dem Rande der Glocke, liegen die den Polypenfangarmen homologen Randtentakel. Vom Polypen unterscheidet sich die Meduse durch die mächtige Entwicklung der exumbrellaren Mittelschicht sowie dadurch, daß der periphere Teil des Darmes (Kranzdarm) nicht durchgehends offen ist, sondern zwischen den offenen taschenartigen oder gefäßartigen Räumen eine einfache Entodermlamelle, die sogenannte Gefäßlamelle oder Kathammalplatte bildet. Ihre eigentümliche Körpergestalt, die durch die Kathammalplatte hergestellte festere Verbindung zwischen Ex- und Subumbrella, endlich die höhere Ausbildung der an der Subumbrella entwickelten Muskulatur sowie des am Scheibenrande gelegenen Nervensystems und der Sinnesorgane sind aus der freischwimmenden Lebensweise zu verstehen. Die Meduse bewegt sich durch Contraction der Glocke, durch welche das Wasser aus der Glockenhöhle ausgestoßen und der Körper mit dem apicalen Pol vorwärts bewegt wird.

Die Meduse wird meist als eine der freischwimmenden Lebensweise angepaßte Polypenform aufgefaßt. Das Velum der Hydroidmeduse sowie die Randlappen der Scyphomeduse sind dann den Polypen gegenüber Neubildungen im Zusammenhang mit der besonderen Lebensweise. Doch wird auch die Auffassung vertreten, daß der Grundtypus der Cnidarien freischwimmend, medusenförmig war und die Polypen als ursprünglich larvale Formen aufzufassen sind (A. KÜHN).

Den beiden Polypenformen des Hydroid- und Scyphopolypen entsprechend, lassen sich zweierlei Medusentypen (*Hydromeduse* und *Scyphomeduse*) unterscheiden, welche sich entweder phylogenetisch getrennt aus den beiden Polypenformen herausgebildet haben oder nach der anderen Auffassung sich unmittelbar aus dem Grundtypus herleiten und parallel Polypenformen ausgebildet haben.

Abb. 392. Nesselkapselzellen des Süßwasserpolypen (*Hydra oligac'is*). a Nesselkapsel geschlossen, b gesprengt, mit ausgestülptem Faden. Am oberen Zellende das Cnidocil. (Nach F. E. SCHULZE.)

Die gewebliche Differenzierung von Ecto- und Entoderm ist bei den Cnidarien, wie schon aus dem Auftreten von Muskeln, Nerven- und Sinneszellen hervorgeht, sehr hoch. Eine für die Cnidarien charakteristische Bildung sind die Nesselkapseln (Cniden) (Abb. 392). Es sind hellglänzende, mit einem Secret gefüllte Kapseln, welche mit einem Deckel verschlossen sind und im Inneren einen spiral aufgerollten, fast immer mit Dornen besetzten Faden enthalten. Die Nesselkapseln (Abb. 393) entstehen im Plasma bestimmter subepithelialer Zellen, meist entfernt von ihrem Verbrauchsort, an den die Bildungszellen mit den Kapseln amöboid wandern, sich dann bis an die Körperoberfläche emporheben und hier einen feinen Sinnesfortsatz (Cnidocil) entwickeln; sie können sowohl im Ectoderm als im Entoderm auftreten. Die Kapseln werden auf einen auf das Cnidocil ausgeübten Reiz gesprengt, wobei der Faden explosionsartig schnell ausgestülpt und die Secretflüssigkeit (Hypnotoxin) entleert wird, die lähmend auf die Beutetiere wirkt. Ihre Bezeichnung rührt von der Empfindung des Brennens her, das die gesprengten Kapseln auf der menschlichen Haut verursachen. P. SCHULZE hat verschiedene Arten von Nesselkapseln unterschieden, und zwar: Penetranten, große birnförmige Nesselkapseln mit bedorntem Basalstück des Fadens zur Durchbrechung von dünnen Chitinmembranen; Volventen, rundliche Kapseln, deren Faden sich bei der Explosion spiralig um Borsten eines Beutetieres wickelt; Glutinanten, Haftkapseln, mit sehr langen Fäden, die an Oberflächen anhaften.

Die Genitalprodukte der Cnidarien liegen im Ectoderm (*Hydrozoa*) oder Entoderm (*Scyphozoa, Anthozoa*). Von diesen Epithelien aus entwickelt sich auch die bei Scyphozoen und Anthozoen vorhandene mesenchymatische Mittelschicht, die bei den Hydrozoen durch eine zellenlose gallertige Stützlamelle repräsentiert wird.

Die Cnidarien lassen drei Klassen unterscheiden: 1. *Hydrozoa*, 2. *Scyphozoa*, 3. *Anthozoa*.

1. Klasse. Hydrozoa.

Cnidarien mit meist ectodermal gelagerten Keimzellen und zellenloser Mittelschicht. Die Polypenform mit einfachem Darm (ohne Magenrohr und Scheidewände). Die Geschlechtstiere in der Regel Randsaummedusen oder medusoide Gemmen.

1. Ordnung. Hydroidea[1]. Hydroiden.

Solitäre Polypen und Medusen oder festsitzende Stöcke bildende Hydrozoen.

Die Ausgangsform ist der Hydroidpolyp. Er besitzt einen schlauchförmigen Körper, welcher am apicalen Pol festsitzt (Abb. 289). Der freie gegenüberliegende Pol trägt die Mundöffnung; sie liegt an einer kegelförmigen Erhebung (Mundkegel) inmitten der schmalen Mundscheibe, die von einem Kranz von Fangarmen (Tentakeln) umstellt ist. Bei den *Tubulariiden* findet sich noch ein zweiter Tentakelkranz am Mundrande vor. Im einfachsten Falle sind vier Tentakel vorhanden, in deren Anordnung sich der vierstrahlig radiäre Bau des Polypen kundgibt; meist erscheinen jedoch die Tentakel vermehrt und in manchen Fällen am oralen Polypenteil verstreut angeordnet. Die Mundöffnung führt in den einfachen Darm, von welchem Fortsetzungen in die Tentakel hineinreichen.

Ectoderm wie Entoderm (Abb. 393) bestehen aus einem Muskelepithel, dessen Fasern glatt sind und im ersteren längs, im letzteren ringförmig am Polypenleib verlaufen. An ihrer Außenseite weisen die Zellen des Ectoderms einen zarten

---

[1] GEGENBAUR, C.: Zur Lehre vom Generationswechsel und der Fortpflanzung bei Medusen und Polypen. Würzburg 1854. — AGASSIZ, L.: Contributions to the Natural History of the United States of America, vol. III—IV, 1860—1862. — HINCKS, TH.: A History of the British Hydroid Zoophytes. 2 vls. London 1868. — ALLMAN, G. J.: A monograph of the Gymnoblastic or Tubularian Hydroids. 2 vls. London 1871—1872. — KLEINENBERG, N.: *Hydra*. Leipzig 1872. — SCHULZE, FR. E.: Über den Bau und die Entwicklung von *Cordylophora lacustris*. Leipzig 1871. — Über den Bau von *Syncoryne Sarsii* und *Sarsia tubulosa*. Leipzig 1873. — GROBBEN, K.: Über *Podocoryne carnea*. Sitzgsber. Akad. Wiss. Wien, Math.-naturwiss. Kl. 1875. — MOSELEY, H. N.: On the Structure of a Species of Millepora etc. Philosophic. Trans. roy. Soc. London 1877. — On the Structure of the Stylasteridae. Ebenda 1878. — HERTWIG, O. u. R.: Das Nervensystem und die Sinnesorgane der Medusen. Leipzig 1878. — Der Organismus der Medusen und seine Stellung zur Keimblättertheorie. Jena 1878. — HAECKEL, E.: Monographie der Medusen, 2 Bde. Jena 1879—1881. — WEISMANN, A.: Die Entstehung der Sexualzellen bei den Hydromedusen. Jena 1883. — CLAUS, C.: Untersuchungen über die Organisation und Entwicklung der Medusen. Prag u. Leipzig 1883. — METSCHNIKOFF, E.: Embryologische Studien an Medusen. Wien 1886. — SCHNEIDER, K. C.: Histologie von *Hydra fusca* mit besonderer Berücksichtigung des Nervensystems der Hydropolypen. Arch. mikrosk. Anat. 35 (1890). — STSCHELKANOWZEW, J.: Die Entwicklung von *Cunina proboscidea*. Mitt. zool. Stat. Neapel 17 (1906). — GOETTE, A.: Vergleichende Entwicklungsgeschichte der Geschlechtsindividuen der Hydropolypen. Z. Zool. 87 (1907). — MAYER, A. G.: Medusae of the World. Vol. I. II. Washington 1910. — KÜHN, A.: Die Entwicklung der Geschlechtsindividuen der Hydromedusen. Zool. Jb. 30 (1910). — Entwicklungsgeschichte und Verwandtschaftsbeziehungen der Hydrozoen. I. Erg. Zool. 4 (1913). — HANITZSCH, P.: Über die Generationszyklen einiger raumparasitischer Cuninen. Zoologica 1912, H. 67. — NUTTING, CH. C.: American Hydroids. U. S. Nat. Mus. Spec. Bull. I—III. Washington 1900—1915. — SCHULZE, P.: Neue Beiträge zu einer Monographie der Gattung *Hydra*. Arch. f. Biontol. 4 (1917). — STECHOW, E.: Zur Kenntnis der Hydroidfauna des Mittelmeeres, Amerikas und anderer Gebiete. Zool. Jb. 42 (1920); 47 (1924). — Vgl. ferner die Arbeiten von HUXLEY, FORBES, KIRCHENPAUR, V. BENEDEN, FOL, A. LANG, V. LENDENFELD, A. BRAUER, LEVINSEN, MAAS, WOLFF, WULFERT, HARM, HADŽI, WILL, BROCH u. a.

Grenzsaum auf. Während die Zellen des Ectoderms plasmareich sind, zeichnen sich die umfangreicheren Entodermzellen durch starke Vacuolisierung aus und tragen Geißeln. In den Tentakeln bildet das Entoderm in vielen Fällen einen soliden, aus einer Reihe von zylindrischen Zellen aufgebauten axialen Stützstrang. Subepithelial liegen im Ectoderm die Bildungszellen der Nesselkapseln; sie strecken sich nach Reifung der Kapsel bis an die Oberfläche und bilden den Sinnesfortsatz, das Cnidocil, aus. Die Nesselkapseln finden sich am reichlichsten, zuweilen in Wülsten und Knöpfen gehäuft, an den Tentakeln.

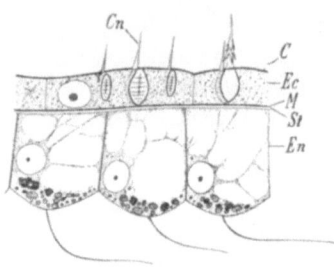

Abb. 393. Längsschnitt durch die Wand eines Tentakels von *Hydra oligactis*. (Nach F. E. Schulze.) *Ec* Ectoderm, *C* Grenzsaum, *M* Längsmuskelfasern, *St* Stützlamelle, *Cn* Cnidocil, *En* Entoderm. Die entodermalen Muskelfasern sind nicht abgebildet.

Das Nervensystem der Hydroidpolypen besteht aus einem Netz von Ganglienzellen und Nervenfasern, das subepithelial über der Muskelfaserschicht gelegen ist (Abb. 212a); am dichtesten ist es an der Mundscheibe sowie den Tentakeln ausgebildet und erstreckt sich, wenn auch schwächer entwickelt, in das Entoderm. Im Ectoderm finden sich Sinneszellen zuweilen mit langen Sinnesfortsätzen (Palpocils). Zwischen Ecto- und Entoderm liegt eine von denselben abgeschiedene dünne, gallertige, zellenlose Mittelschicht (Stützlamelle).

Der Polyp enthält nur ausnahmsweise die Genitalprodukte, und zwar subepithelial im Ectoderm (*Hydra*, deren Arten zum Teil hermaphroditisch sind) (Abb. 289). Immer pflanzt sich aber der Polyp ungeschlechtlich durch Knospung, selten durch Querteilung (*Protohydra*) fort. Die Knospen lösen sich bei der solitär bleibenden *Hydra* ab; sie verbleiben sonst miteinander im Verband. Auf diese Weise entstehen dendritische oder moosförmige Stöckchen (Cormen), in denen die Einzelindividuen durch röhrenförmige, den Stamm des Stockes und dessen Zweige bildende Verbindungen (*Cönosark, Hydrorhiza, Hydrocaulus*) zusammenhängen. Das Cönosark enthält einen Kanal, welcher mit dem Gastralraum der einzelnen Individuen kommuniziert (Abb. 394, 296). Die Knospen entstehen nach bestimmten Knospungsgesetzen (s. S. 309, Abb. 293, 294).

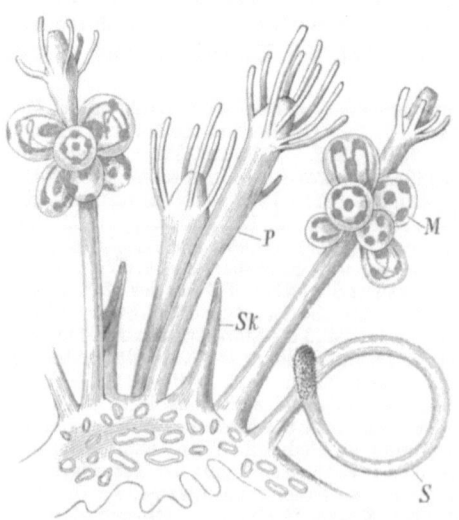

Abb. 394. *Podocoryne carnea*. (Nach Grobben.) *P* Polypen, *M* knospende Medusen an proliferierenden Polypen, *S* Spiralzooid, *Sk* Skeletpolypoid, alle verbunden durch das basale Coenosark (Hydrorhiza). $^{23}/_1$

Bei stockbildenden Formen wird an der Oberfläche des Ectoderms ein chitiniges, selten verkalktes (*Milleporiden, Stylasteriden*) Cuticularskelet abgeschieden, das vornehmlich an den die Polypen verbindenden Stammverzweigungen (Hydrorhiza, Hydrocaulus) des Stockes sich entwickelt und zuweilen (*Campanulariae*) in der Umgebung des Polypen ein becherartiges Gehäuse (Theca) bildet (Abb. 399).

Nicht immer sind die Polypen eines Stockes gleich; es finden sich zunächst neben den gewöhnlichen Ernährungspolypen gewöhnlich proliferierende Individuen, welche die Geschlechtsindividuen erzeugen. Diese proliferierenden Polypen sind in vielen Fällen von den anderen in ihrem Bau weitgehend verschieden und werden dann als *Blastostyle* bezeichnet. Außerdem können modifizierte Polypenindividuen, sogenannte *Polypoide*, auftreten (*Hydractinia, Podocoryne, Plumularia*) (Abb. 394), so die als Wehrpolypen oder Machozoide bezeichneten, meist mund- und oft tentakellosen Spiralzooide und die tentakelförmig vorstreckbaren Nematophoren. Andere Polypoide sind die durch mächtige Entwicklung des Cuticularskelets ausgezeichneten Skeletpolypoide. Die Geschlechtsindividuen (*Gonophoren*) sind Quallen (Medusen), welche sich vom Stock ablösen und oft erst nach mit Metamorphose verbundener Größenzunahme geschlechtsreif werden; oder es erscheinen als Träger der Geschlechtsstoffe modifizierte vereinfachte mundlose Medusen, sogenannte *Medusoide*, oder *medusoide Gemmen* (*Sporosacs*), sessil bleibende Individuen, die in verschiedenem Grad den Bau der Meduse noch zeigen und durch Rückbildung von letzterer abzuleiten sind.

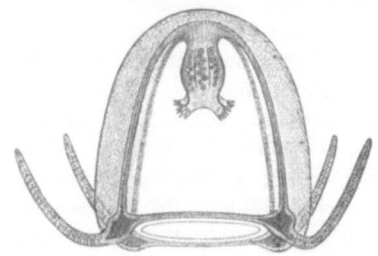

Abb. 395. Meduse von *Podocoryne carnea*. (Nach GROBBEN.) |³⁰/₁

Die Hydroidmeduse (Abb. 395, 396) ist in der Regel von geringer Größe, wenngleich einzelne Formen, wie *Aequorea, Geryonia* zu bedeutenderem Umfang heranwachsen. Sie besitzt eine tiefe oder mehr flache, glockenförmige Gestalt und ist charakterisiert durch den Besitz eines horizontalen muskulösen Randsaumes (Velum, Craspedon, daher *Craspedota*), der vom Glockenrand aus gegen die Subumbrellarhöhle vorspringt und deren Eingang verengt. Selten ist das Velum völlig reduziert (z. B. *Obelia*). Am Glockenrand finden sich in radiärer Anordnung 4, 6, 8 oder auch eine größere Zahl von Fangfäden (Tentakeln). In der Mitte der Subumbrella erhebt sich der Mundkegel, der am Ende die Mundöffnung trägt. Er führt in den zentralen Magen, von dem 4, 6, 8 oder mehr radial gelegene Gefäße bis zum Scheibenrand verlaufen, wo sie durch ein Ringgefäß verbunden sind. Von letzterem gehen die Entodermteile in die Randtentakel ab. Die interradial gelegenen breiten Felder zwischen Radiärgefäßen und Ringgefäß werden durch die einschichtige Gefäßlamelle eingenommen.

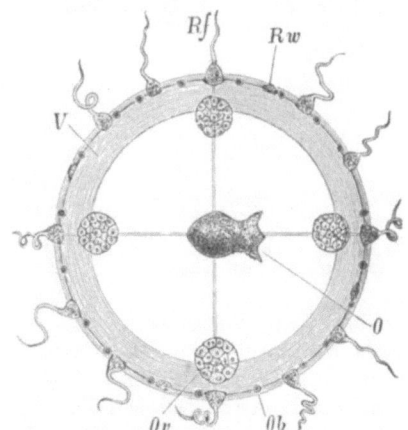

Abb. 393. *Phialidium variabile*, von der Subumbrellarseite gesehen. ¹²/₁. *O* Mund, *Ob* Statocysten, *Ov* Ovarien, *Rf* Tentakel, *Rw* Randwülste (Randtuberkel), *V* Velum. (Nach CLAUS.)

Bei manchen Formen ist das Ringgefäß gegen die Subumbrellarhöhle zu mit Öffnungen versehen; diese liegen an subumbrellaren Höckern (*Subumbrellapapillen*), die ihrem Vorkommen nach den Tentakeln und Randtuberkeln (Tentakelanlagen) des Scheibenrandes entsprechen, und dienen als Ausfuhröffnungen der wahrscheinlich als Harnorgane fungierenden entodermalen Auskleidung der Subumbrellapapillen.

Die Muskulatur der Hydroidmeduse findet sich als Muskelepithel an der Subumbrella und dem Velum angeordnet; die Muskelfasern laufen circulär und sind quergestreift. Ihr wirkt die dicke zellenfreie Gallerte der Exumbrella entgegen, welche häufig von senkrecht verlaufenden elastischen Fasern durchsetzt ist. An ihrer Oberfläche wird die Exumbrella von einem flachen Epithel bedeckt.

Das ectodermale Epithel des Scheibenrandes an der Ansatzstelle des Velums sowohl exumbrellar als subumbrellar ist hoch, exumbrellar bewimpert, und besteht aus Stützzellen und schlanken Sinneszellen, deren basale Fasern einen stärkeren exumbrellaren und zarteren subumbrellaren *Nervenring* bilden (Abb. 179); auch liegen in den Nervenringen Ganglienzellen. Vom exumbrellaren Nervenring gehen die Fibrillenzüge zu den Tentakeln; der subumbrellare Nervenring hängt mit einem subepithelialen (oberhalb der Muskelfasern gelegenen) Plexus von Ganglienzellen in der Muskulatur der Subumbrella zusammen, während die Nerven zu den Sinnesorganen von beiden Nervenringen ausgehen können.

Die schon seit langer Zeit als *Sinnesorgane* in Anspruch genommenen *Randkörper* liegen am Scheibenrand an den Nervenringen und sind entweder Ocellen (*Anthomedusae*) oder statische Organe. Die Ocellen sind Augenflecke oder Sehgruben, zuweilen mit Linse (s. S. 200, Abb. 191 a, b). Die statischen Organe sind entweder frei vorstehende Kölbchen, welche dem exumbrellaren Nervenring angehören und entodermale Statolithen besitzen, auch in einem Bläschen eingeschlossen liegen (*Trachylina*) (Abb. 397), oder statische Gruben bzw. Statocysten, die dem subumbrellaren Nervenring angehören und ectodermale Statolithenzellen aufweisen (*Leptomedusae*) (vgl. S. 189, Abb. 179).

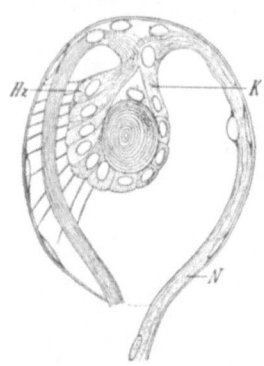

Abb. 397. Statocyste von *Carmarina hastata*. (Nach HERTWIG.) *K* Statisches Kölbchen, *Hz* Sinneszellen, *N* Nervenstrang des exumbrellaren Nervenringes.

Die Medusen, bzw. Medusoiden, sind meist getrennten Geschlechts. Die Genitalorgane finden sich entweder am Mundkegel oder an den Radiärgefäßen und bilden vorspringende Wülste. Die Keimzellen entstehen bei den meisten Medusen aus subepithelialen Zellen des Ectoderms der Subumbrella (Abb. 245). Bei stockbildenden Formen, besonders bei solchen mit medusoiden Gemmen, können die Urkeimzellen im Cönosark auftreten und amöboid in die Gonophorenknospen wandern (Abb. 294).

Bei stockbildenden Formen ist Diöcie die Regel.

Bei einigen Medusen findet sich auch ungeschlechtliche Vermehrung durch Knospung. Es entstehen auf diesem Wege stets Medusen, und zwar entweder am Mundkegel (*Sarsia gemmifera, Rathkea*) oder am Ringgefäß und Radiärkanälen. Auch wurde bei Jugendformen mancher Hydroidmedusen Teilung beobachtet (*Stomobrachium mirabile* [Larvenform einer Aequoride], *Gastroblasta raffaelei* [wahrscheinlich identisch mit *Phialidium variabile*]).

Was die Entwicklung betrifft, so erleidet das Ei eine äquale oder inäquale Furchung (Abb.255). Es entsteht eine bewimperte Blastula, an welcher das Entoderm durch polare Einwucherung oder multipolare Einwanderung, seltener durch Delamination (*Geryoniden*) gebildet wird (Abb. 262—264). Die ovale Larve noch ohne Mund (sogenannte *Planula*) schwärmt aus, setzt sich mit dem apicalen Pole fest und entwickelt sich nach Durchbruch des Mundes und Bildung der Tentakel zum Polypen. Zuweilen (*Tubularia*) entwickelt sich das Ei direkt zu einer polypenartigen Larve, der sogenannten *Actinula*. Der Polyp pflanzt sich ungeschlechtlich durch Knospung fort und erzeugt zunächst ein Polypenstöckchen, an welchem dann die Geschlechtstiere, die Medusen, hervorsprossen. Letztere bringen nach ihrer Ablösung vom Stocke die Geschlechtsprodukte zur Reife. Die Entwicklung ist somit eine Metagenese. Letztere kann auch verdeckt sein, was für jene Fälle gilt, in denen das Geschlechtsindividuum nicht eine freie Meduse, sondern ein am Stocke verbleibendes Medusoid (medusoide Gemme, Sporosac) ist. Endlich kann in der Entwicklung die Polypengeneration und damit die Metagenese ganz ausfallen und aus dem Ei sogleich die Meduse hervorgehen (meiste *Trachylina*). In letzterer Gruppe kommt es sekundär zur Ausbildung einer Metagenese bei *Cunina proboscidea*. Aus einer freischwimmenden Medusengeneration geht hier eine zweite kleinere, im Gastrovascularraum der ersteren sich entwickelnde, abweichend gebaute Medusengeneration hervor, die in den Magen von *Geryonia* gelangt. Erst deren sich hier entwickelnde Nachkommen wachsen zu parasitierenden Stolonen aus, welche durch Knospung die freischwimmende erste Medusengeneration produzieren und im Zustande der Knospung die sogenannten Knospenähren des Geryoniamagens bilden (STSCHELKANOWZEW).

Die Medusen erfahren häufig eine Metamorphose, die nicht nur auf einer Formveränderung des sich vergrößernden Schirmes und Mundstieles, sondern auch auf einer Vermehrung der Randfäden, Randkörper und selbst Radiärkanäle (*Aequorea*) beruht. Manche Hydroidmedusen werden in verschiedenen Stadien ihrer Entwicklung vor Eintritt in das Endstadium geschlechtsreif (*Phialidium variabile*).

Die Schwierigkeit der Systematik wird durch den Umstand erhöht, daß die nächst verwandten Polypenstöckchen verschiedene Geschlechtsformen erzeugen können, wie z. B. *Branchioceriunthus* sessile Geschlechtsgemmen, *Corymorpha* freie Medusen hervorbringen. Auch können ähnlich gebaute Medusen, die man zu derselben Familie stellen würde, von Hydroidstöcken verschiedener Familien aufgeammt werden (*Isogonismus*). Daher erscheint es ebensowenig zulässig, der Einteilung ausschließlich die Geschlechtsgeneration zugrunde zu legen, als die Polypengeneration ohne die erstere zu berücksichtigen. Die früher unterschiedene Gruppe der *Hydrocoralliae* (*Stylasteridae*, *Milleporidae*) erweist sich als nicht systematisch einheitlich.

Die Hydroiden bewohnen mit wenigen Ausnahmen (*Hydra*, *Cordylophora*, *Microhydra* [*Craspedacusta*]) das Meer und ernähren sich von tierischen Substanzen, *Mnestra* parasitisch.

1. Unterordnung. *Hydrariae*. Solitäre nackte Polypen mit drüsiger Fußscheibe; pflanzen sich sowohl durch sich ablösende Knospen als geschlechtlich (zu bestimmten Zeiten) fort (Abb. 289).

Fam. *Hydridae*. Süßwasserpolypen, bekannt durch außerordentliche Regenerationskraft. Vermögen auch mittels der Fußscheibe den Ort zu verändern. *Hydra* (*Pelmatohydra*) *oligactis* PALL. (*fusca* L.), getrenntgeschlechtlich; *H*. (*Chlorohydra*) *viridissima* PALL. (*viridis* L.), *H. vulgaris* PALL. (*grisea* L.). Getrenntgeschlechtlich oder hermaphroditisch. Europa. Hier läßt sich anschließen *Protohydra leuckarti* GRFF. Tentakellos. Fortpflanzung durch Querteilung. Ostende, Engl. Küste, Ostsee.

2. Unterordnung. *Tubulariae* (*Anthomedusae*). Von chitiniger Cuticula überkleidete Polypenstöckchen; Polypen nackt, ohne becherförmige Theka (Athecata). Die Medusen oder medusoiden Gemmen sprossen am Leibe der Polypen oder am Stock. Die Medusen (*Anthomedusen*, *Ocellaten*) besitzen meist Augenflecke. Die Genitalorgane liegen am Mundkegel.

Fam. *Clavidae*. Polypen keulenförmig mit zerstreut stehenden fadenförmigen Tentakeln. Meist medusoide Gemmen. *Clava squamata* MÜLL. Nordsee. *Cordylophora lacustris* ALLM. Diöcisch. Im Brackwasser der Nord- und Ostsee und im Süßwasser. *Turris* (*Tiara*) *pileata* FORSK. Meduse mit großem kegelförmigen Scheitelaufsatz und zahlreichen Tentakeln. Mittelmeer, Atlant. Ozean. *T*. (*Catablema*) *eurystoma* H. Küste von Grönland.

Fam. *Bougainvilliidae*. Tentakel des Polypen nach dem Mundkegel zu in einen oder mehrere dicht gedrängte Kreise zusammengerückt. Stöcke krusten- oder baumförmig Häufig Polymorphismus. *Podocoryne carnea* SARS. Stock krustenförmig. Mit Medusen

(*Oceania*). Diöcisch. Mittelmeer (Abb. 394, 395). *Hydractinia echinata* FLEM. Mit medusoiden Gemmen. Nordsee. *Bougainvillia ramosa* BENED. Mit Medusen (Abb. 296). *Rathkea* (*Lizzia*) *octopunctata* SARS. Mittelmeer, Nordsee. *Clathrozoon wilsoni* W. B. SP. Gorgoniden-ähnliche derbe Kolonien mit aus einem röhrigen Netzwerk gebildetem Cönosark. Polypen in zellartigen Räumen. Außerdem Tentakularzooids. Australien. Führen zu den Stylasteriden hinüber.

Fam. *Stylasteridae*. Korallenähnliche verästelte Stöcke mit verkalktem Cuticularskelet. Cönosark aus einem röhrigen Netzwerk gebildet mit nach der Oberfläche geöffneten zellenartigen Räumen für die Nährpolypen und Tastpolypoide, die in größerer Zahl häufig kreisförmig um je einen Nährpolypen angeordnet sind. Nährpolypen bougainvillienähnlich. Mit medusoiden Gemmen. Diöcisch. Meist Tiefseebewohner. *Stylaster roseus* PALL. Atlant. Ozean. *Distichopora coccinea* GRAY. Still. Ozean.

Fam. *Eudendriidae*. Tentakel des Polypen in einem Kreis angeordnet. Mundkegel rüsselförmig, scharf vom Polypenkörper abgesetzt. Stöcke baumförmig verzweigt. Mit medusoiden Gemmen. *Eudendrium ramosum* L. Atlant. Ozean, Mittelmeer.

Fam. *Corynidae*. Polypen keulenförmig mit geknöpften Tentakeln. *Syncoryne sarsi* LOV. Mit Medusen (*Sarsia tubulosa*). Nord- und Ostsee. *Sarsia gemmifera* FORB. Meduse, bildet Knospen am Mundkegel. Atlant. Ozean. *Coryne pusilla* GÄRTN. Mit medusoiden Gemmen. Mittelmeer, Nordsee. *Solanderia rufescens* JÄDERH. Mächtige baumförmige gorgonidenähnliche Stöcke mit aus einem dichten Netzwerk gebildetem Cönosark. Japan. Führen zu den Milleporiden hinüber. *Myriothela phrygia* F. Großer solitärer Polyp mit zahlreichen Tentakeln. Mit am basalen Teile gelegenen Blastostylen, zwischen denen Haftschläuche stehen, welche die von den Gonophoren ausgestoßenen Eier während der Embryonalentwicklung festhalten. Nordsee. *Stauridium cladonemae* DUJ. Zugehörige Meduse (*Cladonema radiatum* DUJ.) mit acht verästelten Tentakeln. Mittelmeer. *Clavatella prolifera* HCKS. Zugehörige Meduse *Eleutheria dichotoma* QTRF. Kriechend, mit meist sechs Tentakeln. Mundkegel bloß an den Radiärkanälen mit der Exumbrella zusammenhängend. Hermaphroditisch. Pflanzt sich auch durch Knospung fort. Atlant. Ozean, Mittelmeer. *Mnestra parasites* KROHN, parasitisch an *Phyllirhoë bucephalum* lebende Meduse. Mittelmeer.

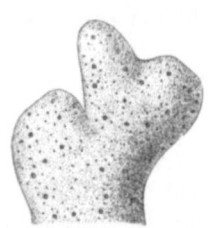

Abb. 398. Stück einer *Millepora*. (Original G.) Etwa $^2/_1$. Man sieht die größeren Zellen für die Nährpolypen und die kleineren für die Tastpolypoide.

Fam. *Milleporidae*. Korallenähnliche massige oder krustenförmige Stöcke mit verkalktem Cuticularskelet. Das aus einem röhrigen Netzwerk gebildete Cönosark mit oberflächlichen zellenartigen Räumen zur Aufnahme der Nährpolypen und Tastpolypoide, die in größerer Zahl häufig kreisförmig um die Nährpolypen angeordnet stehen. Polypen mit geknöpften Tentakeln. Als Geschlechtsindividuen wurden bei einzelnen Arten freischwimmende Medusoide beobachtet. Die Milleporiden beteiligen sich am Aufbau der Korallenriffe. *Millepora alcicornis* L. Weit verbreitet (Abb. 398).

Fam. *Tubulariidae*. Polypen tragen außer dem Tentakelkranz einen den Mund umstellenden Kreis fadenförmiger Tentakel. Die Geschlechtsindividuen knospen an der Mundscheibe. *Tubularia mesembryanthemum* ALLM. Stöckchen mit kriechenden Wurzelverzweigungen, auf denen sich einfache Äste mit endständigen Polypen erheben. Medusoide Gemmen. Diöcisch. Adria. *T. indivisa* L. Nordsee, Ostsee. *Corymorpha* SARS. Der von gallertiger Cuticula umhüllte Stiel des solitären Polypen befestigt sich mit wurzelförmigen Fortsätzen. Die freiwerdende Meduse (*Steenstrupia*) mit einem Randfaden, aber bulbösen Anschwellungen am Ende der übrigen Radiärkanäle. *C. nutans* SARS. Nordsee. *Branchiocerianthus* (*Monocaulus*) *imperator* ALLM. Solitärer bilateralsymmetrischer Polyp, bis 2 m lang, mit medusoiden Gemmen. Tiefsee, Japan. *Pelagohydra mirabilis* DENDY. Freischwimmender solitärer Polyp mit apikalem blasenförmigen Floß. Mit Medusen. Ostküste von Neuseeland.

3. Unterordnung. *Campanulariae* (*Leptomedusae*). Polypenstöcke, deren chitinige Skeletröhren des Cönosarks sich um die Polypen in der Regel zu becherförmigem Gehäuse (Theka) erweitern (Thecata). Polypen stets nur mit einem Tentakelkranz. Die Geschlechtsindividuen entstehen fast regelmäßig an proliferierenden Polypoiden ohne Mund und Tentakel (sogenannte Blastostylen) und sind bald sessile Gemmen, bald Medusen mit Geschlechtsorganen an den Radiärkanälen und subumbrellar entstehenden statischen Bläschen (*Vesiculaten*).

Fam. *Campanulariidae.* Stöcke einfach oder verästelt, die glockenförmigen Theken besitzen geringelte Stiele. *Campanularia verticillata* L. Nordsee. *Clytia johnstoni* ALD. Meduse wahrscheinlich *Phialidium variabile* CLS. (Abb. 396), pflanzt sich durch Teilung fort, dürfte mit *Gastroblasta raffaelei* LANG identisch sein. Atlant. Ozean, Mittelmeer. *Obelia dichotoma* L., Meduse flach, scheibenförmig, mit zahlreichen Randtentakeln, Velum völlig reduziert (Abb. 399, 400). *Gonothyraea lovéni* ALLM. Mit medusoiden Gemmen. Ost- und Nordsee, Mittelmeer. *Orthopyxis (Laomedea) caliculata* HCKS. Weit verbreitet. Verwandt: *Mitrocoma annae* H. Mittelmeer. *Eucheilota* MCCRADY. Westl. Atl. Oz.

Fam. *Sertulariidae.* Stock verzweigt, Polypen besitzen sitzende flaschenförmige Becher und sind zweireihig an entgegengesetzten Seiten des Stammes und der Äste angeordnet. Mit Gonophoren. *Sertularia (Dynamena) pumila* L. Weit verbreitet. *Hydrallmania falcata* L. Nordsee. *Thuiaria argentea* L. Seemoos. Nordsee, Mittelmeer. *Sertularella polyzonias* L. Kosmopolit.

Fam. *Plumulariidae.* Stöckchen meist federförmig verzweigt. Polypen einreihig, nur an den Ästen; Theka sitzend. Neben denselben besondere kleine Individuen (Nematophoren). Stets Gonophoren. *Plumularia halecioides* ALD., *Aglaophenia pluma* L., *Lytocarpia (Thecocarpus) myriophyllum* L. Theken der proliferierenden Individuen zu sogenannten Corbulae vereinigt. Mittelmeer. *Antennularia antennina* L. Europäische Meere.

Fam. *Campanopsidae.* Polypenstöckchen zart, die Polypen campanulariaähnlich, jedoch ohne Theka. Basis der Tentakel durch eine Membran verbunden. Die Medusen erreichen eine ansehnliche Größe und besitzen Subumbrellarpapillen. *Aequorea forskalea* PÉR. LSR. Medusen mit zahlreichen Radiärgefäßen und Randtentakeln. *Eutima (Octorchis) campanulata* CLS. Polyp als *Campanopsis* CLS. beschrieben. Atlant. Ozean, Mittelmeer. *Phortis (Irene) pellucida* WILL, *Tima flavilabris* ESCHZ. Mittelmeer. Verwandt *Halecium* OK. Theka sehr klein.

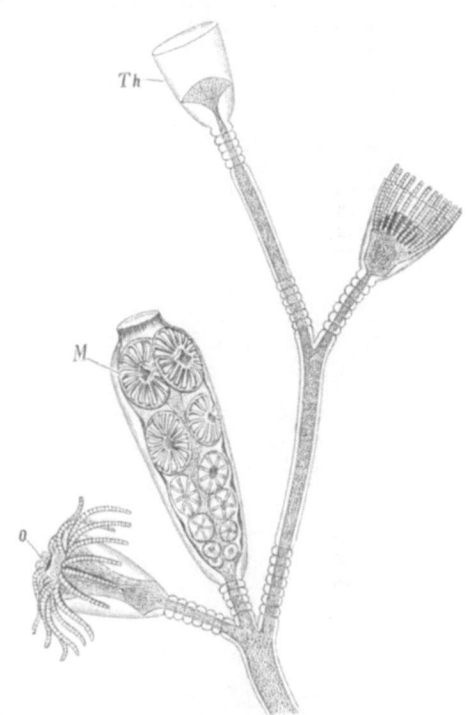

Abb. 399. Zweig eines Stöckchens von *Obelia dichotoma*. $^{2}/_{1}$. *O* Mundöffnung eines vorgestreckten Nährpolypen, *M* Medusenknospen am proliferierenden Polypoid, *Th* becherförmiges Gehäuse (Theca) eines Nährpolypen.

4. Unterordnung. *Trachylina.* Medusen mit festem, oft durch vom Rande radial verlaufende Nesselstreifen (Schirmspangen) gestütztem Schirm, mit starren, von solidem Zellstrang erfüllten Tentakeln, welche auf den Jugendzustand beschränkt sein können (Larven der *Geryoniden*), mit exumbrellar entstandenen statischen Organen. Gonaden an den Radiärkanälen. Entwicklung in der Regel ohne polypenförmige Ammengeneration durch Metamorphose.

1. Sektion. *Trachymedusae.* Trachylinen mit ungeteiltem Schirmrand, meist mit zahlreichen Tentakeln. Gonaden an den Radiärkanälen.

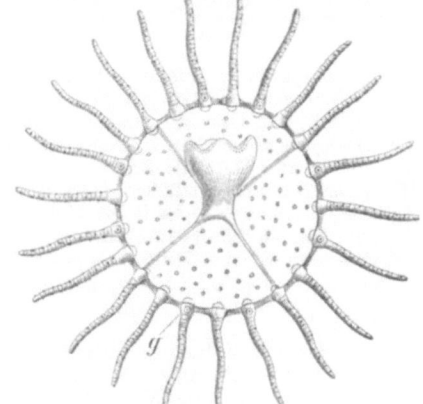

Abb. 400. Meduse von *Obelia dichotoma*, noch ohne Geschlechtsorgane. *g* Statocysten. $^{28}/_{1}$

Fam. *Olindiadae.* Mit vier Radiärkanälen. Zuweilen blindendigende Zentripetalkanäle. Tentakel häufig an die Exumbrella verlagert. Bei einigen Formen eine Polypengeneration. *Olindias phosphorica* CHIAJE. Mittelmeer. *Haleremita cumulans* SCHAUD. Solitärer Polyp, der durch Knospung Polypen und die als *Gonionemus vindobonensis* JOSEPH beschriebene Meduse erzeugt. Adria. *Microhydra ryderi* POTTS. Tentakelloser Polyp. Meduse als *Craspedacusta* LANK. (*Limnocodium* ALLM.) bekannt. Süßwasser, Europa, Nordamerika.

Fam. *Trachynemidae.* Mit acht Radiärkanälen. Die Gonaden an bläschenförmigen Ausstülpungen der Radiärkanäle. *Sminthea (Trachynema) eurygaster* GEGNB. Atlant. Ozean, Mittelmeer. *Rhopalonema velatum* GEGNB. Weit verbreitet. *Aglaura hemistoma* PÉR. LSR. Weit verbreitet.

Fam. *Geryoniidae.* Rüsselquallen. Schirmrand mit mächtigem Nesselwulst, Schirmspangen vorhanden. 4—6 Radiärkanäle und hohle Randtentakel. Ein kurzer rüsselförmiger Mundkegel am Ende eines langen Magenstieles. Die Gonaden in Gestalt flacher Blätter an den Radiärkanälen. *Liriope eurybia* H. Mit vier Tentakeln. Magenstiel in einen innerhalb des Mundkegels gelegenen Zungenkegel auslaufend. *Geryonia proboscidalis* FORSK. Mit sechs Tentakeln. (Wahrscheinlich = *Carmarina hastata* H.) Mit vom Ringkanal entspringenden blinden Centripetalkanälen, Mittelmeer (Abb. 401).

2. Sektion. *Narcomedusae.* Trachylinen von scheibenförmiger Gestalt mit radiären Magentaschen. Ringgefäß häufig fehlend. Umbrella knorpelhart, infolge des Hinaufrückens der Tentakel auf die Exumbrella am Rande in Lappen zerfällt. Die starren Tentakel mit dem Rande der Umbrella durch Spangen verbunden. Gonaden an den radiären Magentaschen.

Fam. *Cuninidae.* Narcomedusen mit ungeteilten radiären Magentaschen. *Cunina lativentris* GEGNB. Atlant. Ozean, Mittelmeer. *C. proboscidea* METSCHN. Bildet die sogenannten Knospenähren im Magen der Geryoniden. Mittelmeer.

Fam. *Aeginidae.* Die radiären Magentaschen zweiteilig. *Aegina citrea* ESCHZ. Pazif. Ozean. Hier schließen sich an *Solmaris (Aegineta) flavescens* KÖLL., *S. (Polyxenia) leucostyla* WILL. Mittelmeer. *Solmundella bitentaculata* Q. G. (*Aeginopsis mediterranea* J. MÜLL.) Mit zwei Tentakeln. Weit verbreitet.

Wahrscheinlich eine neotenische Narcomedusenlarve ist die eigenartige, unter $1/2$ mm große *Halammohydra octopodides* REMANE. Mit reduzierter Umbrella. Nord- und Ostsee.

Abb. 401. *Geryonia proboscidalis (Carmarina hastata).* (Nach HAECKEL.) $1/2$. *m* Magenstiel, *M* Mundkegel, *N* Nervenring, *S* statische Sinnesorgane, *Rk* Ringkanal, *C* Centripetalkanäle, *ms* Schirmspangen, *G* Genitalorgan, *V* Velum.

Von den meisten Autoren als zu den Hydroiden gehörig wird die eigentümliche, bis 8 mm große *Tetraplatia* W. BUSCH[1] betrachtet, für die von CARLGREN eine besondere, den Trachylinen einzuordnende Gruppe *Pteromedusae* gebildet wird. Der bewimperte Körper von *Tetraplatia*, von Gestalt einer vierseitigen Doppelpyramide, ist durch den Besitz von acht der Bewegung dienenden, im Äquator des Körpers entspringenden Randlappen ausgezeichnet, die zu vier Doppelflügellappen vereinigt und durch eine Randleiste verbunden sind. Diese Randbildungen werden als Schirmrand und ein Saum unterhalb derselben als Velum gedeutet (CARLGREN). An jedem Randlappen eine Statocyste mit statischen Kölbchen im Innern. Der am hinteren Körperende gelegene Mund führt in einen einfachen Gastralraum. Die Stützlamelle ist zellenlos. Es besteht Getrenntgeschlechtlichkeit. Die Genitalorgane in Form von vier ektodermalen eingestülpten Säcken, die zwischen den Randlappen aus-

---

[1] Außer BUSCH, KROHN, BARGONI vgl. CLAUS, C.: Über *Tetrapteron (Tetraplatia) volitans*. Arch. mikrosk. Anat. **15** (1878). — VIGUIER, C.: Études sur les animaux inférieures de la baie d'Alger. 4. Le Tétraptère. Archives de Zool. 1890. — CARLGREN, O.: Die Tetraplatien. Wiss. Erg. dtsch. Tiefsee-Exp. **19** (1909). — DANTAN, J. L.: Contribution à l'étude du *Tetraplatia volitans*. Ann. Inst. Océanogr. Monaco **2** (1925).

münden. *Tetraplatia volitans* W. Busch. Mit vier den oralen und aboralen Teil des Körpers verbindenden Säulen zwischen den Randlappen. Mittelmeer, Ind. Ozean. *T. chuni* Carlgren. Ohne Säulen. Atlant. Ozean bei Kapstadt.

2. Ordnung. Siphonophora, Schwimmpolypen, Röhrenquallen[1].

Freischwimmende polymorphe Stöcke von Hydrozoen.

In morphologischer Beziehung sind die Siphonophoren Tierstöcke; physiologisch erscheinen sie jedoch weit mehr wie andere Cormen als einfache Individualität, und zwar infolge des hochentwickelten Polymorphismus und der weitgehenden, in Form und Leistung erfolgten wechselseitigen Anpassung der den Siphonophorenstock aufbauenden Individuen.

An der Siphonophore (Abb. 402) läßt sich als Träger der übrigen Individuen der *Stamm* (*Hydrosom*) unterscheiden. Derselbe ist meist langgestreckt röhrenförmig und sehr contractil, unverästelt, selten mit einfachen

[1] Außer Eschscholtz, C. Vogt, Huxley, A. Agassiz vgl. Kölliker, A.: Die Schwimmpolypen von Messina. Leipzig 1853. — Gegenbaur, C.: Beiträge zur näheren Kenntnis der Siphonophoren. Z. Zool. **5** (1854). — Leuckart, R.: Zoologische Untersuchungen. I. Gießen 1853. — Zur näheren Kenntnis der Siphonophoren von Nizza. Arch. Naturgesch. 1854. — Haeckel, E.: Zur Entwicklungsgeschichte der Siphonophoren. Utrecht 1869. — Metschnikoff, E.: Studien über die Entwicklung der Medusen und Siphonophoren. Z. Zool. **24** (1874). — Claus, C.: Über *Halistemma tergestinum*. Arb. zool. Inst. Wien **1** (1878). — Haeckel, E.: Report on the Siphonophorae collected by H. M. S. Challenger. 1888. — Chun, C.: Die canarischen Siphonophoren in monographischen Darstellungen. Abh. Senckenberg. naturforsch. Ges. **16** (1890); **18** (1892). — Über den Bau und die morphologische Auffassung der Siphonophoren. Verh. dtsch. zool. Ges. **1897**. — Schneider, K. C.: Mitteilungen über Siphonophoren. Zool. Jb. **9** (1896). Arb. zool. Inst. Wien **11** (1899); **12** (1900). — Schaeppi, Th.: Untersuchungen über das Nervensystem der Siphonophoren. Jena. Z. Naturwiss. **32** (1898). — Woltereck, R.: Über die Entwicklung der *Vellela* usw. Zool. Jb., Suppl. 7 (1904). — Steche, O.: Die Genitalanlagen der Rhizophysalien. Z. Zool. **86** (1907). — Bigelow, H. B.: The Siphonophorae. Rep. Exp. „Albatross", Mem. Comp. Zool. Harvard Coll. **38** (1911). — Moser, F.: Die Siphonophoren der Deutschen Südpolar-Expedition 1901—1903, zugleich eine neue Darstellung der ontogenetischen und phylogenetischen Entwicklung dieser Klasse **17** (1925). — Ferner die Arbeiten von Korotneff, Bedot, Studer, Münter, Heyne, Lochmann, H. C. Delsman u. a.

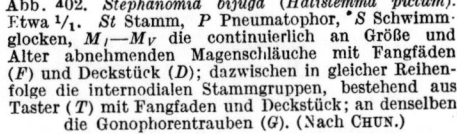

Abb. 402. *Stephanomia bijuga* (*Halistemma pictum*). Etwa 1/1. *St* Stamm, *P* Pneumatophor, *S* Schwimmglocken, M_I—M_V die continuierlich an Größe und Alter abnehmenden Magenschläuche mit Fangfäden (*F*) und Deckstück (*D*); dazwischen in gleicher Reihenfolge die internodialen Stammgruppen, bestehend aus Taster (*T*) mit Fangfaden und Deckstück; an denselben die Gonophorentrauben (*G*). (Nach Chun.)

Seitenzweigen versehen; zuweilen erscheint er in seinem unteren Teile (*Physophora*) oder vollständig zu einem kurzen Sacke (*Physalia*) aufgetrieben oder scheibenförmig gestaltet (*Disconectae*). Er enthält bei allen *Pneumatophorae* in seinem aufgetriebenen apicalen, oft durch einen lebhaft gefärbten Pigmentfleck ausgezeichneten Ende eine Luftkammer (Pneumatophor); letztere entsteht als Einsenkung des Ectoderms und sondert in ihrem oberen Teile eine Chitinmembran (Luftflasche) aus, während der untere Teil als Gasdrüse fungiert, welche die Luft abscheidet. Der Luftsack, der durch radiale Septen mit der äußeren Stammwand verbunden ist, hat die Bedeutung eines hydrostatischen Apparates. Bei den *Physalien* erscheint er zu einer umfangreichen Blase aufgetrieben, bei den *Disconecten* zu einer gekammerten Scheibe modifiziert; in beiden Fällen sowie bei *Rhizophysa* sind am Apicalpole eine oder mehrere Öffnungen zum Austritt der Luft vorhanden. Bei den *Auronectae* mündet der Luftsack durch einen besonderen glockenförmigen, Gas sezernierenden Anhang (Aurophor) nach außen (Abb. 407).

Am Stamme sprossen zahlreiche Anhänge, und zwar entweder einseitig in einer Linie (Ventralseite), welche jedoch infolge spiraliger Drehung des Stammes gleichfalls gedreht erscheint und eine entsprechende Anordnung der Anhänge bedingt, oder es sind wie bei den *Disconecten* die Individuen an der Unterseite des scheibenförmigen Stammes in konzentrischen Reihen angeordnet. Im ersteren Falle liegen die Anhänge in Gruppen (Cormidien), die jüngsten Anhänge gegen das apicale Ende des Stammes zu. Eine größere Komplikation ergibt sich dadurch, daß zwischen die primäre Individuenreihe neue Individuenreihen mit gleichfalls apicalwärts gelegener Knospungszone eingeschaltet sein können. Wo im oberen Teile des Stammes Schwimmglocken auftreten, besitzen sie eine besondere apicale Knospungszone.

Bei den meisten Siphonophoren findet sich am oberen Teile des Stammes eine Anzahl von medusoiden *Schwimmglocken*. Diese sprossen in einer Linie am Stamme, ihre definitive Anordnung in einer zwei- oder mehrreihigen Schwimmsäule entspricht einer spiralen Drehung des Stammes, die jener des unteren Stammteiles entgegengesetzt gerichtet ist. Die Schwimmglocken sind im Zusammenhange mit ihrer Anordnung am Stamme bilateral-symmetrisch gestaltet, wiederholen im übrigen den Bau der Hydroidmeduse, entbehren aber des Mundkegels und der Mundöffnung sowie der Tentakel (*Desmophyes* besitzt rudimentäre Randfäden) sowie der Randkörper. Dafür erlangt im Zusammenhange mit der locomotiven Leistung die tief glockenförmige Subumbrella eine um so kräftigere Muskelbekleidung. Die *Disconecten* und *Cystonecten* entbehren der Schwimmglocken.

Stets auftretende Anhänge der Siphonophoren sind die *Magenschläuche*; es sind Gebilde von schlauchförmiger Gestalt, am freien Ende mit einer rüsselförmigen erweiterungsfähigen Mundöffnung versehen. An ihrer Basis tragen sie einen langen, sehr contractilen *Fangfaden*; er bleibt selten einfach, in der Regel trägt er zahlreiche Seitenzweige. Stets sind die Fangfäden reich mit Nesselkapseln besetzt, welche namentlich an den Enden der Seitenzweige in großen, lebhaft gefärbten Anschwellungen, den *Nesselknöpfen*, besonders dicht gehäuft sind. In ihrer besonderen Gestaltung bieten die Nesselknöpfe wertvolle Anhaltspunkte für die Systematik.

Weitere Anhänge sind die mundlosen wurmförmigen *Taster*, welche an ihrer Basis gleichfalls einen, aber einfachen und kürzeren Fangfaden tragen und zuweilen einen Porus am freien Ende besitzen. Sie fehlen den *Calycophorae*. Endlich finden sich bei den *Calycophoren* und den meisten *Physonecten* blattförmige, knorpelig harte *Deckstücke*, die über den Tastern und Magenschläuchen auftreten und als Schutzanhänge für dieselben sowie die Genitalglocken fungieren.

Als Geschlechtsindividuen treten Medusen oder medusoide Gemmen auf, die an der Basis von Tastern oder Magenschläuchen, zuweilen an besonderen proliferierenden Blastostylen knospen. Bei den *Disconecten* lösen sich die Geschlechtsindividuen als Medusen los und bringen in der Tiefsee die Geschlechtsstoffe zur Ausbildung. Die Reifung der Genitalprodukte in der Tiefsee dürfte auch für die Gonophoren der *Cystonectae* gelten. Bei den *Diphyiden* und *Monophyiden* verbleiben die Genitalmedusoide als Schwimmglocken an den sich hier als sogenannte *Eudoxien* ablösenden Cormidien (Abb. 403). In den übrigen Fällen sind es in der Regel medusoide Gemmen, die weiblichen mit einem einzigen Ei. Männliche und weibliche Genitalzellen entstehen im Mundkegel, durchgängig gesondert in häufig verschieden gestalteten Medusoiden, finden sich aber meist nebeneinander monöcisch an demselben Stocke vereinigt.

Diöcisch sind die *Cystonectae*, ferner *Apolemia uvaria*, *Diphyes appendiculata* (*acuminata*).

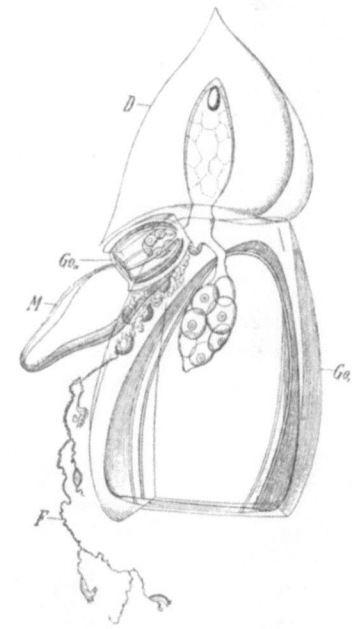

Abb. 403. *Eudoxia eschscholtzi*, das freiwerdende Cormidium von *Muggiaea kochi*. (Nach CHUN.) $^{40}/_1$. *D* Deckstück, *M* Magenschlauch, *F* Fangfaden, *Go*, Genitalmedusoid, *Go,,* jüngeres Genitalmedusoid.

In Hinsicht auf den histologischen Bau stimmen die Siphonophoren mit den Hydroiden im wesentlichen überein. Auch ein Nervensystem wurde als Plexus epithelial oder subepithelial gelagerter Nervenzellen im Ectoderm, aber auch im Entoderm nachgewiesen.

Die Eier der Siphonophoren erfahren eine totale und äquale Furchung; eine Furchungshöhle fehlt. Es entsteht eine bewimperte Planula, an welcher bald einseitig die Knospungslinie sich ausbildet, indem hier das Ectoderm sich verdickt und das Entoderm aus kleinen Zellen besteht (Abb. 404b). Am Hinterende der Planula bricht nach Ausbildung der Urdarmhöhle die Mundöffnung durch. Die Planula stellt die Anlage des primären Magenschlauches (Stammes) vor.

Bei den *Calycophoren* entsteht an der Planula zuerst eine (larvale, später abgeworfene) Schwimmglocke und ein Fangfaden (*Calyconula*-Larve HAECKEL) (Abb. 404b); die Larve der *Pneumatophoren* ist durch frühzeitige Ausbildung der Luftflasche sowie in den meisten Fällen durch das Auftreten eines kappenförmigen Deckstückes, welches später abgeworfen wird, ausgezeichnet. Die aus primärem Deckstück, Magenschlauch und Fangfaden bestehende Larve wird von HAECKEL als *Siphonula* bezeichnet und einer Meduse gleichgestellt. Dem bei *Disconecten* auftretenden achtstrahligen (Abb. 404c) Larvenstadium (*Disconula* HAECKEL) geht ein siphonulaartiges bilaterales Stadium voraus. Indem in der späteren Entwicklung neue Knospenanlagen auftreten, kommt es zur Ausbildung eines kleinen Stockes, häufig mit provisorischen larvalen Anhängen.

Die Siphonophoren sind Meeresbewohner und gehören zu den schönsten Formen der pelagischen Tierwelt. Ihr meist durchsichtiger, zuweilen lebhaft gefärbter Körper hat auch Leuchtvermögen.

Von der ältesten, nunmehr verlassenen morphologischen Auffassung abgesehen, nach der die Siphonophore als einfaches Medusenindividuum mit vervielfältigten und dislozierten Organen (HUXLEY) betrachtet wird, stehen sich zwei Auffassungen des Siphonophorenkörpers gegenüber; die eine, welche auf Vogt und Leuckart zurückgeht, sieht in der Siphonophore einen Stock polypoider (Magenschläuche, Taster) und medusoider Individuen (Schwimmglocke, Deckstücke, Geschlechtsindividuen), die andere führt die Siphonophore auf eine sprossende Meduse zurück und betrachtet dieselbe als Stock von Medusoiden, zum Teil mit wiederholten und dislozierten Organen (Metschnikoff, P. E. Müller, Haeckel). Die letztgenannte, von Haeckel in seiner ,,Medusomtheorie" vertretene Auffassung, jedoch mit der (schon von Hatschek bezeichneten) Modifikation, daß eine Organvermehrung wohl nicht anzunehmen ist, betrachtet eine Gruppe von Anhängen, und zwar Deckstück, Magenschlauch und Fangfaden zusammen als eine modifizierte Meduse (Medusom). Die Siphonulalarve (Abb. 404a) zeigt diesen Aufbau. Sie erscheint als primäres Medusom, an dessen Magenschlauch durch Knospung gleiche Anhangsgruppen entstehen. Doch gibt es auch reduzierte Medusome. Das Medusom bildet zusammen mit einer an demselben gesproßten Geschlechtsmeduse einen untergeordneten Medusenstock, ein sogenanntes Cormidium, wie sich dasselbe am besten in den sich ablösenden *Eudoxien* der *Diphyiden* zeigt (Abb. 403). Die Schwimmglocken sind wahrscheinlich aus den steril gewordenen Geschlechtsmedusen des primären Medusoms hervorgegangen. Dem gegenüber ist die ältere Auffassung der Siphonophore als

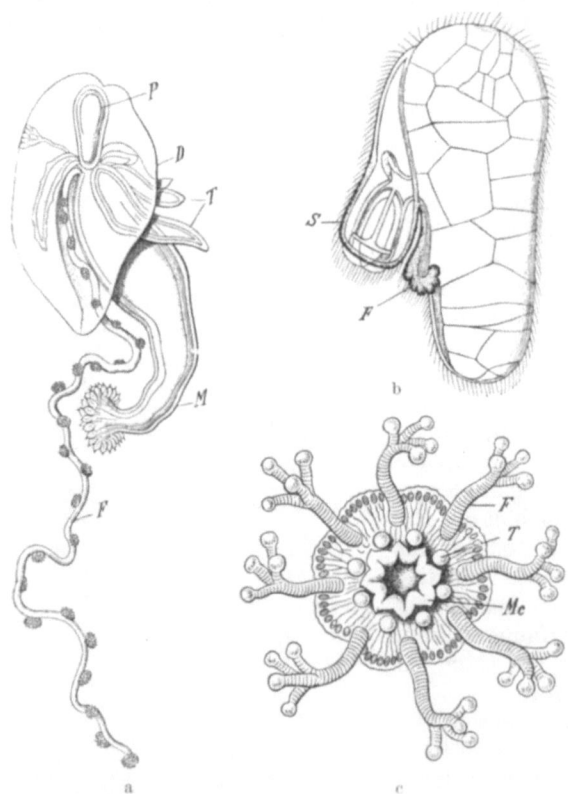

Abb. 404. Siphonophorenlarven. a Siphonulalarve einer Physophoride (*Discolabe*). *P* Pneumatophor, *M* primärer Magenschlauch, *D* kappenförmiges Deckstück, *T* Anlagen von Tastern, *F* Fangfaden. — b Larve von *Galeolaria quadrivalvis*. *S* Schwimmglocke, *F* Fangfaden. — c Disconularve von *Porpita* von der Unterseite gesehen. *Mc* zentraler Magenschlauch, *F* Fangfaden, *T* Anlagen von Tastern. (a, c nach Haeckel, b nach Metschnikoff.)

Stockes polypoider und medusoider Individuen durch die Möglichkeit der Ableitung der Siphonophore von freischwebenden Hydroidstöckchen, das Polypen und Medusen knospte, gegeben.

1. Unterordnung. *Calycophorae*. Mit langem Stamme, mit Ölbehälter, mit einer, zwei oder mit mehreren Schwimmglocken. Taster fehlen. Die Anhänge entspringen gruppenweise in gleichmäßigen Abständen und können mit dem Stamme in einen Raum der Schwimmglocken zurückgezogen werden. Jede Individuengruppe besteht aus einem Magenschlauch nebst Fangfaden mit nackten nierenförmigen Nesselknöpfen und einem Deckstücke sowie Geschlechtsmedusoid. Diese Cormidien lösen sich bei den meisten *Diphyiden* und den *Mono-*

phyiden als sogenannte Eudoxien vom Stammesende zu selbständiger Existenz ab, wobei das Genitalmedusoid zugleich als Schwimmglocke fungiert.

Fam. *Monophyidae.* Mit einer einzigen Schwimmglocke am oberen Stammende. *Monophyes irregularis* CLS., *Sphaeronectes truncata* WILL. (*gracilis* CLS.) (mit *Diplophysa inermis* GEGNBR.), *Muggiaea kochi* WILL (mit *Eudoxia eschscholtzi* W. BUSCH). Weit verbreitet (Abb. 403).

Fam. *Diphyidae.* Mit zwei großen, einander gegenüberstehenden Schwimmglocken am oberen Stammende. *Diphyes appendiculata* ESCHZ. (mit *Eudoxia campanula* LEUCK.), diöcisch (Abb. 406). *Galeolaria quadrivalvis* LSR. (*Epibulia aurantiaca* VOGT), *Abylopsis* (*Abyla*) *tetragona* OTTO (mit *Eudoxia cuboides* LEUCK.), *Praya cymbiformis* CHIAJE. Weit verbreitet. Einen Übergang zu den Polyphyiden bildet *Desmophyes* H. (Fam. *Desmophyidae*), mit zweizeiliger Schwimmsäule.

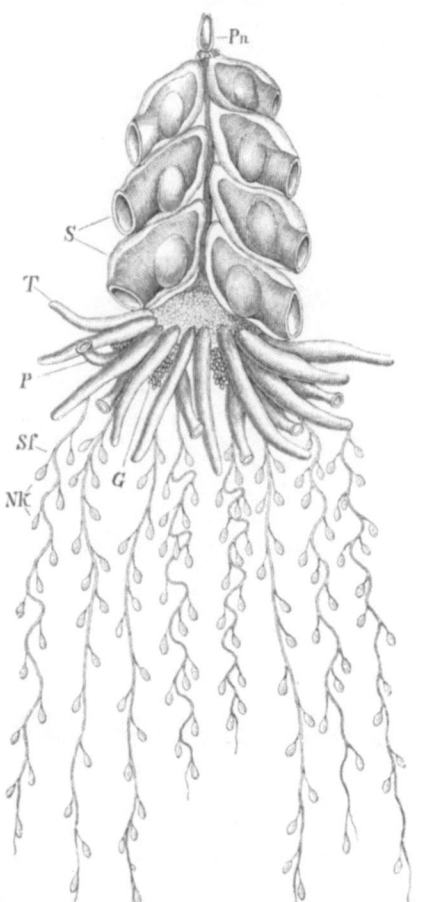
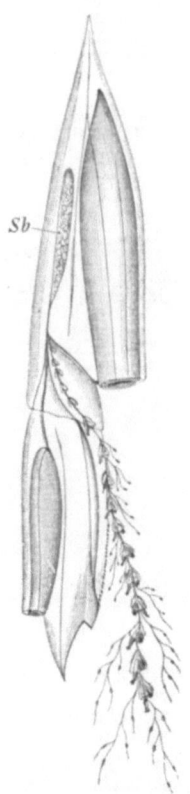

Abb. 405. *Physophora hydrostatica.* $^1/_1$. *Pn* Pneumatophor, *S* Schwimmglocken, zweireihig in der Schwimmsäule angeordnet, *T* Tentakel, *P* Magenschlauch, *Sf* Fangfaden mit Nesselknöpfen (*Nk*), *G* Genitaltraübchen.

Abb. 406. *Diphyes appendiculata* (*acuminata*). Etwa $^5/_1$. *Sb* Ölbehälter in der oberen Schwimmglocke.

Fam. *Polyphyidae.* Mit zweizeiliger Schwimmsäule an einer oberen seitlichen Abzweigung (Nebenachse) des Stammes, ohne Deckstücke. Die Geschlechtsmedusoide traubenförmig gruppiert. *Hippopodius hippopus* FORSK. Weit verbreitet.

2. Unterordnung. *Pneumatophorae.* Mit Pneumatophor am apicalen Ende des langgestreckten spiraligen oder verkürzten Stammes.

1. Tribus. *Physonectae.* Stamm langgestreckt, selten sackförmig erweitert, mit flaschenförmigem Pneumatophor; mit zwei- oder mehrreihiger Schwimmsäule, zuweilen an Stelle

letzterer ein Kranz von Deckstücken. Deckstücke meist vorhanden. Die Geschlechtsindividuen sind medusoide Gemmen; die weiblichen mit je einem Ei.

Fam. *Apolemiidae*. Individuengruppen am Stamm in weiten Abständen voneinander. *Apolemia uvaria* LSR. Mittelmeer. Diöcisch.

Fam. *Agalmidae*. Stamm sehr lang, die Individuengruppen dicht aufeinander folgend. *Halistemma rubrum* VOGT, *Stephanomia bijuga* CHIAJE (*Halistemma pictum* METSCHN.) (Abb. 402), *Agalma elegans* SARS (*Agalmopsis sarsi* KÖLL.); *Forskalia contorta* M.-E., mit mehrzeiliger Schwimmsäule. Weit verbreitet.

Fam. *Physophoridae*. Stamm zu einem spiraligen Sack erweitert. Deckstücke fehlen. *Physophora hydrostatica* FORSK. Weit verbreitet (Abb. 405). *Discolabe* ESCHZ.

Fam. *Athorybiidae*. Stamm kurz, ohne Schwimmsäule, mit einer Krone wirtelförmig gestellter Deckstücke. *Athorybia rosacea* FORSK. Weit verbreitet.

2. Tribus. *Auronectae*. Mit großem Pneumatophor, welcher durch einen seitlichen Sack (Aurophor) ausmündet. Mit einem Kranz von Schwimmglocken. Stamm eiförmig, knorpelhart, durchsetzt von einem Netzwerk anastomosierender Kanäle des Darmes. Magenschläuche mit Fangfäden und einem Blastostyle mit Geschlechtsgemmen in dichter allsei-

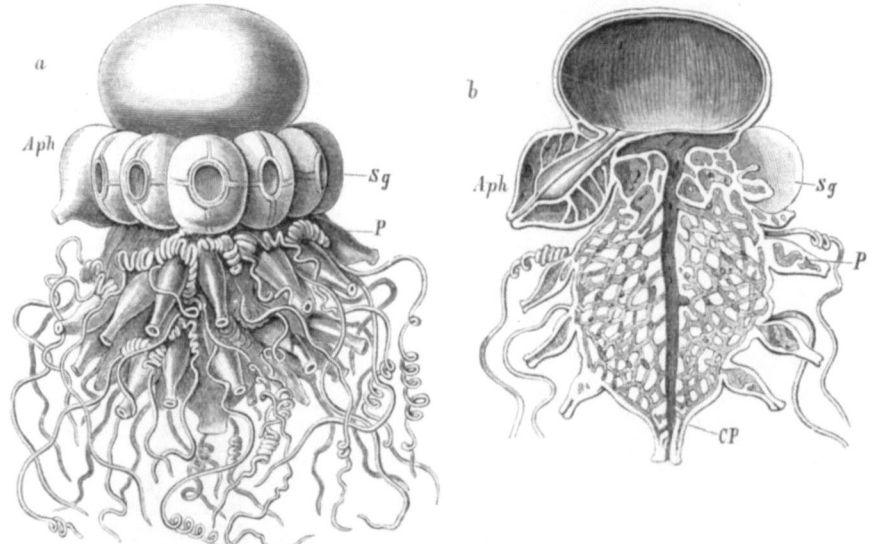

Abb. 407. *Stephalia corona*. (Nach HAECKEL.) $^7/_1$. a Seitenansicht, b Durchschnitt. *Aph* Aurophor, ausführender Abschnitt des Pneumatophors, *CP* zentraler Magenschlauch, *P* Magenschläuche mit ihren Fangfäden, *Sg* Schwimmglocken.

tiger Anordnung um einen zentralen Magenschlauch. Keine Deckstücke (Abb. 407). Tiefseebewohner.

Fam. *Stephaliidae*. *Stephalia corona* H., Nordatlant. Ozean (Abb. 407). Hier schließt sich an *Rhodalia* H.

3. Tribus. *Cystonectae*. Mit großem Pneumatophor, der sich durch einen apicalen Porus öffnet. Deckstücke und Schwimmglocken fehlen. Die Geschlechtsindividuen knospen als medusoide Gemmen an Tastern. Nach STECHE besteht Diöcie. Die an den Genitaltastern auftretenden gestielten Medusen sind nicht die weiblichen Genitalindividuen; ihre Bedeutung ist unbekannt.

Fam. *Rhizophysidae*. Stamm langgestreckt, röhrenförmig mit apicalem, mäßig großem Pneumatophor. Die Anhänge in weiten Abständen. *Rhizophysa filiformis* FORSK. Mittelmeer.

Fam. *Physaliidae*. Der verkürzte Stamm durch den großen Pneumatophor zu einer mächtigen Blase ausgedehnt; an dessen Unterseite sitzen in der ventralen Mittellinie große und kleine, mit langen Fangfäden ausgestattete Magenschläuche und Taster sowie die Genitaltrauben. *Physalia physalis* L. (*caravella* MÜLL.). Atlant. Ozean, Mittelmeer, Ind. Ozean. *Ph. utriculus* LA MARTINIÈRE. Weit verbreitet.

4. Tribus. *Disconectae* (*Discoidae*). Stamm flach, scheibenförmig, mit einem System kanalartiger Räume. Am oberen Ende desselben der scheibenförmige, aus konzentrischen, nach außen geöffneten Kammern zusammengesetzte Pneumatophor, von dessen Unter-

seite tracheenartige Verästelungen in den Stamm abgehen. Auf der Unterseite des Stammes ein zentraler großer Magenschlauch, konzentrisch um denselben kleine Magenschläuche oder Taster, welche die Geschlechtsindividuen tragen. Schwimmglocken und Deckstücke fehlen. Nicht weit vom Scheibenrande tasterähnliche Fangfäden. Die Geschlechtsindividuen werden als kleine Medusen (*Chrysomitra*) frei, die wahrscheinlich in der Tiefsee geschlechtsreif werden.

Fam. *Velellidae*. Scheibe elliptisch mit senkrechtem, schräggestelltem Kamm. *Velella velella* L. (*spirans* FORSK.), Larven als *Conaria* und *Rataria* bekannt. Mittelmeer.

Fam. *Porpitidae*. Scheibe kreisrund, ohne Kamm. *Porpita umbella* MÜLL. (*mediterranea* ESCHZ.). Mittelmeer (Abb. 404 c).

2. Klasse. Scyphozoa (Scyphomedusae, Acalephae)[1].

Cnidarien mit mesenchymatischer Mittelschicht des Körpers und entodermal gelagerten Genitalprodukten. Selten mit vier Taeniolen versehene Polypen; meist Medusen von bedeutender Größe, mit Randlappen des Schirmes und mit Gastralfilamenten.

Wie bei den Hydrozoen tritt auch bei den Scyphozoen die Polypenform (*Scyphostoma*) in der Regel als Ammengeneration der Meduse auf; sie zeigt innerhalb der Gruppe einen einförmigen Bau, selten Stockbildung, während die Meduse eine bedeutende Größe und sehr mannigfaltige Ausbildung erlangt. Nur in der Gruppe der *Stauromedusae* erscheint die allerdings in mehreren der Meduse eigentümlichen Merkmalen veränderte Scyphopolypenform als der geschlechtsreife Zustand.

Das *Scyphostoma* (Abb. 408) ist ein sechzehnarmiger Polyp, ausgezeichnet durch den Besitz eines vorspringenden Mundkegels (Proboscis) und von vier als Längswülste vorspringenden Falten (*Taeniolen*), die von einem Längsmuskel durchsetzt werden. Letzterer geht aus der strangförmigen Verlängerung je einer trichterförmigen Einsenkung (*Septaltrichter*) hervor, die sich von der Mundscheibe (Peristom) aus oberhalb des Taeniolenansatzes bildet. Durch die vier Taeniolen zerfällt der periphere Teil des Gastralraumes des Scyphostoma in vier Kammern (*Gastraltaschen*), welche axialwärts in den *Zentralmagen* münden; mit ihrer entodermalen Bekleidung hängen die soliden Entodermachsen der Tentakel zusam-

---

[1] Außer BRANDT, L. AGASSIZ, HUXLEY, EYSENHARDT, EHRENBERG, v. SIEBOLD vgl. SARS, M.: Über die Entwicklung der *Medusa aurita* und *Cyanea capillata*. Arch. Naturgesch. **1841**. — CLARK, H. J.: Lucernariae and their allies. Washington 1878. — CLAUS, C.: Studien über Polypen und Quallen der Adria. Denkschr. Akad. Wiss. Wien **1877**. — Untersuchungen über die Organisation und Entwicklung der Acalephen. Prag 1883. — Über *Charybdea marsupialis*. Arb. zool. Inst. Wien 1 (1879). — SCHÄFER, E. A.: Observations of the nervous system of *Aurelia aurita*. Philosophic. Trans. roy. Soc. London **1878**. — GOETTE, A.: Über die Entwicklung von *Aurelia aurita* und *Cotylorhiza tuberculata* 1887. — Vergleichende Entwicklungsgeschichte von *Pelagia noctiluca*. Z. Zool. 55 (1893). — HAECKEL, E.: Monographie der Medusen. Jena 1879—1881. — CLAUS, C.: Über die Entwicklung des Scyphostoma von *Cotylorhiza*, *Aurelia* und *Chrysaora*, sowie über die systematische Stellung der Scyphomedusen. Arb. zool. Inst. Wien 9 (1891); 10 (1893). — HESSE, R.: Über das Nervensystem und die Sinnesorgane von *Rhizostoma Cuvieri*. Z. Zool. 60 (1895). — CONANT, FR. ST.: The Cubomedusae. Mem. Biol. Labor. Johns Hopkins Univ. 4. Baltimore 1898. — HEIN, W.: Untersuchungen über die Entwicklung von *Aurelia aurita*. Z. Zool. 67 (1900). — KASSIANOW, N.: Studien über das Nervensystem der Lucernariden usw. Ebenda 69 (1901). — VANHÖFFEN, E.: Die acraspeden Medusen der deutschen Tiefsee-Expedition. Wiss. Erg. dtsch. Tiefsee-Exp. 3 (1903). — HADŽI, J.: Einige Kapitel aus der Entwicklungsgeschichte von *Chrysaora*. Arb. zool. Inst. Wien 17 (1907). — MAYER, A. G.: Medusae of the World. Vol. III. Washington 1910. — WIETRZYKOWSKI, W.: Recherches sur le développement des Lucernaires. Arch.ves de Zool. **1912**. — STIASNY, G.: Studien über Rhizostomeen mit besonderer Berücksichtigung der Fauna des Malaiischen Archipels nebst einer Revision des Systems. Capita Zool. 1. 's Gravenhage 1921. — LIPIN, A. N.: Geschlechtliche Form, Phylogenie und systematische Stellung von *Polypodium hydriforme*. Zool. Jb. 47 (1926). — UCHIDA, T.: Studies on the Stauromedusae and Cubomedusae etc. Jap. J. of Zool. 2 (1929). Außerdem v. LENDENFELD, HERTWIG, KLING, HYDE, MAAS u. a.

men. Später entstehen in den Septen infolge Schwund Ostien (*Septalostien*), durch welche die Magentaschen peripheriewärts in einem *Ringsinus* miteinander kommunizieren. Die vier Radien der Gastraltaschen werden als Radien erster Ordnung (Perradien), jene der Taeniolen als Radien zweiter Ordnung (Interradien) bezeichnet. In die Radien erster Ordnung fallen auch die vier Ecken der Proboscis. Von den Tentakeln gehören vier den Radien erster, vier jenen zweiter Ordnung, acht Tentakel dazwischenfallenden Radien dritter Ordnung (Adradien) an (Abb. 408b).

Bei den festsitzenden Scyphozoen, den *Stauromedusae* (Abb. 416), setzen sich am Körper ein Stiel und eine Scheibe scharf ab; bei einer Anzahl von Quallen (*Peromedusen*) ist an der Medusenscheibe ein dem Stiel entsprechender Scheitelaufsatz vorhanden (Abb. 412).

Die Meduse ist tiefglockenförmig oder von scheibenförmiger Gestalt (*Discomedusae*) (Abb. 411). Die Exumbrella enthält eine reichlich entwickelte Mittelschicht, welche in einer gallertigen Grundsubstanz Zellen und Fibrillen aufweist (Abb. 93a). Der Scheibenrand besitzt acht Paare von Randlappen, zu welchen

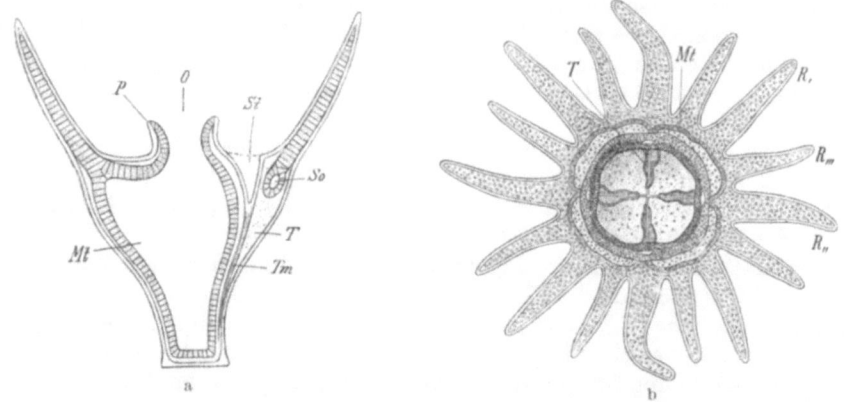

Abb. 408. a Schematisches Durchschnittsbild eines *Scyphostoma*, links der Radius 1., rechts der Radius 2. Ordnung getroffen. (Original G.) — b Scyphostoma von *Aurelia*, Oralansicht. (Nach CLAUS.) *O* Mund, *P* Proboscis, *Mt* Magentasche, *St* Septaltrichter, *So* Septalstoma, *T* Taeniole, *Tm* Taeniolmuskel, *R*, Radius erster, *R,,* zweiter, *R,,,* dritter Ordnung.

noch intermediäre Lappenbildungen hinzutreten können (Abb. 411, 412). Die Randlappen vereinigen sich bei den *Cubomedusae* zu einem ungeteilten Randsaum (*Velarium*). Ähnlich dem Velum der Hydroidmedusen erscheinen die Randlappen der Acalephen als sekundäre Bildungen des Scheibenrandes. Zwischen den Randlappen finden sich (ausgenommen die *Rhizostomeen*) Tentakel, ferner die auf modifizierte Tentakel zurückzuführenden Sinneskolben, welche sich bei den *Discomedusen* in achtfacher Zahl in den Radien erster und zweiter Ordnung finden, bei den *Peromedusen* und *Cubomedusen* bloß in vierfacher Zahl, bei ersteren in den Radien zweiter, bei letzteren in jenen erster Ordnung auftreten.

Die Subumbrella ist die Trägerin der Muskulatur, welche aus einem mächtigen Ringmuskel sowie auch radiär verlaufenden Muskelzügen besteht. Von der Subumbrella aus entstandene Subgenitalhöhlen sind entweder tief trichterförmig (*Stauromedusae, Peromedusae*) oder sind einfache Gruben unterhalb der Genitalorgane (*Discomedusae*) (Abb. 409, 410); sie fehlen den *Cubomedusen* und *Ephyropsiden*. Von der Subumbrella hängt der vierkantige Mundkegel (Magenrohr) herab; er erscheint bei den *Discomedusen* entsprechend den vier Ecken des Mundkreuzes in lange Mundarme ausgezogen. Bei den *Rhizostomeen* sind letztere geteilt und häufig vielfach verzweigt; hier kommt es auch schon im Jugendleben zu einer Verwachsung des zentralen Mundrandes sowie einer stellenweisen Verwachsung der anschließenden, mit zahlreichen Tentakelchen besetzten Armrinnen derart, daß zahlreiche trichterförmige, in Kanäle einführende Mundöffnungen entstehen (Abbild. 410).

Die Gestaltung des Gastrovascularapparates ist von jener des Scyphostoma ableitbar, zeigt aber im einzelnen bedeutende Verschiedenheiten. Der Mund führt hier in den Zentralmagen, der an vier perradialen Stellen mit dem peripheren Abschnitte des Gastralraumes, dem Kranzdarme, kommuniziert. Letzterer besteht aus vier Gastraltaschen, die sich durch Ostien in den sie trennenden Scheidewänden in einem peripheren Ringsinus vereinigen.

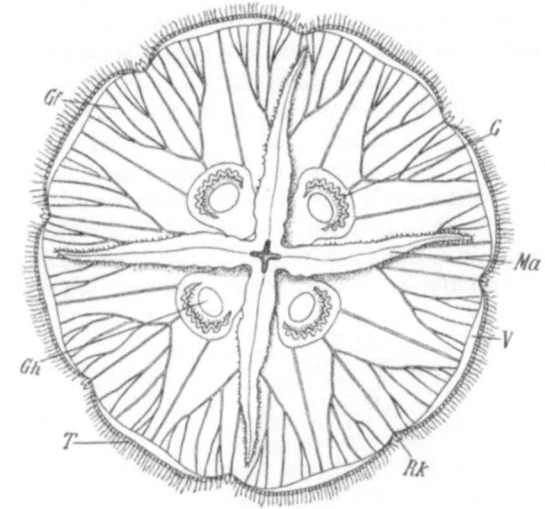

Abb. 409. *Aurelia aurita*, Oralansicht. $^1/_1$. *Ma* Mundarme, *Gf* Marginalgefäße, *G* Genitalkrause, von den Gastralfilamenten begleitet, *Gh* Subgenitalhöhle, *Rk* Sinneskolben, *V* velumartiger Randsaum, *T* Randtentakel. (Original G.)

Bei den *Stauromedusae* bilden die vier Taeniolensepten die Scheide zwischen den Gastraltaschen, die aber durch ein am Rande der Scheibe gelegenes

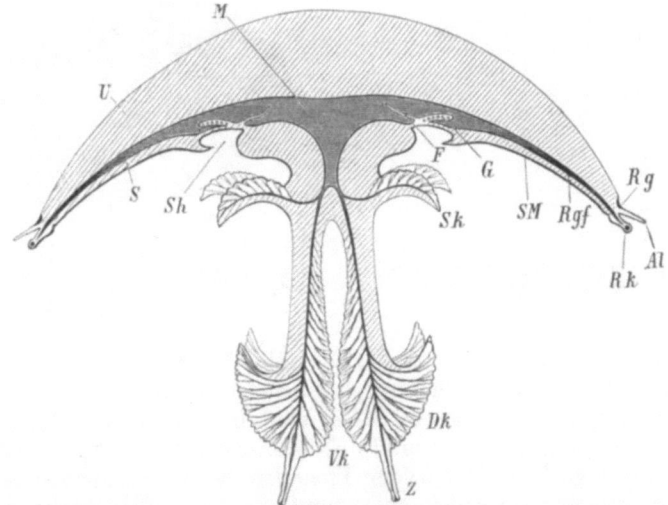

Abb. 410. Schematischer Längsschnitt durch eine *Rhizostoma*. *U* Umbrella, *S* Subumbrella, *SM* subumbrellare Muskellage, *Sh* Subgenitalhöhle, *G* Genitalorgan, *F* Gastralfilament, *M* Zentralmagen, *Rgf* Marginalgefäße, *Sk* Scapuletten, *Dk* Dorsalkrausen, *Vk* Ventralkrausen der acht Mundarme, *Z* Endkolben, *Rk* Sinneskolben, *Rg* Riechgrube, *Al* Decklappen des Sinneskolbens.

Septalostium miteinander kommunizieren. Bei den *Cubomedusen* sowie *Peromedusen* und *Ephyropsiden* dagegen sind an Stelle der fehlenden oder reduzierten Taeniolensepten neue Verwachsungen der exumbrellaren und subumbrellaren Gastralwand getreten; diese erscheinen entweder in Form kurzer *Septalknoten*

(Kathammalknoten, *Peromedusae, Ephyropsidae*) oder langer *Septalleisten* (Kathammalleisten, *Cubomedusae*) (Abb. 419). Längs der Taeniolen finden sich im Gastralraum wurmförmige bewegliche Filamente, die *Gastralfilamente*, welche den Mesenterialfilamenten der Anthozoen entsprechen und in gleicher Weise durch das Secret ihrer drüsigen Entodermbekleidung die Verdauung unterstützen.

Bei den *Discomedusen* ist von den Taeniolen nur der subumbrellare Ansatz mit Gastralfilamenten erhalten (Abb. 410). Während aber bei den *Ephyropsiden* noch ein Septalknoten an diesen Stellen zur Ausbildung kommt, fehlt derselbe bei den *Semaeostomeen* und *Rhizostomeen* vollständig und es sind Zentralmagen und Ringsinus in diesem Falle zu einem einheitlichen Raum vereinigt. Der Ringsinus zeigt jedoch hier, wie auch bei den *Peromedusen, Cubomedusen* und *Ephyropsiden*, im Zusammenhange mit der Ausbildung der Randlappen peripheriewärts eine sekundäre Weiterbildung. Letztere besteht entweder aus sechzehn *Marginal-*

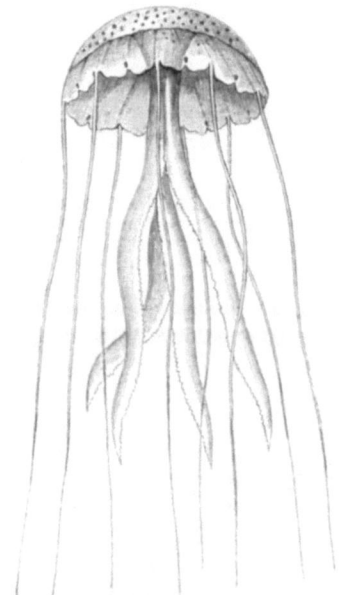
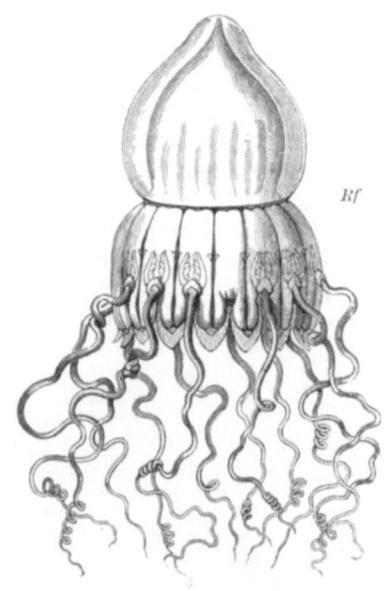

Abb. 411. Junge *Chrysaora* im Pelagiastadium mit acht Tentakeln. (Nach CLAUS.) ¹/₁

Abb. 412. *Periphylla hyacinthina*. (Nach HAECKEL.) ¹/₄. *Rf* Ringfurche zwischen Lappenkranz und Schirmkuppel.

taschen (Radialtaschen), welche durch schmale Verwachsungsstreifen (Kathammen) getrennt werden und in der Peripherie durch einen Ringkanal (*Festonkanal*) verbunden sein können; in anderen Fällen sind die Marginaltaschen zu Marginalgefäßen reduziert, welche durch breite Kathammalfelder getrennt sind, in denen durch Auseinanderweichen der beiden Lamellen ein reiches Netzwerk anastomosierender Gefäße sowie ein Ringkanal sekundär zur Ausbildung gelangen (*Aurelia, Rhizostomeae*) (Abb. 409). Bei *Aurelia* finden sich periphere Öffnungen des Gastrovascularsystems an der Einmündung der acht Marginalgefäße dritter Ordnung in den Ringkanal.

Die Zentren des Nervensystems der *Lobomedusen* sind im Ectoderm von Stiel und Basis der Sinneskolben enthalten, dessen bewimperte Sinnesnervenzellen eine mächtige Lage subepithelialer Nervenfibrillen liefern (Abb. 213). Dazu kommt ein Nervenplexus in der subumbrellaren Muskulatur, welcher mit den Nervenzentren der Sinneskolben in Verbindung steht und auch die einzelnen Sinneskolben verbindende Nervenfasern enthalten dürfte. Ein Nervenring an der Subumbrellarseite wurde bei den *Charybdeiden* nachgewiesen. Bei den *Stauromedusae* besteht das Nervensystem aus an den Armspitzen zwischen den Tentakeln gelegenen Nervenzentren, die dem subumbrellaren Ectoderm angehören, sowie aus einem weitverbreiteten Nervenplexus in Ectoderm und Entoderm.

Als Sinnesorgane sind die Sinneskolben sowie bewimperte grubenförmige Vertiefungen an der Exumbrellarseite der Sinneskolbennische (Spür- und Riechgruben) hervorzuheben (Abb. 413). Die Sinneskolben werden von Teilen des Schirmrandes überwachsen und scheinen überall die Funktion eines statischen Apparates und eines Auges zu vereinigen. Der erstere wird durch einen umfangreichen, aus Entodermzellen hervorgegangenen Krystallsack gebildet, während das Auge als eine mehr nach dem Stiel zu exumbrellarwärts gelegene und zugleich auch eine subumbrellarwärts gelegene (*Aurelia*) Pigmenteinlagerung erscheint, die ausnahmsweise (*Nausithoë*) eine lichtbrechende Cuticularlinse aufweist. Die höchste Ausbildung aber erreicht der Sinneskolben bei den *Charybdeiden*, der außer dem terminalen Krystallsack ein kompliziert gebautes, aus vier kleinen paarigen und zwei großen unpaaren Augen zusammengesetztes Sehorgan mit Linse und Glaskörper enthält (Abb. 191c).

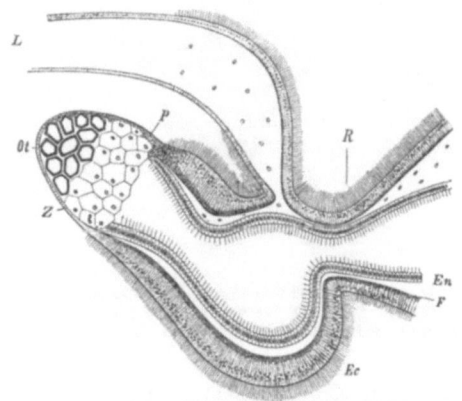

Abb. 413. Durchschnitt durch die Riechgrube, den Sinneskolben und dessen Nervenzentrum von *Aurelia aurita*. *R* Riechgrube, *L* Schirmlappen, welcher den Sinneskolben bedeckt, *P* Augenfleck, *Ot* Statolithen des statischen Organes, *Z* Zellen nach Auflösung ihrer Statolithen, *En* Entoderm, *Ec* Ectoderm mit der basalliegenden Schicht von Nervenfibrillen (*F*). Das untere Auge ist nicht dargestellt.

Die vier Geschlechtsorgane der Scyphozoen fallen infolge ihrer bedeutenden Größe und zarten Färbung leicht in die Augen, zumal sie wenigstens bei den *Discomedusen* als krausenförmig gefaltete Bänder in besondere Kavitäten des Schirmes, die Subgenitalhöhlen, hineinragen. Überall gehören diese Bänder (Abb. 409, 410) den Radien zweiter Ordnung an und liegen an der subumbrellaren Magenwand, aus der sie als blattförmige Erhebungen entstanden sind. Die obere Fläche ist vom Gastralepithel, die untere, der Subumbrella zugewendete, vom Keimepithel bekleidet, dessen Elemente mit der weiteren Ausbildung in die Gallerte des Bandes aufgenommen werden. Die reifen Geschlechtsprodukte gelangen durch Dehiscenz der Wandung in den Gastralraum und durch die Mundöffnung nach außen, in manchen Fällen aber durchlaufen die Eier an Ort und Stelle in den Ovarien (*Chrysaora*) oder auch an den Mundarmen (*Aurelia*) die Embryonalentwicklung. Die Trennung der Geschlechter gilt als Regel. Männliche und weibliche Individuen zeigen, von der Färbung der Geschlechtsorgane abgesehen, nur geringfügige Geschlechtsunterschiede, wie z. B. in Form und Länge der Fangarme (*Aurelia*). *Chrysaora* ist hermaphroditisch.

Die Entwicklung erfolgt bei den *Discomedusen* mittels Generationswechsels, und zwar durch die Ammenzustände des *Scyphostoma*, ausnahmsweise (*Pelagia*) direkt. Aus dem befruchteten Ei geht nach Ablauf der totalen Furchung eine bewimperte *Planula* hervor, die sich mit dem Apicalpole festsetzt, während in der Umgebung des von neuem durchbrechenden Mundes die Tentakel hervorsprossen (Abb. 414). Um die sich erhebende Proboscis wachsen zuerst in den Radien des Mundkreuzes (Radien erster Ordnung) vier Tentakel hervor, dann alternierend das dritte und vierte Paar, in deren Ebenen (Radien zweiter Ordnung) sich bald vier Längswülste der Gastralhöhle, die Taeniolen, bemerkbar

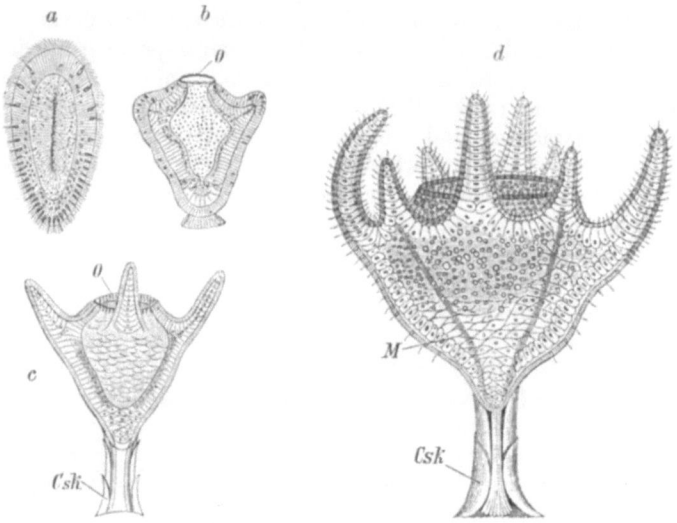

Abb. 414. Entwicklung der Planula (a) von *Chrysaora* bis zum achtarmigen Scyphostoma. (Nach CLAUS.) b Erstere nach der Festheftung mit neugebildeter Mundöffnung (*O*) und erster Tentakelanlage. c Vierarmiger Scyphostomapolyp. *Csk* Cuticularskelet des Stieles. d Achtarmiges Scyphostoma. *M* Längsmuskeln der Gastralwülste.

machen. Das achtarmige *Scyphostoma* treibt alsbald, und zwar alternierend mit den vorhandenen Tentakeln, acht neue Tentakel, deren Lage die Radien dritter Ordnung bezeichnen (Abb. 408b). Die Scyphostomen vermehren sich erstens durch Knospung, wobei wieder Scyphostomen erzeugt werden, die sich loslösen;

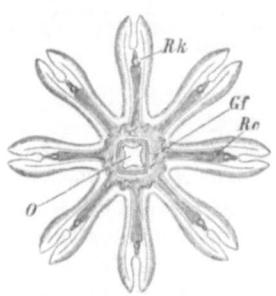

Abb. 415. Ephyra von *Aurelia aurita*. Oralansicht. Etwa $2^4/_1$. *Rk* Sinneskolben, *Gf* Gastralfilament, *Rc* Marginaltaschen, *O* Mund. (Nach CLAUS.)

nur das (in Spongien lebende, als *Spongicola* F. E. SCH., *Stephanoscyphus* ALLM. beschriebene) Scyphostoma von *Nausithoë* bildet dauernd ein von chitiniger Cuticula bekleidetes, verästeltes Stöckchen. Die zweite Form der Fortpflanzung, die *Strobilisierung*, beruht auf Querteilung der oberen Körperhälfte in eine Anzahl von Segmenten und gestaltet das Scyphostoma zur sogenannten *Strobila* (Abb. 297). Die Lostrennung der Abschnitte schreitet kontinuierlich von dem oberen Ende nach der Basis der Strobila vor, so daß zuerst nach Rückbildung seiner Tentakel das Endsegment, dann das zweite Segment und so fort zur Selbständigkeit gelangen. Acht langgestreckte Schirmlappenpaare, jedes mit einem Sinneskolben in der Ausbuchtung beider Lappen, wachsen hervor und bilden den charakteristischen Schirmrand der jungen sich ablösenden Scheibenquallenlarve, der *Ephyra* (Abb. 415), die erst ganz allmählich die Form- und Organisationseigentümlichkeiten der geschlechtsreifen Form zur Ausbildung bringt.

Die *Stauromedusen* entwickeln sich mittels Metamorphose, indem eine langgestreckte unbewimperte Planula mit einreihigem Entodermzellstrang ausschlüpft. Nach einiger Zeit des Umherkriechens setzt sich die Planula fest und gestaltet sich zylindrisch. Die weitere Entwicklung stimmt mit der des Scyphostoma überein. Über die Ontogenie der *Peromedusen* und *Cubomedusen* ist wenig bekannt. Es ist wahrscheinlich, daß die *Cubomedusen* kein Strobilastadium besitzen.

Die Scyphozoen sind Bewohner des Meeres, *Catostylus tagi* des Brackwassers, und ernähren sich von tierischen Stoffen. Viele Quallen sind durch dichte Anhäufungen von Nesselkapseln an der Oberfläche der Scheibe, Mundarme und Fangfäden imstande, empfindlich zu brennen. Manche, wie z. B. *Pelagia*, besitzen die Fähigkeit zu leuchten.

Trotz der Zartheit uud leichten Zerstörbarkeit der Gewebe sind von einzelnen großen Scheibenquallen fossile Reste als Abdrücke (im lithographischen Schiefer von Solnhofen) erhalten (*Rhizostomites*).

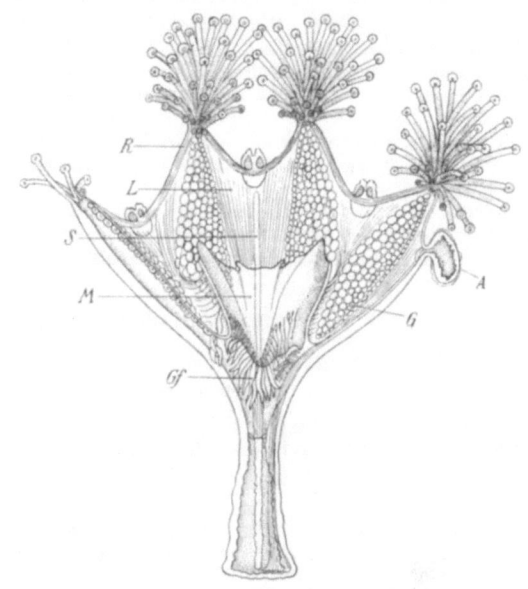

Abb. 416. *Haliclystus auricula* im Längsschnitt, links adradial, rechts interradial getroffen. (Nach H. J. CLARK.) $3/1$. *A* Randanker, *G* Genitalorgan, *Gf* Gastralfilamente, *L* Radialmuskel, *M* Mundrohr, *R* Ringmuskel, *S* Septum.

1. Ordnung. Stauromedusae (Calycozoa), Becherquallen.

Becherförmige, mittels eines Stieles festsitzende Scyphozoen mit vier weiten, durch schmale Taeniolensepten getrennten Gastraltaschen. Der Rand des Bechers in der Regel in acht adradiale, mit Büscheln geknöpfter Tentakeln besetzte Arme ausgezogen.

Die *Stauromedusen* stehen dem Scyphostoma in Körperform und Bau nahe, erscheinen jedoch in mehreren der Medusenform eigentümlichen Merkmalen verändert (Abb. 416, 417).

Der Schirmrand des becherförmigen Körpers ist in der Regel in acht adradiale Arme ausgezogen, welche Büschel geknöpfter Tentakel tragen. In den Radien 1. und 2. Ordnung sind die primären Tentakel meist zu Haftpapillen (sogenannten Randankern) umgewandelt, können aber auch fehlen. Ein Ringmuskel des Schirmes ist geteilt oder ungeteilt. Außerdem sind zu Seiten der Septen Radiärmuskeln vorhanden, die in manchen Fällen sich in

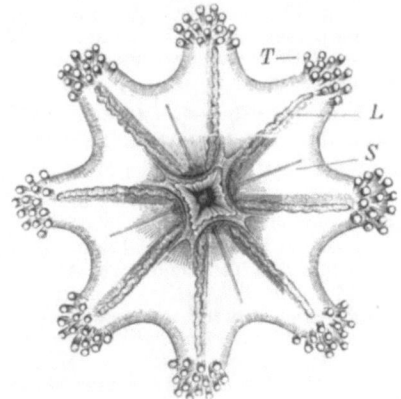

Abb. 417. *Lucernaria*, von der Oralseite. $6/1$. *L* Radiärmuskel und Genitalorgan, *S* Septen, *T* Tentakel.

den Stiel hinein erstrecken. Im Zentrum des Bechers erhebt sich das Mundrohr, zwischen dessen vorspringenden Ecken der Becher trichterförmig vertieft ist. Der Gastralraum besteht aus vier weiten, durch schmale Taeniolensepten getrennten Magentaschen, von denen sich bei manchen Formen besondere Gastrogenitaltaschen abschnüren. Die Genitalorgane erstrecken sich als bandförmige Wülste an der oralen Becherwand bis in die Arme.

Die Stauromedusen zeichnen sich durch hohes Regenerationsvermögen aus.

Fam. *Haliclystidae* (*Eleutherocarpidae*). Stauromedusen ohne Gastrogenitaltaschen. *Haliclystus octoradiatus* LM. Atlant. Ozean, Mittelmeer. *H. auricula* J. CLARK. Atlant. Küste von Nordamerika (Abb. 416). Beide mit Randankern. *Lucernaria quadricornis* MÜLL. Nordatlant. Ozean. *L.* (*Lucernariopsis*) *campanulata* LMX. Europ. Küsten. *L. walteri* ANTIPA. Bis 16 cm hoch. Ostspitzbergen. Alle drei ohne Randanker (Abb. 417). Hier schließt sich an *Sasakiella cruciformis* OKUBO. Schirm in vier interradiale Arme mit je zwei kurzen Armen ausgezogen. Die acht primären Tentakel nicht zu Randankern umgewandelt. Nordküste von Japan.

Fam. *Craterolophidae* (*Cleistocarpidae*). Stauromedusen mit Gastrogenitaltaschen. *Depastrum cyathiforme* SARS. Arme fehlen. Die acht primären Tentakel nicht zu Randankern umgewandelt. *Craterolophus tethys* J. CLARK. Randanker fehlen. Helgoland.

2. Ordnung. Lobomedusae, Lappenquallen.

Freischwimmende Scyphozoen mit Randlappen und mit Sinneskolben.

1. Unterordnung. *Peromedusae*, Taschenquallen. Schirm hoch glockenförmig mit einer Ringfurche, welche den Lappenkranz von der Schirmkuppel abgrenzt, mit vier Sinneskolben in den Radien zweiter Ordnung, mit vier Septalknoten und tiefen Subgenitalhöhlen.

Fam. *Periphyllidae*. Mit 16 Randlappen und 12 Tentakeln. *Periphylla hyacinthina* STEENSTR. Tiefsee. Atlant. u. Ind. Ozean (Abb. 412). *Peripalma corona* H. Mittelmeer.

Fam. *Pericolpidae*. Mit acht Randlappen und vier Tentakeln. *Pericolpa quadrigata* H. Antarktisch.

Die ähnlich gestaltete *Tesserantha connectens* H. aus der Tiefsee des Pazif. Ozeans, mit einfachem, ungeteiltem Schirmrand und 16 einfachen Randtentakeln ist möglicherweise eine Larvenform einer Peromeduse.

2. Unterordnung. *Cubomedusae*, Würfelquallen. Schirm vierseitig, beutelförmig, Lappenkranz zu einem Velarium verwachsen, mit vier Sinneskolben in den Radien erster Ordnung. Magentaschen durch Septalleisten geschieden. Subgenitalhöhlen fehlen. Die acht blattförmigen Genitalorgane längs der Septalleisten befestigt (Abb. 418, 419).

Fam. *Charybdeidae*. Mit vier einfachen Tentakeln in den Radien zweiter Ordnung. *Charybdea marsupialis* PÉR. LSR. Mittelmeer (Abb. 418).

Fam. *Chirodropidae*. Mit vier interradialen Tentakelbündeln. *Chirodropus palmatus* H. Südatlantisch.

3. Unterordnung. *Discomedusae*, Scheibenquallen. Schirm scheibenförmig (Abb. 411) mit mindestens acht Sinneskolben, meist mit flachen Subgenitalhöhlen. Entwicklung mittels Generationswechsels, bei *Pelagia* direkt.

1. Sektion. *Cannostomeae*. Scheibe klein, ephyraähnlich, mit kurzen, soliden Tentakeln. Mundrohr ohne Mundarme. Vier Septalknoten vorhanden. Subgenitalhöhlen fehlen.

Fam. *Ephyropsidae*. *Nausithoë punctata* KÖLL. Mittelmeer. *Atolla* H. Mit 16—32 Sinneskolben und Tentakeln. Tiefsee.

Hier wäre *Polypodium* (*Lipinium*) *hydriforme* USSOW, Parasit in den Eiern des Sterlets, Wolgagebiet Rußland, anzuschließen, das nach LIPIN ein Scyphozoon und der eigentümlichen Medusengattung *Paraphyllina* MAAS nächst verwandt ist.

2. Sektion. *Semaeostomeae*. Mundrohr in vier lange Mundarme ausgezogen.

Fam. *Pelagiidae*. Mit breiten Marginaltaschen, ohne Ringkanal. *Pelagia noctiluca* PÉR. LSR. Mit acht Tentakeln. *Chrysaora mediterranea* PÉR. LSR. (*hysoscella* AG.). Mit 24 Tentakeln, hermaphroditisch, Mittelmeer.

Fam. *Cyaneidae*. Mit breiten Marginaltaschen, ohne Ringkanal. Die Tentakel zahlreich und bündelweise vereinigt an der unteren Fläche des Schirmes. *Cyanea capillata* ESCHZ. Mit Schirmdurchmesser bis 2 m. Atlant. Ozean, Nord- und Ostsee.

Fam. *Ulmaridae*. Schirm flach, Marginalgefäße schmal, alle oder zum Teil verästelt, mit Ringkanal. *Umbrosa* (*Discomedusa*) *lobata* CLS. Tentakel lang, Subgenitalhöhlen fehlen. Adria. *Ulmaris prototypus* H. Südatlant. Ozean. Hier fügt sich an *Aurelia aurita* L.

Ohrenqualle. Zwischen den Sinneskolbenlappen velumartige Randsäume, auf deren exumbrellarer Seite eine Reihe zahlreicher kurzer Tentakel. Europ. Meere (Abb. 409). *A. flavidula* Pér. Lsr. Atlant. Küste Nordamerika.

3. Sektion. *Rhizostomeae*, Wurzelquallen. Ohne große zentrale Mundöffnung, mit zahlreichen, durch stellenweise Verwachsung der Armrinnen entstandenen Öffnungen an den acht Mundarmen. Tentakel fehlen.

1. Tribus. *Kolpophorae*. Der primäre Gastralraum zu einem Anastomosennetz umgebildet, das mit dem Magen an vielen Stellen in Verbindung steht. Keine Papillen vor den Subgenitalostien.

Fam. *Cassiopeiidae*. Anastomosennetz feinmaschig. Keulenförmige Blasen an den Mundarmen. *Cassiopeia andromeda* Forsk. Rotes Meer, Ind. Ozean.

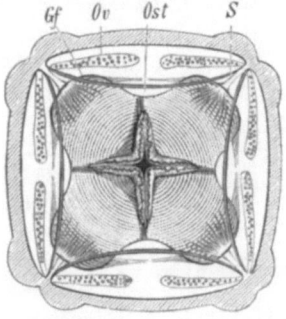

Abb. 419. Apicale Hälfte der quer durchschnittenen *Charybdea*, von der subumbrellaren Seite betrachtet. Man sieht die vier Mundarme. *Ov* Ovarien an den vier Septen (*S*). *Ost* Ostien der Gastraltaschen, *Gf* Gastralfilamente.

Fam. *Cepheidae*. Subgenitalhöhlen mehr oder minder getrennt. *Cotylorhiza tuberculata* Macri. Mit einheitlichem Subgenitalporticus. Mit acht gabelteiligen Mundarmen, an letzteren kurz- und langgestielte Saugkolben. Mittelmeer. *Cephea* Pér. Lsr.

2. Tribus. *Dactyliophorae*. Primärer Darmsinus klein, Anastomosennetz vom Ringkanal ausgehend, mit dem Magen nicht in direkter Verbindung. Subgenitalostien durch Papillen eingeengt.

Fam. *Catostylidae*. Ohne Nebenkrausen (Skapuletten) an der Basis der Arme. Mit einheitlichem Subgenitalporticus. *Catostylus* (*Crambessa*) *tagi* H. Im Brackwasser der Flußmündungen von Senegambien bis Frankreich. *C. mosaicus* Q. G. Australische Küste.

Fam. *Rhizostomidae*. Mundarme wenig verwachsen, tragen an ihrer Basis Nebenkrausen (Skapuletten) und enden mit einem kolbenförmigen Anhang. Vier getrennte Subgenitalhöhlen (Abb. 410). *Rhizostoma* (*Pilema*) *pulmo* Macri. Mittelmeer. *Stomolophus* Ag.

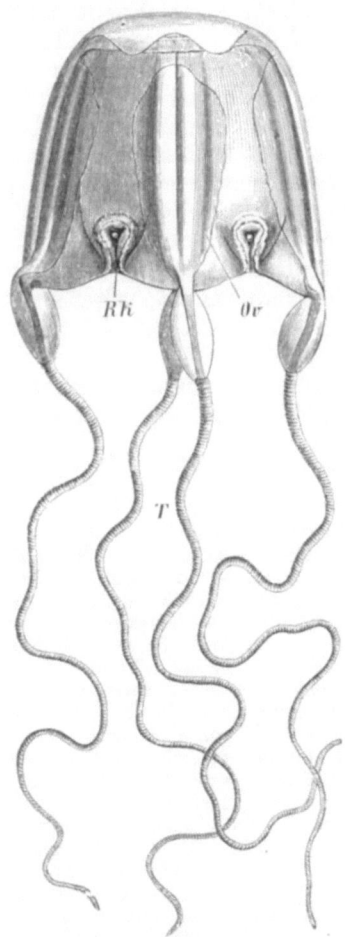

Abb. 418. *Charybdea marsupialis*. $^1/_1$. *T* Tentakel, *RK* Sinneskolben, *Ov* Ovarien.

3. Klasse. Anthozoa[1].

Polypenförmige Cnidarien mit ectodermalem Schlundrohr, mit durch Scheidewände (Septen) gekammertem Darmraum. An den Septen entodermale Muskulatur,

---

[1] Außer Rapp, Ehrenberg vgl. Darwin, Ch.: The Structure and Distribution of Coralreefs. London 1842. — Dana, J. D.: United States Expl. Expedition, Zoophytes. Philadelphia 1846.—Milne-Edwards, H. et J. Haime: Histoire naturelle des Coralliaires, 3 vols. Paris 1857—1860. — Gosse, P.: Actinologia britannica. London 1860. — de Lacaze-

die Mesenterialfilamente sowie die Geschlechtsorgane. Mittelschicht mesenchymatisch. Häufig mit cuticularen oder mesodermalen Skeletbildungen. Solitär oder stockbildend.

Die Anthozoenpolypen unterscheiden sich von den Hydroid- und Scyphopolypen durch ihre bedeutendere Größe und kompliziertere Ausbildung des Gastrovascularraumes.

Der Körper ist ein Hohlzylinder, an dem man eine Seitenwand, eine obere Mund- und basale Fußscheibe unterscheidet (Abb. 420). Letztere fehlt den grabenden Formen, bei welchen der Leib basalwärts abgerundet endet (*Cerianthus, Edwardsia, Ilyanthus* u. a.). Die Mundscheibe trägt am Rande hohle, in einer oder mehreren Reihen angeordnete Tentakel, zu welchen bei *Cerianthus* noch ein Kranz von Mundtentakeln hinzukommt. Bei manchen Actinien treten dicht unterhalb des Tentakelkranzes an der Körperwand kleine sogenannte Randsäckchen (Nesselbatterien) auf. Inmitten der Mundscheibe liegt die spaltförmige Mundöffnung. Von ihr geht das Schlundrohr aus, welches mit einer (ventralen) oder zwei, einer dorsalen und ventralen bewimperten Schlundrinne (Siphonoglyphe) versehen ist; seltener fehlen Schlundrinnen (z. B. *Gonactinia*). Das Schlundrohr (Abb. 421) mündet mit seiner inneren verschließbaren Öffnung (Schlundpforte) in den Gastralraum, der in einen zentralen Teil und periphere taschenförmige Kammern (Magentaschen, Gastralfächer) zerfällt; letztere führen in die Hohlräume der Tentakel. Die

Abb. 420. *Sagartia elegans* (*nivea*). (Nach GOSSE.) $^1/_1$

DUTHIERS, H.: Histoire naturelle du Corail. Paris 1864. — Développement des Coralliaires. Archives de Zool. 1/2(1872); 2 (1873). — KÖLLIKER, A.: Anatomisch-systematische Beschreibung der Alcyonarien. 1872. — MOSELEY, H. N.: The Structure and Relations of the Alcyonarian Heliopora. Philosophic. Trans. roy. Soc. London 1876. — HERTWIG, O. und R.: Die Actinien anatomisch-histologisch usw. untersucht. Jena. Z.Naturwiss. 1879. — HERTWIG, R.: Die Actinien der Challenger-Expedition. Jena 1882. — v. HEIDER, A.: Die Gattung *Cladocora*. Sitzgsber. Akad. Wiss. Wien, Math.-naturwiss. Kl. 1881. — KOWALEVSKY, A. et A. F. MARION: Documents pour l'histoire embryogénique des Alcyonaires. Ann. Mus. Hist. nat. Marseille 1883. — WILSON, E. B.: The development of *Renilla*. Philosophic. Trans. roy. Soc. London 174 (1884). — ANDRES, A.: Le Attinie. Fauna u. Flora Golf Neapel 9 (1884). — ERDMANN, A.: Über einige neue Zoantheen usw. Jena. Z. Naturwiss. 19 (1886). — v. KOCH, G.: Die Gorgoniden des Golfes von Neapel. Fauna u. Flora Golf Neapel 15 (1887). — JUNGERSEN, H.: Über Bau und Entwicklung der Kolonie von *Pennatula phosphorea*. Z. Zool. 47 (1888). — MC.MURRICH, J. P.: Contributions on the morphology of the *Actinozoa*. J. of Morph. 4 (1890); 5 (1891). — CARLGREN, O.: Studien über nordische Actinien. Svensk. Akad. Hdl. 25 (1893). — FAUROT, L.: Études sur l'anatomie, l'histologie et le développement des Actinies. Archives de Zool. 1895. — v. KOCH, G.: Das Skelet der Steinkorallen. Festschrift für GEGENBAUR 1896. — VAN BENEDEN, ED.: Die Anthozoen der Plankton-Expedition. 1898. — APPELLÖFF, A.: Studien über Actinienentwicklung. Bergens Mus. Aarb. 1900. — DÖDERLEIN, L.: Die Korallengattung *Fungia*. Abh. Senckenberg. naturforsch. Ges. 1902. — DUERDEN, J. E.: West Indian Madreporarian Polyps. Mem. nat. Acad. Washington 8 (1902). — KÜKENTHAL, W.: *Pennatularia*. Tierreich 43 (1915). — *Gorgonaria*. Ebenda 47 (1924). — *Alcyonacea*. Wiss. Erg. dtsch. Tiefsee-Exped. 13 (1906). — *Gorgonaria*. Ebenda 1919. — KÜKENTHAL, W. u. HJ. BROCH: *Pennatulacea*. Ebenda 1911. — BROOK, G. u. H. BERNARD: Catalogue of the Madreporarian Corals in the British Museum. I—VI. London 1893—1906. — MATTHAI, G.: Catalogue of the Madreporarian Corals in the British Museum. VII. London 1928. — v. MARENZELLER, E.: Riffkorallen. Zool. Erg. Pola-Exped. Denkschr. Akad. Wien 80 (1907). — KASSIANOW, N.: Untersuchungen über das Nervensystem der *Alcyonaria*. Z. Zool. 90 (1908). — PAX, F.: Die Actinien. Erg. Zool. 4 (1914). — Die Antipatharien. Zool. Jb. 41 (1918). — STEPHENSON, T. A.: On the Classification of *Actiniaria*. I—III. Quart. J. microsc. Sci. 64—66 (1920 bis 1922). — The British Sea Anemones. Ray Soc. 113 (1928). — Vgl. ferner die Schriften von BOVERI, KLUNZINGER, SEMPER, GOETTE, BOURNE, STUDER, HAVET, VERRILL, VAUGHAN, IWANZOFF, WILL, NIEDERMEYER, GERTH, VAN PESCH.

Septen (Mesenterialscheidewände, Sarkosepten), welche die Taschenräume voneinander scheiden, sind senkrechte, von der Seitenwand, der Fuß- und Mundscheibe entspringende radiale Falten des Darmes mit mesenchymatischer Stützlamelle. Zentral stehen sie entweder mit dem Schlundrohr in Verbindung oder enden in ganzer Länge frei; erstere werden als vollkommene, letztere als unvollkommene Septen bezeichnet. Die Anzahl und Anordnung der Septen ist verschieden und für die einzelnen Gruppen charakteristisch. Die vollkommenen Septen sind an ihrer oralen Insertionsstelle von einer Öffnung (*Septalstoma*) durchbohrt; zu diesen inneren Septalstomata können noch äußere, in der Nähe der Seitenwand gelegene Septalstomata hinzukommen.

Der Gastralraum kann außer durch den Mund noch an anderen Stellen mit der Außenwelt in Kommunikation stehen, so an den Spitzen der Tentakel (viele Actinien), bei *Sagartia, Adamsia* durch die sogenannten Cinclides, Öffnungen am unteren Dritteil der Seitenwand, endlich bei *Cerianthus* durch Poren an der Innenfläche der Randtentakel sowie einen Porus am Hinterende.

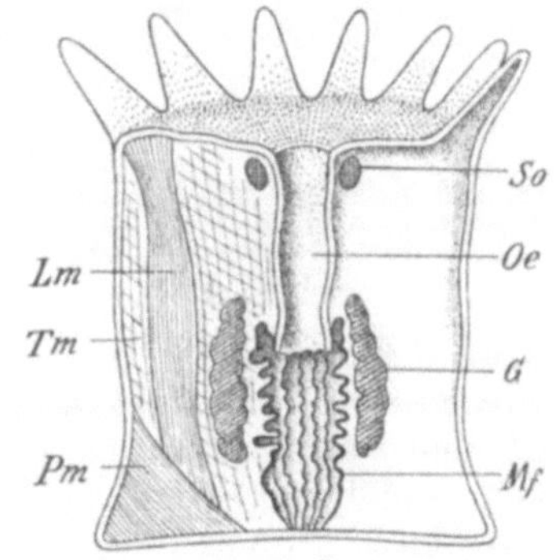

Der freie Rand der Septen wird von einem stellenweise vielfach gewundenen Wulst (*Mesenterialfilament*) eingenommen, der reich an Drüsen- und Nesselkapselzellen ist und im oralen Teile von seitlichen Flimmerstreifen begleitet wird (Abb. 309). Die Mesenterialfilamente haben secretorische Bedeutung. Weitere Bildungen des Septums sind die *Acontien* mancher Actinien (*Sagartia, Adamsia*), an der Septenbasis entspringende, reich mit Nesselkapseln ausgestattete Fäden, die als Verteidigungswaffen durch die Cinclides hervorgeschnellt und wieder zurückgezogen werden können.

Abb. 421. *Hexactinie* im Längsschnitt (schematisch, Original G.); links ist ein Septum, rechts eine Darmtasche getroffen. *Oe* Schlundrohr (Oesophagus), *G* Genitalorgan, *Mf* Mesenterialfilament, *So* inneres Septalstoma, *Lm* Längs-, *Tm* Transversal-, *Pm* Parietobasilarmuskel des Septums. Die Punktierung an der Mundscheibe sowie den Tentakeln und dem Mundrohr zeigt die diffuse Verbreitung des Nervensystems im Ectoderm.

Die Septen sind meist Träger einer kräftigen Muskulatur und es lassen sich zwei Muskelsysteme, ein transversales und longitudinales, unterscheiden, welche den beiden verschiedenen Seiten des Septums angehören. Die longitudinalen Muskeln ziehen von der Fußscheibe zur Mundscheibe und bilden ein starkes Faserbündel, welches im Querschnitt als sogenannte *Muskelfahne* erscheint (Abb. 426). Die transversalen Muskeln beginnen an der Seitenwand und ziehen zum Schlund und zur Fußscheibe. Bei den *Cerianthiden* und *Antipathiden* ist die Septalmuskulatur sehr schwach; dagegen erscheint die ectodermale Muskulatur der Körperwand kräftig ausgebildet, während sie den meisten *Zoanthactiniaria* vollständig fehlt.

An den Septen liegen endlich die Geschlechtsorgane, welche bandförmige Wülste bilden. In der Regel sind die Geschlechter getrennt; hermaphroditisch sind *Cerianthus, Zoanthus*.

Das Nervensystem der Anthozoen ist ein diffuses und am mächtigsten im Ectoderm der Mundscheibe und der Tentakel entwickelt (Abb. 212 b); es besteht aus Sinneszellen und in der Tiefe gelegenen Ganglienzellen, deren Fasern unter dem Epithel eine Nervenfaserschicht bilden (Abb. 102 d). Die Nervenschicht findet sich, wenn auch schwächer entwickelt, im Entoderm. Besondere Sinnesorgane fehlen.

Zwischen dem Ectoderm, an welchem häufig bewimperte Epithel-, dann

Sinneszellen und zuweilen eine Muskelfaserschicht zu unterscheiden ist, und dem ähnlich zusammengesetzten Entoderm liegt eine mesenchymatische Zwischenlage (Mesogloea) von verschiedener Dicke und Beschaffenheit. Aus der entodermalen Ringmuskulatur der Körperwand differenziert sich häufig ein Sphincter, der die Körperwand über der eingestülpten Mundscheibe zusammenschnürt. Die Mesogloea erscheint als festes, von spindel- und sternförmigen Zellen durchsetztes, gallertiges oder fibrilläres Bindegewebe.

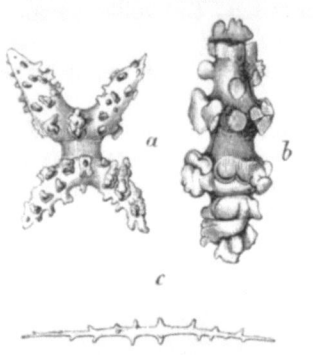

Abb. 422. Kalkkörper (Scleriten) von Octactiniarien, a von *Plexaurella*, b von *Gorgonia* (nach KÖLLIKER), c von *Alcyonium* (Original G.).

Mit Ausnahme der meisten *Actiniaria* und aller *Cerianthiden* trifft man bei den Anthozoen harte Skeletbildungen an. Sie entstehen bei den *Octactiniaria* in Zellen des Mesenchyms und bestehen aus in der Regel knorrigen, zuweilen rot gefärbten Kalkkörpern (*Skleriten*) (Abb. 422), die entweder unverbunden bleiben oder durch Kalkmasse verkittet sein können (Wandskelet von *Tubipora*). Viel verbreiteter sind cuticulare ectodermale Skeletbildungen, wie die basalen Membranen mancher Actiniarier (z. B. *Adamsia palliata, Minyas*), das hornige Hüllskelet von *Cornularia*, die hornartige, zuweilen verkalkte und durch Aufnahme von eingewanderten Skleriten verstärkte (*Corallium*) Skeletachse der *Gorgoniiden* und *Antipathiden*, sowie das steinharte Kalkskelet der *Madreporarien*. Diese Skeletbildungen gehen von der Fußscheibe des Polypen aus und wachsen häufig in den Polypenkörper hinein, die Wand desselben vor sich herstülpend, so daß sie wie innere Skeletbildungen erscheinen (Abb. 423). Das Skelet (Polyparium) der *Madreporarien* zeigt die Architektur des Weichkörpers mit dem wesentlichen Unterschiede, daß die harten Septen (*Sclerosepten*, Sternleisten) nicht den weichen Septen, sondern der Mitte der Taschenräume entsprechen. An ihm unterscheidet man eine basale Fußplatte, von der die Sclerosepten ausstrahlen; letztere sind innerhalb der Leibeswand des Polypen durch ein dieser parallel laufendes hartes Mauerblatt (*Theca*) verbunden. Zuweilen erhebt sich in der Achse eine säulenförmige Kalkmasse (*Columella*) sowie als Abscheidung außen an der Leibeswand des Polypen die *Epithek* (*Exotheca*). Als *Pali* werden rings um die Columella auftretende, von den Sclerosepten abgetrennte Kalkstäbchen bezeichnet. Es können ferner zwischen den Seitenflächen der Septen Bälkchen (*Synapticulae*) oder Querplättchen (*Dissepimenta*), endlich quer den ganzen Polypen durchziehende Skeletlamellen, Böden (*Tabulae*), auftreten. Die peripherischen Abschnitte der Septen springen an der Außenfläche des Mauerblattes als Rippen (*Costae*) vor.

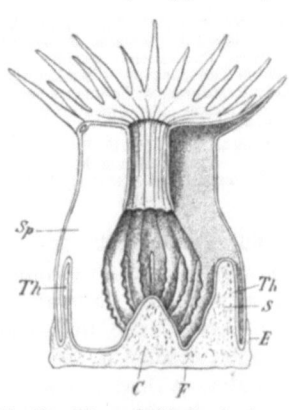

Abb. 423. Längsschnitt durch einen *Madreporarier* (schematisch), um das Verhältnis des Skelets zum Weichkörper zu zeigen. Links ist ein Septum (*Sp*), rechts ein Taschenraum getroffen. *F* Fußplatte, *Th* Mauerblatt (Theca), *S* Scleroseptum, *C* Columella, *E* Epithek. (Original G.)

Neben der geschlechtlichen Fortpflanzung ist die ungeschlechtliche durch Sprossung und Teilung von großer Bedeutung. Die Teilung ist in der Regel Längs-, seltener Querteilung (*Gonactinia, Flabellum, Fungia*), in welchem letzteren Falle eine strobilaähnliche Form zustande kommt (Abb. 286) und wahrscheinlich Generationswechsel besteht. In der Regel bleiben die so erzeugten Individuen zu Stöcken miteinander verbunden, die nach der Verschiedenartigkeit der Sprossung oder unvollkommenen Teilung bedeutende Formverschiedenheiten zeigen. Gewöhnlich sind die Individuen eines Stockes durch gemeinsame, von zahlreichen Ernährungskanälen durchsetzte Verbindungsteile (*Coenosark*) in Zusammenhang oder kommunizieren mehr oder minder unmittelbar mit ihren Gastralräumen; doch sind in vielen Fällen die Einzelindividuen mit ihrer Körperwand verwachsen und ein besonderes Coenosark fehlt. Von dem Coenosark wird ein Zwischenskelet ausgeschieden. Demgemäß unterscheidet man zahlreiche Modifikationen verästelter Stöcke, z. B. der *Acroporiden* und *Oculiniden*, ferner lamellöse und massige Stöcke, wie sie die *Astraeen* und *Maeandren* bieten. Die Individuen eines Stockes sind untereinander gleich; nur bei einigen Octactiniarien (einigen *Pennatuliden, Alcyoniiden, Corallium*) findet sich ein Dimorphismus, indem außer den normalen Polypen sogenannte Siphonozooide vorkommen, die sich durch Kleinheit des Körpers, Mangel der Tentakel, meist den Besitz von nur zwei Mesenterialfilamenten und durch Sterilität auszeichnen; auch sind die *Pennatularia* und manche *Antipatharia* diöcisch.

Die Eier durchlaufen die Embryonalentwicklung meist im mütterlichen Körper und es werden erst die Larven durch den Mund ausgeworfen. Seltener sind besondere Bruträume der ectodermalen Körperwand vorhanden. Die Furchung ist im allgemeinen äqual (zuweilen superficial) und führt entweder zu einer Coeloblastula, an der das Entoderm durch Invagination entsteht, oder es bildet sich durch frühzeitige Einwanderung von Furchungskugeln nach innen ein solider, als Morula bezeichneter Entwicklungszustand aus; im letzteren Falle entsteht das Gastrocoel durch sekundäre Aushöhlung. Die freischwimmenden bewimperten Larven (auch als *Planula* bezeichnet), deren aboraler Pol zuweilen einen Schopf längerer Wimpern trägt, setzen sich mit dem aboralen Pole fest und bilden nach, zuweilen schon vor der Festsetzung das ectodermale Schlundrohr,

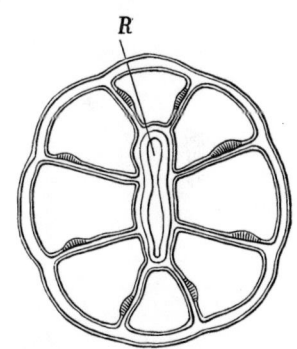

Abb. 424. Querschnitt durch eine Octactinie (*Alcyonium*). (Nach HERTWIG.) *R* Schlundrinne (Siphonoglyphe).

die Septen sowie die Tentakel aus (Abb. 425b). Bei den *Octactinien* entstehen alle acht Tentakel und Septen zu gleicher Zeit, letztere in bilateraler Anordnung um das sagittal gestreckte Mundrohr; ihre Muskelfahnen sind alle nach derselben (ventralen) Seite gerichtet, welche durch die Schlundwimperrinne (Siphonoglyphe) bezeichnet wird. Zwischen Ecto- und Entoderm kommt eine hyaline Gallerte zur Ausscheidung, in die vom Ectoderm aus Zellen einwandern (Abb. 424).

Bei den *Hexactiniarien*, deren Fangarme und Mesenterien sich auf ein Multiplum der 6-Zahl zurückführen lassen, glaubte man früher mit M. EDWARDS und HAIME, daß die Septen dem 6strahligen Typus entsprechend auftreten, daß also die Septen gleicher Größe je einem zu gleicher Zeit gebildeten Cyclus angehören. Indessen lieferte zuerst LACAZE-DUTHIERS den Nachweis, daß ein ganz anderes Wachstumsgesetz die Zunahme der Septen und Fangarme bestimmt, daß anfangs eine durchaus symmetrische Gestaltung zugrunde liegt, aus der erst später durch Egalisierung der alternierenden ungleichalterigen Elemente die regulär radiäre Architektonik hervorgeht. Die Mundspalte bezeichnet wie bei den Octactinien die Hauptebene (Sagittalebene), zu deren Seiten sich die Septensysteme spiegelbildlich gleich verhalten. Falls die beiden Haupttentakel einander gleich und zwei Schlundrinnen vorhanden sind, trennt auch die senkrecht zur Hauptebene gezogene Transversalebene den Leib in zwei spiegelbildlich gleiche Hälften

464 Metazoa.

(Abb. 426) und die Anordnung ist eine *disymmetrische* (*Actinien, Madreporarien*) im Gegensatze zu der *einfachen* Symmetrie der *Octactiniarien, Cerianthiden, Antipathiden, Zoanthiden* und der *Tetracorallien*.

Bei den *Hexactiniarien* eilen zwei einander gegenüberstehende Septen in der Entwicklung voran, durch welche die Gastralhöhle in zwei ungleich große Taschenräume geteilt wird. Bald erhebt sich in dem größeren Taschenraume ein neues Faltenpaar, welchem in den vom ersten Septenpaar begrenzten Taschenraume

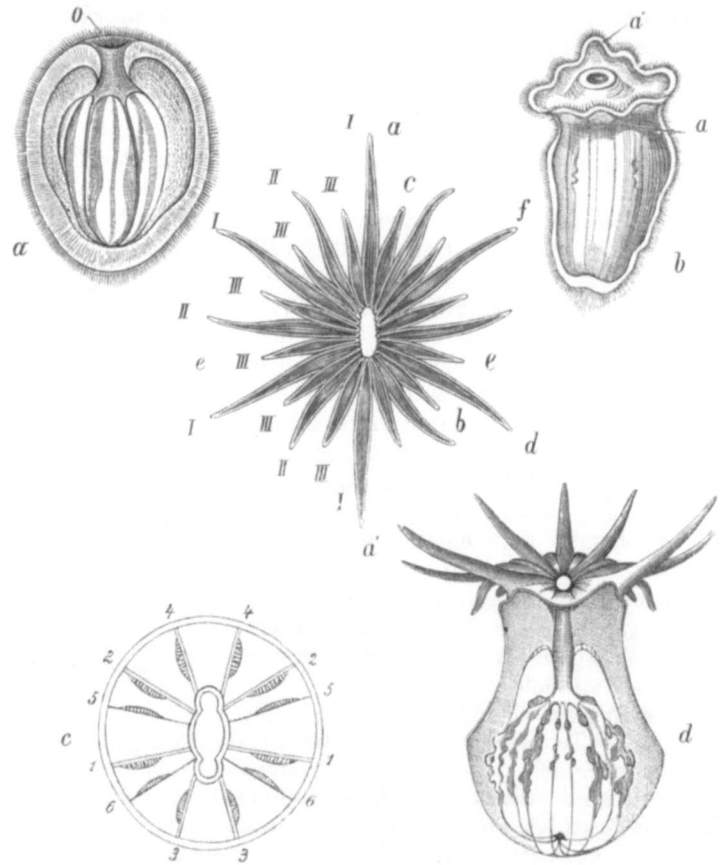

Abb. 425. Aus der Entwicklungsgeschichte von *Actinia equina* (*mesembryanthemum*). a Larve mit acht Scheidewänden und zwei Mesenterialfilamenten. *O* Mund. — b Etwas weiter vorgeschrittene Larve mit den Anlagen von acht Fangarmen. *a'* Der Tentakel über dem primären größeren Fache. — c Diagramm, die entwicklungsgeschichtliche Reihenfolge der ersten sechs Septenpaare zeigend. — d Junge Actinie mit 24 alternierend egalisierten Armen im Längsschnitt. — e Mundscheibe derselben, von der Fläche gesehen. Links die Fangarme mit *I—III* in Cyclen der Größe nach, rechts mit *a—f* jene der ersten sechs Taschenpaare bezeichnet. (a, b, d, e nach LACAZE-DUTHIERS, c nach BOURNE, etwas abgeändert.)

ein drittes, in dem gegenüberliegenden ein viertes Septenpaar folgt. Es tritt nun eine gewisse Ruhepause in der Entwicklung ein. Dieses Stadium entspricht nach Zahl der Septen und Anordnung der Muskelfahnen den ausgewachsenen *Edwardsien* und wird als Edwardsiastadium bezeichnet. Nachher werden die an das zuerst entstandene Faltenpaar angrenzenden Taschenräume durch je ein Septum geschieden (Abb. 425c). Dagegen wird bei *Adamsia* (*Aiptasia*) das fünfte und sechste Septenpaar in den zur Medianebene seitlichen Taschen zwischen den Septen 1 und 2 angelegt (Abb. 428). Die zwölf Septen ordnen sich zu sechs Paaren an und umschließen ein sogenanntes *Binnenfach*; zu diesen gehören auch die Fächer der Medianebene, deren Begrenzungssepten (*Richtungssepten*) sich an die Schlundrinnen inserieren und die Muskelfahnen an den abgewendeten Seiten tragen, während bei den übrigen Septen die Muskelfahnen einander zugewandt in das Binnenfach sehen. Das zwischen zwei Binnenfächern gelegene Fach wird als *Zwischenfach* bezeichnet. In der Folge entstehen alle weiteren Septen in Cyclen, dem radiären Typus folgend, und paarweise mit einander zugekehrten Muskelfahnen in den Zwischenfächern, während die Binnenfächer stets steril bleiben (Abbild. 426). Schon vor der Anlage des fünften und sechsten Septenpaares beginnt die Hervorsprossung der Tentakel, und zwar entstehen zuerst acht Tentakel, von denen der eine über dem größeren der beiden zuerst gebildeten Taschenräume den nachfolgenden an Größe vorauseilen soll (Abb. 425b) (LACAZE-DUTHIERS), dann treten vier weitere Tentakel hinzu. Nachdem sämtliche zwölf Fangarme gebildet sind, egalisieren sich dieselben alternierend, so daß sechs größere Fangarme, zu denen die unpaaren Tentakel der Medianebene gehören, mit ebensoviel kleineren wechseln und zwei Kreise von sechs Armen erster und ebensoviel Armen zweiter Ordnung vorhanden sind.

Abb. 426. Querschnitt durch eine *Adamsia* (*Aiptasia*) *diaphana*. (Nach HERTWIG.) *Hf* die Fächer der Hauptebene (Richtungsfächer), *R* Schlundrinnen, *1—6* die ersten sechs Septenpaare, nach der Reihenfolge ihrer Entstehung bezeichnet.

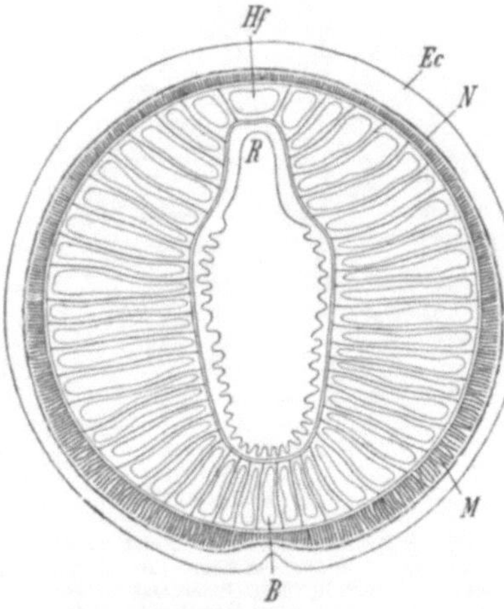

Die Größe der zwölf darauffolgend gebildeten, paarweise entstehenden, anfangs kurzen Tentakel regelt sich später in der Weise, daß die an die Tentakel der zweiten Ordnung angrenzenden sechs Fangarme die ersteren bald überragen und nun an Stelle jener scheinbar den zweiten Cyclus repräsentieren (Abb. 425e). Das gleiche Gesetz des Wachstums mit nachfolgender Egalisierung und Substitution wiederholt sich nun im Verlaufe der weiteren Entwicklungsvorgänge. Die Mesenterialfilamente, wenigstens jene der ersten Septenpaare, bei den *Octactiniarien* die beiden dorsalen, sind ectodermalen Ursprungs und entstehen als Ausläufer vom Schlundrohre aus.

In der Anordnung und Weiterentwicklung der Septen bestehen mannigfache Verschiedenheiten. Doch sind unter den

Abb. 427. Querschnitt durch *Cerianthus solitarius*. (Nach HERTWIG.) *Hf* das von den Richtungssepten eingeschlossene Richtungsfach. *R* Schlundrinne, *B* das Zwischenfach, *Ec* Ectoderm, *N* Nervenschicht, *M* Muskelfaserschicht desselben.

Anthozoen noch zwei von dem besprochenen Typus sehr abweichende Typen rücksichtlich der Ausbildung und Neuentstehung der Septen zu unterscheiden, jene der *Zoanthiden* und der *Cerianthiden*. Bei den *Zoanthiden* (Abb. 429) sind die Septen bilateralsymmetrisch und in Paaren angeordnet; jedes Paar besteht aus einem unvollkommenen (Microseptum) und einem vollkommenen Septum (Macroseptum). Eine Ausnahme bilden die Richtungsseptenpaare, von denen das der Schlundrinne entsprechende aus Macrosepten, das gegenüberliegende aus Microsepten besteht. Die Muskelfahnen sind an allen Septenpaaren einander zugekehrt, bloß bei den Richtungssepten an den abgewendeten Seiten gelegen. Die primären Septenpaare, welche wahrscheinlich in der Reihenfolge wie bei den Actinien entstehen, erscheinen gegen das aus Microsepten gebildete Richtungsseptenpaar gedrängt und ihr Macroseptum letzterem zugekehrt. Die später auftretenden Septenpaare, deren Macroseptum umgekehrt dem macroseptalen Richtungsseptenpaar zu gelegen ist, entstehen paarweise nur in den zwei nächst dem macroseptalen Richtungsseptenpaar gelegenen Fächern, die sonach die beiden einzigen Zwischenfächer sind. Außer diesem sogenannten Microtypus unterscheidet man bei den Zoanthiden einen Macrotypus, dadurch charakterisiert, daß noch das vierte Septum vom microseptalen Richtungsseptenpaar aus ein Macroseptum ist. Viel mehr weichen die *Cerianthiden* (Abb. 427) ab. Alle Septen sind hier vollkommen und nicht in Paaren, sondern in einfacher Reihe symmetrisch angeordnet. Die Septalmuskulatur ist sehr schwach ausgebildet und bildet keine Muskelfahne. Nur das dem Richtungsfach gegenüberliegende Fach verhält sich als Zwischenfach, in welchem die neuen Septen paarweise in der Reihenfolge gegen das Richtungsfach hin entstehen.

Abb. 428. Querschnitt durch eine junge *Adamsia* (*Aiptasia*) *diaphana*. (Nach HERTWIG, etwas abgeändert.) Septum *5* und *6* in Entwicklung begriffen, *R* Schlundrinnen.

Abb. 429. Schematischer Querschnitt durch einen *Zoanthiden*, links der Micro-, rechts der Macrotypus. (Nach BOURNE, in der Darstellung verändert.) *1—6* die ersten sechs Septenpaare.

Die *Anthozoen* sind durchaus Bewohner des Meeres und leben vorzugsweise in den wärmeren Zonen, wenngleich einzelne Typen der fleischigen Octactinien und auch Hexactinien über alle Breiten sich erstrecken. Die Polypen, welche Bänke und Riffe bauen, beschränken sich auf einen etwa vom 30. Grad nördlicher und südlicher Breite begrenzten Gürtel und reichen nur hier und da über denselben hinaus; meist leben sie in der Nähe der Küsten und erzeugen hier im Laufe der Zeit durch Ablagerungen ihrer steinharten Kalkgerüste Felsmassen von kolossaler Ausdehnung, welche als *Korallenriffe* (*Atolle, Saumriffe, Wallriffe*) der Schiffahrt gefahrbringend sind und zur Grundlage von Inseln werden können.

Die Anthozoen haben wesentlichen Anteil an den Veränderungen der Erdoberfläche genommen. Wie gegenwärtig, so waren sie auch in noch größerem Umfange in früheren geologischen Epochen tätig, von denen namentlich die Korallenbildungen der paläozoischen Zeit und der jurassischen Formation eine sehr bedeutende Mächtigkeit besitzen.

In der nachstehenden Übersicht ist teilweise der von ED. VAN BENEDEN gegebenen Gruppierung gefolgt.

1. Ordnung. Rugosa (Tetracorallia).

Paläozoische Anthozoen mit zahlreichen, in vier Systemen gruppierten, symmetrisch oder radiär angeordneten Septen.
Sie stehen wahrscheinlich den Zoanthactiniaria näher.

2. Ordnung. Octactiniaria.

Stockbildende Anthozoen mit acht gefiederten Tentakeln und acht Septen, deren Muskelfahnen gegen die Schlundrinne zu gerichtet sind. Als Skeletbildungen treten fast überall Scleriten auf.

1. Unterordnung. *Alcyonaria*, Lederkorallen. Festsitzende Stöcke ohne Achsenskelet.

Fam. *Cornulariidae*. Ketten- oder rasenförmige Stöcke, deren Einzeltiere nur durch basale Stolonen verbunden sind. Polypen relativ groß. *Cornularia cornucopiae* PALL. Mit hornigem ectodermalen Hüllskelet. Scleriten fehlen. Mittelmeer. *Anthelia crassa* M. E. Mittelmeer. *Sympodium coeruleum* EHRBG. Rotes Meer.

Fam. *Tubiporidae*, Orgelkorallen. Polypen in parallelen, durch Querplatten verbundenen roten Röhren, die aus den verschmolzenen Scleriten bestehen. *Tubipora hemprichi* EHRBG. Ind. Ozean, Rotes Meer.

Fam. *Alcyoniidae*. Polypen durch eine gemeinsame lederartige Cönenchymmasse verbunden. Scleriten in derselben spärlich. Zuweilen mit Siphonozooiden. *Alcyonium palmatum* PALL. Mittelmeer. *A. digitatum* L. Nordsee. Stock baumartig ramifiziert. *Parerythropodium (Sympodium) coralloides* PALL. Stock rasenförmig. Mittelmeer. *Sarcophyton* LESS. Stock hutpilzförmig. Mit Siphonozooiden.

Fam. *Helioporidae*. Skelet aus Lamellen kristallinischen Kalkes bestehend. Scleriten fehlen. Die Polypen in röhrigen Zellen, die durch reiches, aus feinen Röhren zusammengesetztes Cönenchym verbunden sind und wie letztere von Querböden (Tabulae) durchsetzt werden. Die Kelche mit nach innen vorspringenden Längsleisten (Pseudosepten). Nur eine lebende Art: *Heliopora coerulea* GRIMM. Ind. Ozean.

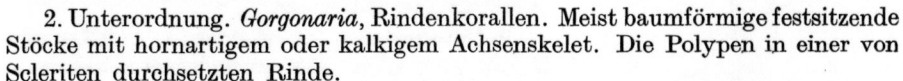

Abb. 430. Zweig eines Stöckchens von *Corallium rubrum* (Edelkoralle). (Nach LACAZE-DUTHIERS.) 15/1
P einzelnes Polypenindividuum.

2. Unterordnung. *Gorgonaria*, Rindenkorallen. Meist baumförmige festsitzende Stöcke mit hornartigem oder kalkigem Achsenskelet. Die Polypen in einer von Scleriten durchsetzten Rinde.

1. Sektion. *Scleraxonia*. Das Achsenskelet besteht aus Skleriten, die durch Horn- oder Kalksubstanz verkittet sind.

Fam. *Coralliidae*. Mit ungegliederter harter Achse aus durch Kalksubstanz verkitteten Scleriten. Siphonozooide vorhanden. *Corallium rubrum* LM. Edelkoralle, rote Koralle (Abb. 430). Mittelmeer, namentlich an den Küsten von Tunis, Algier, Sizilien, Kanarische Inseln. Das Achsenskelet wird zu Schmuckgegenständen verarbeitet.

2. Sektion. *Holaxonia*. Achsenskelet aus hornartiger Substanz bestehend, in die Kalk eingelagert sein kann. Scleriten fehlen in der Achse oder kommen nur gelegentlich vor.

Fam. *Plexauridae*. Achse ungegliedert, Achsenrinde gefächert. *Euplexaura antipathes* L. Schwarze Koralle. Ind. Ozean, Rotes Meer. Zu Schmuckgegenständen verwendet. *Plexaura dubia* KÖLL. Westindien, Bermuda. *Eunicella verrucosa* PALL. Atlant. Ozean, Mittelmeer.

Fam. *Gorgoniidae*. Achse ungegliedert, Achsenrinde nicht gefächert. Achse fast stets rein hornig. Zwischen den Ästen des Stockes nicht selten Anastomosen. *Gorgonia media* VERRILL. Guayamas bis Panama. *Rhipidogorgia flabellum* L. Venusfächer. Stock fächerförmig. Florida, Antillen.

Fam. *Isididae*. Achse gegliedert, abwechselnd aus Kalk- und Horngliedern bestehend. *Isidella elongata* ESP. Mittelmeer. *Isis hippuris* L. Indopazif. Ozean.

3. Unterordnung. *Pennatularia*, Seefedern. Feder-, keulen- oder blattförmige Stöcke, die mit einem basalen Stiel lose im Sande stecken. Meist mit innerem

unverästelten hornigen, gewöhnlich verkalkten Achsenskelet. Stock aus einem großen umgewandelten Hauptpolypen und seitlichen sekundären Polypen bestehend. Meist sind Siphonozooide vorhanden. Diöcisch. Viele zeigen Leuchterscheinung.

Fam. *Veretillidae*. Stock walzenförmig, Polypen radiär angeordnet. *Veretillum cynomorium* PALL. Atlant. Ozean, Mittelmeer. *Cavernularia pusilla* PHIL. Sizilien.

Fam. *Renillidae*. Stock in Form eines nierenförmigen Blattes. Polypen nur an der dorsalen Fläche. Ein Achsenskelet fehlt. *Renilla reniformis* PALL. Ostküste Amerikas.

Fam. *Umbellulidae*. Langgestreckte Stöcke. Polypen am obersten Teile in Wirteln zusammengedrängt. *Umbellula encrinus* L. Arkt. Meere, Tiefsee.

Fam. *Pennatulidae*. Bilaterale federförmige Stöcke mit Blättern, die am Rande eine oder mehrere Reihen von Polypen tragen. *Pennatula phosphorea* L. Kosmopolit. *P. rubra* ELLIS. Mittelmeer (Abb. 431).

Fam. *Pteroeididae*. Bilaterale federförmige Stöcke mit seitlichen blattförmigen Polypenträgern. Blätter durch aus Scleriten gebildete Strahlen gestützt. *Pteroeides griseum* BOHADSCH. Atlant. Ozean, Mittelmeer.

3. Ordnung. Ceriantipatharia.

Solitäre oder stockbildende Anthozoen mit bilateraler Anordnung der muskelarmen Septen, mit kräftiger ectodermaler Muskulatur des Mauerblattes.

1. Unterordnung. *Antipatharia*. Stöcke mit hornartiger dorniger Achse und weicher, die Polypen enthaltender Rinde. Polypen mit sechs Tentakeln, mit sechs primären, zuweilen noch 4—6 sekundären Septen, von denen in der Regel nur zwei große transversale die Genitalorgane und Filamente tragen. Manche diöcisch.

Fam. *Antipathidae*. Mit den Charakteren der Unterordnung. Die tiefschwarze Achse mehrerer Arten als schwarze Koralle zu Schmuckgegenständen verarbeitet. *Parantipathes larix* ESP., *Antipathes* (*Leiopathes*) *glaberrima* ESP. Mittelmeer.

2. Unterordnung. *Ceriantharia*. Solitäre skeletlose Anthozoen mit abgerundetem Körperende, außer Randtentakeln noch Mundtentakel vorhanden. Septen in großer Zahl; nur ein Zwischenfach (Abb. 427).

Fam. *Cerianthidae*. Mit Porus am hinteren Körperende. Zwitterig. Leben im Sand, lose umhüllt von aus Schleim mit Nesselkapseln und Fremdpartikeln gebildeten Hülse. *Cerianthus membranaceus* SPALL., *C. solitarius* RAPP. Mittelmeer. *C. lloydi* GOSSE. Nordsee.

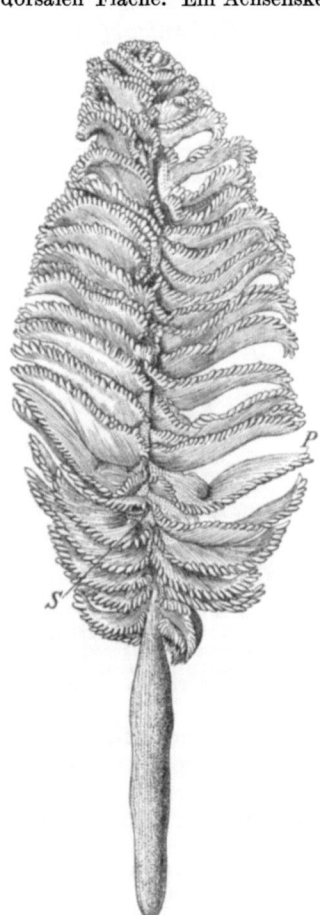

Abb. 431. *Pennatula rubra.* (Nach KÖLLIKER.) ²/₃. *P* Polypen, *S* Siphonozooide.

4. Ordnung. Zoanthactiniaria.

Solitäre oder stockbildende Anthozoen mit bilateraler oder zweifach symmetrischer Anordnung der in Paaren gruppierten Septen, deren Längsmuskulatur einen Wulst (Muskelfahne) bildet.

1. Unterordnung. *Zoanthiniaria*. Meist Stöcke, selten solitäre Polypen, deren symmetrisch angeordnete Septenpaare mit Ausnahme der Richtungsseptenpaare in der Regel aus einem sterilen Micro- und einem Genitalorgane tragenden Macroseptum bestehen. Mit nur zwei, neue Septenpaare produzierenden Zwischen-

fächern (Abb. 429). Die mesenchymatische Mittelschicht von ectodermalen Kanälen durchzogen. Harte Skelete fehlen, doch ist das Ectoderm, oft auch die Mesenchymschicht, durch aufgenommene Fremdkörper inkrustiert.

Fam. *Zoanthidae*. *Zoanthus sociatus* ELLIS. Hermaphroditisch. Antillen. *Palythoa arenacea* CHIAJE. Mittelmeer u. nordeurop. Meere. *Epizoanthus incrustatus* D. K. Nordsee. *Parazoanthus anguicomus* NORM. Nordsee. *Sphenopus* STEENSTR. Große solitäre Form, frei im Sande steckend. *Savaglia* (*Gerardia*) *lamarcki* NARDO. Mittelmeer, Madeira. Vielleicht nur ein *Parazoanthus* (CARLGREN).

2. Unterordnung. *Hexactiniaria*. Solitäre oder stockbildende sechsstrahlige Anthozoen, deren Septen meist in zweifach symmetrischer Weise angeordnet sind, mit Cyclen von neue Septenpaare produzierenden Zwischenfächern (Abb. 426). Skeletlos oder mit basalen harten Skeletbildungen.

1. Sektion. *Actiniaria*, Seeanemonen, Seerosen. Solitäre Formen, in der Regel ohne Skelet. Die häufige basale Haftscheibe befähigt auch zur Ortsveränderung. Oft von bedeutender Größe und lebhafter Färbung.

1. Tribus. *Protantheae*. Ectoderm der Körperwand mit Längsmuskelschicht Sphinc-

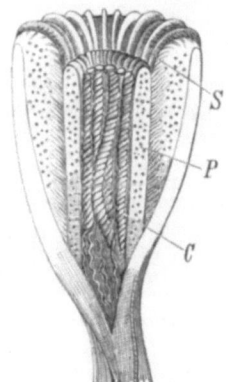
Abb. 432. Vertikalschnitt durch das Polypar von *Caryophyllia cyathus*. (Nach MILNE EDWARDS.) $^1/_1$. *S* Septen, *P* Pali, *C* Columella.

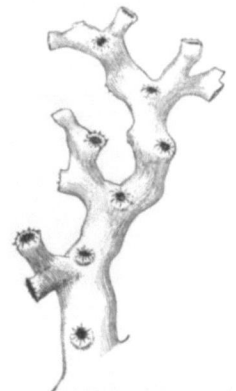
Abb. 433. Ast von *Madrepora* (*Amphihelia*) *oculata*. (Original G.) $^1/_1$

Abb. 434. Ast von *Acropora* (*Madrepora*) *eurystoma*. (Nach KLUNZINGER.) $^1/_1$

ter der Körperwand fehlend oder sehr schwach. Keine specifischen Nesselorgane des Mauerblattes oder der Septen. Sind primitive Formen.

Fam. *Gonactiniidae*. Basales Körperende abgeplattet. Schlundrohr sehr kurz. Schlundrinnen fehlen. Mit nur wenigen vollständigen Septen. *Gonactinia prolifera* SARS. Mit 16 Tentakeln und 16 Septen. Pflanzt sich in der Jugend durch Querteilung fort. Nordsee (Abb. 286).

2. Tribus. *Nynantheae*. Ohne Längsmuskelschicht der Körperwand. Specifische Nesselorgane häufig.

Fam. *Edwardsiidae*. Im Sande lebende Formen ohne Fußscheibe, mit abgerundetem Körperende, mit nur acht vollkommenen Septen in bilateraler Anordnung. *Edwardsia claparedei* PANC. Mittelmeer.

Fam. *Ilyanthidae*. Im Sande lebende Formen ohne Fußscheibe, mit 24 vollkommenen Septen. *Ilyanthus parthenopeus* ANDR. Hier schließt sich an *Halcampa chrysanthellum* PEACH. Mittelmeer, Atlant. Ozean.

Fam. *Actiniidae*. Mit kräftiger Fußscheibe, Sphincter der Körperwand meist schwach, selten fehlend. *Actinia equina* L. (*mesembryanthemum* ELL. et SOL.), *Anemonia sulcata* PENN. (*Anthea cereus* ELLIS). Europ. Meere.

Fam. *Cribrinidae*. Fußscheibe und Sphincter kräftig. Körperwand in der Regel mit Saugwarzen oder blasenförmigen Anhängen. *Bunodactis verrucosa* PENN. (*Cribrina* [*Bunodes*] *gemmacea* ELLIS). *Urticina* (*Tealia*) *crassicornis* MÜLL. Europ. Meere.

Fam. *Sagartiidae*. Mit Fußscheibe. Acontien stets, Cinclides meist vorhanden. *Sagartia troglodytes* PRICE, *S. elegans* DALYELL (*venusta* GOSSE) (Abb. 420), *Cereus pedunculatus* PENN. (*Heliactis bellis* ELLIS), *Aiptasia diaphana* RAPP, *Metridium senile* L. (*Actinoloba dianthus* ELLIS), *Adamsia palliata* BOHADSCH. Europ. Meere.

Fam. *Minyadidae*. Schwimmende Formen, deren Fußscheibe zu einem pneumatischen Apparat mit chitinartiger Innenmasse eingestülpt ist. *Minyas coerulea* LESS. Wärmere Meere.

Fam. *Stoichactidae*. Gliederung in randständige und scheibenständige Tentakel nicht scharf ausgeprägt. *Stoichactis kenti* HADD. et SHACKL. Durchmesser bis 1 m. Malaiischer Archipel. Das *Polyparium ambulans* KOROTNEFF ist der abgeschnürte Mundscheibenrand einer Stoichactis.

Fam. *Thalassianthidae*. Mit verzweigten und kugelförmigen Tentakeln. *Thalassianthus aster* F. S. LEUCK. Rotes Meer.

2. Sektion. *Madreporaria*. Seltener solitär, meist stockbildend, mit hartem Kalkskelet von strahlig-faserigem, kristallinischem Gefüge.

1. Tribus. *Perforata*. Mit porösem Kalkskelet.

Fam. *Poritidae*. Massive Stöcke, Einzelpolypare durch die ganze Mauer verbunden. *Porites solida* FORSK. Rotes Meer.

Fam. *Acroporidae*. Meist ästige Stöcke, Einzelpolypare durch reichliches Cönenchym verbunden. *Acropora muricata* L. (*Madrepora prolifera* LM.). Westindien. *A. corymbosa* LM. *A. eurystoma* KLZGR. Rotes Meer (Abb. 434).

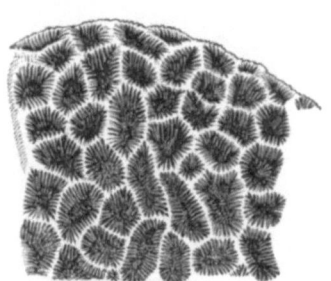 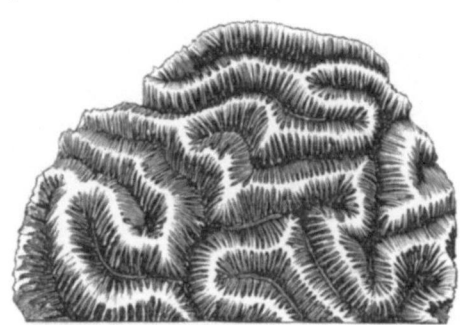

Abb. 435. *Goniastraea pectinata*. (Nach KLUNZINGER.) ¹/₁

Abb. 436. *Maeandra lamellina* (*Coeloria arabica*). (Nach KLUNZINGER.) ¹/₁

Fam. *Eupsammiidae*. Einzelpolypen oder Stöcke. *Balanophyllia italica* MICH., solitär. *Astroides calycularis* PALL. Stock massiv. *Dendrophyllia ramea* L. Stock verästelt. Mittelmeer.

2. Tribus. *Aporosa*. Mit dichtem Kalkskelet.

Fam. *Turbinoliidae*. Solitäre, meist festsitzende Formen. *Caryophyllia cyathus* ELL. SOL. Mittelmeer (Abb. 432). *Flabellum pavoninum* LESS. Ind. Ozean. *Blastotrochus nutrix* E. H. Philippinen.

Fam. *Astraeidae*, Sternkorallen. Meist massige Polypenstöcke, mit ganz oder teilweise verwachsenen Mauerblättern der Einzelkelche, ohne Cönenchym. *Orbicella annularis* ELL. SOL. Westindien. *Goniastraea pectinata* EHRBG. (Abb. 435). Rotes Meer. Polypare mit der ganzen Mauer verschmolzen. *Favia savignyi* E. H. Rotes Meer. *Maeandrina* LINK. Einzelkelche zu langen Reihen vereinigt. *M. labyrinthiformis* L. Westindien. *M. lamellina* EHRBG. (*Coeloria arabica* KLZGR.) (Abb. 436). Rotes Meer, Ind. Ozean. *Cladocora cespitosa* L. Stock verästelt, strauchförmig. Polypare frei. Mittelmeer. *Mussa angulosa* PALL. Westatlant. Ozean. *Lobophyllia* (*Mussa*) *corymbosa* FORSK. Indopazif. Ozean.

Fam. *Fungiidae*. Pilzkorallen. Meist große und flache Einzeltiere, zuweilen Stöcke; Mauerblatt unvollkommen oder fehlend. Septen sehr zahlreich, stark entwickelt und gezähnt, durch Synapticulae verbunden. *Fungia fungites* L. Ind. Ozean. Solitär, scheibenförmig, in der Jugend festsitzend, später frei. *Pavonia* LM. (*Lophoseris* E. H.), stockbildend. Indopazif. Ozean.

Fam. *Oculinidae*. Augenkorallen. Meist baumförmige Stöcke mit reichlichem Cönenchym. Skelet kompakt. *Oculina diffusa* LM. Westindien. *Madrepora* (*Amphihelia*) *oculata* L., weiße Koralle. Mittelmeer (Abb. 433).

4. Phylum.
Ctenophora, Rippenquallen[1].

Freischwimmende disymmetrische Cölenteraten von sphäroidischer, selten bandförmig gestreckter Gestalt, mit acht Meridianreihen von Flimmerplatten (Rippen) und apicalem Sinnesapparat, mit ectodermalem Schlundrohr und gastralen Gefäßkanälen, mit reich differenzierter mesenchymatischer Mittelschicht, in der Regel mit zwei in Taschen zurückziehbaren Fangfäden. Hermaphroditen.

Die Rippenquallen, deren Körperform sich auf ein Sphäroid zurückführen läßt, sind freischwimmende Coelenteraten von gallertiger Konsistenz (Abb. 438). In der Hauptachse des Körpers liegt der Mund und ihm entgegengesetzt am apicalen Pole ein Sinnesapparat mit dem Centralorgan des Nervensystems. Durch die Hauptachse lassen sich zwei zueinander senkrechte Ebenen, die Sagittalebene und Transversalebene (der Median- und Lateralebene der bilateralsymmetrischen Tiere analog) ziehen; beide Ebenen zerlegen den Körper in kongruente Hälften und es erweist sich der Bau demnach als disymmetrisch. Die sich kreuzenden Schnittflächen beider Ebenen zerfällen den Körper in vier paarweise nach der Diagonale kongruente Quadranten (Abb. 437). In die Transversalebene fallen fast alle nur in zweifacher Zahl auftretenden Körperteile, wie die beiden Fangfäden, die Stammgefäße der acht Rippengefäße und die Magengefäße.

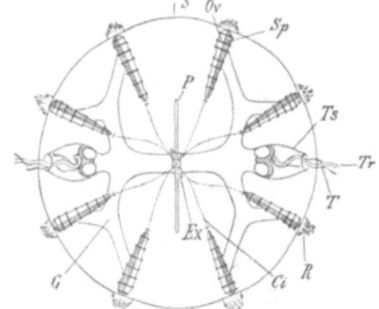

Abb. 437. *Cydippide* vom Sinnespol gesehen. (Schematisch nach CHUN.)
S Sagittal-, *Tr* Transversalebene, *R* Rippen, *Ci* Flimmerstreifen, *T* Fangfaden, *Ts* Tasche desselben, *G* Gastrovascularsystem, *Ex* Excretionsporus, *P* Polfelder, *Ov* Ovarial-, *Sp* Spermalhälften der Rippengefäße. Etwa $2/1$.

Den Bewegungsapparat des Körpers bilden den acht Meridianreihen von Wimperplatten (Rippen) (Abb. 87g), die derart angeordnet sind, daß jedem Quadranten des Körpers ein Paar von Plattenreihen (eine subsagittale und eine subtransversale Reihe) zugehören. Diese vier Plattenreihenpaare setzen sich als zarte Flimmerstreifen bis an den Apicalpol in die dort befindliche Sinnesgrube fort und vereinigen sich vor Übergang in dieselbe zu vier Flimmerstreifen, welche sich an die vier federartigen Sinnesplatten des statischen Organes anschließen.

Das Nervensystem der Ctenophoren ist ein diffuser, basiepithelial gelegener Hautnervenplexus, der wahrscheinlich mit den mit konischen Taststiften ver-

---

[1] GEGENBAUR, C.: Studien über Organisation und Systematik der Ctenophoren. Arch. Naturgesch. 1856. — AGASSIZ, L.: Contributions to the Nat. History of the United States of America Vol. III. Boston 1860. — KOWALEVSKI, A.: Entwicklungsgeschichte der Rippenquallen. Mém. Acad. S. Pétersbourg 1866. — FOL, H.: Ein Beitrag zur Anatomie und Entwicklungsgeschichte einiger Rippenquallen. Inaug.-Diss. Jena 1869. — AGASSIZ, A.: Embryology of the Ctenophorae. Cambridge 1874. — CHUN, C.: Die Ctenophoren des Golfes von Neapel. Leipzig 1880. — HERTWIG, R.: Über den Bau der Ctenophoren. Jena. Z. Naturwiss. 1880. — METSCHNIKOFF, E.: Über die Gastrulation und Mesodermbildung der Ctenophoren. Z. Zool. 42 (1885). — KOROTNEFF, A.: *Ctenoplana Kowalewskii*. Ebenda 43 (1886). — SAMASSA, P.: Zur Histologie der Ctenophoren. Arch. mikrosk. Anat. 40 (1892). — WILLEY, A.: On *Ctenoplana*. Quart. J. microsc. Sci. 39 (1896). — GARBE, A.: Untersuchungen über die Entstehung der Geschlechtsorgane bei den Ctenophoren. Z. Zool. 69 (1901). — SCHNEIDER, K. C.: Histologische Mitteilungen. 1. Die Urgenitalzellen der Ctenophoren. Ebenda 76 (1904). — ABBOTT, J. FR.: The Morphology of *Coeloplana*. Zool. Jb. 24 (1907). — MORTENSEN, TH.: *Ctenophora*. The Danish Ingolf-Exp. 5 (1912). — TAKU KOMAI: Studies on two aberrant Ctenophores, *Coeloplana* and *Gastrodes*. Kyoto 1922. — HEIDER, K.: Vom Nervensystem der Ctenophoren. Z. Morph. u. Ökol. Tiere 9 (1927).

sehenen Sinneszellen der Haut im Zusammenhange ist. Ein ähnlicher Nervenplexus findet sich an der Schlundwand. Ein modifizierter Teil des Hautnervenplexus sind zu beiden Seiten jeder Rippe längsverlaufende Plexuszüge (das sogenannte Stranggewebe [*Beroë*, K. HEIDER]), die durch zwischen den Wimperplatten gelegene Querbrücken miteinander in Verbindung stehen und die Innervation der Wimperplatten besorgen. Dieses Stranggewebe bildet nervöse Bahnen und setzt sich längs der Flimmerstreifen bis in das Epithel der apicalen Sinnesgrube fort. Ein Ring von Stranggewebe umgibt auch den Mund. Außerdem finden sich

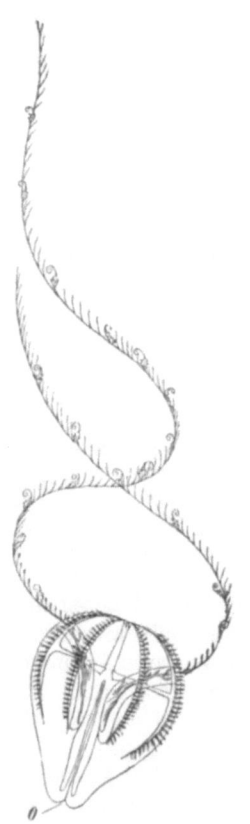

Abb. 438. *Hormiphora plumosa*. (Nach CHUN.) $^1/_1$ *O* Mund.

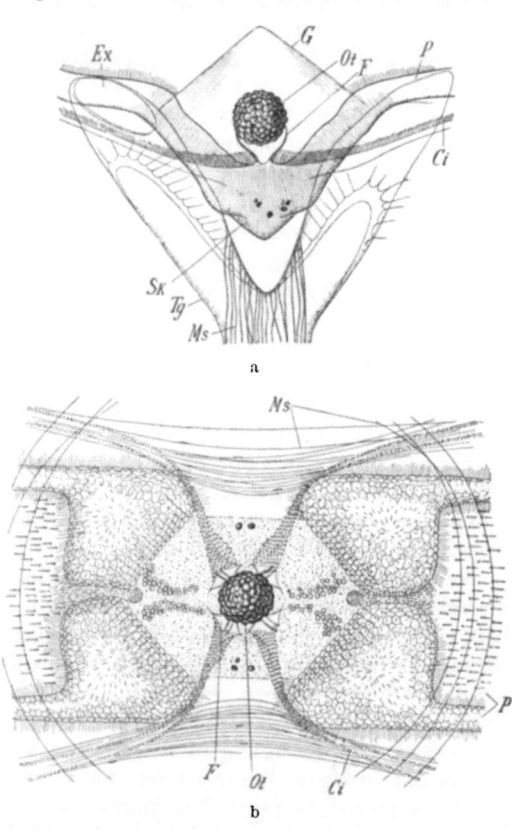

Abb. 439. Sinnesgrube mit den angrenzenden Organen. a von *Cestus veneris* in seitlicher Ansicht, b von *Leucothea* (*Eucharis*) *multicornis* in der Aufsicht. (Nach CHUN.) *Sk* Sinnesgrube, *Ot* Statolithenhaufen, *F* die federartigen Sinnesplatten, *Ci* Flimmerstreifen, *P* Polfeld, *G* Glocke, *Tg* Trichtergefäß, *Ex* Excretionsporus, *Ms* Muskeln.

in der Gallerte Nervenzellen vor. Die von hohen bewimperten Ectodermzellen ausgekleidete Grube am Apicalpole (Abb. 439) ist als Centralteil des Nervensystems anzusehen. Sie steht mit zwei Sinnesorganen in Verbindung. Direkt über der Grube befindet sich ein statisches Sinnesorgan, bestehend aus einem Häufchen von Statolithen, welche von vier federartigen Sinnesplatten getragen werden; dieser ganze Apparat wird von einer uhrglasförmigen Membran überdeckt, welche wie die Rippenplättchen aus vereinigten starren wimperartigen Zellfortsätzen gebildet wird und sechs basale Öffnungen besitzt. Durch vier Öffnungen treten die vier Flimmerstreifen in die Sinnesgrube ein; durch zwei Öffnungen steht die Sinnesgrube mit den zwei in der Sagittalebene verlaufenden bewimperten, sogenannten Polfeldern im Zusammenhang, die als Geruchsorgan aufgefaßt werden.

Mit Ausnahme der *Beroiden* (Abb. 443) besitzen die Ctenophoren zwei lange, einseitig mit Nebenfäden besetzte, sehr contractile Fangfäden. Diese entspringen im Grunde einer Tasche und bestehen aus einer muskulösen mesenchymatischen Achse sowie einer Epithelbekleidung. Letztere weist neben Tastzellen eigentümliche Klebzellen auf, deren Basis in einen contractilen Spiralfaden ausläuft, während das freie, konvex vorspringende Ende durch seine klebrige Beschaffenheit an Gegenständen der Berührung haftet (Abb. 440).

Die Mundöffnung führt in einen sagittalwärts ausgezogenen, zwei Längswülste aufweisenden ectodermalen Schlund, dessen innere, durch Muskeln verschließbare Öffnung (Schlundpforte) in den als Trichter bekannten Teil des Gastrovascularapparates einführt. Der senkrecht zum Schlundrohr verlängerte Trichter entsendet zwei transversale Hauptstämme, welche nach zweimaliger Gabelung in die unterhalb der Rippen verlaufenden Rippen- oder Meridiangefäße führen (Abb. 437); ferner entspringen vom transversalen Hauptstamm je ein längs des Schlundrohres absteigendes Schlund- (Magen-)gefäß sowie ein in die Tentakelbasis reichendes Tentakelgefäß. Rippen- und Schlundgefäße, die sich bei den *Beroiden* verästeln und stellenweise auch netzförmig verbinden (Abb. 443), treten bei diesen sowie den *Bolinopsiden* und *Cestiden* in der oralen Körperhälfte durch Anastomosen miteinander in Communication. Apicalwärts geht der Trichter in einen Trichterkanal über und spaltet sich unterhalb der Sinnesgrube in zwei Trichtergefäße, welche seitlich von den Polfeldern durch je eine verschließbare Öffnung (Excretionsporus) in einer Diagonalebene ausmünden. Bei *Callianira* sind vier Trichtergefäße und Excretionsporen vorhanden. Die Innenfläche des Magens sowie des Gastrovascularapparates ist bewimpert; letzterer ist mittels sogenannter Wimperrosetten, von Wimperzellen umkleideter Öffnungen, mit der mesenchymatischen Gallerte in Verbindung, in welcher der ganze Darmapparat eingebettet liegt. Die mesenchymatische Mittelschicht enthält außer Bindegewebszellen und Nervenzellen eine sehr reich entwickelte Muskulatur, die gewöhnlich bloß zu Gestaltveränderungen, bei den bandförmigen *Cestiden* zu Schlängelungen des Körpers führt.

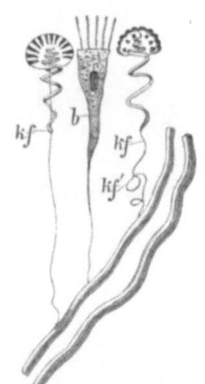

Abb. 440. Glatte Muskelfasern, Klebzellen (*kf*) und Tastzellen (*b*) eines Fangfadens von *Eupolcamis stationis*. (Nach R. HERTWIG.) *kf'* Verlängerung des contractilen Fadens einer Klebzelle.

Die Ctenophoren sind *Zwitter*. Beiderlei Geschlechtsprodukte, die dem Entoderm zugehören (GARBE), liegen in der Wand der Rippengefäße, bzw. blindsackförmiger Ausstülpungen derselben, bald mehr in lokaler Beschränkung (*Cestus*), bald in der ganzen Länge der Rippengefäße, deren eine Seite mit Eifollikeln, die andere mit Samenschläuchen besetzt ist. Die Geschlechtsorgane sind in der Weise angeordnet, daß die Ovarien an der den Hauptebenen, die Hoden an der den Zwischenebenen zugekehrten Seite der Rippengefäße gelegen sind (Abb. 437). Die Geschlechtsprodukte gelangen in den Gastrovascularraum und werden von hier durch die Mundöffnung ausgeworfen.

Das Ei, von einer weitabstehenden Hülle umschlossen, besitzt eine feinkörnige Rindenschicht und ein centrales, blasiges Innenplasma. Die Furchung ist inäqual. Nach den ersten drei Meridianfurchen zeigt der Keim Schüsselform (Abb. 441). Schon im Stadium der Vierteilung bezeichnet die Trennungsebene der vier Furchungskugeln die Hauptebenen des Körpers, so daß jede der Furchungskugeln einen Quadranten des Tieres liefert (FOL). Mit der Bildung der ersten Äquatorialfurche trennen sich acht plasmareiche kleine Zellen ab. Sie bilden die erste Anlage des Ectoderms, dessen Elemente durch neue, von den großen Furchungskugeln knospende Zellen vermehrt werden und allmählich die das Entoderm bildenden großen Furchungskugeln überwachsen, worauf eine Invagination der inzwischen vermehrten Entodermzellen erfolgt. Vor ihrer Einstülpung liefern die Entodermzellen durch einen Knospungsvorgang kleinere Elemente, welche später apicalwärts gelangen und von METSCHNIKOFF für die Mesodermanlage

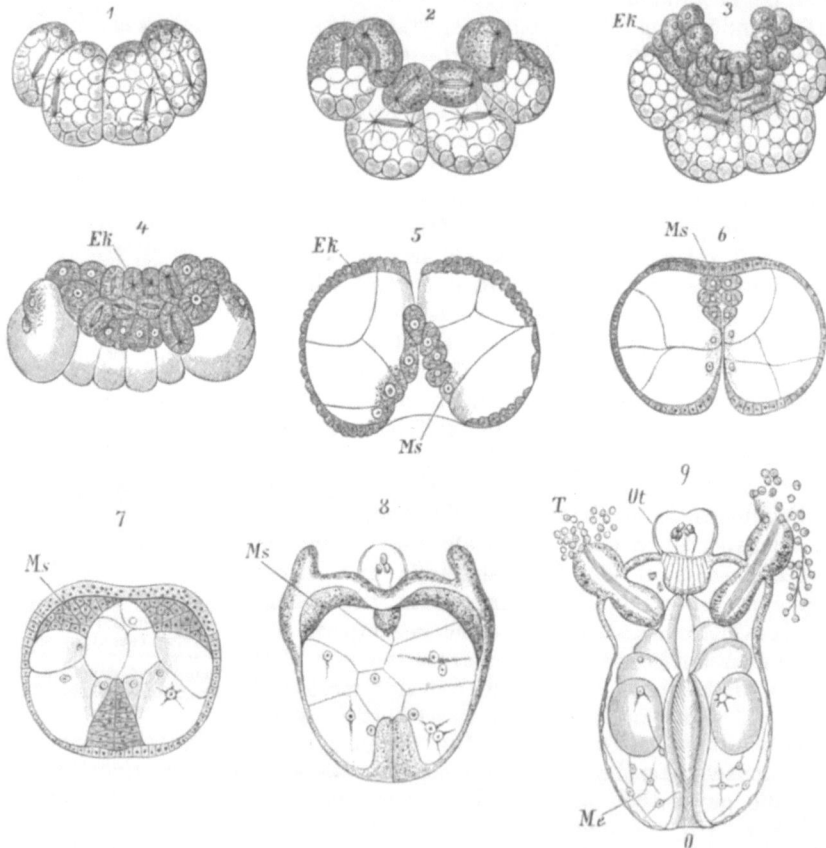

Abb. 441. Entwicklung von *Callianira bialata*. (Nach E. METSCHNIKOFF.) *1* Stadium der Achtteilung. *2* Stadium von 16 Furchungszellen, die sämtlich in Teilung sind. *3* Auf den acht großen Furchungszellen liegt eine Kappe von etwa 48 Ectodermzellen (*Ek*). *4* Seitliche Ansicht eines weiter vorgeschrittenen Stadiums. *5* Embryo im Stadium der Invagination der apicalen Entodermzellen (*Ms*) (Mesodermanlage METSCHNIKOFF). *6* Weiter vorgeschrittenes Invaginationsstadium im Sagittalschnitt. *7* Stadium mit gebildetem Mundrohr. *8* Späteres Stadium mit Fangfadenanlage. *9* Fertiger Embryo. *T* Fangfaden, *Ot* Statolithenblase, *O* Mund, *Me* Gallerte (Mesenchym).

gehalten wurden, nach (unpublizierten) Beobachtungen von HATSCHEK dagegen dem Entoderm zugehören. Der Invagination des Entoderms schließt sich eine solche des Ectoderms an, welche zur Bildung des Schlundrohres führt. Die Anlage der Mesenchymzellen erfolgt durch Einwanderung von Zellen des Ectoderms aus der Umgebung des Schlundrohres in die zwischen Ectoderm und Entoderm auftretende Gallerte.

Die jungen freigewordenen Ctenophoren sind von der Geschlechtsform durch einfachere, meist kugelige Körperform, geringe Größe der Senkfäden und Rippen sowie durch abweichende Größenverhältnisse der Teile des Darmapparates mehr oder minder verschieden. Am auffallendsten ist die Abweichung bei den *Cestiden*, *Bolinopsiden* und *Ctenoplaniden*, deren Jugendzustände Cydippen ähnlich sehen. Bemerkenswert ist die von CHUN beobachtete Erscheinung, daß Larven von *Leucothea (Eucharis)* in der heißen Jahreszeit die Geschlechtsreife erlangen und nach Vollendung der Metamorphose zum zweiten Male geschlechtsreif werden (*Dissogonie*).

Die Rippenquallen leben in den wärmeren Meeren; sie sind pelagische Tiere und zeigen die Erscheinung des Leuchtens. Als Nahrung dienen denselben kleine oder größere Seetiere, die sie mittels der Senkfäden einfangen. Manche, wie die *Beroiden*, welche der Senkfäden entbehren, vermögen mit ihrem außerordentlich weiten Mund relativ große Beutetiere, selbst Fische aufzunehmen. Einzelne Formen, wie *Cestus*, *Leucothea*, erreichen eine Länge von 30 cm.

Klasse: **Ctenophorae.**

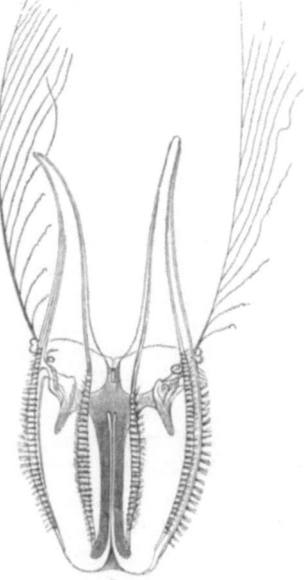

Abb. 442. *Callianira bialata.* (Nach CHUN.) ¹/₁

1. Tribus. *Tentaculata*. Fangfäden vorhanden.

Fam. *Cydippidae*. Körper kugelig bis walzig, zuweilen in der Sagittalebene wenig komprimiert. Rippen- und Schlundgefäße endigen blind. *Pleurobrachia pileus* FABR. (*rhodopis* CHUN). Atlant. Ozean, Mittelmeer. *Hormiphora (Cydippe) plumosa* SARS (Abb. 438), *Euplocamis stationis* CHUN, *Callianira bialata* CHIAJE. Mittelmeer (Abb. 442). *Gastrodes parasiticum* KOROTN. Körper scheibenförmig, Fangfäden rudimentär. Parasitisch im Mantel von Salpen. Nizza, Misaki.

Fam. *Ctenoplanidae*. Mit der Mundfläche kriechende oder festsitzende Rippenquallen. Wimperplättchen meist fehlend. *Ctenoplana kowalevskii* KOROTN. Sumatra. *Coeloplana metschnikowi* Kow. Körper flach. Wimperplättchen fehlen. Rotes Meer. *Tjalfiella tristoma* MRTSN. Mit dem Munde festsitzend, ohne Wimperplättchen. Westgrönland.

Fam. *Bolinopsidae (Lobatae)*. Körper transversal komprimiert, mit zwei mächtigen Lappen jederseits in der Umgebung des Mundes. An den Enden der subtransversalen Rippen mit Schwimmplättchen besetzte Fortsätze (Aurikel). *Leucothea (Eucharis) multicornis* ESCHZ. (*Chiaja papillosa* M. E.), Körper mit zahlreichen Tastpapillen besetzt. Mittelmeer. *Bolinopsis (Bolina) vitrea* AG. Atlant. Ozean.

Fam. *Cestidae*. Körper in der Sagittalebene bandförmig ausgezogen. Subtransversale Rippen sehr kurz, subsagittale Rippen lang. *Cestus veneris* LSR., Venusgürtel, weit verbreitet.

2. Tribus. *Nuda*. Fangfäden fehlen.

Fam. *Beroidae*. Melonenquallen. Körper langgestreckt eiförmig, transversal komprimiert. Mundöffnung sehr weit, Magen voluminös. Ränder der Polfelder zu verästelten Zöttchen erhoben. Rippen- und Magengefäße verästelt und auch zu einem Netzwerk zusammentretend. Schlundwülste fehlen. *Beroë ovata* ESCHZ. (Abb. 443). *B. forskåli* CHUN. Mittelmeer, Atlant. Ozean.

Abb. 443. *Beroë ovata.* *Ot* Statolithenapparat, zu dessen Seiten die Tentakelchen der Polfeder, *Tr* Trichter. ¹/₁

II. Divisio.
Coelomata (Bilateria).

Metazoen von bilateralsymmetrischem Bau, mit reich differenziertem Mesoderm, welches aus paarigen, das Cölom umschließenden Epithelsäcken (Mesepithel-, Cölomsäcken) und einem von diesen aus gebildeten Mesenchym besteht.

Ein allgemeiner Charakter der Cölomaten ist ihr bilateralsymmetrischer Bau, weshalb sie auch *Bilateria* benannt werden; er erscheint bei den *Echinodermen* im ausgebildeten Zustand durch einen radiären Bau sekundär verdrängt.

Innerhalb der *Coelomata (Bilateria)* lassen sich zwei Typen (vgl. S. 98—100) unterscheiden, denen gemäß diese Abteilung in zwei Phyla zerfällt: 1. *Protostomia (Zygoneura)*, 2. *Deuterostomia*.

Bei den *Protostomia* ist die primäre Hauptachse des Körpers nach der Ventralseite geknickt, an welche der Urmund (Prostoma) verschoben und später als Schlundpforte in die Tiefe verlagert erscheint. Wo ein After entwickelt wird, entsteht derselbe sekundär am hinteren Körperende. Bei den *Deuterostomia* bleibt die Primärachse als Hauptachse des Körpers erhalten. Der am Hinterende verbleibende Urmund wird zum After, während die definitive Mundöffnung an der späteren Ventralseite nahe dem Vorderende neu entsteht.

Den *Cölenteraten* gegenüber, deren Organe sämtlich aus Differenzierungen von Ectoderm und Entoderm hervorgehen, tritt bei den *Cölomaten* ein drittes, vom Entoderm (wohl ursprünglich durch Faltung vom Urdarm) entstandenes Keimblatt, das *Mesoderm*, auf, das eine reiche Differenzierung erfährt und die Muskulatur, Bindesubstanzen, Gefäße, Excretionsorgane (Nephridien) liefert. In ihm liegen stets die Genitalzellen. Es besteht aus paarigen Epithelsäcken (Mesepithelsäcken, Cölomsäcken), die durch Gänge nach außen münden, und aus einem Mesenchym, das aus den Mesepithelsäcken hervorgeht. Den *Cölenteraten* gegenüber, deren einziges Hohlraumsystem im Körper durch die Höhle des Darmsystems gebildet wird, ist bei den *Cölomaten* ein neuer Körperhohlraum, das *Cölom* (sekundäre Leibeshöhle), vorhanden, welches von den Mesepithelsäcken umschlossen wird und dem die Höhle der Genitaldrüse ihrer Entstehung nach zuzurechnen ist. Ferner finden sich bei den meisten *Cölomaten* innerhalb des Mesenchyms weitere (wahrscheinlich überall) auf die primäre Leibeshöhle (Blastocöl) zurückzubeziehende Hohlraumsysteme, die *Lymphe*-führenden Räume und das *Blutgefäßsystem*.

Durch sekundäre Veränderungen und Substitution ergibt sich innerhalb der *Coelomata* eine große Mannigfaltigkeit in den speziellen Organisationsverhältnissen.

Die Lebensstufe der *Cölomaten* ist entsprechend der verschieden hohen Differenzierung des Körpers eine einfache, bis zu den höchsten Formen innerhalb des Tierreiches sich erhebende.

5. Phylum.
Protostomia (Zygoneura).

Cölomaten (Bilaterien) mit ventralem, in der Schlundpforte (Stomodaealpforte) erhaltenem Prostoma, After sekundär am Hinterende entstanden.

Diese durch GEGENBAURS Erörterungen vorbereitete, von HATSCHEK aufgestellte und als *Zygoneura* bezeichnete Gruppe umfaßt die *Scolecida*, *Annelida*,

Arthropoda, Mollusca und *Molluscoidea*. Die Zusammengehörigkeit der hier eingereihten Formen spricht sich außer in den gemeinsamen Zügen der Organisation auch darin aus, daß bei *Anneliden, Mollusken* und *Molluskoideen* eine gemeinsame Larvenform, die Trochophoralarve, auftritt, mit welcher unter den *Scoleciden* der definitive Zustand der *Rotatorien* (unter denselben im besonderen die *Trochosphaera aequatorialis*) im wesentlichen übereinstimmt (Trochophoratheorie HATSCHEK). Nur die *Platyhelminthes* weisen in dem Mangel der Afteröffnung einen etwas niederen Zustand auf.

1. Kladus.
Scolecida, Niedere Würmer.

Protostomia mit geräumiger oder sehr enger primärer Leibeshöhle (Blastocöl) und kleiner Cölomhöhle, welche auf die Höhle der Genitaldrüse und vielleicht der Nephridien (Pronephridien) beschränkt ist.

Bisher ihrer Wurmgestalt wegen gewöhnlich mit den *Anneliden* in einen Kreis *Vermes* vereinigt, werden die *Scolecida* in neuerer Zeit wieder von den Anneliden mit Recht schärfer getrennt. Es sind aber auch nach dem Vorgange HATSCHEKS die festsitzenden, polypenartig gestalteten *Entoprocta*, die bisher gewöhnlich zu den Bryozoen gestellt werden, am besten zu den Scoleciden einzuordnen. Ein gemeinsamer Charakter aller hierher gerechneten Formen liegt in der geringen Entwicklung des Cöloms, welche auf die Höhle der Genitaldrüse und vielleicht der Nephridien (Pronephridien) beschränkt ist. Die primäre Leibeshöhle (Blastocöl) ist mehr minder geräumig (*Aschelminthes*) oder durch Ausbildung eines reichen Mesenchyms auf Lücken beschränkt (*Platyhelminthes, Entoprocta, Nemertini*). Am Darmkanal ist ein Proctodaeum vorhanden (*Aschelminthes, Entoprocta, Nemertini*) oder fehlt (*Platyhelminthes*). Zur Ausbildung eines besonderen, und zwar geschlossenen Blutgefäßsystems kommt es bei den Nemertinen.

1. Klasse. **Platyhelminthes, Plattwürmer**[1].

Afterlose Scoleciden von dorsoventral abgeplattetem Körper, mit reichentwickeltem Mesenchym, welches das Blastocöl bis auf Lücken erfüllt, hermaphroditisch.

Unter den hierher gehörigen Formen leben die *Turbellaria* meist frei im Wasser oder feuchter Erde, die *Trematodes* und *Cestodes* parasitisch. Der Körper ist stets dorsoventral abgeplattet und an seiner Oberfläche bei den *Turbellaria* von einem Wimperkleid, bei den *Trematodes* und *Cestodes* von einer Cuticula bedeckt. Der aus einem Stomodaeum und Mesenteron aufgebaute Darm ist stets blind geschlossen, ein After fehlt; die *Cestoden* sind darmlos. Die primäre Leibeshöhle erscheint bis auf kleine Lücken von einem zelligen Bindegewebe erfüllt. In dasselbe erscheinen alle übrigen Organe eingebettet, so auch die Muskulatur. Letztere bildet bei den *Platyhelminthen* einen Hautmuskelschlauch, der sich von außen nach innen aus einer Ringmuskelschicht, einer Längsmuskellage und einer aus gekreuzten Fasern bestehenden Schrägmuskelschicht aufbaut. Außerdem enthält die tiefere Schicht des Körperparenchyms in Bündeln angeordnete Längsmuskeln sowie quer und dorsoventral zwischen den Organen verlaufende Muskelfasern (Abb. 158).

Das Nervensystem besteht aus einem Cerebralganglion, von welchem außer vorderen Nerven nach hinten meist sechs paarig angeordnete Längsnervenstämme abgehen, und zwar meist ein stärkstes ventrales Paar, das bei manchen Formen allein beobachtet ist. Die Nervenstämme sind durch Querkommissuren

---

[1] POCHE, F.: Das System der *Platodaria*. Arch. Naturgesch. **91** (1925).

verbunden, überdies kann es zwischen den peripheren Nerven zur Ausbildung eines in oder unter der Hautmuskulatur gelegenen Nervenplexus kommen.

Die Excretionsorgane (Pronephridien) zeichnen sich durch außerordentlich reiche Verästelungen im ganzen Körper aus.

Mit einigen Ausnahmen herrscht Hermaphroditismus. An der weiblichen Genitaldrüse besteht meist eine Gliederung in Keimstock und Dotterstock. Die Entwicklung ist gewöhnlich eine zuweilen mit Generationswechsel oder Heterogonie verbundene Metamorphose.

1. Ordnung. Turbellaria, Strudelwürmer[1].

Meist freilebende Plattwürmer von ovaler oder blattförmiger Körpergestalt, mit bewimperter Haut und blindgeschlossenem Darm.

Die Strudelwürmer besitzen meist eine ovale, blattförmige Körpergestalt. Neben sehr kleinen Formen gibt es solche von ansehnlicher Größe. Mit ihrem Aufenthalte im süßen oder salzigen Wasser (einige planktonisch) oder in feuchter Erde steht die Bewimperung der Haut im Zusammenhange. Seltener treten Haftpapillen und Saugnäpfe auf. Das bewimperte Hautepithel weist einzellige Drüsen auf und enthält eigentümliche stäbchenförmige Secretkörperchen (Rhabditen). Die Rhabditen entstehen in besonderen Epithelzellen; letztere sind bei den *Rhabdocölen* und *Tricladen* in die Tiefe gerückt und mit dem Epithel mittels langer Plasmastränge in Verbindung, in denen die Rhabditen an die Oberfläche gelangen. Die zuweilen beobachteten Nesselkapseln (*Microstomum*) rühren von Cnidariernahrung her. Besonders bemerkenswert ist das Vorkommen von einzelligen Algen, z. B. bei *Dalyellia* (*Vortex*), *Convoluta* (Symbiose) (Abb. 310). Unter der ansehnlichen, die Oberhaut stützenden Basalmembran folgt der in das zellige, auch Pigment führende Bindegewebe eingelagerte Hautmuskelschlauch.

Das Nervensystem (Abb. 214) besteht aus einem meist in zwei Seitenlappen geteilten Cerebralganglion, das in der Nähe des vorderen Körperendes, zuweilen

---

[1] Außer DUGÈS, A. S. OERSTEDT, QUATREFAGES, O. SCHMIDT vgl. SCHULTZE, M.: Beiträge zur Naturgeschichte der Turbellarien. Greifswald 1851. — JENSEN, O. S.: Turbellaria ad litora Norvegiae occidentalis. Bergen 1878. — HALLEZ, P.: Contributions à l'histoire naturelle des Turbellariés. Lille 1879. — v. GRAFF, L.: Monographie der Turbellarien. I. u. II. Leipzig 1882 u. 1899. — Die Organisation der Turbellaria Acoela. 1891. — Die Turbellarien als Parasiten und Wirte. Graz 1903. — Turbellaria. Bronns Klassen u. Ordnungen des Tierreichs 4 (1904—1917). — Turbellaria. Tierreich, 23. u. 35. Liefg, 1905, 1913. — LANG, A.: Die Polycladen (Seeplanarien) des Golfes von Neapel. Fauna u. Flora Neapel 1884. — JIJIMA, J.: Untersuchungen über den Bau und die Entwicklungsgeschichte der Süßwasser-Dendrocoelen. Z. Zool. 40 (1884). — DELAGE, Y.: Études histologiques sur les Planaires Rhabdocoeles Acoeles. Archives de Zool. 1886. — BÖHMIG, L.: Untersuchungen über rhabdocöle Turbellarien. Z. Zool. 43 (1886); 51 (1890). — VEJDOVSKÝ, F.: Zur vergleichenden Anatomie der Turbellarien. Ebenda 60 (1895). — WILSON, E. B.: Considerations on cell-lineage and ancestral reminiscence etc. Ann. Acad. Sci. New York 11 (1898). — BRESSLAU, E.: Beiträge zur Entwicklungsgeschichte der Turbellarien. Z. Zool. 76 (1904). — MATTIESEN, E.: Ein Beitrag zur Embryologie der Süßwasserdendrocoelen. Ebenda 77 (1904). — LUTHER, A.: Die Eumesostominen. Ebenda 77 (1904). — v. HOFSTEN, N.: Studien über Turbellarien aus dem Berner Oberland. Ebenda 85 (1907). — Eischale und Dotterzellen bei Turbellarien und Trematoden. Zool. Anz. 1912. — SURFACE, F. M.: The early development of a Polyclad, *Planocera inquilina*. Proc. Acad. natur. Sci. Philadelphia 1907. — WILHELMI, J.: Tricladen. Fauna u. Flora Neapel 32 (1909). — MERTON, H.: Beiträge zur Anatomie und Histologie von *Temnocephala*. Abh. Senckenberg. naturforsch. Ges. 35 (1914). — WESTBLAD, E.: Zur Physiologie der Turbellarien. Fysiogr. Sällsk. Handl. Lund 33 (1923). — STEINBÖCK, O.: Untersuchungen über die Geschlechtstrakt-Darmverbindung bei Turbellarien. Z. Biol. 2 (1924). — Vgl. ferner die Arbeiten von MOSELEY, STIMPSON, SELENKA, WOODWORTH, FR. V. WAGNER, CHICHKOFF, PEREYASLAWZEWA, METSCHNIKOFF, BERGENDAL, UDE, LAIDLAW, WACKE, GOETTE, MEIXNER, FULIŃSKI, BOCK, HASWELL, REISINGER u. a.

(*Polycladen*) etwas weiter nach hinten gelagert erscheint. Dasselbe entsendet nach vorn zahlreiche Nerven, nach hinten häufig sechs Längsnervenstämme, zwei stärkere ventrale, ferner zwei schwächere dorsale und laterale. Zwischen den Nervenstämmen treten meist Querkommissuren auf, sowie auch zuweilen ein reicher peripherer Nervenplexus zur Ausbildung kommt. Bei den *Acölen* sind bis sechs Paare von Längsnervenstämmen vorhanden, bei *Rhabdocölen* dagegen ist meist nur ein ventrales Paar von Längsnervenstämmen mit wenigen (oft nur einer) Kommissuren beobachtet (Abb. 444).

Von Sinnesorganen sind bei den Turbellarien Augen (Abb. 192b) verbreitet, die in paariger Anordnung dem Gehirnganglion aufliegen; weiter kommen aber Augen zuweilen in großer Zahl besonders am vorderen Körperrande vor. Ein unpaares statisches Sinnesorgan findet sich in Form einer einfachen, einen Statolithen führenden Blase dem Cerebralganglion anliegend bei *Acölen* und *Monocelididen*. Tastorgane sind allgemein verbreitet und in Form größerer Haare und Borsten vornehmlich am Körperrande zu finden; zuweilen sind auch Tentakel vorhanden. Ein eigentümliches Tastorgan stellt der bei gewissen Rhabdocölen (*Gyratricidae, Polycystididae*) am vorderen Körperende auftretende einstülpbare Tastrüssel dar. Auch (*Microstomiden, Prorhynchus, Monocelis, Bipalium*) kommen seitliche, als Spürorgane gedeutete Wimpergrübchen in der Höhe des Gehirns vor.

Mund und Darmkanal sind überall vorhanden. Der Mund

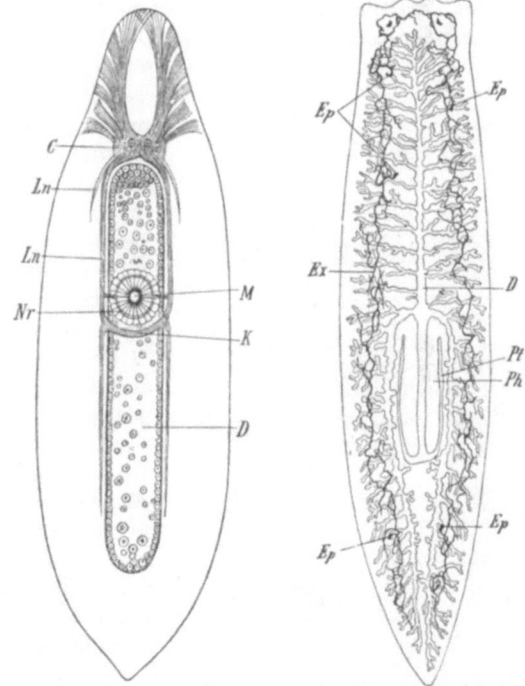

Abb. 444. *Mesostoma ehrenbergi*, Ventralansicht. (Nach v. GRAFF, kombiniert.) ⁶/₁. *C* Cerebralganglion mit zwei Augenflecken, *Ln* Längsnervenstämme, *K* Quercommissur, *Nr* Pharyngealnervenring, *M* Mund, *D* Darm.

Abb. 445. *Dendrocoelum lacteum*. (Nach JJIMA.) *Ph* Pharynx, *Pt* Pharyngealtasche, *D* Darm, *Ex* Excretionsorgane, *Ep* äußere Öffnungen derselben. Etwa ³/₁

liegt stets an der Bauchseite, entweder in der Mitte oder er ist nach der hinteren, zuweilen an die vordere Körperhälfte gerückt. Er führt, mit Ausnahme einiger *Acoela*, in einen Schlund, welcher bei den meisten *Rhabdocölen* ein einfaches Rohr bleibt; in der Regel hat sich aber aus demselben ein vorstreckbarer, muskulöser Schlundkopf (*Pharynx*) differenziert, der von einer Pharyngealtasche umgeben wird. Der blindgeschlossene Mitteldarm ist röhrenförmig (*Rhabdocoela*) (Abb. 444), gelappt (*Alloeocoela*) oder verästelt; im letzteren Falle teilt er sich entweder in drei, einen vorderen und zwei hintere, mit Seitenzweigen versehene Hauptäste (*Tricladidea*) (Abb. 445) oder gibt außer einem unpaaren vorderen zahlreiche paarige, sich gegen den Körperrand verzweigende Äste ab (*Polycladidea*) (Abb. 450), die auch miteinander anastomosieren können und bei manchen Formen Öffnungen nach außen besitzen; bei *Leptoteredra maculata* mündet der Hauptdarm an seinem

Hinterende nach außen. Bei den *Acoela* wird der Mitteldarm durch ein aus einer centralen Zellmasse gebildetes Innenparenchym repräsentiert.

Das Excretionssystem (Wassergefäßsystem) besteht aus zwei (bei *Catenuliden* nur einem) in den Seiten des Körpers verlaufenden, an der Innenwand mit einzelnen Geißeln ausgestatteten verästelten Kanälen, die entweder vorn oder hinten meist durch paarige Öffnungen nach außen, bei *Mesostomen* in die Pharyngealtasche münden. Bei den *Tricladen* treten im Verlaufe der Nephridien mehrere an der Dorsalseite des Körpers gelegene Öffnungen auf (Abb. 445). An den Innenenden der Excretionskanäle finden sich geschlossene Wimperkölbchen. Bei *Acölen* wurde das Excretionssystem vermißt.

Die Turbellarien sind mit seltenen Ausnahmen (*Sabussowia dioica, Cercyra teissieri*) Zwitter. Die männlichen Geschlechtsorgane (Abb. 243 und 446) bestehen aus Hoden, welche als paarige Schläuche in den Seiten des Körpers liegen oder in zahlreiche kugelige Bläschen aufgelöst sind; die Ductus deferentes weisen eine Samenblase auf und münden in ein ausstülpbares, häufig mit Chitinteilen besetztes Begattungsorgan mit Drüse. Den meisten *Acölen* und einigen *Alloeocoela* fehlen Ductus deferentes. Die weibliche Genitaldrüse besteht entweder aus meist paarigen Schläuchen oder ist in zahlreiche, in den Seiten des Körpers gelegene Ovarialbläschen aufgelöst. In der Regel ist dieselbe in einen paarigen oder unpaaren Keimstock (Germarium) und einen paarigen verzweigten Dotterstock (Vitellarium) getrennt (*Tricladen*, meiste *Rhabdocoela* und *Alloeocoela*); seltener ist eine solche Arbeitsteilung nicht vorhanden (fast alle *Acoela*, einige *Rhabdocoela*, die *Polycladidea*). Eine Übergangsform bildet der bei einigen *Rhabdocölen* und *Alloeocölen* sich findende Keimdotterstock (Germovitellarium), welcher in einem Teile die Eizellen, in einem anderen Dotterzellen produziert. Die Oviducte führen in einen einfachen Eiergang mit Vagina und sogenannter Schalendrüse, dazu tritt Receptaculum seminis sowie häufig ein besonders ausmündender, vom Atrium genitale aus gebildeter Uterus und oft eine Bursa copulatrix.

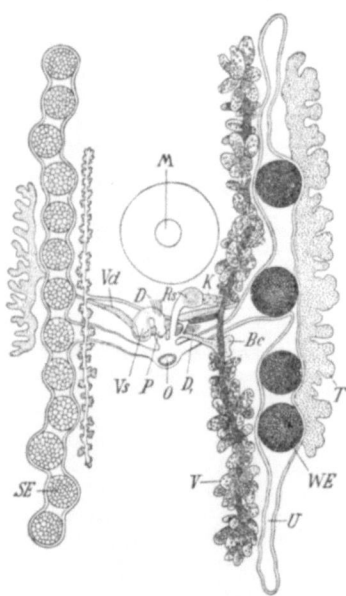

Abb. 446. Genitalapparat von *Mesostoma ehrenbergi*. (Aus v. GRAFF.) Hoden, Dotterstöcke, Uterus links in Sommer-, rechts in Wintertracht. *Bc* Bursa copulatrix, *D* Ausführungsgänge der Körnerdrüsen, D_1 der Schalendrüsen, *K* Keimstock, *M* Mund, *O* Genitalöffnung, *P* Penis, *Rs* Receptaculum seminis, *SE* Sommereier, *T* Hoden, *U* Uterus, *V* Dotterstock, *Vd* Ductus deferens, *Vs* Vesicula seminalis, *WE* Wintereier.

Zwischen Bursa copulatrix und Receptaculum seminis besteht bei vielen *Rhabdocölen* und *Alloeocölen* ein besonderer Kanal (Ductus spermaticus), bei einigen Turbellarien ein vom Oviduct zur Haut verlaufender besonderer Kanal (Ductus vaginalis), vergleichbar dem LAURERschen Kanal der Trematoden.

Den Acölen und einigen *Rhabdocölen* (*Catenulidae, Fecampia*) und *Alloeocölen* (*Hofstenia*) fehlt der Oviduct. Die Eier gelangen hier durch Ruptur in den Darm bzw. in das Parenchym und durch den Mund oder auch durch eine Geschlechtsöffnung (manche *Acoela*) nach außen. Bei einer Anzahl von Turbellarien besteht ein Verbindungsgang (Ductus genito-intestinalis) zwischen Darm und weiblichem Genitaltrakt. Das männliche Begattungsorgan und die Vagina münden an der Ventralseite meist in ein gemeinsames Atrium, seltener getrennt (meiste

Coelomata (Bilateria): Scolecida, Niedere Würmer. 481

Polycladen, einige *Rhabdocoela* und *Alloeocoela*, *Convolutidae*). Mehrere männliche und weibliche Begattungsapparate finden sich bei manchen *Polycladen* vor.

Die Begattung ist eine wechselseitige. Begattung durch Einstich des bewaffneten Copulationsorganes an beliebiger Körperstelle eines anderen Individuums kommt bei *Polycladen* und vielen *Acölen* vor. Parthenogenese findet sich bei *Bothrioplana semperi*, bei *Rhynchoscolex*, vielleicht bei einigen *Stenostomum*.

Die Eier werden in Kokons oder in einem flachen Laich, zuweilen einzeln und dann von einer harten, meist rotbraun gefärbten Schale umhüllt abgelegt. Bei *Mesostomen* werden außer hartschaligen *Dauer-* oder *Wintereiern* auch durchsichtige Eier mit dünnen farblosen Hüllen (*Subitaneier*, *Sommereier*) gebildet, welche sich im mütterlichen Körper entwickeln (vgl. Abb. 446). Bei *Mesostoma ehrenbergi* liefern die überwinterten Dauereier Tiere, die stets zuerst Subitaneier (Sommereier), wobei Selbstbefruchtung stattfindet, und nach einiger Zeit dann Dauereier produzieren. Die aus den Subitaneiern der ersten Generation (Wintertiere) hervorgehenden Jungen erzeugen meist nur Dauereier, teilweise gehen sie aber erst nach Produktion von Sommereiern zur Dauereibildung über. So können mehrere Generationen im Laufe des Sommers folgen, bis die Herbsttiere dann nur Dauereier bilden.

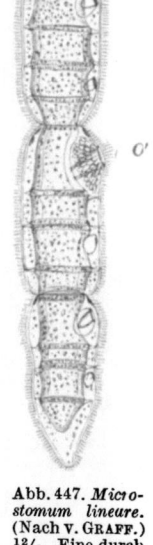

Abb. 447. *Microstomum lineare*. (Nach v. GRAFF.) $^{12}/_1$. Eine durch Teilung entstandene Kette. *O, O'* Mundöffnungen.

Die Turbellarien besitzen ein großes Regenerationsvermögen. Mit demselben hängt die ungeschlechtliche Fortpflanzung zusammen, die sich bei einigen *Tricladen*, *Cateniuliden* und *Microstomiden* als Querteilung vollzieht. Bei *Microstomum lineare* bildet sich an jugendlichen Individuen im hinteren Körperteile zunächst zwischen Haut und Darm ein queres Doppelseptum, hinter welchem Neubildungen, so Gehirn nebst Schlundring und Pharynx auftreten. Später schnürt sich der Leib und Darm zwischen den auseinanderrückenden Septen ringförmig ein. Bevor jedoch die Trennung beider Stücke erfolgt, bildet sich im hinteren Abschnitt eines jeden derselben der Vorderkörper eines neuen Tieres, so daß eine Kette von vier Individuen vorhanden ist, die durch fortgesetzte Wiederholung der gleichen Vorgänge zu einem Wurmstöckchen von 8, ja 16 Individuen wird, bevor die Trennung der letzteren eintritt (Abb. 447). Hier scheint Metagenese zu bestehen, indem die geschlechtliche Fortpflanzung erst bei den ungeschlechtlich erzeugten Individuen erfolgt.

Die Entwicklung der Turbellarien erfolgt in der Regel direkt, nur bei einigen *Polycladen* durch Metamorphose. Das Ei der Polycladen durchläuft eine inäquale Furchung, in deren Verlauf die den animalen Pol einnehmenden kleineren Zellen die unteren größeren Zellen bis auf eine kleine Öffnung (Stelle des definitiven Mundes) umwachsen. Erstere bilden das Ectoderm, welches auch den Schlund und das Gehirn liefert, letztere das Entoderm, aus dem der Mitteldarm hervorgeht. Das auf das Ectoderm zurückführende larvale Mesoderm wird frühzeitig durch vier Zellen angelegt. Es liefert nur Mesodermbildungen des Pharynx, während die Anlage des übrigen Mesoderms durch zwei Urmesodermzellen, welche paarige Mesodermstreifen produzieren, erfolgt. Die mittels Metamorphose sich entwickelnden Turbellarien schlüpfen in Form der sogenannten MÜLLERschen Larve aus, die durch den Besitz von acht am Rande mit stärkeren Wimpern besetzten Lappen ausgezeichnet ist (Abb. 448). Die kleinen Eier der *Tricladen* entwickeln sich unter Aufnahme der zahlreichen Dotterzellen, welche dem Ei appo-

Claus-Grobben-Kühn, Zoologie. 10. Aufl. 31

niert sind. Der Embryo schluckt mittels eines embryonalen Pharynx Dotterzellen und schwillt infolgedessen bedeutend an; sodann wird der Embryonalpharynx rückgebildet und durch den an gleicher Stelle entstehenden definitiven Schlund ersetzt. Zu dieser Zeit tritt auch die Abplattung des Körpers ein.

Die Turbellarien leben von kleinen Würmern, Krebsen und Insektenlarven, die sie mit ihrem fadenziehenden, von Rhabditen durchsetzten Secrete umspinnen, manche parasitisch. Das Hautsecret der Landplanarien dient auch zum Herablassen von Zweigen. Viele Formen haben die Fähigkeit, sich zu encystieren, als Schutz gegen Trockenheit oder (Landplanarien) gegen Überschwemmungsgefahr.

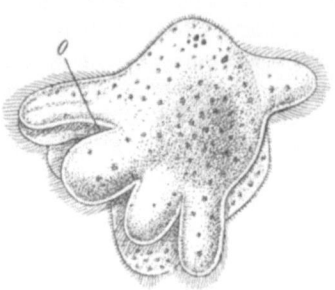

Abb. 448. MÜLLERsche Larve eines Polycladen (*Yungia aurantiaca*). *O* Mund. (Nach LANG.) Etwa $45/_1$

1. Unterordnung. *Acoela*. Marine Turbellarien von geringer Größe. Darm durch eine zentrale verdauende Zellmasse repräsentiert. Schlund fehlt oder ist eine einfache Hauteinsenkung.

Fam. *Proporidae*. Mit einer Geschlechtsöffnung. *Proporus venenosus* O. SCHM. (Abb. 449). *Haplodiscus* WELDON. Körper platt, scheibenförmig. Pelagisch lebend. Atlant. Ozean, Mittelmeer.

Fam. *Convolutidae*. Mit zwei Geschlechtsöffnungen. *Aphanostoma diversicolor* OERST., *Convoluta convoluta* ABILDG. (*paradoxa* OERST.). Mittelmeer, Nordsee. *C. roscoffensis* GRAFF. Roscoff.

2. Unterordnung. *Rhabdocoela*. Turbellarien mit röhrenförmigem Darm.

Fam. *Catenulidae*. Mund am Vorderende des Darmes. Pharynx einfach. Ein einfacher Exkretionsstamm. Meist mit ungeschlechtlicher Fortpflanzung. *Catenula lemnae* DUG. Bildet Ketten von meist 2—4 Individuen. Süßwasser, Europa. *Stenostomum leucops* DUG. Süßwasser, Europa, Nordamerika. *Rhynchoscolex simplex* LEIDY. Nordamerika, Steiermark.

Fam. *Microstomidae*. Mund nahe dem Vorderende, Pharynx einfach. Hauptstämme des Excretionssystems paarig. Teilweise mit ungeschlechtlicher Fortpflanzung. *Alaurina composita* METSCHN. Planktonisch. Nordatlant. Ozean. *Microstomum lineare* MÜLL. Süßwasser, Europa, Nordamerika (Abb. 447). Beide mit ungeschlechtlicher Fortpflanzung. *Macrostomum appendiculatum* O. FABR. Ohne ungeschlechtliche Fortpflanzung. Im Süßwasser und marin. Europa, Asien.

Fam. *Dalyelliidae*. Lage des Mundes wechselnd. Pharynx meist tonnenförmig. Genitalöffnung einfach. *Dalyellia* (*Vortex*) *viridis* G. SHAW. *Phaenocora* (*Derostoma*) *unipunctata* OERST. *Opistomum pallidum* O. SCHM. Mund im letzten Körperdritteile. Alle im Süßwasser, Europa. Hier schließen sich an *Graffilla muricicola* IHRG. Parasit in der Niere von *Murex trunculus* und *M. brandaris*. Mittelmeer. *Genostoma tergestinum* CALANDR. Mund am Hinterende des Körpers. Körper nur an der Ventralseite bewimpert, vorn mit Saugscheibe. Parasitisch auf *Nebalia*. Mittelmeer.

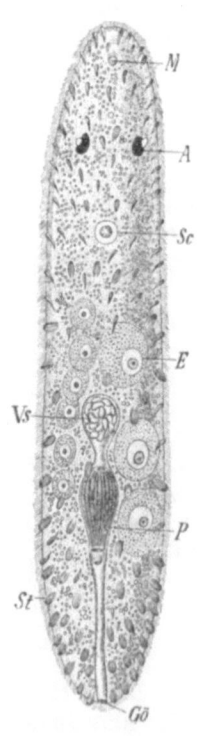

Abb. 449. *Proporus venenosus*. (Nach V. GRAFF.) Etwa $50/_1$. *M* Mund (etwas nach hinten verschoben), *A* Auge, *Sc* Statocyste, *E* Ei, *Vs* Vesicula seminalis, *P* Penis, *St* Rhabditenpakete, *Gö* Genitalöffnung.

Hier schließt sich wahrscheinlich an die Fam. *Temnocephalidae*. Körper breit, unbewimpert, am Hinterende mit bauchständigem Saugnapf, am Vorderende mit in der Regel fünf fingerförmigen Tentakeln. Leben in Biocönose auf Krebsen und Schildkröten tropischer und subtropischer Süßwässer. *Temnocephala chilensis* BLANCH. Auf *Aeglea laevis*. Chile. *Scutariella didactyla* MRÁZEK, auf *Atyaëphyra desmaresti*. Montenegro. *Caridinicola indica* ANNANDALE, auf *Caridina simoni*. Kandy.

Fam. *Typhloplanidae*. Mit rosettenförmigem Pharynx, von der Ventralfläche des Darmes entspringend. Nur eine Genitalöffnung. *Mesostoma ehrenbergi* FOCKE. Süßwasser,

Europa, Asien, Nordamerika (Abb. 444). *Typhloplana viridata* ABILDG. Süßwasser, Mittel- und Nordeuropa, Nordamerika. *Castrada intermedia* VOLZ. Finn. Meerbusen. Süßwasser, Nord- und Mitteleuropa.

Fam. *Polycystididae*. Mit Tastrüssel. Pharynx rosettenförmig. Mit einer Genitalöffnung. *Acrorhynchus caledonicus* CLAP. Nordsee. *Polycystis (Macrorhynchus) naegelii* KÖLL. Atlant. Ozean, Mittelmeer. *Phonorhynchus helgolandicus* METSCHN. Nordatlant. Ozean, Adria.

Fam. *Gyratricidae*. Mit Tastrüssel. Pharynx rosettenförmig. Mit zwei Genitalöffnungen. *Gyratrix hermaphroditus* EHRBG. Süßwasser, Europa, Asien, Nordamerika und Atlant. Ozean.

Hier schließt sich an die Fam. der *Fecampiidae* mit der Gattung *Fecampia* GIARD. Sind in der Jugend freilebend, bilden im geschlechtsreifen Zustand, in der Leibeshöhle mariner Crustaceen schmarotzend, Mund und Darm zurück. Nordatlant. Oz.

3. Unterordnung. *Alloeocoela*. Turbellarien mit meist schwach gelapptem sackförmigen oder in der Mitte in zwei Schenkel gespaltenem Darm.

Fam. *Plagiostomidae*. Meist kleine drehrunde Formen mit verschmälertem Hinterende. Darm ohne seitliche Divertikel. Mit einer Geschlechtsöffnung. *Plagiostomum vittatum* LEUCK. Nordatlant. Ozean. Hier schließt sich an *Pseudostomum (Cylindrostoma) klostermanni* GRAFF, Mittelmeer, Nordatlant. Ozean.

Fam. *Prorhynchidae*. Mund am Vorderende. Wimpergrübchen vorhanden. Pharynx zylindrisch. Darm mit seitlichen Divertikeln und ein bis zwei vorderen Blindsäcken. Ductus genito-intestinalis vorhanden. Genitalöffnungen getrennt, die Penistasche mündet in das Mundrohr. *Prorhynchus stagnalis* M. SCHULTZE. Im Süßwasser. Europa, Asien, Nordamerika. Hier schließt sich an *Hofstenia atroviridis* BOCK, MISAKI.

Fam. *Monocelididae*. Langgestreckte platte Formen mit verbreitertem Hinterende. Darm mit seitlichen Divertikeln. Mit zwei Geschlechtsöffnungen. Statocyste vorhanden. *Monocelis lineata* MÜLL. Europ. Meere. *M. fusca* OERST. Nordatlant. Ozean. *Otomesostoma auditivum* PLESS. Süßwasser, Europa.

Fam. *Bothrioplanidae*. Der schwach gelappte Darm in der Mitte in zwei Schenkel gespalten. Genitalöffnung einfach. *Bothrioplana semperi* M. BRN. In einem Brunnen, Dorpat. *Euporobothria bohemica* VEJD. Süßwasser, Europa.

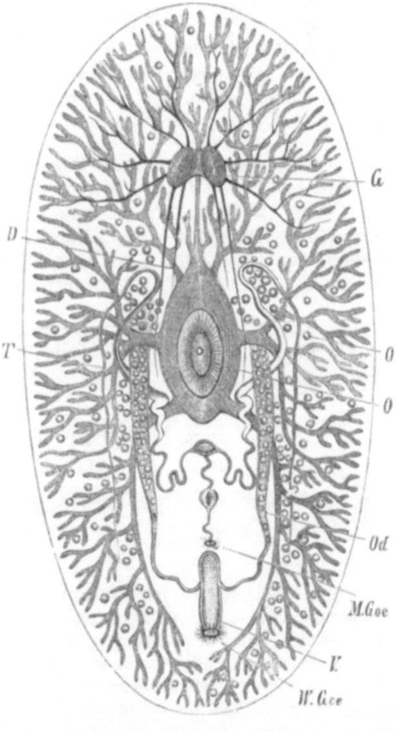

Abb. 450. Anatomie von *Stylochoplana (Leptoplana) pallida*. (Nach QUATREFAGES.) Etwa $^3/_1$. *D* Darm, *G* Gehirnganglion, *O* Mund, *Ov* Ovarien, *Od* Oviduct, *T* Ductus deferens, *V* Vagina, *M Goe* männliche, *W Goe* weibliche Geschlechtsöffnung.

4. Unterordnung. *Tricladidea*. Langgestreckte platte Turbellarien mit zwei Keim- und Dotterstöcken und zahlreichen Hoden. Geschlechtsöffnung einfach. Der Darm besteht aus einem vorderen und zwei hinteren Schenkeln mit Nebenästen.

Fam. *Planariidae*. Der langgestreckt-ovale und abgeflachte Körper vorn oft mit seitlichen lappenförmigen Fortsätzen, in der Regel mit zwei Augen. *Planaria torva* MÜLL., ohne tentakelartige Fortsätze. Süßwasser, Europa, Ostsee. *P. gonocephala* DUG. Mitteleuropa. *P. alpina* DANA. In kalten Wässern der mitteleurop. Gebirge und im Norden. *P. montenigrina* MRÁZEK. Polypharyngeal, mit bis 30 Pharyngen. Bulgarien, Montenegro. *Phagocata gracilis* LEIDY. Polypharyngeal. Nordamerika. *Dendrocoelum lacteum* MÜLL., mit tentakelartigen Fortsätzen (Abb. 445). *Polycelis nigra* MÜLL., mit zahlreichen randständigen Augen. Süßwasser, Europa, Ostsee. *Procerodes lobata* O. SCHM. (*Gunda segmentata* LANG). Messina, Schwarzes Meer. Hier schließen sich an *Sabussowia dioica* CLAP. Getrenntgeschlechtlich. Triest. *Cercyra teissieri* STEINMANN. Getrenntgeschlechtlich. Roscoff.

Fam. *Geoplanidae*. Landplanarien von meist gestrecktem Körper mit breiter Kriechsohle oder mit schmaler Kriechleiste, mit zahlreichen Augen, selten augenlos. Vorderende des Körpers von einer Sinneskante eingesäumt. *Geoplana rufiventris* FR. MÜLL. Brasilien.

Fam. *Bipaliidae*. Landplanarien, deren gestreckter Körper am Vorderende zu einer queren, mit einer Sinneskante und zahlreichen Augen besetzten Kopfplatte verbreitert ist und eine Kriechleiste besitzt. *Bipalium marginatum* LOMAN, *Placocephalus javanus* LOMAN. Java.

Fam. *Rhynchodemidae*. Landplanarien mit zwei Augen, häufig mit Kriechsohle oder Kriechleiste. *Rhynchodemus terrestris* MÜLL. West- und Mitteleuropa. *Rh. bilineatus* METSCHN. In Glashäusern in Europa beobachtet.

5. Unterordnung. *Polycladidea*. Turbellarien von meist ansehnlicher Größe, mit blattförmigem, gewöhnlich sehr breitem Körper. Augen in großer Zahl vorhanden. Der Darm allseitig in zahlreiche verzweigte Äste ausgehend. Dotterstöcke fehlen. Genitalöffnungen meist getrennt. Meeresbewohner.

1. Tribus. *Acotylea*. Ohne Saugnapf.

Fam. *Planoceridae*. Mit Nackententakeln. *Planocera folium* GR. Nordsee, Mittelmeer. *P. pellucida* MERT. Lebt pelagisch. Atlant. u. Still. Ozean. *Stylochus neapolitanus* CHIAJE. Neapel.

Fam. *Leptoplanidae*. Ohne Tentakeln. *Leptoplana tremellaris* MÜLL. Europ. Meere. *Stylochoplana pallida* QTRF. Mittelmeer (Abb. 450).

2. Tribus. *Cotylea*. Mit bauchständigem Saugnapf.

Fam. *Pseudoceridae*. Mit faltenförmigen Randtentakeln. Zahlreiche Darmastwurzeln; zuweilen mit doppeltem männlichen Begattungsapparat. *Thysanozoon brocchii* GR. mit Rückenzotten, in welche Darmdivertikel eintreten. *Pseudoceros velutinus* BLANCH. Mittelmeer.

Fam. *Euryleptidae*. Ohne oder mit zipfelförmigen Randtentakeln. Mund nahe dem vorderen Körperende. *Prostheceraeus vittatus* MONT., *Eurylepta cornuta* EHRBG., *Oligocladus sanguinolentus* QTRF. Europ. Meere. *Leptoteredra maculata* HALLEZ. Antarktis.

2. Ordnung. Trematodes, Saugwürmer[1].

Parasitische Platyhelminthen von meist blattförmigem, selten walzenförmigem Körper mit bauchständigen Haftorganen, mit in der Regel gabelig gespaltenem blindgeschlossenen Darm.

---

[1] Außer RUDOLPHI, DE FILIPPI, MOULINIÉ, DIESING, PAGENSTECHER, DE LA VALETTE ST. GEORGE vgl. v. NORDMANN, A.: Mikrographische Beiträge zur Kenntnis der wirbellosen Tiere. Berlin 1832. — WAGENER, G.: Beiträge zur Entwicklungsgeschichte der Eingeweidewürmer. Haarlem 1857. — VAN BENEDEN, P. J.: Mémoire sur les vers intestinaux. Paris 1861. — VAN BENEDEN et HESSE: Recherches sur les Bdelloides ou Hirudinées et les Trématodes marins. 1863. — ZELLER, E.: Untersuchungen über die Entwicklung von *Diplozoum paradoxum*. Z. Zool. **22** (1872). — Weiterer Beitrag zur Kenntnis der Polystomeen. Ebenda **27** (1876). — SOMMER, F.: Die Anatomie des Leberegels. Ebenda **34** (1880). — TASCHENBERG, O.: Beiträge zur Kenntnis ectoparasitischer mariner Trematoden. Abh. naturforsch. Ges. Halle **1879**. — LEUCKART, R.: Zur Entwicklungsgeschichte des Leberegels. Arch. Naturgesch. **1882**. — Die Parasiten des Menschen, 2. Aufl. Leipzig 1879—1901. — THOMAS, A. P.: The life history of the liver-fluke. Quart. J. microsc. Sci. **1883**. — SCHAUINSLAND, H.: Beitrag zur Kenntnis der embryonalen Entwicklung der Trematoden. Jena. Z. Naturwiss. **16** (1883). — HECKERT, H.: *Leucochloridium paradoxum* usw. Bibliotheca zoologica **4** (1889). — GOTO, S.: Studies on the Ectoparasitic Trematodes of Japan. J. Coll. Sci. Univ. Japan **8** (1894). — LOOSS, A.: Über *Amphistomum subclavatum* RUD. und seine Entwicklung. Festschrift für LEUCKART 1892. — Die Distomen unserer Fische und Frösche. Bibliotheca zoologica **16** (1894). — Recherches sur la Faune parasitaire de l'Egypte. Kairo 1896. — Weitere Beiträge zur Kenntnis der Trematodenfauna Ägyptens usw. Zool. Jb. **12** (1899). — BLOCHMANN, F.: Die Epithelfrage bei Cestoden und Trematoden. Hamburg 1896. — BETTENDORF, H.: Über Muskulatur und Sinneszellen der Trematoden. Zool. Jb. **10** (1897). — CERFONTAINE, P.: Contribution à l'étude des Octocotylidés. Arch. Biol. **16** (1900). — HALKIN, H.: Recherches sur la maturation, la fécondation et le développement du *Polystomum integerrimum*. Archives de Biol. **18** (1910). — BRAUN, M.: Vermes. Bronns Klass. u. Ordn. Tierreich **1879—1893**. — Die tierischen Parasiten des Menschen, 6. Aufl. Leipzig 1925. — KATHARINER, L.: Über die Entwicklung von *Gyrodactylus elegans*. Zool. Jb., Suppl. **7** (1905). — ODHNER, T.: Zur Anatomie der Didymozoen usw. Zool. Studier.

Die Trematoden sind von Turbellarien abzuleiten. Die Wimperbekleidung ist nur im Larvenleben erhalten; dagegen erscheinen im Zusammenhang mit der parasitischen Lebensweise Haftorgane in Form von aus Differenzierungen der Hautmuskulatur hervorgegangenen Sauggruben und als Klammerhaken ausgebildet, deren Zahl, Form und Anordnung sehr zahlreiche Modifikationen bietet. Im allgemeinen richtet sich die Größe und Ausbildung der Haftorgane nach der endoparasitischen oder ectoparasitischen Lebensweise. Die Bewohner innerer Organe (*Digenea*) besitzen meistens außer dem Mundsaugnapf einen zweiten größeren Saugnapf auf der Bauchfläche, bald in der Nähe des Mundes (*Fasciolidae*) (Abb. 452), bald an dem entgegengesetzten Körperpol (*Paramphistomidae*). Indessen kann dieser größere Saugnapf, desgleichen der Mundsaugnapf, auch fehlen (*Cyclocoelum*). Die ectoparasitischen *Monogenea* zeichnen sich dagegen durch eine reichere Bewaffnung aus, indem sie außer zwei kleineren Saugnäpfen zu den Seiten des Mundes am hinteren Körperende eine große Haftscheibe mit sekundären Haftgruben oder zahlreiche kleine Saugnäpfe besitzen, die überdies noch durch Chitinstäbe gestützt sein können. Ferner kommen oft Chitinhaken, besonders häufig zwei größere Haken an der hinteren Haftscheibe hinzu (Abb. 460).

Die zuweilen Stachelchen oder Schüppchen tragende Körperbedeckung der Trematoden wird von einer Cuticula gebildet; die Zellen des sie abscheidenden Hautepithels sind in das darunterliegende bindegewebige Parenchym versenkt und stehen bloß durch Fortsätze mit der Cuticula in Verbindung (vgl. Abb. 468). Sehr verbreitet sind Hautdrüsen, die bei den Jugendformen Cystenbildung ermöglichen.

Die Mundöffnung liegt, die *Gasterostomata* ausgenommen, am Vorderende, sehr häufig im Grunde eines kleinen Saugnapfes. Sie führt in einen muskulösen Pharynx, dem der Oesophagus folgt; letzterer setzt sich in den in der Regel gabelig geteilten (Abb. 451), blindgeschlossenen Mitteldarm fort, dessen Schenkel verästelt (Abb. 121) und durch Commissuren (Abb. 460) verbunden sein können. Bei einer Anzahl *Digenea* besitzt der Darm eine hintere Öffnung, die in die Excretionsblase oder neben derselben mündet. Bei *Paramphistomidae* und *Angiodictyidae* findet sich ein in sich geschlossenes System von contractilen, in der Umgebung

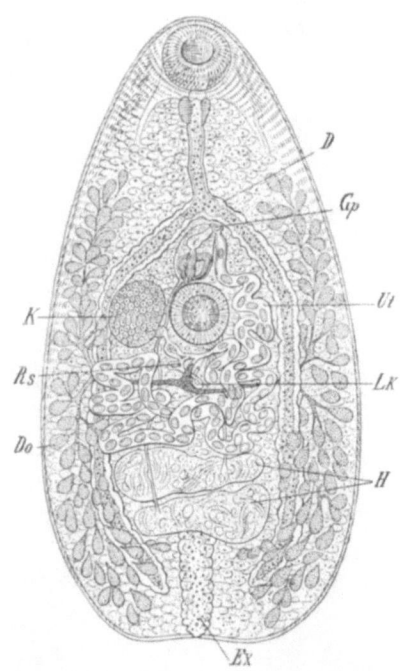

Abb. 451. *Opisthioglyphe ranae* (*Distomum endolobum*). (Nach LOOSS.) $^{50}/_1$. *D* Darm, *Ex* Excretionsblase, *Gp* Genitalporus, *K* Keimstock, *Ut* Uterus, *Lk* LAURERscher Kanal, *Do* Dotterstock, *H* Hoden, *Rs* Receptaculum seminis.

Uppsala 1907. — Zum natürlichen System der digenen Trematoden. I.—VI. Zool. Anz. 1911—1913. — Die Homologien der weiblichen Genitalwege bei den Trematoden und Cestoden. Ebenda 1912. — ORTMANN, W.: Zur Embryonalentwicklung des Leberegels (*Fasciola hepatica*). Zool. Jb. 26 (1908). — ZAILER, O.: Zur Kenntnis der Anatomie der Muskulatur und des Nervensystems der Trematoden. Zool. Anz. 1914. — SZIDAT, L.: Beiträge zur Kenntnis der Gattung *Strigea*. Z. Parasitenkde 1 (1929). — Vgl. ferner die Schriften von LINSTOW, GAFFRON, ERCOLANI, v. LORENZ, WIERZEJSKI, E. ROSSBACH, MONTICELLI, SSINITZIN, REUSS, SCHUBMANN, KOSSACK, CORT, STUNKARD, LÜHE, OZAKI u. a.

des Darmes längsverlaufenden, im Vorderkörper verzweigten Schläuchen (Lymphgefäßsystem Looss).

Der *Excretionsapparat* (Abb. 144) besteht aus zwei seitlichen, reich verzweigten und mit zahlreichen terminalen Wimperkölbchen ausgestatteten Längskanälen, die mittels unpaarer contractiler Blase am hinteren Körperende (*Digenea*) oder durch paarige dorsale Poren nahe dem vorderen Körperende (*Monogenea*) ausmünden.

Am *Nervensystem* (Abb. 452) unterscheidet man ein dorsal vom Oesophagus gelegenes Cerebralganglion; von ihm gehen außer vorderen Nerven sechs nach hinten den Körper durchziehende, mittels Quercommissuren verbundene Längsnervenstämme ab, unter denen das ventrale Paar das stärkste ist. Dazu tritt ein peripherer Nervenplexus. *Augen* kommen zuweilen bei freien Larven und bei den *Monogenea* vor. Ferner sind über den ganzen Körper verbreitet, in größter Menge aber in den Saugnäpfen Sinneszellen beobachtet, die in der Körpercuticula mit Endbläschen endigen (vgl. Abbild. 468).

Die Trematoden sind mit seltener Ausnahme Zwitter. Trennung des Geschlechtes besteht bei den paarweise vereinten *Schistosomidae* (Abb. 465) sowie bei *Wedlia*, hier mit rudimentärem Hermaphroditismus.

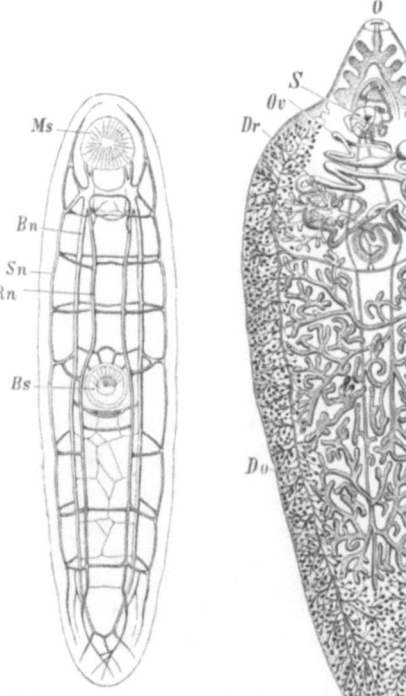

Abb. 452. Nervensystem von *Distomum isostomum*. (Nach E. GAFFRON.) *Ms* Mundsaugnapf, *Bs* Bauchsaugnapf, *Sn* Seiten-, *Rn* Rücken-, *Bn* Bauchnervenstamm.

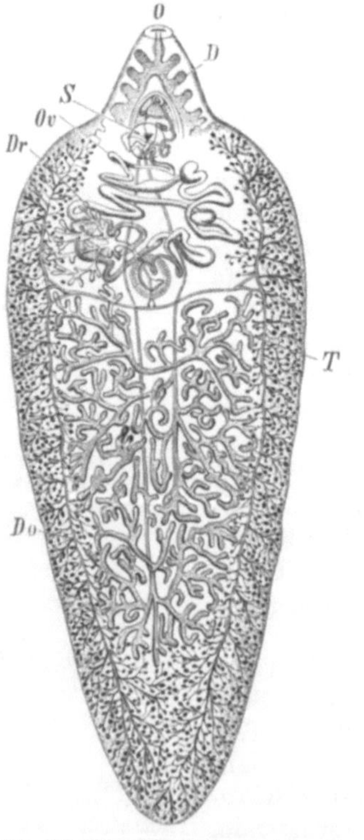

Abb. 453. *Fasciola* (*Distomum*) *hepatica*. (Nach SOMMER.) ³/₁. *O* Mund, *D* Darmschenkel, *S* Bauchsaugnapf, *T* Hoden, *Do* Dotterstöcke, *Dr* Keimstock, *Ov* Oviduct.

In der Regel liegen männliche und weibliche Genitalöffnung nicht weit von der Mittellinie der Bauchfläche neben- oder hintereinander, dem vorderen Körperende ziemlich genähert, häufig auch am Hinterende oder lateral. Die männliche Geschlechtsöffnung (Abb. 451, 453) führt in einen das vorstülpbare Endstück (Cirrus) des Samenleiters umschließenden Sack (Cirrusbeutel), dann folgen der doppelte Samenleiter und zwei große einfache oder mehrlappige Hoden. Die weiblichen Geschlechtsorgane bestehen aus dem Ovarium, welches in einen Keimstock und zwei Dotterstöcke zerfällt. Der Keimstock ist rundlich oder gelappt, die Dotterstöcke erfüllen als vielfach verzweigte Schläuche die Seitenteile des Körpers. Die Dottergänge münden in die als Ootyp bezeichnete Erweiterung am Anfang des geschlängelt verlaufenden Eierbehälters (Uterus). In den Ootyp führt ferner in der Regel ein besonderer, am Rücken ausmündender Gang (LAURERscher Kanal), der oft mit einem Receptaculum versehen ist. Er ist der Vagina der

Cestoden homolog, aber ein in Rückbildung begriffenes Organ. In manchen Fällen (z. B. *Dicrocoelium lanceatum*) findet sich das Receptaculum seminis gegenüber der Einmündungsstelle des LAURERschen Kanales in den Eiergang (Receptaculum uterinum Looss). Die Begattung findet durch den Endabschnitt (Metraterm) des Uterus statt. Dagegen gibt es bei den *Monogenea* eine unpaare oder paarige funktionierende Vagina, die dem LAURERschen Kanal homolog ist, oder einen sekundären paarigen Befruchtungskanal (Ductus vaginalis TH. ODHNER), der in die Dotterwege einmündet (z. B. *Polystomum*). In diesem Falle ist stets ein Canalis genito-intestinalis, eine Kommunikation zwischen weiblichen Leitungswegen und Darm vorhanden, die wahrscheinlich der Vagina bzw. dem LAURERschen Kanal homolog ist. Selbstbefruchtung scheint sehr häufig einzutreten. In dem mit Drüsen (sogenannten Schalendrüsen) versehenen Ootyp wird das Ei gebildet, indem eine Keimzelle nach Zutritt von Spermien aus dem Receptaculum seminis mit einer Anzahl von Dotterzellen zusammentritt und darauf von einer auch von den Dotterzellen gelieferten Schale umschlossen wird (Abb. 251).

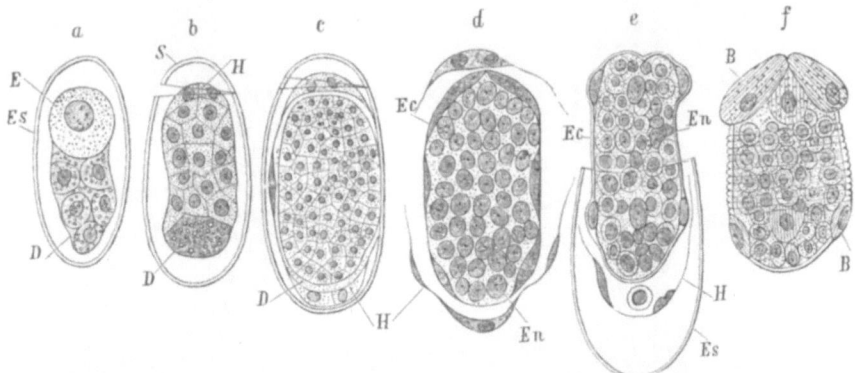

Abb. 454. Embryonalentwicklung der *Azygia (Distomum) tereticollis*. (Nach SCHAUINSLAND.) a Ungefurchtes Ei, *Es* Eischale, *E* Eizelle, *D* Dotterzellen. b Der Dotter größtenteils verbraucht zugunsten der Embryonalzellen, von denen sich am oberen Pole unterhalb des Deckels (*S*) zwei Hüllzellen (*H*) abheben. c Späteres Stadium, die Hüllmembran (*H*) umschließt den Embryo, Dotter (*D*) fast gänzlich verbraucht. d Auftreten des Außenepithels (*Ec*), dessen große Kerne sich von denen der inneren Zellmasse (*En*) abheben. e Späteres Stadium. f Embryo vor dem Ausschlüpfen, *B* Borstenplatten mit ihren Kernen.

Im Uterus häufen sich die stets gedeckelten Eier oft in großer Menge an und durchlaufen hier die ersten Stadien der Embryonalbildung. In vielen Fällen beginnt jedoch die Furchung erst nach der Eiablage. Die meisten Trematoden legen Eier ab. Die ausschlüpfenden Jungen ähneln entweder bereits dem Muttertier (*Monogenea*) oder befinden sich auf einer viel einfacheren Entwicklungsstufe. Im ersteren Falle werden große Eier am Aufenthaltsorte des Muttertieres befestigt, im letzteren gelangen die relativ kleinen Eier aus dem Wirtstier an feuchte Plätze, meist in das Wasser.

Die Eizelle der *Fascioliden* erfährt eine unregelmäßig totale Furchung (Abb. 454) und führt zur Ausbildung eines soliden Embryonalstadiums, wobei die dem Ei apponierten Dotterzellen als Nährmaterial verbraucht werden. An dem Embryo hebt sich zunächst eine zellige Hüllmembran ab, die eine Keimhülle vorstellt und bei seinem Ausschlüpfen in der Eischale zurückbleibt. Am Embryo differenziert sich nunmehr ein oberflächliches, bewimpertes oder eine Cuticula bildendes Epithel, während von der zentralen Zellmasse die peripherischen Zellen sich abflachen und epithelartig an die Innenseite des Außenepithels anlegen, andere am Kopfende zur Anlage des Darmes sich ordnen, der übrige Teil unverändert bleibt und die Keimzellen liefert.

488   Metazoa.

Die postembryonale Entwicklung ist bei den *Monogenea* eine direkte oder eine Metamorphose, welche die durch Bewimperung und einfachere Organisation ausgezeichneten Larven an dem Aufenthaltsorte des Muttertieres, ausnahmsweise (*Polystomum*) an einem anderen Orte durchlaufen (Abb. 459).

Bei den *Digenea* findet sich eine mit Metamorphose verbundene Heterogonie, ausgenommen die *Aspidogastriden*, die eine einfache Metamorphose besitzen. Die aus dem befruchteten Ei hervorgegangene Larve (sogenanntes *Miracidium*) (Abb. 457a und 455) ist bewimpert und oft mit einem Augenfleck versehen, das dem Cerebralganglion aufliegt. Zwei Nephridien sind vorhanden und eine Gruppe von Keimzellen (Eizellen) nimmt den hinteren Teil des Larvenkörpers ein. Während ihrer Schwärmzeit im Wasser suchen die Larven in einen neuen Wirt zu gelangen; doch gibt es auch Fälle passiver Überführung durch Vermittlung der Nahrung. In der Regel ist es eine Wasserschnecke, in deren Inneres die Miracidien

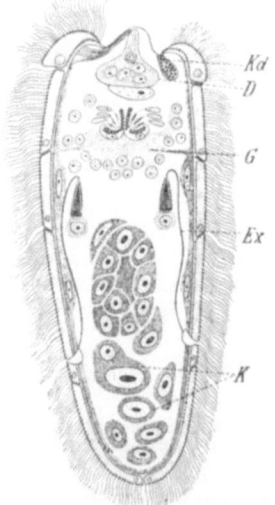   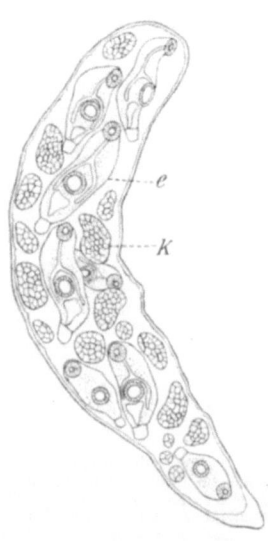

Abb. 455. Miracidium von *Fasciola hepatica* im Längsschnitt, schematisiert. (Nach ORTMANN.) Etwa. $^{480}/_1$. *D* rudimentäre Darmanlage, *Ex* Exkretionsorgane, *G* Gehirnganglion mit Auge, *K* Keimzellen, *Kd* Kopfdrüse.

Abb. 456. Sporocyste von *Sphaerostomum bramae*. (Orginal G.) $^{10}/_1$. *e* Cercarien (die stummelschwänzige *Cercaria micrura*), *K* Entwicklungsstadien derselben.

eindringen, um nach Abwerfen des Wimperkleides zu einfachen oder verästelten Schläuchen ohne Mund und Darm (sogenannte *Sporocysten*) auszuwachsen (Abb. 456). Diese erzeugen aus den Keimzellen (parthenogenetisch sich entwickelnden Eiern) die geschwänzten *Cercarien*, die Larven der Geschlechtstiere. Mit beweglichem, zuweilen gabelig gespaltenem (furcocerk), in manchen Fällen stummelförmigem Schwanzanhang, häufig auch mit Mundstachel sowie zuweilen mit Augen ausgestattet, zeigen die Cercarien in ihrer Organisation bis auf die nur in der Anlage vorhandenen Geschlechtsorgane bereits große Übereinstimmung mit dem Geschlechtstier. In solcher Form verlassen sie selbständig den Leib ihres Trägers und bewegen sich teils kriechend, teils schwimmend im Wasser umher. Hier finden sie ein neues Wassertier (Schnecke, Wurm, Insektenlarve, Krebs, Fisch, Batrachier), in welches sie, unter Bohrbewegungen des vorderen Körperendes, unterstützt durch den kräftig schwingenden Schwanzanhang, eindringen, um sich nach Verlust des letzteren zu encystieren. Die im Inneren einer Schnecke erzeugte Cercarienbrut zerstreut sich so auf zahlreiche Träger und aus den geschwänzten Cercarien sind die encystierten Jugendformen der Geschlechtsgeneration geworden, die mit dem Fleisch ihres Trägers in den Magen eines anderen Tieres und von da, ihrer Cyste befreit, in das Organ (Darm, Harnblase usw.) gelangen, in dem sie geschlechtsreif werden. Somit kommen in der Regel drei verschiedene Tiere als Träger in Betracht, deren Organe die verschiedenen Entwicklungsstadien (Sporocyste, encystierte Form, Geschlechtstier) beherbergen.

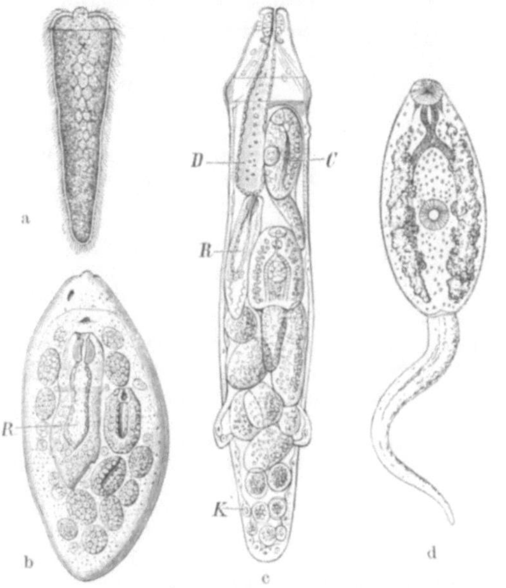

Indessen können Abweichungen von dem allgemeinen Entwicklungsgang eintreten, sowohl Komplikationen als Vereinfachungen. Zuweilen entstehen als zweite Generation in den Sporocysten sogenannte *Redien* (mit reicher gegliedertem Körper und einfachem Darm). Aus den Keimzellen der Redien geht eventuell eine zweite Generation von Redien hervor, welche erst die Cercarien produzieren (*Fasciola hepatica*) (Abb. 457). Eine Vereinfachung tritt dadurch ein, daß die Einwanderung in den zweiten Zwischenträger unterbleibt und die Cercarie sich am Boden

Abb. 457. Entwicklungszustände von *Fasciola hepatica*. a Miracidium. Etwa $210/_1$. — b Sporocyste mit Redien (*R*) im Inneren (nach R. LEUCKART). Etwa $60/_1$. — c Entwickelte Redie (nach THOMAS). *D* Darm, *C* Cercarien, *R* Redie, *K* Keimzellen. $45/_1$. — d Freie Cercarie (nach R. LEUCKART). Neben dem Darm die großen Hautdrüsen. Etwa $200/_1$

(*Paramphistomum cervi*) oder an Pflanzen (*Fasciola hepatica*) encystiert. Die Cercarie kann auch passiv, noch eingeschlossen in der Sporocyste (Leucochloridium der Bernsteinschnecke von *Urogonimus macrostomus* der Singvögel) (Abb. 464) durch Aufnahme mittels der Nahrung an den Ort des Geschlechtstieres gelangen. Dann entbehrt die Cercarie des Schwanzanhanges (sogenanntes *Cercariaeum*). Letzterer Entwicklungsmodus dürfte mit dem Aufenthalt der geschlechtsreifen Form in Landtieren zusammenhängen. Endlich kann sich auch die Cercarie durch die Haut in den definitiven Wirt einbohren (*Schistosomum, Sanguinicola*).

Auch kann bereits das freischwimmende Miracidium eine Redie erzeugen und diese vor Einwanderung in die Schnecke (*Cyclocoelum* [*Monostomum*] *mutabile, Typhlocoelum cucumerinum*) in sich bergen (Abb. 458 b). Ferner gibt es uneingekapselte junge Distomeen, welche in ihrem Träger nie geschlechtsreif werden, wie in der Linse und dem Glaskörper des Vertebratenauges sowie im Gallertgewebe der Cölenteraten. Umgekehrt hat man

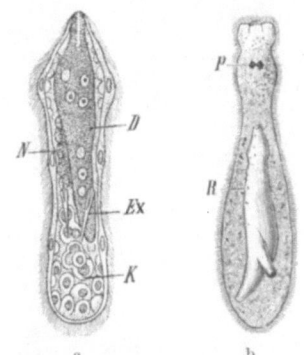

Abb. 458. a Miracidium von *Paramphistomum subclavatum* (nach LOOSS). *D* Darm, *N* Nervensystem, *K* Keimzellen, *Ex* Excretionsorgane. — b Miracidium von *Cyclocoelum* (*Monostomum*) *mutabile* (nach v. SIEBOLD). *P* Augen, *R* Redie im Inneren.

encystierte Formen geschlechtsreif und in Eierproduktion gefunden.

In der Gruppenbildung ist hier TH. ODHNER gefolgt.

1. Unterordnung. *Monogenea.* Ectoparasitische Trematoden, gewöhnlich mit zwei kleinen seitlichen Sauggruben am Vorderende, am hinteren Körperende kräftige, mit Sauggruben und häufig mit Klammerhaken ausgestattete Haftorgane. Die Entwicklung ist direkt oder eine einfache Metamorphose.

1. Sektion. *Monopisthocotylea.* Mit großer einheitlicher Haftscheibe am Hinterende und mit funktionierender echter Vagina, ohne Canalis genito-intestinalis.

Fam. *Tristomidae.* Körper scheibenförmig, mit zwei seitlichen Saugnäpfen am Vorderende und großer hinterer, zuweilen untergeteilter Saugscheibe. *Tristomum papillosum* Dies., *T. coccineum* Cuv., an den Kiemen von *Xiphias gladius*. *T. molae* Blanch., an den Kiemen von *Mola mola*.

Fam. *Monocotylidae.* Körper rundlich, ohne vordere Saugnäpfe, hintere Haftscheibe sehr klein oder groß und mit Haken. *Calicotyle kroyeri* Dies., in der Kloake von *Raja*-Arten. *Monocotyle myliobatis* O. Taschb. An den Kiemen von *Myliobatis aquila*. Hier schließt sich an *Udonella caligarum* Johnst. Auf *Caligus*.

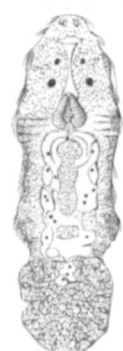

Abb. 459. Larve von *Polystomum integerrimum*. (Nach E. Zeller.) $^{135}/_1$

Fam. *Gyrodactylidae.* Kleine Formen von schmalem Körper, mit großer hinterer Haftscheibe mit kräftigem Hakenapparat. *Gyrodactylus elegans* Nordm., an den Kiemen verschiedener Süßwasserfische. Der Körper birgt eine Tochter- und in dieser eingeschachtelt eine Enkel- und Urenkelgeneration. Die eingeschachtelten Generationen dürften pädogenetisch entstehen, die Entwicklung ist wahrscheinlich eine Heterogonie. *Dactylogyrus auriculatus* Nordm. An den Kiemen von Cyprinoiden. Mitteleuropa.

2. Sektion. *Polyopisthocotylea.* Mehrere bis zahlreiche Haftorgane am Hinterende, mit Ductus vaginalis und Canalis genito-intestinalis.

Fam. *Polystomidae.* Körper langgestreckt, ohne vordere Saugnäpfe, hintere Haftscheibe mit sechs meist in zwei seitliche Reihen angeordneten Saugnäpfen, oft mit Haken. *Polystomum* Zed. Mit vier Augen, ohne seitliche Sauggruben am vorderen Ende, mit sechs Saugnäpfen sowie zwei großen medianen Haken und 16 kleinen Häkchen an der hinteren Haftscheibe. *P. integerrimum* Fröl., in der Harnblase von *Rana temporaria* (Abb. 460). Die Entwicklungsgeschichte ist durch E. Zeller bekannt geworden. Die Eierproduktion beginnt im Frühjahre, wenn der Frosch sich zur Paarung anschickt, und währt 2—3 Wochen. Man kann dann die Polystomen in Wechselkreuzung beobachten. Beim Eierlegen drängt der Parasit seinen Vorderleib mit der Geschlechtsöffnung durch die Harnblasenmündung nahe bis zum After. Die Embryonalentwicklung erfolgt im Wasser und nimmt eine Reihe von Wochen in Anspruch, so daß die jungen Larven erst ausschlüpfen, wenn die Kaulquappen bereits innere Kiemen gewonnen haben. Die teilweise bewimperten Larven (Abb. 459) sind *Gyrodactylus*-ähnlich und zeigen vier Augen sowie eine von 16 Häkchen umstellte Haftscheibe. Sie wandern nun in die Kiemenhöhle der Kaulquappen ein, verlieren die Wimperhaare und wachsen unter Bildung der beiden Mittelhaken sowie der Sauggruben auf der hinteren Haftscheibe zum jungen *Polystomum* aus, welches etwa 8 Wochen nach der Einwanderung in die Kiemenhöhle, zur Zeit, wenn diese zu veröden beginnt, durch Magen und Darm in die Harnblase übertritt und hier nach 3 und mehr Jahren völlig geschlechtsreif wird. Ausnahmsweise und immer dann, wenn die Larven in die Kiemen sehr junger Kaulquappen gelangen, werden sie schon in der Kiemenhöhle der letzteren geschlechtsreif. Dann bleiben die Formen sehr klein, entbehren der Begattungskanäle und gehen nach Erzeugung von Eiern zugrunde, ohne in die Harnblase gelangt zu sein. *P. ocellatum* Rud., aus der Rachenhöhle von *Emys*. *Acanthonchocotyle* (*Onchocotyle*) *appendiculata* Kuhn, an den Kiemen von Hundshaien.

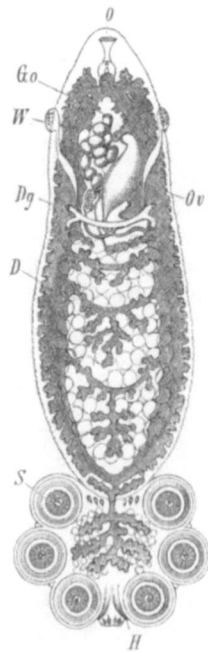

Abb. 460. *Polystomum integerrimum*. (Nach E. Zeller.) Etwa $^{20}/_1$. *O* Mund, *Go* Genitalöffnung, *D* Darm, *W* Begattungsöffnungen (Seitenwülste), *Dg* Dottergänge, *Ov* Keimstock, *S* Saugnapf, *H* Haken.

Fam. *Microcotylidae.* Mit zwei kleinen vorderen Saugnäpfen, hinteres Körperende beil- oder fußartig verbreitert mit zahlreichen kleinen Haftorganen. *Axine belones* Abildg., an den Kiemen von *Belone*. *Microcotyle labracis* HESSE et BENED. An den Kiemen von *Morone labrax*. *M. mormyri* LORENZ, an den Kiemen von *Pagellus mormyrus*.

Fam. *Octobothriidae (Octocotylidae)*. Vordere Saugnäpfe am Eingange der Mundhöhle. Hintere Haftscheibe mit 4, 6 oder 8 Haftorganen, meist in paralleler Stellung, daneben zuweilen Chitinhaken. *Octobothrium (Octocotyle) lanceolatum* F. S. LEUCK. An den Kiemen von *Alosa*. *Diplozoon paradoxum* NORDM., Doppeltier, an den Kiemen verschiedener Cyprinoiden (Abb. 461). Zwei Einzeltiere zu einem x-förmigen Doppeltiere verwachsen. Am Hinterende eine viereckige Haftscheibe mit acht in zwei Längsreihen angeordneten Saugnäpfen. Augen fehlen. Im Jugendzustand als sogenannte *Diporpa* solitär lebend, besitzen sie einen Bauchsaugnapf sowie einen Rückenzapfen. Die Eier werden im Frühjahr einzeln

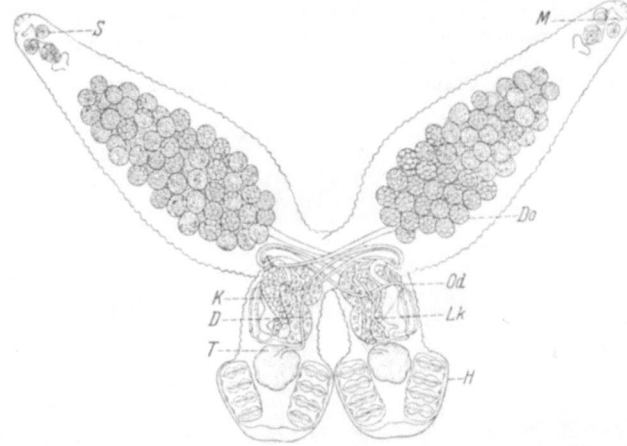

Abb. 461. *Diplozoon paradoxum*. (Nach ZELLER, etwas ergänzt.) *D* Ductus deferens, *Do* Dotterstock, *H* hintere Haftscheibe, *K* Keimstock, *Lk* LAURERscher Kanal, *M* Mund, *Od* Eiergang, *S* vorderer Saugnapf, *T* Hoden. $^{10}/_1$

ausgestoßen. Die Larve besitzt zwei Augen und ist an den Seitenrändern und der Hinterleibsspitze bewimpert (Abb. 462). Gelangen die Larven an die Kiemen von Süßwasserfischen zur Ansiedelung, so werden sie durch den Verlust der Wimpern zur *Diporpa*, die erst später den charakteristischen Haftapparat erhält und Kiemenblut einsaugt. Die bald erfolgende Vereinigung zweier Diporpen geschieht in der Art, daß sich der Bauchsaugnapf

Abb. 462. Ei (a) und Larve (b) von *Diplozoon*. (Nach E. ZELLER.) Etwa $^{100}/_1$

Abb. 463. Junges *Diplozoon*. (Nach E. ZELLER.) a Zwei *Diporpen* im Beginn der Aneinanderheftung, b nach erfolgter gegenseitiger Aneinanderheftung. *O* Mund, *H* Haftscheibe, *Z* Zapfen, *G* Grube. Etwa $^{100}/_1$

jedes Tieres an den Rückenzapfen des anderen anheftet und mit diesem verwächst (Abb. 463). Zugleich tritt eine wechselseitige Verbindung der Ductus deferentes mit den Scheidenmündungen ein.

2. Unterordnung. *Digenea*. Entoparasitische Trematoden mit in der Regel nur einem oder zwei Saugnäpfen. Die Entwicklung ist eine mit Metamorphose und Wirtswechsel verbundene Heterogonie, selten eine einfache Metamorphose mit oder ohne Wirtswechsel. Die Geschlechtstiere vornehmlich im Darm der Wirbeltiere.

1. Sektion. *Gasterostomata*. Mundöffnung bauchständig.

Fam. *Gasterostomidae*. Mundöffnung in der Mitte der Bauchfläche, Darm einfach sackförmig. Am vorderen Körperende ein Saugnapf sowie tentakelartige Fortsätze. *Gasterostomum fimbriatum* Sieb., im Darm verschiedener Süßwasserfische. Die reich verzweigte Sporocyste in der Teich- und Flußmuschel und *Dreissensia*. Die Cercarie mit tief gespaltenem Schwanz als *Bucephalus polymorphus* bekannt.

2. Sektion. *Prostomata*. Mundöffnung terminal oder subterminal am vorderen Körperende.

Fam. *Aspidogastridae*. Mit großem bauchständigen, in zahlreiche Gruben untergeteiltem Saugnapf oder zahlreichen einreihig angeordneten Saugnäpfen. Darm einfach sackförmig. Mund vorderständig, ohne Saugnapf. Entwicklung eine einfache Metamorphose. *Aspidogaster conchicola* C. Baer, mit großem ventralen, untergeteiltem Saugnapf. In Nieren und Herzbeutel von *Anodonta* und *Unio*. *Stichocotyle nephropis* J. T. Cunningham. Mit bis 30 einreihig längs der Ventralseite angeordneten Saugnäpfen. In den Gallengängen von *Raja clavata*. Jugendform in Cysten in *Nephrops* und *Homarus americanus*. Schweden.

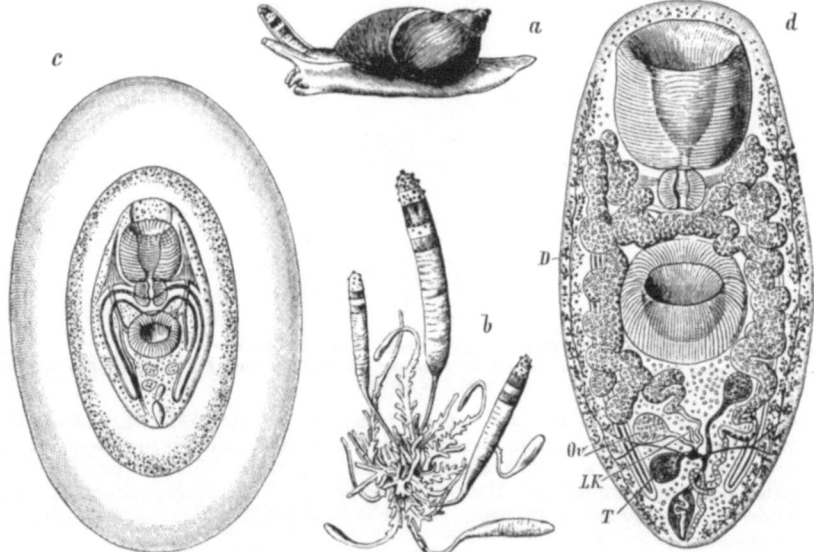

Abb. 464. Entwicklung von *Urogonimus macrostomus*. (Nach Heckert.) a *Succinea putris* (Bernsteinschnecke) mit dem reifen Schlauche eines *Leucochloridium* im rechten Fühler. $^1/_1$. b *Leucochloridium paradoxum* isoliert. Etwa $^2/_1$. c Zur Übertragung reife Larve (schwanzlose Cercaria, sog. Cercariaeum) mit doppelter Hülle. d Geschlechtsreifes Tier. *D* Dotterstöcke, *T* Hoden, *Ov* Keimstock, die Ausmündungen der Leitungswege im hinteren Körperende, *LK* Laurerscher Kanal. Etwa $^{40}/_1$.

Fam. *Paramphistomidae*. Bauchsaugnapf am hinteren Körperende. *Paramphistomum cervi* Zed. (*Amphistomum conicum* Rud.), im Magen der Wiederkäuer. *P.* (*Diplodiscus*) *subclavatum* Goeze, im Enddarm von Amphibien. Hier schließt sich an *Angiodictyum* Looss. Ohne hinteren Saugnapf.

Fam. *Fasciolidae*. Mit Mundsaugnapf und mit meist an der vorderen Körperhälfte gelegenem Bauchsaugnapf. Genitalöffnung ventral oder am Seiten- oder Hinterrande gelegen. Hierher gehört die frühere Gattung *Distomum*, gegenwärtig in zahlreiche Gattungen und Familien aufgelöst.

Fasciola (*Distomum*) *hepatica* L. Leberegel (Abb. 453). Mit kegelförmigem Vorderende und zahlreichen stachelartigen Höckerchen an der Oberfläche des breiten blattförmigen Körpers. Bauchsaugnapf dem Mundsaugnapf genähert. Mit verästelten Darmschenkeln (Abb. 121), Genitaldrüsen ebenfalls verästelt. 20—30 mm lang. Lebt in den Gallengängen des Schafes und anderer Haustiere und erzeugt die sogenannte Leberfäule der Schafherden. Auch im Menschen kommt der Wurm gelegentlich vor und dringt sogar in die Pfortader und andere Venen ein. Der Embryo entwickelt sich erst nach längerem Aufenthalte des Eies im Wasser und hat einen kontinuierlichen Wimperüberzug sowie einen x-förmigen Augenfleck (Abb. 455, 457). Die Entwicklung wird nach R. Leuckart und Thomas in *Limnaea* (*Galba*) *truncatula* (*minuta*) durchlaufen, die Embryonen werden zu Sporocysten und diese erzeugen Redien. In den Redien entstehen entweder wieder Redien oder sogleich

Cercarien, die, frei geworden, sich an Pflanzen encystieren und direct mit der Pflanzenkost in den Darm des Trägers des Geschlechtstieres übertragen werden, von wo sie sich in die Blutgefäße einbohren und durch diese in die Leber gelangen. *Fasciolopsis buski* LANK. (*Distomum crassum* BUSK), im Darm des Menschen in Ost- und Südasien, von 7 cm Länge. *Paragonimus westermanni* KERB. (*D. pulmonale* BAELZ), von plumper, dicker Körperform, 8—10 mm lang, bräunlichrot. In der Lunge des Menschen in China und Japan. *Clonorchis sinensis* COBD. (*D. spathulatum* LEUCK. pp.). Langgestreckt, nach hinten verbreitert, 6 bis 13 mm lang. In der Leber, auch im Pankreas und Duodenum des Menschen, der Katze und des Hundes in Japan, Tonkin, Annam. *Heterophyes heterophyes* SIEB., bis 2 mm lang, im Darm des Menschen, der Katze und des Hundes in Ägypten. *Dicrocoelium lanceatum* STILES u. HASSAL (*lanceolatum* RUD.), Lanzettegel. Körper lanzettförmig, 8—10 mm lang, lebt mit *Fasciola hepatica* am gleichen Orte. Der Embryo ist birnförmig und nur an der vorderen Hälfte bewimpert, trägt auf dem vorspringenden Scheitel einen Bohrstachel. *Azygia tereticollis* RUD. im Magen und Darm von *Esox lucius* und *Lucioperca sandra*. *Opisthioglyphe ranae* FRÖL. (*Distomum endolobum* DUJ.) (Abb. 451) im Darme der Frösche und Salamander (mit *Cercaria armata* aus Sporocysten in *Limnaea* und *Planorbis*). *Gorgodera cygnoides* ZED., in der Harnblase von Amphibien mit *Cercaria macrocerca* aus Sporocysten in den Kiemen von *Cyclas cornea*. *Urogonimus macrostomus* RUD. (Abb. 464) am Kloakenrand von Vögeln; die in *Succinea putris* lebende verzweigte Sporocyste als *Leucochloridium paradoxum* bekannt. *Sphaerostomum bramae* MÜLL. (*Distomum globiporum* RUD.), im Darm von Süßwasserfischen (mit der stummelschwänzigen *Cercaria micrura* aus Sporocysten von *Bithynia tentaculata* (Abb. 456). *Allocreadium isoporum* Looss, in Süßwasserfischen.

Fam. *Didymozoidae*. Meist paarweise in Cysten lebende Formen mit degeneriertem Darm und Exkretionssystem. Mit Mundsaugnapf, zuweilen auch Bauchsaugnapf. *Didymozoon scombri* O. TASCHB. In Cysten in der Mundhöhlenschleimhaut von *Scomber scombrus*. *Wedlia bipartita* WEDL, getrenntgeschlechtlich, aber mit rudimentärem Hermaphroditismus. Paarweise in Cysten, das männliche Individuum im sackartigen Hinterleibe des weiblichen steckend. Kiemen des Thunfisches. *Köllikeria okeni* KÖLL. Mit rudimentärem Bauchsaugnapf. In der Kiemenhöhle von *Brama raji*.

Fam. *Cyclocoelidae*. Von ovalgestreckter oder rundlicher Körperform, ohne Mundsaugnapf, zuweilen mit rudimentärem Bauchsaugnapf. Darmschenkel hinten ineinander übergehend. *Cyclocoelum* (*Monostomum*) *mutabile* ZED. In der Leibeshöhle von *Gallinula chloropus*. *Typhlocoelum cucumerinum* RUD. (*flavum* MEHL.). Mit Rudiment eines Bauchsaugnapfes. In der Nasenhöhle und Luftröhre von Enten und Sägern. Entwickelt sich aus *Cercaria ephemera* von *Planorbis*.

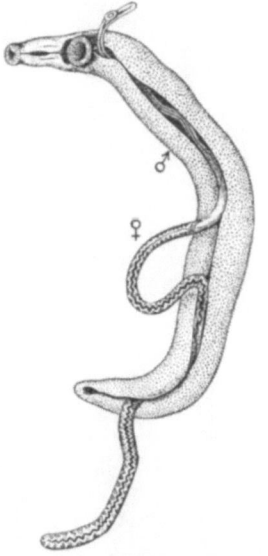

Abb. 465. *Schistosomum haematobium*. (Nach LOOSS.) Etwa $^8/_1$. Weibchen (♀) im Canalis gynaecophorus des Männchens (♂).

Fam. *Strigeidae* (*Holostomidae*). Mund- und Bauchsaugnapf klein, dagegen ein besonderer Haftapparat hinter dem Bauchsaugnapfe im vorderen Körperteile ausgebildet. Die furcocerke Cercarie entwickelt sich in einem zweiten Zwischenwirt (Süßwasserschnecken) zu der früher als *Tetracotyle* beschriebenen Jugendform. *Strigea* (*Holostomum*) *strigis* GOEZE, in Eulen. *S. sphaerula* RUD., im Darm von Corviden. *Hemistomum alatum* DIES., im Darm von Fuchs und Hund.

Fam. *Schistosomidae*. Langgestreckte, getrennt geschlechtliche dimorphe Blutparasiten. Darmschenkel nach hinten sich zu einem unpaaren Abschnitt vereinigend. *Schistosomum* (*Bilharzia*) *haematobium* BILHARZ (Abb. 465). Weibchen lang, fadenförmig, Männchen breit mit ventralwärts umgeschlagenen Seitenrändern, die einen Canalis gynaecophorus zur Aufnahme eines Weibchens bilden. Leben paarweise vereint in der Pfortader, den Darm- und Harnblasenvenen des Menschen in Ägypten, Abessinien, Kapland. Durch die in die Schleimhautgefäße der Harnleiter, Harnblase und des Dickdarmes abgesetzten Eiermassen werden Entzündungen erzeugt, die oft Hämaturie zur Folge haben. Zwischenwirt sind Süßwasserschnecken; die furcocerke Cercarie bohrt sich in die Haut des Menschen. *S. japonicum* KATSURADA, in der Pfortader und den Mesenterialvenen des Menschen und der Katze in Japan. *Gigantobilharzia acotyla* ODHN. Ohne Saugnäpfe, Männchen bis 16,5 cm, Weibchen 35 mm lang. In den Darmvenen von *Larus fuscus*. Hier schließt sich an *Sanguinicola* M. PLEHN. Ohne Saugnapf, hermaphroditisch. Im Blute von Cypriniden.

3. Ordnung. Cestodes, Bandwürmer[1].

Langgestreckte entoparasitische Plattwürmer ohne Darm, mit Haftorganen an dem als Kopf unterschiedenen Vorderende, meist mit Proglottidenbildung.

An dem Körper der Cestoden (Abb. 466) lassen sich mit seltenen Ausnahmen der den Vorderleib bildende *Scolex* sowie eine größere oder geringere Anzahl Gliedstücke, die *Proglottiden*, unterscheiden. Der Scolex zeigt einen Kopfabschnitt, der die zur Befestigung des Bandwurmes im Wirtstiere dienenden Haftorgane trägt, sowie einen Halsteil; jede Proglottis enthält die Organe des Hinterleibes, darunter den Genitalapparat. Die Proglottiden entstehen am Halsteile des Scolex in kontinuierlicher Reihenfolge, während die das Hinterende des Bandwurmes einnehmenden ältesten Gliedstücke abgestoßen werden. Die ganze Bandwurmkette

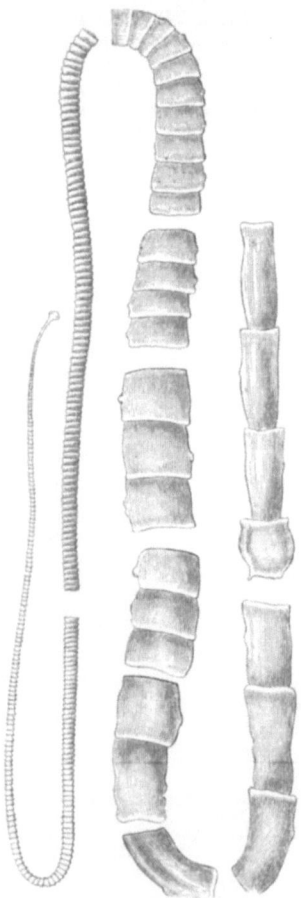

Abb. 466. *Taenia saginata*. (Nach R. LEUCKART.) 1/1

[1] Außer PALLAS, ZEDER, BREMSER, RUDOLPHI, KÜCHENMEISTER, DIESING, v. SIEBOLD vgl. VAN BENEDEN, P. J.: Les vers cestoides. Bruxelles 1850. — WAGENER, G.: Die Entwicklung der Cestoden. Nova Acta Leop.-Carol. 24, Suppl. (1854). — LEUCKART, R.: Die Blasenbandwürmer und ihre Entwicklung. Gießen 1856.— Die menschlichen Parasiten, 2. Aufl. 1879—1886. — SOMMER, I. F. u. L. LANDOIS: Über den Bau der geschlechtsreifen Glieder von *Bothriocephalus latus*. Z. Zool. 1872. — SOMMER, F.: Über den Bau und die Entwicklung der Geschlechtsorgane von *Taenia mediocanellata* KCHM. und *T. solium* L. Ebenda 24 (1874). — PINTNER, TH.: Untersuchungen über den Bau des Bandwurmkörpers. Arb. zool. Inst. Wien 3 (1880). — Neue Beiträge zur Kenntnis des Bandwurmkörpers. Ebenda 9 (1890). — Studien über Tetrarhynchen usw. I—III. Sitzgsber. Akad. Wiss. Wien, Math.-naturwiss. Kl. 1893—1903. — Vorarbeiten zu einer Monographie der Tetrarhynchoideen. Ebenda 1913. — Bemerkenswerte Strukturen im Kopfe von Tetrarhynchoideen. Z. Zool. 125 (1925). — VAN BENEDEN, ED.: Recherches sur le Développement embryonnaire de quelques Ténias. Archives de Biol. 2 (1881). — SCHAUINSLAND, H.: Die embryonale Entwicklung der Bothriocephalen. Jena. Z. Naturwiss. 19 (1886). — ZSCHOKKE, FR.: Recherches sur la structure anatomique et histologique des Cestodes. Genève 1888. — HAMANN, O.: In *Gammarus pulex* lebende Cysticercoiden mit Schwanzanhängen. Jena. Z. Naturwiss. 1889. — GRASSI, B. e G. ROVELLI: Ricerche embriologiche sui Cestodi. Catania 1892. — ZERNECKE, E.: Untersuchungen über den feineren Bau der Cestoden. Zool. Jb. 9 (1895). — TOWER, W. L.: The Nervous System in the Cestode *Moniezia expansa*. Zool. Jb. 13 (1900). — BUGGE, G.: Zur Kenntnis des Excretionsgefäßsystems der Cestoden und Trematoden. Ebenda 16 (1902). — KUNSEMÜLLER, F.: Zur Kenntnis der polycephalen Blasenwürmer usw. Ebenda 18 (1903). — JANICKI, C.: Über die Embryonalentwicklung von *Taenia serrata*. Z. Zool. 87 (1907). — FUHRMANN, O.: Die Systematik der Ordnung der Cyclophyllidea. Zool. Anz. 1907. — Die Cestoden der Vögel. Zool. Jb., Suppl. 10 (1908). — WATSON, E.: The Genus Gyrocotyle and its significance for problems of Cestode structure and Phylogeny. Univ. California Publ. Zool. 6 (1911). — JANICKI, C. et F. ROSEN: Le cycle évolutif du *Dibothriocephalus latus*. Bull. Soc. neuchât. Sci. natur. 42 (1917). — JANICKI, C.: Die Lebensgeschichte von *Amphilina foliacea* usw. Arb. biol. Wolgastation 10 (1928). — Vgl. ferner: BRAUN, M.: Cestodes. Bronns Klass. u. Ordn. Tierreich 1894 bis 1900. — Die tierischen Parasiten des Menschen, 6. Aufl. Leipzig 1925, sowie die Schriften von R. BLANCHARD, MONIEZ, MRÁZEK, ZOGRAF, MONTICELLI, LINSTOW, STILES, BLOCHMANN, NIEMIEC, LÜHE, LÖNNBERG, WOLFFHÜGEL, SPENCER, BEDDARD, NYBELIN, WARD u. a.

repräsentiert ein einfaches Individuum, den Scolex mit vermehrter Zahl hinterer Körperabschnitte, welche durch vorzeitige Regeneration des abgestoßenen hinteren Körperabschnittes entstanden sind, entgegen der von STEENSTRUP begründeten Auffassung, die in dem Bandwurm eine Kette von Einzelindividuen, einen Tierstock, sieht. Die Richtigkeit ersterer Auffassung ergibt sich aus der Existenz von Cestoden (*Caryophyllaeus, Amphilina*), bei denen der Hinterleib mit dem Genitalapparat bloß in einfacher Zahl vorhanden in dauernder Verbindung mit dem Scolex steht und damit ein Verhältnis wie bei den Trematoden aufweist, von denen die Cestoden durch Verlust des Darmkanals wahrscheinlich abzuleiten sind und deren blattförmige Körpergestalt wenige Cestoden (*Amphilina, Gyrocotyle*) wiederholen.

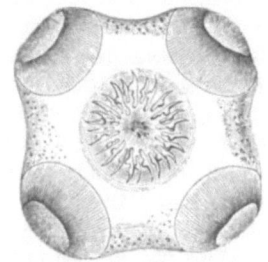

Abb. 467. Kopf von *Taenia solium*, von der Scheitelfläche gesehen. Etwa $^{40}/_1$. In der Mitte das Rostellum mit Hakenkranz, an den vier Ecken die Saugnäpfe.

Der sekundär zweistrahlig radiär gebaute Kopf trägt die Haftorgane. Diese sind entweder vier schalenförmige, an den vier Ecken des Kopfes stehende Saugnäpfe (Acetabula), wie bei den *Taeniiden* (Abb. 467), oder mehr freibewegliche Sauggruben (Bothridien), welche bei den *Bothriocephaloidea* in Zweizahl, bei den *Tetraphyllidea* in Vierzahl und zuweilen gestielt auftreten. Außerdem können Haken in verschiedener Anordnung vorkommen; dieselben stehen bei manchen *Taeniiden* in einem Kranz an dem sogenannten *Rostellum*, einem an dem Scheitel des Kopfes sich findenden muskulösen Zapfen. Durch den Besitz von vier vorstülpbaren, mit Widerhaken besetzten Rüsseln sind die *Rhynchobothriidae* ausgezeichnet (Abb. 470). Tentakelförmige Fortsätze sind nur bei *Polypocephalus* bekannt. Selten fehlen besondere Haftorgane, wie bei *Caryophyllaeus*, dessen verbreiterter Kopf mit seinem gefalteten Rande die Befestigung vermittelt (Abb. 479). Bei *Bothriocephaloideen, Tetrarhynchoideen* und *Amphilina* finden sich am Vorderende des Kopfes Drüsen (Frontaldrüsen), die gewebelösend wirken.

Die am Halsteil des Scolex entstehenden Proglottiden erscheinen anfangs als kurze, undeutlich abgesetzte Querringel, die sich mit der Entfernung vom Scolex bestimmter abgrenzen. Die hintersten und ältesten Proglottiden besitzen den größten Umfang. Sie lösen sich einzeln oder in Gruppen (*Dibothriocephalidae*) ab, entweder nach erlangter voller Reife oder vor derselben; im letzteren Falle wachsen die abgelösten Proglottiden im Darm weiter heran. Bei einigen Cestoden (*Ligula, Triaenophorus*) unterbleibt die Proglottidenbildung

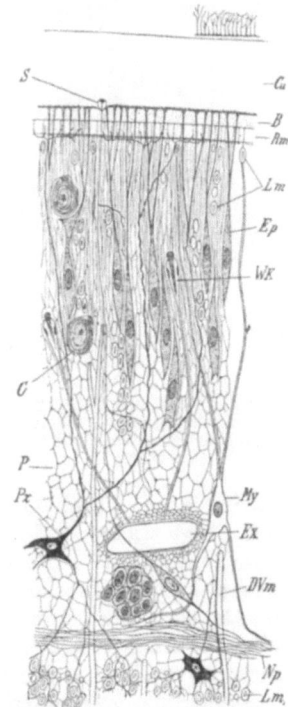

Abb. 468. Teil eines Querschnittes durch *Ligula*, schematisch. (Nach BLOCHMANN.) *Cu* Cuticula, an einer Stelle mit Härchenbesatz, *Ep* Epithel der Haut, *Rm* Ring-, *Lm, Lm'* Längs-, *DVm* Dorsoventralmuskeln, *My* Myoblast, *Np* Nervenplexus, *S* Endigung einer Sinneszelle, *P* Parenchym, *Pz* Parenchymzelle, *B* Basalmembran, *C* Kalkzelle, *Ex* Excretionsgefäß mit Endkölbchen (*WK*).

als äußere Gliederung, sie ist aber in der Wiederholung der inneren Organe ausgeprägt, ein Zustand, welcher als sekundär aus dem ersteren abzuleiten ist.

Der Körper der Cestoden wird von einer Cuticula bedeckt, welche in der Regel einen feinen Härchenbesatz trägt (Abb. 468). Die Epithelzellen der Haut sind wie bei den Trematoden in das darunterliegende bindegewebige Parenchym tief eingesenkt und reichen nur mit Fortsätzen an die Cuticula, unter der sie sich zu einer kontinuierlichen Plasmalage vereinigen. Das Parenchym besteht aus vielfach verzweigten Bindegewebszellen, deren Fortsätze mit einer von ihnen abgeschiedenen Zwischensubstanz ein die übrigen Organe stützendes Maschenwerk bilden. Diesem sind auch die Muskeln angelagert; die Bildungszellen letzterer sind zuweilen bloß durch Fortsätze mit den Fasern in Verbindung. Im Parenchym finden sich bei fast allen Cestoden kleine geschichtete Kalkconcremente, welche in besonderen Parenchymzellen abgeschieden werden. Ihre Bedeutung steht nicht sicher. Auch Hautdrüsen kommen vor.

Das Nervensystem der Cestoden besteht aus einem im Kopf gelegenen paarigen Gehirnganglion, von dem nach hinten zwei starke, in den Seiten des ganzen Körpers verlaufende Längsnervenstränge ausgehen. Dazu kommen weitere acht Längsnervenstämme. Von diesen sind bei *Taenien* zwei dorsale und ventrale Begleitnerven der Seitennervenstränge, je zwei verlaufen an der Dorsal- und Ventralfläche. Alle zehn Längsnervenstränge sind durch Commissuren verbunden.

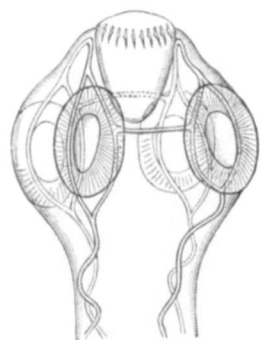

Abb. 469. Kopf einer *Taenia* mit den Excretionsgefäßen, schematisch. (Nach einer Zeichnung von PINTNER.)

Im Kopfe stehen sie durch eine Ringcommissur untereinander und durch weitere Commissuren mit dem Cerebralganglion in Verbindung. Nach vorn gehen in den Kopf sogenannte Apicalnerven ab, die sich häufig abermals in einer Ringcommissur (Rostellarring) vereinigen. Dem peripheren Nervensystem gehört ein oberflächlicher subepithelialer Nervenplexus an. Von Sinnesorganen kennt man Sinneszellen, deren Fortsätze in der Cuticula mit einem Endbläschen endigen (Abb. 468).

Der Darmkanal fehlt. Die Aufnahme der resorptionsfähigen Nahrungsflüssigkeit erfolgt durch die Haut.

Sehr reich ist das Excretionssystem ausgebildet. Es sind ursprünglich je zwei (ein dorsaler und ventraler) an den Seiten verlaufende Längskanäle vorhanden, die im Kopfe durch Querschlingen ineinander übergehen (Abb. 469, 470). In den Proglottiden sind die ventralen Stämme stärker als die dorsalen, welche auch obliterieren können. Häufig stehen die Längskanäle durch Queranastomosen in den einzelnen Proglottiden in Verbindung (Abb. 471). Die Längskanäle sind die Sammelgänge sehr zahlreicher, im Parenchym verbreiteter Wimperkölbchen (Abb. 145). In manchen Fällen (*Ligula, Caryophyllaeus* und anderen) spalten sich die Längsstämme in zahlreiche Längsgefäße, die durch Anastomosen verbunden sind; dazu tritt hier sowie auch in anderen Fällen ein oberflächlich gelegenes Gefäßnetz. Die Ausmündung des Excretionssystems liegt am hinteren Leibesende bzw. am Hinterrande des letzten Gliedes, an dem im ersteren Falle eine kleine Blase die Längsstämme aufnimmt. Auch können im Vorderende oder im ganzen Verlauf des Bandwurmes sekundäre Öffnungen vorhanden sein.

Die Cestoden sind hermaphroditisch, nur *Dioecocestus* ist getrennt geschlechtlich. Jede Proglottis enthält einen vollständigen zwitterigen Genitalapparat; doch bleiben häufig die zuerst entstandenen Proglottiden steril. Der männliche Genitalapparat (Abb. 471, 481) besteht aus zahlreichen kugeligen Hodenbläschen, welche der Dorsalseite zugekehrt sind und deren Ductus efferentes in einen gemeinsamen Ausführungsgang münden. Das geschlängelte Ende des letzteren liegt in einem muskulösen Beutel (*Cirrusbeutel*) und kann aus demselben als sogenannter *Cirrus* durch die Geschlechtsöffnung hervorgestülpt werden. Letzterer erscheint häufig mit rückwärts gerichteten Spitzen besetzt und dient als Copulationsorgan. Die weiblichen Geschlechtsorgane bestehen aus einem Keimstock, dessen Ausführungsgang (Keimleiter) oft mit einer muskulösen Erweiterung (Schluckapparat) beginnt, durch welche die Keimzellen weiterbefördert werden. In seinem ferneren Verlauf nimmt der weibliche Genitalgang den Ausführungsgang des paarigen oder unpaaren Dotterstockes (Eiweißdrüse) sowie die Mündungen der sogenannten Schalendrüsen auf und setzt sich in den Uterus fort, der in vielen Fällen (*Bothriocephaloidea, Caryophyllaeus*) einen gewundenen Gang mit einer Ausmündung auf der Ventralfläche der Proglottis bildet (Abb. 481), sonst blind geschlossen ist (Abb. 471). Im letzteren Falle bildet der Uterus bei seiner Füllung mit Eiern Seitenäste (Abbild. 483) oder zerfällt in zahlreiche Säckchen (*Dipylidium, Davainea*); dabei atrophieren in der Regel die beiderlei Keimdrüsen bis auf geringe Reste. Dem weiblichen Genitalapparat ist noch der an einer Stelle zu einem Receptaculum seminis anschwellende Begattungskanal (Vagina) zuzurechnen, welcher in der Regel dicht neben der männlichen

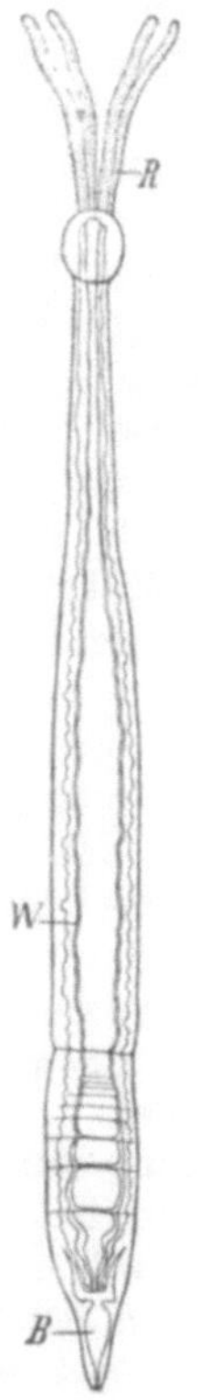

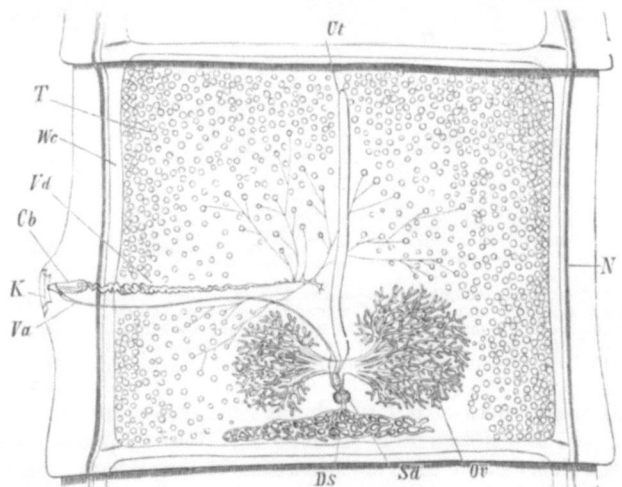

Abb. 470. Junger *Eutetrarhynchus ruficollum* mit beginnender Proglottidenbildung. *R* Rüssel, *W* Excretionskanäle, *B* Endblase des Excretionssystems. (Nach einer Zeichnung von PINTNER.)

Abb. 471. Proglottis von *Taenia saginata* im Stadium männlicher und weiblicher Reife. (Nach SOMMER, verändert.) Etwa $^{10}/_1$. *Ov* Keimstock, *Ds* Dotterstock (Eiweißdrüse), *Sd* Schalendrüse, *Ut* Uterus, *T* Hodenbläschen, *Vd* Ductus deferens, *Cb* Cirrusbeutel, *K* Genitalporus, *Va* Begattungskanal, *Wc* Excretionsgefäß, *N* Nervenstrang.

Geschlechtsöffnung meist in einen gemeinsamen umwallten Genitalporus ausmündet. Bisweilen liegt dieser auf der Bauchfläche der Proglottis (*Dibothriocephalus*), zumeist am Seitenrand (meiste *Cyclophyllidea*), und dann meist alternierend bald rechts, bald links. Es kommt auch vor, daß in jeder Proglottis der Genitalapparat zu einem rechten und linken entweder vollständig (*Diplogonoporus, Moniezia*) oder teilweise (bei *Dipylidium* und anderen bis auf den Uterus) verdoppelt ist; dann sind auch zwei Genitalpori vorhanden.

Mit dem Wachstum der Glieder, deren Größe mit der Entfernung vom Kopf zunimmt, schreitet die geschlechtliche Ausbildung allmählich von vorn nach hinten vor. Wohl allgemein tritt die männliche Geschlechtsreife früher als die weibliche ein. Im weiteren Verlauf dieses Entwicklungsvorganges werden die Eier befruchtet und in den Fruchtbehälter übergeführt, welcher, je mehr er sich mit Eiern füllt, seine charakteristische Form und Größe erhält. Nur die letzten, zur Trennung reifen Proglottiden haben sämtliche Phasen der geschlechtlichen Entwicklung durchlaufen.

Die Eier der Cestoden sind von runder oder ovaler Form und geringer Größe. Die Embryonalentwicklung beginnt bei den *Taenien* früh, zur Zeit der Bildung der Eischale und wird bis zum Larvenstadium im mütterlichen Körper durchlaufen. Gleiches gilt für jene *Bothriocephaloideen*, welche dünnschalige Eier produzieren, während bei den *Bothriocephaloideen* mit dickschaligen Eiern die Embryonalentwicklung erst nach Ablage der Eier im Wasser erfolgt. Die Vorgänge der Embryonalentwicklung verhalten sich ähnlich wie bei den Trematoden. Auch hier wird eine Hüllmembran gebildet, welche beim Ausschlüpfen des Embryos in der Eihülle zurückbleibt. Innerhalb der ersteren wird der mit sechs Häkchen ausgestattete Embryo von einer weiteren epithelialen Hülle umgeben; diese gestaltet sich beim Ausschlüpfen der Larve aus dem Ei zu einem häufig mit langen feinen Wimpern besetzten Mantel (Abb. 476 a), mittels dessen die Larve im Wasser schwebt (die meisten *Bothriocephaloidea*), oder zu einer festen, aus Stäbchen aufgebauten cuticularen Embryonalschale (*Taeniiden*) (Abbild. 472 a). Die von diesen Hüllbildungen eingeschlossene, mit sechs Embryonalhäkchen versehene Larve, die *Oncosphaera*, ist von kugeliger oder ovaler Gestalt (Abb. 472b) und wandelt sich dann in ein *Finnenstadium* um.

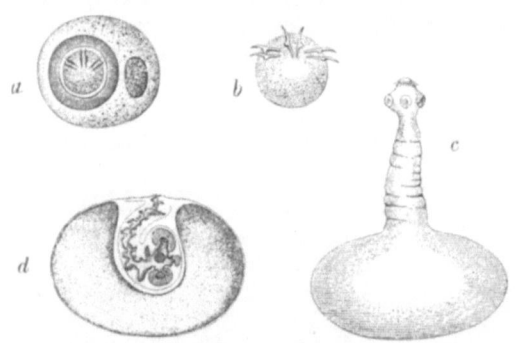

Abb. 472. Entwicklungstadien a—c von *Taenia solium*, d von *Taenia saginata*. (a und d nach LEUCKART.) a Embryo von der cuticularen Embryonalschale und der Hüllmembran umschlossen, $^{450}/_1$. b freigewordene Oncosphaera, c Finne mit ausgestülptem Scolex, d Finne im Längsschnitt mit noch eingestülptem Scolex. $^{3}/_1$

Die Entwicklung der Larve zum geschlechtsreifen Bandwurm erfolgt mit seltener Ausnahme nicht an demselben Aufenthaltsorte. Als Regel kann eine, zuweilen (*Taenia coenurus* und *echinococcus*) mit Metagenese verbundene Metamorphose gelten, deren aufeinanderfolgende Stadien an verschiedenen Wohnplätzen leben, in verschiedenen Tierarten die Bedingungen ihrer Ausbildung finden und passiv, seltener vielleicht durch aktive Wanderungen übertragen werden.

Bei den *Taenien* verlassen die Larven gewöhnlich noch eingeschlossen in den Proglottiden mit diesen den Darm des Bandwurmträgers und gelangen auf Düngerhaufen, an Pflanzen oder auch in das Wasser und von hier aus mittels der Nahrung in den Magen pflanzenfressender oder omnivorer Tiere. Nachdem in dem neuen Träger die feste Embryonalschale durch die Einwirkung des Magensaftes verdaut oder gesprengt worden ist, bohrt sich die im Magen oder Darm freigewordene Oncosphaera (Abb. 472) mittels ihrer sechs in Paaren angeordneten Häkchen in die Magen- und Darmgefäße ein. In diesen werden die Oncosphaeren passiv mit der Blutwelle fortgetrieben, in den Kapillaren der verschiedensten Organe, als Leber, Lunge, Muskeln, Gehirn usw., abgesetzt und wachsen nach Verlust ihrer Häkchen, in der Regel von einer bindegewebigen Cyste umkapselt, zu Bläschen mit wandständigem Parenchym und wässerigem Inhalt aus. Die Blase wird zum *Blasenwurm* (Finne, *Cysticercus*), indem von ihrer Wand der Scolex nach innen im rückgestülpten Zustand auswächst. Beim Finnenzustand (*Coenurus*) der *Taenia coenurus* entstehen zahlreiche Scoleces an der Blasenwand. Die als *Echinococcus* bekannte große Finnenblase der *Taenia echinococcus* kann nach innen oder nach außen Tochter- und Enkelblasen produzieren. An diesen Blasen nehmen die Scoleces in besonderen kleinen Brutkapseln ihren Ursprung (Abb. 473). Die Brutkapseln sind umgewandelte Scoleces und können sich in Tochterblasen umwandeln. Die Zahl der von einem Embryo entsprossenen Scoleces ist hier eine enorme und die aus demselben hervorgegangene Mutterblase kann einen sehr beträchtlichen Umfang, nicht selten die Größe eines Kinderkopfes erreichen, dabei infolge des in verschiedenen Richtungen ungleichen Wachstums eine unregelmäßige Form gewinnen. Dafür bleibt aber der zugehörige Bandwurm sehr klein und trägt meist nur eine einzige reife Proglottis (Abb. 484). Knospenbildung findet sich noch bei einigen Cysticercen und Cysticercoiden (vgl. Abb. 474 a).

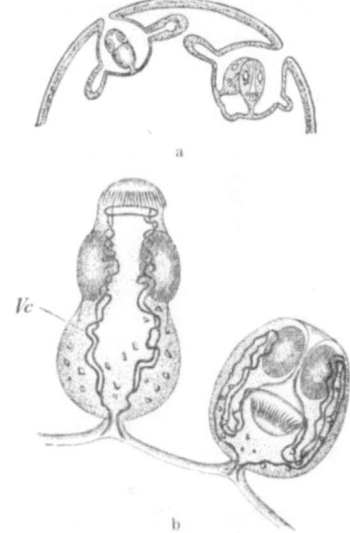

Im Träger des Finnenzustandes, dem sogenannten Zwischenwirt, bildet sich der Scolex niemals zu dem geschlechtsreifen Bandwurm aus, wenngleich derselbe in manchen Fällen zu einer ansehnlichen Länge auswächst und Proglottiden anlegt (*Cysticercus fasciolaris* der Hausmaus). Die Finne muß erst in den Darm

Abb. 473. a Schematische Darstellung eines proliferierenden *Echinococcus*. (Nach R. LEUCKART.) — b *Echinococcus*-Scoleces noch im Zusammenhange mit der Wand der Brutkapsel, der eine ausgestülpt. *Vc* Excretionskanäle.

des definitiven Wirtes gelangen, um sich zum geschlechtsreifen Zustand entwickeln zu können. Diese Übertragung erfolgt auf passivem Wege durch den Genuß des finnigen Fleisches oder der mit Blasenwürmern infizierten Organe. Im Magen wird der *Scolex* frei, wobei die Blase abgestoßen oder rückgebildet wird, und tritt in den Dünndarm ein, heftet sich hier an der Darmwand fest und wächst zur gegliederten Bandwurmform aus.

Bei vielen *Cyclophyllidea* sowie bei *Caryophyllaeus* wird der Cysticercus durch ein sogenanntes *Cysticercoid* vertreten, an dem sich meist ein die Embryonalhäkchen tragender Anhang von einem vor-

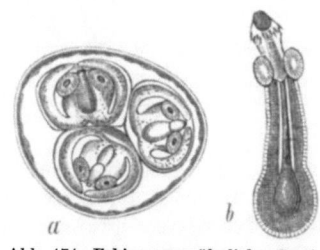

Abb. 474. *Echinococcus*-ähnliches Cysticercoid aus der Leibeshöhle des Regenwurmes. (Nach METSCHNIKOFF.) *a* Brutkapsel mit drei Cysticercoiden, *b* Cysticercoid mit ausgestülptem Kopf.

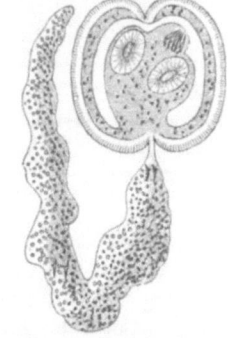

Abb. 475. Geschwänztes Cysticercoid von *Hymenolepis sinuosa* aus *Gammarus pulex*. (Nach HAMANN.)

deren Abschnitt mit dem eingestülpten Scolex abhebt. In manchen Fällen besitzt das Cysticercoid einen schwanzartigen Anhang (Abb. 475). Cysticercoiden finden vornehmlich in der Leibeshöhle wirbelloser Tiere die Bedingungen zur Entwicklung und wurden bisher in Gammariden, Cyclops, Insekten (Mehlwurm, Silpha, Ohrwurm, Floh, Hundelaus), Nacktschnecken und Oligochaeten (Regenwurm und Tubifex) gefunden. In seltenen Ausnahmefällen können sie auch im

Körper des Bandwurmträgers vorkommen, so daß die Entwicklung ohne Zwischenwirt erfolgt, nach GRASSI und ROVELLI bei *Hymenolepis fraterna* (*murina*) und deren Cysticercoid in den Darmzotten der Ratte. Der in der Leibeshöhle von Tubifex lebende, wie ein Cysticercoid (Procercoid) gestaltete *Archigetes* dürfte ein in diesem Formzustand geschlechtsreif gewordener Cestode sein.

Diesen Cysticercoiden gehört auch der procercoide Entwicklungszustand der *Dibothriocephaliden* an, deren Larvenentwicklung in zwei Zwischenwirten durchlaufen wird. Bei *Dibothriocephalus latus* gelangt die zunächst im Wasser freischwebende Larve in Copepoden (*Cyclops strenuus, Diaptomus gracilis*), entwickelt sich hier nach Verlust der Flimmerhülle und Durchbrechung des Darmes in deren Leibeshöhle zu einem sogenannten *Procercoid* von der Form des Scolex mit kleiner, die Embryonalhäkchen tragender Endblase (Abb. 477). Erst mit dem Zwischenwirt in den Magen von Raubfischen (*Lota, Esox, Salmo fario*) aufgenommen, erlangt das Procercoid nach Verlust der Blase die definitive Gestalt des Scolex mit eingezogenem Kopfteil und wird zum sogenannten *Plerocercoid* (Abb. 476 b), das durch die Magenwand in die Leibeshöhle und von hier in die Muskulatur oder in andere Eingeweide einwandert.

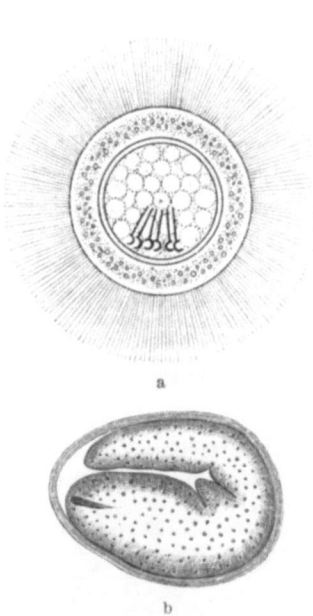
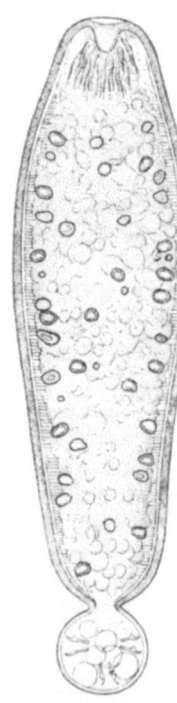

Abb. 476. a Freischwimmende Larve von *Dibothriocephalus latus*. (Nach SCHAUINSLAND.) — b Plerocercoid eines *Dibothriocephalus* aus dem Stint. (Nach R. LEUCKART.)

Abb. 477. Procercoid von *Dibothriocephalus latus*. (Nach JANICKI u. ROSEN.) 210/1

Der Entwicklungsgang der *Tetraphylliden*, vielleicht auch der *Tetrarhynchoideen*, dürfte damit übereinstimmen.

Im Vergleich zum Cysticercus entspricht das Cysticercoid einem ursprünglicheren Zustande. Den Cysticercus werden wir als sekundär veränderte Larvenform, bei welcher die mächtig entwickelte Blase des Hinterleibes zu einer umfangreichen Schutzhülle des Scolex geworden ist, aufzufassen haben.

Die Cestoden leben im geschlechtsreifen Zustande mit seltenen Ausnahmen befestigt im Darmkanal der Wirbeltiere.

In der folgenden systematischen Übersicht ist zum Teil der von M. BRAUN und FUHRMANN gegebenen Gruppierung gefolgt.

1. Tribus. *Trematodimorpha*. Körper trematodenähnlich. Genitalapparat in einfacher Zahl. Uterus mit Öffnung. Die eiförmige Larve (*Lycophora*) besitzt zehn Häkchen. Werden auch im System allen übrigen Cestoden als *Cestodaria* gegenübergestellt.

Fam. *Amphilinidae*. Körper blattförmig, die Oberfläche mit zahlreichen wabenartigen Grübchen. Eine kleine drüsenreiche Rüsselpapille am Vorderende. *Amphilina foliacea* RUD. In der Leibeshöhle von Acipenseriden. Zwischenwirte verschiedene Gammariden und eine *Metamysis* (JANICKI). Ist als geschlechtsreif gewordene Cestodenlarve aufzufassen (PINTNER).

Fam. *Gyrocotylidae*. Die Seitenränder des Körpers krausenartig gefaltet; am Vorderende ein von einer Krause umsäumter Trichter, am Hinterende ein Saugnapf. In der Haut Stacheln. *Gyrocotyle (Amphiptyches) urna* WGENR., im Darm von *Chimaera*.

2. Tribus. *Caryophylloidea*. Von gestrecktem Körper, Genitalapparat in einfacher Zahl. Uterus und Vagina münden durch einen gemeinsamen Gang aus.

Fam. *Caryophyllaeidae*. Kopf quer verbreitert mit gefaltetem Vorderrande, ohne Sauggruben. *Caryophyllaeus mutabilis* RUD., Nelkenwurm (Abb. 479). Im Darm der Cyprinoiden. Die Jugendform, ein geschwänztes Procercoid, lebt in *Tubifex*.

Fam. *Archigetidae*. Körper am Vorderende mit zwei flächenständigen Sauggruben, am Hinterende ein schwanzartiger, die Embryonalhäkchen tragender Anhang. *Archigetes appendiculatus* RATZ. In der Leibeshöhle von *Tubifex rivulorum*. Vielleicht ein im Procercoidzustand geschlechtsreif gewordener Cestode (Abb. 478).

3. Tribus. *Bothriocephaloidea*. Scolex mit zwei meist schwachen, flächenständigen Bothridien, zuweilen auch Haken. Äußere Gliederung kann fehlen. Uterus mit Öffnung.

Fam. *Dibothriocephalidae*. Geschlechtsöffnungen meist auf der Fläche des Körpers. Uterus bildet eine Rosette. Die Proglottiden trennen sich nicht einzeln, sondern in Gruppen. Entwicklung durch ein Plerocercoid. *Dibothriocephalus* LHE. Äußere Gliederung

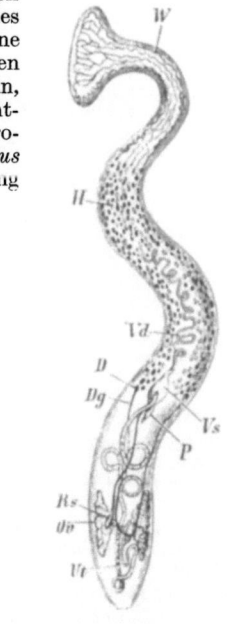
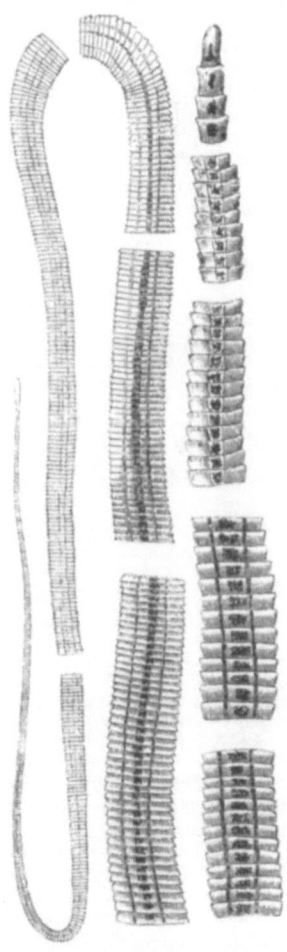

Abb. 478. *Archigetes appendiculatus*. (Nach R. LEUCKART.) $^{20}/_1$

Abb. 479. *Caryophyllaeus mutabilis*. (Nach V. CARUS, Icones.) *H* Hoden, *Vd* Ductus deferens, *Vs* Vesicula seminalis, *P* Cirrus, *Ov* Ovarium, *D* Dotterstock, *Dg* Dottergang, *Ut* Uterus, *Rs* Receptaculum seminis, *W* Excretionsorgane. $^2/_1$

Abb. 480. *Dibothriocephalus latus*. (Nach R. LEUCKART.) $^1/_1$

vorhanden. Kopf mit zwei Sauggruben, ohne Haken. *D. latus* L., der breite Bandwurm des Menschen (Abb. 480), bis 9 m lang, hat zwei Verbreitungsgebiete: von den Ostseeprovinzen nach Rußland, Polen, dann von der französischen Schweiz über das südliche Frankreich und nach Italien; häufig auch in Japan und Turkestan. Kopf keulenförmig. Die geschlechtsreifen Proglottiden sind breiter als lang (etwa 10—12 mm breit, 3—5 mm lang); die hintersten erscheinen jedoch schmäler und länger. Die Genitalöffnungen liegen in der Mitte des Gliedes übereinander (Abb. 481). Der schlauchförmige Uterus mit seinen zahlreichen queren Windungen erzeugt in der Mitte des Gliedes eine eigentümliche Figur (Wappenlilie, PALLAS). Die Eier entwickeln sich im Wasser und springen mittels einer deckelartigen Klappe am oberen Pole der Eischale auf. Die ausschlüpfende Oncosphaera trägt eine Flimmerhülle (Abb. 476 a) und flottiert einige Zeit im Wasser, gelangt in Copepoden, in deren Leibeshöhle sie sich zu einem sog. Procercoid (Abb. 477) entwickelt. Mit dem Zwischenwirt wird dieses in den Magen von Süßwasserfischen (*Esox, Lota, Salmo fario*) übertragen, von dem aus die zum Plerocercoid entwickelte Larve in die Muskulatur und Eingeweide einwandert (vgl. Abb. 476 b). *D. cordatus* LEUCK. Mit herzförmigem Kopf ohne fadenförmigen Halsteil. Im Darm der Seehunde, der Hunde, gelegentlich des Menschen in Grönland und Island. *D. mansoni* COBD. (= *liguloides* LEUCK.). Meist frei wie ein Plerocercoid in den Geweben verschiedener Wirbeltiere, auch im subperitonealen Bindegewebe des Menschen in Ostasien gefunden. Geschlechtsreif im Hundedarm gezogen. *Diplogonoporus grandis* R. BL. Mit doppeltem Genitalapparat in jeder Proglottis. Zweimal bei Japanern beobachtet. *Ligula avium* BL., Riemenwurm. Sauggruben schwach, äußere Gliederung undeutlich. Im Jugendzustand in der Leibeshöhle von Cyprinoiden, wo eine beträchtliche Größe und die volle Anlage der Genitalorgane erreicht wird, in geschlechtsreifem Zustande nur während ganz kurzer Zeit im Darm von Wasservögeln. *Schistocephalus nodosus* BL. In der Jugend in der Leibeshöhle von *Gasterosteus*, geschlechtsreif im Darm von Wasservögeln. *Triaenophorus nodulosus* PALL. Kopf mit schwachen Sauggruben und vier dreizackigen Haken. Äußere Gliederung fehlt. Im Darm von Raubfischen.

Fam. *Ptychobothriidae*. Uterus bildet keine Rosette. Uterusmündung ventral, Cirrus- und Vaginamündung dorsal, alle flächenständig. *Ptychobothrium belones* DUJ., in *Belone*. *Abothrium* (*Bothriocephalus*) *rugosum* GOEZE, in Gadiden.

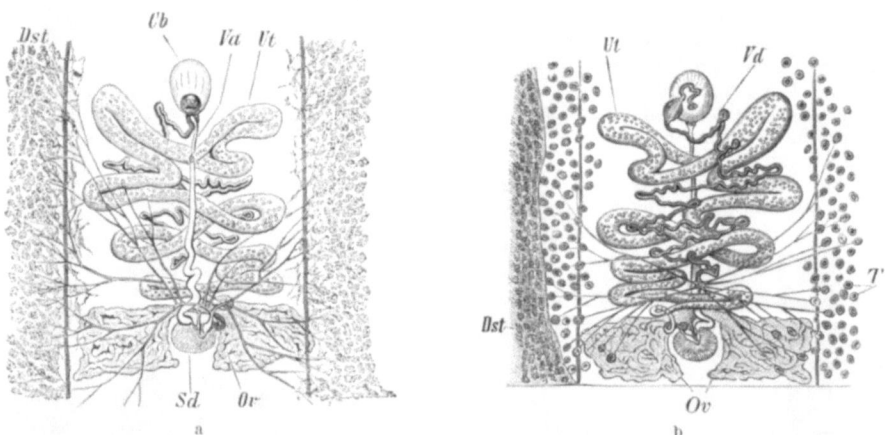

Abb. 481. Geschlechtsorgane einer reifen Proglottis von *Dibothriocephalus latus* (nach SOMMER u. LANDOIS) (mit Weglassung der seitlichen Gliedteile). a von der Bauchfläche, b von der Rückenfläche dargestellt. *Ov* Keimstock, *Ut* Uterus, *Sd* Schalendrüse, *Dst* Dotterstock, *Va* Vagina, *T* Hoden, *Vd* Ductus deferens, *Cb* Cirrusbeutel.

4. Tribus. *Tetraphyllidea*. Mit vier sehr beweglichen, gestielten oder sitzenden Bothridien, zuweilen noch mit Hakenbewaffnung. Uterus geschlossen. Cirrus und Vagina münden am Rande, Vaginalmündung vor dem Cirrus.

Fam. *Onchobothriidae*. In den Bothridien neben accessorischen Sauggruben stets Haken. *Onchobothrius uncinatus* RUD., *Calliobothrium verticillatum* RUD., in Haien. *Acanthobothrium corollatum* ABILDG., in Haien und Rochen.

Fam. *Phyllobothriidae*. Bothridien gestielt, meist mit accessorischen Sauggruben, ohne Haken. *Orygmatobothrium musteli* BENED., im Darm von *Mustelus*. *Anthobothrium auriculatum* RUD., im Darm von *Torpedo*. *Phyllobothrium lactuca* BENED., in *Mustelus*.

Zu den Tetraphyllidea gehört der tentakelförmige Fortsätze am Kopfe tragende *Polypocephalus radiatus* BRAUN aus *Rhinobatus granulatus*.

5. Tribus. *Cyclophyllidea*. Kopfbewaffnung aus vier muskulösen Saugnäpfen gebildet, zu denen häufig noch ein einfacher oder doppelter Hakenkranz auf einem Stirnzapfen (Rostellum) der Scheitelfläche hinzukommt. Proglottiden meist mit randständigem Genitalporus. Uterus geschlossen. Jugendzustände cysticerk oder cysticercoid.

Fam. *Mesocestoididae*. Scolex unbewaffnet, ohne Rostellum. Genitalpori flächenständig. *Mesocestoides lineatus* GOEZE, im Darm des Hundes und der Katze.

Fam. *Anoplocephalidae*. Scolex meist kugelig, unbewaffnet. Saugnäpfe relativ groß. Proglottiden kurz und breit. Genitalapparat einfach oder doppelt, Genitalpori randständig. *Anoplocephala perfoliata* GOEZE, im Pferd. *Moniezia expansa* RUD. Riesenbandwurm, über 10 m lang. Genitalapparat doppelt. Im Darm des Schafes und der Ziege, seltener des Rindes.

Fam. *Davaineidae*. Rostellum einfach gebaut, mit einem doppelten Kranz zahlreicher, meist sehr kleiner Haken. Genitalorgane einfach oder doppelt, Genitalpori randständig.

Davainea madagascariensis DAVAINE. Saugnäpfe mit Häkchen bewaffnet, Uterus löst sich in einzelne Säckchen auf. Im Menschen in Mauritius, Madagaskar, Bangkok.

Fam. *Dilepididae*. Scolex mit oder selten ohne bewaffnetes Rostellum. Genitalorgane meist einfach, selten verdoppelt. Genitalpori randständig. *Dilepis undula* SCHRANK, aus Drosseln. *Dipylidium caninum* L. (*Taenia cucumerina* BL., *T. elliptica* BATSCH). Mit keulenförmigem Rostellum. Geschlechtsapparat verdoppelt, der unpaare Uterus löst sich schließlich in einzelne Säckchen auf. Die reifen Proglottiden Gurkenkernen ähnlich. Im Darm des Hundes, der Katze, selten des Menschen. Das Cysticercoid lebt in der Leibeshöhle der Hundelaus und des Flohes. Die Infektion mit Cysticercoiden geschieht dadurch, daß der Hund den ihn belästigenden Parasiten verschluckt, während der Parasit die mit dem Kot an die Haut geriebenen Eier der Taenie frißt.

Fam. *Hymenolepididae*. Scolex meist bewaffnet, mit einfachem Hakenkranz. Proglottiden breiter als lang. Genitalporen alle einseitig. Uterus sackförmig. *Hymenolepis nana* LIEB. 10—15 mm lang, im Darm des Menschen in Ägypten, auch in Sizilien häufig beobachtet. Nahe verwandt, wenn nicht identisch mit *H. fraterna* STILES (*murina* DUJ.), deren Cysticercoid sich nach GRASSI und ROVELLI ohne Zwischenwirt in den Darmzotten der Ratte entwickelt und ausgebildet sodann in den Darm gelangt. *H. diminuta* RUD. (*Taenia*

 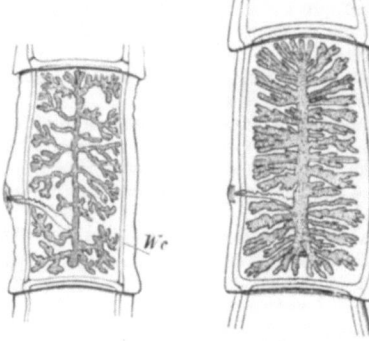 

Abb. 482. Cysticercus von *Taenia saginata* mit ausgestülptem Scolex. 8/1

Abb. 483. Zur Trennung reife Proglottis. a Von *Taenia solium*. (Nach SOMMER, verändert.) b Von *Taenia saginata*; Wc Excretionskanal. Etwa 2/1

Abb. 484. *Taenia echinococcus*. (Nach R. LEUCKART.) 12/1

flavopunctata WEINL.), im Darm von Muriden, gelegentlich des Menschen in Nordamerika, auch in Italien gefunden. *H. sinuosa* ZED., im Darm der Gans und Ente, mit geschwänztem Cysticercoid in *Gammarus* (Abb. 475).

Fam. *Taeniidae*. Scolex meist mit doppeltem Hakenkranz, selten unbewaffnet. Genitalporen randständig, unregelmäßig alternierend. Uterus mit Medianstamm und später auftretenden Seitenästen. *Taenia solium* L. Von etwa 3 m Länge. Mit doppeltem Hakenkranz aus meist 26—28 Haken an einem Rostellum (Abb. 467). Die reifen Proglottiden etwa von 10 mm Länge und 5 mm Breite, der Uterus mit 7—10 dendritischen Verzweigungen (Abb. 483 a). Lebt im Darm des Menschen. Der zugehörige Blasenwurm, als Finne (*Cysticercus cellulosae*) bekannt, bis 1 cm groß, lebt vornehmlich in dem Unterhautzellgewebe und in den Muskeln des Schweines, aber auch im Körper des Menschen (Muskel, Augen, Gehirn), in welchem bei Vorhandensein der Taenie Selbstansteckung mit Finnen möglich ist, selten auch in den Muskeln des Rehes, des Hundes und der Katze. Im Gehirn des Menschen wächst die Finne in blasig ausgebuchtete Stränge aus, zuweilen ohne einen Kopf zu erzeugen. *T. saginata* GOEZE (*mediocanellata* KÜCHM.), im Darm des Menschen (Abb. 466). Kopf ohne Hakenkranz und Rostellum, an Stelle des letzteren ein saugnapfartiges Organ, mit vier um so kräftigeren Saugnäpfen (Abb. 482). Der Bandwurm wird 4—10 m lang und erscheint viel feister als *T. solium*. Die reifen Proglottiden etwa 18 mm lang und 7—8 mm breit. Der Fruchtbehälter bildet 20—35 dichotomische Seitenzweige (Abb. 483 b). Die zugehörige Finne (*Cysticercus bovis*) lebt in den Muskeln des Rindes (Abb. 482). Über Europa, den Orient, Afrika und Amerika verbreitet. *T. serrata* GOEZE, im Darmkanal des Hundes, mit der als *Cysticercus pisiformis* bekannten Finne in der Leber des Hasen und Kaninchens. *T. crassicollis* RUD. der Katze mit *Cysticercus fasciolaris* der Hausmaus. *T. marginata* BATSCH des Hundes (Fleischerhund) und Wolfes mit *Cysticercus tenuicollis* aus dem Netze der Wiederkäuer und Schweine, angeblich auch des Menschen. *T. crassiceps* RUD. des

Fuchses mit *Cysticercus longicollis* aus der Brusthöhle der Feldmäuse. *T. coenurus* v. SIEB., im Darme des Schäferhundes, mit *Coenurus cerebralis*, Quese oder Drehwurm, im Gehirn einjähriger Schafe und von Rindern als Finnenzustand, der zahlreiche Scoleces produziert. Übrigens wurde das Vorkommen des *Coenurus* auch an anderen Orten, wie z. B. in der Leibeshöhle des Kaninchens, konstatiert. *T. echinococcus* SIEB., im Darme des Hundes, Wolfes und Schakals gewöhnlich in großer Zahl, 3—6 mm lang, nur wenige Proglottiden bildend (Abb. 484). Die Haken des Kopfes zahlreich, aber klein. Der zugehörige Blasenwurm (Abb. 473) durch die bedeutende Dicke der geschichteten Cuticula und Produktion zahlreicher Scoleces in Brutkapseln ausgezeichnet, lebt als *Echinococcus polymorphus* (Hülsenwurm) vornehmlich in der Leber und Lunge des Menschen (*E. hominis*) und der Haustiere (*E. veterinorum*). Die erstere Form, durch die Produktion von Tochter- und Enkelblasen ausgezeichnet, erlangt meist eine viel bedeutendere Größe und durch Aussackungen eine sehr unregelmäßige Gestaltung, während die der Haustiere häufiger die Gestalt der einfachen Blase beibehält. Übrigens bleiben die *Echinococcus*-Blasen im letzteren Falle nicht selten steril, ohne Brutkapseln, sogenannte *Acephalocysten*. Eine andere, und zwar pathologische Form ist der sogenannte multiloculäre *Echinococcus*. In Europa nicht selten. Sehr verbreitet ist die *Echinococcus*-Krankheit (Hydatidenseuche) in Island und Australien. Hier schließt sich an *Dioecocestus paronai* FUHRM. Getrennt geschlechtlich. In *Plegadis guarauna*. Argentinien.

6. Tribus. *Diphyllidea*. Kopf des Scolex nach hinten in einen Kopfstiel verlängert, mit zwei großen, flächenständigen Bothridien und einem hakentragenden Rostellum. Kopfstiel mit Längsreihen von Haken besetzt. Geschlechtsapparat wie bei den Tetraphylliden, jedoch die Genitalpori flächenständig.

Fam. *Echinobothriidae*. Mit den Charakteren der Tribus. *Echinobothrium typus* BENED., in Rochen. *E. musteli* PINTN., in *Mustelus*.

7. Tribus. *Tetrarhynchoidea*. Kopf nach hinten in einen Kopfstiel verlängert, mit zwei flächenständigen oder mit vier paarweise angeordneten Bothridien und vier retractilen, mit Haken besetzten Rüsseln, die einen aus quergestreifter Muskulatur gebildeten Propulsionsapparat besitzen (Abb. 470). Uterus häufig mit Ausmündung. Vaginalmündung nie vor dem Cirrus. Genitalpori marginal.

Fam. *Rhynchobothriidae*. Mit den Charakteren der Tribus. *Eutetrarhynchus ruficollum* EYSENHARDT, im Spiraldarm von *Mustelus* (Abb. 470). *Rhynchobothrius tetrabothrius* BENED. im Spiraldarm von *Squalus acanthias*. *Heterotetrarhynchus institatum* PINTNER (*corollatus* aut.) aus Hexanchus und Heptranchias.

2. Klasse. Aschelminthes.

Scoleciden von in der Regel mehr drehrundem Körper, mit Enddarm und Afteröffnung, mit mehr oder minder geräumiger primärer Leibeshöhle und wenig entwickeltem Mesenchym, meist getrennten Geschlechts.

Die hier zusammengefaßten Formen sind entweder freilebend oder parasitisch, wie die meisten *Nematodes*, in der Jugend auch die *Nematomorpha* und die durchwegs entoparasitischen *Acanthocephala*, deren verwandtschaftliche Beziehungen unsicher sind, daher ihre Unterbringung in der Nähe der *Nematoden* keineswegs feststeht. Der meist drehrunde, seltener dorsoventral etwas abgeflachte Körper trägt bei den *Rotatoria* und *Gastrotricha* noch eine teilweise Bewimperung, während er sonst von einer Cuticula bedeckt wird. Am Darm ist ein Proctodaeum mit Afteröffnung vorhanden, die entoparasitischen *Acanthocephalen* sind darmlos. Die primäre Leibeshöhle erscheint relativ geräumig und das Mesenchym meist wenig entwickelt. Am Nervensystem unterscheidet man ein Cerebralganglion sowie zwei bis vier von demselben ausgehende Nervenstränge. Mit wenigen Ausnahmen herrscht Trennung der Geschlechter.

1. Ordnung. Rotatoria, Rädertiere[1].

Aschelminthen von walzenförmigem oder dorsoventral abgeflachtem, zuweilen in Ringe gegliedertem Körper, mit perioralem einziehbaren Wimperapparat (Räderapparat).

---

[1] Außer CH. G. EHRENBERG, F. DUJARDIN vgl. LEYDIG, Fr.: Über den Bau und die systematische Stellung der Rädertiere. Z. Zool. **6** (1854). — COHN, F.: Über Rädertiere.

Die Rotatorien wiederholen im wesentlichen die Organisationsverhältnisse der bei Anneliden auftretenden Trochophoralarve, mit welcher die Kugelrotatorie *Trochosphaera aequatorialis* (Abb. 487) auch in der Gestaltung des Körpers nahezu übereinstimmt. Bei allen übrigen Formen ist der Körper walzenförmig oder dorsoventral abgeflacht und zerfällt meist in drei Abschnitte, einen den Wimperapparat tragenden Vorderabschnitt, einen Rumpfabschnitt, welcher die Hauptmasse der Eingeweide enthält, sowie einen ventralen, schmalen, beweglichen Fußabschnitt (Abbild. 485). Letzterer endet meist mit zwei Fortsätzen (Zehen), an denen Drüsen münden, mittels deren Secret die Tiere sich befestigen können. Häufig sind Rumpf- und Fußabschnitt weiter in Ringe gegliedert, die sich fernrohrartig einziehen und mehr oder minder frei unter Biegungen verschieben können. Bei einigen Gattungen sind durch Muskeln bewegliche Borsten oder lanzettförmige Anhänge (*Polyarthra*, *Filinia*) oder extremitätenähnliche Ausstülpungen der Leibeswand (*Pedalia*) am Rumpfabschnitte vorhanden.

Ein wichtiger Charakter der Rotiferen liegt in dem am Vorderende sich erhebenden, meist einziehbaren Wimperapparat, der wegen seiner Ähnlichkeit mit einem rotierenden Rade als *Räderorgan* bezeichnet wird. Er besteht in der Regel aus einem stärkeren präoralen Wimperkranz (Trochus), welcher vor-

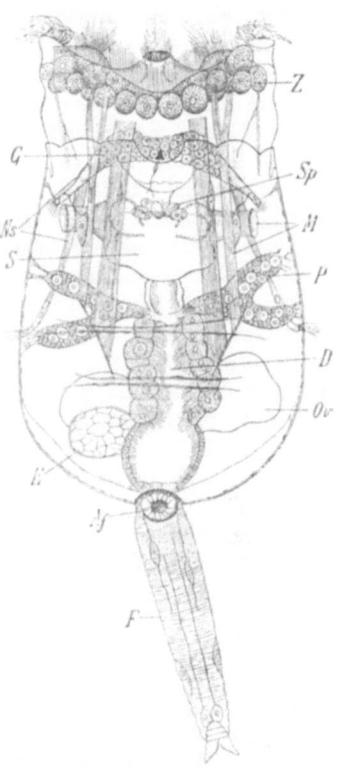

Abb. 485. *Brachionus plicatilis*. (Nach MOEBIUS. $^{230}/_1$. Z Zellen des Wimperorgans, G Cerebralganglion, Ns an den Tastern endende Nervenstämme, S Kaumagen, Sp Speicheldrüsen, D Magendarm, P pancreatische Anhangsdrüsen, Af Kloakenöffnung, M Muskeln, Ov Ovarium, E Excretionsblase, F Fuß.

Ebenda 7 (1856); 9 (1858); 12 (1862). — GOSSE, P.: On the structure, functions and homologies of the manducatory organs of the class Rotifera. Philosophic. Trans. roy. Soc. London 1856. — CLAUS, C.: Über die Organisation und die systematische Stellung der Gattung *Seison*. Festschr. zool.-bot. Ges. Wien 1876. — JOLIET, L.: Monographie des Melicertes. Archives de Zool. 1883. — PLATE, L.: Beiträge zur Naturgeschichte der Rotatorien. Jena. Z. Naturwiss. 19 (1886). — Über einige ectoparasitische Rotatorien des Golfes von Neapel. Mitt. zool. Stat. Neapel 7 (1887). — ZELINKA, C.: Studien über Rädertiere. Z. Zool. 1886 bis 1891. — JENNINGS, H. S.: The early development of *Asplanchna herrickii*. Bull. Mus. Comp. Zool. Harvard Coll. 30 (1896). — HUDSON, C. T. u. P. H. GOSSE: The Rotifera or Wheel-Animalcules. 2 vols a. Suppl. London 1886—1889. — DE BEAUCHAMP, P.: Morphologie et variations de l'appareil rotateur dans la série des Rotifères. Archives de Zool. 1907. — Recherches sur les Rotifères. Ebenda 1909. — SHULL, A. F.: Studies in the life cycle of *Hydatina senta*. J. of exper. Zool. 8 (1910); 10 (1911). — HARRING, H. K.: Synopsis of the Rotatoria. Bull. nat. Mus. Washington 1913. — WESENBERG-LUND, C.: Contributions to the Biology of the Rotifera. Vidensk. Selsk. Skrift. Kopenhagen 1923. — STORCH, O.: Die Eizellen der heterogenen Rädertiere. Zool. Jb. 45 (1924). — NACHTWEY, R.: Untersuchungen über die Keimbahn, Organogenese und Anatomie von *Asplanchna priodonta*. Z. Zool. 126 (1925). — CORI, C. J.: Zur Morphologie und Biologie von *Apsilus vorax*. Ebenda 125 (1925). — LEMENSICK, R.: Zur Biologie, Anatomie und Eireifung der Rädertiere. Ebenda 128 (1926). — Vgl. ferner DALRYMPLE, SALENSKY, ECKSTEIN, GAVARRET, GAST, MASIUS, MONTGOMERY, LAUTERBORN, MAUPAS, TANNREUTHER, DOBERS u. a.

nehmlich der Bewegung dient, und einem postoralen, aus feineren Wimpern gebildeten Cilienkranz (Cingulum), der die zugestrudelte Nahrung in den Mund einleitet. Bei *Trochosphaera* umgürtet der Trochus den Körper fast vollständig im Äquator, während das Cingulum klein bleibt; in allen anderen Fällen nimmt der Räderapparat den vorderen Körperabschnitt ein und zeigt sich sehr mannigfaltig ausgebildet. Er bildet zuweilen einen vollständigen, auch schirmförmigen (*Floscularia*) Randsaum, erscheint aber häufig in der Dorsal- und Ventralseite unterbrochen und zerfällt dadurch in zwei Abschnitte (*Philodinidae*). Zuweilen ist der Wimperapparat teilweise (*Notommata, Seison*) oder vollständig (*Cupelopagis* u. a.) rückgebildet. Bei den *Collotheciden* gelangt das Cingulum zu mächtiger Entwicklung; es liegt an einer den hier terminalen Mund umgebenden trichterförmigen Hautfalte, welche in knopfartige (*Collotheca*) oder armförmige Fortsätze (*Stephanoceros*) ausgezogen ist, während der Trochus zu einem kleinen Kranz im Grunde des Trichters reduziert erscheint.

Im übrigen wird der Körper der Rädertiere von einer Cuticula überkleidet, welche sich am Rumpf auch zu einem festen Panzer ausbilden kann (*Loricata*), in welchen der Wimperapparat und Fuß zurückgezogen werden können (Abb. 485). Bei dauernd festsitzenden Formen scheidet der Körper eine gallertige Hülle ab, zu deren Aufbau bei *Floscularia* (*Melicerta*) *ringens* überdies aus zusammengeballten Fremdkörpern gebildete Kügelchen verwendet werden. Die Hautmuskulatur beschränkt sich auf einzelne längs- und ringförmig verlaufende Muskelzüge sowie frei durch die Leibeshöhle ziehende, nur mit ihren Insertionen an der Haut befestigte Muskeln, die zum Einziehen des Wimperapparates sowie zur Bewegung der einzelnen Körperringe gegeneinander dienen. Auch zu den Eingeweiden ziehen von der Haut Muskeln; sie dienen neben spärlichen Bindegewebszellen zugleich zur Befestigung der Eingeweide innerhalb der geräumigen, mit Lymphe erfüllten Leibeshöhle.

Die meist ventrale (nur bei den *Collotheciden* terminale) Mundöffnung führt, oft durch einen Mundtrichter, in einen breiten, mit einem aus kieferartigen Chitinstücken gebildeten Zahnapparat ausgestatteten Kaumagen (Mastax), an dessen Vorderende Speicheldrüsen münden. Aus diesem entspringt ein kurzer Oesophagus, der in den weiten, mit großen Wimperzellen bekleideten Magendarm führt. Am Eingange des letzteren finden sich zwei ansehnliche pankreatische Drüsen. Dann folgt der ebenfalls bewimperte Enddarm, welcher am Hinterende des Rumpfabschnittes in einer dorsalwärts gelegenen Kloake ausmündet. Bei den in Hüllen lebenden Formen erscheint die Kloakenöffnung weit nach vorn verschoben und im Zusammenhange damit der Darm hufeisenförmig gekrümmt. Bei einigen Rotiferen (*Asplanchna, Paraseison*) endet der Darm blindgeschlossen.

Die Excretionsorgane (Abb. 486) sind zwei stellenweise aufgeknäuelte Längskanäle, die mit kurzen Wimperkölbchen beginnen und meist vermittels einer contractilen Blase mit dem Enddarm in die Cloake münden.

Das Nervensystem besteht aus einem rundlichen oder zweilappigen, über dem Schlunde gelegenen Cerebralganglion. Von diesem gehen Nerven nach vorn zum Wimperapparat und zu den innerhalb des letzteren auftretenden sogenannten Stirntastern. Nach hinten entsendet es ein dorsales und laterales Längsnervenpaar; ersteres endet an zwei knospenförmigen, mit Borsten besetzten Dorsaltastern, die auch durch ein einfaches, stabförmiges Nackenorgan repräsentiert sein können, letzteres an zwei weiter nach hinten gelegenen, mit Borsten an der Oberfläche ausgestatteten Sinnesknospen, den sogenannten Lateraltastern. Von diesen Längsnerven gehen auch die Muskelnerven ab. Bei einigen Rotatorien ist ein subösophageales Ganglion beschrieben. Augen liegen nicht selten entweder als x-förmiger unpaarer Pigmentkörper oder als paarige, mit lichtbrechenden Kugeln verbundene Pigmentflecke dem Gehirn an. Dorsal hinter dem Cerebralganglion findet sich häufig ein drüsiges Organ (Kalkbeutel).

Die Geschlechter sind getrennt und, ausgenommen die *Seisonidae*, durch einen ausgeprägten Dimorphismus bezeichnet. Die Männchen der *Philodinidae* sind bisher nicht gefunden. Die sonst sehr kleinen Männchen (Abb. 486 b) treten nur zu gewissen Zeiten auf und entbehren des Darmkanals, dessen Anlage auf ein strangförmiges Rudiment reduziert bleibt; ihr Räderapparat ist vereinfacht. Der Geschlechtsapparat besteht aus einem unpaaren schlauchförmigen Hoden (bei *Seison* paarig), dessen Ausführungsgang zuweilen auf einem papillenartigen Höcker am hinteren Ende des Rumpfes mündet. Die Geschlechtsorgane der weit größeren Weibchen bestehen aus einem seltener paarigen (*Philodinidae, Seison*), gewöhnlich unpaaren Ovarium, das in einem Teile die Keimzellen produziert, in einem anderen, als Dotterstock bezeichneten Abschnitte aus großen dotterreichen Zellen besteht, welche an die heranreifenden Eizellen durch Osmose Nährstoffe abgeben. Der kurze Eileiter mündet in die Kloake. Bei *Philodiniden* fehlen Ovidukte; die Eier entwickeln sich hier frei in der Leibeshöhle. Die Rotatorien produzieren dickschalige Dauereier (Wintereier), die sich erst nach längerer Ruhe entwickeln, und dünnschalige Subitaneier (Sommereier), unter letzteren größere, aus welchen Weibchen, und kleinere, aus denen Männchen hervorgehen. Die Subitaneier entwickeln sich parthenogenetisch, die Dauereier sind befruchtet. Es besteht bei der Mehrzahl der Rotatorien Heterogonie, indem parthenogenesierende Generationen mit einer Geschlechtsgeneration alternieren. Aus den Dauereiern gehen Weibchen (amiktische Weibchen STORCH) hervor, die stets parthenogenetische Eier liefern, und

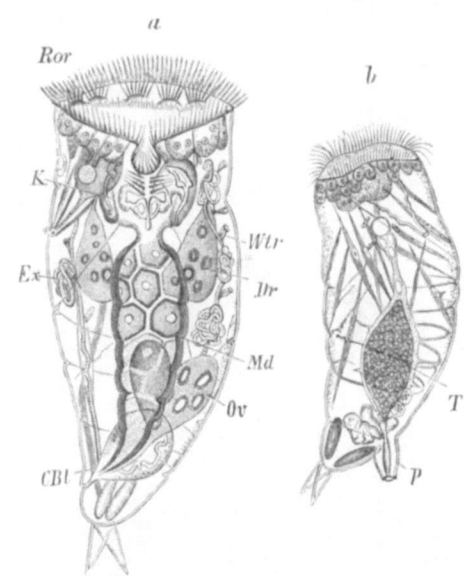

Abb. 486. *Epiphanes* (*Hydatina*) *senta*. (Nach F. COHN.) a Weibchen, b Männchen; *Ror* Räderorgan, *K* Kaumagen, *Dr* pancreatische Anhangsdrüsen, *Md* Magendarm, *Ov* Ovarium, *Wtr* Wimperkölbchen des Excretionsapparates (*Ex*), *CBl* contractile Blase, *P* Penis, *T* Hoden. $^{110}/_1$

denen weitere parthenogenesierende Generationen folgen. Bei Änderung der Lebensbedingungen treten Weibchen (Sexuparae, miktische Weibchen STORCH) auf, die fakultativ parthenogenetische Eier bilden, aus denen Männchen hervorgehen, dagegen, wenn befruchtet, größere Dauereier ausbilden, die dann stets Weibchen liefern. Die Befruchtung erfolgt schon frühzeitig bei jungen Eiern (s. S. 317). Bei *Philodiniden* ist bisher bloß Parthenogenese beobachtet, und wurden Männchen noch nicht gefunden. Mit Ausnahme der *Philodinidae* werden die Eier meist abgelegt, häufig außen am Körper befestigt; die Subitaneier mancher Formen durchlaufen die Embryonalentwicklung im Eileiter.

Die Entwicklung verläuft direkt oder mit unbedeutender Metamorphose (*Collothecidae*). Nach einer inäqualen Furchung entsteht eine Umwachsungsgastrula; an der Verschlußstelle des Ectoderms erfolgt von diesem aus die Schlundeinstülpung. Über die Bildung des Mesoderms ist Genaueres nicht bekannt. Die Sonderung der Genitalanlage erfolgt sehr frühzeitig. Der Embryo erfährt später eine ventrale Einbuchtung, durch welche sich der Hinterleib vom Vorderleib abgliedert; an letzterem legt sich der Wimperapparat an. Zwischen der Anlage des Räderorganes entsteht durch eine ectodermale Einwucherung das Gehirnganglion. Dorsal an der Basis des Hinterleibes legt sich der Enddarm an.

Die Rädertiere überschreiten selten eine Körperlänge von 1 mm. Sie bewohnen vornehmlich das süße Wasser, wenige das Meer und sind größtenteils Kosmopoliten. Sie bewegen sich teils schwimmend mit Hilfe des Räderorganes fort, teils legen sie sich mittels des zweizangigen drüsigen Fußendes vor Anker. Einige (*Philodinidae*) kriechen auch spannerartig, die *Polyarthriden* schnellen sich mittels ihrer Ruderfortsätze fort. Manche Formen sind dauernd befestigt und einige zu Kolonien vereinigt. Verhältnismäßig wenige leben als Parasiten (*Proales parasita*, *Albertia* u. a.). Einige Rotatorien (*Philodinidae*) vermögen einer Austrocknung zu widerstehen; so erklärt sich ihr Vorkommen in Moos und im Sande von Dachrinnen.

In der folgenden systematischen Übersicht ist teilweise eine Neubildung von Gruppen versucht.

1. Unterordnung. *Sphaeroidea*. Körper kugelig, vom Trochus im Äquator eingesäumt. Cingulum klein.

Fam. *Trochosphaeridae*. *Trochosphaera aequatorialis* SEMP. Philippinen (Abb. 487).

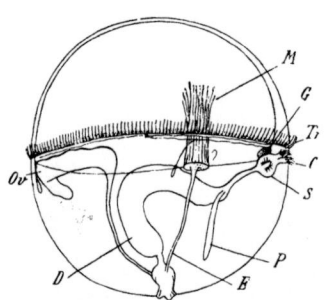

Abb. 487. *Trochosphaera aequatorialis*. (Nach SEMPER.) ⁵⁰/₁. *Tr* Trochus, *C* Cingulum, *G* Cerebralganglion, *M* Muskel, *S* Kaumagen, *D* Darm, *P* pancreatische Anhangsdrüse, *E* Excretionsorgan, *Ov* Ovarium.

2. Unterordnung. *Eurotatoria*. Körper gestreckt, Räderapparat am vorderen Körperende.

1. Tribus. *Bdelloidea*. Körper gestreckt, wurmartig, in zahlreiche Ringe gegliedert. Räderapparat zweiteilig. Dorsal von demselben ein aus dem verlängerten Scheitelfelde hervorgegangener sogenannter Rüssel. Männchen unbekannt. Schwimmen und bewegen sich auch spannerartig kriechend.

Fam. *Philodinidae*. *Philodina roseola* EHRBG., *Rotaria rotatoria* PALL. (*Rotifer vulgaris* SCHRANK). Augenlos sind *Callidina* EHRBG. und *Zelinkiella* (*Discopus*) *synaptae* ZEL., letztere ectoparasitisch auf *Synapta*.

2. Tribus. *Cephaloidiphora*. Der in Ringe gegliederte wurmartige Körper zerfällt in vier Abschnitte, von denen der vorderste kopfartig gestaltet ist. Räderapparat rudimentär oder fehlend. Männchen und Weibchen nicht dimorph. Ectoparasiten auf *Nebalia*.

Fam. *Seisonidae*. *Seison nebaliae* GR. *Paraseison asplanchnus* PLT. Ohne Enddarm. Mittelmeer, Atlant. Ozean.

3. Tribus. *Illoricata*. Körper konisch, seltener wurmförmig, ein Fußabschnitt fehlt oder ist kurz. Räderapparat aus den beiden Cilienkränzen bestehend, zuweilen reduziert, selten fehlend. Körperbedeckung biegsam, nicht gepanzert.

Fam. *Microcodonidae*. Körper kelchförmig, mit Fußabschnitt. Räderorgan nicht retraktil. *Microcodon clavus* EHRBG.

Fam. *Asplanchnidae*. Körper sackförmig. Räderorgan kegelförmig. Fußabschnitt klein oder fehlend. Ohne Enddarm und After. *Asplanchna priodonta* GOSSE. Ohne Fuß. *Asplanchnopus multiceps* SCHRANK (*myrmeleo* EHRBG.). Mit kurzem Fuße.

Fam. *Synchaetidae*. Körper kegelförmig, Fuß kurz. Räderorgan in mehrere Abschnitte aufgelöst. Mit zwei seitlichen großen Wimperohren. *Synchaeta pectinata* EHRBG. Europa.

Fam. *Polyarthridae*. Körper fußlos, mit langen, zum Springen dienenden Ruderfortsätzen. Räderorgan mit randständigem Wimperkranz. Cuticularbekleidung dick. *Filinia* (*Triarthra*) *longiseta* EHRBG. Mit drei langen Springborsten. *Polyarthra trigla* EHRBG. Jederseits zwei Gruppen von drei lanzettlichen Anhängen. Hier dürfte sich *Pedalia* (*Pedalion*) *mira* HUDS., mit sechs beborsteten extremitätenähnlichen Körperfortsätzen, anschließen.

Fam. *Epiphanidae*. Körper kegelförmig, vorn abgestutzt. Fuß kurz. Räderorgan ventralwärts verlagert. Beide Wimperkränze gut entwickelt. Meist kriechende Formen. *Epiphanes* (*Hydatina*) *senta* MÜLL. (Abb. 486).

Fam. *Notommatidae*. Körper meist nach hinten verbreitert. Fuß kurz. Räderorgan meist wenig entwickelt. *Notommata aurita* MÜLL. *Proales parasita* EHRBG., parasitisch in *Volvox*. *Albertia* DUJ. Entoparasitisch im Darm von Oligochäten und Nacktschnecken.

4. Tribus. *Loricata*. Körper im schildförmigen Rumpfabschnitt gepanzert. Räderorgan zwei- oder mehrfach geteilt. Fuß geringelt oder kurz gegliedert.

Fam. *Euchlanidae*. Körper eiförmig. Panzer aus Rücken- und Bauchschild bestehend. Fuß kurzgliederig mit langen Fortsätzen (Zehen). *Euchlanis triquetra* EHRBG.

Fam. *Brachionidae*. Körper topfförmig. Panzer aus Rücken- und Bauchschild bestehend. Fuß gegliedert oder geringelt (Abb. 485). *Brachionus urceus* L. (*urceolaris* MÜLL.). *B. plicatilis* MÜLL. (Abb. 485). *Platyias (Noteus) quadricornis* EHRBG. Hier schließt sich an *Anuraea aculeata* EHRBG.

5. Tribus. *Rhizota*. Die Weibchen dauernd festsitzend, von einer röhrigen Hülle umgeben. Fuß lang. Räderorgan umfangreich. Die Männchen frei, ohne Gehäuse.

Fam. *Flosculariidae*. Räderorgan meist schirmförmig, zuweilen gelappt und stark nach der Dorsalseite geneigt. Mund ventral. *Floscularia (Melicerta) ringens* L. Räderorgan vierlappig. Hülse noch mit Kügelchen umbaut. *F. melicerta* EHRBG. (*Tubicolaria najas* EHRBG.). Räderorgan schirmförmig mit ventralem und dorsalem Ausschnitt. *Lacinularia flosculosa* MÜLL. (*socialis* L.). Räderorgan hufeisenförmig. Kolonienbildend. *Conochilus hippocrepis* SCHRANK (*volvox* EHRBG.). Kugelige freischwimmende Kolonien bildend.

Fam. *Collothecidae*. Am Räderorgan das Cingulum umfangreich, der Trochus reduziert. Ersteres an einem in meist fünf Fortsätze ausgezogenen Trichter im Umkreise des terminalen Mundes. *Collotheca (Floscularia) cornuta* DOBIE. Fortsätze knopfartig mit langen Borsten. *Stephanoceros fimbriatus* GLDF. (*eichhorni* EHRBG.). Fortsätze lang armförmig, mit wirtelförmig angeordneten Wimpern. Hier reiht sich vielleicht an *Cupelopagis (Apsilus) vorax* LEIDY. Körper linsenförmig, ohne Wimperapparat, mit großem Mundtrichter. Fuß zu einer Haftscheibe umgebildet. Ohne Gallerthülle. Europa, Nordamerika.

2. Ordnung. Gastrotricha[1].

Aschelminthen von flaschenförmigem Körper, mit paarigen ventralen Cilienbändern, am Hinterende meist gabelteilig. Mund subterminal, Darm nematodenartig.

Die *Gastrotrichen* besitzen einen flaschenförmigen oder wurmförmigen Leib mit abgeflachter Ventralseite (Abb. 488). Der vorderste Abschnitt desselben setzt sich kopfartig ab; das Hinterende läuft meist in einen Gabelschwanz (Fuß) mit zwei Fortsätzen (Zehen) aus, an denen Klebdrüsen münden, oder es sind zahlreiche Haftröhrchen vorhanden. An der Ventralseite finden sich zwei Wimperbänder, dazu kommen Gruppen von Tastwimpern am kopfartigen Vorderende. Die übrigen Teile des Körpers werden von einer Cuticula bedeckt, deren oberflächliche

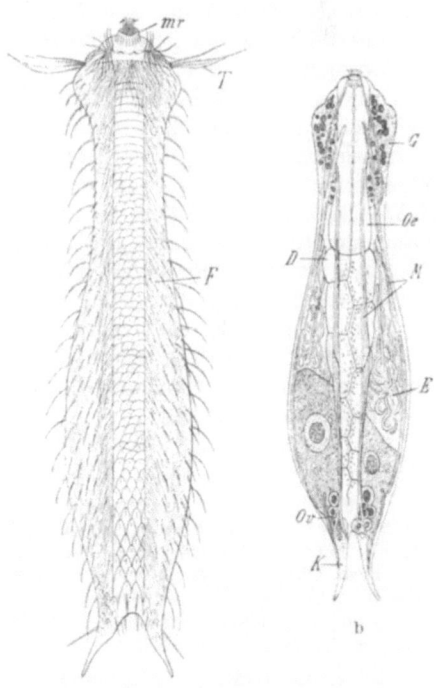

Abb. 488. *Chaetonotus maximus*. (Nach ZELINKA.) a Ventralansicht, $^{425}/_1$, b Übersicht der Anatomie. *F* Flimmerbänder, *T* Tasthaare, *mr* Mundrohr, *G* Cerebralganglion, *Oe* Oesophagus, *D* Darm, *M* Muskeln, *E* Nephridium, *Ov* Ovarium, *K* Klebdrüsen.

---

[1] LUDWIG, H.: Über die Ordnung Gastrotricha. Z. Zool. 26 (1876). — BÜTSCHLI, O.: Untersuchungen über freilebende Nematoden und die Gattung *Chaetonotus*. Ebenda. — STOKES, A. C.: Observations sur les *Chaetonotus*. J. de Microbiol. 11/12. Paris 1887/1888. — ZELINKA, C.: Die Gastrotrichen. Z. Zool. 49 (1889). — GRÜNSPAN, TH.: Beiträge zur Systematik der Gastrotrichen. Zool. Jb. 26 (1908). — Die Süßwasser-Gastrotrichen Europas. Ann. Biol. lacustre 4 (1910). — REMANE, A.: Morphologie und Verwandtschaftsbeziehungen der aberraten Gastrotrichen. Z. Morph. u. Ökol. Tiere 5 (1926). — Beiträge zur Systematik der Süßwassergastrotrichen. Zool. Jb. 53 (1927).

Lage mit Ausnahme von *Ichthydium* und der *Macrodasyoidea* zu glatten oder in Stacheln auslaufenden Schuppen ausgebildet ist. Die subterminale, noch ventrale, bei den *Macrodasyoidea* terminale Mundöffnung liegt meist am Ende einer Mundröhre mit innerem Borstenkranze und führt in den zylindrischen Oesophagus mit dreiteiligem Lumen und radiärmuskulöser Wand. Der gerade Mitteldarm besteht aus vier Reihen großer Zellen und mündet mittels eines kurzen Enddarmes dorsal vom Gabelschwanz oder ventral aus. Als Excretionsorgan fungieren zwei vielfach verschlungene Kanälchen, welche mit einem stabförmigen geschlossenen Wimperkölbchen beginnen und im hinteren Körperdrittel ventral nach außen münden. Sie werden bei den *Macrodasyoidea* vermißt. Die Muskulatur besteht aus wenigen Längsmuskeln. Am Nervensystem unterscheidet man im vordersten Körperabschnitte ein großes Cerebralganglion, welches mit den dort gelegenen Tastwimperzellen in Verbindung steht; es liegt dorsal und seitlich vom Oesophagus und gibt nach hinten zwei Längsnervenstränge ab. Augen und seitliche Wimpergruben kommen ausnahmsweise vor. Die *Macrodasyoidea* und einige *Chaetonotoidea* sind hermaphroditisch, von den übrigen *Chaetonotoidea* sind nur Weibchen bekannt. Die unpaaren oder paarigen Hoden und Ovarien liegen im hinteren Körperteile. Die weibliche Genitalöffnung ist entweder mit dem After gemeinsam oder dicht bei ihm. Die männliche Genitalöffnung liegt median, ventral hinten oder mehr vorn. Ein Copulationsorgan und ein Receptaculum seminis findet sich zuweilen vor. Die Eier werden abgelegt. Entwicklung direkt.

Die *Gastrotrichen* sind mikroskopisch kleine, selten über 0,6 mm lange Bewohner des Süßwassers, einige sind Meeresbewohner; sie bewegen sich schwimmend mittels der ventralen Cilienbänder, können sich aber auch mit dem Gabelschwanze anheften.

1. Unterordnung. *Chaetonotoidea*. Mit Mundröhre, Haftröhrchen nur am Hinterende oder fehlend. After dorsal.

Fam. *Ichthydiidae*. Haut nackt oder beschuppt, ohne Stacheln. *Ichthydium* EHRBG. Haut nackt. *I. podura* MÜLL. Weit verbreitet. *I. tergestinum* GRÜNSPAN. Marin. Triest. *Lepidoderma squamatum* DUJ. Haut mit Schuppen. Europa, Nordamerika.

Fam. *Chaetonotidae*. Haut mit Stacheln. *Chaetonotus maximus* EHRBG. (Abb. 488). Europa. *Ch. larus* MÜLL. Europa.

Fam. *Dasydytidae*. Mit langen Stacheln. Hinterende meist gerundet. *Dasydytes saltitans* STOKES. Europa, Nordamerika.

2. Unterordnung. *Macrodasyoidea*. Meist ohne Mundröhre. Mit vorderen, seitlichen und hinteren Haftröhrchen. After ventral.

Fam. *Hemidasydidae*. Mit den Charakteren der Unterordnung. *Hemidasys agaso* CLAP. Neapel. *Macrodasys buddenbrocki* REMANE, *Urodasys mirabilis* REMANE. Hinterkörper schwanzartig. Afterlos. Kieler Bucht. *Turbanella hyalina* M. SCHULTZE. Körper mit zahlreichen Fortsätzen. Cuxhaven, Kieler Bucht.

3. Ordnung. Kinorhyncha[1].

Aschelminthen von wurmförmigem Körper, mit einziehbarem, mit Haken besetztem, rüsselartigem Vorderende, mit chitiniger, in Ringe gegliederter Hautbedeckung, mit medianer Bauchrinne und gewöhnlich zwei langen Endborsten am Hinterende. Mund terminal. Darm nematodenartig.

Die *Kinorhynchen* (Abb. 489) besitzen einen wurmförmigen Körper mit cuticularer, in Ringe (Zoniten) gegliederter Hautbedeckung. Der 1. Zonit (Kopf) ist mit Hakenkränzen besetzt und meist zusammen mit dem 2. Zonit (Hals)

---

[1] Außer CLAPARÈDE, SCHEPOTIEFF vgl. GREEFF, R.: Untersuchungen über einige merkwürdige Formen des Arthropoden- und Wurmtypus. Arch. Naturgesch. 1869. — REINHARD, W.: Kinorhyncha (*Echinoderes*), ihr anatomischer Bau und ihre Stellung im System. Z. Zool. 45 (1887). — ZELINKA, K.: Monographie der *Echinodera*. Leipzig 1928.

rüsselartig einziehbar und vorstreckbar. Die Bauchseite besitzt eine rinnenförmige Aushöhlung. Das Hinterende geht gewöhnlich in zwei lange Borsten aus. Die vorn terminal gelegene Mundöffnung befindet sich am Ende eines Mundkegels und ist von dolchartigen Spitzen umstellt; sie führt in einen nematodenartigen Oesophagus, auf welchen der geradgestreckte, muskellose Mitteldarm und kurze Enddarm folgt, der hinten im After ausmündet. Das in der Haut gelegene Nervensystem besteht aus einem das Vorderende des Schlundes umgebenden, von Ganglien bekleideten Nervenring (Gehirn) und aus einem Bauchstrange mit den Gliedern entsprechend angeordneten Gangliengruppen. Bei den auf Meeresalgen lebenden Formen liegen dem Gehirn einfache Augen an. Tastorgane finden sich längs des Rückens und an den Seiten des Körpers. Die Muskulatur besteht aus Längs- und Dorsoventralmuskeln sowie Retractoren des Vorderkörpers. Als Excretionsorgane fungieren ein Paar vorn geschlossener, innen bewimperter Schläuche (Nephridien), welche am drittletzten Zonit sich nach außen öffnen. Die Geschlechter sind getrennt. Ovarien und Hoden liegen paarig zu den Seiten des Darmes und münden am letzten Hautringel bauchständig. An der männlichen Genitalöffnung finden sich Penisgebilde, am Oviduct ein dorsales Receptaculum seminis. Von der Entwicklung sind bloß weichhäutige Larvenstadien bekannt.

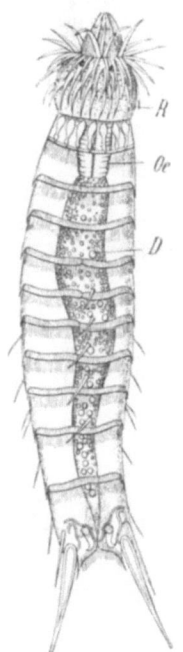

Abb. 489. *Echinoderes dujardini* (nach GREEFF), mit ausgestülptem rüsselartigem Vorderende (*R*). *Oe* Oesophagus, *D* Darm. 160/1

Die Kinorhynchen sind kleine (unter 1 mm lange) Meerestiere, welche auf Algen oder im Schlamme leben. Die Locomotion geschieht durch Vermittlung der Hakenkränze des Vorderendes.

1. Unterordnung. *Cyclorhagae.* Im Ruhezustand ist der 1. Zonit (Kopf) eingestülpt, der 2. Zonit bildet durch radiäre Faltung einen kuppelartigen Verschluß. Ventralplatten schmäler als die Körperbreite.

Fam. *Echinoderidae.* Endzonit mit zwei kräftigen Seitenendstacheln. *Echinoderes dujardini* CLAP. Atlant. Ozean, Mittelmeer (Abb. 489). *Echinoderella setigera* GRFF. Triest, Nordsee.

Fam. *Centroderidae.* Endzonit mit Seitenstacheln und Mittelendstachel. *Centroderes spinosus* W. RHD. Odessa.

Fam. *Mesitoderidae.* Körper mit 14 Zoniten, indem die Basis des medianen Endstachels abgegliedert ist. *Campyloderes vanhöffeni* ZEL. Südpolarregion.

2. Unterordnung. *Conchorhagae.* Im Ruhezustand sind die beiden ersten Zoniten (Kopf und Hals) eingestülpt. Der Verschluß wird durch zwei muschelähnliche Platten des 3. Zoniten gebildet.

Fam. *Semnoderidae (Pentacontidae).* 13. Zonit mit sechs Stacheln. *Semnoderes armiger* ZEL. Adria.

3. Unterordnung. *Homalorhagae.* Im Ruhezustand sind die beiden ersten Zoniten (Kopf und Hals) eingestülpt. Der Verschluß wird durch Anpressen der drei ventralen Platten des 3. Zoniten an die Tergalplatte bewirkt.

Fam. *Trachydemidae.* Ohne Seitenendstachel. *Trachydemus giganteus* ZEL. Mittelmeer, Kiel.

Fam. *Pycnophyidae.* Mit zwei Seitenendstacheln. *Pycnophyes communis* ZEL. Triest, Neapel. *P. ponticus* W. RHD. Odessa, Neapel, Kiel.

4. Ordnung. Nematodes, Fadenwürmer[1].

Parasitische oder freilebende Aschelminthen von spulen- oder fadenförmiger Gestalt, mit terminalem Mund und als Saugrohr ausgebildetem Oesophagus, mit cuticularer Körperbedeckung; Excretionskanäle verlaufen in subcuticularen seitlichen Verdickungen (Seitenlinien), welche nebst den die Hauptnervenstämme enthaltenden Medianlinien die wandständige Längsmuskelschicht der Haut in vier Felder teilen. In der Regel getrennten Geschlechts.

Die Nematoden besitzen einen spulen- oder fadenförmigen Leib (Abb. 490) welcher an seiner Oberfläche von einer bei größeren Formen kompliziert gebauten Cuticula bedeckt wird, die zuweilen besondere Skulpturen oder Fortsätze in Gestalt von Höckern, Haaren, seltener Stacheln (*Gnathostoma*) besitzen kann. Die

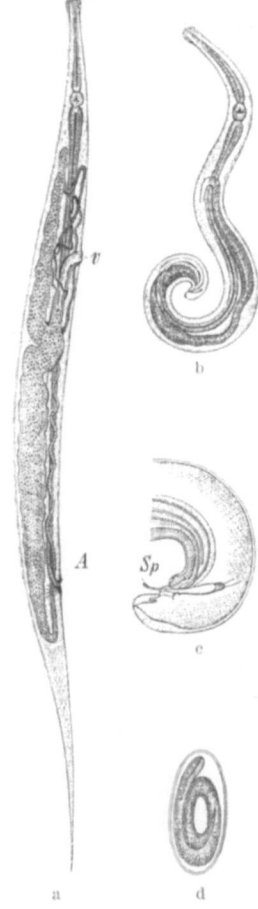

Abb. 490. *Oxyuris vermicularis.* (Nach R. LEUCKART.) a Weibchen. *O* Mund, *A* After, *v* Genitalöffnung. — b Männchen. $^{11}/_1$. — c Hinterende des letzteren vergrößert. *Sp* Spiculum. — d Ei mit Embryo. $^{320}/_1$

[1] Außer den Schriften von RUDOLPHI, BREMSER, CLOQUET, DUJARDIN, DAVAINE vgl. DIESING, K.: Systema helminthum, 2 Bde. Wien 1850—1851. — BASTIAN, H. C.: Monograph on the Anguillulidae. Trans. Linnean Soc. London **25** (1865). — SCHNEIDER, A.: Monographie der Nematoden. Berlin 1866. — CLAUS, C.: Über *Leptodera appendiculata*. Marburg 1868. — LEUCKART, R.: Untersuchungen über *Trichina spiralis*, 2. Aufl. Leipzig u. Heidelberg 1866. — Die menschlichen Parasiten usw. **2.** Leipzig u. Heidelberg 1876. — Neue Beiträge zur Kenntnis des Baues und der Lebensgeschichte der Nematoden. Abh. sächs. Ges. Wiss., Math.-physik. Kl. **1887**. — BÜTSCHLI, O.: Beiträge zur Kenntnis der freilebenden Nematoden. Nova Acta Leop.-Carol. Akad. **36** (1873). — DE MAN, J. G.: Die frei in der reinen Erde und im süßen Wasser lebenden Nematoden der niederländischen Fauna. Leiden 1884. — STRUBELL, A.: Untersuchungen über den Bau und die Entwicklung des Rübennematoden *Heterodera schachtii*. Bibliotheca zoologica **2** (1888). — HESSE, R.: Über das Nervensystem von *Ascaris megalocephala*. Z. Zool. **54** (1892). — ZUR STRASSEN, O.: Embryonalentwicklung der *Ascaris megalocephala*. Arch. Entw.mechan. **3** (1896). — GRAHAM, J.: Beiträge zur Naturgeschichte der *Trichina spiralis*. Arch. mikrosk. Anat. **50** (1897). — BOVERI, TH.: Die Entwicklung von *Ascaris megalocephala* usw. Festschrift für KUPFFER **1899**. — TOLDT, C.: Über den feineren Bau der Cuticula von *Ascaris megalocephala* usw. Arb. Zool. Inst. Wien **11** (1899). — NASSONOW, N.: Zur Kenntnis der phagocytären Organe bei den parasitischen Nematoden. Arch. mikrosk. Anat. **55** (1900). — MAUPAS, E.: Modes et formes de reproduction des Nématodes. Archives de Zool. **1901**. — LOOSS, A.: The anatomy and life history of *Agchylostoma duodenale* DUB. Rec. Egypt. Govern. School Med. Cairo. **3** (1905); **4** (1911). — GOLDSCHMIDT, R.: Das Nervensystem von *Ascaris lumbricoides* und *megalocephala*. Z. Zool. **90** (1908), **92** (1909). — MARTINI, E.: Über Furchung und Gastrulation bei *Cucullanus elegans*. Ebenda **74** (1903). — Über Subcuticula und Seitenfelder einiger Nematoden. Ebenda **81** (1906); **86** (1907); **91** (1908). — RANSOM, B. H. a. W. D. FOSTER: Recent discoveries concerning the Life-History of *Ascaris lumbricoides*. J. of Parasitol. **1919**. — PINTNER, TH.: Die vermutliche Bedeutung der Helminthenwanderungen. Sitzgsber. Akad. Wiss. Wien, Math.-naturwiss. Kl. **1922**. — WÜLKER, G.: Über Fortpflanzung und Entwicklung von *Allantonema* und verwandten Nematoden. Erg. Zool. **5** (1923). — BRAUN, M.: Die tierischen Parasiten des Menschen, 6. Aufl. Leipzig 1925. — YORKE, W. a. P. A. MAPLESTONE: The Nematode Parasites of Vertebrates. London 1926. Vgl. außerdem Arbeiten von HAMANN, LINSTOW, RAILLIET, MANSON, GRASSI, NOÈ, ROHDE, ZIEGLER, JAEGERSKJÖLD, GOLOWIN, RAUTHER, MARTIN, WANDOLLECK, H. MÜLLER, SPEMANN, ZOJA, HAGMEIER, v. DADAY, DEINEKA, MICOLETZKY, SCHRÖDER u. a.

Cuticula ist ein Produkt der unter ihr gelegenen weichen Subcuticula, welche in der Regel aus einem von Kernen und Fasern durchsetzten Syncytium besteht. Die Subcuticula bildet vier nach innen vorspringende Verdickungen (Abb. 491), zwei breite laterale, die sogenannten Seitenlinien, und die beiden an der Dorsal- und Ventralseite gelegenen Medianlinien. Selten (*Allantonema, Trichotrachelidae* u. a.) sind die Seitenlinien ganz oder teilweise geschwunden. Die Körpermuskulatur besteht aus der Subcuticula epithelartig angelagerten Längsmuskeln und ist in vier durch die Verdickungen der Subcuticula getrennten Feldern angeordnet. Bei den meisten Nematoden finden sich in jedem Felde zwei Reihen rhombenförmiger Muskelzellen, so daß im Querschnitte bloß acht Muskelzellen erscheinen (sogenannte *Meromyarier*); diese zeigen die Form von Epithelmuskelzellen, deren ebene Fibrillenlage der Subcuticula zugekehrt liegt (Abb. 491a). Bei großen Nematodenformen sind die Muskelzellen von ansehnlicher Länge, so daß im Querschnitt auf ein Muskelfeld eine beträchtlichere Zahl von Muskelzellen entfällt (sogenannte *Polymyarier*) (Abb. 491b). Überdies ist hier die Fibrillenschichte fast im ganzen Umfange der Zelle entwickelt; der Zellkörper mit dem Kern ragt bruchsackartig in die Leibeshöhle vor und

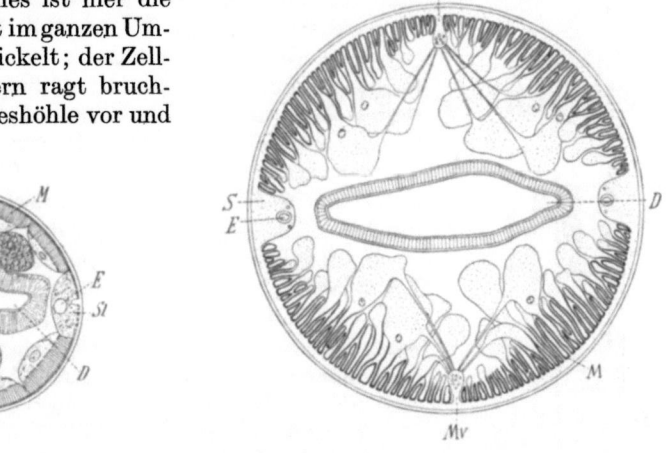

Abb. 491. Querschnitte von Nematoden. a Vom Meromyariertypus (*Strongylus*), b vom Polymyariertypus (*Ascaris megalocephala*, etwas schematisiert). (a nach R. LEUCKART, b Original G.) *D* Darm, *E* Excretionskanal, *M* Hautmuskulatur, *Md* dorsale, *Mv* ventrale Medianlinie, *S, Sl* Seitenlinie.

steht mittels eines strangförmigen Fortsatzes mit der nächsten Medianlinie und den in ihr verlaufenden Nerven in Verbindung. Bei *Allantonema* fehlt die Muskulatur. Einzellige Hautdrüsen sind vornehmlich in der Nähe des Oesophagus, im hinteren Körperende (Schwanzdrüsen, zur Befestigung dienend) sowie in den Seitenlinien beobachtet. Ihnen sind auch die vorn an den Seiten der Mundkapsel ausmündenden sogenannten Kopfdrüsen (*Ancylostoma, Strongylus*) zuzurechnen.

Die am Vorderende terminal gelegene Mundöffnung ist von Lippen und Papillen umgeben und führt in eine von einer Cuticula bekleidete, zuweilen mit Spitzen und Zähnen ausgestattete Mundhöhle. An diese schließt sich die enge, flaschenförmige Speiseröhre, deren Wand von einem Radiärmuskelfasern enthaltenden Epithel gebildet ist und in ihrem dreiteiligen Lumen von einer Cuticula ausgekleidet wird (Abb. 490). Das Hinterende des Oesophagus ist zuweilen (*Rhabditis, Oxyuris*) zu einem Bulbus (Pharynx) angeschwollen, in welchem die Cuticula leistenartige Vorsprünge (Zähne) bildet und auch einzellige Drüsen liegen. Bei den *Trichotracheliden* ist der enge Oesophagus sehr lang und sein hinterer längerer Abschnitt von einer Reihe großer Zellen gebildet (Abb. 498). Seiner Funktion nach ist der Oesophagus ein Saugrohr, das durch geringe, von vorn nach hinten fortschreitende Erweiterungen Flüssigkeiten einpumpt. Es folgt der gerade, in der Regel muskellose Mitteldarm, sowie ein kurzer, muskulöser Enddarm, an dessen Wandung häufig noch Muskelfasern von der Haut herantreten. Zuweilen sind Darmblindsäcke vorhanden. Die Afteröffnung liegt ventral nicht weit vom hinteren Körperende. Sie kann fehlen (*Mermis*). In anderen Fällen (*Mermis, Atractonema*) ist der Darm zu einem Zellstrang reduziert oder schwindet während der Entwicklung vollständig (*Allantonema mirabile*).

Zwischen Haut und Darm finden sich in der Leibeshöhle bei einigen Nematoden dünne Lamellen von Bindesubstanz.

Das *Excretionsorgan* der Nematoden besteht aus einem in jeder Seitenlinie verlaufenden Kanal (Abb. 491). Beide Seitenkanäle vereinigen sich in der vorderen Körpergegend zu einem Endgang, der durch einen ventralen Porus ausmündet. Bei manchen Formen ist bloß der linke Kanal vorhanden; in einigen Fällen fehlt das Organ vollständig (*Trichotrachelidae, Allantonema* u. a.) Die Excretionskanäle gehören als intracelluläre Gänge meist einer einzigen großen Zelle an. Bei *Enopliden* und *Anguilluliden* sind die Seitenkanäle oft durch eine unpaare sogenannte Bauchdrüse ersetzt. In den Nieren der Nematoden handelt es sich daher wohl um eine excretorische Hautdrüse, welche die fehlenden Nephridien substituiert.

In der Leibeshöhle der Nematoden finden sich der Körperwand, häufig den Seitenlinien, anliegend große, vielfach verästelte Zellen, welche die Fähigkeit besitzen, gewisse Substanzen in sich aufzuspeichern. Diese in der Vier- oder Sechszahl, auch größerer Anzahl auftretenden Gebilde sind als *büschelförmige* oder *phagocytäre* Organe bekannt.

Das größtenteils in der Subcuticula gelegene Nervensystem (Abb. 492) der Nematoden (*Ascaris megalocephala*) besteht aus einem Nervenring in der Umgebung des Oesophagus, der nach vorn sechs Nerven entsendet, von denen zwei lateral, vier submedian verlaufen und die Papillen im Umkreis des Mundes versorgen; nach hinten gehen bis zum Körperende vom Nervenring vier Nervenstämme aus, je ein stärkerer in der Rücken- und Bauchlinie gelegener Mediannerv sowie ein dorsal neben jeder Laterallinie verlaufender Sublateralnerv, während ein ventraler Sublateralnerv jederseits aus dem Bauchnerv hervorgeht. Ganglien liegen im Nervenring am Ursprung der hinteren Nervenstämme, insbesondere aber können zwei Seitenganglien unterschieden werden. Vor der Cloake liegt im Bauchnerv ein Analganglion, von dem beim Männchen ein die Cloake umgebender Nervenring ausgeht. Rücken- und Bauchnerv sind durch Commissuren miteinander verbunden, und zwar sind rechts mehr Commissuren vorhanden als links; solche bestehen auch hinten zwischen Bauchnerv und ventralem Sublateralnerv. Alle Längsnerven stehen am hinteren Ende miteinander in Verbindung.

Als Sinnesorgane sind die vornehmlich in der Nähe des Mundes und beim Männchen am Hinterleibe auftretenden Sinnespapillen sowie bei frei lebenden Nematoden Augen hervorzuheben.

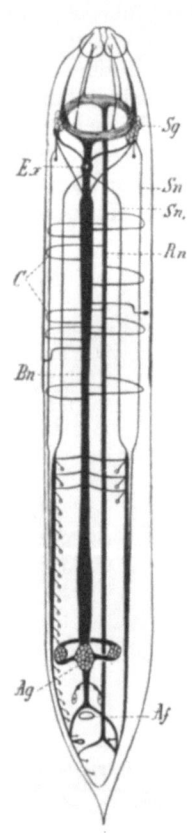

Abb. 492. Schema d. Nervensystems einer männlichen *Ascaris megalocephala*. (Nach BRANDES.) *Sg* Seitenganglion des Schlundringes, *Bn* ventraler, *Rn* dorsaler Mediannerv, *Sn* dorsaler, *Sn'* ventraler Sublateralnerv, *C* Commissuren, *Ag* Analganglion, *Ex* Excretionsporus, *Af* After.

Die Nematoden sind in der Regel getrennten Geschlechtes. Nur wenige Formen (mehrere *Rhabditis*-Arten, die parasitäre Generation von *Angiostomum nigrovenosum* u. a.) sind Hermaphroditen. Interessant ist das Vorkommen von (rudimentären) Männchen, zuweilen von Weibchen bei hermaphroditischen *Rhabditiden* (MAUPAS). Auch Parthenogenese wurde für einige Formen (so *Rhabditis schneideri* u. a.) konstatiert.

Beiderlei Geschlechtsorgane werden durch oft vielfach geschlängelte Röhren gebildet, welche in ihrem oberen Abschnitte die Keimzellen erzeugen, in ihrem unteren Teile die Leitungswege und Behälter für jene darstellen. Die in der Regel paarigen, im distalen Abschnitte als Oviduct und Uterus fungierenden Ovarialschläuche sitzen einer kurzen Vagina auf, welche ventral in der Körpermitte, zuweilen dem vorderen, selten dem hinteren Körperende genähert ausmündet (Abb. 490, 498 a). Die heranwachsenden Eizellen sitzen einem zentralen Plasmastrange an. Der männliche Geschlechtsapparat erweist sich fast allgemein als unpaarer Schlauch und mündet durch seinen als Samenleiter dienenden Endabschnitt nahe dem hinteren Körperende mit dem Darm aus. Häufig enthält der gemeinsame Cloakenabschnitt in einer dorsalen taschenförmigen Ausbuchtung ein oder zwei spitze cuticulare Stäbe, sogenannte *Spicula*, welche durch einen besonderen Muskelapparat vor- und wieder zurückgezogen werden und zur Fixierung bei der Begattung dienen. Oft (*Strongyliden*) kommt noch eine schirmförmige Bursa (Abb. 499) hinzu, oder es ist der Endteil der Cloake in Form eines Begattungsgliedes vorstülpbar (*Trichinella*). Dann liegt die Cloakenöffnung beinahe am hinteren Körperende (Acrophalli), aber doch noch ventral. Fast überall sind in der Nähe des hinteren Körperendes beim Männchen Papillen vorhanden, deren Zahl und Anordnung wichtige Artcharaktere liefert. Für die Männchen erscheint die geringere Körpergröße sowie das meist gekrümmte hintere Körperende charakteristisch. Die Samenkörperchen sind kegelförmig (Abb. 254b) oder kugelig.

Die Nematoden sind in der Regel ovipar, selten lebendig gebärend. Die Eier besitzen meist eine harte Schale und können in verschiedenen Stadien der Embryonalentwicklung oder vor Beginn derselben abgesetzt werden. Bei lebendig gebärenden Formen verlieren die Eier ihre in diesem Falle zarte Hülle schon im Fruchtbehälter des Muttertieres (*Trichinella, Filaria*). Die Furchung ist eine nahezu äquale und führt zur Entstehung einer Gastrula durch Invagination oder Epibolie. Der schlitzförmige Urmund schließt sich von hinten nach vorn. Aus den beiden Zellschichten gehen Körperwand und Mitteldarm hervor. Das mittlere Keimblatt wird durch zwei seitlich am Urmundrande gelegene Zellstreifen (Ectomesoderm) angelegt, während eine durch ihre Größe hervorragende Zelle die Genitalanlage (vielleicht Repräsentant des Entomesoderms) bildet. Oesophagus, Enddarm und Nervensystem entstehen vom Ectoderm. Anstatt der ursprünglich plumpen Form gewinnt der Embryo allmählich eine langgestreckt-zylindrische Gestalt und liegt nun in mehreren Windungen in der Eischale eingerollt. Die Entwicklung ist bei den freilebenden Formen direkt, bei den parasitischen Nematoden meist eine Metamorphose, die in vielen Fällen nicht an dem Wohnort des Muttertieres zum Ablauf kommt. Die Jugendformen können ihren Aufenthaltsort in schlammigem Wasser oder in der Erde oder in einem Zwischenträger haben, in welchem sie frei oder in einer Bindegewebskapsel eingeschlossen leben. Fast durchweg besitzen die Embryonen eine durch die besondere Form des Mund- und Schwanzendes bezeichnete Gestalt, zuweilen auch einen Bohrzahn. Im besonderen erweist sich die bei vielen parasitischen Formen auftretende *rhabditis*-förmige Larve (Abb. 493) mit zugespitztem hinteren Körperende und doppelter Anschwellung des Oesophagus sowie Zahnapparat im Oesophagealbulbus als eine für diese Wurmgruppe phyletische Larvenform. Im Laufe der weiteren Entwicklung erfolgt eine mehrmalige (häufig viermalige) Häutung.

Die postembryonale Entwicklung der parasitischen Nematoden bietet zahlreiche Modifikationen. In einigen Fällen geschieht die Übertragung der noch von den Eihüllen umschlossenen Embryonen passiv mit der Nahrung bzw. Trinkwasser (*Oxyuris, Ascaris, Trichocephalus*). Bei *Ascaris lumbricoides* wandern die ausgeschlüpften Larven vom Darm in die Gefäße der Leber und Lunge, von hier in die Bronchien, die Trachea und durch den Oesophagus zurück in den Darm, wo sie sich zur geschlechtsreifen Form ausbilden. In anderen Fällen gelangen die Jugendformen in einen Zwischenträger, in welchem sie von einer Kapsel umschlossen und passiv in den Magen oder Darm des definitiven Trägers übergeführt werden, so die mit der Nahrung noch innerhalb der Eihüllen von den Mehlwürmern aufgenommenen Embryonen von *Spiroptera obtusa* der Hausmaus im Leibesraum der Zwischenträger. Bei der viviparen *Trichinella (Trichina) spiralis* liegt insofern eine Modifikation dieses Entwicklungsmodus vor, als die Wanderung ihrer Larven und die Ausbildung derselben zu den eingekapselten Muskeltrichinen in demselben Tiere erfolgt, welches die geschlechtsreifen Darmtrichinen enthält.

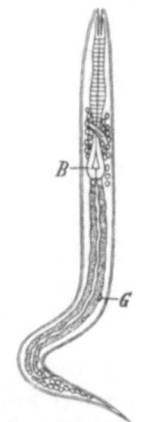

Abb. 493. Frisch ausgeschlüpfte Larve von *Ancylostoma duodenale*. (Nach Looss.) ²⁵⁰/₁ B Oesophagealbulbus, G Genitalanlage.

Nicht selten schreitet die Entwicklung der eingewanderten Nematodenlarven im Zwischenträger bedeutend vor; so z. B. bei *Camallanus lacustris (Cucullanus elegans)*, dessen Larven in Cyclopiden einwandern, dann in der Leibeshöhle dieser kleinen Krebse eine zweimalige Häutung unter wesentlicher Formveränderung erfahren und schon die charakteristische Mundkapsel des geschlechtsreifen Zustandes gewinnen, zu welchem sie sich erst im Darm des Barsches ausbilden. Eine ähnliche Entwicklungsweise kommt bei *Filaria medinensis* vor. Die in Pfützen gelangten Larven wandern in die Leibeshöhle der Cyclopiden ein und nehmen nach Abstreifung ihrer Haut eine Form an, die im allgemeinen den *Camallanus (Cucullanus)*-Larven gleicht. Die Übertragung der Filarienlarve erfolgt wahrscheinlich mit dem Leibe der Cyclopiden.

Die Embryonen einiger Nematoden (*Ancylostoma, Strongylus*) entwickeln sich in feuchter schlammiger Erde nach Abstreifung der Haut zu kleinen sogenannten rhabditisförmigen Larven (Abbild. 493) mit doppelter Anschwellung des Oesophagus und mit dreizähniger Pharyngealbewaffnung, ernähren sich an diesem Aufenthaltsorte selbständig, wachsen und erhalten nach Abstreifung der Haut eine andere Gestaltung. Schließlich gelangen sie (bei *Ancylostoma* wie auch bei *Strongyloides* durch aktive Einwanderung in die Haut des definitiven Wirtes) zu parasitischem Leben auf dem Wege des Blutgefäßsystems und der Lunge in den Darm, wo sie noch weitere Häutungen und Formveränderungen bis zur Geschlechtsreife erfahren.

Bei einer Anzahl von Nematoden wechselt eine im Freien in feuchter Erde lebende getrenntgeschlechtliche rhabditisförmige Generation mit einer parasitären Generation ab. Es besteht hier somit Heterogonie. Bei *Angiostomum (Rhabdonema) nigrovenosum* (Abb. 494) ist die bis 13 mm lange parasitische Generation hermaphroditisch und lebt in der Lunge der Batrachier. Ihre Eier werden in die Lunge abgelegt, gelangen von hier durch den Darm in feuchte Erde und bilden sich in kurzer Zeit zu der 1—2 mm langen, getrennt geschlechtlichen Rhabditisgeneration aus (Abb. 494 b). In den befruchteten Weibchen dieser letzteren entwickeln sich nur 2 bis 4 Embryonen, die in die Leibeshöhle des mütterlichen

Körpers eindringen und von den zu einem körnigen Detritus zerfallenden Körperteilen der Mutter sich ernähren. Schließlich gelangen die Jungen ins Freie und wandern durch die Haut und die Blutbahn in die Lunge der Batrachier ein, wo sie sich zur parasitischen Form entwickeln. Ein ähnlicher Wechsel mit freilebenden Rhabditisgenerationen ist für den im Darm des Menschen lebenden *Strongyloides stercoralis* (*Rhabdonema strongyloides*) nachgewiesen worden. Auch *Leptodera appendiculata* zeigt in ihrer Entwicklung einen ähnlichen Wechsel heteromorpher Generationen, der freilich insofern verschieden ist, als je nach Umständen facultativ mehrere parasitische und freilebende Generationen aufeinander folgen können. Auch darin verhält sich *Leptodera* eigentümlich, daß die in *Arion* parasitierende Form getrenntgeschlechtlich ist, mundlos bleibt und sich durch den Besitz von zwei langen bandförmigen Cuticularanhängen am hinteren Körperende

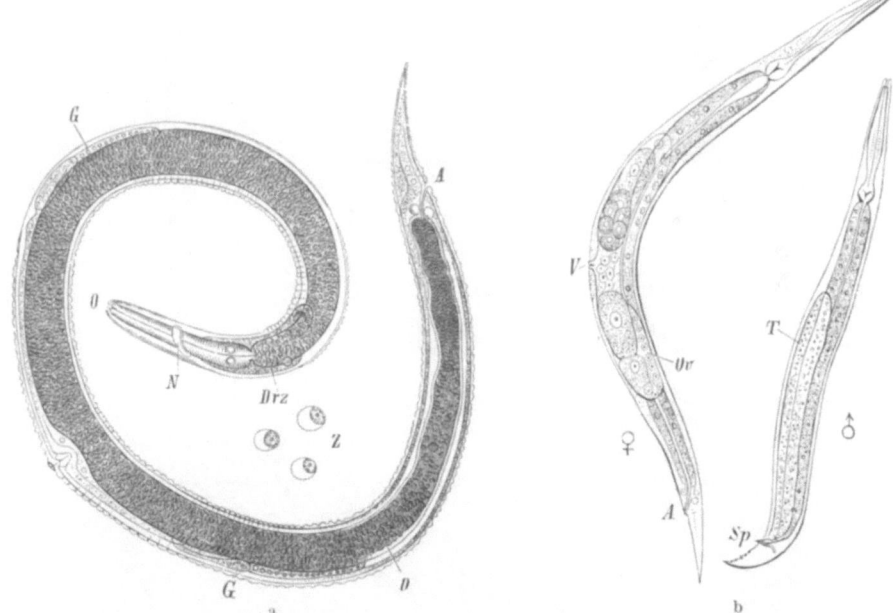

Abb. 494. *Angiostomum* (*Rhabdonema*) *nigrovenosum*. a Parasitische Generation. ²⁰/₁. *O* Mund, *D* Darm, *A* After, *G* Genitaldrüse, *N* Nervenring, *Drz* Drüsenzellen, *Z* isolierte Spermien. — b Männchen (♂) und Weibchen (♀) der Rhabditisgeneration. ⁶⁰/₁. *Ov* Ovarium, *V* Genitalöffnung, *J* Hoden, *Sp* Spicula.

auszeichnet; sie wird erst nach der Auswanderung in feuchte Erde, nach Abstreifung der Haut und Verlust der Schwanzbänder geschlechtsreif.

Die Nematoden ernähren sich von organischen Säften, einige auch von Blut und vermögen dann mit ihrer Mundbewaffnung Wunden zu schlagen. Sie bewegen sich unter lebhaft schlängelnden Krümmungen nach der Bauch- und Rückenfläche, die somit als die Seitenflächen des sich bewegenden Körpers erscheinen. Ihrer Mehrzahl nach sind die Nematoden Parasiten der Tiere, seltener von Pflanzen (*Tylenchus*, *Heterodera*). Zahlreiche Nematoden leben frei im Süßwasser, im Meere oder im Erdboden, andere in faulenden vegetabilischen Substanzen, z. B. das Essigälchen in gärendem Essig und Kleister. Auch kann die Auswanderung des Parasiten notwendige Bedingung zum Eintritt der Geschlechtsreife sein, die erst bei freiem Aufenthalt in feuchter Erde (*Mermis*) erfolgt. Etwas abweichend sind die Fälle kleiner Nematoden, deren Weibchen es ausschließlich sind, welche nach der Begattung in Insekten einwandern und durch die günstigen

Ernährungsbedingungen als Parasiten nicht nur eine ansehnliche Größenzunahme, sondern mit der Brutproduktion auch eigentümliche Umgestaltungen des Körpers erfahren. Bei *Atractonema gibbosum* und dem merkwürdigen Schmarotzer der Hummel *Sphaerularia bombi* wandern die Weibchen nach der im Freien erfolgten Begattung, jene in die Larven der *Cecidomyia pini*, diese in die überwinternden Hummelweibchen ein, bilden den Darm zu einem Zellenstrang bzw. Fettkörper zurück und bringen die Vagina zur Vorstülpung, welche den Uterus nebst Eiern,

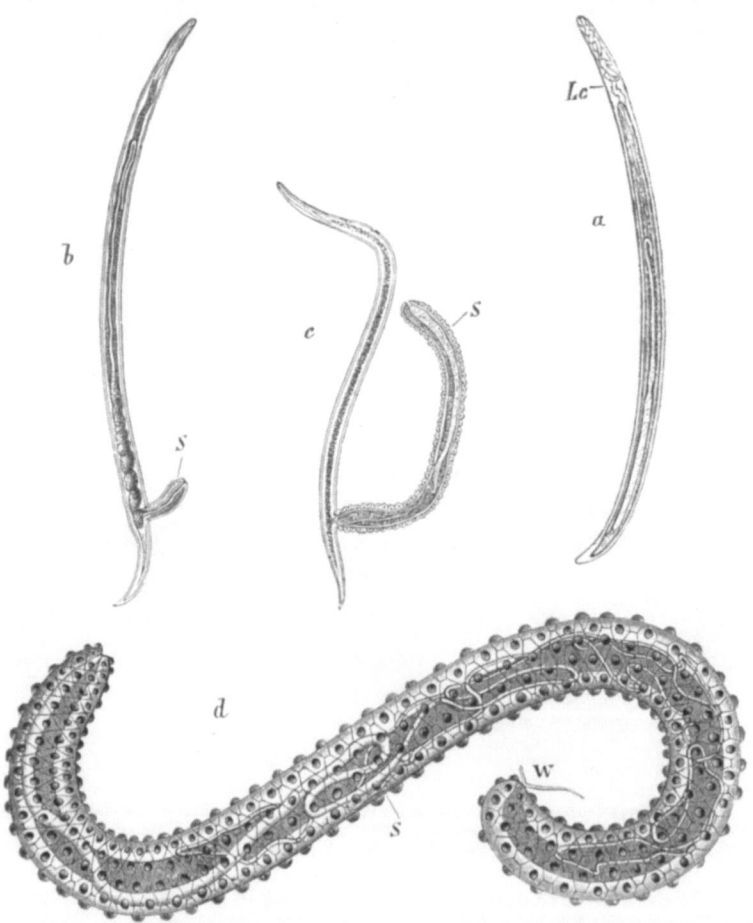

Abb. 495. *Sphaerularia bombi*. (Nach R. LEUCKART.) a Männchen noch in der Larvenhaut (*Lc*). 70/1. b Weibchen mit halbausgestülpter Scheide (*S*). 70/1. c Dasselbe mit schlauchförmig ausgewachsener Scheide. 66/1. d Ausgebildeter Schlauch der Scheide mit anhängendem Wurmkörper (*W*). 10/1.

Ovarium und Darm in sich aufnimmt, während der Leib des Tieres als kleiner Anhang zusammenschrumpft (Abb. 495). Die Larven entwickeln sich schon im Körper des Trägers und gelangen schließlich ins Freie, wo sie entweder nach wenigen Tagen (*Atractonema*) oder erst nach Monaten zu Geschlechtstieren werden.

Zu bemerken ist die Fähigkeit kleiner Nematoden, der Austrocknung lange zu widerstehen und nach Befeuchtung wieder aufzuleben.

Fam. *Enoplidae*. Von geringer Größe, am Vorderkörper oft Borsten und Haare. Oesophagus ohne Bulbus. Seitenkanäle oft durch eine sogenannte Bauchdrüse ersetzt. An der

Schwanzspitze münden häufig Drüsen, deren Secret zum Anheften dient. Leben frei im Meere, Süßwasser oder in der Erde. *Dorylaimus maximus* BÜTSCH., in der Erde, Europa. *D. stagnalis* DUJ., im Schlamme des Süßwassers. Beide mit Mundstachel. *Monohystera vulgaris* MAN. Süßwasser, Europa, Südafrika. *Enoplus tridentatus* DUJ., Mittelmeer, Atlant. Ozean. *Thoracostoma globicaudatum* SCHN. Nordsee.

Hier schließen sich die Familien der *Desmoscolecidae* und *Chaetosomatidae* an.

Fam. *Anguillulidae*. Nematoden meist von geringer Körpergröße. Oesophagus mit doppelter Anschwellung. Zuweilen ein Stachel in der Mundhöhle. Männchen mit zwei Spicula, zuweilen mit Bursa. Hinterende des Weibchens zugespitzt. Seitenkanäle oft durch sogenannte Bauchdrüsen ersetzt. Einige Arten leben in Pflanzen oder Tieren parasitisch, andere in gärenden oder faulenden Stoffen, die meisten frei in der Erde oder im Wasser. *Tylenchus* BASTIAN. Mit kleiner Mundhöhle, in der ein kleiner Stachel liegt. *T. scandens* SCHN. (*Anguillula tritici* NEEDH.), Weizenälchen. In gichtkranken Weizenkörnern. Mit der Aussaat dieser Körner erwachen in der feuchten Erde die eingetrockneten Jugendformen und dringen in die aufkeimenden Weizenpflänzchen ein. Hier überwintern sie ohne Veränderung, bis im Frühjahr sich in der Achse des Triebes die Ähre anlegt. In diese dringen sie ein, wachsen aus und werden geschlechtsreif, während die Ähre blüht und reift. Sie begatten sich, die Weibchen legen die Eier ab, aus denen Embryonen auskriechen, die in den Weizenkörnern verbleiben. *T. dipsaci* KÜHN, in den Blütenköpfen der Weberkarde. *T. davainei* BASTIAN, an Wurzeln von Moos und Gras. *Heterodera schachti* SCHM. Weibchen sackförmig. An den Wurzeln der Runkelrübe, auch an denen des Kohls, des Weizens, der Gerste usw. Ursache der Rübenmüdigkeit. *Rhabditis teres* SCHN., in feuchter Erde und faulenden Substanzen. *Rh. flexilis* DUJ., in den Speicheldrüsen von *Agriolimax agrestis*. *Rh. schneideri* BÜTSCH., in faulenden Pilzen. Pflanzt sich parthenogenetisch fort. *Anguillula aceti* MÜLL., Essigälchen oder Kleisterälchen, von 1—2 mm Länge, in Kleister, gärendem Essig.

Angiostomum (*Rhabdonema*) *nigrovenosum* RUD. (Abb. 494). Entwicklung eine Heterogonie. Die im Schlamm lebende Rhabditisgeneration ist klein und getrenntgeschlechtlich, die größere parasitierende Form in der Lunge der Batrachier hermaphroditisch. *Strongyloides* (*Anguillula*) *stercoralis* BAVAY (*Rhabdonema strongyloides* LEUCK.). Die parasitische, als *Anguillula intestinalis* bekannte Generation im Darm des Menschen in Cochinchina, Japan, Amerika, Afrika und Italien, bei der sogenannten cochinchinesischen Diarrhöe beobachtet, nach LEUCKART hermaphroditisch, nach ROVELLI parthenogenetisch sich fortpflanzend. Die als *Anguillula stercoralis* beschriebene frei lebende Form ist die zugehörige getrenntgeschlechtliche Rhabditisgeneration, die aber in Europa in der Regel ausfällt. Die Infektion erfolgt durch die Haut. *Leptodera appendiculata* SCHN., in feuchter Erde. Die mundlose, anfänglich mit zwei bandförmigen Cuticularanhängen am Hinterende versehene Zwischengeneration lebt in *Arion empiricorum*, wird aber erst im Freien geschlechtsreif und ist wie die im Freien lebende *Rhabditis*-Generation getrenntgeschlechtlich. *Allantonema mirabile* LEUCK., nierenförmig, ohne Darm, Muskulatur und Excretionssystem. In der Leibeshöhle des Fichtenrüsselkäfers (*Hylobius pini*) von einer zelligen Hülle umgeben und durch Tracheen festgehalten. *Atractonema gibbosum* LEUCK., in der Leibeshöhle der Larve von *Cecidomyia pini*, ohne Mund und After, Darm zu einem Zellstrange umgewandelt. Vagina zu einem großen buckelartigen, den Genitalapparat aufnehmenden Anhange ausgestülpt. Die Begattung erfolgt im Freien, die Einwanderung in *Cecidomyia* beschränkt sich auf das weibliche Tier, welches dann den Vorfall der Vagina erleidet. *Sphaerularia bombi* DUF. In der Leibeshöhle überwinterter Hummelweibchen. Der kleine Wurm mit vorgestülpter Vagina, die zu einem 15 mm langen, den Genitalapparat aufnehmenden Schlauch heranwächst (Abb. 495). Die Jungen werden schon in der Hummel frei, aber erst im Freien bei einer Länge von etwa 1 mm geschlechtsreif. Nach der Begattung wandern dann die befruchteten Weibchen in den Körper überwinternder Hummelweibchen ein.

Fam. *Mermithidae*. Afterlose Nematoden von dünnem, sehr langgetrecktem Körper. Mit meist sechs Kopfpapillen. Mitteldarm zu einem Fettkörper umgewandelt. Das männliche Schwanzende verbreitert und mit ein oder zwei Spicula und meist drei Längsreihen zahlreicher Papillen versehen. Leben in der Larvenzeit in der Leibeshöhle von Insecten und wandern in feuchte Erde, manche ins Wasser aus, wo sie geschlechtsreif werden und sich begatten. *Mermis nigrescens* DUJ. gab die Veranlassung zu der Fabel vom Wurmregen. Die Eier besitzen eine dicke braune Schale mit zwei quastenförmigen Anhängen. *M. albicans* SIEB. v. SIEBOLD konstatierte experimentell die Einwanderung der Larven in die Räupchen der Spindelbaummotte (*Hyponomeuta evonymella*). Leben beide in der Erde. *Paramermis contorta* LINST. Lebt im Wasser. Larvenentwicklung in Larven von *Tendipes* (*Chironomus*). Ist beim Auswandern ins Wasser geschlechtsreif.

Fam. *Gnathostomatidae*. Körper fast zylindrisch, ganz oder nur im vorderen Teile mit Dornen bedeckt. *Gnathostoma* (*Cheiracanthus*) *hispidum* FDSCHKO., im Magen des Schweines.

Fam. *Camallanidae*. Körper kurz. Mund schlitzförmig. Mit chitiniger Mundkapsel, die wie aus zwei muschelähnlichen Schalen gebildet ist. *Camallanus lacustris* ZOEGA (*Cucullanus elegans* ZED.), Kappenwurm. Im Darm vieler Süßwasserfische. Europa.

Fam. *Filariidae*. Körper fadenförmig verlängert, oft mit sechs Mundpapillen, zuweilen mit einer hornigen Mundkapsel. Hinterende des Männchens gekrümmt oder spiralig eingerollt mit vier präanalen Papillenpaaren, zu denen jedoch noch eine unpaare Papille hinzukommen kann, mit zwei ungleichen Spicula oder mit einfachem Spiculum.

Filaria MÜLL. Mit kleiner Mundöffnung und engem Oesophagealrohr. Die zuweilen der Papillen entbehrenden Arten leben meist im Bindegewebe, häufig unter der Haut. *F. (Dracunculus) medinensis* L., der Medinawurm, Guineawurm (Abb. 496), im Unterhautzellgewebe des Menschen in den Tropengegenden der alten Welt, wird 50—80 cm lang. Der Kopf mit zwei medianen Lippen und drei Paaren seitlicher Papillen. Darm atrophiert. Weibchen vivipar. Geschlechtsöffnung fehlt. Männchen unbekannt. Der eingewanderte Wurm erzeugt nach erlangter Geschlechtsreife ein schmerzhaftes Geschwür der Haut (Dracontiasis), mit dessen Inhalt die Brut entleert wird. Die in das Wasser entleerten Filarienembryonen wandern in Cyclopiden ein, bestehen hier eine Häutung und werden wahrscheinlich mitsamt dem Cyclopidenkörper durch den Genuß des Trinkwassers in den Menschen übertragen, gelangen in den Darm und von hier aus in die Leibeshöhle, wo die Begattung im Jugendzustande stattfinden dürfte, worauf die Männchen absterben, während die Weibchen in die Haut wandern. *F. immitis* LEIDY lebt im rechten Ventrikel und Venensystem des Hundes, außerordentlich häufig im östlichen Asien, auch in Europa, besonders Italien; lebendiggebärend. Die Embryonen treten direkt in das Blut über, gelangen wie die Malariaparasiten mit dem aufgesogenen Blute in *Anopheles*- und *Culex*-Arten, wandern in die MALPIGHIschen Gefäße ein, machen hier ihre weitere Entwicklung durch und treten sodann in die Leibeshöhle und das Labium ein. Beim Stich der Mücke erfolgt die weitere Übertragung auf den Hund. *Filaria bancrofti* COBD. (*F. nocturna* MANSON), in den Lymphdrüsen und Lymphgefäßen des Menschen in den Subtropen und Tropen. Ursache einer Art der Elephantiasis. Die Weibchen sind lebendiggebärend. Die Larven gelangen in das Blut (*Filaria sanguinis hominis* LEWIS). Die Entwicklung erfolgt in der Brustmuskulatur von *Culex*-Arten, die weitere Übertragung wieder auf den Menschen durch den Stich. *F. equina* ABILDG. (*papillosa* RUD.), im Peritoneum, auch im Auge des Pferdes und des Rindes. *F. loa* GUYOT, im Unterhautbindegewebe der Neger am Kongo. *Spiroptera obtusa* RUD., im Magen der Hausmaus. *Sp. megastoma* RUD., in der Magenschleimhaut des Pferdes.

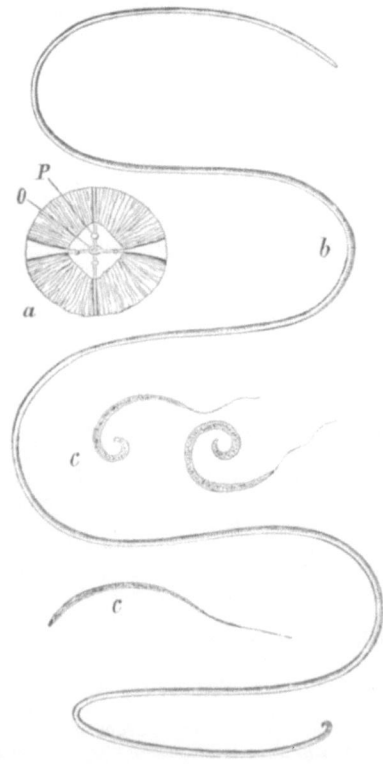

Abb. 496. *Filaria medinensis*. (Nach BASTIAN und R. LEUCKART.) a Vorderende von der Mundfläche gesehen. O Mund, P Papillen. — b Trächtiges Weibchen. Etwa ½. — c Embryonen, stark vergrößert.

Fam. *Trichotrachelidae*. Mit dünnem und langem Vorderkörper. Mundöffnung klein, papillenlos. Speiseröhre sehr lang, in einem einreihigen Zellstrang verlaufend. Ovarium einfach.

Trichocephalus GOEZE. Mit peitschenförmig verlängertem Vorderleib und walzenförmigem, scharf abgesetztem Hinterleib, der die Geschlechtsorgane einschließt und beim Männchen eingerollt ist. Seitenfelder fehlen. Das einfache Spiculum mit einer beim Hervortreten sich umstülpenden Scheide. *T. trichiurus* L. (*dispar* RUD.), Peitschenwurm, im Blinddarm und Colon des Menschen, über die ganze Erde verbreitet. Die Würmer leben nicht frei im Darme, sondern mit dem fadenförmigen Vorderleib in die Schleimhaut eingegraben (Abb. 497). Die hartschaligen zitronenförmigen Eier treten mit dem Kote aus dem Körper des Wirtes noch ohne Zeichen beginnender Embryonalentwicklung, die erst nach längerem Aufenthalt im Wasser oder an feuchten Orten durchlaufen wird. Die Larven werden noch von der Eihülle umschlossen, direkt ohne Zwischenträger mittels des Wassers oder verunreinigter

Speisen übertragen. *T. affinis* RUD. im Dickdarm und Blinddarm des Schafes und der Ziege. *T. crenatus* RUD. Im Dickdarm und Blinddarm des Schweines. *T. depressiusculus* RUD. Im Blinddarm des Hundes.

Trichosomum RUD. Körper haarförmig dünn, doch der Hinterleib des Weibchens aufgetrieben. Schwanzende des Männchens mit Hautsaum und einfachem Spiculum mit Scheide. *T. crassicauda* BELLINGH., in der Harnblase der Wanderratte. Nach R. LEUCKART lebt das Zwergmännchen im Uterus des Weibchens. Gewöhnlich finden sich 2—3, seltener 4 oder 5 Männchen in einem Weibchen.

Trichinella RAILLIET (*Trichina* OW.). Körper haardünn. Weibliche Geschlechtsöffnung weit nach vorne gerückt. Hinterleibsende des Männchens mit zwei konischen terminalen Zapfen, zwischen denen die Cloake vorgestülpt wird, ohne Spiculum. *T. spiralis* OW., Trichine, im Dünndarm des Menschen und zahlreicher, vornehmlich fleischfressender Säugetiere, Weibchen 3—3,5 mm lang (Abb. 498). Die viviparen Weibchen bohren sich in die Zotten sowie die Darmwand ein und gelangen meist in die Lymphräume; etwa 8 Tage nach ihrer Einwanderung beginnen sie dort Junge abzusetzen, welche passiv mit dem Lymph- bzw. Blutstrom, teilweise wohl auch aktiv in die quergestreiften Muskeln des Körpers einwandern. Die Larven durchbohren das Sarcolemma, dringen in die Primitivbündel ein, deren Substanz unter lebhafter Wucherung der Muskelkerne degeneriert, und wachsen in einer schlauchförmigen Auftreibung der Muskelfaser während eines Zeitraumes von 14 Tagen zu spiralig zusammengerollten Würmchen aus, um welche sich innerhalb des verdickten Sarcolemmas von der entzündeten Bindegewebsumhüllung aus glashelle zitronenförmige Kapseln (von 0,4 mm Länge) bilden. In dieser anfangs sehr zarten, bald aber durch Schichtung verdickten und fest gewordenen, mit der Zeit allmählich verkalkenden Kapsel kann die jugendliche Muskeltrichine jahrelang lebendig bleiben. Wird dieselbe mit dem Fleische des Trägers in den Darm eines Warmblüters übergeführt, so wird sie aus ihrer Kapsel durch die Wirkung des Magensaftes befreit und bringt die bereits ziemlich weit entwickelten Geschlechtsanlagen rasch zur Reife. Schon 3—4 Tage nach der Einfuhr sind die Muskeltrichinen zu Geschlechtstrichinen geworden, welche sich begatten und die in

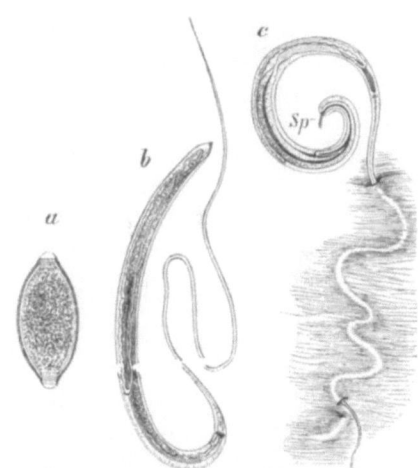

Abb. 497. *Trichocephalus trichiurus (dispar)*. (Nach R. LEUCKART.) a Ei. ³⁶⁰/₁. b Weibchen. c Männchen, mit dem Vorderleib in die Darmschleimhaut eingegraben. *Sp* Spiculum. Etwa ³/₁

dem Träger wandernde Brut (ein Weibchen wohl bis 1000 Embryonen) erzeugen. Die Männchen sterben nach der Begattung ab. Als der natürliche Träger der Trichine ist vor allem die Hausratte zu nennen, welche die Cadaver des eigenen Geschlechtes nicht verschont und so die Trichineninfektion von Generation zu Generation erhält. Gelegentlich werden aber trichinenhaltige Cadaver von den omnivoren Schweinen gefressen, mit dessen Fleisch die Trichinenbrut in den Darm des Menschen gelangt und zur Ursache der so berüchtigten Trichinenkrankheit wird, welche, wenn die Einwanderung massenhaft erfolgt, einen tödlichen Ausgang nimmt.

Fam. *Dioctophymidae*. Körper cylindrisch. Mit zwölf vorspringenden Mundpapillen sowie einer Papillenreihe an jeder Seitenlinie. Männchen mit kragenförmiger rippenloser Bursa und nur einem Spiculum. Weibliche Genitalöffnung weit vorn. Die Larven leben wahrscheinlich in Fischen. *Dioctophyme renale* GOEZE (*Eustrongylus gigas* RUD.), Palissadenwurm. Weibchen bis 100 cm lang. Lebt vereinzelt im Nierenbecken verschiedener Säugetiere, sehr selten im Menschen.

Fam. *Strongylidae*. Körper zylindrisch, selten fadenförmig. Mundöffnung bald eng, bald weit und in eine oft mit Zähnen bewaffnete Mundkapsel führend. Mundöffnung gewöhnlich von einer Blätterkrone umgeben. Männchen mit zweiflügeliger, durch muskulöse Rippen gestützter Bursa und mit zwei Spiculis. *Strongylus* RUD. Mundkapsel mit oder ohne Zähne am Grunde. Die weibliche Genitalöffnung zuweilen dem hinteren Leibesende genähert. Leben teils im Darm, teils in der Lunge und den Bronchen der Wirbeltiere. *Strongylus* (*Sclerostomum*) *equinus* MÜLL. (*armatus* RUD.). Im Darm und den Gekrösarterien des Pferdes. *Trichonema* (*Cylichnostomum*) *tetracanthum* MEHL. Im Darm des Pferdes. *Meta-*

522   Metazoa.

strongylus elongatus Duj. (*apri* Gm., *paradoxus* Mehl.), in den Bronchen des Schweines, gelegentlich des Menschen. *Dictyocaulus filaria* Rud., in den Bronchen des Schafes.

Ancylostoma Dubini. Mit weitem Mund. Mundkapsel mit drei Paar Zähnen am Ventralrand. Im Grunde der Mundkapsel zwei bauchständige Zähne. Am Mundende münden

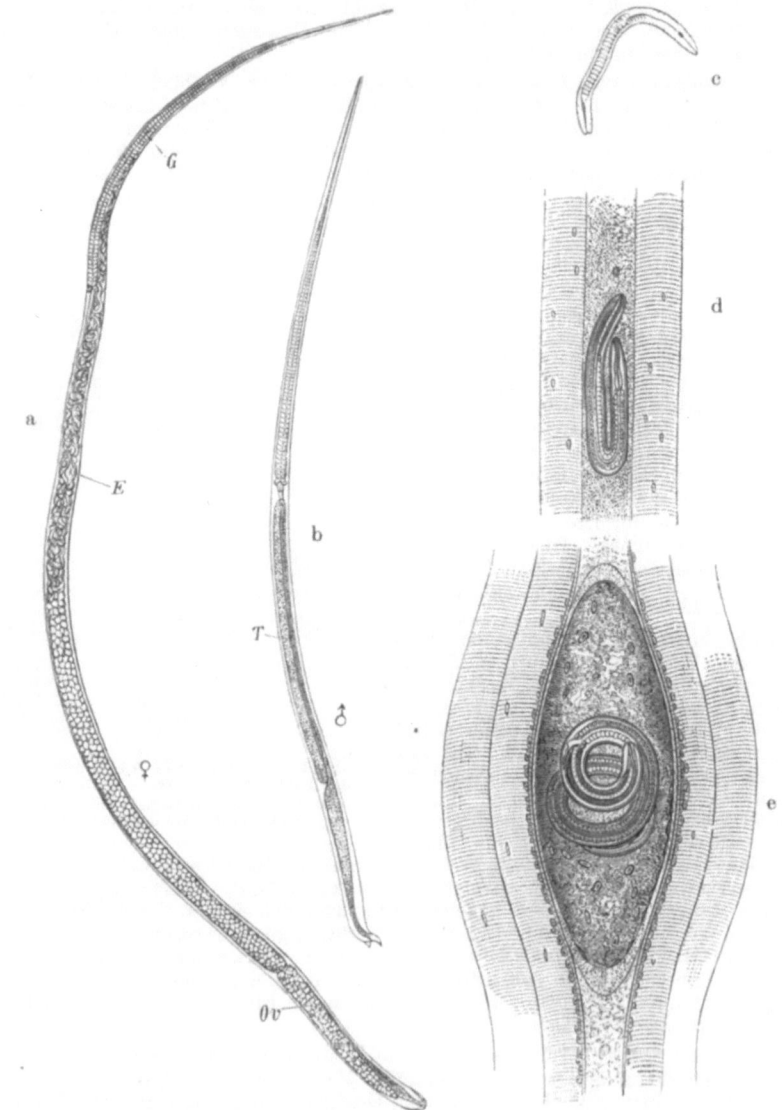

Abb. 498. *Trichinella (Trichina) spiralis.* a Weibliche Darmtrichine. *Ov* Ovarium *G* Genitalöffnung, *E* Embryonen. $^{60}/_1$. — b Männchen. *T* Hoden. $^{80}/_1$. — c Larve, etwa $^{400}/_1$. — d in eine Muskelfaser eingewandert, etwas gewachsen. — e zur eingerollten Muskeltrichine ausgebildet und eingekapselt. (Nach Claus.)

Drüsen. *Ancylostoma (Dochmius) duodenale* Dubini, Hakenwurm, 10—15 mm lang, im Dünndarm des Menschen, in Italien entdeckt, in den Nilländern massenhaft, auch sonst in den wärmeren Zonen verbreitet (Abb. 499). Beißt mit Hilfe der starken Mundbewaffnung Wunden in die Darmhaut und saugt auch Blut aus den Darmgefäßen. Die häufigen, von diesen Parasiten erzeugten Blutungen sind die Ursache der unter dem Namen der ägyptischen Chlorose, Tunnel-, Bergwerks- und Grubenwurmkrankheit bekannten Krankheit. Die Entwicklung der Eier erfolgt in Pfützen, die rhabditisförmigen Larven (Abb. 493) dringen nach Looss durch die Haut ein, gelangen in die kleinen Venen und Lymphgefäße der Haut und von da mit dem Kreislaufe in die Lungenkapillaren, aus diesen in die Lunge und durch die Luftwege und den Rachen in den Darm. Die Larven können auch mit der Nahrung übertragen werden. *A. (Dochmius) trigonocephalum* Rud., im Hund. *Necator americanus* Stiles. Im Menschen im südöstlichen Nordamerika, Kuba, Brasilien, Afrika, auch nach Italien verschleppt. Verursacht schwere Erkrankungen. *Bunostomum phlebotomum* Raill. (*radiatum* Rud.). Im Darm von Rind und Schaf. Hier schließt sich an *Syngamus trachea* Mont. (*trachealis* Sieb.). In der Trachea und den Bronchen verschiedener Vögel. Nordamerika, Europa.

Fam. *Ascaridae.* Körper ziemlich gedrungen, mit drei papillentragenden Mundlippen, von denen die eine der Rückenfläche zugekehrt ist, während die beiden anderen in der Ventrallinie zusammenstoßen. Hinterleibsende des Männchens ventralwärts gekrümmt, meist mit zwei Spicula.

Ascaris L. Polymyarier mit drei starken Mundlippen, deren Rand bei den größeren Arten gezähnelt ist. Oesophagealbulbus nicht vorhanden. Schwanzende meist kurz und kegelförmig, im männlichen Geschlecht mit zwei Spicula (Abb. 500). *A. lumbricoides* L., der menschliche Spulwurm, lebt im Dünndarm, ist weit verbreitet, 20—40 cm lang, in einer kleineren Varietät (*A. suilla* Duj.) im Schwein. Die Eier gelangen in das Wasser oder in feuchte Erde, verweilen hier eine Reihe von Wochen bis zum Ablauf der Embryonalentwicklung und werden direkt in den Darm des späteren Wirtes übergeführt. Die Jungen wandern aus dem Darm in das Blutgefäßsystem von Leber und Lunge und aus letzterer durch die Stimmritze zurück in den Darm, wo sie dann geschlechtsreif werden. *A. megalocephala* Cloq. im Pferd. *A. canis* Werner (*mystax* Zed.), im Hund. *A. felis* Goeze, in der Katze. Beide gelegentlich Parasiten des Menschen. Bei beiden das Vorderende mit zwei flügelförmigen Anhängen. *Ascaridia (Heterakis) vesicularis* Fröl. Männchen mit präanalem Saugnapf. In den Blinddärmen von Huhn, Ente, Gans.

Oxyuris Rud. Meromyarier mit meist drei Mundlippen, die kleine Papillen tragen. Das hintere Ende der Speiseröhre zu einem kugeligen Bulbus mit Zahnapparat erweitert. Hinterleibsende des Weibchens pfriemenförmig

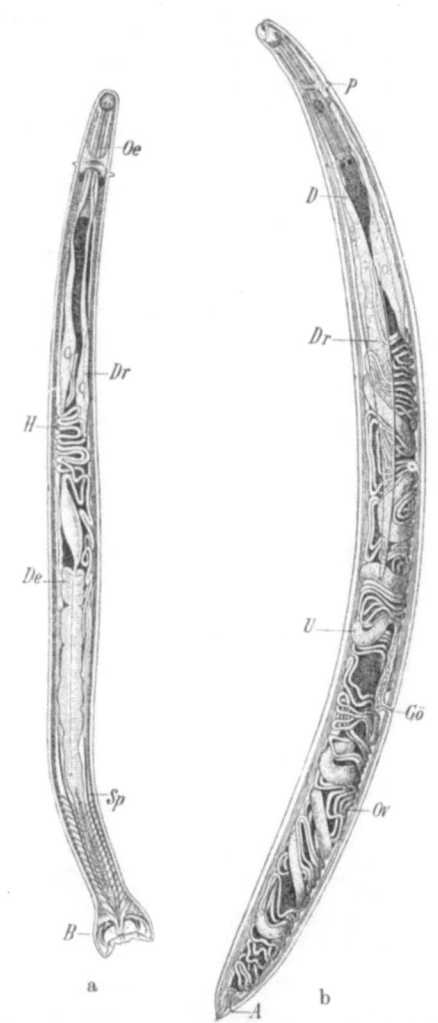

Abb. 499. *Ancylostoma duodenale.* (Nach Looss.) $^{15}/_1$ a Männchen, b Weibchen. *Oe* Oesophagus, *D* Darm, *A* After, *H* Hoden, *De* Ductus ejaculatorius, *Sp* Spiculum, *B* Bursa, *U* Uterus, *Ov* Ovarium, *Gö* Genitalöffnung, *P* Porus excretorius, *Dr* Kopf- und Nackendrüsen.

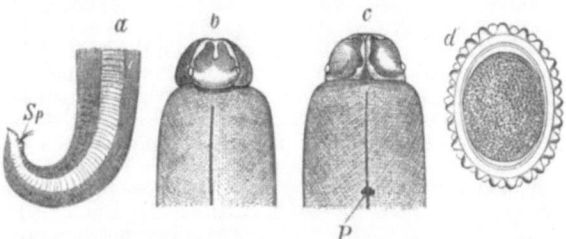

Abb. 500. *Ascaris lumbricoides.* (Nach R. Leuckart.) a Hinterende des Männchens, *Sp* Spicula. b Vorderende von der Rückenseite mit der dorsalen, zwei Papillen tragenden Mundlippe. c Dasselbe von der Bauchseite mit den beiden ventralen Mundlippen. *P* Excretionspo rus. $^3/_1$ d Ei mit der in Buckeln vorspringenden Hülle. $^{360}/_1$

verlängert, des Männchens stumpf und mit einfachem Spiculum (Abb. 490). *O. vermicularis* L., der Pfriemenschwanz oder Madenwurm, im Dickdarm des Menschen, über alle Länder verbreitet. Weibchen etwa 10 mm lang. Die Übertragung der von den Eihüllen umschlossenen Embryonen erfolgt direkt. *O. curvula* RUD., im Blinddarm des Pferdes.

Als sehr weitgehend rückgebildeter Nematode wird von O. SCHRÖDER die in der Leibeshöhle von *Plumatella* sich findende *Buddenbrockia plumatellae* O. SCHRÖDER angesehen.

5. Ordnung. Nematomorpha[1].

Langgestreckte nematodenähnliche Aschelminthen ohne Seitenlinien, mit Cerebralring und Bauchnervenstrang, mit engem, teilweise rückgebildetem Darm. Bis zur Geschlechtsreife parasitisch.

Die systematische Stellung der von VEJDOVSKÝ als *Nematomorpha* bezeichneten Würmer ist nicht sicher zu beurteilen. Gewöhnlich zu den Nematoden eingereiht, bieten die hierher gehörigen Formen so vielfache Besonderheiten im Bau, daß ihre Trennung von den Nematoden vorläufig gerechtfertigt erscheint. Doch wird wieder ihre Zuteilung zu letzteren vertreten (K. HEIDER).

Abb. 501. Geschlechtsreifer *Gordius*. (Original G.) 1/1

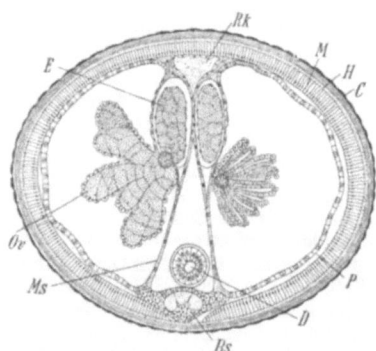

Abb. 502. Querschnitt durch ein Weibchen von *Parachordodes* (*Gordius*) *tolosanus*. (Nach VEJDOVSKÝ.) *C* Cuticula, *H* Hypodermis, *M* Längsmuskelschicht, *P* epitheliales Parenchym der Leibeshöhle, *Ms* Mesenterien, *D* Darm, *Bs* Bauchstrang, *Ov* Ovarium, *E* Eibehälter (Uterus), *Rk* Rückenkanal.

Der mit einer Cuticula überdeckte Körper ist langgestreckt fadenförmig, ähnlich jenem der Nematoden (Abb. 501). Die Leibeswand (Abb. 502) weist keine

---

[1] Außer MEISSNER, ROHDE, BÜRGER, TRETJAKOFF, SCHEPOTIEFF vgl. GRENACHER, H.: Zur Anatomie der Gattung *Gordius*. Z. Zool. 18 (1868). — VILLOT, M. A.: Monographie des dragonneaux. Archives de Zool. 3 (1874). — VEJDOVSKÝ, FR.: Zur Morphologie der Gordiiden. Z. Zool. 43 (1886). — Studien über Gordiiden. Ebenda 46 (1888). — Organogenie der Gordiiden. Ebenda 57 (1894). — WARD, H. B.: On *Nectonema agile*. Bull. Mus. Comp. Zool. Harvard Coll. 23 (1892). — CAMERANO, L.: Monografia dei Gordii. Mem. Accad. Torino 47 (1897). — MONTGOMERY, TH. H.: The adult Organisation of *Paragordius varius*. Zool. Jb. 18 (1903). — The Development and Structure of the Larva of *Paragordius*. Proc. Acad. natur. Sci. Philadelphia 1904. — RAUTHER, M.: Beiträge zur Kenntnis der Morphologie und der phylogenetischen Beziehungen der Gordiiden. Jena. Z. Naturwiss. 40 (1905). — NIERSTRASZ, H. F.: Die *Nematomorpha* der Siboga-Expedition. Leiden 1907. — ŠVÁBENÍK, J.: Beiträge zur Anatomie und Histologie der Nematomorphen (tschech.) Ber. böhm. Ges. Wiss. Prag 1909. — BOCK, S.: Zur Kenntnis von *Nectonema* und dessen systematische Stellung. Zool. Beiträge Uppsala 2 (1913). — MÜHLDORF, A.: Beiträge zur Entwicklungsgeschichte und zu den phylogenetischen Beziehungen der *Gordius*-Larve. Z. Zool. 111 (1914). — HEIDER, K.: Über die Stellung der Gordiiden. Sitzgsber. preuß. Akad. Wiss., Physik.-math. Kl. Berlin 1920. — MAY, H. G.: Contributions to the Life Histories of *Gordius robustus* LEIDY and *Paragordius varius* (LEIDY). Ill. Biol. Monogr. 5 (1919). — MÜLLER, G. W.: Über Gordiaceen. Z. Morph. u. Ökol. Tiere 7 (1926).

Seitenlinien auf, dagegen findet sich bei *Gordius* eine ventrale, bei *Nectonema* außerdem eine dorsale Medianlinie. Das Nervensystem besteht aus einem den Oesophagus umgebenden ringförmigen Teil und dem sich anschließenden unpaaren Bauchstrang, der bis an das hintere Körperende reicht und mit der ventralen Medianlinie durch die sogenannte Neurallamelle verbunden ist. Der terminale Mund ist sehr klein oder obliteriert, auch der Darm beim ausgebildeten Tier eng und streckenweise rückgebildet. Die Leibeshöhle wird bei *Gordius* von einem großzelligen Parenchym (perienterisches Zellgewebe) erfüllt, in welchem Hohlräume auftreten, womit eine epitheliale und mesenterische Anordnung der Parenchymzellen sich ausbildet. Besondere Excretionsorgane scheinen zu fehlen. An den dorsoventral verlaufenden Mesenterien liegen die Genitalorgane befestigt. Die Nematomorphen sind getrennten Geschlechtes. Bei *Gordius* sind die Genitalorgane paarig. Die gelappten Ovarien hängen dem dorsalen Mesenterium an, in welchem auch die beiden Eibehälter (Uteri) liegen, die hinten durch ein Atrium mit dem After in einer Cloake ausmünden. Dazu kommt ein in das Atrium einmündendes Receptaculum seminis. Auch die paarigen männlichen Keimdrüsen öffnen sich hinten in die Cloake. Desgleichen liegt bei *Nectonema* die Genitalöffnung hinten terminal.

Die Nematomorphen leben im Jugendzustand in der Leibeshöhle von Arthropoden, wandern aber zur Begattungszeit in das Wasser aus, wo sie vollkommen geschlechtsreif werden.

Fam. *Gordiidae*, Saitenwürmer. Ohne dorsale Medianlinie. Schwanzende des Männchens gabelig. Im Süßwasser. Die mit Stachelkränzen und am Vorderende mit Stiletten versehenen Larven (Abb. 503) durchbohren die Eihüllen, wandern in Insectenlarven (*Tendipes*-[*Chironomus*-]Larven, Ephemeridenlarven) ein und kapseln sich hier ein. Raubinsekten des Wassers nehmen mit dem Fleische der Ephemeridenlarve die eingekapselten Jugendformen auf, die sich nun in der Leibeshöhle der neuen größeren Träger zu jungen Gordiiden entwickeln und zur Zeit der Erlangung der Geschlechtsreife in das Wasser auswandern.

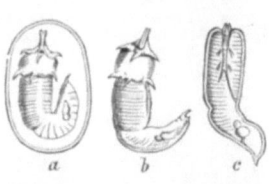

Abb. 503. Larven von *Parachordodes tolosanus* (*subbifurcus*). (Nach MEISSNER.) Etwa $250/_1$. a In der Eihülle mit vorgeschobenem Rüssel, b außerhalb der Eihülle, c mit eingestülptem Vorderende.

Doch soll der erste Zwischenwirt ausfallen können und dies das normale Verhalten bilden (G.W. MÜLLER). *Gordius aquaticus* L. (*villoti* ROSA), *Parachordodes tolosanus* DUJ. (*subbifurcus* SIEB.), Mitteleuropa. *Paragordius varius* LEIDY. Nordamerika. *Chordodes ornatus* GRENACHER. Philippinen.

Fam. *Nectonematidae*. Mit beiden Medianlinien, längs derselben zwei Reihen haarähnlicher Borsten. Das Männchen mit ventralwärts gebogenem konischen Körperende. After fehlt. Marin. *Nectonema agile* VERRILL. Atlantisch, Nordamerika, auch in Neapel gefunden. Jugendform in *Periclimenes* (*Palaemonetes*).

6. Ordnung. Acanthocephali, Kratzer[1].

Entoparasitische Aschelminthen von walzenförmigem Körper, vorn mit einstülpbarem hakentragenden Rüssel, ohne Darm.

Die verwandtschaftlichen Beziehungen der Acanthocephalen sind unklar und ihre von manchen Forschern vorgenommene nähere Zusammenordnung mit den Nematoden wird durch die Organisationsverhältnisse nicht genügend begründet.

Der schlauchförmige, oft quergeringelte Körper (Abb. 504) beginnt mit einem

---

[1] Außer WESTRUMB, DUJARDIN, DIESING vgl. LEUCKART, R.: Parasiten des Menschen 2 (1876). — GREEFF, R.: Untersuchungen über *Echinorhynchus miliaris*. Arch. Naturgesch. 1864. — HAMANN, O.: Die Nemathelminthen. I. Monographie der Acanthocephalen. Jena. Z. Naturwiss. 25 (1891). — Die Nemathelminthen. Jena 1895. — KAISER, J. E.: Die Acanthocephalen und ihre Entwicklung. Bibliotheca zoologica 7 (1893) und 12. Jber. IV. städt. Realschule Leipzig 1913. — LÜHE, M.: Geschichte und Ergebnisse der Echinorhynchen-Forschung usw. Zool. Annal. 1 (1905). — MEYER, A.: Die Furchung nebst Eibildung, Reifung und Befruchtung des *Gigantorhynchus gigas*. Zool. Jb. 50 (1928). — Vgl. ferner die Schriften von A. SCHNEIDER, ANDRES, SÄFFTIGEN, KNÜPFFER, SCHEPOTIEFF u. a.

Widerhaken tragenden Rüssel, welcher in einen in die Leibeshöhle hineinragenden muskulösen Sack (Rüsselscheide) zurückgezogen werden kann. Das hintere Ende dieser Rüsselscheide wird durch ein Band und durch Retraktoren (Retinacula) an der Leibeswand befestigt. Die Körperwand ist von einer zarten Cuticula überdeckt, unter welcher eine hohe, faserig differenzierte Subcuticula liegt. Nach innen folgt die aus einer äußeren Ring- und inneren Längsmuskelschicht bestehende Leibesmuskulatur. Die Subcuticula bildet zwei neben der Rüsselscheide in die Leibeshöhle hineinhängende birnförmige Wucherungen, die Lemnisci. Eigentümlich ist den Acanthocephalen ein in der unteren Schicht der Subcuticula gelegenes Netz von Lacunen, die eine körnchenreiche Ernährungsflüssigkeit führen. Es zerfällt in zwei getrennte Abschnitte. Mit dem vorderen, im Rüssel und Halse sich verzweigenden Abschnitt hängen auch die Lacunen der Lemnisci zusammen, welche in eine Ringlacune der Haut münden. Der hintere Abschnitt umfaßt die Lacunen des gesamten Hinterleibes; an ihm lassen sich zwei größere Längsstämme unterscheiden, von welchen die sich verästelnden kleineren Kanäle ausgehen. Die Haut der Acanthocephalen mit ihrem Kanalsystem dient als Organ der Nahrungsaufnahme und die Lemnisci haben die Bedeutung, die Nahrungsstoffe aus der Leibeshöhle aufzusaugen und den Kanälen der Rüsselregion zuzuführen (KAISER). Ein Darmkanal fehlt. Das Nervensystem besteht aus einem gegen das Hinterende der Rüsselscheide gelegenen Ganglion, welches Nerven nach vorn in den Rüssel und zwei große hintere Seitennerven durch die Retinacula nach den Wandungen des Körpers entsendet (Abb. 504). Die sich von hier aus verteilenden, lateral verlaufenden Nervenfasern versorgen teils die Muskulatur des Körpers, teils den Geschlechtsapparat, für welchen sich beim männlichen Tier in zwei Ganglien besondere Zentren finden. Von Sinnesorganen sind bloß wenige Tastpapillen am Rüssel sowie an der Bursa des Männchens bekannt. Excretionsorgane sind nur bei *Echinorhynchus hirudinaceus* (*gigas*) gefunden als ein Paar schüsselförmiger, in die Leibeshöhle ragender Körper, welche der Uterusglocke bzw. dem Ductus ejaculatorius ansitzen. Jedes Organ baut sich aus drei Zellen auf und besteht aus einem verästelten Kanälchen, das in zahlreichen zylindrischen Kölbchen endet, deren geschlossenes Ende eine in das Lumen ragende Wimperflamme trägt. Die Ausmündung geschieht in die Genitalgänge.

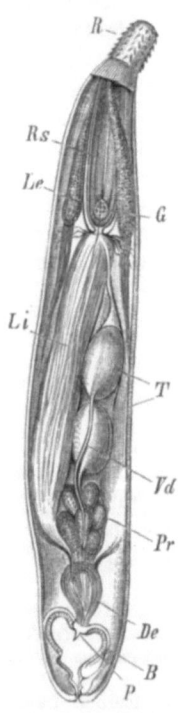

Abb. 504. Männchen von *Echinorhynchus lucii* (*angustatus*). (Nach R. LEUCKART.) 17/1. *R* Rüssel, *Rs* Rüsselscheide, *Li* Ligament, *G* Ganglion, *Le* Lemnisci, *T* Hoden, *Vd* Ductus deferens, *Pr* Anhangsdrüsen, *De* Ductus ejaculatorius, *P* Penis, *B* eingestülpte Bursa.

Die Leibeshöhle umschließt die mächtig entwickelten Geschlechtsorgane, welche größtenteils in einem vom Grunde der Rüsselscheide durch die ganze Leibeshöhle ausgespannten Ligament eingelagert sind. Die Geschlechter sind getrennt. Die Männchen besitzen zwei Hoden, ebensoviele Ductus deferentes, einen gemeinsamen, mit sechs Anhangsdrüsen versehenen Ductus ejaculatorius und einen kegelförmigen Penis im Grunde einer glockenförmigen, am hinteren Leibesende hervorstülpbaren Bursa (Abb. 504). Die Geschlechtsorgane der größeren Weibchen bestehen aus zwei Ovarien, welche sich nur im Jugendstadium innerhalb des Ligamentes finden; sie zerfallen später in einzelne Eierballen, die durch das Ligament in die Leibeshöhle gelangen, wo man sie und die sich aus ihnen lösenden Eier flottierend antrifft. Der Ausführungsapparat (Abb. 505) besteht aus einer mit freier Mündung in der Leibeshöhle beginnenden Uterusglocke und einer kurzen Scheide, welche am hinteren Körperende ausmündet. Bei *Echinorhynchus hirudinaceus* (*gigas*) mündet die Uterusglocke in gegen die Leibeshöhle abgeschlossene Ligamenträume. Die Befruchtung des Eies und die Embryonalentwicklung bis zum Larvenstadium findet bereits in der Leibeshöhle des mütterlichen Tieres statt. Durch die Schluckbewegung der Uterusglocke werden die in der Leibeshöhle flottierenden unreifen und die langgestreckten, bereits Embryonen beherbergenden Eier in erstere aufgenommen. In der Uterusglocke findet eine Scheidung der unreifen und reifen Eier statt; erstere gelangen durch eine besondere Öffnung (untere Glockenöffnung) in die Leibeshöhle zurück, letztere werden durch paarige hintere Gänge (Glockenschlundgänge) in den Uterus überführt. Die von mehreren Hüllen umschlossenen Embryonen (Abb. 506 a) gelangen nach außen und bedürfen zu ihrer Weiterentwicklung der Übertragung in einen Zwischenwirt. Als solcher erweisen sich kleine Krebse und Insekten, in deren Darm die Embryonen frei werden. Die ausschlüpfenden Larven (Abb. 506 b und 507) sind schlank und besitzen am Vorderende einen Kranz von Haken oder Stacheln. Sie durchbohren die Darmwandung und bilden sich in der Leibeshöhle des Zwischenwirtes nach Verlust der Embryonalhaken zu kleinen Echinorhynchen aus. Erst nach Einführung in den Darm des Endwirtes erfolgt die Ausbildung der Geschlechtsreife und definitiven Größe.

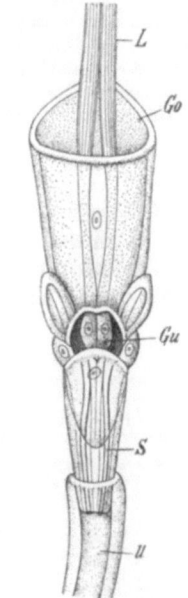

Abb. 505. Uterusglocke von *Echinorhynchus trichocephalus*. (Nach KAISER.) *Go* obere, *Gu* untere Glockenöffnung, *L* Ligament, *S* Glockenschlundgänge, *U* Uterus.

Die Acanthocephalen leben im Darm von Wirbeltieren und sind mittels des Rüssels an der Darmwand befestigt.

Fam. *Echinorhynchidae*. Mit den Charakteren der Ordnung. *Echinorhynchus* (*Gigan-*

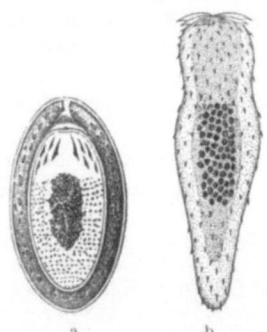

Abb. 506. a Von den Eihüllen umschlossener Embryo von *Echinorhynchus* (*Gigantorhynchus*) *hirudinaceus*. 300/1 (nach R. LEUCKART); b Larve (nach KAISER).

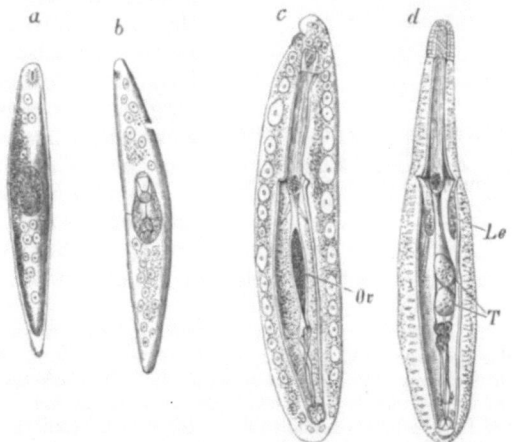

Abb. 507. Larven von *Echinorhynchus proteus*. (Nach R. LEUCKART.) a Freigewordene Larve. — b Älteres Stadium. — c Junger weiblicher Wurm. *Ov* Ovarium. — d Junger männlicher Wurm. *T* Hoden, *Le* Lemnisci.

torhynchus) *hirudinaceus* PALL. (*gigas* GOEZE), Riesenkratzer, 10—65 cm lang, im Schwein. Larve im Engerling des Maikäfers. *E. polymorphus* BREMS., im Darm der Ente und anderer

Vögel. Jugendform in *Gammarus*, auch im Flußkrebs. *E. proteus* WESTRUMB, in Süßwasserfischen, Jugendform in *Gammarus* und in der Leibeshöhle und Leber von *Phoxinus*. *E. lucii* MÜLL. (*angustatus* RUD.), in Süßwasserfischen (Abb. 504), Jugendform in der Wasserassel. *E. haeruca* RUD., in Fröschen, Jugendform in der Wasserassel. *E. moniliformis* BREMS., im Darm von *Eliomys quercinus* sowie der Feldmaus und des Hamsters, Jugendstadium in *Blaps mortisaga*. Diese Art gelangt nach einem Infektionsversuche auch im Darm des Menschen zur Entwicklung (GRASSI und CALANDRUCCIO). Von LAMBL ist ein nicht geschlechtsreifer *Echinorhynchus* spec.? im Dünndarm eines an Leukämie verstorbenen Kindes gefunden worden.

3. Klasse. Entoprocta[1].

Kelchförmige, mittels Stieles festsitzende solitäre oder stockbildende Scoleciden mit den Mund und After umkreisendem Tentakelkranz.

Die Entoprocten werden im System in der Regel als Abteilung der Bryozoa, deren zweite Untergruppe die Ectoprocta bilden, aufgeführt. Trotz vielfacher Ähnlichkeiten in der Organisation und besonders in den Larvenorganen besteht doch zwischen Entoprocten und den Ectoprocten, die nun ausschließlich die Bryozoa repräsentieren, keine nähere verwandtschaftliche Beziehung, worauf schon von HATSCHEK, KORSCHELT und K. HEIDER hingewiesen wurde. Die Embryonalentwicklung lehrt, daß die zwischen Mund und After innerhalb des Tentakelkranzes gelegene Körperregion, in welche das Ganglion fällt, bei den *Entoprocten* der Bauchseite, das Ganglion somit einem Bauchganglion entspricht, ihr Tentakelkranz ein präoraler ist; dagegen bei den Bryozoen (Ectoprocten), deren Tentakelkranz ein postoraler ist und bloß den Mund umsäumt, der verkürzten Dorsalseite, ihr Ganglion sonach dem Cerebralganglion entspricht. Die Ähnlichkeiten in der Ausbildung der Larvenorgane bei Entoprocten und Bryozoen (Ectoprocten) erweisen sich als Analogien; so ist vor allem das mit dem sogenannten birnförmigen Organ der Bryozoen- (Ectoprocten-) Larve verglichene sogenannte Dorsalorgan der Entoproctenlarve nicht homolog; ersteres liegt hinter, letzteres vor dem Wimperkranz.

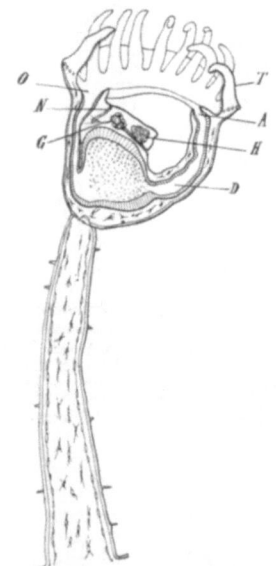

Abb. 508. Einzeltier von *Pedicellina echinata* im Medianschnitt. (Orig. G.) $^{28}/_1$. *T* Tentakel, *O* Mund, *D* Darm, *A* After, *N* Nephridium, *G* Ganglion, dahinter das Ovarium, *H* Hoden.

Bei den Scoleciden wurden die Entoprocten zuerst von HATSCHEK eingeordnet.

Am Körper der Entoprocten (Abb. 508) ist ein durch Längsmuskel beweglicher Stiel und ein Kelch zu unterscheiden. Letzterer enthält die Eingeweide

---

[1] Außer KOWALEVSKY, SALENSKY, FOETTINGER, PROUHO, STIASNY u. a. vgl. NITSCHE, H.: Beiträge zur Kenntnis der Bryozoen. Z. Zool. **20** (1870). — HATSCHEK, B.: Embryonalentwicklung und Knospung der *Pedicellina echinata*. Ebenda **29** (1877). — HARMER, S. F.: On the Structure and Development of *Loxosoma*. Quart. J. microsc. Sci. **25** (1885). — On the Life-history of *Pedicellina*. Ebenda **27** (1887). — BARROIS, J.: Mémoire sur la Métamorphose de quelques Bryozoaires. Ann. des Sci. natur. Paris 1886. — SEELIGER, O.: Die ungeschlechtliche Vermehrung der entoprocten Bryozoen. Z. Zool. **49** (1889). — Über die Larven und Verwandtschaftsbeziehungen der Bryozoen. Ebenda **84** (1906). — EHLERS, E.: Zur Kenntnis der Pedicellineen. Abh. Ges. Wiss. Göttingen, Math.-physik. Kl. **36** (1890). — DAVENPORT, C. B.: On *Urnatella gracilis*. Bull. Mus. comp. Zool. Harvard Coll. **24** (1893). — CZWIKLITZER, R.: Die Anatomie der Larve von *Pedicellina echinata*. Arb. zool. Inst.Wien **17** (1908). — NASSONOW, N.: *Arthropodaria kovalevskii*. Arb. zool. Labor. Akad.Wiss. Leningrad **2** (1926).

und wird an seinem oberen Rande von einem Kranz an der Innenseite bewimperter Tentakel umstellt, die in das Atrium des Kelches eingeschlagen werden können. Das Körperepithel sondert eine Cuticula ab, die am Stiel und bei den stockbildenden Formen an den die Einzeltiere verbindenden Stolonen am stärksten ist und auch Stacheln tragen kann. Die (primäre) Leibeshöhle ist von einem reichlichen Mesenchym erfüllt. Am Grunde des Atriums liegen Mund und After, die in einen hufeisenförmigen Darm führen. Zwischen Mund und After, dem Oesophagus anliegend, findet sich ein Ganglion. Vor letzterem liegt ein Paar am inneren Ende geschlossener Nephridien. Analwärts folgen die kleinen sackförmigen Genitaldrüsen, deren Ausführungsgang in das Atrium mündet. Die Entoprocten sind getrenntgeschlechtlich oder hermaphroditisch. Neben der geschlechtlichen Fortpflanzung besteht auch die ungeschlechtliche durch Knospung (Abb. 290), die mit Ausnahme von *Loxosoma*, bei dem sich die Knospen loslösen, zur Stockbildung führt. Die Embryonalentwicklung wird im Atrium durchlaufen und ist eine Metamorphose. Die Larve von *Pedicellina* (Abb. 509) besitzt einen Wimperkranz, am apicalen Pol eine von Sinneshaaren umstellte Scheitelplatte sowie ventral vor dem Wimperkranz ein vorstreckbares Sinnesorgan (sogenanntes Dorsalorgan). Die Festsetzung der freischwimmenden Larve erfolgt mit der Oralseite. Der Darm der Larve mit der vom Wimperkranz umsäumten Vestibularanlage erfährt eine Drehung nach dem freien Pol. Dorsalorgan und Scheitelorgan werden rückgebildet.

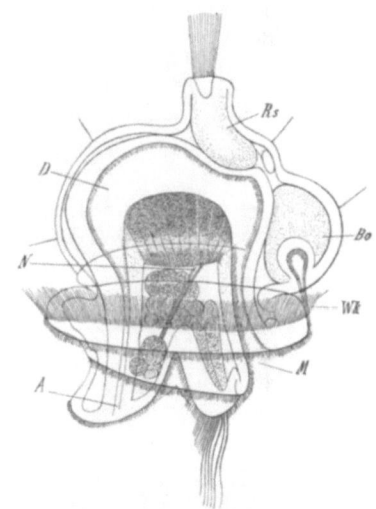

Abb. 509. Larve von *Pedicellina*. Etwa $130/1$. *M* Mund, *D* Darm, *A* After, *N* Nephridium, *Rs* Scheitelorgan, *Bo* sogenanntes Dorsalorgan, *Wk* Wimperkranz. (Nach HATSCHEK.)

Die meisten Entoprocten sind Meeresbewohner, *Urnatella* lebt im Süßwasser.

Fam. *Pedicellinidae*. Mit den Charakteren der Gruppe. *Loxosoma singulare* KEF., St. Vaast. *L. neapolitanum* Kow., Neapel. Beide solitär. *Pedicellina echinata* SARS, Nordsee, Mittelmeer (Abb. 508). *Urnatella gracilis* LEIDY, im Süßwasser Nordamerikas. *Arthropodaria kovalevskii* NASSONOW, im Brackwasser. Bucht von Sebastopol.

4. Klasse. Nemertini, Schnurwürmer[1].

Langgestreckte Scoleciden mit bewimperter Haut und dickem Hautmuskelschlauch, mit mittels Afteröffnung ausmündendem Darm; mit am Vorderende des Körpers vorstülpbarem Rüssel, mit Blutgefäßsystem, mit zwei Sinnesgruben am Kopfteil. Die Genitalorgane einfach sackförmig, wiederholen sich in vielfacher Zahl. In der Regel getrenntgeschlechtlich.

---

[1] DE QUATREFAGES, A.: Études sur les types inférieurs de l'embranchement des Annelés. Ann. des Sci. natur. 1846. — METSCHNIKOFF, E.: Studien über die Entwicklung der Echinodermen und Nemertinen. Mém. Acad. St.-Pétersbourg 1869. — MCINTOSH, W. C.: A monograph of the British Annelids. P. I: Nemerteans. London 1873—1874. — BARROIS, J.: Mémoire sur l'embryologie des Némertes. Ann. des Sci. natur. 1877. — KENNEL, J.: Beiträge zur Kenntnis der Nemertinen. Arb. zool. Inst. Würzburg 4 (1878). — HUBRECHT, A. A. W.: The Genera of European Nemerteans etc. Notes from the Leyden Mus. vol. I (1879). — SALENSKY, W.: Recherches sur le développement du *Monopora* etc. Archives de Biol. 5 (1884). — Morphogenetische Studien an Würmern. II. Mém. Acad. St.-Pétersbourg 30 (1912). — DEWOLETZKY, R.: Das Seitenorgan der Nemertinen. Arb. zool. Inst. Wien 7 (1888). — BÜRGER, O.: Die Nemertinen des Golfes von Neapel 1985. — Nemertini. Bronns

Die *Nemertinen* stehen in vielen Punkten den übrigen Scoleciden gegenüber. Eine Reihe von Forschern betrachtet sie als Anneliden, eine Ansicht, für welche sich manche Tatsachen (wie das Blutgefäßsystem und Wiederholung der Genitaldrüse) anführen lassen. Indessen sprechen die Art der Ausbildung des Blutgefäßsystems und auch die bei der Entwicklung auftretenden Larvenzustände und Anderes dafür, daß eine nähere Verwandtschaft zu den Anneliden nicht besteht, somit die sich bei den Nemertinen in der Wiederholung der Genitaldrüse ausprägende Metamerie selbständig entstanden und nicht auf die Metamerie der Anneliden beziehbar ist.

Der Körper (Abb. 510, 511) ist schnurförmig, dorsoventral etwas abgeplattet, sein Vorderende häufig als Kopf abgesetzt. Die Länge schwankt von wenigen Millimetern bis zu einigen Metern, während die Breite stets eine geringe bleibt. Die dicke Körperwand besteht aus einem bewimperten drüsenreichen Hautepithel, welches auch Pigmente enthält, sowie einer bindegewebigen Unterhaut und einem Hautmuskelschlauche, der sich aus einer äußeren Ringmuskel- und inneren Längsmuskelschicht zusammensetzt. Dazu kommt bei den *Heteronemertinen* noch eine außerhalb der Ringmuskulatur entwickelte Längsmuskelschicht. Endlich sind auch dorsoventral verlaufende Muskeln vorhanden, welche zwischen den Darmdivertikeln in dem Parenchym verlaufen, in das alle Organe der Nemertinen eingebettet liegen. Der Mund liegt ventral nahe dem Vorderende (seltener mündet er mit der terminalen Rüsselöffnung gemeinsam aus) und führt in den Vorderdarm, auf welchen ein langer Mitteldarm folgt, welcher regelmäßig sich wiederholende Seitentaschen aufweist; zuweilen (*Metanemertini*) ist vor der Einmündungsstelle des Vorderdarmes in den Mitteldarm ein ventraler Blinddarm vorhanden. Der Darm mündet bei den Nemertinen durch einen After am Hinterende aus. Am

Abb. 510. *Lineus geniculatus*. (Nach BÜRGER.) Am Vorderende die Kopfspalten erkennbar. ³/₄

Klass. u. Ordn. Tierreichs 4, Suppl. 1897—1907. — Nemertini. Tierreich 20. Liefg. **1904.** — BÖHMIG, L.: Beiträge zur Anatomie und Histologie der Nemertinen. Z. Zool. **64** (1898). — WILSON, C. B.: The Habits and Early Development of *Cerebratulus lacteus*. Quart. J. microsc. Sci. **43** (1900). — BERGENDAL, D.: Studien über Nermertinen. I.—III. Fysiogr. Sällsk. Handl. Lund 1901—1903. — WIJNHOFF, G.: Die Gattung *Cephalothrix* und ihre Bedeutung für die Systematik der Nemertinen. Zool. Jb. **30** (1910); **34** (1913). — NUSBAUM, J. u. M. OXNER: Die Embryonalentwicklung des *Lineus ruber*. Z. Zool. **107** (1913). — HAMMARSTEN, O.: Beitrag zur Embryonalentwicklung der *Malacobdella grossa*. Arb. zool. Inst. Stockholms Högskola **1** (1919). — COE, W. R.: The pelagic Nemerteans. Rep. Sci. Results Exped. „Albatross". Mem. Mus. Comp. Zool. Harvard Coll. **49** (1926). — Vgl. ferner die Schriften von MAX SCHULTZE, DESOR, OUDEMANS, ARNOLD, PUNNETT, ZELENY, BRINKMANN u. a.

vorderen Körperende liegt die Öffnung des für die Nemertinen charakteristischen vorstülpbaren schlauchförmigen Rüssels (Abb. 511), der in einer geschlossenen, dorsal vom Darm gelegenen Rüsselscheide (Rhynchocöl) mittels eines Retractors befestigt liegt. Der Rüssel ist entweder kurz und mit Rhabditenzellen, selbst Nesselkapseln ausgestattet, oder (fast alle *Metanemertinen*) lang und in zwei Abschnitte gegliedert, von denen der vordere ausstülpbare ein größeres Stilet und zu dessen Seiten in Nebentaschen mehrere Reservestilete besitzt, der hintere drüsig und als Giftapparat aufzufassen ist. Beim Hervorstülpen des Rüssels rückt das Stilet an die äußerste Spitze und es wird aus der Giftdrüse Secret entleert. Das Rhynchocöl ist von einer farblosen Flüssigkeit erfüllt, in welcher große amöboid bewegliche Zellen (Rhynchocölkörperchen) flottieren. Bei vielen Nemertinen mündet oberhalb der Rüsselöffnung eine größere Drüse, die Kopfdrüse.

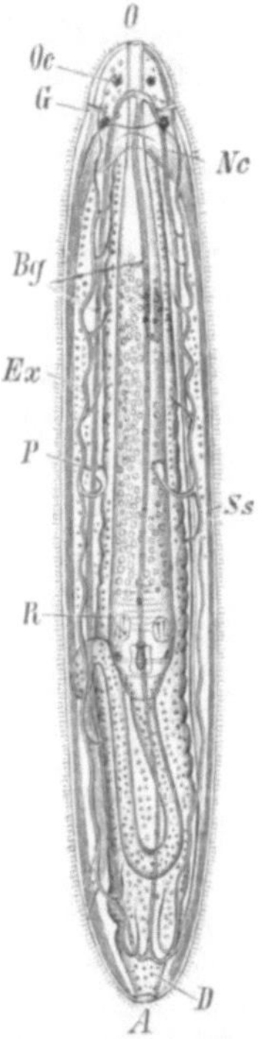

Die Nemertinen besitzen ein Blutgefäßsystem, welches entweder aus zwei lateralen Längsstämmen besteht, die sich vorn und hinten vereinigen (*Palaeonemertinen*), oder es tritt noch ein medianes, dorsal über dem Darm verlaufendes Rückengefäß hinzu (Abb. 511). Im letzteren Falle sind zwischen Rückengefäß und den Seitengefäßen Querschlingen vorhanden (*Meta-* und *Heteronemertinen*). Außerdem gehen nach vorn Gefäße zum Vorderdarm und Rhynchocöl ab. Die Gefäße besitzen contractile Wandungen. Der Blutstrom ist im Rückengefäße von hinten nach vorn, in den Seitengefäßen umgekehrt gerichtet. Das Blut ist meist farblos, bei einigen Arten jedoch rötlich gefärbt. Bei wenigen *Amphiporiden* und *Euborlasia* ist die rote Farbe an die ovalen scheibenförmigen Blutkörperchen gebunden.

Die Excretionsorgane sind zwei kurze, zu den Seiten des Vorderdarmes gelegene verzweigte, seltener den Körper in ganzer Länge durchziehende Nephridien, welche seitlich durch einen, selten mehrere Poren nach außen münden. Die inneren Enden der feinen Nephridienzweige werden von geschlossenen Wimperkölbchen gebildet, welche in die Wand der lateralen Blutgefäße eindringen. Bei den *Cephalothriciden* und einigen anderen Formen, so *Geonemertes*, sind zahlreiche (sekundäre) Nephridien vorhanden, bei *Stichostemma graecense* die ursprünglich in einem Paar vorhandenen Nephridien später in eine größere Zahl von Einzelkanälen aufgelöst.

Abb. 511. *Prostoma* (*Tetrastemma*) *obscurum*. (Nach M. SCHULTZE.) Etwa $^{14}/_1$. Junges Tier. *O* Rüsselmündung, *D* Darm, *A* After, *Bg* Blutgefäße, *R* Rüssel mit Stilet, *Ex* Nephridium, *P* seine Ausmündung, *G* Seitenorgan, *Nc* Cerebralganglion, *Ss* seitliche Nervenstämme, *Oc* Augen.

Das Cerebralganglion erlangt eine bedeutende Entwicklung, seine beiden Hälften lassen eine dorsale und ventrale Ganglienmasse unterscheiden und sind durch eine Quercommissur über dem Schlunde, zu der noch eine dorsale, den Rüssel umgreifende Commissur hinzukommt, verbunden. Die zwei ventralen Ganglien setzen sich in die seitlichen Nervenstämme fort, welche sich in der Nähe des Afters vereinigen. Seltener (*Drepanophorus*) verlaufen die Seitenstämme an der

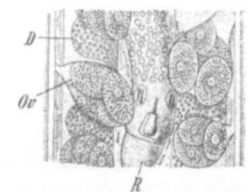

Abb. 512. Rumpfabschnitt eines geschlechtsreifen *Prostoma* (*Tetrastemma*). (Nach M. SCHULTZE.) *D* Darmtaschen, *Ov* Ovarium, *R* Rüssel.

Bauchseite einander genähert. Die Nervenstämme enthalten eine zentrale Fasersubstanz und einen Belag von Ganglienzellen. Gehirn und Seitenstämme liegen entweder außerhalb (*Tubulanidae*), oder inmitten (*Cephalothricidae* und *Heteronemertini*) oder innerhalb des Hautmuskelschlauches (*Metanemertini*). Vom Gehirn entspringen die Nerven für die am vorderen Körperende gelegenen Sinnesorgane sowie die Schlund- und Rüsselnerven, ferner ein unpaarer, durch den ganzen Rumpf sich erstreckender Rückennerv. Die Seitenstämme, welche die Nerven des Rumpfes abgeben, stehen mit dem Rückennerv und untereinander durch regelmäßig angeordnete Commissuren oder einen tiefen Nervenplexus in Verbindung.

Von Sinnesorganen kommen Augen sehr verbreitet vor und treten meist in großer Zahl auf. Nur selten (*Ototyphlonemertes*) treten zwei Statocysten am Gehirn auf. Am Kopfteil finden sich zwei als Kopfspalten bezeichnete Längsschlitze (Abb. 510) oder querverlaufende Kopffurchen, welche in für fast alle Nemertinen typische, von Nerven des Gehirns versorgte Sinnesorgane, die sogenannten Cerebralorgane (auch Seitenorgane genannt) einführen. Letztere sind grubenförmige oder kanalartige Einsenkungen der Haut, reich mit Nerven- und Drüsenzellen ausgestattet, und haben die Bedeutung von Spürorganen. Die Cerebralorgane werden bei den *Cephalothriciden* sowie bei *Malacobdella* und *Pelagonemertes* vermißt. Endlich sind am Kopfe gelegene Sinneshügel bekannt.

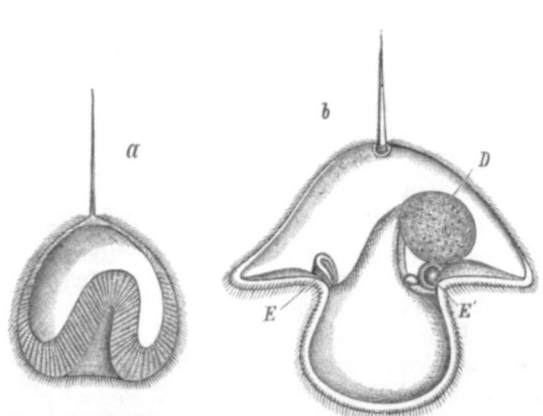

Abb. 513. *Pilidium*. (Nach E. METSCHNIKOFF.) a Freischwimmende Jugendform mit Darmanlage, b ausgebildetes Pilidium. *D* Darm, *E E'* vordere und hintere Embryonalscheiben. 35/1

Die Nemertinen sind, von wenigen Ausnahmen (*Prosadenoporus*, einige *Prostoma* [*Tetrastemma*] und *Geonemertes*) abgesehen, getrennten Geschlechtes. Beiderlei Geschlechtsorgane besitzen den gleichen Bau und erweisen sich als mit Eiern oder Samenfäden gefüllte Säcke, die, in vielfacher Zahl sich wiederholend, in den Seitenteilen des Körpers zwischen den Taschen des Darmes liegen und durch paarige dorsale Öffnungen nach außen münden (Abb. 512). Die ausgetretenen Eier bleiben häufig durch eine schleimige Gallerte verbunden und werden dann in Klumpen oder Schnüren abgesetzt. Einige Formen, wie *Prosorhochmus*- und *Lineus*-Arten, *Prostoma lacustre*, *Geonemertes agricola* sind lebendig gebärend.

Die Entwicklung ist eine direkte (*Metanemertini*) oder eine Metamorphose, bald mit pelagisch lebenden helmförmigen Larvenzuständen (sogenanntes *Pilidium*), bald durch die innerhalb der Eimembran sich ausbildende DESORsche Larve (Abb. 515) charakterisiert. Aus der inäqualen Furchung geht eine Blastula hervor, an welcher das Entoderm durch Invagination entsteht (Abb. 513a). Das Mesoderm wird durch zwei Urmesodermzellen angelegt, außerdem sollen weitere vom Ectoderm stammende Zellen Mesenchymelemente liefern. Bereits in diesem Stadium schlüpft die mit Wimpern bedeckte und am apicalen Pole mit einer starken Geißel ausgestattete Pilidiumlarve aus, welche durch die Entwicklung zweier Lappen zu den Seiten des Mundes die Gestalt eines Fechterhutes annimmt

(Abb. 513b). Das Mundfeld mit den Seitenlappen wird jetzt von einer präoralen Wimperschnur umsäumt, unter welcher ein Nervenring verlaufen soll. Die apical gelegene Zellverdickung (Scheitelplatte) mit der Geißel faßt man als Sinnesapparat auf. Der Mund führt in den vom Ectoderm entstandenen Oesophagus und dieser in den blindgeschlossenen Mitteldarm. Zwischen Haut und Darm findet sich eine von Zellen durchsetzte Gallerte. Ein paariger Muskelstrang zieht von der Scheitelplatte gegen die Mundregion; ferner finden sich im ganzen Mundfelde eine Muskelschicht sowie Muskeln in den Seitenlappen. Die DESORsche Larve ist gedrungen wurmförmig und an der ganzen Oberfläche gleichmäßig bewimpert. Die Anlage des Nemertinenkörpers erfolgt durch drei Paare (ein vorderes, seitliches und hinteres) von Ectodermeinstülpungen (Embryonalscheiben) am Mundfelde und eine unpaare sogenannte Rückenscheibe an der Dorsalseite, an welchen auch Mesodermzellen zu beobachten sind. Die vorderen und hinteren Einstülpungen sowie die Rückenscheibe schnüren sich ab, ihre äußere Schicht wird zu einem Amnion, die innere, als Embryonalscheibe zu unterscheidende, liefert die Körperwand der Nemertine; sie umwachsen, indem sie sich allseitig vereinigen, den Darm der Larve (Ab-

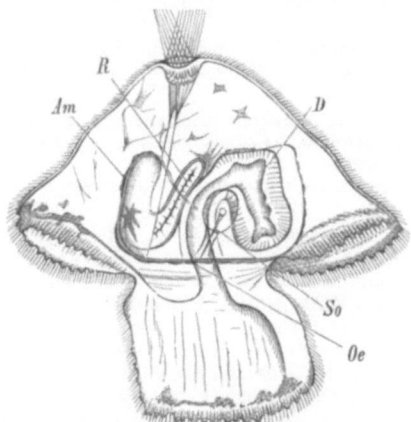
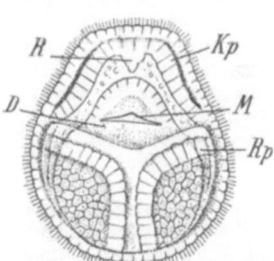

Abb. 514. Ein *Pilidium* mit Wimperschopf und weiter entwickeltem Wurmkörper. (Nach BÜTSCHLI.) *Oe* Oesophagus, *D* Darm, *Am* Amnionhülle, *R* Rüsselanlage der Nemertine, *So* Cerebralorgan (Seitenorgan).

Abb. 515. DESORsche Larve von *Lineus ruber* (*obscurus*). (Nach J. BARROIS.) $^{65}/_1$. Ventralansicht. *D* Darm, *M* Mund, *Kp* vordere, *Rp* hintere Embryonalscheibe, *R* Rüsselanlage.

bild. 514, 515); die seitlichen Einstülpungen sind die Anlagen der Cerebralorgane. Dazu kommt noch eine besondere unpaare Anlage des Rüssels. Die junge Nemertine wird, die Wand des Amnions und der Larvenhaut (Serosa) durchbrechend, frei. Bei der DESORschen Larve wird kein Amnion gebildet.

Die Nemertinen leben vorzugsweise im Meere unter Steinen im Schlamm, die kleineren Arten schwimmen frei umher. Doch gibt es im Süßwasser und am Lande lebende sowie parasitische Formen und Kommensalen, unter denen *Malacobdella* mit einem hinteren Saugnapfe ausgestattet ist. Einzelne Arten bauen Röhren und Gänge, die mit einem schleimigen Absonderungsprodukt ausgekleidet werden. Die Nahrung besteht bei den größeren Arten vornehmlich aus Röhrenwürmern, die sie aus den Gehäusen mittels des Rüssels hervorziehen. Die Schnurwürmer zeichnen sich durch eine große Regenerationsfähigkeit aus. Teilstücke, in welche einzelne Arten leicht zerbrechen, sollen sich unter günstigen Umständen zu ganzen Tieren entwickeln können.

In der systematischen Gruppierung ist hier im allgemeinen BÜRGER gefolgt; späteren Forschern (BERGENDAL, COE) gemäß sind jedoch die *Protonemertini* und *Mesonemertini* BÜRGERS nach dem älteren Vorgange HUBRECHTS in einer Gruppe *Palaeonemertini* vereinigt.

1. Tribus. *Palaeonemertini*. Hautmuskelschlauch zweischichtig. Rüssel ohne Stilete. Mund hinter dem Gehirn. Darm meist ohne Taschen. Rückengefäß fehlt fast stets.

Fam. *Tubulanidae*. Nervenstämme im Epithel oder in der Cutis. Die Cerebralorgane sind Grübchen. *Carinina grata* HUBR., bei Bermudas, in großer Tiefe. *Tubulanus (Carinella) annulatus* MONT., *T. polymorphus* REN., Atlant. Ozean und Mittelmeer.

Fam. *Cephalothricidae*. Nervenstämme inmitten des Hautmuskelschlauches. Cerebralorgane fehlen. *Cephalothrix linearis* J. RATHKE, *C. rufifrons* JOHNST., Atlant. Ozean, Mittelmeer.

2. Tribus. *Heteronemertini*. Nervenstämme im Hautmuskelschlauch, letzterer dreischichtig. Rüssel ohne Stilete. Mund hinter dem Gehirn.

Fam. *Baseodiscidae*. Kopf scharf abgesetzt, ohne tiefe Kopfspalten. *Baseodiscus (Eupolia) delineatus* CHIAJE. Weit verbreitet.

Fam. *Lineidae*. Mit tiefen Kopfspalten. *Lineus geniculatus* CHIAJE, Mittelmeer, Schwarzes Meer (Abb. 510). *L. lacteus* RATHKE, Nordsee, Mittelmeer. *L. ruber* MÜLL., Nordmeere, Mittelmeer. *L. longissimus* GUNN. (Sea-long-worm des BORLASE) wird bis 10 m und darüber lang. Nordsee. *Euborlasia elizabethae* M'INT., Küste von England, Mittelmeer. *Micrura fasciolata* EHRBG. Klein, am Hinterende ein Schwänzchen. Nordsee, Mittelmeer. *Cerebratulus marginatus* REN., von breitem, kräftigem Körper, am Hinterende ein Schwänzchen. Nordatlant. und Mittelmeer.

3. Tribus. *Metanemertini (Hoplonemertini, Enopla)*. Nervenstämme innerhalb des Hautmuskelschlauches. Letzterer zweischichtig. Rüssel mit Stileten. Blinddarm vorhanden. Mund vor dem Gehirn.

Fam. *Emplectonematidae*. Sehr lange platte Formen. Meist mit vielen Augen. *Emplectonema (Eunemertes) gracile* JOHNST., Nordsee, Mittelmeer. *Carcinonemertes carcinophila* KÖLL. Parasit an Krabben. Mittelmeer, Atlant. Ozean.

Fam. *Ototyphlonemertidae*. Augen fehlen, dagegen sind Statocysten vorhanden. *Ototyphlonemertes duplex* BÜRG., Neapel.

Fam. *Prosorhochmidae*. Mit vier Augen. Cerebralorgane sehr klein. Meist Zwitter. *Prosorhochmus claparèdei* KEF., Nordsee, Mittelmeer. *Prosadenoporus arenarius* BÜRG., Ostind. Archipel. *Geonemertes* SEMP., Landbewohner, Rüssel- und Mundöffnung fallen zusammen. *G. palaensis* SEMP., Palaos-Ins. *G. agricola* WILL.-SUHM, Bermudas.

Fam. *Amphiporidae*. Ziemlich dicke Formen. Darmtaschen verzweigt. *Amphiporus lactifloreus* JOHNST., *A. pulcher* JOHNST., Atlant. Ozean und Mittelmeer. Hier schließt sich an *Drepanophorus spectabilis* QTRF., Nordsee, Mittelmeer. *D. crassus* QRTF. Weit verbreitet.

Fam. *Prostomatidae*. Körper kurz und schlank. Fast immer vier Augen vorhanden (Abb. 511). Cerebralorgane vor dem Gehirn. Einige hermaphroditisch. *Prostoma (Tetrastemma) candidum* MÜLL., *P. flavidum* EHRBG., Atlant. Ozean und Mittelmeer. *P. lacustre* PLESS. Genfer See. Lebendiggebärend. *Stichostemma graecense* BÖHMIG, Süßwasserform, Europa. *Oerstedia dorsalis* ABILDG., Atlant. Ozean, Mittelmeer.

Fam. *Pelagonemertidae*. Pelagische Tiefseeformen von blattförmigem Körper. *Pelagonemertes rollestoni* MOS., südöstl. von Australien gefunden.

Fam. *Malacobdellidae*. Körper kurz, gedrungen; am hinteren Körperende ein Saugnapf. Darm geschlängelt. Mund- und Rüsselöffnung fallen zusammen. Rüssel ohne Waffenapparat. Kommensalen. *Malacobdella grossa* MÜLL., in der Mantelhöhle von *Mya*, *Cyprina* und anderen Muscheln der Ostsee, Nordsee, im Mittelmeer.

2. Kladus.

Annelida, Gliederwürmer.

Meist homonom metamerische Protostomier mit paarigen großen, hochdifferenzierten Cölomsäcken, in deren epithelialer Wand die Genitalprodukte lagern, mit Bauchnervenstrang und geschlossenem Blutgefäßsystem; segmentale Nephridien (Segmentalorgane) meist mit Wimpertrichter.

Der Körper der Anneliden ist cylindrisch oder etwas abgeplattet. An ihm unterscheidet man (Abb. 516) einen primären Kopfabschnitt (Kopfsegment), dessen vor dem Munde gelegener Teil als *Prostomium* oder *Kopflappen*, der hintere mit dem Munde als *Metastomium* bezeichnet worden ist. Es folgen auf den Kopfabschnitt eine größere Anzahl von Rumpfmetameren, die untereinander gleich ausgebildet sind, sowie das letzte Metamer mit dem After, das Endsegment, welches in der Regel einen etwas embryonalen Charakter bewahrt. Das Meta-

Coelomata (Bilateria): Annelida, Gliederwürmer.

stomium ist mit dem ersten (zuweilen auch zweiten) Rumpfmetamer zu dem sogenannten *Mundsegment* (*Peristomium*) verschmolzen. Die ursprüngliche homonome Metamerie weicht in vielen Fällen infolge ungleichartiger Ausbildung der Metameren einer heteronomen. Die Metamerie des Körpers ist in der Regel auch äußerlich ausgeprägt, in einigen Fällen (*Hirudinea*) durch eine Ringelung der Haut verwischt; auch kann die Metamerie beim ausgebildeten Tiere mehr oder weniger geschwunden sein (*Echiuroidea*). Bei den *Sipunculoidea* wird der Rumpf durch ein einziges Segment gebildet. Bei einigen *Archiannelida* und bei den *Polychaeta* finden sich an den Rumpfmetameren seitliche, mit Borsten ausgestattete Fußstummel (Parapodien), die bei den *Oligochaeta* zu Borstengruppen der Haut reduziert erscheinen.

Der Querschnitt durch ein Rumpfmetamer (Abb. 517 und 520) zeigt zwischen Haut- und Darmepithel jederseits einen Cölomsack, aus dessen lateralem (somatischem) Blatt ein dorsaler und ventraler Längsmuskel sowie die die Cölomhöhle auskleidende Somatopleura hervorgeht. Die vier dem Hautmuskelschlauch angehörigen Längsmuskelbänder sind in der dorsalen und ventralen Mittellinie sowie in den Seitenlinien durch die Insertion der beiden Mesenterien und des Transversalmuskels unterbrochen. Letzterer verläuft von der Seitenlinie schräg durch die Cölomhöhle zur Ventrallinie und kammert dadurch einen Teil der Cölomhöhle (die Seitenkammer) ab. Zum Hautmuskelschlauche gehört in der Regel noch eine äußere (mesenchymatische) Ringmuskelschicht. Der mediale, dem Darm anliegende Teil der Cölomwand wird als splanchnisches Blatt unterschieden und liefert die Muskulatur des Darmes und die Splanchnopleura. Somatopleura und Splanchnopleura der beiden Cölomsäcke eines Metamers stoßen dorsal und ventral vom Darm zu den Mesenterien zusammen. Jedes Metamer mit Ausnahme des Kopfabschnittes enthält ein Paar von Cölomsäcken und die aneinanderstoßenden Wände der sich folgenden Cölomsäcke bilden die Dissepimente, welche die Grenze des Metamers bezeichnen. Die Cölomsäcke stehen in der Regel mit der Außenwelt durch die schleifenförmig gewundenen Nephridien (Segmentalorgane) in Verbindung, deren Wimpertrichter in die Cölomhöhle des vorhergehenden Metamers mündet (Abbild. 146). Die Nephridien dienen auch zur Ausleitung der an dem Cölomepithel gelagerten Genitalprodukte; zuweilen sind

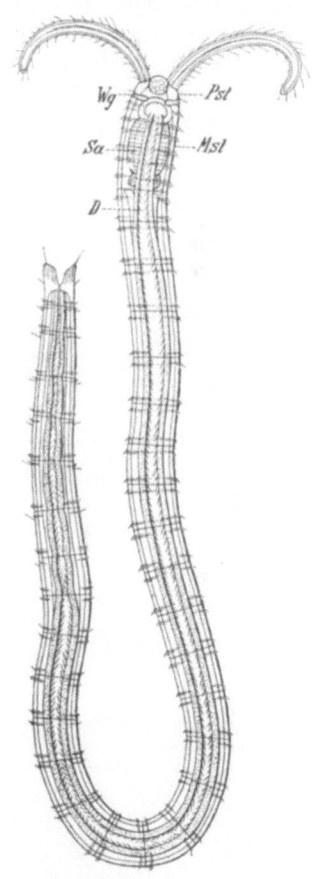

Abb. 516. *Protodrilus leuckarti.* (Nach HATSCHEK.) $^{57}/_1$. *Pst* Prostomium, *Mst* Peristomium, *Wg* Wimpergrube (Nuchalorgan), *Sa* Schlundanhang, *D* Darm.

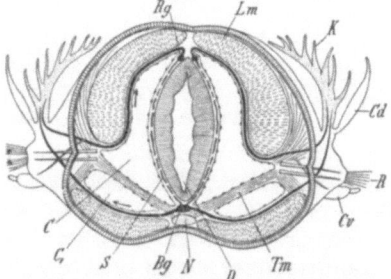

Abb. 517. Querschnitt durch ein Rumpfmetamer von *Eunice*. (Nach EHLERS u. HATSCHEK, etwas verändert.) *Lm* Längsmuskelband, *K* Kieme, *R* Borsten des Parapodiums, *Cd* dorsaler, *Cv* ventraler Cirrus, *D* Darm, *Rg* Rückengefäß (paarig), *Bg* Bauchgefäß, *S* Darmgefäße, *C* Hauptkammer, *C'* Seitenkammer des Cöloms, *Tm* Transversalmuskel, *N* Bauchnervensystem.

536 Metazoa.

besondere Genitalgänge vorhanden, die wahrscheinlich auf Nephridien zurückzuführen sind. Das Blutgefäßsystem der Anneliden ist ein geschlossenes System von Bahnen und weist verschiedene Stufen der Differenzierung auf. In der Regel ist ein dorsaler contractiler Hauptstamm, in welchem das Blut von hinten nach vorn strömt, sowie ein ventraler Hauptstamm mit umgekehrter Stromrichtung zu unterscheiden. Beide sind durch metamere, an der Rumpfwand verlaufende Gefäßschlingen sowie einen den Mitteldarm umgebenden Blutsinus oder ein Darmgefäßnetz verbunden (Abb. 517, 138).

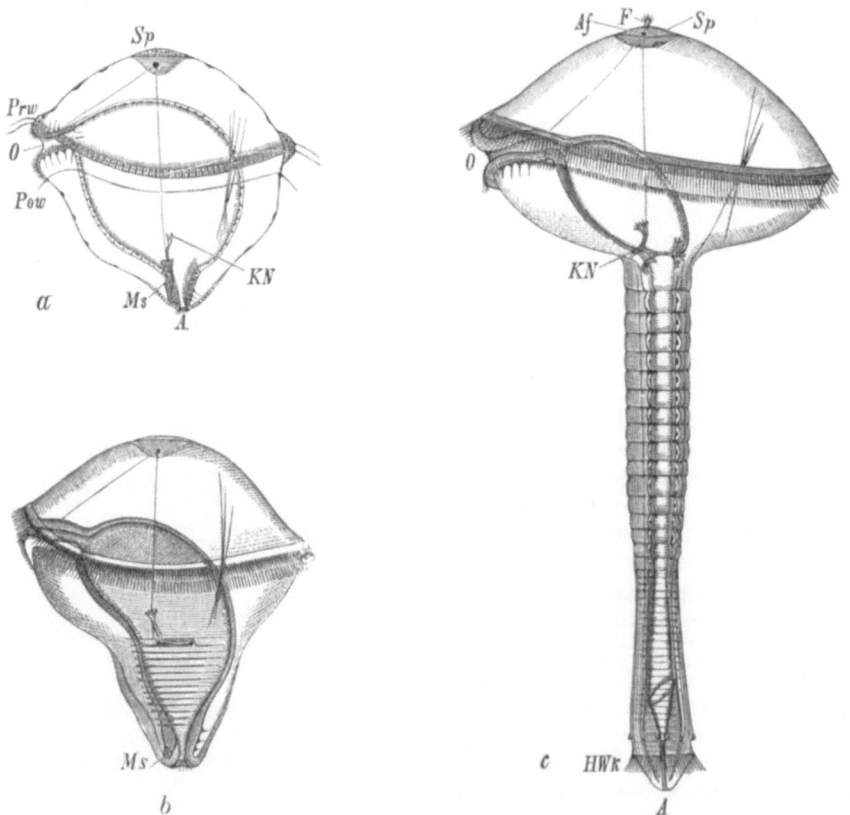

Abb. 518. Larvenstadien von *Polygordius*. (Nach HATSCHEK.) a Trochophorastadium. *Sp* Scheitelplatte mit Augenfleck, *Prw* präoraler Wimperkranz, *O* Mund, *Pow* postoraler Wimperkranz, *A* After, *Ms* Mesodermstreifen, *KN* Kopfniere (Pronephridium). $^{60}/_1$. — b Metatrochophora. An der Kopfniere hat sich noch ein zweiter Schenkel entwickelt. Etwa $^{60}/_1$. — c Älteres Stadium. Der Rumpf wurmförmig gestreckt und in zahlreiche Metameren gegliedert. *HWk* hinterer Wimperkranz, *Af* Augenfleck, *F* Fühler. Etwa $^{42}/_1$

Das Nervensystem besteht aus einem im Prostomium gelegenen, mit den Scheitelsinnesorganen verbundenen Cerebralganglion, von dem ein den Schlund umfassendes Schlundconnectiv ausgeht; letzteres vereinigt sich vom ersten Rumpfmetamer an zu dem Bauchstrang, welcher der Metamerie entsprechend meist in eine Anzahl von Ganglien zu einer Bauchganglienkette gegliedert ist.

Die *Polychaeta, Echiuroidea* sind von Ausnahmen abgesehen getrenntgeschlechtlich, die *Oligochaeta, Hirudinea* hermaphroditisch.

Die Entwicklung erfolgt mit Metamorphose, bei den *Oligochaeten* und *Hirudineen* direkt.

Bei der Metamorphose tritt ein wichtiger Larvenzustand, die LOVÉNsche *Larve* oder *Trochophoralarve* auf, welche morphologisch den Typus der Rotatorien zeigt. Der Körper dieses Larvenstadiums (Abb. 265 und 518) ist ungegliedert und repräsentiert vornehmlich den Annelidenkopf, welcher sich in einen undifferenzierten Endabschnitt, die Anlage des Rumpfes, fortsetzt. Die Larve ist von doppelkegelförmiger Gestalt und charakterisiert durch einen zweizellreihigen, vor dem Munde verlaufenden präoralen (Trochus, Prototroch) und einen schwächeren einreihigen postoralen Wimperkranz (Cingulum, Metatroch); auch die zwischen beiden Wimperkränzen gelegene Zone ist bewimpert und setzt sich zuweilen in einen ventralen, vom Munde bis an das Hinterende verlaufenden Wimperstreifen fort. Häufig kommt ein Wimperkranz (Paratroch) am Hinterende hinzu. Der präorale Körperabschnitt (Prostomium) trägt am vorderen Pole eine ectodermale Verdickung mit Wimperschopf, die Scheitelplatte, als Anlage des Cerebralganglions und in Verbindung mit derselben die Hauptsinnesorgane (Fühler, Augenflecke, Wimpergruben). Von der Scheitelplatte gehen ventral und dorsal Nerven sowie jederseits lateral ein stärkerer, mit Ganglienzellen versehener Nervenstamm (Anlage des Schlundconnectivs) ab, der sich auch in die postorale Körperregion nach hinten fortsetzt. Unter den Wimperkränzen verlaufen Ringnerven. Der Mund liegt ventral, der After terminal. Am Darm ist der röhrenförmige Vorderdarm, ein entodermaler Mitteldarm und ein kurzer Enddarm zu unterscheiden. Im hinteren Körperabschnitte findet sich ventral vom Darm eine Gruppe undifferenzierter Mesodermzellen, der Mesodermstreifen, mit einer Urzelle am Ende. Vor demselben liegt jederseits die Kopfniere (Pronephridium) vom Bau des Scolecidennephridiums. Einzelne ventrale und dorsale Längsmuskeln sowie Bindegewebszellen durchsetzen die geräumige primäre Leibeshöhle; ringförmig verlaufende Muskeln, darunter die unter den Wimperkränzen gelegenen Ringmuskeln liegen der Haut an. Endlich sind Muskeln am Darm vorhanden. Aus dem Endabschnitt des Körpers geht der metamere Rumpf auf die Weise hervor, daß ersterer mehr und mehr in die Länge wächst und die Metameren in der Reihenfolge von vorn nach hinten zur Abgliederung bringt. Zunächst zerfällt dabei der ungegliederte Mesodermstreifen in eine Anzahl hintereinander gelegener Abschnitte (Abb. 266), die sich durch spätere Aushöhlung zu den Cölomsäcken entwickeln. Die älteren, noch die Trochophoracharaktere aufweisenden Larvenzustände mit Metamerenanlagen werden als *Metatrochophora* bezeichnet. Unter Rückbildung der Kopfniere, in manchen Fällen unter Abstoßung des Larvenwimperapparates und Ersatz der larvalen Organe durch Neubildungen wird die definitive Körpergestalt erlangt (Abb. 519).

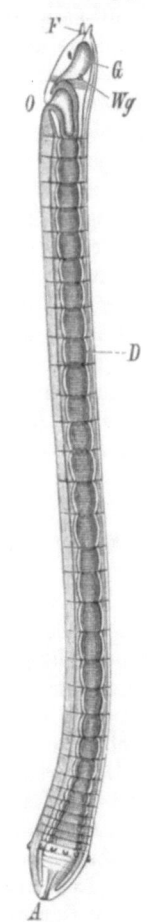

Abb. 519. Junger *Polygordius*. (Nach HATSCHEK.) 40/1. *G* Gehirn, *Wg* Wimpergrube, *F* Tentakel, *O* Mund, *D* Darm, *A* After.

1. Klasse. **Chaetopoda, Borstenwürmer.**

Anneliden in der Regel mit Borsten in der Haut. Innere und in der Regel äußere Metamerie wohl ausgebildet, meist mit Fühlern und Cirren.

Der Körper der Chätopoden (Abb. 523) ist in der Regel äußerlich in Segmente gegliedert, die den inneren Metameren entsprechen und sich meist ziemlich gleichartig verhalten, nur nach hinten zu allmählich verjüngen. Zuweilen sind die vorderen Metameren auch im inneren Bau abweichend ausgebildet. Das Prostomium (*Kopflappen*) und das aus dem Metastomium durch Verschmelzung mit dem ersten, zuweilen auch zweiten Rumpfmetamer hervorgegangene Peristomium (*Mundsegment*) bilden den Kopfabschnitt des Körpers, der jedoch nicht scharf gegen den Rumpf abgesetzt ist.

Mit seltenen, meist durch Reduktion zu erklärenden Ausnahmen treten an allen Rumpfmetameren Borsten mit Ersatzborsten auf, welche in vom Hautepithel entstandenen Borstensäckchen als cuticulare Abscheidung von einer einzigen basalen Zelle aus gebildet werden. Bei den *Polychäten* und einigen *Archianneliden* sind die Borsten in extremitätenartige Anhänge, die *Parapodien*, eingelagert. Die Parapodien sind entweder sehr einfach und einästig oder zweiästig, in einen dorsalen und ventralen Teil gegliedert (*Polychaeta*), in vielen Fällen infolge Rückbildung verkürzt und in einen dorsalen und ventralen Borstenwulst oder Borstenhöcker getrennt. Bei den *Oligochaeta, Hirudinea* und *Echiuroidea* fehlen Parapodien und es sind die Borsten in Gruben der Haut eingesenkt. Als weitere äußere Anhänge treten in vielen Fällen Tentakel, Cirren und Kiemen auf.

Das Körperepithel wird von einer Cuticula bedeckt, doch ist auch Flimmerung noch vielfach vorhanden. Die Haut weist reichlich Drüsen auf. Im Hautmuskelschlauch sind die vier Längsmuskelbänder durch Faltung vergrößert und außen von einer Ringmuskellage umgeben. Auch kompliziert sich die Muskulatur mit dem Auftreten der Parapodien.

1. Ordnung. **Archiannelida**[1].

Kleine homonom segmentierte Chätopoden mit ventralem Schlundsack, in der Regel mit Klebeeinrichtungen am hinteren Körperende, mit oder ohne Borsten.

Die von HATSCHEK für die Gattungen *Polygordius* und *Protodrilus* aufgestellte Gruppe der *Archiannelida* umfaßt einfache Anneliden, die von HATSCHEK als ursprüngliche, sonst meistens als sekundär vereinfachte Formen aufgefaßt werden. Ihnen werden auf Grund neuer Kenntnisse eine Anzahl einfacher Wurmformen und auch die von HATSCHEK als *Protochaeta* unterschiedenen *Saccocirriden* eingereiht.

Der verschieden gestaltete Körper (Abb. 516, 521) zeigt die Metamerie äußerlich in vielen Fällen nicht ausgeprägt. Er weist einen häufig mit Tentakeln oder Palpen ausgestatteten Kopflappen, ein wahrscheinlich zwei Segmente enthaltendes Mundsegment (Peristomium), eine größere oder geringere Anzahl homonomer Rumpfmetameren, die bei *Nerilla, Nerillidium, Saccocirrus, Troglochaetus* einfache Parapodien mit Borsten besitzen, sowie ein Endsegment mit der Afteröffnung und drüsigen Haftlappen, bei *Polygordius appendiculatus* und *Nerilla* mit zwei Prä-

---

[1] Außer A. SCHNEIDER, ULJANIN, REPIACHOFF, VAN BENEDEN, FOETTINGER, NELSON, DELACHAUX, MARION et BOBRETZKY, JANOWSKY, WELDON, REMANE, SÖDERSTRÖM, vgl. HATSCHEK, B.: Studien über die Entwicklungsgeschichte der Anneliden. Arb. zool. Inst. Wien **1** (1878). — KORSCHELT, E.: Über Bau und Entwicklung des *Dinophilus apatris*. Z. Zool. **37** (1882). — FRAIPONT, J.: Le genre *Polygordius*. Fauna u. Flora Golf Neapel 1887. — SCHIMKEWITSCH, W.: Zur Kenntnis des Baues und der Entwicklung des *Dinophilus* vom Weißen Meere. Z. Zool. **59** (1895). — WOLTERECK, R.: *Trochophora*-Studien. Bibliotheca zoologica **34** (1902). — HEMPELMANN, F.: Zur Morphologie von *Polygordius lacteus* SCHN. und *Polygordius triestinus* WOLTERECK. Z. Zool. **84** (1906). — SALENSKY, W.: Morphogenetische Studien an Würmern. Mém. Acad. St.-Pétersbourg 1907. — PIERANTONI, U.: Osservazioni sullo sviluppo embrionale et larvale del *Saccocirrus papillocercus*. Mitt. zool. Stat. Neapel 18 (1906). — *Protodrilus*. Fauna u. Flora Golf Neapel 1908. — SHEARER, C.: On the Anatomy of *Histriobdella homari*. Quart. J. microsc. Sci. **55** (1910). — HASWELL, W.: On a new *Histriobdellid*. Ebenda **43** (1900). — GOODRICH, E. S.: On the Structure and Affinities of *Saccocirrus*. Ebenda **44** (1901). — *Nerilla* an Archiannelid. Ebenda **57** (1912). — HEIDER, K.: Über Archianneliden. Sitzgsber. Akad. Berlin **1922**.

analcirren, auf. Bei *Protodrilus* und *Dinophilus* ist die Haut stellenweise bewimpert (Abb. 521). Es sind eine ventrale Wimperrinne und metamer sich wiederholende Wimperkränze vorhanden. Die vier Längsmuskelbänder des Hautmuskelschlauches sind meist schwach, eine Ringmuskelschicht fehlt oder ist nur wenig entwickelt (Abb. 520).

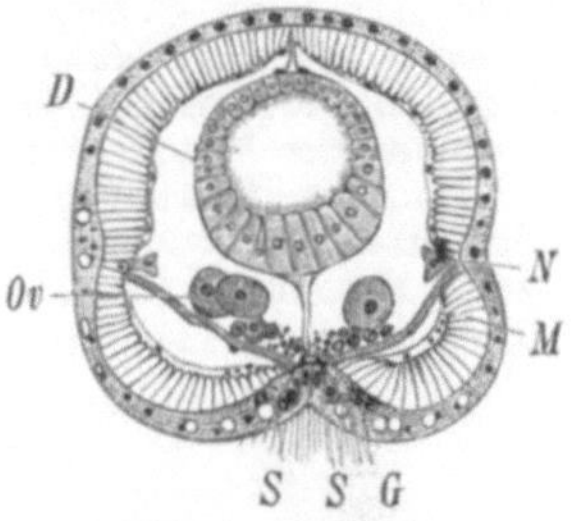

Das Nervensystem besteht aus einem Cerebralganglion und einem ungegliederten, in einigen Fällen gegliederten Bauchstrang. Alle Teile des Nervensystems sind mit dem Hautepithel im Zusammenhang. Von Sinnesorganen sind außer Tentakeln seitliche Flimmergruben am Prostomium zu nennen. Statocysten finden sich bei *Protodrilus*, Augen sind bei einigen Formen beobachtet.

Abb. 520. Querschnitt durch [ein Rumpfmetamer von *Protodrilus leuckarti*. (Nach HATSCHEK.) *D* Darm, *G* Ganglienzellen der im Hautepithel gelegenen Seitenstränge (*SS*) des Nervensystems, *M* Muskulatur, *N* Niere, *Ov* Ovarium.

Die Mundöffnung führt in einen Oesophagus mit ventralem Schlundsack, der in einigen Fällen einen Kieferapparat besitzt. Der Darm verläuft gerade durch den Körper zur terminalen Afteröffnung. Ein Blutgefäßsystem fehlt in vielen Fällen. Bei *Protodrilus* besteht es aus einem den Darm umgebenden Blutsinus, der hinter dem Schlunde in ein contractiles, an einer Stelle herzartig erweitertes Rückengefäß übergeht. Dieses setzt sich in zwei Gefäßschlingen fort, die sich zu einer durch den ganzen Körper verlaufenden ventralen Gefäßlakune vereinigen. Bei *Polygordius*, *Saccocirrus* und *Nerilla* ist ein contractiles Rückengefäß sowie ein Bauchgefäß vorhanden, die durch Gefäßschlingen in Verbindung stehen.

Die Kopftentakel von *Protodrilus* und *Saccocirrus* enthalten einen Kanal, der im Kopfe in eine ampullenartige Erweiterung übergeht, einen erectilen Apparat der Tentakel (Tentakelrohrapparat SALENSKY) (Abb. 522).

Die Excretionsorgane sind meist kurze S-förmig gewundene Kanälchen mit Wimpertrichter. *Protodrilus*, *Polygordius triestinus* sind hermaphroditisch, sonst besteht Getrenntgeschlechtlichkeit. In der Gattung *Protodrilus* sollen auch nur männliche Individuen vorkommen (Ergänzungsmännchen PIERANTONI). Die Gonaden liegen in den hinteren Rumpfmetameren; die Genitalprodukte gelangen in die Cölomhöhle und von hier bei *Polygordiiden* durch einen Bruch der Leibeswand oder Ablösung der hinteren Körpersegmente nach außen. Bei den übrigen Formen findet sich ein auf Nephridien zurückführbarer Ausführungsapparat und im männlichen Geschlecht eine Copulationseinrichtung.

Die Entwicklung ist eine Metamorphose (Abb. 518). Die Archianneliden sind meist marin und leben im Sande, einige halbparasitisch.

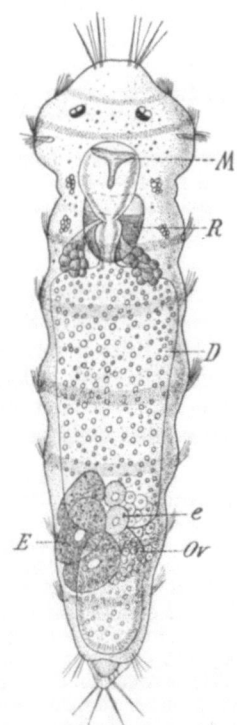

Abb. 521. *Dinophilus apatris*, Weibchen. (Nach KORSCHELT.) 70/1. *D* Darm, *E* weibliche, *e* männliche Eier, *M* Mundöffnung, *Ov* Ovarium, *R* Rüssel.

Fam. **Polygordiidae**. Körper langgestreckt, cylindrisch. Schlundsack rudimentär. Kopftentakel solid. Bauchstrang unpaar, ungegliedert. Ohne Copulationseinrichtung im männlichen Geschlechte. *Polygordius lacteus* SCHN. Helgoland. *P. appendiculatus* FRAIPONT, Helgoland, westl. Mittelmeer. *P. triestinus* WOLTERECK, Triest. *Chaetogordius canaliculatus* J. P. MOORE. Mit Borsten an den letzten Metameren, Cape Cod.

Fam. *Saccocirridae.* Körper langgestreckt, cylindrisch. Mit Tentakelrohrapparat. Bauchstränge des Nervensystems getrennt. Mit Copulationseinrichtungen des männlichen Geschlechtsapparates. *Saccocirrus papillocercus* BOBR., Mittelmeer, Schwarzes Meer, Madeira (Abb. 522). *S. major* PIERANTONI, Mittelmeer. Beide mit einästigen Parapodien. *Protodrilus flavocapitatus* ULJ., Neapel, Sebastopol. *P. leuckarti* HTSCHK. In einem Salzsee (Pantano) bei Messina (Abb. 516). *P. schneideri* LNGHS., Madeira, lebt auch im Süßwasser. *P. spongioides* PIERANTONI, im Süßwasser, Neapel.

Fam. *Nerillidae.* Körper kurz. Bauchmark in der Regel eine gegliederte Bauchganglienkette. Mit Copulationseinrichtungen am männlichen Geschlechtsapparat. *Dinophilus apatris* KORSCHELT (Abb. 521). *D. gyrociliatus* SCHM., Neapel. *Nerilla antennata* O. SCHM., Nordsee, Ostsee. Mit Parapodien. *Nerillidium mediterraneum* REMANE. Marin. Neapel.

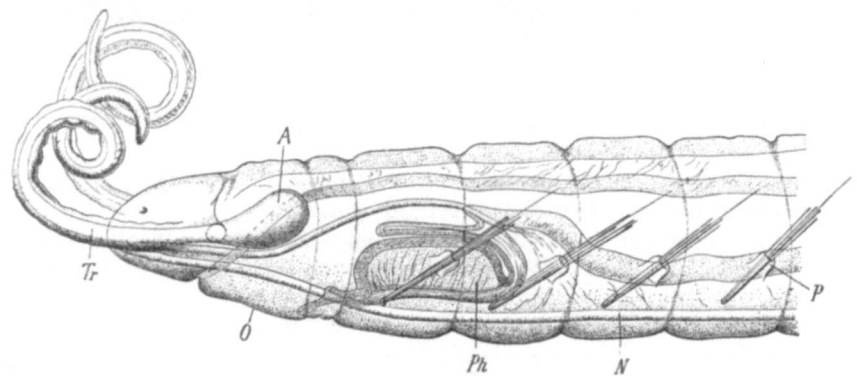

Abb. 522. Vorderkörper von *Saccocirrus papillocercus.* (Nach GOODRICH.) Etwa $^{70}/_1$. *N* Ventraler Nervenstrang, *O* Mund, *Ph* Schlundsack, *P* Parapodium, *Tr* Tentakelrohr, *A* Ampulle desselben.

Mit Parapodien. *Troglochaetus beranecki* DELACHAUX, Grotte de Ver (Schweiz). Mit Parapodien. *Histriobdella homari* BENED. In der Kiemenhöhle des europäischen Hummers. *Stratiodrilus tasmanicus* HASWELL. In der Kiemenhöhle von *Astacopsis*, Tasmanien.

2. Ordnung. Polychaeta[1].

Marine Chätopoden mit vollkommenen oder modifizierten Parapodien und zahlreichen Borsten in denselben. In der Regel getrenntgeschlechtlich.

Der Körper der *Polychäten* ist entweder langgestreckt und cylindrisch oder breit, gedrungen und aus einer geringeren Zahl von Metameren aufgebaut (Abb. 523). Man unterscheidet zunächst den Kopf, der sich von den folgenden Rumpfmetameren nicht scharf absetzt. Er besteht aus dem Kopfflappen (Prostomium)

---

[1] Außer SAVIGNY, DELLE CHIAJE, AUDOUIN et MILNE EDWARDS, GRUBE vgl. DE QUATREFAGES, A.: Histoire naturelle des Annélides. Paris 1865. — CLAPARÈDE, E.: Les Annélides chétopodes du golfe de Naples. Genève et Bâle 1868, Suppl. 1870. — Recherches sur la structure des Annélides sédentaires. Genève 1873. — AGASSIZ, A.: On alternate generation in Annelids etc. Boston. J. Nat. Hist. **1862**. — EHLERS, E.: Die Borstenwürmer **1, 2**. Leipzig 1864 u. 1868. — MALMGREN, A. J.: Nordiska Hafs-Annulater. Annulata polychaeta Spetsbergiae etc. Vetensk. Akad. Förhandl. **1865**—**1867**. — CLAPARÈDE, E. u. E. METSCHNIKOFF: Beiträge zur Erkenntnis der Entwicklungsgeschichte der Chätopoden. Z. Zool. **19** (1869). — GREEFF, R.: Untersuchungen über die Alciopiden. Nov. Acta **1876**. — v. MARENZELLER, E.: Zur Kenntnis der adriatischen Anneliden. Sitzsber. Akad. Wiss. Wien, Math.-naturwiss. Kl. **1874**—**1884**. — v. GRAFF, L.: Das Genus *Myzostoma*. Leipzig 1877. — SALENSKY, W.: Études sur le développement des Annélides. Archives de Biol. **3**—**4** (1882—1883). — WIRÉN, A.: Om circulations- och digestions-organen hos Anneliden etc. Svensk. Akad. Handl. **21** (1884—1885). — MCINTOSH, W.: A Monograph of the British Annelids. Polychaeta. London 1900—1908. — NANSEN, F.: Bidrag til Myzostomernes Anatomi og Histologi. Bergen 1885. — HATSCHEK, B.: Entwicklung der Trochophora von *Eupomatus uncinatus*. Arb. zool. Inst. Wien **6** (1885). — System der Anneliden. Lotos **1893**. — JAQUET, M.: Recherches sur le Système vasculaire des Annélides. Mitt. zool. Stat. Neapel **6** (1886). — KLEINENBERG, N.: Die Entstehung des Annelids aus der Larve von *Lopadorhynchus*. Z. Zool. **44** (1886). — EISIG, H.: Die Capitelliden des Golfes von Neapel. Fauna

sowie dem Mundsegment, welches durch Verschmelzung des Metastomiums mit einem oder zwei (*Nereidae*) Rumpfmetameren (E. MEYER) hervorgegangen ist. Die Rumpfmetameren sind häufig untereinander gleich, zuweilen jedoch erscheinen besonders die vorderen different ausgebildet und heben sich auch durch die verschiedene Gestaltung ihrer Anhänge als besondere Körperregion ab, so daß zwei (Thorax, Abdomen) oder auch drei Regionen unterschieden werden können. Das Ende des Körpers bildet das Endsegment (Analsegment) mit der Afteröffnung.

Ein Charakter der Polychäten liegt in dem Vorhandensein von extremitätenartigen Anhängen an den Rumpfmetameren, den *Parapodien* (Abb. 517, 524). In ihnen finden sich auch die hier zahlreichen in Reihen oder Büscheln angeordneten Borsten, welche, in Säcken eingelagert, durch besondere Muskeln vorgeschoben und zurückgezogen werden können. An einem kompletten Parapodium unterscheidet man einen dorsalen und ventralen borstentragenden Ast, dazu einen dorsalen und ventralen Cirrus sowie als dorsalen Anhang eine fadenförmige, baum- oder kammförmige Kieme. Nicht immer sind alle Teile des Parapodiums vorhanden. Auch kann der Stamm des Parapodiums soweit verkürzt sein, daß seine beiden gleichfalls reduzierten Äste als getrennte Borstenhöcker oder Borstenwülste der Rumpfwand ansitzen. Zuweilen fehlt ein Ast vollständig. Auch Borsten können teilweise oder ganz fehlen.

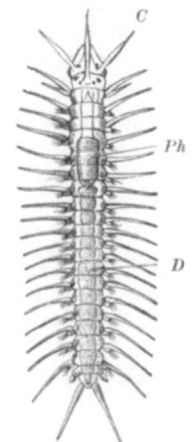

Abb. 523. *Grubea fusifera*. (Nach QUATREFAGES.) *Ph* Pharynx, *D* Darmkanal, *C* Cirren. Etwa $5/1$

Die Form der chitinösen, selten verkalkten Borsten variiert außerordentlich und bietet gute Anhaltspunkte zur Charakterisierung der Familien und Gattungen. Man unterscheidet zunächst einfache Borsten, das heißt solche, die aus einem Stücke, sowie zusammengesetzte, die aus zwei beweglich verbundenen Teilen bestehen, und weiter unter ersteren Stacheln, Haarborsten, Hakenborsten, Plattborsten

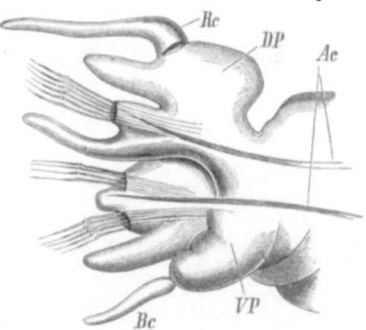

Abb. 524. Dorsaler (*DP*) und ventraler (*VP*) Ast des Parapodiums mit den Borstenbündeln von *Nereis*. (Nach QUATREFAGES.) *Ac* Aciculae, *Rc* Rückencirrus, *Bc* Bauchcirrus.

u. Flora Golf Neapel **16** (1887). — MEYER, E.: Studien über den Körperbau der Anneliden. Mitt. zool. Stat. Neapel **7, 8, 14** (1887—1901). — GROBBEN, C.: Die Pericardialdrüse der chätopoden Anneliden usw. Sitzgsber. Akad. Wiss. Wien, Math.-naturwiss. Kl. 1888. — WILSON, E. B.: The cell-lineage of *Nereis*. J. Morph. **6** (1892). — MALAQUIN, A.: Recherches sur les Syllidiens. Lille 1893. — RACOVITZA, R.: Le lobe céphalique et l'encéphale des Annélides polychètes. Archives de Zool. **1896**. — GOODRICH, E. S.: On the Nephridia of the Polychaeta. Quart. J. microsc. Sci. **1897—1900**. — MEAD, A. D.: The early development of marine Annelids. J. Morph. **13** (1897). — CHILD, C. M.: The early development of *Arenicola* and *Sternapsis*. Arch. Entw.-Mechan. **9** (1900). — v. STUMMER-TRAUNFELS, R.: Beiträge zur Anatomie und Histologie der Myzostomen. Z. Zool. **75** (1903). — FAGE, L.: Recherches sur les organes segmentaires des Annélides polychètes. Ann. des Sci. natur. **1906**. — ROSA, D.: *Tomopteridi*. Raccolte plancton. fatte d. r. nave Liguria. **1**. Firenze 1908. — HEMPELMANN, F.: Zur Naturgeschichte von *Nereis dumerilii*. Bibliotheca zoologica. H. **62** (1911). — STORCH, O.: Vergleichend-anatomische Polychätenstudien. Sitzgsber. Akad. Wiss. Wien, Math.-naturwiss. Kl. **122** (1913). — HEIDER, K.: Über *Eunice*. Z. Zool. **125** (1925). — Vgl. ferner die Schriften von WILLIAMS, KINBERG, MESNIL, v. DRASCHE, PRUVOT, COSMOVICI, HAMAKER, DE SAINT-JOSEPH, HÄCKER, ATTEMS, GILSON, DUNCKER, FAUVEL, GALVAGNI, WOODWORTH, SHEARER, SÖDERSTRÖM, REMSCHEID, GUSTAFSON u. a.

(*Paleen*), Lanzenborsten, unter letzteren Spießborsten, Sichelborsten, Pfeilborsten, je nach der Stärke, Gestalt und Art der Endigung (Abb. 525). Leit- oder Stützborsten (*Aciculae*) werden starke, wenig vorstreckbare, im Innern der Parapodien gelegene Borsten genannt. Die Cirren sind meist fadenförmig und zuweilen gegliedert, oder konisch und dann oft mit einem besonderen Wurzelglied versehen. In einigen Fällen erlangen die Rückencirren eine flächenhafte Verbreiterung und bilden sich zu breiten Schuppen, *Elytren*, um, welche ein schützendes Dach zusammensetzen (*Aphroditidae*) (Abb. 534).

Am Mundsegment (Abb. 533) erfährt das Parapodium meist eine verschiedene Ausbildung, indem die borstentragenden Äste rudimentär werden oder fehlen. Dagegen entwickeln sich die Cirren sehr umfangreich und werden hier als *Cirri tentaculares* (Fühlercirren) bezeichnet. Am Kopflappen (Prostomium) finden sich zwei große Tentakel (Primärtentakel), die verkürzt als sogenannte Palpen auftreten. Außerdem kommen in wechselnder Zahl Kopfcirren vor (Abb. 219). Den *Drilomorpha* fehlen alle Anhänge des Prostomiums (Abb. 536). Dagegen sind bei den *Serpulimorpha* die Primärtentakel zu einer Tentakelkrone umgebildet, auch bei den *Terebellimorpha* vermehrt und zu langen Fangfäden entwickelt (Abb. 528, 537). Die Cirren des Analsegments werden als Aftercirren unterschieden.

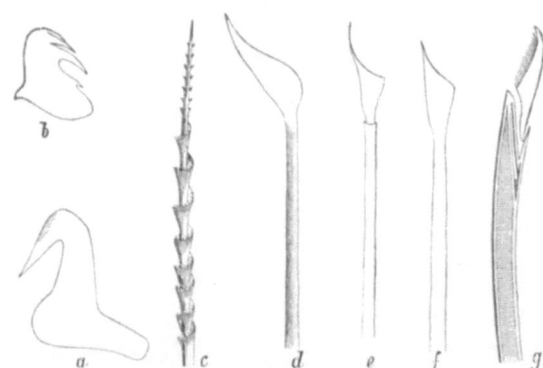

Abb. 525. Borsten verschiedener Polychäten. (Nach MALMGREN und CLAPARÈDE.) a Hakenborste von *Sabella*, b dieselbe von einer *Terebella*, c Borste mit Spiralleiste von *Sthenelais*, d Lanzenborste von *Phyllochaetopterus*, e, f dieselben von *Sabella*, g zusammengesetzte Sichelborste von *Nereis cultrifera*.

Das Nervensystem (Abbild. 526) besteht aus einem im Prostomium gelegenen Gehirn, dem Schlundconnectiv und der metamer gegliederten Bauchganglienkette, deren Ganglien zuweilen (*Serpuliden*), am meisten im vorderen Abschnitte des Körpers, weit auseinanderweichen, so daß die Ganglienkette strickleiterförmig wird.

Die Lagerung des Nervensystems ist noch vielfach eine subepitheliale. Vom Gehirn werden der Kopflappen und die sich an demselben findenden Sinnesorgane versorgt. Bei den *Amphinomiden* findet sich ein zweites Paar vom Gehirn ausgehender sogenannter podialer Längsnerven, die segmental mit einem Ganglion (Podialganglion) versehen sind, das mit dem Bauchganglion des betreffenden Segmentes durch eine Commissur in Verbindung steht. Dieser podiale Längsnerv mit seinen Ganglien ist bei zahlreichen Polychaeten auf das 1. oder 1. und 2. Metamer beschränkt, während bei den *Rapacia* sich auch in allen übrigen Metameren noch die Podialganglien finden, aber bloß mit den Bauchganglien durch eine Commissur verbunden sind. Mit dem Gehirn und dem Schlundconnectiv hängen auch die Nerven und Ganglien des Schlundnervensystems zusammen.

Von Sinnesorganen sind ein oder zwei Paare Augen vom Typus der Napf- oder Blasenaugen (Abb. 198) am Kopflappen sehr verbreitet; am höchsten entwickelt sind die zwei großen Kopfaugen der *Alciopiden*. Seltener sind zahlreiche kleine Augen am Kopflappen vorhanden. Augenflecke können auch am hinteren Körperende liegen (*Fabricia*) oder an den Seiten vieler Segmente sich wiederholen (*Polyophthalmus*). Bei einigen Serpuliden (*Branchiomma*) finden sich Augen vom Typus der Komplexaugen an den Tentakeln. Beschränkter erscheint das Vorkommen von statischen Organen (Statocysten), die als paarige Bläschen am Schlundringe von *Arenicoliden*, *Ariciiden*, einigen *Serpuliden* und *Terebelliden* beobachtet sind, zuweilen mit Kanalverbindung zur Haut wie bei *Arenicola marina*, *Branchiomma vesiculosum* u. a. Dagegen sind seitliche, als Spürorgane gedeutete Flimmergruben (Nackenorgan) am Prostomium zahlreicher Polychäten nachgewiesen. Knospenförmige Sinnesorgane am Mundrande und der Mundhöhle werden als Geschmacksorgane aufgefaßt. Einzelne mit Härchen, Borsten an der Oberfläche ausgestattete Sinneszellen (Tastzellen) oder Gruppen solcher finden sich über die ganze Haut, insbesondere aber an den Tentakeln und Cirren verbreitet (Abb. 219).

Der Verdauungskanal gliedert sich in Vorder-, Mittel- und Enddarm. Der Mund liegt ventral, bei den in Röhren lebenden *Serpuliden* und *Hermelliden* terminal. Der muskulöse Vorderdarm erstreckt sich durch mehrere Rumpf-

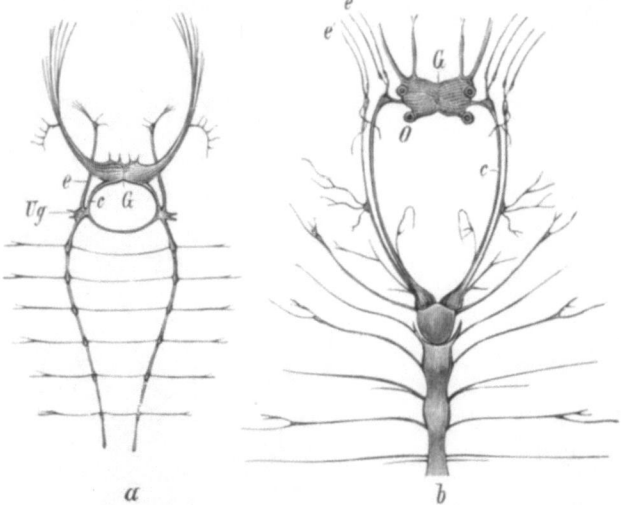

Abb. 526. Gehirn und vorderer Abschnitt der Ganglienkette. a Von *Serpula*, b von *Nereis*. (Nach QUATREFAGES.) *G* Gehirnganglion, *c* Schlundconnectiv, *Ug* unteres Schlundganglion, *e e'* Nerven für die Cirri tentaculares, bzw. die Anhänge des Mundsegmentes, *O* Augen.

metameren und ist häufig entweder selbst als Rüssel vorstülpbar, oder sein vorstülpbarer Teil erscheint als besonderer, von der Schlundwand als Scheide umgebener Schlauch differenziert. In anderen Fällen ist ein ventraler muskulöser Schlundsack vorhanden. Der Schlund ist in sehr mannigfaltiger Weise mit Papillen oder cuticularen Zähnen (sogenannten Kiefern) ausgestattet. Der Mitteldarm verhält sich in seiner ganzen Länge ziemlich gleichartig; er erscheint zwischen den Dissepimenten, somit segmental, zu seitlichen Taschen erweitert, die zuweilen (*Aphroditidae*) zu langen Blindsäcken entwickelt sein können (Abb. 527). Bei *Capitelliden* und *Euniciden* kommt ein sogenannter Nebendarm vor, ein ventrales, längs des Mitteldarmes verlaufendes Rohr, das an seinen beiden Enden in den Darm mündet. Der Enddarm ist kurz und öffnet sich terminal im After. Von Anhangsorganen sind häufig sich findende drüsige Anhänge am hinteren Ende des Oesophagus zu erwähnen.

Zahlreiche Polychäten besitzen in den dorsal an den Parapodien auftretenden fadenförmigen (*Spiomorpha*) oder baumförmig verzweigten (*Amphinome*) oder kammförmigen (*Eunice*) Kiemen besondere Atmungsorgane (Abb. 517). Die

544   Metazoa.

Kiemen können an allen Rumpfmetameren entwickelt sein oder sich auf die mittlere Rumpfregion beschränken (*Arenicola*, Abb. 536); bei in Röhren lebenden Formen finden sie sich bloß an den zwei oder drei (*Terebellidae*) vorderen Rumpfmetameren vor (Abb. 528). Beim Mangel von Kiemen wird die Atmung durch die ganze Körperhaut, insbesondere aber ihre zarten Anhänge (Tentakel, Cirren) vermittelt; so besitzen auch die vermehrten und vergrößerten Tentakel (*Serpulimorpha, Terebellimorpha*) des Kopflappens neben ihrer Funktion als Fangorgane und Taster die Bedeutung von Atmungsorganen.

Das Blutgefäßsystem der Polychäten ist ein geschlossenes System von Bahnen. Es besteht gewöhnlich aus einem (zuweilen paarigen) Rückengefäß und einem

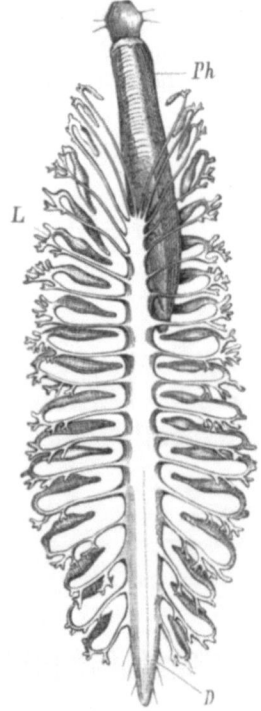
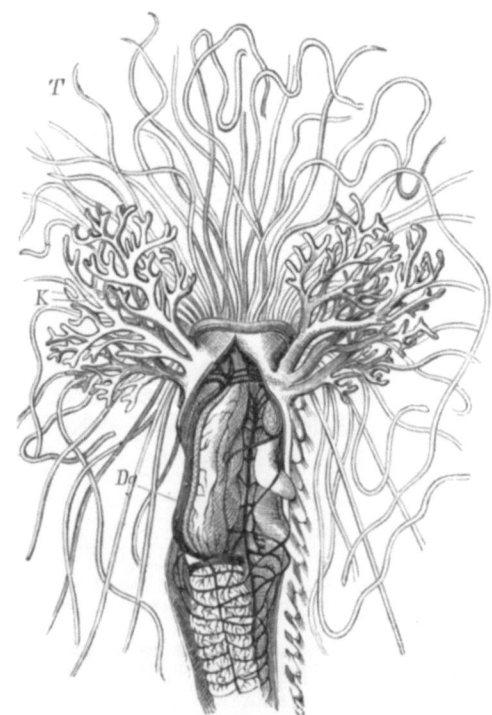

Abb. 527. Darmkanal von *Aphrodite aculeata*. (Nach M. EDWARDS.) *Ph* Pharynx, *D* Mitteldarm, *L* Blindsäcke desselben.

Abb. 528. *Eupolymnia (Terebella) nebulosa*, von der Rückenseite geöffnet. (Nach M. EDWARDS.) *Dg* Vorderer Abschnitt des Dorsalgefäßes (Herz), *K* Kiemen, *T* Tentakel.

über den Bauchstrang des Nervensystems und unter dem Darm gelegenen Bauchgefäße (Abb. 517, 528). Beide Gefäße hängen durch ein den Darm umspinnendes Gefäßnetz sowie durch vorn im Kopfe gelegene und ferner segmentale, an der Körperwand verlaufende Gefäßschlingen, in welche auch die Parapodialkiemen eingeschaltet sind, miteinander zusammen (Abb. 138). In anderen Fällen (*Spionidae, Serpulidae* u. a.) dagegen ist das splanchnische Gefäßnetz durch einen den Darm umgebenden Blutsinus vertreten und ein gesondertes Rückengefäß nur im vordersten Abschnitte des Körpers über dem Oesophagus zu unterscheiden. Komplikationen ergeben sich durch das Auftreten von Längsgefäßen am Nervensystem oder auch zu den Seiten des Körpers sowie weiterer Verzweigungen. Meist ist bloß das Rückengefäß oder der Darmsinus contractil und leitet den Blutstrom von hinten nach vorn, zuweilen fungieren einzelne erweiterte Querschlingen als herzartige Abschnitte, seltener erweisen sich alle größeren Gefäßstämme als contractil. In einigen Fällen (*Glycera, Capitella, Polycirrus*) fehlt das Blutgefäßsystem infolge von Rückbildung. Die Blutflüssigkeit ist rot oder grün gefärbt oder farblos und enthält zuweilen farblose Blutzellen. Im Rückengefäß findet sich häufig der sogenannte Herzkörper, ein Strang drüsiger, pigmentführender Zellen, die vom Cölomepithel stammen.

Die geräumige, vom Peritonealepithel ausgekleidete Cölomhöhle wird durch die Mesenterien und Dissepimente in Kammern geteilt, welche indessen durch Öffnungen in den Dissepimenten miteinander kommunizieren. Dissepimente und Mesenterien können auch eine mehr oder weniger weitgehende Reduktion erfahren, wie dies besonders im Vorderkörper in der Ausdehnung des Oesophagus der Fall ist, so daß größere zusammenhängende Räume entstehen. Die Cölomhöhle wird von einer lymphoiden Flüssigkeit (perienterische Flüssigkeit) erfüllt, welche farblose Zellen führt. In einigen Fällen (*Capitella, Glycera, Polycirrus*) sind diese Zellen jedoch rot gefärbt und die Cölomflüssigkeit vertritt hier mit dem Ausfalle des Blutgefäßsystems das Blut. Die Zellen der perienterischen Flüssigkeit stammen von besonderen drüsigen Bildungsstätten des Peritonealepithels (Lymphkörperdrüsen). Außerdem zeigt sich das Peritonealepithel über den Blutgefäßen stellenweise excretorisch (sogenannte Chloragogendrüsen) differenziert und bildet zuweilen (*Terebella, Arenicola* u. a.) in die Cölomhöhle vorspringende, an Blindgefäßen entwickelte drüsige Zotten. Die concrementführenden Zellen werden in die Cölomflüssigkeit abgestoßen und durch die Nephridien ausgeführt.

Die Genitaldrüsen lagern im Peritonealepithel. Sie wiederholen sich in zahlreichen Segmenten, zuweilen sind sie auf wenige Metameren beschränkt. Die Genitalprodukte fallen in die Cölomhöhle und erlangen hier ihre volle Reife.

Als *Excretionsorgane* finden sich ursprünglich in allen Metameren paarige Nephridien (*Segmentalorgane*). Dieselben beginnen mittels eines Wimpertrichters im Cölom des vorhergehenden Metamers und bilden einen meist kurzen, drüsigen Kanal, der lateral mündet (Abb. 146). Die Nephridien dienen auch zur Ausführung von Excretionsstoffen der Leibeshöhle (Chloragogenzellen) und werden zur Brunstzeit in den Genitalsegmenten als Eileiter und Samenleiter verwendet, um die in die Cölomhöhle abgestoßenen Genitalprodukte nach außen zu schaffen. In einigen Fällen (*Glyceridae, Phyllodocidae* u. a.) sind jedoch die Nephridien gegen das Cölom geschlossen und mit zahlreichen cylindrischen Wimperkölbchen (Solenocyten) am Innenende ausgestattet; zur Ausleitung der Genitalprodukte dient dann ein in den Genitalsegmenten dem Nephridium anliegender Wimpertrichter, der sich bloß zur Zeit der Geschlechtsreife in den Nephridialkanal öffnet. Seltener (einige *Capitellidae*) findet sich neben dem Nephridium ein gesondert ausmündender Wimpertrichter zur Ausfuhr der Genitalprodukte vor, Verhältnisse, die eine Verdoppelung des Nephridiums vorstellen und damit zusammenhängen mögen, daß bei *Capitelliden* innerhalb eines Metamers das Nephridium vermehrt auftritt. Eine ungleichartige Ausbildung der Nephridien und eine Beschränkung auf bestimmte Körperabschnitte ist bei *Terebelliden, Cirratuliden* und *Serpuliden* zu beobachten. Bei *Terebelliden* sind die gewöhnlich in drei Paaren (bei *Cirratuliden* und *Serpuliden* in nur einem Paar, Abb. 537) auftretenden Nephridien der vorderen Thoracalregion sehr groß, ihr Wimpertrichter klein; sie fungieren bloß als Nieren. In der hinteren, durch ein starkes Dissepiment geschiedenen Thoracalregion dagegen bleiben die Nephridialkanäle klein, besitzen aber einen großen Trichter und dienen zur Ausfuhr der Geschlechtsprodukte. Als Eigentümlichkeit möge die Verbindung der vier Nephridien der hinteren Thoracalregion jederseits durch einen Längskanal bei *Lanice conchilega* erwähnt sein.

Mit Ausnahme einiger hermaphroditischer Formen (*Spirorbis*, *Salmacina*, *Myzostomiden* u. a.) sind die Polychäten getrennten Geschlechtes. Männliche und weibliche Individuen erscheinen zuweilen in Körperform und im Bau der Sinnes- und Bewegungsorgane verschieden. Ein solcher Dimorphismus des Geschlechtes wurde von MALMGREN für die Gattung *Nereis* nachgewiesen, deren geschlechtsreifer (sogenannter epitoker) Formzustand (früher als *Heteronereis* beschrieben) überdies durch die Umbildung der Parapodien und die Entwicklung besonderer Schwimmborsten in der hinteren Körperregion zur Zeit der Geschlechtsreife ausgezeichnet ist. Bei dem Palolowurm (*Eunice viridis*) (Abb. 529) lösen sich die hinteren verschmälerten Metameren mit den Geschlechtsprodukten (epitoke Körperstrecke) vom Vorderkörper (atoke Körperstrecke) vollends los und schwimmen frei umher. Sie gehen schließlich zugrunde, während der Vorderkörper vermutlich die abgeworfenen Genitalsegmente regeneriert.

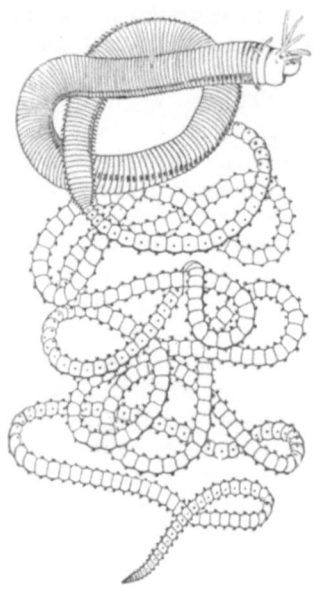

Abb. 529. *Eunice viridis*. Die hintere schmälere epitoke Körperregion stellt abgelöst und freischwimmend den „Palolo" vor. (Nach WOODWORTH.) Etwa $1/1$

An diese Verhältnisse schließen sich gewisse *Syllideen* an, die am Hinterende durch fortgesetzte Teilung heteromorph gestaltete Geschlechtstiere produzieren, indem die epitoke Körperstrecke unter Neubildung eines Kopfes als besonderes Geschlechtsindividuum sich abtrennt (Abb. 530). In solchem Falle, wie bei *Autolytus*, kommt es zu einer Metagenese, in welcher eine Ammengeneration mit einer heteromorphen Geschlechtsgeneration wechselt, deren auffallend dimorphe Männchen und Weibchen früher als in verschiedene Gattungen gehörig, das Weibchen als *Nereis* und *Sacconereis*, das Männchen als *Polybostrichus* beschrieben wurden. Auch bei der in Hexactinelliden gefundenen *Syllis ramosa* scheint ein solcher Generationswechsel vorzukommen; die Ammenform ist hier dadurch ausgezeichnet, daß die neuen Individuen nicht bloß in der Längsachse des Körpers, sondern auch seitlich wie Knospen entstehen, wodurch ein verzweigter Wurmstock zustande kommt.

Ungeschlechtliche Fortpflanzung durch Teilung ist noch bei anderen Polychäten, so *Myrianida* (Abb. 288), *Filograna*, *Ctenodrilus* beobachtet. Sie knüpft an die Fähigkeit der Regeneration an, die bei Polychäten allgemein verbreitet scheint.

Nach CLAPARÈDE findet sich bei *Nereis* Heterogonie, bei der eine kleinere, an der Oberfläche schwimmende Generation mit einer größeren, schwerfälligen, auf dem Boden in der Tiefe lebenden wechselt; bei *Nereis dumerili* besteht neben zweierlei heteronereiden ein nereider geschlechtsreifer Formzustand, auch Dissogonie (HEMPELMANN).

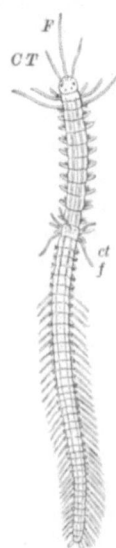

Abb. 530. *Autolytus cornutus* mit dem männlichen Tiere (*Polybostrichus*). (Nach A. AGASSIZ.) *F* Cirri, *CT* Cirri tentaculares: *f* Cirri, *ct* Cirri tentaculares des Männchens.

Nur wenige Polychäten, wie z. B. *Syllis vivipara*, gebären lebendige Junge, alle übrigen sind eierlegend; viele legen die Eier in zusammenhängenden Gruppen ab und tragen sie mit sich herum.

Die Entwicklung der Polychäten ist eine Metamorphose. Die Furchung ist inäqual. Das Entoderm entsteht durch Invagination oder Epibolie der vegetativen größeren Zellen. Das mittlere Keimblatt wird außer einigen Zellen am Mundrande, die larvales Mesenchym (Ectomesenchym) liefern, durch zwei Urmesodermzellen angelegt, welche zwei sich später in Metameren gliedernde, ventrale Mesodermstreifen erzeugen (Abb. 265, vgl. auch 266). Oberhalb letzterer entsteht aus einer Verdickung des äußeren Blattes die Anlage des Bauchnervensystems. Die Entwicklung dieser streifenförmigen Anlage fällt bei den Polychätenembryonen oft erst in eine spätere Zeit, nachdem der Embryo als Larve ein freies Leben zu führen begonnen hat. Oesophagus und Enddarm gehen aus Ectodermeinstülpungen hervor. Die Jugendformen schlüpfen als Larven aus, deren Grundform, die Trochophora, in zahlreichen Modifikationen auftritt. Auf das *Trochophora*-Stadium folgen Zustände mit beginnender Metamerie, welche als *Metatrochophora* bezeichnet werden. Als *Nectochaeta*-Stadium (Abb. 531) hat HÄCKER einen bei Phyllodociden, Aphroditiden, Nereiden und einigen Euniciden auftretenden, pelagisch lebenden späteren Larvenzustand unterschieden, der nur aus wenigen Metameren besteht und nach teilweiser oder vollständiger Rückbildung der Wimperkränze sich mittels kräftiger Parapodien schwimmend bewegt.

Nach der besonderen Verteilung der Bewimperung hat man auch die Polychätenlarven unterschieden und als *Atrochae* solche mit gleichmäßigem Wimperkleid, als *Monotrochae* jene nur mit perioralen Wimperkränzen bezeichnet; tritt zu letzteren noch ein präanaler Wimperkranz hinzu, so heißen die Larven *Telotrochae*; *Mesotrochae* dann, wenn ein Wimperkranz die Mitte des Körpers umgürtet (*Telepsavus, Chaetopterus*). Unter den durch eine Mehrzahl von Wimperkränzen oder Wimperbogen ausgezeichneten *Polytrochae* werden wieder solche mit Halbringen von Wimpern am Bauch oder Rücken als *Gasterotrochae* und *Nototrochae* benannt

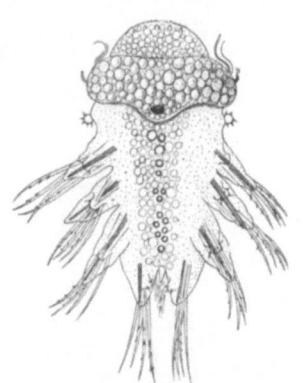

Abb. 531. Larve von *Hermione hystrix*. (Nach v. DRASCHE.) Nectochaetastadium. $^{92}/_1$

und als *Amphitrochae* jene unterschieden, bei denen ventrale und dorsale Wimperbogen auftreten.

Bei Trochophoralarven treten zuweilen provisorische Borsten von meist ansehnlicher Länge auf, so auch bei der als *Mitraria* bezeichneten eigentümlichen Trochophora einer Maldanide, deren relativ sehr umfangreicher, prostomialer Körperabschnitt glockenförmig über den kleinen Hinterkörper hinüberragt (Abb. 532).

Mit seltenen Ausnahmen sind die Polychäten marin. Relativ wenige Formen, wie z. B. die durchsichtigen *Tomopteriden* und *Alciopiden*, halten sich an der Oberfläche des Meeres auf, die meisten bewohnen die Region der Küsten. Sie leben hier frei, indem sie sich schlängelnd und auch durch Verschiebung der Parapodien bewegen und vom Raube ernähren; oder sie halten sich im Schlamm und Sand oder in selbstgebildeten, mehr oder minder festen Röhren (*Serpulidae, Terebellidae, Chaetopteridae*) auf und ernähren sich von vegetabilischen Stoffen, die sie mittels des Tentakelapparates herbeischaffen. Auch freischwimmende Formen bewohnen zeitweilig dünnhäutige Röhren. Diese Röhren werden von Drüsen der Haut, insbesondere von den in den sogenannten Bauchschilden gehäuften Bauchdrüsen geliefert. Zahlreiche Formen gehen in die Tiefe hinab. Auch gibt es Anneliden, welche in Kalksteinen und Muschelschalen bohren, z. B. *Potamilla reni-*

formis MÜLL. (*Sabella saxicola* GR.), *Polydora ciliata*. Parasitisch leben nur wenige Formen, wie *Acholoë astericola* und *Ophiodromus flexuosus* in den Ambulacralrinnen von Seesternen, *Oligognathus bonelliae* in der Leibeshöhle von *Bonellia*, *Ichthyotomus sanguinarius* auf Aalen und die *Myzostomiden* auf Crinoideen und Ophiuroideen. Manche zeigen intensive Leuchterscheinung, so besonders Arten der Gattung *Chaetopterus*, deren Fühler und Körperanhänge leuchten. Ebenso leuchten die Elytren von *Polynoë*, die Tentakel von *Polycirrus* und die Haut einiger *Syllideen*.

Fossile Reste von Borstenwürmern finden sich vom Silur an in den verschiedensten Formationen.

In der Gruppenbildung der Polychäten ist wesentlich dem von HATSCHEK gemachten Einteilungsversuch gefolgt, welcher im einzelnen indes noch späteren Modifikationen unterliegen dürfte.

1. Unterordnung. *Amphinomorpha*. Mit kompletten Parapodien, einfachen Borsten und mehreren Acicularborsten. Der Mund sekundär nach hinten vergrößert, daher von mehreren Segmenten umgeben. Schlund vorstülpbar, unbewaffnet.

Fam. *Amphinomidae*. Von plumpem Körperbau mit nicht sehr zahlreichen Metameren. Kopflappen wenig deutlich begrenzt und auf der Rückenfläche in eine über mehrere Segmente reichende Karunkel ausgehend. Mund auf die Bauchfläche gerückt, von mehreren (bis fünf) Segmenten umgeben. *Amphinome rostrata* PALL., Ind. Ozean. *Euphrosyne foliosa* AUD. M. E., *Hermodice carunculata* PALL. Stößt bei Reizung Borsten aus, ist deshalb von den Fischern gefürchtet. Mittelmeer. Fraglich ist die Zugehörigkeit von *Spinther miniaceus* GR. Ectoparasitisch auf Spongien. Mittelmeer, Nordsee.

Abb. 532. Trochophora (sog. *Mitraria*) mit provisorischen Borsten. (Original G.) $^{110}/_1$. *D* Darm, *pW* präoraler Wimperkranz, *S* eingezogene Scheitelplatte.

2. Unterordnung. *Rapacia* (*Nereimorpha*). Mit großen, meist inkompletten Parapodien; neben einfachen in der Regel auch zusammengesetzte Borsten und stets Aciculae. Schlund vorstülpbar, meist bewaffnet.

Fam. *Eunicidae*. Leib sehr lang, aus zahlreichen Segmenten zusammengesetzt. Kopflappen mit mehreren Fühlern, zuweilen auch Palpen (Abb. 127). Fußstummel meist einästig, selten zweiästig, gewöhnlich mit Bauch- und Rückencirren nebst Kiemen (Abb. 517). Ein aus mehreren Stücken zusammengesetzter Oberkiefer und ein aus zwei Platten bestehender Unterkiefer liegen in einem ventralen, dem Schlundrohr anhängenden Kiefersack. *Diopatra neapolitana* CHIAJE, Mittelmeer. *Onuphis conchylega* SARS. Verfertigt eine mit Sand und Muschelschalen besetzte Röhre. Nordatlant. *Hyalinoecia tubicola* MÜLL. Bildet eine starre, durchsichtige Röhre. Kosmopolit. *Eunice punctata* RISSO (*harassii* AUD. M.E.), Atlant. Ozean, Mittelmeer. *E.* (*Lysidice*) *viridis* GRAY, Palolowurm. Samoa- und Fidschiinseln. Hält sich in den Korallenfelsen auf. Der von den Eingeborenen gegessene Palolo ist die hintere epitoke Körperregion mit den Genitalprodukten, welche sich vom

Vorderkörper ablöst und an der Oberfläche frei schwimmt (Abb. 529). *Halla parthenopeia* CHIAJE, Neapel. *Staurocephalus rubrovittatus* GR., Mittelmeer. *Oligognathus bonelliae* SPENG., schmarotzt in der Leibeshöhle von *Bonellia*. Neapel. *Ophryotrocha puerilis* CLAP. METSCHN., Mittelmeer.

Fam. *Nereidae* (*Lycoridae*). Der gestreckte Körper aus zahlreichen Segmenten zusammengesetzt. Kopflappen mit zwei Cirren, zwei Palpen und vier Augen (Abb. 533). Mundsegment ruderlos, mit zwei Paar Fühlercirren jederseits. Ruder (Abbild. 524) ein- oder zweiästig, mit Rücken- und Bauchcirren, mit zusammengesetzten Borsten. Rüssel stets mit zwei Kiefern, meist auch mit Kieferspitzen besetzt. *Nereis dumerili* AUD. M. E. (Abb. 533) (mit zwei epitoken Formen, einer vom *Nereis*-Habitus, die andere sogenannte *Heteronereis*-Form früher als *Heteronereis fucicola* beschrieben), *N. diversicolor* MÜLL. Bei beiden Arten soll auch Hermaphroditismus vorkommen. *N. cultrifera* GR., Europ. Meere.

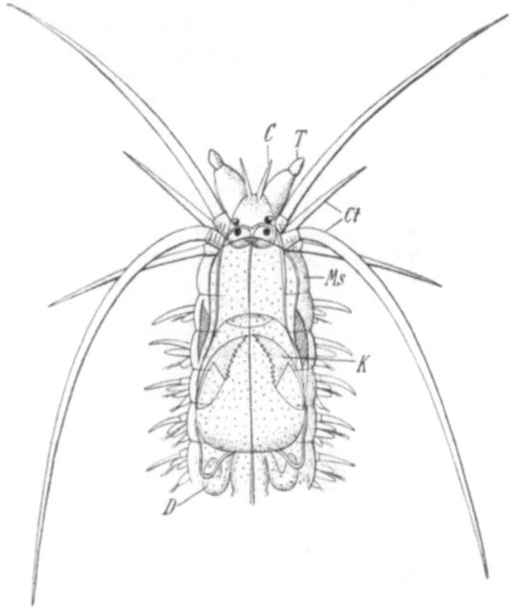

Hier fügt sich die Fam. *Nephthydidae* an. *Nephthys hombergi* CUV., Mittelmeer.

Fam. *Glyceridae*. Körper schlank, aus zahlreichen geringelten Segmenten zusammengesetzt. Kopflappen kegelförmig, geringelt, mit vier kleinen Fühlern an der Spitze und zwei Palpen an der Basis. Rüssel weit vorstülpbar, mit vier starken Kieferzähnen. Die Zellen der Cölomflüssigkeit stellen rote Blutkörperchen dar; Gefäßsystem fehlt. *Glycera capitata* OERST., Nordsee, Mittelmeer.

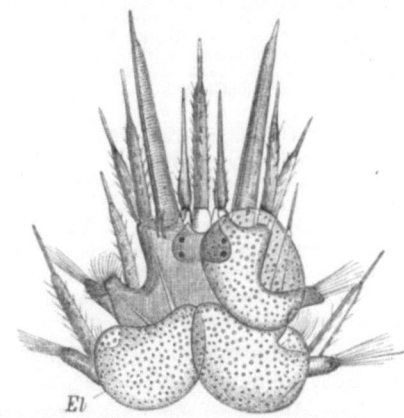

Abb. 533. Kopf und vordere Rumpfsegmente von *Nereis dumerili*. (Nach CLAPARÈDE.) Etwa $8/1$. *Ms* Mundsegment, *Ct* Cirri tentaculares, *C* Kopfcirren, *T* Palpen, *K* Schlundkiefer, *D* Anhangsdrüsen des Darmes.

Fam. *Aphroditidae*. An den Fußstummeln des Rückens breite Schuppen (*Elytren*) an Stelle der Dorsalcirren (Abb. 534), welche meist alternierend, oft nur am Vorderkörper, den Segmenten aufsitzen. Kopflappen mit Augen, mit einem unpaaren und meist mit zwei seitlichen Stirnfühlern, zu denen noch zwei stärkere seitliche untere Fühler (Palpen KINB.) hinzukommen. Vor dem Munde zuweilen ein sogenannter Facialtuberkel. Rüssel cylindrisch, vorstülpbar, mit zwei oberen und zwei unteren Kiefern. *Aphrodite aculeata* L., Seeraupe, Rücken mit Haarfilz. Augen sitzend. Borsten der Bauchstummeln zahlreich und lebhaft irisierend. *Hermione hystrix* SAV. Augen gestielt. Europ. Meere. *Polynoë scolopendrina* SAV., Atlant. Ozean. *Lepidasthenia elegans* GR., Mittelmeer. *Acholoë astericola* CHIAJE, lebt in den Ambulacralrinnen von Astropecten. Zeigt Leuchterscheinung. Mittelmeer. *Sthenelais boa* JOHNST., Europ. Meere.

Fam. *Hesionidae*. Körper kurz, abgeplattet, mit wenigen Segmenten. Kopflappen mit Fühlern, zuweilen auch Palpen, die folgenden Segmente mit großen Cirren. Rüsselröhre kurz, vorstülpbar. *Hesione pantherina* RISSO, Mittelmeer. *Ophiodromus flexuosus* CHIAJE, Mittelmeer, lebt in den Ambulacralfurchen größerer Seesterne.

Abb. 534. Vorderende von *Lagisca* (*Polynoë*) *extenuata* nach Entfernung der ersten linken Elytra. (Nach CLAPARÈDE.) $11/1$. Die zwei Borsten des Mundsegmentes bloßgelegt. *El* Elytra.

Fam. *Syllididae*. Körper gestreckt und abgeplattet. Kopf meist mit drei Fühlern und zwei bis vier Fühlercirren, oft mit Palpen (Abb. 530). Der vorstülpbare Rüssel besteht aus einer kurzen Rüsselröhre, einer durch Cuticularbildung starren Schlundröhre und einem darauffolgenden drüsigen Abschnitt. Ruder einfach. Im Kreise derselben Art treten zuweilen verschiedene Formen als Geschlechtstiere und als Ammen auf. Viele tragen die Eier bis zum Ausschlüpfen der Jungen mit sich umher. *Syllis variegata* GR., Mittelmeer, Atlant. Ozean. *S. ramosa* M'INT., Arafurasee. *Odontosyllis ctenostoma* CLAP., Mittelmeer. *Autolytus prismaticus* O. FABR. (Männchen als *Polybostrichus longosetosus* OERST., Weibchen als *Nereis bifrons* O. FABR. beschrieben). Nord. Meere. Eine zweifelhafte Art ist *Autolytus prolifer* MÜLL. (Männchen als *Polybostrichus mülleri*, Weibchen als *Sacconereis helgolandica* bekannt). *A. cornutus* A. AG., Atlant., Nord-Amer. (Abb. 530). *Myrianida fasciata* M.-E., Adria (Abb. 288). *Grubea* QTRF. (Abb. 523). Hier schließt sich an *Ichthyotomus sanguinarius* EISIG. Lebt parasitisch auf Aalen. Neapel.

Fam. *Phyllodocidae*. Körper mit zahlreichen Segmenten. Kopflappen nur mit vier oder fünf Fühlern und mit Augen. Ruder klein, mit blattförmigem, an Schleimdrüsen reichem Rücken- und Bauchcirrus. Rüssel glatt oder papillentragend. *Phyllodoce laminosa* SAV., *Eulalia viridis* L., Atlant. Ozean, Mittelmeer. *Lopadorhynchus krohni* CLAP., Mittelmeer. *Eteone flava* FABR., Nord. Meere.

Fam. *Alciopidae*. Körper glashell, Kopf mit zwei großen, halbkugelig vorspringenden Augen. Bauch- und Rückencirren blattartig. Rüssel vorstülpbar mit dünnhäutiger Rüsselröhre und dickwandigem Endabschnitt, an dessen Eingang zwei hakenförmige Papillen stehen. Leben pelagisch. Die Larven zum Teil parasitisch in Rippenquallen. *Alciopa cantraini* CHIAJE, *Asterope candida* CHIAJE, Mittelmeer.

Fam. *Tomopteridae* (*Gymnocopa*). Kopf wohl gesondert, mit zwei Augen und zwei oder vier Fühlern. Mundsegment mit zwei langen Fühlercirren, die durch eine kräftige innere Borste gestützt werden. Mund ohne Rüssel und Kieferbewaffnung. Die großen Parapodien borstenlos, zweilappig. Leben pelagisch. Körper sehr durchsichtig. *Tomopteris* (*Johnstonella*) *catharina* GOSSE, Mittelmeer, Atlant. Ozean.

Fam. *Myzostomidae*. Kleine scheibenförmige Polychäten (Abb. 535) mit weicher, flimmernder Körperbedeckung. Am Rande des Körpers erheben sich kleine Wärzchen oder Cirren; an den Seiten fünf Paare kurzer, je einen Haken (mit ein bis drei Ersatzhaken) sowie eine Stützborste enthaltender Fußhöcker, nach außen von ihnen vier Paare saugnapfähnlicher Seitenorgane (Sinnesorgane). Rüssel papillentragend, der Darm mit Seitenästen, mündet nahe dem hinteren Körperende dorsal mit der weiblichen Genitalöffnung in eine Kloake, die auch die Öffnungen der zwei Nephridien aufnimmt. Kreislaufsorgane und Atmungsorgane fehlen. Die Tiere sind Zwitter. Die männlichen paarigen Geschlechtsöffnungen liegen seitlich. Leben ectoparasitisch oder in Cysten an Crinoideen, auch Ophiuroideen; seltener entoparasitisch in Asteroideen und *Gorgonocephalus*. *Myzostoma glabrum* F. S. LEUCK., *M. cirriferum* F. S. LEUCK. (Abb. 535), beide ectoparasitisch auf *Antedon mediterranea*. *M. asteriae* MARENZ. Entoparasitisch in *Asterias richardi* und *Stolasterias neglecta*. *M. cysticolum* GRAFF, ohne Seitenorgane, paarweise in Cysten von *Comactinia* (*Actinometra*) *meridionalis*. *Protomyzostomum polynephris* FEDOTOV. Entoparasit in *Gorgonocephalus eucnemis*. Kolafjord.

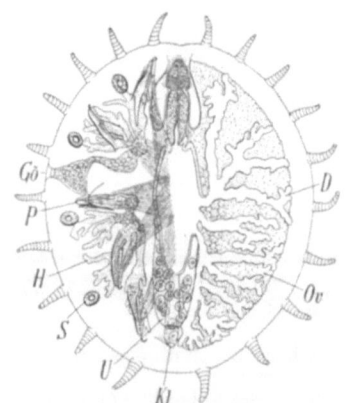

Abb. 535. *Myzostoma cirriferum*. (Nach V. GRAFF.) Etwa $^{10}/_1$. *S* Parapodium, *P* Seitenorgan, *D* Darm, *Kl* Kloakenöffnung, *U* Eiersack (sog. Uterus), *Ov* seine Nebenabzweigungen, *H* Hoden, *Gö* männliche Genitalöffnung.

3. Unterordnung. *Spiomorpha*. Mit kompletten Parapodien und einfachen Borsten. Schlund vorstülpbar, unbewaffnet.

Fam. *Spionidae*. Polychäten von geringer Größe, der kleine Kopflappen zuweilen mit fühlerartigen Vorsprüngen und meist kleinen Augen, mit zwei langen, meist von einer Rinne gefurchten Tentakeln. Kiemen einfach fadenförmig. Leben in Röhren. *Spio seticornis* O. FABR., Nordmeere. *Scolecolepis fuliginosa* CLAP., Mittelmeer. *Nerine cirratulus* CHIAJE. *Polydora ciliata* JOHNST. Mittelmeer, Atlant. Ozean.

Fam. *Ariciidae*. Körper etwas flachgedrückt, mit vielen kurzen Segmenten. Kopflappen ohne Anhänge. Rüssel kurz, unbewaffnet. Die kurzen Fußhöcker mit lanzettförmigen Kiemen. *Aricia foetida* CLAP. Bekannt wegen ihres fauligen Geruches. Neapel. *Scoloplos armiger* MÜLL. Weit verbreitet.

Fam. *Chaetopteridae.* Körper gestreckt, in mehrere ungleichartige Regionen gesondert. Meist zwei oder vier sehr lange Fühler. Rückenanhänge der mittleren Segmente flügelförmig, oft gelappt. Bewohnen pergamentartige Röhren. *Telepsavus costarum* Clap., Neapel. *Chaetopterus pergamentaceus* Cuv., Westindien. *Ch. variopedatus* Clap., Mittelmeer.

Fam. *Chlorhaemidae (Pherusidae).* Körper gestreckt, mit kurzen Segmenten. Kopf ringförmig, mit zwei starken, gefurchten Fühlern und mit Kiemenfäden, in den Vorderkörper zurückziehbar, dessen vordere oder zwei vordere Segmente auffallend lange, nach vorn gerichtete Borsten tragen. Borstenbündel auf kleinen Fußhöckern oder direkt in die Haut eingelagert. Haut mit zahlreichen Papillen, schleimabsondernd. Blut grün. *Flabelligera (Siphonostoma) diplochaitos* Otto, *Stylarioides monilifer* Chiaje, Mittelmeer.

4. Unterordnung. *Drilomorpha.* Prostomium kegelförmig, ohne Anhänge. Parapodien zu zwei Borstenhöckern geteilt. Meist Parapodialkiemen vorhanden. Schlund vorstülpbar, unbewaffnet.

Fam. *Cirratulidae.* Körper rund. Kopf lang, kegelförmig, ohne Fühler, meist auch ohne Fühlercirren. Fußstummel niedrig. Fadenförmige Kiemen (Cirren) an einzelnen oder zahlreichen Segmenten. *Cirratulus cirratus* Müll. (*borealis* Lm.), Nordmeere. *Audouinia tentaculata* Mont. (*lamarcki* Aud. M. E.), Europ. Meere.

Hier reiht sich die Fam. *Ctenodrilidae* an. *Ctenodrilus serratus* O. Schm. (*pardalis* Clap.), Mittelmeer. Pflanzt sich durch Teilung fort.

Fam. *Arenicolidae.* Kopflappen sehr klein, ohne Anhänge. Mundsegment ohne Fühlercirren. Rüssel mit Papillen. Parapodien als kleine Höcker entwickelt, obere mit Haar-, untere mit Hakenborsten. Verästelte Kiemen an den mittleren Segmenten. Bohren im Sande. *Arenicola marina* L. (*piscatorum* Lm.), Fischerwurm (Abb. 536), Atlant. Ozean, Mittelmeer. Dient als Köder beim Fischfang.

Fam. *Capitellidae.* Kopf nicht scharf gesondert, meist mit fühlerartigen, ausstülpbaren, bewimperten Organen und mit Augenflecken. Rüssel kurz, papillentragend. Borstenhöcker rudimentär. Blutgefäßsystem rückgebildet. Leben in Röhren. *Capitella capitata* Fabr., Nordsee.

Fam. *Maldanidae (Clymenidae).* Körper drehrund, in zwei bis drei Regionen gesondert. Kopflappen mit dem Mundsegmente verschmolzen, oft eine Nackenplatte bildend. Fühler und Kiemen fehlen. After meist von einem Trichter umgeben. Wohnen in langen Sandröhren. *Maldane glebifex* Gr., Mittelmeer. *Euclymene lumbricoides* Qtrf., Mittelmeer, Atlant. Ozean. *Owenia filiformis* Chiaje, Mittelmeer.

Zu der Fam. der *Opheliidae* gehört *Polyophthalmus* Qtrf. Mit seitlichen Augen an zahlreichen Segmenten. Mittelmeer.

Fam. *Sternaspidae.* Körper stark verkürzt, die vorderen verbreiterten und die hinteren Segmente mit Borsten. Bauchseite nahe dem Hinterende mit einem Schild. Um die Afterpapille jederseits ein Büschel von Kiemenfäden. *Sternaspis scutata* Ranz. (*thalassemoides* Otto), Mittelmeer.

Abb. 536. *Arenicola marina* (*piscatorum*). (Aus règne animal.) $^1/_2$

5. Unterordnung. *Terebellomorpha.* Prostomium reduziert, mit Büscheln von fadenförmigen Fühlern. Parapodialkiemen meist nur an den vorderen Segmenten. Parapodien zu zwei Borstenhöckern geteilt. Schlund nicht vorstülpbar.

Fam. *Amphictenidae.* Körper aus wenig Segmenten bestehend. Kopflappen niedergedrückt. Erstes Segment mit nach vorn gerichtetem Paleenkamm, der die Röhre des Tieres schließt. Kammförmige Kiemen am zweiten und dritten Segment. Die geraden oder etwas gebogenen, an beiden Enden offenen Röhren sind aus kleinen Sandkörnchen aufgebaut. *Pectinaria (Amphictene) auricoma* Müll. *Lagis koreni* Malmgr., Europ. Meere.

Fam. *Terebellidae.* Körper gestreckt, vorn dicker. Der dünnere Hinterabschnitt zuweilen als borstenloser Anhang deutlich abgesetzt. Kopflappen vom Mundsegment undeutlich geschieden, häufig mit einem Lippenblatt über dem Munde. Zahlreiche fadenförmige Fühler sitzen meist in zwei Büscheln auf. Nur an wenigen vorderen Segmenten kammförmige oder verästelte, selten fadenförmige Kiemen (Abb. 528). Obere Borstenhöcker mit Haarborsten, untere in Form von Querwülsten mit Hakenborsten. Leben in Röhren. Die jungen, noch frei schwimmenden Tiere zuweilen mit zarten Hülsen. *Lanice (Terebella) conchilega* PALL., *Eupolymnia nebulosa* MONT. (Abb. 528), *Terebellides stroemi* SARS, Europ. Meere. *Polycirrus* GR.

6. Unterordnung. **Serpulimorpha**. Prostomium reduziert, mit Tentakelkrone. Mundsegment mit Kragen. Schlund nicht vorstülpbar. Parapodien zu zwei Borstenhöckern geteilt.

Fam. *Serpulidae*. Körper meist deutlich in zwei Regionen (Thorax, Abdomen) geschieden. Kopflappen mit dem Mundsegment verschmolzen, letzteres in der Regel mit einem Kragen versehen. Mund terminal zwischen zwei seitlichen, halbkreisförmig oder spiralig eingerollten Blättern, an deren Vorderrande sich Tentakel mit Flimmerrinne erheben. Diese tragen secundäre Filamente, können durch ein Knorpelskelet gestützt und am Grunde durch eine Membran verbunden sein. Häufig ein oder zwei Tentakel zu einem gestielten Deckel umgewandelt, der die Röhre beim Zurückziehen des Tieres verschließt. Bei *Serpula* und Verwandten ist eine Thoracalmembran vorhanden. Bei einigen *Spirorbis*-Arten (Abbild. 537) entwickeln sich die Eier in einer Höhlung des Deckels. Bauen lederartige oder kalkige Röhren, die gewöhnlich angewachsen sind. *Spirographis spallanzanii* VIV. Mit lederartiger Röhre. Mittelmeer. *Branchiomma vesiculosum* MONT. Tentakel mit zusammengesetzten Augen. Europ. Meere. *Sabella pavonina* SAV., Atlant. Ozean, Mittelmeer. *Dasychone lucullana* CHIAJE, Nordsee, Mittelmeer. *Myxicola infundibulum* GR. Lebt in gallertigen Klumpen. Europ. Meere. *Fabricia* BLAINV. *Serpula vermicularis* L. Röhre kalkig. *Hydroides (Eupomatus) uncinata* PHIL., Mittelmeer. *Spirorbis spirillum* L., Nordmeere, *S. corrugatus* MONT., Mittelmeer. Röhre posthornförmig. *Filograna implexa* BERK., Mittelmeer. *Protula tubularia* MONT., Mittelmeer, Nordsee. *Salmacina* CLAP. *Marifugia cavatica* ABS. et HRABĚ. In Höhlen. Westbalkan.

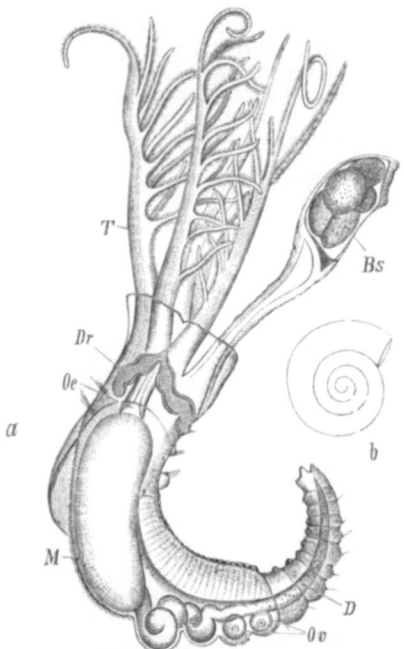

Abb. 537. *Spirorbis laevis*. (Nach CLAPARÈDE.) *a* Das Tier. $^{60}/_1$. — *b* Röhre. $^{8}/_1$. *Bs* Brutsack am Deckel, *D* Darm, *Dr* vorderes Nephridium, *M* Magen, *Ov* Eier, *Oe* Oesophagus, *T* Tentakel.

Hier schließt sich die Fam. der *Hermellidae* an. *Sabellaria (Hermella) alveolata* L., Nordsee, Mittelmeer. *S. spinulosa* LEUCK., Nordsee.

3. Ordnung. **Oligochaeta**[1].

Hermaphroditische Chätopoden ohne Schlundbewaffnung und Parapodien, mit direkt der Körperwand eingepflanzten Borsten, ohne Fühler und Cirren. Peristomium kurz. Entwicklung direkt.

---

[1] Außer W. HOFFMEISTER, D'UDEKEM, HERING, RAY LANKESTER, RATZEL vgl. CLAPARÈDE, E.: Recherches anatomiques sur les Oligochètes. Genève 1862. — DORNER, H.: Über die Gattung *Branchiobdella*. Z. Zool. **15** (1865). — KOWALEWSKI, A.: Embryologische Studien an Würmern und Arthropoden. Mém. Acad. St.-Pétersbourg **1871**. — PERRIER, E.: Études sur l'organisation des lombriciens terrestres. Archives de Zool. **1874** u. **1881**. — VEJDOVSKÝ, F.: Beiträge zur vergleichenden Morphologie der Anneliden. I. Monographie der Enchytraeiden. Prag 1879. — System und Morphologie der Oligochäten. Prag 1884. — Entwicklungsgeschichtliche Untersuchungen. Prag 1888—1892. — WILSON, E. B.: The Embryology of the earthworm. J. of Morph. **3** (1889). — BERGH, R. S.: Neue Beiträge zur Embryologie der Anneliden. Z. Zool. **50** (1890). — HESSE, R.: Zur vergleichenden Anatomie der Oligochäten. Ebenda **58** (1894). — BEDDARD, F. E.: A Monograph of the order of *Oligochaeta*. Oxford 1895. — MICHAELSEN, W.: *Oligochaeta*. Tierreich 10. Liefg. **1900**. — Die geographische Verbreitung der Oligochäten. Berlin 1903. — Die Lumbriciden. Zool. Jb. **41** (1918). — MRÁZEK, A.: Die Geschlechtsverhältnisse und die Geschlechtsorgane von

An dem homonom metamerischen Körper der Oligochäten (Abb. 538) ist der aus dem zuweilen nur kleinen Kopflappen und dem stets borstenlosen Mundsegmente gebildete Kopf nicht scharf gesondert. Fühler und Cirren treten niemals auf. Die Borsten sind nur in geringer Zahl vorhanden und liegen in Gruben der Haut. Bei *Tubificiden, Naididen* sind sie in einem Segment in mehrfacher Zahl zu vier Bündeln angeordnet; in anderen Fällen (z. B. *Lumbricidae*) sind acht einzeln eingepflanzte Borsten vorhanden; bei gewissen *Megascolecidae* bilden die zahlreichen Borsten in jedem Metamer einen kompletten oder dorsal und ventral unterbrochenen Kranz. Borstenlos sind *Achaeta* und *Branchiobdella*. Als Geschlechtsborsten werden gewisse, im Zusammenhang mit geschlechtlichen Leistungen modifizierte, meist größere Borsten unterschieden. In der Nähe der Genitalöffnungen bilden die Drüsen der Haut vornehmlich zur Zeit der Geschlechtsreife eine mächtige, über eine Anzahl von Segmenten reichende Verdickung, den Gürtel oder Sattel (*Clitellum*). Einen hinteren ventralen Saugnapf besitzt die parasitische *Branchiobdella*.

Von Sinnesorganen finden sich Tastborsten und knospenähnliche Sinnesapparate (Sinnesknospen) (Abbild. 184). Augen fehlen oft, oder es sind sehr einfach gebaute Augen vorhanden. Bei *Lumbricus* wurden eigentümliche, lichtempfindliche, pigmentlose Sinneszellen („Lichtzellen") in und unter der Haut beschrieben (vgl. S. 200, Abb. 190).

Der Darmkanal zerfällt häufig in mehrere Abschnitte, die sich bei den Lumbriciden am kompliziertesten verhalten. Auf die Mundhöhle folgt bei *Lumbricus* ein muskulöser (aus dem Stomodaeum hervorgegangener) Schlundkopf, auf diesen eine lange, bis in das 13. Segment hineinreichende Speiseröhre mit anhängenden drüsigen Taschen (Kalksäckchen), dann ein Kropf, ein Muskelmagen und sodann der eigentliche Darm, der an seiner Rückenseite eine eingestülpte Längsfalte, die *Typhlosolis*, besitzt und durch einen kurzen Enddarm am Endsegmente ausmündet. Bei den primitiveren, im Wasser lebenden Oligochäten verhält sich der Darmkanal einfacher, indem stets der Muskelmagen fehlt; indessen findet sich überall ein Schlundkopf vor dem Oesophagus.

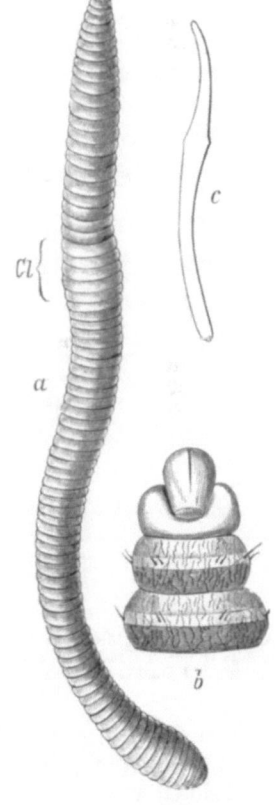

Abb. 538. *Lumbricus · rubellus.* (Nach G. EISEN.) $^1/_1$. a Der ganze Wurm. *Cl* Clitellum. b Das vordere Körperende von der Bauchseite. c Borste, vergr.

Das Blutgefäßsystem, welches rotes Blut führt, zeigt verschiedene Stufen der Ausbildung. Es erscheint am reichsten ausgebildet bei den großen, in der Erde lebenden Formen. Bei *Lumbriciden* findet sich ein Rückengefäß, daß die Darmgefäße aufnimmt, sowie ein Bauchgefäß. Die bei den niederen Oligochäten zwischen

---

Lumbriculus variegatus. Ebenda **23** (1906). — TANNREUTHER, G.: The Embryology of *Bdellodrilus philadelphicus.* J. of Morph. **26** (1915). — KARM NARAYAN BAHL: On a new Type of Nephridia found in Indian Earthworm of the Genus *Pheretima.* Quart. J. microsc. Sci. **64** (1920). — PENNERS, A.: Die Furchung von *Tubifex rivulorum.* Zool. Jb. **43** (1922). — STEPHENSON, J.: The *Oligochaeta.* Oxford 1930. — Überdies vgl. die Arbeiten von BENHAM, HATSCHEK, EISEN, CERFONTAINE, HORST, ROSA, TAUBER, SALENSKY, FREUDWEILER, DECHANT, SVETLOV u. a.

Rücken- und Bauchgefäß vorhandenen einfachen, längs der Dissepimente verlaufenden somatischen Gefäßbogen erhalten sich bei *Lumbriciden* in den vorderen Metameren und stellen in den Genitalsegmenten die fünf bis acht contractilen sogenannten Herzen vor. In den hinteren Körpersegmenten sind sie in ihrem Verlaufe in ein integumentales Gefäßnetz aufgelöst. Dazu kommt ein subneurales Längsgefäß, das mit den Gefäßbogen kommuniziert. Am Gefäßsystem mancher Oligochäten finden sich auch contractile Blindgefäße (z. B. *Lumbriculus*). Die Atmung erfolgt durch die Haut. Kiemen finden sich selten (*Dero, Alma nilotica, Branchiodrilus*).

Im Cölom fehlen die Dissepimente meist vollkommen bei *Aeolosoma*, dorsale Mesenterien stets, ebenso bis auf Reste die ventralen. Die epitheliale Bekleidung erscheint über den Darmgefäßen und anderen Gefäßen aus höheren, grünliche Körnchen enthaltenden Zellen, den sogenannten Chloragogenzellen, gebildet. Ein medianer, dorsaler, intersegmentaler Cölomporus findet sich bei einer großen Zahl von Oligochäten in jedem Metamer. Ein solcher Porus am Kopf (Kopfporus) besteht bei einigen im Wasser lebenden Formen.

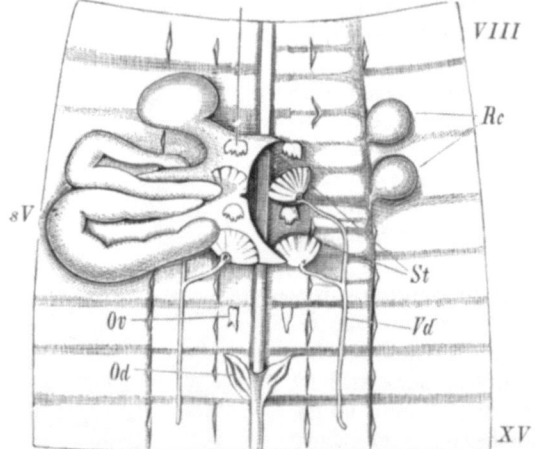

Abb. 539. Geschlechtsorgane von *Lumbricus* im IX. bis XV. Segmente. (Nach E. HERING.) *T* Hoden, *Vs* Samensäcke, *St* Samentrichter, *Vd* Ductus deferens, *Ov* Ovarium, *Od* Oviduct, *Rc* Spermatotheken.

Die Nephridien mit Wimpertrichter und häufig auch muskulöser Endblase treten in fast allen Körpersegmenten auf; sie fehlen stets in den Genitalsegmenten bei im Wasser lebenden Oligochäten. Es finden sich in einem Segment entweder zwei größere oder eine Anzahl kleiner Nephridien (gewisse *Megascolecidae*), die auch durch ein durch mehrere Segmente sich erstreckendes Netzwerk von Kanälen verbunden sein können. Bei einigen *Megascoleciden* (so *Pheretima, Woodwardia*) finden sich neben trichterlosen kleinen, in sehr großer Zahl in einem Segmente auftretenden, an der Haut ausmündenden Nephridien große an den Septen befestigte, mit Trichter versehene Nephridien vor, deren Endgang in einen unter dem Dorsalgefäß verlaufenden Längskanal mündet, der selbst wieder durch segmentale Öffnungen mit dem Darm kommuniziert, endlich trichterlose in den Schlund einmündende Nephridien. Bei *Chaetogaster* fehlen die Wimpertrichter.

Die Oligochäten sind Zwitter; ihre Eier setzen sie einzeln oder in größerer Zahl vereint in Kokons ab, welche vom Clitellum geliefert werden. Die Genitalorgane (Abb. 539, 540) liegen in bestimmten Leibessegmenten, meist dem vorderen Körperende genähert, die männlichen stets weiter vorn als die weiblichen, und sind nach Form und Anordnung für die Systematik von hervorragender Bedeutung. Die in der Regel in ein oder zwei Paaren vorhandenen Hoden und Ovarien entleeren ihre Produkte in die Cölomhöhle, aus der sie durch besondere, nephridienähnliche Ausführungsgänge nach außen gelangen. In einigen Fällen sind es einfache Poren, durch welche die Eier entleert werden (*Aeolosoma* u. a.). Copulationsorgane kommen bei einigen Formen (*Tubifex, Alma* u. a.) vor. Spermatophoren werden bei *Tubificiden, Pheretima, Alma* u. a. gebildet. Beim Regenwurm besteht der weibliche Geschlechtsapparat aus zwei im 13. Segmente (der Kopf, d. i. Kopflappen und Mundsegment als 1. Segment gezählt) gelegenen Ovarien und zwei Eileitern, welche mit Wimpertrichtern beginnen, mehrere Eier in einer Aussackung (Eiersack) bergen und ventral am 14. Segmente ausmünden. Außerdem finden sich im 9. und 10. Segmente zwei Paare von Samentaschen (Spermatotheken), welche in ebensoviel Öffnungen an der Grenze des 9. und 10. sowie 10. und 11. Segmentes münden und sich bei der Begattung mit Sperma füllen (Abb. 540). An den männlichen Geschlechtsorganen unterscheidet man zwei Paare von Hoden im 10. und 11. Segmente und die Samenleiter, welche je mit zwei Samentrichtern beginnen und sich im 15. Segmente nach außen öffnen. Hoden und Samentrichter sind von besonderen Membranen (Samenkapseln) umschlossen; die Räume dieser Samenkapseln setzen sich in Aussackungen der angrenzenden drei Dissepimente, die Samensäcke fort, in denen die männlichen losgelösten Geschlechtsprodukte aufbewahrt werden. Die Begattung beruht auf einer Wechselkreuzung und geschieht beim Regenwurm in den Monaten Juni und Juli über der Erde zur Nachtzeit. Die Würmer legen sich mit ihrer Bauchfläche aneinander und zwar in entgegengesetzter Richtung so, daß die Öffnungen der Samentaschen des einen Wurmes dem Gürtel des anderen gegenüberstehen, und sind durch das Secret des Sattels miteinander verbunden. Während der Begattung fließt Sperma aus den Öffnungen der Samenleiter aus, gelangt in einer Längsrinne (Samenrinne) bis zum Gürtel und von da in die Samentasche des anderen Wurmes.

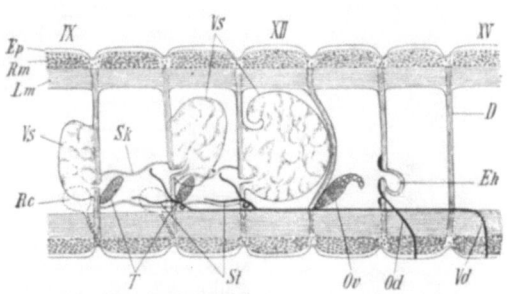

Abb. 540. Schematischer Längsschnitt durch die Genitalsegment. von *Lumbricus herculeus*. (Nach HESSE.) *IX—XV* 9.—15. Segment *T* Hoden, *Ov* Ovarium, *St* Samentrichter, *Vs* Samensäcke, *Eh* Eiersack, *Rc* Spermatotheca, *Vd* Ductus deferens, *Od* Oviducte *Sk* Samenkapsel, *D* Dissepiment, *Ep* Epidermis, *Rm* Ring-, *Lm* Längsmuskelschicht.

Neben der geschlechtlichen Fortpflanzung findet sich bei *Naididen*, *Aeolosomatiden* und *Lumbriculiden* eine ungeschlechtliche durch Teilung. Auch besteht ein gewisser Wechsel zwischen gemmiparer und geschlechtlicher Fortpflanzung, indem jene im Frühjahr und Sommer, diese erst später im Herbste auftritt.

Die Embryonalentwicklung erfolgt direkt.

Wenige, wie z. B. *Chaetogaster limnaei*, *Branchiobdella*, leben parasitisch an Wassertieren, die übrigen frei, teils in feuchter Erde, teils im süßen Wasser, einzelne auch im Meere. Die in der Erde lebenden Formen sind durch ihre Wühltätigkeit zur Auflockerung des Erdreiches und zur Ermöglichung des Verwitterungsprozesses von größter Bedeutung. Einige Oligochäten (*Lumbriciden*, *Claparedeilla*) ziehen sich unter ungünstigen Lebensverhältnissen (im Winter, bei Trockenheit) in die Tiefe zurück und umgeben sich mit einer Cyste.

Viele Oligochäten zeichnen sich durch ein hohes Regenerationsvermögen aus.

Fam. *Aeolosomatidae*. Von geringer Größe, mit wenigen Metameren. Borsten in vier Bündeln, meist haarförmig. Dissepimente fehlen meist vollkommen. Kopflappen ventral bewimpert. Vermehren sich vorherrschend ungeschlechtlich. *Aeolosoma quaternarium* EHRBG. Haut mit orangeroten Öldrüsen. Im Süßwasser. Weit verbreitet.

Fam. *Naididae*. Kleine Formen mit zarter Haut. Borsten zu mehreren in Bündeln, ventral Hakenborsten. Dorsale Bündel manchmal fehlend. Blut farblos oder gelb. Pflanzen sich auch ungeschlechtlich fort. Im Süßwasser. *Chaetogaster diaphanus* GRUITH (Abb. 541). *Ch. limnaei* C. BAER, schmarotzt an Süßwasserschnecken. *Nais elinguis* MÜLL.

Dero digitata Müll. Mit Kiemen am Hinterende. Europa. *Branchiodrilus* Mich. Mit Kiemen an den meisten Körpersegmenten. Ostindien. *Stylaria lacustris* L. Kopflappen mit langer, fadenförmiger Spitze. Europa, Nordamerika. *Pristina longiseta* Ehrbg. Europa.

Fam. *Tubificidae*. Borsten in vier Bündeln, ventrale Borsten einfach-spitzig oder gabelspitzig. Meist im Süßwasser, manche marin. Leben in Schlammröhren, aus denen das Hinterende stetig schlängelnd herausragt. *Limnodrilus hoffmeisteri* Clap., Europa. *Tubifex tubifex* Müll. (*rivulorum* Lm.), Europa, Nordamerika. *Psammoryctes barbatus* Gr., Europa.

Fam. *Lumbriculidae*. Acht einfachspitzige oder gabelspitzige Hakenborsten in zwei ventralen und zwei lateralen Paaren an einem Segment. Rückengefäß meist mit contractilen Blindgefäßen. Im Süßwasser. Einige pflanzen sich auch ungeschlechtlich fort. *Lumbriculus variegatus* Müll. Weit verbreitet. *Rhynchelmis limosella* Hoffmstr., Europa. *Claparedeilla* Vejd.

Fam. *Branchiobdellidae* (*Discodrilidae*). Hirudineenartige, parasitische Oligochäten. Körper nur aus wenigen Metameren bestehend, ohne Borsten, mit hinterem, ventralem Saugnapf. Schlund mit dorsaler und ventraler Kieferplatte. *Branchiobdella parasita* Braun. Lebt an den Kiemen und am Abdomen des Flußkrebses. *Astacobdella* (*Bdellodrilus*) *philadelphica* Leidy. Lebt an *Cambarus*. Nordamerika.

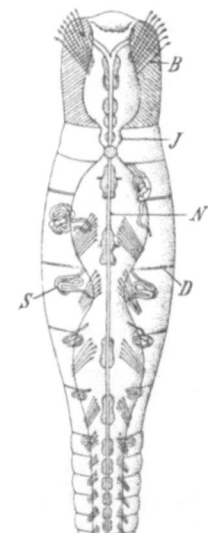

Fam. *Enchytraeidae*. Madenförmige Oligochäten mit vier Reihen meist zu mehreren in fächerförmigen Bündeln angeordneter kurzer, häufig an der Spitze gebogener Borsten. Selten fehlen letztere. Sie leben in der Erde, im Süßwasser oder am Meeresstrande. *Lumbricillus lineatus* Müll. Am Meeresstrande und im Süßwasser. Nördl. Mitteleuropa. *Enchytraeus albidus* Henle, in Gartenerde, am Meeresstrande unter Steinen. Weit verbreitet. *Achaeta* Vejd. Borstenlos. In Erde und an Wurzeln von Pflanzen. Europa.

Hier schließt sich an die Fam. *Haplotaxidae*. *Haplotaxis gordioides* G. Hartm. (*Phreoryctes menkeanus* Hoffmstr.). In Sümpfen, Brunnen. Europa, Nordamerika, Sibirien.

Fam. *Megascolecidae*. Die S-förmig gebogenen, einfachspitzigen Hakenborsten zu acht oder zu vielen und dann geschlossene oder dorsal und ventral unterbrochene Kränze bildend. Oesophagus meist mit einem oder einigen Muskelmagen. Leben meist in der Erde. *Acanthodrilus ungulatus* E. Perr. Neukaledonien. *Microscolex* (*Photodrilus*) *phosphoreus* Dug. Pigmentlos, im Leben phosphoreszierend. Südamerika, Europa. *Megascolex enormis* Fletch., Australien. *Pheretima indica* Horst. Durch Verschleppung fast Kosmopolit.

Abb. 541. *Chaetogaster diaphanus*. (Nach Vejdovský.) ⁶/₁. *B* Borstenbündel, *D* Dissepimente, *J* Darm, *N* Bauchganglienkette, *S* Segmentalorgane.

Fam. *Glossoscolecidae*. S-förmig gebogene, meist einfachspitzige Hakenborsten zu acht an einem Segment. Rückenporen fehlen. Meist ein Muskelmagen. Geschlechtsborsten häufig vorhanden. Männliche Genitalöffnungen im Bereiche des Gürtels. Meist in der Erde, zum Teil im Süßwasser, einige am Meeresstrande. *Glossoscolex giganteus* F. S. Leuck. Bis 1,2 m lang. Brasilien. *Microchaetus microchaetus* Rapp. 1 m und mehr lang. Kapland. *Alma nilotica* Gr. Am Hinterkörper dorsal fingerförmige Kiemen. Mit großen bandförmigen Copulationsanhängen. Ägypten. *Criodrilus lacuum* Hoffmstr. Im Süßwasser. Europa, Syrien.

Fam. *Lumbricidae*. Regenwürmer. S-förmig gebogene, einfach-spitzige Hakenborsten zu acht in einem Segment, in regelmäßigen Längslinien. Rückenporen vorhanden. Gürtel meist sattelförmig, mehr oder weniger weit hinter dem Segment der männlichen Genitalöffnungen beginnend. Häufig Geschlechtsborsten. Oesophagus mit Kalkdrüsen. Mit wohl entwickeltem Muskelmagen. Meist in der Erde. *Eisenia* (*Allolobophora*) *foetida* Sav. Weit verbreitet. *Helodrilus smaragdinus* Rosa, Österreich. *Lumbricus rubellus* Hoffmstr. Weit verbreitet (Abb. 538). *L. terrestris* L. (*herculeus* Sav.), Europa, Nordamerika. *L. polyphemus* Fitz., Österreich.

4. Ordnung. Hirudinea, Egel[1].

In der Regel borstenlose Chätopoden von meist abgeplattetem Körper mit durch sekundäre, kurze Ringelung verwischter äußerer Metamerie, mit Saugmund und

---

[1] Brandt u. Ratzeburg: Medic. Zool. 1829—1833. — Moquin-Tandon, A.: Monographie de la famille des Hirudinées. 2e édit. Paris 1846. — Malm, A. W.: Svenska Iglar. Göte-

hinterer, ventraler Haftscheibe, stets ohne Fühler und Cirren. Die Cölomhöhle durch mächtige Ausbildung der Muskulatur zu einem Kanalsystem umgewandelt. Hermaphroditen.

Die Hirudineen schließen sich in jeder Hinsicht an die Oligochäten an. Die nahe verwandtschaftliche Beziehung zwischen Hirudineen und Oligochäten wurde von MICHAELSEN durch deren Zusammenfassung in eine Gruppe *Clitellata* zum Ausdruck gebracht.

Der Körper der Hirudineen ist drehrund oder dorsoventral abgeflacht und besteht aus 34 (nach LIVANOW 32) vorn und hinten modifizierten Metameren, deren äußere Abgrenzung durch eine kurze Ringelung verwischt wird (Abb. 542). Die Ringel sind sekundäre Glieder der Haut, von denen meist drei oder fünf auf ein Metamer kommen. Als Hauptbefestigungsorgan fungiert eine große Haftscheibe am hinteren Leibesende, zu der noch eine zweite kleinere Sauggrube in der Umgebung des Mundes hinzukommt (Abb. 543). Fußstummel fehlen, Borsten mit seltenen Ausnahmen (*Acanthobdella*); auch kommt es niemals zur Bildung eines scharf gesonderten Kopfes, indem sich die vorderen Ringel von den nachfolgenden nicht wesentlich verschieden zeigen. Fühler und Cirren fehlen stets.

Unter dem drüsenreichen Hautepithel liegt eine mächtige, in reichliches Bindegewebe eingebettete Muskulatur, die sich aus einer äußeren Ring-, mittleren Diagonal- und

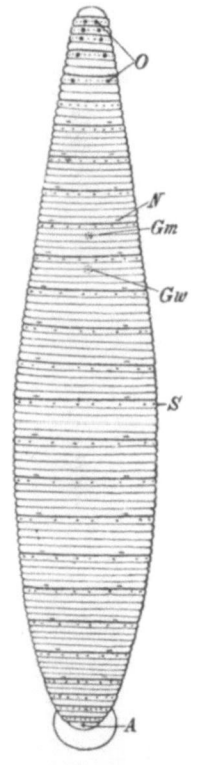

Abb. 542. *Hirudo medicinalis*, Dorsalansicht mit Einzeichnung der Metamerie. (Aus LEUCKART.) $^1/_1$. *A* After, *Gm* männliche, *Gw* weibliche Genitalöffnung, *N* ventrale Ausmündungen der Nephridien, *O* Augen, *S* Sinnespapillen.

borg 1860. — LEUCKART, R.: Parasiten des Menschen **1**, 2. Aufl. Leipzig 1886—1901. — VAN BENEDEN et HESSE: Recherches sur les Bdelloides ou Hirudinées et les Trématodes marins **1863**. — LEYDIG, FR.: Vom Bau der tierischen Körpers. Tübingen 1864, u. Tafeln. — ROBIN, CH.: Mémoire sur le développement embryogénique des Hirudinées. Paris 1875. — WHITMAN, CH. O.: The embryology of *Clepsine*. Quart. J. microsc. Sci. **18** (1878). — BOURNE, A. G.: Contributions to the Anatomy of the Hirudinea. Ebenda **24** (1884). — BERGH, R. S.: Die Metamorphose von *Aulastoma gulo*. Arb. zool. Inst. Würzburg **7** (1885). — APÁTHY, ST.: Analyse der äußeren Körperform der Hirudineen. Mitt. zool. Stat. Neapel **8** (1888). — OKA, A.: Beiträge zur Anatomie von *Clepsine*. Z. Zool. **1894**. — Über das Blutgefäßsystem der Hirudineen. Annot. Zool. Japon. **4** (1902). — DUNCAN MCKIM, W.: Über den nephridialen Trichterapparat von *Hirudo*. Z. Zool. **1895**. — JOHANSSON, L.: Bidrag till kännedomen om Sveriges Ichthyobdellider. Upsala 1896. — Zur Kenntnis der Herpobdelliden Deutschlands. Zool. Anz. 1910. — GOODRICH, E. S.: On the Communication between the Coelom and the Vascular System in the Leech, *Hirudo medicinalis*. Quart. J. microsc. Sci. **42** (1899). — KOWALEVSKY, A.: Étude biologique de l'*Haementeria costata*. Mém. Acad. St.-Pétersbourg **1900**. — CASTLE, W. E.: The Metamerism of the Hirudinea. Proc. americ. Acad. Arts a. Sci. **35**. Cambridge 1900. — SUKATSCHOFF, R.: Beiträge zur Entwicklungsgeschichte der Hirudineen. Z. Zool. **73** (1903). — LIVANOW, N.: Untersuchungen zur Morphologie der Hirudineen. Zool. Jb. **19**, **20** (1904). — *Acanthobdella peledina*. Ebenda **22** (1906). — SELENSKY, W.: Zur Kenntnis des Gefäßsystems der *Piscicola*. Zool. Anz. **31** (1906). — LOESER, R.: Beiträge zur Kenntnis der Wimperorgane (Wimpertrichter) der Hirudineen. Z. Zool. **93** (1909). — SCHLEIP, W.: Die Furchung des Eies der Rüsselegel. Zool. Jb. **37** (1914). — DIMPKER, A. M.: Die Eifurchung von *Herpobdella atomaria*. Ebenda **40** (1918). — MICHAELSEN, W.: Über die Beziehungen der Hirudineen zu den Oligochäten. Mitt. zool. Mus. Hamb. **36** (1919). — SCHMIDT, G. A.: Untersuchungen über die Embryologie der Anneliden. Zool. Jb. **47** (1926). — Vgl. außerdem die Schriften von RATHKE, LEYDIG, BIDDER, GRATIOLET, GRAF, HERMANN, RAY LANKESTER, BLANCHARD, HESSE, BOLSIUS, BAYER, BRANDES, V. EMDEN u. a.

inneren starken Längsmuskellage zusammensetzt. Dazu kommen dorsoventral verlaufende Muskelfasern.

Das Nervensystem (Abb. 543, 545) besteht aus einem Cerebralganglion sowie einer ventralen Ganglienkette, an welcher das vorderste und das letzte große Ganglion aus der Verschmelzung mehrerer Ganglien hervorgegangen sind. Ein unpaarer, mittlerer Längsnerv (FAIVRE, LEYDIG), der zwischen den beiden Hälften des Bauchstranges von Ganglion zu Ganglion zieht, entspricht höchstwahrscheinlich dem unpaaren, zwischen zwei Ganglien verlaufenden Nervenstamme, welchen NEWPORT bei den Insekten entdeckte. Daneben kennt man ein Eingeweidenervensystem, das aus einem über und neben der Ganglienkette verlaufenden Magendarmnerven besteht, der vom Cerebralganglion entspringt und mit seinen Ästen die Blindsäcke des Magendarmes versorgt. Drei Ganglienknötchen, welche bei dem gemeinen Blutegel vor dem Cerebralganglion liegen und ihre Nervenplexus an Kiefermuskeln und Schlund senden, stehen vielleicht der Schluckbewegung vor.

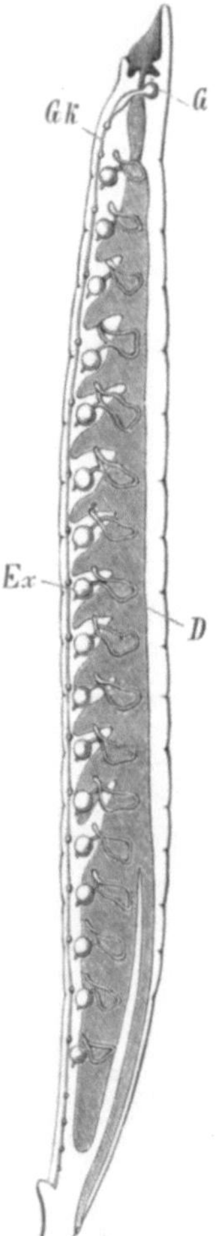

Von Sinnesorganen finden sich segmental angeordnete Sinnespapillen sowie Augen, welche an der Dorsalseite der vorderen Körperregion auftreten (Abb. 545); beim medizinischen Blutegel sind sie in Zehnzahl vorhanden (vgl. S. 201, Abb. 194). *Piscicola* besitzt Augen auch am hinteren Saugnapf.

Die Mundöffnung liegt in der Nähe des vorderen Körperendes, bald in der Tiefe eines vorderen Saugnapfes (*Rhynchobdellae*), bald von einem vorspringenden, löffelförmigen, saugnapfähnlichen Kopfschirm überragt (*Gnathobdellae*) (Abbild. 543). Sie führt in einen muskulösen Pharynx, der entweder in seiner vorderen, als Mundhöhle zu bezeichnenden Partie drei mit Zähnchen besetzte oder zahnlose Längswülste, sogenannte Kiefer (*Gnathobdellae*) (Abb. 544), aufweist, oder einen vorstülpbaren, in seinem vorderen Abschnitte freiliegenden Rüssel enthält (*Rhynchobdellae*). Am Rande der Kiefer zwischen den Zähnchen bzw. an der Rüsselspitze münden Speicheldrüsen. Der auf den Schlund folgende Magendarm liegt als geradgestrecktes Rohr in der Achse des Leibes und zeigt sich bald nach den einzelnen Segmenten eingeschnürt, bald in eine größere oder geringere Zahl paariger Blindsäcke erweitert, von denen der letzte weit nach

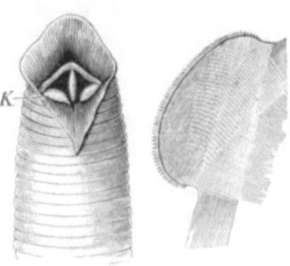

Abb. 543. Längsschnitt durch den Blutegel. (Nach R. LEUCKART.) *D* Darmkanal, *Ex* Nephridien, *G* Gehirn, *Gk* Ganglienkette.

Abb. 454. a Kopfende des Blutegels mit aufgeschnittener Mundhöhle. *K* die drei Kieferplatten, b Kieferplatte. (Nach R. LEUCKART.) Vergr.

hinten reicht; er führt in einen zuweilen ebenfalls mit Aussackungen versehenen Chylusdarm, welcher dorsal von der hinteren Sauggrube durch einen kurzen Afterdarm nach außen mündet. Ein, bzw. zwei überzählige Darmöffnungen sind bei *Trematobdella perspicax* und einer *Herpobdella* aus Sumatra beobachtet.

Ein Blutgefäßsystem findet sich bei den *Rhynchobdellae*. Es ist vollständig geschlossen und besteht aus einem Rückengefäß (mit Klappen, Bildungsstätten der Blutkörperchen) und dem Bauchgefäß, die vorn und hinten durch Schlingen verbunden sind. Außerdem hängt das Rückengefäß mit einem den Chylusdarm umgebenden Blutsinus zusammen. Den *Gnathobdellae* fehlt das Gefäßsystem. Besondere *Respirationsorgane* finden sich bei *Branchellion* als blattförmige Seitenanhänge.

Die Cölomhöhle zeigt in ihrer Ausbildung bei *Acanthobdella* weitgehende Übereinstimmung mit jener der Oligochäten, wogegen sie bei den übrigen Hirudineen (Abb. 546) infolge mächtiger Entwicklung der Muskulatur und des Bindegewebes auf ein Lakunensystem verengt ist, an dem auch contractile Abschnitte vorhanden sein können. Bei *Glossosiphonia* (*Clepsine*) unterscheidet man eine Anzahl Längslakunen, und zwar eine den Darm, die Gefäße, das Nervensystem sowie die Genitalorgane umfassende, durch Septa geteilte Medianlakune, die streckenweise in eine Dorsal- und Ventrallakune getrennt ist, sowie zwei Seitenlakunen, von denen ringförmige hypodermale Lakunen ausgehen. Alle diese Lakunen sind segmentweise durch ein Netz von weiteren Lakunen verbunden. Im Lakunensystem findet sich ein epithelialer Wandbelag, im Inneren eine Flüssigkeit (Cölomflüssigkeit) mit Zellen, die von den Epithelzellen des Wandbelages abstammen. Bei den *Piscicoliden* sind die Seitenlakunen contractil und es finden sich an den seitlichen Kommunikationslakunen pulsierende, an den Seitenrändern des Körpers vorspringende Bläschen (Abb. 549). Hypodermale Lakunen fehlen zuweilen (*Piscicola*). Bei den Gnathobdellen (*Hirudo*) kommen die gleichen vier Längslakunen vor, doch sind sie enger; auch ist das verbindende Lakunennetz ein viel reicheres und bildet ein förmliches Capillarsystem. Dieses hochentwickelte Cölomkanalsystem führt eine rotgefärbte Flüssigkeit und vertritt zugleich das hier rückgebildete Blutgefäßsystem. In der Umgebung des Darmes bilden die Lakunen mit Chloragogenzellen ausgekleidete Aussackungen (sogenanntes Bothryoidalgewebe).

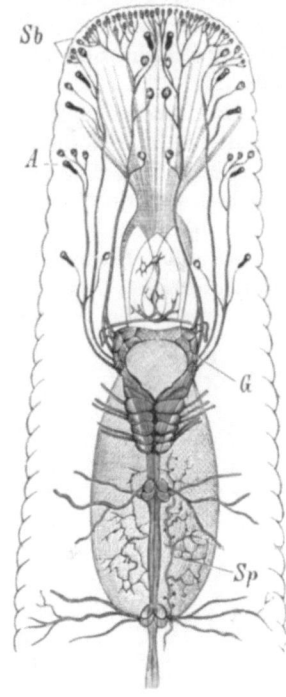

Abb. 545. Vorderende von *Hirudo*. (Nach LEYDIG.) *A* Augen, *G* Gehirn nebst der suboesophagealen Ganglienmasse, *Sb* Sinnespapillen, *Sp* Magendarmnerv.

Als Nephridien (Abb. 543) fungieren schleifenförmige Kanäle, von denen die Segmente der mittleren Körperregion je ein Paar enthalten und die Kieferegel meist 17 Paare besitzen. Bei einigen *Piscicoliden* sind die Nephridien desselben Segmentes untereinander und mit jenen

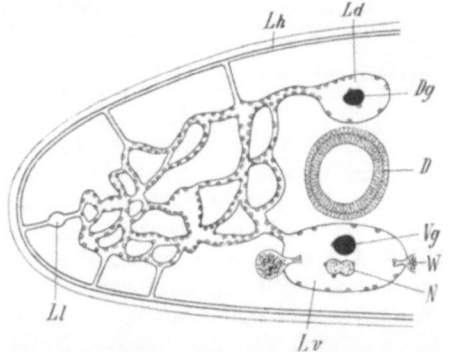

Abb. 546. Schematischer Querschnitt durch *Glossosiphonia*, um die Ausbildung des Cöloms zu zeigen. (Nach A. KOWALEVSKY.) *Ld* Dorsal-, *Lv* Ventral-, *Ll* Laterallakune des Cöloms durch ein Lakunennetz verbunden, *Lh* Hypodermallakune, *Dg* Dorsal-, *Vg* Ventralgefäß, *D* Darm, *N* Bauchstrang des Nervensystems, *W* Wimperorgan (Wimpertrichter).

der benachbarten Segmente netzartig verbunden. Die Ausmündung erfolgt mittels einer Blase. Ein Wimperorgan (wohl homolog dem Wimpertrichter der Nephridien), an das sich bei *Glossosiphonia* eine geschlossene Kapsel anschließt, mündet hier in die Ventrallakune (Abb. 546); bei den *Gnathobdellae* ist es in einer besonderen mit der Ventrallakune kommunizierenden Lakunenampulle (Perinephrostomialsinus) eingeschlossen, die bei *Hirudo* in den Hodensegmenten den Hodenbläschen anliegt. Eine Kommunikation des Wimperorganes mit den Nephridien wird vermißt. In manchen Fällen fehlt der Trichterapparat ganz.

Die Hirudineen sind Zwitter. Männliche und weibliche Geschlechtswerkzeuge münden in der Medianlinie des Vorderleibes hintereinander, und zwar liegt die männliche Geschlechtsöffnung vor der weiblichen (Abb. 542). Die Hoden erstrecken sich durch mehrere aufeinanderfolgende Segmente (Abb. 547) und bestehen bei *Hirudo* aus neun bis zehn Paaren von Hodenbläschen, die jederseits mittels eines Samenleiters verbunden sind. Jeder Samenleiter geht in einen knäuelförmigen Abschnitt (Samenblase) über und setzt sich in einen Ductus ejaculatorius fort, welcher sich mit dem der Gegenseite in einem unpaaren Begattungsapparat vereinigt. Dieser steht mit einer Prostatadrüse in Verbindung und ist entweder ein zweihörniger Sack (*Herpobdella, Rhynchobdellae*) oder ein fadenförmiger Penis, der aus einem knieförmig gebogenen Muskelsacke vorgestülpt wird (meiste *Gnathobdellae*). Bei *Acanthobdella* sollen die schlauchförmigen Hoden mit dem Cölom noch zusammenhängen (LIVANOW). Der weibliche Geschlechtsapparat besteht bei den *Rhynchobdellae* aus zwei langen, schlauchförmigen Ovarien mit gemeinsamer Ausführungsöffnung, bei den *Gnathobdellae* aus zwei kurzen, sackförmigen Ovarien, zwei Oviducten, einem gemeinsamen, von einer Eiweißdrüse umgebenen Eiergang und einer sackförmig erweiterten Scheide mit der Genitalöffnung.

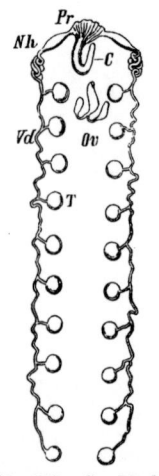

Abb. 547. Geschlechtsapparat des Blutegels. *T* Hoden, *Vd* Ductus deferens, *Nh* Vesicula seminalis, *Pr* Prostata, *C* Cirrussack, *Ov* Ovarien nebst Scheide.

Die Begattung erfolgt entweder durch Einführung des Begattungsapparates in die Scheide (meiste *Gnathobdellae*); oder es wird (*Herpobdella, Rhynchobdellae*) in dem zweihörnigen Endteile des männlichen Genitalorganes ein chitiniger, kanülenartiger Copulationsapparat (sogenannte Spermatophore) ausgeschieden, welcher an der Haut des zweiten Individuums eingepflanzt wird; das Sperma, durch denselben in die Leibeshöhle des anderen Individuums ejaculiert, dringt von hier in die Ovarien ein. Bei der Eiablage suchen die Tiere geeignete Stellen an Steinen und Pflanzen auf oder verlassen das Wasser und wühlen sich, wie der medizinische Blutegel, in feuchter Erde ein. Die Genitalringe erscheinen zu dieser Zeit zum Sattel aufgetrieben infolge der reichen Entwicklung besonderer Hautdrüsen (Chitindrüsen). Während der Eiablage heftet sich der Blutegel mittels seiner Bauchscheibe fest und umhüllt seinen Vorderleib unter den mannigfaltigsten Drehungen mit einer schleimigen Masse, welche die Genitalringe gürtelförmig überdeckt und allmählich zu einer festeren Hülle erstarrt. Schließlich tritt eine Anzahl kleiner Eier nebst einer ansehnlichen Menge von Eiweiß aus und der Wurm zieht sein Kopfende aus der nun gefüllten, tonnenförmigen Hülse heraus, die sich nach ihrer Abstreifung durch Verengerung der endständigen Öffnungen zu einem ziemlich vollständig geschlossenen Kokon (Abb. 548) zusammenzieht und in die Erde versenkt wird. Sonst wird der Kokon an fremden Körpern im Wasser befestigt, seltener (einige *Glossosiphonien*) an der Bauchfläche mitgetragen. So klein auch die Eier sind, die in niemals bedeutender Zahl in den Kokons abgesetzt werden, so besitzen doch die jungen Blutegel beim Verlassen des Kokons eine ansehnliche Größe, die Jungen des medizinischen Blutegels z. B. eine Länge von etwa 17 mm, und haben bereits im wesentlichen bis auf die mangelnde Geschlechtsreife die Organisation der ausgewachsenen Tiere. Nur die *Glossosiphonien* verlassen sehr frühzeitig den Kokon und differieren von den Geschlechtstieren. Mit einfachem Darme und ohne hintere Saugscheibe leben sie längere Zeit an der Bauchfläche des Muttertieres angeheftet und erreichen erst hier ihre definitive Ausbildung.

Während die Rüsselegel auf weit vorgeschrittenem Entwicklungsstadium die Eihülle verlassen, schlüpfen die Gnathobdellen sehr frühzeitig als Larven aus und gelangen in das bei den Gnathobdellen im Kokon enthaltene Eiweiß, von dem sie sich ernähren. Für die Gnathobdellen ist auch die Ausbildung einer provisorischen Larvenhaut eigentümlich, unter der durch sogenannte Kopf- und Rumpfkeime (ähnlich wie bei der DESORschen Larve der Nemertinen) die definitive Körperwand sich anlegt.

Die Egel leben großenteils im Wasser oder, wenn auch nur zeitweise, in feuchter Erde. Sie bewegen sich teils spannerartig kriechend mit Hilfe der Haftscheiben, teils schwimmend unter lebhaften Schlängelungen des meist abgeflachten Körpers. Viele nähren sich parasitisch an der Haut von Wasserbewohnern, z. B. an Fischen, die meisten aber sind nur gelegentliche Schmarotzer an der äußeren Haut von Warmblütern. Einzelne Formen sind Raubtiere, welche, wie *Haemopis sanguisuga*, Schnecken und Regenwürmer verzehren oder, wie die *Glossosiphonien*, Schnecken aussaugen. Auch scheint die Nahrung keineswegs überall auf eine bestimmte Tiergattung beschränkt, auch nicht in jedem Lebensalter gleich. Der medizinische Blutegel nährt sich z. B. in der Jugendzeit von Insektenblut, dann vom Blut der Frösche, und erst später wird ihm zur vollen Geschlechtsreife der Genuß eines warmen Blutes notwendig.

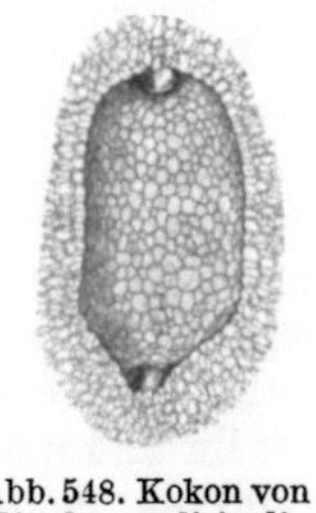

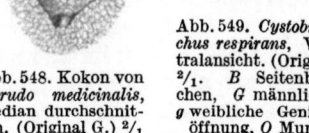

Abb. 548. Kokon von *Hirudo medicinalis*, median durchschnitten. (Original G.) $^{2}/_{1}$

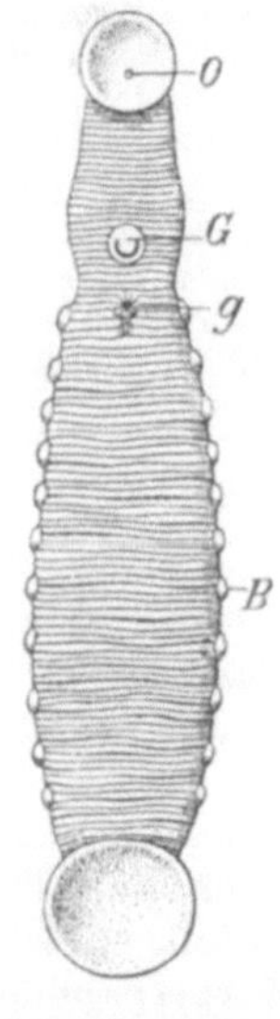

Abb. 549. *Cystobranchus respirans*, Ventralansicht. (Orig.G.) $^{2}/_{1}$. *B* Seitenbläschen, *G* männliche, *g* weibliche Genitalöffnung, *O* Mund.

1. **Unterordnung.** *Rhynchobdellae*, Rüsselegel. Schlund mit vorstreckbarem Rüssel.

Fam. *Acanthobdellidae*. Körper mehr spindelförmig, vorn zugespitzt ohne Haftscheibe, dagegen mit Hakenborsten in den vordersten fünf Segmenten. Hintere Haftscheibe endständig. Rüssel kurz. *Acanthobdella peledina* GR. An Fischen. Jenissei.

Fam. *Piscicolidae*, Fischegel. Körper langgestreckt. Mittelkörpersegment mit mehr als drei Ringeln. Mundsaugnapf stark abgesetzt. Die elf ersten Segmente des Hinterkörpers mit Seitenbläschen (Abb. 549). *Piscicola geometra* L. *Cystobranchus respirans* TROSCH. Seitenbläschen groß (Abb. 549). Beide auf Süßwasserfischen. Europa. *Pontobdella muricata* L. Auf Rochen. Mittelmeer, Nordsee. *Branchellion torpedinis* SAV. Mit blattförmigen Seitenanhängen. Auf dem Zitterrochen. Mittelmeer. Atlant. Ozean.

Fam. *Glossosiphoniidae*, Plattegel. Körper abgeflacht. Mittelkörpersegment mit drei Ringeln. Mundsaugnapf meist nicht abgesetzt. Seitenbläschen fehlen. *Hemiclepsis marginata* MÜLL. *Protoclepsis tessellata* MÜLL. *Glossosiphonia (Clepsine) complanata* L. (*sexoculata* BERGM.). *Helobdella stagnalis* L. (*bioculata* BERGM.). Beide saugen Schnecken und Würmer aus. Süßwasser, Mitteleuropa. *Haementeria ghilianii* FIL., Amazonenstrom. *H. officinalis* FIL. (*mexicana* FIL.), in den Gewässern von Mexiko, nach Art des Blutegels zu medizinischen Zwecken benutzt. *Placobdella catenigera* M.-TD. (*Haementeria costata* FR. MÜLL.). Auf der Sumpfschildkröte. Europa.

2. **Unterordnung.** *Gnathobdellae*, Kieferegel. Ohne Rüssel, im Schlunde drei bezahnte oder unbezahnte Längswülste (Kiefer). Mundsaugnapf nicht abgesetzt. Mittelkörpersegment mit fünf Ringeln.

Fam. *Hirudinidae*. Körper wenig abgeflacht, stark zusammenziehbar. Kiefer mit Zähnen, nach Art einer Kreissäge wirkend. Mit fünf Augenpaaren. *Haemopis sanguisuga* BERGM. (*vorax* M.-TD., *Aulastomum gulo* M.-TD.), Pferdeegel. Mit wenigen gröberen Zähnen an den Kiefern. In Europa und Nordafrika. Lebt von Regenwürmern und Weichtieren. Beißt sich im Schlunde von Pferden, Rindern, auch des Menschen fest. *Hirudo medicinalis* L. Gemeiner Blutegel mit der als *H. officinalis* unterschiedenen Varietät. Mit 102 Ringeln, von denen vier auf den löffelförmigen Kopfschirm fallen. Die drei vorderen Ringel, sowie das fünfte und achte tragen die fünf Augenpaare (Abb. 542). Kiefer mit 80—90 feinen Zähnen, geeignet, eine leicht vernarbende Wunde in die äußere Haut des Menschen zu schlagen. Magendarm mit zehn Paaren von Seitentaschen. Männliche Genitalöffnung zwischen 30. und 31., weibliche zwischen 35. und 36. Ringel. Die Kokons (Abb. 548) werden in feuchter Erde abgesetzt. Früher in Deutschland verbreitet, jetzt noch häufig in Ungarn und in Frankreich, wird in Blutegelteichen gezüchtet und braucht 3 Jahre bis zum Eintritt der Geschlechtsreife. *H. troctina* JOHNST., Drachenegel, Algier, Spanien, auch zu medizinischen Zwecken benutzt. *Limnatis nilotica* SAV., Algier, Ägypten, Syrien. *L. mysomelas* VIR., Senegambien. *L. granulosa* SAV., Indien. *L. (Hirudinaria) javanica* WAHLB., Java, alle drei zu medizinischen Zwecken benutzt. *Haemadipsa ceylonica* BL., Landblutegel, Ceylon. *Xerobdella lecomtei* FRFLD., Landblutegel, Österreich.

Fam. *Herpobdellidae*. Körper schmal. Mit vier Augenpaaren. Im Schlunde drei Längswülste ohne Zähne. *Herpobdella (Nephelis) octoculata* L. (*atomaria* CARENA). *H. (Dina) lineata* MÜLL. Ernähren sich von kleinen Wassertieren. Europa. *Dina absoloni* L. JOH. Wahrscheinlich blind. In unterirdischen Höhlengewässern. Herzegowina. Hier schließt sich an *Trematobdella perspicax* L. JOH. Mit rudimentären Zähnen. Weißer Nil.

5. Ordnung. Echiuroidea (Gephyrea chaetifera)[1].

Chätopoden von walzenförmigem Körper mit mehr oder weniger geschwundener Metamerie, mit rüsselartig verlängertem Prostomium, stets mit zwei starken ventralen Hakenborsten am Vorderende des Rumpfes.

Die *Echiuroideen* besitzen einen walzenförmigen Körper, an dessen Vorderende das Prostomium (Kopflappen) als ventralwärts rinnenförmiger und bewimperter, langer Anhang vorsteht, während das Metastomium mit dem Rumpfe vereinigt erscheint (Abb. 550). Die in den Larvenstadien vorhandene Anlage von Rumpfmetameren ist beim ausgebildeten Tiere nur mehr zuweilen in der Anordnung der Körperpapillen sowie mehrfachen Wiederholung der Nephridien nachweisbar. Im übrigen ist die Metamerie geschwunden und die angelegten Dissepimente werden rückgebildet, so daß im Rumpfe ein einheitlicher Cölomraum vorhanden ist.

Die von einer Cuticula überdeckte Haut besteht aus einem Epithel mit eingestreuten Drüsen, dem Bindegewebe und dem Hautmuskelschlauche, der sich aus einer äußeren Schichte von Ringmuskeln, einer darunter folgenden Längsmuskel- und inneren Schrägmuskelschichte zusammensetzt. Stets finden sich an der Ventralseite entsprechend dem ersten larvalen Rumpfsegmente zwei große Hakenborsten, zu denen noch ein oder zwei Borstenkränze (*Echiurus*) am Hinterende hinzukommen können.

---

[1] QUATREFAGES, A.: Mémoires sur l'Echiure. Ann. des Sci. natur. 1847. — LACAZE-DUTHIERS, H.: Recherches sur la Bonellie. Ebenda 1858. — GREEFF, R.: Die Echiuren. Nova Acta 41 (1879). — HATSCHEK, B.: Über Entwicklungsgeschichte von *Echiurus* usw. Arb. zool. Inst. Wien 3 (1880). — SPENGEL, J. W.: Beiträge zur Kenntnis der Gephyreen. Mitt. zool. Stat. Neapel 1 (1879); Z. Zool. 34 (1880) u. 101 (1912). — RIETSCH, M.: Étude sur les Géphyriens armés ou Échiuriens. Rec. zool. Suisse 3 (1886). — CONN, H. W.: Life History of *Thalassema*. Stud. Biol. Lab. John Hopkins Univ. 3 (1886). — TORREY, J. C.: The early Embryology of *Thalassema mellita*. Ann. New York Acad. Sci. 14 (1903). — IKEDA, J.: On three new and remarkable Species of Echiuroids. J. Coll. of Sci. Tokyo 21. 1907. — SALENSKY, W.: Morphogenetische Studien an Würmern. I. Mém. Acad. St.-Pétersbourg 1905. — Über die Metamorphose des *Echiurus*. Bull. Acad. St. Petersburg 1908. — BALTZER, F.: Echiuriden. Fauna u. Flora Golf Neapel 34 (1917). — Zur Entwicklungsgeschichte und Auffassung des Männchens der *Bonellia*. Verh. dtsch. zool. Ges. 1923. — Vgl. überdies die Abhandlungen von DANIELSSEN et KOREN, KOWALEVSKY, SHIPLEY u. a.

Am hinteren Ende des rüsselförmigen Kopflappens liegt ventral der Mund. Er führt in einen langen, vielfach gewundenen, durch zahlreiche muskulöse Fäden an der Leibeswand aufgehängten Darm (Abb. 551), an dem ein Schlundabschnitt, ein langer Mitteldarm und der Enddarm zu unterscheiden sind; letzterer mündet in einer endständigen Kloake. Längs des Mitteldarmes findet sich ventral ein an seinen beiden Enden mit demselben kommunizierender Nebendarm.

Das Gefäßsystem ist geschlossen und besteht aus einem über dem Schlunde verlaufenden Rückengefäß, welches hinten aus einem kurzen, den Vorderabschnitt des Mitteldarmes umgebenden Blutsinus entspringt. Vorn geht es im Kopflappen durch zwei Schlingen in ein Bauchgefäß über, das einerseits in der Höhe des Darmblutsinus mit letzterem durch eine Gefäßanastomose kommuniziert, andererseits sich über dem Bauchnervenstrange bis an das Hinterende des Körpers fortsetzt, wo es blind endigt. Das gegen die Kopfhöhle durch ein Diaphragma (vielleicht ein Dissepiment) abgegrenzte Cölom wird von einem Peritoneum ausgekleidet und ist von einer zellenführenden Flüssigkeit erfüllt.

Am Nervensystem läßt sich ein im Kopflappen gelegener Schlundring und der durch den Rumpf sich erstreckende Bauchstrang unterscheiden. Von Sinnesorganen kennt man über die Haut verbreitete Tastpapillen.

Nephridien finden sich in einem bis drei, seltener mehr (*Thalassema*) metamer angeordneten Paaren im vorderen Rumpfabschnitte. Sie beginnen mit einem Wimpertrichter und fungieren zugleich als Ausleitungswege der Genitalprodukte. Ihre Ausmündung liegt ventral. Bei *Bonellia* (Abb. 551c) ist bloß ein unpaares solches Nephridium vorhanden, dagegen sind die Nephridien bei *Thalassema*

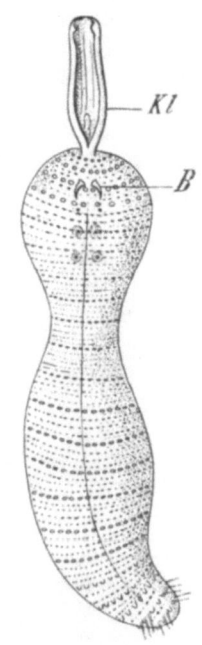

Abb. 550. *Echiurus echiurus (pallasi)*. Ventralansicht. (Nach GREEFF.) *Kl* Rüsselartiger Kopflappen, *B* die vorderen Hakenborsten, dahinter die zwei Paare von Nephridialporen. Etwa ¹/₂

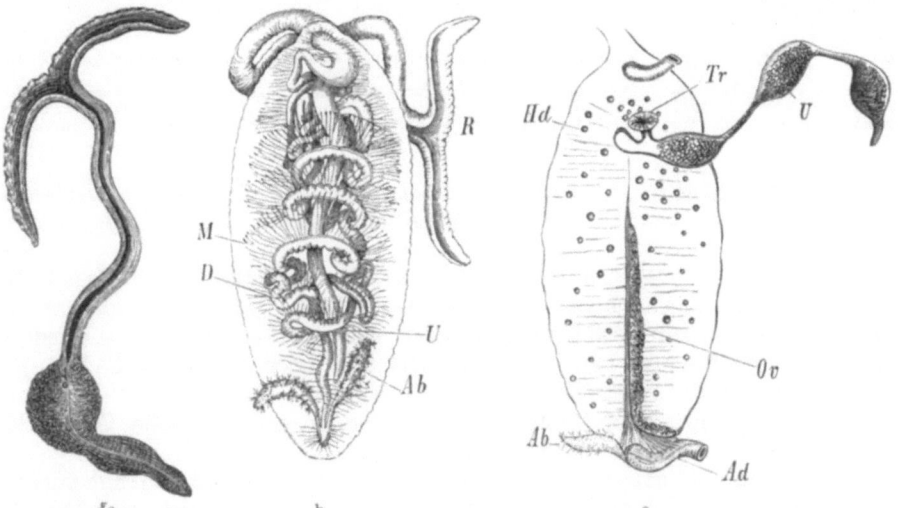

Abb. 551. a Weibchen von *Bonellia viridis*. ¹/₁. — b Anatomie desselben. *D* Darm, *M* Mesenterium, *U* Uterus (Nephridium), *R* Kopflappen, *Ab* Analschläuche. — c Haut und Geschlechtsorgane nach Entfernung des Darmes. *Hd* Hautdrüsen, *Ad* Afterdarm, *Ov* Ovarium, *Tr* Wimpertrichter des Uterus (*U*). (Nach LACAZE-DUTHIERS.)

taenioides auf 200—400 vermehrt. Außerdem sind bei den Echiuroideen im hinteren Körperabschnitte zwei mit zahlreichen Wimpertrichtern ausgestattete schlauchförmige Nephridien (sogenannte Analschläuche) zu finden, deren Ausmündung gemeinsam mit dem Enddarm in die Kloake erfolgt.

Die Echiuroideen sind getrennten Geschlechts. Die Keimdrüse bildet einen unpaaren Wulst am Peritoneum im hinteren Rumpfabschnitte oberhalb des Bauchgefäßes. Die Keimprodukte gelangen in die Cölomhöhle und werden durch die ventralen Nephridien, die als Uterus, bzw. als Samenblasen fungieren, ausgeführt. Bei *Bonellia* besteht ein auffälliger Dimorphismus der Geschlechter. Die Männchen (Abb. 552) sind sehr klein, turbellarienähnlich, ihr Darm ist ein geschlossener

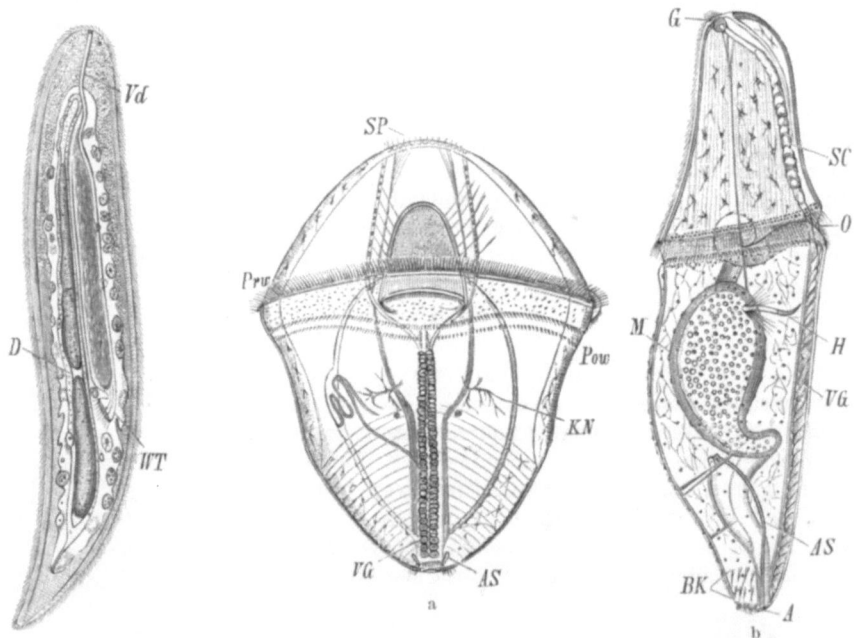

Abb. 552. Männchen von *Bonellia*. (Nach SPENGEL.) *D* Darm, *WT* Wimpertrichter des mit Sperma gefüllten Samenschlauches (*Vd*). $^{49}/_1$

Abb. 553. a Metatrochophora von *Echiurus*, Ventralansicht. $^{27}/_1$. b Ältere Larve. Seitenansicht. (Nach HATSCHEK.) $^{28}/_1$. *Sp* Scheitelplatte, Anlage des Cerebralringes (*G*), *VG* Bauchnervenstrang, *Prw* präoraler, *Pow* postoraler Wimperkranz, *KN* Kopfniere (Pronephridium), *AS* Analschläuche, *SC* Schlundconnectiv, *O* Mund, *M* Darm, *H* Bauchhaken, *BK* hintere Borstenkränze, *A* After.

Schlauch, Analblasen fehlen; sie sind auf einer einfachen Entwicklungsstufe stehen geblieben. Die Männchen halten sich als Kommensalen im Eileiter des Weibchens auf.

Die Entwicklung ist eine Metamorphose, in welcher die für die Anneliden charakteristische Trochophoralarve (Abb. 553) auftritt. Bei *Echiurus* kommt ein Mesodermstreifen zur Ausbildung, welcher sich in 15 Cölomsäcke gliedert (Abb. 266) (von BALTZER bestritten). In späteren Stadien schwinden die Dissepimente. Das Prostomium streckt sich rüsselförmig in die Länge. Aus der Embryonalentwicklung sowie dem Vorkommen von Borsten geht die nahe Verwandtschaft der Echiuroidea mit den Chätopoden hervor.

Alle Echiuroideen sind Meeresbewohner, sie leben im Sand und Schlamm oder in Felslöchern. Die Nahrungsaufnahme erfolgt durch den rüsselförmigen Kopflappen.

Fam. *Echiuridae*. Mit den Charakteren der Gruppe. *Echiurus echiurus* PALL. (*pallasi* GUÉR.). Nordatlant. und Nordpaz. Ozean (Abb. 550). *E. abyssalis* SKORIKOW, Mittelmeer.

Thalassema gigas M. MÜLL., Mittelmeer. *T. taenioides* J. IKEDA, Küsten von Japan. *Bonellia viridis* ROL. Kopflappen des Weibchens sehr lang, am Ende gabelig geteilt (Abb. 551). Männchen (Abb. 552) turbellarienähnlich. Atlant. Ozean, Mittelmeer.

2. Klasse. Sipunculoidea (Gephyrea achaeta)[1].

Den Anneliden ähnlich gebaute Würmer von walzenförmiger Gestalt, ohne nachweisbare Metamerie, ohne Borsten, mit Bauchnervenstrang. Vorderkörper rüsselartig einstülpbar. Prostomium rückgebildet. Mundöffnung vorderständig, zuweilen von Tentakeln umstellt.

Die *Sipunculoideen*, früher mit den Echiuroideen in eine Gruppe *Gephyrea* vereinigt, weichen in so zahlreichen Punkten ihres Baues von den Echiuroideen ab, daß ihre Trennung von letzteren notwendig erscheint. Eine Metamerie ist beim ausgebildeten Tier nicht nachweisbar. (Nach Angabe GEROULDS sollen bei *Phascolosoma* in der Entwicklung vier Mesodermsegmente vorübergehend vorhanden sein.) Der Anschluß an die Anneliden wird vornehmlich durch das Vorhandensein eines längs der ganzen Ventralseite sich erstreckenden Bauchnervenstranges begründet. Doch muß mit Rücksicht auf den Mangel der Metamerie die strangartige Ausbildung des Bauchnervensystems als mit dem Bauchstrang der Anneliden analoge Formentwicklung des Bauchnerven systems angesehen werden.

In den *Sipunculoideen* handelt es sich wohl um eingliedrige Wurmformen, die allen übrigen Anneliden schärfer gegenüberstehen.

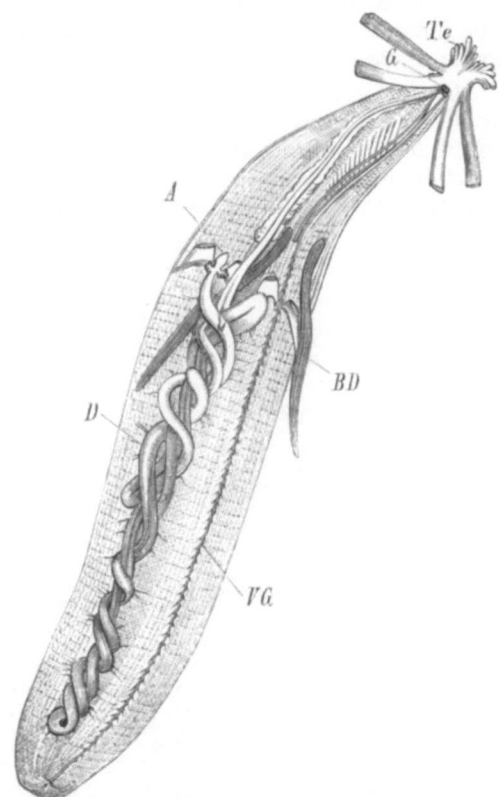

Abb. 554. *Sipunculus nudus* seitlich geöffnet. (Nach W. KEFERSTEIN.) Etwa ½. *Te* Tentakel, *G* Cerebralganglion, *VG* Bauchstrang, *D* Darm, *A* After, *BD* Nephridien (Bauchdrüsen).

---

[1] KEFERSTEIN, W.: Beiträge zur anatomischen und systematischen Kenntnis der Sipunculiden. Z. Zoo. **15** (1865). — THÉEL, H.: Recherches sur le *Phascolion strombi*. Svensk. Akad. Handl. **1875**. — Northern and arctic Invertebrates in the Collection of the Swedish State Museum. I. II. Svensk. Vet. Akad. Handl. **1904, 1906**. — HATSCHEK, B.: Über Entwicklung von *Sipunculus nudus*. Arb. zool. Inst. Wien **5** (1883). — SELENKA, E.: Die Sipunculiden **1883**. — APEL, W.: Beitrag zur Anatomie und Histologie des *Priapulus caudatus* (LAM.) und *Halicryptus spinulosus* (v. SIEB.). Z. Zool. **42** (1885). — WARD, H. B.: On some Points in the Anatomy and Histology of *Sipunculus nudus*. Bull. Mus. Comp. Zool. Harv. Coll. Cambridge **1891**. — METALNIKOFF, S.: *Sipunculus nudus*. Z. Zool. **68** (1900). — v. MACK, H.: Das Centralnervensystem von *Sipunculus nudus*. Arb. zool. Inst. Wien **13** (1902). — GEROULD, J. H.: The Development of *Phascolosoma*. Zool. Jb. **23** (1906). — HARMS, W.: Morphologische und causal-analytische Untersuchungen über das Internephridialorgan von *Physcosoma lanzarotae*. Arch. Entw.mechan. **47** (1921). — Vgl. ferner die Arbeiten von EHLERS, SCHAUINSLAND, SLUITER, BAIRD, KOREN og DANIELSSEN, SPENGEL, HAMMARSTEN u. a.

Der Körper der Sipunculoideen ist walzenförmig, unsegmentiert und sein vorderer engerer Teil nach Art eines Rüssels einstülpbar. Das Prostomium erscheint reduziert, infolge davon die Mundöffnung am Vorderende des Körpers gelegen (Abb. 554). Borsten fehlen.

Die Haut ist papillös oder gerunzelt und wird von einer dicken, zuweilen stellenweise zu Schildern und Haken ausgebildeten Cuticula bedeckt. Unter dem drüsenreichen Hautepithel folgt eine bindegewebige Cutis sowie die dicke, in Bündeln angeordnete Muskulatur, welche sich aus äußeren Ring-, mittleren Schräg- und inneren Längsmuskeln zusammensetzt. Zu innerst folgt die peritoneale Bekleidung des Cöloms.

Der vordere, durch vier Retractoren einstülpbare Teil des Körpers zeigt eine papillöse Oberfläche oder ist mit Haken besetzt. Er trägt am Vorderende den Mund, der bei den *Sipunculiden* von bewimperten Tentakeln umstellt ist. Dieser führt in einen Schlund und den langen Mitteldarm, welcher eine spiralig zusammengedrehte Schleife bildet und mittels eines kurzen Enddarmes dorsal an der

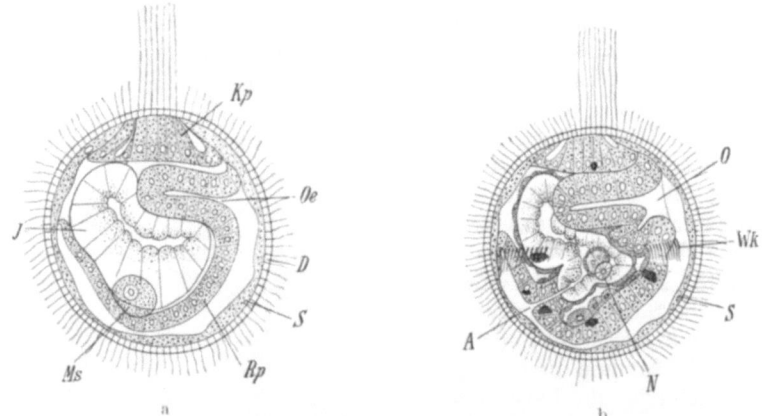

Abb. 555. a Jüngeres, b älteres Entwicklungsstadium von *Sipunculus nudus*, in dem Kopf- und Rumpfplatte ventral bereits vereinigt sind. (Nach HATSCHEK.) 185/1. *Kp* Kopfplatte, *Rp* Rumpfplatte des Embryos, *S* Serosa, *D* Dottermembran, *Oe* Oesophagus, *J* Mitteldarm, *O* Mund, *A* After, *N* Nephridium, *Wk* postoraler Wimperkranz, *Ms* Polzelle des Mesoderms.

Basis des einstülpbaren Vorderkörpers im After ausmündet. Am Enddarm gelegene „büschelförmige Anhänge" (sogenannte Analdrüsen) einiger *Sipunculiden* sind Aussackungen des zwischen Darmepithel und Cölomwand gelegenen Sinus (Blutsinus). Der Darm liegt mittels Fäden im Cölom befestigt. Bei den *Priapuliden* beschreibt der Darm keine Windungen und mündet am Hinterende; auch ist hier der Schlund zu einem muskulösen Schlundkopf mit Zähnen und Papillen umgestaltet.

Der Körper wird von dem geräumigen Cölom eingenommen, das zwischen die Muskelbündel bis in die Cutis reichende blinde Fortsätze (Integumentalkanäle) entsendet. Als abgetrennte Bildung des Cöloms ist das in die Tentakel der *Sipunculiden* reichende System von Cölomgefäßen zu betrachten. Es besteht aus einem dorsalen und ventralen, blind endigenden Stamme längs des Schlundes, einem Ringkanal an der Tentakelbasis sowie Tentakelgefäßen. Cölom und cölomatisches Gefäßsystem sind mit einer Flüssigkeit erfüllt, welche die gleichen Formelemente, nämlich weiße und auch rot gefärbte scheibenförmige Zellen führt; in ihr finden sich ferner bei *Sipunculus* und *Physcosoma* bewimperte kugel- oder schüsselförmige, aus abgelösten Wimperzellgruppen des Cölomepithels gebildete

Blasen (sogenannte Urnen). Eine sogenannte Blutdrüse (blutbildendes Organ) liegt bei *Physcosoma* dorsal am Oesophagus. Das Blutgefäßsystem wird durch einen vollkommen geschlossenen, längs des Mitteldarmes vorhandenen Darmblutsinus repräsentiert.

Das Nervensystem (Abb. 554) besteht aus einem dorsal gelegenen Cerebralganglion, einem Schlundkonnectiv und dem bis an das Hinterende reichenden Bauchstrang. Von Sinnesorganen kommen dem Cerebralganglion aufliegende Augenflecke bei sehr vielen Formen, sodann zahlreiche knospenförmige Hautsinnesorgane vor. Eine über dem Cerebralganglion gelegene, von Nerven versorgte Stelle an der Basis einer kanalartig eingezogenen Hautgrube wird als Sinnesorgan beschrieben.

Als Excretionsorgane fungieren zwei (seltener ein) große, in der Gegend des Afters gelegene, ventral mündende Nephridien, die sogenannten Bauchdrüsen. Sie dienen auch als Ausleitungsorgane der Genitalprodukte. Bei *Physcosoma* und wahrscheinlich allen Sipunculoideen finden sich an der Außenwand des hinteren Abschnittes der Nephridien vom Cölomepithel überzogene Zellkappen (Internephridialorgan) incretorischer Funktion, die in die Leibeshöhle ein Incret absondern, vergleichbar dem Interrenalorgan der Vertebraten. Die Geschlechter sind getrennt. Die Gonade bildet eine quer über die Wurzel der ventralen Retractoren ziehende Krause an der Cölomwand. Die Genitalprodukte fallen in die

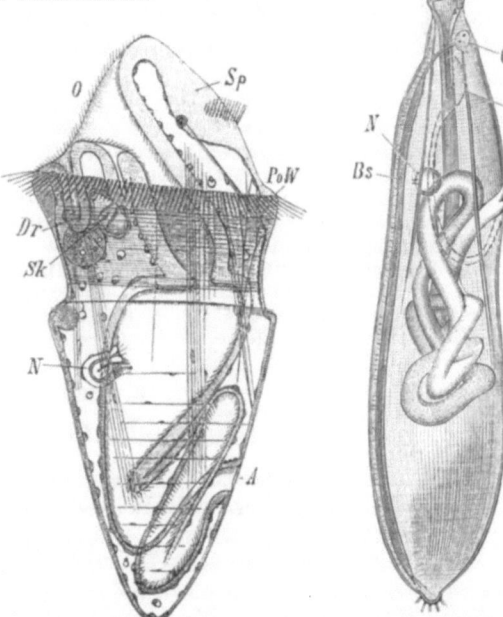

Abb. 556. Larve von *Sipunculus nudus*. (Nach HATSCHEK.) $^{183}/_1$. *O* Mund, *Sp* Scheitelplatte, *Pow* postoraler Wimperkranz, *Sk* Schlundkopf, *Dr* Anhangsdrüse, *N* Nephridium, *A* After.

Abb. 557. Junger *Sipunculus*, noch ohne Tentakel. (Nach HATSCHEK.) Etwa $^{40}/_1$. *O* Mund, *A* After, *G* Cerebralganglion, *Bs* Bauchstrang, *N* Niere, *Bg* Gefäß.

Cölomhöhle. Bei den *Priapuliden* finden sich zwei an einer Peritonealfalte aufgehängte geschlossene Keimdrüsen, welche durch einen Ausführungsgang hinten neben dem After münden. Die Ausführungsgänge sind die mit der Keimdrüse verwachsenen Nephridien, welche an ihrer der ersteren abgewendeten Seite mit zahlreichen, in geschlossene Wimperkölbchen endenden Kanälchen besetzt sind.

In der Embryonalentwicklung entsteht das Entoderm durch Invagination. Das Mesoderm wird durch zwei Urzellen angelegt, welche zwei Mesodermstreifen erzeugen, an denen eine Metamerie nur von GEROULD bei *Phascolosoma* angegeben, sonst vermißt wurde. Bei *Sipunculus* treten zwei Zellplatten, eine am animalen Pole (Kopfplatte) und eine am vegetativen Pole (Rumpfplatte), aus dem Verbande des Ectoderms. Sie bilden die Anlage der definitiven Körperbedeckung, während die übrigen, dem Trochus der Annelidentrochophora entsprechenden Ectodermzellen zu einer Embryonalhülle (Serosa) werden (Abb. 555). Diese sendet durch die Poren der Eihaut Flimmerhaare, mittels welcher der Embryo umherschwimmt.

Die ursprünglich getrennten Kopf- und Rumpfplatte vereinigen sich schließlich unterhalb der Serosa. Letztere wird zugleich mit der Eimembran von der ausschlüpfenden Larve (Abb. 556) abgeworfen, die einen großen postoralen Wimperkranz sowie provisorische Anhangsorgane des Oesophagus (Drüse und Schlundkopf) besitzt. Erst während des Larvenlebens entwickelt sich der Bauchstrang vom Ectoderm aus; dann wird der Wimperkranz rückgebildet, am Mundrande wachsen die ersten Tentakel hervor, wodurch die Umwandlung der schwimmenden Larve in den kriechenden Sipunculus (Abb. 557) erfolgt. Bei *Phascolosoma* kommt es nicht zur Ausbildung der Embryonalhülle. Der Trochus ist hier als schwacher präoraler Wimperkranz ausgebildet.

Alle Sipunculoiden sind marin und leben frei im Sand und Schlamm oder in Röhren und Schalen. Manche *Physcosoma*-Arten bohren in Gestein mit Hilfe bezahnter Papillen des Vorderkörpers unter Einwirkung eines an diesen Papillen abgesonderten Drüsensecretes.

Fam. *Sipunculidae*. Mit Tentakeln in der Umgebung des Mundes und rückenständigem After. Darm spiral gewunden. *Sipunculus nudus* L. Weit verbreitet (Abb. 554). *S. tesselatus* RAF., Mittelmeer. *Aspidosiphon mülleri* DIES. Am After und Hinterende ein Schild. Lebt in Steingängen oder Schneckenschalen. Mittelmeer. *Physcosoma (Phymosoma) granulatum* F. S. LEUCK., Mittelmeer. *Phascolion strombi* MONT. Bewohnt Dentalium- und Schneckenschalen. Mittelmeer, Nord. Meere. *Phascolosoma vulgare* BLAINV., *Ph. elongatum* KEF., Mittelmeer, Atlant. Ozean.

Fam. *Priapulidae*. Ohne Tentakel. After am Hinterende des Körpers, etwas dorsal. Schlund mit Papillen und Zahnreihen. Darm geradegestreckt. *Priapulus caudatus* LAM. Körper hinten mit einem Schwanzanhange (Kieme), welcher papillenförmige Seitenanhänge trägt. Ostsee, Nordeurop. Meere. *Halicryptus spinulosus* SIEB., Ostsee, nördl. Eismeer.

3. Kladus.
Arthropoda, Gliederfüßer.

Protostomier von heteronom metamerischem Körper, mit ungegliederten oder gegliederten Segmentanhängen (Gliedmaßen, Extremitäten) und mit Bauchganglienkette. Der Hautmuskelschlauch in der Regel in einzelne segmentale Muskelgruppen aufgelöst. Primäre und sekundäre Leibeshöhle (Cölom) infolge Schwund der Cölomwand zu einer einheitlichen Leibeshöhle vereinigt; das Blutgefäßsystem mit derselben in offener Kommunikation. Nephridien und Genitaldrüsen gegen die Leibeshöhle abgekapselt.

Die Arthropoden sind ihrer Organisation nach von den Anneliden abzuleiten. Doch wird die Einheitlichkeit der Arthropodengruppe im Sinne eines monophyletischen Ursprungs von einer Anzahl von Forschern (BALFOUR, KINGSLEY, OUDEMANS, FERNALD, HAECKEL, PACKARD) bezweifelt.

In dem Kladus der Arthropoden sind zum mindesten zwei Subkladus zu unterscheiden, deren Ursprung aus einer gemeinsamen Wurzel nicht sicher ist. Für einen gemeinsamen Ursprung der beiden aus Anneliden würden die baulichen und entwicklungsgeschichtlichen Übereinstimmungen in der Ausbildung des Gefäßsystems, Cöloms, Genitalapparates, der Nephridien sowie in der superficialen Furchung sprechen. Den einen Subkladus bilden die *Malacopoda* (*Onychophora*, *Tardigrada*), den zweiten alle übrigen Arthropoden, die *Euarthropoda* (GROBBEN). Die Malacopoden stellen einen nicht weiter entwickelten, inadaptiven Arthropodentypus dar, während die Euarthropoden eine sehr mannigfaltige Entwicklung zeigen.

Der wichtigste Charakter, der die Arthropoden von den Anneliden unterscheidet und Grundbedingung für eine höhere Organisation und Lebensstufe ist, beruht auf dem Besitze von ungegliederten, in der Regel aber gegliederten, aus paarigen Segmentanhängen hervorgegangenen, an der Ventralseite gelegenen Extremitäten, die den Parapodien der Anneliden gegenüber zu einer vollkommeneren Leistung befähigt sind. Jedes Segment vermag ein Gliedmaßenpaar hervorzubringen (Abb. 558). Während bei den Anneliden die Locomotion durch Verschieben der Segmente und Schlängelungen des gesamten Leibes zustande kommt, wird bei den Arthropoden die Funktion der Ortsbewegung von der Hauptachse des Leibes auf die Nebenachsen, die Gliedmaßen, übertragen, und hiermit eine weit vollkommenere Leistung erreicht. Die Extremitäten gestatten den Arthropoden nicht nur ein leichteres und rascheres Schwimmen oder Kriechen, sondern führen auch zu mannigfaltigeren Formen einer schwierigen Bewegung, zum Laufen, Klettern und Springen; bei den Insekten tritt mit der Ausbildung von dorsalen Flügeln auch noch die Flugfähigkeit hinzu. Die Arthropoden erheben sich zu wahren Land- und Lufttieren.

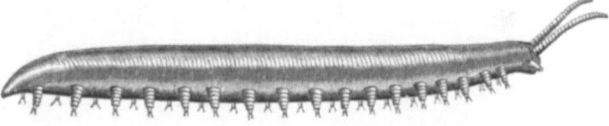

Abb. 558. *Peripatopsis (Peripatus) capensis.* (Nach MOSELEY.) $1\cdot5/1$.

Mit einer differenten Ausbildung der Extremitäten geht die Heteronomie der Segmentierung und die Regionenbildung parallel, indem gleichartig entwickelte Segmente sich als besondere Komplexe hervorheben und miteinander fest verbunden oder zu einer einheitlichen Kapsel verschmolzen sein können.

Im allgemeinen unterscheidet man drei Leibesregionen, als *Kopf*, *Brust* oder *Mittelleib* (Thorax) und *Hinterleib* (Abdomen) (Abb. 559).

Der Kopf bildet die vorderste Körperregion, in welcher die Segmente miteinander verschmolzen sind. Er umschließt das Gehirn und trägt die Mundöffnung. Seine Gliedmaßen sind zu Antennen und Mundwerkzeugen umgestaltet. Im Vergleich zum Annelidenkopf faßt er außer dem primären, dem Kopflappen der Anneliden homologen Kopfabschnitte (Acron) eine größere Zahl nachfolgender Metameren in sich.

Bei den *Malacopoda* bildet der auf den Kopf folgende Rumpf eine einheitliche Region ohne äußerlich abgesetzte Segmentgrenzen. Bei den *Euarthropoda* hingegen gliedert sich der Rumpf in Thorax und Abdomen und weist deutliche Absetzung der Segmente auf.

Der Mittelleib oder *Thorax* zeichnet sich durch eine festere Verbindung oder Verschmelzung seiner Segmente sowie durch die Festigkeit der Haut aus. Meist

Abb. 559. Seitenansicht von *Anacridium aegyptium (tartaricum)*. (Nach FISCHER.) $1/1$. *T* Tympanalorgan, *St* Stigmen.

ist er scharf vom Kopfe abgesetzt, häufig dagegen mit dem Kopfe zu einer gemeinsamen Leibesregion (*Cephalothorax*) verschmolzen (Abb. 560). Der Thorax trägt die wichtigsten Gliedmaßen der Bewegung.

Der Hinterleib (*Abdomen*) zeigt die Zusammensetzung aus deutlich gesonderten Leibesringen und entbehrt häufig der Extremitäten. Seltener, wie bei den Skorpionen, sondert sich das Abdomen in einen breiteren Vorderabschnitt, *Praeabdomen*, und in einen engeren beweglichen Hinterabschnitt, *Postabdomen*.

Die Haut wird von einer Chitincuticula bedeckt, welche schichtenweise von dem darunterliegenden Hautepithel (Hypodermis, Matrix) geliefert wird (Abb. 89). Diese Cuticula erstarrt häufig durch Aufnahme von Kalksalzen zu einem festen, das Skelet bildenden Hautpanzer, der zwischen den einzelnen Segmenten durch weiche Verbindungshäute unterbrochen ist. Die mannigfachen Cuticularanhänge der Haut, welche als einfache oder gefiederte Haare, Fäden und Borsten, Dornen und Haken auftreten können, verdanken ihre Entstehung ähnlich gestalteten Fortsätzen und Auswüchsen der darunterliegenden Hypodermis. Die Chitincuticula erfährt zeitweise, vornehmlich während des Wachstums im Jugendzustande, Erneuerungen und wird dann als zusammenhängende Haut abgeworfen (Häutungsprozeß). Die an der Innenseite dieses Hautskelets angeordnete Körpermuskulatur bildet nur bei *Onychophoren* einen kontinuierlichen, an den der Anne-

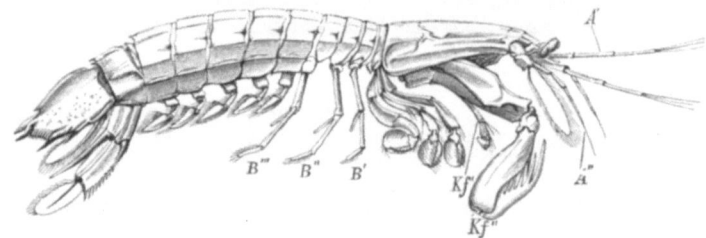

Abb. 560. *Squilla mantes*, ¹/₂. A', A'' Antennen- Kf', Kf'' die vorderen Kieferfußpaare am Cephalothorax, B', B'', B''' die drei Spaltbeinpaare der Brust.

liden erinnernden Hautmuskelschlauch, in allen übrigen Fällen zeigt sie sich in einzelne, der Metamerie entsprechende Muskelgruppen aufgelöst (Abb. 561). Die Muskelfasern sind, ausgenommen die *Malacopoda*, quergestreift. Auch sei als histologischer Charakter der Arthropoden der Mangel von Wimpern (für die Nephridien von *Peripatus* werden Wimpern angegeben) bemerkt.

Das Centralnervensystem besteht aus Gehirn, Schlundkonnectiv und Bauchmark, das meist in Form einer Ganglienkette (Abb. 612) unter dem Darme verläuft, zuweilen aber eine große Konzentrierung zeigt. Die Gliederung der Bauchganglienkette entspricht der heteronomen Segmentierung des Körpers, indem in den größeren, durch Verschmelzung von Segmenten entstandenen Abschnitten auch eine Annäherung oder Verschmelzung der entsprechenden Ganglien erfolgt. Von Sinnesorganen sind Augen, bei den *Euarthropoden* zusammengesetzte Augen, weit verbreitet. Statische Organe kommen bei Krebsen vor. Ferner treten chordotonale und tympanale Organe bei den Insekten auf. Ebenfalls verbreitet sind Geruchsorgane, die ihren Sitz an der Oberfläche der Antennen haben und aus zarten Schläuchen oder eigentümlichen Zapfen bestehen, unter denen die Sinneszellen liegen. Geschmacksborsten finden sich an den Mundteilen bei Insekten. Als Tastorgane hat man die Antennen und Taster der Mundwerkzeuge sowie wohl auch die Extremitätenspitzen und an diesen eigentümliche Borsten und Haare der Haut mit Nervenendigungen anzusehen (Abb. 169).

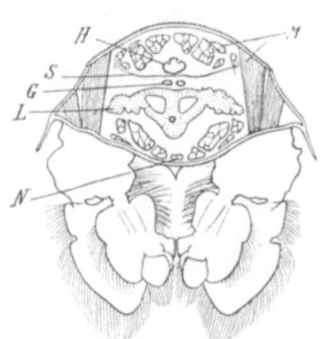

Abb. 561. Querschnitt durch das 1. Abdominalsegment einer männlichen *Squilla mantis* (teilweise schematisch, Original G.). *G* Genitaldrüse, *H* Herz, *M* Muskeln, *S* ventrale Wand des Pericardialsinus, *L* Leber, *N* Nervensystem.

Die geräumige Leibeshöhle der Arthropoden ist aus der Vereinigung der primären Leibeshöhle und des Cöloms hervorgegangen, indem die Cölomwände aufgelöst sind. Infolgedessen fehlen Mesenterien und Dissepimente. Damit hängt auch die eigentümliche Ausbildung des Blutgefäßsystems zusammen. In seiner ursprünglichen Form (Abb. 575) besteht es aus einem durch den ganzen Rumpf

Coelomata (Bilateria): Arthropoda, Gliederfüßer.

verlaufenden Rückengefäße, das der Körpersegmentierung entsprechend paarige seitliche, mit Klappen versehene Spaltöffnungen besitzt. Es liegt (Abb. 561) in einem gesonderten Teile der Leibeshöhle, dem Pericardialsinus, dessen ventrale Begrenzung durch eine Membran (Pericardialseptum) gebildet wird. Das Blut gelangt aus dem Herzen am Vorder- und Hinterende desselben schließlich in den ventralen Teil der Leibeshöhle und zum Herzen zurückkehrend durch Spaltöffnungen des Pericardialseptums in den Pericardialsinus, aus dem es bei der Diastole des Herzens durch dessen Ostien aufgepumpt wird. Auch in jenen Fällen, in denen Arterien und auch venöse Bahnen vorhanden sind, besteht diese Kommunikation mit der Leibeshöhle; stets führen die venösen Bahnen zum Pericardialsinus und schließen nie an die Herzwand an (Abb. 140). Das Herz ist ein arterielles. In vielen Fällen (zahlreiche Krebse, die meisten Milben, *Tardigraden*) fehlt es.

Der Darmkanal zieht frei durch die Leibeshöhle. Ausnahmsweise ist der Darm infolge von Parasitismus rückgebildet (*Rhizocephala*).

Die Atmung wird sehr häufig, besonders bei kleineren und zarten Arthropoden, durch die gesamte Oberfläche des Körpers vermittelt. Bei größeren Wasserbewohnern (*Crustacea*) übernehmen Kiemen diese Funktion, während bei am Lande lebenden Formen innere Atmungsorgane vorhanden sind. Diese bestehen entweder aus im Körper sich verteilenden Röhren (Röhrentracheen) wie bei den *Onychophoren, Eutracheaten*, oder aus Säcken mit Hohlblättern (Fächertracheen, Fächerlungen), so bei *Arachnoideen*.

Als Exkretionsorgane finden sich bei Arthropoden vielfach Nephridien vor, entweder in fast allen Metameren (*Onychophora*), oder auf wenige Metameren beschränkt (Antennen- und Maxillar- oder Schalendrüse der Krebse, Coxaldrüse der *Arachnomorpha*). Sie erscheinen gegen die Leibeshöhle stets geschlossen (Abb. 147) und am Innenende an Stelle des Wimpertrichters mit einem drüsigen Endsäckchen, das als Cölomrest aufgefaßt wird, ausgestattet, eine Eigentümlichkeit, welche mit den besonderen Verhältnissen der Leibeshöhle und des Blutgefäßsystems zusammenhängt. Den übrigen Arthropoden fehlen Nephridien und werden durch excretorische Anhangsdrüsen des Enddarms, die MALPIGHIschen Gefäße, substituiert. Analoge, dem Mitteldarm angehörige Anhangsdrüsen finden sich bei *Arachnomorphen* und *Crustaceen* neben den Nephridien vor.

Die Fortpflanzung der Arthropoden ist eine geschlechtliche, in manchen Fällen kommt Parthenogenese vor. Mit seltenen Ausnahmen (*Cirripedia, Cymothoidae*) sind die Geschlechter getrennt. Die ihrer Anlage nach paarigen Keimdrüsen stellen gegen die Leibeshöhle zu geschlossene Säcke vor, welche durch auf Nephridien zurückführbare Ausführungsgänge nach außen münden.

Die Entwicklung ist meist eine Metamorphose.

Das System der Arthropoden gestaltet sich folgendermaßen:

1. Unterkladus *Malacopoda* mit den Klassen *Onychophora* und *Tardigrada*,
2. Unterkladus *Euarthropoda* mit den Klassen *Crustacea, Arachnomorpha, Linguatulida, Pantopoda, Eutracheata*.

1. Subkladus. MALACOPODA.

Arthropoden ohne äußerlich abgesetzte Segmentgrenzen, mit ungegliederten Segmentanhängen (Extremitäten), die Muskulatur zuweilen noch als Hautmuskelschlauch ausgebildet. Muskelfasern glatt.

1. Klasse. Onychophora (Protracheata)[1].

Wurmförmige Malacopoden mit einem Antennenpaar, mit kurzen, mit Klauen bewaffneten Beinpaaren, mit Nephridien in fast allen Metameren, durch zerstreut über den ganzen Körper entstandene Bücheltracheen atmend.

Die Onychophoren bilden eine interessante, Anneliden- und Arthropodencharaktere verbindende Tiergruppe. Der mäßig gestreckte Körper (Abb. 558) erweist eine größere oder geringere Zahl geringelter, untereinander gleicher, äußerlich nicht abgesetzter Segmente mit je einem kegelförmigen kurzen Beinpaar, das am Ende mit zwei Krallen bewaffnet ist. Der vom Rumpf nicht scharf abgesetzte Kopf (Abb. 562) trägt zwei Antennen und zwei Seitenaugen vom Bau der Blasenaugen. An seiner Unterseite befindet sich das von einer Sauglippe umgebene

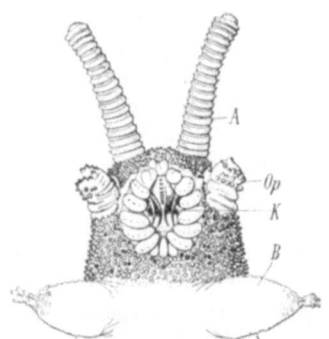

Abb. 562. Kopf von *Peripatopsis capensis*, von der Ventralseite. (Nach BALFOUR.) *A* Antennen, *B* erstes Beinpaar des Rumpfes, *K* Kiefer, *Op* Oralpapillen.

Mundatrium. In ihm liegt ein Paar aus je zwei Krallen gebildeter Kiefer, außerhalb desselben seitlich jederseits eine kurze Papille (sogenannte Oralpapillen), die wie die

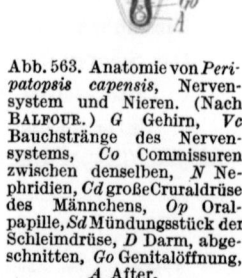

Abb. 563. Anatomie von *Peripatopsis capensis*, Nervensystem und Nieren. (Nach BALFOUR.) *G* Gehirn, *Vc* Bauchstränge des Nervensystems, *Co* Commissuren zwischen denselben, *N* Nephridien, *Cd* große Cruraldrüse des Männchens, *Op* Oralpapille, *Sd* Mündungsstück der Schleimdrüse, *D* Darm, abgeschnitten, *Go* Genitalöffnung, *A* After.

---

[1] MOSELEY, H. N.: On the Structure and Development of *Peripatus capensis*. Philosophic. Trans. roy. Soc. London **1874**. — BALFOUR, F. M.: The Anatomy and Development of *Peripatus capensis*. Quart. J. microsc. Sci. **23** (1883). — GAFFRON, ED.: Beiträge zur Anatomie und Histologie des *Peripatus*. Zool. Beiträge, herausg. von SCHNEIDER. I. Breslau 1883, 1885. — KENNEL, J.: Entwicklungsgeschichte von *Peripatus Edwardsii* BLANCH. und *Peripatus torquatus*. Arb. zool.-zoot. Inst. Würzburg **7** (1884); **8** (1886). — SEDGWICK, A.: The development of the Cape species of *Peripatus*. Quart. J. microsc. Sci. **1885** bis 1888. — A Monograph on the species and distribution of the genus *Peripatus*. Ebenda 1888. — The distribution and classification of the *Onychophora*. Ebenda 1908. — SHELDON, L.: On the Development of *Peripatus novaezealandiae*. Ebenda 1888—1889. — WILLEY, A.: The Anatomy and Development of *Peripatus Novae-Britanniae*. Cambridge 1898. — EVANS, R.: On two New Species of *Onychophora* from the Siamese Malay States. Quart. J. microsc. Sci. **44, 45** (1901—1902). — BOUVIER, E. L.: Monographie des Onychophores. Ann. des Sci. natur. Paris 1905—1907. — CLARK, A. H.: The present Distribution of the *Onychophora*. Smiths. Misc. Coll. Washington 1915. — Vgl. außerdem die Arbeiten von GRUBE, BLANCHARD, DENDY, MONTGOMERY u. a.

Coelomata (Bilateria): Arthropoda, Gliederfüßer. 573

Kiefer modifizierte Extremitäten sind. Die Haut der Onychophoren ist in zahlreiche Tastwarzen erhoben. Die Leibesmuskulatur wird von einem Hautmuskelschlauche gebildet, der aus einer äußeren Ring- und mittleren Diagonalschicht besteht, auf welche nach innen die in Feldern angeordnete Längsmuskulatur folgt. Außerdem sind Transversalmuskeln vorhanden, die wie bei Anneliden ein Septum herstellen, das die Leibeshöhle in eine mediane Hauptkammer und zwei Seitenkammern teilt. Die Muskelfasern sind glatt. Das Gehirnganglion entsendet zwei mit Ganglienzellen belegte Nervenstränge (nach BALFOUR mit Anschwellungen in jedem Segmente), die bis zum Hinterleibsende weit voneinander getrennt verlaufen (Abb. 563). In ihrer ganzen Länge durch zahlreiche feine Querkommissuren verbunden, vereinigen sie sich am Hinterleibsende. Der Darm (Abbild. 564) beginnt mit muskulösem

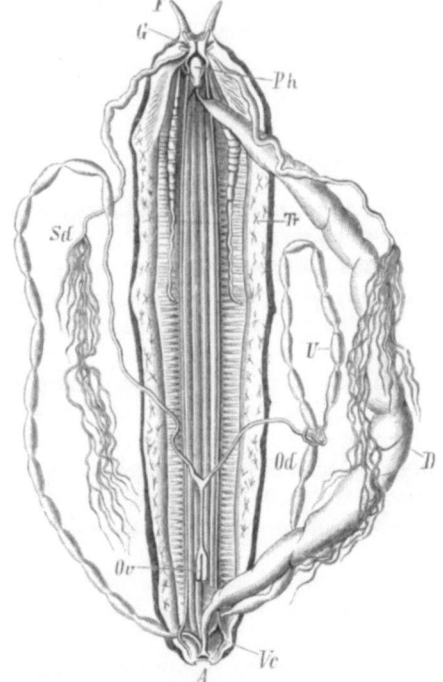
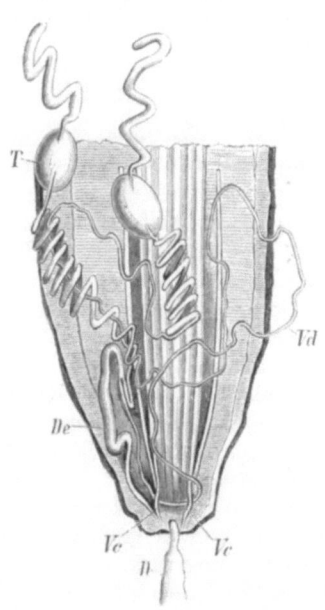

Abb. 564. Anatomie eines weiblichen *Peripatopsis capensis*. (Nach MOSELEY.) *A* After, *D* Darm, *F* Fühler, *G* Gehirn, *Ph* Pharynx, *Sd* Schleimdrüsen, *Tr* Tracheenbüschel, *Ov* Ovarien, *Od* Oviducte, *U* Uterus, *Vc* ventrale Nervenstränge.

Abb. 565. Körperende eines männlichen *Peripatopsis capensis*. (Nach MOSELEY.) *D* Afterdarm, *De* Ductus ejaculatorius, *T* Hoden, oben an denselben die Prostata, *Vc* Bauchnervenstränge, *Vd* Ductus deferentes.

Schlunde und verläuft gerade gestreckt durch den Körper; der After liegt endständig. In den Mund öffnen sich durch einen gemeinsamen kurzen Gang zwei Speicheldrüsen. Als Herz fungiert ein durch die ganze Länge des Körpers sich erstreckendes Rückengefäß mit paarigen, segmental angeordneten Ostien. Nach MOSELEYS Entdeckung ist ein mächtig entwickeltes Tracheensystem vorhanden. Die Stigmen liegen über die ganze Oberfläche unregelmäßig verteilt und führen jedes in eine kurze Tasche, von der aus feine, sehr lange Tracheen in einem dichten Büschel entspringen. Als Excretionsorgane finden sich fast in jedem Segmente ein Paar von Nephridien (Abb. 563), welche mit geschlossenem Endsäckchen (Cölomrest) beginnen und ventralwärts an der Basis der Füße mittels einer Blase nach außen führen; für den inneren Kanalabschnitt wird Bewimperung angegeben. Langgestreckte Schleimdrüsen münden an den Oralpapillen und erzeugen durch ihr Secret ein Gewebe von zähen Fäden; sie entsprechen den sich an Rumpfbeinen vorfindenden Cruraldrüsen. Die Onychophoren sind getrennten Geschlechts. Die Ovarien (Abb. 564) führen in zwei meist mit Receptaculum seminis versehene, als Uterus fungierende Eileiter, die am vorletzten Segmente mit einer gemeinsamen Vagina ausmünden. Die mit einer Prostata ausgestatteten Hoden gehen in lange gewundene Samenleiter über und münden an gleicher Stelle wie die Vagina mittels unpaaren Ductus ejaculatorius (Abb. 565). Außerdem besitzt das Männchen eine accessorische Drüse, sogenannte Analdrüse, die meist in der Nähe des Afters oder der Genitalöffnung ausmündet. Die Entwicklung ist direkt und erfolgt im Uterus. Bei den südamerikanischen Formen bildet sich eine Placenta aus, mit welcher der Embryo dorsal durch einen Nabelstrang verbunden ist.

Die Tiere leben an feuchten Orten unter faulendem Holze.

Fam. *Peripatidae.* Mit den Charakteren der Gruppe. *Peripatus edwardsi* BLANCH. Cayenne. *Peripatopsis capensis* GR. (Abb. 558). Kap. *Peripatoides novae-zealandiae* HUTT. Neuseeland.

2. Klasse. Tardigrada, Bärtierchen[1].

Kleine walzenförmige Malacopoden mit Saugmund, nur mit vier stummelförmigen Rumpfextremitäten, ohne Herz und Respirationsorgane.

Die Tardigraden weichen in dem Bau ihres Körpers von allen übrigen Arthropoden so vielfach ab, daß sie als besondere Klasse unter dieselben einzureihen sind. Der Ansicht einiger Forscher nach schließen sie sich am meisten an die Onychophoren an.

Der Körper der kleinen (bis 1 mm langen), langsam kriechenden Bärtierchen ist walzenförmig, ohne äußere Metamerie und besitzt vier Paare kurzer, in der Regel mit mehreren Krallen endigender Stummelfüße, von denen die hintersten am äußersten Ende des Körpers entspringen (Abb. 566). Das kegelförmige Vorderende des Körpers entspricht dem Kopfe, in welchem außer dem Kopfsegment höchstens noch ein weiteres Segment enthalten ist; es entbehrt jeglichen Extremitätenanhanges.

Der Körper wird von einer Cuticula bedeckt, die bei *Echiniscus* an der Dorsalseite in Schilder gegliedert ist. Die Muskulatur weist wie bei *Peripatus* keine Querstreifung auf.

Die fast terminal am vorderen Körperende gelegene Mundöffnung führt in eine Mundhöhle, die sich in eine lange Mundröhre fortsetzt. In die Mundhöhle ragen zwei vorstoßbare Zähne, neben welchen je eine sogenannte Speicheldrüse (Giftdrüse) mündet, die Bildnerin der Zähne ist (WENCK). Auf die Mundröhre folgt ein Saugmagen (Schlundkopf), sodann der Oesophagus, der Magen und der kurze Enddarm. Die Afteröffnung liegt ventral. Am Beginne des Enddarmes münden häufig zwei excretorische Anhangsdrüsen (MALPIGHIsche Gefäße) sowie eine dorsale Anhangsdrüse (Rectaldrüse) ein. Respirations- und Kreislauforgane

---

[1] DOYÈRE: Mémoire sur les Tardigrades. Ann. des Sci. natur. 1840. — GREEFF, R.: Untersuchungen über den Bau und die Naturgeschichte der Bärtierchen. Arch. mikrosk. Anat. 2 (1866). — PLATE, L. H.: Beiträge zur Naturgeschichte der Tardigraden. Zool. Jb. 3 (1888). — v. ERLANGER, R.: Beiträge zur Morphologie der Tardigraden. Morph. Jb. 22 (1895). — BASSE, A.: Beiträge zur Kenntnis des Baues der Tardigraden. Z. Zool. 80 (1906). — HENNEKE, J.: Beiträge zur Kenntnis der Biologie und Anatomie der Tardigraden. Ebenda 97 (1911). — v. WENCK, W.: Entwicklungsgeschichtliche Untersuchungen an Tardigraden. Zool. Jb. 37 (1914). — BAUMANN, H.: Beitrag zur Kenntnis der Anatomie der Tardigraden. Z. Zool. 118 (1921). — MARCUS, E.: Tardigrada. Bronns, Klass. u. Ordnung. d. Tierr. V. (1929). — Vgl. überdies die Abhandlungen von DUJARDIN, KAUFMANN, v. KENNEL, C. A. S. SCHULTZE, LAMEERE, RICHTERS, THULIN u. a.

fehlen. Die geräumige Leibeshöhle ist von Hämolymphe erfüllt, die zahlreiche große Zellen enthält. Das Nervensystem besteht aus dem Cerebralganglion, einem unteren Schlundganglion und vier durch lange Konnective verbundenen Ganglien der Bauchkette. Von Sinnesorganen kommen Augen sowie kurze Taster vor.

Die Tardigraden sind getrennten Geschlechts. Bei einigen Formen sind Männchen bisher nicht gefunden, so daß hier Parthenogenese vermutet werden kann. Sowohl die männliche als die weibliche Genitaldrüse bildet einen dorsal über dem Magendarm gelegenen unpaaren Sack, der in den Enddarm mündet, welcher somit als Kloake fungiert. Eine besondere präanale Genitalöffnung findet sich bei den *Heterotardigrada*. Der Ductus deferens ist paarig, der Oviduct unpaar. Die Weibchen legen große Eier entweder frei ab, oder letztere bleiben von der abgestreiften Cuticula des Muttertieres bis zum Ausschlüpfen der Jungen umhüllt. Die Entwicklung erfolgt direkt. Hervorzuheben ist die Anlage des Mesoderms durch Bildung von fünf Paaren aus dem Entoderm hervorgehender Cölomsäcke.

Die Bärtierchen leben zwischen Moos und Flechten, in feuchtem Sande von Dachrinnen, wenige (*Macrobiotus macronyx*) dauernd im Süßwasser, einige sind marin. Sie sind besonders dadurch bemerkenswert geworden, daß sie wie die Rotiferen nach langem Eintrocknen durch Befeuchtung wieder zu neuem Leben erwachen.

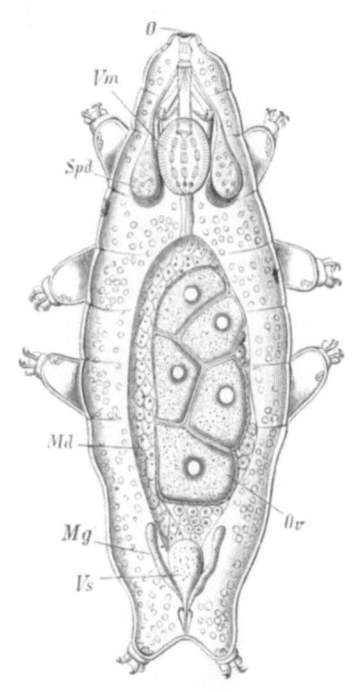

Abb. 566. *Macrobiotus hufelandi (schultzei)*.
(Nach GREEFF.) Etwa $^{100}/_1$.
O Mund, *Md* Magendarm, *Spd* Speicheldrüsen, *Ov* Ovarium, *Mg* MALPIGHIsche Gefäße, *Vm* Schlundkopf, *Vs* Rectaldrüse.

1. Ordnung. *Heterotardigrada*. Mit Kopfsinnesanhängen. Krallen gleichartig. Die Genitalgänge münden gesondert in einem praeanalen Porus. Darmanhangsdrüsen fehlen.

Fam. *Echiniscidae*. *Echiniscus* (*Emydium*) *testudo* DOJ. (*bellermanni* SIGM. SCHLTZE.) Nord- u. Mitteleuropa. *Echiniscoides sigismundi* M. SCHULTZE. Nordsee, Mittelmeer. Hier schließen sich an *Batillipes mirus* RCHTRS. Atl. Oz., Nord- u. Ostsee. *Tetrakentron synaptae* CUÉN. Körper abgeflacht. Ectoparasit auf *Leptosynapta inhaerens*.

2. Ordnung. *Eutardigrada*. Ohne Kopfsinnesanhänge. Krallen untereinander verschiedenartig. Die Genitalgänge münden in den Enddarm. Darmanhangsdrüsen vorhanden.

Fam. *Macrobiotidae*. *Macrobiotus macronyx* DUJ. Im Süßwasser. *M. hufelandi* SIGM. SCHLTZE. Landform (Abb. 566). Kosmopolit. *Hypsibius dujardini* DOJ. Im Süßwasser. Nord- u. Mitteleuropa. Hier schließt sich an *Milnesium tardigradum* DOJ. Kosmopolit.

2. Subkladus. EUARTHROPODA.

Arthropoden mit äußerlich abgesetzten Segmentgrenzen, mit gegliederten Segmentanhängen (Extremitäten). Hautmuskelschlauch in segmentale Muskelgruppen aufgelöst. Muskulatur quergestreift.

576   Metazoa.

1. Klasse. Crustacea, Krebse[1].

Wasserbewohnende, durch Kiemen atmende Euarthropoden mit in der Regel zwei Antennenpaaren und mit zweiästigen Extremitäten. Meist mit Schalenduplikatur.

Die Crustaceen, deren Namen von der oft harten, durch Kalksalze inkrustierten Körperhaut entlehnt ist und lediglich für die größeren Malacostraken paßt, bewohnen vorwiegend das Wasser und nur in vereinzelten Ausnahmen das Land. Als wichtiger Charakter ist die große Zahl von Gliedmaßenpaaren hervorzuheben, welche mit Ausnahme der Vorderfühler oder vorderen Antennen (Antennulae) auf zweiästige Spaltfüße zurückzuführen sind.

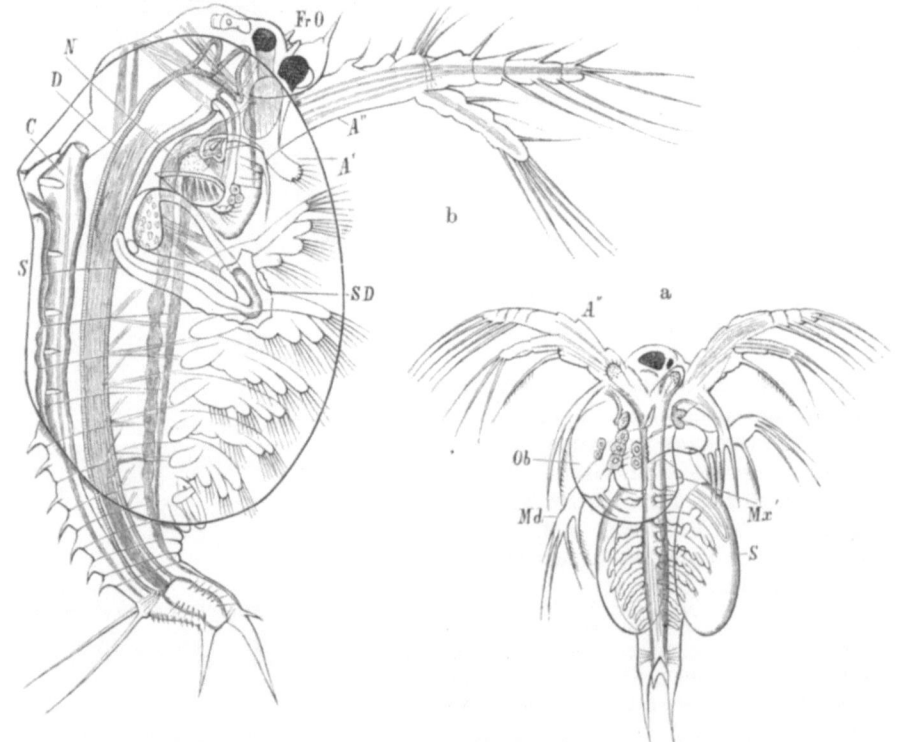

Abb. 567. Larven von *Cyzicus (Estheria)*. (Nach CLAUS.) a Jüngeres Stadium. Die Schale noch klein. $50/_1$. b Älteres Stadium. $80/_1$. Die Schale beginnt den Kopf zu überwachsen. *A′* Antennula, *A″* (zweite) Antenne, *C* Herz, *Md* Mandibel, *Mx′* erste Maxille, *Ob* Oberlippe, *S* Schale, *SD* Schalendrüse, *D* Darm, *N* Nervensystem, *FrO* Frontalorgan.

In die Bildung des Kopfes treten außer dem primären Kopfsegmente mit den Augen noch fünf nachfolgende, mit jenem und untereinander verschmolzene Segmente ein, deren Gliedmaßen die vorderen und hinteren Antennen, die Mandibeln

---

[1] MILNE EDWARDS, H.: Histoire naturelle des Crustacés. 3 Bde. u. Atlas. Paris 1834 bis 1840. — MÜLLER, FR.: Für Darwin. Leipzig 1864. — CLAUS, C.: Untersuchungen zur Erforschung der genealogischen Grundlage des Crustaceensystems. Wien 1876. — FAXON, W.: Selections from Embryological Monographs. I. Crustacea. Mem. Mus. Comp. Zool. Harvard Coll. Cambridge 1882. — BOAS, J. E. V.: Studien über die Verwandtschaftsbeziehungen der Malacostraken. Morph. Jb. 8 (1883). — CLAUS, C.: Neue Beiträge zur Morphologie der Crustaceen. Arb. zool. Inst. Univ. Wien 6 (1886). — GROBBEN, K.: Zur Kenntnis des Stammbaumes und des Systems der Crustaceen. Sitzgsber. Akad. Wiss. Wien, Math. naturwiss. Kl. 101 (1892). — Vgl. ferner die Abhandlungen von A. DOHRN, HUXLEY, BRUNTZ u. a.

Coelomata (Bilateria): Arthropoda, Gliederfüßer.

und zwei Maxillenpaare sind; bei *Trilobiten* und einigen *Phyllopoden* ist nur eine als Antenne entwickelte Kopfgliedmaße vorhanden. Häufig verschmilzt diese als Kopf zu unterscheidende Region mit einem oder zahlreichen nachfolgenden Segmenten des Mittelleibes oder Thorax zu einem *Kopfbruststück* (*Cephalothorax*).

Die Verschmelzung der Körpersegmente kann aber auch eine sehr ausgedehnte sein und sich nicht allein auf eine festere Vereinigung fast sämtlicher Brustsegmente (*Decapoden*) erstrecken, sondern auch die des Abdomens betreffen (*Isopoden*). Von großer Bedeutung ist eine am Rücken und den Seiten der Maxillarregion des Kopfes auftretende Hautduplikatur, die in Form einer einfachen oder zweiklappigen *Schale* (Rückenschild) den Thorax und das Abdomen sowie zuweilen auch den Kopf überwächst (Abb. 567), in einigen Fällen aber fehlt.

Am Kopfe heften sich zwei, gewöhnlich als Sinnesorgane fungierende Fühlerpaare an, die aber auch als Bewegungsorgane oder zum Ergreifen und Anklammern dienen können. Von denselben stehen die Vorderantennen insofern allen übrigen Gliedmaßen gegenüber, als sie die zweiästige Grundform niemals aufweisen lassen.

Sämtliche folgende Gliedmaßen sind auf die Grundform einer zweiästigen Extremität zurückzuführen. An ihr ist ein zweigliedriger Stamm (*Protopodit*), ein die Fortsetzung des Stammes bildender Innenast (*Endopodit*) sowie ein lateralwärts am zweiten Stammglied entspringender Außenast (*Exopodit*) (Abb. 571) zu unterscheiden. Dazu können ein oder mehrere äußere Anhänge des Stammes (*Epipoditen*) treten, die meist als Kiemen fungieren. Medianwärts gerichtete ladenartige Fortsätze am Protopodit und Endopodit werden *Enditen* genannt.

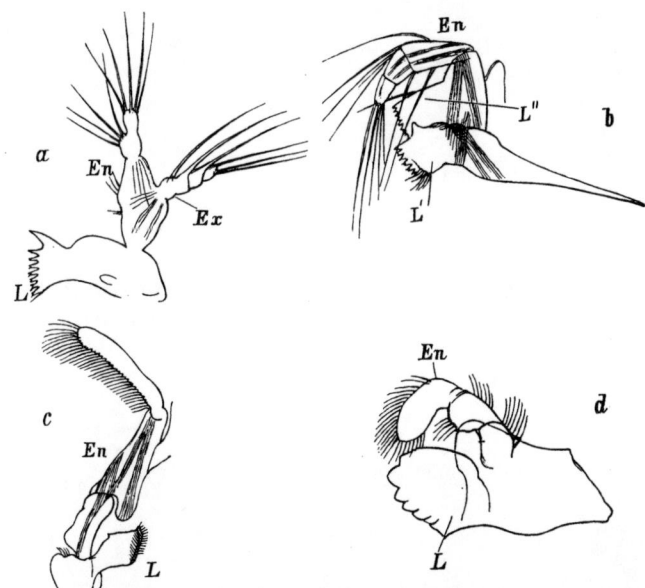

Abb. 568. Mandibeln von a *Centropages typicus* (*Ichthyophorba denticornis*), b *Conchoecia*, c *Nebalia*, d *Potamobius* (*Astacus*). (a, b, c nach CLAUS.) *L* Kaulade (Endit), *En* Endopodit, *Ex* Exopodit. Bei *Conchoecia* auch am ersten Gliede des Tasters eine Kaulade (*L″*).

Die als Mundwerkzeuge dienenden Gliedmaßen des Kopfes besitzen bei den *Trilobiten* wie auch die 2. Antenne die ursprüngliche Spaltfußform; bei den übrigen Crustaceen sind sie als *Mandibeln* und zwei Paare von *Maxillen* besonders differenziert. Die Mandibeln liegen zu den Seiten einer meist helmförmig die Mundöffnung überragenden *Oberlippe*, unter welcher häufig eine kleine als *Unterlippe* unterschiedene, zwei tasterähnliche Lappen (*Paragnathen*) tragende Platte liegt. Sie bilden meist einfache, aber harte, bezahnte Kauplatten (Abb. 568), die morphologisch dem mächtigen Enditen am Stammgliede der Gliedmaßen entsprechen, deren nachfolgende Glieder einen tasterartigen Anhang (*Mandibulartaster*) darstellen. Viel schwächer, aber mit mehreren Laden versehen, erweisen sich die zwei Paare Unterkiefer (*Maxillae*). Sie charakterisieren sich durch das Auftreten von Kaufortsätzen (Enditen) des Stammes, an welchem der Endopodit und Exopodit meist als beinförmige Tasteranhänge oder fächerartige Platten erhalten sind (Abb. 569, 570). Ausnahmsweise (*Calaniden*) kann auch ein Epipodialanhang, der bei den höheren Krebsen erst an den Thoracalfüßen auftritt, vorhanden sein (Abb. 569a).

Die Thoracalfüße gestatten die gleiche Zurückführung auf eine zweiästige Grundform und tragen häufig Epipoditen. Sie können untereinander im wesent-

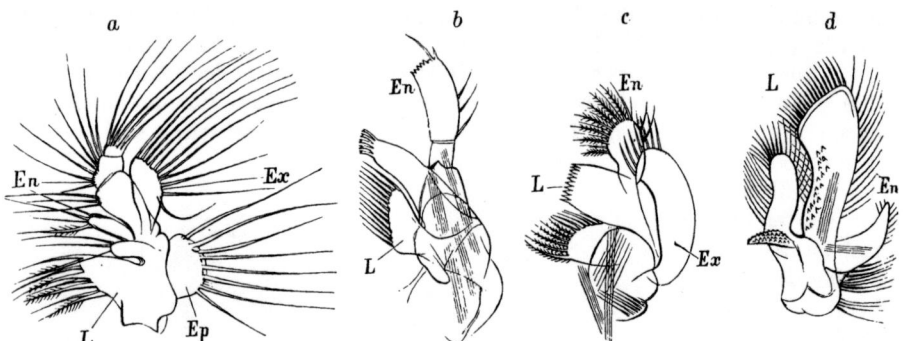

Abb. 569. Maxillen des ersten Paares. a Von *Calanus*, b von *Gammarus*, c von *Euphausia*, d von *Potamobius* (*Astacus*). (c nach CLAUS.) *L* Laden (Endit), *En* Endopodit, *Ep* Epipodialplatte (Epipodit), *Ex* Exopodit.

lichen gleichgestaltet bleiben und dienen dann sämtlich vornehmlich zur Herbeistrudelung der Nahrung und zur Locomotion (*Nebalia*). Nach der besonderen Lebensweise und Bewegungsart bieten sie eine äußerst mannigfache Gestaltung;

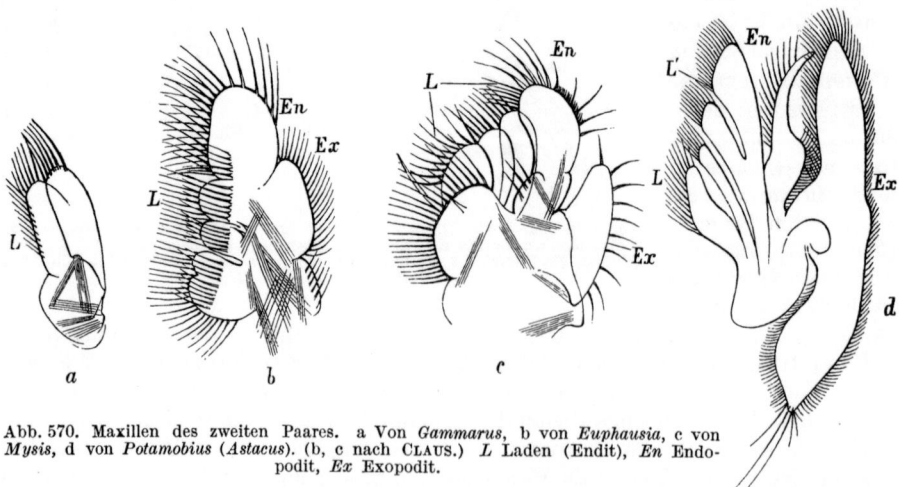

Abb. 570. Maxillen des zweiten Paares. a Von *Gammarus*, b von *Euphausia*, c von *Mysis*, d von *Potamobius* (*Astacus*). (b, c nach CLAUS.) *L* Laden (Endit), *En* Endopodit, *Ex* Exopodit.

sie sind breite, blattförmige Schwimm- und Strudelfüße (*Trilobiten*, *Phyllopoden*) oder zweiästige Ruderfüße (*Copepoden*), sie können als Rankenfüße (*Cirripedien*) zum Einfangen der Beute dienen, oder zum Kriechen, Gehen und Laufen (*Isopoden*, *Decapoden*) eingerichtet sein. Im letzteren Falle endigen einige von ihnen mit Haken oder Scheren. In ihren vorderen Paaren treten sie oft in Beziehung zur Nahrungsaufnahme und sind dann zu dem Munde genäherten, nach vorn gerückten sogenannten Kieferfüßen (*Pedes maxillares*) umgebildet.

Die Gliedmaßen des Hinterleibes (Pleopoden) (Abb. 560) endlich, welcher häufig in toto bewegt wird und zur Unterstützung der Locomotion dient, sind von jenen des Mittelleibes (die *Trilobiten* ausgenommen) verschieden und entweder ausschließlich Locomotionsorgane, Spring- und Schwimmfüße (*Amphipoden, Stomatopoden*), oder sie dienen mit ihren Anhängen zur Respiration, auch wohl zum Tragen der Eier und zur Begattung (*Decapoden*). Zuweilen fehlen Abdominalfüße.

Nicht minder verschieden als die äußere Form und der Körperbau verhält sich die innere Organisation. Von Sinnesorganen sind Komplexaugen am meisten verbreitet und oft in beweglich abgesetzte Seitenteile des Kopfes (*Stielaugen*) hineingerückt.

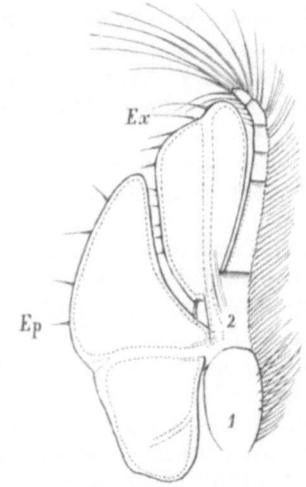

Abb. 571. Brustfuß von *Nebalia bipes*. (Nach CLAUS.) *1, 2* die Glieder des Stammes (Protopodit), in ihrer Verlängerung der Endopodit, *Ex* Exopodit, *Ep* Epipodit.

Der Verdauungskanal erstreckt sich in der Regel in gerader Richtung vom Mund zu dem am hinteren Leibesende gelegenen After. Bei den höheren Formen erweitert sich die Speiseröhre vor dem Mitteldarme in einen mit Chitinplatten ausgestatteten Vormagen. Am Anfange des Mitteldarmes sitzen einfache oder ramifizierte Mitteldarmdrüsenschläuche (Leberschläuche) auf.

Als Harnorgane finden sich Nephridien; zu denselben gehören die an der Basis der hinteren (zweiten) Antenne ausmündende Antennendrüse sowie die dem zweiten Maxillarsegmente angehörige Maxillar- oder Schalendrüse. Es können aber auch am Ende des Mitteldarmes einmündende, den MALPIGHIschen Gefäßen analoge harnabsondernde Schläuche vorkommen (*Brachyuren, Amphipoden*).

Die Kreislauforgane treten in sehr verschiedenen Formen auf, von der größten Einfachheit an bis zur höchsten Komplikation eines reich entwickelten Systems arterieller Gefäße und venöser Blutbahnen. Zuweilen fehlen Kreislauforgane. Ein eigenartiges, vollständig geschlossenes Gefäßsystem tritt bei *Lernanthropus* und anderen parasitischen *Copepoden* auf. Das Blut ist meist farblos, zuweilen bläulich, oder rot gefärbt und enthält in der Regel farblose Blutkörperchen.

Atmungsorgane fehlen entweder völlig oder sind Kiemen am Basalgliede der Brustfüße oder an den Füßen des Abdomens.

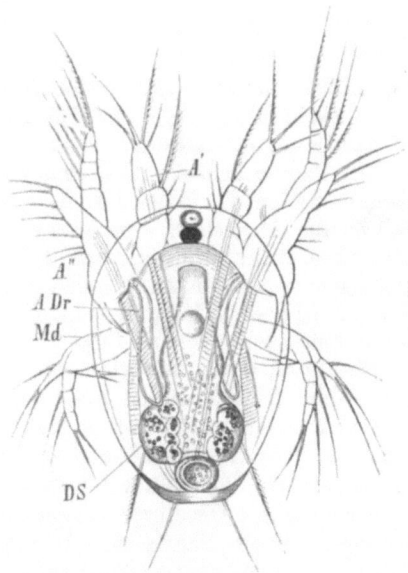

Abb. 572. Nauplius von *Cyclops albidus (tenuicornis)*. (Nach CLAUS.) *ADr* Antennendrüse, *A', A''*, *Md* die drei den Antennen und der Mandibel entsprechenden Gliedmaßenpaare, *DS* Darmaussackungen mit Harnzellen.

Mit Ausnahme der hermaphroditischen Cirripedien und Fischasseln sind die Krebse getrennten Geschlechtes. Männliche und weibliche Geschlechtsorgane münden am Hinterende des Thorax oder an der Basis des Abdomens.

Für die Entwicklung ist (die *Trilobiten* ausgenommen) die als *Nauplius* bekannte Larve (Abb. 572) charakteristisch. Diese Larve zeigt im allgemeinen den Phyllopoden-Habitus; sie besitzt einen ovalen Leib, der am Hinterende mit zwei Borsten (Furcalborsten) ausgestattet ist, und trägt drei Gliedmaßenpaare, welche der ersten und zweiten Antenne sowie den Mandibeln entsprechen und der Tastempfindung, Nahrungsaufnahme und Locomotion dienen. Die vorderen Gliedmaßen, welche zu den ersten Antennen werden, sind stets einästig, die beiden anderen zweiästig und an ihrer Basis mit Kauhaken ausgestattet. Das Nervensystem hängt noch mit dem Ectoderm zusammen. Außer dem Gehirn, dem ein dreiteiliges Medianauge (Naupliusauge) anliegt, ist ein unteres Schlundganglion vorhanden. Die Mundöffnung ist von einer umfangreichen Oberlippe überragt und führt in den terminal am Hinterende mündenden Darm. Als Harnorgan findet sich die Antennendrüse; zuweilen fungieren in gleicher Weise Aussackungen des Darmes. Die folgenden Metameren entstehen vom weiterwachsenden Endabschnitte des Körpers (Aftersegment) aus in der Reihenfolge von vorn nach hinten wie bei Anneliden. Spätere Naupliuszustände mit der Anlage der weiteren Metameren werden als *Metanauplius* unterschieden. Zu dieser Zeit tritt bereits die Schalenanlage sowie die Genitalzelle hervor.

In der Klasse der Crustaceen lassen sich folgende Ordnungen unterscheiden: *Trilobita, Phyllopoda, Ostracoda, Branchiura, Copepoda, Cirripedia* und *Malacostraca*. Die Zusammenfassung der *Phyllopoda, Ostracoda, Branchiura, Copepoda* und *Cirripedia* als *Entomostraca* ist nicht durch nähere Verwandtschaft derselben untereinander begründet und daher nicht aufrecht zu erhalten (GROBBEN).

1. Ordnung. **Trilobita**[1].

Palaeozoische Crustaceen mit Kopfschild, dem ein Antennenpaar und vier spaltfußförmige Extremitätenpaare angehören, einer wechselnden Zahl von freien Thoraxsegmenten und einem Schwanzschild (Pygidium), dem Abdomen. Gliedmaßen des Thorax und Abdomens spaltfußförmig.

Der häufig einrollbare Körper der *Trilobiten* (Abb. 573) wird dorsal von einem dicken Panzer bedeckt und zeigt einen erhöhten Mittelteil (Rhachis) und zwei flachere Seitenteile (Pleurae). Er gliedert sich in einen vorderen halbkreisförmig begrenzten Kopfschild, eine Anzahl scharf abgesetzter Rumpfsegmente (Thorax) und einen schildförmigen, aus der Verschmelzung mehrerer Segmente hervorgegangenen Schwanzschild, das Pygidium (Abdomen). Die Rumpfsegmente, deren Zahl wechselt, für die einzelnen Gattungen aber bestimmt ist, besitzen an ihren Seitenteilen meist flügelförmige Fortsätze. Die Seitenteile (genae) des Kopfschildes, dessen Mittelabschnitt als sogenannte Glabella vorspringt, weisen eine Naht (Gesichtsnaht) auf, vor welcher meist große Komplexaugen sich finden, und ziehen sich oft in sehr lange nach hinten gerichtete Stacheln aus. Auch sind ein dorsales Medianauge und auf der Unterseite des Kopfschildes am Hypostom ein Ventralauge vorhanden.

Außer einer Oberlippe (Hypostoma) finden sich an der Ventralfläche des Kopfschildes ein Paar geringelter Antennen sowie vier Paare Spaltfüße (Kaufüße), die außer einem Basalstück (Coxopodit) mit Kaufortsatz (Endit) einen blattförmigen reich beborsteten Endopodit und einen sechsgliedrigen Exopodit unterscheiden lassen. An den Segmenten des Rumpfes und des Pygidiums sind gleichgestaltete Spaltfüße mit schwächeren Enditen am Basalstück vorhanden, die sich gegen das Hinterende des Körpers zu verjüngen. Das letzte Segment

---

[1] Außer den älteren Werken von BARRANDE, SALTER u. WOODWARD, sowie jüngeren von BEECHER, MATTHEW, RAYMOND, WALCOTT vgl. STORCH, O.: Über Bau und Funktion der Trilobitengliedmaßen. Z. Zool. **125** (1925).

(Telson) ist gliedmaßenlos; auch Furcalanhänge wurden beobachtet (Abb. 574). Als Epipoditen werden borstentragende Anhänge des Stammgliedes angesehen.

Die Trilobiten waren Bewohner des Meeres. Ihre Überreste finden sich in den palaeozoischen Ablagerungen und gehören zu den ältesten tierischen Organismen.

In dem Besitze von fünf Extremitätenpaaren am Kopfe und von Spaltfüßen zeigen die Trilobiten Übereinstimmungen mit den Crustaceen, weisen aber diesen gegenüber in dem Vorhandensein nur einer als Antenne ausgebildeten Kopfgliedmaße und in der primitiven Ausbildung der übrigen Kopfgliedmaßen ur-

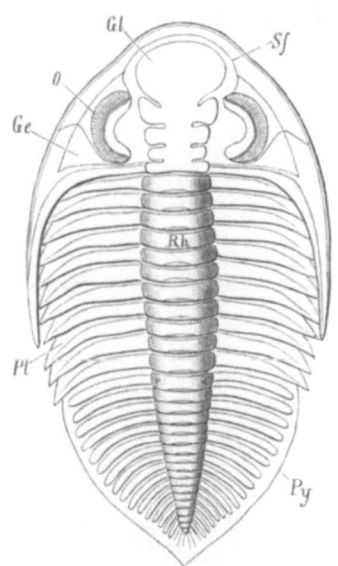

Abb. 573. Diagramm von *Dalmanites*. (Nach PICTET.) *Ge* Wangen (Genae), *Gl* Glabella, *Sf* Gesichtsnaht, *O* Auge, *Rh* Rhachis, *Pl* Pleurae, *Py* Pygidium.

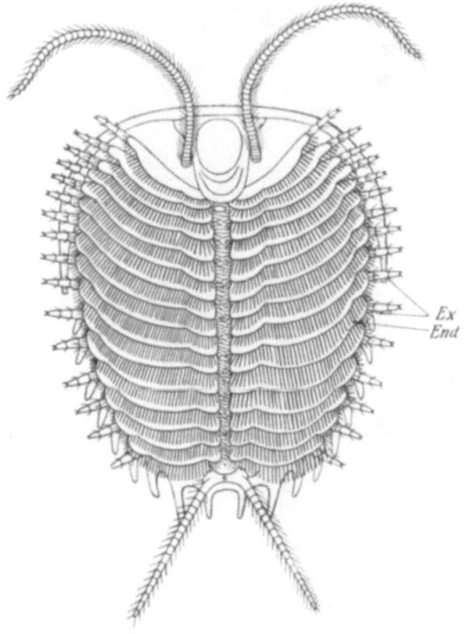

Abb. 574. *Neolenus serratus* aus dem Cambrium. (Nach RAYMOND, mit Abänderungen von STORCH. Original.) *End* Endopodit, *Ex* Exopodit.

sprünglichere Verhältnisse auf. Das Vorkommen eines Naupliuszustandes konnte unter den bekannt gewordenen Jugendstadien nicht festgestellt werden. Die Trilobiten stehen den Phyllopoden am nächsten.

2. Ordnung. Phyllopoda[1], Blattfüßer.

Crustaceen von meist gestrecktem und deutlich gegliedertem Körper, mit oder ohne Schalenduplikatur, mit tasterloser Mandibel und rudimentären Maxillen, mit wenigstens vier, oft mit zahlreichen Paaren von meist blattförmigen, gelappten Brustfüßen.

---

[1] Außer den älteren Werken von O. FR. MÜLLER, JURINE, STRAUS-DÜRKHEIM, SCHÄFFER vgl. ZADDACH: De Apodis cancriformis anatome et historia evolutionis. Bonnae 1841. — GRUBE, E.: Bemerkungen über die Phyllopoden. Arch. f. Naturg. 1853 u. 1855. — LEYDIG, FR.: Naturgeschichte der Daphniden. Tübingen 1860. — MÜLLER, P. E.: Bidrag til Cladocerernes Fortplantning-historie. Kjöbenhavn 1868. — CLAUS, C.: Zur Kenntnis des Baues und der Entwicklung von *Branchipus* und *Apus*. Abh. Ges. d. Wiss. Göttingen 1873. — Zur Kenntnis der Organisation und des feineren Baues der Daphniden. Z. Zool. 27 (1876). — Zur Kenntnis des Baues und der Organisation der Polyphemiden. Denkschr. Akad. Wien 1877. — Untersuchungen über die Organisation und Entwicklung von *Branchipus* und *Artemia*. Arb. zool. Inst. Wien 6 (1886). — GROBBEN, C.: Die Embryonalentwicklung von *Moina rectirostris*. Ebenda 2 (1879). — WEISMANN, A.: Beiträge zur Naturgeschichte der Daphnoiden. Z. Zool. 1876—1880. — PACKARD, A. S.: A monograph

Crustaceen von geringer Körpergröße, welche in der Bildung ihrer blattförmigen, gelappten Beine übereinstimmen, in der Zahl der Leibessegmente und Extremitäten mannigfach abweichen. Nach ihrer Organisation und Entwicklung scheinen die *Phyllopoden* als die am wenigsten veränderten Abkömmlinge alter Typen betrachtet werden zu können.

Der Körper der reicher gegliederten *Euphyllopoda* ist zumeist zylindrisch, langgestreckt und deutlich segmentiert und wird bei *Apus* zum größten Teile

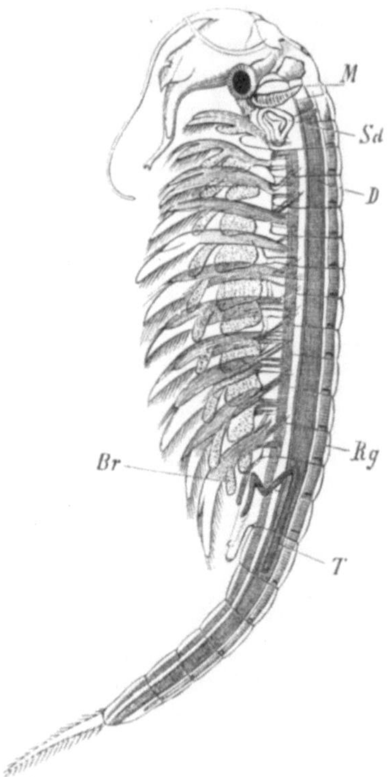

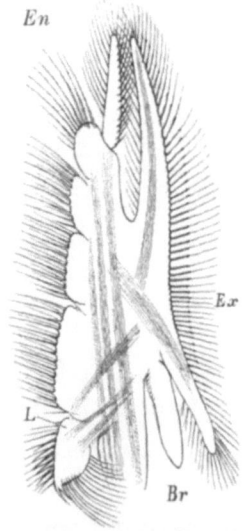

Abb. 575. Männchen von *Branchipus schaefferi* (*stagnalis*). (Nach CLAUS.) *Br* Kiemenanhang, *D* Darm, *M* Mandibel, *Rg* Herz, *Sd* Schalendrüse, *T* Hoden. $^7/_1$

Abb. 576. Brustfuß von *Cyzicus* (*Estheria*). Die beiden Stammglieder mit dem Enditen (*L*), *En* gelappter Endopodit, *Ex* Exopodit, *Br* Branchialsäckchen (Epipodit).

von einer breiten flachen Schale bedeckt (Abb. 578), die in den schildförmigen Vorderrand des Kopfes übergeht, während *Branchipus* der Schale entbehrt (Abb. 575). Bei den *Limnadiiden* (Abb. 567) ist der Körper seitlich kompreß und samt dem Kopfe von einer zweiklappigen, durch einen Schalenmuskel schließbaren

---

of the Phyllopod Crustacea of North America. 12. Ann. Rep. U. S. Geol. a. Geogr. Survey. Washington 1884. — SARS, G. O.: Fauna Norvegiae. I. Phyllocarida and Phyllopoda. Christiania 1896. — MILTZ, O.: Das Auge der Polyphemiden. Bibliotheca zoologica 28. Stuttgart 1899. — SAMTER, M.: Studien zur Entwicklungsgeschichte der *Leptodora hyalina*. Z. Zool. 68 (1900). — LILLJEBORG, W.: Cladocera Sueciae. Nova acta Soc. Sci. Upsala 1900. — NOWIKOFF, M.: Untersuchungen über den Bau der *Limnadia lenticularis*. Z. Zool. 78 (1905). — DADAY, E.: Monographie systématique des Phyllopodes Anostracés. Ann. des Sci. natur. 1910. — Monographie systématique des Phyllopodes Conchostracés. Ebenda 1915, 1923 u. 1925. — KÜHN, A.: Die Sonderung der Keimesbezirke in der Entwicklung der Sommereier von *Polyphemus pediculus*. Zool. Jb. 35 (1912). — VOLLMER, C.: Zur Entwicklung der Cladoceren aus dem Dauerei. Z. Zool. 102 (1912). — CANNON, H. GR.: On the Development of an Estherid Crustacean. Philosophic. Trans. roy. Soc. London 212 (1924). — STORCH. O.: Morphologie und Physiologie des Fangapparates der Daphniden. Erg. Zool. 6 (1924). — Der Phyllopoden-Fangapparat. Internat. Rev. d. Hydrobiol. 12, 13 (1925). — Vgl. außerdem die Schriften von KOZUBOWSKI, F. BRAUER, RICHARD, ISHIKAWA, RAY LANKESTER, A. BRAUER, BERNARD, CUNNINGTON, STINGELIN, SUDLER, V. ZOGRAF, WOLFF, EKMAN, WOLTERECK, WESENBERG-LUND u. a.

Schale umschlossen. Der Rumpf der *Cladoceren* (Abb. 577) baut sich aus wenigen (vier bis sechs) Metameren auf und trägt eine zweiklappige Schale, aus welcher der Vorderteil des Kopfes hervorragt. Zuweilen setzt sich der Kopf schärfer ab, während Thorax und Abdomen nicht immer scharf abzugrenzen sind. Meist bleiben die hinteren Segmente gliedmaßenlos. Der Hinterleib endet mit zwei flossenförmigen (*Branchipodidae*) oder fadenförmigen (*Apodidae*) Furcalgliedern, bei den *Limnadiiden* und *Cladoceren* mit einem ventralwärts nach vorne umgebogenen, in zwei Blätter gespaltenen Abschnitt, welcher an der Spitze zwei nach hinten gerichtete Krallen trägt.

Am Kopfe finden wir zwei Antennenpaare; die vorderen bleiben klein und sind Träger von Geruchsborsten, die hinteren sind häufig große zweiästige Ruderarme, können aber auch beim Männchen Greiforgane sein (*Branchipus*), in anderen Fällen (*Apus*) sind sie rudimentär. Von Mundwerkzeugen unterscheidet man überall unterhalb der ansehnlichen Oberlippe zwei breite tasterlose Mandibeln mit bezahnter Kaufläche, denen noch ein (*Cladocera*) oder zwei (*Euphyllopoda*) Paare von schwachen Maxillen folgen. Letztere sind

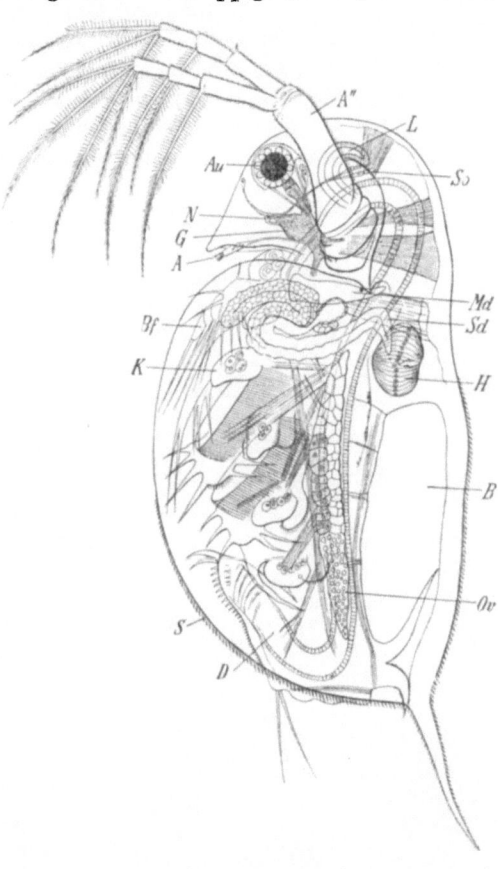

Abb. 577. Weibliche *Daphnia*. (Nach CLAUS, verändert und ergänzt.) Etwa $^{26}/_1$. *A* erste, *A''* zweite Antenne, *B* Brutraum, *Bf* erster Brustfuß, *K* Kiemensäckchen, *Md* Mandibel, *S* Schale, *G* Cerebralganglion, *N* Naupliusauge, *Au* zusammengesetztes Stirnauge, *So* Scheitelsinnesorgan, *D* Darm, *L* Mitteldarmdrüsenschläuche, *Sd* Schalendrüse, *H* Herz, *Ov* Ovarium.

einfache Ladenplatten. Die Beinpaare des Rumpfes verjüngen sich nach dem hinteren Körperende zu. Sie sind blattförmige Schwimmfüße (Abb. 576) und dienen zugleich oder fast ausschließlich durch Strudelung als Hilfswerkzeuge der Nahrungsaufnahme (s. S. 125). Auf den kurzen, meist mit einem Kieferfortsatze versehenen Basalabschnitt folgt ein langer blattförmiger Stamm mit Borsten am Innenrand. Er setzt sich direkt in den Endopoditen fort und trägt an seiner Außenseite den borstenrandigen Exopodit sowie nahe seiner Basis ein schlauchförmiges Kiemensäckchen. Indessen können die vorderen, ja sämtliche Beinpaare Greiffüße sein (Abb. 579, 580) und auch der Kiemenanhänge entbehren. Als eine bei *Apus* auftretende Eigentümlichkeit ist hervorzuheben, daß vom 12. Rumpfsegmente angefangen den nachfolgenden fuß-

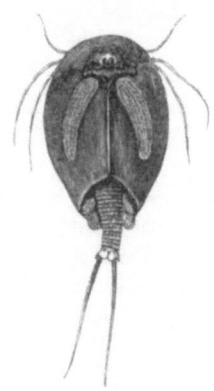

Abb. 578. *Apus cancriformis*. $^1/_1$

tragenden Segmenten eine größere, nach hinten sich steigernde Zahl von Gliedmaßen zukommt (Polypodie).

Das Nervensystem besteht aus dem Cerebralganglion und einer meist strickleiterförmigen Bauchganglienkette. Von Sinnesorganen finden sich neben dem Naupliusauge ein Paar zusammengesetzter Augen mit glatter Cornea, welche entweder seitlich liegen und gestielt sind (*Branchipus*) oder in der Medianebene genähert, selbst zu einer einzigen Augenkugel verschmolzen, von einer Hautduplikatur überwachsen in der Tiefe liegen und durch besondere Muskeln bewegt werden können. An dem Naupliusauge liegt das sogenannte mediale Frontalorgan; ein zweites paariges Frontalorgan findet sich in der Stirngegend (*Euphyllopoden*) oder an den Seiten des Kopfes (Scheitelsinnesorgan der *Cladoceren*).

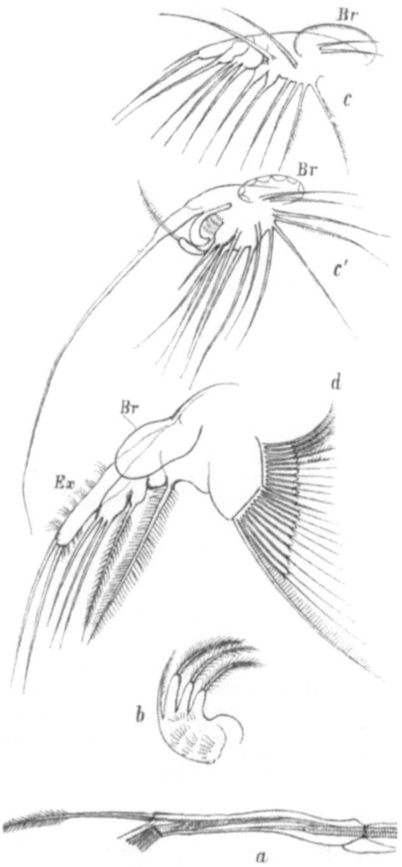

Die von einer großen Oberlippe überdeckte Mundöffnung führt in einen bogenförmig aufsteigenden Oesophagus, einen meist geraden Mitteldarm und kurzen Enddarm (Abb. 577). Am Anfang des Mitteldarmes münden zwei einfache oder verästelte Mitteldarmdrüsenschläuche. Die Kreislauforgane beschränken sich auf ein Herz, das als sogenanntes gekammertes Rückengefäß bei *Branchipus* sich durch alle Rumpfsegmente erstreckt (Abb. 575), bei *Limnadiiden* auf die vorderen Brustsegmente beschränkt, bei den *Cladoceren* zu einem sackförmigen Herzen mit nur einem Spaltenpaare reduziert ist (Abbild. 577). Als Excretionsorgan tritt die am 2. Maxillarsegmente ausmündende, in die Schale eingelagerte sogenannte Schalendrüse auf. Zur Respiration dienen die Kiemensäckchen und die durch die Schalenduplikatur sowie durch die blattförmigen Schwimmfüße sehr vergrößerte Oberfläche des Körpers. Ein verbreitetes Organ ist das an der Dorsalseite des Kopfes auftretende Nackenorgan, mittels dessen sich manche Formen festheften können.

Abb. 579. a Erste Antenne des Männchens von *Daphnia*. b Maxille. c Erster Thoraxfuß des Weibchens, c' des Männchens. d Zweiter Thoraxfuß, Br Branchialsäckchen, Ex Exopodit. (Nach CLAUS.)

Die Phyllopoden sind getrennten Geschlechts; einige *Apodiden* sollen hermaphroditisch sein. Die Männchen unterscheiden sich von den Weibchen durch größere und mit Riechhaaren reicher besetzte vordere Antennen. Bei *Branchipus* sind die hinteren Antennen des Männchens zu Greifwerkzeugen umgebildet; bei *Limnadiiden* und *Cladoceren* tragen die vorderen Thoraxextremitäten Greifhaken (Abb. 579 c').

Im allgemeinen treten die Männchen minder häufig und in der Regel nur zu bestimmten Zeiten auf. Die Weibchen der *Cladoceren* vermögen parthenogenetisch sich entwickelnde Eier abzulegen, bei *Artemia*, *Apus* ist Parthenogenese Regel; dies scheint auch bei *Limnadia lenticularis* der Fall zu sein. Die Genitaldrüsen sind paarig und münden an der Grenze von Thorax und Abdomen, bei den *Clado-*

ceren die Ductus deferentes ventral oder am hinteren Körperende, die Oviducte dorsal in den Schalenraum. Vorstülpbare Begattungsorgane besitzt *Branchipus*. Die Eientwicklung geschieht mittels Einährzellen (vgl. S. 270, Abb. 249 und 577).

Die Weibchen tragen die Eier entweder in einer taschenförmigen, mit Drüsen versehenen Erweiterung der vereinigten Oviducte, die eine sackförmige Auftreibung der Genitalsegmente hervorruft (*Branchipodidae*), oder zwischen den Schalen an fadenförmigen Anhängen (*Limnadiidae*) oder in schalenartigen (*Apus*) Teilen bestimmter (bei *Limnadiiden* 10., 11., bei *Apus* 11.) Beinpaare, oder wie bei den *Cladoceren* in dem durch Schale und Körper begrenzten dorsalen Brutraum, der nach hinten durch mehrere von der Rückenseite des Rumpfes ausgehende Höcker abgeschlossen ist.

Die ausschlüpfenden Jungen besitzen entweder bereits die Form des ausgewachsenen Geschlechtstieres (*Cladocera*), oder durchlaufen eine Metamorphose, indem sie als Naupliuslarven die Eihülle verlassen (*Euphyllopoda*). Die Phyllopoden bewohnen zum kleineren Teile das Meer, leben vielmehr vorzugsweise in stehenden Süßwasserlachen, einzelne auch in Salzlachen und sind über alle Weltteile verbreitet.

1. Unterordnung. *Euphyllopoda*. Phyllopoden mit reich segmentiertem Körper, meist mit Schale. Mit zwei Maxillenpaaren und 10—30 und mehr Paaren blattförmiger Brustfüße.

Die Euphyllopoden weisen drei sehr verschieden aussehende Typen auf. Sie gehören fast durchweg den Binnengewässern an und leben vornehmlich in Süßwasserlachen, nach deren Austrocknung die im Schlamme eingetrockneten Eier entwicklungsfähig bleiben.

Fam. *Branchipodidae* (*Anostraca*). Körper langgestreckt, ohne Schale. Meist mit elf Thoracalfußpaaren und fußlosem acht- bis neungliedrigem Abdomen; Furcalplatten flossenförmig. Kopf scharf abgesetzt mit gestielten Seitenaugen. *Branchipus schaefferi* FISCH. (*stagnalis* AUT.) (Abb. 575). *Streptocephalus torvicornis* WAGA. *Chirocephalus diaphanus* PRÉV. Europa. *Artemia salina* L., in Salzlachen. Weit verbreitet. *Polyartemia forcipata* S. FISCH. Mit 19 Thoracalfußpaaren und achtgliedrigem fußlosem Abdomen. In Süßwasserlachen. Arktisch.

Fam. *Apodidae* (*Notostraca*). Körper von einer flachen Schale bedeckt, die sich in den schildförmigen Vorderrand des Kopfes fortsetzt. Die zusammengesetzten Augen der Mitte genähert und von einer Hautduplikatur überwachsen. Hintere Antennen rudimentär. Dreißig und mehr Beinpaare, von denen das vorderste in drei lange Geißeln ausläuft. Furcalanhänge fadenförmig. *Apus* (*Triops*) *cancriformis* BOSC. (Abb. 578). *Lepidurus apus* L. (*productus* BOSC.). Europa.

Fam. *Limnadiidae* (*Conchostraca*). Körper seitlich kompreß, von einer zweiklappigen Schale vollständig umschlossen. Kopf am Scheitel durch eine Incisur gesondert (Abb. 567). Die zusammengesetzten Augen in der Mittellinie zusammengerückt und von einer Hautduplikatur überwachsen. Die hinteren Antennen sind zweiästige Ruder. Hinterleibsende in zwei mit Haken versehene Blätter ausgehend. *Cyzicus* (*Estheria*) *tetracerus* KRYN. Europa. *Leptestheria dahalacensis* RÜPP. *Eoleptestheria ticinensis* CRIV. *Limnadia lenticularis* L. Kopf mit dorsalem kolbenförmigem Anhang. Europa. *Lynceus* (*Limnetis*) *brachyurus* MÜLL. Zweite Maxille rudimentär. Europa.

2. Unterordnung. *Cladocera*, Wasserflöhe. Kleine, seitlich kompresse Phyllopoden, deren Körper sich nur aus wenigen Segmenten aufbaut und bis auf den frei hervorstehenden Kopf meist von einer zweiklappigen Schale umschlossen wird. Hintere Antennen als Ruderarme ausgebildet. Zweite Maxille rückgebildet. Am Rumpfe vier bis sechs Paare von Blatt- oder Greiffüßen. Kiemensäckchen fehlen zuweilen.

Die Cladoceren lassen sich von Estherialarven mit sechs Beinpaaren ableiten (vgl. Abb. 567). Die kleineren Männchen erscheinen entweder erst im Herbst oder bei vielen Arten mehrmals im Jahr. Solange die Männchen fehlen, also gewöhnlich im Frühjahr und Sommer, produzieren die Weibchen sogenannte Sommereier (Subitaneier), die mit Dotterschollen und Ölkugeln erfüllt und von zarter Dotter-

586   Metazoa.

hülle umgeben, parthenogenetisch im Brutraume zwischen Schale und Rückenfläche des Muttertieres rasch zur Entwicklung gelangen. In anderen Fällen sind die Sommereier dotterarm; dann findet eine Ausscheidung von Eiweiß zur Ernährung der Embryonen in den Brutraum hinein statt (*Moina, Onychopoda*).

Zur Zeit, in welcher die Männchen auftreten, produzieren die Weibchen unabhängig von der Begattung sogenannte Dauer- oder Wintereier, die sich erst nach erfolgter Befruchtung entwickeln und ein Dauerstadium in der Entwicklung be-

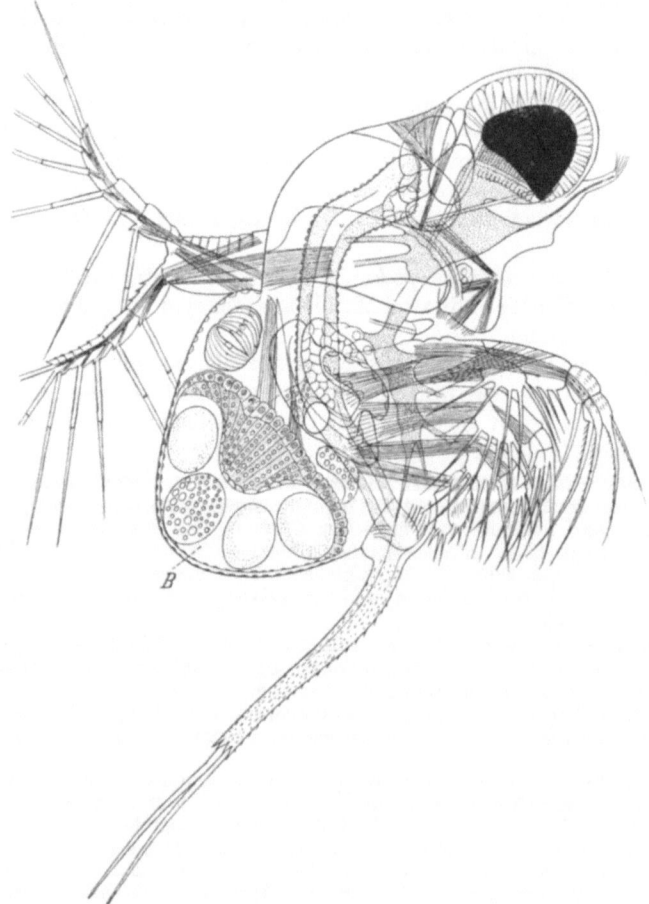

Abb. 580. *Polyphemus pediculus*. (Nach CLAUS.) Etwa $^{100}/_1$. *B* Brutraum (Schalenraum) mit Eiern.

sitzen. Die Zahl der hartschaligen Dauereier ist immer eine relativ geringe; dafür aber sind sie durch bedeutenderen Umfang und reicheren Nahrungsdotter von den Sommereiern unterschieden. Die Dauereier werden in einigen Fällen frei ins Wasser abgeworfen (*Sida* u. a.), in anderen Fällen in ein sogenanntes Ephippium eingeschlossen, eine zur Zeit der Dauereierbildung sich entwickelnde Verdickung der Rückenhaut der Schale mit Luftzellen; das Ephippium wird mit den Wintereiern bei einer Häutung abgestoßen und bildet einen Schwimmapparat.

Die Cladoceren leben großenteils im süßen Wasser, einzelne Arten auch in tiefen Landseen, im Brackwasser und im Meere. Sie schwimmen hurtig und meist stoßweise in Sprüngen. Einige legen sich mittels der Nackendrüse an.

1. Tribus. *Ctenopoda*. Mit sechs blattähnlichen Fußpaaren.

Fam. *Sididae*. Ruderantennen groß mit zahlreichen Borsten. Herz langgestreckt. *Sida crystallina* MÜLL. Der große Kopf mit umfangreichem Haftorgan. In klaren Wässern. Europa. *Latona setifera* MÜLL. Mittel- und Nordeuropa. Hier schließt sich an *Holopedium gibberum* ZADD. Das Tier in einer großen klebrigen Hülle eingeschlossen. Europa, Nordamerika.

2. Tribus. *Anomopoda*. Mit fünf bis sechs Brustfußpaaren von verschiedenem Bau, die zwei vorderen Greiffüße.

Fam. *Daphniidae*. Mit fünf Fußpaaren. Vorderantennen des Weibchens klein, nicht oder kaum beweglich (Abb. 577, 579). *Daphnia magna* STRAUS, *D. pulex* GEER, *D. longispina* MÜLL., *Scapholeberis mucronata* MÜLL., *Simocephalus vetulus* MÜLL., *Ceriodaphnia quadrangula* MÜLL., *Moina rectirostris* LEYDIG, *M. brachiata* JUR. Europa.

Fam. *Bosminidae*. Körper kurz, vordere Antennen lang, gebogen, mit Spuren von Gliederung, mit Reihen von Borsten besetzt. *Bosmina longirostris* MÜLL. Weit verbreitet. Hier schließen sich an *Iliocryptus acutifrons* O. SARS, *Macrothrix laticornis* JUR.

Fam. *Chydoridae*. Kopf mit seitlichem, stark vorspringendem Dache. Schale groß. Hintere Antenne schwach. Mit fünf bis sechs Fußpaaren, die vorderen ohne Kiemenanhänge. Darm mit Schlinge. Leben meist am Boden. *Eurycercus lamellatus* MÜLL. Mit sechs Beinpaaren. *Alona quadrangularis* MÜLL., *Peracantha truncata* MÜLL., *Pleuroxus trigonellus* MÜLL., *Chydorus sphaericus* MÜLL. Kosmopolit.

3. Tribus. *Onychopoda*. Mit vier Paaren von Greiffüßen. Die zu einem Brutraum reduzierte Schale umschließt nicht den Körper.

Fam. *Polyphemidae*. Kopf mit großem Komplexauge. Hinterleib oft in einen langen Stil ausgezogen. Kiemen fehlen. *Polyphemus pediculus* L. (Abb. 580), *Bythotrephes longimanus* LEYDIG, in Landseen der Schweiz, Österreichs, Skandinaviens. *Podon intermedius* LILLJ., Nordsee. *Evadne nordmanni* LOV. Nordsee, Atlant. Ozean, Mittelmeer.

4. Tribus. *Haplopoda*. Mit sechs fast cylindrischen Brustfüßen ohne Außenast und Kieme.

Fam. *Leptodoridae*. Abdomen sehr langgestreckt, cylindrisch. Kopf abgesetzt. Weibchen mit kleiner Schale, welche den Brutraum deckt. *Leptodora kindti* FOCKE (*hyalina* LILLJ.). In Landseen Europas.

3. Ordnung. Ostracoda, Muschelkrebse[1].

Kleine, meist seitlich kompresse Crustaceen, mit zweiklappiger, den ganzen Körper umschließender Schale und sieben, als Fühler, Kiefer, Kriech- und Schwimmbeine fungierenden Gliedmaßenpaaren, mit beinförmigem Mandibulartaster und ventral gekrümmter Furca.

Der Leib dieser kleinen Crustaceen entbehrt der Gliederung und liegt vollständig in einer zweiklappigen Schale eingeschlossen, deren Ähnlichkeit mit Muschelschalen zu dem Namen „Muschelkrebse" Anlaß gegeben hat (Abb. 581). Die Schale ist glatt oder mit leistenartigen oder dornförmigen Fortsätzen versehen und häufig mit Borsten, bei einigen *Cyprididen* sowie den *Halocyprididen* sehr

---

[1] Außer STRAUS-DÜRKHEIM, FISCHER, LILLJEBORG, BAIRD, GARBINI, JENSEN, WOLTERECK, FASSBINDER, SKOGSBERG u. a. vgl. ZENKER, W.: Monographie der Ostracoden. Arch. f. Naturg. **20** (1854). — SARS, G. O.: Oversigt af Norges marine Ostracoder. Vid. Selsk. Forh. Christiania **1865**. — An account of the Crustacea of Norway. IX. Ostracoda. Bergen 1922—1928. — CLAUS, C.: Beiträge zur Kenntnis der Ostracoden. Marburg 1868. — Die Halocypriden der atlantischen Ozeans und Mittelmeeres. Wien 1891. — Beiträge zur Kenntnis der Süßwasserostracoden. Arb. zool. Inst. Wien **10** (1893); **11** (1895). — BRADY, G. S.: A Monograph of the recent British Ostracoda. Trans. Linn. Soc. London **26** (1868). — Ostracoda. Challenger-Rep. **1** (1880). — NORDQVIST, O.: Beitrag zur Kenntnis der inneren männlichen Geschlechtsorgane der Cypriden. Acta Soc. Sc. fenn. **15**. Helsingfors 1885. — KAUFMANN, A.: Beiträge zur Kenntnis der Cytheriden. Rec. zool. Suisse **3** (1886). — MÜLLER, G. W.: Die Ostracoden des Golfes von Neapel. Fauna u. Flora Golf Neapel **21** (1894). — Deutschlands Süßwasserostracoden. Bibliotheca zoologica **1900**. — Ostracoda. Wiss. Ergebn. dtsche Tiefsee-Exp. 8 (1906). — Ostracoda. Tierreich **31** (1912). — RAMSCH, A.: Die weiblichen Geschlechtsorgane von *Cypridina mediterranea*. Arb. zool. Inst. Wien **16** (1906). — LÜDERS, L.: *Gigantocypris Agassizii*. Z. Zool. **1909**. — BERGOLD, A.: Beiträge zur Kenntnis des inneren Baues der Süßwasserostracoden. Zool. Jb. **30** (1910). — MÜLLER-CALÉ, C.: Über die Entwicklung von *Cypris incongruens*. Ebenda **36** (1913). — STORCH, O.: Über den Fangapparat eines Ostracoden. Verh. dtsch. zool. Ges. **1926**.

reich mit Drüsen ausgestattet. Beide oft etwas asymmetrisch entwickelten Schalenhälften stoßen längs der Mittellinie des Rückens zusammen und sind hier durch ein elastisches Ligament miteinander verbunden; auch kann durch eine Schloßbildung eine festere Verbindung hergestellt sein. Dem Bande entgegengesetzt wirkt ein zweiköpfiger Schließmuskel, dessen Ansatzstellen an beiden Schalen charakteristische Muskeleindrücke bilden. An beiden Enden und längs der ventralen Seite sind die Ränder der Schalenklappen frei, bei den marinen *Cypridiniden* und *Halocyprididen* findet sich vorn eine tiefe Incisur zum Hervortreten der Antennen (Abb. 582). Beim Öffnen der Schalenklappen werden an der Bauchseite mehrere beinartige Gliedmaßenpaare vorgestreckt, die den Körper kriechend oder schwimmend im Wasser fortbewegen. Ebenso tritt das kurze Abdomen hervor, welches entweder mit zwei Furcalgliedern (*Cypris* und *Cythere*), oder mit einer aus Verschmelzung dieser entstandenen, am Hinterrande mit Haken bewaffneten Platte endet.

Am vorderen Abschnitte des Körpers entspringen die beiden Antennenpaare, die ihrer Verwendung nach zugleich Fühler und Kriech- oder Schwimmbeine sind.

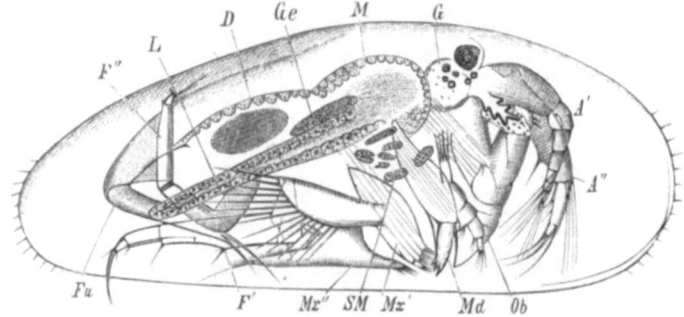

Abb. 581. Noch nicht geschlechtsreifes *Cypris*-Weibchen nach Entfernung der rechten Schalenklappe. (Nach CLAUS.) 90/1. *A'*, *A''* Die erste und zweite Antenne, *Ob* Oberlippe, *Md* Mandibel, *Mx'*, *Mx''* erste und zweite Maxille, *F'* Kriechfuß, *F''* Putzfuß, *Fu* Furca, *G* Gehirnganglion mit dem unpaaren Auge, vor demselben die Antennendrüse, *SM* Schalenmuskel, *M* Magen, *D* Darm, *L* Leberschlauch, *Ge* Genitalanlage.

Das vordere Paar ist einästig und trägt bei den *Cypridiniden* und *Halocyprididen* große Spürfäden. Die Antennen des zweiten Paares sind das wichtigste Bewegungsorgan. Sie sind bei *Cyprididen* und *Cytheriden* einästig, beinartig und enden mit kräftigen Hakenborsten, mit deren Hilfe sich die Tiere an fremde Gegenstände anklammern und gleichsam vor Anker legen. Bei den ausschließlich marinen *Cypridiniden* und *Halocyprididen* aber ist dieses Gliedmaßenpaar ein zweiästiger Schwimmfuß, an welchen sich auf breiter, triangulärer Basalplatte ein vielgliedriger, mit langen Schwimmborsten besetzter Hauptast und ein rudimentärer, im männlichen Geschlecht stärkerer und mit einem Greifhaken bewaffneter Nebenast anheften.

Zu Seiten der Mundöffnung liegen unterhalb einer ansehnlichen Oberlippe zwei kräftige Mandibeln mit drei- oder viergliedrigem, beinartig verlängertem Taster (Abb. 568 b). Nur ausnahmsweise (*Paradoxostoma*) werden die Mandibeln zu stilettförmigen Stechwaffen und rücken in einem von Ober- und Unterlippe gebildeten Saugrüssel hinein.

Die folgenden ersten Maxillen sind durch vorwiegende Entwicklung ihres Ladenteiles und Reduction des Tasters ausgezeichnet. Bei den *Cyprididen* und *Cytheriden* trägt ihr basaler Abschnitt eine große fächerförmige, mit Borsten besetzte Platte, die durch ihre Schwingungen die Atmung begünstigt und morphologisch dem Exopoditen entspricht. Auch an den beiden nachfolgenden Gliedmaßen (des fünften und sechsten Paares), welche bald zu Kiefern, bald zu Beinen umgestaltet sind, kann diese Fächerplatte wiederkehren.

Die Gliedmaße des sechsten Paares ist meist zu einem langgestreckten mehrgliedrigen Kriech- und Klammerfuß geworden, der bei den *Halocypriden* eine große Fächerplatte trägt. Die Gliedmaße des siebenten Paares erscheint überall beinförmig verlängert, entweder wie die vorausgehende gebildet, oder dorsalwärts emporgerückt, aufwärts gebogen und neben einer kurzen Klaue mit quer abstehenden Endborsten besetzt. Sie dient in letzterem Falle ebenso wie der dem siebenten Gliedmaßenpaare entsprechende lange zylindrische Anhang der *Cypridiniden* als Putzfuß zur Reinhaltung der inneren Schalenhaut.

Das Nervensystem besteht aus einem zweilappigen Gehirnganglion und einer Bauchkette mit dichtgedrängten Ganglienpaaren, von denen die beiden vorderen, welche die Mandibeln und Maxillen versorgen, zu einer umfangreichen unteren Schlundganglienmasse verschmolzen sind. Von Sinnesorganen finden sich außer den schon erwähnten Spürfäden meist ein Frontalorgan und ein dreiteiliges Medianauge oder (*Cypridiniden*) neben diesem zwei größere zusammengesetzte, halbkugelige und bewegliche Seitenaugen (Abb. 582). Die

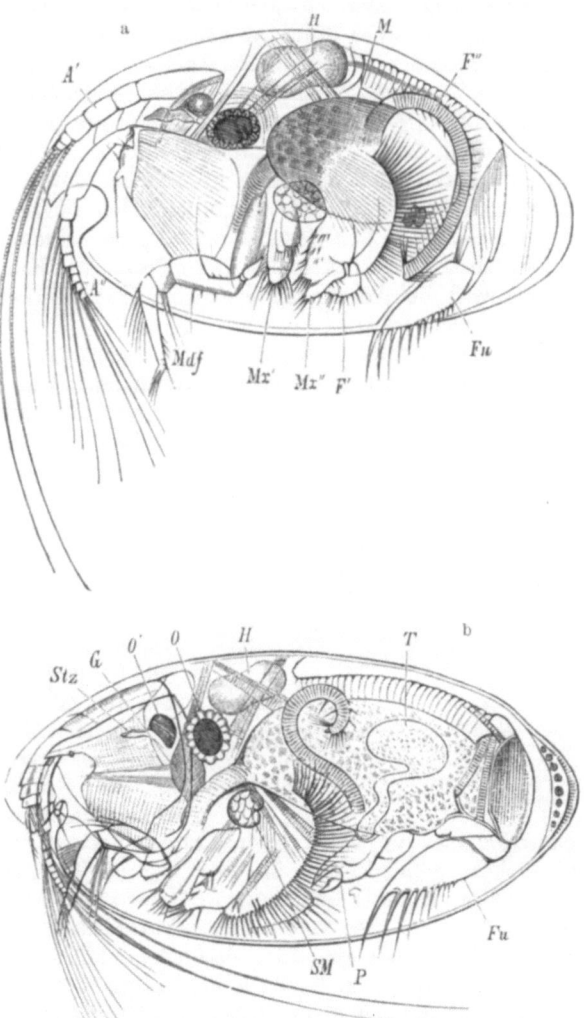

Abb. 582. *Cypridina mediterranea*. a Weibchen $20/_1$, b Männchen $30/_1$. (Nach CLAUS.) *M* Magen, *H* Herz, *SM* Schalenmuskel, *O* paariges Auge, *O'* unpaariges Auge, *G* Gehirn, *Stz* Frontalorgan, *T* Hoden, *P* Begattungsorgan, *A'*, *A''* die beiden Antennen, *Mdf* Mandibularfuß, *Mx'*, *Mx''* die beiden Maxillen, *F'*, *F''* die beiden Fußpaare, *Fu* Furcalplatte.

Halocypriden sind augenlos. In diesen beiden Familien tritt das frontale Sinnesorgan als stabförmiger Stirnzapfen auf.

Der weite, bei den *Cypriden* mit gezähnten Seitenleisten bewaffnete Mund führt meist in ein durch die Ober- und Unterlippe begrenztes Atrium und dieses in eine enge Speiseröhre mit einem kolbig erweiterten, als Vormagen bezeichneten Abschnitt, auf welchen der weite Magendarm mit zwei langen seitlichen, zwischen die Schalenlamellen hineinreichenden Mitteldarmdrüsenschläuchen folgt (Abb. 583). In den übrigen Familien verhält sich der Darm einfacher; ein Vormagen kommt auch den *Cytheriden* zu, und wenn zwei Mitteldarmdrüsen vorhanden sind (*Halocyprididen*), bleiben sie kurze Säcke, welche nicht in die Schalenduplikatur eintreten. Der After mündet an der Basis des Hinterleibes. Bei *Halocyprididen* scheint der Enddarm rückgebildet. Von besonderen Drüsen ist bei *Cythere* das Vorhandensein eines kolbig erweiterten Drüsenschlauches zu erwähnen, dessen Ausführungsgang in einen stachelähnlichen Anhang der hinteren Antennen mündet. Ein sackförmiges, von zwei seitlichen Ostien durchbrochenes Herz findet sich bei den *Cyprididen* und *Halocyprididen* dorsal, da, wo die Schale mit dem Tiere zusammenhängt. Zur *Respiration* dient vornehmlich die Oberfläche der zarten inneren Schalenlamelle, an welcher durch die Schwingungen der fächerförmigen Atemplatten eine ununterbrochene Wasserströmung unterhalten wird. Kiemen fehlen an den Gliedmaßen; dagegen findet sich bei *Asterope* in der Nähe des Putzfußes am Rücken eine Doppelreihe von Kiemenblättern. Als Exkretionsorgane sind die Antennendrüse (Abb. 581) sowie auch die Kieferdrüse (Schalendrüse) nachgewiesen.

Die Geschlechter sind durchweg getrennt und durch nicht unmerkliche Differenzen des gesamten Baues unterschieden. Die Männchen besitzen, von der stärkeren Entwicklung der Sinnesorgane abgesehen, an verschiedenen Gliedmaßen, an der zweiten Antenne (*Cypridina*) oder an der zweiten Maxille (*Cypris*), zum Festhalten des Weibchens dienende Einrichtungen oder auch zugleich ein vergrößertes Beinpaar (*Halocyprididen*). Häufig ist auch die Schalenform in beiden Geschlechtern verschieden. Dazu kommt überall ein umfangreiches, oft sehr kompliziert gebautes Copulationsorgan, das auf ein umgestaltetes Gliedmaßenpaar zurückzuführen sein dürfte. Für den männlichen Geschlechtsapparat, der jederseits aus einem kugeligen oder (*Cyprididae*) mehreren langgestreckten und dann in die Schalenduplikatur hineinragenden Hodenschläuchen, den Samenleitern mit

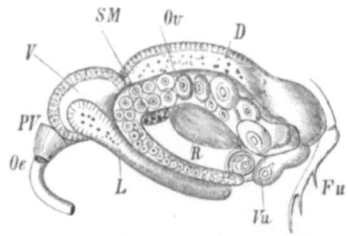

Abb. 583. Darm und Geschlechtsorgane einer weiblichen *Cypris*. (Nach W. ZENKER.) *Fu* Furca, *Oe* Speiseröhre, *PV* Vormagen, *V* Magen, *D* Darm, *L* Leber, *Ov* Ovarium, *SM* Schalenmuskel, *R* Receptaculum seminis, *Vu* Vulva.

paariger oder unpaarer Ausmündung besteht, ist bei *Cyprididen* ein eigentümlicher zylindrischer, in den Ductus deferens mündender Ejaculationsapparat (sogenannte Schleimdrüse) sowie die Größe und Form der Samenfäden bemerkenswert. Die weiblichen Genitaldrüsen sind sackförmig und liegen im Hinterleibe (*Myodocopa*) oder sind schlauchförmig (*Podocopa*) und ragen dann in die Schalenduplikatur (fast alle *Cyprididae*) hinein (Abb. 583). Die Ausmündung liegt auf Erhebungen an der Basis des Hinterleibes und ist meist paarig, bei *Halocyprididen* unpaar. Daneben mündet ein meist paariger, nur bei *Halocyprididen* unpaarer Copulationsapparat, der bei *Cyprididen* und anderen *Podocopen* besonders kompliziert ist. Hier führt jede Copulationsöffnung in ein Rohr, das sich zuweilen zu einer Blase erweitert und in einen spiralgewundenen Kanal übergeht, der in einem Säckchen (Spermatotheca) endet. Bei *Cypridina* fehlt eine Spermatotheca; das Sperma wird hier in einer Spermatophore angeklebt.

Die meisten Ostracoden legen Eier, die sie entweder an Wasserpflanzen ankleben (*Cypris*), oder, wie *Cypridina*, zwischen den Schalen bis zum Ausschlüpfen der Jungen herumtragen. Parthenogenese ist für eine Anzahl von *Cyprididen* nachgewiesen worden. Die Eier, aber auch Larven und ausgebildete Formzustände vieler Süßwasserostracoden vermögen Trockenheitsperioden zu überdauern. Die ausschlüpfenden Larven von *Cyprididen* und *Cytheriden* sind Naupliusformen, seitlich stark komprimiert und bereits von einer dünnen zweiklappigen Schale umschlossen (Abb. 584). Bei den übrigen Ostracoden vereinfacht sich die Entwicklung bis zum völligen Ausfall der Metamorphose.

Die Ostracoden leben meist am Grunde des Meeres oder der Süßwässer; manche graben sich in den Schlamm ein. Die meisten schwimmen auch gut, die *Cytheriden* bewegen sich nur kriechend. Die *Halocyprididen* leben pelagisch. *Cypridina*, *Pyrocypris* besitzen in der Oberlippe Leuchtdrüsen. Die Ostracoden ernähren sich vorwiegend von tierischen Stoffen. Zahlreiche fossile Formen sind fast aus allen Formationen, jedoch nur in ihren Schalen bekannt geworden.

1. Tribus. *Myodocopa.* Schale mit Rostralincisur. Zweite Antenne zweiästig. Furcaläste breit, lamellös. Herz vorhanden.

Fam. *Cypridinidae.* Mit großen zusammengesetzten Seitenaugen. Kauteil der Mandibel schwach oder ganz verkümmert, ihr Taster beinförmig. Siebente Gliedmaße ein zylindrischer geringelter Anhang (Putzfuß). *Cypridina mediterranea* COSTA (Abb. 582). *Pyrocypris chierchiae* G. W. MÜLL. Ind. Ozean. *Gigantocypris agassizi* G. W. MÜLL. Bis 23 mm lang. Westlich von Zentralamerika. *Asterope mariae* W. BAIRD (*oblonga* GR.). Mit jederseits sieben blattförmigen Kiemen am Rücken. Mittelmeer, Atlant. Ozean.

Fam. *Halocypridiae.* Augenlos. Schalen drüsenreich. Siebente Gliedmaße stabförmig mit langer Endborste. *Conchoecia spinirostris* CLS. *Halocypris inflata* DANA. Weit verbreitet.

2. Tribus. *Podocopa.* Schale ohne Rostralausschnitt. Zweite Antenne einästig. Furca stabförmig oder rudimentär. Herz fehlt.

Fam. *Cyprididae.* Schale leicht, aber stark. Zwei Beinpaare, von denen das hintere schwächere dorsalwärts gerichtet ist. Furcalglieder schmal und langgestreckt (Abb. 581). Hoden und Ovarien treten zwischen die Schalenblätter. Männlicher Genitalapparat mit Ejakulationsapparat. *Eucypris fuscata* JUR. Europa, Nordamerika. *E. ornata* MÜLL. Europa. *Cypris pubera* MÜLL. *Cypridopsis vidua* MÜLL. Europa, Nordamerika. *Cyprinotus incongruens* RAMDOHR. *Notodromas monacha* MÜLL. *Candona candida* MÜLL. Europa, Asien, Nordamerika. Alle Süßwasserbewohner. Marin ist *Pontocypris* O. SARS.

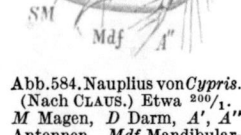

Abb. 584. Nauplius von *Cypris*. (Nach CLAUS.) Etwa $200/1$. *M* Magen, *D* Darm, A', A'' Antennen, *Mdf* Mandibularfuß, *SM* Schalenmuskel.

Fam. *Cytheridae.* Schale meist stark verkalkt, mit rauher Sculptur. Drei Beinpaare, von denen das hintere am stärksten entwickelt. Furcalglieder klein, lappenförmig. *Cythere lutea* MÜLL. Nordmeere und Mittelmeer. *Loxoconcha viridis* MÜLL. Ostsee, Nordsee. *Cythereis antiquata* W. BAIRD. *C. jonesi* W. BAIRD. Nordsee, Mittelmeer. *Paradoxostoma* S. FISCH. Mit stilettförmigen Mandibeln. *Limnicythere inopinata* W. BAIRD, im Süßwasser. Europa, Kleinasien.

4. Ordnung. Branchiura, Kiemenschwänze[1].

Parasitisch sich ernährende Crustaceen mit schildförmiger Schale, viergliedrigem, gestreckte zweiästige Schwimmfüße tragendem Thorax und zu zwei flossenförmigen kiemenartigen Blättern verbreitetem Abdomen. Mundteile stechend, die beiden Maxillenpaare zu maxillarfußartigen Haftorganen umgestaltet. Mitunter die Haut versenkten zusammengesetzten Seitenaugen.

Die Branchiuren bilden eine besondere Ordnung parasitisch sich ernährender Crustaceen, die in ihren Organisationseigentümlichkeiten an Euphyllopoden, Cirripedien, zum Teil auch Copepoden Anschlüsse bietet.

---

[1] Außer JURINE, THORELL, BOUVIER vgl. LEYDIG, F.: Über *Argulus foliaceus*. Z. Zool. **2** (1850). — CLAUS, C.: Über die Entwicklung, Organisation und systematische Stellung der Arguliden. Ebenda **25** (1875). — v. NETTOVICH, L.: Neue Beiträge zur Kenntnis der Arguliden. Arb. zool. Inst. Wien **13** (1900). — WILSON, CH. BR.: North American Parasitic Copepods of the family Argulidae usw. Proc. U. S. nat. Mus. **25**. Washington 1902. — THIELE, J.: Beiträge zur Morphologie der Arguliden. Mitt. zool. Mus. Berlin **2** (1904). — GROBBEN, K.: Beiträge zur Kenntnis des Baues und der systematischen Stellung der Arguliden. Sitzgsber. Akad. Wiss. Wien, Math.-naturwiss. Kl. **117** (1908). — MAIDL, F.: Beiträge zur Kenntnis des anatomischen Baues der Branchiurengattung *Dolops*. Arb. zool. Inst. Wien **19** (1912).

Der Körper (Abb. 585) ist abgeflacht und von einer breiten Schale großenteils überdeckt. Er endet mit zwei flossenförmigen Blättern (Schwanzflosse), die sich vom letzten als Abdomen zu bezeichnenden Körperabschnitt aus entwickeln und die kurzen Furcalglieder zwischen sich einschließen. Die Antennen sind klein, die vorderen mit Hakenplatte versehen. Der Mund liegt bei *Dolops* an einer flachen Papille, die sich bei *Argulus* zu einer rüsselartigen Röhre verlängert. In der von Ober- und Unterlippe gebildeten Mundhöhle finden sich feingesägte Mandibeln und ventral ein unpaarer, als Zunge bezeichneter Wulst. Vor der die Mundhöhle tragenden Röhre entspringt bei *Argulus* ein langer, einziehbarer Stachel, der als Tastorgan zu fungieren scheint. Zu den Seiten des Mundes liegen kräftige Klammerorgane, und zwar ein oberes, den vorderen Maxillen entsprechendes Maxillarfußpaar, das bei *Dolops* als Klammerfuß ausgebildet ist, deren Basalteil bei *Argulus* dagegen unter Verkümmerung des Endabschnittes in eine große Haftscheibe umgebildet ist; es folgt ein zweites am Basalabschnitte stark bedorntes Maxillarfußpaar (zweite Maxille). Nun folgen die vier Schwimmfußpaare der Brustregion, bis auf das letzte dorsal in der Regel von den Seiten des Kopfbrustschildes bedeckt. Sie bestehen je aus einem umfangreichen zweigliedrigen Basalabschnitt und zwei schmalen, mit langen Schwimmborsten besetzten Ästen, welche den Rankenfüßen der Cirripedien nicht unähnlich sehen und wie diese aus copepodenähnlichen Füßen der Larve ihren Ursprung nehmen. Das an den vorderen Schwimmfüßen auftretende Flagellum entspricht vielleicht einem Epipoditen und fungiert als Putzanhang.

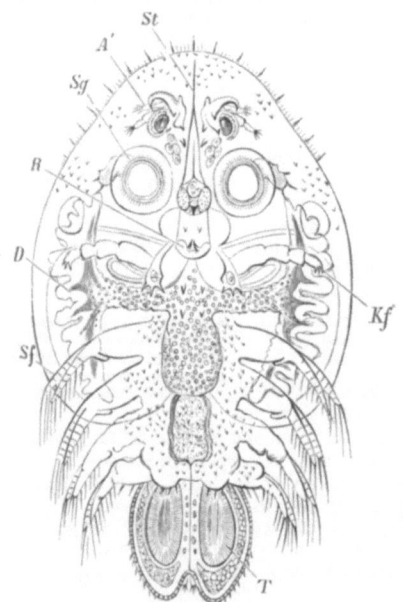

Abb. 585. *Argulus foliaceus.* Junges Männchen. (Nach CLAUS.) 43/1. *A'* Vordere Antenne, *Sg* Saugnapf am vorderen Kieferfuß, *Kf''* hinterer Kieferfuß, *Sf* Schwimmfüße, *R* Saugröhre, *St* Stachel, *D* Darm, *T* Hoden.

Die innere Organisation erinnert mehrfach an die Euphyllopoden. Das Nervensystem zeichnet sich durch die Größe des Gehirns und des aus sechs dichtgedrängten Ganglienknoten zusammengesetzten Bauchmarkes aus. Außer dem Medianauge finden sich die zusammengesetzten Seitenaugen, welche unter die Haut versenkt sind. Am Darmkanal unterscheidet man den Oesophagus, einen weiten, mit zwei seitlichen ramifizierten Ausstülpungen versehenen Magendarm, einen folgenden engeren Dünndarm und den Enddarm, der zwischen den Furcalgliedern ausmündet. An dem im Hinterende des Thorax gelegenen Herzen finden sich zwei seitliche Spaltöffnungen; die bis nach vorn reichende Aorta besitzt an ihrem Ursprung noch eine ventrale Öffnung. Der Respiration dient die gesamte Oberfläche der Schale, insbesondere die sogenannten Schalenfelder ihrer Ventralwand; auch die von Blut reich durchströmten Blätter der Schwanzflosse kommen als eine Art Kieme in Betracht. Als Excretionsorgan fungiert die Kieferdrüse. Die Haut weist großen Drüsenreichtum auf.

Die Geschlechter sind getrennt. Das einfache Ovarium liegt im Thorax, die paarigen Hoden in den Blättern der Schwanzflosse; beide münden am letzten Thoracalsegmente. Der Oviduct ist nur an der einen Seite in Funktion. Beim

Weibchen finden sich an der Basis des Abdomens zwei gesondert an Papillen ausmündende Spermatotheken. In den Ductus deferens mündet eine große Prostatadrüse.

Die kleineren lebhafteren Männchen besitzen an den hinteren Brustfußpaaren eigentümliche Copulationsanhänge. Die Weibchen kleben die Eier als Laich an fremden Objekten an. Die ausschlüpfenden Jungen durchlaufen eine Metamorphose.

Die Branchiuren ernähren sich parasitisch an der Haut und in der Kiemenhöhle von Fischen. Sie kommen im Süßwasser, einige im Meere vor.

Fam. *Argulidae*. *Dolops* AUD. (*Gyropeltis* HELL.). Vorderes Kieferfußpaar mit Klaue. Stachel fehlt. *D. longicauda* HELL. An den Kiemen von *Salminus brevidens*. Brasilien. *Argulus* MÜLL. Vorderer Kieferfuß zu einem Saugnapf umgestaltet. Stachel vorhanden. *A. foliaceus* L. (Pou des poissons, BALDNER), Karpfenlaus, 6—8 mm lang. Auf Süßwasserfischen (Abb. 585). *A. viridis* NETTOVICH, auf Cyprinoiden. Europa. *A. coregoni* THOR., auf Salmoniden. Schweden.

5. Ordnung. Copepoda, Ruderfüßer[1].

Crustaceen von gestrecktem, meist wohlgegliedertem Körper, ohne Schale, mit maxillarfußähnlicher zweiter Maxille und einem Maxillarfußpaar, mit Ruderfüßen am Thorax und mit gliedmaßenlosem Abdomen.

Eine vielgestaltige Formengruppe, deren freilebende Glieder sich durch eine konstante Zahl von Segmenten und Gliedmaßenpaaren auszeichnen. Die zahlreichen parasitischen Formen hingegen entfernen sich von der Körpergestalt der freischwimmenden in einer Reihe von Abstufungen und erhalten schließlich eine so veränderte Gestalt, daß sie ohne Kenntnis ihres Baues eher für Schmarotzerwürmer als für Arthropoden gehalten werden können. Indessen lassen sich meist die charakteristischen Ruderfüße, wenn freilich oft in geringer Zahl, als rudimentäre oder umgestaltete Anhänge nachweisen. Beim Mangel der letzteren aber gibt die Entwicklungsgeschichte sicheren Aufschluß über die Copepodennatur.

---

[1] Außer O. FR. MÜLLER, DANA, BURMEISTER, BAIRD, JURINE vgl. v. NORDMANN, A.: Micrographische Beiträge usw. Berlin 1832. — LILLJEBORG, W.: De crustaceis ex ordinibus tribus: Cladocera, Ostracoda et Copepoda, in Scania occurrentibus. Lund 1853. — CLAUS, C.: Die freilebenden Copepoden. Leipzig 1863. — Beobachtungen über *Lernaeocera, Peniculus* und *Lernaea*. Marburg 1868. — Neue Beiträge zur Kenntnis parasitischer Copepoden. Z. Zool. 25 (1875). — BRADY, G. S.: A Monograph of the free and semiparasitic Copepoda of the British Islands. London 1878—1880. — STEENSTRUP et LÜTKEN: Bidrag til Kundskab om det aabne Havs Snyltekrebs og Lernaeer. Kjöbenhavn 1861. — HEIDER, C.: Die Gattung *Lernanthropus*. Arb. zool. Inst. Wien 2 (1879). — GROBBEN, C.: Die Entwicklungsgeschichte von *Cetochilus septentrionalis*. Ebenda 3 (1881). — HARTOG, M.: The Morphology of *Cyclops* and the Relations of the Copepoda. Trans. Linn. Soc. London 1888. — RICHARD, J.: Recherches sur le système glandulaire et sur le système nerveux des Copépodes libres d'eau douce. Ann. des Sci. natur. 1891. — CANU, E.: Les Copépodes du Boulonnais. Trav. Labor. Zool. Wimereux 1892. — GIESBRECHT, W.: Systematik und Faunistik der pelagischen Copepoden des Golfes von Neapel. Fauna u. Flora Golf Neapel 19. Berlin 1892. — Die Asterocheriden des Golfes von Neapel. Berlin 1899. — HANSEN, H. J.: The Choniostomatidae. Kopenhagen 1897. — PEDASCHENKO, D.: Die Embryonalentwicklung und Metamorphose von *Lernaea branchialis* (russ.). Trav. Soc. Natur. St.-Pétersbourg 1898. — SCHMEIL, O.: Deutschlands freilebende Süßwasser-Copepoden. Bibliotheca zoologica 1892—1898. — GIESBRECHT, W. u. O. SCHMEIL: Copepoda. Tierreich VI, 1898. — MALAQUIN, A.: Le parasitisme évolutif des Monstrillides. Archives de Zool. 1901. — STEUER, A.: *Mytilicola intestinalis*. Arb. zool. Inst. Wien 15 (1903). — MCCLENDON, J.: On the development of parasitic Copepods. Biol. Bull. Mar. biol. Labor. Wood's Hole 12 (1907). — SARS, G. O.: An account of the Crustacea of Norway 4—8. Copepoda. Bergen 1903—1921. — SCOTT, T. u. A.: British Parasitic Copepoda. 2 vols. London 1913. — FUCHS, K.: Die Keimblätterentwicklung von *Cyclops viridis*. Zool. Jb. 38 (1914). — STORCH, O. u. O. PFISTERER: Der Fangapparat von *Diaptomus*. Z. vergl. Physiol. 3 (1925). — WILSON, C. B.: North American parasitic Copepods. Proc. U. S. nat. Mus. 27—53 (1900 —1917). — Vgl. ferner die Schriften von GRUBER, KRÖYER, HELLER, METZGER, KERSCHNER, URBANOWICZ, OBERG, J. PLENK u. a.

Den ersten Abschnitt des Körpers bildet ein Cephalothorax, welcher die beiden Antennenpaare, die Mandibeln, die beiden Maxillenpaare sowie ein Maxillarfußpaar trägt. Es folgen dann fünf freie Thoracalsegmente mit ebensoviel Ruderfußpaaren, von denen das letzte häufig verkümmert, im männlichen Geschlechte auch oft als Hilfsorgan der Begattung umgestaltet sein kann. Übrigens kann sowohl das fünfte Fußpaar als das entsprechende Thoracalsegment ganz hinwegfallen. Häufig verschmilzt das erste Thoracalsegment, dessen Fußpaar nicht selten abweichend gestaltet ist, mit dem Cephalothorax, so daß nur vier freie Thoracalsegmente vorhanden sind (Abb. 586). Das Abdomen besteht gleichfalls aus fünf Segmenten, entbehrt der Gliedmaßen und endet mit zwei gabelig auseinanderstehenden Gliedern (Furca), an deren Spitze mehrere lange Borsten aufsitzen. Am weiblichen Körper sind

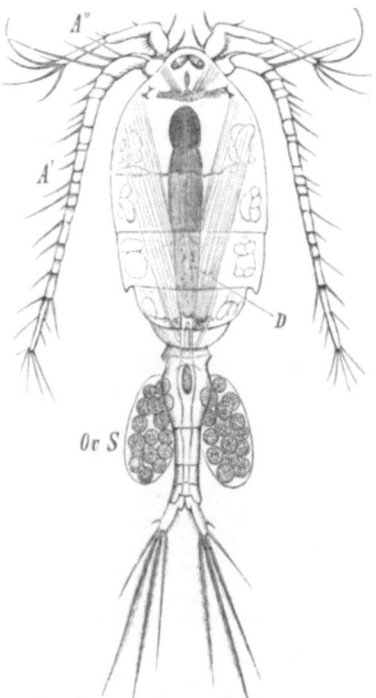
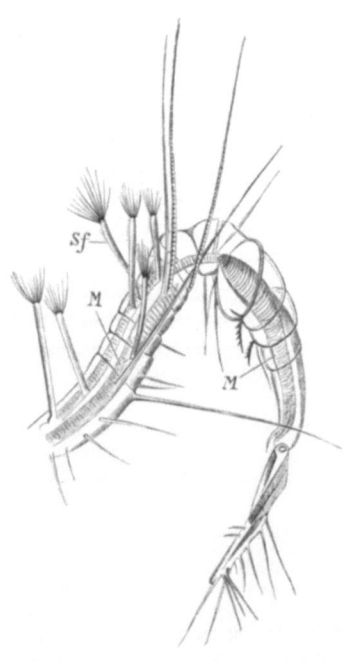

Abb. 586. Weibchen von *Cyclops fuscus (coronatus)*. Rückenansicht. (Nach CLAUS.) $18/1$. A', A'' erste und zweite Antenne, D Darm, OvS Eiersäckchen.

Abb. 587. Männliche erste Antenne von *Cyclops serrulatus*. (Nach CLAUS.) Sf Spürborsten, M Muskel.

die zwei oder drei ersten Abdominalsegmente verschmolzen. Sehr häufig, vornehmlich bei den parasitischen Formen, erfährt das Abdomen eine bedeutende Reduktion. Eine Schale fehlt.

Die vorderen, meist vielgliedrigen, stets einästigen Antennen sind Träger von Spürborsten und dienen bei den freischwimmenden Formen als Schweborgan, im männlichen Geschlechte häufig als Greifarme zum Fangen und Festhalten des Weibchens während der Begattung (Abb. 587). Die hinteren Antennen bleiben durchwegs kürzer, tragen nicht selten noch beide Äste und sind bei den parasitischen Formen als Klammerorgane ausgebildet (Abb. 594). Von Mundwerkzeugen liegen unterhalb der Oberlippe zwei bezahnte, meist tastertragende Mandibeln (Abb. 568 a), die bei den freilebenden Copepoden als Kauorgane fungieren, bei den parasitischen aber in der Regel zu spitzen stilettförmigen Stäben umgebildet, zum

Stechen benutzt werden; in diesem Falle rücken sie meist in eine durch Vereinigung der Oberlippe und Unterlippe gebildete Saugröhre. Das auf die Mandibeln folgende erste Maxillenpaar (Abb. 588) besitzt in der Regel mehrere Laden und einen Taster, oft auch einen Epipodialanhang (Abb. 569 a), verkümmert aber bei den Schmarotzerkrebsen zu kleinen tasterartigen Höckern, welche außerhalb der Saugröhre liegen. Die beiden folgenden (auch als innerer und äußerer Maxillarfuß bezeichneten) Gliedmaßen, die zweite Maxille und der Maxillarfuß, dienen sowohl zum Ergreifen der Nahrung (Abb. 588), als vornehmlich bei den Schmarotzerkrebsen zum Anklammern (Abb. 593). Alle Gliedmaßen des Cephalothorax mit Ausnahme der ersten Antenne fehlen den *Monstrillidae*.

Die Ruderfüße der Brust bestehen aus einem zweigliedrigen Basalabschnitte und aus zwei in der Regel dreigliedrigen, mit Borsten besetzten Ästen, welche breiten Ruderplatten vergleichbar, das sprungweise Fortschnellen im Wasser bewirken (Abb. 589). Doch sind sie oft rudimentär oder umgestaltet. Die Basalglieder der Brustfüße eines Paares sind bei freilebenden Copepoden durch eine Hautplatte verbunden.

Das Nervensystem besteht aus dem Gehirn und einer gegliederten Bauchganglienkette, die auch zu einer gemeinsamen unteren Schlundganglienmasse konzentriert sein kann. Von Sinnesorganen ist das mediane dreiteilige Stirnauge (Naupliusauge) ziemlich allgemein verbreitet, zuweilen in ein Mittelauge und zwei Seitenaugen geteilt (*Pontelliden, Corycaeiden, Miracia*), während das paarige zusammengesetzte Auge nachweisbar rückgebildet ist. Außer den Tastborsten kommen Spürborsten an den vorderen Antennen vornehmlich im männlichen Geschlechte vor (Abb. 587).

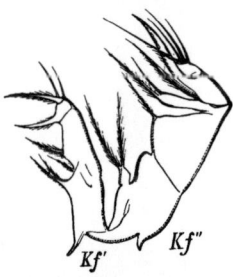

Abb. 588. Mundteile von *Cyclops*. (Nach CLAUS.) *M* Mandibel, *Mx* 1. Maxille, *Kf'* 2. Maxille, *Kf''* Maxillarfuß.

Der Darmkanal zerfällt in eine kurze Speiseröhre, einen weiten, zuweilen mit zwei Blindschläuchen beginnenden Magendarm und einen engen Enddarm, der am letzten Abdominalsegmente etwas dorsalwärts ausmündet. Die Respiration wird durch die gesamte Hautoberfläche vermittelt. Kiemen fehlen. Als Kreislaufsorgan tritt bei *Calaniden*, *Centropagiden* und *Pontelliden* im Vorderteile des Thorax ein kurzes sackförmiges Herz auf, das sich auch in eine Aorta fortsetzen kann (Abbild. 590). Sonst fehlt es und regelmäßige Schwingungen des Darmes (*Cyclops*, *Achtheres*) ersetzen es funktionell. Ein eigenartiges System von im ganzen Körper verästelten, gegen die Leibeshöhle vollkommen geschlossenen Gefäßen, die eine rötliche Blutflüssigkeit enthalten, findet sich bei einigen parasitischen Formen (*Lernanthropus*, *Mytilicola* u. a.).

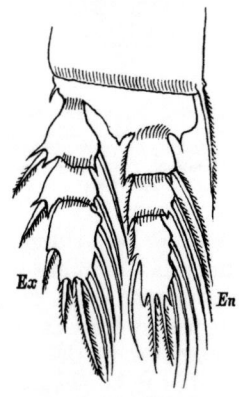

Abb. 589. Ruderfuß von *Cyclops*. (Nach CLAUS.) *En* Innenast, *Ex* Außenast.

Als Excretionsorgan fungiert die Kieferdrüse (Schalendrüse); häufig scheinen Teile des Darmes die Funktion von Harnorganen zu übernehmen. Einzellige Hautdrüsen sind sehr verbreitet. Von bestimmten Drüsenzellen der Haut wird auch bei einzelnen leuchtenden Copepoden (*Pleuromamma, Heterorhabdus, Oncaea* u. a.) der Leuchtstoff ausgeschieden.

Die Copepoden sind getrennten Geschlechtes. Beiderlei Geschlechtsorgane liegen im Cephalothorax und in den Brustsegmenten und bestehen aus einer unpaaren oder paarigen Geschlechtsdrüse, deren paariger oder unpaarer Ausführungsgang am 1. Segmente des Hinterleibes mündet. Fast regelmäßig machen sich in Form und Bildung verschiedener Körperteile Geschlechtsunterschiede geltend, welche bei einigen Schmarotzerkrebsen (*Chondracanthiden, Lernaeopodiden*) zu einem höchst auffallenden Dimorphismus führen (Abb. 593, 595). Die Männchen sind kleiner und leichter beweglich, die vorderen Antennen und die Füße des letzten Paares werden zu akzessorischen Copulationsorganen, indem sich jene zum Festhalten des Weibchens, diese zum Ankleben der Spermatophoren umgestalten. Die letzteren bilden sich innerhalb der Samenleiter vermittels eines Secretes, das in der Umgebung der Samenmasse zu einer festen Hülle erstarrt. Die Weibchen tragen meist die Eier in paarigen oder unpaaren Säckchen am Abdomen mit sich herum; sie besitzen am Endabschnitte des Oviducts Drüsenzellen oder eine gesonderte Kittdrüse, deren Absonderungsprodukt zugleich mit den Eiern austritt und die erstarrende Hülle der Eiersäckchen liefert. Bei einigen *Calaniden* werden die Eier einzeln abgelegt, bei den *Notodelphyiden* in einem dorsalen, durch eine Hautduplikatur gebildeten Brutraum aufgenommen.

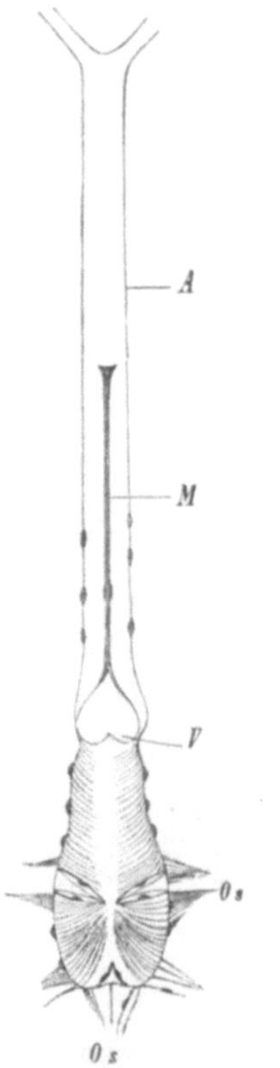

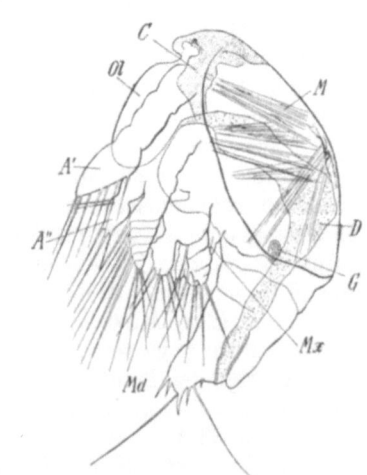

Abb. 590. Herz von *Eucalanus* (*Calanella*). *A* Aorta, *M* Muskel, *Os* venöse Ostien, *V* Klappen am arteriellen Ostium.

Abb. 591. Metanauplius von *Calanus finmarchicus* (*Cetochilus septentrionalis*). (Nach GROBBEN.) 90/1. *C* Cerebralganglion, *Ol* Oberlippe, *A'* erste, *A''* zweite Antenne, *Md* Mandibel, *Mx* erste Maxille, *M* Muskeln, *D* Darm, *G* Genitalanlage.

Während der Begattung, die nur eine äußere Vereinigung beider Geschlechter bleibt, klebt das Männchen dem Weibchen eine oder mehrere Spermatophoren am Genitalsegment, und zwar an besonderen Öffnungen an, durch welche die Samenkörper in eine Tasche (Spermatotheca) übertreten und die Eier während ihres Austrittes in die sich bildenden Eiersäckchen befruchten.

Die Entwicklung beruht auf einer (bei vielen Schmarotzerkrebsen rückschreitenden) Metamorphose. Die Larven schlüpfen als *Nauplius* (Abb. 572) aus.

Die Veränderungen, welche die Larven mit dem weiteren Wachstume erleiden, knüpfen an mehrfach aufeinanderfolgende Abstreifungen der Cuticula und beruhen auf terminaler weiterer Metamerenbildung und dem Hervorsprossen neuer Gliedmaßen. Schon das nachfolgende Larvenstadium (Abb. 592 a) weist hinter den drei ursprünglichen, zu den Antennen und Mandibeln werdenden Gliedmaßenpaaren ein viertes Paar, die späteren ersten Maxillen auf; in einem späteren Stadium sind vier neue Gliedmaßenpaare angelegt, von denen die zwei vorderen der zweiten Maxille und den Kieferfüßen, die zwei letzten Paare den Anlagen der vorderen Ruderfüße entsprechen. Auf diesem Stadium (*Metanauplius*) (Abb. 591) ist die Larve noch immer naupliusähnlich und erst nach einer nochmaligen Häutung geht sie in die erste copepodenähnliche Form (*Copepodidform*) über. Diese gleicht im Habitus auch der Fühler und Mundteile dem ausgewachsenen Tiere, wenngleich die Zahl der Gliedmaßen und Segmente eine geringere ist (Abb. 592 b). Der Körper besteht jetzt aus dem ovalen Kopfbruststück, dem zweiten bis vierten Thoracalsegment und einem langgestreckten Endgliede mit der Furca. Die beiden ersten Gliedmaßenpaare des Thorax sind kurze zweiästige Ruderfüße, die Anlagen des dritten und vierten Ruderfußes mit Borsten besetzte Wülste.

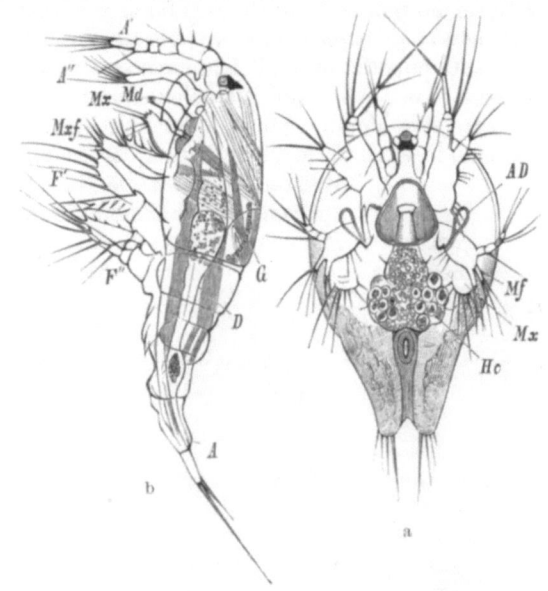

Abb. 592. Metamorphose von *Cyclops*. a Metanauplius von *Cyclops serrulatus*. b Erstes Copepodidstadium. (Nach CLAUS.) A', A'' erste und zweite Antenne, *AD* Antennendrüse, *Mf* Mandibularfuß, *Md* Mandibel, *Mx* erste Maxille, *Mxf* Maxillarfuß, F', F'' erster und zweiter Ruderfuß, *A* After, *D* Darm, *G* Genitalanlage, *Hc* Harnkonkremente in den Darmzellen.

Viele parasitische Copepoden, z. B. *Lernanthropus*, *Chondracanthus* gelangen über diese Stufe der Leibesgliederung nicht hinaus und erhalten (*Chondracanthus*) weder die Schwimmfüße des dritten und vierten Paares, noch ein weiteres, vom stummelförmigen Abdomen gesondertes Brustsegment; andere, wie z. B. *Achtheres*, sinken durch den späteren Verlust der beiden vorderen Schwimmfußpaare auf eine noch tiefere Formstufe zurück (Abb. 593).

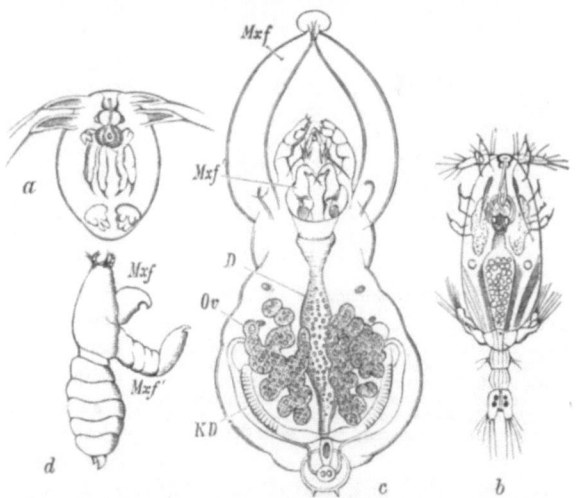

Abb. 593. *Achtheres percarum*. a Naupliusform. — b Larve im jüngsten Copepodidstadium. — c Weibchen von der Bauchseite gesehen. $^{16}/_1$. *D* Darm, *KD* Kittdrüsen, *Mxf* zweite Maxille, *Mxf'* Maxillarfuß, *O* Ovarium. — d Männchen in seitlicher Lage etwa $^{30}/_1$. (a—c nach CLAUS, d nach NORDMANN.)

Bei *Herpyllobius* entbehrt der kugelige Körper aller Extremitäten.

Die freilebenden und auch viele parasitische Copepoden durchlaufen mit den noch folgenden Häutungen eine Reihe von Entwicklungsstadien, an welchen die noch fehlenden Segmente und Gliedmaßen hervortreten und die bereits vorhandenen Extremitäten eine reichere Gliederung erfahren. Viele Schmarotzerkrebse überspringen indessen die Entwicklungsreihe der Metanaupliusformen, indem der Nauplius alsbald nach seinem Ausschlüpfen die Cuticula abwirft und bereits in der jüngsten Copepodidform mit Klammerantennen und stechenden Mundwerkzeugen erscheint (Abb. 593). Die Weibchen durchlaufen schon von diesem Stadium an eine regressive Metamorphose, indem sie sich als Parasiten an ein Wohntier anheften, an ihrem unförmig auswachsenden Leibe die Gliederung mehr oder minder vollständig, auch die Ruderfüße verlieren und selbst das ursprünglich vorhandene Auge rückbilden (*Lernaeopodiden*). Die Männchen aber bleiben in solchen Fällen oft zwergartig klein und sitzen dann (häufig in mehrfacher Zahl) in der Nähe der Geschlechtsöffnung am weiblichen Körper angeklammert fest.

Bei den *Lernaeen* schwimmen die sehr kleinen cyclopsförmigen Männchen mittels ihrer vier Schwimmfußpaare frei herum; die Weibchen sind im Begattungsstadium jenen ähnlich gestaltet und erfahren erst nach der Begattung als Parasiten die bedeutende Größenzunahme und Umgestaltung ihres Leibes (Abb. 594).

Sehr eigentümlich ist die Entwicklung der im geschlechtsreifen Zustande pelagisch lebenden *Monstrilliden*, welche des Darmes und der zweiten Antennen sowie aller Mundgliedmaßen entbehren. Der Nauplius heftet sich an sedentären Polychäten fest und dringt unter Verlust der Naupliusgliedmaßen in das Blutgefäßsystem derselben ein, wo er alle weiteren Entwicklungsstadien durchläuft. Seine Ernährung erfolgt hier vermittels der wieder hervorgesprossenen zweiten Antennen und zuweilen auch Mandibeln, die sich zu langen tentakelartigen Anhängen ausbilden, vergleichbar den Wurzelausläufern von Rhizocephalen. Zu geschlechtsreifer Form herangewachsen, verlassen die *Monstrillen* nach Verlust der tentakelartigen Anhänge das Wirtstier, werden pelagisch, gehen

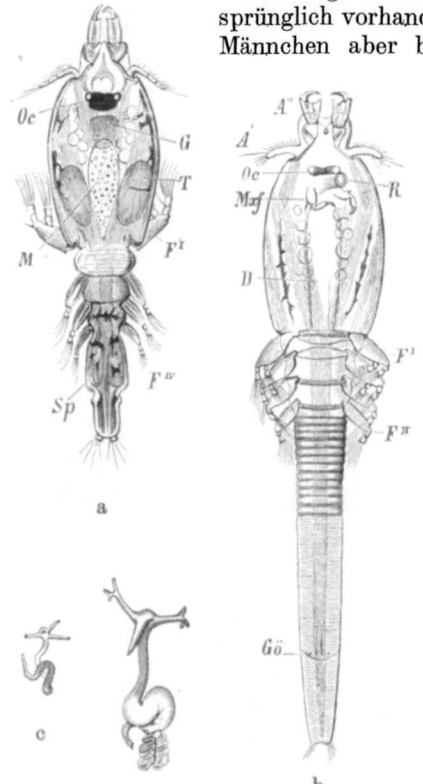

Abb. 594. *Lernaea branchialis*. a Männchen (von etwa 2—3 mm Länge). *Oc* Auge, *G* Gehirn, *M* Darm, F^I bis F^{IV} die vier Brustfußpaare, *T* Hoden, *Sp* Spermatophorensack. — b Weibchen (im Begattungsstadium, 5—6 mm lang). A', A'' die beiden Antennenpaare, *R* Rüssel, *Mxf* zweite Maxille, *D* Darm, *Gö* Anlage der Genitalöffnungen. — c In der Metamorphose begriffenes Weibchen nach der Begattung. — d Dasselbe mit Eiersäckchen. $1/1$. (Nach CLAUS.)

aber, unfähig, sich selbst zu ernähren, in kurzer Zeit nach Ablage der Geschlechtsprodukte zugrunde. Auch eine Schnecke (*Odostomia*) wurde als Wirtstier von Monstrillalarven bekannt.

Die Copepoden leben entweder frei oder parasitisch; die meisten gehören dem Meere, viele dem Süßwasser an. Die freilebenden Formen treten oft in großen Scharen auf und bilden neben den Daphniden die Nahrung vieler Fische. An diese Formen schließen sich jene an, welche noch frei umherschwimmen und nur gelegentlich parasitieren (*Corycaeiden*). Die Schmarotzer finden sich an den Kiemen, in der Rachenhöhle oder an der Haut von Fischen, wie auch an oder in wirbellosen Tieren. Die meisten sind mittels ihrer zu Klammerorganen ausgebildeten zweiten Antennen und Maxillarfüße befestigt, manche teilweise (*Lernaeen*) oder vollständig (*Philichthys*) eingebohrt.

Von den Süßwassercopepoden bildet *Diaptomus* Dauereier (wahrscheinlich kommen solche auch bei *Cyclopiden* und *Harpacticiden* vor). Cyclopiden und Harpacticiden vermögen im Jugendzustand und als Geschlechtstiere, zuweilen in einer Schlammcyste eingeschlossen (eine Secretcyste ist bei *Canthocamptus microstaphylinus* bekannt) eine Hitze- oder Trockenperiode zu überdauern.

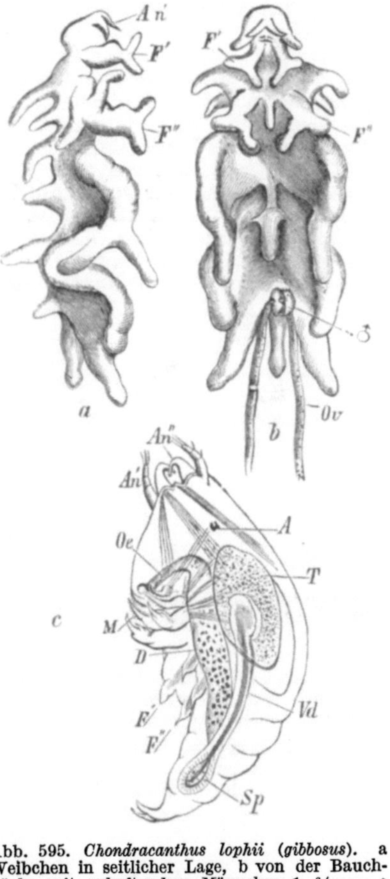

Fam. *Calanidae*. Vordere Antennen sehr lang, im männlichen Geschlechte nur durch reichere Ausstattung mit Spürborsten ausgezeichnet. Hintere Antennen zweiästig. Herz vorhanden. *Calanus finmarchicus* GUNN. (*Cetochilus septentrionalis* GOODS.), *Eucalanus attenuatus* DANA (*Calanella mediterranea* CLS.), *Pseudocalanus elongatus* BOECK, *Euchaeta marina* PRESTAND. Marin, weit verbreitet.

Fam. *Centropagidae*. Calanidenähnlich. Von den vorderen Antennen des Männchens die eine (meist rechte) zu einem Greiforgan umgestaltet. Herz vorhanden. *Centropages typicus* KRÖY. Atlant. Ozean, Mittelmeer. Europ. Süßwasserformen sind: *Diaptomus castor* JUR., *D. vulgaris* SCHMEIL (*coeruleus* S. FISCH.). In Tümpeln und Teichen. *Heterocope saliens* LILLJ., in Seen. *Temora stylifera* DANA (*armata* CLS.), Atlant. Ozean, Mittelmeer. *Eurytemora velox* LILLJ. In Seen, aber auch im Meere. *Pleuromamma* (*Pleuromma*) *gracilis* CLS. *Heterorhabdus* (*Heterochaeta*) *spinifrons* CLS. Mittelmeer, Atlant. u. Stiller Ozean. Beide zeigen Leuchterscheinung.

Fam. *Pontellidae*. Das Auge in ein Mittelauge und zwei Seitenaugen geteilt. Mit Herz. *Pontella mediterranea* CLS. Mittelmeer. *Anomalocera* (*Irenaeus*) *patersoni* TEMPL. Mittelmeer, Atlant. u. Stiller Ozean.

Fam. *Cyclopidae*. Meist Süßwasserbewohner, ohne Herz. Antennen des zweiten Paares einästig. Mandibulartaster verkümmert (Abbild. 588). Füße des fünften Paares in beiden Geschlechtern rudimentär. Beim Männchen beide Antennen des ersten Paares zu Greifarmen umgebildet. Das Weibchen bildet zwei Eiersäckchen. *Oithona plumifera* W. BAIRD. Atlant. Ozean, Mittelmeer. *Cyclops fuscus* JUR. (*coronatus* CLS.) (Abb. 586). *C. serrulatus* S. FISCH., *C. strenuus* S. FISCH., *C. viridis* JUR. Im Süßwasser Mitteleuropas.

Abb. 595. *Chondracanthus lophii* (*gibbosus*). a Weibchen in seitlicher Lage, b von der Bauchfläche mit anhaftendem Männchen ♂. 6/1. — c Männchen stark vergr. (Nach CLAUS.) *An'* vordere, *An''* hintere Antennen, *F'*, *F''* 1. und 2. Brustfuß, *A* Auge, *D* Darm, *M* Mundteile, *Oe* Oesophagus, *T* Hoden, *Vd* Samenleiter, *Sp* Spermatophorensack, *Ov* Eierschläuche.

Fam. *Harpacticidae*. Körper mehr walzenförmig. Die ersten Antennen kurz, beim Männchen beide zu Greiforganen umgestaltet. Das Kieferfußpaar mit Greifhaken. Erstes Fußpaar meist modifiziert. Herz fehlt. Weibchen bildet meist ein Eiersäckchen. *Euterpe acutifrons* DANA. Atlant. Ozean, Mittelmeer. *Harpacticus chelifer* MÜLL., Nordsee. *Canthocamptus staphylinus* JUR., *C. minutus* CLS. Beide im Süßwasser. *Tegastes* NORM. (*Amymone* CLS.). Amphipodenähnlich. Marin. *Miracia* DANA. Auge in ein Mittelauge und zwei Seitenaugen geteilt. Atlant. und Pazif. Ozean.

Hier schließen sich die marinen, schildförmigen, asselähnlichen *Peltidiidae* an.

Fam. *Monstrillidae*. Pelagische Formen ohne Darm. Der Mund führt in ein kurzes blindgeschlossenes Oesophagusrohr. Zweite Antennen sowie alle Mundgliedmaßen fehlen. Die Larven entwickeln sich parasitisch im Blutgefäßsystem sedentärer Polychäten, auch in einer Schnecke (*Odostomia*). *Haemocera danae* CLAP. Atlant. Ozean. Entwicklung in *Salmacina dysteri*. *H. filogranarum* MLQN. Atlant. Ozean. Entwicklung in *Filograna implexa*. *Monstrilla anglica* LUBB. Nordsee. *M. helgolandica* CLS. Nordsee. Entwicklung in *Odostomia rissoides*. *Thaumaleus claparèdi* GIESBR. Mittelmeer.

Fam. *Notodelphyidae*. Körper wie bei den Cyclopiden gebaut. Die hinteren Antennen sind Klammerantennen. Die beiden letzten Thoracalsegmente von einer dorsalen Duplikatur überdeckt, welche einen Brutbehälter zur Aufnahme der Eier bildet. Leben in dem Kiemensacke von Ascidien. *Notodelphys agilis* ALLM. *Notopterophorus* (*Doropygus*) *elongatus* COSTA. *Ascidicola rosea* THOR.

Fam. *Corycaeidae*. Körper in beiden Geschlechtern oft auffallend verschieden. Vordere Antennen kurz, in beiden Geschlechtern gleich, die hinteren mit Klammerhaken. Mundteile zum Stechen eingerichtet. Das Auge in einen medianen Teil und zwei Seitenaugen gesondert. Leben teilweise als temporäre Parasiten. *Sapphirina ovatolanceolata* DANA, *S. gemma* DANA (*fulgens* CLS.). Die Männchen haben einen verbreiterten Körper, sind durch Farbenschiller ausgezeichnet und schwimmen frei umher, während die schmäleren Weibchen teilweise in Salpen sich aufhalten. Mittelmeer. *Copilia vitrea* H., *C. mediterranea* CLS. Atlant. Ozean, Mittelmeer, Ind. Ozean. *Corycaeus elongatus* CLS. Mittelmeer. *C. anglicus* LUBB. Nordsee. Hier schließt sich *Oncaea* PHIL. an.

Fam. *Ergasilidae*. Der cyclopsähnliche Körper mehr oder minder bauchig aufgetrieben. Hintere Antennen sehr lange kräftige Klammerfüße. Mundteile stechend, ohne Saugschnabel. *Ergasilus sieboldi* NORDM. An den Kiemen von Cyprinoiden.

Fam. *Chondracanthidae*. Körper gestreckt, oft ohne deutliche Gliederung und mit zipfelförmigen Auswüchsen. Hinterleib stummelförmig. Die beiden vorderen Ruderfußpaare sind rudimentär oder zweizipflige Lappen, die übrigen fehlen. Ohne Saugrüssel. Mandibeln sichelförmig. Die birnförmigen Männchen zwergartig klein, oft zu zweien am weiblichen Körper befestigt. *Chondracanthus lophii* JOHNST. (*gibbosus* KRÖY.) auf *Lophius* (Abb. 595), *C. cornutus* MÜLL. Auf Schollen.

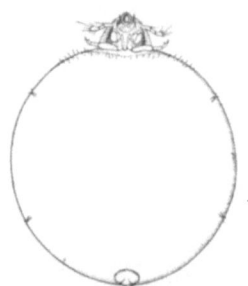

Abb. 596. *Sphaeronella chinensis*, Weibchen. (Nach H. J. HANSEN.) 34/1

Fam. *Asterocheridae* (*Ascomyzontidae*). Körper cyclopsähnlich, jedoch mehr oder minder schildförmig verbreitert. Mandibeln stilettförmig, in einem langen Rüssel gelegen. Zweite Maxille und Kieferfuß mit Fanghaken. Vier zweiästige Schwimmfußpaare. Ernähren sich parasitisch, vermögen aber den Wirt zu wechseln. *Asterocheres lilljeborgi* BOECK, auf *Cribrella sanguinolenta*. *A. suberitis* GIESBR., auf *Suberites domuncula*. *A. violaceus* CLS., an Seeigeln. Mittelmeer. *Dyspontius* THOR.

Fam. *Caligidae*. Körper flach, mit schildförmigem Cephalothorax. Abdomen mit umfangreichem, namentlich im weiblichen Geschlechte aufgetriebenem Genitalsegment, in seinem hinteren Abschnitte reduziert. Vordere Antennen am Grunde mit dem Stirnrande verwachsen. Mit Saugröhre und stilettförmigen Mandibeln. Vier zweiästige Ruderfußpaare ermöglichen eine rasche Schwimmbewegung. Eierschläuche schnurförmig. Leben an den Kiemen und der Haut meist von Seefischen. *Caligus rapax* M. E., auf verschiedenen Seefischen. *C. lacustris* STP. et LTK. An den Kiemen von Süßwasserfischen. *Lepeophtheirus pectoralis* MÜLL. An Schollen. *Cecrops latreillei* LEACH, auf *Mola* (*Orthagoriscus*).

Fam. *Dichelestiidae*. Körper langgestreckt. Thoraxsegmente gesondert und ansehnlich groß. Genitalsegment des Weibchens zuweilen sehr lang. Abdomen meist rudimentär. Saugrüssel in der Regel lang. Die hinteren Thoracalfüße meist schlauchförmig oder rudimentär. *Dichelestium oblongum* ABILDG. (*sturionis* HERM.), an den Kiemen des Störs. *Lamproglena pulchella* NORDM., an den Kiemen von Cyprinoiden. *Lernanthropus gisleri* BENED., an den Kiemen von Sciaeniden. *L. kröyeri* BENED., an den Kiemen von *Morone*. *Mytilicola intestinalis* STEUER, im Darm der Miesmuschel. Adria.

Fam. *Lernaeidae*. Körper des Weibchens stab- oder wurmförmig gestreckt, zuweilen asymmetrisch gewunden, ungegliedert, mit Fortsätzen und Auswüchsen am Kopfe. Mundteile stechend mit Saugröhre. Vier Paare sehr kleiner Schwimmfüße oder Reste derselben. Männchen und Weibchen von *Lernaea* im Begattungsstadium frei umherschwimmend. Die Weibchen sitzen mit ihrem Vorderkörper eingebohrt an Fischen fest. *Lernaea branchialis* L. (Abb. 594), an *Gadus*-Arten. *Penella filosa* GUÉR. auf *Mola mola*. *Lernaeenicus* (*Lernaeonema*) *sprattae* SOW. In der Sklera von *Clupea sprattus* festgeheftet. Hier schließt sich an *Lernaeocera cyprinacea* L., an Cyprinoiden.

Eine besondere Familie bilden die *Philichthyidae*. *Philichthys xiphiae* STEENSTR. Lebt in dem Sinus der Stirnbeine von *Xiphias*.

Fam. *Lernaeopodidae*. Körper in Kopf und Thorax abgesetzt, mit rudimentärem Hinterleib. Mundteile stechend mit Saugröhre. Die zweiten Maxillen von bedeutender Größe, vereinigen sich an ihrer Spitze beim Weibchen zur Herstellung eines Haftapparates, der eine dauernde Fixierung herbeiführt. Schwimmfüße fehlen. Die mehr oder minder zwergartigen Männchen mit großen und freien Klammermaxillarfüßen, ebenfalls ohne Ruderfüße. *Achtheres percarum* NORDM. (Abb. 593), an den Kiemen des Barsches und Zanders. *Lernaeopoda elongata* GRANT, auf Haifischen. *Tracheliastes polycolpus* NORDM., an den Flossen von Cyprinoiden. *Basanistes huchonis* SCHRANK, auf dem Huchen. *Clavella (Anchorella) uncinata* MÜLL., auf *Gadus*-Arten.

Fam. *Choniostomatidae (Sphaeronellidae)*. Körper des Weibchens kugelig. Abdomen rudimentär. Der von einer Trichtermembran umgebene Mund an einem konischen Rüssel gelegen. Mundteile stechend. Die zweiten Maxillen und Maxillarfüße sind Greiffüße. Thoraxfüße rudimentär, in zwei Paaren vorhanden oder fehlend (Abb. 596). Männchen viel kleiner. Leben parasitisch auf Malacostraken. *Sphaeronella leuckarti* SAL. An einem Amphipoden (*Microdeutopus*). Neapel. *Choniostoma mirabile* H. J. HANS. In der Kiemenhöhle von *Hippolyte gaimardi*, Karasee. Vielleicht schließt sich hier an *Herpyllobius arcticus* STP. et LTK. Körper des Weibchens kugelig, ohne Extremitäten, am Vorderende mit einem Saugkörper ähnlich wie bei *Sacculina*. Mundöffnung soll fehlen. Auf Polynoiden. Grönland.

6. Ordnung. Cirripedia[1], Rankenfüßer.

Festsitzende, größtenteils hermaphroditische Crustaceen. Körper undeutlich gegliedert, von einer mantelförmigen, meist verkalkte Schalenstücke aufweisenden Schale umschlossen, in der Regel mit sechs Paaren von Rankenfüßen.

Die Cirripedien wurden wegen der Ähnlichkeit ihrer Schale mit Muscheln für Mollusken gehalten, bis die Entdeckung der Larven durch THOMPSON und BURMEISTER ihre Zugehörigkeit zu den Crustaceen unzweifelhaft machte. Das Tier ist mit dem Vorderende des Kopfes, das bei den *Lepadiden* zu einem muskulösen Stiel verlängert ist, festgeheftet (Abb. 597 a). Die Befestigung erfolgt mittels des erhärteten Secretes der Cementdrüse, welche an dem vorletzten saugnapfartig erweiterten Gliede der kleinen vorderen Antennen ausmündet. Nur bei den *Ascothoracida* und *Apoda* findet die Befestigung mittels der Antennen nicht statt und es bleibt der Kopf frei. Der hintere Kopfabschnitt sowie der Rumpf werden (ausgenommen die *Apoda*) von einer mantelförmigen Schale umschlossen, aus deren

---

[1] Außer THOMPSON, BURMEISTER vgl. DARWIN, CH.: A monograph of the Sub-Class Cirripedia, 2 Vol. London 1851—1854. — CLAUS, C.: Die cyprisähnliche Larve der Cirripedien. Marburg 1869. — DE LACAZE-DUTHIERS, H.: Histoire de la *Laura Gerardiae*. Mém. Acad. Paris 1882. — DELAGE, YVES: Evolution de la Sacculine. Archives de Zool. 1884. — HOEK, P. P. C.: Report on the Cirripedia. Challenger Rep. VIII, u. X. 1883 to 1884. — The Cirripedia of the Siboga-Expedition, 2 Teile. Leyden 1907—1913. — KOEHLER, R.: Recherches sur l'organisation des Cirrhipèdes. Archives de Biol. 9 (1889). — FOWLER, G. H.: A Remarkable Crustacean Parasite etc. Quart. J. microsc. Sci. 30 (1890). — NUSSBAUM, M.: Anatomische Studien an californischen Cirripedien. Bonn 1890. — KNIPOWITSCH, N.: Beiträge zur Kenntnis der Gruppe Ascothoracida. Trav. Soc. Natur. St.-Pétersbourg 1892. — AURIVILLIUS, C. W. S.: Studien an Cirripedien. Sv. Akad. Handl. Stockholm 1894. — GRUVEL, A.: Contribution à l'étude des Cirripèdes. Archives de Zool. 1894. — Monographie des Cirrhipèdes. Paris 1905. — GROOM, TH.: On the early development of Cirripedia. Philosophic. Trans. roy. Soc. London 1894. — BIGELOW, M.: The early development of *Lepas*. Bull. Mus. Comp. Zool. Harvard Coll. Cambridge 1902. — BERNDT, W.: Zur Biologie und Anatomie von *Alcippe lampas*. Z. Zool. 74 (1903). — Studien an bohrenden Cirripedien. I. Arch. f. Biontol. 1 (1906). — HOFFENDAHL, K.: Beitrag zur Entwicklungsgeschichte und Anatomie von *Poecilasma aurantium*. Zool. Jb. 20 (1904). — SMITH, G.: Rhizocephala. Fauna u. Flora Golf Neapel 29 (1906). — LE ROI, O.: *Dendrogaster arborescens* und *Dendrogaster ludwigi*, zwei entoparasitische Ascothoraciden. Z. Zool. 86 (1907). — DEFNER, A.: Der Bau der Maxillardrüse bei Cirripedien. Arb. zool. Inst. Wien 18 (1910). — DELSMAN, H. C.: Die Embryonalentwicklung von *Balanus balanoides*. Tijdskr. nederl. dierk. Vereenig. 1917. — NILSSON-CANTELL, C. A.: Cirripeden-Studien. Zool. Bidr. Uppsala 7 (1921). — KRÜGER, P.: Die Embryonalentwicklung von *Scalpellum scalpellum*. Arch. mikrosk. Anat. 96 (1922). — Vgl. überdies die Schriften von KROHN, FR. MÜLLER, LILLJEBORG, KOSSMANN, E. VAN BENEDEN, LANG, PAGENSTECHER, NOLL, STEWART, S. RUNNSTRÖM u. a.

schlitzförmiger ventraler, durch einen Muskel (Adductor scutorum) verschließbarer Spalte die zum Strudeln dienenden Extremitäten des Thorax hervorgestreckt werden. Die Schale enthält häufig Verkalkungen, die Schalenplatten, von denen bei *Lepas* gewöhnlich fünf, die paarigen Scuta, Terga und die unpaare dorsale Carina unterschieden werden. Zuweilen (*Pollicipes, Scalpellum*) ist die Zahl der Schalenplatten eine größere, indem der Carina gegenüber an der Ventralseite ein unpaares Schalenstück, das Rostrum, sowie seitlich an der Basis des Stieles kleinere Schalenplatten, die Lateralia, hinzukommen (Abb. 603, 604). Bei den *Balaniden* entwickeln sich Carina und Rostrum mit einer bestimmten Anzahl von Lateralia zu einem festen Schalenkranze, der sich von dem scheibenförmig verbreiterten Vorderkopfe um den Körper erhebt, während Scuta und Terga einen mit

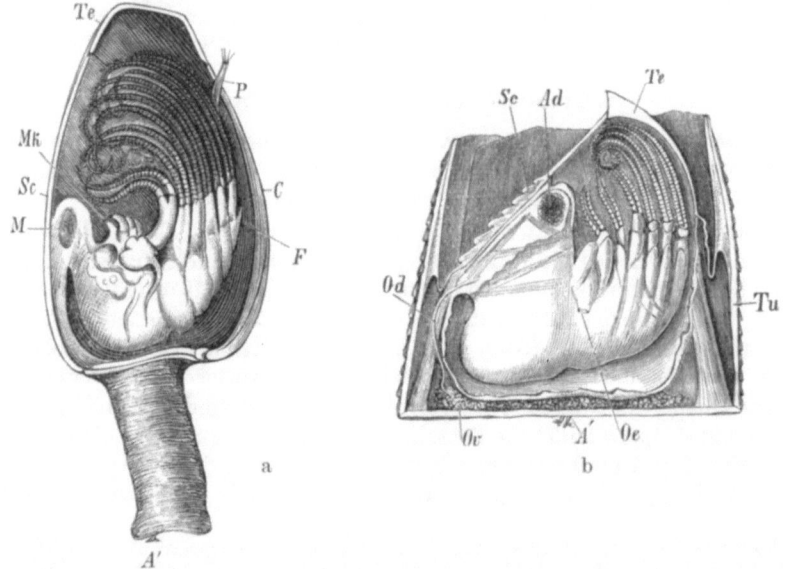

Abb. 597. a *Lepas*, nach Entfernung der linken Schale. Etwa ¹/₁. *A'* Haftantenne, *C* Carina, *Te* Tergum, *Sc* Scutum, *Mk* Mundkegel, *F* Furca, *P* Copulationsorgan, *M* Adductor scutorum. — b *Balanus tintinnabulum* nach Entfernung der einen Schalenhälfte. (Nach DARWIN.) *Tu* äußerer Schalenkranz, *Ov* Ovarium, *Od* Oviduct, *Oe* seine Ausmündung, *Ad* Adductor scutorum. ¹·⁵/₁

dem Schalenkranz beweglich verbundenen Deckel des Tieres nach der freien Seite hin bilden (Abb. 597 b).

An den von der Schale umschlossenen Hinterkopf mit den Mundwerkzeugen und den sechsgliedrigen Thorax schließt sich ein gliedmaßenloses, stummelförmiges, meist nur durch die zwei Furcalglieder bezeichnetes Abdomen an, an welchem die Afteröffnung liegt. Hintere Antennen fehlen stets, während die vorderen Antennen auch bei dem ausgebildeten Tiere als winzig kleine Haftorgane nachweisbar bleiben. Die Mundwerkzeuge sitzen einer ventralen Erhebung des Kopfabschnittes auf und bestehen aus Oberlippe mit zwei als Taster bezeichneten Anhängen, zwei Mandibeln und vier Maxillen, von denen die zwei hinteren zu einer Art Unterlippe sich vereinigen. Selten sind die Mundteile saugend. Am Leibe erheben sich meist sechs Paare vielgliedriger Rankenfüße, deren cirrenartig verlängerte, reich mit Borsten und Haaren besetzte Äste zum Herbeistrudeln der im Wasser suspendierten Nahrungsstoffe dienen. Der stummelförmige Hinterleib trägt einen langgestreckten, zwischen den Rankenfüßen nach der Bauchfläche umgeschlagenen Schlauch, das männliche Copulationsorgan. Übrigens gibt es für die

Coelomata (Bilateria): Arthropoda, Gliederfüßer.   603

Gestaltung des gesamten Leibes zahlreiche und höchst sonderbare Abweichungen. Es können nicht nur Verkalkungen des Mantels unterbleiben und die Rankenfüße ihrer Zahl nach reduziert sein (*Abdominalia*) (Abbild. 599), sondern auch die Mundteile und Gliedmaßen vollständig fehlen und der Körper zur Form eines ungegliederten Schlauches, Sackes oder einer gelappten Scheibe herabsinken (*Rhizocephala*) (Abb. 605).

Die Cirripedien besitzen ein paariges Gehirnganglion und eine meist aus sechs Ganglienpaaren gebildete, zuweilen (*Alcippe*, *Balaniden*) zu einer gemeinsamen Ganglienmasse verschmolzene Bauchganglienkette. Von Sinnesorganen ist das Vorkommen eines rudimentären Naupliusauges zu erwähnen.

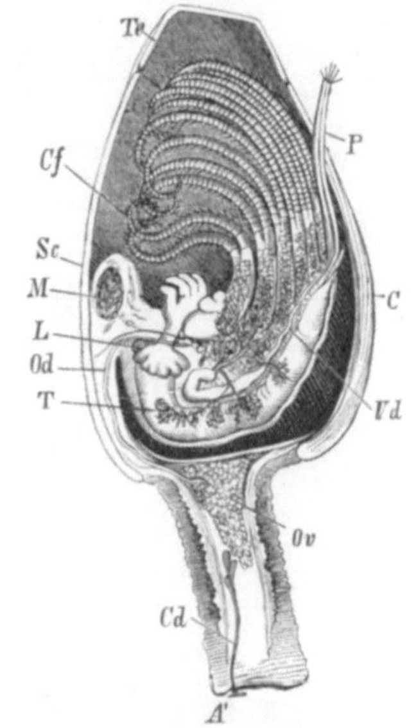

Der Darmkanal (Abb. 598) der *Lepadiden* und *Balaniden* besteht aus einem kurzen Oesophagus, welcher in den geradeverlaufenden Mitteldarm führt, dessen erweiterter Anfangsteil mehrere blinddarmförmige Ausstülpungen (Mitteldarmdrüsenschläuche) besitzt. Der kurze Enddarm öffnet sich am Hinterende. Bei *Alcippe* ist der Darm verzweigt und afterlos, bei *Cryptophialus* der Endteil des Oesophagus zu einem Kaumagen entwickelt. Mächtige, reichverästelte Darmausstülpungen, welche auch in die Schalenduplikatur hineinreichen, finden sich bei den meist afterlosen *Ascothoracida*. Die *Rhizocephalen* entbehren des Darmes; sie nehmen die Nahrung endosmotisch durch kopfständige, wurzelartige Ausläufer auf, mittels deren sie die inneren Organe von Decapoden umstricken.

Abb. 598. Innere Organisation von *Lepas*. *A'* erste Antenne, *Cd* Cementdrüse, *L* Mitteldarmdrüsenschläuche, *T* Hoden, *Vd* Ductusdeferens, *P* Copulationsorgan, *Ov* Ovarium, *Od* Oviduct, *Cf* Rankenfüße, *Te* Tergum, *Sc* Scutum, *C* Carina, *M* Adductor scutorum.

Besondere Kreislauforgane fehlen. Als Kiemen betrachtet man Schläuche, die an mehreren Rankenfüßen mancher *Lepadiden* auftreten, sowie zwei krausenartig gefaltete Lamellen an der Innenseite des Mantels bei *Balaniden* und *Alcippe*. Als Excretionsorgan findet sich die Kieferdrüse.

Die Cirripedien sind mit wenigen Ausnahmen Zwitter. Die Hoden liegen als vielfach verästelte Drüsenschläuche zu den Seiten des Darmes und entsenden Fortsätze in die Basalglieder der Rankenfüße, ihre in Samenblasen erweiterten Samenleiter erstrecken sich nach der Basis des cirrusförmigen

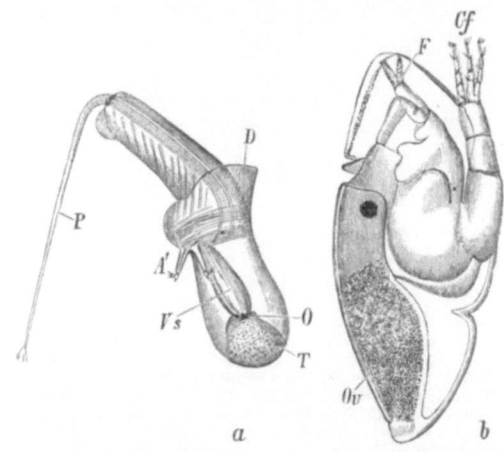

Abb. 599. *Alcippe lampas*. (Nach CH. DARWIN.) a Männchen, etwa ⁴⁰/₁. *A'* Antennen, *D* Hautduplikatur, *O* Auge, *P* Copulationsorgan, *T* Hoden, *Vs* Samenblase. — b Weibchen im Längsschnitt. ⁶/₁. *Cf* die drei Paare von Rankenfüßen, *F* Kieferfuß, *Ov* Ovarium.

Copulationsorganes, in welchem sie sich zu einem an der Spitze desselben mündenden Ductus ejaculatorius vereinigen (Abb. 598). Beim Männchen der

Abdominalia ist der Hoden unpaar. Die Ovarien liegen bei den *Balaniden* im basalen Teile der Leibeshöhle im Schalenkranze, bei den *Lepadiden* rücken sie in den Stiel hinein, ihre Oviducte münden auf einem Vorsprung am Basalgliede der ersten Rankenfüße aus (Abbild. 597 b). Die austretenden Eier sammeln sich zwischen Mantel und Leib in großen, zarthäutigen Schläuchen, welche von dem erweiterten Endabschnitt der Oviducte (Kittdrüsen) abgeschieden werden.

Trotz des Hermaphroditismus existieren nach DARWIN in einzelnen Gattungen (*Ibla, Scalpellum*) sehr einfach organisierte Zwergmännchen von eigentümlicher Form, sogenannte Ergänzungsmännchen (*complemental males*), die parasitenähnlich am Körper des Zwitters haften (Abb. 604). Auch gibt es getrenntgeschlechtliche Cirripedien mit ausgeprägtem Dimorphismus beider Geschlechtstiere. Dieser Fall trifft für *Scalpellum ornatum* und *Ibla cumingi*, ferner für die Gattungen *Cryptophialus* und *Alcippe* (Abbild. 599) und für einige *Ascothoraciden* zu. Die Männchen ersterer Formen bleiben zwergartig klein und entbehren des Verdauungskanals sowie der Rankenfüße; in der Regel sitzen zwei, zuweilen auch eine größere Zahl von Männchen am weiblichen Körper. Die Männchen der *Ascothoraciden* zeigen im allgemeinen die Charaktere des sogenannten Cyprisstadiums. Bei einigen *Rhizocephalen* soll Parthenogenese vorkommen.

Die aus den Eihüllen ausgeschlüpften Larven sind Naupliusformen (Abb. 600), die sich durch seitliche Stirnhörner auszeichnen.

Nach mehrmaliger Abstreifung der Haut tritt die zu beträchtlicher Größe herangewachsene Larve in das sogenannte Cyprisstadium (Puppe) ein (Abbild. 601). Die Integumentduplikatur des nun seitlich kompressen Körpers repräsentiert eine mantelartige Schale, an deren klaffendem Bauchrande die Extremitäten hervortreten können. Während die Form der Schale oberflächlich an die

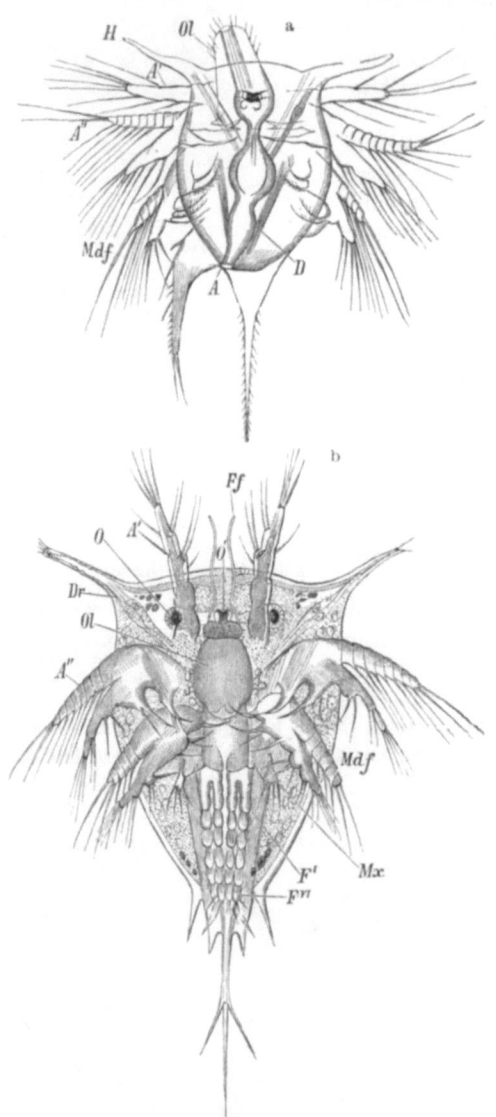

Abb. 600. a Älterer Nauplius eines Cirripeds, *Ol* Oberlippe, *H* Stirnhörner, *D* Darm, *A* After, *A'*, *A''* vordere und hintere Antenne, *Mdf* Mandibularfuß. — b Metanauplius von *Balanus*. Unter der Haut die Anlagen der Seitenaugen (*O*) und sämtlicher Beinpaare (F^I bis F^{VI}) der Puppe nachweisbar. *Ff* Frontalfäden, *O'* unpaares Auge, *Dr* Drüsenzellen der Stirnhörner, *A'* erste Antenne mit der Anlage der Haftscheibe, *Mx* Maxillaranlage. (Nach CLAUS.) Etwa $150/1$

Ostracoden erinnert, nähert sich der Körperbau der Puppe dem der Copepoden. Aus den ersten Gliedmaßen der Naupliuslarve ist eine viergliedrige armförmig gebogene Haftantenne hervorgegangen, deren vorletztes Glied sich scheibenförmig verbreitert hat und die Mündung der Cementdrüse enthält. Als Reste der Stirnhörner finden sich zwei kegelförmige Vorsprünge in der Nähe des Vorderrandes. Von den beiden zweiästigen Extremitätenpaaren des Nauplius ist das dem zweiten Antennenpaar entsprechende geschwunden, das hintere zur Mandibel an dem noch geschlossenen Mundkegel geworden, an welchem die Anlagen der Maxillen und Unterlippe bemerkbar sind. Auf den Mundkegel folgt der Thorax mit sechs zweiästigen, Copepodenfüßen ähnlichen Ruderfußpaaren und ein kleines, viergliedriges, mit Furcalgliedern endendes Abdomen. Die Puppe trägt zu den Seiten des unpaaren Augenfleckes ein Paar schon im Naupliusstadium angelegter großer zusammengesetzter Augen und schwimmt mittels der Ruderfüße umher. Eine Nahrungsaufnahme scheint nicht stattzufinden. Das zur weiteren Ernährung notwendige Material ist in einem mächtig entwickelten Fettkörper vornehmlich im Kopfteile und Rücken aufgespeichert.

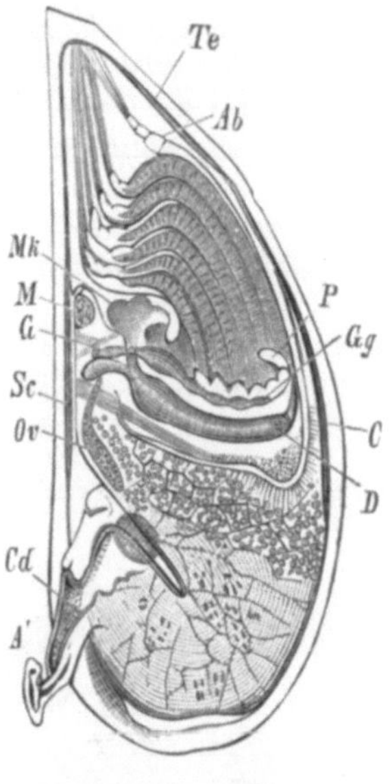

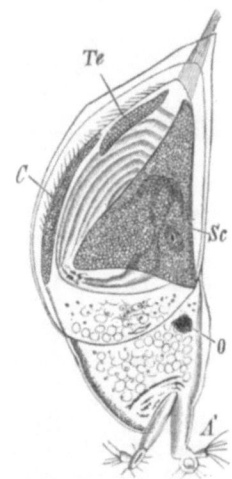

Abb. 601. *Lepas*-Puppe. (Nach CLAUS.) *A'* Haftantenne, *C* Carina, *Te* Tergum, *Sc* Scutum, *G* Gehirn, *Gg* Ganglienkette, *Mk* Mundkegel, *Cd* Zementdrüsengang, *D* Darm, *Ov* Ovarium, *Ab* Abdomen, *P* Anlage des Copulationsorgans, *M* Adductor scutorum.

Nach längerem oder kürzerem Umherschwärmen heftet sich die Puppe mittels der Haftscheibe ihrer Vorderantennen an fremden Gegenständen an und es beginnt aus der Cementdrüse die Abscheidung eines erstarrenden Kittes, der die dauernde Fixation des jungen Rankenfüßers bewirkt. Bei den *Lepadiden* wächst der vordere Kopfteil über die Schale, unter welcher die Kalkstücke der Cirripedienschale bereits durchschimmern, hervor und stellt nach Abstreifung der Puppencuticula den die Befestigung vermittelnden Stiel dar, in den auch die Ovarialanlagen eintreten (Abb. 602). Die paarigen Augen der schwärmenden Puppe sind geschwunden, während das Naupliusauge verbleibt. Die Mundwerkzeuge treten in voller Differenzierung ihrer Teile hervor und aus den zweiästigen Ruderfüßen sind kurze vielgliedrige Strudelfüße geworden.

Was die *Rhizocephalen* betrifft, so setzt sich die cyprisähnliche Larve an einer jungen Krabbe mittels der Haftantennen fest, dringt, zu einem ovalen Sack reduziert, mittels eines pfeilförmigen Körperfortsatzes (kentrogones Stadium) in die Leibeshöhle des Wirtes ein und wird zur entoparasitischen, dem Darm anliegenden Sacculina interna. Ihre Haut treibt zahlreiche wurzelförmige Ausläufer um die inneren Organe des Wirtes, während der Körper schließlich durch die Haut des Wirtes nach außen durchbricht und zum externen Parasitenkörper wird, mit welchem

Abb. 602. Junge *Lepas* mit stielförmig vorgetretenem Vorderkopf. (Nach CLAUS.) *O* Unpaares Auge, *A'* Haftantenne, *C* Carina, *Sc* Scutum, *Te* Tergum.

die im Inneren des Wirtes zurückbleibenden Wurzelfortsätze durch einen Stiel verbunden sind (DELAGE).

Die Cirripedien sind Bewohner des Meeres und siedeln sich an verschiedenen Gegenständen, z.B. Holzpfählen, Felsen, Schiffen, sowie ferner an Molluskenschalen, Krebsen, Haut von Walen usw., meist kolonieweise an. Einige, wie *Lithotrya, Alcippe* und die *Cryptophialiden*, vermögen sich in Muschelschalen und Korallen einzubohren, während die *Rhizocephalen* an Decapoden schmarotzen, die *Ascothoracida* in Anthozoen oder Asteriden als Kommensalen oder Parasiten leben. Auch *Proteolepas* ist Parasit.

Fossile Reste finden sich schon im Silur.

1. Unterordnung. *Thoracica*. Der Körper mit einer meist feste Kalkplatten enthaltenden Schale. Thorax mehr oder minder deutlich segmentiert. Mit sechs Paaren von Rankenfüßen. Großenteils Zwitter.

1. Tribus. *Pedunculata*. Vorderkopf zu einem Stiel verlängert. Körper seitlich kompreß.

Fam. *Scalpellidae*. Stiel nicht scharf abgesetzt, beschuppt oder behaart. Schalenstücke sehr stark und in großer Zahl. Scuta und Terga nebeneinander gelegen. Meist Zwitter. Zuweilen mit Ergänzungsmännchen, einige getrenntgeschlechtlich. *Pollicipes cornucopia* LEACH. Mittelmeer, Atlant. Ozean (Abb. 603). *Scalpellum scalpellum* L. (*vulgare* LEACH) mit Ergänzungsmännchen. Nordsee, Mittelmeer (Abb. 604). *S. ornatum* GRAY, getrenntgeschlechtlich. Algoa-Bai, Südafrika. *Lithotrya truncata* Q. G., lebt in Kalkfelsen, Muschelschalen oder Korallen eingebohrt. Philippinen, Sundainseln. *Ibla quadrivalvis* CUV., hermaphroditisch. Ind. u. Pazif. Ozean. *I. cumingi* DARW., getrenntgeschlechtlich. Rotes Meer, Ind. Ozean.

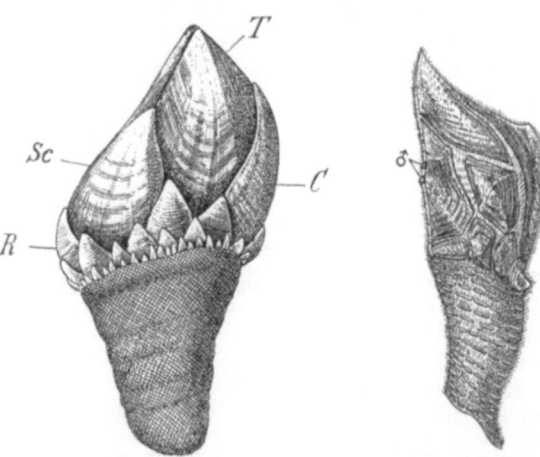

Abb. 603. *Pollicipes cornucopia*. (Nach DARWIN.) 1·5/1. *T* Tergum, *Sc* Scutum, *C* Carina, *R* Rostrum.

Abb. 604. *Scalpellum scalpellum*. (Nach DARWIN.) Etwa 2/1. ♂ Ergänzungsmännchen.

Fam. *Lepadidae*. Entenmuscheln. Stiel deutlich abgesetzt, nackt. Schale meist mit fünf Kalkstücken. Scuta und Terga liegen hintereinander (Abb. 597 a). Zwitter. *Lepas fascicularis* ELL. SOL., *L. anatifera* L., *L. pectinata* SPENGL., *Conchoderma virgatum* SPENGL., *C. auritum* L., alle weit verbreitet. *Alepas parasita* RANG. Nur chitinige Scuta vorhanden. Auf Medusen. Atlant. Ozean, Mittelmeer. *Anelasma squalicola* LOV., Schale ohne Schalenplatten. Stiel mit verästelten Filamenten. Lebt eingebohrt in der Rückenhaut von Haien. Nordsee.

2. Tribus. *Operculata*. Körper ohne Stiel, von einem äußeren, häufig aus 6 Stücken bestehenden Schalenkranze umgeben, an welchem Scuta und Terga einen meist freibeweglichen Deckel bilden (Abb. 597 b).

Fam. *Verrucidae*. Scuta und Terga nur an einer Seite freibeweglich, an der anderen mit Carina und Rostrum zu einer unsymmetrischen Schale verschmolzen. *Verruca strömia* MÜLL., Atlant. Ozean, Mittelmeer.

Fam. *Balanidae*. Seepocken. Scuta und Terga freibeweglich, untereinander artikulierend. Kiemen je aus einer Falte bestehend. *Chelonibia testudinaria* L., weit verbreitet, an Seeschildkröten, Walen befestigt. *Balanus tintinnabulum* L., weit verbreitet. *B. improvisus* DARW., sehr verbreitet. Lebt auch im Brackwasser. *B. crenatus* BRUG., *B. balanoides* L., *Chthamalus stellatus* RANZANI, weit verbreitet.

Fam. *Coronulidae*. Scuta und Terga freibeweglich, nicht miteinander artikulierend. Kiemen je aus zwei Falten bestehend. *Coronula diadema* L., auf Walen. Nordatlantisch. *Tubicinella trachealis* SHAW, Schalenkranz sehr hoch, fast cylindrisch. In die Haut von Walen eingegraben. Südsee. *Xenobalanus globicipitis* STEENSTR., Schalenkranz rudimentär.

Deckel fehlt. Körper verlängert, vom Habitus des *Conchoderma*. An Delphinen. Nordatlantisch.

2. Unterordnung. *Abdominalia*. Der ungleichmäßig segmentierte Körper von einer flaschenförmigen Schale ohne Schalenplatten umschlossen, mittels großer Haftscheibe befestigt. Zweiter und dritter Thoracalfuß fehlen; der erste Thoracalfuß tasterförmig, bildet einen Maxillarfuß; vierter bis sechster Thoraxfuß am Hinterende gelegen. Getrenntgeschlechtlich. Leben eingebohrt in die Schale von Mollusken und Cirripedien.

Fam. *Cryptophialidae*. Die drei hinteren Thoraxfüße sind zweiästige Rankenfüße. *Cryptophialus minutus* DARW., Maxillarfuß rudimentär. In der Schale von *Concholepas peruviana*. Chile. Nahe verwandt ist *Kochlorine hamata* NOLL, ohne Haftscheibe, in der Schale von *Haliotis*. Cadiz.

Fam. *Alcippidae*. Die drei hinteren Thoracalfüße einästig. After fehlt. *Alcippe lampas* HANC., eingebohrt in *Fusus*- und *Buccinum*-Schalen. Nordsee (Abb. 599).

3. Unterordnung. *Rhizocephala, Wurzelkrebse*. Der Körper schlauch- oder sackförmig, ohne Segmentierung und ohne Gliedmaßen, mit engem, kurzem Haftstiel, an welchem lange, wurzelartig verzweigte Fäden entspringen (Abb. 605). Diese durchsetzen den Leib des Wirtes und führen dem Parasiten die Nahrung zu. Schale sackförmig, ohne Kalkstücke, mit enger verschließbarer Öffnung. Darm fehlt. Zwitter. Es sollen cyprisförmige Zwergmännchen vorhanden sein. Leben als Parasiten vornehmlich am Abdomen von Decapoden, deren innere Organe sie mit ihren wurzelartigen Fäden umspinnen.

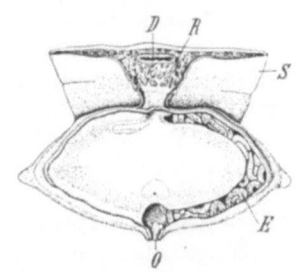

Abb. 605. *Sacculina carcini* nach Entfernung der linken Mantelwand und linken Eierschläuche. (Nach DELAGE, etwas verändert.) *E* Eierschläuche der rechten Seite in der Mantelhöhle, *O* Mantelöffnung, *R* Wurzelausläufer, die den Darm (*D*) der Krabbe umspinnen, *S* Abdomen der Krabbe. 1·6/1

Fam. *Peltogastridae*. *Peltogaster paguri* RATHKE, an *Pagurus*-Arten. *Sacculina carcini* THOMPS., am Abdomen von *Carcinides maenas* und anderer Krabben. Nordsee (Abb. 605). *Lernaeodiscus porcellanae* FR. MÜLL. Brasilien. *Mycetomorpha vancouverensis* POTTS, auf *Crangon communis*. Vancouverinsel, Beringsmeer.

4. Unterordnung. *Apoda*. Der madenförmige, aus elf Ringen gebildete Körper ohne Schale. Haftfühler bandförmig verlängert. Mund zum Saugen eingerichtet, mit Mandibeln und Maxillen. Rankenfüße fehlen. Verdauungskanal rudimentär. Zwitter. Leben als Parasiten.

Fam. *Proteolepadidae*. *Proteolepas bivincta* DARW., parasitisch in *Alepas cornuta*. Westindien.

5. Unterordnung. *Ascothoracida*. Körper klein mit sehr großer, ihn vollständig umhüllender Schale, nicht mittels der Antennen befestigt. Abdomen drei- bis viergliedrig oder ohne deutliche Gliederung. Thoracalfüße klein, einästig oder fehlend. Mundteile stechend und saugend. After fehlt meist. Darmausstülpungen und Ovarien reichen in die Mantellappen. Zwitter oder getrenntgeschlechtlich. Leben kommensalisch oder parasitisch in Anthozoen und Echinodermen.

Fam. *Lauridae*. *Laura gerardiae* LACAZE, lebt im Cönosark einer Anthozoë (*Savaglia*) versenkt. Mittelmeer. *Petrarca bathyactidis* H. FOWLER, in *Bathyactis*. *Dendrogaster astericola* KNIPOWITSCH, in der Leibeshöhle von *Echinaster* und *Solaster*. Weißes Meer. *D. arborescens* LE ROI, in der Leibeshöhle von *Dipsacaster sladeni*. Getrenntgeschlechtlich. Kapstadt.

7. Ordnung. Malacostraca.

Crustaceen, deren Kopf und Thorax außer dem primären Kopfaschnitte aus 13 Segmenten besteht. Abdomen aus sechs, selten sieben Segmenten nebst dem Endsegment (Telson) zusammengesetzt.

Der Körper fast aller Malacostraken setzt sich, von Reduktionen abgesehen, außer dem primären Kopfabschnitte aus 20 Segmenten zusammen, von denen das Endsegment meist als Platte (Telson) entwickelt ist.

Unter den lebenden Malacostraken sind es nur die *Leptostraca* (*Nebalia*), die neben anderen Eigentümlichkeiten durch eine größere Zahl von Abdominalsegmenten abweichen, indem das Abdomen sieben Segmente sowie ein in zwei Furcalglieder auslaufendes Endsegment aufweist. Es ist somit hier auch in der Gestaltung des Endsegmentes noch nicht die besondere Form der Schwanzplatte, des Telsons, entwickelt. Die Leptostraken stehen in diesen sowie auch anderen Organisationseigentümlichkeiten zwischen Phyllopoden und Malacostraken, letzteren jedoch viel näher. Wahrscheinlich handelt es sich in den Leptostraken um Reste einer alten Crustaceengruppe, welche zu den Malacostraken hinführte.

Am Kopfe der Malacostraken finden sich zwei Antennenpaare, das Mandibelpaar sowie zwei Maxillenpaare. Die nachfolgenden acht Gliedmaßenpaare des Thorax können untereinander nahezu gleich sein (*Leptostraca*); in der Regel treten aber ein bis fünf vordere Thoracalfüße in nähere Beziehung zum Mund und besitzen dann als Maxillarfüße eine zwischen Maxille und Thoracalfuß vermittelnde Form. Als Grundform des Thoracalfußes der Malacostraken erscheint der Spaltfuß (Schizopodenfuß). Er besteht aus einem zweigliedrigen Stamme, einem fünfgliedrigen Innenast (Endopodit) und geißelförmigem Außenast (Exopodit). Dazu kommen am Basalgliede des Stammes Epipoditen, die entweder lamellös verbreitert oder als verschieden gestaltete Kiemen ausgebildet sind. Von den sieben das Abdomen zusammensetzenden Segmenten tragen die sechs vorderen meist zweiästige Beinpaare (Pleopoden), während das Telson gliedmaßenlos ist.

Die Schale ist eine schildförmige, häufig mit einem Stirnfortsatz (Rostrum) versehene Duplikatur, hinter welcher die hinteren, seltener sämtliche Thoracalsegmente frei bleiben, oder ein den Rücken des Thorax unmittelbar bildender Schalenpanzer (*Decapoda*). Bei den *Leptostraca* und *Stomatopoda* ist das Rostrum der Schale als Rostralplatte (Kopfklappe) beweglich abgesetzt.

Bei den *Arthrostraca* ist die Schalenduplikatur rudimentär und der aus dem Kopf und einem Thoracalsegment bestehende Cephalothorax kopfartig abgesetzt, welchem die sieben freibleibenden Brustsegmente folgen. In anderen Malacostrakengruppen verhalten sich auch noch das nächste oder die beiden nächstfolgenden Paare von Brustbeinen als Kieferfüße, ohne daß es zu einer scharfen Absetzung von Kopf und Thorax kommt.

Am Darm ist stets ein Vormagen zu unterscheiden. Die männlichen Genitalöffnungen liegen am letzten, die weiblichen am drittletzten Thoracalsegmente.

Die *Malacostraca* lassen fünf große Gruppen unterscheiden: *Leptostraca, Stomatopoda, Thoracostraca, Anomostraca, Arthrostraca*, von denen die *Leptostraca* den übrigen Abteilungen, den *Eumalacostraca* (GROBBEN) schärfer gegenüberstehen.

1. Legion. Leptostraca[1].

Malacostraken mit zweiklappiger, den Kopf und Thorax umlagernder Schale und beweglicher Rostralplatte, mit acht freien Brustsegmenten, deren Extremitäten blattfußähnlich entwickelt sind. Abdomen achtgliedrig, mit zwei Furcalästen am Endsegment.

---

[1] Außer LEACH, LATREILLE, M. EDWARDS vgl. METSCHNIKOFF, E.: Entwicklungsgeschichte von *Nebalia* (russ.). Sapiski Acad. St.-Pétersbourg 1868. — PACKARD, A. S.: The order *Phyllocarida* and its systematic position, in: A monograph of North American Phyllopod Crustacea. Washington 1883. — SARS, G. O.: Report on the *Phyllocarida*. Challenger Rep. 19 (1887). — CLAUS, C.: Über den Organismus der Nebaliden und die systematische Stellung der Leptostraken. Arb. zool. Inst. Wien 8 (1888). — ROBINSON, M.: On the Deve-

Der seitlich compresse Körper (Abb. 606) wird von einer Schale umschlossen, aus welcher bloß die hinteren Abdominalsegmente frei hervorragen; sie setzt sich vorn in eine bewegliche Rostralplatte fort, die morphologisch dem Rostrum anderer Malacostrakenschalen entspricht. Die beiden Schalenhälften können durch einen kräftigen Schließmuskel geschlossen werden.

Der Vorderkopf ist beweglich abgesetzt; an ihm entspringen unterhalb der Rostralplatte zwei Stielaugen, weiter abwärts die ersten Antennen, die auf viergliedrigem Schaft eine borstenrandige Schuppe und eine vielgliedrige Geißel tragen. Die zweite Antenne besitzt einen dreigliedrigen Schaft und eine lange, beim Männchen bis zum hinteren Körperende reichende Geißel. Mandibeln mit dreigliedrigem Taster (Abb. 568 c). Vordere Maxillen zweilappig, mit beinartig verlängertem, als Putzfuß dienendem Taster, die zweiten Maxillen nach Art eines Phyllopodenfußes gelappt. An den acht deutlich abgegliederten Brustsegmenten erheben sich ebensoviele Beinpaare mit schlankem Innen- und lamellösem Außenast sowie mit Kiemenanhang (Epipoditen) (Abbild. 571), die eine Mischform von Schizopodenfuß und Phyllopodenfuß vorstellen. Die vier vorderen Segmente des Abdomens tragen kräftige zweiästige Schwimmfüße, deren Endopoditen einen mit Häkchen besetzten Fortsatz (Retinaculum, Stylamblys) zur Verbindung mit dem Bein der Gegenseite besitzen. Der frei aus der Schale hervorragende Abschnitt des noch an zwei Segmenten Fußstummel tragenden Abdomens verjüngt sich nach dem Ende zu und endet mit zwei langen borstenrandigen Furcalästen (Abb. 606).

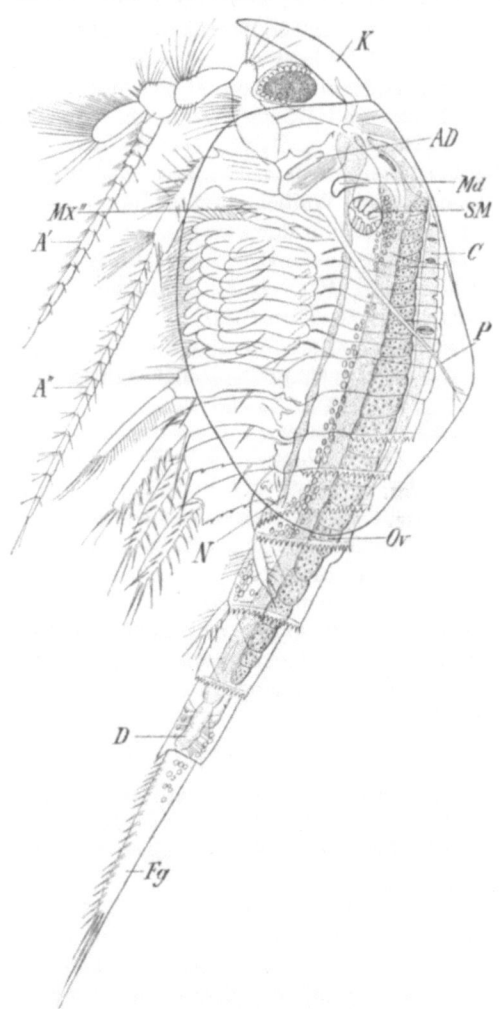

Abb. 606. Weibchen von *Nebalia bipes*. (Nach CLAUS.) $^{12}/_1$. A' erste, A'' zweite Antenne, *AD* Antennendrüse, *C* Herz, *D* Darm, *Fg* Furca, *K* Kopfklappe (Rostralplatte), *Md* Mandibel, *Mx''* zweite Maxille, *N* Nervensystem, *Ov* Ovarium, *P* Taster (Putzfuß) der ersten Maxille, *SM* Schalenmuskel.

Das Nervensystem besteht aus einem zweilappigen Gehirn und einer langgestreckten Bauchganglienkette mit 17 Ganglienpaaren. Der Oesophagus geht in einen mit Borstenleisten und Kieferplatten bewaffneten Vormagen über. In den

---

lopment of *Nebalia*. Quart. J. microsc. Sci. **50** (1906). — WOLLNER, E.: Zur Kenntnis des Baues und der Muskulatur des Vorderkopfes und seiner Anhänge von *Nebalia* und den Schizopoden. Göteborgs kgl. Vetensk. o. Vitterh.-Samh. Handlingar **26** (1924).

Anfang des Darmrohres münden zwei kurze, nach vorn gerichtete und sechs lange, den ganzen Leib durchsetzende Mitteldarmdrüsenschläuche ein. Am Ende des Mitteldarmes findet sich ein unpaarer dorsaler Blindanhang. Der kurze, mittels Dilatatoren befestigte Afterdarm mündet zwischen den Furcalästen aus. Eine Antennendrüse ist vorhanden, ebenso eine rudimentäre Kieferdrüse. Das langgestreckte Herz durchsetzt die Brust und den vorderen Abschnitt des Abdomens und besitzt vier große laterale und drei kleine dorsale Ostienpaare. Sein vorderes und hinteres Ende setzt sich in Aorten fort. Die Blutbewegung erfolgt in regelmäßigen Bahnen der Leibeshöhle und in gefäßartigen Kanälen der Schale.

Ovarien und Hoden erstrecken sich als lange Schläuche seitlich vom Darm durch Brust und Abdomen. Das Männchen ist an den dichter gehäuften Spürhaaren der Vorderantennen sowie an der bedeutenderen Länge der hinteren Antennen zu erkennen. Das Weibchen trägt die abgelegten Eier zwischen den Brustbeinen bis zum Ausschlüpfen der Jungen.

Die Embryonalentwicklung ist direkt und bietet vielfach Ähnlichkeit mit jener der Mysideen. Bei den den Brutraum verlassenden Jungen ist das vierte Pleopodenpaar noch rudimentär.

Die Nebalien gehören dem Meere an, nähren sich von tierischen Stoffen und besitzen eine ungewöhnliche Lebenszähigkeit.

Fam. *Nebaliidae*. *Nebalia bipes* O. FABR. (*geoffroyi* M. E.), Atlant. Ozean, Mittelmeer (Abb. 606), Arkt. Meere. *Paranebalia longipes* WILL. SUHM, Bermudas, Harrington Sound. *Nebaliopsis typica* O. SARS. In großer Tiefe. Südsee.

Mit den Leptostraken verwandt sind die paläozoischen, als *Archaeostraca* zu bezeichnenden *Ceratiocariden* (*Ceratiocaris*, *Dictyocaris*, *Hymenocaris*), welche bei viel bedeutenderer Körpergröße mit stärkeren Schalenklappen, vielgliedrigem Hinterleib und drei- oder mehrstacheligem Schwanzende versehen sind. Leider läßt sich über die nähere Beschaffenheit der Gliedmaßen und die innere Organisation dieser nach höchst unvollständig erhaltenen Resten bekannt gewordenen Formen nichts Sicheres aussagen. Die beweglichen Seitenstacheln am Schwanzstachel (Telson) scheinen Gliedmaßen zu entsprechen. Die Tiere lebten im Meere oder Brackwasser.

2. Legion. Stomatopoda, Maulfüßer[1].

Langgestreckte Malacostraken mit kurzer, die drei Brustsegmente nicht überdeckender Schale, letztere mit beweglich abgesetzter Rostralplatte; mit fünf Paaren von Maxillarfüßen und spaltästigen Beinen am Thorax, mit mächtig entwickeltem Abdomen.

Die Stomatopoden sind eine eigentümlich entwickelte Gruppe von Malacostraken, die sich als Seitenstamm von schizopodenähnlichen Ureumalacostraken aus getrennt hat. Es sind Malacostraken von ansehnlicher Größe und gestrecktem Körper mit schwachem Thorax und breitem mächtigen Abdomen, das mit einer

---

[1] Außer DANA, MILNE EDWARDS, DUVERNOY, FR. MÜLLER, PETRICEVIC, TAKU KOMAI vgl. CLAUS, C.: Die Metamorphose der Squilliden. Abh. Ges. Wiss. Göttingen 1872. — Die Kreislauforgane und Blutbewegung der Stomatopoden. Arb. zool. Inst. Wien 5 (1884). — GROBBEN, C.: Die Geschlechtsorgane von *Squilla mantis*. Sitzgsber. Akad. Wiss. Wien, Math.-naturwiss. Kl. 1876. — Über die Muskulatur des Vorderkopfes der Stomatopoden und die systematische Stellung dieser Malakostrakengruppe. Ebenda 1919. — BROOKS, W. K.: The larval stages of *Squilla empusa*. Chesapeake Zool. Labor. Baltimore 1879. — Report on the *Stomatopoda*. Challenger Rep. 16 (1886). — HANSEN, H. J.: Isopoden, Cumaceen und Stomatopoden. Erg. Plankton-Exped. Kiel 1895. — ORLANDI, S.: Sulla struttura dell'intestino della *Squilla mantis*. Atti Soc. Ligust. Genova 12 (1901). — GIESBRECHT, W.: Stomatopoden. Fauna u. Flora Golf Neapel 33 (1910). — WOODLAND, W. N. F.: On the Maxillary Gland and some other features in the internal Anatomy of *Squilla*. Quart. J. microsc. Sci. 59 (1913).

großen Schwanzflosse endet (Abb. 607). Die weichhäutige Schale bleibt kurz und läßt die drei hinteren Thoracalsegmente völlig unbedeckt. Aber auch die kurzen Segmente der Kieferfüße liegen am Hinterrande des Schildes mehr oder minder frei. Der vorderste Teil der Schale ist (gleich der Rostralplatte von *Nebalia*) beweglich abgegliedert und in manchen Fällen in einen Rostralstachel ausgezogen.

Der Vorderkopf mit den Augen und ersten Antennen ist beweglich abgesetzt und an ihm wieder der Augenabschnitt abgegliedert. Die vorderen Antennen tragen auf einem langgestreckten dreigliedrigen Stiele drei kurze vielgliedrige Geißeln, während die Antennen des zweiten Paares an der äußeren Seite ihrer vielgliedrigen Geißel eine breite umfangreiche Schuppe (Exopodit) besitzen. Seitlich von dem weit nach hinten gelegenen, von einer helmförmigen Oberlippe überragten Munde liegen die Mandibeln, meist mit dünnem dreigliedrigen Taster. Die erste Maxille ist verhältnismäßig klein und schwach, mit kaum nachweisbarem Tasterrest, die zweite Maxille eine viergliedrige gelappte blattförmige Gliedmaße mit basaler Kaulade. Die fünf folgenden beinartig gestalteten Extremitätenpaare erscheinen dicht um den Mund gedrängt und sind deshalb treffend als Mundfüße bezeichnet worden. Sämtlich tragen sie an der Basis eine scheibenförmige Epipodialplatte. Der erste Kieferfuß ist dünn, tasterförmig und endet mit einer kleinen Greifzange. Bei weitem am umfangreichsten ist der zweite

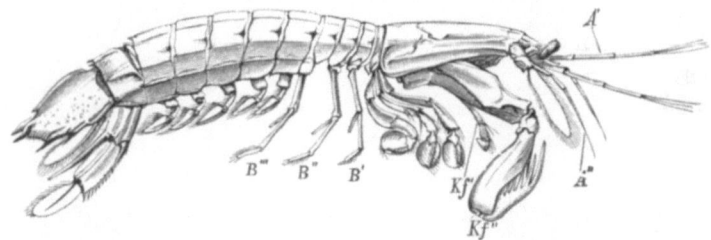

Abb. 607. *Squilla mantis*. A', A'' Antennen, Kf', Kf'' die vorderen Kieferfußpaare, B', B'', B''' die Spaltbeinpaare des Thorax. $^1/_2$

Kieferfuß, welcher einen gewaltigen Raubfuß mit enorm verlängerter Greifhand darstellt. Die drei folgenden Paare sind gleichgestaltet und enden mit schwächerer rundlicher Greifhand. Die Extremitäten der drei Thoracalsegmente sind spaltfußförmig. Mächtig sind die breiten Schwimmfüße des Abdomens entwickelt, deren Endopoditen einen mit Häkchen besetzten Fortsatz (Stylamblys, Retinaculum) zur Verbindung mit dem Bein der Gegenseite besitzen; die Exopoditen tragen Kiemenbüschel.

Der Darm ist durch den Besitz von zwei langen, segmental ausgebuchteten Mitteldarmdrüsenschläuchen ausgezeichnet, die sich bis in das Telson erstrecken. In das Rectum münden zwei weite Drüsensäcke (Rectaldrüsen) und einige kleine Schläuche vielleicht excretorischer Natur. Das Herz ist ein durch Thorax und Abdomen sich erstreckendes, an seinem Vorderende erweitertes Rückengefäß mit zahlreichen Spaltenpaaren, welches unpaare und paarige Gefäße abgibt. Als Niere findet sich die Maxillardrüse vor. Dem Gehirnganglion anliegend persistiert das Naupliusauge (*Squilla*).

Beide Geschlechter sind nur wenig verschieden. Indes ist das Männchen leicht an dem Besitze des Rutenpaares an der Basis der letzten Brustbeine sowie an dem umgestalteten ersten Pleopodenpaare mit Greifanhang kenntlich (Abb. 561). Die Genitalorgane erstrecken sich durch Thorax und Abdomen. Im männlichen Geschlecht findet sich eine Anhangsdrüse vor. Die Ausmündung der weiblichen Keimdrüsen erfolgt in der Mitte des drittletzten Thoracalsegments, wo auch eine

Spermatotheca zur Ausbildung kommt. Kittdrüsen finden sich in den drei Thoracalsegmenten.

Die Eier werden vom Weibchen bis zum Ausschlüpfen der Larven zwischen den drei hinteren Maxillarfüßen getragen oder (*Gonodactylus*) in der Wohngrube vom Muttertier abgesetzt und beschützt. Die postembryonale Entwicklung beruht auf einer Metamorphose. Die ausschlüpfenden Larven sind entweder die sogenannte *Erichthoidina* oder die *Pseudozoëa* (wie bei *Squilla*, *Gonodactylus*). Die *Erichthoidina* besitzt alle 8 Segmente der Brust und an den fünf vorderen zweiästige Schwimmfußpaare, entbehrt aber noch des Hinterleibes bis auf die Schwanzplatte (Abb. 608). In den folgenden Stadien entstehen die Abdominalsegmente sowie ihre Extremitäten, während die drei letzten Thoracalsegmente noch gliedmaßenlos sind. Die *Pseudozoëa* (Abb. 609) weist fast alle Rumpfsegmente auf; sie ist charakterisiert durch

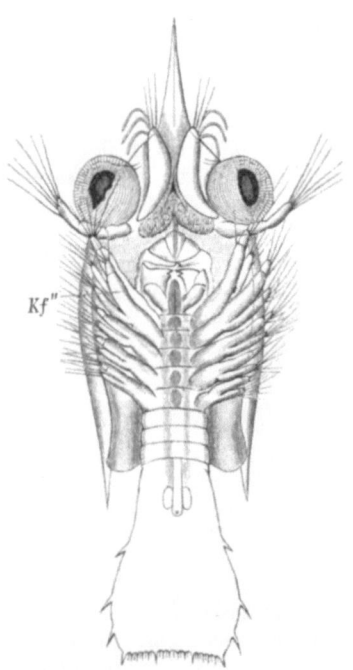
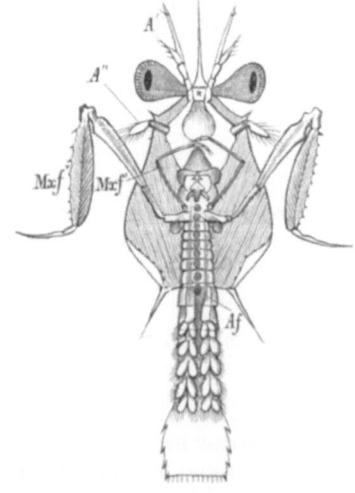

Abb. 608. *Erichthoidina*-Stadium. (Nach CLAUS, etwas abgeändert.) $^{42}/_1$. *Kf"* späterer zweiter Maxillarfuß.

Abb. 609. *Pseudozoëa*-Stadium. (Nach CLAUS, etwas abgeändert.) $^{21}/_1$. *A'*, *A"* die Antennen, *Af* Abdominalfüße, *Mxf'* erster Maxillarfuß, *Mxf"* der große Raubfuß (zweiter Maxillarfuß).

die Gliedmaßenlosigkeit der 6 hinteren Thoraxsegmente. Die beiden vorderen Maxillarfüße besitzen eine der definitiven ähnliche Gestaltung und das Abdomen trägt bereits 4—5 Paare von Schwimmfüßen. Die Larve zeigt eine gewisse Übereinstimmung mit der Zoëa der Decapoden. Nach Hervorsprossen der fehlenden Thoraxgliedmaßen wird ein Larvenstadium erreicht, das von GIESBRECHT als *Synzoëa* bezeichnet wird und das zwei von älteren Autoren als *Erichthus* und *Alima* beschriebene Haupttypen unterscheiden läßt. Der letztere, durch lange Augenstiele und kurze Schale ausgezeichnet, gehört zum Genus *Squilla*.

Die Stomatopoden gehören ausschließlich den wärmeren Meeren an und leben in Erdlöchern am Meeresgrunde. Sie schwimmen vortrefflich und ernähren sich vom Raube anderer Seetiere. Die Larven leben pelagisch.

Fam. **Squillidae**. Heuschreckenkrebse. Mit den Charakteren der Gruppe. *Squilla mantis* L. (Abb. 607). *S. desmaresti* RISSO. Atlant. Ozean, Mittelmeer. *Lysiosquilla eusebia* RISSO. Mittelmeer. *Gonodactylus chiragra* F. Indopazif. Ozean.

Coelomata (Bilateria): Arthropoda, Gliederfüßer.

3. Legion. Thoracostraca[1] (Podophthalmata), Schalenkrebse.

Malacostraken mit meist auf beweglichen Stielen sitzenden zusammengesetzten Augen, mit Schale, hinter welcher die hinteren Brustsegmente frei bleiben, oder die Schale bildet unmittelbar den Rücken des Thorax.

Die Schalenkrebse besitzen eine als Rückenschild entwickelte Schale, welche in ihrer höchsten Entwicklung unmittelbar das Rückenintegument sämtlicher

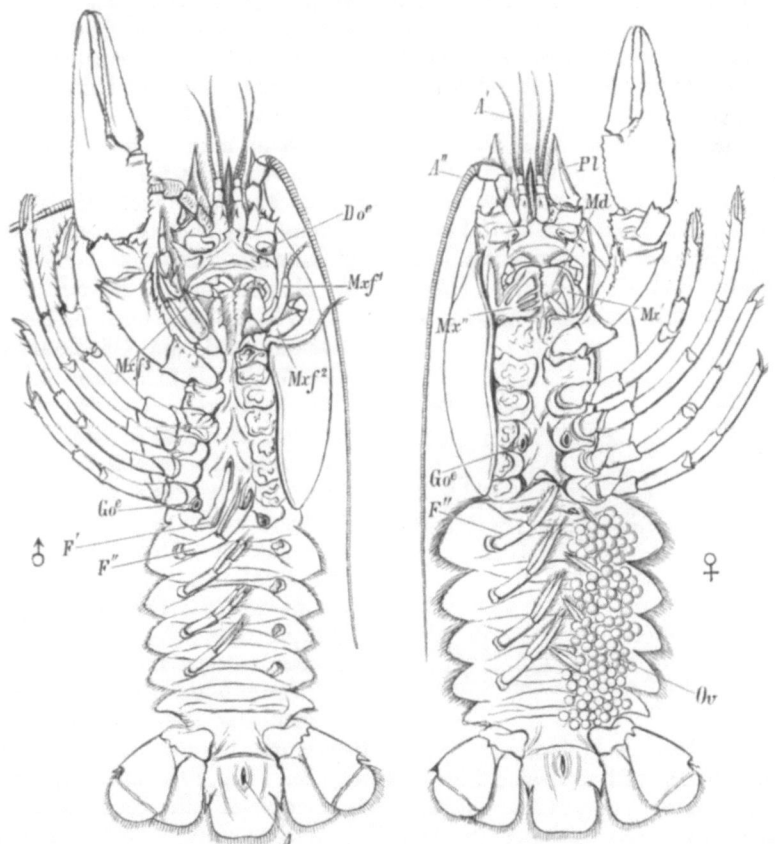

Abb. 610. Männchen (δ) und Weibchen ($\female$) von *Potamobius (Astacus) fluviatilis*. Ventralansicht. $1/1$. Beim Männchen sind Gehfüße und Abdominalfüße der linken Seite, beim Weibchen außer den Gehfüßen der rechten Seite auch die Kieferfüße beider Seiten entfernt. A' innere (vordere), A'' äußere Antenne, Pl Schuppe derselben, Md Mandibel mit Taster, Mx' erste, Mx'' zweite Maxille, Mxf^1 bis Mxf^3 die drei Kieferfüße, Goe Geschlechtsöffnung, Doe Öffnung der Antennendrüse (grünen Drüse), F', F'' erster und zweiter Abdominalfuß, Ov Eier, A After.

Brustringe bildet und dann nur in ihren seitlichen, nach der Bauchseite gebogenen Flügeln noch als freie Duplikatur erscheint (Abb. 611).

Der Vorderkopf ist bei *Schizopoden*, *Penaeiden* und *Cariden* noch beweglich abgesetzt.

Die erste Antenne (Abb. 610) trägt auf einem gemeinsamen Schafte in der Regel zwei oder drei Geißeln, wie man die sekundären, als geringelte Fäden sich

---

[1] Außer den Werken von MILNE-EDWARDS, DANA, CLAUS vgl. LEACH, W. E.: *Malacostraca podophthalma Britanniae*. London 1817—1821. — BELL, TH.: A history of the British stalk-eyed Crustacea. London 1853. — HELLER, C.: Die Crustaceen des südlichen Europa. Wien 1863. — PESTA, O.: Die Decapodenfauna der Adria. Leipzig u. Wien 1918. — Ferner GERSTAECKER u. ORTMANN: Bronns Klass. u. Ordn. Tierreich 5.

darstellenden Gliederreihen bezeichnet, und ist vorzugsweise Sinnesorgan. Die zweiten Antennen heften sich außerhalb und in der Regel etwas unter den vorderen an, tragen eine lange Geißel und bei den *Schizopoden* sowie langschwänzigen *Decapoden* meist eine mehr oder minder umfangreiche Schuppe (Exopodit). Als Mundwerkzeuge fungieren die nachfolgenden drei Gliedmaßenpaare, zu den Seiten der Oberlippe die kräftigen, tastertragenden Mandibeln und weiter abwärts die beiden mehrfach gelappten Maxillenpaare, vor denen unterhalb der Mundöffnung die kleine zweilappige Unterlippe (Paragnathen) liegt. Die nachfolgenden acht Gliedmaßenpaare zeigen in den einzelnen Gruppen eine sehr verschiedene Form und Verwendung. In der Regel rücken die vorderen Paare, zu Hilfsorganen der Nahrungsaufnahme umgebildet, als Kieferfüße (Maxillarfüße) näher zur Mundöffnung hinauf und nehmen auch ihrem Baue nach eine vermittelnde Stellung zwischen Kiefern und Füßen ein. Bei manchen *Schizopoden* ist ein Kieferfußpaar, bei *Cumaceen* sind zwei, bei *Decapoden* (Abb. 610) drei Paare von Kieferfüßen vorhanden, so daß bei diesen fünf Paare von Beinen am Thorax übrigbleiben. Die Beine der Brust sind entweder Spaltfüße (mit Schwimmfußast) oder entbehren des Außenastes und sind Gehfüße (*Decapoden*); alsdann enden sie mit einfachen Klauen oder mit Scheren; indessen können ihre Endglieder auch breite Platten werden und die Gliedmaßen zum Gebrauche als Schwimm- oder Grabfüße befähigen. Von den sechs zweiästigen Beinpaaren des Abdomens (Pleopoden) verbreitert sich das letzte Paar in der Regel flossenartig und bildet mit dem plattenförmigen Endsegmente des Abdomens (Telson) die Schwanzflosse (Schwanzfächer). Dagegen sind die fünf vorausgehenden Fußpaare, welche den fünf vorderen Abdominalsegmenten angehören, teils Schwimmfüße, teils dienen sie zum Tragen der Eier oder die vorderen

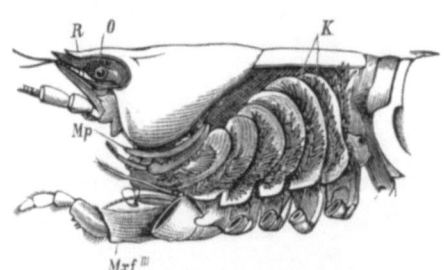

Abb. 611. Cephalothorax von *Potamobius* (*Astacus*) *fluviatilis*, nach Entfernung der Kiemendecke. (Nach HUXLEY.) *K* Kiemen, *Mp* schwingende Platte der zweiten Maxille, *Mxf*^{III} dritter Maxillarfuß, *O* Stielauge, *R* Rostrum.

beim Männchen als Hilfsorgane bei der Begattung; sie können aber auch rudimentär werden und teilweise hinwegfallen. Bei den *Euphausiacea, Carididae, Macrura palinura* und *Axius* besitzen die Pleopoden am Endopoditen einen Häkchen tragenden Anhang (Stylamblys, Retinaculum) zur Verbindung mit dem Beine der Gegenseite.

Mit seltenen Ausnahmen (*Mysideen*) besitzen die Schalenkrebse büschelförmige oder aus regelmäßigen lanzettförmigen Fiederblättchen zusammengesetzte Kiemen, die als Anhänge der Thoraxgliedmaßen (Podobranchien) auftreten, auch an den Seiten der Brustsegmente (Pleurobranchien) aufsitzen; die *Cumaceen* entbehren derselben bis auf ein Kiemenpaar an dem ersten Kieferfuße. Bei den *Decapoden* liegen die Kiemen durchwegs in einem besonderen Kiemenraum unter den seitlichen Ausbreitungen des Panzers (Abb. 611). Die Kreislauforgane erlangen eine hohe Entwicklung. Das Herz besitzt eine schlauch- oder sackförmige Gestalt und liegt im hinteren Teile des Kopfbruststückes; bei den *Decapoden* (Abb. 140) wird die Herzwand von zwei dorsalen und einem ventralen Ostienpaar durchbrochen. Eine vordere Kopfaorta versorgt das Gehirn und die Augen, zwei seitliche Arterienpaare entsenden ihre Zweige zu den Antennen und in die Schale, ein ventrales Gefäßpaar, die Leberarterie, versorgt Magen, Leber und Geschlechtsorgane, eine hintere abdominale Aorta verläuft in das Abdomen. Vor ihr tritt eine absteigende Arterie (Sternalarterie) aus, die sich ventral von der Ganglienkette in ein vorderes und hinteres Gefäß teilt (Abb. 612). Aus den nicht selten capillarenartigen Verzweigungen strömt das Blut in größere oder kleinere bindegewebig begrenzte Kanäle und aus diesen in einen weiten, an der Kiemenbasis gelegenen Blutsinus. Von da aus durchsetzt es die Kiemen und tritt, arteriell geworden, in neue gefäßartige Bahnen (Kiemenvenen mit arteriellem Blute), welche in den Pericardialsinus führen, aus dem es in die mit Klappen versehenen

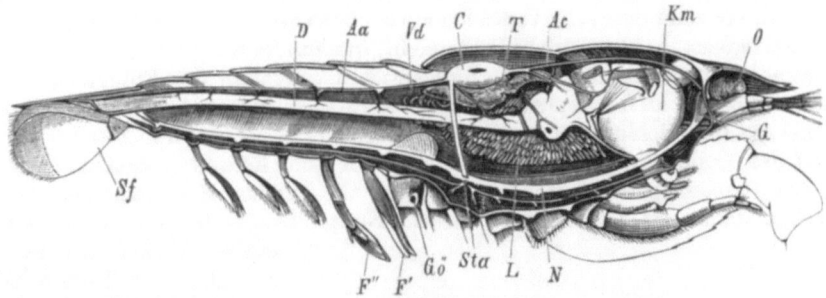

Abb. 612. Längsschnitt durch *Potamobius (Astacus) fluviatilis*. (Nach HUXLEY.) *C* Herz, *Ac* Aorta cephalica, *Aa* Aorta abdominalis, an ihrem Ursprung tritt die Sternalarterie (*Sta*) aus, *D* Enddarm, *Km* Kaumagen, *L* Mitteldarmdrüse (Leber), *T* Hoden, *Vd* Ductus deferens, *Gö* Genitalöffnung, *F'*, *F''* die beiden ersten als Copulationsorgane umgewandelten Pleopoden, *G* Gehirn, *N* Ganglienkette, *O* Stielauge, *Sf* Seitenplatte des Schwanzfächers.

Spaltöffnungen des Herzens einfließt. Ein Blutkörper bildendes Organ (Lymphdrüse) findet sich bei *Schizopoden* und *Decapoden* an der Kopfarterie.

Der Verdauungskanal besteht aus einem kurzen Oesophagus mit weitem sackförmigen Vormagen, einem meist kurzen Mesenteron und einem geradgestreckten

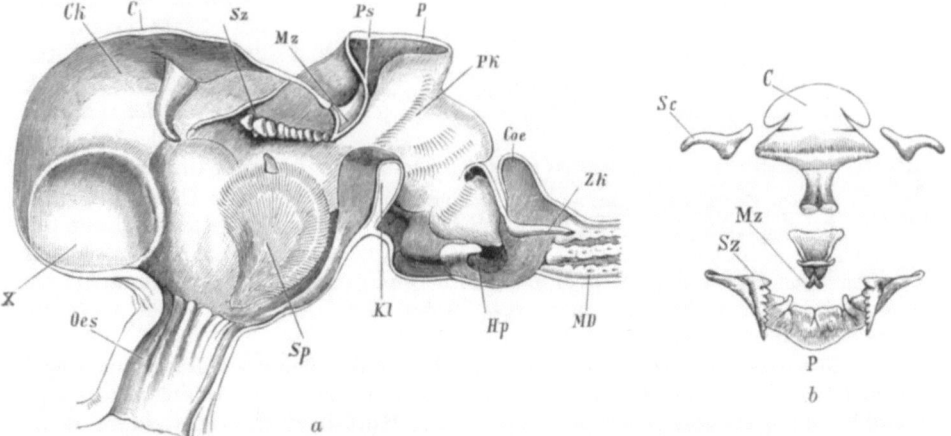

Abb. 613. a Längsdurchschnitt des Vormagens von *Potamobius (Astacus) fluviatilis*. b Dorsale Stücke der sogenannten Magenmühle. (Nach HUXLEY.) *Oes* Oesophagus, *C* Cardiacalplatte, *Ck* Cardiacalkammer, *Mz* Mittelzahn, *Pk* Pyloricalkammer, *P* Pyloricalplatte, *Sc* seitliche Cardiacalplatte, *X* sogenannte Krebssteine, *Ps* Präpyloricalstück, *Sz* Seitenzähne, *Sp* Seitenplatte mit dem unteren Seitenzahn, *Kl* Klappe zwischen beiden Kammern, *Coe* Coecum, *Hp* Einmündung der Mitteldarmdrüse, *MD* Enddarm, *ZK* zangenförmige Klappe.

Enddarm, der ventralwärts an dem Telson ausmündet (Abb. 612). Der Vormagen (Kaumagen) besitzt mehrere nach innen vorragende, aus der inneren Chitinhaut hervorgegangene bezahnte oder beborstete Platten (sogenannte Magenmühle) (Abb. 613). Bei dem Flußkrebs werden vor der Häutung von der Wand der Cardiacalkammer des Vormagens zwei runde Concremente von kohlensaurem Kalk, die sogenannten Krebssteine, abgeschieden. In das Mesenteron münden die Ausführungsgänge der umfangreichen, vielfach gelappten Mitteldarmdrüse (Leber) ein, auch finden sich bei zahlreichen *Decapoden* dorsale Blinddärme vor. Als Excretionsorgan fungiert die Antennendrüse (grüne Drüse beim Flußkrebs genannt), die Schalendrüse fehlt.

Das Nervensystem zeichnet sich durch die Größe des weit nach vorne gerückten Gehirns aus, von welchem die Augen- und Antennenerven entspringen. Die durch sehr lange Connective mit dem Cerebralganglion (Gehirn) verbundene Bauchganglienkette zeigt eine sehr verschiedene Konzentration, die bei den kurzschwänzigen *Decapoden* ihre höchste Stufe erreicht, indem alle Ganglien zu einem großen Brustknoten verschmolzen sind. Ebenso ist das System der Eingeweidenerven hoch entwickelt. Es findet sich ein unpaarer am Cerebralganglion und mit paariger Wurzel aus dem Schlundconnectiv entspringender Nerv, der den Kaumagen versorgt; der Enddarm erhält seine Innervation vom letzten Abdominalganglion.

Von Sinnesorganen treten am meisten die großen Facettenaugen hervor, zwischen denen im Larvenzustande das Naupliusauge sich findet, welches in einigen Fällen auch bei dem ausgebildeten Tiere erhalten bleibt. Die Facettenaugen werden meist als Stielaugen von zwei beweglich abgesetzten Seitenstücken des Kopfes getragen, die man lange Zeit als vorderstes Gliedmaßenpaar deutete. Statische Organe treten bei den *Decapoden* als Gruben oder als Statocysten im Basalgliede der vorderen Antennen (Abb. 176 a, b), bei einigen *Schizopoden* (*Mysis*) in dem inneren Aste des 6. Abdominalfußes auf; sie fehlen den *Cumaceen*. Als Geruchsorgane fungieren die zarten Geruchsborsten an

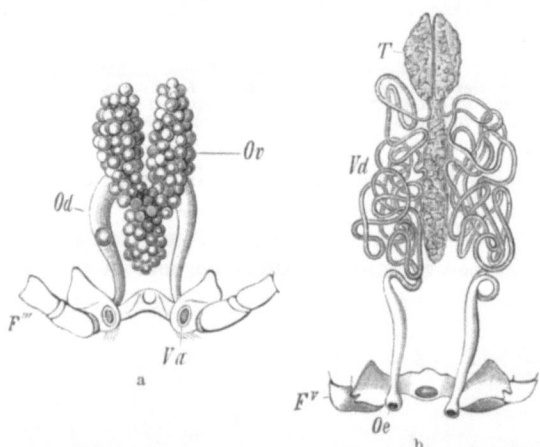

Abb. 614. Geschlechtsorgane von *Potamobius* (*Astacus*) *fluviatilis*. a weibliche (nach SUCKOW), b männliche (nach BRANDT). *Ov* Ovarium, *Od* Oviduct, *Va* Vulva am Basalglied des dritten Thoracalfußes (F^{III}), *T* Hoden, *Vd* Ductus deferens, *Oe* Geschlechtsöffnung am Basalgliede des fünften Thoracalfußes (F^V).

den vorderen Antennen (beim Männchen in viel größerer Zahl vorhanden); als Tastorgane dienen die Antennen, die Taster der Kiefer und wohl auch die Kieferfüße und Beine.

Die Geschlechtsorgane (Abb. 614) liegen in der Brust und werden in der Regel durch einen unpaaren Abschnitt verbunden. Die weiblichen bestehen aus den Ovarien und paarigen Oviducten, welche am Hüftgliede des drittletzten Beinpaares oder auf der Brustplatte zwischen diesem Beinpaare ausmünden. Die wie die Ovarien in der Regel durch einen unpaaren Abschnitt verbundenen Hoden münden durch meist vielfach gewundene Samenleiter am Hüftgliede des letzten Beinpaares, seltener auf der Brust, in vielen Fällen auf einem besonderen schlauchförmigen Begattungsorgane aus. Das erste und zweite Paar der Bauchfüße dienen in der Regel beim Männchen als Hilfsorgane der Begattung (Abb. 610). Die Eier werden bei den *Penaeiden* in das Wasser fallen gelassen, sonst gelangen sie entweder in einen von lamellösen Plattenanhängen der Brustfüße gebildeten Brutbehälter (*Cumacea, Mysidacea*), oder werden von dem Weibchen mittels einer Kittsubstanz, dem Secrete besonderer Hautdrüsen, an den mit Haaren besetzten Pleopoden befestigt bis zum Ausschlüpfen der Jungen umhergetragen (*Decapoda*).

Die Schalenkrebse erleiden großenteils eine Metamorphose, freilich unter sehr verschiedenen Modifikationen. Die *Cumaceen* sowie einige *Schizopoden* (*Mysideen*) verlassen mit vollzähliger Segmentierung und mit fast sämtlichen Extremitäten die Eihüllen. Dagegen schlüpfen fast alle *Decapoden* in der als *Zoëa* bekannten Larvenform mit nur sieben (Abb. 615), zuweilen acht (Garneelen) (Abb. 616) Gliedmaßenpaaren des Vorderleibes, noch ohne die übrigen Brustsegmente, indessen mit langem, bereits gegliedertem, jedoch gliedmaßenlosem Abdomen aus. Die beiden Fühlerpaare der Zoëa sind kurz und geißellos, die Mandibeln ohne Taster, die Maxillen gelappt; die zwei vorderen Maxillarfüße sind Spaltfüße und fungieren als zweiästige Schwimmfüße, hinter denen bei den langschwänzigen Decapoden auch noch der Kieferfuß des dritten Paares als Spaltfuß hinzutritt. Kiemen fehlen noch und werden durch die dünnhäutigen Seitenflächen des Kopfbrustschildes vertreten, unter welchem eine beständige Wasserströmung in der Richtung von hinten nach vorne unterhalten wird. Ein kurzes Herz mit ein oder zwei Spaltenpaaren ist vorhanden. Die Facettenaugen sind von ansehnlicher Größe, aber noch nicht auf abgesetztem Augenstiele. Außerdem findet sich zwischen beiden das Naupliusauge. Die Zoëalarven der kurz-

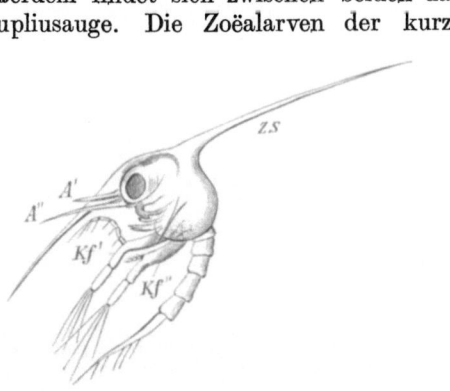
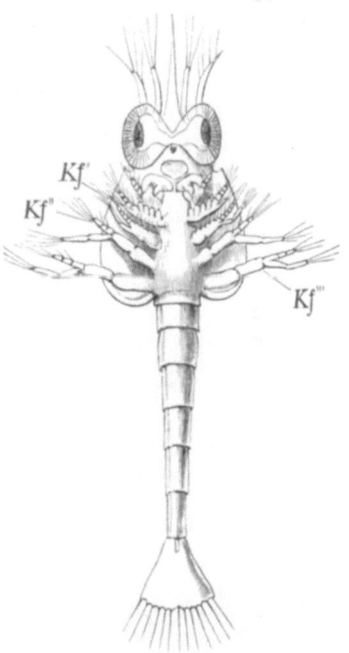

Abb. 615. Zoëa einer Krabbe (*Thia polita*) nach der ersten Häutung. (Nach CLAUS.) *ZS* Zoëastachel am Rücken, *A'*, *A''* die Antennenpaare, *Kf'*, *Kf''* die beiden Spaltfußpaare, welche dem ersten und zweiten Kieferfuße entsprechen.

Abb. 616. Zoëa von *Spirontocaris* (*Hippolyte*). (Nach CLAUS.) *Kf'*, *Kf''*, *Kf'''* die drei späteren Kieferfußpaare, welche als spaltästige Schwimmfüße fungieren.

schwänzigen Decapoden (Krabben) sind in der Regel mit stachelförmigen Fortsätzen, gewöhnlich mit einem Stirnstachel, einem langen, gekrümmten Rückenstachel und zwei seitlichen Stachelfortsätzen des Kopfbrustpanzers bewaffnet und besitzen nur fünf freie Abdominalsegmente, da das sechste Segment vom Telson noch nicht abgegliedert ist (Abb. 615).

Übrigens stellt die *Zoëa* keineswegs überall die niedrigste Larvenstufe dar. Es gibt Thoracostraken, welche als *Nauplius*, wie *Euphausia*, *Penaeus* (Abb. 617a), oder als *Metanauplius* (*Lucifer*) das Ei verlassen.

In der Entwicklung von *Penaeus* und *Sergestiden* tritt ein weiteres Larvenstadium, die *Protozoëa*, auf. Sie (Abb. 617b) ist dadurch charakterisiert, daß eine kleine, den Kopf bedeckende Schale entwickelt ist, die Segmente des Thorax bereits angelegt sind, aber das langgestreckte, mit Furcalästen endigende Abdomen nicht oder unvollständig gegliedert ist. Von Gliedmaßen sind die ersten sieben vorhanden; die Antennen zeigen eine ähnliche Formgestaltung wie im

Naupliusstadium und dienen wie die Maxillarfüße der Schwimmbewegung. *Sergestes* schlüpft in diesem Zustande aus. Ein entsprechendes Larvenstadium in der Entwicklung der *Euphausiiden* ist die sogenannte *Calyptopis*, von der Protozoëa durch den Besitz nur eines Maxillarfußes unterschieden (Abb. 621).

Während des Wachstums der Zoëa, deren weitere Umwandlung eine ganz allmähliche und überaus verschiedene ist, sprossen unter dem Kopfbrustschild die fehlenden fünf — bei den Krabbenzoëen sechs — Beinpaare der Brust und am Abdomen die Pleopoden hervor. Die Zoëen der Garneelen gehen weiter in ein den

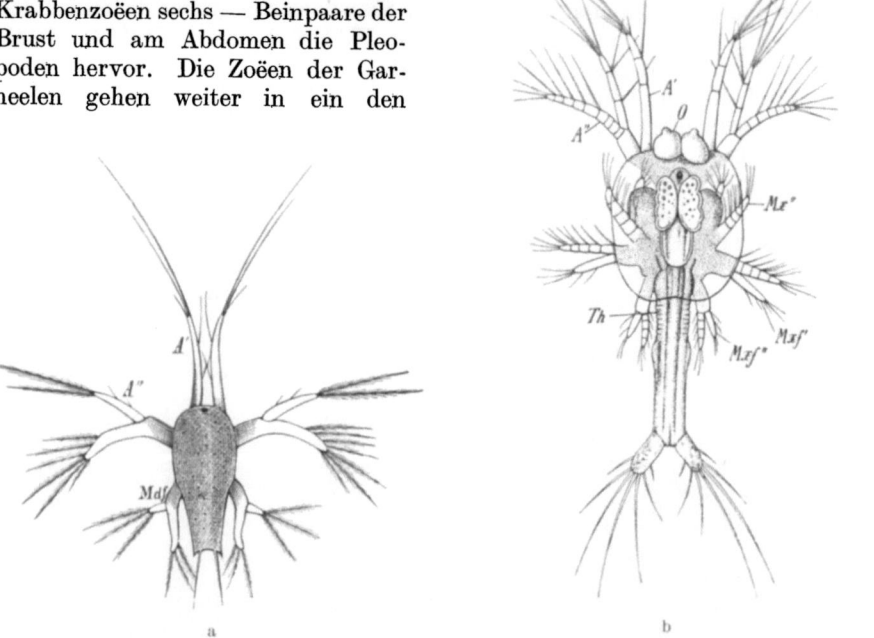

Abb. 617. a Nauplius, etwa $^{50}/_1$. b Protozoëa von *Penaeus*. (Nach FR. MÜLLER.) $^{36}/_1$. A' erste, A'' zweite Antenne, Mdf Mandibularfuß, Mx'' zweite Maxille, Mxf', Mxf'' erster und zweiter Maxillarfuß, Th Anlagen des dritten bis achten Thoracalsegmentes, O Anlage des Stielauges.

Schizopoden ähnliches Stadium (sogenanntes *Mysisstadium*) (Abb. 618) über, welches dadurch ausgezeichnet ist, daß die Brustfüße als Spaltfüße einen äußeren Schwimmfußast tragen. Bei *Anomuren* (ausgenommen die *Thalassiniden*, die ein Mysisstadium besitzen) und *Brachyuren* hingegen treten die Brustfüße in ihrer definitiven Gestalt als einästige Gangbeine auf, ohne daß es zur Anlage eines Außenastes kommt. Dieser in seiner äußeren Erscheinung zoëaähnliche, dem Mysisstadium der *Macruren* entsprechende Larvenzustand wird *Metazoëa* genannt (Abb. 624). Im Mysisstadium schlüpfen die marinen *Astaciden* aus. Als Endstadium der Metamorphose erscheint bei den *Penaeiden* und *Carididen* das erste *Garneelstadium*, in welchem die Exopoditen der Thoraxfüße bereits verloren gegangen sind; die Metazoëa der Krabben und Anomuren

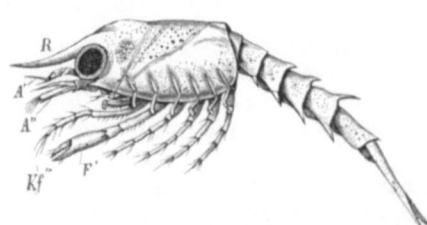

Abb. 618. Mysisstadium des Hummers. (Nach G.O.SARS, etwas verändert.) Etwa $^7/_1$. R Rostrum, A', A'' Antennen, Kf''' dritter Kieferfuß, F' erster Gehfuß.

geht in die sogenannte *Megalopa* (Abb. 619b) über, die bei *Anomuren* dem geschlechtsreifen Formzustand sehr nahe steht, bei *Brachyuren* noch vom Geschlechtstiere durch den Besitz eines Schwanzfächers und ansehnlichere Größe des Abdomens abweicht.

Die Metamorphose ist mehr oder minder völlig in Ausfall gekommen bei *Potamobius* (*Astacus*), *Periclimenes*, *Potamon* (*Telphusa*), *Gecarcinus* u. a., deren ausschlüpfende Junge eine der Geschlechtsform sehr ähnliche Ausbildung besitzen.

Die Schalenkrebse sind größtenteils Meeresbewohner und ernähren sich von tierischen Stoffen. Die meisten schwimmen vortrefflich, andere, wie zahlreiche Krabben, bewegen sich gehend und laufend und vermögen oft mit großer Behendigkeit rückwärts und nach den Seiten zu schreiten. In den Scheren ihrer vorderen Brustfüße haben sie meist kräftige Verteidigungswaffen. Abgesehen von den mehrmaligen Häutungen im Jugendzustande werfen auch die geschlechtsreifen Tiere einmal oder mehrmals im Jahre die Cuticula ab und (*Decapoden*) bleiben

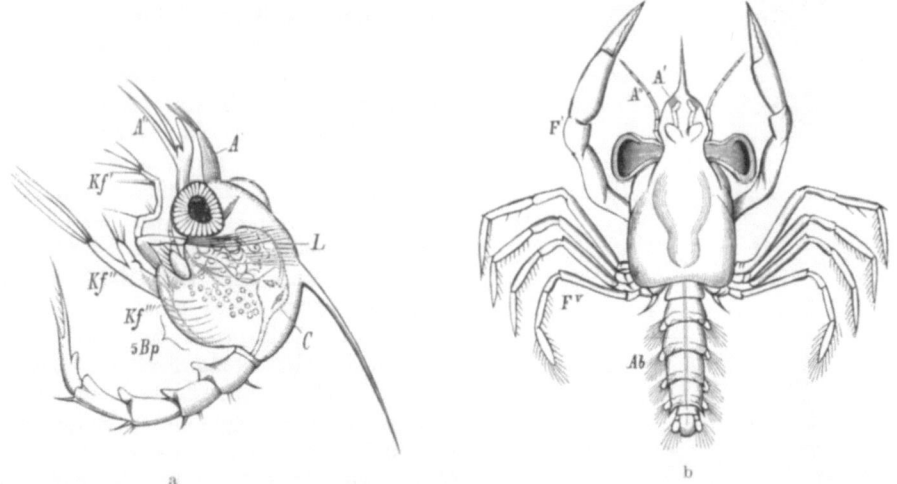

Abb. 619. a Ältere Zoëa von *Inachus dorsettensis* mit den Anlagen des dritten Kieferfußes (Kf''') und der fünf Gehfußpaare (*5 Bp*). *C* Herz, *L* Leber, A', A'' die beiden Antennenpaare, Kf' erster, Kf'' zweiter Kieferfuß. — b Megalopastadium von *Portunus*. *Ab* Abdomen, F^I bis F^V erster bis fünfter Gehfuß. (Nach CLAUS.)

dann einige Zeit mit der neuen, noch weichen Hautcuticula in geschützten Schlupfwinkeln. Einige Brachyuren vermögen längere Zeit vom Meere entfernt auf dem Lande in Erdlöchern zu leben. Diese Landkrabben unternehmen meist zur Zeit der Eiablage gemeinsame Wanderungen nach dem Meere und kehren später mit ihrer groß gewordenen Brut nach dem Lande zurück (*Gecarcinus ruricola*). Die ältesten bis jetzt bekannt gewordenen fossilen Thoracostraken sind langschwänzige Decapoden (vielleicht Schizopoden) aus dem Devon (*Palaeopalaemon*) und dem Carbon (*Anthrapalaemon, Pygocephalus*).

1. Unterordnung: *Schizopoda, Spaltfüßer*[1]. Vorwiegend kleine Schalenkrebse mit meist zarthäutigem Kopfbrustschild und acht Paaren ziemlich gleichartig gestalteter Spaltfüße am Thorax, zuweilen mit Kiemen.

---

[1] Außer KRÖYER, WILLEMOES-SUHM, DELAGE, BOAS, E. VAN BENEDEN, NORMAN vgl. SARS, G. O.: Histoire naturelle des Crustacés d'eau douce de Norvège. Christiania 1867. — METSCHNIKOFF, E.: Über den Naupliuszustand von *Euphausia*. Z. Zool. **21** (1871). — SARS, G. O.: Carcinologiske Bidrag til Norges Fauna. Mysider. Christiania 1870—1879. — Bidrag til Middelhavets Invertebratfauna. 1. Mysidae. Christiania 1877. — CLAUS, C.: Zur Kenntnis der Kreislauforgane der Schizopoden und Decapoden. Arb. zool. Inst. Wien

In dieser Krebsgruppe lassen sich zwei Formenreihen unterscheiden, so daß von BOAS ihre Auflösung in zwei Gruppen *Euphausiacea* und *Mysidacea* vorgenommen wurde; erstere leitet zu den Decapoden, letztere zu den Cumaceen hin.

In ihrer äußeren Erscheinung zeigen die Schizopoden den Habitus der langschwänzigen Decapoden, da sie wie diese einen langgestreckten, meist ziemlich stark komprimierten Körper mit ansehnlichem, die kurzen Brustsegmente mehr oder minder vollkommen überdeckendem Rückenschild und mächtig entwickeltem Abdomen besitzen (Abb. 620). Unter dem Rückenschild bleiben eines (*Euphausiacea*) oder fünf Thoracalsegmente (*Mysidacea*), im früheren Larvenalter (*Euphausia*) aber wie bei *Nebalia* sämtliche Segmente des Thorax frei.

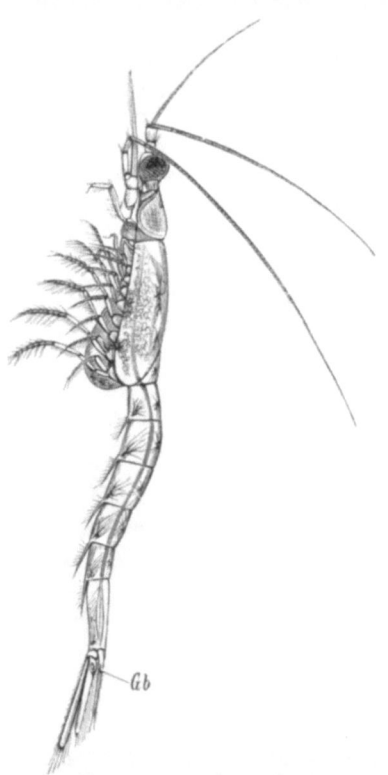

Abb. 620. *Mysis oculata* var. *relicta*. Weibchen mit Brutblättern. (Nach G. O. SARS.) *Gb* Statocyste im Schwanzfächer. Etwa $4/1$

Der Vorderkopf ist beweglich abgesetzt. Die vordere Antenne trägt zwei lange Geißeln, die zweite Antenne, die nur eine sehr lange Geißel besitzt, eine Schuppe. Die Mandibeln sind mit Taster versehen. Von den Maxillen weisen die vorderen meist zwei Kauladen, die hinteren eine größere Zahl von Laden nebst äußerer lamellöser Platte auf (Abb. 569c, 570b, c). Die Thoraxfüße bleiben fast durchaus im Dienste der Locomotion und sind Spaltfüße, welche durch den Besitz eines vielgliedrigen bortenbesetzten Außenastes zur Strudelung und Schwimmbewegung geeignet erscheinen. Bei den *Euphausiacea* besitzen alle einen als Kieme ausgebildeten Epipoditen. Bei den *Mysidacea* stehen das erste oder die beiden vorderen Paare durch kürzere und gedrungenere Form und das vordere Paar auch durch Ladenfortsätze des Stammes in näherer Beziehung zu den Mundwerkzeugen; bei den *Mysiden* trägt nur letzteres einen Epipoditen. Der Hauptast des Beines ist immer verhältnismäßig dünn und schmächtig und endet mit einfacher schwacher Klaue. Zuweilen wird das vorletzte Glied mehrgliedrig (Tarsalgeißel). Bei den *Euphausiacea* bleiben das letzte oder beide letzten Beinpaare bis auf die

---

5 (1884). — SARS, G. O.: Report on the Schizopoda coll. by H. M. S. Challenger **1885**. — NUSBAUM, J.: L'embryologie de *Mysis chamaeleo*. Archives de Zool. **1887**. — BUTSCHINSKY, P.: Zur Entwicklungsgeschichte der Mysiden. Schr. neuruss. Ges. Naturforsch. (russ.). Odessa **1890**. — BERGH, R. S.: Beiträge zur Embryologie der Crustaceen. I. Zool. Jb. **6** (1893). — WAGNER, J.: Untersuchungen über die Entwicklungsgeschichte der Arthropoden. Arb. naturforsch. Ges. Petersburg **1896**. — CHUN, C.: Atlantis. Bibliotheca zoologica **19** (1896). — TAUBE, E.: Beiträge zur Entwicklungsgeschichte der Euphausiden. Z. Zool. **92** (1909); **114** (1915). — HANSEN, H. J.: The genera and species of the order Euphausiacea. Bull. Inst. Océanogr. Monaco **1911**. — ZIMMER, C.: Untersuchungen über den inneren Bau von *Euphausia superba*. Bibliotheca zoologica **26** (1913). — RAAB, F.: Beitrag zur Anatomie und Histologie der Euphausiiden. Arb. zool. Inst. Wien **20** (1914). — MANTON, S. M.: On the Embryology of a Mysid Crustacean, *Hemimysis lamornae*. Philosophic. Trans. roy. Soc. Lond. **216** (1928).

mächtig entwickelten Kiemenanhänge (Epipoditen) mehr oder minder rudimentär. Die Pleopoden sind im weiblichen Geschlechte zuweilen (*Mysiden*) sehr klein, im männlichen Geschlechte aber stets wohl entwickelt und tragen ausnahmsweise (*Siriella*-Männchen) Kiemen. Das Fußpaar des sechsten, meist sehr gestreckten Abdominalsegmentes ist zweiästig, lamellös, schließt bei den *Mysiden* in der inneren Lamelle eine Statocyste ein (Abb. 620 u. 176c, d) und bildet mit dem Telson eine kräftige Schwimmflosse.

Die innere Organisation schließt sich bei den *Euphausiacea* an jene der Decapoden, bei den *Mysidacea* teilweise an die der Cumaceen an. Das Herz ist bei den *Euphausiacea* kurz sackförmig und besitzt 2—3 Paare Ostien, bei den *Mysiden* dagegen ist es langgestreckt und mit ein oder zwei Spaltpaaren versehen. Kompliziert gebaute augenähnliche Leuchtorgane finden sich bei *Euphausiiden* neben dem Stielauge, an den Seiten des zweiten und zweitletzten Thoracalfußes und vier unpaare zwischen den vier ersten Abdominalbeinen (vgl. S. 181 und Abb. 167). Das Naupliusauge ist zuweilen erhalten.

Die Männchen sind von den Weibchen durchwegs verschieden. Erstere besitzen bei den *Mysiden* an den Vorderfühlern eine kammförmige Erhebung mit zahlreichen Riechhaaren und sind durch die ansehnlichere Größe der Abdominalfüße zu rascherer Bewegung befähigt, welcher wiederum das größere Atmungsbedürfnis und der Besitz von Kiemenanhängen bei *Siriella* entspricht. Auch besitzen die Männchen der *Mysidacea* am letzten Brustfuße einen Penis. Bei den *Euphausiacea* sind die vorderen Pleopoden mit Copulationsanhängen

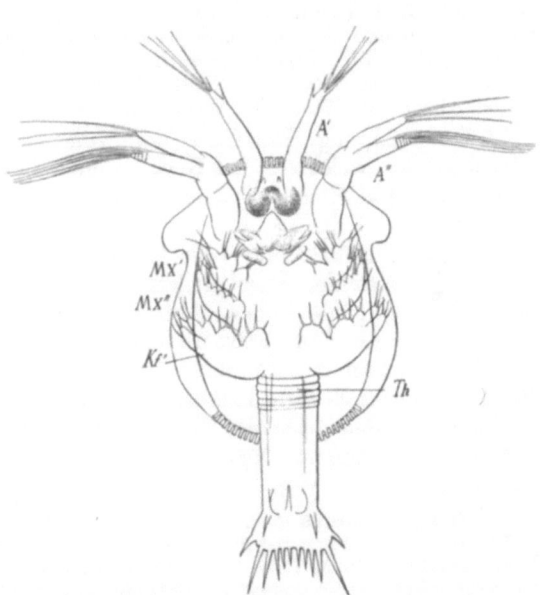

Abb. 621. Calyptopisstadium von *Euphausia*. A' erste, A'' zweite Antenne, Mx' erste, Mx'' zweite Maxille, Kf' erster Maxillarfuß, Th Thoracalsegmente. (Nach CLAUS.) Etwa $^{37}/_1$

versehen. Der Same wird bei den *Euphausiiden* in Spermatophoren an eine Spermatotheca des weiblichen Körpers gebracht. Die Weibchen der *Mysidacea* tragen an den Brustfüßen Brutbehälter zur Bildung eines Brutraumes, in welchem wie bei den Cumaceen und Arthrostraken die großen Eier ihre Entwicklung durchlaufen; bei den *Euphausiiden* werden Eiersäckchen gebildet. Die Jungen verlassen bei den *Mysiden* den Brutraum meist schon im Besitze sämtlicher Extremitäten. Die junge *Euphausia* dagegen schlüpft als Naupliuslarve aus, an der alsbald die drei nachfolgenden Gliedmaßenpaare in Form wulstförmiger Erhebungen auftreten. Später folgen die der Protozoëa und Zoëa entsprechenden *Calyptopis*-Stadien, die sich von ersteren durch den Besitz nur des ersten Maxillarfußes unterscheiden (Abb. 621).

Die Schizopoden gehören mit seltener Ausnahme dem Meere an.

1. Sektion. *Euphausiacea*. Schale fast alle Thoraxsegmente umfassend, nur das letzte Thoraxsegment erhält sich als freier Abschnitt. Erster Brustfuß wenig von den folgenden

abweichend. Die zwei hinteren Brustfüße mehr oder minder rudimentär. Kiemen vorhanden, unbedeckt, die hinteren größer. Telson sehr schlank, nahe am Hinterende mit zwei lanzettförmigen Anhängen. Weibchen ohne Brutblätter.

Fam. *Euphausiidae*. Meist mit Leuchtorganen. *Euphausia pellucida* DANA. Weit verbreitet. *Meganyctiphanes norvegica* SARS. Atlant. Ozean, Mittelmeer. *Thysanopoda tricuspidata* M.-E. Südatlant. u. Stiller Ozean. *Nematoscelis megalops* O. SARS. Atlant. Ozean. *Stylocheiron mastigophorum* CHUN. Atlant. Ozean, Mittelmeer.

2. Sektion. *Mysidacea*. Die fünf letzten Thoraxsegmente erhalten sich frei. Erstes bis zweites Brustfußpaar als Kieferfüße ausgebildet. Beim Weibchen Brutblätter.

Fam. *Lophogastridae*. Schale groß, mehr oder minder verkalkt. Erster Brustfuß ein gedrungener Maxillarfuß. An den Brustfüßen Kiemen, teilweise von der Schale bedeckt. Brutblätter des Weibchens an allen sieben Brustfüßen. *Lophogaster typicus* SARS. Norwegen, Mittelmeer, Kap der guten Hoffnung. *Gnathophausia gigas* WILL.-SUHM, über 14 cm lang, Tiefseeform. Nordatlant. Ozean, Südsee.

Fam. *Mysidae*. Schale in der Regel klein. Zwei Paare von Maxillarfüßen. Die Brustfüße meist mit Tarsalgeißel. Kiemen an den Brustfüßen fehlen. Abdominalfüße des Weibchens klein. Statische Organe in dem Innenast der Schwanzfüße. Brutblätter meist nur an den zwei oder drei hinteren Brustfüßen. *Neomysis vulgaris* THOMPS., *Praunus flexuosus* MÜLL. Nord- und Ostsee. *Mysis oculata* FABR. (var. *relicta* LOV.) in Binnenseen Nordeuropas (Abb. 620). *Leptomysis mediterranea* O. SARS. Mittelmeer. *Mysidopsis gibbosa* O. SARS. Nordsee, Mittelmeer. *Siriella thompsoni* M.-E., Männchen mit Kiemenanhängen an den Abdominalfüßen. Weit verbreitet. *Pseudosiriella frontalis* M.-E. Adria.

2. Unterordnung. *Decapoda*[1], *zehnfüßige Krebse*. Thoracostraken mit großem Rückenschilde, welches in der Regel unmittelbar den Rücken des ganzen Thorax bildet, mit drei Kieferfußpaaren und zehn teilweise mit Scheren bewaffneten Gehfüßen.

Kopf und Thorax sind vollständig in den Rückenschild einbezogen, dessen Seitenflügel über den Basalgliedern der Kieferfüße und Beine eine die Kiemen bergende Atemhöhle bilden (Abb. 611). Nur das letzte Thoraxsegment kann sich als freier Abschnitt getrennt erhalten. Der Vorderkopf ist bei *Penaeiden* und *Carididen* beweglich abgesetzt. Das Stirnende des Rückenschildes läuft in ein Rostrum aus. Das feste kalkhaltige Integument des Rückenschildes zeigt vornehmlich bei den größeren Formen symmetrische, durch die Ausbreitung der unterliegenden inneren Organe bedingte Erhebungen, welche als bestimmte, nach

---

[1] HERBST: Versuch einer Naturgeschichte der Krabben und Krebse, 3 Bde. Berlin 1782—1804. — SPENCE BATE: On the development of Decapod Crustacea. Philosophic. Trans. roy. Soc. London 1859. — MÜLLER, FR.: Die Verwandlung der Garneelen. Arch. Naturgesch. 19 (1863). — HENSEN, V.: Studien über das Gehörorgan der Dekapoden. Z. Zool. 13 (1863). — GROBBEN, C.: Beiträge zur Kenntnis der männlichen Geschlechtsorgane der Decapoden usw. Arb. zool. Inst. Wien 1 (1878). — BOAS, J. E. V.: Studier over Decapodernes Slaegtskabsforhold. Vidensk. Selsk. Skr. Kjøbenhavn 1880. — HUXLEY, TH.: Der Krebs. Leipzig 1881. — BROOKS, W. K.: Lucifer, a study in Morphology. Philosophic. Trans. roy. Soc. London 1882. — REICHENBACH, H.: Studien zur Entwicklungsgeschichte des Flußkrebses. Abh. Senckenberg. naturforsch. Ges. Frankfurt 1886. — SPENCE BATE, C.: Report on the Crustacea *Macrura*. Challenger-Rep. 24 (1888). — BUMPUS, H. C.: The Embryology of the American Lobster. J. of Morph. 5 (1891). — BOUVIER, E.: Recherches anatomiques sur le système artériel des Crustacés Décapodes. Ann. des Sci. natur. 1891. — BROOKS, W. K. a. F. H. HERRICK: The Embryology and Metamorphosis of the Macroura. Mem. nat. Acad. Sci. Washington 1891. — MARCHAL, P.: Recherches anatom. et physiol. sur l'appareil excréteur des Crustacés décapodes. Archives de Zool. 1892. — ORTMANN, A.: Das System der Decapodenkrebse. Zool. Jb. 9 (1897). — PRENTISS, C. W.: The Otocyst of Decapod Crustacea. Bull. Mus. Comp. Zool. Harvard Coll. 36 (1901). — DOFLEIN, F.: Brachyura. Wiss. Erg. dtsch. Tiefsee-Exped. 6 (1904). — BORRADAILE, L. A.: On the Classification of the Decapod Crustaceans. Ann. Mag. nat. hist. 1907. — WETTSTEIN, O.: Über den Pericardialsinus einiger Decapoden. Arb. zool. Inst. Wien 20 (1915). — GROBBEN, K.: Der Schalenschließmuskel der dekapoden Crustaceen, zugleich ein Beitrag zur Kenntnis ihrer Kopfmuskulatur. Sitzgsber. Akad. Wiss. Wien, Math.-naturwiss. Kl. 1917. — Vgl. außerdem die Schriften von LEACH, RATHKE, LEREBOULLET, DOHRN, G. O. SARS, G. H. PARKER, GILSON, BROCCHI, SABATIER, CANO, FAXON, WELDON, KINGSLEY, MIERS, HENDERSON, COUTIÈRE, ANDREWS u. a.

jenen benannte Regionen unterschieden werden. Bei den meisten *Macrura* sowie bei den *Anomura* ist ein (zuweilen rudimentärer) Schalenschließmuskel vorhanden.

Sehr verschiedene Größe und Gestalt zeigt das Abdomen. Bei den *Macrura* erreicht es einen bedeutenden Umfang und besitzt außer den fünf Fußpaaren, von denen oft das vordere im weiblichen Geschlechte verkümmert, eine große Schwimmflosse (Telson und großes Schwimmfußpaar des sechsten Segmentes). Am Abdomen der *Anomura* ist die Schwanzflosse meist reduziert (Abb. 623). Bei den *Brachyura* reduziert sich das Abdomen auf eine breite (Weibchen) oder schmale trianguläre (Männchen) Platte, die deckelartig über das ausgehöhlte Sternum umgeklappt wird und der Schwanzflosse entbehrt. Auch sind hier die Pleopoden stielförmig und finden sich beim Männchen nur an den zwei vorderen Abdominalsegmenten.

Die ersten (inneren) Antennen, bei den *Brachyuren* oft in seitlichen Gruben versteckt, entspringen meist unterhalb der beweglich eingelenkten Augenstiele

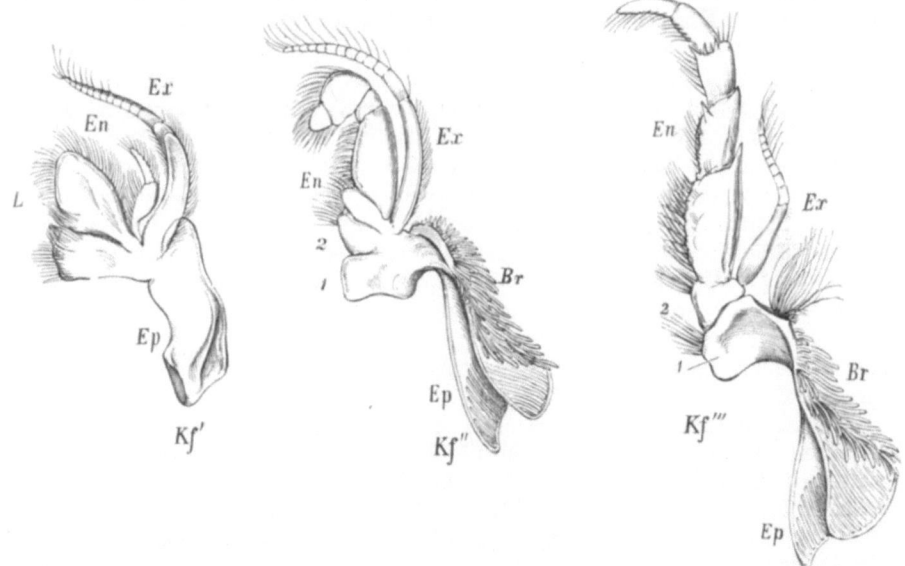

Abb. 622. Die drei Kieferfußpaare von *Potamobius* (*Astacus*). *Kf′* Erster Kieferfuß, *En* Endopodit, *L* Kauladen, *Ex* Exopodit, *Ep* Epipodialplatte. *Kf″* Zweiter Kieferfuß, *Br* Epipodialkieme, *1, 2* die Glieder des Stammes. *Kf‴* Dritter Kieferfuß.

und bestehen aus einem dreigliedrigen Schaft mit zwei bis drei vielgliedrigen Geißeln. Die zweiten Antennen inserieren meist an der Außenseite der ersteren etwas abwärts an einer flachen, vor dem Munde gelegenen Platte (*Epistom*, Mundschild) und besitzen bei den guten Schwimmern einen schuppenförmigen Anhang (Exopodit). An ihrer Basis erhebt sich ein Höcker, auf dem die Antennendrüse ausmündet (Abb. 610).

Von den Mundteilen sind die Mandibeln überaus verschieden gestaltet, mit einem zwei- bis dreigliedrigen Taster versehen (Abb. 568d), der bei Garneelen auch fehlen kann. Die vorderen Maxillen bestehen aus zwei Laden und einem meist einfachen Taster (Abb. 569d). Die hinteren Maxillen, an welchen meist vier Laden (zwei Doppelladen) nebst Taster unterschieden werden, tragen als Exopodit eine große borstenrandige, schwingende Atemplatte (Abb. 570d). Es folgen sodann drei Paare von Kieferfüßen, welche einen Geißelast (Exopodit), aber auch einen epipodialen Anhang (Kieme) besitzen (Abb. 622). So bleiben von den Gliedmaßen der Brust nur fünf Paare als Beine zur Verwendung, von denen die beiden hinteren zuweilen verkümmern, ja in seltenen Fällen infolge von Rückbildung ganz ausfallen können (*Lucifer*). Die zugehörigen Brustsegmente bilden auf der Bauchseite eine zusammenhängende, bei den Brachyuren überaus breite Platte. Die Beine bestehen aus sieben Gliedern und enden häufig mit einer Schere oder Greifhand. Selten (*Penaeus, Pasiphaea*) tragen sie noch einen kleinen Exopoditen.

Das Herz (Abb. 612) ist kurz und von drei Spaltenpaaren durchbrochen, das Arteriensystem reich ausgebildet. Die Kiemen liegen als feder- oder büschelförmige Anhänge der Maxillar- und Thoraxfüße in einer geräumigen, von den Seitenflügeln des Cephalothoraxschildes überwölbten Kiemenhöhle. Den Wechsel des Wassers in letzterer besorgt die schwingende Platte der zweiten Maxille, durch welche das in der Kiemenhöhle enthaltene Wasser durch die vordere Öffnung letzterer herausgedrängt wird und frisches Wasser durch die ventrale Längsspalte oder eine besondere Öffnung vor dem 1. Brustfuße (Krabben) einströmt. Bei den am Lande lebenden Krabben sind verschiedene Einrichtungen vorhanden, die Kiemen feucht zu erhalten. Bei dem gleichfalls zu längerem Aufenthalt auf dem Lande befähigten sogenannten Palmendieb (*Birgus latro*) ist unter Verkümmerung der Kiemen die mit Luft gefüllte Kiemenhöhle an ihrer Decke mit baumförmigen Excrescenzen besetzt, welchen ein respiratorisches Gefäßnetz zugehört, und erscheint somit als eine Art Lunge.

Die Geschlechter sind getrennt; *Lysmata seticaudata* und *Calocaris macandreae* sind hermaphroditisch. Die Männchen zeichnen sich durch reichere Entwicklung der Spürborsten, schlankere Form des Abdomens sowie durch Ausbildung der beiden vorderen Pleopodenpaare zu Copulationsorganen aus. An den Ductus deferentes bei Brachyuren ist das Vorhandensein von drüsigen Anhängen zu bemerken. Fast überall werden Spermatophoren gebildet. Die Samenkörper sind stern- oder nagelförmig (Abb. 254c). Am Oviducte findet sich bei *Brachyuren* ein Receptaculum seminis, eine Spermatotheca bei *Penaeiden, Sergestiden* und *Cambarus*.

Die Entwicklung ist mit wenigen Ausnahmen eine Metamorphose. Selten verlassen die marinen Decapoden die Eihülle im Nauplius- oder Protozoëastadium (Abb. 617), meist als Zoëa (Abb. 615, 616). Bei den marinen Nephropsiden schlüpfen die Jungen im Mysisstadium aus (Abb. 618). Zuweilen ist die Metamorphose fast vollständig ausgefallen; die ausschlüpfenden Jungen von *Potamobius* (*Astacus*) stimmen bis auf die noch rudimentäre Schwanzflosse mit dem ausgebildeten Tiere überein.

Die Decapoden leben vorzugsweise im Meere, einige im Süßwasser, manche können auch auf dem Lande leben.

In der systematischen Übersicht ist der Gruppenbildung von BORRADAILE gefolgt.

1. Sektion. *Macrura natantia*. Körper mehr oder weniger seitlich komprimiert, Abdomen gut entwickelt. Erstes Abdominalsegment nicht auffällig kleiner als die folgenden. Zweite Antenne in der Regel mit großer Schuppe. Brustfüße schlank. Abdominalfüße kräftige Schwimmbeine.

Fam. *Penaeidae*, Geißelgarneelen. Dritter Brustfuß stets mit Schere. Dritter Maxillarfuß beinförmig. Die Epimeren des 1. Abdominalsegmentes werden nicht von den Vorderrändern des 2. bedeckt. Kiemen doppelt gefiedert (Dendrobranchien). Mit rudimentären Exopoditen an den Brustfüßen. Keine Brutpflege. Die Metamorphose ist eine viel vollständigere. *Penaeus trisulcatus* LEACH (*caramote* RISSO). *Sicyonia carinata* OL. (*sculpta* M. E.). Atlant. Ozean, Mittelmeer. Hier schließen sich an die pelagischen Formen *Sergestes arcticus* KRÖY. Atlant. Ozean, Mittelmeer. *S. challengeri* HANS. Ind. u. Pazif. Ozean *S. gloriosus* STEBB. Kap. Beide aus der Tiefsee mit Leuchtorganen. *S. rubroguttatus* W.-MAS. Mit zwei großen Leuchtorganen (?). Tiefsee. Mittelmeer, Ind. Ozean, Rotes Meer. *Lucifer acestra* DANA. Beide letzte Brustfüße und die Kiemen fehlen. Kosmopolit. Verwandt ist: *Stenopus hispidus* OL. Ind. Ozean.

Fam. *Carididae* (*Eucyphidea*), Garneelen. Nur die beiden vorderen Brustfüße mit Scheren. Der Exopodit des ersten Maxillarfußes am Außenrand mit lappenartigem Vorsprung (Eucyphidenanhang). Die Epimeren des zweiten Abdominalsegments sind groß und bedecken den Hinterrand der Epimeren des ersten Abdominalsegments. Kiemen mit verbreiterten Blättern (Phyllobranchien). Zuweilen noch Exopoditen an den Brustfüßen. *Pasiphaea sivado* Risso. Mittelmeer, Atlant., Ind. Ozean. *Caridina desmaresti* Joly. Im Süßwasser. Südeuropa, Nordafrika, Syrien. *Troglocaris schmidti* Dorm. Blind. In den Gewässern der Höhlen in Krain. *Alpheus dentipes* Guér. Mittelmeer. *A. ruber* M.-E. Atlant. Ozean, Mittelmeer. *Athanas nitescens* Leach, Atlant. Ozean, Mittelmeer. *Parapandalus* (*Pandalus*) *pristis* Risso (*narwal* Fabr.). Mittelmeer. *Rhynchocinetes typus* M.-E. Mit gelenkig abgesetztem Rostralstachel. Küste von Chile. *Hippolyte prideauxiana* Leach (*Virbius viridis* Otto), *Spirontocaris* (*Hippolyte*) *cranchi* Leach, *Lysmata seticaudata* Risso. Hermaphroditisch. *Pontonia custos* Forsk. (*tyrrhena* Risso), lebt zwischen den Schalen von *Pinna*, auch in Spongien. *Typton spongicola* Costa. In Spongien. Atlant. Ozean, Mittelmeer. *Leander* (*Palaemon*) *squilla* L. Europ. Meere. *Periclimenes migratorius* Hell. (*Palaemonetes varians* Leach), im Süßwasser, Südeuropa, im Brackwasser im Norden. *Palaemon acanthurus* Wgm. Brasilien. *Processa canaliculata* Leach, (*Nika edulis* Risso). Weit verbreitet. *Crangon crangon* L. (*vulgaris* F.), Sandgarneele, europ. Meere.

2. Sektion. *Macrura palinura*. Körper meist abgeflacht. Abdomen gut entwickelt. Rückenschild an den Seiten mit dem Epistom verschmolzen. Brustfüße kräftig. Abdominalfüße nicht zum Schwimmen geeignet. Kiemen büschelförmig (Trichobranchien).

Fam. *Eryonidae*. Körper abgeflacht, Cephalothorax breit. Augen vom Stirnrand bedeckt, oft reduziert. Dritter Maxillarfuß beinförmig. Brustfüße siebengliedrig, vier bis fünf mit Scheren. Tiefseeformen. *Polycheles typhlops* Hell. Atlant. Ozean, Mittelmeer, Ind. Ozean. *Willemoesia leptodactyla* Will.-Suhm. Mittelmeer, Atlant. u. Pazif. Ozean. *Eryon* Desm. Fossil. Lias, Jura, untere Kreide.

Fam. *Palinuridae* (*Loricata*), Panzerkrebse. Meist große Formen. Körper cylindroid oder

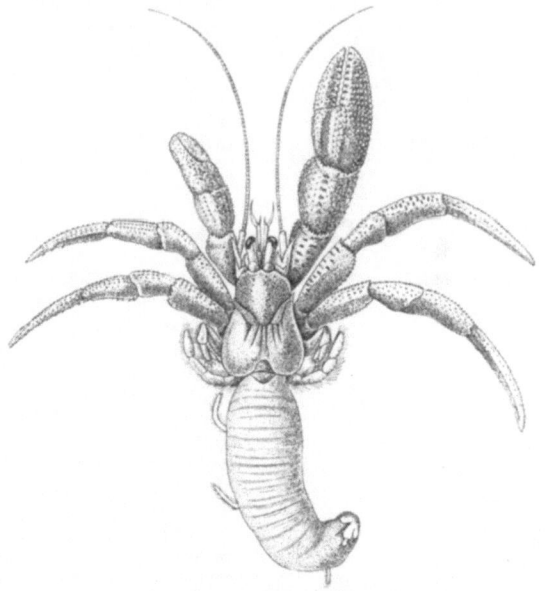

Abb. 623. *Eupagurus* (*Pagurus*) *bernhardus* (aus règne animal). $^2/_3$

abgeflacht. Abdomen breit. Panzer dick. Schwanzflosse im hinteren Teile weichhäutig. Schuppe fehlt. Brustfüße sechsgliedrig, enden mit Klauen. Männchen ohne Sexualanhänge. Die blattförmigen pelagischen Larven wurden früher als *Phyllosoma* beschrieben. *Palinurus vulgaris* Latr. Languste, *Scyllarus arctus* L. Bärenkrebs. Atlant. Küste Europas, Mittelmeer. *Palinurellus gundlachi* Marts. Westindien.

3. Sektion. *Macrura astacura*. Körper cylindroid. Abdomen gut entwickelt. Rückenschild nicht mit dem Epistom verschmolzen. Zweite Antenne mit ziemlich großer Schuppe. Die drei vorderen Brustfüße mit Scheren, erster viel stärker. Abdominalfüße nicht zum Schwimmen geeignet. Kiemen büschelförmig (Trichobranchien).

Fam. *Nephropsidae*. Ziemlich große Formen. Fünftes Thoraxsegment häufig frei beweglich. *Nephrops norvegicus* L. Atlant. Ozean, Mittelmeer. *Astacus gammarus* L. (*Homarus vulgaris* M. E.), Hummer. Mittelmeer, Atlant. Ozean, Nordsee. *Potamobius* (*Astacus*) *fluviatilis* L., Flußkrebs, Edelkrebs. Süßwasserform, Europa (Abb. 610). *P. torrentium* Schrank, vornehmlich Berglandbewohner. Mitteleuropa. *P. leptodactylus* Eschz. Südrußland, Ungarn. *Cambarus pellucidus* Tellk. Blind, in der Mammuthöhle von Kentucky. *Astacopsis* Huxl. Australien.

4. Sektion. *Anomura*. Rückenschild gewöhnlich nicht mit dem Epistom verschmolzen. Abdomen seltener wohl entwickelt, meist von mäßiger Größe mit nach vorn umgeschlagener, meist reduzierter Schwanzflosse. Das letzte, zuweilen auch das vorletzte Paar der Brustfüße

in Größe und Ausbildung verschieden. Kieferfüße des dritten Paares beinförmig. Die Zoëalarven besitzen beim Ausschlüpfen die Anlage des dritten Kieferfußpaares, zeigen sonst im wesentlichen den Habitus der Garneellarven. Auf dieses Stadium folgt bei *Thalassiniden* ein Mysisstadium, sonst die Metazoëa (Abb. 624). Ein späteres Entwicklungsstadium der *Paguriden* mit noch wenig ausgeprägter Asymmetrie wird als *Glaucothoë* bezeichnet.

Fam. *Thalassinidae.* Körper cylindroid, Abdomen wohlentwickelt, flachgedrückt. Schale verhältnismäßig klein, weichhäutig. Zweite Antenne mit oder ohne Schuppe. Fünftes Thoracalsegment freibeweglich, dritter Thoracalfuß stets ohne Schere. Graben sich im Ufersande ein. Führen zu den Paguriden hin. *Axius stirhynchus* LEACH. Atlant. Ozean. *Callianassa stebbingi* BORRADAILE (*subterranea* aut.). Atlant. Ozean, Mittelmeer. *Thalassina anomala* HBST. Indopazif. Ozean. *Upogebia (Gebia) litoralis* RISSO. Atlant. Ozean, Mittelmeer. *Jaxea nocturna* NARDO (*Calliaxis adriatica* HELL.). Mittelmeer. *Calocaris macandreae* BELL, hermaphroditisch. Tiefsee. Weit verbreitet.

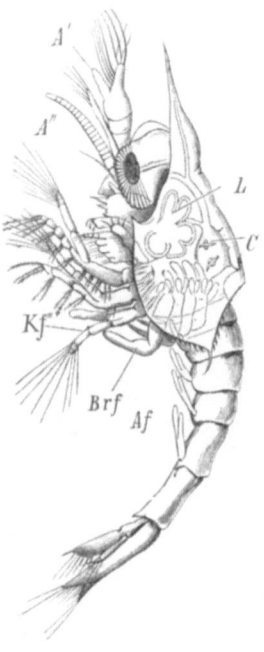

Abb. 624. Metazoëastadium von *Galathea*. (Nach CLAUS.) *L* Leber, *C* Herz, *A'*, *A''* erste und zweite Antenne, *Kf'''* dritter Maxillarfuß, *Brf* Brustfüße, *Af* Abdominalfüße.

Fam. *Paguridae,* Einsiedlerkrebse. Abdomen langgestreckt, meist weichhäutig und asymmetrisch, mit schmaler Afterflosse und stummelförmigen Bauchfüßen (Abb. 623). Erstes Fußpaar des Thorax mit kräftigen Scheren, die beiden letzten verkümmert. Sexualanhänge beim Männchen zuweilen fehlend. Die meisten suchen leere Schneckengehäuse zum Schutze ihres weichhäutigen Hinterleibes auf. *Pylocheles* A. M.-E., *Mixtopagurus* A. M.-E. u. a. Bei diesen ist das Abdomen symmetrisch, nicht weichhäutig. Sie tragen nicht Schneckengehäuse als Schutz mit sich, sondern leben in Höhlen von Spongien, die sie gelegentlich verlassen. Sind die ursprünglichsten recenten Paguriden. *Paguristes oculatus* FABR. (*maculatus* ROUX), *Clibanarius misanthropus* RISSO, *Pagurus calidus* RISSO. Atlant. Ozean, Mittelmeer. *Eupagurus bernhardus* L. Atlant. Ozean, Nordsee (Abb. 623). *E. prideauxi* LEACH, Atlant. Ozean, Mittelmeer. *Coenobita rugosa* M. E., Ind. u. Stiller Ozean. *Birgus latro* HBST. Palmendieb. Kiemenhöhle fungiert als Lunge. Kiemen klein. Lebt in Erdlöchern. Ostindien. Hier schließt sich an *Lithodes maja* L. (*arctica* LM.). Brachyurenähnlich. Letzter Thoraxfuß rudimentär, in der Kiemenhöhle verborgen. Nordeurop. Meere.

Fam. *Galatheidae.* Körper abgeflacht, mit wohlentwickeltem Abdomen, das gewöhnlich eingeschlagen getragen wird. Schwanzflosse wohl ausgebildet. Schuppe selten ein stachelartiger Anhang, meist fehlend. Fünfter Brustfuß in der Kiemenhöhle versteckt. *Galathea squamifera* LEACH, *G. strigosa* L., *Munida bamffica* PENN. (*rugosa* LEACH). Atlant. Ozean, Mittelmeer. *Aeglea laevis* LATR. Im Süßwasser. Südamerika. Hier schließt sich an *Porcellana platycheles* PENN., *P. longicornis* PENN. Mittelmeer, Atlant. Ozean.

Fam. *Hippidae,* Sandkrebse. Mit länglichem Kopfbruststück und umgeschlagenem Endteil des Abdomens. Erstes Beinpaar des Thorax meist mit fingerförmigem Endgliede, die nachfolgenden breit und kurz, letztes schwach, in der Kiemenhöhle versteckt. Sexualanhänge des Männchens fehlen. *Hippa emerita* L., lebt im Meeressande vergraben. Brasilien. *Remipes testudinarius* LATR. Südsee. *Albunea symnista* L. Mittelmeer, Ind. Ozean.

5. Sektion. *Brachyura,* Krabben. Körper gedrungen, mit Gruben zur Aufnahme der kurzen ersten Antennen, und sogenannten Orbitae, Höhlen zur Aufnahme der Stielaugen (Abb. 625). Rückenschild mit dem Epistom verschmolzen. Hinterleib klein, ohne Schwanzflosse, gegen die vertiefte Unterfläche der Brust umgeschlagen, im männlichen Geschlechte schmal zugespitzt und nur mit einem, seltener mit zwei Fußpaaren, im weiblichen breit, meist mit vier Paaren von Füßen. Das dritte Paar der Kieferfüße mit breiten platten Gliedern, die vorausgehenden Mundteile völlig bedeckend. Die ausschlüpfenden Zoëalarven von gedrungener Form, mit meist nur zwei Spaltfußpaaren und fünf freien Abdominalsegmenten, meist mit Stirn- und Rückenstachel, treten später in die Megalopaform ein (Abb. 619 b). Viele sind Landbewohner.

1. Tribus. *Notopoda,* Rückenfüßer. Cephalothorax rundlich oder viereckig. Die zwei letzten Beinpaare der Brust sind kleiner und auf den Rücken hinaufgerückt. Zuweilen noch rudimentäre Abdominalfüße des sechsten Paares. Schließen sich in den Larvenformen an die Anomuren an. Bedecken ihren Rücken mit Schwämmen, Synascidien.

Fam. *Dromiidae*. Mit den Charakteren der Tribus. *Homola barbata* HBST. (*spinifrons* LEACH), *Dromia vulgaris* M. E., Wollkrabbe. Atlant. Ozean, Mittelmeer.

2. Tribus. *Oxystomata*, Rundkrabben. Mit rundlichem Cephalothorax und meist nicht vorspringender Stirn. Mundrahmen dreieckig.

Fam. *Dorippidae*. Cephalothorax rundlich oder länglich. Die beiden hinteren Brustfußpaare kleiner und dorsal gerückt. *Dorippe lanata* L. *Ethusa mascarone* HBST. Mittelmeer, Atlant. Ozean.

Fam. *Calappidae*. Cephalothorax breit, stark gewölbt. Eingangsöffnung in die Kiemenhöhle vor dem ersten Brustfuße. Vorderbeine die untere Körperfläche fast bedeckend. *Calappa granulata* L., Schamkrabbe. Atlant. Ozean, Mittelmeer.

Fam. *Leucosiidae*. Zufuhrskanal zu der Kiemenhöhle weit vorn am Mundwinkel gelegen. Schale meist kugelig. *Leucosia craniolaris* F., Ind. Ozean. *Ilia nucleus* HBST. Atlant. Ozean, Mittelmeer. *Ebalia granulosa* M.-E. (*costae* HELL.). Mittelmeer.

Fam. *Raninidae*. Cephalothorax nach hinten verschmälert, den Sandkrebsen ähnlich. Abdomen von oben her sichtbar. Tarsalglieder der Brustfüße breit. *Ranina serrata* LM., Froschkrabbe. Ind. und Pazif. Ozean.

3. Tribus. *Brachygnatha*. Mundrahmen viereckig. Letzter Brustfuß normal. Erster Abdominalfuß beim Weibchen fehlend. Wenig Kiemen.

1. Subtribus. *Oxyrhyncha*, Dreieckskrabben. Meist mit dreieckigem Cephalothorax, mit vortretendem spitzen Stirnschnabel. Mundrahmen nach vorne verbreitert. Eingang zur Kiemenhöhle vor dem ersten Beinpaar, Ausgang vorn am Mundwinkel. Schwimmen nicht, sondern kriechen.

Fam. *Majidae*. Körper vorn verschmälert, in einen Schnabel auslaufend. Beinpaare des Thorax ziemlich gleich lang, das vordere zuweilen kürzer. *Inachus dorsettensis* PENN., (*scorpio* FABR.). Europ. Meere. *Maja squinado* LATR., Meerspinne. Mittelmeer, Atlant. Ozean. *M. verrucosa* M.-E. Mittelmeer. *Hyas araneus* L. Nordatlant. Ozean. *Pisa armata* LATR. *Eurynome aspera* PENN. Atlant. Ozean, Mittelmeer. *Macropodia rostrata* L. (*Stenorhynchus phalangium* LEACH). Mittelmeer, Nordsee, Ostsee. *Macrochira* (*Kaempfferia*) *kämpfferi* HAAN, Riesenkrabbe. Japan.

Abb. 625. *Potamon* (*Telphusa*) *fluviatile* (a us règne animal). ½

Fam. *Parthenopidae*. Kopfbruststück kurz, triangulär. Vorderer Brustfuß sehr verlängert. *Lambrus massena* ROUX. Atlant. Ozean, Mittelmeer. *Parthenope* F.

2. Subtribus. *Brachyrhyncha*. Körper oval oder viereckig. Cephalothorax breit. Rostrum reduziert oder fehlend. Umfaßt die früher als *Cyclometopa* (Bogenkrabben) und *Catometopa* oder *Quadrilatera* (Viereckskrabben) unterschiedenen Gruppen.

Fam. *Corystidae*. Körper länglich oval. *Corystes cassivelaunus* PENN. Atlant. Ozean, Mittelmeer.

Fam. *Cancridae*. Hinterer Brustfuß den vorausgehenden gleich mit spitzem Endgliede. *Cancer pagurus* L., Taschenkrebs. Atlant. Ozean, Mittelmeer. *Carcinides* (*Carcinus*) *maenas* L., gemeine Strandkrabbe. Europ. Meere. *Xantho hydrophilus* HBST. (*rivulosus* RISSO), *Pilumnus hirtellus* PENN., *Eriphia spinifrons* HBST. Atlant. Ozean, Mittelmeer. Hier reiht sich an *Thia polita* LEACH. Mittelmeer, Nordsee.

Fam. *Portunidae*. Hinterer Brustfuß mit blattförmig verbreitertem Endgliede, zum Schwimmen dienend. *Neptunus* (*Lupa*) *hastatus* L., *Portunus depurator* L. Atlant. Ozean, Mittelmeer.

Fam. *Potamonidae*, Süßwasserkrabben. Kopfbruststück queroval, leicht gerundet. *Potamon* (*Telphusa*) *fluviatile* LATR., Flußkrabbe. Mittelmeergebiet (Abb. 625).

Fam. *Pinnoteridae*, Muschelwächter. Kopfbruststück gewölbt, glatt, zuweilen weichhäutig. Augen klein. Leben in der Mantelhöhle von Muscheltieren. *Pinnoteres pisum* L., lebt in *Ostrea, Mytilus*. *P. pinnoteres* L. (*veterum* aut.), lebt in *Pinna*. Atlant. Ozean, Mittelmeer.

Fam. *Gonoplacidae*. Kopfbruststück vierseitig mit großer Stirn. Augen langgestielt. *Gonoplax angulata* PENN. (*rhomboides* F.). Atlant. Ozean, Mittelmeer.

Fam. *Ocypodidae*. Kopfbruststück rhomboid oder quadratisch, vorn sehr breit mit scharfen Winkeln. Augenstiele sehr lang. Äußere Antennen rudimentär. *Uca* (*Gelasimus*) *cultrimana* WHITE, Winkerkrabbe. Ind. Ozean, Südsee. *Ocypode ceratophthalma* PALL. Sandkrabbe. Indo-Pazific.

Fam. *Grapsidae*. Kopfbruststück abgeflacht, minder regelmäßig quadratisch. Augenstiele mäßig lang. Leben meist am Gestade und auf Felsen. *Grapsus strigosus* Hbst. Chile, Ind. Ozean, Pazif. Ozean. *Pachygrapsus marmoratus* F., Atlant. Ozean, Mittelmeer. *Sesarma* Say. Im Süßwasser oder auf dem Lande. Tropisch und subtropisch.

Fam. *Gecarcinidae*, Landkrabben. Kopfbruststück stark gewölbt. Augen kurz. Landbewohner der Tropen. *Gecarcinus ruricola* L. In den Kiemenhöhlen derselben hält sich das Wasser längere Zeit zufolge Vorhandensein von sekundären Räumen im Umkreis der Kiemenblättchen, welche deshalb nicht miteinander verkleben können. Wandert zur Zeit der Ablage der Brut nach dem Meere. Lebt in Erdlöchern auf den Antillen.

3. Unterordnung. *Cumacea*[1]. Mit kleinem Kopfbrustschild und mit fünf freien Brustsegmenten, mit zwei Kieferfußpaaren und sechs Beinpaaren, von

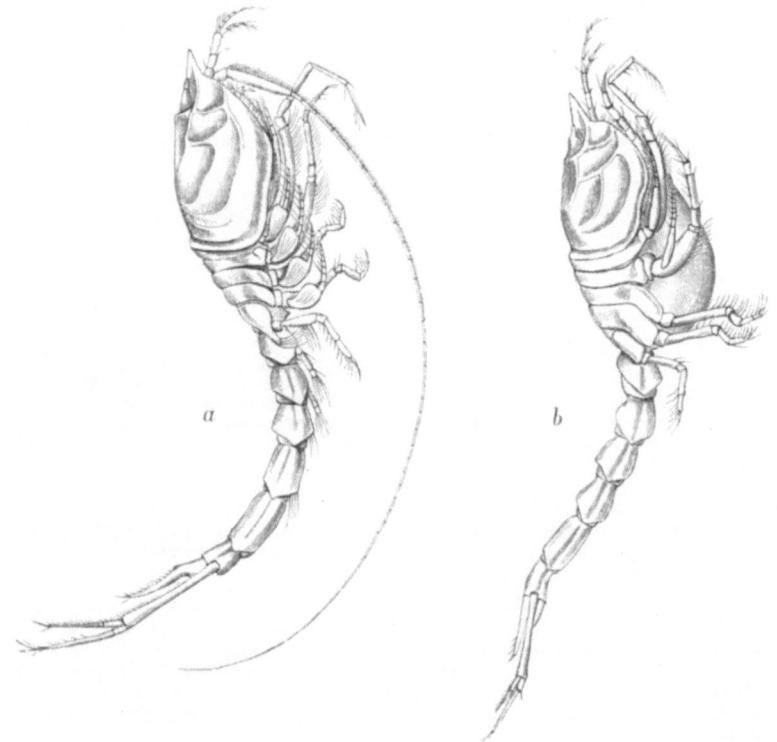

Abb. 626. *Ekdiastylis sculptus*. a Männchen. b Weibchen. (Nach G. O. Sars.) $9/1$

denen mindestens die zwei vorderen Paare Spaltfüße sind, mit langgestrecktem Abdomen, das beim Männchen außer den griffelförmigen Schwanzfüßen zwei, drei oder fünf Schwimmfußpaare trägt. Komplexaugen fehlen oder sind rudimentär, zusammengedrängt, nicht gestielt.

---

[1] Kröyer, H.: Om Cumaceernes Familie. Naturh. Tidskr. 1846. — Dohrn, A.: Über den Bau und die Entwicklung der Cumaceen. Jena. naturwiss. Z. 5 (1870). — Blanc, H.: Développement de l'œuf et formation des feuillets primitifs chez la *Cuma Rathkii*. Rec. zool. Suisse 2 (1885). — Hansen, H. J.: Isopoden, Cumaceen und Stomatopoden der Plankton-Expedition 1895. — Sars, G. O.: An Account of the Crustacea of Norway. III. Cumacea. Bergen 1900. — Calman, W. T.: On new or rare Crustacea of the order Cumacea from the collection of the Copenhagen Museum. 1. Trans. Zool. Soc. London 18 (1907—11). — Stebbing, T. R.: Cumacea. Tierreich 39 (1913). — Schuch, K.: Beiträge zur Kenntnis der Schalendrüse und der Geschlechtsorgane der Cumaceen. Arb. zool. Inst. Wien 20 (1913).

Die Cumaceen erinnern in ihrer Organisation mehrfach an die Anisopoden unter den Arthrostraken, denen sie auch nahestehen. Stets ist ein Rückenschild vorhanden, welches außer den Kopfsegmenten die drei vorderen der (8) Brustringe umfaßt. Somit bleiben die fünf hinteren Brustringe frei (Abb. 626). Die Kiemenhöhle ist klein.

Von den beiden Antennenpaaren sind die vorderen klein und bestehen aus einem dreigliedrigen Schaft, aus einer kurzen Geißel mit beim Männchen zahlreichen Spürborsten und Nebengeißel. Die hinteren Antennen bleiben im weiblichen Geschlechte kurz und rudimentär, während sie beim ausgebildeten Männchen mit ihrer vielgliedrigen Geißel die Länge des Körpers erreichen können.

Die Oberlippe ist meist klein, während die tief geteilte Unterlippe einen bedeutenden Umfang zeigt. Die Mandibeln entbehren des Tasters. Von den Maxillen bestehen die vorderen aus zwei gezähnten Laden und einem cylindrischen, nach hinten gerichteten Geißelanhang, die tasterlosen Kiefer des zweiten Paares aus mehreren Kauplatten nebst borstenlosem Fächeranhang (Exopodit).

Die beiden nachfolgenden Extremitätenpaare sind als Kieferfüße zu bezeichnen. Die vorderen besitzen einen fünfgliedrigen Endopoditen; an der Außenseite des zu einer Art Unterlippe verschmolzenen Stammes erhebt sich eine mächtige Epipodialplatte mit großer gefiederter Kieme sowie einem nach vorn reichenden Fortsatz, der mit dem Stirnschnabel einen Egestionstubus für das Atemwasser bildet. Die hinteren Kieferfüße, von bedeutenderer Länge, zeigen einen sehr gestreckten cylindrischen Stamm, dessen kurzes Basalglied eine rudimentäre Epipodialplatte tragen kann. Von den noch übrigen sechs Fußpaaren der Brust sind die beiden vorderen Paare stets nach Art der Schizopodenfüße gebildet und bestehen aus einem lamellösen Stamm, einem fünfgliedrigen Endopoditen und einem mit Schwimmborsten besetzten Exopoditen. Die vier letzten Brustfußpaare sind kürzer und tragen in vielen Fällen sowie im männlichen Geschlecht, stets mit Ausnahme des letzten Paares, einen Exopoditen.

Das stark verengte und sehr langgestreckte Abdomen entbehrt im weiblichen Geschlechte der Schwimmfüße durchaus, trägt aber an dem sechsten Segment zu den Seiten der Schwanzplatte langgestielte zweiästige Schwanzgriffel, während beim Männchen noch zwei, drei oder fünf Schwimmfußpaare an den vorausgehenden Segmenten hinzukommen.

Die Cuticula des Integuments ist stark inkrustiert. Die beiden Komplexaugen sind nicht gestielt, rudimentär, zu einem unpaaren Sehorgan zusammengedrängt oder liegen als kleine Erhebungen dicht nebeneinander. In vielen Fällen fehlen sie.

Rücksichtlich des inneren Baues ist das Vorkommen der Maxillardrüse und bei *Diastylis rathkei* einer Speicherniere zu bemerken. Das mäßig gestreckte Herz liegt im Thorax und weist drei Spaltenpaare auf. Das arterielle Gefäßsystem stimmt wesentlich mit jenem der nächststehenden Krebse überein. Als Kieme fungiert außer der inneren Schalenlamelle der große fiederförmige Epipodialanhang des ersten Kieferfußes (wie bei den Tanaiden).

Die Männchen unterscheiden sich durch die Länge der hinteren Antennen sowie das Vorhandensein von Pleopoden. Die Genitalorgane erinnern an jene der Arthrostraken. Die Eier gelangen in eine von Lamellen der Brustbeine des Weibchens gebildete Bruttasche und durchlaufen hier die Embryonalentwicklung, die jener der Isopoden ähnlich ist. Die ausschlüpfenden Jungen entbehren noch des letzten Brustfußes und der Abdominalfüße.

Die Cumaceen halten sich nahe am Strande auf sandigem und morastigem Grunde, teilweise auch in bedeutenden Tiefen auf.

Fam. *Diastylidae*. Körper in der Regel nicht schlank. Cephalothoraxschild groß. Telson gesondert. Kiemenblättchen zahlreich. Augen vorhanden oder fehlend. *Diastylis*

(*Cuma*) *rathkei* Kröy. Nordmeere. Hier schließt sich an *Ekdiastylis sculptus* O. Sars (Abb. 626). Nordamerika.

Fam. *Leuconidae*. Körper mehr oder minder schlank. Cephalothoraxschild gewöhnlich klein. Telson mit dem vorhergehenden Abdominalsegmente verschmolzen. Augen fehlen. Kieme mit nur wenig fingerförmigen Anhängen. *Leucon longirostris* G. O. Sars. Atlant. Ozean, Mittelmeer. *L. nasicus* Kröy., *Eudorella emarginata* Kröy. Nordmeere. *E. truncatula* Bate. Nordsee, Mittelmeer.

Fam. *Bodotriidae*. Zuweilen nur mit 2—4 freien Thoraxsegmenten. Telson mit dem vorhergehenden Abdominalsegmente vereinigt. Nebengeißel der Vorderantenne sehr klein oder fehlend. *Bodotria scorpioides* Mont. Europ. Meere. *Iphinoë serrata* Norm. Atlant. Ozean, Mittelmeer.

4. Legion. Anomostraca[1].

Malacostraken vom Habitus der Arthrostraken oder Garneelen, ohne Schale, mit gestielten oder sitzenden Augen oder augenlos, mit 7—8 freien Thoraxsegmenten und Spaltfüßen an denselben.

Als *Anomostraca* (Grobben) sind Krebsformen zusammengefaßt, die in ihren Merkmalen Mischcharaktere von Thoracostraken (Schizopoden) und Arthrostraken aufweisen und sich am besten an die paläozoischen Gattungen *Uronectes* (*Gampsonyx*) und *Palaeocaris* anschließen lassen. Sie scheinen Reste alter Krebsformen zu sein, von denen aus die Arthrostraken ihren Ursprung genommen haben.

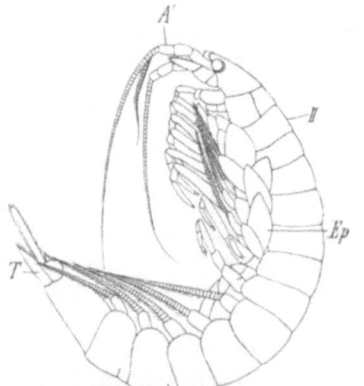

Abb. 627. *Anaspides tasmaniae*. (Nach Calman.) $^2/_1$. *A'* erste Antenne, *II* zweites Thoracalsegment, *Ep* Epipoditen, *T* Telson.

Der Körper der in der heutigen Lebewelt bloß in wenigen Repräsentanten bekannten Anomostraken (Abb. 627) ist entweder arthrostraken- oder garneelenähnlich und besteht außer dem Kopf, bzw. Cephalothorax, falls auch das erste Brustsegment einbezogen ist, aus acht oder sieben freien breiten Thoracalsegmenten und sieben Abdominalsegmenten. Eine Schale fehlt. Von den acht Gliedmaßen der Brust ist bei den *Anaspididen* die vorderste als Maxillarfuß ausgebildet. Von den folgenden tragen die meisten einen geißelartigen Exopoditen, der an den hinteren zwei Thoracalfüßen reduziert ist oder fehlt, sowie ein oder zwei blattartige Epipoditen (Kiemen). Die fünf vorderen Abdominalfüße sind entweder langgestreckte Schwimmbeine mit reduziertem Endopoditen (*Anaspides, Paranaspides*) oder bis auf die beiden ersten des Männchens ohne Endopodit (*Koonunga*); sie fehlen bis auf das erste bei *Bathynella*. Das letzte (6.) Abdominalfußpaar bildet mit dem Telson eine Schwanzflosse (*Anaspididae*) oder ist ebenso wie das gespaltene Endsegment griffelförmig entwickelt. Die Männchen der *Anaspididae* zeigen die Innenäste der beiden ersten Abdominalfüße, bei *Bathynella* den letzten Thoracalfuß zu

---

[1] Thomson, G. M.: On a freshwater Schizopod from Tasmania. Trans. Linnean Soc. Lond. **1895**. — Calman, W. T.: On the Genus *Anaspides* and its Affinities with certain fossil Crustacea. Trans. roy. Soc. Edinburgh **38** (1897). — Notes on the Morphology of *Bathynella* and some allied Crustacea. Quart. J. microsc. Sci. **62** (1917). — Vejdovský, F.: Tierische Organismen der Brunnenwässer von Prag. 1882. — Sayce, O. A.: On *Koonunga cursor*, a remarkable new type of Malacostracous Crustaceans. Trans. Linnean Soc. London **1908**. —Smith, G.: On the *Anaspidacea*, living and fossil. Quart. J. microsc. Sci. **53** (1909). — Chappuis, P. A.: *Bathynella natans* und ihre Stellung im System. Zool. Jb. **40** (1915). — Vanhöffen, E.: Die Anomostraken. Sitzgsber. Ges. naturforsch. Freunde Berlin **1916**. — Delachaux, Th.: *Bathynella chappuisi*. Bull. Soc. Neuchâtel. Sci. natur. **44** (1920).

Copulationsorganen umgewandelt. Bei *Anaspides* und *Paranaspides* finden sich gestielte, bei *Koonunga* sessile Augen; *Bathynella* ist augenlos. Erstere Formen besitzen eine Statocyste in der Basis der 1. Antenne. Das Herz von *Anaspides* ist langgestreckt schlauchförmig und reicht durch den größten Teil des Thorax; es scheint nur ein Spaltenpaar zu besitzen; bei *Bathynella* ist es kurz sackförmig. Als Excretionsorgan fungiert die Kieferdrüse. Die paarigen Gonaden sind schlauchförmig und erstrecken sich durch Thorax und Abdomen. Der Same wird in Spermatophoren in die am 8. Brustsegmente gelegene Spermatotheca des Weibchens gebracht. Die Eier werden einzeln abgelegt. Die Entwicklung scheint bei allen Formen direkt zu sein. Die Tiere sind Süßwasserbewohner.

Fam. *Anaspididae*. Körper arthrostraken- oder garneelenähnlich, mit sieben freien Thoracalsegmenten. Augen gestielt. Erste Antenne mit zwei Geißeln. Außenast der zweiten Antenne eine Schuppe. Exopoditen der vorderen Thoracalfüße geißelartig. Je zwei Epipodialanhänge an den vorderen Thoraxfüßen. Erster Thoracalfuß als Maxillarfuß entwickelt. Abdominalfüße lang, mit kurzen Endopoditen. Am Hinterende eine Schwanzflosse. *Anaspides tasmaniae* C. M. Thoms. Wird über 50 mm lang. Körper amphipodenähnlich.

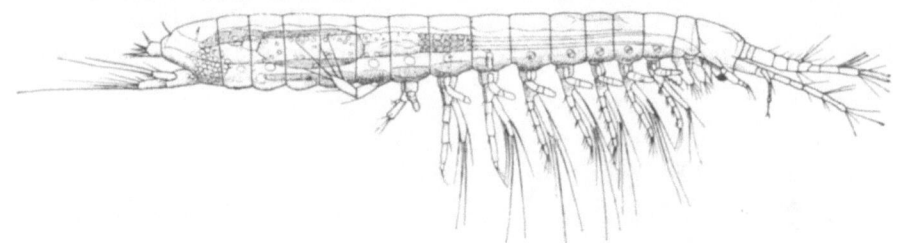

Abb. 628. *Bathynella chappuisi*, Weibchen. (Nach Delachaux.) Etwa $80/1$

In Sümpfen des Mount Wellington, 2000—4000 Fuß über dem Meere, Tasmanien (Abb. 627). *Paranaspides lacustris* G. Smith. Körper garneelenähnlich. Bis 25 mm lang. Im Great Lake 3700 Fuß über dem Meere. Tasmanien.

Fam. *Koonungidae*. Körper anisopodenähnlich. Augen sessil, eine Antennenschuppe fehlt. Abdominalfüße, ausgenommen die beiden ersten Paare des Männchens, ohne Endopoditen. *Koonunga cursor* Sayce. Körperlänge etwa 8 mm. In Sümpfen bei Melbourne.

Fam. *Bathynellidae*. Körper langgestreckt, mit acht freien Thoracalsegmenten. Augenlos. Erste Antenne mit rudimentärer Nebengeißel. Zweite Antenne mit schmalem ungegliederten Exopoditen. Außenäste der Brustfüße kurz, eingliedrig. 2. bis 5. Abdominalfuß fehlen, sechster Abdominalfuß griffelförmig. Telson geteilt. *Bathynella natans* Vejd. Bis 2 mm lang. Aus Brunnen, Prag, Basel, Oefingen. *B. chappuisi* Delachaux (Abb. 628). In unterirdischen Wasserläufen. Grotte de Ver (Schweiz), Bern, Westfalen, Rumänien. *Parabathynella stygia* Chappuis. Serbien.

5. Legion. Arthrostraca (Edriophthalmata), Ringelkrebse[1].

Malacostraken mit sessilen Seitenaugen, mit meist sieben, seltener sechs mehr oder weniger gesonderten Brustsegmenten und ebensoviel einästigen Beinpaaren, ohne Schale.

Der kopfähnlich abgesetzte Cephalothorax, meist schlechthin als Kopf bezeichnet, trägt die beiden Antennenpaare und die Mandibeln, ferner zwei Maxillen-

---

[1] Außer den Werken von Latreille, M. Edwards, Dana u. a. vgl. Spence Bate a. J. O. Westwood: A History of the British sessile-eyed Crustacea, 2 Vols. London 1863 to 1868). — Sars, G. O.: Histoire naturelle des Crustacés d'eau douce de Norvège. Christiania 1867. — An Account of the Crustacea of Norway. I. Amphipoda. Christiania u. Kopenhagen 1895. II. Isopoda. Bergen 1899. — Delage. Y.: Contribution à l'étude de l'appareil circulatoire des Crustacés Edriophthalmes marins. Archives de Zool. 9 (1881). — Vgl. ferner Bronns Klass. u. Ordn. Tierreich 5.

paare und ein Maxillarfußpaar. Selten ist noch ein folgendes Thoracalsegment einbezogen. Eine Schale fehlt.

Auf den Kopf (Cephalothorax) folgen in der Regel sieben, selten sechs (*Anisopoda*) freie Brustsegmente mit ebensoviel zum Kriechen oder Schwimmen dienenden einästigen Beinpaaren (Abb. 634). Bei den *Apseudiden* finden sich rudimentäre Exopoditen an den beiden vorderen Brustfüßen (Abb. 629).

Das Abdomen umfaßt in der Regel sechs beintragende Segmente und eine gliedmaßenlose, das Endsegment repräsentierende einfache oder gespaltene Platte. Indessen kann sich die Zahl der Abdominalsegmente und Beinpaare reduzieren (*Isopoda*), ja sogar das ganze Abdomen ein ungegliederter stummelförmiger Anhang werden (*Laemodipoda*) (Abb. 637).

Die beiden Augen sind sessile Komplexaugen (daher *Edriophthalmata*) mit glatter oder facettierter Hornhaut.

Am Verdauungskanal findet sich ein kurzer aufsteigender Oesophagus und ein oft mit kräftigen Chitinplatten bewaffneter Vormagen, auf welchen ein mit zwei bis drei Paaren von Mitteldarmdrüsenschläuchen versehener Magendarm folgt. Der Enddarm mündet am hinteren Körperende aus. Überall findet sich ein Herz, welches entweder röhrenartig ist und in der Brust verläuft (*Amphipoda*) (Abb. 636),

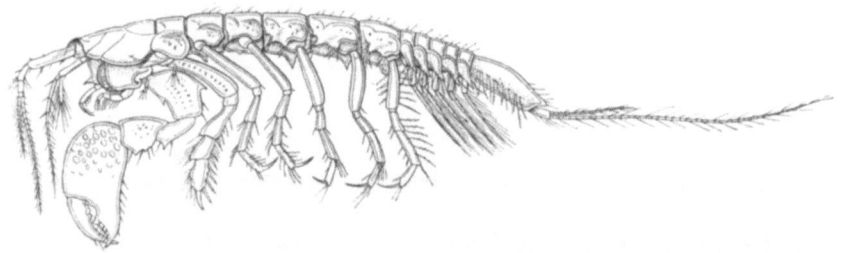

Abb. 629. *Apseudes spinosus*. (Nach G. O. SARS.) Etwa $5/_1$.

oder nach dem Hinterleib gerückt, sackförmig verkürzt erscheint (*Isopoda*). Im ersteren Falle liegen die Kiemen als schlauchförmige Anhänge an den Brustfüßen, im letzteren dagegen fungieren in vielen Fällen die inneren Äste der Pleopoden als Kiemen. Aus dem Herzen strömt das Blut durch eine vordere, zuweilen auch eine hintere Aorta sowie meist auch durch seitliche Arterien aus.

Die Männchen unterscheiden sich häufig von den Weibchen durch Umformung bestimmter Gliedmaßenteile zu Klammerorganen, durch eine ansehnlichere Entwicklung der Spürfäden an den vorderen Antennen sowie durch die Lage der Geschlechtsöffnungen und die Begattungsorgane. Seltener kommt es zu einem ausgeprägten Dimorphismus (*Bopyrus, Gnathia*). Die reifen Eier werden von den Weibchen in der Regel in Bruträumen umhergetragen, zu deren Bildung sich lamellöse Epipodialanhänge der Brustfüße zusammenlegen. Die Entwicklung erfolgt in der Regel ohne Metamorphose, indessen sind nicht selten Körperform und Gliedmaßen jugendlicher Tiere abweichend gestaltet. Unter den heute lebenden Arthrostraken weisen die Anisopoden die ursprünglichsten Eigentümlichkeiten auf. Fossile Ringelkrebse finden sich bereits in palaeozoischer Zeit.

1. Unterordnung. *Anisopoda*[1], *Scherenasseln*. Arthrostraken mit kleiner seit-

---

[1] MÜLLER, FR.: Über den Bau der Scheerenasseln. Arch. Naturgesch. 30 (1864). — DOHRN, A.: Zur Kenntnis vom Bau und der Entwicklung von *Tanais*. Jena. Z. Naturwiss. 5 (1870). — BLANC, H.: Contribution à l'histoire naturelle des asellotes hétéropodes. Rec. zool. Suisse 1 (1884). — CLAUS, C.: Über *Apseudes Latreillii* EDW. Arb. zool. Inst. Wien 5 (1884); 7 (1888). — Vgl. überdies die Arbeiten von HANSEN, BUTSCHINSKY.

licher Schalenduplikatur. Nur sechs freie Thoracalsegmente. Zuweilen noch an den vorderen Thoracalfüßen ein Exopodit.

Der Körper weist nur sechs freie Brustsegmente auf, da außer dem Segmente des Kieferfußes auch das folgende Brustsegment mit seinem mächtigen Scherenfuß in den Cephalothorax einbezogen ist (Abb. 629). An letzterem ist eine kleine (bei *Apseudes* in ein kurzes Rostrum auslaufende) Schale mit Atemhöhle entwickelt, in welcher der Epipodialanhang des Maxillarfußes als Kiemenplatte schwingt. Der Scherenfuß und der nachfolgende Brustfuß tragen bei *Apseudiden* einen kleinen Exopoditen. Abdomen sechsgliedrig, mit zweiästigen Schwimmfüßen. Das Herz liegt wie bei den Amphipoden im Thorax. Die Entwicklung ist eine Metamorphose. Die Larven entbehren des letzten Brustfußes sowie der Abdominalfüße.

Die Anisopoden zeigen in ihren Organisationseigentümlichkeiten Beziehungen zu den Cumaceen.

Fam. *Apseudidae*. Körper isopodenähnlich, Abdomen schmal. Vorderfühler mit zwei Geißeln. Die vorderen zwei Brustfüße verschieden von den übrigen und mit kleinen Exopoditen. Äste des sechsten Abdominalfußes fadenförmig. *Apseudes latreillei* M. E., Mittelmeer. *A. spinosus* SARS, Nordsee (Abb. 629). *Sphyrapus anomalus* O. SARS, ohne Augen, Karasee.

Fam. *Tanaidae*. Körper amphipodenähnlich, Abdomen breit. Zweiter Brustfuß nicht sehr verschieden von den folgenden. Letztes Pleopodenpaar nicht fadenförmig. *Tanais vittatus* RATHKE, Nördl. Meere. *Leptochelia dubia* KRÖY. Brasilien. Nach FR. MÜLLER mit zweierlei Männchen (Riecher und Packer). *Heterotanais oerstedi* KRÖY. Nord- und Ostsee. *Paratanais batei* O. SARS. Nordsee, Mittelmeer. *Typhlotanais* O. SARS, Augen fehlen.

2. Unterordnung. *Isopoda*[1], *Asseln*. Arthrostraken von vorherrschend breiter, dorsoventral abgeflachter Körperform, mit sieben freien Thoracalsegmenten und in vielen Fällen als Kiemen fungierenden inneren Fußästen des kurz geringelten, oft reduzierten Abdomens.

Der Körper der Isopoden ist dorsoventral abgeflacht und von einer harten, in der Regel inkrustierten Cuticula bedeckt. Er besteht außer dem Cephalothorax aus sieben freien Thoracalsegmenten. Selten (*Serolis*) ist das vordere Brustsegment mit dem Cephalothorax verschmolzen. Das Abdomen ist meist stark verkürzt und aus sechs kurzen, oft miteinander verschmolzenen Segmenten zu-

---

[1] Außer RATHKE, LEREBOULLET, LEYDIG vgl. CORNALIA e PANCERI: Osservazioni zool.-anatom. sopra un nuovo genere di Crostacei Isopodi sedentarii. Torino 1858. — VAN BENEDEN, E.: Recherches sur l'embryogénie des Crustacés. I. Bull. Acad. Bruxelles. **1869**. — DOHRN, A.: Entwicklung und Organisation von *Praniza (Anceus) maxillaris*. Z. Zool. **20** (1870). — BOBRETZKY, N.: Zur Embryologie des *Oniscus murarius*. Ebenda **24** (1874). — BULLAR, J.: The generative organs of parasitic Isopoda. J. Anat. a. Physiol. **1876**. — MAYER, P.: Über den Hermaphroditismus bei einigen Isopoden. Mitt. zool. Stat. Neapel **1** (1879). — SCHIÖDTE, J. C. u. FR. MEINERT: Symbolae ad monographiam Cymothoarum etc. Nat. Tidskr. **12** (1879); **13** (1883). — KOSSMANN, R.: Die Entonisciden. Mitt. zool. Stat. Neapel **3** (1882). — WALZ, R.: Über die Familie der Bopyriden usw. Arb. zool. Inst. Wien **4** (1882). — BUDDE-LUND, G.: Crustacea isopoda terrestria. Havniae 1885. — BEDDARD, F. E.: Report on the Isopoda. Challenger-Rep. **17** (1886). — HANSEN, H. J.: Cirolanidae et familiae nonnullae propinquae. Vidensk. Selsk. Skrift. Kjöbenhavn 1890. — MCMURRICH, J. P.: Embryology of the Isopod Crustacea. J. of Morph. **11** (1895). — GIARD, A. et J. BONNIER: Contributions à l'étude des Épicarides. Bull. Sci. France et Belg. **1895**. — NUSBAUM, J.: Materialien zur Embryogenie und Histogenie der Isopoden (poln.). Abh. Akad. Krakau **1893**. — STOLLER, J. H.: On the organs of respiration of the Oniscidae. Bibl. Zool. **25** (1899). — BONNIER, J.: Contribution à l'étude des Épicarides: Les Bopyridae. Trav. Stat. Z. Wimereux **8** (1900). — RICHARDSON, H.: Monograph on the Isopods of North-America. Bull. U. S. Nation. Mus. Washington 1905. — CAULLERY, M.: Recherches sur les Liriopsidae. Mitt. zool. Stat. Neapel **18** (1908). — ROGENHOFER, A.: Zur Kenntnis des Baues der Kieferdrüse bei Isopoden. Arb. zool. Inst. Wien **17** (1908). — Vgl. außerdem die Schriften von G. O. SARS, SCHÖBL, NĚMEC, M. WEBER, FRAISSE, ROULE, SCHÖNICHEN, G. SMITH, NIERSTRASS, VERHOEFF u. a.

sammengesetzt, welche mit einer umfangreichen schildförmigen Schwanzplatte abschließen (Abb. 630).

Die vorderen Fühler sind, von wenigen Ausnahmen abgesehen, kürzer als die hinteren (äußeren), seltener (Landasseln) verkümmern sie so sehr, daß sie unter dem Kopfschilde verborgen bleiben. An ihnen finden sich blasse Fiederborsten und Spürzapfen. Im Telson gelegene Statocysten kommen *Cyathura carinata* zu.

Von den Mundwerkzeugen, die bei einigen parasitischen Asseln zum Stechen und Saugen umgestaltet sind, tragen die Mandibeln, mit Ausnahme jener der *Bopyriden* und Landasseln, einen dreigliedrigen Taster. Dagegen entbehren die beiden meist zwei- oder dreilappigen Maxillenpaare der Taster; die Maxillen fehlen bei den *Epicariden*. Überaus verschieden verhalten sich die eine Art Unterlippe darstellenden Maxillarfüße.

In der Regel sind die sieben Beinpaare der Brust Schreit- oder Klammerfüße und tragen teilweise beim Weibchen zarthäutige Platten zur Bildung einer Bruttasche (Abb. 630). Die Abdominalextremitäten sind Schwimmfüße oder kiemenartige Platten, das letzte Paar zuweilen mit griffelförmigen Ästen. Bei *Bathynomus* tragen die Endopoditen der Abdominalfüße eine büschelförmige Kieme.

Niemals finden sich an den Brustfüßen Kiemen, welche in vielen Fällen durch die zarthäutigen inneren Pleopodenäste hergestellt werden. Häufig ist das vordere oder das letzte Pleopodenpaar zu einem großen, die übrigen Paare überlagernden Deckel umgestaltet. Bei gewissen Landasseln (*Porcellio, Armadillidium*) enthalten die Außenäste meist der beiden vorderen Pleopodenpaare ein System tracheenartiger, lateral ausmündender, luftführender Räume, welche der Respiration dienen. Bei *Oniscus* finden sich dorsal in dem lateralen Teile des Außenastes der ersten fünf Pleopodenpaare radiäre Furchen, die als Vorstufe von Luftkanälen betrachtet werden können (VERHOEFF). Im Gegensatze zu den Amphipoden liegt das Herz in den hinteren Brustsegmenten oder im Abdomen. Es ist hinten blind geschlossen und besitzt zwei bis vier asymmetrisch angeordnete Ostien. Außer der vorderen Aorta gehen von demselben gewöhnlich fünf Paar Seitengefäße ab. Die vordere

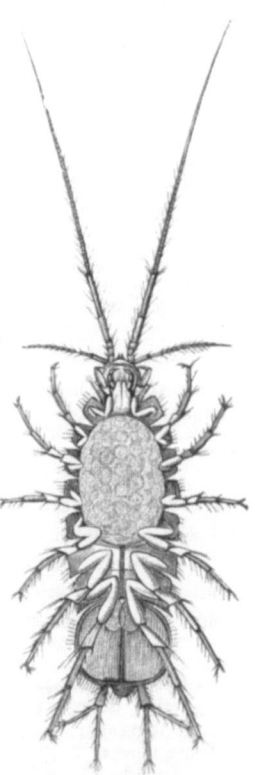

Abb. 630. *Asellus aquaticus*. Weibchen mit Brutsack, Ventralansicht. (Nach G. O. SARS.) 4/1

Aorta bildet in der Regel einen Gefäßring um den Oesophagus, von dem eine große, ventral von der Bauchganglienkette verlaufende Arterie abgeht. Von Excretionsorganen kann eine kleine Antennendrüse vorhanden sein; mächtiger ist die Maxillardrüse entwickelt.

Die Geschlechter sind (mit Ausnahme der *Cymothoiden*) getrennt. Beiderlei Geschlechtstiere unterscheiden sich auch durch äußere Sexualcharaktere, die in einzelnen Fällen zu einem höchst ausgeprägten Dimorphismus führen (Abb. 631), so bei den Garneelasseln (*Bopyridae*), deren Weibchen im Zusammenhange mit der parasitischen Lebensweise im Kiemenraum der Garneelen eine relativ ansehnliche Größe erreichen und unter Verlust der Augen und Reduktion der Gliedmaßen zu unsymmetrischen Scheiben auswachsen, während die winzig kleinen Männchen gleich den Pygmaeenmännchen parasitischer Copepoden die Symmetrie ihres

Körpers und die freie Beweglichkeit bewahren. Eine noch unregelmäßigere Gestalt erlangen die Weibchen der *Entonisciden*. Die Ovarien sind paarig und münden an der Innenseite des fünften Brustfußes nach außen. Beim Männchen führen jederseits ein oder drei Hodenschläuche in einen aufgetriebenen Samenbehälter, aus welchem die Samenleiter hervorgehen. Diese treten entweder am Ende des letzten Thoracalsegmentes je in einen cylindrischen Anhang ein (*Asellus*), oder vereinigen sich in einer unpaaren medianen Penisröhre, welche an der Basis des Abdomens liegt (*Oniscoidea*). Als accessorische Copulationsorgane hat man ein Paar stilettförmiger oder komplizierter gestalteter, hakentragender Anhänge der vorderen Abdominalfüße aufzufassen, zu welchen noch an der Innenseite des zweiten Fußpaares ein Paar nach außen gewendeter Chitinstäbe hinzutreten kann (*Oniscoidea*). Die *Cymothoiden* sind Hermaphroditen, jedoch mit zeitlicher Trennung der männlichen und weiblichen Geschlechtsreife. Im jugendlichen Alter sind sie

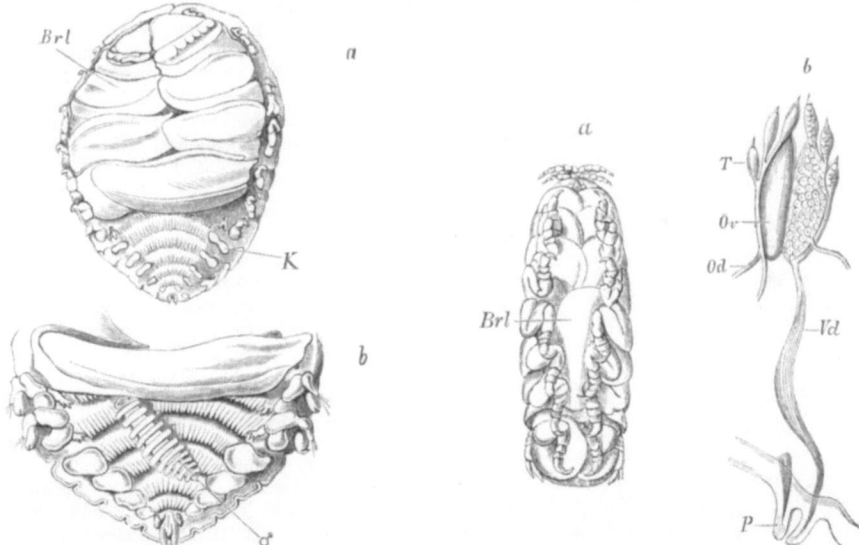

Abb. 631. *Gyge branchialis*. (Nach CORNALIA u. PANCERI.) a Weibchen von der Bauchseite. $^4/_1$, *Brl* Brutlamellen, *K* Kiemen. — b Sein Abdomen stärker vergr. mit ansitzendem Männchen ♂.

Abb. 632. a Weibchen von *Cymothoa banksi*, Ventralansicht (nach M.-EDWARDS). *Brl* Brutlamellen. $^2/_3$. — b Geschlechtsorgane einer 13 mm langen *Cymothoa oestroides* (nach P. MAYER). *T* Die drei Hoden, *Ov* Ovarium, *Od* Oviduct, *Vd* Ductus deferens, *P* Penis.

begattungsfähige Männchen mit drei Paaren von Hodenschläuchen, zwei Ovarialanlagen an der Innenseite derselben und einem paarigen Copulationsorgan, an welchem die beiden Samenleiter ausmünden (Abb. 632). Nach einer späteren Häutung, nachdem sich allmählich die weiblichen Drüsen auf Kosten der mehr und mehr zurückgedrängten männlichen entwickelt haben, werden die inzwischen angelegten Brutlamellen an den Brustbeinen frei und die Begattungsglieder abgeworfen. Von nun an fungiert das Tier als Weibchen.

Die Embryonalentwicklung beginnt im Brutraum. Bei *Asellus* entstehen in der Region des Cephalothorax zwei blattförmige dreilappige Anhänge, die als Rudimente einer Schalenduplikatur gedeutet worden sind; von den Gliedmaßen bilden sich zuerst die beiden Antennenpaare und die Mandibeln, nach deren Entstehung eine neue Cuticula, die dem Naupliusstadium entsprechende Larvenhaut, zur Sonderung kommt (wie auch bei *Ligia*). Im Gegensatz zu den Amphipoden zeigt sich der Schwanzteil des Embryo nach dem Rücken zu umgeschlagen.

Die im Brutraume freigewordenen Jungen (Abb. 633) entbehren noch des letzten Brustbeinpaares und erfahren bis zum Eintritt der Geschlechtsreife auch in der Gestaltung der Gliedmaßen nicht unerhebliche Veränderungen. Man kann daher den Asseln eine Metamorphose zuschreiben, die bei *Gnathia* (*Anceus*) und den *Bopyriden* am vollkommensten ist.

Die Asseln leben teils im Meere, teils im süßen Wasser, teils auf dem Lande (*Oniscoidea*) und ernähren sich von tierischen Stoffen. Viele sind Schmarotzer vornehmlich an der Haut, in der Mund- und Kiemenhöhle von Fischen (*Cymothoidae*) oder in dem Kiemenraum und an der Haut von anderen Crustaceen (*Epicarida*).

1. Tribus. *Flabellifera*. Die letzten Abdominalfüße bilden mit dem Endsegment einen Schwanzfächer. Pleopoden meist Schwimmfüße.

Fam. *Anthuridae*. Körper lang und schmal, Abdomen kurz. Antennen kurz. Mundteile stechend und saugend. Erster Thoracalfuß größer. *Anthura gracilis* MONT. Engl. Küste, *Paranthura penicillata* RISSO. Mittelmeer. *Calathura norvegica* O. SARS. Norwegen. *Cyathura carinata* KRÖY. Nordatlant., Nordsee, Ostsee.

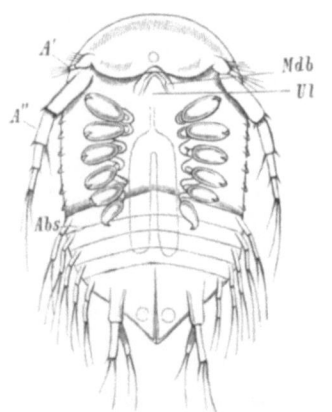

Abb. 633. Larve von *Bopyrus virbii*, mit sechs Brustbeinpaaren. (Nach R. WALZ.) *A'*, *A''* Antennen, *Mdb* Mandibel, *Ul* Unterlippe, *Abs* erstes Abdominalsegment.

Fam. *Gnathiidae* (*Pranizidae, Anceidae*). Männchen und Weibchen auffällig verschieden. Kopf des Männchens sehr breit, fast quadratisch, beim Weibchen klein. Mundteile stechend, beim erwachsenen Tier reduziert. Beim Männchen die Mandibeln zangenförmig und weit vorstehend. Erstes und letztes Thoracalsegment rudimentär, das letzte gliedmaßenlos. Von den fünf wohlentwickelten Thoraxsegmenten die drei hinteren beim Weibchen zu einem sackförmigen Abschnitte verschmolzen. Der erste Thoracalfuß zu einem Kieferfuß umgebildet. Die Weibchen leben wie die Larven parasitisch an Fischen, die Männchen frei. *Gnathia* (*Anceus*) *maxillaris* MONT. (Weibchen als *Praniza coeruleata* DESM. beschrieben). Nord- und Westküste Europas, Mittelmeer.

Fam. *Cymothoidae*. Körper flach gewölbt. Mundteile meist saugend, selten kauend. Abdomen kurz, die Abdominalsegmente in der Regel frei, zuweilen verschmolzen. Telson schildförmig (Abb. 632). Leben teils parasitisch an Fischen, teils frei umherschweifend. *Cymothoa oestrum* FABR., *C. oestroides* RISSO, Fischaal. Mittelmeer. *Anilocra mediterranea* LEACH, *Nerocila bivittata* RISSO, Mittelmeer. *Aega bicarinata* LEACH, Europ. Meere. *Bathynomus giganteus* A. M. E., Riesenassel, von 23 cm Länge. Mit büschelförmigen Kiemen an den Abdominalfüßen. Tiefsee, Golf von Mexiko, Ind. Ozean. *Cirolana borealis* LILLJ. Atlant. Ozean, Mittelmeer.

Fam. *Serolidae*. Körper breit und flach. Erstes Brustsegment mit dem Kopfe fest verbunden. Die vier letzten Abdominalsegmente zu einem großen Schwanzschild verschmolzen. Kauende Mundteile. Erster oder auch zweiter Thoracalfuß mit Greifhand. *Serolis paradoxa* FABR. Feuerland.

Fam. *Sphaeromidae*. Freilebende Asseln mit breitem Kopf und verkürztem, stark konvexem Körper, der zuweilen nach der Bauchseite eingerollt werden kann. Abdominalsegmente zum Teil verwachsen. Alle Thoracalfüße sind Schreitbeine. *Sphaeroma serratum* FABR. Atlant. Ozean, Mittelmeer, auch Brackwasserform. *S. fossarum* MONT. Pontinische Sümpfe, dem *S. granulatum* M. E. des Mittelmeeres nahe verwandt. Hier schließt sich an *Limnoria terebrans* LEACH (*lignorum* WHITE), Bohrassel. Zernagt Holz und wird daher Hafenholze sehr schädlich. Nordsee, Ostsee.

2. Tribus *Valvifera*. Die letzten Pleopoden klappenartig, die übrigen Pleopoden, welche in großer Ausdehnung Atemplatten sind, bedeckend.

Fam. *Idotheidae*. Freilebende Asseln mit langgestrecktem Körper, kauenden Mundwerkzeugen und länglichem, aus mehreren Segmenten verschmolzenem Caudalschild. *Idothea baltica* PALL. (*tricuspidata* DESM.). Europ. Meere. *Chiridothea entomon* L. Nordsee, Ostsee, in Süßwasserseen Skandinaviens, auch im Kaspisee.

Fam. *Arcturidae*. Von schlanker cylindrischer Körperform, zweite Antennen sehr lang. Die vier vorderen Thoracalfüße zart und dicht mit Borsten besetzt, die drei hinteren kräftige

Schreitfüße. Bewegen sich nach Art der Spannerraupen. *Arcturus deshayesi* Luc. Mittelmeer. *Astacilla longicornis* Sow. Nordsee.

3. Tribus. *Asellota*. Pleopoden ausschließlich der Atmung dienend, gewöhnlich überdeckt von dem plattenförmigen ersten Paar. Abdominalsegmente sämtlich oder bis auf die vordersten zu einem großen Schwanzschilde verschmolzen.

Fam. *Asellidae*. Die Füße des Thorax sind Schreitbeine, das erste bildet eine Greifhand. Erstes Pleopodenpaar klein, nicht deckelförmig, letztes griffelförmig. *Asellus aquaticus* L., gemeine Wasserassel. Im Süßwasser Europas (Abb. 630). *A. cavaticus* Schdte., Grottenassel. Blind. Lebt in tiefen Brunnen, Höhlengewässern, auch tiefen Seen. Hier schließt sich *Jaera* Leach an.

Fam. *Munnidae*. Körper kurz, Abdominalsegmente zu einer Platte verschmolzen, die mehr oder minder nach oben gewölbt ist. Augen an stielförmigen Vorsprüngen des Kopfes. Die hinteren Thoracalbeine lang. *Munna kröyeri* Goods. Nordsee.

Fam. *Munnopsidae*. Der Körper zeigt eine Zweiteilung, indem sich Kopf und die vier vorderen Thoraxsegmente von dem hinteren Körperabschnitt durch eine Einschnürung schärfer absetzen. Zweiter bis vierter Thoracalfuß sehr verlängerte Schreitbeine, die drei hinteren blattförmig verbreiterte Schwimmfüße. Augen fehlen. *Munnopsis typica* Sars, Nord. Meere.

4. Tribus. *Oniscoidea*. Nur die Innenäste der Pleopoden zarthäutige Kiemen, die Außenäste zu festen Deckplatten umgebildet, zuweilen mit Lufträumen. Vordere Fühler verkümmert und unter dem Kopfschilde verborgen. Mandibeln tasterlos. Leben vornehmlich an feuchten Orten auf dem Lande.

Fam. *Ligiidae*. Zweite Antenne mit vielgliedriger Geißel. Außenast der Pleopoden ohne Luftkammern. *Ligia oceanica* L., an Ufersteinen, Nordsee, Atlant. Ozean. *Ligidium hypnorum* Cuv., Nord- und Mitteleuropa, an feuchten Stellen unter Moos und Laub.

Fam. *Trichoniscidae*. Meist kleine Formen. Augen aus 1—3 Ocellen oder fehlen. *Trichoniscus pusillus* J. F. Brandt. Mittel- u. Nordeuropa, Nordamerika. *Titanethes albus* C. L. Koch. Bis 15 mm, blind. Höhlen Krains.

Fam. *Oniscidae*. Außenast des sechsten Pleopodenpaares lanzettförmig. Hintere Antennen mit dreigliedriger Geißel. *Oniscus asellus* L. (*murarius* Cuv.), Mauerassel, Europa, Nordamerika.

Fam. *Porcellionidae*. Zweite Antenne mit zweigliedriger Geißel. *Porcellio scaber* Latr., Kellerassel. Weit verbreitet. *P. laevis* Latr., Kosmopolit. *Platyarthrus hoffmannseggi* J. F. Brandt. Blind. In Ameisennestern. Mitteleuropa. *Hemilepistus reaumuri*. Aud. Sav. Wüstenassel. Syrien, Nordafrika.

Fam. *Armadillidiidae*. Körper stärker gewölbt, zusammenrollbar. *Armadillidium vulgare* Latr., Rollassel, weit verbreitet. Hier schließt sich an *Armadillo officinalis* Dum., im Mittelmeergebiet.

5. Tribus. *Epicarida*. Pleopoden, wenn vorhanden, ausschließlich Kiemen und nicht bedeckt durch eine Deckplatte. Maxillen fehlen. Durchwegs Parasiten an anderen Crustaceen.

Fam. *Bopyridae*. Körper des Weibchens scheibenförmig, unsymmetrisch, ohne Augen. Männchen sehr klein, gestreckt und deutlich gegliedert, mit Augen. Mandibeln tasterlos in einem Saugrüssel. Die Brustbeine sind kurze Klammerfüße. *Bopyrus squillarum* Latr. In der Kiemenhöhle besonders von *Leander* (*Palaemon*). *Gyge branchialis* Corn. Panc., in der Kiemenhöhle von *Upogebia*. Mittelmeer (Abb. 631). *Phryxus abdominalis* Kröy., am Abdomen von Garneelen.

Fam. *Cryptoniscidae*. Männchen und Weibchen sehr verschieden. Körper des Weibchens sackförmig. Thorax ohne Gliedmaßen. Männchen klein, regelmäßig gegliedert. *Cryptoniscus planarioides* Fr. Müll., an *Sacculina purpurea*. Brasilien. *Liriopsis pygmaea* Rathke, an *Peltogaster paguri*. Nordsee, Atlant. Ozean, Mittelmeer.

Fam. *Entoniscidae*. Binnenasseln. Weibchen Lernaea-ähnlich gekrümmt. Thorax ungegliedert. Abdominalgliedmaßen lamellös. Männchen klein, ähnlich dem Bopyrus-Männchen. Leben eingesenkt in tiefen Hauteinsackungen. *Entoniscus* (*Entione*) *cavolinii* Fraisse, auf *Carcinides maenas* und *Pachygrapsus marmoratus*. Neapel. *E. porcellanae* Fr. Müll., auf einer *Porcellana*-Art. Brasilien. *Portunion maenadis* Giard, an *Carcinides maenas*.

3. Unterordnung. *Amphipoda*[1], *Flohkrebse*. Arthrostraken mit seitlich komprimiertem Leib, mit Kiemen an den Brustfüßen und meist mit langgestrecktem

---

[1] Spence Bate, C.: Catalogue of the specimens of Amphipodous Crustacea in the collection of the British Museum. London 1862. — van Beneden E. et Em. Bessels: Mémoire sur la formation du Blastoderme chez les Amphipodes etc. Bruxelles 1868. — Lütken C. F.: Bitrag til kundskab om Arterne af Slaegten *Cyamus*. Vidensk. Selsk. Skrift. Kjöbenhavn 1873. — Claus, C.: Der Organismus der Phronimiden. Arb. zool. Inst. Wien 2 (1879).

Abdomen. Die drei vorderen Segmente des letzteren tragen Schwimmfüße, die drei hinteren nach hinten gerichtete, meist griffelförmige Springfüße.

Die Amphipoden sind kleine, nur selten bis 11 cm lange (*Eurythenes gryllus*, *Cystisoma spinosum*) Ringelkrebse, welche sich im Wasser vorwiegend schwimmend und springend fortbewegen. Der bald kleine (*Crevettina*, Abbild. 634), bald umfangreiche und stark aufgetriebene (*Hyperina*, Abbild. 636) Kopf (Kopfbruststück) ist scharf abgesetzt und nur in der aberranten Gruppe der *Laemodipoda* mit dem ersten der sieben sonst freien Brustsegmente verschmolzen (Abb. 637).

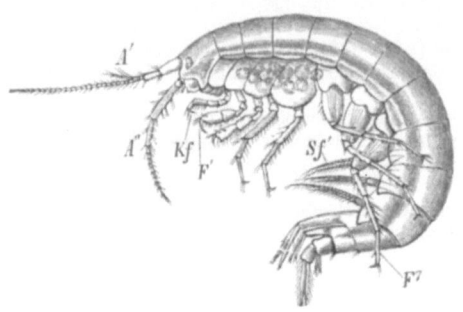

Abb. 634. *Gammarus pulex (neglectus)* (nach G. O. SARS) mit Eiern zwischen den Brutblättern am Thorax. Etwa 6/1. A', A'' Die beiden Antennen, Kf Kieferfuß, F^1 bis F^7 die Thoracalfüße, Sf' erster Schwimmfuß des Abdomens.

Beide Antennenpaare bestehen meist aus einem stämmigeren kürzeren Schaft, und einer langen vielgliedrigen Geißel, die aber mehr oder minder verkümmern kann. Die vorderen, beim Männchen wohl durchwegs längeren Fühler tragen nicht selten eine kurze Nebengeißel und bieten in ihrer besonderen Gestaltung zahlreiche Modifikationen; bei den *Hyperinen* sind sie im weiblichen Geschlecht sehr kurz, im männlichen dagegen von ansehnlicher Länge und dicht mit Spürhaaren besetzt. Die hinteren Antennen sind häufig länger als die vorderen, bei den männlichen *Platysceliden* zickzackförmig zusammengelegt, bei *Corophium* zu starken beinähnlichen Extremitäten umgebildet. Dagegen können sie beim Weibchen bis auf das Grundglied rückgebildet sein (*Phronima*) (Abbild. 636).

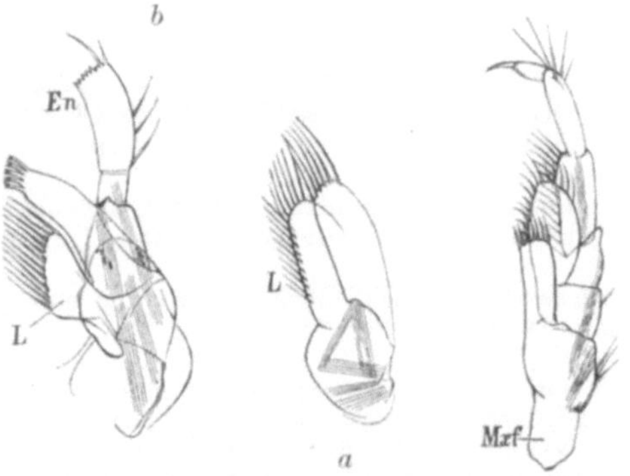

Die Mandibeln sind kräftige Kauplatten mit scharfem, gezahntem Kaurand und unterem Kaufortsatz, meist mit dreigliedrigem, zuweilen

Abb. 635. b Erste Maxille, a zweite Maxille, *Mxf* Maxillarfuß von *Gammarus*. *En* Endopodit, *L* Lade.

verkümmertem Taster. Ebenso tragen die vorderen zweilappigen Maxillen in der Regel einen kurzen zweigliedrigen Taster (Abb. 635), während sich die Maxillen des zweiten Paares auf zwei ansehnliche, einer gemeinsamen Basis aufsitzende

---

— NEBESKI, O.: Beiträge zur Kenntnis der Amphipoden der Adria. Ebenda 3 (1881). — MAYER, P.: Die Caprelliden des Golfes von Neapel. 1882, 1890. — Die Caprellidae der Siboga-Expedition. Leiden 1903. — BOVALLIUS, C.: Contributions to a monograph of the Amphipoda *Hyperiidea*. Sv. vet. Akad. Handl. 1887 u. 1889. — CLAUS, C.: Die Platysceliden. Wien 1887. — STEBBING, T.: Report of the Amphipoda collected by H. M. S. Challenger. 1888. — Amphipoda. I. *Gammaridea*. Tierreich 21 (1906). — DELLA VALLE, A.: Gammarini del Golfo di Napoli. Fauna u. Flora Golf Neapel 20 (1893). — BERGH, R. S.: Beiträge zur Embryologie der Crustaceen. II. Zool. Jb. 7 (1893). — CHUN, C.: Atlantis. Bibl. zoologica 1896. — VEJDOVSKÝ, F.: Über einige Süßwasser-Amphipoden. Sitzgsber. böhm. Ges. Wiss. Prag 1896—1905. — HEIDECKE, P.: Untersuchungen über die ersten Embryonalstadien von *Gammarus locusta*. Jena. Z. Naturwiss. 38 (1904). — Vgl. ferner die Schriften von G. O. SARS, HELLER, GARBOWSKI, CHEVREUX, NORMAN, SAYCE, PEREYASLAWZEWA u. a.

Coelomata (Bilateria): Arthropoda, Gliederfüßer.

Laden beschränken. Die Kieferfüße verschmelzen zu einer Art Unterlippe, die entweder auf gemeinsamem Basalabschnitt ein inneres und äußeres Ladenpaar trägt, von denen das letztere dem Grundgliede des ansehnlichen fünfgliedrigen, häufig beinförmigen Endopoditen zugehört (*Crevettina* und *Laemodipoda*), oder die zu einer zwei- oder dreilappigen Platte rückgebildet ist (*Hyperina*).

Die sieben Beinpaare des Thorax weisen in Gestaltung manche Verschiedenheiten auf. Ganz allgemein zeigen die drei hinteren Paare eine entgegengesetzte Winkelstellung ihrer Abschnitte. Das Basalglied der Brustfüße verbreitert sich an der Außenseite meist zu einer ansehnlichen Platte (Epimeralplatte), die bei den *Crevettinen* vornehmlich an den vier vorderen Paaren einen großen Umfang erreicht.

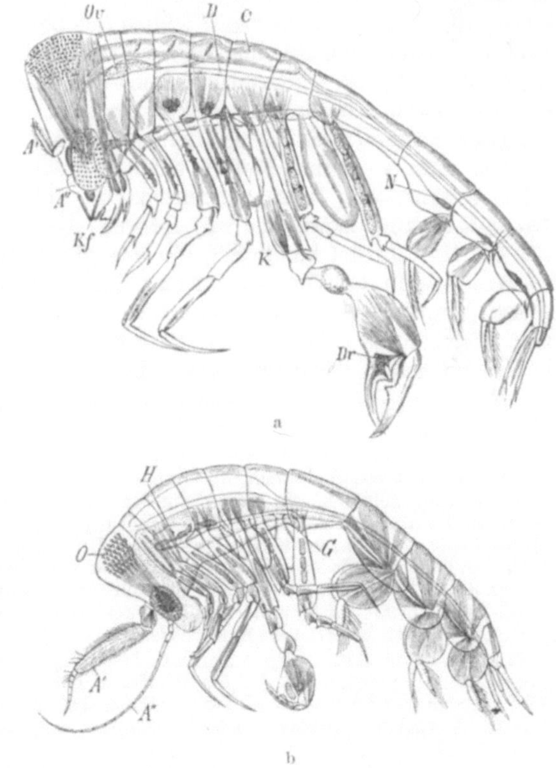

Das meist sechsgliedrige Abdomen, das bei den *Laemodipoden* zu einem Höcker verkümmert ist, zerfällt in zwei nach Lage und Gestalt der Abdominalfüße differente Regionen. Die vordere Region trägt Schwimmfüße, die hintere Region, deren Segmente kürzer und zuweilen verschmolzen sind, meist griffelförmige Springfüße. Das Telson ist zuweilen gespalten.

Vornehmlich die Thoraxfüße (so besonders bei den *Corophiidae*) weisen häufig zahlreiche Drüsen (Abb. 636 und 90a) auf.

Bei einigen *Crevettinen* und mehreren *Platysceliden* liegt eine paarige Statocyste vor dem Cerebralganglion.

Am Darm finden sich am Ende des Mitteldarmes dorsal in der Regel paarige, vielleicht als Excretionsorgane fungierende Schläuche. Von Nephridien ist die Antennendrüse vorhanden.

Abb. 636. *Phronima sedentaria*. a Weibchen (nach CLAUS), $2 \cdot 5/1$. b Männchen (nach CHUN). $6/1$. A', A'' Die beiden Antennen, D Darm, Dr Drüsen in der Greifzange des fünften Brustfußes, G Geschlechtsöffnung, C Herz, H Hoden, K Kiemen, Kf Kiefer, N Nervensystem, O Auge, Ov Ovarium.

Als Kiemen fungieren zarthäutige Schläuche am Coxalgliede der Brustbeine, welche durch lebhafte Bewegungen der Schwimmfüße des Abdomens neues Wasser zugeführt erhalten. Im weiblichen Geschlecht finden sich neben den Kiemen noch Epipodialanhänge als lamellöse Platten, die sich zur Bildung der Bruttasche zusammenlegen.

Das Herz liegt im vorderen Teile des Thorax und ist meist mit drei Spaltenpaaren versehen (Abb. 636a). Vom Herzen gehen eine vordere und hintere Aorta, zuweilen auch Seitengefäße ab. Die vordere Aorta bildet einen pericerebralen und darauffolgend einen perioesophagealen Gefäßring. Eine Ventralarterie fehlt.

Die Ovarien sind zwei einfache oder verästelte Schläuche mit ebensoviel Oviducten, welche am drittletzten Brustsegmente ausmünden. Ähnlich erscheinen die Hoden jederseits aus einem Schlauche gebildet, dessen Samenleiter am letzten Brustsegmente sich öffnen.

Die Männchen unterscheiden sich von den Weibchen nicht nur durch den Mangel der Brutblätter, sondern durch stärkere Ausbildung der Greif- und Klammerhaken an den vorderen Brustfüßen sowie durch abweichende Antennenbildung (Abb. 636b).

Die in die Bruttasche gelangten Eier entwickeln sich unter dem Schutze des mütterlichen Körpers. Der ventralwärts eingekrümmte Embryo weist an der Rückenseite ein eigentümliches kugelförmiges Organ auf (als die Anlage einer auf das Embryonalleben beschränkten Nackendrüse gedeutet, nach C. Heider möglicherweise die Involutionsform des den Nahrungsdotter bedeckenden Blastodermteiles). Die aus den Eihüllen ausschlüpfenden Jungen besitzen in der Regel meist sämtliche Gliedmaßenpaare und im wesentlichen die Gestaltung des ausgebildeten Tieres, während die Gliederzahl der Antennen und die besondere Form der Beinpaare noch Abweichungen bietet; nur bei den *Hyperinen* können die Abdominalfüße noch fehlen und die Abweichungen des Leibes so bedeutend sein, daß man von einer Metamorphose sprechen kann.

Die Amphipoden leben großenteils im süßen und salzigen Wasser, einige (*Corophiidae*) sind Bewohner von Röhren, die sie aus Sand oder Schlamm mit Hilfe der Hautdrüsen herstellen, *Chelura* lebt in Gängen zernagten Holzes. Die *Hyperinen* halten sich vornehmlich an pelagischen Seetieren, insbesondere Quallen auf und können, wie die weibliche *Phronima sedentaria*, mit ihrer Brut in glashellen Tönnchen (ausgefressenen Pyrosomen und Diphyiden) Wohnung nehmen. Die *Cyamiden* sind Parasiten an der Haut von Walen.

1. Tribus. *Crevettina*. Amphipoden mit kleinem Kopf, wenig umfangreichen Augen und vielgliedrigen beinförmigen Kieferfüßen.

Beide Antennenpaare lang und vielgliedrig, beim Männchen umfangreicher. Gewöhnlich sind die vorderen Antennen die längeren und tragen auf dem mehrgliedrigen Schaft neben der Hauptgeißel häufig eine kleine Nebengeißel (Abb. 634). Indessen können auch umgekehrt die hinteren Antennen beinartig verlängert sein (*Corophium*). Die Kieferfüße an ihrer Basis verwachsen, bilden eine große Unterlippe meist mit vier Laden und zwei beinähnlichen Endopoditen. Die Coxalglieder der Brustbeine gestalten sich zu breiten, meist umfangreichen Epimeralplatten. Die drei hinteren Fußpaare des Abdomens (Uropoden) sind oft griffelförmig verlängert. Die Crevettinen sind in erstaunlichem Formenreichtum vornehmlich in den kälteren Meeren verbreitet.

Fam. *Lysianassidae*. Körper ziemlich hoch, Epimeralplatten teilweise groß. Vordere Antenne mit Nebengeißel und dickem Schaft. Hintere Antenne beim Männchen mit langer Geißel. *Lysianassa longicornis* H. Luc. Atlant. Ozean, Mittelmeer. *Anonyx nugax* Phipps. Arktisch. *Eurythenes gryllus* Lcht. (*Lysianassa magellanica* M.-E.). Bis 11,5 cm lang. Atlant. Ozean.

Fam. *Pontoporeiidae*. Epimeralplatten mäßig groß, mit Borsten umsäumt. Erste Antenne mit Nebengeißel. Die drei letzten Brustfüße häufig zum Eingraben geeignet. Telson gespalten. *Pontoporeia femorata* Kröy. Nordatlant., Ostsee. *Urothoë pulchella* A. Costa. Atlant. Ozean, Mittelmeer.

Fam. *Gammaridae*. Körper schlank. Vorderantenne meist mit Nebengeißel. Letztes Pleopodenpaar gewöhnlich die übrigen überragend, mit mehr oder minder blattförmigen Ästen. Bewegen sich mehr schwimmend. Großenteils Brack- und Süßwasserbewohner. *Gammarus marinus* Leach. Europ. Meere. *G. locusta* L. Arktisch, Atlant. Ozean, Mittelmeer. *G. pulex* L., im Süßwasser, Europa (Abb. 634). *Niphargus puteanus* C. L. Koch. Augen rudimentär. In tiefen Brunnen. Europa. *N. stygius* Schdte. Blind. In Höhlengewässern, Krain. *N. aquilex* Schdte. Blind. Europa. *Melita palmata* Mont. Atlant. Ozean, Mittelmeer.

Fam. *Orchestiidae*. Körper gedrungen. Vordere Antennen meist kurz, ohne Nebengeißel. Mandibel tasterlos. Letztes Pleopodenpaar gewöhnlich einästig. Leben am Strande, besonders an sandigem Meeresufer oder am Lande und bewegen sich springend. *Talitrus saltator* Mont., *Orchestia gammarellus* Pall. (*littorea* Mont.). Europ. Meere.

Fam. *Corophiidae*. Körper nicht seitlich kompreß. Abdomen klein. Epimeralplatten klein. Hintere Antennen zuweilen beinförmig gestaltet. Bewegen sich mehr schreitend.

Bauen Röhren. *Cerapus crassicornis* BATE, Nordsee. *Corophium volutator* PALL. Atlant. Ozean, Mittelmeer.

Fam. *Cheluridae*. Körper ziemlich cylindrisch, die drei hinteren Segmente des Abdomens verschmolzen. Die drei letzten Pleopoden sehr ungleich gestaltet. *Chelura terebrans* PHIL. Zernagt mit *Limnoria terebrans* Holzwerk in der See. Atlant. Ozean, Mittelmeer.

Fam. *Dulichiidae*. Körper meist schlank, mit langgestrecktem sechsgliedrigen Thorax, dessen zwei letzten Segmente verschmolzen sind. Abdomen schwach, zuweilen nur fünfgliedrig, viertes Segment lang. Epimeralplatten sehr klein. Antennen sehr verlängert. Die drei hinteren Brustfüße gewöhnlich zum Anklammern eingerichtet. Bilden den Übergang zu den Laemodipoden. *Dulichia porrecta* BATE, Nordmeere. *Podocerus variegatus* LEACH, Atlant. Ozean, Mittelmeer.

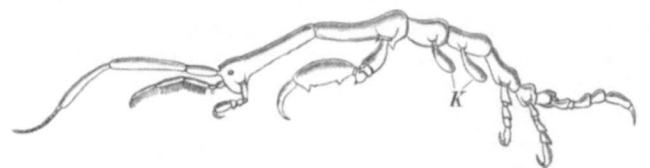

Abb. 637. Männchen von *Caprella aequilibra*. (Nach P. MAYER.) *K* Kiemen. Etwa $^2/_1$.

2. Tribus. *Hyperina*. Amphipoden mit großem, stark aufgetriebenem Kopf, umfangreichen, meist in Scheitel- und Wangenauge geteilten Augen, mit rudimentärem, als Unterlippe fungierendem Kieferfußpaar.

Vorderantennen bald kurz, stummelförmig, bald von ansehnlicher Größe, beim Männchen in eine vielgliedrige Geißel verlängert (*Hyperiidae*). Die hinteren Antennen können im weiblichen Geschlecht bis auf das Basalglied wegfallen (*Phronima*) (Abb. 636a), beim Männchen zickzackförmig zusammengelegt sein (*Platyscelidae*). Die Kieferfüße bilden unter Reduktion der Endopoditen eine kleine zwei- oder dreilappige Unterlippe. Brustfüße teilweise mit kräftiger Greifhand oder Schere. Caudalgriffel bald lamellös und flossenartig, bald stielförmig. Entwicklung mittels Metamorphose. Leben pelagisch, vornehmlich an Quallen, und schwimmen sehr behend.

Fam. *Hyperiidae*. Kopf kugelig, fast ganz von den Augen erfüllt. Beide Antennenpaare mit mehrgliedrigem Schaft, beim Männchen mit langer Geißel. Mandibel mit dreigliedrigem Taster. Fünftes Fußpaar dem sechsten und siebenten meist gleich gebildet, mit klauenförmigem Endgliede. *Hyperia* (*Lestrigonus*) *medusarum* MÜLL. Nord. Meere, Mittelmeer.

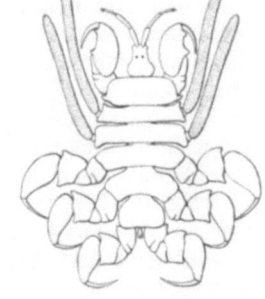

Abb. 638. *Cyamus mysticeti*, Männchen. (Nach LÜTKEN.) $^{1\cdot 5}/_1$

Fam. *Phronimidae*. Kopf groß, mit prominierender Schnauze und großem geteiltem Auge. Vordere Antennen im weiblichen Geschlecht kurz, nur zwei- oder dreigliedrig, beim Männchen mit langer vielgliedriger Geißel und dicht mit Riechhaaren besetztem Schaft. Hintere Antenne beim Weibchen rudimentär. Mandibel ohne Taster. Die Thoracalbeine teilweise mit kräftigem Greifhaken. *Phronima sedentaria* FORSK. Das Weibchen lebt mit seiner Brut in glashellen Tönnchen (ausgefressenen Pyrosomen und Diphyiden). Kosmopolit (Abb. 636). *Phronimella elongata* CLS. Weit verbreitet. Verwandt sind *Cystisoma spinosum* F. Wird über 10 cm lang. Tiefsee. *Phrosina semilunata* RISSO, Atlant. Ozean, Mittelmeer.

Fam. *Platyscelidae* (*Typhidae*). Beide Antennenpaare unter dem Kopfe verborgen, die vorderen klein, im männlichen Geschlechte mit stark aufgetriebenem buschigen Schaft und kurzer schmächtiger, wenigglicdriger Geißel. Die hinteren Antennen beim Männchen sehr lang, zickzackförmig drei- bis viermal zusammengelegt, beim Weibchen kurz und gerade gestreckt, zuweilen ganz reduziert. Basalglieder des fünften und sechsten Brustfußes meist zu großen Deckplatten der Brust verbreitert. Siebenter Brustfuß meist rudimentär. *Platyscelus* (*Eutyphis*) *ovoides* RISSO. Weit verbreitet. *Amphithyrus bispinosus* CLS. Atlant. Ozean. Hier schließt sich an *Oxycephalus piscator* M. E. Weit verbreitet.

3. Tribus. *Laemodipoda*, Kehlfüßer. Erstes Thoracalsegment mit dem Kopf verschmolzen. Abdomen stummelförmig.

Das erste Thoracalsegment mit dem Kopf verschmolzen und das ihm zugehörige Beinpaar an die Kehle gerückt (Abb. 637). Die Kieferfüße bilden eine vierteilige Unterlippe mit langen Endopoditen. Kiemenschläuche meist auf das dritte und vierte Brustsegment beschränkt, dessen Beine oft verkümmern. Die Thoraxbeine enden mit Klammerhaken. Am stummelförmigen Abdomen Rudimente von Gliedmaßen.

Fam. *C aprellidae*. Körper linear gestreckt. Leben in Algenpolstern und ernähren sich von kleinen Tieren. *Phtisica marina* SLABBER (*Proto ventricosa* MÜLL.). Mit sieben völlig entwickelten Thoracalfüßen. Nordsee, Mittelmeer, Atlant. Ozean. *Caprella aequilibra* SAY. Weit verbreitet (Abb. 637). *C. linearis* L. Nord. Meere. Dritter und vierter Thoracalfuß fehlen.

Fam. *Cyamidae*. Körper breit und flach, Abdomen ganz rudimentär. Parasiten an der Haut von Cetaceen. *Cyamus mysticeti* LTK., Walfischlaus. Auf *Balaena mysticetus* (Abbildung 638).

2. Klasse. Arachnmorpha (Chelicerata)[1].

Wasserbewohnende oder landbewohnende Euarthropoden mit Cephalothorax, dem sechs Paare als Kau- oder Bewegungsorgane dienende Gliedmaßenpaare angehören, mit reichgegliedertem bis rudimentärem Abdomen, durch Kiemen oder Fächertracheen (Fächerlungen), seltener durch Röhrentracheen atmend.

Den als *Arachnomorpha* (K. HEIDER) oder *Chelicerata* (HEYMONS) zusammengefaßten Tierformen gehören die im Wasser lebenden *Merostomata* (*Palaeostraca*) und die am Lande lebenden *Arachnoidea* an, deren nahe Verwandtschaft aus den zwischen *Xiphosura* und *Scorpionidea* bestehenden weitgehend übereinstimmenden baulichen Verhältnissen hervorgeht. Die verwandtschaftlichen Beziehungen mit Crustaceen, zu denen früher die Merostomen gerechnet wurden, gehen jedenfalls auf alte Formen zurück, die den Trilobiten nahegestanden sein mögen.

Charakteristisch für alle Arachnomorphen ist der Besitz von nur sechs der Nahrungsaufnahme oder der Bewegung dienenden Extremitätenpaaren am Cephalothorax, von denen eines vor dem Munde steht und als Chelicere bezeichnet wird. Das Abdomen ist reichgegliedert bis rudimentär und im letzten Falle mit dem Cephalothorax verschmolzen.

Als Atmungsorgane treten bei den Merostomen Kiemen, bei den Arachnoideen sogenannte Fächertracheen (Fächerlungen) auf, aus denen Röhrentracheen entwickelt sein können. Die Fächertracheen werden von einigen Forschern (RAY LANKESTER u. a.) aus den an der Hinterseite der Abdominalfüße gelegenen Kiemen von *Limulus* abgeleitet und als in die Tiefe versenkte Kiemen aufgefaßt; damit stimmt ihre Entstehung an der Hinterseite von abdominalen Extremitätenanlagen überein, die sich bei Arachnoideen zur Embryonalzeit vorfinden (Abb. 645) und später die äußere Decke der Fächertracheen bilden. Nach der Ansicht anderer Forscher (VERSLUYS u. a.) sollten dagegen die Kiemen der Merostomen gegenüber den Fächertracheen der Arachnoideen den sekundären Zustand darstellen. Mit dieser verschiedenen Auffassung hängt die verschiedene Beurteilung der Frage zusammen, ob unter den sich verwandtschaftlich nächststehenden Arachnomorphen die Gigantostraken oder, was weniger wahrscheinlich scheint, die Scorpioniden die ursprünglicheren sind.

1. Unterklasse. MEROSTOMATA (PALAEOSTRACA).

Im Wasser lebende Arachnomorphen mit einem präoral gelegenen scherentragenden Gliedmaßenpaare und fünf um den Mund gelegenen, als Kau- und Bewegungsorgane dienenden Fußpaaren des Cephalothorax, mit gegliedertem oder einheitlichem Abdomen.

[1] Vgl. RAY LANKESTER, E.: Limulus an Arachnid. Quart. J. microsc. Sci. **21** (1881). — VERSLUYS, J.: Die Kiemen von *Limulus* und die Lungen der Arachniden. Bijdrag tot de Dierk. **21** (1919). — VERSLUYS, J. u. R. DEMOLL: Das *Limulus*-Problem. Erg. Zool. **5** (1922). — HANSTRÖM, B.: Eine genetische Studie über die Augen und Sehzentren von Turbellarien, Anneliden und Arthropoden (Trilobiten, Xiphosuren usw.). K. Svenska Vetensk. Hdl. **1925**.

Den Merostomen gehören die durchaus fossilen Gigantostraca und die Xiphosuren an; nur einen Vertreter weisen die letzteren in der heutigen Lebewelt auf, die Gattung *Limulus*.

In erster Linie ist für die Merostomen der Besitz eines einzigen, vor dem Munde gelegenen, mit einer Schere endenden Gliedmaßenpaares (Cheliceren), das der zweiten Antenne der Crustaceen entsprechen dürfte, sowie das Vorkommen von fünf um den Mund gelegenen Beinpaaren charakteristisch, deren Basalglieder als umfangreiche mandibelähnliche Kaustücke (Enditen) umgebildet sind. Hinter dem letzten Beinpaare folgt als eine Art Unterlippe eine einfache oder gespaltene Platte (Metastoma). Der Körperteil, welcher die Gliedmaßenpaare trägt, ist als Kopfbruststück zu bezeichnen, dessen schildförmig verbreiterte Schale in flügelförmig vorstehende Seitenstücke ausgezogen sein kann und auf der oberen Fläche außer zwei großen Seitenaugen zwei kleine mediane Stirnaugen trägt.

Auf das Kopfbruststück folgt ein aus einer größeren Zahl von (zuweilen verschmolzenen) Segmenten zusammengesetztes langgestrecktes oder kürzeres Abdomen, das mit einem

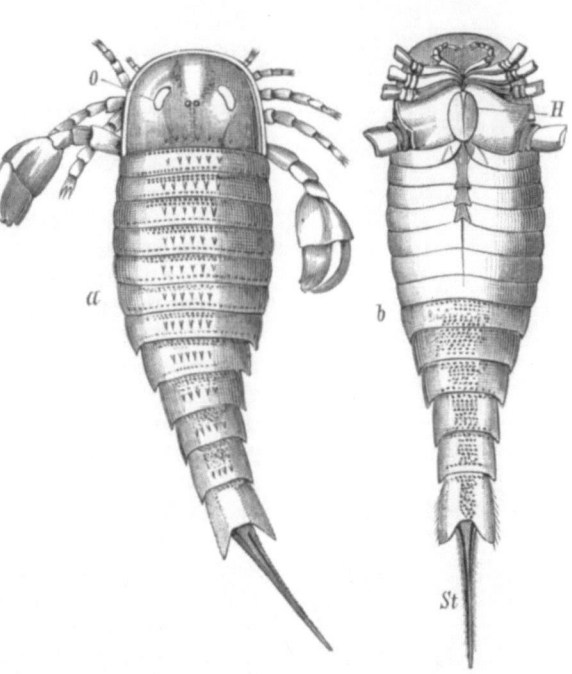

Abb. 639. *Eurypterus remipes*. (Nach NIESZKOWSKI.) a Rückenansicht, b Bauchansicht. *O* Augen, *St* Telson, *H* Metastoma.

flachen oder stachelförmig ausgezogenen Telson endet. Die vorderen Abdominalsegmente tragen blattförmige Füße, an denen die Kiemen liegen.

1. Ordnung. Gigantostraca.

Paläozoische Merostomen mit relativ kurzem Cephalothorax und langgestrecktem, aus zwölf Segmenten zusammengesetztem Abdomen, das mit einem flachen oder stachelförmigen Telson abschließt.

Der gewaltige Körper dieser schon im Untersilur auftretenden Tiere (Abb. 639) erreicht zuweilen die Länge von 1,5 m. An der Unterseite des Kopfbruststückes liegen um den Mund sechs langgestreckte bestachelte Beinpaare, von denen das letzte, bei weitem größte mit breiter Ruderflosse endet. Die vordersten Gliedmaßen sind mit einer Schere bewaffnet. An der Ventralseite der ersten fünf Abdominalsegmente liegen bewegliche Platten, welche die Kiemen bedecken. Bemerkenswert ist die Annäherung der hierher gehörigen *Eurypteriden* in ihrer allgemeinen Körperform an die Scorpioniden.

2. Ordnung. Xiphosura (Poecilopoda), Schwertschwänze[1].

Merostomen mit großem schildförmigen Cephalothorax und gelenkig abgesetztem, sechs lamellöse Fußpaare tragendem Abdomen, welches mit einem langen Schwanzstachel (Telson) endet.

Der große, mit festem Chitinpanzer bedeckte Körper dieser Tiere (Abb. 640) zerfällt in ein gewölbtes Kopfbrustschild und ein flaches, fast sechsseitiges Abdomen, welchem sich noch ein schwertförmiger beweglicher Stachel (Telson) anschließt. Das erstere bildet die weit größere Vorderhälfte des Leibes und besitzt auf seiner gewölbten Rückenfläche zwei große zusammengesetzte Seitenaugen und weiter nach vorne, der konvexen Stirnfläche zugekehrt, zwei kleinere, der Medianlinie genäherte Mittelaugen. Außerdem ist ein Paar rudimentärer Augen vor der Oberlippe an der Unterseite des Kopfschildes vorhanden. Auf der unteren Seite des Cephalothorax entspringen sechs Paare von Gliedmaßen, von denen das vordere, schmächtige vor der Mundöffnung liegt und wie die meisten nachfolgenden Beine mit einer Schere endet. Die Gliedmaßen des Cephalothorax umstellen rechts und links die Mundöffnung und dienen in ihren ladenförmigen Coxalgliedern zugleich als Mundteile zur Zerkleinerung der Nahrung. Am Basalgliede der letzten Gliedmaße entspringt ein spatelförmiger Anhang. Das Metastoma wird durch eine paarige Bildung (Chilaria) repräsentiert. Der schildförmige Hinterleib, welcher mittels eines queren Gelenkes am Kopfschilde in der Richtung vom Rücken nach dem Bauche bewegt wird, ist jederseits mit beweglichen pfriemenförmigen Stacheln bewaffnet; ihm gehören sechs Paare lamellöser Beine an, von denen das erste einen Deckel (Operculum) für die nachfolgenden bildet. Die fünf hinteren Beine dienen sowohl zum Schwimmen als zur Respiration, da an ihnen die Kiemenblätter liegen.

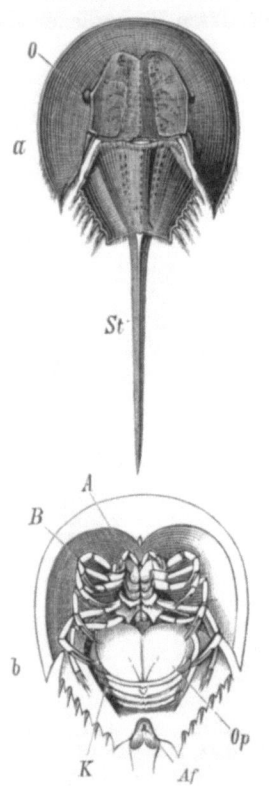

Abb. 640. a *Limulus moluccanus*, Dorsalansicht (nach HUXLEY). $^1/_6$. *O* Augen, *St* Schwanzstachel. b *L. rotundicauda* (nach M.-EDWARDS). Ventralansicht. *A* Cheliceren, *B* die Füße, *K* Kiemen, *Op* Operculum, *Af* After.

Die innere Organisation erlangt eine hohe Entwicklung. Am Nervensystem unterscheidet man einen breiten ringförmigen Schlundnervenstrang, dessen vordere Partie als Gehirn die Augennerven entsendet, während aus den seitlichen Teilen des ersteren die sechs Nervenpaare der Cheliceren und Beine entspringen; ferner eine untere Schlundganglienmasse mit

---

[1] Außer STRAUS-DÜRKHEIM, VAN DER HOEVEN, GEGENBAUR vgl. DOHRN, A.: Zur Embryologie und Morphologie von *Limulus Polyphemus*. Jena. Z. Naturwiss. **6** (1871). — PACKARD, A. S.: The anatomy, histology and embryology of *Limulus polyphemus*. Mem. Boston Soc. Nat. Hist. Boston 1880. — MILNE-EDWARDS, A.: Recherches sur l'anatomie des Limules. Ann. des Sci. natur. **1873**. — RAY LANKESTER, E.: *Limulus* an Arachnid. Quart. J. microsc. Sci. **21** (1881). — WATASE, S.: On the Morphology of the compound Eyes of Arthropods. Stud. Biol. Labor. Johns Hopkins Univ. **4** (1890). — KINGSLEY, J. S.: The Embryology of *Limulus*. J. of Morph. 7, 8 (1892—1893). — KISHINOUYE, K.: On the Development of *Limulus longispina*. J. Coll. Sci. Japan **1892**. — PATTEN, W. u. W. A. REDENBAUGH: Studies on *Limulus*. J. of Morph. **16** (1900). — HANSTRÖM, B.: Das Nervensystem und die Sinnesorgane von *Limulus polyphemus*. Fysiogr. Sällsk. Hdl. Lund. **37** (1926).

drei Quercommissuren und einem sechs Ganglien aufweisenden Bauchstrang, der Äste an die Bauchfüße abgibt und dessen letztes Ganglion aus der Verschmelzung von drei Ganglien hervorgegangen sein soll. Auch mit dem Gehirn in Verbindung stehende Eingeweidenerven sind gefunden.

Der Verdauungskanal besteht aus Oesophagus, Vormagen und einem geradgestreckten, mit einer Leber (Mitteldarmdrüse) versehenen Magendarm, welcher vor der Basis des Schwanzstachels im After ausmündet. Als Nephridien finden sich ansehnliche ziegelrote Drüsenschläuche, die Coxaldrüsen, welche jederseits im Cephalothorax liegen und bei dem jugendlichen Tiere am fünften Gliedmaßenpaare sich nach außen öffnen.

Das Herz ist ein langgestrecktes, von acht Spaltenpaaren durchbrochenes Rückengefäß und führt in Arterien, die sich in lakunäre Blutbahnen fortsetzen. Nach vorn entsendet das Herz außer einer Arteria frontalis zwei Gefäßbogen, die den Vormagen umfassend ventralwärts ziehen und sich zu dem das Nervensystem einschließenden Blutsinus und zur Arteria ventralis vereinigen. Außerdem gehen vom Herzen vier Arterienpaare ab, die sich jederseits zu einem Längsgefäß (Art. collateralis) verbinden, welche hinter dem Herzen zur Arteria abdominalis superior zusammentreten.

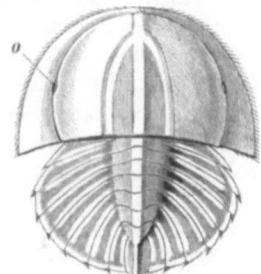

Abb. 641. Larve von *Limulus polyphemus* im sogenannten Trilobitenstadium. (Nach DOHRN.) *o* Auge. $^{12}/_1$

Die verästelten Ovarien vereinigen sich zu zwei Eileitern, welche an der unteren Seite des Operculums mit zwei getrennten Öffnungen ausmünden; an gleicher Stelle liegen beim Männchen die Öffnungen der beiden Samenleiter. Die kleineren Männchen sind von den Weibchen schon äußerlich verschieden, indem die vorderen Brustfüße mit einer Klaue enden.

Die Jungen schlüpfen noch ohne langen Schwanzstachel, auch oft ohne die drei hinteren Kiemenfußpaare aus. Man hat dieses Stadium wegen der Trilobitenähnlichkeit das Trilobitenstadium genannt (Abb. 641). An dem Kopfschild erhebt sich glabellaähnlich ein wulstförmiges Mittelstück, das auch an den acht Abdominalsegmenten wiederkehrt, von denen das letzte zwischen den Seitenteilen die kurze Anlage des Schwanzstachels umfaßt.

Die ausgewachsenen Tiere erreichen die Länge von bis 60 cm und leben ausschließlich in den warmen Meeren. Sie halten sich in einer Tiefe von 2—6 Faden auf und wühlen im Schlamme. Als Nahrung dienen vornehmlich Würmer.

Fam. *Limulidae*. Mit den Charakteren der Ordnung. *Limulus moluccanus* CLUS., Molukkenkrebs. Sunda-Inseln, Molukken (Abb. 640). *L. polyphemus* L. Ostküste von Nordamerika.

2. Unterklasse. ARACHNOIDEA[1].

Am Lande lebende Arachnomorphen mit Cephalothorax, mit zwei Paaren von Mundgliedmaßen und vier Beinpaaren, mit gliedmaßenlosem Abdomen.

---

[1] WALCKENAER, C. A. et P. GERVAIS: Histoire naturelle des Insectes Aptères. 3 Vols. Paris 1837—1844. — HAHN u. KOCH: Die Arachniden, getreu nach der Natur abgebildet und beschrieben. Nürnberg 1831—1849. — BLANCHARD, E.: Organisation du règne animal. Arachnides. Paris 1852. — NEWPORT, G.: On the structure, relations and development of the nervous and circulatory systems in Myriapoda and macrourous Arachnida. Philosophic. Trans. roy. Soc. London 1843. — MACLEOD, J.: Recherches sur la structure et la signification de l'appareil respiratoire des Arachnides. Archives de Biol. 5 (1884). — STURANY, R.: Die Coxaldrüsen der Arachnoideen. Arb. zool. Inst. Wien 9 (1891). — BÖRNER, C.: Arachnologische Studien. Zool. Anz. 25 (1902). — RAY LANKESTER, E.: The Structure and Classification of the Arachnida. Quart. J. microsc. Sci. 48 (1905). — BUXTON, B. H.: Coxal glands

Bei den Arachnoideen bildet den vordersten Körperabschnitt ein kurzer Cephalothorax, der bei einigen *Pedipalpi* und den *Solifugae* eine sekundäre Gliederung aufweist. Das Abdomen ist sehr häufig gegliedert und sitzt dem Cephalothorax in ganzer Breite an. Bei den Skorpionen ist es langgestreckt und zerfällt in ein breites Präabdomen und ein schmales, sehr bewegliches Postabdomen. Bei den Spinnen ist der kugelig aufgetriebene Hinterleib ungegliedert und mittels eines kurzen Stieles dem Cephalothorax angefügt, bei den Milben rudimentär und mit dem Cephalothorax verschmolzen.

Die Skorpione sind als die ursprünglichsten Arachnoideen zu betrachten und von den kiemenatmenden Merostomen abzuleiten, mit denen sie eine weitgehende bauliche Übereinstimmung zeigen. Die übrigen Gruppen ergeben sich sowohl der Größe als der Organisation nach als in verschiedenem Maße und zum Teil infolge von Parasitismus reduzierte Formenreihen.

Charakteristisch ist die durchgreifende Reduktion des Kopfabschnittes, welchem nur zwei zu Mundwerkzeugen verwendete Extremitäten angehören (Abb. 642). Die vorderen, zu Kiefern verwendeten Gliedmaßen des Kopfes, die *Kieferfühler* (*Cheliceren*), dürften der 2. Antenne der Crustaceen gleichzustellen sein. Sie enden entweder mit einer Schere (Scherenkiefer, wie bei Skorpionen, zahlreichen Milben), oder mit einer Klaue (Klauenkiefer, wie bei Spinnen). Es können die Kieferfühler aber auch Stilette bilden, die dann von den rinnenförmigen Laden der Kiefertaster scheidenartig umschlossen werden (Milben). Das zweite Extremitätenpaar des Kopfes, die *Kiefertaster* (*Maxillarpalpen*) zeigen meist Beinform und besitzen am Grundgliede eine Kieferlade. Sie enden entweder klauenlos oder als *Klauentaster* mit einer Klaue oder als *Scherentaster* mit einer Schere. Bei den Araneiden sowie einigen anderen Arachnoideen kommt noch eine unpaare Platte als Unterlippe hinzu. Die vier nachfolgenden Gliedmaßenpaare der Brust sind die zur Ortsbewegung verwendeten Beine, von denen das erste zuweilen eine abweichende Form erhält, sich tasterartig verlängert (*Pedipalpi*) und wie auch das zweite mit seinem Basalglied als Kiefer fungieren kann. Die Beine bestehen aus sieben oder sechs Gliedern, die bei den höheren Formen analog den Abschnitten des Insektenbeines bezeichnet werden.

Die innere Organisation der Arachnoideen schließt sich an jene der Xiphosuren an, zeigt aber innerhalb der Gruppe mannigfache Verschiedenheiten. Am Nervensystem weist die Bauchganglienkette sehr verschiedene Stufen der Konzentration auf. Vom Gehirn entspringen die Augennerven, während die Nerven der Kieferfühler in dem vorderen, an das Connectiv emporgerückten Teile des unteren Schlundganglions wurzeln. Von Sinnesorganen treten Augen auf, welche, der Zahl nach zwischen 2—12 schwankend, in symmetrischer Weise auf der Scheitelfläche des Cephalothorax verteilt sind. Es sind unbewegliche zweischichtige Napfaugen oder wie die Mittelaugen des Skorpions, die vorderen Mittelaugen (Hauptaugen) der Spinnen und die Augen der Opilioniden inverse Blasenaugen (Abb. 196a).

Der Darmkanal gliedert sich in einen engen Oesophagus und einen weiteren Magendarm, welcher in der Regel seitliche Blindsäcke trägt. Der letztere gliedert sich wiederum bei den Spinnen und Skorpionen in einen vorderen erweiterten Abschnitt, den sogenannten Magen, und in den Darm ab. Als Anhangsdrüsen des Darmes finden sich Speicheldrüsen, bei den Spinnen und Skorpionen eine umfangreiche Mitteldarmdrüse (Leber) und am hinteren Teile des Mitteldarmes mit Ausnahmen (*Opilionidea, Pseudoscorpionidea, Koeneniidae*, einige Milben) excre-

---

of the Arachnids. Zool. Jb. Suppl. 14 (1913). — Scheuring, L.: Die Augen der Arachnoideen. Ebenda 33 (1913); 37 (1914). — Vgl. ferner die Arbeiten von Pocock, Weissenborn, Oudemans u. a.

torische schlauchförmige Anhänge (analog den MALPIGHIschen Gefäßen der Insecten).

Von Nephridien treten bei den meisten Arachnoideen die *Coxaldrüsen* als lange gewundene Schläuche in den Seiten des Thorax (wie bei *Limulus*) auf. Sie münden am Grundgliede des 1. oder 3. Thoraxfußes aus, scheinen aber beim ausgebildeten Tiere meist keine Ausmündung zu besitzen.

Die Organe des *Kreislaufes* und der *Respiration* zeigen ebenfalls verschiedene Grade der Ausbildung und fallen nur bei den niedersten Milben vollständig hinweg. Das Herz liegt im Abdomen als langgestrecktes oder kürzeres Rückengefäß mit seitlichen Spaltöffnungen und meist mit vorderer und hinterer Aorta, zu denen zuweilen noch seitliche verzweigte Gefäßstämme hinzukommen. Die *Respirationsorgane* sind *Fächertracheen* (Fächerlungen) (Abb.134), welche in ein bis vier Paaren segmental am Abdomen sich finden. Sie stellen von der Haut aus entstandene Einstülpungen vor, die sich durch Stigmen nach außen öffnen und in deren Innenraum mehr oder minder zahlreiche parallel gelagerte Lamellen hineinragen. Bei zahlreichen Arachnoideen (viele Spinnen, *Pseudoskorpione, Opilionidea*, viele Milben) sind Röhrentracheen vorhanden; sie sind als gesondert in der Arachnoideengruppe entstanden anzusehen und von der Fächerlunge abzuleiten. Die cephalothoracalen Tracheen der *Solifugae* sowie von *Acarina* sind Bildungen eigener Art.

Die Arachnoideen sind getrennten Geschlechtes. Die Geschlechtsorgane münden an der Basis des Abdomens am 1. bzw. 2. Abdominalsegment unterhalb einer Klappe (Genitaloperculum).

Nur wenige Arachnoideen gebären lebende Junge (Skorpione, einige Milben sind ovovivipar), die meisten legen die Eier ab. In der Regel haben die ausgeschlüpften Jungen bereits die Körperform der ausgewachsenen Tiere; die Entwicklung der Milben ist eine Metamorphose.

Fast alle Arachnoideen nähren sich von tierischen, wenige von pflanzlichen Säften, viele Milben parasitisch. Die größeren, höher organisierten Formen bemächtigen sich als Raubtiere der lebenden, vorzugsweise aus Insecten und Spinnen bestehenden Beute und besitzen meist Giftwaffen zum Töten derselben. Viele bauen sich mittels Secretes von Spinndrüsen Gewebe und Netze, in denen sie die zu ihrer Nahrung dienenden Tiere fangen. Die meisten halten sich den Tag über unter Steinen und in Verstecken auf und kommen erst am Abend und zur Nachtzeit aus den Schlupfwinkeln zum Nahrungserwerbe hervor. Die ältesten Arachnoideen sind Skorpione aus dem Silur.

1. Ordnung. Scorpionidea, Skorpione[1].

Große Arachnoideen mit umfangreichem Abdomen, das in ein siebengliedriges Präabdomen und sechsgliedriges schmales Postabdomen mit einem Giftstachel am Hinterende zerfällt. Die Cheliceren und beinförmigen Maxillarpalpen enden mit Schere. Mit vier Paaren von Fächertracheen.

---

[1] GERVAIS, P.: Remarques sur la famille des scorpions et description de plusieurs espèces nouvelles etc. Arch. Mus. d'hist. nat. **4** (1844). — DUFOUR, L.: Histoire anatomique et physiologique des Scorpions. Mém. prés. a l'acad. **14** (1856). — PARKER, G. H.: The Eyes in Scorpions. Bull. Mus. Comp. Zool. Harvard Coll. **13** (1887). — LAURIE, M.: The Embryology of a Scorpion. Quart. J. microsc. Sci. **31** (1890). — BRAUER, A.: Beiträge zur Kenntnis der Entwicklungsgeschichte des Skorpions. Z. Zool. **1** (1894); **2** (1895). — KOWALEVSKI, A.: Une nouvelle glande lymphatique chez le Scorpion d'Europe. Mém. Acad. St.-Pétersbourg **1897**. — KRAEPELIN, K.: Scorpiones und Pedipalpi. Tierreich. 8. Liefg. Berlin 1899. — PAWLOWSKY, E.: Scorpiotomische Mitteilungen. Z. Zool. **105** (1913); Zool. Jb. **46** (1924). — Beiträge zur vergleichenden Anatomie und Entwicklungsgeschichte der Skorpione. Petrograd 1917 (russ.). — Vgl. außerdem die Schriften von METSCHNIKOFF, RAY LANKESTER, POCOCK, BIRULA, SIMON, BORELLI, POLICE, SCHRÖDER u. a.

Die Skorpione haben durch ihre gewaltigen Scherentaster und ihren festen Körperpanzer eine gewisse Ähnlichkeit mit den zehnfüßigen Schalenkrebsen (Abb. 642). Dem gedrungenen Kopfbruststück schließt sich ein langgestrecktes Abdomen an, welches in ein walzenförmiges siebengliedriges Präabdomen und ein sehr enges sechsgliedriges Postabdomen zerfällt, an dessen Ende sich ein gekrümmter, mit zwei Giftdrüsen versehener Giftstachel erhebt (Abb. 643). Das Präabdomen zeigt beim Embryo acht Segmente, von denen das erste (prägenitale) eine Rückbildung erfährt. Die Cheliceren sind dreigliedrige Scherenfühler, die Maxillarpalpen enden mit aufgetriebener Schere, während das Basalglied mit breiter Mahlfläche als Lade dient. Die vier Beinpaare sind kräftig entwickelt und enden mit Doppelkrallen; die zwei vorderen besitzen einen basalen ladenartigen Fortsatz.

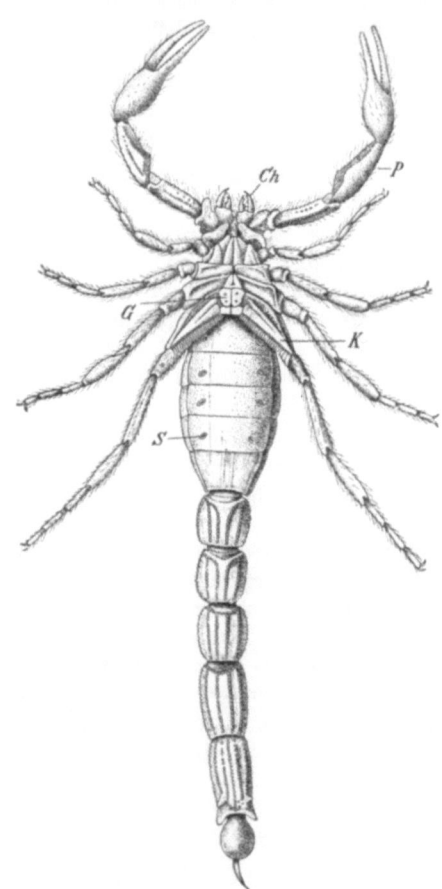

Abb. 642. *Buthus occitanus*. (Nach BLANCHARD.) $^1/_1$.
Ch Cheliceren, *G* Genitalklappe, *K* kammförmige Anhänge, *P* Maxillarpalpen, *S* Stigmen.

Das Nervensystem besteht aus einem zweilappigen Gehirn, einer großen ovalen Brustganglienmasse und sieben bis acht Ganglien des Abdomens, von denen die vier letzten dem Postabdomen zugehören (Abbild. 643). Als Eingeweidenervensystem betrachtet man ein kleines, am Anfange des Schlundes gelegenes Ganglion, das durch Nerven mit dem Gehirn verbunden ist und Nervenäste zum Darmkanal entsendet. Von Sinnesorganen finden sich auf der Mitte des Cephalothorax zwei größere Mittelaugen sowie seitlich nahe dem Vorderrande 2—5 Paare von Seitenaugen. Selten fehlen Sehorgane.

Die von einer Oberlippe überdeckte Mundöffnung führt in den Darm, der ein enges gerades Rohr bildet, welches im Präabdomen von der umfangreichen fünflappigen Mitteldarmdrüse (Leber) umlagert wird und am vorletzten Hinterleibsringe ausmündet. Als Excretionsorgane fungieren zwei vom Mitteldarm entstandene Drüsenschläuche. Dazu kommt ein Paar Coxaldrüsen, die wenigstens bei jungen Tieren am dritten Beinpaare ausmünden.

Die Kreislaufsorgane sind am höchsten entwickelt in der ganzen Klasse. Das durch das Präabdomen sich erstreckende Rückengefäß besitzt acht Paare von Spaltöffnungen; von ihm gehen eine vordere und hintere sowie seitliche sich weiter verästelnde Arterien ab. Aus der vorderen Arterie entspringen zwei Seitenarterien, die den Schlund umfassen und in ein das Bauchnervensystem umschließendes Blutgefäß (sogenannte Supraneuralarterie) sich fortsetzen (Abb. 643). Die Arterienenden gehen in venöse Lacunen über, aus denen sich das Blut in einem der Bauchwand dicht aufliegenden Sinus sammelt. Von diesem strömt das Blut auch nach den Atmungsorganen und durch rückführende Bahnen in den Pericardialsinus. Lymphatische Drüsen wurden im Präabdomen gefunden.

Die Respiration erfolgt durch vier Paare von Fächertracheen, welche mit ebensoviel Stigmenpaaren an dem 3.—6. Abdominalsegmente sich öffnen. Die

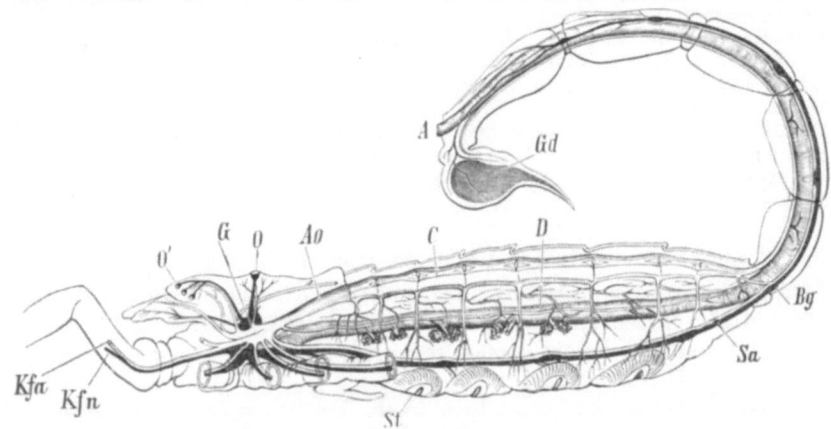

Abb. 643. Durchschnitt durch den Körper eines Skorpions. (Nach NEWPORT.) *C* Herz, *Ao* Aorta, *G* Gehirn, *O* Mittelauge, *O'* Seitenaugen, *D* Darmkanal, *Sa* sogenannte Supraneuralarterie, *Bg* Bauchganglienkette, *Kfn* Nerv des Kiefertasters, *Kfa* Arterie desselben, *St* Stigmen der Fächertracheen (Fächerlungen), *A* After, *Gd* Giftdrüse.

paarige männliche und unpaare weibliche Geschlechtsdrüse (Abb. 644) sind strickleiterförmig gestaltet und münden an der Basis des Abdomens unter der Genitalklappe, vor zwei eigentümlichen kammförmigen Anhängen, den modifizierten Gliedmaßen des 2. (usprünglichen 3.) Abdominalsegmentes, welche als Tast- und Spürorgane dienen. Die Männchen zeichnen sich durch verschiedene Ausbildung der Scheren, des Postabdomens, der Kämme usw. aus. Die Weibchen sind lebendig gebärend. Die Entwicklung des Eies erfolgt in den Ovarien und ist eine direkte. Die Furchung ist discoidal. Der sich entwickelnde Embryo besitzt an den vorderen sieben Segmenten des achtgliedrig angelegten Präabdomens Anlagen von Beinpaaren (Abb. 645) und wird von Embryonalhüllen (Amnion, Serosa) umschlossen, die erst nach der Geburt abgestreift werden. Die Jungen verbleiben nach der Geburt noch einige Zeit am mütterlichen Körper.

Abb. 644. Ovarium von *Buthus occitanus*. (Nach BLANCHARD.) *G* Genitalklappe, *Od* Oviduct.

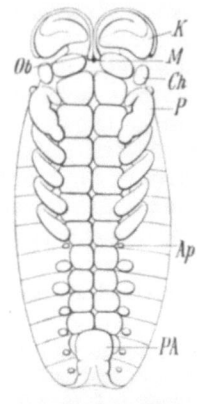

Abb. 645. Embryonalanlage von *Euscorpius carpathicus* mit den Anlagen von sieben Abdominalgliedmaßen (*Ap*). (Nach A. BRAUER.) *Ch* Cheliceren, *K* Kopflappen, *M* Mund, *Ob* Oberlippe, *P* Maxillarpalpen, *PA* Postabdomen.

Die Skorpione leben in wärmeren Gegenden und kommen zur Dämmerungszeit aus ihren Verstecken hervor. Sie ergreifen die zur Nahrung dienenden Tiere, besonders Spinnen und größere Insecten, mit den Scherentastern und töten sie durch das mit dem Stiche in die Wunde einfließende Gift der terminalen Giftdrüse.

Einzelne Arten erlangen eine sehr bedeutende Größe und können selbst den Menschen durch ihren Stich tödlich verletzen.

Fam. *Buthidae*. Mit triangulärem, nach vorn stark verschmälertem Sternum. Seitenaugen jederseits 3—5. Scherenhand der Maxillarpalpen gerundet. *Buthus occitanus* AMOR. Küsten des Mittelmeeres, bis zum Senegal, Arabien (Abb. 642). *B. quinquestriatus* H. E. Vorderasien, Nordafrika. *Isometrus maculatus* GEER. In den Tropen und Subtropen allgemein verbreitet.

Fam. *Scorpionidae*. Sternum mit parallelen Seitenrändern, meist pentagonal. Seitenaugen jederseits 3. Scherenhand oft plattgedrückt. *Pandinus imperator* C. L. KOCH. Bis über 17 cm lang. Tropisches Afrika. *Heterometrus indus* GEER. Ostindien. *Scorpio maurus* L. Nordafrika.

Fam. *Chactidae*. Sternum meist nicht länger als breit. Mit zwei Seitenaugen, selten alle Augen fehlend. *Euscorpius italicus* HBST. Norditalien bis Kaukasus. *E. carpathicus* L. Südeuropa bis Kaukasus, auch Ostalpen, Karpathen. *E. germanus* C. L. KOCH. Südtirol, Oberitalien. *Chactas* GERV.

2. Ordnung. Pedipalpi, Skorpionspinnen. Geißelskorpione[1].

Arachnoideen mit einfachem oder sekundär gegliedertem Cephalothorax, mit abgeschnürtem 11—12gliedrigen Abdomen, meist mit Klauencheliceren, die Maxillarpalpen mit Klaue oder Schere endend, mit geißelförmig verlängerten Vorderbeinen, meist mit 2 Paar Fächertracheen.

Der Cephalothorax der Pedipalpen (Abb. 646) ist entweder einheitlich oder sekundär gegliedert, das durch eine Einschnürung von demselben abgesetzte Abdomen 11—12gliedrig. Bei der den Skorpionen am nächsten stehenden Gattung *Thelyphonus* sind die drei letzten Segmente des Abdomens zu einer kurzen Röhre verengt, deren Ende sich in einen gegliederten Fadenanhang fortsetzt, der mit Ausnahme der *Tarantuliden* auch den übrigen Pedipalpen zukommt. Die Cheliceren sind meist Klauenkiefer und bergen wahrscheinlich wie bei den Spinnen eine Giftdrüse, da der Biß dieser Tiere sehr gefürchtet ist. Die Maxillartaster sind bald Klauentaster von bedeutender Stärke und mit Stacheln bewaffnet, bald Scherentaster (*Thelyphonidae*). Stets endet das vordere Beinpaar mit einem geißelförmig geringelten Abschnitt. Die Geißelskorpione besitzen zwei Mittelaugen und jederseits drei in einer Gruppe vereinigte Seitenaugen. Zuweilen fehlen Augen. Eigentümliche, angeblich der Temperaturempfindung dienende Sinnesorgane (leierförmige Organe) liegen an der Ventralseite des Cephalothorax und an den Extremitäten. Die Atmung erfolgt durch zwei (seltener ein) Paare von Fächertracheen am 2. und 3. Abdominalsegment; sie fehlen bei den *Koeneniidae*. In der Bildung des Darmkanals, des Nervensystems und der Genitalorgane stehen die Geißelskorpione den Spinnen am nächsten. Die *Thelyphoniden* besitzen zwei Analdrüsen. Ausstülpbare Ventralsäckchen finden sich bei *Tarantuliden* und *Koeneniiden*. Die Pedipalpen sind fast durchwegs eierlegend. Sie sind Bewohner

---

[1] LUCAS, H.: Essai sur une monographie du genre *Thelyphonus*. Magas. de Zool. **1835**. — V. D. HOEVEN, J.: Bijdragen tot de kennis van het geslacht *Phrynus*. Tijdschr. nat. Geschied. **9** (1842). — LAURIE, M.: On the Morphology of the Pedipalpi. J. Linnean Soc. **25** (1896). — KRAEPELIN, K.: Scorpiones und Pedipalpi. Tierreich. 8. Liefg. Berlin 1899. — PEREYASLAWZEWA, S.: Développement embryonnaire des Phrynes. Ann. des Sci. natur. **1901**. — GOUGH, L. H.: The development of *Admetus pumilio*. Quart. J. microsc. Sci. **45** (1902). — SCHIMKEWITSCH, W.: Über die Entwicklung von *Thelyphonus caudatus*. Z. Zool. **81** (1906). — GRASSI, B.: Intorno ad un nuovo Aracnide Artrogastro. Bull. Soc. Entom. Ital. **18** (1886). — HANSEN, H. J. a. W. SÖRENSEN: The order Palpigradi. Entom. Tidskr. Stockholm 1897. — HANSEN, H. J.: On six species of *Koenenia*, with remarks on the order Palpigradi. Ebenda **1901**. — BÖRNER, C.: Beiträge zur Morphologie der Arthropoden. I. Ein Beitrag zur Kenntnis der Pedipalpen. Bibliotheca zoologica **42** (1904). — TARNANI, J. K.: Anatomie de *Thelyphonus caudatus* (russ.). Warschau 1904. — HANSEN, H. J. a. W. SÖRENSEN: The Tartarides. Ark. Zool. Stockholm 1905. — Vgl. ferner die Schriften von E. BLANCHARD, POCOCK, ADENSAMER, SIMON u. a.

der Tropen und Subtropen. Die *Thelyphoniden* und *Schizonotiden* werden auch als *Uropygi* zusammengefaßt.

Fam. *Thelyphonidae.* Cephalothorax länger als breit. Die drei letzten Glieder des Abdomens zu einer kurzen Röhre verengt, an deren Ende ein langer gegliederter Caudalfaden. Maxillarpalpen mit Schere. Tarsalgeißel des ersten Beinpaares kurz. *Thelyphonus caudatus* L. Java.

Fam. *Schizonotidae* (*Tartaridi*). Cephalothorax in drei Abschnitte geteilt. Caudalfaden kurz. Maxillarpalpen mit Klaue. Nur ein Paar Fächertracheen. Augen fehlen. *Schizonotus crassicaudatus* CAMBR. Ceylon.

Fam. *Koeneniidae* (*Palpigradi*). Die beiden hinteren Thoracalsegmente frei und vom Cephalothorax abgegliedert. Abdomen mit langem gegliederten Caudalfaden. Cheliceren mit Schere, Maxillarpalpen beinartig. Atmungsorgane und Augen fehlen. Etwa 2 mm große Tiere, die unter Steinen und in Höhlen leben. *Koenenia mirabilis* GRASSI. Mittel- und Unteritalien, Tunis (Abb. 647). *K. wheeleri* RUCKER, Texas.

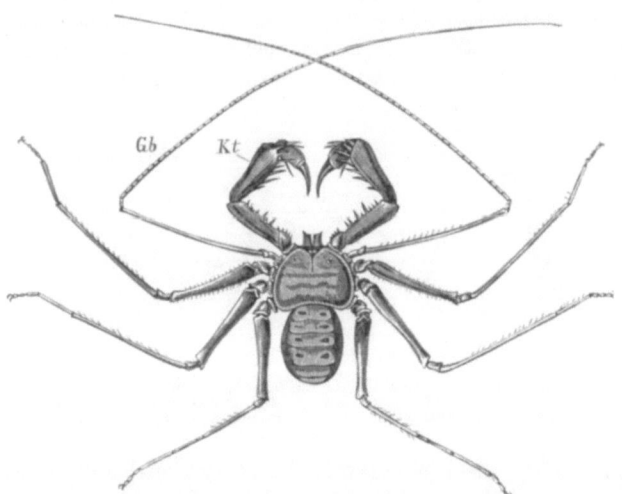
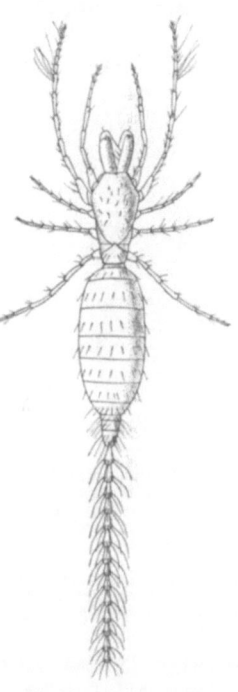

Abb. 646. *Phrynichus reniformis* (aus règne animal). *Kt* Maxillarpalpen, *Gb* geißelförmiges erstes Beinpaar. 2/3

Abb. 647. *Koenenia mirabilis.* (Nach HANSEN u. SÖRENSEN.) 32/1

Fam. *Tarantulidae* (*Amblypygi*). Cephalothorax breit, nierenförmig. Abdomen oval, ohne Caudalfaden. Maxillarpalpen mit Klaue. Tarsalgeißel sehr lang. *Phrynichus* (*Phrynus*) *reniformis* L. Vorderindien, Ceylon, Ostafrika (Abb. 646). *Tarantula fuscimana* C. L. KOCH, Zentralamerika. *Admetus pumilio* C. L. KOCH. Nördl. Südamerika.

3. Ordnung. Araneida, Spinnen[1].

Arachnoideen mit gestieltem, in der Regel ungegliedertem Hinterleib, mit klauenförmigen Cheliceren und beinförmigen Maxillarpalpen, mit vier oder sechs Spinnwarzen und vier Fächertracheen oder zwei Fächertracheen und zwei Röhrentracheen, selten mit vier Röhrentracheen.

---

[1] Außer den Schriften von C. A. WALCKENAER, TREVIRANUS, C. J. SUNDEVALL, TH. THORELL, KOCH, DUGÈS, LEBERT, CLAPARÈDE, BALFOUR vgl. MENGE, A.: Preußische Spinnen. Danzig 1866. — PLATEAU, F.: Recherches sur la structure de l'appareil digestif et sur les phénomènes de la digestion chez les Aranées dipneumones. Bruxelles 1877. — BERTKAU, PH.: Über den Generationsapparat der Araneiden. Arch. Naturgesch. 41 (1875). — Über den Verdauungsapparat der Spinnen. Arch. mikrosk. Anat. 24 (1885). — SCHIMKEWITSCH, W.: Étude sur l'anatomie de l'Epeire. Ann. des Sci. natur. 17 (1884). — APSTEIN, C.: Bau und Funktion der Spinndrüsen der Araneida. Arch. Naturgesch. 55 (1889). — SIMON, E.: Histoire naturelle des Araignées. 2. éd., 2 Bde. Paris 1892—1903. — KISHINOUYE, K.: On the development of Araneina. Journ. Coll. Sci. Univ. Tokio 4 (1891). —

Die Körperform der echten Spinnen erhält ihren eigentümlichen Charakter durch den angeschwollenen, in der Regel ungegliederten Hinterleib, dessen Basis stielförmig eingeschnürt ist (Abb. 648). Nur bei den *Liphistiiden* zeigt das Abdomen dorsal eine Gliederung (Abb. 662). Die großen Cheliceren über dem Stirnrande bestehen aus einem kräftigen, an der Innenseite gefurchten Basalabschnitt und einem klauenförmigen einschlagbaren Endgliede, an dessen Spitze der Ausführungsgang einer Giftdrüse mündet (Abb. 649); im Momente des Bisses fließt das Secret dieser Drüse in die durch die Klaue geschlagene Wunde ein und bewirkt bei kleineren Tieren den fast augenblicklichen Tod. Hinter denselben folgen die mit einer Speicheldrüse versehene Oberlippe, zu deren Seite die ebenfalls eine Drüse in sich bergenden Laden (sogenannte Unterkiefer) der mehrgliedrigen Maxillarpalpen. Nach unten wird die Mundöffnung von einer unpaaren Platte, die eine Unterlippe bildet, begrenzt. Die vier meist langen Beinpaare, deren Form und Größe nach der verschiedenen Lebensweise vielfach abändern, enden mit zwei kammartig ge-

Abb. 648. *Dysdera erythrina*. Ventralansicht (aus règne animal). ³/₁. *Kf* Cheliceren, *Kt* Maxillarpalpen, *K* Maxillarlade, *P* Fächertracheen (Fächerlungen), *St* ihre Stigmen, *St'* hintere Stigmen, die in die Röhrentracheen führen, *G* Genitalöffnung, *Sp* Spinnwarzen.

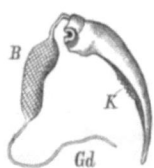

Abb. 649. Giftdrüse nebst Chelicerenklaue von *Avicularia* (*Mygale*) (aus règne animal). *K* Klaue, *Gd* Giftdrüse, *B* Giftblase.

Abb. 650. Spinnorgan von *Amaurobius ferox*. (Nach BERLAND.) *C* Cribellum, *Sp* Spinnwarzen.

zähnten Krallen, zu denen häufig eine kleine Vorkralle (Trittklaue) und sogenannte Afterkrallen sowie verschieden gestaltete gezähnte Borsten, Spatelhaare usw. hinzukommen (Abb. 651). Nahe der Basis des Abdomens liegt die unpaare Geschlechtsöffnung, zu deren Seiten die Spaltöffnungen der vorderen Fächertracheen (Fächerlungen). Hinter diesen Öffnungen findet sich ein

---

WAGNER, W.: L'industrie des Araneina. Mém. Acad. St.-Pétersbourg 42 (1894). — CAUSARD, M.: Recherches sur l'appareil circulatoire des Aranéides. Bull. biol. France et Belg. 29 (1896). — BÖSENBERG, W.: Die Spinnen Deutschlands. Bibliotheca zoologica 35 (1903). — MONTGOMERY, TH.: Studies on the Habits of Spiders, particularly those of the Mating Period. Proc. Acad. nat. Sci. Philadelphia 1903. — On the Spinnerets, Cribellum, Colulus, Tracheae and Lung-Books of Araneads. Ebenda 1909. — WIDMANN, E.: Über den feineren Bau der Augen einiger Spinnen. Z. Zool. 90 (1908). — WALLSTABE, P.: Beiträge zur Kenntnis der Entwicklungsgeschichte der Araneinen. Zool. Jb. 26 (1908). — PURCELL, W. F.: Development and origin of the respiratory organs in Araneae. Quart. J. microsc. Sci. 1909. — The Phylogeny of the Tracheae in Araneae. Ebenda 1910. — KAUTZSCH, G.: Über die Entwicklung von *Agelena labyrinthica*. Zool. Jb. 28 (1909); 30 (1910). — v. ENGELHARDT, V.: Beiträge zur Kenntnis der weiblichen Copulationsorgane einiger Spinnen. Z. Zool. 96 (1910). — OSTERLOH, A.: Beiträge zur Kenntnis des Copulationsapparates einiger Spinnen. Ebenda 119 (1922). — VOGEL, H.: Über die Spaltsinnesorgane der Radnetzspinnen. Jena. Z. Naturwiss. 59 (1923). — GERHARDT, U.: Weitere sexualbiologische Untersuchung an Spinnen. Arch. Naturgesch. 89 (1923). — Neue biologische Untersuchungen an einheimischen und ausländischen Spinnen. Z. Morph. u. Ökol. Tiere, 8 (1927). — PETRUNKEVITCH, A.: Systema Aranearum. Trans. Connecticut Acad. 29 (1928). — Vgl. außerdem die Abhandlungen von BALBIANI, LOCY, AIMÉ SCHNEIDER, MORIN, GRENACHER, LAMY, HERMAN, DAHL, KULCZYŃSKI, MARK, HALLER, HAMBURGER, POCOCK, JOHANSSON, JÄRVI u. a.

zweites Stigmenpaar, welches bei den *Mesothelae, Mygalomorphae* und *Hypochilidae* ebenfalls in Fächertracheen führt (Abb. 654). Bei den übrigen Araneiden (fast alle *Araneimorphae*) führt das zweite, ausgenommen die *Dysderidae, Oonopidae* und *Caponiidae*, zu einer unpaaren, nach hinten gerückten Spalte vereinigte Stigmenpaar in Röhrentracheen. Nur bei den *Caponiidae* sind zwei Paar Röhrentracheen vorhanden. Der After liegt am Ende des Abdomens. Vor demselben, bei *Liphistiiden* aber, ursprünglichem Verhalten entsprechend, auf der Mitte der Bauchseite (Abb. 662) finden sich die vier bis sechs, aus Extremitätenanlagen des 4. und 5. Abdominalsegmentes hervorgegangenen *Spinnwarzen*. Zwischen oder vor den vorderen Spinnwarzen liegt bei einigen *Araneimorphen* ein eigentümliches, als *Cribellum* bezeichnetes Feld mit feinem Härchenbesatz und Spinndrüsen, das den medianen hinteren Spinnwarzen homodynam ist (Abbild. 650). Zu demselben steht immer eine Doppelreihe kammförmig angeordneter Haare, das sogenannte *Calamistrum*, am Metatarsus des 4. Beines in Beziehung (Abbild. 651 a). An Stelle des Cribellums findet sich bei einigen Araneimorphen (z. B. *Age-*

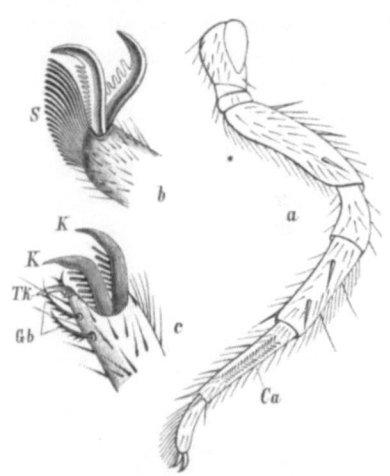

Abb. 651. a Bein des vierten Paares von *Amaurobius ferox*. *Ca* Calamistrum. — b Fußende von *Philaeus chrysops* mit zwei Klauen und aus Spatelhaaren bestehendem Pinsel (*S*). — c Fußende von *Aranea* (*Epeira*) *diademata*. *K* Webeklauen, *Tk* Trittklaue, *Gb* gezähnte Borsten. (Nach O. HERMAN.)

lenidae) ein homologer, aber der Spinndrüsen entbehrender Höcker, der sogenannte *Colulus*. Die Spinndrüsen (Abb. 652) sind von verschiedener Form; sie münden durch feine Poren an der Oberfläche der Spinnwarzen und sezernieren einen klebrigen Stoff, der an der Luft zu einem Faden erhärtet und unter Beihilfe der Fußkrallen zu dem bekannten Gespinste verwebt wird.

An dem Nervensystem (Abb. 653, 654) unterscheidet man außer dem die Augennerven abgebenden Gehirne eine gemeinsame, gewöhnlich sternförmige Brustganglienmasse, hinter der bei den *Mesothelae* und *Mygalomorphae* noch ein Ganglion folgt. Auch wurden Eingeweidenerven am Nahrungskanal nachgewiesen. In der Regel finden sich hinter dem Stirnrande acht, seltener sechs Augen, die in zwei Bogenreihen oder mehr im Quadrat auf der oberen Fläche des Kopfabschnittes in für die einzelnen Gattungen charakteristischer Weise verteilt sind (Abb. 655). Es sind zweischichtige Napfaugen, ausgenommen die vorderen Mittelaugen (Hauptaugen), die sich als inverse Blasenaugen (Abbild. 196a) erweisen. Selten (*Stalita*) fehlen Augen. Sinnesorgane unbekannter Bedeutung (angeblich der Temperaturempfindung dienend) sind die sogenannten leierförmigen Organe an der Ventralseite des Cephalothorax und an den Extremitäten. Sie bestehen aus Gruppen feinster Spalt-

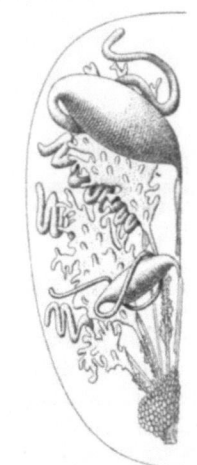

Abb. 652. Spinndrüsen der einen Seite von *Aranea* (*Epeira*) *diademata*. (Nach APSTEIN.)

öffnungen, die zu einem nach außen verschlossenen Kanal führen, in welchem Fortsätze von Sinneszellen gelegen sind.

Der Verdauungskanal (Abb. 653, 656) beginnt zwischen Unterlippe und Oberlippe mit einem langen aufsteigenden Atrium. Auf dieses folgt der als Pharynx zu unterscheidende, durch Dilatatoren erweiterungsfähige Vorderabschnitt der Speiseröhre. Diese erweitert sich hinter dem Gehirne vor dem Übergang in den Mitteldarm zu einem Saugmagen, an welchem sich dorsale, vom Rücken des Cephalothorax absteigende und ventrale, an eine innere Skeletplatte, den Endosternit, tretende Muskeln anheften. Der Mitteldarm zerfällt in einen vorderen, im Kopfbruststück gelegenen Abschnitt mit einem vorderen und zwei bis vier Paaren seitlicher Blindschläuche und in einen engeren abdominalen Dünndarm, in welchen die Ausführungsgänge der verästelten Leber (Mitteldarmdrüse) ihr Secret ergießen. Der hintere Abschnitt des Mitteldarmes nimmt zwei verästelte Harnkanäle auf und erweitert sich vor dem kurzen Enddarm zur Cloacalblase,

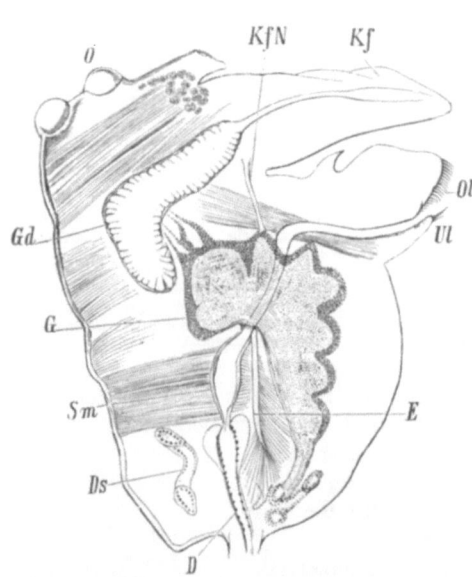
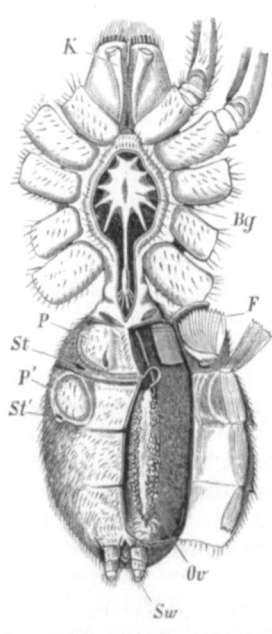

Abb. 653. Durchschnittsbild des Cephalothorax einer jungen *Tegenaria*. *Gd* Giftdrüse, *G* Gehirn, *Sm* Saugmagen, *D* Mitteldarm, *Ds* Magenblindschläuche, *E* Endosternit, ventral die Brustganglienmasse, *Kf* Chelicere, *KfN* Chelicerennerv, *O* Augen, *Ol* Oberlippe, *Ul* Unterlippe

Abb. 654. *Avicularia* (*Mygale*) von der Bauchseite, ein Teil der Haut zur Seite gelegt (aus règne animal). *K* Cheliceren, *Bg* Brustganglienmasse, *P*, *P'* Fächertracheen (Fächerlungen), *F* Blättchen derselben, *St, St'* Stigmen, *Ov* Ovarium, *Sw* Spinnwarzen.

einem Reservoir für die Excretionsprodukte. Auch Coxaldrüsen finden sich vor (Abb. 657).

Die Kreislauforgane bestehen aus dem im Abdomen gelegenen Herzen, das drei oder vier Paare Ostien besitzt. Von ihm geht eine sich im Cephalothorax alsbald in zwei Stämme teilende, sich weiter verzweigende vordere sowie eine kurze hintere Aorta aus (Abb. 658), außerdem entsendet das Herz mehrere seitliche Arterienpaare.

Die Ovarien (Abb. 654) sind zwei traubige Drüsen, deren kurze Eileiter sich zu einem gemeinsamen Gange vereinigen und ventral an der Basis des Hinterleibes ausmünden. Überall finden sich Receptacula seminis (Spermatotheken?) entweder als Anhangsorgane der Vagina, oder häufig gesondert neben dieser ausmündend. Im letzteren Falle führt bei vielen Formen ein besonderer Befruchtungskanal vom Receptaculum zum gemeinsamen Oviductende. Die Hoden sind schlauchförmig und ihre Ausführungsgänge lange, gewundene Kanäle mit gemein-

Coelomata (Bilateria): Arthropoda, Gliederfüßer. 655

samem Endgang, dessen Öffnung ebenfalls an der Basis des Abdomens liegt (Abb. 659).

Die Männchen unterscheiden sich durch den geringeren Umfang ihres Hinterleibes, zuweilen durch auffallende Kleinheit (*Nephila, Gasteracantha*) von den durchwegs oviparen Weibchen, welche ihre abgelegten Eier häufig in besonderen Gespinsten mit sich herumtragen (*Theridium, Dolomedes*). Sehr selten ist das Männchen größer als das Weibchen (z. B. *Argyroneta aquatica*). Ferner ist der Maxillarpalpus des Männchens als Copulationsorgan umgestaltet, indem das verdickte und ausgehöhlte Endglied löffelförmig und mit einem blasenförmigen Copulationsanhang nebst spiralig gebogenem Faden bzw. verschieden gestaltetem, kompliziertem Zangenapparat besetzt erscheint (Abb. 660). Vor der Begattung füllt das Männchen den Anhang mit Sperma und führt den Endfaden bei der Begattung an die weibliche Geschlechtsöffnung. Zuweilen leben beide Geschlechter friedlich nebeneinander auf benachbarten Gespinsten oder selbst eine Zeitlang auf demselben Gewebe; in anderen Fällen stellt das stärkere Weibchen dem Männchen wie jedem anderen schwächeren Tiere nach und schont dasselbe nicht einmal während oder nach der Begattung, zu der sich das Männchen mit größter Vorsicht naht.

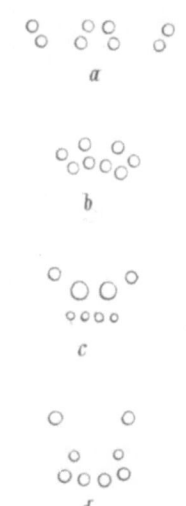

Abb. 655. Augenstellung verschiedener Spinnen. (Nach LEBERT.) a *Aranea* (*Epeira*), b *Tegenaria*, c *Dolomedes*, d *Salticus*.

Die Embryonen der Spinnen besitzen ein 8—9gliedriges Abdomen und an den vorderen Abdominalsegmenten auch Extremitätenanlagen, von denen sich die des 4. und 5. Abdominalsegmentes zu den Spinnwarzen umgestalten (Abbild. 661). Die aus den Eiern ausgeschlüpften Jungen haben

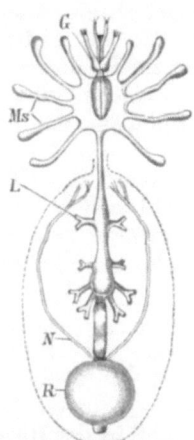

Abb. 656. Darmkanal von *Avicularia* (*Mygale*) (aus règne animal). *G* Gehirn, *Ms* Magenblindschläuche, *L* Lebergänge, *N* MALPIGHIsche Gefäße, *R* Cloacalblase.

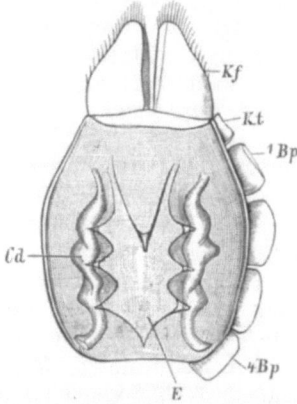

Abb. 657. Kopfbruststück einer *Avicularia* (*Mygale*) nach Wegnahme der Rückendecke. *E* Endosternit, *Cd* Coxaldrüse, *Kf* Cheliceren, *Kt* Maxillarpalpen, *1 Bp*, *4 Bp* 1. und 4. Beinpaar.

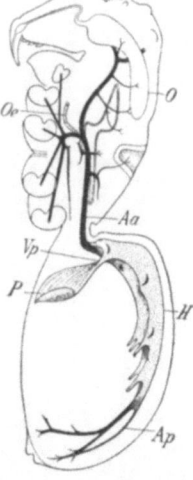

Abb. 658. Kreislauforgane von *Hogna* (*Lycosa*) *carolinensis*. (Nach PETRUNKEWITSCH.) *Aa* Vordere, *Ap* hintere Aorta, *H* Herz, *O* Giftdrüse, *Oe* Oesophagus, *P* Fächertrachee (Fächerlunge), *Vp* sogenannte Vena pulmonalis.

bereits die Gestalt der Eltern. Indessen sind dieselben vor ihrer ersten Häutung noch nicht imstande, Fäden zu spinnen und auf Raub auszugehen. Erst nach der Häutung sind sie dazu befähigt, verlassen das Gespinst der Eihüllen und beginnen Fäden zu ziehen und zu schießen sowie auf kleine Insecten Jagd zu machen. Die im Herbste massenhaft auftretenden, unter dem Namen „alter Weibersommer" bekannten Gespinste sind das Werk junger Spinnen, welche sich mittels derselben in die Luft erheben und an geschützte Orte zur Überwinterung getragen werden.

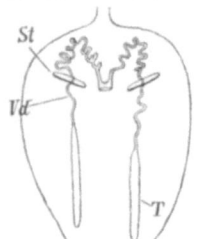

Abb. 659. Männliche Geschlechtsorgane von *Tegenaria domestica* mit den Umrissen des Hinterleibes. (Nach BERTKAU.) *St* Stigma, *T* Hoden, *Vd* Ductus deferens.

Die Spinnen nähren sich vom Raube anderer Tiere, insbesondere Insecten, und saugen deren Säfte ein. Die Art und Weise, wie sie sich in Besitz der Beute setzen, ist höchst verschieden und oft auf hoch entwickelte Kunsttriebe gestützt. Die sogenannten vagabundierenden Spinnen bauen überhaupt keine Fangnetze und verwenden das Secret der Spinndrüsen nur zur Überkleidung ihrer Schlupfwinkel und zur Verfertigung von Eiersäckchen; sie überfallen die Beute im Laufe oder selbst im Sprung. Die sogenannten sedentären Spinnen besitzen zwar auch die Fähigkeit der raschen und freien Ortsbewegung, verfertigen aber zum Beuteerwerbe Gespinste und Netze, auf denen sie selbst mit großer Geschicklichkeit hin- und herlaufen, während sich fremde Tiere, namentlich Insecten, sehr leicht in denselben verstricken. Die Gewebe selbst sind äußerst mannigfach und mit größerer oder geringerer Kunstfertigkeit angelegt, entweder zart und dünn aus unregelmäßig gezogenen Fäden gebildet, oder von filziger Beschaffenheit und horizontal ausgebreitet, oder sie stellen vertikale radförmige Netze dar, die in bewunderungswürdiger Regelmäßigkeit aus konzentrischen und radiären, im Mittelpunkte zusammenlaufenden Fäden verwoben sind. Sehr häufig finden sich in der Nähe der Gewebe und Netze röhrenartige oder trichterförmige Verstecke zum Aufenthalte der Spinne angelegt. Die meisten Spinnen gehen zur Dämmerung oder zur Nachtzeit auf Beute aus. Indessen gibt es auch zahlreiche vagabundierende Spinnen, die am hellen Tage jagen.

Abb. 660. Endteil des Maxillarpalpus des *Segestria*-Männchens mit dem Spermatophorenbehälter. (Nach BERTKAU.)

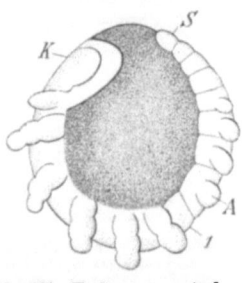

Abb. 661. Embryo von *Agelena labyrinthica*. (Nach WALLSTABE.) *1* Erstes Abdominalsegment, *A* Anlagen von Abdominalfüßen, *K* Kopflappen, *S* Endsegment.

1. Unterordnung. *Mesothelae.* Abdomen mit Gliederung. Die Spinnwarzen in Vierzahl mit je zwei Ästen liegen auf der Mitte des Abdomens vom After entfernt. Mit zwei Paar Fächertracheen. Sind ursprüngliche Formen.

Fam. *Liphistiidae.* Mit den Charakteren der Unterordnung. *Liphistius desultor* SCHDTE. Sumatra, Pinang (Abbild. 662). *Heptathela kimurai* KISHIDA. Südl. Japan.

2. Unterordnung. *Mygalomorphae.* Abdomen ungegliedert. Mit vier Fächertracheen und in der Regel mit vier hinten, vor dem After gelegenen Spinnwarzen (Abb. 654). Cheliceren nach vorn gerichtet.

Fam. *Aviculariidae (Mygalidae).* Meist große, dichtbehaarte Spinnen mit vier Spinnwarzen, von denen zwei sehr klein sind (Abb. 654). Bauen keine wahren Gewebe, sondern verfertigen lange Röhren im Erdboden oder tapezieren sich ihre Schlupfwinkel in Baumritzen und Erdlöchern mit einem dichten Gespinste aus und lauern teils an dem Eingange derselben auf Beute, teils suchen sie diese im Freien springend zu erhaschen. *Avicularia* (*Mygale*) *avicularia* L., Vogelspinne, bis 5 cm lang. Lebt in einem röhrenförmigen Gespinst zwischen Steinen und in Löchern von Baumrinde. Südamerika. *Selenocosmia javanensis* WALCK. Java. *Cteniza sauvagei* ROSSI, Tapezierspinne, Korsika, lebt in röhrenartigen Erdlöchern, deren Eingang mit einem Deckel wie mit einer Art Falltür geschlossen wird. *Nemesia caementaria* LATR. Südwesteuropa.

Fam. *Atypidae*. Mit sechs Spinnwarzen. *Atypus piceus* SULZ, Europa.

3. Unterordnung. *Araneimorphae*. Abdomen ungegliedert. In der Regel zwei Fächertracheen und zwei Röhrentracheen, selten mit zwei Paar Fächertracheen oder zwei Paar Röhrentracheen. Mit sechs hinten vor dem After gelegenen Spinnwarzen. Cheliceren nach unten gerichtet.

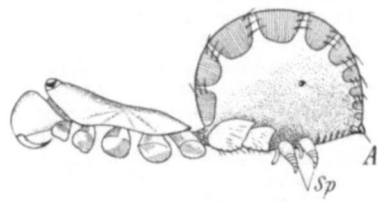

Fam. *Hypochilidae*. Mit vier Fächertracheen, mit Cribellum und Calamistrum. *Hypochilus thorelli* MARX, Nordamerika.

Fam. *Eresidae*. Körper gedrungen. Mit Cribellum und Calamistrum. *Eresus niger* PETAG. (*cinnaberinus* OL.). Süd- und Mitteleuropa. Verwandt *Amaurobius fenestralis* STROEM. Nord- und Mitteleuropa. *A. ferox* C. L. KOCH. Hier schließt sich an *Filistata* LATR.

Abb. 662. *Liphistius desultor*, Maxillarpalpen und Füße abgeschnitten. (Nach RAY LANKESTER.) Etwas vergr. *A* Analöffnung, *Sp* Spinnwarzen.

Fam. *Dysderidae*. Mit sechs Augen und vier Stigmen. *Dysdera erythrina* LATR. (Abbild. 648). *Segestria senoculata* L. Europa. *Stalita taenaria* SCHDTE. Blind. In Höhlen Krains.

Hier schließt sich die Fam. *Oonopidae* an.

Fam. *Caponiidae*. Mit vier Röhrentracheen. Spinnwarzen in zwei Querreihen angeordnet. *Caponia natalensis* CAMBR. Südafrika.

Fam. *Pholcidae*. Cheliceren schwach, Beine sehr lang und dünn. *Pholcus opilionoides* SCHR., *Ph. phalangioides* FÜSSL. Mitteleuropa.

Fam. *Theridiidae*. Beine fast stets dünn. Bauen unregelmäßige Gewebe mit in allen Richtungen sich kreuzenden Fäden und halten sich auf dem Gewebe selbst auf. *Theridium lineatum* CLERCK. Nord- und Mitteleuropa. *Steatoda bipunctata* L., Fettspinne. *Latrodectus tredecimguttatus* ROSSI. Des Bisses wegen gefürchtet. Trop. und Subtrop.

Fam. *Argiopidae*. Zeigen im höchsten Grade die Charaktere sedentärer Spinnen ausgebildet, so auch in den gleichlangen Spinnwarzen, welche in einer engen Gruppe zusammengeschlossen liegen. Bauen ein horizontales deckenartiges oder senkrecht schwebendes radförmiges Gewebe. *Linyphia triangularis* CLERCK, *Tetragnatha extensa* L. Nord- und Mitteleuropa. *Gasteracantha cancriformis* L. Mittelamerika. Männchen zwergartig klein. *Nephila maculata* FABR. Trop. Asien, Malai. Inseln. *N. madagascariensis* VINS., Madagaskar. Beides Seidenspinnen, deren Fäden als Spinnenseide verwendet werden. Männchen sehr klein. *Argiope lobata* PALL. Südeuropa. *Meta segmentata* CLERCK, *Aranea (Epeira) diademata* CLERCK, Kreuzspinne. Europa.

Fam. *Thomisidae*. Krabbenspinnen. Die beiden vorderen Beinpaare länger als die nachfolgenden (Abb. 663c). Spinnen nur vereinzelte Fäden und jagen unter Blättern nach Insecten. Laufen auch rasch seitlich und rückwärts. *Thomisus albus* GM., *Philodromus aureolus* CLERCK. Europa.

Fam. *Clubionidae*. Mit zwei Tarsalkrallen. Cheliceren stark. Die beiden unteren Spinnwarzen untereinander verbunden. *Micrommata virescens* CLERCK. Europa. *Clubiona pallidula* CLERCK (*holosericea* WALCK.). Europa. Spinnt ein durchsichtiges, anhaftendes Gewebe an gerollten Blättern. *Agroeca brunnea* BLACKW. Kokon mit Lehmkruste. Europa, Nordafrika. *Myrmecium* LATR. Ameisenähnlich. Südamerika.

Abb. 663. a *Pisaura mirabilis*. $^1/_1$. b *Salticus scenicus*. $^2/_1$. c *Thomisus citreus*. $^1/_1$. (Aus règne animal.)

Fam. *Agelenidae*. Tarsalkrallen in Dreizahl, gezähnt. Spinnen ein mehr oder minder ausgedehntes horizontales, feines und dichtes Gewebe. *Argyroneta aquatica* CLERCK, Wasserspinne. Spinnt ein glockenförmiges wasserdichtes Gewebe, welches einer Taucherglocke vergleichbar, mit Luft gefüllt ist und an Wasserpflanzen angeheftet wird. *Agelena laby-*

rinthica CLERCK, *Tegenaria domestica* CLERCK, Winkelspinne. Nord- und Mitteleuropa. Hier schließen sich an *Dolomedes fimbriatus* CLERCK, *Pisaura (Ocyale) mirabilis* CLERCK (Abb. 663a). Europa.

Fam. *Lycosidae*, Wolfsspinnen. Mit länglich ovalem, nach vorn verschmälertem, aber stark gewölbtem Kopfbruststück und acht, meist in drei Querreihen angeordneten Augen. Sie laufen mit ihren langen starken Beinen frei umher, erjagen ihre Beute und sind tagsüber meist unter Steinen in austapezierten Schlupfwinkeln verborgen. Die Weibchen sitzen häufig auf ihrem Eiersacke oder tragen denselben mit sich am Hinterleibe herum und beschützen meist die Jungen noch eine Zeitlang nach dem Ausschlüpfen. *Hogna (Trochosa) singoriensis* LAXM. Osteuropa. *H. (Lycosa) tarentula* ROSSI, Tarantelspinne. Südosteuropa, lebt in Höhlen unter der Erde. *Lycosa saccata* L. *(amentata* CLERCK). Mitteleuropa.

Fam. *Salticidae (Attidae)*, Springspinnen. Mit großem gewölbten Bruststück und acht ungleich großen, fast im Quadrat gruppierten Augen (Abb. 655d). Die ziemlich kurzen, kräftigen Beine dienen zum Sprunge, mit dem sie frei umherirrend ihre Beute erhaschen. Bauen keine Netze, wohl aber feine, sackförmige Gespinste, in denen sie sich nachts aufhalten und später ihre Eiersäckchen bewachen. *Salticus scenicus* CLERCK (Abb. 663b), *Myrmarachne formicaria* GEER. Europa. *Sitticus (Attus) pubescens* FABR., *Philaeus chrysops* PODA. Mitteleuropa.

4. Ordnung, Solifugae, Walzenspinnen[1].

Arachnoideen mit zwei freien, vom Cephalothorax abgegliederten Thoracalsegmenten und 10gliedrigem sitzenden Abdomen. Cheliceren mit Scheren, Maxillarpalpen beinartig. Atmen durch Röhrentracheen.

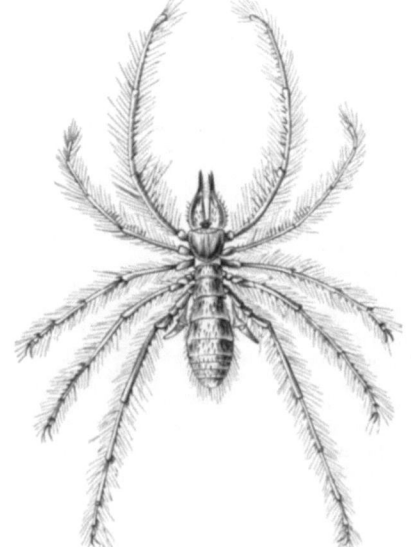

Abb. 664. *Galeodes arabs* (aus règne animal). ²/₅

An dem reich behaarten Körper der Solifugen (Abb. 664) ist der Cephalothorax kurz und trägt bloß vier Gliedmaßenpaare, während die zwei hinteren Thoracalsegmente mit je einem Extremitätenpaar frei bleiben. Das Abdomen weist zehn Segmente auf, von denen das Genitalsegment das größte ist. Die mächtigen Cheliceren sind vertikal gestellte Scheren, die beinartigen Maxillarpalpen enden mit einem fächerförmigen Haftorgan. Das stets schmächtige erste Beinpaar endigt abgerundet mit Borsten oder trägt winzige Krallen, während die drei hinteren Thoraxbeine mächtige Krallen besitzen. An den Grundgliedern des 4. Beines finden sich eigentümliche hammerförmige Plättchen (Malleoli), die reich an Sinnesnervenendigungen sind; sie sind beim Männchen größer. Die Walzenspinnen besitzen zwei große vorstehende Augen sowie ein oder zwei Paare rudimentärer Seitenaugen. Sie atmen durch Röhrentracheen, welche an den dem Genitalsegment folgenden

---

[1] KITTARY, M.: Anatomische Untersuchung der gemeinen (*Galeodes araneoides*) und der furchtlosen (*G. intrepida*) *Solpuga*. Bull. Soc. Nat. Moskau **21** (1848). — DUFOUR, L.: Anatomie, physiologie et histoire naturelle des Galéodes. Mém. prés. à l'Acad. Paris **17** (1862). — BERNARD, H. M.: The comparative Morphology of the Galeodidae. Trans. Linnean Soc. London **1896**. — KRAEPELIN, K.: Palpigradi und Solifugae. Tierreich, 12. Liefg. Berlin 1901. — HEYMONS, R.: Biologische Beobachtungen an asiatischen Solifugen. Abh. preuß. Akad. Wiss., Physik.-math. Kl. Berlin **1902**. — Über die Entwicklungsgeschichte und Morphologie der Solifugen. C. r. Congr. internat. Zool. **1904**. — RÜHLEMANN, H.: Über die Fächerorgane, sog. Malleoli oder Raquettes coxales, des vierten Beinpaares der Sol-

drei Abdominalsegmenten ausmünden. Dazu kommt ein akzessorisches Stigmenpaar am Cephalothorax hinter dem 2. Fußpaare. Das Männchen ist durch den Besitz eines Flagellums an den Cheliceren ausgezeichnet. Die Entwicklung ist direkt; der Embryo besitzt am zweiten bis letzten Abdominalsegment Extremitätenanlagen. Die Walzenspinnen leben in sandigen warmen Gegenden als nächtliche Tiere und sind ihres Bisses halber gefürchtet; doch wurde eine Giftdrüse nicht gefunden.

Fam. *Galeodidae*. Die Stigmen der beiden ersten abdominalen Paare von einer feingezähnelten Platte überdeckt. Krallen der Beine behaart. *Galeodes araneoides* PALL. Südrußland, Kleinasien, Persien, Turkestan. *G. graecus* C. L. KOCH. Griechenland, Kleinasien. *G. arabs* C. L. KOCH, Arabien, Kleinasien, Afrika (Abb. 664).

Fam. *Solpugidae*. Die Stigmen der beiden ersten abdominalen Paare nicht von gezähnelten Platten geschützt. Endkrallen der Beine kahl. *Solpuga flavescens* C. L. KOCH. Nordafrika. *Rhagodes melanus* OL. Algier, Ägypten.

5. Ordnung. Pseudoscorpionidea (Chelonethi), Afterskorpione[1].

Arachnoideen von geringer Größe mit breitem, 11gliedrigem Abdomen. Cephalothorax zuweilen mit zwei Querfurchen. Cheliceren und Maxillarpalpen mit Scheren. Mit Spinndrüsen an den Cheliceren, durch Röhrentracheen atmend.

In ihrer äußeren Erscheinung erinnern die Afterskorpione (Abb. 665) an die Skorpione. Der Cephalothorax ist zuweilen durch zwei Querfurchen in drei Abschnitte geteilt, das 11gliedrige Abdomen breit und platt. Die Füße enden mit zwei Krallen und einem kegelförmigen Haftorgan. Eine Giftdrüse ist nicht vorhanden. Alle besitzen Spinndrüsen, die an den Cheliceren ausmünden. Augen finden sich zwei oder vier vor, können aber auch fehlen. Die Atmung erfolgt durch Röhrentracheen, welche in zwei Paaren von Stigmen am Hinterrande des Genitalsegmentes und des folgenden Abdominalsegmentes münden. Excretorische Darmdrüsen fehlen. Die abgelegten Eier werden in einem an der Genitalöffnung befestigten Sack getragen. Die frühzeitig die Eihüllen verlassenden Larven besitzen ein provisorisches Saugorgan. Die Afterskorpione halten sich unter Baumrinde, Moos, zwischen den Blättern alter Folianten usw. auf, laufen schnell seitlich und rückwärts und ernähren sich von Milben und kleinen Insecten.

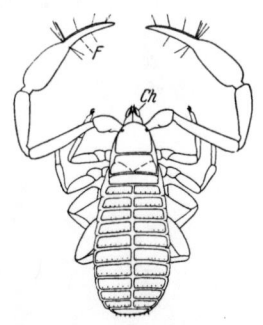

Abb. 665. *Chelifer cancroides.* (Nach M. BEIER.) *Ch* Cheliceren, *F* Maxillarpalpen. Etwa 8/1

Fam. *Chthoniidae*. Cephalothorax hinten verschmälert. Tarsen teils ein-, teils zweigliedrig. *Chthonius tetrachelatus* PREYSSL. (*trombidioides* LATR.). Unter Steinen in Wäldern. Europa, Nordafrika.

Fam. *Neobisiidae*. Seiten des Cephalothorax parallel. Tarsen zweigliedrig. *Neobisium* (*Obisium*) *muscorum* LEACH. In Wäldern, Europa. *N. spelaeum* SCHDTE. Augenlos. In

---

pugiden. Z. Zool. 91 (1908). — SÖRENSEN, W.: Recherches sur l'anatomie, extérieure et intérieure, des Solifuges. Oversigt Vidensk. Selsk. Forh. Kopenhagen 1914. — Vgl. überdies die Schriften von CRONEBERG, HANSEN, BIRULA u. a.

[1] MENGE, A.: Über die Scheerenspinnen. Neueste Schrift. Naturf. Ges. Danzig 1855. — KOCH, L.: Übersichtliche Darstellung der europäischen Chernetiden. Nürnberg 1873. — SIMON, E.: Les Arachnides de France. 7. Paris 1879. — BARROIS, J.: Mémoire sur le développement des Chelifer. Rev. Suisse Zool. 3 (1896). — SCHTSCHELKANOWZEW, J.: Beiträge zur Anatomie der Pseudoskorpione (russ.). Gel. Schrift. Univ. Moskau 1903. — Der Bau der männlichen Geschlechtsorgane von Chelifer und Chernes. Festschr. R. Hertwig 2 (1910). — WITH, C. J.: Chelonethi. Danish Exp. to Siam. Vidensk. Selsk. Skrifter. Kopenhagen 1907. — BEIER, M.: Die Pseudoscorpionidea. Tierr. 57 (1932). Vgl. überdies die Arbeiten von METSCHNIKOFF, CRONEBERG, HANSEN, BALZAN u. a.

Höhlen Krains. *Garypus beauvoisi* SAV. (*bravaisi* GERV.). Mittelmeergebiet. An der Küste unter Tang.

Fam. *Cheliferidae*. Cephalothorax nach vorn verschmälert. Tarsen eingliedrig. *Chelifer cancroides* L., Bücherskorpion. In alten Folianten. Weit verbreitet (Abb. 665). *Chernes cimicoides* FABR. Augenlos. Europa. *Cheiridium museorum* LEACH. Augenlos. Europa, Nordafrika.

6. Ordnung. Opilionidea, Afterspinnen[1].

Arachnoideen mit gegliedertem, dem Kopfbruststück breit angefügtem Abdomen, mit Scherencheliceren und beinförmigen Maxillarpalpen, mit vier oft langen, dünnen Beinpaaren, durch Röhrentracheen atmend.

Der Cephalothorax der Afterspinnen (Abb. 666) trägt mit Scheren endende Cheliceren, beinartige, mit Klauen bewaffnete Maxillarpalpen sowie vier Paare oft langer, dünner Beine. Die Coxen der vorderen Füße besitzen Kauladen. Das kurze, breite Abdomen ist (zuweilen undeutlich) gegliedert (die Zahl der Segmente ist wohl 10);

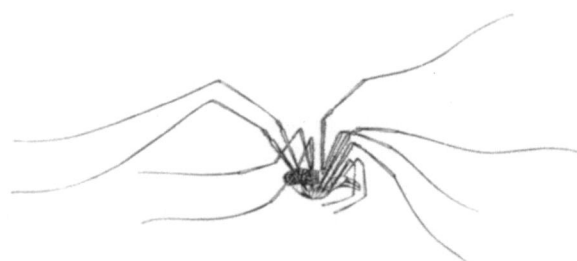

Abb. 666. *Phalangium opilio* (*cornutum*) (aus règne animal). $^1/_1$

seine vorderen Segmente können bis auf die letzten mit dem Cephalothorax verwachsen. Vorne am Seitenrande des letzteren mündet jederseits ein Drüsensack (Stinkdrüse). Das Nervensystem gliedert sich in Gehirn und eine Unterschlundganglienmasse. Von Sinnesorganen finden sich zwei Augen, in der Regel auf einer kleinen Erhebung in der Mittellinie des Cephalothorax. Auch sogenannte leierförmige Organe kommen vor. Die Atmungsorgane münden am Vorderende des Abdomens mittels eines einzigen Stigmenpaares (Abb. 667), meist unter den Hüften des letzten Beinpaares, und sind Röhrentracheen. Akzessorische Stigmen finden sich je zwei an der Tibia aller Füße bei *Phalangiiden*. Das Herz ist ein mit zwei Spaltenpaaren versehenes Rückengefäß. Ein Saugmagen fehlt. Der Mitteldarm bildet große Blindsäcke. Excretorische Darmdrüsen fehlen.

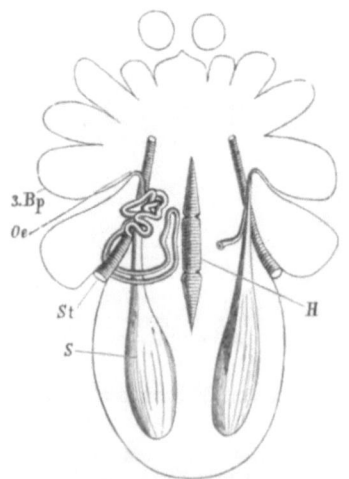

Abb. 667. Die Coxaldrüsen von *Eugagrella variegata*. (Nach LOMAN.) *Oe* ihre Ausmündung, *S* Nebensack, *St* Stigma, *H* Herz, *3.Bp* drittes Beinpaar.

---

[1] TULK, A.: Upon the anatomy of *Phalangium opilio*. Ann. of nat. hist. **12** (1843). — MENGE, A.: Über die Lebensweise der Afterspinnen. Danzig 1850. — JOSEPH, G.: *Cyphophthalmus duricorius*. Berl. entomol. Z. **12** (1868). — LOMAN, J. C. C.: Vergleichend anatomische Untersuchungen an chilenischen und anderen Opilioniden. Zool. Jb. Suppl. **6** (1905). — HENKING, H.: Untersuchungen über die Entwicklung der Phalangiden. Z. Zool. **45** (1887). — PURCELL, F.: Über den Bau des Phalangidenauges. Ebenda **58** (1894). — FAUSSEK, V.: Studien über die Entwicklungsgeschichte und Anatomie der Afterspinnen (Phalangiidae) (russ.). Arb. Petersb. naturforsch. Ges. **22** (1891). — HANSEN, H. J. a. W. SÖRENSEN: On two orders of Arachnida, Opiliones, especially the suborder Cyphophthalmi, and Ricinulei etc. Cambridge 1904. — ROEWER, C. F.: Die Weberknechte der Erde. Jena 1923. — Ferner die Schriften von TREVIRANUS, THORELL, SIMON, KROHN, DE GRAAF, RÖSSLER, THON, SCHWANGART, A. MÜLLER u. a.

Eine mächtige Coxaldrüse mit Nebensack mündet am Hüftgliede des dritten Beinpaares (Abb. 667). Sowohl die männliche als die weibliche Geschlechtsöffnung liegt zwischen dem hinteren Beinpaare, im ersteren Falle kann aus ihr ein rohrartiges Begattungsorgan, im letzteren eine häufig langgestreckte Legeröhre (Ovipositor) hervorgestreckt werden (Abb. 668). Das Ovarium ist halbringförmig und besitzt einen engen, in seinem Verlaufe zu einer bauchigen Auftreibung (Uterus) erweiterten Oviduct. Auch der Hoden ist halbringförmig. Seine zwei Ductus deferentes vereinigen sich zu einem gemeinsamen Endgang. Dazu kommt in beiden Geschlechtern ein Drüsenpaar nicht weit von der Genitalöffnung. Zu bemerken ist die Erzeugung von Eiern neben dem Sperma im Hoden bei fast allen Männchen. Bei der Begattung dringt das rohrförmige Begattungsorgan des Männchens in die Legeröhre des Weibchens. Die Eier werden mittels der Legeröhre in feuchte Erde abgelegt und überdauern hier die Zeit des Winters bis zum Frühjahr, in welchem die Jungen ausschlüpfen. Die Afterspinnen halten sich am Tage meist in Verstecken auf und gehen zur Nachtzeit auf Nahrung aus, die aus pflanzlichen Stoffen und toten

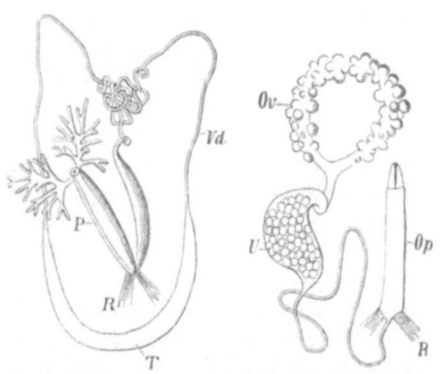

Abb. 668. Männliche und weibliche Geschlechtsorgane von *Phalangium opilio*. (Nach KROHN.) *P* Copulationsorgan mit Anhangsdrüsen, *R* Retractoren, *T* Hoden, *Vd* Ductus deferentes, *Ov* Ovarium, *Op* Ovipositor, *U* Uterus.

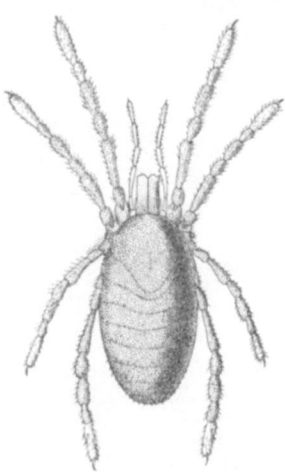

Abb. 669. *Siro duricorius*. (Nach HANSEN u. SÖRENSEN.) $12·5/1$

Insecten besteht. Besonders zahlreiche Arten und höchst bizarre Formen leben in Südamerika.

1. Unterordnung. *Cyphophthalmi*. Die Abdominalsegmente mit Ausnahme des letzten dorsal und ventral zu einem Schilde vereinigt. Sternum ziemlich lang und sehr schmal. Maxillarpalpen fadenförmig. Beine kurz mit langer Klaue.

Fam. *Sironidae*. Kleine, cheliferidenähnliche Tiere. Körper harthäutig. Augen fehlen meist. *Siro (Cyphophthalmus) duricorius* JOSEPH. In Höhlen von Krain (Abb. 669). *Parasiro corsicus* E. SIM. Korsika.

2. Unterordnung. *Palpatores*. Sternum kurz. Maxillarpalpen schlank, Füße stets nur mit einer Klaue bewaffnet.

Fam. *Trogulidae*. Körper zeckenähnlich, harthäutig, mit langgestrecktem Abdomen. Vorderende des Cephalothorax in eine die Mundteile deckende Kappe verlängert. Beine ziemlich kurz. *Trogulus tricarinatus* L. Südeuropa.

Fam. *Phalangiidae*. Körper meist weichhäutig. Beine lang und dünn. Tarsen vielgliedrig. *Phalangium opilio* L. (*cornutum* L.), gemeiner Weberknecht (Abb. 666). *Liobonum rotundum* LATR., *Lacinius (Acantholophus) hispidus* HBST. Mitteleuropa. *Gagrella spinulosa* THOR. Birma. *Eugagrella variegata* DOL. Java. Hier schließt sich an *Nemastoma lugubre* MÜLL. Europa.

3. Unterordnung. *Laniatores*. Sternum lang und schmal. Maxillarpalpen

stark. Die zwei ersten Fußpaare mit einer Klaue, die beiden hinteren mit zwei Klauen bewaffnet.

Fam. *Phalangodidae.* Körper birnförmig oder dreieckig, hinten am breitesten. *Scotolemon terricola* E. Sim. In Grotten oder unter Steinen. Mittel- und Norditalien, Algier. *Phalangodes armata* Tellk. Blind. In Höhlen. Nordamerika.

Fam. *Gonyleptidae.* Cephalothorax und Dorsalplatten der fünf ersten Abdominalsegmente zu einem Schilde vereinigt. Maxillarpalpen bedornt. Hinterbeine sehr groß, von den übrigen weit entfernt. *Gonyleptes horridus* Kirby. Brasilien.

7. Ordnung. Ricinulei (Podogona)[1].

Arachnoideen von plumpem Körper, Kopfbruststück am Vorderende mit beweglich abgesetzter Platte. Abdomen mit vier sichtbaren Gliedern. Cheliceren mit Scheren, Maxillarpalpen fußartig mit schwacher Schere.

Die *Ricinulei* bilden eine kleine Gruppe von Arachnoideen, die durch manche Eigentümlichkeiten ausgezeichnet sind. Sie wurden meistens zu den Opilioniden gestellt, von Karsch als rezente Ausläufer der fossilen Arachnoideenordnung *Anthracomarti (Meridogastra)* aufgefaßt.

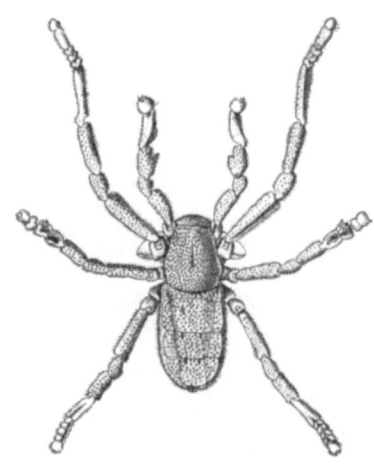

Abb. 670. *Cryptostemma sjöstedti*, Männchen. (Nach Hansen u. Sörensen.) Etwa $3/1$

Der von einer dicken und harten Cuticula bedeckte plumpe Körper (Abb. 670) weist einen Cephalothorax auf, der eine mit seinem Vorderrande artikulierende Platte besitzt. An dem vom Cephalothorax mit kurzem Stiele beweglich abgesetzten Abdomen sind vier Segmente sichtbar; doch besteht es nach Hansen und Sörensen aus neun Metameren, von denen jedoch die vorderen und hinteren reduziert sind. Die kurzen Cheliceren enden mit einer Schere, die beinartigen Maxillarpalpen sind mit ihren Basalgliedern verschmolzen und am Ende gleichfalls mit einer nur schwachen Schere ausgestattet. Von den vier Brustfußpaaren sind die Basalteile der vorderen unbeweglich mit dem Cephalothorax verbunden, die des 4. Beinpaares beweglich eingelenkt. Der zweite Brustfuß ist der längste, der erste der kürzeste. Alle Brustfüße enden mit zwei kleinen Krallen. Beim Männchen ist der Metatarsus des 3. Beinpaares verdickt und ausgehöhlt, die beiden ersten Tarsalglieder besitzen löffelförmige Platten, Bildungen, die jedenfalls einen Copulationsapparat vorstellen (daher *Podogona*). Die Genitalöffnung liegt an der Basis des Abdomens. Die Tiere atmen durch ein Paar Büscheltracheen, deren Stigmen am Hinterrande des Cephalothorax ausmünden. Augen fehlen.

Fam. *Cryptostemmatidae. Cryptostemma westermanni* Guér. Zentralafrika. *C. sjöstedti* H. J. Hans. et Sörensen. Westl. Zentralafrika (Abb. 670). *Cryptocellus foedus* Westw. Brasilien.

---

[1] Außer Guérin-Méneville vgl. Karsch, F.: Über *Cryptostemma* Guér. usw. Berl. entomol. Z. **37** (1892). — Thorell, T.: On an apparently new Arachnid belonging to the family Cryptostemmoidae Westw. Bihang Vetensk. Akad. Hdl. Stockholm **17** (1892). — Hansen, H. J. a. W. Sörensen: On two orders of Arachnida, Opiliones and Ricinulei. Cambridge 1904.

8. Ordnung. Acarina, Milben[1].

Arachnoideen von meist gedrungener Körperform, mit ungegliedertem, mit dem Kopfbruststück verschmolzenem Abdomen, mit beißenden oder saugenden und stechenden Mundwerkzeugen, meist durch Röhrentracheen atmend.

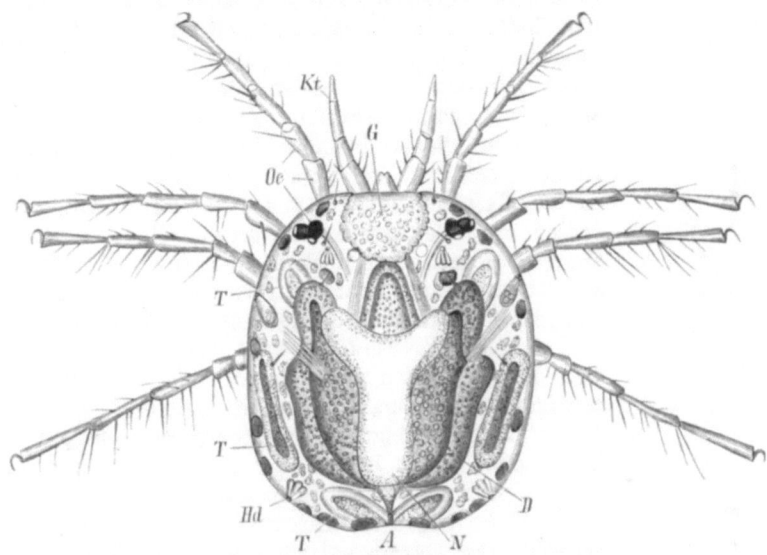

Abb. 671. Männchen von *Atax bonzi*. (Nach E. CLAPARÈDE.) 70/1. *Kt* Maxillarpalpen, *D* Darm, *G* Gehirn, *N* Harnorgan (Y-förmige Drüsen), *A* After, *Hd* Hautdrüsen, *Oc* Auge, *T* Hoden.

Der Körper der durchgängig kleinen Acarinen besitzt eine gedrungene ungegliederte Gestalt. Cephalothorax und Abdomen sind zu einer einheitlichen Masse

---

[1] Außer O. FR. MÜLLER, DUGÈS, NICOLET vgl. FÜRSTENBERG, O.: Die Krätzmilben des Menschen und der Tiere. Leipzig 1861. — PAGENSTECHER, AL.: Beiträge zur Anatomie der Milben 1, 2. Leipzig 1860, 1861. — CLAPARÈDE, E.: Studien an Acariden. Z. Zool. **18** (1868). — KRAMER, P.: Grundzüge zur Systematik der Milben. Arch. Naturgesch. **43** (1877). — MÉGNIN, P.: Les parasites et les maladies parasitaires. Paris 1880. — HENKING, H.: Beiträge zur Anatomie, Entwicklungsgeschichte und Biologie von *Trombidium fuliginosum*. Z. Zool. **37** (1882). — WINKLER, W.: Das Herz der Acarinen usw. Arb. zool. Inst. Wien **7** (1886). — Anatomie der Gamasiden. Ebenda **7** (1888). — v. SCHAUB, R.: Über die Anatomie von *Hydrodroma*. Sitzgsber. Akad. Wiss. Wien, Math.-naturwiss. Kl. **1888**. — WAGNER, J.: Die Embryonalentwicklung von *Ixodes calcaratus* (russ.). Arb. Zool. Labor. Univ. Petersbrug **1894**. — NALEPA, A.: Die Anatomie der Tyroglyphen. Sitzgsber. Akad. Wiss. Wien, Math.-naturwiss. Kl. **1884**, **1885**. — Die Anatomie der Phytopten. Ebenda **1887**. — Eriophyidae. Tierreich 4. Liefg. **1898**. — Eriophyiden. Bibliotheca zoologica **61** (1910). — MICHAEL, A. D.: Oribatidae. Tierreich 3. Liefg. **1898**. — British Tyroglyphidae. 2 Bde. London 1901—1903. — PIERSIG, R.: Deutschlands Hydrachniden. Bibliotheca zoologica **22** (1897—1900). — PIERSIG, R. u. H. LOHMANN: Hydrachnidae und Halacaridae. Tierreich 13. Liefg. **1901**. — CANESTRINI, G. u. P. KRAMER: Demodicidae und Sarcoptidae. Ebenda 7. Liefg. **1899**. — NEUMANN, L. G.: Ixodidae. Ebenda 26. Liefg. **1911**. — CANESTRINI, G.: Prospetto dell' Acarofauna Italiana. Atti Soc. Veneto-Trent. **1885**—**1899**. — THOR, S.: Recherches sur l'anatomie comparée des Acariens prostigmatiques. Ann. des Sci. natur. **1904**. — BONNET, A.: Recherches sur l'anatomie comparée et le développement des Ixodidés. Ann. Univ. Lyon **1907**. — NORDENSKIÖLD, E.: Zur Anatomie und Histologie von *Ixodes reduvius*. Zool. Jb. 3 Tle. **1908—1911**. — NUTTALL, G., WARBURTON, C., COOPER, W. a. L. ROBINSON: Ticks. Monograph of the Ixodoidea. Cambridge 1908—1911; 1926. — REUTER, E.: Zur Morphologie und Ontogenie der Acariden usw. Acta Soc. Sci. Fenn. **36** (1909). — WITH, C. J.: The Notostigmata, a new suborder of Acari. Vidensk. Medd. Kopenhagen **1904**. — Vgl. außerdem die Arbeiten von BERLESE, G. HALLER, CRONEBERG, THON, TROUESSART, OUDEMANS, CHRISTOPHERS, VITZTHUM, SAMSON, HALÍK u. a.

vereinigt (Abb. 671). Äußerst wechselnd ist die Form der Mundwerkzeuge, die entweder zum Beißen oder zum Stechen und Saugen dienen können. Die Cheliceren sind demgemäß bald vorstehend und mit Klauen oder Scheren ausgestattet, bald einziehbare Stilette. Im letzteren Falle bilden die mit Klauen oder Scheren endenden oder tasterförmigen Maxillarpalpen mit ihrer Basis eine als Saugrüssel dienende Scheide (Abb. 676). Die vier (selten zwei) Beinpaare gestalten sich nicht minder verschieden, indem sie zum Kriechen, Anklammern, Laufen oder Schwimmen dienen können. Sie endigen meist mit zwei Klauen, zuweilen bei parasitischer Lebensweise mit gestielten Haftscheiben. Bei vielen Formen finden sich Hautdrüsen vor. Bei *Ixodiden* ist an der Grenze zwischen den Mundteilen und dem Rückenschild eine vorstülpbare Blase mit Drüsen (Subscutaldrüse) vorhanden, die bei der Eiablage ein Secret zur Umhüllung der Eier liefert.

Das Nervensystem ist auf eine gemeinsame, Gehirn und Bauchganglien vereinigende, den Oesophagus umgebende Ganglienmasse zusammengedrängt; auch ein unpaarer Eingeweidenerv ist beobachtet. Augen können fehlen oder treten in ein oder zwei Paaren auf. Ein bei Zecken sich findendes Sinnesorgan ist das sogenannte HALLERsche Organ am Tarsus des 1. Beinpaares (Geruchsorgan). Der Darmkanal ist mit Speicheldrüsen versehen und bildet jederseits eine Anzahl blindsackartiger Fortsätze. Viele Milben besitzen zwei oder eine excretorische Darmdrüse (Abb. 671, 673). Coxaldrüsen sind bei einigen Milben bekannt (*Limnochares, Ixodes, Argas*). Nur in wenigen Fällen (*Gamasus, Ixodes*) findet sich im Abdomen ein kurzes sackförmiges Herz mit zwei oder vier Seitenspalten, nebst Aorta (Abb. 672), bei *Ixodes* auch eine hintere Caudalarterie (NORDENSKIÖLD). Bei zahlreichen Milben treten Tracheen auf, welche büschelweise aus einem in der Regel vor oder hinter dem letzten Beinpaare gelegenen Stigmenpaare entspringen; zuweilen finden sich sekundäre Stigmen dorsal bei den Cheliceren. Die parasitischen Formen entbehren besonderer Respirationsorgane. Die Milben sind getrennten Geschlechtes. Parthenogenese findet sich bei *Amblyomma agamum, Cheyletus, Tetranychus*. Der männliche Geschlechtsapparat besteht aus einem paarigen oder unpaaren Hoden, dessen Ausführungsgänge durch einen oft mit einer Anhangsdrüse versehenen gemeinsamen Endgang an einem Copulationsorgan nach außen münden. Bei *Ixodiden* wird eine Spermatophore gebildet. Die Ovarien sind gleichfalls unpaar oder paarig und ebenso deren Ausführungsgänge, welche sich zur Bildung eines gemeinsamen Eileiters, häufig mit Anhangsdrüse und

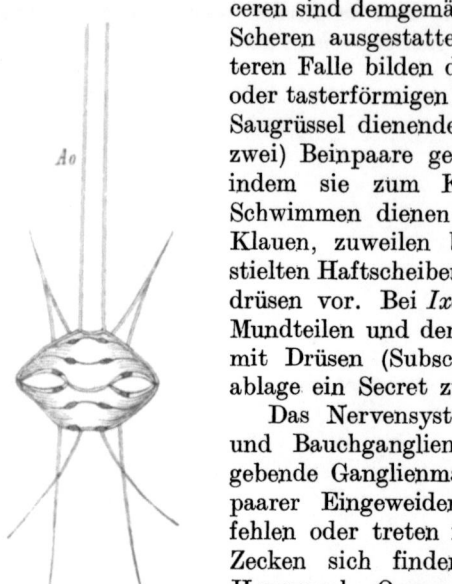

Abb. 672. Herz von *Gamasus crassipes*. (Nach WINKLER.) *Ao* Aorta.

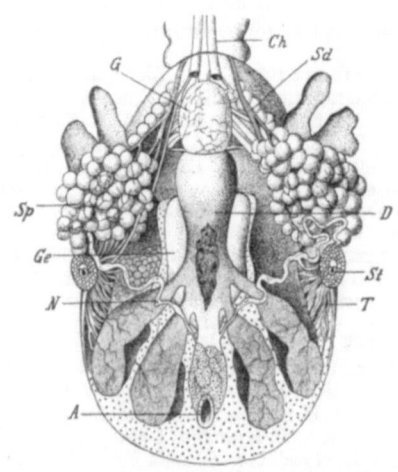

Abb. 673. Anatomie von *Ixodes ricinus*, Weibchen. (Nach PAGENSTECHER.) *A* After, *Ch* Grundglieder der Cheliceren, *D* Darm, *G* Gehirnganglion, *Ge* Teil des Genitalapparates, *Sd* Ausführungsgang der Speicheldrüse (*Sp*), *St* Stigmenplatte, *T* Tracheenbüschel, *N* Harnorgan.

Receptaculum seminis, vereinigen (Abb. 674). Die einfache Geschlechtsöffnung liegt in der Regel von der Afteröffnung entfernt und rückt oft nach vorne zwischen die hinteren Beinpaare hinauf. Auch ist in manchen Fällen eine Legeröhre und zuweilen (*Acaridae* [*Sarcoptidae*], *Tyroglyphidae*) eine besondere Begattungsöffnung vorhanden, durch welche das Sperma in eine Spermatotheca gelangt. Die Männchen unterscheiden sich häufig nicht nur durch kräftigere und zum Teil abweichend gebildete Gliedmaßen, sondern auch durch den Besitz von hinteren sogenannten Haftgruben (sind wahrscheinlich Sinnesorgane), zuweilen durch die Art der Ernährung und Lebensweise. Die Acarinen legen Eier, manche sind vivipar, einige *Gamasiden* und *Oribatiden* ovovivipar. Die Jungen verlassen als Larven mit nur drei Beinpaaren das Ei und werden nach einer Ruhezeit (Puppenzeit) zu einer achtbeinigen Nymphe, die nach abermaligem Puppenzustand zur Imago wird (Abb. 675). Sehr viele Milben leben parasitisch an Tieren und Pflanzen, andere ernähren sich selbständig vom Raube teils im Wasser, teils auf dem Lande.

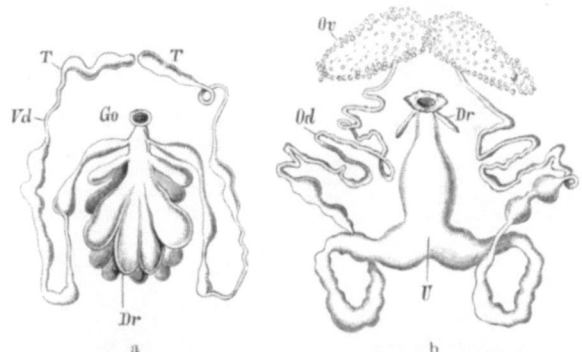

Abb. 674. a Männliche, b weibliche Genitalorgane von *Argas reflexus*. (Nach PAGENSTECHER.) *T* Hoden, *Vd* Samenleiter, *Dr* Prostata, *Go* Geschlechtsöffnung, *Ov* Ovarien, *Od* Oviducte, *Dr* Anhangsdrüsen, *U* Uterus.

Die *Acarinen* sind wahrscheinlich von *Opilioniden* abzuleiten.

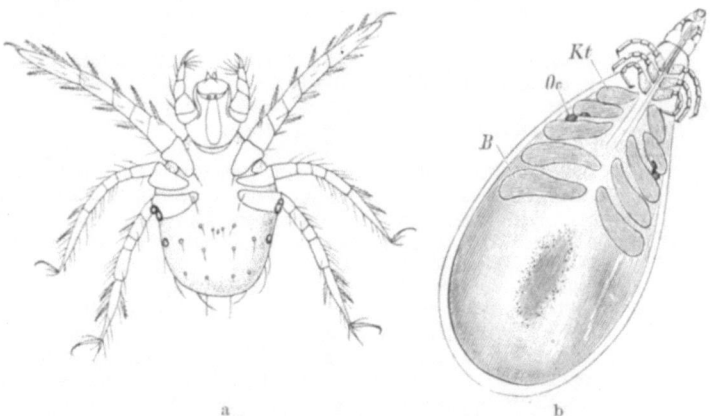

Abb. 675. a Larve von *Hydryphantes*. (Nach KOENIKE, ergänzt.) b Puppe einer *Hydrachnide*. *Oc* Augen, *B* Imaginalanlagen der Beine, *Kt* der Maxillarpalpen.

Fam. *Ixodidae*. Zecken. Größere, meist blutsaugende Milben mit großen vorstoßbaren, gezähnten Cheliceren. Die Maxillarpalpen drei- bis viergliedrig, kolbig angeschwollen, ihre Laden zu einem Widerhaken tragenden Rüssel aneinandergelegt (Abb. 676). Die Mundteile an einem beweglich am Körper eingelenkten Chitinring. Die schlanken Beine enden mit zwei Klauen und oft auch mit Haftscheibe. Zwei Punktaugen kommen oft vor. Herz vorhanden. Atmen durch Tracheen. *Ixodes ricinus* L., Holzbock, hält sich in Wäldern im Gebüsch auf, als Larve und Nymphe häufig an Eidechsen, geht als Imago auf Säugetiere und den Menschen über, in deren Haut sich die Weibchen mit dem Rüssel einbohren und

Blut saugen, dabei mächtig anschwellen. Weit verbreitet. *Rhipicephalus sanguineus* LATR. Auf Vögeln, Säugetieren und dem Menschen. Südeuropa, Afrika, Asien, Brasilien. *Margaropus (Boophilus) annulatus* SAY. Insbesondere auf Rindern. Mittel- und Südamerika. Überträger des Texasfiebers. *Hyalomma aegyptium* L. Säugetiere und den Menschen befallend. Vornehmlich in Ägypten und Algerien, auch sonst in Afrika, Asien, Südeuropa. *Amblyomma cayennense* KOCH. Auf Menschen und Säugetieren. Mittel- und Südamerika. *Argas reflexus* F. Besonders in Taubenställen, des Nachts an Tauben; gelegentlich Parasit des Menschen. Europa, Nordafrika (Abb. 677). *A. persicus* FISCH.-WALDH. Mianawanze. Blind. Auf Geflügel. In Häusern, des Nachts den Menschen befallend. Stich gefürchtet. Kosmopolit. *Ornithodorus savignyi* AUD. Auf dem Menschen. Afrika, Asien. *O. moubata* MURR. Überträger des afrikanischen Rückfallfiebers beim Menschen. Trop. Afrika, Madagaskar.

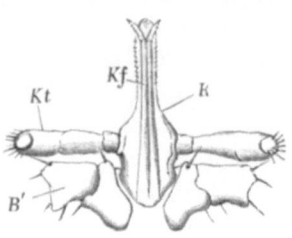

Abb. 676. Mundteile eines *Ixodes*. (Nach A. PAGENSTECHER.) *B'* Grundglied des ersten Beinpaares, *Kf* Cheliceren, *Kt* Maxillarpalpen, *R* Rüssel.

Fam. *Gamasidae*. Cheliceren mit Scheren, Maxillarpalpen fünfgliedrig. Die Beine mit zwei Klauen und einem Haftlappen. Tracheen vorhanden. Augen fehlen. Leben teils frei vom Raube, teils als Schmarotzer an Käfern und auf der Haut von Vögeln und Säugetieren. *Gamasus crassipes* L., in Moos. *G. fucorum* GEER (*coleoptratorum* L.), Käfermilbe. Europa. *Dermanyssus gallinae* GEER (*avium* DUG.), Vogelmilbe, gelegentlich am Menschen. *Pteroptus vespertilionis* HERM. An Fledermäusen. Europa.

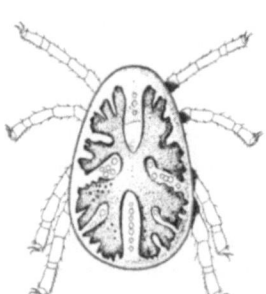
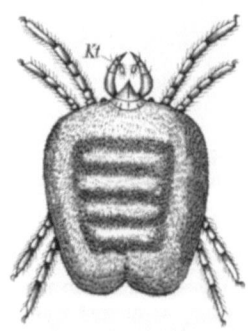

Abb. 677. *Argas reflexus*. (Nach A. PAGENSTECHER.) etwa ⁵/₁

Abb. 678. *Trombidium holosericeum*. (Nach MÉGNIN.) *Kt* Maxillarpalpen. ¹³/₁

Fam. *Oribatidae*. In der Regel Landmilben mit harter Cuticula. Kopfteil abgesetzt. Cheliceren einziehbar, mit Scheren. Maxillarpalpen fünfgliedrig, mit gezähnter Kaulade des Basalgliedes. Ocellen fehlen. *Oribata alata* HERM., unter Moos. Weit verbreitet. *Hydrozetes (Notaspis) lacustris* MICHAEL. Lebt im Wasser. Europa.

Fam. *Bdellidae*, Rüsselmilben. Kopfteil rüsselförmig verlängert und abgesetzt. Cheliceren mit Scheren. Maxillarpalpen lang und dünn. Kriechen auf feuchtem Boden. *Bdella longicornis* L. Europa.

Fam. *Trombidiidae*, Laufmilben. Körper lebhaft gefärbt, behaart. Cheliceren meist mit Klauen. Maxillarpalpen mit einer Klaue neben einem lappenförmigen Anhang. Beine mit zwei Krallen und Haftbürsten. Augen und Tracheen vorhanden. *Trombidium holosericeum* L. (Abb. 678). Sammetmilbe. *Trombicula (Microthrombidium) autumnalis* SHAW. Die als *Leptus autumnalis* SHAW bekannte Larve (ein Sammelname für alle Trombidiose erzeugenden Milbenlarven) lebt parasitisch auf Vögeln, Säugern und dem Menschen, bei dem sie durch ihren Stich einen vorübergehenden Hautausschlag (Trombidiose) verursacht. England, Frankreich, Süddeutschland, Österreich. Hier schließt sich an *Tetranychus telarius* L., Spinnmilbe. Europa. Ferner *Cheyletus eruditus* SCHRANK. Maxillarpalpen sehr groß, zum Raube eingerichtet. Lebt von Tyroglyphiden.

Fam. *Hydrachnidae*, Wassermilben. Körper kugelig, oft lebhaft gefärbt. Cheliceren meist mit klauenförmigem Endglied; mit Schwimmbeinen, mit vier, zuweilen zu zweien verschmolzenen Augen. Tracheen vorhanden oder fehlend. Die Jugendzustände oft parasitisch an Wasserinsekten. *Limnochares aquatica* L., *Eulais extendens* MÜLL., *Hydrachna globosa* GEER, *Hydryphantes (Hydrodroma) ruber* GEER, *Arrhenurus caudatus* GEER. Männchen mit schwanzartigem Anhang. *Unionicola (Atax) ypsilophora* BONZ, *Atax bonzi* CLAP. Beide

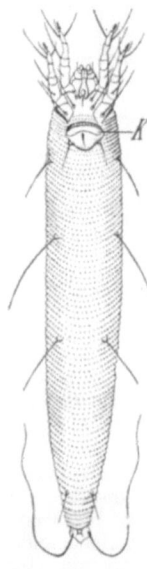

Abb. 679. *Eriophyes vitis*, Ventralansicht. (Nach NALEPA.) ³⁹⁰/₁. *K* Genitalklappe.

schmarotzen zwischen den Kiemen von Unioniden (Abb. 671). *Piona (Nesaea) nodata* MÜLL.; alle im Süßwasser Europas. *Pontarachna tergestina* SCHAUB. Im Hafen von Triest. *Halacarus* GOSSE. Marin und im Süßwasser.

Fam. *Opilioacaridae* (*Notostigmata*). Abdomen dorsal undeutlich segmentiert. Maxillarpalpen gedrungen fußartig, Cheliceren mit Scheren. Zwei Paare Augen. Vier dorsale abdominale Stigmen. *Opilioacarus segmentatus* WITH. Algier.

Fam. *Tyroglyphidae*. Sehr kleine Milben von mehr gestreckter Form mit konischem Rüssel. Cheliceren mit Scheren, Maxillarpalpen dreigliedrig. Die ziemlich langen Beine mit Haftlappen und Klaue. Augen und Tracheen fehlen. Leben auf vegetabilischen und tieri-

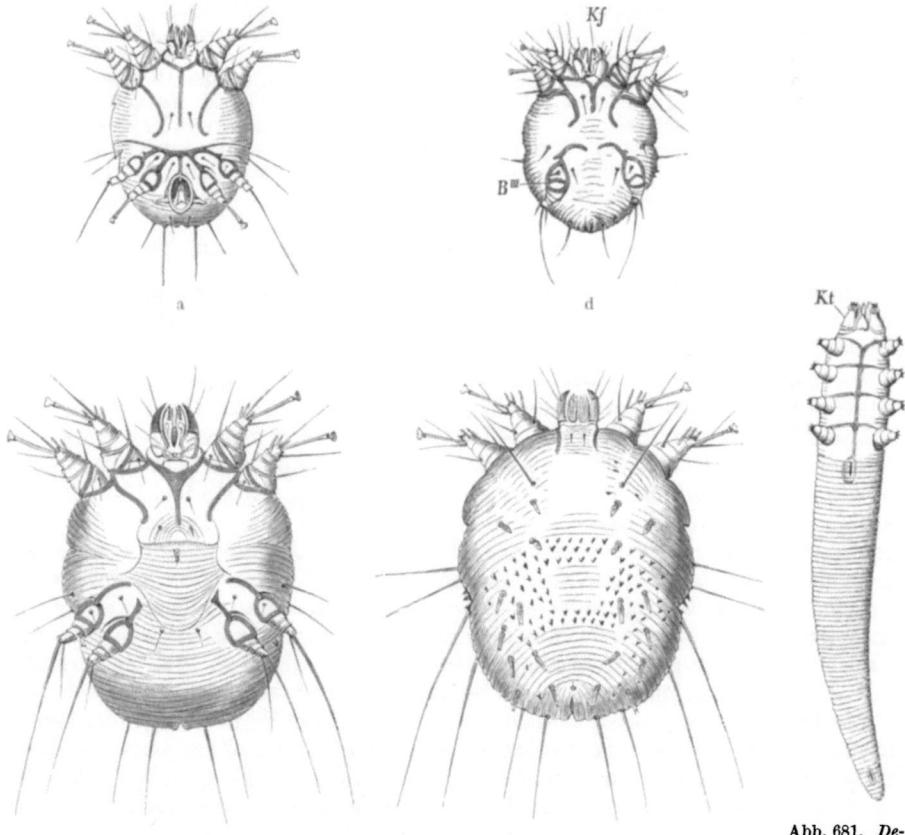

Abb. 680. *Acarus siro* (*Sarcoptes scabiei*). (Nach GUDDEN.) a Männchen von der Bauchseite. b Weibchen von der Bauchseite. c In der Rückenansicht. Etwa $^{100}/_1$. d Larve. B^{III} drittes Beinpaar, *Kf* Cheliceren.

Abb. 681. *Demodex folliculorum*. (Nach MÉGNIN.) $^{160}/_1$. *Kt* Maxillarpalpen.

schen Stoffen. *Tyroglyphus casei* OUDMS. (*siro* L.), Käsemilbe, *T. farinae* KOCH, Mehlmilbe, *T. wasmanni* MONZ. In Ameisennestern. *Glycyphagus domesticus* GEER, auf Heuabfällen, trockenen Früchten. *Hypopus* DUG. sind Nymphenstadien, welche sich an Insecten, Myriapoden, Phalangiden, Gamasiden finden.

Fam. *Tarsonemidae*. Mundteile an einer abgegrenzten Vorderregion des Cephalothorax. Cheliceren nadelförmig, Maxillarpalpen reduziert. *Tarsonemus pallidus* BANKS, auf Cyclamen und anderen Pflanzen. *Pediculoides ventricosus* NEWP. Auf Insecten. Lebendig gebärend; der Hinterkörper des Weibchens schwillt dadurch sackförmig an. *Acarapis woodi* RENNIE. Lebt in den thoracalen Haupttracheen der Honigbiene. Ist Ursache der Milbenseuche der Biene. Insel Wight, England, Schweiz, Deutschland, Österreich.

Fam. *Acaridae* (*Sarcoptidae*), Krätzmilben. Körper mikroskopisch klein, gedrungen, weichhäutig. Augen und Tracheen fehlen. Die Mundteile bestehen aus einem Saugkegel mit in Scheren endenden Cheliceren und kurzen Maxillarpalpen. Die Beine kurz und stummelförmig, teilweise oder sämtlich mit gestielten Haftscheiben. Die Männchen oft mit Haftgruben und Fortsätzen am Hinterleibsende. Leben auf oder in der Haut von Wirbeltieren und erzeugen die Krätze und Räude. *Acarus siro* L. (*Sarcoptes scabiei* GEER), Krätzmilbe. Auf der Rückenfläche mit zahlreichen spitzen Höckern, Dornen und Haaren. Beine fünfgliedrig, die beiden vorderen enden mit gestielter Haftscheibe, das letzte Beinpaar des Männchens läuft nicht wie beim Weibchen in eine Borste, sondern in eine gestielte Haftscheibe aus (Abb. 680). Bohren in der Epidermis des Menschen tiefe Gänge, an deren Ende sie sich aufhalten, und erzeugen durch ihre Stiche den unter dem Namen Krätze bekannten Hautausschlag. *Psoroptes* (*Dermatocoptes*) *bovis* GERL. Auf dem Rind. Hier schließt sich an *Analges passerinus* L., auf Singvögeln.

Fam. *Demodicidae*. Haarbalgmilben. Langgestreckte kleine Milben mit wurmförmig verlängertem, quergeringeltem Abdomen. Mit stilettförmigen Cheliceren und kurzen Maxillarpalpen, mit kurzen Beinen. Tracheen und Augen fehlen. *Demodex folliculorum* SIM. In den Haarbälgen des Menschen (Abb. 681). *D. canis* LEYDIG, auf dem Hunde.

Fam. *Eriophyidae* (*Phytoptidae*). Rumpf wurmähnlich. Abdomen gestreckt, quergeringelt. Cheliceren nadelförmig. Nur zwei Beinpaare mit Fiederborste und Kralle am Ende. Augen fehlen. Auf Pflanzen, an denen sie Mißbildungen (Cecidien) hervorrufen. *Eriophyes* (*Phytoptus*) *pini* NAL., auf Pinus silvestris. Mitteleuropa. *E. vitis* PGST., auf dem Weinstock (Abb. 679). *Phyllocoptes* NAL.

3. Klasse. Linguatulida (Pentastomida), Zungenwürmer[1].

Parasitische Euarthropoden von wurmförmig gestrecktem, geringeltem Körper, mit zwei Paar Klammerhaken in der Umgebung des kieferlosen Mundes. Getrennten Geschlechts.

Die Zungenwürmer wurden in der Regel nach dem Vorgange LEUCKARTs den Acarinen eingeordnet. Der wurmförmige, mehr oder weniger abgeplattete oder drehrunde geringelte Leib (Abb. 682) dieser früher für Eingeweidewürmer gehaltenen Parasiten würde bei dem sehr reduzierten Kopfbruststück vornehmlich auf die außerordentliche Vergrößerung und Streckung des Hinterleibes zurückzuführen sein, wofür die Leibesform der Eriophyiden unter den Acarinen Vergleichspunkte liefert. Doch sind sonst nicht genügend Anhaltspunkte vorhanden, die Linguatuliden bei den Acarinen einzureihen. Auch mit anderen Arthropodengruppen bieten sich keine sicheren Beziehungen. Jedenfalls handelt es sich in den Linguatuliden um durch Parasitismus stark veränderte Euarthropoden, die, wie in der Gestaltung des Genitalapparates, Charaktere besitzen, daß sie vorläufig am besten den Arachnomorphen als besondere Klasse angeschlossen werden.

Am Körper ist ein kurzer, zuweilen scharf abgesetzter Vorderteil mit der Mundöffnung und den Haken und ein langer geringelter Hinterleib zu unterscheiden, der am Hinterende bei manchen Formen zwei Schwanzanhänge trägt. Die vier aus Hauttaschen vorstülpbaren, auf besondere Chitinstäbe gestützten Klammerhaken in der Nähe des Mundes (Abb. 683) dürften den Endklauen von zwei Extremitäten entsprechen. Sie liegen in einigen Fällen (z. B. *Cephalobaena*) an stummelfußartigen Fortsätzen (Abb. 684). Das Nervensystem weist in der Regel eine suboesophageale verschmolzene Ganglienmasse und ein den Schlund umgreifendes Connectiv auf. Bei *Raillietiella* aber besteht das Nervensystem aus einer den Schlund umgebenden Ganglienmasse und einem gegliederten Bauch-

---

[1] LEUCKART, R.: Bau und Entwicklungsgeschichte der Pentastomen. Leipzig u. Heidelberg 1860. — LOHRMANN, E.: Untersuchungen über den anatomischen Bau der Pentastomen. Arch. Naturgesch. 55 (1889). — STILES, C. W.: Bau und Entwicklungsgeschichte von *Pentastomum proboscideum* RUD. und *Pentastomum subcylindricum* DIES. Z. Zool. 52 (1891). — SPENCER, W. B.: The Anatomy of *Pentastomum teretiusculum*. Quart. J. microsc. Sci. 34 (1893). — HAFFNER, K.: Beiträge zur Kenntnis der Linguatuliden. Zool. Anz. 61 (1924). — Die Sinnesorgane der Linguatuliden usw. Z. Zool. 128 (1926). — HETT, M. L.: On the family Linguatulidae. Proc. Zool. Soc. Lond. 1924. — HEYMONS, R.: Pentastomida. KÜKENTHAL, Handbuch der Zoologie 3 (1926). — Außerdem KULAGIN u. a.

Coelomata (Bilateria): Arthropoda, Gliederfüßer. 669

strang. Von Sinnesorganen finden sich vordere und laterale Sinnespapillen. Respirations- und Circulationsorgane fehlen. Der von einem Chitinring umgebene Mund führt in ein geradegestrecktes Darmrohr, welches am Hinterende im After ausmündet. In großer Zahl sind Hautdrüsen vorhanden. Insbesondere sind umfangreiche paarige, zu Seiten des Darmes gelagerte Drüsen, die an der Basis der Klammerhaken ausmünden, und eine vorn gelegene und mündende Drüse zu nennen. Die Genitalöffnung des in der Regel viel kleineren Männchens liegt am Anfange des Hinterleibes, jene des Weibchens meist in der Nähe des Afters, doch bei einigen ursprünglicheren Formen (*Cephalobaenidae*) wie beim Männchen vorn. Die dorsal vom Darm gelegene paarige oder unpaare männliche Keimdrüse

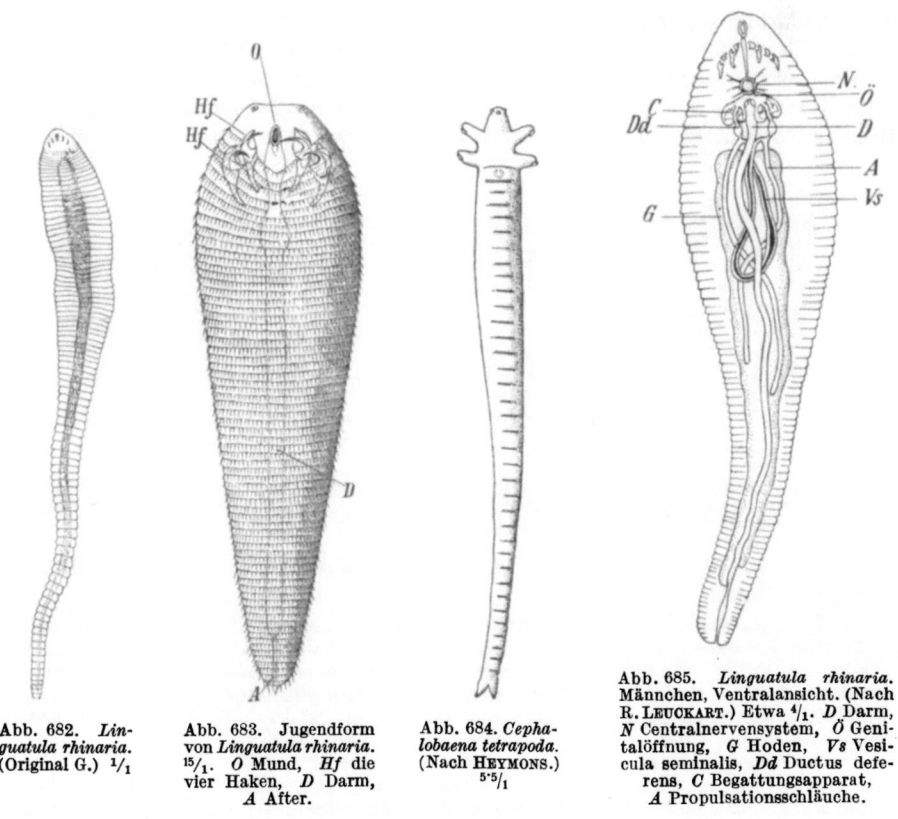

Abb. 682. *Linguatula rhinaria*. (Original G.) $1/1$

Abb. 683. Jugendform von *Linguatula rhinaria*. $15/1$. *O* Mund, *Hf* die vier Haken, *D* Darm, *A* After.

Abb. 684. *Cephalobaena tetrapoda*. (Nach HEYMONS.) $5.5/1$

Abb. 685. *Linguatula rhinaria*. Männchen, Ventralansicht. (Nach R. LEUCKART.) Etwa $4/1$. *D* Darm, *N* Centralnervensystem, *Ö* Genitalöffnung, *G* Hoden, *Vs* Vesicula seminalis, *Dd* Ductus deferens, *C* Begattungsapparat, *A* Propulsationsschläuche.

(Abb. 685) geht vorn in einen unpaaren Gang (Vesicula seminalis) über, der sich in zwei den Darm umgreifende Ductus deferentes teilt, die je in einen sehr langen, in einer Tasche aufgerollten Cirrus führen. Beide Cirrusbeutel haben eine gemeinsame Ausmündung. In jeden Ductus deferens mündet ein Blindschlauch (propulsatorischer Apparat). Die gleichgelagerte unpaare weibliche Genitaldrüse führt am Vorderende in zwei den Darm umgreifende Oviducte, die sich in den langen Uterus fortsetzen, der durch die Vagina ausmündet. Am Anfange des Uterus münden zwei Receptacula seminis.

Die Zungenwürmer leben im geschlechtsreifen Zustande in Lufträumen von Warmblütern und Reptilien. Zuerst durch R. LEUCKARTS Untersuchungen wurde die Entwicklung für *Linguatula rhinaria* (*Pentastomum taenioides*) bekannt, welche sich in den Nasenhöhlen und im Stirnsinus des Hundes und Wolfes aufhält. Die mit vier Stummelfüßen ausgestatteten Larven (Abb. 686) gelangen in den Eihüllen mit dem Schleime nach außen auf Pflanzen und von da in den Magen des Kaninchens und Hasen, seltener in den des Menschen. Sie durchsetzen dann, von den Eihüllen befreit, die Darmwandungen, kommen in die Leber und werden von einer bindegewebigen Kapsel umschlossen, in welcher sie die weitere Entwicklung durchmachen. Sie erleiden hier mehrfache Häutungen, bei der ersten Häutung gehen die Stummelfüße der Larve verloren. Erst nach Verlauf von sechs Monaten haben die nun madenförmigen Larven eine ansehnliche Größe erlangt und die vier Klammerhaken sowie zahlreiche feingezähnelte Ringel der Oberfläche erhalten; sie sind in das früher als *Linguatula serrata* (*P. denticulatum*) bezeichnete·Stadium (Abb. 683) eingetreten, in welchem sie sich von neuem auf die Wanderung begeben, die Kapseln durchbrechen, die Leber durchsetzen und, falls sie in größerer Zahl vorhanden sind, den Tod des Wirtes veranlassen, im anderen Falle dagegen bald von einer neuen Cyste umschlossen werden. Gelangen sie zu dieser Zeit mit dem Fleische des Hasen oder Kaninchens in den Magen des Hundes, so dringen sie von da durch die Darmwand und das Zwerchfell in die

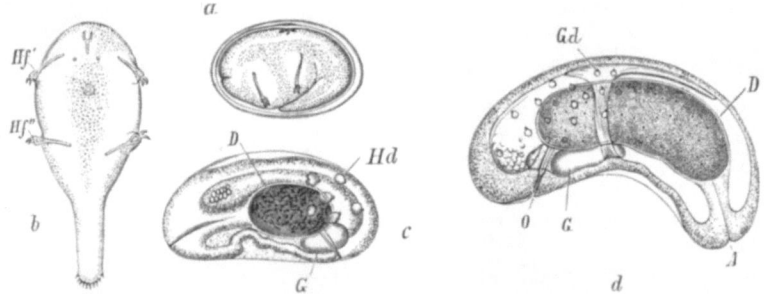

Abb. 686. Entwicklungsstadien von *Linguatula rhinaria*. (Nach R. LEUCKART.) a Ei mit Embryo. — b Larve mit Schwanzanhang. *Hf'*, *Hf''* Fußstummel. Etwa $^{300}/_1$. — c Larve aus der Leber des Kaninchens. *D* Darm, *G* Ganglion, *Hd* Hautdrüsen. — d Ältere Larve. *O* Mund, *A* After, *Gd* Geschlechtsdrüse.

Luftwege und die Nasenhöhle, wo sie sich in etwa zwei Monaten zu Geschlechtstieren ausbilden.

Fam. *Cephalobaenidae*. Vorderende des Körpers meist scharf abgesetzt, am Hinterende meist zwei Schwanzanhänge. Mundöffnung vor den Hakenpaaren. Weibliche Genitalöffnung am Vorderende des Hinterkörpers. *Cephalobaena tetrapoda* HEYMONS. Haken an stummelfußartigen Fortsätzen. In der Lunge von *Lachesis alternatus*. Paraguay (Abb. 684). *Raillietiella mediterranea* HETT. Hinteres Hakenpaar größer. In *Zamenis gemonensis*. *Reighardia sternae* DIES. In den Luftsäcken von Möven. Weit verbreitet.

Fam. *Porocephalidae*. Mundöffnung zwischen oder hinter den Hakenpaaren. Weibliche Genitalöffnung am Hinterende. *Porocephalus crotali* HUMBOLDT (*proboscideus* RUD.). In der Lunge verschiedener *Crotalus*-Arten. Amerika. *Armillifer armillatus* WYM. (*Pentastomum constrictum* SIEB.). Mit breiter Ringelung. In der Lunge verschiedener Schlangen. Encystierte Jugendstadien in Säugern, nicht selten beim Menschen. Trop. Afrika, Ägypten. *Linguatula rhinaria* PILGER (*Pentastomum taenioides* RUD.). Weibchen 80—130 mm, Männchen 18—20 mm lang. In den Nasen- und Stirnhöhlen von Hund, Wolf, Fuchs, auch Rind, Schaf, Ziege, Pferd, gelegentlich beim Menschen (Abb. 682). Weit verbreitet.

4. Klasse. Pantopoda, Asselspinnen[1].

Marine Euarthropoden, deren Körper in einen gegliederten Rumpf und einen stummelförmigen Hinterleib zerfällt, mit höchstens acht dem Rumpfe angehörigen Gliedmaßenpaaren; Mund an einem Schnabel.

---

[1] Außer KRÖYER, QUATREFAGES, ADLERZ, CAVANNA, BOUVIER, COLE, HANSTRÖM vgl. DOHRN, A.: Die Pantopoden des Golfes von Neapel. Leipzig 1881. — HOEK, P. P. C.: Nouvelles études sur les Pycnogonides. Archives de Zool. **9** (1881). — Report on the Pycno-

Coelomata (Bilateria): Arthropoda, Gliederfüßer. 671

Der Bau der *Pantopoden* weist am meisten auf Arachnomorphe hin, ohne daß es mit Bezug auf viele Besonderheiten ersterer möglich ist, sie letzteren einzureihen. Es erscheinen die *Pantopoda* als besondere Euarthropodenklasse, die jedoch wahrscheinlich mit dem Stamme der Arachnomorphen auf eine gemeinsame Wurzel zurückgeht.

Am Körper der Pantopoden (Abb. 687) läßt sich ein gegliederter Rumpf und ein stummelförmiger ungegliederter Hinterleib unterscheiden. Der Rumpf zerfällt in einen vorderen größeren, aus der Verschmelzung mehrerer Segmente hervorgegangenen Abschnitt, dem vier Gliedmaßenpaare angehören, von denen aber das erste bis dritte fehlen können, sowie drei bis vier Segmente mit je einem Gliedmaßenpaar. Bei *Colossendeis* ist der Rumpf ungegliedert, nur mit Spuren von Gliederung bei *Decolopoda*. Die erste Extremität ist kurz und endet mit einer Schere, die folgenden 2. und 3. Gliedmaßenpaare (Palpen und Eierträger) sind schmächtig, fußartig, das dritte ist mehr ventral inseriert (Abb. 690) und beim Männchen stets vorhanden. Die Extremitäten der hinteren vier, selten fünf (*Decolopoda*, *Pentanymphon*, *Pentapycnon*) (Abb. 688) Paare sind sehr groß, neungliedrig und überwiegen über den schmächtigen Rumpf. Sie enden mit einer Kralle.

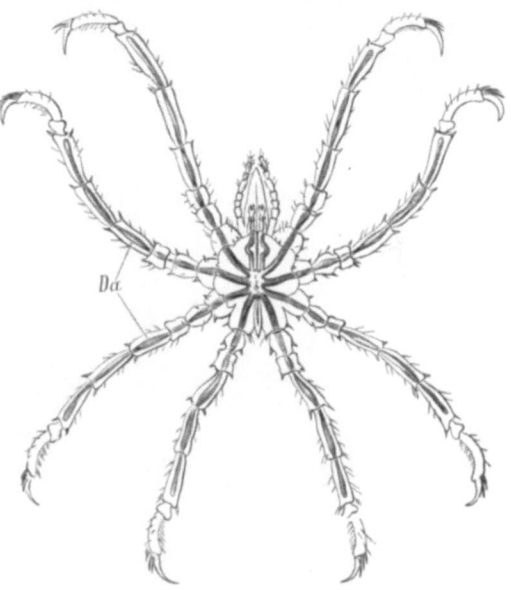

Abb. 687. *Ammothea pycnogonoides* QTRF. (aus règne animal). *Da* Darmschläuche in den Extremitäten. Vergr.

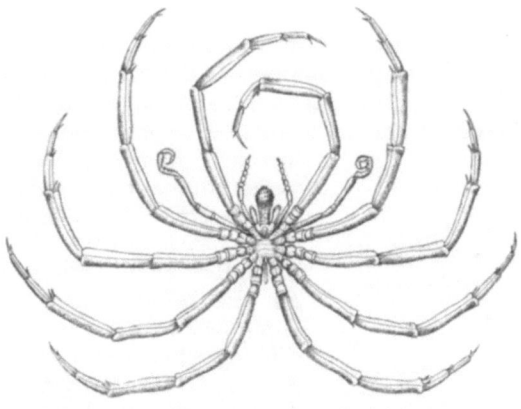

Abb. 688. *Decolopoda australis*, Männchen. (Nach HODGSON.) $^1/_2$

gonida. Challenger Rep. **3** (1881). — SARS, G. O.: Pycnogonidea. Norske Nordhavs-Exped. **20** (1891). — MORGAN, T. H.: A Contribution to the Embryology and Phylogeny of the Pycnogonids. Stud. Biol. Labor. John Hopkins Univ. **5** (1891). — KOWALEVSKY, A.: Ein Beitrag zur Kenntnis der Excretionsorgane der Pantopoden. Mém. Acad. St.-Pétersbourg **1892**. — MEISENHEIMER, J.: Beiträge zur Entwicklungsgeschichte der Pantopoden. Z. Zool. **72** (1902). — LOMAN, J. C. C.: Biologische Beobachtungen an einem Pantopoden. Tijdschr. nederl. dierkd. Vereeng. **1907**. — Die Pantopoden der Siboga-Expedition. Leiden 1908. — HODGSON, T. V.: The Pycnogonida of Scott. Antarct. Exp. Trans. roy. Soc. Edinburgh **46** (1909). — DOGIEL, V.: Embryologische Studien an Pantopoden. Z. Zool. **107** (1913). — SCHIMKEWITSCH, W.: Ein Beitrag zur Klassifikation der Pantopoden. Zool. Anz. **51** (1913). — WIRÉN, E.: Zur Morphologie und Phylogenie der Pantopoden. Zool. Bidrag Uppsala **6** (1918).

Die von drei Lippen umstellte Mundöffnung liegt an einem das Vorderende des Körpers bildenden konischen Saugschnabel und führt in den Darm, an dem ein mit einem Reusenapparat versehener Vorderdarm, ein Mitteldarm mit langen Blindsäcken, welche in die Beine hineinragen (Abb. 687), und ein kurzer Enddarm zu unterscheiden sind. Besondere Atmungsorgane fehlen. Ein Herz mit zwei oder

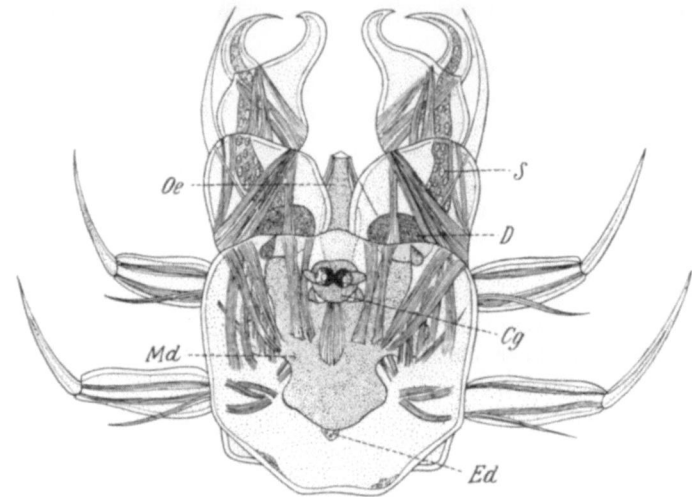

Abb. 689. Protonymphonlarve von *Ammothea echinata*. (Nach MEISENHEIMER, etwas vereinfacht.) 240/1.
Cg Cerebralganglion mit aufliegendem Auge, *D* Beindrüse, *Ed* Enddarm, *Md* Mitteldarm, *Oe* Oesophagus, *S* Scherendrüse.

drei Ostienpaaren ist vorhanden. Das Centralnervensystem besteht aus einem Cerebralganglion sowie einer Bauchganglienkette. Von Sinnesorganen finden sich am ersten Rumpfabschnitte an einem Hügel vier kleine Augen. Die Deutung der in der 2. und 3. Extremität gefundenen Drüsensäcke als Excretionsorgane ist unsicher. Die Geschlechter sind getrennt, die Weibchen zuweilen durch das Fehlen des 3. Extremitätenpaares charakterisiert. Die paarigen Genitaldrüsen, die sich hinten miteinander verbinden, entsenden Ausläufer in die großen Rumpfbeine und münden am 2. Gliede, beim Männchen meist nur der beiden letzten, beim Weibchen in der Regel aller Rumpfbeine. Bei *Pycnogonum* findet sich bloß eine Genitalöffnung am letzten Beinpaar vor. Die Eier werden vom Männchen am 3. Extremitätenpaare (Eierträger) bis zum Ausschlüpfen der Larven getragen. Das hüllbildende Secret für die Eierballen wird von Kittdrüsen des Männchens geliefert, die im 4. Gliede der Rumpfbeine gelegen sind. Die Entwicklung ist meist eine Metamorphose, die Larve (*Protonymphon*-Larve) besitzt bloß drei Extremitätenpaare (Abb. 689). Die Jungen von *Phoxichilidium* schmarotzen in Hydroidpolypen.

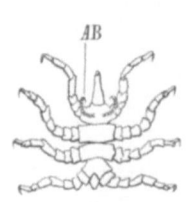

Abb. 690. *Pycnogonum littorale*, Männchen (aus règne animal). 2/1. *AB* Eiertragendes Beinpaar.

Die Pantopoden leben langsam kriechend an Hydroidstöckchen und Algen des Meeres.

Fam. *Nymphonidae*. Scherentragende Extremität und Palpen vorhanden. Dritte Extremität bei beiden Geschlechtern. *Pentanymphon antarcticum* HDGS. Mit fünf Beinpaaren. Antarktisch. *Nymphon gracile* LEACH. Nordsee.

Fam. *Phoxichilidiidae*. Scherentragende Extremität vorhanden, Palpen fehlen. *Phoxichilidium femoratum* RATHKE. Nord. Meere. Hier schließt sich *Pallene* JOHNST. an.

Fam. *Ammotheidae.* Scherentragende Extremität klein und rudimentär. Palpi vorhanden (Abb. 687). Dritte Extremität bei beiden Geschlechtern. *Ammothea (Achelia) echinata* HODGE. Atlant. Ozean. *A. fibulifera* A. DOHRN. Mittelmeer.

Fam. *Decolopodidae.* Scherentragende Extremität und Palpen vorhanden. Dritte Extremität bei beiden Geschlechtern. Mit fünf mächtigen Beinpaaren. Körper scheibenförmig. *Decolopoda australis* EIGHTS. Antarktisch (Abb. 688).

Fam. *Colossendeidae.* Scherentragende Extremität rudimentär oder fehlend. Palpen vorhanden. Dritte Extremität in beiden Geschlechtern. *Colossendeis gigas* HOEK. Bis über 8 cm lang. Tiefsee. Südl. Ozeane.

Fam. *Pycnogonidae.* Scherentragende Extremität und Palpen fehlen. *Pentapycnon charcoti* BOUV. Mit fünf Beinpaaren. Antarktisch. *Pycnogonum littorale* STRÖM. Nord. Meere (Abb. 690).

5. Klasse. Eutracheata.

Euarthropoden mit wohl abgesetzter Kopfkapsel, mit einem Antennenpaar, durch Tracheen atmend, deren Stigmen in metamerischer Anordnung der Seitenlinie des Körpers angehören.

In dieser Arthropodengruppe sind vier Unterklassen zu unterscheiden: 1. *Myriapoda.* 2. *Chilopoda.* 3. *Apterygogenea.* 4. *Insecta.*

1. Unterklasse. MYRIAPODA, TAUSENDFÜSSER[1].

Eutracheaten mit meist zahlreichen gleichgebildeten beintragenden Leibesringen, mit meist nur einem Maxillenpaar, mit einem oder zwei Beinpaaren an je einem Körperringe, mit an einem der vorderen Rumpfsegmente gelegenen Genitalöffnungen.

Die in dieser Unterklasse vereinigten Gruppen der *Symphyla, Pauropoda* und *Diplopoda* besitzen einen homonom meist reich gegliederten Rumpf, dessen Segmente mit Ausnahme des Endsegments durchwegs Gliedmaßen tragen. Mit Bezug auf die vordere Lage der Geschlechtsöffnung wurden sie von POCOCK als *Progoneata* bezeichnet. Die mit Rücksicht auf eine übereinstimmende Körperbildung früher gleichfalls zu den Myriapoden gestellten *Chilopoden* weichen in so vielfacher Beziehung von ersteren ab, stimmen andererseits in so vieler Hinsicht mit den Insecten überein, daß sie am besten als besondere Unterklasse der Eutracheaten in der Nähe der Insecten ihre systematische Einordnung finden.

1. Ordnung. Symphyla[2].

Kleine chilopodenähnliche Myriapoden mit wenigen Rumpfsegmenten, von denen jedes nur ein Beinpaar trägt, mit einem Maxillenpaar und einer dem Gnathochilarium der Diplopoden ähnlichen Mundklappe.

---

[1] BRANDT, J. F.: Recueil des mémoires relatifs à l'ordre des Insectes Myriapodes. St.-Pétersbourg 1841. — NEWPORT, G.: On the nervous and circulatory systems of Myriapoda and Macrourous Arachnida. Philosophic. Trans. roy. Soc. London 1843. — FABRE, M.: Recherches sur l'anatomie des organes reproducteurs et sur le développement des Myriapodes. Ann. des Sci. natur. Paris 1855. — KOCH, C. L.: Die Myriapoden. 2 Bde. Halle 1863. — GRENACHER, H.: Über die Augen einiger Myriapoden. Arch. mikrosk. Anat. 18 (1880). — LATZEL, R.: Die Myriopoden der österreichisch-ungarischen Monarchie 1 u. 2. Wien 1880, 1884. — KOWALEVSKY, A.: Étude des glandes lymphatiques de quelques Myriapodes. Archives de Zool. 1896. — HEYMONS, R.: Mitteilungen über die Segmentierung und den Körperbau der Myriopoden. Sitzgsber. preuß. Akad. Wiss., Physik.-math. Kl. Berlin 1897. — ROSSI, G.: Sulla organizzazione dei Myriapodi. Ric. Labor. Anat. Roma 9 (1902). — HENNINGS, C.: Das TÖMÖSVARYsche Organ der Myriopoden. Z. Zool. 80 (1906). — VERHOEFF, K. W.: Myriapoda. Bronns Klassen u. Ordnungen des Tierreiches 5 (1902—1931).— Vgl. außerdem die Arbeiten von LUCAS, BERLESE, POCOCK u. a.

[2] Außer den Schriften von GERVAIS, MENGE, LATZEL, RYDER, WOOD-MASON, E. HAASE vgl. GRASSI, B.: I Progenitori degli Insetti e dei Miriapodi. Mem. Accad. Torino 1886. — SCHMIDT, P.: Beiträge zur Kenntnis der niederen Myriapoden. Z. Zool. 59 (1895). — HANSEN, H. J.: The Genera and Species of the Order Symphyla. Quart. J. microsc. Sci. 1903. — WILLIAMS, S. R.: Habits and Structure of *Scutigerella immaculata.* Proc. Soc. nat. Hist.

Der kleine Körper der Symphylen (Abb. 691) erinnert im Bau vielfach an *Campodea*, in der Form an die Chilopoden. Der Rumpf setzt sich aus nur 12 beintragenden Segmenten und dem Endsegmente zusammen. Am Kopfe finden sich vielgliedrige Antennen. Die Mundteile stehen jenen von Campodea sehr nahe und weisen ein Paar Mandibeln, ein Maxillenpaar sowie eine dem Gnathochilarium der Diplopoden ähnliche Mundklappe (wahrscheinlich 2. Maxillenpaar) auf; außerdem ist ein in die Mundhöhle frei vorspringender Hypopharynx ausgebildet. Neben den Rumpfbeinen, deren Coxen seitlich auseinandergerückt sind, tritt häufig ein griffelförmiger Fortsatz und an dessen Innenseite ein vorstülpbares Säckchen (Coxalsäckchen) auf (Abb. 692). Am Körperende liegen zwei vielleicht Gliedmaßen entsprechende Fortsätze mit der Ausmündung einer Spinndrüse. Der geradgestreckte

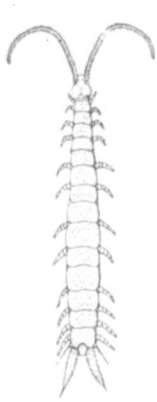

Abb. 691. *Scutigerella* (*Scolopendrella*) *immaculata*. (Nach LATZEL.) ⁶/₁

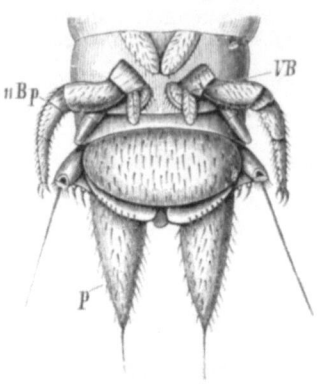

Abb. 692. Hinteres Körperende einer jungen *Scutigerella immaculata*. (Nach LATZEL.) *11Bp* Elftes Beinpaar, *VB* vorstülpbares Coxalsäckchen, *p* griffelförmiges Terminalglied mit dem Spinnorgan.

Darmkanal nimmt zwei MALPIGHIsche Gefäße auf. Respirationsorgane sind in Gestalt von zwei am Kopfe unterhalb der Antennen ausmündender Büscheltracheen entwickelt. Am Kopfe sollen sich zwei Augen finden. Die paarigen Genitaldrüsen sind im männlichen Geschlecht teilweise verbunden und münden vor dem 4. Beinpaare.

Die lichtscheuen Tiere leben unter Steinen, faulendem Laube, in der Erde.

Fam. *Scolopendrellidae*. Mit den Charakteren der Ordnung. *Scutigerella* (*Scolopendrella*) *immaculata* NEWP. Europa, Algier (Abb. 691), *Scolopendrella notacantha* GERV. Italien. *Symphylella vulgaris* HANSEN. Europa.

2. Ordnung. Pauropoda[1].

Kleine Myriapoden mit nur wenigen Rumpfsegmenten, welche nur je ein Beinpaar tragen. Antenne mit drei langen Geißeln. Nur ein Paar Maxillen.

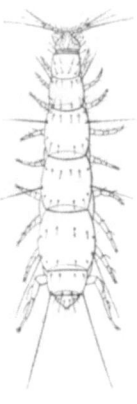

Abb. 693. *Pauropus huxleyi*. (Nach LATZEL.) ³⁵/₁

Der kleine Körper dieser Tiere (Abb. 693) weist nur 10 Rumpfsegmente nebst dem Endsegmente auf, welche von meist 6 Rückenplatten bedeckt sind. Der Kopf trägt außer den eigentümlichen, mit drei Geißelfäden ausgestatteten Fühlern ein Paar Mandibeln und ein Paar zu einer Unterlippe vereinigter schwacher Maxillen. Das auf den Kopf folgende erste Rumpf-

---

Boston **33** (1907). — BAGNALL, R.: On the Classification of the Order Symphyla. J. Linnean Soc. **32** (1913). — ADENSAMER, W.: Über den Bau der Mundteile von *Scutigerella immaculata*. Arch. Naturgesch. **91** (1925).

[1] Außer LATZEL, P. SCHMIDT vgl. LUBBOCK, J.: On Pauropus, a new type of centipede. Trans. Linnean Soc. **1866**. — KENYON, F. C.: The Morphology and Classification of the Pauropoda. Tufts Coll. Studies Nr. 4, **1895**. — HANSEN, H. J.: On the Genera and Species of the order Pauropoda. Vid. Medd. Naturh. For. Kopenhagen 1902. — SILVESTRI, F.: Ordo Pauropoda in BERLESE: Acari, Myriopoda et Scorpiones hucusque in Italia reperta. Portici 1902.

segment ist schwach und besitzt ein rudimentäres Gliedmaßenpaar. Auch an den folgenden Rumpfsegmenten findet sich nur je ein Gliedmaßenpaar; doch entsprechen vier (2.—5.) Rückenplatten je zwei Fußpaaren, so daß eine Diplopodie angebahnt erscheint. Die Beincoxen sind seitlich auseinandergerückt. Am Rumpfe fallen fünf Paare langer Tastborsten auf. Rücksichtlich der inneren Organisation ist das Fehlen des Blutgefäßsystems und der Atmungsorgane hervorzuheben. Der geradgestreckte Darm trägt zwei MALPIGHISCHE Gefäße. Die beim Weibchen unpaare Genitaldrüse mündet an der Basis des zweiten Beinpaares. Die Tiere besitzen keine Augen und leben an feuchten moderigen Orten in Waldungen. Sie schlüpfen als Larven mit nur drei Beinpaaren aus.

Fam. *Pauropodidae*. Körper und Beine gestreckt. Sechs Rückenplatten vorhanden. *Pauropus huxleyi* LUBB. Europa (Abb. 693).

Fam. *Eurypauropodidae*. Mit abgeflachtem Körper und sechs Rückenplatten. Beine kurz. *Eurypauropus ornatus* LATZ. Nieder-Österreich.

3. Ordnung. Diplopoda[1].

Myriapoden von drehrundem oder halbcylindrischem Körper, mit einem Paar zu einer Mundklappe (Gnathochilarium) ausgebildeter Maxillen, mit zwei Beinpaaren an den meisten Körperringen.

Der Körper der Diplopoden hat in der Regel eine cylindrische oder halbcylindrische, zuweilen mehr plattgedrückte Form. Am Kopfe finden sich kurze,

Abb. 694. *Iulus terrestris*. (Nach C. L. KOCH.) $^{2\cdot 6}/_1$

in der Regel keulenförmige Fühler und oberhalb derselben gehäufte Napfaugen. Hinter der Oberlippe liegen zu Seiten des Mundes die tasterlosen Mandibeln mit breiten Kauflächen und einem beweglich eingelenkten spitzen Zahn. Das erste Maxillenpaar wird rückgebildet. Das zweite Maxillenpaar vereinigt sich zur Herstellung einer unteren Mundklappe (Gnathochilarium), deren Seitenteile in der Regel kurze Taster tragen (Abb. 699b). Der Rumpf ist in vielen Fällen langgestreckt und aus zahlreichen Ringen aufgebaut (Abb. 694), in anderen (*Glomeris*) verkürzt, asselähnlich (Abb. 699a). Die sehr harte, an Calciumcarbonat reiche Cuticula der Haut erscheint in jedem Körperringe in Rücken-, Bauch- und Seitenplatten gegliedert, die aber auch zu einem Ringe verwachsen können. Der Rumpf setzt sich aus gleichgestalteten Körperringen zusammen. Indessen verhalten sich die vorderen vier Körperringe (Segmente) verschieden (Abb. 695), indem das erste beinlos ist, die drei folgenden bloß je ein Beinpaar besitzen. Alle nachfolgen-

---

[1] MEINERT, FR.: Danmarks Chilognather. Naturh. Tidsskr. 1868—1869. — VOGES, E.: Beiträge zur Kenntnis der Juliden. Z. Zool. 31 (1878). — HAASE, E.: Schlesiens Diplopoden. Z. Entomol., N. F., H. 11, 1886. — METSCHNIKOFF, E.: Embryologie der doppelfüßigen Myriopoden (Chilognathen). Z. Zool. 24 (1874). — v. RATH, O.: Beiträge zur Kenntnis der Chilognathen. Bonn 1886. — HEATHCOTE, F. G.: The early development of *Julus terrestris*. Quart. J. microsc. Sci. 26 (1886). — The postembryonic development of *Julus terrestris*. Philosophic. Trans. roy. Soc. London 1888. — ATTEMS, C. Graf: System der Polydesmiden. 2 Teile. Denkschr. Akad. Wien 1898—1899. — Myriapoda. I. Tierreich 52 (1929). — SILVESTRI, F.: Classis Diplopoda I, in BERLESE: Acari, Myriopoda et Scorpiones hucusque in Italia reperta. Portici 1903. — ROBINSON, M.: On the segmentation of the Head of Diplopoda. Quart. J. microsc. Sci. 51 (1907). — VERHOEFF, K. W.: Die Diplopoden Deutschlands. Leipzig 1915. — Vgl. außerdem die Arbeiten von ROSSI, BRUNTZ, EFFENBERGER u. a.

den Körperringe, mit Ausnahme der letzten, tragen zwei Paare von Extremitäten, so daß man diese Ringe als durch Verschmelzung von je zwei Segmenten entstandene Doppelsegmente aufzufassen hat, womit auch das Vorkommen von zwei Ganglien der Bauchkette und zwei Stigmenpaaren in denselben übereinstimmt. Die Beine heften sich in der Regel der Mittellinie genähert auf der Bauchfläche an und enden mit einer Klaue sowie borstenförmigen Nebenklauen.

Das Nervensystem besteht aus dem Cerebralganglion und einer homonom gegliederten Ganglienkette; nur die drei ersten Ganglienpaare der Bauchkette verschmelzen miteinander. In

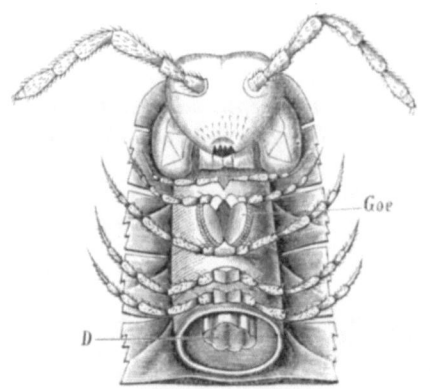

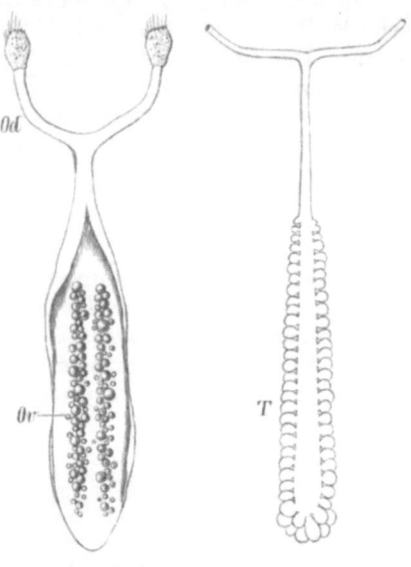

Abb. 695. Kopf und vordere Segmente von *Polydesmus complanatus*. (Nach LATZEL.) 10/1. *Goe* die weiblichen Geschlechtsöffnungen, *D* Darm.

Abb. 696. Geschlechtsorgane von *Glomeris marginata*. (Nach FABRE.) *Od* Ovidukt, *Ov* Ovaium, *T* Hoden.

den zwei Beinpaare tragenden Körperringen liegen je zwei Ganglien. Auch ein System von Eingeweidenerven ist nachgewiesen. Von Sinnesorganen finden sich außer den Augen Riechzapfen an den Antennen und ein ähnlich gestaltetes Sinnesorgan an dem Gnathochilarium, ferner am Kopfe zwischen Antenne und Auge ein Sinnesorgan unbekannter Bedeutung (TÖMÖSVARYsches Organ). Der Verdauungskanal verläuft mit seltenen Ausnahmen (*Glomeris*) ohne Windungen in gerader Richtung und mündet am letzten Körperringe aus. Man unterscheidet eine dünne Speiseröhre, vor der zwei Speicheldrüsen münden, sodann einen weiten, sehr langen Mitteldarm, dessen Oberfläche mit kurzen Drüsendivertikeln besetzt ist, ferner einen Enddarm mit zwei oder vier MALPIGHIschen Gefäßen und einen kurzen, erweiterten Mastdarm.

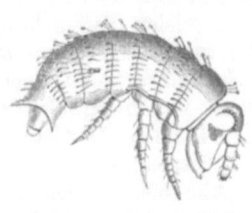

Abb. 697. Larve von *Strongylosoma*. (Nach METSCHNIKOFF.)

Als Centralorgan des Kreislaufes fungiert ein langgestrecktes, sogenanntes gekammertes Rückengefäß, das eine kurze vordere Aorta sowie in jedem Segmente zwei laterale Gefäße entsendet. Über der Bauchganglienkette findet sich eine supraneurale Lakune. Die Diplopoden atmen durch büschelförmige Tracheen, deren Stigmen unter den Basalgliedern der Beine liegen. An den Doppelsegmenten sind je zwei Stigmenpaare vorhanden. Auch finden sich bei vielen Formen am Hüftgliede der Beine ausstülpbare Säckchen (Coxalsäckchen). Die häufig als Stigmen angesehenen Saftlöcher (*foramina repugnatoria*) zu beiden Seiten des

Rückens sind Öffnungen von Hautdrüsen, die zum Schutze des Tieres einen unangenehm riechenden Saft entleeren. Bei einer Polydesmide, *Orthomorpha (Fontaria) gracilis*, enthält das Secret dieser Drüsen freie Blausäure. 2—3 Paare von Spinndrüsen münden am Analsegmente bei *Lysiopetaliden* und *Chordeumatiden*.

Die Diplopoden sind getrennten Geschlechts. Die Geschlechtsdrüsen (Abb. 696) sind unpaare langgestreckte Schläuche, deren paarige Ausführungsgänge hinter dem 2. Beinpaare am 3. Körpersegmente münden.

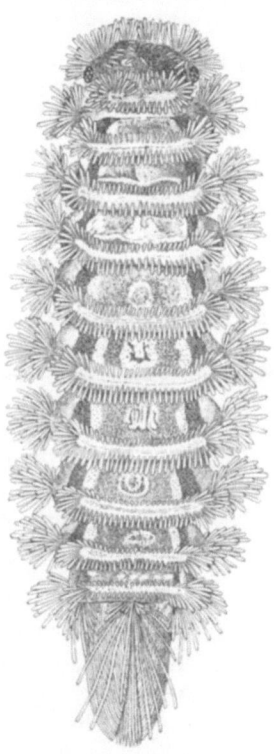

Im männlichen Geschlechte sind ein Beinpaar am 7. Körperringe, zuweilen auch 1—3 benachbarte Paare zu Copulationsfüßen (Gonopoden) umgewandelt. Bei den *Opisthandria* finden sich 1—2 Paar Copulationsfüße (sekundäre Gonopoden, Telopoden) am Hinterende des Körpers. Copulationsfüße fehlen den *Polyxeniden*. Die meist größeren Weibchen legen ihre Eier in die Erde. Die ausschlüpfenden Jungen besitzen wenige Segmente und bloß drei Beinpaare (Abb. 697). Parthenogenese scheint bei einigen Formen (*Polyxenus* u. a.) vorzukommen.

Die Diplopoden leben an feuchten Orten unter Steinen am Erdboden, nähren sich von vegetabilischen und wohl auch von abgestorbenen tierischen Stoffen. Viele kugeln sich nach Art der Kugelasseln zusammen oder rollen ihren Leib spiralig ein.

Abb. 698. *Polyxenus lagurus*. (Nach REINECKE.) $^{32}/_1$

Abb. 699. a *Glomeris marginata*. (Nach C. L. KOCH.) b Gnathochilarium von *Iulus terrestris*.

1. Unterordnung. *Pselaphognatha*. Körper weich, mit Haarbüscheln besetzt. Oberlippe frei. Oberkiefer in der Mundhöhle verborgen. Gnathochilarium jederseits mit 1—2 großen in ihrer Form abweichenden Tastern. Die Hüften der Beine weit auseinandergerückt. Männchen ohne Copulationsfüße.

Fam. *Polyxenidae*. Kleine Formen mit nur 11—13 Körperringen. *Polyxenus lagurus* L. Mittel- und Südeuropa (Abb. 698).

2. Unterordnug. *Chilognatha*. Körperbedeckung hart, Oberlippe mit dem Kopfschild verwachsen. Die Seitenteile des Gnathochilariums mit 1—3 hakenförmigen rudimentären Tastern. Gonopoden beim Männchen stets vorhanden.

1. Tribus. *Opisthandria* (*Oniscomorpha*). Körper kurz und breit, zum Zusammenkugeln befähigt, aus 14—16 Körperringen bestehend. Beim Männchen Copulationsfüße am Hinterende des Körpers (Telopoden).

Fam. *Glomeridae*. Zahl der Körperringe höchstens 14. Saftlöcher median am Rücken gelegen. *Glomeris marginata* VILL. Westeuropa (Abb. 699). *Gl. pustulata* LATR. Mitteleuropa. *Sphaerotherium elongatum* BRDT., Kap.

2. Tribus. *Proterandria* (*Helminthomorpha*). Körper meist langgestreckt, 19 bis über 100 Körperringe aufweisend. Beim Männchen stets wenigstens ein Beinpaar des 7. Ringes oder auch noch benachbarte Beinpaare zu Gonopoden umgewandelt.

Fam. *Polydesmidae.* Körperringe 19—20. Körper meist flachgedrückt. Augen und Coxalsäckchen fehlen. Nur das erste Beinpaar des 7. Ringes beim Männchen zu Gonopoden umgebildet. *Strongylosoma pallipes* OL., *Orthomorpha (Fontaria) gracilis* C. KOCH. Viti-Inseln, Südamerika; auch in Gewächshäusern in Europa gefunden. *Polydesmus complanatus* L. Mitteleuropa. *Brachydesmus subterraneus* HELL. Höhlen des Karstes, Krain, Kärnten.

Fam. *Chordeumatidae.* Körper cylindrisch, 26—32 Körperringe. Saftlöcher fehlen. 1—4 Paare von Gonopoden. *Chordeuma silvestre* C. KOCH, Mitteleuropa.

Fam. *Lysiopetalidae.* Körperringe zahlreich, Körperform cylindrisch, erstes Beinpaar des 7. Ringes beim Männchen zu Gonopoden umgewandelt. *Lysiopetalum carinatum* BRDT., Dalmatien.

Fam. *Iulidae.* Körper cylindrisch, Körperringe zahlreich. Coxalsäckchen fehlen. Beide Beinpaare des 7. Ringes zu Gonopoden umgewandelt. *Nopoiulus pulchellus* C. KOCH, *Blaniulus guttulatus* Bosc, Österreich. *Unciger foetidus* C. KOCH, *Iulus terrestris* L. (Abb. 694), *Archiiulus sabulosus* L., Europa. *Pachyiulus fuscipes* C. KOCH, Istrien. *P. flavipes* C. KOCH, Dalmatien. *Spirobolus maximus* BRDT. Bis 12 cm lang. Brasilien.

Fam. *Polyzoniidae.* Mundteile verkümmert. Beim Männchen das erste Beinpaar des 7. Ringes und das zweite Beinpaar des 8. Ringes zu Gonopoden umgebildet. *Polyzonium germanicum* BRDT., Österreich, Rußland, Deutschland.

2. Unterklasse. CHILOPODA[1].

Eutracheaten von meist flachgedrücktem Körper, mit zahlreichen gleichgebildeten beintragenden Segmenten, mit zwei Maxillenpaaren und einem Maxillarfußpaar, mit nur einem Extremitätenpaar an einem Körperringe. Genitalöffnungen hinten am vorletzten Segmente.

Die früher mit den Diplopoden und verwandten Gruppen als Myriapoden vereinigten Chilopoden zeigen trotz der Ähnlichkeit in der Körperbildung in ihrem Bau so viele Abweichungen von ersteren, andererseits so vielfache Übereinstimmung mit den Insecten, daß sie am besten als besondere Unterklasse im System eingeordnet werden.

Der Kopf (Abb. 700, 701) trägt lange faden- oder borstenförmige Fühler sowie meist einfache oder gehäufte Napfaugen, die bei *Scutigera* zu einem Komplexauge vereinigt sind. *Cryptops*, die *Geophiliden* und einige *Lithobiiden* sind blind. Hinter der Oberlippe folgen ein Paar tasterlose Mandibeln sowie zwei Paare von Maxillen, von denen die vorderen eine Lade und kurzen Taster aufweisen, die hinteren zu einer tastertragenden Unterlippe gestaltet sind (Abb. 702). Der langgestreckte, meist flach gedrückte Leib ist homonom gegliedert und baut sich aus 15—173 beintragenden Segmenten auf. Er wird von einer glatten Chitinhaut bekleidet, welche in jedem Segment in einen durch weiche Zwischenhäute verbundenen Bauch- und Rückenschild differenziert ist. Zuweilen entwickeln sich einige der Rückenschilder umfangreicher und überdecken die kleinen dazwischen gelegenen Segmente dachziegelförmig. Niemals übersteigt die Zahl der Beinpaare die der Körperringe. Das vordere Beinpaar des Rumpfes rückt überall als ein Paar Kieferfüße an den Kopf heran und bildet durch die Verwachsung seiner Hüftteile eine mediane ansehnliche Platte, an der rechts und links die großen viergliedrigen Raubfüße mit Endklaue und Giftdrüse hervorstehen. Die übrigen

---

[1] Außer der bei den Myriapoden citierten Literatur vgl. NEWPORT, G.: Monograph of the class Myriopoda, order Chilopoda. Trans. Linnean Soc. **19** (1845). — MEINERT, FR.: Danmarks Scolopendrer og Lithobier. Naturh. Tidsskr. Kopenhagen. 3. R. V. 1868. — METSCHNIKOFF, E.: Embryologisches über *Geophilus*. Z. Zool. **25** (1875). — ZOGRAF, N.: Anatomie von *Lithobius forficatus* (russ.). Schrift. d. Ges. d. Freunde d. Naturw. usw. Moskau 1880. — HAASE, E.: Schlesiens Chilopoden. Breslau 1880—1881. — Das Respirationssystem der Symphylen und Chilopoden. Zool. Beitr. **1**. Breslau 1885. — HERBST, C.: Beiträge zur Kenntnis der Chilopoden. Bibliotheca zoologica **9** (1891). — DUBOSCQ, O.: Recherches sur les Chilopodes. Archives de Zool. 1898. — HEYMONS, R.: Die Entwicklungsgeschichte der Scolopender. Bibliotheca zoologica **33** (1901). — VERHOEFF, K.: Über die Entwickelungsstufen der Steinläufer usw. Zool. Jb. Suppl. 8 (1905). — ATTEMS, C. Graf: Myriopoda. II. Tierreich **54** (1930).

Beinpaare entspringen an den Seiten der Leibesringe, das letzte, häufig verlängerte Paar (Analbeine, Schleppbeine) streckt sich weit nach hinten über das stets fußlose Endsegment hinaus. Die Beine enden mit einer Kralle.

Das Nervensystem besteht aus dem Gehirn und einer homonom gegliederten Bauchganglienkette. Auch Eingeweidenerven, ähnlich jenen bei Insecten, sind nachgewiesen. Außer den Augen findet sich am Kopfe bei den *Anamorpha* ein TÖMÖSVARYsches Organ. Der Darmkanal durchsetzt in gerader Richtung den Körper und mündet am letzten Körpersegmente aus. In die Mundhöhle ergießt sich das Secret zweier Speicheldrüsen. Der Darm gliedert sich in eine dünnere Speiseröhre, einen weiten langen Mitteldarm und einen Enddarm, an dessen Anfang zwei MALPIGHIsche Gefäße einmünden. Als Centralorgan des Kreislaufes fungiert ein langes sogenanntes gekammertes Rückengefäß; es entsendet in der Regel laterale Arterienpaare sowie eine vordere, in drei Äste sich teilende Kopfaorta (Abb. 703), deren seitliche bogenförmige Äste sich unterhalb des Schlundes

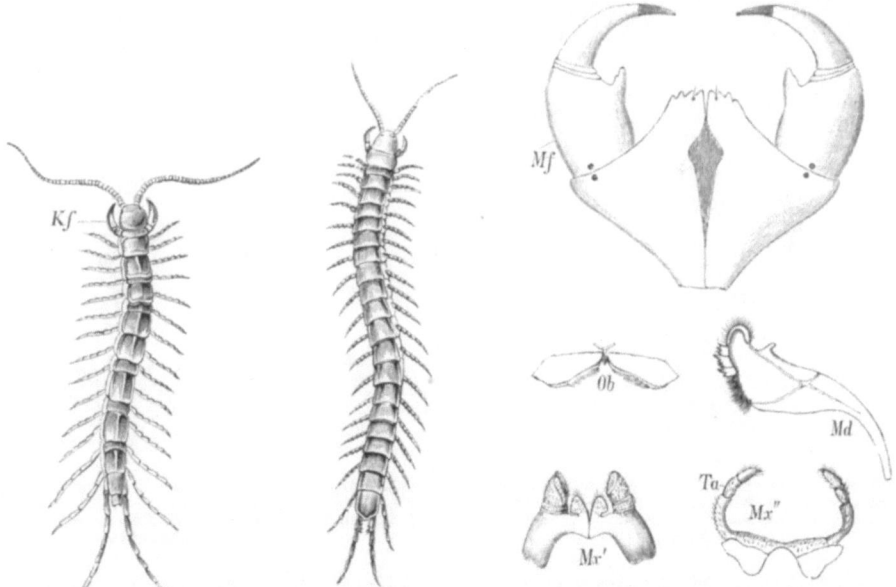

Abb. 700. *Lithobius forficatus.* (Nach C. L. KOCH.) $^{11}/_1$. *Kf* Kieferfuß.   Abb. 701. *Scolopendra morsitans.* $^1/_3$.   ADD. 702. Mundwerkzeuge von *Scolopendra.* (Nach STEIN.) *Ob* Oberlippe, *Md* Mandibel, *Mx'* erste, *Mx''* zweite Maxille, *Ta* Taster, *Mf* Maxillarfuß.

zur Bildung eines Supraneuralgefäßes vereinigen. Die Chilopoden atmen durch Röhrentracheen, welche an fast allen oder nur wenigen Segmenten in den seitlichen Verbindungshäuten zwischen Rücken- und Bauchplatten in Stigmen ausmünden und ähnlich wie bei Insecten anastomosieren können. Bei *Scutigera* sind die Stigmen unpaar und liegen in der Medianlinie an den Rückenplatten; sie führen in Lufttaschen, von denen eine große Zahl einfacher Tracheenröhren ausstrahlen. Besondere Hautdrüsen finden sich am Kopf und im ersten Rumpfsegmente, am Aftersegmente sowie den Hüftgliedern der vier bis fünf letzten Beinpaare, endlich an den Bauchschildern; das Secret der an letzteren ausmündenden Bauchdrüsen leuchtet zuweilen (*Scolioplanes*). Die Geschlechter sind getrennt. Die Geschlechtsdrüsen sind langgestreckte unpaare Schläuche (Abb. 704), deren einfacher, mit Drüsen ausgestatteter Ausführungsgang ventral am vorletzten Körpersegmente ausmündet.

Die Weibchen legen Eier ab. Brutpflege besteht bei den *Epimorpha*. Die ausschlüpfenden Jungen besitzen bloß sieben (*Anamorpha*) oder sämtliche Gliedmaßenpaare (*Epimorpha*). Die Chilopoden nähren sich durchwegs von Tieren, welche sie mit den Kieferfüßen beißen und durch das in die Wu de einfließende Secret der Giftdrüse töten. Einzelne tropische Arten können bei ihrer bedeutenden Körpergröße selbst den Menschen gefährlich verletzen.

1. Tribus. *Epimorpha*. Körper langgestreckt, mit 25 und mehr Segmenten. Die ausschlüpfenden Jungen besitzen sämtliche Segmente und Beinpaare.

Fam. *Geophilidae*. Körper sehr lang, wurmförmig. Augen fehlen. Fühler kurz. Analbeine kurz. Bauchschilder in der Regel von den Poren der Bauchdrüsen durchbohrt. *Geophilus ferrugineus* C. L. Koch, *Scolioplanes crassipes* C. Koch, zeigt Leuchterscheinung. Mitteleuropa. *Himantarium gabrielis* L. Südeuropa.

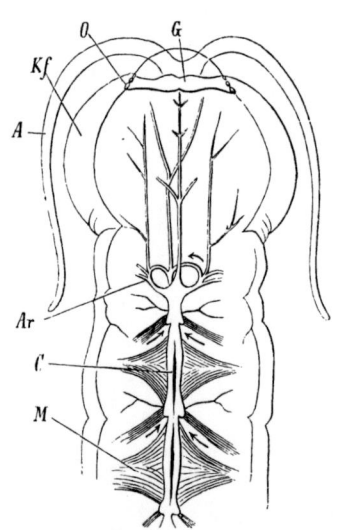

Abb. 703. Kopf und vordere Segmente von *Scolopendra*. (Nach Newport.) *G* Gehirn, *A* Antennen, *Kf* Kieferfuß, *C* Herz, *M* sogenannte Flügelmuskeln des Herzens, *O* Augen, *Ar* Arterien.

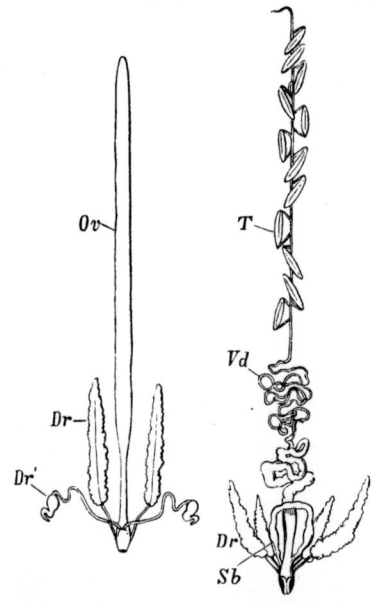

Abb. 704. Geschlechtsorgane von *Scolopendra cingulata*. (Nach Fabre.) *Ov* Ovarium, *Sb* Samenblase, *T* Hoden, *Vd* Ductus deferens, *Dr* Anhangsdrüsen, *Dr'* Receptacula seminis.

Fam. *Scolopendridae*. Augen 1—4, zuweilen fehlend. Fühler kurz, Analbeine kräftig. Zahl der Stigmen 9—10. *Scolopendra cingulata* Latr. Südeuropa. *Sc. morsitans* L. Nordafrika, Kleinasien (Abb. 701). *Sc. gigantea* Leach. Wird 26,5 cm lang. Ostindien. *Cryptops hortensis* Leach. Blind. Mitteleuropa.

2. Tribus. *Anamorpha*. Körper gedrungen, mit nur 15 Beinpaaren. Die ausschlüpfenden Jungen mit bloß sieben Beinpaaren.

Fam. *Lithobiidae*. Körper mäßig lang. Kopf meist mit mehreren oder zahlreichen, aggregierten Augen. Fühler verhältnismäßig lang. Einzelne Rückenplatten entwickeln sich zu einer besonderen Größe. *Lithobius forficatus* L. Europa, Amerika (Abb. 700).

Fam. *Scutigeridae*. Körper kurz, gedrungen. Augen groß, sind Komplexaugen. Fühler sehr lang. Beine lang, die hinteren an Länge zunehmend. Nur acht Rückenschilder. *Scutigera coleoptrata* L. Mittel- und Südeuropa.

3. Unterklasse. **APTERYGOGENEA** [1].

Eutracheaten mit behaarter (beschuppter) Körperbedeckung, in der Regel mit beißenden Mundteilen, mit dreigliedrigem, drei Beinpaare tragendem Thorax und

---

[1] Außer Nicolet, Meinert, Sommer, Verhoeff, Bruntz, Schepotieff, Börner, Tullberg vgl. Lubbock, J.: Monograph of the Collembola and Thysanura. London 1873. — Oudemans, J. T.: Beiträge zur Kenntnis der Thysanura und Collembola. Amsterdam

zwölf- bis sechsgliedrigem Abdomen, welches Gliedmaßenreste aufweist und meist mit borstenförmigen Fäden endet oder einen ventralen Springapparat besitzt.

Die Apterygogenen, früher zu den Insecten gestellt, werden ihrer zahlreichen Eigentümlichkeiten wegen am besten als besondere Eutracheatengruppe ab-

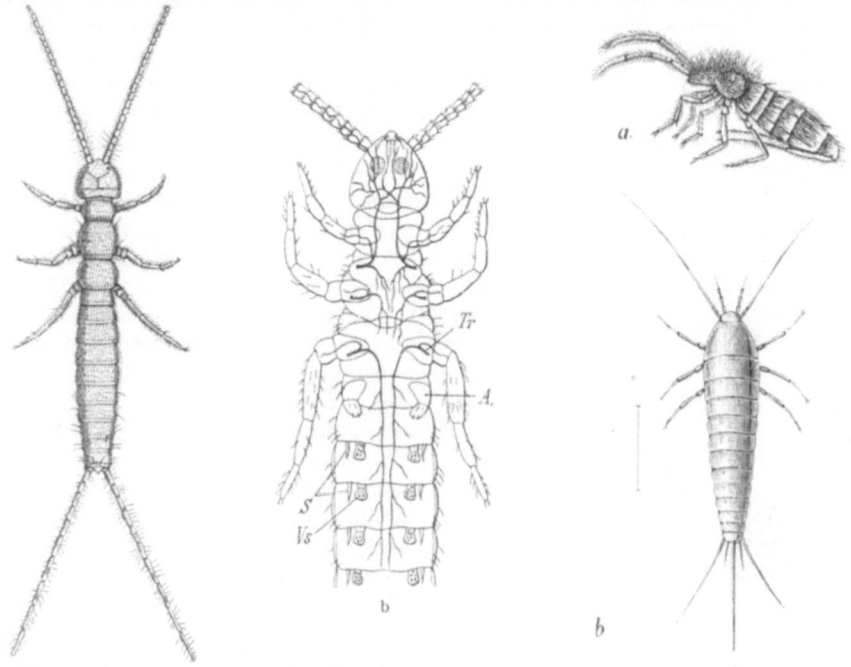

Abb. 705. a *Campodea staphylinus* (nach LUBBOCK). $^{10}/_1$. b Vordere Körperhälfte in Ventralansicht (nach HAASE). *A'* Rudimentäres erstes Abdominalbein, *S* Griffel, *Tr* Tracheen, *Vs* Ventralsäcke.

Abb. 706. a *Orchesella* (*Podura*) *villosa*, $^7/_1$. b *Lepisma saccharina* (aus règne animal).

1887. — NASSONOW, N.: Zur Morphologie der niedersten Insecten *Lepisma, Campodea* und *Podura*. Schrift. d. Ges. d. Freunde d. Naturwiss. usw. Moskau 1887 (russ). — GRASSI, B.: I Progenitori dei Miriapodi e degli Insetti. VII. Atti Accad. dei Lincei Roma 1888. — HAASE, E.: Die Abdominalanhänge der Insecten. Morph. Jb. **15** (1889). — v. STUMMER-TRAUNFELS, R.: Vergleichende Untersuchungen über die Mundwerkzeuge der Thysanuren und Collembolen. Sitzgsber. Akad. Wiss. Wien, Math.-naturwiss. Kl. **1891**. — HEYMONS, R.: Entwicklungsgeschichtliche Untersuchungen an *Lepisma saccharina*. Z. Zool. **62** (1897). — HEYMONS, R. u. H.: Die Entwicklungsgeschichte von *Machilis*. Verh. dtsch. zool. Ges. **1905**. — CLAYPOLE, A.: The Embryology and Oogenesis of *Anurida maritima*. J. Morph. a. Physiol. **14** (1898). — UZEL, H.: Studien über die Entwicklung der apterygoten Insecten. Berlin 1898. — FOLSOM, J. W.: The Development of the Mouth-Parts of *Anurida*. Bull. Mus. Comp. Zool. Harvard Coll. **36** (1900). — PROWAZEK, S.: Bau und Entwicklung der Collembolen. Arb. zool. Inst. Wien **12** (1900). — WILLEM, V.: Recherches sur les Collemboles et les Thysanoures. Mém. cour. Acad. Belg. **1900**. — LÉCAILLON, A.: Recherches sur l'ovaire des Collemboles. Archives Anat. microsc. Paris 1901. — HOFFMANN, R. W.: Über den Ventraltubus von *Tomocerus plumbeus* L. usw. Zool. Anz. **1904**. — Über die Morphologie und die Funktion der Kauwerkzeuge und über das Kopfnervensystem von *Tomocerus plumbeus* L. Z. Zool. **89** (1908). — ESCHERICH, K.: Das System der Lepismatiden. Bibliotheca zoologica **43** (1904). — IMMS, A. D.: *Anurida*. Liverpool Mar. Biol. Comm. Mem. **1906**. — SILVESTRI, F.: Contribuzione alla conoscenza dei Campodeidae (Thysanura) d'Europa. Boll. Labor. Zool. VI. Portici 1912. — BERLESE, A.: Monografia dei Myrientomata. Redia **6** (1910). — RIMSKY-KORSAKOW, M.: Über die systematische Stellung der Protura. Zool. Anz. **1911**. — PHILIPTSCHENKO, J.: Beiträge zur Kenntnis der Apterygoten. Z. Zool. **103** (1912). — PRELL, H.: Deutsche Proturen. Verh. dtsch. zool. Ges. **1913**. Ferner TUXEN.

zutrennen sein. Sie bieten in *Campodea* einerseits Anschlüsse an Symphylen (*Scutigerella*) unter den Myriapoden, andererseits in den *Ectognatha* einen Formtypus, welcher Charaktere der ungeflügelten Stammformen der Insecten zeigt. Ob die Apterygogenen eine einheitliche Gruppe bilden, erscheint zweifelhaft.

Der Kopf (Abb. 705, 706) trägt in der Regel lange Fühler und selten größere (*Machilis, Lepisma*) Facettenaugen; meist sind letztere reduziert oder fehlen. Oft sind auch Stirnaugen vorhanden. Die Mundteile sind kauend, selten zum Stechen modifiziert und liegen frei (*Ectognatha*) oder in einem Atrium eingezogen (*Entognatha*). Sie bestehen aus Mandibeln und zwei Maxillenpaaren, welche bei den *Ectognatha* wohlentwickelte Taster tragen, während bei den *Entognatha* die Taster rudimentär bleiben oder fehlen. Dazu kommt ein Hypopharynx. Eine zuweilen beobachtete embryonale Gliedmaßenanlage eines Vorkiefersegmentes (Intercalarsegmentes) soll sich bei *Campodea* in einem präoral gelegenen Intercalarlappen erhalten. Der Thorax setzt sich aus drei Segmenten zusammen, von denen jedes ein Beinpaar trägt. Das Abdomen ist bei den *Protura* 12gliedrig, bei den *Campodeidea* und *Ectognatha* 10—11gliedrig und endet meist mit gegliederten Fäden oder mit Zangen (Cerci). Seine Segmente besitzen zumeist vorstülpbare Ventralsäcke und griffelförmige Anhänge (Abb. 707), Bildungen, die den Coxalsäckchen und Coxalgriffeln von *Scutigerella* homolog und als Reste von Abdominalgliedmaßen aufzufassen sind. Bei den *Collembola* ist das Abdomen nur sechsgliedrig und trägt ventral am 5. (4.) Segmente eine Springgabel, vor welcher am 3. Segmente ein als Hamulus bezeichnetes Gebilde (beides Extremitätenreste) liegt. Überdies ist oft am 1. Abdominalsegment ein sogenannter Ventraltubus (gleichfalls Extremitätenrest) mit zwei vorstülpbaren Ventralsäcken vorhanden, der als Haftapparat dient.

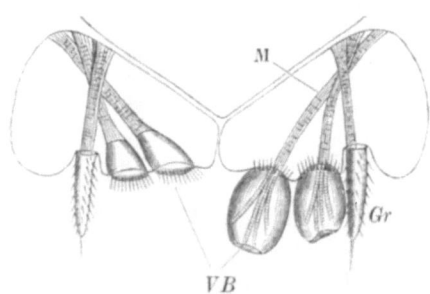

Abb. 707. Ventralschild eines Abdominalsegmentes von *Machilis maritima*. (Nach OUDEMANS.) *VB* Vorstülpbare Bläschen (Ventralsäcke), *M* ihre Muskeln, *Gr* Griffel.

Der gerade verlaufende Darmkanal läßt bei *Collembolen* und *Campodeiden* MALPIGHIsche Gefäße vermissen. Das Herz ist ein sogenanntes gekammertes Rückengefäß, welches durch das Abdomen bis in das zweite Thoracalsegment reicht und hier in eine Aorta übergeht. Das Tracheensystem, bei *Japyx* mit Längsstämmen (Abb. 135), ist zuweilen auf drei (*Campodea*) (Abb. 705b) oder zwei (*Eosentomon*) Büscheltracheen im Thorax beschränkt; es fehlt den *Acerentomidae* und Collembolen, ausgenommen *Sminthurus*, dem ein Paar Tracheenbüschel im Prothorax zukommt. Für *Japyx* werden vier Stigmenpaare am Thorax angegeben. Die paarigen Genitaldrüsen, welche bei den *Ectognatha* wie bei Insecten in einzelne Schläuche gegliedert sind, münden gemeinsam ventral am vor- oder drittletzten Abdominalsegment. Beim Weibchen ist ein Receptaculum seminis vorhanden. Zuweilen sind Genitalanhänge (Gonapophysen) ausgebildet. Parthenogenese ist bei *Machilis* beobachtet. Die Entwicklung ist direkt; bei *Lepisma* kommt es zur Bildung eines mittels Porus (Amnionporus) geöffneten Amnions.

Die Apterygogenea leben an feuchten dunklen Orten, einige *Lepismatiden* in Ameisen- oder Termitenbauten, und ernähren sich von organischem Detritus.

1. Ordnung. **Entognatha.**

Apterygogenea mit in einem Atrium eingezogenen Mundteilen. Taster rudimentär oder fehlend.

Die Entognathen schließen sich mit *Campodea* an die Symphylen an; die Collembolen stellen eine spezialisierte, mit Sprungvermögen ausgestattete Gruppe vor.

1. Unterordnung. *Campodeidea*. Entognathen von langgestrecktem Körper, Abdomen 10gliedrig, mit Cerci. Thoraxsegmente gleich. Tarsen eingliedrig. Augen fehlen.

Fam. *Campodeidae*. Cerci fadenförmig. Am 1. Abdominalsegment ein rudimentäres Bein, an den folgenden Ventralsäcke und Griffel. *Campodea staphylinus* WESTW. (Abb. 705). Europa.

Fam. *Japygidae*. Cerci zangenförmig (Abb. 135), Ventralsäcke fehlen meist. *Japyx gigas* BURM. Kleinasien. *J. solifugus* HALID. Südeuropa, Algier.

2. Unterordnung. *Protura*. Entognathen von langgestrecktem Körper. Kopf klein, ohne Antennen. Mundteile saugend. Erster Brustfuß tasterartig nach vorn gerichtet. Abdomen 12gliedrig, die drei ersten Abdominalsegmente mit rudimentären Füßen. Cerci fehlen.

Fam. *Acerentomidae*. Tracheen fehlen. Die zwei hinteren Abdominalfußpaare stummelförmig. *Acerentomon doderoi* SILV. Mitteleuropa bis Oberitalien. *Acerentulus confinis* BERL. Nord- und Mittelitalien.

Fam. *Eosentomidae*. Tracheensystem vorhanden, mit zwei Stigmenpaaren am Thorax. Alle Abdominalfüße gleich ausgebildet. *Eosentomon transitorium* BERL. Von Norwegen bis Oberitalien (Abb. 708). *E. (Protapteron) indicum* SCHEPOTIEFF. Malabarküste.

3. Unterordnung. *Collembola*. Entognathen von gedrungenem Körper. Abdomen mit sechs zuweilen verschmolzenen Segmenten, in der Regel mit Springapparat. Erstes Thoracalsegment klein. Tarsen eingliedrig.

Fam. *Poduridae*. Körper gedrungen-cylindrisch. Springapparat kurz oder fehlt. *Aphorura fimetaria* L., *Anurida maritima* GUÉR., *Podura aquatica* L. Europa.

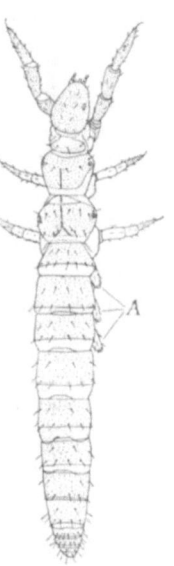

Abb. 708. *Eosentomon transitorium*. (Nach BERLESE.) $^{50}/_1$. *A* Abdominalfüße.

Fam. *Entomobryidae*. Körper cylindrisch mit langem Springapparat. Antennen lang. *Orchesella cincta* L., *O. villosa* GEOFFR. (Abb. 706a), *Entomobrya (Degeeria) nivalis* L., Schneefloh. *Tomocerus plumbeus* L., *Isotoma saltans* AG. (*Desoria glacialis* NIC.), Gletscherfloh. Europa.

Fam. *Sminthuridae*. Körper fast kugelig, mit Springapparat. Tracheen vorhanden. *Sminthurus fuscus* GEER, Europa.

2. Ordnung. **Ectognatha (Thysanura).**

Apterygogenea mit freiliegenden Mundteilen und wohlentwickelten Tastern.

Die Ectognathen erinnern im Bau an die Orthopteren, zu denen sie hinüberführen. Ihr gestreckter Körper ist dicht mit metallisch glänzenden Schuppen bedeckt. Fühler borstenförmig. Tarsen der Brustfüße 2—3gliedrig. Das 11gliedrige Abdomen mit drei Schwanzborsten (zwei Cerci und mediane Borste des Endsegments). Facettenaugen vorhanden.

Fam. *Lepismatidae*. Hinterleib ohne Springorgan. Ventralsäcke fehlen. *Lepisma saccharina* L., Zuckergast, Silberfischchen (Abb. 706b). Weit verbreitet. *Thermobia domestica* PACK. Europa, Nordamerika, Asien. *Atelura formicaria* HEYD. Lebt in Ameisenhaufen. Mitteleuropa. *Nicoletia* GERV.

Fam. *Machilidae*. Hinterleib mit Springorgan. Ventralsäcke vorhanden. *Machilis polypoda* L. Europa. *M. maritima* LEACH, an den Meeresküsten.

4. Unterklasse. INSECTA (PTERYGOGENEA, HEXAPODA), INSECTEN[1].

Geflügelte Eutracheaten mit drei Beinpaaren an dem dreigliedrigen Thorax, mit fußlosem, 9—10gliedrigem Abdomen.

Der Körper der Insecten bringt die drei als Kopf, Brust und Hinterleib unterschiedenen Leibesregionen am schärfsten zur Sonderung. Auch erscheint die Zahl der zur Bildung des Körpers verwendeten Segmente und Gliedmaßen fixiert, indem im Kopf mit seinen vier Gliedmaßenpaaren mindestens vier Rumpfsegmente einbezogen sind (beim Embryo wird auch noch ein Vorkiefer- oder Intercalarsegment unterschieden), die Brust oder der Thorax aus drei, das Abdomen gewöhnlich aus neun oder zehn (ursprünglich elf) Segmenten besteht (Abb. 709). Zuweilen beteiligt sich jedoch auch das erste Abdominalsegment (segment entremédiaire) an der Bildung des Thorax (*Hymenoptera Apocrita*).

Der Kopf bildet eine ungegliederte Kapsel, an der man verschiedene Regionen nach Analogie des Wirbeltierkopfes als Gesicht, Stirn, Wange, Kehle, Scheitel, Hinterhaupt usw. unterscheidet. Die obere Seite des Kopfes wird seitlich von den Facettenaugen eingenommen und trägt Fühler, an der unteren inserieren in der Umgebung des Mundes die drei Paare von Mundgliedmaßen. Die vordersten Gliedmaßen, die Fühler, bilden bei den Insecten eine einfache Gliederreihe, variieren aber in Form und Größe sehr mannigfach. Sie entspringen gewöhnlich auf

---

[1] SWAMMERDAM, J.: Bibel der Natur. Leipzig 1752. — DE REAUMUR, R.: Mémoires pour servir à l'histoire des Insectes. 6 vols. Paris 1734—1742. — BONNET, CH.: Traité d'Insectologie. 2 vols. Paris 1745. — RÖSEL V. ROSENHOF, A.: Insektenbelustigungen. Nürnberg 1746—1761. — DE GEER, CH.: Mémoires pour servir à l'histoire des Insectes. 8 vols. 1752—1776. — LATREILLE, P. A.: Histoire naturelle des Crustacés et des Insectes. 14 vols. Paris 1802—1805. — SAVIGNY, J. C.: Mémoires sur les animaux sans vertèbres. Paris 1816. — DUFOUR, L.: Recherches anatomiques etc. Ann. des Sci. natur. 1824—1858. — BURMEISTER, H.: Handbuch der Entomologie. Halle 1832. — WESTWOOD, J. O.: An Introduction to the modern Classification of Insects. 2 vols. London 1839—1840. — LUBBOCK, J.: Origin of Insects 1874. — BRAUER, FR.: Betrachtungen über die Verwandlung der Insecten im Sinne der Descendenztheorie. Verh. zool.-bot. Ges. Wien 1869 u. 1878. — Systematisch-zoologische Studien. Sitzgsber. Akad. Wiss. Wien, Math.-naturwiss. Kl. 1885. — KOLBE, H. J.: Einführung in die Kenntnis der Insecten. Berlin 1893. — PACKARD, A. S.: A Textbook of Entomology. New-York 1898. — COMSTOCK, J. H. a. J. G. NEEDHAM: The wings of Insects. Amer. Naturalist 1898—1899. — LEUCKART, R.: Über die Mikropyle und den feineren Bau der Schalenhaut bei den Insecten. Arch. f. Anat. 1855. — PALMÉN, J. A.: Zur Morphologie des Tracheensystems. Helsingfors 1877. — BRANDT, ED.: Vergleichendanatomische Untersuchungen über das Nervensystem usw. Horae Soc. Entom. Ross. 1879. — LEYDIG, FR.: Vom Bau des tierischen Körpers. Tübingen 1864, mit Atlas. — GRABER, V.: Die chordotonalen Organe und das Gehör der Insecten. Arch. mikrosk. Anat. 20, 21 (1882 bis 1883). — WILL, FR.: Das Geschmacksorgan der Insecten. Z. Zool. 42 (1885). — VOM RATH, O.: Über die Hautsinnesorgane der Insecten. Ebenda 46 (1888). — NAGEL, W. A.: Vergleichend physiologische und anatomische Untersuchungen über den Geruchs- und Geschmackssinn usw. Bibliotheca zoologica 18 (1894). — HEYMONS, R.: Die Segmentierung des Insectenkörpers. Abh. preuß. Akad. Wiss., Physik.-math. Kl. Berlin 1895. — Zur Morphologie der Abdominalanhänge bei den Insecten. Morph. Jb. 24 (1896). — REGEN, J.: Neue Beobachtungen über die Stridulationsorgane der saltatoren Orthopteren. Arb. zool. Inst. Wien 14 (1903). — GROSS, J.: Untersuchungen über die Histologie des Insectenovariums. Zool. Jb. 18 (1903). — VOSS, F.: Über den Thorax von *Gryllus domesticus* usw. Z. Zool. 1905—1912. — SCHWABE, J.: Beiträge zur Morphologie und Histologie der tympanalen Sinnesapparate der Orthopteren. Bibliotheca zoologica 50 (1906). — HANDLIRSCH, A.: Die fossilen Insecten und die Phylogenie der recenten Formen. Leipzig 1906 bis 1908. — WYTSMAN, P.: Genera Insectorum. Brüssel 1902 (im weiteren Erscheinen begriffen). — RITTER, W.: The flying Apparatus of the Blow-Fly. Smiths. Misc. Coll. Washington 1911. — BERLESE, A.: Gli Insetti. 2 Bde. Milano 1909—1925. — SCHRÖDER, CHR.: Handbuch der Entomologie. 3 Bde. Jena 1912—1929. — ROUSSEAU, E.: Les Larves et Nymphes aquatiques des Insectes d'Europe. 1. Bruxelles 1921. — EGGERS, F.: Die stiftführenden Sinnesorgane. Zool. Bausteine 2. Berlin 1928. — Vgl. außerdem die Arbeiten von KOWALEVSKY, GRENACHER, CUÉNOT, SCHENK, POPOVICI-BAZNOȘANU, ERHARDT, DEMOLL u. a.

der Stirn und dienen nicht nur zum Tasten, sondern vornehmlich als Spür- oder Geruchsorgane. Man unterscheidet zunächst *gleichmäßige* (mit gleichartig gestalteten Gliedern) und *ungleichmäßige* Fühler (Abb. 710). Erstere erscheinen borstenförmig, fadenförmig, schnurförmig, gesägt, gekämmt; die ungleichmäßigen Fühler, an welchen besonders die Wurzelglieder und die Endglieder eine veränderte Gestalt besitzen, sind am häufigsten keulenförmig, geknöpft, gelappt, gebrochen. Im letzteren Falle ist das erste oder zweite Glied als *Schaft* verlängert und die Reihe der nachfolgenden kürzeren Glieder als *Geißel* winkelig abgesetzt (*Apis*).

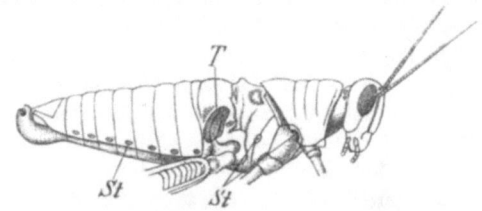

Abb. 709. Seitenansicht von *Anacridium aegyptium* (*tartaricum*). (Nach FISCHER.) $^1/_1$. T Tympanalorgan, St Stigmen.

An der Bildung der Mundwerkzeuge nehmen Anteil: die Oberlippe (*labrum*), die Oberkiefer (*mandibulae*), die Unterkiefer (*maxillae*), die Unterlippe (*labium*) (Abb. 711). Die Oberlippe ist eine am Kopfschilde (*clypeus*) meist bewegliche Platte, welche die Mundöffnung von oben bedeckt. Unterhalb der Oberlippe entspringen rechts und links die Mandibeln (Oberkiefer), zwei stets tasterlose kräftige Kauladen, welche jeglicher Gliederung entbehren. Komplizierter sind die Maxillen (Unterkiefer) gebaut, welche bei ihrer reicheren Gliederung eine vielseitigere, aber schwächere Leistung beim Kaugeschäft übernehmen. Man unterscheidet an der Maxille ein kurzes Basalglied (*cardo*), einen Stiel oder Stamm (*stipes*) mit einem äußeren Schuppengliede (*squama palpigera*), welchem ein mehrgliedriger Taster (*palpus maxillaris*) aufsitzt, ferner am oberen Rande des Stammes zwei zum Kauen dienende Platten als äußere und innere Laden (*lobus externus, internus*). Die Unterlippe entspringt an der Kehle und wird von einem zweiten Paar von Maxillen gebildet, deren Teile in der Mittellinie an ihrem Innenrande verschmolzen sind. Selten bleiben alle Abschnitte des Unterkieferpaares an der Unterlippe noch nachweisbar (*Blattodea*) (Abb. 711).

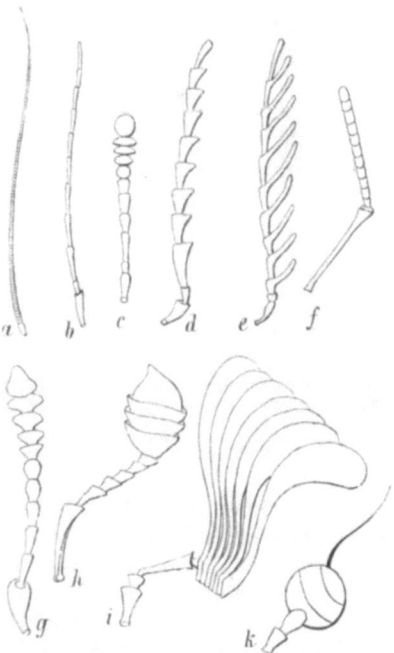

Abb. 710. Verschiedene Antennenformen. (Nach BURMEISTER.) a Borstenförmige Antenne von *Locusta*, b fadenförmige von *Carabus*, c schnurförmige von *Tenebrio*, d gesägte von *Elater*, e gekämmte von *Ctenicera*, f gebrochene von *Apis*, g keulenförmige von *Silpha*, h geknöpfte von *Necrophorus*, i durchblätterte von *Melolontha*, k Fühler mit Borste von *Sargus*.

Meistens ist die Unterlippe auf eine einfache Platte mit zwei seitlichen Lippentastern (*palpi labiales*) reduziert. An der Unterlippe der Orthopteren unterscheidet man ein unteres, an der Kehle befestigtes Unterkinn (*submentum*) von einem nachfolgenden, die beiden Taster tragenden Abschnitte, dem Kinn (*mentum*), auf dessen Spitze sich die Lippe oder Zunge (*glossa*) zuweilen noch mit Nebenzungen (*paraglossae*) erhebt. Das Unterkinn entspricht nachweisbar den verschmolzenen Angelgliedern, das Kinn den verschmolzenen Stielen, die einfache oder zweispaltige Zunge den inneren Laden, die Nebenzungen den äußeren Laden. Mediane, zuweilen Mundteilen ähnlich entwickelte Hervorragungen innen von der Unterlippe werden als *Hypopharynx* (Innenlippe, *Endolabium*) unterschieden.

Im Gegensatze zu den beschriebenen *kauenden* oder *beißenden* Mundteilen treten da, wo flüssige Nahrung aufgenommen wird, so auffallende Umformungen einzelner oder aller Mundteile ein, daß erst der Scharfblick von SAVIGNY ihre morphologische Übereinstimmung nachzuweisen vermochte. Den *Beißwerkzeugen*, welche sich bei den *Coleopteren, Neuropteren, Orthopteren* usw. finden, schließen sich am nächsten die Mundteile der *Hymenopteren* an, die als *leckende* bezeichnet werden können (Abb. 712). Oberlippe und Mandibeln stimmen mit den Kauwerkzeugen überein, dagegen sind Maxillen und Unterlippe mehr oder minder beträchtlich verlängert und zum Lecken und Aufsaugen von Flüssigkeiten umgebildet. *Saugende* Mundwerkzeuge treten bei den *Lepidopteren* auf, deren Maxillen sich zu einem *Rollrüssel* zusammenlegen, während die übrigen Teile mehr oder

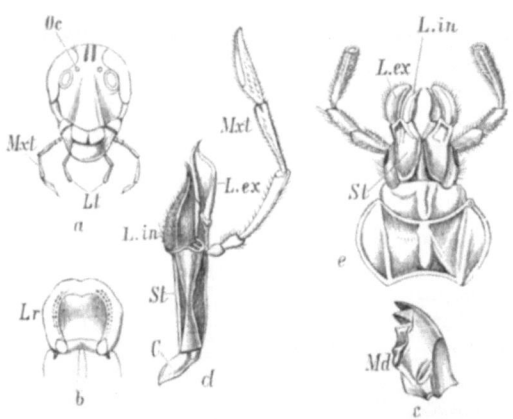
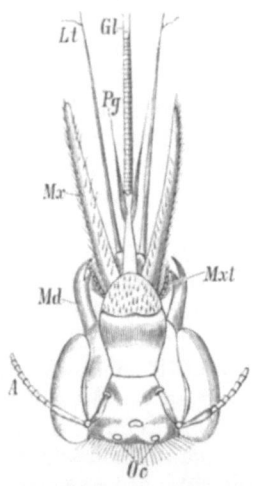

Abb. 711. Mundteile einer *Blattide*. (Nach SAVIGNY.) a Kopf von vorn. *Oc* Ocellen, *Mxt* Maxillartaster, *Lt* Lippentaster. — b Oberlippe (Labrum *Lr*). — c Mandibel (*Md*). — d Maxille. *C* Cardo, *St* Stipes, *L.in* Lobus internus, *L.ex* Lobus externus. — e Unterlippe deutlich aus zwei Hälften zusammengesetzt.

Abb. 712. Mundteile von *Anthophora retusa*. (Nach NEWPORT.) *A* Antennen, *Oc* Nebenaugen, *Md* Mandibeln, *Mx* Maxille,[t] *Mxt* Maxillartaster, *Lt* Labialtaster, *Gl* Glossa, Zunge, *Pg* Paraglossae.

minder verkümmern (Abb. 713). Die *stechenden* Mundteile der *Dipteren* und *Rhynchoten* endlich besitzen ebenfalls einen meist aus der Unterlippe hervorgegangenen Saugapparat, aber zugleich stilettförmige Waffen, vermittels deren sie sich Zugang zu den aufzusaugenden Nahrungsflüssigkeiten verschaffen (Abb. 714, 715). Als solche erscheinen sowohl die Mandibeln als die Unterkiefer, selbst der Hypopharynx in zahlreichen Modifikationen verwendet. Da diese Stechwaffen aber auch vollständig verkümmern oder wenigstens funktionsunfähig werden können, so begreift es sich, daß zwischen stechenden und saugenden Mundteilen keine scharfe Grenze zu ziehen ist. Es gibt jedoch noch eine große Zahl von Modifikationen saugender und stechender Mundteile (*Trichoptera, Siphonaptera*), die noch durch abweichende Gestaltungsverhältnisse der Larvenmundteile vermehrt werden (*Osmylus, Myrmeleon*). Nicht selten weichen letztere dann, der Ernährungsweise entsprechend, von denen der ausgebildeten Form ab und es vollzieht sich die Umwandlung während des Puppenlebens.

Der zweite Hauptabschnitt des Insectenleibes, der *Thorax*, zeichnet sich durch mächtige Entwicklung und große Festigkeit aus. Er verbindet sich mit dem Kopfe durch einen engen Halsteil und besteht aus drei mehr oder weniger fest verbundenen Segmenten, welche die drei Beinpaare und auf der Rückenfläche mit Ausnahmen zwei Flügelpaare tragen. Diese Segmente, *Prothorax, Mesothorax* und *Metathorax*, setzen sich in der Regel aus mehrfachen, durch Nähte verbundenen Stücken zusammen. Man unterscheidet zunächst an jedem Segmente Rückenplatte, Seitenstücke und Bauchplatte als *Notum, Pleurae* und *Sternum* und bezeichnet sie nach den drei Brustringen als *Pro-, Meso-* und *Metanotum, Pro-, Meso-* und *Metasternum*. Während die Seitenstücke in ein vorderes (*Episternum*) und ein hinteres Stück (*Epimerum*) zerfallen, hebt sich auf dem Mesonotum eine mediane dreieckige Platte als Schildchen (*Scutellum*) ab, auf welches nicht selten ein ähnliches, aber kleineres Hinterschildchen (*Postscutellum*) am Metanotum folgt. Die Art, wie sich die drei Thoracalabschnitte miteinander verbinden, wechselt nach den einzelnen Ordnungen. Bei den *Coleo-*

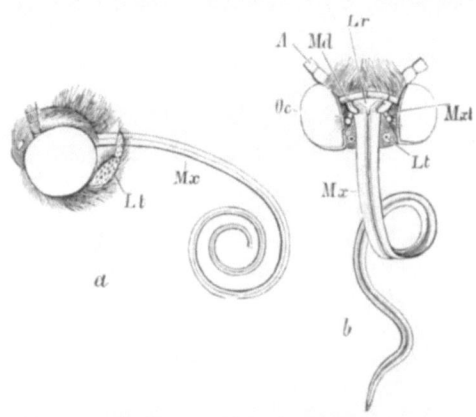

Abb. 713. Mundteile von Schmetterlingen. (Nach SAVIGNY.) a von *Zygaena*, b von *Noctua*. *A* Antenne, *Lr* Oberlippe, *Md* Mandibel, *Mx* Maxille, *Mxt* Maxillartaster, *Lt* Labialtaster, in b abgeschnitten, *Oc* Facettenaugen.

pteren, Neuropteren, Orthopteren, vielen *Rhynchoten* u. a. bleibt der Prothorax frei beweglich, während er in den übrigen Fällen als relativ kleiner Ring mit dem nachfolgenden Segmente verschmilzt.

An der Bauchfläche des Thorax lenken sich drei Beinpaare in Ausschnitten des Hautpanzers, den sogenannten Hüftpfannen, zwischen Sternum und Pleurae ein. Die Glieder des Insectenbeines erscheinen der Zahl und Größe nach fixiert. Man kann fünf Abschnitte unterscheiden. Ein kugeliges oder walzenförmiges Hüftglied (*coxa*) vermittelt die Einlenkung der Extremität in der Hüftpfanne. Diesem folgt ein sehr kurzer Ring, der zuweilen in zwei Stücke zerfällt, in anderen Fällen mit dem nachfolgenden Abschnitte verschmilzt, der Schenkelring (*trochanter*). Der dritte, durch Stärke und Umfang am meisten hervortretende Abschnitt ist der langgestreckte Schenkel (*femur*), dem sich die dünnere, aber ebenfalls gestreckte, oft an der Spitze mit beweglichen Dornen bewaffnete Schiene (*tibia*) anschließt. Der letzte Abschnitt endlich, der Fuß (*tarsus*),

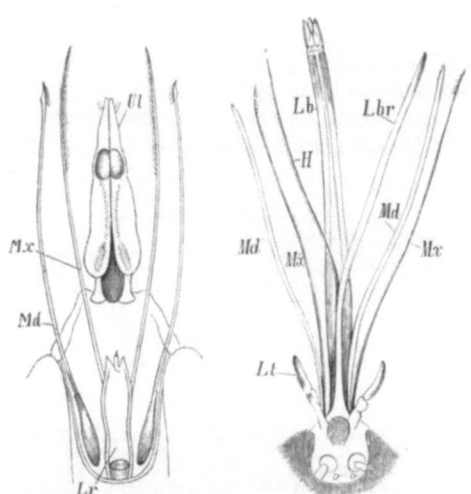

Abb. 714. Mundteile von *Nepa cinerea*. (Nach SAVIGNY.) *Lr* Oberlippe, *Md* Mandibel, *Mx* Maxille, *Ul* Unterlippe oder Rostrum.

Abb. 715. Mundteile von *Culex nemorosus* ♀. (Nach BECHER.) *Lbr* Oberlippe, *Lb* Unterlippe (Rüssel), *Lt* Labialtaster, *Md* Mandibel, *Mx* Maxille, *H* Hypopharynx (Stechborste).

ist minder beweglich eingelenkt; er bleibt nur in seltenen Fällen einfach und wird in der Regel aus einer Reihe (meist fünf) hintereinander liegender Glieder zusammengesetzt, von denen das letzte mit zwei beweglichen Krallen, Fußklauen, zuweilen noch mit Haftlappen oder Afterklauen endet. Die spezielle Gestaltung des Beines wechselt nach Art der Bewegung und des besonderen Gebrauches mannigfach, so daß man Lauf-, Gang-, Schwimm-, Grab-, Sprung- und Raubbeine unterscheidet (Abb. 716). Bei den letzteren, welche nur die Vorderbeine betreffen, wird die Schiene wie die Klinge eines Taschenmessers gegen den Schenkel zurückgeschlagen (*Mantis, Mantispa, Nepa*). Die Sprungbeine, zu welchen sich die hinteren Extremitäten gestalten, charakterisieren sich durch die kräftigen Schenkel (*Saltatoria*), während als Grabbeine vorzüglich die vorderen Extremitäten zur Entwicklung kommen und an den breiten, schaufelartigen Schienen kenntlich sind (*Gryllotalpa*). An den Schwimmbeinen sind alle Teile flach und dicht mit langen Schwimmhaaren besetzt (*Naucoris*). Die Gangbeine endlich unterscheiden sich von den gewöhnlichen Laufbeinen durch die breite, haarige Sohle des Tarsus (*Lamia*).

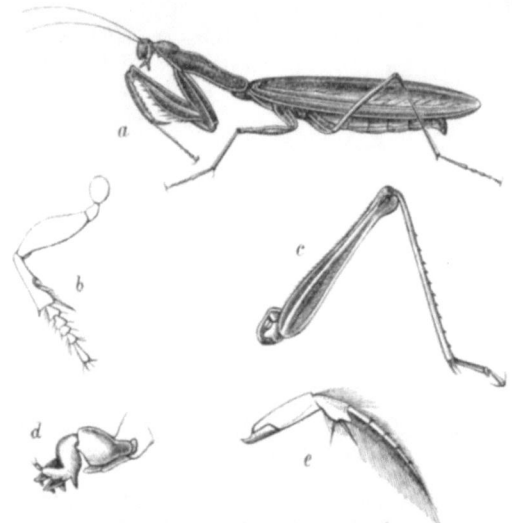

Abb. 716. Beinformen (aus règne animal). a *Mantis religiosa* mit Raubbein. $^1/_1$. b Laufbein eines *Carabus*, c Sprungbein von *Acrydium*, d Grabbein von *Gryllotalpa*, e Schwimmbein eines *Dytiscus*.

Die Flügel, ihrem Ursprunge nach vielleicht aus Tracheenkiemen (GEGENBAUR) ableitbar oder als seitliche Fortsätze der Rückenplatten (FRITZ MÜLLER) entstanden, beschränken sich durchwegs auf das ausgebildete geschlechtsreife Insect, dem sie nur in verhältnismäßig seltenen Fällen fehlen. Dieselben heften sich an der Rückenfläche von Meso- und Metathorax zwischen Notum und Pleurae in Gelenken an. Die dem Mesothorax zugehörigen Flügel sind die *Vorderflügel*, die nachfolgenden des Metathorax die *Hinterflügel*. Ihrer Form und Bildung nach handelt es sich um dünne, flächenhaft ausgebreitete Hautduplicaturen, die aus zwei am Rande kontinuierlich verbundenen, fest aneinander haftenden Häuten bestehen und meist bei einer zarten, glasartig durchsichtigen Beschaffenheit von verschiedenen stark chitinisierten Leisten, *Adern* oder *Rippen*, durchzogen werden (Abbild. 717). Die Rippen nehmen einen bestimmten und systematisch wichtigen Verlauf und sind Zwischenräume beider Flügellamellen mit stärker chitinisierter Umgebung, zur Aufnahme von Blutflüssigkeit, Nerven und besonders Tracheen, deren Ausbreitung dem Verlaufe der Flügeladern im allgemeinen entspricht. Daher entspringen die letzteren durchwegs von der Wurzel des Flügels aus mit einigen Hauptstämmen und geben besonders an der vorderen Hälfte desselben ihre Äste ab. Der erste Hauptstamm, welcher unterhalb des oberen Flügelrandes

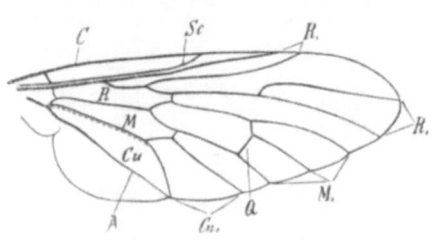

Abb. 717. Flügel von *Leptis* (Diptere). (Nach COMSTOCK u. NEEDHAM.) *C* Costa, *Sc* Subcosta, *R* Radius, *M* Mediana, *Cu* Cubitus, *A* Analader, *R* Äste des Radius, *M*, der Mediana, *Cu*, des Cubitus, *Q* eine der Queradern.

verläuft, heißt *Randrippe* (*Costa*) und endet oft mit einer hornigen Erweiterung, dem *Flügelpunkt*. Unterhalb derselben verläuft eine zweite Hauptader, *Subcosta*, auf welche die hervorragendste Flügelader, der sich gegen den Rand zu in mehrere Äste gabelnde *Radius* folgt. Die Mitte des Flügels nimmt die *Mediana* ein, die wie die analwärts folgende Hinterrippe (*Cubitus*) weiter gabelförmig in Äste zerfällt. Endlich kommen noch hintere Adern (*Analadern*) an dem sogenannten Fächer des Flügels hinzu. Die Zahl der Flügeladern kann durch Atrophierung von Adern oder Vereinigung von zwei oder mehr benachbarten Adern verringert werden. Umgekehrt kann auch eine Vermehrung eintreten. Oft finden sich zwischen den Adern Anastomosen (*Queradern*). Die von den Flügelrippen und ihren Ästen eingerahmten Felder des Flügels werden nach der sie vorn begrenzenden Rippe bezeichnet. Form und Beschaffenheit der Flügel zeigen mannigfache Modifikationen. Die Vorderflügel können durch stärkere Chitinisierung, wie z. B. bei den *Orthopteren* und *Rhynchoten*, pergamentartig werden, oder wie bei den *Coleopteren* eine feste, hornige Beschaffenheit erhalten und als Flügeldecken (*Elytra*) teilweise zum Fluge, teilweise zum Schutze des weichhäutigen Rückens dienen. Großenteils hornig, nur an der Spitze häutig, sind die Vorderflügel in der *Rhynchoten*-Gruppe der *Hemipteren*, während die Hinterflügel auch hier häutig bleiben. Behalten beide Flügelpaare eine häutige Beschaffenheit, so wird ihre Oberfläche entweder mit Schuppen und Härchen dicht bedeckt (*Lepidopteren, Trichopteren*), oder sie bleiben nackt mit sehr deutlich hervortretender Felderung, welche sich, wie bei den Netzflüglern (*Neuropteren*), zu einem dichten, netzartigen Maschenwerke gestalten kann. In der Regel ist die Größe beider Flügelpaare verschieden, indem Insecten mit pergamentartigen Vorderflügeln und mit halben oder ganzen Flügeldecken weit umfangreichere Hinterflügel besitzen, bei Insecten mit häutigen Flügeln dagegen die Vorderflügel an Größe meist bedeutend überwiegen. Indessen besitzen viele Insecten ziemlich gleichgroße Flügelpaare, während bei den *Dipteren* die Hinterflügel zu Schwingkölbchen (*Halteren*) verkümmern. Auch gibt es Fälle von rudimentären Flügeln oder von gänzlichem Flügelmangel in beiden Geschlechtern oder nur in einem, meist im weiblichen, ausnahmsweise im männlichen Geschlechte; in allen diesen Fällen ist der Flügelmangel ein sekundärer.

Als Flugmuskeln fungieren bei den *Odonata* direkt an die Flügelwurzel sich inserierende Muskeln (*direkte* Flugmuskeln). Bei den übrigen Insecten sind letztere schwach und es dienen der Flugbewegung balkenartige, den Thorax durchsetzende Muskeln (sogenannte *indirekte* Flugmuskeln), welche durch Zusammendrücken der Thoraxwand die Flügel in Bewegung setzen.

Der dritte Leibesabschnitt, der den größten Teil der vegetativen Organe und die Organe der Fortpflanzung in sich einschließt, ist der gestreckte und wohlsegmentierte Hinterleib, das *Abdomen*. Beim ausgebildeten Insect gliedmaßenlos, trägt derselbe sehr häufig im Larvenleben kurze Extremitäten. Die Abdominalsegmente sind voneinander durch weiche Verbindungshäute deutlich abgegrenzt und setzen sich aus einfachen Rücken- und Bauchschienen zusammen, welche seitlich ebenfalls durch weiche, eingefaltete Gelenkhäute in Verbindung stehen. Ein solcher Bau gestattet dem Hinterleibe, der auch die Respirations- und Geschlechtsorgane in sich einschließt, eine Erweiterung und Verengerung (bei der Respirationsbewegung, Schwellung der Ovarien). Sehr oft gewinnen die hinteren Segmente durch verschiedene, auf die Begattung und Eiablage bezügliche Anhänge eine besondere Gestaltung. Am letzten Bauchringe liegt gewöhnlich der After, während die Geschlechtsöffnung, von demselben gesondert, an der Bauchseite des vorausgehenden Segmentes mündet (Abb. 718). Terminale, auf Extremitäten zurückführbare Anhänge treten als gegliederte Fäden, Raife (*Cerci*), Griffel

(*Styli*) zu Seiten des Afters auf. In der Umgebung der Geschlechtsöffnung liegen die Appendices genitales (*Gonapophysen*), die nicht auf Gliedmaßen zurückzuführen sind (HEYMONS). Beim Männchen als Klappen, beim Weibchen in Form von Legebohrern und Legestacheln entwickelt, gehen sie aus Wucherungen der Haut, bei den *Hymenopteren* und Heuschrecken am achten (ein Paar) und neunten (zwei Paare) Abdominalsegmente hervor (Abb. 719). Die Legeröhren der *Coleopteren*, *Dipteren* dagegen sind auf die eingezogenen hinteren Segmente zurückzuführen.

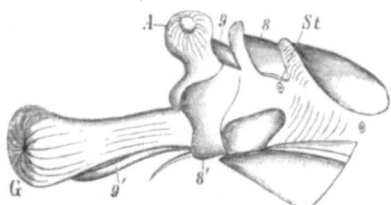

Abb. 718. Hinterleibsende eines Käfers (*Pterostichus* ♂). (Nach STEIN.) *8*, *9* Rückenschienen. *8'*, *9'* Bauchschienen, *A* After, *G* Genitalöffnung, *St* Stigma.

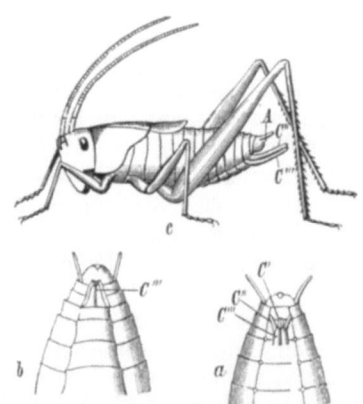

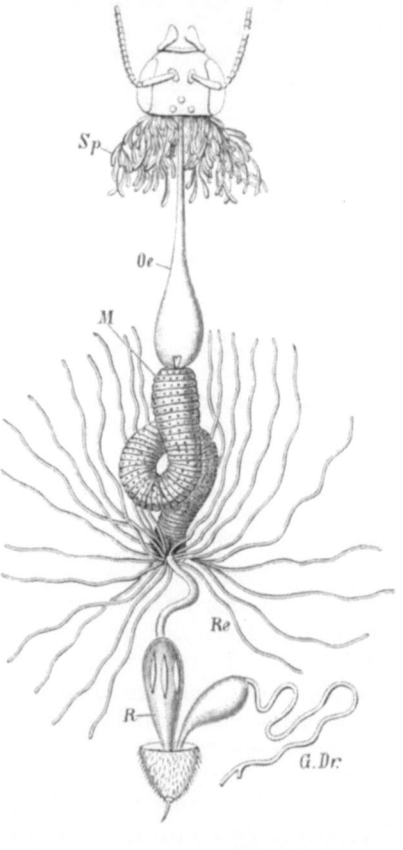

Abb. 719. a Hinterleibsende einer weiblichen Larve von *Locusta viridissima* mit den Anlagen der Gonapophysen und den Analgriffeln. *C'*, *C''* Innere und äußere Gonapophysenanlagen des vorletzten, *C'''* Anlagen des drittletzten Segmentes. — b Älteres Stadium. — c Nymphe, *A* After mit den Analgriffeln. (Nach DEWITZ.)

Abb. 720. Verdauungsapparat von *Apis mellifica*. (Nach LÉON DUFOUR.) *Sp* Speicheldrüsen, *Oe* Oesophagus mit kropfartiger Erweiterung, *M* Mitteldarm, *Re* MALPIGHIsche Gefäße, *R* Rectum mit den sogenannten Rectaldrüsen, *G.Dr* Giftdrüse.

Der von der Oberlippe überdeckte Mund führt in eine enge Speiseröhre, in deren vorderem, als Mundhöhle zu unterscheidendem Eingangsabschnitt ein oder mehrere Paare schlauchförmiger oder traubenförmiger Speicheldrüsen einmünden (Abb. 123, 720). Bei zahlreichen saugenden Insecten erweitert sich das Ende der Speiseröhre in einen kurz gestielten, dünnhäutigen Sack (Abb. 722), bei anderen in eine mehr gleichmäßige, als *Kropf* (Abb. 720) bekannte Auftreibung. Der auf den Oesophagus folgende, bald gerade gestreckte, bald mehrfach gewundene Darm verhält sich nach der Lebensweise außerordentlich verschieden und zerfällt überall wenigstens in einen längeren, die Verdauung besorgenden Mitteldarm (*Chylusmagen*) und in den Enddarm. Bei Raubinsecten, insbesondere aus den Ordnungen der *Coleopteren* und *Orthopteren*, schiebt sich zwischen Kropf und Chylusmagen ein *Vor-* oder *Kaumagen* von kugeliger Form und kräftiger, muskulöser Wandung ein, deren innere chitinige Cuticularbekleidung eine besondere Dicke gewinnt und mit stärkeren Leisten, Zähnen und Borsten besetzt ist (Abb. 721). Auch der Chylusmagen zerfällt zuweilen in mehrfache Abschnitte, wie z. B. bei den Laufkäfern der vordere Teil des Chylusmagens durch zahlreiche hervorragende Blindsäckchen ein zottiges Aussehen erhält und sich von dem nachfolgenden einfachen, engeren Darmrohre abgrenzt. Auch können am Anfange des Chylusmagens größere Blindschläuche nach Art von Mitteldarmdrüsen aufsitzen (*Orthopteren*). Der Beginn des Enddarmes wird durch die Einmündung fadenförmiger Blindschläuche, der MALPIGHIschen *Gefäße*, bezeichnet. Der Enddarm zerfällt meist in zwei, seltener drei Abschnitte, die als *Dünndarm, Dickdarm* und *Mastdarm* unterschieden werden. Der letzte besitzt eine starke Muskellage

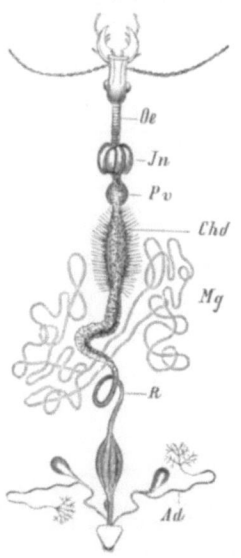

Abb. 721. Darmkanal eines Laufkäfers (*Carabus*). (Nach L. DUFOUR.) *Oe* Oesophagus, *Jn* Kropf, *Pv* Vormagen, *Chd* Mitteldarm, *Mg* MALPIGHIsche Gefäße, *R* Colon, *Ad* Analdrüsen mit Blase.

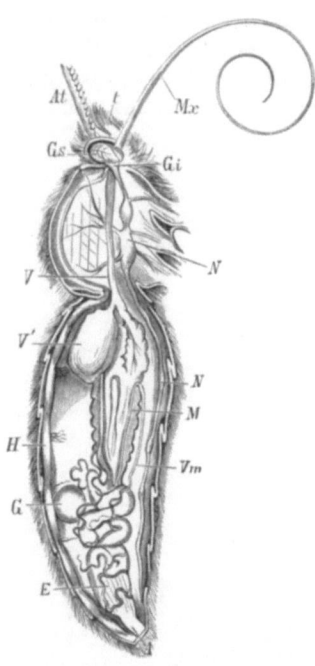

Abb. 722. Längsschnitt durch *Sphinx ligustri*. (Nach NEWPORT.) *At* Antenne, *Gs* Gehirn, *Gi* unteres Schlundganglion, *Mx* Maxillen (Rollrüssel), *N* Bauchganglienkette, *t* Lippentaster, *V* Oesophagus, *V'* Kropf, *M* Mitteldarm, *Vm* MALPIGHIsche Gefäße, *E* Enddarm, *A* After, *H* Herz, *G* Hoden.

und enthält in seiner Wandung vier, sechs oder mehr Längswülste, die sogenannten *Rectaldrüsen*. Zuweilen münden noch unmittelbar vor der am hinteren Körperpole gelegenen Afteröffnung sogenannte *Analdrüsen* ein, deren Secret durch ätzende übelriechende Beschaffenheit als Verteidigungsmittel zu dienen scheint. Ausnahmsweise nehmen Insecten ausschließlich im Jugendzustande Nahrung auf und entbehren in der geflügelten geschlechtsreifen Form der Mundöffnung (*Ephemera*); wenige besitzen im Larvenzustande einen mit dem Enddarme nicht kommunizierenden Magendarm (*Hymenopteren, Pupiparen, Neuroptera planipennia*).

Die MALPIGHIschen *Gefäße* fungieren als Harn absondernde Organe. Ihr von den großkernigen Zellen der Wandung secernierter Inhalt hat meist eine braungelbliche oder weißliche Färbung und erweist sich als eine Anhäufung kleinerer Körnchen und Concremente, welche großenteils aus Harnsäure bestehen. Zahl und Gruppierung der meist sehr langen und dann am Chylusdarme in Windungen zusammengelegten Fäden wechselt mannigfach. Während in der Regel vier oder sechs (Abb. 723), seltener acht vielfach geschlängelte Harnröhren vorhanden sind, ist ihre Zahl besonders bei den *Hymenopteren* (Abb. 720) und *Orthopteren* eine weit größere; bei letzteren kann ein gemeinsamer Ausführungsgang die Fäden zu einem Büschel vereinigen (*Gryllotalpa*). Bei den Larven der *Neuroptera planipennia* liefern die MALPIGHIschen Gefäße in einem Teile das Spinnsecret zur Herstellung des Puppenkokons.

Als *Absonderungsorgane* sind die sogenannten *Glandulae odoriferae*, die *Schmierdrüsen* der Haut, die *Wachsdrüsen*, *Spinndrüsen* und *Giftdrüsen* hervorzuheben. Die ersteren, zu denen auch die früher erwähnten *Analdrüsen* (Abb. 721) gehören, sondern meist zwischen den Gelenksverbindungen stark riechende Secrete ab. Ein Duftorgan liegt bei der Honigbiene zwischen 5. und 6. Abdominaltergit, an gleicher Stelle liegen bei *Blatta orientalis* die Stinksäcke; Duftorgane (besonders geformte *Duftschuppen*, unter welchen den Duftstoff absondernde Drüsenzellen

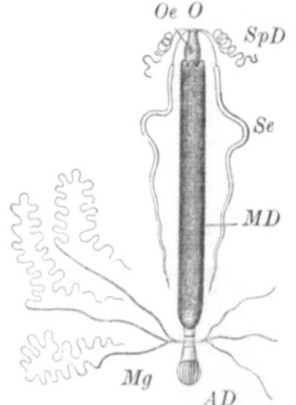

Abb. 723. Darmkanal einer Raupe. *O* Mund, *Oe* Oesophagus, *SpD* Speicheldrüsen, *Se* Spinndrüsen (Sericterien), *MD* Mitteldarm, *AD* Enddarm, *Mg* MALPIGHIsche Gefäße.

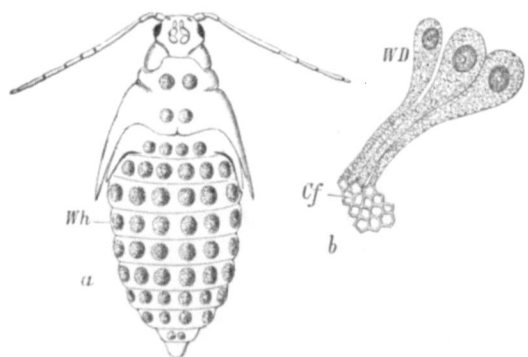

Abb. 724. Wachshöcker und Wachsdrüsen einer *Aphide* (*Schizoneura lonicerae*). a Nymphe, vom Rücken aus gesehen. *Wh* Wachshöcker. — b Die einzelligen Wachsdrüsen (*WD*) unter den cuticularen Facetten (*Cf*) der Haut.

liegen) finden sich ferner bei Schmetterlingen, beim Männchen vornehmlich auf den Flügelflächen, dann an den Beinen oder auch am Abdomen, beim Weibchen außer auf den Flügeln im Umkreis der äußeren Genitalien. Bei den *Wanzen* ist es eine unpaare birnförmige Drüse im Metathorax, welche ihr Secret durch eine Öffnung zwischen den Hinterbeinen austreten läßt und den berüchtigten Gestank verbreitet. Einzellige Hautdrüsen (Schmierdrüsen) sind an verschiedenen Teilen des Insectenkörpers nachgewiesen worden und scheinen, den Talgdrüsen der Wirbeltiere vergleichbar, eine ölige, die Gelenke geschmeidig erhaltende Flüssigkeit abzusondern. Als *Wachsdrüsen* zu bezeichnende Drüsenzellen der Haut secernieren Plättchen (Biene) oder weißliche Fäden und Flocken, die zuweilen den Leib wie mit einer Art Puder oder Wolle umgeben (*Pflanzenläuse, Fulgoriden*) (Abb. 724). *Spinndrüsen* kommen ausschließlich bei Insectenlarven vor und dienen zur Verfertigung von Geweben und Hüllen. Diese Drüsen (*Sericterien*) sind zwei langgestreckte Schläuche, welche an der Unterlippe nach außen münden (Abb. 723). Die bei Hymenopterenweibchen vorkommenden *Giftdrüsen* bilden zwei einfache oder verästelte Schläuche, deren gemeinsamer Ausführungsgang zu einem blasenartigen Reservoir für die secernierte, ameisensäurehaltige Flüssig-

Coelomata (Bilateria): Arthropoda, Gliederfüßer. 693

keit anschwillt (Abb. 720). Sein Ende steht mit dem *Giftstachel* in Zusammenhang. Giftdrüsen finden sich ferner unter den Haaren mancher Schmetterlingsraupen (Abb. 89).

Die bei *Meloiden* und *Coccinelliden* in den Beingelenken, bei *Timarcha* an dem Munde, bei *Ephippiger brunneri* an dem Elytrenansatz hervortretenden gelb oder rötlich gefärbten Flüssigkeitstropfen sind Blut, das bei Reizung reflektorisch an diesen dünnen Hautstellen austritt und durch seinen widerlichen Geruch und Geschmack sowie giftige Wirkung gleich einem Schutzsecrete fungiert.

Die Respiration erfolgt durch ein reich ausgebildetes *Tracheensystem* (Röhrentracheen); dasselbe nimmt durch paarige, ursprünglich an allen mittleren Rumpfsegmenten auftretende seitliche, meist in den Gelenkshäuten gelegene und mit Schutz- und Verschlußeinrichtungen versehene Spaltöffnungen (Stigmen) (Abb. 726) unter deutlichen Atembewegungen des Hinterleibes die Luft auf. Jedes Stigma führt

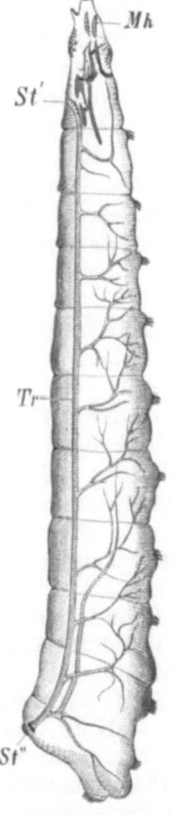

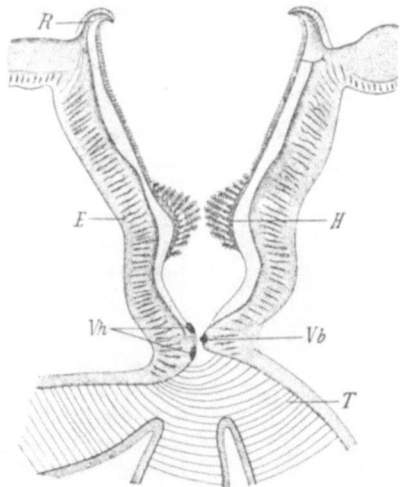

Abb. 725. Tracheensystem einer Fliegenmade. $9/1$. *Tr* Längsstamm der rechten Seite mit den Tracheenbüscheln der Segmente, *St'* vorderes, *St''* hinteres Stigma, *Mh* Mundhaken.

Abb. 726. Stigma der Raupe von *Cossus cossus*, im Schnitt. (Nach KRANCHER.) *E* Hypodermis, *H* Haarfilter, *E* äußerer Chitinring des Stigmas, *T* Trachee, *Vb* Verschlußbügel, *Vh* Doppelarmiger Verschlußhebel.

in einen Tracheenstamm (Stigmenast), welcher ein Tracheenbüschel an die Haut und die Eingeweide ausstrahlen läßt und zu den benachbarten Stigmenästen Querbrücken entsendet. Es entstehen auf diese Weise zwei Seitenstämme (Hauptstämme) (Abb. 725), welche wieder durch quere Verbindungsröhren miteinander kommunizieren können. Die durch spiralige Verdickungen der chitinigen Intima versteiften Tracheenröhren gehen in ein capillares Endnetz über (Abb. 136), welches alle Organe umspinnt und der eigentlich respiratorische Teil des Tracheensystems ist, während zum mindesten die größeren Tracheenstämme bloß als Luftwege dienen. Nicht selten treten an den Tracheen blasenförmige Erweiterungen auf, welche sich bei guten Fliegern, z. B. *Hymenopteren*, *Dipteren* usw., zu Luftsäcken von bedeutendem Umfange vergrößern und den Luftsäcken der Vögel funktionell zu vergleichen sind. Sie besitzen eine zartere, des Spiralfadens entbehrende Chitinhaut. Ob das sog. Pumpen, wie es besonders bei den verhältnismäßig schwerfälligen *Lamellicorniern* vor dem Emporfliegen bemerkbar ist, der Luftaufnahme dient, wird neuerer Zeit in Frage gestellt.

Nicht alle Stigmen bleiben offen, sondern es schließt sich eine Anzahl derselben. Die Zahl der offenen Stigmen variiert daher überaus und es sind selten mehr als zehn und weniger als zwei Paare vorhanden. Am geringsten ist ihre Zahl bei wasserbewohnenden Larven von Käfern und Dipteren, bei denen sich nur zwei Stigmen, und zwar am Ende des Hinterleibes auf einer einfachen oder auch gespaltenen Röhre finden; häufig kommen noch zwei Spaltöffnungen am Thorax hinzu (Abb. 725); seltener sind bei solchen Larven alle Stigmen geschlossen. Einige Wasserwanzen, wie *Nepa*, *Ranatra*, tragen am Ende des Hinterleibes zwei lange, aus Halbkanälen gebildete Fäden, welche am Grunde zu zwei Stigmen führen und eine Atemröhre bilden (Abb. 794). Solche Wasserwanzen können bei dieser Einrichtung ebenso wie Dipterenlarven mit emporgestreckter Atemröhre an der Oberfläche des Wassers Luft aufnehmen.

Bei im Wasser lebenden Insectenlarven finden sich *Tracheenkiemen*. Solche treten als schlauch- oder blattförmige Anhänge am Hinterleibsende von *Agrion*- und *Dipteren*-Larven, am ganzen Abdomen von *Phryganiden*-Larven und als schwingende Blättchen an den Seiten des Abdomens bei *Ephemeriden*-Larven (Abb. 137) auf. Bei *Aeschna*- und *Libellula*-Larven liegen sie im Mastdarm, dessen Wandung durch seine kräftige Muskulatur zu einem regelmäßigen Aus- und Einpumpen von Wasser befähigt ist.

Die Vereinfachung des Circulationsapparates steht mit der reichen Verteilung der Respirationsorgane im Zusammenhange. Derselbe beschränkt sich auf ein als Rückengefäß entwickeltes Herz (Abb. 722), welches in der Medianlinie des Abdomens verläuft und in der Regel acht, den Segmenten entsprechende laterale Ostien besitzt. Das Herz liegt in einem Pericardialsinus, dessen ventrale Wand mit ihren flügelartigen Muskeln (sogenannten Flügelmuskeln des Herzens), die aber auch einzelne Fasern an die Herzwand senden, bei der Contraction aspirierend wirkt. Vorn setzt sich das Herz in eine bis zum Kopfe verlängerte Aorta fort, aus der sich das Blut in den Leibesraum ergießt. Nur ausnahmsweise

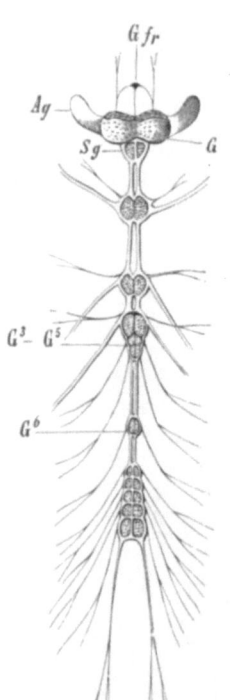

Abb. 727. Nervensystem eines Käfers (*Coccinella*). (Nach ED. BRANDT.) *Ag* Augenganglion, *G* Gehirn, *Gfr* Ganglion frontale, *Sg* Suboesophagealganglion, G^3—G^6 Ganglien der Bauchganglienkette.

finden sich noch andere vom Herzen ausgehende arterienartige Röhren, so in den Schwanzfäden der *Ephemera*-Larven. Bei den *Mallophagen*, *Siphunculaten* sowie bei Dipterenlarven (*Chironomus*, *Ptychoptera*) erscheint das Herz vereinfacht und abweichend gestaltet. Vielfach sind bei Insecten in den Extremitäten besondere Blutbahnen für den Eintritt und Austritt des Blutes sowie unabhängig vom Rückengefäß rhythmisch bewegte propulsatorische Organe ausgebildet. Letztere sind entweder Ampullen an der Basis der Extremitäten (*auxiliäre Herzen*) (Abb. 139) oder diagonal gestellte Membranen (wie in den Tibien von *Rhynchoten*), welche durch einen an der Wand inserierten Muskel bewegt werden. Die Blutflüssigkeit (Hämolymphe) ist farblos oder grünlich gefärbt und enthält amöboide Blutzellen. Zellgruppen am Pericardialsinus (Pericardialzellen) sind befähigt, gewisse Substanzen aus dem Blut auszuscheiden und in sich aufzuspeichern.

Alle Insecten besitzen einen Fettkörper. Er besteht aus meist gelblich gefärbten Lappen, die von Fettzellen gebildet werden und sowohl unter der Haut als zwischen den Organen, besonders reich während der Larvenzeit, ausgebreitet liegen. Innerhalb des Fettkörpers sind, meist in segmentaler Anordnung in der Nähe der abdominalen Stigmen, zu Gruppen oder Strängen angeordnet die sogenannten Önocyten gelegen, deren Plasma von feinen Kanälchen durchzogen ist und Vacuolen enthält. Sie werden als Zellen mit innerer Secretion aufgefaßt.

Mit dem Fettkörper gleichen Ursprungs und ähnlichen Baues sind die bei *Lampyriden* und gewissen Elateriden (*Pyrophorus*) sich findenden Leuchtorgane (vgl. S. 180). Bei *Lampyriden* (Abb. 165) liegen sie an den Ventralschienen des vorletzten und drittletzten Abdominalsegmentes, außerdem zuweilen in den Seitenteilen des Abdomens, bei *Pyrophorus* im Prothorax und an der ersten Abdominalschiene.

Das Nervensystem der Insecten zeigt eine ebenso hohe Entwicklung als mannigfaltige Gestaltung und es finden sich alle Übergänge von einer langgestreckten, etwa zwölf Ganglienpaare enthaltenden Bauchganglienkette (Abb. 727) bis zu einem einheitlichen Brustknoten. Das im Kopfe gelegene Gehirn (obere Schlundganglion) erlangt einen bedeutenden Umfang und bildet mehrere Gruppen von Anschwellungen, die sich vornehmlich bei den psychisch am höchsten stehenden Hymenopteren ausprägen (Abb. 222). Es entsendet die Sinnesnerven, wie es auch als Sitz der instinktiven Leistungen erscheint. Das untere Schlundganglion versorgt die Mundteile mit Nerven und entspricht den verschmolzenen Ganglien der Kiefersegmente. Die Bauchkette bewahrt die ursprüngliche gleichmäßige Gliederung bei den meisten Larven und ist am wenigsten verändert bei den Insecten mit freiem Prothorax und langgestrecktem Hinterleibe. Hier bleiben nicht nur die drei größeren Thoracalganglien, welche die Beine und Flügel mit Nerven versehen, sondern auch eine größere Zahl von Abdominalganglien gesondert. Von den letzteren zeichnet sich stets das letzte, welches aus der Verschmelzung mehrerer Ganglien entstanden ist und Nerven an den Ausführungsgang des Geschlechtsapparates und an den Mastdarm entsendet, durch bedeutende Größe aus. Die allmählich fortschreitende, auch während der Entwicklung der Larve und Puppe zu verfolgende Konzentrierung der Bauchkette ergibt sich sowohl aus der Zusammenziehung der Abdominalganglien, als aus der Verschmelzung der Brustganglien, von denen zuerst die des Meso- und Metathorax zu einem hinteren größeren Brustknoten und dann auch mit dem Ganglion des Prothorax zu einer gemeinsamen Brustganglienmasse zusammentreten. Vereinigt sich endlich mit dieser auch noch die verschmolzene Masse der Hinterleibsganglien, so ist die höchste Stufe der Konzentration, wie sie sich bei *Dipteren* und *Hemipteren* findet, erreicht.

Das Eingeweidenervensystem zerfällt in das System der Schlundnerven und in den eigentlichen Sympathicus. An jenem unterscheidet man einen unpaaren und paarige Schlundnerven. Der erstere entspringt mit zwei Wurzeln an der Vorderfläche des Gehirns oder an dem Schlundconnectiv und bildet an der vorderen Vereinigung jener das *Ganglion frontale*, von welchem Nerven nach dem Oesophagus gehen und ein stärkerer hinterer Nerv (N. recurrens) unter dem Gehirne hindurch an der dorsalen Wand der Speiseröhre verläuft, der Nerven an den Darm abgibt (Abb. 728). Die paarigen Schlundnerven entspringen jederseits an der hinteren Fläche des Gehirns und schwellen zur Seite des Schlundes in meist umfangreichere Ganglien an, welche ebenfalls die Schlundwandung mit Nerven versehen. Als eigentlichen Sympathicus bezeichnet man ein System von Nerven, die zuerst NEWPORT als *Nervi respiratorii* oder *transversi* beschrieb. Sie zweigen in der Nähe eines Ganglions der Bauchkette von einem medianen, zwischen den Connectiven verlaufenden Nerven ab, welcher in dem Ganglion wurzelt und zuweilen ein kleines sympathisches Ganglion bildet. Nach ihrer Trennung weisen sie abermals Ganglien auf, deren Nerven sich mit den Seitennerven der Bauchkette verbinden und die Tracheenstämme und Muskeln der Stigmen versorgen.

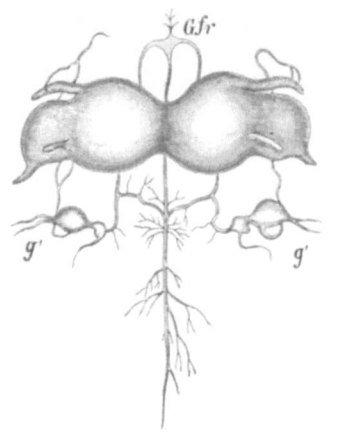

Abb. 728. Gehirn und Schlundnervenganglien von *Sphinx ligustri*. (Nach NEWPORT.) *Gfr* Ganglion frontale, *g'* die Ganglien der paarigen Schlundnerven.

Von den Sinnesorganen sind die *Augen* hochentwickelt. Die nach dem Typus der Napfaugen gebauten Stirn- oder Punktaugen (*Ocelli*) treten vorzugsweise im Larvenleben auf, finden sich indessen auch oft in zwei- oder dreifacher Zahl auf der Scheitelfläche des ausgebildeten Insectes (Abb. 195, 196b, 729). Allgemein verbreitet finden sich Facettenaugen. Sie nehmen die Seitenflächen des Kopfes ein und erlangen oft im männlichen Geschlechte einen solchen Umfang, daß sie in der Mittellinie am Scheitel zusammenstoßen (Abb. 729). Abgesehen von den Verschiedenheiten, die in der Gestaltung der Corneafacetten auftreten, bietet vornehmlich das Verhalten der Krystallkegel mannigfache Abweichungen (s. S. 209 u. ff.).

Statocystenartige Sinnesorgane sind unter den Insecten bei einigen *Dipteren* (*Ptychoptera, Tabaniden*) im Abdomen nachgewiesen; bei Aphiden (*Phylloxera, Chermes*) liegt ein gestieltes statisches Bläschen zwischen 1. und 2. Thoraxsegment nahe der Flügelwurzel. Dagegen finden sich sogenannte *chordotonale* und *tympanale* Sinnesorgane vor, von denen die Tympanalorgane als Gehörorgane fungieren, wogegen es sich in den Chordotonalorganen um proprioceptive Sinnesorgane ähnlich jenen des Muskelsinnes oder auch um statische Organe, nach v. BUDDENBROCK wahrscheinlich um Stimulationsorgane handelt. Die chordotonalen Organe (vgl. S. 185, Abb. 174) kommen in weiter Verbreitung vor und werden von saitenartig zwischen zwei Stellen der Körperwand in der Leibeshöhle ausgespannten Sinneszellen mit sogenannten Stiften im Inneren gebildet. Tympanalorgane (vgl. S. 193, Abb. 730, 183)

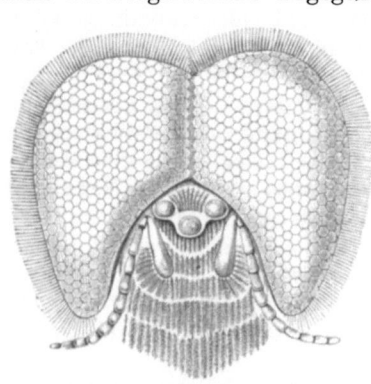

Abb. 729. Kopf der Drohne, Frontalansicht, mit den Facettenaugen, den drei Ocellen und den Antennen. (Nach SWAMMERDAM.)

finden sich bei den mit Zirporganen begabten Orthopteren, einigen Lepidopteren (*Pyraliden, Geometrinen, Noctuiden*, gewissen *Bombycimorphen* und *Arctiaemorphen*) und Hemipteren (Singzikaden, *Corixa*). Sie liegen lateral am Anfang des Abdomens oder am Thorax, bei den *Acrydiiden* am 1. Abdominalsegment (Abb. 709), bei den *Locustiden* und *Achetiden* hingegen in den Schienen des ersten Thoraxfußes. Sie sind mit den chordotonalen Organen nahe verwandt, unterscheiden sich von denselben durch das Hinzutreten schallverstärkender Apparate. Die in größerer Zahl vorhandenen Sinneszellen mit Stiften liegen hinter einer trommelfellartig verdünnten Stelle der Cuticula. Bei den *Locustiden* ist das Trommelfell, das hier wie bei den *Achetiden* in doppelter Zahl auftritt, tief eingesenkt und wird von einem durch eine Hautduplicatur gebildeten Deckel überwölbt (Abb. 730, 183). Außerdem kommt eine Tracheenblase hinzu. Auch das metathoracale Tympanalorgan der Schmetterlinge besitzt ein zweites Trommelfell. Chordotonalorgane wurden in den Beinen von Orthopteren, Ameisen, *Chloroperla*, *Termes* u. a., im Flügel verschiedener Insecten, im Basalstück der Halteren der Fliegen nachgewiesen. Ein allgemein bei Insecten sich findendes stiftführendes Sinnesorgan ist das JOHNSTONsche Organ im 2. Antennengliede (Abb. 174c).

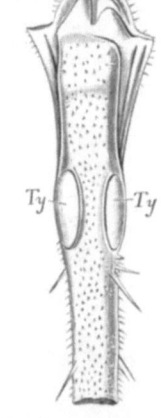

Abb. 730. Schienenstück des Vorderbeines von *Locusta viridissima*. (Nach GRABER.) *Ty* Deckel über den beiden Trommelfellen.

Tastorgane finden sich in Form von Tastborsten an den Fühlern und Palpen, aber auch an den Flügeln, Beinen sowie der übrigen Oberfläche des Körpers. Als Geruchsorgane werden die als Kegel, Zapfen und Kolben ausgebildeten, oft in Gruben eingesenkten Borsten angesprochen, die ihren Sitz an den Antennen haben. Auch die sogenannten Porenplatten an den Antennen mancher Formen (*Hymenopteren*, *Coleopteren*) gehören hierher (vgl. S. 195, Abb. 185). Als Organe des Geschmackssinnes werden bei den Insecten den Geruchsborsten gleichende Sinnesborsten der Mundhöhle (des Gaumens, Epipharynx), der Maxillen und an der Unterlippe in Anspruch genommen. Auch die Tarsen der Beine von gewissen Tagfaltern (*Vanessa*, *Pyrameis*) und Fliegen sind Sitz von Geschmacksempfindung.

Die beiderlei Geschlechtsorgane der Insecten sind fast durchweg auf verschiedene Individuen verteilt (für die flügellose Diptere *Termitoxenia* wird Hermaphroditismus angegeben), und korrespondieren in ihren Abschnitten und in ihrer Lage sowie hinsichtlich ihrer Ausmündung an der Bauchseite des hinteren Körperendes. Hoden und Ovarien führen in paarige Leitungswege, welche mit unpaarem Endabschnitt münden, der aber bei *Ephemeriden* und männlichen *Forficuliden* fehlt, daher die Ausmündung der Leitungswege hier paarig ist. Selten unterbleibt die volle Ausbildung und Reife der Genitalorgane, wie bei den zur Fortpflanzung unfähigen sogenannten *geschlechtslosen* Individuen (Arbeiter, Soldaten) der in Staaten lebenden *Hymenopteren* und *Termiten*.

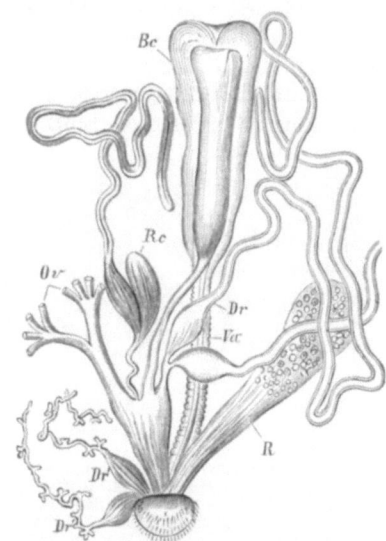

Abb. 731. Weibliche Geschlechtsorgane von *Vanessa urticae*. (Nach STEIN.) *Ov* Die unteren Enden der abgeschnittenen Ovarialröhren, *Rc* Receptaculum seminis nebst Anhangsdrüse, *Va* Vagina, *Bc* Bursa copulatrix mit Gang zum Oviduct, *Dr* Glandulae sebaceae, *Dr'* Anhangsdrüsen, *R* Rectum.

Männchen und Weibchen unterscheiden sich auch durch äußerliche, mehr oder minder tiefgreifende Abweichungen zahlreicher Körperteile, die zuweilen zu einem ausgeprägten Dimorphismus der Geschlechter führen. Fast durchweg sind die Männchen schlanker gebaut sowie leichter und rascher beweglich. Sie besitzen größere Augen und Fühler und eine lebhaftere

Färbung. In Fällen eines ausgeprägten Dimorphismus bleiben die Weibchen flügellos und der Form der Larve genähert (*Cocciden, Psychiden, Strepsipteren, Lampyris*), während die Männchen Flügel tragen. Auch Dimorphismus und Polymorphismus der Weibchen kommt vor.

An den weiblichen Geschlechtsorganen unterscheidet man die paarigen *Ovarien* und *Tuben* oder *Eileiter*, den unpaaren *Eiergang*, die *Scheide* und die *äußeren Geschlechtsteile*. Die Ovarien bestehen aus röhrenartig verlängerten Schläuchen (Eiröhren), in denen die Eier ihren Ursprung nehmen und, von dem blinden Ende nach der Mündung in die Tuben zu an Größe wachsend, in einfacher Reihe perlschnurartig hintereinander liegen (Abb. 242a). Die Anordnung dieser Eiröhren wechselt außerordentlich. Auch ist ihre Zahl höchst verschieden, am geringsten bei einigen *Rhynchoten* und den *Schmetterlingen*, welche letztere jederseits nur vier sehr lange Eiröhren besitzen. Nach hinten laufen jederseits die Eiröhren in den kelchartig erweiterten Anfangsteil (*Eierkelch*) des *Eileiters* zusammen, welcher sich mit dem der entgegengesetzten Seite zur Bildung eines unpaaren *Eierganges* vereinigt. Das untere Ende des letzteren repräsentiert die *Scheide* und nimmt in der Nähe der Geschlechtsöffnung häufig die Ausführungsgänge besonderer Kitt- und Schmierdrüsen (*Glandulae sebaceae*) auf, deren Secret zur Umhüllung und Befestigung der abzusetzenden Eier dient. Außer diesen Drüsen ist der unpaare Ausführungsgang des Geschlechtsapparates sehr allgemein mit einem in einfacher oder mehrfacher Zahl auftretenden, meist gestielten *Receptaculum seminis* ausgestattet, in welchem die während der Begattung häufig in Form von *Spermatophoren* aufgenommene Samenmasse unter dem Einflusse des Secrets einer Anhangsdrüse längere Zeit,

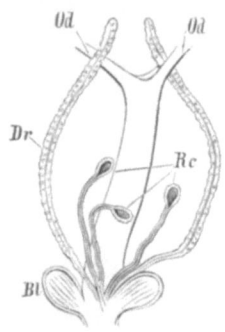

Abb. 732. Ausführender Abschnitt der weiblichen Geschlechtsorgane von *Musca domestica*. (Nach STEIN.) *Od* Oviduct, *Rc* die drei Receptacula seminis, *Dr* Anhangsdrüse der Vagina, *Bl* blindsackförmige Nebenschläuche.

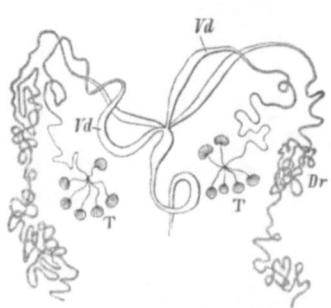

Abb. 733. Männliche Geschlechtsorgane des Maikäfers. (Nach GEGENBAUR.) *T* Hoden, *Vd* erweiterter Abschnitt des Samenleiters, *Dr* Anhangsdrüsen.

zuweilen Jahre lang, befruchtungsfähig bleibt (Abb. 731, 732). Unterhalb des Samenbehälters sondert sich zuweilen von der Scheide eine größere taschenartige Aussackung, die Begattungstasche (*Bursa copulatrix*), ab, welche die Funktion der Scheide übernimmt. Bei den Schmetterlingen leitet ein besonderer Gang das Sperma von der hier in der Regel unterhalb der Genitalöffnung getrennt ausmündenden Bursa copulatrix zum Receptaculum (Abb. 731). Dazu kommen die als Legeröhren und Legestachel entwickelten äußeren Genitalanhänge.

Die Bildungsstätte der Eizellen ist das verjüngte, häufig in einen dünnen Faden verlängerte Endstück der Eiröhren. Nach dem Eierkelch zu nimmt die Ovarialröhre kontinuierlich an Durchmesser zu, entsprechend der allmählichen Größenzunahme, welche die im Lumen der Röhre perlschnurartig aneinander gereihten Eier erfahren (Abb. 250). Jedes Ei erfüllt eine Kammer (Follikel) und erhält hier eine hartschalige Eihaut (*Chorion*), welche als Cuticularbildung von dem die Kammerwand auskleidenden Epithel ausgeschieden wird. In vielen Fällen sind auch Einährzellen vorhanden, die, falls ihre Zahl sehr groß ist, eine besondere, jedem Ei folgende Kammer der Eiröhre einnehmen können (Biene).

Die männlichen Geschlechtsorgane bestehen aus paarigen *Hoden* und deren Samenleitern, aus einem gemeinsamen *Ductus ejaculatorius* und dem äußeren Begattungsorgan (Abb. 242b, 733). Die Hoden bestehen aus Blindschläuchen, welche jederseits in einfacher oder vielfacher Zahl auftreten und oft knäuelartig zusammengedrängt, einen scheinbar kompakten, oft lebhaft gefärbten Körper darstellen. Auch können sie sich zu einem unpaaren Organe in der Medianlinie verbinden (*Lepidoptera*) (Abbild. 722). Die Hodenröhren setzen sich jederseits in einen meist geschlängelten Ausführungsgang (*Ductus deferens*) fort, dessen unteres Ende beträchtlich erweitert und selbst blasenförmig (*Samenblase*) aufgetrieben sein kann. An der

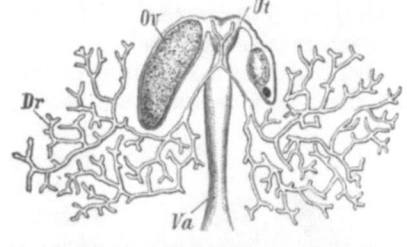

Abb. 734. Weibliche Geschlechtsorgane des viviparen *Melophagus ovinus* (Pupipare). (Nach R. LEUCKART.) *Ov* Ei in der Ovarialröhre der einen Seite, *Ut* Uterus, *Dr* die in denselben einmündenden Drüsen, *Va* Vagina.

Vereinigungsstelle beider Samenleiter zu dem muskulösen *Ductus ejaculatorius* ergießen in den letzteren häufig ein oder mehrere Drüsenschläuche ihr Secret, das vielfach die Samenballen in eine Spermatophore einschließt. Die Überführung der Spermatophoren (Abb. 735) in oder an den weiblichen Körper wird durch eine chitinige, das Ende des Ductus ejaculatorius umfassende Röhre oder Rinne vermittelt. Diese liegt in der Ruhe meist in den Hinterleib eingezogen und wird beim Hervorstülpen von äußeren Klappen oder Zangen scheidenartig umfaßt. Nur ausnahmsweise (*Odonata*) liegen die zur Übertragung des Spermas dienenden Begattungswerkzeuge von der Geschlechtsöffnung entfernt an der Bauchseite des zweiten, blasig aufgetriebenen Abdominalsegments.

Die Insecten sind fast durchwegs ovipar und nur wenige, wie die *Tachinen*, einige *Oestriden* und *Pupiparen* usw. sind lebendig gebärend (Abb. 734). In der Regel werden die Eier kurz nach der Befruchtung, selten mit bereits fertigem Embryo abgelegt. Im letzteren Falle vollziehen sich die Vorgänge der Furchung und Embryonalbildung im Inneren der Vagina. Die Befruchtung des Eies erfolgt meist während seines Durchgleitens durch den Eiergang an der Mündungsstelle des Receptaculum seminis. Da die Eier bereits in den Eiröhren mit einem hartschaligen Chorion umgeben werden, sind eine oder zahlreiche Poren (*Micropylen*) am oberen, beim Durchgleiten des Eies nach dem blinden Ende der Eiröhren gerichteten Pole vorhanden, die in sehr charakteristischer Form und Gruppierung das Chorion durchsetzen (Abb. 736).

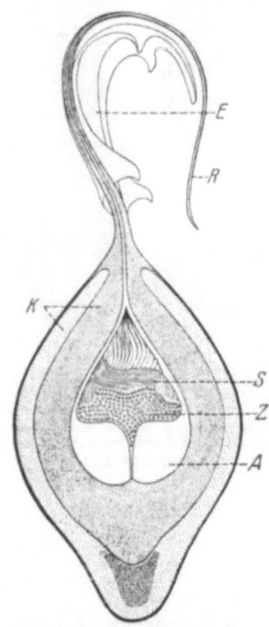

Abb. 735. Spermatophore von *Liogryllus campestris*, teilweise im Durchschnitt. (Nach REGEN.) *A* Druckkörper (Austreibestoff). *E* Befestigungsapparat, *K* Kapselwand, *R* Spermaröhre, *S* Spermien, *Z* Zwischensubstanz.

Bei verschiedenen Insecten wurde *Parthenogenese* nachgewiesen, so bei den *Phasmatiden*, *Saga*, einigen *Thysanopteren*, *Psychiden* (*Psyche*), *Tineiden* (*Solenobia*), *Cocciden* (*Lecanium*, *Aspidiotus*), *Aphis* und *Chermes*, ferner bei zahlreichen *Hymenopteren*, so Bienen, Faltenwespen, Gallwespen, Blattwespen (*Nematus*). Bei den in sogenannten Staaten zusammenlebenden *Vespiden* und *Apiden*, wahrscheinlich auch bei *Ameisen* und einigen solitären Bienen (z. B. *Osmia*) entstehen aus den unbefruchteten Eiern ausschließlich männliche Formen (Arrenotokie). (Doch soll die Entstehung von Männchen unter gewissen Verhältnissen aus befruchteten Eiern nicht ausgeschlossen sein.) Parthenogenese wurde ferner bei Larven von *Heteropeza* (*Miastor*) (Abb. 241) sowie in einem Falle (*Chironomus*) bei der Puppe beobachtet (Paedogenese).

Bei Blattläusen und vielen Gallwespen ist *Heterogonie* nachgewiesen (Abb. 298). Bei den *Aphiden* folgt auf zahlreiche parthenogenetisch sich fortpflanzende Sommergenerationen eine geschlechtlich ausgebildete Herbstgeneration, welche außer den oviparen, stets ungeflügelten Weibchen meist geflügelte Männchen enthält. Aus den befruchteten Eiern entwickeln sich im Frühjahre wieder vivipare Weibchen (Sommergeneration), welche häufig geflügelt sind und rücksichtlich ihrer Organisation die Eigentümlichkeit zeigen, daß an ihrem Genitalapparat im Zusammenhange mit dem Ausfalle der Begattung ein Receptaculum seminis fehlt. Die Keimdrüsen dieser parthenogenesierenden sogenannten agamen Weibchen wurden als Pseudovarien bezeichnet. Der Heterogonie ist auch der sogenannte Saisondimorphismus einiger Schmetterlinge (*Araschnia levana-prorsa*) zuzurechnen (Abb. 765).

Die Entwicklung[1] des Embryos erfolgt in der Regel außerhalb des mütterlichen Körpers. Eine superficiale Furchung (Abb. 258) führt zur Anlage eines peripherischen Blastoderms und von im Dotter verbleibenden Zellen (Vitellophagen), welche später die Resorption des Dotters bewirken (abortiver Teil des Entoderms). Aus dem den Dotter umschließenden Blastoderm geht durch Verdickung an der späteren Bauchseite die als *Keimstreifen* bezeichnete Embryonalanlage hervor. Der mediane Teil dieser Keimanlage wuchert oder stülpt sich ein und bildet die Anlage des sogenannten unteren Blattes (plastischer Teil des Entoderms und Mesoderm) (Abb. 278a bis c, 737). Am Rande der Embryonalanlage erheben sich alsbald neue Falten, welche zur Entstehung der Embryonalhüllen führen; sie überwachsen die Embryonalanlage und liefern eine äußere (Serosa) und innere Hülle (Amnion) (Abb. 278d). Schon vor der erwähnten Überwachsung

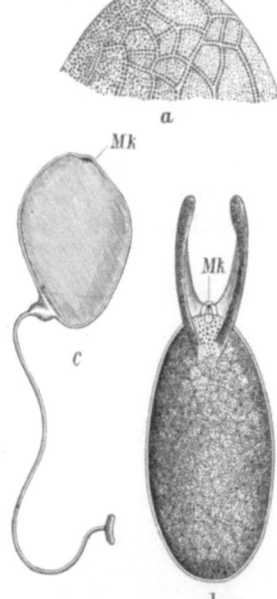

Abb. 736. Mikropylen (*Mk*) von Insecteneiern. (Nach R. LEUCKART.) a Oberes Stück der Eischale von *Anthomyia*. — b Ei von *Drosophila cellaris*. — c Gestieltes Ei von *Paniscus testaceus*.

---

[1] WEISMANN, A.: Die Entwicklung der Dipteren. Z. Zool. **13, 14** (1863—1864). — METSCHNIKOFF, E.: Embryologische Studien an Insecten. Ebenda **16** (1866). — KOWALEVSKY, A.: Embryologische Studien an Würmern und Arthropoden. Mém. Acad. St.-Pétersbourg **1871**. — Beiträge zur Kenntnis der nachembryonalen Entwicklung der Musciden. Z. Zool. **45** (1887). — GRABER, V.: Vergleichende Studien über die Keimhüllen und die Rückenbildung der Insecten. Denkschr. Akad. Wien **1888**. — VAN REES, J.: Beiträge zur Kenntnis der inneren Metamorphose von *Musca vomitoria*. Zool. Jb. **3** (1888). — HEIDER, K.: Die Embryonalentwicklung von *Hydrophilus piceus* L. Jena **1889**. — HEYMONS, R.: Die Entwicklung der weiblichen Geschlechtsorgane von *Phyllodromia* usw. Z. Zool. **53** (1891). — Die Embryonalentwicklung von Dermapteren und Orthopteren. Jena **1895**. — WHEELER, W. M.: A Contribution to Insect Embryology. J. Morph. a. Physiol. **8** (1893). — DE BRUYNE, C.: Recherches au sujet de l'intervention de la Phagocytose dans le développement des Invertébrés. Archives de Biol. **15** (1898). — WAHL, B.: Über das Tracheensystem und die Imaginalscheiben der Larve von *Eristalis tenax*. Arb. zool.

Coelomata (Bilateria): Arthropoda. Gliederfüßer.

tritt die Segmentierung auf. Sodann bilden sich im Mesoderm metamerisch Cölomsäckchen, die sich später in die primäre Leibeshöhle öffnen. Die folgenden Stadien zeigen die Anlagen der Extremitäten, welche auch an den Abdominalsegmenten auftreten. Die Anlage des Mitteldarmes (plastischer Teil des Entoderms) erfolgt durch eine mittlere Einwucherung vom sogenannten unteren

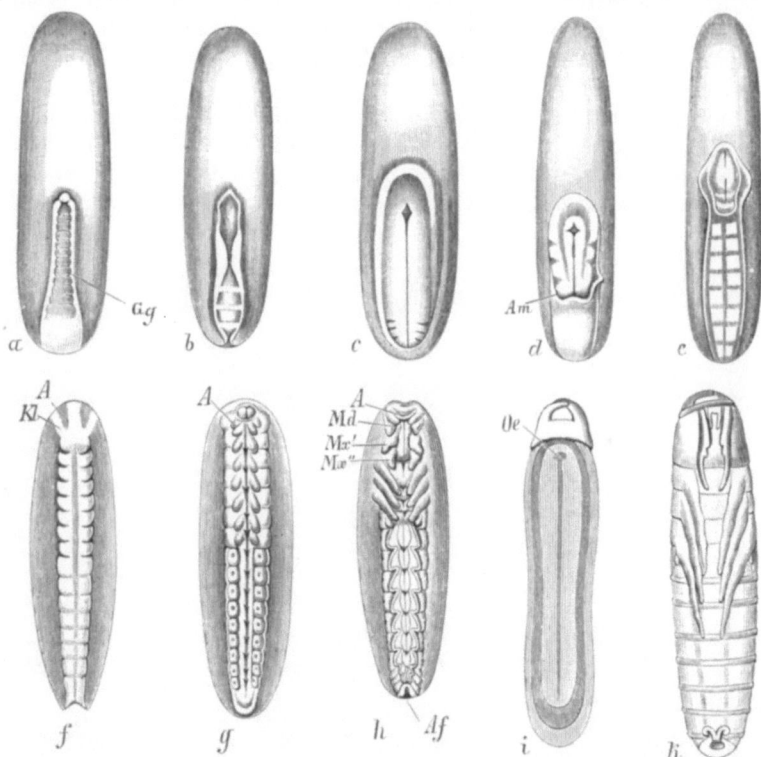

Abb. 737. Entwicklungsstadien von *Hydrous* (*Hydrophilus*) *piceus*. (Nach KOWALEVSKY.) a Schildförmige Embryonalanlage (Keimstreifen) mit erhobenen Seitenrändern (*Gg*) (Beginn der Gastrulation). — b Diese Ränder wachsen in der Mitte bereits zusammen. — c Die Rinne fast geschlossen (Schluß der Gastrula). — d Die Schwanzfalte der Embryonalhüllen (*Am*) hat das Hinterende der Embryonalanlage überwachsen. — e Die Embryonalhüllen haben die Embryonalanlage fast vollständig überwachsen. — f Der Keimstreifen unter den geschlossenen Embryonalhüllen. *Kl* Kopflappen, *A* Antenne. — g Späteres Stadium. Man sieht die Oberlippe, Fühler-, Kiefer- und Beinanlagen. Auch am ersten Abdominalsegment eine Extremitätenanlage. Am Abdomen runde Einstülpungen (Tracheenanlagen). — h Weiter vorgeschrittenes Stadium. Am ersten Bauchsegment noch der Extremitätenstummel. *Md* Mandibel, *Mx'* erste, *Mx"* zweite Maxille, *Af* After. — i Die sogenannte Rückenplatte im Stadium des Schlusses zu einem Rohre, *Oe* ihre Öffnung. — k Embryo vor dem Ausschlüpfen.

Blatte und besteht aus einem vorderen und hinteren, dem ectodermalen Stomodaeum bzw. Proctodaeum anliegenden Anteile und zuweilen einem beide ver-

---

Inst. Wien 12 (1899). — BERLESE, A.: Osservazioni su fenomeni che avvengono durante la ninfosi degli Insetti metabolici. Riv. Pat. veg. Firenze 8 (1899). — PRATT, H. S.: The embryonic History of imaginal Discs in *Melophagus ovinus* etc. Proc. Boston Soc. Nat. Hist. 29 (1900). — KAHLE, W.: Die Paedogenesis der Cecidomyiden. Bibliotheca zoologica 55 (1908). — NUSBAUM, J. u. B. FULIŃSKI: Zur Entwicklungsgeschichte des Darmdrüsenblattes bei *Gryllotalpa vulgaris*. Z. Zool. 93 (1909). — PÉREZ, C.: Recherches histologiques sur la métamorphose des Muscides. Archives de Zool. 1910. — Observations sur l'histolyse et l'histogénèse dans la métamorphose des Vespides. Mém. Acad. Brüssel 1912. — HASPER, M.: Zur Entwicklung der Geschlechtsorgane von *Chironomus*. Zool. Jb. 31 (1911). — STRINDBERG, H.: Embryologische Studien an Insecten. Z. Zool. 106 (1913). — Überdies vgl. KORSCHELT u. HEIDER: Lehrbuch der vergleichenden Entwicklungsgeschichte der wirbellosen Tiere 2 (1892); ferner die Arbeiten von DEEGENER, LÉCAILLON, HIRSCHLER u. a.

bindenden Zellstrang (vgl. S. 290). Nervensystem und Tracheen gehen aus dem äußeren Keimblatte hervor. Nun reißen die Embryonalhüllen ein; sie werden nach der Dorsalseite des Embryos (oft zu einem sogenannten Rückenrohre) zurückgestülpt und rückgebildet; zuweilen aber trennen sich eine oder beide Embryonalhüllen vom Embryo vollständig ab. In vielen Fällen (*Rhynchoten, Libellen*) wächst der Keimstreifen in das Innere des Dotters hinein, wodurch ein innerer invaginierter Keimstreifen entsteht (Abb. 738), der später nach außen zurückgestülpt wird. Zuweilen (*Pteromalinen, Musciden*) bleiben die Embryonalhüllen rudimentär.

Die freie Entwicklung erfolgt in der Regel mittels *Metamorphose*, die nur bei den flügellosen Formen wie *Mallophagen, Pediculiden* wegfällt (Ametabola). Bei den einer Verwandlung unterworfenen Insecten ist die Art und der Grad der Metamorphose sehr verschieden, so daß die aus früherer Zeit überkommene Bezeichnung

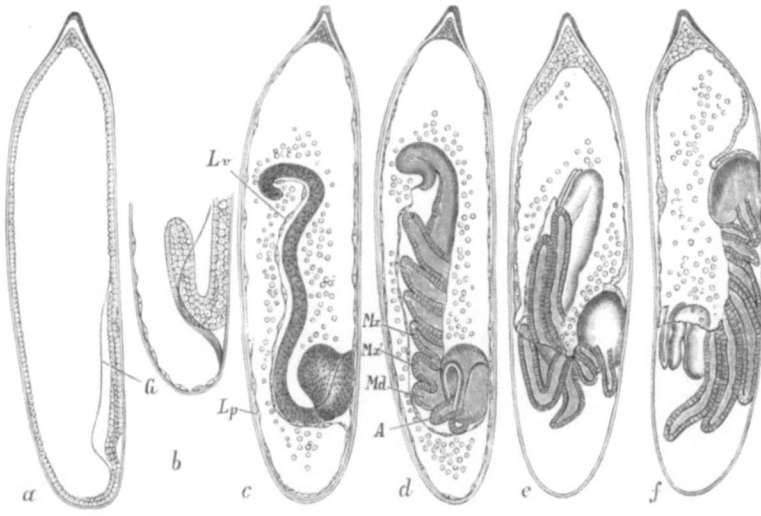

Abb. 738. Entwicklungsstadien einer Libelle (*Calopteryx virgo*) mit der Eischale. (Nach A. BRANDT.) a Beginn des Einwachsens der Embryonalanlage in den Dotter. *G* Seitenrand derselben. — b Etwas älteres Stadium. — c Die Keimstreifenanlage vollständig eingestülpt und damit die Embryonalhüllen ausgebildet. *Lv* Amnion, *Lp* Serosa. — d Späteres Stadium mit Extremitätenanlagen. Die Amnionhöhle vollständig geschlossen. *A* Antenne, *Md* Mandibel, *Mx*, *Mx'* die beiden Maxillen. — e Stadium der Umrollung des Embryos. — f Letztere nahe dem Abschlusse.

einer *halbvollkommenen* (Hemimetabola) und *vollkommenen* Metamorphose (Holometabola) in gewissem Sinne berechtigt erscheint. Im ersteren Falle (*Rhynchoten, Orthopteren*) wird der Übergang der aussschlüpfenden Larven in das ausgebildete geflügelte Insect, die *Imago*, durch eine Anzahl frei beweglicher und Nahrung aufnehmender Larvenstadien vermittelt, welche unter Häutungen aus einander hervorgehen, mit zunehmender Größe Flügelstummel erhalten, die Anlage der Geschlechtsorgane weiter ausbilden und den geflügelten Insecten immer ähnlicher werden. Auch die Lebensweise und Organisation der jungen Larven kann mit der des Geschlechtstieres übereinstimmen, z. B. bei den *Hemiptera, Orthoptera, Thysanoptera*. In anderen Fällen weichen Larve und Geschlechtstier durch Lebensweise und Aufenthaltsort beträchtlich ab. So leben z. B. die *Cicaden* im Larvenalter unter der Erde und besitzen Grabfüße, während der Imagozustand auf Bäumen lebt. Die Larven der *Plecoptera, Ephemeriden* und *Odonaten* (Abb. 739) leben im Wasser unter abweichenden Ernährungsbedingungen und bestehen meist eine große Zahl von Häutungen (*Cloëon* mehr als 20); sie besitzen Tracheenkiemen und entbehren offener Stigmen, welche sich erst beim Übergang in das geflügelte Tier öffnen. Das letzte Larvenstadium mit entwickelten Flügelanlagen wird als *Nymphe* unterschieden. Bei den *Ephemeriden* wird das dem Imagostadium vorausgehende, diesem sehr ähnliche, der Nahrungsaufnahme entbehrende Stadium als *Subimago* bezeichnet.

Vollkommen wird die Verwandlung durch das Auftreten eines meist ruhenden (nicht selten frei sich bewegenden), stets aber der Nahrungsaufnahme entbehrenden *Puppen*-Stadiums, mit welchem das Larvenleben abschließt. Trotz der scheinbaren Discontinuität der Entwicklung, die bei dem Übergang der Larve in die Puppe und dieser in das Stadium der *Imago* besteht, schreitet die Umgestaltung auch hier ganz allmählich vor, indem sich schon in der Larve die Anlage der Flügel und Extremitäten vollzieht, welche erst mit der Abstreifung der Haut an der Puppe äußerlich hervortreten. Auch kann die Puppe selbst mehrere Formzustände zeigen, wie z. B. bei den *Apiden*, wo sie zuerst als *Halbpuppe* (*Semipupa*, Subnymphe) einen noch kurzen Meso- und Metathorax mit kurzen Flügellappen und Gliedmaßen besitzt, während in dem späteren Zustande der Puppe diese Körperabschnitte dem Imagozustand viel näher stehen (Abb. 740). Den Puppenstadien der Insecten mit vollkommener Metamorphose sind die Nymphen bei den Insecten mit unvollkommener Verwandlung einigermaßen vergleichbar. Die vollkommene Verwandlung erscheint im Gegensatze zu der allmählichen kontinuier-

Abb. 739. *Aeschna*-Larve mit Flügelstummeln und Maske. $^1/_1$

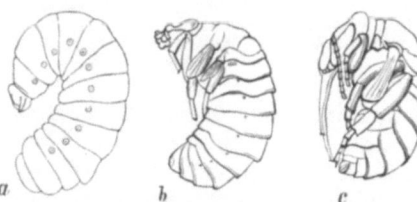

Abb. 740. a Larve der Hummel im Stadium der Verpuppung. b Subnymphe (*Semipupa*). c Puppe. (Nach PACKARD.)

lichen Umgestaltung bei der unvollkommenen Metamorphose diskontinuierlich, ein sekundäres Verhältnis, welches phyletisch aus der kontinuierlichen abzuleiten ist. Auch erscheint alsdann die Zahl der Häutungen eine beschränkte, indem meist schon die vierte Häutung in das letzte (5.) Stadium der Imago überführt.

Als *Hypermetamorphose* hat man nach dem Vorgange FABRES eine Metamorphose unterschieden, welche durch das Auftreten eines puppenartigen Larvenstadiums gewissermaßen noch über die vollkommene Verwandlung hinausgeht (*Meloiden*) (Abb. 741). Doch ist in diesen Fällen die Zahl der Häutungen keineswegs vermehrt.

Verhältnismäßig nur wenige Insectenlarven zeigen eine ursprüngliche Formgestaltung und sind als phyletische aufzufassen, wie die sogenannten *Campodea*-ähnlichen Larven der *Forficuliden, Perliden*, von *Mantispa* und manchen Käfern (*Meloiden*) (Abb. 741a). In den meisten Fällen verdanken die Insectenlarven sekundären Anpassungen ihre Eigentümlichkeiten. Die Larven der *Panorpatae*, zahlreicher Käfer, der Blattwespen und Schmetterlinge sind wurmförmig (*Raupen*) und besitzen an ihren drei freien Brustsegmenten gegliederte Extremitäten, häufig aber auch an den Hinterleibssegmenten eine größere oder geringere Zahl von Fußstummeln (Afterfüße). An dem wohlentwickelten Kopfe dieser Larven finden sich zwei Antennenstummel und einfache Punktaugen in verschiedener Zahl. Die Mundteile sind in der Regel beißend, auch da, wo die ausgebildeten Insecten Saugröhren besitzen, bleiben aber mit Ausnahme der Mandibeln gewöhnlich rudimentär (Freßspitzen). In anderen Fällen sind die Brust- und Hinterleibssegmente fußlos. Die am tiefsten stehenden, häufig parasitischen Larven sind die *Maden* (Abb. 725) (zahlreiche *Dipteren* und *Hymenopteren*), welche wurmförmig und meist fußlos sind und einen kleinen einziehbaren oder großenteils eingestülpten (*Dipteren*-Maden) Kopf besitzen.

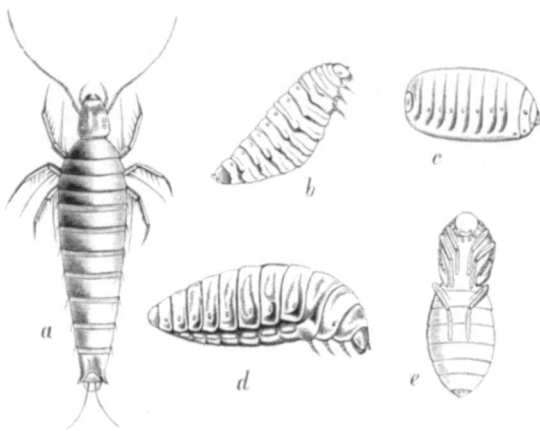

Abb. 741. Metamorphose von *Apalus (Sitaris) muralis (humeralis)*. (Nach FABRE.) a Erste Larvenform, $^{40}/_1$, b zweite Larvenform, c ruhendes Larvenstadium (Scheinpuppe), d letzte Larvenform, e Puppe. Etwa $^2/_1$

Durch absonderliche Larvenformen ist die Metamorphose bei einigen im Larvenleben parasitierenden Hymenopteren ausgezeichnet, deren Eier in andere Insectenlarven abgelegt werden (Abb. 742).

Die Ernährungsart der Larve wechselt mannigfach, indessen prävalieren vegetabilische Substanzen, welche im Überflusse dem rasch wachsenden Körper zu Gebote stehen. Derselbe besteht meist in kurzer Zeit vier oder fünf, selten eine größere Zahl Häutungen und bringt im Laufe seines Wachstums den Körper des geflügelten Insectes zur Anlage, nicht überall durch unmittelbare Umbildung bereits vorhandener Teile, sondern zuweilen unter wesentlichen Neubildungen. In dieser Hinsicht kommen bedeutende Verschiedenheiten vor, deren Extreme bei den Dipteren durch die Gattungen *Chaoborus* (*Corethra*) und *Musca* repräsentiert werden. Im ersteren Falle verwandeln sich die Larvensegmente und die Gliedmaßen des Kopfes direkt in die entsprechenden Teile der Mücke, während nur Beine und Flügel nach der letzten Larvenhäutung als Neubildungen (sog. *Imaginalscheiben*) auftreten (Abb. 743). Die Muskeln des Abdomens und die übrigen Organsysteme gehen unverändert oder mit geringen Umgestaltungen in die des geflügelten Tieres über, die Bein- und Flügelmuskeln dagegen entstehen als Neubildungen. Mit diesen geringen Veränderungen steht die Beweglichkeit der Puppe

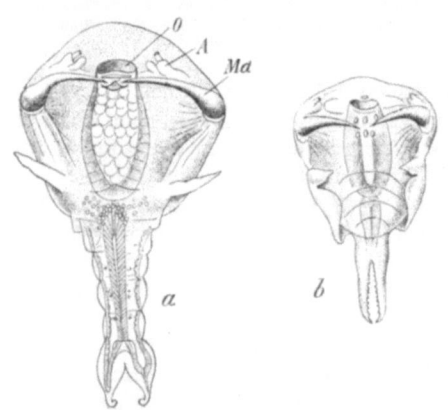

Abb. 742. Cyclopsähnliche Larven von a *Trichacis remulus*, b *Inostemma piricola*. (Nach MARCHAL.) Etwa $^{80}/_1$. *A* Antenne, *Md* Mandibel, *O* Mund.

und die geringe Entwicklung des Fettkörpers in Correlation. Bei *Musca* dagegen, deren ruhende Puppen von der festen tonnenförmigen Larvenhaut eingeschlossen liegen und einen reichlichen Fettkörper besitzen, entsteht das ausgebildete Tier unter tiefgreifenden Umbildungen der Larvenorgane. Die Wand von Kopf, Thorax und Hinterleib der Imago geht aus Imaginalscheiben hervor, die, bereits beim Embryo angelegt, im Larvenkörper zur Entwicklung gelangen. Während des

Puppenstadiums verwachsen diese Scheiben zur Bildung der Körperwand der Imago, während die Larvenhaut zerstört wird. Jedes Rumpfsegment der Imago wird in der Regel aus zwei (einem dorsalen und ventralen) Paaren von Imaginalscheiben aufgebaut, deren Anhänge im Thorax die Beine und Flügel darstellen. Auch die inneren Organe (Darm, Speicheldrüsen, Muskulatur, Tracheensystem) der Larve erfahren wesentliche Umgestaltungen, zerfallen zum Teil, um durch Neubildungen ersetzt zu werden. Der ganze Vorgang ist als ein tiefgreifender Regenerationsprozeß der Körpergewebe aufzufassen.

Hat die Larve ihre definitive Größe und Ausbildung erreicht, so schickt sie sich zur Verpuppung an. Die Larven zahlreicher Insecten verfertigen sich mittels ihrer Spinndrüsen über oder unter der Erde ein schützendes Gespinst, in welchem sie nach Abstreifung der Haut in das Stadium der *Puppe* (*Chrysalis*) eintreten. Entweder liegen die äußeren Körperteile des geflügelten Insectes der gemeinsamen festen Puppenhaut an (*Lepidopteren*, *Pupa obtecta*), oder sie stehen frei vom Rumpfe ab (*Coleopteren*, *Pupa libera*). Bleibt die Puppe auch noch von der letzten Larvenhaut umschlossen (*Musciden*), so heißt sie *Pupa coarctata*. Überall liegt bereits der Körper des geflügelten Insects mit seinen äußeren Teilen in der Puppe scharf umschrieben vor, und es wird während des Puppenlebens die Umgestaltung der inneren Organisation und Reife der Geschlechtsorgane vollendet. Schließlich sprengt das geflügelte Insect die Puppenhaut, arbeitet sich mit Fühlern, Flügeln und Beinen hervor, breitet die zusammengefalteten Teile unter lebhafter Inspiration auseinander, und aus dem Enddarm tropft das während des Puppenschlafes entstandene und aufgespeicherte Harnsecret aus.

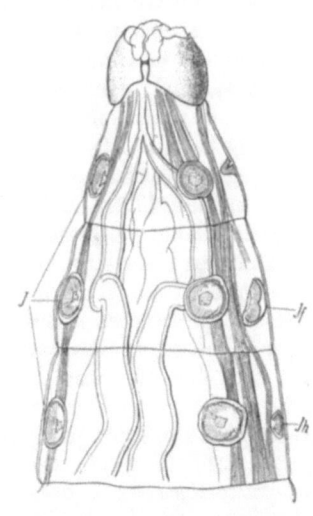

Abb. 743. Kopf und Thorax einer Pilzmückenlarve mit den Imaginalscheiben. (Original G.) *J* Anlagen der Füße, *Jf* Anlage des Vorderflügels, *Jh* Anlage der Haltere.

Die Lebensweise der Insecten ist so mannigfach, daß sich kaum eine allgemeine Darstellung geben läßt. Zur Nahrung dienen sowohl vegetabilische als animalische Substanzen, seien es feste Stoffe oder Flüssigkeiten, sei es im frischen oder im faulenden Zustande. Insbesondere werden die Pflanzen von den Insecten und deren Larven heimgesucht und es existiert wohl keine Phanerogame, welche nicht eine oder mehrere Insectenarten ernährte. Umgekehrt erscheinen viele Insecten wiederum für das Gedeihen der Pflanzenwelt nützlich und notwendig, indem sie, wie zahlreiche Fliegen, Bienen und Schmetterlinge, durch Übertragung des Pollens auf die Narbe der Blüten die Befruchtung vermitteln.

Der hohen Organisation entsprechen die vielseitigen und oft sehr komplizierten, teils rein reflektorischen (instinktiven), teils auf mnemischer Grundlage beruhenden Handlungen (s. S. 256ff.). Die instinktiven Äußerungen beziehen sich zunächst auf die Erhaltung des Individuums, indem sie Mittel und Wege zum Erwerbe der Nahrung und zur Verteidigung schaffen, ganz besonders aber durch die Sorge um die Brut auf die Erhaltung der Art. Am einfachsten offenbart sich die letztere in der zweckmäßigen Ablage der Eier an geschützten Plätzen und an bestimmten, dem ausschlüpfenden Tiere zur Nahrung dienenden Futterpflanzen. Komplizierter werden die Handlungen des Mutterinsects überall da, wo sich die Larve in besonders gefertigten Räumen entwickelt und nach ihrem

Ausschlüpfen die erforderliche Menge geeigneter Nahrungsmittel vorfindet (*Ammophila sabulosa*). Am wunderbarsten aber bilden sich die Brutpflegeinstinkte bei einigen *Hymenopteren* (Ameisen, Wespen, Bienen) und den *Termiten* aus, welche die jungen Larven mit zugetragener und in besonderen Drüsen oder Darmabschnitten zubereiteter Nahrung großziehen. In solchen Fällen erscheint eine große Zahl von Individuen zu gemeinsamem Wirken in sogenannten *Tierstaaten* mit ausgeprägter Arbeitsteilung ihrer männlichen, weiblichen und geschlechtlich verkümmerten Generationen vereinigt (s. S. 257).

Einige Insecten erscheinen zu Tonproduktionen befähigt, die wir zum Teil als Äußerung einer inneren Stimmung aufzufassen haben. Man wird in dieser Hinsicht von den summenden Geräuschen der im Fluge befindlichen Coleopteren, Lepidopteren, Hymenopteren und Dipteren (Vibrieren der Flügel, die Bedeutung des sogenannten Brummapparates in den Stigmen für die Tonproduktion wird bezweifelt), ebensowohl von den knarrenden Tönen zahlreicher Käfer, welche durch die Reibung bestimmter Körpersegmente aneinander (Pronotum und Mesonotum, *Cerambycidae*) oder mit der Innenseite der Flügeldecken entstehen, abstrahieren können, obwohl es möglich bleibt, daß sie zur Abwehr feindlicher Angriffe eine Beziehung haben. Eigentümliche Stimmorgane, welche Locktöne behufs Anregung zur Begattung erzeugen, finden sich bei den männlichen *Singzirpen* (*Cicada*) sowie bei den männlichen *Achetiden* und *Locustiden*. Ähnliche, wenngleich schwächer zirpende Töne produzieren beide Geschlechter der *Acrydiiden*. Wie bei Käfern, desgleichen einer Anzahl von Wanzen und Ameisen, werden bei den genannten Orthopteren die Töne durch *Stridulationsorgane* erzeugt, indem eine mit reihenweise angeordneten Erhöhungen (Schrillzähnchen) besetzte Leiste (Schrilleiste) oder Rillen gegen eine stark vorspringende Kante (Schrillkante) angestrichen wird. Bei den *Achetiden* und *Locustiden* liegen diese Organe an der Basis des Vorderflügels; die *Acrydiiden* streichen in der Regel eine Schrilleiste des Hinterschenkels gegen eine stark vorspringende Ader des Vorderflügels an. Bei den *Singzirpen* hingegen handelt es sich um ein jederseits am ersten Abdominalsegmente gelegenes *trommelartiges Organ*, bestehend aus einer von einer Platte überdeckten elastischen Membran, die durch einen Muskel in Schwingungen versetzt wird; schallverstärkend wirken die anliegenden großen Tracheenblasen. Nach PRELL entsteht der Laut bei *Acherontia atropos* beim Einsaugen von Luft durch den Pharynx zufolge dadurch hervorgerufener Schwingungen des Epipharynx.

Die Verbreitung der Insecten ist eine fast allgemeine, vom Äquator an bis zu den äußersten Grenzen der Vegetation. Einige Formen sind wahre Kosmopoliten, z. B. der Distelfalter.

Fossile Insecten sind zuerst aus dem Carbon bekannt (*Palaeodictyoptera*); die Entwicklung der großen Formenmannigfaltigkeit fällt in die Kreidezeit.

In der systematischen Übersicht ist hier im allgemeinen den Auffassungen von BRAUER und HANDLIRSCH gefolgt.

1. Ordnung. Orthoptera, Geradflügler[1].

Insecten mit beißenden Mundwerkzeugen, vierteiliger Unterlippe, mit zwei ungleichartigen Flügelpaaren und unvollkommener Metamorphose.

In der äußeren Erscheinung und inneren Organisation waltet große Mannigfaltigkeit ob. Meist trägt der große Kopf lange vielgliedrige Fühler, ansehnliche

---

[1] SERVILLE, A.: Histoire naturelle des Insectes Orthoptères. Paris 1839. — DE CHARPENTIER, T.: Orthoptera descripta et depicta. Leipzig 1841. — FISCHER, L. H.: Orthoptera Europaea. Leipzig 1853. — BRUNNER V. WATTENWYL, K.: Prodromus der europäischen Orthopteren. Leipzig 1882. — DE BORMANS A. u. H. KRAUSS: Forficulidae und Hemi-

Fam. *Hemimeridae.* Körper blattidenähnlich, Flügel und Augen fehlen. Beine zum Laufen geeignet. Am Körperende zwei lange ungegliederte Cerci. Vivipar. Embryonalentwicklung mittels Placentarorganen. *Hemimerus talpoides* WLK. Auf dem Fell von *Cricetomys.* Ost- und Westafrika.

2. Unterordnung. *Blattodea.* Orthopteren von flacher Körperform, mit breitem, schildförmigem, den Kopf überdeckendem Prothorax. Fühler lang, vielgliedrig. Ocellen fehlen in der Regel. Beine stark, mit bestachelten Schienen, zum Laufen geeignet. Tarsen 5gliedrig. Die Vorderflügel sind große übereinander greifende Flügeldecken, können aber samt den Hinterflügeln in beiden Geschlechtern fehlen. Cerci gegliedert. Die Schaben leben von harten Stoffen und halten sich am Tage in dunklen Verstecken auf. Viele Arten sind über alle Weltteile verschleppt und richten bei massenhaftem Auftreten in Bäckereien und Magazinen großen Schaden an. Die Weibchen legen ihre Eier in Kapseln ab, welche bei *Blatta orientalis* ungefähr 40 Eier, in einer Doppelreihe gelagert, umschließen.

Fam. *Blattidae.* Mit den Charakteren der Unterordnung. *Blatta (Stylopyga) orientalis* L., Küchenschabe. Weibchen mit rudimentären Flügeln. Soll aus dem Orient in Europa eingewandert sein. Entwicklung soll 4 Jahre dauern (Abb. 744 b). *Periplaneta americana* L., *Blattella (Phyllodromia) germanica* L. Europa, Syrien, Nordafrika. *Ectobius lapponicus* L. Nord- und Mitteleuropa. *Heterogamia aegyptiaca* L. Weibchen ungeflügelt. Östl. Mittelmeerländer, Ostindien.

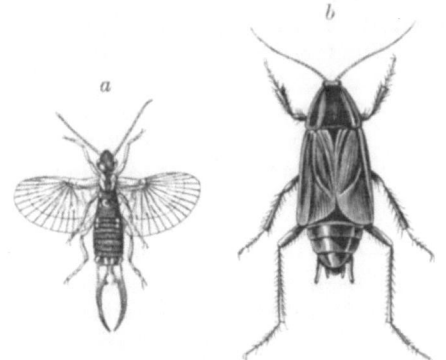

Abb. 744. a *Forficula auricularia.* (Nach CURTIS.) b *Blatta orientalis* ♂ (aus règne animal). $1/_1$

3. Unterordnung. *Mantodea.* Meist größere Orthopteren mit vorderen Raubbeinen. Prothorax verlängert. Vorderflügel derber, deckenartig, Hinterflügel fächerartig. Cerci vielgliedrig. Leben vom Raube anderer Insecten und sind meist Bewohner der wärmeren und heißen Klimate. Die Weibchen legen ihre Eier klumpenweise an Pflanzen und in einer schaumigen Kapsel ab.

Fam. *Mantidae.* Fangheuschrecken. *Mantis religiosa* L., Gottesanbeterin. Mittel- und Südeuropa (Abb. 716a). *Sphodromantis bioculata* BURM. Nordafrika. *Empusa fasciata* BRULLÉ. Östl. Mittelmeerländer.

4. Unterordnung. *Phasmodea.* Körper stab- oder blattförmig. Meso- und Metathorax verwachsen. Vorderflügel deckenartig, Hinterflügel mit stark entwickeltem Fächer. Beide Flügel häufig abortiv oder fehlend. Die Füße sind Schreitbeine, deren 5gliedrige Tarsen zwischen den Endklauen einen großen Haftlappen tragen. Cerci nicht gegliedert. Leben in den Tropengegenden und ernähren sich von Blättern. Die flügellosen Formen gleichen verdorrten Zweigen, die geflügelten trockenen Blättern.

Fam. *Phasmatidae,* Gespenstheuschrecken. *Bacillus rossius* F. Pflanzt sich parthenogenetisch fort. Südeuropa. *Phasma fasciatum* GRAY. Brasilien. *Dixippus (Carausius) morosus* BRUNNER, Ostindien. *Phyllum siccifolium* L. Wandelndes Blatt. *P. pulchrifolium* SERV. Ostindien (Abb. 307).

5. Unterordnung. *Saltatoria.* Mit großem, senkrecht gestelltem Kopf. Prothorax groß, Meso- und Metathorax fest verbunden. Vorderflügel stärker chitinisiert, Hinterflügel meist groß, fächerförmig. Hinterbeine als Springbeine entwickelt. Cerci nicht gegliedert.

Fam. *Gryllacridae.* Körper gedrungen, geflügelt oder flügellos. Viele Längsadern an den Flügeln. Männchen ohne Zirporgane. Tarsalglieder stark verbreitert. Sind die primitivsten Saltatoria. *Gryllacris macilenta* PICT. SAUSS. Java. *G. signifera* STOLL. Korea bis Java.

Facettenaugen und zwei oder drei Punktaugen. Die Mundwerkzeuge sind zum Beißen eingerichtet (Abb. 711). Die Maxillen sind mit an der Spitze gezahnter Innenlade versehen, diese von der helmförmigen häutigen Außenlade (Galea) überdeckt, mit 5gliedrigem Taster. An der Unterlippe bleiben in der Regel die vier Laden, zuweilen selbst ihre Stipites getrennt. Die Labialtaster sind 3gliedrig. Der Prothorax zeigt sich durchweg frei beweglich. Form und Bildung der Flügel schwanken außerordentlich. Meist sind die schmalen Vorderflügel pergamentartige Flügeldecken oder wenigstens stärker und dickhäutiger als die größeren und der Länge nach zusammenlegbaren Hinterflügel. Die Flügel können auch fehlen. Verschieden verhalten sich auch die Beine, deren Tarsen selten nur aus zwei, meist aus drei bis fünf Gliedern bestehen.

Der Hinterleib bewahrt die vollzählige Segmentierung und trägt hinten zangen-, griffel-, faden- oder borstenförmige Cerci; meist gehen zehn Segmente in seine Bildung ein. Am weiblichen Abdomen findet sich zuweilen (Heuschrecken) eine Legescheide; sie entspringt am vorletzten und drittletzten Segment und besteht jederseits aus einer oberen und unteren Scheidenklappe und einem inneren, der oberen Scheidenklappe anliegenden, auf einer Rinne am oberen Rande der unteren Scheidenklappe laufenden Stachelstab (Abb. 719).

Viele Orthopteren besitzen an der Speiseröhre einen Kropf, ferner einen Kaumagen, auf welchen der häufig mit einigen Blinddärmchen beginnende Chylusmagen folgt. Die Speicheldrüsen sind oft außerordentlich umfangreich und mit einem blasenförmigen Reservoir versehen. MALPIGHIsche Gefäße sehr zahlreich. Einige Orthopteren besitzen Tympanalorgane. Für die Geschlechtsorgane gilt im allgemeinen das Vorhandensein zahlreicher Eiröhren und Hodenschläuche, in deren Leitungskanäle mächtige Drüsen einmünden. Eine Bursa copulatrix fehlt.

Beide Geschlechter unterscheiden sich — von der Verschiedenheit der äußeren Copulationsorgane und des Hinterleibsumfanges abgesehen — zuweilen durch geringere Größe oder Mangel der Flügel im weiblichen Geschlechte, sowie bei den springenden Orthopteren durch die Ausbildung eines Stimmorganes am Körper des Männchens. Selten besitzt auch das Weibchen den Stimmapparat in vollkommener Ausbildung (*Ephippiger*). Die Eier werden in der Erde oder an äußere Gegenstände abgesetzt. Die Entwicklung ist eine unvollkommene Metamorphose. Die Larven der geflügelten Formen verlassen das Ei ohne Flügelstummel, stimmen sonst in Körperform und Lebensweise mit den Geschlechtern überein. Die meisten ernähren sich im ausgebildeten Zustande von Früchten und Blättern, einige von tierischen Substanzen.

1. Unterordnung. *Dermaptera*. Körper langgestreckt (Abb. 744a). Die Vorderflügel sind kurze, stark chitinisierte Flügeldecken, die Hinterflügel groß, fächerförmig und doppelt quergefaltet. Flügel fehlen zuweilen. Fühler schnurförmig. Unterlippe mit gespaltenen Stipites. Ocellen fehlen. Cerci ungegliedert oder eine Zange bildend.

Fam. *Forficulidae*. Ohrwürmer. Letztes Abdominalsegment mit zwei eine Zange bildenden Cerci. Genitalgänge des Männchens getrennt ausmündend oder einseitig rückgebildet. Ernähren sich von Tier- und Pflanzenstoffen, besonders Früchten, und verkriechen sich am Tage in Schlupfwinkeln. *Labidura riparia* PALL. Am Meeresstrand und Flußufern. Weit verbreitet. *Labia minor* L. Fliegt bei Tage. *Forficula auricularia* L. Europa, Asien, Afrika, Nordamerika (Abb. 744a).

---

meridae. Tierreich 11. Liefg. 1900. — KIRBY, W. F.: A Synonymic Catalogue of Orthoptera 1, 2. London 1904—1906. — BRUNNER v. WATTENWYL, K. u. J. REDTENBACHER: Die Insectenfamilie der Phasmiden. Leipzig 1908. — HANSEN, H. J.: On the Structure and Habits of *Hemimerus talpoides*. Entomol. Tidsskr. 15 (1894). — HEYMONS, R.: Über den Genitalapparat und die Entwicklung von *Hemimerus talpoides*. Zool. Jb. Suppl. 15, 2 (1912). — Vgl. außerdem die Arbeiten von WESTWOOD, BORDAS, SINÉTY, WERNER, KARNY, KÜHNLE u. a.

Fam. *Acrydiidae*, Feldheuschrecken. Körper seitlich komprimiert mit kurzen, schnur- oder fadenförmigen Fühlern. Pronotum schildförmig, das Mesonotum überragend. Die derben Vorderflügel meist schmal. Flügel mitunter verkümmert oder fehlend. Tympanalorgane liegen im 1. Abdominalsegmente (Abb. 709). Weibchen mit kurzer Legescheide. Die Männchen produzieren ein schrillendes Geräusch, indem sie eine gezähnte Leiste der Hinterschenkel an vorspringenden Adern der Flügeldecken anstreichen. Auch bei den Weibchen ist dieser Stridulationsapparat, wenngleich rudimentär, vorhanden, und es vermögen die Weibchen mancher Arten schwache zirpende Töne hervorzubringen. Sie halten sich vorzugsweise auf Feldern, Wiesen und Bergen auf, manche fliegen mit schnarrendem Geräusch in der Regel nur auf kurze Strecken und ernähren sich von Pflanzenteilen. *Acrida turrita* L. (*Tryxalis nasuta* L.). Südeuropa, Asien, Afrika, Australien. *Mecosthetus grossus* L., *Chorthippus* (*Stenobothrus*) *lineatus* PANZ. Europa. *Dociostaurus* (*Stauronotus*) *maroccanus* THUNB., marokkanische Wanderheuschrecke. Mittelmeerländer. *Gomphocerus rufus* L. Mitteleuropa. *Phrynotettix magnus* THOMAS. Mexico. *Circotettix* (*Trimerotropis*) *suffusus* SCUDD. Westl. Nordamerika. *Oedipoda coerulescens* L. Mittelmeerländer. *Pachytylus migratorius* L., europäische Wanderheuschrecke. Östl. Europa. Ungeheure Schwärme unternehmen gemeinsame Züge und verbreiten sich verheerend und zerstörend über Getreidefelder. *Psophus stridulus* L., Wiesenschnarre. *Anacridium* (*Locusta*) *aegyptium* L. (*tartaricum* CYR.). Mittelmeerländer. *Schistocerca peregrina* OL., afrikanische Wanderheuschrecke. Nordafrika. *Acrydium* (*Tettix*) *subulatum* L. Europa.

Abb. 745. *Liogryllus campestris* ♂ (aus règne animal). $^1/_1$

Fam. *Locustidae*, Laubheuschrecken. Körper langgestreckt, meist grasgrün oder braun gefärbt, mit sehr dünnen Fühlern und meist vertikal dem Körper anliegenden Flügeldecken. Zirporgan an der Basis der Vorderflügel. Tympanalorgan in den Schienen der Vorderbeine (Abb. 730). Weibchen mit säbelförmiger Legescheide. Die im Spätsommer oder im Herbste in der Erde abgesetzten Eier überwintern. Die Laubheuschrecken leben im Wald und Gebüsch, auch wohl auf dem Felde und sitzen hoch auf dem Gipfel der Halme oder Sträucher. Leben vom Raube. *Saga pedo* PALL. (*serrata* F.). Weibchen flügellos. Pflanzt sich parthenogenetisch fort. Österreich, Südeuropa. *Locusta* (*Tettigonia*) *viridissima* L., Heupferd. Europa. *L. cantans* FÜSSL. Nord- und Mitteleuropa. *Pholidoptera* (*Thamnotrizon*) *griseoaptera* GEER (*cinerea* L.). Nord- und Mitteleuropa.

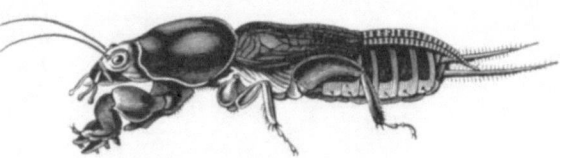

Abb. 746. *Gryllotalpa gryllotalpa* (*vulgaris*) (aus règne animal). $^1/_1$

Decticus verrucivorus L. Europa. *Ephippiger ephippiger* F. (*vitium* SERV.). Flügel rudimentär. Mitteleuropa. *Troglophilus cavicola* KOLL. Flügellos. In Kalksteinhöhlen und unter Laub. Österreich und Balkan.

Fam. *Achetidae*, Grabheuschrecken. Von dicker, walziger Körperform, mit dickem Kopf, meist langen, borstenförmigen Fühlern und kurzen, horizontal aufliegenden Flügeldecken, welche von den eingerollten Hinterflügeln weit überragt werden. Die Vorderbeine zuweilen Grabfüße. Das Männchen bringt durch Aneinanderreiben beider Flügeldecken, die übrigens die gleiche Bildung, Zähne einer Flügelader (Schrillader) der Unterseite und vorspringende gratte Schrillkante am Innenrande haben, schrillende Töne hervor und heftet während der Begattung an die weibliche Geschlechtsöffnung eine kolbige Spermatophore, welche bis zur Entleerung umhergetragen wird. Weibchen meist mit gerader Legescheide. Sie leben meist unterirdisch in Gängen und Höhlungen und ernähren sich sowohl von Wurzeln als von animalischen Stoffen. Die Larven schlüpfen im Sommer aus und überwintern in der Erde. *Oecanthus pellucens* SCOP., Weinhähnchen. *Nemobius sylvestris* F. Mitteleuropa. *Liogryllus campestris* L., Feldgrille (Abb. 745). Europa. *Acheta* (*Gryllus*) *domestica*

L., Hausheimchen. Kosmopolit. *Myrmecophila acervorum* PANZ. Flügellos. Lebt in Ameisenhaufen unter Steinen. *Gryllotalpa gryllotalpa* L. (*vulgaris* LATR.), Werre, Maulwurfsgrille. Europa (Abb. 746).

2. Ordnung. Corrodentia[1].

Insecten mit beißenden, zuweilen reduzierten Mundteilen, mit gleichartigen Flügeln oder flügellos, mit unvollkommener oder ohne Metamorphose.

Diese Ordnung umfaßt sowohl freilebende Formen, wie die *Isoptera* und *Psocoidea*, als auch Ectoparasiten (*Mallophaga, Siphunculata*). Erstere tragen zum Teil häutige Flügel, welche gleichartig entwickelt sind, die übrigen sind flügellos. Der Prothorax bleibt frei, wogegen Meso- und Metathorax zuweilen verwachsen. Die Füße erscheinen zum Laufen oder Anklammern eingerichtet. Die Mundteile sind beißend, entweder wohlentwickelt (*Isoptera*) oder teilweise reduziert (*Psocoidea, Mallophaga*), bei den *Siphunculata* teilweise rückgebildet. Am Hinterleibe finden sich bloß bei den *Isoptera* Cerci. Entwicklung direkt oder eine unvollkommene Metamorphose.

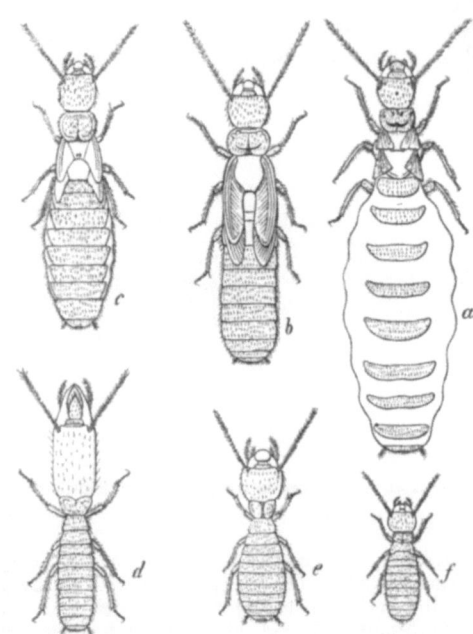

Abb. 747. *Leucotermes lucifugus*. (Nach LESPÈS.) $^5/_1$. a Trächtiges Weibchen (Königin), b Nymphe, c Nymphe der zweiten Form, d Soldat, e Arbeiter, f Larve.

1. Unterordnung. *Isoptera*. In Staaten lebende Corrodentien mit großem Kopf, der beim Geschlechtstier große Komplexaugen, häufig auch Ocellen, sowie perlschnurförmige Fühler trägt. Mundteile wohlentwickelt, beißend. Kiefertaster 5gliedrig, Lippentaster 3gliedrig. Die gleichgroßen Flügel, bloß bei den Geschlechtstieren entwickelt, sind wenig geädert und zeigen eine quere Teilungsfalte am Grunde, an welcher sie abfallen. Füße zum Laufen geeignet, mit 4gliedrigen Tarsen. Cerci vorhanden. Am Darm ein Kaumagen. Ernähren sich von trockenen vegetabilischen und tierischen Substanzen.

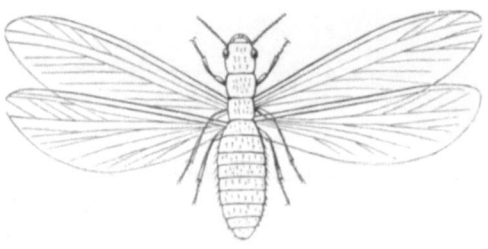

Abb. 748. Männchen von *Leucotermes lucifugus* (aus règne animal). $^5/_1$.

Fam. *Termitidae*, weiße Ameisen. Die Termiten leben gesellig in Vereinen verschieden gestalteter Individuen, von denen die geflügelten die Geschlechtstiere sind (Abb. 748), die

---

[1] Außer FROGGATT, DESNEUX, WASMANN vgl. HAGEN, H.: Monographie der Termiten. Linnean Entomol. 10 (1855); 12 (1858); 14 (1860). — LESPÈS, CH.: Recherches sur l'organisation et les mœurs du Termite lucifuge. Ann. des Sci. natur. 1856. — MÜLLER, FR.: Beiträge zur Kenntnis der Termiten. Jena. Z. Naturwiss. 7 (1873); 9 (1875). — GRASSI, B. u. A. SANDIAS: Costituzione e sviluppo della società dei Termitidi. Atti Accad. Gioenia. Catania 1893—1894. — SILVESTRI, F.: Ergebnisse biologischer Studien an südamerikani-

ungeflügelten teils den Larven und Nymphen der ersteren entsprechen, teils eine ausgebildete, jedoch geschlechtlich verkümmerte, meist augenlose männliche und weibliche Formengruppe repräsentieren. Diese gliedert sich meist in Soldaten mit großem viereckigen Kopf und sehr starken Mandibeln, welche die Verteidigung besorgen, und in Arbeiter mit kleinerem rundlichen Kopf und mit weniger vortretenden Mandibeln, denen die übrigen Arbeiten im Stocke obliegen (Abb. 747). Bei *Calotermes* finden sich bloß Soldaten, bei *Anoplotermes* nur Arbeiter. Jede Kolonie besitzt ein Königspaar oder auch Ersatzkönige bzw. -königinnen. Einzelne Arten leben in Südeuropa, die meisten aber gehören den heißen Gegenden Afrikas und Amerikas an, wo sie durch ihre Zerstörungen, sowie durch ihre Bauten berüchtigt sind. Die letzteren legen sie entweder im Erdboden, in Baumstämmen, oft nur unter der Rinde, oder auf der Erde in Form von Hügeln an, die sie ganz und gar von Gängen und Höhlungen durchsetzen. Die Begattung erfolgt nicht im Fluge. Nach der Begattung werden die Flügel abgeworfen; die Königin schwillt infolge der Vergrößerung des Ovariums meist zu kolossalen Dimensionen an und beginnt häufig in besonderen Räumen des Stockes die Eier abzusetzen, die alsbald von den Arbeitern fortgeschafft werden. Manche Termiten züchten in ihrem Bau Pilzmycelien (Pilzgärten) als Nahrungsquelle. Als Gäste, Termitophile, leben in den Termitennestern gewisse Carabidenlarven, verschiedene, zum Teil bizarr gestaltete Staphyliniden, einige Dipteren (so *Termitoxenia* WASM.). *Mastotermes darwiniensis* FROGG. Nordaustralien. Primitivste, den Blattiden sich nähernde Form. *Calotermes flavicollis* FABR. Südeuropa, Nordafrika. *Leucotermes lucifugus* ROSSI. Südeuropa (Abb. 747, 748). *L. flavipes* KOLL. Nordamerika. *Termes bellicosus* SMEATHM., im tropischen Afrika, baut Erdhügel von 3—4 m Höhe. *Anoplotermes pacificus* FR. MÜLL. Paraguay, Argentinien.

Abb. 749. *Graphopsocus (Stenopsocus) cruciatus*. (Nach M'LACHLAN.) $^{10}/_1$

2. Unterordnung. *Zoraptera*, Bodenläuse. Kleine Corrodentien von schlankem Körper mit schräggestelltem Kopf. Mit kleinen Komplexaugen und drei Ocellen. Mit vier gleichartigen wimperhaarigen Flügeln, die später abgeworfen werden. Mundteile beißend, Lippentaster 3gliedrig. Fühler schnurförmig, Beine kräftig mit 2gliedrigem Tarsus. Die Thoraxsegmente gut getrennt, Abdomen mit kurzen Cerci. Leben im Erdboden oder unter Rinde. Dürften den Stammformen der Thysanopteren nahestehen (KARNY).

Fam. *Zorotypidae. Zorotypus javanicus* SILVESTRI. Java. *Z. hubbardi* CAUDELL. Texas, Florida. *Z. guineensis* SILVESTRI. Westafrika.

3. Unterordnung. *Psocoidea* (*Copeognatha*). Kleine Corrodentien mit großem Kopf, mit vier gleichartigen zarten Flügeln, die Hinterflügel viel kleiner, oder flügellos. Mundteile beißend, Lippentaster reduziert. Fühler lang borstenförmig,

---

schen Termiten. Allg. Z. Entomol. 7 (1902). — SJÖSTEDT, Y.: Monographie der Termiten Afrikas. Vetensk. Akad. Hdl. Stockholm 34 (1901); 38 (1904). — HOLMGREN, N.: Termitenstudien. 4 Teile. Svensk. Vet. Akad. Hdl. 44—50 (1909—1913). — ESCHERICH, K.: Die Termiten oder weißen Ameisen. Leipzig 1909. — KOLBE, H.: Monographie der deutschen Psociden. Münster 1880. — RIBAGA, C.: Anatomia del *Trichopsocus Dalii*. Riv. Pat. Veg. 9 (1902). — LANDOIS, L.: Untersuchungen über die an dem Menschen schmarotzenden Pediculinen. Z. Zool. 14—15 (1864—1865). — GROSSE, F.: Beiträge zur Kenntnis der Mallophagen. Ebenda 42 (1885). — GIEBEL-NITZSCH, C.: Insecta Epizoa. Leipzig 1874. — PIAGET, E.: Les Péduculines. Leide 1880. Suppl. 1885. — SNODGRASS, R. E.: The Anatomy of the Mallophaga. California Acad. of Sci. 6 (1899). — CHOLODKOVSKY, N.: Zur Morphologie der Pediculiden. Zool. Anz. 1903. — ENDERLEIN, G.: Läusestudien. Ebenda 28 (1905). — FULMEK, L.: Das Rückengefäß der Mallophagen. Arb. Zool. Inst. Wien 17 (1907). — MJÖBERG, E.: Studien über Mallophagen und Anopluren. Ark. Zool. 6. Stockholm 1910. — SILVESTRI, F.: Descrizione di un nuovo ordine di Insetti. Boll. Labor. Zool. Gen. e Agr. 7. Portici 1913. — MÜLLER, J.: Zur Naturgeschichte der Kleiderlaus. Wien u. Leipzig 1915. — STRINDBERG, H.: Zur Entwicklungsgeschichte und Anatomie der Mallophagen. Z. Zool. 115 (1916). — KARNY, H.: Zorapteren aus Südsumatra. Treubia 3 (1922). — Ferner ROSTOCK, M. u. H. KOLBE: Neuroptera germanica. Zwickau 1888.

Beine mit 2—3gliedrigen Tarsen. Abdomen ohne Cerci. Am Kopfe meist drei Stirnaugen. Kein Kaumagen entwickelt.

Fam. *Psocidae*, Holzläuse. *Amphigerontia bifasciata* LATR. *Psocus nebulosus* STEPH., *Pterodela* (*Caecilius*) *pedicularia* L. Nord- und Mitteleuropa, auf Laub- und Nadelholz. *Caecilius flavidus* CURT, *Graphopsocus cruciatus* L., auf Laubholz (Abb. 749). *Troctes divinatorius* MÜLL., *Atropos pulsatoria* L., Bücherlaus, beide flügellos, in Insectensammlungen, Büchern. Europa.

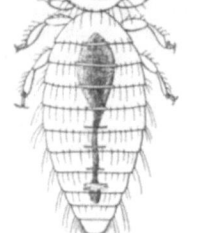

Abb. 750. *Menopon pallidum*.
(Nach GIEBEL-NITZSCH.) ³⁶/₁

4. Unterordnung. *Mallophaga*, Pelzfresser. Flügellose kleine Corrodentien von flachem Körper. Kopf groß, Prothorax frei, Meso- und Metathorax oft verwachsen. Fühler kurz, hinter denselben die rudimentären Augen. Mundteile beißend; Maxillen verkümmert, selten mit Taster, Unterlippe mit kurzem Taster. Oberlippe zuweilen napfartig. Die kurzen Beine zum Laufen und Anklammern eingerichtet. Am Darm ein Kropf. Herz verkürzt mit nur zwei bis drei Spaltenpaaren. Entwicklung direkt. Ernähren sich als Ectoparasiten der Vögel und Säugetiere von deren Epidermisgebilden (Federn, Haare, Schüppchen).

Fam. *Menoponidae* (*Amblycera*). Mesonotum und Metanotum getrennt, Fühler geknöpft oder gekeult. *Menopon* (*Liotheum*) *pallidum* NITZSCH, auf dem Haushuhn (Abb. 750). Hier schließt sich an *Gyropus ovalis* GIEB., auf Meerschweinchen.

Fam. *Goniocotididae* (*Ischnocera*). Meso- und Metanotum verschmolzen. Fühler fadenförmig. *Docophorus atratus* NITZSCH, auf Krähen. *Lipeurus baculus* NITZSCH, auf Tauben. *Goniocotes* (*Philopterus*) *hologaster* NITZSCH, auf dem Haushuhn. *Nirmus gracilis* NITZSCH, auf Schwalben. Hier schließt sich an *Trichodectes latus* NITZSCH (*canis* GEER), auf dem Hund.

5. Unterordnung. *Siphunculata* (*Anoplura*). Flügellose kleine Insecten. Mund am Vorderende des Kopfes, mit aus der Oberlippe und einer sich anschließenden Hautfalte gebildetem vorstülpbaren Saugrohr, mit Bohrstachel (Hypopharynx) und ihm anliegenden feinen Stiletten (Maxillen?), die in einer ventral in die Mundhöhle mündenden Stachelscheide gelegen sind. Oberkiefer rückgebildet. Komplexaugen auf ein Ommatidium reduziert. Thoraxsegmente undeutlich geschieden. Beine zum Anklammern geeignet. Entwicklung direkt. Leben parasitisch auf der Haut von Säugetieren und saugen Blut. Die birnförmigen Eier (Nisse) werden an die Haare abgelegt.

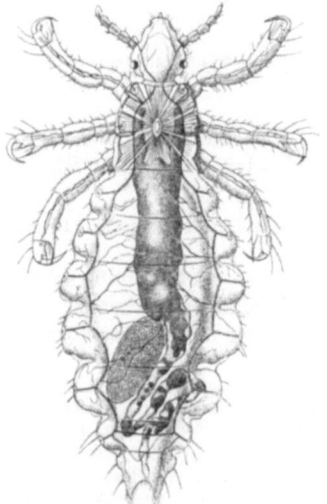

Abb. 751. *Pediculus vestimenti* ♀. (Nach J. MÜLLER.) ¹⁶/₁

Fam. *Pediculidae*, Läuse. *Pediculus capitis* GEER, Kopflaus des Menschen. Die Jungen sind schon in 18 Tagen fortpflanzungsfähig. *P. vestimenti* NITZSCH, Kleiderlaus (Abb. 751). Beide Überträger des Fleckfiebers. *Phthirus* (*Phthirius*) *pubis* L., Schamlaus. *Haematopinus piliferus* BURM., Hundelaus. *H. suis* L. Auf dem Schwein.

3. Ordnung. Thysanoptera (Physapoda), Blasenfüßer[1].

Kleine Insecten mit saugenden Mundteilen, mit gleichartigen schmalen wimperhaarigen Flügeln oder ungeflügelt, mit Haftscheibe an den Enden der Beine, mit halbvollkommener Metamorphose.

Die Thysanopteren (Abb. 752) besitzen einen schmalen flachen Körper, welcher vier gleichartige schmale lang behaarte Flügel trägt oder ungeflügelt ist. Komplexaugen und meist drei Ocellen vorhanden. Die Mundteile sind saugend. Oberlippe und beide Maxillenpaare sind zu einem Rohre verwachsen, in welchem drei Stechborsten, die linke Mandibel (die rechte ist atrophiert) sowie zwei der ersten Maxille zugezählte Anhänge liegen. Taster erhalten. Die 2gliedrigen Tarsen der Füße enden mit einem saugnapfartig wirkenden vorstülpbaren Haftlappen. Larven den ausgebildeten Tieren sehr ähnlich. Bei einigen Formen kommt Parthenogenese vor. Viele *Thripiden* zeigen Springvermögen. Kleine Tiere, welche auf Blättern und Blüten oder in Baumrinde leben. Die *Aeolothripinen* sind carnivor.

Abb. 752. *Limothrips cerealium.* (Aus NÖRDLINGER.)

1. Unterordnung. *Terebrantia.* Weibchen mit Legebohrer, 10. Abdominalsegment des Männchens nicht röhrenförmig.

Fam. *Aeolothripidae.* Legebohrer nach oben gekrümmt. Flügel mit gerundeter Spitze. Ohne Springvermögen. *Aeolothrips fasciatus* L. Carnivor. Europa, Nördl. Asien, Nordamerika. *Orothrips* MOULTON. Mit gut entwickeltem Flügelgeäder.

Fam. *Thripidae.* Legebohrer nach unten gekrümmt. Flügel mit scharfer Spitze. Mit oder ohne Springvermögen. *Limothrips cerealium* HALID., Getreideblasenfuß, in Getreideähren. Europa, Nordafrika, Nordamerika, Hawai (Abb. 752). *Heliothrips haemorrhoidalis* BOUCHÉ, in Gewächshäusern, eingeschleppt. Kosmopolit. *Thrips physapus* L., Gemeiner Blasenfuß. In verschiedenen Blüten. Europa, Nordamerika.

2. Unterordnung. *Tubulifera.* Weibchen ohne Legebohrer; 10. Abdominalsegment bei beiden Geschlechtern röhrenförmig.

Fam. *Phloeothripidae.* Zum Teil mit scharfspitzigem Mundkegel. *Phloeothrips oryzae* MATS., an Reispflanzen. Japan. *P. coriacea* HALID., unter Baumrinde. Europa. *Haplothrips aculeatus* FABR., in verschiedenen Blüten. Europa, Afrika, Asien.

4. Ordnung. Embidaria[2].

Kleine, im männlichen Geschlechte meist geflügelte, im weiblichen Geschlechte stets flügellose Insecten von schlankem Körper, mit freien Thoraxsegmenten, mit beißenden Mundteilen, Flügel gleichartig, häutig und wenig geädert. Metamorphose unvollkommen.

Abb. 753. *Embia mauritanica.* (Nach LUCAS.) 2·5/1

---

[1] Außer HALIDAY, HEEGER, BAGNALL, KLOCKE, KURT MÜLLER u. a. vgl. JORDAN, K.: Anatomie und Biologie der Physapoda. Z. Zool. 47 (1888). — BOHLS, J.: Die Mundwerkzeuge der Physopoden. Göttingen 1891. — UZEL, H.: Monographie der Ordnung Thysanoptera. Königgrätz 1895. — BUFFA, P.: Contributo allo studio anatomico della *Heliothrips haemorrhoidalis*. Riv. Pat. veg. Firenze 7 (1898). — HINDS, W. E.: Contribution to a monograph of the Insects of the order Thysanoptera inhabiting North America. Proc. U. S. nat. Mus. 26 (1903). — KARNY, H.: Zur Systematik der orthopteroiden Insecten. Treubia 1 (1921). — PRIESNER, H.: Die Thysanopteren Europas. Wien 1928.

[2] HAGEN, H. A.: Monograph of the Embidina. Canadian Entomol. 17 (1885). — GRASSI, B.: Contribuzione allo studio delle Embidine. Atti Acc. Gioenia. Catania 1894. — FRIEDERICHS, K.: Zur Biologie der Embiiden. Berlin. Mitt. Zool. Mus. 1906. — KRAUSS, H. A.: Monographie der Embien. Bibliotheca zoologica 60 (1911). — ENDERLEIN, G.: Die Embiidinen. Coll. Selys. Brüssel 1912. — Vgl. ferner die Abhandlungen von LUCAS, VERHOEFF, MELANDER.

Die Embidarien (Abb. 753) bilden eine kleine Insectengruppe, welche am besten als eigene Ordnung getrennt wird. Der flache Kopf trägt fadenförmige Fühler und kleine nierenförmige oder elliptische Augen. Die Mundteile sind beißend wie bei Orthopteren. Der Körper ist lang und schmal, der Prothorax klein, wogegen Meso- und Metathorax stärker sind. Die vier schwachen, wenig geäderten Flügel sind gleichartig, häutig; sie fehlen stets beim Weibchen, zuweilen auch beim Männchen. Am schlanken Abdomen zwei Cerci. Die Tiere spinnen Galerien. Das Spinnsecret stammt aus Drüsen, die sich in dem stark verbreiterten ersten Tarsalgliede des ersten Beinpaares finden. Die Embidarien gehören den wärmeren trockenen Gegenden an und ernähren sich vorwiegend von vegetabilischen Stoffen.

Fam. *Oligotomidae.* Abdomenspitze des Männchens stark asymmetrisch. Flügel schmal, Flügelgeäder sehr reduziert. *Oligotoma nigra* HAG. Ägypten. *Haploembia solieri* RAMB. Männchen flügellos. Südeuropa.

Fam. *Embiidae.* Flügelgeäder meist vollständig entwickelt. Cerci stark asymmetrisch. *Embia mauritanica* LUC. Algier (Abb. 753).

5. Ordnung. Plecoptera[1].

Insecten von flachem Körper, mit beißenden Mundteilen, mit vier häutigen, weitmaschig geäderten gleichartigen Flügeln. Am Hinterleibsende meist zwei Cerci. Metamorphose unvollkommen.

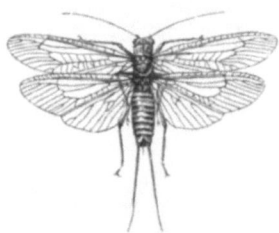

Abb. 754. *Perla abdominalis.* $^1/_1$.

Der Körper der Plecopteren (Abb. 754) ist langgestreckt, gleichbreit und abgeflacht. Am Kopfe finden sich lange borstenförmige Fühler, kleine Komplexaugen und drei Stirnaugen. Mundteile beißend, Kiefer klein. Der Prothorax ist groß, das Pronotum bildet einen Halsschild. Die gleichgebildeten Meso- und Metathorax tragen gleichartige zarthäutige, weitmaschig geäderte Flügel. Die Hinterflügel sind meist verbreitert, mit mehr oder minder entwickeltem Analfächer. Bei dem Männchen sind die Flügel zuweilen verkümmert. Die kräftigen Beine enden mit zwei Klauen und einem Haftlappen. Das Ende des 10gliedrigen Abdomens meist mit zwei zuweilen sehr langen Cerci. Am Thorax zuweilen Tracheenkiemen. Die Weibchen tragen die Eier einige Zeit zu einem Ballen zusammengekittet an der Genitalöffnung und lassen sie dann ins Wasser fallen. Die campodeaähnlichen Larven leben in fließenden Wässern unter Steinen, haben meist am Thorax Tracheenkiemenbüschel und ernähren sich vornehmlich von Ephemeridenlarven.

Fam. *Perlidae,* Afterfrühlingsfliegen. *Isogenus nubecula* NEWM., *Perla maxima* SCOP., *P. abdominalis* BURM. (Abb. 754), *Chloroperla grammatica* SCOP., *Isopteryx tripunctata* SCOP., *Nemura variegata* OL. Nord- und Mitteleuropa. *Pteronarcys reticulata* BURM. Mit büschelförmigen Tracheenkiemen. Sibirien.

---

[1] PICTET, F. J.: Histoire naturelle des Insectes névroptères. Famille des Perlides. Genève 1841. — KLAPÁLEK, FR.: Über die Geschlechtsteile der Plecopteren usw. Sitzgsber. Akad. Wiss. Wien, Math.-naturwiss. Kl. **1896**. — KEMPNY, P.: Zur Kenntnis der Plecopteren. Verh. zool.-bot. Ges. Wien **1898—1899**. — ENDERLEIN, G.: Klassifikation der Plecopteren usw. Zool. Anz. **1909**. — KLAPÁLEK, F.: Perlodidae. Coll. Selys. Brüssel **1912**, **1923**. — Vgl. überdies die Abhandlungen von BRAUER, MORTON, GERSTÄCKER u. a.

6. Ordnung. Odonata, Wasserjungfern[1].

Große, schlank gebaute Insecten mit querwalzigem Kopf, mit kräftigen beißenden Mundteilen, mit vier großen glasartigen, dicht netzartig geäderten Flügeln, mit unvollkommener Metamorphose.

Der freibewegliche Kopf trägt mächtige Komplexaugen sowie drei Punktaugen und kurze pfriemenförmige Fühler (Abb. 755). Die Mundteile sind beißend, sehr kräftig entwickelt und von der großen Oberlippe und Unterlippe bedeckt; sie bilden einen mächtigen Fangapparat. Unterkiefer stark, Taster 1gliedrig. Außerdem ist ein gut entwickelter Hypopharynx vorhanden. Der Prothorax ist schmal und frei, während der große Meso- und Metathorax miteinander verwachsen sind. Die Beine nach vorne gerückt. Die Flügel in der Regel fast gleich groß, glasartig, reich genetzt; die indirekten Flugmuskeln fehlen. Der 10gliedrige schlanke Hinterleib mit zwei ungegliederten, zangenartig gegenüberstehenden Analgriffeln. Die Odonaten leben in der Nähe des Wassers vom Raube anderer Insecten, sind meist in beiden Geschlechtern verschieden gefärbt und haben einen ausdauernden raschen Flug. Bei der Begattung umfaßt das Männchen mit der Zange seines Abdomens den Nacken des Weibchens, welches seinen Hinterleib nach der Basis des männlichen Abdomens umbiegt. An dieser (am 2. Segmente) liegt von der Geschlechtsöffnung entfernt ein Copulationsorgan, das bereits vorher mit Sperma gefüllt wurde. Die Eier werden entweder vom sitzenden Tiere in Pflanzengewebe eingebohrt oder im Fluge in das Wasser, in die Erde oder an Pflanzen abgesetzt. Die Larven leben im Wasser und ernähren sich ebenfalls vom Raube, zu dem sie besonders durch den Besitz einer eigentümlichen, durch die Unterlippe gebildeten Fangzange, welche die sogenannte Maske bildet, befähigt werden (Abb. 739). Sie atmen durch Tracheenkiemen, die am Ende des Hinterleibes oder im Mastdarm liegen.

Abb. 755. *Gomphus vulgatissimus* ♂. (Nach TÜMPEL.) $^1/_1$.

1. Sektion. *Anisozygoptera*. Flügel schwach gestielt, Hinterflügel etwas breiter. Augen beim Männchen am Scheitel stark genähert. Thorax robust, Hinterleib vor dem Ende verdickt.

Fam. *Epiophlebiidae*. Einziger lebender Vertreter (Relict): *Epiophlebia superstes* SELYS. Japan.

---

[1] Außer BRAUER, CHARPENTIER, SADONES, WESENBERG-LUND u. a. vgl. DE SELYS-LONGCHAMPS, E. et H. A. HAGEN: Revue des Odonates. Brüssel 1850. — DUFOUR, L.: Études anatomiques et physiologiques sur les larves des Libellules. Ann. des Sci. natur. 1852. — HEYMONS, R.: Grundzüge der Entwicklung und des Körperbaues von Odonaten und Ephemeriden. Abh. preuß. Akad. Wiss., Physik.-math. Kl. Berlin 1896. — NEEDHAM, J. G.: A genealogical study of Dragon-fly wing venation. Proc. U. S. Nat. Mus. **26** (1903). — HEYMONS, R.: Die Hinterleibsanhänge der Libellen und ihrer Larven. Ann. naturhist. Hofmus. Wien **19** (1904). — VAN DER WEELE, H. W.: Morphologie und Entwicklung der Gonapophysen der Odonata. Tijd. Entomol. **49** (1906). — RIS, F.: Libellulinen. Coll. Selys. Brüssel **1909—1916**. — SCHMIDT, E.: Vergleichende Morphologie des 2. und 3. Abdominalsegmentes bei männlichen Libellen. Zool. Jb. **39** (1916). — TILLYARD, R. J.: The Biology of Dragonflies. Cambridge 1917. — STORCH, O.: Libellenstudien. I. Sitzgsber. Akad. Wiss. Wien, Math.-naturwiss. Kl. **1924**.

2. Sektion. *Zygoptera.* Körper schlank, Vorderflügel und Hinterflügel ganz oder fast ganz gleich. Augen durch breiten Zwischenraum getrennt. Larve mit drei blattförmigen Tracheenkiemen am Hinterende.

Fam. *Calopterygidae.* Flügel nicht gestielt. *Calopteryx virgo* L. Europa, Nordasien.

Fam. *Agrionidae.* Flügel gestielt. *Lestes sponsa* HANSEM. Europa, Nordasien. *Agrion puella* L. Europa.

3. Sektion. *Anisoptera.* Körper meist kräftig, Kopf mehr halbkugelig mit großen Augen. Ocellen an einer Scheitelblase gelegen. Hinterflügel von den Vorderflügeln verschieden. Flügel in der Ruhe horizontal ausgespannt. Larve mit Darmkiemen.

Fam. *Aeschnidae.* Zweite Maxille mit großem Mittellappen. *Gomphus vulgatissimus* L. (Abb. 755). Mitteleuropa, Vorderasien. *Aeschna grandis* L. Europa, Nordasien. *Anax imperator* LEACH (*formosus* LINDEN). Mitteleuropa.

Fam. *Libellulidae.* Mittellappen der zweiten Maxille sehr klein. *Libellula depressa* L., *L. quadrimaculata* L., *Somatochlora* (*Cordulia*) *metallica* LINDEN. Europa. *Neurothemis* BRAUER. Viele Arten mit dimorphen Weibchen. Orient. Region bis Nordaustralien.

7. Ordnung. Ephemeroidea[1].

Zarte, schlanke Insecten mit verkümmerten (beißenden) Mundwerkzeugen, mit gleichartigen Flügeln, von denen das hintere Paar klein ist oder fehlt. Am Hinterende zwei oder drei lange Schwanzfäden. Mit unvollkommener Verwandlung.

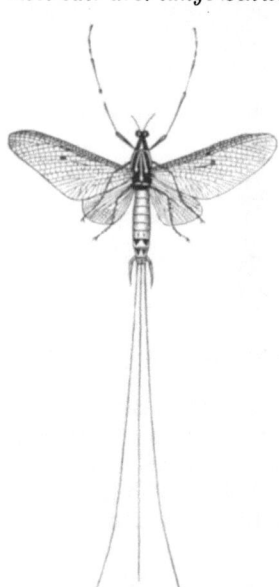

Abb. 756. *Ephemera vulgata* ♂ (aus règne animal). $1/1$

Die Ephemeroideen repräsentieren einen in vieler Hinsicht primitiven Insectentypus. Ihr Körper (Abbild. 756) ist schlank und weichhäutig. Der Kopf trägt halbkugelige, beim Männchen oft geteilte Komplexaugen sowie zwei bis drei Stirnaugen und kurze pfriemenförmige Fühler. Die Mundteile sind rudimentär. Der Mesothorax ist am stärksten entwickelt. Die dreieckigen Vorderflügel groß, die Hinterflügel klein, gerundet, zuweilen ganz fehlend. Das Abdomen mit deutlich erhaltenem 11. Segment endet mit zwei langen Cerci und meist auch einem medianen dorsalen Fortsatz, dem Tergit des 11. Segmentes. Die Genitalorgane besitzen einfache, getrennt (paarig) ausmündende Ausführungsgänge. Das Männchen mit sehr langen Vorderbeinen, am vorletzten Abdominalsegment mit zwei Copulationszangen. Die Eintagsfliegen leben im geflügelten Zustande nur kurze Zeit, ohne Nahrung aufzunehmen, ausschließlich dem Fortpflanzungsgeschäfte. Man findet sie an warmen Sommerabenden oft in großer Menge die Luft erfüllend in der Nähe der Gewässer und trifft am anderen Morgen ihre Leichen am Ufer angehäuft. Die campodeoiden Larven leben im Wasser meist vom Raube anderer Insecten, besitzen beißende Mundteile, am Abdomen tragen sie sechs bis sieben Doppelpaare von Tracheenkiemen und am Hinterende drei lange gefiederte Schwanzborsten (Abb. 137). Die Larven häuten sich oftmals (bei *Cloëon* mehr als 20mal) und sollen nach SWAMMERDAM 3 Jahre brauchen bis zum Übergange

---

[1] PICTET, F. J.: Histoire naturelle des Insectes névroptères. Famille des Éphémérines. Genève et Paris 1843. — EATON, A. E.: A revisional Monograph of recent Ephemeridae. Trans. Linnean Soc. Lond. 1888. — VAYSSIÈRE, A.: Recherches sur l'organisation des larves des Éphémérines. Ann. des Sci. natur. 1882. — PALMÉN, J. A.: Über paarige Ausführungsgänge der Geschlechtsorgane bei Insecten. Helsingfors 1884. — ZIMMER, C.: Die Facettenaugen der Ephemeriden. Z. Zool. 63 (1897). — LESTAGE, J. A.: Contribution à l'étude des Larves des Éphémères Paléarctiques. Ann. Biol. lacustre 8 (1916). — Vgl. überdies die Abhandlungen von BRAUER, HEYMONS u. a.

in das geflügelte Insect. Nach dem Abstreifen der mit Flügelstummeln versehenen Nymphenhaut erfährt das geflügelte Insect als Subimago eine nochmalige Häutung und wird erst mit dieser zur Imago.

Fam. *Ephemeridae*. Eintagsfliegen, Hafte. Mit den Charakteren der Ordnung. *Palingenia longicauda* OL., *Polymitarcis virgo* OL., *Ephemera vulgata* L. (Abb. 756). Hier schließt sich an *Cloëon dipterum* L., ohne Hinterflügel. Europa.

8. Ordnung. Neuroptera, Netzflügler[1].

Insecten mit beißenden Mundwerkzeugen, mit freiem Prothorax, mit gleichartigen häutigen, netzförmig geäderten Flügeln und vollkommener Verwandlung.

Der kurze Kopf (Abb. 758) trägt meist schnur- oder borstenförmige Fühler sowie Komplexaugen mittlerer Größe. Stirnaugen vorhanden oder fehlend. Die Mundwerkzeuge sind beißend, an der Unterlippe beide Ladenpaare zu einer unpaaren Platte verwachsen. Der Prothorax ist stets freibeweglich, das Abdomen aus acht oder neun Segmenten zusammengesetzt. Die Beine meist zart, die Tarsen 5gliedrig. Beide Flügelpaare sind von gleicher häutiger Beschaffenheit sowie ziemlich übereinstimmender Größe, ihr Geäder eng- oder weitmaschig genetzt, selten die Hinterflügel lang und schmal (*Nemoptera*) oder rudimentär. Am Darmkanal findet sich meist ein Saugmagen. Die Metamorphose ist eine vollkommene. Die vom Raube lebenden campodeoiden oder mit Saugzangen (Mandibeln und Maxillen jederseits zu einer Saugröhre verbunden) versehenen Larven verwandeln sich in eine ruhende Puppe, welche bei den *Megaloptera* frei bleibt, sonst von einem Kokon umschlossen wird; das Spinnsecret zu diesem wird von den MALPIGHIschen Gefäßen geliefert und tritt durch den gegen den Mitteldarm geschlossenen Enddarm hervor. Bei

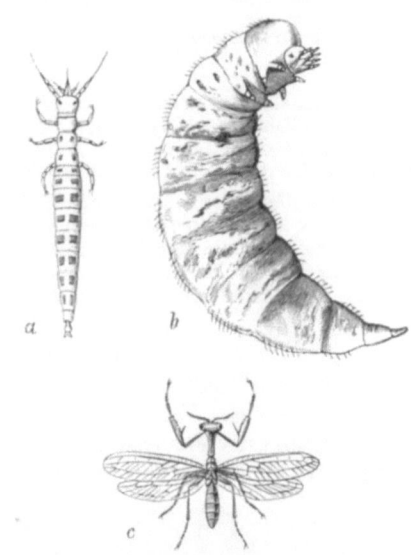

Abb. 757. *Mantispa pagana (styriaca)*. a Larve nach dem Ausschlüpfen, $^{29}/_1$, b vor der Verpuppung. (Nach F. BRAUER.) Etwa $^5/_1$. c Imagostadium (aus règne animal). $^1/_1$

einigen Formen ist die Puppe vor dem Ausschlüpfen beweglich und kriecht weit herum.

1. Sektion. *Megaloptera*. Flügel mit reichem Geäder. Prothorax groß. Larven mit beißenden Mundteilen (keine Saugzangen). Puppe frei.

Fam. *Sialidae*. Mit großem, fast wagrecht gestelltem Kopf. Fühler borstenförmig. Flügel mäßig groß und dicht geädert. Hinterleib wenig lang. Die Larve lebt im Wasser und besitzt am Hinterleib gegliederte Tracheenkiemen (morphologisch Extremitäten). *Sialis lutaria* L., Wasserflorfliege. Europa. *Corydalis cornuta* L. Nordamerika.

Fam. *Raphidiidae*. Prothorax stark verlängert und sehr beweglich. Weibchen mit langer Legeröhre. Die Larve lebt am Lande. *Raphidia ophiopsis* L., Kamelhalsfliege. Europa, Syrien.

2. Sektion. *Planipennia*. Flügel groß, oft bunt gefleckt, reich gegittert. Larven mit langen Mandibeln und Maxillen, die sich zu Saugzangen zusammenlegen. Puppe von einem Kokon umschlossen.

---

[1] RAMBUR, P.: Histoire naturelle des Névroptères. Paris 1842. — BRAUER, FR. und FR. LÖW: Neuroptera Austriaca. Wien 1857. — BRAUER, FR.: Beiträge zur Kenntnis der Verwandlung der Neuropteren. Verh. zool.-bot. Ges. Wien 4 (1854); 5 (1855). — Die Neuropteren Europas und insbesondere Österreichs usw. Wien 1876. — STITZ, H.: Zur Kenntnis des Genitalapparates der Neuropteren. Zool. Jb. 27 (1909). — Vgl. auch ROSTOCK und KOLBE.

Fam. *Hemerobiidae*. Mit senkrecht gestelltem Kopf. Komplexaugen halbkugelig. Fühler faden- oder schnurförmig. Hinterflügel zuweilen reduziert. Hinterleib lang. *Osmylus chrysops* L., *Sisyra fuscata* F. Larve lebt in Süßwasserschwämmen. *Chrysopa perla* L., Florfliege. Eier langgestielt. Die Larven leben von Blattläusen. *Hemerobius micans* OLIV., Blattlauslöwe. Die Larve lebt von Blattläusen. Europa. Hier schließt sich an *Nemoptera coa* L. Hinterflügel lang und schmal. Kleinasien, Balkanhalbinsel.

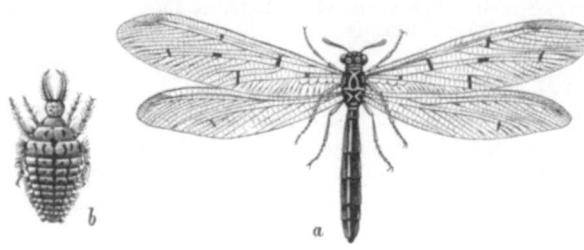

Abb. 758. *Myrmeleon formicarius* (aus règne animal,) ¹/₁, b Larve, etwas vergr.

Fam. *Mantispidae*. Prothorax stark verlängert. Fühler kurz. Vorderbeine zu Raubbeinen umgestaltet. *Mantispa pagana* FBR. (*styriaca* PODA) (Abb. 757). Die ausschlüpfenden Larven bohren sich in die Eiersäckchen von Spinnen und saugen Eier und Junge aus. Nach der ersten Häutung reduzieren sich die Beine zu kurzen Stummeln und der Körper wird einer Hymenopterenmade ähnlich. Zur Verpuppung spinnen sie sich im Eiersack einen Kokon. Die Nymphe durchbricht das Gespinst und läuft eine Zeitlang umher, bis sie nach Abstreifung der Haut in das geflügelte Insect übergeht. Europa.

Fam. *Myrmeleonidae*. Größere Tiere mit keulenförmigen oder geknöpften Fühlern. Prothorax kurz. *Myrmeleon formicarius* L., Ameisenlöwe (Abb. 758). Die Larven leben auf leichtem Sandboden, in dem sie Trichter aushöhlen. Zur Verpuppung spinnen sie eine kugelige Hülse. Europa. *Palpares libelluloides* L., Südeuropa. *Ascalaphus macaronius* SCOP., Schmetterlingshaft. Südl. Mitteleuropa.

9. Ordnung. Panorpatae (Mecoptera)[1].

Insecten mit schnabelförmigem Kopf, mit beißenden Mundteilen, mit vier gleichgebauten schmalen Flügeln, mit vollkommener Metamorphose.

Der Kopf der Panorpaten ist klein, senkrecht gestellt und schnabelförmig verlängert (Abb. 759). Von den Mundteilen, welche beißend sind, sind die kurzen Oberkiefer an der Spitze, die Unterkiefer am Grunde des Schnabels eingelenkt, mit der Unterlippe verwachsen. Die Fühler vielgliedrig schnurförmig, die Komplexaugen mäßig groß. Der Prothorax bleibt klein und frei. Die Flügel sind lang und schmal, nicht faltbar, einander gleich. Beine zum Laufen oder Klettern geeignet. Abdomen meist schlank. Ein Saugmagen fehlt, dagegen ist ein Kaumagen entwickelt. Leben vom Raube. Die Larven sind raupenähnlich, mit beißenden Mundwerkzeugen und leben in feuchter Erde, wo sie sich verpuppen.

Abb. 759. *Panorpa communis*, Männchen. (Nach D. SHARP.) ²/₁

Fam. *Panorpidae*, Schnabelfliegen. *Panorpa communis* L., Skorpion- oder Schnabelfliege (Abb. 759). Beim Männchen die letzten Abdominalsegmente einen dorsal umgeschlagenen Schwanz mit Zange bildend. Europa, Sibirien. *Bittacus italicus* MÜLL. (*tipularius* FABR.), *Boreus hyemalis* L. Flügel verkümmert. Winterliche Tiere, auf Schnee. Europa.

---

[1] Vgl. Literatur über die Neuroptera. Ferner KLUG, F.: Versuch einer systematischen Feststellung der Insektenfamilie Panorpatae. Abh. preuß. Acad. Wiss., Physik.-math. Kl. Berlin 1836. — BRAUER, F.: Beiträge zur Kenntnis der Panorpiden-Larven. Verh. zool.-bot. Ges. Wien 1863. — Beiträge zur Kenntnis der Lebensweise und Verwandlung der Neuropteren. Ebenda 1871. — STITZ, H.: Zur Kenntnis des Genitalapparats der Panorpaten. Zool. Jb. 26 (1908). — ENDERLEIN, G.: Über die Phylogenie und Klassifikation der Mecopteren usw. Zool. Anz. 35 (1910). — MIYAKÉ, T.: Studies on the Mecoptera of Japan. J. Coll. Agricult. Tokyo 4 (1913). — ESBEN-PETERSEN, P.: Mecoptera. Coll. Selys. Brüssel 1912.

10. Ordnung. Trichoptera[1].

Insecten mit rudimentären Mandibeln und einem durch Maxillen und Unterlippe gebildeten stumpfen Saugrüssel. Flügel behaart, selten beschuppt, die hinteren mit wohlentwickeltem Analfächer. Mit vollkommener Metamorphose.

Die Trichopteren (Abb. 760) führen in der Ausbildung der Flügel und im Bau der Mundwerkzeuge zu den Lepidopteren hin. Der Kopf ist klein. Die Mandibeln sind verkümmert, während Maxillen und Unterlippe einen stumpfen Rüssel bilden. Die Taster sind wohlentwickelt. In manchen Fällen werden auch Kiefertaster und Unterlippe rückgebildet. Die Fühler sind borstenförmig, die Komplexaugen halbkugelig. Der Prothorax ist kurz, ringförmig, der Mesothorax größer als der Metathorax. Die vier Flügel sind häutig, behaart, selten beschuppt, die hinteren oft größer und dann fächerförmig faltbar, die Vorderflügel in manchen Fällen derber. Zuweilen sind Vorder- und Hinterflügel durch ein aus Haftborsten gebildetes Frenulum des Hinterflügels verbunden. Die Beine sind lang. Hinterleib schlank. Darm ohne Saugmagen.

Die Larven sind raupenähnlich oder campodeoid; sie besitzen beißende Mundteile, meist fadenförmige Tracheenkiemen an den Abdominalsegmenten und am hinteren Körperende zwei gegliederte Anhänge (Nachschieber, Festhalter). Sie leben im Wasser, und zwar meist in röhrenförmigen Gehäusen (Köchern),

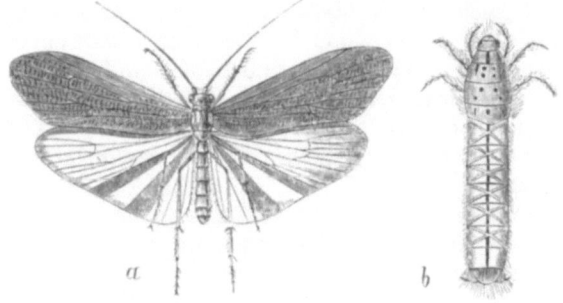

Abb. 760. a *Phryganea striata*, $^1/_1$, b die Larve (aus règne animal). $^2/_1$

in deren Wandung sie Sandkörnchen, Pflanzenteile und leere Schneckengehäuse mittels des Secretes einer an der Unterlippe ausmündenden Drüse zusammenspinnen. Aus diesen Röhren strecken sie den Kopf und die drei mit Beipaaren versehenen Brustsegmente hervor und kriechen umher. Viele campodeoide Larven bauen bloß aus Fäden gebildete Gespinste (Fangnetze), die zwischen Pflanzen und Steinen befestigt sind. Die Nymphe verläßt das Gehäuse, welches ihr auch als Puppenhülle dient, um sich außerhalb des Wassers zur Imago zu verwandeln. Das geflügelte Tier hält sich in der Nähe des Wassers an Blättern und Baumstämmen auf.

Fam. *Phryganeidae*, Köcherfliegen, Frühlingsfliegen. *Rhyacophila vulgaris* Pict. Die Larve lebt frei. Süddeutschland. *Hydroptila pulchricornis* Pict. Klein, mottenartig. Flügel lang und schmal. *Hydropsyche angustipennis* Curt. Larvengehäuse an Steinen befestigt. *Phryganea grandis* L., *P. striata* L. (Abb. 760). *Mystacides longicornis* L. Fühler sehr lang. *Limnophilus vittatus* F., *Anabolia nervosa* Leach. *Enoicyla pusilla* Burm. Beim Weibchen die Flügel rudimentär. Europa. *Helicopsyche sperata* McLachl. Larvengehäuse schneckenförmig gewunden. Italien.

---

[1] Pictet, J.: Recherches pour servir à l'histoire et l'anatomie des Phryganides. Genève 1834. — Hagen, H.: Synopsis of the British Phryganidae. Entomol. Annual for 1859, 1860 and 1861. — MacLachlan, R.: A monographic Revision and Synopsis of the Trichoptera of the European Fauna. London 1874—1880. — Rostock, M. u. H. Kolbe: Neuroptera germaniae. Zwickau 1888. — Zander, E.: Beiträge zur Morphologie der männlichen Geschlechtsanhänge der Trichopteren. Z. Zool. 70 (1901). — Ulmer, G.: Über die Metamorphose der Trichopteren. Abh. naturwiss. Ver. Hamburg 1903. — Trichoptera. Wytsman, Gerera Insect. 1907. — Silfvenius, A. J.: Beiträge zur Metamorphose der Trichopteren. Acta Soc. fenn. Helsingfors 17 (1905). — Lübben, H.: Über die innere Metamorphose der Trichopteren. Zool. Jb. 24 (1907). — Siltala, A. J.: Trichopterologische Untersuchungen. 2. Ebenda, Suppl. 9 (1907). — Vgl. ferner Stitz, Klapálek, Wesenberg-Lund.

11. Ordnung. Lepidoptera, Schmetterlinge[1].

Insecten mit einem aus den Maxillen gebildeten Saugrüssel, mit vier gleichartigen, beschuppten Flügeln, mit verwachsenem Prothorax und vollkommener Metamorphose.

Der frei eingelenkte, dicht behaarte Kopf trägt große halbkugelige Komplexaugen und zuweilen zwei Punktaugen. Die Antennen sind vielgliedrig, oft borsten- oder fadenförmig, auch keulenförmig und nicht minder selten gesägt oder gekämmt. Die Mundteile (Abb. 713) sind zum Aufsaugen flüssiger Nahrung, besonders süßer Honigsäfte, umgestaltet, zuweilen aber sehr verkürzt oder ganz rückgebildet. Oberlippe und Mandibeln verkümmern zu Rudimenten, letztere häufig vollständig, dagegen verlängern sich die Außenladen der Maxillen in Form von dicht gegliederten Halbrinnen und legen sich zu dem spiralig aufgerollten *Rüssel* (*Rollzunge*) zusammen, dessen oberflächliche Dörnchen zum Aufritzen der Nektarien dienen, während durch die Höhlung die Honigsäfte unter dem Einflusse pumpender Bewegungen der Speiseröhre aufgesaugt werden. In vielen Fällen ist der Rüssel rudimentär, seltener fehlt er ganz. Die Maxillartaster sind zuweilen ganz geschwunden, bleiben aber in der Regel rudimentär und nur ein- oder zweigliedrig, mit Ausnahme der *Tineiden*, welche einen 5gliedrigen Maxillartaster besitzen. Bei *Micropteryx* finden sich wohlentwickelte Mandibeln und Maxillen mit getrennten Laden. In der Ruhe liegt der Rüssel unterhalb der Mundöffnung zusammengerollt, seitlich von den großen 3gliedrigen, oft buschig behaarten Labialtastern begrenzt, welche der rudimentären dreieckigen Unterlippe aufsitzen.

Die drei Ringe der Brust sind innig miteinander verschmolzen und wie fast alle äußeren Körperteile dicht behaart. Die meist umfangreichen, nur selten ganz rudimentären Flügel, von denen die vorderen meist an Größe hervorragen, zeichnen sich durch teilweise oder vollständige Überkleidung mit schuppenförmigen Haaren aus, welche dachziegelförmig übereinander liegen und die äußerst mannigfache Zeichnung, Färbung und das Irisieren des Flügels bedingen. Es sind kleine, meist fein gerippte und gezähnelte Blättchen, welche mit stielförmiger Wurzel in Poren der Flügelhaut stecken. Beide Flügelpaare sind häufig durch Retinacula miteinander verbunden, indem vom oberen Rande der Hinterflügel eine Haftborste (*Frenulum*) in ein Bändchen der Vorderflügel eingreift oder ein Haftlappen (*Jugum*) des Vorderflügels die Verbindung bewerkstelligt. An den Flügeln finden sich zahlreiche Sinnesorgane (Sinneskuppeln und -haare) vor. Die Beine sind zart und schwach, ihre Schienen mit ansehnlichen Sporen bewaffnet, die Tarsen

---

[1] HÜBNER, J.: Sammlung europäischer Schmetterlinge. Augsburg 1793—1827. — HERRICH-SCHÄFFER, W.: Systematische Beschreibung der Schmetterlinge von Europa, 5 Bde. Regensburg 1843—1855. — WALTER, ALFRED: Palpus maxillaris lepidopterorum. Jena. Z. Naturwiss. 18 (1884). — SPULER, A.: Zur Phylogenie und Ontogenie des Flügelgeäders der Schmetterlinge. Z. Zool. 53 (1892). — GENTHE, K. W.: Die Mundwerkzeuge der Mikrolepidopteren. Zool. Jb. 10 1897. — HAMPSON, G. F.: Catalogue of the Lepidoptera Phalaenae in the British Museum. London 1898—1913. — STAUDINGER, O. u. H. REBEL: Katalog der Lepidopteren des paläarctischen Faunengebietes. Berlin 1901. — ILLIG, K. G.: Duftorgane der männlichen Schmetterlinge. Zoologica 38 (1902). — ZANDER, E.: Beiträge zur Morphologie der männlichen Geschlechtsanhänge der Lepidopteren. Z. Zool. 74 (1903). — FREILING, H.: Duftorgane der weiblichen Schmetterlinge usw. Ebenda 92 (1909). — VOGEL, R.: Über die Innervierung der Schmetterlingsflügel und über den Bau und die Verbreitung der Sinnesorgane auf denselben. Ebenda 98 (1911). — URBAHN, E.: Abdominale Duftorgane bei weiblichen Schmetterlingen. Jena. Z. Naturwiss. 50 (1913). — EGGERS, F.: Das thoracale bitympanale Organ einer Gruppe der Lepidoptera Heterocera. Zool. Jb. 41 (1920). — SEITZ, A.: Die Großschmetterlinge der Erde. Stuttgart 1906—1930. (in weiterem Erscheinen). — BERGE, FR.: Schmetterlingsbuch. Neubearbeitet von H. REBEL, 9. Aufl. Stuttgart 1910. — Vgl. außerdem die Schriften von OCHSENHEIMER u. TREITSCHKE, HEROLD, COMSTOCK, WEISMANN, MEYRICK, A. S. PACKARD, STANDFUSS, CHAPMAN, POLJANEC, STOBBE, VAN BEMMELEN u. a.

5gliedrig. Der 6—7gliedrige (der Anlage nach 10gliedrige) Hinterleib ist ebenfalls dicht behaart und endet nicht selten mit einem stark vortretenden Haarbüschel. Besonders geformte Duftschuppen finden sich an den Flügeln, Beinen und am Körper (vgl. S. 692).

Das Gehirn ist zweilappig. Die Bauchganglienkette reduziert sich, von dem unteren Schlundganglion abgesehen, auf zwei Brustganglien (das größere zweite aus der Verschmelzung von vier Ganglien hervorgegangen) und auf vier oder fünf Ganglien des Hinterleibes (Abb. 722). Der Darmkanal besitzt eine lange, mit einem gestielten Kropf verbundene Speiseröhre und zwei bis sechs MALPIGHIsche Gefäße. Die Ovarien bestehen jederseits aus vier sehr langen vielkammerigen Eiröhren. Am Ausführungsapparat findet sich eine große Begattungstasche, die, einige Fälle ausgenommen, unterhalb der Genitalöffnung gesondert nach außen mündet (Abb. 731). Die beiden Hoden sind mit wenigen Ausnahmen (z. B. *Hepialus*) zu einem unpaaren, meist lebhaft gefärbten Körper verpackt. Nicht selten entfernen sich beide Geschlechter durch Größe, Färbung und Flügelbildung in auffallendem Dimorphismus. Die Männchen sind oft lebhafter

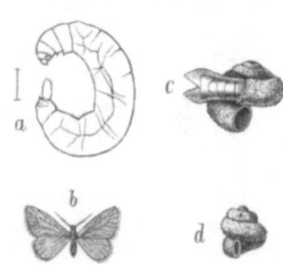

Abb. 761. *Apterona crenullela* (*Psyche helix*). a Weibchen, b Männchen, $^1/_1$, c Gehäuse der männlichen $^3/_1$, d der weiblichen Raupe, $^2/_1$. (Nach CLAUS.)

und prachtvoller gefärbt. Auch kommt im weiblichen Geschlechte bei einer Anzahl von *Rhopaloceren* Dimorphismus oder Polymorphismus vor. Manche Arten zeigen in beiden Geschlechtern nach der Jahreszeit bedeutende Verschiedenheiten der Färbung (Saisondimorphismus, der auch in den Tropen auftritt) (Abb. 765). Parthenogenese kommt ausnahmsweise bei *Bombycimorphen* und *Tineola*, regelmäßig bei vielen Sackträgern (*Psychiden*) (Abb. 761) und einigen Motten (*Solenobia*) (Abb. 763) vor, deren larvenähnliche Weibchen der Flügel entbehren.

Die Larven (*Raupen*) besitzen kauende Freßwerkzeuge (Abb. 762), leben am Lande, selten im Wasser und nähren sich vorzugsweise von Pflanzenteilen. An ihrem großen harthäutigen Kopfe finden sich 3gliedrige kurze Antennen und jederseits vier oder sechs Punktaugen. Überall folgen auf die drei 5gliedrigen konischen Beinpaare der Brustringe noch Afterfüße, entweder meist nur zwei Paare, wie bei den Spannerraupen, oder fünf Paare, welche dann dem dritten bis sechsten und letzten Abdominalringe angehören.

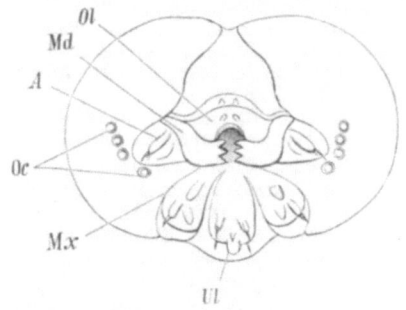

Abb. 762. Kopf und Mundteile der Raupe des Maulbeerspinners. *Oc* Ocellen, *A* Antenne, *Ol* Oberlippe, *Md* Mandibel, *Mx* Maxille, *Ul* Unterlippe.

Die Raupen einiger Schmetterlinge (z. B. von *Epipyrops anomala*) leben ectoparasitisch an Zikaden. Die Raupen befestigen sich vor der Verpuppung an geschützten Orten oder spinnen sich Kokons und verwandeln sich in Pupae liberae oder Pupae obtectae. Die Imagines besitzen in der Regel eine kurze Lebensdauer. Manche Tagfalter überwintern als Imagines. Dem Schaden einiger sehr verbreiteten Raupenarten an Waldungen und Kulturpflanzen wird durch die Verfolgungen ein Ziel gesetzt, welche sie vonseiten bestimmter *Ichneumoniden* und *Tachinen* zu erleiden haben.

In der folgenden systematischen Übersicht ist im allgemeinen den Auffassungen von COMSTOCK, MEYRICK, REBEL gefolgt.

1. Unterordnung. *Jugatae.* Vorder- und Hinterflügel mit fast übereinstimmendem Geäder und durch einen Haftlappen (Jugum) des Vorderflügels vereint. Sind die primitivsten Schmetterlinge.

Fam. *Micropterygidae.* Körper klein, mottenartig. Mandibeln wohl entwickelt, Maxillen mit Lobus externus und internus, keine Rollzunge bildend, Maxillartaster sechsgliedrig. Larve jener von *Panorpa* ähnlich. *Micropteryx calthella* L. Europa. *Sabatinca incongruella* J. WALKER (*Palaeomicra chalcophanes* MEYR.). Sehr ursprüngliche Form. Neuseeland.

Fam. *Eriocraniidae.* Mandibeln reduziert. Maxillen einen kurzen Rollrüssel bildend, Lobus internus rudimentär. Maxillartaster sechsgliedrig. Larve fußlos. *Eriocrania sparmanella* Bosc. Mitteleuropa.

Fam. *Hepialidae.* Mittelgroße, zuweilen sehr große Tiere. Rollrüssel und Maxillarpalpen fehlen, ebenso die Tibialsporen. *Hepialus humuli* L. Hopfenspinner. Europa.

2. Unterordnung. *Frenatae.* Eine Haftborste (Frenulum) des Hinterflügels bewirkt die Verbindung mit dem Vorderflügel. Hinterflügel mit reduziertem Geäder.

1. Tribus. *Tineaemorpha.*

Fam. *Tineidae*, Motten, Schaben. Flügel schmal, zugespitzt, langgefranst. Mandibelrudiment groß, ebenso der meist fünfgliedrige Maxillartaster. Die Raupen bohren Gänge in Pflanzen (Minierraupen) oder leben in Säcken, manche von tierischen Substanzen. *Tinea granella* L., Kornmotte. Raupe als „weißer Kornwurm" bekannt. *T. pellionella* L., Pelzmotte. *Tineola biselliella* HUMMEL, Kleidermotte. *Trichophaga tapetiella* L., Tapetenmotte. *Solenobia pineti* ZELL. (*lichenella*), *S. triquetrella* F. R. Weibchen flügellos (Abb. 763). Die Raupen leben in kurzen Säcken. Pflanzen sich teilweise parthenogenetisch fort. Hier schließt sich an *Adela degeerella* L. sowie *Hyponomeuta evonymella* L., Spindelbaummotte. Die Raupen leben gesellig in Gespinsten. Europa.

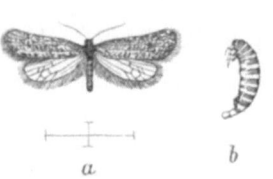

Abb. 763. *Solenobia triquetrella.* a Männchen, b Weibchen.

Fam. *Sesiidae*, Glasflügler. Hymenopterenähnlich. Rüssel oft verkümmert. Flügel schmal, meist glashell. *Aegeria (Trochilium) apiformis* CLERCK (Abb. 308a). *Sesia tipuliformis* CLERCK. Europa.

Fam. *Psychidae*. Rüssel fehlt. Weibchen flügellos, lebt wie die Larven in sackförmigen Gehäusen. Pflanzen sich zum Teil auch parthenogenetisch fort. *Pachythelia (Psyche) unicolor* HFN. *Psyche viciella* SCHIFF. *Apterona crenulella* BRD. (*Psyche helix* CLS.) Weibchen larvenförmig. Raupensack schneckenförmig gewunden und mit Sandkörnchen bedeckt (Abb. 761). Europa.

Hier schließt sich die Fam. *Limacodidae* an. Zu dieser gehört *Epipyrops anomala* WESTW. Raupe ectoparasitisch an Zikaden.

2. Tribus. *Tortricimorpha.*

Fam. *Tortricidae*, Wickler. Flügel kurz gefranst, die vorderen langgestreckt, die hinteren breiter. Rollrüssel kurz, kräftig. Maxillartaster buschig behaart. Raupen leben meist in zusammengerollten Blättern, auch in Früchten. *Tortrix viridana* L., Eichenwickler. *Grapholitha funebrana* TR., Pflaumenwickler. *Carpocapsa pomonella* L., Apfelwickler. *Conchylis ambiguella* HB., Traubenwickler. Raupe als „Sauerwurm" bekannt. Europa.

Fam. *Cossidae*. Spinnerartig. Rüssel fehlt. Die Raupen leben meist im Marke von Pflanzen. *Cossus cossus* L. (*ligniperda* F.), Weidenbohrer. *Zeuzera pyrina* L. (*aesculi* L.), Blausieb. Europa.

3. Tribus. *Pyralimorpha.*

Fam. *Pyralidae*, Zünsler. Vorderflügel dreieckig, Hinterflügel rundlich. Raupen meist in zusammengesponnenen Blättern, einige leben im Wasser. *Galleria mellonella* L. Wachsmotte, Bienenzünsler, in Bienenstöcken. *Aglossa pinguinalis* L., Fettschabe. *Pyralis farinalis* L., Mehlzünsler. *Ephestia kühniella* ZELL., Mehlmotte (Abb. 55). Kann für den Mühlenbetrieb durch ihre Gespinste gefährlich werden. *Nymphula (Hydrocampa) nymphaeata* L. Raupe im Wasser, ebenso bei *N. (Parapoynx) stratiotata* L. und *Acentropus niveus* OL. *Crambus pascuellus* L. Alle Europa.

Fam. *Pterophoridae*, Federgeistchen. Flügel in federartige Lappen gespalten. Mandibelrudimente sehr groß. Maxillartaster eingliedrig. *Pterophorus monodactylus* L., *Aciptilia pentadactyla* L., *Alucita hexadactyla* L. Europa.

4. Tribus. *Zygaenaemorpha.*

Fam. *Zygaenidae*, Widderchen. Mittelgroße träge Tagfalter. Körper meist plump. Vorderflügel schmal, Hinterflügel kurzgefranst. Fühler keulenförmig. Raupen asselförmig, verpuppen sich in einem festen glänzenden Gespinst. *Ino statices* L. *Zygaena filipendulae* L. *Z. lonicerae* SCHEVEN. Europa.

5. Tribus. *Arctiaemorpha*.

Fam. *Lithosiidae*. Körper schlank. Flügel groß und zart, die vorderen schmal, die hinteren sehr breit. Stirnaugen fehlen. Raupen meist auf Flechten. *Lithosia deplana* ESP. Europa.

Fam. *Arctiidae*, Bärenspinner. Mittelgroße bis große Falter mit kräftigem Körper. Flügel breit. Stirnaugen vorhanden. Fliegen meist bei Nacht. Die Raupen (Bärenraupen) mit lang behaarten Warzen. *Arctia caja* L., Brauner Bär. *Callimorpha dominula* L. *C. quadripunctaria* PODA (*hera* L.). *Parasemia* (*Nemeophila*) *plantaginis* L. Europa.

Fam. *Syntomidae*. Körper schlank. Fühler fadenförmig. Vorderflügel lang dreieckig, Hinterflügel sehr klein. Ohne Nebenaugen. Raupe mit behaarten Warzen. *Syntomis phegea* L. Europa.

6. Tribus. *Geometrina*.

Fam. *Uraniidae*. Papilionidenähnlich, oft glänzend gefärbt. Fühler borstenförmig. Fliegen bei Tage. Tropische Formen. *Urania leilus* L. Südamerika.

Fam. *Geometridae*, Spanner. Meist von schlankem Körperbau, seltener spinnerartig, mit großen, in der Ruhe dachförmig ausgebreiteten Flügeln. Kopf klein, Fühler borstenförmig, oft gekämmt. Rüssel schwach, Maxillartaster ein- oder zweigliedrig. Die Raupen mit 10—12 Füßen bewegen sich spannend. Vorzugsweise nächtliche Tiere. *Abraxas grossulariata* L., Harlekin. *Hybernia defoliaria* CLERCK, großer Frostspanner. Weibchen flügellos. *Bupalus piniarius* L., Kiefernspanner. *Geometra papilionaria* L., Buchenspanner. *Operophthera* (*Cheimatobia*) *brumata* L., Frostspanner. Weibchen mit verkümmerten Flügeln. *Acidalia trilineata* SCOP. Europa.

7. Tribus. *Noctuina*.

Fam. *Noctuidae*, Eulen. Nachtschmetterlinge mit breitem, nach hinten verschmälertem Leib und düster gefärbten Flügeln. Fühler lang, borstenförmig, beim Männchen zuweilen gekämmt. Maxillartaster zwei-, seltener dreigliedrig. Flügel in der Ruhe dachförmig. Die bald nackten, bald behaarten Raupen besitzen meist 16, seltener durch Verkümmerung der vorderen Bauchfüße 12 oder 14 Beine und verpuppen sich großenteils in der Erde. *Diloba caeruleocephala* L. *Acronycta psi* L. *Mamestra brassicae* L., Kohleule. *Cucullia verbasci* L. *Panolis griseovariegata* GOEZE (*piniperda* PANZ.), Kiefereule, *Agrotis segetum* SCHIFF., Saateule. *A.* (*Tryphaena*) *pronuba* L., Hausmutter. *Catocala fulminea* SCOP. (*paranympha* L.), gelbes Ordensband. *C. nupta* L., *C. elocata* ESP., *C. sponsa* L., rote Ordensbänder. *C. fraxini* L., blaues Ordensband. *Plusia gamma* L. *P. chrysitis* L. Europa.

8. Tribus. *Bombycimorpha*.

Fam. *Bombycidae*, Spinner. Nachtschmetterlinge von plumpem Körperbau, wollig behaart. Flügel nicht sehr groß. Vorderflügel mit vorgezogener Spitze. Fühler in beiden Geschlechtern doppeltkammzähnig. Rüssel ganz rückgebildet. Labialpalpen sehr klein. Raupe nackt. *Bombyx mandarina* MOORE, wilder Maulbeerseidenspinner. China. Stammform des domestizierten Maulbeerseidenspinners (*B. mori* L.).

Fam. *Saturniidae*. Große Nachtschmetterlinge mit dickem, wollig behaartem Körper, mit großen Flügeln. Rüssel fehlt meist. Beine sehr kurz, spornlos. Raupen mit kurz behaarten Warzen. *Saturnia pyri* SCHIFF., großes Nachtpfauenauge. *S. pavonia* L., kleines Nachtpfauenauge. *Aglia tau* L. Europa. *Attacus atlas* L. China, Ostindien. *Philosamia cynthia* DRURY, Ailanthusspinner. Heimat Ostindien, China, Japan, malaiische Inseln. Eingebürgert in Europa, Nordamerika, Australien. *Antheraea mylitta* DRURY, Indischer Tussahspinner. Ostindien. *A. pernyi* GUÉR., Chinesischer Tussahspinner. Nordchina. *A. yamamai* GUÉR. Japan. *Samia cecropia* L. Nordamerika, die letzten fünf zur Gewinnung von Seide gezüchtet.

Fam. *Lasiocampidae*, Glucken. Große oder kleine kräftige Nachtschmetterlinge mit dichtbehaartem Körper, mit breiten kräftigen, verhältnismäßig kleinen Flügeln. Beine kurz und stark. Raupen weichhaarig, mit seitlich ventralen Haarbüscheln. *Malacosoma neustria* L., Ringelspinner. *Lasiocampa quercus* L. *Macrothylacia rubi* L., Brombeerspinner. *Gastropacha quercifolia* L., Kupferglucke. Flügel tief gezähnt. *Dendrolimus pini* L., Kiefernspinner. *Cosmotriche potatoria* L. Europa.

Fam. *Lymantriidae* (*Liparidae*). Mäßig große Nachtschmetterlinge von plumpem behaartem Körper. Rüssel rudimentär. Fühler kurz, Flügel breit. Raupen mit behaarten Warzen oder Haarbüscheln. *Orgyia antiqua* L. Weibchen mit Flügelstummeln (Abb. 764). *Dasychira pudibunda* L., *Euproctis chrysorrhoea* L. Goldafter. *Stilpnotia salicis* L., Weidenspinner. *Lymantria* (*Liparis*) *dispar* L., Schwammspinner. *L.* (*Psilura*) *monacha* L., Nonne. Europa.

Fam. *Notodontidae*. Mittelgroße Nachtschmetterlinge von meist plumpem, stark behaartem Körper. Rüssel kurz. Beine kurz. Vorderflügel schmal. Raupen nackt oder dünn behaart. *Dicranura* (*Harpyia*) *vinula* L., Gabelschwanz. Raupe mit zwei langen

Schwanzspitzen. *Stauropus fagi* L., Buchenspinner. Raupe mit langen Brustfüßen. *Notodonta ziczac* L. Hier schließt sich an *Thaumetopoea (Cnethocampa) processionea* L., Prozessionsspinner. Europa.

9. Tribus. *Sphingina*.

Fam. *Sphingidae*, Schwärmer. Mit kräftigem Körper. Hinterleib gestreckt, am Ende zugespitzt. Flügel stark, Vorderflügel lang und schmal, Hinterflügel kurz. Fühler kantig. Rüssel meist sehr lang. Raupen nackt, meist mit einem Afterhorn versehen, verpuppen sich in der Erde. Die Schwärmer fliegen in der Dämmerung, einige auch am Tage. *Acherontia atropos* L., Totenkopfschwärmer. *Smerinthus ocellata* L., Abendpfauenauge. *S. (Amorpha) populi* L., Pappelschwärmer. *Daphnis nerii* L., Oleanderschwärmer. *Sphinx ligustri* L. Ligusterschwärmer. *Herse (Protoparce) convolvuli* L., Windig. *Celerio (Deilephila) euphorbiae* L., Wolfsmilchschwärmer. *Pergesa elpenor* L., Weinschwärmer. *Macroglossum stellatarum* L., Taubenschwanz. Alle Europa.

10. Tribus. *Grypocera*.

Fam. *Hesperiidae*. Kleine Tagschmetterlinge mit plumpem Körper und kurzen Flügeln. Haftborste fehlt. Kopf breit. Fühler kurz, keulenförmig, in eine umgebogene Spitze ausgezogen. Die Raupen meist nackt mit scharf abgesetztem Kopf, verpuppen sich in einem Gespinst. *Augiades comma* L. *Hesperia malvae* L. Europa.

11. Tribus. *Rhopalocera*. Haftborste stets rückgebildet.

Abb. 764. *Orgyia antiqua* (aus règne animal). ¹/₁. a Männchen, b Weibchen.

Fam. *Papilionidae (Equites)*. Zum Teil große Tagfalter. Fühler kurz mit länglich kolbenförmiger Verbreiterung. Hinterflügel am Innenrande ausgeschnitten. Raupe mit vorstreckbarer Gabel hinter dem Kopfe. Puppe frei, ohne Kokon, mit Fäden kopfaufwärts befestigt. *Troides (Ornithoptera) priamus* L. Molukken. *Papilio paris* L. Ostindien. *P. polytes* L. (*pamon*). Ostindien. *P. memnon* L. Ostasien. *P. podalirius* L. Segelfalter. *P. machaon* L., Schwalbenschwanz. *Zerynthia (Thais) polyxena* Schiff. *Parnassius apollo* L. Apollofalter. Die Weibchen tragen ventral am Hinterende des Abdomens einen taschenförmigen, bei der Begattung aus einem Secret des Männchens hervorgegangenen Anhang (Begattungszeichen v. Siebold). Europa.

Fam. *Pieridae*, Weißlinge. Weiß oder gelb gefärbte Tagfalter von mittlerer Größe mit ganzrandigen Flügeln. Raupen dünn behaart, Puppe ohne Kokon, an einem Faden befestigt. *Aporia crataegi* L., Heckenweißling, Baumweißling. *Pieris brassicae* L., Kohlweißling. *P. napi* L., *P. rapae* L., *Euchloë cardamines* L., Aurorafalter, *Colias hyale* L., *C. edusa* F., *Gonepteryx rhamni* L., Zitronenfalter. Europa.

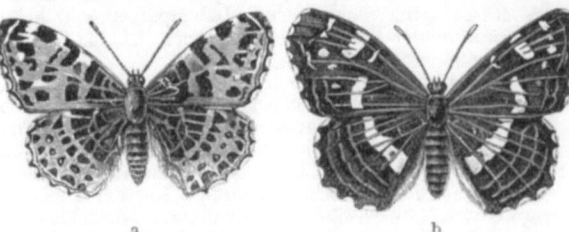

Abb. 765. *Araschnia (Vanessa) levana*-Weibchen. a Winterform, b Sommerform (*prorsa*). (Nach Weismann.) Über ¹/₁.

Fam. *Lycaenidae*, Bläulinge. Kleine Tagfalter, dunkelbraun, im männlichen Geschlecht meist blau oder feuerfarben. Vorderbeine etwas kleiner als die Mittelbeine. Raupen asselförmig, fein behaart, einige myrmecophil. Die dicke Puppe mit einem Faden um den Leib befestigt. *Chrysophanus virgaureae* L., *Ch. phlaeas* L., *Thecla spini* Schiff., *Zephyrus betulae* L., *Lycaena icarus* Rott. Europa.

Fam. *Nymphalidae*. Vorderbeine verkümmert. Raupen mit dornigen Auswüchsen oder kurz behaart. Puppe meist frei am After hängend. Tagfalter. *Melanargia galathea* L., *Satyrus semele* L., *Epinephele jurtina* L. (*janira*), *Charaxes (Nymphalis) jasius* L., *Apatura iris* L., Schillerfalter. *Limenitis populi* L., Eisvogel. *Araschnia levana* L. (*prorsa*), Landkärtchen (Abb. 765). *Pyrameis cardui* L., Distelfalter. Kosmopolit. *P. atalanta* L., Admiral. *Vanessa antiopa* L., Trauermantel. *V. io* L., Tagpfauenauge. *V. urticae* L., kleiner Fuchs. *V. polychloros* L., großer Fuchs. *Polygonia c-album* L., *Argynnis paphia* L., Kaisermantel. *A. aglaia* L., großer Perlmutterfalter. *A. latonia* L., kleiner Perlmutterfalter. *Melitaea cinxia* L. Europa. *Hypolimnas (Diadema) anthedon* Doubl. Trop. Westafrika. *Kallima inachis* Bsd., Ostindien. Hier fügt sich an *Morpho cypris* Westw. Kolumbien.

Hier schließen sich an die Fam. *Danaidae*, *Acraeidae* und *Heliconiidae* (Abb. 308 d).

12. Ordnung. Diptera, Zweiflügler[1].

Insecten mit saugenden und stechenden Mundteilen, mit häutigen Vorderflügeln, zu Schwingkolben (Halteren) verkümmerten Hinterflügeln, mit vollkommener Metamorphose.

Der freibewegliche Kopf ist mittels eines engen und kurzen Halses eingelenkt und trägt große Facettenaugen. In der Regel sind drei Ocellen vorhanden. Die Fühler bleiben entweder klein, dreigliedrig und tragen häufig an der Spitze eine Fühlerborste (Arista) (Abb. 710k) oder sind schnurförmig, von bedeutender Länge und aus einer großen Gliederzahl zusammengesetzt. Die Mundwerkzeuge bilden die als Schöpfrüssel (*Proboscis, Haustellum*) bekannte Form von Saugorganen, in denen die Kiefer und eine unpaare, an der unteren Pharynxwand entspringende Borste, der Hypopharynx, als Stechorgane auftreten können (Abb. 715). In den letzteren mündet der gemeinsame Ausführungsgang der Speicheldrüsen. Oberlippe meist spitz. Die Mandibeln fehlen im männlichen Geschlechte, sowie bei sämtlichen *Cyclorhapha* auch beim Weibchen. Die Saugröhre, vornehmlich aus der Unterlippe gebildet, endet häufig mit schwammig aufgetriebenen Endlippen, den Labellen (den umgeformten Lippentastern) (Abb. 766, 767), während die Unterkiefer Taster tragen,

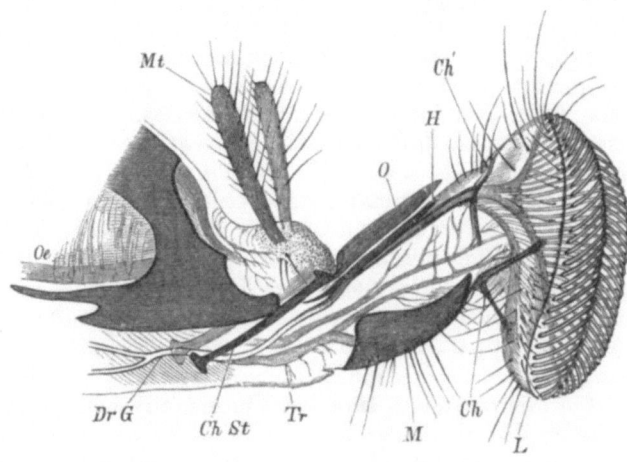

Abb. 766. Rüssel einer Fliege. *ChSt* Chitinstützen der Oberlippe (Reste der Maxillen), *O* Oberlippe, *Oe* Oesophagus, *L* Unterlippe (Labellen), *Ch, Ch'* ihre Chitinstützen, *M* Mentum, *Mt* Maxillartaster, *H* Hypopharynx, *DrG* Ausführungsgang der Speicheldrüsen, *Tr* Tracheen.

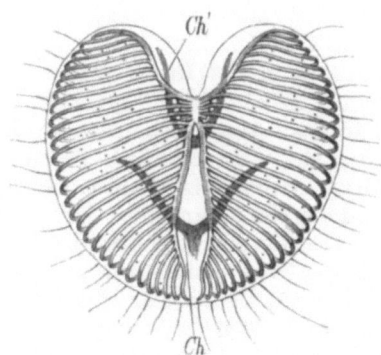

Abb. 767. Die Labellen einer Fliege von vorn gesehen. *Ch, Ch'* Chitinstützen.

---

[1] MEIGEN, J. W.: Systematische Beschreibung der bekannten europäischen zweiflügeligen Insecten, 7 Teile. Aachen 1818—1838. — WIEDEMANN, C. R. G.: Außereuropäische zweiflügelige Insecten, 2 Teile. Hamm 1828—1830. — LEUCKART, R.: Die Fortpflanzung und Entwicklung der Pupiparen. Abh. naturforsch. Ges. Halle 4 (1858). — SCHINER, R.: Fauna austriaca (Fliegen). Wien 1860. — WEISMANN, A.: Die Metamorphose der *Corethra plumicornis*. Z. Zool. 16 (1866). — BECHER, E.: Zur Kenntnis der Mundteile der Dipteren. Denkschr. Akad. Wiss. Wien 1882. — BRAUER, F.: Monographie der Oestriden. Wien 1863. — Die Zweiflügler des ksl. Museums zu Wien. I—III. Denkschr. Akad. Wiss. Wien 1880 bis 1883. — KAHLE, W.: Die Pädogenesis der Cecidomyiden. Zoologica 55 (1908). — MASSONNAT, E.: Contribution à l'étude des Pupipares. Ann. Univ. Lyon 1909. — PFLUGSTAEDT, H.: Die Halteren der Dipteren. Z. Zool. 100 (1912). — LINDNER, E.: Die Fliegen der palaearktischen Region. Stuttgart 1924—1931 (im weiteren Erscheinen). — Vgl. ferner die Schriften von VAN DER WULP, DE MEIJERE, LOEW, VANEY, GIRSCHNER, JOST, HEWITT, WEINLAND, PANTEL u. a.

welche bei Verschmelzung der Kieferreste mit der Unterlippe dem Schöpfrüssel aufsitzen. Thoraxsegmente fest verbunden. Prothorax und Metathorax kurz und ringförmig, Mesothorax am stärksten entwickelt. Das Abdomen ist häufig gestielt und besteht aus 5—9 Ringen. Die Beine besitzen in der Regel fünfgliedrige Tarsen, welche mit Klauen und meist mit sohlenartigen Haftlappen (Pelotten) enden. Die Vorderflügel sind zu großen, glasartig durchsichtigen Schwingen entwickelt, die Hinterflügel bleiben in rudimentärer Gestalt als gestielte Knöpfchen, Schwinger oder Schwingkölbchen (*Halteres*) erhalten (Abb. 768). Am Innenrande der Vorderflügel markieren sich durch Einschnitte zwei Lappen, ein äußerer (*Alula*) und ein innerer (*Squamula alaris*), an welchen sich meist das sogenannte Thoraxschüppchen (*Squamula thoracalis*) anschließt, das die Halteren überdeckt. Letztere bestehen aus einem dünnen Stiel und einem kugeligen Körper; sie enthalten in ihrem Basalstück Chordotonalorgane, sowie ein zweites Sinnesorgan (Papillensinnesorgan). Die Halteren mit ihren in der Basis gelegenen Sinnesapparaten (Chordotonalorganen) fungieren nach v. BUDDENBROCK als Stimulationsorgan für das normale Funktionieren des allgemeinen Bewegungsapparates des Tieres. Einigen *Pupiparen* und *Chionea* fehlen die Vorderflügel.

Am Nervensystem sind bei Fliegen mit sehr gedrungenem Körperbau die Ganglien des Abdomens und der Brust zu einem einzigen Ganglienknoten verschmolzen. Für den Darmkanal ist das Auftreten eines gestielten Saugmagens am Oesophagus sowie die Vier- oder Fünfzahl der MALPIGHIschen Gefäße hervorzuheben. Die beiden Tracheenstämme erweitern sich zu zwei großen blasigen Säcken an der Basis des Hinterleibes. Die weiblichen Genitalorgane tragen drei Samenbehälter an der Scheide (Abb. 732), entbehren einer Bursa copulatrix und enden oft mit einer einziehbaren Legeröhre.

Die beiden Geschlechter sind selten auffallend verschieden. Die Männchen besitzen in der Regel größere Augen, die zuweilen median zusammenstoßen, häufig ein abweichend gestaltetes Abdomen, ausnahmsweise (*Bibio*) verschiedene Färbung. Auch die Mundteile können Abweichungen bieten, wie z. B. die Männchen stets der Mandibeln entbehren. Die Männchen der *Culiciden* besitzen behaarte vielgliedrige Fühler, während die Fühler der Weibchen fadenförmig sind und aus einer geringeren Gliederzahl bestehen.

Die Dipteren sind eierlegend. Manche Fliegen (*Sarcophaga*) werden als Larven, die *Pupiparen* kurz vor der Verpuppung geboren. Die Verwandlung ist eine vollkommene; die fußlosen oder mit Kriechschwielen ausgestatteten Larven besitzen entweder einen deutlich gesonderten, mit Fühlern und Ocellen versehenen Kopf (die meisten *Nematocera*), oder der Kopf ist kurz, eingezogen, ohne Fühler und Augen, mit ganz rudimentären Mundwerkzeugen, zuweilen mit zwei zur Befestigung dienenden Mundhaken (Abb. 725). Im ersteren Falle haben die Larven kauende Mundteile und nähren sich vom Raube oder von Pflanzen, im letzteren saugen sie als Maden Flüssigkeiten oder breiige Substanzen ein. Die zuweilen im Wasser oder parasitisch lebenden Larven verwandeln sich entweder in der erhärtenden Larvencuticula zur Puppe (*P. coarctata*), oder bilden sich unter Abstreifung der Larvencuticula in bewegliche, oft frei im Wasser schwimmende Puppen (*P. obtecta*) um, welche Tracheenkiemen besitzen können. Bei den meisten *Cylorhapha* findet sich oberhalb der Antennen eine halbkreisförmige Furche (sogenannte Bogennaht), die Stelle einer eingestülpten Stirnblase, mittels welcher die Sprengung der Puppentonne erfolgt.

Viele Dipteren produzieren beim Fliegen summende Töne, und zwar durch Vibrationen der Flügel.

In der systematischen Übersicht ist hier F. BRAUER gefolgt.

Coelomata (Bilateria): Arthropoda, Gliederfüßer.

1. Unterordnung. *Orthorhapha.* Kopf ohne Bogennaht und ohne sogenannte Lunula über den Fühlern. Fühler drei- bis vielgliedrig. Die Puppe ist entweder eine Mumienpuppe (*P. obtecta*) oder bleibt eingeschlossen in der Larvenhaut und sprengt letztere beim Auskriechen dorsal in T-förmiger Naht, zuweilen durch einen Querriß zwischen 8. und 9. Hinterleibsring.

1. Sektion. *Nematocera.* Fühler meist vielgliedrig und homonom gegliedert. Flügel groß, nackt oder behaart, Thoraxschüppchen fehlt, Halteren frei. Die Puppe eine freie Mumienpuppe.

1. Tribus. *Eucephala.* Flügel meist mehräderig. Beide Quernähte des Rückenschildes rudimentär. Larven mit wohlentwickelter Kopfkapsel.

Fam. *Mycetophilidae*, Pilzmücken. Hüften sehr verlängert. Fühler zart, borsten- oder spindelförmig. Die Larven leben in Pilzen. *Sciara thomae* L., *Sc. militaris* Now. Die Larven unternehmen oft in ungeheurer Zahl, zu einem schlangenförmigen, als „Heerwurm" bekannten Zuge vereinigt, Wanderungen. *Mycetophila lunata* FABR., *Sciophila maculata* FABR., Schattenmücke. *Epidapus atomarius* GEER. Weibchen flügellos. Europa.

Fam. *Bibionidae.* Körper fliegenähnlich, plump. Hüften kurz. Flügel meist breit. *Bibio marci* L., Märzfliege. *B. hortulanus* L. Männchen schwarz, Weibchen ziegelrot mit schwarzem Kopf. Europa.

Fam. *Chironomidae* (*Tendipedidae*). Körper schlank, Beine sehr dünn. Flügel schmal. Larven im Wasser, in der Erde oder in Dünger. Die Mücken treten oft massenhaft auf, in einer Säule in der Luft tanzend. *Chironomus* (*Tendipes*) *plumosus* L., *Ceratopogon communis* MEIG. *Tanytarsus tenuis* MEIG. Europa.

Fam. *Culicidae*, Stechmücken. Randadern um den ganzen Flügel herumgehend. Flügel schmal, an den Adern stark behaart oder beschuppt. Larven und Puppen im Wasser. Larve zuweilen mit Atemröhre und Tracheenkiemen am Hinterende. *Culex pipiens* L. Nur die Weibchen stechen. *Anopheles maculipennis* MEIG. u. andere Arten. Überträger der Malaria. *Chaoborus crystallinus* GEER (*Corethra plumicornis* FABR.). Larve mit vier Tracheenblasen. Europa. *Aëdes* (*Stegomyia*) *argenteus* POIRET (*fasciatus* F.), Kosmopolit. Überträger des Gelbfiebers.

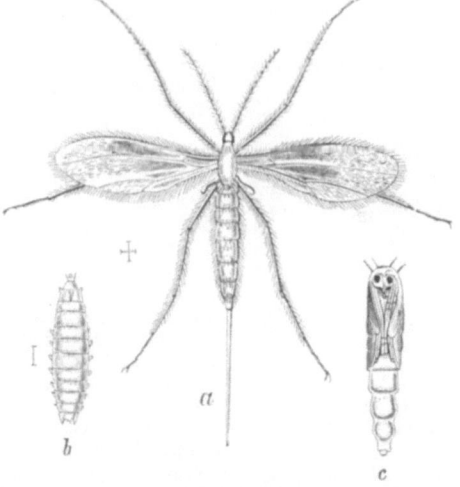

Abb. 768. *Contarina* (*Cecidomyia*) *tritici*. (Nach WAGNER.) a Weibchen mit ausgestreckter Legeröhre, b Larve, c Puppe.

Fam. *Simuliidae* (*Melusinidae*). Körper gedrungen, Beine stark, Flügel breit, kahl. Larve mit dem haftscheibenartigen Hinterende festgeheftet. *Simulium* (*Melusina*) *reptans* L., Kriebelmücke. *S. columbacschense* FABR., Kolumbacser Mücke. Blutsaugend, überfällt in den unteren Donaugegenden scharenweise die Viehherden. Europa.

Hier schließen sich die *Blepharoceridae* an, deren auffallend gestalteten, dorsoventral abgeplatteten Larven sechs große unpaare Saugscheiben in der Mittellinie der Ventralseite besitzen.

Fam. *Psychodidae*, Schmetterlingsmücken. Flügel ohne Queradern, stark behaart oder beschuppt, lanzettförmig, in der Ruhe dachförmig. *Psychoda phalaenoides* L. Europa. *Phlebotomus papatasii* SCOP., Larve in Cloaken. Italien.

Fam. *Ptychopteridae.* *Ptychoptera contaminata* L., Faltenmücke. Larven im Schlamme, mit langer Atemröhre am Hinterende. Europa.

2. Tribus. *Oligoneura.* Flügel wenig geädert. Schienen ohne Sporne. Beide Quernähte des Rückenschildes rudimentär. Larve mit einziehbarer Kieferkapsel und rudimentären Mundteilen.

Fam. *Cecidomyidae*, Gallmücken. Von geringer Größe. Larven in Pflanzen, erzeugen Gallen (Cecidien) oder andere Mißbildungen. *Mayetiola destructor* SAY, Hessenfliege. Seit 1778 in den Vereinigten Staaten als Weizenverwüster berüchtigt (eingeschleppt [?] im Stroh von hessischen Soldaten). *Contarina tritici* KIRBY, im Weizen (Abb. 768). *Mikiola fagi* HTG. Larve in Gallen der Buchenblätter. *Cecidomyia pini* GEER. Die viviparen pädogenetischen Larven (Abb. 241) gehören der Gattung *Heteropeza* WINN. (*Miastor* MEIN.) an. Europa.

3. Tribus. *Polyneura*. Erste Rückenschildnaht rudimentär. Ocellen meist fehlend. Larve mit einziehbarem rudimentären Kopf und entwickelten beißenden Kiefern.

Fam. *Limnobiidae*. Fühler lang. Letztes Tasterglied kurz. *Trichocera hiemalis* GEER, Winterschnake. *Limnobia tripunctata* FABR. *Chionea araneoides* DALM. Ohne Vorderflügel, spinnenartig; läuft im Winter auf dem Schnee umher. Europa.

Fam. *Tipulidae*, Schnaken. Letztes Tasterglied sehr lang, peitschenförmig. Larven in der Erde oder in faulem Holze. *Tipula oleracea* L., Kohlschnake. *Ctenophora atrata* L., Kammücke. Europa.

2. Sektion. *Brachycera*. Fühler meist kurz, dreigliedrig oder die auf das zweite Glied folgenden Glieder anders geformt. Larven mit eingezogenem rudimentären Kopf und rudimentären Kiefern.

1. Tribus. *Platygenya*. Das Chitinskelet der Unterlippe bei der Larve eine flache Platte.

Fam. *Stratiomyidae*, Waffenfliegen. Fühler mit geringeltem dritten Gliede. Alula wenig entwickelt. Larven im Wasser oder in Erde. *Stratiomys chamaeleon* L., *Sargus cuprarius* L. Europa.

Fam. *Tabanidae*, Bremsen. Rüssel kurz wagrecht vorstehend mit sechs oder vier (Männchen) Stiletten und zweigliedrigem Taster. Stechen und saugen Blut. Larven carnivor, in der Erde oder im Wasser. *Chrysops caecutiens* L. *Tabanus bovinus* L., Rinderbremse. *Haematopota pluvialis* L., Regenbremse. Europa.

Fam. *Rhagionidae* (*Leptidae*), Schnepfenfliegen. Auch die Larven leben vom Raube. *Rhagio* (*Leptis*) *scolopaceus* L. *Psammorycter vermileo* SCHRK. Die Larve gräbt im Sande Trichter und fängt in denselben wie der Ameisenlöwe Insecten. Südeuropa.

Fam. *Asilidae*, Raubfliegen. Augen stark vorgequollen. Drittes Fühlerglied ungeringelt. Beine stark, behaart. Leben vom Raube anderer Insecten. Larven in der Erde oder in Holz. *Asilus germanicus* L., *A. crabroniformis* L., *Laphria gibbosa* FABR., *L. flava* FABR. Europa.

Fam. *Bombyliidae*, Hummelfliegen. Körper meist wollig behaart. Thoraxschüppchen fehlt. Larven parasitisch in Hymenopteren- und Lepidopterenlarven und -puppen. *Bombylius major* L., *Anthrax morio* FABR. Europa.

Hier schließt sich an die Fam. *Scenopinidae*. Thoraxschüppchen fehlt. *Scenopinus fenestralis* L. Europa.

Abb. 769. *Eristalis tenax*. a Fliege, b Larve. ¹/₁.

2. Tribus. *Orthogenya*. Chitinskelet der Unterlippe bei der Larve von zwei vertikal stehenden Leisten gebildet.

Fam. *Empidae*, Tanzfliegen. Kopf klein. Rüssel lang. Thoraxschüppchen fehlt. Leben vom Raube. Die Larven in Moos oder Moder. *Empis tessellata* FABR. Europa. *Hilara sartor* BECKER. Das Männchen trägt unter dem Leibe mit den Beinen ein selbstgesponnenes schleierartiges Blättchen. Alpen.

Fam. *Dolichopodidae*, Langbeinfliegen. Alula fehlt. Leben vom Raube. *Dolichopus aeneus* GEER. Europa.

2. Unterordnung. *Cyclorhapha*. Am Kopfe meist eine Bogennaht (Rest der Stirnblasenspalte). Lunula (Stirnschwiele) gewöhnlich vorhanden. Die Puppen stets P. coarctatae. Die Tonnenhaut wird in bogenförmiger Naht gesprengt.

1. Sektion. *Aschiza*. Ohne Stirnblasenspalte.

Fam. *Lonchopteridae*. (*Acroptera*). Flügel auffallend spitz. Thoraxschüppchen und Alula fehlen. Larve asselartig. *Lonchoptera trilineata* FRFLD. Europa.

Fam. *Syrphidae*, Schwebfliegen. Lebhaft gefärbte, meist mit hellen Binden versehene, dickleibige Fliegen, ernähren sich von Pollen und Honig. Larven leben meist in morschem Holze oder auf Blättern von Blattläusen. *Syrphus pyrastri* L., *S. balteatus* GEER, *Volucella bombylans* L., *V. pellucens* L. *Microdon mutabilis* L. Larve wie eine Nacktschnecke (*Doris*). *Eristalis tenax* L. Larve mit langer Atemröhre am Hinterleibsende, in Cloaken, stehendem Wasser (Abb. 769). Europa.

Fam. *Phoridae*. Fühler dicht über dem Mund entspringend. Mittelleib buckelig. *Phora incrassata* MEIG. Faulbrutfliege. Larve parasitisch im Bienenstocke in den Bienenlarven. *P. rufipes* MEIG. Larve an faulen Kartoffeln, Pilzen. Europa. *Termitoxenia heimi* WASM. Flügel reduziert. Abdomen blasig aufgetrieben. Zwitter. Termitengast. Südindien.

Fam. *Platypezidae*, Pilzfliegen. Die Larven leben in Pilzen. *Platypeza boletina* FALL. Europa. Hier schließt sich an *Pipunculus campestris* LATR.

2. Sektion. *Schizophora*. Mit Stirnblasenspalte.

1. Tribus. *Eumyidae*. Kopf halbkugelig, senkrecht gestellt. Stirnblasennaht halbkreisförmig. Stirnblase sehr groß.

Fam.-Gruppe *Schizometopa*. Wangen scharf von der vertieften Stirn abgesetzt. *Anthomyia brassicae* BOUCHÉ. Larve in Kohlstrünken, *A. pluvialis* L. *Fannia (Homalomyia) canicularis* L., kleine Stubenfliege. *Musca domestica* L., Stubenfliege. *Lucilia caesar* L., Goldfliege. *Calliphora vomitoria* L., *C. erythrocephala* MEIG., Brechfliegen, Schmeißfliegen, Brummer. *Pyrellia cadaverina* L., Aasfliege. *Stomoxys calcitrans* L., Stechfliege. Europa. *Glossina palpalis* ROB. DESV., *G. morsitans* WESTW., Tsetsefliegen. Trop. Afrika. *Ochromyia anthropophaga* BLANCH. Larve parasitisch in der Haut von Hund, Katze, Ziege, auch des Menschen. Senegal. *Sarcophaga carnaria* L., Fleischfliege, vivipar. *Eutachina larvarum* L., *Tachina grossa* L., Larven parasitisch in Raupen, ebenso von *Echinomyia fera* L. Hier schließen sich die *Oestrinen*, Biesfliegen, Dasselfliegen an. Rüssel verkümmert. Die Weibchen haben eine Legeröhre und bringen ihre Eier oder (und in diesem Falle fehlt die Legeröhre) die lebendig geborenen Larven an bestimmte Stellen von Säugetieren, z. B. in die Nüstern der Hirsche, an die Brust der Pferde. Die Larven mit gezähnelten Körperringen und häufig mit Mundhaken leben in der Stirnhöhle, unter der Haut, selbst im Magen bestimmter Säugetiere parasitisch. An der Haut erzeugen sie die sogenannten Dasselbeulen. Die Oestrinen sind sehr wahrscheinlich diphyletischen Ursprunges. *Hypoderma bovis* GEER. Larve am Rinde. Weit verbreitet. *H. actaeon* BR. Larve am Edelhirsch. Die *Hypoderma*larven gelangen durch Auflecken von der Haut in den Oesophagus des Wirtes und wandern von hier in die Haut ein (COOPER-CURTICE). *Dermatobia cyaniventris* MACQ., Larve

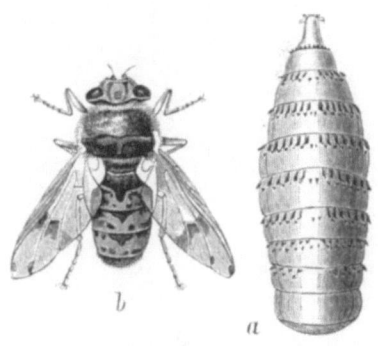

Abb. 770. *Gastrophilus equi*. (Nach F. BRAUER.) $^{2}/_{1}$. a Larve, b Männchen.

auf Wiederkäuern, Katzen (Jaguar) und auf dem Menschen im tropischen Amerika. *Cephalomyia (Oestrus) ovis* L. Larve in der Nase und deren Nebenhöhlen des Schafes. Europa. *Gastrophilus equi* FABR. (Abb. 770). Das Ei wird an die Brust des Pferdes abgesetzt und von diesem abgeleckt, die ausschlüpfende Larve hängt sich an der Magenwand mittels ihrer Mundhaken auf und wird vor der Verpuppung mit den Exkrementen entleert. Weit verbreitet.

Fam.-Gruppe *Holometopa (Acalyptera)*. Wangen von der Stirn nicht abgesetzt. *Conops flavipes* L. Larve in Hymenopteren. *Piophila casei* L., Käsefliege. *Chlorops lineata* FABR., Weizenhalmfliege. Larve in Weizenhalmen, diese oft verwüstend. *Scatophaga stercoraria* L., Dungfliege. *Trypeta onotrophes* LW. Europa. *Diopsis apicalis* DALM. Kopf seitlich in Stiele ausgezogen, an deren Enden die Augen und Antennen liegen. Afrika. *Drosophila funebris* F., Taufliege. Larve in gärenden Stoffen (vgl. Abb. 67). *Ochthera mantis* GEER. Vorderfüße als Fangbeine ausgebildet. Europa.

Fam. *Braulidae*, Bienenläuse. Der große querovale Kopf ohne Augen. Flügel und Schwinger fehlen. Fußklauen lang, dichtgezähnt. *Braula coeca* NITZSCH, auf der Honigbiene, namentlich den Drohnen.

2. Tribus. *Pupipara*. Lausfliegen. Kopf plattgedrückt, Augen zuweilen fehlend. Körper gedrungen, das Abdomen breit und oft abgeflacht. Fühler kurz, häufig nur zweigliedrig. Die Beine mit gezähnten Klammerkrallen. Die Flügel können rudimentär sein oder

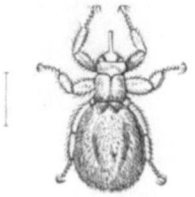

Abb. 771. *Melophagus ovinus*. (Nach PACKARD.)

fehlen. Die Entwicklung des Embryos und der Larve geschieht in der uterusähnlichen Scheide. Die aus dem Ei hervorgegangene Made (ohne Schlundgerüst und Mundhaken) schluckt das Secret ansehnlicher Drüsenanhänge des Uterus (Abb. 734) und wird unmittelbar vor der Verpuppung geboren. Schmarotzen wie die Läuse an der Haut von Warmblütern.

Fam. *Hippoboscidae*. Kopf mit meist großen Facettenaugen. Saugrüssel tasterlos. Flügel vorhanden oder fehlend. Beine kurz und stark. *Hippobosca equina* L., Pferdelausfliege. *Lipoptena cervi* L., auf Hirschen. *Ornithomyia avicularia* L., auf Vögeln. *Oxypterum (Anapera) pallidum* LEACH, auf Schwalben. *Melophagus ovinus* L., Schafzecke, flügellos (Abb. 771). Europa.

Fam. *Nycteribiidae*. Fledermausfliegen. Kopf klein, in der Ruhe dorsal auf den Thorax zurückgeschlagen. Facettenaugen fehlen, ebenso Flügel. Beine lang, an der Seite der Brust eingelenkt. *Nycteribia latreillei* LEACH. Auf Fledermäusen. Europa.

Hier schließt sich *Ascodipteron* ADENSAMER an. Das ausgebildete Weibchen sackförmig, in der Flughaut von Fledermäusen eingebohrt. Java, Assab, Nordamerika.

730   Metazoa.

13. Ordnung. Siphonaptera (Aphaniptera), Flöhe[1].

Flügellose Insecten ohne Komplexaugen, mit seitlich kompressem Körper und deutlich getrennten Thoracalringen, mit saugenden und stechenden Mundwerkzeugen, Hinterbeine zum Springen ausgebildet, mit vollkommener Metamorphose.

Kopf mit breiter Fläche mit dem Thorax verbunden, ohne Facettenaugen (Abb. 772). Fühler sehr kurz, in einer Grube hinter den Punktaugen entspringend.

Abb. 772. a *Ceratophyllus gallinae* (*Pulex avium*) ♂, b Larve von *Pulex irritans*. (Nach TASCHENBERG.) 20/1
A Antennen, *Mt* Maxillartaster.

Mundwerkzeuge zu einem Saugrohr umgeformt, das aus der rinnenförmigen Oberlippe, den zu gesägten Stechorganen umgebildeten Mandibeln sowie den ihnen anliegenden viergliedrigen Lippentastern gebildet wird. Die Speicheldrüsen münden in die Oberkieferrinne aus. Die Maxillen sind breite schützende Platten zur Seite des Saugrohres mit viergliedrigem Taster. Flügel fehlen, dagegen finden sich zwei seitliche plattenförmige Fortsätze an den Pleuren von Meso- und Metathorax. Hinterbeine zum Sprunge dienend. Die beinlose langbehaarte Larve mit gesondertem Kopf und mit beißenden Mundteilen (Abb. 772b). Die Puppe ist freigliedrig und meist in einem Kokon eingesponnen. Die Flöhe sind temporäre oder stationäre Parasiten.

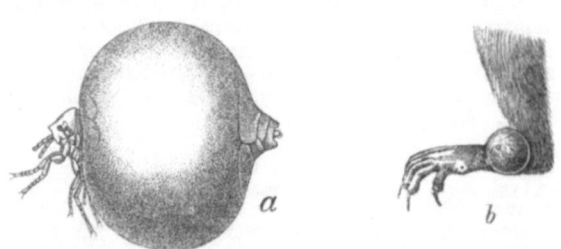

Abb. 773. a Trächtiges Weibchen von *Sarcopsylla penetrans*. 5/1. b Fuß einer Maus aus Peru, mit *Sarcopsylla* behaftet. (Nach H. KARSTEN.) 1/1.

Fam. *Pulicidae*. *Pulex irritans* L., Floh des Menschen. Rücken des Männchens konkav, zur Aufnahme des größeren Weibchens. Die großen fußlosen Larven leben in Sägespänen und zwischen Dielen, wo auch die länglich ovalen Eier abgesetzt werden. *Ctenocephalus canis* CURT. Hundefloh. *Ceratophyllus gallinae* SCHRANK, auf Hühnern, Tauben (Abb. 772).

---

[1] KARSTEN, H.: Beitrag zur Kenntnis des *Rhynchoprion penetrans*. Bull. Soc. Natural. Moskau **1864**. — LANDOIS, L.: Anatomie des Hundeflohes. Nova Acta **1867**. — TASCHENBERG, O.: Die Flöhe. Halle 1880. — KRAEPELIN, K.: Über die systematische Stellung der Puliciden. Hamburg 1884. — HEYMONS, R.: Die systematische Stellung der Puliciden. Zool. Anz. **1899**. — BAKER, C. F.: A Revision of American Siphonaptera. Proc. Nat. Mus. Washington **1904**. — LASS, M.: Beiträge zur Kenntnis des histologisch-anatomischen Baues des weiblichen Hundeflohes. Z. Zool. **79** (1905). — JORDAN, K. u. N. C. ROTHSCHILD: Revision of the non-combed eyed Siphonaptera. J. of Hyg. Suppl. **1** (1908).

Xenopsylla cheopis ROTHSCH., auf Nagetieren. Überträger der Beulenpest. In tropischen und subtropischen Gegenden. *Hystrichopsylla talpae* CURT. Wird über 0,5 cm groß. Hier schließt sich an *Dermatophilus (Sarcopsylla) penetrans* L., Sandfloh, lebt frei im Sande (Abb. 773). Das befruchtete Weibchen bohrt sich in die Haut des menschlichen Fußes, auch verschiedener Säugetiere ein, sein Abdomen gewinnt kugelige Form und bedeutende Ausdehnung. Heimat Mittel- u. Südamerika. Jetzt auch in Afrika u. Südasien verbreitet.

14. Ordnung. Coleoptera, Käfer[1].

Insecten mit kauenden Mundwerkzeugen und hornigen Vorderflügeln (Flügeldecken), mit frei beweglichem Prothorax und vollkommener Metamorphose.

Die Hauptcharaktere dieser umfangreichen, ziemlich scharf umgrenzten Insectengruppe beruhen auf der Bildung der Flügel, von denen die vorderen als Flügeldecken (*Elytra*) in der Ruhe die häutigen, der Quere und Länge nach zusammengelegten Hinterflügel bedecken und dem Hinterleibe horizontal aufliegen (Abb. 774). Vorwiegend letztere dienen zum Fluge, während die Vorderflügel, zu Schutzwerkzeugen umgebildet, in Form und Größe gewöhnlich dem weichhäutigen Rücken des Hinterleibes angepaßt sind, von dem zuweilen das letzte Segment bei *abgestutzten* oder auch mehrere Segmente (*Staphyliniden*) bei *abgekürzten* Flügeln unbedeckt bleiben. In der Regel schließen in der Ruhe die geradlinigen Innenränder beider Flügeldecken unterhalb des Schildchens dicht aneinander, während sich die Außenränder um die Seiten des Hinterleibes umschlagen. Zuweilen verwachsen die inneren Flügeldeckenränder beim Mangel von Hinterflügeln untereinander. Selten fehlen die Flügeldecken vollständig, oft die Hinterflügel. Der in der Regel in den Prothorax eingesenkte Kopf trägt sehr

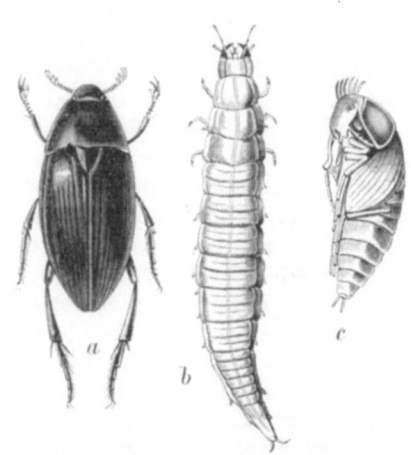

Abb. 774. *Hydrous (Hydrophilus) piceus* (aus règne animal). $^2/_3$. a Käfer, b Larve, c Puppe.

mannigfach gestaltete, meist elfgliedrige Fühler, welche im männlichen Geschlechte eine ansehnliche Größe und Oberfläche besitzen. Nebenaugen fehlen in der Regel, die Facettenaugen werden nur bei einigen Höhlenbewohnern vermißt. Die Mundteile sind beißend. Die Maxillartaster sind gewöhnlich viergliedrig, die Labial-

---

[1] BLANCHARD, E.: Du système nerveux des Insectes. Mém. s. l. Coléoptères. Ann. des Sci. nat. **1846**. — ERICHSON, W. F.: Naturgeschichte der Insecten Deutschlands. Coleoptera. Berlin 1848—1894. — LACORDAIRE, TH. et F. CHAPUIS: Genera des Coléoptères 12 Bde. Paris 1854—1876. — GEMMINGER u. HAROLD: Catalogus Coleopterorum etc. 12 Bde. München 1868—1876. — JACQUELIN DU VAL, C.: Genera des Coléoptères d'Europe. 4 Bde. Paris 1855—1868. — SCHIÖDTE, J. G.: De Metamorphosi Eleutheratorum observationes. Naturh. Tidskr. 1861—1883. — STEIN, F.: Die weiblichen Geschlechtsorgane der Käfer. Berlin 1847. — LECONTE, J. L. a. G. H. HORN: Classification of the Coleoptera of North America. Washington 1883. — GANGLBAUER, L.: Käfer von Mitteleuropa. 4 Bde. Wien 1892—1904. — Systematisch-koleopterologische Studien. Münch. koleopt. Z. **1** (1903). — BORDAS, L.: Recherches sur les organes reproducteurs mâles des Coléoptères. Ann. des Sci. natur. 1900. — KUHNT, P.: Illustrierte Bestimmungstabellen der Käfer Deutschlands. Stuttgart 1913. — REITTER, E.: Fauna Germanica. Die Käfer 1—5 (1908—1916). — SCHENKLING-JUNK, S.: Coleopterorum Catalogus. Berolini 1910—1930 (im weiteren Erscheinen). — KORSCHELT, E.: Bearbeitung einheimischer Tiere. I. Monogr. Der Gelbrand *Dytiscus marginalis*. 2 Bde. Leipzig 1924. — CALWERS, Käferbuch. 6. Aufl. 2 Bde. Stuttgart 1916. — Vgl. ferner die Schriften von BURMEISTER, DUFOUR, LATREILLE, LAMEERE, WASMANN, KOLBE, VERHOEFF, LÉCAILLON, GAHAN, TOWER, KÜHNE u. a.

taster dreigliedrig; bei den *Carabiden* und *Dytisciden* besitzt die Außenlade der 1. Maxille eine tasterartige Form und Gliederung. Die durch Reduction ihrer Teile vereinfachte Unterlippe verlängert sich selten zu einer geteilten Zunge. Der umfangreiche Prothorax (*Halsschild*) lenkt sich dem schwachen Mesothorax frei- beweglich ein; an ihm sowohl wie an den übrigen Brustringen rücken die Pleurae auf die Sternalfläche. Die höchst verschieden gestalteten Beine enden am häufig- sten mit fünfgliedrigen, selten viergliedrigen Tarsen; seltener ist der Tarsus ein- bis dreigliedrig. Der Hinterleib schließt sich mit breiter Basis dem Metathorax an und besitzt stets eine größere Zahl von Rückenschienen als Bauchschienen, von denen einzelne miteinander verschmelzen können. Die kleineren Endseg- mente liegen meist eingezogen in den vorhergehenden verborgen.

Am Nervensystem der Käfer folgen auf das untere Schlundganglion zwei oder drei Thoracalganglien, in deren hinteren Abschnitt auch ein oder zwei abdominale Ganglien eingeschmolzen sind. Im Abdomen erhält sich meist eine Reihe von Ganglien (2—7) gesondert (Abb. 727); doch können auch alle zu einer länglichen Masse verschmolzen oder in die Brustganglien eingezogen sein. Der lange ge- wundene Darmkanal erweitert sich bei den fleischfressenden Käfern zu einem Kaumagen (Abb. 721). Die Zahl der MALPIGHIschen Gefäße beschränkt sich auf vier oder sechs. Beim Weibchen finden sich zahlreiche Eiröhren, am Ausführungs- apparat oft eine Begattungstasche. Die Männchen besitzen einfache tubulöse oder aus Follikeln zusammengesetzte Hoden (Abb. 733) sowie einen umfangreichen Penis, welcher während der Ruhe im Hinterleib eingezogen liegt. Männchen und Weibchen sind in Form und Größe der Fühler sowie in der Bildung der Tarsal- glieder und besonderen Verhältnissen der Größe und Körperform unterschieden.

Die Larven besitzen fast durchwegs beißende Mundwerkzeuge, selten Saug- zangen, und ernähren sich, in der Regel verborgen und dem Lichte entzogen, unter den verschiedensten Bedingungen, meist in ähnlicher Weise wie die Imagines. Sie sind entweder campodeoid (Abb. 741) oder madenförmig (Abb. 778) ohne Füße, aber mit deutlich ausgebildetem Kopf, oder sind engerlingförmig (Abb. 781) und besitzen drei Beinpaare an der Brust. Anstatt der noch fehlenden Facetten- augen treten Ocellen in verschiedener Zahl und Lage auf. Einige Käferlarven nähren sich im Innern der Bienenwohnungen von Eiern und Honig (*Meloë, Apalus*). Die Puppen der Käfer, welche entweder aufgehängt und befestigt sind oder auf der Erde oder in Höhlungen liegen, sind *Pupae liberae*.

In der systematischen Gruppierung ist hier EMERY und GANGLBAUER gefolgt.

1. Unterordnung. *Adephaga*. Geäder des Hinterflügels durch die queradrige Verbindung der beiden Äste der Mediana am Gelenk charakterisiert (Typus I). Hoden einfach tubulös. Ovarien mit Nährkammer an je einer Eikammer. Vier MALPIGHIsche Gefäße. Larven campodeoid oder nur wenig von der Campodea- form abweichend, mit zweigliedrigen Tarsen.

Fam. *Cicindelidae*. Sandläufer. Fühler fadenförmig, über der Oberkieferwurzel ein- gelenkt. Mit kräftigen Mandibeln und Laufbeinen. Innenladen des Unterkiefers am Rande gebartet, mit beweglichem Endhaken, Außenladen tasterförmig. *Cicindela campestris* L. Die Larve gräbt Gänge unter der Erde und trägt am Rücken des 8. Leibessegmentes zwei Haken zum Festhalten in dem Gange, an dessen Mündung sie auf Beute lauert (Abb. 775).

Fam. *Carabidae*, Laufkäfer. Die fadenförmigen Antennen (Abb. 710b) hinter der Ober- kieferwurzel eingelenkt. Mit kräftigen zangenförmigen Mandibeln und Laufbeinen. Innen- laden des Unterkiefers am Rande gebartet, Außenladen tasterförmig. Larven langgestreckt, mit viergliedrigen Fühlern, 4—6 Ocellenpaaren, sichelförmig vorstehenden Mandibeln und ziemlich langen, fünfgliedrigen Beinen. *Carabus granulatus* L., *C.* (*Procrustes*) *coriaceus* L. Hinterflügel fehlen. *Calosoma sycophanta* L., Puppenräuber. *Elaphrus riparius* L., Ufer- läufer. *Brachynus crepitans* L., Bombardierkäfer. *Bembidion ustulatum* L., *Harpalus aeneus* F. *Zabrus tenebrioides* GOEZE (*gibbus* F.), Getreidelaufkäfer. Europa. *Typhlotrechus bilimeki* STURM. Augenlos, Hinterflügel fehlen. In Höhlen von Krain.

Fam. *Dytiscidae*, Schwimmkäfer. Mundteile und Fühler wie bei Carabiden. Körper breit, Hinterbeine flach, Schwimmbeine. Die Larven mit von einer zu einem Kanal abgeschlossenen Rinne durchsetzten, als Saugzangen dienenden Mandibeln, Mund durch Verklemmung von Ober- und Unterlippe bis auf seitliche, an den Mandibelkanal sich anschließende Öffnungen geschlossen. *Dytiscus marginalis* L. Besitzt im Prothorax eine Schreckdrüse, die ein milchiges giftiges Secret absondert. *Colymbetes fuscus* L., *Acilius sulcatus* L., *Hydroporus palustris* L. Europa.

Fam. *Gyrinidae*. Taumelkäfer. Außenlade des Unterkiefers verkümmert. Augen geteilt. Fühler kurz. Vorderbeine armartig verlängert, die hinteren kurz, flossenartig. Flügeldecken abgestutzt. *Gyrinus natator* L., Europa.

2. Unterordnung. *Polyphaga*. Am Geäder des Hinterflügels sind entweder alle Queradern ausgefallen und die Wurzel des vorderen Astes der Mediana atrophiert (Typus II); oder ist ein Teil des vorderen Mediana- und hinteren Radiusastes als sogenannte rücklaufende Adern ausgebildet (Typus III). Hoden aus Follikeln zusammengesetzt. Ovarien mit endständiger Nährkammer. 4 oder 6 MALPIGHIsche Gefäße. Die Larven mit Beinen und dann mit eingliedrigen Tarsen oder ohne Beine, campodeoid bis maden- oder engerlingförmig.

1. Sektion. *Staphylinoidea*. Geäder des Hinterflügels vom Typus II. Fühler einfach oder mit Keule, bisweilen gekniet. Tarsen mit variabler Gliederzahl. Larven campodeoid oder von diesem Typus wenig abweichend.

Fam. *Staphylinidae*, Kurzdeckflügler. Mit sehr kurzen, den Hinterleib gar nicht oder nur an der Basis bedeckenden Elytren. Körper langgestreckt. *Zyras* (*Myrmedonia*) *humeralis* GRAV. Lebt unter Ameisen. *Staphylinus caesareus* CEDERHJ. *Omalium rivulare* PAYK. *Lomechusa strumosa* FABR. In Haufen von *Formica sanguinea*. Europa.

Fam. *Pselaphidae*. Fühler gekeult. Flügeldecken verkürzt, abgestutzt, den Hinterleib zum Teil freilassend. Sehr kleine träge Käfer. *Pselaphus heisei* HERBST. Hier schließt sich an *Claviger testaceus* PREYSSL. Lebt unter Steinen zusammen mit Ameisen. Europa.

Fam. *Silphidae*, Aaskäfer. Käfer von sehr verschiedener Form, mit meist elfgliedrigen keulenförmigen (Abbild. 710g) Fühlern. Flügeldecken den Hinterleib ganz bedeckend, selten abgestutzt. Käfer und Larven leben von faulenden Stoffen und legen an denselben ihre Eier ab, einige fallen lebende Insecten an. Angegriffen, verteidigen sich viele durch ein stinkendes Analsecret. *Necrophorus vespillo* L., *N. germanicus* L., Totengräber, *Silpha obscura* L.,

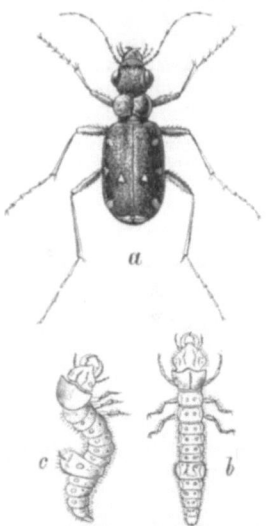

Abb. 775. a *Cicindela campestris*. $^2/_1$. b, c Larven mit den beiden Rückenhaken am fünften Abdominalsegment, etwas vergr. (aus règne animal).

Oeceoptoma (*Silpha*) *thoracicum* L., *Phosphuga* (*Silpha*) *atrata* L. Europa. *Leptoderus hohenwarti* SCHMIDT. Flügellos und blind. Beine lang. In Höhlen des Karstes. Krain. *Platypsyllus castoris* RTSM. Körper flach. Augen und Hinterflügel fehlen. Parasitisch auf dem Biber.

Fam. *Histeridae*, Stutzkäfer. Fühler kurz, gekniet, zurückziehbar. Flügeldecken abgestutzt, die Hinterleibspitze freilassend. Beine kurz, flach. Leben hauptsächlich in Mist. *Hister quadrimaculatus* L. Europa.

2. Sektion. *Diversicornia*. Geäder des Hinterflügels nach Typus III oder dem Typus II sich nähernd. Fühler sehr verschieden gebildet. Tarsen fünfgliedrig bis eingliedrig. Larven campodeoid, bisweilen ohne Beine, selten engerlingartig.

Fam. *Lampyridae* (*Malacodermata*), Leuchtkäfer. Mit weicher lederartiger Körperbedeckung. Larven leben von Tieren. *Lampyris noctiluca* L., Johanniswurm, Leuchtkäfer. Weibchen ungeflügelt (Abb. 776). *Phausis splendidula* L. Weibchen mit zwei kleinen Schuppen statt der Flügeldecken. *Photinus marginellatus* OL. Brasilien. *Luciola italica* L. Weibchen ungeflügelt. Italien. Alle mit Leuchtorganen am Abdomen (Abb. 165). Hier schließen sich an *Cantharis* (*Telephorus*) *fusca* L. *Malachius aeneus* L. Stülpt beim Anfassen rote Wülste an den Seiten des Körpers hervor. Europa.

Fam. *Cleridae*. Körper schlank, eingeschnürt. Tarsen mit Haftlappen. Käfer bunt gefärbt. Die rot gefärbten Larven leben meist unter Baumrinde von anderen Insecten. *Thanasimus* (*Clerus*) *formicarius* L., *Trichodes apiarius* L., Bienenwolf. Die Larve schmarotzt in Bienenstöcken. Europa.

Fam. *Lymexylonidae*. Kopf frei, Hinterbrust sehr lang. Die Larven bohren im Holze. *Lymexylon navale* L., Europa.

Fam. *Elateridae*, Schnellkäfer, Schmiede. Der langgestreckte Leib zeichnet sich durch die sehr freie Gelenkverbindung zwischen Pro- und Mesothorax, sowie durch den Besitz eines Stachels am Prothorax aus, welcher in eine Grube der Mittelbrust paßt. Beide Einrichtungen befähigen den auf dem Rücken liegenden Käfer zum Emporschnellen. Die langgestreckten Larven leben unter Baumrinde carnivor, teilweise aber auch in den Wurzeln des Getreides und der Rübe und können sehr schädlich werden. Sie werden als Drahtwürmer bezeichnet. *Lacon murinus* L., *Elater sanguineus* L. *Pyrophorus noctilucus* L., Feuerfliege, Cucujo, mit blasenartiger gelber Auftreibung rechts und links am Prothorax, welche leuchtet. Ein weiteres ventrales Leuchtorgan an der ersten Abdominalschiene. Kuba. *Corymbites pectinicornis* L., *Agriotes lineatus* L., Saatschnellkäfer. Europa.

Fam. *Buprestidae*, Prachtkäfer. Körper langgestreckt, nach hinten zugespitzt, oft lebhaft gefärbt und metallisch glänzend. Kopf und Mundteile klein, Beine kurz. Kopf bis zu den Augen in den Thorax eingesenkt. Die langgestreckten wurmförmigen Larven entbehren der Ocellen und in der Regel auch der Beine und besitzen eine sehr verbreiterte Vorderbrust. Sie leben im Holze und bohren flache, ellipsoidische Gänge. *Chrysochroa fulminans* F. Java. *Euchroma gigantea* L. Brasilien. *Chalcophora mariana* Lap., Kiefernprachtkäfer. *Buprestis rustica* L. *Agrilus biguttatus* F., *Trachys minuta* L., Europa.

Fam. *Anobiidae*. Kopf vom Prothorax bedeckt. Die Larven ernähren sich phytophag namentlich in Holz. *Anobium punctatum* Geer (*pertinax* L.), Totenuhr, erzeugt im Holz ein tickendes Geräusch. *Stegobium* (*Sitodrepa*) *paniceum* L., Brotkäfer, häufig in hartem Brot. Hier schließen sich an *Ptinus fur* L. In Vegetabilien. Kosmopolit. *Niptus hololeucus* Fald., Messingkäfer. Kleinasien, Europa. *Gibbium psylloides* Czem. Flügeldecken verwachsen; ferner *Cis boleti* F. In Baumpilzen.

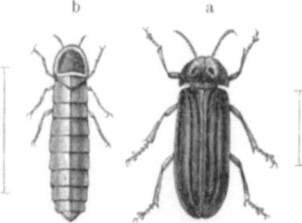

Abb. 776. *Lampyris noctiluca* (aus règne animal). a Männchen, b Weibchen.

Fam. *Dermestidae*, Speckkäfer. Kleine Käfer von cylindrischem oder ovalem Körper; Kopf gesenkt. Beine kurz, einziehbar. Die Larven mit langer Haarbekleidung. Leben von toten tierischen Stoffen. *Dermestes lardarius* L., Speckkäfer. *Attagenus pellio* L., Pelzkäfer. Mit einem einzelnen Stirnauge. *Anthrenus museorum* L., Kabinettkäfer. Europa.

Fam. *Byrrhidae*, Pillenkäfer. Kopf unter dem Thorax versteckt. Körper hochgewölbt, eiförmig. Beine einziehbar. Leben auf Moos. *Byrrhus pilula* L. Unter Steinen. Europa.

Fam. *Hydrophilidae* (*Palpicornia*). Wasserkäfer, die unbeholfen schwimmen, mit kurzen keulenförmigen Fühlern und langen, die Fühler oft überragenden Maxillartastern. Nähren sich von Pflanzen. Die Eier werden in einem birnförmigen, an schwimmenden Pflanzenteilen befestigten Kokon abgelegt. Die im Wasser lebende Larve langgestreckt, am Hinterende des Körpers mit zwei griffelförmigen Anhängen, mit zum Beißen eingerichteten Mandibeln, ernährt sich von Wassertieren. *Hydrous* (*Hydrophilus*) *piceus* L. (Abb. 774). *Hydrophilus* (*Hydrous*) *caraboides* L. *Cercyon unipunctatus* L. Europa.

Fam. *Nitidulidae*, Glanzkäfer. Von geringer Körpergröße, Fühler elfgliedrig, mit meist dreigliedriger Keule. Beine kurz. *Nitidula bipunctata* L. *Meligethes aeneus* F., Rapsglanzkäfer. Europa.

Fam. *Endomychidae*, Pilzkäfer. Kopf schnauzenartig verlängert. Fühler auf der Stirn entspringend, gekeult. Thorax an der Basis mit drei Furchen. *Lycoperdina succincta* L., in Bovisten. *Endomychus coccineus* L. Europa.

Fam. *Coccinellidae*, Marienkäfer. Körper halbkugelig. Kopf kurz, Fühler nach unten einschlagbar. Thorax ohne Furchen. Larven länglich eiförmig, hinten zugespitzt, oft lebhaft gefärbt und mit Warzen besetzt. Die Käfer und Larven geben bei Berührung einen gelben, scharf riechenden Saft (austretendes Blut) von sich. *Subcoccinella vigintiquatuorpunctata* L. Phytophag. *Coccinella septempunctata* L. Europa. *Rodolia cardinalis* Muls. Heimat Australien. Leben von Blatt- und Schildläusen.

3. Sektion. *Heteromera*. Geäder des Hinterflügels vom Typus III. Fühler meist einfach. Tarsen heteromer, d. h. mit fünf Gliedern an Vorder- und Mittelbeinen und vier Gliedern an den Hinterbeinen. Larven meist mit kurzen Beinen, bei den *Meloiden* im ersten Stadium campodeoid.

Fam. *Oedemeridae*. Von langgestrecktem, schmalem Körper. Fühler lang, dünn, ebenso die Beine. Die Käfer auf Blüten, die Larven leben im Holze. *Oedemera virescens* L. Europa. Hier schließt sich an *Pyrochroa coccinea* L., Feuerkäfer.

Fam. *Meloidae*. Flügeldecken biegsam, oft den Körper nicht ganz bedeckend. Käfer meist lebhaft gefärbt. Werden wegen der blasenziehenden Eigenschaft ihrer Säfte (Cantharidin) zur Bereitung von Vesicantien benutzt. Die Larven leben teils parasitisch an Insecten, teils frei unter Baumrinde und durchlaufen teilweise eine complizierte, von FABRE als Hypermetamorphose bezeichnete Verwandlung (Abb. 741). *Apalus (Sitaris) muralis* FORST. (*humeralis* F.), Europa (Abb. 777 b). *Lytta (Cantharis) vesicatoria* L., spanische Fliege. *Mylabris polymorpha (floralis)* PALL. *Meloë proscarabaeus* L. (Abb. 777 a). *M. violaceus* MARSH, Ölkäfer. Die Käfer leben im Grase und lassen bei der Berührung eine scharfe Flüssigkeit (es ist Blut) zwischen den Gelenken der Beine austreten. Die ausgeschlüpften Larven kriechen an Pflanzenstengeln empor, dringen in die Blüten von Asclepiadeen, Primulaceen usw. ein und klammern sich an den Leib von Bienen fest (*Pediculus melittae* KIRBY), um auf diesem in das Bienennest getragen zu werden, in welchem sie sich vorwiegend von Honig ernähren. Europa.

Fam. *Rhipiphoridae*. Kopf senkrecht. Flügeldecken oft klaffend oder verkürzt. Käfer auf Blüten. *Rhipidius pectinicornis* THUNB. (*blattarum* SUND.). Larve im Hinterleibe von *Blatta*. *Rhipiphorus subdipterus* BOSC., Südeuropa. *Macrosiagon tricuspidata* LEPECH. (*Rhipiphorus bimaculatus* F.). *Metoecus paradoxus* L. Larve lebt in Wespennestern. Europa.

Fam. *Mordellidae*. Körper keilförmig oder scharf zugespitzt. Augen groß. Kopf in den Thorax eingesenkt. Leben auf Blüten und morschem Holze. *Mordella fasciata* FABR. Europa.

Fam. *Tenebrionidae*. Meist düster oder schwarz gefärbte Käfer, häufig mit verkümmerten Hinterflügeln und dann mit verwachsenen Elytren. Die meisten Formen zeichnen sich durch einen widerlichen Geruch aus, viele sondern an der Haut ein pulveriges Secret aus. Leben vorzugsweise an dunklen feuchten Orten, einige auf Blüten, Bäumen. *Blaps mortisaga* L., *Opatrum sabulosum* L. *Pimelia bipunctata* F. West- u. Südeuropa. *Tenebrio molitor* L. Mehlkäfer. Larve als Mehlwurm bekannt. Europa.

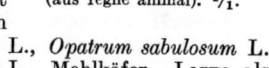

Abb. 777. a *Meloë proscarabaeus*, b *Apalus (Sitaris) muralis* (aus règne animal). $^{1}/_{1}$.

4. Sektion. *Phytophaga*. Geäder des Hinterflügels vom Typus III. Fühler meist einfach. Tarsen cryptopentamer, d. h. fünfgliedrig mit kleinem, mit dem Endgliede verwachsenem, viertem Gliede und mit breiter Sohle, selten pentamer. Sechs MALPIGHIsche Gefäße. Larven mit kurzen Beinen oder ohne Beine.

Fam. *Cerambycidae (Longicornia)*, Bockkäfer. Kopf vorgestreckt, Fühler sehr lang. Augen ausgerandet, selten geteilt. Körper gestreckt. Tarsen mit Sohle. Die meisten erzeugen durch Reiben des Prothorax an einem mit Querrillen besetzten dorsalen Fortsatz des Mesothorax ein zirpendes Geräusch. Die langgestreckten madenförmigen Larven besitzen kräftige Mandibeln, kleine Fühler und entbehren häufig der Ocellen und Beine; sie besitzen meist eine rauhe Platte an den Leibesringen (Abb. 778). Sie leben meist im Holz, bohren Gänge in demselben und richten zuweilen starken Schaden an. *Prionus coriarius* L. *Cerambyx cerdo* L., Großer Eichenbock. *Rosalia alpina* L. *Aromia moschata* L., Moschusbock. Von moschusartigem Geruch. *Pyrrhidium (Callidium) sanguineum* L. *Hylotrupes bajulus* L., Hausbock. *Clytus arietis* L. *Stenura (Leptura) maculata* PODA. *Necydalis major* L., Flügeldecken kurz, den Metathorax nicht überragend. *Acanthocinus aedilis* F., Zimmerbock. Fühler sehr lang. *Lamia textor* L., *Dorcadion fulvum* SCOP. *Saperda carcharias* L., Pappelbock. Europa.

Abb. 778. Larve von *Cerambyx cerdo*. (Nach RATZEBURG.) $^{2}/_{3}$.

Fam. *Chrysomelidae*, Blattkäfer. Körper meist kurz und gedrungen. Kopf mehr oder weniger vom Thorax eingeschlossen. Fühler von mittlerer Länge. Die meist lebhaft gefärbten Käfer leben von Blättern. Ihre Larven sind von walziger, gedrungener Körperform, sehr allgemein mit Warzen und dornigen Erhebungen besetzt und besitzen stets wohlentwickelte Beine. Sie ernähren sich ebenfalls von Blättern, in deren Parenchym einige (*Hispa*, *Haltica*) minieren, und haben zum Teil die Eigentümlichkeit, ihre Excremente über sich aufzuhäufen (*Cassida*, *Crioceris*) oder zur Verfertigung von Hüllen und Gehäusen zu benützen, die sie mit sich umhertragen (*Clytra*). Vor der Verpuppung befestigen sie sich meist mit ihrem Hinterende an Blättern. *Donacia marginata* HOPE (*limbata* PANZ.), *Crioceris asparagi* L., *Clytra quadripunctata* L., *Cryptocephalus sericeus* L. *Chrysomela cerealis* L., *Ch. menthastri* SUFFR., *Melasoma (Lina) populi* L. *Leptinotarsa (Doryphora) decem-*

lineata SAY, Kartoffelkäfer, Coloradokäfer. Heimat Nordamerika (Abb. 779). *Timarcha tenebricosa* F. *Agelastica alni* L. *Haltica oleracea* L., Erdfloh. *Hispa testacea* L. *Cassida viridis* L. (*equestris* F.), Schildkäfer. Europa. *Desmonota variolosa* F. WEBER. Zu Schmuck verwendet. Brasilien.

Hier schließt sich an die Fam. *Lariidae*. *Laria* (*Bruchus*) *pisorum* L., Erbsenkäfer. Europa.

5. Sektion. *Rhynchophora*. Geäder des Hinterflügels vom Typus II oder dem Typus III sich nähernd. Kopf meist rüsselförmig verlängert. Fühler gerade oder gekniet. Sechs MALPIGHIsche Gefäße. Die Larven mit kurzen Beinen oder madenförmig.

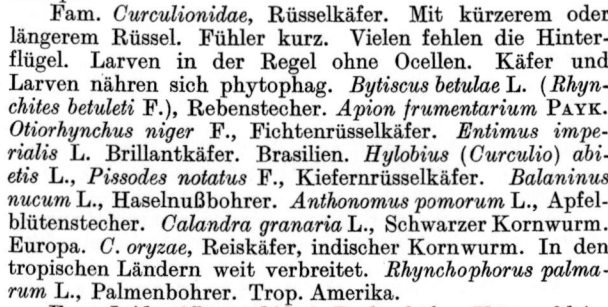

Fam. *Anthribidae*. Körper länglich. Fühler lang. Rüssel kurz. *Anthribus fasciatus* FORST. *Platystomus albinus* L. Europa.

Fam. *Curculionidae*, Rüsselkäfer. Mit kürzerem oder längerem Rüssel. Fühler kurz. Vielen fehlen die Hinterflügel. Larven in der Regel ohne Ocellen. Käfer und Larven nähren sich phytophag. *Bytiscus betulae* L. (*Rhynchites betuleti* F.), Rebenstecher. *Apion frumentarium* PAYK. *Otiorhynchus niger* F., Fichtenrüsselkäfer. *Entimus imperialis* L. Brillantkäfer. Brasilien. *Hylobius* (*Curculio*) *abietis* L., *Pissodes notatus* F., Kiefernrüsselkäfer. *Balaninus nucum* L., Haselnußbohrer. *Anthonomus pomorum* L., Apfelblütenstecher. *Calandra granaria* L., Schwarzer Kornwurm. Europa. *C. oryzae*, Reiskäfer, indischer Kornwurm. In den tropischen Ländern weit verbreitet. *Rhynchophorus palmarum* L., Palmenbohrer. Trop. Amerika.

Abb. 779. *Leptinotarsa decemlineata.*(Nach GERSTAECKER.) a Käfer, b Puppe, c Larve.

Fam. *Ipidae* (*Bostrychidae*), Borkenkäfer. Körper klein. walzig. Kopf dick, vorn abgestutzt. Rüssel rudimentär. Beine kurz. Die Larven gedrungen walzig, ohne Beine, mit stellvertretenden behaarten Wülsten, bohren Gänge im Holz, von dem sie sich ernähren. Sie leben stets gesellig und gehören zu den gefürchtetsten Verwüstern der Nadelholzwaldungen. Sehr eigentümlich ist der für die einzelnen Arten charakteristische und die Lebensweise bezeichnende Fraß in der Rinde. Beide Geschlechter begegnen sich in den oberflächlichen Gängen, welche das Weibchen nach der Begattung fortführt und verlängert, um in ausgenagten Grübchen die Eier abzulegen. Die ausschlüpfenden Larven fressen sich dann seitliche Gänge aus, die der wachsenden Größe der Larve und der weiteren Entfernung vom Hauptgang breiter werden und der Innenseite der Rinde die charakteristische Sculptur verleihen. *Hylurgus ligniperda* F. *Myelophilus piniperda* L., an Kiefern. *Hylastes palliatus* GYLL., Bastkäfer. An Nadelholz. *Ips* (*Bostrychus*) *typographus* L. (Abb. 780), an Fichten. *Eccoptogaster scolytus* F. (*Scolytus destructor* OL.), an Laubbäumen.

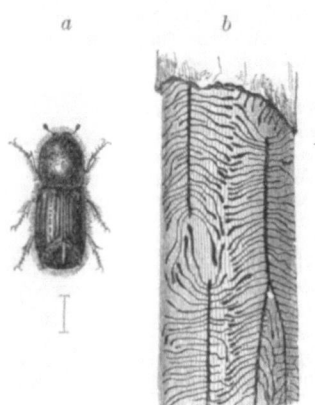
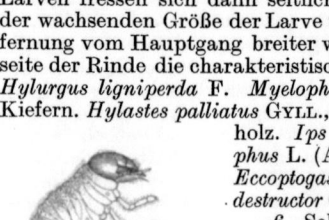

Abb. 780. a *Ips* (*Bostrychus*) *typographus*, b Stammabschnitt einer Fichte mit Bohrgängen von *Ips typographus*. (Nach ALTUM.)

Abb. 781. Larve von *Melolontha vulgaris*. $^1/_1$. (Nach RATZEBURG.)

6. Sektion. *Lamellicornia*, Blatthornkäfer. Geäder der Hinterflügel vom Typus III oder durch Reduktion dem Typus II sich nähernd. Fühler gekniet, mit Blätterkeule (Abb. 710i). Körper kräftig. Beine hochdifferenziert, die Vorderbeine zum Graben geeignet. Vordertarsen zuweilen fehlend. Vier MALPIGHIsche Gefäße. Larven (Engerlinge) meist ohne Ocellen, mit dickem, gekrümmtem Körper und mit Beinen. Die Larvenzeit währt bei manchen Formen mehrere Jahre. Verpuppung unter der Erde in einem Kokon. Lebensweise phytophag; andere ernähren sich von Kot oder Aas.

Fam. *Scarabaeidae*. Mit den Charakteren der Sektion. *Lucanus cervus* L., Hirschkäfer, Schröter. *Dorcus parallelopipedus* L. *Lethrus apterus* LAXM. (*cephalotes* PALL.), Rebenschneider. *Geotrupes stercorarius* L., Roßkäfer. *Aphodius fossor* L., *A. fimetarius* L., Dungkäfer, *Onthophagus taurus* L. *Copris lunaris* L., Mondhornkäfer. Europa. *Scarabaeus* (*Ateuchus*) *sacer* L., Heiliger Pillenkäfer. Südeuropa, Nordafrika. *Melolontha vulgaris* F., Maikäfer. Die Larve, als Engerling bekannt (Abb. 781), nährt sich zunächst von modernden Pflanzenstoffen, später (im 2. und 3. Jahre) von Wurzeln, durch deren Zerstörung sie großen Schaden anrichtet. Gegen Ende des vierten Sommers entwickelt sich der Käfer aus der in einer glatten runden Höhle liegenden Puppe, verharrt aber bis zum nächsten Frühjahr in der Erde. In wärmeren Gegenden dauert die Entwicklung nur 3 statt 4, in kälteren 5 Jahre. *M. hippocastani* F. *Polyphylla fullo* L., Walker. *Amphimallus* (*Rhizotrogus*) *solstitialis* L., Junikäfer. *Trichius fasciatus* L., Pinselkäfer. *Cetonia aurata* L., Rosenkäfer. *Potosia aeruginosa* Drury (*speciosissima* Scop.). Europa. *Goliathus giganteus* Lm., Goliathkäfer. Trop. Westafrika. *Oryctes nasicornis* L., Nashornkäfer. Europa. *Dynastes hercules* L., Herkuleskäfer. Mittel- und Südamerika.

15. Ordnung. Strepsiptera, Fächerflügler[1].

Insecten im männlichen Geschlecht mit stummelförmigen, an der Spitze aufgerollten Vorderflügeln, großen, der Länge nach faltbaren Hinterflügeln, rudimentären Mundwerkzeugen, im weiblichen Geschlecht ohne Flügel und Beine, Metamorphose vollkommen.

Die Strepsipteren zeigen einen auffallenden Dimorphismus der Geschlechter im Zusammenhange damit, daß die Weibchen einen parasitischen Aufenthalt im Hinterleibe von Hymenopteren oder auch Zikaden und Orthopteren besitzen, während die Männchen frei herumfliegen.

Das Männchen trägt am Kopf große halbkugelige, eigentümlich gebaute Komplexaugen, sowie die Fühler. Die Mundteile sind verkümmert und bestehen aus zwei spitzen, übereinander greifenden Mandibeln und kleinen Maxillen nebst zweigliedrigen Tastern. Vorderbrust und Mittelbrust bleiben sehr kurze Ringe, dagegen verlängert sich der Metathorax zu einer ungewöhnlichen Ausdehnung und überdeckt die Basis des Hinterleibes. Die Männchen besitzen kleine aufgerollte Vorderflügel und sehr große, fächerartig faltbare Hinterflügel (Abb. 782). Die augenlosen Weibchen dagegen zeigen Ähnlichkeit mit einer Made. Kopf und Thorax sind bei ihnen zu einem Abschnitt (Cephalothorax) verschmolzen. Von Mundteilen finden sich nur Mandibeln. Der Mitteldarm ist blindgeschlossen. Die Ovarien verharren auf einem frühen Entwicklungsstadium ähnlich wie bei viviparen Cecidomyidenlarven. Die Eier fallen in die Leibeshöhle, entwickeln sich hier (nach einigen Angaben zum Teil parthenogenetisch) zu Larven, welche durch drei bis fünf unpaare ventrale Gänge (Genitalkanäle) am zweiten bis sechsten Abdominalsegmente nach außen gelangen. Die ausschlüpfenden Larven sind campodeoid, sehr beweglich und vermögen zu springen; sie gelangen, durch die Wirtstiere übertragen, auf deren Larven und

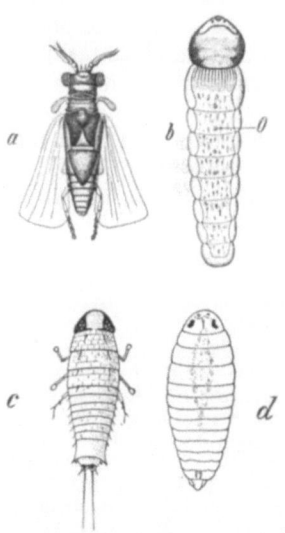

Abb. 782. *Xenos vesparum.* a Männchen, b Weibchen von der Ventralseite gesehen. ⁰/₁. O Ausmündungen der Genitalgänge. c freies Larvenstadium, d fußloses parasitisches Larvenstadium. (Nach Nassonow.)

---

[1] Kirby, W.: Strepsiptera, a new order of Insects. Trans. Linnean Soc. 11 (1815). — v. Siebold: Über Strepsiptera. Arch. Naturgesch. 9 (1843). — Curtis: British Entomology. London 1849. — Nassanow, N.: Untersuchungen zur Naturgeschichte der Strepsipteren. Warschau 1893 (russ.). Deutsche Übers. v. A. Sipiagin, herausgeg. v. K. Hofeneder. Ber. naturwiss. med. Ver. Innsbruck 1910. — Meinert, F.: Bidrag til Strepsipterernes Naturhistorie. Ent. Medd. Kopenhagen 5 (1896). — Dwight-Pierce, W.: A Monographic Revision of the twisted winged Insects etc. Bull. Nat. Mus. Washington 1909. — Hoffmann, R. W.: Die embryonalen Vorgänge bei den Strepsipteren und ihre Deutung. Verh. dtsch. zool. Ges. 1914. — Vgl. ferner Brues, Rösch, Strohm u. a.

bohren sich in diese ein. Hier verwandeln sie sich unter Abstreifung der Haut in eine fußlose Made, welche in der Puppe des Wirtes zur Puppe wird und sich vor der Verpuppung aus dem Hinterleib jener mit dem Kopfe hervorbohrt. Die Männchen verlassen die Puppenhülle und besitzen eine nur kurze Lebensdauer, während die Weibchen in der Puppenhülle verharren. Mit Strepsipteren behaftete Insecten werden als „stylopisiert" bezeichnet.

Fam. *Stylopidae*. *Xenos vesparum* Rossi (*rossii* Kirby). Schmarotzt besonders in *Polistes gallica* (Abb. 782). *Stylops melittae* Kirby. In *Andrena* parasitisch. Europa.

16. Ordnung. Hymenoptera, Hautflügler [1].

Insecten mit beißenden und leckenden Mundwerkzeugen, mit vier häutigen, nur wenig geaderten Flügeln und vollkommener Metamorphose.

Der Körper besitzt einen frei beweglichen Kopf mit großen, im männlichen Geschlechte fast zusammenstoßenden Facettenaugen und drei Ocellen (Abb. 729). Die Fühler lassen gewöhnlich ein großes Basalglied (Schaft) und elf bis zwölf kürzere Glieder (Geißel) unterscheiden (Abb. 710f), oder sind ungebrochen und bestehen dann aus einer größeren Gliederzahl. Mundwerkzeuge beißend und leckend. Oberlippe und Mandibeln wie bei Käfern und Orthopteren gebildet, die Maxillen und Unterlippe dagegen verlängert, zum Lecken eingerichtet, in der Ruhe häufig knieförmig umgelegt (Abb. 712). Bei den Bienen kann die Zunge durch bedeutende Streckung die Form eines Rüssels annehmen; in diesen Fällen verlängern sich auch die Kieferladen in ähnlicher Ausdehnung und bilden eine Art Scheide in der Umgebung der Zunge. Die Kiefertaster sind meist sechsgliedrig, die Labialtaster dagegen nur viergliedrig, können aber auch auf eine

---

[1] Außer Jurine, Dufour, Latreille, Lepeletier de St. Fargeau vgl. Huber, P.: Recherches sur les mœurs des fourmis indigènes. Génève 1810. — Gravenhorst, C.: Ichneumologia Europaea. Vratislaviae 1829. — de Saussure, H.: Études sur la famille des Vespides. 3 Vols. Paris 1852—1857. — Fabre: Études sur l'instinct et les métamorphoses des Sphégiens. Ann. des Sci. natur. 1856. — Mayr, G.: Die europäischen Formiciden. Wien 1861. — Die mitteleuropäischen Eichengallen. Wien 1870—1871. — v. Siebold, Th.: Beiträge zur Parthenogenesis der Arthropoden. Leipzig 1871. — Adler, H.: Über den Generationswechsel der Eichengallwespen. Z. Zool. 35 (1881). — Lubbock, J.: Ants, Bees and Wasps. London 1882. — André, Ed.: Species des Hyménoptères d'Europe et d'Algérie. 10 Bde. 1879—1914. — Schmiedeknecht, O. u. H. Friese: Apidae Europaeae 1882—1901. — de Dalla Torre, C.: Catalogus Hymenopterorum. 10 Bde. Lipsiae 1892—1902. — Bordas, L.: Appareil glandulaire des Hyménoptères. Ann. des Sci. natur. 1895. — Mocsáry, A.: Monographia Chrysididarum. Budapest 1889. — Kohl, F. F.: Die Gattungen der Sphegiden. Ann. Hofmus. Wien 11 (1896). — Carrière J. u. O. Bürger: Die Entwicklungsgeschichte der Mauerbiene. Nova Acta 1897. — Karawaiew, W.: Die nachembryonale Entwicklung von *Lasius flavus*. Z. Zool. 64 (1898). — Zander, E.: Beiträge zur Morphologie des Stachelapparates der Hymenopteren. Ebenda 66 (1899). — Beiträge zur Morphologie der männlichen Geschlechtsanhänge der Hymenopteren. Ebenda 67 (1900). — Handbuch der Bienenkunde. 4 Teile. Stuttgart 1910—1919. — Rengel, C.: Über den Zusammenhang von Mitteldarm und Enddarm bei den Larven der aculeaten Hymenopteren. Z. Zool. 75 (1903). — v. Jhering, H.: Biologie der stachellosen Honigbienen Brasiliens. Zool. Jb. 19 (1903). — Marchal, P.: Recherches sur la biologie et le développement des Hyménoptères parasites. Archives de Zool. 1904—1906. — Escherich, K.: Die Ameise. Braunschweig 1906. — v. Buttel-Reepen, H.: Apistica, Beiträge zur Systematik, Biologie usw. der Honigbiene. Mitt. Zool. Mus. Berlin 3 (1906). — Schmiedeknecht, O.: Die Hymenopteren Mitteleuropas. Jena 1907. — v. Dalla Torre, K. W. u. J. I. Kieffer: Cynipidae. Tierreich 24. Liefg. 1910. — Martin, F.: Zur Entwicklungsgeschichte der polyembryonalen Chalcidiers *Ageniaspis* (*Encyrtus*) *fuscicollis*. Z. Zool. 110 (1914). — Räsänen, V.: Stridulationsapparate bei Ameisen, besonders bei Formicidae. Acta Soc. pro Fauna et Flora Fennica. Helsingfors 40 (1915). — v. Frisch, K.: Aus dem Leben der Bienen. Berlin 1927. — Überdies vgl. die Schriften von Janet, Wasmann, Forel, Emery, Kulagin, Adlerz, Demoll, Embleton, Silvestri, Wheeler, Koschevnikov, Schröder u.'a.

geringere Gliederzahl reduziert sein. Vom kleinen Prothorax verschmilzt das Pronotum (mit Ausnahme der Blatt- und Holzwespen) mit dem Mesonotum, während das rudimentäre Prosternum frei beweglich bleibt. Am Mesothorax finden sich über der Basis der Vorderflügel zwei kleine bewegliche Deckschuppen (*Tegulae*) und hinter dem Scutellum bildet sich der vordere Teil des Metanotum

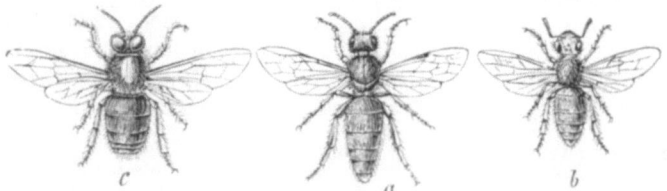

Abb. 783. *Apis mellifica*. a Königin, b Arbeiterin, c Drohne. Über ¹/₁

zu dem Hinterschildchen (*Postscutellum*) aus. Auch das erste Abdominalsegment wird meist (*Apocrita*) in die Bildung des Thorax mit eingezogen (segment entremédiaire). Beide Flügelpaare sind häutig, durchsichtig und von wenigen Adern durchsetzt, die vorderen beträchtlich größer als die hinteren, von deren Vorderrand kleine übergreifende Häkchen entspringen, welche sich an dem hinteren Rande der Vorderflügel befestigen und die Verbindung beider Flügelpaare herstellen. Zuweilen fehlen die Flügel einem der beiden Geschlechter, bei manchen gesellig lebenden Hymenopteren den Arbeitern. Die Beine besitzen meist fünfgliedrige Tarsen. Seltener (*Symphyta*) schließt sich der Hinterleib in seiner ganzen Breite (sitzend) dem Thorax an, meist ist er durch eine stielförmige Verengerung beweglich eingelenkt (gestielt) (*Apocrita*). Im weiblichen Geschlecht endet der Hinterleib mit einem in der Regel eingezogenen Legestachel (*Terebra*) oder Giftstachel (*Aculeus*). Der Stachel (Abbild. 784) besteht aus der Stachelrinne, zwei Stechborsten und zwei Stachelscheiden (nebst oblongen Platten) und liegt im Ruhezustand eingezogen. Erstere, mit ihrer Rinne

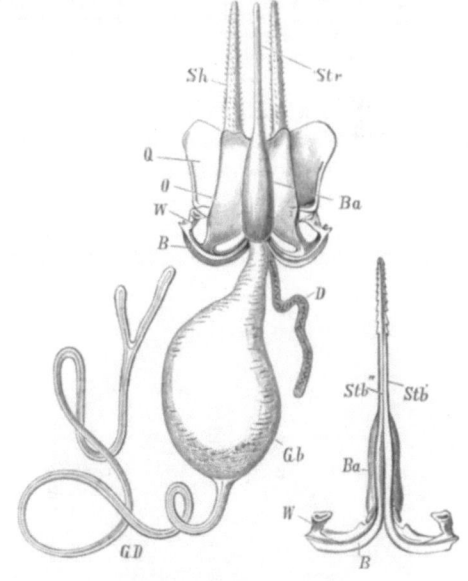

Abb. 784. Stachelapparat der Honigbiene von der Rückenseite. (Nach KRAEPELIN.) *GD* Giftdrüse, *Gb* Giftblase, *D* Schienendrüse, *Str* Schienenrinne mit den Stechborsten, *Ba* bulböse Basis der ersteren, *B* Bogen derselben, *W* Winkel, *Sh* Stachelscheide, *O* oblonge Platte, *Q* quadratische Platte, *Stb'*, *Stb''* die beiden Stechborsten an der ventralen Seite der Schienenrinne.

nach unten gewendet, entsteht aus dem inneren Warzenpaar des vorletzten Segmentes, während die an den Rändern der Stachelrinne laufenden Stechborsten dem Zapfenpaare des drittletzten Segmentes entsprechen. Übrigens nehmen auch die Segmente selbst insofern an der Stachelbildung Anteil, als sie kräftige Stützplatten des Stachels (quadratische und oblonge Platte) liefern.

Das Nervensystem besteht aus einem umfangreichen Gehirn, dem unteren Schlundganglion, zwei Brustknoten (die Ganglien des Meso- und Metathorax sind mit den vorderen Bauchganglien verschmolzen) und fünf bis sechs Ganglien des Hinterleibes. Der Darm erreicht häufig eine bedeutende Länge. Umfangreiche Speicheldrüsen sind vorhanden (Abb. 720). Meist erweitert sich der Oesophagus zu einem Saugmagen, seltener zu einem kugeligen Kaumagen (Ameisen). Die Zahl der kurzen MALPIGHIschen Gefäße ist eine beträchtliche. Im Zusammenhange mit dem ausdauernden Flugvermögen bilden die Längsstämme der Tracheen blasige Erweiterungen, von denen zwei an der Basis des Hinterleibes durch ihre Größe hervortreten. Die Weibchen besitzen meist sehr zahlreiche (bis zu hundert) vielfächerige Eiröhren und ein großes Receptaculum seminis mit Anhangsdrüse; eine gesonderte Begattungstasche fehlt (Abb. 785). Da, wo ein Giftstachel auftritt, sind fadenförmige oder verästelte Giftdrüsen mit gemeinsamer Giftblase und in die Stachelscheide mündendem Ausführungsgange vorhanden

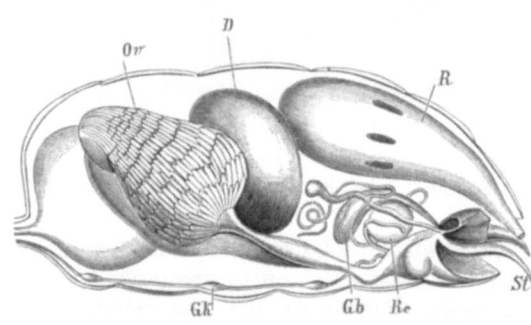

Abb. 785. Die Eingeweide des Hinterleibes der Bienenkönigin. (Nach R. LEUCKART.) *D* Darm, *Gb* Giftdrüsenblase, *Gk* Bauchganglienkette, *Ov* Ovarium, *R* Rectum mit den Rectaldrüsen, *Rc* Receptaculum seminis, *St* Stachel.

(Abb. 784). Im männlichen Geschlechte verbinden sich mit den Samenleitern der beiden, zuweilen zu einem unpaaren Organ vereinigten Hoden zwei akzessorische Drüsen, während der gemeinsame Ductus ejaculatorius mit einem umfangreichen ausstülpbaren Penis endet.

Bei zahlreichen Ameisen finden sich Stridulationsorgane in Form von Rillen an der Vorderseite der Abdominalsegmente, die durch die Hinterleiste der vorhergehenden Segmente angerieben werden.

Die Larven der *Symphyta* (Blatt- und Holzwespen) sind raupenförmig und leben frei, meist von Blättern. Sie besitzen jederseits ein einfaches großes Auge (Abb. 786) und außer den Thoracalbeinen in der Regel sechs bis acht Paare von Abdominalfüßen (Abb. 787 b). Die Larven der *Apocrita* sind madenartig (Abb. 790 d) und leben entweder parasitisch im Leibe von Insecten (bei *Chalcididen* eine Art Hypermetamorphose mit sehr abweichend gestalteten Larvenformen [Abb. 742] durchlaufend), oder in Pflanzen, oder in Bruträumen von pflanzlicher wie von

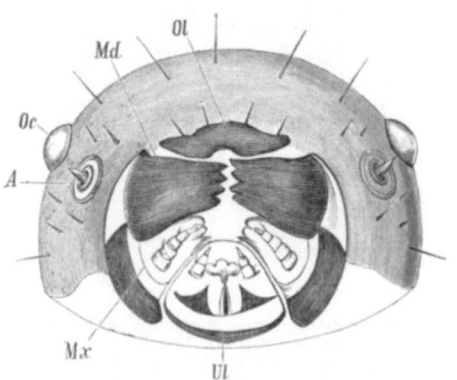

Abb. 786. Kopf der Larve einer Tenthredinide (*Lophyrus*) von vorne gesehen. *A* Antenne, *Md* Mandibel, *Mx* Maxille mit Taster, *Oc* Ocellus, *Ol* Oberlippe, *Ul* Unterlippe mit Taster.

tierischer Nahrung, die sie entweder aufgespeichert vorfinden oder ihnen während des Heranwachsens zugeführt wird. Meist besitzen sie, wie z. B. die Larven der Bienen und Wespen, einen kleinen einziehbaren Kopf mit kurzen Mandibeln und Freßspitzen (Kiefer und Unterlippe). Das Lumen des Mitteldarmes kommuniziert nicht mit dem des Enddarmes. Die meisten Larven spinnen sich zur Verpuppung eine unregelmäßige Hülle oder einen festeren Kokon aus seidenartigen Fäden. Die der Wespen und Bienen erfahren dann bald eine Häutung, mit der sie jedoch erst in ein Vorstadium der Puppe, die Halbpuppe (Subnymphe), eintreten (Abb. 740).

Bei einigen im Larvenleben parasitischen Hymenopteren (wie *Ageniaspis fuscicollis, Platygaster minutula*) tritt durch Zerfall des Keimes im Morulastadium regelmäßig Polyembryonie auf.

1. Unterordnung. *Symphyta*. Thorax nur aus den drei Thoracalsegmenten gebildet; der Hinterleib demselben mit breiter Basis ansitzend. Flügel vollkommen geadert. Trochanter zweiringelig. Larven raupenförmig.

Fam. *Tenthredinidae*, Blattwespen. Hinterleib mit kurzem Legebohrer. Die den Schmetterlingsraupen ähnlichen Larven selten mit drei, meist mit neun bis elf Beinpaaren. Die Weibchen legen die Eier in die Haut von Blättern, der Stich veranlaßt den Zufluß von Pflanzensäften, zuweilen gallenartige Bildungen (Cecidien). Die ausschlüpfenden Larven nähren sich von Blättern, leben in der Jugend oft gemeinsam und verpuppen sich in einem Kokon. Von den Schmetterlingsraupen unterscheiden sich diese sogenannten Afterraupen durch die größere Zahl (12—16) der Abdominalfüße und die beiden Punktaugen des Kopfes (Abb. 786). *Cimbex femorata* L. Larve auf Weiden. *Arge (Hylotoma) rosae* L. *Athalia spinarum* FABR., Rübenblattwespe. Auf Kohlarten (Abb. 787). *Tenthredo scalaris* KL. *Eriocampoides (Caliroa) limacina* RETZ. Auf Obstbäumen. Die gelbliche Larve mit dunkelgrünem

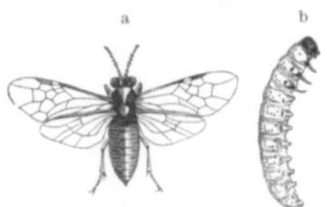

Abb. 787. a *Athalia spinarum* (aus NÖRDLINGER). $1 \cdot 8/1$ b Larve von *Athalia*. $1 \cdot 5/1$

Schleim überdeckt, wie eine Nacktschnecke aussehend. *Pteronidea ribesi* SCOP. (*Nematus ventricosus* LATR.). Larve auf Stachelbeeren. *Lophyrus pini* L., Kiefernblattwespe. *Lyda hieroglyphica* CHRIST (*campestris* F.). Larve ohne Bauchfüße. *Cephus pygmaeus* M., Getreidehalmwespe. Europa.

Fam. *Siricidae*, Holzwespen. Abdomen mit gespaltener erster Dorsalplatte und meist langem, frei vorstehendem Legebohrer. Die Weibchen bohren Holz an und legen ihre Eier in dasselbe. Die Larven ohne Bauchfüße bohren sich im Holz weiter und haben eine beträchtliche Lebensdauer. *Sirex (Urocerus) gigas* L., Riesenholzwespe. Europa.

2. Unterordnung. *Apocrita*. Das erste Abdominalsegment in die Bildung des Thorax eingezogen. Abdomen gestielt. Larven madenförmig.

1. Sektion. *Terebrantia*. Weibchen mit Legebohrer (Terebra), der frei am Hinterleibsende hervorsteht.

Fam. *Cynipidae*, Gallwespen. Thorax buckelförmig erhoben. Hinterleib meist kurz, seitlich komprimiert. Der an der Bauchseite desselben entspringende Legebohrer ist mit der Spitze aufwärts gerichtet. Die Weibchen legen die Eier in Pflanzenteile und veranlassen durch den Reiz einer ausfließenden scharfen Flüssigkeit die Entstehung der als *Gallen (Cecidien)* bekannten Auswüchse, in denen entweder eine oder zahlreiche fußlose Larven ihre Nahrung finden. Wegen des Gehaltes an Gerbsäure finden gewisse Gallen eine offizinelle Verwendung, namentlich die kleinasiatischen (Aleppo) Eichengallen. Von manchen Formen sind bis jetzt nur Weibchen bekannt, deren Eier sich parthenogenetisch entwickeln, bei vielen ist Heterogonie nachgewiesen. Einige Cynipiden legen ihre Eier in die Gallen anderer Arten, manche in Insecten. *Andricus quercus-

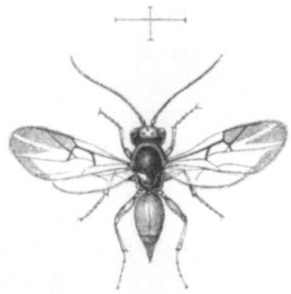

Abb. 788. *Rhodites rosae* (aus BRANDT u. RATZEBURG).

radicis* BURGSD. *Diplolepis (Dryophanta) quercus-folii* L. *Cynips gallae-tinctoriae* OL. Erzeugt die sogenannten Istrischen Gallen und Aleppogallen. *C. quercus-calicis* BURGSD. Erzeugt die Knoppern. Südeuropa, Kleinasien. *Biorhiza pallida* OL. Weibchen häufig mit verkümmerten Flügeln oder flügellos. *Rhodites rosae* L., Rosengallwespe, erzeugt den sogenannten Bedeguar der Rosen (Abb. 788). *Figites scutellaris* ROSSI. Larven parasitisch in der *Sarcophaga*made. Europa.

Fam. *Ichneumonidae*, Schlupfwespen. Fühler lang, gerade. Vorderflügel mit Randmal. Legebohrer stachelartig, häufig weit hervorragend. Die Weibchen legen die Eier in oder an Larven oder Puppen von Insecten. *Ichneumon corruscator* L. *Trogus lutorius* F., Larve in Schwärmerraupen. *Rhyssa persuasoria* L. *Ephialtes (Pimpla) manifestator* L. (Abb. 789), Larve in Käferpuppen. *Ophion luteus* L., Larve in Spinnerraupen. *Paniscus testaceus* GRAV., Europa.

Fam. *Braconidae*. Fühler lang, meist borstenförmig. Vorderflügel mit Randmal. 2. und 3. Abdominalring unbeweglich untereinander verbunden. Die Larven schmarotzen in Larven und Imagines von Insecten. *Bracon impostor* SCOP. *Apanteles (Microgaster) glomeratus* L., Larve in der Raupe des Kohlweißlings. *Aphidius rosarum* NEES. Larve in der Rosenblattlaus. *Aspilota nervosa* HALID. Larve in der Puppe von *Phora incrassata*. Europa. *Habrobracon juglandis* ASHM. Kalifornien (Abb. 31).

Fam. *Chalcididae (Pteromalidae)*, Erzwespen (Zehrwespen). Fühler kurz, gebrochen. Vorderflügel ohne Randmal. Legebohrer vor der Hinterleibsspitze ventral entspringend. Meist kleine buntgefärbte Formen deren Larven in Eiern, Larven oder Puppen anderer Insecten schmarotzen. *Chalcis femorata* NEES. *Torymus bedeguaris* L. Larve in Rosenbedeguar. *Ageniaspis (Encyrtus) fuscicollis* DALM. *Encyrtus scutellaris* DALM. *Prestwichia aquatica* LUBB. Beim Männchen Flügel rudimentär. Das Tier lebt tagelang unter Wasser. *Pteromalus puparum* L. Larve in Puppen von Tagschmetterlingen. *Blastophaga psenes* L., Feigengallwespe. Männchen ungeflügelt. *Teleas clavicornis* LATR. *Inostemma piricola* KIEFF. *Trichacis remulus* WLK. *Platygaster minutula* D. T. (*Polygnotus minutus* LINDEM.). Europa.

Fam. *Evaniidae*. Vorderflügel mit Randmal. Hinterleib hoch eingelenkt. Larven schmarotzen in Insectenlarven. *Evania appendigaster* L. *Gasteruption (Foenus) affectator* L. Europa.

Fam. *Chrysididae*. Goldwespen. Körper cylindrisch, meist zum Zusammenkugeln, hartschalig und metallisch gefärbt. Die Weibchen legen ihre Eier in die Nester anderer Hymenopteren. *Chrysis ignita* L. Europa.

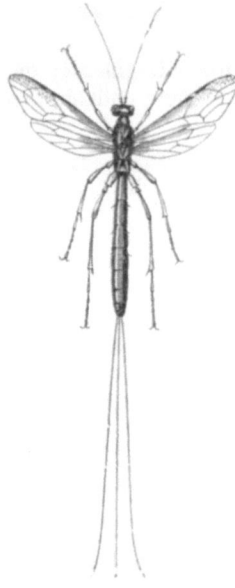

Abb. 789. *Ephialtes (Pimpla) manifestator* (aus règne animal). ²/₃

2. Sektion. *Aculeata*. Weibchen mit zurückziehbarem Giftstachel.

Fam. *Formicidae*, Ameisen. Fühler gekniet. Flügel hinfällig. Leben gemeinsam in Gesellschaften, welche neben den geflügelten Männchen und Weibchen kleine ungeflügelte Arbeiter mit stärkerem Prothorax in Überzahl enthalten (Abb. 790). Nach der Größe des Kopfes und der Kiefer zerfallen die letzteren zuweilen wieder in zwei Formenreihen, in Soldaten und eigentliche Arbeiter. Wie die Weibchen sind auch die Arbeiter als verkümmerte Weibchen mit einer Giftdrüse versehen, deren saures Secret (Ameisensäure) sie entweder mit Hilfe des Giftstachels entleeren oder beim Mangel des letzteren in die von den Mandibeln gemachte Wunde einspritzen. Die Bauten der Ameisen bestehen aus Gängen und Höhlungen, welche in morschen Bäumen, in der Erde oder in hügelartig aufgetragenen Haufen angelegt sind. Wintervorräte werden in diese Räume nicht eingetragen, da die Arbeiterameisen, die mit den Königinnen in der Tiefe ihrer Wohnungen überwintern, in eine Art Winterschlaf verfallen, während die Männchen im Herbste absterben. Im Frühjahr finden sich auch die Larven,

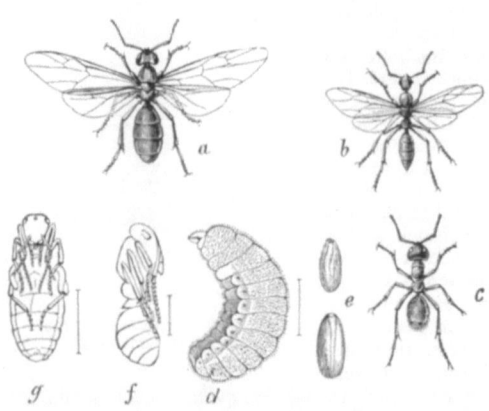

Abb. 790. *Camponotus herculeanus*. ¹/₁. a Weibchen, b Männchen, c Arbeiterin. — *Formica rufa*. d Larve, e Puppe im Kokon, f, g Puppe aus dem Kokon befreit (aus BREHM).

welche von den Arbeitern sorgfältig gepflegt, gefüttert und verteidigt werden. Dieselben verwandeln sich in eiförmigen Kokons zu Puppen (sogenannten Ameiseneiern) und entwickeln sich teils zu Arbeitern, teils zu den geflügelten Geschlechtstieren, die bei uns im Laufe des Sommers erscheinen und sich im Fluge begatten. Nach der Begattung gehen die

Männchen zugrunde, die Weibchen aber verlieren die Flügel und werden von den Arbeitern in die Bauten zur Eierablage zurückgetragen oder gründen auch mit einem Teile der Arbeiter neue Gesellschaften. In den Tropengegenden unternehmen die Ameisen in ungeheuren Scharen gemeinsame Wanderungen und können zu einer wahren Plage werden, wenn sie, in die Häuser eindringend, alles Eßbare zerstören. Besonders schädlich sind manche Formen dadurch, daß sie junge Bäume und Pflanzen entlauben (Blattschneiderameisen). Nützlich aber erweisen sich einige Formen sowohl durch die Kämpfe mit den Termiten, als durch Zerstörung anderer schädlicher Insecten, wie Blattiden. Viele Arten, insbesondere der Gattung *Eciton*, sind Raubameisen und überfallen andere Ameisenkolonien. Gewisse Arten sollen sich in Kämpfe mit fremden Ameisenstaaten einlassen, deren Brut rauben und zur Dienstleistung in ihren eigenen Bauten erziehen (Amazonenstaaten, *Polyergus rufescens, Formica sanguinea*). Unbestreitbar ist die relativ hohe Lebensstufe. Die Ameisen halten sich Blattläuse gewissermaßen als zu melkende Kühe, tragen Vorräte in ihre Wohnungen und ziehen in geordneten Kolonnen in den Kampf aus. Viele tropische Formen der Gattung *Atta* züchten in ihrem Bau Pilzmycelien (Pilzgärten) als Nahrungsquelle. Im Kontrast zu den Raubzügen der Sklavenstaaten stehen die freundschaftlichen Beziehungen der Ameisen zu anderen Insecten, welche als Myrmecophilen in den Ameisenhaufen sich aufhalten (Larven von *Cetonia*, ferner *Zyras* [*Myrmedonia*], *Lomechusa, Claviger*). *Camponotus ligniperda* LATR. Europa. *C. herculeanus* L. (Abb. 790), Roßameise. Europa, Nordasien, Nordamerika. *Solenopsis fugax* LATR., Diebsameise. Winzig klein. Europa, Nordasien. *Polyergus rufescens* LATR. *Formica rufa* L., Waldameise. *F. sanguinea* LATR. Europa, Nordasien, Nordamerika. *Lasius fuliginosus* LATR., Holzameise. Europa, Asien. *L. niger* L., *Myrmica rubra* L. Mit Giftstachel. *Aphaenogaster subterranea* LATR. Mit Giftstachel. Europa, Nordasien, Nordamerika. *Atta cephalotes* FABR. Sauba, Blattschneiderameise. Südamerika. *Oecophylla smaragdina* F. eine Weberameise. Bedient sich beim Bau des Nestes ihrer spinnenden Larven als Werkzeuge. Tropisches Afrika, Ostindien. *Crematogaster sordidula* NYL. Südeuropa, Centralasien.

Fam. *Scoliidae* (*Heterogyna*). Pronotum bis zur Flügelbasis reichend. Männchen und Weibchen in Form, Größe und Fühlerbau sehr verschieden. Die Weibchen, mit verkürzten Flügeln oder flügellos, legen ihre Eier an anderen Insecten oder in Bienennestern ab, ohne sich um die Ernährung und Pflege der Brut zu kümmern. *Scolia flavifrons* F. (*hortorum* F.). Die Larve lebt an der des Nashornkäfers parasitisch. Europa. Hier schließt sich an *Mutilla europaea* L. Weibchen ungeflügelt. Larve parasitisch in Hummelnestern.

Fam. *Vespidae*, Faltenwespen. Mit schlankem, glattem Leibe und schmalen, der Länge nach zusammenfaltbaren Vorderflügeln. Pronotum bis zur Flügelbasis reichend. Leben bald in Gesellschaften, bald solitär, im ersteren Falle sind auch die Arbeiter geflügelt. Die Weibchen der solitär lebenden Wespen bauen ihre Brutzellen im Sande, auch an Stengeln von Pflanzen aus Sand und Lehm und füllen sie sehr selten mit Honig, in der Regel mit herbeigetragenen Insecten, namentlich Raupen und Spinnen, wodurch sie sich in ihrer Lebensweise den Grabwespen anschließen. Die gesellschaftlich vereinigten Wespen bauen ihre Nester aus zernagtem Holze, welches sie zu papierartigen Platten verarbeiten und zur Anlage regelmäßig sechseckiger Zellen verkleben. Entweder werden die aus einer einfachen Lage aneinandergefügter Zellen gebildeten Waben frei an Baumzweigen oder in Erdlöchern und hohlen Bäumen aufgehängt oder mit einem gemeinsamen blättrigen Außenbau umgeben, an dessen unterer Fläche das Flugloch liegt. In diesem Falle besteht der Innenbau häufig aus mehreren wagrecht aufgehängten Waben, welche wie Etagen übereinanderliegen und durch Strebepfeiler verbunden sind. Die Öffnungen der sechseckigen, vertikal gestellten Zellen sind nach unten gerichtet. Die Anlage eines jeden Wespenbaues wird im Frühjahre von einem einzigen, im Herbste des Vorjahres befruchteten und überwinterten Weibchen angelegt, welches im Laufe des Frühjahres und Sommers Arbeiter erzeugt, die ihm bei der Vergrößerung des Baues und bei der Erziehung der Brut zur Seite stehen, und von denen nicht selten auch die größeren, im Laufe des Sommers erzeugten Formen an der Eierlage sich beteiligen und parthenogenetisch (zu männlichen Wespen) sich entwickelnde Eier legen. Die Larven werden mit zerkauten Insecten gefüttert und verwandeln sich in einem zarten Gespinst innerhalb der zugedeckten Zellen in die Puppen. Die ausgebildeten Tiere nähren sich in der Regel von süßen Substanzen und Honigsäften, die sie auch gelegentlich eintragen sollen (*Polistes*). Erst im Spätsommer treten Weibchen und Männchen auf, welche sich im Fluge hoch in der Luft begatten. Letztere gehen bald zugrunde, wie sich überhaupt der gesamte Wespenstaat im Herbste auflöst; die befruchteten Weibchen dagegen überwintern unter Steinen und Moos, um im nächsten Jahre einzelne neue Staaten zu gründen. Bei tropischen Wespen (*Polybia, Synoeca* u. a.) hingegen überdauern die Nester den Winter; die Kolonien enthalten zahlreiche befruchtete Weibchen und senden Schwärme aus gleich der Honigbiene, Verhältnisse, die als ursprünglichere anzusehen sind (H. v. JHERING). *Vespa crabro* L., Hornisse (Abb. 308 b). *V. vulgaris* L., gemeine Wespe. Europa. *V. germanica* F. Nördl. Hemisphäre. *Polistes gallicus* L. Nester ohne Umhüllungsblätter, aus einer gestielten Wabe bestehend. Europa. *Polybia sedula* SAUSS. *Synoeca cyanea* F. Brasilien. *Odynerus (Ancistrocerus) parietum* L. Lebt solitär. Europa.

Fam. *Pompilidae.* Pronotum bis zur Flügelbasis reichend. Flügel meist groß und breit. Beine sehr verlängert mit gestachelten Schienen. Stimmen in der Lebensweise mit den Sphegiden überein. Larvennahrung sind Spinnen. *Pompilus (Anoplius) viaticus* F. *(fuscus* L.). Europa.

Fam. *Sphegidae,* Grabwespen. Pronotum nicht bis zur Flügelbasis reichend. Solitär lebende Hymenopteren mit ungebrochenen Fühlern und verlängerten Beinen, von Honig und Pollen lebend. Die Weibchen graben Gänge und Röhren meist im Sande und in der Erde, jedoch auch in trockenem Holze, und legen am Ende derselben ihre Brutzellen an, welche je mit einem Ei und tierischem Nahrungsmaterial für die ausschlüpfende Larve besetzt werden. Einige (*Bembex*) tragen den in offenen Zellen heranwachsenden Larven täglich frisches Futter zu, andere haben in der geschlossenen Zelle so viele Insecten angehäuft, als die Larve zur Entwicklung braucht. Im letzteren Falle sind die herbeigetragenen Insecten durch einen Stich in das Bauchmark gelähmt. Meist erbeuten die einzelnen Arten ganz bestimmte Insecten (Raupen, Curculioniden, Buprestiden, Acrydier usw.), die sie in höchst überraschender Weise bewältigen und lähmen. *Ammophila sabulosa* L. *Sphex (Chlorion) maxillosus* F. *Cerceris arenaria* L. (Abb. 791). *Nysson spinosus* FORST. *Bembex rostrata* L. *Crabro cribrarius* L., Siebwespe. Europa.

Abb. 791. *Cerceris arenaria* (aus règne animal). 1·5/1

Fam. *Apidae,* Bienen. Pronotum nicht bis zur Flügelbasis reichend. Schienen und Tarsen der Hinterbeine verbreitert, das erste Tarsalglied an der Innenseite bürstenförmig behaart (Fersenbürste). Vorderflügel nicht zusammenfaltbar. Leib behaart. Die Haare an den Hinterbeinen oder am Bauch als Sammelapparat des Pollens dienend (Schienensammler oder Bauchsammler). Die Unterlippe und Unterkiefer erreichen oft eine sehr bedeutende Länge. Letztere legen sich scheidenförmig um die Zunge und haben rudimentäre Taster; die Bienen leben sowohl solitär als in Gesellschaften; letztere besitzen sogenannte Arbeiter. Die Bienen legen ihre Nester in Mauern, unter der Erde und in hohlen Bäumen an und füttern ihre Larven mit Honig und Pollen. Einige bauen keine Nester, sondern legen ihre Eier in die gefüllten Zellen anderer Bienen (Schmarotzerbienen). *Prosopis variegata* F. *Melecta luctuosa* SCOP. *Nomada ruficornis* L. Beide letzteren Schmarotzerbienen. *Megachile centuncularis* L. *Chalicodoma muraria* F., Mörtelbiene. *Osmia cornuta* LATR., Mauerbiene. *Anthidium manicatum* L. *Halictus sexcinctus* F. *Andrena cineraria* L., Erdbiene. *Dasypoda plumipes* PANZ. *Xylocopa violacea* F., Holzbiene, baut senkrechte Gänge im Holz und teilt sie durch Querwände in Zellen. *Anthophora retusa* L. *Eucera longicornis* L. Europa.

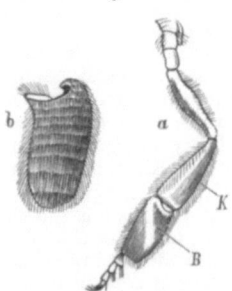

Abb. 792. a Hinterbein der Arbeiterin von *Apis mellifica,* b Bürstchen, stärker vergr. *K* Körbchen an der Tibia, *B* vergrößertes erstes Tarsalglied mit dem Bürstchen auf der Innenseite.

Bombus LATR., Hummel. Körper plump, pelzartig behaart. Die Nester werden meist in Löchern unter der Erde angelegt und umfassen eine nur geringe Zahl, etwa 50—200, selten bis zu 500 Arbeitshummeln neben dem befruchteten Weibchen. Sie bauen keine künstlichen Waben, sondern häufen unregelmäßige Massen von Pollen an, welche mit Eiern besetzt werden und den ausschlüpfenden Maden zur Nahrung dienen. Diese fressen in den Pollenklumpen zellige Höhlungen aus und bilden ausgewachsen eiförmige, frei, aber unregelmäßig nebeneinanderliegende Kokons. Auch das Hummelnest wird von einem einzigen überwinterten Weibchen gegründet, das anfangs die Geschäfte der Brutpflege allein besorgt; später beteiligen sich an demselben die ausgeschlüpften, verschieden großen Arbeiter, die selbst auch unbefruchtete Eier ablegen. Wie bei tropischen Wespen überdauern auch die Nester tropischer *Bombus*-Formen den Winter, enthalten mehrere befruchtete Weibchen und entsenden Schwärme (R. v. JHERING). *B. lapidarius* L., *B. terrestris* L., *B. hortorum* L., *Psithyrus rupestris* F., Schmarotzerhummel. Europa.

Apis L., Honigbiene. Mit eingliedrigen Kiefertastern. Die Arbeiter mit seitlichen getrennten Augen; die Außenfläche der Hinterschienen grubenartig eingedrückt, von einfachen Randborsten umstellt (Körbchen), die Innenfläche des Tarsus mit regelmäßigen Borstenreihen besetzt (Bürstchen) (Abb. 792). Das Weibchen, Königin oder Weisel, mit kürzerer Zunge, längerem Hinterleib, das Männchen, Drohne, mit großen zusammenstoßenden Augen, breitem Hinterleib und kurzen Mundteilen, beide ohne Körbchen und Bürstchen. *A. mellifica*, Honigbiene, mit verschiedenen Varietäten, wie italienische (*m.-ligustica*), ägyptische (*m.-fasciata*) Biene u. a. Weit verbreitet (Abb. 783). Bei Arbeitern und Königin ein vorstülpbares Duftorgan zwischen 5. und 6. Abdominaltergit. Die Arbeitsbienen (s. S. 257) bauen in hohlen Bäumen oder in sonst geschützten Räumen, unter dem Einfluß der menschlichen Pflege in zweckmäßig eingerichteten Körben oder in Stöcken, stets senkrechte Waben. Das zum Wabenbau verwendete Wachs erzeugen sie als Umsatzprodukt des Honigs und secernieren es in Form kleiner Täfelchen an den ventralen Schienen der vier letzten Hinterleibssegmente. Die Waben bestehen aus zwei Lagen von horizontalen sechsseitigen Zellen, deren Boden aus drei Rhombenflächen gebildet wird. Die kleineren Zellen dienen zur Aufnahme von Vorräten (Honig und Blütenstaub) und der Arbeiterbrut, die größeren für die Aufnahme von Honig und Drohnenbrut. Außerdem findet sich am Rande der Waben zu bestimmten Zeiten eine geringe Anzahl von großen unregelmäßigen Königinnenzellen (Weiselwiegen), in welchen die Larven der weiblichen Bienen aufgezogen werden. Wenn die Zellen mit Honig gefüllt sind oder die in ihnen befindlichen Larven die Reife zur Verpuppung erlangt haben, werden sie bedeckelt. Eine kleine Öffnung am Grunde des Stockes dient als Flugloch, im übrigen sind alle Spalten und Ritzen mit Stopfwachs (Propolis), der harzigen Substanz von Pflanzenknospen, verklebt, und es dringt kein Lichtstrahl in das Innere des Baues. Die Arbeitsteilung ist in keinem Hymenopterenstaate so streng durchgeführt wie in dem der Bienen. Normalerweise ist nur eine befruchtete Königin da und besorgt einzig und allein die Ablage der Eier, von denen sie an einem Tage gegen 3000 abzusetzen imstande ist. Die Arbeitsbienen teilen sich in die Geschäfte des Honigerwerbes, der Wachsbereitung, der Fütterung der Brut und des Ausbaues des Stockes. Die Drohnen, überdies nur zur Schwarmzeit in verhältnismäßig geringer Zahl vorhanden (200 bis 300 in einem Stocke von 20000—30000 Arbeitern), besorgen keinerlei Arbeit im Stocke. Die aus unbefruchteten Eiern entstandenen Drohnen werden zu Herbstanfang aus dem Stocke gedrängt (Drohnenschlacht) und gehen zugrunde, desgleichen sterben mit Beginn des Winters zahlreiche Arbeiterinnen ab; die Königin und die übrigen Arbeitsbienen überwintern, von den angehäuften Vorräten zehrend, unter dem Wärmeschutz des dichten Zusammenlebens im Stocke. Noch vor dem Reinigungsausflug in den ersten Tagen des erwachenden Frühlings belegt die Königin zuerst die Arbeiterzellen, später auch Drohnenzellen mit Eiern. Dann werden auch einige Weiselwiegen belegt und in Intervallen jede mit einem befruchteten Ei besetzt. In diesen letzteren werden die Larven durch reichlichere Nahrung und königliche Kost (Futterbrei) zu geschlechtsreifen, begattungsfähigen Weibchen, Königinnen, erzogen. Bevor die älteste der jungen Königinnen ausschlüpft — die von der Absetzung des Eies bis zum Ausschlüpfen 16 Tage braucht, während sich die Arbeiter in 21, die Drohnen in 24 Tagen entwickeln — verläßt die Mutterkönigin mit einem Teile des Bienenvolkes den Stock (Vorschwarm). Die ausgeschlüpfte junge Königin tötet entweder die noch vorhandene Brut von Königinnen und bleibt dann in dem alten Stock, oder verläßt ebenfalls, wenn sie von jenem Geschäfte durch die Arbeiter zurückgehalten wird und die Volksmenge noch groß genug ist, vor dem Ausschlüpfen einer zweiten Königin den alten Stock mit einem Teile der Arbeiter (Nachschwarm oder Jungfernschwarm). Bald nach ihrem Ausschlüpfen hält die junge Königin ihren Hochzeitsflug und kehrt mit dem Begattungszeichen in den Stock zurück. Nur einmal begattet sich die Königin während ihrer ganzen, auf 4—5 Jahre ausgedehnten Lebensdauer; sie ist von da an imstande, männliche und weibliche Brut zu erzeugen. Eine flügellahme, zur Begattung untaugliche Königin legt nur Drohneneier, ebenso die befruchtete Königin im hohen Alter bei erschöpftem Inhalt des Receptaculum seminis. Auch Arbeiter können zum Legen von Drohneneiern fähig werden (Drohnenmütterchen), die Larven der Arbeiter aber im frühen Alter (unter 3 Tagen) durch besondere Ernährung zu Königinnen erzogen werden. Als Parasiten an Bienenstöcken sind hervorzuheben: der Totenkopfschwärmer, die Wachsmotte, die Larve der Faulbrutfliege (*Phora incrassata*), jene vom Bienenwolf (*Trichodes apiarius*) und die Bienenlaus (*Braula coeca*). *A. dorsata* F., indische Riesenbiene. Ostindien.

Hier schließt sich an *Melipona* ILL. Kleine stachellose Bienen. Auch hier ist nur eine Königin vorhanden. Die Nestanlage erfolgt meist in Baumhöhlungen. Die Brutwaben sind gewöhnlich horizontal gelagert und bestehen nur aus einer Zellenlage. Die Brutzellen werden schon vor Ablage des Eies mit Pollen und Honig gefüllt und nachher zugedeckelt. Auch verfertigen die Arbeiter außerhalb des Brutwabenraumes zur Aufspeicherung von Honig und Pollen große faßförmige, unregelmäßig angeordnete Behälter. *M. anthidioides* LEP., Mandassaiabiene. Brasilien.

17. Ordnung. Rhynchota, Schnabelkerfe[1].

Insecten mit gegliedertem, aus der Unterlippe hervorgegangenem Schnabel (Rostrum), stechenden Mundwerkzeugen, mit in der Regel freiem Prothorax, ohne oder mit halbvollkommener, selten vollkommener Metamorphose.

Die Mundwerkzeuge, durchwegs zur Aufnahme einer flüssigen Nahrung eingerichtet, stellen gewöhnlich einen Schnabel dar, in welchem die Mandibeln und Maxillen (nach HEYMONS sind es die Innenladen der Maxillen, während der Maxillenstamm sich an der Bildung der Kopfwand beteiligt) als vier grätenartige Stechborsten vor- und zurückgeschoben werden (Abb. 714). Der Schnabel (*Rostrum*), aus der Unterlippe hervorgegangen, ist eine drei- bis viergliedrige, nach der Spitze verschmälerte, ziemlich geschlossene Rinne und wird an der breiteren klaffenden Basis von der verlängerten dreieckigen Oberlippe bedeckt. Die Fühler sind entweder kurz, dreigliedrig, mit borstenförmigem Endgliede oder mehrgliedrig und oft langgestreckt. Die Facettenaugen bleiben klein, häufig finden sich zwei Ocellen. Ein tympanales Gehörorgan findet sich am 2. Abdominalsegmente der Singzikaden. Der Prothorax ist meist groß und frei beweglich. Flügel fehlen zuweilen ganz, zuweilen nur im weiblichen Geschlecht, selten sind zwei, in der Regel vier Flügel vorhanden, dann sind entweder die vorderen halbhornig und an der Spitze häutig (*Hemiptera*), oder vordere und hintere sind gleichgebildet und häutig (*Homoptera*), die vorderen zuweilen derber und pergamentartig. Die Beine sind in der Regel Gangbeine, dienen zuweilen aber auch zum Schwimmen, in anderen Fällen die hinteren zum Springen oder die vorderen zum Raube. Der Darmkanal zeichnet sich durch die umfangreichen Speicheldrüsen und durch den komplizierten, oft in drei Abschnitte geteilten Chylusmagen aus.

---

[1] Außer BURMEISTER, BONNET, DUFOUR, KYBER, REUTER, HANSEN, NÜSSLIN, TULLGREN, PUTON, NEWSTEAD, STRINDBERG vgl. KALTENBACH, J. H.: Monographie der Familie der Pflanzenläuse. Aachen 1843. — LEUCKART, R.: Die Fortpflanzung der Rindenläuse. Arch. Naturgesch. 1859. — FIEBER, F. X.: Die europäischen Hemipteren nach der analytischen Methode. Wien 1860. — STÅL, C.: Enumeratio Hemipterorum. Svensk. Vet. Akad. Hdl. 1870—1877. — MAYER, P.: Der Tonapparat der Cicaden. Z. Zool. **28** (1877). — SIGNORET, V.: Essai sur les Cochenilles ou Gallinsectes (Homoptères — Coccides). Paris 1877. — BUCKTON, G. B.: Monograph of the British Aphides. 4 Bde. London 1876—1883. — LÖW, FR.: Revision der paläarktischen Psylloden. Verh. zool.-bot. Ges. Wien 1882. — WITLACZIL, E.: Die Anatomie der Psylliden. Z. Zool. **42** (1885). — LIST, J. H.: *Orthezia cataphracta*. Ebenda **45** (1887). — WILL, L.: Entwicklungsgeschichte der viviparen Aphiden. Zool. Jb. **1888**. — MELICHAR, L.: Cikadinen von Mitteleuropa. Berlin 1896. — HEYMONS, R.: Beiträge zur Morphologie und Entwicklungsgeschichte der Rhynchoten. Nova Acta **1899**. — HANDLIRSCH, A.: Zur Kenntnis der Stridulationsorgane bei den Rhynchoten. Ann. Hofmus. Wien **15** (1900). — CORNU, M.: Études sur le *Phylloxera vastatrix*. Mém. Acad. Sci. Paris 1878. — BLOCHMANN, F.: Über die Geschlechtsgeneration von *Chermes abietis* L. Biol. Cbl. **1877**. — DREYFUS, L.: Über Phylloxerinen. Wiesbaden 1889. — CHOLODKOVSKY, N.: Beiträge zu einer Monographie der Coniferenläuse. Horae Soc. entomol. Ross. **1895, 1896**. — RITTER, C. u. E. H. RÜBSAMEN: Die Reblaus und ihre Lebensweise. Berlin 1900. — BEMIS, F. E.: The Aleurodids. Proc. U. S. Nat. Mus. Washington **1894**. — MORDWILKO, A.: Zur Biologie und Morphologie der Pflanzenläuse. II. Horae Soc. entomol. Ross. (russ.) **33** (1901). — Beiträge zur Biologie der Pflanzenläuse. Biol. Cbl. **1907—1909**. — FERNALD, M. E.: A Catalogue of the Coccidae of the World. Amherst 1903. — BÖRNER, C.: Eine monographische Studie über die Chermiden. Arb. biol. Reichsanst. Land- u. Forstw. **6** (1908). — GRASSI, B., FOÀ u. a.: Contributo alla conoscenza delle Fillosserine etc. Roma 1912. — KLODNITSKI, J.: Beiträge zur Kenntnis des Generationswechsels bei einigen Aphididae. Zool. Jb. **33** (1912). — MARCHAL, P.: Contribution à l'étude de la Biologie des Chermes. Ann. des Sci. natur. **1913**. — CRAWFORD, D. L.: A Monograph of the jumping plantlice or Psyllidae of the new world. Bull. U. S. Nat. Mus. **1914**. — OSHANIN, B.: Katalog der palaearktischen Hemipteren. Berlin 1912. — VAN DUZEE, E.: Catalogue of the Hemiptera of America north of Mexico. Univ. of Californ. Publ. in Entomology **2** (1917). — MACGILLIVRAY, A. D.: The Coccidae. Urbana 1921. — VOGEL, R.: Über ein tympanales Sinnesorgan, das mutmaßliche Hörorgan der Singzikaden. Z. Anat. **67** (1923).

Meist sind vier MALPIGHIsche Gefäße vorhanden. Das Bauchmark konzentriert sich oft auf drei, meist sogar auf zwei Ganglien. Mit Ausnahme der Cikaden besitzen die weiblichen Geschlechtsorgane nur vier bis acht Eiröhren, ein einfaches Receptaculum seminis und keine Begattungstasche. Die Hoden (Abb. 242 b) sind zwei oder mehr Schläuche, deren Samenleiter meist am unteren Ende blasenförmig anschwellen. Viele (Wanzen) verbreiten einen widerlichen Geruch, welcher von dem Secrete einer im Metathorax gelegenen, im letzteren Falle zwischen den Hinterbeinen ausmündenden Drüse herrührt. Andere (*Homopteren*) sondern durch Hautdrüsen (Abb. 724) einen Wachsflaum auf der Oberfläche ihres Körpers ab. Alle nähren sich von vegetabilischen oder tierischen Säften, zu denen sie sich vermittels der stechenden Gräten ihres Schnabels Zugang verschaffen, viele werden durch massenhaftes Auftreten jungen Pflanzen verderblich und erzeugen zum Teil gallenartige Auswüchse, andere sind Parasiten an Tieren. Die ausgeschlüpften Jungen besitzen bereits die Körperform und Lebensweise der geschlechtsreifen Tiere, entbehren aber der Flügel, die schon nach einer der ersten Häutungen als kleine Stummel auftreten. Die Singcikaden bedürfen eines Zeitraumes von mehreren Jahren zur Metamorphose. Ihre Larven haben Grabfüße und durchlaufen ein kurzes Ruhestadium (Abb. 794) vor Übergang in die Imago. Die *Aleurodiden* verwandeln sich unter der Larvencuticula, die männlichen Schildläuse innerhalb eines Kokons in eine ruhende Puppe und durchlaufen somit eine vollkommene Metamorphose.

Ein eigentümliches Stimmorgan findet sich am 1. Abdominalsegment der männlichen Singcikaden (Abb. 794c und S. 706). Ferner besitzt eine Anzahl Wanzen Stridulationsorgane; bei den *Reduviiden* wird das Schrillgeräusch durch Reiben der Schnabelspitze an einer gerillten Längsrinne des Prothorax erzeugt.

1. Unterordnung. *Hemiptera, Wanzen.* Die vorderen Flügel sind halbhornig, halbhäutig (Hemielytra) und liegen dem Körper horizontal auf, die Hinterflügel häutig, faltbar, häufig mit gut entwickeltem Analfächer.

1. Sektion. *Gymnocerata (Geocores)*, Landwanzen. Fühler vorgestreckt, mittellang und vier- oder fünfgliedrig. Schnabel meist lang.

Fam. *Pentatomidae*, Schildwanzen. Kopf bis zu den Augen eingesenkt. Fühler lang, Scutellum sehr groß. *Sehirus (Cydnus) bicolor* L., Erdwanze. *Graphosoma lineatum* L. *Dolycoris baccarum* L. *Pentatoma (Tropicoris) rufipes* L., gemeine Baumwanze. *Palomena prasina* L. *Eurydema (Strachia) oleraceum* L., Kohlwanze. Europa. *Eusthenes robustus* LEP. et SERV. Ostindien, China. *Euschistus euschistoides* VOLL. Nordamerika. *Brachynema quadripustulata* F. Mexiko, südl. Nordamerika.

Fam. *Coreidae*, Randwanzen. Fühler an der Oberseite des Kopfes eingelenkt. Thorax mit scharfrandigen Seitenflügeln. *Syromastes (Coreus) marginatus* L. Europa. *Anasa tristis* GEER. Nordamerika. *Protenor* STÅL. Hier schließt sich an *Aradus depressus* FABR. Europa.

Fam. *Lygaeidae*. Langwanzen. Fühler an der Unterseite des dreieckigen Kopfes eingelenkt. *Pyrrhocoris apterus* L., Feuerwanze. *Lygaeus equestris* L. Europa.

Fam. *Capsidae*, Blindwanzen. Kopf klein, dreieckig. Fühler borstenförmig. Punktaugen fehlen. Körper weichhäutig. *Capsus ruber* L. *Stenodema (Miris) laevigatum* L. *Calocoris sexguttatus* F. Europa.

Fam. *Cimicidae (Membranacei)*, Hautwanzen. Mit flachem Körper, Schnabel in einer Kehlrinne eingelegt. *Cimex (Acanthia) lectularius* L., Bettwanze. Flügellos.

Fam. *Reduviidae*, Schreitwanzen. Kopf frei vorgestreckt, an der Basis halsförmig verengt. Schnabel bogenförmig abstehend. Beine stark, die vorderen zuweilen zu Raubbeinen gestaltet. Leben von anderen Insecten. *Reduvius personatus* L., Kotwanze. *Pirates hybridus* SCOP. (*stridulus* FABR.). *Rhinocoris (Harpactor) iracundus* PODA, Mordwanze. Europa.

Fam. *Hydrometridae (Ploteres)*, Wasserläufer. Körper linear gestreckt, fein behaart. Kopf fast so breit wie die Brust. Mittel- und Hinterbeine verlängert. Laufen auf der Oberfläche des Wassers und ernähren sich von Insecten. *Hydrometra (Limnobates) stagnorum* L. Hinterflügel fehlen. *Limnotrechus (Gerris) lacustris* L. Europa. *Halobates sericeus* ESCHZ. Flügellos. Still. Ozean.

2. Sektion. *Cryptocerata (Hydrocores)*, Wasserwanzen. Fühler kürzer als der Kopf, drei- oder viergliedrig, mehr oder minder versteckt, Schnabel kurz. Nähren sich von tierischen Säften.

Fam. *Nepidae*, Wasserskorpione. Körper flach. Die Vorderbeine sind kräftige Raubfüße. *Nepa cinerea* L. (Abb. 793). *Ranatra linearis* L. Europa. Beide mit langer Atemröhre am Hinterende. *Belostoma grande* L. Surinam. *B. niloticum* STÅL. Dalmatien. *Naucoris cimicoides* L. Europa.

Fam. *Notonectidae*, Rückenschwimmer. Rücken gewölbt, Bauchseite flach, beim Schwimmen nach oben gewendet. Kopf groß. Schienen und Fuß der Hinterbeine flach, beiderseits mit langen Haaren besetzt. *Corixa striata* L. *Notonecta glauca* L. Europa.

2. Unterordnung. *Homoptera*. Flügel meist gleichartig, seltener die vorderen derber; sie liegen dem Körper in der Ruhe dachförmig auf. Mundteile an die Kehle heruntergerückt.

1. Sektion. *Auchenorhyncha*, Cikaden, Zirpen. Vorderflügel oft undurchsichtig, lederartig. Kopf verhältnismäßig groß, mit kurzen, borstenförmigen Fühlern. Bei vielen sind die Hinterbeine Sprungbeine, mit denen sich die Tiere vor dem Fluge fortschnellen. Die Weibchen besitzen einen Legestachel und bringen die Eier oft unter die Rinde und in Zweige der Pflanzen.

Fam. *Cicadidae* (*Stridulantia*), Singcikaden. Körper plump, der kurze Kopf mit aufgetriebener Stirn. Vorderflügel gestreckt und länger als die Hinterflügel. Hinterbeine nicht zu Sprungbeinen entwickelt. Am 1. Abdominalsegment beim Männchen ein Stimmorgan, welches einen lautschrillenden Ton hervorbringt (Abb. 794c). Als scheue Tiere halten sie

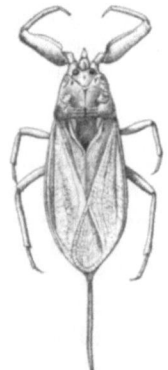
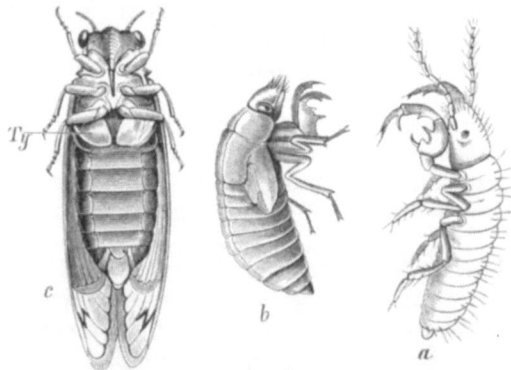

Abb. 793. *Nepa cinerea* (Orig. G.) $1.5/1$.

Abb. 794. *Tibicina septemdecim*. (Nach PACKARD.) $1/1$. a Larve, b Puppe (Nymphe), c Männchen, *Ty* Deckel über dem Stimmorgan.

sich am Tage zwischen Blättern versteckt. Sie leben von den Säften junger Triebe und können durch ihren Stich das Ausfließen süßer Pflanzensäfte veranlassen, die zu dem Manna erhärten (*Tettigia orni*). Die ausschlüpfenden Larven (Abb. 794a) graben sich mit ihren schaufelförmigen Vorderbeinen in die Erde und saugen Wurzeln an. *Tettigia orni* L., Mannacikade. *Cicada plebeja* SCOP. Südeuropa. *Tibicina septemdecim* L. Larvenzeit soll 17 Jahre dauern. Nordamerika (Abb. 794). *Tibicen haematodes* SCOP. Mittel- und Südeuropa. *Cicadetta montana* SCOP. Europa.

Fam. *Fulgoridae*, Leuchtzirpen. Kopf vielgestaltig. Vorderflügel mit Deckschüppchen. Bei vielen bedeckt sich der Hinterleib mit Wachsflaum und Wachssträngen, die bei einer Art (*Flata limbata*) in so reicher Menge secerniert werden, daß sie gewonnen werden und als „chinesisches Wachs" in den Handel kommen. *Fulgora laternaria* L., der Laternenträger aus Surinam, sollte nach den irrtümlichen Angaben MERIANS aus dem laternenförmigen Stirnfortsatze Licht ausstrahlen. *Pyrops candelaria* L., chinesischer Laternenträger. *Lystra lanata* L. Brasilien. *Flata limbata* FABR. China. *Issus coleopteratus* FABR. *Dictyophora europaea* L. Südeuropa.

Fam. *Triecphoridae*. Kopf mit vorgewölbter Stirn, Beine wenig bedornt. Mit Sprungbeinen. Die Larven mancher Formen (Schaumcikaden) lassen aus dem After, nach anderen Angaben auch aus dorsalen Hautdrüsen ein durch die Luft aus den Tracheen schaumig aufgeblasenes Secret (sogenannter Kuckucksspeichel) hervortreten, in das sie sich einhüllen. *Triecphora vulnerata* GERM. (*Cercopis sanguinolenta* L.). *Philaenus* (*Aphrophora*) *spumarius* L., Gemeine Schaumcikade. *Aphrophora alni* FALL. Europa.

Fam. *Membracidae*, Buckelzirpen. Kopf nach unten gerückt. Prothorax meist mit großem, den Hinterkörper überdeckendem buckelförmigen Fortsatze. *Membracis foliata* FABR. Brasilien. *Centrotus cornutus* L. Europa.

Coelomata (Bilateria): Arthropoda, Gliederfüßer. 749

Fam. *Jassidae*. Mit frei vortretendem Kopf. Der Prothorax bedeckt den Mesothorax bis zum Scutellum. Vorderflügel lederartig. Hinterbeine verlängert und bedornt. *Ledra aurita* L. *Tettigoniella viridis* L. *Cicadula sexnotata* Fall., Zwergcikade. *Jassus atomarius* Fabr. Europa.

2. Sektion. *Psylloidea*, Blattflöhe. Kleine Homopteren. Vorderflügel meist lederartig. Abdomen klein. Fühler lang, zehngliedrig. Beine kurz, die hinteren zum Sprunge dienend. Wachsabscheidungen kommen allgemein vor. Geben durch ihren Stich häufig Veranlassung zu Deformitäten von Blüten und Blättern. Stehen den Zirpen nahe.

Fam. *Psyllidae*. *Psylla alni* L., *P. fraxini* L. (Abb. 795), *Trioza urticae* L., *Livia juncorum* Latr., Binsenfloh. Europa.

3. Sektion. *Phytophthires*, Pflanzenläuse. Homopteren mit zwei häutigen, wenig geaderten Flügelpaaren, im weiblichen Geschlecht jedoch meist flügellos. Sehr häufig wird die Oberfläche der Haut von einem dichten Wachsflaum überdeckt, dem Produkte von Hautdrüsen (Abb. 724).

Fam. *Aleurodidae*. Beide Geschlechter mit vier Flügeln und von gleicher Form. Fühler sechsgliedrig. *Aleurodes chelidonii* Latr. auf Chelidonium, *A. aceris* Geoffr. auf Ahorn. Europa.

Fam. *Aphidae*, Blattläuse. In der Regel mit vier durchsichtigen Flügeln, die jedoch dem Weibchen, selten auch dem Männchen fehlen können. Fühler lang. Die Blattläuse leben von Pflanzensäften aus Wurzeln, Blättern und Knospen bestimmter Pflanzen, häufig in den Räumen gallenartiger Anschwellungen oder Blattdeformitäten, die durch den Stich dieser Tiere erzeugt werden.

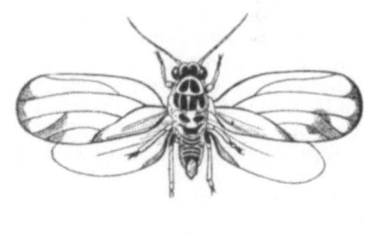

Abb. 795. *Psylla fraxini*. (Nach Curtis.)

Viele besitzen auf der Rückenfläche des drittletzten Abdominalsegmentes zwei sogenannte „Honigröhren", die eine wachsartige Masse absondern. Die süße, von Ameisen eifrig aufgesuchte Flüssigkeit, der Honigtau, wird von den Excrementen gebildet. Außer den stets flügellosen Weibchen, welche meist erst im Herbste zugleich mit den meist geflügelten Männchen auftreten und nach der Begattung befruchtete Eier ablegen,

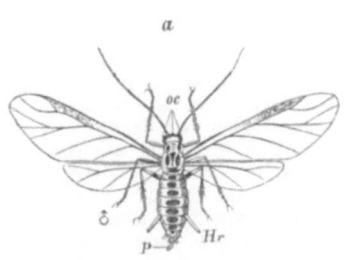  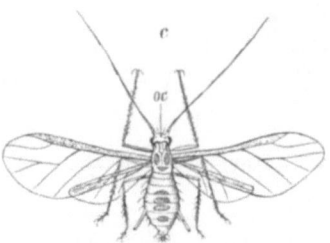

Abb. 796.

Männchen von *Drepanosiphum (Aphis) platanoides*. *Oc* Ocellen, *Hr* Honigröhrchen, *P* Begattungsorgan. ⁶/₁

Flügelloses ovipares Weibchen desselben. ⁶/₁

Vivipares Weibchen (sogenannte Amme) von *Drepanosiphum platanoides*. *Oc* Ocellen. ⁶/₁

gibt es parthenogenetische, vivipare, häufig geflügelte Generationen (sogenannte Ammen), die vorzugsweise im Frühjahr und Sommer verbreitet sind (Abb. 796). Bereits Bonnet sah neun Generationen viviparer Aphiden aufeinander folgen. Sie unterscheiden sich von den oviparen Weibchen der Geschlechtsgeneration nicht nur in Form und Färbung, sowie häufig durch den Besitz von Flügeln (die erste vivipare Form ist bei fast allen Aphiden ungeflügelt), sondern auch dadurch, daß ihrem Genitalapparat ein Receptaculum seminis fehlt und die Eier (Pseudova, Keime) bereits in den sehr langen Eiröhren (Keimröhren) unter fortschreitendem Wachstum die Embryonalentwicklung durchlaufen. Vivipare und ovipare Aphiden folgen meist in gesetzmäßigem Wechsel, indem aus den befruchteten, überwinterten Eiern der Weibchen im Frühjahr vivipare Weibchen hervorgehen, deren Nachkommenschaft durch zahlreiche Generationen hindurch lebendig gebärende Formen erzeugt. Im Herbst erst werden Männchen und ovipare Weibchen geboren, die sich miteinander begatten. Indessen gibt es auch *Aphiden*, die sich mehr als 1 Jahr hindurch parthenogenetisch fortpflanzen. Die *Pemphiginen* (*Schizoneura*, *Pemphigus*) weichen insofern ab, als die sehr kleinen und ungeflügelten Männchen und Weibchen der nicht migrierenden

Formen des Rüssels und Darmkanals entbehren, wie dies auch für die Geschlechtstiere der Rindenläuse (*Chermesinen*) zutrifft.

Während die meisten Blattläuse den ganzen Generationscyclus auf derselben Nährpflanze durchmachen, verteilt sich bei einer Anzahl von Blattläusen (sogenannten migrierenden) der Cyclus der Generationen regelmäßig auf zwei Pflanzen, indem parthenogenesierende Weibchen der späteren Generationen auf eine Zwischenpflanze überfliegen. Auf dieser entwickeln sich eine Reihe weiterer parthenogenetischer Generationen, schließlich in der zweiten Hälfte des Sommers geflügelte Formen (sogenannte Sexuparae), die auf die Hauptnährpflanze zurückfliegen und hier die Geschlechtstiere produzieren. Bei den *Aphidinen* gelangen die Männchen bereits auf der Zwischenpflanze zur Ausbildung und fliegen mit den Sexuparen der Weibchen auf die Hauptnährpflanze zurück; bei den *Chermes*arten und den *Pemphigus*arten der Pistazien entstehen und überfliegen die Sexuparen erst im Frühjahr des nächstfolgenden Jahres.

Die Fortpflanzung von *Chermes* weicht insofern ab, als hier anstatt der viviparen Generationen ovipare parthenogenesierende Generationen (*Cnaphalodes strobilobius* Kltb. und andere Arten) auftreten. Die weibliche flügellose, sogenannte Tannenlaus (Generation A, Fundatrix) überwintert an der Basis der Fichtenknospe, wächst im Frühjahr beträchtlich und legt zahlreiche Eier ab, welche sich parthenogenetisch entwickeln. Die ausgeschlüpften Jungen (Generation B) erzeugen die ananasähnliche Galle; sie erhalten später Flügel, überfliegen (Migrantes alatae) von der Fichte auf eine Zwischenpflanze (*Cn. strobilobius* auf die Lärche) und erzeugen hier parthenogenetisch eine ungeflügelte Generation (C), welche auf der Lärche überwintert. Aus dieser gehen dann im Frühjahr zweierlei Individuen (Generation D) hervor, und zwar geflügelte (sogenannte Sexuparae) und ungeflügelte (Exsules). Die Sexuparen kehren auf die Fichte zurück und liefern die kleinen flügellosen Männchen und Weibchen (Generation E), aus deren befruchteten Eiern wieder die Generation A hervorgeht; die Exsules verbleiben auf der Zwischenpflanze und liefern weitere flügellose parthenogenesierende Generationen, welche im nächsten Frühling wieder einerseits Sexuparen, andererseits Exsulen den Ursprung geben. Bei manchen *Chermes*-Formen, so *Ch. abietis, pini, piceae* soll die Geschlechtsgeneration rudimentär sein oder fehlen, so daß hier ausschließlich Parthenogenese beobachtet wird.

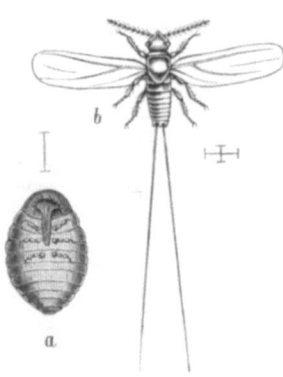

Abb. 797. *Coccus cacti*. a Weibchen, b Männchen. (Nach Burmeister.)

Der Entwicklungsgang der berüchtigten Reblaus (*Phylloxera vastatrix*) ist ein ähnlicher (Abb. 298). Aus dem unter der Rinde des Rebstockes abgelegten befruchteten Winterei schlüpft im Frühjahr eine Form (Fundatrix) aus, welche flügellos bleibt und am Stamme aufwärts wandernd zur Gallenlaus der Blätter wird. Die Gallenläuse pflanzen sich durch mehrere Generationen parthenogenetisch fort und liefern teils gleiche Formen, teils abwärts an die Wurzeln gelangende Individuen, die Wurzelläuse, welche die Nodositäten an den Wurzeln der Rebe erzeugen und hier teilweise überwintern. Auch diese können sich viele Generationen hindurch parthenogenetisch fortpflanzen. Im Spätsommer oder Herbst produzieren die Wurzelläuse geflügelte Formen (Sexuparae), die sich ebenfalls parthenogenetisch fortpflanzen, jederseits nur eine Eiröhre besitzen und an der Unterseite der Blätter dimorphe Eier legen; aus den großen entstehen die darmlosen und des Saugrüssels entbehrenden, ungeflügelten Weibchen, aus den kleinen die ebenfalls darmlosen und des Saugrüssels entbehrenden und ungeflügelten Männchen. Das Weibchen legt ein einziges befruchtetes Ei unter den Schuppen der Rinde ab, welches überwintert. Daneben überwintern auch von der letzten Ammengeneration herstammende Larven. An der europäischen Rebe werden in der Regel nur Wurzelgenerationen beobachtet, während an der amerikanischen Rebe der typische Entwicklungscyclus abläuft.

Die Hauptfeinde der Blattläuse sind die Larven von Braconiden (*Aphidius*), Syrphiden, Coccinelliden und Hemerobiiden.

Lachnus pini L. *Ptychodes juglandis* Frisch. *Aphis brassicae* L. *Macrosiphum* (*Siphonophora*) *rosae* L. *Drepanosiphum platanoides* Schr. (Abb. 796). *Eriosoma* (*Schizoneura*) *lanigerum* Hausm., Blutlaus, auf Apfelbäumen. *Pemphigus bursarius* L., Pappelwollaus. *Pemphigella cornicularia* Pass., auf Pistacia terebinthus. *Chermes abietis* L., Tannenlaus, erzeugt wie die folgenden ananasähnliche Gallen an der Fichte. *Ch.* (*Dreyfusia*) *piceae* Rtzb. auf der Weißtanne. *Ch.* (*Pineus*) *pini* L. auf Pinus silvestris. *Cnaphalodes strobilobius* Kltb. auf Fichten, mit der Lärchenlaus als Zwischengeneration. *Phylloxera quercus* Fonsc., an Eichenblättern. Europa. *P.* (*Xerampelus*) *vastatrix* Planchon, Reblaus (Abb. 298). Heimat südliches Nordamerika.

Fam. Coccidae, Schildläuse. Die größeren Weibchen haben einen schildförmigen Leib und sind flügellos, die viel kleineren Männchen besitzen dagegen große Vorderflügel, zu denen noch verkümmerte Hinterflügel hinzukommen können. Fühler schnurförmig. Die Männchen entbehren im ausgebildeten Zustande des Rüssels und nehmen keine Nahrung auf, während die plumpen, oft unsymmetrischen und sogar die Gliederung einbüßenden Weibchen mit ihrem langen Schnabel bewegungslos im Pflanzenparenchym eingesenkt sind. Die Eier werden unter dem schildförmigen Leibe abgesetzt und entwickeln sich, von dem eintrocknenden Körper der Mutter geschützt, nach vorausgegangener Befruchtung (*Coccus*), zuweilen parthenogenetisch (*Lecanium, Aspidiotus*). Im Gegensatze zu den Weibchen erleiden die Männchen eine vollkommene Metamorphose, indem sich die flügellosen Larven mit einem Gespinst umgeben und in eine ruhende Puppe umwandeln. Viele sind in Treibhäusern sehr schädlich, andere werden teils durch den Farbstoff, den sie in ihrem Leibe erzeugen (Cochenille), teils dadurch nützlich, daß sie durch ihren Stich den Ausfluß von pflanzlichen Säften veranlassen, welche getrocknet im Haushalt des Menschen Verwendung finden (Manna, Lack). *Aspidiotus hederae* SIGN. (*nerii* BOUCHÉ), auf Oleander. *Lecanium hesperidum* L. *Kermes ilicis* L., Kermesschildlaus, auf Quercus coccifera. Als Alkermes im Handel, zum Rotfärben benützt. Südeuropa. *Tachardia* (*Carteria*) *lacca* KERR, auf Ficus religiosa, bewirkt die Bildung von Schellack. Ostindien. *Coccus cacti* L., Cochenillelaus. Lebt auf Opuntia, liefert die Cochenille. Heimat Mexiko (Abb. 797). *Eriococcus mannifer* HARD., auf der Tamariske, die Bildung der Manna verursachend. Sinai. *Pseudococcus adonidum* L., *Margarodes* (*Porphyrophora*) *polonicus* L., Polnische Cochenille, Johannisblut. Deutschland, Polen. *Orthezia urticae* L. *O. cataphracta* SHAW. Europa.

4. Kladus.
Mollusca, Weichtiere[1].

Protostomier ohne Metamerenbildung. Die dorsale, von einer Falte umsäumte, den sogenannten Eingeweidesack bildende Körperwand (Mantel) mit Stachel- oder Schalenbildungen bedeckt, ventral der aus dem Hautmuskelschlauch hervorgegangene Fuß. Nervensystem aus Cerebral-, Pedal- und Visceralganglien bestehend. Blutgefäßsystem mit der primären Leibeshöhle in Kommunication. Cölom in der Regel durch reichliches Mesenchym verkleinert, ein Paar Nephridien, diese, in manchen Fällen auch die Genitaldrüse mit dem Cölom in Verbindung, letztere sonst vom Cölom abgekapselt.

Seit LAMARCK und CUVIER begreift man unter Mollusken eine Reihe von Tiergruppen, die LINNÉ zu den Würmern stellte.

Der Körper der Mollusken (Abb. 798) zeigt keine Metamerie. Er ist bilateral symmetrisch, nur bei den *Gastropoden* erscheint die Bilaterie dorsal durch die asymmetrische Entwicklung des Eingeweidesackes gestört.

---

[1] CUVIER, G.: Mémoires pour servir à l'histoire et à l'anatomie des Mollusques. Paris 1817. — LEUCKART, R.: Über die Morphologie und die Verwandtschaftsverhältnisse der wirbellosen Tiere. Braunschweig 1848. — HUXLEY, T. H.: On the Morphology of the cephalous Mollusca etc. Philosophic. Trans. roy. Soc. London **1853**. — v. JHERING, H.: Vergleichende Anatomie des Nervensystems und Phylogenie der Mollusken. Leipzig 1877. — SPENGEL, J. W.: Die Geruchsorgane und das Nervensystem der Mollusken. Z. Zool. **35** (1881). — PELSENEER, P.: La Classification générale des Mollusques. Bull. Sci. de France et Belg. **24** (1892). — Recherches morphologiques et phylogénétiques sur les Mollusques archaïques. Mém. cour. Acad. de Belgique **1899**. — Introduction à l'étude des Mollusques. Bruxelles 1894. — GROBBEN, K.: Zur Kenntnis der Morphologie, der Verwandtschaftsverhältnisse und des Systems der Mollusken. Sitzgsber. Akad. Wiss. Wien, Math.-naturwiss. Kl. **1894**. — BIEDERMANN, W.: Untersuchungen über Bau und Entstehung der Molluskenschalen. Jena. Z. Naturwiss. **36** (1900). — SIMROTH, H.: Mollusca. Bronns Klassen u. Ordnungen des Tierreichs **3** (1892—1909). — FISCHER, P.: Manuel de Conchyliologie. Paris 1887. — MARTINI u. CHEMNITZ: Systematisches Conchylienkabinett. Nürnberg 1837—1920. — TRYON, G.: Manual of Conchology, fortgesetzt von H. PILSBRY. Philadelphia 1879 bis 1931 (im weiteren Erscheinen). — NAEF, A.: Studien zur generellen Morphologie der Mollusken. Erg. Zool. **3** (1913). — CUÉNOT, L.: Les organes phagocytaires des Mollusques. Archives de Zool. **1914**. — THIELE, J.: Handbuch der systematischen Weichtierkunde **1**. Jena 1929 (im weiteren Erscheinen). — Vgl. außerdem die Werke von WOODWARD, JOHNSTON, CHENU, ADAMS, REEVE, RAY LANKESTER u. a.

Der Körper wird von einer weichen, an Schleimdrüsen reichen Haut bedeckt, ist daher besonders für einen Aufenthalt im Wasser oder feuchter Erde geeignet. Nur zum kleineren Teile sind die Weichtiere Landbewohner und dann stets von beschränkter Locomotion, während die im Wasser lebenden Formen unter den weit günstigeren Bewegungsbedingungen dieses Mediums sogar zu einer raschen Schwimmbewegung befähigt sein können.

Bei den meisten Mollusken setzt sich der Vorderteil des Körpers mit dem Eingange in den Verdauungstract, den Centralteilen des Nervensystems und den Sinnesorganen mehr oder minder scharf als Kopf ab. Nur bei den *Lamellibranchiaten*, einigen *Gastropoden* und *Amphineuren* erscheint dieser Körperabschnitt reduziert. Der Rumpf enthält in seinem dorsalen gewölbten, zuweilen turmförmig erhobenen und spiral eingerollten Abschnitte, dem sogenannten *Eingeweidesack*, die vegetativen Organe. Die ihn bedeckende Haut bleibt meist zart, während sich an der Ventralseite der Hautmuskelschlauch mächtig entwickelt und zu dem überaus verschieden geformten Bewegungsorgane, dem *Fuß*, ausbildet. Der Fuß ist unpaar (*Protopodium*), doch können paarige

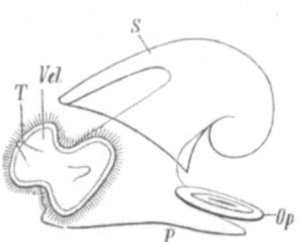

Abb. 798. Ältere Larve (Veliger) eines *Gastropoden*. (Nach GEGENBAUR.) *S* Mantel mit Schale, *P* Fuß, *Vel* Velum, *T* Tentakel, *Op* Deckel (Operculum).

Teile (*Parapodien*) an ihm zur Entwicklung kommen. Oberhalb des Fußes erhebt sich um den Körper eine Hautfalte (Mantelfalte), die sich entweder im ganzen Umkreis des Rumpfes und des Kopflappens entwickelt oder auf den Rumpf beschränkt bleibt; ersteres trifft für die *Amphineura* (Placophora, Solenogastres), letzteres für die von GEGENBAUR als *Conchifera* zusammengefaßten *Gastropoda*, *Lamellibranchiata*, *Solenoconchae* und *Cephalopoda* zu. Die von der Mantelfalte umsäumte dorsale Körperwand wird als *Mantel* bezeichnet. Sie scheidet Skeletbildungen ab, entweder in Form von einer dicken Cuticula mit Stacheln (*Amphineura*) (Abb. 802), oder als einheitliche Schale (*Conchifera*) (Abbild. 799). Die zwischen Mantelfalte und Fuß gelegene Höhle heißt *Mantelhöhle*.

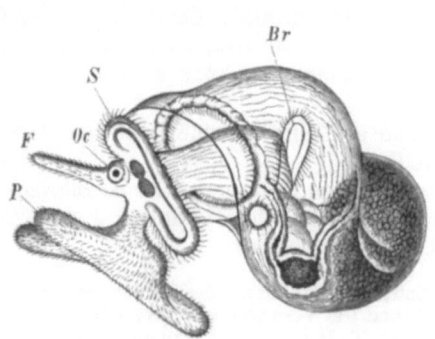

Abb. 799. Veligerlarve von *Vermetus*. (Nach LACAZE-DUTHIERS.) *Br* Kieme, *F* Fühler, *Oc* Auge, *P* Fuß, *S* Segel (Velum).

Das Nervensystem (Abb. 800, 801) besteht aus einem dorsal vom Darm gelegenen *Cerebralganglion* (bzw. einem mit kontinuierlichem Ganglienbelag versehenen *Cerebralstrang*) mit den Nerven für den Kopf und besonderen Ganglien (*Buccalganglien*) für den Vorderdarm. Mit ihm stehen zwei ventrale, durch Quercommissuren verbundene *Pedalstränge* oder *Pedalganglien*, welche die Nerven für den Fuß abgeben, in Zusammenhang. Dazu kommen bei den *Amphineura* zwei laterale *Visceropallialstränge* (Pleuralstränge), die mit den Pedalsträngen durch Commissuren verbunden sind und dorsal über dem Enddarm miteinander zusammenhängen. Sie liefern die Nerven für den Mantel und die meisten Eingeweide. Bei den *Conchifera* hingegen sind eine ventral vom Darm verlaufende *Visceralschlinge* (*Visceralcommissur*) mit eingelagerten Ganglien sowie gesonderte Mantelnerven vorhanden; beide entspringen an dem sogenannten *Pleuralganglion*, das durch Connective mit dem Pedal- und Cerebralganglion verbunden ist.

Tastorgane finden sich insbesondere an den Tentakelbildungen allgemein verbreitet. Auch Geschmacksorgane wurden beobachtet. Geruchsorgane treten entweder am Kopfe oder am Eingange der Mantelhöhle (Osphradium) in der Nähe der Kiemen auf. Weit verbreitet finden sich Augen vom Typus der Napf- oder Blasenaugen paarig am Kopf. Augen anderen Baues können am Mantel auftreten. Fast allgemein kommen statische Organe (Statocysten) vor, dem Gehirn- oder dem Pedalganglion angelagert, jedoch stets von ersterem innerviert.

Am Darm lassen sich die als Vorder-, Mittel- und Enddarm bezeichneten Abschnitte unterscheiden, der

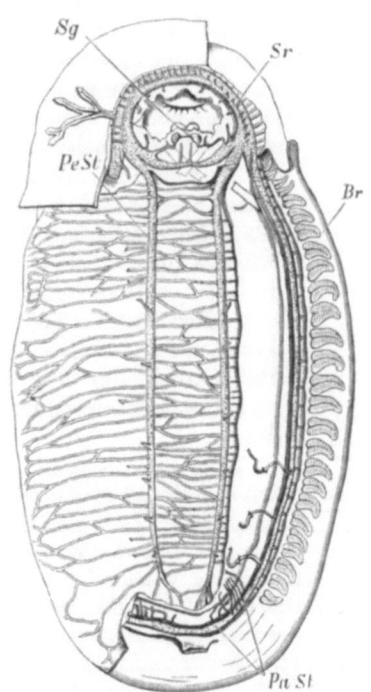 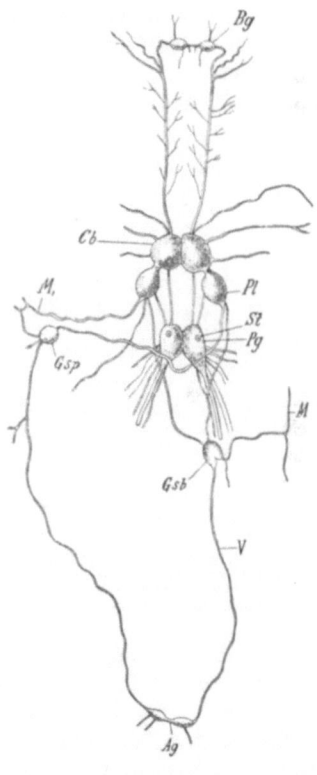

Abb. 800. Nervensystem von *Chiton olivaceus* (*siculus*). (Nach B. HALLER.) *Sr* Cerebralstrang, *Sg* Subradularganglion, *PeSt* Pedalstrang, *PaSt* Visceropallialstrang, *Br* Kiemen (Ctenidien).

Abb. 801. Nervensystem von *Cassidaria echinophora*. (Nach B. HALLER.) *Bg* Buccalganglion, *Cb* Cerebralganglion, *Pl* Pleuralganglion, *Pg* Pedalganglion, *St* Statocyste, *V* Visceralschlinge, *Gsb* Sub-, *Gsp* Supraintestinalganglion, *Ag* Abdominalganglion, *M*, *M*₁ Mantelnerven.

Mitteldarm meist mit einer umfangreichen Mitteldarmdrüse (Leber). In der Mundhöhle liegt ventral auf einem zungenförmigen Wulst (Zunge) eine mit zahlreichen in Reihen (Gliedern) auf einer gemeinsamen Membran angeordneten chitinigen Zähnchen besetzte Reibplatte (*Radula*). Die Bildungsstätte der Radula ist die sogenannte Radulascheide, ein an die Zunge nach hinten sich anschließender Blindschlauch, von dem aus die vorn an der Radula sich abnützenden Zähne auch steten Nachschub erhalten. Die Radula fehlt sämtlichen *Lamellibranchiaten* sowie in einzelnen anderen Fällen. Der After ragt hinten in die Mantelhöhle; bei Formen mit asymmetrisch entwickeltem und gedrehtem Eingeweidesack (*Gastropoda*) liegt er aus der Mittellinie an eine Körperseite verschoben.

Als Respirationsorgane finden sich in der Mantelhöhle zu Seiten des Afters Kiemen (*Ctenidien*) von ursprünglich doppelfiedrigem Typus in einem, selten mehreren Paaren vor. Nur ein Ctenidium besitzen infolge asymmetrischer Ausbildung des Körpers die meisten *Gastropoden*. Daneben dient auch meist die freie (innere) Oberfläche des Mantels der Respiration. Bei Ausfall der Ctenidien (*Solenoconchae*, viele *Gastropoda*) besorgt der Mantel allein die Respiration und wird bei am Lande lebenden Schnecken (*Pulmonata*) dann als Lunge bezeichnet, in anderen Fällen (meiste *Nudibranchiata*) bilden sich sekundäre Kiemenanhänge aus.

Die Mollusken besitzen ein in Atrium und Ventrikel gegliedertes Herz (Abb. 802), dazu kommt ein System von Arterien und Venen. Vollkommen geschlossen ist das Blutgefäßsystem vielleicht in keinem Falle, indem auch da, wo Arterien und Venen durch Capillaren verbunden sind (*Cephalopoda*), sich Lacunen der primären Leibeshöhle einschieben. Das Herz ist ein arterielles.

Das Cölom (Abb. 802) ist durch die mächtige Entwicklung einer in reichliches Bindegewebe eingelagerten mesenchymatischen Muskulatur in der Regel zu einem kleinen Sack (*Pericardium*) reduziert, der meist bloß das Herz enthält. Mit dem Cölom kommuniziert mittels Wimpertrichters ein paariges (bei Asymmetrie unpaares), meist sackförmig entwickeltes Nephridium, das in zahlreichen Fällen auch der Ausleitung der Genitalprodukte dient.

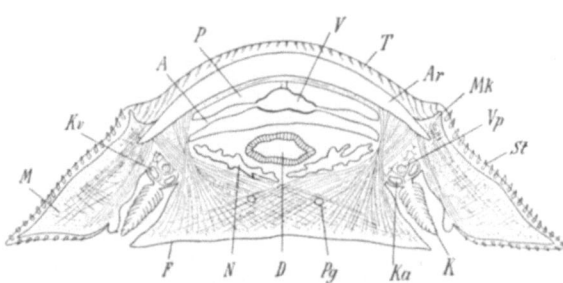

Abb. 802. Querschnitt durch *Chiton* (schematisiert) (Original G.). *F* Fuß mit an der Schalenplatte befestigter reicher Muskulatur, *M* Mantel, *St* Stachel in der cuticularen Mantelbedeckung, *Ar* Articulamentum, *T* Tegmentmu der Schalenplatte, *Mk* Aesthetenbildende Mantelkante, *K* Kieme (Ctenidium) in der Mantelhöhle, *Ka* Kiemenarterie, *Kv* Kiemenvene, *V* Ventrikel, *A* Vorhöfe des Herzens, *P* Pericardialraum (Coelom), *D* Darm, *N* Nephridien, *Pg* Pedalstrang, *Vp* Visceropallialstrang.

Die Höhle der Genitaldrüse steht zuweilen (*Solenogastres*, *Cephalopoda*) mit dem Cölom (Pericard) in offener Verbindung, sonst ist eine getrennte Genitaldrüse vorhanden.

Die Fortpflanzung erfolgt durchweg auf geschlechtlichem Wege. Die Mollusken sind entweder hermaphroditisch oder, wie zahlreiche marine *Gastropoden*, die *Solenoconchen*, die meisten *Lamellibranchiaten* und *Amphineuren* und alle *Cephalopoden*, getrenntgeschlechtlich.

Die Entwicklung ist in der Regel eine Metamorphose, in welcher ein Larvenstadium auftritt, das nach Form, Wimperbekleidung und innerer Organisation mit der *Trochophora*-Larve der Anneliden große Übereinstimmung zeigt, sich aber bereits durch den Besitz einer Schalenanlage (Schalendrüse) auszeichnet. Der Apparat der Wimperkränze entfaltet sich häufig (*Veligerstadium*) zu ansehnlicher Größe und wird dann als Segel (Velum) bezeichnet (Abb. 799).

Die Molluskenschalen bilden die zahlreichsten Leitfossile. Alle Gruppen, mit Ausnahme der Amphineura, welche zur Erhaltung im fossilen Zustande weniger tauglich erscheinen, sind bis ins Cambrium zurück zu verfolgen.

Die Mollusken zerfallen in zwei Klassen: 1. *Amphineura*, 2. *Conchifera*.

1. Klasse. **Amphineura.**

Dorsoventral abgeflachte oder wurmförmige Mollusken mit wenig entwickeltem Kopfe, mit auch am Kopfe entwickeltem Mantel, der von einer dicken Cuticula mit Stachelbildungen bedeckt ist, mit Visceropallialstrang. Fuß eine Kriechsohle oder rückgebildet.

Von den in dieser Klasse durch v. JHERING als *Amphineura* bezeichneten vereinigten *Placophora* und *Solenogastres* erweisen sich erstere als ursprünglicher und überhaupt als die primitivsten Mollusken.

1. Ordnung. Placophora, Käferschnecken[1].

Amphineuren von in der Regel dorsoventral abgeflachtem Körper, mit wenig entwickeltem Kopfe. Mantel von acht schienenartigen Schalenstücken nebst Stacheln bedeckt. Fuß eine Kriechsohle. Ctenidien zahlreich.

Der symmetrisch entwickelte Körper (Abb. 803) ist in der Regel dorsoventral abgeflacht, seltener wurmförmig (*Cryptoplax*) und besitzt einen wenig scharf abgesetzten Kopf. Der Fuß ist eine Kriechsohle. Die mächtig entwickelte Mantelfalte deckt dorsal Kopf und Rumpf vollständig. An seiner Oberfläche entwickelt der Mantel eine dicke Cuticula und kalkige Stachelbildungen (Abb. 802). Letztere erscheinen in den Seitenteilen des Mantels als spitze oder schuppenförmige

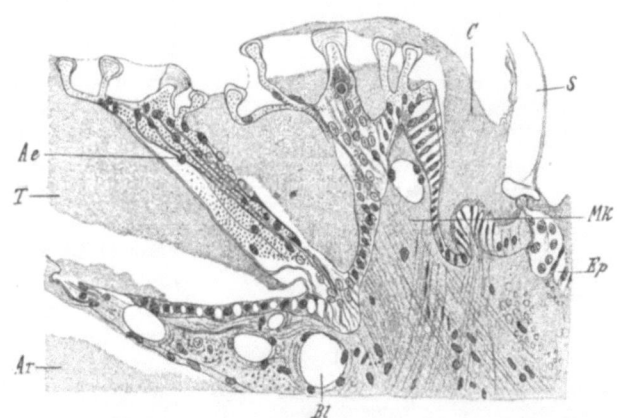

Abb. 803. *Chiton olivaceus*. Etwa $^2/_1$

Abb. 804. Querschnitt durch die Mantelbedeckung von *Chiton* (*Callochiton*) *laevis*. (Nach BLUMRICH.) *Ar* Articulamentum, *T* Tegmentum der Schalenplatte, *Ae* Aesthet, *C* Cuticula, *S* Stachel der peripheren Mantelbedeckung, *Mk* Aesthetenbildende Mantelkante, *Ep* Mantelepithel, *Bl* Blutlacunen.

Stacheln, welche in die Cuticula eingebettet sind und an Epithelpapillen entstehen. Die Mitte des Rückens dagegen wird von acht schienenartigen, miteinander artikulierenden Schalenplatten bedeckt, die sich aus zwei Schichten aufbauen. Die untere kalkige Schichte (Articulamentum) entspricht einem verbreiterten Schuppenstachel, die obere (Tegmentum) besteht aus der verkalkten Cuticula mit eingelagerten Epithelpapillen (Aestheten), welche oberflächlich von einer cuticularen Kappe bedeckt sind (Abb. 804). Die Aestheten nehmen von einer am Rande der Schalenstücke erhobenen Mantelkante ihre Entstehung, sie sind wahrscheinlich Sinnesorgane und bei manchen tropischen Formen augenartig

---

[1] MIDDENDORF, A. TH.: Beiträge zu einer Malacozoologia Rossica. Mém. Acad. St.-Pétersbourg 1849. — HALLER, B.: Die Organisation der Chitonen der Adria. Arb. zool. Inst. Wien 4, 5 (1882—1883). — KOWALEVSKY, A.: Embryogénie du Chiton Polii. Ann. Mus. Hist. natur. Marseille 1 (1883). — BLUMRICH, J.: Das Integument der Chitonen. Z. Zool. 52 (1891). — PLATE, L.: Die Anatomie und Phylogenie der Chitonen. Zool. Jb. Suppl. 4 u. 5 (1898—1901). — HEATH, H.: The Development of *Ischnochiton*. Ebenda 12 (1899). — NOWIKOFF, M.: Über die Rückensinnesorgane der Placophoren etc. Z. Zool. 88 (1907). — THIELE, J.: Revision des Systems der Chitonen. Bibliotheca zoologica 56 (1909—1910). — HAMMARSTEN, O. u. J. RUNNSTRÖM: Zur Embryologie von *Acanthochiton discrepans*. Zool. Jb. 47 (1925). — Vgl. außerdem die Abhandlungen von LOVÉN, VAN BEMMELEN, MOSELEY, SEDGWICK, A., SAMPSON, WISSEL, BERGENHAYNU. a.

ausgebildet. Bei *Cryptoplax* werden die Schalenplatten teilweise, bei *Cryptochiton* vollständig vom Mantel umschlossen.

In der rinnenförmigen Mantelhöhle finden sich mehrere (6) bis zahlreiche (80) Paare zweifiedriger Kiemen (Ctenidien) entweder längs der ganzen Mantelrinne (Abb. 800) oder auf den hinteren Abschnitt derselben beschränkt. Viele Placophoren besitzen in der Mantelrinne Schleimdrüsenwülste.

Die ventral gelegene Mundöffnung führt in die Mundhöhle und den zwei seitliche Divertikel aufweisenden Pharynx mit langer Radula; in letzteren münden ein Paar Speicheldrüsen und zwei sackförmige Drüsen (Zuckerdrüsen). Es folgt der kurze Oesophagus, der Magen mit paariger Leber sowie der in mehrfachen Schlingen gewundene Darm, welcher hinten in der Mantelrinne ausmündet.

Das Herz (Abb. 802) liegt dorsal vom Darm in einem Pericardialsack (Cölom) und besteht aus einer hinten blind endigenden Kammer und zwei Atrien, deren Hinterenden miteinander kommunizieren. Atrioventricularostien finden sich 1—4, zumeist 2. Von der Herzkammer geht nach vorn eine Aorta mit Nebenästen ab, sie endet trichterförmig an einem zwischen Kopfhöhle und Rumpfhöhle ausgespannten Diaphragma, das einen großen Kopfblutsinus nach hinten abschließt. Aus diesem Sinus entspringt die Arteria visceralis. Das Blut gelangt sodann in die Leibeshöhle, sammelt sich ventral in einem großen venösen Sinus und fließt von hier in die Kiemenarterien ein. Aus den Kiemen wird das arteriell gewordene Blut durch die Kiemenvenen zum Vorhof zurückgeführt. Ein Teil des im Mantel circulierenden Blutes gelangt mit Umgehung der Kiemen direkt in die Kiemenvene.

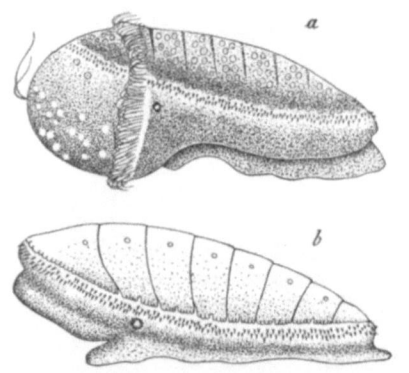

Abb. 805. Larvenstadien von *Ischnochiton magdalenensis*, Seitenansicht. a Freischwimmende Larve mit Wimperkranz, b ältere Larve. (Nach HEATH.)

Am Nervensystem (Abb. 800) unterscheidet man einen Cerebralstrang, welcher den Kopflappen und die vordere Mantelregion innerviert und sich unter dem Oesophagus in der sogenannten Labialcommissur fortsetzt, zwei durch zahlreiche Quercommissuren verbundene Pedalstränge und zwei über dem Enddarm sich vereinigende Visceropallialstränge. Letztere stehen mit den Pedalsträngen in vielen Fällen gleichfalls durch Quercommissuren (Lateropedalcommissuren) in Verbindung. Mit dem Cerebralstrang hängen zwei Buccalganglien zusammen, mit der Labialcommissur zwei Subradularganglien, die zu einem am Boden der Mundhöhle gelegenen Sinnesorgan (Subradularorgan), einem Geschmacksorgan, gehören. Von sonstigen Sinnesorganen finden sich Geruchsorgane (Osphradien) in der Nähe der Afterpapille. Als Tastorgane sind auch die Stacheln zu betrachten. Kopffühler fehlen, ebenso statische Organe. Endlich sei hier an die Aestheten erinnert.

Die U-förmig gestalteten Nieren sind paarig, kommunizieren mittels eines Wimpertrichters mit dem Pericardialraum und münden rechts und links in der Region der 7. Rückenplatte in die Mantelrinne aus. Die Placophoren sind getrennten Geschlechtes. Hoden und Ovarien bilden eine einfache Drüse, welche zwischen Aorta und Darm liegt und jederseits vor der Nierenöffnung durch einen Ausführungsgang mündet.

Die Entwicklung ist eine Metamorphose. Die Larve (Abb. 805a) besitzt außer dem präoralen Wimperkranz einen apicalen Wimperschopf. Als larvale Organe sind eine hinter dem Munde ausmündende Fußdrüse sowie bei älteren Larven zwei hinter dem Wimperkranz gelegene Augen zu erwähnen. Bemerkenswert ist die Erstreckung der Mantel- und Schalenanlage in die präorale Körperregion (Abb. 805).

Sämtliche Placophoren sind marin und können sich ventral einrollen.

Fam. *Lepidopleuridae.* Alle Schalenplatten ohne Insertionsplatten. Tegmentum so groß wie das Articulamentum. *Lepidopleurus cajetanus* POLI. Mittelmeer, Atlant. Ozean.

Fam. *Acanthochitidae.* Tegmentum der Schalenplatten reduziert. *Acanthochites fascicularis* L. Atlant. Ozean und Mittelmeer. *Cryptochiton stelleri* MIDD. Schale vom Mantel vollständig überwachsen. Nordpazif. Ozean.

Fam. *Cryptoplacidae.* Körper wurmförmig. Schalenplatten klein, zum Teil voneinander entfernt. Fuß schmal. *Cryptoplax* (*Chitonellus*) *larvaeformis* BLAINV. Still. Ozean.

Fam. *Ischnochitonidae.* Alle Schalen mit Insertionsplatten. *Ischnochiton textilis* GRAY. Kap d. gut. Hoffnung. *I. magdalenensis* HINDS. Westküste von Nordamerika. *Callochiton laevis* MONT. Atlant. Ozean, Mittelmeer.

Fam. *Chitonidae.* Schalenstücke breit. *Chiton olivaceus* SPENGL. (*siculus* GRAY). Mittelmeer (Abb. 803). *Ch. magnificus* DH. Chile. *Tonicia chilensis* FRMBL. Mit Schalenaugen. Chile.

2. Ordnung. Solenogastres (Aplacophora)[1].

Amphineuren von wurmförmigem Körper, mit reduziertem Kopfe. Der den Körper fast oder vollständig umschließende Mantel mit Stacheln besetzt. Fuß rückgebildet oder fehlend, Ctenidien meist nicht vorhanden.

Der Körper der Solenogastres ist wurmförmig-zylindrisch (Abb. 807). Ein Kopfabschnitt hebt sich nicht ab, doch kann der vordere Abschnitt des Körpers durch eine Einschnürung abgesetzt sein (Abb. 811). Der Körper wird fast vollständig vom Mantel umhüllt, die Mantelhöhle erscheint auf eine schmale, drüsenreiche Bauchfurche verengt, die eine bewimperte Falte, den rudimentären Fuß, enthält (Abb. 806) und sich nur am Hinterende zu der sogenannten Cloake erweitert (Abbild. 809). Am Vorderende der Bauchfurche mündet eine große Drüse (homolog der larvalen Fußdrüse von *Chiton*). Bei *Chaetoderma* fehlt die Bauchfurche mit Fuß, so daß der Mantel allseitig den Körper umgibt; von der Mantelhöhle findet sich hier bloß

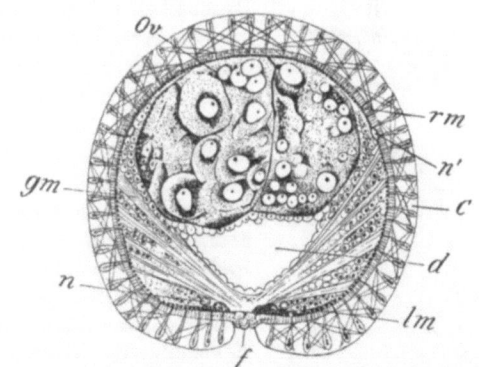

Abb. 806. Querschnitt durch *Rhopalomenia gorgonophila*. *C* Cuticula, Stacheln und Epithelpapillen enthaltend, *f* Fußrudiment, *d* Darm, *Ov* Ovarium, *n* Pedalnervenstrang, *n'* Visceropallialstrang, *lm* Längsmuskeln, *rm* Ringmuskeln, *gm* Muskeln zwischen Fuß und seitlicher Körperwand. (Nach KOWALEVSKY.)

die im glockenförmigen Endabschnitt des Körpers gelegene Cloake. Der Mantel der Solenogastres wird von einer Cuticula bedeckt, welche Kalkstacheln, zuweilen auch Epithel- (Sinnes-) Papillen enthält (Abb. 806).

---

[1] Außer KOREN und DANIELSSEN vgl. TULLBERG, T.: *Neomenia* a new genus of invertebrate animals. Svenska Vet. Akad. Hdl. **3** (1875). — HANSEN, G. A.: Anatom. Beskrivelse af *Chaetoderma nitidulum*. Nyt. magaz. for naturvidensk. **22** (1877). — HUBRECHT, A. A. W.: *Proneomenia Sluiteri*. Niederl. Arch. f. Zool., Suppl. **1** (1881). — KOWALEVSKY, A. et A. F. MARION: Contributions à l'histoire des Solénogastres ou Aplacophores. Ann. Mus. Hist. natur. Marseille **3** (1887). — PELSENEER, P.: Sur le pied de *Chitonellus* et des Aplacophora. Bull. Sci. France et Belg. **22** (1890). — PRUVOT, G.: Sur le développement d'un Solénogastre. C. r. Acad. Sci. Paris **111** (1890). — Sur l'organisation de quelques Néoméniens des côtes de France. Archives de Zool. **1891**. — Sur l'embryogénie d'une *Proneomenia*. C. r. Acad. Sci. Paris **114** (1892). — Sur les affinités et le classement des Néo-

Das Nervensystem (Abb. 808) besteht aus dem Cerebralganglion, von dem eine Commissur mit Buccalganglien ausgeht, sowie aus zwei Pedal- und zwei Visceropallialsträngen, letztere über dem Rectum untereinander verbunden. Die Pedalstränge stehen sowohl untereinander als auch mit den Visceropallialsträngen durch zahlreiche Quercommissuren in Verbindung. Bei *Chaetoderma* verschmelzen Pedal- und Visceropallialstränge jederseits hinten miteinander, und Quercommissuren sind auf den vorderen Abschnitt beschränkt. Von Sinnesorganen ist besonders eine kleine, dorsal gelegene Grube nahe dem hinteren Körperende zu erwähnen.

Die im vorderen Körperende ventral, bei den *Chaetodermatoidea* terminal gelegene Mundöffnung führt in einen geradegestreckten Darm, welcher in einen Pharynx, Mitteldarm und Enddarm zerfällt. Der After öffnet sich in die Cloake (Abb. 809). In den Pharynx münden ein Radulasack mit kleiner Radula sowie ein Paar Speicheldrüsen ein. Zuweilen (z. B. *Neomenia*) fehlt die Radula. Am Darm von *Chaetoderma* findet sich ein weiter, als Leber betrachteter ventraler Blindsack. Von besonderen Drüsen sind zwei in die Cloakenhöhle mündende Blindschläuche mancher Formen zu erwähnen, deren Fadensecret ihre Deutung als Byssusdrüse veranlaßte (HUBRECHT).

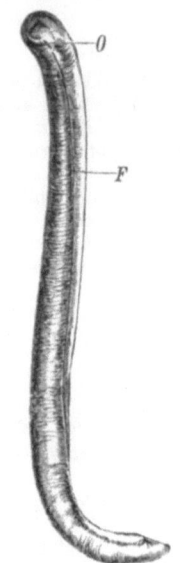

Abb. 807. *Proneomenia sluiteri*. (Nach HUBRECHT.) *O* Mund, *F* Bauchfurche. ³/₄.

Die Kreislauforgane bestehen aus einem sackförmigen, durch eine Einstülpung der dorsalen Pericardialwand gebildeten Herzen, das sich aus einem Ventrikel und in der Regel einem hinter dem Ventrikel gelegenen Atrium mit meist nachweisbar ursprünglicher Duplizität zusammensetzt (selten sind zwei Atrien vorhanden), sowie einem dorsalen und einem ventralen, dorsalwärts durch ein Septum begrenzten Blutsinus. Besondere Respirationsorgane fehlen meist. Nur bei *Chaetoderma* findet sich in der Cloake ein Paar doppelfiedriger Ctenidien (Abb. 811), einige *Neomenien* besitzen im Umkreis der Cloake eine Reihe respiratorischer Epithelfalten (Abb. 810).

Die *Neomenien* sind hermaphroditisch, bei *Chaetoderma* herrscht getrenntes Geschlecht. Der Urogenitalapparat (Abb. 809) besteht aus der paarigen, bei *Chaetoderma* unpaaren, dorsal vom Darmkanal gelagerten Genitaldrüse, deren Produkte durch zwei Gänge zunächst in den Pericardialraum (Cölom) gelangen und von hier durch die paarigen, S-förmig verlaufenden Nieren (Nephridien) nach außen befördert werden, welche in der Regel mittels eines gemeinschaftlichen Endstückes unterhalb des Darmes in die Cloake münden. Die Nephridien zeigen im Zusammenhange mit

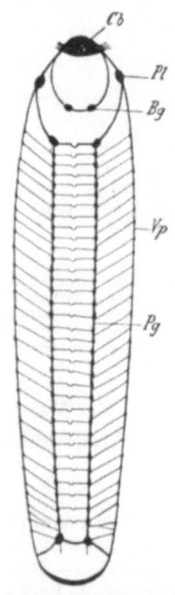

Abb. 808. Nervensystem von *Neomenia carinata* (schematisch). *Cb* Cerebralganglion, *Pl* Pleuralganglion, *Bg* Buccalganglion, *Pg* Pedalstrang, *Vp* Visceropallialstrang. (Nach WIRÉN.)

méniens. Archives de Zool. 1902. — WIRÉN, A.: Studien über Solenogastres 1, 2. Svenska Vet. Akad. Hdl. 24 (1892). — NIERSTRASZ, H. F.: Das Herz der Solenogastren. Verh. Akad. Wetenschap. Amsterdam 1903. — HEATH, H.: The Morphology of a Solenogastre. Zool. Jb. 21 (1905). — The Solenogastres. Rep. Exp. Albatross. Mem. Mus. Comp. Zool. Harv. Coll. Cambridge 45 (1911). — THIELE, J.: Solenogastres. Tierreich 38. Liefg. 1913. — ODHNER, N.: Norwegian Solenogastres. Bergens Mus. Aarb. 1918—1919.

ihrer gleichzeitigen Funktion als Genitalgänge besondere Differenzierungen, wie blasige Anhänge, die als Vesicula seminalis fungieren, und im letzten Abschnitt eine drüsige Wandbekleidung. In der Kommunikation der Genitaldrüse mit dem Pericardialraum und in der Ausfuhr der Genitalprodukte durch die Nieren weist der Urogenitalapparat ursprüngliche Verhältnisse auf.

Die Entwicklung ist eine Metamorphose.

Die Solenogastres sind meist kleinere Tiere und gehören durchwegs dem Meere an. Die längeren, wurmförmigen Formen vermögen sich spiralig einzurollen.

1. Unterordnung. *Neomenioidea.* Hermaphroditische Solenogastres mit Bauchfurche. Ctenidien fehlen.

Fam. *Lepidomeniidae.* Körper schlank, hinten zugespitzt. Cuticula dünn, ohne Epithelpapillen. Kalkstacheln meist schuppenförmig. *Lepidomenia hystrix* MAR. et Kow. *Ichthyomenia (Ismenia) ichthyodes* PRUV. Mittelmeer. *Dondersia festiva* HUBR. Neapel.

Fam. *Neomeniidae.* Körper kurz, gedrungen, hinten abgestumpft. In der Cloake ein Kreis von Hautkiemen. *Neomenia carinata* TULLB. Nordatlant. (Abb. 810). *N. affinis* KOR. et DAN. Mittelmeer.

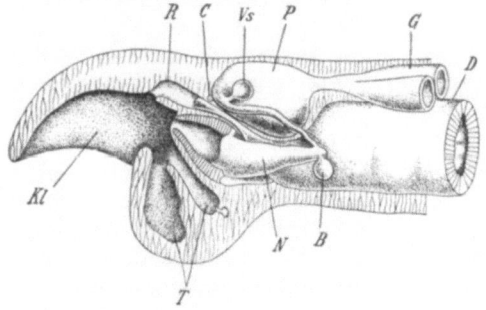
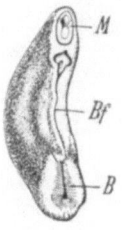
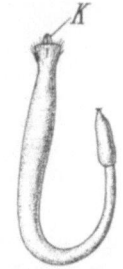

Abb. 809. Hinteres Körperende von *Ichthyomenia (Ismenia) ichthyodes*, teilweise im Medianschnitt. *D* Mitteldarm, *R* Rectum, *Kl* Cloake (Mantelhöhle), *G* Genitaldrüse, *P* Pericardium, *N* Nephridium, *Vs* Vesicula seminalis, *B* Divertikel, *C* Commissur der beiden Visce pallialstränge, *T* Taschen des Cloakenraumes. (Nach PRUVOT.)

Abb. 810. *Neomenia carinata.* (Nach HANSEN.) $^1/_1$. *M* Mund, *Bf* Bauchfurche, *B* Cloake mit den respiratorischen Hautfalten.

Abb. 811. *Chaetoderma nitidulum.* *K* Ctenidien (Nach WIRÉN.) $^2/_1$

Fam. *Proneomeniidae.* Körper langgestreckt, zylindrisch, Vorder- und Hinterende abgerundet. Cuticula dick, mit keulenförmigen Epithelpapillen. Kalkstacheln zahlreich. *Proneomenia sluiteri* HUBR. Nördl. Eismeer (Abb. 807). *Rhopalomenia aglaopheniae* Kow. et MAR. Atlant. Ozean, Mittelmeer.

2. Unterordnung. *Chaetodermatoidea.* Getrenntgeschlechtliche Formen ohne Bauchfurche. Mit zwei Ctenidien.

Fam. *Chaetodermatidae. Chaetoderma nitidulum* Lov. Nordatlant. (Abb. 811). *C. productum* WIRÉN. Karasee. Radula mit einem großen Zahn. *Limifossor talpoideus* HEATH. Alaska.

2. Klasse. Conchifera.

Mollusken mit wohlentwickeltem oder reduziertem Kopfe, mit nur auf dem Rumpfe entwickeltem Mantel, meist mit hohem Eingeweidesack, mit einheitlicher Schalenbildung, mit Visceralschlinge und gesonderten Pallialnerven.

In dieser Gruppe erscheinen nach dem Vorgange GEGENBAURS die *Gastropoda, Solenoconchae, Lamellibranchiata* und *Cephalopoda* vereinigt. Die drei ersten Gruppen stehen einander näher und den *Cephalopoden* schärfer gegenüber; sie wurden deshalb auch als *Prorhipidoglossomorpha* zusammengefaßt (GROBBEN). Für alle Conchiferen ist die Beschränkung des Mantels auf den Rumpf, die einheitliche Schalenbildung sowie das Verhalten der Visceral- und Pallialnerven charakteristisch. Ihnen gegenüber erweisen sich die *Amphineura* als die ursprünglicheren Formen.

1. Ordnung. Gastropoda, Schnecken[1].

Conchiferen mit wohlausgebildetem Kopfe, mit asymmetrischem Eingeweidesack und einfacher Schale, mit söhligem, zuweilen mit Schwimmlappen versehenem Fuße.

Der vordere als Kopf bezeichnete Abschnitt trägt die Mundöffnung und zwei oder vier Fühler sowie die Augen (Abb. 812). Die Ventralwand des Rumpfes ist zum Fuße ausgebildet, er stellt in der Regel eine breite Kriechsohle (*Protopodium*) dar, die jedoch auch reduziert sein oder vollständig fehlen kann. Auch ist der Fuß zuweilen in Abschnitte geteilt; an ihm entwickelt sich bei den pelagisch lebenden *Heteropoden* eine vordere senkrechte Schwimmflosse (*Pterygopodium*), bei einer Anzahl von *Opisthobranchiern* ein Paar seitlicher Schwimmlappen (*Parapodien*). Der Eingeweidesack tritt bei den Gastropoden meist mächtig vor, er ist nach dem oberen Ende allmählich verjüngt, asymmetrisch, in der Regel nach rechts (seltener nach links) entwickelt und spiralig eingerollt. Die Asymmetrie ist Folge einer während des Embryonallebens eintretenden Drehung (Abb. 813) des ursprünglich (wie bei den Amphineuren) am Hinterende in der Mantelhöhle gelagerten sogenannten pallialen Organkomplexes (Kiemen, After, Genital- und Nierenöffnungen) an der rechten (selten linken) Seite nach vorn. Dadurch kommen bei der in der Regel nach rechts erfolgenden Drehung der palliale Organkomplex nach vorn, die Organe seiner rechten Seite nach links und jene der linken Seite nach rechts zu liegen. Bei Linksdrehung ist dieses Verhältnis umgekehrt. Die sich zugleich ausbildende Asymmetrie führt weiter bei den paarigen Organen des pallialen Komplexes zur Rückbildung der Organe der einen Seite (Abb. 813c) derart, daß bei den rechtsgedrehten Formen der Eingeweidesack zugleich nach rechts spiralig eingerollt liegt und von den paarigen Organen sich jene der ursprünglich (vor der Drehung) rechten Seite erhalten und umgekehrt. Doch gibt es auch Fälle (*Lanistes, Limacina*) einer der Drehung entgegengesetzten spiraligen Einrollung, ein Vorkommen, das als Hyperstrophie bezeichnet wird. Bei zahlreichen Gastropoden (*Opisthobranchier* u. a.) ist eine mehr oder weniger weitgehende Rückdrehung des Pallialkomplexes nachweisbar, wodurch derselbe, aber mit Beibehaltung asymmetrischer Ausbildung, wieder an die rechte Seite gelangt

Abb. 812. *Helix pomatia*. (Nach FÉRUSSAC.) ²/₃. *O* Augen an der Spitze des langen Fühlerpaares, *Pe* Fuß.

---

[1] QUOY et GAIMARD: Voyage de la corvette l'Astrolabe. Mollusques. Paris 1826—1834. — TROSCHEL, H.: Das Gebiß der Schnecken. Berlin 1856—1893. — BAUDELOT, E.: Recherches sur l'appareil générateur des Mollusques Gastéropodes. Ann. des Sci. natur. 1863. — FLEMMING, W.: Untersuchungen über Sinnesepithelien der Mollusken. Arch. mikrosk. Anat. 1870. — SCHIEMENZ, P.: Über die Wasseraufnahme bei Lamellibranchiaten und Gastropoden. Mitt. zool. Stat. Neapel 1884 u. 1887. — BÜTSCHLI, O.: Bemerkungen über die wahrscheinliche Herleitung der Asymmetrie der Gastropoden. Morph. Jb. 12 (1886). — GROBBEN, C.: Die Pericardialdrüse der Gastropoden. Arb. zool. Inst. Wien 9 (1890). — Einige Betrachtungen über die phylogenetische Entstehung der Drehung und der asymmetrischen Aufrollung bei den Gastropoden. Ebenda 12 (1899). — v. JHERING, H.: Sur les relations naturelles des Cochlides et des Ichnopodes. Bull. Sci. France et Belg. 23 (1891). — LANG, A.: Versuch einer Erklärung der Asymmetrie der Gastropoden. Vjschr. naturforsch. Ges. Zürich 1891. — PLATE, L. H.: Bemerkungen über die Phylogenie und die Entstehung der Asymmetrie der Mollusken. Zool. Jb. 9 (1896). — Vgl. außerdem die Abhandlungen von LACAZE-DUTHIERS, SPENGEL, PELSENEER, FISCHER u. BOUVIER, AMAUDRUT, BOUTAN, WILLEM, NAEF u. a.

(Abb. 813d); vielfach tritt endlich sekundär äußere Symmetrie der Körperausbildung unter Erhaltung der inneren Asymmetrie ein. In den genannten Fällen wird der Eingeweidesack in der Regel niedriger und flacher. Mit der Drehung hängen auch die Ausbildung und Lage des Herzens zur Kieme (Prosobranchie) sowie das eigentümliche Verhalten der Visceralschlinge des Nervensystems (Chiastoneurie) zusammen.

Die zwischen der Mantelfalte und dem Rumpfe gelegene Mantelrinne vertieft sich um den pallialen Organkomplex sehr ansehnlich zur Mantelhöhle. Letztere liegt infolge der Drehung vorn oberhalb der Nackengegend und besitzt bei vielen *Rhipidoglossen* in ihrer Decke einen Schlitz (Abb. 813b). In zahlreichen anderen Fällen ist der Rand der Mantelhöhle in ein mehr oder minder langes Halbrohr (*Sipho*) verlängert (Abb. 822).

Der Mantel scheidet eine stets einfache Schale ab, welche die Form des Eingeweidesackes bzw. des Mantels wiederholt und meist auch Kopf und Fuß beim

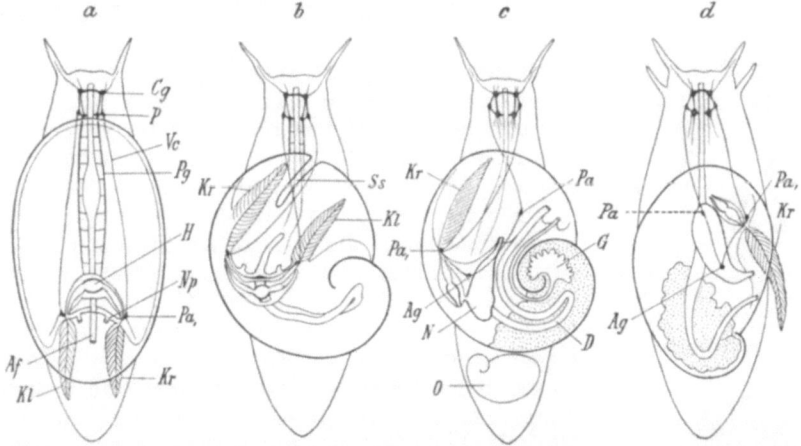

Abb. 813. Schemen von *Gastropoden* (Original G.). a Hypothetische Ausgangsform. b Streptoneurer (Prosobranchier) mit zwei Kiemen (rhipidoglosser Aspidobranchier). c Ctenobranchier Streptoneurer (Prosobranchier). d Opisthobranchier Euthyneurer. *Cg* Cerebralganglion, *P* Pleuralganglion, *Pg* Pedalganglion bzw. Pedalstrang, *Vc* Visceralschlinge, *Pa* linkes, *Pa,* rechtes Parietalganglion, *Ag* Abdominalganglion, *Af* Afterpapille, *D* Darm, *G* Genitaldrüse, *H* Herz, *Kr* rechtes, *Kl* linkes Ctenidium, *N* Niere, *Np* Nierenpapille, *O* Operculum (Deckel), *Ss* Mantelschlitz.

Zurückziehen des Tieres vollkommen in sich aufnehmen kann. Es sind die an der Mantelfalte dicht angehäuften Hautdrüsen, welche das Wachstum der Schale bedingen und neue Schalensubstanz (Anwachsstreifen) absondern. Die Schale ist in der Regel eine feste Kalkschale mit einer organischen Grundlage (Conchiolin), die sich aus drei Lagen von aus schiefen Prismen zusammengesetzten Blättern aufbaut. Die oberste Schicht der Schale bleibt oft als zartes Periostracum unverkalkt, während an der Innenfläche zuweilen (*Rhipidoglossa*) Perlmutterschichten zur Ablage kommen. Auch Perlbildung kommt bei einigen Gastropoden (*Strombus gigas*, *Haliotis* u. a.) vor. In manchen Fällen ist die Schale teilweise oder vollständig vom Mantel überwachsen, dann bleibt sie kalkarm und dünn (zahlreiche *Opisthobranchier*). In anderen Fällen wird sie in der Jugend abgeworfen und fehlt dem ausgebildeten Tiere vollständig (viele marine Nacktschnecken), oder sie wird (*Cymbuliidae*) durch eine gallertige, unter dem Hautepithel gelegene (sekundäre) Schale ersetzt.

Ihrer Gestalt nach die Form des Eingeweidesackes wiederholend, ist die Schale in sehr verschiedener Weise spiral gewunden von einer flachen, scheibenförmigen bis zu einer lang ausgezogenen, turmförmig verlängerten Spirale, im Falle sekundärer Symmetrie napfförmig (*Patella, Fissurella, Siphonaria*). In seltenen Fällen wächst die Schale später unregelmäßig zu einer langen Röhre aus (*Vermetus, Magilus, Caecum*) (Abb. 816). Da, wo ein Mantelschlitz vorhanden ist, kommt er auch an der Schale als Schalenschlitz und Schlitzband zum Ausdruck (viele *Rhipidoglossa*) (Abb. 832). Bei manchen Formen zieht sich das Tier aus den älteren Windungen der Schale zurück und bildet am Hinterende ein Septum, über welchem die Schalenspitze zuweilen abgestoßen (dekolliert) wird (*Caecum, Rumina* [*Stenogyra*] *decollata*) (Abb. 815). Man unterscheidet an der Schale (Abb. 814) den Scheitel oder die Spitze (*Apex*), ferner die Mündung, welche in die letzte Windung führt und mit ihren beim ausgewachsenen Tiere aufgewulsteten Lippen (*Peristoma*) dem Mantelrande aufliegt. Die Windungen verlaufen in einer meist rechts, seltener links (*Clausilia, Physa* u. a.) gewundenen Spirale. Die Windung der Schale wird bestimmt, indem man die Schale mit der Spitze nach oben und mit der Apertur dem Beschauer zukehrt; liegt letztere rechts, so ist die Schale rechts gewunden und umgekehrt. Die Schalenwindungen berühren sich entweder in einer von der Spitze nach der Mündung gerichteten Achse und bilden die sogenannte Spindel (*Columella*), oder sie berühren sich in der Achse nicht, so daß ein hohler Kanal entsteht, dessen Öffnung man als Nabel (*Umbo*) benennt. Dieser kann zu einem fast kegelförmigen Raume mit weitem Nabel werden (*Solarium*). In der Regel legen sich die Windungen auch oben und unten aneinander an, seltener bleiben sie getrennt (*Scala*). Nach der Lage der Spindel unterscheidet man einen Spindelrand oder innere Lippe und einen Außenrand oder äußere Lippe der Apertur. Die Außenlippe erweist sich entweder ganzrandig (*holostom*) oder in den Fällen der Ausbildung eines Siphos am Mantelrande mit einer Ausbuchtung versehen, die sich oft in einem rinnenförmigen Fortsatz verlängert (*siphonostom*). Bei vielen Schnecken kommt zum Gehäuse ein horniger oder kalkiger Deckel (*Operculum*) hinzu, der am hinteren Teile des Fußes aufsitzt und beim Zurückziehen des Tieres die Schalenöffnung verschließt; er zeigt zuweilen Spiralwindungen, welche dann stets entgegengesetzt der Schalenspirale gerichtet sind (Abb. 813c).

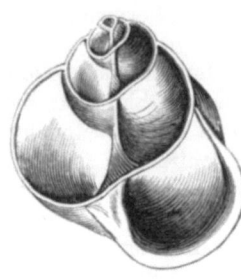

Abb. 814. Schale von *Helix pomatia*, durchschnitten.

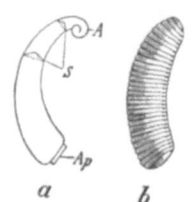

Abb. 815. Schale von *Caecum*. a Noch mit spiraligem Apex (*A*). *S* Septen, *Ap* Apertur. (Nach FOLIN.) b Dekolliert (aus BRONN). ⁷/₁.

Abb. 816. Schale von *Magilus antiquus* (aus règne animal). ²/₃.

Viele Lungenschnecken sondern vor Eintritt des Winterschlafes ein deckelartiges Kalkgebilde (*Epiphragma*) ab, das im kommenden Frühjahre wieder abgestoßen wird. Die Verbindung des Tieres mit der Schale wird durch einen Muskel vermittelt, welcher wegen seiner Lage an der Spindel *Spindelmuskel* heißt. Er entspringt am Rücken des Fußes und setzt sich am Anfang der letzten Windung an der Spindel fest (Abb. 819).

Die Mantelhöhle enthält die Kiemen (Ctenidien), die bloß bei den ursprünglichsten Gastropoden (*Pleurotomariidae, Fissurellidae, Haliotidae*) noch paarig auftreten (Abb. 830). Unter allen anderen Gastropoden ist bei rechtsgedrehten nur die linksgelegene (morphologisch rechte) Kieme erhalten (Abb. 822), sie kommt bei rückgedrehten Formen (*Opisthobranchia tectibranchiata*) wieder an die rechte Seite zu liegen (Abb. 841). Die Ctenidien besitzen zwei oder nur eine Reihe (*Ctenobranchia*) von Seitenblättern. In zahlreichen Fällen fehlen die Ctenidien, dann fungiert entweder wie bei den Landgastropoden (einige *Streptoneuren*, die *Pulmonaten*) der Mantelraum als eine Art Lunge, indem die Decke an ihrer inneren Fläche ein reiches respiratorisches Blutgefäßnetz entwickelt (Abb. 819) und der Mantelhöhleneingang sich zu einer rundlichen, verschließbaren Öffnung verengt; oder es treten an dem Mantel sekundäre Kiemen auf, so in der Mantelrinne bei *Patella*, als äußere, meist gefiederte Anhänge bei den *Nudibranchiaten*. Endlich können besondere Atmungsorgane vollständig fehlen (*Elysia, Phyllirhoë, Clione*). Die *Ampullariiden* besitzen Kiemen- und Lungenatmung zugleich, indem ihre Mantelhöhle in eine rechte Kiemenkammer mit dem Ctenidium und einen als Lunge fungierenden linken Abschnitt geteilt ist.

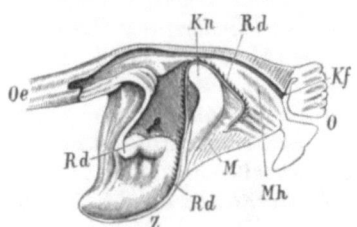

Abb. 817. Längsschnitt durch die Mundmasse von *Helix pomatia*. (Nach W. KEFERSTEIN.) *Mh* Mundhöhle, *M* Muskeln, *O* Mund, *Rd* Radula, *Kn* Zungenknorpel, *Z* Radulascheide, *Kf* Kiefer, *Oe* Oesophagus.

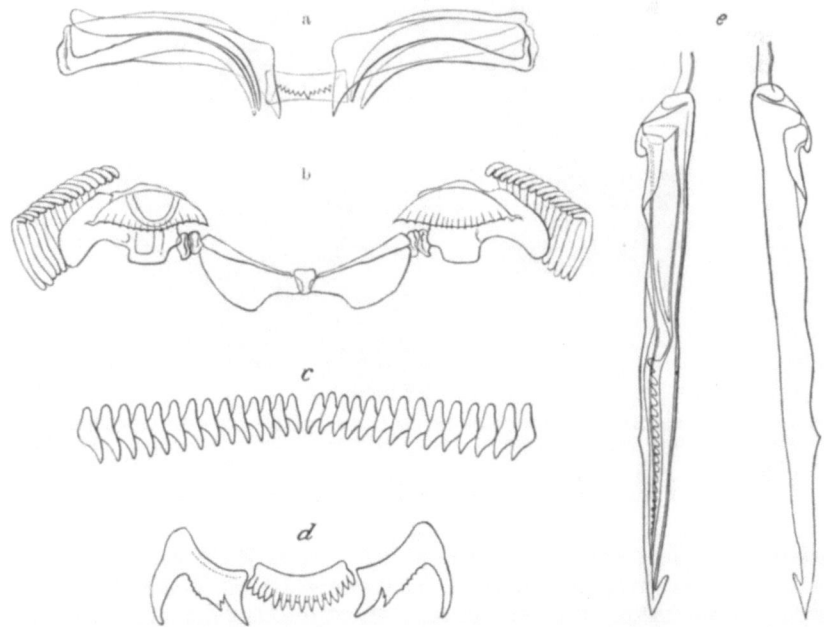

Abb. 818. a Ein Glied der tänioglossen Radula von *Pterotrachea lesueuri*. (Nach MACDONALD.) b der rhipidoglossen Radula von *Neritina fluviatilis*, c der ptenoglossen Radula von *Scalaria turtonis*, d der rhachiglossen Radula von *Bullia (Nassa) annulata*, e der toxoglossen Radula von *Conus* spec. (b–e nach LOVÉN.)

Der Darmkanal besitzt (Abb. 819) infolge der Drehung im allgemeinen einen U-förmigen Verlauf, indem der After vorn etwas rechtsseitig in die Mantelhöhle mündet. Bei rückgedrehten Formen erhält der After eine rechtsseitige oder auch hintere Lage. Der Mund liegt vorn am Kopfe, zuweilen an einer vorspringenden Schnauze, bei vielen Gastropoden an einem von der Spitze einstülpbaren oder von

764   Metazoa.

der Basis zurückziehbaren Rüssel (Abb. 822). Die von Lippenrändern umgrenzte Mundöffnung führt in die Mundhöhle (Abb. 817), an deren Eingang sich gewöhnlich zwei seitliche Kiefer oder eine einfache dorsale sichelförmige Kieferplatte finden. Am Boden der Mundhöhle liegt die Zunge, ein von Knorpeln gestützter muskulöser Wulst, welcher an seiner Oberfläche die Reibplatte (*Radula*) trägt. An den Gliedern der Reibplatte unterscheidet man Mittel-, Seiten- und Randzähne (Abb. 818). Größe, Form und Zahl der Radulazähne variieren überaus und liefern für die Systematik gute Charaktere. Zuweilen fehlt die Radula. In die Mundhöhle münden zwei Speicheldrüsen ein. Auf dieselbe folgt der Oesophagus, der häufig eine kropfartige Erweiterung, bei einigen *Opisthobranchiern* an seinem Hinterende einen mit Platten ausgestatteten Kaumagen bildet, dann ein erweiterter, meist blindsackförmiger Magen und auf diesen der in der Regel lange,

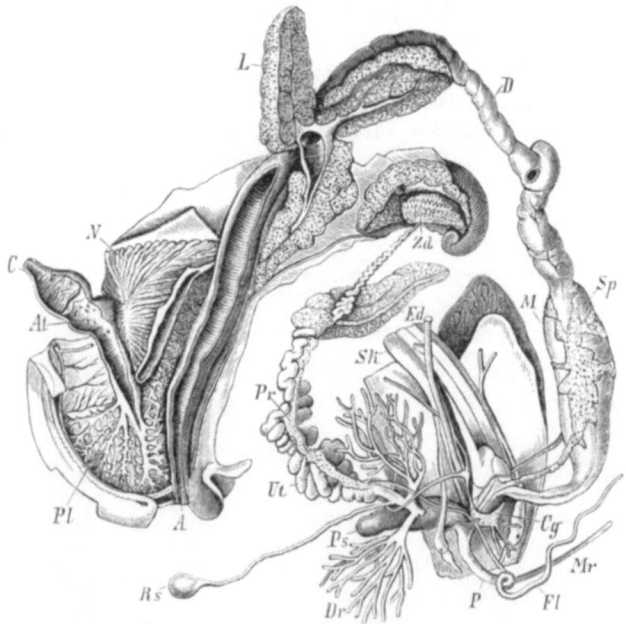

Abb. 819. Anatomie von *Helix pomata*. (Nach CUVIER.) Der Mantel nach rechts umgeschlagen, die Eingeweide auseinandergelegt. *Cg* Cerebralganglion, *Sp* Speicheldrüse, *M* Magen, *D* Darm, *L* Leber (Mitteldarmdrüse), *A* After, *N* Niere, *At* Atrium, *C* Ventrikel des Herzens, *Pl* dorsale Mantelwand (Lunge), *Zd* Zwitterdrüse, *Ed* Eiweißdrüse, *Pr* Prostata, *Ut* Uterus, *Rs* Receptaculum seminis, *Dr* fingerförmige Drüsen, *Ps* Pfeilsack, *P* Copulationsorgan, *Fl* Flagellum, *Mr* Retractor, *Sk* Spindelmuskel.

mehrfach gewundene Dünndarm, dem sich der weite Enddarm anschließt. Bei einer Anzahl von *Streptoneuren* findet sich wie bei Lamellibranchiaten ein sogenannter Krystallstiel. Von Anhangsdrüsen ist die sehr umfangreiche, vielfach gelappte Mitteldarmdrüse (Leber) zu nennen, welche vornehmlich den oberen Teil des Eingeweidesackes einnimmt und ihr Secret in den Magen ergießt. Eine eigentümliche Modifikation zeigt die Leber bei den *Aeolididen, Elysiiden*, indem sie in zahlreiche Blindsäcke geteilt ist, welche sich im Körper verästeln (Abb. 820) und auch in die dorsalen Rückenpapillen eintreten können. Bei *Aeolididen* erweitern sich diese Leberendäste in den Rückenpapillen zu Säcken, welche nach außen geöffnet sind und Nesselkapseln enthalten, die von der Cnidariernahrung herrühren. Zahlreiche *Ctenobranchien* besitzen eine große Drüse am Oesophagus (LEIBLEINsches Organ), manche eine Drüse am Enddarm.

Das Herz liegt, vom Pericardium (Cölom) umschlossen, dorsal in der Nähe der Atmungsorgane. Es besteht aus einer Kammer und besitzt in wenigen Fällen noch zwei Vorhöfe (fast alle *Rhipidoglossa*) (Abb. 830); in der Regel ist aber der asymmetrischen Entwicklung der Atmungsorgane entsprechend nur ein Vorhof (der morphologisch rechte) vorhanden (Abb. 821). Bei *Rhipidoglossen* (die *Heliciniden* ausgenommen) liegt die Herzkammer rings um den Enddarm herum. Die Aorta teilt sich gewöhnlich in zwei Arterienstämme, von denen sich der eine nach vorn im Kopf und Fuß verzweigt, der andere zu den Eingeweiden verläuft. Die Enden der Arterien öffnen sich in Lacunen der primären Leibeshöhle, aus denen das Blut entweder ohne Dazwischentreten von Gefäßen (*Heteropoden, Nudibranchiaten*) oder durch sogenannte Kiemen-(Lungen-) Arterien nach den Respirationsorganen und von da durch Kiemen-(Lungen-)Venen nach dem Herzen zurückgeführt wird. Ein großer Teil des venösen Blutes passiert längs der

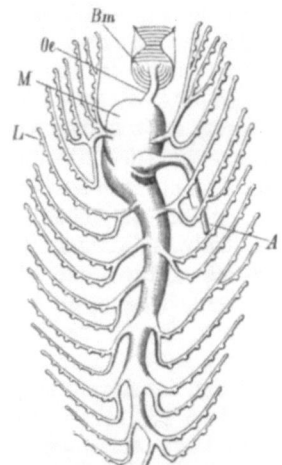

Abb. 820. Darm von *Aeolis papillosa*. (Nach Hancock.) *Bm* Buccalmasse, *Oe* Oesophagus, *M* Magendarm, *L* Leberschläuche, welche in die Anhänge des Rückens eintreten, *A* After.

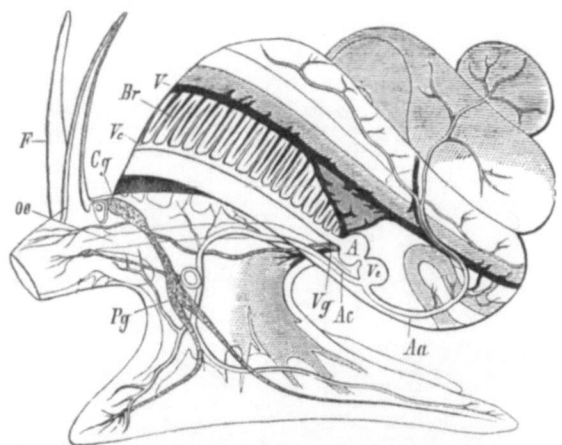

Abb. 821. Nervensystem und Kreislaufsorgane von *Paludina vivipara*. (Nach Leydig.) *F* Fühler, *Oe* Oesophagus, *Cg* Cerebralganglion mit dem Auge, *Pg* Pedalganglion mit anliegender Statocyste, *Vg* Visceralganglion, *A* Atrium des Herzens, *Ve* Ventrikel, *Aa* Aorta visceralis, *Ac* Aorta cephalica, *V* Venen, *Vc* Kiemenvene, *Br* Ctenidium.

Niere vor Eintritt in die Kiemenarterie. Ein Teil des Blutes gelangt direkt, mit Umgehung der Kieme, zum Herzen zurück. Nach der Lage der Respirationsorgane zum Herzen kann man mit Milne-Edwards zwei Typen gegenüberstellen: *Prosobranchia*, deren Vorhof und Kieme infolge der Drehung vor der Herzkammer ihre Lage haben, ihnen schließen sich in diesem Charakter die *Pulmonaten* an; und *Opisthobranchia*, deren Kieme hinter dem Herzen liegt (Abb. 813).

Eine große Blutdrüse (Lymphdrüse) findet sich bei einigen *Opisthobranchien* an der Aorta.

Das Epithel der Pericardialwand bildet bei einigen Gastropoden über den Vorhöfen oder an anderen Stellen drüsige Faltungen (*Pericardialdrüse*).

Einrichtungen, welche nach älterer Meinung Wasser in die Bluträume eintreten lassen sollten, haben sich nicht als diesem Zwecke dienlich erweisen lassen. In neuerer Zeit wurde (so bei *Natica josephinia*) das Vorhandensein besonderer Wasserporen und vom Circulationssystem getrennter Wasserräume am Fuße wahrscheinlich gemacht.

Die Niere liegt in der Nähe des Pericards (Abb. 819), mit dem sie durch einen

Wimpertrichter in Verbindung steht. Sie ist nur in wenigen Fällen noch paarig erhalten (meiste *Aspidobranchien*), jedoch in diesem Falle die linksgelegene Niere rudimentär; an letzterer ist in einigen Fällen (*Fissurella, Emarginula*) der Wimpertrichter rückgebildet. Bei allen übrigen Gastropoden ist nur die Niere der linken (morphologisch rechten) Seite erhalten. Die Niere besitzt die Form eines Sackes mit spongiöser, seltener mit glatter, dann häufig in Verästelungen ausgebuchteter Wandung. Ihr Secret besteht großenteils aus festen Concrementen. Entweder öffnet sich die Niere an einer Papille oder durch eine verschließbare Spalte oder vermittels eines besonderen, neben dem Mastdarm verlaufenden Ausführungsganges, überall in der Nähe des Afters in die Mantelhöhle.

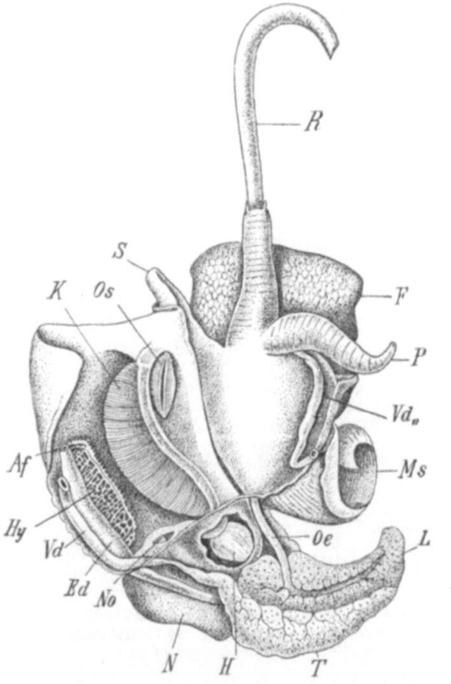

Von den zahlreichen Drüsen der Haut ist zunächst die weit verbreitet sich findende *Hypobranchialdrüse* oder Schleimdrüse zu nennen (Abb. 822), welche zwischen Kieme und Enddarm gelegen ist und oft eine erstaunliche Menge ihres Secretes aus der Mantelöffnung zu ergießen vermag. Eine solche ist auch die *Purpurdrüse* einiger Ctenobranchien (*Purpura, Murex*), deren farbloses Secret nach den Untersuchungen von LACAZE-DUTHIERS unter dem Einflusse des Sonnenlichtes rasch eine rote oder violette Farbe gewinnt, welche als echter Purpur wegen ihrer Beständigkeit schon im Altertum geschätzt war. Nicht zu verwechseln mit dem echten Purpur ist der gefärbte Saft, den manche Opisthobranchien, z. B. die *Aplysien*, aus Drüsen ihrer Haut entleeren. Sehr reich an Drüsen erweist sich der Fuß, welche an einigen Stellen desselben gehäuft auftreten. Eine solche Drüsenmasse stellt die am Vorderrande des Fußes zahlreicher *Streptoneuren* und *Opisthobranchien* auftretende vordere Fußdrüse dar, ferner die bei vielen *Ctenobranchien* auf der Fußsohle mittels eines großen Porus mündende Fußsohlendrüse; endlich kann am Hinterende des Fußes eine derartige Drüsenmasse vorhanden sein (einige *Opisthobranchien, Pulmonaten*). Bei *Phyllirhoë* ist es das Secret einzelliger Hautdrüsen, welches das Leuchten dieses Tieres bedingt.

Abb. 822. Anatomie des Männchens von *Pyrula tuba*. Manteldecke nach links umgeschlagen. (Nach SOULEYET.) *R* Rüssel, vorgestülpt, *F* Fuß, *S* Atemsipho, *K* Ctenidium, *Os* Osphradium, *Hy* Hypobranchialdrüse, *Ms* Spindelmuskel, *Oe* Magendarm, *L* Leber, *Ed* Enddarm, *Af* After, *N* Niere, *No* Nierenmündung, *H* Herz, *T* Hoden, *Vd* Ductus deferens (quer durchschnitten), *Vd,,* Samenrinne, *P* Copulationsorgan.

Das Nervensystem (Abb. 801, 823) besteht aus einem Paar von Cerebralganglien, Pleuralganglien sowie Pedalganglien, welche durch Commissuren untereinander verbunden sind. Statt der Pedalganglien treten bei den *Aspidobranchien* und einigen *Ctenobranchien* durch mehrfache Commissuren untereinander verbundene Pedalstränge auf. Von den Pleuralganglien, die bei den ursprünglichsten Formen am Pedalstrang anliegen, geht die Visceralschlinge ab, welche jederseits ein sogenanntes Parietalganglion sowie ein drittes hinteres Abdominal- oder Visceralganglion aufweist. Die Visceralschlinge ist bei zahlreichen Gastropoden

(*Streptoneura*) infolge der Drehung des Pallialkomplexes achterförmig gedreht, indem der rechte Teil der Visceralschlinge mit dem rechten Parietalganglion (dann Supraintestinalganglion genannt) nach links dorsal über den Darm, der linke Teil mit seinem Parietalganglion (Subintestinalganglion) nach rechts unterhalb des Darmes verzogen erscheint (*Chiastoneurie*). In einer anderen Gruppe (*Euthyneura*) ist die Visceralschlinge nicht achterförmig gedreht, sondern infolge Rückdrehung ventral vom Darm gelagert, wobei gewöhnlich eine starke Verkürzung eintritt, die bis zur Vereinigung aller ihrer Ganglien, denen noch die Pleuralganglien angeschlossen sein können, führt (z. B. *Helix*). Auch können alle Ganglien dem Cerebralganglion angeschlossen sein (*Nudibranchiata*). Die Cerebralganglien versorgen den Kopf; mit ihnen hängen auch durch eine besondere Commissur die Buccalganglien zusammen, deren Nerven zum Schlund und Darm

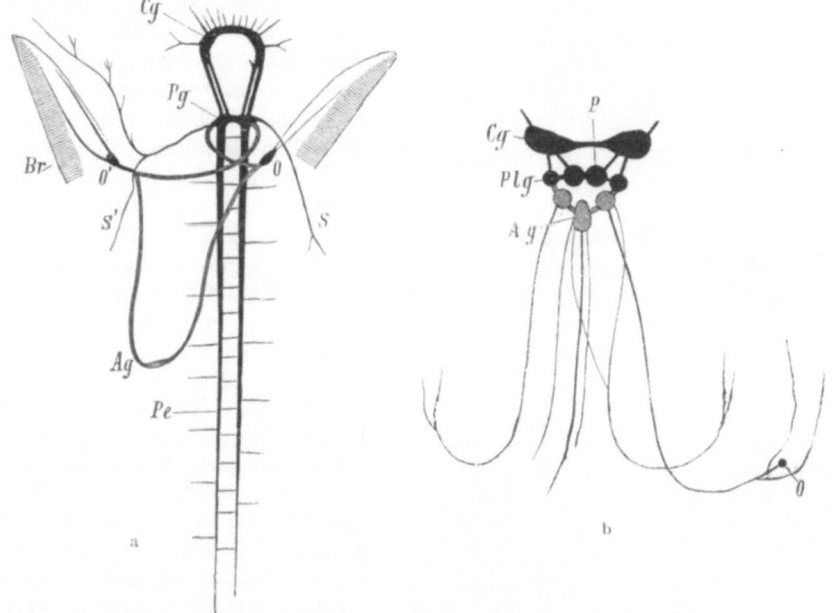

Abb. 823. a Nervensystem von *Haliotis*. *Br* Ctenidien, *Cg* Cerebralganglion, *Pg* Pleuralganglion, *Ag* Abdominalganglion, *O, O'* Osphradien mit den Parietalganglien, *Pe* Pedalstränge, *S, S'* Mantelnerven. — b Nervensystem von *Limnaea*. *P* Pedalganglion, *Plg* Pleuralganglion, *O* Osphradium. (Nach LACAZE-DUTHIERS, schematisch nach SPENGEL.)

treten. Die Pedalganglien innervieren den Fuß, die Pleuralganglien entsenden die Mantelnerven. Die Parietalganglien versorgen die Kieme, die Osphradien, aber auch einen Teil des Mantels, während das Abdominalganglion die übrigen Eingeweidenerven entsendet.

Von Sinnesorganen treten Augen fast allgemein auf. Sie liegen an der Basis, seltener an der Spitze der Kopffühler und sind Napf- oder Blasenaugen (Abb. 197); ihre höchste Ausbildung erlangen sie bei den *Heteropoden*, während sie bei zahlreichen *Opisthobranchien* rudimentär werden. Bei *Oncidium* finden sich außerdem zahlreiche Mantelaugen an den dorsalen Papillen des Körpers; diese Augen besitzen eine zellige Linse und sind inversen Blasenaugen ähnlich. Ebenso finden sich fast stets Statocysten, die meist dem Fußganglion anliegen, doch stets vom Gehirn innerviert werden (Abb. 837). Als Tastorgane hat man vor allem die Fühler anzusehen, ferner die Lippenränder, aber auch tasterartige Verlängerungen, welche sich hin und wieder am Kopfe, Mantel und Fuße finden. Die Fühler sind häufig in doppelter Zahl vorhanden und fehlen nur ausnahmsweise vollständig, sie sind einfache contractile Fortsetzungen der Körperwand, zuweilen (*Pulmonaten*) zurückstülpbar. Überall wohl finden sich eigentümliche Sinneszellen, deren Haarbüschel bei den Wasserschnecken pinselförmig hervorragen. Die hinteren Fühler der Landschnecken besitzen an ihrer Endplatte eine sehr reiche Ausbreitung feiner Sinneszellen und fungieren als Spürorgane. Auch bei den übrigen Gastropoden betrachtet man die Fühler (bei den *Opisthobranchien* die hinteren) als Sitz eines Spürsinnes (Geruchsinnes). Ein weiteres bewimpertes Sinnesorgan (Geruchsorgan), das *Osphradium* (Abb. 824), findet sich bei den meisten im Wasser lebenden Gastropoden in der Mantelhöhle an der Basis oder außen zur Seite der Ctenidien. Es tritt häufig wulstförmig oder geblättert, in Gestalt an ein Ctenidium erinnernd

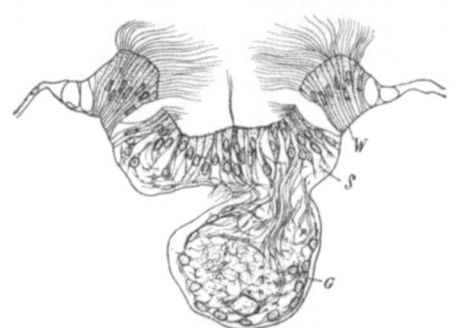

Abb. 824. Osphradium von *Pterotrachea* im Querschnitt (Original G.). *G* Osphradialganglion, *S* Sinneszellen, *W* Wimperzellen.

(Abb. 822), auf und wird vom betreffenden Parietalganglion innerviert. Bei Vorhandensein von zwei Ctenidien ist es gleichfalls paarig vorhanden. Geschmacksorgane (Geschmacksknospen) sind in der Mundhöhle einer Anzahl von Gastropoden nachgewiesen.

Unter den Gastropoden sind fast alle *Streptoneura* (*Aspidobranchia*, *Ctenobranchia*, *Heteropoda*) getrennten Geschlechts, die *Euthyneura* (*Opisthobranchia*, *Pulmonata*) Zwitter. Unter den getrenntgeschlechtlichen Formen besitzt die Genitaldrüse bei den *Aspidobranchien* (mit Ausnahme der *Neritiden* und *Heliciniden*) keinen spezifisch differenzierten Ausführungsgang und es werden die Genitalprodukte durch die rechte Niere ausgeleitet. In den übrigen Fällen ist ein differenzierter Ausführungsgang vorhanden, der auf die rechte Niere zurückführbar ist, wofür das Vorkommen eines mittels Wimpertrichters in einen besonderen Abschnitt des Cöloms (Pericardiums) mündenden Verbindungskanales des Oviducts bei *Neritiden* spricht. Im männlichen Geschlecht schließt sich an den Hoden ein Ductus deferens (Abb. 825), manchmal mit Vesicula seminalis an, der in die Mantelhöhle rechts vom Darm mündet. Von da wird der Samen in einer Wimperrinne (Samenrinne) bis an das fast überall vorhandene Copulationsorgan (Penis) geführt, welches rechterseits von der Genitalöffnung frei vorhängt. Diese Wimperrinne schließt sich in vielen Fällen zu einem Kanal. Am Ausführungsgang der weiblichen Keimdrüse finden sich zuweilen Receptaculum seminis und Eiweißdrüse, sein verbreitertes Ende fungiert als

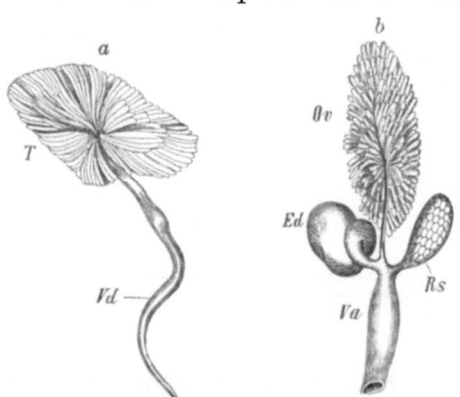

Abb. 825. Geschlechtsorgane eines Heteropoden (*Pterotrachea*). (Nach R. LEUCKART.) a des Männchens. *T* Hoden, *Vd* Samenleiter. — b des Weibchens. *Ov* Ovarium, *Ed* Eiweißdrüse, *Rs* Receptaculum seminis, *Va* Vagina.

Vagina. Bei den hermaphroditischen Formen ist eine Zwitterdrüse vorhanden, in welcher Eier und Samenfäden entweder in verschiedenen Follikeln (*Nudibranchien*) oder in demselben Follikel nebeneinander entstehen, wenn auch in der Regel nicht gleichzeitig, indem die männliche Reife des Tieres der weiblichen vorausgeht (Landschnecken). Der Ausführungsgang (Zwittergang) bleibt im ursprünglichsten Falle bis zur Mündung einfach (monauler Typus) (Abb. 826), doch kann durch das Auftreten von zwei Falten in einem Teile eine teilweise Trennung des Lumens vorgebildet sein (*Aplysia*); der Samen wird auch hier mittels einer Flimmerrinne zum Begattungsorgan geleitet. In zahlreichen anderen Fällen teilt sich der Ausführungsgang gegen die Mündung hin in zwei Kanäle, einen männlichen und weiblichen (diauler Typus) (Abb. 244). Die Samenrinne ist hier zu einem Kanal geschlossen, welcher das vor der weiblichen Genitalöffnung gelegene einziehbare Copulationsorgan durchsetzt, doch können beide Genitalgänge in einem gemeinsamen Atrium münden (*Pulmonata stylommatophora*). Bei einem dritten Typus (triauler Typus) ist der Genitalgang am Ende in drei Kanäle geteilt, indem sich vom weiblichen Ausführungsgang ein besonderer Begattungsgang abgespalten hat (*Dorididae, Elysia*). Eiweißdrüse und Receptaculum seminis kommen allgemein vor. Bei den *Heliciden* (Abb. 819) trägt die Scheide zwei Büschel von fingerförmigen Drüsenschläuchen sowie einen eigentümlichen Sack, den *Pfeilsack*, welcher ein pfeilförmiges kalkiges Stäbchen in seinem Innern erzeugt. Das letztere, der sogenannte *Liebespfeil*, tritt bei der Begattung hervor und hat die Bedeutung eines Reizorganes. Am Innenende des Copulationsorgans mündet ein langer fadenförmiger Drüsenanhang, das Flagellum, der die Hülle zur Bildung der Spermatophoren liefert. Eigentümlich ist das Vorkommen von anscheinend zweierlei Spermien bei einigen *Streptoneuren*, von denen aber die sog. wurmförmigen Spermien abortive Degenerationsprodukte sind.

Abb. 826. Geschlechtsorgan von *Cymbulia*. (Nach GEGENBAUR.) *Zd* Zwitterdrüse mit gemeinsamem Ausführungsgang, *Rs* Receptaculum seminis, *U* Uterus.

Die Eier werden entweder einzeln (*Patella, Pulmonata stylommatophora*), oder in großer Zahl in einem gallertigen Laich (*Opisthobranchia, Heteropoda, Pulmonata basommatophora*) oder zu mehreren in festen Kokons (*Ctenobranchia*) abgelegt. In einigen Fällen (*Paludina* u. a.) entwickeln sich die Eier im Oviduct, der dann als Uterus fungiert.

Die Entwicklung ist entweder direkt (*Pulmonata*, ausgenommen *Amphibola, Auricula*, die ein freies Veligerstadium besitzen) (Abb. 827), meist aber eine Metamorphose. Die Larve, welche im wesentlichen den Trochophoratypus zeigt, erfährt später eine mächtige Entwicklung des Wimperapparates (Velum), der sich zweilappig gestaltet (Abb. 799, 828), und wird dann als *Veliger* bezeichnet, der Fuß ist zu dieser Zeit noch klein, die Schale bereits vorhanden und in der Regel durch einen Deckel verschließbar. Die Embryonen sind anfänglich symmetrisch,

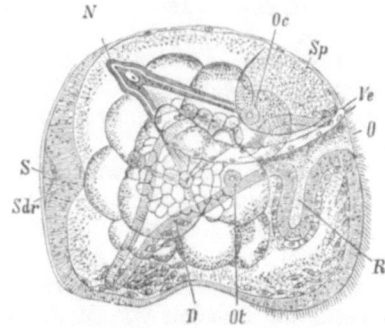

Abb. 827. Embryo von *Planorbis* mit beginnender Asymmetrie. (Nach C. RABL.) *O* Mund, *D* Darm, *R* Radulaanlage, *Sp* Scheitelplatte, *Oc* Auge, *Ot* Statocyste, *Ve* Velum (präoraler Wimperkranz), *N* Kopfniere, *Sdr* Schalendrüse, *S* Schale.

erst später gelangt die Asymmetrie zur Ausbildung. Bei den im ausgebildeten Zustande schalenlosen Formen wird die Schale abgeworfen. In seltenen Fällen (*Clionidae, Pneumodermatidae*) besteht nach Rückbildung des Velums ein zweites Larvenstadium mit drei Wimperkränzen am Rumpfe (Abb. 829). Bei Süßwasser- und Landgastropoden ist das Velum meist stark reduziert (Abb. 827). Die Embryonen der *Landpulmonaten* sind durch eine umfangreiche provisorische Kopf- und Fußblase ausgezeichnet.

Bei weitem die meisten Gastropoden sind Meeresbewohner, im süßen Wasser leben die *basommatophoren Pulmonaten* und einige *Streptoneuren* (*Paludina, Valvata, Melania, Neritina* usw.), im Brackwasser kommen viele *Littorinen, Cerithien, Melanien* usw. vor. Landbewohner sind die *Heliciniden, Ericiiden* und *stylommatophoren Pulmonaten*. Viele Kiemenschnecken sind imstande, eine Zeitlang im Trockenen auszudauern, indem sie sich in ihre Schale zurückziehen und diese durch den Deckel verschließen. Fast alle bewegen sich kriechend mittels der Fußfläche, einige aber, wie *Strombus*, springen, andere, wie *Oliva* und *Ancilla*, manche *Opisthobranchien*, darunter alle pelagischen Formen, und die *Heteropoden* schwimmen mit Hilfe ihres Fußes. Einzelne Meeresbewohner, wie *Magilus*, *Vermetus*, sind mit ihren Schalen festgewachsen, wenige leben parasitisch auf oder in Echinodermen (*Stilifer*,

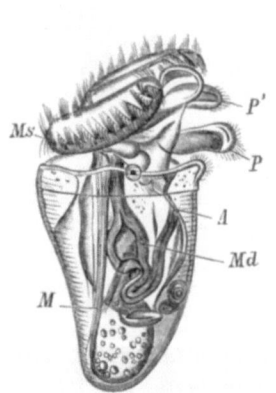

Abb. 828. Veligerlarve von *Cavolinia* (*Hyalaea*) *tridentata*. (Nach FOL.) *P* Mittelfuß, *P'* die beiden Seitenflossen des Fußes (Parapodien), *M* Retractor, *Md* Magendarm, *Ms* Velum, *A* After.

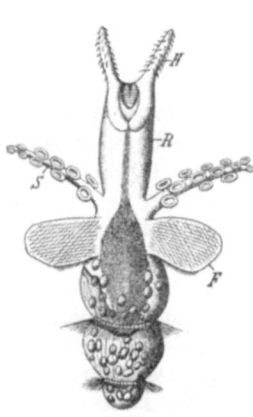

Abb. 829. Ältere *Pneumoderma*-Larve mit Wimperkränzen. (Nach GEGENBAUR.) Am vorgestülpten Rüssel (*R*) die entfalteten Saugorgane (*S*) und Hakensäcke (*H*). *F* Parapodien.

Gasterosiphon, Entoconcha, Enteroxenos, Thyca u. a.), oder auch an Muscheltieren (z. B. *Odostomia*) oder Ascidien (*Sacculus okai*). Bei einigen parasitischen Formen (*Entocolax, Entoconcha*) sind die Männchen zwergartig klein und sackförmig.

Ebenso verschieden wie die besondere Art des Aufenthalts und Vorkommens ist die Art der Ernährung. Viele, insbesondere die *siphonostomen Streptoneuren*, sind gefräßige Raubtiere und machen Jagd auf lebende Tiere, einige Kiemenschnecken, wie *Murex, Natica, Purpura*, bohren, wohl mittels eines sauren Secretes (bei *Natica* einer ventral am Rüssel gelegenen Drüsenscheibe), zu diesem Zwecke die Schalen von Mollusken an, mehrere (*Strombus, Buccinum*) suchen vorzugsweise tote Tiere auf. Fast alle *Pulmonaten* und *holostomen Streptoneuren* sind Pflanzenfresser.

1. Legion. Streptoneura (Prosobranchia)[1].

Gastropoden mit achterförmig gewundener Visceralschlinge, mit nach vorn vom Herzen gelegenen Ctenidien, in der Regel getrenntgeschlechtlich.

---

[1] LEYDIG, FR.: Über *Paludina vivipara*. Z. Zool. 2 (1850). — LACAZE-DUTHIERS, H.: Mémoire sur le Système nerveux de l'Haliotide. — Mémoire sur la Pourpre. Ann. des Sci. natur. 1859. — HALLER, B.: Untersuchungen über marine Rhipidoglossen. Morph. Jb. 9 (1884). — Die Morphologie der Prosobranchier. Ebenda 14—19 (1888—1893). — Studien

Der Kopf trägt nur ein Tentakelpaar. In der vorn und links gelegenen Atemhöhle erhält sich in der Regel infolge der Drehung und Asymmetrie des Eingeweidesackes nur ein (rechtes) Ctenidium an der linken Seite, seltener sind beide Ctenidien erhalten. Das Ctenidium liegt vor dem Herzen. Die Visceralschlinge ist achterförmig gekreuzt. Es herrscht in der Regel Getrenntgeschlechtlichkeit. Die Männchen sind schlanker und besitzen, ausgenommen fast alle *Aspidobranchia* und die *Ptenoglossa*, ein großes, an der rechten Seite des Vorderkörpers frei vorragendes Copulationsorgan.

1. Unterordnung. *Aspidobranchia.* Streptoneuren mit an der Spitze freien Ctenidien, welche zwei Reihen von Seitenblättern besitzen (Abb. 830).

Zeigen in der geringeren Konzentration des Nervensystems, in der teilweisen Erhaltung der beiden Nieren, Kiemen und Vorhöfe sowie bei den meisten Formen in der Ausfuhr der Genitalprodukte durch die rechtsgelegene Niere ursprüngliche Verhältnisse. Äußere Begattungsorgane fehlen zumeist.

1. Sektion. *Docoglossa.* Radula lang, ihre Zähne balkenartig. Schale schüsselförmig. Deckel fehlt.

Fam. *Acmaeidae.* Ein (linksgelegenes) Ctenidium vorhanden. *Acmaea virginea* MÜLL. Atlant. Ozean. Mittelmeer. *Tectura fluviatilis* BLANF. Im Brackwasser. Ostindien. Bei *Scurria* GRAY außerdem ein Kreis sekundärer Mantelkiemen.

Fam. *Patellidae,* Napfschnecken. Ctenidien fehlen. Ein Kreis blattförmiger sekundärer Mantelkiemen am ganzen Mantelrande. *Patella vulgata* L. Europ. Meere. *P. caerulea* L. Mittelmeer. *P. (Nacella) pellucida* L. Atlant. Ozean.

2. Sektion. *Rhipidoglossa.* Die Radula in jedem Gliede aus mehreren Mittelzähnen, einem Seitenzahn und einer großen Zahl fächerartig geordneter Marginalzähne bestehend (Abb. 818 b). Mantel häufig mit Schlitz, der auch an der Schale als Schlitz und sich anschließendem Schlitzband (Abb. 832) oder als Loch zum Ausdruck kommt. Mit (ausgenommen die *Helicinidae*) doppeltem Vorhofe des Herzens, dessen Kammer (die *Heliciniden* ausgenommen) um den Enddarm herumliegt. Häufig noch zwei Ctenidien. Oft mit fadenförmigen Anhängen am Fuße.

Fam. *Pleurotomariidae.* Schale kreiselförmig, mit Schlitz, innen mit Perlmutterschicht. Ein horniger Deckel vorhanden. Mit zwei symmetrisch gelagerten Ctenidien. Represän-

---

über docoglosse und rhipidoglosse Prosobranchier. Leipzig 1894. — CARRIÈRE, J.: Die Fußdrüsen der Prosobranchier usw. Arch. mikrosk. Anat. 21 (1882). — BOUTAN, L.: Recherches sur l'anatomie et le développement de la Fissurelle. Archives de Zool. 1886. — BOUVIER, E. L.: Système nerveux, morphologie générale et classification des Gastéropodes prosobranches. Ann. des Sci. natur. 1887. — PERRIER, R.: Recherches sur l'anatomie et l'histologie du rein des Gastéropodes prosobranches. Ebenda 1889. — BERNARD, F.: Recherches sur les organes palléaux des Gastéropodes prosobranches. Ebenda 1890. — PELSENEER, P.: Prosobranches aëriens et Pulmonés branchifères. Archives de Biol. 14 (1895). — WOODWARD, M. F.: The Anatomy of *Pleurotomaria Beyrichii.* Quart. J. microsc. Sci. 44 (1901). — FISHER, W. K.: The Anatomy of *Lottia gigantea* GRAY. Zool. Jb. 20 (1904). — GRABAU, A. W.: Phylogeny of Fusus and its Allies. Smithson. Misc. Coll. Washington 44 (1904). — MÜLLER, JOH.: Über *Synapta digitata* und über die Erzeugung von Schnecken in Holothurien. Berlin 1852. — BOBRETZKY, N.: Studien über die embryonale Entwicklung der Gastropoden. Arch. mikrosk. Anat. 13 (1876). — PATTEN, W.: The Embryology of *Patella.* Arb. Zool. Inst. Wien 6 (1886). — SALENSKY, W.: Études sur le développement du Vermet. Archives de Biol. 6 (1887). — v. ERLANGER, R.: Zur Entwicklung der *Paludina vivipara.* Morph. Jb. 17 (1891). — CONKLIN, E. G.: The Embryology of *Crepidula.* J. Morph. a. Physiol. 13 (1897). — ROBERT, A.: Recherches sur le développement des Troques. Archives de Zool. 1903. — OTTO, H. u. C. TÖNNIGES: Untersuchungen über die Entwicklung von *Paludina vivipara.* Z. Zool. 80 (1906). — BOURNE, G. C.: Contributions to the Morphology of the Group Neritacea etc. I. II. Proc. Zool. Soc. London 1908, 1911. — ROSÉN, N.: Zur Kenntnis der parasitischen Schnecken. Fysiograf. Sällsk. Hdl. Lund 1910. — SCHWANWITSCH, B. N.: Observations sur la femelle et le mâle rudimentaire d'*Entocolax ludwigi.* J. Russe de Zool. 2 (1917). — THIEM, H.: Beiträge zur Anatomie und Phylogenie der Docoglossen. Jena. Z. Natruwiss. 54 (1917). — DAUTERT, E.: Die Bildung der Keimblätter von *Paludina vivipara.* Zool. Jb. 50 (1929). — Vgl. außerdem die Arbeiten von ADAMS, RAY LANKESTER, DALL, SARASIN, BÜTSCHLI, BLOCHMANN, WILLCOX, HOUSSAY, RANDLES, LENSSEN u. a.

tieren die ursprünglichsten Gastropoden der heutigen Lebewelt. *Pleurotomaria quoyana* Fisch. u. Bern. Westindien (Abb. 832).

Fam. *Fissurellidae*, Spaltnapfschnecken. Schale symmetrisch, napf- oder mützenförmig, mit einem Schlitze oder Loche am Vorderrande oder einem Loche an der Spitze (Abb. 831). Deckel fehlt. Zwei symmetrische Ctenidien. Fuß sehr groß. *Emarginula elongata* Costa. Schale mit Schlitz am Vorderrande. Mittelmeer. *Fissurella graeca* L. Mittelmeer. *F. maxima* Sow. Chile. Schale mit länglichem Loche an der Spitze. *Clypidina notata* L. Küste von Ostindien, Ceylon. Schale ohne Schlitz, an seiner Stelle an der Innenseite der Schale eine flache Rinne. Bildet den Übergang zu den Docoglossen. Hier schließt sich an *Scissurella crispata* Flem. Atlant. Ozean, Mittelmeer. Mit spiraliger Schale und Schlitz an derselben, mit hornigem Deckel.

Fam. *Haliotidae*, Seeohren. Schale flach, ohrförmig, mit kleiner Spira, innen mit Perlmutterschicht (auch Perlbildung kommt vor), mit einer Reihe von Löchern an der linken Seite. Deckel fehlt. Mit zwei Ctenidien, das rechts gelegene kleiner. Fuß mit seitlicher Franse. *Haliotis tuberculata* L. Mittelmeer (Abb. 830). *H. gigantea* Chemn. Ostasien.

Fam. *Trochidae*. Schale kreisel- oder turmförmig, innen mit Perlmutterlage. Deckel hornig oder kalkig, gewunden. Fuß an den Seiten mit Tentakeln. Nur ein Ctenidium. *Trochus niloticus* L. Ind. Ozean. *Calliostoma zizyphinum* L. *Gibbula fanulum* Gm. Mittelmeer. Hier schließt sich an *Turbo marmoratus* L. Ind. Ozean. *Astralium (Turbo) rugosum* L. *Trochocochlea (Monodonta) turbinata* Born. Abgeschliffen zu Schmuck verwendet. Mittelmeer.

Fam. *Neritidae*. Schale dick, halbkugelig, Spira wenig vortretend. Deckel kalkig. Nur ein Ctenidium. Genitaldrüse mit hochdifferenziertem Ausführungsgang. Beim Männchen ein Copulationsorgan. *Nerita polita* L. Ind. Ozean. *Theodoxus fluviatilis* Müll., im Süßwasser. Europa. *Neritina prevostiana* Partsch. Warme Quellen, Vöslau, Tapolcsa.

Fam. *Helicinidae*. Schale flach kegelförmig bis kugelig. Ctenidium fehlt. Die Atmung erfolgt durch die gefäßreiche Decke der Mantelhöhle. Nur ein Vorhof. Landbewohner. *Helicina neritella* Lm. Westindien.

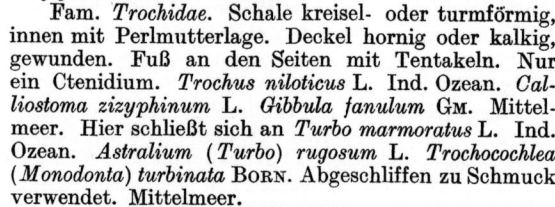

Abb. 830. Tier von *Haliotis tuberculata*. $^{1}/_{1}$. *M* Die zurückgeschlagenen Mantellappen. In der Kiemenhöhle die beiden Ctenidien (*K*), der Enddarm (*D*) sowie die Hypobranchialdrüse (*Dr*): *F* Fuß, *O* Auge, *S* Spindelmuskel, *T* Fühler. Im geöffneten Pericardialraum der den Darm umgebende Ventrikel des Herzens (*V*) und die beiden gefransten Atrien (*A*).

2. Unterordnung. *Ctenobranchia*. Streptoneuren mit nur einem (dem linksgelegenen) kammförmigen Ctenidium, das bloß eine Reihe von Seitenblättern trägt. Nur die linksgelegene (morphologisch rechte) Niere und Vorhof erhalten. Genitaldrüse mit besonderem Ausführungsgang.

1. Sektion. *Ptenoglossa*. Radula kurz, jedes Glied mit zahlreichen kleinen hakenförmigen Seitenzähnen, ohne Mittelzahn (Abb. 818c). Ohne Atemsipho. Copulationsorgan fehlt.

Fam. *Janthinidae*. Schale leicht, ohne Deckel. Fuß klein. Leben pelagisch. Die Tiere vermögen mittels eines aus dem erhärtenden Secret der Fußdrüsen unter Aufnahme von Luftblasen gebildeten Flosses, an dessen Unterseite auch die Eikapseln angeklebt werden, im Wasser zu schweben. *Janthina fragilis* Lm. Atlant. Ozean, Mittelmeer.

Fam. *Solariidae*, Perspektivschnecken. Schale kreiselförmig, mit weitem, tiefem Nabel. Mit Deckel. *Solarium perspectivum* L. Ind. Ozean.

Fam. *Scalidae*, Wendeltreppen. Schale turmförmig, mit Deckel. Das Tier sondert einen Purpursaft ab. *Scala (Scalaria) scalaris* L. (*pretiosa* Lm.). Ind. Ozean. *S. communis* Lm. Mittelmeer.

2. Sektion. *Taenioglossa*. Radula in jedem Gliede meist mit sieben Zähnen, einem Mittelzahn und drei Seitenzähnen (Abb. 818a).

Fam. *Paludinidae*, Flußkiemenschnecken. Schale kegelförmig. Deckel hornig. Copulationsorgan im rechten Tentakel enthalten. Süßwasserbewohner. *Paludina (Vivipara) vivipara* L. Lebendiggebärend. Europa.

Fam. *Hydrobiidae*. Copulationsorgan entfernt vom rechten Tentakel. *Bithynia tentaculata* L. Im Süßwasser. Europa. *Hydrobia ulvae* Penn. Brackwasserform. Europ. Küsten. *Bithynella austriaca* Erfld. In Quellen. Europa.

Fam. *Ampullariidae*. Tier mit in Lunge und Kiemenhöhle geteilter Atemhöhle. Leben in Flüssen heißer Länder und dauern in eingetrocknetem Schlamme aus. *Ampullaria glauca* L. Orinoko. *Pachylabra (Ampullaria) wernei* PHIL. Afrika. *Ceratodes (Ampullaria) cornu-arietis* L. Südamerika (Abb. 833). *Lanistes carinatus* OL. (*bolteniana* CHEMN.). Schale nach links hyperstroph. Nil.

Fam. *Littorinidae*. Schale kegelförmig oder eiförmig, Deckel hornig. Leben an den Meeresküsten, manche im Brack- oder Süßwasser. *Littorina littorea* L. Uferschnecke. Nord- und Ostsee. Hier schließt sich an *Rissoa membranacea* AD. Europ. Meere.

Fam. *Ericiidae* (*Cyclostomatidae*). Schale meist kegelförmig, Deckel kalkig oder hornig. Ohne Ctenidium. Atmen wie die Lungenschnecken durch die gefäßreiche Mantelwand. Landbewohner. *Ericia (Cyclostoma) elegans* MÜLL. Südl. Europa. *Cyclophorus involvulus* MÜLL. Ostindien.

Fam. *Valvatidae*. Mit federförmiger Kieme, welche aus der Mantelhöhle vorgestreckt wird. Hermaphroditen. Im Süßwasser. *Valvata piscinalis* MÜLL. Europa.

Fam. *Melaniidae*. Schale turmförmig oder konisch, mit dickem, dunklem Periostracum und kleiner Mündung. Süßwasserbewohner. *Melania amarula* L. Ostindien. *Melanella holandri* FÉR. Südeuropa.

Fam. *Cerithiidae*. Schale turmförmig. Teils Meeresbewohner, teils Brack- und Süßwasserbewohner. *Cerithium vulgatum* BRUG. Atlant. Ozean, Mittelmeer. *Potamides fluviatilis* POT. MICH. Ostindien.

Fam. *Eulimidae*. Schale porzellanartig-weiß, turmförmig, mit zahlreichen Windungen. Rüssel sehr lang. Radula fehlt. Einige sind Parasiten. *Eulima polita* L. Europ. Meere. Hier schließt sich an *Odostomia rissoides* HANL. Parasitisch an *Mytilus edulis*. Nordsee.

Fam. *Stiliferidae*. Ein vom Kopfe ausgehender Scheinmantel umgibt den ganzen

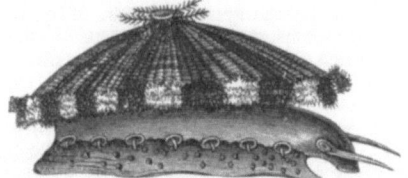

Abb. 831. *Fissurella maxima* (aus BRONN). $^1/_2$
Abb. 832. *Pleurotomaria quoyana*. (Nach SCHMALZ.) $^1/_1$

Körper. Fuß reduziert. Rüssel sehr lang. Radula fehlt. Hermaphroditisch. Leben parasitisch. *Stilifer astericola* BROD. Parasitisch auf Seesternen. Ind. Ozean. *Gasterosiphon deimatis* KHLR. et VANEY. Ohne Schale. In der Holothurie *Deima blakei*. Ind. Ozean.

Fam. *Entoconchidae*. In Echinodermen entoparasitisch lebende schalenlose Schnecken von schlauchförmigem Körper (Abb. 834). Mit reduziertem, von einem Scheinmantel umschlossenem Eingeweidesack. Darm rudimentär. Radula fehlt. *Entocolax ludwigi* VOIGT, in *Myriotrochus rinki*. Nördl. Eismeer. Männchen ovoid, zwergartig klein, leben in mehrfacher Zahl in der Scheinmantelhöhle des Weibchens. *Entoconcha mirabilis* J. MÜLL. (Abb. 834). In *Labidoplax (Synapta) digitata*. Mittelmeer. *Enteroxenos östergreni* BONNEVIE. Darmlos. Hermaphroditisch. In *Stichopus tremulus*. Westküste von Norwegen.

Fam. *Turritellidae*, Turmschnecken. Schale lang, turmförmig zugespitzt. *Turritella terebra* L. (*communis* RISSO). Europ. Meere.

Fam. *Vermetidae*, Wurmschnecken. Schale in der Jugend spiral, später mit aufgelösten Windungen. Meist festgewachsen. *Vermetus lumbricalis* L. Ind. Ozean. *V. gigas* BIV. Mittelmeer. *Siliquaria anguina* L. Mantel längs der Kiemenhöhle geschlitzt. Schale der ganzen Länge nach mit einem Schlitze. Lebt in Spongien. Ind. Ozean. Hier schließt sich an *Caecum trachea* MONT. Schale eine langgestreckte, geringelte, am oberen Ende durch ein Septum geschlossene Röhre, der spirale Anfangsteil abgeworfen. Atlant. Ozean, Mittelmeer (Abb. 815).

Fam. *Capulidae*. Schale mützenförmig. Sind hermaphroditisch. *Capulus hungaricus* L. *Calyptraea sinensis* L., *Crepidula fornicata* LM. Atlant. Ozean, Mittelmeer. *Thyca ectoconcha* SARASIN. Mit langem Rüssel. Radula fehlt; parasitisch auf *Linckia multiforis*. Ceylon.

Fam. *Naticidae*. Schale mit kleiner Spira, halbkugelig, mit verdickter Columella. Fuß sehr groß, oft die Schale ganz bedeckend. Wühlen im Sand. Bohren Muscheln an. *Natica millepunctata* LM., *N. josephinia* RISSO. Mittelmeer. *N. canrena* L. Ind. Ozean. *Sigaretus haliotideus* L. Atlant. Ozean. *Lamellaria perspicua* L. Schale zart, im Mantel eingeschlossen. Atlant. Ozean, Mittelmeer. Hier schließt sich wahrscheinlich an *Sacculus okai* HIRASE, parasitisch in Ascidien. Paz. Ozean.

Fam. *Cypraeidae*, Porzellanschnecken. Schale eiförmig, eingerollt, sämtliche Windungen umhüllt, mit langer schmaler Mündung. Deckel fehlt. *Ovula ovum* L. *Cypraea tigris* LM. *C. moneta* L., Kauri. Ind Ozean. *C.* (*Trivia*) *europaea* MONT. Mittelmeer.

Abb. 833. *Ceratodes* (*Ampullaria*) *cornu-arietis* (aus règne animal). Etwa ²/₅.

Fam. *Strombidae*, Flügelschnecken. Schale mit spitzem Gewinde. Außenlippe ausgebreitet. Deckel klauenförmig. Fuß in zwei Teile gesondert, der hintere Teil trägt den Deckel, der vordere mit verkürzter Fußsohle dient zum Sprunge. *Strombus pugilis* L., *S. gigas* L. Westindien. Letzterer liefert Perlen. *Pteroceras lambis* L., *P. chiragra* L. Ind. Ozean. *Rostellaria* LM. Nahe verwandt *Chenopus* (*Aporrhais*) *pes-pelecani* L. Atlant. Ozean, Mittelmeer.

Fam. *Cassidae*. Schale bauchig, Mündung eng und lang. Außenlippe mit gefaltetem Wulst, Deckel klein oder fehlend. *Cassis cornuta* L. Ind. Ozean. *Cassidaria echinophora* L. Mittelmeer.

Fam. *Doliidae*. Schale bauchig, dünnwandig, Mündung weit. Deckel fehlt. Das Secret der umfangreichen Speicheldrüsen enthält freie Schwefelsäure. *Dolium galea* L. Mittelmeer.

Fam. *Tritonidae*, Tritonshörner. Schale ei- bis spindelförmig, mit langen äußeren Wülsten. *Triton* (*Tritonium*) *tritonis* L. Ind. Ozean. *Ranella* LM.

3. Sektion. *Rhachiglossa*. Zunge lang und schmal, Radula (Abb. 818d) mit höchstens drei Platten in jedem Gliede, einem Mittelzahn und einem Seitenzahn jederseits, der aber auch fehlen kann (*Volutidae*). Sind marine Raubschnecken.

Fam. *Fasciolariidae*. Schale spindelförmig, Mündung mit geradem Kanal. Spindelrand vorn mit Falten. *Fasciolaria tulipa* L. Westindien. *Fusus syracusanus* L. Mittelmeer. Hier schließen sich an *Turbinella pyrum* L. Ind. Ozean. *Pyrula* (*Hemifusus*) *tuba* GM. China.

Fam. *Buccinidae*. Schale vorn mit kurzem Ausschnitt. *Buccinum undatum* L. Wellhorn. *Nassa reticulata* L. Europ. Meere. *Bullia annulata* LM. Ind. Ozean. Hier schließt sich an *Columbella mercatoria* L. Atlant. Ozean.

Fam. *Muricidae*. Schale mit geradem, kurzem oder sehr langem Kanal, Außenlippe der Mündung mit einem Umschlag oder Wulst. *Murex brandaris* L. Mittelmeer. *M. trunculus* L. Mittelmeer, Atlant. Ozean. Beide im Altertum zur Purpurfärberei verwendet. *M. tenuispina* LM. Ind. Ozean. *M. erinaceus* L. Den Austernbänken schädlich. Europ. Meere. *Purpura lapillus* L. Purpurschnecke. Atlant. Ozean. Hier schließt sich an *Magilus antiquus* MONTF. Schale in der Jugend spiralig, später die Mündung in eine gekielte Röhre ausgezogen, während der hintere Teil der Schale mit Kalkmasse erfüllt wird. Lebt in Korallen. Rotes Meer (Abb. 816).

Fam. *Mitridae*. Mit glatter, spindelförmiger Schale und hoher Spira. Mit kleiner Apertur und Spindelfalten. *Mitra episcopalis* LM. *M. papalis* L. Ind. Ozean.

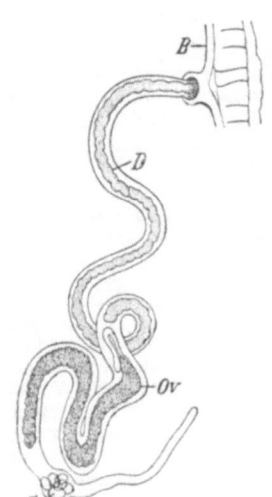

Abb. 834. *Entoconcha mirabilis* (nach JOH. MÜLLER). ³/₁. *B* Blutgefäß von Labidoplax, an dem Entoconcha befestigt ist. *D* Darm, *Ov* Ovarium, *S* Hoden (wahrscheinlich die Männchen).

Fam. *Volutidae*, Faltenschnecken. Schale dick, mit kurzer Spira und schrägen Falten auf der Spindel. Radula nur mit Mittelzahn. *Voluta vespertilio* L. Ind. Ozean. *Cymbium proboscidale* Lm. Westafrika.

Fam. *Olividae*. Schale länglich-eiförmig, mit kurzer Spira. Mündung schmal mit scharfer Außenlippe. Fuß groß. *Oliva ispidula* L. Ind. Ozean. Hier schließt sich an *Harpa ventricosa* LM. Ind. Ozean. *Ancilla* LM.

4. Sektion. *Toxoglossa*. Radula ohne Mittelzähne, mit zwei Reihen langer hohler Zähne, welche aus dem Munde pfeilartig vorgestreckt werden können (Abb. 818e).

Fam. *Pleurotomidae*. Schale spindelförmig. Außenlippe mit einem Einschnitt. *Pleurotoma babylonia* L. Ind. Ozean.

Fam. *Terebridae*, Schraubenschnecken. Schale hoch, turmförmig spitz; Windungen zahlreich, Außenlippe scharf. *Terebra maculata* L. Südsee.

Fam. *Conidae*, Kegelschnecken. Schale kegelförmig, mit hoher letzter Windung. Mündung schmal, Außenlippe scharf. *Conus marmoreus* L., *C. textile* L., goldenes Netz. Ind. Ozean (Abb. 835). *C. mediterraneus* Brug. Mittelmeer.

3. Unterordnung. *Heteropoda, Kielfüßer*[1]. Pelagische Streptoneuren mit senkrechter Fußflosse (Pterygopodium), großem schnauzenförmigen Kopfe und meist reduziertem Eingeweidesack. Schale leicht oder fehlend.

Der Körper der Heteropoden (Abbild. 836) ist durchsichtig, meist gestreckt cylindrisch und besitzt einen rüsselförmig vorragenden Kopf, welcher meist Fühler trägt und eine kräftig bewaffnete, vorstülpbare Zunge mit taenioglosser Radula in sich einschließt (Abb. 818a). Die Haupteigentümlichkeit beruht auf

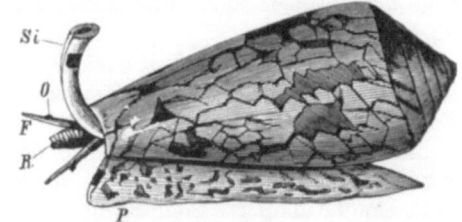

Abb. 835. *Conus textile* (aus règne animal). ¹/₁. *F* Fühler, *O* Auge, *P* Fuß, *R* Schnauze, *Si* Sipho.

der Bildung des Fußes, an welchem die Fußsohle zu einem saugnapfartigen Gebilde reduziert ist, während sich am Fußstamme ein vorderer flossenförmiger Schwimmlappen (*Pterygopodium*) entwickelt hat, meist aber der ganze Fußstamm

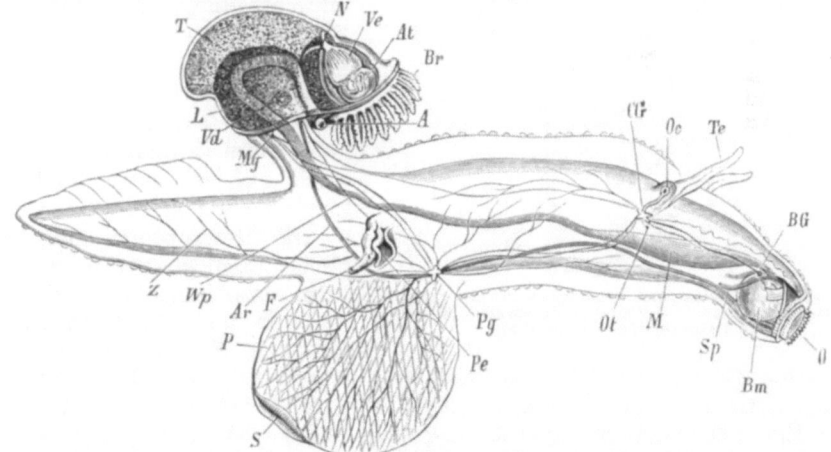

Abb. 836. Männchen von *Carinaria lamarcki* (*mediterranea*), die Schale vom Eingeweidesack entfernt (nach Souleyet, Gegenbaur u. Keferstein). ¹/₁. *P* Fuß (Pterygopodium), *S* Fußsohle (Saugnapf), *O* Mund, *Bm* Buccalmasse, *M* Darm, *Sp* Speicheldrüsen, *L* Leber, *A* After, *CG* Cerebropleuralganglion, *Te* Tentakel, *Oc* Auge, *Ot* Statocyste, *BG* Buccalganglion, *Pg* Pedalganglion, *Mg* Mantelganglion, *N* Niere, *Br* Kieme, *At* Atrium, *Ve* Ventrikel, *Ar* Körperarterie, *Z* ihr hinterer Ast, *T* Hoden, *Vd* Ductus deferens, *Wp* Wimperrinne, *Pe* Copulationsorgan, *F* Drüsenanhang.

zu einer Flosse umgewandelt ist. Der Deckelträger des Fußes erscheint bedeutend gestreckt, weit nach hinten gerückt und bildet die schwanzartige Fortsetzung des Rumpfes (Abb. 836). Der Eingeweidesack ist entweder spiral gewunden, um-

---

[1] Souleyet: Hétéropodes. Voyage autour du monde exécuté pendant les années 1836 et 1837 sur la corvette La Bonite etc. 2. Paris 1862. — Leuckart, R.: Zoologische Untersuchungen. H. 3. Gießen 1854. — Gegenbaur, C.: Untersuchungen über Pteropoden und Heteropoden. Leipzig 1854. — Fol, H.: Sur le développement des Hétéropodes. Archives de Zool. 5 (1876). — Grobben, C.: Zur Morphologie des Fußes der Heteropoden. Arb. zool. Inst. Wien 7. 1888. — Tesch, J. J.: Die Heteropoden der Siboga-Expedition. Leiden 1906. — Das Nervensystem der Heteropoden. Z. Zool. 105 (1913). — Reupsch, E.: Beiträge zur Anatomie und Histologie der Heteropoden. Ebenda 102 (1912). — Gerwerzhagen, A.: Zur Organisation der Heteropoden. Sitzgsber. Heidelberg. Akad. Wiss., Math.-naturwiss. Kl. 1914.

fangreich und von einer großen Schale (mit Deckel) eingeschlossen (*Atlantidae*), in die sich das Tier ganz zurückziehen kann, oder ist klein und bildet einen sackartig an der Grenze des hinteren Fußabschnittes vortretenden Anhang, der von einer hutförmigen Schale bedeckt wird (*Carinaria*), oder verkümmert zu einem kaum vorspringenden sogenannten Eingeweidenucleus, welcher, vorn von einer metallglänzenden Haut überzogen, der Schale vollkommen entbehrt (*Pterotrachea*).

Am Centralnervensystem sind Cerebral- und Pleuralganglien zu einem Cerebropleuralganglion vereinigt. Die Sinnesorgane des Kopfes erlangen die höchste Entwicklung unter den Gastropoden. Die zwei großen Augen liegen neben den Fühlern in besonderen Kapseln, in denen sie durch mehrere Muskeln bewegt werden. Auch die Statocyste ist hochentwickelt (Abb. 837). Das Osphradium stellt eine bewimperte Sinnesgrube vor (Abb. 824). Die Männchen unterscheiden sich von den Weibchen durch ein an der rechten Körperseite frei hervorragendes Copulationsorgan, wozu noch der Ausfall des Saugnapfes am Fuße beim Weibchen von *Pterotrachea* hinzukommt. Samenleiter sowohl als Eileiter münden rechterseits, der erstere in weiter Entfernung vom Begattungsorgan, zu welchem das Sperma von der Geschlechtsöffnung aus durch eine Wimperrinne hingeleitet wird. Das Begattungsorgan besitzt einen Anhang, dessen Ende eine Drüse einschließt. Der Eileiter weist eine große Eiweißdrüse und eine Samentasche auf, sein erweitertes Ende fungiert als Scheide (Abb. 825).

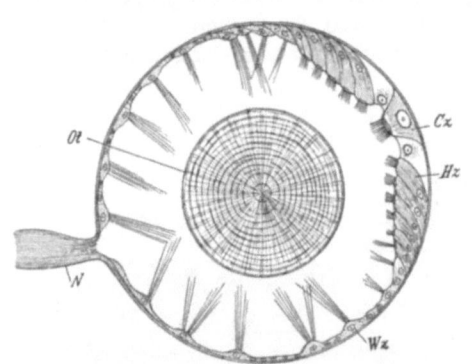

Abb. 837. Statocyste von *Pterotrachea*. (Nach CLAUS.) *Cz* centrale Sinneszelle der Macula statica (*Hz*), *N* Nerv, *Ot* Statolith, *Wz* Wimperzellen.

Die Heteropoden sind pelagische Taenioglossen (von *Strombiden* abzuleiten), die oft scharenweise in den wärmeren Meeren auftreten. Sie bewegen sich ziemlich schwerfällig mit nach oben gekehrter Bauchfläche durch Hin- und Herschlagen des gesamten Körpers und der Flosse. Alle ernähren sich vom Raube. Beim Hervorstrecken der Zunge klappen sich die Seitenzähne zangenähnlich auseinander und werden bei dem Einziehen der Zunge wieder zusammengeschlagen. Mittels dieser Greifbewegung werden kleine Seetiere erfaßt.

Fam. *Atlantidae*. Tier mit großem, spiraligem, von einer scheibenförmigen Schale bedecktem Eingeweidesack. Deckel vorhanden. Am Fuße das Pterygopodium gut abgesetzt. *Oxygyrus keraudreni* RANG. Atlant., Ind. Ozean, Mittelmeer. *Atlanta peroni* LSR. In allen wärmeren Meeren.

Fam. *Pterotracheidae*. Körper langgestreckt, zylindrisch, mit kleinem Eingeweidesack. Auch der Fußstamm flossenförmig. *Carinaria lamarcki* PÉR. LSR. (*mediterranea* PÉR. LSR.). Mit kleiner Schale (Abb. 836). *Pterotrachea coronata* FORSK. *P. mutica* LSR. Mit fadenförmigem Anhang am Hinterende. *Firoloida demarestia* LSR. Alle drei ohne Schale. Mittelmeer.

2. Legion. Euthyneura[1].

Gastropoden mit in der Regel symmetrisch gelagerter Visceralschlinge, hermaphroditisch.

---

[1] ALDER, J. a. HANCOCK: A Monograph of the British Nudibranchiate Mollusca. London 1855. Suppl. von C. ELIOT. 1910. — MÜLLER, H. u. C. GEGENBAUR: Über *Phyllirhoë bucephalum*. Z. Zool. 4 (1854). — TRINCHESE, S.: Per la fauna marittima italiana. Aeolididae e famiglie affini. Atti Accad. dei Lincei. Roma 1883. — VAYSSIÈRE, A.: Recherche

Die Euthyneuren zeichnen sich gewöhnlich durch den Besitz von vier Kopffühlern sowie die symmetrisch gelagerte, meist sehr verkürzte Visceralschlinge aus, die nur bei wenigen Formen (*Bullidae, Aplysia*) noch lang, bei *Actaeon* unter den Opisthobranchiern und bei *Chilina* unter den Pulmonaten gleichwie bei Streptoneuren achterförmig gedreht ist. Alle Euthyneuren sind Hermaphroditen.

1. Unterordnung. *Opisthobranchia*. Marine Euthyneuren, deren Ctenidium in der Regel hinter dem Herzen liegt.

Die Opisthobranchier zeigen mit Ausnahme von *Actaeon* einen mehr oder minder rückgedrehten, meist verkleinerten, häufig äußerlich symmetrischen Eingeweidesack sowie eine schwache Schale. Letztere fehlt in vielen Fällen ganz. Der Fuß ist söhlig, zuweilen treten paarige Schwimmlappen (Parapodien) auf, wobei dann die Fußsohle fehlen kann. Rechtes Ctenidium und After sowie Nierenöffnung liegen zufolge der Rückdrehung rechtsseitig und das Ctenidium hinter dem Herzen. Zuweilen (*Dorididae*) gelangen After und Herz sogar in die Mittellinie nach hinten. Das Ctenidium fehlt häufig und wird durch sekundäre Kiemen substituiert. Radula meist reich an Zähnen.

Abb. 838.
Acera bullata
(Original G.). $^1/_1$

Unter den Opisthobranchiern erscheinen hier auch die früher als besondere Gruppe *Pteropoda* getrennten Formen nach dem Vorgange von BOAS und PELSENEER aufgenommen.

1. Sektion. *Tectibranchiata*. Opisthobranchier mit Ctenidium, das nur ausnahmsweise fehlt, meist mit Schale.

1. Tribus. *Bulloidea*. Mit äußerer oder innerer Schale. Ctenidium in der Mantelhöhle eingeschlossen. Kopf dorsal mit einem Schilde, in welchem die Tentakel einbezogen sind. Zuweilen Schwimmlappen am Fuße.

Fam. *Actaeonidae*. Mit großer Schale und mit Deckel. Visceralschlinge chiastoneur. Ctenidium vor dem Herzen gelegen. Sind die primitivsten Formen unter den Opisthobranchiern. *Actaeon tornatilis* L. Atlant. Ozean, Mittelmeer.

Fam. *Bullidae*. Mit dünner eingerollter Schale. Seitenlappen des Fußes wohlentwickelt. *Bulla ampulla* L. Atlant. Ozean. *Haminea hydatis* L. *Acera bullata* MÜLL. Atlant. Ozean, Mittelmeer (Abb. 838).

Fam. *Philinidae*. Schale innerlich. *Philine aperta* L. Atlant. Ozean, Mittelmeer. *Gastropteron meckeli* KOSSE. Schale reduziert und zart. Mit großen flossenförmigen Parapodien. Mittelmeer.

Fam. *Oxynoidae*. Mit äußerer Schale. Fuß lang, Parapodien von der Fußsohle getrennt entspringend. *Oxynoë olivacea* RAF. (*Lophocercus sieboldi* KROHN). *Lobiger serradifalci* CALC. (*philippii* KROHN). Parapodien in zwei Flügel geteilt. Mittelmeer.

Fam. *Limacinidae*. Kopf undeutlich gesondert. Mit spiraliger, nach links hyperstropher Schale und mit Deckel. Mantelhöhle dorsal, ohne Ctenidium. Parapodien groß, Fußsohle

---

zoologiques et anatomiques sur les Mollusques opisthobranches du Golfe de Marseille. Ann. Mus. Hist. natur. Marseille 1885—1903. — PELSENEER, P.: Recherches sur divers Opisthobranches. Mém. Acad. Belgique 1894. — HEYMONS, R.: Zur Entwicklungsgeschichte von *Umbrella mediterranea*. Z. Zool. 56 (1893). — BÖHMIG, L.: Zur feineren Anatomie von *Rhodope Veranii*. Ebenda 56 (1893). — KOWALEVSKY, A.: Études anatomiques sur le genre Pseudovermis. Mém. Acad. St.-Pétersbourg 1901. — RANG et SOULEYET: Histoire naturelle des Mollusques Ptéropodes. Paris 1852. — GEGENBAUR, C.: Untersuchungen über Pteropoden und Heteropoden. Leipzig 1854. — FOL, H.: Sur le développement des Ptéropodes. Archives de Zool. 4 (1875). — BOAS, J. E. V.: Spolia Atlantica. Vidensk. Selsk. Skrift. Kopenhagen 1886. — PELSENEER, P.: Report on the Pteropoda. Rep. Voyage of H. M. S. CHALLENGER 23 (1888). — KWIETNIEWSKI, C.: Contribuzioni alla conoscenza anatomo-zoologica degli Pteropodi gimnosomi del Mare mediterraneo. Ric. Labor. Anat. Roma 1903. — MEISENHEIMER, J.: Pteropoda. Wiss. Erg. dtsch. Tiefsee-Exp. 9 (1905). — CASTEEL, D. BR.: The cell-lineage and early larval development of *Fiona marina*. Proc. Acad. natur. Sci. Philad. 56 (1905). — TESCH, J. J.: Pteropoda. Tierreich Liefg. 36, 1913. — Vgl. ferner die Schriften von KROHN, MAZZARELLI, GUIART, BERGH, CARAZZI u. a.

fehlt. Pelagisch lebend. *Limacina helicina* PHIPPS (*arctica* F.). Arkt. und Antarkt. Meere. *L.* (*Spirialis*) *bulimoides* ORB. Alle wärmeren Meere.

Fam. *Cymbuliidae*. Kopf undeutlich gesondert. Mit symmetrischem Eingeweidesack und sekundärer gallertiger Schale. Mantelöffnung ventral. Ohne Ctenidium. Parapodien groß, Fußsohle fehlt. Leben pelagisch. *Cymbulia peroni* BLAINV. Sekundäre Schale pantoffelförmig. *Tiedemannia neapolitana* CHIAJE. Mittelmeer.

Fam. *Cavoliniidae*. Kopf undeutlich gesondert. Mit langem, symmetrischem, geradgestrecktem, vollständig rückgedrehtem Eingeweidesack, Mantelhöhle daher ventral und hinten. Kieme fehlt meist. Schale zart. Parapodien groß. Fußsohle fehlt. Leben pelagisch in den wärmeren Meeren. *Cavolinia* (*Hyalaea*) *tridentata* FORSK. Mit hufeisenförmiger Kieme. *Clio* (*Cleodora*) *pyramidata* L. *Creseis acicula* RANG. (Abb. 839). Kosmopolit.

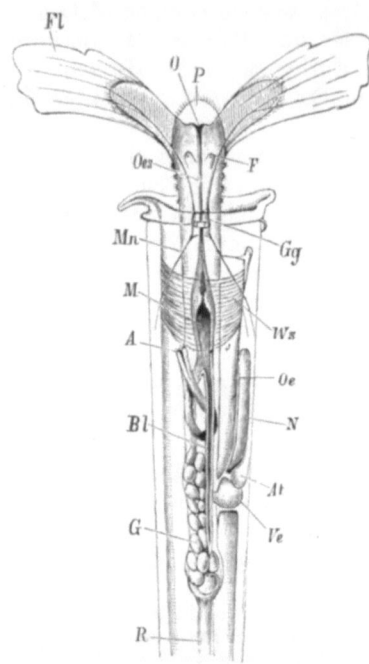

Abb. 839. *Creseis acicula*, Dorsalansicht. (Nach GEGENBAUR.) Etwa $^{15}/_1$. Der hintere Teil weggelassen. *Fl* Parapodien, *P* Mittellappen des Fußes, *F* Fühler, *Gg* Gehirnganglion, *Mn* Mantelnerv, *Ws* sogenannter Wimperschild, *O* Mund, *Oes* Oesophagus, *M* Magen, *Bl* Blindsack des] Magens, *A* After, *N* Niere, *Oe* ihre Mündung in die Mantelhöhle, *At* Atrium, *Ve* Ventrikel, *G* Geschlechtsdrüse, *R* Retractor.

2. Tribus. *Aplysioidea*. Schale stets reduziert oder fehlend. Tentakel wohl ausgebildet. Am Fuß entspringen die Parapodien getrennt ober der Fußsohle.

Fam. *Aplysiidae*, Seehasen. Mit innerer verkümmerter Schale. Fühler ohrförmig. Fuß mit großen, über den Eingeweidesack geschlagenen Seitenteilen (Parapodien). *Aplysia depilans* L. *A. limacina* L. Schale nicht vollständig eingeschlossen. Mittelmeer.

Fam. *Pneumodermatidae*. Mit symmetrisch entwickeltem, geradem Eingeweidesack, ohne Mantelfalte und Schale. Fußsohle klein, Parapodien groß. Am Rüssel Saugnäpfe. In der Mundhöhle vorstülpbare Hakensäcke (Abb. 829). Zuweilen mit zipfelförmigem, rechtsseitigem Ctenidium und sekundären Mantelkiemen am Hinterende. Leben pelagisch. *Pneumodermopsis* (*Dexiobranchaea*) *ciliata* GEGNB. Atlant. Ozean, Mittelmeer. *Pneumoderma violaceum* ORB. Atlant. Ozean.

Fam. *Clionidae*. Mit symmetrisch entwickeltem Eingeweidesack, ohne Mantelfalte und Schale. Fußsohle klein, Parapodien groß. Mit kegelförmigen drüsigen Buccalanhängen (Cephaloconen). Kieme fehlt. Leben pelagisch. *Clione limacina* PHIPPS (*Clio borealis* PALL.). Bildet mit *Limacina helicina* die Hauptnahrung der Bartenwale. Arkt. und antarkt. Meere (Abb. 840).

3. Tribus. *Pleurobranchoidea*. Am Kopfe zwei Tentakelpaare. Fuß ohne Parapodien. Kiemenhöhle nicht vertieft, das Ctenidium rechterseits in der Mantelrinne.

Fam. *Umbrellidae*. Mit äußerer schildförmiger Schale. *Umbrella mediterranea* LM. Mittelmeer.

Fam. *Pleurobranchidae*. Schale eine innere und zarte oder fehlend. *Pleurobranchus aurantiacus* RISSO. *Pleurobranchaea meckeli* BLAINV. Ohne Schale. Mittelmeer (Abb. 841).

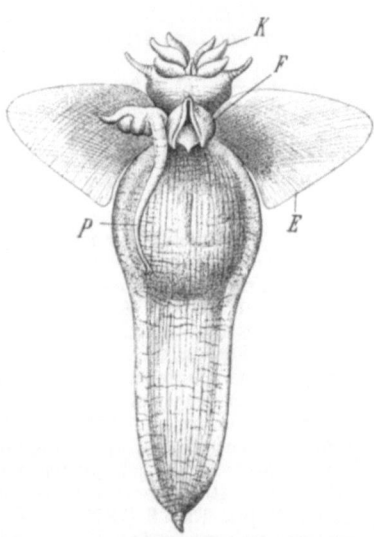

Abb. 840. *Clione limacina*, Ventralansicht. (Nach BOAS.) $^2/_1$. *K* Buccalkegel, *F* Kriechsohle des Fußes, *E* Parapodien, *P* Copulationsorgan.

2. Sektion. *Nudibranchiata.* Opisthobranchier ohne Schale und ohne Ctedinium.

1. Tribus. *Tritonoidea.* Meist mit zwei Reihen dorsaler verästelter, respiratorischer Anhänge.

Fam. *Tritoniidae.* Die vorderen Fühler ein Stirnsegel bildend. *Tritonia hombergi* Cuv. Hier schließt sich an *Tethys leporina* L. Radula fehlt. Atlant. Ozean, Mittelmeer.

Fam. *Phyllirhoidae.* Körper seitlich kompreß, Fußsohle als Rudiment vorhanden. Vordere Tentakel und Rückenanhänge fehlen. Leben pelagisch. *Phyllirhoë bucephalum* P. Lsr. Mit Leuchtvermögen. Mittelmeer, Atlant. Ozean.

2. Tribus. *Doridoidea.* After median nahe am Hinterende des Rückens, von verästelten respiratorischen Anhängen umgeben (Abb. 843). Im Mantel Kalkspicula.

Fam. *Polyceratidae.* Kiemen nicht retractil. *Polycera quadrilineata* Müll. Atlant. Ozean, Mittelmeer. *Goniodoris nodosa* Mont. Nordatlant. *Acanthodoris pilosa* Müll. Atlant. Ozean (Abb. 843).

Fam. *Dorididae.* Kiemen retractil. *Doris (Archidoris) tuberculata* L. *Chromodoris elegans* Cantr. Atlant. Ozean, Mittelmeer. Hier schließt sich an *Doridopsis limbata* Cuv. Radula fehlt. Europ. Meere.

Fam. *Phyllidiidae.* Zahlreiche Kiemenblätter im Umkreise des Körpers zwischen Mantel und Fuß. Radula fehlt. *Phyllidia varicosa* Lm. Ind. Ozean.

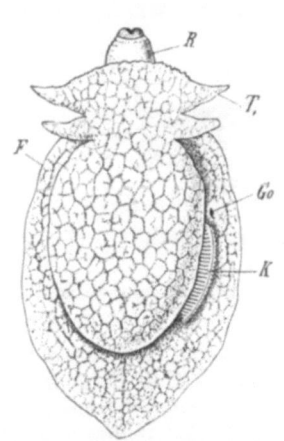 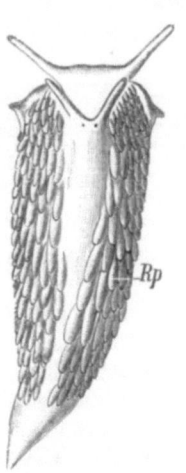 

Abb. 841. *Pleurobranchaea meckeli.* (Nach Pelseneer.) *R* vorgestülpter Rüssel, *T*, vordere Fühler, *F* Fuß, *K* Ctenidium, *Go* Genitalöffnung. Etwa ³/₅

Abb. 842. *Aeolis papillosa* (aus Bronn). *Rp* Rückenpapillen. ¹/₁

Abb. 843. *Acanthodoris pilosa* (aus Bronn). ²/₁. *Br* Kiemen, *A* After, *F* hintere Fühler.

3. Tribus. *Aeolidoidea.* Mit zahlreichen nicht verästelten Fortsätzen, in welche Ausläufer der Leber eintreten.

Fam. *Aeolididae.* Mit dorsalen keulenförmigen Fortsätzen, an deren Ende in einem nach außen offenen Sacke Nesselkapseln sich finden, die von der Cnidariernahrung herrühren. Radula mit einem oder drei Zähnen in einem Gliede. *Aeolis papillosa* L. Nordatlant. (Abb. 842). Hier schließt sich an *Glaucus atlanticus* Forst. Lebt auf flottierenden Algen pelagisch. Atlant. Ozean, Mittelmeer. *Doto coronata* Gm. Rückenfortsätze bauchig, ohne Nesselkapseln, nur in zwei Reihen. Atlant. Ozean, Mittelmeer. *Fiona* A. H. Mit den Aeolidien verwandt ist der turbellarienähnliche *Pseudovermis paradoxus* Pereyaslawzew. Sebastopol.

Fam. *Pleurophyllidiidae.* Die Vorderfühler einen Schild bildend. Blattförmige Fortsätze an der Unterseite des Mantels. *Pleurophyllidia lineata* Otto. Atlant. Ozean, Mittelmeer.

4. Tribus. *Elysioidea.* Leber verästelt. Nur ein Paar Fühler. Radula mit einer einzigen Reihe von Zahnplatten.

Fam. *Elysiidae.* Körper mit einer flügelförmigen Verbreiterung jederseits. *Elysia viridis* Mont. Atlant. Ozean, Mittelmeer.

Fam. *Limapontiidae.* Körper ohne jegliche Fortsätze. *Limapontia capitata* Müll. Ost- und Nordsee.

Den nudibranchiaten Opisthobranchiern ist wohl zuzurechnen die turbellarienähnliche *Rhodope veranyi* Köll. aus dem Mittelmeer. Ihre spezielle systematische Einordnung ist noch unsicher.

2. Unterordnung. *Pulmonata*, Lungenschnecken[1]. Meist Land- und Süßwassereuthyneuren ohne Ctenidium. Mantelhöhle als Lunge entwickelt, mit enger verschließbarer Mündung.

Die Pulmonaten besitzen eine verhältnismäßig dünne, meist rechtsgewundene Schale; *Physa, Planorbis,* die meisten *Clausilia*-Arten, einige Arten der Gattung *Pupa,* einzelne Exemplare von *Helix* (sogenannter Schneckenkönig) sind linksgewunden. Ein Operculum kommt nur noch *Amphibola* zu; Epiphragmata werden von vielen Formen gebildet. Einige Pulmonaten besitzen rudimentäre innere Schalen oder sind schalenlos.

Die Mantelhöhle ist an der Decke mit einem Luft respirierenden Netzwerk von Gefäßen ausgestattet und mündet durch ein enges Atemloch rechtsseitig nach außen (Abb. 844). Bei den *Janelliden* ist sie klein und mit Divertikeln versehen, von denen je mehrere Büschel von Atemröhren ausgehen (Büschel- oder Tracheallunge, PLATE). Die Süßwasserpulmonaten füllen im Jugendzustande ihre Atemhöhle mit Wasser, später erst mit Luft. Einige *Planorbis*- und *Limnaea*-Arten bewahren sich das Anpassungsvermögen an Luft- und Wasseratmung zeitlebens

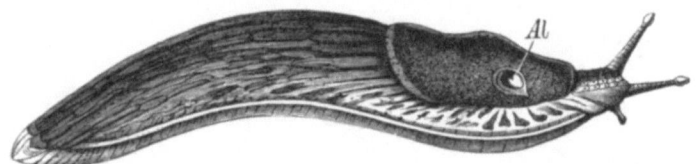

Abb. 844. *Arion empiricorum* (aus règne animal). $^1/_1$. *Al* Atemloch.

(Limnaeen, deren Lungen mit Wasser gefüllt waren, wurden aus sehr bedeutender Tiefe des Bodensees heraufgezogen). Eine sekundäre Kieme tritt bei *Siphonaria, Planorbiden* auf. Neben dem Atemloch, eventuell noch in der Atemhöhle liegen After- und Nierenöffnung. Weit vor demselben, aber an gleicher Seite münden die Geschlechtsorgane. Bei den linksgewundenen Formen liegen Atemloch, After und Geschlechtsöffnung linksseitig. Bei vollständiger Rückdrehung des Eingeweidesackes finden sich After und Atemloch am Hinterende des äußerlich symmetrischen Körpers (*Oncidiidae*).

Während die Pulmonaten mit den Prosobranchiern die Lage der Respirationsorgane und somit des Vorhofes vor der Herzkammer gemeinsam haben (nur die rückgedrehten Formen zeigen Opisthopneumonie), schließen sie sich in anderen

---

[1] PFEIFFER, L.: Monographia Heliceorum viventium. Leipzig 1848—1869. — ROSSMÄSSLER, A.: Iconographie der Land- und Süßwassermollusken Europas, fortgesetzt von KOBELT 1837—1920. — FÉRUSSAC et DESHAYES: Histoire naturelle générale et particulière des Mollusques terrestres et fluviatiles. Paris 1829—1851. — BROCK, J.: Die Entwicklung des Geschlechtsapparates der stylommatophoren Pulmonaten. Z. Zool. **64** (1886). — PLATE, L.: Studien über opisthopneumone Lungenschnecken. Zool. Jb. **4** (1891); **7** (1894). — Beiträge zur Anatomie und Systematik der Janelliden. Ebenda **11** (1898). — PELSENEER, P.: Études sur les Gastropodes Pulmonés. Mém. Acad. Belgique **1901**. — RABL, C.: Über die Entwicklung der Tellerschnecke. Morph. Jb. **5** (1879). — FOL, H.: Sur le développement des Gastéropodes pulmonés. Archives de Zool. **8** (1879—1880). — MEISENHEIMER, J.: Entwicklungsgeschichte von *Limax maximus*. Z. Zool. **62**—**63** (1897—1898). — Biologie, Morphologie und Physiologie des Begattungsvorganges und der Eiablage von *Helix pomatia*. Zool. Jb. **25** (1907). — WIERZEJSKI, A.: Embryologie von *Physa fontinalis* L. Z. Zool. **83** (1905). — HAECKEL, W.: Beiträge zur Anatomie der Gattung *Chilina*. Zool. Jb. Suppl. **13** (1911). — SCHMALZ, E.: Zur Morphologie des Nervensystems von *Helix pomatia*. Z. Zool. **111** (1914). — FARNIE, W. CH.: The development of *Amphibola crenata*. Quart. J. microsc. Sci. **68** (1924). — HOFFMAN, H.: Die Vaginuliden. Jena. Z. Naturwiss. **61** (1925). Vgl. ferner die Arbeiten von A. SCHMIDT, von JHERING, MARK, JOYEUX-LAFFUIE, KOFOID, SIMROTH, SARASIN, COLLINGE u. a.

Organen den Opisthobranchiern an. Schwache Chiastoneurie der Visceralschlinge findet sich bei *Chilina*. Das Gebiß besteht aus einem unpaaren hornigen, meist längsgerippten Oberkiefer (der aber auch fehlen kann) und aus einer Radula mit einer großen Zahl von Zahnplättchen.

1. Sektion. *Basommatophora*. Nur ein Paar rückstülpbarer Fühler, an deren Basis die Augen liegen. Meist Bewohner des Wassers.

Fam. *Auriculidae*. Die dicke Schale mit langer Endwindung und gezähnten dicken Lippen. Halten sich an der Meeresküste, in Salzsümpfen oder feuchten Orten auf dem Lande auf. *Auricula auris-judae* L. An der Meeresküste. Ostindien. *Carychium minimum* MÜLL., Zwergschnecke. Europa. *Zospeum spelaeum* RSSM., in Höhlen von Krain.

Fam. *Amphibolidae*. Mit spiraler Schale und Operculum. Marine Tiere. *Amphibola avellana* CHEMN. Neuseeland.

Fam. *Siphonariidae*. Schale konisch. Marine Formen. *Siphonaria aspera* KRAUSS. Südafrika. *S. algesirae* Q. G. Südwesteuropa. Beide mit sekundärer Kieme.

Fam. *Chilinidae*. Schale auriculaartig. Fühler sehr breit und flach. Mit Chiastoneurie der Visceralschlinge. *Chilina puelcha* ORB. In Flüssen in Südamerika.

Fam. *Limnaeidae*. Schale dünn, sehr verschieden geformt, mit scharfrandiger Mündung. Leben im Süßwasser. *Limnaea stagnalis* L., Schlammschnecke. Europa, Nordamerika, Nordasien. *L. auricularia* L. Europa, Nordasien. *L. (Galba) truncatula* MÜLL. (*minuta* DRAP.). Mitteleuropa. Hier schließt sich an *Planorbis corneus* L., *P. carinatus* MÜLL., *Ancylus fluviatilis* MÜLL. Mit napfförmiger Schale. Ohne Lunge, mit sekundärer blattförmiger Kieme. *Physa fontinalis* L., *P. hypnorum* L. Alle Europa.

2. Sektion. *Stylommatophora*. Die Augen liegen an der Spitze zweier rückstülpbarer Fühler, vor welchen in der Regel noch zwei kleinere Fühler stehen. Leben am Lande.

Fam. *Succineidae*. Vordere Fühler wenig entwickelt oder fehlend. Nähern sich in der Bildung des Geschlechtsapparates den Limnaeiden. *Succinea putris* L. (*amphibia* DRAP.), Bernsteinschnecke. Europa.

Fam. *Janellidae*. Mit Büschel- oder Tracheallunge. Schale rudimentär in Form von Kalkstücken. Nur die Augen tragenden Fühler vorhanden. *Janella (Athoracophorus) bitentaculata* Q. G. Neuseeland.

Fam. *Pupillidae*. Schale verlängert, mit zahlreichen Windungen, Mündung klein, häufig durch Zähne oder Lamellen verengt. *Abita (Pupa) frumentum* DRAP. *Pupilla muscorum* MÜLL. *Clausilia* DRAP., Schließmundschnecke. Mit einer kalkigen beweglichen Lamelle, dem als Clausilium bekannten Schließplättchen. *Cl. laminata* MONT. (*bidens* DRAP.). Europa. *Laminifera* O. BTTGR. Pyrenäen. *Buliminus detritus* MÜLL. Süd- und Mitteleuropa. Hier schließen sich an *Cochlicopa lubrica* MÜLL. Europa, Nordasien, Nordamerika, Nordafrika. *Achatina zebra* LM. Madagaskar. *Helicter (Achatinella) vulpinus* FÉR. Hawaiinseln. *Rumina (Stenogyra) decollata* L. Schale im ausgebildeten Zustand ohne die oberen Windungen. Südeuropa, Nordafrika. Ferner schließt sich hier an *Spelaeodiscus (Patula) hauffeni* F. SCHM. Blind. Höhlen von Krain.

Fam. *Helicidae*. Beschalte oder nackte Formen. Radula aus ziemlich gleichartigen Zähnen gebildet. *Helix pomatia* L., Große Weinbergschnecke (Abb. 812). Mitteleuropa. *Cepaea (Tachea) nemoralis* L., Hainschnecke. *C. hortensis* MÜLL., Gartenschnecke. *Arianta arbustorum* L. Mittel- und Nordeuropa. *Campylaea setigera* ZIEGL. Dalmatien. *Isognomostoma personatum* LAM. Mitteleuropa. *Helicella (Xerophila) obvia* HARTM. Ost- u. Mitteleuropa. *Arion empiricorum* FÉR. Tier nackt. Schale eine innere, aus einzelnen Kalkstückchen bestehend. Atemloch vor der Mitte des schildförmigen Mantels. Europa (Abb. 844).

Fam. *Limacidae*. Nackte Formen, mit innerem Schalenplättchen. Atemloch hinter der Mitte des Mantelschildes. Marginalzähne der Radula spitz. *Agriolimax agrestis* L. *Limax maximus* L. *Amalia marginata* DRAP. Europa. Hier schließen sich an *Zonites acies* FÉR. Schale weitgenabelt. Dalmatien. *Vitrina diaphana* DRAP. Schale glashell. Mitteleuropa.

Fam. *Testacellidae*. Fleischfressende Landschnecken mit meist kleiner haliotisförmiger Schale am Hinterende des Körpers. Oberkiefer fehlt, Radula stark, weit vorstreckbar. *Testacella haliotidea* DRAP. Südwesteuropa. *Daudebardia rufa* DRAP. Mitteleuropa. Hier schließt sich wahrscheinlich an *Poiretia (Glandina) algira* BRUG. Mittelmeerländer.

Fam. *Oncidiidae*. Schalenlose, äußerlich symmetrische Tiere, After und Atemloch am Hinterende. Häufig mit Rückenaugen. Leben an der Meeresküste. *Oncidium verruculatum* CUV. Amboina, Ceylon. *Oncidiella celtica* CUV. Nordsee.

Fam. *Vaginulidae*. Schalenlos, Lungenöffnung und After am hinteren Körperende. Hautatmung. Männliche und weibliche Genitalöffnung getrennt. Sind ein aberranter Zweig der Pulmonaten und wurden von SIMROTH mit den Oncidien als besondere Pulmonatengruppe *Soleolifera* getrennt. *Vaginula (Veronicella) bleekeri* KEF. Java.

2. Ordnung. Solenoconchae (Scaphopoda)[1].

Conchiferen mit rudimentärem Kopf und cylindrischem Fuße, mit turmförmig erhobenem Eingeweidesack, mit zu einer an beiden Polen offenen Röhre verwachsenem Mantel und röhrenförmiger Schale, mit einem Büschel fadenförmiger Cirren zu Seiten eines Kopflappens, ohne Kiemen, getrennten Geschlechts.

Der Körper (Abb. 845) ist infolge des dorsalwärts erhobenen Eingeweidesackes langgestreckt, er erscheint nach der Hinterseite etwas konvex gekrümmt, nach der dorsalen Spitze zu verschmälert und trägt zufolge Verwachsung der Mantellappen einen röhrenförmigen Mantel, der sich auch über den Kopflappen und Fuß nach vorn verlängert und eine gleichgestaltete Schale absondert, mit welcher das Tier durch einen nahe dem dorsalen Schalenrande inserierten Muskel (Retractor) verbunden ist. Das vordere Körperende wird durch eine Art Kopflappen (Mundkegel) eingenommen, an dessen Spitze die zuweilen von blattähnlichen Lippenanhängen umstellte Mundöffnung liegt. Zu Seiten dieses Mundkegels entspringen an zwei Lappen zahlreiche fadenförmige, am Ende keulenförmig verbreiterte bewimperte Cirren, die zur unteren breiteren Mantelöffnung hervorgestreckt werden und als Sinneswerkzeuge, zugleich auch der Nahrungsaufnahme dienen. Der Fuß ist cylindrisch, am Ende dreilappig (*Dentalium*) oder mit einer von Randpapillen besetzten Scheibe (Fußsohle) (*Siphonodentalium*) versehen. Der Mund führt in einen Pharyngealbulbus, in welchem ein dorsaler unpaarer Kiefer sowie ventral die von einer Radula besetzte Zunge liegt. Er führt in einen kurzen Oesophagus, weiter in den mit einer in die Mantellappen hineinragenden Leber (Mitteldarmdrüse) versehenen Magen und in den Darm, der nach mehrfachen Windungen hinter der Fußbasis in den Mantelraum mündet. In den Enddarm öffnet sich eine Drüse (Rectaldrüse). Kiemen fehlen, die Atmung erfolgt durch den Mantel. Die Kreislauforgane verhalten sich sehr einfach. Das Blut strömt in den Lacunen und Sinus der primären Leibeshöhle. Als Centralorgan fungiert ein sehr einfach gebautes Herz, das in den dorsal vom Enddarm gelegenen Herzbeutel (Cölom) als eine sackförmige contractile Einstülpung der dorsalen Pericardialwand hineinragt (PLATE). Als besondere Bildungen sind zwei zu Seiten des Afters gelegene spaltförmige Poren zu erwähnen, durch welche der

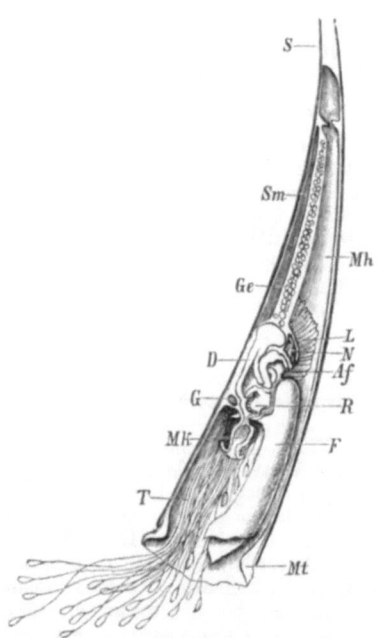

Abb. 845. *Dentalium*, mit Ausnahme des Fußes im Längsschnitte (Original G.). ³/₁. *S* Schale, *Mt* Mantel, *Sm* Schalenmuskel, *Mh* Mantelhöhle, *F* Fuß, *Mk* Mundkegel, *T* Cirren, *R* Radula, *D* Darm, *L* Leber, *Af* After, *G* Gehirnganglion, *N* Niere, *Ge* Geschlechtsdrüse.

---

[1] LACAZE-DUTHIERS: Histoire de l'organisation et du développement du Dentale. Ann. des Sci. natur. 1856—1858. — SARS, M.: Om *Siphonodentalium vitreum*. Christiania 1861. — SARS, G. O.: Bidrag til Kundskaben om Norges arktiske Fauna 1. Christiania 1878. — KOWALEVSKY, A.: Étude sur l'Embryogénie du Dentale. Ann. Mus. Hist. natur. Marseille 1 (1883). — PLATE, L. H.: Über den Bau und die Verwandtschaftsbeziehungen der Solenoconchen. Zool. Jb. 5 (1892). — HENDERSON, J. B.: A Monograph of the East American Scaphopod Mollusks. Smiths. Inst. U. S. Nat. Mus. Bull. 111 (1920). — Vgl. ferner die Schriften von FOL, NASSONOW, PELSENEER, SIMROTH, BOISSEVAIN u. a.

perianale Blutsinus mit dem Mantelraum in Verbindung steht; sie dienen wahrscheinlich einem eventuellen Blutaustritte bei heftiger plötzlicher Contraction des Körpers. Den Cerebralganglien liegen die Pleuralganglien dicht an. Von Sinnesorganen finden sich außer den Cirren noch Statocysten sowie das Subradularorgan. Die paarigen Nieren münden zu Seiten des Afters und entbehren eines Wimpertrichters. Die Solenoconchen sind getrenntgeschlechtlich. Die Genitaldrüse ist unpaar, fingerförmig gelappt und nimmt den dorsalen Teil des Eingeweidesackes ein, sie mündet durch die rechte Niere nach außen.

Die Entwicklung ist eine Metamorphose (Abb. 846). Die ausschlüpfende Larve besitzt außer dem breiten präoralen Wimperkranz einen apicalen Wimperschopf und trägt eine kleine napfförmige Schale. Später entwickelt sich der Mantel, dessen Lappen verwachsen; dann gestaltet sich auch die Schale röhrenförmig.

Die Solenoconchen sind marin und kriechen im Schlamme mit schräg erhobener Schale langsam umher.

Fam. *Dentaliidae.* Fuß mit Seitenlappen. *Dentalium entalis* L. Atlant. Ozean. *D. vulgare* DA COSTA. Atlant. Ozean, Mittelmeer. *D. dentalis* L. Mittelmeer, Adria.

Fam. *Siphonodentaliidae.* Fuß lang, mit Endscheibe. *Siphonodentalium vitreum* SARS. *S. (Pulsellum) lofotense* SARS. Nordatlant. *Cadulus* PHIL.

3. Ordnung. **Lamellibranchiata (Pelecypoda), Muscheltiere**[1].

Lateral kompresse Conchiferen mit rudimentärem Kopfe, mit großem zweilappigen Mantel und rechter und linker, durch ein dorsales Ligament verbundener Schalenklappe, meist mit beilförmigem Fuße, mit Doppelblattkiemen, in der Regel getrennten Geschlechts.

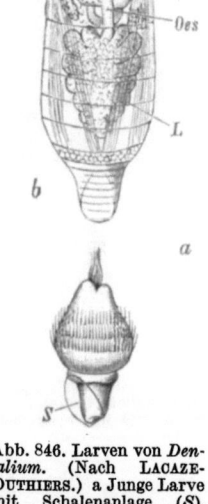

Abb. 846. Larven von *Dentalium.* (Nach LACAZE-DUTHIERS.) a Junge Larve mit Schalenanlage (*S*). b Ältere Larve, ! Rückenansicht. *P* Fuß, *Mt* Mantel, *T* Cirren, *BM* Buccalmasse, *Oes* Oesophagus, *L* Leber.

Der meist symmetrische, selten asymmetrische Körper der Lamellibranchiaten ist seitlich kompreß. Der Kopf ist rudimentär (daher *Acephala*) und gegen den Rumpf nicht abgesetzt. Der umfangreiche Mantel entwickelt sich in Gestalt zweier seitlicher Mantellappen, die den Körper vollständig umschließen. Am Mantelrande finden sich in der Regel drei Duplikaturen. Die Innenfläche

---

[1] Außer BOJANUS, GARNER, KEBER, LACAZE-DUTHIERS, DESHAYES, MOEBIUS vgl. POLI: Testacea utriusque Siciliae **1791—1795**. — LANGER, C.: Das Gefäßsystem der Teichmuschel. Denkschr. Akad. Wien **1855—1856**. — FLEISCHMANN, A.: Die Bewegung des Fußes der Lamellibranchiaten. Z. Zool. **42** (1885). — GROBBEN, C.: Die Pericardialdrüse der Lamellibranchiaten. Arb. zool. Inst. Wien **7** (1888). — Beiträge zur Kenntnis des Baues von *Cuspidaria* usw. Ebenda **10** (1892). — Beiträge zur Morphologie und Anatomie der Tridacniden. Denkschr. Akad. Wien **1898**. — PELSENEER, P.: Contribution à l'étude des Lamellibranches. Archives de Biol. **11** (1891). — Les Lamellibranches de l'Expédition du Siboga. P. Anat. Leiden 1911. — NEUMAYR, M.: Beiträge zu einer morphologischen Einteilung der Bivalven. Denkschr. Akad. Wien **1891**. — JACKSON, R. T.: Phylogeny of the Pelecypoda. The Aviculidae and their allies. Mem. Boston Soc. Nat. Hist. **1890**. — BERNARD, F.: Recherches ontogéniques et morphologiques sur la coquille des Lamellibranches. Ann. des Sci. natur. 1898. — BEUK, ST.: Zur Kenntnis des Baues der Niere und der Morphologie von *Teredo.* Arb. zool. Inst. Wien **11** (1899). — LIST, TH.: Die Mytiliden des Golfes von Neapel. Fauna u. Flora Golf Neapel **27** (1902). — STENTA, M.: Zur Kenntnis der Strömungen im Mantelraume der Lamellibranchiaten. Arb. zool. Inst. Wien **14** (1902). — DREW, G. A.: The Life-History of *Nucula delphinodonta.* Quart. J. microsc. Sci. **44** (1901). — RIDEWOOD,

des Mantels wird von einem Flimmerepithel bekleidet (Abb. 850). Pigmente treten vornehmlich an dem Mantelsaum auf.

Die beiden Mantellappen zeigen fast überall an ihrem hinteren Ende zwei aufeinanderfolgende Ausschnitte, welche, von Papillen oder Tentakeln umsäumt, beim Zusammenlegen der Ränder beider Mantellappen zwei nebeneinander gelegene spaltförmige Öffnungen bilden (Abb. 847). Die obere (dorsale) fungiert als Ausströmungsöffnung, die untere als Einströmungsöffnung, durch welche das Wasser unter dem Einflusse der Wimpereinrichtungen der Kiemen bei etwas klaffender Schale in den Mantelraum gelangt. Mit dem Wasser werden auch die Nahrungsstoffe eingeführt und in einer Wandströmung längs der unteren Kiemen-

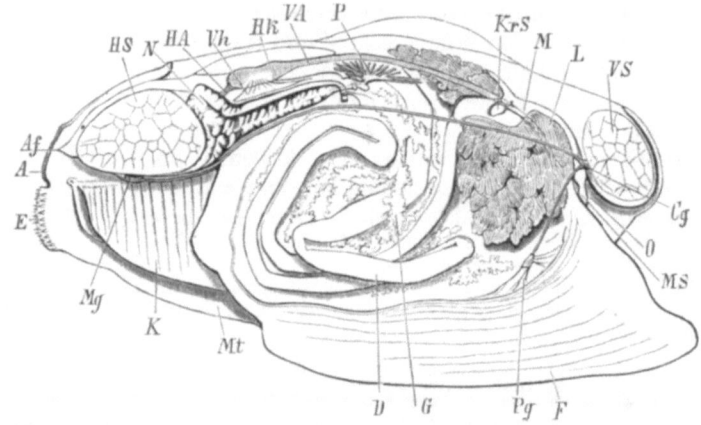

Abb. 847. Anatomie der Malermuschel (*Unio pictorum*) (Original G.). $^1/_1$. *VS* Vorderer, *HS* hinterer Schalenschließer, *Ms* Mundlappen, *F* Fuß, *Mt* Mantel, *K* Kiemen, *Cg* Cerebropleuralganglion, *Pg* Pedalganglion, *Mg* Visceralganglion, *O* Mund, *M* Magen, *L* Leber, *KrS* Krystallstiel, *D* Darm, *Af* After, *G* Geschlechtsorgan, *A* Ausschnitt des Mantellappens zum Auswurf, *E* zur Einfuhr, *N* Niere, *Vh* Vorhof, *Hk* Herzkammer, *VA* vordere, *HA* hintere Aorta, *P* Pericardialdrüse (schematisch).

ränder zur Mundöffnung geleitet, während eine in der Nähe des Mundes beginnende Wandströmung längs des Mantelrandes die überflüssigen Fremdkörper wieder nach

---

W. G.: On the Structure of the Gills of the Lamellibranchia. Philosophic. Trans. roy. Soc. London 1903. — WALLENGREN, H.: Zur Biologie der Muscheln. I. Die Wasserströmungen. II. Die Nahrungsaufnahme. Fysiogr. Sällsk. Hdl. Lund 1905. — SEYDEL, E.: Untersuchungen über den Byssusapparat der Lamellibranchiaten. Zool. Jb. 27 (1909). — LOVÉN, S.: Bidrag til Kännedomen om Utvecklingen af Mollusca Acephala Lamellibranchiata. Stockholm 1848. — RABL, C.: Über die Entwicklungsgeschichte der Malermuschel. Jena. Z. Naturwiss. 1876. — HATSCHEK, B.: Über die Entwicklungsgeschichte von *Teredo*. Arb. zool. Inst. Wien 3 (1881). — ZIEGLER, E.: Die Entwicklung von *Cyclas cornea*. Z. Zool. 41 (1885). — LILLIE, FR. R.: The Embryology of the Unionidae. J. Morph. a. Physiol. 10 (1895). — MEISENHEIMER, J.: Entwicklungsgeschichte von *Dreissensia polymorpha*. Z. Zool. 69 (1901). — ODHNER, N.: Morphologische und phylogenetische Untersuchungen über die Nephridien der Lamellibranchien. Ebenda 100 (1912). — RUBBEL, A.: Über Perlen und Perlbildung bei *Margaritana margaritifera* usw. Zool. Jb. 32 (1911). — KORSCHELT, E.: Perlen. Fortschr. naturwiss. Forschg 1912. — STEMPELL, W.: Über das sogenannte sympathische Nervensystem der Muscheln. Festschr. med.-naturwiss. Ges. Münster 1912. — HERBERS, K.: Entwicklungsgeschichte von *Anodonta cellensis*. Z. Zool. 108 (1913). — KELLOGG, J. L.: Ciliary mechanisms of lamellibranches etc. J. Morph. a. Physiol. 26 (1915). — WEISENSEE, H.: Die Geschlechtsverhältnisse und der Geschlechtsapparat bei *Anodonta*. Z. Zool. 115 (1916). — VAN DER WILLIGEN, C. A.: Onderzoekingen over den Bouw van het Zenuwstelsel der Lamellibranchiata. Utrecht 1920. — Vgl. ferner die Arbeiten von CARRIÈRE, DALL, MENEGAUX, MITSUKURI, WOODWARD, THIELE, SASSI, ANTHONY, HERDMAN u. HORNELL, BOURNE, FAUSSEK, DUBOIS, RASSBACH, ALVERDES, HARMS, JAMESON, YONGE u. a.

außen schafft. Seltener bleiben die Ränder beider Mantellappen in ihrer ganzen Länge frei, meist tritt eine Verwachsung vom hinteren Ende her ein. Diese ist entweder nur eine einfache, durch welche die Ausströmungsöffnung von dem übrigen Teile des Mantelschlitzes getrennt wird, oder es kommt überdies die Einströmungsöffnung durch eine Verwachsung zur Trennung, so daß der vordere Mantelschlitz ausschließlich als Fußschlitz fungiert und bei fortschreitender Verwachsung bis auf eine kleine Öffnung verengt sein kann. Je weiter sich nun der Mantel nach vorne zu schließt, um so mehr schreitet die Verlängerung der hinteren Mantelgegend um Einströmungs- und Ausströmungsöffnung vor, so daß zwei contractile Röhren, *Siphonen*, gebildet werden (Abbild. 852). Diese können einen solchen Umfang erreichen, daß sie überhaupt nicht mehr zwischen die am Hinterrande klaffenden Schalen zurückgezogen werden. Oft sind beide Siphonen äußerlich miteinander vereinigt (Abb. 848 a). Bei *Pholas* und noch mehr bei *Teredo* wächst die hintere verwachsene Mantelregion zu einem langen Rohre aus, an dessen Ende erst die Siphonen sitzen (Abb. 861).

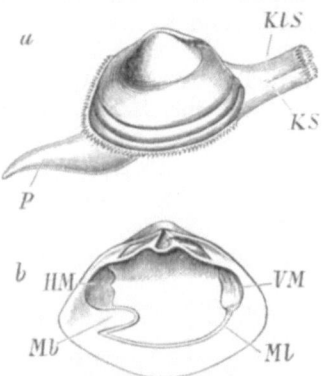

Abb. 848. a *Mactra elliptica*. Tier mit Schale. *Kls* Ausströmungssipho, *KS* Einströmungssipho, *P* Fuß. — b Linke Schalenklappe von *M. solida*. ¹/₁. *VM* Vorderer, *HM* hinterer Schließmuskeleindruck, *Ml* Mantellinie, *Mb* Mantelbucht (aus BRONN).

An seiner Oberfläche sondert der Mantel eine feste Kalkschale ab, welche sich den beiden Mantellappen entsprechend in zwei seitliche, am Rücken durch das Ligament verbundene Klappen gliedert. Nur selten sind die Schalenklappen vollkommen gleich, indessen nennt man nur diejenigen Schalen ungleichklappig, welche sich auffallend asymmetrisch und ihrer Lage nach als obere und untere erweisen. Meist schließen die Schalenränder fest aneinander, doch können sie auch an verschiedenen Stellen zum Durchtritt des Fußes, des Byssus, der Siphonen mehr oder minder weit klaffen. Letzteres gilt insbesondere für diejenigen Muscheltiere, welche sich in Sand, in Holz oder in festes Gestein einbohren. Im Extrem bedeckt die Schale nur einen kleinen Teil des Körpers, während die unbedeckten Teile sekundäre Kalkabsonderungen produzieren (Abbild. 860), von denen jene bei *Clavagelliden* röhrenförmig und mit dem Schalenrudimente innig verwachsen sind (Abb. 859). Nur selten schlagen

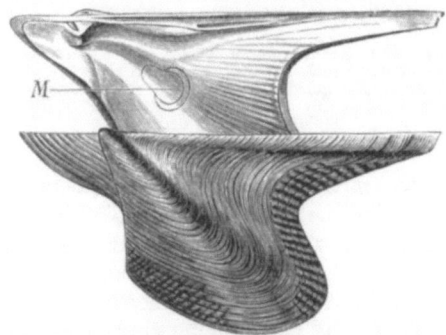

Abb. 849. *Avicula semisagitta* LM., die Klappen übereinander verschoben. *M* Muskeleindruck (aus BRONN). ²/₃

sich die Mantelränder außen über die Schale (*Galeomma*) oder es wird die kleine Schale vollständig vom Mantel umschlossen (*Chlamydoconcha, Scioberetia, Entovalva*).

Die Verbindung beider Schalen erfolgt an der Rückenfläche durch ein äußeres oder inneres elastisches Ligament, das die Schalenklappen zu öffnen bestrebt ist. Daneben beteiligt sich auch der obere Rand durch ineinandergreifende Zähne beider Schalenhälften an der festen Verbindung der letzteren und bildet das sogenannte Schloß (*cardo*), dessen besondere Ausbildung in der Systematik verwertet wird. Man unterscheidet demnach den Schloßrand mit dem Ligamente von dem freien Rande der Schale, dessen Vorder- und Hinterrand sich im allgemeinen leicht nach der Lage des Schloßbandes zu den zwei Wirbeln oder Buckeln (*umbones, nates*) bestimmen lassen, welche als zwei hervorragende Höcker über dem Rückenrande den Ausgangspunkt für das Wachstum der beiden Schalenklappen bezeichnen und ihren Scheitel (*apex*) bilden. Der meist oblonge Umkreis des Ligamentes, das Höfchen (*area*), findet sich hinter dem Scheitel. Andererseits liegt an der meist kürzeren Vorderseite wenigstens bei den Gleichklappigen ein vertiefter Ausschnitt, das Mondchen (*lunula*).

Ihrer chemischen Zusammensetzung nach besteht die Schale aus kohlensaurem Kalk und einer organischen Grundsubstanz (Conchiolin). Sie baut sich aus zur Oberfläche parallelen, zuweilen perlmutterglänzenden Schichten (Perlmutterschicht) sowie einer äußeren, aus palissadenartig aneinander gereihten Prismen (Schmelzprismen) zusammengesetzten Schicht, die aber auch fehlen kann, auf, welcher an der äußeren Oberfläche der Schale eine hornartige Conchiolinlage, das Periostracum, aufliegt (Abbild. 850). Als vierte Schicht ist die sogenannte helle Schicht (Hypostracum) zu unterscheiden, die sich an den Muskelansatzstellen bildet. Das Wachstum der Schale ergibt sich teils als eine Verdickung der Substanz, indem die ganze Oberfläche des Mantels neue, konzentrisch geschichtete Lagen absondert, teils als peripherische Größenzunahme, welche durch schichtenweise angesetzte Neubildungen, zuvörderst des Periostracums und der Prismenschicht, am freien Mantelrande bedingt wird. Die Mantelsecretion liefert bei einer Anzahl von Muscheln (*Pinna, Mytilus, Tridacna* u. a.) insbesondere den sogenannten Perlmuscheln (*Meleagrina margaritifera, Margaritana margaritifera, Lampsilis ligamentina, Quadrula ebenus, Symphynota complanata,*

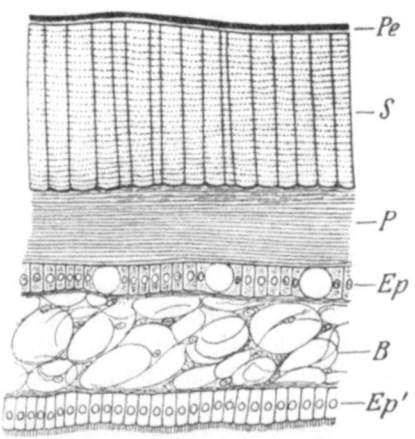

Abb. 850. Schnitt durch Schale und Mantel von *Anodonta*. (Nach LEYDIG, Schale Original G.) *Ep* äußeres, *Ep'* inneres Mantelepithel, *B* Bindegewebe des Mantels, *Pe* Periostracum, *S* Prismenschicht, *P* Perlmutterschicht der Schale.

Dipsas plicatus) auch die Perlen. Letztere entstehen in geschlossenen, vom äußeren Mantelepithel abgeschnürten Epithelsäcken, hervorgerufen durch Secretionspartikel oder vielleicht auch (bei marinen Muscheln) durch abgestorbene Wurmparasiten (Trematoden, Cestodenlarven).

Während die äußere Oberfläche der Schale mannigfache Skulpturverhältnisse zeigt, ist die Innenfläche glatt, weist aber einige Eindrücke auf, welche den Insertionsstellen der sich an die Schale ansetzenden Muskeln entsprechen. Dem Schalenrande parallel verläuft ein schmaler Streifen, die *Mantellinie*, welche der Insertion der zahlreichen in einer Reihe angeordneten Retractoren des Mantelrandes entspricht. Eine verstärkte Partie der letzteren bildet den Retractor der Siphonen, dessen vergrößerte Befestigungslinie eine nach innen vorspringende Bucht der Mantellinie, die *Mantelbucht*, erzeugt (Abb. 848b). Sodann finden sich an der Schale die Eindrücke der quer den Körper des Tieres durchsetzenden Schalenschließer (Adductoren), von denen meist zwei, ein vorderer dorsal vom Darm und ein hinterer ventral vom Darm verlaufender vorhanden sind. Dieselben sind entweder nahezu gleich groß, oder es verkümmert bei gleichzeitiger Verkürzung des vorderen Körperabschnittes der vordere Adductor (*Mytilus, Pinna*) bis zum vollständigen Schwunde (*Pecten, Ostrea, Tridacna*); dann rückt der hintere, um so umfangreichere Adductor weiter nach vorn bis in die Mitte des Körpers hinein (Abb. 849). Danach hat man die Lamellibranchiaten auch als *Dimyarier* (*Homomyarier, Heteromyarier*) und *Monomyarier* unterschieden. Beide Adductoren fehlen bei *Brechites*. Bei den *Pholadidae* ist der vordere Adductor außen an einer Umschlagslamelle der Schale befestigt und fungiert infolgedessen als Divaricator; dagegen bildet sich bei ihnen aus dem zwischen Einströmungsöffnung und Fußschlitz gelegenen Teile der Retractoren des Mantelrandes ein akcessorischer Schalenschließer aus. An der Innenseite der Adductoren inserieren sich an der Schale die in die Fußmuskulatur verlaufenden Retractoren, wozu noch schwache Elevatoren etwa in der Mitte des Eingeweidesackes hinzukommen, deren Eindrücke gleichfalls an der Schale erkennbar sind.

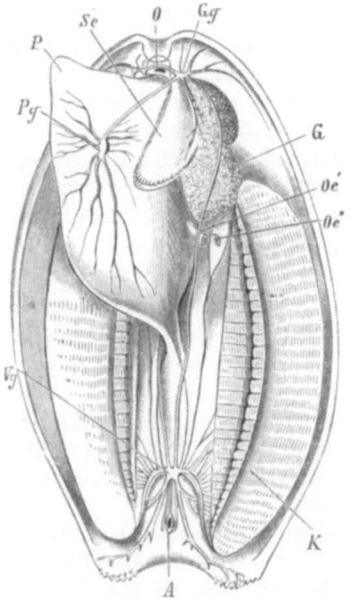

Abb. 851. Nervensystem der Teichmuschel (*Anodonta*). (Nach KEBER.) *A* After, *K* Kiemen, *O* Mund, *P* Fuß, *Se* Mundlappen (Mundsegel), *Gg* Cerebropleuralganglion, *Pg* Pedalganglion, *Vg* Visceralganglion, *G* Genitaldrüse, *Oe′* Genitalöffnung, *Oe″* Nierenöffnung.

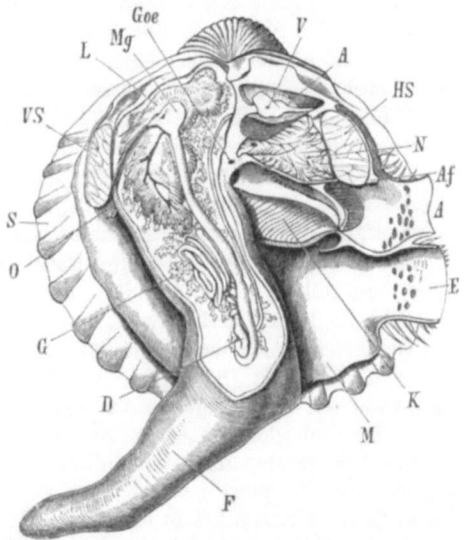

Abb. 852. Anatomie von *Cardium tuberculatum*. (Nach GROBBEN.) ⁵/₄. *S* Rechte Schalenklappe, *M* rechter Mantellappen, *E* Einströmungs-, *A* Ausströmungssipho, *F* Springfuß, *VS* vorderer, *HS* hinterer Adductor, *O* Mund, *Mg* Magen, *D* Darm, *L* Leber, *Af* After, *V* Kammer, *A* Vorhof des Herzens, *N* Niere, *K* rechte Kieme, *G* Genitalorgan, *Goe* Genitalöffnung.

Der Fuß der Lamellibranchiaten hat bei den ursprünglichsten Formen (*Protobranchiata*) sowie bei *Pectunculus* die Form eines seitlich kompressen Cylinders und ist am Ende söhlig gestaltet (Abb. 858). Sonst ist er meist beil- oder walzenförmig. Er dient zum Eingraben im Sande und Schlamme. Seltener wird er knieförmig und dient zum Springen (*Cardium*) (Abb. 852) oder verlängert sich wurmförmig (*Lucina*). In zahlreichen Fällen verkümmert er zu einem fingerartigen (Abb. 862) oder kurz abgestumpften Gebilde, endlich kann er auch vollständig rückgebildet sein (*Ostrea, Aetheria*). Der Fuß besitzt in der Regel an seinem Hinterabschnitte eine aus einzelligen Drüsen bestehende, mittels einer größeren Öffnung ausmündende, zuweilen mächtige Drüsenanhäufung, die *Byssusdrüse*, die ein fädiges Secret (*Byssus*) absondert, das zur zeitweiligen oder beständigen Befestigung dient (Abb. 862).

Das Nervensystem (Abb. 851) besteht bei den *Protobranchiata* noch aus gesonderten Cerebral- und Pleuralganglien, während letztere bei allen übrigen Lamellibranchiaten mit den Cerebralganglien zu Cerebropleuralganglien vereinigt sind und die Mundregion sowie vordere Mantelregion innervieren. Außerdem unterscheidet man ein Paar Pedalganglien, deren Nerven den Fuß versorgen, sowie ein Paar Visceralganglien, welche ventral dem hinteren Adductor anliegen und Nerven zu den Kiemen, dem Herzen sowie dem hinteren Teile des Mantels entsenden, an dessen Rande sich diese mit dem vom Cerebropleuralganglion entspringenden vorderen Mantelnerven oft unter Bildung von Geflechten vereinigen. Bei einer Anzahl von Muscheln wurde ein buccales Nervensystem, bestehend aus einer suboesophagealen Commissur, von welcher der Oesophagusnerv abgeht, in manchen Fällen mit Buccalganglien, gefunden. Die hinteren Darmnerven, desgleichen jene für die Genitalorgane gehen von der Visceralschlinge ab.

Von Sinnesorganen finden sich paarige Statocysten, die bei den *Protobranchiaten, Pecten, Mytilus* noch durch einen Kanal nach außen geöffnet sind. Sie liegen dem Pedalganglion an, werden aber vom Cerebralganglion aus innerviert. Kopfaugen sind bei *Nucula* in der Nähe des Mundes, bei *Arca*, einigen *Mytiliden*, bei *Avicula* u. a. an der Basis des ersten Kiemenfilamentes beobachtet; sie liegen über dem Cerebralganglion und werden von diesem innerviert, ihrem Baue nach sind sie Napfaugen. Alle übrigen Sehorgane der Lamellibranchiaten gehören dem Mantelrande an und sind entweder einfache lichtempfindliche Pigmentflecke am Ende der Siphonen (*Solen, Venus*) oder zusammengesetzte Augen am ganzen Mantelrande von *Arca, Pectunculus*, oder Sehgruben bei *Lima*. Bei *Pecten, Spondylus* sitzen die Augen als gestielte Köpfchen von smaragdgrünem oder braunrotem Farbenglanze zwischen den Randtentakeln verteilt und sind inverse Becheraugen mit zelliger Linse (s. S. 201, Abb. 192c). Inverse Augen finden sich auch an den Siphonen von *Cardium muticum*. Als Sitz des Tastgefühles erscheint vor allem der Mantelrand, an welchem sich auch in größerer oder geringerer Verbreitung Tentakelbildungen (besonders bei *Pecten, Lima*) entwickeln. Ein Osphradium findet sich am Ursprunge der Kiemennerven und zuweilen ein weiteres Sinnesorgan wahrscheinlich gleicher Art zu Seiten der Afterpapille.

Die Verdauungsorgane beginnen mit der zwischen den sogenannten Mundsegeln (Mundlappen) ventral vom vorderen Adductor gelegenen Mundöffnung (Abb. 847). Diese führt in eine kurze Speiseröhre, in welche durch den Wimperbesatz der Mundsegel kleine, mit dem Wasser in die Mantelhöhle aufgenommene Nahrungskörper eingeleitet werden. Kiefer und Zunge fehlen stets. Die Speiseröhre geht in einen sackförmigen Magen mit umfangreicher Leber (Mitteldarmdrüse) über, an dessen Pylorusteil meist ein Blindsack anhängt. In der eben erwähnten blindsackartigen Ausstülpung oder im Anfangsteile des Darmkanales findet man ein stabförmiges durchsichtiges Gebilde (*Krystallstiel*), ein periodisch sich erneuerndes Ausscheidungsprodukt des Darmepithels. Der Darm erreicht überall eine ansehnliche Länge und erstreckt sich unter mehrfachen Windungen, von den Geschlechtsdrüsen umlagert, gegen den Fuß hin, steigt dann hinter dem Magen bis zum Rücken empor und mündet, nach Durchsetzung des Pericardialraumes dorsal vom hinteren Schalenschließer verlaufend, auf einer in den Mantelraum hineinragenden Papille am hinteren Leibesende aus (Abb. 852).

Die Kiemen (Ctenidien) der Lamellibranchier zeigen nur noch bei den *Protobranchiata* die doppelfiedrige Form (Abb. 858). In allen übrigen Fällen sind die Seitenblätter der Kiemen zu dorsalwärts zurückgebogenen Fäden umgestaltet, welche dicht aneinander gelegt und meist durch Querbrücken miteinander verbunden sind. Dadurch wird jede Kieme doppelblattförmig (Abb. 862); an diesem Doppelblatt kann das äußere Blatt teilweise oder vollständig (*Lucina*) rückgebildet sein. Die inneren Kiemenblätter der beiderseitigen Kiemen verwachsen häufig hinter dem Fuß miteinander, im Vorderabschnitte mit dem Eingeweidesack, desgleichen die Außenlamelle mit dem Mantel. Dann erscheint die Mantelhöhle durch die Kieme vollständig in eine ventrale und dorsale Kammer geteilt (Abb. 852). Das in die untere Mantelkammer aufgenommene Atemwasser gelangt durch die Spalten der Kiemen in die obere Mantelkammer und von hier durch die Ausströmungsöffnung nach außen. Bei den auch als *Septibranchia* zusammengefaßten Muscheltieren (wie *Cuspidaria*) sind die miteinander verwachsenen Kiemen zu einer muskulösen Scheidewand mit wenigen Öffnungen umgebildet. Die Atmung erfolgt hier vornehmlich durch den Mantel, der aber auch bei allen übrigen Lamellibranchiaten an der Respiration beteiligt ist.

Das Herz (Abb. 847) findet sich vor dem hinteren Adductor und besteht aus einer Kammer und zwei Vorkammern. Es liegt dorsal vom Darm bei *Nucula*, ventral bei *Teredo*, *Ostrea*, in der Regel liegt die Kammer rings um den Enddarm herum. Bei *Arca* ist die Herzkammer in zwei Hälften getrennt (Abbild. 853). Von der Herzkammer entspringt bei einigen Formen nur eine vordere Aorta, in allen übrigen Fällen ist eine vordere und hintere Aorta vorhanden. Erstere verläuft dorsal, letztere ventral vom Darm. Am Ursprung der hinteren Aorta findet sich in vielen Fällen (*Veneridae*, *Tridacnidae*, *Mactra*) ein Bulbus arteriosus. Aus den Enden der sich verästelnden Arterien gelangt das Blut in die Lacunen der primären Leibeshöhle. Das venöse Blut sammelt sich in einem unpaaren, ventral vom Pericardium gelegenen großen Venensinus, der an seinem Vorderende durch eine Klappe (KEBERsche Klappe) abgesperrt werden kann. Aus dem Sinus strömt das Blut der Hauptmasse nach durch ein Netz von Kanälen in der Wandung der Nieren wie durch eine Art Pfortaderkreislauf in die Kiemen, um von da arteriell geworden in die Vorhöfe des Herzens zurückzukehren. Ein Teil des Blutes aus dem Mantel gelangt mit Umgehung der Kiemen direkt zum Herzen zurück. Bei *Cuspidaria* fehlen Gefäße.

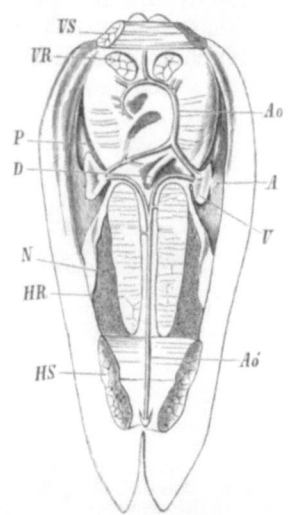

Abb. 853. Tier von *Arca noae*, Dorsalansicht. (Nach GROBBEN.) Die hier doppelten Pericardialräume (*P*) eröffnet, der Enddarm bis auf das Anfangsstück (*D*) abpräpariert. *VS* vorderer, *HS* hinterer Adductor, *VR* vorderer, *HR* hinterer Retractor des Fußes, *V* Herzkammer, *A* Vorhof, *Ao* vordere, *Ao'* hintere Aorta, *N* Niere.

Das Herz mit den Vorhöfen liegt in einem Pericardialsacke (Cölom). Aus dem Pericardialepithel entwickelt sich bei einer großen Zahl von Lamellibranchiaten eine sogenannte Pericardialdrüse. Sie tritt entweder in Form drüsiger Anhänge am Vorhofe auf (z. B. *Arca*, *Mytilus*, *Pecten*) oder stellt eine im Mantel gelegene, aus zahlreichen Blindsäcken zusammengesetzte Drüse vor, welche vorne in den Pericardialraum einmündet (*Unio*, *Venus* u. a.) (Abb. 847).

Die Niere (Abb. 847), nach ihrem Entdecker auch als BOJANUSsches Organ benannt, ist paarig und liegt ventral vom Pericardialraum, mit welchem sie durch einen Wimpertrichter in Verbindung steht. Sie bildet einen S-förmig gebogenen Kanal, der sich in der Regel zu einem Sack mit zahlreichen nach innen vorspringenden Falten entwickelt; selten (*Ostrea*) ist die Niere ramificiert, bei *Sphaerium* ein vielfach gewundener Kanal. Die Nieren beider Seiten kommunizieren in den meisten Fällen miteinander. Ihre Ausmündung liegt an der Basis des Fußes.

Die Lamellibranchiaten sind meist getrennten Geschlechts, manche (*Anatinidae*, *Ostrea*, *Sphaerium*, *Tridacna*, einige *Cardium*- und *Pecten*-Arten u. a.) her-

790 Metazoa.

maphroditisch. Die Geschlechtsdrüsen (Abb. 847) sind paarig und bilden vielfach gelappte oder traubige Schläuche, welche die Windungen des Darmes umlagern, selten (*Mytilidae*) in die Mantellappen sich hineinerstrecken. Ähnlich verhalten sich die Zwitterdrüsen, deren samen- und eierbereitende Follikel entweder räumlich gesondert sind und dann bald getrennt ausmünden (*Anatinidae*), bald in einem gemeinsamen Genitalgang (*Pecten, Sphaerium*) nach außen führen, oder dieselben Follikel erzeugen sowohl Spermien als Eier (*Ostrea*). Die Genitaldrüsen münden bei vielen Formen in die Niere nahe deren Öffnung (*Nuculidae, Arca, Pectinidae, Ostrea*), in anderen Fällen (*Aviculidae*) mit der Niere in einem gemeinsamen Porus, bei den übrigen Lamellibranchiern ist eine besondere, neben der Nierenöffnung gelegene Genitalöffnung vorhanden. Bei einigen *Nuculiden* besteht zwischen dem Anfange des Urogenitalganges und dem Wimpertrichter ein Verbindungsgang (Gonopericardialgang STEMPELL), der als Kommunikation zwischen Pericard und Genitaldrüse aufzufassen ist.

Ein äußerer Geschlechtsdimorphismus findet sich bei *Unioniden*, deren Weibchen sich im Zusammenhange mit der Aufnahme der Eier in die äußeren Kiemenblätter durch gewölbtere Schalen auszeichnen.

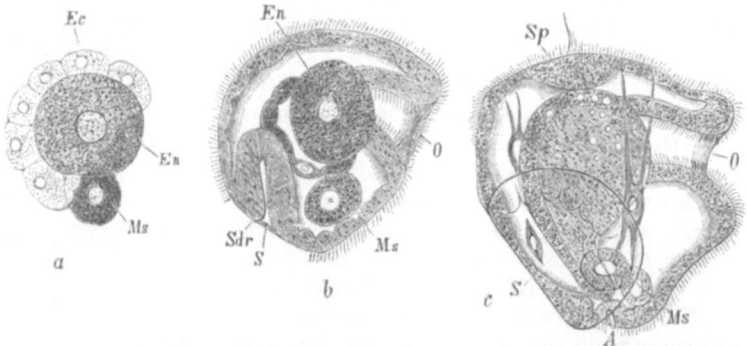

Abb. 854. Entwicklungsstadien von *Teredo*. (Nach HATSCHEK.) a Stadium mit zwei Urmesodermzellen (*Ms*) und zwei Entodermzellen (*En*). *Ec* Ectoderm. — b Bewimperter Embryo mit Mund (*O*), Darm und Schalengrube (*Sdr*). *S* Schale. — c Späteres Stadium. *Sp* Scheitelplatte. *A* Analeinstülpung.

Die Befruchtung der Eier erfolgt in der Regel im Mantel- oder Kiemenraum des mütterlichen Tieres, wo die Eier in vielen Fällen die Embryonalentwicklung durchlaufen. Besonders tritt die Brutpflege bei den Süßwasserformen hervor, unter denen bei *Unioniden* die Eier in die äußeren (*Anodonta, Unio*) oder äußeren und inneren (*Margaritana*), bei den *Cyreniden* in die inneren Kiemenblätter aufgenommen werden.

Die Furchung ist inaequal, die Gastrulation erfolgt durch Einstülpung oder Überwachsung (*Teredo*), die Anlage des Mesoderms durch zwei Urmesodermzellen (Abb. 854 a). Die ausschlüpfende Larve zeigt bei den marinen Formen und bei *Dreissensia* den Typus der Trochophoralarve mit großem kreisförmigen präoralen Wimperkranz und meist auch apicalem Wimperschopf sowie mit Schalenanlage (Abb. 855). Von den Adductoren wird zuerst der vordere angelegt (Abb. 856). Aus dem Wimperapparat (Velum) der Larve gehen die Mundlappen des ausgebildeten Tieres hervor. Erst später entstehen Fuß und Kiemen.

Bei *Nuculiden* ist der Velarapparat als Hüllmembran entwickelt und wird abgestoßen. Bei *Sphaerium* ist die Entwicklung eine direkte und der Velarapparat rudimentär. Eine kompliziertere Metamorphose ist für die Entwicklung der *Unioniden* eigentümlich. Die als *Glochidium* bezeichnete Larve (Abb. 857) ist eine sekundäre Larvenform; sie entbehrt der Wimperkränze und besitzt einen rudimentären Darm. Dagegen ist sie durch den Besitz von Schalenhaken, sowie einen langen, vor dem breiten larvalen Adductor hervortretenden bysussähnlichen Haftfaden ausgezeichnet. Die Unionidenlarve befestigt sich mittels der Schalenhaken und des larvalen Haftfadens an die Kiemen und Flossen von Fischen; sie durchläuft ihre weitere Entwicklung parasitisch, in einer Epithelwucherung des

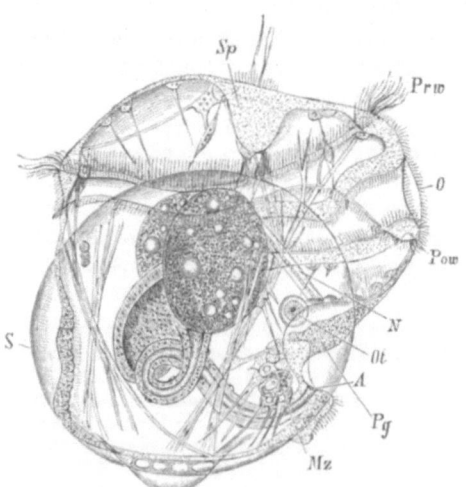

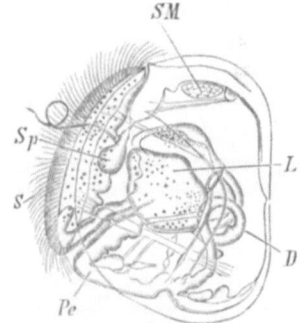

Abb. 855. Freischwimmende *Teredo*-Larve. (Nach HATSCHEK.) $^{210}/_1$. *A* After, *Prw* präoraler, *Pow* postoraler Wimperkranz, *N* Kopfniere, *O* Mund, *Ot* Statocyste, *Pg* Pedalganglion, *Mz* Mesodermzellen, *S* Schale, *Sp* Scheitelplatte.

Abb. 856. Larve von *Montacuta bidentata*. (Nach LOVÉN). $^{240}/_1$. *D* Darm, *L* Leber, *Pe* Fuß, *S* Segel, *SM* vorderer Schalenschließer, *Sp* Scheitelplatte.

Wirtstieres eingeschlossen, und ernährt sich vermittels des großzelligen inneren Mantelepithels.

Die meisten Muscheltiere sind Meeresbewohner und leben in verschiedenen Tiefen, teils kriechend, teils mittels des Fußes oder durch Zusammenklappen der Schalen schwimmend und springend (z. B. *Pecten*). Viele entbehren der Ortsbewegung, indem sie sich frühzeitig mittels des Byssus festsetzen oder mit einer Schalenklappe auf Felsen und Gesteinen festwachsen (Austern). Andere, wie die Bohrmuscheln, bohren Gänge in Schiffholz, Pfahlwerk (*Teredo*) oder in Gestein (*Lithodomus, Pholas, Saxicava, Gastrochaena, Petricola*), nur wenige leben ectoparasitisch oder commensalisch, meist auf Echinodermen (*Montacuta, Scioberetia*), Jousseaumiella commensalisch in solitären Korallen (*Heteropsammia, Heterocyathus*), *Entovalva* als Entoparasit im Oesophagus einer Synaptide. Planktonisch ist *Planktomya henseni* SIMR., deren Schale unverkalkt bleibt. Leuchterscheinung zeigt *Pholas*.

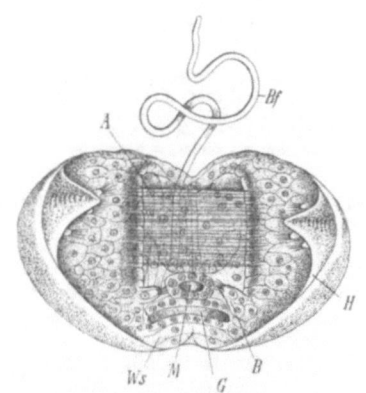

Abb. 857. Larve von *Unio pictorum*, Ventralansicht. (Nach C. RABL.) $^{210}/_1$. *H* Schalenhaken, *A* Adductor, *Bf* Haftfaden, *M* Mund, *B* Sinnesborsten, *G* Seitengruben, *Ws* Wimperfeld (Cilien nicht dargestellt).

In der folgenden systematischen Einteilung ist teils den Prinzipien PELSENEERS, vornehmlich aber jenen NEUMAYRS gefolgt.

1. Unterordnung. *Protobranchiata*. Kiemen doppelfiedrig. Fuß am Ende söhlig. Schalenschloß zahnlos oder mit zahlreichen gleichartigen zwischeneinandergreifenden Zähnen (taxodont) (Abb. 858). Sind die ursprünglichsten Lamellibranchier.

Fam. *Nuculidae.* Schloß taxodont. *Nucula nucleus* L. (Abb. 858). *Leda pella* L. Atlant. Ozean, Mittelmeer. *Yoldia limatula* SAY. Atlant. Ozean, Nordamerika. *Malletia* DESMOUL.
Fam. *Solenomyidae.* Schale mit dicker Epidermis, Schloß zahnlos. *Solenomya togata* POLI. Mittelmeer.
Hier schließen sich wahrscheinlich zahlreiche der fossilen *Palaeoconchae* NEUMAYR an.

2. Unterordnung. *Eutaxodonta.* Kiemen doppelblattförmig, aus freien Kiemenfäden bestehend. Schloß mit zahlreichen gleichartigen, zwischeneinandergreifenden Zähnen (taxodont).

Fam. *Arcidae.* Schalen dick, von haarigem Periostracum bekleidet. *Arca noae* L., Archemuschel. *A. (Barbatia) barbata* L. *Pectunculus glycimeris* L. (*pilosus* LM.), Sammetmuschel. Mittelmeer.

3. Unterordnung. *Heterodonta.* Kiemen doppelblattförmig, die Kiemenfäden in der Regel durch Querbrücken verbunden. Schloßzähne in geringer Zahl, wechselständig, in laterale und cardinale geschieden (heterodontes Schloß), zuweilen gespalten, selten rückgebildet.

Fam. *Trigoniidae.* Schalen trigonal, innen mit schöner Perlmutterschicht. Schloßzähne leistenförmig, quergestreift, V-förmig divergierend. *Trigonia pectinata* LM. Australien.

Fam. *Unionidae* (*Najades*), Flußmuscheln. Mit länglichen gleichklappigen Schalen, die ein dickes bräunlichgrünes Periostracum, innen eine Perlmutterschicht besitzen. Schloß mit wenigen Hauptzähnen und leistenförmigen hinteren Seitenzähnen, oder zahnlos. *Unio pictorum* L., Malermuschel. *U. tumidus* RETZ. *U. batavus* LM. Europa. *U. heros* SAY. Nordamerika. *Margaritana margaritifera* L., Flußperlmuschel. In Gebirgsbächen Nord- und Mitteleuropas, Nordamerika. Liefert die Flußperlen. *Quadrula ebenus* LEA. *Lampsilis ligamentina* LM. *Symphynota complanata* BARNES. Alle Süßwasserperlmuscheln. Nordamerika. *Anodonta cygnea* L., Teichmuschel. Schloß zahnlos. Zuweilen hermaphroditisch. Europa. *Dipsas plicatus* SOLAND. Liefert Perlen. China. Hier schließen sich an *Castalia ambigua* LM. Amazonenstrom. *Pleiodon ovatus* SOW. Mit taxodontenähnlichem Schloß.

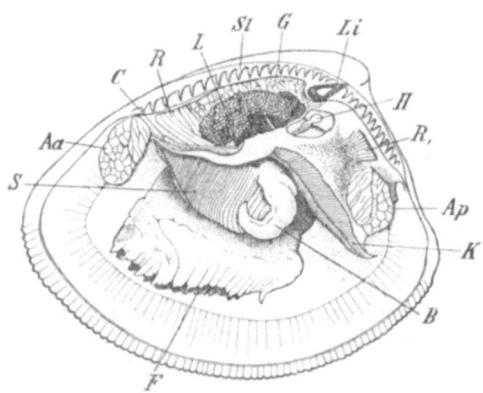

Abb. 858. *Nucula nucleus* (Original G.). ⁵/₁. *Aa* Vorderer, *Ap* hinterer Adductor, *B* Anhang des Mundsegels, *C* Cerebralganglion, *F* Fuß mit Sohle, *G* Genitaldrüse, *H* Herz, *K* Kieme, *L* Leber, *Li* Ligament, *R* vorderer, *R₁* hinterer Retractor des Fußes, *S* Mundsegel, *Sl* Schalenschloß.

Senegal; ferner *Aetheria* LM. Schale austernartig, festgewachsen. Tier ohne Fuß. In Flüssen und Seen. Trop. Afrika.

Fam. *Cyrenidae.* Schale gleichklappig, bauchig aufgetrieben, mit dickem Periostracum. Mantel mit zwei (selten einer) mehr oder minder vereinigten Siphonalröhren. Fuß groß. Bewohner des Süßwassers und Brackwassers. *Corbicula consobrina* CAILL. Afrika. *Cyrena ceylonica* CHEMN. Ceylon. *Sphaerium (Cyclas) corneum* L. Hermaphroditisch. *Pisidium amnicum* L. Europa.

Fam. *Dreissensiidae.* Schale jener der Miesmuschel ähnlich. Vorderer Adductor klein. Mantel großenteils verwachsen, mit Siphonen. Fuß zungenförmig mit Byssus. *Dreissensia polymorpha* PALL. Heimat Kaspisches und Schwarzes Meer, von da aus über alle größeren Flüsse Europas verbreitet.

Fam. *Astartidae.* Schale dick, mit Periostracum. Band äußerlich. Schloß dick mit zwei bis drei Hauptzähnen. *Astarte sulcata* DA COSTA. Atlant. Ozean, Mittelmeer. Hier schließt sich an *Crassatella* LM.

Fam. *Cyprinidae.* Schale gleichklappig, gewölbt, mit dickem Periostracum. Hauptschloßzähne ein bis drei und gewöhnlich ein hinterer Seitenzahn. Mantelränder zur Bildung zweier Siphonalöffnungen verwachsen. *Cyprina islandica* L. Nordatlant. und Ostsee. *Isocardia cor* L. Mit stark spiral eingerolltem Wirbel. Mittelmeer, Atlant. Ozean.

Fam. *Lucinidae.* Schale kreisförmig, Schloß mit ein bis zwei Hauptzähnen und zuweilen verkümmerten Seitenzähnen. Fuß wurmförmig. *Lucina divaricata* L. Atlant. Ozean, Mittelmeer. *Loripes lacteus* L. Mittelmeer. Hier schließen sich an *Montacuta bidentata* MONT.

Atlant. Ozean, Mittelmeer. *Jousseaumiella* BOURNE. Commensalisch in *Heterocyathus* und *Heteropsammia*. Ceylon. *Scioberetia* BRND. Ectoparasit auf einem *Spatangus* von Kap Horn. *Entovalva* VOELTZK. Entoparasitisch im Oesophagus einer Synaptide. Zanzibar. Beide mit innerer Schale.

Fam. *Galeommatidae*. Schale teilweise vom Mantel bedeckt und zart, klaffend. *Galeomma turtoni* Sow. Atlant. Ozean, Mittelmeer. Es schließt sich hier an *Chlamydoconcha orcutti* DALL. Mit innerer Schale. Kaliforniern.

Fam. *Chamidae*, Gienmuscheln. Schalen ungleichklappig, dick, festgewachsen. Schloßzähne stark. *Chama lazarus* L. Ind. Ozean. *Ch. gryphoides* L. Mittelmeer.

Fam. *Cardiidae*, Herzmuscheln. Schalen herzförmig gewölbt, mit großen eingekrümmten Wirbeln, mit Rippen. Ligament äußerlich, Schloß mit zwei Cardinal- und zwei Lateralzähnen jederseits. Mantel mit kurzen Siphonen. Fuß meist knieförmig. *Cardium edule* L. *C. tuberculatum* L. Europ. Meere (Abb. 852). *Hemicardium cardissa* L. Ind. Ozean.

Fam. *Tridacnidae*. Mit dicken, stark gerippten Schalen. Vorderkörper reduziert, Hinterkörper nach vorn gedreht. Nur der hintere Adductor vorhanden. Fuß mit Byssus. *Tridacna gigas* LM., Riesenmuschel. Schale bis 250 kg schwer. Ind. Ozean *T. elongata*. LM. Rotes Meer. *Hippopus maculatus* LM. Ind. Ozean.

Fam. *Veneridae*. Schale regulär rundlich bis oblong, mit drei divergierenden Schloßzähnen in jeder Klappe. Atemröhren von ungleicher Größe, an der Basis vereint. *Meretrix* (*Cytherea*) *dione* L. Atlant. Ozean. *M. chione* L. *Dosinia* (*Artemis*) *exoleta* L. *Venus verrucosa* L. *Chione gallina* L. *Tapes decussatus* L. Atlant. Ozean, Mittelmeer. Hier schließt sich an *Petricola lithophaga* RETZ. Bohrt in Felsen. Europ. Meere.

Fam. *Tellinidae*. Die langgestreckte Schale am Vorderrande länger als hinten, mit äußerem Ligamente, Atemröhren lang, vollständig getrennt. *Tellina nitida* POLI. Mittelmeer. Hier schließt sich an *Scrobicularia piperata* GM., Pfeffermuschel. Europ. Meere. Ferner *Psammobia vespertina* CHEMN. Atlant. Ozean, Mittelmeer.

Abb. 859. Schale von *Brechites* (*Aspergillum*) *javanus*. (Nach ADAMS). 1/1

Fam. *Donacidae*. Schale trigonal, mit äußerem Ligament, Schloß jederseits mit ein bis zwei Cardinalzähnen und mit Seitenzahn. *Donax trunculus* L. Mittelmeer.

Fam. *Solenidae*. Schale lang und schmal, an beiden Enden klaffend. Fuß cylindrisch. *Solenocurtus strigilatus* L. Mittelmeer. *Ensis siliqua* L. Atlant. Ozean, Mittelmeer. *Solen vagina* L., Messerscheide. Europ. Meere.

Fam. *Mactridae*. Schale trigonal oder oval, geschlossen oder leicht klaffend. Vor der dreieckigen Bandgrube ein V-förmiger Hauptzahn, sowie vorn und hinten Lateralzähne. Siphonen verwachsen (Abb. 848). *Mactra stultorum* L. Atlant. Ozean, Mittelmeer. *Lutraria elliptica* LM. Europ. Meere.

Fam. *Myidae*. Schale dick, ungleichklappig, hinten klaffend, mit Ligamentlöffel. Mantel fast ganz geschlossen, Siphonen lang, verwachsen, Fuß kurz. Graben sich tief im Schlamme und Sande ein. *Mya arenaria* L., Klaffmuschel. Nordeurop. Meere. *Corbula gibba* OLIVI. Europ. Meere. Hier schließt sich an *Saxicava rugosa* L. Bohrt in Steinen. Weit verbreitet. Ferner *Gastrochaena dubia* PENN. Die Schalen frei in einer Kalkröhre. Bohrt in Muscheln, Gestein. Atlant. Ozean, Mittelmeer.

Fam. *Anatinidae*. Schale dünn, außen granuliert, mit Ligamentlöffel, Schloßzähne verkümmert. Siphonen lang, Fuß schlank. Hermaphroditisch. *Anatina subrostrata* LM. Ind. Ozean. *Thracia papyracea* POLI. Atlant. Ozean, Mittelmeer.

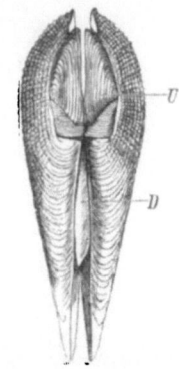

Abb. 860. Schale von *Pholas dactylus*. 1/1. *U, D* Akzessorische Platten.

Fam. *Clavagellidae*. Schalen dünn, in eine Kalkröhre eingefügt, welche vorn bis auf kleine Öffnungen oder vollkommen geschlossen ist. Fuß rudimentär. *Clavagella aperta* Sow. Nur die linke Schale mit der Kalkröhre verwachsen, die rechte frei. Mittelmeer. *Brechites* (*Aspergillum*) *javanus* BRUG., Gießkannenmuschel. Beide Schalen mit der Kalkröhre verwachsen. Ind. Ozean (Abb. 859).

Fam. *Cuspidariidae*. Schale hinten schnabelförmig verlängert. Kiemen zu einem muskulösen, von wenigen Spalten durchsetzten Septum umgebildet (Septibranchia). *Cuspidaria cuspidata* OLIVI. Atlant. Ozean, Mittelmeer. Nahe verwandt ist *Poromya granulata* NYST. Atlant., Mittelmeer.

794   Metazoa.

Fam. *Pholadidae.* Die klaffende Schale ohne Schloßzähne und Ligament, mit raspelähnlicher Streifung. Vorderseite des Schloßrandes nach außen umgeschlagen. An der Innenseite des Umbos ein stielförmiger Fortsatz. Vorderer Adductor außen an den umgeschlagenen Schalenlamellen inseriert. Mantel verwachsen. Hinterer Mantelabschnitt röhrenförmig verlängert. Die nicht von der Schale bedeckten Teile des Tieres mit akzessorischen Kalkstücken. Fuß stempelartig, zuweilen verkümmert. Bohren in Holz oder Steinen und Korallen Gänge, aus denen sie die Siphonen hervorstrecken. *Pholas dactylus* L. Bohrt in Stein (Abb. 860). *Jouannetia cumingi* Sow. Schale kugelig. Bohrt in Felsen und Korallen. Paz. Ozean. *Teredo navalis* L., Schiffsbohrwurm (Abb. 861). Die kleine Schale bedeckt nur den vordersten Teil des Körpers. Hintere Mantelregion sehr lang, in dieselbe der Eingeweidesack und die Kiemen nach hinten verschoben. An der Basis der Siphonen zwei

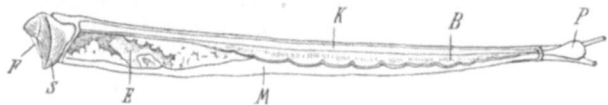

Abb. 861. *Teredo navalis*, der hintere Körperabschnitt durch Abtragung der linken Mantelwand eröffnet (Original G.). Etwa ¹/₁. *B* Kieme, *E* Eingeweidesack, *F* Fuß, *M* Einströmungs-, *K* Ausströmungsfach des Mantelraumes, *P* Paletten an der Basis der Siphonen, *S* Schale.

Kalkplättchen (Paletten). Die freie Oberfläche des Körpers scheidet eine dünne Kalkröhre ab, welche die Wohnröhre auskleidet. Bohrt im Holze der Häfen und Schiffe. Europ. Meere.

4. Unterordnung. *Anisomyaria.* Schloßzähne fehlen meist; wenn vorhanden, niemals in Cardinal- und Lateralzähne geschieden. Kiemen doppelblattförmig. Zwei sehr ungleiche oder bloß ein einziger Schließmuskel.

Fam. *Aviculidae.* Schalen schief, ungleichklappig mit dicker Perlmutterlage. Schloßrand gerade, oft mit flügelförmigen Fortsätzen, zahnlos oder mit schwachen Zähnen

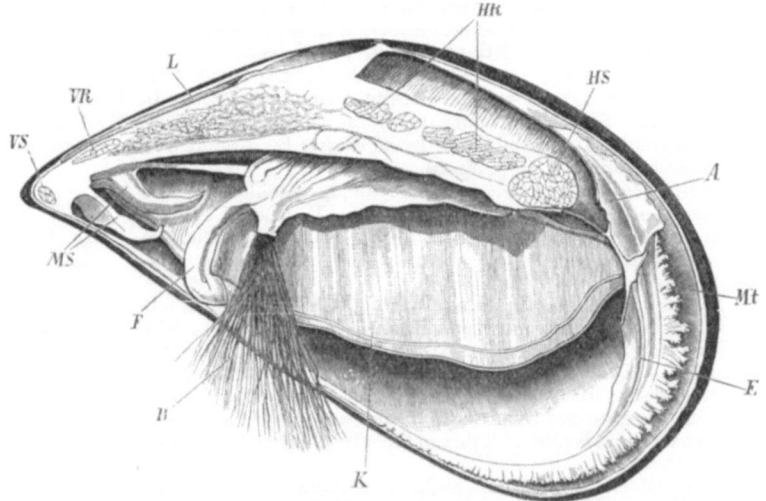

Abb. 862. *Mytilus galloprovincialis*, nach Abhebung von Schalenklappe, Mantellappen und Kieme der linken Seite (Original G.). ¹/₁. *Mt* Mantel, *E* Einfuhrsöffnung, *A* Auswurfsöffnung, *VS* vorderer, *HS* hinterer Adductor, *VR* vorderer, *HR* hinterer Retractor, *L* Ligament, *MS* Mundlappen, *F* Fuß, *B* Byssus, *K* rechte Kieme.

(Abb. 849). Fuß klein mit Byssus. Vorderer Schließmuskel fehlt meist. *Avicula hirundo* L. Mittelmeer. *Meleagrina margaritifera* L., Perlmuschel. Ind. Ozean. Liefert die wertvollen sogenannten orientalischen Perlen, sowie die Perlmutter im Handel. *Malleus vulgaris* Lm. Ind. Ozean. Hier schließt sich an *Pinna squamosa* Lm., Steckmuschel. Vorderer Adductor vorhanden. Mittelmeer.

Fam. *Ostreidae.* Schalen ungleich, blättrig, mit schwachem, zahnlosem Schlosse. Die gewölbtere linke Klappe festgewachsen, während die obere rechte Schale wie ein Deckel der unteren Schale aufliegt. Mantel vollständig gespalten und am Rande gefranst. Fuß fehlt. Hermaphroditisch. Siedeln sich meist kolonienweise in den wärmeren Meeren an, wo sie Bänke von bedeutender Ausdehnung bilden können (Austernbänke). *Ostrea edulis* L., Auster, an den europäischen Küsten auf felsigem Meeresgrunde.

Fam. *Mytilidae*. Schalen gleichklappig, meist keilförmig, von starkem Periostracum überzogen, in der Regel ohne Schloß. Vorderer Adductor klein. Fuß fingerförmig mit starkem Byssus (Abb. 862). *Mytilus edulis* L., Miesmuschel. Nordeurop. Meere. *M. galloprovincialis* LM. Mittelmeer. *Modiola barbata* L. Atlant. Ozean, Mittelmeer. *M. modiolus* L. Nordatlant. Ozean. *Lithodomus lithophagus* L. Bohrt sich in Gestein, Korallen ein. Mittelmeer.

Fam. *Pectinidae*, Kammuscheln. Schale gleichklappig oder ungleichklappig, mit geradem Schloßrand, häufig mit fächerförmigen Rippen und Leisten. Die Mantelränder tragen zahlreiche Tentakel und oft Augen. Der kleine Fuß meist mit Byssus. Einige sitzen auch mittels ihrer gewölbten Schalenklappe fest (*Spondylus*). Meist hermaphroditisch. *Pecten varius* L. Europ. Meere. *P. maximus* L. Atlant. Ozean, Nordsee. *P. jacobaeus* L., Pilgermuschel. *P. glaber* L. *Lima squamosa* LM. Mittelmeer. *L. hians* GM. Europ. Meere. Baut sich aus einzeln abgestoßenen Byssusfäden unter Zuhilfenahme von Steinchen ein Nest. *Spondylus gaederopus* L. Mit eigentümlichem Angelschloß. Mittelmeer. Hier schließt sich an *Anomia ephippium* L. Mittels eines verkalkten Byssus befestigt, der von der rechten Schale umwachsen wird, welche daher einen tiefen Sinus zeigt. Mittelmeer.

4. Ordnung. Cephalopoda, Kopffüßer[1].

Conchiferen mit großem Kopfe, mit meist Saugnäpfe tragenden Armen in der Umgebung des Mundes und trichterförmigem Fuße, mit dorsal erhobenem Eingeweidesack. Schale in der Regel reduziert oder fehlend. Getrenntgeschlechtlich.

Die Cephalopoden (Abb. 863) besitzen einen großen Kopf, welcher außer einem Paar hochentwickelter Augen bei *Nautilus* (Abb. 875) noch zwei zu Seiten jedes Auges stehende Fühler aufweist. Der Kopf wird von einem Kreise von Armen umgeben, die zum Ergreifen der Beute, in manchen Fällen auch zum Kriechen dienen und ihrer Innervierung nach dem Fuße angehören. Sie finden sich bei *Nautilus* in großer Zahl an Lappen angeordnet und sind in Scheiden zurückziehbar; durch das an der oralen drüsigen Seite abgeschiedene Secret fungieren sie

---

[1] FÉRUSSAC et D'ORBIGNY: Histoire naturelle générale et particulière des Céphalopodes acétabulifères vivants et fossiles. Paris 1835—1848. — VERANY, J. B.: Mollusques méditerranéens etc.: I. Céphalopodes de la Méditerranée. Gênes 1851. — STEENSTRUP, JAP.: Hectocotylus-dannelsen hos Octopodslaegterne etc. K. Dansk. Vidensk. Selsk. Skr. **1856**. Übers. in Arch. Naturgesch. **1856**. — KÖLLIKER, A.: Entwicklungsgeschichte der Cephalopoden. Zürich 1844. — GROBBEN, C.: Morphologische Studien über den Harn- und Geschlechtsapparat, sowie die Leibeshöhle der Cephalopoden. Arb. zool. Inst. Wien **5** (1884). — HOYLE, W. E.: Report on the Cephalopoda coll. by H. M. S. CHALLENGER. Chall. Rep. **16** (1886). — WATASE, S.: Studies on Cephalopods. J. Morph. a. Physiol. **4** (1891). — KORSCHELT, E.: Beiträge zur Entwicklungsgeschichte der Cephalopoden. Festschr. f. LEUCKART. Leipzig 1892. — APPELLÖF, A.: Die Schalen von *Sepia*, *Spirula* und *Nautilus*. Svenska Akad. Hdl. **25** (1894). — HALLER, B.: Beiträge zur Kenntnis der Morphologie von *Nautilus pompilius*. SEMON: Zool. Forschungsreisen in Australien **5** (1895). — JATTA, G.: I Cefalopodi viventi nel Golfo di Napoli. Fauna u. Flora Golf Neapel **23** (1896). — GRIFFIN, L. E.: The Anatomy of *Nautilus pompilius*. Mem. Acad. Washington **8** (1898). — FAUSSEK, V.: Untersuchungen über die Entwicklung der Cephalopoden. Mitt. Zool. Stat. Neapel **14** (1900). — RABL, H.: Über Bau und Entwicklung der Chromatophoren der Cephalopoden. Sitzgsber. Akad. Wiss. Wien, Math.-naturwiss. Kl. **1900**. — MARCHAND, W.: Studien über Cephalopoden. I. Z. Zool. **86** (1907); II. Bibliotheca zoologica **1913**. — DÖRING, W.: Über Bau und Entwicklung des weiblichen Geschlechtsapparates bei myopsiden Cephalopoden. Z. Zool. **91** (1908). — CHUN, C.: Die Cephalopoden. Wiss. Erg. dtsch. Tiefsee-Exp. **18** (1910—1915). — PFEFFER, G.: Die Cephalopoden der Plankton-Expedition. Wiss. Erg. Plankt.-Exp. **1912**. — HILLIG, R.: Das Nervensystem von *Sepia officinalis*. Z. Zool. **101** (1912). — GRIMPE, G.: Das Blutgefäßsystem der dibranchiaten Cephalopoden. I. Ebenda **104** (1913). — Systematische Übersicht der europäischen Cephalopoden. Sitzsber. naturforsch. Ges. Leipzig **1922**. — NAEF, A.: Die Cephalopoden. Fauna u. Flora Golf Neapel **35** (1921—1928). — STEINMANN, G.: Beiträge zur Stammesgeschichte der Cephalopoden Z. Abstammgslehre **36** (1925). — ROBSON, G. C.: A monograph of the recent Cephalopoda etc. 1. London 1929. — Vgl. außerdem die Arbeiten von GRENACHER, OWEN, VIGELIUS, FICALBI, BOBRETZKY, BROOKS, OWSJANNIKOW u. KOWALEVSKY, HAMLYN-HARRIS, GIROD, MEYER, DISTASO, TEICHMANN, RICHTER, EBERSBACH, PFEFFERKORN, JOUBIN, BROCK, SASAKI u. a.

als Hafttentakel. Bei den übrigen Cephalopoden erscheinen die Arme auf zehn (*Decapoda*) oder acht (*Octopoda*) reduziert, jedoch mächtig entwickelt und mit Saugnäpfen oder mit solchen und Haken (*Onychoteuthidae, Enoploteuthidae*) an der Mundseite besetzt. Unter den zehn Armen der Decapoden sind zwei zu langen, oft in Taschen zurückziehbaren Fangarmen (sogenannten Tentakeln) ausgebildet, die nur an ihrem freien Ende Saugnäpfe tragen. Zuweilen findet sich zwischen der Basis der Arme eine Hautfalte, so daß der Armapparat um die Mundöffnung einen Trichter bildet, dessen Raum bei der Bewegung verengt und erweitert wird (Abb. 864).

Wie LEUCKART zuerst gezeigt hat, ist die Länge des Eingeweidesackes als die Höhe desselben, somit sein äußerstes Ende als die Spitze des Rückens zu deuten. Die beim Schwimmen der Tiere scheinbare Rückenfläche des Eingeweidesackes ist demnach als die vordere aufsteigende Fläche des Rückens, die scheinbare Bauchfläche als die hintere absteigende Fläche desselben anzusehen, die Lage des Afters bezeichnet das hintere Körperende. Auf der hinteren, in natürlicher Lage ventralen Seite des Leibes liegt die Mantelhöhle. Die hintere Mantelwand ist zuweilen (*Decapoda*) seitlich durch Haftnäpfe an der Trichterbasis befestigt. Bei *Decapoden* und *Cirroteuthis* trägt der Mantel seitliche Flossen.

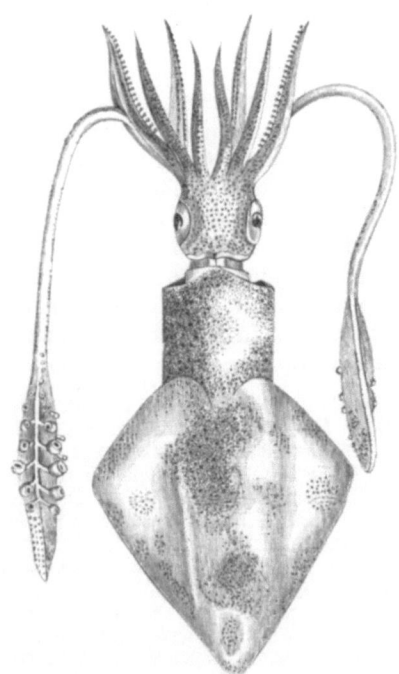

Abb. 863. *Loligo vulgaris.* (Nach VERANY.) Etwa ⅕

Der Fuß erhebt sich an der Bauchseite aus der breiten Mantelspalte und erscheint dütenförmig (*Nautilus*) (Abb. 875) oder durch Verwachsung der Seitenränder zu einem Trichterrohre umgestaltet, das mit seiner breiten Basis in die Mantelhöhle hineinreicht (Abb. 871). Er fungiert im Vereine mit der kräftigen Mantelmuskulatur als Locomotionsorgan, indem das Atemwasser durch die Contraction des Mantels aus dem Trichter stoßweise entleert wird; infolge des Rückstoßes schießt das Tier nach rückwärts im Wasser fort. Im Inneren des Trichters findet sich bei *Nautilus* sowie den meisten *Decapoden* eine Klappe und allgemein eine Schleimdrüse (MÜLLERsches Organ). Morphologisch entspricht der düten- oder trichterförmige Fuß übereinandergelegten, bzw. verwachsenen Parapodien, während die Trichterklappe aus dem Mittelteile des Fußes hervorgegangen ist.

Eine äußere umfangreiche Schale findet sich unter den heute lebenden Cephalopoden nur bei *Nautilus*, wo sie dorsalwärts spiralig eingerollt und durch nach vorn konkave, mit einer Öffnung und apicalwärts gerichteten Siphonaltute versehene Querscheidewände in Kammern geteilt ist, von denen die äußerste größte dem Tiere zur Wohnung (Wohnkammer) dient (Abb. 875). Die übrigen kontinuierlich sich verjüngenden Kammern sind mit Luft erfüllt, und werden von einer central die Scheidewände durchsetzenden kalkigen Röhre (Sipho), welche einen Fortsatz des Tierkörpers einschließt, durchzogen.

Sonst ist die Schale stets eine innere. *Spirula* (Abb. 877) besitzt noch eine kleine gekammerte, jedoch ventralwärts eingerollte Schale, die dorsal und ventral unter dem hier verdünnten Mantel durchschimmert und bloß die Spitze des Eingeweidesackes in ihrer Wohnkammer birgt. Bei allen übrigen Formen ist die Schale reduziert oder fehlt vollständig. Im ersteren Falle stellt sie meist ein blattförmiges Gebilde (Schulpe) vor (Abb. 871). Bei *Sepia* besteht die Hauptmasse der Schulpe aus parallelen Kalkschichten. Ihr hinterer Napf dürfte dem Rest der gekammerten Schale (sogenannter Phragmoconus), das kopfwärts gerichtete Schalenblatt dem Proostracum, einer blattförmigen Verlängerung des Phragmoconus, der hintere Stachel samt der Außenschichte des Proostracums dem Rostrum (einer sekundären Auflagerung) der *Belemnitenschale* entsprechen. In anderen Fällen (*Oegopsiden, Loligo*) bildet die Schulpe ein federkielförmiges chitiniges Schalenblatt (Proostracum), bei *Ommatostrephes* mit kleinem Endconus (Phragmoconusrest). Endlich kann die Schale zu einem Blättchen oder zu kleinen paarigen Stäbchen (*Octopus, Eledone*) rückgebildet sein oder vollständig fehlen. Unter den Octopoda besitzt das Weibchen von *Argonauta* eine ungekammerte, dorsalwärts eingekrümmte Schale, in welcher das Tier frei steckt und die von dem mit breiten Lappen versehenen dorsalen Armpaar abgeschieden werden soll (Abb. 878). Nach STEINMANN soll dagegen die Schale von *Argonauta* aus der Ammonitenschale hervorgegangen sein und vom Mantelrande, von der Mantelfläche und den Rückenarmen gebildet werden. Höchstwahrscheinlich aber handelt es sich bei der Schale der weiblichen *Argonauta* um eine sekundäre Schalenbildung, die eine Zurückführung auf die Ammonitenschale kaum gestattet.

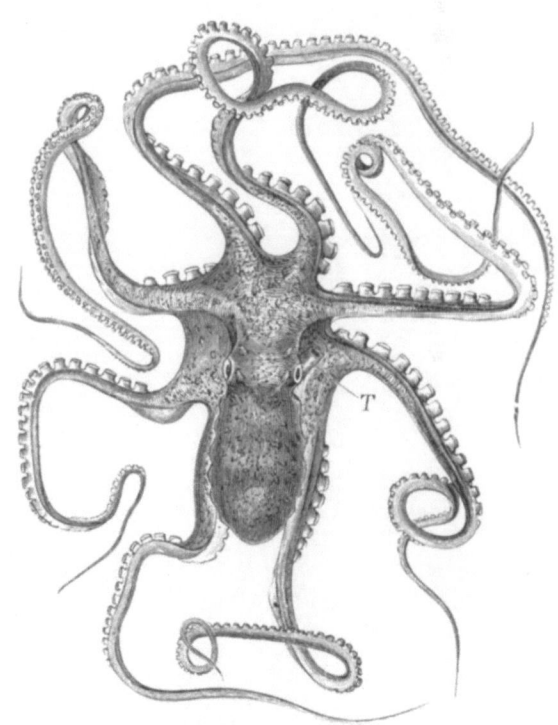

Abb. 864. *Octopus (Polypus) macropus*, kriechend. (Nach VERANY.) ¹/₃. *T* Trichter.

Die Verbindung zwischen Tier und Schale erfolgt bei *Nautilus* durch an die Schale befestigte Retractoren; die gleichen Muskeln erhalten sich auch bei den übrigen Cephalopoden.

Die Unterhaut der Cephalopoden ist Sitz der das bekannte Farbenspiel veranlassenden *Chromatophoren*. Es sind sackförmige Pigmentzellen, an deren Hülle sich zahlreiche radiäre Muskelfasern befestigen. Kontrahieren sich letztere, so bildet die Zelle Ausläufer, in die sich der Farbstoff peripherisch verteilt (Abb.115). Bei Expansion der Muskeln zieht sich die Zelle wieder zu ihrer kugeligen Form zusammen und der Farbstoff konzentriert sich auf einen geringen Raum. Zu diesen von einem besonderen Innervationscentrum (am Stiele des Ganglion opticum) abhängigen Chromatophoren kommt eine tiefer liegende Schicht von Zellen (Iridocyten) mit kleinen glänzenden Flitterchen, deren Interferenzfarben die Haut ihren Schiller und Silberglanz verdankt (Abb. 116). Leuchtorgane finden sich vor allem bei *Oegopsiden* der Tiefsee (*Histioteuthis, Abraliopsis, Lycoteuthis* u. a.) (Abb. 876), aber auch bei einigen *Myopsiden* (*Spirula, Sepiola* u. a.). Sie liegen um die Augen, am Körper und an den Kopfarmen; bei *Loligo, Sepia, Sepiola* fungieren die accessorischen Nidamentaldrüsen als Leuchtorgan zu Folge in ihrem Inneren sich findender Leuchtbakterien (s. S. 180 Abb. 166).

Die Cephalopoden besitzen auch innere Knorpelskeletteile. So findet

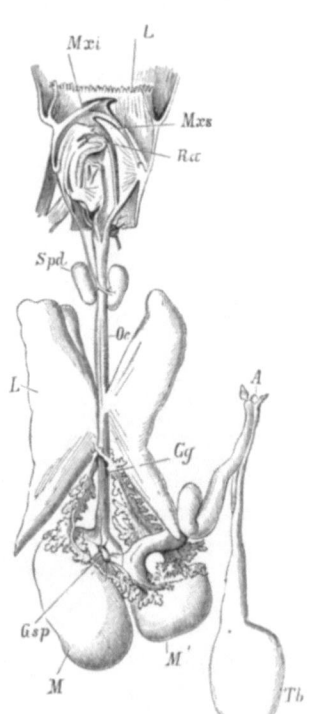
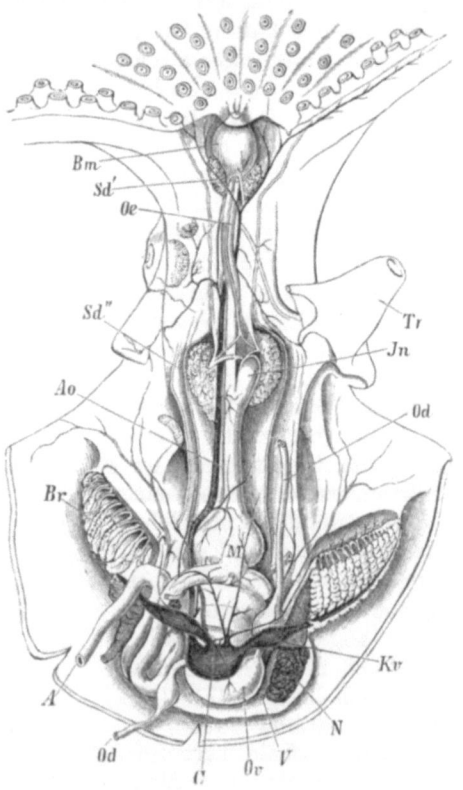

Abb. 865. Verdauungsapparat von *Sepia officinalis*. (Nach KEFERSTEIN, kombiniert.) *L* Buccalmembran, *Mxi* unterer, *Mxs* oberer Kiefer, *Ra* Radula, *Spd* Speicheldrüse, *Oe* Oesophagus. *L* Leber, *Gg* Lebergänge mit den pancreatischen Anhängen, *Gsp* Ganglion gastricum, *M* Magen, *M'* Magenblindsack, *A* After, *Tb* Tintenbeutel.

Abb. 866. Anatomie von *Octopus (Polypus) vulgaris*, die Leber entfernt. (Nach M. EDWARDS.) *Bm* Buccalmasse, *Sd'*, *Sd"* Speicheldrüsen, *Oe* Oesophagus, *Jn* Kropf, *M* Magen, *A* zurückgeschlagener Afterdarm, *Tr* Trichter, *Br* Kiemen, *Ov* Ovarium, *Od* Oviducte, *N* Niere, *Kv* Kiemenvene, *C* Herzkammer, *Ao* Aorta, *V* Vene.

man einen Kopfknorpel zum Schutze des Centralnervensystems und der Statocysten. Dazu kommen noch Augenknorpel, ein sogenannter Armknorpel und Nackenknorpel, verschiedene Knorpel am Verschlusse des Mantels und Flossenknorpel als Stütze der Flossen.

Im Centrum der Arme liegt die Mundöffnung (Abb. 865), von einer ringförmigen Hautfalte, der Buccalmembran, umgeben und mit kräftigen Kiefern bewaffnet, welche als hornige Ober- und Unterkiefer in Gestalt eines umgekehrten Papageienschnabels hervorragen. Die (einigen *Cirroteuthiden* fehlende) Radula trägt in jedem Gliede einen Mittelzahn und jederseits drei lange, hakenförmige Seitenzähne, zu denen auch noch flache zahnlose Platten hinzutreten können. In die Mundhöhle münden meist zwei Paare von Speicheldrüsen. Der lange Oesophagus bleibt entweder eine einfache Röhre oder bildet (*Nautilus, Octopoden*) vor dem Übergange in den Magen eine kropfartige Erweiterung (Abb. 866). Der Magen hat eine meist kugelige Form und eine innere, in Längsfalten oder Zotten erhobene Auskleidung. Neben der Übergangsstelle in den Darm entspringt ein umfangreicher, zuweilen spiral gewundener Blindsack, welcher die Ausführungsgänge der mächtigen paarigen Leber aufnimmt. Die Lebergänge sind bei den *Decapoden* mit Drüsenläppchen (sogenannte pancreatische Anhänge) besetzt und ragen, vom Nierenepithel bedeckt, in die Niere (Abb. 871); bei den *Octopoden* finden sich diese Drüsenanhänge am Anfange der Lebergänge zusammengedrängt. An der Afteröffnung mündet fast allgemein eine vom Rectum aus sich entwickelnde Anhangsdrüse, der Tintenbeutel; er besitzt die Gestalt eines birnförmigen gestielten Sackes und produziert ein schwarzes Secret (Tinte), welches entleert das Tier in eine schwarze Wolke hüllt und vor Nachstellungen größerer Seetiere schützen kann.

Als Respirationsorgane finden sich an den Seiten des Eingeweidesackes in der Mantelhöhle entweder vier ganz freie (*Tetrabranchiata*) oder zwei angewachsene (*Dibranchiata*) doppelfiederige Kiemen. Das Herz liegt im oberen (hinteren) Teile des Eingeweidesackes und nimmt seitlich ebenso viele Kiemenvenen (sogenannte Vorhöfe) auf, als Kiemen vorhanden sind (Abb. 866, 868). Nach vorne entsendet es eine große Aorta (A. cephalica), die in ihrem Verlaufe Äste an den vorderen Teil des Mantels, Darmkanal und Trichter abgibt und sich im Kopfe in Gefäßstämme für Augen, Lippen und Arme auflöst. Außerdem tritt aus dem Herzen eine hintere Eingeweide-

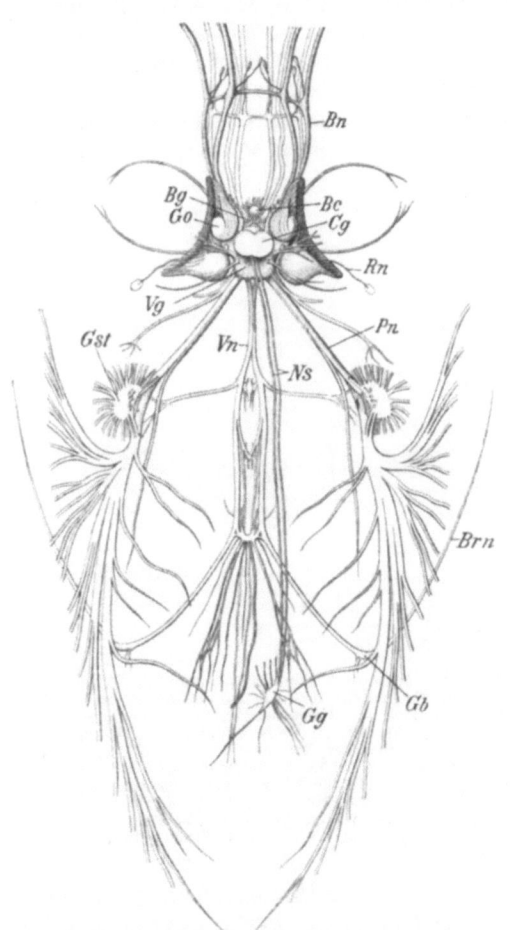

Abb. 867. Nervensystem von *Sepia officinalis*. (Nach HILLIG, etwas vereinfacht.) *Bc* Oberes Buccalganglion, *Bg* Brachialganglion, *Bn* Tentakelnerven, *Brn* Kiemennerv, *Cg* Cerebralganglion, *Gb* Kiemenganglion, *Gg* Ganglion gastricum, *Go* Augenganglion, *Gst* Ganglion stellatum, *Ns* Nervus sympathicus, *Pn* Mantelnerv, *Rn* Nervus olfactorius, *Vg* Visceralganglion, *Vn* Visceralnerven.

arterie sowie meist eine gesonderte Genitalarterie aus. Die in allen Organen reich entwickelten Capillarnetze gehen teils in Blutsinus, teils in Venen über, welche sich in einer großen vorderen sogenannten Hohlvene sowie in seitlichen Venen sammeln. Erstere teilt sich gabelförmig in zwei oder (*Nautilus*) vier, das Blut zu den Kiemen führende, die seitlichen Venen aufnehmende Stämme, die sogenannten Kiemenarterien, deren Wandung (*Nautilus* ausgenommen) vor ihrem Eintritt in die Kiemen regelmäßig pulsierende Kiemenherzen bildet. Bei den Cephalopoden gelangt alles Blut durch die Kiemen zum Herzen. In dem Ligamente der Kieme findet sich bei den Dibranchiaten eine Blutdrüse (Kiemenmilz). Eine Lymphdrüse (?) ist der um das Auge, zwischen ihm und dem Augenganglion gelegene sogenannte weiße Körper.

Das Nervensystem (Abb. 867) zeichnet sich durch große Konzentration aus. Es besteht bei *Nautilus* aus kurzen, dem Kopfknorpel aufgelagerten Cerebral-, Pedal- und Visceralstrang, bei den *Dibranchiaten* aus dicht um den Schlund zusammengedrängten und in dem Kopfknorpel vollständig eingeschlossenen Cerebral-, Pedal- und Visceralganglien. Mit dem Cerebralganglion hängt ein kleines, vor ihm über dem Schlund gelegenes Ganglion buccale superius zusammen, von dem die Buccalcommissur mit zwei aneinander gelagerten Ganglien (Ganglion buccale inferius) sowie eine Com-

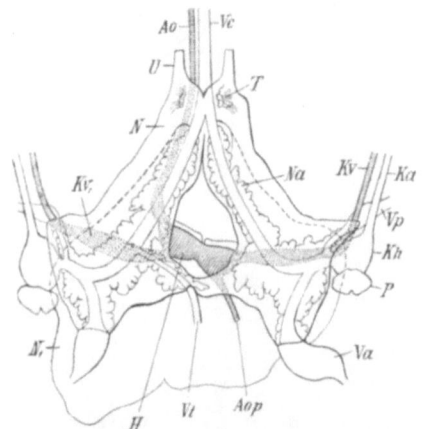

Abb. 868. Niere und Kreislaufsorgane von *Sepia officinalis* (Original G.). *Ao* Vordere, *Aop* hintere Aorta, *H* Herzkammer, *Ka* Kiemenarterie, *Kh* Kiemenherz, *Kv* Kiemenvene, *Kv₁* ihr Vorhofsabschnitt, *N* Niere, *N₁* vorderer unpaarer Nierensack, *Na* Faltungen der Nierenwand über den Venen (sogenannte Venenanhänge), *P* Pericardialdrüse (Kiemenherzanhang), *T* Kommunikation der Niere mit dem Cölom (Nephrostom), *U* Ureter, *Va* Vena abdominalis, *Vc* Vena cava, *Vp* Vena pallialis, *Vt* Vene des Tintenbeutels.

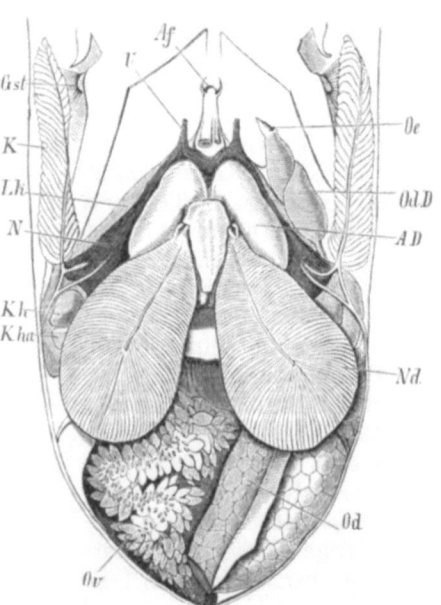

Abb. 869. Anatomie des Rumpfes von *Sepia officinalis* (Nach GROBBEN.) *Ov* Ovarium im geöffneten Cölom, *Od* Oviduct, *Oe* seine Öffnung, *OdD* Eileiterdrüse, *Nd* Nidamentaldrüse, *AD* akzessorische Nidamentaldrüse, *N* Niere, *U* Ureter, *Lk* Cölomkanal, *Kh* Kiemenherz, *Kha* Kiemenherzanhang (Pericardialdrüse), *K* Kiemen, *Af* After, *Gst* Ganglion stellatum.

missur zum Brachialganglion ausgeht. Vom Pedalganglion entspringt der Trichternerv und das große Brachialganglion mit den Nerven für die Arme. Die äußerlich nicht abgesetzten Pleuralganglien (Pleuralcentren) entsenden die Mantelnerven, in deren Verlauf das Ganglion stellatum auftritt, die Visceralganglien die Visceralnerven mit eingelagerten besonderen Kiemenganglien. Vom unteren Buccalganglion entspringen zwei Eingeweidenerven, die längs des Oesophagus zu dem am Magen gelegenen Ganglion gastricum gehen (Abb. 865).

Von Sinnesorganen finden sich bei *Nautilus* zwei Kopffühler neben dem Auge. Große, zu Seiten des Kopfes gelegene Augen kommen allen Cephalopoden zu. Bei *Nautilus* ist das Auge ein tiefer Becher ohne lichtbrechenden Apparat (Abb. 199), bei den übrigen Cephalopoden ein Blasenauge von hoher Complication (vgl. S. 204, Abb. 200). Es liegt hier in einer teilweise vom Kopfknorpel gebildeten Orbita und wird von weiteren Knorpeln gestützt. Die vordere Augenkammer ist entweder durch eine ziemlich weite Stelle in der als Cornea bezeichneten Hautfalte nach außen offen (*Oegopsida*), oder es wird, wie bei den *Myopsida* und *Octopoda*, die Öffnung sehr eng oder vollkommen geschlossen. Die Statocysten liegen bei den *Dibranchiaten* im Kopfknorpel eingeschlossen und enthalten einen großen Statolithen über der Macula statica princeps sowie Maculae neglectae mit Statoconien, außerdem ist eine Crista statica vorhanden. Von der Statocyste geht ein kleiner blindgeschlossener Kanal ab (Rest der Communication mit der Haut). Ein Geruchsorgan liegt ventral vom Auge meist in Form einer Grube; Osphradien sind nur bei *Nautilus* in der Nähe der Kiemen vorhanden.

Als Excretionsorgan fungieren ein Paar, bei *Nautilus* zwei Paar Nierensäcke mit je einer Ausmündung, zuweilen auf einer Papille, zu Seiten des Afters. Die vordere Wand dieser Säcke ist oberhalb der vorbeiziehenden Venen in Form traubiger Läppchen eingestülpt (sogenannte Venenanhänge) (Abb. 868, 871). Häufig (*Decapoda*) verschmelzen die beiden Nierensäcke miteinander und stülpen sich überdies zu einem großen unpaaren Nierensacke aus. Eine trichterförmige Communication (Nephrostom) mit dem Cölom liegt in der Nähe der Nierenpapille, *Nautilus* ausgenommen, bei dem das Cölom neben der Öffnung der hinteren Niere direkt nach außen mündet.

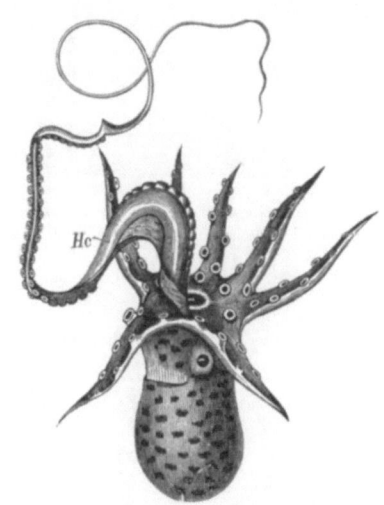

Abb. 870. Männchen von *Argonauta argo*. (Nach H. MÜLLER.) 4/1. *Hc* Hectocotylus.

Die Cölomhöhle (Abb. 871) ist bei *Nautilus* und den *Decapoden* umfangreich. Sie zerfällt in einen ventralen (vorderen) Teil, den Pericardialraum, der das Herz enthält, und in einen dorsalen (hinteren), mit ersterem in offener Verbindung stehenden Teil (Genitalhöhle), an dessen Wand die Genitaldrüse liegt. In Seitenkammern des Pericardialraumes liegen die Kiemenherzen, sowie an denselben der sog. Kiemenherzanhang, eine Drüse des Cölomepithels (Pericardialdrüse) vielleicht incretorischer Funktion. Vom Pericardialraum gehen Cölomkanäle zum Wimpertrichter der Niere. Bei *Nautilus* öffnet sich das Cölom neben der hinteren Nierenöffnung direkt nach außen. Das Cölom der *Octopoden* ist sehr verengt, es beschränkt sich auf die Höhle der Genitaldrüse sowie von ihr zum Nephrostom verlaufende dünne Kanäle mit einem kleinen lateralen Säckchen, das die Pericardialdrüse enthält.

Die Cephalopoden sind getrennten Geschlechts. Männchen und Weibchen zeigen schon äußerlich, vornehmlich an einem bestimmten Arme, Geschlechtsdifferenzen. Nach der Entdeckung STEENSTRUPS erscheint beim Männchen stets ein bestimmter Arm als Hilfsorgan der Begattung umgestaltet, *hectocotylisiert*. Bei *Spirula* sind beide Arme des 4. (ventralen) Paares hectocotylisiert. Die meisten *Oegopsiden, Sepia, Loligo* zeigen den 4. linken Arm verändert (Abb. 876), die Saugnäpfe an der Armbasis rudimentär (*Sepia*). Bei *Sepiola* und *Sepietta* ist das 3. Armpaar des Männchens verstärkt und mit kleineren Saugnäpfchen ausgestattet, während der linke (1.) Dorsalarm hectocotylisiert ist und an der Basis einen besonders gestalteten Apparat besitzt. Bei den *Octopoden* ist fast überall der 3. Arm der rechten Seite hectocotylisiert; bei einigen (*Ocythoë, Tremoctopus, Argonauta*) erscheint der männliche Hectocotylusarm (bei *Argonauta* der 3. Arm der linken Seite) als individualisierter Begattungsapparat, der sich in einem Sack entwickelt und mit einer großen Spermatophore füllt;

bei der Begattung trennt er sich vom männlichen Körper ab, bleibt eine Zeitlang in der Mantelhöhle des Weibchens lebensfähig und überträgt selbständig das Sperma in den weiblichen Leitungsweg (Abb. 870). Sehr ansehnlich differieren beide Geschlechter von *Argonauta*, dessen Weibchen sich durch bedeutendere Körpergröße sowie den Besitz einer äußeren Schale dem kleinen schalenlosen Männchen gegenüber auszeichnet (Abb. 870 und 878). Das Männchen von *Nautilus* ist durch den sogenannten Spadix unterschieden, der sich aus den vier ventralen linksseitigen umgewandelten inneren Tentakeln aufbaut.

Die Höhle der stets unpaaren, in der Spitze des Eingeweidesackes gelegenen

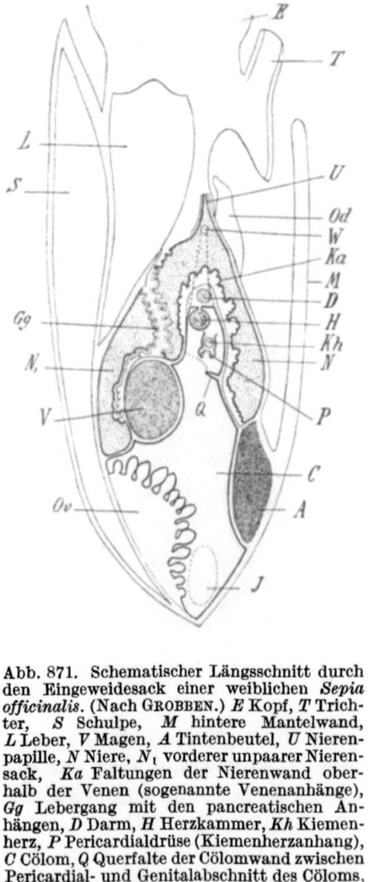

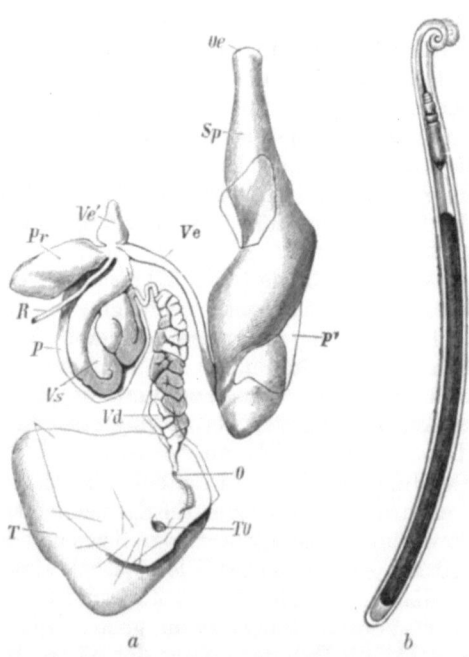

Abb. 871. Schematischer Längsschnitt durch den Eingeweidesack einer weiblichen *Sepia officinalis*. (Nach GROBBEN.) *E* Kopf, *T* Trichter, *S* Schulpe, *M* hintere Mantelwand, *L* Leber, *V* Magen, *A* Tintenbeutel, *U* Nierenpapille, *N* Niere, N_t vorderer unpaarer Nierensack, *Ka* Faltungen der Nierenwand oberhalb der Venen (sogenannte Venenanhänge), *Gg* Lebergang mit den pancreatischen Anhängen, *D* Darm, *H* Herzkammer, *Kh* Kiemenherz, *P* Pericardialdrüse (Kiemenherzanhang), *C* Cölom, *Q* Querfalte der Cölomwand zwischen Pericardial- und Genitalabschnitt des Cöloms. *Ov* Ovarium, *J* innere Öffnung des Oviducts (*Od*), *W* Kommunikation der Niere mit dem Cölom (Wimpertrichter).

Abb. 872. a Männliche Geschlechtsorgane von *Sepia officinalis* (Original G.). *T* Hoden mit einem Stück Peritoneum, *TO* Öffnung des Hodens in die Cölomhöhle, *Vd* Ductus deferens, *O* seine Mündung in die Cölomhöhle, *Vs* Vesicula seminalis, *Pr* Prostata, *R* Seitenröhrchen (Canalis ciliaris), das durch eine Öffnung in die eröffnete sogenannte Genitaltasche (*P*) führt, *Ve* distaler Teil des Ductus deferens, *Ve'* Blindsack des Ductus deferens, *Sp* Spermatophorensack (NEEDHAMsche Tasche), *Oe* Geschlechtsöffnung, *P*, *P'* Abschnitte der Genitaltasche, von welcher der eine (*P*) die Vesicula seminalis aufnimmt. — b Spermatophore von *Sepia*. (Nach M. EDWARDS.)

Genitaldrüse bildet einen Teil des Cöloms und steht oft mit dem Pericardialraum in offener Communikation (Abb. 871); die Genitaldrüse stellt ein Keimlager vor, dessen Producte in das Cölom fallen und aus demselben durch die gesondert einmündenden Ausführungsgänge aufgenommen werden. Die Oviducte sind bei fast allen *Oegopsiden* und *Octopoden* sowie bei *Nautilus* paarig, bei letzterem aber der linke rudimentär. In allen übrigen Fällen ist nur ein linksseitiger Eileiter vorhanden (Abb. 869). Im Verlaufe des Oviductes findet sich eine rundliche Drüse. Dazu kommen noch bei den *Decapoden* und *Nautilus* Drüsen der Mantelhöhle, die *Nidamentaldrüsen*, welche in der Nähe der Geschlechtsöffnung ausmünden und einen Kittstoff zur Umhüllung und Verbindung der Eier secernieren. Die Eier werden zuweilen einzeln (*Octopus*, *Sepia*) von langgestielten Kapseln umhüllt und bilden nebeneinander an fremden Gegenständen des Meeres abgelegt die sogenannten Seetrauben; in anderen Fällen liegen sie in einen gallertigen, bei *Oegopsiden* flottierenden Laich in großer Zahl eingeschlossen. Brutpflege besteht bei *Argonauta*, die den Laich an die Schale befestigt mit sich herumträgt. *Ocythoë* ist vivipar.

Der männliche Genitalgang (Abb. 872a) ist bei *Nautilus* beiderseits vorhanden, aber nur der rechte in Funktion, sonst mit seltener Ausnahme (*Calliteuthis*) unpaar und linksseitig ausgebildet. Man unterscheidet an ihm einen engen, vielfach gewundenen Abschnitt (Samenleiter), eine erweiterte lange Samenblase mit Prostatadrüse an ihrem Ende und einen geräumigen Spermatophorensack, die NEEDHAMsche Tasche, welche durch eine Papille in die Mantelhöhle ausmündet. Bei den *Decapoden* geht vom Ende der Samenblase ein Röhrchen (Canalis ciliaris) aus, das sich in einem besonderen Sack, die sogenannte Genitaltasche, in welcher Vesicula seminalis, Prostata und Blindsack des Ductus deferens liegen, öffnet. Die Genitaltasche entsteht von der Haut aus und bleibt bei *Oegopsiden* weit offen, während sie sich bei *Myopsiden*, ebenso bei *Octopoden* schließt. Die Samenmassen werden in Spermatophoren (Abb. 872b) eingeschlossen, welche durch Vermittlung des Hectocotylusarmes an den weiblichen Körper gebracht werden.

Die Entwicklung ist direkt und wird durch eine discoidale, auffällig symmetrische Dotterfurchung eingeleitet (Abb. 257). Es bildet sich eine Keimscheibe aus, die sich während ihrer weiteren Entwicklung von dem ventralen Teile des Keimes, der sich zum Dottersack gestaltet, mehr und mehr abschnürt. An der Embryonalanlage (Abbild. 873) entstehen der Mantel, zu dessen Seiten die beiden Trichterlappen, sodann zwischen diesen und dem Mantel die Kiemen. Ebenfalls seitlich, aber außerhalb der Trichterhälften, erheben sich die Anlagen des Kopfes als zwei Paare läng-

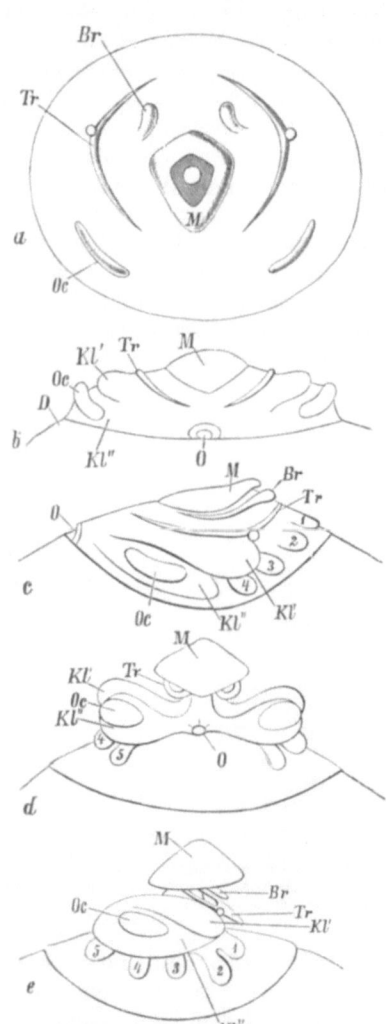

Abb. 873. Entwicklungsstadien von *Sepia officinalis*. (Nach KÖLLIKER.) a Keimscheibe von oben gesehen. *Br* Kiemen-, *Tr* Trichteranlage, *Oc* Auge, *M* Mantel. — b Etwas älteres Stadium, von vorn gesehen. *D* Dotter, *Kl'* vorderer, *Kl''* hinterer Kopflappen, *O* Mund. — c Späteres Stadium von der Seite. *1—4* Anlagen der Arme. — d Älteres Stadium, von vorn gesehen. *5* Fünftes Armpaar. — e Noch späteres Stadium in seitlicher Ansicht. Die Trichterhälften haben sich vereint.

licher Lappen, und am äußeren ventralen Rande des Keimes die Anlagen der Arme. Mit der weiteren Entwicklung überwächst der Mantel die Kiemen und die Trichterhälften, welche zur Bildung des Trichters verschmelzen. Der zwischen den Armen vorragende Dottersack (Abb. 874) bildet sich allmählich bis zur Zeit des

Ausschlüpfens zurück. Gleichzeitig gelangt durch dorsales Vorrücken der Arme der ursprünglich außerhalb der Armanlagen gelegene Mund inmitten der Arme.

Die Cephalopoden sind Meeresbewohner und gute Schwimmer, welche teils an den Küsten, teils auf hoher See, viele in großen Tiefen leben und sich vom Fleische anderer Tiere, besonders Crustaceen, ernähren. Einige erreichen eine sehr bedeutende Größe (*Architeuthis* wird mit ausgestreckten Fangarmen bis 18 m lang). Von Cephalopoden findet das Fleisch, dann der Farbstoff des Tintenbeutels (Sepia) und die Rückenschulpe (Os sepiae) Verwendung. Von der ältesten silurischen Periode an kommen Cephalopoden (*Belemniten, Ammoniten*) in allen Formationen als wichtige Charakterversteinerungen vor.

1. Unterordnung. *Tetrabranchiata.* Cephalopoden mit vier Kiemen, mit zahlreichen retractilen drüsigen Armen (Tentakeln) um den Kopf, mit dütenförmigem Fuße und vielkammeriger äußerer Schale.

Eigentümlich verhält sich die Kopfbewaffnung, indem eine große Zahl von fadenförmigen, drüsigen, in Scheiden retractilen Tentakeln die Mundöffnung um-

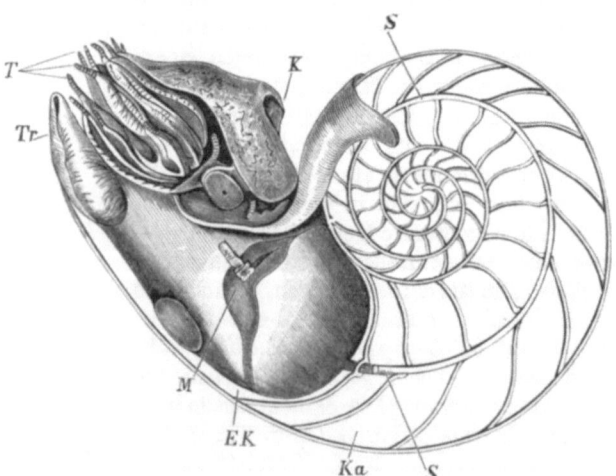

Abb. 874. Fast reifer Embryo von *Sepia officinalis.* (Nach KÖLLIKER.) *Ds* Dottersack.

Abb. 875. *Nautilus* (aus règne animal). ²/₅. *T* Kopfarme, *K* Kopfkappe, *Tr* Trichter, *Ka* Kammern, *EK* Endkammer der Schale, *S* Sipho, *M* Schalenmuskel.

stellt (Abb. 875). Man unterscheidet jederseits 19 äußere Tentakel, von denen das rückenständige Paar eine Art Kopfkappe bildet, welche die Mündung der Schale verschließen kann; dazu kommen jederseits 12 innere Tentakel, von denen sich die vier ventralen linksseitigen beim Männchen zum sogenannten Spadix umwandeln. Beim Weibchen finden sich innerhalb der letzteren noch an jeder Seite 14—15 bauchständige Lippententakel. Die Augen sind gestielt und entbehren aller brechenden Medien. Der Trichter bildet ein dütenförmig zusammengerolltes Blatt und besitzt eine Klappe. Ein Tintenbeutel fehlt. Die Kiemen sind in Vierzahl vorhanden, ebenso die Kiemengefäße und Nierensäcke. Kiemenherzen fehlen.

Die dicke äußere Schale der Tetrabranchiaten ist in ihrem hinteren Teile durch Querscheidewände in zahlreiche mit Luft gefüllte Kammern geteilt, welche von dem Sipho durchsetzt werden, und besteht aus einer äußeren, häufig gefärbten Kalkschichte und einer inneren Perlmutterlage. Bei *Nautilus pompilius* kommt auch Perlbildung vor.

Fam. *Nautilidae.* Scheidewände der Schalenkammern einfach gebogen, nach vorn konkav. Siphonaltuten nach hinten gerichtet. *Nautilus pompilius* L. Still. Ozean.

Hier schließen sich die fossilen *Orthoceratidae* und *Ascoceratidae* an. Vielleicht waren auch die fossilen, mit Ende der mesozoischen Ära erlöschenden *Ammonoideen* tetrabranchiat.

2. Unterordnung. *Dibranchiata*. Cephalopoden mit zwei Kiemen, acht bis zehn saugnapf- oder hakentragenden Armen um den Kopf, mit trichterförmigem Fuße und reduzierter Schale.

Die *Dibranchiaten* besitzen acht mit Saugnäpfen oder Haken bewaffnete Arme, zu denen bei den Decapoden noch zwei lange Tentakel zwischen dem dritten und vierten Armpaare hinzukommen. Es finden sich nur zwei Kiemen, denen die Zahl der Kiemengefäße und Nieren entspricht. Der Trichter ist geschlossen. Tintenbeutel meist vorhanden. Der Körper ist nackt, die Schale reduziert und eine innere; sie fehlt bei manchen Formen vollständig. Eine sekundäre äußere Schale besitzt das Weibchen von *Argonauta*.

1. Sektion. *Decapoda*. Außer den acht Armen zwei lange Tentakel. Saugnäpfe gestielt und mit Chitinringen versehen. Der Mantel trägt zwei seitliche Flossen. Innere Schale gewöhnlich vorhanden.

1. Tribus. *Oegopsida*. Augen mit weit offener Hornhaut. Fangarme (Tentakel) nicht retractil.

Fam. *Ommatostrephidae*. Körper schlank. Kopf und Armapparat groß. Saugnäpfe mit gezähntem Ring. Schulpe kielförmig mit kleinem Endkonus. *Ommatostrephes sagittatus* Lm. Mittelmeer, Atlant. Ozean. *Stenoteuthis bartrami* Lsr. In allen wärmeren Meeren. Hier schließt sich an *Thysanoteuthis rhombus* Trosch. Atlant. Ozean, Mittelmeer.

Fam. *Onychoteuthidae*. Körper schlank, Hinterende spitz. Arme mit Haken an Stelle aller oder der meisten Saugnäpfe. *Onychoteuthis banksi* Leach. Weit verbreitet. *Ancistroteuthis lichtensteini* Orb. Mittelmeer.

Fam. *Enoploteuthidae*. Armapparat kräftig. Augen groß. Saugnäpfe meist in Haken umgewandelt. Häufig mit Leuchtorganen. *Octopodoteuthis (Veranya) sicula* Rüpp. Die Tentakel gehen bei dem ausgebildeten Tiere verloren. Mittelmeer. *Enoploteuthis leptura* Leach. *Abraliopsis morisi* Ver. Tiefsee, Ind. Ozean (Abb. 876). Hier schließt sich an *Lycoteuthis (Thaumatolampas) diadema* Chun. Tiefsee, Südatlant. Ozean. *Histioteuthis bonelliana* Fér. Mit Leuchtorganen. Mittelmeer, Atlant. Ozean. *Calliteuthis* Verrill. Ferner *Architeuthis* Steenstr. Atlant. Ozean. Größte lebende Cephalopoden, mit ausgestreckten Fangarmen bis 18 m lang.

Abb. 876. *Abraliopsis morisi*, Männchen, mit hectocotylisiertem Arm und Leuchtorganen. (Nach Chun.) $^2/_1$

Fam. *Cranchiidae*. Arme sehr kurz. Flossen klein, am Ende des Körpers. Augen vorspringend. Mit Leuchtorganen. *Cranchia scabra* Leach. Tiefsee, in den wärmeren Meeren.

2. Tribus. *Myopsida*. Augen (*Spirula* ausgenommen) mit bis auf einen kleinen Porus oder vollkommen geschlossener Hornhaut.

Fam. *Loliginidae*. Körper ziemlich lang, konisch. Flossen groß. Fangarme nicht retractil. Schulpe chitinig, kielfederförmig. Zipfel der Buccalmembran zuweilen mit Saugnäpfen. *Loligo vulgaris* Lm. Atlant. Ozean, Mittelmeer (Abb. 863). *Sepioteuthis sepioidea* Blainv. Ind. Ozean.

Fam. *Sepiolidae*. Körper kurz, hinten abgerundet, mit rundlichen Flossen, Schulpe rudimentär oder fehlend. Fangarme retractil. *Sepietta oweniana* Orb. *Sepiola rondeleti*

STEENSTR. Atlant. Ozean, Mittelmeer. *S. (Eusepiola) intermedia* NAEF. *Rossia macrosoma* CHIAJE. Mittelmeer.

Fam. *Spirulidae*. Mit innerer kleiner, ventralwärts eingerollter, gekammerter, mit einem Sipho versehener Schale, deren Windungen sich nicht berühren und die dorsal und ventral durch den hier verdünnten Mantel durchschimmert (Abb. 877). Zwischen den Flossen die sogenannte Terminalscheibe mit centralem Leuchtorgan (CHUN). Öffnung der Hornhaut groß. *Spirula spirula* L. (*australis* LM.). Tiefsee, Atlant. Ozean, Paz. Ozean (Abb. 877). Verwandt sind die fossilen *Belemnitidae*.

Fam. *Sepiidae*. Körper oval, mit langen Seitenflossen. Schuppe kalkig. Fangarme retractil. *Sepia officinalis* L., Tintenfisch. Europ. Meere.

2. Sektion. *Octopoda*. Die beiden Tentakel fehlen. Die acht Arme groß, mit ungestielten Saugnäpfen ohne Chitinring. Der kurze rundliche Körper entbehrt in vielen Fällen der inneren Schulpe und der Flossenanhänge. Mantel durch ein breites Nackenband an den Kopf befestigt. Trichter ohne Klappe.

1. Tribus. *Cirrata*. Arme oft fast bis zur Spitze durch eine Hautfalte verbunden. Alternierend mit den einreihig angeordneten Saugnäpfen je eine Reihe fädiger Cirren. Flossen vorhanden. Tintenbeutel fehlt. Tiefseebewohner.

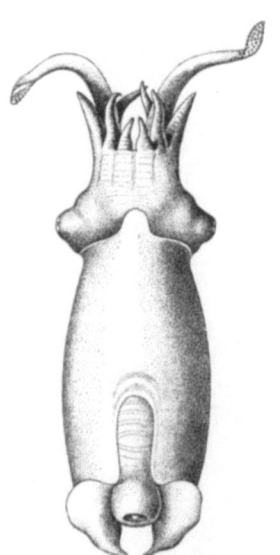
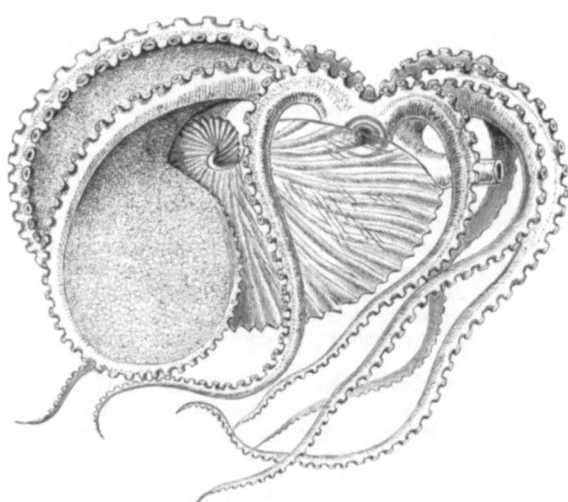

Abb. 877. *Spirula spirula* (*australis*). (Nach CHUN.) 1/1

Abb. 878. *Argonauta argo*, Weibchen, schwimmend (aus BREHM). 3/5

Fam. *Vampyroteuthidae*. Radula wohlentwickelt. Mantelspalte weit. Leuchtorgane vorhanden. Es findet sich ein unpaares blattartiges Schalenrudiment vor. *Vampyroteuthis infernalis* CHUN. Atlant. Ozean. *Watasella nigra* SASAKI. Mit zwei Paar Flossen. Paz. Ozean.

Fam. *Cirroteuthidae*. Radula fehlt oder rudimentär. Flossen meist groß. Mantelspalte eng. Ein unpaares sattel- oder hufeisenförmiges Schalenrudiment vorhanden. *Cirroteuthis mülleri* ESCHR. Arktisch-atlantisch. *Cirrothauma murrayi* CHUN. Mit weitgehend reduziertem Auge. Nordatlant. Ozean. *Opisthoteuthis* VERILL. Eingeweidesack stark verflacht. Flossen klein.

2. Tribus. *Incirrata*. Arme nur teilweise oder nicht durch eine Hautfalte verbunden. Cirren fehlen. Saugnäpfe ein- oder zweireihig. Stets fehlen Flossen. Radula wohlentwickelt. Tintenbeutel meist vorhanden.

Fam. *Octopodidae*. Arme groß, untereinander gleich, durch eine kurze Membran an der Basis verbunden. Schalenrudimente als paarige kleine stäbchenartige Gebilde erhalten. *Octopus* (*Polypus*) *vulgaris* LM. Kosmopolit. *O. macropus* RISSO. Mittelmeer, Atlant. und Ind. Ozean (Abb. 864). *Eledone* (*Moschites*) *moschata* LM. Saugnäpfe an den Armen einreihig. Riecht nach Moschus. Mittelmeer. *Bathypolypus arcticus* PROSCH. Tintenbeutel fehlt. Hectocotylus mächtig. Tiefsee, Nordatlant. Ozean.

Fam. *Amphitretidae*. Mit gallertig verquollenen Geweben. Trichter in der Mittellinie mit dem Mantel verwachsen. Mit Teleskopaugen. *Amphitretus pelagicus* HOYLE. Tiefsee, Paz. Ozean.

Fam. *Tremoctopodidae* (*Argonautidae*). Zeichnen sich durch einen sich ablösenden Hectocotylusarm aus. *Tremoctopus* (*Philonexis*) *violaceus* CHIAJE. *Ocythoë tuberculata* RAF. Atlant. Ozean, Mittelmeer. *Argonauta argo* L., Papierboot. Das Weibchen mit breiten Lappen an den Rückenarmen, trägt eine dünne, kahnförmige, spirale, nicht gekammerte (sekundäre) Schale. Männchen viel kleiner, schalenlos. Atlant. Ozean, Mittelmeer (Abb. 870, 878).

5. Kladus.

Tentaculata (Molluscoidea) Kranzfühler.

Meist festsitzende, seltener in Röhren lebende Protostomier ohne Metamerie, mit bewimpertem, den Mund postoral umgebendem Tentakelapparat, mit als Röhre oder als anliegende Cyste oder zweiklappige Schale entwickelter Cuticularbedeckung, mit einfachem Ganglion oder mit supra- und suboesophagealem Ganglion, mit oder ohne Blutgefäßsystem, mit geräumiger Cölomhöhle, in deren Wand die Genitalproducte liegen.

In der Gruppe der *Tentaculata* erscheinen die in Röhren lebenden *Phoronidea*, die festsitzenden stockbildenden *Bryozoa* (*Ectoprocta*) sowie die mit Schalen versehenen *Brachiopoda* vereinigt. Ihre verwandtschaftlichen Beziehungen mit den Protostomiern sind zuvörderst in dem Verhalten des Urmundes begründet, auch zeigen die Larven einige Charaktere der Trochophora. Von einer Anzahl von Forschern wird aber die Auffassung vertreten, daß die *Tentaculata* auch Beziehungen zu den Deuterostomiern (*Pterobranchia*) besitzen, was durch entwicklungsgeschichtliche Momente (Entstehung des Mesoderms durch Faltung vom Entoderm bei *Brachiopoden*, gewisse Übereinstimmungen der *Bugula*-Larve mit jener von *Cephalodiscus*) gestützt wird.

1. Klasse. Phoronidea[1].

In Röhren lebende Tentaculaten von wurmförmiger Gestalt mit an einem hufeisenförmigen Träger angeordnetem Tentakelapparat, mit geschlossenem Blutgefäßsystem. Hermaphroditisch.

Der Körper der Phoronidea (Abb. 879) ist wurmförmig, an seinem Hinterende kolbig angeschwollen und trägt am Vorderende eine Tentakelkrone, welche an einem hufeisenförmigen, dorsal eingebogenen, bei manchen Formen spiral eingerollten Träger (Lophophor) angeordnet ist.

Die Haut sondert eine Chitinröhre ab, in welcher das Tier lebt. Unterhalb des Hautepithels folgt der aus Ringfasern und aus inneren Längsmuskelfasern aufgebaute Hautmuskelschlauch. Innerhalb des Tentakelkranzes liegt der Mund, von einem dorsal vorspringenden Deckel (Epistom) überragt. Er führt in einen bis in das Hinterende des Körpers reichenden U-förmigen Darm, an dem sich Oesophagus, Magen und Dünndarm unterscheiden lassen und der dorsal vom Munde außerhalb des Tentakelkranzes im After ausmündet.

---

[1] Außer den Arbeiten von KOWALEVSKY, A. SCHNEIDER, METSCHNIKOFF, CALDWELL, MACINTOSH, BENHAM, SHEARER u. a. vgl. CORI, C. J.: Untersuchungen über die Anatomie und Histologie der Gattung *Phoronis*. Z. Zool. 51 (1890). — ROULE, R.: Étude sur le développement embryonnaire des Phoronidiens. Ann. des Sci. natur. 1900. — MASTERMAN, A. T.: On the Diplochorda. III. The early Development and Anatomy of *Phoronis Buskii*. Quart. J. microsc. Sci. 43 (1900). — IKEDA, J.: Observations on the Development, Structure and Metamorphosis of Actinotrocha. J. Coll. Sci. Tokio 13 (1901). — GOODRICH, E. S.: On the Body-Cavities and Nephridia of the Actinotrocha Larva. Quart. J. microsc. Sci. 47 (1903). — BROOKS, W. K. a. R. P. COWLES: *Phoronis architecta*: its life history, anatomy and breeding habits. Mem. Nat. Acad. Washington 10 (1906). — DE SELYS-LONGCHAMPS, M.: *Phoronis*. Fauna u. Flora Golf Neapel 30 (1907).

Die Phoronidea besitzen eine geräumige Cölomhöhle, die sich durch ein unterhalb des Mundes gelegenes Diaphragma in eine Rumpfhöhle, in welcher der Darm mittels Mesenterien befestigt liegt, und eine vordere Tentakelkronenhöhle gliedert, die aus der Lophophorhöhle und der Epistomhöhle besteht. Es ist ein geschlossenes Blutgefäßsystem vorhanden, das sich aus zwei Längsgefäßstämmen aufbaut, die am Darm verlaufen. Das ventrale (nach links verschobene) Längsgefäß ist mit Blindgefäßen besetzt und geht hinten am Magen in ein Gefäßnetz über, durch das es mit dem zweiten, dorsalen, zwischen beiden Darmschenkeln gelegenen Gefäßstamm in Verbindung steht. Vorne sind die Gefäße durch einen vor dem Diaphragma gelegenen Gefäßring verbunden, von dem in je einen Tentakel ein Blindgefäß abgeht. Das Blut enthält große rote Blutkörper. Der Peritonealüberzug am hinteren Abschnitte des Ventralgefäßes ist ähnlich wie das Chloragogengewebe der Lumbriciden entwickelt. Zu den Seiten des Afters münden zwei kurze, hinter dem Diaphragma gelegene Nephridien aus, die mit einem Wimpertrichter in das Rumpfcölom sich öffnen und zugleich der Ausfuhr der Genitalprodukte dienen (Abb. 879). Die Phoronidea sind hermaphroditisch. Die Genitalprodukte liegen im Cölomepithel an den Blindgefäßen des hinteren Körperabschnittes und fallen in die Cölomhöhle, von wo sie durch die Nephridialkanäle nach außen gelangen.

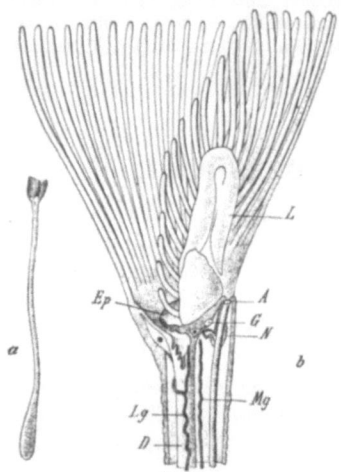

Abb. 879. *Phoronis psammophila.* (Nach CORI.) a Ganzes Tier. $^1/_1$. b Vorderkörper im Medianschnitt, vergr. *L* Lophophor, *Ep* Epistom, *D* Darm, *A* After, *G* Ganglion, *N* Nephridium, *Lg* Lateral- (Ventral-), *Mg* Median-(Dorsal-)gefäß.

Das Nervensystem liegt subepithelial in der Haut und besteht aus einem dorsal vom Mund gelegenen Cerebralganglion und einem davon ausgehenden, den Vorderdarm umfassenden Nervenring, von dem aus noch ein linkerseits verlaufender Längsnerv im Vorderabschnitte des Rumpfes zu verfolgen ist.

Die abgelegten Eier verbleiben während der Entwicklung innerhalb des Tentakelkranzes. Die Entwicklung ist eine Metamorphose. Die als *Actinotrocha* bezeichnete Larve (Abb. 880) besitzt einen großen bewimperten Kopfschirm mit Scheitelplatte sowie einen postoralen Kranz bewimperter Tentakel, wozu ein circumanaler Wimperkranz hinzukommt. Es findet sich bereits das Diaphragma und ein paariges Nephridium (definitives Nephridium). Der hintere, lange Körperabschnitt des ausgebildeten Tieres legt sich an der Ventralseite der Larve als ein eingestülpter Schlauch an, welcher zur Zeit der

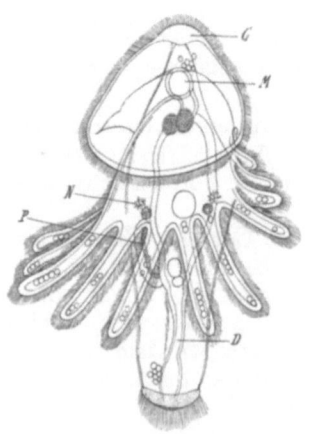

Abb. 880. *Phoronis*-Larve (*Actinotrocha*). (Nach IKEDA.) Etwa $^{35}/_1$. *D* Darm, *G* Scheitelplatte (Cerebralganglion), *M* Mund, *N* Nephridium, *P* ventrale Einstülpung (Anlage des Hinterkörpers der Geschlechtsform).

Verwandlung durch den Einstülpungsporus mit einer ihm folgenden Darmschlinge vorgestülpt wird. Kopfschirm und Tentakelkranz werden rückgebildet; das Epistom und die definitiven Tentakel sind homologe Neubildungen, letztere entstehen an der Basis der Larventakel.

Die Phoroniden sind kleine Meerestiere, welche sich kolonienweise ansiedeln.
Fam. *Phoronidae.* Mit dem Charakter der Klasse. *Phoronis hippocrepia* WRIGHT. Atlant. Ozean. *Ph. psammophila* CORI. Röhre mit Sandkörnchen umgeben. Pantano bei Messina, Neapel (Abb. 879). *Ph. buski* M'INT. Tentakelkrone spiral eingerollt. Philippinen.

2. Klasse. Bryozoa (Ectoprocta, Polyzoa), Moostierchen[1].

Kleine, stockbildende polypenähnliche Tentaculaten mit hufeisenförmig an einem Lophophor oder kreisförmig angeordnetem Tentakelkranz, mit einer als Ectocyste bezeichneten cuticularen Bedeckung, ohne Blutgefäßsystem, hermaphroditisch.

Die Klasse der Bryozoa umfaßt in der hier gegebenen Abgrenzung bloß die *Ectoprocta*, da die *Entoprocta* trotz vielfacher Ähnlichkeiten, besonders in den Larvenorganen, eine nähere Verwandtschaft mit ersteren nicht besitzen, eine Auffassung, die von HATSCHEK, KORSCHELT und HEIDER vertreten wurde.

Die Ectoprocten bilden baumförmige oder moosähnliche, zuweilen rindenartig fremde Gegenstände überziehende festsitzende (nur *Cristatella* ein freibewegliches) Stöckchen, in denen die kleinen Einzeltiere in gesetzmäßiger Weise vereinigt sind (Abb. 882, 888). In der Regel besitzen die Stöckchen eine hornartige, häufig auch eine kalkige, seltener gallertige Beschaffenheit, letztere ist abhängig von der besonderen Beschaffenheit des cuticularen Skeletes der Einzeltiere. Jedes Einzeltier (sogenanntes *Zooecium*) besitzt ein Gehäuse, aus dessen Öffnung der weichhäutige Vorderkörper mit dem Tentakelkranz vorgestreckt wird (Abb. 881). Die Zoöcien stehen untereinander durch Wandporen in Verbindung. Die chitinige, häufig inkrustierte Cuticula (Ectocyste) des Gehäuses wird von dem Epithel der Körperwand (Endocyste) abgeschieden; unter demselben folgt die aus äußeren Ring- und inneren Längsmuskelfasern bestehende Muskulatur (Parietalmuskeln).

---

[1] BUSK, G.: Catalogue of Marine Polyzoa in the Collection of the British Museum. London 1852—1875. — ALLMAN, G. I.: Monograph of the Freshwater Polyzoa. Ray Soc. Lond. 1856. — SMITT, F. A.: Kritisk förteckning öfver Skandinaviens Hafs-Bryozoer. Öfvers. Vetensk. Akad. Förhandl. Stockholm 1865—1867. — NITSCHE, H.: Beiträge zur Kenntnis der Bryozoen. Z. Zool. **20** (1870); **21** (1871). — BARROIS, J.: Recherches sur l'embryologie des Bryozaires. Lille 1877. — Mémoire sur la Métamorphose de quelques Bryozoaires. Ann. des Sci. natur. Paris 1886. — HINCKS, TH.: A History of the British Marine Polyzoa. London 1880. — KRAEPELIN, K.: Die deutschen Süßwasserbryozoen. Abh. naturwiss. Ver. Hamburg **10** (1887); **12** (1892). — BRAEM, F.: Untersuchungen über Bryozoen des süßen Wassers. Bibliotheca zoologica **6** (1890). — Die geschlechtliche Entwicklung von *Plumatella fungosa*. Ebenda **23** (1897). — Die geschlechtliche Entwicklung von *Fredericella sultana* usw. Ebenda **52** (1908). — Die Keimung der Statoblasten von *Pectinatella* und *Cristatella*. Ebenda **67** (1912). — Die Knospung von *Paludicella*. Arch. f. Hydrobiol. **9** (1914). — DAVENPORT, C. B.: *Cristatella*: The Origin and Development of the Individual in the Colony. Bull. Mus. Comp. Zool. Harvard Coll. **20** (1890). — Observations on Budding in *Paludicella* and some other Bryozoa. Ebenda **22** (1891). — PROUHO, H.: Contribution à l'histoire des Bryozoaires. Archives de Zool. 1892. — SEELIGER, O.: Bemerkungen zur Knospenentwicklung der Bryozoen. Z. Zool. **50** (1890). — Über die Larven und Verwandtschaftsbeziehungen der Bryozoen. Ebenda **84** (1906). — CORI, C. J.: Die Nephridien der *Cristatella*. Ebenda **55** (1893). — OKA, A.: On the so-called Excretory Organ of Fresh-water Polyzoa. J. Coll. Sci. Japan **8** (1896). — HARMER, S. F.: On the Occurence of Embryonic Fission in Cyclostomatous Polyzoa. Quart. J. microsc. Sci. **34** (1893). — On the Morphology of the Cheilostomata. Ebenda **46** (1903). — The Polyzoa of the Siboga-Expedition **1915, 1926.** — CALVET, L.: Contribution à l'histoire naturelle des Bryozoaires Ectoproctes marins. Montpellier 1900. — KUPELWIESER, H.: Untersuchungen über den feineren Bau und die Metamorphose des Cyphonautes. Bibliotheca zoologica **47** (1906). — LEVINSEN, G. M. R.: Morphological and systematic Studies on the Cheilostomatous Bryozoa. Kopenhagen 1909. — GERWERZHAGEN, A.: Beiträge zur Kenntnis der Bryozoen. Z. Zool. **107** (1913). — BUCHNER, P.: Studien über den Polymorphismus der Bryozoen. Zool. Jb. **48** (1924). — BORG, F.: Studies on recent Cyclostomatous Bryozoa. Zool. Bidrag Uppsala **10** (1926). — GRAUPNER, H.: Zur Kenntnis der feineren Anatomie der Bryozoen. Z. Zool. **136** (1930). — Vgl. außerdem die Arbeiten von J. P. VAN BENEDEN, FARRE, CLAPARÈDE, JOLIET, OSTROUMOFF, ROBERTSON, LADEWIG, ZSCHIESCHE, BUDDENBROCK, HERWIG, MARCUS u. a.

Bei einigen stelmatopoden Bryozoen ist die Ventralwand des Körpers von einer Kalklamelle (Cryptocyste) unterlagert, die von der Ectocyste durch eine schmale Cölomspalte getrennt ist (Abb. 883). Der vorgestreckte Vorderkörper, welcher den Tentrakelkranz trägt, wird in den von der festen Ectocyste umschlossenen Hinterkörper von der Basis aus eingestülpt; bei den meisten Süßwasserbryozoen bildet der Basalteil des Vorderkörpers, durch Parietovaginalmuskeln festgehalten, dauernd eine Duplicatur. Die Zurückziehung des Vorderkörpers und des Tentakelkranzes erfolgt durch mächtige paarige Retractoren. Bei den *Chilostomata* mit vollständig verkalkter Körpercuticula ist der den Deckel tragende Bezirk der Ventralwand (Frontalmembran) in das Zoöciuminnere zu einem langen Sack (JULLIEN-HARMERscher Kompensationssack) eingestülpt, der am Proximalrande des Deckels oder in einem besonderen Porus nach außen mündet, und der der Vor- und Rückstülpung des Vorderkörpers mit dem Tentakelapparat dient (Abb. 883).

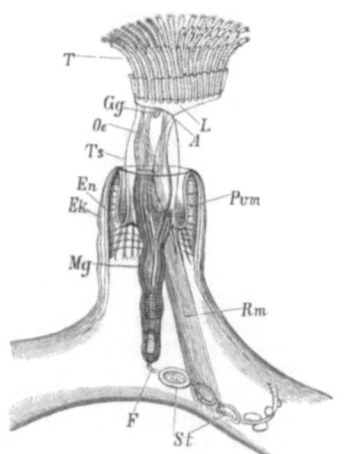

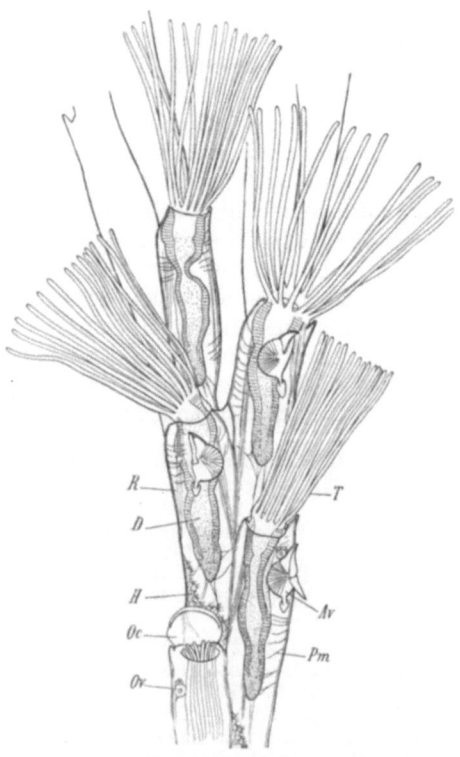

Abb. 881. *Plumatella repens.* (Nach ALLMAN.) L Lophophor, Oe Oesophagus, Mg Magendarm, A After, F Funiculus, Ek Ectocyste, En Endocyste, Gg Ganglion, Pvm Parietovaginalmuskel, Rm Retractor, St Statoblasten, T Tentakel, Ts Tentakelscheide.

Abb. 882. Abschnitt eines Stöckchens von *Bugula* (Original G.). $50/1$. T Tentakelkranz, R Retractoren, Pm Parietalmuskel, D Darm, H Hoden, Ov Ovarium, Av Avicular Oc Ovicelle.

Der Tentakelapparat mit Tentakelscheide und Darm wurde einer älteren Auffassung entsprechend als Polypid, die Körperwand als Cystid bezeichnet. Die Tentakel umstellen den Mund und sind entweder (*Lophopoda*) auf einem hufeisenförmigen, dorsal eingebogenen Träger (Lophophor) oder (*Stelmatopoda*) im Kreise angeordnet und stellen hohle, bewimperte, mit Längsmuskeln versehene Ausstülpungen der Leibeswand dar, deren Raum mit der Leibeshöhle kommuniziert. Sie dienen sowohl zum Herbeistrudeln von Nahrungsstoffen als zur Vermittlung der Respiration und fungieren als Sinnesorgane.

Die Mundöffnung liegt in der Mitte innerhalb des Tentakelkranzes und wird bei den *Lophopoda* von einem dorsalwärts vorragenden Deckel (Epistom) überragt. Sie führt in einen hufeisenförmig gebogenen Darmkanal, an welchem man eine langgestreckte, bewimperte, oft zu einem Pharynx erweiterte Speiseröhre, einen blindsackartig verlängerten Magendarm und einen nach vorne zurücklaufenden Enddarm unterscheidet. Der letztere mündet dorsal außerhalb des Tentakelkranzes durch die Afteröffnung aus. Von dem Hinterende des Magendarmes entspringt ein runder, die Leibeshöhle durchziehender Strang (*Funiculus*), der andererseits an die Leibeswand befestigt ist. Die Ectoprocten besitzen eine geräumige Cölomhöhle, bei den *Lophopoden* ist die Lophophorhöhle von dem hinteren Teil der Cölomhöhle durch ein Diaphragma geschieden. Ein Blutgefäßsystem fehlt. Der Excretion dient das Cölomepithel, seine mit Harnstoffen beladenen Zellen werden durch einen analwärts vom Tentakelkranz gelegenen Porus (kurzer Kanal) entleert, in dessen Nähe das Cölomepithel durch lebhafte Wimperung ausgezeichnet ist (vielleicht reduzierte Nephridien). Das Nervensystem besteht aus einem an dem Schlunde zwischen Mund und After gelegenen Ganglion, von welchem ein oraler, den Schlund umfassender Nervenring sowie Nerven zu den Tentakeln, zur Körperwand und nach dem Darme abgehen. Von Sinnesorganen sind Sinneszellen (wohl Tastzellen) insbesondere am Tentakelapparat beobachtet.

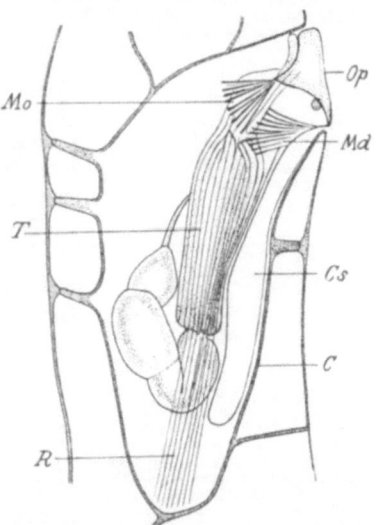

Abb. 883. Längsschnitt durch ein Zooid von *Euthyris obtecta*. (Nach HARMER.) *C* Cryptocyste, *Cs* Compensationssack, *Mo* Musculus occlusor, *Md* Musc. divaricator des Deckels (*Op*), *R* Retractor, *T* Tentakelapparat.

Die Ectoprocten sind Zwitter. Männliche und weibliche Geschlechtsorgane reduzieren sich auf Keimlager, welche im Cölomepithel liegen. Die Ovarien finden sich im vorderen Körperteile, während die Hoden entweder an dem oberen Teile des Funiculus oder nahe der Insertionsstelle desselben an der Leibeswandung ihren Ursprung nehmen (Abb. 882). Beiderlei Geschlechtsproducte fallen in die Leibeshöhle, wo die Befruchtung erfolgt. Aus der Leibeshöhle gelangt das Ei durch den Porus dorsal vom Tentakelkranz nach außen oder (*Chilostomata*) in eine besondere äußere oder innere Brutkapsel, das sogenannte *Ooecium* (*Ovicelle*), wo die Embryonalentwicklung stattfindet, oder diese verläuft in der Leibeshöhle bis zum Ausschwärmen der Larve. Innere Oöcien kommen auch bei *Lophopoden* vor. Die Fortpflanzung erfolgt aber auch auf ungeschlechtlichem Wege durch Knospung, die zur Stockbildung führt. Bei den Süßwasserformen werden noch Dauerknospen (Winterknospen) gebildet, und zwar bei *Paludicella* in der Art der gewöhnlichen Knospen mit fester Hülle, bei den *Lophopoden* als sogenannte *Statoblasten*. Letztere sind innere Knospen, die am Funiculus ihre Entstehung nehmen (Abb. 881). Sie entwickeln sich zu linsenförmigen Gebilden und erhalten eine harte Chitinschale, deren Peripherie häufig mit einem flachen, aus lufthaltigen Chitinkammern bestehenden Schwimmring eingefaßt ist, zuweilen auch (*Cristatella*) einen Kranz von hervorstehenden Stacheln zur Entwicklung bringt (Abb. 884). Die Dauerknospen überwintern und erfahren im Frühjahr ihre Weiterentwicklung.

Die äußere Knospung führt zur Entstehung der Stöcke, von denen viele marine Formen (insbesondere *Chilostomata*) auch Polymorphismus zeigen. Bei *Amathia* (*Serialaria*) und Verwandten stellen die sogenannten Stengelglieder (Stammglieder, *Caularien*) eine solche abweichende Individuenform vor. Sie besitzen bei bedeutender Größe eine vereinfachte Organisation und dienen zur Herstellung der ramifizierten Unterlage. Auch gibt es hier und da Wurzelglieder, welche als ranken- oder stolonenartige Fortsätze die Befestigung vermitteln. Eigentümliche Individuen mancher marinen Bryozoen sind die vogelkopfähnlichen *Avicularien* und die *Vibracularien*, die sich nie geschlechtlich fortpflanzen. Erstere (Abb. 882) sind zweiarmige Zangen, welche den gewöhnlichen Individuen in der Nähe ihrer Öffnungen ansitzen und schnappende Bewegungen ausführen, mittels welcher sie kleine Organismen auffangen und bis zum Absterben festhalten, deren zerfallende organische Reste in die durch die Tentakelwimpern veranlaßte Strömung gelangen; sie dienen auch zur Reinhaltung des Stockes und als Wehrtiere. Die Vibracularien (Abb. 885) stellen ganz ähnliche Köpfchen dar, welche an Stelle des beweglichen Zangenarmes einen langen, äußerst beweglichen Geißelfaden tragen. Bei den *Cyclostomata* unterscheidet man besondere bauchige Geschlechtsindividuen (*Gonozoöcien*). Auch die *Oöcien* werden von manchen als besondere Individuenform aufgefaßt. Allen abweichend gestalteten Individuen fehlen Darm und Tentakelapparat.

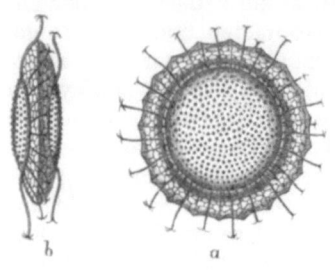

Abb. 884. Statoblasten von *Cristatella mucedo*. (Nach ALLMAN.) a Flächen-, b Seitenansicht. Etwa $30/1$

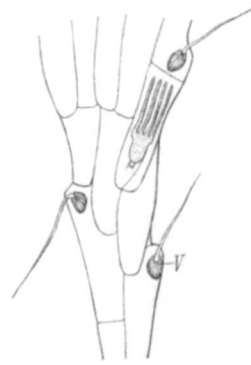

Abb. 885. *Scrupocellaria scruposa* (aus KORSCHELT und HEIDER). *V* Vibracularien.

Zu bemerken ist noch, daß bei den marinen Ectoprocten Darm und Tentakelapparat der älteren Individuen eines Stöckchens zu dem sogenannten braunen Körper rückgebildet werden, jedoch von der Körperwand aus regeneriert werden können.

Die Entwicklung der marinen Formen ist eine Metamorphose. Die Larve (Abb. 886) ist ausgezeichnet durch eine große, am aboralen Pole gelegene, von steifen Wimperhaaren umsäumte Platte (retractiles Scheitelorgan) sowie einen den Körper umgebenden Wimperkranz (Corona), der vom retractilen Scheitelorgan durch eine ringförmige Einsenkung (sogenannte Mantelhöhle) getrennt ist. Dem retractilen Scheitelorgan gegenüber liegt die Mundöffnung, vor welcher eine am Rande bewimperte

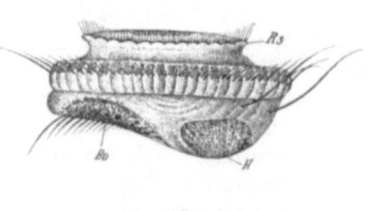 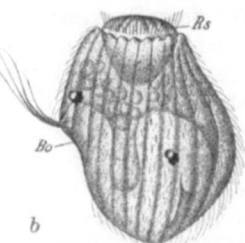

Abb. 886. a Larve von *Alcyonidium mytili*. $111/1$. — b von *Bugula plumosa*. $150/1$. *Rs* Retractiles Scheitelorgan, *Bo* birnförmiges Organ, *H* Haftorgan. (Nach J. BARROIS.)

Ectodermvertiefung (sogenanntes birnförmiges Organ), funktionell ein Sinnesorgan, liegt. Zwischen letzterem und dem retractilen Scheitelorgan verläuft ein aus Muskeln und Nerven bestehender Strang. Hinter dem Mund findet sich eine saugnapfartige drüsige Einstülpung (Haftorgan). Der Darm der Larve ist entweder rudimentär und blindgeschlossen, oder er fehlt vollständig, wie z. B. bei der *Bugula*-Larve, die sich durch mehr hohe Form und mächtige Ausbildung des Wimperkranzes auszeichnet (Abb. 886b). Einen funktionsfähigen, mit After versehenen Darm besitzt die als *Cyphonautes* (Abb. 887) bekannte Larve von *Membranipora* u. a.; für dieselbe ist ferner das Vorhandensein eines tiefen Atriums sowie die Bedeckung durch zwei dreieckige, durch einen Schließmuskel verbundene Schalenklappen eigentümlich, zwischen denen aboral das kleine retractile Scheitelorgan hervorragt. Die Corona umsäumt den Rand des Atriums. Die Ectoproctenlarve heftet sich mittels des saugnapfartigen Haftorganes fest und erfährt eine Rückbildung aller Larvenorgane, während am aboralen Pole der definitive Darm und Tentakelapparat des ersten Individuums durch einen Regenerationsvorgang sich entwickelt. Die Entwicklung der Süßwasserectoprocten scheint eine direktere zu sein. Bei einigen cyclostomen Stelmatopoden (*Crisia*, *Tubulipora* u. a.) findet sich Polyembryonie infolge frühzeitig eintretender Teilung der Embryonen.

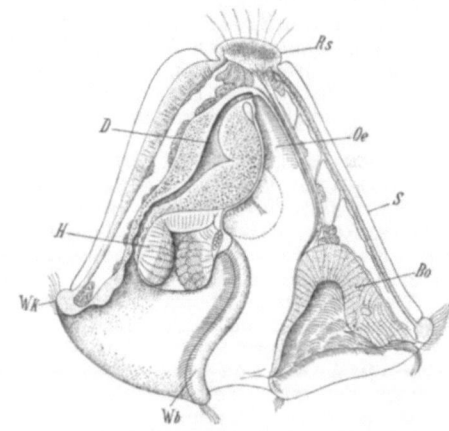

Abb. 887. *Cyphonautes* im Medianschnitt. (Nach PROUHO.) 140/1. *Rs* Retractiles Scheitelorgan, *S* Schale, *Oe* Oesophagus, *D* Darm, *Wk* Wimperkranz, *Wb* Wimperbogen im Vestibulum, *H* Haftorgan, *Bo* birnförmiges Organ.

Die Mehrzahl der Ectoprocten gehört dem Meere an; nur die *Lophopoda* sowie *Paludicella* leben im Süßwasser.

1. Unterordnung. *Lophopoda*, Armwirbler (*Phylactolaemata*). Süßwasserformen mit hufeisenförmigem Tentakelträger und mit Epistom.

Die Lophopoden bilden stets aus homomorphen Individuen zusammengesetzte ramifizierte oder mehr spongiöse Stöckchen von bald horniger, bald mehr lederartiger bis gallertiger Beschaffenheit.

Fam. *Cristatellidae*. Freibewegliche Stöckchen von langgestreckter Form, auf deren oberer Fläche die Individuen sich in konzentrischen Kreisen erheben. *Cristatella mucedo* CUV. Europa.

Fam. *Plumatellidae*. Festsitzende massige oder verästelte Stöckchen. *Plumatella repens* L. (*Alcyonella fungosa* PALL.) (Abb. 888). *Fredericella sultana* BLMB. Arme des Lophophors verkümmert, so daß die Tentakel in ziemlich geschlossenem Kreise stehen. Europa.

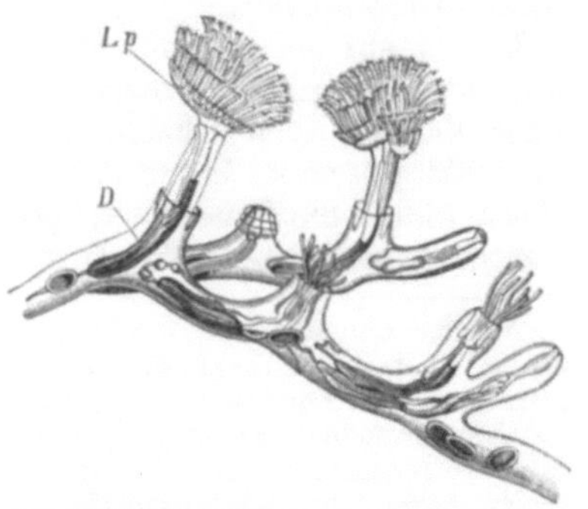

Abb. 888. *Plumatella repens*. (Nach ALLMAN.) Etwa 5/1. *Lp* Lophophor, *D* Darm.

2. Unterordnung. *Stelmatopoda*, Kreiswirbler (*Gymnolaemata*). Ectoprocte mit in geschlossenem Kreise angeordneten Tentakeln, ohne Epistom. Mit Ausnahme der *Paludicellidae* marine Formen.

Die Stelmatopodenstöckchen zeigen häufig Polymorphismus und sind meist hornig oder kalkig.

1. Tribus. *Cyclostomata*. Mündungen der Zooecien kreisförmig, endständig, ohne besonderen Verschluß. Stöckchen kalkig. Die meisten Arten sind fossil.

Fam. *Crisiidae*. Stöckchen aufrecht, gegliedert, mit Wurzelfäden befestigt. *Crisia eburnea* L. Weit verbreitet.

Fam. *Tubuliporidae.* Stöckchen kriechend oder aufrecht. Zooecien röhrenförmig, stehen in zusammenhängenden Reihen. *Tubulipora flabellaris* FABR. Atlant. Ozean, Mittelmeer.

2. Tribus. *Ctenostomata.* Die Mündungen der Zooecien endständig, ohne Deckel, durch einen zusammenfaltbaren Kragen verschließbar. Kolonien niemals kalkig.

Fam. *Alcyonidiidae.* Zooecien unter sich zu gelatinösen Stöckchen von unregelmäßiger Form vereint. *Alcyonidium gelatinosum* L. Nordische Meere.

Fam. *Vesiculariidae.* Stöckchen verzweigt, kriechend oder aufgerichtet, Zooecien schlauchförmig, sich frei erhebend. *Vesicularia spinosa* L. Atlant. Ozean, Mittelmeer. *Zoobotryon pellucidum* EHRBG. Mittelmeer. *Amathia (Serialaria) lendigera* L. Atlant. Ozean, Mittelmeer. *Farrella* EHRBG.

Fam. *Paludicellidae.* Süßwasserformen mit röhrigen, einander ansitzenden Zooecien. *Paludicella ehrenbergi* BENED. Europa.

3. Tribus. *Chilostomata.* Mündungen der hornigen oder kalkigen Zooecien nicht endständig, sondern vor dem Ende des Zooeciums, durch einen beweglichen Deckel verschließbar. Avicularien, Vibracularien und Ovicellen werden oft angetroffen.

Fam. *Cellulariidae.* Dichotomisch verzweigte Stöckchen, deren Zooecien in zwei oder mehreren Reihen stehen. Meist Avicularien, zuweilen Vibracularien vorhanden. *Cellularia peachi* BUSK. Atlant. Ozean. *Scrupocellaria scruposa* L. (Abb. 885). *S. (Canda) reptans* L. Atlant. Ozean, Mittelmeer.

Fam. *Bicellariidae.* Stock verzweigt, aufrecht. Zooecien mehr locker in zwei oder mehr Reihen stehend. Zuweilen Avicularien. *Bicellaria ciliata* L. Atlant. Ozean. *Bugula avicularia* L. *B. plumosa* PALL. Atlant. Ozean, Mittelmeer (Abb. 882). Hier schließt sich an *Cellaria fistulosa* L. (*Salicornaria farciminoides* JOHNST.). Atlant. Ozean, Mittelmeer.

Fam. *Flustridae.* Kolonien aufrecht, breitblättrig. Zooecien vielreihig. *Flustra foliacea* L. Atlant. Ozean, Mittelmeer.

Fam. *Membraniporidae.* Zooecien eine inkrustierende Kolonie bildend. *Membranipora pilosa* L. Atlant. Ozean, Mittelmeer.

Fam. *Escharidae.* Kolonien kalkig, inkrustierend oder aufrecht und verästelt. *Lepralia (Eschara) pallasiana* MOLL. Atlant. Ozean, Mittelmeer. *L. pertusa* ESP. Weit verbreitet. *Euthyris obtecta* HCKS. Nordaustralien. *Myriozoum truncatum* DONATI. Mittelmeer. Hier schließt sich an *Retepora cellulosa* CAVOL. Kolonie netzförmig. Atlant. Ozean, Mittelmeer.

3. Klasse. Brachiopoda, Armfüßer[1].

Festsitzende Tentaculaten mit dorsaler und ventraler Schalenklappe, mit an zwei spiralig aufgerollten Mundarmen angeordneten Tentakeln, mit Blutgefäßsystem, getrennten Geschlechts.

Die Brachiopoden (Abb. 889, 890) besitzen einen breiten Körper, welcher von einer dorsalen und ventralen Duplicatur, den Mantellappen, umschlossen wird. Jeder Mantellappen scheidet eine meist mit Kalksalzen imprägnierte chitinige Schalenklappe aus. Beide Schalenklappen sind mehr oder weniger ungleich gestaltet, indem die Bauchschale stets tiefer gewölbt ist und in der Regel über die Rückenklappe hinten schnabelartig vorspringt. Zuweilen (*Testicardines*) ist am

---

[1] Außer den Arbeiten von OWEN, HUXLEY, GRATIOLET, LACAZE-DUTHIERS, VAN BEMMELEN, EKMAN vgl. HANCOCK, H.: On the Organisation of the Brachiopoda. Philosophic. Trans. roy. Soc. London **1859**. — KOWALEVSKY, A.: Untersuchungen über die Entwicklung der Brachiopoden. (Russ.) Nachr. Ges. d. Fr. d. Naturwiss. Anthrop. Ethnogr. Moskau **1874**. — BROOKS, W. K.: The development of *Lingula* and the Systematic Position of the Brachiopoda. Chesapeake zool. Labor. Sci. Res. **1878**. — DAVIDSON, TH.: A monograph of the recent Brachiopoda. Trans. Linnean Soc. London **1886**—**1888**. — BLOCHMANN, F.: Untersuchungen über den Bau der Brachiopoden. 2 Teile. Jena 1892, 1900. — JOUBIN, L.: Recherches sur l'anatomie de *Waldheimia venosa*. Mém. Soc. Zool. France **5** (1892). — BEECHER, C. E.: Revision of the families of the loop-bearing Brachiopoda. Trans. Connecticut Acad. **9** (1893). — MORSE, EDW. S.: On the Embryology of *Terebratulina*. Mem. Boston Soc. Nat. Hist. **3** (1873). — Observations on living Brachiopoda. Ebenda **5** (1902). — YATSU, N.: On the Development of *Lingula anatina*. J. Coll. Sci. Tokio **18** (1902). — Notes on Histology of *Lingula anatina*. Ebenda **1902**. — CONKLIN, E. G.: The Embryology of a Brachiopod (*Terebratulina septentrionalis*). Proc. Amer. Philos. Soc. Washington **1902**. — PLENK, H.: Die Entwicklung von *Cistella* (*Argiope*) *neapolitana*. Arb. Zool. Inst. Wien **20** (1913). — SCHAEFFER, C.: Untersuchungen zur vergleichenden Anatomie und Histologie der Brachiopodengattung *Lingula*. Acta Zool. **7** (1926).

Hinterrande der Schale ein Schloß entwickelt. Die Schalen werden durch besondere Muskeln (Divaricatoren) geöffnet und ebenso durch besondere Muskeln (Occlusoren) geschlossen. Sehr häufig wird die Brachiopodenschale von feinen Porenkanälen durchsetzt, welche Epithelpapillen des Mantels enthalten. Am verdickten Mantelrande finden sich fast regelmäßig Borsten. Auch kann der Mantel Kalknadeln oder ein zusammenhängendes Kalknetz in sich produzieren. Am Hinterende des Körpers ent-

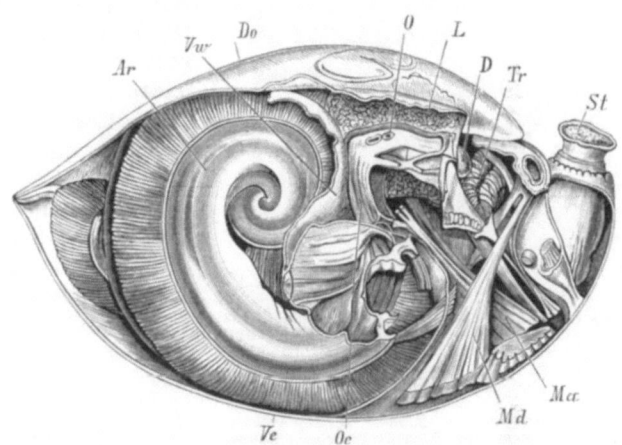

Abb. 889. *Lingula anatina*, Ventralansicht. (Nach BLOCHMANN.) ³/₄

Abb. 890. Anatomie von *Waldheimia australis (flavescens)* in Seitenansicht. (Nach HANCOCK.) ²·⁵/₁. *Do* Dorsallappen, *Ve* Ventrallappen des Mantels, *St* Stiel, *Ma* Occlusor, *Md* Divaricator, *Ar* Arme, *Vw* vordere Körperwand, *Oe* Oesophagus, *D* Darm, blind endend, *O* Einmündungsstelle der Leber (*L*), *Tr* Trichter des Nephridiums.

springt aus der Ventralwand der zur Befestigung dienende muskulöse Stiel, der bei *Linguliden* und *Disciniden* eine Fortsetzung des Cöloms enthält; seltener (*Crania*) ist die ventrale Schale in ganzer Ausdehnung festgewachsen.

In der vorn von den beiden freien Mantellappen gebildeten Mantelhöhle liegt der Tentakelapparat, welcher an zwei zu Seiten der Mundöffnung gelegenen, in verschiedener Art spiralig aufgerollten Armen angeordnet erscheint (Abb. 890, 892) und zuweilen (meiste *Testicardines*) durch ein mit der Dorsalschale zusammenhängendes Armgerüst (Abb. 891) gestützt wird. Die Spiralarme werden von einer Rinne durchzogen, welche an der Mundöffnung beginnt und dorsal von einer Falte (Armfalte), der Fortsetzung des Epistoms, ventral (postoral) von einer Doppelreihe bewimperter Tentakel begleitet wird. Der Tentakelapparat dient in erster Linie der Nahrungsaufnahme, wohl auch der Atmung. Die Mundöffnung führt in den Oesophagus, dieser in den mit einer paarigen gelappten Leber (Mitteldarmdrüse) ausgestatteten Magen, welchem ein Dünndarm sowie bei den *Ecardines* ein Enddarm folgt. Der Darm beschreibt zuweilen Windungen (*Ecardines*) und mündet an der rechten Seite, bei *Crania* am Hinterende aus, während er bei den

Abb. 891. Rückenschale von *Waldheimia australis (flavescens)* mit dem Armgerüst. (Nach HANCOCK.) ¹·⁵/₁

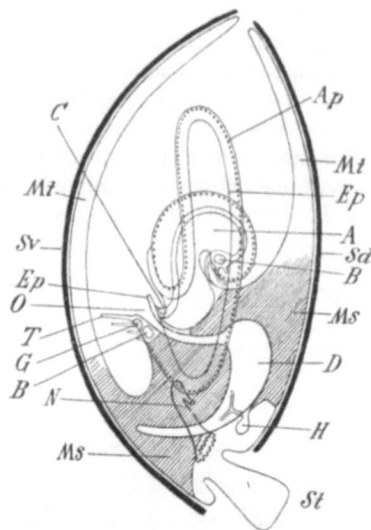

Abb. 892. Schema des Baues eines Brachiopoden (*Terebratella coreanica*) (aus KORSCHELT u. HEIDER kombiniert). *A* Großer Armsinus (Epistomhöhle), *Ap* Armapparat, *B* kleiner Armsinus (Lophophorhöhle), *C* Cerebralganglion, *D* Darm, *Ep* Epistom (Armfalte), *G* Suboesophagealganglion, *H* Herz, *Ms* Mesenterium, *Mt* Mantel, *N* Nephridium, *O* Mund, *Sd* dorsale, *Sv* ventrale Schalenklappe, *St* Stiel, *T* Tentakel (größtenteils abgeschnitten gedacht).

Testicardines kurz bleibt und blindgeschlossen endet.

Der Darm wird durch ein ventrales und dorsales Mesenterium, in denen sich auch ein Kalkseptum bilden kann, sowie lateral gelegene transversale Mesenterien (sogenannte Gastro- und Ileoparietalbänder) in dem sehr geräumigen, von einem Wimperepithel ausgekleideten Cölom festgehalten. Die beiden rechts und links vom Mesenterium gelegenen Cölomhöhlen setzen sich in den Mantel als sogenannter Mantelsinus fort; Cölomabschnitte sind auch die die Mundarme durchziehenden zwei Armsinus (Abb. 892). Die Colömhöhle enthält eine Flüssigkeit, welche amöboide Zellen führt.

Auf der Rückenfläche des Magens liegt ein sackförmiges Herz, das sich nach vorn in ein Rückengefäß mit den beiden Armgefäßen und einen den Oesophagus umgebenden Gefäßring, nach hinten in zwei Mantelgefäße fortsetzt. Zu beiden Seiten des Darmes finden sich jederseits ein, bei *Rhynchonella* zwei Nephridien, die mit

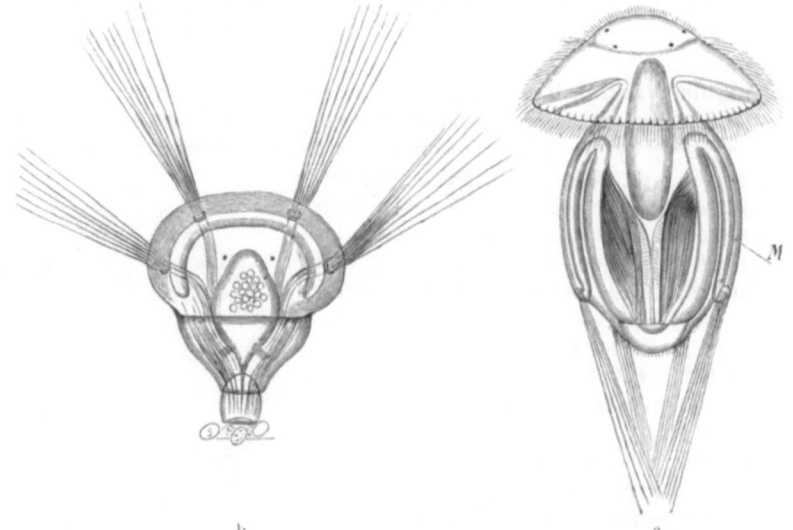

Abb. 893. Larvenstadien von *Argiope*. (Nach KOWALEVSKY.) a Freischwärmende Larve. *M* Mantel. — b Festsitzende Larve mit nach vorn umgeschlagenen Mantellappen.

weitem Trichter im Cölom beginnen und seitlich am Körper ausführen. Sie fungieren zugleich als Genitalgänge.

Das Nervensystem besteht aus den zu den Hauptarmnerven sich verlängernden Cerebralganglien. Viel mächtiger ist das suboesophageale Ganglion des

Schlundringes, von welchem Nerven zu den Mantellappen, Armen und Muskeln entspringen. Am Rande des Mantels verläuft ein Mantelrandnerv. Das Nervensystem liegt subepithelial. Als Sinnesorgan dürften die Borsten des Mantelrandes zu betrachten sein. Statocysten werden bei *Lingula* beobachtet.

Die Brachiopoden sind geschlechtlich getrennt. Die Geschlechtsproducte liegen im Cölomepithel, bei den *Ecardines* an den Parietalbändern, bei den *Testicardines* ragen sie in den Mantelsinus. Sie gelangen in die Cölomhöhle, aus welcher sie durch die Nephridien nach außen geführt werden.

Die Entwicklung ist eine Metamorphose. Nach Ablauf der äqualen Furchung entsteht meist durch Einstülpung eine Gastrula. Das Mesoderm wird durch Abfaltung oder als solide Zellmasse vom Entoderm angelegt. Der Gastrulamund schließt sich schlitzförmig von hinten nach vorn. Die definitive Mundöffnung ist auf den Gastrulamund zurückzuführen. Die Larve (Abb. 893) zeigt eine Gliederung in drei Abschnitte, von denen der vordere schirmförmige einen präoralen Wimperkranz und am Vorderende eine Scheitelplatte besitzt. Auch liegen am Scheitelfelde vier Augenflecke. Dieser Abschnitt, der Kopflappen, bildet wahrscheinlich die Anlage des Epistoms. An dem mittleren Abschnitte erhebt sich eine Falte zur Bildung der beiden Mantellappen, welche bald den Mittelleib nebst einem Teile des Endabschnittes bedecken; an dem dorsalen Mantellappen treten vier Bündel provisorischer Borsten auf. Dieser Rumpfabschnitt weist auch ein Paar Nephridien (definitives Nephridium) auf. Später setzt sich die Larve mit dem Endabschnitte (Fuße) fest. Letzterer wird zum Stiel, die Mantellappen schlagen sich nach vorn um und erzeugen die Schalenklappen. Die Tentakelanlage ist anfänglich kreisförmig. Bei den *Ecardines* sind die Mantel-

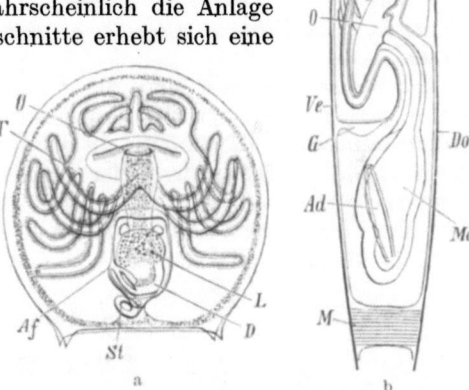

Abb. 894. a Larve von *Lingula*, b Medianschnitt durch eine ältere Larve. (Nach BROOKS.) *Do* Dorsale, *Ve* ventrale Schalenklappe, *Mr* verdickter Mantelrand, *O* Mund, *D, Md* Magendarm, *Ad* Enddarm, *Af* After, *M* hinterer Muskel, *G* ventrales Ganglion, *L* Leber, *St* Stielanlage, *T* Tentakel.

lappen der Embryonen bereits in der Anlage nach vorn gerichtet; auch schwärmen die Larven zur Zeit der Tentakelentwicklung noch frei herum (Abb. 894). Der Stiel wird erst während des Larvenlebens angelegt.

Gegenwärtig leben nur wenige Brachiopoden in verschiedenen Meeren, um so größer war dagegen die Verbreitung in früheren Erdperioden. Es gehören die Brachiopoden zu den ältesten Versteinerungen (seit Cambrium), einzelne Formen, so *Lingula*, haben sich vom Silur an bis zur Gegenwart erhalten.

1. Ordnung. **Ecardines.**

Schale ohne Schloß und ohne Armgerüst. Darm mit After. Ränder der Mantellappen vollständig getrennt.

Fam. *Lingulidae.* Schale fast gleichklappig. Stiel lang und fleischig. Stecken mit dem Stiele in einem Sandrohre. *Lingula anatina* BRUG. Ind. Ozean (Abb. 889).

Fam. *Discinidae.* Schale ungleichklappig, rundlich, fein punktiert; Stiel durch eine Öffnung oder einen Ausschnitt der flachen unteren Schale durchtretend. *Discina striata* SCHUM. Westafrika. *Discinisca lamellosa* BROD. Küste von Chile.

Fam. *Craniidae.* Schale ungleichklappig, rundlich. Ventrale Schale in ganzer Ausdehnung festgewachsen. *Crania anomala* MÜLL. Nordatlant. Ozean.

2. Ordnung. Testicardines.

Schale kalkig mit Schloß und Armgerüst. Darm blind geschlossen. Mantellappen hinten verwachsen.

Fam. *Rhynchonellidae.* Schale mit spitzem Schnabel. Armgerüst aus zwei einfachen Fortsätzen bestehend. *Rhynchonella (Hemithyris) psittacea* CHEMN. Nord. Meere.

Fam. *Thecidiidae.* Schale dick, aufgewachsen. Armgerüst schleifenförmig mit nach innen gerichteten Fortsätzen. Arme des Tieres ohne Spirale. *Thecidium (Lacazella) mediterraneum* RISSO. Mittelmeer.

Fam. *Terebratulidae.* Schale länglich oder queroval, glatt oder gefaltet und punktiert. Große Klappe mit durchbohrtem Schnabel. Armgerüst schleifenförmig, am Schloßrand befestigt (Abb. 890, 891). *Liothyrina (Terebratula) vitrea* BORN. Atlant. Ozean, Mittelmeer. *Terebratulina caputserpentis* L. Nordatlant. Ozean. *Terebratella coreanica* AD. RV. Korea. *Waldheimia cranium* MÜLL. Nordatlant. Ozean. *Megerlia truncata* L. *Argiope decollata* CHEMN. Atlant. Ozean, Mittelmeer. *A. (Cistella) neapolitana* SCACCHI. Mittelmeer.

6. Phylum.
Deuterostomia.

Cölomaten (Bilaterien) mit hinterem oder mit ventralem, zum After gewordenem Prostoma, Mundöffnung sekundär an der Ventralseite nahe dem Vorderende entstanden.

In diesem Tierkreis sind die *Coelomopora (Enteropneusta, Echinoderma), Homalopterygia (Chaetognatha)* und *Chordonia (Tunicata, Acrania, Vertebrata)* als Subphyla vereinigt (GROBBEN). In der Umbildung des Prostoma zum After und der sekundären Entwicklung der definitiven Mundöffnung besitzen die *Deuterostomia* gemeinsame Charaktere. Der Darm ist in allen drei Abschnitten entodermalen Ursprunges. Auch erscheint als allgemeiner Charakter die Entwicklung der Cölomsäcke durch Abfaltung vom Entoderm.

1. Subphylum.
Coelomopora.

Deuterostomier mit in drei Regionen gegliedertem Körper und entsprechender Zahl von Cölomabschnitten, die teilweise durch Poren (Pforten) sich nach außen öffnen. Das als After fungierende Prostoma terminal am Hinterende oder secundär verlagert. In der Entwicklung tritt die Dipleurulalarve auf.

Die in dieser Gruppe vereinigten Tierformen, die bilateralsymmetrischen *Enteropneusta* und die radiär gebauten *Echinoderma*, wurden zuerst von METSCHNIKOFF als *Ambulacraria* zusammengefaßt, eine Bezeichnung, welche mit Rücksicht auf das Fehlen eines Ambulacralgefäßsystems bei den Enteropneusta hier aufgelassen und durch *Coelomopora* ersetzt wurde. Wenngleich in äußerer Erscheinung und spezieller Ausbildung auffällige Verschiedenheiten bietend, stimmen *Enteropneusta* und *Echinoderma* rücksichtlich der Gliederung ihres Körpers in drei Abschnitte mit entsprechenden Cölomsäcken (Eichel-, Kragen- und Rumpfcölom der *Enteropneusta*, Axocöl, Hydrocöl und Somatocöl der *Echinoderma*) sowie in der Larvenform (*Dipleurula*) miteinander überein. Charakteristisch sind Cölomporen (Cölompforten), durch welche Wasser in gewisse Cölomräume aufgenommen werden kann. Die Dipleurulalarve ist eine bilateralsymmetrische Larvenform, ausgezeichnet durch eine das eingesenkte Mundfeld umsäumende longitudinale Wimperschnur. Der aus dem Prostoma hervorgegangene After liegt ursprünglich hinten, der definitive Mund ventral. Außer dem Darm weist die Dipleurulalarve die Cölomsackanlagen, von denen der vorderste Abschnitt durch einen Porus ausmündet, sowie ein Mesenchym auf.

6. Kladus.
Enteropneusta, Schlundatmer.

Bilateralsymmetrische, wurmförmige oder bryozoenförmige Cölomoporen mit eichelförmigem oder scheibenförmigem präoralen Körperabschnitt, der Vorderteil des Darmes mit Schlundspalten dient der Atmung.

Die Zusammenordnung der in diese Gruppe gehörigen Formen (*Helminthomorpha* und *Pterobranchia*) mit den Echinodermen stützt sich einerseits auf die weitgehendere Übereinstimmung der Tornarialarve der *Helminthomorpha* mit der Dipleurulalarve der Echinodermen, andererseits bei den *Pterobranchia* auf die anatomische Übereinstimmung mit ersteren. Unter den Enteropneusten dürften die *Helminthomorpha* als die ursprünglicheren anzusehen sein. Sie gestatten durch die Ausbildung des Kiemendarmes und eines dorsalen Nervencentrums auch einen Anschluß an die Chordonier.

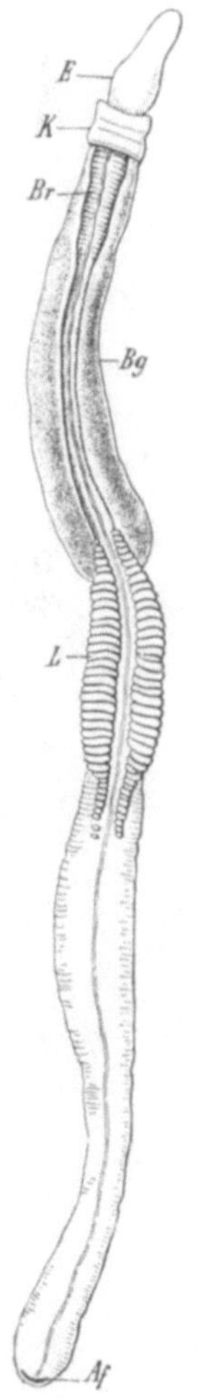

1. Klasse. Helminthomorpha, Eichelwürmer[1].

Wurmförmige Enteropneusten mit eichelförmigem präoralen Körperabschnitt und terminalem After.

Der bilateralsymmetrische wurmförmige Körper (Abb. 895) läßt drei Hauptabschnitte unterscheiden; zunächst die *Eichel* (Rüssel), welche präoral am vorderen Körperende kopfähnlich vorsteht; sie ist sehr contractil und dient nebst der folgenden Kragenregion dem Tier zum Einbohren im Sande. Es folgt sodann die kurze *Kragenregion*, an deren Anfang ventral die Mundöffnung liegt, und eine lange *Rumpfregion* mit dem After am Hinterende. Die Rumpfregion gliedert sich in zwei bis drei Unterregionen, die Branchiogenital-, die Leber- und Abdominalregion. In der Branchiogenitalregion finden sich dorsal im Vorderabschnitte jederseits eine Reihe von Öffnungen, welche in den Kiemendarm führen und zum Abflusse des Atemwassers dienen, mehr im hinteren Abschnitte die Öffnungen der Genitalorgane. Bei den *Ptychoderiden* bildet die dorsale Körperwand hier jederseits eine flügelförmige Längsfalte, in der die Genitalorgane liegen (Genitalflügel) (Ab-

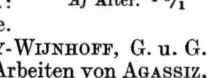

Abb. 895. *Glossobalanus minutus.* (Nach SPENGEL.) *E* Eichel, *K* Kragen, *Bg* Branchiogenitalregion, *Br* Kiemenspalten, *L* Leberregion, *Af* After. 1·5/1

---

[1] KOWALEVSKY, A.: Anatomie von *Balanoglossus*. Mém. Acad. St.-Pétersbourg **1866**. — METSCHNIKOFF, E.: Über *Tornaria*. Z. Zool. **20** (1870). — BATESON, W.: Early and later stages in the development of *Balanoglossus*. Quart. J. microsc. Sci. **24**—**26** (1884 bis 1886). — SPENGEL, J. W.: Die Enteropneusten des Golfes von Neapel. Fauna u. Flora Golf Neapel 18 (1893). — Die Benennung der Enteropneustengattungen. Zool. Jb. **15** (1901). — Neue Beiträge zur Kenntnis der Enteropneusten. Ebenda **18** (1903); **20** (1904). — Studien über die Enteropneusten der Siboga-Expedition. Leiden 1907. — MORGAN, T. H.: The Development of *Balanoglossus*. J. Morph. a. Physiol. **9** (1894). — CAULLERY, M. et F. MESNIL: Contribution à l'étude des Entéropneustes. Zool. Jb. **20** (1904). — HEIDER, K.: Zur Entwicklung von *Balanoglossus clavigerus*. Zool. Anz. **1909**. — STIASNY, G.: Studien über die Entwicklung des *Balanoglossus clavigerus*. 2 Teile. Z. Zool. **110** (1914); Mitt. Zool. Stat. Neapel **22** (1914). — STIASNY-WIJNHOFF, G. u. G. STIASNY: Die Tornarien. Erg. Zool. **7** (1927). — Vgl. überdies die Arbeiten von AGASSIZ, WILLEY, MARION, KOEHLER, PUNNETT, DAVIS u. a.

bild. 897). Wo eine Leberregion entwickelt ist, wird dieselbe durch die Ausbildung von dorsalen Lebersäckchen des Darmes bedingt.

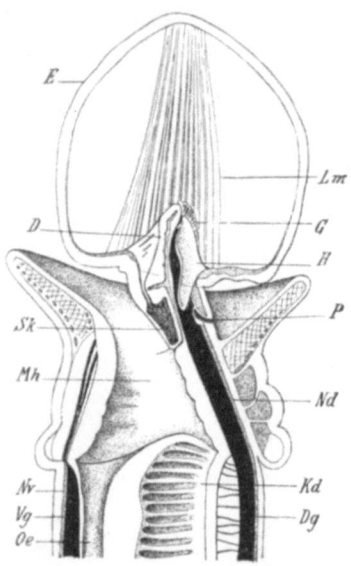

Abb. 896. Eichel, Kragen und vorderster Teil der Kiemenregion von *Glossobalanus minutus*, im Sagittalschnitt. (Nach SPENGEL.) *E* Eichel, *Lm* Längsmuskel, *D* Eicheldivertikel des Darmes, *Sk* Eichelskelet, *H* Herzblase oder Pericard, *G* Eichelglomerulus, *P* Eichelporus, *Mh* Mundhöhle, *Oe* Oesophagus, *Kd* Kiemendarmhöhle, *Nd* Kragenmark, *Nv* ventraler Nervenstamm, *Dg* Dorsal-, *Vg* Ventralgefäß.

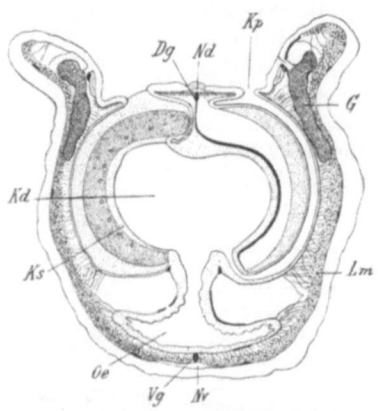

Abb. 897. Querschnitt durch die Kiemenregion von *Balanoglossus apertus*. (Nach SPENGEL.) *Oe* Oesophagus, *Kd* Kiemendarm, links ein Kiemenseptum (*Ks*), rechts eine Kiemenzunge getroffen, *Kp* Kiemenporus, *Dg* Dorsal-, *Vg* Ventralgefäß, *Nd* dorsaler, *Nv* ventraler Nervenstamm, *G* Genitalorgan, *Lm* Längsmuskulatur.

Die Körperbedeckung wird von einem an Drüsenzellen reichen Wimperepithel gebildet, in dessen Tiefe eine Nervenfaserschicht liegt. Als Hauptabschnitte dieses subepithelialen Nervensystems erscheinen ein dorsaler und ventraler gangliöser Längsstrang in der ganzen Länge des Rumpfes (Abb. 896, 897). Eine verstärkte ringförmige Verbindung liegt an der Grenze zwischen Rumpf und Kragen. Der dorsale Hauptstrang ist bis in die Eichel zu verfolgen; er erscheint in der Kragenregion unter der Haut in die Tiefe versenkt und enthält hier einen oder mehrere Hohlräume. Dieses Kragenmark kann als Centralteil des Nervensystems betrachtet werden.

Der Mund führt in die Mundhöhle, deren Wand ein Divertikel (Eicheldarm) nach vorn in die Eichelbasis entsendet, das von manchen Forschern als Chordarudiment (Notochord) aufgefaßt wird. Unterhalb desselben liegt ein den Mund dorsal umfassender Skeletbogen (Eichelskelet) (Abb. 896). Es folgt im Rumpf der Kiemendarm mit zwei Reihen dorsaler taschenförmiger Aussackungen (Kiementaschen), die durch spaltförmige Kiemenporen nach außen führen. In jede Kiementasche springt von der Dorsalseite ein zungenförmiger Fortsatz, die Kiemenzunge, vor, die bei vielen Formen durch feine Querbrücken (Synaptikel) mit den gegenüberliegenden Seitenwänden der Kiemenspalte verbunden ist. Die Wände der Kiemenspalten werden durch ein System von Skeletspangen gestützt. Zuweilen ist der dorsale Abschnitt des Kiemendarmes mit den Kiemenspalten durch zwei vorspringende Längswülste von dem ventralen, nur als Oesophagus fungierenden Abschnitte geschieden (Abb. 897). Der folgende verdauende Darmabschnitt zeigt im Vorderteil bei einigen Formen dorsale Leberausstülpungen; ein dorsal gelegener Nebendarm wird bei einigen *Glandiceps*-Arten in der hinteren Körperregion beobachtet. Auch kommen in der Genitalregion vieler Helminthomorphen paarige dorsale Darmpforten vor.

Der Darm ist an der Leibeswand durch ein dorsales und ventrales Mesenterium befestigt, das von den aneinander stoßenden paarigen Cölomsäckchen gebildet wird. Man unterscheidet ein Paar Cölomsäcke im Kragen und ein Paar in der

Rumpfregion (Abb. 85a). Ein unpaarer Cölomsack nimmt die Eichel ein und mündet dorsal durch einen, seltener zwei Poren an der Eichelbasis nach außen (Abb. 896). Durch solche Poren öffnet sich auch das Kragencölom an der Vorderwand der ersten Kiementasche nach außen. Von dem somatischen Blatte der Cölomsäcke geht die Entwicklung der Körpermuskulatur aus (Abb. 897), welche aus zwei bis vier Längsmuskelfeldern besteht; dazu treten noch radiär verlaufende Muskelfasern und zuweilen eine äußere Ringfaserlage. Durch die Muskulatur und Bindegewebe werden die Cölomräume fast vollständig verdrängt.

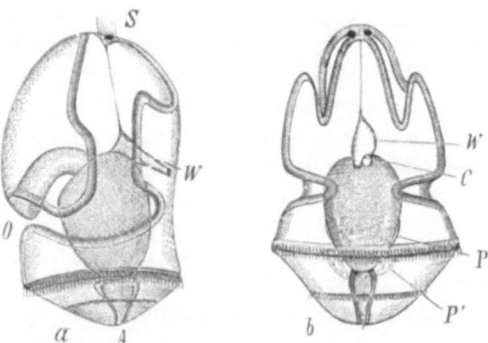

Abb. 898. *Tornaria*-Larve. (Nach METSCHNIKOFF.) a Seiten-, b Dorsalansicht. *O* Mund, *A* After, *C* Herzblase, *S* Scheitelplatte, *W* Eichel-, *P* Kragen-, *P'* Rumpfcölomsack.

Die Helminthomorphen besitzen ein Blutgefäßsystem (Abb. 896), an dem sich ein dorsaler und ventraler Längsstamm unterscheiden lassen, welche am Hinterende des Kragens durch zwei Seitengefäße verbunden sind; im dorsalen Längsstamme bewegt sich das Blut von hinten nach vorn. Dazu kommen verbindende Gefäße und capillare Gefäßnetze in der Haut und am Darm.

Im Basalteil der Eichel liegt dorsal von dem vorderen Darmdivertikel ein geschlossenes, teilweise contractiles Säckchen, sogenannte Herzblase oder Pericard, das jedoch nicht dem Blutgefäßsystem zugehört (Abb. 896). Als Eichelglomerulus wird eine Gruppe von mit Bluträumen erfüllten Vorstülpungen der Wand des Eichelcöloms oberhalb der Herzblase bezeichnet. Vielleicht handelt es sich hier um ein Excretionsorgan.

Die Geschlechter sind getrennt. Die Gonaden (Abbild. 897) stellen einfache oder verästelte Schläuche dar, die sich von der hinteren Kiemenregion bis in die Leberregion in einer oder auch zwei Längsreihen (bei *Ptychoderiden* in der flügelförmigen Längsfalte) angeordnet finden und dorsal durch einfache Gänge ausmünden.

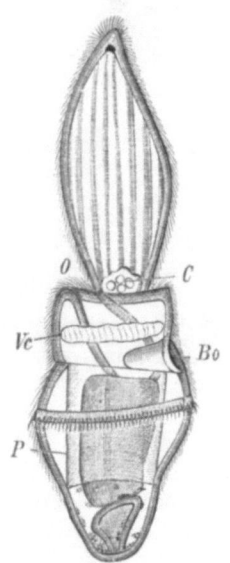

Die Entwicklung ist eine Metamorphose, zuweilen verläuft sie direkter. Im ersteren Falle tritt die als *Tornaria* bekannte pelagische Larvenform (Abb. 898) auf. Die Entwicklung zeigt vielfach gemeinsame Charakterzüge mit den Echinodermen. Die Furchung ist äqual, die Gastrulation erfolgt durch Invagination. Der After ist auf das Prostoma zurückzuführen, während der Mund sekundär an der Ventralseite entsteht. Die Cölomsäcke werden durch Abfaltung vom Entoderm gebildet, zuerst das unpaare Eichelcölom, von dem aus später Mesenchymzellen in die das Blastocöl erfüllende Gallerte einwandern. Die Tornaria besitzt Walzenform und

Abb. 899. Späteres Entwicklungsstadium von *Balanoglossus*, mit einem Paar von Kiemenspalten (Seitenansicht). (Nach METSCHNIKOFF.) *Bo* Kiemenporus, *C* Herzblase, *O* Mund, *P* Cölomsack, *Vc* Ringgefäß.

weist ein sattelförmig eingedrücktes Mundfeld auf, das von einer Wimperschnur umsäumt wird; und zwar ist ein den Mundschild umgebender Abschnitt der Wimperschnur von dem übrigen Teile am Scheitelpole getrennt. An letzterem liegt eine Scheitelplatte mit Wimperschopf und zwei Augenflecken.

Nahe dem Hinterende des Körpers findet sich ein präanaler Wimperkranz. Die Mundöffnung liegt ventral innerhalb des Mundfeldes, der After terminal. Dorsal vom Darm findet sich ein großer Sack, der durch einen dorsalen Porus ausmündet und durch einen Strang mit der Scheitelplatte verbunden ist, das Eichelcölom. Ihm liegt rechterseits die Herzblase an. Rechts und links vom Darm folgen zwei Paare von Cölomsäckchen (Kragen- und Rumpfcölom). Das Eichelcölom wurde unrichtigerweise dem Hydrocöl der Echinodermen verglichen; letzterem ist das linke Kragencölom homolog (SPENGEL).

Die Verwandlung der Tornaria zum Eichelwurm vollzieht sich bei auffallender Verkleinerung des Körpervolumens unter Rückbildung der Wimperschnur; der präorale Teil des Larvenkörpers wird zur Eichel, der orale Abschnitt zum Halskragen und der nachfolgende gestreckte Teil mit dem noch vorhandenen Wimperkranz zum Rumpf. Am vorderen Darmabschnitt kommen paarweise Kiemenöffnungen zum Durchbruch (Abb. 899).

Die Tiere leben in mit Schleim ausgekleideten Gängen im Sande und bewegen sich, indem Eichel und Kragen bei abwechselnder Verlängerung und Verkürzung den übrigen Körper nachschleppen.

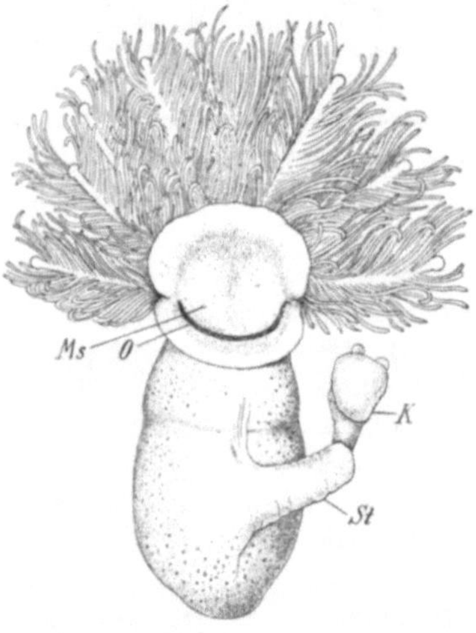

Fam. *Glandicipitidae*. Genitalflügel nicht vorhanden. *Glandiceps talaboti* MAR. Mittelmeer. Hier schließt sich an *Dolichoglossus kowalevskii* A. AG. Atlant. Küste, Nordamerika. *Protobalanus koehleri* CAULL. et MESN. Kanal la Manche.

Fam. *Ptychoderidae*. Genitalflügel vorhanden. *Glossobalanus minutus* KOW. Neapel (Abbild. 895). *Balanoglossus clavigerus* CHIAJE. Atlant. Ozean, Mittelmeer. *B. gigas* FR. MÜLL. Brasilien. Wird bis 2,5 m lang. *Ptychodera flava* ESCHZ. Still. Ozean.

2. Klasse. **Pterobranchia**[1].

Bryozoenförmige, in Röhren lebende Enteropneusten mit Tentakelapparat und ventralem Stiel, mit zu einer Scheibe entwickeltem präoralen Körperabschnitt und dorsal gelegenem After.

Der Gruppe Pterobranchia gehören die Gattungen *Cephalodiscus* und *Rhabdopleura* an (Abb. 900, 902). Der gewöhnlich etwa 1—5 mm, selten (*Cephalodiscus solidus*) 4—5 cm große Körper dieser Tiere erinnert im Habitus an Tentaculaten (Bryozoen), besitzt aber im Bau große Übereinstimmung mit den Helmintho-

Abb. 900. *Cephalodiscus dodecalophus* von der Ventralseite gesehen. (Nach MAC INTOSH.) 20/1. *Ms* Kopfscheibe, *O* Pigmentstreifen derselben, *St* Stiel, *K* Knospe.

---

[1] MACINTOSH, W.: Report on *Cephalodiscus dodecalophus*. Chall. Rep. 20 (1887), mit Appendix von S. F. HARMER. — MASTERMAN, A. T.: On the Diplochorda. Quart. J. microsc. Sci. 40 (1898). — On the further Anatomy and the Budding Processes of *Cephalodiscus dodecalophus*. Trans. roy. Soc. Edinburgh 39 (1900). — RAY LANKESTER, E.: A contribution to the knowledge of *Rhabdopleura*. Quart. J. microsc. Sci. 24 (1884). — FOWLER, G. H.: The morphology of *Rhabdopleura Normani*. Festschr. f. LEUCKART. Leipzig 1892. — HARMER, S. F.: The Pterobranchia of the Siboga-Expedition. Leyden 1905. — ANDERSSON, K. A.: Die Pterobranchier der Schwed. Südpolar-Exp. Stockholm 1907. — RIDEWOOD, W. G.: Pterobranchia. *Cephalodiscus*. Nat. Antarctic Exp. London 1907. — SCHEPOTIEFF, A.: Die Pterobranchier. Zool. Jb. 23—25 (1907—1908). — Die Pterobranchier des Indischen Ozeans. Ebenda 28 (1910). — BRAEM, F.: Pterobranchier und Bryozoen. Zool. Anz. 1911. — Vgl. außerdem die Arbeiten von ALLMAN, G. O. SARS, EHLERS, A. LANG.

morphen und läßt wie bei diesen drei Abschnitte mit ebensovielen Abschnitten des Cöloms unterscheiden; er zeigt bei *Rhabdopleura* meist eine Asymmetrie in stärkerer Entwicklung der linken Körperseite, wobei der Mund nach links verschoben ist. Der erste, präorale Abschnitt ist zu einer großen, über den Mund vorragenden drüsenreichen Scheibe (Kopfscheibe) entwickelt, die dem Tier von *Cephalodiscus* auch als Kriechscheibe dient; der zweite schmale Abschnitt (Kragen) trägt ventral die Mundöffnung, dorsal jederseits bei *Rhabdopleura* einen, bei *Cephalodiscus* fünf, sechs oder acht mit zahlreichen Tentakeln besetzte, bei *Cephalodiscus* zuweilen am Ende geknöpfte Arme (Tentakelträger), in die hinein das Kragencölom Divertikel entsendet; der dritte Abschnitt, der Rumpf, ist sack-

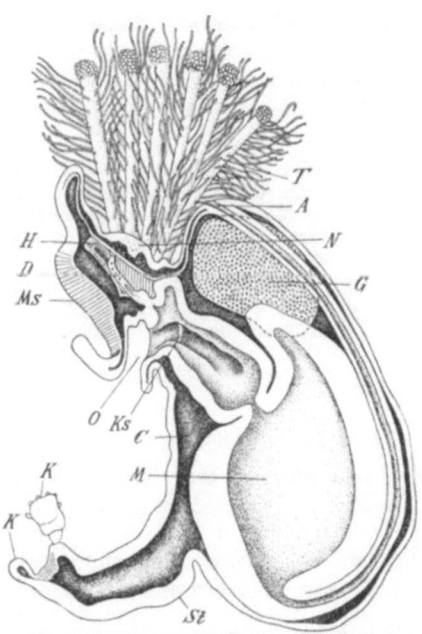
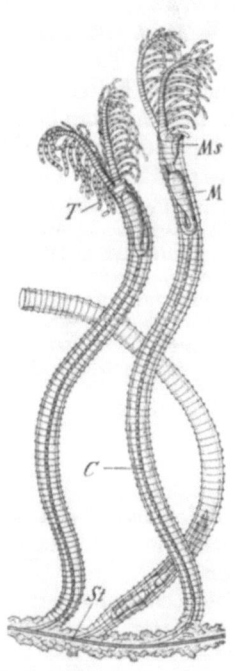

Abb. 901. *Cephalodiscus dodecalophus* im Medianschnitt, schematisch. (Nach SCHEPOTIEFF.) *A* After, *C* Rumpfcölom, *D* vorderes Darmvertikel, *G* Ovarium, *H* Herzblase, *K* Knospen, *Ks* Kiemenspalte, *M* Magen, *Ms* Kopfscheibe, *N* Kragenmark (Centralnervensystem), *O* Mund, *St* Stiel, *T* Tentakel.

Abb. 902. *Rhabdopleura mirabilis.* (Nach O. SARS.) Etwa $^{10}/_1$. *C* Contractiler Strang, *M* Magen, *Ms* Kopfscheibe, *St* Axialstrang, *T* Tentakel.

förmig und besitzt bei *Cephalodiscus* einen ventralen Stiel (mit endständigem Haftnapf), in welchen die Längsmuskeln der Ventralseite zusammenlaufen. Dieser contractile Stiel setzt sich bei *Rhabdopleura* in einen (schwarzen) Stolo fort, der die Einzeltiere verbindet (Abb. 902). Der vorderste unpaare Cölomsack nimmt die Kopfscheibe ein und öffnet sich durch zwei Poren nach außen, desgleichen der zweite paarige, den Kragen einnehmende Cölomsack, auf den im Rumpf ein drittes Paar von Cölomsäcken folgt, das sich in den Stiel hinein fortsetzt. Der Darm ist U-förmig gebogen (Abb. 901); er weist im vorderen Teile ein dorsales, gegen die Kopfscheibe ragendes Divertikel, bei *Cephalodiscus* außerdem zwei Kiemenspalten auf; der After mündet dorsal weit vorn. Das Nervensystem wird wie bei *Helminthomorphen* von einer subepithelialen Nervenschicht gebildet. Als Centralteil ist ein Ganglion an der Dorsalseite der Kragenregion anzusehen. Von ihm geht ein dorsaler starker Nervenstamm in die Kopfscheibe, ferner ein hinterer dorsaler

Nerv sowie seitliche Nerven aus, die sich vor dem Stiel zu einem ventralen Nervenstamme vereinigen. Auch ein System von Gefäßen, ähnlich jenem der Helminthomorphen ist beobachtet. Eine sogenannte Herzblase findet sich in der Kopfscheibe, dem Vorderende des vorderen Darmdivertikels angelagert.

Die Tiere sind meist getrenntgeschlechtlich, wenige hermaphroditisch, die Männchen zuweilen verschieden. Die säckchenförmige, bei *Rhabdopleura* unpaare (nur rechts vorhandene) Genitaldrüse mündet an der Dorsalseite des Rumpfes vor dem After. Außerdem pflanzen sich die Pterobranchier durch Knospung fort. Die Knospen entstehen bei *Cephalodiscus* am Ende des Stieles, bei *Rhabdopleura* an den freien Stoloenden. Die Entwicklung ist eine Metamorphose. Die Larven von *Cephalodiscus* ähneln jenen der Bryozoen (*Bugula*).

Die Tiere von *Cephalodiscus* leben kolonieweise in zuweilen verzweigten Röhren, die von den Tieren ausgeschieden werden; sie sind innerhalb derselben frei beweglich und halten sich mittels der am Ende des Stieles vorhandenen Saugscheibe fest. *Rhabdopleura* bildet verzweigte Stöcke, in denen die in Röhren lebenden Tiere durch Stolonen verbunden sind. Alle Pterobranchier sind marin und leben meist in beträchtlicher Tiefe.

Fam. *Cephalodiscidae*. Tiere frei innerhalb der Röhre beweglich, in Kolonien lebend. *Cephalodiscus dodecalophus* M'INT. Mit sechs Paaren von Armen. Magellanstr. (Abb. 900). *C. inaequatus* ANDERSSON. Beim Weibchen fünf, beim Männchen sechs Armpaare. *C. solidus* ANDERSSON. Mit acht Armpaaren. Antarkt., Graham-Region. *C. sibogae* HARMER. Männchen mit nur einem Paar tentakelloser Arme. Malaiisch. Arch.

Fam. *Rhabdopleuridae*. Stöckchen bildend, Tiere durch Stolonen verbunden, mit nur zwei Armen. Kiemenspalten fehlen (Abb. 902). *Rhabdopleura normani* ALLM. Atlant.Ozean.

Die paläozoischen *Graptolithen* dürften zum Teil Röhren von Pterobranchiern sein.

7. Kladus.
Echinoderma, Stachelhäuter[1].

Coelomopora von sekundär-radiärem fünfstrahligen Bau, mit kalkigem, oft stacheltragendem Unterhautskelet, mit kompliziert entwickeltem Ambulacralgefäßsystem.

Die Echinodermen bilden eine wohlabgeschlossene, ausschließlich marine Tiergruppe. Der Körper der Echinodermen läßt eine Oralseite mit dem Munde von

---

[1] TIEDEMANN, FR.: Anatomie der Röhrenholothurie, des pomeranzfarbigen Seesternes und des Stein-Seeigels. Heidelberg 1820. — MÜLLER, JOH.: Über den Bau der Echinodermen. Abh. preuß. Akad. Wiss., Physik.-math. Kl. Berlin 1854. — Über die Larven und Metamorphose der Echinodermen. Ebenda 1848—1854. — AGASSIZ, A.: Embryology of the Starfish. Mem. Mus. Harvard Coll. 5 (1877). — METSCHNIKOFF, E.: Studien über die Entwicklungsgeschichte der Echinodermen und Nemertinen. Mém. Acad. St.-Pétersbourg1869. — LUDWIG, H.: Morphologische Studien an Echinodermen. Z. Zool. 1877—1882. — SELENKA, E.: Die Keimblätter der Echinodermen. Wiesbaden 1883. — HAMANN, O.: Beiträge zur Histologie der Echinodermen. Jena. Z. Naturwiss. 1884—1889. — SEMON, R.: Die Entwicklung der *Synapta digitata* und die Stammesgeschichte der Echinodermen. Ebenda 22 (1888). — SARASIN, F. u. P.: Über die Anatomie der Echinothuriden und die Phylogenie der Echinodermen. Erg. Ceylon. 1 (1888). — CUÉNOT, L.: Études morphologiques sur les Echinodermes. Archives de Biol. 11 (1891). — THÉEL, H.: On the Development of *Echinocyamus pusillus*. Nova Acta Soc. Sci. Upsala 1892. — BURY, H.: The Metamorphosis of Echinoderms. Quart. J. microsc. Sci. 38 (1896). — GOTO, S.: The Metamorphosis of *Asterias pallida* etc. J. Coll. of Sci. Tokio 10 (1898). — CARPENTER, W. B.: Researches on the Structure, Physiology and Development of *Antedon rosaceus*. Philosophic. Trans. roy. Soc. London 1866. — BARROIS, J.: Recherches sur le développement de la Comatule. Rec. Zool. Suisse 4 (1888). — PERRIER, E.: Mémoire sur l'organisation et le développement de la Comatule de la Méditerranée. Nouv. Arch. Mus. Hist. Nat. Paris 1889—1890. — SEELIGER, O.: Studien zur Entwicklungsgeschichte der Crinoiden (*Antedon rosacea*). Zool. Jb. 6 (1893). — RUSSO, A.: Studii su gli Echinodermi. Atti Accad. Gioenia. Catania 1902. — MASTERMAN, A.: The Early Development of *Cribrella oculata* etc. Trans. roy. Soc. Edinburgh 40

einer gegenüberliegenden Apicalseite unterscheiden und erscheint in der Anordnung seiner Teile im Typus fünfstrahlig gebaut, zuweilen treten 4, 6 oder mehr Strahlen auf. Bei den regulär ausgebildeten Formen sind um eine durch den Oral- und Apicalpol zu ziehende Hauptachse fünf Abschnitte zu unterscheiden, in welche die Ambulacralstämme, Nervenstämme usw. fallen; sie werden als Radien oder *Ambulacra* bezeichnet, während die dazwischenfallenden Körperstücke als Interradien oder *Interambulacra* unterschieden werden (Abb. 903 und 75c).

Der radiäre Körperbau der Echinodermen ist sekundär einer bilateralsymmetrischen Grundform aufgeprägt — es zeigt dies in erster Linie die Bilateral-

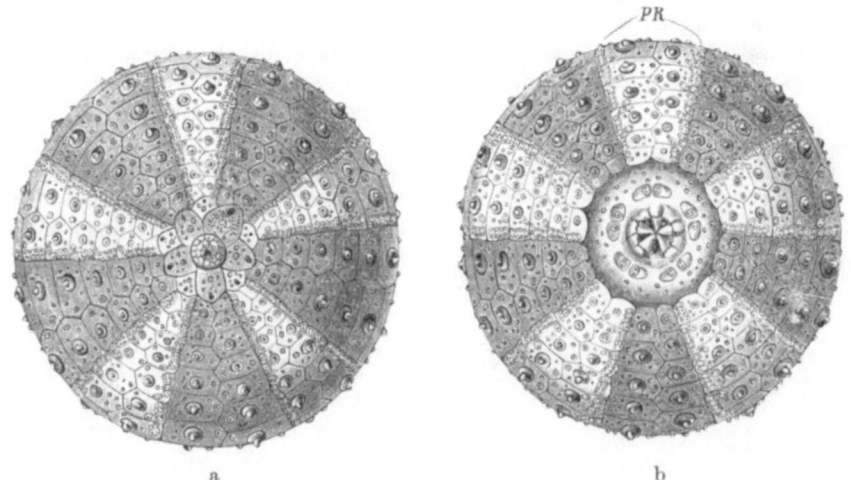

Abb. 903. Schale eines regulären Seeigels (*Strongylocentrotus droebachiensis*). $^1/_1$. a Apicalseite. In der Mitte das Afterfeld, in seinem Umkreis die fünf interradialen Genitalplatten, von denen die rechte vordere zugleich Madreporenplatte ist. Zwischen den Genitalplatten radial die kleinen, von einem Porus (für den Sinnestentakel) durchsetzten fünf Ocellarplatten. — b Oralseite. *PR* Porenreihen im vorderen Radius. Um den Mund (mit den fünf Zähnen) auf dem Peristom fünf Plattenpaare (Buccalplatten) mit den Poren der oralen Ambulacralfüßchen.

symmetrie der Larvenform — und ist auf die festsitzende Lebensweise ursprünglich freibeweglicher bilateralsymmetrischer Stammformen zurückzuführen. (Vielleicht sind die Pterobranchia Reste solcher Stammformen.) Auch unter den heute

(1902). — Pietschmann, V.: Zur Kenntnis des Axialorgans und der ventralen Bluträume der Asteriden. Arb. zool. Inst. Wien **16** (1905). — Schurig, W.: Anatomie der Echinothuriden. Wiss. Erg. dtsch. Tiefsee-Exp. 5 (1906). — MacBride, E. W.: The development of *Echinus esculentus* etc. Philosophic. Trans. roy. Soc. London **1903**. — The development of *Ophiothrix fragilis*. Quart. J. microsc. Sci. **51** (1907). — Heider, K.: Über Organverlagerungen bei der Echinodermenmetamorphose. Verh. dtsch. Zool. Ges. **1912**. — v. Ubisch, L.: Die Anlage und Ausbildung des Skeletsystems einiger Echiniden und die Symmetrieverhältnisse von Larve und Imago. Z. Zool. **104** (1913). — Die Entwicklung von *Strongylocentrotus lividus*. Ebenda **106** (1913). — Becher, S.: Stachelhäuter. Handwörterbuch der Naturwiss. **9** (1913). — Echinodermata in Bronns Klassen u. Ordn. d. Tierreichs. Bearb. von H. Ludwig u. O. Hamann, 1889—1904. — Gemmill, J. F.: The Development of the Starfish *Solaster endeca*. Trans. Zool. Soc. London **20** (1912). — The Development and Certain Points in the Adult Structure of the Starfish *Asterias rubens*. Philosophic. Trans. roy. Soc. London **1914**. — Mortensen, Th.: Studies in the Development of Crinoids. Pap. Departm. of mar. Biol. Carnegie Inst. Washington **16** (1920). — Studies on the Development and Larval forms of Echinoderms. Kopenhagen 1921. — Grobben, K.: Theoretische Erörterungen betreffend die phylogenetische Ableitung der Echinodermen. Sitzsber. Akad. Wiss. Wien, Math.-naturwiss. Kl. **1923**. — Vgl. ferner die Schriften von Forbes, Bell, W. Thomson, P. H. Carpenter, Greeff, Goette, Bütschli, Fewkes, Pfeffer, J. Wagner, Grave, Bather, Reimers, Ziegler.

lebenden Echinodermen gibt es eine Gruppe, die *Pelmatozoa*, welche im entwickelten Zustande oder wenigstens in der Jugend festsitzend sind, während alle übrigen Echinodermen, die *Eleutherozoa* (*Echinozoa*), einige Asteroideen ausgenommen, auch während der Entwicklung keinen festsitzenden Zustand mehr aufweisen. Den *Pelmatozoa* gehören in der heutigen Lebewelt die *Crinoidea*, den *Eleutherozoa* die *Asteroidea* (Seesterne), *Ophiuroidea* (Schlangensterne), *Echinoidea* (Seeigel) und *Holothurioidea* (Seewalzen) an.

Die Abstammung der Echinodermen von bilateralsymmetrischen Formen kommt auch noch beim ausgebildeten Tier einigermaßen zum Ausdruck, indem einzelne unpaare Organe (wie Steinkanal, Axialorgan) vorhanden sind, welche nicht in die Hauptachse fallen, ohne daß aber eine Teilungsebene durch das das unpaare Organ enthaltende Strahlstück der ursprünglichen Symmetrieebene des Körpers entspräche. Es ist somit für die Echinodermen eine Asymmetrie im Bau eigentümlich (H. LUDWIG).

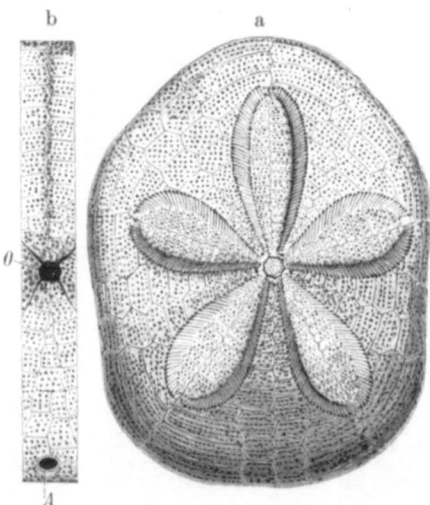

Abb. 904. *Clypeaster rosaceus*. ³/₅. a Apicalansicht. Im Centrum die Madreporenplatte, umgeben von den fünf Genitalporen und der Ambulacralrosette. b Medianer Teil der Oralfläche. *O* Mund, *A* After.

Aus der sekundär radiären *regulären* Echinodermenform hat sich in verschiedener Weise tertiär eine Bilateralsymmetrie bei manchen Formen ausgebildet. Eine solche findet sich bei einigen Seeigeln, indem der eine Radius eine ungleiche Größe erlangt. Bei den sogenannten *irregulären* Seeigeln schreitet die zweiseitigsymmetrische Gestaltung weiter vor. Nicht nur daß der unpaare Radius eine abnorme Größe und Form erhält, daß die Winkel, unter welchen sich der Hauptstrahl mit den Nebenstrahlen schneidet, nur paarweise gleichbleiben, auch die Afteröffnung rückt bei den *Clypeastroideen* (Abb. 904) aus dem Scheitelpole nach der oralen Hälfte in den unpaaren Interradius, während sich bei den *Spatangoideen* zugleich der Mund in der Richtung des unpaaren Radius nach vorn verschoben zeigt (Abb. 905). Mit dieser Verschiebung des Mundes erfahren die zwei hinteren Ambulacren (Bivium) eine Verlängerung und erscheinen in größerem Umfange an der Bildung der Oralfläche des Körpers beteiligt. In ganz anderer Weise ist bei zahlreichen *Holothurien* eine Bilateralsymmetrie entwickelt. Mund und After behalten hier ihre normale Lage und der walzenförmige Körper flacht sich parallel zur Hauptachse zu einer Kriechsohle ab, welcher drei Radien (Trivium), in der Mitte der dem dorsalen Genitalorgan gegenüberliegende Radius, angehören.

Was die unter den Echinodermen auftretenden (regulären) Formentypen anbelangt, so zeigen die Seeigel (*Echinoidea*) eine oral etwas abgeflachte sphäroidische Gestalt. In der Hauptachse liegt der Mund, ihm gegenüber der After in dem als Periproct bezeichneten Felde (Abb. 903). Durch Verlängerung der Achse ergibt sich die Walzenform der *Holothurioidea* (Abb. 906). Die Gestalt der Seesterne (*Asteroidea*) (Abb. 936) ist durch Verkürzung des Körpers in der Hauptachse sowie Ausbreitung der Ambulacren auf der oralen Seite abzuleiten, wobei die Radien (Ambulacren) armförmig hervortreten und die apicale Körperwand von einer von Kalktafeln durchsetzten Haut gebildet wird. Die pentagonale Scheibenform mancher Seesterne kann als Übergang dienen (Abb. 937); die Arme erscheinen hier bloß als Ecken der Scheibe. Bei den *Ophiuroidea* sind die Arme von der kleinen Scheibe schärfer abgesetzt, in der Regel einfach, selten verzweigt. Der Körper der *Crinoidea* (Abb. 934, 935) ist kelchförmig und setzt sich in gleichfalls bewegliche, einfache oder verästelte schlanke Arme fort, die gegliederte Seitenanhänge (*Pinnulae*) tragen, welche alternierend den einzelnen Armgliedern zugehören und im Grunde nur die äußersten Armzweige repräsentieren. Die Crinoideenarme sind nicht den Armen der Asteroideen und Ophiuroideen vergleichbar, sondern Bildungen eigener Art. Dazu kommt bei den Crinoideen, bei den *Antedoniden* nur in der Jugend, der am apicalen Körperpole entspringende gegliederte Stiel, mittels dessen die Tiere mit nach oben gekehrtem Mund festsitzen (Abb. 932, 934). Den Crinoideen gegenüber, deren Mund ihrer festsitzenden Lebensweise entsprechend nach aufwärts gerichtet ist, bewegen sich die Echinoideen, Asteroideen und Ophiuroideen mit nach unten gerichtetem Munde, während bei den Holothurioideen der Mund bei der Bewegung nach vorn gerichtet liegt.

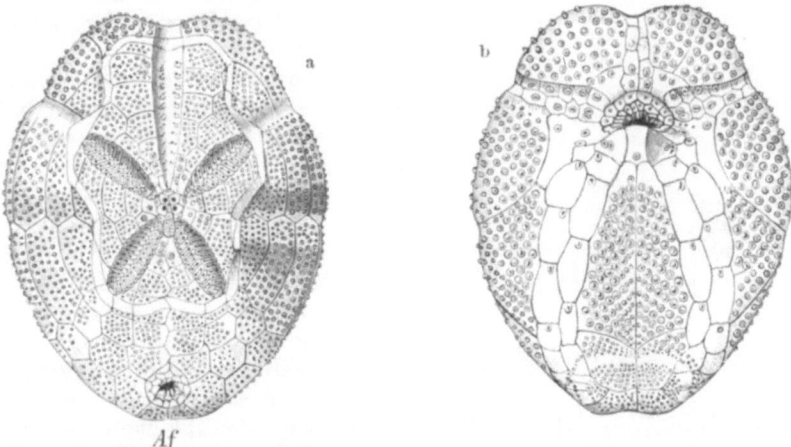

Abb. 905. Schale eines Seeigels der Spatangidengruppe (*Brissopsis lyrifera*). $^{1.3}/_1$. a Apicalseite mit vier Genitalporen und Madreporenplatte im hinteren Interradius. *Af* After. — b Oralseite, mit dem nach vorn gerückten Munde.

Als allgemeiner Charakter der Echinodermen erweist sich die Entwicklung kalkiger Skeletteile von charakteristischem netzförmigen Gefüge in dem Bindegewebe, vor allem der Unterhaut. Bei den *Holothurien* bleiben diese Skeletbildungen auf einen in der Umgebung des Schlundes gelegenen, aus zehn Stücken gebildeten Kalkring und auf isolierte, bestimmt gestaltete Kalkkörper (Abb. 907) beschränkt, welche in Form von gegitterten Täfelchen, Stühlchen, Rädchen oder Ankern im Integumente eingelagert sind. In diesem Falle ist ein kräftiger Hautmuskelschlauch vorhanden, bestehend aus fünf oder zehn starken radialen Längsmuskeln, denen vorn der Kalkring zur Befestigung dient, und zwischen ihnen aus einer Lage von Ringfasern, welche die innere Oberfläche der Haut auskleidet. Das Hautepithel der Echinodermen ist oft bewimpert.

Bei den übrigen Echinodermen läßt sich ein apicaler und oraler Abschnitt eines Plattenskeletes mit fünfstrahliger Anordnung seiner Teile unterscheiden.

Ausgehend vom Primärskelet der *Antedon*-Larve (Abb. 932 b), sehen wir dasselbe im apicalen Abschnitte, dem Kelche, aus einem den Apex des Kelches einnehmenden *Centrale*, dem sich fünf interradiale *Basalia* (Interradialia) und weiter fünf radiär gelagerte Skeletplatten, die *Radialia*, anschließen, bestehen, im oralen Abschnitte finden wir fünf um den Mund interradial gelagerte *Oralia*. Bei den

Larven der *Asteroideen*, *Ophiuroideen* und *Echinoideen* erscheinen im oralen Abschnitte des Primärskeletes fünf radiale Platten, die *Terminalia* (Abb. 908).

Zu diesem Primärskelet kommen später neue Plattensysteme (perisomatisches Skelet) hinzu, die als *Ambulacralia, Interambulacralia* usw. bezeichnet werden.

Ob die miteinander verglichenen und gleichbenannten Platten bei *Pelmatozoen* und *Eleutherozoen* als homolog anzusehen sind, bleibt zweifelhaft.

Bei den *Crinoideen* finden sich am ausgebildeten Tiere außer Primärplatten als wichtigste Skeletteile die apicalwärts gelagerten Brachialia der Arme, an der Oralseite die Saumplättchen (Ambulacralia) der Ambulacralfurchen. Dazu kommt bei den gestielten Formen das aus runden oder fünfeckigen Gliedstücken aufgebaute Skelet des Stieles.

Bei den *Asteroideen* und *Ophiuroideen* ist an der Oralseite längs der Ambulacren ein bewegliches Hautskelet mit inneren wirbelartig verbundenen Kalkstücken (sogenannten Wirbeln) ausgebildet (Ambulacralplatten), an die sich lateral marginale Plattenreihen anschließen (Abb. 910, 914). Es endet an der Spitze des Armes mit einer einfachen Skeletplatte, dem *Terminale*. Die apicale Fläche wird von einer mit Kalkgebilden erfüllten Haut gebildet. Unter diesen Kalkgebilden lassen sich im Jugendzustande (Abb. 908) vom primären Apicalplattensystem das Centrale, die Basalia und die Radialia in unmittelbarer Aneinanderlagerung erkennen. Bei den erwachsenen Tieren hingegen werden diese Primärplatten mit seltenen Ausnahmen, in denen Centrale und Basalia noch aneinanderstoßen (*Cnemidaster*), durch die Entwicklung sekundärer Platten auseinandergedrängt, wobei Basalia und Radialia bei den *Asteroideen* an der Apicalseite der Scheibe verbleiben. Bei den *Ophiuroideen* dagegen werden die apicalen Teile der Scheibe in den Interradien oralwärts verschoben; damit gelangen fünf primäre, vielleicht den Basalia homologe Interradialia an die Oralseite und werden zu den *Mundschildern* (Abb. 938).

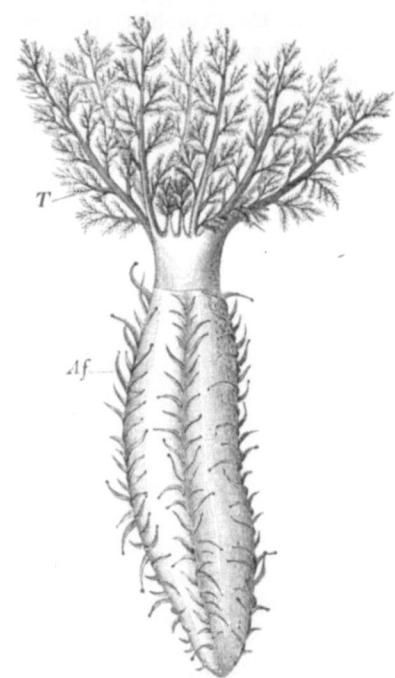

Abb. 906. *Cucumaria planci*. ²/₃. *T* Tentakel, die zwei ventralen kleiner. *Af* Ambulacralfüßchen.

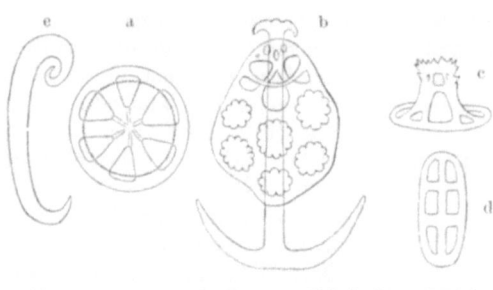

Abb. 907. Kalkkörper aus der Haut von *Holothurien*. a Rädchen von *Taeniogyrus* (*Chiridota*) *contortus*, b Anker mit Stützplatte einer *Synaptide*, c Stühlchen, d Platten von *Holothuria impatiens*, e Haken von *Taeniogyrus* (*Chiridota*) *contortus*. (Nach H. LUDWIG, b nach SELENKA.)

Bei den *Echinoideen* nimmt das apicale Skelet nur einen kleinen Teil der Schale ein, es wird der Apicalpol bloß bei *Salenia* (Abb. 909) und im Jugendzustande von einer Centralplatte allein eingenommen, während sich sonst bei den erwachsenen Seeigeln an deren Stelle ein von kleinen sekundären Kalktäfelchen erfülltes Feld

(Periproct) mit der Afteröffnung findet; in dessen Umgebung folgen vom primären Apicalskelet nur fünf Basalia (Genitalplatten) mit je einer Genitalöffnung. An diese schließen sich fünf je einen Sinnestentakel tragende radiale Skeletplatten, die Ocellarplatten, an, die möglicherweise den Terminalia, vielleicht aber den Radialia der Asteroideen und Ophiuroideen entsprechen, im ersteren Falle dann dem oralen Skeletsystem angehören (Abbild. 903). An diese reiht sich oralwärts bis zu der den Mund umgebenden Haut ein mächtiges unbewegliches Hautskelet, bestehend aus 20 in Meridianen angeordneten Reihen von festen Kalkplatten, die durch Nähte verbunden eine unbewegliche Kapsel (Schale, Corona) zusammensetzen. Diese Plattenreihen scheiden sich in zwei Gruppen von je fünf Paaren, von denen die einen, die Ambulacralplatten, in die Radien hineinfallen und von Öffnungen zum Durchtritt der Ambulacralfüßchen durchbrochen sind, die anderen, ebenfalls paarweise nebeneinander laufenden Reihen den Interradien angehören und jener Poren entbehren (Interambulacralplatten).

Abb. 908. Junger *Asterias glacialis*, Apicalansicht. (Nach LOVÉN, Deutung teilweise verändert.) *C* Centrale, *B* Basalia (das bezeichnete die Madreporenplatte), *R* (primäre) Radiala, *T* Terminalia, *s* sekundäre Skeletplatten.

In einigen Fällen setzen sich Ambulacral- und Interambulacralplatten oder nur erstere auf die Mundhaut in beweglich verbundenen Reihen fort.

Als Anhänge des Hautpanzers sind bei *Echinoideen*, *Asteroideen* und *Ophiuroideen* mannigfach gestaltete *Stacheln* sowie die auf solche zurückführbaren *Sphaeridien* und *Pedicellarien* zu erwähnen (Abb. 911). Die Stacheln sind bei den Seeigeln auf warzenförmigen Tuberkeln der Schalenplatten durch Muskeln beweglich eingelenkt; bei *Spatangoideen* treten auf den sogenannten Fasciolen borstenförmige, am Ende verdickte kleine Stacheln (*Clavulae*) auf. *Asthenosoma* besitzt Giftstacheln, deren Spitze von einem Giftbeutel umgeben ist. Sehr verbreitet kommen bei den Seeigeln auf den Ambulacren glashelle, mit Wimperepithel bekleidete sphäroidische Körperchen, die *Sphaeridien* (Abb. 939) vor, welche wahrscheinlich die Bedeutung von (vielleicht statischen) Sinnesorganen haben.

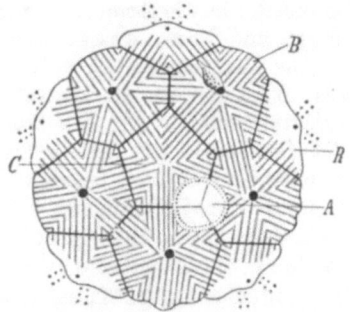

Abb. 909. Apicalskelet von *Salenia*. *C* Centralplatte, *B* Basalia (Genitalplatten, die bezeichnete die Madreporenplatte), *R* Ocellarplatten, *A* After. (Nach LOVÉN.)

Die Pedicellarien (Abb. 912) sind gestielte oder sitzende, zwei-, drei- oder vierschenklige Greifzangen, welche bei Seeigeln an verschiedenen Körperstellen, bei Seesternen auf der Aboralfläche sich finden; bei Echinoideen sind sie zuweilen auch an der Zange und am Stiel mit Drüsen ausgestattet (Drüsenpedicellarien) oder es ist der obere Teil des Pedicellars mit der Greifzange verkümmert (Globiferen). Die Pedicellarien funktionieren wahrscheinlich als Schutzorgane zur Reinhaltung des Körpers. Bei *Porcellanasteriden* finden sich auf den Randplatten die sogenannten *cribriformen Organe*. Sie bestehen aus einer Anzahl senkrecht stehender, paralleler verlaufender bewimperter Hautfalten oder Wärzchen, die im Inneren durch winzige Kalkstachel gestützt werden.

Der Darmkanal der Echinodermen zerfällt in Speiseröhre, Magendarm und Enddarm. Der Mund liegt in der Hauptachse des Körpers, der After am entgegengesetzten apicalen Pole, meist etwas excentrisch in einem Interradius, zuweilen oralwärts verschoben, bei den *Crinoideen* dagegen an der oralen Kelchdecke in der Nähe des Mundes (Abb. 934). Eine Afteröffnung fehlt bei den *Ophiuroideen*, *Porcellanasteriden* und *Astropectiniden*. Bei den *Crinoideen*, *Echinoideen* und *Holothurioideen* ist der Darm ein cylindrisches Rohr von ansehnlicher Länge. Er verläuft entweder in einer flachen horizontalen Spiraltour im Sinne des Uhrzeigers, wie bei den Crinoideen (Abb. 932 d), oder wie bei den Seeigeln in einer zurücklaufenden Schlinge, an der Innenseite der Schale durch Mesenterialfäden befestigt (Abb. 915), bei den Holothurien dreifach zusammengelegt an einem Mesenterium suspendiert (Abb. 916). Bei fast allen *Echinoideen* findet sich ein Nebendarm, der an der Innenseite längs des Mitteldarmes in einer ansehnlichen Strecke verläuft (Abb. 911). Bei *Asteroideen* und *Ophiuroideen* ist der Darm sackförmig und bei *Asteroideen* mit verästelten Blindsäcken

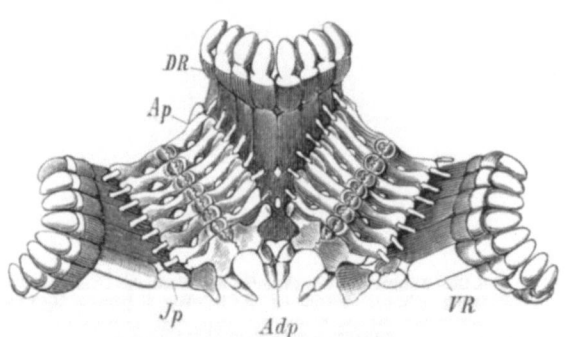

Abb. 910. Skeletplatten von *Astropecten hemprichi* M. T. (Nach J. MÜLLER.) *DR* Dorsale Randplatten, *VR* ventrale Randplatten, *Ap* Ambulacralplatten, *Jp* intermediäre Interambulacralplatten (Ventrolateralplatten), *Adp* vorderste Adambulacralplatten, eine Mundecke bildend.

versehen (Abb. 920), von denen die des Magendarmes als fünf Paare gelappter Schläuche in die Arme hineinreichen, jene des Afterdarmes in den Interradien liegen und kurze Aussackungen bilden.

Die Nahrungszufuhr erfolgt bei den *Crinoideen* durch von der Mundöffnung aus bis zu den letzten Armanhängen (Pinnulae) verlaufende Wimperrinnen (Ambulacralfurchen). Bei *Holothurien* dienen die Tentakel der Nahrungsaufnahme. Bei *Asteroideen* und *Ophiuroideen* finden sich in der Umgebung des Mundes vorragende, mit Spitzen besetzte Platten des Skelets (Mundskelet), oder es bilden, so unter den Echinoideen bei den *Regularia* und *Clypeastroideen*, spitze, von Schmelzsubstanz überzogene Zähne einen kräftigen, beweglichen Kauapparat, welcher in der Umgebung des Schlundes durch ein System von Platten und Stäben (Laterne des ARISTOTELES) gestützt wird (Abb. 911).

Das Cölomsystem der Echinodermen besteht bei der bilateralsymmetrischen Dipleurulalarve (wie bei Enteropneusten) aus jederseits drei Abschnitten, dem ursprünglich unpaaren Axocöl, den paarigen Hydrocöl und Somatocöl (Bezeichnung von K. HEIDER) (Abb. 922). Bei der Entwicklung zur radiären Form erfahren Axocöl und Hydrocöl der rechten Seite eine weitgehende oder vollständige Rückbildung. Aus dem Axocöl der linken Seite entsteht der Axialsinus (Parietalkanal der *Crinoideen*); er öffnet sich durch einen dorsalen Porus nach außen. Aus dem Hydrocöl der linken Seite geht das Ambulacralgefäßsystem hervor, das durch den sogenannten Steinkanal mit dem linken Axocöl in Verbindung steht.

Von den beiden Somatocölsäckchen, welche die Leibeshöhle bilden, gelangt das rechte an die apicale, das linke an die orale Seite des ausgebildeten Echinoderms (Abb. 929) und damit das von ihnen gebildete dorsoventral verlaufende Mesenterium (die *Holothurioideen* ausgenommen) in horizontale Lagerung. Bei den *Crinoideen* ist das apicale Somatocöl das umfangreichere, bei den *Eleutherozoa* dagegen meist sehr verkleinert; der ursprüngliche Verlauf des trennenden Mesenteriums wird durch die Lage des Genitalsinus bezeichnet.

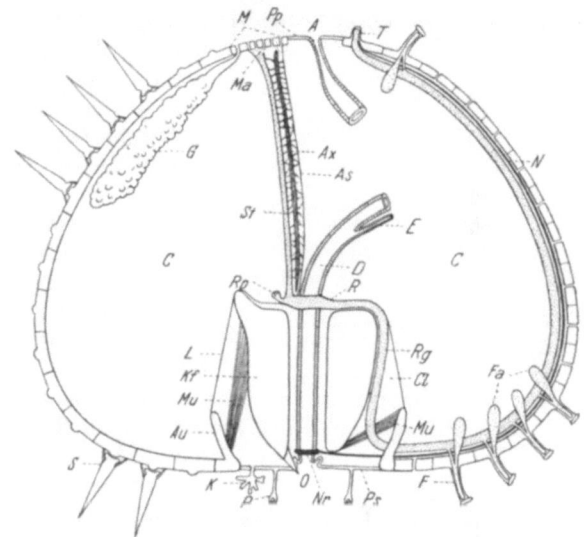

Das Somatocöl der ausgebildeten Echinodermen, insbesonders bei den *Echinoideen* und *Holothurioideen* ist geräumig und besitzt bei *Asteroideen*, *Ophiuroideen* und *Crinoideen* auch Fortsetzungen in die Arme. Das ursprüngliche horizontale Mesenterium ist meist stark reduziert und sein An-

Abb. 911. Schematischer Axialschnitt durch einen regulären Seeigel, rechts ambulacral, links interambulacral (mit Benutzung von Abb. von A. LANG und v. BUDDENBROCK). *A* After, *Au* Aurikel, *As* Axensinus, *Ax* Axialorgan, *C* Somatocoel, *Cl* oraler Ringsinus, *D* Darm, *E* Nebendarm, *F* Ambulacralfüßchen, *Fa* Füßchenampullen, *G* Genitaldrüse, *K* Kieme, *Kf* Kiefer, *L* Laternenmembran, *M* Madreporenplatte, *Ma* Madreporenampulle. *Mu* Muskel des Kauapparates, *N* Radiärnerv, *Nr* oraler Nervenring, *O* Mund, *P* Pedicellarie, *Pp* Periprokt, *Ps* Peristommembran, *R, Rg* Ringkanal und Radiärgefäß des Ambulacralgefäßsystems, *Rp* spongiöse Bläschen (POLISCHE Blasen ?), *S* Stachel, *St* Steinkanal, *T* Endfüßchen (Fühler).

satz bei den *Eleutherozoa* durch den Verlauf des Genitalsinus bezeichnet; bei den *Holothurioideen* ist das dorsale Mesenterium erhalten und nimmt nicht einen horizontalen, sondern entsprechend der Verlagerung der Somatocölsäcke einen von der Dorsalseite nach hinten und links bis nach rechts hinüber gerichteten spiraligen Verlauf. Doch ist der vorderste Teil des Dorsalmesenteriums der *Holothurioideen*, der den Steinkanal und das Genitalorgan umschließt, nicht aus dem ursprünglichen Dorsalmesenterium hervorgegangen, sondern entspricht dem sekundären senkrechten Mesenterium der übrigen Eleutherozoen, das den Axensinus und das Axialorgan umschließt. Die Somatocölhöhle wird von einem meist bewimperten Epithel ausgekleidet und enthält eine amöboide Zellen führende Flüssigkeit (Cölomflüssigkeit); besondere wimpertrichterförmige Bildungen (Wimperurnen) der Somatocölwand sind bei *Synaptiden* und *Crinoideen* beobachtet. Die

Abb. 912. Pedicellarie eines *Phyllacanthus*. (Nach PERRIER.)

Somatocölhöhle der *Crinoideen* ist sekundär in zahlreiche Maschenräume geteilt. Bei einigen *Holothurioideen* steht das Somatocöl hinten durch große Poren mit der Außenwelt in Verbindung.

Seinem Ursprunge nach dem linken (oralen) Somatocöl gehört das bei den Eleutherozoa vorhandene sogenannte *Pseudohaemal*- oder *Sinussystem* an. Es ist ein Begleiter des centralen Nervensystems an dessen Innenseite und besteht demgemäß aus einem Ringkanal und davon ausgehenden radiären Pseudohämalkanälen (Abb. 914) mit Seitenästen. Bei *Echinoideen* und *Holothurioideen* ist der orale Ringsinus zu einem großen, den Schlund umgebenden Peripharyngealsinus geworden, der bei den kiefertragenden Seeigeln durch die sogenannte Laternenmembran gegen das übrige Somatocöl hin abgegrenzt ist (Abb. 911). Von dieser Membran bilden sich gegen das Somatocöl zu bei einer Anzahl von Seeigeln (*Cidaridae*, *Echinothuriidae*) schlauchförmige Ausstülpungen (STEWARTsche Organe). Zum Pseudohämalsystem gehört ferner der apicale Genitalsinus. Ein Derivat des aboralen Somatocöls ist das sogenannte gekammerte Organ (Abb. 932 d) der *Crinoideen*, das an der Basis des Kelches liegt und bei den mit Stiel versehenen Formen Fortsetzungen durch den ganzen Stiel entsendet.

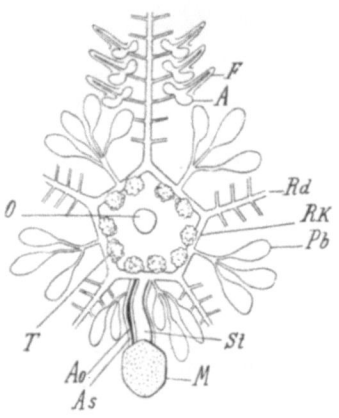

Abb. 913. Hauptteile des Ambulacralgefäßsystems von *Astropecten aurantiacus*, etwas schematisch (Original G.). *Rk* Ringkanal, *Rd* Radiärgefäß, *A* Ampullen, *F* Füßchen, *Pb* POLIsche Blasen, *T* TIEDEMANNsche Körperchen, *M* Madreporenplatte, *St* Steinkanal, *Ao* Axialorgan (sogenanntes Herz), *As* Axialsinus, *O* Mund.

Einen besonderen Teil des Cölomsystems bildet der aus dem linken Axocöl hervorgegangene *Axialsinus*. Er ist bei *Asteroideen* (Abb. 913), *Ophiuroideen* und *Echinoideen* (Abbild. 911) ein kanalartiger Raum, der von der Madreporenplatte gegen den Ringkanal des Ambulacralgefäßsystems verläuft und bei *Asteroideen* sich in einen zum oralen Ringsinus parallel gelagerten Ringkanal (innerer oraler Ringsinus) fortsetzt. Der Axialsinus umschließt das sogenannte *Axialorgan* (auch Herz genannt) und den Steinkanal (Abb. 913). Den *Holothurioideen* scheint der Axialsinus zu fehlen (vielleicht entspricht das Madreporenköpfchen des Steinkanales einem solchen); sie haben auch kein Axialorgan. Der Axensinus der *Crinoideen* ist als Parietalkanal bei der Antedonlarve bekannt; er verschmilzt später mit dem Somatocöl; ihm entspricht jener Teil des Cöloms, der die Steinkanäle aufnimmt; wahrscheinlich ist auch der centrale Cölomabschnitt, der das Axialorgan enthält, ein Teil desselben.

Die höchste Differenzierung erfährt das linke Hydrocöl, welches sich zu dem den Echinodermen eigentümlichen *Ambulacral-* oder *Wassergefäßsystem* entwickelt, das mit schwellbaren äußeren Hautanhängen in Verbindung tritt.

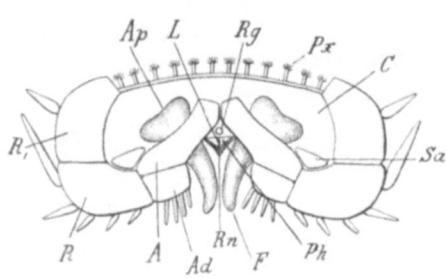

Abb. 914 Querschnitt durch den Arm von *Astropecten* (schematisch mit Weglassung der Darmblindsäcke, kombiniert, nach H. LUDWIG). *A* Ambulacralstück (= Wirbelhälfte), *Ad* Adambulacralplatte, *R* untere, *R₁* obere Randplatte, *Sa* Superambulacralstück, *Px* Paxillen der Apicalhaut, *Ap* Ampulle, *F* Füßchen, *Rg* radiäres Ambulacralgefäß, *L* Blutlacune, *Ph* Pseudohämalkanal, *Rn* Radialnerv, *C* Cölom.

Das Ambulacralgefäßsystem (Abbild. 913) besteht aus einem den Schlund umfassenden Ringkanal und aus in den Strahlen (Ambulacren) liegenden radiären Stämmen, welche an der Innenfläche ihrer Wandung bewimpert und mit einer wässerigen Flüssigkeit gefüllt sind, in der auch amöboide Zellen sich finden. In das Ringgefäß münden meist blasige Schläuche, die POLIschen Blasen, und traubige Anhänge (TIEDEMANNsche Körperchen der Asteroideen), welche mit die Bedeutung von Lymphdrüsen besitzen. Sodann verbindet sich in einem Interradius mit demselben der *Steinkanal*, welcher die Communication des flüssigen Inhalts mit dem Seewasser vermittelt. Der Steinkanal, von den häufigen Kalkablagerungen seiner Wandung so genannt, verläuft zu einer an der Körperwand stets interradial gelegenen porösen Kalkplatte, der *Madreporenplatte*. Bei *Echinoideen* und *Ophiuroideen* mündet der Steinkanal nicht direkt nach außen, sondern in den an die Madreporenplatte stoßenden Teil des Axialsinus (sogenannte Madreporenampulle), in welchen die Poren der Madreporenplatte einführen (Abb. 911). Auch bei *Asteroideen* erhält sich teilweise diese ursprüngliche Communication zwischen Steinkanal und Axialsinus.

Als Madreporenplatte fungiert bei den *Echinoideen* und *Ophiuroideen* eine Interradialplatte, die bei ersteren als Genitalplatte an der Apicalseite (Abb. 903), bei letzteren an der Oralseite als Mundschild liegt. Bei einigen *Echinoideen* verbreiten sich die Madreporenöffnungen über mehrere Apicalplatten (Abb. 904). Bei den *Asteroideen* ist entweder auch ein Basale (primäre Interradialplatte) der Apicalwand zur Madreporenplatte umgebildet, oder es ist eine besondere interradiale Platte dicht am distalen Rande der gleichwertigen primären Interradialplatte als Madreporenplatte entwickelt. Mehrere Steinkanäle und Madreporenplatten besitzen einige *Asteroideen* und *Ophiuroideen*. Bei den *Holothurien* fehlt die Madreporenplatte; der zuweilen in vermehrter Zahl auftretende Steinkanal hängt in der Regel frei in die Leibeshöhle und nimmt von hier aus durch das sogenannte *Madreporenköpfchen* (vielleicht Rudiment des Axialsinus) Flüssigkeit

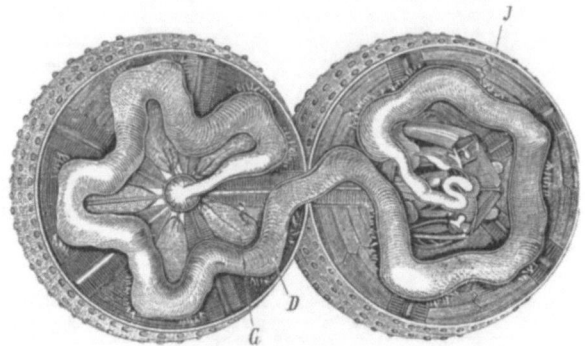

Abb. 915. Seeigel, mittels Äquatorialschnittes geöffnet. (Nach TIEDEMANN.) *D* Darmkanal, durch Mesenterialfäden an der Schale befestigt. *G* Genitalorgane, *J* Interradialplatten.

auf; nur bei vielen Tiefseeholothurien und einigen *Synaptiden* mündet der Steinkanal in dem dorsalen Interradius noch nach außen.

Die *Crinoidea* (vgl. Abb. 932d) verhalten sich insofern verschieden, als bei ihnen in radiärer (cyclomerer) Anordnung mindestens fünf, meist sehr zahlreiche Steinkanäle mit terminaler Öffnung in die Cölomhöhle (in deren aus dem Axocöl [Parietalkanal] hervorgegangenen Abschnitt) hängen und aus letzterer Flüssigkeit aufnehmen. In die Cölomhöhle wird das Wasser durch fünf oder zahlreiche interradiale bewimperte Porenkanäle der oralen Körperwand (*Kelchporen*) eingeführt. POLIsche Blasen fehlen.

Von den Radiärgefäßen, die blind geschlossen meist in einem terminalen Tentakel endigen, entspringen gleichfalls blind endigende Seitengefäße, welche in äußere Hautanhänge eintreten, die bei den *Eleutherozoa* längs der Ambulacren als schwellbare, meist mit einer Saugscheibe am Ende versehene Schläuche auftreten und als sogenannte *Ambulacralfüßchen* der Locomotion dienen. An der Eintrittstelle der Gefäßästchen finden sich (*Crinoideen* und *Ophiuroideen* ausgenommen) contractile *Ampullen*, welche den flüssigen Inhalt in die Saugfüßchen eintreiben und dieselben schwellen machen. Dazu kommen semilunare Klappen am Eingang in die Füßchenkanäle. Indem sich zahlreiche Füßchen strecken und mittels der Saugscheibe anheften, andere sich zusammenziehen und ihren Fixationspunkt aufgeben, bewegt sich der Echinodermenleib langsam in der Richtung der Radien. Bei den *Ophiuroideen* dienen die tentakelförmigen Ambulacralanhänge infolge des Besitzes von Klebdrüsen zum Anheften und als Tastfüßchen. Auch sonst zeigen die Ambulacralanhänge verschiedenartige Ausbildung und dienen keineswegs immer der Locomotion. Als große tentakelartige Schläuche treten sie im Tentakelkranz um den Mund der *Holothurien* auf (Abb. 906), pinselförmige Tastfüßchen finden sich bei *Spatangoideen*. Bei den *Clypeastroideen* und *Spatangoideen* dienen die zartwandigen verästelten Ambulacralanhänge der aboralen Ambulacralrosette als *Ambulacralkiemen* der Respiration. Die Ambulacralanhänge der *Crinoideen* sind kleine Tentakelchen, welche als Organe der Atmung und Nahrungsaufnahme fungieren.

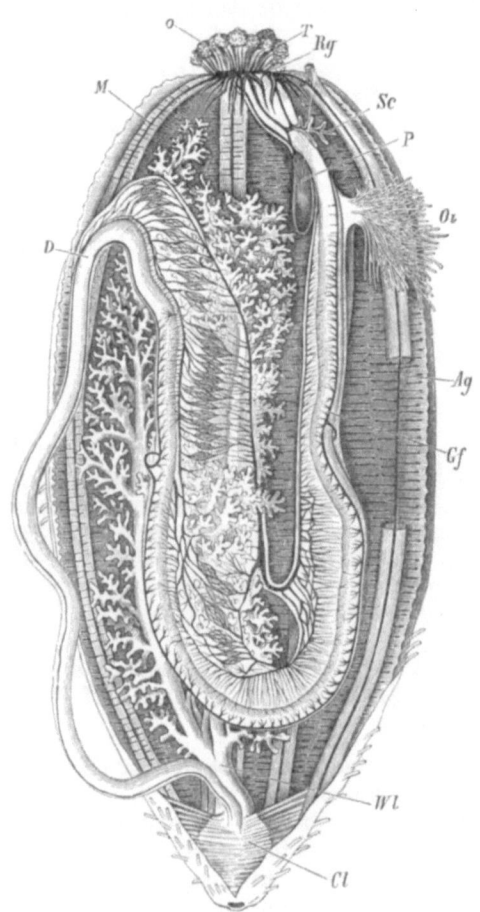

Abb. 916. *Holothuria tubulosa*, der Länge nach aufgeschnitten. (Nach MILNE-EDWARDS.) $^1/_2$. *O* Mund im Centrum der Tentakel (*T*), *D* Darmkanal, *Sc* Steinkanal, *P* POLIsche Blase, *Rg* Ringgefäß des Ambulacralgefäßsystems, *Ag* Radiärgefäß, *M* Längsmuskel, *Gf* Blutgefäß des Darmes, *Ov* Ovarium, *Cl* Cloake, *Wl* Wasserlunge.

Ein kleines geschlossenes Säckchen neben der Madreporenampulle, das sich bei *Echinoideen* (contractiler sogenannter Dorsalsack der Larve, vielleicht Homologon der sogenannten Herzblase der Enteropneusta) und *Ophiuroideen* findet, wird als Rest des rechten vorderen rudimentären Cölomsäckchens (*Axohydrocoels*) angesehen.

Das centrale Nervensystem (Abbild. 917) besteht aus einem den Mund oder Schlund umgebenden, aus Ganglienzellen und Nervenfasern bestehenden Nervenring und von diesem in die Radien ausstrahlenden Hauptstämmen, welche bei den *Crinoideen* und *Asteroideen* subepithelial in der Ambulacralrinne verlaufen (Abb. 914), bei den übrigen Echinodermen in die Cutis oder unter das Hautskelet gerückt sind und die Haut sowie ihre Anhänge innervieren. Dazu kommen tiefer liegende, an der oralen Seite des Körpers verlaufende Nervenstämme, sowie ein apicales System von Nerven, das besonders stark bei *Crinoideen* ausgebildet ist und die Skeletteile des Kelches und der Arme durchläuft. Ein apicales Nervensystem wird bei den *Holothurien* vermißt. Das centrale Nervensystem der *Echinoideen*, *Holothurioideen* und *Ophiuroideen* wird außen von einem Kanal (Epineuralkanal) begleitet, dessen Entstehung mit der Verlagerung dieses Nervensystems in die Tiefe zusammenhängt.

Sinneszellen sind in dem verdickten Hautepithel, unter welchem die Nervenstämme der *Asteroideen* verlaufen, in reicher Menge enthalten, ebenso bei den übrigen Echinodermen an vielen Körperstellen anzutreffen.

Als Tastorgane fungieren die Ambulacralfüßchen und Ambulacraltentakel, an denen zuweilen auch Sinnesknospen beobachtet sind, so insbesondere die Fühler, welche in der Einzahl das Ende der Ambulacren bei *Asteroideen, Ophiuroideen* und *Echinoideen* einnehmen, die Mundtentakel der *Holothurien* und die pinselförmigen Tastfüßchen der *Spatangoideen*. Bei Seesternen sind die Fühler am Ende der Ambulacren auch Sitz von Geruchsempfindung. Als statische Organe sind die bei manchen Holothurioideen (*Synaptiden, Elpidia*, Abb. 930) an den radiären Nervenstämmen oder am Nervenringe vorkommenden Bläschen mit Concrementen im Innern aufzufassen; in gleicher Weise werden auch die Sphäridien der Echinoideen gedeutet. Zusammengesetzte Augen kommen bei Asteroideen vor; sie liegen oralwärts an der Basis des Endfühlers an der Spitze der Arme als halbkugelige, lebhaft rot gefärbte Erhebungen und bauen sich aus zahlreichen becherförmigen Ommatidien auf (Abbild. 918). Bei *Diadematiden* unter den Echinoideen sind in der Haut Bildungen bekannt, die früher als Augen, gegenwärtig als Leuchtorgane gedeutet werden.

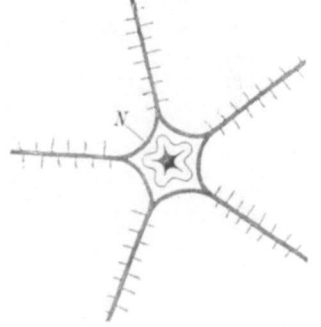

Abb. 917. Schema des centralen Nervensystems eines Seesternes. *N* Nervenring, welcher die fünf ambulacralen Centren verbindet.

Der Respiration dienen wohl alle äußeren Ambulacralanhänge. Im besonderen betrachtet man als spezielle Respirationsorgane die blattförmigen und gefiederten Ambulacralanhänge der irregulären Seeigel (*Ambulacralkiemen*), ferner die blinddarmförmigen, mit der Leibeshöhle communizierenden Kiemenschläuche (*Papulae*) einiger regulärer Seeigel und der Asteroideen, welche bei diesen als einfache Blindschläuche über die ganze Aboralfläche zerstreut sind, bei jenen als fünf Paare verästelter Blindschläuche in den Ausschnitten der Schale die Mundöffnung umgeben, endlich die sog. *Wasserlungen* der Holothurien. Die letzteren sind zwei sehr umfangreiche, baumähnlich verästelte Blindschläuche, welche häufig mit gemeinsamem Stamme in den Enddarm einmünden (Abb. 916). Das hier vom After aus aufgenommene Wasser wird zeitweilig mit großer Gewalt ausgespritzt. Auch die *Bursae* der Ophiuroideen kommen als Atmungsorgane in Betracht.

Abb. 918. Armende mit dem von Stacheln umstellten Auge (*Oc*) von *Astropecten aurantiacus*. (Nach E. HAECKEL.)

Besondere Excretionsorgane sind bei den Echinodermen nicht nachgewiesen. Excretorisch fungiert ein Teil der Cölomzellen sowie Wanderzellen, die sich mit Excreten beladen. Solche sind reichlich im Axialorgan zu finden. Auch die sogenannten Sacculi vieler *Crinoideen*, kugelige Zellsäcke mesenchymatischen Ursprunges, sind excretorischer Natur.

Die Echinodermen besitzen im Bindegewebe des Körpers ein gewöhnlich als Blutgefäßsystem benanntes Lacunensystem, dem jedoch ein regelmäßiger Kreislauf der in ihm enthaltenen, Zellen führenden Flüssigkeit fehlt. Dieses Blutgefäßsystem besteht aus Lacunennetzen, und zwar einem den Schlund umkreisenden Blutgefäßring, von dem radiäre Blutgefäße abgehen, die zwischen radiärem Nerven und Ambulacralgefäß verlaufen (Abb. 914). Dazu kommt ein Blutgefäßnetz am Darm, bei *Echinoideen* und *Holothurien* mit zwei in das orale Ringgefäß einmündenden Längsgefäßen, sowie ein Gefäßnetz im Axialorgan (sogenanntes Herz, Abb. 911, 913), das einerseits in den oralen Gefäßring mündet, andererseits mit dem aboralen Gefäßnetz an den Genitaldrüsen zusammenhängt.

Die *Fortpflanzung* ist vorwiegend eine geschlechtliche, und zwar gilt die Trennung des Geschlechtes als Regel. Nur wenige Formen, wie *Synaptiden, Molpadiiden, Amphiura*, sind hermaphroditisch; auch *Asterina gibbosa* ist protandrischer Hermaphrodit. Die Fortpflanzungsorgane sind sehr einfach und in beiden Geschlechtern gleichartig gebaut.

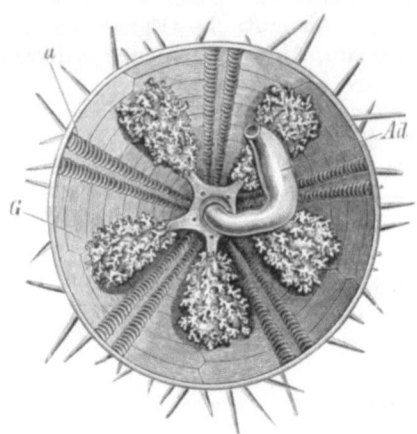

Abb. 919. Genitalorgane eines *Echinus*. (Nach GEGENBAUR.) *Ad* Afterdarm, *G* Genitaldrüsen, *a* Ampullen.

Zahl und Lagerung der Geschlechtsorgane entsprechen meist streng dem radiären Bau. Bei den regulären Seeigeln liegen in den Interradien an der inneren Schalenfläche des Rückens die fünf gelappten, aus verästelten Blindschläuchen zusammengesetzten *Ovarien* oder *Hoden*, deren Ausführungsgänge durch fünf Öffnungen der Skeletplatten (Genitalplatten, Basalia) im Umkreise des Scheitelpoles nach außen münden (Abb. 919). Die wieder symmetrisch gewordenen Spatangoideen dagegen und einige Clypeastroideen verlieren zunächst das hintere Genitalorgan; bei Spatangoideen kann eine weitere Reduktion auf 3 oder 2 Genitalorgane eintreten. Die Genitalöffnungen mancher Clypeastroideen liegen außerhalb der Genitalplatten (Basalia).

Bei den *Asteroideen* liegen gewöhnlich fünf Paare von Genitalbüscheln gleichfalls interradiär (Abb. 920), zuweilen aber sind fünf Paar Reihen Genitalbüschel vorhanden, die sich dann in die Arme hinein erstrecken; die Genitalöffnungen liegen auf der Apicalfläche, bei *Asterina gibbosa* auf der Oralseite. Bei den *Ophiuroideen* münden die Genitaldrüsen in fünf Paare von Säcken (*Bursae*), welche sich an der Oralseite zwischen den Armen durch schlitzförmige Spalten nach außen öffnen (Abb. 938). Bei *Crinoideen* entwickeln sich die Genitalprodukte aus einem die Arme bis in die Pinnulae durchziehenden Genitalschlauch, zuweilen (*Isocrinus, Holopus*) im ganzen Verlauf der Arme, sonst meist nur in den Pinnulae (Abb. 935), an deren Seiten jene nach außen gelangen. Nur bei den *Holothurien* besteht der Genitalapparat aus einer einfachen verzweigten Drüse, deren Ausführungsgang nicht weit vom vorderen Körperpole in dem Interradius der Rückenseite (des Steinkanals) ausmündet (Abb. 916).

Abb. 920. Genitalorgane und centraler Teil des Darmes eines Seesternes, schematisch. (Nach LANG.) *G* Genitaldrüsen, *Gm* ihre Ausmündungsstellen, *As* Axialsinus, *Rs* apicaler Ringsinus mit dem Genitalstrang, *Rs*, seine radiären Fortsetzungen zu den Genitaldrüsen, *St* Steinkanal, *M* Madreporenöffnung, *Mg* Magen, *Db* radiäre Blindsäcke desselben, *R* Rectaldivertikel, *Af* After.

Bei den *Asteroideen, Ophiuroideen* und manchen *Crinoideen* besteht zwischen den Genitaldrüsen und dem *Axialorgan* ein Zusammenhang; bei den *Echinoideen* und meisten *Crinoideen* ist derselbe beim ausgebildeten Tier nicht mehr vorhanden. Dieser Zusammenhang ist auf die wahrscheinlich gemeinsame Anlage von Genitalorgan und Axialorgan zurückzuführen, die als Wucherung bei den *Eleutherozoa* vom linken, bei *Antedon* vom rechten Somatocölsäckchen entsteht. Später wächst der Genitalstrang (die *Holothurioideen* ausgenommen) radiär aus. Dabei werden die Genitaldrüsen mit ihren Verbindungen von kanalartigen Fortsetzungen des (bei den *Eleutherozoa* linken) Somatocöls (apicaler Sinus oder Genitalsinus) begleitet, in denen sie eingeschlossen liegen (Abb. 920). Die *Holothurioideen* entbehren eines Axialorgans und wahrscheinlich des Axialsinus; hier ist das erstere durch die Genitaldrüse selbst repräsentiert. Die Basis letzterer wird von einem Kanal begleitet, der wahrscheinlich dem Genitalsinus entspricht.

Außer der geschlechtlichen Vermehrung besitzen manche Echinodermen auch eine ungeschlechtliche Fortpflanzung durch Teilung (Schizogonie), wie *Ophiactis virens, Asterias tenuispina, Linckia multiforis*. Es hängt dies mit einer großen Regenerationsfähigkeit zusammen, welche diese, aber auch andere Formen (*Crinoideen, Holothurien*, Seesterne) besitzen, die imstande sind, nicht bloß einzelne verlorengegangene Stücke, wie Arme, einige *Holothurien* den ausgestoßenen Darm

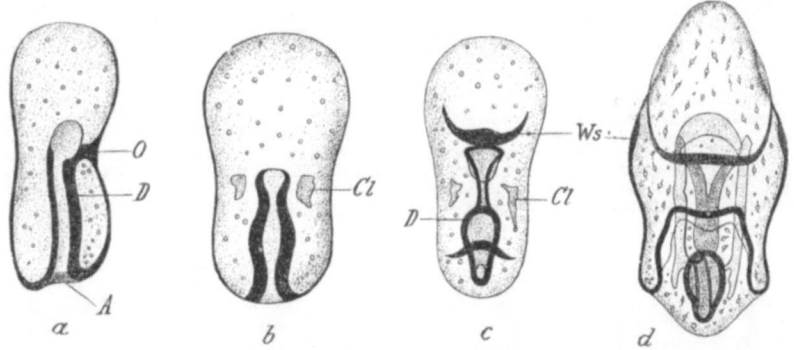

Abb. 921. Entwicklungsstadien von *Asterias fissispina (berylinus)*. (Nach A. AGASSIZ.) a Stadium mit Anlage des Mundes (*O*), Seitenansicht. *D* Darm, *A* After (Urmund). — b Ventralansicht eines älteren Stadiums. *Cl* linkes Cölomsäckchen. — c Späteres Stadium mit Anlage der Wimperschnur (*Ws*), *D* Darm, *Cl* linker Cölomsack in einen dorsalen Porus durchgebrochen. — d Larvenstadium mit ausgebildeter Wimperschnur.

neuzubilden, sondern, wie manche Seesterne, auch die ganze Scheibe von einem losgetrennten Arme aus zu regenerieren (sog. Kometenform).

Die Befruchtung erfolgt im Wasser, in dem sich die ausgestoßenen Genitalprodukte begegnen, selten im mütterlichen Körper. Letzteres gilt für die lebendig gebärenden Formen. Solche sind *Synaptula hydriformis* (*Synapta vivipara*), *Phyllophorus urna*, deren Eier sich hier in der Leibeshöhle entwickeln. Brutpflege kommt bei einigen Ophiuroideen (*Amphiura squamata, Ophiacantha vivipara* u. a.) vor, bei denen die Bursae als Bruträume fungieren, ferner bei den *Pterasteriden*, deren Junge unter der für diese Formen eigentümlichen Supradorsalmembran ihre Entwicklung durchlaufen; *Anochanus sinensis* besitzt einen apicalen Brutsack. In anderen Fällen werden die Eier und Jungen an bestimmten Stellen der Körperoberfläche des Muttertieres getragen, wie bei den meisten brutpflegenden Seesternen in der Umgebung des Mundes (z. B. *Cribrella sanguinolenta, Asterias muelleri*), bei *Abatus* (*Hemiaster*) *cavernosus* an dem Apicalfelde, bei *Psolus ephippifer* unter den Rückenplatten, bei *Antedon* an den Pinnulae. Im Falle von Brutpflege besteht ein gewisser Dimorphismus beider Geschlechter, insofern sich beim weiblichen Tiere sekundäre, auf die Brutpflege bezügliche Charaktere entwickelt haben (stärker gewölbte Schale, weitere Genitalöffnungen).

Die Entwicklung der Echinodermen beruht in der Regel auf einer durch bilaterale Larven charakterisierten Metamorphose. Manche entwickeln sich ohne diese Larvenform mehr oder weniger direkt. Dann ist das erste Jugendstadium meist tonnenförmig und mit vier Wimperreifen versehen, die Zeit des Umherschwärmens abgekürzt oder beseitigt, wie vor allem bei den brutpflegenden Echinodermen.

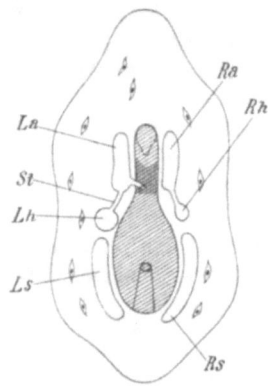
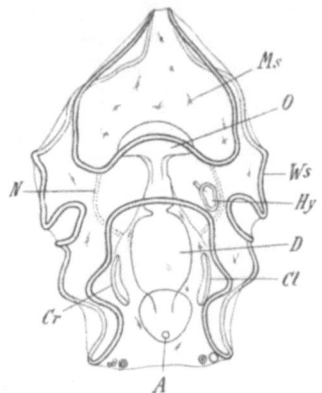
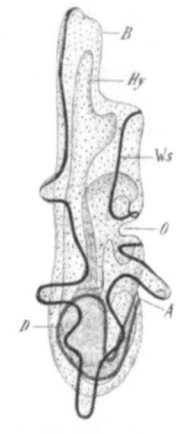

Abb. 922. Schema der Entwicklung der Cölomsäckchen in einer Echinodermenlarve, Dorsalansicht. (Nach K. HEIDER.) *La* Linkes, *Ra* rechtes Axocöl, *Lh* linkes, *Rh* rechtes Hydrocöl, *Ls* linkes, *Rs* rechtes Somatocöl, *St* Steinkanal.

Abb. 923. Auricularia von *Labidoplax* (*Synapta*). Ventralansicht (Original G.). $^{45}/_1$. *Ws* Wimperschnur, *O* Mund, *D* Darm, *A* After, *Cr* rechtes, *Cl* linkes Somatocöl, *Hy* Hydrocöl, *Ms* Mesenchymzellen, *N* Anlage des definitiven Nervensystems.

Abb. 924. Bipinnaria von *Asterias vulgaris (pallidus)*, Seitenansicht. (Nach A. AGASSIZ.) *Ws* abgetrennter, den Mundschild umsäumender Teil der Wimperschnur, *O* Mund, *D* Darm, *A* After, *Hy* Coelomo-Hydrocöl, *B* Brachiolariafortsatz.

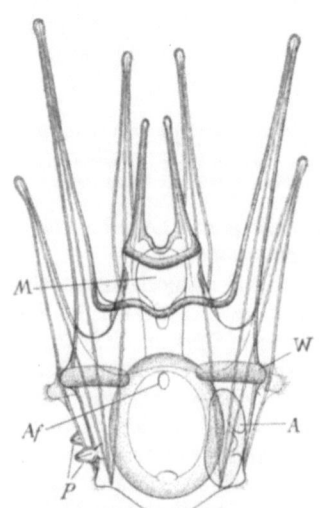
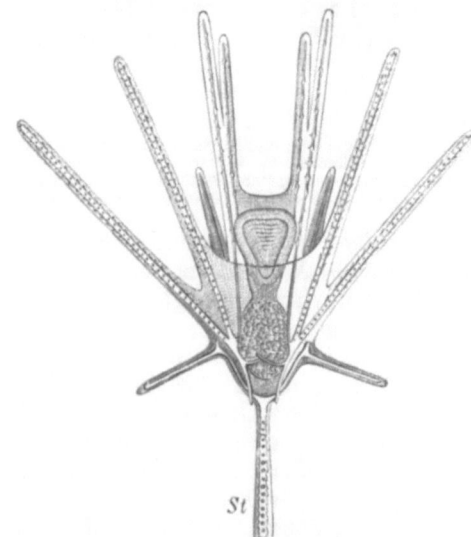

Abb. 925. Pluteus eines *Echiniden*, Ventralansicht (Original G.). $^{60}/_1$. *A* Anlage des oralen Teiles des Seeigels, *Af* After, *M* Mund, *P* Pedicellarien, *W* Wimperepauletten.

Abb. 926. Pluteus eines Spatangiden mit Rückenstab (*St*). (Nach J. MÜLLER.)

Die Furchung des Echinodermeneies ist eine äquale, zuweilen inäquale und führt zu einer begeißelten Cöloblastula (Abb. 82), an welcher das Entoderm stets durch Invagination entsteht. Meist während oder nach Anlage des Entoderms wandern vom Scheitel des Urdarmes Zellen in die das Blastocöl erfüllende Gallerte und bilden ein Mesenchym, aus dem das Bindegewebe und Skelet hervorgehen. Bei den *Echinoideen* und *Ophiuroideen* geht die Anlage des Mesenchyms der

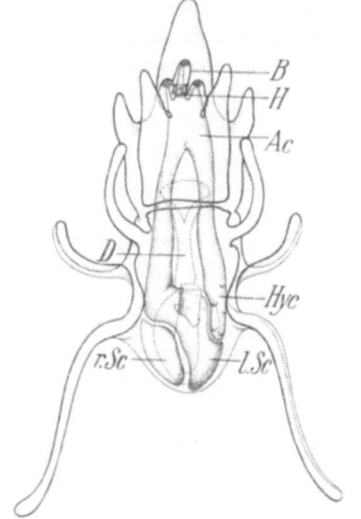

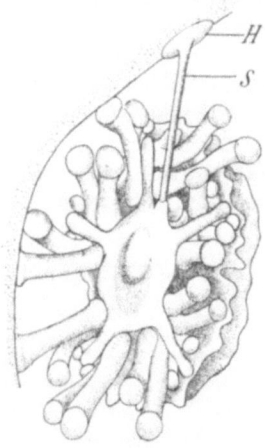

Abb. 927. Brachiolaria von *Asterias rubens*. Ventralansicht. (Nach GEMMILL.) $^{24}/_1$. *Ac* vorderer Teil des Coeloms, *B* Brachiolariaarme, *H* Haftnapf, *D* Darm, *Hyc* Anlage des Hydrocöls, *l.Sc* linke, *r.Sc* rechte Somatocölanlage.

Abb. 928. Junger *Asterias rubens* im befestigten Zustand, kurz vor der Ablösung. (Nach GEMMILL.) $^{34}/_1$. *H* Haftnapf, *S* Befestigungsstiel (stielförmiger Vorderkörper der Larve).

Gastrulation voraus; sie erfolgt auch hier von der Einstülpungsstelle des Entoderms. Der Gastrulamund wird zum After, der Mund entsteht sekundär an der nun etwas konkav werdenden Bauchseite (Abb. 921), gegen welche das innere Ende des

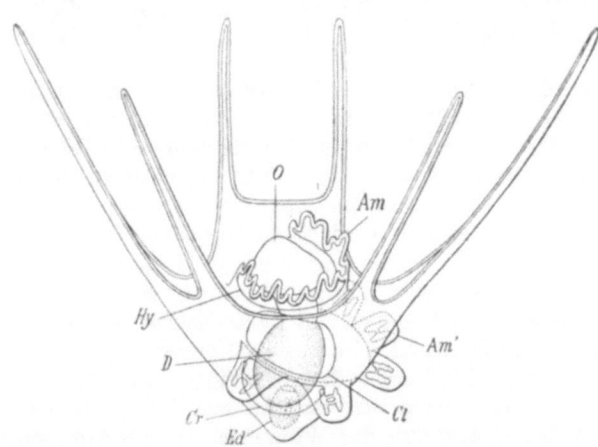

Abb. 929. Pluteus einer *Ophiuroide* mit Anlage des Sternes. Ventralansicht, schematisch (Original G.). *O* Mund, *D* Darm, *Ed* Enddarm (rückgebildet), *Cr* rechtes (apicales), *Cl* linkes (orales) Somatocöl, *Hy* Hydrocöl, *Am* die oralen, *Am'* die apicalen Anlagen des Sternes.

Urdarmes sich hinüberneigt. Der Embryo gestaltet sich zu einer bilateral-symmetrischen Larve mit gewölbtem Rücken und sattelförmig eingedrückter Bauchfläche. Die Geißeln erhalten sich nur an einer das vertiefte Mundfeld umsäumen-

840 Metazoa.

den Wimperschnur. Der After erscheint zu dieser Zeit ventralwärts gerückt. Bereits vor Durchbruch des Mundes bilden sich vom Vorderende des Entoderms durch Abfaltung ein (erst später in zwei sich teilendes), zuweilen zwei Cölomsäckchen. Diese wachsen nach hinten und teilen sich in einen vorderen und hinteren Abschnitt. Die hinteren Abschnitte kommen zu Seiten des Magens zu liegen und werden zum Somatocöl. Der linke vordere Cölomsackabschnitt bricht dorsal in einem Porus nach außen durch (primärer Porus der Madreporenplatte, homolog dem Eichelporus der Tornaria) (Abb. 922). Nun schnürt sich der hintere Teil dieses Cölomsackabschnittes ab und bildet das Hydrocöl, die Anlage des Ambulacralgefäßsystems. Er bleibt mit dem vorderen Teil des Säckchens, dem Axocöl, durch einen Kanal in Verbindung, der zum Steinkanal des Ambulacralgefäßsystems wird. Das rechtsseitige vordere Cölomsäckchen erfährt ähnliche Umwandlungen, bildet sich aber bis auf geringe Reste oder vollständig zurück.

Übrigens finden sich mannigfache Variationen in der Entwicklung der Cölomteile, insbesondere bei *Holothurien* und *Antedon*, welche auch die Anlage eines rechten Hydrocöls und Axocöls vermissen lassen.

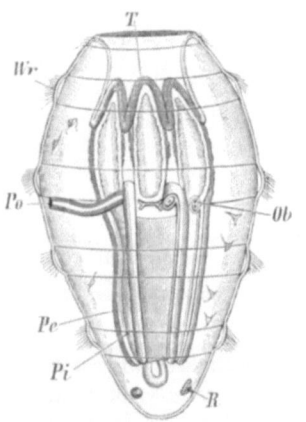

Abb. 930. Puppenstadium von *Labidoplax* (*Synapta*) im Profil. (Nach METSCHNIKOFF.) *T* Tentakel, *Wr* Wimperreifen, *Pe, Pi* äußeres und inneres Blatt der Somatocölsäckchen, *Ob* Statocysten, *Po* Porus des Hydrocöls, *R* Kalkrädchen.

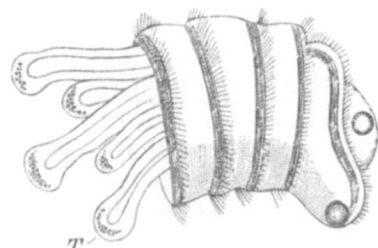

Abb. 931. Junge Synaptide mit vorgestreckten Tentakeln (*T*). (Nach J. MÜLLER.)

Mit dem fortschreitenden Wachstum weichen die als *Dipleurula* bezeichneten Larven der Seeigel, Seesterne, Schlangensterne und Holothurien mehr und mehr voneinander ab. Der wulstige Rand mit der rücklaufenden Wimperschnur erhält Einbiegungen und Fortsätze verschiedener Form in durchaus bilateral-symmetrischer Verteilung, deren Zahl, Lage und Größe die besondere Gestaltung des Leibes bestimmt. Man unterscheidet als *Auricularia* die bei den Holothurien auftretende Dipleurulalarve (Abb. 923); sie ist durch langgestreckten Körper, eine an ohrförmigen Fortsätzen vergrößerte Wimperschnur und das seitlich nach vorn und hinten ausgebuchtete, sattelförmig vertiefte Mundfeld ausgezeichnet, wodurch sich vor dem Munde ein schildförmiger Vorsprung (Mundschild), ein zweiter hinterer mit dem After abhebt. Die Larven der Asteroideen, die *Bipinnaria* (Abb. 924) und *Brachiolaria*, unterscheiden sich dadurch von der Auricularia, daß sich der den Mundschild umgebende Teil der Wimperschnur am Vorderende der Larve als selbständiger Wimpersaum abschnürt; bei der *Brachiolaria* treten zwischen den Endbogen der präoralen und dorsalen Wimperschnur drei vordere Arme auf, welche warzenförmige Höcker am Ende besitzen und als Haftapparate dienen, in manchen Fällen noch ein medianer Haftnapf (Homologon der Festheftungsgrube von *Antedon*) (Abb. 927). Die Larve der Ophiuroideen und Seeigel, der sogenannte *Pluteus*, zeichnet sich durch sehr kleinen Mundschild und umfangreiche stabförmige Fortsätze aus, die durch ein System von Kalkstäben gestützt werden. Die Pluteuslarve der Ophiuroideen (Ophiopluteus) besitzt lange Seitenfortsätze (Abb. 929). Für die Pluteuslarve (Echinopluteus) der *Spatangiden* ist ein unpaarer Rückenstab (Abb. 926), für den von *Echiniden* das Vorkommen von Wimperepauletten (Abb. 925) charakteristisch.

Während der nun folgenden Zeit der Metamorphose ist die Larve einiger Asteroideen (*Asterias, Asterina, Porania, Solaster, Crossaster*) mit nach abwärts

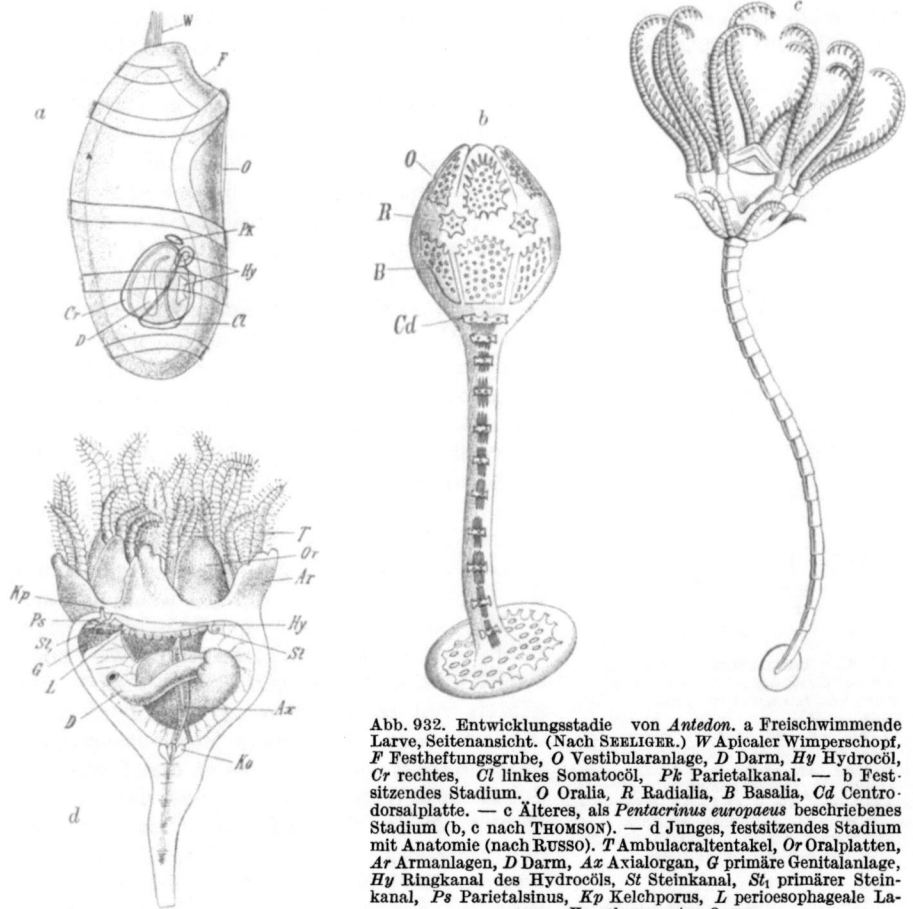

Abb. 932. Entwicklungsstadie von *Antedon*. a Freischwimmende Larve, Seitenansicht. (Nach SEELIGER.) *W* Apicaler Wimperschopf, *F* Festheftungsgrube, *O* Vestibularanlage, *D* Darm, *Hy* Hydrocöl, *Cr* rechtes, *Cl* linkes Somatocöl, *Pk* Parietalkanal. — b Festsitzendes Stadium. *O* Oralia, *R* Radialia, *B* Basalia, *Cd* Centrodorsalplatte. — c Älteres, als *Pentacrinus europaeus* beschriebenes Stadium (b, c nach THOMSON). — d Junges, festsitzendes Stadium mit Anatomie (nach RUSSO). *T* Ambulacraltentakel, *Or* Oralplatten, *Ar* Armanlagen, *D* Darm, *Ax* Axialorgan, *G* primäre Genitalanlage, *Hy* Ringkanal des Hydrocöls, *St* Steinkanal, St_1 primärer Steinkanal, *Ps* Parietalsinus, *Kp* Kelchporus, *L* perioesophageale Lacune, *Ko* gekammertes Organ.

gerichtetem Munde durch einen stielförmigen Fortsatz (Homologon des Stieles der *Antedon*-Larve) befestigt, von dem sich die Sternanlage später ablöst oder der sich rückbildet (Abb. 928).

Die Anlage des radiären Körpers des definitiven Tieres erfolgt asymmetrisch an der linken Seite der Larve (Abb. 929), und zwar treten die fünfteilig angelegte orale und apicale Partie des Körpers getrennt hervor. Bei manchen Bipinnarien nimmt die Anlage des Seesternes einen nur kleinen Teil der Larve ein, so daß der junge Seestern wie eine Knospe dem Larvenkörper ansitzt (*Bipinnaria asterigera*). Diese zuerst bogenförmige, nach rechts herübergreifende Anlage des definitiven Körpers erfährt eine Rechtsdrehung und schließt sich in der Folge kreisförmig um den Larvenkörper. Dabei erfährt der Mund eine Verschiebung nach links, der Darm eine Drehung nach rechts und es umwächst das Hydrocölsäckchen zuerst in Hufeisenform, dann kreisförmig den Oesophagus; auch die Somatocölsäcke erfahren eine entsprechende Umgestaltung und Verschiebung derart, daß das linke Somatocöl oral, das rechte aboral zu liegen kommt, womit das mediane dorsoventrale Mesenterium eine horizontale Lagerung erhält. Durch Zusammentreffen der beiden Schenkel der Somatocölsäcke entsteht ein neues senkrechtes Mesenterium, welches das Axialorgan und den Steinkanal umschließt. Im Umkreise des oralen Somatocöls werden von den primären Skeletplatten die Terminalia angelegt, während Centrale, Basalia und Radialia im Umkreise des aboralen (apikalen) Somatocöls sich entwickeln. Die Hauptachse des fünfstrahligen Körpers zeigt zur Hauptachse der Larve eine schräg nach links und ventral gerichtete Lage (LUDWIG). Die armförmigen Larventeile erfahren eine Resorption. In vielen Fällen wird der Larvenmund durch eine Neubildung ersetzt. Die Umwandlung der Auricularia in die Holothurie erfolgt ohne solche äußerlich hervortretende tiefgreifende Änderungen. Bei *Labidoplax* (*Synapta*) geht aus der Auricularia unter beträchtlicher Verkleinerung des Körpers ein tonnenförmiges, von fünf aus der zerteilten Wimperschnur hervorgegangenen Wimperreifen umgürtetes sogenanntes Puppenstadium hervor, in welchem die ersten fünf Tentakel um den Mund angelegt werden (Abb. 930, 931). Unter allmählicher Rückbildung der Wimperreifen geht dieses Stadium in die definitive Form über. Doch besteht auch hier die gleiche Lageveränderung der Organe wie bei den übrigen Echinodermen.

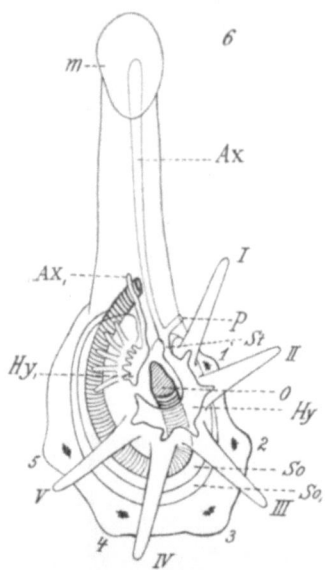

Abb. 933. Rekonstruiertes phylogenetisches Entwicklungsstadium eines Echinoderms, Ventralansicht (Original G.). *Ax* linkes Axocöl, *Ax,* rechtes Axocöl in Rückbildung, *Hy* linkes Hydrocöl, *Hy,* rechtes Hydrocöl in Rückbildung, *m* Festheftungsgrube, *O* Mund, *P* Hydroporus, *So* linkes, *So,* rechtes Somatocöl, *St* Steinkanal, *I–V* die 5 primären Hydrocöltentakel, bzw. Ambulakralanlagen, *1–5* die 5 apikalen (antiambulakralen) Anlagen des Echinodermenkörpers.

Bei *Antedon* ist die ausschlüpfende Larve (Abb. 932) tonnenförmig, ventral etwas abgeflacht und wird von fünf Wimperreifen umgürtet, von denen der vorderste ventral durch die sich hier ausbildende Festheftungsgrube unterbrochen ist. Am Scheitel der Larve findet sich ein Wimperschopf an dem daselbst verdickten, in der Tiefe Nervenfibrillen aufweisenden Ectoderm, der embryonalen Scheitelplatte, von der zwei Nervenstränge seitlich von der Vestibulareinstülpung bis zum 4. Wimperreifen zu verfolgen sind. Zwischen 2. und 3. Wimperreifen liegt die Vestibulargrube, von welcher auch die Anlage der Mundbucht ausgeht. Vom Entodermsäckchen aus sind in dieser Zeit der blindgeschlossene Darm abgeschnürt, ferner die beiden (rechtes und linkes) Somatocölsäcke sowie das Hydrocöl mit der Anlage des sogenannten Parietalkanales (Axocöl), der sich links in einem Porus (1. Kelchporus) öffnet und nach vorne bis zur Festheftungsgrube erstreckt, später aber mit dem Somatocöl verschmilzt. Auch das Kalkskelet erscheint bereits in dem reichlichen Mesenchym der primären Leibeshöhle angelegt. Nach einiger Zeit des Umherschwärmens setzt sich die Larve mittels der Festheftungsgrube fest und bildet Wimperkränze und Wimperschopf zurück; sie gestaltet sich polypenförmig, indem sich ein aus dem Vorderabschnitt des Larvenkörpers hervorgehender Stiel von einem Köpfchen (Kelchanlage) absetzt. Die Vestibulargrube schnürt sich von der Haut ab und gelangt nach hinten über die Kelchanlage, die zugleich eine Drehung nach hinten erfährt. Das rechte Somatocöl erfährt bei der allgemeinen Verschiebung der Organanlagen von links nach rechts eine Verlagerung an die aborale, das linke an die orale Seite des Darmes. Vom rechten (aboralen) Somatocölsack entwickeln sich fünf Ausstülpungen, die Anlagen des sogenannten gekammerten Organes, welche die Kalkplatten des Stieles durchsetzen. Es bilden sich Mund und After sowie vom Hydrocöl der erste Steinkanal, ferner die ersten Tentakel aus. Vom visceralen Blatte des aboralen Somatocölsackes entsteht das Axialorgan oder Dorsalorgan (Anlage des Geschlechtsstranges). Schließlich bricht das Vestibulum nach außen durch. Durch die folgende Ausbildung der Arme wird die sogenannte Pentacrinusform (Abb. 932c) erreicht, worauf die Ablösung des Kelches vom Stiel erfolgt.

Die Echinodermen lassen sich von einer *Cephalodiscus*-ähnlichen Stammform ableiten, die sich mit ihrer vorderen drüsigen Kopfscheibe festsetzte. Zufolgedessen erfuhr der Mund mit dem Tentakelapparat eine Verlagerung an das hintere freie Ende des Körpers und zwar linkerseits; dabei bildete sich zugleich eine Asymmetrie des ganzen Körpers aus. Die sich stärker entwickelnden linksseitigen Tentakel (ersten Anlagen der Ambulacren) und die sich überwiegend entwickelnde linke Körperhälfte verdrängten allmählich die rechtsseitigen homologen Anlagen bis zu fast vollständigem Schwund und erfuhren eine radiäre Anordnung, wofür die Ontogenie und insbesondere die Larven mit gelegentlich beiderseitig entwickelten Ambulacralanlagen ausreichende Anhaltspunkte liefern. Einen solchen hypothetischen, mit den Stadien der Ontogenie weitgehend übereinstimmenden phylogenetischen Formzustand zeigt Abb. 933. Aus der asymmetrischen Entwicklung des Echinodermenkörpers versteht sich die auch das ausgebildete Tier beherrschende Asymmetrie, aus der Festheftung der phylogenetischen Ausgangsform die sekundär radiäre Ausbildung des Körpers.

Die Echinodermen sind durchweg Meeresbewohner und ernähren sich meist bei einer langsam kriechenden Locomotion von Seetieren, besonders Mollusken, aber auch von Tangen. Die Crinoideen nehmen durch die Wimperfurchen ihrer Ambulacralrinnen kleine Organismen als Nahrung auf. Manche wie *Brisinga*(?), *Amphiura squamata*, *Ophiacantha spinulosa*, *Ophiopsila annulosa* besitzen Leuchtvermögen; auch die sogenannten Augen der *Diadematiden* werden als Leuchtorgane angesehen. Fast alle Echinodermen sind Bodentiere, viele leben in der Nähe der Küsten, einige ursprünglichere Typen kommen in bedeutenden Tiefen vor. Fossile Echinodermen finden sich bereits im unteren Cambrium.

1. Klasse. **Pelmatozoa.**

Zeitlebens oder in der Jugend aboral festsitzende Echinodermen von kugel- oder kelchförmigem, mehr oder minder getäfeltem Körper, oft mit ambulacralen Pinnulae, bzw. Armen. Mund nach aufwärts gerichtet.

Diese Gruppe umfaßt als wichtigste Ordnungen die *Cystoidea*, *Blastoidea*, *Crinoidea* und *Edrioasteroidea*; nur von *Crinoideen* gibt es eine Anzahl rezenter Formen.

Wenn aus dem Bau der lebenden Formen auf den der ausgestorbenen geschlossen werden kann, so ist für alle Pelmatozoen im Zusammenhang mit ihrer festsitzenden Lebensweise die Aufnahme der Nahrung durch bewimperte Ambulacralfurchen eigentümlich, in denen die äußeren Ambulacralanhänge als Tentakel auftreten. Die Ambulacralfurchen setzen sich auf etwa vorhandene Pinnulae fort, die sich bei vielen Formen zu Armen entwickeln.

1. Ordnung. Cystoidea, Beutelstrahler.

Paläozoische ungestielte oder kurzgestielte, festgewachsene Pelmatozoen mit sackförmigem oder mehr kugelförmigem, unregelmäßig getäfeltem Kelch, an dem der fünfstrahlige Bau häufig nicht ausgebildet ist, meist mit schwach entwickelten Armen, stets ohne Pinnulae.

Gehören zu den ursprünglichsten Pelmatozoen, die schon im Cambrium auftreten.

2. Ordnung. Blastoidea, Knospenstrahler.

Paläozoische kurzgestielte oder ungestielte knospenförmige Pelmatozoen mit regelmäßig fünfstrahligem Kelch, ohne Arme, mit von Pinnulae besetzten Ambulacralfeldern.

3. Ordnung. Crinoidea, Haarsterne, Seelilien[1].

Meist langgestielte, seltener ungestielte oder freilebende Pelmatozoen mit gegliederten, Pinnulae tragenden Armen, mit kelchförmigem, aboral getäfeltem Körper, mit bewimperten, von Ambulacraltakeln besetzten Ambulacralfurchen, die sich bis auf die Pinnulae fortsetzen.

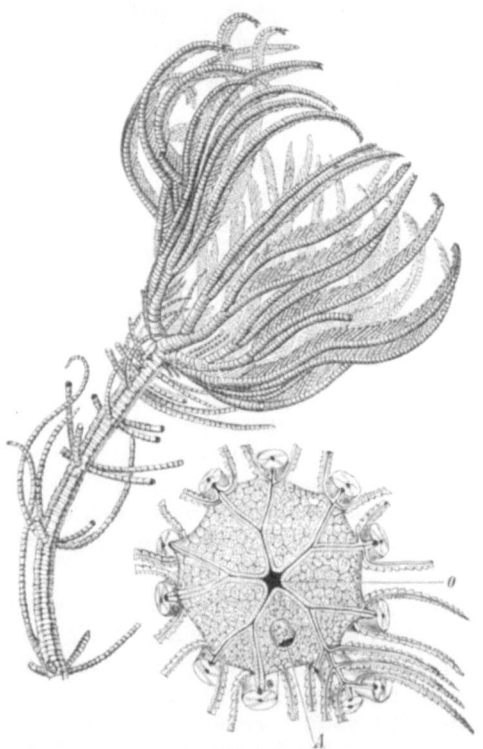

Abb. 934. *Isocrinus asteria (Pentacrinus caput medusae)*. (Nach J. MÜLLER.) ¹/₂. *O* Mund, *A* After an dem von der Oralfläche dargestellten Kelche.

Der kelchförmige Körper der Crinoideen ist in der Regel mittels eines am aboralen Ende entspringenden, langen, gegliederten Stieles befestigt (Abb. 934), der bei den Antedoniden nur der Jugendform zukommt, während das ausgewachsene Tier sich frei bewegt. Die den Stiel zusammensetzenden Stielglieder sind rund oder pentagonal, durch Bandmasse verbunden und werden von einer Fortsetzung des Axialorgans, von einem dasselbe begleitenden Sinus sowie von Fortsetzungen des an der Kelchbasis gelegenen sogenannten gekammerten Organes durchsetzt. In gewissen Abständen trägt der Stiel bei manchen Formen wirtelförmig gestellte, ebenfalls gegliederte Ranken.

---

[1] Außer J. S. MILLER, WACHSMUTH u. SPRINGER, JAEKEL, H. LUDWIG, DÖDERLEIN, RUSSO, BATHER u. a. vgl. MÜLLER, J.: Über den Bau von *Pentacrinus caput Medusae*. Abh. preuß. Akad. Wiss., Physik.-math. Kl. Berlin 1841. — Über die Gattung *Comatula* und ihre Arten. Ebenda 1847. — SARS, M.: Mémoires pour servir à la connaissance des Crinoides vivants. Christiania 1868. — CARPENTER, P. H.: Report on the Crinoidea. Challenger Rep. **11** (1884); **26** (1888). — HARTLAUB, C.: Beitrag zur Kenntnis der Comatulidenfauna des Indischen Archipels. Nova Acta **58** (1891). — AGASSIZ, A.: *Calamocrinus diomedae*. Mem. Mus. Harvard Coll. **17** (1892). — REICHENSPERGER, A.: Zur Anatomie des *Pentacrinus decorus*. Z. Zool. **80** (1906). — CLARK, A. H.: A Monograph of the existing Crinoids. Bull. U. S. Nat. Mus. Washington 1915—1931. — Phylogenetic Study of recent Crinoids etc. Smiths. Misc. Coll. Washington 1915.

Der kelchförmige Körper trägt am Rande dem fünfstrahligen Bau entsprechend fünf bewegliche, einfache oder in zwei oder mehr Äste gegabelte und gegliederte Arme, deren Lage den Radien des Körpers entspricht (Abb. 935). Überall tragen die Arme gegliederte Seitenanhänge, *Pinnulae*, welche alternierend den einzelnen Armgliedern zugehören und im Grunde nur die äußersten Armzweige repräsentieren. Die Decke des Kelches wird auf der Oralseite von einer weichen oder von Kalktäfelchen durchsetzten Haut gebildet, während sie auf der Aboralseite aus regelmäßig gruppierten Kalktafeln besteht. Hier unterscheidet man, von der Jugendform der *Antedon* ausgehend (Abb. 932 b), fünf interradial gelagerte Basalia, zwischen denen stielwärts fünf radiale Infrabasalia zur Anlage kommen, die zu der sogenannten Centrodorsalplatte sich vereinigen. Oralwärts fügen sich fünf Radialia an; an diese schließen sich die Skeletstücke der Arme (Brachialia), deren Dorsalwand sie bilden. Fünf um den Mund bei der jungen *Antedon* angelegte interradiale *Oralia* finden sich unter den rezenten Crinoideen zuweilen erhalten (*Hyocrinus*, *Rhizocrinus*, *Holopus*).

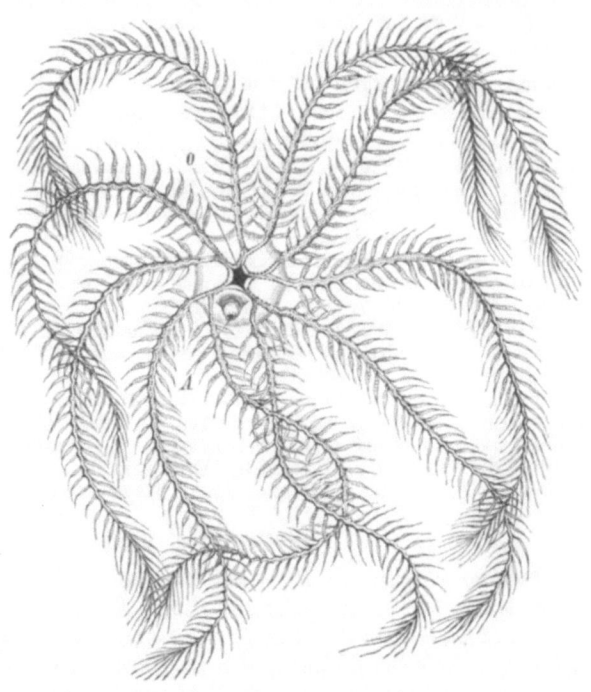

Abb. 935. *Antedon mediterranea*, Oralansicht. ¹/₁. *O* Mund, *A* After. Die Pinnulae mit reifen Genitalprodukten gefüllt.

Der Mund liegt in der Regel im Centrum der oralen Decke (excentrisch bei *Comatula, Comanthus*) und führt in einen Darm, der im Sinne des Uhrzeigers in einer Spiraltour verläuft (Abb. 932 d). Der After liegt excentrisch in einem Interradius gleichfalls an der oralen Kelchdecke (Abb. 934, 935), zuweilen auf einer schornsteinförmigen Erhebung. Die Nahrungsaufnahme erfolgt durch bewimperte Furchen (Ambulacralfurchen), welche vom Munde über den Kelch nach den Armen, deren Verzweigungen und den Pinnulae verlaufen und an beiden Seiten von Saumläppchen mit Saumplättchen (Ambulacralia) und den kleinen tentakelartigen Ambulacralanhängen besetzt sind (Abb. 935).

Am Ambulacralsystem hängen vom Ringgefäße mindestens fünf, meist zahlreiche unverkalkte kleine bewimperte Röhren (Steinkanäle) in die Cölomhöhle (Axocölteil) und nehmen durch eine endständige Öffnung aus letzterer Flüssigkeit in das Ambulacralsystem auf (Abb. 932 d). In die Cölomhöhle wird Wasser durch gleichfalls bewimperte fünf oder zahlreiche interradiale Porenkanäle der Kelchdecke (*Kelchporen*) eingeführt. Polische Blasen und Ampullen fehlen.

Die Genitalorgane bestehen aus einem Genitalschlauche, der sich durch die Arme und Pinnulae erstreckt und bei *Isocrinus* und *Holopus* im ganzen Verlauf der Arme, sonst jedoch bloß in den Pinnulae reife Genitalzellen entwickelt, die an den Seiten der Pinnulae nach außen gelangen. Die Genitalstränge hängen (wenigstens in der Jugendform) mit dem Axialorgan (Abb. 932 d) zusammen, das in der Kelchachse gelegen ist und sich auch in den Stiel hinein fortsetzt.

Die Entwicklung von *Antedon* erfolgt durch ein festsitzendes Stadium (Pentacrinusform) (Abb. 932 c).

Die Crinoideen finden sich in reicher Entwicklung fossil seit paläozoischer Zeit und weisen nur wenig Vertreter in der rezenten Fauna auf, die meist in ansehnlichen Meerestiefen leben.

In der Unterscheidung der beiden Untergruppen wurde BATHER gefolgt.

1. Unterordnung. *Monocyclica*. Kelchbasis ohne Infrabasalia, die 5 aboralen Fortsätze des gekammerten Organes interradial.

Fam. *Hyocrinidae*. Kelch hoch. Fünf Arme, unverästelt, mit sehr langen Pinnulae. Kelchdecke getäfelt, mit großen Oralplatten. Stiel dünn, mit runden Gliedern. *Hyocrinus bethellianus* WYV. TH. Tiefsee, Crozet-Inseln. Einziger lebender Vertreter der Monocyclica.

2. Unterordnung. *Dicyclica*. Kelchbasis mit Infrabasalia, die atrophieren können, oft verborgen oder mit dem obersten Stielglied vereinigt sind. Die 5 Fortsätze des gekammerten Organes radial.

Fam. *Pentacrinidae*. Kelch klein, Kelchdecke häutig, mit sehr dünnen Kalkstäbchen. Arme stark und vielfach verästelt. Stiel lang, meist fünfkantig, mit wirtelförmig gestellten Ranken. *Isocrinus decorus* WYV. TH. Karaib. Meer. *I. asteria* L. (*Pentacrinus caput medusae* LM.). Westindien (Abb. 934). *Metacrinus rotundus* H. CRPT. Japan. *Pentacrinus* BLBCH. Fossil. Lias, Jura.

Fam. *Bourgueticrinidae*. Kelch klein, birnförmig. Fünf Oralplatten vorhanden. Mit fünf oder zehn dünnen Armen, Pinnulae sehr lang. *Rhizocrinus lofotensis* SARS. Atlant. Ozean. *Bourgueticrinus* ORB. Fossil. Kreide.

Fam. *Holopodidae*. Basalstücke und Radialia zu einem säulenförmigen Kelch verschmolzen, der unmittelbar festgewachsen ist. Mit fünf Oralplatten, mit zehn dicken Armen. *Holopus rangi* ORB. Westindien.

Fam. *Antedonidae*. Nur in der Jugend gestielt, im ausgebildeten Zustand freibeweglich, indessen mittels Ranken im Umkreis des die Basalia bedeckenden Centrodorsale zeitweilig fixiert. *Antedon bifida* PENN. Nordatlant. *A.* (*Comatula*) *mediterranea* LM. Mittelmeer (Abb. 935). *Comatula* (*Actinometra*) *solaris* LM. Ind. Ozean. *Comanthus* (*Actinometra*) *parvicirra* J. MÜLL. Indopaz. Ozean. Mund bei beiden letzteren exzentrisch.

4. Ordnung. Edrioasteroidea.

Paläozoische, in der Regel mit der ganzen Unterseite festsitzende, selten freie Pelmatozoen von breitem Körper, dessen Kelch von zahlreichen irregulär angeordneten Platten bedeckt ist. Mit fünf vom centralen Mund ausgehenden geraden oder gebogenen Ambulacralfeldern, ohne Arme und Pinnulae.

Sind die Stammformen der *Eleutherozoa*. Finden sich schon im Cambrium.

2. Klasse. Eleutherozoa (Echinozoa).

Freibewegliche Echinodermen, denen die vorwiegend als Füßchen ausgebildeten Ambulacralanhänge als Bewegungsorgane dienen.

In diese Klasse gehören die *Asteroidea*, *Ophiuroidea*, *Echinoidea* und *Holothurioidea*.

1. Ordnung. Asteroidea, Seesterne[1].

Echinodermen von flachem pentagonalen oder sternförmigen Körper, dessen breite Arme allmählich in die Scheibe übergehen, eine Doppelreihe wirbelartig verbundener

---

[1] Außer SARS, VERRILL u. a. vgl. MÜLLER, J. u. TROSCHEL: System der Asteriden. Braunschweig 1841. — SLADEN, W. P.: Report on the Asteroidea. Challenger Rep. **30** (1889). — PERRIER, E.: Révision de la Collection de Stellérides du Muséum d'hist. nat. Paris. Archives de Zool. **1875—1876**. — Les Echinodermes des expéditions scientif. du Travailleur et du Talisman. 1. Stellérides. Paris 1894. — LUDWIG, H.: Die Seesterne des

Coelomata (Bilateria): Echinoderma, Stachelhäuter. 847

Skeletstücke besitzen und die Blindsäcke des Darmes sowie auch Teile der Genitaldrüsen aufnehmen. Füßchen in einer an der oralen Seite verlaufenden offenen Ambulacralfurche.

Die Asteroideen charakterisieren sich durch Verkürzung des Körpers in der Hauptachse sowie Ausbreitung der Ambulacren auf die orale Seite, wobei die Radien (Ambulacren) mehr oder minder armförmig hervortreten (Abb. 936) Die apicale (antiambulacrale) Körperwand ist mit Kalktafeln verschiedener Art erfüllt (sekundäre Radialplatten, Dorsolateralplatten usw.); zwischen ihnen sind in dem Scheibenteil das Centrale, die primären Radialia und die Basalia (primäre Interradialia) nachweisbar (Abb. 908). Die Umrandung der apicalen

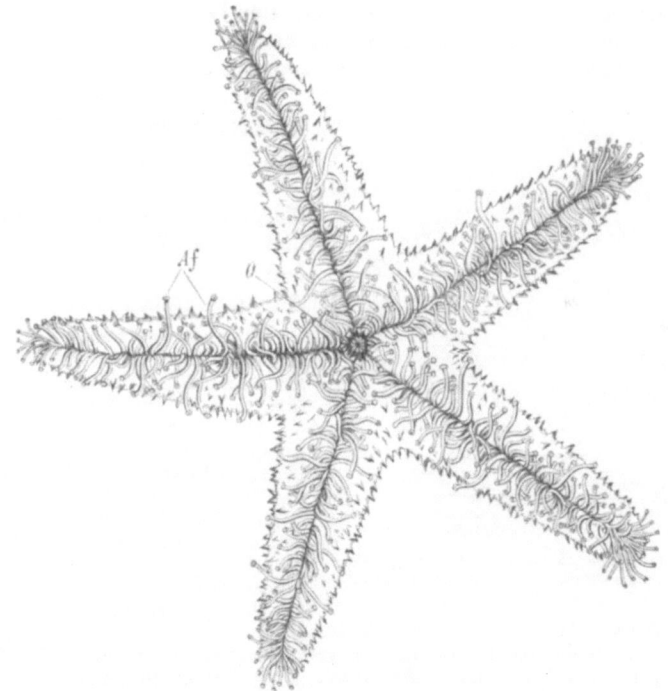

Abb. 936. *Echinaster sentus*, Oralansicht. (Nach A. AGASSIZ.) Etwa ²/₃. *O* Mund, *Af* Ambulacralfüßchen.

Seite bilden die oberen Randplatten. An der oralen Seite wird das Skelet aus inneren wirbelartigen, beweglich verbundenen Kalkstücken (Ambulacralplatten) gebildet, die in einer Doppelreihe angeordnet sind und mit einem Terminale an der Spitze der Arme abschließen (Abb. 910). Auf ihrer Außenseite findet sich eine tiefe Ambulacralrinne, in welcher der Nervenstamm, unter ihm die Radiärlacune sowie das Ambulacralgefäß verlaufen (Abb. 914); die äußere Berandung der Ambulacralrinne wird von den Adambulacralplatten gebildet. Es folgen lateral von letzteren meist größere, dem interambulacralen Skelet zugezählte Platten, die unteren Randplatten, zu denen gegen die Adambulacralplatten hin

---

Mittelmeeres. Fauna u. Flora Golf Neapel 1897. — Asteroidea. Reports on an Exploration etc. by the U. S. Fish Comm. Steam. „Albatross". Mem. Mus. Comp. Zool. Harvard Coll. 32 (1905). — Notomyota, eine neue Ordnung der Seesterne. Sitzgsber. preuß. Akad. Wiss., Physik.-math. Kl. Berlin 1910. — FISHER, W. K.: Asteroidea of the North Pacific and adjacent Waters. 1—3. Bull. U. S. Nat. Mus. 1911—1930.

noch sogenannte Ventrolateralplatten hinzukommen. Die Mundöffnung liegt in einem pentagonalen oder sternförmigen Ausschnitt. Die interradialen Ecken werden durch je zwei zusammentretende Adambulacralplatten gebildet. Die Afteröffnung kann fehlen (*Astropectinidae, Porcellanasteridae*), im anderen Falle liegt sie interradial nahe dem Scheitelpole. Der Darm ist sackförmig und besitzt in die Arme reichende Aussackungen (Abb. 920). Pedicellarien und Hautkiemen kommen vor. Die Madreporenplatte findet sich in einfacher, bei manchen Formen in mehrfacher Zahl interradial auf der Apicalseite. Die Genitalorgane liegen in Büscheln an der Apicalwand zu Seiten des Interradius (Abb. 920), reichen aber auch zuweilen in die Arme hinein. Die in der Entwicklung auftretenden freien Larvenstadien sind Bipinnarien und Brachiolarien.

Die Seesterne ernähren sich größtenteils von Weichtieren und kriechen mit Hilfe ihrer Füßchen langsam am Boden umher.

Fossile Seesterne finden sich bereits im unteren Silur.

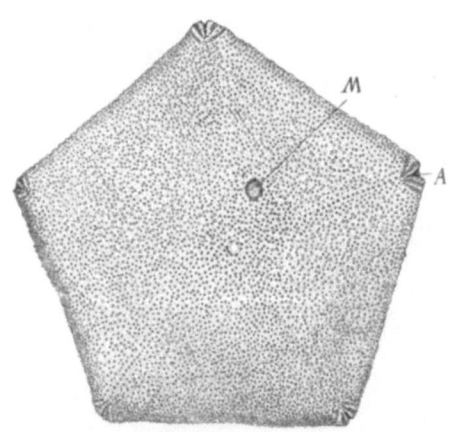

Abb. 937. *Culcita coriacea*, Apicalansicht (Original G.). ½. *A* Ende der Ambulacralfurche, *M* Madreporenplatte.

In der systematischen Übersicht ist HAMANN im Anschlusse an SLADEN und PERRIER gefolgt.

1. Unterordnung. *Phanerozonia*. Marginalplatten (Randplatten) groß und stark. Kiemenschläuche (Papulae) auf die Apicalfläche beschränkt, Ambulacralplatten breit.

Fam. *Archasteridae*. Arme lang, zugespitzt. After meist vorhanden. Apicalskelet zuweilen mit Paxillen. *Archaster typicus* M. T. Ind. Ozean.

Fam. *Porcellanasteridae*. Arme meist schmal, Scheibe geschwollen. Randplatten schwach, porzellanartig. Inmitten der Scheibe eine tubenförmige Erhebung. After fehlt. Cribriforme Organe vorhanden. Bewohner der Tiefsee. *Porcellanaster caeruleus* WYV. TH. Atlant. Ozean. *Ctenodiscus* M. T.

Fam. *Astropectinidae*. Arme verlängert. Ohne After. Apicalskelet mit Paxillen (Abb. 914). Ambulacralfüßchen konisch. Gewöhnlich ohne Pedicellarien. *Astropecten aurantiacus* L. *A. bispinosus* OTTO. *A. spinulosus* PHIL. *A. pentacanthus* CHIAJE. Mittelmeer. Hier schließt sich an *Luidia ciliaris* PHIL. Atlant. Ozean, Mittelmeer.

Fam. *Benthopectinidae* (*Notomyota* LUDWIG). In der nachgiebigen Apicalwand der Arme zwei Längsmuskel, die den Ambulacralmuskeln entgegenwirken, wodurch das Tier wahrscheinlich zur Schwimmbewegung befähigt ist. Tiefseeformen. *Benthopecten simplex* E. PERR. Atlant. Ozean. *Pontaster tenuispinus* D. K. Nordatlant.

Fam. *Pentagonasteridae*. Körper abgeplattet. Arme oft verkürzt, so daß der Körper ein Pentagon wird. *Pentagonaster placenta* M. T. Mittelmeer. *P. pulchellus* GRAY. Südostaustralien, Neuseeland.

Fam. *Pentacerotidae*. Körper plump, Apicalskelet netzförmig gekörnelt oder von einer lederartigen Haut überzogen. *Pentaceros reticulatus* L. Westindien. *Culcita coriacea* M. T. Körper eine pentagonale dicke Scheibe. Rotes Meer (Abb. 937).

Fam. *Asterinidae*. Randplatten klein. Arme durch große interbrachiale Ausbreitungen der Scheibe miteinander verbunden. Apicalskelet aus dachziegelartigen Platten bestehend. *Asterina gibbosa* PENN. (*Asteriscus verruculatus* M. T.). Hermaphroditisch. *Palmipes placenta* PENN. (*membranaceus* RETZ.). Körper sehr dünn, fünflappig umrandet. Atlant. Ozean, Mittelmeer. *Porania* GRAY.

2. Unterordnung. *Cryptozonia*. Marginalplatten (Randplatten) mehr oder weniger rudimentär. Papulae nicht auf die Apicalfläche beschränkt. Ambulacralplatten schmal.

Fam. *Linckiidae*. Scheibe klein, Arme dünn, lang, cylindrisch. Apicalskelet würfelig. *Chaetaster longipes* Retz. *Ophidiaster ophidianus* Lm. Mittelmeer. *Linckia multiforis* Lm. Ind. Ozean.

Fam. *Zoroasteridae*. Scheibe klein, Arme zugespitzt. Apicalskelet in regelmäßigen Längs- und Querreihen. *Cnemidaster wyvillei* Sl. Apicalfläche der Scheibe mit großen Platten. Tiefsee, Nordpaz. Ozean. *Zoroaster fulgens* Wyv. Th. Tiefsee, Atlant. Ozean.

Fam. *Solasteridae*. Apicalplatten netzförmig, mit paxillenähnlichen Stacheln. Pedicellarien fehlen. *Crossaster papposus* Fabr. Zahl der Arme 11—14. *Solaster endeca* L. Zahl der Arme 8—10. Nordatlant.

Fam. *Pterasteridae*. Gestalt scheibenförmig pentagonal. Apicalskelet aus kreuz- und sternförmigen Platten mit Gruppen von Stacheln, die durch eine Membran verbunden sind, im Centrum der Scheibe eine Öffnung, die in den Raum unter diese Membran führt. Pedicellarien fehlen. *Pteraster militaris* Müll. Nordeurop. Meere.

Fam. *Echinasteridae*. Apicalskelet netzförmig. Scheibe breit, aber klein, Arme lang. *Cribrella sanguinolenta* Müll. Nordatlant. *Echinaster sepositus* Lm. Mittelmeer. *E. sentus* Say. Westindien (Abb. 936).

Fam. *Heliasteridae*. Scheibe breit, mehr als 25 Arme. Apicalskelet netzförmig. Füßchen vierreihig. *Heliaster helianthus* Lm. Chile.

Fam. *Asteriidae*. Scheibe ziemlich klein, Arme 5—12, lang. Apicalskelet netzförmig mit Stacheln. Ambulacralfüßchen vierreihig, mit breiter Saugscheibe. *Asterias* (*Asteracanthion*) *glacialis* L. Europ. Meere. *A. rubens* L. Atlant. Ozean. *A. tenuispina* Lm. Mittelmeer.

Fam. *Brisingidae*. Scheibe klein, Arme sehr zahlreich, lang. Apicalskelet rückgebildet oder nur auf der Scheibe. Stachel in einer Haut liegend. *Brisinga coronata* O. Sars. Nordeurop. Meere.

2. Ordnung. Ophiuroidea, Schlangensterne[1].

Afterlose Echinodermen von sternförmiger Gestalt, mit langen cylindrischen, einfachen oder verästelten Armen, welche scharf von der Scheibe abgesetzt sind, keine Anhänge des Darmes aufnehmen und eine einfache Reihe wirbelartig verbundener Skeletstücke (Ambulacralia) besitzen. Die Ambulacralfurche von Schildern der Haut bedeckt, so daß die Ambulacralfüßchen an den Seiten der Arme hervorstehen. Mit Bursae.

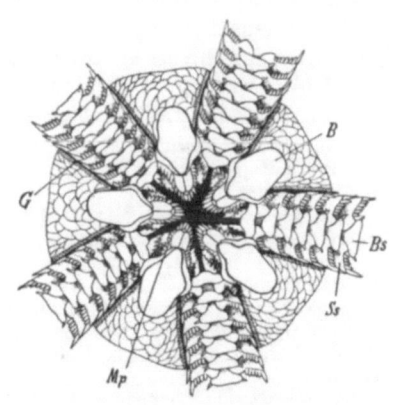

Abb. 938. Scheibe von *Ophiura ciliata* von der Oralseite (Original G.). Etwa $^2/_1$. *B* Mundschild, *Bs* Bauchschild, *Ss* Seitenschild der Arme, *Mp* Mundpapillen, *G* Bursalspalte.

Die Ophiuroideen zeichnen sich durch die cylindrischen, schlangenartig biegsamen einfachen, seltener verästelten Arme aus, welche von der flachen Scheibe scharf abgegrenzt sind und weder Fortsätze des Darmes noch Genitalorgane aufnehmen (Abb. 938). Die große Beweglichkeit der Arme vermittelt eine kriechende, sogar kletternde Locomotion. Das Armskelet der Ophiuroideen besteht aus einer im Inneren gelegenen Reihe einfacher, aber paarig angelegter, als Wirbel bezeichneter Kalkstücke (Ambulacralia), die mit einem an der Spitze des Armes gelegenen Terminale abschließen, und aus vier Reihen von ihrer Lage nach den Wirbeln entsprechenden äußeren Schildern, die als Rückenschilder, Seitenschilder (Adambulacralia) und Bauchschilder unterschieden werden. Letztere überdecken die

---

[1] Außer Müller u. Troschel, Ljungman, Verrill, Koehler, Perrier, Gregory vgl. Lütken, Ch. F.: Additamenta ad historiam Ophiuridarum. Vidensk. Selsk. Skrift. Kopenhagen 1858—1869. — Lyman, T.: Report on the Ophiuroidea. Challenger Rep. 5 (1882). — Bell, J.: A Contribution to the Classification of Ophiuroids etc. Proc. Zool. Soc. Lond. 1892. — Matsumoto, H. A.: A new Classification of the Ophiuroidea. Proc. Acad. natur. Sci. Philadelphia. 67 (1915). — A Monograph of Japanese Ophiuroidea. J. Coll. Sci. Univ. Tokio 38 (1916—1917). — Fedotov, D. M.: Die Morphologie der Euryalae. Z. Zool. 127 (1926). — Morphologische Studien an Euryalae. Z. Biol. A. 9 (1927).

Ambulacralfurche. Im Umkreise des Mundes stellen die Skeletstücke der Arme ein Mundskelet her. Zuweilen (*Cladophiurae*) bleibt die Körperhaut weich und enthält bloß kleine Kalkkörner. Am apicalen Scheibenskelet sind häufig die Centralplatte und primären Radialia nachweisbar, während fünf primäre Interradialia (vielleicht Homologa der Basalia) mit der oralen Verschiebung der apicalen Teile der Scheibe in den Interradien nach der Oralseite gelangen und zu den sogenannten Mundschildern werden (Abb. 938). Die Ambulacralfüßchen sind tentakelförmig; sie dienen als Tastfüßchen, aber auch durch den Besitz von Klebdrüsen zum Anheften, somit der Locomotion. Ampullen fehlen. Als Madreporenplatte fungiert eines der fünf Mundschilder. Bei einigen Formen sind bis 5 Steinkanäle und Madreporenplatten vorhanden. Die Afteröffnung fehlt stets, ebenso eigentliche Pedicellarien. Die Genitaldrüsen münden in Taschen (Bursae), welche durch 2—4 schlitzförmige Spalten in jedem Interradius zu Seiten der Armbasis an der Oralseite der Scheibe sich öffnen. Bei den *Cladophiurae* sind die Bursae mehr oder minder untereinander vereinigt. Bursae fehlen bei *Ophiactis virens*.

Die freischwimmenden Larven der Ophiuroideen zeigen den Typus des Pluteus.

Die systematische Gruppierung folgt M. Meissner in Bronns Klassen u. Ordn. d. Tierr. im Anschlusse an Bell und Perrier.

1. Unterordnung. *Zygophiurae*. Mit Gelenkteilen an den Armskeletgliedern. Arme unverzweigt und nicht gegen den Mund einrollbar.

Fam. *Ophiodermatidae*. Mit zahlreichen Mundpapillen, ohne Zahnpapillen. *Ophioderma lacertosum* Lm. (*longicauda* Retz.). Mit je vier Bursalspalten in einem Interradius. Mittelmeer. *Pectinura* Forb.

Fam. *Ophiolepididae*. Mit 3—6 Mundpapillen. Zahnpapillen fehlen. *Ophiura ciliata* Retz. (*Ophioglypha lacertosa* Lym.). Atlant. Ozean, Mittelmeer (Abb. 938). *Ophiolepis* M.T.

Fam. *Amphiuridae*. 1—5 Mundpapillen. Arme auf der Oralseite der Scheibe eingesetzt. *Ophiactis virens* Sars. Fast stets mit sechs Armen. Bursae fehlen. Mittelmeer. *Amphiura squamata* Chiaje. Zwitter. Weit verbreitet. *Ophiopsila aranea* Forb. Mittelmeer.

Fam. *Ophiacanthidae*. Scheibe von einer weichen Haut überzogen, welche die unterliegenden Schuppen verbirgt. Keine oder wenige Zahnpapillen. *Ophiacantha setosa* Retz. Mittelmeer.

Ophiothrichidae. Armrückenschilder rückgebildet. Zahnpapillen 8—10, Mundpapillen fehlen. *Ophiothrix alopecurus* M. T. Atlant. Ozean, Mittelmeer. *O. fragilis* Abildg. Europ. Meere. *Ophiopteron elegans* Ludw. Mit Flossen an den Seitenschildern. Ind. Archipel.

2. Unterordnung. *Streptophiurae*. Arme unverzweigt. Armskeletglieder ohne ausgebildete Gelenkteile, so daß die Arme nach dem Munde einrollbar sind.

Fam. *Ophiomyxidae*. Mundpapillen 3—7, Zähne fehlen, Arme an der Oralseite der Scheibe eingesetzt, mit weicher Haut bedeckt. *Ophiomyxa pentagona* Lm. Mittelmeer.

3. Unterordnung. *Cladophiurae*. Mit sattelförmigen Gelenken an den Armgliedern. Arme meist verzweigt, nach dem Munde zu einrollbar.

Fam. *Astrophytonidae*. Haut meist weich, mit Kalkeinlagerungen. *Astroschema* Oerst. Lütk. Arme unverzweigt, sehr lang und schlank. *Trichaster palmiferus* Lm. Arme nur am Ende verzweigt. Pac. Ozean. *Gorgonocephalus* (*Astrophyton*) *costosus* Lm. (*arborescens* Rond.). Mittelmeer, Westindien. *G. verrucosus* Lm. Ind. Ozean. *Euryale aspera* Lm. Indopaz. Ozean.

3. Ordnung. Echinoidea, Seeigel[1].

Kugelige, herzförmige oder scheibenförmige Echinodermen in der Regel mit unbeweglichem, aus Kalktafeln zusammengesetztem Skelet, welches als Schale den

---

[1] Außer J. Th. Klein, Desor, de Meijere u. a. vgl. Lovén, S.: Études sur les Echinoidées. Stockholm 1874. — Agassiz, Al.: Revision of the Echini. Cambridge 1872—1874. — Report on the Echinoidea. Challenger Rep. 3 (1881). — Duncan, P. M.: A Revision of the Genera and great Groups of the Echinoidea. J. Linnean Soc. Lond. 23 (1889). — Mortensen, Th.: Echinoidea. Danish Ingolf-Exp. 4 (1903—1907). — Döderlein, L.: Die Echinoiden der deutschen Tiefsee-Expedition. Wiss. Erg. dtsch. Tiefsee-Exp. 5 (1906). —

Körper umschließt und bewegliche Stacheln trägt, stets mit Mund- und Afteröffnung, mit locomotiven und oft auch respiratorischen Ambulacralanhängen.

Die Skeletplatten der Haut verbinden sich zur Herstellung einer in der Regel festen, unbeweglichen, mehr oder minder sphäroidischen Schale, welche bald regulär radial, bald irregulär oder symmetrisch gestaltet ist. Mit seltenen Ausnahmen (*Echinothuriidae*) schließen die Kalkplatten mittels Suturen fest aneinander und bilden zwanzig in Meridianen angeordnete Reihen, von denen je zwei benachbarte alternierend in die Strahlen und Zwischenstrahlen fallen (Abb. 903). Fünf Paare, die Ambulacralplatten, werden von feinen Porenreihen zum Durchtritt der langen Saugfüßchen durchbrochen und tragen ebenso wie die breiten Interambulacralplatten kugelige Höcker und Tuberkeln, auf welchen die äußerst verschieden gestalteten Stacheln beweglich eingelenkt sind. Der Mund wird von einer weichen Mundhaut (*Peristom*) umgeben, auf die sich bei den *Cidariden* die Ambulacral- und Interambulacralplatten, bei den *Streptosomata* (*Echinothuriidae*) bloß die Ambulacralplatten in beweglich verbundenen Reihen fortsetzen, welche sich bei den *Stereodermata* auf je 2 ambulacrale sogenannte Buccalplatten beschränken. Am apicalen Pole enden die ambulacralen Plattenreihen mit je einer unpaaren durchbohrten, möglicherweise dem Terminale, vielleicht aber dem Radiale homologen Platte (sogenannte Ocellarplatte). Die interambulacralen Plattenreihen schließen am Apex mit einem in der Regel vom Genitalporus durchsetzten Basale (sogenannte Genitalplatte). Letztere umstellen das den After enthaltende Periprokt (Afterfeld). Selten (*Saleniidae*) wird der Apicalpol nur von einer Centralplatte eingenommen (Abb. 909). Indem ein Radius kürzer oder länger wird als die anderen untereinander gleichen Strahlen, entstehen länglichovale, seitlich symmetrische Formen mit centralem Mund und After (*Heterocentrotus*, *Echinometra*). Bei irregulären Seeigeln rückt die Afteröffnung aus dem Scheitelpol in den unpaaren Interradius (*Clypeastroidea*) (Abb. 904), oft erhält auch die Mundöffnung eine vordere excentrische Lage (*Spatangoidea*) (Abb. 905), und zwar in derselben Ebene; diese läßt sich ebenso bei den *Regularia* aus der besonderen Ordnung der Peristomplatten feststellen (LOVÉNsche Symmetrieebene). Auch sind bei den meisten irregulären Seeigeln die Ambulacren an der Aboralseite des Körpers blattförmig (*petaloid*) verbreitert und bilden die sogenannte Ambulacralrosette.

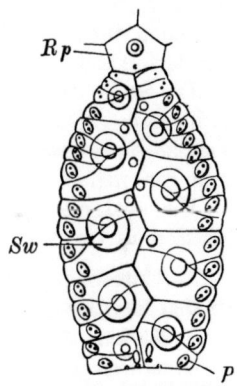

Abb. 939. Drittes Ambulacrum eines *Strongylocentrotus droebachiensis* von 3 mm. (Nach LOVÉN.) *Rp* Ocellarplatte. Die Großplatten zeigen die Zusammensetzung aus Primärplatten (*P*) mit je einem Doppelporus. *Sw* Stachelwarze. An den untersten Primärplatten je ein Sphaeridium.

Zu jedem Füßchen gehört in der Regel ein Porenpaar (Zufluß- und Abflußporus) und in der Regel zu einer Ambulacralplatte (Primärplatte) ein solcher Doppelporus. In vielen Fällen verschmelzen mehrere Primärplatten zu sogenannten Großplatten (*Echinidae*, *Echinometridae* u. a.) (Abb. 939). Bei vielen regulären Formen sind alle Ambulacralanhänge (Füßchen) von gleicher Form und mit einer durch Kalkstückchen gestützten Saugscheibe versehen; bei anderen entbehren die apicalen Füßchen der Saugscheibe und sind zugespitzt, oft auch am Rande eingeschnitten. Die irregulären Seeigel besitzen neben den Füßchen fast

---

AGASSIZ, A. a. H. L. CLARK: Hawaiian and other Pacific Echini. Mem. Mus. Comp. Zool. Harvard Coll. **34** (1907—1909). — HAWKINS, H. L.: Classification, Morphology and Evolution of the Echinoidea Holectypoidea. Proc. Zool. Soc. Lond. **1912**. — CLARK, H. L.: Catalogue of the recent Sea-Urchins (Echinoidea) in the British Museum. London 1925.

durchwegs verästelte Kiemenfüßchen auf der Ambulacralrosette. Pinselförmige Füßchen finden sich bei *Spatangoidea*. Als Madreporenplatte fungiert meist eine der Genitalplatten, doch verbreiten sich bei manchen Formen die Madreporenöffnungen über mehrere oder alle Apicalplatten (Abb. 904). Eigentliche POLIsche Blasen fehlen. Bei den *Spatangiden* finden sich an der Oberfläche der Schale bandförmige Streifen, *Fasciolen* (Abb. 905a), auf denen die *Clavulae* verbreitet sind. Pedicellarien kommen allgemein vor. Hautkiemen treten bei den meisten regulären Seeigeln an der Peristommembran auf (Abb. 911). Für die innere Organisation ist die Lage der Nerven und Ambulacralgefäßstämme unterhalb des Skelets hervorzuheben. Der Darm ist schlauchförmig und (die *Clypeastroidea* ausgenommen) mit Nebendarm versehen. Bei den *Regularia* und *Clypeastroidea* findet sich um den Schlund ein Kaugerüst mit Zähnen (Abb. 911). Als Ansatzstellen von Muskeln des Kauapparates dienen Apophysen der peristomialen Schalenplatten, die sich häufig zu einem sogenannten Aurikel zusammenschließen.

Die in der Entwicklung auftretenden Larven sind Pluteusformen mit Wimperepauletten oder Scheitelstab.

Die Seeigel leben vorzugsweise in der Nähe der Küste und ernähren sich von Mollusken, kleinen Seetieren und Fucoideen. Einige (*Psammechinus miliaris, Arbacia pustulosa, Cidaris* u. a.) besitzen das Vermögen, sich Höhlen in Felsen zum Aufenthalt zu bohren.

Die systematische Übersicht folgt im allgemeinen M. MEISSNER (BRONNS Klassen u. Ordn. d. Tierr.) im Anschlusse an MORTENSEN, DUNCAN, GREGORY.

1. Unterordnung. *Regularia*. Sphäroidische Seeigel, mit Mund und After an den entgegengesetzten Polen der Schale, mit Kauapparat.

1. Sektion. *Endobranchiata*. Ohne Mundkiemen.

Fam. *Cidaridae*. Dickschalige Seeigel mit kräftigen Stacheln. Ambulacren schmal. Die Ambulacral- und Interambulacralplatten setzen sich auf die Mundhaut fort. Sphäridien fehlen. *Cidaris cidaris* L. (*Dorocidaris papillata* LESKE). Atlant. Ozean, Mittelmeer. *Eucidaris tribuloides* LM. Westindien. *Phyllacanthus imperialis* LM. Ind. Ozean.

2. Sektion. *Ectobranchiata*. Mit Mundkiemen.

1. Tribus. *Streptosomata*. Schale beweglich. Nur die Ambulacralplatten setzen sich auf die Mundhaut fort. Mit inneren, an der Grenze von Ambulacral- und Interambulacralplatten befestigten Längsmuskeln zur Bewegung der Schale.

Fam. *Echinothuriidae*. Mit beweglich verschiebbaren Schalenplatten. *Asthenosoma varium* GR. Ind. Ozean. *Phormosoma placenta* WYV. TH. Tiefsee, Atlant. Ozean. *Echinothuria* WOODW. Fossil. Ob. Kreide.

2. Tribus. *Stereodermata*. Schale starr. An der Mundhaut meist nur zehn isolierte Ambulacralplatten (Buccalplatten).

Fam. *Saleniidae*. Mit persistierender Centralplatte. After subcentral (Abb. 909). Ambulacralfelder schmal. Poren in einer Reihe. *Salenia varispina* A. AG. Westindien.

Fam. *Diadematidae*. Afterfeld von mehreren Platten bedeckt. Schale dünnwandig. Stacheln meist lang, hohl und rauh. *Diadema saxatile* L. (*setosum* GRAY). Atlant. und Ind. Ozean. *Centrostephanus longispinus* PHIL. Mittelmeer, Atlant. Ozean.

Fam. *Arbaciidae*. Schale halbkugelförmig oder subkonisch, ziemlich dick. Analfeld aus vier dreieckigen Platten bestehend. Auriculae nicht geschlossen. *Arbacia aequituberculata* BLAINV. *A. lixula* L. (*pustulosa* LESKE). Atlant. Ozean, Mittelmeer.

Fam. *Temnopleuridae*. Auriculae geschlossen. Mit Grübchen oder Furchen an den Plattennähten. Stacheln meist kurz und dünn. *Temnopleurus toreumaticus* LESKE. *Salmacis bicolor* AG. Ind. Ozean.

Fam. *Echinidae*. Mit c-förmigen Spicula. Globifere Pedicellarien mit Endzahn und Seitenzähnen. *Psammechinus microtuberculatus* BLAINV. Atlant. Oz. Mittelmeer. *P. miliaris* P. L. S. MÜLL. Nordsee. Östl. Atlantik. *Echinus acutus* LM. *E. melo* LM. Atlant. Ozean, Mittelmeer. *E. esculentus* L. Nordeurop. Meere. *Paracentrotus lividus* LM. Atlant. Ozean, Mittelmeer.

Fam. *Toxopneustidae*. Globifere Pedicellarien mit Endzahn, ohne Seitenzähne. *Toxopneustes pileolus* LM. Ind., Paz. Ozean. *Tripneustes* (*Hipponoë*) *gratilla* L. Ind., Paz. Ozean.

Sphaerechinus granularis LM. Atlant. Ozean, Mittelmeer. *Strongylocentrotus droebachiensis* MÜLL. Nordatlant. (Abb. 903).

Fam. *Echinometridae*. Schale im Umkreis mehr oder weniger länglich. Globifere Pedicellarien mit Endzahn und unpaarem kräftigen Seitenzahn. *Echinometra lucunter* L. *Heterocentrotus (Acrocladia) mammillatus* L. Schale länglich. Stacheln sehr groß, kantig. Ind. Ozean, Südsee. *Podophora atrata* L. Stacheln sehr kurz und dick. Ind., Paz. Ozean.

2. Unterordnung. *Irregularia*. Bilateralsymmetrische Seeigel mit centralem oder excentrischem Munde, After stets in den hinteren Interradius gerückt.

1. Sektion. *Gnathostomata*. Mund central. Kauapparat vorhanden.

1. Tribus. *Holectypoidea*. Kieferapparat schwach. Ambulacra nicht petaloid.

Fam. *Pygastridae*. Peristom groß. After etwas aus dem Scheitel nach hinten gerückt. Nur ein lebender Vertreter. *Pygastrides relictus* LOV. Karaib. Meer.

2. Tribus. *Clypeastroidea*, Schildigel. Kieferapparat wohlentwickelt. Ambulacra meist petaloid.

Fam. *Fibulariidae*. Petaloide rudimentär, am Ende offen. Kleine Formen. *Echinocyamus pusillus* MÜLL. Atlant. Ozean, Mittelmeer. *Fibularia ovulum* GM. (*minuta* PALL.). Ind. Ozean.

Fam. *Laganidae*. Flache, fünfeckig ovale Formen. Petaloide lanzettförmig, am Ende nicht geschlossen. *Laganum depressum* LESS. Ind., Paz. Ozean.

Fam. *Clypeastridae*. Große dickschalige Formen. Im Inneren der Schale finden sich Kalkpfeiler. Petaloide meist geschlossen. An der Oralseite nicht verzweigte Furchen. *Clypeaster rosaceus* L. Ind. Ozean (Abb. 904). *Diplothecanthus (Echinanthus) reticulatus* L. Westindien.

Fam. *Scutellidae*. Sehr flach, scheibenförmig. Schale meist mit Einschnitten oder Löchern. Petaloide geschlossen. Furchen der Oralseite verzweigt. Im Inneren der Schale durchbrochene Scheidewände oder Kalknetze. *Echinarachnius parma* LM. Still. Ozean. *Echinodiscus auritus* LESKE. Rotes Meer. *Encope emarginata* LESKE. Westindien. *Rotula dentata* LESKE. Afrik. Küste, Atlant. Ozean. *Scutella* LAM. Tertiär.

2. Sektion. *Atelostomata (Spatangoidea*, Herzigel). Ohne Kieferapparat.

1. Tribus. *Asternata*. Ohne Sternum und ohne Fasciolen.

Fam. *Echinoneidae*. Ambulacra bandförmig. Peristom central. Kleine Formen. *Echinoneus cyclostoma* LESKE. Ind., Paz. Ozean. Hier schließen sich an: *Anochanus sinensis* GR. China (?). *Echinolampas oviformis* LESKE. Ind. Ozean.

2. Tribus. *Sternata*. Sogenanntes Sternum (große orale Platten des hinteren Interradius) wohlentwickelt. Häufig mit Fasciolen.

Fam. *Spatangidae*. Ambulacra petaloid verbreitert. Vorderes Ambulacrum reduziert. *Abatus (Hemiaster) cavernosus* PHIL. Antarkt. *Schizaster canaliferus* LM. Mittelmeer. *Brissus unicolor* KLEIN (*columbaris* LM.). Atlant. Ozean, Mittelmeer. *Brissopsis lyrifera* FORB. (Abb. 905). Atlant. Ozean. *Spatangus purpureus* MÜLL. *Echinocardium cordatum* PENN. *E. mediterraneum* FORB. Atlant. Ozean, Mittelmeer.

Fam. *Ananchytidae*. Schale eiförmig, Ambulacra nicht petaloid. System der apicalen Platten verlängert. *Stereopneustes relictus* MEIJERE. Ind. Ozean. Hier schließt sich an *Pourtalesia miranda* A. AG. Atlant. Ozean, Tiefsee. *Ananchytes* MERCATI. Ob. Kreide.

4. Ordnung. Holothurioidea, Seewalzen[1].

In der Richtung der Hauptachse wurmförmig gestreckte Echinodermen mit lederartiger, von meist kleinen Kalkkörpern durchsetzter Körperbedeckung, mit einem Kranz meist retractiler Tentakel in der Umgebung des Mundes und terminaler Afteröffnung.

---

[1] BRANDT, J. F.: Prodromus descriptionis animalium ab H. Mertensio observatorum. 1. Petropoli 1835. — BAUR, A.: Beiträge zur Naturgeschichte der *Synapta digitata*. Dresden 1864. — SELENKA, E.: Beiträge zur Anatomie und Systematik der Holothurien. Z. Zool. 17 (1867). — THÉEL, HJ.: Report on the Holothurioidea. Challenger Rep. 4, 14 (1882—1886). — DANIELSSEN, D. C. og J. KOREN: Holothurioidea. Norweg. North-Atl. Exp. Christiania 1882. — LUDWIG, H.: Die Seewalzen. Bronns Klassen u. Ordn. des Tierreichs 1889—1892. — The Holothurioidea. Rep. Expl. ,,Albatross". Mem. Mus. Zool. Harvard Coll. 17 (1894). — PERRIER, R.: Holothuries. Expéd. scient. du ,,Travailleur" et du ,,Talisman". Paris 1902. — CLARK, H. L.: The Apodous Holothurians. Smithson. Contrib. to knowledge. 35. Washington 1907. — ÖSTERGREN, HJ.: Zur Phylogenie und Systematik der Seewalzen. Zool. Stud. Tilläg. Prof. TULLBERG 1907. — BECHER, S.: Die Stammesgeschichte der Seewalzen. Erg. Zool. 1 (1908). — Vgl. ferner die Schriften von J. MÜLLER, SEMPER, v. MARENZELLER, LAMPERT, E. HÉROUARD, WOODLAND, KAWAMOTO u. a.

Der Körper der Holothurien ist walzen- oder wurmförmig in der Richtung der Hauptachse gestreckt und zeigt mehr oder minder eine Bilateralsymmetrie (Abb. 906). Letztere manifestiert sich zunächst im inneren Bau, prägt sich aber zuweilen auch in der äußeren Form dadurch aus, daß die eine Seite des Körpers (Bauchseite) sich abflacht und zu einer Kriechsohle wird. Dieser Sohle gehören drei Ambulacren (Trivium) an, in der Mitte mit dem dem Interradius des Genitalorganes gegenüberliegenden Ambulacrum. Die Körperbedeckung bleibt stets weich und lederartig, indem sich die Skeletbildung auf die Ablagerung zerstreuter Kalkkörper von bestimmter Form (gegitterter Täfelchen, Stühlchen, Rädchen, Anker) beschränkt (Abb. 907), die aber auch fehlen können (z. B. *Pelagothuria*). Selten (*Psolus*) treten größere Kalkplatten in der Rückenhaut auf, welche sich dachziegelförmig decken. Die Ambulacralfüßchen stehen in fünf Meridianreihen angeordnet (z. B. *Cucumaria*) oder sind gleichmäßig über die Oberfläche ausgebreitet (*Holothuria*) oder fehlen (*Synaptidae, Molpadiidae, Pelagothuria*) (Abb. 940). Sie sind meist cylindrisch und enden mit einer Saugscheibe, in anderen Fällen sind sie konisch und entbehren der Saugscheibe. Die um den Mund gestellten Tentakel, welche ebenfalls Ambulacralanhänge darstellen, sind fiederartig geteilt, selbst dendritisch verzweigt (Abb. 906) oder schildförmig, d. h. mit einer oft mehrfach geteilten Scheibe versehen (Abb. 916). Für die Bewegung kommt der Hautmuskelschlauch in Betracht, dessen Längsbündel sich an dem Kalkringe im Umkreise des Schlundes befestigen. Für das System der Wassergefäße kann es als charakteristisch gelten, daß der in der Regel einfache, zuweilen in mehrfacher Zahl vorhandene Steinkanal frei in der Leibeshöhle mit einem Kalkgerüst (sogenannte innere Madreporenplatte) endet. Bei vielen Tiefseeholothurien und einigen *Synaptiden* mündet der Steinkanal im dorsalen Interradius in der Nähe des Fühlerkranzes an der Haut nach außen. Der Darm ist schlauchförmig und führt durch eine Cloake nach außen, von der bei den meisten Formen die als Atmungsorgane fungierenden, baumförmig verästelten Wasserlungen entspringen (Abb. 916). Die linke Wasserlunge tritt bei den *Holothuriiden* mit den Wundernetzen des Darmblutgefäßsystems in Verbindung. Weitere Anhänge der Cloake sind die bei vielen *Holothuriiden* und einigen anderen Formen vorkommenden CUVIERschen Organe, drüsige Schläuche mit klebrigem Secret, die zur Cloakenöffnung herausgestoßen werden können. Das in einfacher Zahl vorhandene Genitalorgan liegt in dem Interradius der sogenannten Rückenseite und bildet ein Büschel verästelter Schläuche, deren einfacher Ausführungsgang meist in der Nähe des vorderen Körperendes sich nach außen öffnet. Die *Synaptiden* und *Molpadiiden* sind hermaphroditisch. Die in der Entwicklung auftretenden Dipleurulalarven sind Auricularien.

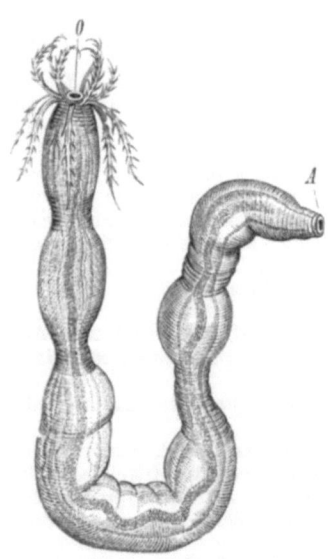

Abb. 940. *Leptosynapta inhaerens*. (Nach QUATREFAGES.) Etwa $1/2$. *O* Mund, *A* After. Der Darm schimmert durch die Haut hindurch.

Die Holothurien leben auf dem Meeresboden meist an seichten Stellen in der Nähe der Küste, wo sie sich langsam kriechend fortbewegen, viele gehören der Tiefsee an. Die fußlosen *Synaptiden* bohren sich in den Sand ein. Merkwürdigerweise stoßen namentlich die *Holothuriiden* leicht den hinter dem Gefäßringe abreißenden Darmkanal aus, vermögen denselben aber wieder zu ersetzen. Die Synaptiden brechen ihren Körper leicht in mehrere Teilstücke.

In der systematischen Übersicht ist H. LUDWIG gefolgt.

1. Unterordnung. *Actinopoda*. Alle äußeren Ambulacralanhänge, auch die Fühler, entspringen von den Radiärkanälen.

Fam. *Holothuriidae (Aspidochirotae)*. Füßchen vorhanden. Fühler schildförmig. Rückziehmuskeln fehlen. Wasserlungen vorhanden. *Holothuria tubulosa* GM. Mittelmeer (Abb. 916). *H. polii* CHIAJE. Atlant. Ozean, Mittelmeer. *H. impatiens* FORSK. Weit verbreitet. *H. edulis* LESS. Ind. Ozean, Südsee. Als Trepang im Handel. *Stichopus regalis* CUV. Mit abgeflachter Bauchseite. Mittelmeer. Hier schließen sich an *Synallactes alexandri* LUDW. Galapagos-Ins. *Mesothuria intestinalis* ASC. et RATHKE. Atlant. Ozean, Mittelmeer. Beide Tiefseeformen.

Fam. *Elpidiidae (Elasipoda)*. Füßchen vorhanden. Körper fast stets mit abgeflachter Bauchseite. Füßchen auf die Bauchseite beschränkt. Fühler schildförmig. Rücken mit kegelförmigen Ambulacralfortsätzen. Fühlerampullen, Rückziehmuskeln und Wasserlungen fehlen. Tiefseebewohner. *Elpidia glacialis* THÉEL. Arktisch. *Deima validum* THÉEL. Nördl. Still. Ozean. *Psychropotes longicauda* THÉEL. Ind. Paz. Ozean. Hier schließt sich die frei schwimmende füßchenlose und skeletlose *Pelagothuria* LUDW. an. Tiefsee, Golf von Panama.

Fam. *Cucumariidae (Dendrochirotae)*. Füßchen vorhanden. Fühler baumförmig. Rückziehmuskeln wohlausgebildet. Wasserlungen vorhanden. *Cucumaria planci* BRDT. (*doliolum* AUT.). Mittelmeer (Abb. 906). *C. cucumis* RISSO. Adria. *Thyone fusus* MÜLL. Mittelmeer, Nordatlant. *Phyllophorus urna* GR. Mittelmeer. *Psolus phantapus* STRUSSENF. Mit scharf begrenzter söhliger Bauchscheibe. Haut mit großen Kalkplatten. Mund und After nach aufwärts gerückt. Nordatlant. *Rhopalodina lageniformis* GRAY. Mund und After dorsal zusammengerückt auf der Spitze eines stielförmigen Körperabschnittes. Kongoküste.

Fam. *Molpadiidae*. Füßchen fehlen. Fühler schlauchförmig oder gefingert. Wasserlungen vorhanden. *Caudina arenata* GD. Ostküste von Nordam. *Molpadia (Ankyroderma) musculus* RISSO. Mittelmeer. *M. oolitica* POURT. Arktisch, circumpolar.

2. Unterordnung. *Paractinopoda*. Nur Fühler vorhanden, deren Kanäle vom Ringkanal entspringen. Füßchen und Radiärkanäle fehlen.

Fam. *Synaptidae*. Fühler gefiedert oder gefingert. Wasserlungen fehlen. *Synapta maculata* CHAM. et EYS. Von Meterlänge. Ind. und Still. Ozean. *Labidoplax (Synapta) digitata* MONT. *Leptosynapta inhaerens* MÜLL. Atlant. Ozean, Mittelmeer (Abb. 940). *Synaptula hydriformis* LSR. (*Synapta vivipara* OERST.). Westindien. *Chiridota laevis* F. Nordatlant. *Myriotrochus rinkii* STEENSTR. Circumpolar. *Rhabdomolgus ruber* KEF. Kalkkörper der Haut fehlen. Helgoland.

2. Subphylum.

Homalopterygia.

Deuterostomier mit ventralem, auf das Prostoma zurückzuführendem After. Der fischchenähnliche Körper mit horizontalem Flossensaum.

Die baulichen Eigentümlichkeiten der hierher gehörigen *Chaetognatha* zusammengehalten mit den aus der Entwicklungsgeschichte sich ergebenden Tatsachen führen zu dem Schlusse, für diese Tiergruppe ein besonderes Subphylum zu bilden. In der sekundären Entwicklung des Mundes und der wahrscheinlichen Entstehung des Afters aus dem Prostoma besitzen die Homalopterygier gemeinsame Charaktere mit den Cölomoporen und Chordoniern.

8. Kladus.
Chaetognatha, Borstenkiefer[1].

Homalopterygier von fischchenähnlicher Gestalt, mit in Kopf-, Rumpf- und Schwanzabschnitt gegliedertem Körper, der einen horizontalen Flossensaum besitzt. Der Mund von Fanghaken umstellt. Mit aus Längsmuskelfasern gebildetem Hautmuskelschlauch, mit Cerebral- und Ventralganglion. Zwitter.

Der bilateralsymmetrische Körper der planktonisch lebenden Chaetognathen (Abb. 941) ist durchsichtig und erinnert in seiner Erscheinung und fortschnellenden Bewegung an ein Fischchen. An demselben ist ein rundlicher Kopfabschnitt, ein walzenförmiger Rumpf- und ein sich gegen das Hinterende zuspitzender Schwanzabschnitt zu unterscheiden, eine Gliederung, der auch das Vorhandensein von drei Cölomsackpaaren entspricht (Abb. 85c). Der Schwanz und der Rumpf weisen eine verschieden ausgebildete horizontale, von Strahlen gestützte Flosse auf. Die Haut baut sich aus einem stellenweise geschichteten Epithel und einem Hautmuskelschlauch auf, der ähnlich wie bei den Anneliden aus vier, zwei dorsalen und zwei ventralen, Längsmuskelbändern besteht, zu welchen bei *Spadella* und *Eukrohnia* noch transversale, zwischen Ventrallinie und Seitenfeldern verlaufende Muskeln hinzukommen (Abb. 942). Die Rumpfmuskulatur ist quergestreift.

Der Mund liegt subterminal am Kopfe; vor ihm finden sich in Reihen angeordnete stachelartige Zähne, zu seinen Seiten Gruppen durch Muskeln beweglicher Fanghaken, die innerhalb einer den Kopf umsäumenden Hautfalte (Kopfkappe) entspringen. Er führt in ein geradgestrecktes Darmrohr, das an dem Hinterende des Rumpfes ventral im After ausmündet. Der Darm wird im Rumpf durch ein ventrales und dorsales Mesenterium in der Leibeshöhle befestigt. Ein Blutgefäß-

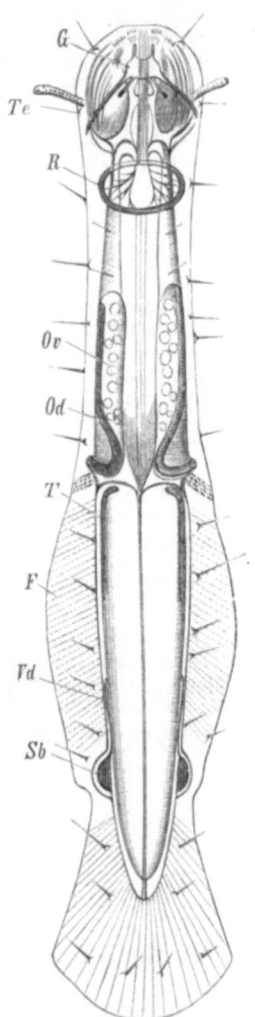

Abb. 941. *Spadella cephaloptera*, Rückenansicht. (Nach O. HERTWIG, Deutung etwas verändert.) 30/1. *F* Flosse, *G* Cerebralganglion, *Te* Tentakel, *R* Geruchsorgan, *Ov* Ovarium, *Od* schlauchförmiges Receptaculum innerhalb des Oviductes, *T* Hoden, *Vd* Ductus deferens, *Sb* Samenblase.

---

[1] Außer KROHN, WILMS, ELPATIEWSKY, BUCHNER vgl. KOWALEVSKY, A.: Embryologische Studien an Würmern und Arthropoden. Mém. Akad. St.-Pétersbourg 16 (1871). — BÜTSCHLI, O.: Zur Entwicklungsgeschichte der *Sagitta*. Z. Zool. 23 (1873). — HERTWIG, O.: Die Chaetognathen. Jena. Z. Naturwiss. 14 (1880). — GRASSI, B.: I Chetognati. Fauna u. Flora Golf Neapel 1883. — STRODTMANN, S.: Die Systematik der Chaetognathen usw. Arch. Naturgesch. 58 (1892). — DONCASTER, L.: On the Development of *Sagitta*. Quart. J. microsc. Sci. 46 (1902). — KRUMBACH, TH.: Über die Greifhaken der Chaetognathen. Zool. Jb. 18 (1903). — FOWLER, G. H.: The Chaetognatha of the Siboga Expedition. Leiden 1906. — v. RITTER-ZÁHONY, R.: Zur Anatomie des Chaetognathenkopfes. Denkschr. Akad. Wien 84 (1909). — Chaetognathi. Tierreich 29. Liefg. 1911. — STEVENS, N. M.: Further Studies on Reproduction in *Sagitta*. J. Morp. a. Physiol. 21 (1910). — VASILJEV, A.: La fécondation chez *Spadella cephaloptera* LGRHS. et l'origine du corps déterminant la voie germinative. Biol. generalis (Wien) 1 (1925).

system fehlt, Excretionsorgane sind nicht nachgewiesen. Das Nervensystem besteht aus einem im Kopfe gelegenen Cerebralganglion, das durch ein Connectiv mit einem großen, im Rumpfabschnitte gelegenen Ventralganglion in Verbindung steht. Dazu kommen noch zwei neben dem Munde gelegene Ganglien, welche durch eine Schlundcommissur untereinander und mit dem Kopfganglion verbunden sind. Bei *Sagitta hexaptera* legt sich an das Hinterende des Cerebralganglions ein Kanal mit Porus (Neuroporuskanal) an (K. C. Schneider). Während vom Cerebralganglion der Kopf innerviert wird, gehen vom Ventralganglion die Nerven für Rumpf und Schwanz ab und enden in einem Nervenplexus. Fast alle Teile des Nervensystems liegen im Epithel der Haut. Von Sinnesorganen finden sich am Kopf ein Paar Augen (invertierte Pigmentbecherocellen), ein dorsales, ringförmiges, bewimpertes Geruchsorgan (Flimmerkrone oder Corona), seltener (*Spadella*) Tentakel. Zahlreiche Gruppen von Sinneszellen mit Tastborsten liegen über den Körper verstreut.

Die Chaetognathen sind hermaphroditisch. Die paarigen Ovarien liegen im Rumpfcölom. Die Eier gelangen durch temporär sich bildende Öffnungen in den lateral gelegenen Oviduct, der am Hinterende des Rumpfes seitlich nach außen mündet. Innerhalb des Oviducts liegt ein blindgeschlossenes Receptaculum seminis, das eine von der Oviductöffnung gesonderte Ausmündung besitzt. In den durch eine Scheidewand getrennten Cölomhöhlen des Schwanzes finden sich die Hoden als wandständige Keimlager, deren Produkte in die Cölomhöhle und von hier durch kurze, mit einer Samenblase versehene Ductus deferentes nach außen gelangen.

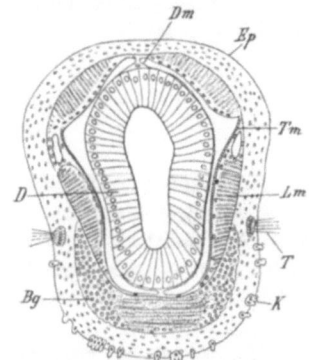

Abb. 942. Querschnitt durch den Rumpf von *Spadella cephaloptera*. (Nach O. Hertwig.) *Ep* Epidermis, *Lm* Längsmuskulatur, *Tm* Transversalmuskel, *T* Tastorgan, *K* Klebzellen, *Bg* Bauchganglion, *D* Darm, *Dm* dorsales Mesenterium.

Die Eier werden meist einzeln frei abgelegt. Die Entwicklung ist eine direkte. Die Furchung ist äqual, die Gastrula entsteht durch Invagination. Schon zu dieser Zeit lassen sich im Entoderm dem Gastrulamund gegenüber zwei Urgenitalzellen unterscheiden, die später in die Gastralhöhle austreten und schließlich in das Cölom gelangen. Am aboralen Pole bildet das Entoderm zwei Falten, durch welche die Gastralhöhle in einen mittleren und zwei seitliche Räume zerfällt. Während die Zellbekleidung der letzteren zum Mesoderm wird, liefert die des mittleren Raumes die Darmwand, an welcher, dem sich schließenden Urmund gegenüber, der bleibende Mund zum Durchbruch kommt (Abb. 267). Vom Vorderende der Cölomsäcke schnüren sich die Cölomabschnitte des Kopfes ab, während die Scheidewand zwischen Rumpf- und Schwanzabschnitt des Cöloms erst nach dem Ausschlüpfen der Jugendform entsteht. Der Embryo wächst in die Länge und krümmt sich ventralwärts ein. Der Darmabschnitt der Schwanzregion wird rückgebildet. Über die Entstehung des Afters fehlen Beobachtungen; wahrscheinlich ist derselbe auf den Gastrulamund zurückzuführen.

Die Chaetognathen sind im Plankton aller Meere verbreitet. *Spadella cephaloptera* vermag mittels ventraler Klebzellen zu kriechen.

Klasse: Sagittoidea, Pfeilwürmer.

Fam. *Sagittidae*. *Sagitta hexaptera* Orb. Weit verbreitet. *S. bipunctata* Q. G. *Spadella cephaloptera* W. Busch. Atlant. Ozean, Mittelmeer (Abb. 941). *Eukrohnia* (*Krohnia*) *hamata* Möb. Weit verbreitet.

3. Subphylum.
Chordonia.

Deuterostomier mit dorsal vom Darm angelegter Chorda dorsalis, mit dorsal von ihr gelegenem Centralnervensystem, das als After fungierende Prostoma ventral oder sekundär dorsalwärts verlagert.

Die in diesem Subphylum zusammengefaßten *Tunicata*, *Acrania* und *Vertebrata* zeichnen sich durch ein dorsal vom Entoderm aus angelegtes Achsenskelet, die Chorda dorsalis, aus; dorsal von letzterer hat das Centralnervensystem seine Lage, ventral der Darm. Die Mundöffnung ist sekundär nahe dem Vorderende des Darmes entstanden, der After geht aus dem Prostoma hervor, das zuerst dorsalwärts verlagert ist und später an die Ventralseite oder wieder sekundär dorsalwärts verschoben wird. Bei allen im Wasser lebenden Formen dient der Pharynxabschnitt des Darmes durch Ausbildung von Spalten und zuweilen auch Kiemen an demselben der Respiration. Bei den am Lande lebenden Formen erscheint dieser Atmungsapparat nur im Embryonalleben und wird durch die Lungen substituiert.

9. Kladus.
Tunicata, Manteltiere[1].

Festsitzende oder freischwimmende Chordonier von sackförmigem oder tonnenförmigem, zuweilen mit einem Schwanzanhang (Hinterkörper) versehenem Körper, von einer meist dicken Cuticularbildung (sogenannter Mantel) umhüllt; Chorda nur selten beim ausgebildeten Tier erhalten, in der Regel samt dem Hinterkörper rückgebildet; mit weitem, zugleich der Respiration dienendem Pharyngealsack, mit Herz, hermaphroditisch.

Die *Tunicaten* sind freischwimmend oder festsitzend (Abb. 943, 944). Im ersteren Falle ist ein tonnenförmiger Vorderkörper und ein mit Chorda versehener schwanzartiger Hinterkörper zu unterscheiden (*Copelata*) (Abb. 945), oder letzterer fehlt (*Thaliacea*), was auch für alle festsitzenden Formen (*Tethyodea*) gilt.

Die Tunicaten verdanken ihren Namen dem Vorhandensein einer gallertigen bis cartilaginösen Hülle (Tunica, Mantel), welche den Körper vollständig umgibt. Der Mantel wird von einer Grundmasse mit eingeschlossenen Zellen gebildet, die aus einer der Cellulose gleichen Substanz, dem Tunicin, besteht; er erscheint, obwohl als cuticulare Ausscheidung des Hautepithels entstanden, in der Regel infolge eingewanderter (mesodermaler) Zellen als eine Form des Bindegewebes. Unter dem Mantel folgt das Körperepithel und ein gallertiges Bindegewebe, in welchem sämtliche Organe des Körpers lagern.

Die weite Mundöffnung liegt am Vorderende des Körpers und führt durch eine kurze, vom Ectoderm aus entstandene Mundhöhle in einen zugleich der Atmung dienenden Pharyngealsack, dessen Spalten sowie der After bei den *Copelata* direkt nach außen führen (Abb. 945 b). Bei allen übrigen Tunicaten ist ein durch Einsenkung von der Haut aus entstandener Cloakenraum vorhanden, in den die Kiemenspalten, der After sowie auch die Genitaldrüsen einmünden.

---

[1] SEELIGER, O.: Tunicata. Fortgesetzt von R. HARTMEYER u. G. NEUMANN. Bronns Klassen u. Ordn. des Tierreiches **1893**—1913. — HERDMAN, W. A.: A revised Classification of the Tunicata. J. Linnean Soc. **23** (1891). — LAHILLE, F.: Recherches sur les Tuniciers des côtes de France. Toulouse 1890. — METCALF, M. M.: Notes on the Morphology of the Tunicata. Zool. Jb. **13** (1900). — DAHLGRÜN, W.: Untersuchungen über den Bau der Excretionsorgane der Tunicaten. Arch. mikrosk. Anat. **58** (1901). — ALDER, J. a. A. HANCOCK: The British Tunicata. 3 Vols. **3**. Edited by J. HOPKINSON. London 1905—1912.

Die Ausmündung des Cloakenraumes liegt bei den *Thaliacea* an dem der Mundöffnung entgegengesetzten Körperende (Abb. 944), bei den festsitzenden *Tethyodea* dorsal in einiger Entfernung vom Mund (Abb. 943).

Die aus kleinen Organismen und organischem Detritus bestehende Nahrung wird durch Wimpereinrichtungen in den am Hinterende des Pharynx beginnenden Oesophagus eingeführt. Ein den Pharynxeingang umsäumender Wimperbogen setzt sich in eine ventrale Wimperrinne fort, die mit ihren drüsigen Seitenwänden (Schleimdrüse) den sogenannten Endostyl vorstellt; ferner findet sich eine dorsale Wimperrinne vor. Die mit dem Wasser in den Pharynx eingeführten Nahrungsteilchen gelangen in den Wimperstrom des Endostyls und werden vom Schleim desselben eingeschlossen längs der Wimperbogen in die dorsale Wimperrinne und längs dieser in den Oesophagus eingeleitet. Der Oesophagus führt in den Magen, welcher in den Darm übergeht.

Überall findet sich ventral ein rinnenförmiges und dorsal offenes oder ein schlauchförmiges, dann nur hinten und vorn in die primäre Leibeshöhle sich öffnendes Herz, das, in einem zarten Pericardium (Cölom) gelegen, von dem einen nach dem anderen Ende hin fortschreitende Contractionen ausführt. Bemerkenswert ist der plötzliche (von VAN HASSELT bei Salpen entdeckte) Wechsel in der Richtung der Contractionen, durch welche nach momentanem Stillstande die Richtung der Blutströmung eine umgekehrte wird. Die Blutbahnen sind Lückenräume in dem die primäre Leibeshöhle erfüllenden gallertigen Bindegewebe.

Das Centralnervensystem beschränkt sich in der Regel auf ein einfaches, dorsal vom Pharynx gelegenes Ganglion.

Die Tunicaten sind Zwitter, oft jedoch mit verschiedenzeitiger Reife der beiderlei Genitalprodukte. Die Geschlechtsdrüsen münden durch besondere Gänge aus. Neben der geschlechtlichen Fortpflanzung besteht fast allgemein die

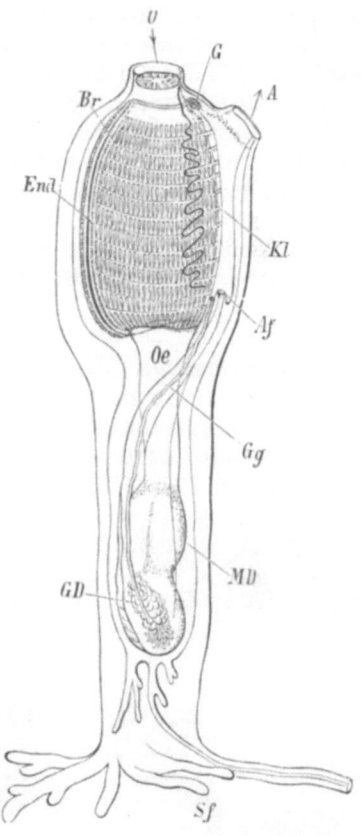

Abb. 943. *Clavelina lepadiformis* (aus règne animal). Etwa ³/₁. *O* Mund, *Br* Kieme (Pharyngealsack), *End* Endostyl, *Oe* Oesophagus, *MD* Magendarm, *Kl* Cloakenraum, *A* Auswurfsöffnung, *Af* After, *G* Ganglion, *GD* Genitaldrüse, *Gg* Ausführungsgang derselben, *Sf* Stolonen.

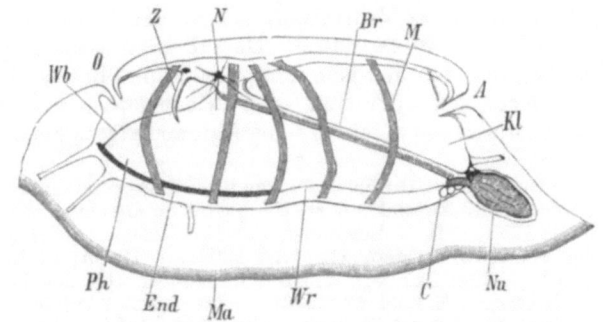

Abb. 944. *Salpa* (*Thalia*) *democratica*, Seitenansicht. ⁶/₁. *O* Mund, *Ph* Pharyngealraum, *Kl* Cloakenraum, *A* Cloakenöffnung, *Br* Kieme, *N* Ganglion, *Ma* Mantel, *M* Muskelbänder, *Z* Züngelchen, *Wb* Wimperbogen, *End* Endostyl, *Wr* Wimperrinne, *Nu* Eingeweidenucleus, *C* Herz.

ungeschlechtliche durch Sprossung oder Teilung, welche häufig zur Entstehung von Stöcken führt.

Die Embryonalentwicklung der Ascidien zeigt große Übereinstimmung mit jener der Acranier und Vertebraten. Es ist eine Chorda dorsalis vorhanden, die dem schwanzartigen Hinterkörper angehört und später mit diesem rückgebildet wird; nur bei den *Copelaten* bleibt dieser Körperabschnitt erhalten. Eine Metamerie des Schwanzes, die man in der regelmäßigen Anordnung der Muskelzellen und der Ganglien des dorsalen Nervenstranges zu finden suchte, ist nicht erweisbar. Die postembryonale Entwicklung ist bei den *Tethyodea* eine Metamorphose; bei den *Thaliacea* ist meist direkte Entwicklung verbunden mit Metagenese vorhanden.

Die Tunicaten sind durchwegs Meerestiere. Die glashellen Pyrosomen und Salpen leuchten mit prachtvollem Lichte.

1. Klasse. Copelata (Appendiculariae)[1].

Freischwimmende Tunicaten mit Ruderschwanz und persistierender Chorda dorsalis, ohne Cloakenraum.

In ihrer Organisation zeigen die Copelata große Übereinstimmung mit den Ascidienlarven. An ihrem Körper (Abb. 945) ist ein tönnchenförmiger Vorder-

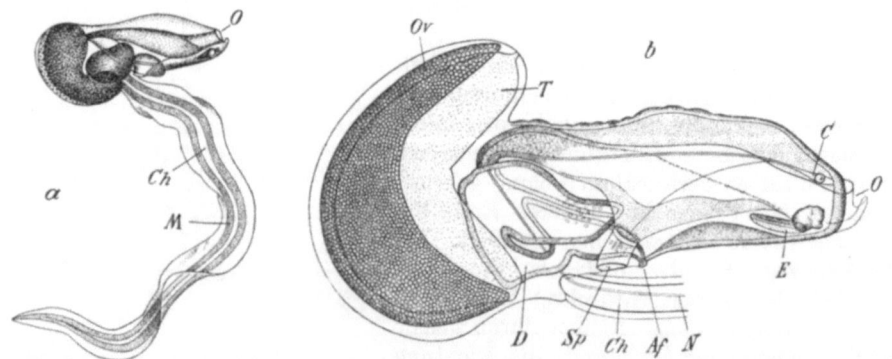

Abb. 945. a *Folia aethiopica*. (Nach LOHMANN, aus R. Hertwigs Zool.) — b Rumpf mit Schwanzbasis von *Oikopleura cophocerca*, Seitenansicht (nach FOL), $^{25}/_1$. *Af* After, *C* Gehirnganglion mit Statocyste, *Ch* Chorda dorsalis, *D* Darm, *E* Endostyl, *M* Schwanzmuskulatur, *N* Nervenstrang des Schwanzes, *O* Mund, *Ov* Ovarium, *Sp* rechte Kiemenspalte, *T* Hoden.

körper und ein seitlich abgeplatteter Ruderschwanz zu unterscheiden; letzterer entspringt an der Ventralseite des Vorderkörpers und zeigt eine Achsendrehung um 90° in der Weise, daß die Dorsalseite nach links gerichtet erscheint. Die am Vorderende des Körpers gelegene Mundöffnung führt in einen geräumigen Pharyngealsack, der von zwei Kiemenspalten (Spiracula) durchbrochen ist, welche durch einen kurzen Gang (Spiraculargang) nach außen münden. Am hinte-

---

[1] GEGENBAUR, C.: Bemerkungen über die Appendicularien. Z. Zool. **7** (1855).— FOL, H.: Études sur les Appendiculaires du détroit de Messine. Mém. Soc. phys. et d'hist. nat. de Genève **21** (1872). — LOHMANN, H.: Das Gehäuse der Appendicularien. Schrift. naturw. Ver. Schleswig-Holstein **11**. Kiel 1899. — Die Appendicularien. Erg. Plankton-Exp. **2** (1896). — SEELIGER, O.: Einige Bemerkungen über den Bau des Ruderschwanzes der Appendicularien. Z. Zool. **67** (1900). — SALENSKY, W.: Études anatomiques sur les Appendiculaires. Mém. Acad. St.-Pétersbourg **1903—1904**. — IHLE, I. E. W.: Die Appendicularien der Siboga-Expedition. Leyden 1908. — DELSMAN, H. C.: Beiträge zur Entwicklungsgeschichte von *Oikopleura dioica*. Verh. Rijksinst. Onderzoek. d. zee. **3** (1910). — Vgl. überdies die Arbeiten von GOLDSCHMIDT, DAMAS, MARTINI u. a.

ren Ende des Pharyngealsackes beginnt der verdauende Teil des Darmes, der ventral direkt nach außen mündet, da ein Cloakenraum fehlt. Im Pharyngealsack finden sich Endostyl sowie ventrale Wimperrinne; am Vorderende des Endostyls beginnt der an der Wand des Pharynx zum Oesophagus verlaufende Wimperbogen. Endostyl und Wimperbogen fehlen bei *Kowalevskia*. Das Herz ist eine flache muskulöse Rinne, welche die Dorsalwand des Pericards bildet und deren Lumen mit der primären Leibeshöhle in offener Verbindung steht. Nach SALENSKY kommuniziert die Pericardialblase bei *Oikopleura vanhoeffeni* noch mit dem Pharyngealsack. Bei *Kowalevskia* wird ein Herz vermißt. Ovarium und Hoden liegen im hinteren Abschnitte des Vorderkörpers; das Ovarium entleert durch Dehiscenz seine Produkte, der Hoden mittels eines Ductus deferens, der wahrscheinlich erst zur Zeit der männlichen Geschlechtsreife nach außen durchbricht. *Oikopleura dioica* ist getrenntgeschlechtlich. Das langgestreckte, in drei Partien eingeschnürte Gehirnganglion steht mit einer Wimpergrube und Statolithenblase in Verbindung und verlängert sich in einen ansehnlichen Nervenstrang, welcher in den Schwanz eintritt, an dessen Basis in ein Ganglion anschwillt und im weiteren Verlaufe unter Abgabe von Seitennerven mehrere kleinere Ganglien bildet. In dem Ruderschwanz liegt ventral vom Nervenstrang die Chorda dorsalis, welche die ganze Länge des Schwanzes durchzieht und der seitlich die Schwanzmuskulatur anliegt.

Die Copelaten bilden ein einfaches kugelförmiges, zuweilen aber (*Oikopleura*) kompliziert differenziertes gallertiges Gehäuse (s. S. 126, Abb. 119), das ihnen als Schwebevorrichtung, zum Schutze, in erster Linie jedoch zu leichterem Nahrungserwerb dient. Es wird verlassen und dann neugebildet. Morphologisch entspricht diese temporäre Cuticularbildung dem Mantel der übrigen Tunicaten.

Die ausschlüpfende Larve ist von einer Gallerthülle umgeben und noch mund- und afterlos.

Die Copelaten sind kleine pelagische Tiere, die sich mittels ihres Schwanzanhanges bewegen.

Fam. *Appendiculariidae*. Pharyngealsack wohl entwickelt. Herz vorhanden. *Oikopleura longicauda* VOGT. Weit verbreitet. *O. albicans* LEUCK. *O. cophocerca* GEGNB. Mittelmeer, Atlant. und Ind. Ozean (Abb. 945b). *O. dioica* FOL, getrenntgeschlechtlich. Weit verbreitet. *O. vanhoeffeni* LOHM. Nordatlant. *Appendicularia sicula* FOL. Atlant. Ozean, Mittelmeer. *Megalocercus abyssorum* CHUN. Mittelmeer. *Bathochordaeus charon* CHUN. 8,5 cm lang. Benguelastrom. *Folia aethiopica* LOHM. Atlant. Ozean (Abb. 945a). *Fritillaria pellucida* W. BUSCH. Weit verbreitet.

Fam. *Kowalevskiidae*. Wimperbogen, Endostyl und Herz fehlen. Im Pharyngealsack Reihen von Wimperzapfen. *Kowalevskia tenuis* FOL. Messina.

2. Klasse. Tethyodea (Ascidiacea), Seescheiden[1].

In der Regel festsitzende Tunicaten von sackförmiger Gestalt, mit Cloakenraum, dessen Ausmündung meist in der Nähe des Mundes gelegen ist, mit weitem Pharyngealsack.

---

[1] SAVIGNY, J. C.: Mémoires sur les animaux sans vertèbres 2. Paris 1816. — MILNE EDWARDS: Observations sur les Ascidies composées des côtes de la Manche. Mém. Acad. Paris 18 (1842). — VAN BENEDEN, P. J.: Recherches sur l'embryogénie, l'anatomie et la physiologie des Ascidies simples. Mém. Acad. Belg. 20 (1846). — GIARD, A.: Recherches sur les Synascidies. Archives de Zool. 1 (1872). — HELLER, C.: Untersuchungen über die Tunicaten des Adriatischen Meeres. Denkschr. Akad. Wien 1874—1877. — DE LACAZE-DUTHIERS, H.: Les Ascidies simples des côtes de France. Archives de Zool. 3 (1874); 6 (1877). — V. DRASCHE, R.: Die Synascidien der Bucht von Rovigno. Wien 1883. — VAN BENEDEN, E. et CH. JULIN: Recherches sur la morphologie des Tuniciers. Archives de Biol. 6 (1887). — HERDMAN, W. A.: Report on the Tunicata. Challenger Rep. 3 parts. 1882—1888. — KOWALEVSKI, A.: Weitere Studien über die Entwicklung der einfachen Ascidien. Arch.

Der Körper der Ascidien ist meist festgewachsen, seltener nur lose im Sande steckend, besitzt schlauch- oder sackförmige Gestalt (Abb. 943) und ist zuweilen gestielt. An seinem freien Ende sind zwei große Öffnungen zu unterscheiden, die Mundöffnung und die Ausmündung des Cloakenraumes, der hier überall entwickelt ist. Cloakenöffnung und Mundöffnung sind einander dorsal stark genähert; seltener liegen beide an den entgegengesetzten Körperenden (*Pyrosoma*, *Botryllus*, *Hexacrobylus*). Der Mantel ist meist dick, zuweilen gelatinös, oft knorpelig oder lederartig, und enthält mitunter Fibrillen oder Kalkspicula eingelagert. In manchen Fällen finden sich an der Manteloberfläche hornige Platten oder Stacheln, zuweilen (z. B. *Molgulidae*) ist der Mantel mit Fremdkörpern bedeckt. Er wird bei zahlreichen Tethyodeen von blutführenden Hautausstülpungen (sogenannten Mantelgefäßen) durchsetzt. Mundöffnung und Cloakenöffnung können durch randständige Läppchen sowie Ringmuskeln verschlossen werden. Längsverlaufende und transversale Muskeln dienen der Contraction des ganzen Leibes.

Die Mundöffnung führt in einen von zahlreichen kleinen Spalten durchbrochenen geräumigen Pharyngealsack (Kiemensack), dessen Eingang von einem Kreise einfacher oder verzweigter (zusammengesetzter) Tentakel umstellt ist (Abb. 943). An der Dorsalseite des Kiemensackes liegt der Cloakenraum, der nicht nur das durch die Kiemenspalten abfließende Wasser, sondern auch die Kotballen und Geschlechtsstoffe aufnimmt. Der Cloakenraum setzt sich im Umkreise des Kiemensackes bis zur Ventralseite hin in seitlichen Räumen, den Peribranchialräumen, fort, an deren Außenwand der Kiemensack durch häufig blutführende Trabekeln befestigt ist. Bei vielen Formen (*Halocynthia*, *Styela*) entwickeln sich an der äußeren Peribranchialwand eigentümliche Wucherungen, die sogenannten Parietalbläschen oder Endocarpen. Der Darmkanal samt den übrigen Eingeweiden entfaltet sich entweder, wie bei den solitären Ascidien, mehr zur Seite des Kiemensackes oder, wie bei den langgestreckten Formen der stockbildenden Ascidien, hinter demselben und bedingt damit nicht selten eine

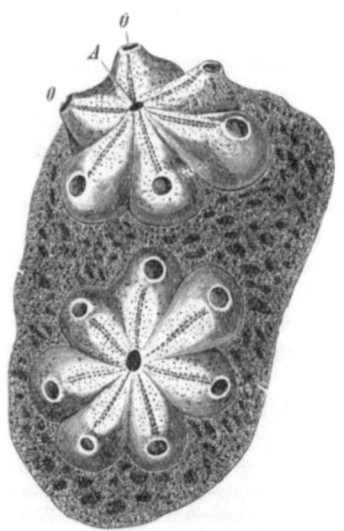

Abb. 946. *Botryllus schlosseri (violaceus)*. (Nach M. EDWARDS.) Etwa $6/1$. *O* Mundöffnung, *A* gemeinsame Cloakenöffnung einer Individuengruppe (Systems).

---

mikrosk. Anat. 7 (1871). — Über die Knospung der Ascidien. Ebenda 10 (1874). — KUPFFER, C.: Zur Entwicklung der einfachen Ascidien. Ebenda 8 (1872). — SEELIGER, O.: Die Entwicklungsgeschichte der socialen Ascidien. Jena. Z. Naturwiss. 18 (1885). — v. DAVIDOFF, M.: Untersuchungen zur Entwicklungsgeschichte der *Distaplia magnilarva*. Mitt. Zool. Stat. Neapel 9 (1889—1891). — SALENSKY, W.: Beiträge zur Entwicklungsgeschichte der Synascidien. Ebenda 11 (1894). — DE LACAZE-DUTHIERS, H. et Y. DELAGE: Faune de Cynthiadées de Roscoff et des côtes de Bretagne. Mém. Acad. France 45 (1892). — CASTLE, W. E.: The early Embryology of *Ciona intestinalis*. Bull. Mus. Zool. Harvard Coll. 27 (1896). — JULIN, CH.: Recherches sur la phylogenèse des Tuniciers. Z. Zool. 76 (1904). — CONKLIN, E. G.: The Organisation and Cell-Lineage of the Ascidian-Egg. J. Acad. nat. Sci. Philadelphia 13 (1905). — PIZON, A.: L'évolution des Diplosomes. Archives de Zool. 1905. — HEINEMANN, PH.: Untersuchungen über die Entwicklung des Mesoderms und den Bau des Ruderschwanzes bei den Ascidienlarven. Z. Zool. 79 (1905). — HARTMEYER, R.: Zur Terminologie der Familien und Gattungen der Ascidien. Zool. Ann. 3 (1908). — Vgl. überdies die Schriften von KROHN, METSCHNIKOFF, OKA, DELLA VALLE, CHABRY, WILLEY, LAHILLE, MAURICE, DAMAS, SLUITER, GARSTANG, CAULLERY, KUHN u. a.

Gliederung des Körpers in zwei oder drei Abschnitte, die als Thorax, Abdomen und Postabdomen unterschieden werden. Die besondere Gestaltung des Kiemensackes bietet zahlreiche Modifikationen. Der Kiemensack zeigt häufig sekundäre Vorsprünge in Form von Blutbahnen enthaltenden Faltungen seiner Innenwand (sogenannte innere Längs- und Quergefäße) und papillenförmige Erhebungen, zuweilen nach innen vorspringende, bestimmt angeordnete Falten seiner gesamten Wand, Bildungen, die in der Systematik Verwertung finden. Desgleichen wechseln Zahl, Anordnung, Größe und Form der meist in Querreihen gestellten Kiemenspalten, welche rundlich, elliptisch, rechteckig, selbst spiralig gekrümmt sein können. Bei *Hexacrobylus* ist der Kiemensack glatt, nur mäßig weit und entbehrt der Kiemenspalten. Im Kiemensack finden sich ventral der Endostyl mit Bauchrinne sowie am Eingange die beiden Wimperbogen, an welche sich an der Dorsalseite die mediane bewimperte, zuweilen mit tentakelartigen Erhebungen besetzte sogenannte Dorsalfalte anschließt.

Der bewimperte Oesophagus bleibt kurz, trichterförmig und führt in einen Magen, dessen Wandung durch faltenartige Vorsprünge Komplikationen gewinnt, die zuweilen zur Ausbildung als Leber bezeichneter Anhangsdrüsen führen (*Molgulidae, Pyuridae*). Hinter dem Magen mündet eine den Darm umspinnende, verästelte Drüse ein. Der auf den Magen folgende Darm, der sich in der Regel in einen Dünndarm und langen Enddarm gliedert, bildet eine Schlinge und steigt nach dem Cloakenraum auf, in den die Analöffnung ausmündet.

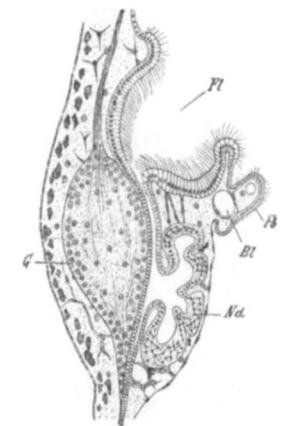

Abb. 947. Längsschnitt durch die Region des Ganglions (*G*) von *Clavelina lepadiformis*. (Nach SEELIGER.) *Fl* Wimpergrube, *Nd* Neuraldrüse, *Fb* Wimperbogen, *Bl* Blutlacunen.

Vom ventralen Hinterende des Kiemensackes entsteht bei den knospenbildenden Ascidien (*Styelidae* und *Botryllidae* ausgenommen) eine an ihrem Ursprunge meist paarige, nach hinten zu einer unpaaren sich vereinigende Ausstülpung des Entodermepithels, das sogenannte Epicard (Abb. 291), welches dorsal vom Herzen verläuft und den entodermalen Teil der Knospenanlage bildet. Ein homologes Gebilde findet sich bei der solitären *Ciona intestinalis* in Gestalt zweier umfangreicher Säcke (Perivisceralhöhlen), die sich um die Eingeweide, einem Peritoneum ähnlich, ausbreiten.

Als Nieren (Speichernieren) deutet man geschlossene, in der Nachbarschaft des Darmes gelegene Epithelsäckchen, welche Concremente enthalten (Abb. 151). Sie sind bei solitären Ascidien gefunden und meist in größerer Zahl vorhanden; seltener (*Molgulidae*) ist ein einziger großer Sack ausgebildet. In anderen Fällen wird diese Niere durch isolierte oder zu Gruppen vereinigte Zellen repräsentiert.

Das Herz liegt in einem Pericardium eingeschlossen an der Bauchseite hinter dem Kiemendarm, zuweilen weit nach dem hinteren Körperende verschoben. Es ist entweder eine offene Rinne (viele *Molgulidae*) oder schlauchförmig. Sein Lumen mündet in ein reiches Lacunensystem der primären Leibeshöhle (sogenanntes Gefäßsystem).

Das Nervensystem beschränkt sich auf ein längliches, an der Rückenseite des Kiemendarmes gelegenes Ganglion, von welchem vorn, seitlich und hinten Nerven abgehen. Ein hinterer stärkerer Ganglienzellstrang (Rest des zum Rückenmarksrohre des Larvenschwanzes führenden Verbindungsstückes) erstreckt sich oft bis in die Gegend der Eingeweide und weist dort ein Intestinalganglion auf.

Von Sinnesorganen sind zum Tasten dienende Fortsätze des Integumentes (Läppchenbesatz der Körperöffnungen und Tentakel) sowie periphersche, in Epithelzellen endigende Nerven am meisten verbreitet. Als *Geruchs-* oder *Geschmacksorgan* deutet man die sogenannte Wimpergrube, eine mit Wimperzellen bekleidete, vor dem Ganglion gelegene, in den Pharynx vor dem Wimperbogen mündende Grube (Abb. 947). JULIN und E. VAN BENEDEN betrachten dieselbe im Zusammenhange mit einer an dem Ganglion gelegenen Drüse (*Neuraldrüse*) als Äquivalent der Hypophysis cerebri der Vertebraten. Als Lichtsinnesorgane betrachtet man Pigmentflecke, welche an den Lippen der großen Körperöffnungen bei solitären und stockbildenden Ascidien auftreten. Ein dem Ganglion hinten und unten anliegendes Auge kommt den *Pyrosomen* zu.

Beiderlei Geschlechtsorgane sind in demselben Tiere vereint und liegen in der Regel dicht nebeneinander. Sie sind unpaar oder paarig, zuweilen in eine große Zahl kleiner Gonaden getrennt (*Styela, Polycarpa*) und haben die Form verästelter oder gelappter Schläuche, deren Ausführungsgänge in die Cloake führen (Abb. 943). Bei *Didemniden* und einigen *Synoiciden* fehlen Eileiter. In diesen Fällen gelangen die reifen Eier in die primäre Leibeshöhle und nach der hier erfolgten Befruchtung durch die Körperwand in den Mantel, wo die Embryonalentwicklung durchlaufen wird. Sonst gelangen die Eier entweder durch die Cloake in das Wasser und werden in diesem Falle mittels der schaumigen, zu Papillen sich erhebenden Zellen des sie umschließenden Follikels schwebend erhalten (Abb. 948); oder sie durchlaufen die Embryonalentwicklung in dem Cloakenraum, zuweilen einem besonderen Divertikel (Brutsack) desselben.

Abb. 948. Reifes Ei aus dem Ovidukt von *Ciona intestinalis*. (Nach KUPFFER.) *c* papillenförmig erhobene Follikelzellen, *d* Chorion, *e* vom Follikelepithel stammende sog. Testazellen, *f* Eizelle, *x* Gallertsubstanz.

Neben der geschlechtlichen Fortpflanzung findet sich häufig die Vermehrung durch Querteilung oder Knospung, zufolge welcher es zur Bildung von (oft lebhaft gefärbten) Stöckchen kommt. Manche stockbildende Ascidien, wie *Perophora, Clavelina* erzeugen Stolonen, von denen aus sich neue Individuen entwickeln (s. S. 308, Abb. 291). Sonst fließen die Mantelbildungen der Einzeltiere zu einer gemeinsamen Mantelmasse zusammen, in welcher die Einzeltiere bei zahlreichen Formen zu regelmäßigen Gruppen (sogenannten Systemen) meist um gemeinsame Cloakenräume angeordnet sind (Abb. 946), in welche die Cloakenöffnungen der Einzeltiere münden. Die gemeinsamen Cloakenräume sind grubenförmige Vertiefungen der Mantelmasse. Der Stock von *Pyrosoma* ist freischwimmend.

Die Entwicklung (Abb. 949) beginnt mit einer nahezu äqualen Furchung, welche sich durch auffallende Symmetrie auszeichnet und zur Bildung einer Blastula führt. Diese gestaltet sich durch einen zwischen Einstülpung und Umwachsung die Mitte haltenden Vorgang zur Gastrula. Indem sich der anfangs weite Gastrulamund von vorn nach hinten an der Dorsalseite mehr und mehr verengt, wird er zu einer kleinen, am hinteren Körperende gelegenen Öffnung, vor welcher längs der abgeplatteten Dorsalseite eine flache mediane Rinne an der ectodermalen Zellenlage auftritt. Die Ränder dieser Rückenrinne, in deren Hinterende die Einstülpungsöffnung liegt, treten faltenartig hervor, umwachsen den engen Gastrulamund und schließen sich, von hinten nach vorn vorwachsend, zu einem vorn offenen Rohre, welches sich vom Ectoderm ablöst und zur Anlage des

Centralnervensystems wird. Der Neuroporus schließt sich später. Zur Zeit der Entwicklung des Medullarrohres bildet der noch offene Gastrulamundrest eine Verbindung (Canalis neurentericus) zwischen dem Centralkanal des ersteren und der Darmhöhle. Die vordere Hälfte des Entodermsackes liefert den Kiemensack nebst Darmkanal, die hintere Hälfte aus ihren dorsalen Zellen die Anlage der Chorda, aus den seitlichen Teilen die Anlage des Mesoderms (Muskulatur, Blutkörperchen, Nieren und Genitalorgane), sowie einen ventralen Zellenstrang unterhalb der Chorda (rudimentärer Schwanzdarm) (Abb. 949h).

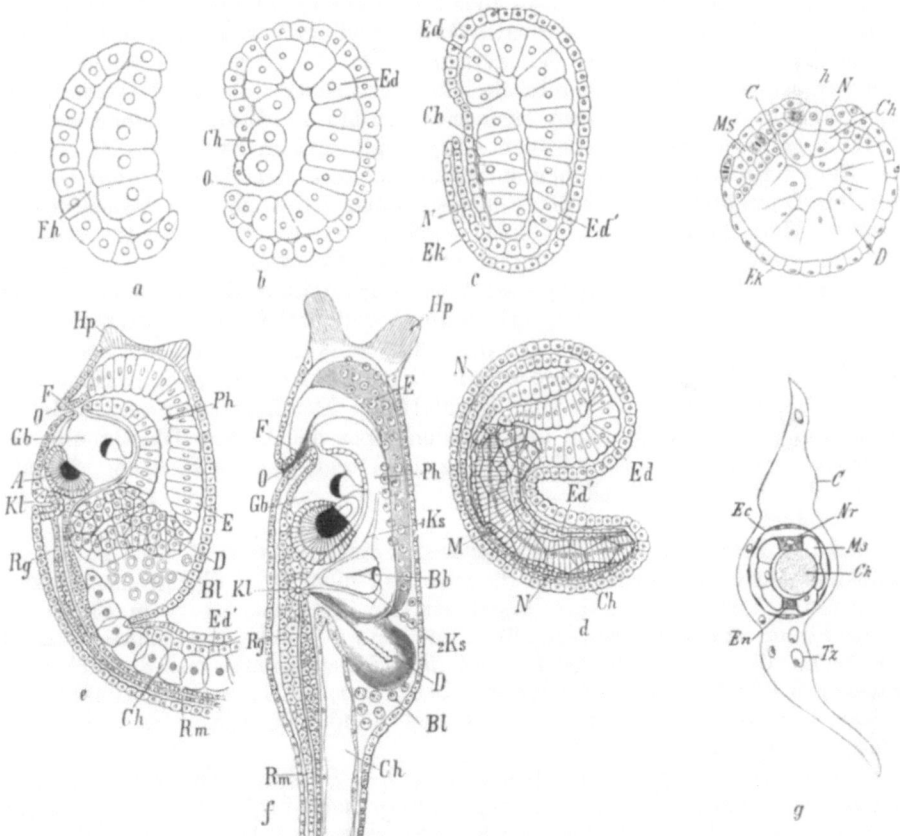

Abb. 949 a—f Entwicklung von *Phallusia mammillata*. (Nach A. KOWALEVSKI.) a Keimblase in der Einstülpung begriffen. *Fh* Blastocöl. — b Gastrula. *O* Einstülpungsöffnung, *Ed* Entoderm, *Ch* Chordaanlage. — c Späteres Stadium. *Ek* Ectoderm, *N* Anlage des Nervenrohres, *Ed'* Schwanzentoderm. — d Stadium mit Rumpf und Schwanz, *M* Muskelzellen im Schwanz. — e Weiteres Stadium (vordere Körperhälfte). *Rg* Rumpfganglion, *Rm* seine Verlängerung in den Schwanz, *Gb* Sinnesblase, *F* Öffnung derselben, *A* Auge, *O* Mundeinstülpung, *Ph* Pharyngealsack, *E* Endostyl, *D* Darmanlage, *Kl* Atrialöffnung (Cloakenanlage), *Bl* Blutkörperchen, *Hp* Haftpapillen. — f Vorderer Körperabschnitt einer freischwimmenden Larve. $_1Ks$, $_2Ks$ Kiemenspalten, *Bb* Blutsinus in der ersten Kiemenleiste.— g Querschnitt durch den Schwanz der Larve von *Clavelina lepadiformis*. (Nach SEELIGER.) *C* Cellulosemantel, *Tz* Zellen desselben, *Ec* Ectodermepithel, *Nr* Nervenrohr, *Ch* Chorda, *Ms* Muskulatur, *En* Entoderm. — h Querschnitt durch einen Embryo von *Clavelina rissoana*. (Nach E. v. BENEDEN u. JULIN.) *C* Cölom, *Ch* Chordaanlage, *D* Darmanlage, *Ek* Ectoderm, *Ms* Mesoderm, *N* Anlage des Nervensystems.

Im weiteren Verlauf der Entwicklung wächst der Hinterkörper des Embryos mit Chordaanlage (einige *Molgulidae* ausgenommen) zu einem Schwanz aus, dessen Achse von der nunmehr einfachen Zellreihe der Chorda eingenommen wird; seitlich liegen die zu Muskeln sich entwickelnden Mesodermzellen, während dorsal die Verlängerung des Nervenrohres, ventral zwei Reihen Entodermzellen (Schwanzdarm) liegen (Abb. 949g). Der hervorgewachsene Schwanz biegt sich ventralwärts ein und schlägt sich gegen den Körper um. Mit der weiteren Entwicklung beginnt das Ectoderm am Vorderende drei Papillen hervorzutreiben, die späteren Haftpapillen (Abb. 949f). Zur Zeit der Ausbildung des Schwanzabschnittes beginnt die Bildung des Mantels, der sich in der Schwanzregion zu einem dorsalen und ventralen Flossensaume erhebt (Abb. 949g). Die Anlage des Nervensystems wird in ihrem vorderen Abschnitte zu einer Sinnesblase, in welcher ein Auge und ein statisches Organ zur Anlage kommen; der hintere Abschnitt wird zum Schwanzteile des Rückenmarkes, an dessen Übergang zur Sinnesblase ein als Rumpfganglion bezeichnetes Mittelstück sich findet. Die Sinnesblase tritt später sekundär mit der ectodermalen Mundbucht in Verbindung; das Verbindungsrohr ist die Anlage der Wimpergrube. Der Pharyngealsack wächst nunmehr an seinem hinteren Ende in die blindsackförmige Anlage des Darmkanals aus, während der Schwanzdarm degeneriert. Mund und Cloakenöffnung werden dadurch gebildet, daß am vorderen Körperende und an zwei dorsalen Stellen der Haut trichterförmige Gruben entstehen; letztere vereinigen sich zur Cloake und ihre Durchbrechungen in den Pharyngealsack werden zu den ersten Kiemenspalten. Herz, Pericardium und Epicard gehen aus einer ventralen Ausstülpung der Pharynxwand zwischen Endostyl und Oesophagus hervor.

Nun durchbricht der Embryo die Eihaut und tritt in das Stadium der frei umherschwärmenden Larve ein, welche durch den Besitz eines Ruderschwanzes ausgezeichnet ist. Nach kurzer Zeit des Umherschwärmens setzt sich die Larve mittels der Haftpapillen fest und es erfährt nunmehr die ganze Schwanzregion, aber auch die Sinnesblase eine volle Rückbildung. Der Körper der ausgebildeten Ascidie entspricht somit bloß dem Vorderkörper der Larve. Die Organe der Larve machen nach erfolgter Festsetzung eine Drehung in der Richtung, daß die früher der Befestigungsstelle zugekehrte Mundöffnung ersterer gegenüber zu liegen kommt.

Bei der Knospung der stockbildenden Ascidien sind zwei Fälle zu unterscheiden: eine typische Knospung, die auch als stoloniale im allgemeinen bezeichnet werden kann, bei der das Innenblatt der Knospenanlage vom Entoderm (Epicard) aus angelegt wird (Abb. 291), und eine atypische (sogenannte palliale) Knospung, die bei den *Botryllidae* und *Styelidae* vorkommt und dadurch ausgezeichnet ist, daß das innere Knospenblatt vom ectodermalen Peribranchialepithel aus entsteht. Letztere ist wohl selbständig innerhalb dieser Formengruppe entstanden.

Unter den stockbildenden Ascidien, so bei *Distaplia*, *Diplosoma*, können bereits die geschwänzten Larven Knospen bilden; sonst beginnt die Knospung erst nach der Festsetzung. Das aus dem Ei hervorgegangene Individuum bildet sich nach Bildung der Knospen zurück, die Geschlechtsreife entwickelt sich zuweilen erst in einer späteren Knospengeneration. So z. B. erzeugt bei der durch sternförmige Gruppierung der Individuen um gemeinsame Cloaken ausgezeichneten Gattung *Botryllus* die aus dem Ei hervorgegangene junge Form (Oozoid) nach der Festsetzung eine Knospe (Blastozoid) und geht noch vor der völligen Reife des Tochterindividuums geschlechtslos zugrunde. Auch dieses weicht bald zweien durch Knospung erzeugten Individuen einer zweiten Generation, deren vier Sprößlinge sich kreisförmig gruppieren und nach dem Untergang der Erzeuger das erste System mit gemeinsamer Cloake bilden. In analoger Weise entstehen nun Sprößlinge, welche die ältere Generation zum Absterben bringen; die neu entstandenen Systeme sind aber ebenso vergänglich und machen wieder neuen Platz, so daß mit dem Wachstum des Stockes ein fortwährender Ersatz der älteren Generationen durch jüngere stattfindet. Erst die späteren Generationen werden geschlechtsreif, und zwar geht die weibliche Reife der männlichen voraus.

In der systematischen Gruppierung der sedentären Ascidien ist LAHILLE, SEELIGER und HARTMEYER gefolgt.

1. Ordnung. Aplousobranchiata (Krikobranchia).

Stockbildende Ascidien. Kiemensack einfach, stets ohne innere Längsgefäße. Körper der Einzeltiere mehr oder minder in zwei oder drei Abschnitte (Thorax, Abdomen, Postabdomen) gegliedert.

Fam. *Polycitoridae.* Stöcke entweder aus nur durch basale Stolonen verbundenen Einzeltieren bestehend oder massig, polsterförmig, nicht selten keulenförmig oder langgestielt. Gemeinsame Cloakenöffnungen und Systeme bald vorhanden, bald fehlend. Einzeltiere in Thorax und Abdomen gegliedert, in der Regel noch ein postabdominaler Ectodermfortsatz vorhanden. Mantel meist gelatinös. *Archiascidia neapolitana* JULIN. Stockbildung nicht sicher beobachtet. Neapel. *Clavelina lepadiformis* MÜLL. Einzeltiere durch Stolonen verbunden oder ganz gesondert. Europ. Meere (Abb. 943). *Polycitor (Distoma) crystallinus* REN. Atlant. Ozean, Mittelmeer. *Distaplia magnilarva* D. VALLE. Mittelmeer. *Sycozoa sigillinoides* LESS. Kolonie aus einem Kopf und langen dünnen Stiel bestehend. Südl. gemäßigte Meere.

Fam. *Didemnidae.* Stöcke gewöhnlich dünn und krustenförmig, seltener dick und polsterförmig. Systeme und gemeinsame Cloakenöffnungen stets vorhanden. Einzeltiere klein, in Thorax und Abdomen gegliedert. Mantel in der Regel Kalkspicula enthaltend. *Tridemnum cereum* GIARD. Mit drei Reihen Kiemenspalten. Nordwesteurop. Meere. *Didemnum candidum* SAV. Mantel hart infolge zahlreicher Kalkspicula. Golf von Suez. *Diplosoma (Leptoclinum) gelatinosum* M.-E. Mantel ohne Kalkspicula. Nordwesteurop. Meere.

Fam. *Synoicidae (Polyclinidae).* Stöcke meist keulenförmig oder halbkugelig, zuweilen gelappt oder krustenförmig. Einzeltiere zumeist in Systemen geordnet, ihr Körper in drei Abschnitte gegliedert. Stock bisweilen in die einzelnen Systeme oder Einzeltiere gespalten. Mantel weich bis knorpelig hart, häufig mit Sand und Fremdkörpern incrustiert. *Polyclinum saturnium* SAV. Golf von Suez. *Amaroucium proliferum* M.-E. Europ. Meere. *Synoicum turgens* PHIPPS. Systeme des Stockes cylindrisch, nur an der Basis miteinander verbunden, sonst getrennt. Arkt. Meere.

2. Ordnung. Phlebobranchiata (Diktyobranchia).

In der Regel solitäre Ascidien, ohne Gliederung des Körpers in Thorax und Abdomen. Kiemensack stets mit inneren Längsgefäßen oder Rudimenten derselben, aber niemals mit echten Faltenbildungen.

Fam. *Rhodosomatidae (Corellidae).* Körper sehr verschieden geformt, rundlich oder längsgestreckt, häufig deutlich gestielt, seitlich oder hinten festgeheftet. Mantel gelatinös oder knorpelig, zuweilen mit hornigen Platten. Kiemenspalten in der Regel in Spiralen angeordnet. *Rhodosoma verecundum* EHRBG. Mantel in einem Teile zu einer einer zweiklappigen Muschelschale ähnlichen Klappe umgebildet. Rotes Meer. *Chelyosoma macleayanum* BROD. et SOW. Körper in der Richtung der Hauptachse schildförmig flachgedrückt. Mantel mit umfangreichen hornigen Platten auf der freien Oberfläche. Arktisch. *Corella parallelogramma* MÜLL. Mittelmeer, Nordwesteurop. Meere.

Fam. *Hypobythiidae.* Körper in einen becherförmigen Vorderleib und stielförmigen Hinterleib mit terminaler Festheftungsscheibe gegliedert. Tiefseebewohner. *Hypobythius calycodes* Mos. Mantel mit zahlreichen plattenartigen Verdickungen. Nordpac. Ozean.

Fam. *Ascidiidae (Phallusiidae).* Körper variabel geformt, gewöhnlich mit dem Hinterende befestigt, meist rundlich, selten gestielt. Mantel gelatinös oder knorpelig. *Phallusia mammillata* CUV. *Ascidia mentula* MÜLL. Atlant. Ozean, Mittelmeer.

Fam. *Perophoridae.* Stockbildend, Einzeltiere frei, nur durch feine Stolonen oder an der Basis verbunden. Mantel dünn. Kiemendarm sehr groß. *Perophora listeri* FORB. Atlant. Ozean, Mittelmeer.

Fam. *Cionidae.* Körper mehr oder minder cylindrisch, am Hinterende festgeheftet. Mantel gelatinös und mäßig dick. *Ciona intestinalis* L. Atlant. Ozean, Mittelmeer.

Fam. *Diazonidae.* Meist stockbildend. Körper in Thorax und Abdomen gegliedert. Mantel meist knorpelig hart. *Diazona violacea* SAV. Stock massig. Einzeltiere mit den oberen Enden (Thorax) frei, hintere Leibesabschnitte in einem gemeinsamen Mantel. Mantel mit Pigmentzellen. Mittelmeer.

3. Ordnung. Stolidobranchiata (Ptychobranchia).

Teils solitäre, teils stockbildende Ascidien. Kiemenwand meist sehr regelmäßig längsgefaltet.

Fam. *Molgulidae*. Körperform vorherrschend rundlich, seltener gestielt. Körper gewöhnlich nur lose im Sande steckend. Mantel gewöhnlich dünn, doch auch knorpelig, häufig mit haarförmigen Fortsätzen und Fremdkörperbelag. Mundtentakel zusammengesetzt. Kiemensack hochentwickelt, meist mit jederseits 5—7 Längsfalten. Kiemenspalten spiralig angeordnet. Genitaldrüsen zuweilen paarig. *Molgula (Caesira) ampulloides* BENED. Nordwesteurop. Meere. *Eugyra adriatica* DRASCHE. Adria. *Hexacrobylus psammatodes* SLUIT. Kiemensack reduziert, Kiemenspalten fehlen. Tiefsee, Niederl. Ostind. Archipel.

Fam. *Pyuridae (Cynthiidae)*. Körper rundlich, manchmal langgestielt, fast stets festsitzend. Oberfläche meist ohne Fremdkörper. Mantel meist lederartig, zäh, häufig mit Stacheln. Mundtentakel zusammengesetzt. Kiemensack mit 6—7 (selten 4—15) Falten jederseits. Kiemenspalten nicht spiralig gruppiert. Genitalorgane beiderseits oft in mehrfacher Zahl. *Pyura savignyi* PHIL. Nordwesteurop. Meere, Mittelmeer. *P. chilensis* MOL. Chile. *Halocynthia (Cynthia) papillosa* GUNN. Mittelmeer. *Boltenia ovifera* L. Körper langgestielt. Nord. Meere. *Microcosmus sulcatus* COQUEB. Mittelmeer.

Fam. *Styelidae*. Solitär oder stockbildend. Kiemensack niemals mit mehr als vier wohlausgebildeten Falten jederseits. Kiemenspalten niemals spiralig. Genitalorgane in Bau, Zahl und Anordnung variabel. *Styela canopus* SAV. Rotes Meer. *S. plicata* LSR. Weit verbreitet. *Dendrodoa (Styelopsis) grossularia* BENED. Nordsee und Ostsee. *Polycarpa pomaria* SAV. (*singularis* GUN.). Mit zahlreichen Genitalorganen. Atlant. Ozean, Mittelmeer. *Polyzoa opuntia* LESS. Stockbildend. Magelhaes-Straße.

Fam. *Botryllidae*. Stockbildende Ascidien, Stöcke dünn und krustenförmig oder fleischig und knollenförmig. Einzeltiere nicht in Thorax und Abdomen gegliedert, in kreisförmigen, elliptischen oder mäanderartigen Systemen angeordnet. Mantel umfangreich, von Gefäßen und Ampullen reich durchsetzt. Kiemendarm ohne innere Längsfalten. Genitalorgane meist paarig. *Botryllus schlosseri* PALL. (*violaceus* M.-E.). Atlant. Ozean, Mittelmeer (Abb. 946). *B. renieri* LM. Mittelmeer. *B. ruber* M.-E. St. Vaast.

Zu den Tethyodea ist wohl auch die zuweilen bei den Salpen im System eingeordnete Fam. *Octacnemidae* zu rechnen. Der Körper dieser Tunicaten ist polypenförmig, an der Oralseite in acht tentakelförmige Fortsätze ausgezogen. Das Tier ist mittels eines aboralen Haftfortsatzes befestigt, vermag jedoch wahrscheinlich auch frei zu schwimmen. Der Mantel ist dünn, der Pharyngealsack besitzt zwei oder mehrere kleine Kiemenspalten. Bei einer Art ist Stockbildung beobachtet. Sind Tiefseebewohner. *Octacnemus bythius* Mos. Paz. Ozean. *O. patagoniensis* METC. Koloniebildend. Patagonien.

4. Ordnung. Ascidiae salpaeformes (luciae)[1].

Freischwimmende pelagische Ascidienstöcke. Mund- und Cloakenöffnung der Einzeltiere an den Körperenden einander gegenüberliegend.

Die Ascidiae salpaeformes sind freischwimmende pelagische Ascidienstöcke von der Form eines fingerhutähnlich ausgehöhlten Tannenzapfens (Abb. 950). Die Einzeltiere liegen senkrecht zur Oberfläche in einer gemeinsamen dicken gallertig-knorpeligen, meist in Fortsätze sich erhebenden Mantelmasse derart, daß die Mundöffnungen nach außen, die Cloakenöffnungen in den inneren gemeinsamen Cloakenraum gerichtet sind. Der Kiemensack ist weit und gegittert, ähnlich wie bei den Ascidien. Die Kiemenspalten sind schlitzförmig und verlaufen meist dorsoventral. Darm und Genitalorgane liegen zusammengedrängt

---

[1] HUXLEY, TH.: On the Anatomy and Development of *Pyrosoma*. Trans. Linnean Soc. **1860**. — KEFERSTEIN, W. u. E. EHLERS: Zoologische Beiträge. Leipzig 1861. — KOWALEVSKI, A.: Über die Entwicklungsgeschichte der Pyrosomen. Arch. mikrosk. Anat. **11** (1875). — JOLIET, L.: Études anatomiques et embryogéniques sur le *Pyrosoma giganteum*. Paris 1888. — SALENSKY, W.: Beiträge zur Entwicklungsgeschichte der Pyrosomen. Zool. Jahrb. 4 (1891); 5 (1892). — SEELIGER, O.: Zur Entwicklungsgeschichte der Pyrosomen. Jena. Z. Naturwiss. **23** (1889). — Die Pyrosomen der Plankton-Expedition. Kiel u. Leipzig 1895. — KOROTNEFF, A.: Zur Embryologie von *Pyrosoma*. Mitt. Zool. Stat. Neapel **17** (1905). — JULIN, CH.: Recherches sur le développement embryonnaire de *Pyrosoma giganteum*. Zool. Jb. Suppl. 15 (1912). — NEUMANN, G.: Die Pyrosomen der deutschen Tiefsee-Expedition **1913**.

(Abb. 951a). Das Ovarium bringt nur ein Ei zur Reife. Das Ganglion mit anliegendem Auge. Durch dieses letztere sowie durch die Lage der beiden Atemöffnungen und der Eingeweide, durch die Art der Fortpflanzung und die freie Locomotion nähern sich unsere Tiere den Thaliacea (Dolioliden). Neben der geschlechtlichen Fortpflanzung findet sich auch Knospung mittels eines am Hinterende des Endostyls gelegenen Stolo. Die Knospen wandern vom Stolo an ihren definitiven Ort, geleitet durch die Tätigkeit von sternförmigen Mantelzellen (Phorocyten).

Das dotterreiche Ei entwickelt sich im Eifollikel. Es erfährt eine discoidale Furchung und aus demselben geht ein Embryo hervor, der als verkümmertes ascidienähnliches Individuum (*Cyathozooid*) (Abb. 951b) durch Sprossung mittels Stolo eine Gruppe von vier Individuen (*Ascidiozooiden*) erzeugt, selbst aber zugrunde geht. Die vier Ascidiozooiden bilden die erste Anlage der Kolonie.

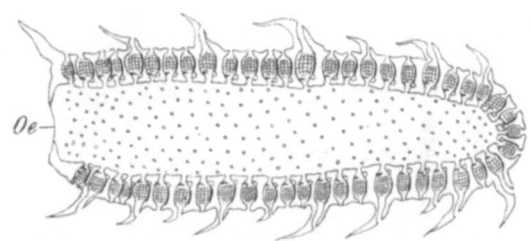

Abb. 950. *Pyrosoma*-Stock im Längsschnitt, etwas schematisiert (Original G.). Etwa $1 \cdot 5/1$. *Oe* Öffnung des gemeinsamen Cloakenraumes.

Die Pyrosomen führen ihren Namen von dem prachtvollen Licht, das ihr Leib ausstrahlt. Nach PANCERI sind es paarige, über der Mitte des Wimper-

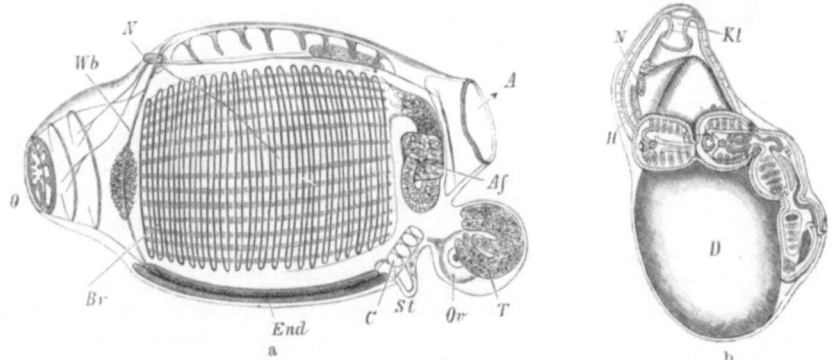

Abb. 951. a Ein Individuum von *Pyrosoma*. (Nach KEFERSTEIN u. EHLERS.) $30/1$. *O* Mund, *A* Cloakenöffnung, *Af* After, *Ov* Ovarium, *T* Hoden, *N* Ganglion, *Br* Kiemensack, *End* Endostyl, *Wb* Wimperbogen mit Leuchtorgan, *C* Herz, *St* Stolo prolifer. — b Cyathozooid von *Pyrosoma* (nach A. KOWALEVSKI). *H* Herz, *Kl* Cloake, *D* Dotter, im Umkreis die vier Ascidiozooids.

bogens gelegene mesodermale Zellengruppen, von denen die Lichterscheinung ausgeht (s. S. 180).

Fam. *Pyrosomatidae*, Feuerwalzen. *Pyrosoma atlanticum* PÉR. Über alle wärmeren Meere verbreitet. *P. spinosum* HERDM. Atlant. und Ind. Ozean. Wird bis 4 m lang.

3. Klasse. Thaliacea, Salpen[1].

Freischwimmende, glashelle Tunicaten von walzen- oder tonnenförmiger Körpergestalt, mit endständigen, einander gegenüberliegenden Mund- und Cloakenöffnung.

---

[1] Außer HUXLEY, KROHN, KOWALEVSKI, USSOW, METCALF, TRAUSTEDT, HEINE, APSTEIN, DOBER u. a. vgl. LEUCKART, R.: Zoologische Untersuchungen 2. Gießen 1854. — TODARO, FR.: Sopra lo sviluppo e l'anatomia delle Salpe. Atti Accad. dei Lincei. Roma 1875. — SALENSKY, W.: Neue Untersuchungen über die embryonale Entwicklung der Salpen. Mitt. Zool. Stat. Neapel 4 (1883). — SEELIGER, O.: Die Knospung der Salpen. Jena.

Pharyngealsack mit zwei Reihen oder nur zwei Kiemenspalten. Eingeweide knäuelförmig zusammengedrängt. Mit Metagnese.

Der glashelle Körper der Salpen (Abb. 952) ist walzen- oder tonnenförmig und besitzt einen zarten oder einen dicken Mantel von gallertig-knorpeliger Konsistenz. Der Mund liegt am vorderen, die Cloakenöffnung am hinteren Körperende, ersterem gegenüber, zuweilen etwas der Dorsalseite genähert (Abb. 944). Die Mundöffnung erweist sich als breite, von Lippen begrenzte Querspalte oder rundliche, mit Läppchen besetzte, von Muskeln umsäumte Öffnung. Sie führt in den großen Pharyngealsack, dessen hintere, an den großen Cloakenraum grenzende Wand bei *Dolioliden* von zwei seitlichen Reihen von Spalten durchbrochen wird; bei *Salpiden* ist jederseits bloß eine große Kiemenspalte vorhanden, so daß die Kiemenwand auf ein medianes Band reduziert ist, das schräg von der Rückenfläche unterhalb des Gehirnganglions nach hinten und ventral zur Oesophagusöffnung verläuft. Im Pharyngealraum verlaufen die beiden Wimperbögen, welche den Eingang der Atemhöhle umgrenzen und sich an der Ventralseite in den Endostyl fortsetzen, von dem eine Wimperrinne zum Oesophagus führt. Am Eingange des Pharyngealraumes findet sich bei den *Desmomyaria* dorsal ein tentakelartiger Fortsatz (sogenanntes Züngelchen).

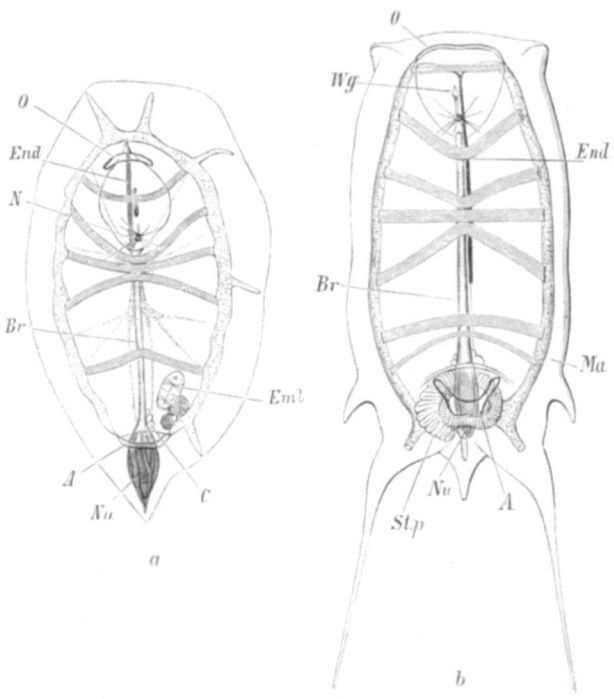

Abb. 952. *Salpa (Thalia) democratica.* (Original G.). ⁵/₁. a Geschlechtstier, b Ammengeneration. *O* Mund, *A* Cloakenöffnung, *N* Ganglion, *Br* Kieme, *End* Endostyl, *Wg* Wimpergrube, *Ma* Mantel, *Nu* Eingeweidenucleus, *C* Herz, *Emb* Embryo, *Stp* Stolo prolifer.

Der Nahrungskanal liegt, zu einem lebhaft gefärbten Knäuel (Nucleus) ver-

Z. Naturwiss. **19** (1885). — Brooks, W. K.: The Genus *Salpa*. Mem. Biol. Labor. John Hopkins Univ. Baltimore **1893**. — Göppert, E.: Untersuchungen über das Sehorgan der Salpen. Morph. Jb. **19** (1893). — Borgert, A.: Die Thaliacea der Plankton-Expedition. Kiel u. Leipzig 1894. — Heider, K.: Beiträge zur Embryologie von *Salpa fusiformis*. Abh. Senckenberg. naturforsch. Ges. **1895**. — Gegenbaur, C.: Über den Entwicklungscyclus von *Doliolum* nebst Bemerkungen über die Larven dieser Tiere. Z. Zool. 7 (1856). — Grobben, C.: *Doliolum* und sein Generationswechsel usw. Arb. zool. Inst. Wien 4 (1882). — Ulianin, B.: Die Arten der Gattung *Doliolum* usw. Fauna u. Flora Golf Neapel **1884**. — Barrois, J.: Recherches sur le cycle génétique et le bourgeonnement de l'Anchinie. J. de l'Anat. et Physiol. **21** (1885). — Korotneff, A.: La *Dolchinia mirabilis*. Mitt. Zool. Stat. Neapel **10** (1891). — Neumann, G.: *Doliolum*. Wiss. Erg. dtsch. Tiefsee-Exp. **12** (1906). — Streiff, R.: Über die Muskulatur der Salpen und ihre systematische Bedeutung. Zool. Jb. **27** (1908). — Ihle, J. E. W.: Desmomyaria. Tierreich 32. Liefg. **1912**. — Neumann, G.: Cyclomyaria et Pyrosomida. Ebenda 40. Liefg. **1913**.

Coelomata (Bilateria): Tunicata, Manteltiere.

packt, an der unteren und hinteren Seite des Körpers, mit den übrigen Eingeweiden, dem Herzen und den Geschlechtsorganen zusammengedrängt, um welche sich der Mantel nicht selten zu einer kugeligen Auftreibung verdickt. Isolierte concrementführende Zellen in der Nähe des Darmes werden als Nierenzellen aufgefaßt. Leuchtorgane finden sich bei *Cyclosalpa pinnata* als bandförmige mesodermale Zellgruppen (sogenannte Lateralorgane), die in der hinteren dorsalen Körperhälfte liegen.'

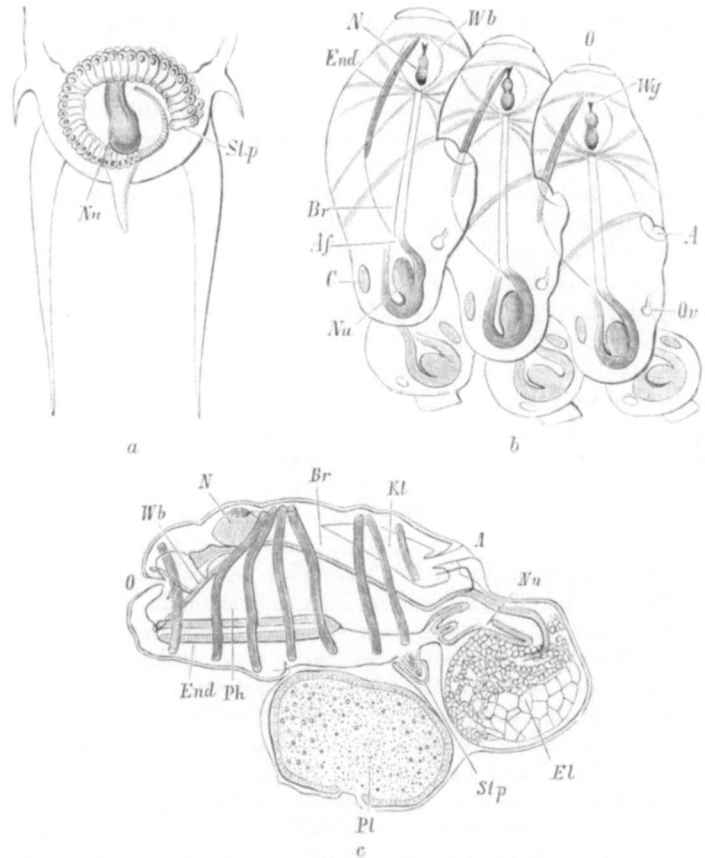

Abb. 953. a Hinterende der Ammenform von *Salpa (Thalia) democratica*. *Stp* Stolo prolifer, *Nu* Eingeweidenucleus. — b Endstück des Stolo = junge Kette, stärker vergrößert. *O* Mund, *A* Cloakenöffnung, *N* Ganglion, *Wg* Wimpergrube, *Wb* Wimperbogen, *End* Endostyl, *Af* After, *Br* Kieme, *Nu* Darm, *Ov* Ovarium, *C* Herz. — c Embryo von *Salpa (Thalia) democratica* (Original G.). *El* Elaeoblast, *Kl* Cloakenhöhle, *Pl* Placenta, *Ph* Pharyngealhöhle.

Nervensystem, Sinnes- und Bewegungsorgane zeigen im Zusammenhange mit der freien Locomotion einen höheren Grad der Ausbildung als bei den Ascidien. Das Gehirnganglion mit seinen zahlreichen Nerven lagert oberhalb der Anheftungsstelle des Kiemenbandes und erreicht eine ansehnliche Größe. Dorsal vom Gehirnganglion liegt, zuweilen an einem stielförmigen Fortsatz, ein meist hufeisenförmiges braunrotes Auge (*Desmomyaria*). Bei der Ammengeneration von *Doliolum* findet sich an der linken Körperseite eine durch einen langen Nerven mit dem Gehirn verbundene Statocyste. Auch die mediane Wimpergrube ist an der Pharynxwand vor dem Gehirne vorhanden. Eigentümliche, wahrscheinlich zum Tasten dienende Sinnesorgane werden bei *Doliolum* in den Läppchen der beiden Mantelöffnungen, aber auch an anderen Stellen der äußeren Haut beobachtet, und zwar als Gruppen rundlicher Sinneszellen.

Die Locomotion wird durch breite, den Körper reifen- oder bandartig umspannende Muskelbänder bewirkt, welche diesen bei ihrer Zusammenziehung verengen. Indem hierbei ein Teil des Wassers aus der Cloakenöffnung ausgestoßen wird, schießt der Körper infolge des Rückstoßes in entgegengesetzter Richtung fort.

Die Fortpflanzung der Salpen ist alternierend eine geschlechtliche und ungeschlechtliche; auf dem ersteren Wege entstehen die solitären Salpen, auf dem letzteren die Salpenketten. Die Individuen der Salpenkette sind die Geschlechtstiere, welche keinen Stolo bilden; die solitären Salpen pflanzen sich nur ungeschlechtlich durch Knospung mittels eines ventral gelegenen Stolo fort. Da beide Salpenformen (Abb. 952), welche sowohl durch Größe und Körpergestalt, als durch Verlauf und Zahl der Muskelbänder und anderweitige Differenzen der Kiemen und Eingeweide abweichen, in dem Lebenscyclus der Art gesetzmäßig alternieren, so stellt sich die Entwicklung als eine Metagenese dar, die noch größere Komplikation erlangen kann (*Doliolum*).

Die Salpen der Kettenformen sind Zwitter. Alsbald nach dem Freiwerden der Kette tritt die weibliche Geschlechtsreife ein, während sich der im Eingeweidenucleus gelegene Hoden erst später ausbildet. Meist reduzieren sich bei den *Desmomyarien* die weiblichen Genitalorgane auf einen vom Blut umspülten, ein einziges Ei einschließenden Follikel, der in einiger Entfernung vom Eingeweidenucleus durch einen engen, stielförmigen Gang an der rechten Seite in den Cloakenteil des Atemraumes ausmündet (Abb. 953b). Allmählich verkürzt sich der Oviduct und der Follikel mit dem Ei nähert sich mehr und mehr der epithelialen Auskleidung der Atemhöhle. Der Follikel rückt bei Beginn der Embryonalentwicklung in eine hügelförmige, in die Atemhöhle vorspringende Vorwölbung, die sich an der Basis einschnürt, so daß der sich entwickelnde Embryo in einer Art Brutsack die weitere Entwicklung durchläuft. Infolge Rückbildung des Brutsackes ragt der Embryo später entweder frei in den Cloakenraum vor oder wird von einer neuen sogenannten Faltenhülle umschlossen.

Die Entwicklung der *Desmomyarier* ist eine direkte. Die Furchung verläuft inäqual, während derselben wandern sich loslösende Follikelzellen zwischen die Furchungszellen ein. Diese Follikelzellen (Kalymmocyten) unterliegen einem späteren Zerfall und werden von den Furchungszellen als Nahrung aufgenommen. Ein Larvenschwanz kommt nicht zur Ausbildung. Eine aus großen Zellen bestehende Zellmasse am Hinterende, der sogenannte Elaeoblast, wurde als Chordarest gedeutet. Im Verlaufe der Entwicklung verwächst der Embryo mit dem Muttertier und es bildet sich an dieser Verwachsungsstelle eine Placenta aus (Abb. 953c).

Die solitäre, geschlechtlich erzeugte Salpe bleibt geschlechtslos; dagegen bildet sie zahlreiche Knospen, welche durch Querteilung an einem ventralen Stolo entstehen und nach Rückbildung der stolonialen Verbindung durch sogenannte Haftpapillen zu einer Kette vereinigt sind. Der Stolo liegt in einer nach außen offenen Aushöhlung der Körperbedeckung. Bei der außerordentlichen Produktivität des Keimstockes trifft man stets mehrere Knospenansätze verschiedenen Alters hintereinander an, die sich successive als selbständige Ketten lösen. Die Anordnung der Individuen in der Kette ist zweizeilig, seltener (*Cyclosalpa*) ringförmig. Die Individuen der ausgebildeten Kette trennen sich leicht voneinander ab.

Komplizierter gestaltet sich die Entwicklung bei *Doliolum*, nicht nur durch die Metamorphose, welche die aus den abgesetzten Eiern hervorgegangenen Jun-

Coelomata (Bilateria): Tunicata, Manteltiere. 873

gen als geschwänzte Larven durchlaufen, sondern auch durch den Polymorphismus der ungeschlechtlich produzierten Generation (Abb. 954). Die aus dem befruchteten Ei hervorgegangene Ammengeneration produziert an ihrem ventralen Stolo Knospen (Urknospen), welche an der Oberfläche des Körpers mittels vom Hautepithel stammender Zellen (Phorocyten) wandernd auf den dorsalen hinteren Fortsatz der Amme (sogenannter Dorsalstolo) gelangen. Aus diesen Knospen gehen Lateral- und Mediansprossen hervor. Die Lateralsprossen (Nährtiere) sind löffel-

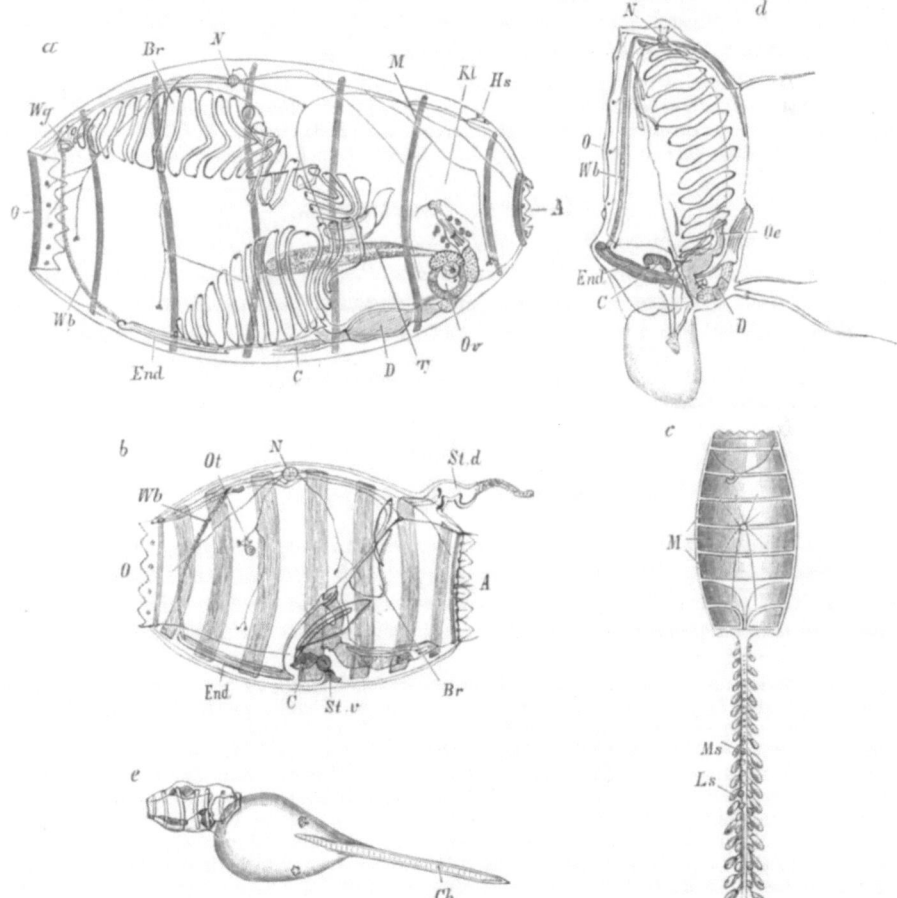

Abb. 954. Die Formen von *Doliolum*. a, b, d *D. denticulatum*, c *D. gegenbauri* (*troscheli*), e *D. mülleri*. (a, b, d, e nach GROBBEN, etwa $30/1$, c nach GEGENBAUR, etwa $1/1$.) a Geschlechtstier. *O* Mund, *A* Cloakenöffnung, *Kl* Cloakenraum, *N* Nervencentrum, *Hs* Hautsinnesorgan, *Wb* Wimperbogen, *Wg* Wimpergrube, *End* Endostyl, *Br* Kieme, *C* Herz, *D* Darm, *T* Hoden, *Ov* Ovarium, *M* Muskelreifen. — b Ammengeneration (jung). *Stv* Ventraler Stolo, *Std* dorsaler Fortsatz, *Ot* Statocyste. — c Vollentwickelte Ammengeneration, mit ausgebildetem sogenannten Dorsalstolo, ohne Darm und Kieme. *Ms* Mediansprossen, *Ls* Lateralsprossen. — d Das aus der Lateralsprosse hervorgegangene Nährtier. *Oe* Oesophagus. — e Larve. *Ch* Chorda.

förmig gestaltete Individuen ohne Cloakenraum; sie pflanzen sich nicht fort, sondern besorgen die Ernährung der sich entwickelnden Knospen und der Amme, die mit ihrem weiteren ansehnlichen Wachstume Kieme und Darm rückbildet, dagegen die Muskulatur zu mächtiger Entwicklung bringt. Die Mediansprossen entwickeln sich zu Individuen (Pflegetieren), die bis auf den Mangel der Geschlechtsorgane den Geschlechtstieren gleichen und an einem ventralen Fortsatze (ihrem Befestigungsstiele am Rückenfortsatze der Amme) die dritte Individuenform, die gleichfalls von der Amme gebildeten median gelegenen Knospen der Geschlechtstiere, zur Entwicklung bringen.

Die Salpen sind pelagische Tiere vorwiegend der wärmeren Meere und treiben in den oberen Schichten des Meerwassers schwimmend dahin.

1. Ordnung. Cyclomyaria.

Körper tonnenförmig, Mund- und Cloakenöffnung an den beiden entgegengesetzten Körperenden. Mantel zart. Muskeln ringförmig geschlossen. Hinterwand des Pharyngealsackes mit zwei Reihen von Kiemenspalten.

Fam. *Doliolidae.* Mit den Charakteren der Ordnung. *Doliolum denticulatum* Q. G. (Abb. 954a, b, d). *D. gegenbauri* ULJ. (*troscheli* GBR.) (Abb. 954c). Kosmopolit. *D. mülleri* KROHN. *D. rarum* GROBBEN. Mittelmeer, Atlant. und Ind. Ozean. *D.* (*Dolchinia*) *mirabile* KOROTNEFF. Mittelmeer. *Doliopsis savigniana* ESCHZ. (*Anchinia rubra* VOGT). Kosmopolit.

2. Ordnung. Desmomyaria.

Körper walzenförmig, Mund- und Cloakenöffnung nahezu terminal. Mantel dick. Muskeln bandförmig. Hinterwand des Pharyngealsackes von zwei großen Kiemenspalten durchbrochen und auf ein schmales Band reduziert.

Fam. *Salpidae.* Mit den Charakteren der Ordnung. *Cyclosalpa pinnata* FORSK. Kette in Ringform. *Salpa fusiformis* CUV. *S. maxima* FORSK. *S.* (*Thalia*) *democratica* FORSK. (Abb. 952). *S.* (*Jasis*) *zonaria* PALL. *Traustedtia multitentaculata* Q. G. Mit tentakelartigen Fortsätzen. Alle Kosmopoliten.

10. Kladus.
Acrania, Schädellose[1].

Fischförmige Chordonier von metamerischem Körper, ohne ausgebildeten Kopf, mit persistierender, durch den ganzen Körper sich erstreckender Chorda dorsalis, ohne paarige Extremitäten, durch Kiemenspalten atmend, welche mittels eines Peribranchialsackes ausmünden, ohne Herz, mit pulsierenden Gefäßstämmen.

---

[1] MÜLLER, JOH.: Über den Bau und die Lebenserscheinungen des *Branchiostoma lubricum* (*Amphioxus lanceolatus*). Abh. preuß. Akad. Wiss., Physik.-math. Kl. Berlin 1842. — KOWALEVSKI, A.: Entwicklungsgeschichte von *Amphioxus lanceolatus*. Mém. Acad. St.-Pétersbourg 1867. — Weitere Studien über die Entwicklungsgeschichte des *Amphioxus lanceolatus*. Arch. mikrosk. Anat. 13 (1877). — ROLPH, W.: Untersuchungen über den Bau des *Amphioxus lanceolatus*. Morph. Jb. 2 (1876). — SCHNEIDER, A.: Beiträge zur vergleichenden Anatomie und Entwicklungsgeschichte der Wirbeltiere. Berlin 1879. — HATSCHEK, B.: Studien über die Entwicklung des *Amphioxus*. Arb. Zool. Inst. Wien 4 (1881). — Über den Schichtenbau des *Amphioxus*. Anat. Anz. 3 (1888). — Die Metamerie des *Amphioxus* und des *Ammocoetes*. Ebenda 7 (1892). — Studien zur Segmenttheorie des Wirbeltierkopfes. 1. Mitt. Das Acromerit des *Amphioxus*. Morph. Jb. 35 (1906). — RAY LANKESTER, E.: Contributions to the knowledge of *Amphioxus lanceolatus*. Quart. J. microsc. Sci. 29 (1889). — WILLEY, A.: The later larval development of *Amphioxus*. Ebenda 32 (1891). — SPENGEL, J. W.: Beitrag zur Kenntnis der Kiemen des *Amphioxus*. Zool. Jb. 4 (1890). — BOVERI, TH.: Die Nierenkanälchen des *Amphioxus*. Ebenda 5 (1893). — Über die Bildungsstätte der Geschlechtsdrüsen usw. bei *Amphioxus*. Anat. Anz. 7 (1892). — v. EBNER, V.: Über den Bau der Chorda dorsalis des *Amphioxus lanceolatus*. Sitzgsber. Akad. Wiss. Wien, Math.-naturwiss. Kl. 1895. — JOSEPH, H.: Über das Achsenskelet des *Amphioxus*. Z. Zool. 59 (1895). — KIRKALDY, J. W.: A revision of the Genera and Species of the Branchiostomidae. Quart. J. microsc. Sci. 37 (1895). — HEYMANS, J. F. et O. VAN DER STRICHT: Sur le système nerveux de l'*Amphioxus* etc. Mém. cour. Acad. Belg. 56 (1898). — HESSE, R.: Die Sehorgane des *Amphioxus*. Z. Zool. 63 (1898). — VAN WIJHE, J. W.: Beiträge zur Anatomie der Kopfregion des *Amphioxus lanceolatus*. Petrus Camper 1 (1901). — Studien über *Amphioxus*. Verh. Akad. Amsterdam 1914. — LEGROS, R.: Contribution à l'étude de l'appareil vasculaire de l'*Amphioxus*. Mitt. Zool. Stat. Neapel 15 (1902). — ZARNIK, B.: Über segmentale Venen bei *Amphioxus* und ihr Verhältnis zum Ductus Cuvieri. Anat. Anz. 24

Coelomata (Bilateria): Acrania, Schädellose. 875

Der lanzettförmige Leib von *Branchiostoma* (*Amphioxus*) (Abb. 955) wird 5—6 cm lang und ist mit einem unpaaren Flossensaum besetzt, der sich vom Munde an über die Dorsalseite bis zum Porus des Peribranchialraumes erstreckt und in der Schwanzregion des Körpers zu einer lanzettförmigen Schwanzflosse vergrößert. Ventral zwischen Mund und Porus des Peribranchialraumes findet sich ein paariger Flossensaum (Seitenflosse, Metapleuralfalte) vor. Der Körper zeigt vielfache Asymmetrien; er ist gegliedert, die Metamerie tritt an den äußerlich sichtbaren Segmenten der Seitenrumpfmuskulatur hervor. Ein Kopfabschnitt ist nicht ausgebildet. Die Epidermis ist ein einschichtiges Epithel. Als Achsenskelet fungiert die Chorda dorsalis, die sich von der vorderen Körperspitze durch den ganzen Körper erstreckt. Sie besteht aus fibrillären Platten mit dazwischenliegenden Zellresten und einer dünnen Chordascheide (*Elastica*). Die Chorda wird von einer bindegewebigen Hülle scheidenartig umgeben, deren innere Lage sich schärfer abgrenzt; diese Hülle ist als skeletogenes Bindegewebe dem gleichnamigen Gewebe der Vertebraten zu vergleichen. Es setzt sich dorsal in Bindegewebsblätter, welche das Rückenmark umschließen, fort, ferner ventral in bindegewebige Bogen, endlich in die Muskelsepten, die bis an die Cutis reichen (Abb. 956).

Dorsal von der Chorda verläuft das Centralnervensystem als Rückenmark, das von einem Kanal (Canalis centralis) durchsetzt wird. Der vordere, kaum angeschwollene Abschnitt des Centralnervensystems mit erweitertem Centralkanal bezeichnet die Anlage des Gehirns. Vor demselben liegt eine linksgelegene kleine, als Riech- oder Wimpergrube bezeichnete Vertiefung der Epidermis, die bei jungen Tieren durch den Neuroporus mit dem Medullarrohre in offener Verbindung steht. Sie entspricht dem Geruchsorgan der Vertebraten. Das Vorderende des Nervensystems wird von einem großen unpaaren Pigmentflecke (als Vorläufer des Vertebratenauges angesehen) eingenommen. Überdies finden sich in fast ganzer Länge des Rückenmarkes an dem Centralkanal zahlreiche aus einer Sinnes- und einer Pigmentzelle aufgebaute Augen vor (Abb. 193). Vom Centralnervensystem entspringt in jedem Segmente ein Paar Spinalnerven, eine ventrale, rein motorische Wurzel zur Seitenrumpfmuskulatur,

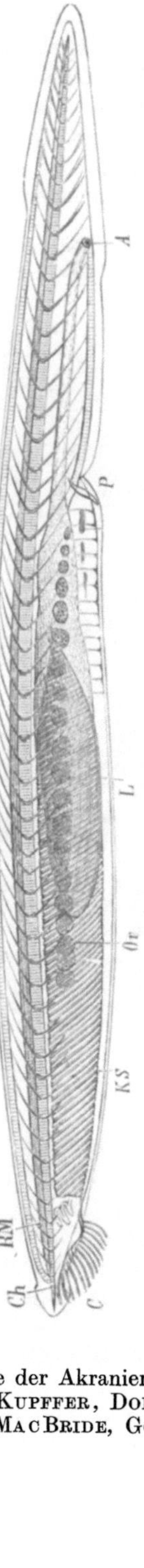

Abb. 955. *Branchiostoma* (*Amphioxus*) *lanceolatum*. 3/1. *C* Mundcirren, *KS* Kiemenspalten, *L* Leber, *A* After, *P* Porus des Peribranchialsackes, *Ov* Ovarien, *Ch* Chorda, *RM* Rückenmark.

(1904). — Über die Geschlechtsorgane von *Amphioxus*. Zool. Jb. **21** (1904). — CERFONTAINE, P.: Recherches sur le développement de l'*Amphioxus*. Archives de Biol. **22** (1906). — BOEKE, J.: Das Infundibularorgan im Gehirne des *Amphioxus*. Anat. Anz. **32** (1908). — GOODRICH, E. S.: On the Structure of the Excretory Organs of *Amphioxus*. Quart. J. microsc. Sci. **1902, 1909**. — KUTCHIN, H. L.: Studies on the peripheral nervous system of *Amphioxus*. Proc. Amer. Acad. Boston **1913**. — HUBBS, C. L.: A list of the Lancelets of the world etc. Occ. Pap. Mus. Zool. Univ. Michigan. Ann Arbor Nr. 105, **1922**. — FRANZ, V.: Morphologie der Akranier. Z. Anat. **27** (1927). — Vgl. ferner die Arbeiten von QUATREFAGES, V. KUPFFER, DOHRN, LANGERHANS, G. RETZIUS, MORGAN u. HAZEN, NEIDERT u. LEIBER, MACBRIDE, GOLDSCHMIDT, MOŽEJKO, DOGIEL u. a.

sowie eine dorsale Wurzel, die zur Haut aufsteigt und keine Verbindung mit der ventralen Wurzel eingeht. Die dorsale Wurzel ist gemischter Natur und entsendet einen Visceralast. Sinnesknospen finden sich an den Mundcirren und am Velum.

Die Mundöffnung ist eine längliche, von einer hufeisenförmigen Lippe mit von Knorpelskelet gestützten Cirren eingefaßte Spalte. Sie führt in die Mundhöhle, welche von dem Schlunde durch eine mit Tentakeln besetzte und einem Sphincter versehene Falte, das *Velum*, abgegrenzt wird. Am Dache der Mundhöhle liegt vor dem Velum ein kompliziertes Wimperorgan (Räderorgan). Die Öffnung des Velums führt in den langen Pharyngealsack (Kiemendarm), der, von zahlreichen seitlichen Spalten durchbrochen, die Respiration besorgt. Jede

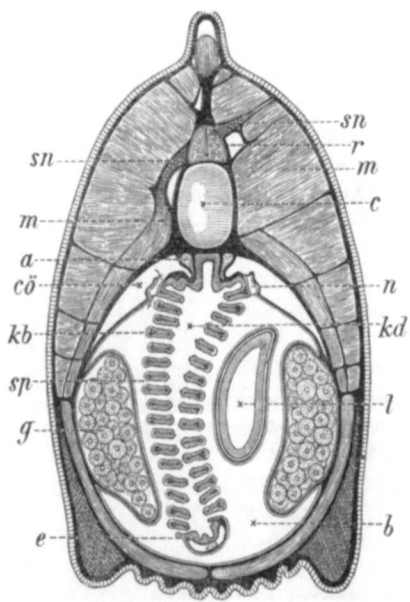
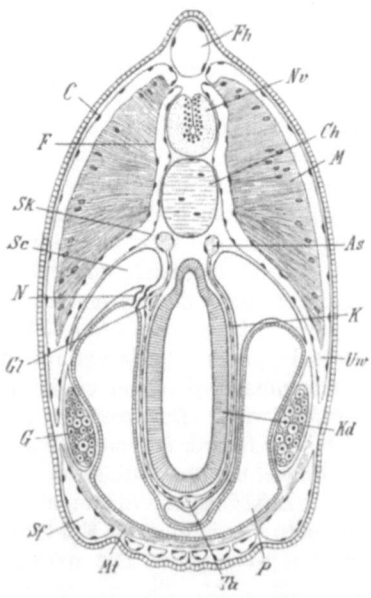

Abb. 956. Querschnitt durch die Kiemenregion von *Branchiostoma* (*Amphioxus*). *r* Rückenmark, *sn* abtretende Nerven, *m* Seitenrumpfmuskeln, *c* Chorda, *a* Aortenwurzel, *cö* subchordaler Cölomraum, *n* Niere (links durch Pfeile bezeichnet), *kd* Kiemendarm, *kb* Kiemenbogen, *sp* Kiemenspalten, *g* Geschlechtsorgane, *l* Leberblindsack, *b* Peribranchialraum, *e* Hypobranchialrinne, darunter Truncus arteriosus. (Nach RAY LANKESTER, verändert von TH. BOVERI aus R. Hertwig.)

Abb. 957. Schematischer Querschnitt durch die Kiemenregion von *Branchiostoma*, links die Verhältnisse eines secundären, rechts die eines primären Kiemenbogens (aus KORSCHELT u. HEIDER). *Nv* Rückenmark, *Ch* Chorda, *Kd* Kiemendarm, *P* Peribranchialraum, *G* Genitalsäckchen, *As* Aortenwurzel, *K* Kiemengefäß, *Ta* Truncus arteriosus, *Gl* Glomerulus, *N* Nierenkanälchen, *Sk* Sclerablatt, *F* Fascienblatt, *M* Muskelplatte, *C* Cutisblatt, *Uw* Urwirbelhöhle (Myocöl), *Fh* dorsale Flossenhöhle, *Sc* subchordales Cölom, *Sf* Seitenfaltenhöhle, *Mt* Transversalmuskel.

(primäre) Kiemenspalte wird durch eine von der Dorsalseite hervorgewachsene Leiste (Zungenbalken) in zwei Spalten, überdies durch querverlaufende Stäbe (Synaptikel) in eine Anzahl von Lücken zerlegt. Die Wände der Kiemenspalten sind durch ein System von Skeletstäben gestützt. Ventral im Kiemendarm verläuft die flimmernde drüsige Hypobranchialfurche (Homologon des Endostyls der Tunicaten und der Thyreoidea der Vertebraten), welche vorn durch zwei Wimperbogen mit der an der Dorsalseite des Kiemensackes verlaufenden Epibranchialfurche zusammenhängt. Die Kiemenspalten münden in einen von der Haut aus entstandenen, die ganze Kiemenregion des Körpers umgebenden Peribranchialsack, der sich mittels Porus (Atrioporus) hinter der Kiemenregion ventral nach außen öffnet. Am hinteren Ende des Kiemendarmes beginnt das verdauende Darmrohr, das sich in gerader Richtung bis zum Schwanze fortsetzt und durch den links gelegenen After ausmündet. Es sondert sich in zwei Abschnitte, von denen der vordere rechtsseitig einen nach vorn neben der Kiemenregion in den Peribranchialraum hineinragenden Leberblindsack bildet. Im Peribranchialsack finden sich Drüsenwülste excretorischer Natur.

Das Blutgefäßsystem (Abb. 958) entbehrt eines Herzens, an dessen Stelle die größeren Blutgefäßstämme pulsieren. In seiner Anordnung entspricht es dem Typus der Vertebraten. Ein unterhalb der Hypobranchialrinne verlaufender Arterienstamm (Truncus arteriosus, Kiemenarterie) entsendet an jedem primären Kiemenbogen einen den Kiemendarm umgreifenden Gefäßbogen (Hauptgefäß der primären Kiemenbogen, Aortenbogen), der mittels einer contractilen Erweiterung (Bulbilli) entspringt. Dazu kommen weitere die Kiemenspaltenwand durchziehende Gefäße. Alle Gefäßbogen vereinigen sich unterhalb der Chorda in zwei längsverlaufenden Aortenwurzeln, die sich hinter dem Kiemendarm zu einer durch den ganzen Körper verlaufenden Aorta descendens vereinigen, welche durch Capillarlacunen in das Venensystem übergeht. Aorta und Aortenwurzeln liefern an jedem Muskelseptum seitliche Arterien (Parietalarterien), nach vorn setzen sich die Aortenwurzeln in die Carotiden fort. Das Venensystem besteht aus einem umfangreichen Lacunensystem (Gefäßsystem) am Darme (Darmsinus), aus dem die Vena subintestinalis entspringt. Diese führt als Pfortader das Blut zum Leberblindsack, an dem sie sich wieder in ein Lacunennetz (Leberpfortaderkreis) auflöst, das in der Lebervene seine Fortsetzung findet, welche das Blut in einen Sinus venosus (erweiterte Umbiegungsstelle der Lebervene in die Kiemenarterie) überführt. Außerdem unterscheidet man zwei vordere und zwei hintere Cardinalvenen, von denen die rechte sich nach hinten in die Caudalvene fortsetzt. Die Cardinalvenen münden durch einen Ductus Cuvieri am Hinterende der Kiemenregion und die hinteren noch durch einige nach hinten folgende segmentale Quervenen mittels eines Lacunennetzes (Parietallacune) in den Sinus venosus ein. Die Cardinalvenen nehmen auch das Blut aus den Parietalarterien sowie allen anderen Körpergefäßen auf. An den Genitaldrüsen bilden die Cardinalvenen ein umspinnendes Lacunennetz. Die Blutkörperchen sind farblos.

Die Cölomhöhle (Leibeshöhle) von *Branchiostoma* zerfällt in jedem Metamer im wesentlichen in zwei große Abschnitte, einen dorsalen, das *Myocöl* (Urwirbelhöhle), das vom Urwirbel eingeschlossen wird, und einen ventralen, das von den Seitenplatten umschlossene *Splanchnocöl* (Abb. 961). Aus der der Chorda anliegenden Wand des Myocöls entwickelt sich der Seitenrumpfmuskel, der

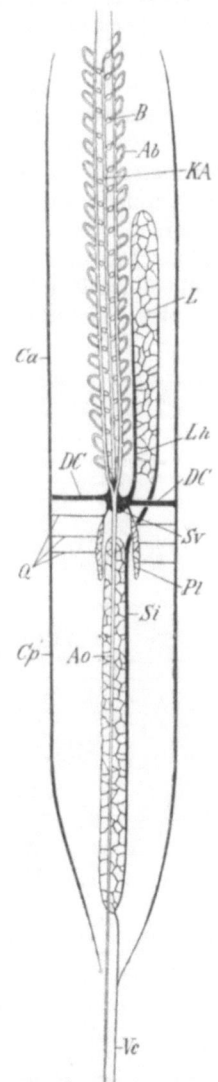

Abb. 958. Schema des Blutgefäßsystems von *Branchiostoma* (Original G., zum Teil nach ZARNIK.) *Ab* Aortenbogen, *Ao* Aorta descendens, *B* Bulbilli, *Ca* vordere, *Cp* hintere Cardinalvene, *DC* Ductus Cuvieri, *KA* Kiemenarterie, *L* Leberpfortaderkreis, *Lh* Lebervene, *Pl* Parietallacune, *Q* Quervenen, *Si* Vena subintestinalis, *Sv* Sinus venosus, *Vc* Vena caudalis.

später durch eine ventral einwachsende Falte des Myocölepithels (*Sclerafalte*) bis auf ein schmales Aufhängeband von der Chorda sich ablöst. (Abb. 957). Der mediale Teil der Sclerafalte legt sich an die Chorda und das Medullarrohr und liefert als *skeletogenes Blatt* das skeletogene Gewebe, der laterale wird zur Muskelfascie. Aus dem unterhalb des einschichtigen Hautepithels gelegenen Wandteile des Myocöls entsteht die Cutis. Das Splanchnocöl verliert die Metamerie und bildet einen einheitlichen Hohlraum, der jedoch in der Kiemenregion eine weitere Gliederung erfährt.

Die Niere besteht aus in der ganzen Kiemenregion branchiomer angeordneten Kanälchen (homolog den Vornierenkanälchen der Vertebraten), welche mit mehreren trichterförmigen Enden im subchordalen Cölom beginnen und in den Peribranchialsack ausmünden (Abb. 959). An den Trichterenden finden sich

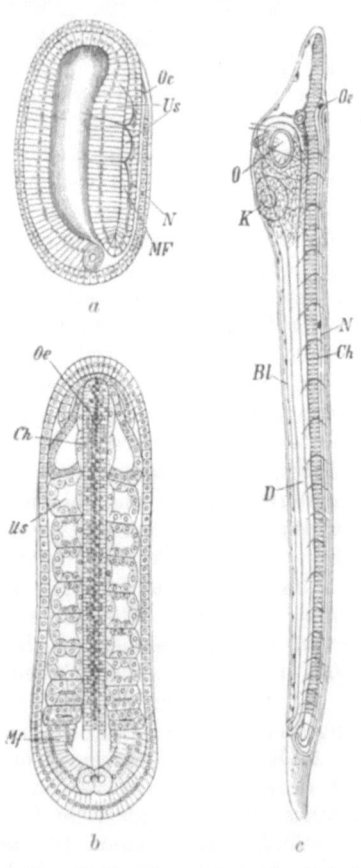

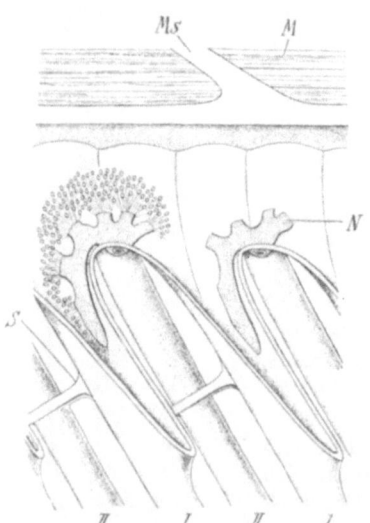

Abb. 959. Ein Stück vom Dorsalteil des Kiemendarmes von *Branchiostoma* mit zwei Nierenkanälchen (*N*). (Nach BOVERI.) *I* Primärer Kiemenbogen, *II* secundärer Kiemenbogen (Zungenbalken), *S* Synaptikel, *M* Segment des Seitenrumpfmuskels, *Ms* Muskelseptum.

Abb. 960. Entwicklungsstadien von *Branchiostoma*. (Nach HATSCHEK.) a Stadium mit zwei Ursegmenten, im Medianschnitt; b Stadium mit neun Ursegmenten, Dorsalansicht, um die Asymmetrie in den Urwirbeln zu zeigen; c Larve mit Mund (*O*) und erster Kiemenspalte (*K*), Seitenansicht. 78/1. *N* Nervenrohr, *Oe* Neuroporus, *Ch* Chorda dorsalis, *D* Darm, *Bl* subintestinales Blutgefäß, *Mf* Mesodermfalte. *Us* Ursegmente.

lange, durch die Leibeshöhle gespannte Kragenzellen (K. C. SCHNEIDER). Nach GOODRICH dagegen sind die Nierenkanälchen innen geschlossen und mit röhrenförmigen Geißelzellen, sogenannten Solenocyten, versehen. In der Höhe der Nierenkanälchen bilden die Hauptgefäße der Kiemenbogen ein Gefäßnetz (Glomus). Vor diesen Nephridien findet sich in der Mundregion ein bereits in den späteren Larvenstadien vorhandenes, nur linksseitiges viel größeres Nephridium (HATSCHEKsches Nephridium), das hinter dem Velum in den Kiemendarm einmündet. Die Genitalorgane bestehen aus metameren (vom Urwirbel abstammenden) Genitaldrüsen, welche in der Kiemenregion von der Lateralwand des Peribranchialraumes als Wülste in diesen vorspringen. Die Genitalprodukte gelangen durch Dehiszenz in den Peribranchialraum und von hier durch den Atrioporus nach außen.

Die Entwicklung von *Branchiostoma* ist eine Metamorphose. Die Furchung ist adäqual, schwach inäqual, die Gastrulation erfolgt durch Einstülpung (Abb. 260). Die Schließung des Gastrulamundes entspricht der Dorsalseite und der letzte Rest desselben dem Hinterende des Embryos, das auch durch zwei größere Polzellen gekennzeichnet sein soll. Durch seitliche Falten des Entoderms entstehen die Mesodermanlagen (Ursegmente) (Abb. 268), der Metamerie entsprechend in der Reihenfolge von vorn nach hinten, und zwar die vorderen Paare der Cölomsäcke einzeln, die hinteren durch Abgliederung von einer ungegliederten Anlage, während eine mediane dorsale Falte des Urdarms die Anlage der Chorda liefert. Zu gleicher Zeit entwickelt sich dorsal aus dem Ectoderm das hinten mit dem Darmrohr kommunizierende, vorn frei sich öffnende Nervenrohr. Die Branchiostomalarve verläßt mit etwa zwei Ursegmentanlagen (Abb. 960a) die Eihülle und schwimmt mittels ihrer Geißelbekleidung umher. Später gestaltet sich die walzenförmige Larve unter fortschreitender Längsstreckung und seitlicher Abplattung fischchenförmig. Frühzeitig tritt in der Entwicklung eine auffallende Asymmetrie (für Ursegmente, Mund, erste Kiemenspalte, After, Neuroporus) hervor. Der Larvenmund und der After brechen linkerseits durch, während die erste Kiemenspalte ventral entsteht (Abb. 960b, c). Vor dem Munde liegt die Öffnung einer von der ventralen Darmwand aus gebildeten Drüse (kolbenförmigen Drüse), die gegen Ende der Larvenzeit schwindet. In den folgenden Stadien legen sich in rechtsseitiger Lage die weiteren primären, metamer angeordneten Kiemenspalten an, die später an die linke Seite zu liegen kommen, dorsal von ihnen die Spalten der rechten Seite. Der anfangs freiliegende Kiemenapparat gelangt später durch Anlage der beiden Metapleuralfalten in eine Rinne, die sich zum Peribranchialraum schließt. Der Larvenmund rückt ventralwärts und wird von einer Hautfalte überwachsen, durch welchen Vorgang die Mundhöhle und der sekundäre Mund gebildet wird, während der Larvenmund zur Öffnung des Velums wird. Jedes Cölomsäckchen (Ursegment) teilt sich in einen dorsalen (Urwirbel) und einen ventralen Abschnitt (Seitenplatten) und geht die bereits oben dargestellten Differenzierungen ein; während sich bei ersteren die Metamerie erhält, geht sie in den Seitenplatten verloren, deren Höhlungen zu dem einheitlichen Splanchnocöl zusammenfließen. Die Branchiostomalarven leben pelagisch und gehen erst in den letzten Stadien zu der Lebensweise des ausgebildeten Tieres im Sande über.

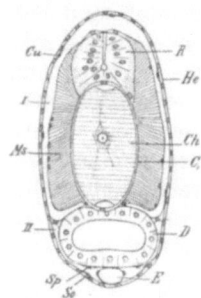

Abb. 961. Querschnitt einer Larve von *Branchiostoma*. (Nach HATSCHEK.) *He* Hautepithel, *Cu* Cutis (Unterhaut), *Ms* Seitenrumpfmuskel, *Ch* Chorda dorsalis, *C*, Chordascheide, *R* Rückenmark, *D* Darm, *E* Subintestinalvene, *Sp* Splanchnopleura, *So* Somatopleura, *I* Myocöl. *II* Splanchnocöl.

Die Acranier leben im Meeressande vergraben und führen eine Art sedentäre Lebensweise, mit welcher auch die vielfachen Asymmetrien im Bau zusammenhängen dürften. Trotz mancher Eigentümlichkeiten (Peribranchialraum) erweisen sich die Acranier den Vertebraten gegenüber als ursprüngliche Formen.

Klasse: **Leptocardia. Röhrenherzen.**

Mit den Charakteren des Kladus.

Fam. *Branchiostomidae. Branchiostoma (Amphioxus) lanceolatum* PALL. Lanzettfisch. Genitalorgane beiderseits. Mittelmeer, Nordsee (Abb. 955). *Br. californiense* COOP. Küste von Kalifornien. *Asymmetron (Heteropleuron) cultellus* PTRS. Genitalorgane bloß rechterseits. Ind. Ozean. *A. lucayanum* ANDREWS. Ohne Schwanzflosse. West. Atlant. Ozean, Ind. Ozean.

11. Kladus.
Vertebrata (Craniota), Wirbeltiere[1].

Heteronom metamerische Chordonier mit differenziertem Kopf, mit mehr oder minder in Wirbel gegliedertem Achsenskelet, welches mittels dorsaler Ausläufer das Centralnervensystem, mittels ventraler die vegetativen Organe umschließt, in der Regel mit zwei Extremitätenpaaren, mit Herz.

Schon ARISTOTELES faßte die Wirbeltiere als *blutführende Tiere* zusammen und hob den Besitz einer knorpeligen oder knöchernen Skeletsäule als gemeinsames Merkmal derselben hervor. Erst LAMARCK führte den Namen *Wirbeltiere* in die Wissenschaft ein.

An dem metameren Körper der Vertebraten lassen sich stets eine Kopf-, Rumpf- und Schwanzregion unterscheiden. Der Kopf, aus einer Anzahl veränderter und miteinander inniger vereinigter, vorderer Metameren (meist werden 9—10 angenommen, nach HATSCHEK sind es acht, zwei prootische und sechs metaotische) hervorgegangen, trägt ventral den Eingang zum Darmkanal, sowie dorsal das Gehirn mit den höheren Sinnesorganen; die Rumpfregion enthält die Leibeshöhle (Cölom) mit den vegetativen Organen, während die Schwanzregion keine Leibeshöhle mehr umschließt. Die Rumpfregion kann sich weiter in eine Hals-, Brust-, Lenden- und Kreuzbeinregion gliedern. Diese Gliederung geht parallel dem Übergange vom Wasserleben zum Landleben und einer damit zu-

---

[1] Außer den Werken von CUVIER, J. F. MECKEL, J. MÜLLER, K. E. v. BAER, REICHERT, RATHKE, REMAK vgl. v. SIEBOLD u. STANNIUS: Lehrbuch der vergleichenden Anatomie 2. Berlin 1846. — STANNIUS, H.: Handbuch der Anatomie der Wirbeltiere. Berlin 1854. — OWEN, R.: On the Anatomy of Vertebrates. 3 Bde. London 1866—1868. — HUXLEY, TH. H.: A Manual of the Anatomy of vertebrated animals. London 1871.— GEGENBAUR, C.: Untersuchungen zur vergleichenden Anatomie der Wirbeltiere. Leipzig 1864—1872. — Vergleichende Anatomie der Wirbeltiere mit Berücksichtigung der Wirbellosen. 2 Bde. Leipzig 1898—1901. — PARKER, W. K. u. G. T. BETTANY: Die Morphologie des Schädels. Stuttgart 1879. — KÖLLIKER, A.: Entwicklungsgeschichte des Menschen und der höheren Wirbeltiere. Leipzig 1879. — BALFOUR, F. M.: Handbuch der vergleichenden Embryologie 2. Jena 1881. — WIEDERSHEIM, R.: Vergleichende Anatomie der Wirbeltiere. 7. Aufl. Jena 1909. — HERTWIG, O.: Handbuch der vergleichenden und experimentellen Entwicklungsgeschichte der Wirbeltiere. 3 Bde. Jena 1906. — OPPEL, A.: Lehrbuch der vergleichenden mikroskopischen Anatomie der Wirbeltiere 1—8. Jena 1895—1914. — ZIEGLER, H. E.: Lehrbuch der vergleichenden Entwicklungsgeschichte der niederen Wirbeltiere. Jena 1902. — REYNOLDS, S. H.: The vertebrate Skeleton. Cambridge 1897. — SCHNEIDER, A.: Beiträge zur vergleichenden Anatomie und Entwicklungsgeschichte der Wirbeltiere. Berlin 1879. — DOHRN, A.: Studien zur Urgeschichte des Wirbeltierkörpers. Mitt. zool. Stat. Neapel **1882—1907**. — RABL, C.: Theorie des Mesoderms. Morph. Jb. **15** (1889); **19** (1892). — Bausteine zu einer Theorie der Extremitäten der Wirbeltiere **1**. Leipzig 1910. — THACHER, J. K.: Median and paired fins, a Contribution to the History of Vertebrate Limbs. Trans. Connect. Acad. **3** (1877). — VAN WIJHE, J. W.: Über die Mesodermsegmente und die Entwicklung der Nerven des Selachierkopfes. Amsterdam 1882. — KUPFFER, C.: Studien zur vergleichenden Entwicklungsgeschichte des Kopfes der Cranioten. 4 Hefte. München u. Leipzig 1893—1900. — MAURER, F.: Die Epidermis und ihre Abkömmlinge. Leipzig 1895. — SCHAUINSLAND, H.: Beiträge zur Entwicklungsgeschichte und Anatomie der Wirbeltiere. Bibliotheca zoologica **39** (1903). — RETZIUS, G.: Das Gehörorgan der Wirbeltiere. Stockholm 1881—1884. — KOLTZOFF, N. K.: Entwicklungsgeschichte des Kopfes von *Petromyzon Planeri*. Ein Beitrag zur Lehre über Metamerie des Wirbeltierkopfes. Bull. Soc. Nat. Moskau **15** (1902). — HATSCHEK, B.: Studien zur Segmenttheorie des Wirbeltierkopfes. Morph. Jb. **39** (1909); **40** (1910); **61** (1929). — BÜTSCHLI, O.: Vorlesungen über vergleichende Anatomie. Leipzig, Berlin 1910—1924. — J. IHLE, P. VAN KAMPEN, H. NIERSTRASZ, J. VERSLUYS, Vergleichende Anatomie der Wirbeltiere. Berlin 1927. — L. BOLK, E. GÖPPERT, E. KALLIUS, W. LUBOSCH, Handbuch der vergleichenden Anatomie der Wirbeltiere. Berlin-Wien. I. 1931 (im weiteren Erscheinen). — Vgl. ferner die Arbeiten von GOETTE, EMERY, FRORIEP, KLAATSCH, HOCHSTETTER, HALLER, RÖSE, HASSE, SAPPEY, SEWERTZOFF, A. A. GRAY, NAEF u. a.

sammenhängenden mächtigeren Entwicklung und festeren Verbindung der paarigen Extremitäten am Rumpfe, von denen mit Ausnahme der *Cyclostomen*, denen paarige Extremitäten fehlen, sonst (von Rückbildungen abgesehen) zwei Paare vorhanden sind. Während bei den *Fischen* die Fortbewegung des Körpers durch Seitenbewegungen des Rumpfes erfolgt und die paarigen Extremitäten eine nur geringe Rolle bei derselben spielen, wird bei den am Lande lebenden *Amphibien, Reptilien, Vögeln* und *Säugetieren* die Bewegung von der Hauptachse in fortschreitender Entwicklung auf die Extremitäten unter gleichzeitiger Verkürzung des Rumpfes übertragen. Nur wo sekundär die paarigen Extremitäten infolge von Rückbildung ausfallen (*Gymnophionen, schlangenähnliche Eidechsen, Schlangen*), tritt wieder zugleich mit der Verlängerung des Rumpfes die Bedeutung des letzteren für die Locomotion durch Schlängelung hervor. Auch die schwierigste Art der Fortbewegung durch Flug findet sich im Kreise der Vertebraten vor.

Die paarigen Extremitäten treten in zwei scharf getrennten Hauptformen, der *Fischflosse* (*Ichthyopterygium*) und dem wohl auf diese zurückführbaren *pentadactylen Bein* (*Chiridium*) der übrigen Vertebraten (*Tetrapoda*) auf; letzteres kann wieder den besonderen Lebensverhältnissen entsprechend als Flossenfuß, Flügel angepaßt sein, zeigt aber nachweisbar dieselben Hauptteile. Vorder- und Hinterextremität weisen als homodyname Organe gleiche Einrichtungen auf. Außer den paarigen Extremitäten finden sich bei Vertebraten auch unpaare vor. Die letzteren, Rücken-, Schwanz- und Afterflosse der Fische, gehen als Differenzierungen aus einer medianen vom Kopf über den

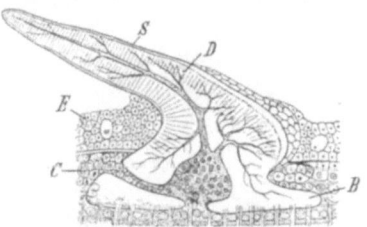

Abb. 962. Schnitt durch ein Stück Haut mit Placoidschuppe von *Mustelus laevis*. (Nach O. HERTWIG.) *E* Epidermis, *C* Cutis, *B* Basalplatte, *D* Dentin, *S* Schmelzoberhäutchen der Placoidschuppe.

Rücken und den Schwanz bis zum After hin sich erstreckenden unpaaren kontinuierlichen Flosse hervor. In gleicher Weise sind rücksichtlich ihres Ursprunges die paarigen Extremitäten nach BALFOUR, THACHER und MIVART als Differenzierungen aus einer paarigen, von der Kiemengegend bis zum After reichenden Seitenflosse abzuleiten.

Die Haut der Vertebraten baut sich aus der Oberhaut (*Epidermis*) und einer bindegewebigen, auch Muskeln enthaltenden Unterhaut (*Cutis*) auf (Abb. 962). Die Epidermis ist ein geschichtetes Epithel, dessen obere Schichten abgestoßen werden, während die unteren Schichten (*Stratum Malpighii*) als Matrix zum Ersatz der oberen dienen und zuweilen Träger von Pigmenten sind. Die Cutis setzt sich in ein tieferes, mehr oder minder lockeres *Unterhautbindegewebe* fort und ist nicht nur Trägerin von Pigmenten (Abb. 117), sondern auch von Nerven und Blutgefäßen. Wo sich Hautmuskeln in größerer Ausdehnung entwickeln, dienen dieselben ausschließlich der Bewegung der Haut und ihrer mannigfachen Anhänge. Gegen die Epidermis hin kann die Cutis in kleinen Papillen erhoben sein, welche für die Entwicklung der verschiedenen Anhangsgebilde der Haut von Bedeutung erscheinen. Von dem Epithel gehen nicht nur mannigfache Drüsenbildungen, sondern auch durch Verhornung äußere Anhänge, wie Haare, Federn, Schuppen, hervor. Desgleichen kann die Unterhaut durch Verknöcherung Schutzorgane (Hautknochen) liefern, welche zuweilen einen festen Hautpanzer entstehen lassen (Schuppen der Fische, Reptilien, Hautpanzer der Gürteltiere, Schildkröten). Von besonderer Bedeutung als Ausgangsformen für mannigfache Bildungen haben sich die bei *Selachiern* in der Haut auftretenden *Placoidschuppen* erwiesen (Abb. 962), an welchen eine knöcherne Basalplatte und ein zahnförmiger vorspringender Teil

(Hautzahn) zu unterscheiden ist. Die Hauptmasse des letzteren geht aus der Verknöcherung einer Cutispapille hervor, während ein äußeres cuticulares Schmelzoberhäutchen von der darüberliegenden Epidermis (Epithelscheide) herstammt.

Bei allen Vertebraten findet sich als erstes Achsenskelet die Chorda dorsalis, die sich jedoch nur in wenigen Fällen (*Cyclostomen, Holocephalen, Störe, Dipnoër*) zeitlebens im ganzen Umfange erhält. Dieselbe wird von einer doppelten *Chordascheide* umhüllt (Abb. 966a), einer zuerst gebildeten äußeren dünnen (*Elastica externa*) und einer inneren dickeren fibrillären (*innere Chordascheide*). Außen von der Chordascheide folgt das die Chorda rings umgebende *skeletogene Bindegewebe* (Abb. 964), welches durch eine ventrale, nach innen vorwachsende Wucherung (Sklerotomwucherung) der Urwirbel (Abb. 963) angelegt wird und dorsale, das Centralnervensystem, sowie ventrale, das die Eingeweide enthaltende Cölom bzw. in der Schwanzregion die Gefäßstämme umfassende Fortsetzungen entsendet, endlich mit den zwischen den Segmenten der Seitenrumpfmuskulatur verlaufenden Septen zusammenhängt. Das aus

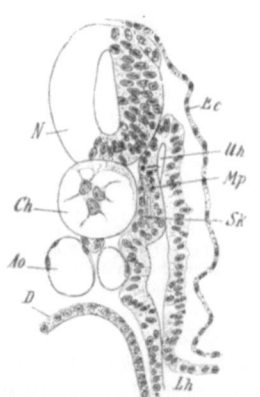
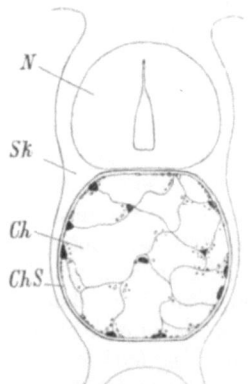
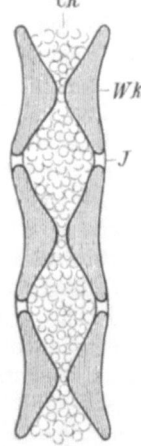

Abb. 963. Schnitt durch das Vorderende des Rumpfes eines Embryos von *Pristiurus* (Haifisch). (Nach C. RABL.) *N* Neuralrohr, *Ch* Chorda, *Ao* Aorta, *D* Darm, *Ec* Ectoderm, *Mp* Muskelplatte, *Sk* Sclerotomeinwucherung, *Uh* Urwirbelhöhle (Myocöl), *Lh* Splanchnocöl.

Abb. 964. Querschnitt durch die Chorda dorsalis (*Ch*) der Unkenlarve. (Nach GOETTE.) *ChS* Chordascheide, *Sk* skeletogene Schicht, *N* Rückenmark.

Abb. 965. Wirbelsäule eines Selachiers im Längsschnitt (schematisch). *Ch* Chorda, *Wk* Wirbelkörper, *J* häutiger, intervertebraler Abschnitt.

dem skeletogenen Gewebe hervorgegangene Skelet bleibt entweder zeitlebens bindegewebig oder wird knorpelig, oder es bildet der Knorpel die Grundlage eines später auftretenden knöchernen Skelets.

Die Entwicklung der Wirbelsäule geht von der skeletogenen Schicht aus, indem der Metamerie des Körpers entsprechend knorpelige oder knöcherne Ringe gebildet werden, welche die Anlage der Wirbel darstellen, während die dazwischenliegenden Teile als Ligamenta intervertebralia sich erhalten. Bei *Elasmobranchiern* und *Dipnoërn* dringen Zellen der skeletogenen Schicht auch in die innere Chordascheide ein, wogegen bei allen übrigen Vertebraten der Knorpel außen von der Chordascheide verbleibt. Als erste Repräsentanten des gegliederten festen Achsenskelets erscheinen in der sonst häutig bleibenden skeletogenen Schichte kleine knorpelige obere und untere Bogenstücke (*Petromyzonten*); auch bei *Holocephalen, Dipnoërn* und *Stören* wird die Gliederung des Achsenskelets durch die hier schon vollkommen ausgebildeten oberen und unteren Bogen vorgestellt (Abb. 966). Dazu kommt bei den übrigen Wirbeltieren ein die Chorda umgebender

Wirbelkörper, der die Chorda mehr oder minder vollständig verdrängt (Abb. 965). Ein *Wirbel* (Abb. 967) besteht sonach aus einem mittleren Hauptstück, dem *Wirbelkörper*, häufig mit Resten der Chorda in seiner Achse, aus dorsalen oberen Bogen (*Neurapophysen*), zwischen denen bei niederen Fischen noch weitere Knorpelstücke, die *Intercalaria* sich finden (Abb. 966b), und unteren Bogen, die als frei abstehende *Basalstümpfe* oder als bogenförmig geschlossene *Hämapophysen*

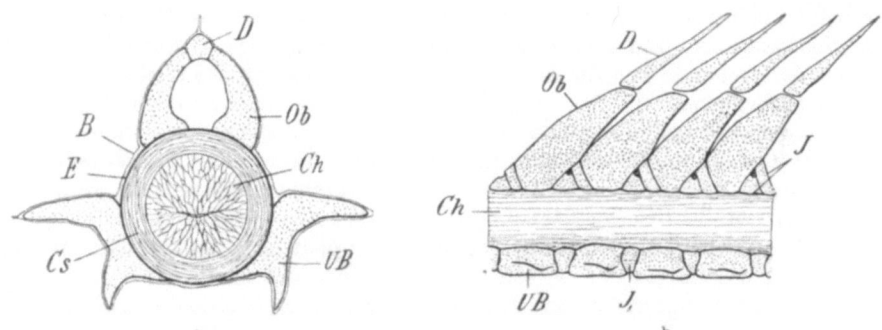

Abb. 966. Achsenskelet des Sterlets (*Acipenser ruthenus*) aus der Rumpfregion, a im Querschnitt, b Seitenansicht. (Original G.). *Ch* Chorda, *Cs* innere Chordascheide, *E* Elastica externa, *B* fibrilläres umhüllendes Bindegewebe, *Ob* obere Bogen, *UB* untere Bogen, *D* Dornfortsatz, *J, J'* Intercalaria.

auftreten; dem unteren Bogensystem gehören auch die *unteren Rippen* (Pleuralbogen) an. An die Neurapophysen sowie die Hämapophysen können sich unpaare Elemente, *Dornfortsätze*, anschließen, ebenso können sowohl an den oberen Bogen als auch den Wirbelkörpern noch Muskel- und Gelenkfortsätze (*Processus transversi, Pleurapophysen, Processus articulares*) auftreten. In Verbindung mit den Wirbeln treten auch größere, in den Muskelsepten gelegene Spangen, die *Rippen*,

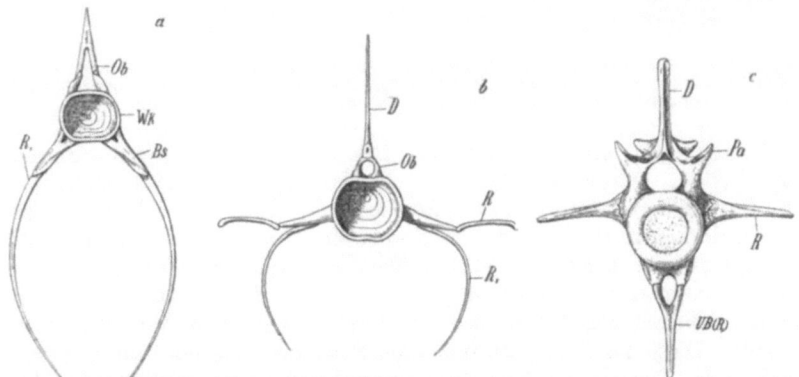

Abb. 967. a Rumpfwirbel vom Karpfen, b von *Polypterus*, c vorderer Schwanzwirbel vom Krokodil. *Wk* Wirbelkörper, *Ob* oberer Bogen, *D* Dornfortsatz, *Bs* Basalstumpf, *R* obere Rippe, *R,* untere Rippe (Pleuralbogen, in c den unteren Bogen (*UB*) bildend), *Pa* Gelenkfortsatz. (Original G.)

auf. Man unterscheidet obere und untere Rippen. Die letzteren lagern längs der Cölomwand unterhalb der Seitenrumpfmuskeln und gehören dem unteren Bogensystem an; sie werden auch als *Pleuralbogen* (GOETTE) bezeichnet. Die oberen Rippen lagern im horizontalen Septum zwischen dorsaler und ventraler Seitenrumpfmuskulatur. Beide Rippenbildungen kommen nebeneinander bei einigen Fischen (*Polypterus, Salmo, Clupea*) vor; sonst sind bei *Ganoiden, Teleosteern* und

Dipnoërn bloß untere Rippen vorhanden; sie schließen sich in der Schwanzregion des Körpers zu dem Hämalbogen zusammen, mit Ausnahme vieler Teleosteer, deren Hämalbogen bloß durch die zusammengeschlossenen Basalstümpfe gebildet werden. Die Rippen der *Selachier, Amphibien, Reptilien, Vögel* und *Säuger* sind obere Rippen; untere Rippen erhalten sich hier in den Hämalbogen der Schwanzwirbel (Abb. 967c).

Die Gliederung des Achsenskelets entspricht der Körpergliederung. Zunächst erscheint überall im Zusammenhange mit der Entwicklung des Gehirns und der Hauptsinnesorgane und mit dem hier gelegenen Eingangsabschnitt des Darmkanales der vorderste Teil des Achsenskelets in Fortsetzung der Wirbelkörper und der oberen Bogen zum *Schädel* ausgebildet, an dessen Ventralseite sich Skeletbogen (*Visceralbogen*) in der Wand des Vorderdarmes anschließen, von denen die vorderen als Kiefer den Mundeingang umgrenzen, die hinteren als Zungenbein- und Kiemenbogen fungieren. Beide Skeletteile zusammen bilden das *Kopfskelet* (Abb. 968). An dem hinter dem Kopfe folgenden Achsenskelet lassen sich zwei Regionen unterscheiden, die Rumpfregion mit rippentragenden Wirbeln zur Umgürtung der die Eingeweide bergenden Cölomhöhle und die durch die Lage des Afters nach vorn abgegrenzte Schwanzregion mit kanalartig geschlossenen unteren

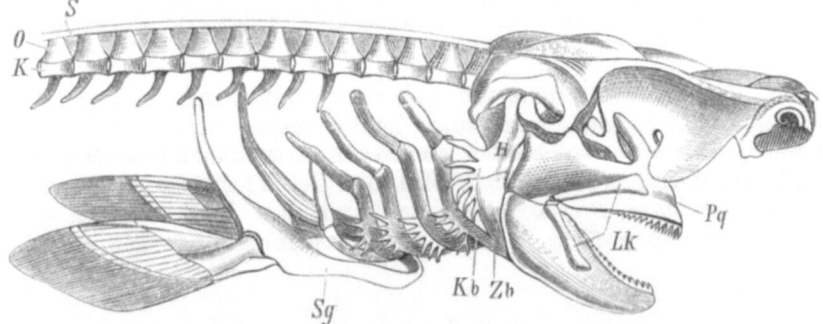

Abb. 968. Kopf und vorderer Abschnitt der Wirbelsäule von *Squalus* (*Acanthias*). (Nach CARUS u. OTTO, aus OWEN.) *K* Wirbelkörper, *O* oberer Bogen, *S* Schaltstück (Intercalare), *Pq* Palatoquadratum, *Lk* Lippenknorpel, *H* Hyomandibulare, *Zb* Zungenbeinbogen, *Kb* Kiemenbogen, *Sg* Schultergürtel.

Bogen (Hämalbogen) an ihren Wirbeln. Diese einfachste Gliederung findet sich bei den Fischen. Durch die mächtigere Entfaltung der paarigen Extremitäten und ihre festere Verbindung mit dem Achsenskelete tritt in der Rumpfregion eine weitere Gliederung in drei bis vier Regionen ein. Da die hintere Extremität die Hauptstütze des Leibes ist und vornehmlich die Propulsivkraft erzeugt, erscheint zunächst ihr Gürtel meist unbeweglich mit einem Abschnitte der Wirbelsäule verbunden, welcher sich durch die feste Verbindung seiner Wirbel auszeichnet (Abb. 969). Diese zwischen Rumpf und Schwanz gelegene Grenzregion, die *Kreuzbein-* oder *Sacralregion* ist anfangs nur durch einen einzigen (Amphibien), dann durch zwei (Reptilien) (Abb. 970) und bei den höheren Vertebraten durch eine größere Zahl von Wirbeln gebildet, deren Querfortsätze besonders mächtig werden und sich mittels der zugehörigen Rippenanlagen mit dem Darmbein des Extremitätengürtels fest verbinden. Durch die Verbindung der vorderen Extremität mit dem Rumpf tritt auch am vorderen Abschnitte eine festere Region auf, deren Rippen nicht nur durch besondere Länge, sondern durch den festen Anschluß an ein in der Medianlinie der Ventralseite auftretendes System von Knorpel- oder Knochenstücken (Brustbein, *Sternum*) ausgezeichnet sind (Brustregion, *Thorax*). So bleibt zwischen Thorax und Kopf einerseits und Thorax und Sacrum andererseits eine beweglichere Region eingeschoben; der die Brust mit dem Kopfe verbindende Abschnitt, der *Hals*, besitzt meist eine große Verschiebbarkeit seiner Wirbel, an denen noch Rippenreste erhalten bleiben, während die hinter der Brust folgende *Lendenregion* (*Lumbalregion*) durch die Größe ihrer Querfortsätze, zugleich aber auch durch eine größere Beweglichkeit ihrer Wirbel ausgezeichnet, der Rippen gewöhnlich entbehrt.

Am Kopfskelet unterscheidet man den dorsalen *Schädel* (*Cranium*), dem sich ventral das *Visceralskelet* anschließt. Die Beziehung des Schädels zur Wirbelsäule hat zur Annahme einer Zusammensetzung des Schädels aus drei bis vier Wirbeln geführt. Gegen diese GOETHE-OKENsche Wirbeltheorie wurden zuerst von HUXLEY und GEGENBAUR wesentliche Einwürfe erhoben. Die auf die Zahl der Visceralbogen und die Verhältnisse der Kopfnerven basierte Auffassung letzterer Forscher sowie spätere entwicklungsgeschichtliche Untersuchungen haben ergeben, daß die Gliederung des knöchernen Wirbeltierschädels nicht als Ausgangspunkt genommen werden kann und nichts mit der Metamerie des Kopfes und dem Aufbau des Schädels aus Wirbeln zu tun hat. Die Zahl der in die Bildung des Kopfes eingegangenen Metameren (Mesodermsegmente) wird meist als 9—10 angenommen, ist nach HATSCHEK 8, zwei prootische und sechs metaotische. Was speziell die Zusammensetzung des Schädels aus Wirbeln anbelangt, so ist nur die Occipitalregion nachweisbar aus der Umwandlung von Wirbelanlagen hervorgegangen. Bei den *Cyclostomen* erscheinen letztere noch als Bogenelemente gesondert; der Cyclostomenschädel entbehrt somit der Occipitalregion und schließt mit der Ohrkapsel ab; er entspricht bloß der prootischen Schädelregion (daher die Cyclostomen von GEGENBAUR auch als *Hemicranier* bezeichnet werden).

Die nächste Stufe des Schädels zeigt das einheitliche Knorpelcranium der *Selachier* (Abb. 968), welches bereits eine Occipitalregion besitzt und in dieser basal von der Chorda dorsalis durchsetzt wird. Mit demselben stimmt im wesentlichen das embryonale Primordialcranium der höheren Wirbeltiere überein, denen im ausgebildeten Zustande ein knöchernes Schädelskelet zukommt. Das Knorpelcranium läßt anknüpfend an die Cyclostomen (Abb. 990) im Vorderabschnitte drei

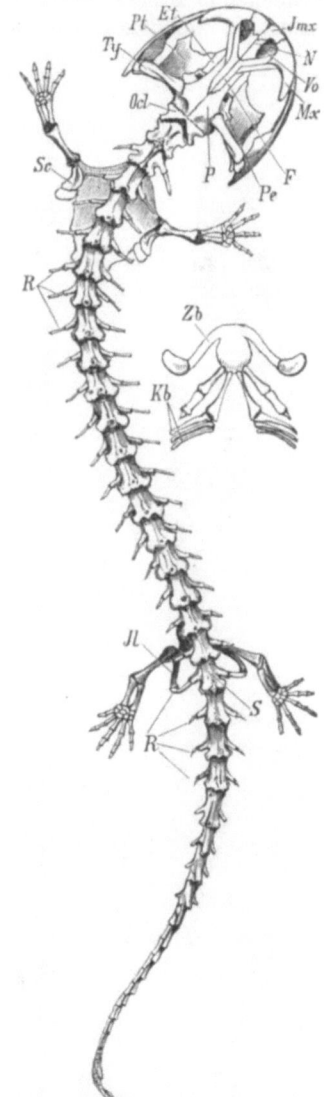

Abb. 969. Skelet von *Cryptobranchus* (*Menopoma*) *alleghaniensis*. *Ocl* Occipitale laterale, *P* Parietale, *F* Frontale, *Ty* Squamosum, *Pe* Prooticum, *Mx* Maxillare, *Jmx* Intermaxillare, *N* Nasale, *Vo* Vomer, *Et* Orbitosphenoideum, *Pt* Pterygoideum, *Sc* Schultergürtel, *Jl* Beckengürtel, *S* Sacralwirbel, *R* Rippen. Zungenbeinbogen (*Zb*) und Kiemenbogen (*Kb*).

Regionen unterscheiden, die zu den drei Hauptsinnesapparaten in Beziehung stehen, die Ethmoidalregion mit der Grube zur Aufnahme des Riechorgans, die Orbitalregion mit der Augenhöhle und die Region der Gehörkapsel mit dem Labyrinthe; an sie schließt sich hinten die Occipitalregion an. Diese Regionengliederung kehrt beim knöchernen Schädel wieder. Die an letzterem zu unterscheidenden Knochen entstehen entweder durch Verknöcherung des Primordialknorpels bzw. vom Perichondrium aus (Ersatzknochen), oder leiten sich von der Haut entstammenden, auf die Placoidschuppen der Selachier zurückzuführenden Deckknochen her, welche sich dem Knorpelcranium anlegen und die knorpeligen Teile mehr und mehr verdrängen (Abb. 971).

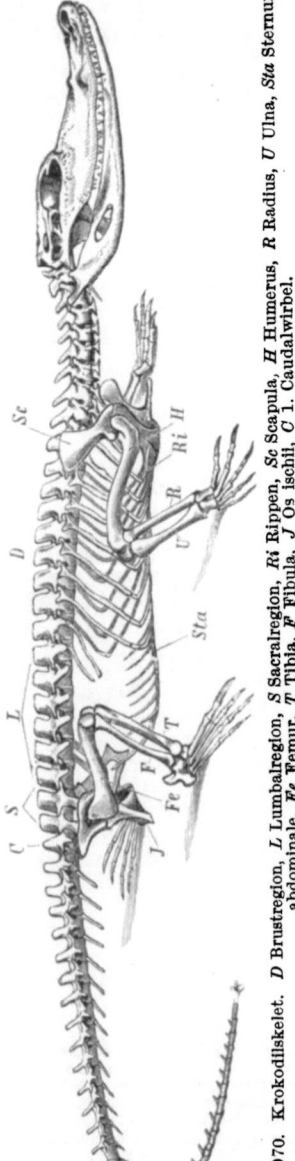

Abb. 970. Krokodilskelet. *D* Brustregion, *L* Lumbalregion, *S* Sacralregion, *Ri* Rippen, *Sc* Scapula, *H* Humerus, *R* Radius, *U* Ulna, *Sta* Sternum abdominale, *Fe* Femur, *T* Tibia, *F* Fibula, *J* Os ischii, *C* 1. Caudalwirbel.

Entsprechend der Gliederung des Schädels in vier Regionen lassen sich vier Hauptgruppen von Knochen unterscheiden. In der Hinterhauptsregion liegen im Umkreise des Hinterhauptloches (Foramen occipitale magnum) basal das *Basioccipitale*, lateral die *Occipitalia lateralia*, dorsal das *Supraoccipitale*. In der Region des Labyrinths finden sich die Otica (*Prooticum*, *Opisthoticum*, *Epioticum* oder *Exoccipitale*), in der Orbitalgegend die Sphenoidalia oder Keilbeine, basal das *Basisphenoideum* und *Praesphenoideum*, lateral *Alisphenoideum* und vor demselben das *Orbitosphenoideum*; in der Ethmoidalregion das Siebbein (*Ethmoideum*), lateral davon das paarige *Ethmoideum laterale* oder *Praefrontale*. Sie alle sind Ersatzknochen. Dazu kommen Deckknochen, an der Dorsalseite das Scheitelbein (*Parietale*), Stirnbein (*Frontale*), ferner *Postfrontale* und *Squamosum*, in der Ethmoidalregion das *Nasale*; an der Ventralseite *Parasphenoideum* und *Vomer*. Durch Verschmelzung kann die Zahl der Schädelknochen eine geringere werden.

Das ventral dem Schädel angelagerte Visceralskelet umspannt den Eingang des vordersten Darmabschnittes. Es besteht aus einer Anzahl metamerer Bogen. Im Knorpelskelet, wie dauernd bei Selachiern (Abb. 968), zeigt dasselbe von vorn nach hinten zunächst Lippenknorpel, dann folgt der Kiefergaumenbogen, der sich in zwei Stücke, ein dorsales, den Oberkiefergaumenapparat (*Palatoquadratum*), und ein ventrales, den *Unterkiefer*, gliedert. Das dorsale Stück des folgenden Bogens, der Kieferstiel (*Hyomandibulare*), vermittelt die Befestigung des Kiefergaumenapparates am Schädel, der ventrale Teil stellt das Zungenbein (*Hyoideum*) vor; sodann folgen meist fünf gegliederte *Kiemenbogen* als Stütze der Kiemenspalten, die ebenso wie die Zungenbeinbogen median durch unpaare Stücke (*Copulae*) vereinigt sind.

Bei allen übrigen Vertebraten tritt der Kiefergaumenapparat mit dem Schädel in innigere Verbindung und weist zugleich Verknöcherungen auf. Das Palatoquadratum rückt vom oberen Mundrand ab, der nun von Oberkiefer (*Maxillare*) und Zwischenkiefer (*Praemaxillare* oder *Intermaxillare*) gebildet wird, die sehr wahrscheinlich als Deckknochen auf die oberen Lippenknorpel der Selachier zurückzuführen sind. Am Palatoquadratum tritt eine Reihe von Verknöcherungen auf, das *Quadratum*, ein Ersatzknochen, zur Einlenkung des Unterkiefers, als Deckknochen die Flügelbeine (*Pterygoidea*) und das Gaumenbein (*Palatinum*) (Abb. 971). Diese Knochenreihen bilden die obere Decke der Mundhöhle. Auch der untere ursprüngliche einfache Knorpelbogen (MECKELsche Knorpel) des Unterkiefers (*Mandibula*) wird jederseits durch eine Anzahl Knochen verdrängt (*Articulare, Angulare, Dentale* u. a.), von denen das Dentale den größten Umfang gewinnt. Von den genannten Knochenstücken sind Pterygoidea, Palatinum, Dentale ebenso die Maxillaria als Deckknochen im Zusammenhang mit Zahnbildungen entstanden. Auch Zungenbein und Kiemenbogen erweisen sich am knöchernen Skelet aus einer Anzahl von Knochenstücken aufgebaut. Dieser ganze Apparat ist

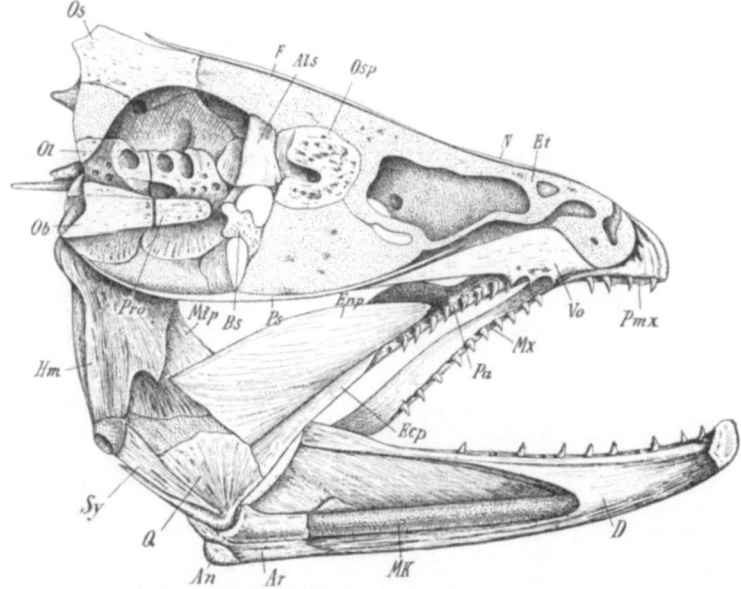

Abb. 971. Kopfskelet vom *Salmo salar* im Medianschnitt. (Nach BRUCH.) Die knorpeligen Teile punktiert. *Ob* Basioccipitale, *Ol* Occipitale laterale, *Os* Supraoccipitale, *Pro* Prooticum, *Bs* Basisphenoideum, *Als* Alisphenoideum, *Osp* Orbitosphenoideum, *F* Frontale, *Et* ethmoidaler Knorpel, *N* Supraethmoideum (Nasale), *Ps* Parasphenoideum, *Hm* Hyomandibulare, *Sy* Symplecticum, *Q* Quadratum, *Mtp* Metapterygoideum, *Ecp* Ecto-, *Enp* Entopterygoideum, *Pa* Palatinum, *Vo* Vomer, *Mx* Maxillare, *Pmx* Intermaxillare, *D* Dentale, *Ar* Articulare, *An* Angulare, *Mk* MECKELscher Knorpel (knorpelige Unterkieferanlage).

bei den durch Kiemen atmenden Wirbeltieren am vollständigsten entwickelt, verkümmert aber bei den am Lande lebenden Vertebraten bis auf geringe Reste (Zungenbein mit den beiden Hörnern, die Kehlkopfknorpel, von denen bei Säugern der vordere Teil des Schildknorpels vom 2. Kiemenbogen, der hintere Teil des Schildknorpels und die Stellknorpel vom 3. Kiemenbogen, der Ringknorpel vom letzten Kiemenbogen geliefert werden).

Im Extremitätenskelet zeigt sich die Verschiedenheit zwischen Fischflosse und pentadaktylem Fuß. An demselben unterscheidet man den *Gürtel* als Verbindungsteil mit dem Rumpfe und die freie Extremität. Der Gürtel bleibt entweder eine einfache Spange (Abb. 968) oder gliedert sich in mehrere Stücke. Der Gürtel der Vordergliedmaße, der Schultergürtel, besteht im letzteren Falle in der Regel aus drei Stücken, dem dorsalen Schulterblatt (*Scapula*) und zwei ventralen hintereinander gelegenen Bogenstücken, dem *Procoracoideum* (mit dem als Hautknochen über ihm entstandenen Schlüsselbein oder *Clavicula*) und dem *Coracoideum*; der Gürtel der Hinterextremität, der Beckengürtel, ebenfalls aus drei Elementen, dem Darmbein (*Os ilium*), welches die Verbindung mit dem Kreuzbein herstellt, dem Schambein (*Os pubis*) und dem Sitzbein (*Os ischii*), welche beide den ventralen Schluß vermitteln.

Was die freie Extremität anbelangt, so besteht das Skelet der fächerförmigen, in toto am Gürtelgelenk beweglichen Fischflosse (Ichthyopterygium), wie es sich bei *Selachiern* (Abb. 972 a) in ursprünglicher Form zeigt, aus einem Basale mit einer größeren Zahl peripheriewärts sich anschließender Seitenstrahlen. Dazu können noch weitere zwei Basalia mit Seitenstrahlen auftreten. Dann unterscheidet man an dem Selachierflossenskelet drei Abschnitte als *Metapterygium, Mesopterygium* und *Propterygium*. An die Seitenstrahlen schließen sich peripheriewärts noch von der Haut aus entstandene sogenannte Hornfäden in dem Flossensaume an.

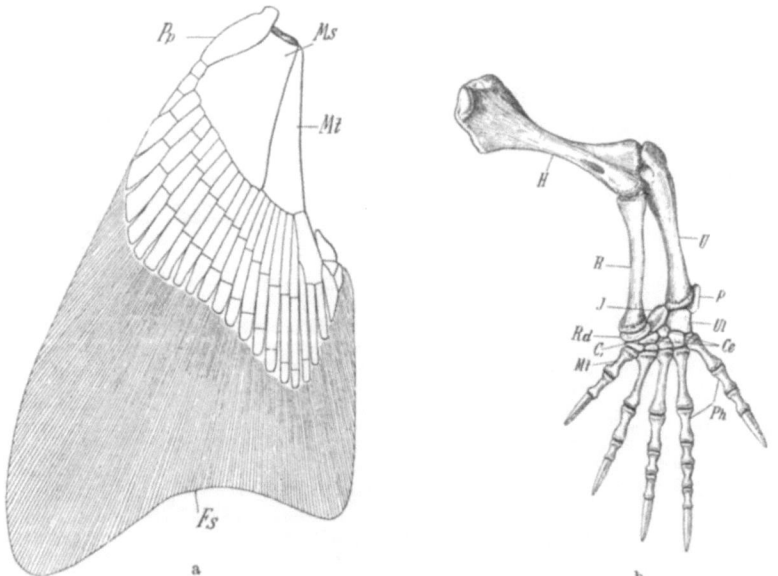

Abb. 972. a Skelet der linken Brustflosse von *Squalus acanthias*, Dorsalansicht. (Original G.) *Pp* Propterygium, *Ms* Mesopterygium, *Mt* Metapterygium, *Fs* Flossensaum mit den Hornfäden. — b Skelet der linken Vorderextremität von *Sphenodon*. (Original G.) *H* Humerus, *R* Radius, *U* Ulna, *Rd* Radiale, *J* Intermedium, *Ul* Ulnare, *P* Pisiforme, *Ce* Centralia, *C*, erstes der fünf Carpalia, *Mt* Metacarpalia, *Ph* Phalangen.

In der Reihe der Fische zeigt das primäre Stammskelet der Extremität eine weitgehende Reduktion, während das sekundäre Hautskelet des Flossensaumes, die Flossenstrahlen, eine größere Entfaltung erfährt. Im Gegensatze zum Ichthyopterygium erscheint die pentadaktyle Extremität (Chiridium) säulenförmig entwickelt, in ihren einzelnen Abschnitten gelenkig, und weist eine geringe bestimmte Zahl von Skeletstücken auf, die allerdings infolge von Verwachsung oder Rückbildung eine Reduktion erfahren können. Am Chiridium (Abb. 972 b) unterscheidet man einen Stamm, die *Extremitätensäule*, und den reicher gegliederten Endabschnitt, die *Extremitätenspitze*. Das Skelet der Extremitätensäule wird durch lange Röhrenknochen gebildet und setzt sich aus zwei Abschnitten zusammen, aus dem Oberarm (*Humerus*), dem Oberschenkel (*Femur*) und dem Unterarm und Unterschenkel, welch letztere aus zwei nebeneinander liegenden Röhrenknochen bestehen (*Radius, Ulna—Tibia, Fibula*). Der terminale Abschnitt der Extremität, welcher sich durch eine größere Zahl von meist fünf der Länge nach nebeneinander liegenden Elementen auszeichnet, die Hand, bzw. der Fuß, besteht aus der Handwurzel (*Carpus*) und Fußwurzel (*Tarsus*), in denen eine proximale und distale Reihe von Knöchelchen sowie ein bis zwei Centralia bei voller Ausbildung zu unterscheiden sind, sodann aus der Mittelhand (*Metacarpus*) bzw. dem Mittelfuß (*Metatarsus*) und endlich aus den in *Phalangen* gegliederten Fingern und Zehen.

Das Centralnervensystem hat seine Lage in der von den dorsalen Skeletbogen gebildeten Rückenhöhle und läßt einen hinteren, längeren, strangförmigen Abschnitt (*Rückenmark*) und den vorderen vergrößerten und weiter differenzierten Abschnitt als *Gehirn* unterscheiden (Abb. 975). Hirn und Rückenmark gehen aus derselben Anlage, dem Medullarrohr hervor. Im Inneren wird das Rückenmark von einem engen Kanal (*Centralkanal*) durchsetzt, der sich in die Hohlräume des Gehirnes (Hirnhöhlen) fortsetzt (Abb. 974). Das Gehirn erscheint als Träger der geistigen Fähigkeiten und als Centralorgan der Sinneswerkzeuge, während das Rückenmark die vom Gehirn übertragenen Reize fortleitet und insbesondere die Reflexbewegungen vermittelt, indessen auch Centralherde gewisser Erregungen enthält. Die Masse des Gehirns und des Rückenmarks nimmt mit der höheren Lebensstufe fortschreitend zu, doch in ungleichem Verhältnisse, indem das Gehirn sehr bald das Rückenmark überwiegt. Die niederen Wirbeltiere besitzen ein relativ kleines Gehirn, dessen Masse von der des Rückenmarkes bedeutend übertroffen wird, die höheren Typen dagegen zeigen das umgekehrte Verhältnis um so entschiedener ausgeprägt, je mehr sich ihre Organisations- und Lebensstufe erhebt. Genetisch lassen sich überall drei primäre Hirnblasen (Abb. 973) unterscheiden, aus denen die fünf Hirnabschnitte des entwickelten Tieres (Abb. 974, 226) hervorgehen. Die vordere Hirnblase, das *Prosencephalon* (prächordaler Hirnabschnitt) gliedert sich in das Großhirn (*Telencephalon, Cerebrum*), an welchem lateral die paarigen

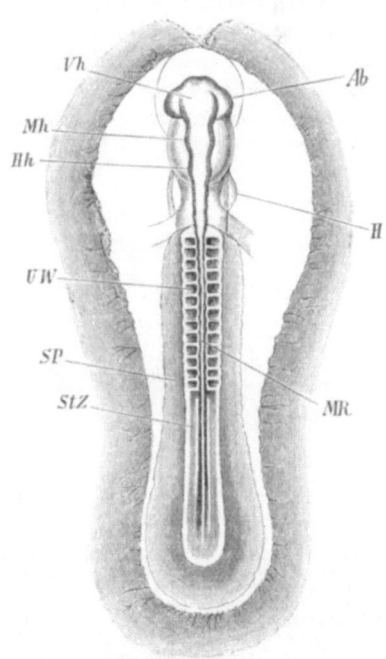

Abb. 973. Embryo des Huhnes vom Ende des zweiten Tages. (Nach KÖLLIKER.) *Vh* Vorder-, *Mh* Mittel-, *Hh* Hinterhirnblase, *Ab* Augenblasen, *MR* Medullarrohr, *UW* Urwirbel, *StZ* Urwirbelplatten (Mittelplatte), *SP* Seitenplatten des Mesoderms, *H* Herz.

Hemisphären hervortreten, deren Boden zu dem *Basalganglion* (*Corpus striatum*) verdickt ist, und in das Zwischenhirn (*Diencephalon*), dessen Seitenteil der Sehhügel (*Thalamus opticus*) bildet und das den III. Ventrikel enthält. An dem dünnwandigen Mittelteil des Großhirnes bildet sich eine schlauchförmige Ausstülpung seiner Dorsalwand, die *Paraphyse*, welche aber bei vielen Vertebraten später eine Rückbildung erfährt. Vor dem Ursprung der Paraphyse stülpt sich die dünne Dorsalwand in Verbindung mit der gefäßreichen inneren Hirnhaut in den III. Ventrikel und die beiden Ventrikel der Hemisphären hinein, einen sogenannten Plexus chorioideus bildend. Am Zwischenhirn finden sich an seiner dünnen Dorsalwand der obere Hirnanhang (*Zirbel, Corpus pineale, Epiphysis cerebri*), der bei *Petromyzon* augenartig ausgebildet ist und vor demselben bei einigen niederen Vertebraten (*Cyclostomen, Teleosteer, Sphenodon, Lacertilier*) das *Parietalorgan* (*Parapinealorgan*), das sich bei *Sphenodon* und den meisten *Lacertiliern* als rudimentäres unpaares Auge (Parietalauge) entwickelt. Ventral vertieft sich die Wand des Zwischenhirns zum *Infundibulum* mit dem unteren Hirnanhang (*Hypophysis cerebri*) (s. S. 242, Abb. 234), dessen dorsaler Teil aus dem Infundibulum hervorgeht, dessen ventraler Teil (Hypophysis im engeren Sinne) ursprünglich mit dem Geruchsorgan, wie noch bei *Cyclostomen* dauernd (Abb. 977), der Anlage nach verbunden ist, bei den übrigen Vertebraten jedoch ontogenetisch von der Anlage des Geruchsorganes getrennt, sich von der Mundbucht ableitet. Die mittlere Hirnblase wird zum *Mittelhirn* (*Mesencephalon*) oder der *Vierhügelmasse* (*Corpora quadrigemina*), während die hintere Hirnblase wieder zwei Abschnitte, das *Hinterhirn* (*Metencephalon*) oder *Kleinhirn* (*Cerebellum*) und das *Nachhirn* (*Myelencephalon*) oder *verlängerte Mark* (*Medulla oblongata*) mit der *Rautengrube* (*Fossa rhomboidalis*) liefert, deren dorsale Bedeckung durch ein dünnes Epithel gebildet wird, das in Verbindung mit der gefäßreichen inneren Hirnhaut die *Tela chorioidea ventriculi quarti* vorstellt.

Aus dem Rückenmark entspringen paarige Nerven (Abb. 224, 229) in der Weise, daß zwischen je zwei Wirbeln in metamerer Anordnung ein Nervenpaar (*Spinal-*

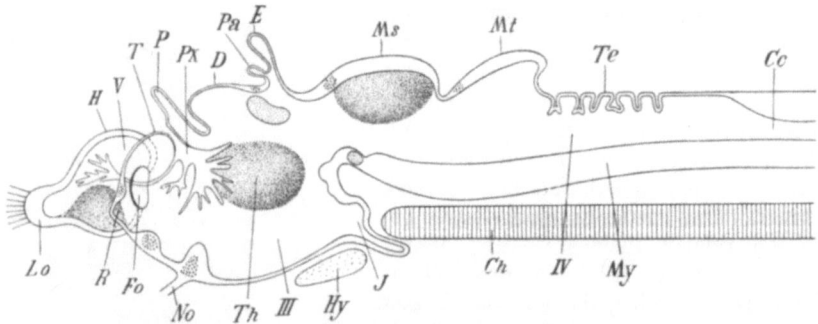

Abb. 974. Schema des Vertebratenhirns im Sagittalschnitt mit rechter Hemisphäre. (Nach BUTSCHLI.) *Cc* Canalis centralis des Rückenmarkes, *Ch* Chorda dorsalis, *D* Diencephalon, *E* Epiphysis, *Fo* Kommunikation des dritten Ventrikels mit dem Ventrikel der Hemisphäre (Foramen Monroi), *H* Hemisphäre des Telencephalons, *Hy* Hypophysis, *J* Infundibulum, *Lo* Lobus olfactorius, *Ms* Mesencephalon, *Mt* Metencephalon, *My* Myelencephalon (Medulla oblongata), *No* Nervus opticus, *P* Paraphysis, *Pa* Parietalorgan, *Px* Plexus chorioideus ventriculi tertii, *R* Recessus neuroporicus (die Verschlußstelle des Neuroporus bezeichnend), *T* Telencephalon, *Te* Tela chorioidea ventriculi quarti, *Th* Thalamus opticus, *V* Ventrikel der Hemisphäre (Ventriculus lateralis), *III* dritter, *IV* vierter Ventrikel.

nerven) mit einer ventralen motorischen und einer dorsalen vorwiegend sensiblen Wurzel hervortritt. Im Verlaufe der dorsalen Wurzel findet sich ein *Spinalganglion*. Beide Wurzeln vereinigen sich zu einem Nervenstamme, der sich in einen gemischtnervigen dorsalen und ventralen sowie in einen von letzterem abgehenden Visceralast spaltet, welcher zum sympathischen Nervensystem sich verbindet. Nur bei *Petromyzon* bleiben die beiden aus dem Rückenmark entspringenden Wurzeln getrennt. Die zu den Extremitäten tretenden Spinalnerven bilden Geflechte (Plexus); entsprechend dem Austritt dieser stärkeren Nerven zeigt das Rückenmark häufig Anschwellungen.

Was die vom Gehirn entspringenden Nerven betrifft, so unterscheidet man im allgemeinen zwölf Hirnnerven in der Reihenfolge von vorn nach hinten: *Olfactorius, Opticus, Oculomotorius, Trochlearis, Trigeminus, Abducens, Facialis, Acusticus, Glossopharyngeus, Vagus, Accessorius Willisii* und *Hypoglossus. Olfactorius* und *Opticus* stehen den übrigen Hirnnerven insofern gegenüber, als sie Vorstülpungen des Gehirns vorstellen, während die übrigen Hirnnerven auf Spinalnerven zurückzuführen sind. Von den spinalen Hirnnerven bilden neben den Augenmuskelnerven (Oculomotorius, Trochlearis, Abducens) der Facialis und Acusticus mit dem

Trigeminus eine Gruppe (Trigeminusgruppe), während eine zweite Gruppe (Vagusgruppe) den Vagus, Glossopharyngeus und Accessorius Willisii umfaßt, zu der bei den Amnioten der Hypoglossus als Hirnnerv hinzukommt. Diese Zusammenfassung beruht auf einer gewissen Zusammengehörigkeit der betreffenden Nerven, die sich zuweilen auch in gemeinsamen Ursprüngen erweist.

Außer dem cerebrospinalen Nervensystem unterscheidet man ein gesondertes Eingeweidenervensystem (*Sympathicus*). Es besteht aus einer Reihe von Ganglien, welche zu beiden Seiten der Wirbelsäule gelegen, mit den Spinalnerven und den spinalnervenartigen Hirnnerven durch *Rami communicantes* zusammenhängen und mit Ausnahme der *Cyclostomen* und *Elasmobranchier* auch untereinander durch Längscommissuren verbunden sind (Abb. 229). Sie bilden im letzteren Falle den sogenannten Grenzstrang des Sympathicus (*Truncus sympathicus*). Die Ganglien entsenden Nerven nach den Eingeweiden (Abb. 230), an denen reiche Geflechte mit eingeschobenen Ganglien gebildet werden.

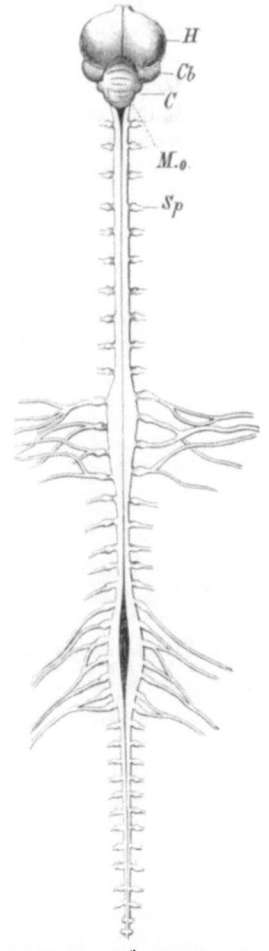

Abb. 975. Hirn und Rückenmark einer Taube. *H* Großhirn, *Cb* Vierhügel, *C* Cerebellum oder Kleinhirn, *Mo* Medulla oblongata, *Sp* Spinalnerven.

Die Sinnesorgane schließen sich nach ihrer Lage in folgender Reihenfolge an. Zuerst das *Geruchsorgan* als paarige (bei *Cyclostomen* unpaar angelegte, aber später sich paarig entwickelnde), vor oder oberhalb des Mundes gelegene Sinnesgruben, welche in Vertiefungen, die Nasenhöhlen, zu liegen kommen, die bei den mittels Lungen atmenden Vertebraten durch hintere Öffnungen (Choanen) mit der Mundhöhle kommunizieren und zugleich zur Ein- und Ausleitung des Luftstromes in die Lungen dienen. Bei den durch Kiemen atmenden Wasserbewohnern dagegen ist die Nasenhöhle mit seltenen Ausnahmen (*Myxinoiden*) hinten geschlossen. Der Olfactorius entspringt jederseits am Vorderhirn meist in Form eines besonderen *Lobus olfactorius*. Eine ventral von der Nasenhöhle sich abkammernde und schließlich in die Mundhöhle mündende Nebennasenhöhle (JACOBSONsches Organ) (Abb. 186) findet sich bei Amphibien, den meisten Reptilien und den Säugetieren vor. Als zweites Hauptsinnesorgan folgen sodann die paarigen Augen, die nach dem Typus des inversen Blasenauges aufgebaut sind (vgl. S. 205, Abb. 201). Die beiden Sehnerven bilden eine Überkreuzung (*Chiasma*); ihr Ursprung liegt im Zwischen- und Mittelhirn. Der Augenbulbus kann bei allen Vertebraten durch einen aus sechs Muskeln gebildeten Muskelapparat bewegt werden. Dazu tritt von den Amphibien an ein Retractor bulbi; er fehlt den Schlangen und den Primaten. Ganz allgemein tritt ein statisches Organ auf, von dem aus sich bei am Lande lebenden Formen das Gehörorgan entwickelt. Es erscheint als kompliziert gestaltete Stato- bzw. Otocyste (sogenanntes *häutiges Labyrinth*) (vgl. S. 188 u. ff., Abb. 177) und gehört durch den Ursprung seines (auf die sensible Wurzel eines spinalnervenartigen Hirnnerven zurückführbaren) Nerven dem Nachhirne an. Die Geschmacksorgane liegen als Sinnesknospen (Schmeckbecher) (Abb. 188) in der Mundhöhle und werden von einem spinalnervenartigen Hirnnerven, *Glossopharyngeus*, versorgt. Als Tastorgane treten über die Haut verbreitet verschieden entwickelte Tast- und Kolbenkörperchen auf, die von Spinalnerven versorgt werden; zu den Tastorganen gehören auch die Sinnesknospen der im Wasser lebenden Vertebraten (vgl. S. 183, 186, Abb. 170 bis 173, 175).

Die Bewegung des Körpers erfolgt durch die Seitenrumpfmuskulatur, die wie bei den Acraniern eine axiale und metamerische ist und sich aus der dem Achsenskelete anliegenden Wand des Urwirbels entwickelt (Abb. 963). Die Extremitätenmuskeln sind Derivate der Seitenrumpfmuskulatur. Die Urwirbelhöhle (*Myocöl*) schwindet.

Das *Splanchnocöl* trennt sich zunächst in einen Pericardialraum, in dem das Herz liegt, und eine größere hintere Pleuroperitonealhöhle; nur bei den *Myxinoiden*, *Elasmobranchiern* und Stören steht der Pericardialraum mit der Pleuroperitonealhöhle in Communication. Bei den *Säugern* trennen sich überdies die vorderen Teile der Pleuroperitonealhöhle, welche die Lunge enthalten, mit der Ausbildung des Zwerchfells (*Diaphragma*) als *Pleuralräume* von dem hinteren, die übrigen Eingeweide enthaltenden Peritonealraum ab. Die Pleuroperitonealhöhle steht bei *Cyclostomen*, manchen Fischen und bei Krokodilen durch besondere Poren (*Pori abdominales*) hinten mit der Außenwelt in Communication.

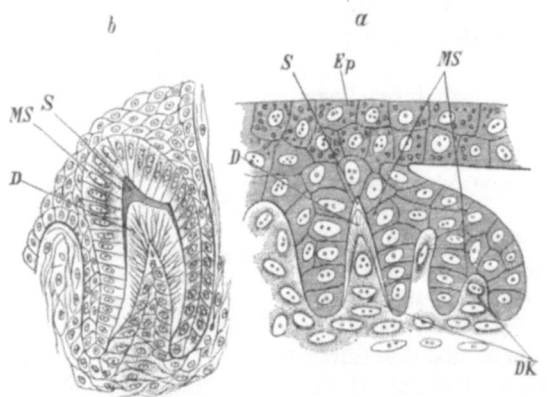

Abb. 976. Die Entwicklung des Zahnes von *Molge* (*Triton*). (Nach O. HERTWIG.) a Die ersten Stadien der Zahnentwicklung, rechts die erste Anlage, b späteres Entwicklungsstadium. *DK* Dentinkeim (Cutispapille), *MS* Schmelzorgan (Epithelscheide), *D* Dentin, *S* Schmelz, *Ep* Mundhöhlenepithel.

Der Darmkanal stellt sich als ein Rohr dar, welches am Vorderende etwas ventral am Kopfe mit der Mundöffnung beginnt und an der Basis der Schwanzregion ebenfalls bauchständig durch den After nach außen mündet. In der Regel übertrifft der Darmkanal die Länge vom Mund zum After sehr bedeutend und bildet daher mehr oder minder zahlreiche Windungen. In seinem Verlaufe innerhalb der Cölomhöhle erscheint er mittels eines unterhalb der Wirbelsäule entspringenden Mesenteriums suspendiert. Die Mundöffnung führt in die Mundhöhle, an deren Boden sich die Zunge erhebt. Die Mundhöhle wird von den als Oberkiefergaumenapparat und Unterkiefer bekannten Skeletbogen begrenzt, von denen der Unterkiefer stets kräftige Bewegungen gestattet, während die Teile des Oberkiefergaumenapparates mehr oder minder fest untereinander und mit dem Schädel verbunden sind. Gewöhnlich sind die Kiefer mit Zähnen bewaffnet, die als von einem dünnen Schmelzoberhäutchen oder von verkalktem Schmelz, einer Epidermoidalbildung, überkleidete verknöcherte Cutispapillen (Dentin) der Mundschleimhaut sich als Homologa der Placoidschuppen erweisen (Abb. 976). Während bei den niederen Vertebraten Zähne an allen die Mundhöhle begrenzenden Knochen auftreten können und das ganze Leben hindurch ein steter Zahnersatz stattfindet, sind bei den Säugetieren die Zähne auf Ober- und Unterkiefer und einen einmaligen Wechsel beschränkt. Nicht selten fallen die Zähne vollkommen hinweg; sie sind dann durch eine hornige Umkleidung der scharfen Kieferränder

Coelomata (Bilateria): Vertebrata (Craniota), Wirbeltiere. 893

(Schnabel bei Vögeln, Schildkröten) oder andere Hornbildungen (Barten der Wale, Hornplatten) ersetzt. Der auf die Mundhöhle folgende erste Darmabschnitt gliedert sich in den *Pharynx*, welcher bei den im Wasser lebenden Vertebraten als Kiemendarm fungiert, die Speiseröhre und den Magen, der aber in einigen Fällen fehlt. Nun folgt der Dünndarm, dessen Anfangsstück (*Duodenum*) durch die Einmündung von Pancreas und Leber bezeichnet wird; er zeichnet sich nicht bloß durch seine bedeutende Länge aus, indem gerade dieser Abschnitt in Windungen zusammengelegt ist, sondern auch durch das Auftreten von inneren Falten und Zöttchen, welche die resorbierende Oberfläche bedeutend vergrößern. Der Endabschnitt, Enddarm, hebt sich meist durch Weite und kräftige Muskulatur ab und kann in Dickdarm (*Colon*) und Mastdarm (*Rectum*) gegliedert sein.

Von Anhangsdrüsen finden sich die in die Mundhöhle einmündenden *Speicheldrüsen*, welche jedoch bei vielen Wassertieren verkümmern, bzw. ganz hinwegfallen, ferner am Anfange des Dünndarmes *Pancreas* und *Leber*. Genetisch ist zu den Anhangsdrüsen des Darmes auch die *Schilddrüse* (*Thyreoidea*) und das *Bries*

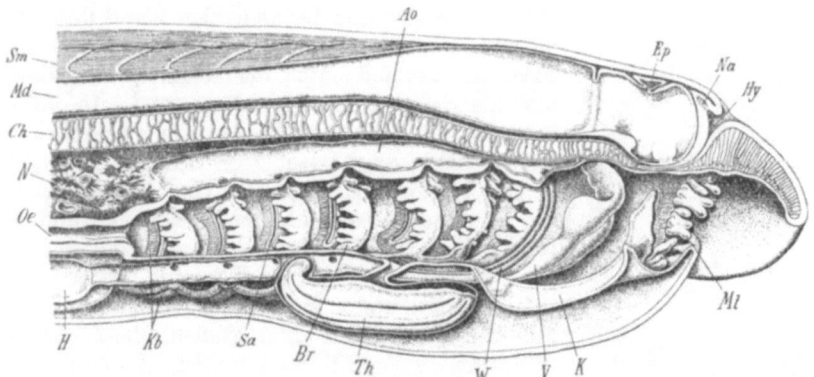

Abb. 977. Medianschnitt durch den Vorderkörper eines jungen Querders (*Ammocoetes*). (Nach DOHRN.) *Mt* Mundtentakel, *V* Velum, *K* Kiel der Unterlippe, *W* Pseudobranchialrinne, *Th* Thyreoidea, *Br* Kiemen, *Sa* äußere Kiemenöffnung, *Kb* Kiemenbogenknorpel, *H* Herz, *Oe* Oesophagus, *N* Kopfniere (Vorniere), *Ch* Chorda, *Md* Medullarrohr, *Sm* Seitenrumpfmuskeln, *Ao* Aorta descendens, *Ep* Epiphysis des Gehirns, *Na* Geruchsorgan, *Hy* Hypophysis cerebri.

(*Thymus*) zu rechnen, welche bei den ausgewachsenen Vertebraten Drüsen ohne Ausführungsgang (Incretdrüsen) vorstellen und in der Gegend des Kiemendarmes oder weiter hinter ihm ihre Lage haben. Die Thyreoidea entwickelt sich aus einer medianen ventralen Rinne des Kiemendarmes (Abb. 233, 977); sie ist ein Homologon des Endostyls der Tunicaten und der Hypobranchialfurche von *Branchiostoma*. Die Thymus wird stets paarig angelegt und entsteht aus den dorsalen, bei Säugern ventralen Teilen des Kiemenspaltenepithels. Bei erwachsenen Tieren erleidet die Thymus eine verschieden weitgehende Rückbildung. Aus dem Epithel des Kiemendarmes hervorgegangene incretorische drüsige Organe sind ferner die *Epithelkörperchen* (*Glandulae parathyreoideae*), die nur bei Fischen vermißt werden; sowie die *Suprapericardialkörper* (*ultimobranchialen Körper*), Organe unbekannter Funktion, die aus der hinteren Pharynxwand entstehen, bei den Elasmobranchiern auf der Dorsalwand des Pericardiums liegen, bei den übrigen Vertebraten Bläschen in der Halsgegend bilden, den Cyclostomen und Teleostomiern aber fehlen (s. auch S. 241—242).

Besondere Respirationsorgane finden sich überall vor, und zwar *Kiemen* oder *Lungen*. Die Kiemen entwickeln sich meist als lanzettförmige Blättchen an hinter dem Kieferbogen folgenden, von Visceralbogen gestützten *Kiemenspalten*, welche vom Pharynx nach außen führen und von denen bei Fischen 5—7 jederseits auftreten (Abb. 977). Von der äußeren Seite her werden die Kiemenspalten oft von einer Hautduplicatur (Kiemendeckel) überragt, an dessen unterem oder hinterem Rande ein Spalt zum Ausfließen des Atemwassers aus dem Kiemenraum freibleibt. Indessen können die Kiemen auch als verästelte Anhänge frei hervorragen (*Amphibien*). Mit dem Übergang zum Landleben tritt eine allmähliche Reduktion der Kiemenspalten und ein Ausfall der Kiemen ein. Bei den *Amphibien*, welche zeitlebens oder wenigstens in der Jugend im Wasser leben, sind Kiemenspalten und Kiemen, wenn auch zuweilen der Zahl und Dauer nach reduziert erhalten, ausgebildet. Bei den *Reptilien*, *Vögeln* und *Säugern*, welche Landtiere sind, treten die Kiemenspalten, jedoch ohne mehr Kiemen zu entwickeln und ohne stets nach außen durchzubrechen, nur im Embryonalleben und als reduzierte Gebilde (Abb. 978) auf, die später bis auf die vorderste, zum Gehörapparat in Beziehung getretene Spritzlochspalte, aus der die Paukenhöhle und Tuba auditiva (Eustachii) hervorgehen, vollständig schwinden. Die in der ganzen Wirbeltierreihe zu verfolgende Reduction des Kiemenapparates erfolgt von hinten her. Die Lungen sind Säcke, die sich aus der ventralen Wand des Pharynx entwickeln. Ein gleichwertiges Organ findet sich bei Fischen, hier jedoch in der Regel in dorsaler Lage und als *Schwimmblase* funktionierend. In ihrer einfachsten Form stellen die Lungen zwei mit Luft gefüllte Säcke vor, welche sich mittels eines gemeinsamen klaffenden Luftganges (Luftröhre, *Trachea*) in der Tiefe der Rachenhöhle in den Schlund öffnen (Abb. 130). Die Wandung der Lungensäcke trägt die respiratorischen Capillargefäße und erscheint meist infolge auftretender Falten und sekundärer Erhebungen zur Herstellung einer großen Oberfläche als ein schwammiges, von Röhren durchsetztes Organ. Beide Lungen erstrecken sich oft tief in die Pleuroperitonealhöhle hinein, bleiben aber bei den höheren Vertebraten auf den vorderen Abschnitt derselben beschränkt, welcher als Brusthöhle durch eine Querscheidewand (Zwerchfell) von dem hinteren Abschnitte (Bauchhöhle) mehr oder minder vollständig abgegrenzt sein kann. Am Eingange der in die Lungen führenden Luftwege verbindet sich mit dem Respirationsorgane das *Stimmorgan*, zu dessen Bildung meist der obere Abschnitt der Luftröhre als Kehlkopf (*Larynx*) umgestaltet ist. Auch Hautatmung (*Perspiratio*) kommt bei einigen Wirbeltieren vor; sie ist bei *Amphibien* von hervorragender Bedeutung.

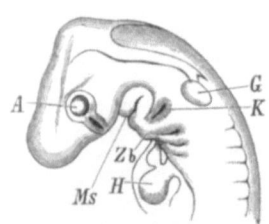

Abb. 978. Kopf und Vorderkörper eines Embryos von *Emys orbicularis*. (Nach RATHKE.) *A* Auge, *G* Gehörbläschen, *Ms* Mund, von Unter- und Oberkiefer begrenzt, *Zb'* Zungenbeinbogen, *K* die erste, zwischen letzterem und dem Unterkieferbogen gelegene, zum Gehörgang werdende Kiemenspalte; auf dieselbe folgen drei weitere Spalten, *H* Herz.

Die Wirbeltiere besitzen ein geschlossenes Blutgefäßsystem, indem Arterien und Venen durch Capillarnetze in den Organen direkt ineinander übergehen. Überdies kommt ein Lymphgefäßsystem vor, das in den Lücken der primären Leibeshöhle wurzelt und in das Venensystem einmündet (Abb. 142). Sekundär wird auch die Cölomhöhle (Brust-, Bauchhöhle) durch Ausbildung von Öffnungen (Stomata) in das Lymphgefäßsystem einbezogen. Mit dieser Komplikation des Gefäßsystems hängt die Trennung des roten Gefäßblutes von der farblosen Lymphe zusammen. Die rote Farbe des Blutes ist an die Blutkörperchen (Erythrocyten) gebunden (S. 112, Abb. 100), außerdem kommen im Blute die aus der Lymphe stammenden Lymphocyten (Leucocyten, Lymphkörperchen) sowie die in neuerer Zeit unterschiedenen Thrombocyten (Blutplättchen) vor. Stets ist ein Herz ausgebildet. Es liegt ventral in einem besonderen Abschnitte des Cöloms (Pericardialraum), der vom übrigen Rumpfcölom durch eine Scheidewand getrennt ist; bei den *Myxinoiden*, *Elasmobranchiern* und Stören bleibt aber zwischen Pericardialraum und Pleuroperitonealhöhle zeitlebens eine Kommunikation. Das Herz liegt ursprünglich hoch oben hinter dem Kopfe (Fische), rückt aber bei den übrigen Wirbeltieren weiter nach hinten.

Die ursprünglichsten, mit den embryonalen Zuständen der höheren Vertebraten übereinstimmenden Verhältnisse zeigt das Blutgefäßsystem der Fische (Abb. 141). Das Herz ist hier einfach, s-förmig gekrümmt und besteht aus einem Ventrikel und einem Atrium mit Klappen am Ostium atrioventriculare. Bei einer Anzahl von Fischen (*Selachier*, *Ganoiden*, *Dipnoër*) schließt sich an die Herzkammer ein besonderer Herzabschnitt mit 2—8 Reihen halbmondförmiger Klappen, der *Bulbus cordis* oder *Conus arteriosus*, an. Bei Knochenfischen ist er rückgebildet. Aus der Herzkammer entspringt ein Arterienstamm (*Truncus arteriosus*, *Aorta ascendens*), der sich in die den Kiemendarm umgreifenden Aortenbogen teilt, von denen ursprünglich in der Regel 6, später 5—4 bei Fischen vorhanden sind. Sie lösen sich im Capillarsystem der Kiemen auf und finden ihre Fortsetzung in rückführenden Gefäßen, die sich dorsal vom Kiemendarm jederseits zu einem Längsstamm (Aortenwurzel) vereinigen, aus deren Verschmelzung die durch den ganzen Körper ziehende *Aorta descendens* hervorgeht, von der aus dorsal segmentale Arterien für die Leibeswand sowie ventral die Gefäße für die Eingeweide abgehen. Die Kopfarterien (*Carotiden*) entspringen vom ersten Aortenbogen. Das Venensystem besteht aus paarigen Venenstämmen, den vorderen und hinteren Cardinalvenen (*Venae cardinales anteriores* und *posteriores*), von denen die vorderen zu den *Venae jugulares* werden und das Blut vom Kopfe zurückführen, während die hinteren Cardinalvenen das Blut aus der Rumpfwand und einem Teile der Eingeweide sammeln. Vordere und hintere Cardinalvenen einer Seite münden durch einen gemeinsamen Stamm (*Ductus Cuvieri*) in den zum Atrium führenden *Sinus venosus*. Das vom Darmkanal zurückkehrende Blut gelangt durch eine große Vene, die Pfortader (*Vena portae*), in die Leber, zerfällt innerhalb derselben in ein Capillarsystem (Leberpfortaderkreislauf), aus welchem eine oder mehrere Lebervenen (*Venae hepaticae*) das Blut in den Sinus venosus führen. Das aus dem Schwanzabschnitte des Körpers zurückkehrende Blut wird durch die (aus dem Schwanzabschnitte der Vena subintestinalis hervorgegangene) Caudalvene (*Vena caudalis*) aufgenommen. Letztere zerfällt innerhalb der Nieren zu einem Capillarsystem (Nierenpfortaderkreislauf), aus welchem durch *Venae revehentes* das Blut in die hinteren Cardinalvenen gelangt.

Mit dem Auftreten der Lungenatmung neben oder an Stelle der Atmung durch Kiemen erfolgt eine Teilung des Herzens durch Entwicklung einer Scheidewand und die Ausbildung eines besonderen Lungenkreislaufes (kleiner Kreislauf) neben dem Körperkreislauf (großer Kreislauf). Die Teilung ist entweder unvollkommen und betrifft zunächst den Vorhof (*Dipnoi, Amphibien*) oder auch teilweise die Kammer (die meisten *Reptilien*); oder sie ist vollkommen (*Krokodile, Vögel, Säugetiere*), so daß nunmehr das Herz aus zwei Kammern und zwei Vorhöfen besteht. Ein Bulbus cordis findet sich noch bei *Amphibien* vor, ist dagegen bei *Reptilien*, *Vögeln* und *Säugetieren* in den Ventrikel einbezogen. Mit der Teilung des Herzens tritt auch eine unvollkommene oder vollständige Teilung des von der Herzkammer entspringenden Truncus arteriosus in einzelne Gefäße ein (Abb. 979).

Von den embryonal in der 6-Zahl vom Truncus arteriosus entspringenden Aortenbogen bilden sich bei den *Amphibien*, *Reptilien*, *Vögeln* und *Säugetieren* die zwei vordersten stets vollkommen zurück (Abb. 979). Die vier hinteren bleiben meist nicht alle, auch nicht mehr in gleicher Stärke erhalten, indem vornehmlich der zweite der vier hinteren Bogen zur Wurzel der Aorta descendens wird. Der vorhergehende Aortenbogen entsendet die *Carotis*, der dritte kann reduziert erhalten bleiben (*Salamandra*) oder ausfallen, der letzte entsendet die *Arteria pulmonalis*. Letztere wird zur Hauptbahn, während die ursprüngliche Verbindung zur Aorta zu einer Nebenbahn (*Ductus arteriosus Botalli*) herabsinkt (z. B. *Salamandra*). In gleicher Weise verhält sich zuweilen der die Carotis entsendende 1. Bogen. Die Verhältnisse, wie sie *Salamandra* zeigt, führen zu jenen der übrigen Vertebraten. Bei diesen erfährt der vorletzte Aortenbogen eine vollständige Rückbildung, die Aortenwurzeln gehen beiderseits aus dem 2. Bogen hervor (*Reptilien*), selten (*Lacerta*) ist auch der erste erhalten, der *Ductus Botalli* der

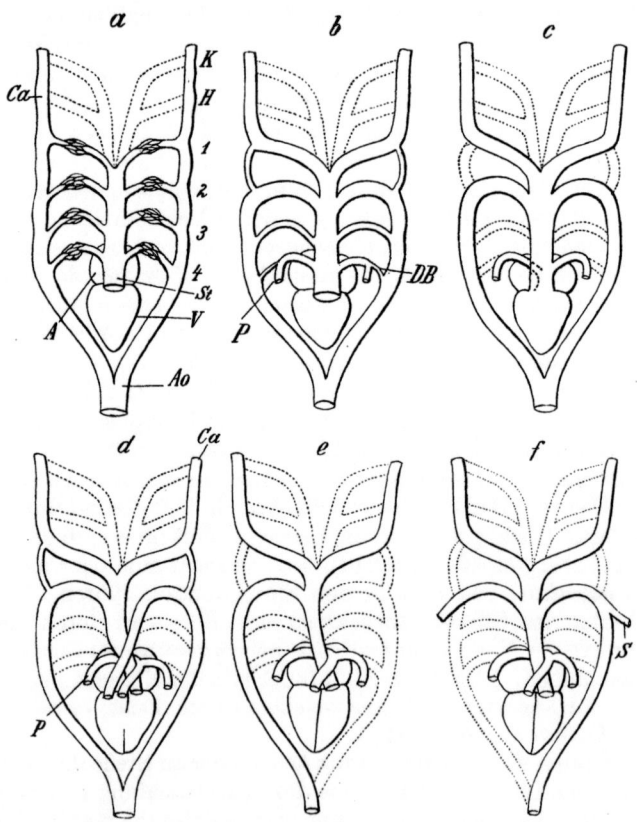

Abb. 979. Schemen der Arterienbogen mit dem Herzen: a vom Fisch, b von einem urodelen Amphibium, c vom Frosch, d von der Eidechse, e vom Vogel, f vom Säugetier. Die zugrunde gegangenen Gefäßabschnitte, in c auch das Septum im Arterienstamm punktiert dargestellt. (Nach BOAS, ergänzt und teilweise verändert.) *V* Herzkammer, *A* Vorkammer, *St* Arterienstamm, *K, H* die beiden ersten rückgebildeten embryonalen Aortenbogen, *1, 2, 3, 4* die vier hinteren Aortenbogen, *Ao* Aorta descendens, *Ca* Carotis, *P* Arteria pulmonalis, *DB* Ductus Botalli, *S* Arteria subclavia.

Arteria pulmonalis fehlt; bei *Vögeln* ist bloß einseitig der rechte, bei *Säugern* der linke 2. Aortenbogen zur Aortenwurzel entwickelt. Die übrigen erhaltenen Teile der Aortenbogen sind in allen Fällen zu den Stämmen der Nebenbahnen geworden. Zugleich mit diesen Differenzierungen des Aortensystems kommt es im Truncus arteriosus zu einer Scheidung der zur Lunge führenden Gefäßbahn, welche dann getrennt in der rechten Herzkammer entspringt und venöses Blut aus derselben empfängt, und den übrigen arteriellen Bahnen.

Was das Venensystem der übrigen Vertebraten betrifft, so findet sich ganz allgemein ein großer unpaarer Venenstamm, die untere Hohlvene (*Vena cava poste-*

rior) (Abb. 981), die unter den Fischen schon den *Dipnoi* und *Polypterus* zukommt. Sie entsteht als neue Vene von der Vena hepatica (oberster Teil der V. subintestinalis) aus, während ihr hinterer Abschnitt aus der Verschmelzung der hintersten Teile der Cardinales posteriores hervorgeht. Sie wird zur Hauptvene für den ganzen Hinterkörper. Damit im Zusammenhang wird das System der hinteren Cardinalvenen in verschiedenem Grade zu schwachen Venen rückgebildet; aus den vorderen Cardinalvenen gehen die Jugularvenen hervor. Die Fortsetzungen der Jugularvenen nebst dem Ductus Cuvieri werden nach Aufnahme der von den Vordergliedmaßen kommenden Vena subclavia als obere Hohlvenen (*Venae cavae superiores*) unterschieden. Bei den Säugetieren (Abb. 980) erscheinen die hinteren Cardinalvenen nur als Zweige der oberen Hohlvenen; bei vielen *monodelphen* Säugern wird nun das Blut der linken oberen Hohlvene durch eine Queranastomose in die rechte übergeführt, welche allein als obere Hohlvene persistiert, während die linke eine sehr bedeutende Reduktion erfährt und im Extrem, wenn nämlich auch

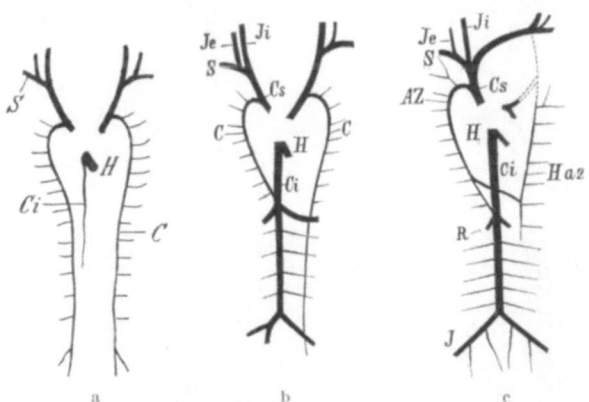
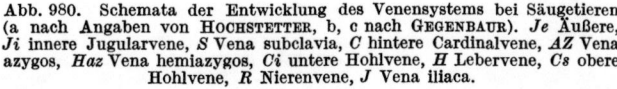
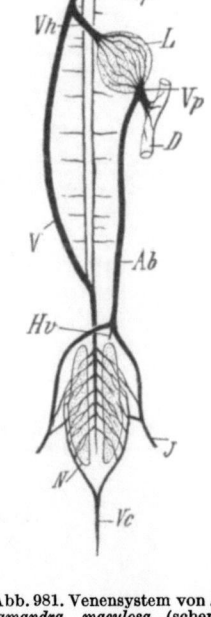

Abb. 980. Schemata der Entwicklung des Venensystems bei Säugetieren (a nach Angaben von HOCHSTETTER, b, c nach GEGENBAUR). *Je* Äußere, *Ji* innere Jugularvene, *S* Vena subclavia, *C* hintere Cardinalvene, *AZ* Vena azygos, *Haz* Vena hemiazygos, *Ci* untere Hohlvene, *H* Lebervene, *Cs* obere Hohlvene, *R* Nierenvene, *J* Vena iliaca.

Abb. 981. Venensystem von *Salamandra maculosa* (schematisch) (nach Angaben und Abbildungen von HOCHSTETTER). *Sv* Sinus venosus, *DC* Ductus Cuvieri, *Ca* vordere Cardinalvene, *Vs* Vena subclavia, *C* Vena cutanea *Cp* hintere Cardinalvene, *V* untere Hohlvene, *Vc* Vena caudalis, *J* Vena iliaca, *Hv* Harnblasenvene, *Ab* Vena abdominalis, *Vp* Pfortader, *Vh* Vena hepatica, *N* Niere, *L* Leber, *D* Darm.

das Blut der linken hinteren Cardinalvene (*V. hemiazygos*) durch einen Quergang in die rechte hintere Cardinalvene (*V. azygos*) geleitet wird, zum Sinus der Kranzvene des Herzens (*Sinus coronarius cordis*) rückgebildet erscheint. Außerdem entwickeln sich besondere Lungenvenen (*Venae pulmonales*), die in den linken Vorhof einmünden.

Während ein Leberpfortaderkreislauf bei allen Wirbeltieren wiederkehrt, fehlt das Nierenpfortadersystem den Säugetieren. Endlich ist noch eine an der Bauchwand zur Leber verlaufende Vene (*Vena abdominalis* oder *epigastrica*) zu erwähnen, welche bei Amphibien und Reptilien, auch Vögeln, vorkommt und Blut aus den hinteren Extremitäten, der Cloake, der Harnblase und der Bauchwand empfängt. Ihr entspricht die *Vena umbilicalis* der Säugerembryonen.

Das im ganzen Körper verbreitete Lymphgefäßsystem, dessen am Darm entspringende Gefäße auch als Chylusgefäße bezeichnet werden, weist einen subvertebralen Lymphsinus auf, der bei den höheren Vertebraten zu einem der Wirbelsäule entlang verlaufenden gesonderten Hauptstamm (*Ductus thoracicus*) wird (Abb. 142). Das Lymphgefäßsystem mündet in das Venensystem, zuweilen unter Vermittlung von *Lymphherzen* (Abb. 982). Letztere fehlen bei den Säugetieren. Im Verlaufe der Lymphgefäße finden sich drüsenartige Bildungen, die *Lymphdrüsen*, die Ursprungsstätten der Lymphkörper. Den Lymphdrüsen schließt sich die *Milz* (*Lien*) an; sie ist jedoch in das Blutgefäßsystem eingeschaltet. Zu den lymphatischen Organen ist auch das *Bries* (*Thymus*) zu zählen.

Die Nieren liegen als paarige Organe unterhalb der Wirbelsäule, retroperitoneal; und

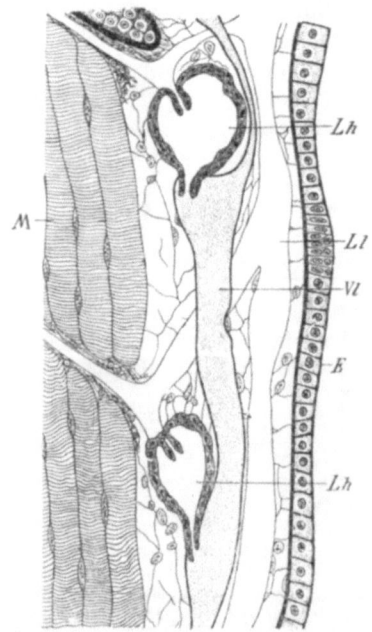
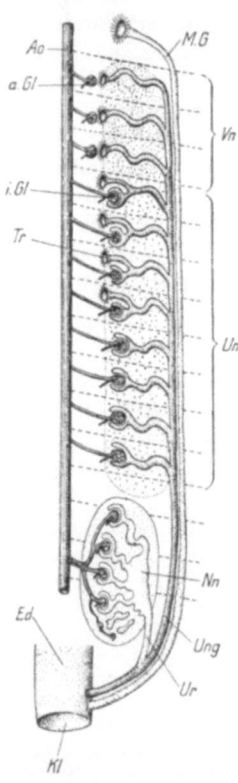

Abb. 982. Zwei Lymphherzen (*Lh*) in der Seitenlinie der Larve von *Salamandra maculosa*. Schnittbild. (Nach HOYER und UDZIELA.) *E* Hautepithel, *Ll* lateraler Lymphgefäßstamm, *M* Rumpfmuskulatur, *Vl* Lateralvene.

Abb. 983. Schema der Nierenorgane der Wirbeltiere. (Nach KÜHN.) *Ao* Aorta, *Ed* Enddarm, *a.Gl* äußerer, *i.Gl* innerer Glomerulus, *Kl* Kloake, *M.G* MÜLLERscher Gang, *Nn* Nachniere, *Tr* Trichter der Vornieren- und Urnierenkanälchen, *Un* Urniere, *Ung* Urnierengang, *Ur* Ureter, *Vn* Vorniere.

zeigen in der Reihe der Wirbeltiere drei Systeme von Harnkanälchen, die *Vorniere* (*Pronephros*), *Urniere* (WOLFFscher Körper, *Mesonephros*) und die *Nachniere* (*Metanephros*) (Abb. 983). Der zuerst entstehende Teil ist die Vorniere, welche sich auf wenige Segmente hinter dem Kopf beschränkt (Abb. 977). Sie besteht aus durch Nephrostomen mit dem Cölom kommunizierenden Kanälen, die in einen gemeinsamen Längsgang (*Vornierengang*) einmünden und zu einem in der Nähe gelegenen großen Wundernetz (*Glomus*) in Beziehung treten. Während die Vorniere (ausgenommen *Myxine*, *Bdellostoma*, viele Knochenfische, wo sie erhalten bleibt) schwindet, entsteht weiter hinten die *Urniere* (Abb. 148). Sie setzt sich aus ursprünglich segmental angeordneten, sekundär aber meist vermehrten Harnkanälchen zusammen, die durch den Vornierengang, der zum *Urnierengang*

(WOLFFschen Gang) wird, in die Cloake münden. Auch die Urnierenkanälchen stehen mittels Wimpertrichter mit dem Cölom in Verbindung; außerdem ist aber noch eine zweite Bildung, das MALPIGHISCHE Körperchen vorhanden, bestehend aus einem Wundernetz (*Glomerulus*), das in einer flaschenförmigen Erweiterung des Urnierenkanälchens eingesenkt liegt. Bei *Fischen* und *Amphibien* fungiert die Urniere zeitlebens und ihre Wimpertrichter erhalten sich bei einigen *Selachiern* und den *Amphibien*. In den übrigen Fällen fehlen die Trichter beim ausgebildeten Tier. Bei den *Reptilien*, *Vögeln* und *Säugetieren* ist die Urniere nur ein embryonales Organ, das bis auf einige Reste später schwindet. Die Niere des ausgewachsenen Tieres ist die Nachniere, eine Neubildung, welche sich im Anschlusse an den

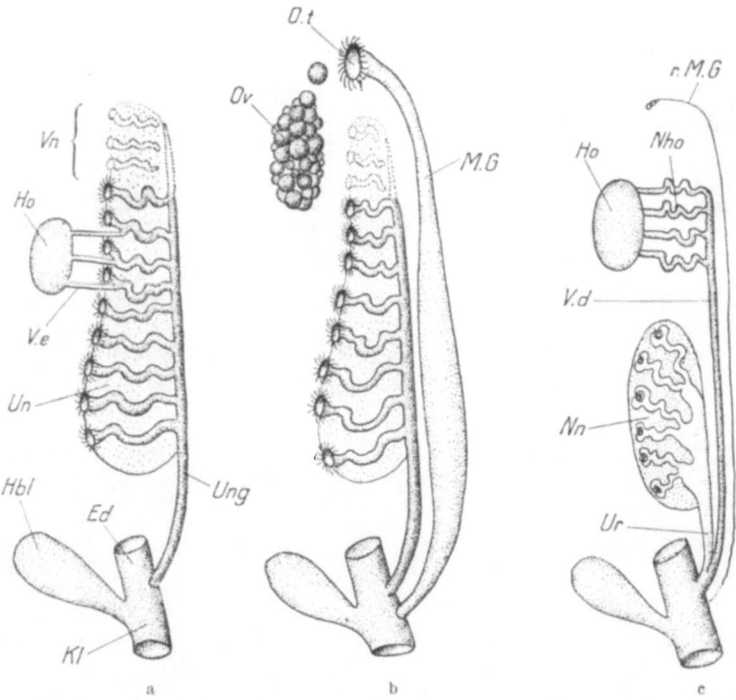

Abb. 984. Schemata der Urogenitalsysteme der Wirbeltiere. (Nach KÜHN.) a und b Selachier und Amphibien; a Männchen; b Weibchen; c Sauropsiden (Reptilien, Vögel), Männchen. *Ed* Enddarm, *Hbl* Harnblase, *Ho* Hoden, *Kl* Kloake, *M.G* MÜLLERscher Gang (Oviduct), *rM.G* rudimentärer MÜLLERscher Gang beim Männchen, *Nho* Nebenhoden (= umgewandelter Urnierenteil), *Nn* Nachniere, *Ov* Ovarium, *O.t* Ostium Tubae, *Un* Urniere, *Ung* Urnierengang, *Ur* Ureter, *Vd* Ductus deferens, *Ve* Ductuli efferentes, *Vn* Vorniere.

hinteren Teil der Urniere entwickelt. Der aus einer Ausstülpung des Urnierenganges entstehende Ausführungsgang der Nachniere heißt *Ureter* (*Harnleiter*). Die Nachniere entbehrt stets der Nephrostomen. Sie stellt ein aus einer großen Zahl zusammengedrängter Harnkanälchen sich aufbauendes drüsiges Organ vor. Erweiterungen im Verlaufe des Urnierenganges fungieren bei den Fischen als Harnblase. Dagegen ist die Harnblase der Amphibien, Reptilien und Säuger eine Bildung der ventralen Cloakenwand.

Die *Nebennieren* (*Glandula suprarenalis*) sind in der Nähe der Nieren, zuweilen in der Nähe der Genitaldrüsen gelegene Organe, die sich aus einem drüsigen, aus dem Cölomepithel hervorgegangenen Teile (*Interrenalorgan*) und einem dem sympathischen Nervensysteme entstammenden Abschnitte (*Suprarenalorgan*,

900 Metazoa.

Adrenalorgan) aufbauen. Bei den *Cyclostomen* und vielen Fischen bleiben Inter- und Suprarenalorgan durchaus getrennt (s. S. 243, Abb. 235).

Die Fortpflanzung der Wirbeltiere ist stets eine digene, und zwar gilt die Trennung der Geschlechter als Regel. Hermaphroditismus findet sich bei einigen Knochenfischen (*Serranus, Chrysophrys* u. a.). Beiderlei Geschlechtsdrüsen bilden sich im Cölomepithel und liegen als meist paarige drüsige Organe neben der Wirbelsäule. Die Ausführungsgänge sind mit wenigen Ausnahmen (*Cyclostomen, Somniosus, Teleosteer*, bei denen nur Cölomporen bzw. Genitalporen oder besondere Gänge vorhanden sind) auf Teile der Urniere (*Nebenhoden, Epididymis*) und die Urnierengänge (*Ductus deferens,* MÜLLERscher *Gang*) zurückzuführen; im

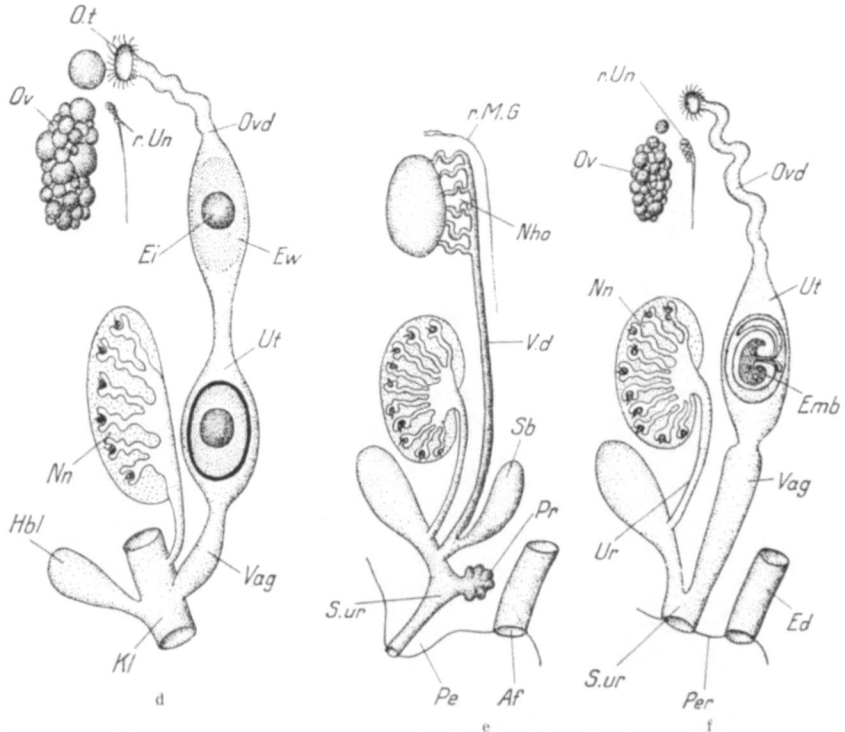

Abb. 985. Schemata der Urogenitalsysteme der Wirbeltiere. (Nach KÜHN.) d Sauropsiden (Reptilien, Vögel), Weibchen; e und f Säugetiere. *Af* After, *Emb* Embryo mit Embryonalhüllen, *Ei* Eizelle, *Ew* Eiweißhülle, von Drüsen der Oviductwand ausgeschieden, *Ovd* Oviduct, *Pe* Penis, *Per* Perineum, *Pr* Prostata, *Sb* Samenblase, *S.ur* Sinus urogenitalis, *r.Un* Rudiment der Urniere beim Weibchen, *Ut* Uterus, *Vag* Vagina (sonstige Buchstabenbezeichnung wie Abb. 984).

männlichen Geschlechte fungiert ein Teil der Urniere und der Urnierengang, im weiblichen der MÜLLERsche *Gang* als Ausleitungsapparat. Daneben finden sich Rudimente des ausführenden Apparates des anderen Geschlechtes vor. Die männlichen Keimprodukte gelangen direkt in die Ausführungsgänge, die weiblichen fallen in die Cölomhöhle, aus der sie durch die offenen Trichter der Oviducte (Tuben) aufgenommen werden (Abb. 984, 985). Die Gliederung der Ausführungsgänge in verschiedene Abschnitte, ihre Verbindung mit akzessorischen Drüsen und äußeren Copulationsapparaten bedingt den sehr mannigfachen, bei den Säugetieren am kompliziertesten gestalteten Bau der Geschlechtsorgane.

Bei den meisten Fischen werden die Genitalprodukte einfach in das Wasser entleert, wo sie sich begegnen, bei den Fröschen und einigen Schwanzlurchen

(*Hynobiidae, Cryptobranchidae,* wahrscheinlich auch *Sirenidae*) ist die Begattung eine äußere, in allen übrigen Fällen eine innere. Die meisten Fische, Amphibien und Reptilien sowie alle Vögel legen Eier ab. Lebendig gebärend sind außer einigen Fischen, Amphibien und Reptilien die Säugetiere.

Die Furchung ist äqual (Säugetiere) oder inäqual (*Petromyzon, Dipnoi, Ganoiden, Amphibien*) oder discoidal (*Teleosteer, Selachier, Reptilien, Vögel*). Die Anlage des Entoderms erfolgt durch einen Einstülpungsvorgang am späteren Hinterende, die Bildung des Mesoderms ist auf vom Entoderm aus erfolgende Abfaltung zurückzuführen (vgl. S. 286 und Abb. 269—277). Die Schließungslinie der Gastrula ist an der Oberfläche als sogenannte Primitivrinne ausgeprägt, welche die Längsrichtung des Embryos bezeichnet. Das äußere Blatt erzeugt dorsal durch zwei seitliche Aufwulstungen (Medullarwülste) eine Rinne (Anlage des Centralnervensystems), welche sich durch Zusammenwachsen ihrer Ränder der Länge nach schließt

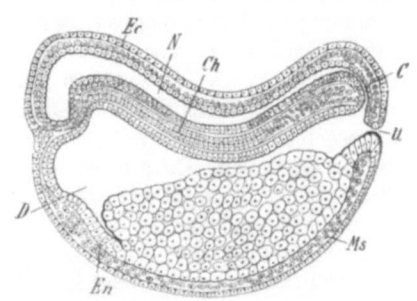

Abb. 986. Embryo der Unke (*Bombinator igneus*) nach Schluß der Rückenrinne im Medianschnitt. (Nach GOETTE.) *Ec* Ectoderm, *N* Neuralrohr, *Ch* Chorda dorsalis, *C* Canalis neurentericus, *D* Darmhöhle, *En* Entoderm, *Ms* Mesoderm, *U* Urmund (RUSCONIscher After).

(Abb. 272). Das so abgeschnürte Rohr ist die Anlage von Rückenmark und Gehirn, deren Höhlung eine Zeitlang mit der Darmhöhle kommuniziert (neurenterischer Kanal) (Abb. 986). Unterhalb des Nervencentrums legt sich vom Entoderm aus die Chorda dorsalis und zu deren Seiten das Mesoderm an. Letzteres bildet zwei Streifen lateral vom Darm und trennt sich in ein parietales und viscerales Blatt. Die zwischen beiden Blättern gelegene Höhle ist das Cölom. Der dorsale Abschnitt des Mesodermstreifens (Abb. 973) trennt sich alsbald ab (Mittelplatte) und gliedert sich von vorn nach hinten segmental in die sogenannten Urwirbel mit der Urwirbelhöhle (Myocöl) (Abb. 272, 277), während die lateralen Abschnitte (Seitenplatten) ungegliedert bleiben; der von den letzteren umschlossene Cölomteil ist das Splanchnocöl. An der Grenze von Urwirbel und Seitenplatten sondert sich der Urnierengang und medial von demselben entsteht in dem

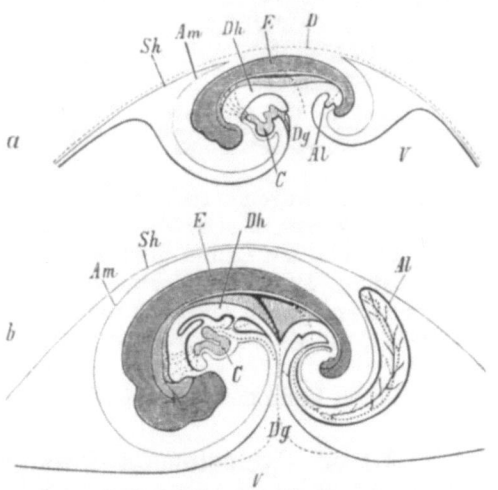

Abb. 987. Zwei Entwicklungsstadien des Hühnchens im Medianschnitt. (Nach v. BAER.) a Amnion (*Am*) und Allantois (*Al*) in Bildung begriffen. b Späteres Stadium mit geschlossenem Amnion. *E* Embryo, *D* Dotterhaut, *Sh* Serosa, *Dh* Darmhöhle, *Dg* Dottergang, *V* Dottersack, *C* Herz.

Splanchnocölepithel die Anlage der Genitaldrüse. Während dieser an der Dorsalseite des Embryos ablaufenden Vorgänge bildet sich an der Ventralseite das Darmrohr weiter aus und resorbiert allmählich den Dotter, der bei größerem Umfange in einem besonderen sackförmigen Anhange des Darmes, dem *Dottersacke*, aufgenommen ist (Abb. 988). Die Einstülpung zur Bildung des definitiven Mundes entsteht vorn etwas ventral, der auf den Gastrulamund zurückzuführende After bricht gleichfalls an der Bauchseite an der Basis der Schwanzregion durch. Bei Reptilien, Vögeln und Säugetieren entwickeln sich Embryonalhüllen (*Amnion*, *Serosa*), indem über dem kahnförmig gestalteten Embryo zwei (eine vordere und eine hintere) sich erhebende Falten verwachsen; in diesen Gruppen bildet sich ferner die *Allantois* aus, ein vom hintersten ventralen Teile des Enddarmes entstandener (der Amphibienharnblase homologer) Harnsack, aus dem auch die definitive Harnblase hervorgeht (Abb. 987, 988). Die *Allantois* entwickelt sich durch ihren Reichtum an Blutgefäßen zum embryonalen Atmungs- und Ernährungsorgan. Ihr peripherer Teil wird ebenso wie die Keimhüllen vor dem Verlassen des Eies resorbiert (Schildkröten) oder aber beim Verlassen der Eischale bzw. bei der Geburt abgestoßen. Die ausgeschlüpften Jungen der Vertebraten stimmen in Bau und Erscheinung meist mit dem Elterntier überein, nur bei den Amphibien und manchen Fischen, endlich bei den Petromyzonten besteht eine Metamorphose.

Die Einteilung der Wirbeltiere in die vier Klassen der Fische, Amphibien, Vögel und Säugetiere, welche LINNÉ zuerst aufstellte, findet sich schon in dem System von ARISTOTELES begründet. Sodann hat BLAINVILLE mit Recht die Amphibien von den Reptilien getrennt und mit den Fischen als niedere den Reptilien, Vögeln und Säugern als höheren Wirbeltieren gegenübergestellt. Dieser Gegenüberstellung entspricht das Auftreten eines Amnions in der Embryonalentwicklung der höheren Wirbeltiere, die nach diesem Merkmale als *Amniota* den *Anamnia* (Fische und Amphibien) entgegengestellt wurden. Mit Rücksicht auf die näheren Beziehungen zwischen Reptilien und Vögeln unterschied HUXLEY drei Hauptabteilungen: *Ichthyopsida* (Fische, Amphibien), *Sauropsida* (Reptilien, Vögel) und *Mammalia*. Es entspricht jedoch den zahlreichen Eigentümlichkeiten nach die *Cyclostomen* mindestens als besondere Klasse aus den Fischen auszuscheiden, so daß folgende sechs Wirbeltierklassen zu unterscheiden sind: 1. *Cyclostomata*, 2. *Pisces*, 3. *Amphibia*, 4. *Reptilia*, 5. *Aves*, 6. *Mammalia*, von denen die vier letzteren auf Grund ihres Extremitätenbaues auch als *Tetrapoda* vereinigt werden. In noch zutreffenderer Weise wird den Besonderheiten der Cyclostomen im System Ausdruck verliehen, wenn diese als Gruppe allen übrigen Vertebraten, die als *Gnathostomata* zusammengefaßt wurden, gegenübergestellt werden.

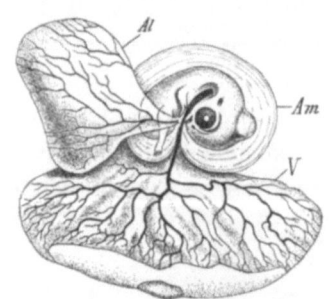

Abb. 988. Embryo des Hühnchens (nach DUVAL), ohne Serosa, im Amnion (*Am*), mit Allantois (*Al*) und Dottersack (*V*). ³/₄.

Die ältesten Vorkommnisse von Wirbeltieren sind Fischreste aus dem Untersilur.

1. Klasse. Cyclostomata (Marsipobranchi), Rundmäuler[1].

Fischartige Vertebraten ohne paarige Extremitäten, mit Knorpelskelet und persistierender Chorda, mit Schädel ohne Hinterhauptregion, mit beutelförmigen Kiemengängen, mit unpaarer Nase und mit Saugmund.

---

[1] Außer RATHKE, M. SCHULTZE vgl. MÜLLER, JOH.: Vergleichende Anatomie der Myxinoiden. Berlin 1834—1845. — MÜLLER, W.: Über das Urogenitalsystem des *Amphioxus* und der Cyclostomen. Jena. Z. Naturwiss. 9 (1875). — LANGERHANS, P.: Untersuchungen über *Petromyzon Planeri*. Abh. Naturforsch. Ges. Freiburg 1875. — SCHNEIDER, A.: Beiträge zur vergleichenden Anatomie und Entwicklungsgeschichte der Wirbeltiere. Berlin 1879. — PARKER, W. K.: On the Skeleton of the Marsipobranch Fishes. Philosophic. Trans. roy. Soc. London 1883. — AHLBORN, F.: Untersuchungen über das Gehirn der Petromyzon-

Die Cyclostomen (Abb. 989, 993) nähern sich in ihrer Leibesform den Fischen, in ihrer inneren Organisation jedoch stehen sie viel tiefer. Der Körper ist cylindrisch wurmförmig. Der Kopf geht allmählich in den Rumpf über. Die Haut bleibt nackt und ist reich an Schleimzellen. Große Schleimdrüsen sind die bei *Myxiniden* und *Bdellostomatiden* an den Körperseiten auftretenden sogenannten Schleimsäcke (Abb. 989). Paarige Flossen fehlen (wahrscheinlich infolge von Rückbildung), dagegen ist das System der unpaaren Flossen (bei den *Hyperotreta* verkümmert) entwickelt und durch knorpelige Strahlen gestützt. Als Achsenskelet persistiert die Chorda, deren Scheide eine feste fibröse Beschaffenheit besitzt, während in dem skeletogenen Gewebe bei *Petromyzon* metamerisch sich wiederholende knorpelige Einlagerungen in Form von Knorpelleisten als Rudimente von oberen und in der Schwanzgegend von unteren Bogen eine Anfangsstufe zur Wirbelanlage bilden.

Es ist eine das Gehirn umschließende knorpelig-häutige Schädelkapsel vorhanden (Abb. 990), in deren Basis die Chorda endet; zwei seitlich angefügte Knorpelblasen (Gehörkapsel) umgeben das statische Organ. Vorn schließt sich an die

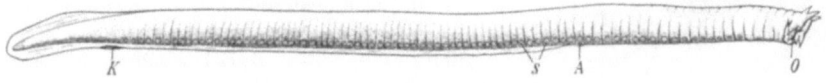

Abb. 989. *Myxine glutinosa*. (Original G.) ¹/₃. *A* Kiemenöffnung, *K* After, *O* Mund, *S* sogenannte Schleimsäcke.

Hirnkapsel die Nasenkapsel an. Eine Occipitalregion fehlt. Der Schädel der *Cyclostomen* entspricht der prootischen Schädelregion der übrigen Vertebraten. In Verbindung mit dem Schädel finden sich an der Stelle des Visceralskeletes knorpelige, den Gaumen und Schlund umgebende Spangen, so ein subocularer, als Kieferbogen gedeuteter Knorpelbogen mit einem als Hyoid gedeuteten Fortsatz, verschiedene Lippenknorpel und Knorpelplatten, bei *Petromyzonten* auch ein kompliziertes Gerüst von Knorpelspangen in der Umgebung der Kiemensäcke, die sich zum Teil an das Achsenskelet anheften.

Die Rundmäuler besitzen ein dem Fischtypus entsprechend gebautes, relativ kleines Gehirn mit den drei Hauptsinnesnerven und einer reduzierten Zahl spinalartiger Nerven. Glossopharyngeus und Vagus treten hinter der Schädelkapsel aus.

---

ten. Z. Zool. **39** (1883). — JULIN, CH.: Recherches sur l'appareil vasculaire et le système nerveux périphérique de l'*Ammocoetes*. Archives de Biol. **7** (1887). — GOETTE, A.: Entwicklungsgeschichte des Flußneunauges. Hamburg u. Leipzig 1890. — GAGE, S. H.: The Lake and Brook Lampreys of New York. Ithaca 1893. — AYERS, H. a. C. M. JACKSON: Morphology of the Myxinoidei. J. Morph. a. Physiol. **17** (1901). — BASHFORD DEAN: On the Embryology of *Bdellostoma stouti*. Festschr. f. KUPFFER **1899**. — KOLTZOFF, K.: Entwicklungsgeschichte des Kopfes von *Petromyzon Planeri*. Bull. Soc. Natural. Moskau 1902. — JOHNSTON, J. B.: The Cranial Nerve Components of *Petromyzon*. Morph. Jb. **34** (1905). — CORI, C. J.: Das Blutgefäßsystem des jungen *Ammocoetes*. Arb. zool. Inst. Wien **16** (1906). — STERZI, G.: Il sistema nervoso centrale dei Vertebrati. I. Ciclostomi. Padova 1907. — COLE, F. J.: A Monograph on the general Morphology of the Myxinoid Fishes etc. Trans. roy. Soc. Edinburgh **1906—1926**. — GLAESNER, L.: Studien zur Entwicklungsgeschichte von *Petromyzon fluviatilis*. Zool. Jb. **29** (1910). — DE SELYS-LONGCHAMPS, M.: Gastrulation et formation des feuillets chez *Petromyzon Planeri*. Archives de Biol. **25** (1910). — TRETJAKOFF, D.: Die Parietalorgane von *Petromyzon fluviatilis*. Z. Zool. **113** (1915). — LÖNNBERG, E., FAVARO, G.: Cyclostomi. Bronns Klassen u. Ordn. des Tierreiches **6**, 1. Abt. (1905—1913). — HANSEN, H.: Anatomie und Entwicklung der Cyclostomenzähne unter Berücksichtigung ihrer phylogenetischen Stellung. Jena. Z. Naturwiss. **56** (1919). — HATTA, S.: Über die Entwicklung des Gefäßsystems des Neunauges *Lampetra mitsukurii*. Zool. Jb. **44** (1923). — Vgl. ferner die Arbeiten von CALBERLA, KUPFFER, HATSCHEK, V. v. EBNER, G. RETZIUS, SCHAFFER, SEMON, NANSEN, BEARD, HOWES, WIEDERSHEIM, GASKELL, BUJOR, WORTHINGTON, LUBOSCH, EDINGER, MAAS, SHIPLEY u. a.

Das Rückenmark ist bandartig abgeplattet, die von demselben abgehenden dorsalen und ventralen Spinalnervenwurzeln vereinigen sich bei *Petromyzon* nicht. Stets sind zwei Augen vorhanden, doch können dieselben unter der Haut und selbst von Muskeln bedeckt äußerlich verborgen bleiben (*Myxine*, Querder). Das Auge von *Myxine* entbehrt der Muskel, der Iris und Linse. Die Epiphyse ist bei *Petromyzon* augenartig ausgebildet. Das Geruchsorgan ist eine unpaar angelegte, aber paarig sich ausbildende Grube, die oberhalb des Mundes durch ein einfaches Rohr (Nasenrohr) nach außen mündet (daher *Monorhina*). Bei *Petromyzonten* ist die Nasenöffnung dorsal gelegen und führt in ein kurzes Nasenrohr, an dem sich dorsal das sackförmige Geruchsorgan befindet und das sich weiter in einen langen blinden Hypophysenschlauch fortsetzt (Abb. 990). Bei den *Myxinoiden* aber liegt die Nasenöffnung am vorderen Körperende, das Nasenrohr ist sehr lang, der Hypophysenschlauch (Nasengaumengang) öffnet sich hinten in den Schlund und kann durch eine Klappenvorrichtung geschlossen werden. Diese Communication der Nasen- und Rachenhöhle dient zur Einfuhr des Wassers in die Kiemensäcke, da die Mundöffnung beim Festsaugen für den Durchgang des Wassers verschlossen bleibt. Das statische Organ reduziert sich auf ein einfaches häutiges Labyrinth, das noch nicht in Sacculus und Utriculus gegliedert ist und bloß einen (*Myxinoiden*) oder zwei halbkreisförmige Kanäle aufweist. Am Kopfe und an den Seiten des Rumpfes finden sich in regelmäßiger Folge Sinnesgrübchen mit einem Sinneshöcker, die den Seitenlinien der Fische entsprechen (Abb. 175a).

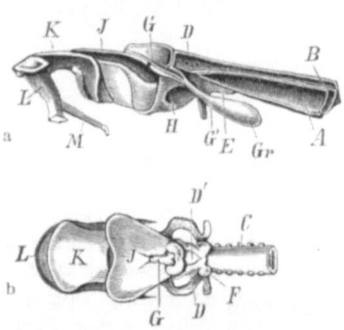

Abb. 990. Schädel und Anfang des Rückgrates von *Petromyzon marinus*. (Nach Joh. Müller.) a Im Medianschnitt, b in der Dorsalansicht. *A* Chorda, *B* Rückgratkanal, *C* Rudimente von oberen Wirbelbogen, *D* knorpeliger, *D'* häutiger Teil des Schädelgewölbes, *E* Schädelbasis, *F* Gehörkapsel, *G* Nasenkapsel, *G'* Hypophysenschlauch (Nasengaumengang), *Gr* blindes Ende desselben, *H* Fortsatz des knöchernen Gaumens, *J* hintere, *K* vordere Deckplatte des Mundes, *L* Lippenring, *M* stielförmiger Anhang desselben.

Die von fleischigen Lippen oder von Barteln umgebene Mundöffnung ist kreisförmig und kann sich zu einer medianen Längsspalte zusammenlegen. Sie führt in eine trichterförmige Mundhöhle, die mit Hornzähnen bewaffnet ist (Abb. 991). Im Grunde des Trichters liegt das mit Zähnen besetzte Vorderende der stempelförmigen vorstoßbaren Zunge. An der Grenze von Mundhöhle und Kiemendarm findet sich eine dem Velum der Acranier homologe Falte (Abb. 977). Der auf die Mundhöhle folgende Pharynx geht entweder direkt in den der Respiration dienenden Kiemendarmabschnitt über oder (*Petromyzon*) setzt sich über dem ventral gelegenen Kiemensack als ein fälschlich als Oesophagus bezeichnetes Rohr in den bei *Petromyzon* mit niedriger Spiralfalte versehenen verdauenden Darm fort. Der letztere verläuft in gerader Richtung zum After. Ein Magen ist nicht ausgebildet, die Einmündung der Leber liegt hinter dem Kiemendarm. Ein kleines als Pancreas aufgefaßtes drüsiges Organ liegt in der Darmwand.

Der Kiemendarm erscheint weit nach hinten verschoben. Die Kiemen (Abb. 992) liegen zu seinen Seiten in 6 oder 7, zuweilen 10—15 Paaren von Kiemenbeuteln. Diese öffnen sich durch äußere Kiemengänge meist in ebensoviel getrennten Atemlöchern nach außen (Abb. 993); bei *Myxiniden* hingegen ist jederseits nahe am Bauche (Abb. 989) nur eine Öffnung vorhanden, zu welcher sich die äußeren Kiemengänge vereinigen und in der linkerseits noch ein besonderer zum Darm verlaufender Kanal (Ductus oesophago-cutaneus) (Abb. 992) ausmündet. Andererseits communizieren die Säcke mit dem Kiemendarm durch innere Kiemengänge;

bei *Petromyzon* ist der ganze Kiemendarm ventral vom Darm gelegen und stellt einen hinten blindgeschlossenen Kiemendarmsack vor, der nur am Vorderende mit dem Schlunde communiziert.

Das Wasser strömt von außen durch die äußeren Kiemenöffnungen, bei *Myxine* durch den Nasengang ein und fließt, wenn die Konstrictoren der Kiemensäcke wirken, entweder auf jenem ersteren Wege wieder ab (*Petromyzon*) oder durch den besonderen unpaaren Kanal der linken Seite nach außen.

Das Herz liegt unter und hinter dem Kiemenkorbe in einem Pericardialraum, der bei *Myxinoiden* mit der Pleuroperitonealhöhle in offener Verbindung bleibt. Es zeigt gleichwie das Gefäßsystem wesentlich den Typus der Kreislauforgane bei Fischen, doch fehlt ein Nierenpfortadersystem. Der bei Cyclostomen auftretende Aortenbulbus enthält nur zwei Klappen; ein Bulbus cordis fehlt. Bei *Myxine* und *Bdellostoma* finden sich an der paarig entspringenden Vena caudalis herzartige Anschwellungen (Corda venosa caudalia), bei *Myxinoiden* ist ferner ein Cor venosum portale an der Pfortader ausgebildet. Eine Milz als gesondertes Organ fehlt, sie wird durch das Lymphoidgewebe des Darmes repräsentiert (diffuse Milz).

Die Nieren der Cyclostomen entsprechen der Urniere. Sie zeigen bei *Myxinoiden* ein ursprüngliches Verhalten in ihrem segmentalen Bau, indem in einem Körpersegmente je ein Harnkanälchen (mit MALPIGHIschem Körperchen) in den Nierengang mündet. Bei *Petromyzon* ist die Niere vornehmlich im hinteren Abschnitte des Rumpfes ausgebildet, im vorderen rudimentär. Von der Vorniere werden Reste beobachtet. Die Nierengänge münden auf einer Papille hinter dem After, mit den paarigen Cölomporen (Abdominalporen) in einem gemeinsamen Gang (Urogenital-

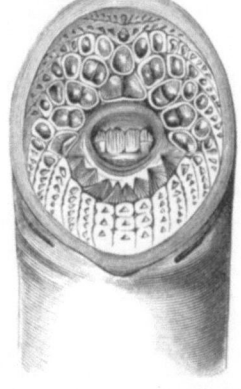

Abb. 991. Kopf von *Petromyzon marinus*, Ventralansicht, um die Hornzähne der Mundhöhle zu zeigen. (Nach HECKEL und KNER.) $^1/_1$

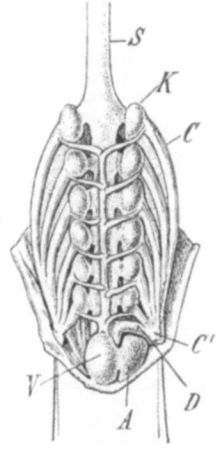

Abb. 992. Kiemendarm von *Myxine glutinosa*, Ventralansicht. (Nach JOH. MÜLLER.) *S* Schlundrohr, *K* Kiementasche, *C* äußere Kiemengänge, die sich in einem gemeinschaftlichen Gange (*C'*) vereinigen. *D* Ductus oesophago-cutaneus, *V* Ventrikel, *A* Atrium des Herzens.

sinus). Die Geschlechter sind getrennt, *Myxine* soll protandrischer Hermaphrodit sein. Die Genitaldrüsen sind unpaar, ihre Produkte gelangen in die Leibeshöhle und von hier durch die beiden Cölomporen (Abdominalporen) mittels des gemeinsamen Urogenitalsinus nach außen.

Die Petromyzonten durchlaufen eine Metamorphose, die schon vor mehr als zwei Jahrhunderten dem Straßburger Fischer BALDNER bekannt war. Die jungen Larven (Querder) (Abb. 993, b, c, d) sind blind und zahnlos, besitzen einen kleinen, von einer hufeisenförmigen Oberlippe umsäumten Mund und wurden lange Zeit einer besonderen Gattung *Ammocoetes* zugerechnet. Denselben fehlt noch die Zunge; vorn in der Mundhöhle befindet sich ein Kranz von Tentakeln, hinten wird die Mundhöhle durch ein Velum gegen den Pharynx begrenzt. Der Darm entspringt am Hinterende des Kiemensackes (Abb. 977). Die Umwandlung der Querder in die Form des geschlechtreifen Tieres erfolgt im 4. Jahre und verläuft überaus rasch.

Die Cyclostomen leben zum Teile im Meere und steigen zur Laichzeit, zuweilen vom Lachs oder vom Maifisch getragen, in die Flüsse, auf deren Boden sie ihre Eier absetzen. Andere sind Flußfische. Sie leben in Schlamm und Sand, hängen sich an Steine, tote und lebende Fische fest, welch letztere sie annagen und auf diese Art zu töten vermögen, nähren sich aber auch von Würmern und kleinen Wassertieren. *Myxine* schmarotzt ausschließlich an Fischen, gelangt selbst in deren Leibeshöhle und liefert ein Beispiel eines entoparasitischen Wirbeltieres.

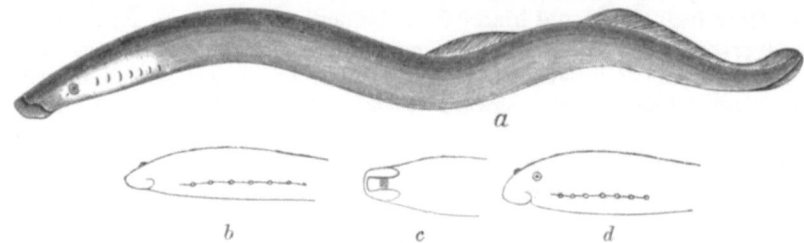

Abb. 993. a *Lampetra (Petromyzon) fluviatilis* (nach HECKEL u. KNER). ¹/₄. b, c, d Zur Verwandlung des *Ammocoetes branchialis* in *Lampetra* (nach v. SIEBOLD). b Kopfende einer augenlosen Larve, von der Seite gesehen, c dasselbe von unten gesehen, d späteres Stadium mit kleinen Augen, in der Seitenansicht.

1. Ordnung. **Hyperoartia.**

Cyclostomen mit blindgeschlossenem Nasengang, mit gesonderter Rückenflosse. Mund ohne Bartfäden, mit fleischigen Lippen.

Fam. *Petromyzontidae*, Neunaugen. Mit sieben äußeren Kiemenspalten jederseits. Kiemendarm hinten sackförmig geschlossen, mündet vorn in den Schlund. *Petromyzon marinus* L. Lamprete. Europ. Meere und atlant. Küste von Nordamerika. *Lampetra fluviatilis* L., Flußneunauge, Pricke (Abb. 993a). Küsten von Europa, Nordamerika, Japan. Steigen zur Laichzeit in die Flüsse. *L. planeri* BL., Kleines Neunauge. Mit *Ammocoetes branchialis*, dem Querder, als Larve (Abb. 993b—d). Im Süßwasser. Europa, Nordasien. *Mordacia mordax* RICH. Marin. Chile, Südaustralien, Tasmanien.

2. Ordnung. **Hyperotreta.**

Cyclostomen mit hinten geöffnetem Nasengang, ohne gesonderte Rückenflosse, Mund lippenlos, von Barteln umgeben, Augen rudimentär.

Fam. *Myxinidae*, Inger. Die äußeren Kiemengänge münden jederseits in einer gemeinsamen Öffnung. *Myxine glutinosa* L. Mit sechs Kiemenpaaren. Nordeurop. Meere (Abb.989).

Fam. *Bdellostomatidae*. Die äußeren Kiemengänge münden getrennt nach außen. Alle marin. *Bdellostoma (Eptatretus) cirrhatum* BL. SCHN. Mit 6—7 Kiemenöffnungen jederseits. Südafrika. *B. (Polistotrema) stouti* LOCKINGTON. Mit 10—15 Kiemenöffnungen jederseits. Kalifornien.

2. Klasse. **Pisces, Fische**[1].

Im Wasser lebende beschuppte Vertebraten mit unpaaren Flossen und paarigen, als Flossen entwickelten Extremitäten, mit Kiemenatmung, mit einfachem, aus einer Kammer und einer Vorkammer bestehendem Herzen, ohne ventrale Harnblase.

---

[1] CUVIER et VALENCIENNES: Histoire naturelle des poissons. 22 Vols. Paris 1828—1849. — AGASSIZ, L.: Recherches sur les poissons fossiles. Neufchâtel 1833—1844. — GÜNTHER: Catalogue of the fishes in the British Museum. London 1859.—1870. — GÜNTHER, A.: Handbuch der Ichthyologie. Übers. von HAYEK. Wien 1886. — Report on the Deep-Sea fishes. Challenger Rep. **22** (1887). — HECKEL, J. u. R. KNER: Die Süßwasserfische der österreichischen Monarchie. Leipzig 1858. — v. SIEBOLD, C. TH.: Die Süßwasserfische von Mitteleuropa. Leipzig 1863. — GILL, TH.: Families and Subfamilies of Fishes. Mem. Acad. Washington **6** (1893). — DEAN, BASHFORD: Fishes, Living and fossil. New York 1895. — JORDAN a. EVERMANN: The fishes of North and Middle America. 4 Bde. Washington 1896—1900. — LEYDIG, F.: Über das Organ eines sechsten Sinnes. Nova Acta **1868**. — SCHULZE, FR. E.: Über die Sinnesorgane der Seitenlinie bei Fischen und Amphibien. Arch. mikrosk. Anat. **6** (1870). — HERTWIG, O.: Über das Hautskelet der Fische. Morph. Jb.

Die Eigentümlichkeiten des Baues ergeben sich im allgemeinen aus den Bedürfnissen des Wasserlebens. Obwohl wir im Kreise der Wirbeltiere aus allen Klassen Gruppen von Formen kennen, die sich im Wasser ernähren und bewegen, so ist doch nirgends die Organisation so bestimmt und vollkommen dem Wasserleben angepaßt wie bei den Fischen.

Die Körpergestalt (Abb. 994) ist im allgemeinen spindelförmig, mehr oder minder komprimiert, im einzelnen zahlreichen Modifikationen unterworfen. Es gibt ebensowohl zylindrische, schlangenähnliche Fische (*Aale*) wie kofferförmige (*Ostraciontidae*) oder ballonartig aufgetriebene Gestalten (*Tetrodontidae*). Andere Formen sind bandartig verlängert (*Trachypteridae*), wieder andere sehr stark komprimiert, kurz, hoch und unsymmetrisch (*Pleuronectidae*). Endlich kann auch eine dorsoventrale Abflachung zu platten, scheibenförmigen Fischgestalten führen (*Rochen*).

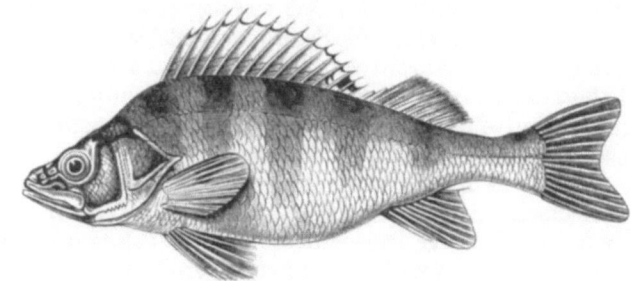

Abb. 994. *Perca fluviatilis* (aus règne animal). ¹/₄

Für die Locomotion des Fisches kommen vornehmlich die seitlichen, durch mächtige Seitenrumpfmuskeln bewirkten Bewegungen des Körpers in Betracht, deren Wirkung noch durch unpaare, einer Erhebung und Senkung fähige Flossenkämme des Rückens und Bauches verstärkt werden kann. Dagegen erscheinen die paarigen Extremitäten, die Brust- und Bauchflossen, mehr als Steuer für die Richtung der Bewegung. Diesem Modus der Bewegung entspricht die Regionenbildung des Körpers. Der Kopf sitzt unmittelbar und meist in fester Verbindung mit dem Rumpf auf. Eine bewegliche Halsregion fehlt. In seiner vorderen Partie zeigt sich der Rumpf starr, nach hinten zu wird er beweglicher und geht allmählich in den Schwanz über, welcher die größte Beweglichkeit zeigt und hierdurch als Hauptbewegungsorgan tauglich wird.

Die Körperbedeckung der Fische ist in der Regel ein Hautskelet in Form von Schuppen, Hautknochen, die in der Cutis ihre Lage haben und meist von der Epidermis überzogen bleiben. Man unterscheidet als *Placoid*-Schuppen kleinere,

---

1876—1881. — KLAATSCH, H.: Zur Morphologie der Fischschuppen. Ebenda **16** (1890). — GOETTE, A.: Beiträge zur vergleichenden Morphologie des Skeletsystems der Wirbeltiere. Arch. mikrosk. Anat. **15** (1878). — Über die Kiemen der Fische. Z. Zool. **69** (1901). — JAEGER, A.: Die Physiologie und Morphologie der Schwimmblase der Fische. Arch. f. Physiol. **94** (1903). — GOODRICH, E. S.: Notes on the Development, Structure and Origin of the Median and Paired fins of Fish. Quart. J. microsc. Sci. **50** (1906). — FAVARO, E.: Ricerche intorno alla morfologia ed allo sviluppo dei vasi, seni e cuori caudali nei Ciclostomi e nei Pesci. Atti Ist. Venet. Sci. **65** (1906). — BRAUER, A.: Die Tiefseefische. Wiss. Erg. dtsch. Tiefsee-Exp. **15**. Jena 1906 bis 1908. — DE BEAUFORT, L. F.: Die Schwimmblase der Malacopterygii. Morph. Jb. **39** (1909). — WOODLAND, W. N. F.: On the Structure and Function of the Gasglands etc. of some Teleostean Fishes. Proc. Zool. Soc. London **1911**. — STERZI, G.: Il systema nervoso centrale dei Vertebrati **2**. Pesci. Padova 1912. — LICKTEIG, A.: Beitrag zur Kenntnis der Geschlechtsorgane der Knochenfische. Z. Zool. **106** (1913). — JACOBSHAGEN, E.: Untersuchungen über das Darmsystem der Fische und Dipnoer. Jena. Z. Naturwiss. **1911—1915**. — ROSÉN, N.: Über die Homologie der Fischschuppen. Ark. Zool. Stockholm 1916. — GROTE, W., VOGT, C., HOFER, B.: Die Süßwasserfische von Mitteleuropa. Leipzig 1909. — Vgl. außerdem die Schriften von BLOCH, MONRO, RATHKE, STANNIUS, WILLIAMSON, OWEN, KÖLLIKER, GEGENBAUR, HASSE, STEINDACHNER, DOLLO, HAMMAR, BOTTARD, PAWLOVSKI u. a.

zahnähnliche Schuppen, die aus einer knöchernen Basalplatte und einem zahnförmig vorspringenden Teil bestehen (Abb. 962). Die Hauptmasse des letzteren ist Dentin, das jedoch noch ein von der Epidermis herstammendes Schmelzoberhäutchen besitzt. Als *Ganoid*-Schuppen bezeichnet man wenig übereinandergreifende, meist rhombische, seltener runde Schuppen mit einer äußeren Lage von Ganoin, das der äußersten dichten Dentinschicht (Vitrodentin) der Placoidschuppe entspricht und der Oberfläche der Schuppe einen starken Glanz verleiht. *Cycloid*- und *Ctenoid*-Schuppen nennt man mehr oder minder biegsame Schuppen, die locker in Schuppentaschen der Unterhaut und mit ihrem freien Rande dachziegelartig übereinander liegen; letzterer ist entweder glatt und gerundet (Cycloidschuppe) oder gezähnelt (Ctenoidschuppe). Zuweilen bleiben die Schuppen so klein, daß sie, unter der Haut verborgen, zu fehlen scheinen (*Aal*); bei wenigen Knochenfischen fehlen die Schuppen vollständig (meiste *Siluridae* u. a.), sind dagegen bei einer Anzahl von Teleosteern zu großen Stacheln oder zu in manchen Fällen durch Verwachsung aus mehreren Schuppen hervorgegangenen Knochenplatten entwickelt, die einen festen Panzer herstellen können (Panzerwelse, *Syngnathidae*, einige *Triglidae*, *Ostraciontidae*).

Die Haut der Fische ist reich an Schleimzellen. Als besondere Drüsen sind die am dorsalen Schwanzstachel von *Dasyatis* (*Trygon*) *pastinaca* sowie am Kiemendeckel und an der Rückenflosse einiger Teleosteer (*Scorpaena*, *Trachinus*) auftretenden *Giftdrüsen* hervorzuheben. Auf Hautdrüsen sind auch die bei Tiefseefischen vorkommenden *Leuchtorgane* (s. S. 179, Abb. 1028) zurückzuführen. Der Silberglanz der Fischhaut wird durch kleine Flitter (Guaninkristalle) der Unterhaut bedingt. Die Cutis ist auch Träger von Pigmentzellen (Chromatophoren), deren Pigmentverschiebungen den Farbenwechsel bei Fischen bedingen.

Im Skelet der Fische erscheinen verschiedene Entwicklungsstufen ausgeprägt. Bei den *Stören*, *Holocephalen* und *Dipnoërn* bleibt die von einer dicken Scheide umhüllte Chorda dorsalis in vollem Umfange erhalten; ihr sitzen knorpelige, zuweilen teilweise verknöcherte obere und untere Bogenstücke, auch mit Intercalaria auf (Abb. 966). Eine Differenzierung des Achsenskeletes in diskrete Wirbel tritt erst bei den *Haien* und *Rochen* auf, indem sich obere und untere Bogenstücke mit ringförmigen Stücken des skeletogenen Gewebes, den knorpeligen Wirbelkörpern, vereinigen. Die Chorda wird durch das Wachstum dieser letzteren vertebral eingeengt, so daß bikonkave (amphicöle) Wirbelkörper entstehen, deren konische Vertiefungen einen Abschnitt der Chorda, welcher mit dem benachbarten in der Regel noch im Centrum des Wirbelkörpers verbunden ist, enthalten (Abb. 965). Bei den Knochenganoiden und Teleosteern ossifizieren die bikonkaven (nur bei *Lepisosteus* mit einem vorderen Gelenkkopf versehenen) Wirbelkörper vollständig und verschmelzen mit den entsprechenden oberen und unteren knöchernen Bogenstücken zur Bildung eines vollständigen Wirbels (Abb. 967 a, b). In der Rumpfregion treten bei *Selachiern* obere, bei *Polypterus*, *Salmo*, *Clupea* obere und untere Rippen auf; den übrigen Fischen kommen nur untere Rippen (Pleuralbogen) zu. In der Schwanzregion schließen sich letztere zu den Hämalbogen zusammen mit Ausnahme vieler *Teleosteer*, deren Hämalbogen bloß durch die zusammengeschlossenen Basalstümpfe gebildet werden. Dazu treten oft als Ossifikationen der intermuskulären Ligamente die y-förmigen Fleischgräten auf. Die Wirbelsäule endet häufig mit einem stabförmigen Skeletstück (*Urostyl*); die ventral demselben ansitzenden, zu Platten vergrößerten und als Träger der Schwanzflosse fungierenden Hämalbogen werden *Hypuralia* genannt.

Auch der Schädel zeigt eine Reihe fortschreitender Entwicklungsstufen bis zu dem knöchernen Schädel der Teleosteer. Er bildet bei den *Selachiern* eine einheitliche Knorpelkapsel, deren Occipitalregion basal von der Chorda dorsalis durch-

Coelomata (Bilateria): Vertebrata (Craniota), Wirbeltiere.   909

setzt wird (Abb. 968). Bei den Stören (Abb. 995) kommen zu der knorpeligen Schädelkapsel Knochenstücke hinzu, und zwar ein platter Basilarknochen, *Parasphenoideum*, sowie ein System von Deckknochen der Haut. Auch an dem knöchernen Schädel der übrigen Fische bleiben noch zusammenhängende Abschnitte des

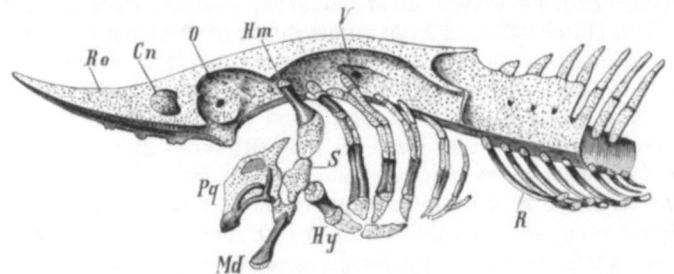

Abb. 995. Kopfskelet des Störs. (Nach WIEDERSHEIM.) *Ro* Rostrum, *Cn* Cavum nasale, *O* Orbita, *Hm* Hyomandibulare, *S* Symplecticum, *Pq* Palatoquadratum, *Md* Unterkiefer, *Hy* Zungenbein, *V* Vagusloch, *R* Rippen

knorpeligen Primordialcraniums zurück (*Amiatus*, Hecht, Lachs) (Abb. 971); am längsten erhalten sich die Knorpelreste der Ethmoidalregion (*Silurus*, *Cyprinus*). Die Verbindung des Schädels (Abb. 971, 996) mit der Wirbelsäule entbehrt in

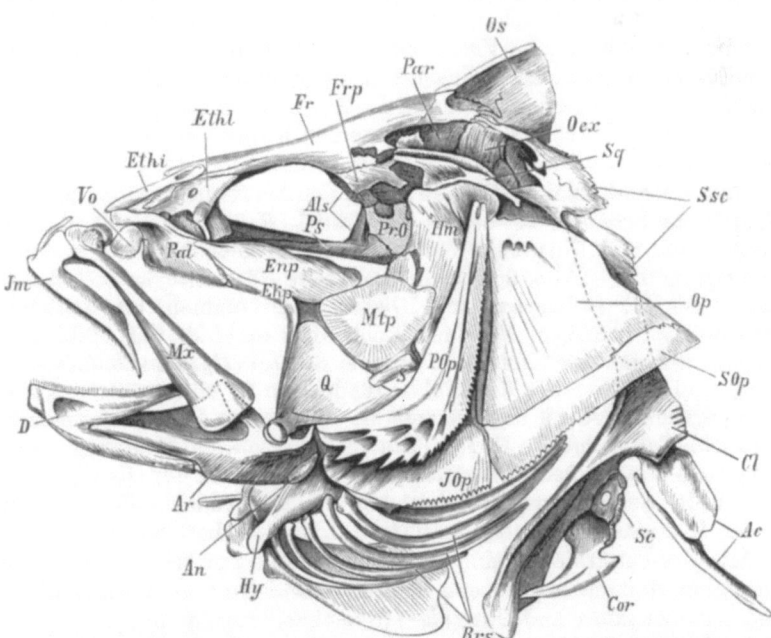

Abb. 996. Kopfskelet von *Perca fluviatilis* (aus règne animal). *Os* Supraoccipitale, *Oex* Exoccipitale (Epioticum), *Par* Parietale, *Sq* Squamosum, *Fr* Frontale, *Frp* Postfrontale, *PrO* Prooticum, *Als* Alisphenoideum, *Ps* Parasphenoideum, *Ethi* Ethmoideum medium, *Ethl* Ethmoideum laterale (Praefrontale), *Hm* Hyomandibulare, *S* Symplecticum, *Q* Quadratum, *Mtp* Metapterygoideum, *Enp* Entopterygoideum, *Ekp* Ectopterygoideum, *Pal* Palatinum, *Vo* Vomer, *Jm* Intermaxillare, *Mx* Maxillare, *D* Dentale, *Ar* Articulare, *An* Angulare, *Op* Operculum, *POp* Praeoperculum, *SOp* Suboperculum, *JOp* Interoperculum, *Hy* Hyoidbogen, *Brs* Radii branchiostegi, *Cl* Claviculare (Cleithrum GEGENBAUR), *Sc* Scapulare, *Cor* Coracoideum, *Ssc* Supraclavicularia, *Ac* akzessorische Stücke.

der Regel einer Articulation, das *Basioccipitale* besitzt die konische Vertiefung und Gestalt des Wirbelkörpers, es bildet die ventrale Begrenzung des Hinterhauptloches (Foramen magnum). Ihm folgen zur Seite die *Occipitalia lateralia* (mit den

Öffnungen zum Durchtritt des Vagus und Glossopharyngeus), während das durch eine starke Crista ausgezeichnete *Supraoccipitale* den dorsalen Abschluß bildet. Zwischen letzterem und dem Occipitale laterale liegt das *Epioticum* (*Exoccipitale*). An ersteres schließen sich vorn das *Opisthoticum*, von sehr verschiedener Größe und Form (sehr groß bei *Gadus*, klein bei *Esox*) und das *Prooticum*, welches von Öffnungen zum Durchtritt des Trigeminus durchbrochen wird. Dazu kommt als äußeres Belegstück das *Squamosum* (*Pteroticum*), das zur Verbindung mit dem *Hyomandibulare* dient. An der Schädelbasis findet sich zuweilen ein *Basisphenoideum*. Die Unterfläche der Schädelkapsel wird von dem langen *Parasphenoideum* bedeckt. Die Seitenwände des Schädels werden durch zwei Paare von Flügelknochen (*Orbitosphenoideum*, *Alisphenoideum*) gebildet. Von diesen legt sich das hintere Paar an die Schenkel des Parasphenoids an und ist mit seinen Öffnungen für die Augennerven und den Orbitalast des Trigeminus fast immer nachweisbar. Die Stücke des vorderen Paares (*Orbitosphenoid*) vereinigen sich oft am Boden des Schädels zur Herstellung eines medianen Knochens, der bei Reduktion der Schädelhöhle durch ein knorpeliges oder häutiges Septum vertreten ist. Das Schädeldach wird von knöchernen Platten gebildet. An das *Occipitale superius* schließen vorne zwei *Parietalia*, an diese das große *Frontale* an, zu dessen Seiten ein zum *Squamosum* reichendes und an der Gelenkverbindung mit dem Kieferstiel beteiligtes *Postfrontale* (*Sphenoticum*) liegt.

In der Ethmoidalregion finden wir in der Verlängerung der Schädelbasis einen unpaaren Knorpel oder Knochen, das *Ethmoideum medium*, von der großen, an das Parasphenoid anschließenden *Vomer*-Platte ventralwärts überdeckt und zwei seitliche paarige Knochenstücke, *Ethmoidea lateralia* (*Praefrontalia*), welche von den Geruchsnerven durchbohrt werden und die Stütze der Nasengruben bilden. Endlich treten (zum Schutze der Seitenorgane des Kopfes) als akzessorische Hautknochen die *Ossa infraorbitalia* und *supratemporalia* auf.

Was das Visceralskelet betrifft, so findet sich bei *Selachiern* und *Stören* ein am Schläfenteil des Schädels befestigter Kieferstiel (*Hyomandibulare*), der dem aus *Palatoquadratum* und *Unterkiefer* bestehenden Kieferbogen und dem Zungenbein zur Befestigung dient (Abb. 968, 995). Der obere Abschnitt des ersteren (*Palatoquadratum*) ist (die *Holocephali* und *Dipnoi* ausgenommen) am Schädel durch Bänder beweglich befestigt. Bei den Knochenfischen (Abb. 971, 996) und Stören (Abb. 995) erscheint der Kieferstiel in zwei Stücke (*Hyomandibulare* und *Symplecticum*) und bei ersteren das Palatoquadratum in eine größere Anzahl von Knochen gegliedert: zuerst das *Quadratum*, welches das Unterkiefergelenk trägt; an dieses schließen vorne die Pterygoidea (*Meta-*, *Ecto-* und *Entopterygoideum*) an; dann folgt das Gaumenbein (*Palatinum*) und anschließend der Oberkieferapparat, mit dem an der Schnauzenspitze meist beweglich verschiebbaren Zwischenkiefer (*Prä-* oder *Intermaxillare*) und dem meist zahnlosen Oberkiefer (*Maxillare*). Die beiden Äste des Unterkiefers sind in der Mittellinie nur selten verwachsen und zerfallen mindestens in ein hinteres *Articulare* und ein vorderes *Dentale*, zu dem meist noch ein *Angulare* und *Operculare* (*Spleniale*) hinzukommen.

An das Hyomandibulare schließt sich der Kiemendeckel an, an welchem vier Knochenstücke, das sich an das Hyomandibulare anlegende *Praeoperculum*, sodann *Operculum*, *Suboperculum* und *Interoperculum*, unterschieden werden.

Hinter dem Kieferbogen folgt noch ein System von gleichwertigen, die Rachenhöhle umgürtenden, ventral durch *Copulae* verbundenen Bogen, von denen der vordere als Zungenbeinbogen am äußeren Rande eine Anzahl von Stäben (*Radii branchiostegi*) zur Stütze der sogenannten Kiemenhaut trägt, die übrigen als Kiemenbogen zum Tragen der Kiemenblättchen dienen (Abb. 997). Bei den Teleosteern entwickeln sich in der Regel vier Bogen zu Kiementrägern, während der hintere, auf den ventralen Abschnitt reduziert, die sogenannten unteren Schlundknochen (*Pharyngealia inferiora*) bildet. Die oberen, an der Schädelbasis sich anlegenden Knochenstücke der Kiemenbogen werden als obere Schlundknochen (*Pharyngealia superiora*) bezeichnet.

Das System der unpaaren Flossen ist der embryonalen Anlage nach auf eine mediane, über den Rücken und Schwanz bis zum After reichende kontinuierliche Flosse zurückzuführen, welche später durch Einschnitte unterbrochen wird, so daß sich dann in der Regel drei Partien als Rückenflosse (*Pinna dorsalis*), Schwanzflosse (*Pinna caudalis*) und Afterflosse (*Pinna analis*), sondern (Abb. 994). Das Skelet der unpaaren Flossen wird von basalen knorpeligen oder knöchernen *Flossenträgern* gebildet, während der periphere Flossensaum bei *Elasmobranchiern*, *Dipnoërn* durch Hornfäden gestützt wird. Bei den Fischen mit knöchernem Skelet sind im Flossensaume knöcherne *Flossenstrahlen* vorhanden, bei den Te-

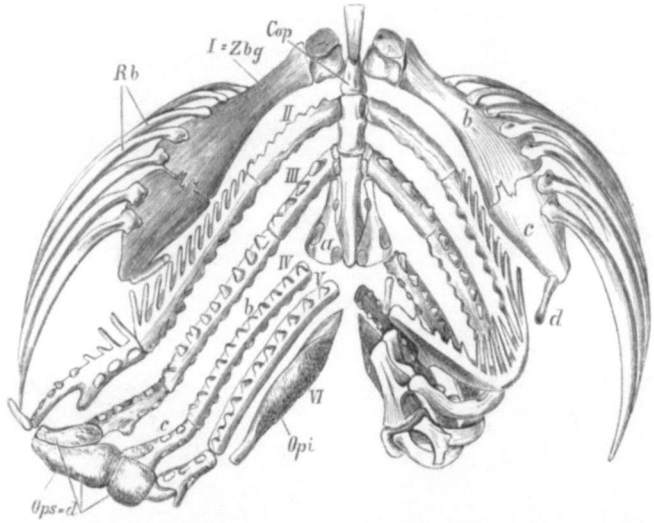

Abb. 997. Zungenbein und Kiemenbogen von *Perca fluviatilis* (aus règne animal). *I* (*Zbg*) Zungenbeinbogen, *II—V* Kiemenbogen, *a, b, c, d* Glieder derselben, die obersten Stücke sind die Ossa pharyngealia superiora (*Ops*), *VI* (*Opi*) die unteren Schlundknochen (O. pharyngealia inferiora), *Cop* Copulae, *Rb* Radii branchiostegi.

leosteern entweder harte, spitze Knochenstacheln, sogenannte Stachelstrahlen, oder weiche gegliederte Knochenstrahlen. Die Schwanzflosse setzt sich in der Regel aus einer Abteilung der dorsalen und ventralen, ursprünglich kontinuierlichen Flosse zusammen, variiert aber in der Form mannigfach. Bei den tiefer stehenden Fischen ist der ventrale Teil der Schwanzflosse bedeutender entfaltet und der Schwanzteil der Wirbelsäule dorsal aufwärts gekrümmt, wobei dorsaler und ventraler Lappen der Schwanzflosse äußerlich asymmetrisch erscheinen. Eine solche Schwanzflosse heißt *heterocerk*. Die *homocerke* Schwanzflosse erscheint äußerlich dorsoventral symmetrisch entwickelt. Aber auch in diesem Falle steigt das Achsenskelet im Schwanze dorsalwärts empor, so daß dabei eine innerliche Heterocercie besteht (Abb. 998). Doch gibt es Fälle, wo das Achsenskelet gerade bis hinten verläuft und die Schwanzflosse somit auch innerlich dorsoventral symmetrisch ist. Eine solche Schwanzflosse heißt *diphycerk*.

Die paarigen Extremitäten erscheinen in der den Fischen eigentümlichen Flossenform; die vorderen werden als *Brustflossen*, die hinteren als *Bauchflossen* bezeichnet. Die ersteren heften sich unmittelbar hinter den Kiemen an, während die beiden in der Mittellinie genäherten Bauchflossen nach hinten am Bauche (bei ursprünglichen Fischen dicht vor dem After) oder zwischen die Brustflossen gerückt, selbst vor diesen liegen (Bauch-, Brust- und Kehlflosser). In seltenen Fällen fehlen infolge von Rückbildung die Bauchflossen (*Aale*) und auch die Brustflossen (*Muraena*).

Der Schultergürtel ist bei den *Elasmobranchiern* (Abb. 968) meist ein einfacher, aber paarig angelegter Knorpelbogen. Bei den Stören wird dieser primäre Schultergürtel durch aufgelagerte Hautknochen (*Claviculare, Cleithrum*) in die bei *Teleosteern* bestehende Form übergeführt, indem auch im Knorpel selbst entstehende Ossifikationen die als *Scapulare, Coracoideum* bzw. *Procoracoideum* bezeichneten Stücke liefern. An das *Claviculare* (*Cleithrum* GEGENBAUR) sich dorsal

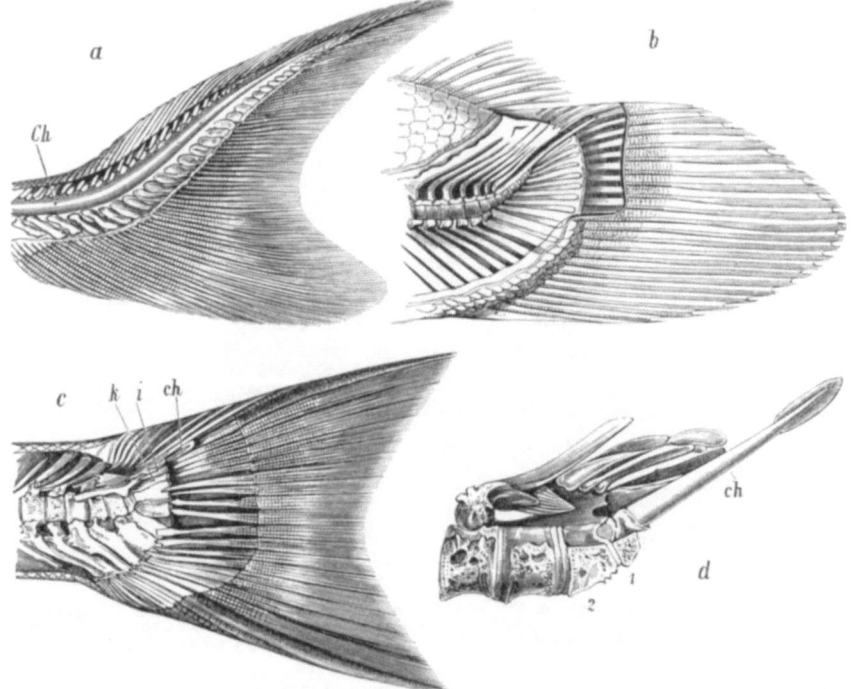

Abb. 998. Schwanzflosse a von *Acipenser sturio*, b von *Amiatus calvus*, c von *Salmo salar* (b, c nach KÖLLIKER). *Ch* Chorda dorsalis, *i* erster, *k* zweiter Flossenstrahlträger am Chordaende. — d Ende der Wirbelsäule von *Salmo salar* (nach KÖLLIKER). *1* letzter, *2* zweitletzter Wirbelkörper, *ch* Chordastab mit Knorpelplatten an seinem Ende.

anschließende Knochen, die *Supraclavicularia* (*Supracleithralia* GEGENBAUR), vermitteln die Befestigung des Schultergürtels am Schädel (Abb. 996). Der Beckengürtel bleibt stets ohne Verbindung mit dem Achsenskelet. Er tritt bei *Selachiern* meist in Form eines Knorpelbogens auf. Bei den übrigen Fischen geht er (ausgenommen *Crossopterygier* und *Dipnoër*) verloren und wird durch zwei aus Radien der Flosse hervorgegangene stabförmige oder dreieckige Skeletstücke (Basalstücke) ersetzt.

Das Skelet der freien Flosse besteht aus einem oder mehreren Basalia mit einer größeren Zahl peripheriewärts angefügter Seitenstrahlen. An letztere schließen sich bei *Selachiern* und *Dipnoërn* die von der Haut aus entstandenen Hornfäden des Flossensaumes an (Abb. 972 a). In der Reihe der übrigen Fische zeigt das primäre Stammskelet eine weitgehende Reduktion, während das sekundäre Haut-

Coelomata (Bilateria): Vertebrata (Craniota), Wirbeltiere. 913

skelet des Flossensaumes in Form knöcherner Flossenstrahlen eine größere Entfaltung erfährt.

Das Nervensystem der Fische zeigt im Vergleiche zu den höheren Vertebraten einfache Verhältnisse. Am Gehirn (Abb. 999) bleiben die Großhirnhemisphären klein, wogegen Mittel- und Hinterhirn stark entwickelt sind. Am Zwischenhirn springen ventral die für die Fische charakteristischen *Lobi inferiores* vor. Die Lobi olfactorii, von denen die Riechnerven entspringen, erscheinen als gesonderte, zuweilen mächtige Anschwellungen. An dem Nachhirne, der Medulla oblongata, ent-

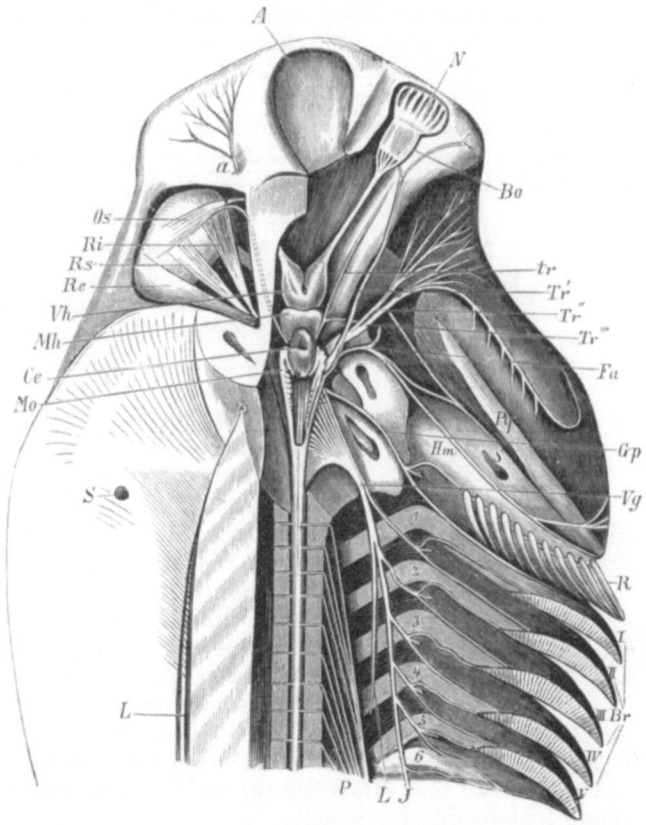

Abb. 999. Kopf mit freigelegtem Gehirn und vorderem Teil des Rückenmarkes von *Hexanchus griseus*. (Nach GEGENBAUR.) Rechterseits sind die Nerven frei präpariert; das rechte Auge ist entfernt. *A* Vordere Schädellücke, *N* Nasenkapsel, *Vh* Vorderhirn, *Mh* Mittelhirn, *Ce* Cerebellum, *Mo* Medulla oblongata, *Bo* Bulbus olfactorius, *tr* Trochlearis, *Tr'* erster Ast des Trigeminus, *a* Endzweig desselben auf der Ethmoidalregion, *Tr''* zweiter, *Tr'''* dritter Trigeminusast, *Fa* Facialis, *Gp* Glossopharyngeus, *Vg* Vagus, *L* Ramus lateralis, *J* Ramus intestinalis, *Os* Musculus obliquus superior, *Ri* M. rectus internus, *Re* M. rectus externus, *Rs* M. rectus superior, *S* Spritzloch, *Pq* Palatoquadratum, *Hm* Hyomandibulare, *R* Kiemenhautstrahlen, *I—VI* Kiementaschen, *1—6* Kiemenbogen, *Br* Kiemen, *P* Spinalnerven.

wickeln sich oft seitliche Anschwellungen, die *Lobi posteriores*, so bei Haien u. a. am Ursprunge des Vagus, bei den elektrischen Rochen als großer *Lobus electricus* (Abb. 160). Das Rückenmark, welches an Masse das Gehirn bedeutend überwiegt, erstreckt sich in der Regel durch den ganzen Rückgratkanal und zeigt in einigen Fällen (*Trigla, Mola*) an seinem vorderen Abschnitte dem Ursprunge der Spinalnerven entsprechende paarige oder unpaare Anschwellungen.

Als Sinnesorgane finden sich bei den Fischen sogenannte *Endknospen* (*becherförmige Organe*) über den ganzen Körper verbreitet, am zahlreichsten an den

Flossen, Lippen und Barteln. Sie ragen meist kuppenförmig über das Niveau der Epidermis und bestehen aus centralen Sinneszellen und sie umschließenden Hüllzellen. Diese und gleiche in der Mundhöhle auftretende Endknospen fungieren als *Geschmacksorgane*.

Desgleichen gehören wohl in die Kategorie der Tastorgane die Sinneshügel der *Seitenlinie* (Abb. 1000). Der Bau dieser Sinnesorgane unterscheidet sich von jenem der Sinnesknospen dadurch, daß die mit Stiften ausgestatteten Sinneszellen kürzer als die umschließenden Hüllzellen sind. Sie liegen in Rinnen oder Kanälen der Epidermis, gewöhnlich von Schuppen oder Kopfknochen eingelagert, und sind in drei Reihen (einer supra-, einer suborbitalen und einer mandibularen Reihe) am Kopfe, am Rumpfe in der sogenannten Seitenlinie angeordnet. Diese Kanäle sind durch (bei Ganoiden und Elasmobranchiern verästelte) Kanälchen nach außen offen (Abb. 1001). Eine besondere Art solcher Organe sind die *Nervensäckchen* von Ganoiden, die *Lorenzinischen Ampullen* (*Gallertröhren*) der Elasmobranchier, ampullenförmig beginnende mit Gallerte erfüllte, an der Haut ausmündende Röhren (Abb. 1013), und die unter der Haut gelegenen abgeschlossenen SAVIschen *Bläschen* von *Torpedo*. Alle zuletzt genannten Sinnesorgane erscheinen auf den Kopf und vorderen Rumpfabschnitt beschränkt und sind in größter Zahl an der Schnauze zu finden. Die sogenannten *Seitenlinien* funktionieren als Organe, durch welche dem Tiere Bewegungen des Wassers mitgeteilt werden (Strömungssinn). Sie sind am Rumpfe vom Nervus lateralis Vagi innerviert. Die Lorenzinischen Ampullen werden als Rezeptoren für Änderungen des hydrostatischen Druckes angesehen (DOTTERWEICH).

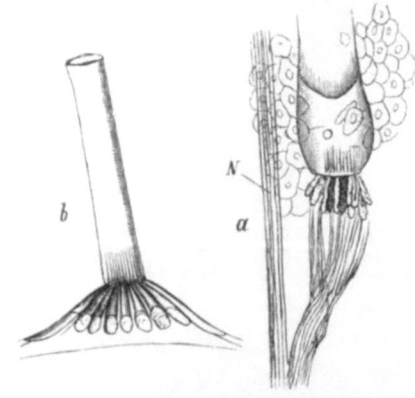

Abb. 1000. a Seitenorgan am Schwanze des Plötz. *N* Nerv. — b Seitenorgan am Kopfe, wahrscheinlich eines jungen Brachsen mit gallertigem Schutzröhrchen. (Nach FR. E. SCHULZE.)

Alle Fische besitzen paarige, mit Ausnahme der *Dipnoër* blindgeschlossene Nasengruben, an deren innerer in Falten erhobener Schleimhaut zwischen Wimperzellen die Riechzellen, zuweilen in Geruchsknospen angeordnet, liegen. Die Nasengruben sind bei *Elasmobranchiern* und *Dipnoërn* ventral, sonst dorsalseits der Schnauze gelegen und ihre Mündung meist durch eine Hautbrücke in eine vordere und hintere Öffnung geteilt.

Das *statische Organ* reduziert sich auf das häutige Labyrinth, das in Utriculus mit drei Bogengängen und Sacculus mit kleiner Lagena gegliedert ist. Es liegt bei *Chimaeren* und *Teleosteern* sowie *Ganoiden* zum Teil frei in der Schädelhöhle und steht bei den *Elasmobranchiern* mittels des Ductus endolymphaticus noch mit der Hautoberfläche in Zusammenhang (Abb. 1002). Bemerkenswert ist die Beziehung, welche bei einigen Knochenfischen zwischen statischem Organ und Schwimmblase besteht. Bei einigen *Clupeiden, Serraniden, Gadiden, Spariden* sind es zwei blindendigende Fortsätze der Schwimmblase, die an den perilymphatischen Raum des statischen Organs anstoßen, während bei den Ostariophysi (*Cypriniden, Siluriden* u. a.) durch eine Reihe von den vordersten Wirbeln entstammenden Knöchelchen (WEBERscher Apparat) (Abb. 1003) diese Verbindung hergestellt wird. Durch diese Einrichtungen empfängt das Tier vom Ausdehnungszustande der Schwimmblase Kunde. Auch ein Hörvermögen scheint den Fischen nicht ganz zu fehlen.

Die Augen charakterisieren sich durch eine überaus flache *Cornea* und eine große, fast kugelrunde Linse, die mit ihrer vorderen Fläche aus der Pupille weit hervorragt (Abb. 1004). Die Sclera enthält Knorpel oder auch Knochen. Ein Ciliarkörper fehlt, ausgenommen die *Elasmobranchier* und *Chondroganoiden*, bei denen er schwach entwickelt vorkommt. Als eigentümliche Bildung des Fisch-

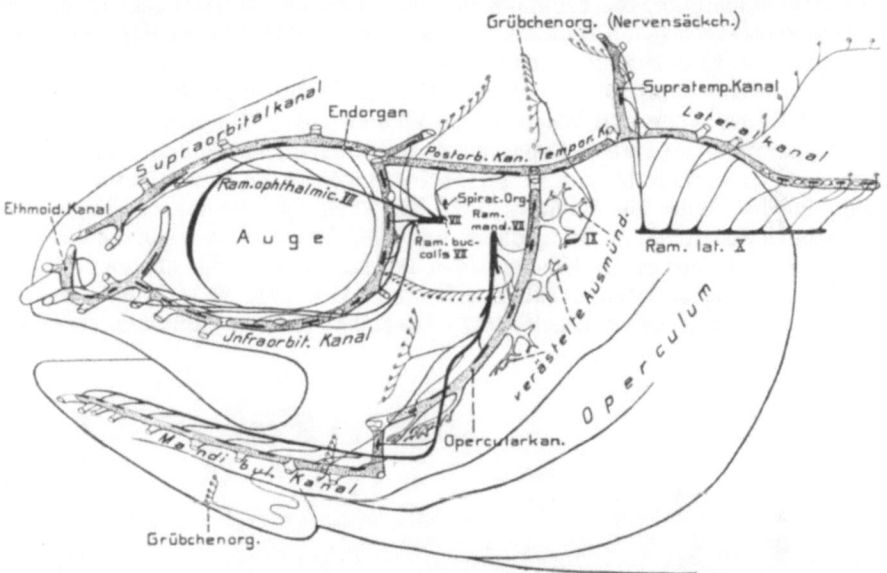

Abb. 1001. *Amiatus (Amia) calvus*. Kopf (linke Seite) mit dem Seitenkanalsystem und den zu ihm tretenden Nerven. Die Kanäle punktiert dargestellt, ihre Ausführungsgänge abgeschnitten gedacht, nur die des Opercularkanales in ihrer verästelten Form wiedergegeben. Die Nervenendorgane in den Kanälen schwarz, die grübchenförmigen Organe (Nervensäckchen) als kleine Ovale angedeutet. (Nach ALLIS aus BÜTSCHLI, Vorlesungen vergl. Anat.)

auges ist der *Processus falciformis* (reduziert bei *Elasmobranchiern* und *Dipnoërn*) hervorzuheben, eine die Retina durchsetzende, durch die embryonale Chorioidealspalte eintretende Falte der Chorioidea, die zu dem als *Campanula Halleri* bekannten (bei *Elasmobranchiern* rudimentären) Linsenmuskel (Musculus retractor lentis) zieht. Die Campanula Halleri bewirkt die Accomodation durch Annäherung der Linse an die Netzhaut. An der Eintrittsstelle der Sehnerven findet sich bei einigen *Teleosteern* und *Amiatus* die sogenannte *Chorioidealdrüse*, ein Wundernetz. Bei einer Anzahl von Fischen (*Cobitis, Cottus, Periophthalmus, Lepadogaster, Mormyriden, Protopterus annectens*) ist die Cornea in zwei Blätter gesondert, von denen das äußere, die sogenannte Brille, von dem inneren Corneablatte durch einen mit Flüssigkeit gefüllten Spaltraum getrennt ist, eine Bildung, die an die Brille des Schlangenauges erinnert.

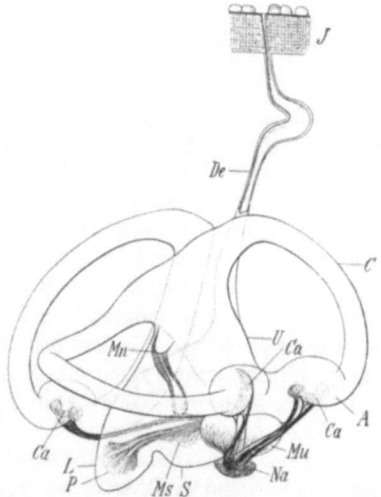

Abb. 1002. Häutiges Labyrinth von *Scylliorhinus canicula*. (Nach G. RETZIUS.) *A* Ampullen, *C* Ductus semicirculares, *Ca* Cristae ampullares, *De* Ductus endolymphaticus, *J* Kopfhaut, *L* Lagena, *Mn* Macula (acustica) neglecta, *Ms* Macula sacculi. *Mu* Macula utriculi, *Na* Nervus acusticus, *P* Papilla lagenae, *S* Sacculus, *U* Utriculus.

Eine Anzahl von Fischen (*Gymnotus*, *Malopterurus*, *Astroscopus*, Zitterrochen) besitzen elektrische Organe. Ähnlich gebaute Organe, jedoch ohne bemerkenswerte Elektrizitätswirkung, werden bei *Mormyrus* und *Raja* gefunden (vgl. S. 174, Abb. 160—162).

Die Verdauungsorgane beginnen mit der meist am Vorderende des Kopfes, seltener ventral gelegenen Mundöffnung; letztere stellt sich in der Regel als Querspalte dar und kann zuweilen mittelst verschiebbarer Stielknochen des Zwischen- und Oberkiefers vorgestreckt werden (*Labriden*). Mund- und Rachenhöhle zeichnen sich durch Weite und Reichtum an Zähnen aus. Oft finden sich im Oberkieferapparate zwei parallele Bogenreihen von Zähnen, eine äußere im Zwischenkiefer und eine innere an den Gaumenbeinen, wozu noch eine mittlere unpaare Zahnreihe des Vomer hinzukommt. Dem Unterkiefer gehört nur eine Bogenreihe von Zähnen an. Auch am Zungenbein, am Oberkiefer und Parasphenoideum sowie in der Regel auch an den Kiemenbogen und besonders an den oberen und unteren Schlundknochen können Zähne auftreten (Abb. 971, 997). Nach der Form unterscheidet man spitze, kegelförmige *Fangzähne* (Kamm-, Bürsten-, Sammet-

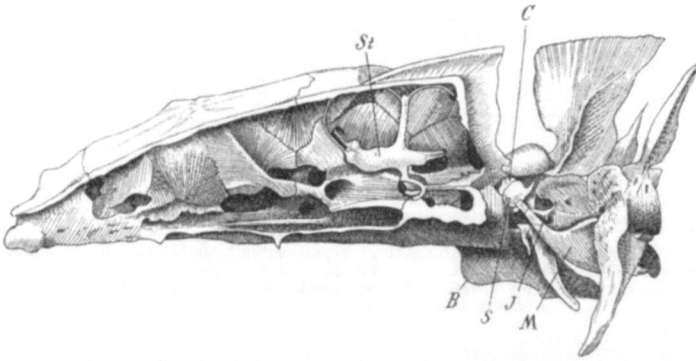
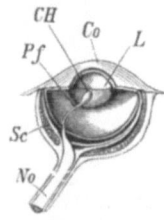

Abb. 1003. Schädel, seitlich teilweise eröffnet, und die ersten Wirbel des Karpfen (*Cyprinus carpio*). (Nach E. H. WEBER.) *B* Fortsatz des Basioccipitale, *C*, *J*, *M*, *S* WEBERsche Knöchelchen, *St* häutiges Labyrinth.

Abb. 1004. Auge von *Esox lucius*, horizontaler Durchschnitt. (Aus GEGENBAUR.) *Co* Cornea, *L* Linse, *Pf* Processus falciformis, *CH* Campanula Halleri, *No* Nervus opticus, *Sc* Verknöcherungen der Sclera.

zähne) und breite *Mahlzähne*. Auch können meißelförmige Zähne vorn im Kiefer zu messerförmigen Schneiden vereinigt sein (*Sparidae*, *Plectognathi*).

Am Boden der Mundhöhle kommt eine nur kleine, kaum bewegliche Zunge zur Entwicklung; der Schlund wird seitlich von den Kiemenspalten durchbrochen. Es folgt dann eine meist kurze, trichterförmige Speiseröhre und in der Regel ein weiter Magen, der sich häufig in einen ansehnlichen Blindsack auszieht (Abb. 1005). Am Anfange des durch eine Klappe abgesetzten Mitteldarmes erheben sich bei den Ganoiden und zahlreichen Knochenfischen blinddarmförmige Anhänge (*Appendices pyloricae*). Die Innenfläche des meist in mehrfachen Schlingen gewundenen Mitteldarmes zeichnet sich durch die Längsfalten der Schleimhaut aus, nur selten kommen Darmzotten vor; hingegen besitzt der hintere Darmabschnitt der *Elasmobranchier*, *Ganoiden* und *Dipnoër* eine eigentümliche, schraubenförmig gewundene Längsfalte, die sogenannte Spiralklappe, welche zur Vergrößerung der resorbierenden Oberfläche wesentlich beiträgt. Ein Rectum ist keineswegs überall scharf gesondert und dann nur überaus kurz, bei den *Selachiern* mit einem blindsackartigen Anhang versehen (Abb. 1006). Der After liegt in der Regel weit nach hinten und stets bauchständig, bei den Kehlflossern und einzelnen Knochenfischen ohne Bauchflossen rückt er auffallend weit nach vorne bis an die Kehle. Die Ausmündung des Darmes erfolgt direkt oder (*Elasmobranchii*, *Dipnoi*) mittels einer Cloake, in der auch Harn- und Genitalorgane münden. Im ersteren Falle liegt die Afteröffnung vor der Mündung der Harn- und Geschlechtsorgane.

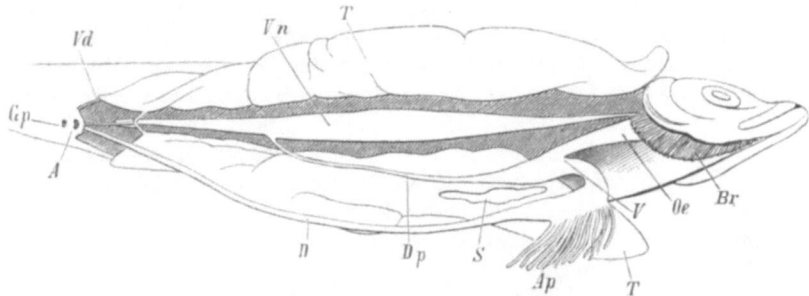

Abb. 1005. Darmkanal und Geschlechtsorgane von *Clupea harengus*. (Nach BRANDT.) *Br* Kiemen, *Oe* Oesophagus, *V* Magen, *Ap* Appendices pyloricae, *D* Darm, *A* Afteröffnung, *Vn* Schwimmblase, *Dp* Luftgang, *S* Milz, *T* Hoden, *Vd* sein Ausführungsgang, *Gp* Urogenitalöffnung.

Speicheldrüsen fehlen den Fischen, dagegen findet sich stets eine große, fettreiche, meist mit einer Gallenblase versehene Leber sowie in der Regel auch eine Bauchspeicheldrüse; letztere erscheint zuweilen in kleine, im Mesenterium eingeschlossene Drüsengruppen verteilt oder, wie beim Karpfen, *Morone* (*Labrax*), *Gobius* u. a., in die Leber eingebettet.

Auch bei den Fischen (mit einigen Ausnahmen wie *Elasmobranchii*, *Pleuronectidae*, *Myctophidae* u. a.) findet sich ein den Lungen der übrigen Wirbeltiere homologes Organ, das bei *Dipnoërn*, *Lepisosteus*, *Amiatus* mit Parietalzellen ausgestattet als Lunge fungiert (Abb. 1007) (wahrscheinlich ist auch die zellig gebaute Schwimmblase von *Gymnarchus* und *Arapaima* sowie die stark vascularisierte Schwimmblase von *Umbra* respiratorisch), bei den übrigen Fischen an der Innenfläche meist glattwandig ist und zur Schwimmblase wird, die sich funktionell als hydrostatischer Apparat erweist. Es ist fast stets ein unpaarer, selten (*Polypterus*, *Protopterus*, *Lepidosiren*) paarig geteilter, mit Luft gefüllter Sack, der an der Wirbelsäule über dem Darm liegt.

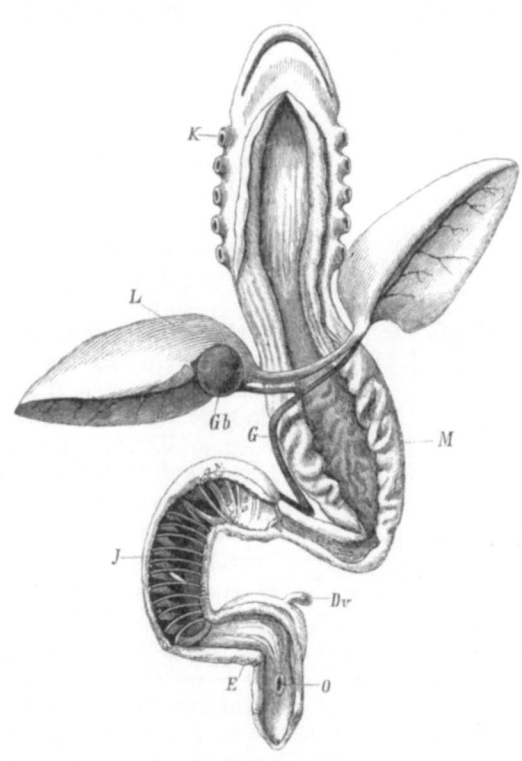

Abb. 1006. Darm von *Torpedo*. *K* Kiemenlöcher, *M* Magen, *L* Leber, *Gb* Gallenblase, *G* Gallengang, *J* Darm mit Spiralklappe, *E* Enddarm, *Dv* drüsiges Divertikel (Rectaldrüse), *O* Einmündung der Oviducte.

Er steht bei den *Ganoiden*, *Dipnoërn* und einer Anzahl von Teleosteern (*Malacopterygii*, *Ostariophysi*, *Apodes*, *Haplomi*), die als *Physostomi* bezeichnet werden, mit dem Darm durch den Luftgang (*Ductus pneumaticus*) in Verbindung (Abb. 1005). Die Einmündung des letzteren liegt bei *Polypterus* und den *Dipnoi* ventral, sonst dorsal oder lateral. Zahlreichen Teleosteern (den sogenannten *Physoclisti*) dagegen fehlt der Luftgang und die Schwimmblase ist geschlossen. Bei einer Anzahl von *Clupeiden* besitzt die Schwimmblase eine zweite, postanale Öffnung nach außen. In der Form variiert die Schwimmblase mannigfach; zuweilen ist sie durch eine quere Einschnürung in einen vorderen und hinteren Sack abgeschnürt (Karpfen) oder ist mit Ausstülpungen versehen (so besonders bei den *Sciaeniden*), oder durch innere Septa in einzelne Kammern untergeteilt (zahlreiche *Triglidae* und *Siluridae*). Ihre Wand wird aus einer äußeren elastischen, zuweilen mit Muskeln versehenen Haut und einer inneren Schleimhaut gebildet; auch können Ossifikationen ihrer Wand eintreten (*Acanthopsidae*). Zuweilen treten sogenannte rote Körper (Wundernetze) auf, über welchen das Innenepithel der Schwimmblase drüsig ausgebildet ist (Gasdrüse). Der bei einigen Fischen bestehenden Beziehungen der Schwimmblase zum statischen Organ wurde bereits gedacht.

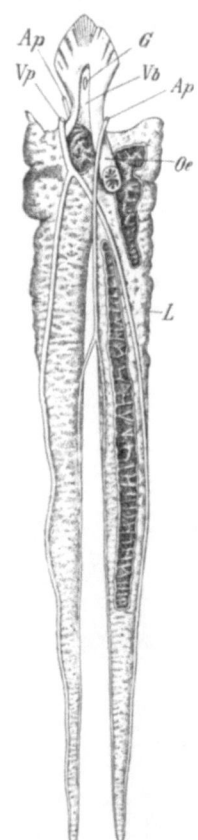

Abb. 1007. Lunge von *Protopterus annectens*, teilweise eröffnet. (Nach W. N. PARKER.) *L* Lunge, *Vb* Vestibulum der Lunge, *G* Einmündung der Lunge in den Pharynx, *Oe* Oesophagus, *Ap* Lungenarterien, *Vp* Lungenvene.

Als Respirationsorgane finden sich überall an den zwischen Schlund und Körperwand vorhandenen Spalten Kiemen. Bei den *Selachiern* sind es durch ebenso viel äußere als innere seitliche Öffnungen mündende Taschen, an deren vorderen und hinteren, durch Knorpelstäbchen gestützten Wänden die Kiemenblättchen gelegen sind (Abb. 1008a). In der Regel finden sich 5 Paare Kiementaschen, von denen die letzte nur an ihrer Vorderwand eine Kiemenblättchenreihe besitzt. Dazu kommt häufig noch ein zwischen Kiefer- und Zungenbeinbogen verlaufender Gang, eine rudimentäre Kiementasche, das sogenannte *Spritzloch*, an welchem Rudimente von Kiemenblättchen ohne respiratorische Bedeutung, die *Pseudobranchie* des Spritzloches, sich finden. Bei *Ganoiden* und *Teleosteern* sind die Kiementaschen verkürzt und die lanzettförmigen Kiemenblättchen sitzen in Doppelreihen den vier Kiemenbogen auf, jederseits vier kammförmige Kiemen bildend (bei einigen *Plectognathi* u. a. auf drei reduziert), die von einem Kiemendeckel und der Branchiostegalmembran (Kiemenhaut) überdeckt werden (Abb. 1008b); dadurch entsteht eine Kiemenhöhle mit einfacher hinterer Kiemenspalte. Auch an der Innenseite des Kiemendeckels finden sich Kiemenblättchen, die bei vielen *Ganoiden* wie auch bei *Chimaera* als Kiemen (*Nebenkieme, Kiemendeckelkieme*) fungieren, bei *Teleosteern* aber die respiratorische Bedeutung verloren haben und als *Pseudobranchie des Kiemendeckels* bezeichnet werden. Ferner kommt noch ein Spritzloch, zuweilen (*Störe*) mit einer Pseudobranchie, den meisten *Ganoiden* zu. Zwischen den Kiementaschen der Selachier und den von einem Kiemendeckel überdeckten Kammkiemen der Ganoiden und Teleosteer steht die Kiemenbildung der *Chimaeren* unter den Elasmobranchiern, indem hier die Kiementaschen weniger lang sind und die Taschensepta nur bis zum distalen Ende der Kiemenblättchen reichen; dazu kommt eine die Kiemen überdeckende, am Hyomandibulare entspringende Hautfalte, die einen Kiemendeckel bildet.

Äußere Kiemen finden sich bei den Embryonen von *Elasmobranchiern, Lepidosiren* und *Polypterus,* ferner drei Paar rudimentärer äußerer Kiemen neben den hier auch vorhandenen inneren Kiemen bei *Protopterus* vor.

Bei einer Anzahl von Fischen, meist solchen, die auch außerhalb des Wassers Aufenthalt nehmen können, sind *akzessorische Atmungsorgane* vorhanden, welche von der gefäßreichen Kiemenhöhlenhaut aus ihre Entstehung nehmen. Sie stellen entweder labyrinthförmige Höhlungen im oberen vergrößerten Kiemenbogenknochen des 1. Kiemenbogens (*Labyrinthfische,* Abb. 1009) oder, wie bei gewissen Siluriden (*Clarias, Heterobranchus*), baumförmig verästelte Anhänge an ein bis zwei Kiemenbogen vor, die in eine dorsale Erweiterung der Kiemenhöhle hineinragen; ein gleicher, spiraliger Anhang (sogenannte Kiemenschnecke) findet sich bei einigen *Clupeiden* und *Heterotis*. Bei *Saccobranchus* und *Amphipnous* sind die akzessorischen Atmungsorgane dagegen in Form sackförmiger Ausstülpungen der dorsalen Kiemenhöhlenschleimhaut ausgebildet. Gleicherweise ist auch die Darmatmung bei *Misgurnus fossilis* und einigen südamerikanischen Süßwasser-

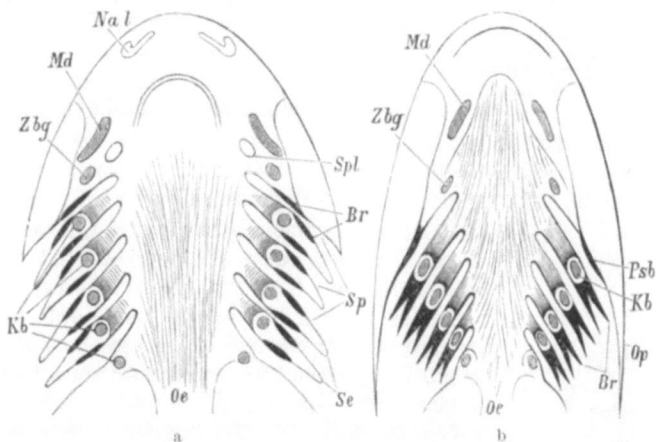

Abb. 1008. Horizontalschnitt durch die Kiemenhöhle mit Ansicht ihres Daches, a eines Haies, b eines Teleosteers. (Nach GEGENBAUR, verändert.) *Na l* Nasenloch, *Md* Mandibel, *Zbg* Zungenbeinbogen, *Kb* Kiemenbogen, *Oe* Oesophagus, *Spl* Spritzloch, *Br* Kiemen, *Sp* Kiemenspalten, *Se* Septa der Kiementaschen, *Psb* Pseudobranchie des Kiemendeckels (Kiemendeckelkieme), *Op* Kiemendeckel.

welsen (*Callichthys, Loricaria* u. a.) aufzufassen, indem bei diesen Fischen Luft in den sehr gefäßreichen Darm aufgenommen und durch den After ausgestoßen wird. Hautatmung von ansehnlicher Bedeutung findet sich beim Aal und *Misgurnus.*

Die Kreislauforgane der Fische (Abb. 141) zeigen ursprüngliche, mit den embryonalen Zuständen der höheren Vertebraten übereinstimmende Verhältnisse. Das Herz liegt weit vorn hinter dem Kopfe und dem Kiemengerüst, von einem Herzbeutel umschlossen, dessen Innenraum bei den Elasmobranchiern und Stören mit der Pleuroperitonealhöhle durch eine kanalartige Communication in Verbindung steht. Das *Herz* ist als einfaches venöses Kiemenherz, aus einem dünnwandigen weiten Vorhof und einer sehr kräftigen muskulösen Kammer zusammengesetzt, welche von jenem durch zwei Taschenklappen getrennt ist. Bei *Elasmosbranchiern, Ganoiden* und *Dipnoërn* schließt sich an die Herzkammer ein besondere- Herzabschnitt mit 2—8 Reihen halbmondförmiger Klappen, der *Bulbus cordir* oder *Conus arteriosus* (Abb. 1010), an, der bei den Knochenfischen rückgebildet ist. Dagegen beginnt bei letzteren der Truncus arteriosus (Aorta ascendens) mit einer zwiebelförmigen Erweiterung, dem *Bulbus arteriosus*. Der Truncus arteriosus teilt sich in paarige, der Zahl der Kiemenbogen entsprechende Gefäßbogen, in deren Verlauf das respiratorische Capillarnetz der Kiemenblättchen eingeschaltet ist (Abb. 979 a, 128). Die aus dem Capillarnetz hervorgehenden Gefäße (Epibranchialarterien) vereinigen sich zur Aorta descendens; die vorderste Epibranchialarterie entsendet die Gefäße des Kopfes. Das Venensystem besteht aus zwei vorderen (Jugularvenen) und hinteren Cardinalvenen, die sich jederseits zu einem Querkanal (Ductus Cuvieri) vereinigen. Letztere münden in einen vor dem Atrium gelegenen Sinus venosus ein. Aus den Ästen der Caudalvene entwickelt sich der Pfortaderkreislauf der Niere, aus dem das Blut dann in die hinteren Cardinalvenen gelangt. Das Venenblut des Darmes wird durch die Pfortader zur Leber geführt, in welcher es den Pfortaderkreislauf speist; eine oder mehrere Lebervenen führen dasselbe zwischen den beiden Ductus Cuvieri in den Sinus venosus. Bei den *Dipnoi* und *Polypterus* ist bereits eine untere Hohlvene vorhanden. Das Lymphgefäßsystem besteht in seinen Hauptstämmen in Form von Lymphsinus. Lymphherzen sind in einigen Fällen an der Einmündung in das Venensystem, so am Caudalsinus beobachtet. Milz, Thyreoidea und Thymus sind vorhanden. Die Thyreoidea liegt am Truncus arteriosus, die kleine Thymus oberhalb der Kiemenbogen.

Abb. 1009. Kopf von *Anabas scandens* (aus règne animal) nach Abhebung des Kiemendeckels, um den Labyrinthapparat zu zeigen. $^1/_1$

Als Harnorgane der Fische (Abb. 1011) fungieren die persistierenden *Urnieren* (Mesonephros), welche sich längs der Wirbelsäule häufig vom Kopfe bis zum Ende der Leibeshöhle erstrecken und zwei zu einem gemeinsamen Gang (meist unter Bildung einer Harnblase) sich vereinigende Urnierengänge entsenden. Stets liegen Harnblase und Ausführungsgang derselben hinter dem Darmkanal. Jener mündet bei den männlichen Knochenfischen (*Salmoniden* ausgenommen) mit der Geschlechtsöffnung gemeinsam, beim Weibchen auf einer besonderen Papille hinter der Geschlechtsöffnung. Bei den *Elasmobranchiern* und *Dipnoërn* erfolgt die Ausmündung der Harn- und Genitalgänge gemeinsam mit dem Darm in eine Cloake.

Bei manchen Fischen (*Elasmobranchier*, *Ganoiden*, meiste *Dipnoi*, *Salmoniden*) liegen bei der Cloaken-, bzw. Afteröffnung besondere paarige Poren (Abdominalporen), durch welche die Pleuroperitonealhöhle mit der Außenwelt kommuniziert.

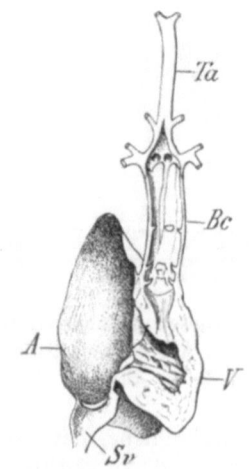

Abb. 1010. Herz von *Squalus acanthias* geöffnet. (Original G.) *Sv* Sinus venosus, *A* Atrium, *V* Ventrikel, *Bc* Bulbus cordis, *Ta* Truncus arteriosus.

Mit Ausnahme hermaphroditischer Formen, wie *Serranus*, *Chrysophrys* u. a., sind die Fische getrennten Geschlechtes, nicht selten mit geringeren (*Tinca*, *Cobitis*) oder bedeutenderen (*Macropodus*) äußeren Geschlechtsunterschieden. Ein auffallender Geschlechtsdimorphismus besteht bei einigen *Pediculaten* (*Ceratias*), bei denen die Männchen im Vergleich zum Weibchen zwergartig klein bleiben und dauernd als Parasiten mittels der Mundöffnung mit dem Weibchen verwachsen sind. Männliche und weibliche Genitalorgane verhalten sich nach Lage und Gestalt übereinstimmend. Die Ovarien erweisen sich als paarige, zuweilen auch unpaare Organe, die unterhalb der Nieren zu den Seiten des Darmes gelegen sind. Im einfachsten Falle gelangen die Eier nach Dehiscenz der Ovarialwand in die Leibeshöhle und von hier durch einen einfachen oder paarigen, hinter dem After befindlichen Genitalporus nach außen (*Somniosus, Salmonidae, Anguillidae*); bei den übrigen *Elasmobranchiern*, den *Dipnoërn* und meisten *Ganoiden* durch mit freier Öffnung in der Leibeshöhle beginnende Gänge (MÜLLERsche Gänge), an denen bei *Elasmobranchiern* eine Drüse, die Eileiterdrüse, entwickelt ist (Abb. 984 b). Dagegen sind bei den übrigen Teleosteern die Ovarien geschlossene Säcke mit Ausführungsgängen, die als unmittelbare Fortsetzungen der Genitaldrüsen erscheinen. Als Ausleitungsweg der paarigen Hoden fungiert bei den *Elasmobranchiern, Stören, Lepisosteus*, wahrscheinlich allen *Dipnoërn* ein Teil der Urniere (Abb. 984 a), während sonst die Samenleiter direkte Fortsetzungen der Hoden sind (Abb. 1005). Bei den Knochenfischen vereinigen sich sowohl die beiden Eileiter als auch Samenleiter zu einem unpaaren Gange; die Eileiter öffnen sich zwischen After und Mündung des Harnweges, die Samenleiter (*Salmoniden* ausgenommen) mit dem Harnblasengang durch einen gemeinsamen Urogenitalsinus auf der Urogenitalpapille nach außen; bei den *Elasmobranchiern* und *Dipnoërn* erfolgt die Ausmündung in eine Cloake. Äußere akzessorische Begattungsorgane finden sich nur bei den männlichen *Elasmobranchiern* als lange durchfurchte Knorpelanhänge der Bauchflossen.

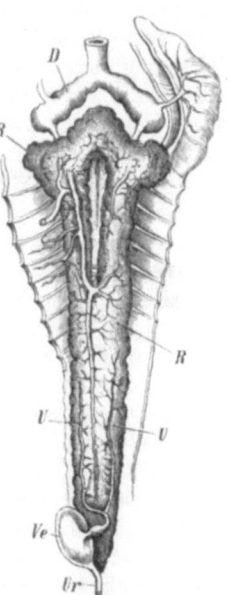

Abb. 1011. Nieren von *Salmo fario*. (Nach HYRTL.) *D* Ductus Cuvieri, *R* Nieren, *U* Urnierengang, *Ur* Ausführungsgang, *Ve* harnblasenartige Erweiterung.

Die meisten Fische legen Eier ab, nur wenige Teleosteer, wie z. B. *Zoarces*, viele *Cyprinodonten* u. a., sowie ein großer Teil der *Selachier* gebären lebendige Junge, welche meist in einem erweiterten, als Uterus fungierenden Abschnitte der Eileiter die embryonale Entwicklung durchlaufen. Meist tritt die Fortpflanzung nur einmal im Jahre, am häufigsten im Frühjahr ein, seltener im Sommer, ausnahmsweise, wie bei vielen *Salmoniden*, im Winter. Nicht selten treten zur Laichzeit Farbenveränderungen und Hautwucherungen (Perlausschlag) besonders beim männlichen Tiere auf (Hochzeitskleid). Beide Geschlechter sammeln sich dann oft in größeren Scharen, suchen seichte Brutplätze in der Nähe der Flußufer oder am Meeresstrande auf (Heringe); einige unternehmen ausgedehntere Wanderungen, durchstreifen in großen Zügen weite Strecken an den Küsten des Meeres (*Thunfische*) oder steigen aus dem Meere in die Flußmündungen auf und ziehen mit Überwindung großer Hindernisse (Salmsprünge) stromaufwärts bis in die kleineren Nebenflüsse (*Lachse, Maifische, Störe* usw.), wo sie an geschützten und nahrungsreichen Orten ihre Eier ablegen. Umgekehrt wandern die Aale zur Fortpflanzungszeit aus den Flüssen in die Tiefe des Meeres, aus welchem die Aalbrut wieder in die Mündungen der süßen Gewässer eintritt und stromaufwärts zieht. Die Befruchtung des abgesetzten Laiches im Wasser kann als Regel gelten (daher die Möglichkeit künstlicher Befruchtung und Piscikultur). Dagegen findet bei den lebendig gebärenden Fischen sowie bei den meisten Rochen, den Chimaeren und Hundshaien, welche sehr große, von einer hornigen Schale umschlossene Eier legen, eine innere Begattung statt. In wenigen Ausnahmsfällen besteht Brutpflege bei Weibchen (*Aspredo, Solenostoma*), zuweilen besorgen merkwürdigerweise die Männchen dieselbe (*Syngnathus, Hippocampus, Cottus, Gasterosteus, Chromis galilaeus*).

Sowohl die kleineren, mit Mikropyle versehenen Eier der Knochenfische als die großen, von einer harten Hornschale umhüllten Eier der *Elasmobranchier* enthalten eine reiche Menge Nahrungsdotter. Demgemäß ist die Entwicklung im allgemeinen eine direkte und, obwohl die Körperform der ausgeschlüpften Jungen von der des ausgebildeten Tieres häufig wesentlich abweicht, fällt doch, von wenigen Ausnahmen abgesehen, eine wahre Metamorphose meist hinweg. Im allgemeinen verlassen die jungen Fische ziemlich frühzeitig die Eihüllen, mit mehr oder minder deutlichen Resten des bereits vollständig in die Leibeswandung aufgenommenen, aber bruchsackartig vortretenden Dottersackes. Amnion und Allontois fehlen.

Die meisten Fische sind Fleischfresser, eine geringere Zahl Schlamm- oder Pflanzenfresser. Der größte Teil der Fische lebt im Meere, indessen erscheint der Aufenthalt im süßen oder salzigen Wasser keineswegs für alle Fälle ein exklusiver. Viele, wie die *Elasmobranchier*, sind allerdings fast durchwegs auf das Meer, andere wie die *Cypriniden* und *Esociden*, auf die süßen Gewässer beschränkt; indessen gibt es auch Fische, welche periodisch, namentlich zur Laichzeit, in ihrem Aufenthalt wechseln (Lachse, Störe, Aal u. a.). Einige Fische leben in unterirdischen Gewässern und sind wie die Höhlenbewohner blind (*Amblyopsis spelaeus*). Außerhalb des Wassers sind nur wenige Fische längere Zeit imstande zu leben; im allgemeinen sterben die Fische im Trockenen um so rascher ab, je weiter ihre Kiemenspalte ist. Fische mit enger Kiemenspalte (*Aale*) besitzen außerhalb des Wassers eine ungewöhnliche Lebenszähigkeit. Am längsten vermögen, von den *Dipnoi* abgesehen, einige ostindische Süßwasserfische, die in labyrinthförmig ausgehöhlten oberen Kiemenbogenknochen einen akzessorischen Atmungsapparat besitzen, im Trockenen zu leben (*Anabas scandens*) (Abb. 1009). Die sogenannten fliegenden Fische (*Exocoetus, Cephalacanthus*) vermögen sich mittelst ihrer flügelartigen, großen Brustflossen in der Luft schwebend zu tragen. *Diodonten* und *Tetrodonten* treiben, wenn ihr Luftsack des Magens gefüllt ist, mit ballonförmig aufgetriebenem Körper und nach oben gekehrter Bauchseite auf den Wellen. Auch gibt es zahlreiche, oft sehr bizarr gestaltete Tiefseebewohner. *Fierasfer* lebt in den Wasserlungen von Holothurien.

Eine Anzahl von Teleosteern zeigt Tonproduktion. Stridulationsgeräusche, wohl meist akzidenteller Art, entstehen durch Reiben zwischen zwei Knochenstücken; sie werden bei *Balistes aculeatus* durch die innige Beziehung der betreffenden Knochen, hier von Schultergürtelknochen, zur Schwimmblase verstärkt. In anderen Fällen werden durch Vibration von Teilen der durch besondere Muskeln bewegten Schwimmblasenwand Töne hervorgerufen, am stärksten bei *Pogonias cromis*, dem Trommelfisch.

Durch das ausgedehnte Vorkommen fossiler Fischreste in allen geologischen Perioden erhalten die Fische für die Kenntnis der Entwicklungsgeschichte des Tierlebens auf der Erde eine hohe Bedeutung. In paläozoischen Formationen finden sich bloß *Selachier, Dipnoër* und *Ganoiden*. Im Silur und Devon bilden höchst absonderliche Fischgestalten, die Panzerfische (*Placodermi*), mit die ältesten Repräsentaten der Wirbeltiere. In der Trias treten die ersten Knochenfische auf. Von der Kreide an nehmen die Knochenfische in den jüngeren Formationen an Reichtum und Mannigfaltigkeit der Formen zu.

1. Unterklasse. ELASMOBRANCHII (PLAGIOSTOMATA)[1].

Knorpelfische mit Placoidschuppen in der Haut, mit primärem Flossenskelet, mit heterocerker Schwanzflosse, mit 5 (selten 6 oder 7) Paaren von Kiementaschen,

---

[1] MÜLLER, JOH.: Über den glatten Hai des ARISTOTELES. Abh. preuß. Akad. Wiss., Math.-physik. Kl. Berlin 1840. — MÜLLER, JOH. u. J. HENLE: Systematische Beschreibung

welche in der Regel in ebensoviel Kiemenspalten ausmünden, mit Bulbus cordis, mit Spiralklappe des Darmes und Cloake.

In ihrer äußeren Erscheinung sind die Elasmobranchier (Abb. 1012) von allen übrigen Fischen auffallend verschieden, zeigen aber auch untereinander große Abweichungen.

Die Haut enthält meist zahlreiche kleine Placoidschuppen (Abb. 962) und erhält dadurch eine chagrinartige Oberfläche. Zuweilen finden sich größere Knochenschilder reihenweise aufgelagert, welche durch spitze, dornartige Fortsätze, namentlich am Schwanze (Rochen), zum Schutze dienen. Seltener bleibt die Haut ganz nackt (*Torpedinidae*).

Die Elasmobranchier besitzen große Brustflossen, die bei den Rochen als seitliche Verbreiterungen des abgeflachten Körpers erscheinen; im letzteren Falle reichen die Brustflossen vermittelst der sogenannten Schädelflossenknorpel bis an das vordere Ende der Schnauze und lehnen sich durch hintere Suspensorien an das Beckengerüst der Bauchflossen an. Diese liegen stets in der Nähe des Afters und tragen im männlichen Geschlechte als Hilfsorgan der Begattung einen

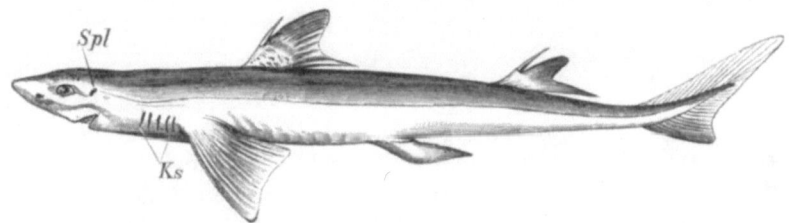

Abb. 1012. *Squalus acanthias* (*Acanthias vulgaris*). $^1/_{10}$. *Spl* Spritzloch, *Ks* Kiemenspalten.

rinnenförmig ausgehöhlten Anhang mit Drüse. Auch die unpaaren Flossen können wohl entwickelt sein. Zuweilen findet sich vor den Rückenflossen ein spitzer Knochenstachel. Die Schwanzflosse zeigt eine ausgeprägte äußere Heterocercie.

Der Schädel bleibt eine ungeteilte Knorpelkapsel (Abb. 968), deren Basis bei *Holocephalen* und *Rochen* auf der Wirbelsäule des Rumpfes artikuliert. Der knorpelige Kieferbogen wird in der Schläfengegend mittelst des Kieferstiels (*Hyomandibulare*) am Schädel suspendiert. Der Oberkiefergaumenteil (*Palatoquadratum*) ist bei den *Selachiern* mit der Schädelkapsel beweglich verbunden, bei den *Holocephalen* dagegen mit derselben vereinigt. Auch die Wirbelsäule mit ihren Chordaresten zeigt eine vorherrschend knorpelige Beschaffenheit, doch

---

der Plagiostomen. Berlin 1841. — LEYDIG, FR.: Beiträge zur mikroskopischen Anatomie und Entwicklungsgeschichte der Rochen und Haie. Leipzig 1852. — GEGENBAUR, C.: Untersuchungen zur vergleichenden Anatomie der Wirbeltiere **3**. Leipzig 1872. — SEMPER, C.: Das Urogenitalsystem der Plagiostomen usw. Arb. zool. zoot. Inst. Würzburg **2** (1875). — BALFOUR, F. M.: A monograph on the development of Elasmobranch Fishes. London 1878. — HASSE, C.: Das natürliche System der Elasmobranchier. Jena 1879—1885. — HUBER, O.: Die Copulationsglieder der Selachier. Z. Zool. **70** (1901). — FÜRBRINGER, M.: Über die spino-occipitalen Nerven der Selachier und Holocephalen. Festschr. f. GEGENBAUR. Leipzig 1897. — PHELPS ALLIS jr., E.: The Lateral Sensory Canals, the Eye-Muscles and the Peripheral Distribution of certain of the Cranial Nerves of *Mustelus laevis*. Quart. J. microsc. Sci. **45** (1902). — GARMAN, S.: The Chimaeroids, especially Rhinochimaera and its Allies. Bull. Mus. Comp. Zool. Harvard Coll. **41** (1904). — The Plagiostomia. Mem. Mus. Comp. Zool. Harvard Coll. **36** (1913). — REGAN, C. T.: A Classification of the Selachian Fishes. Proc. Zool. Soc. Lond. **1906**. — DEAN, B.: Chimaeroid Fishes and their Development. Publ. Carnegie Inst. Washington **1906**. — FERGUSON, J. S.: The Anatomy of the Thyroid Gland of Elasmobranches etc. Amer. J. Anat. **11** (1911). — Vgl. ferner die Arbeiten von CHEVREL, VAN WIJHE, C. RABL, HOCHSTETTER, ZIEGLER, RÜCKERT, EWART, BURCKHARDT, WIDAKOWICH, BORCEA, E. MÜLLER, O'DONOGHUE u. a.

kommt es bei *Selachiern* bereits zur Bildung diskreter amphicöler Wirbel, deren Ausbildung zahlreiche Verschiedenheiten bietet. Rippen (obere) treten nur als knorpelige Rudimente auf. Bei den *Holocephalen* bleibt die Chorda in voller Entwicklung erhalten und die Gliederung des Achsenskelets erscheint nur in den Bogenstücken ausgeprägt; *Chimaera* besitzt im Umkreise der Chorda Kalkringe, von denen 3—5 auf ein Bogenstück entfallen.

In der Kiemenbildung (Abb. 1008a) weichen die Selachier insofern von allen übrigen Fischen ab, als sie jederseits in der Regel fünf (selten 6—7) Kiementaschen besitzen, an deren durch knorpelige Seitenstrahlen der Kiemenbogen gestützten Zwischenwänden die Kiemenblättchen in ganzer Länge festgewachsen sind. Diese Kiementaschen erscheinen verhältnismäßig weit nach hinten gerückt und münden durch ebenso viele Spaltöffnungen nach außen, welche bei den Haien an den Seiten, bei den Rochen an der ventralen Fläche des Leibes liegen. Bei den *Chimaeren* münden sie jederseits in einer gemeinsamen Kiemenspalte, über welche sich eine Hautfalte (Kiemendeckel) vom Kiefersuspensorium aus ausbreitet. Häufig finden sich an der oberen Kopffläche hinter den Augen noch *Spritzlöcher*.

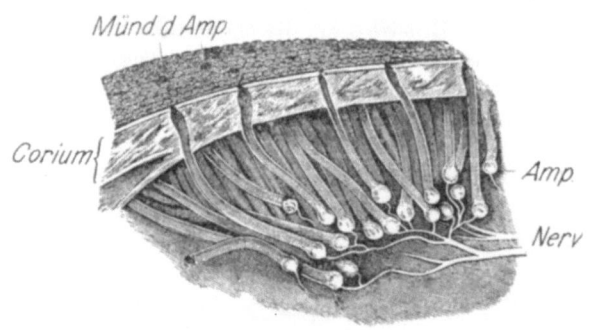

Abb. 1013. Eine Gruppe von LORENZINIschen Ampullen von *Scylliorhinus (Scyllium)*, bloßgelegt. (Aus GEGENBAUR, Vergl. Anat.)

Der Mund liegt als Querspalte ventral von dem in ein Rostrum verlängerten Kopf. Palatoquadratum und Unterkiefer sind mit zahlreichen Zähnen besetzt, die reihenweise den Kieferrand überziehen und nach hinten in eine an der Innenseite der Kiefer gelegene Furche zu verfolgen sind. Hier entstehen stets neue Zahnreihen, als Ersatz für die am Kieferrande im Gebrauche stehenden. Außerdem kann auch die ganze Mundhöhle mit kleinen Zähnen besetzt sein. Bei den Haien

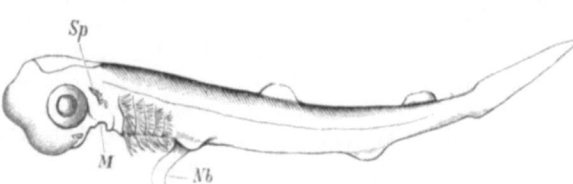

Abb. 1014. Embryo von *Squalus acanthias* mit äußeren Kiemen. *M* Mund, *Nb* Dottergang, *Sp* Spritzloch.

wiegen dolchförmige oder sägeförmig gezähnelte Zähne vor, während für die meisten Rochen konische oder pflasterförmige Mahlzähne charakteristisch sind. Der Nahrungskanal erweitert sich zu einem geräumigen Magen, bleibt aber verhältnismäßig kurz und enthält im Dünndarm eine sogenannte *Spiralklappe* (Abb. 1006). Eine Schwimmblase fehlt, wenngleich die Anlage eines Divertikels am Schlunde bei einigen Haien nachweisbar ist. Das Herz besitzt einen muskulösen Bulbus cordis (Conus arteriosus), der zwei bis fünf Klappenreihen enthält (Abb. 1010).

In der Bildung des Gehirns und der Sinnesorgane stehen die Elasmobranchier als die höchsten Fische da (Abb. 999). Die Hemisphären zeigen Längs- und Quereindrücke sowie Spuren von Windungen auf ihrer Oberfläche und sind von verhältnismäßig bedeutender Größe; auch kann sich das Kleinhirn so sehr entwickeln, daß von ihm das Nachhirn ziemlich überlagert wird. Die beiden Sehnerven erleiden eine partielle Kreuzung ihrer Fasern. Die Augen werden bei den Haien nicht allein durch freie Augenlider, sondern zuweilen auch durch eine bewegliche Nickhaut geschützt. Die Nasenöffnungen haben an der Unterseite des Rostrums ihre Lage. Eigentümliche Hautsinnesorgane der Elasmobranchier sind die LORENZINIschen *Ampullen* (Abb. 1013).

Die Harnorgane der Elasmobranchier sind paarige Nieren, an welchen sich zuweilen die Wimpertrichter (Nephrostomen) erhalten, und münden mit dem Darm in eine Cloake.

Die Geschlechter sind an der Form der Bauchflossen leicht unterscheidbar. Stets findet eine innere Begattung statt. Im männlichen Geschlecht dient der Vorderabschnitt der Urniere als Leitungsweg der paarigen Hoden. Die weiblichen Geschlechtsorgane bestehen aus einem großen einfachen oder doppelten Ovarium und paarigen, bei den eierlegenden Formen mit großen Drüsen (Nidamentalorgan) versehenen Oviducten, welche mit gemeinsamem, trichterförmigem Ostium beginnen und in ihrem weiteren Verlaufe je eine uterusähnliche Erweiterung bilden. Beide Eileiter münden vereinigt (nur bei den *Chimaeren* getrennt) hinter den Harnleitern in die Cloake ein (Abb. 1006). Bei *Somniosus* (*Laemargus*) erfolgt die Ausleitung der Geschlechtsprodukte durch Genitalporen. Die dotterreichen Eier sind (*Somniosus* ausgenommen) sehr groß und von einer Eiweißmasse und bald von einer häutigen, in Falten gelegten dünnen Hülle, bald von einer derben, pergamentartigen flachen Schale umschlossen, welche sich in vier hornartige

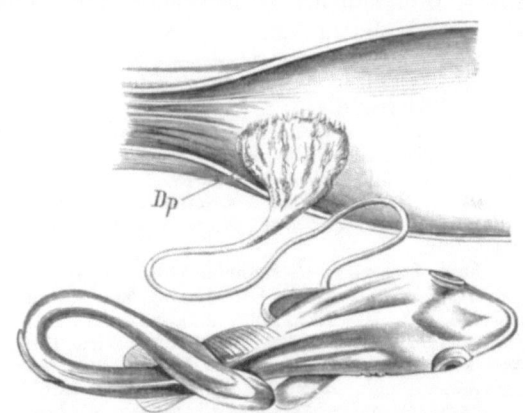

Abb. 1015. *Mustelus laevis* (glatter Hai des ARISTOTELES), durch die Dottersackplacenta (*Dp*) in Verbindung mit dem Uterus. (Nach JOH. MÜLLER.)

Auswüchse oder in gedrehte Schnüre zur Befestigung an Seepflanzen verlängert. Im letzteren Falle werden die Eier abgelegt (die meisten Rochen und Hundshaie), im ersteren dagegen (Zitterrochen und lebendig gebärende Haie) gelangen sie im Uterus zur Entwicklung, dessen Schleimhaut den Embryonen Nährmaterial zuführt. Die Elasmobranchierembryonen (Abb. 1014) besitzen einen großen Dottersack und äußere Kiemenfäden, die vor dem Ausschlüpfen verloren gehen. Selten wird die Verbindung von Mutter und Embryo eine engere und durch eine für den glatten Hai schon ARISTOTELES bekannte Dottersackplacenta vermittelt (Abb. 1015). Wie JOH. MÜLLER nachgewiesen hat, bildet der langgestielte Dottersack bei den Embryonen von *Mustelus laevis* und *Prionace* (*Carcharias*) eine große Menge von Zöttchen, welche, von der zarten Eihaut überzogen, in entsprechende Vertiefungen der Uterusschleimhaut eingreifen.

Die Elasmobranchier sind fast durchwegs Meeresbewohner, nur wenige finden sich in den größeren Flüssen Amerikas und Indiens. Alle nähren sich als Fleischfresser von größeren Fischen oder Krebsen und Muscheltieren. Die Zitterrochen besitzen ein elektrisches Organ.

1. Ordnung. Selachii.

Elasmobranchier von spindelförmiger bis abgeflachter Körpergestalt, mit 5—7 äußeren Kiemenspalten, Oberkiefergaumenapparat nicht mit dem Schädel verwachsen.*

In diese Ordnung gehören die Haie und Rochen.

1. Unterordnung. *Diplospondyli.* Mit 6—7 Kiemenspalten. Eine einzige Rückenflosse; Analflosse vorhanden. Am Achsenskelete Wirbelkörper oft unvollkommen gesondert, in jedem Segmente zwei obere Bogen und zwei Intercalaria.

Fam. *Chlamydoselachidae.* Körper aalförmig, Mund vorderständig. Sechs Kiemenspalten. *Chlamydoselachus anguineus* Grmn. Altertümliche Tiefseeform. Japan, auch bei Madeira und Norwegen.

Fam. *Hexanchidae,* Grauhaie. Mit sechs oder sieben Kiemenspalten. Mund subventral. Lebendiggebärend. *Hexanchus (Notidanus) griseus* Gm. (Abb. 999). *Heptranchias (Heptanchus) cinereus* Gm. Mit sieben Paaren von Kiementaschen. Mittelmeer, Atlant. Ozean.

2. Unterordnung. *Asterospondyli.* Mit zwei Rückenflossen und einer Analflosse, Innerhalb des Wirbelkörpers eine ringförmige Verkalkung mit nach außen gehenden Kalkstrahlen.

Fam. *Scylliorhinidae,* Hundshaie. Zähne und Kiemenöffnungen klein. Eierlegend. *Scylliorhinus (Scyllium) canicula* L. *Catulus stellaris* L. *Pristiurus melanostomus* Bp. Atlant. Ozean, Mittelmeer.

Fam. *Galeidae,* Glatthaie. Mit Nickhaut. Vivipar. *Mustelus (Galeus) laevis* Risso. Mit Dottersackplacenta (Abb. 1015). Ist der glatte Hai des Aristoteles. *M. mustelus* Risso (*vulgaris* M. H.). *Galeorhinus galeus* L. Atlant. Ozean, Mittelmeer. *Prionace (Carcharias) glauca* L., Blauhai. Weit verbreitet. *Carcharhinus (Carcharias) lamia* Raf., Menschenhai. Atlant. Ozean, Mittelmeer. Hier schließt sich an *Sphyrna zygaena* L., Hammerhai. Weit verbreitet.

Fam. *Lamnidae,* Riesenhaie. Große Haie mit weiten Kiemenspalten. Schwanz lateral gekielt. *Lamna cornubica* Gm., Heringshai. Atlant. Ozean. *Carcharodon carcharias* L. (*rondeleti* M. H.). 10—12 m lang. *Alopias vulpes* Gm., Fuchshai. Weit verbreitet. *Cetorhinus (Selache) maximus* Gunn., Riesenhai. Wird 10—12 m lang. Atlant. Ozean. Nährt sich wie die Bartenwale von kleinen Meerestieren, womit die Reuseneinrichtung der Kiemen zusammenhängt. *Rhinodon typicus* Smith. Rauhhai. Bis 17 m lang. Südsee.

Fam. *Heterodontidae (Cestracionidae).* Mit breiten pflasterförmigen Zähnen. *Heterodontus (Cestracion) philippii* Blainv. Ind. Ozean.

3. Unterordnung. *Cyclospondyli.* Zwei Rückenflossen, mit oder ohne Stachel. Analflosse fehlt. Innerhalb des Wirbelkörpers eine ringförmige Verkalkung.

Fam. *Squalidae.* Dorsalflossen mit Stachel. *Squalus acanthias* L. (*Acanthias vulgaris* Risso), Dornhai. Atlant. Ozean, Mittelmeer (Abb. 1012). *Etmopterus spinax* L. (*Spinax niger* Bp.). Europ. Meere. Hier schließt sich an: *Somniosus microcephalus* Bl. (*Laemargus borealis* Gthr.), Eishai. Arkt. Meere.

4. Unterordnung. *Tectospondyli.* Zwei kleine Rückenflossen am Schwanz oder fehlend. Analflosse fehlt. Körper abgeplattet, Brustflossen groß, seitlich ausgebreitet. Caudalflosse klein oder fehlend. Innerhalb des Wirbelkörpers mehrere ringförmige Verkalkungen.

Diese Gruppe umfaßt die rochenähnlichen Haie sowie die Rochen.

Fam. *Rhinidae,* Meerengel. Brustflossen vorn nicht mit dem Kopfe verbunden. Kiemenöffnungen etwas ventral gerückt und teilweise von der Basis der Brustflosse bedeckt. *Rhina (Squatina) squatina* L. Weit verbreitet.

Fam. *Pristidae.* Brustflossen mäßig groß, nicht bis an den Kopf reichend. Schnauze in ein langes, mit großen zahnähnlichen Placoidschuppen besetztes Blatt ausgezogen. Kiemenöffnungen ventralwärts gerückt. *Pristis pristis* L. (*antiquorum* Lath.), Sägefisch. Atlant. Ozean, Mittelmeer.

Fam. *Rhinobatidae.* Haiähnliche Rochen mit kräftigem Schwanz, der jederseits eine Hautfalte besitzt. Scheibe nicht sehr breit. *Rhinobatus rhinobatus* Bl. Schn. (*granulatus* Cuv.). Ind. Ozean.

Fam. *Rajidae.* Scheibe breit, rhombisch. Schwanz ansehnlich, jederseits mit einer Längsfalte. Ventralflossen groß. Eierlegend. *Raja clavata* L. *R. asterias* M. H. *R. batis* L. Atlant. Ozean, Mittelmeer. *R. miraletus* L. Mittelmeer.

Fam. *Torpedinidae*, Elektrische Rochen, Zitterrochen. Körper breit, Schwanz kurz und dick, mit seitlicher Hautfalte. Haut nackt. Mit elektrischem Organ zwischen Brustflosse und Kopf. *Torpedo marmorata* Risso. Atlant. Ozean, Mittelmeer, Ind. Ozean (Abb. 160). *Narcine brasiliensis* Olf. Brasilien. *Astrape* M. H. Ind. und Still. Ozean.

Fam. *Dasyatidae*, Stechrochen. Scheibe breiter als lang. Schwanz gewöhnlich peitschenförmig, mit einem dorsalen Stachel (Giftstachel) bewaffnet. *Dasyatis (Trygon) pastinaca* L. Weit verbreitet.

Fam. *Myliobatidae*, Adlerrochen. Scheibe breit; Kopfseite frei, an der Schnauze zwei abgetrennte Fortsetzungen der Brustflosse. Schwanz sehr lang, peitschenförmig. Nur eine Rückenflosse, hinter derselben ein Stachel. *Myliobatis aquila* L. Weit verbreitet.

2. Ordnung. Holocephali.

Elasmobranchier mit an dem Schädel vereinigtem Oberkiefergaumenapparat, mit einfacher Kiemenspalte und kleiner Kiemendeckelmembran.

Der dicke, bizarr gestaltete Kopf (Abb. 1016) besitzt große, der Lider entbehrende Augen. An der unteren Fläche der Schnauze liegt die kleine Mundöffnung. Der Oberkiefergaumenapparat ist mit dem Schädel vereinigt. Die

Abb. 1016. *Chimaera monstrosa*, Männchen. (Original G.) $^1/_6$

Kiefer tragen nur wenige (oben 4, unten 2) Zahnplatten. Die nackte Haut ist von mächtigen Gängen des Seitenorgans durchsetzt. Spritzlöcher fehlen. Anstatt der Wirbelkörper finden sich dünne Kalkringe in der Chordascheide. Die Holocephalen legen Eier mit horniger Schale ab.

Fam. *Chimaeridae*, Seekatzen. *Chimaera monstrosa* L. (Abb. 1016). Weit verbreitet. *Callorhynchus callorhynchus* L. (*antarcticus* Lac.). Kap, Südsee.

2. Unterklasse. TELEOSTOMI.

Fische mit gewöhnlich vier Paar kammförmigen, am Rande der Kiemenbogen stehenden Kiemen, mit einer Kiemenspalte und mit Opercularapparat.

1. Ordnung. Dipnoi, Lurchfische[1].

Teleostomier mit diphycerker Schwanzflosse, die paarigen Extremitäten mit freigelenkigem basalen Stammglied und langem beschuppten Schafte. Chorda persistie-

---

[1] Bischoff, Th. L.: *Lepidosiren paradoxa*, anatomisch untersucht und beschrieben. Leipzig 1840. — Hyrtl, J.: *Lepidosiren paradoxa*. Prag 1845. — Günther, A.: Description of *Ceratodus* etc. Philosphic. Trans. roy. Soc. London 1871. — Ayers, H.: Beiträge zur Anatomie und Physiologie der Dipnoer. Jena. Z. Naturwiss. 18 (1884). — Parker, W. N.: On the Anatomy and Physiology of *Protopterus annectens*. Trans. Irish Acad. 30 (1892). — Semon, R.: Zoologische Forschungsreisen in Australien und dem Malayischen Archipel. I. *Ceratodus*. Mit Abhandlungen von Semon, H. Braus, K. Fürbringer, R. Bing u. R. Burckhardt, A. Greil u. a. Jena 1893—1913. — Dollo, L.: Sur la phylogénie des Dipneustes. Bull. Soc. Belge Géol. Brüssel 9 (1895). — Salensky, W.: Entwicklungsgeschichte des Ichthyopterygiums der Ganoiden und Dipnoer. (Russ.) Ann. Mus. Zool. Acad. St. Petersburg 1898. — Kerr, J. G.: The external features in the development of *Lepidosiren paradoxa*. Philosophic. Trans. roy. Soc. London 1900. — The development of *Lepidosiren paradoxa*. Quart. J. microsc. Sci. 45, 46 (1901—1902). — Vgl. ferner die Abhandlungen von Krefft, van Wijhe, B. Spencer, Wiedersheim, Ehlers, Budgett, Agar, Kellicott, Robertson u. a.

rend. Skelet knorpelig, zum Teil knöchern. Palatoquadratum mit dem Schädel fest vereinigt. Mit Kiemen- und Lungenatmung, mit Bulbus cordis und Spiralklappe des Darmes, mit Cloake.

Die Lurchfische (Abb. 1017, 1018) zeigen vielfache Übereinstimmungen mit den Amphibien, unter den Fischen stehen sie den *Brachioganoiden (Crossopterygiern)* am nächsten.

In Körpergestalt und Bau erscheinen sie entschieden als Fische. Der Körper ist mit Cycloidschuppen bedeckt. Der breite flache Kopf besitzt kleine seitliche

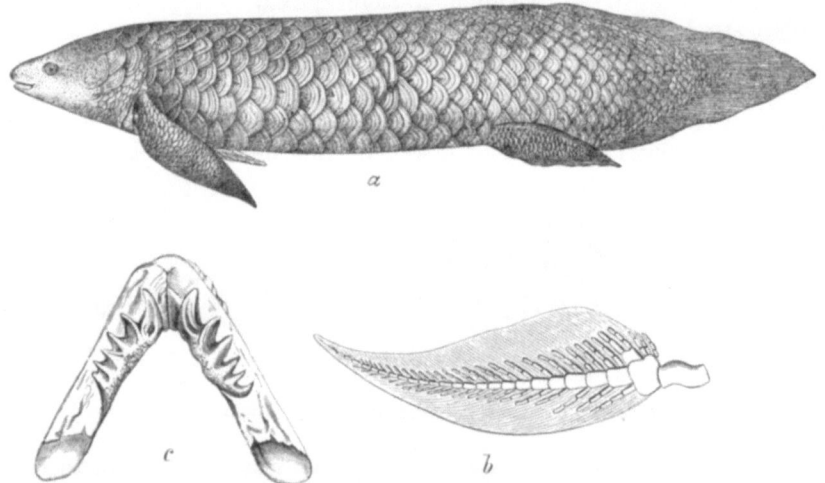

Abb. 1017. a *Neoceratodus forsteri.* $^1/_{18}$. b Brustflosse. (Nach GÜNTHER.) c Unterkiefer mit den Zahnplatten. (Nach KREFFT.)

Augen und eine ziemlich weit gespaltene Mundöffnung. Unmittelbar hinter dem Kopfe finden sich zwei Brustflossen, die ebenso wie die gleichgestalteten, weit nach hinten liegenden Bauchflossen bei *Neoceratodus* aus einem beschuppten Schafte und zwei seitlichen Flossensäumen bestehen. In ersterem findet sich eine

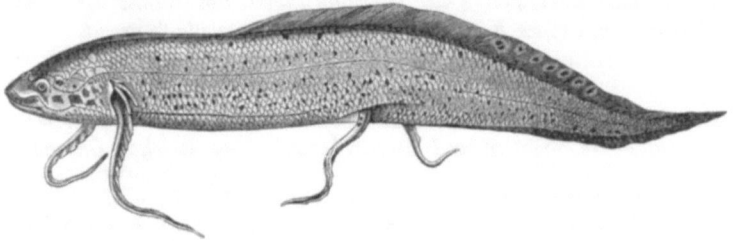

Abb. 1018. *Protopterus annectens.* (Nach GRAY, aus DOLLO.) $^1/_{20}$

axiale Reihe von Knorpelstücken, welche mit Ausnahme des freigelenkigen Basalstückes beiderseits radiale Skeletstücke trägt, während der Flossensaum wie bei Elasmobranchiern von Hornfäden gestützt wird. Bei *Protopterus* und *Lepidosiren* erscheinen die paarigen Extremitäten reduziert, bei ersterem mit einseitigem Flossensaume versehen. Die paarigen Dipnoërflossen dienen auch zum Anstemmen. Die Schwanzflosse ist dorsoventral symmetrisch (sekundär diphycerk). Vor dem vorderen Flossenpaare bemerkt man jederseits eine Kiemenspalte, über welcher bei der afrikanischen Gattung *Protopterus* bis in das spätere

Alter drei äußere Kiemenbäumchen erhalten bleiben. Dazu kommen innere Kiemen, von denen bei *Neoceratodus* vier vorhanden sind; bei *Lepidosiren* und *Protopterus* tragen die beiden vorderen Kiemenbogen keine Kieme mehr. Auch besteht eine Nebenkieme am Zungenbeinbogen.

Im Skelet persistiert die Chorda dorsalis in vollem Umfange, von deren Faserscheide verknöcherte obere und untere Bogen ausgehen; in der Rumpfregion sind untere Rippen vorhanden. Nach vorne setzt sich die Chorda bis in die Basis des Schädels fort, welcher auf der Stufe der primordialen Knorpelkapsel stehen bleibt, jedoch bereits von Knochenstücken überdeckt wird. Weit stärker sind die Gesichtsknochen des Kopfes entwickelt, namentlich die Kiefer. Die Bezahnung besteht aus senkrecht gestellten schneidenden Platten. Das Palatoquadratum ist wie bei den tetrapoden Vertebraten mit dem Schädel fest vereinigt. Der Darmkanal besitzt eine Spiralklappe. Eine Cloake nimmt in gemeinsamer Öffnung die Ductus deferentes, bzw. die mit freiem Ostium in die Leibeshöhle sich öffnenden Oviducte und zu deren Seiten die Mündungen der Ureteren auf.

Die Nasengruben münden unter der Oberlippe und besitzen wie bei allen Luftatmern hintere Öffnungen, ziemlich weit vorne, am Dache der Mundhöhle.

Zwei (bei *Neoceratodus* nur ein einfacher) retroperitoneal über den Nieren gelegene Säcke mit Alveolen, die mittels eines kurzen gemeinschaftlichen Ganges

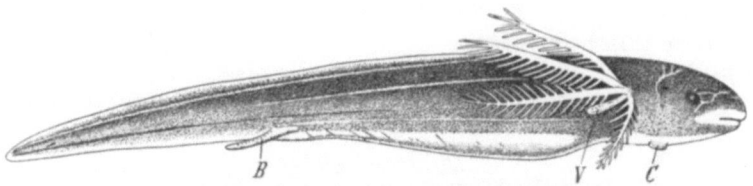

Abb. 1019. Larve von *Lepidosiren paradoxa*, mit äußeren Kiemen, 30 Tage nach dem Ausschlüpfen. (Nach KERR.) $2 \cdot 6/1$. *C* Haftorgan, *V* Brustflosse, *B* Bauchflosse.

in die ventrale Wand des Schlundes einmünden, morphologisch der Schwimmblase äquivalent, verhalten sich als Lungen (Abb. 1007), indem sie venöses Blut aus einem Zweige des letzten Aortenbogens erhalten und arterielles Blut durch Lungenvenen zum Herzen zurückgelangen lassen. Zu dieser Übereinstimmung mit den Amphibien kommt mit der Ausbildung eines doppelten Kreislaufes die ähnliche Gestaltung des Herzens und der Hauptstämme des Gefäßsystems, indem eine unvollkommene Scheidung des Vorhofes sowie teilweise des Ventrikels in eine linke und rechte Abteilung vorhanden ist, welche sich auch auf den Bulbus cordis erstreckt. Letzterer besitzt entweder Klappenvorrichtungen ähnlich jenen der Ganoiden (*Neoceratodus*) oder enthält wie bei den Fröschen zwei seitliche Längsfalten, welche am vorderen Ende verschmelzen und die Scheidung des Lumens in zwei Hälften, für die Kiemenarterien und Lungengefäße, vorbereiten. Auch findet sich bereits eine Vena cava inferior.

Lepidosiren und *Protopterus* entwickeln sich mit Metamorphose. Die Larve erinnert an eine Kaulqappe, hat vier äußere Kiemen sowie ein Haftorgan unter dem Kopfe (Abb. 1019).

Die Dipnoër leben in den Tropen der alten und neuen Welt in Flüssen und Sümpfen, die in der heißen Jahreszeit eintrocknen.

1. Unterordnung. *Monopneumona*. Körper mit großen cycloiden Schuppen bedeckt (Abb. 1017). Vomer mit zwei schiefen, schneidezahnähnlichen Zahnlamellen. Gaumen mit einem Paar großer und langer Zahnplatten von flacher welliger Oberfläche und mit fünf bis sechs scharfen Zacken an der Außenseite. Unter-

kiefer mit zwei ähnlichen Zahnplatten. Flossen mit beschupptem Schafte und strahligem Doppelsaume. Mit 4 Kiemen. Die Lunge ist einfach und aus zwei symmetrischen Hälften zusammengesetzt. Hinter dem After ein Paar weiter Peritonealspalten.

Leben von kleineren Wassertieren und benutzen vorwiegend die Lunge zur Respiration, wenn das schlammige Wasser der Flüsse von Gasen organischer Stoffe erfüllt ist.

Fam. *Ceratodidae.* Mit den Charakteren der Unterordnung. *Neoceratodus forsteri* KREFFT. Burnettfluß, Maryfluß, Australien (Abb. 1017). *Ceratodus* AG. Mesozoisch.

2. Unterordnung. *Dipneumona.* Flossen schmal, mit gegliedertem Knorpelstab (Stammreihe) und Strahlen nur an einer Seite (*Protopterus*). Kiemen mehr reduziert. Lunge paarig entwickelt.

Protopterus vergräbt sich zur Trockenzeit im Schlamme und liegt hier in einer Höhlung, von einer Kapsel erhärteten Hautschleims umschlossen.

Fam. *Lepidosirenidae.* Mit den Charakteren der Gruppe. *Protopterus annectens* OWEN. Senegal (Abb. 1018). *P. aethiopicus* HECKEL. Nil. *Lepidosiren paradoxa* FITZ. Brasilien.

2. Ordnung. Brachioganoidea (Crossopterygii), Quastenflosser[1].

Teleostomier mit knöchernem Skelet, mit zwei breiten Kehlplatten, ohne Kiemenhautstrahlen, mit gerundeter diphycerker Schwanzflosse. Brust- und Bauchflossen mit beschupptem Schafte, welchen die Strahlen umkleiden. Schuppen mit Ganoinschicht, stark und rhombisch. Mit Bulbus cordis und Spiralklappe des Darmes, mit paariger ventraler Schwimmblase.

Die in der heutigen Lebewelt nur durch die afrikanischen *Polypteriden* vertretenen Brachioganoiden sind durch zahlreiche Eigentümlichkeiten charakteri-

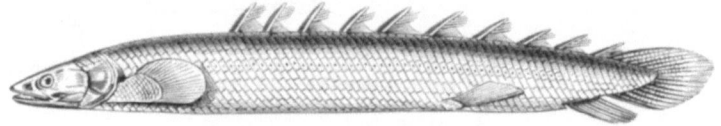

Abb. 1020. *Polypterus senegalus.* 1/3

siert, die zu den Dipnoërn hinführen. Der Körper (Abb. 1020) wird in schiefen Binden von rhombischen Schuppen umgürtet, die mit einer glatten Ganoinschicht überzogen (Ganoidschuppen) und durch gelenkige Fortsätze verbunden sind. Der Kopf ist abgeplattet. Im Oberkiefergaumenapparat fehlt ein Symplecticum. Zwei Spritzlöcher sind vorhanden, dagegen fehlt eine Nebenkieme. Längs des Unterkiefers finden sich ventral zwei Jugularplatten. Kiemenhautstrahlen fehlen. An den paarigen Extremitäten ist ein beschuppter Schaft, den die Strahlen umkleiden, zu unterscheiden. Fulcra (stachelartige Schindeln am Vorderrande der Flossen) fehlen. Von der inneren Organisation ist der Besitz einer Spiralklappe des

---

[1] MÜLLER, JOH.: Über den Bau und die Grenzen der Ganoiden. Abh. preuß. Akad. Wiss. Physik.-math. Kl. Berlin 1846. — HYRTL, J.: Über den Zusammenhang der Geschlechts- und Harnwerkzeuge bei den Ganoiden. Denkschr. Akad. Wien 8 (1854). — KNER, R.: Betrachtungen über die Ganoiden als natürliche Ordnung. Sitzgsber. Akad. Wiss. Wien, Math.-naturwiss. Kl. 54 (1866). — LÜTKEN, CHR.: Über die Begrenzung und Einteilung der Ganoiden. Palaeontographica 22 (1872). — POLLARD, H. B.: On the Anatomy and Phylogenetic Position of *Polypterus.* Zool. Jb. 5 (1892). — BUDGETT, J. L.: On the Breeding habits of some West-African Fishes, with an Account of the Development of *Protopterus* and a Description of the Larva of *Polypterus lapradei.* Trans. Zool. Soc. London 16 (1901). — JUNGERSEN, H. F. E.: Über die Urogenitalorgane von *Polypterus* und *Amia.* Zool. Anz. 23 (1900). — KERR, J. G.: The development of *Polypterus senegalus.* The work of J. S. BUDGETT. Cambridge 1907. — Vgl. ferner die Schriften von HUXLEY, TRAQUAIR, GEGENBAUR, SMITH, SEMON, BOULENGER u. a.

Darmes und die paarige, unsymmetrisch entwickelte, ventral einmündende Schwimmblase zu erwähnen. Im Gefäßsystem findet sich ein Bulbus cordis sowie eine Vena cava inferior. Die Larve von *Polypterus* besitzt ein vor dem Munde gelegenes Haftorgan und eine große federartige äußere Kieme am Hyoidbogen.

Fam. *Polypteridae*, Flösselhechte. Mit vielteiliger, in Flößchen zerfallener Rückenflosse. *Polypterus bichir* GEOFFR. Nil, Senegal. *P. senegalus* CUV. Nil, Senegal, Niger (Abb. 1020). *Calamoichthys calabaricus* J. A. SM. Ohne Bauchflosse. Westafrika.

3. Ordnung. Chondroganoidea (Chondrostei), Störe[1].

Teleostomier mit persistierender Chorda und mit Knorpelskelet, Kopf in ein Rostrum ausgezogen, Mund ventral, zahnlos oder mit kleinen Zähnen. Schädel knorpelig, von Hautknochen überdeckt. Haut nackt oder mit Knochenplatten. Kiemenhautstrahlen spärlich oder fehlend. Schwanzflosse heterocerk, mit Fulcra. Mit Spiralklappe des Darmes und Bulbus cordis.

Die Störe bilden einen besonders entwickelten Zweig von Fischen. Im Achsenskelet erhält sich die Chorda in vollem Umfange, die Wirbelsäule bleibt unvollkommen ausgebildet (Abb. 966), bloß durch obere und untere knorpelige oder knöcherne Bogenstücke repräsentiert. Der Kopf ist in ein Rostrum ausgezogen

Abb. 1021. *Acipenser ruthenus*. (Nach HECKEL u. KERN.) ¹/₆

(Abb. 1021), der knorpelige Schädel (Abb. 995) von Hautknochen überdeckt. Der Mund liegt ventral und ist zahnlos oder trägt kleine Zähne. Die Nasenlöcher liegen dorsal vor den Augen. Die Schwanzflosse ist heterocerk, mit stachelartigen Schindeln (sogenannte Fulcra) am Vorderrande. Die Haut ist entweder nackt oder wird von Knochenkörnern und Knochenplatten bedeckt. Die Flossen nähern sich durch die Rückbildung des primären Stammskeletes und umfangreiche Ausbildung der Flossenstrahlen jenen der Teleosteer. Von inneren Organen ist der Bulbus cordis, die Spiralklappe des Darmes sowie die mittels eines Ganges mit dem Oesophagus verbundene Schwimmblase zu erwähnen. Die ausschlüpfenden Larven besitzen einen Dottersack und ein Haftorgan vor dem Munde. Auch ist das Auftreten von Zähnchen am Mundrande der Larven von *Acipenser* hervorzuheben.

Die Störe gehören durchwegs der nördlichen Erdhemisphäre an.

Fam. *Acipenseridae*, Störe. Mit fünf Längsreihen großer Knochenplatten. Schnauze unten mit vier Barteln. Mund klein, zahnlos. Kiemendeckelkieme vorhanden. Kiemenhaut ohne Strahlen. Spritzlöcher bei *Acipenser* vorhanden. Der Rogen als Kaviar im Handel.

---

[1] Außer den Arbeiten von HYRTL, KUPFFER, MOLLIER, JUNGERSEN, HOPKINS vgl. FITZINGER, J. L. u. J. HECKEL: Monographische Darstellung der Gattung *Acipenser*. Ann. Wien. Mus. 1 (1836). — DEMME, R.: Das arterielle Gefäßsystem von *Acipenser ruthenus*. Wien 1860. — SALENSKY, W.: Recherches sur le développement du Sterlet. Archives de Biol. 2 (1882). — DEAN, BASHFORD: The early development of Gar-Pike (*Lepidosteus*) and Sturgeon (*Acipenser*). J. Morph. a. Physiol. 11 (1895). — EHRENBAUM, E.: Beiträge zur Naturgeschichte einiger Elbfische (Stör). Wiss. Meeresuntersuch. Kiel u. Leipzig 1896. — RYDER, J. A.: The Sturgeons and Sturgeon Industries etc. Bull. U. S. Fish Com. 8. Washington 1890.

Acipenser ruthenus L., Sterlet. Flüsse von Osteuropa, Nordasien (Abb. 1021). *A. sturio* L., Stör. Atlant. Ozean, Westeuropa, Nordamerika. *A. naccari* Bp. Norditalien, Adria. *Huso huso* L., Hausen. Wird bis 9 m lang. Becken des Schwarzen Meeres und Kaspisees. *Scaphirhynchus platorhynchus* Raf. Mississippi.

Fam. *Polyodontidae*, Löffelstöre. Körper nackt oder mit sehr kleinen Knochenkörnern. Schnauze lang, in ein dünnes Blatt verbreitert. Mund weit, mit vielen kleinen Zähnchen in den Kiefern. Keine Barteln. Spritzlöcher vorhanden, Kiemendeckelkieme fehlt. *Polyodon (Spatularia) spathula* Walb. Flüsse südl. Nordamerika. *Psephurus gladius* Marts. Yantsekiang.

4. Ordnung. Rhomboganoidea[1].

Teleostomier mit knöchernem Skelet. Körper von rhombischen Ganoidschuppen bedeckt. Schwanz heterocerk. Kiemenhautstrahlen vorhanden. Flossen mit Fulcra. Schwimmblase mit Parietalzellen. Mit Bulbus cordis und rudimentärer Spiralklappe des Darmes.

Der langgestreckte hechtförmige Körper der einzigen lebenden Gattung *Lepisosteus* ist mit rhombischen Ganoidschuppen bedeckt und endet mit einer heterocerken, scharf abgeschnittenen Schwanzflosse (Abb. 1022). Die Rückenflosse ist weit nach hinten gerückt. Am Vorderrande der Flossen finden sich Fulcra. Die Kiefer sind schnabelförmig verlängert. Die Wirbelkörper der knöchernen

Abb. 1022. *Lepisosteus platystomus* (aus règne animal). $^1/_8$.

Wirbelsäule sind vorn konvex, hinten konkav (opisthocöl). Die Schwimmblase ist lungenartig entwickelt, im Darm ist die Spiralklappe rudimentär. Spritzlöcher fehlen, eine Nebenkieme am Kiemendeckel dagegen ist vorhanden. Die Jungen verlassen als Larven mit großem Dottersack und vor dem Munde gelegener, mit zahlreichen Papillen besetzter Saugscheibe die Eihülle.

Fam. *Lepisosteidae*. Mit den Charakteren der Ordnung. *Lepisosteus (Lepidosteus) osseus* L., Knochenhecht. *L. platystomus* Raf. In den Seen und Flüssen Nordamerikas (Abb. 1022).

5. Ordnung. Cycloganoidea[2].

Teleostomier mit knöchernem Skelet. Körper von Cycloidschuppen bedeckt. Schwanz heterocerk. Kiemenhautstrahlen zahlreich. Ventral zwischen den Unter-

---

[1] Balfour, F. M. a. W. N. Parker: On the Structure and Development of *Lepidosteus*. Philosophic. Trans. roy. Soc. London 1882. — Agassiz, A.: The development of *Lepidosteus*. Proc. Amer. Acad. 1878—1879. — Mark, E. L.: Studies on *Lepidosteus*. Bull. Mus. Comp. Zool. Harvard Coll. 19 (1890). — Dean, Bashford: The early development of Gar-Pike (*Lepidosteus*) etc. J. Morph. a. Physiol. 11 (1895). — Vgl. ferner die Arbeiten von Gegenbaur, Eycleshymer, Müller, Beard, Schreiner, Semon u. a.

[2] Franque, H.: Ad Amiam calvam accuratius cognoscendam. Berolini 1847. — Shufeldt, R. W.: The Osteology of *Amia calva* etc. Washington 1885. — Allis, E. P.: The Anatomy and Development of the Lateral Line System in *Amia calva*. J. Morph. 2 (1889). — The cranial muscles and cranial and first spinal nerves in *Amia calva*. Ebenda. 12 (1897). — Dean, B.: The early development of *Amia*. Quart. J. microsc. Sci. 38 (1896). — On the larval development of *Amia calva*. Zool. Jb. 9 (1896). — Whitman, C. O. a. A. C. Eycleshymer: The egg of *Amia* and its cleavage. J. Morph. a. Physiol. 12 (1897). — Außerdem vgl. die Arbeiten von Sagemehl, L. Schmidt, J. P. Mc. Murrich, Jungersen u. a.

kieferästen eine breite Jugularplatte. Fulcra fehlen. Mit Bulbus cordis und lungenähnlicher Schwimmblase. Spiralklappe des Darmes rudimentär.

Die einzige lebende Form dieser Gruppe, *Amiatus calvus* (Abb. 1023), nähert sich im Bau den Knochenfischen (Clupeiden und Salmoniden), zu denen sie den Übergang bildet. Außer den bereits hervorgehobenen Merkmalen ist das Fehlen eines Spritzloches und einer Kiemendeckelkieme zu bemerken. Die Rückenflosse

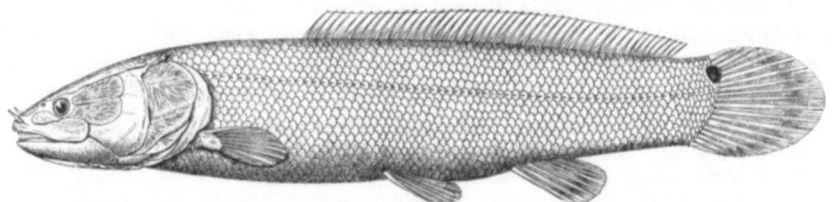

Abb. 1023. *Amiatus calvus.* (Original G.) $^1/_5$

ist sehr lang, die heterocerke Schwanzflosse hinten abgerundet. Die ausschlüpfenden Larven besitzen wie bei *Lepisosteus* einen großen Dottersack und eine Saugscheibe vor dem Munde.

Fam. *Amiatidae*. Mit den Charakteren der Ordnung. *Amiatus* (*Amia*) *calvus* L., Kahlhecht. Süßwasser von Nordamerika (Abb. 1023).

6. Ordnung. Teleostei, Knochenfische[1].

Teleostomier mit knöchernem Skelet, mit von Ctenoid- oder Cycloidschuppen, seltener mit knöchernen Platten bedecktem Körper, mit jederseits in der Regel vier Kiemen, mit Aortenbulbus, ohne Spiralklappe im Darm und ohne Bulbus cordis.

Die Knochenfische umfassen die bei weitem größte Zahl aller Fische und werden durch eine Reihe anatomischer Merkmale von den ihnen zunächst verwandten Cycloganoiden abgegrenzt, zu denen aber bei einigen Teleosteern Übergänge bestehen. Das Skelet charakterisiert sich durch die wohlgesonderten, meist knöchernen bikonkaven Wirbel und durch den knöchernen Schädel, unter welchem freilich oft noch Reste des ursprünglichen knorpeligen Primordialcraniums zurückbleiben. Nur selten erscheint die Haut nackt oder scheinbar schuppenlos, indem ihre sehr kleinen Schuppen nicht über die Oberfläche hervorragen, häufiger treten in ihr knöcherne Schilder und Tafeln, namentlich hinter dem Kopfe auf; in der Regel wird sie von cycloiden oder ctenoiden, dachziegelförmig gelagerten Schuppen bedeckt. Die Teleosteer besitzen einen Bulbus arteriosus mit nur zwei Klappen an seinem Ursprunge. Ein Bulbus cordis und eine Spiralklappe des Darmes kommen nur selten und dann rudimentär vor. Die meist kammförmigen Kiemen liegen unter einem Kiemendeckel, dem sich eine vom Zungenbogen

---

[1] BOULENGER, G. A.: A Synopsis of the Suborders and Families of Teleosteans Fishes. Ann. Mag. Nat. Hist. **1904**. — HYRTL, J.: Das uropoetische System der Knochenfische. Denkschr. Akad. Wien **1850**. — AGASSIZ, A.: On the young Stages of some osseous Fishes. Proc. Amer. Acad. **13, 14, 17** (1877—1882). — AGASSIZ, A. a. C. O. WHITMAN: The development of osseous Fishes I. Mem. Mus. Comp. Zool. Harvard Coll. **14** (1885). — SÖRENSEN, W.: Om Forbeninger i Svömmeblaeren, Pleura og Aortas Vaeg etc.; Vid. Selsk. Skr. Kopenhagen **1890**. — SWAEN, A. et A. BRACHET: Étude sur les premières phases du développement des organes dérivés du mésoblaste chez les poissons téléostéens. Archives de Biol. **16** (1899); **18** (1901). — BOEKE, J.: Beiträge zur Entwicklungsgeschichte der Teleostier. Petrus Camper. 1903—1904. — GUDERNATSCH, J. F.: The Thyreoid Gland of the Teleosts. J. Morph. a. Physiol. **21** (1910). — ROSÉN, N.: Studies on the Plectognaths. Ark. Zool. Stockholm 1912—1916. — GRASSI, B.: Metamorphose der Muraenoiden. Jena 1913, und zahlreiche andere Schriften.

getragene, durch Radii branchiostegi gestützte Kiemendeckelhaut anschließt. Harn- und Geschlechtsorgane münden hinter dem After, entweder gesondert oder vereint auf einer Urogenitalpapille. Nur wenige Knochenfische gebären lebendige Junge, fast alle legen kleine Eier in sehr bedeutender Menge an geschützten Brutplätzen ab. Die Entwicklung vieler Formen gestaltet sich als Metamorphose.

Die systematische Gruppierung der zu den Teleosteern gehörigen Fische bietet große Schwierigkeiten. In der folgenden Übersicht sind die Unterordnungen nach dem Einteilungsversuche von BOULENGER angenommen.

1. Unterordnung. *Malacopterygii*. Schwimmblase, wenn vorhanden, mit dem Darm in Communication. Mesocoracoid (Spangenstück) vorhanden. Flossen ohne Stacheln. Vordere Wirbel distinkt, ohne WEBERsche Knöchelchen.

Fam. *Elopidae*. Mit knöcherner Kehlplatte. *Elops saurus* L. Trop. Meere.

Fam. *Mormyridae*. Kopf und Kiemendeckel mit nackter Haut. Kopf zuweilen schnabelartig verlängert. Auge klein, Cornea in zwei Blätter gespalten (Brillenbildung). Kiemenöffnung ein kleiner Schlitz. *Mormyrus caschive* HASSELQ., hat jederseits am Schwanz ein schwach elektrisches Organ. Nil. *Gymnarchus niloticus* CUV. Nil, Westafrika.

Fam. *Osteoglossidae*. Süßwasserfische mit von großen harten Schuppen bedecktem Körper. Rückenflosse der Afterflosse gegenüber auf dem Schwanze. *Osteoglossum bicirrosum* VAND. *Arapaima gigas* CUV. Bis 4,5 m lang. Größter Flußfisch. Brasilien, Guiana. *Scleropages leichhardti* GTHR. Barramunda. Burnettfluß, Maryfluß, Australien. *Heterotis niloticus* CUV. Afrika.

Fam. *Clupeidae*, Heringe. Mit ziemlich komprimiertem Körper, der mit Ausnahme des Kopfes von großen dünnen, leicht abfallenden Schuppen bedeckt ist. *Clupea harengus* L., Hering, in den nordischen Meeren. Läßt mehrere, nach Aufenthalt und Laichzeit verschiedene Rassen unterscheiden. Schart sich zur Laichzeit zu dichten Zügen zusammen. *C. (Harengula) sprattus* L., Sprott, in der Nord- und Ostsee. *Engraulis encrasicholus* L., Anschovis, Sardelle. Westeurop. Küste, Mittelmeer. *Alausa alosa* L., Maifisch. Wandert im Mai zur Laichzeit aus dem Meere in die Ströme. *A. pilchardus* WALB., Sardine. Mittelmeer.

Fam. *Salmonidae*, Lachse. Mit Fettflosse. Aus den Ovarien fallen die Eier in die Bauchhöhle und gelangen durch einen unpaaren Genitalporus nach außen. Zur Laichzeit, die meist in die Wintermonate fällt, zeigen beide Geschlechter oft auffallende Unterschiede. Große Raubfische, die vorzugsweise den Flüssen, Gebirgsbächen und Seen der nördlichen Gegenden angehören, klares kaltes Wasser mit steinigem Grunde lieben, aber auch im Meere Vertreter haben, welche zur Laichzeit in die Ströme und deren Nebenflüsse steigen. *Coregonus wartmanni* BL. Renke, Blaufelchen. In den Alpenseen. *C. albula* L., Maräne. Norddeutsche Seen. *Thymallus thymallus* L., Äsche. In den Gebirgswässern von Nord- und Mitteleuropa. *Osmerus eperlanus* L., Stint. Nord- und Ostsee. *Salvelinus alpinus* L. (*Salmo salvelinus* L.), Saibling. In den Gebirgsseen Mitteleuropas. *Hucho hucho* L., Huchen, großer Raubfisch. Im Donaugebiet. *Salmo salar* L., Lachs. In den nördl. Meeren. *S. lacustris* L., Seeforelle, Schwebforelle. In den Binnenseen der mitteleuropäischen Alpenländer. *S. trutta* L., Meerforelle, Lachsforelle. Nördl. Meere. *S. fario* L., Forelle. Im Süßwasser. Europa. *S. irideus* GIBB., Regenbogenforelle. Nordamerika.

Fam. *Stomiatidae*. Tiefseefische von langgestrecktem, meist unbeschupptem Körper, mit großem Munde, die Maxillaria stärker als die Intermaxillaria mit Zähnen besetzt. Gebiß mit großen Fangzähnen. Augen groß. Bauchflossen gewöhnlich weit hinten. Brustflossen häufig reduziert, zuweilen fehlend. Mit Leuchtorganen. *Chauliodus sloanei* BL. SCHN. Mittelmeer, Atlant., Ind. Ozean. *Stomias boa* RISSO. Mittelmeer, Atlant. u. Paz. Ozean. *S. valdiviae* A. BR. Atlant. und Ind. Ozean. *Astronesthes niger* RICH. Atlant. Ozean.

Fam. *Sternoptychidae*. Körper schlank oder kurz und hoch, seitlich kompreß, nackt oder mit dünnen Schuppen. Mundspalte weit. Zähne meist klein. Mit Leuchtorganen. Tiefseeformen. *Cyclothone signata* GARM. Atlant. und Ind. Ozean, Adria. *Argyropelecus hemigymnus* COCCO. Körper kurz und hoch. Mit Teleskopauge. Atlant. und Ind. Ozean, Mittelmeer. *Sternoptyx diaphana* HERM. Atlant. und Ind. Ozean.

2. Unterordnung. *Ostariophysi*. Schwimmblase, wenn vorhanden, mit dem Darm in Communication. Mesocoracoid (Spangenstück) vorhanden. Flossen ohne Stacheln oder Rücken- und Brustflosse mit einem Stachel. Die vorderen 4 Wirbel stark modifiziert, oft verschmolzen, mit WEBERschen Knöchelchen (Abb. 1003).

Fam. *Characinidae*. Süßwasserfische, meist mit kleiner Fettflosse. *Macrodon trahira* SPIX. *Pygocentrus (Serrasalmo) piraya* CUV. Piraya, Karibenfisch. Gefährlicher Raubfisch. Brasilien, Guiana. *Salminus brevidens* CUV. Brasilien. *Hydrocyon forskali* CUV. Nil.

Fam. *Gymnotidae.* Körper aalförmig. Kiemenöffnung eng. *Gymnotus electricus* L., Zitteraal. Körper unbeschuppt. Mit mächtigem elektrischen Organ längs des Schwanzes. In Flüssen und Sümpfen von Brasilien und Guiana (Abb. 1024). *Sternarchus albifrons* L. Körper beschuppt. Brasilien. *Steatogenys elegans* STND. Mit schwach elektrischem Organ. In Flüssen. Südamerika.

Fam. *Cyprinidae,* Karpfen. Süßwasserfische mit enger, oft Barteln tragender Mundspalte, schwachen zahnlosen Kiefern, aber stark bezahnten unteren Schlundknochen (Abb. 1025). Das Basioccipitale mit einem Fortsatz (Abb. 1003), an welchem sich eine verhornte Platte des Darmepithels, der sogenannte Karpfenstein, findet. *Cyprinus carpio* L., Karpfen. *C. carassius* L. (*Carassius vulgaris* NILSS.), Karausche. Eine Abart desselben ist der Goldfisch. *Tinca vulgaris* CUV., Schleie. *Barbus barbus* L. (*fluviatilis* AG.), Barbe. *Gobio fluviatilis* FLEM., Gründling. *Rhodeus amarus* BL., Bitterling. Weibchen mit Legeröhre, bringt die Eier in die Kiemen der Flußmuscheln (Abb. 1026). *Alburnus lucidus* HECK., Laube, Uckelei. *Leuciscus rutilus* L., Rotauge, Plötze. *L.* (*Squalius*) *cephalus* L., Dickkopf, Schuppfisch, Altl. *Aspius aspius* L. (*rapax* AG.), Schied, Rapfen. Ist ein Raubfisch. *Chondrostoma nasus* L.,

Abb. 1024. *Gymnotus electricus.* (Nach SACHS.) Etwa $^1/_{10}$

Näsling. *Abramis brama* L., Brachsen. *Phoxinus laevis* L. AG., Pfrille. Europa. *Aulopyge hügeli* HECK. Schuppenlos. In Flüssen von Dalmatien und Bosnien. *Catostomus catostomus* FORST. Nordamerika. Hier schließen sich die Schmerlen (*Acanthopsidae*) an. Schwimmblase in einer Knochenkapsel. *Misgurnus fossilis* L., Schlammpitzger. *Nemachilus barbatulus* L., Schmerle, Grundel. *Cobitis taenia* L., Steinpitzger. Europa.

Fam. *Siluridae,* Welse. Süßwasserfische, meist mit breitem, niedergedrücktem Kopf, starker Zahnbewaffnung und nackter oder mit Knochenschildern gepanzerter Haut. 1 bis 4 Paare von Barteln. *Clarias lazera* C. V. Afrika, Syrien. *Heterobranchus bidorsalis* GEOFFR. Nil. *Saccobranchus fossilis* BL. [Mit Luftsack der Kiemenhöhlenschleimhaut, der weit nach

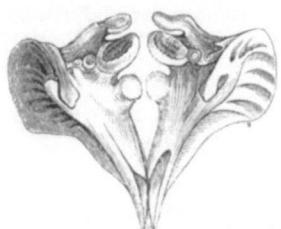

Abb. 1025. Untere Schlundknochen mit den Zähnen von Karpfen. (Nach HECKEL u. KNER.)

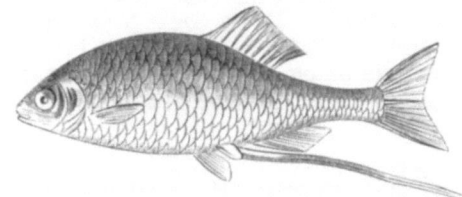

Abb. 1026. *Rhodeus amarus,* Weibchen. (Nach v. SIEBOLD.) $^1/_1$

hinten reicht. Vorderindien. *Silurus glanis* L., Wels, Waller. Mit nackter Haut. Größter Knochenfisch Europas. *Amiurus nebulosus* RAF., Zwergwels. Nordamerika. *Malopterurus electricus* L., Zitterwels. Nil (Abb. 1027). *Callichthys* L., Panzerwels. Südamerika. Hier schließen sich an *Loricaria* L., *Aspredo* L., trop. Amerika. Letzteres mit Brutpflege, indem die Eier an die schwammig aufgelockerte Bauchhaut des Weibchens befestigt werden.

3. Unterordnung. *Symbranchii.* Aalähnliche Fische ohne paarige Flossen. Kiemenspalten in einen einzigen ventralen Schlitz verschmolzen. Schwimmblase fehlt.

Fam. *Amphipnoidae.* Ein Luftsack der Kiemenhöhle vorhanden. Fische des Süß- und Brackwassers. *Amphipnous cuchia* BUCH. HAM. Bengalen. Hier schließt sich an *Symbranchus marmoratus* BL. Südamerika.

4. Unterordnung. *Apodes*. Schwimmblase, wenn vorhanden, mit dem Darm in Verbindung. Intermaxillaria fehlen. Gürtel der Vorderextremität vom Schädel entfernt. Flossen ohne Stacheln. Bauchflossen fehlen.

Abb. 1027. *Malopterurus electricus*. (Nach CUVIER u. VALENCIENNES.) $^1/_{10}$

Fam. *Anguillidae*, Aale. Der langgestreckte Körper nackt oder mit rudimentären Schuppen. Als Larven der Aale und ihrer Verwandten haben sich die glashellen blattförmigen *Leptocephaliden* erwiesen. *Anguilla anguilla* L., europäischer Aal. Wandert zur Fortpflanzungszeit im Herbst aus den Flüssen in die Tiefe der westlichen Atlantik und erlangt hier die Geschlechtsreife. Die Larven, früher als *Leptocephalus brevirostris* bekannt, wandern im Oberflächenwasser wieder ostwärts und erreichen im Herbst im 3. Lebensjahr als sogenannte Glasaale die europäischen Flüsse, wo sie durch mehrere Jahre bis zur Fort-

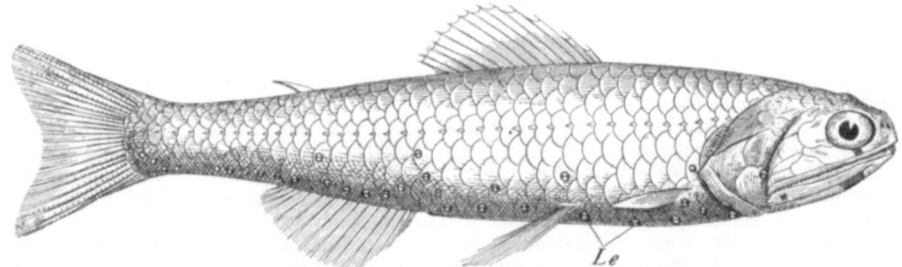

Abb. 1028. *Myctophum coeruleum* (*Scopelus engraulis*). (Nach GÜNTHER.) Etwa $^1/_1$. *Le* Leuchtorgane.

pflanzungszeit (Wanderzeit) heranwachsen; die Männchen bleiben nahe der Flußmündung, während die Weibchen tiefer die Flüsse aufwärts wandern. Atlant. Ozean, Mittelmeer, (s. S. 326, Abb. 300). *Conger conger* L. (*vulgaris* Cuv.). In allen Meeren verbreitet. Hier schließt sich an *Muraena helena* L. Ohne Brustflossen. In allen Meeren verbreitet.

5. Unterordnung. *Haplomi*. Schwimmblase, wenn vorhanden, mit dem Darm in Communication. Flossen gewöhnlich ohne, selten mit wenigen Stacheln.

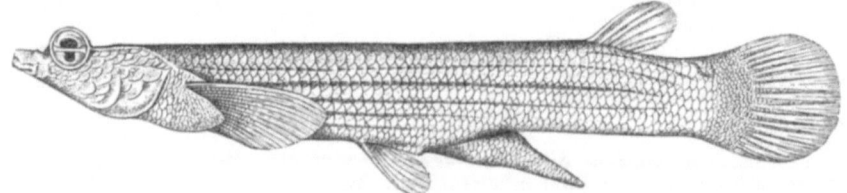

Abb. 1029. *Anableps tetrophthalmus*, Männchen. (Nach BOULENGER.) Etwa $^1/_2$

Fam. *Galaxiidae*. Körper nackt. Rückenflosse weit hinten. Im Süßwasser der südlichen Halbkugel. *Galaxias attenuatus* JEN. Neuseeland, Tasmanien, Südaustralien, Falklandsinseln, Südamerika.

Fam. *Esocidae*. Mit breitem, niedergedrücktem Kopfe, weit nach hinten gerückter Rückenflosse und verdeckten drüsigen Pseudobranchien. Gefräßige Raubfische mit weitgespaltenem Rachen und kräftiger Zahnbewaffnung. *Esox lucius* L., Hecht. Hier schließt sich an *Umbra krameri* J. MÜLL., Hundsfisch. Europa.

Fam. *Myctophidae.* Mit Fettflosse. *Myctophum coeruleum* KLZGR. (Abb. 1028) (*Scopelus engraulis* GTHR.). Ind. Ozean. *M. benoiti* COCCO. Mittelmeer, Atlant. Ozean. Mit Leuchtorganen. Tiefsee. *Ipnops murrayi* GTHR. Blind. Tiefsee, Südatlant. und Ind. Ozean.

Fam. *Cyprinodontidae*, Zahnkarpfen. Süßwasser- und Brackwasserfische, viele lebendig gebärend. *Cyprinodon* (*Lebias* CUV.) *calaritanus* C. V. Im Brackwasser. Südeuropa, Nordafrika. *Poecilia reticulata* PTRS. Guiana, Trinidad, Barbados. *Fundulus heteroclitus* L. Südl. Nordamerika. Im Brackwasser. *Anableps tetrophthalmus* BL. Mit geteiltem Auge. Im Süßwasser. Guiana (Abb. 1029). Hier schließt sich an *Amblyopsis spelaeus* DEK. Augen rudimentär. In Höhlen von Nordamerika.

6. Unterordnung. *Heteromi.* Schwimmblase ohne offenen Gang. Parietalknochen trennen die Frontalia vom Supraoccipitale. Gürtel der Brustflosse am Supraoccipitale oder Epioticum aufgehängt.

Abb. 1030. *Gasterosteus aculeatus.* (Nach HECKEL u. KNER.) ¹/₁

Fam. *Fierasferidae.* Körper in einen langen Schwanz ausgezogen. Bauchflossen fehlen. After unter der Kehle. *Fierasfer acus* BRÜNN. Nackt. Lebt in Holothurien. Atlant. Ozean, Mittelmeer.

7. Unterordnung. *Catosteomi.* Schwimmblase, wenn vorhanden, ohne offenen Gang. Die Parietalia durch das Supraoccipitale getrennt. Coracoideum gewöhnlich sehr groß oder nach hinten verlängert. In diese Gruppe gehören auch die früher als *Lophobranchii* vereinigten Familien.

Fam. *Gasterosteidae.* Körper ohne Schuppen oder an den Seiten mit plattenartigen Schuppen. *Gasterosteus aculeatus* L., Stichling. Bekannt durch Nestbau und Brutpflege (Abbild. 1030). *G. pungitius* L., Kleiner Stichling. Süß- und Brackwasser. Europa (Abb. 1031). *G. spinachia* L., Seestichling. Nordeurop. Meere.

Fam. *Fistulariidae.* Körper langgestreckt. Mit röhrenförmig verlängerter Schnauze. *Fistularia tabacaria* L. Atlant. Ozean. *Aulostoma chinense* L. Ind. Ozean.

Fam. *Centriscidae.* Körper kompreß, gepanzert, Schnauze verlängert. *Centriscus scolopax* L., Schnepfenfisch. Atlant. Ozean, Mittelmeer. *Amphisile scutata* L. Ind. und Chin. Meer.

Fam. *Syngnathidae.* Mit gepanzerter Haut, röhrenförmig verlängerter zahnloser Schnauze. Kiemenöffnung eng, Kiemen büschelförmig. Bauchflossen fehlen, Brustflossen klein. Männchen mit Bruttasche (Abbild. 1032). *Syngnathus acus* L., Seenadel. *S.* (*Nerophis*) *ophidion* L. Auch Brust- und Schwanzflosse fehlen. *Hippocampus hippocampus* L. (*antiquorum* LEACH), Seepferdchen. Atlant. Ozean, Mittelmeer. *Phyllopteryx eques* GTHR., Fetzenfisch. Mit langen bandförmigen Fortsätzen. Meere Australiens. Hier fügt sich an *Solenostoma* LAC. Ind. Ozean. Hier besteht beim Weibchen Brutpflege, indem die Bauchflossen durch Verwachsung eine Tasche zur Aufnahme der Eier bilden.

Abb. 1031. Nest des *Gasterosteus pungitius.* (Nach LANDOIS.) ¹/₁

Fam. *Pegasidae.* Mit gepanzerter Haut. Körper abgeflacht, mit großen, flügelförmig ausgebreiteten Brustflossen und kleinen Bauchflossen. Kopf mit röhrenförmiger zahnloser Schnauze. Kiemenöffnung eng. *Pegasus volans* L. Ostindien.

8. Unterordnung. *Percesoces*. Schwimmblase, wenn vorhanden, ohne offenen Gang. Parietalia durch das Supraoccipitale getrennt. Bauchflossen, wenn vorhanden, am Bauch oder wenigstens durch den Basalknochen nicht fest mit dem Clavicularbogen verbunden.

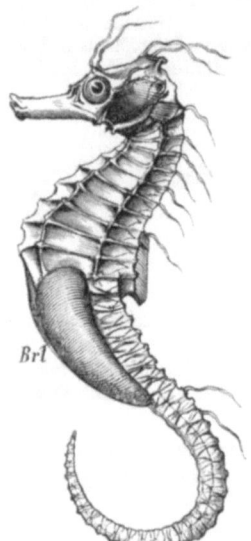

Abb. 1032. *Hippocampus*-Männchen mit der Bruttasche (*Brt*). $^1/_1$

Fam. *Scombresocidae*. Marine Weichflosser mit cycloider Beschuppung und einer Reihe von gekielten Schuppen jederseits am Bauch. Untere Schlundknochen verwachsen. *Belone acus* RISSO, Hornhecht. Mittelmeer. *Scombresox saurus* WALB., Makrelenhecht. *Hemirhamphus far* FORSK. Unterkiefer verlängert. Ind. Ozean, Atlant. Ozean. *Exonautes* (*Exocoetus*) *exsiliens* P. L. S. MÜLL., Flughecht. Brustflossen flügelförmig vergrößert. *E. rondeleti* C. V. (Abb. 1033). *Exocoetus volitans* L. Atlant. Ozean, Mittelmeer.

Fam. *Ammodytidae*. Körper gestreckt, mit sehr kleinen Schuppen bedeckt. Unterkiefer spitz, vorragend. Kiefer zahnlos. Bauchflosse fehlt. *Ammodytes tobianus* L., Sandaal. Nordsee.

Fam. *Mugilidae*, Meeräschen. Den Weißfischen nicht unähnliche Fische mit abgeflachtem Kopf, mit ziemlich großen Schuppen. Bezahnung schwach. Gehen gern ins Brackwasser. *Mugil cephalus* L. Mittelmeer. *Atherina hepsetus* L. Atlant. Ozean, Mittelmeer. *A. mochon* C. V. Mittelmeer. *A. lacustris* BP. Mittelitalien. Seen. Wahrscheinlich Varietät von *A. mochon*.

Fam. *Anabantidae* (*Labyrinthici*), Labyrinthfische. Mit labyrinthförmigen Höhlungen im oberen Kiemenbogenknochen des 1. Kiemenbogens (Abb. 1009). Süßwasserfische. *Anabas scandens* DALD., Kletterfisch. Ostindien. *Polyacanthus* (*Macropodus*) *viridiauratus* LAC., Großflosser, Paradiesfisch. Baut ein Nest aus dem durch Aufnahme von Luftblasen schäumigen Mundsecret. Südchina. *Osphromenus olfax* COMM. Gurami. Sunda-Inseln.

9. Unterordnung. *Anacanthini*. Schwimmblase ohne offenen Gang. Parietalia getrennt durch das Supraoccipitale. Bauchflossen unter oder vor den Brust-

Abb. 1033. *Exonautes* (*Exocoetus*) *rondeleti*. (Nach CUVIER u. VALENCIENNES.) $^1/_5$

flossen. Flossen ohne Stacheln. Caudalflosse ohne verbreiterte Hypuralknochen, symmetrisch.

Fam. *Macrouridae*. Der Körper mit langem, sich zuspitzendem Schwanz. Schwanzflosse fehlt. Vorzugsweise Tiefseefische. *Coelorhynchus* (*Macrurus*) *coelorhynchus* BP. Mittelmeer. *Macrourus berglax* LAC. Nord. Meere.

Fam. *Gadidae*, Schellfische. Langgestreckte Fische mit kleinen weichen Schuppen, meist mehreren Rücken- und Afterflossen. Bauchflossen kehlständig. Kiemenspalte weit. *Gadus callarias* L., Dorsch (*G. morrhua* L., Kabeljau, die größere Form), getrocknet als

Stockfisch, gesalzen als Laberdan im Handel; aus der Leber wird der Lebertran bereitet. Atlant. Ozean, Ostsee. *Melanogrammus aeglefinus* L., Schellfisch. Nordsee. *Merluccius merluccius* L. (*vulgaris* FLEM.). Mittelmeer. *Lota vulgaris* CUV., Quappe, Rutte. Raubfisch des Süßwassers. Mitteleuropa. *Motella tricirrata* BL. Atlant. Ozean, Mittelmeer.

10. Unterordnung. *Acanthopterygii*. Schwimmblase ohne offenen Gang. Supraoccipitale in Kontakt mit den Frontalia. Bauchflossen brust- oder kehlständig. Basalstücke der Bauchflossen fest mit dem Gürtel der Brustflosse verbunden. Flossenstrahlen meist zu Stacheln entwickelt.

Fam. *Percidae*, Barsche. Brustflosser mit Ctenoidschuppen, mit gezähnelten oder bedornten Kiemendeckelstücken. *Perca fluviatilis* L., Flußbarsch, gefräßiger Raubfisch. Europa, Nordasien (Abb. 994). *Morone labrax* L. (*Labrax lupus* CUV.), Seebarsch. Atlant. Ozean, Mittelmeer. *Acerina cernua* L., Kaulbarsch, Flußfisch. Europa, Nordasien. *Lucioperca sandra* CUV., Zander, Schill. Flußfisch. Europa. *Aspro zingel* L. Donau. Hier schließt sich an *Serranus scriba* L., Zwitter. Mittelmeer. Ferner *Toxotes jaculator* PALL., Spritzfisch. Ostindien, Polynesien. *Lepomis auritus* L. (*Pomotis vulgaris* C. V.), Sonnenfisch. Nordamerikan. Seen.

Fam. *Sciaenidae*. Brustflosser mit ctenoiden Schuppen. Kiemendeckelstücke schwach oder nicht bewehrt. *Umbrina cirrhosa* L., Schattenfisch. *Sciaena umbra* L. (*Corvina nigra* BL.). *S. aquila* RISSO. Atlant. Ozean, Mittelmeer. *Pogonias cromis* L., Trommelfisch. Atlant. Küste, Nordamerika.

Fam. *Cepolidae*. Körper bandförmig mit sehr kleinen cycloiden Schuppen. *Cepola rubescens* L. Atlant. Ozean, Mittelmeer.

Fam. *Sparidae*. Meerbrassen. Mit ziemlich hohem Körper, meist mit feingezähnelten Ctenoidschuppen. Kiemendeckelstücke unbewaffnet. Manche Zwitter. *Sparus unicolor* Q. G. Australien. *Cantharus lineatus* MONT. *Box salpa* L. *Diplodus sargus* L. (*Surgus rondeleti* C. V.). *Charax puntazzo* L. *Pagellus erythrinus* L. *Chrysophrys aurata* L., Goldbrasse. Atlant. Ozean, Mittelmeer. Zwitter. Hier schließt sich an *Dentex dentex* L. (*vulgaris* C. V.). Mittelmeer, Atlant. Ozean.

Fam. *Mullidae*, Meerbarben. Körper niedrig, zusammengedrückt mit großen glattrandigen oder fein gezähnelten Schuppen. Zwei lange Barteln am Zungenbein. *Mullus barbatus* L. Atlant. Ozean, Mittelmeer.

Fam. *Chaetodontidae*. Lebhaft gefärbte Fische mit hohem, stark komprimiertem Körper. Rücken- und Afterflosse mehr oder minder mit Schuppen bedeckt. Kopf zuweilen schnauzenförmig. *Chaetodon fasciatus* FORSK. Ind. Ozean, Rotes Meer.

Fam. *Labridae*, Lippfische. Lebhaft gefärbte Fische mit aufgewulsteten vorstreckbaren Lippen. *Labrus maculatus* BL. Europäische Küste. *Crenilabrus pavo* BRÜNN. Mittelmeer. *Julis pavo* HASSELQ. Atlant. Ozean, Mittelmeer. Hier schließt sich an *Sparisoma* (*Scarus*) *cretense* L., Papageifisch. Mittelmeer, Atlant. Ozean. Ferner *Chromis galilaeus* HASSELQ. Mit Brutpflege beim Männchen. See Genezareth.

Fam. *Scombridae*, Makrelen. Von langgestreckter, mehr oder minder kompresser, zuweilen sehr hoher Körpergestalt, oft mit silberglänzender Haut, bald nackt, bald mit kleinen Schuppen, stellenweise auch, namentlich an der Seitenlinie, mit gekielten Knochenplatten bekleidet, meist mit halbmondförmig ausgeschnittener Schwanzflosse. Bilden zumal wegen des schmackhaften Fleisches einen wichtigen Gegenstand des Fischfanges. *Scomber scombrus* L., Makrele. *Orcynus* (*Thunnus*) *thynnus* L., Thunfisch. *Sarda* (*Pelamys*) *sarda* BL. Atlant. Ozean, Mittelmeer. Hier schließen sich an *Trachurus* (*Caranx*) *trachurus* L., Stocker, weit verbreitet. *Naucrates ductor* L. Wärmere Meere. *Xiphias gladius* L., Schwertfisch. Mittelmeer, Atlant. Ozean. *Lepidopus caudatus* EUPHR. Atlant. Ozean, Mittelmeer. *Brama raji* BL. Atlant. Ozean, Mittelmeer.

Fam. *Zeidae*. Körper stark komprimiert und hoch, mit sehr kurzem Rumpf. Schuppen sehr klein oder fehlend. Eine Reihe von knöchernen Platten längs der unpaaren Flossen und am Abdomen. *Zeus faber* L., Petersfisch, Heringskönig. Weit verbreitet.

Fam. *Pleuronectidae*, Seitenschwimmer. Leib komprimiert, scheibenförmig, mit sehr kurzem Rumpf und auffallend asymmetrisch. Die nach oben dem Lichte zugekehrte Seite ist pigmentiert (mit Farbenwechsel), die andere pigmentlos. Beide Augen liegen auf der pigmentierten Seite, nach welcher der Kopf gedreht und die Gruppierung seiner Knochen verschoben scheint. Larven symmetrisch. *Hippoglossus hippoglossus* L., Heilbutt. Wird bis 2 m lang. Nordeurop. Küsten. *Rhombus maximus* L., Steinbutt. *Pleuronectes platessa* L., Scholle, Goldbutt. Europ. Küsten. *Limanda limanda* L., Kliesche. *L. flesus* L., Flunder (steigt in die Flüsse). Nordeurop. Küsten. *Solea vulgaris* QUENSEL, Seezunge. Nordsee und Mittelmeer.

Fam. *Gobiidae*, Meergrundeln. Langgestreckte niedrige Fische, mit kehl- und brustständigen Bauchflossen, die sehr nahe aneinanderstehen oder zu einer Scheibe verwachsen.

Gobius niger L. Atlant. Ozean, Mittelmeer. *G. fluviatilis* PALL. In Flüssen Italiens und des südwestlichen Rußlands. *Callionymus lyra* L., Leierfisch. Atlant. Ozean, Mittelmeer. *Periophthalmus* BL. SCHN. Trop. Meere.

Fam. *Echeneidae*. Vordere Rückenflosse in eine Haftscheibe umgestaltet. *Echeneis naucrates* L., Schiffshalter. Weit verbreitet.

Fam. *Scorpaenidae*. Mehrere Kopfknochen bedornt. Präoperculum durch einen besonderen Stützknochen mit den Infraorbitalia verbunden. Einige mit Giftdrüsen an den Flossenstacheln. *Scorpaena porcus* L. *S. scrofa* L. Atlant. Ozean, Mittelmeer. Hier schließen sich an *Cottus gobio* L., Kaulkopf. Bekannt durch die Brutpflege des Männchens. In klaren Bächen. Europa. *Myoxocephalus scorpius* L., Seeskorpion. Nordeurop. Meere.

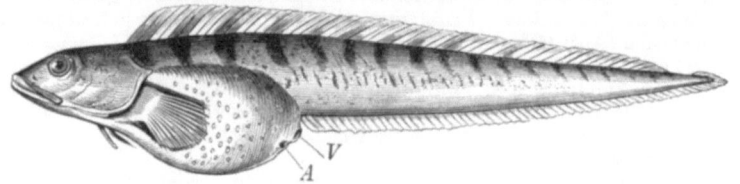

Abb. 1034. *Zoarces viviparus*. $^1/_3$. *A* Afteröffnung, *V* Urogenitalöffnung.

Cyclopterus lumpus L., Seehase. Mit Saugscheibe, die aus den verwachsenen Bauchflossen hervorgeht. Nordeurop. Küsten. *Lepadogaster gouani* LAC. Zwischen den Bauchflossen eine große Haftscheibe. Mittelmeer, Atlant. Ozean.

Fam. *Triglidae*, Knurrhähne. Die Infraorbitalia mit dem Präoperculum zu einer sehr vollständigen Knochendecke vereinigt. Brustflossen groß, die drei ersten Strahlen gesondert und fühlerartig entwickelt. *Prionotus evolans* L. Atlant. Ozean. *Trigla gurnardus* L. *T. hirundo* BL. Atlant. Ozean, Mittelmeer. Hier schließt sich an *Cephalacanthus* (*Dactylopterus*) *volitans* L., Flughahn. Mittelmeer, Atlant. Ozean.

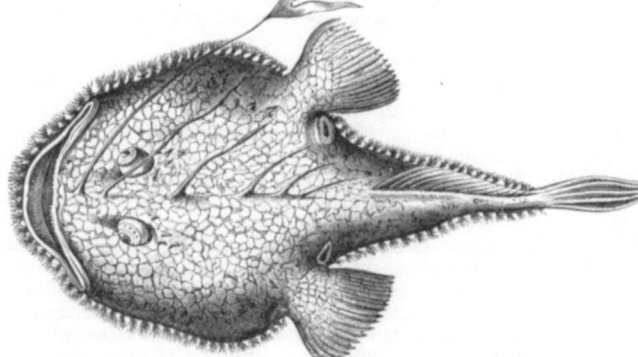

Abb. 1035. *Lophius piscatorius*. (Nach CUVIER u. VALENCIENNES.) $^1/_{10}$

Fam. *Trachinidae*. Der Infraorbitalring artikuliert nicht mit dem Präoperculum. *Trachinus draco* L., Petermännchen. Mit Giftdrüse. Atlant. Ozean, Mittelmeer. Hier schließt sich an *Uranoscopus scaber* L. Mittelmeer. *Astroscopus guttatus* ABBOTT. Mit elektrischem Organ. Atlant. Küste von Nordamerika.

Fam. *Blenniidae*. Körper gestreckt, nackt oder mit kleinen Schuppen. 1—3 Rückenflossen über die ganze Rückenlänge. Bauchflossen kehlständig, zuweilen rudimentär. *Blennius tentacularis* BRÜNN. Mittelmeer. *B. vulgaris* POLLINI. Mittelmeer, Gardasee. *Anarrhichas lupus* L., Seewolf. Nord-Atlant. Hier schließt sich an *Zoarces viviparus* L., Aalmutter, lebendig gebärend. Nord- und Ostsee (Abb. 1034).

Fam. *Ophidiidae*. Körper gestreckt, Schwanz allmählich sich zuspitzend, ohne deutliche Schwanzflosse. Bauchflossen zu Filamenten reduziert. *Ophidium barbatum* L., Schlangenfisch. Mittelmeer.

Fam. *Trachypteridae*., Bandfische. Körper bandartig, silberglänzend, nackt oder mit sehr kleinen Schuppen. Rückenflosse längs des ganzen Rückens. *Trachypterus trachypterus* (*taenia* BL. SCHN.). Mittelmeer. *Regalecus glesne* ASCAN. Wird bis 6 m lang. Tiefsee. Weit verbreitet.

Vielleicht schließt sich hier an *Gigantura chuni* A. BRAUER. Mit Teleskopaugen. Tiefsee, Golf von Guinea.

11. Unterordnung. *Opisthomi*. Schwimmblase ohne offenen Gang. Kiemendeckel wohl entwickelt, unter der Haut verborgen. Supraoccipitale in Kontakt

mit den Frontalia. Gürtel der Vorderextremität an der Wirbelsäule weit hinter dem Schädel aufgehängt. Bauchflossen fehlen.

Hierher gehört nur die Fam. *Mastacembelidae*. Süßwasserfische von Südasien und Afrika. *Mastacembelus armatus* LAC. Vorderindien, China.

12. Unterordnung. *Pediculati*. Schwimmblase ohne offenen Gang. Kiemendeckel groß, unter der Haut verborgen. Supraoccipitale mit den Frontalia in Kontakt. Bauchflossen kehlständig. Kiemenöffnung zu einem Loch reduziert. Haut nackt oder von rauhen Höckern bedeckt. Die Brustflossen, durch stielförmige Verlängerung der Wurzel armähnlich entwickelt, werden auch zum Fortschieben gebraucht.

Fam. *Lophiidae*. Von gedrungener plumper Körperform. Mit eigentümlichen Hautanhängen und angelartigen aufrichtbaren Fäden zum Heranlocken kleiner Fische. *Lophius piscatorius* L., Seeteufel. Europ. Küsten (Abb. 1035). *Melanocetus* GTHR. Tiefsee. Hier schließt sich an *Ogcocephalus* (*Malthe*) *vespertilio* L. Westindien. Ferner *Ceratias holbölli* KRÖY. Arkt. Meere. Männchen zwergartig klein und dauernd mit dem Weibchen mittels der Mundöffnung verwachsen.

13. Unterordnung. *Plectognathi*. Schwimmblase ohne offenen Gang. Opercularknochen mehr oder minder reduziert. Supraoccipitale in Kontakt mit den Frontalia. Maxillare und Intermaxillare fest verwachsen. Mundspalte eng. Kiemenspalten sehr reduziert. Körper mit Knochenschildern oder Stacheln bedeckt oder nackt. Bauchflossen können fehlen.

Fam. *Balistidae*, Hornfische. Der seitlich komprimierte Körper mit rauhkörniger oder von harten rhombischen Schildern bedeckter Haut. *Canthidermis* (*Balistes*) *maculatus* BL. Atlant., Ind. Ozean. *Balistes capriscus* GM. (*carolinensis* GM.). Weit verbreitet.

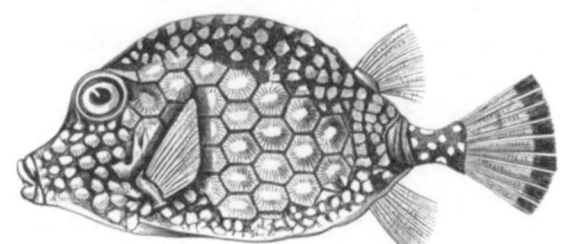

Abb. 1036. *Lactophrys* (*Ostracion*) *triqueter* (aus règne animal). Etwa ¹/₄.

Fam. *Ostraciontidae*, Kofferfische. Körperform kofferartig, dreikantig oder vierkantig, oft in hornartige Fortsätze auslaufend, mit festem, aus polyedrischen Knochentafeln gebildetem Hautpanzer, an welchem nur die Flossen und der Schwanz beweglich sind. *Lactophrys* (*Ostracion*) *triqueter* L. (Abb. 1036). Westindien. *L. tricornis* L. Atlant. Ozean.

Fam. *Tetrodontidae*. Mit rauhkörniger oder bestachelter Haut. Magen mit sehr großer ventraler Aussackung, die mit Luft gefüllt werden kann, wodurch die Tiere sich aufblähen können. *Tetrodon lagocephalus* L. Atlant. und Paz. Ozean. *Spheroides testudineus* L. Atlant. Ozean. *Ovoides fahaka* HASSELQ. Nil, Westafrika. Hier schließt sich an *Diodon hystrix* L. Igelfisch. Atlant. Ozean, Ind. Ozean.

Fam. *Molidae*. Körper komprimiert, kurz, hoch, mit sehr kurzem abgestutztem Schwanz. Hautbedeckung rauh. Bauchflossen fehlen. *Mola* (*Orthagoriscus*) *mola* L., Mondfisch. Wärmere Meere.

3. Klasse. **Amphibia (Batrachia), Lurche**[1].

Wechselwarme Wirbeltiere mit meist nackter Haut, mit als Füße entwickelten Gliedmaßen, mit Lungen und vorübergehender oder persistenter Kiemenatmung, mit einfacher Kammer und unvollständig oder vollständig doppelter Vorkammer des Herzens. Entwicklung in der Regel mittels Metamorphose.

---

[1] Außer J. WAGLER, MERREM, BOULENGER vgl. DUMÉRIL et BIBRON: Erpétologie générale etc. Paris 1834—1854. — RUSCONI, M.: Histoire naturelle, développement et métamorphose de la Salamandre terrestre. Pavie 1854. — GEGENBAUR, C.: Untersuchungen zur vergleichenden Anatomie der Wirbelsäule bei Amphibien und Reptilien. Leipzig 1862. — HERTWIG, O.: Über das Zahnsystem der Amphibien und seine Bedeutung für die Genese

Die äußere Körpergestalt erinnert zuweilen noch durch den Besitz eines flossenförmigen Ruderschwanzes an die Fische, weist jedoch schon auf den wechselnden Aufenthalt im Wasser und auf dem Lande hin, und es ist der Rumpf stets walzenförmig. Den Fischen gegenüber zeigt der Körper eine reichere Regionenbildung, indem außer dem Kopf eine Hals-, Brust-, Lenden- sowie Kreuzbeinregion unterschieden werden können, auf welche die Schwanzregion folgt. Es hängt dies mit den als Stützen des Körpers sich entwickelnden Extremitäten zusammen. Letztere sind als Füße mit 4—5 Zehen ausgebildet und dienen mehr als Nachschieber zur Fortbewegung des sich schlängelnden Rumpfes (Abb. 1049). Nur die *Anuren*, deren kurzer gedrungener Rumpf im ausgebildeten Zustande des Schwanzes entbehrt, besitzen kräftige, zum Laufen, zum Schwimmen (und dann mit Schwimmhäuten ausgestattete) und zum Sprunge, selbst zum Klettern taugliche Extremitätenpaare. Andererseits können die Extremitäten auch verkümmern und eine reduzierte Zehenzahl aufweisen, oder vollständig fehlen, wie bei den unterirdisch meist in feuchter Erde lebenden *Blindwühlern* (*Gymnophiona*); dann vereinfacht sich auch die Regionenbildung des Rumpfes. Die Hand endet mit höchstens 4 Fingern (Daumen fehlt), der Fuß mit 5 Zehen.

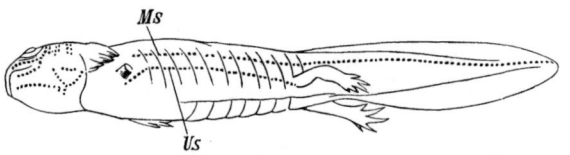

Abb. 1037. Larve von *Salamandra maculosa*. (Nach MALBRANC.) *Ms* Mittlere, *Us* untere Seitenlinie.

Die drüsenreiche, auch für die Atmung (Perspiration) bedeutungsvolle Haut bleibt in der Regel nackt und schlüpfrig, nur die Blindwühler besitzen schienenartig verdickte Hautringe und in diesen Schüppchen. Doch waren die von der Steinkohlenzeit bis zur oberen Trias reich vertretenen *Stegocephalen* am Bauch und Rücken mit großen Schuppen bepanzert. Auch die Sinnesorgane der Seitenlinien (Abb. 1037) finden sich bei den im Wasser lebenden Formen, insbesondere im Larvenzustande wieder. Sehr allgemein liegen Drüsen und Pigmente in der Hautbedeckung (Abb. 90 b). Erstere sondern oft (die *Parotoiden* sowie Drüsen-

---

des Skelets der Mundhöhle. Arch. mikrosk. Anat. 11. Suppl. 1874. — GOETTE, A.: Die Entwicklungsgeschichte der Unke. Leipzig 1875. — SPENGEL, J. W.: Das Urogenitalsystem der Amphibien. Arb. zool.-zoot. Inst. Würzburg 3 (1876). — BOAS, J. E. V.: Über den Conus arteriosus und die Arterienbogen der Amphibien. Morph. Jb. 7 (1882). — HERTWIG, O.: Die Entwicklung des mittleren Keimblattes der Wirbeltiere. Jena. Z. Naturwiss. 15, 16 (1881—1882). — HOCHSTETTER, F.: Beiträge zur vergleichenden Anatomie und Entwicklungsgeschichte des Venensystems der Amphibien und Fische. Morph. Jb. 13 (1887). — ZELLER, E.: Über die Befruchtung der Urodelen. Z. Zool. 49 (1890). — SCHULZE, F. E.: Über die inneren Kiemen der Batrachierlarven. Abh. preuß. Akad. Wiss., Physik.-math. Kl. Berlin 1888, 1892. — HOFFMANN, C. K.: Amphibien. Bronns Klassen u. Ordn. des Tierreiches. 1873—1878. — COPE, E. D.: The Batrachia of North America. Bull. U. S. Nat. Mus. Washington 1889. — WERNER, F.: Die Reptilien und Amphibien Österreich-Ungarns und der Occupationsländer. Wien 1897. — Lurche und Kriechtiere. Brehms Tierleben. 4. Aufl. 4 (1912). — DÜRIGEN, B.: Deutschlands Amphibien und Reptilien. Magdeburg 1897. — GADOW, H.: Amphibia and Reptiles. London 1901. — BLES, E. J.: The life-history of *Xenopus laevis* DAUD. Trans. roy. Soc. Edinburgh 1905. — MAYERHOFER, F.: Untersuchungen über die Morphologie und Entwicklungsgeschichte des Rippensystems der urodelen Amphibien. Arb. Zool. Inst. Wien 17 (1909). — SCHREIBER, E.: Herpetologia Europaea. 2. Aufl. Jena 1912. — HOYER, H. u. S. UDZIELA: Untersuchungen über das Lymphgefäßsystem von Salamanderlarven. Morph. Jb. 44 (1912). — LITZELMANN, E.: Entwicklungsgeschichtliche und vergleichend-anatomische Untersuchungen über den Visceralapparat der Amphibien. Z. Anat. 67 (1923). — Vgl. überdies die Arbeiten von DEITERS, HASSE, RETZIUS, LEYDIG, HOUSSAY, W. K. PARKER, ANDERSSON, GÖPPERT, BRACHET, IKEDA, DRÜNER, BETHGE, WIEDERSHEIM, CAMERANO, HOYER, FAVARO, H. RABL, VERSLUYS, SMITH u. a.

wülste an den Seiten und hinteren Extremitäten) ätzende und stark riechende Säfte ab, welche auf andere Organismen giftig wirken. Die mannigfachen Färbungen der Haut rühren vornehmlich von ramifizierten Pigmentzellen der Cutis her, welche bei den Fröschen das schon lang bekannte Phänomen des Farbenwechsels bedingen (Abb. 117).

Obwohl am Skelet die Chorda dorsalis in ganzer Länge (*Blindwühler, Sirenidae, Proteidae* u. a.) persistieren kann, kommt es stets zur Bildung knöcherner, zunächst bikonkaver Wirbel, welche durch Intervertebralknorpel verbunden sind. Bei den *Salamandriden* verdrängt allmählich der wachsende Intervertebralknorpel die in ihren Resten verknorpelnde Chorda, und es kommt durch weitere Differenzierung des ersteren zur Anlage eines Gelenkkopfes und einer Gelenkpfanne, die jedoch nur bei den vorwiegend mit procölen Wirbelkörpern versehenen *Anuren* zur völligen Sonderung gelangen; bei den *Salamandriden* sind die Wirbelkörper opisthocöl, bei *Plethodontiden* opisthocöl oder amphicöl. Die Zahl der Wirbel ist bei den langgestreckten Formen eine bedeutende; bei den *Anuren* dagegen besteht die Wirbelsäule in der Regel nur aus neun Wirbeln mit auffallend langen Querfortsätzen, auf welche ein ungegliedertes langes Knochenstück (sogenanntes Steißbein, *Os coccygis*) folgt, das einer Anzahl verschmolzener Schwanzwirbel entspricht (Abb. 1038). Kleine kurze (obere) Rippen (bei *Anuren* [ausgenommen die *Discoglossidae*] mit den Querfortsätzen verwachsen) finden sich mit Ausnahme des ersten Wirbels an fast allen Rumpfwirbeln; ein Anschluß an das Sternum findet niemals statt. Die Halsregion und die Sacralregion werden von je einem Wirbel gebildet (Abb. 969, 1038).

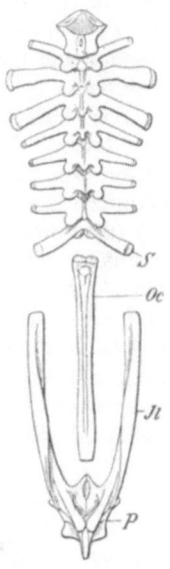

Abb. 1038. Wirbelsäule und Becken von *Rana ridibunda*. (Nach Boulenger.) *Jl* Os ilium, *Oc* Os coccygis, *P* Gelenkpfanne für die hintere Extremität, *S* Sacralwirbel.

Der knorpelige Primordialschädel wird teilweise von Knochen verdrängt, die teils Ossifikationen des knorpeligen Primordialcraniums (*Occipitalia lateralia, Prooticum, Orbitosphenoideum*) sind, teils als Belegknochen (*Parietalia, Frontalia, Nasalia, Vomer, Parasphenoideum*) ihren Ursprung nehmen (Abbild. 1039). In der Occipitalregion finden sich bloß zwei mächtige *Occipitalia lateralia* mit je einem Gelenkhöcker (Condylus) zur Verbindung

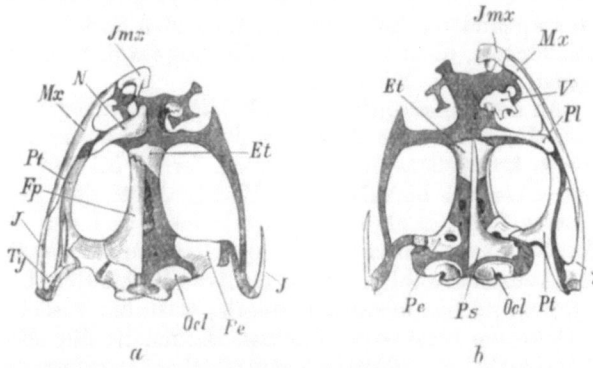

Abb. 1039. Schädel von *Rana esculenta*. (Nach Ecker.) a von der Dorsal-, b von der Ventralseite. *Ocl* Occipitale laterale, *Pe* Prooticum, *Et* Gürtelbein, *Ty* Squamosum, *Fp* Frontoparietale, *J* Quadrato-Jugale, *Mx* Maxillare, *Jmx* Intermaxillare, *N* Nasale, *Ps* Parasphenoideum, *Pt* Pterygoideum, *Pl* Palatinum, *V* Vomer.

mit dem vordersten Wirbel, so daß ein doppelter Condylus am Hinterhaupt besteht. In der vorspringenden Ohrgegend findet sich ein *Prooticum*, das von der *Fenestra vestibuli* (*ovalis*) durchbrochen wird. Die knorpelige Seitenwand des Schädels weist bei Urodelen ein paariges *Orbitosphenoid* auf, während es bei den Anuren unpaar ist und einen ringförmigen Knochen, das *Gürtelbein* (*Os en ceinture* Cuvier, *Sphenethmoidale* Parker) bildet. An der Schädelbasis finden wir noch ein *Parasphenoideum*, an der Decke *Frontalia*, *Parietalia* und *Nasalia*, neben welchen bei Urodelen noch *Präfrontalia*, bei Gymnophionen auch *Postfrontalia* bestehen.

Das Palatoquadratum ist wie bei Lepidosiren dem Schädel fest angeschlossen. Es bildet jederseits einen weit abstehenden infraorbitalen Bogen, dessen Vorderende entweder frei bleibt oder mit dem Ethmoidalknorpel verschmilzt. Die am Ende des Palatoquadratums auftretende Ossifikation bildet das *Quadratum*, während eine dem Knorpel auflagernde, hammerförmige Deckplatte als *Squamosum*, auch als *Tympanicum* oder *Paraquadratum* bezeichnet wird. Ein von unten anliegender Knochen ist das *Pterygoideum*, an welches sich nach vorne das quer zum paarigen *Vomer* hinziehende *Palatinum* anschließt. Der äußere Kieferbogen, gebildet durch die *Intermaxillar-* und *Maxillar*-Knochen, kann mittels einer dritten hinteren Knochenspange (*Quadratojugale*) bis zum *Quadratum* (das bei *Anuren* im hinteren Teile des Quadratojugale enthalten ist) reichen, bleibt aber bei manchen Urodelen unvollständig, indem der Oberkieferknochen fehlt. Das *Hyomandibulare* erscheint in anderer Funktion beim Gehörapparat. Am Visceralskelet zeigt sich eine mehr oder minder tiefgreifende Reduktion im Zusammenhange mit der Rückbildung der Kiemenatmung. Die zeitlebens mit Kiemen versehenen Amphibien besitzen die Visceralbögen in größerer Zahl und in ähnlicher Gestalt, wie sie bei den übrigen Formen nur vorübergehend im Larvenleben sich finden. Hier treten noch 4—5 Bogenpaare auf, von denen das vordere den Zungenbeinbogen darstellt (Abb. 969). Die Copula bleibt einfach und wird von den beiden letzten Bogen nicht mehr erreicht. Bei den *Salamandriden* persistieren außer dem Zungenbeinbogen noch Reste von zwei Kiemenbogen. Die bei den *Anuren* (Abb. 1040)

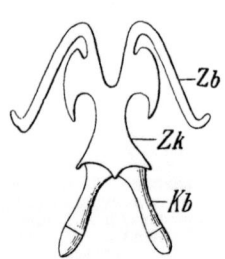

Abb. 1040. Zungenbein von *Bufo vulgaris*. (Nach Dugès.) *Zk* Zungenbeinkörper, *Zb* Zungenbeinbogen, *Kb* Fortsätze zur Stütze des Kehlkopfes.

im ausgebildeten Zustande sich findenden Fortsätze am Hinterrande des Zungenbeinkörpers, die als Stütze des Kehlkopfes dienen, sind nicht Reste der Kiemenbogen, sondern Neubildungen.

An dem in ausgedehntem Umfange knorpeligen Schultergerüst unterscheidet man drei Stücke als *Scapulare*, *Procoracoideum* und *Coracoideum*, wozu noch ein oberes knorpeliges *Suprascapulare*, ferner bei den Anuren am Procoracoideum eine *Clavicula* hinzukommt. Während bei den geschwänzten Amphibien ein unterer fester Schluß des Gürtels fehlt und den ventral zusammentretenden Coracoidea ein kleines knorpeliges Sternum nur angefügt ist, kommt derselbe bei den Anuren sowohl durch die mediane Verbindung beider Hälften, als durch Anlagerung an das *Sternum* zustande, wozu am vorderen Ende zuweilen noch ein *Omosternum* hinzutritt. Für das Becken ist die schmale Form der Darmbeine charakteristisch, welche an den starken Querfortsätzen eines einzigen Wirbels befestigt, an ihrem ventralen Ende mit dem Sitz- und Schambeine verbunden sind. Bei den Anuren sind die Darmbeine sehr lang und die Pars ischiopubica des Beckens ist zu einer dorsoventralen Scheibe umgewandelt (Abb. 1038). Dem Vorderende des teilweise knorpeligen Ischiopubicum der Urodelen sitzt ein Knorpel (*Cartilago epipubica*) auf. Im Extremitätenskelet der Anuren verwachsen Radius und Ulna sowie Tibia und Fibula zu einem Knochen.

Das Gehirn bleibt zwar in allen Fällen klein (Abb. 229), doch sind die Hemisphären umfangreicher als bei Fischen. Zwischenhirn und Mittelhirn verhalten sich sehr einfach und lassen die bei Fischen bestehenden Complicationen vermissen. Das Kleinhirn stellt eine schmale Lamelle vor und das verlängerte Mark umschließt eine breite Rautengrube. Die Hirnnerven verhalten sich ähnlich wie bei den Fischen, indem nicht nur der *Nervus facialis* und die Augenmuskelnerven oft noch in den Bereich des *Trigeminus* fallen, sondern *Glossopharyngeus* und *Accessorius* durch Äste des *Vagus* vertreten werden. Der *Hypoglossus* ist wie dort erster Spinalnerv.

Von den Sinnesorganen sind Augen stets vorhanden, können allerdings rudimentär und unter der Haut verborgen sein (*Proteus, Typhlomolge, Gymnophionen*). Dem Amphibienauge fehlt ein Processus falciformis und die Chorioidealdrüse. Lidbildungen, und zwar ein schwaches oberes und unteres Augenlid, finden sich bei *Salamandriden, Plethodontiden* und *Ambystomiden*, während die *Anuren* außer dem oberen Augenlide ein großes unteres Augenlid (meist als Nickhaut bezeichnet) besitzen. Bei den Anuren tritt ein Retractor auf, durch welchen der große Augenbulbus weit zurückgezogen werden kann. Am inneren Augenwinkel mündet bei den *Anuren* und *Gymnophionen* eine Drüse (HARDERsche Drüse). Im Baue des *statischen Organes*, bzw. *Gehörorganes* schließen sich die Amphibien den Fischen an, doch zeigt die Lagena namentlich bei Anuren eine höhere Entwicklung und eine Papilla acustica basilaris cochleae (Abb. 177b). Vom Ductus endolymphaticus können sich sackartige Ausstülpungen bilden, die bei Anuren dorsal längs des Rückenmarkes zu verfolgen sind und seitliche, in die Pleuroperitonealhöhle vorspringende Nebenäste (die sog. *Kalksäckchen*) bilden. Bei den meisten Anuren tritt noch eine Paukenhöhle hinzu, welche mit weiter Tuba auditiva (Eustachii) in den Rachen mündet und außen von einem in einen Knorpelring eingelassenen Trommelfell verschlossen wird, dessen Verbindung mit dem Vorhoffenster (Fenestra vestibuli) durch die wohl dem *Hyomandibulare* entsprechende *Columella* hergestellt wird, die aus einem das Vorhofsfenster mit einer knorpeligen Endplatte (*Operculum*) verschließenden stabförmigen Stück (*Stapes*) und einem kleinen an das Trommelfell sich anlegenden Knorpelstäbchen (*Extracolumella* oder *Plectrum*) besteht. Bei fehlender (rückgebildeter) Paukenhöhle (*Gymnophionen, Urodelen*, einigen *Anuren*) werden diese Verschlußgebilde des Vorhofsfensters von Muskeln und Haut überzogen. Die *Geruchsorgane* sind stets paarig. Die gefaltete Riechschleimhaut liegt in Nasenhöhlen, die mit der Mundhöhle durch Choanen kommunizieren. Auch ein JACOBSONsches Organ kommt den Amphibien zu. Als Sitz des *Tastsinnes* ist die äußere nervenreiche Haut zu betrachten, in welcher bei den Larven, einigen *Urodelen* und den *Pipidae* Sinnesknospen (Seitenlinien) (Abb. 1037, 175b), bei *Anuren* Tastflecken vor-

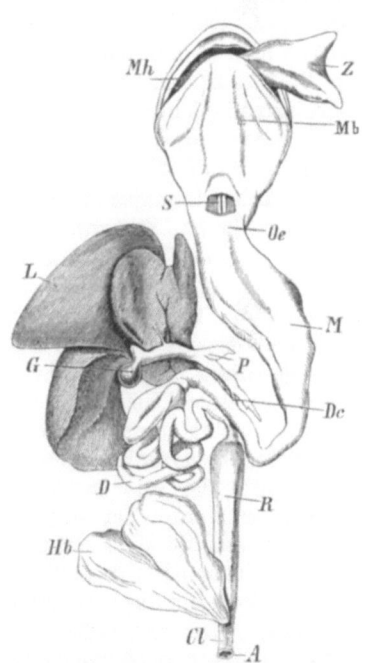

Abb. 1041. Der Darmtractus vom Frosch, von der Ventralseite gesehen. *Mh* Mundhöhle, *Mb* Mundbodenhaut, *Z* die herausgeschlagene Zunge, *S* Eingang in den Kehlkopf mit der Stimmritze, *Oe* Oesophagus, *M* Magen, *D* Dünndarm, *P* Pancreas, *L* Leber, *G* Gallenblase, *Dc* gemeinsamer Ausführungsgang von Leber und Pancreas, *R* Enddarm, *Hb* Harnblase, *Cl* Cloake, *A* Cloakenöffnung.

kommen. Ob die an der Zunge auftretenden Endknospen als Geschmacksorgane zu deuten sind, steht nicht fest.

Den Eingang in den *Verdauungskanal* (Abb. 1041) bildet eine mit weit gespaltenem Munde beginnende Mundhöhle, deren Kiefer- und Gaumenknochen (Vomer, Palatinum) in der Regel mit spitzen, nach hinten gekrümmten Zähnen bewaffnet sind, welche nicht zum Kauen, sondern zum Festhalten der Beute gebraucht werden. Selten fehlen Zähne, wie bei *Pipa*, *Bufoniden* und *Dendrobates*. Am Boden der Mundhöhle liegt eine drüsenreiche muskulöse Zunge, die entweder polsterförmig ist oder, wie bei den Fröschen, mit ihrem zweilappigen Hinterende nach vorn vorgeklappt werden kann. Zuweilen fehlt die Zunge (*Pipidae*). Am Darm unterscheiden wir einen kurzen Oesophagus, welcher in einen Magen führt, der sich bei den *Anuren* schärfer absetzt und etwas quergestellt ist. Der darauffolgende Mitteldarm beschreibt mehrfache Windungen und geht endlich in den blasenförmig erweiterten Enddarm über. Als Anhangsdrüsen des Darmes finden wir das Pancreas und die Leber mit Gallenblase, deren Ausführungsgang jenen des Pancreas aufnimmt.

Von Atmungsorganen finden sich in der Regel zwei Lungensäcke (bei *Gymnophionen* bleibt die eine Lunge rudimentär) mit glatter oder in Falten erhobener Wand (Abb. 130), neben derselben aber noch, sei es nur im Jugendalter oder auch im ausgebildeten Zustande (*Sirenidae*, *Proteidae*), drei (bei *Anuren*-Larven bis vier) Paare von Kiemen, welche bald in einem von einer Hautduplicatur bedeckten Raume mit äußerer Spalte eingeschlossen liegen, bald als ästige oder gefiederte Hautanhänge frei hervorragen (Abb. 1049). Zwischen den Kiemen finden sich 1—3, bei Larvenformen bis 4 Kiemenspalten vor. Der unpaare, durch Knorpelstäbe gestützte Eingangskanal zu den Lungen ist zuweilen einer Trachea, meist aber mehr einem Kehlkopfe ähnlich, der nur bei den *Anuren* zu einem Stimmorgane ausgebildet ist, welches laute, quakende Töne hervorbringt und häufig im männlichen Geschlechte einen Resonanzapparat in Form einer oder zweier durch Ausstülpung der Rachenschleimhaut gebildeter *Schallblasen* besitzt. Die Atembewegungen werden bei dem Mangel eines erweiterungs- und verengerungsfähigen Thorax durch die Muskulatur des Zungenbeins und die Bauchmuskeln bewirkt. Auch die Haut der Amphibien dient in hervorragendem Maße der Atmung, zuweilen neben ihr die ungemein blutgefäßreiche Mund- und Rachenschleimhaut (s. S. 139). Letzteres trifft für jene Fälle zu, in denen Lungen fehlen, wie bei *Plethodontiden* und *Onychodactylus*.

In den Kreislauforganen besteht ein Anschluß an die Dipnoër. Am Herzen ist der Vorhof unvollkommen oder vollkommen durch ein Septum in einen rechten und linken Vorhof geteilt (Abb. 1042), von denen der erstere die Körpervenen, der letztere die Lungenvenen aufnimmt. Dagegen bleibt die Herzkammer stets einfach, enthält daher gemischtes Blut und führt durch einen kurzen Bulbus cordis in den Truncus arteriosus; Bulbus cordis und Truncus arteriosus zeigen gleichfalls im Innern eine mehr oder minder weitgehende Sonderung in einzelne Gefäßbahnen. Bei den zeitlebens durch Kiemen atmenden Amphibien sowie in der ersten Larvenperiode finden sich vier Aortenbogen, die dorsal zur Aorta descendens zusammentreten und von denen die drei vorderen die Kiemengefäße abgeben. Der erste Bogen entsendet die Carotiden, der vierte die Arteria pulmonalis. Bei den *Salamandriden* und *Anuren* treten mit dem Schwunde der Kiemen Reductionen ein, welche der Gefäßverteilung der höheren Vertebraten entsprechen. Der zweite Aortenbogen wird überall, bei den *Anuren* (Abb. 979c) ausschließlich zur Wurzel der Aorta, am ersten und vierten Bogen werden die Carotiden und die Arteria pulmonalis zu den Hauptstämmen, während die ursprünglichen Verbindungen zur Aorta descendens sich zu sogenannten Ductus Botalli zurückbilden oder vollständig fehlen. Auch der dritte Aortenbogen erleidet eine Reduction (*Salamandra*) (Abb. 979 b) oder fällt vollständig aus. Die mächtige Arteria cutanea entspringt bei den Anuren von der Arteria pulmonalis aus (Abb. 1042) Auch im Venensystem (Abb. 1042, 981) zeigt sich der Anschluß an die bei Fischen bestehenden Verhältnisse, doch ist überall eine untere Hohlvene vorhanden, während das System der hinteren Cardinalvenen eine Reduction erfährt. Dazu kommt eine längs der Bauchwand zur Leber verlaufende Vena abdominalis. Alle Venen münden in einen Sinus venosus zusammen. Außer dem Leberpfortaderkreislauf besteht auch ein solcher der Niere. Die Lymphgefäße der Amphibien begleiten die Blutgefäße als Geflechte oder weite lymphatische Bahnen. Nahe von den Einmündungsstellen in die Venen treten Lymphbehälter auf, welche rhythmisch pulsieren und die Bedeutung von Lymphherzen besitzen; so liegen bei den Fröschen zwei Lymphherzen unter der Rückenhaut dorsal vom Querfortsatz des 3. Wirbels und zwei lateral vom Hinterende des Steißbeins; bei den Salamandern und Gymnophionen finden sich zahlreiche Lymphherzen in der Seitenlinie (Abb. 982). Die paarige *Thymus* und *Thyreoidea* sowie die *Milz* fehlen in keinem Falle.

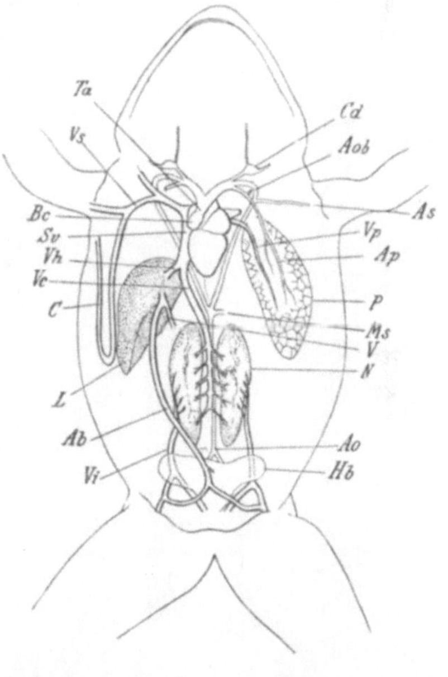

Als Harnorgane fungieren die paarigen Urnieren, deren Ausführungsgänge auf warzenförmigen Vorsprüngen an der Hinterwand der Cloake münden; von der Vorderwand der Cloake entspringt die meist zweizipflige Harnblase. An den Harnkanälchen erhalten sich die Nephrostomen (Wimpertrichter), die jedoch bei den *Anuren* den Zusammenhang mit den Nierenkanälchen verlieren und eine sekundäre Verbindung mit dem Nierenpfortadersystem eingehen. Die Gestalt der Niere ist bei den *Urodelen* und *Gymnophionen* mehr langgestreckt (Abb. 1043), bei den *Anuren* gedrungen (Abb. 1042). Der Ventralseite der Niere liegt die bandartige Nebenniere an.

Abb. 1042. Gefäßsystem vom Frosch, die Venen stärker konturiert. Die Lunge bloß links, die paarigen Venen bloß rechts dargestellt (Original G.) *Bc* Bulbus cordis, *Ta* Truncus arteriosus, *Cd* sog. Carotidendrüse an der Wurzel beider Carotiden, *Aob* Aortenbogen, *Ao* Aorta descendens, *As* Arteria subclavia, *Ms* A. intestinalis communis, *Ap* A. pulmonalis mit dem Ursprung der A. cutanea, *P* Lunge, *L* Leber, *N* Niere, *Hb* Harnblase, *Sv* Sinus venosus, *Vc* Vena cava inferior, *Ab* V. abdominalis, *Vi* V. iliaca communis, *V* Vena portae, *Vh* V. hepatica, *C* V. cutanea, *Vs* V. subclavia, *Vp* V. pulmonalis.

Die Geschlechter sind getrennt und ein vollkommener Hermaphroditismus scheint nie vorzukommen, obwohl bei den männlichen Kröten der Gattung *Bufo* neben den Hoden cranialwärts ein aus Urkeimzellen sich herleitendes Organ (BIDDERsches Organ) gefunden wird, aus dem sich normale Eizellen bilden können. Ein solches ist auch beim Weibchen vorhanden.

Die Genitaldrüsen (Abb. 1043) sind stets paarig. Im männlichen Geschlecht sind die Hoden langgestreckt oder wie bei *Anuren* eiförmig. Überall fungiert beim Männchen der vordere Teil der Urniere (Geschlechtsniere) als Ausleitungsapparat (Nebenhoden). Die aus dem Hoden hervorgehenden Ductuli efferentes treten in einen Längskanal ein, von dem weitere Querkanäle den Samen in die Nierenkanäle und durch diese in den als Harnsamenleiter fungierenden Urnierengang überführen, während vom hinteren Nierenabschnitte (Beckenniere) Ausführungskanälchen austreten, die gemeinsam mit dem Harnsamenleiter in die Cloake münden. Dazu kommen bei den Salamandern Drüsen an der Cloakenwand (Cloakendrüsen).

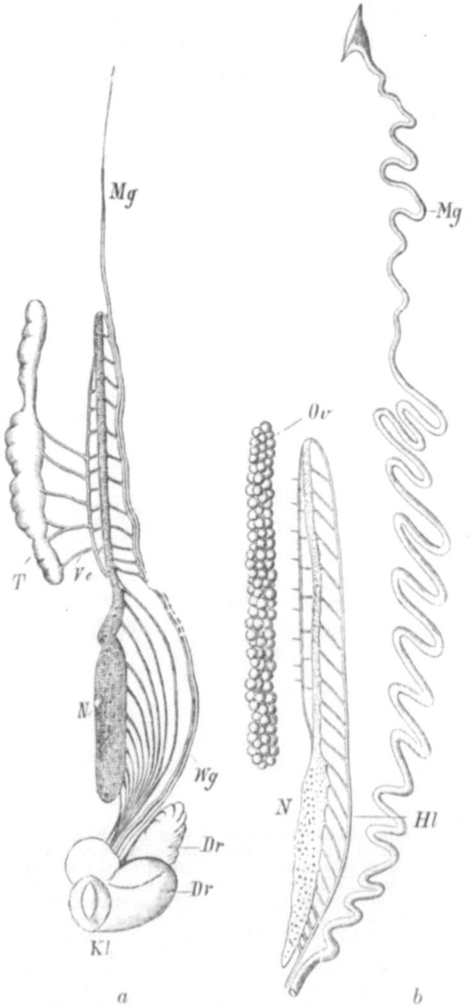

Die Ovarien lassen die Eier in die Leibeshöhle fallen; als Oviduct fungiert der beim männlichen Tiere rudimentäre MÜLLERsche Gang. Er beginnt mit freiem, trichterförmig erweitertem Ostium, nimmt einen geschlängelten Verlauf und mündet, oft unter Bildung einer uterusartigen Erweiterung neben dem als Harnleiter fungierenden Urnierengang in die Cloake, in deren Wand bei den meisten *Urodelen* schlauchförmige, zugleich als Samenbehälter (Spermatotheca) fungierende Drüsen liegen.

Männchen und Weibchen unterscheiden sich oft durch Größe und Färbung sowie durch andere, namentlich zur Brunstzeit im Frühjahre und Sommer hervortretende Eigentümlichkeiten (Hautkämme, Brunstschwielen am zweiten Finger [die sogenannte Daumenwarze], an Armen und Brust). Die Begattung ist meist eine äußere Vereinigung beider Geschlechter (*Anura, Cryptobranchidae, Hynobiidae* und wahrscheinlich *Sirenidae*) und die Befruchtung der Eier erfolgt außerhalb des mütterlichen Körpers. Bei den *Urodelen* findet sonst trotz Mangels äußerer Begattungseinrichtungen die Befruchtung innerhalb der Leitungswege statt, indem nach dem vorausgegangenen Liebesspiel beider Geschlechter das Männchen Spermatophoren nach außen abgibt, das Weibchen die Samenmasse letzterer in die Cloake aufnimmt und in die als Samenbehälter (Spermatotheca) fungierenden Schläuche der Cloakenwand gelangen läßt. In diesem Falle können die Eier im Inneren des weiblichen Körpers ihre Entwicklung durchlaufen und lebendige Junge auf einer früheren oder späteren Stufe der Ausbildung geboren werden (Landsalamander). Häufig sorgen die Eltern durch Instincthandlungen für das weitere Schicksal der Brut, wie z. B. der Feßler (*Alytes*, Abb. 1044) und die südamerikanische Wabenkröte. Während sich das Männchen des ersteren die

Abb. 1043. Linksseitiger Harn- und Geschlechtsapparat von *Salamandra maculosa*. a des Männchens (mehr schematisch). *T* Hoden, *Ve* Ductuli efferentes, *N* Niere, *Mg* rudimentärer MÜLLERscher Gang, *Wg* WOLFFscher Gang oder Harnsamenleiter, *Kl* Cloake, *Dr* Cloakendrüsen. — b des Weibchens (ohne den Cloakenteil). *Ov* Ovarium, *N* Niere, *Hl* der dem WOLFFschen Gang entsprechende Harnleiter, *Mg* Oviduct (MÜLLERscher Gang).

Eierschnur um die Hinterschenkel windet und bis zum Ausschlüpfen der Jungen mit sich herumträgt, streicht das Männchen von *Pipa* die abgelegten Eier auf den Rücken des Weibchens, welcher alsbald um die einzelnen Eier zellenartige Räume bildet, in denen die Embryonalentwicklung durchlaufen wird und die ausschlüpfenden Jungen ihre Metamorphose bestehen. Bei *Rhinoderma darwini* werden die Eier in dem Kehlsacke des Männchens bis nach beendeter Metamorphose geborgen. Bei anderen Gattungen, wie *Nototrema*, besitzt das Weibchen einen geräumigen Brutsack unter der Rückenhaut. Bei einigen Urodelen (*Cryptobranchidae*), manchen *Gymnophionen* und anderen bewachen die Eltertiere die abgelegten Eier. Von den Fällen der Brutpflege abgesehen, werden die Eier entweder einzeln vornehmlich an Wasserpflanzen angeklebt (Wassersalamander) oder in Schnüren oder unregelmäßigen Klumpen abgesetzt. Im letzteren Falle secernieren die Wandungen des Eileiters eine eiweißähnliche Substanz, welche die Eier sowohl einzeln umhüllt als untereinander verbindet und im Wasser mächtig aufquellend, eine gallertige Beschaffenheit annimmt.

Abb. 1044. *Alytes obstetricans.* Männchen mit der Eierschnur. $^1/_1$

Die verhältnismäßig kleinen Eier durchlaufen nach der Befruchtung eine inäquale Furchung (Abb. 256). Im weiteren Verlaufe der Entwicklung kommt es nicht — und hierin stimmen die Amphibien mit den Fischen überein — zur Bildung von Amnion und Allantois, jener für die höheren Wirbeltiere charakteristischen Embryonalorgane, wenngleich in der vorderen, aus der Cloakenwand entstandenen Harnblase eine der Allantois gleichwertige Bildung vorliegt. Auch besitzen die Embryonen keinen äußeren, vom Körper abgeschnürten Dottersack, da der Dotter frühzeitig in den Embryonalkörper eingeschlossen wird. Die Jungen verlassen — mit seltenen Ausnahmen direkter Entwicklung — frühzeitig als Larven die Eihüllen und durchlaufen eine Metamorphose. Die ausgeschlüpfte Larve lebt im Wasser und erinnert durch den seitlich komprimierten Ruderschwanz sowie den Besitz von äußeren Kiemen und vier Kiemenspalten an die

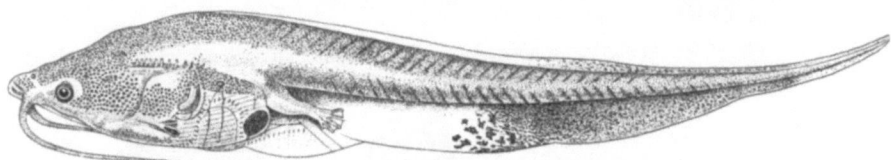

Abb. 1045. Larve von *Xenopus laevis.* (Nach BLES.) $^2/_1$

Fischform (Abb. 1045); sie entbehrt noch beider Extremitätenpaare, von denen bei *Urodelen* zuerst die vorderen mit fortschreitendem Wachstum des Leibes hervortreten. Die ausschlüpfenden Larven von *Molge, Siredon* und anderen Urodelen, ferner von *Xenopus* besitzen unterhalb des Auges einen langen tentakelförmigen, auch als Stützorgan fungierenden Fortsatz (vielleicht homolog dem Tentakel der *Gymnophionen*).

Bei den *Anuren* verlassen die kurzgeschwänzten extremitätenlosen Embryonen (Abb. 285) als sogenannte Kaulquappen, noch bevor die Mundöffnung zum Durchbruche gelangt ist, ihre Eihüllen und legen sich mittelst einer hufeisenförmigen, später in zwei rundliche Sauggruben sich umgestaltenden Haftscheibe, die ähnlich auch an der Kehle der Larven von *Molge* auftritt, an die gallertigen

Reste des Laiches fest. Die Larven der meisten Arten verlassen die Eihüllen mit mehr oder minder entwickelten Anlagen von drei äußeren, geweihartig sich verästelnden Kiemenpaaren. Später beginnt die selbständige Nahrungsaufnahme. Bald nachher verschwinden die äußeren Kiemenanhänge, während eine für beide Seiten gemeinsame Hautfalte nach Art eines Kiemendeckels die Kiemspalten überwächst und sich bis auf eine mediane oder linksseitige Öffnung schließt, durch welche das Wasser aus den Kiemenräumen abfließt (Abb. 1046). Während dieser Vorgänge haben sich neue Kiemenblättchen in doppelten Reihen an jedem der drei Kiemenbogen und am vierten Kiemenbogen entwickelt. Die Mundöffnung ist von einem Hornschnabel bekleidet, welcher zum Benagen von Pflanzenstoffen, aber auch animalischen Substanzen benutzt wird. Der Darmkanal hat unter Bildung vieler Windungen eine bedeutende Länge gewonnen und Lungen sind in Form von länglichen Säckchen am Schlunde hervorgewachsen. Mit fortschreitender Entwicklung (Abb. 1047) brechen an der Basis des inzwischen stark entwickelten Ruderschwanzes zuerst die hinteren Extremitäten hervor, der Kiemenapparat tritt mit dem Fortschritte der Lungenatmung mehr und mehr zurück und es folgt nicht nur der Verlust der inneren Kiemenblättchen, sondern auch das Hervorbrechen der bereits längst in die Kiemenhöhle vorgewachsenen

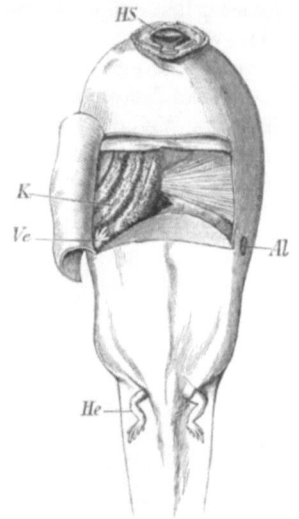

Abb. 1046. Larve von *Pelobates fuscus*. Ventralansicht mit geöffneter Kiemenhöhle. *K* innere Kiemen, *Al* linksseitige Öffnung der Kiemenhöhle, *HS* Hornschnabel, *Ve* vordere, *He* hintere Extremität.

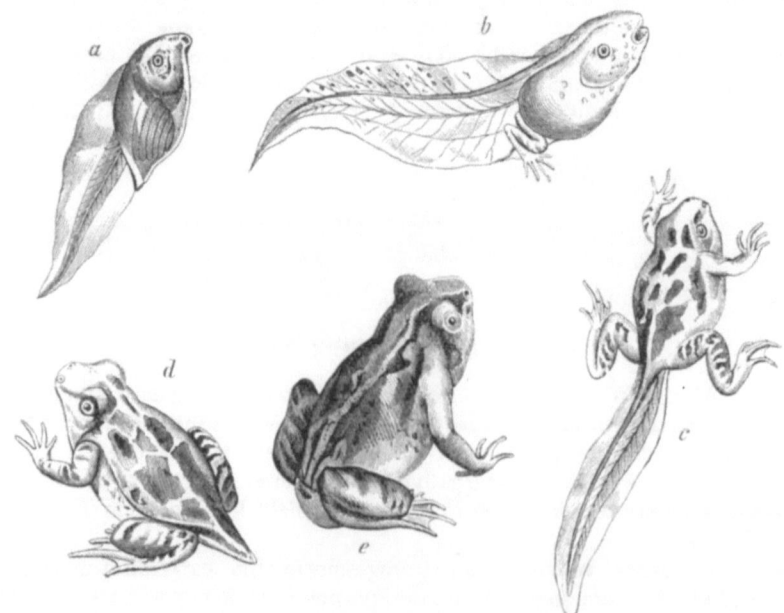

Abb. 1047. Spätere Entwicklungsstadien der Knoblauchkröte (*Pelobates fuscus*). a Larve noch ohne Extremitäten $1/1$, b ältere Larve mit Hinterextremitäten $1/1$, c Larve mit beiden Extremitätenpaaren $1/1$, d junge Knoblauchkröte mit Schwanzstummel $1.5/1$, e nach Rückbildung des Stummels $1.5/1$.

(Abb. 1047), unter der Haut verborgenen Vordergliedmaßen. Nun fällt auch der Hornschnabel ab, das ausschließlich Luft atmende Tier erfährt noch eine Rückbildung des Ruderschwanzes, um seine definitive Gestalt zu erhalten. Bei *Hylodes martinicensis* verläuft die Metamorphose innerhalb der festen Eihaut.

Die Larven der *Gymnophionen* sind wurmförmig und besitzen zwei (?) Kiemenspalten im Grunde einer Grube.

Bei *Proteiden* und *Sireniden* erhält sich ein früherer Entwicklungszustand (Neotenie), indem die Kiemen oder wie bei *Cryptobranchus* und *Amphiumiden* wenigstens eine Kiemenspalte persistieren; auch bleiben die Extremitäten in manchen Fällen stummelförmig oder kommen selbst nur im vorderen Paare zur Ausbildung.

In der Regel sind die Amphibien nur während der Larvenperiode an das Wasser gebunden, als Landtiere wählen sie dann im ausgebildeten Zustande feuchte schattige Plätze in der Nähe des Wassers, da eine feuchte Atmosphäre bei der ausgeprägten Hautrespiration allen Bedürfnis erscheint. Die Nahrung besteht fast durchwegs aus Insecten und Würmern, im Larvenleben jedoch bei den *Anuren* vorwiegend aus pflanzlichen Stoffen. Viele können monatelang ohne Nahrung ausdauern und so auch, wie z. B. *Anuren* im Schlamme vergraben überwintern. Alle Amphibien zeichnen sich durch große Lebenszähigkeit sowie manche durch bedeutendes Regenerationsvermögen aus.

Die ältesten bekannten Amphibien sind die schon im Carbon auftretenden *Stegocephalen*. Den Urodelen und Anuren zugehörige Formen sind erst aus dem Tertiär, von ersteren wenige aus der Kreide bekannt.

1. Ordnung. Stegocephali, Panzerlurche.

Fossile, den Schwanzlurchen ähnliche Amphibien mit aus Hautknochen gebildeter Panzerung der Schädeldecke und mit Foramen parietale, in der Regel mit aus knöchernen Schuppen bestehendem Hautskelet, mit drei zum Brustgürtel gehörigen Kehlbrustplatten, meist mit ansehnlicher erhaltener Chorda und unvollkommenen Wirbeln oder mit amphicölen Wirbelkörpern.

Die Stegocephalen lebten von der Carbonzeit bis in die Trias und erreichten teilweise eine sehr bedeutende Größe. Im Bau zeigen sie Beziehungen zu ursprünglichen Reptilien.

2. Ordnung. Gymnophiona (Apoda), Blindwühler, Schleichenlurche[1].

Meist kleinbeschuppte Lurche von wurmförmiger Gestalt, ohne Gliedmaßen, mit bikonkaven Wirbeln und kurzem Schwanz.

Der Rumpf der Gymnophionen erscheint wurmförmig verlängert, die Schwanzregion bleibt rudimentär. Die äußere Haut der Blindwühler enthält meist kleine Schüppchen, welche in quere Ringel bildenden Hautfalten gelagert sind (Abb. 1048). Das Skelet ist durch die bikonkave Form der Wirbelkörper und die wohlerhaltene Chorda ausgezeichnet. Der massive knöcherne Schädel zeichnet sich durch Reduktionen in der Zahl der Knochen infolge Verschmelzung sowie durch die, ähnlich

---

[1] WIEDERSHEIM, R.: Die Anatomie der Gymnophionen. Jena 1879. — BOULENGER, G. A.: Catalogue of Batrachia Gradientia s. Caudata and Batrachia Apoda in the Collection of the British Museum. London 1882. — A Synopsis of the Genera and Species of Apodal Batrachians. Proc. Zool. Soc. London 1895. — SARASIN, P. u. F.: Ergebnisse naturwissenschaftlicher Forschungen auf Ceylon. 2. Zur Entwicklungsgeschichte und Anatomie der ceylonesischen Blindwühle. Wiesbaden 1887—1890. — BRAUER, A.: Beiträge zur Kenntnis der Entwicklungsgeschichte und der Anatomie der Gymnophionen. Zool. Jb. **10, 12, 16** (1897—1902). — NIEDEN, FR.: Gymnophiona. Tierreich, 37. Liefg. **1913**. — Vgl. überdies die Arbeiten von JOH. MÜLLER, LEYDIG, PETER, FIELD, SEMON, FUHRMANN u. a.

wie bei ursprünglichen Reptilien, gedeckte Schläfenregion aus. Kiefer- und Gaumenbein tragen kleine, nach hinten gekrümmte Zähne. Schulter- und Beckengerüst nebst Extremitäten fehlen vollständig. An der unteren Seite des kegelförmigen Kopfes liegen die enge Mundspalte, vorn an der Schnauze die beiden Nasenlöcher, in deren Nähe sich jederseits eine Grube bemerkbar macht. Diese sogenannten falschen Nasenlöcher enthalten einen kleinen vorstoßbaren Tentakel. Die Augen bleiben bei der unterirdischen Lebensweise stets klein und liegen unter der Haut, zuweilen sogar unter den Kopfknochen. Trommelfell und Paukenhöhle fehlen. Die eine Lunge ist rudimentär, ein Teil der Trachea lungenartig ausgebildet (Tracheallunge).

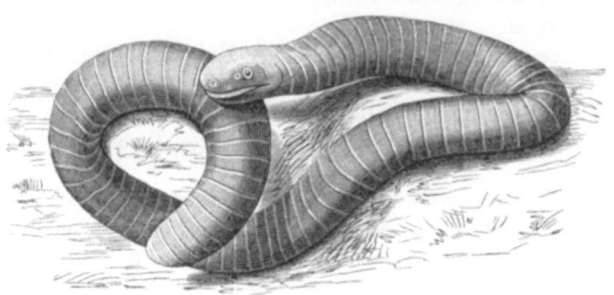

Abb. 1048. *Siphonops annulatus*. (Original G.) Etwa ½

Die Blindwühler leben in den Tropen der alten und neuen Welt im Erdboden, nur *Typhlonectes* im Wasser, und ernähren sich besonders von Würmern und Insectenlarven.

Fam. Caeciliidae. Mit den Charakteren der Ordnung. *Caecilia gracilis* SHAW (*lumbricoidaea* DAUD.). Nördl. Südamerika. *Dermophis mexicanus* D. B. Zentralamerika. *Siphonops annulatus* MIKAN. Südamerika (Abb. 1048). *Ichthyophis* (*Epicrium*) *glutinosus* L. Ostindien, Sundainseln. *Typhlonectes natans* J. G. FISCH. Schuppen fehlen. Lebt im Wasser. Kolumbien.

3. Ordnung. Urodela (Caudata), Schwanzlurche[1].

Nackthäutige langgestreckte Lurche, meist mit vier kurzen Extremitäten und wohlentwickeltem Schwanz, mit oder ohne äußere Kiemen.

Der nackthäutige Leib endet mit einem langen, meist seitlich kompressen Ruderschwanz und besitzt in der Regel zwei Paare kurzer, weit auseinander ge-

Abb. 1049. *Necturus maculatus* (*Menobranchus lateralis*) (aus règne animal). ⅓

rückter Extremitäten, welche bei der verhältnismäßig schwerfälligen Fortbewegung auf dem festen Boden als Nachschieber wirken (Abb. 1049). Bei den

---

[1] Außer DAUDIN, BOULENGER, LEYDIG vgl. RUSCONI e CONFIGLIACHI: Del proteo anguino di Laurenti monografia. Pavia 1818. — RUSCONI: Amours des Salamandres aquatiques. Milano 1821. — DUMÉRIL, A.: Observations sur la reproduction dans la ménagerie des Reptiles du muséum d'hist. nat. Des Axolotls etc. Nouv. Arch. Mus. d'hist. nat. Paris **1866**. — HYRTL, J.: *Cryptobranchus japonicus*. Vindobonae 1865. — STRAUCH, A.: Revision der Salamandridengattungen. Mém. Acad. St.-Pétersbourg **1870**. — WIEDERSHEIM, R.: *Salamandrina perspicillata* und *Geotriton fuscus*. Genua 1875. — DE BEDRIAGA, J.: Die Lurchfauna Europas. II. Urodela. Schwanzlurche. Moskau 1897. — OSAWA, G.: Beiträge zur Anatomie des japanischen Riesensalamanders. Mitt. med. Fak. Tokyo **1902**. — Beiträge zur Lehre von den Eingeweideorganen des japanischen Riesensalamanders. Ebenda **1908**. —

Sirenidae fehlen die Hinterbeine vollkommen, während die vorderen Extremitäten kurze Stummel bleiben.

Einige (*Proteidae, Sirenidae*) besitzen zeitlebens neben den Lungen jederseits zwei bis drei Kiemenspalten und drei äußere verzweigte Kiemen (*Perennibranchiata*). Andere (*Amphiumidae, Cryptobranchus*) verlieren im Laufe ihrer Entwicklung die Kiemen, behalten aber zeitlebens eine Kiemenspalte an jeder Seite des Halses (*Derotremata*); die übrigen Urodelen verlieren auch diese letzte vollständig.

Die kleinen, zuweilen rudimentären Augen entbehren mit Ausnahme der *Ambystomiden, Plethodontiden* und *Salamandriden* gesonderter Lider. Überall fehlen am Gehörorgan Trommelfell und Paukenhöhle. Die Nasenöffnungen liegen an der Spitze der vorspringenden Schnauze und führen in wenig entwickelte Nasenhöhlen, welche das Gaumengewölbe meist unmittelbar hinter den Kiefern durchbrechen. Die Bewaffnung der Mundhöhle wird von kleinen spitzen Hakenzähnen gebildet, welche sich in Unterkiefer, Oberkiefer und oft auch am Gaumenbeine oder Parasphenoid erheben. Die meist polsterförmige Zunge sitzt fast mit ihrer ganzen unteren Fläche am Boden der Mundhöhle fest. Merkwürdig erscheint das Verhalten des *Axolotls*, welcher schon von Cuvier, Baird und anderen für die Larve eines Salamandriden erklärt wurde. Nach den zuerst im Pariser Pflanzengarten von Duméril angestellten Beobachtungen verlieren die aus den Eiern des Axolotls gezogenen Exemplare unter geeigneten Verhältnissen die Kiemenbüschel und bilden sich zu einer mit der Salamandridengattung *Ambystoma* übereinstimmenden Form aus, während die ursprünglich aus Mexiko eingeführten Exemplare als Geschlechtstiere die Larvenform bewahren. Übrigens sind auch gelegentlich *Molge*-Arten mit vollkommen entwickelten Kiemenbüscheln geschlechtsreif befunden worden.

Fam. *Hynobiidae*. Ohne Kiemen im ausgebildeten Zustande. Wirbelkörper amphicöl. Gaumenzähne in V-förmigem Bogen. Weibchen ohne Spermatotheca, Männchen ohne Cloakendrüsen. Die Befruchtung der Eier erfolgt außerhalb des mütterlichen Körpers. Dürften die primitivsten recenten Urodelen sein. *Hynobius leechi* Blgr. Korea. *Onychodactylus japonicus* Houtt. Mit Krallen an Fingern und Zehen. Lunge fehlt. Japan.

Fam. *Cryptobranchidae*. Ohne Kiemen im erwachsenen Zustand, zum Teil mit einem Kiemenloch. Weibchen ohne Spermatotheca, Männchen ohne Cloakendrüsen. Die Befruchtung der Eier erfolgt außerhalb des mütterlichen Körpers. *Megalobatrachus maximus* Schleg. (*Cryptobranchus japonicus* Hoev.), Riesensalamander. Ohne Kiemenspalte. Größte lebende Amphibienform, über 1 m lang. In Gebirgsbächen, China, Japan. *Cryptobranchus* (*Menopoma*) *alleghaniensis* Daud. Mit einer Kiemenspalte jederseits oder nur links. Nordamerika.

Fam. *Amphiumidae*. Von aalförmiger Gestalt, mit vier sehr kurzen, zwei- oder dreizehigen Extremitäten, mit einer Kiemenspalte jederseits. Nur eine Gattung. *Amphiuma means* Gard. (*tridactylum* Cuv.). Mississippi, Louisiana.

Fam. *Ambystomidae*. Ohne Kiemen im ausgebildeten Zustande. Gaumenzähne einen queren Bogen bildend. Wirbelkörper amphicöl. Mit Augenlidern. *Ambystoma tigrinum* Green (*mexicanum* Cope). Nordamerika, Mexiko. Wird im Larvenzustande geschlechtsreif (*Siredon pisciformis* Shaw) und pflanzt sich in der Siredonform (Axolotl) durch viele Generationen fort; die Verwandlung tritt nur unter besonderen Umständen ein.

Fam. *Salamandridae*. Ohne Kiemen im ausgebildeten Zustande. Gaumenzähne in zwei Längsreihen. Mit Augenlidern. *Salamandra maculosa* Laur., gefleckter Erdsalamander. In Gebirgswäldern, Europa, Nordwestafrika, Westasien. *S. atra* Laur., Alpensalamander. Gebiert nur zwei Junge, die ihre Metamorphose im Uterus durchlaufen. In den Alpen, Karst Herzegowina. *Molge* (*Triton*) *cristata* Laur., Kammolch. Männchen zur Paarungszeit mit gezacktem Hautsaum auf dem Rücken. Europa, Westasien. *M. marmorata* Latr., Marmor-

---

Ishikawa, C.: Über den Riesensalamander Japans. Mitt. dtsch. Ges. Naturk. Ostas. Tokyo 11 (1908). — de Lange, D.: Studien zur Entwicklungsgeschichte des Japanischen Riesensalamanders. Tijdschr. nederl. dierkd. Vereenigg 14 (1916). — Dunn, E. R.: The sound-transmitting apparatus of Salamanders and the phylogeny of the Caudata. Amer. Naturalist 56 (1922).

molch. Frankreich, Pyrenäenhalbinsel. *M. blasii* DE L'ISLE, Bastard zwischen den beiden vorgenannten Arten. Nördl. Frankreich. *M. alpestris* LAUR., Alpenmolch. Europa. *M. vulgaris* L. (*taeniata* SCHNEID.). Europa, Westasien. *M. montandoni* BLGR. Nördl. Österreich, Karpathen. *M.* (*Pleurodeles*) *waltli* MICHAH. Pyrenäenhalbinsel, Marokko. *Salamandrina perspicillata* SAVI. Lunge rudimentär. Italien.

Fam. *Plethodontidae*. Ohne Kiemen im ausgebildeten Zustande. Gaumenzähne in zwei schrägen Querreihen. Parasphenoideum bezahnt. Mit Augenlidern. Alle lungenlos. Zunge mehr oder minder pilzförmig. *Plethodon glutinosus* GREEN. Nordamerika. *Batrachoseps attenuatus* ESCHZ. Nordamerika. *Spelerpes fuscus* BP., Höhlenmolch. Zunge pilzförmig, vorschnellbar. Italien. *S. uniformis* KEF. Wurmförmig, Gliedmaßen rudimentär. Costa Rica. *Typhlomolge rathbuni* STEJN. Augen punktförmig, Gliedmaßen lang. Mit drei äußeren Kiemen. Wahrscheinlich der geschlechtsreife Larvenzustand eines *Spelerpes*. In unterirdischen Gewässern. Texas.

Fam. *Proteidae*. Mit persistierenden Kiemen, ohne Oberkiefer. Zwischen- und Unterkiefer bezahnt. Mit zwei Kiemenspalten jederseits. *Necturus maculatus* RAF. (*Menobranchus lateralis* HARL.). In größeren Gewässern Nordamerikas (Abb. 1049). *Proteus anguinus* LAUR., Grottenolm. Augen klein, unter der Haut verborgen. Körper langgestreckt. Gliedmaßen kurz, vordere drei-, hintere zweizehig. In unterirdischen Gewässern. Krain, Istrien, Dalmatien, Herzegowina. Ist lebendig gebärend (gebiert zwei Junge), fakultativ aber eierlegend.

Fam. *Sirenidae*. Mit persistierenden Kiemen, ohne Oberkiefer, mit Hornschnabel. Zwischen- und Unterkiefer zahnlos. Körper aalartig, Vorderbeine kurz, mit drei oder vier Zehen, Hinterbeine fehlen. Die Befruchtung erfolgt wahrscheinlich außerhalb des mütterlichen Körpers. *Siren lacertina* L., Armmolch, mit drei Kiemenspalten jederseits. Süd-Carolina, Texas. *Pseudobranchus striatus* LEC. Mit einer Kiemenspalte. Nordamerika.

4. Ordnung. Anura (Ecaudata), Frösche, schwanzlose Lurche[1].

Nackthäutige Lurche von gedrungener Körperform, ohne Schwanz, mit meist procölen Wirbeln, verlängerten, oft zum Springen tauglichen Hinterbeinen sowie meist mit Paukenhöhle und Trommelfell.

Der Körper ist kurz, gedrungen und schwanzlos. Unter der Haut finden sich große Lymphräume, wodurch eine weitgehende Verschiebbarkeit der Haut bedingt wird. Am Kopfe sind bemerkenswert die weite Mundspalte sowie die großen Augen mit meist goldglänzender Iris, mit oberem Augenlide und mit durchsichtigem unteren Augenlide (meist als Nickhaut bezeichnet), das vollständig über den Bulbus gezogen werden kann. Die Nasenlöcher liegen weit vorne an der Schnauzenspitze und sind durch häutige Klappen verschließbar. Das Gehörorgan besitzt meist eine Paukenhöhle, welche mittels kurzer Eustachischer Tube mit der Rachenhöhle kommuniziert und an der äußeren Fläche von einem umfangreichen, bald freiliegenden, bald unter der Haut verborgenen Trommelfell geschlossen wird. Nur wenige Anuren sind zahnlos (*Pipa, Bufo*), in der Regel finden sich kleine Hakenzähne in einfacher Reihe wenigstens am Vomer, am Oberkiefer und Zwischenkiefer. Die Zunge wird nur bei den *Pipidae* vermißt, gewöhnlich ist dieselbe zwischen den Ästen des Unterkiefers in der Art befestigt, daß ihr hinterer Abschnitt frei bleibt und als Fangapparat aus dem weiten Rachen hervorgeklappt werden kann (Abb. 1041).

Am Skelet fehlen in der Regel gesonderte Rippen, die mit den ansehnlichen Querfortsätzen der Rumpfwirbel verwachsen sind (Abb. 1038). Schultergerüst und

---

[1] RÖSEL V. ROSENHOF: Historia naturalis ranarum nostratium. Nürnberg 1758. — DAUDIN, F. M.: Histoire naturelle des Rainettes, des Grenouilles et des Crapauds. Paris 1802. — RUSCONI: Développement de la grenouille commune. Milano 1826. — ECKER, A. u. WIEDERSHEIM: Die Anatomie des Frosches. Braunschweig 1864—1882. 2. Aufl. von E. GAUPP, 1896—1904. — LEYDIG, FR.: Die anuren Batrachier der deutschen Fauna. Bonn 1873. — BOULENGER, G. A.: Catalogue of Batrachia Salientia in the Collection of the British Museum. London 1882. — The Tailless Batrachians of Europe. London 1897—1898. — DE BEDRIAGA, J.: Die Lurchfauna Europas. I. Anura, Froschlurche. Moskau 1891. — NOBLE, G. K.: The Phylogeny of the Salientia. Bull. Amer. Mus. Nat. Hist. New York **46** (1922). — NIEDEN, FR.: Anura. I. Tierreich 46. Liefg. **1923**; II. 49. Liefg. **1926**.

Beckengürtel sind überall vorhanden, ersteres durch die Verbindung mit dem Brustbein, letzterer durch die stielförmige Verlängerung der Hüftbeine ausgezeichnet. Die hinteren Gliedmaßen sind kräftiger und länger als die vorderen, an ersteren finden sich fünf Zehen, an letzteren nur vier Finger, indem der Daumen fehlt.

In der meist nackten, bei einzelnen Formen (*Ceratophrys, Brachycephalus*) ein dorsales Knochenschild enthaltenden Haut häufen sich an manchen Stellen, besonders in der Ohrgegend, Drüsen mit milchigem scharfen Secrete an und bilden dort mächtig vortretende Drüsenwülste (Parotoiden). Auch kommen Drüsenanhäufungen an den Unterschenkeln (*Bufo calamita*) und an den Seiten des Körpers vor.

Die Fortpflanzung fällt in die Zeit des Frühjahres. Die Begattung bleibt eine äußere Vereinigung beider Geschlechter und geschieht fast durchgehends im Wasser. Das Männchen, zuweilen durch Brunstschwielen wie die dem zweiten Finger angehörige sogenannte Daumenwarze (*Rana*) oder die Drüse am Oberarm (*Pelobates*) oder auch der Brust ausgezeichnet, umfaßt das Weibchen vom Rücken aus mit den Vorderbeinen und ergießt die Samenflüssigkeit über den in Schnüren oder klumpenweise austretenden Laich.

Die Anuren sind zum Teile (Kröten und Laubfrösche) echte Landtiere, die besonders dunkle und feuchte Schlupfwinkel lieben, zum Teile in gleichem Maße auf Wasser und Land angewiesen. Erstere suchen das Wasser meist nur zur Laichzeit auf, kriechen, laufen und hüpfen auf dem Lande oder graben sich Gänge und Höhlungen in der Erde (*Pelobates, Alytes*), oder sie sind durch Haftscheiben an den Spitzen der Finger und Zehen zum Klettern befähigt (*Dendrobates, Hyla*).

Abb. 1050. *Xenopus laevis* (*Dactylethra capensis*). $^3/_5$

Die frühere Gruppierung der Anuren in *Aglossa* und *Phaneroglossa* (je nach dem Fehlen oder Vorhandensein der Zunge), ebenso die Einteilung der Phaneroglossen in *Arcifera* und *Firmisternia* (bei ersteren Coracoide und Procoracoide durch einen bogenförmigen Knorpel, Epicoracoid, verbunden, der der einen Seite den der anderen überlagernd, bei letzteren die Coracoidea fest miteinander durch einen unpaaren medianen Epicoracoidknorpel verbunden) ist einer neuen systematischen Einteilung gewichen (NOBLE).

1. Unterordnung. *Opisthocoela*. Präsacralwirbel opisthocöl, Rippen wenigstens während der Entwicklung vorhanden.

Fam. *Pipidae*. Sacralwirbel mit dem Os coccygis verschmolzen. 7—5 Präsacralwirbel. Rippen in früheren Entwicklungsstadien vorhanden. Augen meist ohne bewegliche Lider. Zunge fehlt. Brustgürtel zwischen arcifer und firmistern, Epicoracoidknorpel nicht übereinander gelagert, sondern in der Mitte aneinander stoßend. *Pipa americana* LAUR. (*dorsigera* SCHNEID.), Wabenkröte. Finger in vier Fortsätze endigend. Zähne fehlen. Weibchen trägt die Eier und Larven in zelligen Wucherungen der Rückenhaut. Surinam, Brasilien. *Xenopus laevis* DAUD. (*Dactylethra capensis* CUV.), Krallenfrosch (Abb. 1050). Mit Zähnen im Oberkiefer. Die drei Innenzehen mit hornigen Krallen. Haut mit Schleimkanälen. Mit kurzem Tentakel unter dem Auge. Larven mit provisorischem langen Tentakel jederseits (Abb. 1045). West- und Südafrika. Hier schließt sich an *Hymenochirus boettgeri* TORN. Mit Schwimmhäuten zwischen den Fingern. Zahnlos. Zufolge Verschmelzung mit nur fünf präsacralen Wirbeln. Trop. Afrika.

Fam. *Discoglossidae.* Sacralwirbel frei, Wirbelkörper biconvex; nicht weniger als acht Präsacralwirbel. Rippen im erwachsenen Zustand vorhanden. Zunge und Augenlider vorhanden. Brustgürtel arcifer. Kiemenloch der Larven median. *Discoglossus pictus* OTTH. Südwesteuropa, Nordwestafrika. *Bombinator pachypus* BP., Bergunke. Im Gebirge. West- und Südosteuropa. *B. igneus* LAUR., Tieflandunke. Männchen mit inneren Schallblasen. Im Tieflande, Osteuropa. *Alytes obstetricans* WAGL.. Geburtshelferkröte. Westeuropa (Abb. 1044). *Ascaphus truei* STEJN. Mit schwanzartigem Anhang. Nordamerika. *Liopelma hochstetteri* FITZ. Einziger Batrachier Neuseelands.

2. Unterordnung. *Anomocoela.* Sacralwirbel procöl, mit dem Os coccygis verschmolzen oder frei mit einem einzigen Condylus für das Os coccygis. Acht Präsacralwirbel, alle procöl (selten opisthocöl), niemals Rippen.

Fam. *Pelobatidae.* Sacraldiapophysen verbreitert. Brustgürtel arcifer. Pupille vertikal elliptisch. *Pelobates fuscus* LAUR., Knoblauchkröte. An der Innenseite der Ferse eine Hornschwiele, mit der sich das Tier eingräbt. Mittel- und Osteuropa. *Pelodytes punctatus* DAUD. Frankreich, Pyrenäenhalbinsel.

3. Unterordnung. *Procoela.* Sacralwirbel frei, procöl, mit doppeltem Condylus für das Os coccygis; acht bis fünf präsacrale Wirbel, procöl, ohne Rippen.

Fam. *Bufonidae.* Brustgürtel arcifer. Sacraldiapophysen cylindrisch oder verbreitert. Acht Präsacralwirbel. Endphalangen einfach oder T-förmig (selten krallenförmig). *Bufo vulgaris* LAUR., Erdkröte. Europa, Nordwestafrika, Asien. *B. viridis* LAUR. (*variabilis* PALL.), Wechselkröte. Europa, Nordafrika, Westasien. *B. calamita* LAUR., Kreuzkröte. Westeuropa. *Pseudophryne vivipara* TORN. Lebendig gebärend. Ostafrika. *Pseudis paradoxa* L. Larve sehr groß, so groß wie das erwachsene Tier. Guiana. *Hylodes martinicensis* D. B. Antillen. *Ceratophrys dorsata* WIED., Hornfrosch. Mit Rückenschild. Surinam, Brasilien. *Leptodactylus ocellatus* L. Südamerika.

Fam. *Hylidae*, Laubfrösche. Brustgürtel arcifer. Sacraldiapophysen verbreitert. Acht Präsacralwirbel. Endphalangen krallenförmig, durch einen Intercalarknorpel oder -knochen getragen. Finger und Zehen meist mit Haftscheiben. *Hyla arborea* L., Laubfrosch. Europa, Nordwestafrika, Asien. *Nototrema* (*Notodelphys*) *marsupiatum* D. B. Weibchen mit Bruttasche auf dem Rücken. Ecuador.

Fam. *Brachycephalidae.* Brustgürtel arcifer-firmistern oder firmistern. Sacraldiapophysen cylindrisch oder verbreitert. 8—5 Präsacralwirbel, in der Regel weniger als acht. Endphalangen niemals krallenförmig. *Dendrobates tinctorius* SCHNEID. Ohne Zähne. Finger und Zehen mit Haftscheiben. Trop. Amerika. *Rhinoderma darwini* D. B., Nasenfrosch. Das Männchen trägt in der mächtig entwickelten, unter die Bauchhaut sich erstreckenden Schallblase (Kehlsack) die Eier bis zur Entwicklung der Jungen. Chile. *Brachycephalus ephippium* FITZ. Mit Knochenschild über dem Sacralwirbel. Guiana, Brasilien.

4. Unterordnung. *Diplasiocoela.* Sacralwirbel bikonvex, mit doppeltem Condylus für das Os coccygis. Achter Wirbel bikonkav, davor sieben procöle Wirbel. Rippen fehlen.

Fam. *Ranidae.* Sacraldiapophysen cylindrisch oder schwach verbreitert. Brustgürtel firmistern. *Rana esculenta* L., Wasserfrosch. Männchen mit äußeren paarigen Schallblasen. Laicht nicht vor Ende Mai. Mittel- und Nordeuropa. *R. ridibunda* PALL., Seefrosch. Mittel- und Südosteuropa, Nordafrika, Westasien. *R. temporaria* L., Grasfrosch. Männchen mit inneren Schallblasen. Unterseite gelb und rotbraun marmoriert, Schnauze stumpf. Laicht schon im März. Meist in feuchten Bergwäldern. Europa, Nordasien. *R. arvalis* NILSS., Moorfrosch. Kleiner als voriger, mit spitziger Schnauze und weißem Bauch. Männchen zur Paarungszeit oberseits wie mit himmelblauem Reif überzogen. Deutschland, Österreich bis Nordasien. *R. agilis* THOMAS, Springfrosch. Langschnauzig und langbeinig. Mit weißem Bauch. Männchen ohne Schallblasen. Mittl. und südl. Europa, Kleinasien. *R. catesbyana* SHAW (*mugiens* aut.), Ochsenfrosch. Nordamerika. *Rhacophorus reinwardti* BOIE, Flugfrosch. Zehen und Finger durch eine Haut verbunden. Sundainseln. *Chiromantis guineensis* PETERS. Guinea.

Fam. *Brevicipitidae.* Sacraldiapophysen stark verbreitert. Brustgürtel firmistern. *Engystoma ovale* SCHNEID. Südamerika. *Callula pulchra* GRAY, indischer Ochsenfrosch. Ostindien. *Breviceps mossambicus* PTRS. Ostafrika. *Mantophryne robusta* BLGR. Mit Brutpflege des Männchens. Neuguinea.

4. Klasse. Reptilia, Kriechtiere[1].

Wechselwarme beschuppte oder bepanzerte Wirbeltiere mit als Füße entwickelten Gliedmaßen, mit ausschließlicher Lungenatmung und zwei Vorkammern sowie doppelten, aber meist unvollkommen gesonderten Kammern des Herzens, Embryonen mit Amnion und Allantois.

Rücksichtlich der Körperform wiederholen sich im allgemeinen die bei den Amphibien auftretenden Typen. Auch bei Reptilien hat der Rumpf noch vorwiegende Bedeutung für die Locomotion. Der Leib erscheint mit Ausnahme der gedrungen gebauten Schildkröten langgestreckt und mehr oder weniger cylindrisch; er ist mit vier oder zwei Extremitäten versehen, welche in der Regel nur als Stützen und Nachschieber des bei vielen Eidechsen wie bei den Schlangen mit der Bauchfläche auf dem Boden dahingleitenden Körpers wirken, oder ist ganz fußlos,

Abb. 1051. *Sphenodon punctatum.* (Nach GADOW.) Etwa ¹/₄.

wie bei den Schlangen und schlangenartigen Eidechsen, und dann wurmförmig verlängert. Den Amphibien gegenüber ist die Halsregion länger und auch Brust- und Lendengegend schärfer abgegrenzt (Abb. 1051).

---

[1] Außer J. G. SCHNEIDER vgl. DUMÉRIL et BIBRON: Erpétologie générale etc. Paris 1834—1854. — HOFFMANN, C. K.: Reptilien. Bronns Klassen u. Ordn. des Tierreiches 1890. — COPE, E. D.: The Crocodilians, Lizards and Snakes of North America. Rep. U. S. Nat. Mus. Washington 1900.— GADOW, H.: Amphibia and Reptiles. London 1901. — BRAUN, M.: Das Urogenitalsystem der einheimischen Reptilien. Arb. zool.-zoot. Inst. Würzburg 4 (1877). — HOCHSTETTER, F.: Beiträge zur Entwicklungsgeschichte des Venensystems der Amnioten. II. Reptilien. Morph. Jb. 19 (1892). — GOETTE, A.: Über den Wirbelbau bei den Reptilien usw. Z. Zool. 62 (1896). — SPENCER, W. B.: On the Presence and Structure of the Pineal Eye in Lacertilia. Quart. J. microsc. Sci. 27 (1886). — MILANI, A.: Beiträge zur Kenntnis der Reptilienlunge. Zool. Jb. 7 (1894); 10 (1897). — VERSLUYS, J.: Die mittlere und äußere Ohrsphäre der Reptilien. Ebenda 12 (1899). — Das Streptostylieproblem usw. Ebenda Suppl. 15 (1912). — MITSUKURI, K.: On the Fate of the Blastopore, the Relations of the Primitive Streak and the Formation of the Posterior End of the Embryo in Chelonia etc. J. Coll. of Sci. Tokio 1896. — GREIL, A.: Beiträge zur vergleichenden Anatomie und Entwicklungsgeschichte des Herzens und des Truncus arteriosus der Wirbeltiere. Morph. Jb. 31 (1903). — TÖLG, FR.: Beiträge zur Kenntnis drüsenartiger Epidermoidalorgane der Eidechsen. Arb. zool. Inst. Wien 15 (1904). — NOWIKOFF, M.: Untersuchungen über den Bau, die Entwicklung und die Bedeutung des Parietalauges von Sauriern. Z. Zool. 96 (1910). — ISEBREE MOENS, N. L.: Die Peritonealkanäle der Schildkröten und Krokodile. Morph. Jb. 44 (1911). — WERNER, F.: Beiträge zur Anatomie einiger seltener Reptilien usw. Arb. zool. Inst. Wien 19 (1912). — Lurche und Kriechtiere. Brehms Tierleben. 4. Aufl. 4, 5 (1912—1913). — SCHREIBER, E.: Herpetologia europaea. 2. Aufl. Jena 1912. — SPANNER, R.: Über die Wurzelgebiete der Nieren-, Nebennieren- und Leberpfortader bei Reptilien. Morph. Jb. 63 (1929). — Vgl. ferner die Schriften von C. E. v. BAER, PANIZZA, RATHKE, GEGENBAUR, LEYDIG, STANNIUS, VAN BEMMELEN, MEHNERT, STRAHL, GAUPP, SIEBENROCK, W. K. PARKER, SABATIER, FÜRBRINGER, ANNANDALE, DUSTIN, W. J. SCHMIDT u. a.

Die Körperhaut besitzt im Gegensatze zu der vorherrschend nackten und weichen Haut der Amphibien eine derbe, feste Beschaffenheit, zunächst infolge von Verhornung der Epidermis, welche zur Bildung von Hornschuppen führt. In Verbindung mit solchen finden sich zuweilen Ossifikationen der Cutis (*Scincoiden, Anguiden, Gerrhosauriden,* einige *Geckoniden*); diese können auch zu größeren Knochentafeln werden, welche zur Entstehung eines harten, mehr oder minder zusammenhängenden Hautpanzers Veranlassung geben (*Krokodile, Schildkröten*). Allgemein treten in der Lederhaut sowie in den tiefen Schichten der Epidermis Pigmente auf, welche die mannigfaltige Färbung der Haut bedingen, seltener einen wahren Farbenwechsel (*Calotes, Anolis, Chamaeleon*) veranlassen.

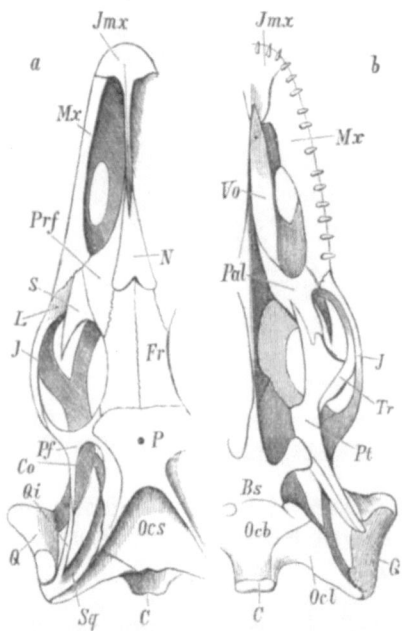

Abb. 1052. Schädel von *Varanus*. (Nach GEGENBAUR.) a Von oben, b von unten. *C* Condylus occipitalis, *Ocs* Supraoccipitale, *Ocl* Occipitale laterale, *Ocb* Basioccipitale, *P* Parietale mit Parietalloch, *Fr* Frontale, *Pf* Postfrontale, *Prf* Präfrontale, *L* Lacrimale, *S* Supraorbitale (Supraciliare CUVIER), *N* Nasale, *Sq* Squamosum, *Q* Quadratum, *Qi* Quadratojugale, *J* Jugale, *Mx* Maxillare, *Jmx* Intermaxillare, *Co* Epipterygoideum (Columella), *Bs* Basisphenoideum, *Pt* Pterygoideum, *Pal* Palatinum, *Vo* Vomer, *Tr* Transversum.

Zahlreiche Eidechsen besitzen Reihen drüsenartiger Epidermoidalgebilde an der Innenseite des Oberschenkels und in der Nähe des Afters, welche sich mit großen Poren zuweilen auf warzigen Erhebungen öffnen (Schenkelporen, Analporen) (Abbild. 1062). Bei den Krokodilen münden größere Drüsen (Moschusdrüsen) an den Anallippen und ventral zu den Seiten der Unterkieferäste.

Das Skelet zeigt nur ausnahmsweise noch die embryonale Form einer knorpeligen Schädelbasis und persistierende Chordareste. An der Wirbelsäule (Abbild. 970) treten die Regionen bestimmter als bei den Amphibien hervor, wenn auch Brust und Lendengegend häufig noch keine scharfe Abgrenzung gestatten. Am Halse wird der erste Wirbel zum Atlas, der zweite zum Epistropheus. Während *Sphenodon* und die *Geckoniden* bikonkave Wirbel, bei letzteren mit intervertebral erhaltener Chorda besitzen, sind die stets knöchernen Wirbelkörper der übrigen Reptilien in der Regel procöl. Rippen (obere) sind allgemein und oft über die ganze Länge des Rumpfes verbreitet. Bei den Schlangen und schlangenähnlichen Echsen, welchen ein Brustbein fehlt, sind Rippen an allen Wirbeln des Rumpfes mit Ausnahme des ersten Halswirbels (Atlas) vorhanden und zum Ersatze der fehlenden Extremitäten zu überaus freien Bewegungen befähigt. Auch bei den Eidechsen und Krokodilen kommen kurze Halsrippen vor. Die Rippen der Brust legen sich hier mittelst besonderer *Sternocostal*-Stücke an ein Sternum an, dem ein langgestrecktes sogenanntes *Episternum* aufliegt. Ein Sternum fehlt den Schlangen und manchen schlangenähnlichen Echsen sowie den Schildkröten.

Hinter dem Sternum folgt bei den Krokodilen und *Sphenodon* ein *Sternum abdominale (Parasternum)*, das über den Bauch bis in die Beckengegend sich erstreckt und aus einer Anzahl von Knochenspangen, sogenannte Bauchrippen, zusammengesetzt ist. Die in der Regel in zweifacher Zahl vorhandenen Kreuzbeinwirbel besitzen sehr umfangreiche Querfortsätze und Rippenstücke.

Der Schädel (Abb. 1052) articuliert im Gegensatze zu den Amphibien mittelst unpaaren, oft dreiteiligen Condylus des Hinterhauptbeines auf dem Atlas und zeigt eine vollständige Verknöcherung fast aller seiner Teile, wobei das Primordialcranium meist beinahe vollständig verdrängt wird. Am Hinterhaupte treten sämtliche vier Elemente als Knochen auf; doch kann sowohl das *Basioccipitale* (Schildkröten), als das *Supraoccipitale* (Krokodile, Schlangen) von der Begrenzung des Hinterhauptloches (Foramen magnum) ausgeschlossen sein. An der Ohrkapsel tritt zur *Fenestra vestibuli* mit der Columella noch die *Fenestra cochleae* (*rotunda*) hinzu. An der Begrenzung der Fenestra vestibuli beteiligt sich das meist mit dem *Occipitale laterale* verschmelzende *Opisthoticum* (bei den Schildkröten gesondert). Dagegen liegt bei allen Reptilien ein gesondertes *Prooticum* vor den Seitenteilen des Hinterhauptes. Verschieden verhält sich die vordere Ausdehnung der Schädelkapsel und die Ausbildung des sphenoidalen Abschnittes. An der Schädelbasis tritt ein *Basiphenoideum* auf; doch ist auch ein *Parasphenoideum* vorhanden, das mit dem Basisphenoideum verwächst. *Alisphenoidea* und *Orbitosphenoidea* fehlen in der Regel und sind oft durch Fortsätze des Stirn- und Scheitelbeins (Schlangen) oder Scheitelbeins(Schildkröten) ersetzt. Im letzteren Falle und bei den Eidechsen besteht ein umfangreiches, häutiges Interorbitalseptum, welches auch Ossificationen enthalten kann. Die Schädeldachknochen (*Frontalia*, *Parietalia*) sind immer sehr umfangreich, bald paarig, bald unpaar. Häufig nimmt das *Frontale* nicht mehr an der Überdachung der Schädelhöhle teil und liegt nur dem Septum interorbitale auf. Der hinteren Seitenwand des Frontale schließen sich in der Schläfengegend *Postfrontalia* an. In der Ethmoidalregion bleibt die mittlere Partie teilweise knorpelig und wird dorsalwärts von paarigen *Nasalia*, an der Basis von dem bei Schlangen und Eidechsen paarigen *Vomer* bedeckt. Stets sind von dem Mittelabschnitte die *Ethmoidalia lateralia* (*Praefrontalia*) getrennt. An der Außenseite der letzteren treten, den Vorderrand der Orbita begrenzend, bei Eidechsen und Krokodilen Tränenbeine (*Lacrimalia*) auf.

Das *Squamosum* (bei Schlangen auch als *Supratemporale* bezeichnet) ist direkt dem Schädel aufgelagert und das *Quadratum* als starker Knochen ausgebildet, an dem in allen Fällen der Unterkiefer eingelenkt ist. Die Verbindung des Quadratums und des Kiefergaumenapparates mit dem Schädel ist bei *Sphenodon*, Schildkröten und Krokodilen eine feste, bei den Schlangen und Echsen mehr oder minder frei beweglich (Streptostylie). Im ersteren Falle sind nicht nur die großen Flügel- und Gaumenbeine mit dem Keilbein durch Nähte verbunden, sondern es ist auch der Zusammenhang des Quadratbeins mit dem Oberkieferbogen durch das *Jugale* und *Quadratojugale* (*Paraquadratum*) ein sehr fester. Bei Schlangen, Eidechsen und Krokodilen findet sich eine Querbrücke (*Os transversum*, auch als *Ectopterygoideum* aufgefaßt) zwischen Flügelbein und Oberkiefer, bei *Sphenodon*, den Eidechsen und Krokodilen ein oberer Schläfenbogen, durch welchen jederseits das Squamosum mit dem hinteren Stirnbein verbunden wird. Bei den Eidechsen, deren Oberkiefergaumenapparat und Quadratbein am Schädel mittelst Gelenkeinrichtungen verschiebbar sind, reduziert sich der Jochbogen, dagegen tritt meist ein stabförmiger Pfeiler (*Epipterygoideum*, *Columella cranii*) zwischen Flügelbein und Scheitelbein hinzu. Eine Columella cranii kommt auch den Rhynchocephalen zu. Am vollständigsten ist die Verschiebbarkeit der Gesichtsknochen bei den Schlangen, welche des Jochbogens ganz entbehren. Auch gestatten hier die beiden Äste des Unterkiefers, welcher sich wie bei allen Reptilien und niederen Wirbeltieren aus mehreren Stücken zusammensetzt, durch ein dehnbares Band am Kinnwinkel verbunden, eine bedeutende Verschiebung nach den Seiten.

Das Visceralskelet ist zum Zungenbein reduziert, von dessen vorderem Bogen das oberste Element (*Hyomandibulare*) als Columella zum Gehörapparat tritt. Am meisten ist das Zungenbein der Schlangen rückgebildet, an welchem nur ein Bogen zurückbleibt. Die Lacertilier besitzen ein schmales Zungenbein mit drei Paaren von Hörnern. Breit ist der Zungenbeinkörper der Krokodile und Schildkröten; jene besitzen nur hintere, die Schildkröten dagegen drei Paare teilweise gegliederte Hörner.

Im vorderen Extremitätengürtel finden sich stets *Scapula* und *Coracoideum*, zumeist auch eine *Clavicula*; ein wohlentwickeltes *Procoracoideum* kommt bloß den Schildkröten zu. Die Extremitäten sind meist fünfzehig (Abb. 972 b). Selten sind die Zehen durch Schwimmhäute verbunden (*Trionychiden, Krokodile*) oder die Extremitäten zu platten Ruderflossen umgebildet (fossile *Ichthyosaurier* und Seeschildkröten). Bei schlangenartigen Eidechsen können sowohl Vorder- als Hinterbeine vollkommen fehlen, Schulter- und Beckengürtel aber sind mehr oder weniger rudimentär vorhanden. Bei den Schlangen tritt in der Regel der Verlust der Extremitätengürtel hinzu; doch erhalten sich bei *Opoterodonten* Beckenrudimente, bei den *Boiden* und *Ilysiiden* auch Rudimente von Hinterbeinen, welche bis auf die bei *Boiden* häufig zu Seiten des Afters hervorstehende Kralle unter der Haut versteckt bleiben. Eine Kniescheibe (*Patella*) kommt bei manchen Eidechsen zur Ausbildung.

Das Nervensystem (Abb. 1053) erhebt sich weit über das der Amphibien. Am Gehirn treten die Hemisphären durch ihre ansehnliche Größe bedeutend hervor und beginnen das Mittelhirn zu bedecken. Das Cerebellum zeigt eine verschiedene, von den Lacertiliern zu den Krokodilen fortschreitende Entwicklung und erinnert bei letzteren durch den Gegensatz eines größeren mittleren Abschnittes und kleiner seitlicher Anschwellungen an das Kleinhirn der Vögel. Von den Gehirnnerven fällt der *N. facialis* nicht mehr in das Gebiet des *Trigeminus*, auch der *Glossopharyngeus* erscheint als selbständiger Nerv, der freilich mit dem *Vagus* mehrere Verbindungen eingeht; ebenso entspringt der *Accessorius Willisii* mit Ausnahme der Schlangen selbständig. Der *Hypoglossus* tritt in die Reihe der Hirnnerven.

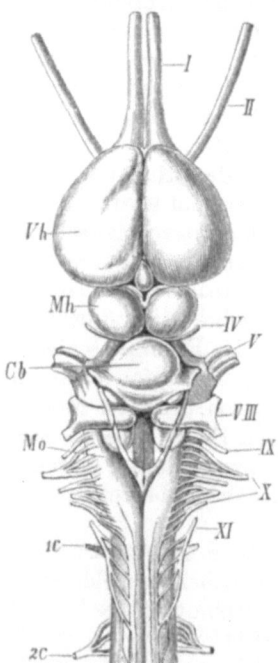

Abb. 1053. Gehirn des *Alligators*, von oben gesehen. (Nach RABL-RÜCKHARD.) *Vh* Vorderhirn (Großhirnhemisphären), *Mh* Mittelhirn (Corpora bigemina), *Cb* Cerebellum, *Mo* Medulla oblongata, *I* Olfactorius, *II* Opticus, *IV* Trochlearis, *V* Trigeminus, *VIII* Acusticus, *IX* Glossopharyngeus, *X* Vagus, *XI* Accessorius, *1c* erster Halsnerv, *2c* zweiter Halsnerv.

Die Augen enthalten in der Sclera zuweilen (*Lacertilia, Testudinata*) Knochenplättchen. Bei Eidechsen und Krokodilen findet sich im Auge eine dem Processus falciformis des Fischauges entsprechende Falte der Chorioidea, der sogenannte *Zapfen* oder *Polster*. Ein oberes und unteres Augenlid sind vorhanden. Bei den Schlangen, *Geckoniden* und *Amphisbaeniden* verwachsen beide Augenlider zu einer durchsichtigen, uhrglasähnlichen Kapsel (Brille), welche, von der Cornea durch einen mit dem Secrete der Augendrüsen gefüllten Raum getrennt, eine Schutzeinrichtung des Auges bildet. Eine selbständige Nickhaut am inneren Augenwinkel ist stets von dem Auftreten einer besonderen Drüse (HARDER*sche Drüse*) begleitet. Eine Tränendrüse findet sich, ausgenommen die Schlangen, vor. Bei *Sphenodon* und den meisten *Lacertiliern* wurde noch ein medianes, als *Parietalauge* bezeichnetes Organ entdeckt, welches in der Scheitelgegend vor der Zirbel (Epiphyse) seine Lage hat (Abb. 1054). Die kleine Öffnung der Schädeldecke, in welche dasselbe hineingerückt erscheint, kennt man schon lange als *Foramen parietale* des Scheitelbeines. Die letzteres überdeckende Hautstelle ist pigmentlos und durchsichtig. Bei vielen *Lacertiliern* ist das Scheitelauge rudimentär oder fehlt; da, wo es besonders ausgebildet ist (*Sphenodon, Iguana, Varanus*), stellt es ein Blasenauge dar, dessen Vorderwand durchsichtig und gewöhnlich linsenartig verdickt ist, während die Seiten- und Hinterwand der Blase zur Retina ausgebildet sind, zwischen deren Elementen Pigmentzellen liegen und an deren hinterem Ende der Nerv eintritt (Abb. 1055). Das Augeninnere wird von einem Glaskörper erfüllt. Wahrscheinlich war dieses Parietalorgan bei fossilen Sauriern und Amphibiengattungen, deren Schädeldecke ein ansehnliches Parietalloch aufweist, mächtig entwickelt.

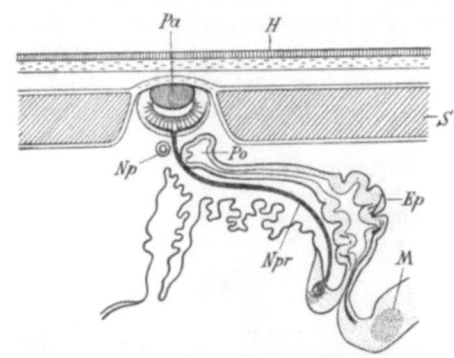

Abb.1054. Schema der Parietalorgane eines Sauriers. (Nach STUDNIČKA.) *Ep* Epiphysis cerebri (Corpus pineale), *H* Kopfhaut, *M* Mittelhirn, *Np* Nebenparietalorgan, *Npr* Parietalnerv, *Pa* Parietalauge, *Po* Endblase des Pinealorgans, *S* Schädeldach.

Das Gehörorgan und statische Organ (Abb. 1056) besitzt bereits eine einfache schlauchförmige Schnecke (*Ductus cochlearis*) und ein entsprechendes Fenster (*Fenestra cochleae*). Der Ductus endolymphaticus tritt bei den *Geckoniden* aus dem Schädel heraus und schwillt in der Gegend des Schultergürtels zu einem gelappten, mit Concrementen erfüllten Sack an. Eine Paukenhöhle mit Ohrtrompete und Trommelfell fehlt den Schlangen und *Amphisbaeniden*; hier liegt das *Operculum*, welches das Vorhoffenster (Fenestra vestibuli) bedeckt, und die sich anschließende *Columella* (bestehend aus zwei Stücken, *Stapes* und *Extracolumella*) zwischen den Muskeln versteckt. Da, wo eine Paukenhöhle auftritt, legt sich die Columella mit ihrem knorpeligen Ende an das Trommelfell an. Insbesondere bei den *Crocodiliern* setzt sich die Paukenhöhle in benachbarte Schädelknochen fort. Auch

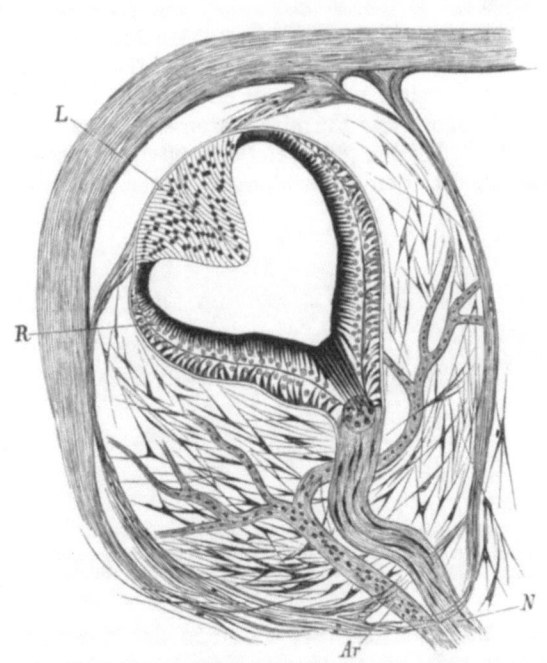

Abb. 1055. Parietalauge von *Sphenodon*. (Nach SPENCER.) *N* Nerv *R* Retina, *L* Linse, *Ar* Arterie mit ihren Verzweigungen.

ein kurzer äußerer Gehörgang tritt bei manchen Lacertiliern auf. Als erste Anlage eines äußeren Ohres kann man eine Hautklappe über dem Trommelfell der Krokodile betrachten.

Das Geruchsorgan der Reptilien zeigt vorzugsweise bei den Schildkröten und Krokodilen eine beträchtliche Vergrößerung der Schleimhautfläche, deren Falten durch knorpelige Muscheln gestützt werden. Die äußeren Nasenöffnungen sind bei den Wasserschlangen und Krokodilen durch Klappenvorrichtungen verschließbar. Die Choanen münden bei den Krokodilen und Schildkröten weit hinten am Gaumenteil des Rachens. Bei den Schlangen und Lacertiliern kommt auch ein JACOBSONsches Organ vor (Abb. 186). Der Geschmackssinn ist an die Zunge geknüpft, ausgenommen die Schlangen, bei denen die Zunge zum Tasten dient.

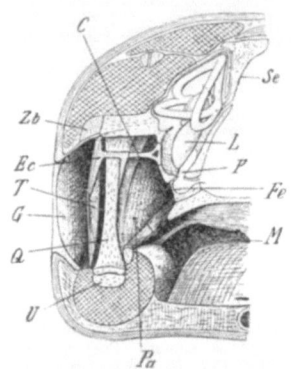

Als besondere Tastorgane der Haut sind *Tastflecke* und *Kolbenkörperchen*, erstere in regelmäßiger Anordnung an den Schuppen bei Blindschleichen, Schlangen, *Sphenodon* nachgewiesen.

Mit Ausnahme der Schildkröten, deren Kieferränder durch den Besitz einer schneidenden Hornbekleidung eine Art Schnabel bilden, finden sich in den Kiefern konische oder hakenförmige Fangzähne, welche die Beute festhalten, aber nicht zerkleinern können. In der Regel beschränken sich dieselben auf die Kiefer und erheben sich stets in einfacher Reihe, bei Eidechsen bald an dem oberen Rande (*Acrodonten*), bald an einer äußeren, stark vortretenden Leiste der flachen Zahnrinne innen angewachsen (*Pleu-*

Abb. 1056. Gehörorgan eines Lacertiliers im Querschnitt des Kopfes. (Nach VERSLUYS.) *Pa* Paukenhöhle, *Q* Quadratum, *T* Trommelfell, *C* Stapes (Columella), *Ec* Extracolumella, *L* Lagena des Labyrinthes, *Fe* Fenestra cochleae, *P* perilymphatischer Raum, *Se* Saccus endolymphaticus, *G* äußerer Gehörgang, *U* Unterkiefer, *Zb* Zungenbeinbogen, *M* Mundhöhle.

rodonten), selten wie bei den Krokodilen, in besonderen Alveolen eingekeilt. Auch am Gaumen- und Flügelbein können Hakenzähne auftreten, welche dann häufig, wie z. B. bei den giftlosen Schlangen, eine innere Bogenreihe am Gaumengewölbe bilden. Bei den Giftschlangen treten bestimmte von einer Furche oder einem Kanale durchsetzte Zähne des Oberkiefers in nähere Beziehung zu den Ausführungsgängen von Giftdrüsen, deren Secret durch die Rinne des Furchenzahnes oder in den Kanal des durchbohrten Giftzahnes beim Biß in die Wunde einfließt (Abbild. 1057). Eine an den vier vorderen, am Vorderrande gefurchten Zähnen des Unterkiefers ausmündende Giftdrüse findet sich auch bei einer Eidechse (*Heloderma*). Außer den Lippendrüsen, zu denen auch

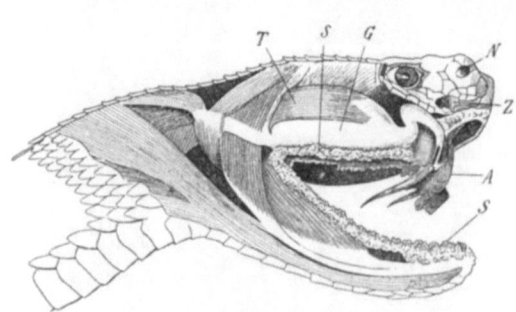

Abb. 1057. Kopf von *Crotalus durissus* mit präpariertem Giftapparat. (Nach DUVERNOY.) *G* Giftdrüse, *T* vorderer Schläfenmuskel, *S* Speichel- (Lippen-)drüsen, *A* Scheide der Giftzähne, *N* Nasenöffnung, *Z* Zügelgrube.

die Giftdrüsen gehören, treten in der Mundhöhle noch verbreitet Unterzungendrüsen auf. Am Boden der Mundhöhle liegt die muskulöse, sehr verschieden gestaltete Zunge, die gleichfalls Drüsen aufweist. Zuweilen ist die Zunge (Schlangen, manche Eidechsen) an der Spitze gespalten und an ihrer Basis in eine Scheide zurückziehbar. Als Fangorgan fungiert die keulenförmige, vorschnellbare, sehr drüsenreiche Zunge der *Chamaeleonten*.

Die Speiseröhre erscheint bei bedeutender Länge in außerordentlichem Grade erweiterungsfähig, ihre Wandung legt sich meist in Längsfalten zusammen und ist bei den Seeschildkröten mit großen, stark verhornten Papillen besetzt. Der Magen hält mit Ausnahme der Schildkröten, die einen quergestellten Magen besitzen, meist noch die Längsrichtung des Körpers ein. Der Magen der Krokodile gleicht sowohl durch die rundliche Form, als durch die Stärke der Muskelwandung dem Vogelmagen. Der Dünndarm bildet nur wenig Windungen und bleibt verhältnismäßig kurz, nur bei den von Pflanzenstoffen lebenden Landschildkröten übertrifft der Darm die Körperlänge um das 6—8fache. Der breite Enddarm beginnt in der Regel mit einer ringförmigen Klappe, zuweilen auch mit einem Blinddarm und führt in die Cloake, welche mit runder Öffnung oder wie bei den Schlangen und Eidechsen als Querspalte (daher *Plagiotremen*) unter der Schwanzwurzel mündet. Leber und Bauchspeicheldrüse werden niemals vermißt.

Zu beiden Seiten der Cloake setzt sich bei den Krokodilen und meisten Schildkröten die Leibeshöhle in sogenannte *Peritonealkanäle* fort, die bei Schildkröten blind endigen, bei erwachsenen Krokodilen aber durch Poren sich in die Cloake öffnen.

Die Reptilien atmen ausschließlich durch Lungen, welche entweder einfache geräumige Säcke mit maschigen Vorsprüngen der Wandung sind (meiste *Lacertilier*, Schlangen), oder durch die Ausbildung tief einspringender Septen und dadurch entstehender peripheriewärts gerichteter Nebenräume eine ansehnliche innere Oberflächenentwicklung und schwammige Beschaffenheit erhalten (*Varaniden*, Schildkröten, Krokodile). Bei den Schlangen und schlangenartigen Eidechsen verkümmert die Lunge der linken (bei *Amphisbaenen* der rechten) Seite mehr oder minder, während die Lunge der Gegenseite eine um so bedeutendere Größe erlangt; ihr hinteres Ende entbehrt sowohl der Parietalzellen als der respiratorischen Gefäße und stellt sich als ein Luftreservoir dar, welches während des langsamen Schlingaktes die Atmung möglich macht, wogegen bei einigen Schlangen (*Viperidae* u. a.) ein Teil der Trachea lungenartig ausgebildet ist (Tracheallunge).

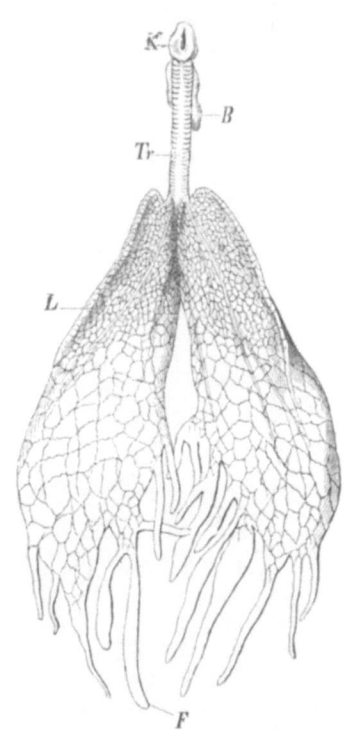

Abb. 1058. Die Lungen von *Chamaeleon vulgaris*. *K* Kehlkopf, *B* Kehlsack, *Tr* Trachea, *L* Lunge, *F* ihre maschenlosen Aussackungen.

Bei den meisten *Chamaeleonen* (Abb. 1058) und bei *Uroplatus* bildet der hintere Teil der Lunge zahlreiche der Parietalzellen entbehrende Aussackungen. In diesen Aussackungen finden wir Einrichtungen, welche bei den Vögeln in besonders mächtiger Entfaltung auftreten. Die zuführenden Luftwege sondern sich stets in einen mit spaltförmiger Stimmritze beginnenden Kehlkopf und in eine lange, von knorpeligen oder knöchernen Ringen gestützte Luftröhre, welche direkt oder mittelst Bronchien in die Lungensäcke führt. Eine häutige oder knorpelige Epiglottis findet sich bei zahlreichen Schildkröten, Schlangen und Eidechsen vor. Stimmeinrichtungen besitzen nur die Geckonen. Die für die Respiration erforderliche Lufterneuerung wird wohl überall auch mit Hilfe der Rippen bewerkstelligt, die Schildkröten ausgenommen, bei denen die Atmung durch Zurückziehen des Halses und der Vorderfüße sowie durch Bauchmuskeln

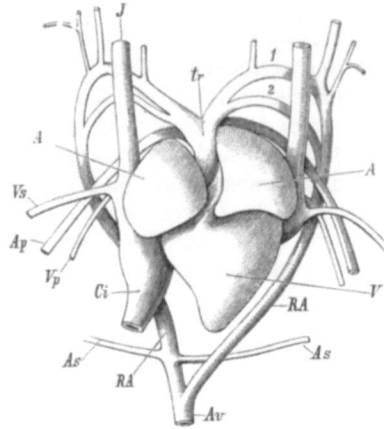

Abb. 1059. Herz einer *Lacerta muralis*. (Nach WIEDERSHEIM.) *V* Ventrikel, *A* Atrien, *tr* Arterientruncus, *1*, *2* Aortenbogen, *Ap*, *Vp* Arteria und Vena pulmonalis, *RA* Aortenwurzeln, *Av* Aorta, *As* Arteriae subclaviae, *Ci* Vena cava inferior, *J* Venae jugulares, *Vs* Venae subclaviae.

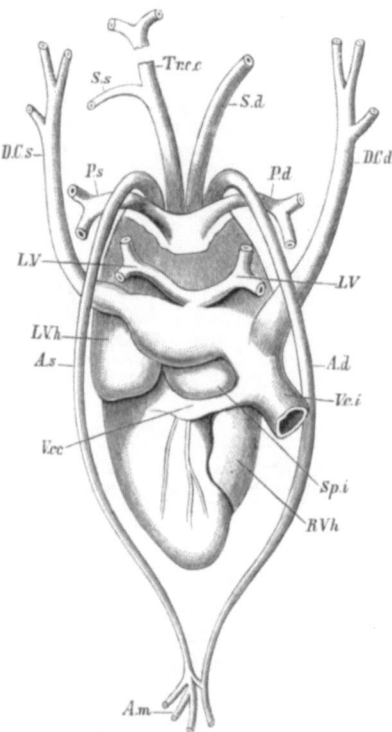

Abb. 1060. Herz von *Crocodilus niloticus* von hinten gesehen. (Nach RÖSE.) *Tr. c. c.* Truncus caroticus communis, *Ss* Arteria subclavia sinistra, *Sd* A. s. dextra, *As* linker, *Ad* rechter Aortenbogen, *Am* Arteria mesenterica, *DCs* linker, *DCd* rechter Ductus Cuvieri, *LVh* linker, *RVh* rechter Vorhof, *Ps*, *Pd* Lungenarterien, *LV* Lungenvenen, *Sp. i.* Spatium intersepto-valvulare, *Vcc* Vena coronaria cordis, *Vc.i* Vena cava inferior.

und einen besonderen, ventral an der Pleura entwickelten Musculus pulmonalis (Exspirationsmuskel) erfolgt. Neben der Lungenatmung besteht bei *Trionychiden* eine Atmung durch die gefäßreiche Rachenschleimhaut.

Eine Kiemenatmung findet sich, von den Amphibien aufwärts, bei den Reptilien, Vögeln und Säugetieren nicht mehr. Indessen treten im Embryonalleben noch Kiemen- oder Visceralspalten auf (Abbild. 978), welche später bis auf die erste, zwischen Mandibular- und Zungenbeinbogen gelegene, verloren gehen. Diese erste, dem Spritzloch der Haie homologe Spalte tritt zum Gehörorgan in Beziehung und wird zur Eustachischen Röhre und Paukenhöhle, eine Fortsetzung des die erste Spalte begrenzenden Wulstes zum äußeren Gehörgang.

Die Kreislauforgane (Abb. 1059, 979 d) führen in verschiedenen Abstufungen bis zur vollkommenen Duplizität des Herzens und zu weitgehender Scheidung des arteriellen und venösen Blutes. Zunächst wird die Teilung des Herzens dadurch vollständiger, daß sich neben den beiden auch äußerlich abgesetzten Vorhöfen die Kammer in eine rechte und linke Abteilung sondert. Die Scheidewand der Kammer bleibt bei den Schlangen, Eidechsen, Schildkröten noch durchbrochen, ist dagegen bei den Krokodilen vollständig. Der Bulbus cordis erscheint in den Ventrikel einbezogen. Bei den Eidechsen sowie Schildkröten scheint äußerlich ein gemeinsamer Arterienstamm aus der rechten Kammerabteilung zu entspringen, die Gefäßkanäle, in welche er geteilt ist, stehen jedoch gesondert mit den beiden Kammern in Communication, indem die Lungenarterie und der linke Aortenbogen das Blut aus der rechten, der rechte Aortenbogen aus der linken Kammerabteilung empfängt. Bei den Krokodilen (Abb. 1061) gelangt auch äußerlich diese Scheidung zur vollen Ausbildung.

Die Aortenwurzeln gehen bei den meisten Eidechsen noch jederseits aus zwei Aortenbogen, sonst bloß aus einem (Abbild. 1059, 1060) hervor. Die Carotiden entspringen zuweilen an einem gemeinsamen Stamme aus dem rechten Aortenbogen. Auch erscheint bei Schildkröten, deren linke Aortenwurzel sehr eng ist, die Aorta vorzugsweise als Fortsetzung des rechten Aortenbogens. Ähnlich verhalten sich die Krokodile.

Im Falle einer unvollständigen Trennung der rechten und linken Herzkammer scheint die Vermischung beider Blutsorten teilweise schon im Herzen stattzufinden, obwohl durch besondere Klappeneinrichtungen der Eingang in die Lungengefäße von den Ostien der Aortenstämme derart abgesperrt werden kann, daß das arterielle Blut vornehmlich in diese letzteren, das venöse in jene einströmt. Jedenfalls findet sie in der Aorta descendens statt. Bei Krokodilen, deren Herzkammern vollständig geschieden sind, besteht außerdem eine Communication (*Foramen Panizzae*) zwischen linkem und rechtem Aortenbogen (Abb. 1061). Ein gesonderter Sinus venosus ist erhalten, tritt aber in engeren Anschluß an die rechte Vorkammer. In den venösen Kreislauf schiebt sich wie bei den Amphibien neben dem Pfortadersystem der Leber ein zweites für die Niere ein. Die Vorderabschnitte der hinteren Cardinalvenen erfahren eine Rückbildung und werden durch neue Venenstämme, die *Venae vertebrales*, substituiert. Das System der Lymphgefäße zeigt außerordentlich zahlreiche und weite Lymphräume und verhält sich ähnlich wie bei den Amphibien. *Lymphherzen* wurden nur in der hinteren Körpergegend an der Grenze von Rumpf und Schwanz auf Querfortsätzen oder Rippen in paariger Anordnung nachgewiesen. Die *Milz* fehlt niemals, ebensowenig die unpaare *Thyreoidea* und die paarige *Thymus*.

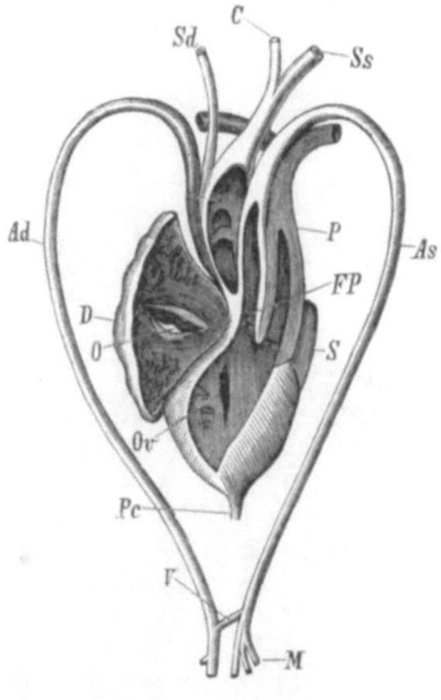

Die Nieren (Abb. 1062, 984c) der Reptilien gehören wie die der Vögel und Säugetiere dem hinteren Rumpfabschnitt an und entsprechen der Nachniere (Metanephros), während von der Urniere nur Reste in anderer Funktion erhalten bleiben. Die Ausführungsgänge der Nieren, die Ureteren, führen in die Cloake, ausgenommen die Schildkröten, bei denen sie in den Hals der Harnblase münden. An der Vorderwand der Cloake erhebt sich bei Eidechsen (ausgenommen *Amphisbaenidae, Varanidae*) und bei Schildkröten eine Harnblase. Der Harn erscheint keineswegs überall in flüssiger Form, sondern oft (Eidechsen, Schlangen) als weißliche harnsäurehaltige Masse von fester Konsistenz. Die sog. Nebennieren liegen als langgestreckte Organe an den Genitaldrüsen.

Abb. 1061. Herz mit den großen Gefäßstämmen von *Alligator mississippiensis*, zum Teil eröffnet, Ventralansicht. (Nach GEGENBAUR.) *D* Rechter, *S* linker Vorhof, *O* Ostium venosum des rechten Vorhofes, *Ov* rechtes Ostium atrioventriculare, *C* Truncus caroticus communis, *Sd, Ss* Arteriae subclaviae, *Ad* rechter, *As* linker Aortenbogen, *P* Arteria pulmonalis, *V* Verbindung des linken Aortenbogens mit dem rechten, *M* Arteria mesenterica, *Pc* Verbindung des Herzens mit dem Pericard, *FP* Stelle des Foramen Panizzae.

Die Geschlechter sind getrennt. Die Genitalorgane (Abb. 1062, 984c, 985d) sind paarig. Im weiblichen Geschlechte fungieren die MÜLLERschen Gänge als Oviducte, im männlichen ist ein vorderer Abschnitt der Urniere zum Ausführungsapparat des Hodens als sog. Nebenhoden umgestaltet und der Urnierengang zum Ductus deferens geworden. Auch Rudimente des weiblichen Ausführungsapparates finden sich beim Männchen, gleichwie sich im weiblichen Geschlechte Rudimente von Nebenhoden und Ductus deferens (Epoophoron, GARTNERscher Kanal) erhalten können. Damit sind die Gestaltungsverhältnisse in den Genitalorganen erreicht, welche für alle Amnioten charakteristisch sind. Eileiter sowohl als Samenleiter münden gesondert in die Cloake ein, bei Schildkröten in den Hals der Harnblase. Erstere beginnen mit weitem Ostium, verlaufen vielfach geschlängelt und besorgen überall die Abscheidung einer Eiweißschicht und einer kalkhaltigen, meist weichhäutig bleibenden Eischale. Nicht selten verweilen die Eier in dem als Fruchtbehälter zu bezeichnenden Endabschnitt der Oviducte längere Zeit, zuweilen bis zum vollständigen Ablauf der Embryonalentwicklung. Im männlichen Geschlechte treffen wir fast überall Begattungsorgane an. Bei den Schlangen und Eidechsen sind es zwei glatte oder bestachelte Hohlschläuche, die in je einem

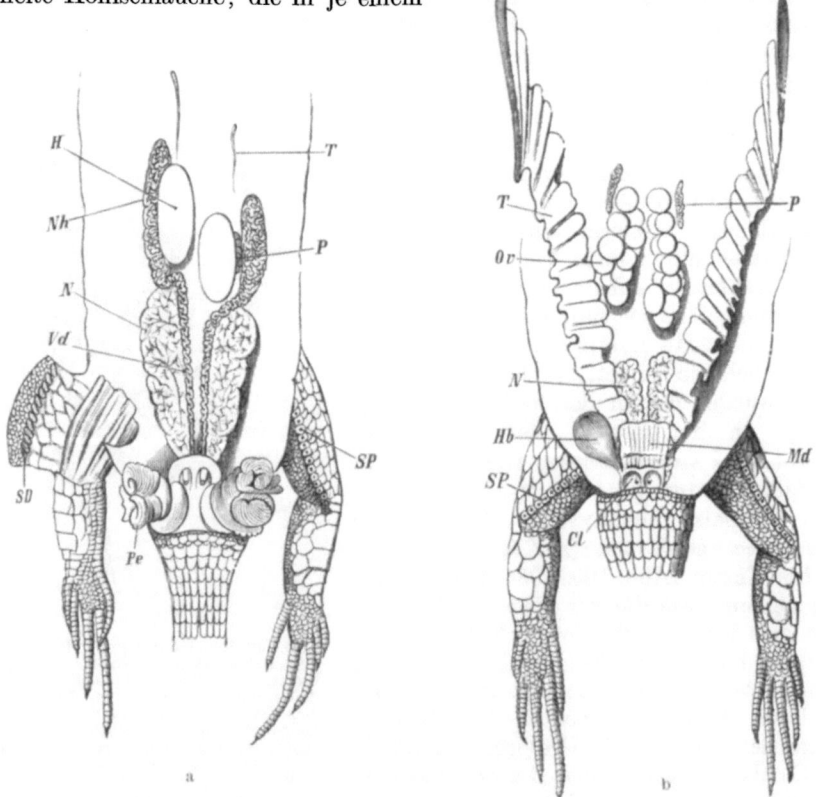

Abb. 1062. Urogenitalapparat von *Lacerta agilis*. (Nach einer Zeichnung von K. Heider.) a Des Männchens. *N* Niere, *H* Hoden, *Nh* Nebenhoden (Epididymis), *Vd* Samenleiter (Ductus deferens), *P* Nebenniere (?), *T* Müllerscher Gang (rudimentär), *Pe* Penis, *SP* Schenkelporen, *SD* drüsenartige Epidermoidalorgane. — b Des Weibchens. *Hb* Harnblase, *Md* Enddarm (aufgeschnitten), *Cl* Cloake, *Ov* Ovarium, *T* Eileiter (Müllerscher Gang).

taschenartigen Hohlraum an der Hinterwand der Cloake eingezogen liegen und hervorgestülpt werden (Abb. 1062 a). Im Zustande der Vorstülpung erscheint ihre Oberfläche von einer Rinne durchsetzt, welche das Sperma von den Genitalöffnungen aus der Cloake fortleitet. Bei den Schildkröten und Krokodilen dagegen erhebt sich eine unpaare, von einem fibrösen Körper (Corpus fibrosum) gestützte und mit einem Schwellkörper versehene Rute an der Ventralwand der Cloake. Auch diese Rute besitzt eine Rinne zur Aufnahme und Fortführung des Samens, kann aber nicht eingestülpt werden. Beim Weibchen sind entsprechende Rudimente (Clitoris) vorhanden. Die Begattung führt stets zur Befruchtung der Eier im Inneren des mütterlichen Körpers. Zahlreiche Reptilien, wie z. B. unter den

Schlangen die Kreuzotter und unter den Eidechsen die Blindschleiche sind ovovivipar. *Tiliqua, Chalcides,* vielleicht auch *Trachysaurus* gebären lebendige Junge. Die meisten legen Eier und graben sie in feuchter Erde an gesicherten warmen Plätzen ein. Eine Art Brutpflege findet sich bei Krokodilen, ferner bei manchen Riesenschlangen (*Python*), welche sich über den abgesetzten Eiern zusammenrollen und der sich entwickelnden Brut Wärme und Schutz gewähren.

Die Entwicklung der Reptilien ist eine direkte. Das große dotterreiche Ei erfährt eine discoidale Furchung. Am Embryo macht sich in der Kopfanlage eine Knickung bemerkbar, welche die Entstehung der Kopfbeuge, einer in stärkerem Maße den höheren Wirbeltieren zukommenden Bildung, veranlaßt. Der anfangs dem Dotter flach aufliegende Embryo setzt sich allmählich schärfer von dem Dotter ab. Letzterer liegt in einem Dottersacke aufgenommen, der zum Schlusse der Embryonalzeit schwindet. Charakteristisch ist das Auftreten von Amnion und Serosa sowie einer Allantois, die sich zum embryonalen Atmungsorgan entwickelt; mit dem Auftreten der Allantois steht der Ausfall der Kiemenatmung in Zusammenhang. Eine Allantoisplacenta findet sich bei *Tiliqua* und *Chalcides,* vielleicht auch bei *Trachysaurus,* für den bisher eine Dottersackplacenta angegeben wird. Die Eischale wird von den ausschlüpfenden Jungen bei Krokodilen und Schildkröten mittelst eines an der Schnauzenspitze gelegenen Hornzahnes, der sogenannten Eischwiele, bei den *Squamata* mittelst eines Zahnes (Eizahnes) des Zwischenkiefers geöffnet.

Einige Schlangen und Eidechsen reichen bis weit in den Norden hinauf, während die Krokodile größtenteils auf die heiße Zone beschränkt sind und Schildkröten zum Teile auch der gemäßigten Zone angehören. Die Reptilien der kalten und gemäßigten Gegenden verfallen in eine Art Winterschlaf, wie andererseits auch in den heißen Klimaten ein Sommerschlaf vorkommt, der mit dem Eintritt der Regenzeit sein Ende erreicht.

Die Reptilien haben ein überaus zähes Leben, können geraume Zeit ohne Nahrung bei beschränkter Respiration existieren. Manche erlangen ein hohes Alter (Krokodile, Schildkröten, Boiden). Die meisten Eidechsen sind imstande, den leicht abreißenden Schwanz zu regenerieren.

Die ältesten fossilen Reptilien, *Cotylosauria* und *Diaptosauria,* stammen aus dem Obercarbon. Von den zu letzteren gehörigen *Rhynchocephalia* hat sich eine Form (*Sphenodon*) bis in die Gegenwart erhalten. Eine reiche Mannigfaltigkeit von Sauriergruppen hat die Sekundärzeit (namentlich Trias und Jura) aufzuweisen, welche von einer großen Zahl gegenwärtig ausgestorbener Typen belebt war. Es sind dies die als besondere Ordnungen zu unterscheidenden *Ichthyosaurier,* welche flossenförmige Extremitäten besaßen und nackthäutig waren; die langhalsigen *Sauropterygier* (*Nothosaurus, Plesiosaurus*), wie die ersteren Meeresbewohner mit gleichfalls flossenartig entwickelten Gliedmaßen; ferner die in manchen Eigentümlichkeiten den Säugetieren ähnlichen *Theromorphen,* sodann die *Dinosaurier,* zum Teile kolossale Landbewohner; endlich die Flugsaurier (*Pterosaurier*) mit nackter Haut und mit Flughaut an den Vorderextremitäten, die durch starke Verlängerung des 5. Fingers ausgezeichnet waren.

1. Ordnung. **Rhynchocephalia**[1].

Eidechsenartige Reptilien mit amphicölen Wirbeln. Quadratum unbeweglich mit dem Schädel verbunden, Schläfe durch zwei horizontale knöcherne Bogen überbrückt. Bauchrippen vorhanden. Copulationsorgane fehlen.

---

[1] GÜNTHER, A.: Contribution to the Anatomy of *Hatteria.* Philosophic. Trans. roy. Soc. London 1867. — OSAWA, G.: Beiträge zur Lehre von den Sinnesorganen der *Hatteria punc-*

Der Körper ist leguanartig gestaltet (Abb. 1051) und trägt am Nacken sowie Rücken einen Kamm seitlich zusammengedrückter Schuppen, Schwanz mit drei Reihen von großen Höckerschuppen, sehr ähnlich wie bei der Schildkröte *Chelydra serpentina*. Im Skelet sind die Rhynchocephalen durch das unbeweglich mit dem Schädel verbundene Quadratum, den doppelten Schläfenbogen, den Besitz eines Sternum abdominale sowie das Vorhandensein von Hakenfortsätzen an einigen Rippen ausgezeichnet. Die Wirbelkörper sind amphicöl mit zwischenliegenden Bandscheiben. Auge groß, mit vertikaler Pupille. Trommelfell fehlt. Die Cloakenspalte ist quer, Copulationsorgane fehlen.

Die Rhynchocephalen sind die ursprünglichsten unter den recenten Reptilien, deren nächste Verwandte dem Jura und der Trias angehören. Nur eine lebende Art.

Fam. *Sphenodontidae*. Mit den Charakteren der Ordnung. *Sphenodon* (*Hatteria*) *punctatus* GRAY, Brückenechse. Auf einigen kleinen Inseln nahe der Nordinsel von Neuseeland (Abb. 1051).

2. Ordnung. Testudinata (Chelonia), Schildkröten[1].

Reptilien von kurzer, gedrungener Körperform, mit einem knöchernen Rücken- und Bauchschilde, mit zahnlosen, von einer Hornscheide bekleideten Kiefern. Quadratum mit dem Schädel unbeweglich verbunden.

Keine andere Gruppe von Reptilien erscheint so scharf abgegrenzt und durch Eigentümlichkeiten der Form und Organisation in dem Grade ausgezeichnet wie die der Schildkröten durch die Umkapselung des Rumpfes mittelst eines Knochenpanzers (Abb. 1063), der aus einem mehr oder minder gewölbten Rückenschilde (Carapax) und einem flachen, durch seitliche Querbrücken mit jenem verbundenen Bauchschilde (Plastron) besteht. Unter diesen Knochenpanzer können in der Regel Kopf, Extremitäten und Schwanz zurückgezogen werden.

Der Bauchschild enthält neun mehr oder minder entwickelte Knochenstücke, ein vorderes unpaares (*Interclaviculare* oder *Entoplastron*, das als homolog dem Episternum der übrigen Reptilien betrachtet wird) und vier paarige seitliche Stücke, die als *Clavicularia* oder *Epiplastron, Hyoplastron, Hypoplastron* und *Xiphiplastron* unterschieden werden, zwischen denen eine mediane, durch Haut oder Knorpel geschlossene Lücke zurückbleiben kann (*Trionyx, Chelonia* u. a.). Die Epiplastra werden den Claviculae der Saurier, die übrigen Plastronknochen häufig den sogenannten Bauchrippen der übrigen Reptilien verglichen. An der Bildung des umfangreichen Rückenschildes beteiligen sich plattenartige Verbreiterungen der Dornfortsätze (*Neural-* oder *Vertebral-*Platten) und Rippen (*Costal-*Platten) von acht (2.—9.) Rumpfwirbeln. Die Costalplatten entsenden

---

tata. Arch. mikrosk. Anat. 52 (1898). — HOWES, G. B. a. H. SWINNERTON: On the Development of the Skeleton of the Tuatara etc. Trans. Zool. Soc. London 16 (1901). — SCHAUINSLAND, H.: Beiträge zur Entwicklungsgeschichte und Anatomie der Wirbeltiere. Bioblitheca zoologica 39 (1903). — Vgl. außerdem die Arbeiten von DENDY, SIEBENROCK, BOULENGER, GISI, BYERLY u. a.

[1] BOJANUS, L. H.: Anatome Testudinis europaeae. Vilnae 1819. — RATHKE, H.: Über die Entwicklung der Schildkröten. Braunschweig 1848. — GRAY: Catalogue of Shield Reptiles in the Collection of the British Museum, Part I. London 1855, Suppl. 1870, Append. Part II. 1872. — AGASSIZ, L.: Embryology of the turtle. Natural History of the United States 3 (1857). — STRAUCH, A.: Chelonologische Studien. Mém. Acad. St.-Pétersbourg 1862. — BOULENGER, G. A.: Catalogue of the Chelonians, Rhynchophalians and Crocodilians in the British Museum. London 1889. — MEHNERT, E.: Gastrulation und Keimblätterbildung der *Emys lutaria taurica*. Morph. Arb. 1 (1891). — HOCHSTETTER, F.: Beiträge zur Entwicklungsgeschichte der europäischen Sumpfschildkröte (*Emys lutaria* MARSILI). Denkschr. Akad. Wien 81 (1907); 84 (1908). — SIEBENROCK, F.: Synopsis der recenten Schildkröten. Zool. Jb. Suppl. 10 (1909). — VERSLUYS, J.: Über die Phylogenie des Panzers der Schildkröten usw. Paläontol. Z. 1 (1914). — Außerdem vgl. die Arbeiten von WILL, MITSUKURI, DAVENPORT, BAUR, VAN BEMMELEN, VAILLANT, GOETTE u. a.

aufsteigende, die Rückenmuskeln frühzeitig überwölbende und verdrängende Fortsätze zu den Neuralplatten. Außerdem beteiligen sich an der Zusammensetzung des Rückenschildes die unpaare, median im Nacken gelegene *Nuchal*-Platte, in der Kreuzbeingegend die *Pygal*-Platte, sowie die seitlich am Rande gelegenen 22 *Marginal*-Platten. Seiner Entstehung nach geht der Knochenpanzer, mit Ausnahme der Neural- und Costalplatten, die von manchen Forschern aus Verbreiterungen der Dornfortsätze und Rippen entstanden angesehen werden, aus Hautknochen hervor, es ist jedoch wahrscheinlich, daß auch Neural- und Costal-

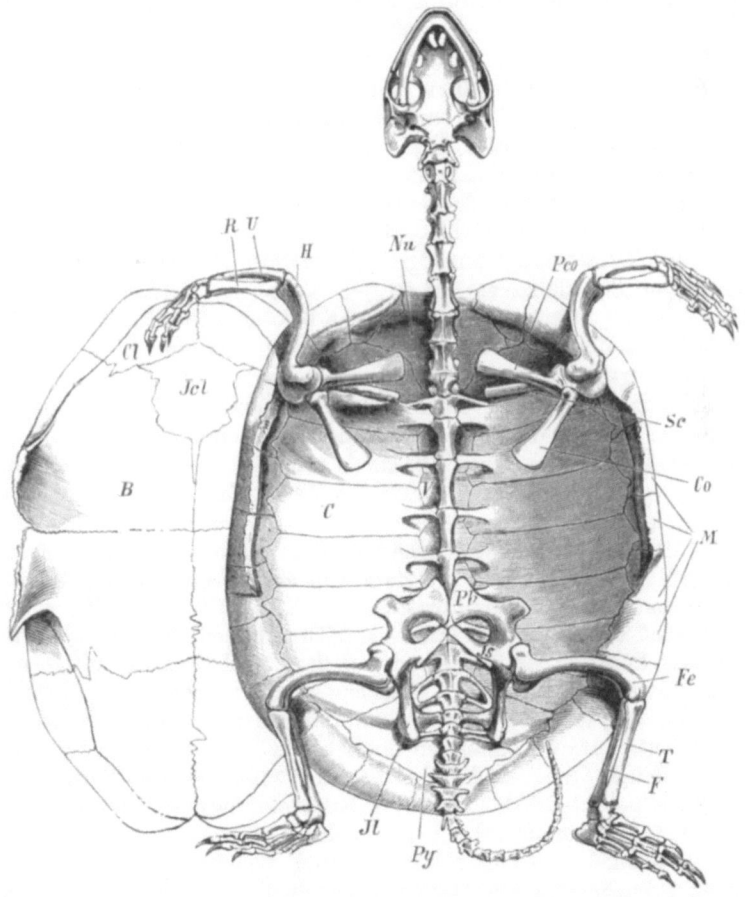

Abb. 1063. Skelet von *Emys orbicularis*. *V* Neuralplatten, *C* Costalplatten, *M* Marginalplatten, *Nu* Nuchalplatte, *Py* Pygalplatte, *B* Bauchschild, *Cl* Epiplastron, *Jcl* Entoplastron, *Sc* Scapula, *Co* Coracoideum, *Pco* Procoracoideum, *Pb* Os pubis, *Js* Os ischii, *Jl* Os ilium, *H* Humerus, *R* Radius, *U* Ulna, *Fe* Femur, *T* Tibia, *F* Fibula.

platten auf Hautknochen zurückzuführen sind. Bei *Dermochelys* ist ein (wahrscheinlich sekundärer) aus zahlreichen mosaikartig angeordneten Hautknochen gebildeter Panzer vorhanden, der ohne Zusammenhang mit dem Innenskelet bleibt. Er ist von dem Knochenpanzer der übrigen Schildkröten verschieden, von dem sich noch die Nuchalplatte und ein aus den paarigen Plastronplatten bestehender ventraler Knochenring unter dem äußeren Panzer vorfinden.

Auf der äußeren Fläche beider Schilder finden sich gewöhnlich noch größere Platten aufgelagert (Abb. 1064), welche der verhornten Epidermis ihren Ursprung verdanken und das *Schildpatt* liefern. Diese Schilder entsprechen in ihren Umrissen keineswegs den unterliegenden Knochenstücken, ordnen sich jedoch in regelmäßiger Weise derart an, daß man am Rückenschilde eine mittlere und zwei seitliche Reihen von Hornschildern und in der Peripherie einen Kreis von Randschildern, am Bauche ein bis zwei Doppelreihen von Hornschildern unterscheidet.

Im Gegensatze zu dem mittleren Abschnitte der Wirbelsäule, dessen Wirbel mit dem Rückenschilde fest verbunden sind, zeigen sich die vorausgehenden und nachfolgenden Abschnitte derselben in ihren Teilen überaus verschiebbar. Zur Bildung des frei beweglichen Halses, welcher sich unter Krümmungen mehr oder minder vollkommen zwischen die Schale zurückziehen kann, werden acht lange rippenlose Wirbel verwendet. Auf die zehn rippentragenden Wirbel folgen zwei (selten drei oder mehr) unter dem Rückenschilde vorstehende Kreuzbeinwirbel nebst einer beträchtlichen Zahl von sehr beweglichen Schwanzwirbeln.

An dem ziemlich gewölbten Kopf schließen die Schädelknochen durch Nähte fest aneinander und bilden ein breites Dach, welches sich in einen mächtig entwickelten Hinterhauptkamm fortsetzt und von paarigen Scheitelbeinen sowie umfangreichen Stirnbeinen gebildet wird. Von den ersteren erstrecken sich (mit Ausnahme von *Dermochelys*) absteigende lamellöse Fortsätze zu den Seiten der knorpelhäutigen Schädelkapsel bis zu dem kurzen *Basisphenoid*. Mit letzterem verwachsen findet sich bei manchen Schildkröten (*Dermochelys*, *Chelydra*) ein *Parasphenoideum*, das vielleicht allen Schildkröten zukommt. Die Schläfengegend ist am vollständigsten bei den Seeschildkröten durch breite Knochenplatten überdacht, welche durch das *Postfrontale*, *Jugale*, *Quadratojugale* und *Squamosum* gebildet werden. Hinter dem die Seitenwandungen der Schädelhöhle bildenden *Prooticum* erhält sich das *Opisthoticum* selbständig. Sämtliche Teile des Oberkiefergaumenapparates sind ebenso wie das Quadratbein mit den Schädelknochen fest und durch zackige Nähte verbunden. Ein *Os transversum* fehlt. Auffallend kurz bleibt der Gesichtsteil des Schädels, dem Nasalia fehlen. Der knöcherne Gaumen wird von den breiten, mit dem unpaaren *Vomer* verbundenen *Palatina* gebildet, hinter deren Gaumenfortsätzen sich die Choanen öffnen. Auch die Flügelbeine sind sehr breit und lamellös. Zähne fehlen, dagegen sind die kurzen Kieferknochen an ihren Rändern nach Art des Vogelschnabels mit scharf schneidenden, gezähnten Hornplatten überkleidet, mit deren Hilfe einzelne Arten (*Chelydra*, *Trionyx*) heftig beißen und empfindlich verwunden können.

Die vier Extremitäten befähigen die Schildkröten zum Kriechen und Laufen auf festem Boden, indessen sind sie bei den im Wasser lebenden Formen Schwimmfüße oder Flossen (Abb. 1064). Durch die Entwicklungsgeschichte des Bauch- und Rückenpanzers erklärt sich die Lage beider Extremitätengürtel und der entsprechenden Muskeln zwischen Rücken- und Bauchschild. Das Schulterblatt bildet einen aufsteigenden stabförmigen Knochen, dessen oberes Ende sich durch Band- oder Knorpelverbindung dem Querfortsatze des vordersten Brustwirbels anheftet. Ein mächtiges *Procoracoideum* erstreckt sich vom Schulterblatt nach dem unpaaren Stücke des Bauchschildes, dem es sich ebenfalls durch Knorpel- oder Bandverbindung anheftet. Das Becken stimmt mit dem Becken der Lacertilier nahe überein und ist mit dem Schilde mehr oder weniger fest verbunden.

Verdauungs- und Fortpflanzungsorgane schließen sich den Krokodilen an. Die Zunge ist auf dem Boden der Mundhöhle angewachsen. Der Oesophagus der Seeschildkröten ist mit spitzen, stark verhornten Papillen besetzt. Bei den *Cryptodira* des Süßwassers finden sich zwei Ausstülpungen der Cloakenwand respiratorischer Bedeutung (Analblasen). Die sehr umfangreiche Lunge erstreckt sich bis in die Beckengegend und ist am Rückenpanzer angewachsen. Hervorzuheben ist die Ausmündung der Geschlechtsausführungsgänge und Ureteren in den Hals der Harnblase, der somit als Urogenitalsinus fungiert. Die Augen liegen in geschlossenen Augenhöhlen und besitzen Lider und Nickhaut. Am Gehörorgan findet sich stets eine Paukenhöhle mit weiter Tuba, langer Columella und äußerlich sichtbarem Trommelfell.

Nach der tagelang währenden Begattung, bei welcher das Männchen auf dem Rücken des Weibchens getragen wird, erfolgt die Ablage einer geringen, bei den Seeschildkröten größeren Anzahl von Eiern in Erdgruben in der Nähe des Wassers. Die Eier der Seeschildkröten sind pergamentschalig, die der übrigen Schildkröten kalkschalig.

Die Schildkröten gehören größtenteils den wärmeren Klimaten an und nähren sich hauptsächlich vom Raube, von Mollusken, Krebsen und Fischen, die Landschildkröten von Vegetabilien.

Fossil treten sie zuerst in der oberen Trias auf, zahlreichere Reste finden sich in der Tertiärzeit.

1. Unterordnung. *Pleurodira*. Der Hals wird in der Ruhe nach einer Seite unter den Rückenschild gelegt. Halswirbel mit starken Querfortsätzen. Unterkiefer mit Gelenkkopf. Pterygoidea breit, median in Kontakt. Becken mit dem Panzer unbeweglich verbunden. Füße sind Schwimmfüße mit 4—5 Krallen. Im Süßwasser.

Abb. 1064. *Caretta* (*Thalassochelys*) *caretta* (aus règne animal). $^1/_{20}$

Fam. *Pelomedusidae*. Zahl der Bauchschildknochen elf. *Pelomedusa galeata* SCHOEPFF. Afrika. *Podocnemis expansa* SCHWEIGG. Südamerika.

Fam. *Chelyidae*. Mit neun Bauchschildknochen. *Chelys fimbriata* SCHNEID., Matamata-Schildkröte. Guiana. *Hydromedusa tectifera* COPE, Schlangenhalsschildkröte. Südamerika. *Chelodina longicollis* SHAW. Australien.

2. Unterordnung. *Cryptodira*. Hals S-förmig in vertikaler Ebene zurückziehbar, Halswirbel ohne oder nur mit Spuren von Querfortsätzen, Körper des letzten Halswirbels mit dem des 1. Rumpfwirbels artikulierend. Unterkiefer mit Gelenkgruben. Pterygoidea in der Mitte schmal, median in Kontakt. Becken mit dem Panzer nicht fest verbunden.

Fam. *Chelydridae*. Große, rein aquatische und nächtliche Schildkröten mit Schwimmhäuten an den Füßen und vollständig zurückziehbarem Halse. Knöcherne Nuchalplatte mit rippenförmigen Seitenfortsätzen. Schwanz lang, Schwanzwirbel meist opisthocöl. Leben in großen Flüssen und Sümpfen. *Chelydra serpentina* L., Schnappschildkröte. *Macroclemys temmincki* HOLBR., Geierschildkröte. Nordamerika. Hier schließt sich an *Cinosternum pensilvanicum* GM., Klappschildkröte. Bauchpanzer in seinem Vorderabschnitt gegen den hinteren Abschnitt beweglich. Nordamerika.

Fam. *Testudinidae*. Nuchalplatte ohne rippenartige Fortsätze. Schwanzwirbel procöl. Land- und Wasserschildkröten, erstere mit gewölbtem Rückenpanzer und Klumpfüßen, letztere mit flachem Rückenpanzer und durch Schwimmhäute verbundenen Zehen. *Chrysemys picta* SCHNEID., Schmuckschildkröte. Nordamerika. *Clemmys caspica* GM., Flußschildkröte. Dalmatien, Herzegowina, südliche Balkanhalbinsel, Westasien. *Emys orbicularis* L. (*europaea* GRAY, *lutaria* MARSIGLI), Sumpfschildkröte. Bauchpanzer in seinem vorderen Abschnitt gegen den Hinterabschnitt beweglich. Europa, Westasien. *Testudo graeca* L., griechische Landschildkröte. Griechenland, Dalmatien, Südungarn. *T. marginata* SCHOEPFF. Griechenland. *T. ibera* PALL. Östl. Balkanhalbinsel, Westasien, Nordafrika. *T. gigantea* SCHWEIGG., Riesenschildkröte. Seychellen. *T. elephantopus* HARL., Riesenschildkröte. Galapagosinseln.

3. Unterordnung. *Cheloniidea*. Hals unvollständig in die Schale zurückziehbar, Halswirbel mit sehr kurzen Querfortsätzen. Becken mit dem Plastron nicht fest verbunden. Füße flossenartig. Phalangen ohne Condylen. Schwimmen sehr geschickt.

Fam. *Cheloniidae*. Seeschildkröten mit Hornschildern am Panzer. Füße mit ein oder zwei Krallen. *Caretta* (*Thalassochelys*) *caretta* L. Weit verbreitet (Abb. 1064). *Chelonia mydas* L., Suppenschildkröte. *Ch. imbricata* L., Karettschildkröte. Die schön gefleckten Hornplatten des Panzers liefern das Schildpatt des Handels. Weit verbreitet in den tropischen und subtropischen Meeren.

Fam. *Dermochelyidae*. Seeschildkröten, deren Panzer aus zahlreichen kleinen, mosaikartig angeordneten Hautknochen besteht, ohne Hornschilder, mit Längskielen, ohne Verbindung mit dem Innenskelet. Füße ohne Krallen. Parietalia ohne absteigende Seitenfortsätze. *Dermochelys* (*Sphargis*) *coriacea* L., Lederschildkröte. In allen tropischen und gemäßigten Meeren. Selten.

4. Unterordnung. *Trionychoidea*. Hals in vertikaler Ebene S-förmig zurückziehbar. Halswirbel ohne oder mit nur kurzen Querfortsätzen, Articulation zwischen letztem Hals- und erstem Rückenwirbel bloß durch die Querfortsätze. Unterkiefer mit Gelenkgruben. Pterygoidea breit, voneinander getrennt. Becken nicht mit dem Panzer verbunden. Füße sind Schwimmfüße mit 2—3 Krallen. Panzer ohne Hornschilder. Die Schnauze endigt in einen Rüssel.

Fam. *Carettochelyidae*. Marginalknochen vorhanden. Plastron ohne Fontanellen. *Carettochelys insculpta* RAMS. Neuguinea.

Fam. *Trionychidae*, Weichschildkröten. Flußschildkröten mit lederartiger Bekleidung des Panzers, Marginalplatten fehlen oder bilden eine unvollständige Reihe. Plastron mit Fontanellen. Lippenförmige Anhänge an den Kiefern, Füße breit, durch eine große Schwimmhaut ausgezeichnet. Die Tiere können infolge Funktion der gefäßreichen, zottenbildenden Rachenschleimhaut als Atmungsorgan tagelang unter Wasser verbleiben. *Trionyx triunguis* FORSK. Afrika, Syrien. *T. ferox* SCHNEID. Nordamerika. *T. sinensis* WGM. Ostasien.

3. Ordnung. Emydosauria (Crocodilia)[1].

Wasserbewohnende eidechsenartige Reptilien von bedeutender Größe, mit langem gekielten Ruderschwanz und kräftigen Extremitäten. Die Zehen der Hinterextremitäten durch Schwimmhäute verbunden, mit bepanzerter Haut, mit Sternum abdominale und eingekeilten Zähnen, mit unbeweglichem Quadratum.

Der eidechsenartige Körper der Krokodile (Abb. 970) besitzt einen langen kompressen, vorn paarig, hinten einfach gekielten Ruderschwanz. Die Vorderfüße enden mit fünf freien, die Hinterfüße mit vier mehr oder minder durch Schwimmhäute verbundenen Zehen. Die von Hornschuppen bedeckte Haut enthält auch, besonders auf der Rückenfläche, große und zum Teil gekielte Knochentafeln.

Der breite flache Schädel (Abb. 1065) ist durch die korrodierte Beschaffenheit der Knochenoberfläche ausgezeichnet und besitzt gesonderte *Alisphenoids*, oberhalb des Jochbogens eine seitliche, ferner eine obere Schläfengrube, die durch den

---

[1] OWEN, R.: Palaeontology. London 1860. — HUXLEY, TH.: On the dermal armour of Jacare and Caiman etc. J. Proc. Linnean Soc. 4 (1860). — RATHKE, H.: Untersuchungen über die Entwicklung und den Körperbau der Krokodile. Braunschweig 1866. — STRAUCH, A.: Synopsis der gegenwärtig lebenden Crocodiliden. Mém. Acad. St.-Pétersbourg 10 (1866). — BOULENGER, G. A.: Catalogue of the Chelonians, Rhynchocephalians and Crocodilians in the British Museum. London 1889. — VOELTZKOW, A.: Beiträge zur Entwicklungsgeschichte der Reptilien. Abh. Senckenberg. naturforsch. Ges. 26 (1899—1901). — HOCHSTETTER, F.: Beiträge zur Anatomie und Entwicklungsgeschichte des Blutgefäßsystems der Krokodile. VOELTZKOW, Reise in Ostafrika i. d. J. 1903—1905, 4 (1906). — Vgl. ferner die Schriften von CUVIER, PANIZZA, PARKER, BRÜHL, ED. VAN BENEDEN, GOETTE, RABL-RÜCKHARD, REESE, SIEBENROCK u. a.

oberen Schläfenbogen (*Postfrontale* und *Squamosum*) lateral begrenzt wird. Die Bedachung des Schädels geschieht durch ein unpaares Scheitelbein und Stirnbein, dem sich paarige *Nasalia* anschließen. Die mit dem Schädel fest verbundenen Kiefer verlängern sich zur Bildung einer gestreckten Schnauze, an deren Spitze sich die paarigen Zwischenkieferknochen einkeilen, während die ausgedehnten Oberkiefer die Seiten der Schnauze bilden. Das *Lacrimale* ist von großer Ausdehnung. Oberkiefer und Zwischenkiefer, welche die Nasenöffnungen begrenzen, entwickeln horizontale, in der Medianlinie vereinigte Gaumenfortsätze, welche zur Bildung der vorderen Partie des harten Gaumengewölbes zusammentreten. Hinter denselben stellen Gaumen- und Flügelbeine, in medianer Nahtverbindung anliegend, ein vollkommen geschlossenes Dach der Mundhöhle her, an dessen Hinterrande die unteren, vorn vom paarigen *Vomer* umschlossenen Nasengänge münden. Die ausschließlich auf die Kieferknochen beschränkten kegelförmigen Zähne sitzen tief in Alveolen eingekeilt und zeigen wenig komprimierte streifige Kronen. Meist tritt der vierte Zahn des Unterkiefers durch seine Größe als Fangzahn hervor und greift beim Schließen des Rachens in eine Lücke oder in einen Ausschnitt des Oberkiefers ein. Die Wirbelkörper sind procöl. Rippen finden sich auch am Hals und an den vorderen Schwanzwirbeln (Abb. 967c). In der Bauchregion hinter dem Brustbein liegen Bauchrippen, ein sogenanntes Sternum abdominale bildend (Abbild. 970).

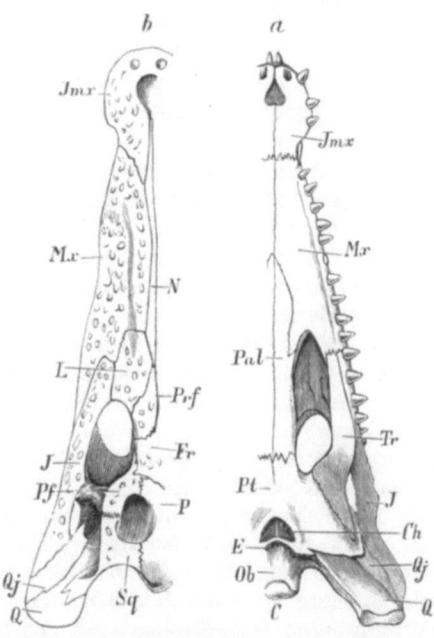

Abb. 1065. Schädel vom Krokodil. (Nach GEGENBAUR. a Ventralansicht, b Dorsalansicht. *Ob* Basioccipitale, *C* Condylus occipitalis, *P* Parietale, *Fr* Frontale, *Pf* Postfrontale, *Prf* Präfrontale, *N* Nasale, *L* Lacrimale, *Sq* Squamosum, *Q* Quadratum, *Qj* Quadratojugale, *J* Jugale, *Mx* Maxillare, *Jmx* Intermaxillare, *Tr* Transversum, *Pt* Pterygoideum, *Pal* Palatinum, *Ch* Choanae, *E* Ostium pharyngeum tubae auditivae (Eustachii).

Die innere Organisation erhebt sich bei den Krokodilen am höchsten unter allen Reptilien. Die Augen besitzen senkrechte Pupillen und zwei Lider nebst Nickhaut. Die Nasenöffnungen liegen vorne an der Schnauzenspitze und können ebenso wie die weit nach hinten gerückten Ohren durch Hautklappen verschlossen werden. Die Rachenhöhle, an deren Boden eine platte, nicht vorstreckbare Zunge angewachsen ist, entbehrt der Speicheldrüsen und führt durch eine weite Speiseröhre in den rundlichen muskulösen Magen, welcher durch Form und Bildung, insbesondere durch aponeurotische Scheiben seiner muskulösen Wandung an den Vogelmagen erinnert. Auf den Magen folgt ein dünnwandiges, mit Zotten besetztes Duodenum, welches in den zickzackförmig gefalteten Dünndarm übergeht. Ein Blindsack des kurzen und weiten Dickdarmes fehlt. Letzterer mündet fast trichterförmig verengt in die Cloake, an deren Vorderwand das schwellbare unpaare Paarungsorgan seinen Ursprung nimmt. An den Anallippen und zu Seiten der Unterkieferäste münden Moschusdrüsen aus. Der Bau des Herzens (Abb. 1060, 1061) ist unter allen Reptilien am vollkommensten durch die strenge Sonderung einer rechten venösen und linken arteriellen Abteilung. Eine Harnblase fehlt. Als Eigentümlichkeit erwachsener

Krokodile verdient die Communication der Peritonealhöhle in die Cloake durch Öffnungen von sogenannten Peritonealkanälen hervorgehoben zu werden.

Die Krokodile leben in den Mündungen und Lagunen großer Ströme wärmerer Klimate der alten und neuen Welt und gehen zur Nachtzeit auf Raub aus. Die hartschaligen Eier werden im Sande und in Löchern am Ufer abgesetzt und vom Muttertier bis zum Ausschlüpfen der Jungen bewacht.

Fam. *Crocodilidae*. Mit den Charakteren der Ordnung. *Gavialis gangeticus* GM. Vorderindien. *Tomistoma (Rhynchosuchus) schlegeli* S. MÜLL. Malakka, Borneo, Sumatra. *Crocodilus niloticus* LAUR. Afrika. *C. americanus* LAUR. Florida bis Columbien. *C. porosus* SCHNEID. Vorderindien bis Salomonsarchipel. *Alligator mississippiensis* DAUD. (*lucius* CUV.). Nordamerika. *A. sinensis* FAUV. Jangtsekiang. *Caiman sclerops* SCHNEID. Central- und Südamerika.

4. Ordnung. **Squamata (Plagiotremata)** [1].

Reptilien mit Schuppen und Schildern der Haut, mit beweglichem Quadratum, mit querer Cloakenspalte und doppeltem hinteren Begattungsorgan.

1. Unterordnung. *Lacertilia*, Eidechsen. Pterygoideum in Kontakt mit dem Quadratum. Clavicula vorhanden, wenn Gliedmaßen vorhanden sind. Zunge flach. Augenlider meist beweglich. In der Regel mit Harnblase.

Die Eidechsen besitzen fast durchwegs eine langgestreckte, zuweilen schlangenähnliche Gestalt. Gewöhnlich finden sich vier Extremitäten, die den Rumpf in der Regel nicht emporgehoben tragen und bei der Bewegung meist als Nachschieber wirken, übrigens auch zum Klettern (*Geckonen*) und Graben (*Scincus*) benutzt werden können und meist mit fünf bekrallten Zehen enden. Zuweilen bleiben sie so kurz, daß sie dem schlangenähnlichen Körper als Stummel anliegen, an denen die Zehen gar nicht zur Sonderung gelangen (*Chamaesaura*). In anderen Fällen sind nur kleine hintere Fußstummel (*Pygopus*, Abb. 1066) oder ausschließlich Vordergliedmaßen (*Chirotes*) vorhanden, oder es fehlen äußere Gliedmaßen vollständig (*Anguis, Acontias, Ophisaurus*) (s. Abb. 319). Schultergürtel und Becken sind jedoch vorhanden, auch findet sich bei allen Echsen, mit Ausnahme der Amphisbaenen, wenigstens ein Rudiment des Brustbeines. Rippen fehlen nur den vordersten Halswirbeln, zuweilen auch einigen Lendenwirbeln sowie den Schwanzwirbeln. Eine eigentümliche Modifikation zeigen bei *Draco* die vorderen Rippenpaare, welche sich außerordentlich verlängern und seitlichen als Flughaut verwendbaren Hautduplicaturen zur Stütze dienen.

Die Schädelkapsel (Abb. 1052) reicht meist nur bis zur Orbitalgegend, wo sie unvollständig durch häutige Teile geschlossen ist, denen sich oft ein häutiges

---

[1] TIEDEMANN: Anatomie und Naturgeschichte der Drachen. Nürnberg 1811. — JAN, G.: Iconographie générale des Ophidiens. Paris 1860—1868. — LEYDIG, FR.: Die in Deutschland lebenden Arten der Saurier. Tübingen 1872. — STRAUCH, A.: Synopsis der Viperiden. Mém. Acad. St.-Pétersbourg **1869**. — Die Schlangen des russischen Reiches. Ebenda **1873**. — Bemerkungen über die Geckonidensammlung des zoologischen Museums St. Petersburg. Ebenda **1873**. — DE BEDRIAGA, J.: Beiträge zur Kenntnis der Lacertidenfamilie. Frankfurt 1886. — STEJNEGER, L.: The Poisonous Snakes of North America. Rep. U. S. Nat. Mus. **1893**. — BOULENGER, G. A.: Catalogue of Lizards in the Collection of the British Museum. London 1885—1887. — Catalogue of Snakes in the Collection of the British Museum. London 1893—1896. — WERNER, FR.: Prodromus einer Monographie der Chamäleonten. Zool. Jb. 15 (1902). — Chamaeleontidae. Tierreich 27. Liefg. **1911**. — BRÜCKE, E.: Untersuchungen über den Farbenwechsel des afrikanischen Chamäleons. Denkschr. Akad. Wien **1852**. — RATHKE, H.: Entwicklungsgeschichte der Natter. Königsberg 1839. — BALLOWITZ, E.: Die Entwicklungsgeschichte der Kreuzotter. Jena 1903. — PETER, K.: Normentafel zur Entwicklungsgeschichte der Zauneidechse. KEIBELS Normentafeln. IV. Jena 1914. — PHISALIX, M.: Anatomie comparée de la tête et de l'appareil venimeux chez les Serpents. Ann. des Sci. natur. **1914**. — CAMP, CH. L.: Classification of the Lizards. Bull. Amer. Mus. Natur. Hist. 48. New York 1923. — Vgl. außerdem die Schriften von GRAY, SCHLEGEL, GÜNTHER, WENCKEBACH, PARKER, CALORI, BEDDARD u. a.

Interorbitalseptum anschließt. Einem stark vorspringenden Fortsatz der hinteren Schläfengegend liegt das Schuppenbein (*Squamosum*) fest an. Das hintere Ende des Oberkiefers ist häufig durch eine die Orbita umschließende Knochenbrücke (*Jugale*) mit dem hinteren Stirnbein verbunden, während von diesem ein Knochenstab, die Schläfengegend überbrückend (*Quadratojugale*), zu dem oberen Ende des Quadratbeines verläuft.

Ein wichtiger Charakter der Eidechsen im Gegensatze zu den Schlangen beruht auf dem Mangel der Verschiebbarkeit der Kieferknochen. Zwar sind Teile des Oberkiefer-Gaumenapparates mit dem Schädel beweglich verbunden, insbesondere die Flügelbeine, die sich den Gelenkfortsätzen des hinteren Keilbeines anlegen und meist an dem Quadratbeine articulieren (Streptostylie), indessen zeigen die einzelnen Knochen des Kiefer-Gaumenapparates untereinander und mit der vorderen Partie des Schädels einen festen Zusammenhang. Die Flügelbeine sind mit dem Oberkiefer durch ein *Os transversum* (*Ectopterygoid*) fest verbunden und dienen dem Scheitelbeine durch eine stabförmige *Columella cranii* zur Stütze (daher *Kionocrania*). An der Schädeldecke bleibt die Verbindung zwischen Scheitelbein und Hinterhaupt durch Bandmasse weich und verschiebbar. Am Schläfenbogen lenkt sich das Quadratbein beweglich ein und trägt den Unterkiefer, dessen Schenkel am Kinnwinkel in fester Verbindung stehen.

Abb. 1066. *Pygopus* (*Bipes*) *lepidopodus* (aus règne animal). $^1/_2$

Die Bezahnung der Eidechsen bietet nach Form, Bau und Befestigung der Zähne eine weit größere Mannigfaltigkeit als bei den Schlangen, stellt sich indessen nicht so vollständig dar, indem der Gaumen niemals eine bogenförmig geschlossene innere Zahnreihe, sondern nur kleine seitliche Gruppen von Zähnen am Flügelbeine zur Entwicklung bringt. Fast immer sitzen die Zähne den Knochen unmittelbar auf, entweder am Kieferrande (*Acrodonten*) oder an der inneren Seite des Kiefers (*Pleurodonten*). Im Gegensatze zu den übrigen Eidechsen wird bei *Tiliqua* nur je ein Zahn in jedem Kiefer gewechselt.

Die meisten Eidechsen besitzen Augenlider. Bei *Amphisbaenen* und *Geckonen* verwachsen die Augenlider wie bei den Schlangen zu einer uhrglasförmigen Kapsel (sogenannte Brille). Bei den *Scinciden* kann das untere Augenlid oft wie ein transparenter Vorhang emporgezogen werden, ohne das Sehen zu verhindern. Viele Eidechsen besitzen ein Parietalauge, welches das Parietalloch des Schädels einnimmt, dessen Vorkommen mit der Entwicklung jenes Organes zusammenhängt (Abb. 1052, 1054).

Die äußere Körperbedeckung der Eidechsen zeigt ähnliche Verhältnisse wie die der Schlangen, jedoch in weit größerer Mannigfaltigkeit. Bald finden sich platte oder gekielte Schuppen, die nach ihrer Form und gegenseitigen Lage als Tafelschuppen, Schindelschuppen, Wirtelschuppen unterschieden werden, bald

Schilder und größere Tafeln, für deren Verteilung am Kopf sich die bei den Schlangen bestehenden Verhältnisse wiederholen. Doch kommen auch mehr unregelmäßige Erhärtungen in Form warziger Höcker vor, die der Haut ein an die Kröten erinnerndes Aussehen verleihen (*Geckoniden*). Häufig finden sich größere Hautlappen an der Kehle, Kämme am Rücken und am Scheitel, ferner Faltungen der Haut an den Seiten des Rumpfes, am Halse usw. Bei zahlreichen Eidechsen kommen drüsenähnliche Epidermoidalorgane mit sogenannten Porenreihen längs der Innenseite des Oberschenkels und vor dem After vor (Abb. 1062).

In der Regel legen die Weibchen nach vorausgegangener Begattung — in den gemäßigten Gegenden im Sommer — weichschalige, die *Geckoniden* kalkschalige Eier; viele Gattungen (so *Anguis*) sind ovovivipar. Bei *Chalcides* und *Tiliqua* steht der Embryo mit dem Mutterleib durch eine Allantoisplacenta in Verbindung, vielleicht auch bei *Trachysaurus*, bei dem nach bisherigen Angaben eine Dottersackplacenta vorhanden ist. Diese drei Skinken sind lebendig gebärend.

Die meisten Lacertilier sind harmlose und durch Vertilgen von Insecten und Würmern nützliche Tiere; größere Arten, wie die Leguane, werden des Fleisches halber gejagt. Bei weitem die Mehrzahl, und zwar sämtliche größeren und oft prachtvoll gefärbten Arten bewohnen die wärmeren und heißen Klimate.

Fam. *Geckonidae* (*Ascalabotae*), Geckonen. Meist kleinere Eidechsen von molchähnlicher Form, viele mit Haftlamellen auf der Unterseite der Finger und Zehen, wodurch sie auch auf glatten und überhängenden Flächen gewandt zu laufen vermögen. Die Haut häufig durch heterogene Beschuppung ausgezeichnet. Wirbel amphicöl. Parietalia getrennt. Postorbital- oder Postfrontosquamosalbogen fehlen. Haut glatt oder mit haarförmigen Papillen. Augenlider zu einer uhrglasförmigen Kapsel (Brille) verwachsen. Pupille meist vertikal. Manche Arten können Laute von sich geben. Legen kalkschalige Eier. *Stenodactylus petrii* ANDERS. Ohne Haftlappen. Wüsten Nordafrikas. *Hemidactylus turcicus* L. Mittelmeerländer. *Tarentola* (*Platydactylus*) *mauritanica* L. Mittelmeerländer mit Ausnahme von Westasien und Balkan (Abb. 1067). *Gymnodactylus kotschyi* STND. Griechenland, Süditalien, Westasien. *Phyllodactylus europaeus* GÉNÉ. Sardinien. *Gecko verticillatus* LAUR. *Ptychozoon homalocephalum* CRVDT. Mit fallschirmartigem seitlichen Hautsaum. Sunda-

Abb. 1067. *Tarentola mauritanica.* $^{1}/_{2}$

inseln, Südostasien. Hier schließt sich an *Uroplatus fimbriatus* SCHNEID. Madagaskar.

Fam. *Pygopodidae*. Schlangenähnliche Eidechsen ohne Vordergliedmaßen, mit rudimentären, kaum merkbaren oder beschuppten flossenförmigen Hintergliedmaßen. Vereinigen Merkmale der Geckoniden, Schlangen und Varaniden. *Pygopus lepidopodus* LAC. Australien, Tasmanien (Abb. 1066). *Lialis burtoni* GRAY. Australien, Neuguinea.

Fam. *Agamidae*. Boden- oder baumbewohnende Eidechsen der alten Welt, oft durch Kehlsäcke und Rückenkämme ausgezeichnet. Gebiß acrodont, häufig deutlich in Schneide-, Eck- und Backenzähne differenziert. Supratemporalgrube nicht überdacht. Zunge dick. *Draco volans* L. Mit seitlicher als Flughaut verwendbarer Hautfalte. Sundainseln. *Calotes ophiomachus* MERR. *C. versicolor* DAUD. Trop. Asien. *Agama* (*Stellio*) *stellio* L. Hardun. Türkei, Cykladen, Westasien, Ägypten. *A. colonorum* DAUD. Trop. Afrika. *Chlamydosaurus kingi* GRAY, Kragenechse. Australien. *Lophura amboinensis* SCHLOSS. Amboina, Celebes, Java. *Uromastix spinipes* L., Dornschwanzeidechse. Ägypten. *Moloch horridus* GRAY. Mit sehr starken Stacheln und kleiner Mundöffnung. Australien.

Fam. *Iguanidae*. Den Agamiden sehr ähnliche, boden- oder baumbewohnende Eidechsen, jedoch pleurodont. Gehören Amerika, Madagaskar und den Fidschiinseln an. *Iguana tuberculata* LAUR., Leguan. Central- und Südamerika. *Basiliscus vittatus* WGM. Centralamerika. *Phrynosoma orbiculare* WGM. Mexiko.

Fam. *Zonuridae*, Wirtelschleichen. Bodenbewohnende, gedrungene oder mehr schlangenähnliche Eidechsen, mit wirtelig angeordneten Schuppen und einer Seitenfalte längs des Körpers, die mit sehr kleinen Schuppen bekleidet ist. Schläfengrube überdacht. *Zonurus cordylus* L. Kap. *Chamaesaura anguina* CUV. Südafrika.

Fam. *Anguidae*. Mit wohlentwickelten Beinen versehene oder fußlose, schlangenähnliche Eidechsen, zumeist mit gekrümmten Fangzähnen. In der Cutis knöcherne Schilder. *Ophisaurus (Pseudopus) apus* PALL. Körper mit Seitenfalte. Mit sehr kleinen Rudimenten der Hinterextremität. Südosteuropa, Westasien. *O. ventralis* L. Nordamerika. *Ophiodes striatus* SPIX. Mit sehr kleinen stielförmigen Rudimenten der Hinterextremität. Brasilien. *Anguis fragilis* L., Blindschleiche. Europa, Westasien. *Gerrhonotus* WGM. Mit wohlentwickelten Beinen. Nord- und Centralamerika.

Fam. *Helodermatidae*. Mit Postorbital-, aber ohne Postfrontosquamosalbogen. *Heloderma horridum* WGM. Mit gefurchten Zähnen und Giftdrüsen im Unterkiefer. Mexiko.

Fam. *Varanidae*. Große Eidechsen mit langem Kopf und Hals, starken Füßen und langem Schwanz. Postorbitalbogen unvollständig, Schläfengrube nicht überdacht. Zunge tief gespalten, in eine Scheide zurückziehbar. Sind Raubtiere. *Varanus griseus* DAUD. Erdvaran. Wüsten Nordafrikas bis Ostindien. *V. (Monitor) niloticus* LAUR., Nilvaran. Afrika. *V. salvator* LAUR. Ostindien, Ceylon. *V. komodoensis* OUWENS. Wird bis 3 m lang. Insel Komodo.

Fam. *Tejidae*. Amerikanische Eidechsen von varanus- bis schlangenähnlichem Habitus. Zunge mit schuppenförmigen, geschindelten Papillen oder schiefen Falten. Schläfengrube nicht überdacht. *Tupinambis teguixin* L., Teju. Brasilien. *Ameiva surinamensis* LAUR. Nördl. Südamerika. *Tejus teyou* DAUD. Südamerika.

Fam. *Amphisbaenidae*. Körper langgestreckt, wurmförmig. Haut schuppenlos, durch Längs- und Querfurchen gefeldert. Augen klein, Lider eine uhrglasförmige Kapsel (Brille) bildend. Schnauze vorspringend. Gliedmaßen fehlen, oder rudimentäre Vorderbeine (*Chirotes*) vorhanden. Schwanz kurz, abgerundet. Degenerierte Abkömmlinge der Tejiden, ohne Columella cranii, ohne Schläfenbogen, ohne Interorbitalseptum, mit unpaarem Zwischenkiefer. Leben unterirdisch. *Blanus cinereus* VAND. Spanien, Portugal. *Amphisbaena alba* L. *A. fuliginosa* L. Südamerika (Abb. 1068). *Chirotes canaliculatus* BONNAT. Mexiko.

Fam. *Lacertidae*. Meist kleinere, stets mit wohlentwickelten Gliedmaßen versehene Eidechsen der alten Welt. Schläfenbogen vorhanden. Schläfengrube überdacht. Zwischenkiefer unpaar. *Lacerta agilis* L., Zauneidechse. Europa. *L. viridis* LAUR., Smaragdeidechse. Europa, Westasien. *L. muralis* LAUR., Mauereidechse. Mit zahlreichen Varietäten. Mittel- und Südeuropa, Westasien, Nordafrika. *L. vivipara* JACQ. Nördl. und mittl. Europa, Nordasien. *L. ocellata* DAUD., Perleidechse. Pyrenäenhalbinsel, Südfrankreich, Nordwestafrika. *Algiroides nigropunctatus* D. B. Krain, Istrien bis Griechenland.

Fam. *Scincidae*, Wühlechsen. Eidechsen von geringer Größe mit paarigem Zwischenkiefer und meist cycloiden Schuppen. Bei vielen sind die Gliedmaßen rudimentär oder ganz rückgebildet. Häufig lebendig gebärend. *Trachysaurus rugosus* GRAY, Stutzechse. Australien. *Tiliqua (Cyclodus) scincoides* WHITE, Riesenskink. Australien. *Scincus scincus* L. (*officinalis* LAUR.), Apothekerskink, mit schaufelförmiger Schnauze und Grabfüßen. Sandwüsten von Nordafrika (Abb. 1069). *Eumeces schneideri* DAUD. NO.-Afrika, Westasien. *Chalcides (Gongylus) ocellatus* FORSK. Südeuropa, Nordafrika, Westasien. *Ch. (Seps) tridactylus* LAUR. Extremitäten sehr klein. Italien, Nordafrika. *Ablepharus pannonicus* FITZ., Natterauge. Südosteuropa, Westasien. Hier schließt sich an *Acontias meleagris* L. Äußere Gliedmaßen fehlen. Südafrika.

Abb. 1068. *Amphisbaena fuliginosa* (aus règne animal). 1/3

2. Unterordnung. *Rhiptoglossa*. Baumlebende, altweltliche Squamaten mit kantigem Kopf und Greiffüßen, deren Zehen zu zwei und drei verwachsen sind. Mit Greifschwanz. Zunge wurmförmig, vorschnellbar. Auge mit kreisrundem Lide. Parietalia unbeweglich mit dem Occipitale verbunden. Pterygoideum das Quadratum nicht erreichend. Ohne Columella cranii. Clavicula fehlt. Gebiß acrodont. Alle durch Farbenwechsel ausgezeichnet.

Fam. *Chamaeleontidae*. Mit den Charakteren der Unterordnung. *Chamaeleon chamaeleon* L. (*vulgaris* DAUD.), gemeines Chamäleon. Südl. Mittelmeerländer. *Ch. pumilus* DAUD. Lebendig gebärend. Kap. *Brookesia superciliaris* KUHL. Madagaskar. *Rhampholeon spectrum* BUCHH. Kamerun.

978   Metazoa.

3. Unterordnung. *Ophidia*, Schlangen. Fußlose Squamaten ohne Schultergürtel, mit zweispaltiger Zunge mit Scheide, meist mit überaus verschiebbaren Kiefer- und Gaumenknochen, mit zu einer uhrglasförmigen Kapsel verwachsenen Augenlidern, ohne Paukenhöhle und Harnblase.

Die Charaktere der Schlangen beruhen auf dem Mangel von Extremitäten und auf der oft erstaunlichen Erweiterungsfähigkeit der Mundhöhle. Indessen ist eine scharfe Abgrenzung von den Eidechsen nicht möglich. Rudimente von

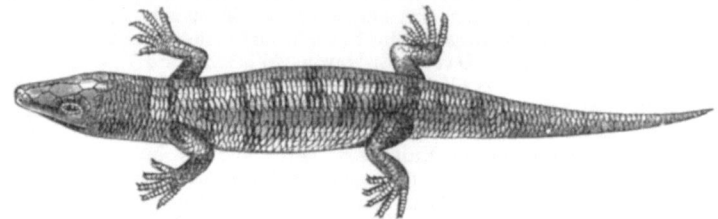

Abb. 1069. *Scincus scincus (officinalis)* (aus règne animal). $^1/_2$

hinteren Extremitäten finden sich bei den *Boiden* und *Ilysiiden* an der Schwanzwurzel und tragen bei ersteren häufig eine kegelförmige, zur Seite des Afters hervorstehende Kralle. Bei *Opoterodonten* sind noch Beckenknochen vorhanden. Schultergürtel und Teile der Vorderextremitäten kommen jedoch nie vor.

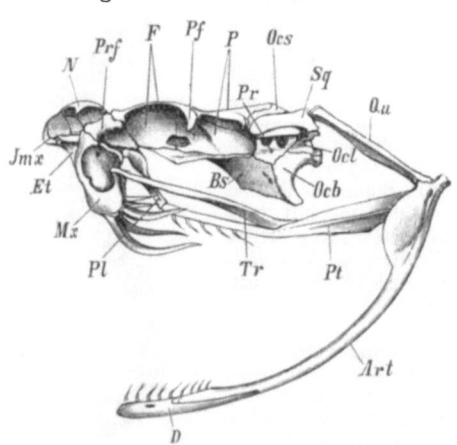

Abb. 1070. Kopfskelet von *Crotalus horridus*. *Ocb* Basioccipitale, *Ocl* Occipitale laterale, *Ocs* Supraoccipitale, *Pr* Prooticum, *Bs* Basisphenoideum, *Sq* Squamosum (Supratemporale), *P* Parietale, *F* Frontale, *Pf* Postfrontale, *Prf* Präfrontale, *Et* Ethmoideum impar, *N* Nasale, *Qu* Quadratum, *Pt* Pterygoideum, *Pl* Palatinum, *Mx* Maxillare, *Jmx* Intermaxillare, *Tr* Transversum (Ectopterygoideum), *D* Dentale, *Art* Articulare des Unterkiefers.

Am Schädel der Schlangen (Abbild. 1070) fehlt eine Überbrückung der Schläfengegend. Die Schädelhöhle ist sehr langgestreckt, die vorderen und mittleren Teile ihrer Seitenwand werden durch absteigende Flügelfortsätze der Scheitel- und Stirnbeine gebildet. Kiefer- und Gaumenknochen, durch ein *Transversum* verbunden, zeigen eine so vollkommene Verschiebbarkeit (Streptostylie), daß die Mundhöhle die Fähigkeit einer beträchtlichen Erweiterung erhält. Das Quadratbein lenkt sich äußerst beweglich an dem *Squamosum (Supratemporale)* ein, welches ebenfalls meist beweglich am Hinterhaupte angeheftet ist. Ebenso beweglich wie die Teile des Oberkiefer-Gaumenapparates erweisen sich die beiden Äste des Unterkiefers, welche, am Kinnwinkel durch ein Band verbunden, eine sehr bedeutende seitliche Verschiebung zulassen. Die Kieferbewaffnung wird von zahlreichen, nach hinten gekrümmten Fangzähnen gebildet, welche den Unterkiefer in einfacher, den Oberkiefer-Gaumenapparat meist in doppelter, mehr oder minder vollständig besetzter Bogenreihe bewaffnen und vornehmlich beim Verschlingen der Beute als Widerhaken wirken. Auch im Zwischenkiefer können Hakenzähne vorkommen (*Python*). Nur bei den Engmäulern (*Opoterodonten*) beschränken sich die Zähne auf Oberkiefer oder Unterkiefer. Außer diesen soliden Hakenzähnen kommen im Oberkiefer zahlreicher Schlangen gefurchte oder von einem an der Vorderwand des Zahnes (an seiner Basis und vor der Spitze) sich öffnenden Kanäle durchbohrte Giftzähne vor, deren Basis mit dem Ausführungsgange einer Giftdrüse in Verbindung steht und das ausfließende Secret derselben fortleitet (Abb. 1057). Häufig enthält der sehr verkümmerte Oberkiefer jederseits nur einen einzigen großen, durchbohrten Giftzahn, dem aber stets noch größere und kleinere Ersatzzähne anliegen (*Solenoglyphen*). Selten treten gefurchte Giftzähne in größerer Zahl auf und sitzen entweder ganz vorne (*Proteroglyphen*) oder hinter einer Reihe von Hakenzähnen im Oberkiefer (*Opisthoglyphen*). In beiden Fällen ist der Oberkiefer größer als bei den *Solenoglyphen*, dagegen erlangt derselbe bei den Schlangen, welche der Giftzähne entbehren (*Aglyphodonten*), den größten Umfang und die reichste Bezahnung. Während die gefurchten Giftzähne unbeweglich befestigt sind, richten sich die durchbohrten Giftzähne mitsamt dem Kiefer, dem sie aufsitzen, beim Öffnen des Mundes auf und werden im Momente des Bisses in das Fleisch der Beute eingeschlagen. Gleichzeitig fließt das Secret der Giftdrüse, durch den Druck der Schläfenmuskeln ausgepreßt, in die Wunde ein und veranlaßt, mit dem Blute in Berührung gebracht, den raschen Eintritt des Todes.

Die als Schuppen, Schilder und Schienen auftretenden Horngebilde der Haut wechseln nach Form, Zahl und Anordnung mannigfach. Während die Rückenfläche des Rumpfes durchweg mit glatten oder gekielten Schuppen bekleidet ist, kann der Kopf sowohl von Schuppen, als von Schildern und Tafeln bedeckt sein, welche ähnlich wie bei den Eidechsen nach der besonderen Lage als Stirn-, Scheitel-, Hinterhauptschilder, ferner als Zwischennasen-, Nasen-, Augen-, Schläfen- und Lippenschilder unterschieden werden (Abb. 1071). Als den meisten Schlangen eigentümlich mögen die Schilder der Kinnfurche, die Rinnenschilder, hervorgehoben werden. Am Bauche finden sich meist breite Schilder, die wie Querschienen den Rumpf bekleiden, doch können auch hier

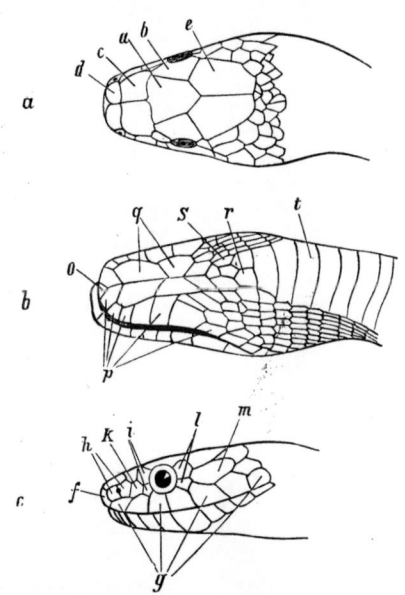

Abb. 1071. a Dorsale Ansicht, b ventrale Ansicht des Kopfes von *Coluber longissimus (aesculapii)*, c Seitenansicht des Kopfes von *Tropidonotus viperinus*. (Nach E. SCHREIBER.) *a* Stirnschild, *b* Brauenschilder, *c* vordere Stirnschilder, *d* Zwischennasenschilder, *e* Scheitelschilder, *f* Rüsselschild, *g* Oberlippenschilder, *h* Nasenschild, *i* vordere Augenschilder, *k* Zügelschild, *l* hintere Augenschilder, *m* Schläfenschild, *o* Kinnschild, *p* Unterlippenschilder, *q* Rinnenschilder, *r* Kehlschild, *s* Kehlschuppen, *t* Bauchschilder.

Schuppen und kleine mediane Schilder vorkommen; die Unterseite des Schwanzes wird dagegen in der Regel von einer paarigen, seltener von einer einfachen Reihe von Schildern bedeckt. Die Schlangen häuten sich mehrmals im Jahre, indem sie das Stratum corneum der Oberhaut in toto abstreifen.

Die innere Organisation entspricht dem langgestreckten Bau. Ein langer und dehnbarer dünnhäutiger Schlund führt in den sackförmig erweiterten Magen, auf welchen ein verhältnismäßig kurzer Dünndarm folgt. Der Kehlkopf erscheint außerordentlich weit nach vorne gerückt. Die linke Lunge ist kleiner oder fehlt, während die um so mächtiger entwickelte rechte Lunge an ihrem Ende ein schlauchförmiges Luftreservoir bildet, mitunter (z. B. *Viperidae*) ist noch eine große vordere, bis zur Kehlgegend reichende Tracheallunge vorhanden. Dem statischen Organe (Gehörorgane) fehlen Trommelfell und Paukenhöhle. Das Auge wird von einer aus den verwachsenen Lidern hervorgegangenen durchsichtigen uhrglasförmigen Kapsel (Brille) bedeckt. Die gabelig gespaltene Zunge dient als Tastorgan und ist von einer Scheide umschlossen, aus der sie selbst bei geschlossenem Munde durch einen Einschnitt der Schnauzenspitze weit vorgestreckt werden kann. Am Harnapparat fehlt die Harnblase.

Die Schlangen bewegen sich vornehmlich durch seitliche Krümmungen. Die zahlreichen Wirbel tragen am Rumpfe fast durchweg Rippen und werden durch freie Kugelgelenke ihrer konkav-konvexen Körper sowie durch horizontale Gelenkflächen der Querfortsätze in der Art verbunden, daß die Bewegung durch Krümmung in horizontaler Ebene erfolgt, ohne daß aber dorsoventrale Bewegungen ausgeschlossen sind. Auch stehen die Rippen in freier Gelenkverbindung mit den Wirbelkörpern und können in der Längsrichtung vor- und zurückgezogen werden, Bewegungen, welche die Locomotion wesentlich unterstützen. Durch abwechselndes Vorschieben der Rippen und Nachziehen der durch Muskeln sowohl miteinander, als mit den Rippen verbundenen Bauchschilder laufen die Schlangen in gewissem Sinne auf den äußersten Spitzen ihrer an Hautschildern befestigten Rippen.

Die Schlangen ernähren sich ausschließlich von lebenden Tieren, die sie im Schusse überfallen, töten und ohne Zerstückelung im ganzen verschlingen. Während die Speicheldrüsen ihr reichliches Secret ergießen, welches die Oberfläche der zu bewältigenden Beute schlüpfrig macht, und der Kehlkopf zwischen den Kieferästen zur Unterhaltung der Atmung hervortritt, haken sich die Kieferzähne abwechselnd fortschreitend immer weiter ein und es zieht sich gewissermaßen Mund und Schlund allmählich über die Beute hin. Nach Vollendung des anstrengenden Schlinggeschäftes tritt eine Abspannung aller Kräfte ein, es folgt eine Zeit träger Ruhe, während welcher die sehr langsame, aber vollständige Verdauung vonstatten geht.

Die Fortpflanzung geschieht nach vorausgegangener Begattung in der Regel durch Ablage wenig zahlreicher großer Eier, in denen die Embryonalentwicklung schon weit vorgeschritten sein kann. Indessen gibt es auch ovovivipare Schlangen, z. B. die Seeschlangen, die Mehrzahl der Vipern und Boiden.

Abb. 1072. *Typhlops lumbricalis* (aus règne animal). $^1/_3$

Die meisten durch Größe und Schönheit der Farben ausgezeichneten Arten gehören den wärmeren Zonen an, nur kleine Formen reichen bis in die nördlichen gemäßigten Klimate. Viele Schlangen besuchen gern das Wasser und sind wahrhaft amphibiotisch. Andere bewegen sich größtenteils auf Bäumen und Gesträuchen oder auf sandigem Erdboden, andere ausschließlich im Meere. In den gemäßigten Ländern verfallen sie in eine Art Winterschlaf, in den heißen halten sie zur Zeit der Trocknis einen Sommerschlaf.

1. Sektion. *Boaeformia*. Transversum (Ectopterygoid) vorhanden, beide Kiefer bezahnt. Mit Coronoideum am Unterkiefer.

Fam. *Boidae*. Rudimente von Hinterextremitäten mit einer Kralle vorhanden. Supratemporale groß, das Quadratum an demselben aufgehängt. Hierher gehören die größten Schlangen (Riesenschlangen). *Eunectes murinus* L., Anakonda. Wird bis 10 m lang. Südamerika. *Python reticulatus* SCHNEID. Südostasien. *P. molurus* L., Tigerschlange. Vorderindien. *Boa constrictor* L. Central- und Südamerika. *Eryx jaculus* L., Sandschlange. Nordafrika, Westasien, Griechenland, Türkei.

Fam. *Ilysiidae*. Supratemporale klein. Rudimente von hinteren Extremitäten vorhanden. Kleinere, kurz- und stumpfschwänzige Schlangen mit stark irisierenden glatten Schuppen. *Ilysia (Tortrix) scytale* L. Südamerika. *Cylindrophis rufus* LAUR. Südostasien, Sundainseln.

Fam. *Uropeltidae*. Rudimente von Hinterextremitäten fehlen, ebenso das Supratemporale. Kleine spitzköpfige Schlangen mit kleinen Augen und abgestutztem, eigentümlich beschupptem Schwanz. Mit stark irisierenden Schuppen. *Rhinophis trevelyanus* KELAART. *Uropeltis grandis* KELAART. Ceylon.

2. Sektion. *Opoterodonta*, Wurmschlangen. Meist kleine Schlangen mit nicht erweiterungsfähiger enger Mundspalte, mit kurzem, dickem Schwanz. Augen rudimentär, oft äußerlich nicht bemerkbar. Ohne Transversum (Ectopterygoid), Pterygoideum nicht bis

Abb. 1073. *Elaps corallinus* (aus règne animal). $^1/_2$ Abb. 1074. *Hydrus platurus* (aus règne animal). $^1/_4$

zum Quadratum oder Palatinum reichend. Supratemporale fehlt, ebenso ein Coronoideum des Unterkiefers. Spuren des Beckens vorhanden.

Fam. *Typhlopidae*. Oberkiefer vertikal beweglich, bezahnt, Unterkiefer zahnlos. Schwanz oft in einen Stachel endigend. *Typhlops vermicularis* MERR. Griechenland, Westasien. *T. punctatus* LEACH. Trop. Afrika. *T. lumbricalis* L. Westindien (Abb. 1072).

Fam. *Glauconiidae*. Oberkiefer unbeweglich verbunden, zahnlos, Unterkiefer bezahnt. *Glauconia cairi* D. B. Nordostafrika.

3. Sektion. *Colubriformia*. Pterygoideum das Quadratum oder den Unterkiefer erreichend. Oberkiefer horizontal. Coronoideum des Unterkiefers fehlt. Supratemporale vorhanden.

Fam. *Colubridae*. Mit den Merkmalen der Sektion.

Aglyphodont (durchwegs mit soliden Zähnen, ohne Giftzähne): *Tropidonotus natrix* L., Ringelnatter. *T. tesselatus* LAUR., Würfelnatter. Europa, Westasien. *T. viperinus* LATR. Südwesteuropa. *Zamenis gemonensis* LAUR. (*viridiflavus* LAC.). Südeuropa, Westasien. *Coluber longissimus* LAUR. (*aesculapii* HOST), Äskulapnatter. Südeuropa, Österreich, Deutschland. *Coronella austriaca* LAUR., Glattnatter, ovovivipar. Europa, Westasien. *Dendrophis pictus* GM., Baumschlange. *Acrochordus javanicus* HORNST., Warzenschlange. Trop. Asien. *Dasypeltis scabra* L. Gebiß schwach, Speiseröhre von unteren Fortsätzen der 27 ersten Wirbel durchbohrt. Lebt von Vogeleiern, die durch die erwähnten Wirbelfortsätze geöffnet werden. Afrika.

Opisthoglyph (mit einem oder mehreren, meist stark verlängerten, gefurchten Giftzähnen zu hinterst im Oberkiefer): *Tarbophis fallax* FLEISCHM., Katzenschlange. Südosteuropa, Westasien. *Coelopeltis monspessulana* HERM. (*lacertina* WAGL.), Eidechsennatter. Mittelmeerländer. *Dryophis prasinus* BOIE, grüne Baumschlange. Trop. Asien. *Dipsadomorphus* (*Dipsas*) *dendrophilus* REINW. Sundainseln.

Proteroglyph (mit gefurchten Giftzähnen vorn im Oberkiefer, mitunter auch im Unterkiefer): *Naja tripudians* MERR., Brillenschlange. Mit brillenähnlicher Zeichnung auf der Dorsalseite des zu einer flachen Scheibe ausdehnbaren Halses. Trop. Asien. *N. haje* L., Schlange der Kleopatra. Afrika. *N. bungarus* SCHL. Größte Giftschlange. Südostasien. *N. nigricollis* RHDT., Speischlange. Trop. Afrika. *Bungarus fasciatus* SCHNEID. Südostasien. *Elaps corallinus* WIED, Korallenschlange. Südamerika (Abb. 1073). *E. fulvius* L. Nordamerika. *Acanthophis antarctica* SHAW, Stachelotter. Australien, Neuguinea. *Hydrus platurus* L. (*Pelamis bicolor* SCHNEID.). Mit seitlich kompressem Körper (Abb. 1074). *Platurus colubrinus* SCHNEID. Beide marine Schlangen. Ind. Paz. Ozean.

4. Sektion. *Amblycephalidiformia*. Oberkiefer horizontal, nach hinten gegen das Palatinum konvergierend. Das Pterygoideum weder das Quadratum noch den Unterkiefer erreichend. Schnecken fressende, baumlebende Dämmerungsschlangen mit großen Augen, ohne Kinnfurche.

Fam. *Amblycephalidae*. Mit den Merkmalen der Sektion. *Amblycephalus carinatus* BOIE. Java. *Leptognathus catesbyi* SENTZEN. *Dipsas bucephala* LAUR. Brasilien.

5. Sektion. *Solenoglypha*. Oberkiefer sehr kurz, vertikal an dem langen Transversum (Ectopterygoid) aufrichtbar, mit einem langen, hohlen, gekrümmten Giftzahn nebst Ersatzzähnen (Abb. 1070). Plump gebaute, vorwiegend nächtliche Giftschlangen mit triangulärem, meist beschupptem oder kleinbeschildertem Kopf und verhältnismäßig kurzem Schwanz. Schuppen gekielt.

Fam. *Viperidae*. Mit den Charakteren der Sektion. *Causus rhombeatus* LCHT. Trop. Afrika. *Vipera ursinii* BP., Spitzkopfotter. Niederösterreich, südl. Europa. *V. berus* L., Kreuzotter. Europa, Nordasien. *V. aspis* L. Südwestl. Europa. *V. ammodytes* L., Sandviper. Mit beschupptem, weichem Horn auf der Schnauze. Balkanhalbinsel, südl. Österreich, Westasien. *Bitis arietans* MERR., Puffotter. Trop. und südl. Afrika. *Cerastes cornutus* FORSK., Hornviper. Mit einem Horn über jedem Auge. Nordafrika, Syrien. *Echis carinata* SCHNEID., Efaschlange. Nordafrika bis Nordindien. Durch eine tiefe Grube (Abb. 1057) zwischen Nasenloch und Auge ausgezeichnet (Grubenottern): *Crotalus terrificus* LAUR. Nordamerika, Brasilien. *C. horridus* L. Nordamerika. Klapperschlangen. Mit aus differenzierten Hornschuppen hervorgegangener Klapper am Schwanzende. *Lachesis mutus* LAC. Central- und Südamerika. *Bothrops atrox* L., Lanzenschlange. Süd- und Centralamerika, Martinique. *B. jararaca* WIED. Südamerika. *Ancistrodon piscivorus* L., Wassermokassinschlange. Nordamerika. *A. halys* PALL. Südrußland, Mittelasien.

5. Klasse. Aves, Vögel[1].

Homöotherme befiederte Wirbeltiere mit vollständig in zwei Kammern und zwei Vorkammern getrenntem Herzen, mit zu Flügeln ausgebildeten Vorderextremitäten, eierlegend, Embryonen mit Amnion und Allantois.

---

[1] Außer TEMMINCK, BUFFON, V. BAER, REMAK vgl. TIEDEMANN, F.: Zoologie II, III. Anatomie und Naturgeschichte der Vögel. Heidelberg 1810—1814. — HUXLEY, T. H.: On the Classification of Birds. London 1867. — DRESSER, H. E.: A History of Birds of Europe. 8 Bde. London 1871—1881. Suppl. 1895—1896. — PALMÉN, J. A.: Über die Zugstraßen der Vögel. Leipzig 1876. — Catalogue of the Birds in the British Museum by SHARPE u. a. 27 Vols. London 1874—1895. — FÜRBRINGER, M.: Untersuchungen zur Morphologie und Systematik der Vögel. 2 Teile. Amsterdam 1888. — PARKER, W. K.: On the Morphology of the Duck and the Auk tribes. Irish Acad. **1890**. — PARKER, T. J.: Observations on the Anatomy and Development of Apteryx. Philosophic. Trans. roy. Soc. London **1891—1892**. — GADOW, H. u. E. SELENKA: Vögel. Bronns Klassen u. Ordn. des Tierreiches. Leipzig 1891—1893. — BEDDARD, F. E.: The Structure and Classification of Birds. London 1898. — HÄCKER, V.: Der Gesang der Vögel, seine anatomischen und biologischen Grundlagen. Jena 1900. — DUBOIS, A.: Synopsis Avium. Nouveau Manuel d'Ornithologie. Bruxelles. 2 Bde. 1899—1904. — NAUMANN, I. A.: Naturgeschichte der Vögel Mitteleuropas. 12 Bde., herausgeg. von C. HENNICKE, Gera-Untermhaus. — HARTERT, E.: Die Vögel der paläarktischen Fauna. 3 Bde. Berlin 1903—1922. — BREHMS Tierleben. Vögel. 4. Aufl. Leipzig 1911. — DUVAL, M.: Atlas d'Embryologie. Paris 1889. — NASSONOW, N.: Zur Entwicklungsgeschichte des afrikanischen Straußes. (Russ.). Arb. Zool. Kab. Univ. Warschau **1894—1896**. — SCHAFFER, J.: Über die Sperrvorrichtung an den Zehen der Vögel. Z. Zool.

Im Gegensatze zu den wechselwarmen Vertebraten besitzen Vögel und Säugetiere eine hohe Eigenwärme ihres Blutes, die sich trotz der wechselnden Temperatur des äußeren Mediums ziemlich konstant erhält. Die hohe Eigenwärme setzt eine größere Energie des Stoffwechsels voraus. Die Flächen sämtlicher vegetativer Organe, so Lunge, Niere und Darmkanal, besitzen bei den Warmblütern (homöothermen Tieren) einen relativ (bei gleichem Körpervolum) größeren Umfang als bei den Kaltblütern, die Verrichtungen der Verdauung, Blutbereitung, Circulation und Respiration steigern sich zu weit höherer Energie. Bei dem Bedürfnisse reichlicher Nahrung nehmen die Prozesse des vegetativen Lebens einen rascheren Verlauf, und wie zu ihrer eigenen Unterhaltung die hohe und gleichmäßige Temperatur des Blutes notwendige Bedingung ist, so erscheinen sie selbst als die Hauptquelle der erzeugten Wärme. Da die Wärmeverluste bei sinkender Temperatur des äußeren Mediums größer werden, so müssen sich die Verrichtungen der vegetativen Organe in der kälteren Jahreszeit und in nördlichen Klimaten bedeutend steigern.

Neben der stetigen Zufuhr neuer Wärmemengen kommt für die Erhaltung der konstanten Temperatur des Warmblüters noch ein zweites Moment in Betracht, der durch die Körperbedeckung verliehene Wärmeschutz. Während die wechselwarmen Wirbeltiere eine nackte oder bepanzerte Haut besitzen, tragen die Vögel und Säugetiere eine aus Federn und Haaren gebildete, mehr oder minder dichte Bekleidung, welche die Ausstrahlung der Wärme in hohem Grade beschränkt. Dagegen entwickeln die großen Wasserbewohner mit spärlicher Hautbekleidung unter der Cutis mächtige Fettlagen als wärmeschützende und zugleich hydrostatische Einrichtungen.

Überall besteht zwischen den Faktoren, welche die Wärmeableitung begünstigen, und den Bedingungen des Wärmeschutzes und der Wärmebildung ein Wechselverhältnis komplizierter Art, welches die Ausgleichung der verlorenen und gewonnenen Wärme zur Folge hat. Einige Säugetiere vermögen nur für beschränkte Grenzen der schwankenden Temperatur ihre Eigenwärme zu bewahren; dieselben erscheinen gewissermaßen als unvollkommen homöotherm und verfallen bei zu großer Abkühlung in einen Zustand fast bewegungsloser Ruhe und herabgestimmter Energie aller Lebensverrichtungen, in den sogenannten Winterschlaf. In der Klasse der Vögel, deren Organisationsverhältnisse und höhere Eigenwärme keine Unterbrechung oder Beschränkung der Lebensverrichtungen gestatten, finden wir kein Beispiel von Winterschläfern, dagegen haben die geflügelten Warmblüter über zahlreiche Mittel der Wärmeanpassung zu verfügen; insbesondere setzt sie die Schnelligkeit der Flugbewegung in den Stand, vor Beginn der kalten Jahreszeit ihre Wohnplätze zu verlassen und in nahrungsreichere

---

73 (1903). — FISCHER, G.: Vergleichend-anatomische Untersuchungen über den. Bronchialbaum der Vögel. Bibliotheca zoologica 45 (1905). — MASCHA, E.: Über die Schwungfedern. Z. Zool. 77 (1904). — ROTHSCHILD, W.: Extinct Birds. London 1907. — SCHULZE, FR. EILH.: Über die Luftsäcke der Vögel. Verh. VIII. Internat. Zool.-Kongr. 1911. — JUILLET, A.: Recherches etc. sur le poumon des Oiseaux. Archives de Zool. 1912. — EKMAN, S.: Sind die Zugstraßen der Vögel die ehemaligen Ausbreitungsstraßen der Arten? Zool. Jb. 33 (1912). — KNIESCHE, G., SPÖTTEL, W.: Über die Farben der Vogelfedern. Ebenda 38 (1914). — MÜLLER, B.: The Air-Sacs of the Pigeon. Smithson. Misc. Coll. 50 (1908). — CLARKE, W. E.: Studies in Bird Migration. London 1912. — STEINER, H.: Das Problem der Diastataxie des Vogelflügels. Jena. Z. Naturwiss. 55 (1907). — SPANNER, R.: Der Pfortaderkreislauf in der Vogelniere. Morph. Jb. 54 (1925). — WACHS, H.: Die Wanderungen der Vögel. Erg. Biol. 1 (1926). — HEINROTH, O. u. M.: Die Vögel Mitteleuropas, 3 Bde., Berlin 1924 bis 1928. — DÖRR, I. N.: Vogelzug und Mondlicht. Sitzgsber. Akad. Wien. 1932. — Vgl. außerdem die Arbeiten von JOH. MÜLLER, SAPPEY, CAMPANA, KÖLLIKER, NITZSCH, STRASSER, SUSCHKIN, PYCRAFT, MITCHELL, MENZBIER, BURI, SWENANDER, SHUFELDT, CORDS, SCHAUINSLAND, DIXON, H. RABL, BOTEZAT, FRANZ, REICHENOW, DEFANT, LUCANUS, PORSCH u. a.

wärmere Gegenden zu ziehen. Die gemeinsamen, über weite Länderstrecken ausgedehnten Wanderungen der Zugvögel treten gewissermaßen an die Stelle des ausfallenden Winterschlafes; bei den Säugetieren, deren Organisation einen Winterschlaf zuläßt, sind den Zügen der Vögel vergleichbare Wanderungen außerordentlich selten.

Die wesentlichste Eigentümlichkeit der Vögel, auf welche sich eine Reihe von Charakteren sowohl der äußeren Erscheinung als der inneren Organisation zurückführen läßt, ist die Flugfähigkeit. Dieselbe bedingt im Zusammenhang mit diesen Charakteren sowohl den scharfen Abschluß, als auch die verhältnismäßig große Einförmigkeit dieser Wirbeltierklasse, welche in der gegenwärtigen Lebewelt ohne Verbindungsglieder dasteht. Dagegen sind aus dem Solnhofener lithographischen Schiefer Reste (*Archaeopteryx lithographica*) von Tieren (*Saururae*) bekannt geworden, bei denen Charaktere der echten Vögel (*Ornithurae*) mit solchen der Eidechsen vereinigt erscheinen (Abb. 313). Für dieselben ist in erster Linie der Besitz eines langen, aus 20 Wirbeln bestehenden Schwanzteiles der Wirbelsäule charakteristisch, an welchem die Federn zweizeilig angeordnet waren, so daß je ein Paar einem Wirbel angehörte; Hals- und Rückenwirbel waren amphicöl. Der Kopf war ein Vogelkopf und trug im Ober-, Zwischen- und Unterkiefer Zähne. Die hintere Extremität hatte den Bau des Vogellaufes, die Hand jedoch nicht die Umbildung wie bei den Vögeln erfahren, sondern bestand aus drei mit Krallen bewaffneten, noch frei beweglichen Fingern, ohne Verwachsung der Mittelhandknochen. Leider konnte über das Verhalten des Brustbeines nichts Sicheres ermittelt werden. Dazu kamen noch wesentliche Besonderheiten in der Gestaltung des Rumpf- und Beckenskelets. Die Rippen waren sehr schwach und ohne Processus uncinati. Auch waren feine Bauchrippen vorhanden. Das Sacrum umfaßte nur 5—6 Wirbel, zu denen noch zwei freie Lendenwirbel hinzukamen. Die vordere Extremität war noch neben der hinteren zur Bewegung am Boden und zum Klettern verwendet, und der Flug muß ein unbeholfener Flatterflug gewesen sein, der leicht in einen Fallschirmflug überging (STELLWAAG).

Wohl ist es sicher, daß die *Saururae* eine den *Ornithurae* nahestehende Vogelgruppe vorstellen; indessen ist doch, nach den bisher bekannt gewordenen Befunden von *Archaeopteryx* zu schließen, der Gegensatz beider Abteilungen ein recht bedeutender und es ist keineswegs erwiesen, daß die ersteren ein direktes Glied in der Stammesentwicklung der Ornithuren repräsentieren. Die Besonderheiten in der hohen Spezialisierung von Flügel und Schwanz im Zusammenhang mit zahlreichen anderen Eigentümlichkeiten des Skelets machen es wahrscheinlich, daß die *Saururae* eine inadaptive Seitenlinie des Vogelstammes repräsentieren.

Die gesamte Körpergestalt des Vogels entspricht den beiden Hauptformen der Bewegung, dem durch die vordere Extremität vermittelten Fluge und dem ausschließlich durch das hintere Gliedmaßenpaar bewirkten Gehen und Hüpfen auf dem Erdboden. Bei dieser letzteren Bewegung stützt sich der eiförmige Rumpf in schräg horizontaler Lage auf die beiden säulenartig erhobenen hinteren Extremitäten, deren Fußfläche einen verhältnismäßig umfangreichen Raum umspannt. Nach hinten setzt sich der Rumpf in einen kurzen rudimentären Schwanz fort, dessen letztes Wirbelstück einer Gruppe von steifen Steuer- oder Schwanzfedern zur Stütze dient, nach vorne in einen langen beweglichen Hals, auf welchem ein leichter rundlicher Kopf mit vorstehendem hornigen Schnabel balanciert. Die Flügel liegen in der Ruhe zusammengefaltet den Seitenteilen des Rumpfes an.

Wie in der besonderen Gestaltung sämtlicher Organsysteme Beziehungen zur Erleichterung der fortzubewegenden Körpermasse nachzuweisen sind, so erscheint besonders für den Bau des Knochengerüstes die Herabsetzung des Gewichtes maßgebend. Dieselbe wird erreicht durch die *Pneumaticität*. Die Knochen enthalten

Lufträume, welche durch Öffnungen der überaus dichten und festen, aber auf eine verhältnismäßig dünne Lage beschränkten Knochensubstanz mit den Luftsäcken des Körpers communizieren. Die Pneumaticität ist bei denjenigen Vögeln am höchsten ausgebildet, welche mit einem raschen und ausdauernden Flugvermögen eine bedeutende Größe verbinden (Albatros, Nashornvögel, Pelikan); hier erscheinen sämtliche Knochen mit Ausnahme der Jochbeine und des Schulterblattes pneumatisch; im Gegensatze hierzu kann bei kleinen guten Fliegern die Pneumaticität sehr beschränkt sein (*Sterna, Larus*); beim Strauß, Kasuar usw., welche das Flugvermögen verloren haben, sind die meisten Knochen mit Mark gefüllt.

Am Kopfe (Abb. 1075) verwachsen die Schädelknochen, die Strauße u. a. ausgenommen, sehr frühzeitig zur Bildung einer leichten und festen Schädelkapsel, welche mittelst eines einfachen Condylus auf dem Atlas articuliert. *Squamosum* und Felsenbein (*Prooticum, Epioticum, Opisthoticum*) verschmelzen zu einem einzigen, mit dem *Occipitale* vereinigten Knochen, an welchem sich das Quadratbein einlenkt. An der Bildung der Schädeldecke beteiligen sich die *Parietalia*, sowie vornehmlich die umfangreichen *Frontalia*, welche

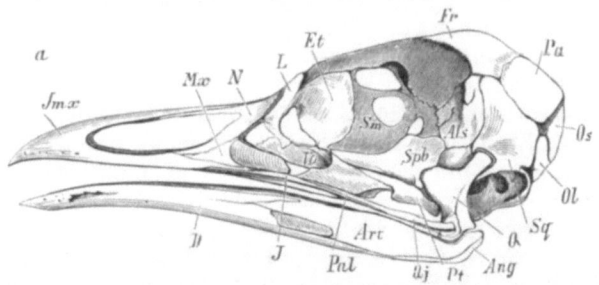
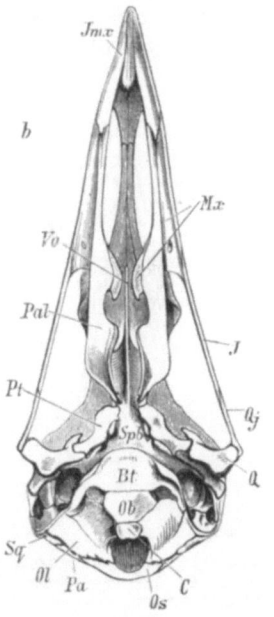

Abb. 1075. Schädel einer jungen *Otis tarda*, a von der Seite, b von unten gesehen. *Ob* Basioccipitale, *C* Condylus, *Ol* Occipitale laterale, *Os* O. superius, *Sq* Squamosum, *Bt* Parasphenoideum (Basitemporale), *Spb* Basisphenoideum mit vorderem Parasphenoideumteil, *Als* Alisphenoideum, *Sm* Septum interorbitale, *Et* Ethmoideum impar, *Pa* Parietale, *Fr* Frontale, *Mx* Maxillare, *Jmx* Intermaxillare, *N* Nasale, *L* Lacrimale, *J* Jugale, *Qj* Quadratojugale, *Q* Quadratum, *Pt* Pterygoideum, *Pal* Palatinum, *Vo* Vomer, *D* Dentale, *Art* Articulare, *Ang* Angulare.

beinahe den ganzen oberen Rand der großen, bei den Papageien durch einen unteren Ring geschlossenen Augenhöhlen begrenzen. Ein selbständiges *Lacrimale* tritt am vorderen Rande der Orbita auf. Ethmoidalregion und Schädelkapsel sind durch ein ansehnliches interorbitales Septum weit getrennt. Das letztere, zuweilen noch mit Resten der verschmolzenen Orbitosphenoide, bleibt häufig in seiner mittleren Partie häutig und ruht auf einem langgestreckten, dem *Basisphenoideum* entsprechenden Knochenstab. Mit demselben ist das *Parasphenoideum* verwachsen, das aus einer vorderen und zwei hinteren (*Basitemporalia*) Anlagen hervorgeht. Überall treten selbständige *Alisphenoids* auf. Die Siebbeinregion besteht aus einem in der Verlängerung des Septum interorbitale gelegenen, vertikal stehenden *Ethmoideum impar* und seitlichen, die Augen- und Nasenhöhlen trennenden *Praefrontalia* (*Ethmoidalia lateralia*). Vor ihnen entwickeln sich die beiden Nasenhöhlen mit ihrem knöchernen oder knorpeligen Septum, das, in der Verlängerung des unpaaren Siebbeinabschnittes gelegen, jederseits einer aufgerollten, zuweilen auch am *Vomer* befestigten Muschel (*Concha*) Ansatz gewährt. Die Gesichtsknochen vereinigen sich zur Herstellung eines weit vorragenden, mit Hornrändern bekleideten Schnabels, der mit dem Schädel mehrfach in beweglicher Verbindung steht. Das Suspensorium des Unterkiefers und der Oberkiefer-Gaumenapparat verschieben sich mittelst besonderer Gelenkeinrichtungen am Schläfenbein und an entsprechenden Fortsätzen des Basisphenoids (Streptostylie). Das am Schläfenbein eingelenkte *Quadratum* bildet außer der Gelenkfläche des Unterschnabels bewegliche Verbindungen sowohl mit dem langen stabförmigen Jochbein durch das *Quadratojugale* (*Paraquadratum*), als mit dem meist griffelförmigen, schräg nach innen verlaufenden Flügelbeine (*Pterygoideum*), während die Basis des Oberschnabels unterhalb des Stirnbeines eine dünne elastische Stelle zeigt oder von dem Stirnbein durch eine quere bewegliche Naht abgesetzt ist. Bewegt sich beim Öffnen des Schnabels der Unterschnabel abwärts, so wird der auf das Quadratbein ausgeübte Druck zunächst auf die stabförmigen Jochbeine und Flügelbeine übertragen, von diesen aber pflanzt er sich teils direkt, teils vermittelst der Gaumenbeine (*Palatina*) auf den Oberschnabel fort, so daß sich der letztere mehr oder minder emporrichten muß. Den größten Teil des Oberschnabels bildet der unpaare Zwischenkiefer, mit dessen seitlichen Schenkeln die Oberkieferknochen verwachsen, während ein mittlerer oberer Fortsatz zwischen den Nasenöffnungen aufsteigt und sich an der inneren Seite der Nasenbeine mit dem Stirnbein verbindet. Am Unterkiefer sind beide Äste in Symphyse verschmolzen.

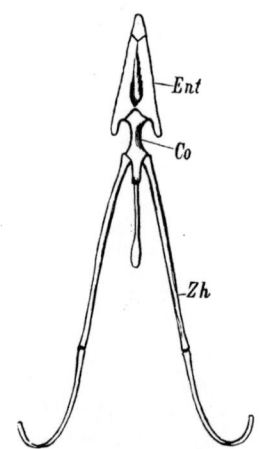

Abb. 1076. Zungenbein von *Corvus cornix*. *Co* Zungenbeinkörper, *Zh* Zungenbeinhorn, *Ent* Os entoglossum.

Das Zungenbein (Abb. 1076) läuft in einen hinteren Stab aus. Seine Hörner sind meist zweigliedrig und entbehren der Verbindung mit dem Schädel, erstrecken sich aber zuweilen bogenförmig gekrümmt über den Schädel bis zur Stirn (Specht); dann wird durch sie in Verbindung mit der Muskulatur ihrer Scheide ein Mechanismus (Federdruck) zum Vorschnellen der Zunge hergestellt.

An der *Wirbelsäule* (Abb. 1077) unterscheidet man eine sehr lange bewegliche Halsregion, eine feste starre Rücken- und Beckenregion und einen rudimentären, nur wenig beweglichen Schwanz. Die Sonderung von Brust- und Lendengegend wird bei den Vögeln vermißt, da sämtliche Rückenwirbel Rippen tragen und die der Lendengegend entsprechende Region mit in die Bildung des Kreuzbeines einbezogen ist. Auch erscheint die Hals- und Brustgegend nicht scharf abgegrenzt, indem die Halswirbel wie bei den Krokodilen Rippen besitzen, welche mit den Querfortsätzen unter Bildung eines Foramen transversarium verschmelzen. Der lange und überaus frei bewegliche Hals enthält 9—23 Wirbel (Schwan), welche durch Sattelgelenke der Wirbelkörper untereinander verbunden sind; die ersten zwei Halswirbel sind als Atlas und Epistropheus besonders ausgebildet. Die kürzeren, durch Bandscheiben verbundenen Brustwirbel bleiben stets auf eine geringere Zahl (5—10) beschränkt, haben mediane untere Fortsätze (Hypapophysen) und tragen sämtlich (obere) Rippen, an deren unterem Ende sich unter einem nach hinten vorspringenden Winkel in gelenkiger Verbindung *Sternocostal*-Knochen anheften, welche andererseits an dem Brustbeinrande articulieren und bei ihrer Streckung das Brustbein von der Wirbelsäule entfernen; außerdem legen sich aber die Rippen durch hintere Fortsätze (*Processus uncinati*) fest aneinander an. Das Brustbein ist ein breiter und flacher Knochen, welcher nicht nur die Brust, sondern auch einen großen Teil des Bauches bedeckt und sich in einen kielförmigen Kamm zum Ansatze der Flugmuskeln fortsetzt (*Carinatae*). Nur da, wo die Flugbewegung zurücktritt oder ganz verschwindet, verkümmert dieser Kamm des

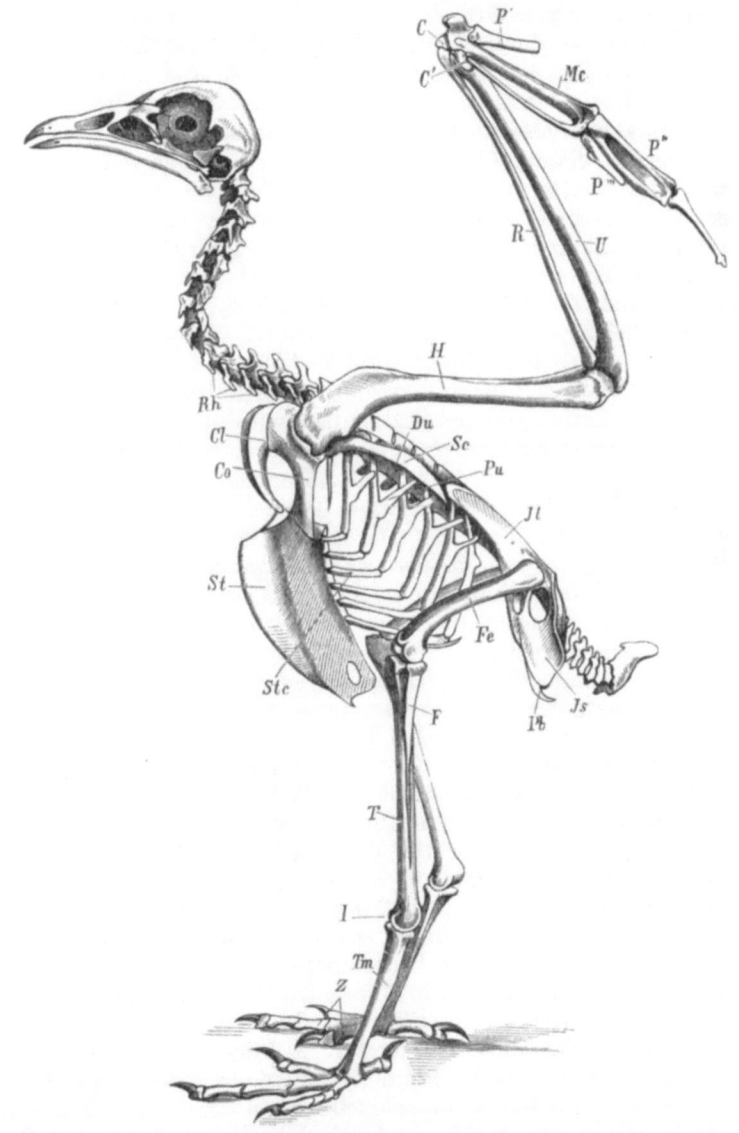

Abb. 1077. Skelet von *Neophron percnopterus*. *Rh* Halsrippen, *Du* Hypapophysen der Brustwirbel, *Cl* Clavicula, *Co* Coracoideum, *Sc* Scapula, *St* Sternum, *Stc* Sternocostalia, *Pu* Processus uncinati der Brustrippen, *Jl* Os ilium, *Js* Os ischii, *Pb* Os pubis, *H* Humerus, *R* Radius, *U* Ulna, *C, C'* Carpus, *Mc* Metacarpus, *P', P'', P'''* Phalangen der drei Finger, *Fe* Femur, zwischen seinen Epicondylen ist die Kniescheibe (Patella) sichtbar, *T* Tarsotibia, *F* Fibula, *Tm* Tarso-Metatarsus, *I* Intertarsalgelenk, *Z* Zehen.

Brustbeins bis zum gänzlichen Schwunde (*Ratitae*). Auf die Brustwirbel folgt ein ziemlich umfangreicher Abschnitt der Wirbelsäule, welcher der Lendenregion, Kreuzbeingegend und einem Abschnitt der Caudalregion entspricht, aber durch die Verschmelzung zahlreicher Wirbel sowohl untereinander als mit den langen

Darmbeinen des Beckens die Charaktere des Kreuzbeines zeigt. In dem sehr langgestreckten, an 16—20 Wirbel in sich fassenden Sacrum läßt sich nämlich ein Lumbarteil (Präsacralwirbel) nachweisen, in den meist noch einige hintere Brustwirbel einbezogen sind. Dann folgt das eigentliche, aus zwei den Sacralwirbeln der Reptilien gleichwertigen Wirbeln gebildete Sacrum, welches in der Nähe der Pfanne des Hüftgelenks durch Seitenfortsätze (mit eingeschmolzenen Rippen) die Hauptstütze des Beckens bildet (*Acetabularwirbel*), und endlich ein aus den vorderen Caudalwirbeln hervorgegangener postsacraler Abschnitt. Der nun folgende kurze Schwanzteil besteht in der Regel aus sechs beweglichen Wirbeln und endet (die *Kasuare*, *Rheae*, *Kiwis* und *Tinamidae* ausgenommen) mit einem in eine senkrechte Platte erhobenen größeren Knochen, an welchen sich die Muskeln zur Bewegung der Steuerfedern des Schwanzes anheften. Dieser hohe pflugscharähnliche Endknochen (*Pygostyl*) ist aus 4—6 Wirbeln entstanden, so daß die Reduktion der Schwanzwirbelzahl den ausgestorbenen, mit langem Schwanz versehenen *Saururae* (*Archaeopteryx*) gegenüber keineswegs so beträchtlich ist.

Die Eigentümlichkeiten der vorderen Extremität stehen mit der Umbildung dieser zum Flügel im Zusammenhang. Ihre Verbindung mit dem Thorax ist eine überaus feste, da Flugorgane, deren Bewegung einen großen Aufwand von Muskelkraft voraussetzt, die erforderlichen Stützpunkte am Rumpfe bedürfen. Während die *Scapula* als langer sichelförmiger Knochen der Rückenseite des Brustkorbes aufliegt, erscheinen die Schlüsselbeine und Rabenbeine als säulenartige Stützen des Schultergelenkes am Sternum befestigt. Die beiden Schlüsselbeine sind zum Gabelknochen verwachsen (*Furcula*). Die Extremität besteht aus einem kurzen *Humerus*, einem längeren, aus *Radius* und *Ulna* gebildeten Unterarm und der reduzierten Hand. Diese enthält nur zwei Carpalknochen, ein verlängertes, aus drei verschmolzenen Metacarpalknochen gebildetes Mittelhandstück und drei Finger, den die sogenannte Alula (Afterflügel) tragenden Daumen, einen zweiten großen mittleren und einen kleinen dritten Finger. Oberarm, Unterarm und Hand legen sich im Zustande der Ruhe so aneinander, daß der Oberarm nach hinten, der längere Unterarm ziemlich parallel nach vorne gerichtet ist und die Hand wieder nach hinten umbiegt.

Der Gürtel der hinteren Extremität erscheint als langgestrecktes, mit einer großen Zahl von Wirbeln verbundenes Becken, welches mit Ausnahme des zweizehigen Straußes ohne Symphyse der Schambeine bleibt. Der kurze kräftige Oberschenkel ist schräg horizontal nach vorne gerichtet und zwischen Fleisch und Federn am Bauch verborgen, so daß das Kniegelenk äußerlich nicht sichtbar wird. Eine Kniescheibe (*Patella*) findet sich mit seltenen Ausnahmen. Der um vieles längere und umfangreichere Unterschenkel entspricht vorzugsweise dem Schienbeine, das mit dem proximalen Abschnitte des Tarsus zu einer *Tarsotibia* verschmolzen ist. Das Wadenbein (*Fibula*) bleibt als griffelförmiger Knochen an der äußeren Seite der Tarsotibia rudimentär. Auf den Unterschenkel folgt noch ein langer, nach vorne gerichteter Röhrenknochen, der *Lauf* (*Tarso-Metatarsus*), welcher aus den verschmolzenen Fußwurzelknochen der distalen Reihe und den *Metatarsalia* II—IV entstanden ist und bei einer überaus variablen Größe die Länge des Beines bestimmt. An seinem unteren Ende spaltet er sich in drei mit Gelenkrollen versehene Fortsätze für den Ansatz von ebensoviel (2., 3., 4.) Zehen, zeigt aber überall da, wo noch eine 1. Zehe vorhanden ist, am Innenrande ein kleines gesondertes *Metatarsale I*, an welches sich diese 1. (innere) Zehe anschließt. Die drei oder vier, bei *Struthio* auf zwei (3. und 4.) reduzierten Zehen bestehen aus mehreren Phalangen, deren Zahl von innen nach außen in der Art zunimmt, daß die erste Zehe zwei, die vierte (äußere) Zehe fünf Glieder besitzt. Die 5. Zehe fehlt stets.

Im Zusammenhange mit dem Flugvermögen ist die Brustmuskulatur (vorwiegend der *Pectoralis major*) mächtig entwickelt. Auch verdient eine eigentümliche Muskeleinrichtung an der hinteren Extremität erwähnt zu werden, der zufolge die Zehen des Vogels im Sitzen mechanisch gebeugt sind, wozu eine an den Sehnen der Zehenbeuger entwickelte Sperrvorrichtung hinzukommt, die in Knorpelhöckern besteht, zwischen welche Sperrschneiden der Sehnenscheide eingreifen.

Der wichtigste Charakter in der äußeren Erscheinung des Vogels ist die *Federbekleidung*. Nur an wenigen Stellen bleibt die bei den Vögeln dünne Haut nackt, so am Schnabel und an den Zehen, sodann meist am Laufe, zuweilen auch am Halse (Geier) und selbst am Bauche (Strauß), sowie an fleischigen Hautauswüchsen des Kopfes und des Halses (Hühnervögel, Geier). Während die nackte Haut am Schnabelgrunde als sogenannte Wachshaut (*Ceroma*) weich bleibt, verhornt sie gewöhnlich an den Schnabelrändern, die nur ausnahmsweise weich sind (Enten, Schnepfen) und dann überaus nervenreich als feines Tastorgan dienen. In gleicher Weise verhornt die Haut an den Zehen und am Laufe zur Bildung einer festen, zuweilen körnigen, häufiger in Schuppen, Schilder und Schienen gegliederten Horndecke, die systematisch wichtige Kennzeichen abgeben kann. Bildet dieselbe eine lange, zusammenhängende Hornscheide an der Vorderfläche und an den Seiten des Laufes, so heißt der Lauf „*gestiefelt*" (Singvögel). Als besondere Horngebilde sind die Nägel an den Zehen, ferner die sogenannten Sporen am hinteren und inneren Rande des Laufes bei männlichen Hühnervögeln, sowie zuweilen an der Hand (*Struthio, Casuarii*, Kiwi, *Parra*, Wehrvogel usw.) (Abb. 1095), meist am Daumengliede des Flügels hervorzuheben.

Die Federn der Vögel entsprechen den Schuppen der Reptilien und entstehen gleich diesen in ihrer ersten Anlage als Erhebungen der Haut, welche sich mit ihrer Basis in Follikel einsenken. Im Grunde der Einstülpung (Balg) findet sich dann eine gefäßreiche Hautpapille, deren Epithelbelag unter lebhafter Wucherung die Anlage der Feder bildet, welcher die epidermoidale Auskleidung des Follikels von außen als Scheide anliegt. An der Feder unterscheidet man den Achsenteil, Stamm oder Kiel (*Scapus*), mit Spule (*Calamus*) und Schaft (*Rhachis*) von der Fahne. Die drehrunde hohle Spule steckt in der Haut und umschließt durch Luftschichten getrennte kappenförmige Hornbildungen (Seele), der viereckige Schaft ist der vorstehende markhaltige Teil des Kieles, dessen Seiten zahlreiche, schräg aufwärts steigende Äste tragen, die mit ihren Nebenästen die Fahne (*Vexillum*) zusammensetzen. Über die untere, etwas konkave Seite des Schaftes zieht sich von dem Ende der Spule bis zur Spitze eine tiefe Längsrinne hin, in deren Grunde eine zweite Feder, der Afterschaft (*Hyporhachis*), entspringt, welcher ebenso wie der Hauptschaft zweizeilig angeordnete Äste entsendet, aber nur selten (Kasuar) die Länge des Hauptschaftes erreicht, häufiger dagegen (Schwung- und Steuerfedern) vollständig ausfällt. Die Äste (*Rami*) entsenden zweizeilig angeordnete Nebenstrahlen (*Radii*), von denen wiederum (wenigstens an den distalen Reihen) Wimpern und Häkchen ausgehen können, welche durch ihr gegenseitiges Ineinandergreifen den festen Zusammenhang der Fahne herstellen. Nach der Beschaffenheit des Stammes und der Äste unterscheidet man *Konturfedern* (*Pennae*) mit steifem Schaft und fester Fahne, *Dunen* (*Plumae*), mit schlaffem Schaft und schlaffer Fahne, deren Äste rundliche oder knotige, der Häkchen entbehrende Strahlen tragen, endlich *Fadenfedern* (*Filoplumae*) mit dünnem borstenartigen Schaft, an dem die Fahne verkümmert oder fehlt. Die ersteren bestimmen die äußeren Umrisse des Gefieders und erlangen als Schwungfedern in den Flügeln und als Steuerfedern im Schwanze den bedeutendsten Umfang. Die Dunen bilden in der Tiefe des Gefieders, von den Konturfedern bedeckt, die wärmeschützende Decke. Die Fadenfedern dagegen finden sich mehr zwischen den Konturfedern verteilt und erlangen am Mundwinkel das Aussehen steifer Borsten (*Vibrissae*). Übrigens gibt es zwischen diesen Hauptformen von Federn zahlreiche Übergangsformen. Im Herbste findet ein vollständiger Federwechsel statt (*Herbstmauser*), wogegen die *Frühlingsmauser*, durch welche der Vogel sein *Hochzeitskleid* erhält, nur selten mit einer vollständigen Neubildung des Gefieders verbunden ist, in der Regel nur auf einer Verfärbung (wahrscheinlich chemischen Veränderung des vorhandenen Pigmentes) des Gefieders und wohl auch auf einer mechanischen Abstoßung gewisser Federteile beruht. Von Hautdrüsen findet sich meist oberhalb der letzten Schwanzwirbel eine zweilappige Drüse mit einfacher Ausführungsöffnung, die sogenannte *Bürzeldrüse*, deren schmieriges Secret zum Einölen der Federn dient. Die Federn können durch besondere Muskeln der Haut (Arrectores plumarum) aufgerichtet (gesträubt) werden.

Nur selten (*Struthio, Dromaeus, Apteryx, Aptenodytes*) breitet sich die Federbekleidung ununterbrochen über die gesamte Körperhaut aus, meist sind die Konturfedern in Reihen, sogenannten Federfluren (*Pterylae*) angeordnet, zwischen denen nackte (oder wenigstens nur mit Dunen besetzte) Felder, sogenannte Raine (*Apteria*) bleiben (Abb. 1078). Die Form und Verteilung dieser Felder bietet systematisch verwendbare Modifikationen.

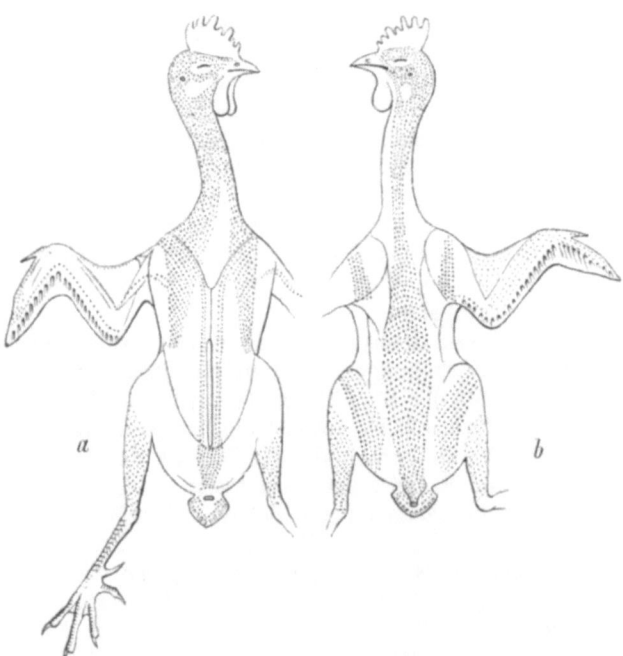

Abb. 1078. Pterylen und Apterien von *Gallus ferrugineus* (*bankiva*). (Nach NITZSCH.) a Bauchseite, b Rückenseite.

Die Gruppierung der Federn an den Vordergliedmaßen und am Schwanze bedingt die Verwendbarkeit jener als Flügel und des Schwanzes als Steuer. Der Flügel stellt gewissermaßen einen in zwei Gelenken, dem Ellbogen und Handgelenk, faltbaren Doppelfächer dar, dessen Fläche durch die großen Schwungfedern an der Unterseite von Hand und Unterarm, zum Teil aber auch durch besondere Hautsäume zwischen Rumpf und Oberarm und zwischen Oberarm und Unterarm gewonnen wird. Der untere Hautsaum erscheint für die Verbindung des Flügels am Rumpfe wichtig, die obere Flughaut dagegen erhält durch ein elastisches Band, welches sich an ihrem äußeren Rande zwischen Schulter- und Handgelenk ausspannt, eine Beziehung zu dem Mechanismus der Flügelentfaltung, indem das Band bei der Streckung des Vorderarmes einen Zug auf die Daumenseite des Handgelenkes ausübt und die gleichzeitige Streckung der Hand veranlaßt. Die großen Schwungfedern (*Remiges*) heften sich längs des unteren Randes von Hand und Unterarm an, und zwar in der Regel zehn Handschwingen oder Schwungfedern erster Ordnung von der Flügelspitze bis zum Handgelenk der Flügelbeuge, und eine meist beträchtlichere variable Zahl kleinerer Armschwingen oder Schwungfedern zweiter Ordnung am Unterarm bis zum Ellbogengelenk (Abb. 1079). Sämtliche Schwingen werden am Grunde von kürzeren Federn überdeckt, welche in dachziegelartig übereinanderliegenden regelmäßigen Reihen als Deckfedern (*Tectrices*) den Schluß der Flugfläche herstellen. Bei einer großen Zahl von Vögeln fehlt jedoch in der 5. Federnreihe des Unterarmes die Schwungfeder, ein Verhältnis, das als *Diastataxie* oder Aquintocubitalismus des Vogelflügels bezeichnet wurde. Eine Anzahl von Deckfedern am oberen Ende des Oberarmes bezeichnet man als Schulterfittich (*Parapterum*) und einige dem Daumengliede angeheftete (zuweilen durch einen Sporn vertretene) Federn als Afterflügel (*Alula*). In einzelnen Fällen kann der Flügel so weit verkümmern, daß das Flugvermögen überhaupt verloren geht, ein Verhältnis, das wir sowohl bei einzelnen Lauf- und Landvögeln (Riesenvögeln, Kiwi, Strauß, Kasuare, Rheae), als bei gewissen Wasservögeln antreffen, wie bei den Pinguinen, deren flossenähnliche Flügel als Ruderorgane dienen.

Die großen Konturfedern des Schwanzes heißen Steuerfedern (*Rectrices*), weil sie während des Fluges zur Steuerung der Bewegung benützt werden. Gewöhnlich finden sich 12 (zuweilen 10 oder 20 und mehr) Steuerfedern in der Art am hinteren Schwanzwirbel befestigt, daß sie sowohl einzeln bewegt und fächerförmig nach den Seiten entfaltet als in toto emporgehoben und gesenkt werden können. Die Wurzeln der Steuerfedern sind von zahlreichen Deckfedern umgeben, die in einzelnen Fällen eine außergewöhnliche Form und Größe erlangen und als Schmuckfedern eine Zierde des Vogels bilden (Pfau). Fällt das Flugvermögen hinweg, so verliert auch der Schwanz seine Bedeutung als Steuer, die Steuerfedern verkümmern oder fallen vollständig aus. Immerhin aber können in solchen Fällen einzelne Deckfedern als Zier- und Schmuckfedern eine ansehnliche Größe erlangen.

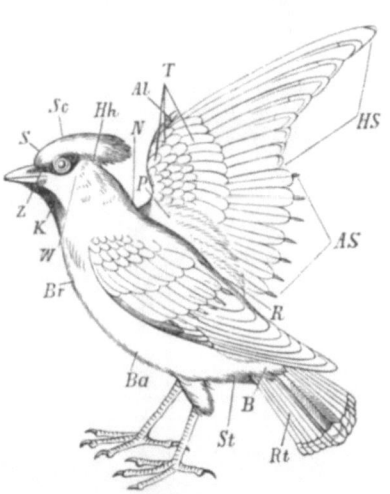

Abb. 1079. Das Gefieder und die Regionenbezeichnung desselben von *Ampelis* (*Bombycilla*) *garrulus*. (Nach REICHENBACH, etwas modificiert.) *S* Stirn, *Sc* Scheitel, *Hh* Hinterhaupt, *Z* Zügel, *W* Wange, *N* Nacken, *R* Rücken, *K* Kehle, *Br* Brust, *Ba* Bauch, *St* Steiß, *B* Schwanzdecke (Bürzel), *Rt* Schwanz, mit den Steuerfedern (Rectrices), *HS* Handschwingen, *AS* Armschwingen, *T* Deckfedern (Tectrices), *P* Schulterfittig (Parapterum), *Al* Eck- oder Afterflügel (Alula).

Die Hintergliedmaßen, welche vornehmlich die Bewegung des Vogels auf festem Boden vermitteln, zeigen nach der besonderen Bewegungsart des Vogels zahlreiche Verschiedenheiten. Zunächst unterscheidet man *Gangbeine* (*Pedes gradarii*) und *Watbeine* (*P. vadantes*) (Abb. 1080). Die ersteren sind weit vollständiger befiedert und wenigstens bis zum Fersengelenk mit Federn bedeckt, variieren aber mannigfach. An denselben unterscheidet man *Klammerfüße* (*P. adhamantes*) mit vier nach vorn gerichteten Zehen (*Cypselus*); *Kletterfüße* (*P. scansorii*), zwei Zehen sind nach vorn und zwei nach hinten gerichtet (*Picus*); *Spaltfüße* (*P. fissi*), drei Zehen nach vorn, eine nach hinten gerichtet, die Vorderzehen bis zum Grunde frei (*Tauben*); *Wandelfüße* (*P. ambulatorii*), drei Zehen nach vorn, die Innenzehe nach hinten gerichtet, Mittel- und Außenzehe am Grunde verwachsen (*Turdus*); *Schreitfüße* (*P. gressorii*), die Innenzehe steht nach hinten, von den drei nach vorn gerichteten Zehen sind Mittel- und Außenzehe bis über die Mitte verwachsen (*Alcedo*); *Sitzfüße* (*P. insidentes*), die Innenzehe steht nach hinten, die drei nach vorn gerichteten Zehen sind durch eine kurze Bindehaut verbunden (*Phasianus*, *Falco*). Zuweilen kann die äußere oder innere Zehe nach vorn und hinten gewendet werden; im ersteren Falle sind es Kletterfüße mit äußerer (*Cuculus*), im letzteren (*Colius*) Klammerfüße mit innerer Wendezehe. Gegenüber den Gangbeinen charakterisieren sich die Watbeine durch die teilweise oder völlig nackten,

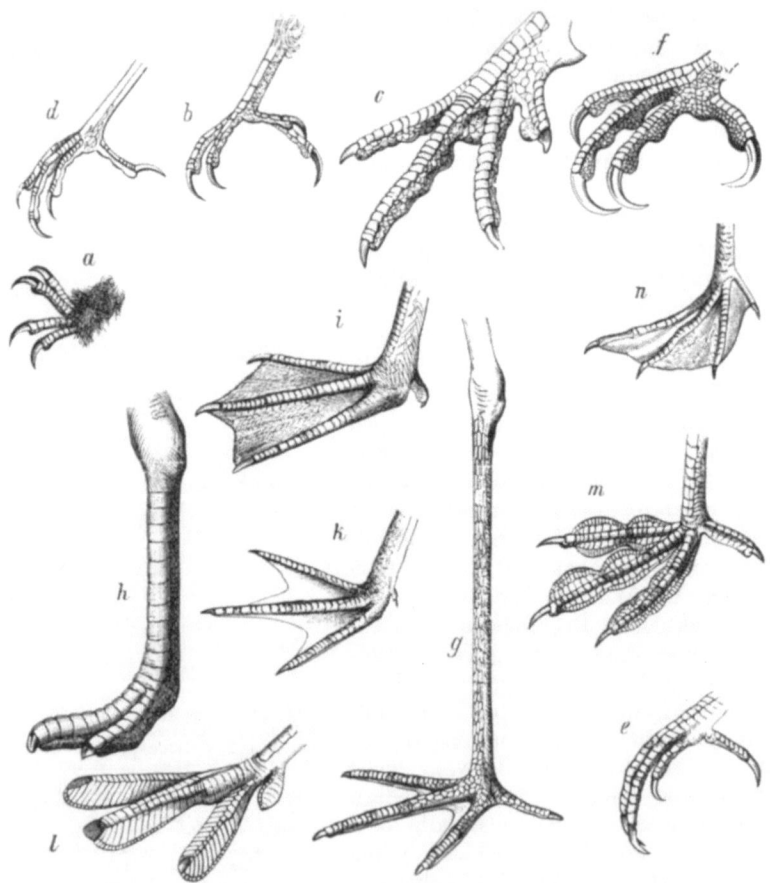

Abb. 1080. Die wichtigsten Fußformen der Vögel (b, c, d, f, n aus règne animal). a Pes adhamans von *Cypselus apus*, b P. scansorius von *Dendropicus cardinalis* (*Picus capensis*), c P. insidens von *Phasianus colchicus*, d P. ambulatorius von *Merula* (*Turdus*) *torquata*, e P. gressorius von *Alcedo ispida*, f P. insidens von *Falco biarmicus*, g P. colligatus von *Ephippiorhynchus* (*Mycteria*) *senegalensis*, h P. cursorius von *Struthio camelus*, i P. palmatus von *Merganser* (*Mergus*) *merganser*, k P. semipalmatus von *Recurvirostra avocetta*, l P. fissipalmatus von *Podicipes cristatus*, m P. lobatus von *Fulica atra*, n P. steganus von *Phaëton aethereus*.

unbefiederten Schienbeine; sie finden sich vornehmlich bei den Wasservögeln, unter denen die Sumpf- und Watvögel Watbeine mit sehr verlängertem Lauf, sogenannte *Stelzfüße* (*P. grallarii*), besitzen. An diesen letzteren unterscheidet man *geheftete Füße* (*P. colligati*), wenn die Vorderzehen an ihrer Wurzel durch eine kurze Haut verbunden sind (*Ciconia*); *halbgeheftete Füße* (*P. semicolligati*), wenn sich diese Hautverbindung auf Mittel- und Außenzehe beschränkt (*Limosa*). Als *Lauffüße* (*P. cursorii*) bezeichnet man kräftige Stelzfüße ohne Hinterzehe mit drei (*Rhea*) oder zwei (*Struthio*) starken Vorderzehen. Die kurzen Watbeine der *Ste-*

ganopodes, Pygopodes, Lamellirostres, Lari u. a., aber auch die längeren Beine der Sumpfvögel stellen sich mit Rücksicht auf die Fußbildung dar als: *Schwimmfüße* (*P. palmati*), wenn die drei nach vorne gerichteten Zehen bis an die Spitze durch eine ungeteilte Schwimmhaut verbunden sind (*Anas*); *Halbschwimmfüße* (*P. semipalmati*), wenn die Schwimmhaut nur bis zur Mitte der Zehen reicht (*Recurvirostra*); *Spaltschwimmfüße* (*P. fissipalmati*), wenn ein ganzrandiger Hautsaum an den Zehen hinläuft (*Podicipes*); *Lappenfüße* (*P. lobati*), wenn dieser die Gestalt breiter, an den einzelnen Zehengliedern eingekerbter Lappen erhält (*Fulica*). Wird die Hinterzehe mit in die Schwimmhaut aufgenommen, so bezeichnet man die Füße als *Ruderfüße* (*P. stegani*) (*Phalacrocorax*). Übrigens kann die Hinterzehe bei den *Tubinares*, Alken und Sumpfvögeln verkümmern oder vollständig ausfallen.

Das Gehirn der Vögel (Abb. 975, 226 f) steht nach Ausbildung weit über dem Reptiliengehirn und füllt die geräumige Schädelhöhle vollständig aus. Die Hemisphären entbehren noch oberflächlicher Windungen, sind aber groß und durch eine nur schmale Commissur verbunden. Sie bedecken nicht nur das Zwischenhirn, sondern auch die beiden zur Seite gedrängten *Corpora bigemina*. Ihre Basalganglien sind besonders mächtig entwickelt. Noch weiter schreitet die Differenzierung des Cerebellums vor, welches aus einem großen Mittelstücke, das mehr oder weniger zahlreiche Querfurchen aufweist, und kleinen seitlichen Anhängen besteht. Infolge der Nackenbeuge des Embryo setzt sich das verlängerte Mark winkelig vom Rückenmarke ab, dessen Dorsalstränge an der hinteren Anschwellung in der Lendengegend zur Bildung eines zweiten Sinus rhomboidalis auseinanderweichen. Die Hirnnerven sind sämtlich gesondert. Das Rückenmark reicht fast bis an das Ende des Rückgratkanals.

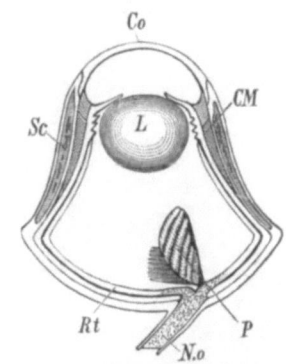

Abb. 1081. Auge eines Nachtraubvogels. (Aus WIEDERSHEIM.) *Co* Cornea, *L* Linse, *Rt* Retina, *P* Pecten, *No* Nervus opticus, *Sc* Verknöcherungen der Sclera, *CM* Ciliarmuskel.

Unter den Sinnesorganen erreichen die Augen stets eine bedeutende Größe und hohe Ausbildung. Überaus beweglich sind die Augenlider, namentlich das untere Lid und die durchsichtige Nickhaut, welche vermittels eines besonderen Muskelapparates vorgezogen wird; eine HARDERsche Drüse ist vorhanden. Auch eine Tränendrüse am äußeren Augenwinkel ist vorhanden. Der Augenbulbus (Abb. 1081) der Vögel erhält dadurch eine ungewöhnliche Form, daß der hintere Abschnitt mit der Ausbreitung der Netzhaut dem Segmente einer weit größeren Kugel entspricht als der kleine vordere. Beide sind durch ein Mittelstück, welches die Gestalt eines kurzen und abgestumpften, nach vorne verschmälerten Kegels besitzt, miteinander verbunden. Am bestimmtesten prägt sich diese Gestalt des Bulbus bei den Nachtraubvögeln, am wenigsten bei den Wasservögeln mit verkürzter Augenachse aus. Überall findet sich hinter dem Rande der Hornhaut in der Sclera ein Ring von Knochenplättchen. Die Hornhaut ist mit Ausnahme der Schwimmvögel stark gewölbt, während die vordere Fläche der Linse nur bei den nächtlichen Vögeln eine bedeutende Konvexität besitzt. Eine eigentümliche (bei *Apteryx* fehlende) Bildung des Vogelauges ist der sogenannte *Fächer* oder *Kamm* (*Pecten*), ein die Netzhaut durchsetzender, schräg durch den Glaskörper zur Linse verlaufender Fortsatz der Chorioidea, welcher dem sichelförmigen Fortsatze des Fischauges und dem Zapfen des Reptilienauges entspricht. Neben der Schärfe des Sehvermögens, welcher die bedeutende Größe und Entwicklung der Netzhaut parallel geht, zeichnet sich das Vogelauge durch große Accomodationsfähigkeit aus, die vornehmlich auf die hohe Ausbildung des in mehrere Partien geteilten quergestreiften Musculus ciliaris (ein Teil als CRAMPTONscher Muskel unterschieden), aber auch auf die große Beweglichkeit der muskulösen Iris (Erweiterung und Verengerung der Pupille) zurückzuführen ist.

Das Gehörorgan (mit statischem Organ) (Abb. 1082), von spongiöser Knochenmasse umschlossen, besitzt drei große halbzirkelförmige Kanäle und einen Schneckenschlauch mit der Lagena am Ende. Der Sacculus besitzt geringe Größe. Außer der vom *Operculum* verschlossenen *Fenestra vestibuli* ist eine zweite mehr rundliche Öffnung, die *Fenestra cochleae*, mit häutigem Verschlusse vorhanden. Stets findet sich eine geräumige Paukenhöhle, welche sich in Nebenräume der benachbarten Schädelknochen fortsetzt und durch die EUSTACHische Röhre dicht hinter den Choanen mit jener der anderen Seite vereinigt in den Rachen mündet. Nach außen wird die Paukenhöhle durch ein Trommelfell abgeschlossen, an welchem sich das lange stabförmige Gehörknöchelchen, die wie bei Reptilien aus zwei Stücken (*Stapes* und *Extracolumella*) gebildete *Columella* anheftet. Auf der äußeren Seite des Trommelfelles folgt dann ein kurzer äußerer Gehörgang, dessen Öffnung häufig von einem Kranze größerer Federn umstellt ist und bei den Eulen sogar von einer häutigen, ebenfalls mit Federn besetzten Klappe, einer rudimentären äußeren Ohrmuschel, überragt wird.

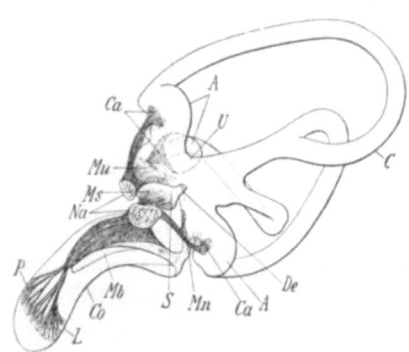

Abb. 1082. Häutiges Labyrinth der Hausgans, mediale Ansicht. (Nach G. RETZIUS.) *U* Utriculus, *S* Sacculus, *Co* Schneckengang, *L* Lagena, *C* Bogengänge, *A* Ampullen, *Mu* Macula acustica utriculi, *Ms* Macula ac. sacculi, *Ca* Crista ampullaris, *P* Papilla ac. lagenae, *Mb* Membrana basilaris des CORTIschen Organs, *Mn* Macula ac. neglecta, *De* Ductus endolymphaticus, *Na* Hörnerv.

Das Geruchsorgan besitzt in den geräumigen, häufig durch eine unvollkommene Scheidewand (*Nares perviae*) getrennten Nasenhöhlen ein Paar von Muscheln, zu dem jedoch noch zwei Paare (ein oberes und unteres) muschelähnlicher Bildungen hinzukommen. Die beiden Nasenöffnungen liegen mit Ausnahme der Kiwis der Wurzel des Oberschnabels mehr oder minder genähert, zuweilen (Krähen) von steifen Haaren verdeckt und geschützt, bei den Sturmvögeln röhrig verlängert und zusammenfließend. Eine sogenannte Nasendrüse liegt meist auf dem Stirnbeine, seltener unter dem Nasenbeine oder am inneren Augenwinkel und öffnet sich mittels eines einfachen Ausführungsganges in die Nasenhöhle. Ein JACOBsonsches Organ fehlt beim ausgebildeten Tier.

Der Geschmack knüpft an die Endknospen des Gaumens und der weichen papillenreichen Basis der Zunge an, die nur bei den Papageien im ganzen Umfange weich bleibt, sonst überall eine feste Bekleidung besitzt. Allgemein kommt die Zunge neben dem Schnabel als Tastorgan in Betracht. Selten (Schnepfen, Enten) wird der Schnabel durch die Bekleidung mit einer weichen, an Tastkörperchen (GRANDRYschen Körperchen) (Abb. 171) und Kolbenkörperchen reichen Haut zum Sitz einer feineren Tastempfindung, wie überhaupt die Haut der Vögel reich an Kolbenkörperchen (Abb. 173a) ist.

Die Verdauungsorgane des Vogels zeigen trotz der mannigfach wechselnden Ernährungsart einen ziemlich übereinstimmenden Bau, dessen Eigentümlichkeiten zu dem Flugvermögen Beziehung haben. Die Kiefer sind von einer harten Hornscheide überdeckt und zum Schnabel umgestaltet. Wahre Zähne fehlen den

Coelomata (Bilateria): Vertebrata (Craniota), Wirbeltiere. 995

jetzt lebenden Vögeln. (Die Deutung der in den Kiefern von Papageiembryonen beobachteten Papillen als Zahnpapillen ist nicht haltbar.) Während der Oberschnabel aus der Verwachsung von Zwischenkiefer, Oberkiefer und Nasenbeinen gebildet ist, entspricht der Unterschnabel den beiden Unterkieferästen, deren verschmolzener Spitzenteil als Dille (*Myxa*) bezeichnet wird. Die untere, vom Kinnwinkel bis zur Spitze reichende Kante heißt Dillenkante (*Gonys*), die Kante des Oberschnabels Firste (*Culmen*), die Gegend zwischen Auge und der von der Wachshaut (*Ceroma*) bekleideten Schnabelbasis der Zügel (*Lorum*). Form und

Abb. 1083. Schnabelformen. (a, b, c, d, k nach NAUMANN; g, i, m, o aus règne animal; l aus BREHM). a *Phoenicopterus roseus (antiquorum)*, b *Platalea leucerodia*, c *Emberiza citrinella*, d *Monticola (Turdus) cyanus*, e *Hierofalco candicans*, f *Merganser (Mergus) merganser*, g *Pelecanus conspicillatus*, h *Recurvirostra avocetta*, i *Rhynchops nigra*, k *Columba livia*, l *Balaeniceps rex*, m *Anastomus oscitans (coromandelianus)*, n *Pteroglossus*, o *Ephippiorhynchus (Mycteria) senegalensis*, p *Plegadis falcinellus (Falcinellus igneus)*, q *Cypselus apus*.

Ausbildung des Schnabels variieren nach der besonderen Ernährungsweise mannigfach (Abb. 1083).

Am Boden der Mundhöhle liegt die überaus bewegliche, sehr verschieden geformte Zunge, die hornige und fleischige Bekleidung eines paarigen oder unpaaren, am vorderen Ende des Zungenbeins befestigten Knorpels; sie dient zum Niederschlucken, häufig auch zur Aufnahme der Nahrung. Die Mundhöhle, bei den Pelikanen in einen umfangreichen, von den Kieferästen getragenen Kehlsack erweitert, nimmt das Secret zahlreicher Drüsen (Schleimdrüsen, wenige Speicheldrüsen) auf. Die Speiseröhre, deren Länge sich im allgemeinen nach der Länge des Halses richtet, bildet häufig, insbesondere bei den Raubvögeln, aber auch bei den größeren körnerfressenden Vögeln (Tauben, Hühnern, Papageien) eine kropfartige Erweiterung, in welcher die Speisen erweicht werden (Abb. 1084). Bei den Tauben trägt der Kropf zwei kleine rundliche Nebensäcke, deren Wandung zur Brutzeit einen käsigen, zum Atzen der Jungen in Verwendung kommenden Stoff absondert. Das untere Ende der Speiseröhre erweitert sich in einen drüsenreichen Vormagen, den Drüsenmagen, welcher in der Regel eine ovale Form besitzt und an Umfang von dem darauffolgenden Muskelmagen übertroffen wird. Dieser erscheint je nach der Beschaffenheit der Nahrung mit schwächeren (Raubvögel) oder mit kräftigeren (Körnerfresser) Muskelwandungen versehen. Im letzteren Falle wird er durch den Besitz von zwei festen gegeneinander wirkenden Reibplatten (einem verhärteten Drüsensecrete), welche die hornige Innenwand bilden, zur mechanischen Bearbeitung der erweichten Nahrungsstoffe vorzüglich befähigt. Der in der Regel lange Dünndarm umfaßt mit seiner vorderen, dem Duodenum entsprechenden Schlinge die Bauchspeicheldrüse, deren in zweifacher Zahl vorhandene Ausführungsgänge nebst den meist doppelten Gallengängen in diesen Abschnitt einmünden. Der kurze Dickdarm erscheint durch eine Ringklappe und den Ursprung von zwei Blinddärmen abgegrenzt und geht unter Bildung einer sphincterartigen Ringfalte in die die Ausführungsgänge des Urogenitalapparates aufnehmende Cloake über, an deren dorsaler Wand ein eigentümlicher drüsenartiger Sack, die *Bursa Fabricii*, einmündet, welche im Alter häufig schwindet.

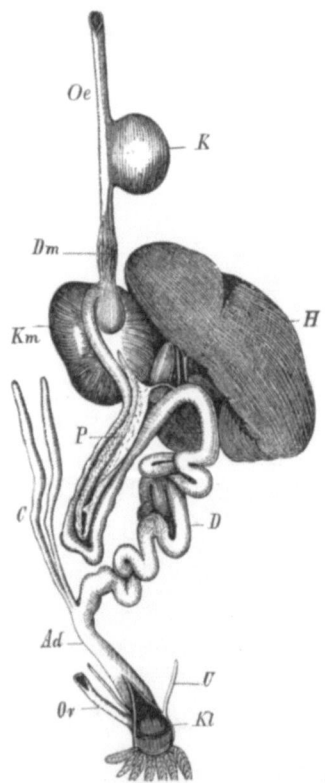

Abb. 1084. Darmkanal eines Vogels. (Aus BERGMANN u. LEUCKART). *Oe* Speiseröhre, *K* Kropf, *Dm* Drüsenmagen, *Km* Muskelmagen, *D* Dünndarm, *P* Pancreas, *H* Leber, *C* Blinddärme, *Ad* Dickdarm, *Ov* Oviduct, *Kl* Cloake, *U* Ureteren.

Die Vögel besitzen ein vollständig in zwei Kammern und zwei Vorkammern gesondertes Herz, welches, vom Herzbeutel umschlossen, in der Medianlinie liegt. Der rechte Ventrikel umgibt mantelförmig einen großen Teil des linken. Als eine Eigentümlichkeit des Herzens ist die besondere Ausbildung der rechten Atrioventricularklappe hervorzuheben, welche eine von der Kammerwand entspringende muskulöse Leiste vorstellt. Am linken Ostium atrioventriculare finden sich drei durch Chordae tendineae gespannte Klappen. Der Herzschlag wiederholt sich bei der lebhaften Atmung rascher als bei den Säugetieren. Die Aorta bildet einen einfachen rechten Aortenbogen (Abb. 979e). Der Bulbus cordis erscheint in den Ventrikel einbezogen. Die Venen münden mittels zweier oberer und einer unteren Hohlvene in die rechte Vorkammer, in welche auch der Sinus venosus einbezogen ist. Die vorderen Abschnitte der hinteren Cardinalvenen werden wie bei Reptilien durch *Venae vertebrales* substituiert. Das Nierenpfortadersystem ist bei den erwachsenen Vögeln vorhanden, tritt aber dadurch zurück, daß die Vena renalis afferens eine weite Anastomose mit der Vena renalis efferens bildet. Das Lymphgefäßsystem mündet durch zwei *Ductus thoracici* in die oberen Hohlvenen ein, communiziert aber sehr allgemein noch in der Beckengegend mit den Venen. *Lymphherzen* sind nur an den Seiten des Steißbeines beim Strauße und Kasuar, sowie bei einigen Sumpf- und Schwimmvögeln anzutreffen, werden aber häufig durch blasige, nicht contractile Erweiterungen vertreten. Die Milz sowie eine paarige Thyreoidea und Thymus finden sich allgemein vor.

Die Atmungsorgane beginnen hinter der Zungenwurzel mit der Kehlritze, welche durch einen wenig ausgebildeten oberen Kehlkopf (*Larynx*) in eine lange, von knöchernen Ringen gestützte Luftröhre führt. Die Luftröhre übertrifft nicht selten die Länge des Halses und verläuft dann, vornehmlich im männlichen Geschlechte, unter Biegungen, die entweder unter der Haut liegen (Auerhahn) oder selbst in den hohlen Brustbeinkamm eindringen (Singschwan). Mit Ausnahme von *Struthio*, der *Casuarii*, Störche und einiger Geier entwickelt sich das Stimmorgan an der Teilungsstelle der Luftröhre in die Bronchien. Beide Abschnitte beteiligen sich an der Bildung desselben und lassen den unteren Kehlkopf (*Syrinx*) hervorgehen (Abb. 1085). Indem die letzten Trachealringe und vorderen Bronchialringe eine veränderte Form erhalten und oft in nähere Verbindung treten, erscheinen das Ende der Trachea und die Anfänge der Bronchien komprimiert, oder

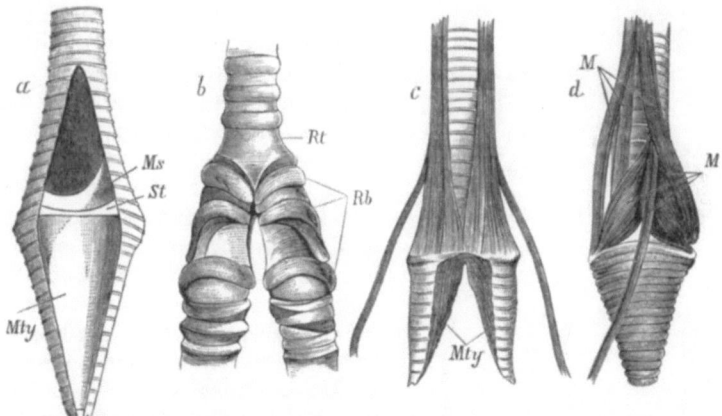

Abb. 1085. Unterer Kehlkopf des Raben. (Aus OWEN.) a Seitenansicht des geöffneten Kehlkopfes, b Kehlkopf nach Entfernung der Muskulatur, c mit den Singmuskeln von vorn, d von der Seite gesehen. *St* Steg (Pessulus), *Mty* Membrana tympaniformis interna, *Ms* Membrana semilunaris, *Rt* umgeformter letzter Trachealring, *Rb* die umgeformten drei ersten Bronchialringe, *M* Singmuskeln.

ersteres blasig aufgetrieben und zu der sogenannten Trommel umgeformt, welche sich bei den Männchen vieler Enten und Taucher zu unsymmetrischen, als Resonanzapparate wirkenden Nebenhöhlen (sogenannte Paukenhöhle und Labyrinth) erweitert. Das untere Ende der Trachea wird gewöhnlich von einer vorspringenden Knochenleiste, dem *Steg*, durchsetzt, welcher sich an der Teilungsstelle der Bronchien erhebt. Zwischen diesem und den Bronchialringen spannt sich wie in einem Rahmen die innere Paukenhaut (*Membrana tympaniformis interna*) aus. Bei den Singvögeln kommt als Fortsetzung der letzteren am Steg noch eine halbmondförmige Falte (*M. semilunaris*) hinzu. In zahlreichen Fällen tritt auch gegenüberliegend zwischen zwei Bronchialringen eine äußere Paukenhaut (*M. tympaniformis externa*) hinzu, welche gleichfalls ein Stimmband bildet und mit dem freien Rande der inneren Paukenhaut jederseits eine Stimmritze erzeugt. Zur Anspannung dieser als Stimmbänder fungierenden Falten dient ein an der Außenfläche von Trachea und Bronchien gelegener Muskelapparat, der am kompliziertesten bei den Singvögeln entwickelt ist. Die Lungen (Abb. 1086) sind klein und hängen nicht wie bei den Säugetieren von einem Pleuralsack überzogen frei in einer geschlossenen Brusthöhle, sondern sind durch Zellgewebe an die Rückenwand der Rumpfhöhle angeheftet und an den Seiten der Wirbelsäule in die Zwischenräume der Rippen eingesenkt. Die verhältnismäßig kurzen Bronchien führen beim Eintritt in die Lungen in eine Anzahl weiter häutiger Bronchialröhren. Von den Bronchialästen gehen wie Orgelpfeifen nebeneinander stehende Röhrchen aus, die sogenannten *Parabronchien* oder Lungenpfeifen, welche auch untereinander in offener Verbindung stehen. Letztere geben in radiärer Anordnung kurze Bronchioli ab, die sich weiter in ein von zahlreichen gleichweiten Kanälen gebildetes *Luftcapillarnetz* auflösen, das mit dem Blutcapillarnetz innig verflochten ist. Die Luftcapillarsysteme der einzelnen Parabronchien stehen stellenweise oder im ganzen Umfange miteinander in Communication (Abb. 1087). Als Ausstülpungen von Bronchialröhren der Lunge erstrecken sich ferner große Luftsäcke (Abb. 1086) in ziemlich konstanter Anordnung am Halse, vorn in den Zwischenraum der Furcula (peritrachealer Luftsack), sodann als Brustsäcke in die vorderen und seitlichen Partien der Brust und als Bauchsäcke nach hinten zwischen die Eingeweide bis in die Beckengegend der Bauchhöhle. Die letzteren führen in die Höhlungen der Schenkel- und Beckenknochen, die kleineren vorderen Säcke setzen sich in die Luftzellen der Armknochen und der Haut fort, welche letztere bei größeren, vortrefflich fliegenden Schwimmvögeln (*Sula, Pelecanus*) eine solche Ausbreitung erlangen, daß die Körperhaut bei der Berührung ein knisterndes Geräusch vernehmen läßt. Die Luftsäcke stellen vor allem Luftreservoire vor, welche, durch die Bewegungen des Rumpfes und der Extremitäten zusammengepreßt und erweitert, zu Ventilatoren der Lunge werden. Auch als Wärmeschutz kommen die Luftsäcke in Betracht. Gegenüber der Lunge der übrigen Wirbeltiere, die zugleich der Respiration und als Luftreservoir dient, ist im Atmungsapparat der Vögel eine Arbeitsteilung eingetreten, indem die Lunge zu intensiver Respiration befähigt ist, die Funktion der Luftreservoire den Luftsäcken zufällt. Bei solchen Einrichtungen muß im Zusammenhange mit der rudimentären Ausbildung des Zwerchfells und der eigentümlichen Gestaltung des Thorax der Mechanismus der eigentlichen Atmungsbewegung ein ganz anderer sein als bei den Säugetieren. Die Erweiterung des auch die Bauchhöhle umfassenden Brustkorbes tritt als Folge einer Streckung der Sternocostalknochen und der Entfernung des Brustbeines vom Rumpfe ein. Während des Fluges wird bei dem Flügelschlage durch den Druck auf die axillaren und subpectoralen Luftsäcke eine Ventilation der Lunge bewirkt und dadurch die Atembewegung ersetzt.

Die in den Schnabelwinkeln bei Nestjungen australischer *Amadinen* vor-

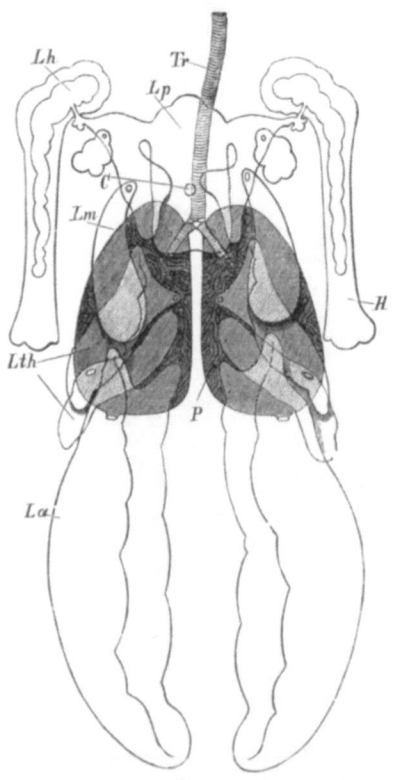

Abb. 1086. Lungen der Taube mit den Luftsäcken (die cervicalen sind weggelassen), schematisch. (Nach einer Zeichnung von C. HEIDER.) *Tr* Trachea, *P* Lunge, *Lp* peritrachealer Luftsack mit seinen Ausstülpungen (*Lh, Lm*) in den Humerus (*H*) und zwischen die Brustmuskulatur, *C* seine Verbindung mit den sternalen Lufträumen, *Lth* thoracale, *La* abdominale Luftsäcke.

kommenden, auch als Leuchtorgane gedeuteten Wärzchen haben sich bloß als lichtreflektierende Organe mit Tapetum erwiesen (CHUN).

Die großen langgestreckten Nieren entsprechen morphologisch dem Metanephros; sie liegen in den Vertiefungen des Kreuzbeines eingesenkt und zerfallen durch Einschnitte in eine Anzahl von Läppchen. Die Harnleiter verlaufen hinter dem Rectum und münden medialwärts von den Genitalöffnungen in die Cloake ein. Eine Harnblase fehlt. Das Harnsecret stellt sich nicht als Flüssigkeit, sondern als eine weiße, breiige, rasch erhärtende Masse dar. Der Niere liegt vorn die sog. Nebenniere an (Abb. 1089).

Die Genitalorgane schließen sich eng an jene der Reptilien an. Beim Männchen (Abb. 1089), welches sich nicht nur durch bedeutendere Größe und Körperkraft, sondern auch durch lebhaftere Färbung des Gefieders sowie durch reichere Mannigfaltigkeit der Stimme auszeichnet, liegen an der vorderen Seite der Nieren zwei ovale, zur Fortpflanzungszeit mächtig anschwellende Hoden, von denen der linke meist der größere ist. Die wenig entwickelten, aus einem Teile der Urniere hervorgegangenen Nebenhoden führen in zwei an der Außenseite der Harnleiter herabsteigende Samenleiter, deren Enden häufig zu Samenblasen anschwellen und an der Hinterwand der Cloake auf zwei kegelförmigen Papillen ausmünden. Ein Begattungsorgan fehlt in der Regel. Dagegen ist bei *Apteryx, Rhea, Dromaeus, Casuarius*, den Enten, Gänsen, Schwänen, *Tinamiden* und bei *Crax* ein solches vorhanden. Hier entspringt an der ventralen Wand der Cloake ein gekrümmter, von zwei fibrösen Körpern gestützter Penis, an dessen

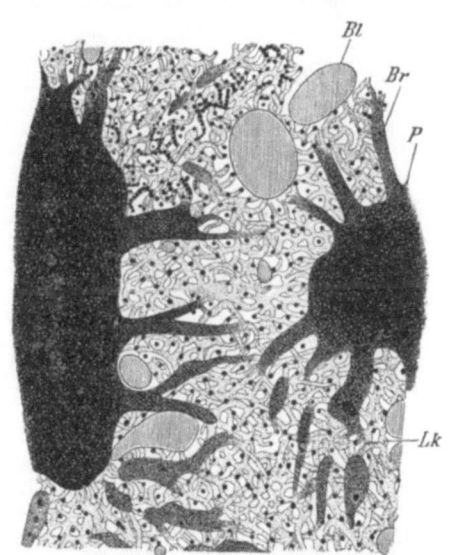

Abb. 1087. Schnitt durch zwei injizierte Parabronchien (*P*) mit dem zwischen ihnen vorhandenen Luftcapillarnetz (*Lk*) von *Taeniopygia castanotis*. (Nach G. FISCHER.) *Br* Bronchioli, *Bl* Blutgefäße.

Spitze (ausgenommen *Apteryx* und *Tinamiden*) ein ausstülpbarer Blindschlauch mündet; eine oberflächliche Rinne dient zur Fortleitung des Spermas während der Begattung. Bei *Struthio* zeigt der gleichfalls mit einer Rinne versehene Penis eine den männlichen Begattungsteilen der Schildkröten und Krokodilen analoge Entwicklung; unter den beiden fibrösen Körpern verläuft hier ein dritter cavernöser Körper, welcher an der eines vorstülpbaren Blindschlauches entbehrenden Spitze in einen schwellbaren Wulst, eine Glans penis, übergeht. Bei einigen Watvögeln (*Reiher, Ciconia*) erhebt sich an der ventralen Wand der Cloake ein warzenförmiger Vorsprung als Rudiment eines Penis.

An den weiblichen Geschlechtsorganen verkümmert das rechtsseitige Ovarium nebst dem Leitungsapparat oder schwindet vollständig (Abb. 1088). Um so umfangreicher werden zur Fortpflanzungszeit die Geschlechtsorgane der linken Seite, sowohl das traubige Ovarium, als der vielgewundene Eileiter, dessen oberer, mit weitem Ostium beginnender Abschnitt aus den Drüsen seiner längsgefalteten Schleimhaut das geschichtete, an den Enden zu den sogenannten Hagelschnüren (*Chalazae*) zusammengedrehte Eiweiß und im hinteren Teile die faserige Schalenhaut des Eies abscheidet. Der nachfolgende kurze und weite Abschnitt des Eileiters, der sogenannte Uterus, dient zur Erzeugung der mannigfach gefärbten porösen Kalkschale; der kurze und enge Endabschnitt mündet an der äußeren Seite des entsprechenden Harnleiters in die Cloake ein. Da, wo sich im männlichen Geschlechte Begattungsteile finden, treten auch im weiblichen Geschlechte Clitorisbildungen an derselben Stelle auf.

Die Vögel legen ohne Ausnahme Eier ab. Das ausschließliche Auftreten der oviparen Fortpflanzungsform steht zweifelsohne mit der Bewegungsart des Vogels im innigen Zusammenhange. Die umfangreiche Eizelle (Abb. 1090) enthält einen großen Nahrungsdotter; der Kern mit einer reichlicheren Ansammlung von Protoplasma erscheint an dem animalen Eipole als weißliche Scheibe (sogenannter Hahnentritt oder Narbe, *Cicatricula*). Am Dotter läßt sich ein weißer und gelber Dotter unterscheiden. Der erstere ist in nur geringer Menge als dünner Überzug an der Oberfläche, sowie in konzentrischen, den gelben Dotter durchsetzenden Schichten vorhanden. In größerer Menge findet er sich unterhalb der Narbe, einen bis zum Centrum der Eizelle vorspringenden Zapfen bildend, der mit kolbenförmiger Anschwellung (Latebra) endet. Nach außen ist die Eizelle von einer festen Dotterhaut umschlossen, sodann folgt das geschichtete Eiweiß, dessen innerste dichte Schichte sich in zwei aus sehr dichtem zusammengedrehten Eiweiß bestehende Stränge (Hagelschnüre oder *Chalazae*) fortsetzt, auf dieses die Schalenhaut, zwischen deren beiden Lamellen am stumpfen Eipole sich eine Luftkammer findet, und endlich die kalkige Schale. Die Entwicklung erfordert einen hohen, mindestens der Temperatur des Blutes gleichkommenden Wärmegrad, welcher dem Ei in der Regel durch die Körperwärme des brütenden Vogels

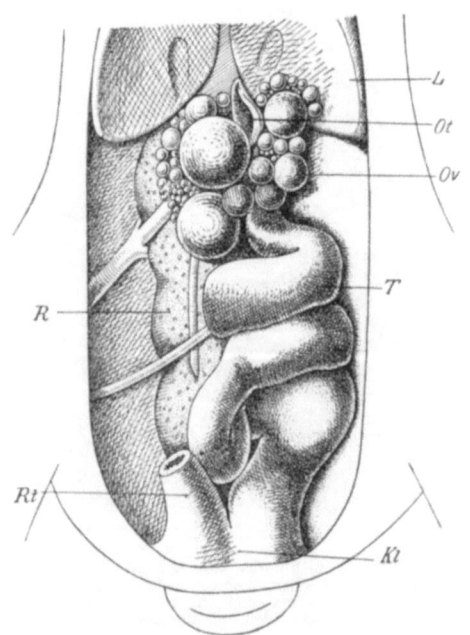

Abb. 1088. Weibliche Genitalorgane des Haushuhnes. (Nach L. FREUND.) *Kl* Cloake, *L* Lunge, *Ot* Ostium tubae, *Ov* Ovarium, *R* Niere, *Rt* Rectum, *T* Eileiter.

zugeführt wird. Die Befruchtung erfolgt bereits im obersten Abschnitte des Eileiters vor der Abscheidung des Eiweißes und der Schalenhaut und hat den alsbaldigen Eintritt der discoidalen Furchung zur Folge, welche nur den Bildungsdotter (Cicatricula) betrifft. Derselbe hat an dem gelegten Ei bereits die Furchung durchlaufen und sich zur sogenannten Keimscheibe entwickelt. An dem später kahnförmig vom Dotter sich abhebenden Embryo wachsen wie bei den Reptilien Amnion und Allantois hervor (Abb. 988). Die Dauer der Embryonalentwicklung wechselt sowohl nach der Größe des Eies, als auch nach der relativen Ausbildung der ausschlüpfenden Jungen. Der zum Auskriechen reife Vogel sprengt die Schale, und zwar am stumpfen Pole mittels eines scharfen, an der Spitze des Oberschnabels gelegenen zahnartigen Fortsatzes (Eischwiele).

Die ausschlüpfenden Jungen besitzen im wesentlichen die Organisation des elterlichen Tieres, wenngleich sie in dem Grade ihrer körperlichen Ausbildung noch weit zurückstehen können. Während die Hühnervögel, Kasuare, *Rheae* und Strauße, ferner die Sumpfvögel, die *Lamellirostres*, *Lariden*, *Pygopodes*, bereits bei ihrem Ausschlüpfen ein vollständiges Flaum- und Dunenkleid tragen und in der körperlichen Ausbildung so weit vorgeschritten sind, daß sie als *Nestflüchter* alsbald der Mutter auf das Land oder in das Wasser folgen und hier selbständig Nahrung aufnehmen, verlassen andere, wie die *Passeres*, *Coccygomorphae*, Tauben und Raubvögel usw. frühzeitig ihre Eihüllen; nackt oder nur stellenweise mit Flaum bedeckt, unfähig, sich frei zu bewegen und zu ernähren, bleiben sie als *Nesthocker*, gefüttert und gepflegt von den elterlichen Tieren, noch geraume Zeit im Nest.

Die Ernährung der Vögel ist eine sehr verschiedene. Manche Vögel leben vom Raube größerer Tiere, viele von Insecten, viele von Samen und Früchten. Blütenbesuchende Vögel der Tropen und Subtropen (so *Trichoglossidae*, *Trochilidae*, *Meliphagidae*, *Nectariniidae*, *Drepanididae*) vermitteln wie zahlreiche Insecten die Blumenbestäubung.

Das *Verhalten* der Vögel steht ungleich höher als das der Reptilien. Die hohe Ausbildung der Sinne, besonders der Augen, befähigt den Vogel zu einem scharfen Unterscheidungsvermögen, Instinkte und Lernvermögen sind reich entwickelt (S. 258f.). Bei einzelnen Vögeln erlangt die Gelehrigkeit und die Fähigkeit der Nachahmung eine außerordentliche Höhe (Star, Papagei).

Die körperliche Ausbildung und das instinktive Leben erreichen ihren Höhepunkt zur Zeit der *Fortpflanzung*, welche in den gemäßigten und kälteren Klimaten meist in die Zeit des Frühlings (beim Kreuzschnabel ausnahmsweise mitten in den Winter) fällt. Dann erscheint der Vogel in jeder Hinsicht verschönert und vervollkommnet. Die Befiederung zeigt einen intensiveren Glanz und reicheren Farbenschmuck. An die Stelle des mehr einfarbigen *Winterkleids*, welches die Herbstmauserung gebracht hatte, tritt das

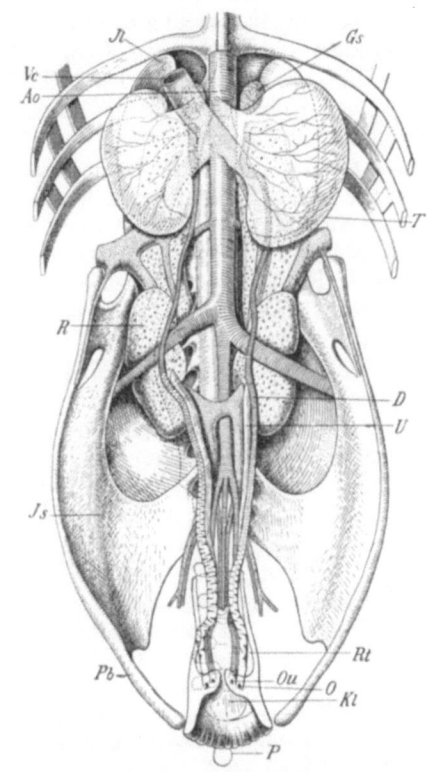

Abb. 1089. Männlicher Urogenitalapparat des Haushuhnes. (Nach L. FREUND.) *Ao* Aorta, *D* Ductus deferens, *Gs* Glandula suprarenalis, *Il* Os ilium, *Is* Os ischii, *Kl* Cloake, *O* Mündung des Ductus deferens, *Ou* Uretermündung, *P* Pygostyl, *Pb* Os pubis, *R* Niere, *Rt* Rectum, *T* Hoden, *U* Ureter, *Vc* Vena cava caudalis.

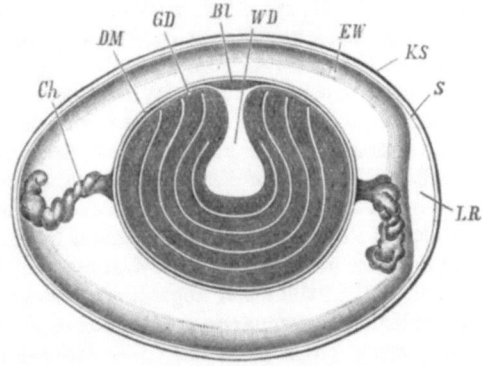

Abb. 1090. Schematischer Längsschnitt durch ein unbebrütetes Hühnerei. (Nach ALLEN THOMSON-BALFOUR.) $1/1$. *Bl* Keimscheibe (sogenannte Narbe, Hahnentritt, Cicatricula), *GD* gelber Dotter, *WD* weißer Dotter, *DM* Dottermembran, *EW* Eiweiß, *Ch* Chalazen oder Hagelschnüre, *KS* Kalkschale, *LR* Luftkammer, *S* Schalenhaut.

lebhafter gefärbte *Hochzeitskleid*. Das Männchen läßt seinen Gesang erschallen, der ebenso wie die Schönheit des männlichen Gefieders als Reizmittel auf das Weibchen wirken mag. Von Befiederung und Stimme abgesehen, erscheint das ganze Betragen des Vogels unter dem Einflusse der geschlechtlichen Erregung verändert (Liebestänze, „*Balze*", als Vorspiel der Begattung). Mit Ausnahme der Hühner, Fasane u. a. leben die Vögel in Monogamie, oft nur zur Fortpflanzungszeit paarweise vereinigt, indem sie sich später zusammenscharen und in größeren Gesellschaften Züge und Wanderungen unternehmen. Indessen gibt es auch für das Zusammenwandern vereinzelter Pärchen einige Beispiele.

Die meisten Vögel bauen ein Nest und suchen für dasselbe einen geeigneten Platz meist in der Mitte ihres Wohnbezirkes. Nur wenige (Steinkäuze, Ziegenmelker usw.) begnügen sich damit, ihre Eier einfach auf den Erdboden abzulegen, andere (Raubmöwen, Seeschwalben, Strauße) scharren wenigstens eine Grube aus oder (Waldhühner) treten eine Vertiefung in Moos und Gras ein. Am kunstvollsten sind die Nester von Vögeln, welche fremde Stoffe mit ihrem klebrigen Speichel zusammenleimen (Kleiber) oder feine Geflechte aus Moos, Wolle und Halmen verweben (Weber). In der Regel baut das Weibchen ausschließlich das Nest und die Hilfe des Männchens beschränkt sich auf das Herbeitragen der Materialien, doch gibt es auch Beispiele für die Beteiligung des Männchens an der Ausführung des Kunstbaues (Schwalbe, Webervögel); in anderen Fällen (Hühnervögel, Edelfink) nimmt das Männchen am Nestbau überhaupt gar keinen Anteil. Viele Seevögel, wie die Alken und Pinguine legen nur ein Ei, die großen Raubvögel, Tauben, Segler und Kolibris zwei Eier. Ungleich höher steigt die Zahl derselben bei den Singvögeln, noch mehr bei den Lamellirostres, bei den Hühnern und Straußen. Ebenso verschieden ist die Dauer der Brutzeit, welche sich nach der Größe des Eies und dem Grade der Ausbildung des ausschlüpfenden Jungen richtet. Während die Kolibris und Goldhähnchen 11—12, die Singvögel 15 bis 18 Tage brüten, brauchen die Hühner 3 Wochen, die Schwäne die doppelte Zeit und die Strauße 7—8 Wochen zum Brutgeschäft, das im wesentlichen auf einer gleichmäßigen, oft durch nackte Stellen (Brutflecken) begünstigten Erwärmung der Eier durch den Körper des brütenden Vogels beruht. In der Regel liegt das Brutgeschäft ausschließlich dem Weibchen ob, das während dieser Zeit vom Männchen mit Nahrung versorgt wird. Nicht selten aber, wie bei Tauben, Kibitzen und zahlreichen Schwimmvögeln, lösen sich beide Gatten regelmäßig ab. Bei *Struthio* brütet das Weibchen nur die erste Zeit, später übernimmt das Männchen das Brutgeschäft vornehmlich zur Nachtzeit fast ausschließlich. Auch gibt es Beispiele von ausschließlicher Brutpflege des Männchens (*Rhea, Casuarii*), welches in diesem Falle zuweilen minder lebhaft gefärbt ist, wie bei *Rostratula* (*Rhynchaea*), *Phalaropus* usw. Auffallend ist das Verhalten zahlreicher Kuckucke, insbesondere unseres einheimischen Kuckucks (auch des Trupials), welcher Nestbau und Brutpflege anderen Vögeln überläßt und seine kleinen Eier einzeln in Intervallen von etwa 8 zu 8 Tagen dem Eiergelege verschiedener Singvögel unterschiebt. Die Pflege und Auffütterung der Jungen fällt meist ausschließlich oder doch vorwiegend dem weiblichen Vogel zu, dagegen nehmen in der Regel beide Eltern gleichen Anteil an dem Schutze und an der Verteidigung der Brut.

Von den Tätigkeiten abgesehen, welche auf die Fortpflanzung Bezug haben, äußert sich ein eigenartiges instinktives Verhalten in der Erscheinung der *Wanderungen* der Vögel (S. 334f.). Das Auftreten der Antriebe zum Aufbruch und die Orientierung während des Zuges sind erst unvollkommen aufgeklärt. Wenige Vögel der kälteren und gemäßigten Klimate halten im Winter an ihrem Brutorte aus (*Standvögel*, Steinadler, Eulen, Raben, Elstern, Spechte, Zaunkönige, Meisen, Waldhühner usw.); viele streichen ihrer Nahrung halber in größerem und kleinerem

Kreise umher (*Strichvögel*, so die Drosseln, Berg- und Edelfinken, Spechte, Goldammer, Haubenlerche). Andere unternehmen vor Eintritt der kalten und nahrungsarmen Jahreszeit Wanderungen und ziehen in großen Gesellschaften vereinigt aus nördlichen Klimaten in gemäßigte, aus diesen in südliche Gegenden (*Zugvögel*, Schwalben und Störche, Dohlen, Krähen und Stare, Wildgänse, Kraniche usw.), um in denselben zu überwintern und mit beginnendem Frühjahr wieder in die Heimat, das heißt die Gegend des Brutortes, zurückzukehren. Die Entstehung der regelmäßigen, über große Ländergebiete sich bewegenden Züge scheint mit den klimatischen und geographischen Veränderungen, welche die Erdoberfläche während der jüngeren Tertiärzeit und der auf diese folgenden Diluvialzeit erfahren hat, in Beziehung zu stehen. Bei eintretendem Nahrungsmangel wird eine durch das Flugvermögen unterstützte Migration in benachbarte, oft auch weiter entfernte Gegenden erfolgt sein. Die ersten Anfänge des „Wanderns" oder „Ziehens" sind in den während der kalten, nahrungsarmen Jahreszeit regelmäßig ausgedehnten Streifzügen der Strichvögel zu erkennen. Während und infolge des allmählichen Klimawechsels mußten sich aber die Verbreitungsbezirke der Vögel allmählich ändern, mit dem Eintritt der Eiszeit von Norden nach Süden und später nach derselben umgekehrt von Süden nach Norden bedeutend verschieben; und das Ziehen nach diesen Richtungen ist bei dem Wechsel der Jahreszeiten in den einander folgenden Generationen als regelmäßige Wanderung erhalten geblieben. In der Gegenwart ist offenbar eine periodisch innerhalb des Jahres im Vogel selbst ablaufende Veränderung des physiologischen Gesamtzustandes für das Wirksamwerden des Zuginstinktes maßgebend. Für die Hauptzugzeit scheinen bei zur Nachtzeit wandernden Vögeln in erster Linie das Mondlicht (um Vollmond herum), erst in zweiter Linie die Witterungsbedingungen von Einfluß zu sein (DÖRR). Die vielfachen Wege, auf denen die Zugvögel wandern, werden nicht einfach durch die gerade Richtung von Süd und Nord bezeichnet, sondern sind höchst verschlungene „*Zugstraßen*", welche im allgemeinen den uralten Wegen zu entsprechen scheinen, auf denen die Ausbreitung der Vogelart in früherer Zeit erfolgte. Natürlich sind die Zugstraßen der Landvögel im allgemeinen verschieden von denen der Sumpfvögel und Küstenvögel, welche letztere (z. B. Möwen, Schwäne, Eiderente, Bernikelgans), durch die Nahrung an die Meeresküste gefesselt, längs dieser über große Länderstrecken dahinziehen, aber auch ausgedehnte Meeresstrecken überschreiten, welche in der Vorzeit durch Küstenland oder Inselgruppen vertreten waren (Grönland, Island, Färöer, England); ebenso weisen die Straßen, auf denen die Zugvögel über das Mittelmeer nach Afrika gelangen, auf zusammenhängendes Land oder Inselgruppen der vordiluvialen Zeit hin (Straße von Gibraltar—Korsika, Sardinien, Tunis—Italien, Sizilien, Malta, Tripolis—Kleinasien, Cypern, Ägypten). Jedoch auch in den übrigen Fällen erfährt der Vogelzug längs der Küsten Verdichtungen. Für die Einhaltung von Zugstraßen wirken eben noch bestimmte Naturverhältnisse (Wasserwege, meteorologische Verhältnisse) mit ein, so daß nicht in allen Fällen die Zugstraßen den ehemaligen Ausbreitungswegen der Art entsprechen (s. auch S. 334, Abb. 305).

Für die geologische Geschichte dieser Klasse liegt nur ein sehr spärliches Material vor. Von dem fiederschwänzigen *Archaeopteryx lithographica* des Jura (*Saururae*) (Abb. 313) abgesehen, gehören die ältesten Reste der Kreide an. Diese Vögel zeichneten sich durch den Besitz von Zähnen aus (*Odontornithen*), welche im Oberkiefer und Unterkiefer in Rinnen (*Odontocolcae, Hesperornis*) oder in Gruben (*Odontotormae, Ichthyornis*) saßen, während den zahnlosen Zwischenkiefer schnabelartig eine Hornscheide bekleidete. In der Tertiärzeit werden die Überreste häufiger, sind indessen für eine nähere Bestimmung unzureichend; dagegen treten im Diluvium zahlreiche Typen jetzt lebender Nesthocker, sowie merkwürdige

Riesenformen auf, von denen einzelne nachweisbar in historischer Zeit ausgestorben sind (*Aepyornis, Dinornis, Didus*).

Die Klassifikation der Vögel bietet mit Rücksicht auf die relative Einförmigkeit der Gestaltung und Organisation und in Hinsicht auf die vielen Konvergenzerscheinungen große Schwierigkeiten. Es erklären sich aus diesen Verhältnissen die so außerordentlich divergierenden Systeme der verschiedenen Autoren. Nimmt man mit HAECKEL die *Saururae* in die Klasse der Vögel auf, so sind ihnen nach demselben Autor alle übrigen Vögel als Subklasse *Ornithurae* gegenüberzustellen.

Die *Ornithurae* werden gewöhnlich nach MERREMS und HUXLEYS Vorgang in *Carinatae* (mit Brustbeinkamm) und *Ratitae* (ohne Brustbeinkamm, wie Strauße, Kiwi) eingeteilt, welche letztere jedoch in ihren Besonderheiten durch Rückbildung des Flugvermögens kaum als systematische Einheit gelten können. Einzelne flugunfähige Formen mit mehr oder weniger rückgebildeten Brustbeinkiel und Schwungfedern haben offenbar erst in jüngeren Perioden ähnliche Rückbildungen wie die Ratiten erfahren, repräsentieren aber Glieder von Carinatenfamilien, so der ausgestorbene *Didus* und der noch lebende *Stringops*.

Über die Stammesgeschichte der Vögel wurden sehr verschiedene Ansichten ausgesprochen. HUXLEY und GEGENBAUR glaubten aus der ähnlichen Gestaltung der hinteren Extremität gewisse *Dinosaurier* (*Ornithopodidae, Compsognathus*) als Stammformen betrachten zu können, aus denen sich zuerst die flugunfähigen Ratiten, später aus diesen die Carinaten entwickelt hätten. Dagegen betrachtete R. OWEN irrigerweise die langschwänzigen *Pterosaurier* (*Rhamphorhynchus*) als Ausgangsgruppe, um von denselben durch die *Archaeopterygier* als Zwischengruppe die *Carinaten* abzuleiten, wogegen er, und gewiß mit Recht, die Ratiten auf sekundär flugunfähig gewordene Formen zurückführte.

Noch unzutreffender ist die von einigen Autoren verfochtene Ansicht von einem diphyletischen Ursprunge der Vögel, nach welcher die Dinosaurier mit ihren reduzierten Vorderextremitäten zu den *Odontocolcae* (*Hesperornis*) und von diesen zu den flugunfähigen *Ratiten*, die Pterosaurier, beziehungsweise eine andere nicht näher zu bestimmende Sauriergruppe der mesozoischen Periode zu den *Carinaten* geführt habe. Die Übereinstimmung der Ratiten und Carinaten ist aber eine in allen wesentlichen Zügen so vollständige, daß die Entstehung dieses einheitlichen Typus von zwei verschiedenen Stammgruppen als höchst unwahrscheinlich bezeichnet werden muß.

Wenn auch die Ratiten in vieler Hinsicht auf einen primitiveren Entwicklungszustand hinweisende Eigenschaften zeigen, so sind diese zum Teil als sekundäre, im Anschluß an den früher oder später erfolgten Verlust des Flugvermögens eingetretene Umbildungen verständlich. Offenbar gingen dem Carinatenstamme abweichend gestaltete Typen mit geringerem Flugvermögen und primitivem Verhalten der Flügel und Befiederung voraus, aber diese deckten sich gewiß nicht mit den die Ratiten auszeichnenden Merkmalen. Man wird sich die Stammeltern der Vögel als saurierartige Tiere von geringer oder mittlerer Größe vorzustellen haben, welche arboricol waren, die Extremitäten zum Klettern und zum Sprunge benützten, während lamellenartig verlängerte seitliche Schuppen des Körpers und der Extremitäten (STEINER) beim Sprunge als Fallschirm dienten.

Die Stammformen der Vögel sind in mit den *Ornithopodiden* gemeinsamen Vorfahren zu suchen.

In der folgenden systematischen Übersicht ist großenteils V. CARUS gefolgt, dabei jedoch einigen anderen Gruppierungen Rechnung getragen.

1. Unterklasse. SAURURAE.

Vögel mit langem Schwanz und paarweise entsprechend den Wirbeln desselben angeordneten Konturfedern, mit Zähnen in den Kiefern, mit drei bekrallten eidechsenartigen Fingern der Hand, mit Bauchrippen und amphicölen Wirbeln.

Hierher gehört *Archaeopteryx lithographica* v. MEY. aus dem oberen Jura (Abb. 313).

2. Unterklasse. ORNITHURAE.

Vögel mit kurzem Schwanz und fächerförmig an demselben angeordneten Steuerfedern, mit von Hornscheiden bekleideten Kiefern und verwachsenen drei Fingern der Hand.

1. Ordnung. Struthiones, echte Strauße.

Flugunfähige Vögel von bedeutender Körpergröße ohne Brustbeinkamm (Ratitae), mit Pygostyl, mit weichen Schwung- und Schwanzfedern, mit zweizehigen Lauffüßen und breitem flachen Schnabel.

Die Struthiones sind die größten Vögel der heutigen Tierwelt. Sie besitzen einen breiten, flachen Schnabel. Die Mundspalte ist sehr tief. Der relativ kleine Kopf und der lange Hals sind wenig befiedert. Die hohen kräftigen Laufbeine haben bloß zwei (3. und 4.) Zehen mit stumpfen Nägeln (Abb. 1080h). Im Skelet prägen sich im Zusammenhang mit der Verkümmerung der Flügel Eigentümlichkeiten aus, welche diese Vögel als ausschließliche Läufer charakterisieren. Fast sämtliche Knochen sind schwer, mit sehr reduzierter Pneumaticität. Das Brustbein stellt eine breite, wenig gewölbte Platte ohne Brustbeinkamm dar. Claviculae fehlen. Die Processus uncinati sind rudimentär. Im Beckengürtel besteht eine Symphyse der Schambeine. Am Schädel ist der Vomer kurz, ohne Articulation mit den Palatina und Pterygoidea. Ein Pygostyl ist ausgebildet. Das Gefieder bekleidet den Körper mit Ausnahme fast nackter Stellen am Kopfe, Hals, Extremitäten und Bauch ziemlich gleichmäßig, ohne eine Anordnung von Federfluren zu zeigen. Eine Dunenbekleidung fehlt, die Konturfedern besitzen einen biegsamen Schaft und weiche zerschlissene Fahnen. Ein Afterschaft fehlt. Die Flügel- und Schwanzfedern sind groß. Am 1. und 2. Finger, gelegentlich auch am 3. Finger, findet sich ein Nagel. Ein Syrinx fehlt. Penis ohne ausstülpbaren Blindschlauch. Am Brutgeschäfte beteiligen sich beide Geschlechter. Sind Nestflüchter.

Fam. *Struthionidae*. Mit den Charakteren der Ordnung. *Struthio camelus* L., zweizehiger Strauß. Erreicht eine Höhe von über 2,5 m. Lebt gesellig. Steppen Afrikas, Arabiens.

2. Ordnung. Rheae.

Flugunfähige Vögel von ansehnlicher Körpergröße, ohne Brustbeinkamm (Ratitae) ohne Pygostyl, mit weichem zerschlissenen Gefieder und dreizehigen Lauffüßen, mit breitem flachen Schnabel.

Die Rheae erinnern in ihrer äußeren Erscheinung an die echten Strauße, mit denen sie in eine Gruppe gestellt wurden, unterscheiden sich von letzteren jedoch in vielen Merkmalen.

Der Schnabel ist breit und flach. Kopf und Hals sind befiedert, das Gefieder weich, Flügel und Schwanzfedern groß. Ein Afterschaft fehlt. Der verkümmerte Flügel endet mit drei Fingern und trägt einen Sporn. Die Beine besitzen einen sehr langen Lauf und enden mit drei bekrallten Zehen. An dem wie bei den Struthiones schweren, wenig pneumatischen Skelete fehlt die Clavicula. Der Beckengürtel ist in einer Symphyse der Sitzbeine geschlossen. Am Schädel articuliert der Vomer mit den Palatina und Pterygoidea. Ein Syrinx ist vorhanden. Das Brutgeschäft wird bloß vom Männchen besorgt. Sind Nestflüchter.

Fam. *Rheidae*. Mit den Charakteren der Ordnung. *Rhea americana* L., Nandu. Lebt gesellig und polygam. Pampas des südl. Südamerika.

3. Ordnung. Casuarii.

Flugunfähige große Vögel ohne Brustbeinkamm (Ratitae), ohne Pygostyl, mit haarähnlichem Gefieder, mit stark reducierten Flügeln, mit dreizehigen Lauffüßen und gekieltem Schnabel.

Die Casuarii, früher mit den Rheae und Struthiones in eine Gruppe *Struthiomorphae* vereinigt, entfernen sich auch in ihrer äußeren Erscheinung von den letztgenannten Laufvögeln.

Der Schnabel ist gekielt, der Kopf und kürzere Hals sind meist nackt. Das Gefieder ist haarähnlich. Alle Federn mit gleichgroßem Afterschaft. Die Konturfedern der Flügel sind bei den Kasuaren auf fünf fahnenlose Stacheln reduciert. Der stark rudimentäre Flügel mit bloß einem einen Nagel tragenden Finger. Der Schwanz ist verkümmert. Die Beine sind kräftige Lauffüße mit kurzem Laufe und enden mit drei große Krallen tragenden Zehen. Im wenig pneumatischen Skelete fehlt eine Symphyse des Beckengürtels, ebensowenig ist ein Pygostyl ausgebildet. Rudimentäre Claviculae (bei *Dromaeus* zeitlebens ziemlich gut entwickelt) vorhanden. Im Kopfskelete sind die großen Gaumenfortsätze des Oberkiefers mit Vomer und Intermaxillare verwachsen. Der Vomer groß, mit Palatina und Pterygoidea in Articulation. Ein Syrinx fehlt. Das Brutgeschäft besorgt nur das Männchen. Sind Nestflüchter.

Fam. *Casuariidae*, Kasuare. Mit seitlich kompressem Schnabel. Kopf mit helmartigem Aufsatz. Kopf und Hals nackt, mit lebhaft gefärbter runzeliger Haut und herabhängenden Lappen. Konturfedern der Flügel stachelartig. Leben in Trupps. Sind Waldbewohner. *Casuarius emeu* LATH. (*galeatus* BONN.), Helmkasuar. Neuguinea.

Fam. *Dromaeidae*. Schnabel breit, mit Firste. Hals und Kopf kurz befiedert. Flügel und Schwanz ohne Schwingen und Steuerfedern. Schenkel befiedert. Leben in Trupps und sind Waldbewohner. *Dromaeus novae-hollandiae* LATH., Emu. Australien.

4. Ordnung. Dinornithes, Moas.

Ausgestorbene, meist große Vögel ohne Brustbeinkamm (Ratitae), mit sehr reducierten Flügeln oder ohne Flügel. Beine mächtig, drei- oder vierzehig.

Die Dinornithen (*Dinornis maximus, D. ingens* usw.) waren flugunfähige, straußenähnliche Vögel von plumpem Bau. Manche erreichten eine riesige Körpergröße (bis $3\frac{1}{2}$ m Höhe). Reiche Knochenreste derselben sind aus dem Pleistocän und aus der recenten Zeit von Neuseeland bekannt. Auch Fußspuren sowie Reste von Muskeln, Haut, Federn mit Afterschaft und Eifragmente wurden gefunden. Die Dinornithen sind gegenwärtig ausgestorben, wurden aber erst von den eingeborenen Maoris ausgerottet.

5. Ordnung. Aepyornithes.

Ausgestorbene große Vögel ohne Brustbeinkamm (Ratitae), mit augenscheinlich rudimentären Flügeln und langen starken, meist vierzehigen Beinen.

Im Pleistocän und Alluvium von Madagaskar gefundene Skeletreste und wohlerhaltene kolossale Eier (dreimal so groß als Straußeneier) weisen auf Riesenvögel (*Aepyornis*, darunter *Ae. maximus*, vielleicht der Vogel Rukh des Marco Polo) hin, die noch unzureichend bekannt sind. Manche Arten wurden wahrscheinlich erst in historischer Zeit ausgerottet.

6. Ordnung. Apteryges, Kiwis.

Vögel ohne Brustbeinkamm (Ratitae) und Pygostyl, mit stark reduzierten Flügeln, ohne Schwung- und Steuerfedern, mit kräftigen vierzehigen Beinen, langem und schlankem Schnabel.

Der Körper dieser Vögel, etwa von der Größe eines starken Huhnes, ist ganz und gar mit langen, locker herabhängenden, haarartigen Federn bedeckt, welche die Flügelstummel vollständig verdecken (Abb. 1091). Die kräftigen, niedrigen Beine sind mit Schildern bekleidet, die drei nach vorne gerichteten Zehen mit Scharrkrallen bewaffnet, die hintere Zehe kurz und vom Boden erhoben. Der von einem kurzen Halse getragene Kopf läuft in einen langen und rundlichen Schnepfenschnabel aus, an dessen äußerster Spitze die Nasenöffnungen münden. Am Skelet ist der Mangel einer Crista sterni hervorzuheben; auch kommt ein Pygostyl nicht zur Ausbildung. Die Claviculae fehlen. Processus uncinati sind wohl entwickelt. Hand mit nur einem einen Nagel tragenden Finger.

Die Kiwis sind Nachtvögel, die sich den Tag über in Erdlöchern versteckt halten und zur Nachtzeit auf Nahrung ausgehen. Sie ernähren sich von Insectenlarven und Würmern, leben paarweise und legen zur Fortpflanzungszeit, wie es scheint zweimal im Jahre, ein auffallend großes Ei, welches in einer ausgegrabenen Erdhöhle vom Männchen, nach anderen vom Männchen und Weibchen abwechselnd bebrütet werden soll.

Abb. 1091. *Apteryx oweni.* ¹/₄

Fam. *Apterygidae.* Mit den Charakteren der Ordnung. *Apteryx australis* SHAW. *A. mantelli* BARTL. *A. oweni* J. GD. Neuseeland (Abb. 1091).

7. Ordnung. Tinamiformes.

Carinate Vögel mit zusammengesetzten Schnabelscheiden, kurzen gerundeten Flügeln und kurzem Schwanz, ohne Pygostyl. Schädel straußenähnlich. Lauf lang.

Die Tinamiformes zeigen nächste verwandtschaftliche Beziehungen zu den Hühnervögeln und Rallen, weisen aber manche Merkmale auf, die bei den straußenartigen Vögeln zu finden sind. Sie sind von mittlerer Körpergröße, besitzen einen langen und sanft gebogenen Schnabel, kurze runde Flügel, einen sehr kurzen Schwanz, zuweilen ohne Steuerfedern, und einen langen Lauf; die Hinterzehe bleibt klein oder verkümmert. Im Skelet ist der Mangel der Ausbildung eines Pygostyls hervorzuheben, am Schädel trennt der breite Vomer die Palatina und Pterygoidea vom Sphenoidalrostrum (Dromaeognathie HUXLEY). Die Tinamiformes sind schlechte Flieger, laufen aber sehr schnell. Die zahlreichen schön gefärbten Eier werden in eine Mulde auf dem Boden abgelegt. Sind Nestflüchter.

Fam. *Tinamidae* (*Crypturidae*), Steißhühner. Mit den Charakteren der Ordnung. *Tinamus tao* TEMM. *Crypturus cinereus* GM. *Rhynchotus rufescens* TEMM. Südamerika.

8. Ordnung. Gallinacei (Rasores), Hühnervögel, Scharrvögel.

Carinate Land- oder Baumvögel von mittlerer, zum Teil bedeutender Körpergröße, von gedrungenem Baue, mit kurzen abgerundeten Flügeln, starkem, meist gewölbtem und an der Spitze herabgebogenem Schnabel und kräftigen Sitzfüßen, in der Regel Nestflüchter.

Die hühnerartigen Vögel besitzen im allgemeinen einen gedrungenen, reich befiederten Körper mit kleinem Kopf und kräftigem Schnabel, kurzem oder mittellangem Hals, meist kurzen abgerundeten Flügeln, mittelhohen Beinen und wohlentwickeltem, aus zahlreichen Steuerfedern zusammengesetztem Schwanz. Oft finden sich am Kopfe nackte Stellen sowie schwellbare Kämme und Hautlappen, letztere vornehmlich als Auszeichnungen des männlichen Geschlechtes. Der Schnabel bleibt an seiner Basis weichhäutig und mit Federn bekleidet, zwischen denen eine harte Schuppe als Bedeckung der Nasenlöcher hervortritt. Das Gefieder der Hühnervögel ist derb und straff, oft schön gezeichnet und mit reichen, metallisch glänzenden Farben geziert (Männchen). Da die Flügel in der Regel kurz und abgerundet sind, erscheint der Flug schwerfällig; nur die Steppenhühner fliegen rasch. Die kräftigen, niedrigen oder mittelhohen Beine sind meist bis zur Fußbeuge, selten bis zu den Zehen befiedert und enden mit Sitzfüßen (Abb. 1080c). Oberhalb der hocheingelenkten Hinterzehe findet sich oft am Lauf des Männchens ein spitzer Sporn, welcher dem Tiere als Waffe dient. Die Hühner halten sich vornehmlich auf dem Boden auf. Zum andauernden Laufen vorzüglich tauglich, suchen sie ihren Lebensunterhalt auf dem Boden, ernähren sich besonders von Beeren, Knospen und Körnern, indessen auch von Insecten und Gewürm; sie bauen auch ihr kunstloses Nest meist auf der flachen Erde in niedrigem Gestrüpp, seltener auf hohen Bäumen und legen in dasselbe eine große Zahl von Eiern ab. In der Regel lebt der Hahn mit zahlreichen Hennen vereint und kümmert sich nicht um die Brutpflege. Sind meist Nestflüchter. Die Hühner erweisen sich als leicht zähmbar und wurden daher schon seit den ältesten Zeiten als Haustiere nutzbar gemacht.

Fam. *Cracidae* (*Penelopidae*), Baumhühner. Große hochbeinige Baumvögel mit wohlgebildeten Schwingen und langem abgerundeten Schwanz. Lauf ohne Sporn. An Kopf und Hals häufig nackte Stellen. *Crax alector* L., Hokko. *Pauxis* (*Urax*) *galeata* LATH. Südamerika. *Penelope cristata* L. Mittel- und Südamerika.

Hier schließen sich am besten die *Opisthocomidae*, Schopfhühner, an, die von manchen in die Nähe der Rallen gestellt werden. *Opisthocomus hoazin* MÜLL. Sind halb Nesthocker. Das Junge klettert mit Hilfe der Flügelkrallen des 1. und 2. Fingers. Südamerika.

Fam. *Megapodiidae*. Hochbeinige Hühner von mittlerer Größe, mit kleinem Kopf, kurzem breiten Schwanz und sehr großen, stark bekrallten Füßen, deren lange Hinterzehe in gleicher Höhe mit den Vorderzehen eingelenkt ist. Legen ihre großen Eier in einen Haufen zusammengetragener Pflanzenteile, die in Fäulnis geraten, oder in Vertiefungen des Sandes. Die Jungen schlüpfen bereits mit dem Federkleide aus dem Ei. *Megacephalon maleo* TEMM., Maleo. Auf Celebes. *Catheturus* (*Talegalla*) *lathami* LATH. *Megapodius duperreyi* LESS. et GARN. (*tumulus* J. GD.). Australien.

Fam. *Phasianidae*, echte Hühner. Der teilweise, besonders in der Wangengegend unbefiederte Kopf ist häufig mit gefärbten Kämmen, Hautlappen oder Federbüschen geziert und besitzt einen kurzen oder mittellangen, stark gewölbten Schnabel mit kuppig herabgebogener Spitze. Beide Geschlechter sind meist auffallend verschieden, das männliche größer und reicher geschmückt. *Pavo cristatus* L., Pfau. Indien, Ceylon. *Argusianus argus* L., Argusfasan. Siam, Sumatra. *Meleagris gallopavo* L., Truthuhn. Mexiko, Texas. Stammform des domestizierten Puters. *Lophophorus impeyanus* LATH. (*refulgens* TEMM.), Glanzfasan. Himalaja. *Gennaeus nycthemerus* L., Silberfasan. China. *Phasianus colchicus* L., gemeiner Fasan. Südosteuropa, Transkaukasien. *Ph.* (*Syrmaticus*) *reevesi* GRAY, Königsfasan. China. *Chrysolophus pictus* L., Goldfasan. China. *Gallus ferrugineus* GM. (*bankiva* TEMM.), Bankivahuhn. Indien, Sundainseln. Stammform unseres Haushuhns. *Numida meleagris* L., Perlhuhn. Westafrika. *Crossoptilon auritum* PALL., Ohrfasan. Südchina. *Tragopan satyra* L., Satyrhuhn. Süd-Himalaja. *Caccabis saxatilis* M. W., Steinhuhn. In den Gebirgen von Mittel- und Südeuropa. *C. rufa* L., Rothuhn. Südwesteuropa. *Perdix perdix* L., Rebhuhn. Europa, Centralasien. *Coturnix coturnix* L., Wachtel. Ist Zugvogel. Europa, Asien, Afrika. Hier schließt sich an *Colinus* (*Ortyx*) *virginianus* L. Nordamerika.

Fam. *Tetraonidae*, Waldhühner. Der Körper ist gedrungen, der Hals kurz, der Kopf klein und befiedert, höchstens mit einem nackten Streifen über dem Auge. Beine niedrig, meist bis auf die Zehen herab befiedert. *Tetrastes bonasia* L., Haselhuhn. Nord- und Mittel-

Europa und -Asien. *Tympanuchus cupido* L., Präriehuhn. Nordamerika. *Tetrao urogallus* L., Auerhuhn. *Lyrurus tetrix* L., Birkhuhn. Europa, Asien. Bastarde zwischen Auerhenne und Birkhahn als *Tetrao medius* MEY., Rakelhuhn, bekannt. *Lagopus mutus* MONTIN (*alpinus* NILSS.), Schneehuhn. Hoher Norden und Alpen. *L. albus* GM., Moorhuhn. Arkt. Zone.

Fam. *Pteroclidae*, Flughühner, Wüstenhühner. Kleine Hühner mit kleinem Kopf, kurzem Schnabel, niedrigen schwachen Beinen, langen spitzen Flügeln und keilförmigem Schwanz. Die kurzzehigen Füße mit hochsitzender stummelförmiger Hinterzehe oder ohne die letztere. *Pterocles arenarius* PALL., Sandflughuhn. Südeuropa, Nordafrika. *Syrrhaptes paradoxus* PALL., Fausthuhn. In den Steppen der Tatarei, gelegentlich im nördlichen Deutschland.

9. Ordnung. Columbae, Tauben.

Carinate Nesthocker mit schwachem, weichhäutigem, in der Umgebung der Nasenöffnungen blasig aufgetriebenem Schnabel, mit mittellangen zugespitzten Flügeln und niedrigen Sitz- oder Spaltfüßen.

Die Tauben schließen sich am nächsten den Flug- oder Wüstenhühnern an. Sie sind Vögel von mittlerer Größe mit kleinem Kopf, kurzem Hals und niedrigen Beinen. Der Schnabel ist länger als bei den Hühnern, aber schwächer und an der hornigen, etwas aufgeworfenen Spitze sanft gebogen (Abb. 1083k). An der Basis des Schnabels erscheint die schuppige Decke der Nasenöffnungen bauchig aufgetrieben, nackt und weichhäutig. Die mäßig langen, zugespitzten Flügel befähigen zu einem raschen und gewandten Fluge. Der schwach gerundete Schwanz enthält meist 12, selten 14 oder 16 Steuerfedern. Das straffe Gefieder liegt dem Körper glatt an und zeigt sich nach dem Geschlechte kaum verschieden. Die niedrigen Beine sind nicht zum schnellen und anhaltenden Laufe tauglich und enden mit Spaltfüßen

Abb. 1092. *Columba livia*. (Nach NAUMANN.) Etwa $1/5$.

oder Sitzfüßen, deren wohlentwickelte Hinterzehe dem Boden aufliegt. Die Tauben besitzen einen paarigen Kropf, der zur Brutzeit bei beiden Geschlechtern ein rahmartiges Secret zur Atzung der Jungen absondert. Über alle Erdteile verbreitet, halten sie sich paarweise oder zu Gesellschaften vereint mehr in Waldungen auf und nähren sich fast ausschließlich von Körnern und Sämereien. Die im Norden lebenden Arten sind Zugvögel, die anderen Strich- und Standvögel. Sie leben in Monogamie und legen meist zwei Eier in ein kunstlos gebautes Nest. Am Brutgeschäft beteiligen sich beide Geschlechter. Die Jungen verlassen das Ei fast ganz nackt, mit geschlossenen Augenlidern und bedürfen geraume Zeit hindurch der mütterlichen Pflege.

Fam. *Columbidae*. Schnabel stets ungezähnt, mit glatten Rändern. *Carpophaga aenea* L. Indien, Sundainseln. *Columba livia* BRISS., Felstaube, schieferblau, mit weißen Deckfedern der Schwanzwurzel, zwei schwarzen Flügelbinden und schwarzer Schwanzbinde. Stammform der zahlreichen Rassen der Haustaube. Nistet auf Felsen und Ruinen und ist von den Küsten des Mittelmeeres an weit über Europa, Nordafrika und Asien verbreitet (Abb. 1092). *C. oenas* L., Holztaube. Europa, Westasien. *C. palumbus* L., Ringeltaube. Europa, Nordafrika, Westasien. *Ectopistes migratorius* L., Wandertaube. Nordamerika. Gegenwärtig ausgestorben. *Turtur turtur* L., Turteltaube. Europa, Nordafrika. *T. douraca* HDGS. (*risorius* PALL.), Lachtaube. Südosteuropa bis Japan. *Caloenas nicobarica* L. Nikobaren, Sundainseln. *Goura coronata* L., Krontaube. Neuguinea.

Fam. *Didunculidae.* Schnabel stark, mit hakig übergreifender Spitze. Unterschnabel mit zwei starken Zähnen. *Didunculus strigirostris* JARD., Zahntaube. Samoainseln (Abb. 1093).

Fam. *Dididae,* Dronten. Mit rudimentären Schwanz und Flügeln. Schnabel länger als der Kopf, großenteils von weicher nackter Haut überzogen, an der hornigen Spitze hakig gekrümmt. Lauf kurz. Waren zur Zeit VASCO DA GAMAS auf einer kleinen Insel (Mauritius) an der Ostküste Afrikas und auf den Maskarenen noch häufig, sind aber im 17. Jahrhundert aus der Reihe der lebenden Vögel verschwunden. Wir kennen die Erscheinung dieser Tiere aus Resten und Bildern. *Didus cucullatus* L. (*ineptus* L.), Dodo. Mauritius. *Pezophaps solitarius* GM., Solitaire. Insel Rodriguez.

10. Ordnung. Grallae, Sumpfvögel.

Carinate Vögel mit verlängertem Hals und verlängerten Watbeinen, deren Vorderzehen geheftet oder mit gelappten Hautsäumen versehen oder frei sind. Hinterzehe klein oder fehlend. Schnabel meist schlank, vom Kopfe abgesetzt, am Grunde von weicher Haut bedeckt.

Die Sumpfvögel besitzen, von einigen Ausnahmen abgesehen, Watbeine mit großenteils nackter, frei aus dem Rumpfe vorstehender Schiene und verlängertem, oft getäfeltem oder geschientem Lauf. Nur wenige haben Laufbeine und sind

Abb. 1093. *Didunculus strigirostris.* (Nach GOULD.) Etwa ¹/₄.

Landvögel (Trappe), einzelne (Wasserhühner) schließen sich in ihrer Lebensweise sowie durch die Kürze der Beine und Bildung der Zehen den Schwimmvögeln (Abb. 1080 k) an, schwimmen und tauchen gut, fliegen aber schlecht. Der Höhe der Beine entspricht ein verlängerter Hals und meist auch ein langer Schnabel. Übrigens variiert die Größe und Form des letzteren mannigfach. Auch die Füße zeigen sich nach der Größe und Verbindung der Zehen sehr verschieden. Die Flügel erlangen meist eine mittlere Größe, der Schwanz dagegen bleibt kurz. Die Konturfedern besitzen stets einen Afterschaft. Die Sumpfvögel sind bezüglich ihrer Nahrung auf das Wasser angewiesen, diesem jedoch in anderer Weise angepaßt als die Schwimmvögel. Sie leben mehr in sumpfigen Distrikten, am Ufer der Flüsse und durchschreiten seichte Stellen, um Schnecken und Gewürm oder Frösche und Fische aufzusuchen, nähren sich teilweise aber auch von Pflanzenteilen und Samen. Sie sind meist Zugvögel, leben paarweise in Monogamie; bauen kunstlose Nester auf der Erde, seltener auf dem Wasser und sind Nestflüchter.

Fam. *Rallidae,* Wasserhühner. Schnabel mittellang, hoch und seitlich komprimiert. Flügel kurz, abgerundet, daher der Flug meist schwerfällig. Schwanz auch kurz. Lauf mittellang, dagegen die meist dünnen, lang bekrallten Zehen sehr lang. Führen teils zu den Hühnervögeln hin. *Rallus aquaticus* L., Wasserralle (Abb. 1094). *Ocydromus australis* SPARRM. Flugunfähig. Neuseeland. *Crex crex* L. (*pratensis* BCHST.), Wiesenschnarre,

Wachtelkönig. *Porzana porzana* L. Europa, Westasien, Nordafrika. *Gallinula chloropus* L., Rohrhuhn. Europa, Asien, Afrika. *Porphyrio porphyrio* L., Sultanshuhn. Nord- und Westafrika. *Fulica atra* L., Bleßhuhn. Zehen von gelappten Hautsäumen umzogen (Abb. 1080 m). Europa, Asien, Nordafrika. Hier schließt sich an *Parra jaçana* L. Mit einem Sporn am Flügel. Südamerika.

Bei den Rallen sei die seltene *Mesoenas (Mesites) variegata* Js. GEOFFR. aus Madagaskar erwähnt. Es ist eine primitive Form, deren systematische Stellung nicht feststeht und für die als Überrest einer alten Gruppe in neuerer Zeit eine besondere Ordnung vorgeschlagen wird (LOWE).

Fam. *Scolopacidae*, Schnepfenvögel. Kopf mittelgroß, stark gewölbt, mit langem, dünnem und meist weichem, von nervenreicher Haut überkleidetem Schnabel. Vorderzehen geheftet oder mit kurzen Schwimmhäuten (Abb. 1080 k). *Recurvirostra avocetta* L., Säbelschnäbler (Abb. 1083 h). *Numenius arquatus* L., großer Brachvogel. Europa, Asien, Afrika. *Limosa lapponica* L., Uferschnepfe. Europa, Westsibirien, Nordafrika. *Totanus fuscus* L. Europa, Asien, Nordafrika. *Pavoncella (Machetes) pugnax* L., Kampfhahn. *Tringa canutus* L. Weit verbreitet. *Gallinago gallinago* L. (*media* LEACH), Bekassine, Sumpfschnepfe *Limnocryptes gallinula* L., Moorschnepfe. *Scolopax rusticola* L., Waldschnepfe. Europa, Asien, Nordafrika. *Rostratula (Rhynchaea) capensis* L. Afrika, Südasien. *Phalaropus lobatus* L. (*hyperboreus* L.), Wassertreter. Die Männchen beider besorgen die Brutpflege. Norden der alten Welt.

Fam. *Charadriidae*, Läufer. Mit ziemlich dickem Kopf, kurzem Hals und mittellangem, hartrandigem Schnabel. *Haematopus ostralegus* L., Austernfischer. Europa, Asien, Nordafrika. *Vanellus vanellus* L. (*cristatus* M. W.), Kiebitz. Europa, Asien, Afrika. *Charadrius pluvialis* L., Goldregenpfeifer. Europa, Westasien. Hier schließen sich an *Cursorius gallicus* GM. (*isabellinus* MEY.). Nordafrika, Südwestasien. *Pluvianus aegyptius* L., Krokodilwächter. Mittelmeerländer. *Oedicnemus oedicnemus* L. (*crepitans* TEMM.), Triel. In Steppen von Südeuropa, Afrika, Westasien, auch Deutschland.

Abb. 1094. *Rallus aquaticus*, Männchen. (Nach NAUMANN.) Etwa ¹/₃

Fam. *Otididae*. Ziemlich große, schwere Vögel mit mittellangem, am Grunde breitem Schnabel. Schwanz und Flügel mittellang. Lauf lang und kräftig. Hinterzehe fehlt. *Otis tarda* L., Große Trappe. *O. tetrax* L., Zwergtrappe. Europa, Asien, Nordafrika.

Fam. *Cariamidae*. Mit mittellangem, an der Spitze hakigem Schnabel. Flügel kräftig, Schwanz lang. Füße sehr hoch. *Cariama (Dicholophus) cristata* L., Seriema. Lebt von Insecten, Eidechsen, Schlangen. Südamerika. Hier schließt sich an *Psophia crepitans* L., Trompetenvogel. Südamerika.

Fam. *Gruidae*, Kraniche. Mit langem Schnabel und Hals, mit langen Flügeln. Schwanz kurz, Lauf sehr lang. *Grus grus* L., Gemeiner Kranich. Europa, Nordafrika. *Anthropoides virgo* L., Jungfernkranich. Südeuropa, Asien, Nordafrika.

11. Ordnung. Lamellirostres, Siebschnäbler.

Carinate Wasservögel mit in der Regel breitem, am Grunde hohem und weichhäutigem Schnabel, dessen Ränder mit quer vorspringenden Hornplättchen. Flügel mäßig lang. Lauf meist kurz; Vorderzehen in der Regel durch ganze Schwimmhäute verbunden, Innenzehe nach hinten gerichtet, klein, frei.

Einen Hauptcharakter der Gruppe bildet der in der Regel breite Schnabel, der von einer weichen nervenreichen Haut bekleidet, an den Rändern Hornplättchen trägt und mit einer nagelartigen Kuppe endet. Dem Schnabel entsprechend ist die Zunge groß und am Rande gefranst. Der Körper ist meist gedrungen schwerfällig, der Hals lang. Die Flügel erreichen eine mäßige Länge, der Schwanz ist kurz. Die Füße sind Schwimmfüße (Abb. 1080 i). Die Tiere bewohnen vorzugsweise die Binnengewässer, die *Anatiden* schwimmen und tauchen vorzüglich. Die aus dem Schlamme gewonnene tierische Nahrung erbeuten sie durch Gründeln, nehmen aber auch Pflanzennahrung auf. Die Nester sind kunstlos und werden in der Nähe des Wassers, auch in Baum- und Felsenhöhlen angelegt und mit Dunen ausgekleidet. Sind Nestflüchter. Die Lamellirostres leben gesellig und sind Zugvögel.

Fam. *Anatidae.* Schnabel mittellang, Ränder gerade, Spitze mit hornigem Nagel. Beine kurz, Schienen bis fast zur Ferse befiedert. *Chen hyperboreus* PALL., Polargans. Nordasien, Nordamerika. *Anser anser* L. (*cinereus* M. W.), Wildgans. Stammform unserer Hausgans. Europa. *A. fabalis* LATH. (*segetum* GM.), Saatgans. Nordeuropa. *Branta bernicla* L., Ringelgans. *B. leucopsis* BECHST., Bernikelgans. Heimat der hohe Norden. *Cygnus cygnus* L. (*musicus* BCHST.), Wildschwan. *C. olor* GM., Höckerschwan. Europa, Asien, Nordafrika. *Tadorna tadorna* L., Brandente. *Anas boscas* L., Wildente, Stockente. Stammform unserer Hausente. Weit verbreitet. *Nettion crecca* L., Krickente. Europa, Asien, Nordafrika. *Spatula clypeata* L., Löffelente. In der gemäßigten Zone von Europa, Centralasien, Nordamerika. *Fuligula fuligula* L., Reiherente. Norden der alten Welt. *Somateria mollissima* L., Eiderente. Arkt. Europa und Amerika. *Mergus albellus* L., Kleiner Säger. *Merganser (Mergus) merganser* L., Großer Säger. Nordeuropa, Nordasien (Abb. 1083 f).

Abb. 1095. *Chauna chavaria* (aus règne animal). Etwa ¹/₁₀.

Fam. *Palamedeidae.* Mit komprimiertem, zugespitztem Schnabel, Hornlamellen zahlreich, aber schwach. Flügeln mit zwei dornigen Krallen. Füße hoch. Zehen nur am Grunde mit kleiner Bindehaut. *Palamedea cornuta* L., Wehrvogel. *Chauna chavaria* L., Hirtenvogel. Wird gezähmt. Trägt seinen Namen von seiner Verwendung als Hüter der Hühner- und Gänseherden. Südamerika (Abb. 1095).

Fam. *Phoenicopteridae.* Schnabel in der Mitte nach unten geknickt. Hornlamellen dicht und niedrig. Hals und Beine ungemein lang. Zehen kurz, mit ganzen Schwimmhäuten. Diese Tiere stimmen vielfach mit den Störchen überein, zu denen sie auch häufig eingereiht werden. *Phoenicopterus roseus* PALL. (*antiquorum* GRAY), Flamingo. Südeuropa, Asien, Afrika (Abb. 1083 a).

12. Ordnung. Ciconiae (Herodiones), Watvögel.

Carinate Vögel mit langem Schnabel, der sich vom Kopf kaum abhebt, bis zur Basis hornig ist, ohne Wachshaut; mit sehr verlängerten Hals und Beinen. Vorderzehen geheftet, Hinterzehe lang, auftretend.

Die Ciconiae weichen von den Grallae, mit denen sie früher vereinigt wurden, im Bau des Schnabels und Schädels ab. Die Augen- und Zügelgegend sind nackt. Alle zeichnen sich durch hohe Stelzfüße mit gehefteten Vorderzehen aus

(Abb. 1080g). Der Hals erscheint in der Regel sehr verlängert. Die Flügel sind mäßig lang. Konturfedern und Dunen besitzen einen Afterschaft. Sie leben an Gewässern und nähren sich vornehmlich von Wassertieren. Bauen ihre Nester meist auf Bäumen. Sind Nesthocker.

Fam. *Ibididae.* Mit langem, rundlichem, sichelförmig gekrümmtem Schnabel. Oberschnabel mit Längsfurchen. Zunge klein. *Ibis aethiopica* LATH. (*religiosa* CUV.), Heiliger Ibis. Afrika, Südwestasien. *Plegadis falcinellus* L., Sichelreiher. Weit verbreitet, auch Südeuropa (Abb. 1083p). *Eudocimus ruber* L., Scharlachibis. Mittel- und Südamerika. *Geronticus (Comatibis) eremita* L., Waldrapp, Schopfibis. Nordafrika, Kleinasien, Syrien, bis zum 18. Jahrhundert auch in den Alpenländern. *Platalea leucerodia* L. Löffelreiher. Mittel- und Südeuropa, Afrika, Asien (Abb. 1083b).

Fam. *Ciconiidae,* Störche. Von plumperem Körperbau. Schnabel dicker und höher. Oft nackte Stellen an Kopf und Hals. Klappern mit dem Schnabel. *Tantalus loculator* L. Amerika. *Ciconia ciconia* L., Storch. Mittel- und Südeuropa, Asien, Afrika. *Anastomus lamelligerus* TEMM., Klaffschnabel (Abb. 1083m). *Ephippiorhynchus (Mycteria) senegalensis* SHAW (Abb. 1083o), Sattelstorch. *Leptoptilus crumeniferus* LESS. (*argala* TEMM.), Marabu. Trop. Afrika.

Fam. *Ardeidae,* Reiher. Kopf klein, meist mit Federbusch im Nacken, mit scharfkantigem, langem Schnabel. Zehen lang und dünn. *Balaeniceps rex* J. GD., Schuhschnabel. Weißer Nil (Abb. 1083l). *Ardea cinerea* L. Weit verbreitet. *Herodias alba* L. (*egretta* BCHST.), Silberreiher. Südeuropa, Asien, Afrika. *Ardetta minuta* L., Zwergrohrdommel. Süd- und Mitteleuropa, Asien, Afrika. *Nycticorax nycticorax* L., Nachtreiher. Weit verbreitet. *Botaurus stellaris* L., Rohrdommel. Europa, Asien, Afrika. *Cochlearius cancrophagus* L. (*Cancroma cochlearia* L.), Kahnschnabel. Südamerika.

13. Ordnung. **Steganopodes, Ruderfüßer.**

Carinate große Schwimmvögel mit kleinem Kopf, Schnabel mit einer Seitenfurche. Mit Ruderfüßen.

Die Steganopoden bilden eine wohlbegrenzte Gruppe, die verwandtschaftliche Beziehungen zu den Ciconiae und zu den Tubinares besitzt und vor allem durch die Ruderfüße (Abb. 1080n) charakterisiert ist. Der lange Schnabel variiert in seiner Form, besitzt aber immer Seitenfurchen, in denen die Nasenlöcher liegen. Sie nähren sich von Fischen, die sie schwimmend und im Stoße tauchend erbeuten. Ihr kunstloses Nest wird auf Felsen und Bäumen angelegt. Sind Nesthocker.

Fam. *Pelecanidae.* Schnabel lang, Oberschnabel mit hakiger Spitze, zwischen den Unterkieferästen ein großer Hautsack (Abb. 1083g). *Pelecanus onocrotalus* GM., Pelikan. Europa, Nordafrika, Asien.

Fam. *Phalacrocoracidae,* Scharben. Schnabel mit scharfer hakiger Spitze. An der Basis des Unterschnabels ein kleiner Hautsack. Zehen stark bekrallt. *Phalacrocorax carbo* L., Kormoran. Weit verbreitet. *Plotus anhinga* L., Schlangenhalsvogel. Trop. Amerika. Hier schließt sich an *Fregata (Tachypetes) aquila* L., Fregattvogel. Trop. Meere.

Fam. *Sulidae.* Schnabel lang, sehr stark, in eine wenig herabgekrümmte Spitze ausgehend. Flügel und Schwanz sehr lang. *Sula bassana* L., Tölpel. Nordatlant. Ozean.

Fam. *Phaëthontidae.* Mit langem, an den Rändern gesägtem Schnabel. *Phaëton aethereus* L., Tropikvogel. Paz. und Atlant. Ozean.

14. Ordnung. **Lari (Gaviae).**

Carinate Wasservögel mit langen, spitzen oder mit kurzen Flügeln, mit Schwimmfüßen. Schnabel seitlich zusammengedrückt, meist mit hakiger Spitze. Nares perviae.

In dieser Ordnung erscheinen neueren Auffassungen gemäß Möwen und Alken vereinigt. Es sind Schwimmvögel mit langen schlanken oder kurzen Flügeln, welche gesellig leben und sich von Fischen und Mollusken ernähren. Sie tauchen mit großem Geschick, indem sie entweder aus der Luft im Stoße herabschießen (Stoßtaucher) oder beim Schwimmen plötzlich in die Tiefe des Wassers rudern (Schwimmtaucher).

Fam. *Laridae,* Möwen. Leichtgebaute, schwalben- oder taubenähnliche Schwimmvögel mit langen spitzen Flügeln und oft gabeligem Schwanz, verhältnismäßig hohen, dreizehigen

Schwimmfüßen und freier Hinterzehe. Sind Nestflüchter. Ihrer Lebensweise nach erscheinen sie als Raubvögel, die als Stoßtaucher die Beute erhaschen. *Sterna fluviatilis* NAUM. (*hirundo* L.), Seeschwalbe. Europa, Asien. *S. paradisaea* BRÜNN. Küstenseeschwalbe. Circumpolar. *Rhynchops nigra* L., Scherenschnabel. Nord- und Centralamerika (Abb. 1083 i). *Larus minutus* PALL., Zwergmöwe. Europ. Küsten, Sibirien. *L. ridibundus* L., Lachmöwe. Europa, Asien, Nordafrika. *L. argentatus* BRÜNN., Silbermöwe. Europa, Nordamerika. *L. canus* L., Sturmmöwe. Nordeuropa, Asien. *Stercorarius* (*Lestris*) *parasiticus* L., Raubmöwe. Nördl. Meere.

Fam. *Alcidae*, Alken. Flügel kurz, zum Fluge wenig tauglich, mit kleinen Schwungfedern. Die Schwimmfüße mit rudimentärer oder ohne Hinterzehe. Schwanz kurz, stufig. Haben ihre gemeinsamen Brutplätze an den Küsten (Vogelberge), wo sie ihre Eier einzeln in Erdlöchern oder Nestern ablegen und die ausschlüpfenden Jungen auffüttern. *Plautus* (*Alca*) *impennis* L., Riesenalk. Nordatlant. Gegenwärtig ausgerottet. *Alca torda* L., Tordalk. Nordatlant. *Uria troile* K., Dumme Lumme. *U. grylle* L., Grill-Lumme. *Fratercula* (*Mormon*) *arctica* L., Larventaucher. Nordatlant.

15. Ordnung. Tubinares, Sturmvögel.

Carinate möwenähnliche Vögel mit zusammengesetzter Hornscheide des starken, hakig gebogenen Schnabels. Nasenöffnungen röhrig verlängert. Mit Schwimmfüßen ohne oder mit stummelförmiger Hinterzehe.

Abb. 1096. *Fulmarus* (*Procellaria*) *glacialis*. (Nach NAUMANN). $^1/_5$

Die Sturmvögel, oft mit den Möwen in eine Gruppe *Longipennes* vereinigt, repräsentieren eine mit den Steganopoden und Impennes verwandte besondere Gruppe von Formen. Der hakig an der Spitze gebogene Schnabel besitzt zusammengesetzte Hornscheiden und röhrige Aufsätze der Nasenöffnungen (Abb. 1096). Die Füße sind Schwimmfüße mit ganz oder bis auf einen nageltragenden Stummel reduzierter Hinterzehe. Die Sturmvögel sind wahre pelagische Vögel von ausdauerndem Fluge. Nisten gemeinsam an felsigen Küsten, auf denen das Weibchen ein Ei ablegt. Sind Nesthocker.

Fam. *Procellariidae*. Mit den Charakteren der Ordnung. *Procellaria* (*Thalassidroma*) *pelagica* L., St. Petersvogel, Sturmschwalbe. Nordwesteuropa bis Westafrika. *Puffinus anglorum* BRISS., Sturmtaucher. Atlant. Ozean. *Fulmarus glacialis* L., Eissturmvogel. Nördl. Eismeer (Abb. 1096). *Diomedea exulans* L., Albatros. Südl. Still. und Atlant. Ozean.

16. Ordnung. Impennes (Sphenisciformes).

Flugunfähige carinate Vögel mit zusammengesetzter Schnabelscheide, mit flossenähnlichen Flügeln und kurzem Schwanz, mit kurzen Schwimmfüßen, deren vier Zehen alle nach vorn gerichtet sind.

Die in diese Gruppe gehörigen Pinguine stehen den Tubinares nahe. Ihr ziemlich langer gerader Schnabel besitzt eine aus mehreren Stücken zusammengesetzte Hornscheide. Die Flügel sind klein, flossenähnlich, ohne Schwungfedern und mit kleinen, schuppenartigen Federn bedeckt (Abb. 1097). Der Schwanz ist kurz, mit steifen Federn. Die kurzen Schwimmfüße besitzen eine verkümmerte, nach vorne gerichtete Hinterzehe und sind soweit nach hinten gerückt, daß der Körper auf dem Boden fast senkrecht getragen wird. Sie fliegen gar nicht. Sind vorzügliche

Schwimmtaucher und rudern dabei mittels der Flügel. Stehen zur Brutzeit in aufrechter Haltung und in langen Reihen — sogenannten Schulen — geordnet. Sie legen in eine Erdvertiefung nur ein Ei ab, welches sie in aufrechter Stellung bebrüten, aber auch zwischen den Beinen im Federpelze mit sich forttragen können. Beide Geschlechter beteiligen sich am Brutgeschäfte. Sind Nesthocker.

Fam. *Spheniscidae*. Mit den Charakteren der Ordnung. *Aptenodytes patagonica* FORST., Königspinguin. Antarkt. Inseln (Abb. 1097). *Eudyptes chrysocome* FORST. Feuerland, Kap, Antarkt. Inseln. *Spheniscus demersus* L., Brillenpinguin. Küste von Südafrika.

17. Ordnung. Pygopodes, Steißfüßer.

Carinate Vögel mit einfacher Schnabelscheide, mit kurzen Flügeln, mit kurzem oder verkümmertem Schwanz, mit Schwimmfüßen.

Die Pygopoden bilden in Hinsicht auf zahlreiche Eigentümlichkeiten eine besondere Gruppe, die noch am meisten Beziehungen zu den Steganopoden zeigt. Der Körper ist wie bei den Impennes walzenförmig. Der spitze, gerade Schnabel besitzt eine einfache Scheide. Die Flügel bleiben kurz, der Schwanz sehr kurz oder verkümmert. Der frei vorstehende Lauf ist seitlich stark komprimiert. Die Füße sind Schwimmfüße oder Spaltschwimmfüße (Abb. 1080 l). Die Pygopoden schwimmen vortrefflich und tauchen. Sie bauen auf dem Wasser ein schwimmendes Nest. Sind Nestflüchter.

Abb. 1097. *Aptenodytes patagonica.* (Aus BREHM.) $^{1}/_{12}$

Fam. *Colymbidae*, Taucher. Vorderzehen mit ganzer Schwimmhaut. Schwanz sehr kurz. *Colymbus glacialis* L., Eistaucher. Nördl. Amerika und Europa.
Fam. *Podicipedidae*, Haubentaucher. Vorderzehen mit breitem Hautsaume (Spaltschwimmfüße) (Abb.1080 l). Schwanz verkümmert. *Podicipes fluviatilis* TUNST. (*minor* GM.), Flußtaucher. Mitteleuropa, Mittelasien. *P. cristatus* L., Haubentaucher. Weit verbreitet.

18. Ordnung. Accipitres, Tagraubvögel.

Kräftig gebaute carnivore carinate Vögel mit an der Spitze hakig übergreifendem Schnabel und stark bekrallten Sitzfüßen.

Die Tagraubvögel (Accipitres) bildeten mit den Nachtraubvögeln (Eulen, Striges) die Ordnung der *Raubvögel*. Neuere Untersuchungen lassen diese Zusammenordnung als eine nicht natürliche erscheinen und begründen die Trennung in verschiedene Ordnungen. Die Accipitres werden als den Kormoranen und Ciconiae verwandt betrachtet. Die Accipitres charakterisieren sich bei kräftigem Körperbau vornehmlich durch die hohe Entwicklung der Sinnesorgane sowie durch die besondere Ausbildung des Schnabels und der Fußbewaffnung. Der Schnabel (Abb. 1083 e) wird an der komprimierten Wurzel von einer weichen, die Nasenöffnung umschließenden Wachshaut bekleidet, die schneidenden Ränder und die hakig herabgebogene Spitze des Oberschnabels sind überaus hart und hornig. Alle zeichnen sich durch große Flügel aus. Die starken Zehen sind mit überaus kräftigen Krallen bewaffnet, welche die bis zur Fußbeuge befiederten Sitzfüße zum Fangen der Beute geeignet machen (Abb. 1080 f). Vor der Verdauung erweichen die Accipitres die aufgenommene Speise im Kropf, aus dem sie die zusammengeballten Federn und Haare als „Gewölle" ausspeien. In der Regel brütet das Weibchen allein, dagegen beteiligt sich das Männchen an der Herbeischaffung der Nahrung. Sind Nesthocker und ernähren sich vom Raube.

1. Tribus. *Grypomorphae*. Mit Nares perviae. Syrinx ohne Muskeln.

Fam. *Cathartidae*. Schnabel mehr oder weniger verlängert. Kopf und oberer Teil des Halses nackt. *Sarcorhamphus gryphus* L., Kondor. Hochgebirge Südamerikas. *Cathartes papa* L., Königsgeier. Trop. Amerika. *Rhinogryphus aura* L., Truthahngeier. Amerika.

2. Tribus. *Aëtomorphae*. Mit Nares imperviae. Syrinx mit Muskeln.

Fam. *Serpentariidae*. Körper schlank, mit langem Hals, langen Flügeln und Schwanz und stark verlängerten Läufen. Schnabel mit ausgedehnter Wachshaut, seitlich komprimiert, stark gebogen. *Serpentarius (Gypogeranus) secretarius* Scop., Sekretär. Mit Federbusch. Fliegt schlecht, läuft gut. Lebt von Schlangen. Afrika.

Fam. *Vulturidae*, Geier. Von bedeutender Körpergröße, mit langem, geradem, nur an der Spitze herabgebogenem Schnabel. Kopf und Hals bleiben oft großenteils nackt, der Nacken wird oft kragenartig von Flaumen und Federn umsäumt. *Vultur monachus* L., Mönchsgeier. Südeuropa, Nordafrika, Asien. *Gyps fulvus* GM., Weißköpfiger Geier. Europa, Nordafrika. *Neophron percnopterus* L., Aasgeier. Südeuropa, Afrika, Südwestasien.

Fam. *Falconidae*, Falken. Mit ziemlich kurzem und meist gezähntem Schnabel (Abbildung 1083 e), befiedertem Kopf (selten mit nackten Wangen) und Hals. Läufe mittelhoch, zuweilen befiedert. Krallen kräftig. *Gypaëtus barbatus* L., Lämmergeier, Bartgeier, Geieradler. Hochgebirge von Mittel- und Südeuropa, Centralasien. *Circus aeruginosus* L. (*rufus* GM.), Rohrweihe. *C. cyaneus* L., Kornweihe. *Astur palumbarius* L., Hühnerhabicht. Europa, Asien, Nordafrika. *Accipiter nisus* L., Sperber. Mittel-Europa und -Asien. *Aquila chrysaëtus* L., Steinadler. Europa, Nordasien, Nordamerika. *A. heliaca* SAV. (*imperialis* BCHST.), Kaiseradler. Südeuropa, Asien. *A. maculata* GM. (*naevia* BRISS.), Schreiadler. Europa, Asien, Nordafrika. *Haliaëtus albicilla* L., Seeadler. Nordeuropa, Nordasien. *Archibuteo lagopus* BRÜNN., Rauchfußbussard. Nord-Europa, -Asien, -Amerika. *Buteo buteo* L., Mäusebussard. Europa. *Milvus milvus* L. (*regalis* BRISS.), Gabelweihe, roter Milan. Europa, Kleinasien, Nordafrika. *Pernis apivorus* L., Wespenbussard. *Tinnunculus tinnunculus* L., Turmfalk, Rüttelfalk. Europa, Asien, Afrika. *Falco peregrinus* TUNST., Wanderfalk. Weit verbreitet. *F. subbuteo* L., Lerchenfalk, Baumfalk. Mittel- und Südeuropa. *Hierofalco candicans* GM., Jagdfalk. Im hohen Norden von Europa, Amerika (Abb. 1083 e).

Fam. *Pandionidae*. Mit Wendezehe. Schnabel kurz, mit langer Hakenspitze. *Pandion haliaëtus* L., Flußadler. Weit verbreitet.

19. Ordnung. Striges, Nachtraubvögel, Eulen.

Nächtliche carinate Raubvögel mit kurzem, hakig gekrümmtem Schnabel, mit Wendezehefüßen.

Die Striges sind durch manche Merkmale von den Accipitres, mit denen sie als *Raptatores* vereinigt waren, schärfer geschieden; ihrer Abstammung nach werden sie von einer Anzahl von Forschern mit den Caprimulgiden und Coraciae in nähere Beziehung gestellt.

Abb. 1098. Kopf von *Strix flammea*. ¹/₄

Der Körper der Eulen ist kurz, gedrungen, der Kopf groß, oft mit Ohrbüscheln versehen. Der kurze Schnabel erscheint stark entwickelt, von der Wurzel an hakig gekrümmt. Die große Ohröffnung wird meist von einem Ohrdeckel geschützt. Die Augen sind groß, nach vorn gerichtet und zuweilen von einem Kranze steifer Federn schleierartig umstellt (Abb. 1098). Die Flügel sind meist lang, der Schwanz kurz. Die meist kurzen Füße sind gewöhnlich ganz befiedert, die äußere Zehe eine Wendezehe. Am Darm fehlt ein Kropf, die Blinddärme zeichnen sich durch Länge aus. Syrinx mit einem Muskelpaare. Sind nächtliche Raubvögel und Nesthocker.

Fam. *Strigidae*. Mit den Charakteren der Ordnung. *Asio otus* L. (*Otus vulgaris* FLEM.), Waldohreule. Europa, Asien, Nordafrika. *A. accipitrinus* PALL. (*Otus brachyotus* FORST.), Sumpfohreule. Kosmopolitisch. *Bubo bubo* L., Uhu. Europa. *Pisorhina scops* L., Zwergohreule. Süd- und Mitteleuropa, Asien, Nordafrika. *Syrnium aluco* L., Waldkauz. Europa,

Kleinasien, Nordafrika. *Surnia ulula* L., Sperbereule. Nordeuropa, Nordasien, Nordamerika. *Nyctea scandiaca* L. (*nivea* Thunb.), Schneeeule. Arktische Zone. *Carine* (*Athene*) *noctua* Scop., Steinkauz. Mittel- und Südeuropa, Asien. *Glaucidium passerinum* L., Sperlingseule. Nord- und Mitteleuropa. *Strix flammea* L., Schleiereule. Weit verbreitet (Abb. 1098).

20. Ordnung. Psittaci, Papageien.

Carinate Vögel mit hohem, an dem Stirnbein gelenkig verbundenem Oberschnabel und kurzem, abgestutztem Unterschnabel, mit fleischiger dicker Zunge und mit Kletterfüßen, deren zwei nach vorn gewendete Mittelzehen an der Basis geheftet sind.

Die Papageien bilden eine wohlbegrenzte Vogelgruppe, die den Coccygomorphae am nächsten steht. Es sind Klettervögel mit lebhaft gefärbtem Gefieder. Der häufig gezahnte Oberschnabel ist an seiner mit dem Stirnbein gelenkig verbundenen Wurzel von einer Wachshaut bedeckt und greift mit hakenförmiger Spitze, die am Hinterrande Kerben (Feilenrillen) besitzt, über den kurzen abgestutzten Unterschnabel. Die Zunge ist dick und fleischig. Die Beine besitzen einen kurzen, netzförmig getäfelten Lauf und enden mit Kletterfüßen, deren beide an der Basis gehefteten Mittelzehen nach vorn gekehrt, die Außen- und Innenzehe nach hinten gewendet sind. Die Füße werden auch handartig zum Ergreifen der Nahrung benutzt. Die Papageien sind Nesthocker; sie ernähren sich von Pflanzenstoffen und gehören den warmen Gegenden, die meisten Amerika an.

Fam. *Psittacidae*. Zunge glatt. Feilenrillen an der Hinterfläche der Oberschnabelspitze quer oder schräg. *Stringops habroptilus* Gray, Eulenpapagei. Von eulenähnlichem Habitus, mit Federschleier. Flugunfähig. Neuseeland. *Callocephalon galeatum* Lath., Helmkakadu. Südaustralien. *Cacatua alba* P. L. Müll., Kakadu. Austro-malaiische Inseln. *Calopsitta novae-hollandiae* Gm. Australien. *Psittacus erithacus* L., Jako. Afrika. *Ara ararauna* L., Ararauna. *A. macao* L., Arakanga. Trop. Amerika. *Psittacula passerina* L., Sperlingspapagei. Brasilien. *Eclectus roratus* Müll., Edelpapagei. Austro-malaiische Inseln. *Amazona* (*Chrysotis*) *amazonica* L., Amazonenpapagei. Südamerika. *Palaeornis torquata* Briss., Halsbandsittich. Indien, Ceylon. *Platycercus elegans* Gm. *Nanodes discolor* Shaw. *Melopsittacus undulatus* Shaw, Wellensittich. *Pezoporus formosus* Lath., Erdsittich. Australien.

Fam. *Trichoglossidae*. Zungenspitze pinselförmig, mit feinen Hornfasern. Feilenrillen der Oberschnabelspitze longitudinal. *Nestor notabilis* J. Gd. Neuseeland. Fällt auch Tiere, besonders Schafe an. *Lorius lory* L., Papualori. Neuguinea. *Trichoglossus haematodes* L. Timor.

21. Ordnung. Coccygomorphae.

Carinate Vögel mit verlängertem, verschieden gestaltetem, zuweilen beweglich mit dem Schädel verbundenem Schnabel. Mit kleiner flacher Zunge. Flügeldeckfedern lang. Mit Schreit- oder Kletterfüßen, zuweilen mit ein oder zwei Wendezehen.

Nach Huxleys Vorgang erscheinen in dieser Ordnung eine Anzahl von Familien zusammengefaßt, welche in einem Teile auch als *Scansores* vereinigt werden. Es sind hier verschiedenartige Vögel vereint, welche entweder Kletterfüße oder Schreitfüße (Abb. 1080 e) besitzen, auch können eine oder zwei Zehen Wendezehen sein. Der Schnabel ist oft groß, zeichnet sich aber stets durch große Leichtigkeit aus und entbehrt einer Wachshaut. Der Oberschnabel ist zuweilen beweglich mit dem Schädel verbunden. Die Beine sind am Laufe selten befiedert, im übrigen genetzt oder getäfelt. Die meisten bewohnen Waldungen, nisten in hohlen Bäumen und nähren sich von Insecten, einige von Früchten. Sind Nesthocker.

Fam. *Rhamphastidae*, Pfefferfresser. Mit sehr großem, zahnrandigem Schnabel (Abbildung 1083 n) und schmaler, horniger, am Rande gefaserter Zunge. Flügel abgerundet, Schwanz groß. Mit Kletterfüßen. *Rhamphastos toco* Müll., Tukan. *Pteroglossus araçari* L., Arassari. Brasilien (Abb. 1099).

Fam. *Galbulidae*, Glanzvögel. Mit langem, starkem, pfriemenförmigem Schnabel, der am Grunde mit Borsten umgeben ist. Lauf sehr kurz. Innenzehe fehlt zuweilen. *Galbula viridis* Lath., Jakamar. Brasilien. Hier schließt sich an *Bucco macrorhynchus* Gm., Bartkuckuck. Südamerika.

Fam. *Cuculidae*, Kuckucke. Mit sanft gebogenem, tief gespaltenem Schnabel, langen spitzen Flügeln, keilförmig zugespitztem Schwanz und Wendezehe an den Kletterfüßen.

Coccystes glandarius L., Heherkuckuck. Südeuropa, Westasien, Afrika. *Cuculus canorus* L., Gemeiner Kuckuck. Das Weibchen brütet die Eier nicht selbst, sondern legt sie einzeln in die Nester anderer Vögel. Europa, Asien, Afrika. *Chrysococcyx cupreus* BODD., Goldkuckuck. Trop. Afrika.

Fam. *Trogonidae*. Schnabel kurz und stark, mit meist gezähnten Rändern; die weite Mundspalte mit Borsten umgeben. Flügel kurz, Schwanz lang. Füße schwach. Mit Kletterfüßen, an denen die beiden äußeren Zehen nach vorn, die inneren nach hinten gerichtet sind. Gefieder weich, mit metallischem Glanz. *Trogon collaris* VIEILL. Trop. Amerika. *Pharomacrus mocinno* LA LLAVE (*Calurus resplendens* J. GD.). Mittelamerika.

Fam. *Musophagidae*. Vom Habitus der Hühnervögel, mit kräftigem, hohem, am Rand gezähntem Schnabel. Beine mit langen Läufen. *Turacus* (*Corythaix*) *persa* L. *Musophaga violacea* Is. Afrika. Hier schließt sich an *Colius colius* L. (*capensis* GM.). Mit äußerer und innerer Wendezehe. Südafrika.

Abb. 1099. *Pteroglossus araçari* (aus règne animal). ¹/₄

Fam. *Coraciadae*, Racken. Große, schön gefärbte Vögel mit scharfrandigem, tief gespaltenem und an der Spitze übergebogenem Schnabel, langen Flügeln. *Coracias garrula* L., Blauracke, Mandelkrähe. Europa, Westasien, Afrika.

Fam. *Meropidae*, Bienenfresser. Mit langem, sanft abwärts gebogenem und komprimiertem Schnabel. Läufe kurz. Mit Schreitfüßen. Flügel zugespitzt, mit langen Deckfedern. *Merops apiaster* L. Südliches Europa, Westasien, Afrika.

Fam. *Upupidae*, Wiedehopfe. Mit langem, gebogenem, seitlich kompressem Schnabel. Flügeldecken und Lauf kurz. Die zwei äußeren vorderen Zehen nur an der Basis verbunden. *Upupa epops* L., Wiedehopf. Europa, Asien, Afrika.

Fam. *Bucerotidae*, Nashornvögel. Rabenähnliche Vögel von bedeutender Größe, mit kolossalem, überaus leichtem, gezäheltem und abwärts gekrümmtem Schnabel und hornartigem Aufsatz am Grunde des Oberschnabels. Zuweilen Teile des Kopfes und des Halses nackt. *Bucorvus abyssinicus* BODD. Abessinien. *Buceros rhinoceros* L. Malakka, Sumatra, Java, Borneo.

Fam. *Alcedinidae*, Eisvögel. Mit großem Kopf und langem, gekieltem, kantigem Schnabel, verhältnismäßig kurzen Flügeln und kurzem Schwanz. Läufe niedrig, mit Schreitfüßen. *Dacelo gigas* BODD. Australien. *Halcyon coromandus* LATH. Ostasien. *Alcedo ispida* L. Europa, Asien, Nordafrika. *Ceryle rudis* L., Graufischer. Südeuropa, Asien, Afrika.

22. Ordnung. Pici, Spechte.

Carinate Vögel mit starkem meißelförmigen Schnabel ohne Wachshaut. Zunge dünn, weit vorstreckbar. Flügeldeckfedern kurz. Mit stark bekrallten Kletterfüßen, Mittelzehen an der Basis verbunden.

Die Spechte sind kräftig gebaute, mit Kletterfüßen (Abb. 1080 b) ausgestattete Vögel, die früher mit den Papageien und kuckuckartigen Vögeln in einer Gruppe *Scansores* vereint waren. Doch unterscheiden sie sich vielfach von letzteren. Im Gefieder ist meist ein Stemmschwanz infolge großer Steifheit der mittleren Steuerfedern ausgebildet. Der Lauf ist vorn quergeschildert. Die lange und platte hornige Zunge trägt an ihrem Ende kurze Widerhaken und kann infolge eines eigentümlichen Mechanismus des Zungenbeines weit vorgeschnellt werden. Die Zungenbeinhörner reichen, in weitem Bogen gekrümmt, über den Schädel bis zur Schnabelbasis. Die Spechte klettern sehr geschickt mit Hilfe des Stemmschwanzes an Bäumen aufwärts und nähren sich von Insecten, die sie durch kräftiges Hämmern aus der Rinde oder dem Holze von Bäumen heraushacken. Sie legen ihre Eier in ausgemeißelte Baumhöhlen und sind Nesthocker.

Fam. *Picidae*. Mit den Charakteren der Ordnung. *Gecinus viridis* L., Grünspecht. Europa, Kleinasien. *G. canus* GM., Grauspecht. Europa, Asien. *Dendrocopus major* L., *D. minor* L., *D. medius* L., Buntspechte. Europa, Asien. *Dendropicus guineensis* SCOP. (*cardinalis* GM.). Afrika. *Campophilus principalis* L. Südl. Nordamerika. *Picus martius* L., Schwarzspecht. Europa, Asien. *Picumnus cirrhatus* TEMM., Zwergspecht. Ostbrasilien. *Jynx torquilla* L., Wendehals. Europa, Asien, Nordafrika.

23. Ordnung. Cypselomorphae.

Carinate Vögel mit breitem und kurzem oder dünnem, röhrenförmig verlängertem Schnabel ohne Wachshaut. Vorderarm und Hand viel länger als der Oberarm. Lauf oben befiedert oder unvollkommen oder nicht beschildert. Füße schwach, kaum zum Gehen tauglich, entweder Klammer- oder Wandelfüße.

Die in dieser Gruppe vereinigten Formen zeichnen sich dadurch aus, daß die Hand länger als der Unterarm, dieser länger als der Oberarm ist. Zeigefinger und Daumen tragen bei *Caprimulgus* einen Nagel. Der Schnabel ist kurz und breit, aber tief gespalten (Abb. 1083 q) oder, wie bei den *Trochiliden*, lang und zugespitzt. Am Unterkiefer ist jeder Ast in zwei hintereinander liegende, gelenkig verbundene Stücke geteilt. Der Lauf ist nackt oder unvollkommen beschildert oder großenteils befiedert. Die Füße sind Wandel- oder Klammerfüße (Abb. 1080 a), zuweilen mit Wendezehe. Alle Cypselomorphen fliegen rasch und ernähren sich von Insecten, die sie zum Teile im Fluge erhaschen. Sind Nesthocker.

Fam. *Caprimulgidae*, Nachtschwalben. Mit breitem flachen Kopf und kurzem, ungemein flachem, dreieckigem Schnabel, mit weichem eulenartigen Gefieder. Die Beine sehr schwach und kurz, am Fuß richtet sich die Hinterzehe halb nach innen, kann aber auch nach vorn gewendet werden. Die Mittelzehe ist lang und trägt meist eine kammförmig gezähnelte Kralle. Leben vorzugsweise im Walde und nähren sich insbesondere von Nachtschmetterlingen, die sie während des raschen leisen Fluges mit offenem Rachen erbeuten. Sie legen in der Regel zwei Eier auf dem flachen Erdboden. *Chordeiles virginianus* GM. Nordamerika. *Caprimulgus europaeus* L., Gemeine Nachtschwalbe, Ziegenmelker. Europa, Asien, Nordafrika. Hier schließt sich an *Steatornis caripensis* HUMBOLDT, Fettvogel. Lebt von Früchten. Südamerika.

Fam. *Cypselidae*, Segler. Schwalbenähnliche Vögel mit kurzem, breitem, nach der Spitze komprimiertem Schnabel, mit schmalen, säbelförmig gebogenen Flügeln, kurzen, zuweilen befiederten Läufen und stark bekrallten Klammerfüßen, zuweilen mit nach innen gerichteter Hinterzehe, auch Wendezehe. *Cypselus* (*Micropus*) *melba* L., Alpensegler. Europa, Nordafrika, Westasien. *C. apus* L., Mauersegler. Europa, Afrika, Asien (Abb. 1083q) *Collocalia esculenta* L., Salangane. Verfertigt aus ihrem zähen Speichel die eßbaren Vogelnester. Molukken, Salomons-Inseln, Nordaustralien.

Fam. *Trochilidae*, Kolibris, Schwirrvögel. Die kleinsten aller Vögel, mit buntem, metallglänzendem, oft schillerndem Gefieder und zierlichen Wandel- oder Spaltfüßen. Der lange pfriemenförmige Schnabel stellt durch die überragenden Ränder des Oberschnabels eine Röhre dar, aus welcher die bis zur Wurzel gespaltene lange Zunge vorgeschnellt werden kann. Der Flug ist schwirrend. *Patagona gigas* VIEILL., Riesenkolibri. Westl. Südamerika. *Phaëtornis superciliosus* L. Nordbrasilien, Guiana. *Topaza pella* L. Guiana. *Trochilus colubris* L. Nord- und Centralamerika. *Lophornis magnificus* VIEILL. Brasilien. *Chaetocercus bombus* J. GD. Kleinster Vogel, 6,5 cm lang. Ekuador, Nordperu.

24. Ordnung. Passeres.

Carinate Vögel mit sehr verschieden gestaltetem Schnabel ohne Wachshaut. Flügeldeckfedern kurz. Lauf vorn mit größeren (meist 7) Tafeln, die zuweilen mit den seitlichen zu einem Stiefel verwachsen. Mit gracilen Wandelfüßen, deren nach hinten gerichtete Innenzehe stärker und länger als die zweite Zehe ist. Mit Singmuskelapparat.

Die Passeres bilden eine natürliche, sehr umfangreiche Ordnung. Die Konturfedern besitzen einen kleinen dunigen Afterschaft. Die Zahl der Handschwingen ist stets 10 oder 9, die Flügeldeckfedern sind kurz. Die Beine enden mit gracilen Wandelfüßen (Abb. 1080d). Alle dieser Ordnung zugehörigen Formen haben eine besondere knöcherne Röhre (Siphonium), welche Luft aus der Paukenhöhle in die Lufträume des Unterkiefers führt. Der Schnabel ist sehr verschieden gestaltet. Ein Stimmapparat ist immer ausgebildet; an dessen Aufbau beteiligt sich entweder nur das untere Ende der Trachea oder auch die Anfänge der Bronchen. Seine Muskeln sind in 1—3 Paaren rechts und links oder in 2—5 Paaren an der Vorder- und Hinterfläche angeordnet. Viele Passeres verfertigen sehr kunstvolle Nester. Sie sind Nesthocker. Als Nahrung dienen meist Insecten, vielen aber Samen und Früchte.

1. Unterordnung. *Clamatores*, Schreivögel. Die erste Handschwinge in der Regel lang. Lauf vorn stets mit Tafeln, seitlich zuweilen mit langen Stiefelschienen oder Körnern. Syrinx entweder nur aus der Trachea hervorgegangen oder unter Beteiligung der Bronchen, mit 1—3 Paaren seitlich angeordneter Muskeln.

Fam. *Formicariidae*. Schnabel kürzer oder kaum länger als der Kopf, gerade oder schwach gekrümmt. Flügel kurz, gerundet. Rückenfedern eigentümlich wollig. *Formicarius colma* GM. Brasilien. *Thamnophilus major* VIEILL. Südamerika.

Fam. *Dendrocolaptidae*. Schnabelspitze stets komprimiert. *Dendrocolaptes certhia* BODD. Brasilien, Guiana. *Furnarius rufus* GM., Töpfervogel. Südamerika.

Fam. *Pittidae*. Mit kräftigem, dickem und geradem Schnabel. Schwanz abgestutzt. Lauf hoch. Gefieder sehr schön gefärbt. *Pitta brachyura* L. Ostindien, Ceylon.

Fam. *Cotingidae*. Mit weichem, prachtvoll gefärbtem Gefieder, Schnabel ziemlich groß, Spitze hakig, gekerbt. Flügel lang, spitz. *Rupicola crocea* VIEILL. *Cotinga cayana* L. Hier schließt sich an *Pipra aureola* L. Guiana, Amazonas.

Fam. *Tyrannidae*. Schnabel rund, Oberschnabel mit hakiger Spitze und seichter Einkerbung. Beine stark. *Tyrannus carolinensis* GM. Nordamerika.

Fam. *Menuridae*. Schwanz verlängert, beim Männchen mit aufrechten Federn. *Menura superba* DAVIES, Leierschwanz. Australien.

2. Unterordnung. *Oscines*, Singvögel. Die erste Handschwinge kurz oder rudimentär oder fehlend. Lauf gestiefelt oder an den Seiten mit ungeteilter Schiene. Syrinx von Trachea und Bronchen gebildet, meist mit 5 Paar an der Vorder- und Hinterseite angeordneter Muskeln.

Fam. *Hirundinidae*, Schwalben. Kleine, zierlich gestaltete Singvögel. Schnabel kurz, an der Spitze zusammengedrückt, mit sehr weiter Spalte. Flügel verlängert, mit nur neun Handschwingen. Schwanz gegabelt, Läufe kurz. Fertigen als Kleiber ein kunstvolles Nest. *Hirundo rustica* L., Rauchschwalbe. *Chelidon urbica* L., Hausschwalbe. Europa, Afrika, Asien. *Clivicola riparia* L., Uferschwalbe. Europa, Asien, Afrika, Amerika. *C. rupestris* SCOP., Felsenschwalbe. Südeuropa, Nordafrika, Asien.

Fam. *Muscicapidae*, Fliegenschnäpper. Schnabel kurz, an der Basis breit und niedergedrückt, vorn etwas komprimiert, mit hakiger eingekerbter Spitze. *Butalis grisola* L. *Muscicapa atricapilla* L. *M. collaris* BCHST. Europa, Westasien, Nordafrika. *Terpsiphone paradisi* L. Ostindien, Ceylon. Hier schließt sich an *Ampelis (Bombycilla) garrulus* L., Seidenschwanz. Im hohen Norden von Europa, Amerika.

Fam. *Sylviidae*, Sänger. Kleine Singvögel mit pfriemenförmigem Schnabel. Lauf vorn getäfelt. Gefieder seidenartig weich. *Acrocephalus (Calamoherpe) arundinaceus* L. (*turdoides* MEY.), Rohrsänger. Europa, Afrika. *Locustella luscinioides* SAVI. Südeuropa, Nordafrika. *Hypolais hypolais* L. (*icterina* VIEILL.), Gartensänger, Bastardnachtigall, Spotter. Europa, Afrika. *Sylvia nisoria* BCHST., Sperbergrasmücke. *S. sylvia* L., Dorngrasmücke. *S. hortensis* GM., Gartengrasmücke. *S. atricapilla* L., Mönchsgrasmücke, Schwarzplättchen. *Phylloscopus (Phyllopneuste) sibilatrix* BCHST., Weidenzeisig. *Regulus regulus* L., *R. ignicapillus* BREHM, Goldhähnchen. Europa, Westasien, Nordafrika. *Accentor modularis* L., Graukehlchen. *A. collaris* SCOP. (*alpinus* GM.), Alpenflüevogel. Europa, Kleinasien. Hier schließt sich an *Liothrix lutea* SCOP., Sonnenvogel, Chinesische Nachtigall. Südchina, Süd-Himalaja. *Cisticola cisticola* TEMM. (*schoenicola* BP.), südeuropäischer Schneidervogel. Näht Schilfblätter zum Nestbau zusammen. Südeuropa, Nordafrika, Asien. *Pycnonotus xanthopygus* H. E., Bülbül. Arabien, Syrien, Nordafrika, Cypern.

Fam. *Turdidae*, Drosseln. Größere Singvögel von kräftigem Körperbau, mit mäßig langem, etwas komprimiertem, vor der Spitze leicht gekerbtem Schnabel (Abb. 1083d). Die Beine sind hochläufig und in der Regel gestiefelt. *Aëdon luscinia* L., Nachtigall. Europa,

Nordafrika. *A. major* GM. (*philomela* BCHST.), Sprosser. Europa, Westasien, Nordafrika. *Erithacus rubecula* L., Rotkehlchen. Europa, Kleinasien, Nordafrika. *Cyanecula caerulecula* PALL. (*suecica* L.), Blaukehlchen. Europa, Asien, Nordafrika. *Ruticilla tithys* SCOP., Hausrotschwänzchen. *Pratincola rubetra* L., Braunkehlchen. Europa, Südwestasien, nördl. Afrika. *Saxicola oenanthe* L., Steinschmätzer. Europa, Asien, Nordafrika, Nordamerika. *Monticola saxatilis* L., Steinrötel. *M. cyanus* L., Blaudrossel, Einsamer Spatz. Südl. Europa, Asien, Nordafrika. *Merula merula* L., Schwarzamsel. Europa, Südwestasien, Nordafrika. *M. torquata* L., Ringdrossel. Europa, Nordafrika. *Turdus iliacus* L., Weindrossel. *T. musicus* L., Singdrossel. Europa, Asien, Nordafrika. *T. pilaris* L., Wacholderdrossel, Krammetsvogel. *T. viscivorus* L., Misteldrossel. Europa, Westasien. *T. migratorius* L., Wanderdrossel. Nordamerika. Hier schließen sich an: *Mimus polyglottus* L., Spottdrossel. Nord- und Mittelamerika. *Cinclus cinclus* L. (*aquaticus* BCHST.), Wasseramsel. Europa, Asien. *Anorthura troglodytes* L. (*Troglodytes parvulus* KOCH), Zaunkönig. Europa, Nordafrika, Westasien.

Fam. *Motacillidae*, Bachstelzen. Körper schlank. Schnabel ziemlich lang, an der Spitze eingeschnitten. Schwanz lang, ausgerandet. Laufen sehr gewandt. *Motacilla alba* L., Bachstelze. Europa, Asien, Nordafrika. *Anthus pratensis* L., Wiesenpieper. Europa, Westasien, Nordafrika.

Fam. *Alaudidae*, Lerchen. Von erdfarbenem Gefieder, mit mittellangem Schnabel, langen breiten Flügeln, langem Schulterfittich und kurzem Schwanz. Die Hinterzehe mit spornartigem Nagel. *Otocorys alpestris* L., Alpenlerche. Nördl. Europa, Asien, Amerika. *Melanocorypha calandra* L., Kalanderlerche. Südl. Europa, Westasien, Nordafrika. *Alauda arvensis* L., Feldlerche. *Galerita cristata* L., Haubenlerche. Europa, Asien, Nordafrika. *Lullula arborea* L., Heidelerche, Baumlerche. Europa, Asien, Nordafrika.

Fam. *Paridae*, Meisen. Kleine, schön gefärbte und überaus bewegliche Sänger von gedrungenem Körperbau, mit spitzem, kurzem, fast kegelförmigem Schnabel. *Parus major* L., Kohlmeise. Europa, Westasien, Nordafrika. *P. ater* L., Tannenmeise. *P. palustris* L., Sumpfmeise. Europa, Asien. *P. caeruleus* L., Blaumeise. Europa, Kleinasien, Nordafrika. *Lophophanes cristatus* L., Haubenmeise. Europa. *Acredula caudata* L., Schwanzmeise. Nord- und Mitteleuropa, nördl. Asien. *Aegithalus pendulinus* L., Beutelmeise. Südeuropa, Asien. *Panurus biarmicus* L., Bartmeise. Mittel- und Südeuropa, westl. Centralasien.

Fam. *Laniidae*, Würger. Große kräftige Singvögel mit hakig gebogenem, stark gezähntem Schnabel, starken Bartborsten und mäßig hohen, scharf bekrallten Füßen. Machen auf Insecten, sowie kleine Vögel und Säugetiere Jagd und spießen ihre Beute gern auf Dornen auf. *Lanius minor* GM., Schwarzstirniger Würger. Europa, Südwestasien, Afrika. *L. excubitor* L., Großer Würger. Europa, nördl. Asien. *L. senator* L. (*rufus* BRISS.), Rotköpfiger Neuntöter. *L. collurio* L., Dorndreher. Europa, Westasien, Afrika.

Fam. *Corvidae*, Raben. Große Singvögel, Schnabel stark und dick, vorn etwas gekrümmt und leicht ausgebuchtet, am Grunde die Nasenlöcher deckende Borstenfedern. Füße groß und stark. Leben gesellig. Einzelne stellen Vögeln und kleinen Säugetieren nach. *Corvus corax* L., Kolkrabe. Europa, Nordasien, Nordamerika. *C. cornix* L., Nebelkrähe. Europa, Westasien. *C. corone* L., Rabenkrähe, Krähe. Europa, Nordasien. *Colaeus monedula* L., Dohle. Europa, Nordafrika, Westasien. *Trypanocorax frugilegus* L., Saatkrähe. Europa, Asien. *Pyrrhocorax pyrrhocorax* L., Alpendohle. Alpen, Gebirge Südeuropas. *Nucifraga caryocatactes* L., Tannenheher. Nordeuropa, Nordasien. *Pica pica* L., Elster. Europa, Asien, Nordwestl. Amerika. *Garrulus glandarius* L., Eichelhäher. Europa.

Fam. *Paradiseidae*, Paradiesvögel. Prächtig gefärbte Vögel mit mittellangem, sanft gebogenem, komprimiertem Schnabel. Füße sehr stark und großzehig. Die beiden mittleren Steuerfedern oft fadenförmig verlängert und nur an der Spitze mit kleiner Fahne. Männchen mit Büscheln zerschlissener Federn an den Seiten des Körpers und auch an Hals und Brust. *Paradisea apoda* L. *Cicinnurus regius* L. Neuguinea, Aru-Inseln (Abb. 1100). *Parotia sefilata* PENN. (*sexpennis* BODD.). Neuguinea.

Fam. *Oriolidae*. Mit ziemlich kegelförmigem, abgerundetem Schnabel. Lauf kurz. *Oriolus oriolus* L. (*galbula* L.), Pirol, Goldamsel, Pfingstvogel. Europa, Südwestasien, Afrika.

Fam. *Sturnidae*, Stare. Singvögel mit geradem oder wenig gebogenem, starkem Schnabel mit zuweilen gekerbter Spitze. Flügel lang und spitz. Lauf lang, kräftig. Hinterzehe lang und stark. *Sturnus vulgaris* L., Gemeiner Star. Europa, Südwestasien, Nordafrika. *Pastor roseus* L., Rosenstar. Süd- und Mitteleuropa, Asien. *Gracula religiosa* L. Südindien, Ceylon. *Buphaga africana* L., Madenhacker. Afrika.

Fam. *Icteridae*, Trupiale. Schnabel so lang oder länger als der Kopf, meist gerade, schlank kegelförmig, spitz, ohne Ausschnitt, Dillenkante länger als die halbe Firste. Schwanz lang, gerundet. Füße kräftig, Hinterzehe lang. *Icterus jamacaii* GM., Brasilien. *I. baltimore* L. Nord- u. Centralamerika. *Quiscalus versicolor* VIEILL. Östl. Nordamerika.

Fam. *Ploceidae*, Webervögel. Mit kräftigem kegelförmigen Schnabel. Schnabelfirste zwischen die Stirnfedern einspringend. Bauen beutelförmige Nester. *Ploceus philippinus* L. (*baya* BLYTH). Ostindien, Ceylon. *Textor albirostris* VIEILL. *Vidua principalis* L. Stega-

nura paradisea L. *Philaeterus socius* LATH. *Amadina fasciata* GM. *Estrilda* (*Habropyga*) *astrild* L. Afrika. *Taeniopygia castanotis* J. GD. Australien.

Fam. *Fringillidae*, Finken. Mit kurzem dickem Kegelschnabel (Abb. 1083c) ohne Kerbe, aber mit basalem Wulst, Schnabelfirste nicht zwischen die Stirnfedern einspringend. Im Flügel bloß neun Handschwingen. *Fringilla coelebs* L., Buchfink. Europa, Südwestasien. *F. montifringilla* L., Bergfink. Europa, Asien. *Cannabina cannabina* L., Hänfling. Europa, Westasien, Nordafrika. *Acanthis linaria* L., Leinfink. Nord-Europa, -Asien, -Amerika. *Carduelis carduelis* L., Distelfink, Stieglitz. Europa, Nordafrika, Südwestasien. *Chrysomitris spinus* L., Zeisig. *Passer montanus* L., Feldsperling. *P. domesticus* L., Haussperling, Spatz. Europa, Asien, Nordafrika. *Serinus canaria* L., Kanarienvogel. Kanarische Inseln. *S. serinus* L., Girlitz. Europa, Kleinasien, Nordafrika. Wird als Unterart von *S. canaria* angesehen. *Loxia curvirostra* L., Fichtenkreuzschnabel. Europa, Nordasien, Nordamerika. *Pyrrhula pyrrhula* L., Gimpel, Dompfaff. Europa, Nordasien. *Chloris chloris* L., Grünling. Europa, Südwestasien, Nordafrika. *Coccothraustes coccothraustes* L., Kernbeißer. Europa, Asien, Nordafrika. *Cardinalis cardinalis* L. (*virginianus* BP.), Kardinal. Südl. Nordamerika.

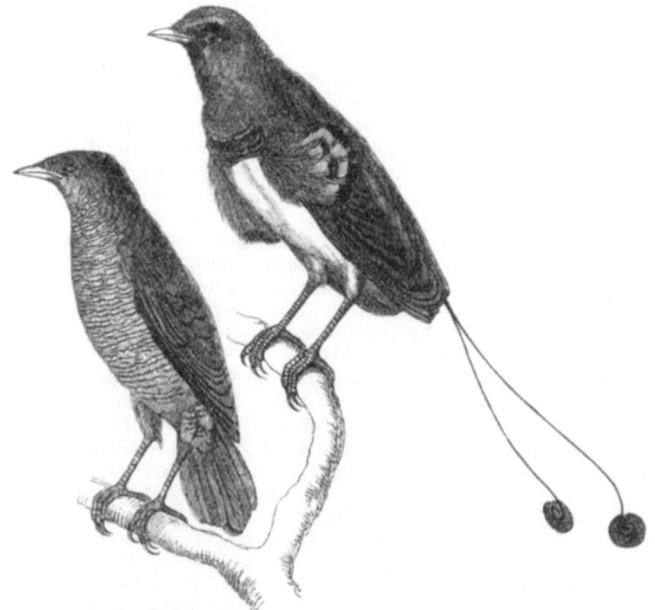

Abb. 1100. *Cicinnurus regius*, Weibchen und Männchen. Etwa $1/_3$

Emberiza schoeniclus L., Rohrammer, Rohrspatz. Europa, Asien. *E. citrinella* L., Goldammer. Europa, Westsibirien. *E. hortulana* L., Ortolan. Europa, Westasien, Nordafrika. *E. cia* L., Zippammer. Südeuropa, Kleinasien bis Afghanistan. *Plectrophenax nivalis* L., Schneeammer. Nordeuropa, Nordasien, Nordamerika. Hier schließt sich an *Tanagra episcopus* L. Giuana.

Fam. *Certhiidae*, Klettermeisen. Mit schlankem, glattrandigem Schnabel. Schwanz mittellang, oft mit steifen Schaftspitzen der Steuerfedern. Füße mit großen, stark gekrümmten Krallen. *Sitta europaea* L., Kleiber. Nordeuropa, Nordasien. *Certhia familiaris* L., Baumläufer. Europa, Nordafrika, Asien, Nordamerika. *Tichodroma muraria* L., Mauerläufer. Hochgebirge Europas, Nordafrikas, Asiens.

Fam. *Nectariniidae*, Sonnenvögel, Honigsauger. Kleine gedrungene Vögel mit metallisch glänzendem Gefieder, mit langem, dünnem, gebogenem, spitzem Schnabel. Zunge vorstreckbar, röhrenförmig, tief gespalten. *Nectarinia metallica* LCHT. N.O.-Afrika, Südarabien. *N. famosa* L. *Cinnyris splendida* SHAW. Südafrika.

Fam. *Meliphagidae*, Honigfresser. Mit dünnem gekrümmten Schnabel. Schwanz lang und breit. Die Zunge vorstreckbar, mit pinselförmiger Spitze. *Meliphaga phrygia* LATH. Australien. *Prosthemadera novae-zealandiae* GM. Predigervogel. Neuseeland. Im Aussterben.

Fam. *Drepanididae*, Kleidervögel. Den Meliphagiden in Bau und Zunge sehr ähnlich. Schnabel sehr verschieden. Besitzen einen eigentümlichen unangenehmen Geruch. *Drepanis pacifica* GM. Fast ausgerottet. *Vestiaria coccinea* FORST. Hawai-Inseln.

6. Klasse. Mammalia, Säugetiere[1].

Homöotherme behaarte Vertebraten mit meist vier als Füße entwickelten Extremitäten, mit vollständig in zwei Vorkammern und zwei Kammern geteiltem Herzen, in der Regel lebendige Junge gebärend, die sie mittels des Secretes von Milchdrüsen aufsäugen. Embryonen mit Amnion und Allantois.

Die Säugetiere sind durch die Gestaltung beider Extremitätenpaare als Füße vornehmlich zum Landaufenthalte befähigt. Indessen treffen wir auch hier Formen an, welche in verschiedenem Grade dem Wasserleben angepaßt sind, ja sogar ausschließlich das Wasser bewohnen oder mit einer Flughaut (*Patagium*) ausgestattet als Flattertiere in der Luft sich bewegen und hier ihre Nahrung finden. Außer dem Kopf unterscheidet man am Körper eine Hals-, Brust-, Lenden-, Kreuzbein- und Schwanzregion. Nur beim Ausfalle der hinteren Extremitäten (*Cetacea, Sirenia*) fehlt eine Sacralregion, bei den Cetaceen ist überdies die Halsregion äußerlich nicht unterscheidbar.

Dasselbe, was die Befiederung für die Vögel, ist das Haarkleid für die Säugetiere (von RAY und OKEN „Haartiere" genannt). Obwohl die kolossalen Wasserbewohner und die größten Landtiere der Tropen nackt zu sein scheinen, so fehlen doch auch hier die Haare nicht an allen Stellen, indem z. B. die Cetaceen wenigstens in einigen Fällen an den Lippen kurze Borsten tragen. Auch das Haar

---

[1] v. SCHREBER, JOH. CH. D.: Die Säugetiere usw.; fortges. von A. GOLDFUSS u. J. A. WAGNER. 7 Bde. u. 5 Suppl. Erlangen u. Leipzig 1775—1855. — GEOFFROY ST. HILAIRE, E. et FRÉD. CUVIER: Histoire naturelle des Mammifères. Paris 1819—1835. — PANDER, CH. u. E. D'ALTON: Die vergleichende Osteologie. Bonn 1821—1828. — TEMMINCK, C. J.: Monographie de Mammalogie. Paris u. Leiden 1825—1839. — DE BLAINVILLE, H. D.: Ostéographie. Paris 1839—1854. — OWEN, R.: Odontography. 2 Vols. London 1840—1845. — GIEBEL, C. G.: Die Säugetiere in zoologischer, anatomischer und paläontologischer Beziehung. Leipzig 1859. — Odontographie. Leipzig 1855. — GIEBEL, C. G., LECHE, W. u. E. GÖPPERT: Mammalia. Bronns Klassen u. Ordn. des Tierreiches 1874—1914. — OSBORN, H. F.: Evolution of Mammalian Molar Teeth to and from the triangular type, edited by W. K. GREGORY. New York 1907. — FLOWER, W. H. a. R. LYDEKKER: An Introduction to the study of Mammals living and extinct. London 1891. — KÜKENTHAL, W.: Über den Ursprung und die Entwicklung der Säugetierzähne. Jena. Z. Naturwiss. **26** (1892). — DE MEIJERE, H.: Über die Haare der Säugetiere, besonders über ihre Anordnung. Morph. Jb. **21** (1894). — LECHE, W.: Zur Entwicklungsgeschichte des Zahnsystems der Säugetiere. Bibliotheca zoologica 1895—1907. — BONNET, R.: Die Mammarorgane im Lichte der Ontogenie und Phylogenie. Erg. Anat. **7** (1897). — ELLENBERGER, W. u. H. BAUM: Handbuch der vergleichenden Anatomie der Haustiere. 16. Aufl. Berlin 1926. — TROUESSART, E. L.: Catalogus Mammalium. 2 Bde. Berolini 1897—1899 u. Suppl. 1904—1905. — LYDEKKER, R.: Die geographische Verbreitung und geologische Entwicklung der Säugetiere. Deutsch übers. von G. Siebert. Jena. 2. Aufl. 1901. — WEBER, M.: Die Säugetiere. 2. Aufl. Jena 1927—1928. — VAN BENEDEN, E. et CH. JULIN: Recherches sur la formation des annexes fœtales chez les Mammifères. Archives de Biol. **5** (1884). — HUBRECHT, A. A. W.: Studies on Mammalian Embryology. Quart. J. microsc. Sci. **30**—**35** (1890—1894). — FÜRBRINGER, M.: Zur Frage der Abstammung der Säugetiere. Festschr. f. HAECKEL. Jena 1904. — PALMER, T. S.: North American Fauna. 23. Index generum Mammalium. Washington 1904. — MILLER, G. S.: Catalogue of the Mammals of Western Europe. London 1912. — BREHMS Tierleben. Säugetiere. 4. Aufl. 1912—1916. — ELLIOT, D. G.: Check-List of Mammals of the North American Continent. Chicago 1905. — TOLDT jun., C.: Über eine beachtenswerte Haarsorte und über das Haarformensystem der Säugetiere. Ann. naturhist. Hofmus. Wien **24** (1910). — GREGORY, W. G.: The orders of Mammals. Bull. Mus. Nat. Hist. New York **27**. 1910. — VAN BENEDEN, E.: Recherches sur l'embryologie des Mammifères. Archives de Biol. **26, 27** (1911—1912). — RABL, C.: Édouard van Beneden und der gegenwärtige Stand der wichtigsten von ihm behandelten Probleme. Arch. mikrosk. Anat. **88** (1915). — ANTONIUS, O.: Grundzüge einer Stammesgeschichte der Haustiere. Jena 1922. — SONNTAG, C. F.: The comparative Anatomy of the Tongues of the Mammalia. Proc. Zool. Soc. Lond. **1921**—**1925**. — ADAMETZ, L.: Lehrbuch der allgemeinen Tierzucht. Wien 1926. — Vgl. ferner die Arbeiten von HYRTL, GERVAIS, GAUDRY, COPE, MARSH, W. KOWALEVSKY, RÜTIMEYER, SCHLOSSER, AMEGHINO, TURNER, BOAS, HOCHSTETTER, ROESE, OUDEMANS, MAURER, SCHAFFER u. a.

(Abb. 1101) ist eine Epidermoidalbildung und erhebt sich mit zwiebelartig verdickter Wurzel (Haarzwiebel) auf einer gefäßreichen Papille (Pulpa) im Grunde eines Follikels der Haut, des Haarbalges, während sein oberer Teil, der Schaft, frei aus der Oberfläche der Haut hervorragt. Nach der Stärke und Festigkeit des Haarschaftes unterscheidet man zunächst Licht-, Stichel- oder Grannenhaare und Wollhaare. Die ersteren sind grob und steif, die letzteren meist kürzer, zart, gekräuselt und umstellen in größerer oder geringerer Zahl je ein Stichelhaar. Je feiner und wärmeschützender der Pelz, um so bedeutender wiegen die Wollhaare vor (Winterpelz). Die Stichelhaare werden durch bedeutendere Stärke zu Borsten, welche wiederum durch fortgesetzte Dickenzunahme in Stacheln übergehen (Igel, Stachelschwein). Weit verbreitet findet sich noch eine spärlich auftretende dritte Haarform, die Leithaare, welche sich durch größere Länge, Stärke und Steifheit gegenüber den Stichelhaaren auszeichnen. An den Follikeln der stärkeren Haare heften sich glatte Muskeln (*Arrectores pilorum*) der Unterhaut an, durch welche jene einzeln bewegt werden, während die quergestreifte Hautmuskulatur ein Sträuben des Haarkleides und Emporrichten der Stacheln über größere Hautflächen veranlaßt. Die Haare stehen in regelmäßiger Anordnung, gewöhnlich in Gruppen. Auch kann die Epidermis kleinere Hornschuppen oder große, dachziegelartig übereinandergreifende Schuppen bilden, erstere am Schwanze von Nagetieren und Beutlern, letztere auf der gesamten Rücken- und Seitenfläche der Schuppentiere, welche durch diese Art der Epidermoidalbekleidung einen hornigen Hautpanzer erhalten. Zu den Epidermoidalbildungen gehören ferner die Hornscheiden der Boviden (Cavicornier), die Hörner der Rhinocerotiden sowie die mannigfachen Hornbekleidungen der Zehenspitzen, welche als Plattennägel (*Unguis lamnaris*), Kuppennägel (*U. tegularis*), Krallen (*Falcula, Unguicula*) und Hufe (*Ungula*) unterschieden werden.

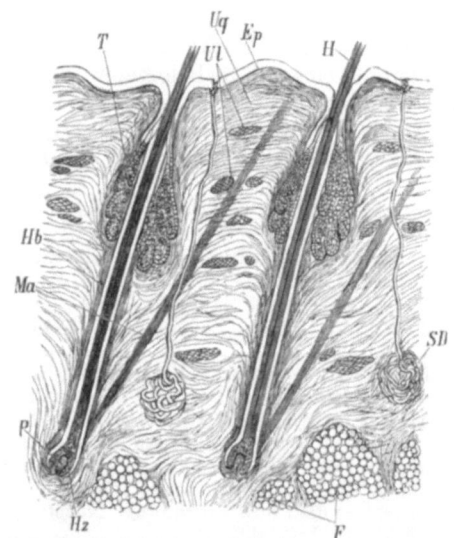

Abb. 1101. Schnitt durch die Kopfhaut des Menschen. *Ep* Epidermis, *Uq* Querzüge, *Ul* Längszüge des Cutisbindegewebes, *H* Haar, *Hz* Haarzwiebel, *P* Papille des Haares, *Hb* Haarbalg, *Ma* Musculus arrector pili, *T* Talgdrüsen, *SD* Schweißdrüsen, *F* Fettkörper.

Eine andere Form des Hautpanzers entsteht durch Ossification der Cutis bei den Gürteltieren, deren Hautknochen aneinandergrenzende Platten sowie in der Mitte des Leibes breite, verschiebbare Knochengürtel bilden. Zu den Hautverknöcherungen gehören ferner die periodisch sich erneuernden Geweihe der Hirsche.

Als Hautdrüsen haben die acinösen *Talgdrüsen* und die tubulösen *Schweißdrüsen* und *Duftdrüsen* eine große Verbreitung (Abb. 1101). Jene sind ständige Begleiter der Haarbälge, finden sich aber auch an nackten Hautstellen und sondern eine fettige Schmiere ab, welche die Hautoberfläche weich erhält. Die tubulösen, meist als Schweißdrüsen fungierenden Drüsen zeigen die Form eines knäuelartig verschlungenen Drüsenkanals mit spiralgewundenem Ausführungsgang und werden nur selten vermißt (*Cetacea, Sirenia, Manis* u. a.). Bei zahlreichen Säugetieren kommen noch an verschiedenen Hautstellen größere Drüsen mit stark riechenden Secreten vor, welche in der Mehrzahl aus einer Vereinigung von sogenannten Talgdrüsen und Schweißdrüsen bestehen. Dazu gehören z. B. die Muffeldrüsen des Rindes, die Occipitaldrüse der Kamele, die in Vertiefungen der Tränenbeine liegenden Schmierdrüsen von *Cervus, Antilope, Ovis*, die hinter dem Gehörne gelegene sogenannte Brunstfeige der Gemse, die Schläfendrüse der Elefanten, die Gesichtsdrüsen der Fledermäuse, die Klauendrüsen der Wiederkäuer, die Seitendrüsen der Spitzmäuse und von *Arvicola (Microtus) terrestris*, die Sacraldrüse von *Dicotyles (Tayassus)*, die sich dorsal hinter der Schwanzwurzel findende sogenannte Violdrüse des Fuchses, die Drüsen am Schwanze des Desman, die Cruraldrüsen der männlichen Monotremen usw. Am häufigsten finden sich dergleichen Absonderungsorgane in der Nähe des Afters oder in der Inguinalgegend und liegen dann oft in besonderen Hautaussackungen, wie z. B. die Analdrüsen zahlreicher Raubtiere, Nager und Edentaten, die Zibetdrüsen der Viverren, der Moschusbeutel von *Moschus moschiferus*, die Bibergeilsäcke an der Vorhaut des männlichen Bibers

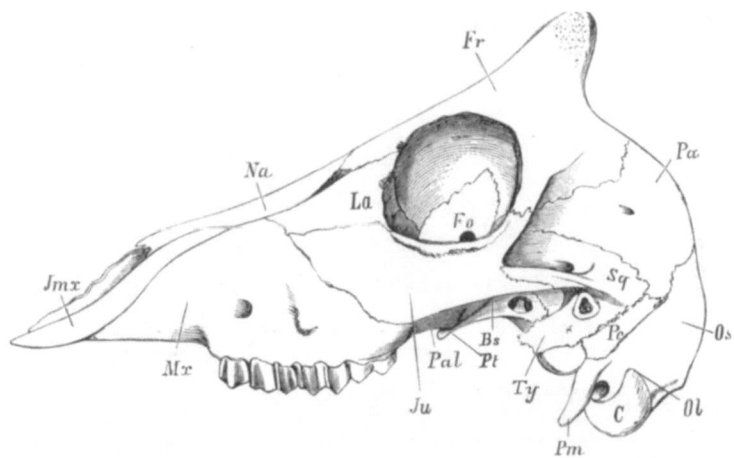

Abb. 1102. Schädel einer Ziege in seitlicher Ansicht. *Ol* Occipitale laterale, *C* Condylus, *Pm* Processus paramastoideus, *Os* Supraoccipitale, *Sq* Squamosum, *Ty* Tympanicum, *Pe* Petrosum, *Pa* Parietale, *Fr* Frontale, *La* Lacrimale, *Na* Nasale, *Fo* Foramen opticum, *Mx* Maxillare, *Jmx* Intermaxillare, *Ju* Jugale, *Pal* Palatinum, *Pt* Pterygoideum, *Bs* Basisphenoideum.

und die Bisamdrüsen der Bisamratte. Aus Schweißdrüsen hervorgegangene Schleimdrüsen finden sich bei *Hippopotamus*.

Zu den Hautdrüsen gehören auch die *Milchdrüsen* der weiblichen Säuger, die stets an der Ventralseite des Körpers in der Inguinalgegend, am Bauch und an der Brust zur Entwicklung kommen, beim Männchen rudimentär bleiben. Bei den *Monotremen* münden die Drüsenschläuche des hier als Mammardrüse unterschiedenen Organs in einem eingesenkten Drüsenfelde, während sonst papillenförmige Erhöhungen, Zitzen, die Ausmündungsöffnungen der Milchdrüsen tragen.

Das Skelet wird durch schwere, markhaltige Knochen gebildet und nur in einzelnen Schädel- und Gesichtsknochen kommen pneumatische Höhlen vor. Der Schädel (Abb. 1102) erscheint als geräumige Kapsel, deren Knochenstücke nur ausnahmsweise frühzeitig (Schnabeltier) verschmelzen, in der Regel zeitlebens größtenteils durch Nähte gesondert bleiben. Doch gibt es viele Fälle, in denen am ausgewachsenen Tiere die Nähte teilweise oder sämtlich verschwunden sind (Affen, Wiesel). Die umfangreiche Ausdehnung der Schädelkapsel wird nicht nur durch bedeutende Größe des Schädeldaches, sondern auch dadurch erreicht, daß die seitlichen Schädelknochen an Stelle des Interorbitalseptums sich bis in die Ethmoidalgegend nach vorn hin erstrecken. So kommt es, daß das *Ethmoideum*

(*Lamina cribrosa*) an der Begrenzung des vorderen und unteren Teiles der Schädelhöhle teilnimmt (Abb. 1103). Auch die Temporalknochen nehmen an derselben Anteil, indem nicht nur das *Petrosum* mit dem *Mastoideum*, sondern zuweilen auch das *Squamosum* die zwischen *Alisphenoid* und den Seitenteilen des Hinterhauptes bleibende Lücke ausfüllen. In der Hinterhauptgegend sind *Supraoccipitale*, *Basioccipitale* und *Occipitalia lateralia* fast stets zu einem *Os occipitale* verwachsen, das auf dem ersten Halswirbel mit zwei Gelenkhöckern articuliert. Häufig besitzt dasselbe jederseits einen den Seitenteilen (*Occipitalia lateralia*) zugehörigen Fortsatz (*Processus paramastoideus*). In der Gegend des Gehörorganes erscheinen die Otica (*Pro-, Opistho-, Epioticum*) zum *Petrosum* vereinigt und dieses häufig mit dem *Mastoideum* zu einem *Perioticum* verwachsen; an dasselbe fügt sich das *Squamosum* als größere Knochenschuppe und von außen das häufig und ursprünglich stets ringförmige Paukenbein (*Tympanicum*, wahrscheinlich dem Quadratojugale [Paraquadratum] der übrigen Amnioten homolog) an, welches den äußeren Gehörgang umschließt und sich häufig zu einer an der Unterseite des

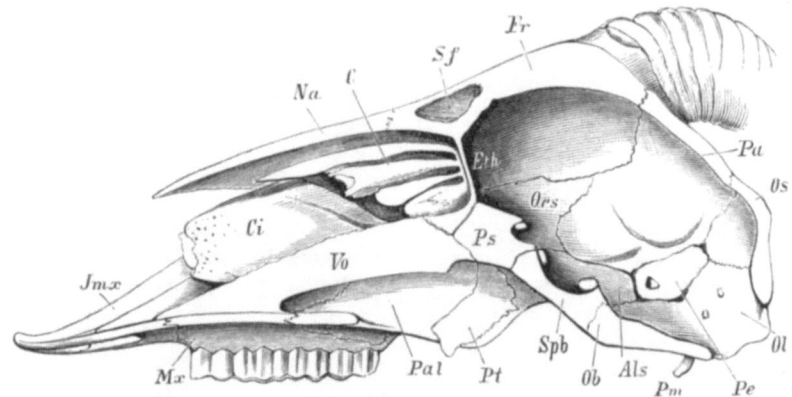

Abb. 1103. Schöpsenschädel, median durchsägt, von innen gesehen. *Ob* Basioccipitale, *Ol* Occipitale laterale, *Os* Supraoccipitale, *Pe* Petrosum, *Spb* Basisphenoideum, *Ps* Præsphenoideum, *Als* Alisphenoideum, *Ors* Orbitosphenoideum, *Pa* Parietale, *Fr* Frontale, *Sf* Sinus frontalis, *Eth* Ethmoideum, *Na* Nasale, *C* Ethmoturbinalia, *Ci* Maxilloturbinale (Os turbinatum), *Pt* Pterygoideum, *Pal* Palatinum, *Vo* Vomer, *Mx* Maxillare, *Jmx* Intermaxillare, *Pm* Processus paramastoideus.

Schädels vorspringenden Kapsel (*Bulla*) erweitert. An der Basis des Schädels (Abb. 1103) erhalten sich häufig vorderer und hinterer Keilbeinkörper (*Praesphenoideum, Basisphenoideum*) lange Zeit gesondert; letzterer trägt die hinteren Keilbeinflügel (*Alisphenoidea*), ersterer die vorderen Keilbeinflügel (*Orbitosphenoidea*). Dorsal schließen sich die beiden häufig miteinander verwachsenen *Parietalia* an, hinter welchen zuweilen ein accessorisches Scheitelbein (*Os interparietale*) zur Entwicklung kommt; dieses verschmilzt jedoch in der Regel mit dem *Occipitale superius*, seltener mit den Scheitelbeinen. Minder häufig als die beiden Scheitelbeine verwachsen die Stirnbeine (*Frontalia*). Postfrontalia fehlen. Zum vorderen Verschluß der Schädelhöhle wird die durchlöcherte Platte (*Lamina cribrosa*) des Siebbeines (*Ethmoideum*) verwendet, welches bei Affen wie beim Menschen mit einem (dann als *Lamina papyracea* bezeichneten) Teile zur Bildung der inneren Augenhöhlenwand beiträgt. In allen anderen Fällen liegt das Siebbein vor den Augenhöhlen und wird seitlich von den Maxillarknochen umlagert, erlangt dann aber auch eine bedeutende Längenausdehnung. An die *Lamina perpendicularis* des Siebbeines schließt sich vorne die knorpelige Nasenscheidewand, von unten der *Vomer* an. Dem Siebbeine sitzen im hinteren Abschnitte der Nasenhöhle die zwei und mehr oberen Muschelpaare (*Conchae ethmoidales* oder *Ethmoturbinalia*) auf, welche als gesonderte Verknöcherungen entstehen und mit dem Siebbein verwachsen. Im vorderen Abschnitte der Nasenhöhle endlich treten als selbständige Ossificationen die unteren Muscheln (*Maxilloturbinale, Os turbinatum*) auf, welche an der inneren Seite des Oberkiefers anwachsen; sie sind den einzigen Conchae der Reptilien homolog. An der äußeren Fläche der Siebbeinregion lagern sich als Belegknochen die Nasenbeine (*Nasalia*) und seitlich die Tränenbeine (*Lacrimalia*) an, die von manchen als den Praefrontalia der übrigen Amnioten homolog angesehen werden. Das Tränenbein (bei den Robben und Delphinen als selbständiger Knochen vermißt) dient zur vorderen Begrenzung der Augenhöhle, tritt aber zugleich gewöhnlich als Gesichtsknochen an der äußeren Fläche hervor.

Charakteristisch für die Säugetiere ist die innige Vereinigung des Schädels mit dem Oberkiefer-Gaumenapparat und die Beziehung des Quadratums zur Paukenhöhle. Diese hat zur Folge, daß sich der Unterkiefer direkt am Squamosum einlenkt ohne Vermittlung eines *Quadratums* (sekundäres Kiefergelenk), dessen morphologisch gleichwertiges Knochenstück schon im Laufe der Embryonalentwicklung an die Außenfläche der Ohrkapsel in die spätere Paukenhöhle gerückt und zum Amboß (*Incus*) umgebildet ist, während das obere Stück des MECKELschen Knorpels (*Articulare* des Unterkiefers) zum Hammer (*Malleus*) wurde (REICHERT). Dagegen wird der Steigbügel (*Stapes*), mit Ausschluß der aus der Labyrinthkapsel entstehenden, die Fenestra vestibuli verschließenden Steigbügelplatte (Operculum), auf das obere Stück des Zungenbeinbogens (*Hyomandibulare*) zurückgeführt. *Pterygoidea, Palatina, Maxillaria* und *Intermaxillaria* bieten ähnliche Verhältnisse wie bei Schildkröten und Krokodilen. Die Pterygoidea verschmelzen in manchen Fällen mit dem Keilbein und stellen dann dessen *Processus pterygoidei* vor. Ein *Jugale* legt sich an das Squamosum an. Überall haben wir die Bildung einer die Mund- und Nasenhöhle trennenden Gaumendecke, den harten Gaumen, hinter welchem die Choanen münden. Der Unterkiefer wird vom *Dentale* gebildet; beide Unterkieferhälften verwachsen in manchen Fällen miteinander.

Die Schädelkapsel wird bei den Säugetieren durch das Gehirn so vollständig ausgefüllt, daß ihre Innenfläche einen relativ genauen Abdruck der Gehirnoberfläche darbietet. Sie ist bei dem bedeutenden Umfange des Gehirns weit geräumiger als in irgendeiner anderen Wirbeltierklasse, bietet aber in den einzelnen Gruppen mannigfache Abstufungen der Größenentwicklung, zugleich auch im Verhältnisse zur Ausbildung des Gesichtes. Das Zungenbein ist auf eine stegartige Querbrücke (Zungenbeinkörper) zweier Bogenpaare reduziert, bei den Brüllaffen mächtig entwickelt und ausgehöhlt.

Die Wirbelsäule zeigt mit Ausnahme der Cetaceen die fünf als Hals, Brust, Lenden, Kreuzbein und Schwanz bezeichneten Regionen (Abb. 1104). Bei diesen der Hintergliedmaßen entbehrenden Wasserbewohnern fällt die Unterscheidung einer Sacralregion aus und geht die Lendengegend direkt in den Schwanz über; andererseits ist hier die Halsregion auffallend verkürzt und durch die Verwachsung der vordersten oder aller Wirbel fest und unbeweglich. Die Wirbelkörper kehren einander meist ebene Flächen zu und stehen allgemein durch elastische Bandscheiben (*Ligamenta intervertebralia*) in Verbindung; nur die Halswirbel der meisten Huftiere sind opisthocöl und dadurch freier beweglich. Die Halsrippen sind mit den Wirbeln unter Bildung eines Foramen transversarium verwachsen. Der erste Halswirbel (*Atlas*) ist ein hoher Knochenring mit breiten, flügelartigen Querfortsätzen, auf deren Gelenkflächen die beiden Condyli des Hinterhauptbeines die Hebung und Senkung des Kopfes vermitteln. Die Drehung des Kopfes nach rechts und nach links geschieht dagegen durch die Bewegung des Atlas um einen medianen, dem nachfolgenden Wirbel, dem *Epistropheus*, angehörenden Fortsatz

(*Dens epistrophei*), welcher morphologisch dem vom Atlas gesonderten und mit dem Körper des Epistropheus vereinigten Wirbelkörper des Atlas entspricht. Die Rückenwirbel charakterisieren sich durch hohe Dornfortsätze und durch den Besitz von großen (oberen) Rippen, von denen sich die vorderen an dem meist langgestreckten, aus zahlreichen hintereinander gereihten Knochenstücken zusammengesetzten Brustbeine (*Sternum*) durch Knorpel anheften, während die hinteren als sogenannte falsche Rippen das Brustbein nicht erreichen. Vor dem Sternum liegt noch in manchen Fällen ein *Episternum* (*Prosternum* GEGENBAUR), das bei *Monotremen* von ansehnlichem Umfange ist. Während die Zahl der Halswirbel fast konstant 7 bleibt, bei *Trichechus* (*Manatus*), auch bei *Choloepus* sich auf 6 vermindert, bei *Bradypus* und *Scaeopus* um 1 oder 2 vermehrt, bietet die Wirbelzahl der nachfolgenden Regionen größere Variationen. Die Zahl der Thoracolumbalwirbel ist am geringsten bei Fledermäusen und dem Orang (16—15) und be-

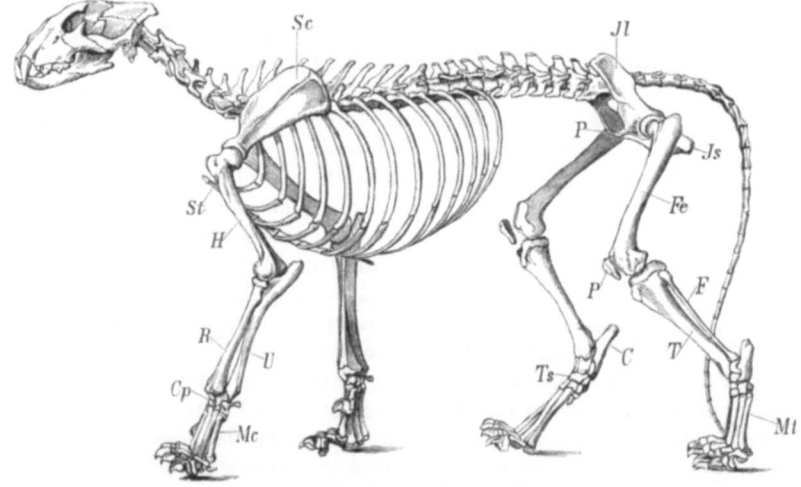

Abb. 1104. Skelet des Löwen. (Nach GIEBEL, Bronns Klassen u. Ordnungen.) *St* Sternum, *Sc* Scapula, *H* Humerus, *R* Radius, *U* Ulna, *Cp* Carpus, *Mc* Metacarpus, *Jl* Os ilium, *P* Os pubis, *Js* Os ischii, *Fe* Femur, *T* Tibia, *F* Fibula, *P* Patella, *Ts* Tarsus, *Mt* Metatarsus, *C* Calcaneus.

trägt in den meisten Ordnungen 19 oder 20, steigt aber bei vielen Ungulaten (*Perissodactylen*) auf 23, ja 24 und wird am größten bei *Procavia* (28—29). Die Sacralwirbel charakterisieren sich durch feste Verschmelzung untereinander und Verbindung ihrer Seitenfortsätze (nebst Rippenresten) mit den Hüftbeinen. Die Sacralregion wird in manchen Fällen nur durch einen Wirbel repräsentiert (einige Beutler, Huftiere, Nager), zu dem in anderen Fällen ein zweiter (einige Beuteltiere, viele Carnivoren) und weitere Schwanzwirbel hinzukommen, die zu einem einheitlichen *Os sacrum* verschmelzen. Mit diesem treten zuweilen noch folgende Caudalwirbel in synostotische Verbindung, die aber nicht mit dem Os ilium verbunden sind (von GEGENBAUR als *pseudosacrale* Wirbel unterschieden), jedoch eine Verbindung mit dem Os ischii eingehen können (*Xenarthra*, *Pteropus*). Die nach Zahl und Beweglichkeit überaus wechselnden Schwanzwirbel verschmälern sich nach dem Ende der Leibesachse und besitzen nicht selten (Känguruh und Ameisenfresser) untere Dornfortsätze, verlieren aber nach hinten zu mehr und mehr sämtliche Fortsätze.

Von den beiden Extremitätenpaaren fehlen die vorderen in keinem Falle. Am Schultergürtel vermißt man da, wo die Vordergliedmaßen bei der Locomotion nur zur Stütze des Vorderleibes dienen oder eine einfache pendelartige Bewegung ausführen, wie beim Rudern, Gehen, Laufen, Springen usw., das *Schlüsselbein* (Wale, Huftiere, Raubtiere), während sich sonst die *Scapula* mittels einer mehr oder minder starken, stabförmigen *Clavicula* dem Brustbein anfügt. Das hintere Schlüsselbein (*Coracoideum*) reduziert sich fast allgemein auf den Rabenfortsatz (*Processus coracoideus*) des Schulterblattes und bildet nur bei den *Monotremen* eine große, zum Brustbein reichende Knochenplatte. In festerer Verbindung mit dem Rumpfe als die vorderen Gliedmaßen stehen die hinteren Extremitäten, deren Gürtel im Zusammenhange mit dem Rudimentärwerden oder Ausfallen der hinteren Extremität bei den Walen und Sirenen rudimentär bleibt und durch zwei ganz lose mit der Wirbelsäule verbundene Knochen vertreten wird. Bei allen anderen Säugetieren ist das Becken mit den Seitenteilen des Kreuzbeines verbunden, seltener verwachsen und durch Symphyse der Scham- und Sitzbeine oder nur der Schambeine ventral geschlossen; sie fehlt bei den Talpiden. Das Becken der Säuger hat eine von vorn nach hinten und ventral gerichtete Stellung. Die es zusammensetzenden drei Knochen verwachsen zum sog. Hüftbein (*Os coxae*). Die *Aplacentalia* besitzen vorn an den Schambeinen zwei sog. Beutelknochen (*Ossa marsupialia*). Die im Schulter- und Beckengürtel eingelenkten Gliedmaßen erfahren bei den schwimmenden Säugetieren eine beträchtliche Verkürzung und bilden entweder, wie die Vordergliedmaßen der *Cetaceen* und *Sirenen*, platte, in ihren Knochenstücken unbewegliche (bei den Sirenen mit Ellenbogenbeuge) Flossen, bei den Cetaceen mit stark vermehrter Phalangenzahl der Finger (Hyperphalangie), oder wie bei den *Pinnipedien* flossenartige Beine, die auch als Fortschieber auf dem Lande gebraucht werden können. Bei den Flattertieren erlangen die Vordergliedmaßen in Verbindung mit einer zwischen den ungemein verlängerten Fingern, der Extremitätensäule und den Seiten des Rumpfes ausgespannten Hautfalte eine bedeutende Längenentwicklung. Sowohl an den Flossen der Cetaceen als an den Fluggliedmaßen der Fledermäuse fehlen Nagelbildungen, im letzteren Falle mit Ausnahme des aus der Flughaut vorstehenden, stets krallentragenden Daumens. Bei den Landsäugetieren verhalten sich die Extremitäten sowohl an Länge als hinsichtlich ihrer besonderen Gestaltung überaus verschieden. Der röhrenförmige *Humerus* steht im allgemeinen rücksichtlich seiner Länge im umgekehrten Verhältnis zu dem Metacarpalteil des Vorderfußes. *Radius* und *Ulna* übertreffen den Oberarm fast allgemein an Länge, ebenso an der Hintergliedmaße *Tibia* und *Fibula* den Oberschenkel (*Femur*). Die Ulna bildet das Charniergelenk des Ellenbogens und läuft hier in einen Hakenfortsatz (*Olecranon*) aus; der Radius verbindet sich dagegen mit der Handwurzel und ist oft um die Ulna drehbar (*Pronatio, Supinatio*), in anderen Fällen jedoch mit der Ulna verwachsen, welche dann bis auf den Gelenkfortsatz ein rudimentärer, grätenartiger Stab bleibt. An der Hintergliedmaße, deren Kniegelenk einen nach hinten offenen Winkel bildet und fast stets von einer Kniescheibe (*Patella*) bedeckt wird, kann sich zuweilen (Beutler) auch die Fibula an der Tibia bewegen, in der Regel aber sind diese beiden Knochen verwachsen und die nach hinten und außen gelegene Fibula meist verkümmert. Weit auffallender sind die Verschiedenheiten am terminalen Abschnitt der Gliedmaßen (Abb. 1105). Die Fünfzahl der Finger bzw. Zehen reduziert sich in vielen Fällen in allmählichen Abstufungen, indem zuerst die aus zwei Phalangen zusammengesetzte Innenzehe (Daumen) rudimentär wird und hinwegfällt; dann die kleine Außenzehe sowie die zweitinnere Zehe verkümmern oder verschwinden, im ersteren Falle zuweilen als kleine, vom Boden erhobene sogenannte Afterklauen an der hinteren Fläche des Fußes (Wiederkäuer) persistieren. Endlich reduziert sich auch die zweitäußere Zehe oder fällt ganz aus, so daß die Mittelzehe zur ausschließlichen Stütze der Extremitäten übrigbleibt (Einhufer). Dieser Reduktion der Zehen geht eine Vereinfachung und Veränderung der Fußwurzel- und Mittelfußknochen parallel, indem die Mittelfußknochen der rudimentären oder völlig ausfallenden seitlichen Zehen zu den sogenannten Griffelbeinen verkümmern oder ganz ausfallen und die beiden mittleren Metacarpalia (Metatarsalia) oft zu einem starken und langen Röhrenknochen (Canon) verschmelzen (Wiederkäuer). Die kleinen Wurzelknochen, welche zur Herstellung des Fußgelenkes verwendet werden und den durch die auftretende Extremität erzeugten Stoß wesentlich zu vermindern haben, ordnen sich meist in zwei bzw. drei Reihen an, aus welchen an den hinteren Gliedmaßen gewöhnlich zwei Knochen, das Sprungbein (*Talus* oder *Astragalus*) und Fersenbein (*Calcaneus*), bedeutend hervortreten. Die Zehen des Vorderfußes kann man nach Analogie des menschlichen Körpers Finger nennen, zur Hand wird der Vorderfuß durch die Opponierbarkeit des inneren Fingers oder Daumens (Pollex). Auch am Fuße der hinteren Extremität ist zuweilen die große Zehe (Hallux) opponierbar, hiermit aber der Fuß noch nicht zur Hand, sondern nur zum Greiffuß (Affen) geworden, da zum Begriffe der Hand auch die besondere Anord-

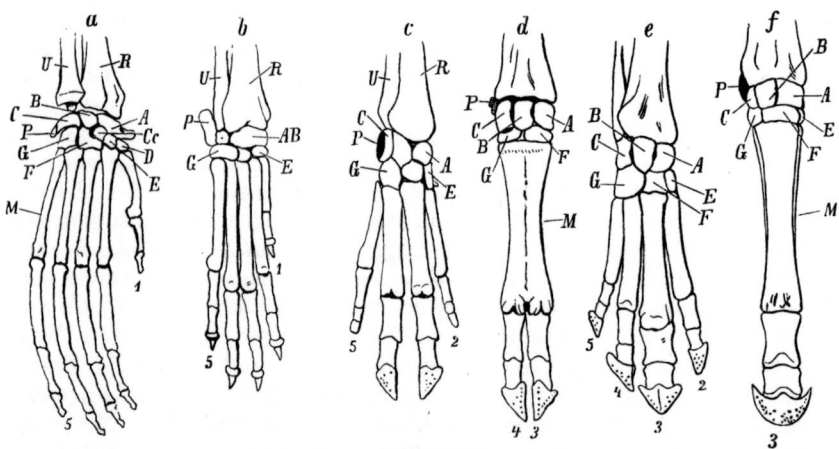

Abb. 1105. Handskelete. a Vom Orang, b Hund, c Schwein, d Rind, e Tapir, f Pferd. (b, c, d, e, f nach GEGENBAUR.) *R* Radius, *U* Ulna, *A* Scaphoideum, *B* Lunare, *C* Triquetrum, *D* Trapezium, *E* Trapezoides, *F* Capitatum, *G* Hamatum, *P* Pisiforme, *Ce* Centrale carpi, *M* Metacarpus, *1—5* erster bis fünfter Finger.

nung der Knochen der Wurzel und der Muskulatur wesentlich erscheinen. Nach der Art und Weise, wie die Extremität beim Laufen den Boden berührt, unterscheidet man Sohlengänger (Plantigraden), Zehengänger (Digitigraden) und Spitzengänger (Unguligraden). Bei den letzteren ist die Zahl der Zehen und Mittelfußknochen bedeutend reduziert und die Extremität durch Umbildung des Mittelfußes zu einem langen Röhrenknochen ansehnlich verlängert.

Das Nervensystem (Abb. 1106) zeichnet sich durch Größe und hohe Entwicklung des Großhirns aus, dessen Hemisphären einen so bedeutenden Umfang gewinnen, daß sie selbst das Kleinhirn teilweise bedecken. Meist bei mehr kleinen Formen bleibt die Oberfläche der Großhirnhemisphären glatt, sonst treten an derselben Eindrücke auf, welche sich mehr und mehr zu regelmäßigen Furchen zur Begrenzung von Windungen (*Gyri*) anordnen. Es findet sich ferner eine die Großhirnhemisphären verbindende Commissur (der Balken, *Corpus callosum*), die bei Monotremen und Marsupialien noch fehlt. Dagegen treten die als Vierhügel sich darstellenden *Corpora quadrigemina* an Umfang zurück und werden großenteils oder vollständig von den hinteren Lappen der Großhirnhemisphären überdeckt. Unterer Hirnanhang (*Hypophysis*) und sogenannte Zirbel (*Epiphysis*) werden in keinem Falle vermißt. Das Kleinhirn (*Cerebellum*) ist mächtig entwickelt und besitzt mehr oder weniger zahlreiche Querfurchen. Es zeigt eine Gliederung in ein Mittelstück, den sogenannten Wurm (*Vermis*), und die seitlichen *Kleinhirnhemisphären*. Zwischen letzteren ist eine große ventrale Commissur, die Varolsbrücke (*Pons Varoli*) vorhanden, die sich bei den höheren Formen der Säugetiere zu einer mächtigen Anschwellung an der Übergangsstelle des Gehirnstammes in die Rückenmarksstränge vergrößert. Die zwölf Hirnnerven sind vollständig gesondert. Das Rückenmark erfüllt den Wirbelkanal gewöhnlich nur bis zur Kreuzbeingegend, in welcher es mit einem Büschel von Nerven (*Cauda equina*) endet.

Unter den Sinnesorganen zeigt das Geruchsorgan durch die Komplikation des Siebbeinlabyrinthes eine größere Entfaltung der Riechschleimhautfläche als in einer anderen Wirbeltierklasse (Abbild. 187). Die geräumige Nasenhöhle läßt einen unteren, nur als Luftweg dienenden Abschnitt unterscheiden, in welchem das zuweilen (*Phoca*) kompliziert gefaltete Maxilloturbinale seine Lage hat, das bei den Säugern kein Riechepithel mehr besitzt. Letzteres ist nur an den Ethmoturbinalia des oberen Abschnittes der Nasenhöhle sowie an dem oberen Teile der Nasenscheidewand ausgebreitet. Die beiden Nasenhöhlen, durch eine mediane Scheidewand gesondert, communizieren oft mit Nebenräumen benachbarter Schädel- und Gesichtsknochen (*Sinus frontales, sphenoidales, maxillares*) und münden mittels paariger Öffnungen nach außen, welche bei den des Geruchsvermögens entbehrenden Cetaceen zu einer medianen Öffnung verschmelzen können (*Zahnwale*); in diesem Falle dienen die Nasengänge lediglich als Luftwege. Die äußeren Nasenöffnungen werden in der Regel durch Knorpelstückchen gestützt. Aus ihrer Verlängerung kommt es in mehreren Fällen zur Entwicklung eines meist durch Knorpel gestützten Rüssels, welcher zum Wühlen und Tasten, bei beträchtlicher Ausbildung (Elefant) als Greiforgan benutzt wird. Bei tauchenden Säugetieren können die Nasenöffnungen durch Muskeln (Seehunde) oder durch Klappenvor-

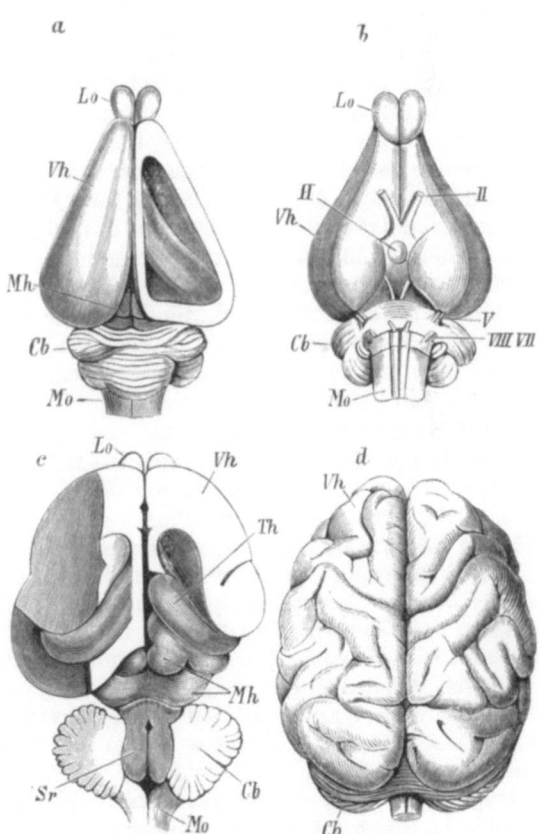

Abb. 1106. Gehirn a des Kaninchens, von oben, Dach der rechten Hemisphäre abgetragen mit Einblick in den Seitenventrikel; b von unten; c der Katze, rechterseits der seitliche und hintere Abschnitt des Vorderhirns abgetragen, fast in gleicher Ausdehnung auch linkerseits, ebenso die Kleinhirnhemisphären zum großen Teile entfernt; d vom Orang. (a, b, c nach GEGENBAUR, d aus règne animal.) *Vh* Großhirnhemisphären, *Mh* Corpora quadrigemina, *Cb* Cerebellum, *Mo* Medulla oblongata, *Lo* Bulbus olfactorius, *II* Nervus opticus, *V* N. trigeminus, *VII, VIII* N. facialis und N. acusticus, *H* Hypophysis cerebri, *Th* Thalamus opticus, *Sr* Fossa rhomboidalis.

richtungen geschlossen werden. Häufig findet sich an der äußeren Nasenwand oder in der Höhle des Oberkiefers eine Nasendrüse (STENOsche *Nasendrüse*). Die inneren Nasenöffnungen (Choanen) münden stets paarig und weit nach hinten am Ende des weichen Gaumens in den Rachen. Den Säugetieren kommt auch das JACOBsonsche Organ zu. Es besteht aus zwei unterhalb der Nasenhöhle gelegenen Kanälen, welche mit der Mundhöhle am Gaumen durch die STENSONschen Gänge in Verbindung stehen.

Die Augen verhalten sich nach dem Grade ihrer Ausbildung verschieden und sind bei den in der Erde lebenden Säugetieren überaus klein, in einigen Fällen (*Spalax, Chrysochloris*) ganz unter der Haut verborgen, unfähig, Lichteindrücke aufzunehmen. Sie liegen meist an den Seiten des Kopfes in einer unvollständig geschlossenen, mit der Schläfengegend verbundenen Orbita, nur bei den *Primaten* nach vorn gekehrt. Außer dem oberen und unteren Augenlide findet sich eine Nickhaut (häufig mit HARDERscher Drüse), wenngleich nicht in der vollkommenen Ausbildung und ohne den Muskelapparat der Nickhaut der Vögel, zuweilen auf ein kleines Rudiment (*Plica semilunaris*) am inneren Augenwinkel reduziert. Der Augapfel besitzt eine mehr oder minder sphärische Gestalt (bei den Cetaceen u. a. mit verkürzter Achse) und kann häufig durch einen Retractor bulbi in die Orbita zurückgezogen werden. Die Tränendrüse (*Glandula lacrimalis*) liegt an der oberen äußeren Seite der Orbita und mündet in den Conjunctivalsack; von hier wird ihr Secret durch die am inneren Augenwinkel beginnenden Tränenröhrchen in den Tränensack und aus diesem durch den *Ductus nasolacrimalis* in die Nasenhöhle abgeleitet. Ein Tapetum der Chorioidea trifft man bei den Carnivoren, Delphinen, Huftieren und einigen Beutlern an.

Das Gehörorgan (mit statischem Organ) (Abb. 177 d, 180) zeichnet sich durch komplizierte Ausbildung des äußeren Ohres, durch die Dreizahl der in der Paukenhöhle gelagerten Gehörknöchelchen und durch die meist in zwei bis drei Spiralgängen gewundene Schnecke, welche mit dem *Sacculus* des häutigen Labyrinthes durch einen engen Canal (*Ductus reuniens*) in Verbindung steht, aus, während von dem *Utriculus* die drei halbkreisförmigen Canäle ausgehen. Der Schneckengang, welcher das CORTISCHE Organ (Abb. 181), den Endapparat des Nervus cochlearis enthält, wird in seinem Verlaufe von mit Lymphe (*Perilymphe*) erfüllten Räumen begleitet, von denen der eine (*Scala vestibuli*) mit dem den Vorhof einnehmenden Lymphraum in Communication steht, der andere (*Scala tympani*) mit dem ersteren an der Kuppel der Schnecke zusammenhängt und gegen die Paukenhöhle hin durch die membranös verschlossene *Fenestra cochleae* angrenzt. Die beiden Lymphräume werden durch die *Lamina spiralis* voneinander geschieden. Der das CORTISCHE Organ enthaltende Schneckengang (*Scala media*) liegt gegen die Außenseite der Schnecke gedrängt und wird von der Scala vestibuli durch eine schräg ausgespannte Membran, die *Membrana Reissneri*, geschieden. Das häutige Labyrinth ist mit Flüssigkeit (*Endolymphe*) gefüllt und enthält im Utriculus und Sacculus die Statolithen. Die Paukenhöhle ist ungleich geräumiger und keineswegs immer auf den Raum des oft blasig vorspringenden Paukenbeines beschränkt, sondern mit Höhlungen benachbarter Schädelknochen in Communication gesetzt. Am umfangreichsten ist sie bei Cetaceen, bei denen sich der Schall nicht wie bei den Luftbewohnern durch Trommelfell und Gehörknöchelchen dem Vorhofsfenster mitteilt, da der Gehörgang verschlossen ist, sondern von den Kopfknochen aus durch die Luft der Paukenhöhle auf das Fenster der Schnecke fortpflanzen und von da auf das Labyrinthwasser der Scala tympani übertragen soll. Das häutige Labyrinth liegt geschützt in dem Felsenbein eingebettet, welches bei den Cetaceen nur durch Bandmasse mit den benachbarten Knochen zusammenhängt. Von den drei in der Paukenhöhle gelegenen Knöchelchen (Steigbügel, Amboß,

Hammer) dient der bei Monotremen, einigen Marsupialien, *Manis* noch säulenförmige, sonst steigbügelförmige *Stapes* mit seiner (dem Operculum der niederen Vertebraten homologen) Platte zum Verschlusse der Fenestra vestibuli, während der Hammer sich an das Trommelfell anschließt. Die EUSTACHIsche Tube mündet bei den Cetaceen in den Nasengang, in allen anderen Fällen in die Rachenhöhle. Ein äußeres Ohr fehlt den Monotremen, vielen Pinnipedien und den Cetaceen, bei denen auch der äußere Gehörgang außerordentlich eng ist; rudimentär bleibt es bei den Wasserbewohnern, die ihre äußere Ohröffnung durch eine klappenartige Vorrichtung verschließen können, und bei den in der Erde wühlenden Säugetieren. In allen anderen Fällen wird dasselbe durch einen überaus verschieden geformten, durch Knorpelstücke gestützten äußeren Aufsatz gebildet, der meist durch besondere Muskeln bewegt werden kann.

Der Tastsinn knüpft sich vorzugsweise an Nervenausbreitungen in der Haut der Extremitätenspitze, aber auch an die Zunge, den Rüssel und die Lippen, in welchen sehr allgemein, aber auch an anderen Körperstellen, lange borstenartige Tasthaare (*Vibrissae*, Sinushaare) mit eigentümlichen Nervenverzweigungen des Balges eingepflanzt liegen. Von Tastorganen finden sich Tast- oder MERKELsche Zellen, die MEISSNERschen Körperchen (in reichster Menge an den Volar- und Plantarflächen der Extremitäten bei Primaten), endlich Kolbenkörperchen (Abb. 170, 172, 173 b).

Der Geschmacksinn hat seinen Sitz vornehmlich an der Zungenwurzel und scheint eine weit höhere Ausbildung als in irgendeiner anderen Tierklasse zu erreichen. An der Zungenwurzel (Abbild. 1107) sind es die Papillae circumvallatae und die am Zungenrande gelegenen Papillae foliatae, an denen die Geschmacksknospen (Abb. 188) in größter Menge vorkommen. Letztere treten auch vereinzelt an den über die ganze obere Fläche der Zunge verstreuten Papillae fungiformes sowie am weichen Gaumen auf.

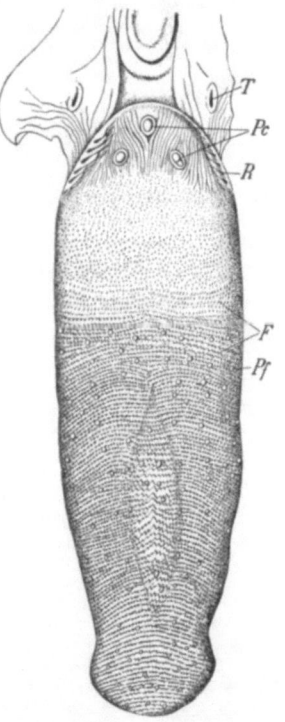

Abb. 1107. Zunge von *Didelphys virginiana*, Oberansicht. (Nach B. HALLER.) *Pc* Papillae circumvallatae, *R* P. foliatae (Randorgan), *Pf* P. fungiformes, *F* P. filiformes, *T* Tonsille.

Am Eingang in die Verdauungsorgane findet sich fast allgemein eine Zahnbewaffnung der Kiefer. Nur einzelne Gattungen, wie *Echidna*, *Manis* und *Myrmecophaga*, entbehren der Zähne durchaus, während die Bartenwale wenigstens im Foetus noch Zahnkeime entwickeln, hingegen an der Innenfläche des Gaumens senkrechte, in Querreihen gestellte Hornplatten (Barten) tragen (Abb. 1108), die den mächtig entwickelten Gaumenleisten der übrigen Säuger entsprechen. Hornzähne finden sich bei *Ornithorhynchus*, Hornplatten bei den *Sirenia*.

Niemals zeigt das Gebiß der Säugetiere eine so reiche Bezahnung, wie wir sie bei den Fischen, Amphibien und Reptilien antreffen, indem sich die Zähne auf Oberkiefer, Zwischenkiefer und Unterkiefer beschränken. Dazu kommt, daß die Entstehung der Zahnanlagen bereits mit dem Embryonalleben abschließt. Auch werden diese im Gegensatze zu den angewachsenen Zähnen der Reptilien frühzeitig von der Kieferanlage aufgenommen und brechen später aus derselben hervor. Die Zähne (Abb. 1109) sind daher stets in Alveolen eingekeilt. An den meisten Zähnen läßt sich eine äußere aus dem Zahnfleisch vorstehende Partie des Zahnes, die *Krone*, von der eingekeilten *Wurzel* unterscheiden. Solche Zähne heißen *Wurzelzähne*; sie besitzen ein abgeschlossenes Wachstum im Gegensatze zu jenen Zähnen, die am unteren Ende beständig fortwachsen (Hauer der Elefanten, Nagezähne der Rodentia usw.), die Unterscheidung von Wurzel und Krone nicht gestatten und *wurzellose Zähne* genannt werden. Die wurzellosen Zähne sind aus Wurzelzähnen hervorgegangen.

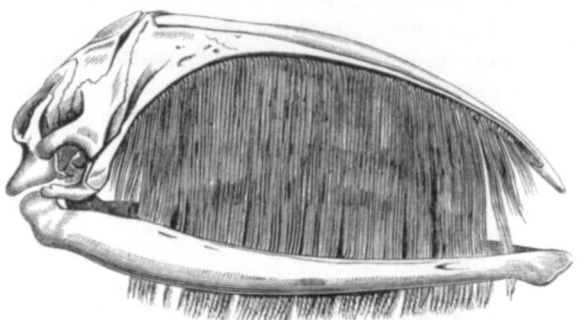

Abb. 1108. Schädel von *Balaena mysticetus* mit den Barten (aus règne animal).

Die Krone der Wurzelzähne wird in der Regel von Schmelz überzogen, während im übrigen die Oberfläche des die Hauptmasse bildenden Dentins von dem sogenannten Cement (einem vom Alveolarperiost entstandenen Knochengewebe) bedeckt ist, das in manchen Fällen auch auf der Zahnkrone abgesetzt wird (Abb. 1110d). Die wurzellosen Zähne sind schmelzlos oder nur teilweise von Schmelz bedeckt, so die Nagezähne der meisten Rodentia nur an der Vorderfläche, der Stoßzahn des Elefanten bloß mit einem schmalen longitudinalen Schmelzband.

Selten und nur da, wo das Gebiß als Apparat zum Erfassen der Beute verwendet wird, verhalten sich die Zähne nach Form und Leistung in allen Teilen der Kieferknochen gleichartig als kegel- oder stiftförmige Fangzähne, wie bei den Delphinen, *Dasypodidae*; dann ist die Zahl derselben eine verhältnismäßig bedeutende; ihr geht eine Verlängerung der Kiefer parallel. Diesem *homodonten* Gebisse steht das sonst vorkommende *heterodonte* Säugetiergebiß gegenüber, in welchem eine Arbeitsteilung eintritt, indem nur ein Teil der Zähne zum Ergreifen, ein anderer zur Zerkleinerung der Nahrung Verwendung findet (Backenzähne) und demgemäß entsprechend umgestaltet erscheint. Die Zahl der Zähne ist hier eine beschränkte und der Kiefer kürzer. Das homodonte Gebiß der Säugetiere ist sekundär aus dem heterodonten entstanden. Man unterscheidet in letzterem Falle nach ihrer Lage in den vorderen, den seitlichen und hinteren Teilen der Kiefer Schneidezähne (*Dentes incisivi*), Eckzähne (*D. canini*) und Backenzähne, von denen vordere, bereits im Milchgebiß vertretene *D. praemolares*

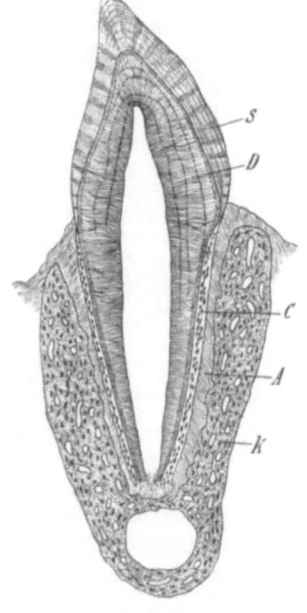

Abb. 1109. Prämolarzahn der Katze in situ, im Längsschliff. (Nach WALDEYER.) *S* Schmelz, *D* Dentin, *C* Cement, *A* Alveolarperiost, *K* Unterkiefer.

und hintere *D. molares* unterschieden werden. Die Schneidezähne haben meißelförmige Gestalt und dienen zum Abschneiden und Ergreifen der Nahrung, oben gehören sie dem Zwischenkiefer an. Die Eckzähne, welche sich zu den Seiten der

Schneidezähne, je einer in jeder Kieferhälfte, erheben, sind kegelförmig oder auch hakenförmig und scheinen vornehmlich als Waffen zum Angriff und zur Verteidigung geeignet. Nicht selten aber (Nagetiere, Wiederkäuer) fehlen sie ganz und das Gebiß zeigt eine weite Lücke (*Diastema*) zwischen Schneidezähnen und Backenzähnen. Die letzteren dienen besonders zur feineren Zerstückelung der aufgenommenen Nahrung und haben meist höckerige oder mit Mahlflächen versehene Kronen sowie mehrfache Wurzeln.

Als ursprüngliche Form des Säugetierzahnes wird die Kegelform (*haplodonter* Zahntypus) angesehen, welche in den Eckzähnen, vielfach auch in den Schneidezähnen beibehalten ist. Die mannigfaltigsten Differenzierungen haben die Backenzähne durch Vergrößerung der Krone und verschiedenartig geformte Fortsatzbildungen erfahren. Man betrachtet sie in der Weise aus dem Kegelzahn hervorgegangen, daß sich zunächst an seinem Vorder- und Hinterrande je eine kleinere Nebenspitze entwickelte, die in gleicher Reihe mit der Hauptspitze stehen (*triconodonter* Typus jurassischer Säugetiere, sekundär wieder entwickelt bei *Pinnipedien*); in der für die Backenzähne der rezenten Säugetiere charakteristischen Ausgangsform, dem *trituberculären* Typus, sind die Nebenspitzen im Oberkiefer nach außen, im Unterkiefer nach innen verschoben. Dazu kam an den Backenzähnen am Hinterende ein weiterer Bestandteil, Ferse oder *Talon*, durch welchen der *Tubercular-sectorial*-Zahn charakterisiert ist (wie Reißzahn der Carnivoren) (Abb. 1110a). Das Gebiß wird als *secodont* bezeichnet, wenn, wie bei Insectivoren, Carnivoren, die Krone schneidend ist, als *bunodont*, wenn die verbreiterte Krone vier konische Höcker trägt. Verlängern und vereinigen sich diese Höcker zu zwei quergestellten Jochen, so heißt das Gebiß *lophodont* (Abb. 1110b), gestalten

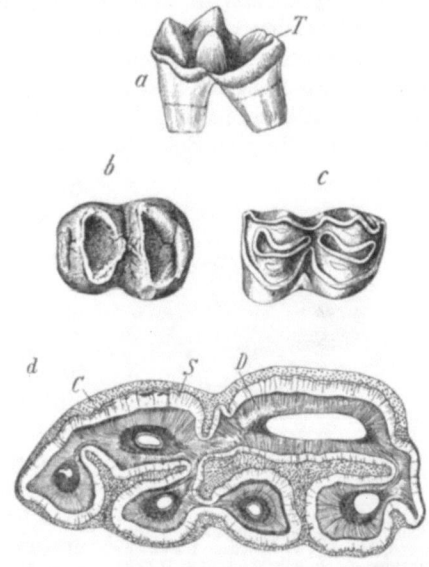

Abb. 1110. Verschiedene Zahnformen. (Original G.) a Unterer Reißzahn von *Lutra lutra* (Tubercular-sectorial-Typus), Medialansicht. *T* Talon. — b Unterer Molar (lophodont) von *Tapirus indicus*. Obenansicht der Krone. — c Unterer Molar (selenodont) von *Cervus canadensis*. Obenansicht der Krone. — d Querschliff durch den stark schmelzfaltigen Backenzahn des Pferdes. *S* Schmelz, *D* Dentin, *C* Cement.

sich dieselben sichelförmig, so wird das Gebiß *selenodont* (Abb. 1110c). Die Täler zwischen den Jochen können wieder mit Cement ausgefüllt sein (Backenzähne der Elefanten und Wiederkäuer, Zähne vom Pferd) (Abb. 1110d). Nun tritt aber auch noch eine andere Form von Backenzähnen auf, die *multituberculare*, mit unregelmäßig gestellten Höckern, und zwar findet sich dieselbe bei ältesten Säugetierresten und im vergänglichen Gebiß von *Ornithorhynchus*.

Entweder — wie bei den Cetaceen und meisten Edentaten — persistieren die Zähne zeitlebens und das Gebiß erfährt keine Erneuerung (*Monophyodonten*), oder es findet ein einmaliger Zahnwechsel statt (*Diphyodonten*) (Abb. 1111). Nicht nur die Schneide- und Eckzähne des Milchgebisses werden durch neue ersetzt, auch an die Stelle der Backenzähne des Milchgebisses treten neue, die *Praemolaren*, und das *Milchgebiß* wird in das bleibende des ausgebildeten Tieres übergeführt. Im Gegensatze zu den (vorderen) Backenzähnen des Milchgebisses brechen die hinteren Backenzähne (*Dentes molares*) später, zuweilen erst nach mehr oder minder vollständiger Beseitigung des Milchgebisses hervor und zeichnen sich jenen gegenüber meist — in manchen Fällen trifft das umgekehrte Verhältnis zu — sowohl durch die Größe und Zahl der Wurzeln, als den Umfang der Krone aus. Die vorderen Backenzähne sind in der Regel kleiner und mit mehr scharfspitziger als höckeriger Krone versehen, sie fallen leichter aus und heißen deshalb auch Lückenzähne. Der Zahnwechsel betrifft nicht immer alle Zähne des Milchgebisses, das sich somit teilweise im bleibenden Gebisse erhält (*Erinaceus*); er beschränkt sich bei den *Marsupialia* auf einen Zahn (hintersten Prämolar), so daß deren bleibendes Gebiß fast ganz dem Milchgebisse entspricht. Ein sogenannter horizontaler Zahnwechsel durch von hinten erfolgenden Nachschub neugebildeter Zähne als Ersatz abgenutzter vorderer findet sich bei *Elephas*, den *Sirenia*, *Macropus* u. a. Bei Robben, einigen Edentaten bleibt das Milchgebiß rudimentär und verfällt zuweilen vor der Geburt der Resorption.

Man bedient sich zur einfachen Darstellung des Gebisses bestimmter Formeln, in denen die Zahl der Vorder- und Eckzähne, Prämolaren und Molaren in Ober- und Unterkinnlade angegeben ist. Die noch nicht durch Ausfall hinterer Backenzähne oder seitlicher Schneidezähne reduzierte Normalzahl des diphyodonten Gebisses führt zur Normalform $\frac{3\ 1\ 4\ 3}{3\ 1\ 4\ 3}$.

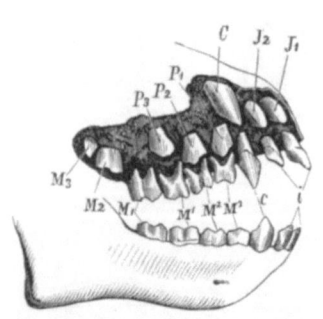

Abb. 1111. Gebiß im Wechsel von *Cebus*. (Nach OWEN.) *i* Schneidezähne, *c* Eckzähne, M^1, M^2, M^3 Molaren des Milchgebisses; J_1, J_2 Schneidezähne, C Eckzahn, P_1, P_2, P_3 Prämolaren, M_1, M_2, M_3 Molaren des bleibenden Gebisses.

Von der Entwicklung des Säugetierzahnes ist hervorzuheben, daß die Schmelzanlage des Zahnes dem Epithel der Zahnleiste (*Schmelzleiste*) entstammt, welches in früher Foetalzeit längs der Kieferanlage in die Tiefe wuchert. Die unter der Schmelzleiste entstehenden zapfenförmigen Dentinkeime der Cutis wachsen jener entgegen; über jedem der letzteren bildet die Schmelzleiste einen kappenartigen Aufsatz des Dentinkeimes, den Schmelzkeim, während sich das umgebende Bindegewebe als „Zahnsäckchen" verdichtet. Jener gestaltet sich unter allmählicher Abschnürung von der Primitivfalte zu dem Schmelzsäckchen um, indem sich die inneren, sternförmig werdenden Zellen zu einer schleimigen Schmelzpulpa umwandeln; dagegen gewinnt das dem Dentinkeim auflagernde Zellenstratum eine hohe cylindrische Form und erzeugt die Schmelzsubstanz. Nicht sämtliche Zahnanlagen stehen auf der gleichen Entwicklungsstufe, vielmehr sind einzelne vor den anderen vorausgeschritten und kommen demgemäß auch früher zum Durchbruch. Die bleibenden Zähne, welche vielleicht scheinbar als besondere Serie (zweite Dentition) unter Verdrängung der früher hervorgebrochenen und als Milchzähne fungierenden Zähne zum Durchbruch gelangen, bilden sich im Zusammenhang mit dem Schmelzkeim der Milchzähne aus Schmelzkeimen des Primitivfaltenrestes.

Für eine Anzahl Beutler, *Erinaceus* u. a. wurden auch Anlagen eines dem Milchgebisse vorangehenden *prälactealen* oder *Vormilchgebisses* nachgewiesen (LECHE, WOODWARD). Nimmt man hinzu, daß auch dem permanenten Gebisse folgende Zahnanlagen beobachtet sind, so gelangt man zu der Annahme von vier Dentitionen bei den Säugetieren.

Neben den Hartgebilden im Eingange der Verdauungshöhle sind für die Einführung und Bearbeitung der Speise weiche, bewegliche Lippen an den Rändern der Mundspalte und eine fleischige, sehr verschieden geformte Zunge von wesentlicher Bedeutung (Abb. 1112). Lippen fehlen bei den Monotremen, deren Kieferränder von einer Hornschicht überdeckt sind. Die Lippen setzen sich nach hinten in die Wangenhaut fort, welche seitlich die Kieferspalte überdeckt und sich nicht selten bei Nagern, Affen usw. in weite Aussackungen, sogenannte *Backentaschen*, erweitert. Durch die Ausbildung von Lippen und Wangen entsteht zwischen letzteren und den Kieferrändern ein Vorhof der Mundhöhle (*Vestibulum oris*). Lippen- und Wangenschleimhaut besitzen bei vielen Säugern papillenförmige (besonders bei Wiederkäuern) oder leistenförmige Erhebungen. Die Zunge ist stets sehr muskulös und beweglich; sie ragt, ausgenommen die Cetaceen, mit freier Spitze am Boden der Mundhöhle hervor und erscheint an ihrem vorderen Teile vornehmlich zum Tasten und Fühlen, in einzelnen Fällen aber auch zum Ergreifen (Giraffe) und Erbeuten (Ameisenfresser) der Nahrung befähigt. Ihre Bedeutung als Hilfsorgan der Nahrungsaufnahme hängt auch mit dem Vorhandensein mannigfach gestalteter, oft verhornter und Widerhäkchen tragender Papillen (*Papillae filiformes*) an ihrer oberen Fläche zusammen (Abbild. 1107). Als Stütze der Zunge dient das Zungenbein, dessen vordere Hörner sich an den Griffelfortsatz des Schläfenbeines anheften, während die hinteren den Kehlkopf tragen, sodann

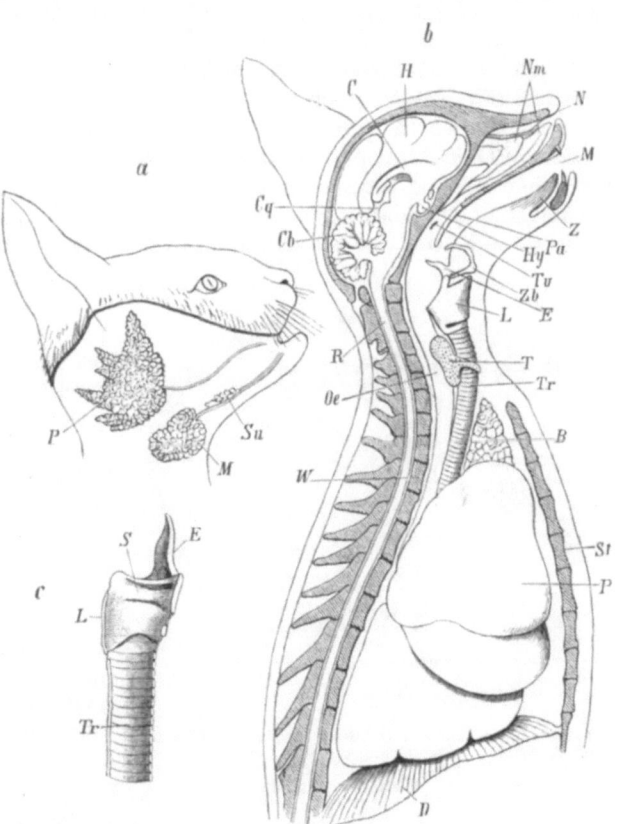

Abb. 1112. Eingang des Verdauungsapparates sowie der Respirationsorgane des Kätzchens. (Nach einer Zeichnung von C. HEIDER.) a Kopf mit den freigelegten Speicheldrüsen. *P* Parotis, *M* Submaxillaris, *Su* Sublingualis. — b Längsschnitt durch Kopf und Brust, die Respirationsorgane in Seitenansicht. *N* Nasenöffnung, *Nm* Nasenmuscheln, *M* Mund, *Z* Zunge, *Pa* Gaumensegel, *Oe* Oesophagus, *L* Kehlkopf, *E* Kehldeckel (Epiglottis), *Zb* Zungenbein, *Tr* Trachea, *P* Lunge, *D* Zwerchfell, *T* Thyreoidea, *B* Thymus, *Tu* Öffnung der Tuba auditiva in den Rachen, *H* Großhirnhemisphäre, *C* Corpus callosum, *Cq* Corpora quadrigemina, *Cb* Cerebellum, *R* Rückenmark, *Hy* Hypophysis, *W* Wirbelsäule, *St* Sternum. — c Längsschnitt durch den Kehlkopf (*L*) und Anfangsteil der Trachea (*Tr*). *S* Stimmband, *E* Kehldeckel.

ein das *Os entoglossum* vertretender Knorpelstab (*Lytta*). Unterhalb der Zunge tritt zuweilen (am stärksten bei *Prosimiae, Marsupialia*) eine einfache oder doppelte blattförmige Hervorragung auf, welche als *Unterzunge* bezeichnet wird. Das Dach der Mundhöhle wird von dem harten Gaumen gebildet, dessen Schleimhaut in regelmäßigen Abständen quere Gaumenleisten bildet, welche bei den Bartenwalen sich zu mächtigen Hornplatten, den Barten, entwickeln. In Fortsetzung des harten Gaumens findet sich als den Säugetieren eigentümliches Gebilde das Gaumensegel (*Velum palatinum*), welches die Grenze zwischen Mundhöhle und

Pharynx bildet. Mit Ausnahme der Cetaceen besitzen alle Säugetiere Speicheldrüsen, eine Ohrspeicheldrüse (*Parotis*), eine *Submaxillaris* und *Sublingualis*, deren flüssiges Secret vornehmlich bei den Pflanzenfressern in reicher Menge ergossen wird. Die auf den weiten Schlund folgende Speiseröhre besitzt meist eine ansehnliche Länge, indem sie erst unterhalb des Zwerchfelles in den Magen einführt. Dieser stellt in der Regel einen einfachen, quergestellten Sack dar, gliedert sich aber häufig in eine Anzahl von Abschnitten, die, am vollkommensten bei den Wiederkäuern ausgeprägt, als verschiedene Mägen unterschieden werden (Abb. 124). Der Magen zeichnet sich durch den Besitz von Labdrüsen (Abb. 125) aus, sein Pylorusabschnitt schließt sich vom Anfang des Dünndarms durch einen Ringmuskel nebst nach innen vorspringender Falte mehr oder minder scharf ab. Der Darmkanal zerfällt in Dünndarm und Dickdarm, deren Grenze durch das Vorhandensein sowohl einer Klappe, als auch meist eines namentlich bei Pflanzenfressern mächtig entwickelten Blinddarms, von dem ein Teil zum sog. wurmförmigen Fortsatz (*Processus vermiformis*) verengt sein kann, bezeichnet wird (Abb. 1113). Die vordere Partie des Dünndarms, das Duodenum, enthält in seiner Schleimhaut die sogenannten BRUNNERschen Drüsen und nimmt das Secret der ansehnlichen Leber und Bauchspeicheldrüse auf. Zuweilen entbehrt die mehrfach gelappte Leber einer Gallenblase; ist diese aber vorhanden, so vereinigen sich Gallenblasengang (*D. cysticus*) und Lebergallengang (*D. hepaticus*) zu einem gemeinsamen Ausführungsgange (*D. choledochus*). Der Dünndarm zeigt die beträchtlichste Länge bei den Gras- und Blätterfressern; er ist sowohl durch die zahlreichen Falten und Zöttchen seiner Schleimhaut, als durch den Besitz einer großen Menge schlauchförmiger Drüsen (LIEBERKÜHNsche Drüsen) ausgezeichnet

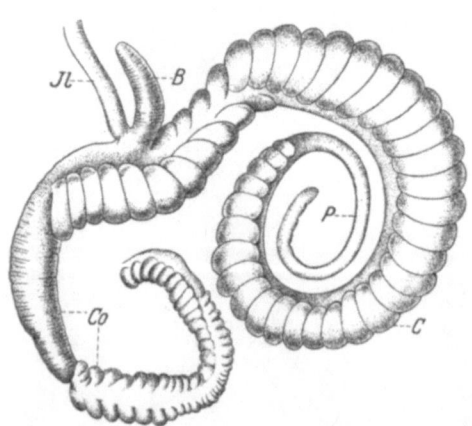

Abb. 1113. Darmstück von *Ochotona* (*Lagomys*) *alpinus*. (Nach LECHE.) *B* fingerförmiger Anhang, *C* Blinddarm (Coecum), *Co* Dickdarm (Colon), *Il* Endstück des Dünndarms (Ileum), *P* Processus vermiformis.

(s. S. 134, Abb. 125). Der Endabschnitt des Dickdarms, der Mastdarm, mündet, ausgenommen die durch den Besitz einer Cloake an die Verhältnisse bei niederen Vertebraten anschließenden *Monotremen*, hinter der Urogenitalöffnung, wenn auch zuweilen (*Marsupialia*) mit dieser noch von einem gemeinsamen Walle umgrenzt, indem die embryonal noch vorhandene Cloake durch den Damm (Perineum) in einen ventralen Teil, den Sinus urogenitalis, und in einen dorsalen, den Enddarm mit der Afteröffnung getrennt wird.

Die paarigen Lungen (Abb. 1112) sind frei in der Brusthöhle suspendiert; sie sind meist (ausgenommen *Cetaceen, Sirenia* u. a.) in einzelne Lappen geteilt und zeichnen sich durch den Reichtum der Bronchialverästelungen aus, deren feinste Ausläufer in konischen, an den Wänden mit halbkugeligen Ausbuchtungen (Alveolen) versehenen terminalen Luftsäckchen (*Sacculi alveolares*) enden. In den Scheidewänden aneinanderstoßender Alveolen finden sich Löcher, in besonders großer Zahl bei Fledermäusen, Insectivoren. Die Atmung geschieht vornehmlich durch Bewegungen des für die Säugetiere charakteristischen *Zwerchfelles* (*Diaphragma*), das eine vollkommene, meist quergestellte Scheidewand zwischen Brust- und Bauchhöhle bildet und bei der Contraction seiner muskulösen Teile als Inspirationsmuskel wirkt, indem die Brusthöhle erweitert wird (Abb. 132). Daneben kommen Hebungen und Abductionen der Rippen bei der Erweiterung des Thorax in Betracht. Die Luftröhre verläuft mit seltener Ausnahme (*Bradypus*) gerade, ohne Windungen und teilt sich an ihrem unteren Ende in zwei zu den Lungen führende Bronchien, zu denen noch ein kleiner Nebenbronchus der rechten Seite hinzukommen kann. Sie wird durch knorpelige, hinten offene Halbringe, nur ausnahmsweise durch vollständige Knorpelringe gestützt und beginnt in der Tiefe des Schlundes hinter der Zungenwurzel mit dem Kehlkopf (*Larynx*), welcher, von den hinteren Hörnern des Zungenbeines getragen, durch den Besitz von unteren Stimmbändern, komplizierten Knorpelstücken (Ringknorpel [*Cartilago cricoidea*], Schildknorpel [*C. thyreoidea*], die beiden Gießbecken- oder Stellknorpel [*C. arytaenoideae*]) und Muskeln zugleich als Stimmorgan eingerichtet ist. Den Cetaceen fehlen an ihrem Kehlkopf, welcher im Grunde des Pharynx pyramidal bis zu den Choanen hervorsteht, die Stimmbänder. Die spaltenförmige Stimmritze wird von einem beweglichen Kehldeckel (*Epiglottis*) überragt, der am oberen Rande des Schildknorpels festsitzt, beim Herabgleiten der Speise sich senkt und die Stimmritze schließt. Zuweilen finden sich am Kehlkopfe häutige oder knorpelige Nebenräume, welche teils (Kehlsäcke von *Balaena*) die Bedeutung von Luftbehältern haben, teils (manche Affen) als Resonanzapparate zur Verstärkung der Stimme dienen und bei Brüllaffen zum Teil in den gehöhlten Zungenbeinkörper eintreten.

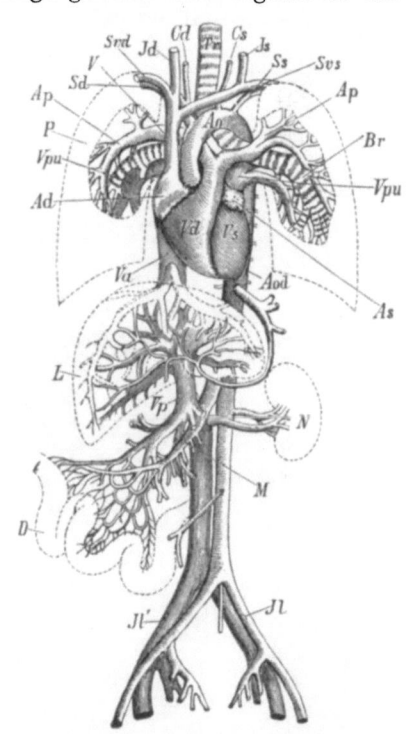

Abb. 1114. Kreislaufapparat des Menschen. (Aus OWEN, nach ALLEN THOMSON.) *Vd* rechter, *Vs* linker Ventrikel, *Ad* rechtes, *As* linkes Atrium, *Ao* Arcus aortae, *Aod* Aorta descendens, *Cd* Carotis dextra, *Cs* C. sinistra, *Sd* Arteria subclavia dextra, *Ss* A. subclavia sinistra, *M* A. mesenterica superior, *Jl* A. iliaca communis, *Va* Vena cava inferior, *V* V. cava superior, *Jl'* V. iliaca communis, *Vp* V. portae, *Jd* V. jugularis dextra, *Js* V. j. sinistra, *Svd* Vena subclavia dextra, *Svs* V. subclavia sinistra, *Ap* Arteria pulmonalis, *Vpu* Vena pulmonalis, *Tr* Trachea, *Br* Bronchen, *P* Lunge, *L* Leber, *N* Niere, *D* Darm.

Das Herz (Abb. 1114) der Säugetiere ist wie das der Vögel in eine rechte venöse und linke arterielle Abteilung mit Vorhof und Kammer (zuweilen, wie bei *Halicore*, auch äußerlich) gesondert. Die rechte Atrioventricularklappe besteht mit Ausnahme der *Monotremen* aus drei (daher *Valvula tricuspidalis*), die linke aus zwei (*V. bicuspidalis*) häutigen Platten, welche durch sehnige Fäden (*Chordae tendineae*) mit den Papillarmuskeln der Kammerwand verbunden sind. Bei Wiederkäuern findet sich ein Herzknochen am Annulus fibrosus. Der Bulbus cordis erscheint in die Herzkammer einbezogen. Das Herz liegt vom Pericardium umschlossen und entsendet einen linken Aortenbogen (Abb. 979f.), aus dem häufig eine rechte Anonyma mit den beiden Carotiden und der rechten Subclavia und eine linke Subclavia, oder drei Gefäßstämme, eine rechte Anonyma mit rechter Carotis und rechter Subclavia, eine linke Carotis und linke Subclavia nebeneinander entspringen. In den rechten Vorhof, in welchen der Sinus venosus aufgenommen ist, münden bei Monotremen, Marsupialien, vielen Nagern und Insectivoren, sowie Elefanten außer der unteren zwei obere Hohlvenen ein, sonst ist außer der unteren bloß eine rechte obere Hohlvene vorhanden, indem das Blut der linken oberen Hohlvene durch eine Queranastomose in die rechte geleitet wird, während die linke eine sehr bedeutende Reduction erfährt und im Extrem, wenn nämlich auch das Blut der linken hinteren Cardinalvene (*V. hemiazygos*) durch einen Quergang in die rechte (*V. azygos*) übergeführt ist, zum Sinus der Kranzvene des Herzens (*Sinus coronarius cordis*) rückgebildet erscheint (Abb. 980). Ein Leberpfortaderkreislauf ist überall vorhanden, das Nierenpfortadersystem fehlt. Wundernetze sind namentlich für arterielle Gefäße bekannt geworden und finden sich an den Extremitäten grabender und kletternder Tiere (*Loris, Myrmecophaga, Bradypus* usw.), an der Carotis rings um die Hypophysis bei Wiederkäuern, bei den letzteren auch an der Ophthalmica in der Tiefe der Augenhöhle, endlich an den Intercostalarterien und den Venae iliacae der Delphine. Die Lymphgefäße, jene des ganzen hinteren Körperabschnittes in einem längs der Wirbelsäule verlaufenden *Ductus thoracicus* gesammelt, münden in das obere Hohlvenensystem. Lymphherzen fehlen. Lymphdrüsen finden sich im ganzen Körper vor; zu denselben gehören auch die an der Wand des Pharynx gelegene *Tonsilla* und die PEYERschen Plaques des Mitteldarmes. Die *Milz*, ferner die vornehmlich in früher Jugendzeit entwickelte *Thymus* und die Schilddrüse (*Thyreoidea*) (Abb. 1112) haben allgemeine Verbreitung.

Die Nieren (Abb. 1115) entsprechen dem Metanephros und bestehen zuweilen aus abgesetzten, am Nierenbecken vereinigten Läppchen (Seehunde, Delphine), erscheinen jedoch in der Regel als kompakte Drüsen von bohnenförmiger Gestalt; sie liegen in der Lendengegend außerhalb des Bauchfelles. Die aus dem sogenannten Nierenbecken entspringenden Harnleiter (*Ureteres*) münden bei den *Monotremen* direkt in den Sinus urogenitalis, bei den übrigen Säugern in die vor dem Darm gelegene Harnblase ein, deren Ausführungsgang, die Harnröhre (*Urethra*), zusammen mit dem Leitungsapparate der Genitalorgane in den vor dem After gelegenen *Sinus* oder *Canalis urogenitalis* ausmündet. Oberhalb der Niere findet sich die sog. *Nebenniere*.

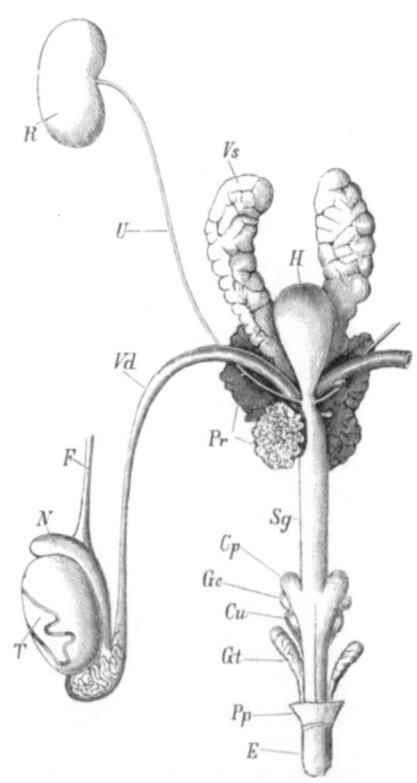

Abb. 1115. Harn- und Geschlechtsorgane von *Cricetus cricetus*. (Nach GEGENBAUR.) *R* Niere, *U* Ureter, *H* Harnblase, *T* Hoden, *F* Funiculus spermaticus (Samenstrang), *N* Nebenhoden, *Vd* Ductus deferens, *Vs* Samenbläschen (Vesicula seminalis), *Pr* Prostata, *Sg* Sinus urogenitalis (Urethra), *Gc* COWPERsche Drüsen, *Gt* TYSONsche Drüsen, *Cp* Corpora cavernosa penis, *Cu* Corpus cavernosum urethrae, *E* Glans penis (Eichel), *Pp* Praeputium.

Für die männlichen Geschlechtsorgane (Abb. 985e, 1115) der meisten Säugetiere ist zunächst die Lagenveränderung der ovoiden Hoden charakteristisch. Bei den *Monotremen*, vielen *Edentata Xenarthra*, *Elephas*, *Procavia*, *Sirenen*, einigen *Insectivoren* bleiben die Hoden in ursprünglicher Lage in der Nähe der Nieren, bei einigen *Edentaten*, den *Cetaceen* senken sie sich bis zur Beckenregion hinab; in allen anderen Fällen treten sie unter Vorstülpung des Bauchfelles in den Leistenkanal (viele Nager, *Pholidota, Tubulidentata*), häufiger noch aus diesem hervor in eine doppelte, zum Hodensack umgestaltete Hautfalte ein. Nicht selten (Nager, Fledermäuse, Insectenfresser) steigen sie jedoch nach der Brunstzeit mit Hilfe der als *Cremaster* vom schiefen Bauchmuskel gesonderten Muskelschleife durch den offenen Leistenkanal wieder in die Bauchhöhle zurück. Während der Hodensack (*Scrotum*) in der Regel hinter dem Penis liegt, hat derselbe bei den Beuteltieren vor dem männlichen Begattungsgliede seine Lage. Die aus der Urniere (WOLFFschen Körper) hervorgegangenen, knäuelförmig gewundenen Ausführungsgänge der Hoden gestalten sich zum Nebenhoden und führen in die beiden Ductus deferentes, welche unter Bildung drüsenartiger Erweiterungen und Nebensäckchen (Samenbläschen) dicht nebeneinander in den langen, die Fortsetzung der Urethra bildenden Sinus (Canalis) urogenitalis einmünden. An dieser Stelle münden die Ausführungsgänge der sehr verschieden gestalteten, oft in mehrfache Drüsengruppen zerfallenen *Prostata*, weiter unten ein zweites Drüsenpaar, die COWPER*schen Drüsen*, in den Sinus (Canalis) urogenitalis ein. Häufig erhalten sich zwischen den Mündungen der Samenleiter Reste der im weiblichen Geschlechte zum Leitungsapparate verwendeten MÜLLERschen Gänge (das sogenannte WEBERsche Organ, *Uterus masculinus*), deren Teile sich in den Fällen sogenannter Zwitterbildung bedeutend vergrößern und in der dem weiblichen Geschlechte eigentümlichen Weise differenzieren können.

Überall schließen sich dem Ende des Urogenitalkanales (der sog. Urethra) äußere Begattungsteile an, welche stets einen schwellbaren, bei den Monotremen in einer Tasche der Cloake verborgenen *Penis* (Rute) bilden. Derselbe wird durch cavernöse Schwellkörper gestützt, und zwar durch das die Urethra umgebende *Corpus cavernosum urethrae*, sowie ein bei *Monotremen* noch nicht cavernöses *Corpus fibrosum*, bei den übrigen Säugetieren paarige *Corpora cavernosa penis*, welche von den Sitzbeinen entspringen und nur selten untereinander verschmelzen. Auch können sich knorpelige oder knöcherne Stützen, sogenannte Penisknochen (viele Raubtiere und Nager, meiste *Primaten*) entwickeln, besonders häufig im Innern der von dem Schwellkörper der Urethra gebildeten Eichel (*Glans*), welche nur ausnahmsweise (manche Beutler) gespalten ist, in ihrer Form sonst mannigfach wechselt und in einer an Drüsen (*Glandulae Tysonianae*) reichen Hautduplicatur (Vorhaut, *Praeputium*) zurückgezogen liegt.

Die Ovarien (Abb. 985f) verhalten sich nur bei den Monotremen infolge rechtsseitiger Verkümmerung unsymmetrisch. In allen anderen Fällen sind sie beiderseits gleichmäßig entwickelt und finden sich in unmittelbarer Nähe der trichterförmig erweiterten Ostien der Leitungswege, an Falten des Peritoneums getragen, zuweilen von denselben sogar vollständig umschlossen. Der Oviduct gliedert sich in die mit freiem Ostium beginnende Tube, welche in allen Fällen paarig bleibt, in den erweiterten, zuweilen paarigen, häufiger unpaaren Mittelabschnitt, den *Uterus*, und den mit Ausnahme der Beutler unpaaren Endabschnitt, die *Vagina* oder Scheide, welche hinter der Öffnung der Urethra in den kurzen Urogenitalsinus oder Vorhof mündet. Der Urogenitalsinus ist zuweilen (*Elephas, Crocotta, Edentata Xenarthra*) ein sehr tiefer Kanal, der bei der Begattung als Vagina fungiert. Bei den Monotremen münden die beiden schlauchförmigen Fruchtbehälter, ohne eine Vagina zu bilden, auf papillenartigen Erhebungen in den noch mit dem Darm in eine Cloake zusammenmündenden Urogenitalsinus ein (Abb. 1116a). Bei den Beutlern sind Uterus und Vagina doppelt (Abb. 1125). Bei den übrigen Säugern unterscheidet man nach den verschiedenen Stufen der Duplizität des Fruchtbehälters (bei einfacher Vagina) den *Uterus duplex*, mit äußerlich mehr oder minder durchgeführter Trennung und doppeltem Muttermund (Nagetiere), den *Uterus bipartitus*, mit einfachem Muttermund, aber fast vollkommener innerer

1042   Metazoa.

Scheidewand (Schwein, manche Chiropteren), den *Uterus bicornis* (Abb. 1116 b) mit gesonderten oberen Hälften der beiden Fruchtbehälter (Huftiere, Carnivoren, Cetaceen, Insectivoren), und endlich den *Uterus simplex* (Abb. 1116 c) mit einfacher Höhle, aber um so kräftigeren Muskeln der Wandung (Edentata Xenarthra, Primaten). Das Vestibulum mit seinen den COWPERschen Drüsen entsprechenden DUVERNEYschen (BARTHOLINschen) Drüsen grenzt sich von der Scheide durch eine Einschnürung, zuweilen auch durch eine innere Schleimhautfalte (*Hymen*) ab. Die äußeren Geschlechtsteile werden durch zwei äußere Hautwülste, die den Scrotalhälften entsprechenden großen Schamlippen, durch kleinere (übrigens nicht immer vorhandene) innere Schamlippen zu den Seiten der Geschlechtsöffnung und durch die der Rute gleichwertige, mit Schwellgeweben und Eichel versehene *Clitoris* gebildet. Diese kann zuweilen (bei *Ateles, Alouata*) eine an-

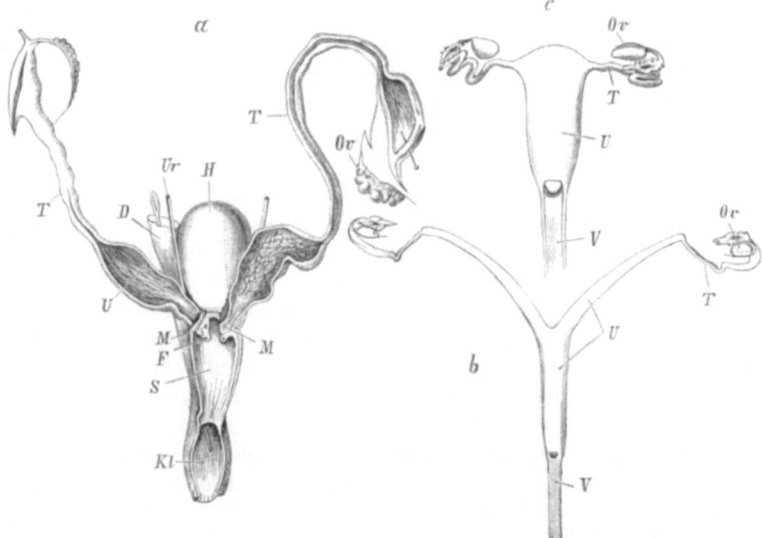

Abb. 1116. Weibliche Geschlechtsorgane, a von *Ornithorhynchus* (nach OWEN), b Uterus bicornis von *Genetta (Viverra) genetta*, c Uterus simplex von *Pithecus (Macacus) nemestrinus*. *Ov* Ovarium, *T* Oviduct (Tube), *U* Uterus, *V* Vagina, *H* Harnblase, *Ur* Ureter, *M* Mündung des Uterus, *F* Einmündung des Ureter, *S* Sinus urogenitalis, *Kl* Cloake, *D* Darm, dessen Einmündung in die Cloake durch eine eingeführte Sonde bezeichnet.

sehnliche Größe erreichen und von der Urethra durchbohrt sein (einige Insectivoren, Chiropteren, zahlreiche Nager, Lemuroideen). In solchen Fällen einer Clitoris perforata kommt es natürlich nicht zur Entstehung eines gemeinsamen Urogenitalsinus. Bei *Crocotta* wird die sehr große Clitoris vom kanalartigen Urogenitalsinus durchzogen. Clitorisknorpel oder -knochen finden sich bei vielen Carnivoren, Rodentien u. a. Reste der Urniere und Urnierengänge erhalten sich zuweilen als sogenanntes *Parovarium* oder *Epoophoron* und als GARTNERsche Gänge. Morphologisch repräsentieren die weiblichen Genitalien eine frühere Entwicklungsstufe der männlichen, welche in den Fällen sogenannter Zwitterbildung durch Bildungshemmung eine mehr oder minder weibliche Gestaltung erhalten können. In der Regel werden beide Geschlechter an der verschiedenen Form der äußeren Genitalien leicht unterschieden. Häufig prägt sich in der gesamten Erscheinung ein Dimorphismus aus, indem das größere Männchen eine abweichende Haarbekleidung trägt, zu einer lauteren Stimme befähigt ist und durch den Besitz starker Zähne oder besonderer Waffen (Geweihe) ausgezeichnet erscheint. Dagegen bleiben die Milchdrüsen und Zitzen im männlichen Geschlechte rudimentär.

Die Zeit der Fortpflanzung (Brunst) fällt meist in das Frühjahr, selten gegen Ende des Sommers (Wiederkäuer) oder selbst in den Winter (Wildschwein, Raubtiere). Eine unabhängig von der Begattung eintretende Erscheinung, von welcher die Brunst im weiblichen Geschlechte begleitet wird, ist der Austritt eines oder mehrerer Eier aus den Follikeln des Ovariums (GRAAFschen Follikeln), in denen sie sich entwickeln, in die Tuben. Die Eier, durch C. E. v. BAER entdeckt, sind klein, in der Regel dotterarm und von einer hellen Membran (*Zona pellucida*) umgeben (Abb. 248), um die gewöhnlich eine Eiweißhülle abgelagert ist. Die Befruchtung der Eier scheint überall im Eileiter zu erfolgen. Bei den *Monotremen* wird das dotterreiche Ei im Oviduct von einer pergamentartigen Schale umgeben und bei *Ornithorhynchus* abgelegt, bei *Echidna* gelangt es in den Beutel. Alle übrigen Säuger (*Marsupialia, Monodelphia*) sind vivipar und die Entwicklung des Embryos erfolgt im mütterlichen Körper. Die Furchung ist meist äqual; die

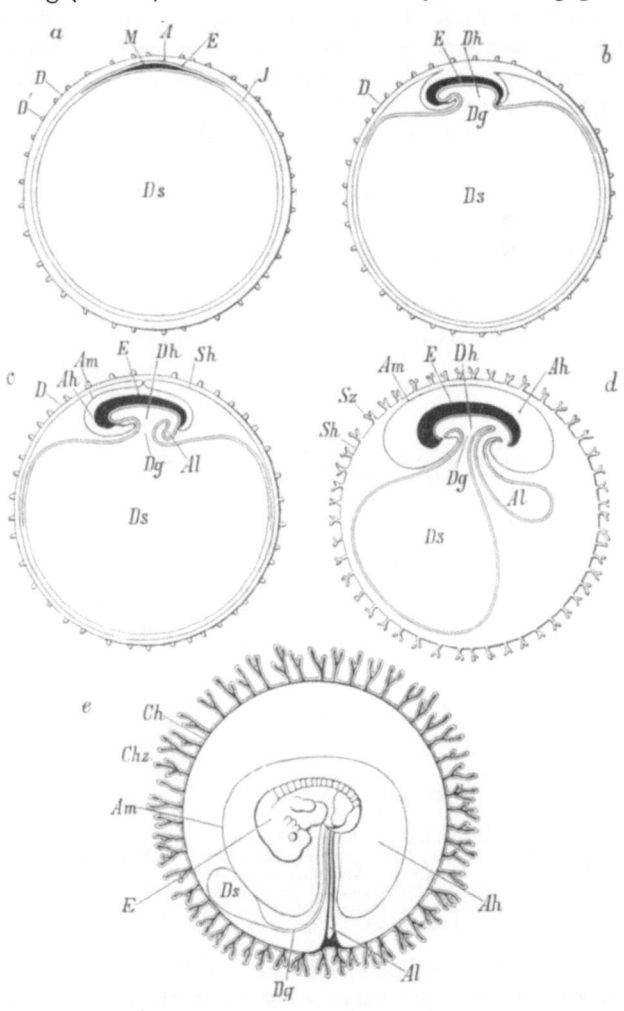

Abb. 1117. Schematische Figuren zur Darstellung der Entwicklung der foetalen Eihüllen eines Säugetieres. (Nach KÖLLIKER.) a Ei mit erster Embryonalanlage; b am Embryo Dottersack und Amnion in Bildung begriffen; c Embryo mit sich schließendem Amnion und hervorsprossender Allantois; d Entwicklungsstadium mit zottentragender seröser Hülle, Embryo mit Mund und Afteröffnung; e Stadium, bei dem die Gefäßschicht der Allantois sich rings an die seröse Hülle angelegt hat und in die Zotten derselben hineingewachsen ist, Dottersack verkümmert, Amnionhöhle im Zunehmen begriffen. *D* Zone. pellucida, *D'* ihre Zöttchen, *Sh* seröse Hülle (Chorion), *Sz* Zotten derselben, *Ch* secundäres Chorion, *Chz* Chorionzotten, *Am* Amnion, *Ah* Amnionhöhle, *E* Embryonalanlage (Embryo), *A* dieser angehörende Verdickung des äußeren Blattes, *M* des mittleren Blattes, *J* inneres Blatt, *Ds* Höhle der Keimanlage (Cystocöl C. RABL), später Höhle des Dottersackes (Nabelblase), *Dh* Darmhöhle, *Dg* Dottergang, *Al* Allantois.

sich rasch vergrößernde Keimblase legt sich zunächst mittels der *Zona pellucida* (auch *Prochorion* genannt), später nach Bildung des Amnions mittels der Serosa der Uteruswand an. Bei den *Marsupialien* bleibt gleichwie bei *Monotremen* die Serosa glatt und die später auftretende Allantois klein. Dagegen ist der Dottersack groß und legt sich an die Serosa; er besorgt die Ernährung und Atmung des Embryos durch Vermittlung seiner Gefäße, der *Vasa omphalomesenterica*.

Bei den *Monodelphia* (Abb. 1117) entwickelt die Serosa Zotten und wird dann auch Zottenhaut (*Chorion*) genannt. Zugleich verbindet sich der peripherische Teil der hier größeren Allantois mit dem Chorion und wächst mit seinen Gefäßen in die Chorionzotten hinein; das Chorion ist so zum sekundären Chorion (*Allantochorion*) geworden. Damit wird nicht bloß die Verbindung zwischen mütterlichem Uterus und Embryo inniger, sondern auch eine verhältnismäßig große Fläche foetaler Gefäßverzweigungen entwickelt, deren Blut mit dem Blute der Uteruswand in engen endosmotischen Verkehr tritt. Die Allantois gewinnt damit die Bedeutung eines Atmungs- und Ernährungsorgans für den Embryo, wofür auch bei Marsupialien Analoga bestehen. Der Dottersack bleibt bei den Monodelphia klein, als sogenannte Nabelblase (*Vesicula umbilicalis*).

Im einfachsten Falle ist das Chorion mit der Allantois im ganzen Umfange in Verbindung und bildet überall Zotten (Abb. 1117e), die sich der Uterusschleimhaut genau anlegen. Dieses mit zahlreichen zerstreuten Zotten besetzte *Allantochorion* wird auch *Placenta diffusa* genannt und findet sich bei den Perissodactylen, Suiden, Hippopotamiden, Tylopoden, Traguloideen, Sirenen, Pholidota, Lemuroideen und Cetaceen. In allen übrigen Fällen sind die Zotten nur an bestimmten Stellen, jedoch um so mächtiger als Zottenbüschel entwickelt, denen entsprechend die Uterusschleimhaut gewuchert erscheint, wodurch es zur Bildung eines Mutterkuchens (*Placenta*) kommt (Abb. 1118). Bei den Wiederkäuern mit Ausnahme der Tylopoden und der Traguloideen kommen am ganzen Chorion zahlreiche kleine Placenten (*Cotyledonen*) zur Ausbildung (Abb. 1155). In letzterem Falle sowie bei der sogenannten Placenta diffusa bleiben die Zotten des Chorions mit der Uterinwand in loser

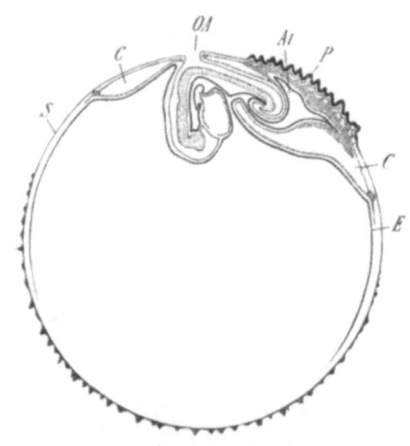

Abb. 1118. Längsschnitt durch ein Embryonalstadium des Kaninchens vor Schluß des Amnions. (Nach ED. VAN BENEDEN u. JULIN.) *OA* Amnionöffnung, *Al* Allantois, *S* seröse Hülle (Chorion), *P* Placentaanlage, *C* extraembryonales Cölom, *E* Entoderm des Dottersackes.

Verbindung und lösen sich bei der Geburt aus derselben heraus. Bei allen anderen Säugetieren verwachsen Chorionzotten und Uterinschleimhaut inniger, so daß bei der Geburt eine Schicht der Uterusschleimhaut als sogenannte *Decidua* mit abgelöst und zugleich mit dem foetalen Teile der Placenta als Nachgeburt ausgestoßen wird; stets bleiben die Chorionzotten dann auf eine Stelle beschränkt. Eine solche sogenannte Vollplacenta ist entweder ringförmig (*Placenta zonaria* der Carnivoren, Tubulidentaten) oder scheibenförmig (*Pl. discoidea*), wie bei manchen Edentata Xenarthra, den Insectivoren, Chiropteren, Dermoptera, Nagern, Affen (Abb. 1118).

Je nach dem Vorhandensein oder Fehlen einer Placenta und Decidua hat man die Säugetiere auch in *Placentalia* und *Aplacentalia*, erstere wieder in *Deciduata* und *Adeciduata* eingeteilt.

Mit Rücksicht auf die Bedeutung der Placenta als Atmungsorgan und der Funktionslosigkeit der Lungen gestaltet sich auch der foetale Kreislauf anders als nach der Geburt (Abb. 1119). Vom Herzen wird das Blut in die Aorta descendens getrieben, welche zwei große Gefäße für die Placenta (*Arteriae umbilicales*) abgibt. Das aus der Placenta durch eine Vene (*V. umbilicalis*) zurückkehrende Blut geht der Hauptmasse nach durch einen die Leber durchsetzenden Verbindungsgang (*Ductus venosus Arantii*) in die untere Hohlvene und aus dieser zum Teil in den rechten, zum größten Teil jedoch infolge einer besonderen Klappeneinrichtung sogleich in den linken Vorhof durch eine Öffnung der Vorhofsscheidewand (*Foramen ovale*). Das Blut, welches in die rechte Kammer gelangt, kehrt mit Ausnahme eines kleinen Teiles für die Lungen durch einen Verbindungsgang (*Ductus arteriosus Botalli*) der Arteria pulmonalis mit der Aorta direkt in den Körperkreislauf zurück. Es führen somit alle arteriellen Gefäße gemischtes Blut.

Die Dauer der Trächtigkeit richtet sich nach der Körpergröße und Entwicklungsstufe, in welcher die Jungen zur Welt kommen. Am längsten währt dieselbe bei den großen Land- und kolossalen Wasserbewohnern (Huftiere, Cetaceen), welche unter günstigen Verhältnissen des Nahrungserwerbes und geringen Bewegungsausgaben leben. Die Jungen dieser Tiere erscheinen bei der Geburt in ihrer körperlichen Ausbildung so weit vorgeschritten, daß sie alsbald der Mutter zu folgen imstande sind. Relativ geringer ist die Tragzeit bei den Carnivoren, deren Junge nackt und mit geschlossenen Augen geboren werden und längere Zeit noch hilflos der mütterlichen Pflege bedürfen. Am kürzesten aber währt dieselbe bei den Beutlern, deren frühzeitig geborene Junge in eine von Hautfalten gebildete Tasche der Inguinalgegend gelangen, sich hier an die Zitzen der Milchdrüsen festhängen und wie in einem zweiten Fruchtbehälter ausgetragen werden, in welchem das Secret der Milchdrüsen die Ernährung sehr frühzeitig übernimmt. Die Zahl der

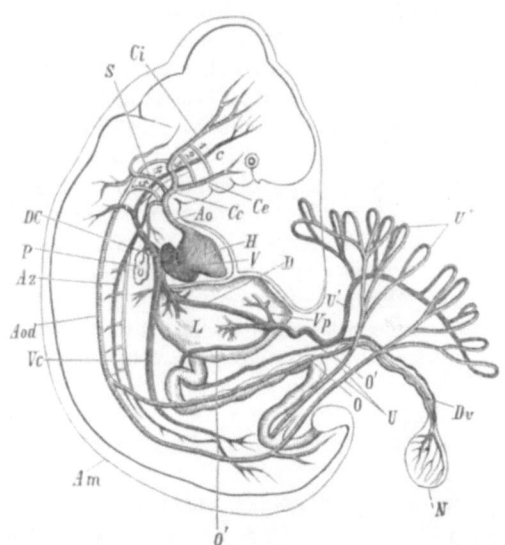

Abb. 1119. Anordnung der Hauptgefäße im menschlichen Foetus, schematisch. (Nach ECKER u. HUXLEY.) *H* Herzkammer, *V* Vorhof, *Ao* Aortenstamm, *Cc* Carotis communis, *Ce* C. externa, *Ci* C. interna, *S* Arteria subclavia, *1, 2, 3, 4, 5* die Aortenbogen, der bleibende linke nicht sichtbar, *Aod* Aorta descendens, *O* Arteria omphalomesenterica, *O'* Vena omphalomesenterica, *U* Arteriae umbilicales mit den placentaren Verzweigungen (*U''*), *U'* Vena umbilicalis, *Vp* Pfortader (Vena portae), *Vc* Vena cava inferior, *C* vordere Cardinalvene, *D* Ductus venosus Arantii, *DC* Ductus Cuvieri, *Az* Vena azygos, *P* Lunge, *L* Leber, *N* Nabelblase, *Dv* Dottergang (Ductus omphalomesentericus), *Am* Amnion.

geborenen Jungen wechselt ebenfalls überaus mannigfach in den verschiedenen Gattungen. Die großen Säugetiere, welche länger als 6 Monate tragen, gebären in der Regel nur 1, seltener 2 Junge, bei den kleineren aber und einigen Haustieren (Schwein) steigert sich dieselbe beträchtlich, so daß 12—16, ja selbst 20 Junge mit einem Wurfe zur Welt kommen können. Meist deutet die Zitzenzahl des Muttertieres auf die Zahl der Nachkommen hin, welche nach der Geburt längere oder kürzere Zeit hindurch an den Zitzen der Milchdrüsen aufgesäugt (bei den *Monotremen* durch das Secret der Mammardrüsen ernährt) werden.

Manche Säugetiere leben einsiedlerisch und nur zur Zeit der Brunst paarweise vereinigt; es sind das vornehmlich solche Raubtiere, welche auf einem bestimmten Jagdreviere, wie der Maulwurf, in unterirdischen Gängen, ihren Lebensunterhalt erjagen. Andere leben in Gesellschaften, in welchen häufig die ältesten und stärksten Männchen die Sorge des Schutzes und der Führung übernehmen. Die meisten gehen am Tage auf Nahrungserwerb aus. Einige, wie die Fledermäuse, kommen in der Dämmerung und Nacht aus ihren Schlupfwinkeln zum Vorschein, auch die meisten Raubtiere und zahlreiche Huftiere schlafen am Tage. Blumen besuchende Fledermäuse (*Macroglossus, Glossophaga*) vermitteln auch die Blumenbestäubung. Einige Nager, Insectenfresser und Raubtiere verfallen während der kalten, nahrungsarmen Jahreszeit in ihren oft sorgfältig geschützten Schlupfwinkeln in ausgepolsterten Erdbauten in einen unterbrochenen (Bär, Dachs, Fledermäuse) oder andauernden (Siebenschläfer, Haselmaus, Igel, Murmeltier) Winterschlaf und zehren während dieser Zeit bei gesunkener Körperwärme, schwacher Respiration und verlangsamtem Kreislauf von den während der Herbstzeit aufgespeicherten Fettmassen. Ein Sommerschlaf kommt bei einigen tropischen Formen (*Centetes, Chirogaleus*) vor. Wanderungen sind bekannt von den Renntieren, südafrikanischen Antilopen und dem nordamerikanischen Büffel, von Seehunden, Walen und Fledermäusen, insbesondere aber von dem Lemming, der in ungeheuren Scharen von den nordischen Gebirgen aus nach Süden in die Ebene wandert und sich in der Richtung seiner Reise durch keinerlei Hindernisse zurückhalten läßt, selbst Flüsse und Meeresarme durchsetzt. Bei vielen Säugetieren erleidet die Behaarung entsprechend dem Wechsel der Jahreszeiten einen periodischen ausgiebigen Wechsel, so daß ein dunklerer kürzerer Sommerpelz und ein dichterer längerer, heller oder weißer Winterpelz unterschieden werden kann.

Die *Verhaltensweisen* der Säugetiere erheben sich zu einer höheren Entwicklung als in irgendeiner anderen Tierklasse (vgl. S. 259). Die Engrammreaktionen werden immer mehr gesteigert. Die Abrichtbarkeit, welche einzelne Säugetiere vor anderen in hohem Grade kundgeben, haben diese zu bevorzugten Haustieren, zu unentbehrlichen, für die Kulturentwicklung des Menschen höchst bedeutungsvollen Arbeitern und Genossen des Menschen gemacht (Pferd, Hund). Immerhin aber spielen instinktive Tätigkeiten im Leben der Säugetiere auch noch eine große Rolle.

Zahlreiche Säugetiere zeigen Bauinstinkte, die sie zur Anlage von geräumigen Gängen und kunstvollen Bauten über und in der Erde befähigen, von Wohnungen, die nicht nur als Schlupfwinkel zum Aufenthalte während der Ruhe, sondern auch als Bruträume dienen. Fast sämtliche Säugetiere bauen für ihre Brut besondere, oft mit weichen Stoffen überkleidete Lager, einige sogar wahre Nester, ähnlich denen der Vögel, aus Gras und Halmen über der Erde. Zahlreiche Bewohner von Gängen und Höhlungen der Erde tragen Wintervorräte ein, von denen sie während der sterilen Jahreszeit, zuweilen nur im Herbste und Frühjahr (Winterschläfer) zehren.

Was die geographische Verbreitung der Säugetiere anbetrifft, so finden sich einzelne Ordnungen, wie die Fledermäuse und Nager, in allen Weltteilen vertreten. Von den Cetaceen und Pinnipedien gehören die meisten Arten den Polargegenden an. Ausschließlich aus Beuteltieren — von einigen Nagern und Fledermäusen abgesehen — besteht die Fauna Australiens.

Die ältesten fossilen Reste von Säugetieren finden sich in der oberen Trias und im Jura (Stonesfielder Schiefer) und gehören den ausgestorbenen *Multituberculata* (*Allotheria*) an, andere weisen auf insectivore Beuteltiere und insectivore Monodelphia hin. Erst in der Tertiärzeit tritt die Säugetierfauna in reicher Ausbreitung auf.

1. Unterklasse. MONOTREMATA (ORNITHODELPHIA, PROTOTHERIA), CLOAKENTIERE[1].

Aplacentale Säugetiere mit reptilienähnlicher Gestaltung des Schultergürtels (Os coracoideum), mit Beutelknochen, zuweilen mit Beutel, mit persistierender Cloake, eierlegend.

Unter allen recenten Säugetieren zeichnen sich die Monotremen durch eine Anzahl ursprünglicher, an niedere Wirbeltiere anschließender Charaktere aus. Zu diesem Schlusse berechtigt das Vorhandensein eines an das Brustbein angefügten Os coracoideum, welches bei allen übrigen Säugern auf einen Fortsatz am Schulterbein reduziert ist. Auch kann in diesem Sinne das Vorhandensein von zwei dem Schambeine angefügten Knochen verwertet werden, welche als Beutelknochen bei den Marsupialien wiederkehren. Eine wichtige Eigentümlichkeit ist das Vorhandensein einer Cloake, indem wie bei den Reptilien das erweiterte Ende des Mastdarms die Mündungen der Geschlechts- und Harnwege aufnimmt (Abb. 1116a).

Zweifelsohne entspricht der Mangel der Bezahnung und die schnabelförmige Gestalt der Kiefer, welche von Horn bedeckt sind und beim Schnabeltiere breite Hornplatten an Stelle der Zähne tragen, einem sekundären Verhältnis, da wir für die ältesten Vorfahren der Säugetiere ein reich bezahntes Gebiß vorauszusetzen haben. In der Tat haben neuere Untersuchungen nachgewiesen, daß die Schnabeltiere im jugendlichen Alter

Abb. 1120. *Echidna (Tachyglossus) aculeata.* $^1/_{4.5}$

Dentinzähne besitzen, welche ausfallen; diese Zähne (2 oben, 3 unten) sind ganz ähnlich gestaltet wie die der mesozoischen *Multituberculata*. Auch die einfache Gestaltung der inneren Organe bekundet die niedere Entwicklungsstufe. Am Gehirn fehlt der Balken (Corpus callosum). Die Hoden bewahren ihre ursprüngliche Lage vor den Nieren. Der kurze, von einem Corpus fibrosum und einem Corpus cavernosum urethrae gestützte Penis liegt in einer in die Cloake einmündenden Tasche und nimmt durch eine an seiner Wurzel befindliche Öffnung das Sperma aus dem Sinus urogenitalis auf, während der Harn durch die Cloake abfließt. Das rechtsseitige Ovarium ist verkümmert, das linke traubig gestaltet; bei *Zaglossus* sind beide Ovarien gleich entwickelt. Die geschlängelten Oviducte erweitern sich in ihrem unteren Abschnitte zu einem muskulösen Eierbehälter und münden getrennt in den Sinus urogenitalis ein (Abb. 1116a). Es sind Mammardrüsen vorhanden, die dem Ursprung nach von den Milchdrüsen der übrigen Säugetiere verschieden zu sein scheinen. Die zahlreichen Drüsenschläuche, welche aus tubulösen, den Schweißdrüsen ähnlichen, mit Haarbälgen verbundenen Drüsen der Haut entstanden sind, münden jeder-

---

[1] THOMAS, O.: Catalogue of the Marsupialia and Monotremata in the Brit. Museum. London 1888. — OWEN, B.: Article „Monotremata" in Todds Cyclopaedia of Anatomy **3** (1843). — GEGENBAUR, C.: Zur Kenntnis der Mammarorgane der Monotremen. Leipzig 1886. — POULTON, E. B.: The true teeth and horny plates of Ornithorhynchus. Quart. J. microsc. Sci. **29** (1889). — SEMON, R.: Zoologische Forschungsreisen in Australien und dem Malayischen Archipel. Monotremen und Marsupialien 2, 3. Jena 1894—1908. — WILSON, J. T. a. J. P. HILL: Observations on the Development of Ornithorhynchus. Philosophic. Trans. roy. Soc. London **1908**. — CABRERA, A.: Genera Mammalium. Monotremata. Marsupialia. Madrid 1919. — Vgl. ferner die Schriften von MIVART, SIXTA, SMITH, LYDEKKER u. a.

seits auf einem schwächer behaarten, kreisförmig umwallten Hautfeld, wie es in ähnlicher Weise bei den übrigen Säugetieren der Zitzenbildung vorausgeht. Die Monotremen besitzen eine Schenkeldrüse, die an einem durchbohrten Sporn des Tarsus ausmündet; beim Weibchen bleibt sie rudimentär; wahrscheinlich liegt ein bei der Begattung als Reizmittel fungierendes Organ vor. Schließlich möge die unvollkommene Homoeothermie der Monotremen angeführt werden. HAACKE und CALDWELL haben nachgewiesen, daß ein weichhäutiges Ei, welches dem Reptilienei ähnlich ist, abgelegt wird. Das Schnabeltier soll zwei Eier in eine Erdhöhle ablegen und in einer Art Nest ausbrüten, der Ameisenigel dagegen legt jedesmal nur ein Ei, das in einem am Bauche zur Fortpflanzungszeit sich entwickelnden Beutel gebracht und hier ausgebrütet wird. Die Cloakentiere finden sich nur in Australien, Tasmanien und Neuguinea und gehören einer einzigen Ordnung an.

Abb. 1121. *Ornithorhynchus anatinus.* $^1/_{5.5}$

Fam. *Echidnidae.* Die äußere Körperform der Ameisenigel erinnert an die Ameisenfresser unter den Edentaten und die Igel. Sie besitzen ein dichtes Stachelkleid und eine röhrenartig verlängerte Schnauze mit enger Mundspalte und wurmförmig vorstreckbarer Zunge; Zähne fehlen. Die kurzen fünfzehigen Beine enden mit kräftigen Scharrkrallen. Die Eier werden in einem Beutel ausgebrütet. *Echidna (Tachyglossus) aculeata* SHAW, Ameisenigel. Australien, Neuguinea, Tasmanien (Abb. 1120). *Zaglossus (Proechidna) bruijni* PET. et DOR. Nordwest-Neuguinea.

Fam. *Ornithorhynchidae.* In der äußeren Körperform und Lebensweise kombiniert das Schnabeltier, vom Entenschnabel abgesehen, Fischotter und Maulwurf, wie ja auch die Bezeichnung als Wassermaulwurf von den Ansiedlern Australiens treffend gewählt worden ist. Das Schnabeltier trägt einen dichten weichen Haarpelz als Bekleidung des flachgedrückten Leibes und besitzt einen platten Ruderschwanz. Die Kiefer sind nach Art eines Entenschnabels zum Gründeln im Schlamme eingerichtet, aber jederseits mit zwei Hornplatten bewaffnet und von einer hornigen Haut umgeben, welche sich an der Schnabelbasis schildartig erhebt. Die Beine sind kurz, ihre fünfzehigen Füße enden mit starken Krallen, sind aber zugleich mit Schwimmhäuten versehen. *Ornithorhynchus anatinus* SHAW (*paradoxus* BLBCH.), Schnabeltier. In Flüssen von Tasmanien und Südaustralien (Abb. 1121).

2. Unterklasse. **MARSUPIALIA (DIDELPHIA), BEUTELTIERE**[1].

Aplacentale, vivipare Säugetiere mit zwei Beutelknochen, beim Weibchen in der Regel mit einem von diesen gestützten, die Zitzen umfassenden Beutel, mit verschieden, meist reich bezahnten Kiefern und auf einen (hintersten) Prämolar beschränktem Zahnwechsel.

---

[1] OWEN, R.: Article „Marsupialia" in Todd's Cyclopaedia of Anatomy **3** (1842). — WATERHOUSE, G. R.: A natural history of the Mammalia. V. Marsupialia. London 1846. — SELENKA, E.: Studien über Entwicklungsgeschichte der Tiere. IV. Das Opossum. Wiesbaden 1886—1887. — THOMAS, O.: Catalogue of the Marsupialia and Monotremata in the Brit. Museum. London 1888. — WINGE, H.: Jordfundne og nulevende Pungdyr (Marsupialia). E Museo Lundi 1893. — LYDEKKER, R.: Handbook to the Marsupialia and Monotremata. London 1894. — DOLLO, L.: Les ancêtres des Marsupiaux étaient-ils arboricoles? Miscell. biol. déd. au Prof. Giard. Paris 1899. — BENSLEY, A.: On the evolution of the Australian Marsupialia with Remarks on the Relationship of the Marsupials in General. Trans. Linnean Soc. Lond. **1903**. — SEMON, R.: Zoologische Forschungsreisen in Australien und dem Malayischen Archipel. Monotremen und Marsupialier 2, 3. Jena 1894—1908. — VAN DEN BROEK, A. J. P.: Untersuchungen über die weiblichen Geschlechtsorgane der Beuteltiere. Petrus Camper. Deel 3. 1915. — Untersuchungen über den Bau der männlichen Geschlechtsorgane der Beuteltiere. Morph. Jb. **41** (1910). — HARTMAN, C. G.: Stu-

Die Haut der Marsupialier ist gut und meist weich behaart, der Schwanz häufig beschuppt. In der äußeren Erscheinung, in der Art der Ernährung und Lebensweise weichen die Beutler beträchtlich voneinander ab und wiederholen im allgemeinen unter allerdings bedeutender Modifikation die wesentlichen Typen der monodelphen Säugetiere; viele sind Pflanzenfresser, andere sind omnivor, andere leben als echte Raubtiere von Insecten, Vögeln und Säugetieren. Die Wombats repräsentieren die Nagetiere, die flüchtigen, in gewaltigen Sätzen springenden Känguruhs entsprechen den Wiederkäuern und vertreten gewissermaßen in Australien das fehlende Wild, die Flugbeutler (*Petaurus*) gleichen den Flughörnchen, die kletternden Phalangisten (*Phalanger*) erinnern in Körperform und Lebensweise an die Fuchsaffen, andere, wie die *Perameliden*, an die Macrosceliden unter den Insectivoren. Auch maulwurfähnliche Beutler (*Notoryctes*) sind bekannt geworden. Die Raubbeutler schließen sich in der Bildung des Gebisses ebensowohl den Carnivoren als den Insectenfressern an.

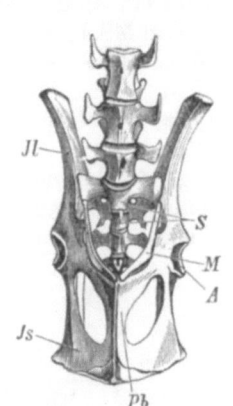
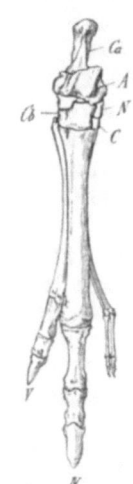

Abb. 1122. Das Becken mit dem angrenzenden Teile der Wirbelsäule von *Macropus*. *A* Acetabulum (Hüftgelenkspfanne), *Js* Os ischii, *Jl* Os ilium, *M* Beutelknochen (Ossa marsupialia), *Pb* Os pubis, *S* die beiden Sacralwirbel.

Abb. 1123. Skelet des rechten Fußes von *Macropus*. (Nach FLOWER u. LYDEKKER.) *IV*, *V*, 4. und 5. Zehe, erstere die stärkste. *Ca* Calcaneus, *A* Talus oder Astragalus, *Cb* Cuboideum, *N* Naviculare, *C* Cuneiforme.

Am Skelet ist die geringe Entwicklung der Schädelhöhle und die starke Einwärtsbiegung des Processus angularis am Unterkiefer hervorzuheben. Die Augenhöhle ist hinten offen (Abb. 1126). Ein Hauptcharakter der Beutler liegt in dem Besitze zweier (bei *Thylacinus* rudimentärer) Beutelknochen (Abb. 1122) und beim Weibchen eines an der Bauchseite von zwei Hautfalten gebildeten Beutels (*Marsupium*), welcher die auf in der Regel 4—2 Zitzen befindlichen Öffnungen der Milchdrüsen umschließt und die hilflosen Jungen nach der Geburt aufnimmt. Doch können die Zitzen auch in großer Zahl längs der ganzen Bauchseite auftreten; dann fehlt der Beutel (gewisse *Didelphyiden*).

Am Endteile der hinteren Extremität vollzieht sich eine Reduktion der Zehen, jedoch in ganz anderer Weise als bei den Monodelphia, indem dieselbe von innen nach außen erfolgt. Wo, wie bei den Känguruhs, ähnlich wie bei den Huftieren nur zwei Zehen als Hauptstützen der Hinterextremität Verwendung finden, sind es daher die beiden äußeren, während die drei inneren verkümmern (Abb. 1123). Im allgemeinen herrscht die ursprüngliche Fünfzahl der

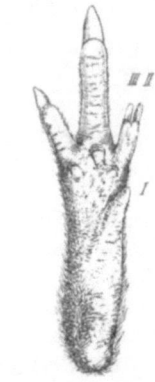

Abb. 1124. Planta des rechten Fußes von *Perameles obesula*. (Nach THOMAS aus DOLLO.) *I* Große Zehe, rudimentär, *II*, *III* die 2. und 3. Zehe reduziert, in Syndactylie.

dies on the Development of the Opossum *Didelphys virginiana*. J. Morph. a. Physiol. **2** (1916); **32** (1919). — OSGOOD, W. H.: A monographic study of the American Marsupial *Caenolestes* etc. Field Mus. Nat. Hist. Publ. Chicago **1921**. — FLYNN, T. THOMSON: The Yolk-Sac and allantoic Placenta in *Perameles*. Quart. J. microsc. Sci. **67** (1923). — Vgl. ferner die Abhandlungen von GOULD, BROOM, CARLSSON, HILL, RÖSE, WOODWARD, CALDWELL, EGGELING, BOAS, CABRERA u. a.

nägel- oder krallentragenden Zehen vor. Mit Ausnahme der *Didelphyiden* und *Dasyuriden* und einiger anderer sind die verkleinerten 2. und 3. Zehe bis zur Endphalange durch die Haut innig verbunden (Syndactylie) (Abb. 1124). Die große 1. Zehe (Hallux) ist, wenn wohl entwickelt, stets opponierbar und entbehrt des Nagels.

Die Kiefer sind reich und mannigfach bezahnt. Der Zahnwechsel ist auf den hintersten Prämolar reduziert, so daß das bleibende Gebiß der Marsupialier bis auf den einen Prämolar dem Milchgebisse der Monodelphia entspricht. Bei *Phascolomys* fällt auch der Wechsel dieses einen Zahnes hinweg; sämtliche Zähne sind hier wurzellos.

Am Gehirn bleiben die Großhirnhemisphären klein und das Corpus callosum fehlt.

Die Ausführungsgänge der Harn- und Geschlechtsorgane bleiben auf einer niederen Stufe. Die weiblichen Geschlechtsorgane bestehen aus zwei häufig traubigen Ovarien, deren Eileiter sich in zwei vollkommen getrennte Fruchtbehälter fortsetzen, welchen die eigentümlich gestaltete, ebenfalls doppelte Scheide folgt (Abb. 1125a). Die weiblichen Ausführungsgänge bleiben bei den *Didelphyiden* durchaus getrennt. Meist verschmelzen aber die beiden Scheiden da, wo sie die Mündungen der Fruchtbehälter aufnehmen, zu einem gemeinsamen Abschnitt, der einen zuweilen durch eine Scheidewand geteilten Blindsack bildet, welcher bei *Macropodiden* in directe Communication mit dem Sinus urogenitalis tritt. Von dem gemeinsamen Abschnitt entspringen die Scheidenkanäle als zwei henkelartig abstehende Röhren und münden in den Canalis urogenitalis ein. Da die äußere Öffnung des letzteren mit dem After ziemlich zusammenfällt, kann man auch den Beutlern eine Art Cloake zuschreiben. Im männlichen Geschlecht ist die Rute zuweilen gespalten (Abbild. 1125b). Das Scrotum liegt vor dem Penis.

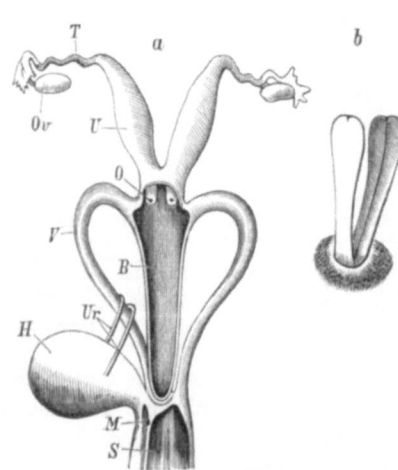

Abb. 1125. a Weibliche Geschlechtsorgane von *Halmaturus*. (Nach GEGENBAUR.) *O* Äußerer Muttermund, *Ov* Ovarium, *T* Oviduct, *U* Uterus, *V* Vagina, *B* Scheidenblindsack, *Ur* Ureteren, *H* Harnblase, *M* ihre Mündung in den Sinus urogenitalis (*S*). — b Gespaltener Penis von *Didelphys philander*. (Nach OTTO aus GEGENBAUR.)

In der Entwicklung fehlt in der Regel eine Placenta, die nur bei *Perameles* auftritt. Die Geburt tritt früh ein; das Riesenkänguruh trägt nicht länger als 39 Tage und gebiert einen blinden nackten Embryo von etwa Nußgröße mit kaum schtbaren Extremitäten, welcher vom Muttertier in den Beutel gebracht wird, sich an einer der Zitzen mittels seines Saugmundes festhängt und acht bis neun Monate in dem Beutel verbleibt. Jene Formen, die keinen Beutel besitzen, tragen ihre Jungen sehr frühzeitig auf dem Rücken mit sich.

Die meisten Beutler bewohnen Australien, viele auch die Inseln der Südsee und die Molukken, die *Didelphyiden* mit der reichsten Bezahnung Südamerika. Fossile Reste finden sich zuerst in der Trias.

1. Ordnung. Polyprotodontia.

Fleischfressende, selten omnivore Beutler mit vollständigem Gebiß. Im Oberkiefer jederseits 5—3, im Unterkiefer 4—3 kleine Schneidezähne. Eckzähne wohl entwickelt, Backenzähne mit scharfen Spitzen.

Fam. *Didelphyidae*, Beutelratten. Mit beschupptem Wickelschwanz und fünf freien Zehen an den Hintergliedmaßen. Beutel meist aus zwei Falten bestehend oder fehlend. Gebiß: $\frac{5}{4}\frac{1}{1}\frac{3}{3}\frac{4}{4}$ (Abb. 1126). Klettern vortrefflich. Sind die ursprünglichsten der recenten Beutler. *Didelphys virginiana* KERR, Opossum. Nordamerika. *D. (Marmosa) murina* L. (*dorsigera* L.), Aeneasratte. *Chironectes minimus* ZIMM. Mit Schwimmhaut zwischen den Zehen. Central- und Südamerika.

Fam. *Dasyuridae*. Schwanz kein Wickelschwanz. An den Hintergliedmaßen keine Syndactylie, Hallux klein oder fehlend. Zahl der Schneidezähne bloß $\frac{4}{3}$. Zeigen den Habitus von Raubtieren und Insectivoren und sind teilweise Klettertiere, teilweise Springer und Läufer. *Thylacinus cynocephalus* HARR., Beutelwolf. Gebiß:

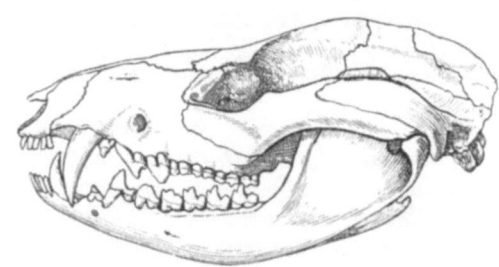

Abb. 1126. Schädel von *Didelphys virginiana*. (Original G.)

$\frac{4|1\ 3\ 4}{3\ 1\ 3\ 4}$. Größter Raubbeutler. Tasmanien. Im Aussterben (Abb. 1127). *Sarcophilus harrisi* BOITARD (*satanicus* THOS.), Teufel. Tasmanien. *Dasyurus viverrinus* SHAW, Beutelmarder. Gebiß: $\frac{4\ 1\ 2\ 4}{3\ 1\ 2\ 4}$. Südaustralien, Tasmanien. *Phascogale penicillata* SHAW, Beutelbilch. Australien. *Myrmecobius fasciatus* WTRH., Ameisenbeutler. Mit reichstem recenten Säugergebiß: $\frac{4\ 1\ 3\ 5}{3\ 1\ 3\ 6}$. Beutel fehlt. Süd- und Westaustralien.

Abb. 1127. *Thylacinus cynocephalus*. (Aus BREHM.) $^1/_{12}$

Fam. *Notoryctidae*. Maulwurfähnlich, mit kurzen kräftigen Extremitäten, die vorderen mit Scharrkrallen. 2. und 3. Zehe nicht syndactyl. Hallux mit Nagel. Gebiß: $\frac{3\ 1\ 2\ 4}{3\ 1\ 2\ 4}$. *Notoryctes typhlops* STIRL., Beutelwurf. Südaustralien.

Fam. *Peramelidae*, Beuteldachse. Mit Grabhänden, an denen der Daumen und der 5. Finger verkümmert sind. Hinterfüße stark, ähnlich jenen des Känguruhs. 2. und 3. Zehe verkümmert, syndactyl, die 4. sehr groß, Hallux rudimentär oder fehlend (Abb. 1124). Gebiß: $\frac{4-5\ 1\ 3\ 4}{3\ 1\ 3\ 4}$. Erinnern an die Macrosceliden Afrikas. *Perameles obesula* SHAW, Bandikut. Australien, Tasmanien. *Choeropus ecaudatus* OGILBY (*castanotis* GRAY). Australien.

2. Ordnung. Caenolestoidea.

Insectivore Beutler mit reichem Gebiß, innerer unterer Schneidezahn vergrößert und nach vorn gerichtet, Backenzähne vierhöckerig. 2. und 3. Zehe nicht syndactyl. Beutel fehlt.

Fam. *Caenolestidae.* Schließen sich im Gebiß mit $\frac{4}{3}\frac{1}{1}\frac{3}{3}\frac{4}{4}$ den Polyprotodonten an, doch sind die vorderen unteren Schneidezähne wie bei Diprotodonten entwickelt. *Caenolestes fuliginosus* TOM. Wird 13 cm lang. Im Hochgebirge. Ekuador.

3. Ordnung. Diprotodontia.

Pflanzenfressende, selten omnivore Beutler mit reduziertem Gebiß. Im Oberkiefer jederseits 3—1, im Unterkiefer ein großer, nach vorn gerichteter Schneidezahn. Eckzähne fehlend oder schwach. Backenzähne vierhöckerig oder zweijochig. Prämolar zuweilen schneidend. 2. und 3. Zehe syndactyl.

Fam. *Phascolomyidae.* Von plumper Körperform, mit rudimentärem Schwanz, Beine kurz und gedrungen, 2. und 3. Zehe schwach syndactyl. Gebiß: $\frac{1}{1}\frac{0}{0}\frac{1}{1}\frac{4}{4}$, ähnlich wie bei Nagern ausgebildet; alle Zähne wurzellos. *Phascolomys ursinus* SHAW, Wombat. Tasmanien.

Fam. *Phalangeridae.* Meist von schlanker Körperform, in der Regel mit langem Schwanz, der oft Greifschwanz ist. 2. und 3. Zehe syndactyl. Hallux ohne Nagel und opponierbar. Sind arboricol. *Pseudochirus canescens* WTRH. Neuguinea. *Phalanger (Phalangista) orientalis* PALL., Kuskus. Gebiß: $\frac{3}{2}\frac{1}{0}\frac{3}{3}\frac{4}{4}$. Timor, Amboina und benachbarte Inseln. *Trichosurus vulpecula* KERR, Fuchskusu. Australien (Abb. 1129). *Petaurus sciureus* SHAW., Beutelflugeichhörnchen.

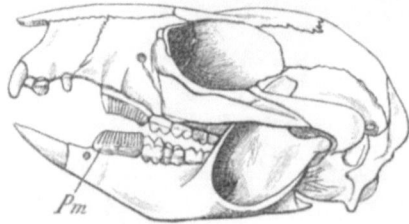

Abb. 1128. Schädel von *Bettongia lesueuri.* (Nach FLOWER u. LYDEKKER.) *Pm* Prämolar mit compresser geriefter Krone.

Abb. 1129. *Trichosurus vulpecula.* 1/6

Mit Flughaut zwischen Vorder- und Hinterbeinen. Ostaustralien. *Tarsipes spenserae* GRAY (*rostratus* GERV. et VERR.). Westaustralien. *Phascolarctus cinereus* GLDF., Beutelbär, Koala. Gebiß: $\frac{3}{1}\frac{1}{0}\frac{1}{1}\frac{4}{4}$. Körper plump, Schwanz rudimentär. Ostaustralien.

Fam. *Macropodidae,* Känguruhs. Mit kleinem Kopf, schwachen Vorderbeinen und sehr kräftigen, zum Sprunge dienenden Hinterbeinen. Schwanz lang, meist als Stemmschwanz entwickelt und an der Wurzel verdickt, seltener prehensil. Hinterfüße sehr lang, mit vier hufartig bekrallten Zehen, von denen die 4. und 5. sehr lang und kräftig sind (Abb. 1123). 2. und 3. Zehe syndactyl. Gebiß: $\frac{3}{1}\frac{0-1}{0}\frac{2-1}{2-1}\frac{4}{4}$. Magen colonähnlich gestaltet. Schließen sich an die Phalangeriden nahe an. *Potorous tridactylus* KERR (*Hypsiprymnus murinus* CUV.), Känguruhratte. Südaustralien, Tasmanien. *Bettongia lesueuri* Q. G. Prämolaren mit kompresser geriefter Krone (Abb. 1128). Australien. *Dendrolagus ursinus* SCHL. et MÜLL., Baumkänguruh. Neuguinea. *Petrogale penicillata* GRAY, Felsenkänguruh. Ostaustralien. *Macropus giganteus* ZIMM., Riesenkänguruh. Australien. *M. (Halmaturus) ruficollis* DESM. Ostaustralien.

3. Unterklasse. MONODELPHIA (PLACENTALIA)[1].

Placentale vivipare Säugetiere ohne Beutelknochen und Beutel, in der Regel mit auf die Schneide-, Eck- und vorderen Backenzähne (Prämolaren) ausgedehntem Zahnwechsel.

Die monodelphen Säugetiere vertreten den marsupialen gegenüber die höhere Organisationsstufe unter reicherer und mannigfaltigerer Spezialisierung der Formen. Ernährt von der im Fruchtbehälter des trächtigen Muttertieres sich entwickelnden Placenta, gelangt der Foetus zu einer vollständigeren Ausbildung und wird in weit fortgeschrittenem, wenn auch keineswegs überall gleichem Zustande der Reife geboren. Ein Marsupium samt seinen beiden Stützknochen am Becken fehlt. Es ist fraglich, ob sich die Monodelphia aus Marsupialien entwickelt haben. Viel wahrscheinlicher ist es, daß beide Gruppen gemeinsame Vorfahren besitzen, aus denen sie sich in zwei divergierenden Reihen weiterentwickelten. In letzteren haben sich, ähnlichen Lebensverhältnissen entsprechend, vielfach konvergente Erscheinungen, wie in der besonderen Gestaltung der Gebißformen, ergeben. Als Ausgangsformen der Monodelphia sind primitive Insectivoren zu betrachten, aus denen die heutigen *Insectivoren* und die fossilen *Creodontia* hervorgingen, denen die heute lebenden *Carnivoren* und *Cetaceen* entstammen. Aus Insectivoren sind die *Dermopteren* und die *Chiropteren* sowie die *Primaten* hervorgegangen. Im Unter-Eocän hat sich auch der *Ungulaten*-Stamm entwickelt und in den alteocänen, mehrfach auf Creodontien hinweisenden *Condylarthra* sind Reste der Vorfahren der Huftiere und vielleicht der *Tubulidentata* zu suchen. Der Ursprung der *Rodentia*, die einen sehr alten Monodelphenstamm repräsentieren, ist wahrscheinlich auf Insectivoren zurückzuführen, für die *Edentata Xenarthra* und die *Pholidota* sind bisher keine sicheren Anknüpfungen gefunden.

Zweifelsohne war das Gebiß der ältesten monodelphen Säuger ein reich bezahntes, was aus dem Gebiß der ältesten fossilen Diphyodonten erhellt. Bemerkenswert ist das häufige Vorkommen wurzelloser Zähne. Im allgemeinen ist das Milchgebiß schwächer und einfacher gestaltet, das bleibende höher entwickelt und mehr spezialisiert. Jenes enthält den konservativeren Teil der Bezahnung, zeigt bei den nahestehenden Gattungen und Familien nur geringe Differenzen und bleibt auf einer niedrigeren Stufe zurück, dem Gebisse der Vorfahren ähnlicher, ein Verhältnis, welches zuerst RÜTIMEYER durch den Nachweis begründete, daß im Milchgebisse der Ungulaten Eigentümlichkeiten des Gebisses der geologischen Vorgänger erhalten sind, und daß es diesem ähnlicher ist als dem ihm folgenden bleibenden Gebisse, welches in bestimmter Richtung progressiv spezialisiert erscheint.

Der besonderen Gestaltung des Gebisses und hiermit im Zusammenhange der Ernährungs- und Lebensweise entspricht die Differenzierung des Terminalstückes der Extremitäten nebst seiner Hornbekleidung. Wenn auch in der Regel die Fünfzahl der Zehen erhalten oder höchstens die Innenzehe hinweggefallen ist und die Krallenform des Nagels prävaliert, so gibt es doch zahlreiche Fälle von Reduktionen, für welche bei den monodelphen Säugetieren ein anderes Gesetz maßgebend ist als bei den marsupialen, indem zuerst die innere (erste), dann die äußere (fünfte), hierauf die zweitinnere (zweite) und zuletzt die zweitäußere (vierte) Zehe verkümmert, beziehungsweise völlig wegfällt. Die zurückbleibenden Zehen erfahren gleichzeitig mit ihrer Hornbekleidung eine mehr oder minder

---

[1] Außer COPE, MARSH, W. KOWALEVSKI vgl. SCHLOSSER, MAX: Die Affen, Lemuren, Chiropteren, Insectivoren, Marsupialien, Creodonten und Carnivoren des europäischen Tertiärs und deren Beziehungen zu ihren lebenden und fossilen außereuropäischen Verwandten. Beiträge zur Paläontologie Österreich-Ungarns. Wien 1887, 1888, 1890.

bedeutende Verstärkung. Die Nägel werden zu gewaltigen Sichelkrallen (Faultiere) oder zu verbreiterten Hufen (Ungulaten). Auch kann bei anderen Formen die Innenzehe der hinteren und vorderen Extremitäten als Daumen opponierbar sein.

1. Ordnung. Insectivora, Insectenfresser[1].

Plantigrade monodelphe Säugetiere mit bekrallten, meist fünfzehigen Füßen, vollständig bezahntem Gebiß, kleinen Eckzähnen und scharfspitzigen Backenzähnen.

Kleine Säugetiere, welche in ihrer Erscheinung verschiedene Typen der Nager wiederholen, in der Lebensweise sich den Raubtieren nähern. Im Bau haben sie zahlreiche ursprüngliche Charaktere bewahrt. Der meist langgestreckte Schädel zeigt eine im ganzen ziemlich primitive Gestaltung. Das Paukenbein bleibt oft ein Ring, der Jochbogen schwach oder fehlt vollständig (*Sorex* u. a.). Im Gebiß (Abb. 1130) besteht eine große Mannigfaltigkeit; die Schneidezähne variieren in der Zahl, die Eckzähne sind klein und nicht immer scharf von den Schneidezähnen und vorderen Backenzähnen unterschieden. Die zahlreichen Backenzähne mit ihren spitzhöckerigen Kronen zerfallen in vordere, meist einspitzige kegelförmige Prämolaren und in hintere wahre Backenzähne, bei welchen in vielen Fällen eine noch sehr einfache primitive Gestaltung sich erhalten hat. Die Lage des oberen Eckzahnes rücksichtlich der Naht zwischen Oberkiefer und Zwischenkiefer ist eine veränderliche.

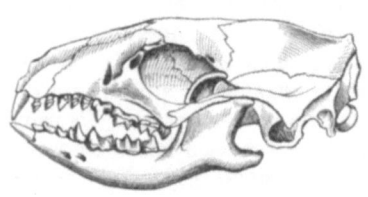

Abb. 1130. Schädel von *Erinaceus europaeus*.

Das Milchgebiß ist in den einzelnen Familien sehr ungleich ausgebildet. Beim Igel erhält sich ein Teil desselben im bleibenden Gebiß; bei *Centetiden* und *Chrysochloriden* fällt der Zahnwechsel in späteres Lebensalter, beziehungsweise erst nach Abschluß des Körperwachstums; beim Maulwurf ist das Milchgebiß rudimentär und bei den Spitzmäusen auf das Foetalleben beschränkt.

Ein Schlüsselbein ist fast stets vorhanden. Tibia und Fibula verschmelzen oft in ihrer distalen Partie. Der Hoden verbleibt bei einigen Formen in ursprünglicherer Lage in der Nähe der Niere. Die Zitzen liegen an der Brust oder am Bauche; der Uterus ist zweihörnig, die Placenta scheibenförmig. Die Insectivoren sind Sohlengänger mit nackten Sohlen und starken Krallen an den meist fünfzehigen Füßen. Sie gehören vornehmlich der alten Welt, nur wenige Nordamerika an, und ernähren sich von kleineren Tieren, Insecten und Würmern, die sie bei ihrer Gefräßigkeit in großer Menge vertilgen.

Fam. *Tupajidae*, Spitzhörnchen. In Körperform an die Eichhörnchen erinnernd, mit buschigem Schwanz, jedoch mit langer spitzer Schnauze. Leben auf Bäumen von Insecten und Früchten. *Tupaja* (*Cladobates*) *ferruginea* RAFFL. Ostindien, Java, Borneo.

Fam. *Macroscelidae*. Hüpfende, an die Wüstenmäuse erinnernde Insectivoren mit im Metatarsus auffallend verlängerten Hinterbeinen. Mit rüsselförmig verlängerter Schnauze. *Macroscelides proboscideus* SHAW (*typus* A. SM.). *Petrodromus tetradactylus* PET. Afrika.

---

[1] Außer PARKER, SUNDEVALL, GILL, WINGE, VERNHOUT, DEPENDORF, STAMM, J. SCHAFFER u. H. RABL, W. E. LE GROS CLARK u. a. vgl. DOBSON, G. E.: A monograph of the Insectivora. London 1883—1890. — HUBRECHT, A. A. W.: De Placentatie van de Spitsmuis (*Sorex vulgaris*). Verh. Akad. Amsterdam **1893**. — LECHE, W.: Zur Entwicklungsgeschichte des Zahnsystems der Säugetiere. II. Phylogenie. Bibliotheca zoologica **37** (1902); **49** (1907). — AERNBÄCK-CHRISTIE-LINDE, A.: Der Bau der Soriciden und ihre Beziehungen zu anderen Säugetieren. Morph. Jb. **36** (1907). — CARLSSON, A.: Die Macroscelididae und ihre Beziehungen zu den übrigen Insectivoren. Zool. Jb. **28** (1909). — KAUDERN, W.: Studien über die männlichen Geschlechtsorgane von Insectivoren und Lemuriden. Zool. Jb. **31** (1911). — CABRERA, A.: Genera Mammalium. Insectivora. Galeopithecia. Madrid 1925.

Fam. *Talpidae*. Mit sehr kleinen oder rudimentären Augen. Die kleinen Ohrmuscheln durch den Pelz verborgen. Ohne Beckensymphyse. Die Vorderextremitäten mehr oder weniger als Grabfüße entwickelt. *Desmana* (*Myogale*) *moschata* L., Desman, Bisamrüßler. Mit Moschusdrüse an der Schwanzwurzel, mit Schwimmhaut zwischen den Zehen. An Seen von Südrußland, Westasien. *Talpa europaea* L., Maulwurf. Hand mit Scharrkrallen und Os falciforme. Pelz samtweich. Gebiß: $\frac{3}{3}\frac{1}{1}\frac{4}{4}\frac{3}{3}$. Baut eine künstliche unterirdische Wohnung, die durch eine lange Laufröhre mit den täglich vermehrten Nahrungsröhren des Jagdgebietes in Verbindung steht. Die Wohnung besteht aus einer weich ausgepolsterten Centralkammer und zwei Kreisröhren, von denen die kleinere obere durch drei Gänge mit der Kammer communiziert, die größere untere in gleicher Ebene mit der Kammer liegt. Aus der oberen gehen fünf bis sechs Verbindungsgänge in die untere, von der eine Anzahl wagerechter Gänge ausstrahlen und meist bogenförmig in die gemeinsame Laufröhre einmünden. Nordeuropa bis Japan. *T. caeca* SAVI, der blinde Maulwurf, im südlichen Europa. *Condylura cristata* L., Sternmaulwurf. *Scalopus* (*Scalops*) *aquaticus* L., Wasserwurf. Nordamerika.

Fam. *Soricidae*, Spitzmäuse. Mit rüsselförmiger Schnauze, weichem Haarkleid und kurz behaartem Schwanz. Jochbogen fehlt, ebenso Beckensymphyse. Drüsen an den Seiten des Rumpfes oder an der Schwanzwurzel verursachen den unangenehmen Moschusgeruch dieser Tiere. Sorexgebiß: $\frac{3}{2}\frac{1}{0}\frac{3}{1}\frac{3}{3}$. *Sorex araneus* L. (*vulgaris* L.), Waldspitzmaus. *S. minutus* L., Zwergspitzmaus. *Neomys* (*Crossopus*) *fodiens* PALL., Wasserspitzmaus. Europa, Nordasien. *Crocidura russulus* HERM., Hausspitzmaus. Europa, Asien, Nordafrika. *Pachyura etrusca* SAVI. Südeuropa. Kleinstes Säugetier (Abb. 1131).

Abb. 1131. *Pachyura etrusca*. (Nach BREHM.) $^1/_1$

Fam. *Erinaceidae*. Zuweilen mit Stacheln bekleidet, die bei mächtiger Entwicklung des Hautmuskelschlauches dem sich zusammenkugelnden Körper einen vollkommenen Schutz gewähren. *Erinaceus europaeus* L., Igel. Mit Stachelkleid. Gebiß: $\frac{3}{2}\frac{1}{1}\frac{3}{2}\frac{3}{3}$ (Abb. 1130). Gräbt sich eine Höhle mit zwei Ausgängen etwa fußtief in die Erde und hält einen Winterschlaf. Europa, Asien. *Gymnura gymnura* RAFFL. Stachellos. Hinterindien, Sumatra, Borneo.

Fam. *Potamogalidae*. Clavicula fehlt. Mit seitlich kompressem, starkem Schwanze. *Potamogale velox* DU CHAILLU. Westafrika.

Fam. *Centetidae*. Mit Stachelkleid. Schwanz rudimentär. Jochbogen unvollständig. *Centetes ecaudatus* GM., Tanrek. Madagaskar. *Microgale longicaudata* THOS. Madagaskar. Hier schließt sich an *Solenodon* BRDT. Kuba, Haiti.

Fam. *Chrysochloridae*. Dem Maulwurf in Körperform ähnlich; Schwanz fehlt. Pelz goldig irisierend. Augen vom Integument bedeckt, Ohrmuscheln im Pelz verborgen. Stehen verwandtschaftlich zu den Centetiden wie die Talpiden zu den Soriciden. *Chrysochloris aurea* PALL., Goldmaulwurf. Kapland.

2. Ordnung. Dermoptera, Pelzflatterer[1].

Monodelphe Säugetiere mit bekrallten 5zehigen Füßen, mit seitlicher Flughautfalte zwischen Hals, Gliedmaßen und Schwanz. Mit vollständig bezahntem Gebiß, Schneidezähne vielspitzig, die unteren kammförmig.

Die Dermopteren, die früher bald den Lemuroideen, bald den Insectivoren eingereiht wurden, werden am besten mit M. WEBER als eigene Säugetierordnung geschieden. Sie weisen nach ihrem Bau auf einen Ursprung von primitiven Insectivoren hin.

Der Kopf ist länglich, der schlanke Körper besitzt vier mit starken Krallen bewehrte Extremitäten (Abb. 1132). Die Dermopteren sind Klettertiere mit seit-

---

[1] Außer POCOCK, SHUFELDT vgl. LECHE, W.: Über die Säugetiergattung *Galeopithecus*. Svensk. Vet. Akad. Hdl. **21** (1886). — DEPENDORF, TH.: Zur Entwicklung des Zahnsystems des *Galeopithecus*. Jena. Z. Naturwiss. **23** (1896). — CHAPMAN, H. C.: Observations upon *Galeopithecus volans*. Proc. Acad. natur. Sci. Philadelphia. **1902**. — DE LANGE, DAN.: Früheste Entwicklungsstadien und Placentation von *Galeopithecus*. Verh. kon. Akad. Wetensch. Amsterdam. **1919**.

licher Flughautfalte (Patagium) zwischen Hals, Extremitäten und Schwanz, die als Fallschirm dient. Körper und Flughaut sind reich behaart. Die Gebißformel ist wahrscheinlich $\frac{2}{3}\frac{1}{1}\frac{2}{2}\frac{3}{3}$, die Deutung der Eckzähne und vordersten Prämolaren unsicher. Die Schneidezähne sind kompreß, vielspitzig, die unteren kammförmig. Die Zunge ist lang. Der Uterus ist ein Uterus duplex, von Zitzen sind zwei brustständige Paare vorhanden. Die Placenta ist discoidal.

Die Tiere leben von Früchten und Blättern.

Fam. *Galeopithecidae*. Mit den Charakteren der Ordnung. *Galeopithecus volans* L., Fliegender Maki. Sundainseln, Hinterindien (Abb. 1132).

3. Ordnung. Chiroptera, Handflügler, Fledermäuse[1].

Monodelphe Säugetiere mit vollständig bezahntem Gebiß und großer, zu Flügeln entwickelter Flughaut zwischen den verlängerten Fingern der Hand, sowie zwischen Extremitäten und Seitenteilen des Rumpfes.

Abb. 1132. *Galeopithecus volans*. (Aus VOGT u. SPECHT.) $^{1}/_{5}$

Gegenüber einer Anzahl von Säugetieren (*Petaurus, Pteromys, Galeopithecus*), die sich einer seitlichen Flughaut als Fallschirm beim Sprunge bedienen, sind die Fledermäuse zu einem von dem des Vogels allerdings sehr verschiedenen Fluge befähigt durch eine weit größere und elastischere, größtenteils nackte Flughaut (Patagium), welche sich zwischen dem Rumpfe, den Extremitäten und den außerordentlich verlängerten Fingern ausspannt (Abb. 1133). Nur der stets bekrallte zweigliedrige Daumen der Hand sowie der ebenfalls mit Krallen bewaffnete Fußabschnitt der Hintergliedmaße bleiben von der Flughaut ausgeschlossen. Häufig verleihen die mächtig entwickelten Ohrmuscheln und kompliziert gebauten Nasenaufsätze dem Gesichte einen absonderlichen Ausdruck (Abb. 1134). Mit Ausnahme dieser Hautwucherungen sowie der dünnen elastischen Flughäute, welche mit jenen einen großen Reichtum an Nerven und ein feines Tastgefühl gemeinsam

---

[1] Außer PETERS, KEYSERLING u. BLASIUS, GROSSER, REDTEL, E. VAN BENEDEN, KOLMER vgl. LECHE, W.: Zur Kenntnis des Milchgebisses und der Zahnhomologie bei *Chiroptera*. Lunds Univ. Årsskr. 14 (1877). — DOBSON, G. E.: Catalogue of the *Chiroptera* in the Brit. Mus. London 1878. — ROBIN, H. A.: Recherches anatomiques sur les Mammifères de l'ordre des Chiroptères. Ann. des Sci. natur. 1881. — WINGE, H.: Jordfundne og nulevende Flagermus (*Chiroptera*). E Museo Lundi 1892. — ALLEN, H.: A monograph of the Bats of North America. Bull. U. S. Nat. Mus. 1893. — MILLER, G. S.: The families and genera of Bats. Bull. U. S. Nat. Mus. Washington 1907. — ANDERSEN, K.: Catalogue of the *Chiroptera* in the Collections of the British Museum. 2. Aufl. 1. London 1912. — O. PORSCH: Crescentia — eine Fledermausblume. Österr. Botan. Zeitschr. 80.

haben, ist die Oberfläche des Körpers mit weichen dichtgestellten Haaren bedeckt, deren Rindenlage tütenartige vorspringende Schüppchen bildet. Größere Hautdrüsen mit stark, oft widerlich riechendem Secrete sind allgemein verbreitet (z. B. Gesichtsdrüse, Nackendrüse). Das leichtgebaute Knochengerüst (Abb. 1133) zeichnet sich sowohl durch Festigkeit des Brustkorbes (an dem der Besitz einer Crista sterni, die Verknöcherung der Sternocostalknorpel an die Vögel erinnern), als durch die Länge des Kreuzbeins, mit dem auch die Sitzbeine verwachsen können, aus. Ober- und Unterschenkel bleiben im Gegensatze zu dem verlängerten Arm kurz, der fünfzehige Fuß läuft am Fersenbeine in einen spornartigen Fortsatz (Calcar) aus, welcher zur Anspannung der Schenkel- und Schwanzflughaut dient. Unter den Sinnesorganen bleiben die Augen meist sehr klein. Bemerkenswert für das Auge der *Megachiroptera* sind Kegelbildungen, aus Chorioidealgewebe und Pigmentepithel aufgebaut, die radiär angeordnet die Retina papillenförmig er-

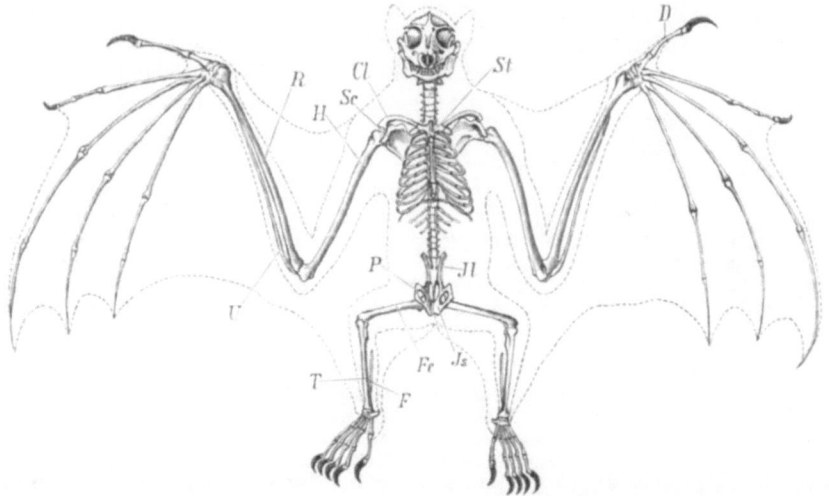

Abb. 1133. Skelet von *Pteropus*. (Nach OWEN, wenig verändert.) $^1/_7$. *St* Sternum, *Cl* Clavicula, *Sc* Scapula *H* Humerus, *R* Radius, *U* Ulna, *D* Daumen, *Jl* Os ilium, *P* Os pubis, *Js* Os ischii, *Fe* Femur, *T* Tibia, *F* Fibula.

heben und durchbohren. Gehör und Gefühl erscheinen bei der nächtlichen Lebensweise von hervorragender Bedeutung. Geblendete Fledermäuse vermögen, wie schon SPALLANZANI wußte, beim Fluge mit großem Geschicke allen Hindernissen auszuweichen.

Im Gebisse erinnert die Form der Zähne bei den insectenfressenden Fledermäusen an jene der Insectivoren; bei den frugivoren Chiropteren sind die sonst scharfen Höcker der Backenzähne stumpfer. Die oberen Schneidezähne stets wenig zahlreich. Das Milchgebiß zeichnet sich durch hakig gebogene spitze Zähne aus, mittels welcher sich das Junge an der Zitze des Muttertieres festhält. Der Uterus ist doppelt, zweihörnig oder einfach, die Placenta discoidal. Die Zitzen sind in einem brustständigen Paar vorhanden.

Die Fledermäuse sind in der Regel kleinere Nachttiere und nähren sich meist von Insecten; unter den außereuropäischen Arten gibt es einige (*Desmodus*), die auch Vögel und Säugetiere angreifen und deren Blut saugen, andere leben von Früchten. Blumen besuchende Chiropteren (*Macroglossus, Glossophaga*) vermitteln die Blumenbestäubung. Viele verfallen in einen Winterschlaf. Sie bringen meist nur ein Junges zur Welt und tragen dasselbe auch während des Fluges mit sich umher.

1. Unterordnung. *Megachiroptera*. Mit gestrecktem, hundähnlichem Kopf, kleinen Ohren und großen Augen, Schwanz rudimentär oder fehlend. Außer dem Daumen trägt der dreigliedrige Zeigefinger eine Kralle (Abb. 1133). Das Gebiß besitzt vier oder zwei oft ausfallende Schneidezähne, einen Eckzahn und vier bis sechs Backenzähne mit platter, stumpfhöckeriger Krone. Die kleinen Zwischenkiefer bleiben in Verbindung untereinander. Die Zunge ist mit zahlreichen rückwärts gerichteten Hornstacheln besetzt. Bewohnen die Wälder der heißen Gegenden Afrikas, Ostindiens und Australiens und sind frugivor. Viele werden ihres wohlschmeckenden Fleisches halber gegessen.

Fam. *Pteropodidae*. Mit den Charakteren der Unterordnung. *Pteropus vampyrus* L. (*edulis* E. GEOFFR.), Kalong, Fliegender Hund. Gebiß: $\frac{2\ 1\ 3\ 2}{2\ 1\ 3\ 3}$. Indo-australischer Archipel. *Roussettus aegyptiacus* E. GEOFFR. Ägypten. *Nyctimene (Harpyia) cephalotes* PALL. Mollukken. *Macroglossus (Kiodotus, Carponycteris) minimus* E. GEOFFR. Vorderindien bis Australien.

2. Unterordnung. *Microchiroptera*. Mit kurzer Schnauze, großen Ohrmuscheln und kleinen Augen. Nur der Daumen trägt eine Kralle. Backenzähne spitzhöckerig, mit Querjochen. Die Zwischenkiefer sind klein, durch eine Spalte median getrennt oder fehlen. Leben von Insecten, zuweilen auch von Früchten. Wenige saugen Blut.

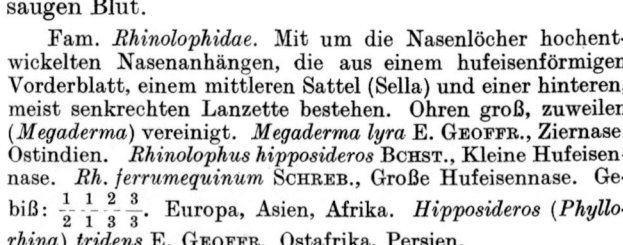

Fam. *Rhinolophidae*. Mit um die Nasenlöcher hochentwickelten Nasenanhängen, die aus einem hufeisenförmigen Vorderblatt, einem mittleren Sattel (Sella) und einer hinteren, meist senkrechten Lanzette bestehen. Ohren groß, zuweilen (*Megaderma*) vereinigt. *Megaderma lyra* E. GEOFFR., Ziernase. Ostindien. *Rhinolophus hipposideros* BCHST., Kleine Hufeisennase. *Rh. ferrumequinum* SCHREB., Große Hufeisennase. Gebiß: $\frac{1\ 1\ 2\ 3}{2\ 1\ 3\ 3}$. Europa, Asien, Afrika. *Hipposideros (Phyllorhina) tridens* E. GEOFFR. Ostafrika, Persien.

Abb. 1134. Kopf von *Vampyrus spectrum* (aus règne animal). $^1/_2$

Fam. *Phyllostomatidae*. Nase mit medianem Hautanhang. Ohrmuschel mäßig groß, mit Lappen (Tragus) am basalen Innenrande. Mittelfinger mit drei Phalangen. *Phyllostoma hastatum* PALL. Brasilien. *Vampyrus spectrum* L., Vampyr. Centralamerika (Abb. 1134). *Desmodus rotundus* E. GEOFFR. (*rufus* WIED), blutsaugend. Central- und Südamerika. *Glossophaga soricina* PALL. Mittelamerika.

Fam. *Emballonuridae*. Nasenlöcher ohne Hautanhänge. Ohren groß, mit kleinem Tragus. Schwanz meist kurz, zum Teil frei vorragend. *Emballonura monticola* TEMM. Indomalaiische Inseln. *Taphozous perforatus* E. GEOFFR. Ägypten. *Rhinopoma microphyllum* E. GEOFFR. Schwanz lang. Ägypten, Ostindien. *Molossus rufus* E. GEOFFR. Trop. Amerika. *Chiromeles torquatus* HORSF., Nacktfledermaus. Haut fast nackt. Eine tiefe Tasche unterhalb der Achselhöhle zur Aufnahme des Jungen. Große Sundainseln.

Fam. *Vespertilionidae*. Nasenlöcher ohne Hautanhänge. Ohren mäßig groß, mit Tragus. Schwanz lang. *Plecotus auritus* L., Ohrenfledermaus. *Barbastella (Synotus) barbastellus* SCHREB., Mopsfledermaus. Europa, Asien, Nordafrika. *Vespertilio murinus* L. Europa, Ostasien. *Eptesicus (Vesperugo) serotinus* SCHREB., Spätfliegende Fledermaus. *Pterygistes noctula* SCHREB., Frühfliegende Fledermaus. Europa, Asien, Afrika. *Pipistrellus pipistrellus* SCHREB., Zwergfledermaus. Europa, Nordasien. *Myotis myotis* BCHST., Gemeine Fledermaus. Gebiß: $\frac{2\ 1\ 3\ 3}{3\ 1\ 3\ 3}$. Europa, Nordafrika, Asien. *Miniopterus schreibersi* NATT. Südeuropa, Afrika bis Australien.

4. Ordnung. Rodentia (Glires), Nagetiere[1].

Kleine monodelphe Säugetiere mit bekrallten Zehen, mit $\frac{1}{1}$, selten $\frac{2}{1}$ zu Nagezähnen entwickelten Schneidezähnen, ohne Eckzähne, mit 3—6 schmelzfaltigen Backenzähnen.

---

[1] Außer BRANDT, THOMAS, SCHLOSSER, ADLOFF vgl. WATERHOUSE, G. R.: A natural history of the Mammalia. II. Rodentia. London 1848. — COUES, E. a. J. A. ALLEN: Mono-

Die Nagetiere bilden eine außerordentlich vielgestaltige, nach Aufenthalt und Bewegungsart überaus divergierende, in ihrem Bau aber sehr einheitliche wohlbegrenzte Säugergruppe, von welcher manche Typen über die ganze Erde verbreitet sind. Sie sind vorwiegend Sohlenläufer mit frei beweglichen Zehen, die meistens mit Krallen, nur wenige mit Kuppennägeln oder gar hufähnlichen Nägeln bewaffnet sind. Alle nähren sich von vegetabilischen, meist harten Stoffen, insbesondere Stengeln, Wurzeln, Körnern und Früchten, und nur wenige leben omnivor. Dieser Ernährungsart ist die Gestaltung des Gebisses angepaßt, welches einen der Arterhaltung besonders günstigen Typus zu repräsentieren scheint, der in ganz ähnlicher Form von Säugetieren verschiedener Gruppen (*Phascolomys, Chiromys, Procavia*) in konvergenter Entwicklung erworben wurde. Dasselbe (Abb. 1135) besitzt oben und unten zwei meißelförmige, etwas gekrümmte wurzellose Schneidezähne (*Simplicidentata*), hinter denen im Oberkiefer bei den *Duplicidentata* noch zwei kleinere Schneidezähne vorhanden sind. Während im letzteren Falle der Schmelz noch allseitig die Zähne überzieht, ist er bei den Simplicidentata auf die Vorderfläche beschränkt. Die hintere Fläche derselben nutzt sich daher durch den Gebrauch rasch ab, um so mehr, als die Einrichtung des schmalen, seitlich komprimierten Kiefergelenkes während des Kaugeschäftes die Verschiebung des Unterkiefers von hinten nach vorne notwendig macht. In dem Maße der Abnutzung schiebt sich der wurzellose, beständig wachsende Zahn vor. Die von den Schneidezähnen durch eine weite Lücke getrennten Backenzähne, indem Eckzähne stets fehlen, besitzen meist quergerichtete Schmelzfalten und nur im Falle omnivorer Lebensweise eine höckerige Oberfläche. Treten sie in Wirksamkeit, so zieht das Tier den Unterkiefer so weit zurück, daß die Reibung der Schneidezähne vermieden wird, schiebt aber beim Kauen, der Lage der Querleisten entsprechend, den Unterkiefer in der Longitudinalrichtung vor. Die Zahl der Prämolaren ist verschieden, manchen fehlen sie ganz und damit fällt zugleich der Zahnwechsel hinweg (*Muridae*). Molaren sind meist drei jederseits oben und unten vorhanden.

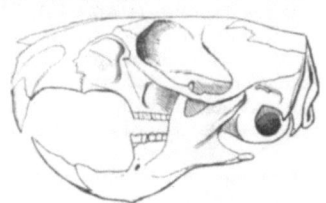

Abb. 1135. Schädel von *Cricetus cricetus*. (Nach GIEBEL, Bronns Klassen u. Ordnungen.)

Viele Nager äußern Kunsttriebe, indem sie Nester bauen, komplizierte Höhlungen und Wohnungen graben und Wintervorräte anhäufen. Häufig besitzen sie Backentaschen. Einige verfallen zur kalten Jahreszeit in einen tiefen Winterschlaf, andere stellen in großen Scharen Wanderungen an. Sie gebären zahlreiche Junge, einige in vier bis sechs Würfen des Jahres, und besitzen demgemäß eine große Zahl von Bauch- und Brustzitzen. Uterus meist ein Uterus duplex, Fruchtkuchen scheibenförmig.

1. Unterordnung. *Duplicidentata* (*Lagomorpha*). Im Oberkiefer hinter den Nagezähnen ein zweites kleineres Paar. Schneidezähne an der ganzen Oberfläche von Schmelz bedeckt. Backenzähne wurzellos.

Fam. *Ochotonidae*. Kleine Nager mit kurzen Ohren, ohne äußeren Schwanz. Vorder- und Hinterbeine fast gleich groß. *Ochotona* (*Lagomys*) *pusillus* PALL., Zwergpfeifhase. Südosteuropa. *O. alpinus* PALL., Alpenpfeifhase. Gebirge Sibiriens.

---

graph of North-American Rodentia. U. S. Geol. Surv. 11. Washington 1877. — SELENKA, E.: Studien zur Entwicklungsgeschichte der Tiere 1, 3. Wiesbaden 1883—1884. — WINGE, H.: Jordfundne og nulevende Gnavere (Rodentia). Kjöbenhavn 1887. — DUVAL, M.: Le placenta des Rongeurs. J. Anat. et Physiol. Paris 1889—1892. — FLEISCHMANN, A.: Embryologische Untersuchungen. H. 2 u. 3. Wiesbaden 1891, 1893. — TULLBERG, T.: Über das System der Nagetiere. Upsala 1899.

Fam. *Leporidae.* Mit langen Ohren und kurzem Schwanz. Hinterbeine verlängert. Gebiß: $\frac{2\ 0\ 3\ 3}{1\ 0\ 2\ 3}$. *Lepus europaeus* PALL. (*timidus* SCHREB.), Feldhase. Süd- und Mitteleuropa, Westasien. *L. timidus* L. (*variabilis* PALL.), Schneehase. Nordeuropa, Nordasien, Alpen, Pyrenäen, Kaukasus. *Cuniculus (Oryctolagus) cuniculus* L., europäisches Kaninchen. Südwesteuropa, Nordafrika.

2. Unterordnung. *Simplicidentata.* Im Oberkiefer nur zwei Nagezähne. Schneidezähne bloß an der Vorderseite mit Schmelz überzogen. Backenzähne wurzellos oder mit Wurzel.

1. Sektion. *Sciuromorpha.* Frontale mit oder ohne Postorbitalfortsatz. Jochbogen zart, hauptsächlich durch das Jugale gebildet. Der Processus angularis des Unterkiefers geht vom Unterrand des letzteren ab.

Fam. *Aplodontiidae.* Backenzähne wurzellos. Postorbitalfortsatz fehlt. Führen eine grabende Lebensweise. *Aplodontia (Haplodon) rufa* RAF. Nordamerika.

Fam. *Sciuridae.* Auf Bäumen, seltener auf dem Erdboden in selbstgegrabenen Höhlen lebende Nager mit cylindrischem, behaartem Schwanz. Postorbitalfortsatz vorhanden. Backenzähne mit Wurzeln. Gebiß: $\frac{1\ 0\ 2-1\ 3}{1\ 0\ 1\ 3}$. *Sciurus vulgaris* L., Eichhörnchen. Europa, Nordasien. Die sibirische Varietät als Feh bezeichnet. *Eutamias asiaticus* GM., Backenhörnchen. Nordasien. *Citellus (Spermophilus) citellus* L., Ziesel. Osteuropa. *Cynomys socialis* RAF. (*ludovicianus* ORD.), Präriehund. Nordamerika. *Marmota (Arctomys) marmota* L., Murmeltier. Hält einen langen Winterschlaf. Alpen, Pyrenäen, Karpathen. *M. bobac* PALL., Bobak, Steppenmurmeltier. Polen, Rußland, Mittelasien. *Sciuropterus (Pteromys) russicus* TIEDEM. (*volans* L.), Flughörnchen. Mit Flughaut. Sibirien, Osteuropa.

Fam. *Castoridae.* Große plumpe Nager mit plattem, beschupptem Schwanz. Hinterfüße mit Schwimmhaut. Postorbitalfortsatz fehlt. Backenzähne wurzellos, mit queren Schmelzfalten. Zwei das Bibergeil (Castoreum) absondernde Drüsensäcke münden in die Vorhaut ein. Bekannt durch die Bauten. *Castor fiber* L., Biber. Europa, Asien. *C. canadensis* KUHL, amerikanischer Biber. Nordamerika.

Fam. *Geomyidae.* Am Erdboden lebende oder grabende Nager mit großen, außen an der Wange sich öffnenden behaarten Backentaschen. *Geomys bursarius* SHAW, Taschenmaus. Nordamerika.

Fam. *Anomaluridae.* Mit großem Infraorbitalkanal. Ohne Postorbitalfortsatz. *Anomalurus fraseri* WTRH. Mit seitlicher, durch einen Knorpelstab gestützter Flughautfalte. Schwanz ventral an der Basis mit großen Schuppen. Westafrika. Hier dürfte sich anschließen *Pedetes caffer* PALL., der Springhase, den Jaculiden ähnlich. Südafrika.

2. Sektion. *Myomorpha.* Postorbitalfortsatz fehlt. Jochbogen zierlich, das Jugale auf den langen Processus zygomaticus des Oberkiefers aufgestützt. Der Processus angularis des Unterkiefers geht vom Unterrande des letzteren ab.

Fam. *Gliridae (Myoxidae).* Zierliche baumlebende Nager mit langem, behaartem Schwanz und kurzen Füßen. Backenzähne mit Wurzeln. Am Darm fehlt das Coecum. Halten einen tiefen Winterschlaf. *Muscardinus avellanarius* L., Haselmaus. Mitteleuropa. *Glis (Myoxus) glis* BRISS., Siebenschläfer, Bilch. Europa, Westasien. *Eliomys quercinus* L. (*nitela* PALL.), Gartenschläfer. Mittel- und Südeuropa.

Fam. *Jaculidae (Dipodidae).* An der Erde lebende Nager mit kurzen Beinen oder mit sehr langen, zum Sprunge dienenden Hinterbeinen, an denen die verlängerten Mittelfußknochen meist zu einem Lauf verschmolzen sind, und mit mächtigem, meist bequastetem Springschwanz. *Sicista (Sminthus) subtilis* PALL. Westasien, Osteuropa. *Zapus hudsonius* ZIMM., Hüpfmaus. Nordamerika. *Alactaga saliens* GM. Asien, Südrußland. *Jaculus jaculus* L. (*Dipus aegyptius* HASSELQ.), Wüstenspringmaus. Nordostafrika, Arabien. *J. sagitta* PALL. Südrußland, Asien.

Fam. *Muridae.* Verschiedengestaltige, meist an der Erde lebende Nager. Gebiß: $\frac{1\ 0\ 0\ 3-2}{1\ 0\ 0\ 3-2}$ (Abb. 1135). Molaren mit Wurzeln oder wurzellos. Schwanz zuweilen kurz, meist dünn behaart und beschuppt. Magen zusammengesetzt, mit Hornschicht (Abb. 124c). *Cricetus cricetus* L., Hamster. Mit großen inneren Backentaschen. Baut unterirdische Gänge und Kammern, in denen er Wintervorräte anhäuft, und hält einen kurzen Winterschlaf. Wird Getreidefeldern sehr schädlich. *Evotomys hercynicus* MEHL. (*glareolus* SCHREB.), Waldwühlmaus. *Microtus (Arvicola) arvalis* PALL., Feldmaus. Mitteleuropa. *M. agrestis* L., Erdmaus. Nord- und Mitteleuropa. *Arvicola scherman* SHAW, Große Wühlmaus, Wasserratte, Schermaus. Wirft Erdhaufen wie der Maulwurf auf. Mitteleuropa. *A. amphibius* L. Großbritannien. *Fiber zibethicus* L., Bisamratte, Ondatra. Nordamerika. In Böhmen angesiedelt und von dort aus weit in Mitteleuropa verbreitet. *Lemmus (Myodes) lemmus* L., Lemming. Bekannt durch die Wanderungen, welche diese Tiere in ungeheuren Scharen vor dem Ausbruch der Kälte unternehmen. Arkt. Europa, Asien, Grönland. *Acomys cahirinus* E. Geoffroy, Stachelmaus. Ägypten, Palästina. *Cricetomys gambianus* Wtrh., Hamsterratte. Trop. Afrika. *Mus musculus* L., Hausmaus. Kosmopolit. *M. spicilegus* Petenyi, östliche Hausmaus. Ost- und Südeuropa. *M. sylvaticus* L., Waldmaus. Europa, Westasien. *Micromys agrarius* Pall., Brandmaus. *M. minutus* Pall., Zwergmaus. Europa bis Sibirien. *Epimys rattus* L., Hausratte. Erst im Mittelalter aus Westasien in Europa eingewandert, gegenwärtig von der Wanderratte verdrängt. Kosmopolit. *E. norwegicus* Erxl. (*decumanus* Pall.), Wanderratte. Über die ganze Erde verbreitet, aus Westasien stammend. *Hydromys chrysogaster* E. Geoffr., Schwimmratte. Australien. Hier schließt sich an *Spalax typhlus* Pall., Blindmaus. Maulwurfähnlich, Augen klein, von der Haut bedeckt. Schwanz fehlt. Südosteuropa, Westasien.

3. Sektion. *Hystricomorpha*. Postorbitalfortsatz fehlt. Jochbogen und Jugale stark. Der Processus angularis des Unterkiefers geht von der Seitenwand des letzteren ab. Gebiß: $\frac{1\ 0\ 1\ 3}{1\ 0\ 1\ 3}$.

Fam. *Bathyergidae*. Der plumpe Körper mit stummelförmigem Schwanz. Augen und Ohren klein. Leben nach Art der Maulwürfe. *Bathyergus maritimus* Gm. *Georhynchus capensis* Pall., Erdgräber. Südafrika. *Heterocephalus glaber* Rüpp., Nacktmull. Äußere Ohren fehlen. Körper mit allenthalben verstreuten Spürhaaren, sonst nackt. Südabessinien, Schoa.

Fam. *Octodontidae*, Trugratten, Schrotmäuse. In ihrer Körpergestalt an Ratten erinnernd. Zehen mit starken Krallen. Backenzähne wurzellos. *Octodon degus* Mol., Strauchratte. Chile, Peru. *Myocastor* (*Myopotamus*) *coypus* Mol., Sumpfbiber, Nutria, Koypu. Brasilien bis Patagonien.

Fam. *Hystricidae*. Plumpe, gedrungene Nager mit kurzer stumpfer Schnauze und dorsalem Stachelkleid. Schwanz kein Greifschwanz. Fußsohlen nackt. Grabende nächtliche Tiere. *Hystrix cristata* L., Stachelschwein. Stacheln des Schwanzes abgestutzt. Südeuropa, Nordafrika, Kleinasien. *Atherura macroura* L. Cochinchina, Malakka.

Abb. 1136. *Agouti* (*Coelogenys*) *paca* (aus règne animal). 1/10

Fam. *Coëndidae*, Kletterstachler. Plumpe Nager mit dorsalem Stachelkleid, Schwanz meist ein Greifschwanz. Fußsohle behaart. Leben auf Bäumen. *Erethizon dorsatus* L. Nordamerika. *Coëndu* (*Cercolabes*) *prehensilis* L., Kuandu. Südamerika.

Fam. *Viscaciidae* (*Chinchillidae*). An der Erde lebende Nager mit verlängerten Hintergliedmaßen, langem, buschigem Schwanz und weichem Pelz. Backenzähne wurzellos, lamellär. *Viscacia viscacia* Mol. (*Lagostomus trichodactylus* Brook.), Viskatscha, Pampashase. Argentinien. *Lagidium peruanum* Meyen, Hasenmaus. Peru, Chile. *Chinchilla* (*Eriomys*) *lanigera* Mol., Wollmaus. *Ch. brevicaudata* Wtrh., Chinchilla. Liefert das kostbare Chinchillenpelzwerk. Kordilleren.

Fam. *Caviidae* (*Subungulata*). Die Füße enden vorn meist mit vier, hinten mit drei Zehen, welche hufähnliche Nägel tragen. Fußsohlen nackt. Schwanz kurz. *Dolichotis patagonica* Shaw, Mara. Patagonien. *Dasyprocta aguti* L., Aguti, Goldhase. Guiana, Nordbrasilien. *Agouti* (*Coelogenys*) *paca* L., Paka. Central- und Südamerika (Abb. 1136). *Cavia cutleri* Benn. Peru. Stammform des zahmen Meerschweinchens. *C. aperea* Erxl., Aperea. Südbrasilien. *Hydrochoerus capybara* Erxl., Wasserschwein. Füße mit kurzer Schwimmhaut. Größtes lebendes Nagetier. Nordöstl. Südamerika.

5. Ordnung. **Pholidota**[1].

Monodelphe Säugetiere, zahnlos. Körper mit großen Schuppen bekleidet. Die Füße mit starken Scharrkrallen.

---

[1] v. Rapp, W.: Anatomische Untersuchungen über die Edentaten. Tübingen 1852. — Flower, W. H.: On the mutual Affinities of the Animals composing the order Edentata. Proc. Zool. Soc. London **1882**. — Weber, M.: Beiträge zur Anatomie und Entwicklung des Genus *Manis*. Webers zool. Erg. einer Reise in Niederländisch-Ostindien. II. Leyden 1892. — Vgl. ferner die Arbeiten von Turner, Hochstetter, Jentink, Pocock u. a.

Die *Pholidota* wurden früher mit den *Tubulidentata* in einer Ordnung *Edentata Nomarthra* vereinigt, bis nähere Kenntnis eine gemeinsame Abstammung dieser Formen als unerwiesen ergab.

Der Körper der *Pholidota* wird von dachziegelartig angeordneten Hornschuppen bedeckt (Abb. 1137). Haare finden sich nur an den schuppenfreien Teilen der Haut. Vorder- und Hinterbeine enden mit starken Scharrkrallen. Ein Gebiß fehlt. Bei Embryonen findet sich eine rudimentäre Zahnleiste (?). Die Mundöffnung ist eng, die Zunge wurmförmig. Der Magen wird von einer Hornhaut, im Pylorusteil in manchen Fällen von Hornzähnen bekleidet. Auge und äußeres Ohr sind auffallend klein. Zitzen achselständig. Der Uterus ist ein Uterus bicornis, die Placenta diffus und adeciduat. Die Pholidota nähren sich von Ameisen und Termiten und sind meist gute Kletterer.

Abb. 1137. Kopf von *Manis temmincki*, Zunge vorgestreckt. (Aus BREHM.) $1/8$

Fam. *Manidae*, Schuppentiere. Mit den Charakteren der Ordnung. *Manis pentadactyla* L. Vorderindien, Ceylon. *M. tetradactyla* L. *M. gigantea* ILL. Westafrika. *M. temmincki* SMUTS, Steppenschuppentier. Süd- und Ostafrika (Abb. 1137). *M. javanica* DESM. Hinterindien, Sundainseln.

6. Ordnung. Edentata Xenarthra[1].

Monodelphe Säugetiere mit schmelzlosen wurzellosen gleichartigen Zähnen oder zahnlos. Letzte Brust- und Lendenwirbel mit accessorischen Gelenkfortsätzen. Füße mit kräftigen Krallen.

Diese früher mit den Edentata Nomarthra (*Pholidota, Tubulidentata*) als *Edentata* vereinigte Säugetierordnung umfaßt nach Lebensweise und Körpergestalt divergierende Formen, die jedoch im Bau große Einheitlichkeit zeigen.

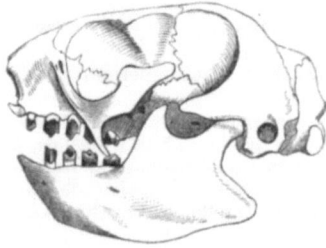

Abb. 1138. Schädel von *Scaeopus torquatus*.

Die Körperbedeckung ist entweder ein langes dichtes Haarkleid oder besteht aus Knochentafeln der Unterhaut, welche sich auf dem Rücken in beweglichen Gürteln anordnen (Abb. 1139); denselben entsprechen Hornschuppen der Oberhaut, während das Haarkleid zurücktritt. Die Füße enden mit Sichel- oder Scharrkrallen. Der Schädel ist meist lang, bei den *Bradypodiden* kurz und besitzt nur bei den *Dasypodiden* einen vollständigen Jochbogen. Am Jochbein der *Bradypodiden* ist das Vorkommen eines absteigenden Fortsatzes bemerkenswert (Abb. 1138). Lenden- und hintere Brustwirbel weisen außer der normalen Ver-

---

[1] Außer RAPP, FLOWER, BURMEISTER, OWEN, AMEGHINO, LYDEKKER, HYRTL, v. JHERING, ANTHONY, HOCHSTETTER, POCOCK, TURNER, FORBES vgl. MACALISTER, A.: A monograph of the anatomy of *Chlamydophorus*. Trans. Irish Acad. 25 (1873). — POUCHET, G.: Mémoire sur le grand fourmilier (*Myrmecophaga jubata*). Paris 1874. — MURIE, J.: On the habits, structure and relation of the threebanded Armadillo. Trans. Linnean Soc. London 1875. — RÖMER, F.: Über den Bau und die Entwicklung des Panzers der Gürteltiere. Jena. Z. Naturwiss. 27 (1892). — FERNANDEZ, M.: Beiträge zur Embryologie der Gürteltiere. Morph. Jb. 39 (1909). — Die Entwicklung der Mulita. Rev. del Mus. de La Plata 21 (1915). — NEWMAN, H. H. a. J. T. PATTERSON: The development of the ninebanded Armadillo etc. J. Morph. a. Physiol. 21 (1910). — PATTERSON, J. T.: Polyembryonic development in *Tatusia novemcincta*. Ebenda 24 (1913). — KAUDERN, W.: Studien über die männlichen Geschlechtsorgane von Edentaten. I. Xenarthra. Ark. Zool. Stockholm 9 (1915).

bindung noch eine weitere (xenarthrale) mittels accessorischer Gelenkfortsätze auf. Das Becken steht auch durch sein Os ischii mit den vorderen verwachsenen Schwanzwirbeln (pseudosacrale Wirbel) in Verbindung.

Das Gebiß besteht in der Regel aus gleichartig gestalteten, wurzellosen und des Schmelzes entbehrenden Zähnen. Mit Ausnahme von *Dasypus sexcinctus* fehlen überall die Schneidezähne. Ob die eckzahnartig entwickelten vordersten Zähne von *Choloepus* mit den Eckzähnen der übrigen Säuger zu vergleichen sind, erscheint unsicher. Das Milchgebiß ist meist unterdrückt, bis auf *Tatus*, bei dem ein Wechsel der vorderen Zähne stattfindet. Vollständig zahnlos sind die *Myrmecophagiden*. Die Zunge ist hier wurmförmig, auch bei den Gürteltieren langgestreckt. Durch Komplikation zeichnet sich der Magen der pflanzenfressenden Faultiere aus. Der Uterus ist ein Uterus simplex. Die Urogenitalöffnung führt in einen langen Urogenitalkanal, der als Vagina fungiert. Dieser führt zur Vagina, die durch eine Scheidewand teilweise, bei *Bradypus* vollständig in zwei Vaginalkanäle geschieden ist. Die Placenta ist discoidal, kuppel- oder gürtelförmig und deciduat. Zitzen meist brust- oder bauchständig. Bemerkenswert ist die bei *Tatus hybridus* und *T. novemcinctus* beobachtete Polyembryonie, d. h. die Ent-

Abb. 1139. *Tatus novemcinctus.* (Original G.) $1/5$

stehung mehrerer (7—12, bzw. 4) Embryonen durch Teilung aus einer Embryonalanlage, wobei sich alle Embryonen eines Wurfes als gleichweit entwickelt und gleichen Geschlechtes erweisen.

Die Ameisenbären sind Insectenfresser und halten sich auch auf Bäumen auf, die Gürteltiere sind omnivor und graben mit ihren mächtigen Scharrkrallen Erdhöhlen, die Faultiere nähren sich von Blättern und klettern vortrefflich. Alle sind träge, stumpfsinnige Tiere mit kleinem, der Windungen entbehrendem Gehirn und bewohnen ausschließlich Central- und Südamerika.

Fam. *Bradypodidae*, Faultiere. Mit kurzem, rundlichem Kopf. Vorderbeine sehr lang, Zähne $\frac{5}{4}$ (Abb. 1138). Die Körperbedeckung bildet ein langes, dürrem Heu ähnliches Haarkleid. Schwanz rudimentär. Leben ausschließlich auf Bäumen, auf denen sie sich mittels der Sichelkrallen hängend und anklammernd langsam bewegen. Auf dem Erdboden vermögen sie sich nur äußerst unbehilflich und schwerfällig hinzuschleppen. *Bradypus tridactylus* L., Ai, dreizehiges Faultier. Brasilien. *Scaeopus torquatus* ILL., Kragenfaultier. Südbrasilien, Peru. *Choloepus didactylus* L., Unau, zweizehiges Faultier. Nördl. Südamerika.

Fam. *Myrmecophagidae*, Ameisenbären. Körper behaart, Kopf verlängert, die Mundöffnung eng; aus derselben ist die lange wurmförmige, klebrige Zunge weit vorstreckbar. Kiefer schwach, zahnlos. Die Tiere besitzen kräftige Scharrkrallen an den Vorderbeinen. Leben von Ameisen und Termiten, die sie aus den aufgegrabenen Bauten mittels der klebrigen Zunge hervorholen. *Myrmecophaga tridactyla* L. (*jubata* L.), Großer Ameisenbär. *Tamandua tetradactyla* L. *Cyclopes* (*Cyclothurus*) *didactylus* L., Zwergameisenbär. Central- und Südamerika.

Fam. *Dasypodidae*, Gürteltiere, Armadille. Die Körperbedeckung besteht aus Cutisknochen, denen Schuppen der Epidermis entsprechen, während die Behaarung zurücktritt. Die Hautskeletplatten bilden gewöhnlich an der Dorsalseite des Kopfes ein besonderes

Kopfschild, auf dem Rücken ein Schulter- und Kreuzschild, zwischen denselben bewegliche Rückengürtel. Auch der Schwanz ist mit Skeletplatten bedeckt. Die kurzen Extremitäten enden mit kräftigen Scharrkrallen. Zähne zahlreich, stiftförmig, mindestens $\frac{7}{7}$.

Die Gürteltiere sind nächtliche omnivore Tiere, welche sich eingraben. Manche besitzen die Fähigkeit, sich zusammenzukugeln. *Tatus (Tatusia) novemcinctus* L., langgeschwänzter Tatu. Von Texas bis Paraguay (Abb. 1139). *T. hybridus* DESM. *Dasypus (Euphractus) sexcinctus* L. Südamerika. *D. (Chaetophractus) villosus* DESM. Argentinien. *Priodontes giganteus* E. GEOFFR., Riesengürteltier. Mit im ganzen gegen 100 Zähnen. Südamerika. *Chlamydophorus truncatus* HARL., Schildwurf. Der die Skeletplatten tragende Teil der Rückenhaut bildet einen nur in der Mittellinie des Rückens befestigten freien Schild. Westargentinien.

7. Ordnung. Tubulidentata[1].

Monodelphe Säugetiere mit reduziertem, aus schmelzlosen wurzellosen Backenzähnen von röhriger Struktur bestehendem Gebiß. Körper behaart, Finger und Zehen mit hufähnlichen Scharrkrallen.

Die *Tubulidentata* wurden früher mit den *Pholidota* als *Edentata Nomarthra* zusammengefaßt. Eingehendere Kenntnis ihres Baues hat jedoch weitgehende Ver-

Abb. 1140. *Orycteropus afer.* (Aus BREHM.) Etwa $^1/_{10}$.

schiedenheiten und Eigentümlichkeiten gezeigt, die nähere verwandtschaftliche Beziehungen ausschließen. Nach M. WEBER sind die *Tubulidentata* primitive Säuger und ihre Stammformen in primitiven Condylarthra zu suchen, aus denen weiter die Ungulaten hervorgegangen sind. Gegenwärtig reiht sie WEBER als besondere Ordnung an die Ungulaten an. Nach SONNTAG wären sie an die Hyracoidea unter den Ungulaten anzuschließen.

Der Körper der *Tubulidentata*, zu denen bloß die Gattung *Orycteropus* gehört, ist von einem spärlichen Haarkleide bedeckt (Abb. 1140). Der Kopf geht in eine röhrenförmige Schnauze aus. Die Füße endigen mit großen hufähnlichen Scharrkrallen. Die Bezahnung ist heterodont und besteht aus wurzel- und schmelzlosen säulenförmigen Backenzähnen von eigentümlicher röhriger Struktur (zahlreiche

---

[1] v. RAPP, W.: Anatomische Untersuchungen über die Edentaten. Tübingen 1852. — DUVERNOY: Mémoire sur les Orycteropes. Ann. des Sci. natur. **1853**. — FLOWER, W. H.: On the mutual Affinities of the Animals composing the order Edentata. Proc. Zool. Soc. London **1882**. — SONNTAG, CH.: A Monograph of *Orycteropus afer*. Ebenda **1925—1926**. — Vgl. ferner die Arbeiten von RÖSE, HYRTL, TURNER, THOMAS u. a.

Pulpapapillen im Dentin). Die Zahl der Zähne beträgt beim ausgewachsenen Tier 4—5, während 3—2 vordere, mehr griffelförmige Zähne hinfällig sind. Das Milchgebiß bleibt rudimentär. Die Mundöffnung ist eng, die Zunge schmal, riemenförmig. Das äußere Ohr ist auffallend groß. Der Uterus ist ein Uterus duplex. Zitzen bauchständig und inguinal. Die Placenta ist zonar (ob adeciduat, ist nicht sicher bekannt). Die *Tubulidentata* nähren sich von Ameisen und Termiten.

Fam. *Orycteropodidae*. Mit den Charakteren der Ordnung. *Orycteropus afer* PALL. (*capensis* GM.), Erdferkel. Südafrika (Abb. 1140). *O. aethiopicus* SUND. Nordostafrika.

8. Ordnung. Carnivora (Ferae), Raubtiere[1].

Meist fleischfressende monodelphe Säugetiere mit Raubtiergebiß; Unterkiefer mit nur ginglymischer Bewegung. Schlüsselbein rudimentär oder fehlend; die fünf- und vierzehigen Füße mit Krallen.

Die Carnivoren bilden eine natürliche Ordnung der Säugetiere, deren scharfe Charakterisierung Schwierigkeiten bietet, die sich jedoch durch eine Summe gemeinsamer Eigentümlichkeiten als zusammengehörig erweisen. Alle sind mit Krallen an den Zehen bewaffnet. Das Gebiß (Abb. 1141) besteht aus kleinen Schneidezähnen, großen gekrümmten Eckzähnen und schneidenden Backenzähnen. Der walzenförmige Gelenkkopf des Unterkiefers gestattet nur eine einfache ginglymische Bewegung und schließt Seitenbewegungen aus. Das Schlüsselbein ist rudimentär oder fehlt. Die Zitzen liegen am Bauche. Der Uterus ist zweihörnig, die Placenta gürtelförmig. Die meisten Raubtiere

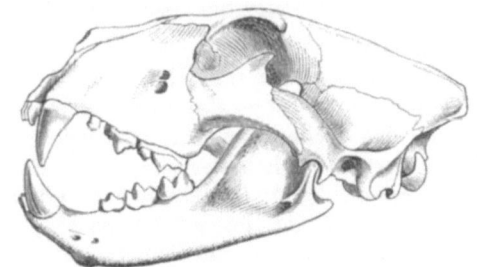

Abb. 1141. Schädel von *Felis leo*. Der obere kleine Molar nicht sichtbar.

nähren sich vom Fleische frisch getöteter Tiere, viele sind omnivor, manche leben vorwiegend von Vegetabilien.

1. Unterordnung. *Fissipedia*. Terrestre Raubtiere mit differierenden Backenzähnen, unter denen in jedem Kiefer einer als „Reißzahn" hervortritt, mit freien, stark bekrallten Zehen.

Die fissipeden Raubtiere sind vor allem durch ihr Gebiß ausgezeichnet. Es (Abb. 1141) besteht aus Wurzelzähnen und enthält alle drei Zahnarten, zunächst oben und in der Regel auch unten drei einwurzelige kleine Schneidezähne, zu deren Seiten einen mächtigen spitzen Eckzahn, sodann eine Anzahl von Backenzähnen, die in *Lückenzähne* (*Dentes spurii*), einen meist durch Größe hervortretenden *Reißzahn* (*D. sectorius*) und in *Höckerzähne* (*D. molares*) unterschieden werden. Die Differenzierung des Gebisses ist auf die Ausbildung eines einzigen großen und wirksamen Reißzahnes (Abb. 1110a) gerichtet, während die übrigen Molaren eine

---

[1] GRAY, J. E.: Catalogue of Carnivorous, Pachydermatous and Edentate Mammalia in Brit. Mus. London 1869. — MIVART, G.: A Monograph of the Canidae. London 1890. — LYDEKKER, R.: Handbook to the Carnivora. I. London 1895. — WINGE, H.: Jordfundne og nulevende Rovdyr (Carnivora). E Museo Lundi. Kjøbenhavn 1895. — FLEISCHMANN, A.: Embryologische Untersuchungen. I. Wiesbaden 1889. — MURIE, J.: Researches upon the Anatomy of the Pinnipedia. I—III. Trans. Zool. Soc. London 7—8 (1870—1874). — ALLEN, J. A.: History of North American Pinnipeds. U. S. Geol. a. Geogr. Surv. Washington 1880. — TURNER, W.: Report on the Seals. Challenger Rep. **26** (1888). — BROMAN, J.: Untersuchungen über die Embryonalentwicklung der Pinnipedia. Deutsche Südpolar-Exp. **11** (1910); **16** (1921). — Vgl. ferner die Schriften von KÜKENTHAL, P. J. VAN BENEDEN, FLOWER, SCHEIDT u. a.

fortschreitende Reduction in Zusammensetzung und Zahl erfuhren. Die Lückenzähne sind sämtlich Prämolaren, der Reißzahn des Oberkiefers entspricht dem hintersten Prämolaren, dagegen ist der untere Reißzahn der vorderste Molar. Im Milchgebiß ist der nächst vorliegende Zahn, somit $\frac{P_3}{P_4}$, Reißzahn. Am schwächsten erweisen sich die scharfkantigen und komprimierten Lückenzähne. Die mehrwurzeligen Höckerzähne besitzen stumpfhöckerige Kronen und variieren in Größe und Zahl. Aus einem Gebiß $\frac{3\ 1\ 4\ 3}{3\ 1\ 4\ 3}$ ohne Reißzähne, wie es die fossilen *Creodontien*, die Stammformen der Carnivoren, zeigen, geht infolge Reduktion des dritten oberen Molars ein Gebiß $\frac{3\ 1\ 4\ 2}{3\ 1\ 4\ 3}$, wie es Bären und Caniden zukommt, hervor. Bei den Viverriden fehlt auch der dritte untere Molar. Nun reduzieren sich aber auch Prämolaren, indem zunächst der erste Prämolar des Unterkiefers, dann auch der entsprechende des Oberkiefers ausfällt, während die zurückgebliebenen Molaren von hinten nach vorne in der Rückbildung weiter vorschreiten. So erhalten wir schließlich bei den Felidae ein Gebiß von der Zusammensetzung $\frac{3\ 1\ 3\ 1}{3\ 1\ 2\ 1}$. Auch die Schneidezähne können um einen vermindert sein (*Latax*, *Melursus*).

Die äußere Form des Schädels in Verbindung mit der größeren oder geringeren Kieferlänge, der hohe Kamm des Schädels zum Ansatze und die mächtige Krümmung des Jochbogens zum Durchgange der kräftigen Beißmuskeln, die quere Gelenkgrube des Schläfenbeins sowie der walzenförmige Gelenkkopf des Unterkiefers, welcher nur eine einfache ginglymische Bewegung gestattet, erweisen sich den Einrichtungen des Gebisses parallel. Die Schläfengrube steht mit der Orbita in weiter Verbindung, ein Orbitalring fehlt meist.

Die vorderen Extremitäten enden meist mit fünf, die hinteren mit vier freien Zehen, welche mit starken Krallen bewaffnet sind und an den Vordergliedmaßen auch zum Ergreifen der Nahrung gebraucht werden. Zuweilen (*Felidae*, *Viverridae*) sind die Krallen einziehbar. Nur wenige, wie die Bären, sind Sohlengänger, indem sie mit der ganzen Sohle des Fußes den Boden berühren, andere, wie die Zibetkatzen, treten nur mit dem vorderen Teile der Sohlen, den Zehen nebst Mittelfuß auf und sind Halbsohlengänger; die behendesten Raubtiere dagegen, wie die Hunde und Katzen, sind Zehenläufer (Abb. 1104). Den meisten fissipeden Raubtieren kommen Analdrüsen zu, welche einen intensiven Geruch verbreiten. Die Jungen werden in unvollkommenem Zustande geboren.

Die Raubtiere zeichnen sich durch Kraft, Beweglichkeit und scharfe Sinnesorgane aus. Sie leben vornehmlich von Fleisch und Blut warmblütiger Tiere, die sie überfallen und töten, einige (*Ursidae*, *Procyonidae*) sind omnivor, die *Hyaenidae* besonders Aasfresser. Ihre Verbreitung erstreckt sich, Australien ausgenommen, über die ganze Erde.

1. Sektion. *Arctoidea*. Tympanicum schüsselförmig, die ganze Außenwand der Trommelhöhle bildend. Maxilloturbinale groß. Bulla tympani ohne Scheidewand. COWPERsche Drüsen fehlen. Penisknochen groß.

Fam. *Canidae*. Zehenläufer mit nicht zurückziehbaren Krallen der meist fünfzehigen Vorder- und vierzehigen Hinterfüße. Bulla tympani groß. Reißzahn groß. Darm mit Coecum. Meist mit Analdrüsen. *Canis lupus* L., Wolf. Gebiß: $\frac{3\ 1\ 4\ 2}{3\ 1\ 4\ 3}$. Europa, Asien, Nordamerika. Stammform der Haushunde. *C. latrans* SAY, Präriewolf, Coyote. Nordamerika. *C.* (*Lycalopex*) *thous* L. Südamerika. *C. aureus* L., Schakal. Südosteuropa, Asien, Nordafrika. *C. dingo* BLBCH., Wildhund Australiens, verwilderter Haushund. *C.* (*Vulpes*) *vulpes* L., Fuchs. Europa, Asien, Nordafrika. *C.* (*Alopex*) *lagopus* L., Eisfuchs, Blaufuchs, Polarfuchs. Arktische Regionen. *C.* (*Alopex*) *corsac* L. West- und Centralasien. *C.* (*Megalotis*) *zerda* ZIMM., Wüstenfuchs, Fennek. Nordafrika. *C. procyonoides* GRAY.

Marderhund. Japan, Nordchina. *Otocyon megalotis* DESM., Löffelhund. Süd- und Ostafrika.

Fam. *Ursidae*. Sohlengänger von plumper Körpergestalt mit gestreckter Schnauze und breiten Sohlen der fünfzehigen Füße. Schwanz sehr kurz. Bulla tympani klein. Darm ohne Coecum. Kein Reißzahn. Molaren stumpfhöckerig, langgestreckt. Gebiß: $\frac{3}{3} \frac{1}{1} \frac{4}{4} \frac{2}{3}$. *Ursus maritimus* ERXL., Eisbär. Arktisch. *U. arctos* L., Brauner Bär. Europa, Nordasien. *U. horribilis* ORD, Grizzlybär. Nordwestamerika. *U. americanus* PALL., Baribal. Nordamerika. *Melursus ursinus* SHAW (*labiatus* BLAINV.), Lippenbär. Lebt vornehmlich von Früchten und Honig. Ostindien, Ceylon.

Fam. *Procyonidae*, Kleinbären. Sohlengänger. Schwanz lang. Bulla tympani klein. Darm ohne Coecum. Reißzahn klein. Oben und unten nur zwei Molaren. *Ailurus fulgens* F. CUV. Himalaja. *Potos flavus* SCHREB. (*Cercoleptes caudivolvulus* PALL.), Wickelbär. Nördl. Süd- und Centralamerika. *Nasua rufa* DESM., Rüsselbär. Brasilien. *Procyon lotor* L., Waschbär. Pflegt die Nahrung ins Wasser zu tauchen. Nordamerika.

Fam. *Mustelidae*, Marder. Teils Sohlengänger, teils Halbsohlengänger von langgestrecktem Körper, mit niedrigen Beinen und fünfzehigen Füßen. Bulla tympani klein, Darm ohne Coecum. Reißzahn klein. Molaren $\frac{1}{2}$ oder $\frac{1}{1}$. Analdrüsen vorhanden. *Meles meles* L. (*taxus* BODD.), Dachs. Europa, Nordasien. *Zorilla striata* SHAW (*zorilla* ERXL.). Afrika. *Mephitis mephitis* SCHREB., Stinktier. Nordamerika. *Gulo gulo* L. (*borealis* NILSS.), Vielfraß. Arktisch. *Tayra (Galictis) barbara* L., Hyrare. Mittel- und Südamerika. *Mustela*

Abb. 1142. *Viverra civetta*. (Aus BRANDT u. RATZEBURG.) $^{1}/_{12}$

(*Martes*) *martes* L., Edelmarder. Europa, Nordasien. *M. zibellina* L., Zobel. Boreales Europa und Asien. *M. foina* ERXL., Steinmarder. Europa, Asien. *M. lutreola* L., Nerz. Nordosteuropa. *M. (Putorius) putorius* L., Iltis, Ratz. Mitteleuropa. Eine albinotische domestizierte Spielart des Iltis ist das Frettchen (*P. furo* L.). *M. nivalis* L. (*vulgaris* ERXL.), Wiesel. Europa, Nordasien. *M. erminea* L., Hermelin. Europa, Nord- und Mittelasien, Nordafrika. *Lutra lutra* L., Fischotter. Europa, Asien, Nordafrika. *Latax lutris* L. (*Enhydra marina* ERXL.), Seeotter. Küsten des nördl. Stillen Ozeans. Im Aussterben.

2. Sektion. *Herpestoidea*. Tympanicum ringförmig, nur einen Teil der Außenwand der Trommelhöhle bildend. Maxilloturbinale klein. Bulla tympani mit Scheidewand. COWPERsche Drüsen vorhanden. Coecum vorhanden. Penisknochen klein oder fehlend. Mit Analdrüsen.

Fam. *Viverridae*. Von langgestreckter, bald mehr den Katzen, bald mehr den Mardern ähnelnder Körperform, mit spitzer Schnauze und langem Schwanz. Die meist fünfzehigen Füße berühren bald mit der halben Sohle oder nur mit den Zehen, deren Krallen zurückziehbar oder nicht zurückziehbar sind, den Boden. *Viverra civetta* SCHREB., afrikanische Zibetkatze. Afrika (Abb. 1142). *V. zibetha* L., Zibetkatze. Südasien, China. Alle beide mit großen Drüsensäcken zwischen After und Geschlechtsteilen, die ein schmieriges, moschusartig riechendes Secret, das Zibet, liefern. *Genetta genetta* L., Genettkatze, Ginsterkatze. Südfrankreich, Spanien, Nordafrika. *Paradoxurus hermaphroditus* SCHREB. Südasien, Sumatra, Java. *Mungos (Herpestes) ichneumon* L., Ichneumon, Pharaonsratte, Manguste. Nordafrika, Südspanien, Kleinasien, Palästina. *M. mungo* GM. (*griseus* E. GEOFFR.), Mungos. Ostindien. *Cryptoprocta ferox* BENN. Madagaskar.

Fam. *Hyaenidae*. Hochbeinige Zehenläufer mit devexem Rücken, der eine Mähne trägt. Füße meist vierzehig, mit nicht zurückziehbaren, stumpfen Krallen. Gebiß: $\frac{3}{3} \frac{1}{1} \frac{4}{3} \frac{1}{1}$. *Crocotta (Hyaena) crocuta* ERXL., gefleckte Hyäne. Süd- und Ostafrika. *Hyaena hyaena* L.

(*striata* Zimm.), gestreifte Hyäne. Südwestasien, Nordafrika. *Proteles cristatus* Sparrm., Erdwolf. Südafrika.

Fam. *Felidae*. Zehengänger von schlankem, zum Sprunge befähigtem Körperbau, mit kurzen Kiefern. Gebiß: $\frac{3}{3}\frac{1}{1}\frac{3}{2}\frac{1}{1}$. Reißzahn und Eckzahn mächtig ausgebildet. Von den beiden Lückenzähnen bleibt der vordere des Oberkiefers verkümmert. Beim Gehen wird das letzte Zehenglied senkrecht aufgerichtet, so daß es den Boden nicht berührt und die Krallen vor Abnutzung gesichert bleiben. *Felis leo* L., Löwe. Afrika, Südwestasien. *F. tigris* L., Tiger. Asien. *F. concolor* L., Silberlöwe, Puma. Amerika. *F. onza* L., Jaguar. Südamerika bis Mexiko. *F. pardus* L., Leopard, Panther. Asien, Afrika. *F. serval* Schreb., Serval, Tigerkatze. Afrika. *F. pardalis* L., Pantherkatze, Ozelot. Amerika. *F. silvestris* Schreb. (*catus* L.), Wildkatze. Europa, Westasien. *F. ocreata* Gm. (*maniculata* Cretz.), Falbkatze. Afrika, Syrien, Arabien. Stammform der Hauskatze. Doch dürfte bei manchen Hauskatzen die europäische Wildkatze mit in Frage kommen. *Lynx lynx* L., Luchs. Nordeuropa, mitteleurop. Gebirge. Nordasien. *L. caracal* Güld., Wüstenluchs. Westasien. *Acinonyx (Cynailurus) jubatus* Schreb., Tschita, Jagdleopard, Gepard. Südwestasien.

2. Unterordnung. *Pinnipedia*. Wasserbewohnende Raubtiere mit uniformen Backenzähnen; mit Flossenfüßen, deren fünf Zehen durch eine Schwimmhaut verbunden sind und meist rudimentäre Nägel tragen.

Der Körper der Pinnipedien ist vollständig dem Wasserleben angepaßt, langgestreckt, spindelförmig, besitzt vier Flossenfüße und endet mit einem kurzen konischen Schwanz. Der Kopf bleibt im Verhältnisse zum Rumpf auffallend klein, von kugeliger Form, mit aufgewulsteten Lippen und entbehrt meist äußerer Ohrmuscheln. Die Oberfläche des Körpers ist in der Regel mit einer kurzen, aber dicht anliegenden glatten Haarbekleidung bedeckt. Die kurzen Extremitäten enden mit einer breiten Ruderflosse, zu welcher die fünf mit stumpfen oder scharfen Krallen bewaffneten Zehen durch eine Schwimmhaut verbunden sind. Beim Schwimmen wird das vordere Extremitätenpaar an den Leib angelegt und zur Ausführung seitlicher Wendungen auch als Steuer benutzt, während die nach hinten gerichteten Hinterfüße als Ruderflosse dienen.

Im Gebiß sind die Backenzähne gleichartig gebildet, ein Reißzahn fehlt, doch bestehen bei den Seehunden und Walrossen Verschiedenheiten in der Zahnform. Bei ersteren ist das Gebiß zu einem Fangorgan entwickelt, die Backenzähne sind kompreß und mit scharfen Zacken versehen (sekundäre Triconodontie); bei den Walrossen besitzen die Backenzähne flache Kronen. Das Milchgebiß ist rudimentär.

Die Robben nähren sich vorzugsweise von Fischen, die Walrosse von Seetang, Krebsen und Weichtieren, deren Schalen sie mittels der Backenzähne zertrümmern. Die Pinnipedien leben gesellig und sind an kälteren Küstengegenden beider Erdhälften verbreitet.

Fam. *Otariidae*. Die Hinterfüße können nach vorn gekehrt werden. Sohlenflächen nackt. Eine kleine Ohrmuschel vorhanden. *Eumetopias (Otaria) jubatus* Schreb., Seelöwe. Nordpaz. Ozean. *Arctocephalus ursinus* L., Seebär. Nördl. Still. Ozean. Liefert den echten wertvollen Sealskin.

Fam. *Odobenidae*. Die Hinterfüße können nach vorn gekehrt werden. Äußere Ohren fehlen. Die oberen Eckzähne sind große, wurzellose, nach unten gerichtete Hauer, die Backenzähne sind anfangs stumpf zugespitzt, schleifen sich aber allmählich ab und reduzieren sich später auf drei in jeder Kinnlade, wozu noch in der Oberkinnlade ein nach innen gerückter Schneidezahn kommt. *Odobenus (Trichechus) rosmarus* L., Walroß. Gebiß des jungen Tieres: $\frac{3}{3}\frac{1}{1}\frac{5}{4}$; im Alter: $\frac{1}{0}\frac{1}{1}\frac{3}{3}\frac{0}{0}$. Nördl. Atlant., Polarmeer.

Fam. *Phocidae*. Hinterfüße nach hinten gerichtet, nicht nach vorn kehrbar, die Bewegung am Lande erfolgt daher sprungweise mittels des Rumpfes. Äußeres Ohr fehlt. Hand- und Fußsohle behaart. *Cystophora cristata* Erxl., Klappmütze. Das Männchen vermag die Haut an der Nase aufzublasen. Arkt. Atlant. Ozean. *Macrorhinus leoninus* L., See-Elefant. Männchen mit kurzem Rüssel. Südsee, Antarkt. *Monachus albiventer* Bodd., Mönchsrobbe. Mittelmeer. *Halichoerus grypus* Nilss. Nordsee. *Phoca vitulina*, Seehund. Gebiß: $\frac{3}{2}\frac{1}{1}\frac{4}{4}\frac{1}{1}$. *P. groenlandica* Fabr. Nördl. Meere.

9. Ordnung. Cetacea, Wale[1].

Wasserbewohnende monodelphe Säugetiere mit spindelförmigem unbehaarten Leib, flossenähnlichen Vorderfüßen und horizontaler Schwanzflosse, mit geringen inneren Rudimenten hinterer Extremitäten.

Die Wale erscheinen so vollständig an das Wasserleben angepaßt, daß sie sich in Körpergestalt und Skeletgliederung der Fischform nähern (Abb. 1143, 1144). Einzelne Arten erlangen eine kolossale Körpergröße, wie sie nur das Wasser zu tragen und die See zu ernähren imstande ist. Ohne äußerlich sichtbaren Halsteil geht der Kopf in den walzigen Rumpf über, ebenso fehlt eine Sacralregion. Das Schwanzende bildet eine horizontale Hautflosse, zu der auf der Rückenfläche häufig noch eine Fettflosse hinzukommt. Die Haut ist glatt und drüsenlos; die Behaarung fehlt bei den größeren Formen so gut wie vollständig, indem sich hier nur in einigen Fällen an der Oberlippe zeitlebens oder wenigstens während der Foetalzeit (mit Ausnahme von *Monodon* und *Delphinapterus*) Borstenhaare finden. Horntuberkel treten zuweilen in der Gegend der Rückenflosse auf (*Phocaena*); sie werden gleichwie die auf der Rückenlinie von *Neophocaena* (*Neomeris*) phocae-

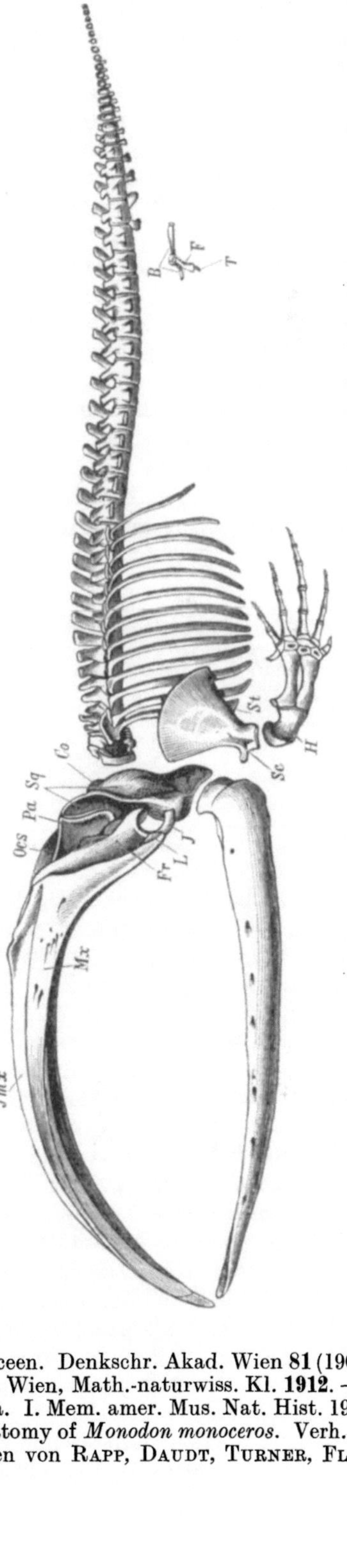

Abb. 1143. Skelet von *Balaena mysticetus*. (Nach Eschricht u. Reinhardt.) *Oes* Occipitale, *Co* Condylus occipitalis, *Sq* Squamosum, *Pa* Parietale, *Fr* Frontale, *Jmx* Intermaxillare, *Mx* Maxillare, *J* Jugale, *L* Lacrimale, *St* das bloß mit der ersten Rippe verbundene Sternum, *Sc* Scapula, *H* Humerus, *B* Becken, *F* Femur, *T* Tibiarudiment.

---

[1] Eschricht, D. F.: Zoologisch-anatomisch-physiologische Untersuchungen über die nordischen Waltiere. Leipzig 1849. — Eschricht, D. F. og J. Reinhardt: Om Nordhvalen. Kjöbenhavn 1861. — van Beneden, P. J. et P. Gervais: Ostéographie des Cétacés. Paris 1868—1880. — Weber, M.: Studien über Säugetiere. I. Beitrag zur Anatomie und Phylogenie der Cetaceen. Jena 1886. — Kükenthal, W.: Vergleichend-anatomische und entwicklungsgeschichtliche Untersuchungen an Waltieren. Jena 1889—1893. — Die Wale der Arktis. Fauna Arctica. I. Jena 1901. — Untersuchungen an Walen. Jena. Z. Naturwiss. **45** (1909); **51** (1914). — Zur Stammesgeschichte der Wale. Sitzgsber. preuß. Akad. Wiss., Physik.-math. Kl. Berlin 1922. — Guldberg, G. a. F. Nansen: On the Development and Structure of the Whale. I. Bergens Mus. Skrift. **5** (1894). — Abel, O.: Die Morphologie der Hüftbeinrudimente der Cetaceen. Denkschr. Akad. Wien 81 (1907). — Freund, L.: Walstudien. Sitzgsber. Akad. Wiss. Wien, Math.-naturwiss. Kl. **1912**. — Andrews, R. C.: Monographs of the Pacific Cetacea. I. Mem. amer. Mus. Nat. Hist. 1914. — Arendsen Hein, S. A.: Contributions to the Anatomy of *Monodon monoceros*. Verh. Akad. Amsterdam **1914**. — Vgl. außerdem die Schriften von Rapp, Daudt, Turner, Flower, Neuville u. a.

noides sich findenden Platten als Reste eines Hautpanzers betrachtet (KÜKENTHAL). Dagegen entwickelt sich in der dicken, mit großen Papillen versehenen Lederhaut, gewissermaßen als Ersatz des mangelnden Pelzes, eine mächtige Fettmasse, die sowohl als Wärmeschutz wie zur Erleichterung des specifischen Gewichtes dient und nur in der an den Papillarkörper grenzenden Schicht fehlt. An dem oft schnauzenförmig verlängerten Kopfe fehlen stets äußere Ohrmuscheln, die Augen sind auffallend klein und oft in die Nähe des Mundwinkels, die Nasenlöcher auf die Stirn gerückt. Die vorderen Extremitäten stellen kurze, äußerlich ungegliederte Ruderflossen dar, welche nur als Ganzes bewegt werden, die hinteren fehlen als äußere Anhänge gänzlich.

Der Schädel besitzt dem großen, oft schnabelförmig verlängerten Gesichtsteil gegenüber einen nur geringen Umfang und zeigt sich häufig asymmetrisch, vorherrschend rechtsseitig entwickelt; seine Knochen liegen, durch freie Schuppennähte gesondert, lose aneinander, die Parietalia erscheinen seitlich abgedrängt, das Felsenbein bleibt von den übrigen Teilen des Schläfenbeines isoliert. Die Nasenbeine erscheinen rudimentär. An der Wirbelsäule sind die Halswirbel verkürzt und die vordersten oder alle miteinander verwachsen. Eine Sacralregion ist nicht unterscheidbar. Bei den *Mystacoceti* hat nur die erste Rippe eine Verbindung mit einem Sternum. Von der hinteren Extremität finden sich fast stets Beckenrudi-

Abb. 1144. *Delphinus delphis* (aus règne animal). $^1/_{20}$

mente, wozu bei Bartenwalen noch ein Femur- und zuweilen ein Tibiarudiment hinzutritt. Die Vorderextremität stellt ein Ruder vor, dessen Skelet durch die unbeweglich verbundenen verkürzten Ober- und Unterarmknochen nebst Carpalia und Handknochen gebildet wird. Die Zahl der Phalangen ist vermehrt (Hyperphalangie). Eine Clavicula fehlt.

Die schnabelartig verlängerten Kiefer tragen entweder sehr zahlreiche konische, gleichartig gestaltete, als Fangzähne ausgebildete Wurzelzähne oder die Bezahnung erscheint in verschiedenem Maße bis zum völligen Schwund reduziert. Im letzteren Falle kommen die Zahnkeime noch im foetalen Leben zur Entwicklung, die aus ihnen entstandenen Zahnrudimente durchbrechen jedoch nie das Zahnfleisch und werden vor der Geburt resorbiert (Bartenwale). Das Gebiß der Wale soll dem Milchgebiß entsprechen. Bei den Bartenwalen treten substituierend für das ausgefallene Gebiß am Gaumen hornige, transversal gestellte Platten, die *Barten,* auf (Abb. 1108). Die einfache oder doppelte Nasenöffnung ist mehr oder minder hoch hinauf auf den Scheitel gerückt und führt senkrecht absteigend in die Nasenhöhle, welche als paariger, hinten einfacher Nasenkanal absteigt und am Gaumensegel vom Schlunde durch einen Schließmuskel abgeschlossen werden kann. Die Ansicht, daß die Wale durch die Nasenöffnungen (Spritzlöcher) Wasser ausspritzen, hat sich als irrtümlich herausgestellt; es ist der ausgeatmete, in Form einer Rauchsäule sich verdichtende Wasserdampf, der zu der Täuschung eines ausgespritzten Wasserstrahles Veranlassung gab. Die Sclera des Auges ist sehr dickwandig und ein enormer Retractor bulbi vorhanden. Die Zunge ist nicht vorstreckbar. Der Oesophagus bildet (die *Physeteriden* ausgenommen) am Ende eine kropfartige Aussackung (Abb. 124 d). Die sehr geräumigen ungelappten Lungen erstrecken sich ähnlich wie die Schwimmblase der Fische weit nach hinten und bedingen wesentlich mit die horizontale Lage des Rumpfes im Wasser; auch das Zwerchfell nimmt eine entsprechend horizontale Lage ein. Dem meist röhrenförmigen, bis in die Choanen hinaufragenden Kehlkopf fehlen Stimmbänder. Sackartige Erweiterungen an der Aorta und Pulmonalarterie sowie die sogenannten Schlagadernetze mögen dazu dienen, beim Tauchen der Atemnot einige Zeit lang vorzubeugen.

Die Hoden liegen hinter den Nieren innerhalb der Bauchhöhle. Die Weibchen gebären ein einziges (die der kleineren Arten selten zwei) verhältnismäßig weit vorgeschrittenes Junges, welches noch längere Zeit der mütterlichen Pflege bedarf. Die beiden Zitzen der Milchdrüsen liegen in der Inguinalgegend. Der Uterus ist zweihörnig, die Placenta diffus.

Die Wale leben meist gesellig, zuweilen in Herden vereinigt; die kleineren suchen gern die Küsten auf und gehen auf ihren Wanderungen selbst in die Flußmündungen, die größeren lieben mehr das offene Meer und die kalten Gegenden. Beim Schwimmen, das sie mit großer Meisterschaft und Schnelligkeit ausführen, halten sie sich in der Regel nahe an der Oberfläche. Die riesigen Bartenwale, welche den am Gaumen aus den Barten gebildeten Seihapparat tragen, ernähren sich von kleinen Seetieren, Nacktschnecken, Quallen, die Zahnwale mit ihrem gleichförmigen Raubgebiß von Cephalopoden, Fischen. Der Ursprung der Wale dürfte in Creodontien zu suchen sein. Nach KÜKENTHAL sind Zahn- und Bartenwale diphyletischen Ursprunges.

1. Unterordnung. *Mystacoceti*, Bartenwale. Mit Barten, Kiefer zahnlos (Abb. 1108). Schädel symmetrisch, mit zwei Nasenlöchern.

Fam. *Balaenidae*, Glattwale. Rostrum schmal und stark gebogen. Bauchhaut glatt. Handflosse breit, Rückenflosse fehlt. *Balaena mysticetus* L., Grönlandwal. Bis 20 m lang. Vornehmlich Gegenstand des Walfischfanges. Arkt. Meere. *B. glacialis* BONNAT (*biscayensis* ESCHR.)., Nordkaper. Nördl. Atlant. Ozean. *B. australis* DESMOUL. Südl. Atlant. Ozean.

Fam. *Balaenopteridae*, Furchenwale. Rostrum flach. Zahlreiche Längsfalten der Haut in der Kehlgegend (Kehlfurchen). Handflosse schmal, Rückenflosse vorhanden. *Megaptera nodosa* BONNAT. (*longimana* RUD., *boops* aut.), Buckelwal. *Balaenoptera acuto-rostrata* LAC., Zwergwal. *B. borealis* LESS., Seiwal. *B. musculus* L. (*sibbaldi* GRAY), Blauwal, bis 31 m lang. *B. physalus* L. (*musculus* aut.), Finnwal. Alle nordatlant. Hier schließt sich an *Rhachianectes glaucus* COPE, Grauwal. Ohne Rückenflosse. Nördl. Still. Ozean.

2. Unterordnung. *Odontoceti*, Zahnwale. Mit zahlreichen oder einzelnen Zähnen, ohne Barten. Nur ein Nasenloch. Schädel asymmetrisch.

Fam. *Physeteridae*. Kopf von enormer Größe, bis zum Vorderende aufgetrieben durch Ansammlung flüssigen Fettes (Walrat, Spermaceti). Oberkiefer zahnlos, Unterkiefer mit großen, konischen Zähnen. Leben von Tintenfischen. *Physeter catodon* L. (*macrocephalus* L.), Kaschelot, Pottwal. Darmconcremente liefern die wohlriechende graue Ambra. In allen gemäßigten und warmen Meeren. *Hyperoodon ampullatus* FORST. (*rostratus* MÜLL.), Dögling. Mit zwei Zähnen im Unterkiefer. Nordatlant., Mittelmeer.

Fam. *Platanistidae*, Flußdelphine. Zahlreiche Zähne in beiden Kiefern. Kopf äußerlich vom Körper durch eine halsartige Einengung abgesetzt. Handflosse breit und abgestutzt. Leben in Flüssen. *Platanista gangetica* LEBECK. In Flüssen Ostindiens. *Inia geoffroyensis* BLAINV. In Flüssen Südamerikas.

Fam. *Delphinapteridae*. Kopf gerundet. Schnauze stumpf. Handflosse klein und breit. Dorsalflosse fehlt. *Delphinapterus leucas* PALL., Weißwal, Beluga. Zehn Zähne in jeder Kieferhälfte, hinfällig. *Monodon monoceros* L., Narwal. Im Oberkiefer nur zwei nach vorn gerichtete Zähne, die im weiblichen Geschlecht klein bleiben, von denen aber der eine (meist linksseitig) im männlichen Geschlecht zu einem kolossalen, schraubenförmig gefurchten Stoßzahn wird. Die übrigen kleinen Zähne beider Kiefer fallen früh aus. Arkt. Meere.

Fam. *Delphinidae*. Beide Kiefer mit gleichgestalteten Kegelzähnen, jedoch nicht immer in ganzer Länge bewaffnet. Handflosse sichelförmig, Rückenflosse vorhanden. *Neo-*

phocaena (*Neomeris*) *phocaenoides* Cuv. Ind. Ozean. *Phocaena phocaena* L., Braunfisch. Nur $1^1/_2$ m lang. Steigt in die Flußmündungen und lebt von Fischen. Nordatlant., Nordpaz. Oz. *Orca orca* L. (*gladiator* BONNAT.), Butzkopf, Schwertwal. Rückenflosse sehr hoch, schwertähnlich. In allen Meeren. *Globicephala melas* TRAILL (*globiceps* Cuv.), Grind. Nordatlant., Südpaz. Ozean. *Delphinus delphis* L., Delphin. In allen Meeren (Abb. 1144). *Tursiops tursio* FABR., Tümmler. Weit verbreitet.

10. Ordnung. Ungulata, Huftiere[1].

Monodelphe, meist große Landsäugetiere, deren verbreiterte Endphalangen der Extremitäten Hufe tragen.

Die Ordnung der Ungulaten umfaßt eine große Zahl in Bau und Erscheinung wohl gesonderter Gruppen meist großer Landsäugetiere, deren Zusammengehörigkeit jedoch durch fossile Formen hergestellt wird. Der in der Regel große Körper wird von hohen Extremitäten getragen, die zu einer raschen Locomotion auf dem Erd-

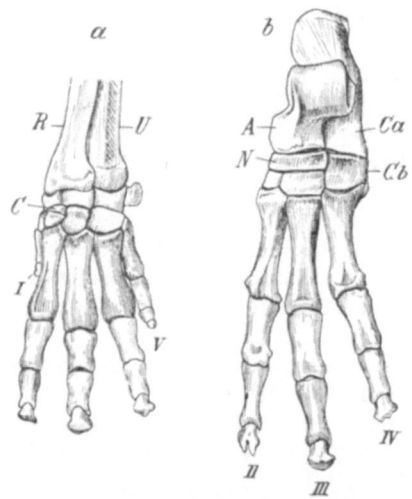

Abb. 1145. a Vorder-, b Hinterfuß von *Procavia* (*Dendrohyrax*) *arborea*. (Nach ZITTEL.) *R* Radius, *U* Ulna, *C* Centrale, *A* Astragalus, *Ca* Calcaneus, *Cb* Cuboideum, *N* Naviculare, *I—V* 1.—5. Finger (Zehe).

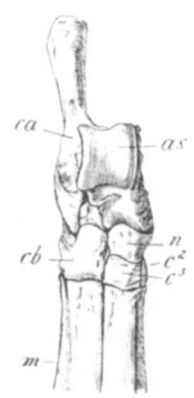

Abb. 1146. Rechter Tarsus von *Sus scrofa*. (Nach FLOWER.) *ca* Calcaneus, *as* Astragalus, *cb* Cuboideum, *n* Naviculare, c^2, c^3 Cuneiformia, *m* Metatarsalia.

boden befähigen. Die Spitzen der Finger und Zehen sind mit plumpen breiten Nägeln (Halbhufen) oder mit Hufen ausgestattet, die die Endphalange umschließen. Mit der Fähigkeit rascher Locomotion hängt zusammen, daß die Huftiere Zehengänger oder Spitzengänger (unguligrad) sind, zugleich meist eine Reduktion der Zehenzahl, Verlängerung des Metacarpus und Metatarsus aufweisen (Abb. 1105). Die ursprünglich reihenweise (seriale Anordnung der Wurzelknochen (*Taxeopodie*) ist bei den *Hyracoidea* (Abb. 1145) und *Proboscidea* (von manchen Forschern bei diesen als sekundär betrachtet) zu finden; sie hat bei den *Perissodactylen* und *Artiodactylen* eine Änderung durch Verkeilung und Verschiebung er-

---

[1] COPE, E. D.: The Classification of the Ungulate Mammalia. Proc. amer. Philos. Soc. **1882**. — OSBORN, H. F.: The evolution of the Ungulate foot. Trans. amer. Philos. Soc. **1889**. — RÜTIMEYER, L.: Beiträge zur vergleichenden Odontographie der Huftiere. Verh. naturforsch. Ges. Basel **1863**. — KOWALEVSKI, W.: Monographie der Gattung *Anthracotherium* usw. Palaeontographica 1876. — SCHLOSSER, M.: Beiträge zur Kenntnis der Stammesgeschichte der Huftiere. Morph. Jb. **12** (1886). — LEUTHARDT, F.: Über die Reduktion der Fingerzahl bei Ungulaten. Zool. Jb. **5** (1891). — LYDEKKER, R.: Catalogue of the Ungulate Mammals in the Collection of the Brit. Museum **1, 4, 5**. London 1913—1916. LYDEKKER, R. a. G. BLAINE: **2, 3** (1914).

fahren, womit größere Festigkeit und Stützkraft erreicht wurde. Diese sogenannte *Diplarthrie* kommt im Fußwurzelskelet durch die Articulation des Astragalus (Talus) mit dem Naviculare und Cuboideum zum Ausdruck (Abb. 1146), während bei taxeopoder Anordnung der Tarsalia der Astragalus bloß mit dem Naviculare articuliert (Abb. 1145 b).

Bei den lebenden Huftieren mit Diplarthrie tritt eine Reduction der Finger und Zehen ein, indem zunächst die innere Zehe bzw. Finger bis zum völligen Schwunde zurücktrat. Mit dieser und der weiter fortschreitenden Reduction machte sich ein Gegensatz in dem Größenverhältnisse der zurückbleibenden Zehen geltend, indem in der einen Reihe die Mittelzehe an Umfang bedeutend prävalierte und die ganze Last des Körpers in der Verlängerung der Extremitätensäule stützte (*Perissodactyla*); in der anderen Reihe übernahmen Mittel- und vierte Zehe gleichmäßig dieselbe Function und gelangten zu gleichgroßem, bedeutendem Umfang (*Artiodactyla*). Auch ist im ersten Falle die Zahl der Zehen in der Regel eine unpaare, im letzteren eine paarige. Eine Clavicula fehlt stets. Die Huftiere sind größtenteils

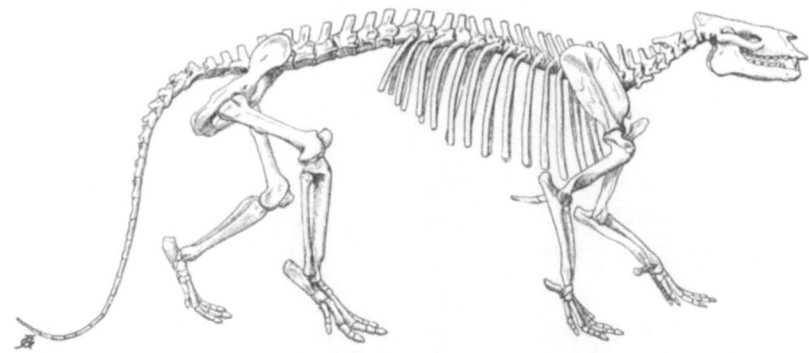

Abb. 1147. *Phenacodus primaevus.* (Nach OSBORN.) $^1/_{17}$

Pflanzenfresser, manche omnivor. Die Backenzähne haben breite höckerige oder jochige Kronen (Abb. 1110 b, c).

1. Unterordnung. *Condylarthra.* Ausgestorbene Ungulaten mit beinahe taxeopodem Fußbau, mit fünf Fingern und Zehen. Gebiß vollständig, mit mehr omnivorenähnlichem Verhalten der Molaren.

Die Condylarthra (Abb. 1147) sind die ursprünglichsten Huftiere, die dem ältesten Tertiär angehören. Ihre Extremitäten besaßen noch fünf Finger und fünf Zehen, von denen die äußeren schon sehr klein waren. Stehen zwischen Huftieren und Fleischfressern, und zwar den Creodontien am nächsten. Der Oberarm ist in seinem unteren Teile über dem Epicondylus ähnlich wie bei den Creodontien und Carnivoren durchbohrt. Ulna und Fibula sehr kräftig. Im Tarsus articuliert der Astragalus nur mit dem Naviculare. Die Carpalien sind beinahe serial angeordnet mit Centrale carpi. Gebiß: $\frac{3\ 1\ 4\ 3}{3\ 1\ 4\ 3}$. Incisiven und Caninen ähnlich wie bei den Creodontien, Backenzähne ähnlich wie bei Omnivoren. Die Prämolaren sind von ziemlich einfachem Bau, die Molaren tritubercular oder vier- bis sechshöckerig. Auch Schädel, Scapula, Becken und Astragalus zeigen Anklänge an die Carnivoren. Wahrscheinlich sind aus diesen vornehmlich im Eocän Nordamerikas gefundenen Huftieren (*Phenacodus, Periptychus, Meniscotherium*) die Perissodactyla und Artiodactyla hervorgegangen, während sie selbst sowohl in Schädelform und Gebiß, als in der Gestaltung der Extremitäten und deren Bewaffnung mit nagelähnlichen Hufen auf Fleischfresser als Ausgangsformen hinweisen.

2. Unterordnung. *Hyracoidea* (*Lamnungia*), Klippschliefer[1]. Kleine Ungulaten mit äußerlich vierzehigen Vorder- und dreizehigen Hinterfüßen, deren Endphalangen breite Nägel tragen. Fußbau taxeopod. Gebiß mit wurzellosen oberen Schneidezähnen, Backenzähne lophodont.

Die Klippschliefer sind kleine, dem Bobak ähnliche Huftiere. Der Körper (Abb. 1148) ist dicht behaart, gestreckt, mit bis 29 Dorsolumbalwirbeln, die Vorderfüße sind äußerlich vierzehig, doch ist außerdem noch ein rudimentärer Daumen vorhanden, die hinteren dreizehig (Abb. 1145), mit ebensoviel breiten Nägeln versehen; an der inneren Zehe des hinteren Fußes ist der Nagel krallenartig. Die Tiere sind Sohlengänger. In dem Bau des Fußes sind sie taxeopod. Der Carpus enthält ein Centrale. Auch die Articulation des Astragalus mit der Fibula weist auf ein altes Verhalten hin. Der Schwanz ist stummelförmig. Im Gebisse fehlen die Eckzähne; von den Schneidezähnen findet sich nur ein oberer, derselbe ist wurzellos und nagezahnähnlich; im Unterkiefer sind zwei Schneidezähne vorhanden. Die sieben Backenzähne schließen sich am nächsten jenen der Rhinoceroten an. Die ersten Prämolaren fallen früh aus. Von inneren Organen ist ein Paar von Blindsäcken im Verlaufe des Colons hervorzuheben. Der Uterus ist zweihörnig, die Placenta zonar.

Abb. 1148. *Procavia habessinica*. (Nach einer Photographie des Zool. Gartens in Berlin.) $1/5{\cdot}7$

Die Hyracoideen leben gesellig in felsigen Gegenden, manche auf Bäumen und klettern gewandt. Sie repräsentieren in der heutigen Tierwelt eine alte Ungulatenform, die mit den Condylarthra nahe verwandt ist.

Fam. *Procaviidae*. Mit den Charakteren der Unterordnung. Gebiß: $\frac{1}{2}\frac{0}{0}\frac{4}{4}\frac{3}{3}$. *Procavia* (*Hyrax*) *capensis* PALL., Daman. Südafrika. *P. syriaca* SCHREB., vielleicht der Saphan des Alten Testaments. Syrien, Palästina, Sinaihalbinsel *P. habessinica* H. E. Abessinien. (Abb. 1148). *P.* (*Dendrohyrax*) *arborea* A. SMITH. Südostafrika.

3. Unterordnung. *Proboscidea*, Rüsseltiere[2]. Große Ungulaten mit langem, beweglichem Rüssel, mit fünfzehigen Klumpfüßen und kleinen Hufen. Fußbau

---

[1] BRANDT, J. F.: Untersuchungen über die Gattung der Klippschliefer. Mém. Acad. St.-Pétersbourg **1869**. — GEORGE, H.: Monographie anat. des Mammifères du genre Daman. Paris 1875. — THOMAS, O.: On the species of the *Hyracoidea*. Proc. Zool. Soc. London **1892**. — KAUDERN, W.: Studien über die männlichen Geschlechtsorgane von *Sirenia*, *Hyracoidea* und *Proboscidea*. Zool. Jb. **40** (1917). — THURSBY-PELHAM, D.: The Placentation of *Hyrax capensis*. Philosophic. Trans. roy. Soc. London **213** (1924). — Vgl. ferner die Arbeiten von ADLOFF, LONSKY, TURNER u. a.

[2] FORBES, W. A.: On the anatomy of the African Elephant. Proc. Zool. Soc. London **1879**. — MIALL, L. C. a. GREENWOOD: Anatomy of the Indian Elephant. J. Anat. a. Phys. **12, 13** (1878—1879). — WATSON, M.: On the anatomy of the female organs of the Proboscidea. Trans. Zool. Soc. London **11** (1881). — CHAPMAN, H. C.: The placenta and generative apparatus of the Elephant. J. Acad. Nat. Sci. Philadelpia **8** (1881). — RÖSE, C.: Über den Zahnbau und Zahnwechsel von *Elephas indicus*. Morph. Arb. **3** (1893). — SALENSKY, W.: Zur Phylogenie der Elephantiden. Biol. Zbl. **23** (1903). — ANDREWS, C. W.: On the

taxeopod. Eckzähne fehlen, die oberen Schneidezähne zu großen Stoßzähnen entwickelt, Backenzähne groß, zusammengesetzt.

Die Prosbosciden, zu denen die Elefanten gehören, sind die größten lebenden Landtiere und repräsentieren eine isoliert stehende Ungulatengruppe.

Die dicke Haut erscheint durch Falten gefeldert und nur spärlich mit Haaren besetzt, die an dem Schwanze borstenartig sind und zu einem Büschel sich häufen. Der Kopf ist kurz und hoch, durch Höhlen in den Stirn- und Parietalknochen aufgetrieben, mit überaus verkürzten und hohen Kiefern (Abb. 1149) und mit langem, beweglichem Rüssel. Das Hinterhaupt fällt steil, fast senkrecht ab. Besonders mächtig sind die senkrecht gestellten Zwischenkiefer mit ihren großen wurzellosen Stoßzähnen, denen frühzeitig ausfallende Milchzähne vorausgehen. Eckzähne fehlen. Backenzähne finden sich in jedem Kiefer bloß sechs (drei Prämolaren, die dem Milchgebisse angehören, und drei Molaren), von denen jedoch nur einer oder zwei in jedem Kiefer gleichzeitig vorhanden sind, indem die hinteren, an Größe und Zahl der Lamellen zunehmenden Zähne erst hervortreten, wenn die vorderen ausgefallen sind. Die Backenzähne sind groß und besitzen zahlreiche hohe lamelläre Querjoche, die durch Cement verbunden sind.

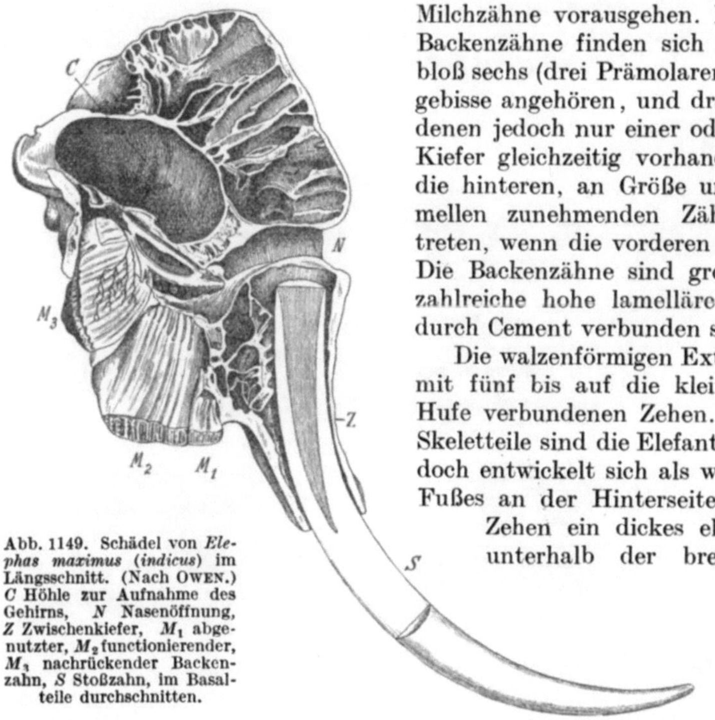

Die walzenförmigen Extremitäten enden mit fünf bis auf die kleinen nagelartigen Hufe verbundenen Zehen. Nach Lage der Skeletteile sind die Elefanten Zehengänger; doch entwickelt sich als weitere Stütze des Fußes an der Hinterseite der Finger und Zehen ein dickes elastisches Polster unterhalb der breiten verhornten Sohlenfläche, mit welcher die Extremitäten nach unten abschließen. Im Skelet erscheinen Hand-

Abb. 1149. Schädel von *Elephas maximus (indicus)* im Längsschnitt. (Nach OWEN.) *C* Höhle zur Aufnahme des Gehirns, *N* Nasenöffnung, *Z* Zwischenkiefer, M_1 abgenutzter, M_2 functionierender, M_3 nachrückender Backenzahn, *S* Stoßzahn, im Basalteile durchschnitten.

und Fußwurzelknochen reihenweise angeordnet (taxeopoder Bau). Ein Centrale carpi ist nur in der Jugend getrennt erhalten. Auch ist die Articulation der Fibula mit dem Calcaneus hervorzuheben.

Charakteristisch für die Elefanten ist der Rüssel, der aus der äußeren Nase und der Oberlippe hervorgeht und ein sehr bewegliches muskulöses Greiforgan mit einem fingerartigen Fortsatz an der Spitze bildet. Die Hoden behalten eine ursprüngliche Lage in der Nähe der Niere. Die Weibchen besitzen einen zweihörnigen Uterus und bruststädige Zitzen. Die Placenta ist gürtelförmig.

Die Elefanten leben in Herden und bewohnen feuchte, schattige Gegenden im heißen Afrika und Indien. Die hohen geistigen Fähigkeiten machen den Elefanten

---

Evolution of the Proboscidea. Philosophic. Trans. roy. Soc. London **1904**. — BOAS, J. E. V. a. S. PAULLI: The Elephants Head. I. Jena 1908; II. Kopenhagen 1925. — TOLDT jun., K.: Über die äußere Körpergestalt eines Fetus von *Elephas maximus*. Denkschr. Akad. Wien **1913**. — Vgl. ferner die Schriften von MAYER, M. WEBER, WEITHOFER, A. v. MOJSISOVICS, SCHLESINGER u. a.

zu einem zähmbaren, äußerst nützlichen Tiere, das schon im Altertume zum Lasttragen, auf der Jagd und im Kriege verwendet wurde.

Fam. *Elephantidae*, Elefanten. Mit den Charakteren der Unterordnung. *Elephas* (*Loxodonta*) *africanus* BLBCH. Afrika südl. der Sahara. *E. maximus* L. (*indicus* CUV.). Südostasien.

4. Unterordnung. *Perissodactyla*, Unpaarzeher[1]. Ungulaten mit diplarthralem Fußbau, mit vorwiegend entwickelter Mittelzehe und meist unpaarer Zehenzahl, mit vollständig bezahntem Gebiß und lophodonten oder selenolophodonten Backenzähnen.

Der Hauptcharakter der Perissodactylen liegt in der umfänglichen Entwicklung des 3. Fingers und der 3. Zehe, welche zur Hauptstütze des Körpers werden (Abb. 1105 e, f). Die Zehenzahl ist fast stets eine ungerade. Dies gilt durchaus für die hintere Extremität, während an der vorderen auch vier Finger (*Tapir*) auftreten. Die neben der Mittelzehe stehenden Finger und Zehen sind kleiner und

Abb. 1150. *Tapirus terrestris* (mit Benutzung mehrerer Abbildungen). $^1/_{16}$

schwinden bei den *Equiden* bis auf die als sogenannte Griffelbeine sich erhaltenden Metacarpalia und Metatarsalia (Abb. 314).

In ihrer äußeren Erscheinung bieten die Perissodactylen ziemliche Verschiedenheiten.

Das Gebiß ist vollständig, doch kann der Eckzahn fehlen. Die Backenzähne sind lophodont oder selenolophodont. Die drei letzten Prämolaren gleichen den Molaren und liegen in geschlossener Reihe; der erste Prämolar erfährt eine Reduktion und schwindet schließlich.

---

[1] CUVIER, G.: Recherches sur les ossements fossiles. Paris 1846. — RÜTIMEYER, L.: Beiträge zur Kenntnis der fossilen Pferde. Basel 1863. — MURIE, J.: On the Malayan Tapir. J. Anat. a. Physiol. 5 (1872). — PARKER, W. N.: On some points in the anatomy of the Indian Tapir. Proc. Zool. Soc. London 1882. — HATCHER, J. B.: Recent and fossil Tapirs. Amer. J. Sci. 1896. — OWEN, R.: Anatomy of the Indian Rhinoceros. Trans. Zool. Soc. London 4 (1850). — BEDDARD, F. E. a. F. TREVES: On the anatomy of *Rhinoceros sumatrensis*. Proc. Zool. Soc. London 1889. — Vgl. ferner die Schriften von D'ALTON, LEISERING, NEHRING, GARROD, MAYER, SCLATER, FLOWER, GEORGE, SALENSKY u. a.

Der Uterus ist zweihörnig, die Zitzen liegen inguinal. Die Placenta ist diffus. Alle sind Pflanzenfresser.

Fam. *Tapiridae*, Tapire. Mittelgroße, kurz behaarte Huftiere, deren mittelhohe Vorderbeine mit vier, die Hinterbeine mit drei Zehen enden. Die Schnauze endet mit kurzem nackten Rüssel. Schwanz sehr kurz. Gebiß: $\frac{3}{3}\frac{1}{1}\frac{4}{3}\frac{3}{3}$ von relativ ursprünglichem Typus. Die Backenzähne mit zwei Querjochen (Abb. 1110 b). *Tapirus terrestris* L. (*americanus* Briss.), Anta. Südamerika (Abb. 1150). *T. indicus* Cuv., Schabrakentapir. Ostasien, Sumatra.

Fam. *Rhinocerotidae*, Nashörner. Große plumpe Tiere mit außerordentlich dicker, oft durch Falten in größere Felder geteilter Haut und reduzierter Behaarung, mit einem oder zwei und dann hintereinander stehenden Hörnern (Epidermoidalbildungen) auf dem stark gewölbten Nasenbeine. Schwanz mäßig lang. Die niedrigen Extremitäten enden mit drei Fingern und Zehen. Gebiß: $\frac{1-2}{1}\frac{0}{1}\frac{4}{4}\frac{3}{3}$. Schneidezähne in der Zahl variabel, meist hinfällig. Der obere Eckzahn fehlt stets. Die Backenzähne sind lophodont, der vorderste fällt früh aus. *Rhinoceros sondaicus* Desm. (*javanus* Cuv.). Südasien bis Java. *R. unicornis* L. (*indicus* Cuv.). Nepal, Assam. Beide mit einem Horn. *Dicerorhinus sumatrensis* Cuv. Malakka, Sumatra, Borneo. *Diceros bicornis* L. Süd- und Centralafrika. *Ceratotherium simum* Burch. Centralafrika. Alle mit zwei Hörnern.

Fam. *Equidae* (*Solidungula*), Pferde. Hochbeinige schlanke Huftiere, die nur mit dem starken, von breitem Hufe umgebenen Endgliede (Hufbein) der Mittelzehe den Boden betreten (Abb. 1105 f). Die 2. und 4. Zehe sind auf die Metacarpal- und Metatarsalknochen (Griffelbeine) reduziert. Körper behaart. Schwanz mäßig lang, zuweilen lang behaart. Das Gebiß: $\frac{3}{3}\frac{1}{1}\frac{4}{4}\frac{3}{3}$ (Abb. 1151). Die Schneidezähne, die sich in geschlossener Bogenlinie aneinanderfügen, zeichnen sich durch die querovale Grube ihrer Kaufläche aus. Eckzähne sind in beiden

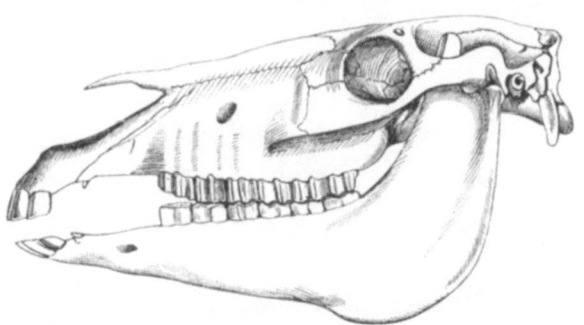

Abb. 1151. Schädel vom europäischen Hauspferd.

Kiefern gewöhnlich nur im männlichen Geschlecht vorhanden und bleiben kleine, kegelförmige ,,Haken". Die Backenzähne sind selenolophodont. Der erste Prämolar, gewöhnlich nur oben, bleibt rudimentär und fällt früh aus. Die Tiere leben in Herden und bewohnen vornehmlich die Steppen von Asien und Afrika. *Equus grévyi* Oust. Ursprünglichster recenter Equide. Nordostafrika. *E. zebra* L, Bergzebra. Südafrika. Im Aussterben. *E. quagga* Gm., Quagga. Südafrika. Gegenwärtig ausgerottet. *E. przevalskii* Poljakoff, asiatisches Wildpferd. Dsungarei. Im Aussterben. Stammform des mongolischen Hauspferdes. *E. gmelini* Antonius, Tarpan, europäisches Wildpferd. Südrußland. Seit 1876 ausgerottet. Als Stammformen des europäischen Hauspferdes kommen zunächst zwei Wildformen in Betracht, der Tarpan, auf den sich die leichtgebauten orientalischen und osteuropäischen Hauspferde zurückführen lassen (Antonius), und ein in der Quartärzeit vorhandenes, vielleicht zu Römerzeiten noch in Spanien lebendes schweres Pferd, das dem occidentalen schweren Hauspferde (norischen, deutschen u. a.) den Ursprung gab. In den heutigen Kulturrassen liegt vielfach Mischung beider Formen vor. Nicht selten tritt bei verschiedenen Rassen des Hauspferdes in der Fußbildung ein Rückschlag ein, indem sich das innere Griffelbein des Vorderfußes in eine Afterzehe fortsetzt. Sehr selten sind Hauspferde mit zwei Afterzehen (Hipparionfüßen) beobachtet worden. (Rückschlag in der Färbung, Rücken- und Schulterstreifen). *E. kiang* Moorcr., Kiang. Tibet, Kaschmir. *E. hemionus* Pall., Dschiggetai, Kulan, Halbesel. Südl. Sibirien, Turkestan, Mongolei. *E. onager* Briss. Afghanistan, Nordostindien, Persien. *E. asinus* L. (*africanus* Fitz., *taeniopus* Hgl.), Wildesel. Nordostafrika. Domestiziert der Hausesel. Bastarde von Pferd und Esel sind das **Maultier** (Eselhengst und Pferdestute) sowie der **Maulesel** (Pferdehengst und Eselstute).

5. Unterordnung. *Artiodactyla*, Paarzeher[1]. Ungulaten mit diplarthralem

---

[1] Außer den Schriften von Sundevall, Brooke, Owen, Garrod, Lönnberg, Panceri, Stehlin, Keibel, Chapman u. a. vgl. Milne Edwards, A.: Recherches anatomiques,

Fußbau, mit vorwiegender, gleichmäßig starker Entwicklung der 3. und 4. Zehe, mit paariger Zehenzahl. Gebiß häufig reduziert. Backenzähne bunodont oder selenodont.

Die Artiodactylen lassen unter den heute lebenden Formen zwei große Gruppen unterscheiden, von denen für die eine das Wiederkauen der Nahrung eigentümlich ist. Diesen *Ruminantia* stehen die *Nonruminantia* gegenüber. Letztere sind plumpe, schwer gebaute Formen mit niedrigen Beinen, dicker Haut und spärlichem, straffem Borstenkleid, erstere schlank und gracil, hochbeinig, mit dichtem, eng anliegendem Haarkleid.

In der Bildung des Fußes ist den Artiodactylen eigentümlich, daß die Zahl der Finger und Zehen eine paarige ist und der 3. sowie 4. Finger und Zehen die Stütze des Körpers bilden (Abb. 1105 c, d). Bei *Hippopotamus* nehmen noch die 2. und 5. Zehe beim Auftreten an der Unterstützung des Körpers teil. Sonst rücken letztere rudimentär geworden nach hinten und berühren als Afterzehen den Boden nicht mehr oder schwinden vollständig (Giraffen, Kamel). Mit Ausnahme von *Hippopotamus*, bei dem der 3. Finger gegenüber dem 4. etwas länger ist, sind diese zwei Finger und Zehen gleich stark entwickelt. Auch erfahren die betreffenden Mittelhand- und Mittelfußknochen eine ansehnliche Länge, legen sich fest aneinander oder verschmelzen zu einem einfachen langen Knochen (Canon), so bei den *Ruminantia*.

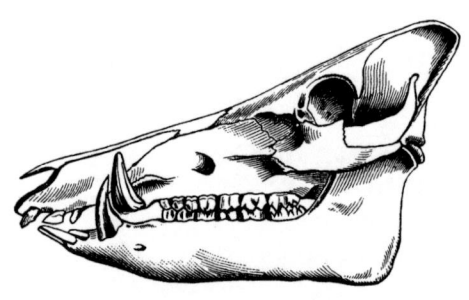

Abb. 1152. Schädel von *Sus scrofa*.

Das Gebiß ist bei *Sus* noch vollständig. Sonst tritt eine Reduction der oberen Schneidezähne und zuweilen der oberen Eckzähne ein. Im Unterkiefer sind die Schneidezähne stets vollständig erhalten. Von Backenzähnen finden sich in der Regel drei Prämolaren und drei Molaren; die Prämolaren weichen von letzteren in ihrer Ausbildung ab. Die Krone der Backenzähne ist entweder bunodont oder selenodont (Abb.1110c). Der Eckzahn ist zuweilen wurzellos (Suiden, *Moschus* und andere).

Von den übrigen Merkmalen ist die Komplikation des Wiederkäuermagens hervorzuheben. Die Zitzen sind inguinal, seltener abdominal. Der Uterus ist zweihörnig, die Placenta diffus (*Nonruminantia, Tylopoda, Traguloidea*) oder mit Cotyledonen (übrige *Ruminantia*) (Abb. 1155).

1. Sektion. *Nonruminantia*, Nichtwiederkäuer. Backenzähne bunodont, Eckzähne stets vorhanden (Abb. 1152). Magenform einfach. Die Metatarsalia und Metacarpalia der 3. und 4. Zehe nicht verschmolzen (Abb. 1105c).

---

zoolog. et paléont. sur la famille des Chevrotains. Ann. des Sci. natur. **1864**. — RÜTIMEYER, L.: Versuch einer natürlichen Geschichte des Rindes. Denkschr. Schweiz. naturforsch. Ges. **1867—1868**. — Beiträge zu einer natürlichen Geschichte der Hirsche. Abh. Schweiz. paläont. Ges. **1881, 1883**. — LOMBARDINI, L.: Sui Cammelli. Pisa 1879. — BOAS, J. E. V.: Zur Morphologie des Magens der Kameliden und der Traguliden usw. Morph. Jb. **16** (1890). — LYDEKKER, R.: The deer of all lands. London 1898. — Wild oxen, sheep and goats of all lands. London 1898. — SCLATER, P. L. a. THOMAS, O.: The Book of Antelopes. 4 Teile. London 1894—1900. — GRATIOLET, P.: Recherches sur l'anatomie de l'Hippopotame. Paris 1867. — v. NATHUSIUS, H.: Vorstudien für die Geschichte und Zucht der Haustiere, zunächst am Schweineschädel. Berlin 1884. — DE ROTHSCHILD, M. et H. NEUVILLE: Recherches sur l'Okapi et les Giraffes etc. Ann. des Sci. natur. Paris **1909**.— TOLDT jun., K.: Äußerliche Untersuchung eines neugeborenen *Hippopotamus amphibius* usw. Denkschr. Akad. Wien **1915**. — v. SCHUMACHER, S.: Histologische Untersuchung der äußeren Haut eines neugeborenen *Hippopotamus amphibius*. Ebenda **1917**.

Fam. *Hippopotamidae* (*Obesa*). Von plumper Gestalt, Kopf mit breiter, stumpfer, angeschwollener Schnauze. Die kurzen Beine besitzen vier Zehen, die alle den Boden berühren. Haut sehr dick, mit spärlichem Borstenkleid. Gebiß: $\frac{2\ 1\ 4\ 3}{2\ 1\ 4\ 3}$. Die unteren Schneidezähne und die Eckzähne sind wurzellos. Lebensweise amphibiotisch. *Hippopotamus amphibius* L., Nilpferd, Flußpferd. Afrika südl. der Sahara.

Fam. *Suidae*, Schweine. Mit meist wenig dichtem Borstenkleid und kurzrüsseliger Schnauze. Das Gebiß (Abb. 1152) besitzt alle Zahnarten, doch ist die Zahnreihe nicht vollkommen geschlossen. Die Schneidezähne stehen schräg horizontal und erfahren in einzelnen Gattungen eine Reduktion. Die wurzellosen Eckzähne stark verlängert, dreiseitig, im männlichen Geschlecht als „Hauer" gewaltige Waffen. Nur die 3. und 4. Zehe berühren den Boden, während die kleineren Außenzehen als Afterzehen nach hinten liegen (Abb.1105c). Sind omnivor. *Sus vittatus* MÜLL. SCHL., Bindenschwein. Ostasien, Java, Sumatra. Stammform der Hausschweine Ostasiens. *Sus scrofa* L., Wildschwein. Gebiß: $\frac{3\ 1\ 4\ 3}{3\ 1\ 4\ 3}$. In weiter Verbreitung. Stammform einer großen Zahl von Rassen des europäischen Hausschweines. Das neapolitanische, kraushaarige ungarische, andalusische Schwein, das Bündtnerschwein sind auf ein mediterranes Wildschwein (auch als *S. mediterraneus* bezeichnet) zurückzuführen, das Anklänge an *Sus vittatus* zeigt. Doch hat auch Mischung beiderlei zahmer Rassenformen stattgefunden. *Potamochoerus africanus* GMEL. (*choeropotamus* LESS.), Flußschwein. Süd- und Ostafrika. *P. porcus* L., Pinselschwein. Westafrika. *Babirussa babyrussa* L., Hirscheber. Celebes. *Phacochoerus aethiopicus* PALL., afrikanisches Warzenschwein. Afrika. *Dicotyles* (*Tayassus*) *tajacu* L. (*torquatus* CUV.), Nabelschwein, Pekari. Amerika. *D. pecari* FISHER (*labiatus* CUV.), Bisamschwein. Central- und Südamerika.

2. Sektion. *Ruminantia*, Wiederkäuer. Backenzähne selenodont (Abbild. 1110c). Gebiß unvollständig, indem meist die oberen Schneidezähne fehlen und dann auch die Eckzähne nicht mehr vorhanden sind (Abb. 1153). Im Unterkiefer sechs schaufelförmige Schneidezähne, unterer Eckzahn meist schneidezahnartig ausgebildet. Magen kompliziert, mit Schlundrinne. Metacarpalia und Metatarsalia der 3. und 4. Zehe verschmelzen zum Canon (Abbild. 1105d).

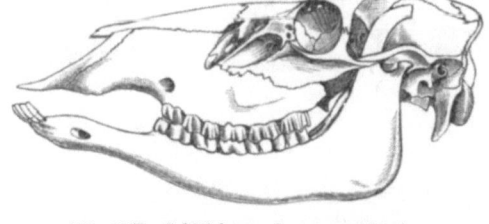

Abb. 1153. Schädel von *Cervus canadensis*.

Physiologisch und anatomisch charakterisieren sich die Ruminantien durch das Wiederkauen und die hierauf bezügliche Bildung des Magens. Die Nahrung besteht überall aus vegetabilischen Substanzen, welche nur geringe Mengen von Eiweißstoffen enthalten und daher in großen Quantitäten aufgenommen werden müssen. In dieser Beziehung erscheint die Arbeitsteilung zwischen Erwerb und Aufnahme der Nahrung einerseits und Mastication andererseits als eine vorteilhafte, bei anderen Säugetieren sonst nicht vorkommende Einrichtung. Das Abrupfen und Eintragen der Nahrung fällt der Zeit nach mit der freien Bewegung, das Kauen und Zerkleinern mit dem Ausruhen zusammen. Die Fähigkeit des Wiederkauens beruht auf dem komplizierten Bau des Magens, welcher aus vier eigentümlich verbundenen Abteilungen besteht (Abb. 1154). Die nur oberflächlich gekaute, grobe Speise gelangt zunächst in die erste und größte sackförmige Magenabteilung, den Pansen (*Rumen*). Von hier tritt dieselbe in den kleinen Netzmagen (*Reticulum*) über, welcher als ein kleiner rundlicher Anhang des Pansens erscheint und nach den netzartigen Falten seiner Innenfläche benannt wird. Nachdem die Speise hier durch zufließende Secrete erweicht ist, steigt sie mittels eines dem Erbrechen ähnlichen Vorganges durch die Speiseröhre in die Mundhöhle zurück, wird einer zweiten gründlichen Mastication unterworfen und gleitet nun in breiiger Form durch eine Rinne, die von der Einmündung der Speiseröhre zur dritten Magenabteilung zieht und deren wulstförmige Ränder sich jetzt aneinanderschließen, in die dritte Magenabteilung, den Blättermagen oder Psalter (*Omasus*). Aus diesem kleinen, nach den zahlreichen blattartigen Falten seiner inneren Oberfläche benannten Abschnitt gelangt die Speise in den vierten Magen, den längsgefalteten Labmagen (*Abomasus*), in welchem die Verdauung unter Zufluß des Secretes der zahlreichen Labdrüsen ihren weiteren Fortgang nimmt (s. S. 135). Der Blättermagen ist bei den *Tylopoden* noch nicht ausgebildet, bei den *Traguliden* rudimentär.

Am Kopfe der Ruminantien sind häufig Hörner und Geweihe vorhanden.

Mit Ausnahme Australiens, wo die Wiederkäuer erst als Zuchttiere eingeführt wurden, finden sich dieselben über die ganze Erde verbreitet. Sie sind friedliebend und halten herdenweise zusammen. Leben meist polygamisch.

1. Tribus. *Tylopoda*. Geweih- und hornlose Wiederkäuer ohne Afterzehen, mit schwieliger, alle drei Phalangen deckender Sohle hinter den kleinen nagelartigen Hufen. Im Zwischenkiefer noch der laterale Schneidezahn vorhanden. Eckzähne stark, auch der untere von den Schneidezähnen getrennt. Die Knochen in Carpus und Tarsus getrennt. Blättermagen nicht ausgebildet. Placenta diffus.

Fam. *Camelidae*. Mit den Charakteren der Tribus. *Camelus bactrianus* L., zweihöckeriges Kamel, Trampeltier. Gebiß: $\frac{1\ 1\ 3\ 3}{3\ 1\ 2\ 3}$. Centralasien. *C. dromedarius* L., Dromedar, einhöckeriges Kamel. Nur domestiziert bekannt. Westasien, Indien und Nordafrika. Wird auch als domestizierte Rasse des zweihöckerigen Kamels angesehen. *Lama (Auchenia) huanachus* MOL., Huanako. Die domestizierte Form desselben ist das Lama. Das Pako oder Alpaka ist wahrscheinlich die domestizierte Form von *L. vicugna* MOL., Vicugna. Westl. Südamerika.

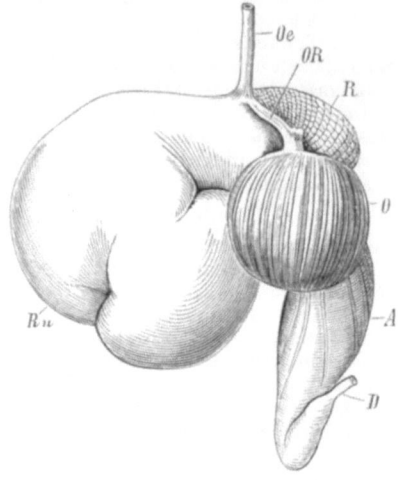

Abb. 1154. Der Magen des Hauskalbes. *Ru* Pansen (Rumen), *R* Netzmagen (Reticulum), *O* Blättermagen (Omasus), *A* Labmagen (Abomasus), *Oe* Oesophagusende, *OR* Oesophagusrinne, *D* Anfang des Dünndarmes.

2. Tribus. *Traguloidea*. Geweih- und hornlose Wiederkäuer mit vollständigen Seitenzehen. Obere Schneidezähne fehlen. Oberer Eckzahn vorhanden, unterer schneidezahnartig entwickelt und den Schneidezähnen angeschlossen. Blättermagen rudimentär. Placenta diffus.

Fam. *Tragulidae*, Zwerghirsche. Kleine zierliche Tiere mit hauerartigen oberen Eckzähnen beim Männchen. Gebiß: $\frac{0\ 1\ 3\ 3}{3\ 1\ 3\ 3}$. *Hyemoschus aquaticus* OGILBY. Westafrika. *Tragulus kanchil* RAFFL. Hinterindien, Große Sundainseln.

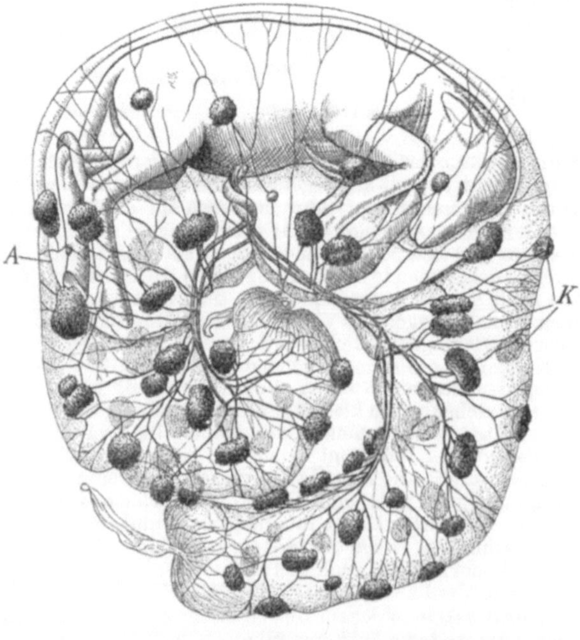

3. Tribus. *Pecora*. In der Regel Geweihe oder Hörner tragende Wiederkäuer mit rudimentären Afterzehen. Obere Schneidezähne fehlen. Unterer Eckzahn schneidezahnartig entwickelt und den Schneidezähnen angeschlossen. Blättermagen wohlentwickelt und gesondert. Placenta mit Cotyledonen (Abb. 1155).

Fam. *Cervidae*, Hirsche. Von schlankem Bau, meist mit Geweihen im männlichen Geschlecht und zwei Afterklauen. Schwanz kurz. Fehlt das Geweih, so erreichen beim Männchen die oberen Eckzähne eine bedeutende Größe und sind bei *Moschus* wurzellos. Backenzähne mit geringer Höhe der Zahnkronen. Gebiß: $\frac{0\ 1\ 3\ 3}{3\ 1\ 3\ 3}$ (Abb. 1153). Selten fehlt der obere Eckzahn. Von systematischer Bedeutung er-

Abb. 1155. Fruchtblase mit Foetus vom Schaf. (Nach O. SCHULTZE.) *A* Amnion, *K* Cotyledonen des Chorion.

scheint das Geweih, welches mit Ausnahme des Rentiers auf das männliche Geschlecht beschränkt ist; dasselbe ist ein solider Hautknochen, welcher auf einem Knochenzapfen der Stirn (*Rosenstock*) aufsitzt und sich mit der kranzförmig verdickten Basis desselben

(*Rose*) in regelmäßig periodischem Wechsel ablöst, um abgeworfen und erneuert zu werden. Übrigens ist dem Geweihe nicht der Wert als vornehmliches Kennzeichen zur Unterscheidung beizulegen. Die älteren Cerviden waren überhaupt geweihlos, ähnlich wie unter den jetzt lebenden Formen die einen alten Typus repräsentierende Gattung *Moschus*.

Moschus moschiferus L., Moschustier. Ohne Geweih, mit hauerartig entwickelten Eckzähnen im männlichen Geschlecht und Moschusbeutel zwischen Nabel und Rute. Im Hochgebirge Centralasiens von Tibet bis Sibirien (Abb. 1156). *Hydropotes inermis* SWINH. Geweihlos, Männchen mit großem Eckzahn. Ostchina. *Muntiacus* (*Cervulus*) *muntjak* ZIMM., Muntjak. Südasien, Sumatra, Java, Borneo. *Odocoileus* (*Cariacus*) *virginianus* BODD. Nordamerika. *O. campestris* F. CUV., Pampashirsch. Südamerika. *Capreolus capreolus* L., Reh. Europa, Südwestasien. *Cervus aristotelis* CUV. *C. axis* ERXL. Ostindien. *C. elaphus* L., Edelhirsch. Europa, Kleinasien. *C. canadensis* ERXL., Wapiti. Nordamerika. *C. dama* L., Damhirsch. Südeuropa, Kleinasien, Nordafrika. *Alce* (*Alces*) *alces* L. (*palmatus* GRAY), Elch, Elen. Nordeuropa, Nordasien. *Rangifer tarandus* L., Rentier. In beiden Geschlechtern mit Geweihen. Arkt. Europa, Asien und Amerika.

Fam. *Bovidae* (*Cavicornia*), Horntiere. Teils schlanke, teils plump gebaute Wiederkäuer, in der Regel in beiden Geschlechtern mit Hohlhörnern, die als bleibende, überaus verschieden gestaltete Hornscheiden einem Fortsatze des Stirnbeines aufsitzen und nur bei *Antilocapra* einem periodischen Wechsel unterliegen. Gebiß: $\frac{0\ 0\ 3\ 3}{3\ 1\ 3\ 3}$. Die Krone der Molaren ist hoch. Den Hirschen gegenüber zeigt die Familie der Horntiere weitergreifende Spezialisierungen.

Antilocapra americana ORD, Gabelgemse. Hornscheide kompreß mit vorderer Zacke, wird jährlich abgeworfen. Prärien von Nordamerika.

Bubalis (*Alcelaphus*) *buselaphus* PALL., Kuhantilope. Nordafrika. *B. caama* G. CUV., Hartbiest. *Damaliscus pygargus* PALL., Buntbock. *Connochaetes* (*Catoblepas*) *gnu* ZIMM., Gnu. *Cephalophus grimmius* L. Südafrika. *Neotragus pygmaeus* L., Zwergantilope. Westafrika.

Abb. 1156. *Moschus moschiferus*, Männchen. (Aus BRANDT u. RATZEBURG.) $^1/_{12}$

Tetracerus quadricornis BLAINV. Ostindien. *Oreotragus oreotragus* ZIMM. (*saltatrix* BODD.). Ostafrika vom Cap bis Abessinien. *Antilope cervicapra* L. Ostindien. *Pantholops hodgsoni* ABEL. Tibet. *Saiga tatarica* L., Saiga-Antilope. Südosteuropa, Westasien. *Antidorcas marsupialis* ZIMM. (*euchore* FORST.), Springbock. Südostafrika. *Gazella dorcas* L., Gazelle. Nordafrika, Westasien. *Hippotragus leucophaeus* PALL., Blaubock. Südafrika. Seit 1800 ausgerottet. *Oryx beisa* RÜPP. Nordostafrika. *O. algazel* PALL., Säbelantilope. Nördl. Afrika. *Addax nasomaculatus* BLAINV., Mendesantilope. Nordafrika. *Boselaphus tragocamelus* PALL., Nilghai. Ostindien. *Tragelaphus scriptus* PALL. *Strepsiceros strepsiceros* PALL. (*kudu* GRAY), Kudu. Central- und Südafrika. *Taurotragus oryx* PALL. (*canna* DESM.), Elenantilope. Ost- und Südafrika. *Rupicapra rupicapra* L., Gemse. Alpen, Karpathen, Pyrenäen, Balkan, Kaukasus. *Oreamnos* (*Haplocerus*) *montanus* ORD (*americanus* BLAINV.), Schneeziege. Felsengebirge Nordamerikas. *Budorcas taxicolor* HDGS. Takin, Indochina.

Hemitragus jemlahicus H. SM. Tahr, Himalaja. *Capra aegagrus* GM., Bezoarziege. Südosteuropa, Westasien. Stammform einiger europäischer Hausziegen. Als Stammform der meisten europäischen Hausziegenformen wird von ADAMETZ die im Diluvium von Galizien gefundene *Capra prisca* ADAMETZ angesehen. *C. falconeri* WAGN. Markhor, Schraubenhornziege. Himalaja, Afghanistan. *C. ibex* L., Alpensteinbock. Alpen. Im Aussterben. *Ammotragus lervia* PALL. (*tragelaphus* DESM.), Mähnenschaf. Nordafrika. *Ovis ammon* L. (*argali* PALL.), Argali. Mittel- u. Ostasien. *O. musimon* SCHREB., Muflon. Sardinien, Korsika.

O. cycloceros Hutt. (*arkal* Brdt.), Steppenschaf. Tibet bis Westasien. Die beiden letztgenannten Arten sind die Stammformen der europäischen Hausschafe, erstere der kurzschwänzigen Rassen (Haidschnucke und des Marschschafes), letztere der langschwänzigen Rassen (Merinos, Zackelschafe und mitteleuropäischen Landschafe). Doch hat auch Mischung beiderlei zahmen Rassenformen stattgefunden.

Ovibus moschatus Zimm., Moschusochs. Grönland, Arkt. Nordamerika.

Anoa depressicornis H. Sm. Celebes. *Buffelus* (*Bubalus*) *bubalus* L., Büffel. Ostindien. Domestiziert auch in Südosteuropa, Ägypten, Westasien. *B. caffer* Sparrm. Ost- und Südafrika. *Bibos gaurus* H. Sm., Gaur. Ostindien. Die domestizierte Form ist der Gayal. *B. banteng* Raffl. (*sondaicus* Müll. Schl.), Banteng. Indochina, Java, Borneo. Stammform des südasiatischen Hausrindes. *Poëphagus grunniens* L., Yak, Grunzochs. Centralasien. *Bison bonasus* L., Wisent, mit Unrecht Auerochs genannt. Früher im mittleren Europa weit verbreitet, gegenwärtig als Wildform ausgerottet. *B. bison* L. (*americanus* Gm.). Nordamerika. *Bos primigenius* Bojan., Ur, Urochs, Auerochs. In historischer Zeit ausgerottet, früher in Europa verbreitet. Die Stammform des europäischen Steppenrindes, Niederungsrindes und des Frontosusrindes, ferner der ältesten Rinder Afrikas. Auch die Zebus, Buckelrinder von Südasien und Afrika, gehen höchstwahrscheinlich auf eine dem Ur nahestehende Wildform (*Bos namadicus* Falc. aus dem Pleistozän Indiens) zurück. Die übrigen europäischen Hausrinder werden auf eine zweite europäische, gegenwärtig ausgestorbene Wildform (*Bos europaeus* [*brachyceros*]) zurückgeführt (Adametz). Doch hat auch Mischung beiderlei Kulturformen stattgefunden.

Fam. *Giraffidae*. Mit wenigstens zwei von der behaarten Haut überzogenen Hornzapfen an der Stirne. Seitenzehen und -Finger fehlen. Gebiß: $\frac{0\ 0\ 3\ 3}{3\ 1\ 3\ 3}$. *Okapia johnstoni* Scl., Okapi. Centralafrika. *Giraffa camelopardalis* L., Giraffe. Mit sehr langem Hals und langen Vorderbeinen. Afrika.

11. Ordnung. Sirenia (Seekühe)[1].

Monodelphe, im Wasser lebende plumpe Säugetiere mit flossenförmigen, im Ellenbogengelenk beweglichen Vordergliedmaßen, ohne Hintergliedmaßen, mit horizontaler Flosse am Schwanze. Gebiß herbivor, reduciert.

Die Sirenen gleichen in ihrer Erscheinung den Walen, weichen von denselben jedoch in zahlreichen wesentlichen Charakteren ab; Bau und fossile Übergangs-

Abb. 1157. *Trichechus manatus*, junges Tier. (Nach Murie.) Etwa ¹/₁₁

formen weisen auf die Ableitung der Sirenen von primitiven Ungulaten (Condylarthra) und vielleicht gemeinsamen Ursprung mit den Proboscideen, so daß die

---

[1] Brandt, J. F.: Symbolae sirenologicae. Mém. Acad. St.-Pétersbourg **1845—1869**. — Murie, J.: On the form and structure of the Manatee. Trans. Zool. Soc. London 8 (1872); ferner 11 (1879). — Hartlaub, C.: Beiträge zur Kenntnis der *Manatus*-Arten. Zool. Jb. **1** (1886). — Kükenthal, W.: Vergleichende anatomische und entwicklungsgeschichtliche Untersuchungen an Sirenen. Semon: Zool. Forschungsreisen in Australien. IV. Jena 1897. — v. Lorenz, L.: Das Becken der Stellerschen Seekuh. Abh. Geol. Reichsanst. Wien **19** (1904). — Matthes, E.: Beiträge zur Anatomie und Entwicklungsgeschichte der Sirenen. I. Jena. Z. Naturwiss. **53** (1915). — Petit, G.: Recherches anatomiques sur l' apareil génitourinaire mâle des Sireniens. Arch. Morph. gén. expér. **23**. Paris 1925. — Vgl. ferner die Arbeiten von Vrolik, Harting, Gill, H. Dexler u. L. Freund, Kaudern u. a.

Übereinstimmung in der dem Wasseraufenthalte angepaßten Körperform mit Walen auf convergente Entwicklung zurückgeführt werden muß. Der spindelförmige Leib mit dem ventral abgesetzten Kopfe endet mit mäßig breiter horizontaler Hautflosse (Abb. 1157). Die Vorderextremitäten sind im Ellbogengelenk bewegliche Flossen, die fünffingerige Hand trägt bei *Trichechus* (*Manatus*) vier rudimentäre Nägel. Die Hinterextremität fehlt bis auf Reste des Beckens, die mit einem Wirbel der Wirbelsäule ligamentös verbunden sind. Die Haut ist dick, drüsenlos und spärlich beborstet. Der Schädel schließt sich im Bau an jenen der Huftiere an, in gleicher Weise das Gebiß und die innere Organisation. Der Mund ist von einer wulstigen Oberlippe gedeckt. In der Mundhöhle finden sich am Intermaxillare und dem Vorderabschnitte des Unterkiefers Hornplatten. Im Gebiß sind Schneidezähne und Eckzähne rückgebildet bis auf einen Schneidezahn im Oberkiefer bei *Dugong* (*Halicore*), der sich beim Männchen zu einem wurzellosen Stoßzahn ausbildet. Von Backenzähnen finden sich nur Molaren, bei *Trichechus* (*Manatus*) bis acht, selten mehr als sechs in jeder Kieferhälfte, die einem horizontalen steten Wechsel von hinten nach vorn unterliegen, indem die vorn ausfallenden Zähne durch am Hinterende der Reihe neuentstehende Zähne ersetzt werden; sie sind mit zwei Jochen versehen. Bei *Dugong* finden sich fünf bis sechs Backenzähne, von denen die vorderen zwei bis drei ausfallen. *Hydrodamalis* (*Rhytina*) war zahnlos.

Die Zitzen sind brustständig, der Uterus zweihörnig, die Placenta gürtelförmig.

Die Sirenen nähren sich an der Meeresküste von Pflanzen, steigen auch weit in die Flußmündungen.

Fam. *Trichechidae*. Gebiß nur aus selten mehr als sechs Molaren mit fortgesetztem horizontalen Wechsel. Schwanzflosse spatelförmig. *Trichechus manatus* L. (*Manatus latirostris* HARL.), amerikanischer Manati. Küsten Amerikas von Florida bis Nordbrasilien, Antillen (Abb. 1157). *T. senegalensis* DESM. Westafrika.

Fam. *Dugongidae* (*Halicoridae*). Mit einem oberen Schneidezahn, der sich beim Männchen zu einem Stoßzahn entwickelt. $\frac{5}{5}$ bis $\frac{6}{6}$ Molaren, die später stiftförmig werden und von denen die vorderen zwei bis drei ausfallen. Schwanzflosse in zwei seitliche Lappen ausgezogen. *Dugong* (*Halicore*) *dugon* P. L. S. MÜLL., Dugong. Ind. Ozean.

Fam. *Hydrodamalidae*. Zahnlos. Schwanzflosse halbmondförmig. *Hydrodamalis gigas* ZIMM. (*Rhytina stelleri* RETZ.), STELLERsche Seekuh, Borkentier. Beringsmeer. War bis 8 m lang. Seit 1790 ausgestorben.

12. Ordnung. **Primates**[1].

Monodelphe Säugetiere mit vollständigem heterodonten Gebiß, Vorder- und Hinterextremitäten mit fünf Fingern, deren erster in der Regel opponierbar; meist mit Plattennägeln. Augenhöhlen nach vorn gerichtet.

---

[1] AUDEBERT, J. B.: Histoire naturelle des Singes et des Makis. Paris 1800. — SCHLEGEL, H.: Monographie des Singes. Leide 1876. — FORBES, H. O.: A Handbook to the Primates. 2 Vols. London 1894. — WINGE, H.: Jordfundne og nulevende Aber (Primates). E Museo Lundi. Kjöbenhavn 1895. — MILNE EDWARDS, A. et GRANDIDIER: Madagascar, Histoire naturelle des Mammifères. Paris 1875. — LECHE, W.: Untersuchungen über das Zahnsystem lebender und fossiler Halbaffen. Festschr. f. GEGENBAUR. III. Leipzig 1896. — SELENKA, E.: Studien zur Entwicklungsgeschichte der Tiere. H. 7—11. Menschenaffen usw. Wiesbaden 1898—1913. — HUBRECHT, A. A. W.: Furchung und Keimblattbildung bei *Tarsius spectrum*. Verh. Akad. Amsterdam 1902. — ELLIOT, D. G.: A Review of the Primates. 3 Bde. New York 1912. — TOLDT jun., K.: Über Hautzeichnung bei dichtbehaarten Säugetieren, insbesondere bei Primaten. Zool. Jb. 35 (1913). — KOLLMANN, M. et L. PAPIN: Études sur les Lémuriens. I. Ann. des Sci. natur. 1914. — WOOLLARD, H. H.: The Anatomy of *Tarsius spectrum*. Proc. Zool. Soc. London 1925. — Außerdem vgl. die Arbeiten von VROLIK, DUVERNOY, GEOFFROY ST. HILAIRE, MIVART, OWEN, TURNER, GRAY, V. BISCHOFF, HUXLEY, ZUCKERKANDL u. a.

Die Primates, zu denen die Affen, Tarsioidea und Halbaffen gehören, sind Klettertiere, deren Vorder- und Hinterextremitäten mit ihren fünf freien Fingern und Zehen durch die Opponierbarkeit des Daumens bzw. der großen Zehe als Hand- und Greiffuß entwickelt sind. Die Endphalangen der Extremitäten sind meist mit Plattennägeln, seltener mit Kuppennägeln oder Krallen bewaffnet. Das Gebiß ist in der Regel vollständig und heterodont.

1. Unterordnung. *Prosimiae* (*Lemuroidea*), *Halbaffen*. Primaten mit insectivorenähnlichem Gebiß, ohne geschlossene Augenhöhlen.

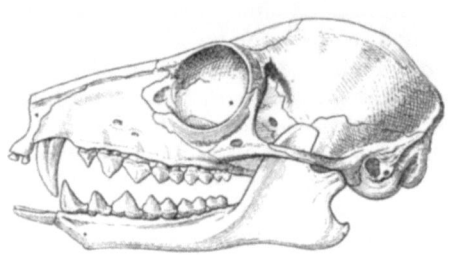

Abb. 1158. Schädel von *Lemur varius*. (Nach A. Milne Edwards u. Grandidier.)

Die Halbaffen zeigen in Erscheinung und Lebensweise viel Ähnlichkeit mit den Affen. Ihr schlanker Körper trägt ein dichtes, oft wolliges Haarkleid und erscheint zum Baumleben vorzüglich eingerichtet. Der raubtierähnliche Kopf besitzt ein behaartes Gesicht und große Augen. Das Gebiß erinnert an jenes der Insectivoren (Abb. 1158). Meist finden sich je zwei Schneidezähne, von denen die oberen klein bleiben und durch eine weite mediane Lücke von denen der anderen Seite getrennt sind, die unteren lang sind und mehr oder minder horizontal stehen. Denselben hat sich der untere Eckzahn in seiner Form adaptiert, während der erste untere Prämolar die stark vorstehende Form des Eckzahnes gewonnen hat. Den meist in der Dreizahl auftretenden drei- bis vierhöckerigen Prämolaren folgen drei Molaren. Der Unterkiefer bleibt mit persistenter Trennung seiner beiden Hälften im Kinnwinkel. Von den Extremitäten sind die vorderen kürzer als die hinteren. Die Halbaffen haben bereits die Hände und Greiffüße der Affen, ebenso auch Plattennägel an Fingern und Zehen, die zweite Zehe des Fußes stets ausgenommen, welche mit einer langen Kralle bewaffnet ist (Abb. 1160). *Daubentonia* (*Chiromys*) besitzt Krallennägel, einen Plattennagel bloß an der opponierbaren Innenzehe der hinteren Extremität. Der Schwanz zeigt sehr verschiedene Größe und Entwicklung, ist jedoch nie ein Greifschwanz.

Abb. 1159. *Daubentonia* (*Chiromys*) *madagascariensis*. (Aus Vogt u. Specht.) Etwa 1/5

Die mehr oder minder nach vorn gerichteten Augenhöhlen sind zwar von einem Orbitalring vollständig umrandet, indessen gegen die Schläfengrube in der Regel nicht geschlossen. Die Clitoris ist von der Urethra durchbohrt. Uterus zweihörnig. Meist sind mehrere an Brust und Bauch gelegene Zitzenpaare vorhanden. Placenta diffus.

Die Halbaffen bewohnen ausschließlich die heißen Gegenden der alten Welt, vornehmlich Madagaskar, ferner Afrika und Südasien. Sie sind fast sämtlich Nachttiere, klettern sehr geschickt, aber träge und langsam und ernähren sich von Früchten, Insecten und kleinen Wirbeltieren.

Fam. *Lemuridae*, Fuchsaffen, Makis. Haarkleid wollig. Hinterbeine wenig länger als die Vorderbeine. Schwanz lang. Gebiß: $\frac{2\ 1\ 3\ 3}{2\ 1\ 3\ 3}$ (Abb. 1158). Die oberen Incisivi können rudimentär werden oder ausfallen. *Lemur varius* Is. GEOFFR. *L. macaco* L. Männchen schwarz, Weibchen rostrot. *L. mongoz* L. *L. catta* L. *Myoxicebus (Hapalemur) griseus* E. GEOFFR., Halbmaki. *Microcebus murinus* MILL. (*pusillus* E. GEOFFR.), Zwergmaki. *Chirogaleus* E. GEOFFR. Madagaskar.

Fam. *Indrisidae*. Hinterbeine lang, die Zehen, mit Ausnahme des Hallux, durch eine Haut verbunden. Schwanz von verschiedener Länge. *Indris (Lichanotus) indris* GMELIN (*brevicaudatus* E. GEOFFR.), Indri. *Propithecus diadema* BENN., Vließmaki. Madagaskar.

Fam. *Daubentoniidae*. Mit nagetierähnlichem Gebiß: $\frac{1\ 0\ 1\ 3}{1\ 0\ 0\ 3}$. Mit Krallennägeln an den verlängerten dünnen Fingern und Zehen. Nur die opponierbare große Zehe des Hinterfußes endet mit einem Plattennagel. *Daubentonia (Chiromys) madagascariensis* GMELIN, Aye-Aye, Fingertier. Madagaskar (Abb. 1159).

Fam. *Galaginidae*. Kleine Halbaffen, deren hintere Gliedmaßen viel länger als die vorderen sind. Tarsus sehr lang. *Galago senegalensis* E. GEOFFR. (*Otolicnus galago* SCHREB.). Trop. Afrika (Abb. 1160). *G. crassicaudatus* E. GEOFFR. Ostafrika.

Fam. *Nycticebidae*. Körper meist plump. Vorder- und Hintergliedmaßen ziemlich gleich lang. Zeigefinger rudimentär. Tarsus kurz. Schwanz kurz oder fehlt. *Perodicticus potto* E. GEOFFR. Westafrika. *Nycticebus coucang* BODD., Plumplori. Ostindien. *Loris (Stenops) tardigradus* L. (*gracilis* E. GEOFFR.), Schlanklori. Ostindien, Ceylon.

2. Unterordnung. *Tarsioidea*, Langfüßer. Primaten, deren Augenhöhle von der Schläfengrube bis auf eine Fissur getrennt ist. Im Gebiß die oberen Schneidezähne spitz und aneinander geschlossen, die unteren vertikal stehend.

Die *Tarsioidea* wurden gewöhnlich mit den *Lemuroidea* zu den *Prosimiae* als eigene Untergruppe eingeordnet. Sie zeigen jedoch außer den Übereinstimmungen mit Lemuroideen auch einige mit den Affen, so daß sie von M. WEBER und anderen Forschern als besondere Primatenunterordnung getrennt werden. Nach LECHE ist die einzige bisher gehörige Gattung *Tarsius* ein Relikt einer Stammgruppe, aus der Lemuroideen und Affen hervorgegangen sind.

Abb. 1160. *Galago senegalensis*. (Aus VOGT u. SPECHT.) $^1/_4$

Die Tarsioideen sind kleine Tiere mit wolligem Haarkleid, mit kurzem runden Kopf, großen Ohren und auffallend großen Augen. Die Orbita ist bis auf eine Fissur von der Schläfengrube getrennt. Die Gliedmaßen sind lang, Calcaneus und Naviculare stark verlängert. Die schlanken Finger und Zehen haben scheibenförmig verbreiterte Enden und besitzen Plattennägel, nur die zweite Zehe und Mittelzehe einen Krallennagel. Der Körper endet mit einem langen Schwanz. Im Gebiß stehen die unteren Schneidezähne vertikal, die unteren Eckzähne sind von gewöhnlicher Form; die oberen Schneidezähne sind aneinander geschlossen. Der Uterus ist zweihörnig, die Clitoris nicht von der Urethra durchbohrt. Von Zitzen sind zwei inguinale und zwei bruststzändige vorhanden. Die Placenta ist discoidal.

Die Tarsioidea sind nächtliche baumlebende Tiere, die sich hüpfend bewegen. Ihre Nahrung besteht aus Eidechsen, kleinen Krebsen, Insecten und Früchten.

Fam. *Tarsiidae*. Mit den Charakteren der Unterordnung. Gebiß: $\frac{2\ 1\ 3\ 3}{1\ 1\ 3\ 3}$. *Tarsius tarsius* ERXL. (*spectrum* PALL.), Gespenstmaki, Koboldmaki. Waldungen der Malaiischen Inseln.

3. Unterordnung. *Simiae (Anthropoidea), Affen*. Primaten mit geschlossener Augenhöhle, mit meißelförmigen, in geschlossener Reihe stehenden Schneidezähnen.

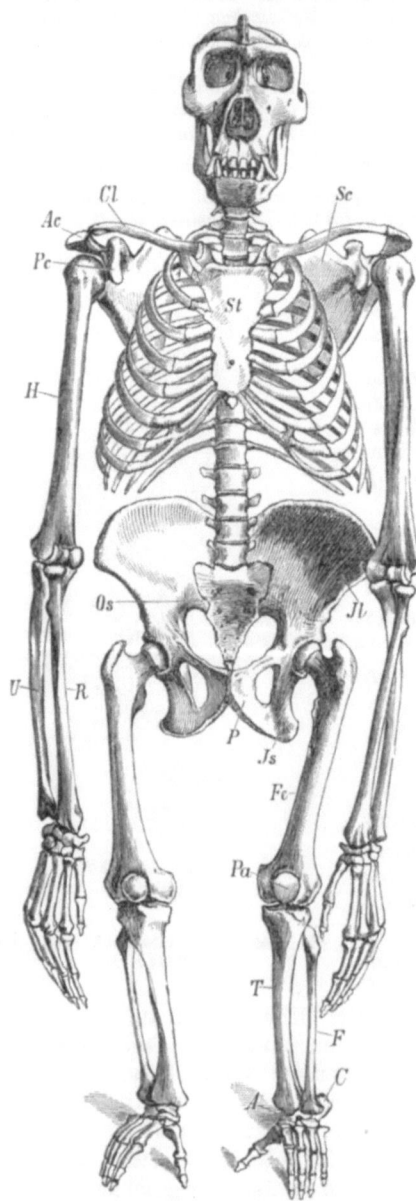

Abb. 1161. Skelet von *Gorilla gorilla*. *St* Sternum, *Sc* Scapula, *Ac* Acromion, *Pc* Processus coracoideus, *Cl* Clavicula, *H* Humerus, *R* Radius, *U* Ulna, *Os* Os sacrum, *Jl* Os ilium, *Js* Os ischii, *P* Os pubis, *Fe* Femur, *Pa* Patella, *T* Tibia, *Fi* Fibula, *C* Calcaneus, *A* Astragalus.

Der Körperbau der Affen erscheint in der Regel schlank und gracil, wie ihn die schnellen und leichten Bewegungen von Baumtieren voraussetzen, indessen kommen auch plumpe, schwerfällige Gestalten vor, die, wie die Paviane, Waldungen meiden und felsige Gebirgsgegenden zu ihrem Aufenthalte wählen. Mit Ausnahme des stellenweise kahlen menschenähnlichen Gesichtes und schwieliger Teile des Gesäßes (Gesäßschwielen) trägt der Körper ein mehr oder minder dichtes Haarkleid, welches sich nicht selten an Kopf und Rumpf in Form von Quasten und Mähnen verlängert. Die Haut ist bei einzelnen Arten in bestimmter lokaler Verteilung stark im Corium pigmentiert und erscheint dann unabhängig von der Haarfärbung symmetrisch licht und dunkel gezeichnet. Die kahlen Körperstellen zeichnen sich oft durch lebhafte rote oder blaue Färbung aus.

Im Zusammenhange mit der Größenzunahme des Gehirnes wird die Schädelkapsel runder und das Foramen magnum rückt allmählich mehr und mehr von der hinteren Fläche nach unten herab. Auch die Ohrmuschel hat etwas menschenähnliches, ebenso die Stellung der nach vorne gerichteten Augen, deren Höhlen gegen die Schläfengruben vollkommen geschlossen sind (Abbild. 1161). Von den Extremitäten sind die vorderen meist länger als die hinteren. Ein Schlüsselbein ist stets vorhanden. Der Unterarm gestattet eine Drehung des Radius und die Ulna (Pronatio und Supinatio) der Hand, deren Finger, die Krallaffen ausgenommen, Kuppen- oder Plattennägel tragen. Der Daumen kann rudimentär sein oder fehlen. Das Becken ist lang und gestreckt, wird aber bei den Anthropomorphen niedriger, mehr und mehr dem menschlichen ähnlich, wenngleich es immer flacher bleibt. Tibia und Fibula bleiben stets beweglich gesondert. Die hintere Extremität endet in allen Fällen mit einem kräftig entwickelten Greiffuß, den man nach Knochenbau und

Anordnung der Muskulatur in keiner Weise berechtigt ist, als Hand zu bezeichnen. Überall trägt die opponierbare große Zehe einen Plattennagel, während die übrigen Zehen mit Krallen bewaffnet sein können (Krallaffen). Die Sohlenfläche von Hand und Fuß ist nackt. Die Länge des Schwanzes ist eine sehr verschiedene; zuweilen erscheint er als Greifschwanz ausgebildet.

Das Gebiß (Abb. 1162, 1163) enthält in jedem Kiefer vier meißelförmige Schneidezähne, welche in geschlossener Reihe stehen, stark vortretende konische Eckzähne und bei den Affen der alten Welt und den Krallaffen fünf, bei den übrigen Affen der neuen Welt sechs stumpfhöckerige Backenzähne. Die Größe der fast wie bei den Raubtieren vorstehenden Eckzähne bedingt das Vorhandensein einer ansehnlichen Zahnlücke zwischen dem Eckzahne und ersten Backenzahne des Unterkiefers.

Rücksichtlich der inneren Organe ist im Vergleiche zu den übrigen Säugetieren eine Reduktion des Geruchsorganes hervorzuheben. Der Uterus ist stets ein Uterus simplex, die Placenta discoidal. Die Milchdrüsen und Zitzen sind brustständig und nur in einem Paare vorhanden. Das Weibchen bringt nur ein Junges (seltener zwei oder drei) zur Welt, welches mit großer Liebe geschützt und gepflegt

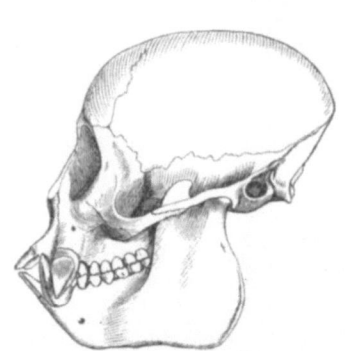

Abb. 1162. Schädel von *Pithecia satanas*.

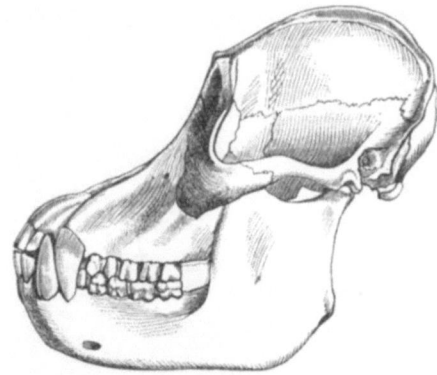

Abb. 1163. Schädel von *Pongo pygmaeus*.

wird. In psychischer Hinsicht stehen diese Tiere neben dem Hund, Elefant und anderen an der Spitze der Säugetiere.

Die meisten Affen leben in Waldungen der heißen Klimate, nur wenige einsiedlerisch, die meisten halten sich in größeren Gesellschaften zusammen, deren Führung das größte und stärkste Männchen übernimmt. Sie nähren sich vornehmlich von Früchten und Sämereien, jedoch auch von Insecten, Eiern und Vögeln.

Unter den fossilen Formen haben großes Aufsehen die von E. Dubois im unteren Pleistocän auf Java gefundenen Reste (Schädeldach, Femur und Zähne) eines Primaten, *Pithecanthropus erectus*, denen sich neue Funde in China anschließen, als menschenähnliche Übergangsform erregt.

1. Sektion. *Platyrhina*, Plattnasen. Affen der neuen Welt mit drei Prämolaren in jeder Kieferhälfte (Abb. 1162). Knorpelige Nasenscheidewand breit, Nasenlöcher seitlich gerichtet. Backentaschen und Gesäßschwielen fehlen überall.

Fam. *Callithrichidae* (*Arctopitheci*), Krallaffen. Von geringer Körpergröße, mit behaarten Ohren, mit langem, buschig behaartem Schwanz. Mit Krallen, nur die große Zehe trägt einen Plattennagel. Daumen nicht opponierbar. Gebiß: $\frac{2\ 1\ 3\ 2}{2\ 1\ 3\ 2}$. Sie werfen zwei, selbst drei Junge und nähren sich von Eiern, Insecten und Früchten. *Callithrix* (*Hapale*) *jacchus* L., Sahui, Ouistiti, Seidenäffchen. *Leontocebus* (*Midas*) *rosalia* L., Löwenäffchen. Brasilien.

Fam. *Cebidae.* Finger und Zehen mit Plattennägeln. Daumen opponierbar, fehlt zuweilen. Gebiß: $\frac{2}{2}\frac{1}{1}\frac{3}{3}\frac{3}{3}$ (Abb. 1162). Schwanz häufig ein Greifschwanz. *Aotus* (*Nyctipithecus*) *trivirgatus* HUMBOLDT, Nachtaffe. Guiana, Peru. *Saimiri* (*Chrysothrix*) *sciureus* L., Saimiri. Brasilien, Guiana. *Callicebus* (*Callithrix*) *personatus* E. GEOFFR., Springaffe. Brasilien. *Pithecia satanas* HFFM., Para. *Cebus capucinus* L., Kapuzineraffe. Guiana, Brasilien bis Paraguay. *Lagothrix lagotricha* HUMB., Wollaffe. *Ateles paniscus* L., Koaita. Guiana, Brasilien. *Alouatta* (*Mycetes*) *seniculus* L., Brüllaffe. Mit trommelförmigem gehöhlten Zungenbeinkörper. Südamerika.

2. Sektion. *Catarrhina*, Schmalnasen. Affen der alten Welt mit schmaler Nasenscheidewand. Nasenlöcher nach vorn gerichtet. Nur zwei Prämolaren in jeder Kieferhälfte. Gebiß: $\frac{2}{2}\frac{1}{1}\frac{2}{2}\frac{3}{3}$ (Abb. 1163). Backentaschen und Gesäßschwielen meist vorhanden. Der Schwanz ist niemals ein Greifschwanz, in einigen Fällen stummelförmig oder fällt als äußerer Anhang weg.

Abb. 1164. *Gorilla gorilla*. (Aus VOGT u. SPECHT). $^1/_{13}$

Fam. *Cercopithecidae.* Catarrhinen mit schmalem Sternum. Vorderextremitäten nicht länger als die Hinterbeine. Gesäßschwielen sind stets, Backentaschen meist vorhanden. *Papio* (*Cynocephalus, Mormon*) *sphinx* L. (*maimon* L.), Mandrill. Westafrika. *P. hamadryas* L., Mantelpavian. Arabien, Abessinien, Sudan. Heiliger Affe der alten Ägypter. *P. porcarius* BRUNN. Südafrika. *Theropithecus gelada* RÜPP., Dschelada. Gebirge von Abessinien. *Pithecus fascicularis* RAFFL. (*Macacus cynomolgus* BLYTH), Makak. Siam, Sundainseln. *P.* (*Nemestrinus*) *nemestrinus* L., Schweinsaffe. Malakka, Sumatra, Java, Borneo. *P. rhesus* AUDEB. Ostindien. *Simia sylvanus* L. (*Inuus ecaudatus* E. GEOFFR.), Magot. Schwanzlos. Nordwestafrika, Gibraltar. *Lasiopyga* (*Cercopithecus*) *callitrichus* IS. GEOFFR. (*sabaeus* aut.), Grüne Meerkatze. Westafrika. *Colobus abyssinicus* OK. (*guereza* RÜPP.), Stummelaffe. Daumen stummelförmig. Abessinien. *Nasalis larvatus* WURMB, Nasenaffe. Borneo. *Pygathrix* (*Semnopithecus, Presbytis*) *entellus* DUFR., Hulman. Ostindien. Als heiliger Affe von den Hindus verehrt. *P. aurata* E. GEOFFR. (*maura* GRAY), Budeng. Java, Sumatra, Borneo. *P. nemaeus* L., Kleideraffe. Kochinchina.

Fam. *Hylobatidae*, Gibbons, Langarmaffen. Catarrhinen mit breitem Sternum. Vorderextremitäten auffallend lang. Backentaschen fehlen. Mit kleinen Gesäßschwielen. Schwanzlos. *Symphalangus* (*Hylobates*) *syndactylus* DESM., Siamang. Sumatra. *Hylobates lar* L. Malakka.

Fam. *Pongoidae* (*Anthropomorphae*). Catarrhinen mit breitem Sternum. Vorderextremitäten länger als die hinteren. Backentaschen und Gesäßschwielen fehlen. Schwanzlos. Schädel mit Augenbrauenwülsten. Bauen sich Nester auf Bäumen. Hierher gehören die größten Affen. *Pongo pygmaeus* HOPPIUS (*Simia satyrus* L.), Orang-Utan. Borneo, Sumatra. *Pan satyrus* L. (*Troglodytes niger* E. GEOFFR.), Schimpanse. Lebt in kleineren Gesellschaften. West- und Centralafrika. *Gorilla gorilla* WYM. (*gina* Is. GEOFFR.), Gorilla. Lebt gesellig in Wäldern. Westafrika. Wird bis 2 m hoch (Abb. 1164). *G. beringei* MTSCH., Berggorilla. Centralafrika.

An die Catarrhinen schließt sich der Mensch an, über dessen Stellung in der Klasse der Säugetiere man verschiedener Meinung ist, je nach dem Werte, welcher den Eigentümlichkeiten seines körperlichen Baues beigelegt wird. Während CUVIER, OWEN und andere für den Menschen eine besondere Ordnung (*Bimana*) aufstellen, schätzen Forscher, wie HUXLEY und seine Anhänger, die Merkmale, welche den Menschen von den anthropomorphen Affen unterscheiden, weit geringer und schlagen dieselben im Anschluß an die Auffassung LINNÉS, welcher den Menschen mit den Affen in seiner Ordnung der *Primates* vereinigte, nicht höher als Familiencharaktere an.

Literaturhinweise.

(s. auch die Fußnoten im Text!)

I. Theoretische und allgemeine Biologie.

(s. auch S. 5!)

HARTMANN, M.: Die Welt des Organischen, in: Das Weltbild der Naturwissenschaften. Stuttgart 1921.
— Allgemeine Biologie. Jena 1927.
HERTWIG, O. u. G. HERTWIG: Allgemeine Biologie. 6. u. 7. Aufl. Jena 1923.
LOTZE, R. H.: Allgemeine Physiologie des körperlichen Lebens. Leipzig 1851.
MEYER, AD.: Logik der Morphologie im Rahmen einer Logik der gesamten Biologie. Berlin 1926.
WOLTERECK, R.: Grundzüge einer allgemeinen Biologie. Stuttgart 1932.

II. Geschichte der Biologie.

v. BUDDENBROCK, W.: Bilder aus der Geschichte der biologischen Grundprobleme. Berlin 1930.
BURCKHARDT, R.-ERHARD, H.: Geschichte der Zoologie und ihrer wissenschaftlichen Probleme. (Sammlung Göschen Nr 357 u. 823.) Berlin u. Leipzig 1921.
LOCY, W. A.: Die Biologie und ihre Schöpfer. Jena 1915.
RÁDL, EM.: Geschichte der biologischen Theorien. I., II. Leipzig 1905, 1909.

III. Lehrbücher der Zoologie und zusammenfassende Darstellungen.

ABEL, O.: Lehrbuch der Paläozoologie. 2. Aufl. Jena 1924.
BOAS, J. E. V.: Lehrbuch der Zoologie für Studierende. 9. Aufl. Jena 1922.
FRIEDERICHS, K.: Die Grundfragen und Gesetzmäßigkeiten der land- und forstwissenschaftlichen Zoologie, insbesondere der Entomologie. Berlin 1930.
Handbuch der Zoologie. Gegründet von W. KÜKENTHAL, herausgeg. v. THILO KRUMBACH, Berlin. Im Erscheinen.
HERTWIG, R.: Lehrbuch der Zoologie. 15. Aufl. Jena 1931.
KÜHN, A.: Grundriß der allgemeinen Zoologie. 4. Aufl. 1930.
PLATE: Allgemeine Zoologie und Abstammungslehre. I, II. Jena 1922, 1924.
STECHE: Grundriß der Zoologie. 2. Aufl. Leipzig 1922.
STEMPELL, W.: Zoologie im Grundriß. Berlin 1926.
ZIEGLER-BRESSLAU: Zoologisches Wörterbuch. 3. Aufl. Jena 1927.
Artikel im Handwörterbuch der Naturwissenschaften. 10 Bände. Jena 1912 bis 1915. 2. Aufl. im Erscheinen.
Artikel in Tabulae biologicae, herausgeg. von C. OPPENHEIMER u. L. PINCUSSEN. Bd. 4 1927 u. Supplementbände.

IV. Darstellungen einzelner Tiergruppen.

(s. auch die Fußnoten des speziellen Teils!)

Biologie der Tiere Deutschlands, herausgeg. von P. SCHULZE, im Erscheinen (seit 1922) Berlin.
BRAUN, M. u. SEIFERT: Die tierischen Parasiten des Menschen, ein Handbuch für Studierende und Ärzte. 6. Aufl., Bd. 1. Leipzig 1925; 3. Aufl., Bd. II. Leipzig 1926.
DACQUÉ, E.: Vergleichende biologische Formenkunde der fossilen niederen Tiere. Berlin 1921.
EYFERTH-SCHOENICHEN, Einfachste Lebensformen des Tier- und Pflanzenreiches. 2 Bde. 5. Aufl. Berlin 1927.
Handbuch der Entomologie, herausgeg. von CHR. SCHRÖDER. Im Erscheinen. Jena, seit 1912.
NÜSSLIN-RHUMBLER: Forstinsektenkunde. Berlin 1927.
Artikel über die einzelnen Tiergruppen im Handwörterbuch der Naturwissenschaften. 10 Bde. Jena 1912—1915. 2. Aufl. im Erscheinen.

V. Morphologie.

Bütschli: Vorlesungen über vergleichende Anatomie. 1.—5. Lfg. Berlin 1910—1931.
Ellenberger u. Baum: Handbuch der vergleichenden Anatomie der Haustiere. 17. Aufl. Berlin 1932.
Handbuch der Morphologie der wirbellosen Tiere. 2. bzw. 3. Aufl., begr. von Lang, fortgesetzt von Hescheler mit zahlreichen Mitarbeitern. Im Erscheinen begriffen.
Heider, K.: Entwicklungsgeschichte und Morphologie der Wirbellosen. Leipzig 1928.
Jacobshagen, E.: Allgemeine vergleichende Formenlehre der Tiere. Leipzig 1925.
Ihle, van Kampen, Nierstrass, Versluys: Vergleichende Anatomie der Wirbeltiere. Berlin 1927.
Schimkewitsch: Lehrbuch der vergleichenden Anatomie der Wirbeltiere. Stuttgart 1921.

VI. Physiologie.

Bayliss, W. M.: Grundriß der allgemeinen Physiologie. Berlin 1926.
v. Buddenbrock, W.: Grundriß der vergleichenden Physiologie. Berlin 1928.
Handbuch der Biochemie, herausgeg. von C. Oppenheimer. 9 Bde. Jena 1923—1928 Erg.-Bd. 1930.
Handbuch der normalen und pathologischen Physiologie, herausgeg. von Bethe, v. Bergmann, Embden, Ellinger. 18 Bde. Berlin 1925—1932.
Handbuch der vergleichenden Physiologie, herausgeg. von Winterstein. 4 Bde. Jena 1911—1925.
Herter: Tierphysiologie. I. Stoffwechsel und Bewegung. II. Reizerscheinungen. (Sammlung Göschen Nr 972 u. 973.) Leipzig 1927, 1928.
Hesse u. Doflein: Tierbau und Tierleben. Bd. 1: Der Tierkörper als selbständiger Organismus. Leipzig 1910. Bd. 2: Das Tier als Glied des Naturganzen. Leipzig 1914.
Jordan, H. I.: Allgemeine vergleichende Physiologie der Tiere. Leipzig 1929.
Lehrbuch der allgemeinen Physiologie, herausgeg. von E. Gellhorn (mit Asher, v. Buddenbrock, Oppenheimer, Spek). Leipzig 1931.
Stempell u. Koch: Elemente der Tierphysiologie. 2. Aufl. Jena 1923.
Strohl: Die Giftproduktion bei den Tieren. Leipzig 1926.
v. Tschermak: Allgemeine Physiologie. Bd. 1^1. Berlin 1916. Bd. 1^2. Berlin 1924.
Verworn: Allgemeine Physiologie. 7. Aufl. Jena 1922.

VII. Anleitungen zu praktischem Arbeiten.

Hofmann, H.: Leitfaden für histologische Untersuchungen an Wirbellosen und Wirbeltieren. Jena 1931.
Jordan, H. I., unter Mitwirkung von G. Ch. Hirsch: Übungen aus der Vergleichenden Physiologie. Berlin 1927.
Krüger, P.: Tierphysiologische Übungen. Berlin 1926.
Kühn, A.: Anleitung zu tierphysiologischen Grundversuchen. Leipzig 1917.
Kükenthal, W.-E. Matthes: Leitfaden für das zoologische Praktikum. 10. Aufl. Jena 1931.
Nierstrass, H. F. u. G. Ch. Hirsch: Anleitung zu makroskopisch-zoologischen Übungen. I. Wirbellose Tiere. Jena 1922. II. Wirbeltiere. 2. Aufl. Jena 1930.
Reichenow, E. u. G. Wülker: Leitfaden zur Untersuchung der tierischen Parasiten des Menschen und der Haustiere. Leipzig 1929.
Röseler, P. u. H. Lamprecht: Handbuch für biologische Übungen. Berlin 1914.
Stempell, W.: Leitfaden für das mikroskopisch-zoologische Praktikum. 3. Aufl. Jena 1925.

VIII. Bestimmungsbücher.

Brohmer (und zahlreiche Mitarbeiter): Fauna von Deutschland. 3. Aufl. Leipzig 1925.
Brauer (und zahlreiche Mitarbeiter): Süßwasserfauna Deutschlands. Im Erscheinen. Jena seit 1909.
Die Tierwelt Deutschlands und der angrenzenden Meeresteile, herausgeg. von Fr. Dahl, im Erscheinen (seit 1925). Jena.
Die Tierwelt der Nord- und Ostsee, herausgeg. von G. Grimpe und E. Wagler (mit zahlreichen Mitarbeitern), im Erscheinen. Leipzig.
Die Tierwelt Mitteleuropas, herausgeg. von P. Brohmer, P. Ehrmann, G. Ulmer, im Erscheinen seit 1928). Leipzig.
Döderlein, L.: Bestimmungsbuch für deutsche Land- und Süßwassertiere. München und Berlin: Mollusken und Wirbeltiere 1931. Insekten I. Teil 1932.

Verzeichnis der zoologischen Namen.

Aal (europäischer) 936.
Aal (nordamerikanischer) 326.
Aalmutter 940.
Aasfliege 729.
Aasgeier 1016.
Aaskäfer 733.
Abatus 853.
Abdominalia 607.
Abendpfauenauge 724.
Abida 781.
Ablepharus 977.
Abothrium 502.
Abraliopsis 805.
Abramis 935.
Abraxas 723.
Abyla 449.
Abylopsis 449.
Acalephae 451.
Acalyptera 729.
Acantharia 159, 167, 408.
Acanthia 747.
Acanthias 926.
Acanthis 1022.
Acanthobdella 561.
Acanthobothrium 502.
Acanthocephali 525.
Acanthochiasma 408.
Acanthochites 757.
Acanthocinus 735.
Acanthocystis 406.
Acanthodoris 779.
Acanthodrilus 556.
Acantholophus 661.
Acanthometron 408.
Acanthonchocotyle 490.
Acanthophis 982.
Acanthopsidae 935.
Acanthopterygii 939.
Acarapis. 667
Acarina 663.
Acarus 668.
Accentor 1020.
Accipiter 1016.
Accipitres 1015.
Acentropus 722.
Acephala 783.
Acephalocysten 504.
Acera 777.

Acerentomon 863.
Acerentulus 683.
Acerina 939.
Achaeta 556.
Achatina 781.
Achatinella 781.
Achelia 673.
Acherontia 724.
Acheta 709.
Acholoë 549.
Achtheres 601.
Acidalia 723.
Acilius 733.
Acineta 423.
Acinonyx 1068.
Acipenser 932.
Aciptilia 722.
Acmaea 771.
Acnidosporidia 415.
Acoela 482.
Acomys 1061.
Acontias 977.
Acotylea 484.
Acraeidae 724.
Acrania 100, 118, 227, 874.
Acredula 1021.
Acrida 709.
Acrocephalus 1020.
Acrochordus 981.
Acrocladia 853.
Acrodonten 975.
Acronycta 723.
Acropora 470.
Acroptera 728.
Acrorhynchus 483.
Acrydium 709.
Actaeon 777.
Actinelius 409.
Actinia 469.
Actiniaria 469.
Actinoloba 469.
Actinolophus 406.
Actinometra 846.
Actinomma 409.
Actinomyxidia 415.
Actinophrydia 405.
Actinophrys 38, 55, 68, 405.
Actinopoda 855.
Actinosphaerium 405.
Actinotrocha 808.
Actinula 440.

Aculeata 742.
Adamsia 469.
Addax 1081.
Adeciduata 1044.
Adela 722.
Adelea 413.
Adephaga 732.
Adlerrochen 927.
Admetus 651.
Admiral 724.
Aëdes 727.
Aëdon 1020.
Aega 636.
Aegeria 722.
Aegina 444.
Aegineta 444.
Aeginopsis 444.
Aegithalus 1021.
Aeglea 626.
Aeneasratte 1051.
Aeolidoidea 779.
Aeolis 779.
Aeolosoma 555.
Aeolothrips 713.
Aepyornis 1006.
Aepyornithes 1006.
Aequorea 443.
Aesche 934.
Aeschna 716.
Aeskulapnatter 981.
Aetheria 792.
Aëtomorphae 1016.
Affen 1086.
Afterfrühlingsfliegen 714.
Afterskorpione 659.
Afterraupen 741.
Afterspinnen 660.
Agama 976.
Agalma 450.
Agalmopsis 450.
Agelastica 736.
Agelena 657.
Ageniaspis 742.
Aggregata 56, 68, 413.
Aglaophenia 443.
Aglaura 444.
Aglia 723.
Aglossa 722.
Aglossa (Frösche) 955.
Aglyphodonten 979.
Agouti 1061.

Agrilus 734.
Agriolimax 781.
Agrion 716.
Agriotes 734.
Agroeca 657.
Agrotis 723.
Aguti 1061.
Ai 1063.
Ailanthusspinner 723.
Ailurus 1067.
Aiptasia 469.
Alactaga 1060.
Alauda 1021.
Alaurina 482.
Alausa 934.
Albatros 1014.
Albertia 508.
Albunea 626.
Alburnus 935.
Alca 1014.
Alce 1081.
Alcedo 1018.
Alcelaphus 1081.
Alces 1081.
Alciopa 550.
Alcippe 607.
Alcyonaria 467.
Alcyonella 813.
Alcyonidium 814.
Alcyonium 467.
Alepas 606.
Aleurodes 749.
Algiroides 977.
Alima 612.
Alken 1014.
Allantonema 519.
Alligator 974.
Allocreadium 493.
Alloeocoela 483.
Allolobophora 556.
Allotheria 1046.
Alma 556.
Alona 587.
Alopex 1066.
Alopias 926.
Alouatta 1088.
Alpaka 1080.
Alpendohle 1021.
Alpenflüevogel 1020.
Alpenlerche 1021.
Alpenmolch 954.
Alpenpfeifhase 1059.
Alpensalamander 953.

Alpensegler 1019.
Alpensteinbock 1081.
Alpheus 625.
Alucita 722.
Alytes 956.
Amadina 1022.
Amalia 781.
Amaroucium 867.
Amathia 814.
Amaurobius 657.
Amazona 1017.
Amazonenpapagei 1017.
Amblycephalidiformia 982.
Amblycephalus 982.
Amplycera 712.
Amblyomma 666.
Amblyopsis 937.
Amblypygi 651.
Ambulacraria 818.
Ambystoma 953.
Ameisen 742.
Ameisenbären 1063.
Ameisenbeutler 1051.
Ameisenigel 1048.
Ameisenlöwe 718.
Ameiva 977.
Amia 933.
Amiatus 933.
Amiurus 935.
Ammocoetes 906.
Ammodiscus 403.
Ammodytes 938.
Ammonoideen 805.
Ammophila 744.
Ammothea 673.
Ammotragus 1081.
Amniota 139, 294, 902.
Amoeba 402.
Amoebea 402.
Amoebosporidia 414.
Amoebozoa 399.
Amorpha 724.
Ampelis 1020.
Amphibia 941.
Amphibola 781.
Amphictene 551.
Amphigerontia 712.
Amphihelia 470.
Amphileptus 421.
Amphilina 500.
Amphilonche 409.
Amphimallus 737.
Amphineura 754.
Amphinome 548.
Amphinomorpha 548.
Amphioxus 879.
Amphipnous 935.
Amphipoda 637.
Amphiporus 534.
Amphiptyches 500.
Amphisbaena 977.
Amphisile 937.

Amphistomum 492.
Amphithyrus 641.
Amphitretus 807.
Amphiuma 953.
Amphiura 850.
Ampullaria 773.
Amymone 599.
Anabas 938.
Anableps 937.
Anabolia 719.
Anacanthini 938.
Anacridium 709.
Anakonda 980.
Analges 668.
Anamnia 902.
Anamorpha 680.
Ananchytes 853.
Anapera 729.
Anarrhichas 940.
Anas 1012.
Anasa 747.
Anaspides 631.
Anastomus 1013.
Anatina 793.
Anax 716.
Anceus 636.
Anchinia 874.
Anchorella 601.
Ancilla 774.
Ancistrocerus 744.
Ancistrodon 982.
Ancistroteuthis 805.
Ancorina 433.
Ancylostoma 522.
Ancylus 781.
Andrena 744.
Andricus 741.
Anelasma 606.
Anemonia 469.
Angiodictyum 492.
Angiostomum 519.
Anguilla 936.
Anguillula 519.
Anguis 977.
Anilocra 636.
Anisomyaria 794.
Anisopoda 632.
Anisoptera 716.
Anisozygoptera 715.
Ankyroderma 855.
Annelida 534.
Anoa 1082.
Anobium 734.
Anochanus 853.
Anodonta 792.
Anomalocera 599.
Anomalops 180.
Anomalurus 1060.
Anomia 795.
Anomocoela 956.
Anomopoda 587.
Anomostraca 630.
Anomura 625.
Anonyx 640.
Anopheles 727.

Anoplius 744.
Anoplocephala 502.
Anoplophrya 422.
Anoplotermes 711.
Anoplura 712.
Anorthura 1021.
Anostraca 585.
Anschovis 934.
Anser 1012.
Anta 1077.
Antedon 846.
Antennularia 443.
Anthea 469.
Anthelia 467.
Antheraea 723.
Anthidium 744.
Anthobothrium 502.
Anthomedusae 441.
Anthomyia 729.
Anthonomus 736.
Anthophora 744.
Anthozoa 459.
Anthracomarti 662.
Anthrapalaemon 619.
Anthrax 728.
Anthrenus 734.
Anthribus 736.
Anthropoidea 1086.
Anthropoides 1011.
Anthropomorphae 1089.
Anthura 636.
Anthus 1021.
Antidorcas 1081.
Antilocapra 1081.
Antilope 1081.
Antipatharia 468.
Antipathes 468.
Anura 954.
Anuraea 509.
Anurida 683.
Aotus 1088.
Apalus 735.
Apanteles 742.
Apatura 724.
Aperea 1061.
Apfelblütenstecher 736.
Apfelwickler 722.
Aphaenogaster 743.
Aphaniptera 730.
Aphanostoma 482.
Aphidius 742.
Aphis 750.
Aphodius 736.
Aphorura 683.
Aphrodite 549.
Aphrophora 748.
Apion 736.
Apis 744.
Aplacentalia 1044.
Aplacophora 757.
Aplodontia 1060.
Aplousobranchiata 867.

Aplysia 778.
Aplysilla 435.
Aplysina 434.
Aplysioidea 778.
Apocrita 741.
Apoda (Amphibien) 951.
Apoda (Cirripedien) 607.
Apodes 936.
Apolemia 450.
Apollofalter 724.
Aporia 724.
Aporosa 470.
Aporrhais 774.
Apothekerskink 977.
Appendicularia 861.
Appendiculariae 860.
Apseudes 633.
Apsilus 509.
Aptenodytes 1015.
Apterona 722.
Apteryges 1006.
Apterygogenea 680.
Apteryx 1007.
Apus 585.
Aquila 1016.
Ara 1017.
Arachnoidea 645.
Arachnomorpha 642.
Aradus 747.
Arakanga 1017.
Aranea 657.
Araneida 651.
Araneimorphae 657.
Arapaima 934.
Ararauna 1017.
Araschnia 724.
Arassari 1017.
Arbacia 852.
Arca 792.
Arcella 402.
Archaeopteryx 362f., 369, 1005.
Archaeostraca 610.
Archaster 848.
Archemuschel 792.
Archiannelida 538.
Archiascidia 867.
Archibuteo 1016.
Archidoris 779.
Archigetes 501.
Archiiulus 678.
Architeuthis 805.
Arcifera 955.
Arctia 723.
Arctiaemorpha 723.
Arctocephalus 1068.
Arctoidea 1066.
Arctomys 1060.
Arctopitheci 1087.
Arcturus 637.
Ardea 1013.
Ardetta 1013.
Arenicola 551.

Argali 1081.
Argas 666.
Arge 741.
Argiope (Brachiopode) 818.
Argiope (Spinne) 657.
Argonauta 807.
Argulus 593.
Argusianus 1008.
Argusfasan 1008.
Argynnis 724.
Argyroneta 657.
Argyropelecus 934.
Arianta 781.
Aricia 550.
Arion 781.
Armadille 1063.
Armadillidium 637.
Armadillo 637.
Armfüßer 814.
Armillifer 670.
Armmolch 954.
Armwirbler 813.
Aromia 735.
Arrhenurus 666.
Artemia 585.
Artemis 793.
Arthropoda 100, 113, 118, 121, 130, 145, 152, 156, 158, 173f., 215, 225, 332, 568.
Arthropodaria 529.
Arthrostraca 631.
Articulata 389.
Artiodactyla 1077.
Arvicola 1060.
Ascalabotae 976.
Ascalaphus 718.
Ascaphus 956.
Ascaridia 523.
Ascaris 523.
Ascetta 432.
Aschelminthes 504.
Aschiza 728.
Ascidia 867.
Ascidiacea 125, 172, 291, 306, 861.
Ascidiae luciae 868.
Ascidiae salpaeformes 868.
Ascidicola 600.
Ascoceratidae 805.
Ascodipteron 729.
Ascomyzontidae 600.
Asconidae 432.
Ascothoracida 607.
Ascyssa 432.
Asellota 637.
Asellus 637.
Asilus 728.
Asio 1016.
Aspergillum 793.
Aspidiotus 751.
Aspidisca 423.
Aspidobranchia 771.

Aspidochirotae 855.
Aspidogaster 492.
Aspidosiphon 568.
Aspilota 742.
Aspius 935.
Asplanchna 155, 508.
Asplanchnopus 508.
Aspredo 935.
Aspro 939.
Asseln 633.
Asselspinnen 670.
Astacilla 637.
Astacobdella 556.
Astacopsis 625.
Astacus 625.
Astarte 792.
Astasia 396.
Asteracanthion 849.
Asterias 849.
Asterina 848.
Asteriscus 848.
Asternata 853.
Asterocheres 600.
Asteroidea 846.
Asterope (Annelid) 550.
Asterope (Krebs) 591.
Asterospondyli 926.
Asthenosoma 852.
Astraeidae 470.
Astralium 772.
Astrape 927.
Astroides 470.
Astronesthes 934.
Astropecten 848.
Astrophyton 850.
Astrorhiza 403.
Astroschema 850.
Astroscopus 940.
Astur 1016.
Asymmetron 879.
Atax 666.
Ateles 1088.
Atelostomata 853.
Atelura 683.
Ateuchus 736.
Athalia 741.
Athanas 625.
Athecata 310, 441.
Athene 1017.
Atherina 938.
Atherura 1061.
Athoracophorus 781.
Athorybia 450.
Atlanta 776.
Atolla 458.
Atractonema 519.
Atropos 712.
Atta 743.
Attacus 723.
Attagenus 734.
Attus 658.
Atypus 657.
Auchenia 1080.
Auchenorhyncha 748.
Audouinia 551.

Auerhuhn 1009.
Auerochs 1082.
Augenkorallen 470.
Augiades 724.
Aulacantha 409.
Aulastomum 562.
Aulopyge 935.
Aulosphaera 409.
Aulostoma 937.
Aurelia 315, 458.
Auricula 781.
Auricularia 840.
Auronectae 450.
Aurorafalter 724.
Auster 795.
Austernfischer 1011.
Autolytus 550.
Aves 982.
Avicula 794.
Avicularia 656.
Axine 490.
Axinella 434.
Axius 626.
Axolotl 953.
Aye—Aye 1085.
Azygia 493.

Babesia 414.
Babirussa 1079.
Bachstelze 1021.
Bacillus 708.
Backenhörnchen 1060.
Badeschwamm 434.
Bär, brauner 1067.
Bärenkrebs 625.
Bärenraupen 723.
Bärenspinner 723.
Bärtierchen 574.
Balaena 1071.
Balaeniceps 1013.
Balaenoptera 1071.
Balaninus 736.
Balanoglossus 822.
Balanophyllia 470.
Balantidium 422.
Balanus 606.
Balistes 941.
Bandfische 940.
Bandikut 1051.
Bandwürmer 494.
Bankivahuhn 1008.
Banteng 1082.
Barbastella 1058.
Barbatia 792.
Barbe 935.
Barbus 935.
Baribal 1067.
Barramunda 934.
Barsche 939.
Bartenwale 1071.
Bartgeier 1016.
Bartkuckuck 1017.
Bartmeise 1021.
Basanistes 601.
Baseodiscus 534.

Basiliscus 976.
Basommatophora 781.
Bastardnachtigall 1020.
Bastkäfer 736.
Bathochordaeus 861.
Bathyergus 1061.
Bathynella 631.
Bathynomus 636.
Bathypolypus 806.
Batillipes 575.
Batrachia 941.
Batrachoseps 954.
Baumfalk 1016.
Baumhühner 1008.
Baumkänguruh 1052.
Baumläufer 1022.
Baumlerche 1021.
Baumschlange 981.
Baumwanze 747.
Baumweißling 724.
Bdella 666.
Bdellodrilus 556.
Bdelloidea 508.
Bdellostoma 906.
Becherquallen 457.
Bekassine 1011.
Belemnitidae 806.
Belone 938.
Belostoma 748.
Beluga 1071.
Bembex 744.
Bembidion 732.
Benthopecten 848.
Bergfink 1022.
Berggorilla 1089.
Bergunke 956.
Bergzebra 1077.
Bernikelgans 1012.
Bernsteinschnecke 781.
Beroë 475.
Bettongia 1052.
Bettwanze 747.
Beutelbär 1052.
Beutelbilch 1051.
Beuteldachse 1051.
Beutelflugeichhörnchen 1052.
Beutelmarder 1051.
Beutelmeise 1021.
Beutelratten 1051.
Beutelstrahler 844.
Beuteltiere 1048.
Beutelwolf 1051.
Beutelwurf 1051.
Bezoarziege 1081.
Biber 1060.
Bibio 727.
Bibos 1082.
Bicellaria 814.
Bienen 50, 65, 177f., 195ff., 215, 227, 257, 261, 744.
Bienenfresser 1018.

Bienenläuse 729.
Bienenwolf 733.
Bienenzünsler 722.
Biesfliegen 729.
Bilateria 98, 223, 476.
Bilch 1060.
Bilharzia 493.
Bimana 1089.
Bindenschwein 1079.
Binnenasseln 637.
Binsenfloh 749.
Biorhiza 741.
Bipalium 484.
Bipinnaria 840.
Birgus 626.
Birkenblattroller 256.
Birkhuhn 1009.
Bisamratte 1060.
Bisamrüßler 1055.
Bisamschwein 1079.
Bison 1082.
Bithynella 772.
Bithynia 772.
Bitis 982.
Bittacus 718.
Bitterling 935.
Bläulinge 724.
Blaniulus 678.
Blanus 977.
Blaps 735.
Blasenfüßer 713.
Blasenfuß 713.
Blasenwurm 498.
Blastoidea 844.
Blastophaga 742.
Blastotrochus 470.
Blatta 708.
Blattella 708.
Blattflöhe 749.
Blattfüßer 581.
Blatthornkäfer 736.
Blattkäfer 735.
Blattläuse 749.
Blattlauslöwe 718.
Blattodea 708.
Blattschneiderameise 743.
Blattwespen 741.
Blaubock 1081.
Blaudrossel 1021.
Blaufelchen 934.
Blaufuchs 1066.
Blauhai 926.
Blaukehlchen 1021.
Blaumeise 1021.
Blauracke 1018.
Blausieb 722.
Blauwal 1071.
Blennius 940.
Blepharoceridae 727.
Bleßhuhn 1011.
Blinder Maulwurf 1055.
Blindmaus 1061.
Blindschleiche 977.

Blindwanzen 747.
Blindwühler 951.
Blutegel 562.
Blutlaus 750.
Boa 981.
Boaeformia 980.
Bobak 1060.
Bockkäfer 735.
Bodotria 630.
Bogenkrabben 627.
Bohrassel 636.
Bohrmuscheln 791.
Bohrschwamm 433.
Bolina 475.
Bolinopsis 475.
Boltenia 868.
Bombardierkäfer 732.
Bombinator 956.
Bombus 744.
Bombycilla 1020.
Bombycimorpha 723.
Bombylius 728.
Bombyx 723.
Bonellia 565.
Boophilus 666.
Bopyrus 637.
Boreus 718.
Borkenkäfer 736.
Borkentier 1083.
Borstenkiefer 856.
Borstenwürmer 537.
Bos 133, 1082.
Boselaphus 1081.
Bosmina 587.
Bostrychus 736.
Botaurus 1013.
Bothriocephaloidea 501.
Bothriocephalus 502.
Bothrioplana 483.
Bothrops 982.
Botryllus 868.
Bougainvillia 442.
Bourgueticrinus 846.
Box 939.
Brachioganoidea 930.
Brachiolaria 840.
Brachionus 509.
Brachiopoda 104, 121, 814.
Brachsen 935.
Brachvogel 1011.
Brachycephalus 956.
Brachycera 728.
Brachydesmus 678.
Brachygnatha 627.
Brachynema 747.
Brachynus 732.
Brachyrhyncha 627.
Brachyura 626.
Bracon 742.
Bradypus 1063.
Brama 939.
Branchellion 561.
Branchiobdella 556.

Branchiocerianthus 442.
Branchiodrilus 556.
Branchiomma 552.
Branchiostoma 99, 116, 125, 156, 183, 201, 214, 281, 879.
Branchipus 585.
Branchiura 591.
Brandente 1012.
Brandmaus 1061.
Branta 1012.
Braula 729.
Brauner Bär (Säuger) 1067.
Brauner Bär (Schmetterling) 723.
Braunfisch 1072.
Braunkehlchen 1021.
Brechfliegen 729.
Brechites 793.
Breiter Bandwurm 501.
Bremsen 728.
Breviceps 956.
Brillantkäfer 736.
Brillenpinguin 1015.
Brillenschlange 982.
Brisinga 849.
Brissopsis 853.
Brissus 853.
Brombeerspinner 723.
Brookesia 977.
Brotkäfer 734.
Bruchus 736.
Brückenechse 968.
Brüllaffe 1088.
Brummer 729.
Bryozoa 103f., 127, 307ff., 809.
Bubalis 1081.
Bubalus 1082.
Bubo 1016.
Buccinum 774.
Bucco 1017.
Bucephalus 492.
Buceros 1018.
Buchenspanner 723.
Buchenspinner 724.
Buchfink 1022.
Buckelrind 1082.
Buckelwal 1071.
Buckelzirpen 748.
Bucorvus 1018.
Buddenbrockia 524.
Budeng 1088.
Budorcas 1081.
Bücherlaus 712.
Bücherskorpion 660.
Büffel 1082.
Bülbül 1020.
Bütschlia 421.
Buffelus 1082.
Bufo 956.
Bugula 814.

Buliminus 781.
Bulla 777.
Bullia 774.
Bulloidea 777.
Bungarus 982.
Bunodactis 469.
Bunodes 469.
Bunostomum 523.
Buntbock 1081.
Buntspechte 1019.
Bupalus 723.
Buphaga 1021.
Buprestis 734.
Bursaria 422.
Butalis 1020.
Buteo 1016.
Buthus 650.
Butzkopf 1072.
Byrrhus 734.
Bythotrephes 587.
Bytiscus 736.

Cacatua 1017.
Caccabis 1008.
Cacospongia 434.
Cadulus 783.
Caecilia 952.
Caecilius 712.
Caecum 773.
Caenolestes 1052.
Caenolestoidea 1052.
Caesira 868.
Caiman 974.
Calamoherpe 1020.
Calamoichthys 931.
Calandra 736.
Calanella 599.
Calanus 599.
Calappa 627.
Calathura 636.
Calcispongiae 432.
Calcituba 403.
Calicotyle 490.
Caligus 600.
Caliroa 741.
Callianassa 626.
Callianira 475.
Calliaxis 626.
Callicebus 1088.
Callichthys 935.
Callidina 508.
Callidium 735.
Callimorpha 723.
Calliobothrium 502.
Callionymus 940.
Calliostoma 772.
Calliphora 729.
Calliteuthis 805.
Callithrix 1087, 1088.
Callocephalon 1017.
Callochiton 757.
Callorhynchus 927.
Callula 956.
Calocaris 626.
Calocoris 747.

Caloenas 1009.
Calonympha 395.
Calopsitta 1017.
Calopteryx 716.
Calosoma 732.
Calotermes 711.
Calotes 976.
Calurus 1018.
Calycophorae 448.
Calycozoa 457.
Calyptopis 618.
Calyptraea 773.
Camallanus 520.
Cambarus 625.
Camelus 1080.
Campanopsis 443.
Campanularia 443.
Campanulariae 442.
Campodea 683.
Campodeidea 683.
Camponotus 202, 228, 743.
Campophilus 1019.
Camptonema 406.
Campylaea 781.
Campyloderes 511.
Cancer 627.
Cancroma 1013.
Canda 814.
Candona 591.
Canis 1066.
Cannabina 1022.
Cannostomeae 458.
Cantharis 733, 735.
Cantharus 939.
Canthidermis 941.
Canthocamptus 599.
Capitella 551.
Caponia 657.
Capra 1081.
Caprella 642.
Capreolus 1081.
Caprimulgus 1019.
Capsus 747.
Capulus 773.
Carabus 732.
Caranx 939.
Carassius 935.
Carausius 708.
Carcharhinus 926.
Carcharias 926.
Carcharodon 926.
Carchesium 423.
Carcinides 627.
Carcinonemertes 534.
Carcinus 627.
Cardinalis 1022.
Cardium 793.
Carduelis 1022.
Caretta 972.
Carettochelys 972.
Cariacus 1081.
Cariama 1011.
Carididae 625.
Caridina 625.

Caridinicola 482.
Carinaria 776.
Carinatae 1004.
Carine 1017.
Carinella 534.
Carinina 534.
Carmarina 444.
Carnivora 1065.
Carpocapsa 722.
Carponycteris 1058.
Carpophaga 1009.
Carteria (Protozoon) 397.
Carteria (Schildlaus) 751.
Carychium 781.
Caryophyllaeus 501.
Caryophyllia 470.
Caryophylloidea 501.
Cassida 736.
Cassidaria 774.
Cassiopeia 459.
Cassis 774.
Castalia 792.
Castor 1060.
Castrada 482.
Casuarii 1006.
Casuarius 1006.
Catablema 441.
Catarrhina 1088.
Catenula 482.
Cathartes 1016.
Catheturus 1008.
Catoblepas 1081.
Catocala 723.
Catometopa 627.
Catosteomi 937.
Catostomus 935.
Catostylus 459.
Catulus 926.
Caudata 952.
Caudina 855.
Causus 982.
Cavernularia 468.
Cavia 1061.
Cavicornia 1081.
Cavolinia 778.
Cebus 1088.
Cecidien 727, 741.
Cecidomyia 727.
Cecrops 600.
Celerio 724.
Cellaria 814.
Cellularia 814.
Centetes 1055.
Centriscus 937.
Centroderes 511.
Centrohelidia 406.
Centropages 599.
Centropyxis 402.
Centrostephanus 852.
Centrotus 748.
Cepaea 781.
Cephalacanthus 940.
Cephalobaena 670.

Cephalodiscus 824.
Cephaloidiphora 508.
Cephalomyia 729.
Cephalophus 1081.
Cephalopoda 109, 112, 114, 122, 124, 130, 132, 151, 159f., 204f., 208, 253, 795.
Cephalothrix 534.
Cephea 459.
Cephus 741.
Cepola 939.
Cerambyx 735.
Cerapus 641.
Cerastes 982.
Ceratias 941.
Ceratiocaris 610.
Ceratium 398.
Ceratodes 773.
Ceratodus 930.
Ceratophrys 956.
Ceratophyllus 730.
Ceratopogon 727.
Ceratotherium 1077.
Cercariaeum 488.
Cercarie 488.
Cerceris 744.
Cercolabes 1061.
Cercoleptes 1067.
Cercomonas 394.
Cercopis 748.
Cercopithecus 1088.
Cercyon 734.
Cercyra 483.
Cerebratulus 534.
Cereus 469.
Ceriantharia 468.
Cerianthus 468.
Ceriantipatharia 468.
Ceriodaphnia 587.
Cerithium 773.
Certhia 1022.
Cervulus 1081.
Cervus 1081.
Ceryle 1018.
Cestodaria 500.
Cestodes 494.
Cestracion 926.
Cestus 475.
Cetacea 1069.
Cetochilus 599.
Cetonia 737.
Cetorhinus 926.
Chactas 650.
Chaetaster 849.
Chaetocercus 1019.
Chaetoderma 759.
Chaetodermatoidea 759.
Chaetodon 939.
Chaetogaster 555.
Chaetognatha 99f., 144, 856.
Chaetogordius 539.

Chaetonotoidea 510.
Chaetonotus 510.
Chaetophractus 1064.
Chaetopoda 537.
Chaetopterus 551.
Chaetosomatidae 519.
Chalcides 977.
Chalcis 742.
Chalcophora 734.
Chalicodoma 744.
Challengeria 409.
Chama 793.
Chamaeleon 977.
Chamaesaura 976.
Chaoborus 727.
Characinidae 934.
Charadrius 1011.
Charax 939.
Charaxes 724.
Charybdea 458.
Chauliodus 934.
Chauna 1012.
Cheimatobia 723.
Cheiracanthus 519.
Cheiridium 660.
Chelicerata 642.
Chelidon 1020.
Chelifer 660.
Chelodina 971.
Chelonethi 659.
Chelonia 968, 972.
Chelonibia 606.
Cheloniidea 972.
Chelura 641.
Chelydra 971.
Chelyosoma 867.
Chelys 971.
Chen 1012.
Chenopus 774.
Chermes 750.
Chernes 660.
Cheyletus 666.
Chiaja 475.
Chilina 781.
Chilodon 421.
Chilognatha 677.
Chilomonas 397.
Chilopoda 678.
Chilostomata 814.
Chimaera 927.
Chinchilla 1061.
Chinesische Nachtigall 1020.
Chione 793.
Chionea 728.
Chiridota 855.
Chiridothea 636.
Chirocephalus 585.
Chirodropus 458.
Chirogaleus 1085.
Chiromantis 956.
Chiromeles 1058.
Chiromys 1085.
Chironectes 1051.
Chironomus 330, 727.

Chiroptera 1056.
Chirotes 977.
Chiton 757.
Chitonellus 757.
Chlamydoconcha 793.
Chlamydodon 421.
Chlamydomonas 397.
Chlamydophorus 1064.
Chlamydophrys 402.
Chlamydosaurus 976.
Chlamydoselachus 926.
Chlorhaemidae 551.
Chlorion 744.
Chloris 1022.
Chlorohydra 441.
Chloroperla 714.
Chlorops 729
Choanoflagellata 395.
Choeropus 1051.
Choloepus 1063.
Chondracanthus 600.
Chondrilla 433.
Chondroganoidea 931.
Chondrosia 433.
Chondrostei 931.
Chondrostoma 935.
Choniostoma 601.
Chordeiles 1019.
Chordeuma 678.
Chordodes 525.
Chordonia 99, 130, 138, 159, 173, 206, 227, 858.
Chorthippus 709.
Chromis 939.
Chromodoris 779.
Chromomonadina 396.
Chrysaora 458.
Chrysemys 971.
Chrysidella 397.
Chrysis 742.
Chrysochloris 1055.
Chrysochroa 734.
Chrysococcyx 1018.
Chrysolophus 1008.
Chrysomela 735.
Chrysomitra 451.
Chrysomitris 1022.
Chrysomonadidae 396.
Chrysopa 718.
Chrysophanus 724.
Chrysophrys 939.
Chrysops 728.
Chrysothrix 1088.
Chrysotis 1017.
Chthamalus 606.
Chthonius 659.
Chydorus 587.
Cicada 748.
Cicaden 748.
Cicadetta 748.
Cicadula 749.
Cicindela 732.
Cicinnurus 1021.

Ciconia 1013.
Ciconiae 1012.
Cidaris 852.
Ciliata 28, 39, 54, 68, 96, 124, 165ff., 249, 415.
Cimbex 741.
Cimex 747.
Cinclus 1021.
Cinnyris 1022.
Cinosternum 971.
Ciona 867.
Circotettix 709.
Circus 1016.
Cirolana 636.
Cirrata 806.
Cirratulus 551.
Cirripedia 601.
Cirroteuthis 806.
Cirrothauma 806.
Cis 734.
Cistella 818.
Cisticola 1020.
Citellus 1060.
Cladobates 1054.
Cladocera 65, 265, 270, 291, 316, 325, 585.
Cladocora 470.
Cladonema 442.
Cladophiurae 850.
Clamatores 1020.
Claparedeilla 556.
Clarias 935.
Clathria 434.
Clathrozoon 442.
Clathrulina 405.
Clausilia 781.
Clava 441.
Clavagella 793.
Clavatella 442.
Clavelina 867.
Clavella 601.
Claviger 733.
Cleistocarpidae 458.
Clemmys 971.
Cleodora 778.
Clepsidrina 414.
Clepsine 561.
Clerus 733.
Clibanarius 626.
Clio 778.
Cliona 433.
Clione 778.
Clivicola 1020.
Cloakentiere 1047.
Cloëon 717.
Clonorchis 493.
Clubiona 657.
Clupea 934.
Clymenidae 551.
Clypeaster 853.
Clypeastroidea 853.
Clypidina 772.
Clythra 735.
Clytia 443.

Clytus 735.
Cnaphalodes 750.
Cnemidaster 849.
Cnethocampa 724.
Cnidaria 112, 114, 122, 125, 130f., 154, 222, 251, 262, 307, 309, 435.
Cnidosporidia 414.
Cobitis 935.
Coccidia 56, 65, 413.
Coccidiomorpha 413.
Coccidium 413.
Coccinella 734.
Coccolithophora 397.
Coccothraustes 1022.
Coccus 751.
Coccygomorphae 1017.
Coccystes 1018.
Cochenillelaus 751.
Cochlearius 1013.
Cochlicopa 781.
Codonosiga 395.
Coelenterata 97, 131, 143, 154, 221, 253, 424.
Coelodendrum 409.
Coelogenys 1061.
Coelomata 476.
Coelomopora 818.
Coelopeltis 982.
Coeloplana 475.
Coelorhynchus 938.
Coeloria 470.
Coelosoma 421.
Coëndu 1061.
Coenobita 626.
Coenurus 499, 504.
Colaeus 1021.
Coleoptera 731.
Coleps 421.
Colias 724.
Colinus 1008.
Colius 1018.
Collembola 683.
Collocalia 1019.
Collosphaera 409.
Collotheca 509.
Collozoum 409.
Colobus 1088.
Coloradokäfer 736.
Colossendeis 673.
Colpoda 422.
Coluber 981.
Colubriformia 981.
Columba 1009.
Columbae 1009.
Columbella 774.
Colymbetes 733.
Colymbus 1015.
Comanthus 846.
Comatibis 1013.
Comatula 846.
Compsognathus 1004.
Conaria 451.

Conchifera 759.
Conchoderma 606.
Conchoecia 591.
Conchorhagae 511.
Conchostraca 585.
Conchylis 722.
Condylarthra 1053, 1073.
Condylura 1055.
Conger 936.
Connochaetes 1081.
Conochilus 509.
Conocyema 427.
Conops 729.
Contarina 727.
Conus 775.
Convoluta 482.
Copelata 860.
Copeognatha 711.
Copepoda 593.
Copilia 600.
Copris 736.
Coracias 1018.
Corallistes 433.
Corallium 467.
Corbicula 792.
Corbula 793.
Cordulia 716.
Cordylophora 441.
Coregonus 934.
Corella 867.
Corethra 727.
Coreus 747.
Corixa 748.
Cornacuspongiae 433.
Cornularia 467.
Cornuspira 403.
Coronella 981.
Coronula 606.
Corophium 641.
Corrodentia 710.
Corvina 939.
Corvus 1021.
Corycaeus 600.
Corydalis 717.
Corymbites 734.
Corymorpha 442.
Coryne 442.
Corystes 627.
Corythaix 1018.
Coscinospongia 433.
Cosmotriche 723.
Cossus 722.
Costia 395.
Cothurnia 423.
Cotinga 1020.
Cottus 940.
Coturnix 1008.
Cotylea 484.
Cotylorhiza 459.
Cotylosauria 967.
Coyote 1066.
Crabro 744.
Crambessa 459.
Crambus 722.

Cranchia 805.
Crangon 625.
Crania 817.
Craniota 880.
Craspedacusta 444.
Craspedota 439.
Craspedotella 398.
Crassatella 792.
Craterolophus 458.
Crax 1008.
Crematogaster 743.
Crenilabrus 939.
Creodontia 362, 1053.
Crepidula 773.
Creseis 778.
Crevettina 640.
Crex 1010.
Cribrella 849.
Cribrina 469.
Cricetomys 1061.
Cricetus 1060.
Crinoidea 844.
Crioceris 735.
Criodrilus 556.
Crisia 813.
Cristatella 813.
Crocidura 1055.
Crocodilia 972.
Crocodilus 974.
Crocotta 1067.
Crossaster 849.
Crossopterygii 930.
Crossoptilon 1008.
Crossopus 1055.
Crotalus 982.
Crustacea 104, 112, 132, 138, 144f., 151, 156, 209, 225, 576.
Cryptobia 394.
Cryptobranchus 953.
Cryptocellus 662.
Cryptocephalus 735.
Cryptocerata 747.
Cryptochiton 757.
Cryptodira 971.
Cryptomonas 397.
Cryptoniscus 637.
Cryptophialus 607.
Cryptoplax 757.
Cryptoprocta 1067.
Cryptops 680.
Cryptostemma 662.
Cryptozonia 848.
Crypturus 1007.
Cteniza 657.
Ctenobranchia 772.
Ctenocephalus 730.
Ctenodiscus 848.
Ctenodrilus 551.
Ctenophora (Mücke) 728.
Ctenophora 93, 97f., 131, 164f., 167, 262, 471.
Ctenophorae 475.

Ctenoplana 475.
Ctenopoda 587.
Ctenostomata 814.
Cubomedusae 458.
Cucujo 734.
Cucullanus 520.
Cucullia 723.
Cuculus 1018.
Cucumaria 855.
Culcita 848.
Culex 727.
Cuma 630.
Cumacea 628.
Cuniculus 1060.
Cunina 444.
Cupelopagis 509.
Curculio 736.
Cursorius 1011.
Cuspidaria 793.
Cyamus 642.
Cyanea 458.
Cyanecula 1021.
Cyathura 636.
Cyclas 792.
Cyclocoelum 493.
Cyclodus 977.
Cycloganoidea 932.
Cyclometopa 627.
Cyclomyaria 874.
Cyclopes 1063.
Cyclophorus 773.
Cyclophyllidea 502.
Cycloposthium 422.
Cyclops 599.
Cyclopterus 940.
Cyclorhagae 511.
Cyclorhapha 728.
Cyclosalpa 874.
Cyclospondyli 926.
Cyclostoma 773.
Cyclostomata (Bryozoen) 813.
Cyclostomata (Wirbeltiere) 902.
Cyclothone 934.
Cyclothurus 1063.
Cydippe 475.
Cydnus 747.
Cygnus 1012.
Cylichnostomum 521.
Cylindrophis 981.
Cylindrostoma 483.
Cymbium 774.
Cymbulia 778.
Cymothoa 636.
Cynailurus 1068.
Cynips 741.
Cynocephalus 1088.
Cynomys 1060.
Cynthia 868.
Cyphonautes 813.
Cyphophthalmi 661.
Cyphophthalmus 661.
Cypraea 774.
Cypridina 591.

Cypridopsis 591.
Cyprina 792.
Cyprinodon 937.
Cyprinotus 591.
Cyprinus 935.
Cypris 591.
Cypselomorphae 1019.
Cypselus 1019.
Cyrena 792.
Cysticercoid 499.
Cysticercus 498, 503.
Cystidium 409.
Cystisoma 641.
Cystobranchus 561.
Cystoflagellata 398.
Cystoidea 844.
Cystonectae 450.
Cystophora 1068.
Cythere 591.
Cytherea 793.
Cythereis 591.
Cytoidea 415.
Cytomorpha 392.
Cyzicus 585.

Dacelo 1018.
Dachs 1067.
Dactylethra 955.
Dactyliophorae 459.
Dactylocalyx 433.
Dactylogyrus 490.
Dactylopterus 940.
Dactylosphaera 402.
Dalyellia 482.
Damaliscus 1081.
Daman 1074.
Damhirsch 1081.
Danaidae 724.
Daphnia 39, 125f., 378, 587.
Daphnis 724.
Darwinella 435.
Dasselfliegen 729.
Dasyatis 927.
Dasychira 723.
Dasychone 552.
Dasydytes 510.
Dasypeltis 981.
Dasypoda 744.
Dasyprocta 1061.
Dasypus 1064.
Dasyurus 1051.
Daubentonia 1085.
Daudebardia 781.
Davainea 503.
Decapoda (Krebse) 622.
Decapoda (Cephalopoda) 805.
Deciduata 1044.
Decolopoda 673.
Decticus 709.
Degeeria 683.
Deilephila 724.
Deima 855.

Delphin 1072.
Delphinapterus 1071.
Delphinus 1072.
Demodex 668.
Dendrobates 956.
Dendroceratida 434.
Dendrochirotae 855.
Dendrocoelum 483.
Dendrocolaptes 1020.
Dendrocometes 423.
Dendrocopus 1019.
Dendrodoa 868.
Dendrogaster 607.
Dendrohyrax 1074.
Dendrolagus 1052.
Dendrolimus 723.
Dendrophis 981.
Dendrophyllia 470.
Dendropicus 1019.
Dendrosoma 423.
Dentalium 783.
Dentex 939.
Depastrum 458.
Deporaus 256.
Dermanyssus 666.
Dermaptera 707.
Dermatobia 729.
Dermatocoptes 668.
Dermatophilus 731.
Dermestes 734.
Dermochelys 972.
Dermophis 952.
Dermoptera 1055.
Dero 556.
Derostoma 482.
Derotremata 953.
Desmacidon 434.
Desman 1055.
Desmana 1055.
Desmodus 1058.
Desmomyaria 874.
Desmonota 736.
Desmophyes 449.
Desmoscolecidae 519.
Desoria 683.
Desorsche Larve 532.
Deuterostomia 99, 818.
Dexiobranchaea 778.
Diadema (Schmetterling) 724.
Diadema (Echinoderm) 852.
Diaptomus 599.
Diaptosauria 967.
Diastylis 629.
Diazona 867.
Dibothriocephalus 501.
Dibranchiata 805.
Dicerorhinus 1077.
Diceros 1077.
Dichelestium 600.
Dicholophus 1011.
Dickkopf 935.
Dicotyles 1079.
Dicranura 723.

Dicrocoelium 493.
Dictyocaris 610.
Dictyocaulus 522.
Dictyocha 397.
Dictyonina 433.
Dictyophora 748.
Dicyclica 846.
Dicyema 427.
Dicyemella 427.
Dicyemennea 427.
Dicyemida 426.
Didelphia 1048.
Didelphys 1051.
Didemnum 867.
Didinium 421.
Didunculus 1010.
Didus 1010.
Didymozoon 493.
Diebsameise 743.
Difflugia 402.
Digenea 491.
Diktyobranchia 867.
Dilepis 503.
Dileptus 421.
Diloba 723.
Dimorpha 406.
Dimyarier 787.
Dina 562.
Dinobryon 396.
Dinoflagellata 397.
Dinophilus 540.
Dinornis 1006.
Dinornithes 1006.
Dinosaurier 967.
Dioctophyme 521.
Diomedea 1014.
Diodon 941.
Dioecocestus 504.
Diopatra 548.
Diopsis 729.
Diphyes 449.
Diphyllidea 504.
Diplasiocoela 956.
Dipleurula 840.
Diploconus 409.
Diplodiscus 492.
Diplodus 939.
Diplogonoporus 502.
Diplolepis 741.
Diplophysa 449.
Diplopoda 675.
Diplosoma 867.
Diplospondyli 926.
Diplothecanthus 853.
Diplozoon 263, 491.
Dipneumona 930.
Dipnoi 927.
Diporpa 491.
Diprotodontia 1052.
Dipsadomorphus 982.
Dipsas (Muscheltier) 792.
Dipsas (Schlange) 982.
Diptera 725.
Dipus 1060.

Dipylidium 503.
Discina 817.
Discinisca 817.
Discodrilidae 556.
Discoglossus 956.
Discoidae 450.
Discolabe 450.
Discomedusa 458.
Discomedusae 458.
Disconectae 450.
Discopus 508.
Discorbina 404.
Distaplia 867.
Distelfalter 724.
Distelfink 1022.
Distichopora 442.
Distoma 867.
Distomatidae 395.
Distomum 492, 493.
Diversicornia 733.
Dixippus 708.
Dochmius 522.
Dociostaurus 709.
Docoglossa 771.
Docophorus 712.
Dodo 1010.
Dögling 1071.
Dohle 1021.
Dolchinia 874.
Dolichoglossus 822.
Dolichopus 728.
Dolichotis 1061.
Doliolum 874.
Doliopsis 874.
Dolium 774.
Dolomedes 658.
Dolops 593.
Dolycoris 747.
Dompfaff 1022.
Donacia 735.
Donatia 433.
Donax 793.
Dondersia 759.
Doppeltier 491.
Dorataspis 409.
Dorcadion 735.
Dorcus 736.
Doridoidea 779.
Doridopsis 779.
Dorippe 627.
Doris 779.
Dorndreher 1021.
Dorngrasmücke 1020.
Dornhai 926.
Dornschwanz-
   eidechse 976.
Dorocidaris 852.
Doropygus 600.
Dorsch 938.
Dorylaimus 519.
Doryphora 735.
Dosinia 793.
Doto 779.
Drachenegel 562.
Draco 976.

Dracunculus 520.
Drahtwürmer 734.
Dreieckskrabben 627.
Dreissensia 792.
Dreizehiges Faultier 1063.
Drepanis 1022.
Drepanophorus 534.
Drepanosiphum 750.
Dreyfusia 750.
Drilomorpha 551.
Dromaeus 1006.
Dromedar 1080.
Dromia 627.
Dronten 1010.
Drosophila 52, 75, 82f.
   85, 88, 375f., 378,
   729.
Drosseln 1020.
Dryophanta 741.
Dryophis 982.
Dschelada 1088.
Dschiggetai 1077.
Dugong 1083.
Dulichia 641.
Dumme Lumme 1014.
Dungfliege 729.
Dungkäfer 736.
Duplicidentata 1059.
Dynamena 443.
Dynastes 737.
Dysdera 657.
Dyspontius 600.
Dytiscus 733.

Ebalia 627.
Ecardines 817.
Ecaudata 954.
Eccoptogaster 736.
Echeneis 940.
Echidna 1048.
Echinanthus 853.
Echinarachnius 853.
Echinaster 849.
Echiniscoides 575.
Echiniscus 575.
Echinobothrium 504.
Echinocardium 853.
Echinococcus 499, 504.
Echinocyamus 853.
Echinoderella 511.
Echinoderes 511.
Echinoderma 99, 112, 122, 130, 159, 161f., 173, 253, 824.
Echinodiscus 853.
Echinoidea 850.
Echinolampas 853.
Echinometra 853.
Echinomyia 729.
Echinoneus 853.
Echinorhynchus 527.
Echinothuria 852.
Echinozoa 846.
Echinus 852.

Echis 982.
Echiuroidea 562.
Echiurus 564.
Eciton 743.
Eclectus 1017.
Ectobius 708.
Ectopistes 1009.
Ectobranchiata 852.
Ectognatha 683.
Ectoprocta 809.
Edelhirsch 1081.
Edelkoralle 467.
Edelkrebs 625.
Edelmarder 1067.
Edelpapagei 1017.
Edentata 1062.
Edentata Nomarthra 1062, 1064.
Edentata Xenarthra 1062.
Edrioasteroidea 846.
Edriophthalmata 631.
Edwardsia 469.
Efaschlange 982.
Egel 556.
Eichelheher 1021.
Eichelwürmer 819.
Eichenbock 735.
Eichenwickler 722.
Eichhörnchen 1060.
Eidechsen 974.
Eidechsennatter 982.
Eiderente 1012.
Eimeria 413.
Einsamer Spatz 1021.
Einsiedlerkrebse 626.
Eintagsfliegen 717.
Eisbär 1067.
Eisenia 556.
Eisfuchs 1066.
Eishai 926.
Eissturmvogel 1014.
Eistaucher 1015.
Eisvogel (Schmetterling) 724.
Eisvögel 1018.
Ekdiastylis 630.
Elaphrus 732.
Elaps 982.
Elasipoda 855.
Elasmobranchii 922.
Elater 734.
Elch 1081.
Eledone 806.
Elefanten 1076.
Elektrische Rochen 927.
Elen 1081.
Elenantilope 1081.
Elephas 1076.
Eleutheria 442.
Eleutherocarpidae 458.
Eleutherozoa 846.
Eliomys 1060.
Elops 934.

Elpidia 855.
Elster 1021.
Elysia 779.
Elysioidea 779.
Emarginula 772.
Emballonura 1058.
Emberiza 1022.
Embia 714.
Embidaria 713.
Empis 728.
Emplectonema 534.
Empusa 708.
Emu 1006.
Emydium 575.
Emydosauria 972.
Emys 971.
Enchelys 421.
Enchytraeus 556.
Encope 853.
Encyrtus 742.
Endobranchiata 852.
Endomychus 734.
Engerling 737.
Engraulis 934.
Engystoma 956.
Enhydra 1067.
Enoicyla 719.
Enopla 534.
Enoploteuthis 805.
Enoplus 519.
Ensis 793.
Entamoeba 402.
Entenmuscheln 606.
Enteropneusta 819.
Enteroxenos 773.
Entimus 736.
Entione 637.
Entocolax 773.
Entoconcha 773.
Entodinium 422.
Entognatha 682.
Entomobrya 683.
Entomostraca 580.
Entoniscus 637.
Entoprocta 307, 309, 528.
Entovalva 793.
Eoleptestheria 585.
Eosentomon 683.
Epeira 657.
Ephelota 423.
Ephemera 717.
Ephemeroidea 716.
Ephestia 722.
Ephialtes 742.
Ephippiger 709.
Ephippiorhynchus 1013.
Ephydatia 434.
Ephyra 456.
Ephyropsidae 458.
Epibulia 449.
Epicarida 637.
Epicrium 952.
Epidapus 727.

Epimorpha 680.
Epimys 1061.
Epinephele 724.
Epiophlebia 715.
Epiphanes 508.
Epipyrops 722.
Epistylis 423.
Epizoanthus 469.
Eptatretus 906.
Eptesicus 1058.
Equites 724.
Equus 133, 381, 1077.
Erbsenkäfer 736.
Erdbiene 744.
Erdferkel 1065.
Erdfloh 736.
Erdgräber 1061.
Erdkröte 956.
Erdmaus 1060.
Erdsalamander 953.
Erdsittich 1017.
Erdvaran 977.
Erdwanze 747.
Erdwolf 1068.
Eresus 657.
Erethizon 1061.
Ergasilus 600.
Erichthoidina 612.
Erichthus 612.
Ericia 773.
Erinaceus 1055.
Eriocampoides 741.
Eriococcus 751.
Eriocrania 722.
Eriomys 1061.
Eriophyes 668.
Eriosoma 750.
Eriphia 627.
Eristalis 728.
Erithacus 1021.
Eryon 625.
Erythropsis 397.
Eryx 981.
Erzwespen 742.
Eschara 814.
Esox 936.
Esperia 433.
Essigälchen 519.
Estheria 585.
Estrilda 1022.
Eteone 550.
Ethusa 627.
Etmopterus 926.
Euarthropoda 575.
Euborlasia 534.
Eucalanus 599.
Eucephala 727.
Eucera 744.
Euchaeta 599.
Eucharis 475.
Eucheilota 443.
Euchlanis 509.
Euchloë 727.
Euchroma 734.
Eucidaris 852.

Euciliata 421.
Euclymene 551.
Eucyphidea 625.
Eucypris 591.
Eucyrtidium 409.
Eudendrium 442.
Eudocimus 1013.
Eudorella 630.
Eudorina 397.
Eudoxia 449.
Eudyptes 1015.
Eugagrella 661.
Euglena 396.
Euglenoidina 396.
Euglypha 403.
Eugregarinaria 414.
Eugyra 868.
Eukrohnia 857.
Eulais 666.
Eulalia 550.
Eulen (Schmetterlinge) 723.
Eulen (Vögel) 1016.
Eulenpapagei 1017.
Eulima 773.
Eumeces 977.
Eumetopias 1068.
Eumyidae 729.
Eunectes 980.
Eunemertes 534.
Eunice 548.
Eunicella 467.
Eupagurus 626.
Euphausia 622.
Euphausiacea 621.
Euphractus 1064.
Euphrosyne 548.
Euphyllopoda 585.
Euplectella 433.
Euplexaura 467.
Euplocamis 475.
Euplotes 423.
Eupolia 534.
Eupolymnia 552.
Eupomatus 552.
Euporobothria 483.
Euproctis 723.
Eupsammiidae 470.
Eurotatoria 508.
Euryale 850.
Eurycercus 587.
Eurydema 747.
Eurylepta 484.
Eurynome 627.
Eurypauropus 675.
Eurypteriden 643.
Eurytemora 599.
Eurythenes 640.
Euschistus 747.
Euscorpius 650.
Eusepiola 806.
Euspongia 434.
Eusthenes 747.
Eustrongylus 521.
Eutachina 729.

Eutamias 1060.
Eutardigrada 575.
Eutaxodonta 792.
Euterpe 599.
Eutetrarhynchus 504.
Euthyneura 776.
Euthyris 814.
Eutima 443.
Eutracheata 673.
Eutyphis 641.
Evadne 587.
Evania 742.
Evotomys 1060.
Exocoetus 938.
Exonautes 938.

Fabricia 552.
Fadenwürmer 512.
Fächerflügler 737.
Falbkatze 1068.
Falco 1016.
Falken 1016.
Faltenmücke 727.
Faltenschnecken 774.
Faltenwespen 743.
Fangheuschrecken 708.
Fannia 729.
Farrella 814.
Farrea 433.
Fasan 1008.
Fasciola 492.
Fasciolaria 774.
Fasciolopsis 493.
Faulbrutfliege 728.
Faultiere 1063.
Fausthuhn 1009.
Favia 470.
Fecampia 483.
Federgeistchen 722.
Feigengallwespe 742.
Feldgrille 709.
Feldhase 1060.
Feldheuschrecken 709.
Feldlerche 1021.
Feldmaus 1060.
Feldsperling 1022.
Felis 1068.
Felsenkänguruh 1052.
Felsenschwalbe 1020.
Felstaube 1009.
Fennek 1066.
Ferae 1065.
Fettschabe 722.
Fettspinne 657.
Fettvogel 1019.
Fetzenfisch 937.
Feuerfliege 734.
Feuerkäfer 734.
Feuerwalzen 869.
Feuerwanze 747.
Fiber 1060.
Fibularia 853.
Fichtenkreuzschnabel 1022.

Fichtenrüsselkäfer 736.
Ficulina 433.
Fierasfer 937.
Figites 741.
Filaria 520.
Filinia 508.
Filistata 657.
Filograna 552.
Fingertier 1085.
Finken 1022.
Finne 498.
Finnwal 1071.
Fiona 779.
Firmisternia 955.
Firoloida 776.
Fischassel 636.
Fische 906.
Fischegel 561.
Fischerwurm 551.
Fischotter 1067.
Fissipedia 1005.
Fissurella 772.
Fistularia 937.
Flabellifera 636.
Flabelligera 551.
Flabellum 470.
Flagellata 392.
Flamingo 1012.
Flata 748.
Fledermäuse 1056.
Fledermausfliegen 729.
Fleischfliege 729.
Fliegender Hund 1058.
Fliegender Maki 1056.
Fliegenschnäpper 1020.
Flöhe 730.
Flösselhechte 931.
Floh 730.
Flohkrebse 637.
Florfliege 718.
Floscularia 509.
Flügelschnecken 774.
Flugfrosch 956.
Flughahn 940.
Flughecht 938.
Flughörnchen 1060.
Flughühner 1009.
Flugsaurier 967.
Flunder 939.
Flußadler 1016.
Flußbarsch 939.
Flußdelphine 1071.
Flußkiemenschnecken 772.
Flußkrabbe 627.
Flußkrebs 625.
Flußmuscheln 792.
Flußneunauge 906.
Flußperlmuschel 792.
Flußpferd 1079.
Flußschildkröte 971.
Flußschwein 1079.
Flußtaucher 1015.

Flustra 814.
Foenus 742.
Folia 861.
Fontaria 678.
Foraminifera 403.
Forelle 934.
Forficula 707.
Formica 743.
Formicarius 1020.
Forskalia 450.
Fratercula 1014.
Fredericella 813.
Fregata 1013.
Fregattvogel 1013.
Frenatae 722.
Frettchen 1067.
Fringilla 1022.
Fritillaria 861.
Frösche 954.
Frontosusrind 1082.
Froschkrabbe 627.
Frostspanner 723.
Frühfliegende Fledermaus 1058.
Frühlingsfliegen 719.
Fuchs (Säugetier) 1066.
Fuchs (Schmetterling) 724.
Fuchsaffen 1085.
Fuchshai 926.
Fuchskusu 1052.
Fulgora 748.
Fulica 1011.
Fuligula 1012.
Fulmarus 1014.
Fundulus 937.
Fungia 470.
Furchenwale 1071.
Furnarius 1020.
Fusus 774.

Gabelgemse 1081.
Gabelschwanz 723.
Gabelweihe 1016.
Gadus 938.
Gagrella 661.
Galago 1085.
Galathea 626.
Galaxias 936.
Galba 781.
Galbula 1017.
Galeodes 659.
Galeolaria 449.
Galeomma 793.
Galeopithecus 1056.
Galeorhinus 926.
Galerita 1021.
Galeus 926.
Galictis 1067.
Gallen 727, 741.
Galleria 722.
Gallertschwämme 435.
Gallinacei 1007.
Gallinago 1011.

Gallinula 1011.
Gallmücken 727.
Gallus 1008.
Gallwespen 741.
Gamasus 666.
Gammarus 640.
Gampsonyx 630.
Garneelen 625.
Garneelstadium 618.
Garrulus 1021.
Gartengrasmücke 1020.
Gartensänger 1020.
Gartenschläfer 1060.
Gartenschnecke 781.
Garypus 660.
Gasteracantha 657.
Gasterosiphon 773.
Gasterosteus 937.
Gasterostomata 492.
Gasterostomum 492.
Gasteruption 742.
Gastroblasta 443.
Gastrochaena 793.
Gastrodes 475.
Gastropacha 723.
Gastrophilus 729.
Gastropoda 760.
Gastropteron 777.
Gastrotricha 509.
Gaur 1082.
Gaviae 1013.
Gavialis 974.
Gayal 1082.
Gazella 1081.
Gazelle 1081.
Gebia 626.
Geburtshelferkröte 956.
Gecarcinus 628.
Gecinus 1019.
Gecko 976.
Geckonen 976.
Geier 1016.
Geieradler 1016.
Geierschildkröte 971.
Geißelgarneelen 624.
Geißelskorpione 650.
Geißelträger 392.
Gelasimus 627.
Gemse 1081.
Genetta 1067.
Genettkatze 1067.
Gennaeus 1008.
Genostoma 482.
Geocores 747.
Geodia 433.
Geometra 723.
Geometrina 723.
Geomys 1060.
Geonemertes 534.
Geophilus 680.
Geoplana 484.
Georhychus 1061.
Geotrupes 736.

Gepard 1068.
Gephyrea achaeta 565.
Gephyrea chaetifera 562.
Geradflügler 706.
Gerardia 469.
Geronticus 1013.
Gerrhonotus 977.
Gerris 747.
Geryonia 444.
Gespenstheuschrecken 708.
Gespenstmaki 1085.
Getreideblasenfuß 713.
Getreidehalmwespe 741.
Getreidelaufkäfer 732.
Giardia 395.
Gibbium 734.
Gibbons 1089.
Gibbula 772.
Gienmuscheln 793.
Gießkannenmuschel 793.
Gigantobilharzia 493.
Gigantocypris 591.
Gigantorhynchus 527.
Gigantostraca 643.
Gigantura 940.
Gimpel 1022.
Ginsterkatze 1067.
Giraffa 1082.
Giraffe 1082.
Girlitz 1022.
Glandiceps 822.
Glandina 781.
Glanzfasan 1008.
Glanzkäfer 734.
Glanzvögel 1017.
Glasflügler 722.
Glasschwämme 433.
Glatter Hai des Aristoteles 926.
Glatthaie 926.
Glattnatter 981.
Glattwale 1071.
Glaucidium 1017.
Glaucoma 422.
Glauconia 981.
Glaucothoë 626.
Glaucus 779.
Glenodinium 398.
Gletscherfloh 683.
Gliederfüßer 568.
Gliederwürmer 534.
Glires 1058.
Glis 1060.
Globicephalus 1072.
Globigerina 404.
Glochidium 790.
Glockentierchen 423.
Glomeris 677.
Glossina 729.
Glossobalanus 822.
Glossophaga 1058.

Glossoscolex 556.
Glossosiphonia 561.
Glucken 723.
Glugea 415.
Glycera 549.
Glycyphagus 667.
Gnathia 636.
Gnathobdellae 561.
Gnathophausia 622.
Gnathostoma 519.
Gnathostomata (Seeigel) 853.
Gnathostomata 902.
Gnu 1081.
Gobio 935.
Gobius 940.
Goldafter 723.
Goldammer 1022.
Goldamsel 1021.
Goldbrasse 939.
Goldbutt 939.
Goldenes Netz 775.
Goldfasan 1008.
Goldfisch 935.
Goldfliege 729.
Goldhähnchen 1020.
Goldhase 1061.
Goldkuckuck 1018.
Goldmaulwurf 1055.
Goldregenpfeifer 1011.
Goldwespen 742.
Goliathkäfer 737.
Goliathus 737.
Gomphocerus 709.
Gomphus 716.
Gonactinia 469.
Gonepteryx 724.
Gongylus 977.
Goniastraea 470.
Goniocotes 712.
Goniodoris 779.
Gonionemus 444.
Gonium 397.
Gonodactylus 612.
Gonoplax 627.
Gonospora 414.
Gonothyraea 443.
Gonyleptes 662.
Gordius 525.
Gorgodera 493.
Gorgonaria 467.
Gorgonia 467.
Gorgonocephalus 850.
Gorilla 1089.
Gottesanbeterin 708.
Goura 1010.
Grabheuschrecken 709.
Grabwespen 744.
Gracula 1021.
Graffilla 482.
Grallae 1010.
Grantia 432.
Grapholitha 722.
Graphopsocus 712.

Graphosoma 747.
Grapsus 628.
Graptolithen 824.
Grasfrosch 956.
Graufischer 1018.
Grauhaie 926.
Graukehlchen 1020.
Grauspecht 1019.
Grauwal 1071.
Gregarina 56, 261, 313, 414.
Gregarinida 414.
Griechische Landschildkröte 971.
Grill-Lumme 1014.
Grind 1072.
Grizzlybär 1067.
Grönlandwal 1071.
Gromia 403.
Großer Ameisenbär 1063.
Großer Würger 1021.
Großflosser 938.
Grottenassel 637.
Grottenolm 954.
Grubea 550.
Grubenottern 982.
Gründling 935.
Grüne Baumschlange 982.
Grüne Meerkatze 1088.
Grünling 1022.
Grünspecht 1019.
Grundel 935.
Grunzochs 1082.
Grus 1011.
Gryllacris 708.
Gryllotalpa 710.
Gryllus 709.
Grypocera 724.
Grypomorphae 1016.
Gürteltiere 1063.
Guineawurm 520.
Gulo 1067.
Gunda 483.
Gurami 938.
Gyge 637.
Gymnarchus 934.
Gymnocerata 747.
Gymnocopa 550.
Gymnodactylus 976.
Gymnodinium 397.
Gymnolaemata 813.
Gymnophiona 951.
Gymnotus 174 ff., 935.
Gymnura 1055.
Gypaëtus 1016.
Gypogeranus 1016.
Gyps 1016.
Gyratrix 483.
Gyrinus 733.
Gyrocotyle 501.
Gyrodactylus 490.
Gyropeltis 593.
Gyropus 712.

Haarbalgmilben 668.
Haarsterne 844.
Habrobracon 742.
Habropyga 1022.
Haemadipsa 562.
Haematococcus 397.
Haematopinus 712.
Haematopota 728.
Haematopus 1011.
Haementeria 561.
Haemocera 600.
Haemogregarina 413.
Haemopis 562.
Haemoproteus 413.
Haemosporidia 413.
Hänfling 1022.
Hafte 717.
Haidschnucke 1082.
Haie 926.
Hainschnecke 781.
Hakenwurm 522.
Halacarus 667.
Halammohydra 444.
Halbaffen 1084.
Halbesel 1077.
Halbmaki 1085.
Halcampa 469.
Halcyon 1018.
Halecium 443.
Haleremita 444.
Haliaëtus 1016.
Halichoerus 1068.
Halichondria 434.
Haliclystus 458.
Halicore 1083.
Halicryptus 568.
Halictus 744.
Haliotis 772.
Haliphysema 403.
Halisarca 435.
Halistemma 450.
Halla 549.
Halmaturus 1052.
Halobates 747.
Halocynthia 868.
Halocypris 591.
Halsbandsittich 1017.
Halteria 422.
Haltica 736.
Haliclystus 458.
Haminea 777.
Hammerhai 926.
Hamster 1060.
Hamsterratte 1061.
Handflügler 1056.
Hapale 1087.
Hapalemur 1085.
Haplocerus 1081.
Haplodiscus 482.
Haplodon 1060.
Haploembia 714.
Haplomi 936.
Haplophragmium 404.
Haplopoda 587.
Haplosporidia 415.

Haplosporidium 415.
Haplotaxis 556.
Haplothrips 713.
Haplozoon 397.
Hardun 976.
Harengula 934.
Harlekin 723.
Harpa 774.
Harpacticus 599.
Harpactor 747.
Harpalus 732.
Harpyia (Schmetterling) 723.
Harpyia (Fledermaus) 1058.
Hartbiest 1081.
Haselhuhn 1008.
Haselmaus 1060.
Haselnußbohrer 736.
Hasenmaus 1061.
Hatteria 968.
Haubenlerche 1021.
Haubenmeise 1021.
Haubentaucher 1015.
Hausbock 735.
Hausen 932.
Hausente 1012.
Hausesel 1077.
Hausgans 1012.
Hausheimchen 710.
Haushuhn 1008.
Haushunde 1066.
Hauskatze 1068.
Hausmaus 1061.
Hausmutter 723.
Hauspferd 1077.
Hausratte 1061.
Hausrind 1082.
Hausrotschwänzchen 1021.
Hausschafe 1082.
Hausschwalbe 1020.
Hausschwein 1079.
Haussperling 1022.
Hausspitzmaus 1055.
Haustaube 1009.
Hausziegen 1081.
Hautflügler 738.
Hautwanzen 747.
Hecht 936.
Heckenweißling 724.
Heerwurm 727.
Heherkuckuck 1018.
Heidelerche 1021.
Heilbutt 939.
Heiliger Ibis 1013.
Heiliger Pillenkäfer 736.
Heliactis 469.
Heliaster 849.
Helicella 781.
Helicina 772.
Heliconiidae 724.
Helicopsyche 719.
Helicter 781.

Heliopora 467.
Heliosphaera 409.
Heliothrips 713.
Heliozoa 404.
Helix 781.
Helminthomorpha (Tausendfüßer) 677.
Helminthomorpha 819.
Helmkakadu 1017.
Helmkasuar 1006.
Helobdella 561.
Heloderma 977.
Helodrilus 556.
Hemerobius 718.
Hemiaster 853.
Hemicardium 793.
Hemiclepsis 561.
Hemicranier 885.
Hemidactylus 976.
Hemidasys 510.
Hemifusus 774.
Hemilepistus 637.
Hemimerus 708.
Hemiptera 747.
Hemirhamphus 938.
Hemistomum 493.
Hemithyris 818.
Hemitragus 1081.
Hepialus 722.
Heptanchus 926.
Heptathela 656.
Heptranchias 926.
Hering 934.
Heringshai 926.
Heringskönig 939.
Herkuleskäfer 737.
Hermelin 1067.
Hermella 552.
Hermione 549.
Hermodice 548.
Herodias 1013.
Herodiones 1012.
Herpestes 1067.
Herpestoidea 1067.
Herpetomonas 394.
Herpobdella 562.
Herpyllobius 601.
Herse 724.
Herzigel 853.
Herzmuscheln 793.
Hesione 549.
Hesperia 724.
Hesperornis 1003.
Hessenfliege 727.
Heterakis 523.
Heterobranchus 935.
Heterocentrotus 853.
Heterocephalus 1061.
Heterochaeta 599.
Heterochromulina 396.
Heterocope 599.
Heterocyemidae 427.
Heterodera 519.

Heterodonta 792.
Heterodontus 926.
Heterogamia 708.
Heterogyna 743.
Heteromera 734.
Heterometrus 650.
Heteromi 937.
Heteromyarier 787.
Heteronemertini 534.
Heteronereis 549.
Heteropeza 728.
Heterophyes 493.
Heteropleuron 879.
Heteropoda 775.
Heterorhabdus 599.
Heterotardigrada 575.
Heterotanais 633.
Heterotetrarhynchus 504.
Heterotis 934.
Heterotricha 422.
Heupferd 709.
Heuschreckenkrebse 612.
Hexacontium 409.
Hexacrobylus 868.
Hexactinellida 433.
Hexactiniaria 469.
Hexanchus 926.
Hexapoda 684.
Hierofalco 1016.
Hilara 728.
Himantarium 680.
Hippa 626.
Hippobosca 729.
Hippocampus 937.
Hippoglossus 939.
Hippolyte 625.
Hipponoë 852.
Hippopodius 449.
Hippopotamus 1079.
Hippopus 793.
Hipposideros 1058.
Hippospongia 434.
Hippotragus 1081.
Hircinia 434.
Hirsche 1080.
Hirscheber 1079.
Hirschkäfer 736.
Hirtenvogel 1012.
Hirudinaria 562.
Hirudinea 556.
Hirudo 562.
Hirundo 1020.
Hispa 736.
Hister 733.
Histioteuthis 805.
Histriobdella 540.
Höckerschwan 1012.
Höhlenmolch 954.
Hofstenia 483.
Hogna 658.
Hokko 1008.
Holaxonia 467.
Holectypoidea 853.

Holocephali 927.
Holometopa 729.
Holopedium 587.
Holopus 846.
Holostomum 493.
Holothuria 855.
Holothurioidea 853.
Holotricha 421.
Holzameise 743.
Holzbiene 744.
Holzbock 665.
Holzläuse 712.
Holztaube 1009.
Holzwespen 741.
Homalomyia 729.
Homalopterygia 855.
Homalorhagae 511.
Homarus 625.
Homola 627.
Homomyarier 787.
Homoptera 748.
Honigbiene 744.
Honigfresser 1022.
Honigsauger 1022.
Hopfenspinner 722.
Hoplonemertini 534.
Hoplorhynchus 414.
Hormiphora 475.
Hornfische 941.
Hornfrosch 956.
Hornhecht 938.
Hornisse 743.
Horntiere 1081.
Hornviper 982.
Huanako 1080.
Huchen 934.
Hucho 934.
Hühner 1008.
Hühnerhabicht 1016.
Hühnervögel 1007.
Hüpfmaus 1060.
Hufeisennase 1058.
Huftiere 1072.
Hulman 1088.
Hummel 744.
Hummelfliegen 728.
Hummer 625.
Hundefloh 730.
Hundelaus 712.
Hundsfisch 936.
Hundshai 926.
Huso 932.
Hyaena 1067.
Hyäne 1067, 1068.
Hyalaea 778.
Hyalinoecia 548.
Hyalodiscus 402.
Hyalomma 666.
Hyalonema 433.
Hyas 627.
Hybernia 723.
Hydatina 508.
Hydra 129, 221, 262, 303, 305, 307, 314, 441.

Hydractinia 442.
Hydrallmania 443.
Hydrarachna 666.
Hydrariae 441.
Hydrobia 772.
Hydrocampa 722.
Hydrochoerus 1061.
Hydrocoralliae 441.
Hydrocores 747.
Hydrocyon 934.
Hydrodamalis 1083.
Hydrodroma 666.
Hydroidea 121, 130, 267, 272, 295, 310, 315, 437.
Hydroides 552.
Hydromedusa 971.
Hydrometra 747.
Hydromys 1061.
Hydrophilus 734.
Hydroporus 733.
Hydropotes 1081.
Hydropsyche 719.
Hydroptila 719.
Hydrous 734.
Hydrozetes 666.
Hydrozoa 437.
Hydrus 982.
Hydryphantes 666.
Hyemoschus 1080.
Hyla 956.
Hylastes 736.
Hylobates 1089.
Hylobius 736.
Hylodes 956.
Hylotoma 741.
Hylotrupes 735.
Hylurgus 736.
Hymenocaris 610.
Hymenochirus 955.
Hymenolepis 503.
Hymenoptera 738.
Hynobius 953.
Hyocrinus 846.
Hyperia 641.
Hyperina 641.
Hypermastigina 396.
Hyperoartia 906.
Hyperoodon 1071.
Hyperotreta 906.
Hypobythius 867.
Hypochilus 657.
Hypoderma 729.
Hypolais 1020.
Hypolimnas 724.
Hyponomeuta 722.
Hypopus 667.
Hypotricha 422.
Hypsibius 575.
Hypsiprymnus 1052.
Hyracoidea 1074.
Hyrare 1067.
Hyrax 1074.
Hystrichopsylla 731.

Hystricomorpha 1061.
Hystrix 1061.

Ibis 1013.
Ibla 606.
Ichneumon (Hymenoptere) 741.
Ichneumon (Säugetier) 1067.
Ichthydium 510.
Ichthyomenia 759.
Ichthyophis 952.
Ichthyophthirius 421.
Ichthyopsida 902.
Ichthyornis 1003.
Ichthyosaurier 967.
Ichthyotomus 550.
Icterus 1021.
Idothea 636.
Igel 1055.
Iguana 976.
Ilia 627.
Iliocryptus 587.
Illoricata 508.
Iltis 1067.
Ilyanthus 469.
Ilysia 981.
Impennes 1014.
Inachus 627.
Incirrata 806.
Indischer Ochsenfrosch 956.
Indische Riesenbiene 745.
Indri 1085.
Indris 1085.
Infusoria 415.
Inger 906.
Inia 1071.
Ino 723.
Inostemma 742.
Insecta 684.
Insecten 35, 44, 112, 122, 129, 141, 145, 156, 202, 209, 256, 271, 286, 290f., 321, 684.
Insectivora 1054.
Insektenfresser 1054.
Inuus 1088.
Iphinoë 630.
Ipnops 937.
Ips 736.
Irenaeus 599.
Irene 443.
Irregularia 853.
Ischnocera 712.
Ischnochiton 757.
Isidella 467.
Isis 467.
Ismenia 759.
Isocardia 792.
Isocrinus 846.
Isogenus 714.
Isognomostoma 781.

Isometrus 650.
Isopoda 633.
Isoptera 710.
Isopteryx 714.
Isotoma 683.
Issus 748.
Ixodes 665.

Jaculus 1060.
Jaera 637.
Jagdfalk 1016.
Jagdleopard 1068.
Jaguar 1068.
Jakamar 1017.
Jako 1017.
Janella 781.
Janthina 772.
Japyx 683.
Jasis 874.
Jassus 749.
Jaxea 626.
Johannisblut 751.
Johanniswurm 733.
Johnstonella 550.
Jouannetia 794.
Jousseaumiella 793.
Jugatae 722.
Julis 939.
Julus 678.
Jungfernkranich 1011.
Junikäfer 737.
Jynx 1019.

Kabeljau 938.
Kabinettkäfer 734.
Käfer 731.
Käfermilbe 666.
Käferschnecken 755.
Kaempfferia 627.
Känguruhs 1052.
Känguruhratte 1052.
Käsefliege 729.
Käsemilbe 667.
Kahlhecht 933.
Kahnschnabel 1013.
Kaiseradler 1016.
Kaisermantel 724.
Kakadu 1017.
Kalanderlerche 1021.
Kalkschwämme 432.
Kallima 724.
Kalong 1058.
Kameel 1080.
Kameelhalsfliege 717.
Kammolch 953.
Kammücke 728.
Kammuscheln 795.
Kampfhahn 1011.
Kanarienvogel 1022.
Kaninchen 1060.
Kappenwurm 520.
Kapuzineraffe 1088.
Karausche 935.
Kardinal 1022.
Karettschildkröte 972.

Karibenfisch 934.
Karpfen 935.
Karpfenlaus 593.
Kartoffelkäfer 736.
Kaschelot 1071.
Kasuare 1006.
Katzenschlange 982.
Kaulbarsch 939.
Kaulkopf 940.
Kaulquappen 949.
Kauri 774.
Kegelschnecken 775.
Kehlfüßer 641.
Kellerassel 637.
Kermes 751.
Kermesschildlaus 751.
Kernbeißer 1022.
Kiang 1077.
Kiebitz 1011.
Kieferegel 561.
Kiefernblattwespe 741.
Kieferneule 723.
Kiefernprachtkäfer 734.
Kiefernrüsselkäfer 736.
Kiefernspanner 723.
Kiefernspinner 723.
Kielfüßer 775.
Kiemenschwänze 591.
Kinorhyncha 510.
Kiodotus 1058.
Kionocrania 975.
Kiwis 1006.
Klaffmuschel 793.
Klaffschnabel 1013.
Klapperschlangen 982.
Klappmütze 1068.
Klappschildkröte 971.
Kleiber 1022.
Kleideraffe 1088.
Kleiderlaus 712.
Kleidermotte 722.
Kleidervögel 1022.
Kleinbären 1067.
Kleisterälchen 519.
Kletterfisch 938.
Klettermeisen 1022.
Kletterstachler 1061.
Kliesche 939.
Klippschliefer 1074.
Klossia 413.
Knoblauchkröte 956.
Knochenfische 933.
Knochenhecht 932.
Knospenstrahler 844.
Knurrhähne 940.
Koaita 1088.
Koala 1052.
Koboldmaki 1085.
Kochlorine 607.
Köcherfliegen 719.
Köllikeria 493.
Koenenia 651.

Königsfasan 1008.
Königsgeier 1016.
Königspinguin 1015.
Kofferfische 941.
Kohleule 723.
Kohlmeise 1021.
Kohlschnake 728.
Kohlwanze 747.
Kohlweißling 724.
Kolibris 1019.
Kolkrabe 1021.
Kolpophorae 459.
Kolumbaczermücke 727.
Kondor 1016.
Koonunga 631.
Kopffüßer 795.
Kopflaus 712.
Koralle, rote 467.
Koralle, schwarze 467, 468.
Koralle, weiße 470.
Korallenschlange 982.
Kormoran 1013.
Kornmotte 722.
Kornweihe 1016.
Kornwurm (indischer) 736.
Kornwurm (schwarzer) 736.
Kornwurm (weißer) 722.
Kotwanze 747.
Kowalevskia 861.
Koypu 1061.
Krabben 626.
Krabbenspinnen 657.
Krähe 1021.
Krätzmilbe 668.
Kragenechse 976.
Kragenfaultier 1063.
Krallaffen 1087.
Krallenfrosch 955.
Krammetsvogel 1021.
Kranich 1011.
Kranzfühler 807.
Kratzer 525.
Krebse 576.
Kreiswirbler 813.
Kreuzkröte 956.
Kreuzotter 982.
Kreuzspinne 657.
Krickente 1012.
Kriebelmücke 727.
Kriechtiere 957.
Krikobranchia 867.
Krohnia 857.
Krokodile 972.
Krokodilwächter 1011.
Krontaube 1009.
Kuandu 1061.
Kuckuck 1018.
Kudu 1081.
Küchenschabe 708.

Küstenseeschwalbe 1014.
Kuhantilope 1081.
Kulan 1077.
Kupferglucke 723.
Kurzdeckflügler 733.
Kuskus 1052.

Laberdan 939.
Labia 707.
Labidoplax 855.
Labidura 707.
Labrax 939.
Labrus 939.
Labyrinthfische 938.
Labyrinthici 938.
Lacazella 818.
Lacerta 977.
Lacertilia 974.
Lachesis 982.
Lachmöwe 1014.
Lachnus 750.
Lachs 934.
Lachsforelle 934.
Lachtaube 1009.
Lacinius 661.
Lacinularia 509.
Lacon 734.
Lactophrys 941.
Laemargus 926.
Lämmergeier 1016.
Laemodipoda 641.
Läufer 1011.
Läuse 712.
Laganum 853.
Lagena 404.
Lagidium 1061.
Lagis 551.
Lagomorpha 1059.
Lagomys 1059.
Lagopus 1009.
Lagostomus 1061.
Lagothrix 1088.
Lama 1080.
Lamblia 395.
Lambrus 627.
Lamellaria 774.
Lamellibranchiata 783.
Lamellicornia 736.
Lamellirostres 1011.
Lamia 735.
Laminifera 781.
Lamna 926.
Lamnungia 1074.
Lampetra 906.
Lamprete 906.
Lamproglena 600.
Lampsilis 792.
Lampyris 180, 733.
Landblutegel 562.
Landkärtchen 724.
Landkrabben 628.
Landplanarien 484.
Landschafe 1082.

Landschildkröte, griechische 971.
Landwanzen 747.
Langarmaffen 1088.
Langbeinfliegen 728.
Langfüßer 1085.
Langgeschwänzter Tatu 1064.
Languste 625.
Langwanzen 747.
Laniatores 661.
Lanice 552.
Lanistes 773.
Lanius 1021.
Lankesterella 413.
Lanzenschlange 982.
Lanzettegel 493.
Lanzettfisch 879.
Laomedea 443.
Laphria 728.
Lappenquallen 458.
Lari 1013.
Laria 736.
Larus 1014.
Larventaucher 1014.
Lasiocampa 723.
Lasiopyga 1088.
Lasius 743.
Latax 1067.
Laternenträger 748.
Latona 587.
Latrodectus 657.
Laube 935.
Laubfrosch 956.
Laubheuschrecken 709.
Laufkäfer 732.
Laufmilben 666.
Laura 607.
Lausfliegen 729.
Laverania 413.
Leander 625.
Leberegel 492.
Lebias 937.
Lecanium 751.
Leda 792.
Lederkorallen 467.
Lederschildkröte 972.
Lederschwämme 433.
Ledra 749.
Leguan 976.
Leierfisch 940.
Leierschwanz 1020.
Leinfink 1022.
Leiopathes 468.
Leishmania 394.
Lemming 1060.
Lemmus 1060.
Lemur 1085.
Lemuroidea 1084.
Leontocebus 1087.
Leopard 1068.
Lepadogaster 940.
Lepas 606.
Lepeophtheirus 600.

Lepidasthenia 549.
Lepidoderma 510.
Lepidomenia 759.
Lepidopleurus 757.
Lepidoptera 720.
Lepidopus 939.
Lepidosiren 332, 930.
Lepidosteus 932.
Lepidurus 585.
Lepisma 683.
Lepisosteus 932.
Lepomis 939.
Lepralia 814.
Leptesthería 585.
Leptinotarsa 735.
Leptis 728.
Leptocardia 879.
Leptocephalus 936.
Leptochelia 633.
Leptoclinum 867.
Leptodactylus 956.
Leptodera 519.
Leptoderus 733.
Leptodiscus 398.
Leptodora 587.
Leptognathus 982.
Leptomedusae 442.
Leptomysis 622.
Leptoplana 484.
Leptoptilus 1013.
Leptostraca 608.
Leptosynapta 855.
Leptoteredra 484.
Leptura 735.
Leptus 666.
Lepus 1060.
Lerchen 1021.
Lerchenfalk 1016.
Lernaea 600.
Lernaeenicus 600.
Lernaeocera 600.
Lernaeodiscus 607.
Lernaeonema 600.
Lernaeopoda 601.
Lernanthropus 600.
Lestes 716.
Lestrigonus 641.
Lestris 1014.
Lethrus 736.
Leucandra 432.
Leuchtkäfer 733.
Leuchtzirpen 748.
Leucilla 432.
Leuciscus 935.
Leucochloridium 493.
Leucon 630.
Leuconidae 432.
Leucosia 627.
Leucosolenia 432.
Leucotermes 711.
Leucothea 475.
Levantinerschwamm 434.
Lialis 976.
Libellula 716.

Lichanotus 1085.
Ligia 637.
Ligidium 637.
Ligula 502.
Ligusterschwärmer 724.
Lima 795.
Limacina 778.
Limacodidae 722.
Limanda 939.
Limapontia 779.
Limax 781.
Limenitis 724.
Limifossor 759.
Limnadia 585.
Limnaea 781.
Limnatis 562.
Limnetis 585.
Limnicythere 591.
Limnobates 747.
Limnobia 728.
Limnochares 666.
Limnocodium 444.
Limnocryptes 1011.
Limnodrilus 556.
Limnophilus 719.
Limnoria 636.
Limnotrechus 747.
Limosa 1011.
Limothrips 713.
Limulus 645.
Lina 735.
Linckia 849.
Lineus 534.
Linguatula 670.
Linguatulida 668.
Lingula 817.
Linyphia 657.
Liobunum 661.
Liogryllus 709.
Liopelma 956.
Liotheum 712.
Liothrix 1020.
Liothyrina 818.
Liparis 723.
Lipeurus 712.
Liphistius 656.
Lipinium 458.
Lipoptena 729.
Lippenbär 1067.
Lippfische 939.
Liriope 444.
Liriopsis 637.
Lithistidae 433.
Lithobius 680.
Lithocircus 409.
Lithodes 626.
Lithodomus 795.
Lithosia 723.
Lithotrya 606.
Littorina 773.
Livia 749.
Lizzia 442.
Lobatae 475.
Lobiger 777.

Lobomedusae 458.
Lobophyllia 470.
Locusta 709.
Locustella 1020.
Löffelente 1012.
Löffelhund 1067.
Löffelreiher 1013.
Löffelstöre 932.
Löwe 1068.
Löwenäffchen 1087.
Loligo 805.
Lomechusa 733.
Lonchoptera 728.
Longicornia 735.
Longipennes 1014.
Lopadorhynchus 550.
Lophius 941.
Lophobranchii 937.
Lophocalyx 433.
Lophocercus 777.
Lophogaster 622.
Lophomonas 396.
Lophophanes 1021.
Lophophorus 1008.
Lophopoda 813.
Lophornis 1019.
Lophoseris 470.
Lophura 976.
Lophyrus 741.
Loricaria 935.
Loricata (Rädertiere) 509.
Loricata (Krebse) 625.
Loripes 792.
Loris 1085.
Lorius 1017.
Lota 939.
Lovénsche Larve 537.
Loxia 1022.
Loxoconcha 591.
Loxodonta 1076.
Loxosoma 529.
Lucanus 736.
Lucernaria 458.
Lucernariopsis 458.
Luchs 1068.
Lucifer 624.
Lucilia 729.
Lucina 792.
Luciola 733.
Lucioperca 939.
Luidia 848.
Lullula 1021.
Lumbricillus 556.
Lumbriculus 556.
Lumbricus 556.
Lungenschnecken 780.
Lupa 627.
Lurche 941.
Lurchfische 927.
Lutra 1067.
Lutraria 793.
Lycaena 724.
Lycalopex 1066.
Lycoperdina 734.

Lycophora 500.
Lycoridae 549.
Lycosa 658.
Lycoteuthis 805.
Lyda 741.
Lygaeus 747.
Lymantria 723.
Lymexylon 734.
Lynceus 585.
Lynx 1068.
Lyrurus 1009.
Lysianassa 640.
Lysidice 548.
Lysiopetalum 678.
Lysiosquilla 612.
Lysmata 625.
Lyssacina 433.
Lystra 748.
Lytocarpia 443.
Lytta 735.

Macacus 1088.
Machetes 1011.
Machilis 683.
Macrobiotus 575.
Macrochira 627.
Macroclemys 971.
Macrodasyoidea 510.
Macrodasys 510.
Macrodon 934.
Macroglossum 724.
Macroglossus 1058.
Macropodia 627.
Macropodus 938.
Macropus 1052.
Macrorhinus 1068.
Macrorhynchus 483.
Macroscelides 1054.
Macrosiagon 735.
Macrosiphum 750.
Macrostomum 483.
Macrothrix 587.
Macrothylacia 723.
Macrourus 938.
Macrura astacura 625.
Macrura natantia 624.
Macrura palinura 625.
Macrurus 938.
Mactra 793.
Madenhacker 1021.
Madenwurm 524.
Madrepora 470.
Madreporaria 470.
Maeandrina 470.
Maeandrospongiae 433.
Mähnenschaf 1081.
Märzfliege 727.
Mäusebussard 1016.
Magilus 774.
Magot 1088.
Maifisch 934.
Maikäfer 736, 737.
Maja 627.
Makak 1088.

Maki, fliegender 1056.
Makis 1085.
Makrele 939.
Makrelenhecht 938.
Malachius 733.
Malacobdella 534.
Malacodermata 733.
Malacopoda 571.
Malacopterygii 934.
Malacosoma 723.
Malacostraca 607.
Malapterurus 174 f.
Maldane 551.
Maleo 1008.
Malermuschel 792.
Malletia 792.
Malleus 794.
Mallophaga 712.
Malopterurus 174 f., 935.
Malthe 941.
Mamestra 723.
Mammalia 1023.
Manati 1083.
Manatus 1083.
Mandassaiabiene 745.
Mandelkrähe 1018.
Mandrill 1088.
Manguste 1067.
Manis 1062.
Mannacikade 748.
Mantelpavian 1088.
Manteltiere 858.
Mantis 708.
Mantispa 718.
Mantodea 708.
Mantophryne 956.
Mara 1061.
Marabu 1013.
Maräne 934.
Marder 1067.
Marderhund 1067.
Margaritana 792.
Margarodes 751.
Margaropus 666.
Marienkäfer 734.
Marifugia 552.
Markhor 1081.
Marmormolch 953, 954.
Marmosa 1051.
Marmota 1060.
Marschschaf 1082.
Marsipobranchi 902.
Marsupialia 1048.
Martes 1067.
Mastacembelus 941.
Mastigamoeba 394.
Mastigophora 392.
Mastotermes 711.
Matamataschildkröte 971.
Mauerassel 637.
Mauerbiene 744.
Mauereidechse 977.

Mauerläufer 1022.
Mauersegler 1019.
Maulbeerseidenspinner 723.
Maulesel 1077.
Maulfüßer 610.
Maultier 1077.
Maulwurf 1055.
Maulwurfsgrille 710.
Mayetiola 727.
Mecoptera 718.
Mecostethus 709.
Medinawurm 520.
Meduse 435.
Meeräschen 938.
Meerbarben 939.
Meerbrassen 939.
Meerengel 926.
Meerforelle 934.
Meergrundeln 939.
Meerkatze, grüne 1088.
Meerschweinchen 1061.
Meerspinne 627.
Megacephalon 1008.
Megachile 744.
Megachiroptera 1058.
Megaderma 1058.
Megalobatrachus 953.
Megalocercus 861.
Megalopa 619.
Megaloptera 717.
Megalotis 1066.
Meganyctiphanes 622.
Megapodius 1008.
Megaptera 1071.
Megascolex 556.
Megastoma 395.
Megerlia 818.
Mehlkäfer 735.
Mehlmilbe 667.
Mehlmotte 722.
Mehlwurm 735.
Mehlzünsler 722.
Meisen 1021.
Melanargia 724.
Melanella 773.
Melania 773.
Melanocetus 941.
Melanocorypha 1021.
Melanogrammus 939.
Melasoma 735.
Meleagrina 794.
Meleagris 1008.
Melecta 744.
Meles 1067.
Melicerta 509.
Meligethes 734.
Meliphaga 1022.
Melipona 745.
Melita 640.
Melitaea 724.
Meloë 735.
Melolontha 736.
Melonenquallen 475.

Melophagus 729.
Melopsittacus 1017.
Melursus 1067.
Melusina 727.
Membracis 748.
Membranacei 747.
Membranipora 814.
Mendesantilope 1081.
Meniscotherium 1073.
Menobranchus 954.
Menopoma 953.
Menopon 712.
Mensch 1089.
Menschenhai 926.
Menura 1020.
Mephitis 1067.
Meretrix 793.
Merganser 1012.
Mergus 1012.
Meridogastra 662.
Merino 1082.
Merluccius 939.
Mermis 519.
Merops 1018.
Merostomata 642.
Merula 1021.
Mesites 1011.
Mesitoderidae 511.
Mesocestoides 502.
Mesoenas 1011.
Mesonemertini 533.
Mesostoma 482.
Mesothelae 656.
Mesothuria 855.
Messerscheide 793.
Messingkäfer 734.
Meta 657.
Metacineta 423.
Metacrinus 846.
Metanauplius 580.
Metanemertini 534.
Metastrongylus 521, 522.
Metatrochophora 537.
Metazoa 424.
Metazoëa 618.
Metoecus 735.
Metridium 469.
Mianawanze 666.
Miastor 728.
Microcebus 1085.
Microchaetus 556.
Microchiroptera 1058.
Microcodon 508.
Microcosmus 868.
Microcotyle 491.
Microcyema 427.
Microdon 728.
Microgale 1055.
Microgaster 742.
Microgromia 403.
Microhydra 444.
Micrommata 657.
Micromys 1061.
Micropteryx 722.

Micropus 1019.
Microscolex 556.
Microsporidia 415.
Microstomum 482.
Microthrombidium 666.
Microtus 1060.
Micrura 534.
Midas 1087.
Miesmuschel 795.
Mikiola 727.
Milan 1016.
Milben 663.
Miliola 403.
Millepora 442.
Milnesium 575.
Milvus 1016.
Mimus 1021.
Minyas 470.
Miniopterus 1058.
Miracidium 488.
Miris 747.
Misgurnus 935.
Misteldrossel 1021.
Mitra 774.
Mitraria 547.
Mitrocoma 443.
Mixtopagurus 626.
Mnestra 442.
Moas 1006.
Modiola 795.
Mönchsgeier 1016.
Mönchsgrasmücke 1020.
Mönchsrobbe 1068.
Mörtelbiene 744.
Möwen 1013.
Moina 587.
Mola 941.
Molge 953.
Molgula 868.
Mollusca 100, 103f., 108, 114f., 121, 130, 132, 137, 144, 146, 156, 158f., 167, 203, 223, 751.
Molluscoidea 807.
Moloch 976.
Molossus 1058.
Molpadia 855.
Molukkenkrebs 645.
Monachus 1068.
Mondfisch 941.
Mondhornkäfer 736.
Moniezia 502.
Monitor 977.
Monocaulus 442.
Monocelis 483.
Monocotyle 490.
Monocyclica 846.
Monocystidea 414.
Monocystis 414.
Monodelphia 1053.
Monodon 1071.
Monodonta 772.

Monogenea 490.
Monohystera 519.
Monomyarier 787.
Monophyes 449.
Monopisthocotylea 490.
Monopneumona 929.
Monopylaria 409.
Monostomum 493.
Monotremata 1047.
Monstrilla 600.
Montacuta 792.
Monticola 1021.
Moorfrosch 956.
Moorhuhn 1009.
Moorschnepfe 1011.
Moostierchen 809.
Mopsfledermaus 1058.
Mordacia 906.
Mordella 735.
Mordwanze 747.
Mormon (Affe) 1088.
Mormon (Vogel) 1014.
Mormyrus 934.
Morone 939.
Morpho 724.
Moschites 806.
Moschus 1081.
Moschusbock 735.
Moschusochs 1082.
Moschustier 1081.
Motacilla 1021.
Motella 939.
Motten 722.
Muflon 1081.
Muggiaea 449.
Mugil 938.
Mullus 939.
Multicilia 394.
Multituberculata 1046.
Mungos 1067.
Munida 626.
Munna 637.
Munnopsis 637.
Muntiacus 1081.
Muntjac 1081.
Muraena 936.
Murex 774.
Murmeltier 1060.
Mus 1061.
Musca 729.
Muscardinus 1060.
Muschelkrebse 587.
Muscheltiere 783.
Muschelwächter 627.
Muscicapa 1020.
Musophaga 1018.
Mussa 470.
Mustela 1067.
Mustelus 926.
Mutilla 743.
Mya 793.
Mycale 433.
Mycetes 1088.

Mycetomorpha 607.
Mycetophila 727.
Mycteria 1013.
Myctophum 937.
Myelophilus 736.
Mygale 656.
Mygalomorphae 656.
Mylabris 735.
Myliobatis 927.
Myocastor 1061.
Myodes 1060.
Myodocopa 591.
Myogale 1055.
Myomorpha 1060.
Myopotamus 1061.
Myopsida 805.
Myotis 1058.
Myoxicebus 1085.
Myoxocephalus 940.
Myoxus 1060.
Myrianida 550.
Myriapoda 673.
Myriothela 442.
Myriotrochus 855.
Myriozoum 814.
Myrmarachne 658.
Myrmecium 657.
Myrmecobius 1051.
Myrmecophaga 1063.
Myrmecophila 710.
Myrmedonia 723.
Myrmeleon 718.
Myrmica 743.
Mysidacea 622.
Mysidopsis 622.
Mysis 622.
Mystacides 719.
Mystacoceti 1071.
Mytilicola 600.
Mytilus 795.
Myxicola 552.
Myxidium 415.
Myxilla 434.
Myxine 906.
Myxobolus 415.
Myxosoma 415.
Myxosporidia 415.
Myzostoma 550.

Nabelschwein 1079.
Nacella 771.
Nachtaffe 1088.
Nachtigall 1020.
Nachtpfauenauge 723.
Nachtraubvögel 1016.
Nachtreiher 1013.
Nachtschwalben 1019.
Nacktfledermaus 1058.
Nacktmull 1061.
Näsling 935.
Nagetiere 1058.
Nais 555.
Naja 982.
Najades 792.
Nandu 1006.

Nanodes 1017.
Napfschnecken 771.
Narcine 927.
Narcomedusae 444.
Narwal 1071.
Nasalis 1088.
Nasenaffe 1088.
Nasenfrosch 956.
Nashörner 1077.
Nashornkäfer 737.
Nashornvögel 1018.
Nassa 774.
Nassellaria 409.
Nassula 421.
Nasua 1067.
Natica 773.
Natterauge 977.
Naucoris 748.
Naucrates 939.
Nauplius 580.
Nausithoë 458.
Nautilus 804.
Nebalia 610.
Nebaliopsis 610.
Nebelkrähe 1021.
Necator 523.
Necrophorus 733.
Nectarinia 1022.
Nectochaetastadium 547.
Nectonema 525.
Necturus 954.
Necydalis 735.
Nelkenwurm 501.
Nemachilus 935.
Nemastoma 661.
Nematomorpha 524.
Nematoscelis 622.
Nematocera 727.
Nematodes 512.
Nematus 741.
Nemeophila 723.
Nemertini 529.
Nemesia 657.
Nemestrinus 1088.
Nemobius 709.
Nemoptera 718.
Nemura 714.
Neobisium 659.
Neoceratodus 930.
Neomenia 759.
Neomenioidea 759.
Neomeris 1072.
Neomys 1055.
Neomysis 622.
Neophocaena 1071, 1072.
Neophron 1016.
Neosporidia 414.
Neotragus 1081.
Nepa 748.
Nephelis 562.
Nephila 657.
Nephrops 625.
Nephthys 549.

Neptunsbecher 433.
Neptunus 627.
Nereimorpha 548.
Nereis 549.
Nerilla 540.
Nerillidium 540.
Nerine 550.
Nerita 772.
Neritina 772.
Nerocila 636.
Nerophis 937.
Nerz 1067.
Nesaea 667.
Nesseltiere 435.
Nestor 1017.
Nettion 1012.
Netzflügler 717.
Neunaugen 906.
Neuntöter 1021.
Neuroptera 717.
Neurothemis 716.
Nichtwiederkäuer 1078.
Nicoletia 683.
Niedere Würmer 477.
Niederungsrind 1082.
Nika 625.
Nilghai 1081.
Nilpferd 1079.
Nilvaran 977.
Niphargus 640.
Niptus 734.
Nirmus 712.
Nitidula 734.
Noctiluca 398.
Noctuina 723.
Nodosaria 404.
Nomada 744.
Nomarthra 1062, 1064.
Nonne 723.
Nonruminantia 1078.
Nopoiulus 678.
Nordkaper 1071.
Nosema 415.
Notaspis 666.
Noteus 509.
Nothosaurus 967.
Notidanus 926.
Notodelphys (Krebs) 600.
Notodelphys (Frosch) 956.
Notodonta 724.
Notodromas 591.
Notommata 508.
Notomyota 848.
Notonecta 748.
Notopoda 626.
Notopterophorus 600.
Notoryctes 1051.
Notostigmata 667.
Notostraca 585.
Nototrema 956.
Nucifraga 1021.
Nucula 792.

Nuda 475.
Nudibranchiata 779.
Numenius 1011.
Numida 1008.
Nummulites 404.
Nutria 1061.
Nyctea 1017.
Nycteribia 729.
Nycticebus 1085.
Nycticorax 1013.
Nyctimene 1058.
Nyctipithecus 1088.
Nymphalis 724.
Nymphon 672.
Nymphula 722.
Nynantheae 469.
Nysson 744.

Obelia 443.
Obesa 1079.
Obisium 659.
Oceania 442.
Ocellaten 441.
Ochotona 1059.
Ochromyia 729.
Ochsenfrosch 956.
Ochsenfrosch (indischer) 956.
Ochthera 729.
Octacnemus 868.
Octactiniaria 467.
Octobothrium 491.
Octocotyle 491.
Octodon 1061.
Octomitus 935.
Octopoda 806.
Octopodoteuthis 805.
Octopus 806.
Octorchis 443.
Oculina 470.
Ocyale 658.
Ocydromus 1010.
Ocypode 627.
Ocythoë 807.
Odobenus 1068.
Odocoileus 1081.
Odonata 715.
Odontoceti 1071.
Odontocolcae 1003.
Odontornithen 1003.
Odontosyllis 550.
Odontotormae 1003.
Odostomia 773.
Odynerus 744.
Oecanthus 709.
Oeceoptoma 733.
Oecophylla 743.
Oedemera 734.
Oedicnemus 1011.
Oedipoda 709.
Oegopsida 805.
Oelkäfer 735.
Oerstedia 534.
Oestrus 729.
Ogcocephalus 941.

Ohrenfledermaus 1058.
Ohrenqualle 459.
Ohrfasan 1008.
Ohrwürmer 707.
Oicomonas 396.
Oikopleura 861.
Oithona 599.
Okapi 1082.
Okapia 1082.
Oleanderschwärmer 724.
Oligochaeta 552.
Oligocladus 484.
Oligognathus 549.
Oligoneura 727.
Oligotoma 714.
Oligotricha 422.
Olindias 444.
Oliva 774.
Omalium 733.
Ommatostrephes 805.
Oncaea 600.
Onchobothrius 502.
Onchocotyle 490.
Oncidiella 781.
Oncidium 781.
Oncosphaera 498.
Ondatra 1060.
Oniscoidea 637.
Oniscomorpha 677.
Oniscus 637.
Onthophagus 736.
Onuphis 548.
Onychodactylus 953.
Onychophora 572.
Onychopoda 587.
Onychoteuthis 805.
Oonopidae 657.
Opalina 396.
Opatrum 735.
Operculata 606.
Operophthera 723.
Opheliidae 551.
Ophiacantha 850.
Ophiactis 850.
Ophidia 978.
Ophidiaster 849.
Ophidium 940.
Ophioderma 850.
Ophiodes 977.
Ophiodromus 549.
Ophioglypha 850.
Ophiolepis 850.
Ophiomyxa 850.
Ophion 742.
Ophiopsila 850.
Ophiopteron 850.
Ophiothrix 850.
Ophisaurus 977.
Ophiura 850.
Ophiuroidea 849.
Ophrydium 423.
Ophryocystis 414.
Ophryoscolex 422.
Ophryotrocha 549.

Opilioacarus 667.
Opilionidea 660.
Opisthandria 677.
Opisthioglyphe 493.
Opisthobranchia 777.
Opisthocoela 955.
Opisthocomus 1008.
Opisthoglyphen 979.
Opisthomi 940.
Opisthoteuthis 806.
Opistomum 482.
Opossum 1051.
Opoterodonta 981.
Orang-Utan 1089.
Orbicella 470.
Orbitolites 404.
Orbulina 404.
Orca 1072.
Orchesella 683.
Orchestia 640.
Orcynus 939.
Ordensband 723.
Oreamnos 1081.
Oreotragus 1081.
Orgelkorallen 467.
Orgyia 723.
Oribata 666.
Oriolus 1021.
Ornithodelphia 1047.
Ornithodorus 666.
Ornithomyia 729.
Ornithopodidae 1004.
Ornithoptera 724.
Ornithorhynchus 1048.
Ornithurae 1005.
Oroscena 409.
Orothrips 713.
Orthagoriscus 941.
Orthezia 751.
Orthoceratidae 805.
Orthogenya 728.
Orthomorpha 678.
Orthonectida 425.
Orthoptera 706.
Orthopyxis 443.
Orthorhapha 727.
Ortolan 1022.
Ortyx 1008.
Orycteropus 1065.
Oryctes 737.
Oryctolagus 1060.
Orygmatobothrium 502.
Oryx 1081.
Oscarella 433.
Oscines 1020.
Osmerus 934.
Osmia 744.
Osmylus 718.
Osphromenus 938.
Ostariophysi 934.
Osteoglossum 934.
Ostracion 941.
Ostracoda 587.
Ostrea 795.

Otaria 1068.
Otiorhynchus 736.
Otis 1011.
Otocorys 1021.
Otocyon 1067.
Otolicnus 1085.
Otomesostoma 483.
Ototyphlonemertes 534.
Otus 1016.
Ouistiti 1087.
Ovibos 1082.
Ovis 1081.
Ovoides 941.
Ovula 774.
Owenia 551.
Oxycephalus 641.
Oxygyrus 776.
Oxynoë 777.
Oxypterum 729.
Oxyrhyncha 627.
Oxystomata 627.
Oxytricha 422.
Oxyuris 523.
Ozelot 1068.

Paarzeher 1077.
Pachygrapsus 628.
Pachyiulus 678.
Pachylabra 773.
Pachythelia 722.
Pachytylus 709.
Pachyura 1055.
Pagellus 939.
Paguristes 626.
Pagurus 626.
Paka 1061.
Pako 1080.
Palaemon 625.
Palaemonetes 625.
Palaeocaris 630.
Palaeoconchae 792.
Palaeodictyoptera 362, 706.
Palaeomicra 722.
Palaeonemertini 534.
Palaeopalaemon 619.
Palaeornis 1017.
Palaeostraca 642.
Palamedea 1012.
Palingenia 717.
Palinurellus 625.
Palinurus 625.
Palissadenwurm 521.
Pallene 672.
Palmenbohrer 736.
Palmendieb 626.
Palmipes 848.
Palolowurm 548.
Palomena 747.
Palpares 718.
Palpatores 661.
Palpicornia 734.
Palpigradi 651.
Paludicella 814.

Paludina 772.
Palythoa 469.
Pampashase 1061.
Pampashirsch 1081.
Pan 1089.
Pandalus 625.
Pandinus 650.
Pandion 1016.
Pandorina 397.
Paniscus 742.
Panolis 723.
Panorpa 718.
Panorpatae 718.
Panther 1068.
Pantherkatze 1068.
Pantholops 1081.
Pantoffeltierchen 422.
Pantopoda 670.
Panurus 1021.
Panzerfische 922.
Panzerkrebse 625.
Panzerlurche 951.
Panzerwels 935.
Papageien 1017.
Papageifisch 939.
Papierboot 807.
Papilio 724.
Papio 1088.
Pappelbock 735.
Pappelschwärmer 724.
Pappelwollaus 750.
Papualori 1017.
Parabathynella 631.
Paracentrotus 852.
Parachordodes 525.
Paractinopoda 855.
Paradiesfisch 938.
Paradiesvögel 1021.
Paradisea 1021.
Paradoxostoma 591.
Paradoxurus 1067.
Paragonimus 493.
Paragordius 525.
Paraisotricha 422.
Paramaecium 39f., 52, 249f., 261, 376, 422.
Paramermis 519.
Paramphistomum 492.
Paranaspides 631.
Paranebalia 610.
Paranthura 636.
Parantipathes 468.
Parapandalus 625.
Paraphyllina 458.
Parapoynx 722.
Paraseison 508.
Parasemia 723.
Parasiro 661.
Paratanais 633.
Parazoanthus 469.
Parerythropodium 467.
Parnassius 724.
Parotia 1021.
Parra 1011.

Parthenope 627.
Parus 1021.
Pasiphaea 625.
Passer 1022.
Passeres 1019.
Pastor 1021.
Patagona 1019.
Patella 771.
Patula 781.
Pauropoda 674.
Pauropus 675.
Pauxis 1008.
Pavo 1008.
Pavoncella 1011.
Pavonia 470.
Pavonina 403.
Pecora 1080.
Pecten 795.
Pectinaria 551.
Pectinura 850.
Pectunculus 792.
Pedalia 508.
Pedalion 508.
Pedetes 1060.
Pedicellina 529.
Pediculati 941.
Pediculoides 667.
Pediculus 712.
Pedipalpi 650.
Pedunculata 606.
Pegasus 937.
Peitschenwurm 520.
Pekari 1079.
Pelagia 458.
Pelagohydra 442.
Pelagonemertes 534.
Pelagothuria 855.
Pelamis 982.
Pelamys 939.
Pelecanus 1013.
Pelecypoda 783.
Pelikan 1013.
Pelmatohydra 441.
Pelmatozoa 843.
Pelobates 956.
Pelodytes 956.
Pelomedusa 971.
Pelomyxa 402.
Peltidiidae 599.
Peltogaster 607.
Pelzflatterer 1055.
Pelzfresser 712.
Pelzkäfer 734.
Pelzmotte 722.
Pemphigella 750.
Pemphigus 750.
Penaeus 624.
Penella 600.
Penelope 1008.
Peneroplis 403.
Pennatula 468.
Pennatularia 467.
Pentaceros 848.
Pentacontidae 511.
Pentacrinus 846.

Pentagonaster 848.
Pentanymphon 672.
Pentapycnon 673.
Pentastomida 668.
Pentastomum 670.
Pentatoma 747.
Peracantha 587.
Perameles 1051.
Peranema 396.
Perca 939.
Percesoces 938.
Perdix 1008.
Perennibranchiata 953.
Perforata 470.
Pergesa 724.
Periclimenes 625.
Pericolpa 458.
Peridinium 398.
Periophthalmus 940.
Peripalma 458.
Peripatoides 574.
Peripatopsis 574.
Peripatus 574.
Periphylla 458.
Periplaneta 708.
Periptychus 1073.
Peripylaria 409.
Perissodactyla 1076.
Peritricha 423.
Perla 714.
Perleidechse 977.
Perlhuhn 1008.
Perlmuschel 794.
Perlmuscheln 786.
Perlmutterfalter 724.
Pernis 1016.
Perodicticus 1085.
Peromedusae 458.
Perophora 867.
Perspektivschnecken 772.
Petaurus 1052.
Petermännchen 940.
Petersfisch 939.
St. Petersvogel 1014.
Petrarca 607.
Petricola 793.
Petrodromus 1054.
Petrogale 1052.
Petromyzon 906.
Pezophaps 1010.
Pezoporus 1017.
Pfau 1008.
Pfefferfresser 1017.
Pfeffermuschel 793.
Pfeilwürmer 857.
Pferde 1077.
Pferdeegel 562.
Pferdelausfliege 729.
Pferdeschwamm 434.
Pfingstvogel 1021.
Pflanzenläuse 749.
Pflaumenwickler 722.
Pfriemenschwanz 524.

Pfrille 935.
Phacochoerus 1079.
Phacus 396.
Phaenocora 482.
Phaeodaria 409.
Phaëton 1013.
Phaëtornis 1019.
Phagocata 483.
Phalacrocorax 1013.
Phalanger 1052.
Phalangista 1052.
Phalangium 661.
Phalangodes 662.
Phalaropus 1011.
Phallusia 867.
Phaneroglossa 955.
Phanerozonia 848.
Pharaonsratte 1067.
Pharomacrus 1018.
Phascogale 1051.
Phascolarctus 1052.
Phascolion 568.
Phascolomys 1052.
Phascolosoma 568.
Phasianus 1008.
Phasma 708.
Phasmodea 708.
Phausis 733.
Phenacodus 1073.
Pheretima 556.
Pherusidae 551.
Phialidium 443.
Philaenus 748.
Philaeterus 1022.
Philaeus 658.
Philichthys 600.
Philine 777.
Philodina 508.
Philodromus 657.
Philonexis 807.
Philopterus 712.
Philosamia 723.
Phlebobranchiata 867.
Phlebotomus 727.
Phloeothrips 713.
Phoca 1068.
Phocaena 1072.
Phoenicopterus 1012.
Pholas 794.
Pholcus 657.
Pholidoptera 709.
Pholidota 1061.
Phonorhynchus 483.
Phora 728.
Phormosoma 852.
Phoronidea 807.
Phoronis 809.
Phortis 443.
Phosphuga 733.
Photinus 733.
Photoblepharon 180.
Photodrilus 556.
Phoxichilidium 672.
Phoxinus 935.
Phractaspis 409.

Phreoryctes 556.
Phronima 641
Phronimella 641.
Phrosina 641.
Phryganea 719.
Phrynichus 651.
Phrynosoma 976.
Phrynotettix 709.
Phrynus 651
Phryxus 637.
Phthirius 712.
Phthirus 712.
Phtisica 642.
Phylactolaemata 813.
Phyllacanthus 852.
Phyllidia 779.
Phyllirhoë 779.
Phyllobothrium 502.
Phyllocoptes 668.
Phyllodactylus 976.
Phyllodoce 550.
Phyllodromia 708.
Phyllophorus 855.
Phyllopneuste 1020.
Phyllopoda 581.
Phyllopteryx 937.
Phyllorhina 1058.
Phylloscopus 1020.
Phyllosoma 625.
Phyllostoma 1058.
Phylloxera 750.
Phyllum 708.
Phymosoma 568.
Physa 781.
Physalia 450.
Physapoda 713.
Physeter 1071.
Physcosoma 568.
Physoclisti 918.
Physonectae 449.
Physophora 450.
Physostomi 918.
Phytomonadina 397.
Phytophaga 735.
Phytophthires 749.
Phytoptus 668.
Pica 1021.
Pici 1018.
Picumnus 1019.
Picus 1019.
Pieris 724.
Pilema 459.
Pilgermuschel 795.
Pilidium 532.
Pillenkäfer 734.
Pilumnus 627.
Pilzfliegen 728.
Pilzkäfer 734.
Pilzkorallen 470.
Pilzmücken 727.
Pimelia 735.
Pimpla 742.
Pineus 750.
Pinguine 1014.
Pinna 794.

Pinnipedia 1068.
Pinnoteres 627.
Pinselkäfer 737.
Pinselschwein 1079.
Piona 667.
Piophila 729.
Pipa 955.
Pipistrellus 1058.
Pipra 1020.
Pipunculus 728.
Pirates 747.
Piraya 934.
Pirol 1021.
Pisa 627.
Pisaura 658.
Pisces 906.
Piscicola 561.
Pisidium 792.
Pisorhina 1016.
Pissodes 736.
Pithecanthropus 1087.
Pithecia 1088.
Pithecus 1088.
Pitta 1020.
Placentalia 1044, 1053.
Placobdella 561.
Placocephalus 484.
Placodermi 922.
Placophora 755.
Placopsilina 403.
Plagiostomata 922.
Plagiostomum 483.
Plagiotremata 974.
Plakina 433.
Planaria 483.
Planktomya 791.
Planipennia 717.
Planocera 484.
Planorbis 781.
Planuladae 425.
Planuloidea 425.
Plasmodium 413.
Platalea 1013.
Platanista 1071.
Plattegel 561.
Plattnasen 1087.
Plattwürmer 477.
Platurus 982.
Platyarthrus 637.
Platyias 509.
Platycercus 1017.
Platydactylus 976.
Platygaster 742.
Platygenya 728.
Platyhelminthes 122, 125, 130, 143, 155, 264, 271, 477.
Platypeza 728.
Platypsyllus 733.
Plathyrhina 1087.
Platyscelus 641.
Platystomus 736.
Plautus 1014.
Plecoptera 714.

Plecotus 1058.
Plectognathi 941.
Plectrophenax 1022.
Plegadis 1013.
Pleiodon 792.
Plerocercoid 500.
Plesiosaurus 967.
Plethodon 954.
Pleurobrachia 475.
Pleurobranchaea 778.
Pleurobranchoidea 778.
Pleurobranchus 778.
Pleurodeles 954.
Pleurodira 971.
Pleurodonten 975.
Pleuromamma 599.
Pleuromma 599.
Pleuronectes 939.
Pleurophyllidia 779.
Pleurotoma 774.
Pleurotomaria 772.
Pleuroxus 587.
Plexaura 467.
Ploceus 1021.
Plötze 935.
Ploteres 747.
Plotus 1013.
Plumatella 813.
Plumplori 1085.
Plumularia 443.
Plusia 723.
Pluteus 840.
Pluvianus 1011.
Pneumatophorae 449.
Pneumoderma 778.
Pneumodermopsis 778.
Podactinelius 409.
Podicipes 1015.
Podocerus 641.
Podocnemis 971.
Podocopa 591.
Podocoryne 441.
Podogona 662.
Podon 587.
Podophora 853.
Podophrya 423.
Podophthalmata 613.
Podura 683.
Poecilia 937.
Poecilopoda 644.
Poëphagus 1082.
Pogonias 939.
Poiretia 781.
Polarfuchs 1066.
Polargans 1012.
Polistes 743.
Polistotrema 906.
Pollicipes 606.
Polnische Cochenille 751.
Polyacanthus 938.
Polyartemia 585.
Polyarthra 508.

Polybia 744.
Polybostrichus 550.
Polycarpa 868.
Polycelis 483.
Polycera 779.
Polychaeta 540.
Polycheles 625.
Polycirrus 552.
Polycitor 867.
Polycladidea 484.
Polyclinum 867.
Polycystidea 414.
Polycystis 483.
Polydesmus 678.
Polydora 550.
Polyergus 743.
Polygnotus 742.
Polygonia 724.
Polygordius 539.
Polykrikos 397.
Polylophus 433.
Polymastigina 395.
Polymitarcis 717.
Polyneura 728.
Polynoë 459.
Polyodon 932.
Polyophthalmus 551.
Polyopisthocotylea 490.
Polyp 435.
Polyparium 470.
Polyphaga 733.
Polyphemus 587.
Polyphyidae 449.
Polyphylla 737.
Polypodium 458.
Polyprotodontia 1050.
Polypterus 931.
Polypus 806.
Polystomella 404.
Polystomum 490.
Polytrema 404.
Polyxenia 444.
Polyxenus 677.
Polyzoa 809.
Polyzoa (Ascidie) 868.
Polyzonium 678.
Pomotis 939.
Pompilus 744.
Pongo 1089.
Pontarachna 667.
Pontaster 848.
Pontella 599.
Pontobdella 561.
Pontocypris 591.
Pontonia 625.
Pontoporeia 640.
Pontosphaera 397.
Porania 848.
Porcellana 626.
Porcellanaster 848.
Porcellio 637.
Porifera 427.
Porites 470.
Porocephalus 670.

Poromya 793.
Porospora 414.
Porphyrio 1011.
Porphyrophora 751.
Porpita 451.
Portunion 637.
Portunus 627.
Porzana 1011.
Porzellanschnecken 774.
Potamides 773.
Potamobius 625.
Potamochoerus 1079.
Potamogale 1055.
Potamon 627.
Poterion 433.
Potorous 1052.
Potos 1067.
Potosia 737.
Pottwal 1071.
Pourtalesia 853.
Prachtkäfer 734.
Präriehuhn 1009.
Präriehund 1060.
Präriewolf 1066.
Praniza 636.
Pratincola 1021.
Praunus 622.
Praya 449.
Predigervogel 1022.
Presbytis 1088.
Prestwichia 742.
Priapulus 568.
Pricke 906.
Primates 1083.
Priodontes 1064.
Prionace 926.
Prionotus 940.
Prionus 735.
Pristina 556.
Pristis 926.
Pristiurus 926.
Proales 508.
Proboscidea 1074.
Procavia 1074.
Procellaria 1014.
Procercoid 500.
Procerodes 483.
Processa 625.
Procoela 956.
Procrustes 732.
Procyon 1067.
Proechidna 1048.
Proneomenia 759.
Propithecus 1085.
Proporus 482.
Prorhipidoglossomorpha 759.
Prorhynchus 483.
Prorodon 421.
Prosadenoporus 534.
Prosimiae 1084.
Prosobranchia 770.
Prosopis 744.
Prosorhochmus 534.

Prostheceraeus 484.
Prosthemadera 1022.
Prostoma 534.
Protantheae 469.
Protapteron 683.
Proteles 1068.
Protenor 747.
Proteolepas 607.
Proteosoma 413.
Proterandria 677.
Proteroglyphen 979.
Proteus 954.
Proto 642.
Protobalanus 822.
Protobranchiata 791.
Protochaeta 538.
Protoclepsis 561.
Protodrilus 540.
Protogenes 403.
Protohydra 441.
Protomastigina 394.
Protomyzostomum 550.
Protonemertini 533.
Protonymphonlarve 672.
Protoparce 724.
Protopterus 930.
Protostomia 98, 155, 476.
Prototheria 1047.
Protozoa 391.
Protozoëa 617.
Protracheata 572.
Protula 552.
Protungulaten 362.
Protura 683.
Prowazekella 395.
Prozessionsspinner 724.
Psammechinus 852.
Psammobia 793.
Psammorycter 728.
Psammoryctes 556.
Pselaphognatha 677.
Pselaphus 733.
Psephurus 932.
Pseudis 956.
Pseudocalanus 599.
Pseudobranchus 954.
Pseudoceros 484.
Pseudochirus 1052.
Pseudococcus 751.
Pseudophryne 956.
Pseudopus 977.
Pseudoscorpionidea 659.
Pseudosiriella 622.
Pseudostomum 483.
Pseudovermis 779.
Pseudozoëa 612.
Psilura 723.
Psithyrus 744.
Psittaci 1017.
Psittacula 1017.

Psittacus 1017.
Psocoidea 711.
Psocus 712.
Psolus 855.
Psophia 1011.
Psophus 709.
Psoroptes 668.
Psyche 722.
Psychoda 727.
Psychropotes 855.
Psylla 749.
Psylloidea 749.
Ptenoglossa 772.
Pteraster 849.
Pterobranchia 822.
Pteroceras 774.
Pterocles 1009.
Pterodela 712.
Pteroglossus 1017.
Pteroides 468.
Pteromalus 742.
Pteromedusae 444.
Pteromys 1060.
Pteronarcys 714.
Pteronidea 741.
Pterophorus 722.
Pteropoda 777.
Pteroptus 666.
Pteropus 1058.
Pterosaurier 967.
Pterotrachea 776.
Pterygistes 1058.
Pterygogenea 684.
Ptinus 734.
Ptychobothrium 502.
Ptychobranchia 868.
Ptychodera 822.
Ptychodes 750.
Ptychoptera 727.
Ptychozoon 976.
Puffinus 1014.
Puffotter 982.
Pulex 730.
Pulmonata 780.
Pulsellum 783.
Puma 1068.
Pupa 781.
Pupilla 781.
Pupipara 729.
Puppenräuber 732.
Purpura 774.
Purpurschnecke 774.
Puter 1008.
Putorius 1067.
Pycnogonum 673.
Pycnonotus 1020.
Pycnophyes 511.
Pygastrides 853.
Pygathrix 1088.
Pygocentrus 934.
Pygocephalus 619.
Pygopodes 1015.
Pygopus 976.
Pylocheles 626.
Pyralimorpha 722.

Pyralis 722.
Pyrameis 724.
Pyrellia 729.
Pyrochroa 734.
Pyrocypris 591.
Pyrocystis 398.
Pyrophorus 734.
Pyrops 748.
Pyrosoma 869.
Pyrrhidium 735.
Pyrrhocorax 1021.
Pyrrhocoris 747.
Pyrrhula 1022.
Pyrula 774.
Python 980.
Pyura 868.

Quadrilatera 627.
Quadrula 792.
Quagga 1077.
Qualle 435.
Qualster 407.
Quappe 939.
Quastenflosser 930.
Querder 906.
Quiscalus 1021.

Raben 1021.
Rabenkrähe 1021.
Racken 1018.
Radiolaria 406.
Rädertiere 504.
Raillietiella 670.
Raja 926.
Rakelhuhn 1009.
Rallus 1010.
Rana 956.
Ranatra 748.
Randwanzen 747.
Ranella 774.
Rangifer 1081.
Ranina 627.
Rankenfüßer 601.
Rapacia 548.
Rapfen 935.
Raphidia 717.
Raphidiophrys 406.
Rapsglanzkäfer 734.
Raptatores 1016.
Rasores 1007.
Raspailia 434.
Rataria 451.
Rathkea 442.
Ratitae 1004.
Ratz 1067.
Raubfliegen 728.
Raubmöwe 1014.
Raubtiere 1065.
Raubvögel 1015.
Rauchfußbussard 1016.
Rauchschwalbe 1020.
Rauhhai 926.
Rebenschneider 736.
Rebenstecher 736.

Rebhuhn 1008.
Reblaus 750.
Recurvirostra 1011.
Redie 488.
Reduvius 747.
Regalecus 940.
Regenbogenforelle 934.
Regenbremse 728.
Regenwürmer 556.
Regularia 852.
Regulus 1020.
Reh 1081.
Reighardia 670.
Reiher 1013.
Reiherente 1012.
Reiskäfer 736.
Remipes 626.
Reniera 434.
Renilla 468.
Renke 934.
Rentier 1081.
Reptilia 957.
Retepora 814.
Reticulosa nuda 403.
Rhabdammina 403.
Rhabditis 519.
Rhabdocoela 482.
Rhabdomolgus 855.
Rhabdonema 519.
Rhabdopleura 824.
Rhachianectes 1071.
Rhachiglossa 774.
Rhacophorus 956.
Rhagio 728.
Rhagodes 659.
Rhamphastos 1017.
Rhampholeon 977.
Ramphorhynchus 1004.
Rhea 1006.
Rheae 1005.
Rhina 926.
Rhinobatus 926.
Rhinoceros 1077.
Rhinocoris 747.
Rhinoderma 956.
Rhinodon 926.
Rhinogryphus 1016.
Rhinolophus 1058.
Rhinophis 981.
Rhinopoma 1058.
Rhipicephalus 666.
Rhipidigorgia 467.
Rhipidius 735.
Rhipidoglossa 771.
Rhipiphorus 735.
Rhiptoglossa 977.
Rhizocephala 607.
Rhizocrinus 846.
Rhizomastigidae 394.
Rhizophysa 450.
Rhizoplasma 403.
Rhizopoda 398.
Rhizostoma 459.

Rhizostomeae 459.
Rhizostomites 457.
Rhizota 509.
Rhizotrogus 737.
Rhodalia 450.
Rhodeus 935.
Rhodites 741.
Rhodope 779.
Rhodosoma 867.
Rhomboganoidea 932.
Rhombozoa 426.
Rhombus 939.
Rhopalocera 724.
Rhopalodina 855.
Rhopalomenia 759.
Rhopalonema 444.
Rhopalura 426.
Rhyacophila 719.
Rhynchaea 1011.
Rhynchelmis 556.
Rhynchites 736.
Rhynchobdellae 561.
Rhynchobothrius 504.
Rhynchocephalia 967.
Rhynchocinetes 625.
Rhynchodemus 484.
Rhynchonella 818.
Rhynchophora 736.
Rhynchophorus 736.
Rhynchops 1014.
Rhynchoscolex 482.
Rhynchosuchus 974.
Rhynchota 746.
Rhynchotus 1007.
Rhyssa 742.
Rhytina 1083.
Ricinulei 662.
Riemenwurm 502.
Riesenalk 1014.
Riesenassel 636.
Riesenbandwurm 502.
Riesengürteltier 1064.
Riesenhaie 926.
Riesenholzwespe 741.
Riesenkänguruh 1052.
Riesenkolibri 1019.
Riesenkrabbe 627.
Riesenkratzer 527.
Riesenmuschel 793.
Riesensalamander 953.
Riesenschildkröte 972.
Riesenschlangen 980.
Riesenskink 977.
Rindenkorallen 467.
Rindenläuse 750.
Rindenschwämme 433.
Rinderbremse 728.
Ringdrossel 1021.
Ringelgans 1012.
Ringelkrebse 631.
Ringelnatter 981.
Ringelspinner 723.
Ringeltaube 1009.
Rippenquallen 471.
Rissoa 773.

Robben 1068.
Rochen 926.
Rodentia 1058.
Rodolia 734.
Röhrenherzen 879.
Röhrenquallen 445.
Rohrammer 1022.
Rohrdommel 1013.
Rohrhuhn 1011.
Rohrsänger 1020.
Rohrspatz 1022.
Rohrweihe 1016.
Rollassel 637.
Rosalia 735.
Rosengallwespe 741.
Rosenkäfer 737.
Rosenstaar 1021.
Roßameise 743.
Rossia 806.
Roßkäfer 736.
Rostellaria 774.
Rostratula 1011.
Rotalia 404.
Rotaria 508.
Rotatoria 504.
Rotauge 935.
Rote Koralle 467.
Roter Milan 1016.
Rothuhn 1008.
Rotifer 508.
Rotkehlchen 1021.
Rotköpfiger Neuntöter 1021.
Rotula 853.
Roussettus 1058.
Ruderfüßer (Krebse) 593.
Ruderfüßer (Vögel) 1013.
Rugosa 467.
Rübenblattwespe 741.
Rückenfüßer 626.
Rückenschwimmer 748.
Rüsselbär 1067.
Rüsselegel 561.
Rüsselkäfer 736.
Rüsselmilben 666.
Rüsselquallen 444.
Rüsseltiere 1074.
Rüttelfalk 1016.
Rumina 781.
Ruminantia 1079.
Rundkrabben 627.
Rundmäuler 902.
Rupicapra 1081.
Rupicola 1020.
Ruticilla 1021.
Rutte 939.

Saateule 723.
Saatgans 1012.
Saatkrähe 1021.
Saatschnellkäfer 734.
Sabatinca 722.

Sabella 552.
Sabellaria 552.
Sabussowia 483.
Saccammina 403.
Saccobranchus 935.
Saccocirrus 540.
Sacconereis 550.
Sacculina 607.
Säbelantilope 1081.
Säbelschnäbler 1011.
Sägefisch 926.
Säger 1012.
Sänger 1020.
Säugetiere 37, 113, 134, 143, 147, 157, 178, 190, 264, 1023.
Saga 709.
Sagartia 469.
Sagitta 857.
Sagittoidea 857.
Sahui 1087.
Saibling 934.
Saiga 1081.
Saiga-Antilope 1081.
Saimiri 1088.
Saitenwürmer 525.
Salamandra 953.
Salamandrina 954.
Salangane 1019.
Salenia 852.
Salicornaria 814.
Salmacina 552.
Salmacis 852.
Salminus 934.
Salmo 934.
Salpa 874.
Salpen 869.
Salpingoeca 395.
Saltatoria 708.
Salticus 658.
Salvelinus 934.
Samia 723.
Sammetmuschel 792.
Sandaal 938.
Sandfloh 731.
Sandflughuhn 1009.
Sandgarneele 625.
Sandkrabbe 627.
Sandkrebse 626.
Sandläufer 732.
Sandschlange 981.
Sandviper 982.
Sanguinicola 493.
Saperda 735.
Saphan 1074.
Sapphirina 600.
Sarcocystis 415.
Sarcophaga 729.
Sarcophilus 1051.
Sarcophyton 467.
Sarcopsylla 731.
Sarcoptes 668.
Sarcorhamphus 1016.
Sarcosporidia 415.
Sarda 939.

Sardelle 934.
Sardine 934.
Sargus (Fliege) 728.
Sargus (Fisch) 939.
Sarsia 442.
Sasakiella 458.
Sattelstorch 1013.
Saturnia 723.
Satyrhuhn 1008.
Satyrus 724.
Sauba 743.
Sauerwurm 722.
Saugwürmer 484.
Sauropsida 902.
Sauropterygier 967.
Saururae 1005.
Savaglia 469.
Saxicava 793.
Saxicola 1021.
Scaeopus 1063.
Scala 772.
Scalaria 772.
Scalops 1055.
Scalopus 1055.
Scalpellum 606.
Scansores 1017, 1018.
Scaphirhynchus 932.
Scapholeberis 587.
Scaphopoda 782.
Scarabaeus 736.
Scarus 939.
Scatophaga 729.
Scenopinus 728.
Schaben 722.
Schabrakentapir 1077.
Schädellose 874.
Schafzecke 729.
Schakal 1066.
Schalenkrebse 613.
Schamkrabbe 627.
Schamlaus 712.
Scharben 1013.
Scharlachibis 1013.
Scharrvögel 1007.
Schattenfisch 939.
Schattenmücke 727.
Schaumcikade 727.
Scheibenquallen 458.
Schellfisch 939.
Scherenasseln 632.
Scherenschnabel 1014.
Schermaus 1060.
Schied 935.
Schiffsbohrwurm 794.
Schiffshalter 940.
Schildigel 853.
Schildkäfer 736.
Schildkröten 968.
Schildläuse 751.
Schildwanzen 747.
Schildwurf 1064.
Schill 939.
Schillerfalter 724.
Schimpanse 1089.
Schistocephalus 502.

Schistocerca 709.
Schistosomum 493.
Schizaster 853.
Schizogregarinaria 414.
Schizometopa 729.
Schizoneura 750.
Schizonotus 651.
Schizophora 728.
Schizopoda 619.
Schlammpitzger 935.
Schlammschnecke 781.
Schlange der Kleopatra 982.
Schlangen 978.
Schlangenfisch 940.
Schlangenhalsschildkröte 971.
Schlangenhalsvogel 1013.
Schlangensterne 849.
Schlanklori 1085.
Schleichenlurche 951.
Schleie 935.
Schleiereule 1017.
Schließmundschnecke 781.
Schlundatmer 819.
Schlupfwespen 741.
Schmalnasen 1088.
Schmarotzerbienen 744.
Schmarotzerhummel 744.
Schmeißfliegen 729.
Schmerle 935.
Schmetterlinge 720.
Schmetterlingshaft 718.
Schmetterlingsmücken 727.
Schmiede 734.
Schmuckschildkröte 971.
Schnabelfliege 718.
Schnabelkerfe 746.
Schnabeltier 1048.
Schnaken 728.
Schnappschildkröte 971.
Schnecken 760.
Schneeammer 1022.
Schneeeule 1017.
Schneefloh 683.
Schneehase 1060.
Schneehuhn 1009.
Schneeziege 1081.
Schneidervogel 1020.
Schnellkäfer 734.
Schnepfenfisch 937.
Schnepfenfliegen 728.
Schnepfenvögel 1011.
Schnurwürmer 529.
Scholle 939.

Schopfhühner 1008.
Schopfibis 1013.
Schraubenhornziege 1081.
Schraubenschnecken 774.
Schreiadler 1016.
Schreivögel 1020.
Schreitwanzen 747.
Schreivögel 1020.
Schröter 736.
Schrotmäuse 1061.
Schuhschnabel 1013.
Schuppentiere 1062.
Schuppfisch 935.
Schwärmer 724.
Schwalben 1020.
Schwalbenschwanz 724.
Schwammspinner 723.
Schwammtiere 427.
Schwanzlose Lurche 954.
Schwanzlurche 952.
Schwanzmeise 1021.
Schwarzamsel 1021.
Schwarze Koralle 467, 468.
Schwarzplättchen 1020.
Schwarzspecht 1019.
Schwarzstirniger Würger 1021.
Schwebfliegen 728.
Schwebforelle 934.
Schweine 1079.
Schweinsaffe 1088.
Schwertfisch 939.
Schwertschwänze 644.
Schwertwal 1072.
Schwimmkäfer 733.
Schwimmpolypen 445.
Schwimmratte 1061.
Schwirrvögel 1019.
Sciaena 939.
Sciara 727.
Scincus 977.
Scioberetia 793.
Sciophila 727.
Scisurella 772.
Sciuromorpha 1060.
Sciuropterus 1060.
Sciurus 1060.
Scleraxonia 467.
Scleropages 934.
Sclerostomum 521.
Scolecida 100, 115, 155, 265, 477.
Scolecolepis 550.
Scolex 499.
Scolia 743.
Scolioplanes 680.
Scolopax 1011.
Scolopendra 680.
Scolopendrella 674.

Scoloplos 550.
Scolytus 736.
Scomber 939.
Scombresox 938.
Scopelus 937.
Scorpaena 940.
Scorpio 650.
Scorpionidea 647.
Scotolemon 662.
Scrobicularia 793.
Scrupocellaria 814.
Scurria 771.
Scutariella 482.
Scutella 853.
Scutigera 680.
Scutigerella 674.
Scyllarus 625.
Scylliorhinus 926.
Scyllium 926.
Scyphomedusae 451.
Scyphostoma 451.
Scyphozoa 451.
Seeadler 1016.
Seeanemonen 469.
Seebär 1068.
Seebarsch 939.
See-Elefant 1068.
Seefedern 467.
Seeforelle 934.
Seefrosch 956.
Seehasen (Schnecken) 778.
Seehase (Fisch) 940.
Seehund 1068.
Seeigel 850.
Seekatzen 927.
Seekühe 1082.
Seelilien 844.
Seelöwe 1068.
Seemoos 443.
Seenadel 937.
Seeohren 772.
Seeotter 1067.
Seepferdchen 937.
Seepocken 606.
Seeraupe 549.
Seerosen 469.
Seescheiden 861.
Seeschildkröten 972.
Seeschwalbe 1014.
Seeskorpion 940.
Seesterne 846.
Seestichling 937.
Seeteufel 941.
Seewalzen 853.
Seewolf 940.
Seezunge 939.
Segelfalter 724.
Segestria 657.
Segler 1019.
Sehirus 747.
Seidenäffchen 1087.
Seidenschwanz 1020.
Seidenspinnen 657.
Seison 508.

Seitenschwimmer 939.
Seiwal 1071.
Sekretär 1016.
Selache 926.
Selachii 926.
Selenocosmia 657.
Semaeostomeae 458.
Semnoderes 511.
Semnopithecus 1088.
Sepia 806.
Sepietta 805.
Sepiola 805.
Sepioteuthis 805.
Seps 977.
Septibranchia 793.
Sergestes 624.
Serialaria 814.
Seriema 1011.
Serinus 1022.
Serolis 636.
Serpentarius 1016.
Serpula 552.
Serpulimorpha 552.
Serranus 939.
Serrasalmo 934.
Sertularella 443.
Sertularia 443.
Serval 1068.
Sesarma 628.
Sesia 722.
Sialis 717.
Siamang 1089.
Sichelreiher 1013.
Sicista 1060.
Sicyonia 624.
Sida 587.
Siebenschläfer 1060.
Siebschnäbler 1011.
Siebwespe 744.
Sigaretus 773.
Silberfasan 1008.
Silberfischchen 683.
Silberlöwe 1068.
Silbermöve 1014.
Silberreiher 1013.
Silicoflagellidae 397.
Siliquaria 773.
Silpha 733.
Silurus 935.
Simia 1088, 1089.
Simiae 1088.
Simocephalus 587.
Simplicidentata 1060.
Simulium 727.
Singcikaden 748.
Singdrossel 1021.
Singvögel 1020.
Siphonaptera 730.
Siphonaria 781.
Siphonodentalium 783.
Siphonophora 445.
Siphonophora (Blattlaus) 750.
Siphonops 952.
Siphonostoma 551.

Siphunculata 712.
Sipunculoidea 565.
Sipunculus 568.
Siredon 953.
Siren 954.
Sirenia 1082.
Sirex 741.
Siriella 622.
Siro 661.
Sisyra 718.
Sitaris 735.
Sitodrepa 734.
Sitta 1022.
Sitticus 658.
Skorpione 647.
Skorpionfliege 718.
Skorpionspinnen 650.
Smaragdeidechse 977.
Smerinthus 724.
Sminthea 444.
Sminthurus 683.
Sminthus 1060.
Solanderia 442.
Solarium 772.
Solaster 849.
Solea 939.
Solen 793.
Solenobia 722.
Solenoconchae 782.
Solenocurtus 793.
Solenodon 1055.
Solenogastres 757.
Solenoglypha 982.
Solenomya 792.
Solenopsis 743.
Solenostoma 937.
Soleolifera 781.
Solidungula 1077.
Solifugae 658.
Solitaire 1010.
Solmaris 444.
Solmundella 444.
Solpuga 659.
Somateria 1012.
Somatochlora 716.
Somniosus 926.
Sonnenfisch 939.
Sonnentierchen 404.
Sonnenvögel 1022.
Sonnenvogel 1020.
Sorex 1055.
Spadella 857.
Spätfliegende Fledermaus 1058.
Spalax 1061.
Spaltfüßer 619.
Spaltnapfschnecken 772.
Spanische Fliege 735.
Spanner 723.
Sparisoma 939.
Sparus 939.
Spatangoidea 853.
Spatangus 853.
Spatula 1012.

Spatularia 932.
Spatz 1022.
Spechte 1018.
Speckkäfer 734.
Speischlange 982.
Spelaeodiscus 781.
Spelerpes 954.
Sperber 1016.
Sperbereule 1017.
Sperbergrasmücke 1020.
Sperlingseule 1017.
Sperlingspapagei 1017.
Spermophilus 1060.
Sphaeractinomyxon 415.
Sphaerastrum 406.
Sphaerechinus 853.
Sphaerium 792.
Sphaeroidea 508.
Sphaeroma 636.
Sphaeromyxa 414.
Sphaeronectes 449.
Sphaeronella 601.
Sphaerophrya 423.
Sphaerostomum 493.
Sphaerotherium 677.
Sphaerozoum 409.
Sphaerularia 519.
Sphargis 972.
Sphenisciformes 1014.
Spheniscus 1015.
Sphenodon 968.
Sphenopus 469.
Spheroides 941.
Sphex 744.
Sphingina 724.
Sphinx 724.
Sphodromantis 708.
Sphyrapus 633.
Sphyrna 926.
Spinax 926.
Spindelbaummotte 722.
Spinnen 651.
Spinner 723.
Spinnmilbe 666.
Spinther 548.
Spio 550.
Spiomorpha 550.
Spirialis 778.
Spirillina 403.
Spirobolus 678.
Spirochona 423.
Spirographis 552.
Spiroloculina 403.
Spirontocaris 625.
Spiroptera 520.
Spirorbis 552.
Spirostomum 422.
Spirula 806.
Spitzhörnchen 1054.
Spitzkopfotter 982.
Spitzmäuse 1055.
Spondylus 795.

Spongelia 434.
Spongiae 432.
Spongiaria 98, 112, 125, 130, 159, 262, 267, 272, 306f., 309, 427.
Spongicola 456.
Spongilla 434.
Sporocyste 488.
Sporozoa 409.
Spottdrossel 1021.
Spotter 1020.
Springaffe 1088.
Springbock 1081.
Springfrosch 956.
Springhase 1060.
Springspinnen 658.
Spritzfisch 939.
Sprosser 1021.
Sprott 934.
Spulwurm 523.
Spumellaria 409.
Squalius 935.
Squalus 926.
Squamata 974.
Squatina 926.
Squilla 612.
Stachelhäuter 824.
Stachelmaus 1061.
Stachelotter 982.
Stachelschwein 1061.
Stalita 657.
Staphylinoidea 733.
Staphylinus 733.
Star 1021.
Stauridium 442.
Staurocephalus 549.
Stauromedusae 457.
Stauronotus 709.
Stauropus 724.
Steatoda 657.
Steatogenys 935.
Steatornis 1019.
Stechfliege 729.
Stechmücken 727.
Stechrochen 927.
Steckmuschel 794.
Steenstrupia 442.
Steganopodes 1013.
Steganura 1021, 1022.
Stegobium 734.
Stegocephali 362, 951.
Stegomyia 727.
Steinadler 1016.
Steinbutt 939.
Steinhuhn 1008.
Steinkauz 1017.
Steinmarder 1067.
Steinpitzger 935.
Steinschmätzer 1021.
Steinrötel 1021.
Steinschwämme 433.
Steißfüßer 1015.
Steißhühner 1007.

Stellersche Seekuh 1083.
Stelletta 433.
Stellio 976.
Stelmatopoda 813.
Stenobothrus 709.
Stenodactylus 976.
Stenodema 747.
Stenogyra 781.
Stenops 1085.
Stenopus 624.
Stenorhynchus 627.
Stenostomum 482.
Stenoteuthis 805.
Stentor 422.
Stenura 735.
Stephalia 450.
Stephanoceros 509.
Stephanomia 450.
Stephanoscyphus 456.
Steppenmurmeltier 1060.
Steppenrind 1082.
Steppenschaf 1082.
Steppenschuppentier 1062.
Stercorarius 1014.
Stereodermata 852.
Stereopneustes 853.
Sterlet 932.
Sterna 1014.
Sternarchus 935.
Sternaspis 551.
Sternata 853.
Sternkorallen 470.
Sternmaulwurf 1055.
Sternoptyx 934.
Sthenelais 549.
Stichling 937.
Stichocotyle 492.
Sticholonche 406.
Stichopus 855.
Stichostemma 534.
Stieglitz 1022.
Stilifer 773.
Stilpnotia 723.
Stinktier 1067.
Stint 934.
Stockente 1012.
Stocker 939.
Stockfisch 939.
Stoecharthrum 426.
Stör 932.
Störe 931.
Stoichactis 470.
Stolidobranchiata 868.
Stomatopoda 610.
Stomias 934.
Stomolophus 459.
Stomoxys 729.
Storch 1013.
Strachia 747.
Strandkrabbe 627.
Stratiodrilus 540.
Stratiomys 728.

Strauchratte 1061.
Strauße, echte 1005.
Strepsiceros 1081.
Strepsiptera 737.
Streptocephalus 585.
Streptoneura 770.
Streptophiurae 850.
Streptosomata 852.
Stridulantia 748.
Strigea 493.
Striges 1016.
Stringops 1017.
Strix 1017.
Strobila 456.
Strombus 774.
Strongylocentrotus 853.
Strongyloides 519.
Strongylosoma 678.
Strongylus 521.
Strudelwürmer 477.
Struthio 1005.
Struthiones 1005.
Stubenfliege 729.
Stummelaffe 1088.
Sturmmöwe 1014.
Sturmschwalbe 1014.
Sturmtaucher 1014.
Sturmvögel 1014.
Sturnus 1021.
Stutzechse 977.
Stutzkäfer 733.
Styela 868.
Styelopsis 868.
Stylaria 556.
Stylarioides 551.
Stylaster 442.
Stylocheiron 622.
Stylochoplana 484.
Stylochus 484.
Stylodictya 409.
Stylommatophora 781.
Stylonychia 422.
Stylops 738.
Stylopyga 708.
Stylorhynchus 414.
Subcoccinella 734.
Suberites 433.
Subungulata 1061.
Succinea 781.
Suctoria 423.
Süßwasserkrabben 627.
Süßwasserperlmuscheln 792.
Süßwasserpolypen 441.
Süßwasserschwämme 434.
Sula 1013.
Sultanshuhn 1011.
Sumpfbiber 1061.
Sumpfmeise 1021.
Sumpfohreule 1016.
Sumpfschildkröte 971.

Sumpfschnepfe 1011.
Sumpfvögel 1010.
Suppenschildkröte 972.
Surnia 1017.
Sus 1079.
Sycandra 432.
Sycon 432.
Sycozoa 867.
Sylleibidae 432.
Syllis 550.
Sylvia 1020.
Symbranchii 935.
Symbranchus 935.
Symphalangus 1089.
Symphyla 673.
Symphylella 674.
Symphynota 792.
Symphyta 741.
Sympodium 467.
Synallactes 855.
Synapta 855.
Synaptula 855.
Synchaeta 508.
Syncoryne 442.
Syngamus 523.
Syngnathus 937.
Synoeca 744.
Synoicum 867.
Synotus 1058.
Syntomis 723.
Synzoëa 612.
Syrmaticus 1008.
Syrnium 1016.
Syromastes 747.
Syrphus 728.
Syrrhaptes 1009.

Tabanus 728.
Tachardia 751.
Tachea 781.
Tachina 729.
Tachyglossus 1048.
Tachypetes 1013.
Tadorna 1012.
Taenia 503.
Taenioglossa 772.
Taeniopygia 1022.
Tagpfauenauge 724.
Tagraubvögel 1015.
Tahr 1081.
Takin 1081.
Talegalla 1008.
Talitrus 640.
Talpa 1055.
Tamandua 1063.
Tanagra 1022.
Tanais 633.
Tannenheher 1021.
Tannenlaus 750.
Tannenmeise 1021.
Tanrek 1055.
Tantalus 1013.
Tanytarsus 727.
Tanzfliegen 728.
Tapes 793.

Tapetenmotte 722.
Tapezierspinne 657.
Taphozous 1058.
Tapire 1077.
Tapirus 1077.
Tarantelspinne 658.
Tarantula 651.
Tarbophis 982.
Tardigrada 574.
Tarentola 976.
Tarpan 1077.
Tarsipes 1052.
Tarsius 1085.
Tarsoidea 1085.
Tarsonemus 667.
Tartaridi 651.
Taschenkrebs 627.
Taschenmaus 1060.
Taschenquallen 458.
Tatu 1064.
Tatus 1064.
Tatusia 1064.
Tauben 1009.
Taubenschwanz 724.
Taucher 1015.
Taufliege 729.
Taumelkäfer 733.
Taurotragus 1081.
Tausendfüßer 673.
Tayassus 1079.
Tayra 1067.
Tealia 469.
Tectibranchiata 777.
Tectospondyli 926.
Tectura 771.
Tegastes 599.
Tegenaria 658.
Teichmuschel 792.
Teju 977.
Tejus 977.
Teleas 742.
Teleostei 933.
Teleostomi 927.
Telephorus 733.
Telepsavus 551.
Tellina 793.
Telosporidia 413.
Telphusa 627.
Temnocephala 482.
Temnopleurus 852.
Temora 599.
Tendipes 727.
Tenebrio 735.
Tentaculata (Rippenquallen) 475.
Tentaculata 807.
Tenthredo 741.
Terebella 552.
Terebellides 552.
Terebellomorpha 551.
Terebra 774.
Terebrantia (Blasenfüßer) 713.
Terebrantia (Hautflügler) 741.

Terebratella 818.
Terebratula 818.
Terebratulina 818.
Teredo 794.
Termes 711.
Termiten 257, 710.
Termitoxenia 728.
Terpsiphone 1020.
Tesserantha 458.
Testacella 781.
Testicardines 818.
Testudinata 968.
Testudo 971.
Tethya 433.
Tethyodea 861.
Tethys 779.
Tetrabranchiata 804.
Tetracerus 1081.
Tetracorallia 467.
Tetracotyle 493.
Tetractinellida 433.
Tetragnatha 657.
Tetrakentron 575.
Tetramitus 395.
Tetranychus 666.
Tetrao 1009.
Tetraphyllidea 502.
Tetraplatia 444.
Tetrapoda 902.
Tetrarhynchoidea 504.
Tetrastemma 534.
Tetrastes 1008.
Tetraxonia 433.
Tetrodon 941.
Tettigia 748.
Tettigonia 709.
Tettigoniella 749.
Tettix 709.
Teufel 1051.
Textor 1021.
Textularia 403.
Thais 724.
Thalassema 565.
Thalassianthus 470.
Thalassicolla 409.
Thalassidroma 1014.
Thalassina 626.
Thalassochelys 972.
Thalassophysa 409.
Thalia 874.
Thaliacea 869.
Thamnophilus 1020.
Thamnotrizon 709.
Thanasimus 733.
Thaumaleus 600.
Thaumatolampas 805.
Thaumetopoea 724.
Thecata 310, 442.
Thecidium 818.
Thecla 724.
Thecocarpus 443.
Thelohania 415.
Thelyphonus 651.
Thenea 433.
Theodoxus 772.

Theopilium 409.
Theridium 657.
Thermobia 683.
Theromorphen 967.
Theropithecus 1088.
Thia 627.
Thomisus 657.
Thoracica 606.
Thoracostoma 519.
Thoracostraca 613.
Thracia 793.
Thrips 713.
Thuiaria 443.
Thunfisch 939.
Thunnus 939.
Thyca 773.
Thylacinus 1051.
Thymallus 934.
Thyone 855.
Thysanopoda 622.
Thysanoptera 713.
Thysanoteuthis 805.
Thysanozoon 484.
Thysanura 683.
Tiara 441.
Tibicen 748.
Tibicina 748.
Tichodroma 1022.
Tiedemannia 778.
Tieflandunke 956.
Tiger 1068.
Tigerkatze 1068.
Tigerschlange 980.
Tiliqua 977.
Tima 443.
Timarcha 736.
Tinamiformes 1007.
Tinamus 1007.
Tinca 935.
Tinea 722.
Tineaemorpha 722.
Tineola 722.
Tinnunculus 1016.
Tintenfisch 806.
Tintinnus 422.
Tipula 728.
Titanethes 637.
Tjalfiella 475.
Tölpel 1013.
Töpfervogel 1020.
Tokophrya 423.
Tomistoma 974.
Tomocerus 683.
Tomopteris 550.
Tonicia 757.
Topaza 1019.
Tordalk 1014.
Tornaria 821.
Torpedo 174 ff., 927.
Tortricimorpha 722.
Tortrix (Schmetterling) 722.
Tortrix (Schlange)
Torymus 742. [981.
Totanus 1011.

Totengräber 733.
Totenkopfschwärmer
Totenuhr 734. [724.
Toxoglossa 774.
Toxopneustes 852.
Toxotes 939.
Tracheliastes 601.
Trachelius 421.
Trachinus 940.
Trachurus 939.
Trachydemus 511.
Trachylina 443.
Trachymedusae 443.
Trachynema 444.
Trachypterus 940.
Trachys 734.
Trachysaurus 977.
Tragelaphus 1081.
Tragopan 1008.
Traguloidea 1080.
Tragulus 1080.
Trampeltier 1080.
Trappe 1011.
Traubenwickler 722.
Trauermantel 724.
Traustedtia 874.
Trematobdella 562.
Trematodes 484.
Trematodimorpha 500.
Tremoctopus 807.
Trepang 855.
Treptoplax 427.
Triactinomyxon 415.
Triaenophorus 502.
Triarthra 508.
Triaxonia 433.
Trichacis 742.
Trichaster 850.
Trichechus 1068, 1083.
Trichina 521.
Trichine 521.
Trichinella 521.
Trichius 737.
Trichocephalus 520.
Trichocera 728.
Trichodectes 712.
Trichodes 733.
Trichodina 423.
Trichoglossus 1017.
Trichomonas 395.
Trichonema 521.
Trichoniscus 637.
Trichonympha 396.
Trichophaga 722.
Trichophrya 423.
Trichoplax 427.
Trichoptera 719.
Trichosomum 521.
Trichosphaerium 403.
Trichosurus 1052.
Trichotrachelidae 520.
Tricladidea 483.
Tridacna 793.
Trididemnum 867.
Triecphora 748.

Triel 1011.
Trigla 940.
Trigonia 792.
Trilobita 580.
Triloculina 403.
Trimerotropis 709.
Tringa 1011.
Trionychoidea 972.
Trionyx 972.
Triops 585.
Trioza 749.
Tripneustes 852.
Tripylaria 409.
Tristomum 490.
Triton (Schnecke) 774.
Triton (Amphibium)
Tritonia 779. [953.
Tritonium 774.
Tritonoidea 779.
Tritonshörner 774.
Trivia 774.
Trochilium 722.
Trochilus 1019.
Trochocochlea 772.
Trochophoralarve 437.
Trochosa 658.
Trochosphaera 508.
Trochus 772.
Troctes 712.
Troglocaris 625.
Troglochaetus 540.
Troglodytella 422.
Troglodytes (Vogel)
  1021.
Troglodytes (Affe)
  1089.
Troglophilus 709.
Trogon 1018.
Trogulus 661.
Trogus 741.
Troides 724.
Trombicula 666.
Trombidium 666.
Trommelfisch 939.
Trompetenvogel 1011.
Tropicoris 747.
Tropidonotus 981.
Tropikvogel 1013.
Trugratten 1061.
Trupiale 1021.
Truthahngeier 1016.
Truthuhn 1008.
Trygon 927.
Trypanocorax 1021.
Trypanophis 394.
Trypanoplasma 394.
Trypanosoma 394.
Trypeta 729.
Tryphaena 723.
Tryxalis 709.
Tschita 1068.
Tsetsefliegen 729.
Tubicinella 606.
Tubicolaria 509.
Tubifex 556.

Tubinares 1014.
Tubipora 467.
Tubulanus 534.
Tubularia 442.
Tubulariae 441.
Tubulidentata 1064.
Tubulifera 713.
Tubulipora 814.
Tümmler 1072.
Tukan 1017.
Tunicata 148, 158,
  295, 307, 309, 858.
Tupaja 1054.
Tupinambis 977.
Turacus 1018.
Turbanella 510.
Turbellaria 125, 167,
  306, 477.
Turbinella 774.
Turbinoliidae 470.
Turbo 772.
Turdus 1021.
Turmfalk 1016.
Turmschnecken 773.
Turris 441.
Turritella 773.
Tursiops 1072.
Turteltaube 1009.
Turtur 1009.
Tussahspinner 723.
Tylenchus 519.
Tylopoda 1080.
Tympanuchus 1009.
Typhidae 641.
Typhlocoelum 493.
Typhlomolge 954.
Typhlonectes 952.
Typhloplana 483.
Typhlops 981.
Typhlotanais 633.
Typhlotrechus 732.
Typton 625.
Tyrannus 1020.
Tyroglyphus 667.

Uca 627.
Uckelei 935.
Udonella 490.
Uferläufer 732.
Uferschnecke 773.
Uferschnepfe 1011.
Uferschwalbe 1020.
Uhu 1016.
Ulmaris 458.
Umbra 936.
Umbellula 468.
Umbrella 778.
Umbrina 939.
Umbrosa 458.
Unau 1063.
Unciger 678.
Unpaarzeher 1076.
Ungulata 1072.
Unio 792.
Unionicola 666.

Upogebia 626.
Upupa 1018.
Ur 1082.
Urania 723.
Uranoscopus 940.
Urax 1008.
Uria 1014.
Urnatella 529.
Urocerus 741.
Urochs 1082.
Urodasys 510.
Urodela 952.
Urogonimus 493.
Uromastix 976.
Uronectes 630.
Uropeltis 981.
Uroplatus 976.
Urostyla 422.
Urothoë 640.
Ursus 1067.
Urticina 469.
Urtiere 391.
Ute 432.

Vaginula 781.
Vahlkampfia 402.
Valvata 773.
Valvifera 636.
Vampyr 1058.
Vampyroteuthis 806.
Vampyrus 1058.
Vanellus 1011.
Vanessa 724.
Varanus 977.
Velella 451.
Veligerstadium 754.
Venus 793.
Venusfächer 467.
Venusgürtel 475.
Venuskorb 433.
Veranya 805.
Veretillum 468.
Vermetus 773.
Veronicella 781.
Verruca 606.
Vertebrata 100, 104,
  113, 115ff., 121,
  131f., 134, 139, 149,
  152, 156, 161, 174,
  188, 190, 196, 205,
  207f., 215, 218, 228,
  258, 286, 332, 369,
  880.
Vesicularia 814.
Vesiculaten 442.
Vespa 743.
Vespertilio 1058.
Vesperugo 1058.
Vestiaria 1022.
Vicugna 1080.
Vidua 1021.
Vielfraß 1067.
Viereckskrabben 627.
Vioa 433.
Vipera 982.

Virbius 625.
Viscacia 1061.
Viskatscha 1061.
Vitrina 781.
Viverra 1067.
Vivipara 772.
Vließmaki 1085.
Vögel 37, 113, 140, 147, 157, 178, 258, 271, 289, 321, 334, 369, 982.
Vogelmilbe 666.
Vogel Rukh 1006.
Vogelspinne 656.
Volucella 728.
Voluta 774.
Volvox 397.
Vortex 482.
Vorticella 423.
Vosmaeropsis 432.
Vulpes 1066.
Vultur 1016.

Wabenkröte 955.
Wacholderdrossel 1021.
Wachsmotte 722.
Wachtel 1008.
Wachtelkönig 1011.
Waffenfliegen 728.
Waldameise 743.
Waldheimia 818.
Waldhühner 1008.
Waldkauz 1016.
Waldmaus 1061.
Waldohreule 1016.
Waldrapp 1013.
Waldschnepfe 1011.
Waldspitzmaus 1055.
Waldwühlmaus 1060.
Wale 1069.
Walfischlaus 642.
Walker 737.
Waller 935.
Walroß 1068.
Walzenspinnen 658.
Wandelndes Blatt 708.
Wanderdrossel 1021.
Wanderfalk 1016.
Wanderheuschrecken 709.
Wanderratte 1061.
Wandertaube 1009.
Wanzen 747.
Wapiti 1081.
Warzenschlange 981.
Warzenschwein 1079.
Waschbär 1067.
Wasseramsel 1021.
Wasserassel 637.
Wasserflöhe 585.
Wasserflorfliege 717.
Wasserfrosch 956.
Wasserhühner 1010.
Wasserjungfern 715.

Wasserkäfer 734.
Wasserläufer 747.
Wassermilben 666.
Wassermokassinschlange 982.
Wasserralle 1010.
Wasserratte 1060.
Wasserschwein 1061.
Wasserskorpione 748.
Wasserspinne 657.
Wasserspitzmaus 1055.
Wassertreter 1011.
Wasserwanzen 747.
Wasserwurf 1055.
Watasella 806.
Watvögel 1012.
Weberknecht 661.
Webervögel 1021.
Wechselkröte 956.
Wedlia 493.
Wehrvogel 1012.
Weichschildkröten
Weichtiere 751. [972.
Weidenbohrer 722.
Weidenspinner 723.
Weidenzeisig 1020.
Weinbergschnecke 781.
Weindrossel 1021.
Weinhähnchen 709.
Weinschwärmer 724.
Weiße Ameisen 710.
Weiße Koralle 470.
Weißköpfiger Geier
Weißlinge 724. [1016.
Weißwal 1071.
Weizenälchen 519.
Weizenhalmfliege 729.
Wellensittich 1017.
Wellhorn 774.
Wels 935.
Wendehals 1019.
Wendeltreppen 772.
Werre 710.
Wespe 743.
Wespenbussard 1016.
Wickelbär 1067.
Wickler 722.
Widderchen 722.
Wiedehopf 1018.
Wiederkäuer 1079.
Wiesel 1067.
Wiesenpieper 1021.
Wiesenschnarre (Insekt) 709.
Wiesenschnarre (Vogel) 1010.
Wildente 1012.
Wildesel 1077.
Wildgans 1012.
Wildhund 1066.
Wildkatze 1068.
Wildpferd 1077.
Wildschwan 1012.
Wildschwein 1079.
Willemoesia 625.

Wimperinfusorien 415.
Windig 724.
Winkelspinne 658.
Winkerkrabbe 627.
Winterschnake 728.
Wirbeltiere 880.
Wirtelschleichen 976.
Wisent 1082.
Wolf 1066.
Wolfsmilchschwärmer 724.
Wolfsspinnen 658.
Wollaffe 1088.
Wollkrabbe 627.
Wollmaus 1061.
Wombat 1052.
Wühlechsen 977.
Wühlmaus 1060.
Würfelnatter 981.
Würfelquallen 458.
Würger 1021.
Wüstenassel 637.
Wüstenfuchs 1066.
Wüstenhühner 1009.
Wüstenluchs 1068.
Wüstenspringmaus 1060.
Wurmschlangen 981.
Wurmschnecken 773.
Wurzelfüßer 398.
Wurzelkrebse 607.
Wurzelquallen 459.

Xantho 627.
Xenarthra 1062.
Xenobalanus 606.
Xenophyophora 403.
Xenopsylla 731.
Xenopus 955.
Xenos 738.
Xerampelus 750.
Xerobdella 562.
Xerophila 781.
Xiphias 939.
Xiphosura 644.
Xylocopa 744.

Yak 1082.
Yoldia 792.

Zabrus 732.
Zackelschaf 1082.
Zaglossus 1048.
Zahnkarpfen 937.
Zahntaube 1010.
Zahnwale 1071.
Zamenis 981.
Zander 939.
Zapus 1060.
Zauneidechse 977.
Zaunkönig 1021.
Zebu 1082.
Zecken 665.
Zehnfüßige Krebse
Zehrwespen 742. [622.
Zeisig 1022.

Zelinkiella 508.
Zephyrus 724.
Zerynthia 724.
Zeus 939.
Zeuzera 722.
Zibethkatze 1067.
Ziegenmelker 1019.
Ziernase 1058.
Ziesel 1060.
Zimmerbock 735.
Zimokkaschwamm 434.
Zippammer 1022.
Zirpen 748.
Zitronenfalter 724.
Zitteraal 935.
Zitterrochen 927.
Zitterwels 935.
Zoantharia 468.
Zoanthiniaria 468.
Zoanthus 469.
Zoarces 940.
Zobel 1067.
Zoëa 617.
Zonites 781.
Zonurus 976.
Zoobotryon 814.
Zoothamnium 423.
Zoraptera 711.
Zorilla 1067.
Zoroaster 849.
Zorotypus 711.
Zospeum 781.
Zuckergast 683.
Zünsler 722.
Zungenwürmer 668.
Zweiflügler 725.
Zweizehiges Faultier 1063.
Zweizehiger Strauß 1005.
Zwergameisenbär 1063
Zwergantilope 1081.
Zwergcikade 749.
Zwergfledermaus 1058.
Zwerghirsche 1080.
Zwergmaki 1085.
Zwergmaus 1061.
Zwergmöwe 1014.
Zwergohreule 1016.
Zwergpfeifhase 1059.
Zwergrohrdommel 1013.
Zwergschnecke 781.
Zwergspecht 1019.
Zwergspitzmaus 1055.
Zwergtrappe 1011.
Zwergwal 1071.
Zwergwels 935.
Zygaena 723.
Zygaenaemorpha 722.
Zygoneura 476.
Zygophiurae 850.
Zygoptera 716.
Zyras 733.

Sachverzeichnis.

Abhängige Differenzierung 53, 275.
Abyssal 326, 328, 353.
Accommodation 208f.
Achromatischer Apparat 20, 23.
Achsenorgane 288.
Achsenskelet 159, 288.
Adäquate Reize 182.
Adrenalin 244.
Adrenalsystem 243f.
Agglutination 152.
Aktionsstrom 46, 170, 176, 216, 218.
Alles-oder-Nichts-Gesetz 48, 218.
Allele 74.
Altern 40f., 273.
Alternative Modifikabilität 52.
Aminosäuren 30, 32, 150.
Ammoniak 32, 157, 329.
Amöboide Bewegung 12.
Amylase 129.
Angewandte Zoologie 323.
Anhangsdrüsen 131f., 136.
Anisogamie 67, 314.
Anoxybiose 30, 341.
Anpassung 49, 324, 355f., 381.
Antagonismus 172, 220.
Antikörper 153.
Aorta 146.
Apokrine Drüsenzellen 106.
Appositionsauge 211.
Arbeitsleistung 34, 166, 168, 176.
Archenteron 131.
Arrenotokie 265.
Art 2, 4, 355, 357, 370ff., 379, 383.
Arterien 144ff.
Artumwandlung 359, 365f., 368, 371ff., 378ff.
Assimilation 29.
Assoziationsapparat 225.
Assoziationsreflex 252.
Astrosphäre 15, 18.
Asymmetrie 94, 300.
Atembewegung 142.
Atmung 30, 32, 136ff.
Atmungsenzym 34.
Augenbecher 206, 299.

Ausscheidungsorgane 153ff.
Austauschwert 85.
Außenskelet 104, 173.
Autosomen 69, 91.
Autotrophie 29, 30, 320.
Axopodien 13, 18.

Basalganglion 232.
Bauchmark 219, 224, 227.
Bauchspeicheldrüse 132, 136.
Bedingter Reflex 250f.
Befruchtung 37, 38, 53, 273.
Benthal 326, 329.
Benthos 324f.
Betriebsstoffwechsel 31.
Bewegung 2, 47, 164, 167, 172, 174.
Bewußtseinserscheinungen 5, 217, 236, 247f., 256, 259f.
Bilateralsymmetrie 94, 300.
Bildsehen 200.
Bindegewebe 106ff., 122, 159, 293.
Biocönose 321ff., 325, 327.
Biogenetisches Grundgesetz 370.
Biokrystalle 162.
Biophile Elemente 7.
Biosphäre 318f., 321.
Biotop 321f., 324ff., 336, 371, 381.
Blastocöl 97, 276.
Blastoderm 97, 276.
Blastomeren 275.
Blastula 97, 276f., 296.
Blut 112, 144, 149ff., 239ff.
Blutbildung 113, 148.
Blutfarbstoffe 137, 150.
Blutgefäßsystem 100, 144ff.
Blutgerinnung 152.
Blutgruppen 153.
Blutzellen 112f., 144, 152.
Bogengänge 187.
Boveri-Suttonsche Theorie 82.

Carbohydrasen 33, 129.
Caryomeren 25.
Cellulase 129.
Centralnervensystem 118, 124, 149, 218, 223ff., 327f., 287f.

Centralspindel 18, 20.
Cerebralganglion 223f.
Chemische Sinne 182, 194.
Chemotaxis 249, 254.
Chiasmatypiehypothese 88.
Chitin 121, 172, 332.
Cholesterin 7.
Chorda 111, 159, 288.
Chordotonalorgane 185f., 194.
Chromaffine Zellen 244.
Chromatin 14, 29.
Chromatindiminution 292.
Chromatophoren 29, 122.
Chromomeren 27.
Chromosomen 2, 17ff., 20, 23ff., 53ff., 60ff., 65ff., 69f., 72, 77ff., 80ff., 85ff., 373ff.
Chromosomengarnituren 25ff., 82.
Chromosomentheorie der Vererbung 72, 77ff.
Ciliarkörper 205, 207.
Ciliarmuskel 207.
Cilien 103, 164, 217.
Cochlea 190, 192.
Coecum 136.
Cölom 100, 144, 148, 284f., 290.
Cölomflüssigkeit 112, 113, 144, 149.
Conjugation 54, 68, 377, 418ff.
Contractile Vacuole 154.
Contraction 113, 124, 167, 169.
Copulation 54.
Corium 122.
Corpora pedunculata 225ff.
Corpus luteum 245, 270.
Correlation 237ff.
Cortisches Organ 116, 190.
Cuticula 103, 121.
Cyclomerie 95.
Cyclose 125.
Cytocentrum 15, 18, 19ff., 58ff., 61, 78ff.
Cytoplasma 1, 9, 11, 46, 88, 113, 124, 275, 291, 296, 298, 300f., 373, 377f., 380.

Cytoplasmaströmung 11ff., 122, 124, 164.
Cytopyge 96, 125.
Cytostom 96, 124.

Dämmerungssehen 215f.
Darm 125, 131f., 135f.
Darwinismus 356f., 382.
Dauermodifikation 374, 376ff., 382.
Dauerstadien 35, 332.
Dekrement 47, 218f.
Dendriten 117.
Dentin 111.
Desmolasen 33.
Deszendenztheorie 6, 355ff.
Determination 274, 294.
Determinierende Stoffe 268, 295, 300.
Dickdarm 136.
Differenzierung 28, 37, 275.
Dilatation 167.
Dioptrischer Apparat 200, 208, 210.
Diplophase 53, 213.
Disymmetrische Grundform 93.
Dominanz 72f.
Doppelbrechung 9, 113, 118, 167f.
Drüsen 28, 104, 120, 122, 131ff., 154, 180, 240ff., 293.
Dunkeladaptation 215.
Dünndarm 135f.
Duodenum 134, 136.
Duplizitätstheorie 215.

Ectoderm 97, 125, 280, 293.
Ei 57, 262, 267ff.
Eihüllen 271.
Eisen 6f., 34, 326.
Eiweißkörper 7, 30, 150.
Elektrische Organe 174f.
Embryonalentwicklung 3, 44, 111, 120, 273, 275, 369.
Embryonalhülle 294.
Emittent 117, 120.
Endemismus 371f.
Enddarm 131f., 134, 136.
Engramme 49, 236, 248, 251, 259.
Engrammreflex 251.
Enterokinase 136.
Entoderm 97, 125, 280ff., 293.
Entwicklung 3, 44f., 49, 111, 120, 160, 273, 274f.
Entwicklungsphysiologie 3, 160, 274.
Enzyme 32, 129, 136.
Ephyra 316.
Epidermis 121, 293.
Epithel 97, 102, 121, 122.

Epithelkörperchen 242.
Erbfaktoren 2, 4, 49, 71, 373.
Erepsin 136.
Ergastische Differenzierungen 10, 11, 28.
Ermüdung 48, 168.
Erregung 45f., 116, 181, 217ff.
Erregungsleitung 46f., 116, 217ff.
Erythrocyten 112f., 150f.
Eurythermie 44, 333.
Excrete 31, 121, 157f.
Excretionsorgane 153ff.
Explantation 10, 41, 120, 149.

Facettenauge 209ff.
Fächerlungen 141.
Farbensinn 199, 215f.
Farbenwechsel 112, 122, 245.
Färbung 122, 158, 327.
Fette 7, 30, 129, 150.
Fibrillen 9, 113.
Fibrin 152.
Flimmerbewegung 164ff.
Follikel 245, 269f.
Fortpflanzung 1, 37f., 55, 260ff.
Furchung 275ff.

Galle 136.
Gameten 37, 54ff., 67, 312f.
Gamonten 65, 67.
Ganglienzellen 47, 117, 149, 217ff.
Ganglion 118, 217.
Gastraea 101.
Gastrovaskularsystem 131, 143.
Gastrula 92, 121, 125, 280.
Gastrulation 280ff., 296.
Gehirn 223, 225ff., 228ff., 231ff., 234.
Gehirnnerven 231f.
Gehörorgane 190, 194.
Gehörsinn 182.
Geißeln 49, 56, 103, 125, 164ff.
Gelenke 173f.
Gemmulae 308.
Gene 72, 373f., 379f.
Genlokalisationsttheorie 78, 82.
Generationswechsel 274, 312.
Genotypus 2, 29, 49, 71, 247, 275, 355, 373f., 376, 379, 381.
Geographische Rasse 371f., 379.
Geotaxis 249, 254.
Geruchsinn 182, 194ff.
Geschlechtlichkeit 50, 67.
Geschlechtsbestimmung, genotypische 67f., 90ff.

Geschlechtsbestimmung, phänotypische 50, 68f., 90.
Geschlechtschromosomen 69, 90.
Geschlechtsdimorphismus 263.
Geschlechtsgekoppelte Vererbung 84.
Geschlechtsmerkmale, primäre 90.
— sekundäre 53, 91, 244f.
Geschlechtsorgane 244f., 262f., 265ff.
Geschlechtszellen 38, 57ff., 97, 102, 245, 262, 267ff.
Geschmackssinn 182, 194f., 197.
Getrenntgeschlechtlichkeit 67, 262.
Gewebe 1, 97, 101, 120, 149, 240, 293, 295.
Gewebekultur s. Explantation.
Gliedmaßen 159, 173.
Glykogen 113, 136, 168.
Glykolyse 31, 33.
Golgi-Apparat 10, 16, 23, 106, 118.
Großhirn 232ff.
Grubenaugen 202f.
Guanin 157.

Haare 184.
Hämatin 150.
Hämin 34.
Hämocyanin 151.
Hämoglobin 112f., 150.
Haplonten 67.
Haplophase 53, 312.
Harnsäure 157.
Harnstoff 157.
Hermaphroditismus 67.
Herz 144, 146.
Heterochromosomen 69.
Heteröcie 67.
Heterogametisches Geschlecht 69.
Heterogonie 313, 316.
Heterotrophie 29, 30, 321.
Histologie 3, 101.
Histologische Differenzierung 275, 293.
Hochsee 328.
Holokrine Drüsenzellen 106.
Homogametisches Geschlecht 69.
Homoiothermie 37, 176, 178, 333f.
Homologie 3.
Homaxone Grundform 92.
Hormone 91, 240f.
Hungerzustand 34.

Sachverzeichnis.

Hydrolasen 33.
Hypodermis 104.
Hypophyse 231, 242f.

Immunität 152.
Impuls 217.
Incretdrüsen 105, 124, 240ff.
Indifferenzzone 250.
Induktion 295f.
Innere Skelete 159ff., 173.
Instinkt 227, 237, 255f., 258, 383.
Insulin 244.
Integument 121, 158.
Intelligenz 259.
Intercellularsubstanz 101, 107.
Interrenalsystem 243f.
Intersexe 50, 91.
Intracelluläre Verdauung 130.
Invagination 280.
Iris 204, 206.

Jacobsonsches Organ 197.

Keimbahn 40, 293.
Keimblatt 275, 280, 293.
Keimdrüsen s. Geschlechtsorgane.
Keimzellen 37, 40, 53ff., 60ff., 267ff.
Kern 1, 9, 13ff., 16ff., 23ff., 28, 39f., 40, 53ff., 72, 77ff., 300.
Kernplasmarelation 29, 40.
Kiemen 137.
Kiemenspalten 138, 369.
Kieselsäure 159, 326.
Kinoplasma 103.
Kleinhirn 232.
Klon 67.
Knochen 109, 159ff., 163.
Knorpel 108f., 159.
Knospung 38, 305, 307, 315.
Kohlehydrate 7, 29, 150.
Komplexauge 209, 214.
Kontinuität 1, 6, 24f., 38, 82.
Koppelung 82ff., 8f.
Kreisprozeß 37, 45, 49.

Labyrinth 231.
Lamarckismus 356, 382.
Lamellenkörperchen 184.
Larven 273, 301, 369.
Lebensbedingungen 42, 321ff., 324.
Lebensdauer 41.
Leber 132, 136, 147, 178.
Lecithine 8, 30.
Letalfaktor 76, 375.
Leuchtorgane 179f.
Leuchtsymbiose 180, 345.

Leucocyten 112f., 152.
Lichtreize 45, 124, 198ff.
Lichtsinn 182, 198ff.
Linse 202, 206, 209.
Linsencamera 204f., 209.
Lipasen 33, 130, 136.
Lipoide 7, 30, 113.
Litoral 326, 329.
Lochcamera 203.
Lungen 137, 139.
Lungenkreislauf 147.
Lymphe 112, 148ff.
Lymphgefäßsystem 146, 148, 152.

Macronucleus 39, 96.
Magen 134f.
Malpighische Gefäße 133, 156.
Maltase 136.
Markscheide 118.
Maximum 42, 322.
Mechanische Sinnesorgane 182f.
Medullarplatte 288.
Melanophoren 124.
Mendelsche Vererbung 72ff.
Merogamie 55.
Meregonieversuche 88.
Merokrine Drüsenzellen 106.
Merozoit 56.
Mesencephalon 229, 232, 238.
Mesenchym 98, 102, 114, 280.
Mesenterium 100.
Mesenteron 131.
Mesepithel 100, 280.
Mesoderm 98ff., 122, 159, 280, 283ff., 290.
Metagenesis 313f.
Metamerie 95, 285.
Metamorphose 133, 273, 301, 369.
Metencephalon 229, 232.
Micronucleus 96.
Minimum 42, 322, 326.
Mitochondrien 10, 15, 23, 106, 118.
Mitose 16ff.
Mitteilungsvermögen 258.
Mitteldarm 131ff.
Mitteldarmdrüse 132.
Mnemische Erscheinungen 45, 49.
Modellversuche 12, 22, 34.
Modifikation 2, 45, 49ff., 133, 331, 356, 375f.
Monaxone Grundform 92.
Morgansche Genlokalisationstheorie 85.
Mosaiktypus der Entwicklung 295, 299.
Multiple Allele 75, 373, 376.
Muskeln 113f., 120, 164, 167, 169, 171f., 178, 288, 293.

Mutation 374ff.
Myelencephalon 229, 231, 238.
Myelin 118.
Myofibrillen 113, 115, 168.
Myoide 167.

Nachniere 156.
Nahrung 30, 324f.
Nahrungsaufnahme 125ff.
Nahrungsvacuole 121, 124.
Nährzellen 269f.
Nasenhöhlen 197.
Nebennieren 243f.
Necton 324, 330.
Neoblasten 41, 304.
Nephridien 155ff.
Nervenfaser 116ff., 120, 218, 220.
Nervengewebe 47, 116ff.
Nervennetz 217, 219, 221, 251.
Nervensystem 47, 116, 166f., 172, 174, 217.
Nervenzellen 117ff., 217ff., 220ff., 226, 229, 238, 299.
Nesselzelle 120ff., 436.
Nestbauten 258.
Neurilemm 118.
Neuroblasten 120, 299.
Neuroglia 111, 118.
Neurofibrillen 116, 117, 198, 219.
Neuron 116, 120.
Neuropil 120, 223.
Nierenorgane 154ff.
Normalzahl 24.
Nucleolen 14.
Nucleoproteide 8, 14.

Ocellus 201f., 209.
Öcologie 3, 318, 321, 371.
Oecotypus 379ff.
Odontoblasten 111.
Oestrusperioden 264.
Ommen 209.
Ontogenese 40, 121, 247, 273ff., 369f.
Oogenese 57ff., 60ff., 64ff.
Oogonien 58.
Optimum 33, 42, 44, 250, 322.
Organ 1, 120.
Organbildung 293, 296ff.
Organell 120, 154, 167.
Organisationscentrum 296, 298f.
Organisator 296, 300.
Orientierung 253.
Orthogenese 366f.
Osmotischer Druck 42, 45, 149.
Ösophagus 133.
Osteoblasten 110.

Oxybiose 30.
Oxydation 33, 136, 319.

Pädogenese 265.
Pancreas 132, 136, 244.
Parallelitätsbeweis 82ff.
Parasiten 30, 129, 339ff.
Parietalauge 204.
Parthenogenese 39, 65, 264, 267, 316.
Pelagial 324, 326, 328, 330, 353.
Peptidasen 129, 136.
Peristaltische Bewegung 131, 220.
Pfortader 147.
Phagocytäre Verdauung 130, 132, 152.
Phänotypus 2, 49, 50, 71, 76.
Phosphatide 8.
Photosynthese 30, 318, 320.
Phylogenese s. Stammesgeschichte.
Pigmente 51, 122, 200, 213.
Pigmentepithel 206ff.
Pigmentzellen 112, 122.
Placoidschuppen 122, 881f.
Plancton 324f., 330f.
Planula 282.
Plasmabewegung 11, 164.
Plasmon 373, 380.
Plasten 10.
Poikilothermie 176.
Polarität 300, 304f.
Polyasen 129.
Polyembryonie 307.
Polymorphismus 311.
Polysaccharide 129.
Potentielle Unsterblichkeit 39f.
Potentielles Leben 35.
Prädetermination 89, 296.
Präformation 274.
Primäre Leibeshöhle 97, 156, 276.
Primäre Sinneszellen 117, 183, 196, 198.
Primitivstreifen 290.
Proctodaeum 99, 131.
Profundal 329.
Proprioception 181, 183, 185, 187, 220.
Prosencephalon 232.
Prospective Bedeutung 274.
Prospective Potenz 274.
Proteasen 33, 129.
Protonephridialsystem 155.
Protoplasma 1, 6ff., 9f.
Pseudopodien 28, 46, 121, 164.
Psychologie 5, 235ff., 247f.
Psychrophile 44.
Puppen 35.

Queteletsches Gesetz 52.

Radiäre Grundform 93.
Rassen 357, 371ff.
Reaktionsnorm 2, 49, 52, 71, 247, 373f., 376f.
Reception 45, 246.
Recipient 117.
Reduktionsteilung 23, 54,56, 65, 69, 82.
Reflex 217, 220, 230, 250ff.
Refraktärstadium 48, 219.
Regeneration 41, 274, 303ff.
Regulationstypus der Entwicklung 295.
Reizbarkeit 2, 44, 181f.
Reizmodalitäten 182.
Relicte 354.
Reservestoffe 31.
Resorption 31, 125, 130.
Respiratorischer Quotient 32.
Retina 202ff., 207f., 215f.
Retinula 209ff.
Rhabditen 122.
Rhabdom 203, 209ff.
Rheoplasma 13.
Richtungssehen 200.
Rindenfelder 232f.
Rückenmark 229, 238.
Rückmutation 376, 378.

Samenzellen 57, 262, 272.
Sammelchromosomen 27, 292.
Sauerstofftransport 144, 150f.
Schaltzellen 229.
Schilddrüse 242, 302f.
Schillerfarben 122.
Schizogonie 56.
Schmelz 104.
Schwellenwert 47.
Schweresinn 182, 187ff.
Schwimmblase 137, 325.
Scleroblasten 112.
Secretion 31, 105, 121, 130, 154.
Segmentierung s. Metamerie.
Sehpurpur 199, 216.
Sehzellen 198ff., 209, 215f.
Seitenliniensystem 186.
Sekundäre Sinneszellen 117, 186, 197.
Selbstdifferenzierung 275, 299.
Selection 356f., 382.
Sensible Bahnen 229.
Sensible Periode 50.
Sinne 181ff., 248.
Sinnesorgane 47, 181.
Sinneszellen 47, 116f., 182ff.
Skelet 108ff., 111, 121f., 159ff., 172ff.
Somatische Zellen 40, 97.
Spaltungsgesetz 72.

Species 2, 4, 71, 153, 355, 357.
Speicheldrüsen 132.
Spermatocyten 58, 272.
Spermatogenese 57ff., 272.
Spermatogonien 58, 272.
Spermatophoren 273.
Spermien 57, 164, 272.
Spezifische Disposition 182.
SpezifischeSinnesenergie 182.
Spinalganglion 117, 229, 238.
Spiralfurchung 279f.
Spontane Tätigkeit 49, 246.
Sporen 56, 312.
Spritzloch 138.
Stäbchen 207, 215f.
Stammesgeschichte 4, 247, 355ff., 359ff., 370, 378f., 382.
Starrezustand 35, 43, 334.
Stationärer Zustand 1, 34.
Statoblasten 309.
Statolithen 187f.
Stenotherme 44, 333.
Sterine 7.
Stigmen 141.
Stimulationsorgane 190.
Stockbildung 309ff.
Stoffwechselgleichgewicht 34.
Stomodaeum 97, 131.
Strickleiternervensystem 224f.
Strobilation 316.
Strömungssinn 182.
Strudler 125, 137, 325.
Stützgewebe 106.
Stützlamelle 97.
Subitaneier 268.
Subitantod 40.
Summation 48, 169.
Superpositionsauge 212.
Symbiose 129, 135, 180, 341ff.
Sympathischer Grenzstrang 237f.
Sympathisches Ganglion 235, 238f.
Syncytium 13, 113.
Synöcie 67.
System 3, 355, 357f., 383ff.

Tapetum 202f., 207, 214.
Tastsinn 182f.
Taxien 249, 253f.
Teilung 2, 16, 38, 261, 305ff., 314.
Telencephalon 229, 232.
Temperaturbedingungen 33, 43f., 179, 182, 318, 325, 329, 332f.
Temperatursinn 182.
Testikelhormon 245.
Tetanus 169, 171.
Thalamus opticus 232.

Thrombocyten 112, 152.
Thymus 242.
Thyreoidea 242, 302f.
Thyroxin 242.
Tiefsee 325, 328, 353.
Tiergeographie 346ff., 370f., 381.
Tonus 167, 171f., 190.
Tracheen 137, 141.
Tracheenkiemen 143.
Traubenzucker 31.
Trypsin 136.
Tympanalorgane 193f.

Unbedingter Reflex 250, 252.
Unterschiedsreaktion 249.
Unterschiedsschwelle 48.
Unterschlundganglion 225.
Urdarm 97, 125, 280ff., 286ff.
Urgeschlechtszellen 285, 293.
Urmund 97, 125, 280ff., 286ff., 290, 298.
Urnahrung 325, 329.
Urniere 156f.
Ursegmente 288, 298.

Vagus 231f., 238f.
Vanadium 151.

Vegetative Fortpflanzung 38, 261f., 305ff.
Vegetatives Nervensystem 237f.
Venen 144.
Ventilation 137, 139.
Verdauung 31, 125, 129f.
Vererbung 2, 6, 71ff., 357.
Verhalten 246ff.
Verhornung 121.
Vermehrung 37f., 42, 260f., 322f.
Vielteilung 23, 261, 313.
Visceralnervensystem 235, 237ff.
Vitalismus 5.
Vitamine 31.
Vogelgesang 258.
Vorderdarm 131f., 134.
Vorniere 156.

Wachstum 1, 28, 37, 160, 293.
Wanderungen 259.
Wanderzellen 12, 143.
Wärmebildung 37, 168.
Wärmeerzeugung 176ff., 333.
Wärmeregulation 176ff., 179, 333.

Wasserlungen 139.
Wasserstoff-Ionenkonzentration 43, 129, 135f., 143, 150, 240.
Wassergehalt 8.
Werkzeuge 258, 260.
Wiederkäuer 135.
Wimpern s. Cilien.
Winterschläfer 179, 334.

Xanthophoren 124.

Zahlenkonstanz 24.
Zähne 104, 111.
Zapfen 207, 215f.
Zellatmung 31, 136.
Zelle 1f., 6, 8ff., 33, 37ff., 40f., 101, 120.
Zellentheorie 6.
Zellkern s. Kern.
Zellkonstante Tiere 292.
Zellteilung 16ff., 37ff., 40ff., 273.
Zuchtwahl s. Selection.
Zuckung 169.
Zugfasern 18.
Zugvögel 334.
Zwittrigkeit 67, 262f., 266f.
Zygote 37, 54, 314.

Berichtigungen.

Seite 201 Abb. 192 Zeile 1 statt „Planarien": „Platyhelminthen".
„ 245 Zeile 5 statt „GRAFFschen": „GRAAFschen".
„ 599 „ 33 statt „Beide zeigen": „Letzterer zeigt".
„ 772 letzte Zeile statt „Erfld.": „Frfld."
„ 781 Zeile 32 statt „Abita": „Abida".
„ 931 Abb. 1021 statt „KERN": „KNER".
„ 965 Zeile 9 von unten statt „an den Genitaldrüsen": „an oder vor der Niere".
„ 1041 Zeile 2 von unten statt „(Nagetiere)": „(Nagetiere u. a.)".